J. Stein · K.-W. Jauch (Hrsg.)
Praxishandbuch klinische Ernährung
und Infusionstherapie

Springer-Verlag Berlin Heidelberg GmbH

J. Stein · K.-W. Jauch (Hrsg.)

Praxishandbuch klinische Ernährung und Infusionstherapie

Mit 320 Abbildungen in 412 Einzeldarstellungen
und 480 Tabellen

Springer

Professor Dr. Dr. J. Stein
Medizinische Klinik II
Zentrum der Inneren Medizin
Gastroenterologie / Klinische Ernährung
Theodor-Stern-Kai 7
60590 Frankfurt am Main

Professor Dr. K.-W. Jauch
Chirurgische Klinik mit Poliklinik
der LMU München-Großhadern
Marchioninistraße 15
81377 München

ISBN 978-3-642-62625-8 ISBN 978-3-642-55896-2 (eBook)
DOI 10.1007/978-3-642-55896-2

Bibliographische Information der Deutschen Bibliothek
Die Deutsche Bibliothek verzeichnet diese Publikation in der Deutschen Nationalbibliografie; detaillierte bibliografische Daten sind im Internet über <http://dnb.ddb.de> abrufbar.

http://www.springer.de/medizin

Ursprünglich erschienen bei Springer-Verlag Berlin Heidelberg New York 2003
Softcover reprint of the hardcover 1st edition 2003

Lektoratsplanung: U. Hartmann, Heidelberg
Umschlaggestaltung: deblik Berlin
Zeichnungen: D. Pirner, Regensburg
Repro: Art Vision, Sinsheim
Satz: medio Technologies AG, Berlin

22/3160Sy – 5 4 3 2 1 0 – Gedruckt auf säurefreiem Papier

Vorwort

Im Altertum und Mittelalter beinhaltete die Diätetik die gesamte gesundheitserhaltende Lebensführung und war zentrale Aufgabe des Arztes. Dabei wurden noch bis ins letzte Jahrhundert hinein durch gezielte Ernährung („Diät") nicht nur Krankheiten behandelt, sondern es wurde versucht, endogenen und exogenen Krankheitsdispositionen im Sinne einer Prävention entgegenzuwirken. Heute wird zunehmend erkannt und anerkannt, dass ernährungsmedizinische Maßnahmen sowohl für die Prophylaxe als auch in der Therapie von Krankheiten völlig unzureichend genutzt werden.

Ziel des Buches ist, das derzeitige Wissen über Ernährung und Stoffwechsel und deren Einfluss auf die Krankheitsgenese, die Wirkungsweise von Substraten auf den kranken Organismus bis hin zur ernährungsspezifischen Beeinflussung von Krankheiten umfassend und praxisorientiert darzustellen. Dennoch hat das vorliegende Werk keinen Handbuchcharakter. So wurde bewusst auf eine umfassende wissenschaftlich Zitierweise verzichtet. Dies hätte den Umfang des Buches um mehrere hundert Seiten vergrößert, was auf Kosten der Darstellung und Lesbarkeit sowie zu Lasten des Verkaufspreises gegangen wäre.

Das Buch gliedert sich in vier Teile. Zu Beginn wird dem Leser ein umfassender Überblick über den aktuellen Stand moderner Forschungsergebnisse zur Ernährungs- und Stoffwechselphysiologie gegeben. Gerade in den letzten Jahren haben neue molekularbiologische und zellbiologische Erkenntnisse zu einem tieferen Verständnis pathophysiologischer Zusammenhänge geführt und neue diagnostische und therapeutische Wege aufzeigen können. Das Buch versucht durch seine Aktualität und profunden Grundlagenkapitel dieser Entwicklung Rechnung zu tragen.

Daran anschließend werden in zwei Kapiteln erstmals enterale und parenterale Ernährungformen umfassend abgehandelt. Indikationen und Grenzen der unterschiedlichen Sonden- und Kathedertechniken werden ebenso kritisch diskutiert wie Langzeitkomplikationen des künstlich ernährten Patienten. Eine ausführliche Darstellung der künstlichen Ernährung im Säuglings- und Kindesalter stellt einen weiteren Schwerpunkt dar. Im vierten und umfangreichsten Teil des Buches werden die durch Ernährung beeinflussbaren Krankheiten mit Diagnostik und ernährungstherapeutischen Maßnahmen behandelt. Hier war es ein besonderes Anliegen der Herausgeber, auch seltenere Krankheitsbilder ausreichend vorzustellen.

In dem vorliegenden Werk wird der derzeitige Stand ernährungsmedizinischer Maßnahmen kritisch diskutiert. Soweit als möglich wurden die Leitlinien nationaler (DGEM, DGVS) und internationaler (ASPEN, ESPEN) Fachgesellschaften berücksichtigt und eingebaut. Dementsprechend haben sich die Autoren bemüht stets deutlich zu machen, wo der Nachweis der Wirksamkeit ernährungsmedizinischer Maßnahmen gelungen ist und wo – oftmals durch die geringen Fallzahlen der jeweiligen Krankheiten bedingt – der Nachweis einer therapeutischen Wirksamkeit zwar plausibel, aber noch nicht allen Regeln der *„evidence based medicine"* entspricht.

Den Autoren aus zahlreichen sehr unterschiedlichen Fachgebieten sei für ihren Einsatz und ihr Verständnis beim Entstehen dieses Buches gedankt. Die einzelnen Kapitel wurden von den Herausgebern kritisch und stets in Absprache mit den Autoren mit dem Ziel, Überschneidungen zwischen einzelnen Kapitel zu vermeiden, redigiert und entsprechende Textverweise eingefügt. Wir danken allen Kollegen, dass sie auf die Wünsche der Herausgeber so bereitwillig und konstruktiv eingegangen sind und mit der raschen Manuskriptvorlage zur Aktualität des Buches beigetragen haben.

Frau U. Hartmann und Frau Dr. Nitschmann vom Springer Verlag sei an dieser Stelle stellvertretend für das gesamte Team für ihre Unterstützung und Geduld gedankt.

Frau Gabi Lüdemann danken wir für die Durchsicht und Erstellung des Sachverzeichnisses, ihren großen Einsatz beim Einholen der Manuskripte und ihre minutiöse und geduldige Koordinationsarbeit zwischen Herausgebern, Autoren und Verlag.

Wir hoffen, mit diesem kompakten Buch einen Kompromiss zwischen einem „Praxisbuch" einerseits und anderseits einem umfangreichen Handbuch gefunden zu haben.

Frankfurt und München, im Dezember 2002 JÜRGEN STEIN · KARL W. JAUCH

Inhaltsverzeichnis

II Enterale Ernährung

III Parenterale Ernährung

IV Besonderheiten der Ernährungs- und Infusionstherapie bei speziellen Krankheitsbildern und Patientengruppen

Autorenanschriften

Prof. Dr. O. Adam
Walter-Straub-Institut
f. Pharmakologie und Toxikologie
Nußbaumstr. 26
80336 München

Dr. M. Adelmann
Neurologische Klinik
Klinikum Weilmünster
Weilstr. 10
35789 Weilmünster

PD Dr. J. Bargon
Chefarzt Medizinische Klinik
St. Elisabethen Krankenhaus
Ginnheimer Str. 3-7
60487 Frankfurt

Dr. R. Bauske
Caremark Deutschland GmbH
Zeppelinstr. 1c
85375 Neufahrn

Prof. Dr. C. Beglinger
Abt. für Gastroenterologie
Kantonsspital
4031 Basel
Schweiz

Prof. Dr. S. C. Bischoff
Gastroenterologische Abteilung
Medizinische Hochschule Hannover
Konstanty-Gutschow-Str. 8
30625 Hannover

Prof. Dr. H. Böhles
Klinik für Kinderheilkunde I
Johann Wolfgang Goethe-Universität
Theodor-Stern-Kai 7
60590 Frankfurt

PD Dr. U. Bolder
Chirurgische Klinik
Klinikum d. Universität Regensburg
Franz-Josef-Strauß-Allee 11
93053 Regensburg

Dipl. oec. troph. C. Bott
Medizinische Klinik II
Gastroenterologie / Klinische Ernährung
Johann Wolfgang Goethe-Universität
Theodor-Stern-Kai 7
60590 Frankfurt

M. Brandstätter
Zentrum für Innere Medizin
Medizinische Klinik II
Gastroenterologie / Klinische Ernährung
Johann Wolfgang Goethe-Universität
Theodor-Stern-Kai 7
60590 Frankfurt

Dr. R. Breitkreutz
Medizinische Klinik II
Gastroenterologie / Klinische Ernährung
Johann Wolfgang Goethe-Universität
Theodor-Stern-Kai 7
60590 Frankfurt

Dr. L. Brinkmann
Zentrum der Chirurgie des Klinikums der
Johann Wolfgang Goethe-Universität
Theodor-Stern-Kai 7
60590 Frankfurt

Prof. Dr. P. Brockerhoff
Klinik und Poliklinik für Geburtshilfe und
Frauenkrankheiten
Universitätsklinikum
Langenbeckstr. 1
55131 Mainz

Dr. R. Büttner
Klinik und Poliklinik für Innere Medizin I
Universität Regensburg
Franz-Josef-Strauß-Allee
93053 Regensburg

Prof. Dr. W.F. Caspary
Medizinische Klinik II
Gastroenterologie / Hepatologie
Johann Wolfgang Goethe-Universität
Theodor-Stern-Kai 7
60590 Frankfurt

Priv.-Doz. Dr. A. Dignass
Charité-Campus Virchow Klinikum
Med. Klinik mit Schwerpunkt Hepatologie und Gastroenterologie
Augustenburger Platz 1
13353 Berlin

Dr. med. A.J. Dormann
Klinikum Minden
Medizinische Klinik
Friedrichstr. 17
32427 Minden

Prof. Dr. W. Druml
Klinik für InnereMedizin III
Abt. für Nephrologie
Medizinische Fakultät der Universität Wien
Währinger Gürtel 18-20
1090 Wien
Österreich

Dr. C. Ebener
Chirurgische Klinik
Universität Regensburg
Franz-Josef-Strauß-Allee 11
93053 Regensburg

Dr. D. Faust
Medizinische Klinik II
Gastroenterologie / Hepatologie
Johann Wolfgang Goethe-Universität
Theodor-Stern-Kai 7
60590 Frankfurt

Dr. T. Gaschott
Medizinische Klinik II
Gastroenterologie / Klinische Ernährung
Johann Wolfgang Goethe-Universität
Theodor-Stern-Kai 7
60590 Frankfurt

Univ. Prof. Dr. J. M. Hackl
Allgemeine Intensivmedizin und Anästhesiologie
Universitätsklinik
Anichstr. 35
6020 Innsbruck
Österreich

Dr. H. Hagen
Krankenhaus Barmherzige Brüder
Romanstr. 23
80639 München

Dr. med. W. Häuser
Medizinische Klinik I
Funktionsbereich Psychosomatik
Winterbergkliniken
Theodor-Heuss-Str. 122
66119 Saarbrücken

B. Heitkötter
Klinik und Poliklinik für Innere Medizin I
Universität Regensburg
Franz-Josef-Strauß-Allee
93053 Regensburg

Dr. T. Henn
Institut für Ernährungswissenschaft
Endenicher Allee 11
53115 Bonn

Dr. M. Hofmann
Klinik und Poliklinik für Geburtshilfe und Frauenkrankheiten
Universitätsklinikum
Langenbeckstr. 1
55131 Mainz

Prof. Dr. K.-W. Jauch
Chirurgische Klinik mit Poliklinik
der LMU München-Großhadern
Marchioninistraße 15
81377 München

PD Dr. M.G. Jeschke
Klinik und Poliklinik für Chirurgie
Universität Regensburg
Franz-Josef-Strauß-Allee 11
93053 Regensburg

Dr. A. Jordan
Nestlé Clinical Nutrition GmbH
Prinzregentenstr. 155
81677 München

Prof. Dr. M. Kemen
Chirurgische Klinik
Evangelisches Krankenhaus
Wiescherstr. 24
44623 Herne

Prof. Dr. B. Koletzko
Kinderpoliklinik der Universität München
Pettenkoferstr. 8a
80336 München

PD Dr. S. Koletzko
Kinderpoliklinik der Universität München
Pettenkoferstr. 8a
80336 München

Prof. Dr. U. Kreimeier
Klinik für Anästhesiologie
Ludwig-Maximilians-Universität
Marchioninistr. 15
81377 München

Dr. D. Krenz
Klinik und Poliklinik für Chirurgie
Klinikum der Universität Regensburg
Chirurgische Intensivstation
Franz-Josef-Strauß-Allee 11
93053 Regensburg

Prof. Dr. K.G. Kreymann
Medizinische Klinik und Poliklinik
Univ. Klinikum Hamburg-Eppendorf
Martinistr. 52
20246 Hamburg

Prof. Dr. med. T. Lenz
KfH Kuratorium für Dialyse
und Nierentransplantation e.V.
Dialysezentrum
Maxstr. 43
67059 Ludwigshafen am Rhein

R. Lenzen-Großimlinghaus
Ev. Geriatriezentrum
Universitätsklinikum Charité
Campus Charité Mitte
10117 Berlin

Dr. K. Leopold
Krankenhaus Barmherzige Brüder
Romanstr. 23
80639 München

Dr. B. Leube
Zentrum für Innere Medizin
Medizinische Klinik II
Gastroenterologie / Klinische Ernährung
Johann Wolfgang Goethe-Universität
Theodor-Stern-Kai 7
60590 Frankfurt

Prof. Dr. G. Löffler
Institut für Biochemie
Genetik und Mikrobiologie
Universität Regensburg
Universitätsstr. 31
93053 Regensburg

Dr. N. Manhart
Chirurgische Forschungslaboratorien
Universitätsklinik für Chirurgie/AKH
Währinger Gürtel 18-20
1090 Wien
Österreich

Prof. Dr. B. Markus
Zentrum der Chirurgie des Klinikums der
Johann Wolfgang Goethe-Universität
Theodor-Stern-Kai 7
60590 Frankfurt

PD Dr. R.F. Meier
Gastroenterologie
Kantonspital Liestal
Reihnstr.26
4410 Liestal
Schweiz

Dr. U. Müller
Pneumologie
Mukoviszidose Ambulanz
Johann Wolfgang Goethe-Universität
Theodor-Stern-Kai 7
60590 Frankfurt

Prof. Dr. M. Nauck
Diabetes-Zentrum Bad Lauterberg
Kirchberg 21
37431 Lauterberg

Prof. Dr. F. Ochsendorf
Zentrum für Dermatologie und Venerologie
Johann Wolfgang Goethe-Universität
Theodor-Stern-Kai 7
60590 Frankfurt

Prof. Dr. M. Plauth
Klinik für Innere Medizin
Städt. Klinikum Dessau
Akademisches Lehrkrankenhaus der Martin-Luther-Universität Halle
Auenweg 38
06847 Dessau

Prof. Dr. B. Pool-Zobel
Institut für Ernährung und Umwelt
Universität Jena
Dornburger Str. 25
07743 Jena

Dr. M. Rehm
Klinik für Anästhesiologie
Ludwig-Maximilians-Universität
Marchioninistr. 15
813777 München

Prof. Dr. E. Roth
Chirurgische Forschungslaboratorien
Universitätsklinik für Chirurgie/AKH
Währinger Gürtel 18-20
1090 Wien
Österreich

Prof. Dr. W. Scheppach
Medizinische Universitätsklinik
Schwerpunkt Gastroenterologie
Josef-Schneider-Str. 2
97080 Würzburg

Dr. A. Schriever
Poliklinik für Zahnerhaltungskunde
Zentrum der Zahn-
Mund- und Kieferheilkunde
Theodor-Stern-Kai7
60590 Frankfurt

Dr. O. Schröder
Zentrum für Innere Medizin
Medizinische Klinik II
Gastroenterologie / Klinische Ernährung
Johann Wolfgang Goethe-Universität
Theodor-Stern-Kai 7
60590 Frankfurt

Dr. R.-J. Schulz
Charité-Campus Virchow Klinikum
Med. Klinik mit Schwerpunkt Hepatologie und
Gastroenterologie
Augustenburger Platz 1
13353 Berlin

Dr. A. Schwenk
Infectious & Tropical Diseases Department
Royal Free Hospital
Pond Street
London NW3 2QG

Prof. Dr. P. Stehle
Institut für Ernährungswissenschaft
Rheinische Friedrich-Wilhelms-Universität
Bonn
Endenicher Allee 11
53115 Bonn

Prof. Dr. Dr. J. Stein
Medizinische Klinik II
Gastroenterologie / Klinische Ernährung
Johann Wolfgang Goethe-Universität
Theodor-Stern-Kai 7
60590 Frankfurt

Prof. Dr. E. Steinhagen-Thiessen
Ev. Geriatriezentrum
Universitätsklinikum Charité
Campus Charité Mitte
10117 Berlin

Prof. Dr. H.-J. Steinhardt
Oberschwaben Klinik GGmbh
Krankenhaus Wangen
Innere Abteilung
Am Engelberg 29
88239 Wangen

Dr. A. Wächtershäuser
Medizinische Klinik II
Gastroenterologie / Klinische Ernährung
Johann Wolfgang Goethe-Universität
Theodor-Stern-Kai 7
60590 Frankfurt

Prof. Dr. J.G. Wechsler
Krankenhaus Barmherzige Brüder
Romanstr. 23
80639 München

Dr. U. Wenzel
Institut für Ernährungswissenschaft
Technische Hochschule München
Hochfeldweg 2
85350 Freising-Weihenstephan

Dr. F. Wolter
Medizinische Klinik II
Gastroenterologie / Klinische Ernährung
Johann Wolfgang Goethe-Universität
Theodor-Stern-Kai 7
60590 Frankfurt

PD Dr. B. Zietz
Klinik und Poliklinik für Innere Medizin I
Universität Regensburg
Franz-Josef-Strauß-Allee
93053 Regensburg

Dr. G. Zürcher
Sektion Ernährungsmedizin und Diätetik
Medizinische Universitätsklinik
Hartmannstr. 1
79106 Freiburg

I

Grundlagen

Ermittlung des Ernährungsstatus

J.M. Hackl

Die Nahrungsaufnahme und die ihr zugrunde liegenden Regulationsmechanismen gelten als Basis eines adäquaten Ernährungszustandes. Dieser ist abhängig von einer gesicherten Energieaufnahme, einer ausgewogenen Zufuhr von Mikro- und Makronährstoffen sowie einer ausreichenden Aufnahme von Flüssigkeit. Unzureichende Nahrungsaufnahme oder vermehrter Substratbedarf ohne adäquate Zufuhrsteigerung als auch Störungen des Stoffwechsels auf dem Boden verschiedener Krankheiten (Tumor, Infektion) führen zwangsläufig zum Abbau der endogenen Reserven; es kommt unweigerlich zur Ausbildung einer Mangelernährung [28, 52]. Diese bedingt eine Verminderung der Leistungs- und Funktionsfähigkeit einzelner Organsysteme mit dem erhöhten Risiko für das Auftreten von Komplikationen und einer damit oftmals verbundenen höheren Mortalität. Eine frühzeitige Erkennung und Abschätzung einer Mangelernährung in der Betreuung des Kranken ist für das weitere (ernährungs)therapeutische Vorgehen daher essenziell (*Tabelle 1-1*).

Für eine adäquate ernährungsmedizinische Versorgung müssen jedoch immer auch die Kriterien des *Qualitätsmanagements* eingehalten werden [27, 28, 36, 45]. Die Gesamtheit der Merkmale eines Prozesses oder eines Objekts hinsichtlich der Eignung, die vorgegebenen Erfordernisse im Sinne des Patienten und unter Berücksichtigung des aktuellen Kenntnisstandes der Medizin sind zu erfüllen. Für die Ernährungstherapie ergeben sich folgende relevanten Fragen:

- Wie ist die Diagnostik bzw. der Therapieerfolg medizinisch zu bewerten?
- Lässt sich der Erfolg benoten?
- Wurde das gesteckte Ziel erreicht bzw. ist der Patient zufrieden?

Daraus ergibt sich, dass stets eine *»patientenorientierte, optimale Versorgung (Diagnose und Therapie) durchzuführen ist, wobei auch die ökonomische Effektivität berücksichtigt werden muss«* [27]. Eine optimale Versorgung ist nicht notwendigerweise immer mit einer maximalen Versorgung gleichzusetzen, die alle zur Verfügung stehenden Ressourcen einsetzt, sondern ist stets der jeweiligen Krankheit und der Stoffwechselsituation anzupassen. Der Erfolg einer optimalen ernährungsmedizinischen Versorgung sollte sich durch folgende Merkmale auszeichnen:

- Verminderung von Komplikationen,
- verkürzter Aufenthaltsdauer im Krankenhaus,
- Abnahme der Krankenhauskosten,
- Erhaltung der funktionellen Körpersubstanz,
- Ausgeglichenheit der ernährungsrelevanten Laborparameter,
- gesteigertes Wohlbefinden des Patienten.

Die Effizienz der letzten 3 Parameter lässt sich dabei nur mit spezifischen *Outcome-Studien* nachweisen, das Vorgehen muss dabei den Kriterien einer *»evidence based medicine«* entsprechen.

Für die spezielle Frage des Ernährungszustandes bzw. der Ernährungstherapie ist es deshalb primär notwendig, zu entscheiden, in welchem Ernährungszustand sich der Patient befindet, d. h. ob er mangelernährt (Substrate), normal ernährt oder überernährt ist [5, 7, 8, 21, 28, 52, 56]. Es wird heute allgemein anerkannt, dass eine Indikation zur Ernährungstherapie dann gegeben ist, wenn

- der Patient mangelernährt ist,
- ein erhöhter Energie- und/oder Substratverbrauch besteht und/oder
- eine Nahrungskarenz über längere Zeit andauert.

Daraus ergibt sich die Notwendigkeit, geeignete Parameter zu finden, die den Ernährungszustand sensitiv und spezifisch, d. h. mit einer großen Nachtestwahrscheinlichkeit, beschreiben lassen. Die Parameter müssen leicht (geringer technischer

Tabelle 1-1. Mögliche Ursachen der Mangelernährung im Alltagsleben und unter spezifischen medizinischen Bedingungen

Ursache	Unter Alltagsbedingungen	Unter spezifischen medizinischen Bedingungen
Verminderte Zufuhr	Unzweckmäßige Ernährungsgewohnheiten Verminderung des Gehalts in Lebensmitteln aus verschiedenen Gründen (Lagerung, Aufbereitung usw.)	Längerdauernde parenterale Ernährung ohne adäquate Substitution
Erhöhter Bedarf	Wachstumsphase Sport Bestimmte Lebenssituationen oder Phasen (Schwangerschaft, Laktation, Stress)	Diverse akute oder chronische Erkrankungen, die mit einem erhöhten Umsatz von Nährstoffen einhergehen
Erhöhte Verluste		
Gastrointestinal		Malabsorption, Laxanzienmissbrauch
Renal	Alkohol	Diuretika, verschiedene Nierenerkrankungen, osmotische Diurese
Sonstige	Schweiß	

und zeitlicher Aufwand) und rasch statistisch verwertbar sein und dürfen nicht zu kostenintensiv sein. Wenn einzelne Parameter keine eindeutige Aussage erlauben, ist zu hinterfragen, welcher »Parametermix« oder welches »Scoringsystem« eine möglichst umfassende Aussage ermöglicht.

1.1 Einfluss der Mangelernährung auf den Krankheitsverlauf

Es gilt heute als allgemein akzeptiert, dass eine Mangelernährung ein erhöhtes Risiko darstellt. Es ist wichtig den Begriff der Mangelernährung zu definieren und aufzuzeigen, in welchem Ausmaß eine Mangelernährung in einem Patientengut auftritt [10, 16, 17, 21, 40–42, 51, 55].

1.1.1 Definition der Mangelernährung und Einfluss auf den Krankheitsverlauf

Mangelernährung bzw. Malnutrition sind Sammelbegriffe für einen mangelhaften Ernährungszustand. Dabei wird primär nicht differenziert, ob die Mangelernährung aus einem Energie- oder einem Substratdefizit resultiert.

> Die Ursache für eine Mangelernährung kann in einer verminderten Zufuhr, in einem erhöhten Verbrauch und in vermehrten Verlusten liegen (*Tabelle 1-1*).

Durch die Verminderung der Nahrungsaufnahme (oral) oder durch das Auftreten von Verlusten (Fisteln, Durchfälle oder Malabsorption) kann ein inadäquates Kalorien- und/oder Substratangebot (Eiweiß) entstehen. Ebenso können spezifische Therapiemaßnahmen (antineoplastische Therapie, Hormone) oder metabolische Veränderungen des Wirts (Tumorkrankheiten) den Ernährungszustand beeinflussen. Der Ernährungszustand (Ernährungsstatus) ist also primär das Ergebnis der Bilanz von Bedarf und Verbrauch an Nahrungsenergie und/oder Substraten (essenziellen Nährstoffen).

Unter diesen Voraussetzungen muss das therapeutische Wirken dahin ausgerichtet werden, dass ein Gleichgewichtszustand wieder hergestellt wird, z. B. durch das Eleminieren auslösender Faktoren. Da es vielfach nicht gelingt, die auslösenden Ursachen (Katabolie) zu beseitigen, muss versucht werden, durch eine entsprechende Ernährungstherapie (parenteral/enteral) wenigstens eine weitere Verschlechterung des Ernährungszustandes zu verhindern und den bereits bestehenden Mangelzustand zu verbessern.

Derzeit gibt es keinen eindeutigen Hinweis dafür, dass eine Ernährungstherapie eindeutig effizient ist und zu einem verbesserten Outcome führt [9, 10, 31, 42, 44]. Eine Multicenterstudie von Doglietto et al. [15] an 678 abdominalchirurgischen Patienten zeigt *keine Effizienz* einer *postoperativen Zufuhr von Aminosäuren.* Bei kritischer Begutachtung der Studie muss festgehalten werden, dass die Patienten nicht nach ihrer Ausgangslage stratifiziert wurden, d. h. es wird keine Aussage über den Ernährungszustand vor dem chirurgischen Eingriff und die Art des operativen Eingriffes getroffen.

Heyland et al. [34] konnten 1998 in einer Metaanalyse bei Intensiv- und chirurgischen Patienten zeigen, dass mit einer *Ernährungstherapie nur bei Malnutrition* ein eindeutig positiver Effekt erzielt werden kann. Diese Analyse berücksichtigt jedoch nicht den vorbestehenden Ernährungszustand und die Schwere der Krankheit. Eine weitere Metaanalyse [14], der Daten von annähernd 2500 Patienten der letzten 15 Jahre zugrunde liegen, stellt eindeutig fest, dass bei primär mangelernährten Patienten die Aufenthaltsdauer verlängert ist und auch die Kosten der Behandlung ansteigen. Bei zahlreichen Studien sind für die Definition der Mangelernährung keine klaren Kriterien angegeben. Als Parameter dienen hier v. a. Gewichtsverlust, niedriges Serumalbumin und niedrige Cholesterinwerte und verminderte viszerale Proteinreserven.

> Unstrittig ist, dass eine Mangelernährung zu erhöhten Kosten bei der Betreuung von erkrankten Menschen führt [4, 10, 21, 31].

Die oben erwähnten Untersuchungen an annähernd 2500 Patienten (Nutrition Care Management Institute: Malnutrition in U.S. hospitals – the hidden cost factor. Clintec, 1996) zeigten, dass bei primär mangelernährten Patienten die Aufenthaltsdauer (»Average length of stay« – ALOS) verlängert ist und auch die Kosten der Behandlung ansteigen. Während bei Patienten ohne Risikofaktoren die ALOS bei durchschnittlich 10,5 Tagen lag, war diese bei Patienten mit 4 oder mehr Risikofaktoren mit 15,6 Tagen signifikant länger. Eine Ernährungstherapie kann die ALOS um 8–47% je nach Primärkrankheit vermindern und es kommt dadurch auch zu einer Kostenreduktion. Eisenberg et al. [17] zeigten dagegen in ihrer Untersuchung an 2405 perioperativen Patienten, dass die perioperative totale parenterale Ernährung in keiner der Subgruppen (niederes, mittleres, hohes Risiko) zu einer Kostenverminderung führte.

1.1.2 Epidemiologische Daten zum Ernährungszustand

Der Ernährungszustand wird stark von sozioökonomischen und kulturellen Einflüssen geprägt, sodass sich Aussagen nicht einfach übertragen lassen. Der Begriff »normaler Ernährungszustand« kann folglich nicht auf alle Populationen angewandt werden [7, 9 11, 25, 41, 42, 57, 61].

Während in den westlichen Industriestaaten durch das reichliche Angebot an Nahrung eher die Überernährung mit ihren Folgen (metabolisches Syndrom) vorherrscht, treten in den Entwicklungsländern gehäuft Krankheiten (Malnutrition) durch den Mangel an Nahrungsressourcen auf. In den europäischen Industrieländern muss mit ca. 50% übergewichtigen Personen gerechnet werden. Zusätzlich sind bei diesen Personen noch Störungen des Glukosestoffwechsels (ca. 19% mit diabetischer Stoffwechsellage oder Diabetes mellitus), des Fettstoffwechsels (Hypercholesterinämie) und des Eiweißstoffwechsels (Hyperurikämie) festzustellen (s. auch Kap. 53). Das *Ausmaß* der Mangelernährung liegt bei der Durchschnittsbevölkerung bei annähernd 15%, wobei die Mangelernährung in vielen Fällen durch eine vorausgehende Krankheit bedingt ist.

> Eine Protein-Energie-Mangelernährung wird bei hospitalisierten Patienten in verschiedenen Untersuchungen zwischen 20% und 60% angegeben (*Tabelle 1-2*).

Tabelle 1-2. Vorkommen der Mangelernährung (Literatur 1970–2000)

Autor	n	Land	Disziplin	Mangelernährt [%]
Bistrian (1974)	131	USA	Chirurgie	50
Bistrian (1976)	251	USA	Allgemeinmedizin	44
Hill (1977)	105	GB	Chirurgie	ca. 50
Weinsier (1979)	134	USA	Allgemeinmedizin	48
Kamath (1986)	1218	USA	Innere Medizin/Chirurgie/Neurologie/Psychiatrie/ Gynäkologie/Dermatologie	40–60
Eisenberg			nichtstationär	9
Mobarhan (1987)	91	Italien	Chirurgie	23
McWhirter (1994)	500	Schottland	Allgemeinchirurgie (100)	27
			Innere Medizin (100)	46
			Pulmonologie (100)	45
			Orthopädie (100)	39
			Geriatrie (100)	43
Cederholm (1995)	205	Schweden	Innere Medizin	20
Keller (1996)	54	Schweiz	Innere Medizin	20
Naber (1997)	155	Niederlande	Innere Medizin	45–62
Waitzberg (1997)	4000	Brasilien	Innere Medizin (1980), Chirurgie (2020)	47
Hackl (2000)	80	Griechenland	Chirurgie	16,5

Edington et al. [16] konnten an 441 Patienten, die mit einer bösartigen oder chronischen Krankheit zu Hause lebten, aufzeigen, dass nur ca. 9% davon eine Form der Mangelernährung aufwiesen. Die Werte hingen dabei relativ stark vom sozialen Status der Patienten ab. Die Feststellung der Mangelernährung erfolgte in diesen Studien zumeist sehr different, als Parameter wurde vielfach ein Serumalbuminwert unter 35 g/l angegeben. Zahlreiche Studien zeigen, dass es bei Patienten mit verschiedenen Karzinomen zu einer Mangelernährung unterschiedlichen Ausmaßes kommt, wobei der BMI als äußerst valider Parameter angesehen werden kann. Die Mangelernährung führt wiederum signifikant zu vermehrten Komplikationen wie Immobilität, Infektionen, Dekubitalulzera, verlängerte Auenthaltsdauer, Mortalität (*Abb. 1-1*).

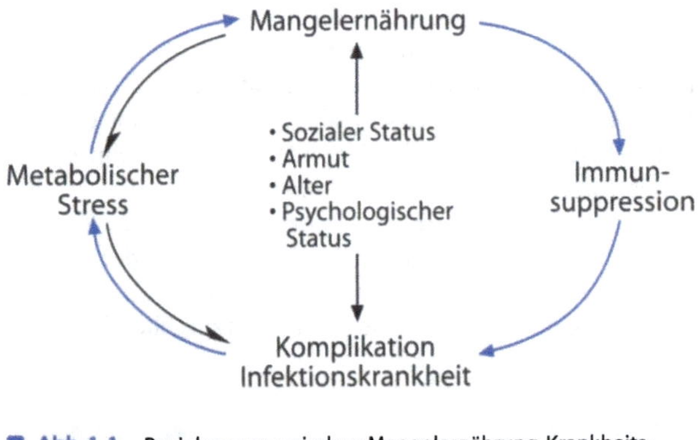

Abb. 1-1. Beziehungen zwischen Mangelernährung, Krankheitsaktivität und Mortalität

1.2 Klinische Diagnostik des Ernährungszustandes

Eine Beurteilung des Ernährungsstatus kann mittels *anamnestischer Befunde* (Anamnese, »minimal nutrition assessment«) oder mittels *diagnostischer Messverfahren* (Anthropometrie, Laborparameter) erfolgen. Eine Verknüpfung beider Kriterien erlaubt eine besonders umfassende Beurteilung [1, 3, 8, 40, 52] (*Tabelle 1-3*).

Zu einer adäquaten Beurteilung müssen Testsysteme gefunden werden, die der Wahrheit möglichst nahe kommen (*valide Evidenz*) und dem Kliniker bei seiner Arbeit möglichst behilflich (*Wichtigkeit*) sind. Ist der diagnostische Test nicht sonderlich präzise oder nur mit großem technischen und/oder finanziellen Aufwand durchführbar oder die Evidenz nicht valide, so ist die Aussagekraft niedrig zu bewerten. Die diagnostischen Tests sollten durch entsprechende Studien an einem »golden standard« überprüft sein.

Bei der Beurteilung des Ernährungszustands ergeben sich insofern Probleme, dass der Ernährungszustand durch verschiedene Faktoren (Zufuhr, Körperressourcen, Stoffwechselvorgänge, Verluste) beeinflusst wird. Hier ist weiter zu differenzieren, wie sich die Energie- bzw. die Substratressourcen verhalten.

Die Beurteilung des Ernährungszustands umfasst 3 Hauptkomponenten:
- die Bewertung der Nahrungszufuhr und der Krankheitsschwere,
- die Beurteilung des Körpergewichts und der Körperzusammensetzung und
- die Evaluation der Organ- bzw. Körperfunktionen.

Tabelle 1-3. Möglichkeiten zur Erfassung des Ernährungszustandes [22, 27, 32, 56, 59]

Anamnese und klinische Beurteilung
- Art und Ausmass der Nahrungszufuhr
- Nahrungskarenz
- Derzeitiger Zustand

Anthropometrische Messmethoden
- Körpergewicht zu Körpergröße (BROCA, BMI)
- Ungewollte Gewichtsabnahme in 3 Monaten
- Trizepshautfaltendicke und Armmuskelumfang
- Bioimpedanzmethode (BIA)
- »Computerized Axial Tomography« (CAT), Isotopenmethode

Bilanzuntersuchungen
- Indirekte Kalorimetrie
- Harnstoffproduktionsrate, Stickstoffbilanz, Bistrian-Index
- Kreatininindex

Biochemische Größen
- Blutglukose, Triglyzeride, Cholesterin, Plasmaaminosäuren
- Serumalbumin, Gesamteiweiß
- Kurzlebige Plasmaproteine (Präalbumin, Serumtransferrin, RBP, Cholinesterase)
- Immunstatus (Multitest, T4/T8-Ratio, Lymphozyten)

Funktionelle Tests – Lebensqualität
- Muskelstärke, Reissfähigkeit der Haut
- Karnofski-, Spitzer- und Barthels-Index
- Fragebogen zur Lebensqualität

1.2.1 Anamnese und klinische Untersuchung

Wichtige Elemente zur Ernährungsbeurteilung beim kranken Menschen sind die Patientenanamnese und die klinische Beurteilung (»Allgemein- und Ernährungszustand«) bei Behandlungsbeginn [49, 59, 60]. Sie erlauben einen ersten Einblick in das Gesamtbild, führen aber ohne begleitende Erhebung von validen Parametern häufig zu einer Fehlbeurteilung. Der Arzt darf sich nicht allein auf die Anamnese verlassen.

> Einzelne anamnestische Parameter gehen in spezielle Untersuchungsscores wie *Subject Global Assessment* oder *Minimal Nutrition Assessment* ein und erlauben somit eine genauere Klassifizierung des Ernährungszustandes (s. auch *Tabelle 1-11* und *1-12*).

Bei der Patientenanamnese sind folgende Fragen von besonderer Wichtigkeit:

Art und Ausmaß der Nahrungszufuhr
- Besteht eine veränderte Nahrungszufuhr und/oder werden spezifische Nahrungsgruppen (Fleisch, Obst und Gemüse) nur unzureichend zugeführt?
- Wie ist die Anzahl und die Größe der Mahlzeiten?
- Wie sind die Kaufunktionen? Bestehen Brechreiz, Erbrechen oder Durchfälle?
- Ist es in der letzten Zeit zu einem Gewichtsverlust gekommen und welches Ausmaß hat er?
- Besteht ein Krankheitszustand (Schluckschwierigkeit, Magenkarzinom, Apoplex), der mit einem erhöhten Risiko einer Mangelernährung einhergeht?
- Muss der Patient zahlreiche Medikamente (>5/24 h) einnehmen?
- Besteht ein vermehrter Alkoholkonsum oder eine chronische psychiatrische Beeinträchtigung (Depression, Anorexia)?

Nahrungskarenz

Eine längerdauernde Nahrungskarenz oder unzureichende Nährstoffzufuhr führt zu einem Abbau körpereigener Reserven und damit zu weiteren Komplikationen. Von Nahrungskarenz spricht man, wenn weit weniger als die Hälfte des Grundumsatzes oder unter 500 kcal/24 h zugeführt werden. Bei operativen Patienten muss auch die präoperative Periode miteinbezogen werden. Die Dauer der Nahrungskarenz ist von besonderer Wichtigkeit, man unterscheidet dabei eine kurzfristige (bis zu 2 Tagen), eine mittelfristige (bis zu 7 Tagen) und eine langfristige Nahrungskarenz (>1 Woche). Patienten, die am 10. postoperativen Tag weniger als 60% der notwendigen Nährstoffmenge zu sich nehmen, zeigen einen gestörten postoperativen Verlauf.

1.2.2 Anthropometrie und Körperzusammensetzung

Der Ernährungszustand (Ernährungsstatus) ist *primär* das Ergebnis der Bilanz von Bedarf und Verbrauch an Nahrungsenergie und essenziellen Nährstoffen. *Sekundär* sind innerhalb eines gegebenen Zeitraumes zahlreiche zusätzliche Determinanten mitbestimmend. Für die klinische Beurteilung stehen Körpergröße, Körpergewicht, Gewichtsabnahme und Verteilung der Kompartimente (BIA, Magnetresonanzmethode) bzw. Parameter wie Hautfaltendicke und Armmuskelumfang zur Verfügung (*Tabelle 1-4*).

Body Mass Index (BMI) und Lean Body Mass Index

Für die Beurteilung des Ernährungszustandes sind besonders die *»fettfreie Masse«* (»lean body mass«), die besonders stoff-

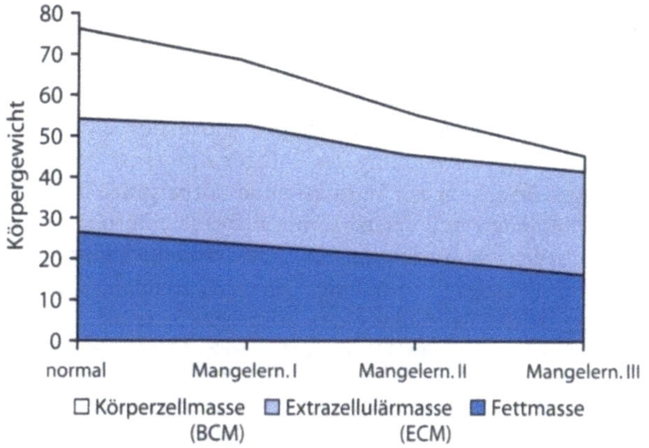

Abb. 1-2. Verhalten der Körperkompartimente bei normalen und reduzierten Ernährungszustand

Tabelle 1-4. Köperzusamensetzung. (Mod. nach [25])

	Neugeborener	1-jähriges Kind	25-jähriger Erwachsener	60-jähriger Erwachsener	Malnutrierter Erwachsener	Adipositas
Körpergewicht [kg]	3,5	20	70	70	45	100
Wasser [%]	69	62	60	55	64	47
Eiweiß [%]	12	14	18	14	16	13
Fett [%]	16	20	16	26	13	35
Sonstiges [%]	3	4	6	5	7	5
Fett-freie Masse [kg]	2,94	8,0	59	56	33	65
Wasser [%]	82	76	73	71	78	73
Protein [%]	14,4	18	21	23	16	21
Natrium [mmol/kg]	82	81	80	80	85	82
Kalium [mmol/kg]	53	60	68	60	50	64
Phosphat [g/kg]	5,6	9,0	13,0	10,0	8,0	12,0

wechselaktiv ist und die Eiweißreserven beinhaltet, und der *»Fettanteil«* wichtig, der Auskunft über die Energiereserven gibt, jedoch selbst weniger Stoffwechselaktivitäten zeigt. Die Verteilung der Kompartimente ist auch vom Geschlecht und Alter des Menschen abhängig [25] (s. auch *Tabelle 1-4*).

> Die Verwendung des BMI hat sich in der Ernährungsbeurteilung gegenüber den Indikatoren Normgewicht (Normgewicht = Broca-Index = Körpergröße[in cm]–100) und Idealgewicht (Normgewicht –5 bis 10% bei Männern und –10 bis 15% bei Frauen) weitgehend durchgesetzt und gilt heute als Standardparameter [18, 22, 32].

Er ist definiert als Quotient des Körpergewichts und dem Quadrat der Körpergröße (BMI = Körpergewicht [kg]/Körpergröße² [m²]). Der BMI zeigt eine lineare Beziehung zum prozentualen und absoluten Fettanteil des Körpers, er eignet sich daher als Kenngröße zur Beurteilung und Klassifizierung der Adipositas.

Zwischen Mortalität und BMI besteht eine hyperbole Beziehung, die besagt, dass ein BMI >30 bzw. <18,5 kg/m² mit einer deutlich erhöhten Mortalität einhergeht. Als Normwerte (WHO-Empfehlung) gelten 20,5–25 kg/m² für Männer bzw. 18,7–23,8 kg/m² für Frauen. Bei Werten >25 spricht man von Übergewicht, bei Werten >30 von Adipositas (»obesity«) und bei Werten >40 von »krankhafter Adipositas« (»morbide obesity«). Bei einem BMI <16,0 kg/m² besteht eine ausgeprägte Malnutrition, bei Werten zwischen 16,5 und 18,5 kg/m² eine klärungsbedürftige Malnutrition.

Für *ältere Menschen* beträgt der »normale« BMI 18,5–27,5 kg/m². Die Verwendung des BMI für *Kinder* ist trotz seiner engen Beziehung zur Fettmasse und Körpergröße bis heute *nicht etabliert* und ersetzt somit nicht die anthropometrische Tabellen zur Wachstums- und Gewichtsentwicklung. Bei gestörter *Flüssigkeitsverteilung* (Intensivpatienten, Ödeme, Aszites) ist die Beurteilung des Körpergewichts oft schwierig. Außerdem können Flüssigkeitsverschiebungen die Werte verändern. Trotz der genannten Einschränkungen geht die Beurteilung des BMI in zahlreiche Ernährungsuntersuchungen (PNI, GSA, NSI, Innsbruck Nutrition Score) ein und wird heute als »golden standard« angesehen.

Gewichtsabnahme

Die Gewichtsabnahme ist bei verschiedenen Krankheiten (Tumorkrankheiten, konsumierende und chronische Krankheiten) ein relativ valider Parameter und ihre Bewertung fließt in fast alle Ernährungsbeurteilungen ein [49, 54, 60, 61].

Eine Gewichtsabnahme wird durch geänderte Stoffwechselbedingungen (Wirt-Gast-Funktion, Fehlverwertungen), durch einen gesteigerten Energieverbrauch (Katabolie), durch Malabsorptionsstörungen und externe Verluste (Fisteln) herbeigeführt und führt sekundär zur Abnahme des BMI. Die ungewollte Gewichtsabnahme wird in Prozentwerten (bezogen auf die Phase vor der Hospitalisation und ohne willkürliche Gewichtsabnahmen im Rahmen von Abmagerungsdiäten) während eines bestimmten Zeitabschnittes angegeben. Als Zeitabschnitt werden zumeist 3 Monate definiert.

> Bei einer Gewichtsabnahme von >10% spricht man von einer schweren Mangelernährung.

Die Sterblichkeit von Patienten, die vor einer Operation einen Gewichtsverlust von 10–20% erlitten haben, liegt nach einer Studie von Studley [54] bei ca. 30% verglichen mit etwa 3% bei Patienten mit normalem Gewicht oder einem geringeren Gewichtsverlust. Eine tatsächliche Gewichtszunahme vor der Krankenhausaufnahme wird als positives Ergebnis gewertet.

Körperzusammensetzung

> Die Erfassung der Körperzusammensetzung stellt einen zentralen Bestandteil in der Beurteilung des Ernährungszustands dar. Sie erlaubt eine differenziertere Erfassung des Ernährungsstatus und somit eine frühzeitigere Diagnostik einer Fehlernährung.

Je nach zugrunde liegender Methode existieren verschiedene Modelle der Körperzusammensetzung [35] (*Tabelle 1-5*).

Das *2-Kompartimenten-Modell* unterteilt den Organismus in Körperfett (»total body fat«, TBF) und fettfreie Körpermasse (»fat free mass«, FFM). Diese Einteilung beruht historisch auf der Densitometrie, der die Dichte des Fetts (=0,9 g/cm²) als Berechnungsgrundlage dient [53]. Hiervon abzugrenzen ist die Lean-body-mass (LBM), die in der Ermittlung des

Tabelle 1-5. Unterscheidung der einzelnen Körperkompartimente

Körperfettmasse	Menge der Triglyzeride im Körper
Fettgewebe	Fett + zelluläres und extrazelluläres Gewebe (83% Fett, 2% Eiweiß, 15% Wasser)
»Lean body mass« (LBM)	Magermasse oder »Nicht-Fettgewebs-Körpermasse«
Fettfreie Masse (FFM)	LBM + » Nicht-Fettanteile« des Fettgewebes
Muskelmasse	Summe der Muskeln
Körperzellmasse (BCM)	Zellen inklusive des intrazellulären Wassers (LBM – extrazelluläres Wasser + feste extrazelliläre Bestandteile)
Extrazelluläre Masse (ECM)	Extrazelluläres Wasser + feste extrazelluläre Bestandteile
Feste extrazelluläre Bestandteile	Knochenmasse + Faszien und Knorpel

Ernährungszustands leider in der Regel mit der FFM synonym benutzt wird, da sie als Körpergewicht minus Fettgewebe definiert ist. Während die TBF mit dem Alter [in %] des Körpergewichts zunimmt, führen Änderungen der Muskelmasse zur Abnahme der LBM.

Das *3-Kompartimenten-Modell* unterteilt die LBM weiter in Körperzellmasse (»body cell mass«, BCM) und extrazelluläre Masse (»extra cellular mass«, ECM), sodass zusammen mit dem Körperfett 3 verschiedene Kompartimente vorhanden sind. Nach Moore et al. [53] versteht man unter der BCM die Summe der sauerstoffverbrauchenden, kaliumreichen glukoseoxidierenden Zellen, zu denen Zellen der Muskulatur, des Gastrointestinaletraktes, des ZNS, des hämatopoetischen Systems, aber auch Knorpel, Knochen und Sehnen gehören. Die BCM, die zu etwa 70% aus Protein besteht, kann somit als Masse der totalen Proteinsynthesekapazität des Organismus gelten.

Mehrkompartimentenmodelle: Derzeit existieren 4-Kompartimenten-Modelle, die zwischen Skelett, Muskulatur, Nichtmuskelmasse und Fett bzw. Knochenmaterial, Protein, Wasser und Triglyzeriden unterscheiden. Da nur mit sehr aufwendigen Verfahren, der In-vivo-Neutronen-Aktivierungsanalyse (IVNAA) oder der multiplen Isotopenverdünnungsanalyse (MIDM), die zusätzlichen Kompartimente ermittelt werden können, hat sich die Erfassung von 4-Kompartimentensystemen bisher nicht durchsetzen können.

Trizepshautfaltendicke (THF) und Oberarmmuskelumfang

Da annähernd 50% des gesamten Depotfetts im subkutanen Fettgewebe liegen, kann die *Trizepshautfaltendicke* zur Beurteilung des Fettanteils herangezogen werden [3, 5, 8, 11, 25, 32, 35, 57] (*Tabelle 1-6*). Die von Blackburn [5] angegebenen Werte entsprechen nicht immer der jeweiligen Population, zudem ist die Messung äusserst untersucherabhängig und erlaubt keine Aussagen über kurzfristige Veränderungen. Exaktere Werte erhält man, wenn man den Oberarmquerschnitt mittels Computertomographie (»computerized axial tomographie«, CAT) darstellt und planimetriert.

Der *Oberarmmuskelumfang (OAM)* wird aus dem Oberarmumfang (OAU [in cm]) und der Trizepshautfaltendicke (TSF [in cm]) berechnet (OAM [cm] = OAU [cm]) – (0,314 × TSF [cm]). Dies ermöglicht eine grobe Abschätzung der Muskelmasse und somit indirekt der Eiweißreserven (Durchführung und Berechnung sind in *Abb. 1-3* dargestellt). Über die Validität gelten dieselben Aussagen wie bei der Trizepshautfaltendicke. *Die Anwendung beider Methoden hat sich im klinischen Alltag nicht durchgesetzt.*

Bioelektrische Impedanz-Analyse (BIA)

Zur Beurteilung des Ernährungszustandes reicht das Verhältnis von Körpergewicht und Körpergröße (BMI) vielfach nicht aus, da damit keine eindeutigen Aussagen über die Verteilung von fettfreier Masse (energieaktiver Anteil; Muskulatur), Fettgewebe und Körperwasser erzielt werden.

> Die *Bio-Impedanz-Analyse (BIA)* ist eine einfache nichtinvasive Methode zur Abschätzung der Körperzusammensetzung, die auf dem Zusammenhang zwischen Wechselstromwiderstand und Flüssigkeitsgehalt (Leitfähigkeit) des menschlichen Körpers beruht. Sie ermöglicht die Bestimmung von FFM, BCM und ECM.

Die Erfassung der *Fettmasse* erfolgt indirekt aus der Differenz zwischen Körpergewicht und FFM.

Tabelle 1-6. Standardwerte und Klassifizierung der Abweichung für Trizepshautfaltendicke in mm und Angabe der [%] und Armmuskelumfang in cm und Angabe in Prozentwerten (mod. nach Blackburn, 1979): Oberarmmuskelumfang [cm] = Oberarmumfang [cm] – 0,314 × Trizepshautfaltendicke [mm]

	Normal	Unterernährung – mild	– mäßig	– schwer
Trizepshautfaltendicke				
Prozentwert	110–90%	<90%	<80%	<60%
Männer [mm]	13,7–11,3	11,2–10,0	9,9–7,5	<7,5
Frauen [mm]	18,1–14,9	14,8–13,2	13,1–9,8	<9,8
Armmuskelumfang				
Prozentwert	110–90%	<90%	<80%	<60%
Männer [cm]	27,8–22,8	22,7–20,2	20,1–15,1	<15,1
Frauen [cm]	22,5–20,9	20,8–18,6	18,5–13,9	<13,9

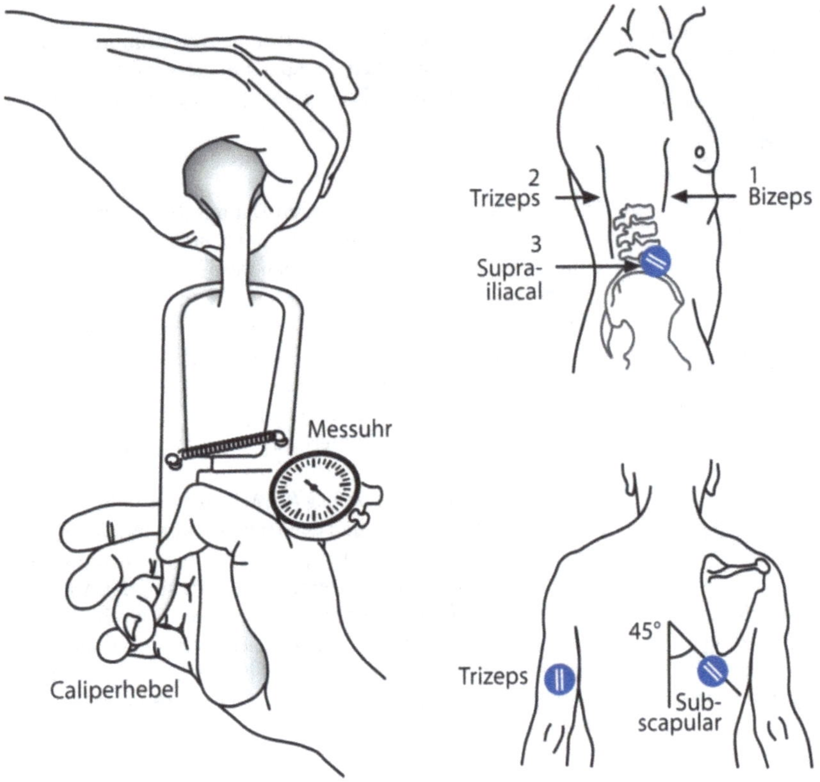

Abb. 1-3. Messung der Hautfaltendicke mit einem Calip

Prinzip. Mittels einer einfachen transkutanen Widerstandsmessung werden über 4 Hautelektroden der Wechselstromwiderstand (Impedanz) und der Pasenwinkel (α) des Wechselstroms im Körpergewebe gemessen. Die Impedanz, d. h. der Wechselstromwiderstand ist dabei frequenzabhängig:

- <1 kHz läuft durch die *extrazelluläre* Flüssigkeit, d. h. bei niedrigen Frequenzen korrelieren die BIA-Daten mit der ECM.
- >1 kHz korrelieren die BIA-Daten mit der TBW.

Derzeitige Geräte arbeiten mit einem Wechselstrom von 50 kHz und 800 µA. Der bei niedrigen Frequenzen ermittelte Ohmsche Widerstand R (Resistance) wird von Gewebeflüssigkeit und Elektrolyten bestimmt (ohne Fett, Knochen, kollagene Strukturen), während der bei hohen Frequenzen gemessene Widerstand Xc (Reactance) von den Kondensatoreigenschaften der *Zellmembranen* bestimmt wird (*Abb. 1-4*). Daher ist der Xc ein Maß für die Körperzellmasse. Das Verhältnis von Reactance (Xc^2) zu Resistance wird durch den Phasenwinkel ausgedrückt, der ein Maß für die Phasenverschiebung von Strom und Spannungen an den distalen Elektroden darstellt und somit direkt Verschiebungen zwischen den beiden Kompartimenten TBW und BCM widerspiegelt.

Die Ergebnisse der Widerstandsmessungen werden mittels verschiedener anhand von Referenzmethoden (z. B. Isotopendilution) erstellter Algorithmen in die Kenngrößen der Körperzusammensetzung umgerechnet. Dem jeweiligen Algorithmus liegen folgende Annahmen zugrunde [43]:

- Der menschliche Körper ist ein gleichmäßiger Zylinder.
- Das Verhältnis von intra- zu extrazellulärer Flüssigkeit und die Hydratation der Körpergewebe sind konstant.
- Der angelegte Wechselstrom durchdringt alle Zellen gleichmäßig.
- Die Reactance (XC) ist gering und kann vernachlässigt werden.

Durchführung. Mit den heute gängigen Systemen wird dabei über 4 Hautelektroden ein homogenes elektrisches Feld mit konstanter Stromstärke und hoher Frequenz angelegt (*Abb. 1-5*). Die Durchführung der Messungen sollte unter standardisierten Messbedingungen erfolgen, d. h.:

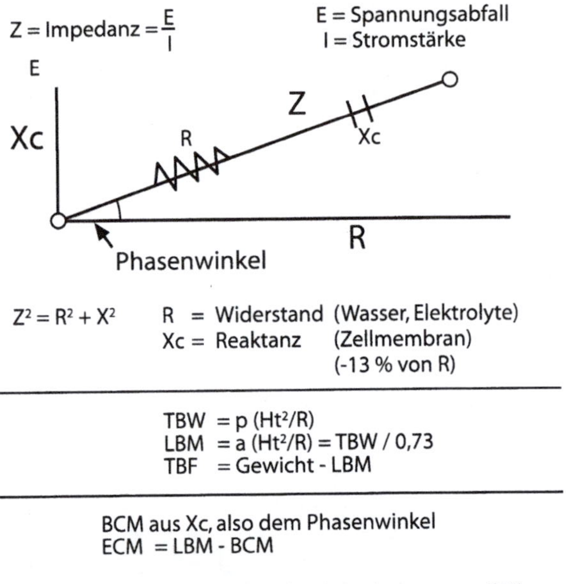

Abb. 1-4. Theorie der bioelektrischen Impedanzmessung (BIA): Zusammenhang zwischen »Resistance« und »Reactance«

- Messung bei «*normalem Hydratationszustand*« (kein exzessives Schwitzen oder Dehydratation, keine Diuretikaeinnahme, kein übermäßiger Alkoholkonsum) – **Cave:** Leber- und Nierenkrankheiten, Herzinsuffizienz, schwere Malnutrition;
- konstante Hauttemperatur (Raumtemperatur etwa 21°C, am Krankenbett keine Messungen unmittelbar nach Aufdecken der Bettdecke);
- korrekte Elektrodenplazierung und vorherige Hautreinigung (Plazierung an Hand- und Fußwurzel nach Vorschrift, Fehlplazierungen der Elektroden um 1 cm führen zu einem Messfehler >2%; Hautreinigung mit Alkohol);
- Nüchternmessung (>4 h nach der letzten Mahlzeit);
- keine körperliche Anstrengung (d. h. in Ruhe);
- mindestens 10 min liegend, Beine und Arme um 30–45° abduziert).

Bei normalem Flüssigkeitshaushalt und unter der Annahme eines konstanten Flüssigkeitsgehaltes von 73% lassen sich nach folgenden Gleichungen das Gesamtkörperwasser (TBW), die Magermasse (LBM) sowie die Fettgewebsmasse (FM) berechnen:
TBW (I) = 0,382 × Körperoberfläche [m^2]/Resistance
[Ω + 0,105 × Körpergewicht [kg]–8,315]
LBM [kg] = TBW/0,73
FM [kg] = Körpergewicht [kg]–LBM

Mit der BIA-Messung sollte immer eine genaue Bestimmung der Köpergröße (±0,5 cm) und des Körpergewichts (±0,1 kg) erfolgen. Abweichungen der Körpergröße um 2,5 cm bzw. des -gewichtes um 1 kg führen zu TBW-Unterschieden um 1,0 bzw. 0,2 l. Einziges Ausschlusskriterium ist das Tragen eines Herzschrittmachers.

Aussagekraft/Wertigkeit. Bei gesunden Erwachsenen liefert die BIA-Messung für die Bestimmung von TBW und BCM valide Daten.

Bei Patienten mit *Körperasymmetrien* (z. B. Amputationen) oder bei Hemiparese gilt die Methode als nicht ausreichend validiert. Unterschiede im Hydratationszustand, bei Adipositas und verschiedenen Krankheiten führen zu einer fehlerhaften Einschätzung der FFM.

Die aus der BIA-Messung berechnete *Fettmasse* (s. oben) zeigt im Vergleich zu den Referenzmethoden (z. B. Densitometrie) z. T. nicht akzeptable Abweichungen. Auch der Einfluss der *Fettverteilung* ist unklar.

BIA-Messungen bei Patienten auf einer *Intensivstation* müssen unter akkuraten, standardisierten Untersuchungsbedingungen (z. B. frisch gebetteter Patient) und nach Ausschluss möglicher Fehlerquellen durchgeführt werden. Die Ergebnisse sollten in jedem Fall unter Hinzuziehung weiterer Daten (Flüssigkeitsbilanz, Phasenwinkel) interpretiert werden. So machen extreme Phasenwinkel (<0,5°, >10°) die Ergebnisse der Messung unglaubwürdig.

Für *Kinder* und *Jugendliche* gibt es derzeit noch keine ausreichend validierten oder allgemein akzeptierten Daten.

> Die Bio-Impedanz-Analyse (BIA) ist eine einfache nicht invasive Methode zur Abschätzung der Körperzusammensetzung, die auf dem Zusammenhang zwischen Wechselstromwiderstand und Flüssigkeitsgehalt (Leitfähigkeit) des menschlichen Körpers beruht. Die BIA gibt valide Aussagen bei Normalpersonen (Gewichtsreduktion, Sportler), zeigt aber eine unzureichende Sensitivität bei Fettsüchtigen, bei Menschen mit erhöhter Rumpfmasse (Extremsportler, Bodybuilder) und bei Störungen des Wasserhaushalts (Intensivpatienten). Zur Erzielung einwandfreier Ergebnisse muss für eine korrekte Durchführung gesorgt werden und weitere Untersuchungen an Subpopulationen (Kinder, Mangelernährte, Intensivpatienten) müssen zu einer Verbesserung der Methodik (Algorithmus) führen.

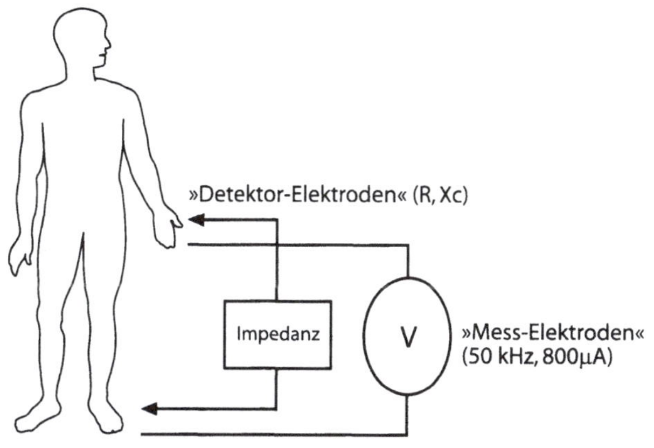

Abb. 1-5. Prinzip der bioelektrischen Impedanzmessung

Sonstige Methoden zur Erfassung der Körperzusammensetzung

Eine genaue Bestimmung der einzelnen Körperkompartimente kann mittels der *Dichtemessung* (Fett zeigt eine geringere Dichte als Muskulatur), Messung des *Gesamtkörperwassers (Isotopenmethode)* und des *Gesamtkörperkaliums* erfolgen, wobei diese Methoden als »golden standard« zur Messung von Fett und fettfreier Masse dienen (*Tabelle 1-7*). Neuere Methoden, DEXA (»dual-energy X-ray absorptiometry«), Ganzkörperzähler and Neutronenaktivierungsanalyse, Computertomographie und MRI (»magnetic resonance imaging«), sind nur bestimmten Zentren zur Erarbeitung von wissenschaftlichen Maßzahlen vorbehalten und eignen sich nicht für den klinischen Alltag [13, 39].

Die hier beschriebenen Parameter geben einen wichtigen globalen Einblick in den Ernährungszustand, lassen aber keine Aussage auf das Bestehen spezifischer Substratdefizite zu. Es können Mangelzustände (Alter, Malabsorption) bestehen und bestimmte Substrate (essenzielle Fettsäuren, Aminosäuren, Mineralstoffe, Spurenelemente und Vitamine) nur grenzwertig zur Verfügung stehen, sodass es bei Krankheiten mit erhöhtem Bedarf zur Dekompensation kommen kann.

1.2.3 Laborchemische Diagnostik

Zur genaueren Beurteilung des Ernährungszustandes (Substratressourcen) stehen zahlreiche biochemische und immunologische Parameter zur Verfügung, die jedoch vielfach durch die bestehende Krankheit mitbeeinflusst werden, d. h. ihre Interpretation kann nur im Rahmen der Krankheit erfolgen [5, 8, 18, 26, 33, 52].

Blutglukose

Nüchternblutglukosewerte zwischen 110 und 125 mg/dl und/oder 2-h-Blutglukosewerte postprandial von 140–199 mg/dl sprechen für eine beeinträchtigte Glukosetoleranz (IFG/IGT) und Nüch-

Tabelle 1-7. Methoden und Messparameter der Körperzusammensetzung

Kompartimente Elemente	Densitometrie	DEXA	Isotopen-Dilution	^{40}Kalium-Zählung	NAA	BIA	Anthropometrie
Fettmasse	+	+			+	(+)	+
FFM		+	+	(+)	+	+	
Kalzium-/Knochendichte		+			+		
BCM			+	+	+	+	
ECM			+		+	+	
Muskelmasse					+		+
Nicht-Muskel-Magermasse							
Stickstoff bzw. Eiweiß					+		

BIA Bioelektrische Impedanzanalyse; DEXA Dual Energie-Röntgenabsorptionsmessung, NAA Neutronen-Aktivierungsanalyse, FFM fettfreie Masse, BCM Körperzellmasse, ECM Extrazellulärmasse

ternblutglukosewerte >125 mg/dl und/oder 2-h-Blutglukosewerte >200 mg/dl für einen Diabetes mellitus. Blutglukosewerte <50 mg/dl müssen abgeklärt werden, sie können auf eine längerdauernde Mangelernährung oder einen Hyperinsulinismus hinweisen.

Triglyzeride und Cholesterin

Triglyzeridwerte >170 mg/dl weisen auf ein metabolisches Syndrom (Wohlstandssyndrom) und Werte <50 mg/dl auf eine längere Nahrungskarenz (Mangelernährung) oder Stoffwechselstörung hin, eine entsprechende Klärung wird empfohlen. Bei längerdauernder Mangelernährung kommt es zum Anstieg der freien Fettsäuren und der Ketonkörper [68].

Cholesterinwerte >200 mg/dl und Werte von HDL-Cholesterin <45 mg/dl bei Frauen bzw. <35 mg/dl bei Männern weisen auf ein *metabolisches Syndrom* hin. Bei längerer Nahrungskarenz und Mangelernährung können die Cholesterinwerte unter 100 mg/dl abfallen. Der Cholesterinwert ist ein sehr sensitiver Parameter für eine chronische Mangelernährung (z. B. Tumorkachexie).

Aminosäuren

Die Bestimmung von Aminosäuren im Blut bzw. in den einzelnen Geweben ist nur bestimmten Zentren vorbehalten. In Phasen der *Mangelernährung* fallen v. a. die *glukoplastischen* Aminosäuren (Arginin, Zystin, Glyzin, Isoleuzin, Histidin, Leuzin, Lysin, Prolin, Serin, Threonin, Valin) ab. In Zukunft wird unter dem Aspekt der adaptierten pharmakodynamischen Ernährungstherapie die Bestimmung von bestimmten Aminosäuren (Glutamin, Lysin) von besonderer Wichtigkeit sein, da ein Mangel an diesen Aminosäuren (biologische Wertigkeit) zu besonderen Komplikationen (Katabolie, Infektionen) führt.

Elektrolyte, Spurenelemente, Vitamine

Bei Mangelzuständen treten zunehmend niedrige Werte von Kalium, Magnesium und Phosphat auf, die besonders in der Refeedingphase zu Problemen führen können. Besonders alte und mangelernährte Patienten zeigen grenzwertige Anteile an Spurenelementen (Eisen, Zink, Selen) und Vitaminen (C, D, E, K, Niazin, Pyridoxin), die bei Krankheiten zu klinischen Mangelsymptomen führen können.

Blutglukose, Blutfette (Cholesterin), Elektrolyte (Kalium, Magnesium, Phosphat), Spurenelemente (Zink, Chrom, Eisen) und Vitamine erlauben nur indirekt eine Aussage über den Ernährungszustand, sie sind von der hormonellen Regulation und der Stoffwechselsituation abhängig und die einzelnen Reserven sind relativ unterschiedlich. Außerdem spiegeln die Blutspiegel nicht evtl. Mangelzustände in den Geweben und Zellen wieder.

Plasmaproteine

Da zur Synthese komplexer Plasmaproteine in der Leber Aminosäuren und Energie benötigt werden, kann sich eine Mangelernährung auch im Verhalten verschiedener Plasmaproteinkonzentrationen ausdrücken.

Das ***Serumalbumin*** kann als valider Parameter zur Ernährungsbeurteilung angesehen werden. Chronische Mangelernährungszustände gehen mit einem starken Abfall der Albuminkonzentration einher und die Albuminkonzentration erholt sich rasch mit Beginn einer ausreichenden Ernährung und bei Stabilisierung des Stoffwechsels [3, 5, 8 19, 20]. Als Grenzwert für einen klinisch bedeutsamen Eiweißmangel wird eine Konzentration von 30–35 g/l angegeben. Es wird in der Literatur eine direkte Korrelation zwischen der Höhe des Serumalbumins und der Infektionsgefährdung (bei Werten <25 g/l kommt es in 100% zu einer Infektion) beschrieben. Die Aussagekraft des Serumalbumins ist jedoch im weiteren Krankheitsverlauf (schwere Sepsis, Verbrennungstraumen und sonstigen Krankheitszustände mit Flüssigkeitsverschiebungen, Nephrose) eingeschränkt. Albumin scheint sich gegenläufig zum C-reaktiven Protein zu verhalten. In dieser Phase kann es zur Eröffnung der »tight junctions« kommen, wobei das Albumin in das Interstitium abwandert. Das Serumalbumin findet sich in zahlreichen Scores zur Ernährungsbeurteilung.

Das ***Gesamteiweiß*** korreliert mit dem Serumalbumin und kann als Ersatzparameter dienen, seine Unschärfe liegt in der Summation von ernährungs- und infektionsabhängigen Proteinen.

Die kurzlebigen Plasmaproteine (*Tabelle 1-8*) wie *Präalbumin, Transferrin, Prothrombinzeit, Cholinesterase* und *retinolbindendes Protein* sind Zeichen ernährungsbedingter Proteinveränderungen, während die Akutphaseproteine (*CRP, Prokalzitonin, Fibrinogen, Fibronektin, α_2-Makroglobulin, Neopterin*) durch die Grundkrankheit (Infektion) beeinflusst werden [19, 20, 58].

Tabelle 1-8. Halbwertszeiten verschiedener Plasmaproteine in Tagen. (Mod. nach [8])

Plasmaprotein	Halbwertszeit (Tage)
Retinol-bindendes Protein	0,5
Fibronektin	0,6–0,8
Cholinesterase	ca. 1
Thyroxin-bindendes Protein	2
Präalbumin	ca. 2
Fibrinogen	2,5
Caeruloplasmin	4,5
α_1-Antitrypsin	5
Transferrin	4–7
Albumin	21

Präalbumin erweist sich als sehr sensitiver Parameter für die Ernährungsbeurteilung und besitzt eine kurze Halbwertszeit, wird jedoch zumeist im Routinelabor nicht bestimmt.

Bei Mangelernährung und bei gestörten Organfunktionen (Stress, Traum, Operation) zeigen sämtliche Parameter eine fallende Tendenz. Bei Stabilisierung der Organfunktionen (Leber) kommt es postoperativ bei unkompliziertem Verlauf wieder zu einer Normalisierung.

Bei Infektionen kommt es zu einem Anstieg der Akutphaseproteine. Einzelne Proteine gelten daher als Marker für Entzündungsvorgänge (CRP, Prokalzitonin, Neopterin). Sie kehren wieder zur Norm zurück, wenn der Entzündungsprozess abgeschlossen ist.

Einzelne Parameter gehen in verschiedene Ernährungsbeurteilungen ein, denn sie geben durch ihre kurze Halbwertszeit (Stunden bis Tage) einen verlässlichen Einblick in die aktuellen Syntheseleistungen, sie sind gegenseitig jedoch vielfach austauschbar (*Tabelle 1-8*).

1.2.4 Immunologische Messwerte

Der Ernährungszustand und der Krankheitsverlauf beeinflussen das Immungeschehen des Organismus, wobei davon sowohl die zellulären wie auch die humoralen Faktoren beeinflusst sind [5, 12, 23, 35, 46].

Die Erfassung des Immunstatus erfolgt mit Hilfe der absoluten *Lymphozytenzahl* im Blut und mit *Intrakutantestungen* mit verschiedenen Antigenen. Die Aussagekraft dieser Tests ist umstritten und sie geben nur begrenzt Auskunft über den Ernährungszustand eines Patienten. Bei Malnutrition und auch im Postaggressionsstadium ist eine Reihe von immunologischen Defekten beschrieben worden, dies sowohl bei einer allgemeinen Malnutrition als auch bei Unterversorgung mit einzelnen Nährstoffen, dabei scheint v. a. die zelluläre Immunität gestört zu sein.

Lymphozyten

Bei kurzfristigem Gewichtsverlust von mehr als 10% ist meist die Lymphozytenzahl vermindert, es werden Werte <1500/mm³ gefunden. Werte <800/mm³ weisen auf eine schwere Mangelernährung und eine schlechte Prognose hin. Mit der Eiweißversorgung wird auch das System der T-Lymphozyten beeinflusst, es liegen weniger reife, voll dissoziierte T-Lymphozyten vor und die T-Helferzellen sind stärker vermindert als die T-Suppressorzellen.

Hauttests und Komplementfaktoren

Die *Hauttests* werden mit intradermaler Injektion (Stempel) von mikrobiellen Antigenen durchgeführt [46]. Die Tests sollen standardisiert erfolgen, wobei eine Induration von mindestens 5 mm innerhalb von 48–72 h als positiv gewertet wird. Positive Reaktionen sieht man eher bei jüngeren Patienten oder bei Patienten mit kurzer Krankheitsdauer, eine Korrelation zu den Lymphozytenwerten ist nicht nachweisbar. Mit der Mangelernährung nehmen auch die *Komplementfaktoren C3, C5* und *B* signifikant, d. h. um ca. 50%, ab.

Die Aussagekraft dieser Tests ist schwer validierbar und kann nur gemeinsam mit dem Krankheitsgeschehen interpretiert werden.

1.2.5 Bilanzuntersuchungen

Der Ernährungszustand ist nicht nur abhängig von der Körperzusammensetzung und den Substratressourcen sondern auch vom aktuellen Energie- und Substratumsatz. Der Energieverbrauch und die damit verbundene tägliche Bildungsrate von Harnstoff und Kreatinin sind von der Nahrungszufuhr, vom Ernährungszustand, von der körperlichen und der Stoffwechselaktivität des Patienten abhängig [3, 5, 6, 48, 52].

Verschiedene Krankheiten führen aufgrund der hormonellen Umstellungen (Katecholamine, Kortisol, Insulin, Wachstumshormon) oder der Gast-Wirt-Beziehung zu einem erhöhten Energie- bzw. Substratbedarf (Glukose, Fettsäuren, Aminosäuren und speziell Glutamin, Vitamine, Antioxidanzien). Dies beeinflusst wiederum den Ernährungszustand und kann zu einer Mangelernährung führen.

Indirekte Kalorimetrie

(Siehe auch Kap. 2)

Der aktuelle Energiebedarf kann anhand der Schwere der Krankheit (Berechnung nach Harris u. Benedikt, Aktivitätsfaktor) geschätzt oder mittels indirekter Kalorimetrie relativ exakt bestimmt werden [37, 50].

Die indirekte Kalorimetrie beruht auf der Messung des O_2-Verbrauchs und der CO_2-Produktion, wobei der respiratorische Quotient und die Ausscheidung von Harnstoff als Funktion des Proteinabbaus mitberücksichtigt werden müssen. Technisch ergeben sich besonders beim beatmeten Patienten mit F_IO_2 >0,5 größere Schwierigkeiten, sodass sich diese Methode im klinischen Alltag nicht allgemein durchgesetzt hat.

Basierend auf der indirekten Kalorimetrie haben sich verschiedene Formeln zur Berechnung des Grundumsatzes entwickelt, wobei die Formel nach *Harris u. Benedict* am meisten valide erscheint:

Grundumsatz (männlich) = 66 + (13,7 × kg KG) + (5 × Körpergröße [cm]) – (6,8 × Alter [Jahren])

Grundumsatz (weiblich) = 55 + (9,6 × kg KG) + (1,8 × Körpergröße [cm]) – (4,7 × Alter [Jahren])

Für die klinische Praxis hat sich die Formel durchgesetzt:

Grundumsatz = 25 × kg Sollgewicht und 24 h

> Körperliche Aktivität und unterschiedliche Stresssituationen (Krankheiten) führen zu einer Erhöhung des Energiebedarfs, dafür wurden der Aktivitäts- und Krankheitsfaktor eingeführt (s. Kap. 2).

Harnstoffproduktionsrate und Harnstoff/Kreatinin-Quotient

Die Harnstoffproduktionsrate (HPR) errechnet sich aus der Harnstoffausscheidung im 24 h-Urin und der Harnstoffretention im Körperwasser:

HPR [g/24 h] = Harnstoff im Urin [g/24 h] + (δ-Serumharnstoff [mg/dl] × 0,0099 × KG × Faktor)

Der Faktor beträgt bei Männern 0,6 und bei Frauen 0,55.

Werte über 30 g Harnstoff/24 h werden als katabol bezeichnet.

Die Bestimmung der HPR ist relativ untersuchungsabhängig und sollte nur im Stoffwechselgleichgewicht erfolgen, die HPR geht auch in die Berechnung der Stickstoffbilanz und des Katabolie-Index (Bistrian) ein [38].

Ein einfacher Parameter zur Bestimmung des Ausmaßes der Katabolie ist der »*Harnstoff/Kreatinin-Quotient*« im Serum. Bei vermehrtem Anfall von Harnstoff aus der Proteolyse steigt der Serum-Harnstoffwert rasch an, während der Kreatininwert (auch im Nierenversagen) nur langsam reagiert (▣ *Abb 1-8*). Der Grenzwert liegt bei 40.

Kreatininindex

Das Ausmaß der täglichen Kreatininausscheidung ist bei normaler Nierenfunktion ein indirektes Mass für die Muskelmasse, da Kreatinin in praktisch gleichbleibender Menge aus Kreatin und Kreatinphosphat in der Muskulatur entsteht und nicht anderweitig utilisiert wird und ausschließlich renal eliminiert wird. Die im Harn gemessene Kreatininausscheidung wird in % der optimalen Kreatininausscheidung angegeben:

Kreatininindex [%] (männlich) = Harnmenge × Kreatinin im Harn [mg/dl]/23 × (Körpergröße [cm] – 100)

Kreatininindex [%] (weibl.) = Harnmenge × Kreatinin im Harn [mg/dl]/18 × (Körpergröße [cm] – 100)

Eine Kreatininindex <80% ist als Zeichen einer verminderten Muskelmasse anzusehen, Werte <50% sind Ausdruck eines ausgeprägten Mangels an Muskelmasse.

1.2.6 Funktionelle Tests – Lebensqualität

Neben den oben erwähnten messbaren organ- und stoffwechselspezifischen Parametern wird zur Erhebung des Ernährungszustands auch die funktionelle und psychosoziale Dimension bestimmt, deren Erfassung heute noch ungleich schwieriger ist [1, 10, 59, 62]. Da der Ernährungszustand jedoch einen Einfluss auf die körperlichen und psychosozialen Funktionen ausübt, ist es wichtig, diese Parameter zu berücksichtigen.

Funktionstests

Der Ernährungszustand beeinflusst auch die Funktionen verschiedener Organe bzw. deren Leistungsumfang. Während einzelne Organfunktionen z. T. durch die oben beschriebenen Labor- und Bilanzparameter beschrieben wurden, soll hier auf die Muskelfunktionen und die Wundheilung eingegangen werden [30, 62].

Die *Dynamometrie* (Griffstärke, Adductor-pollicis-Test) wurde als Ernährungsparameter validiert, Probleme ergeben sich aber dabei, dass die Messergebnisse stark von der Motivation des zu Untersuchenden und von der Untersuchungstechnik (elektrische Stimulation) abhängig sind. Die einzelnen Methoden haben sich im klinischen Alltag nicht durchgesetzt.

Lebensqualität

Zur Erfassung der Lebensqualität werden Kriterien, die sich nach den Bedürfnissen des Menschen (z. B. Maslow-Pyramide) richten, herangezogen [1, 29, 59]. Es wird nach einer Abstufung von Fähigkeiten vorgegangen, die für eine Lebensqualität auf verschiedenen Stufen wichtig sind, dabei stehen Fremdbeurteilungssysteme (Karnowski-Index (▣ *Tabelle 1-9*), Barthel-Index, Spitzer-Index) und Eigenbeurteilungsfragebogen (EORTC: QLQ-C30, QLI) zur Verfügung. Diese Methoden sind an großen Patientenkollektiven gut validiert, gehen auf die Ernährung jedoch nicht direkt ein. Die Erfassung der Lebensqualität von Patienten ist für die Beurteilung des Ernährungszustands noch eher ungebräuchlich und auch schwer in die übrige Diagnostik einzuordnen, einzelne Elemente gehen jedoch in verschiedene Scoringsysteme ein.

1.3 Ernährungszustand und Krankheit

Die im vorherigen Abschnitt beschriebenen Einzelwerte erlauben für sich keine eindeutige Beurteilung des Ernährungszustands. Versucht man die Parameter anhand eines Portfolios zu werten (▣ *Abb. 1-6*), erkennt man, dass einzelne Parame-

▣ Tabelle 1-9. Beurteilungskriterien nach dem Karnowski-Index

[%]	Kriterien
100	Normal, keine Beschwerden, keine Krankheitsanzeichen
90	Patient ist zu normaler Aktivität fähig, zeigt kleinere Krankheitssymptome
80	Normale Aktivitäten, allerdings mit einiger Anstrengung; einige Krankheitssymptome
70	Patient versorgt sich selbst, ist jedoch weder zu normaler Aktivität oder aktiver Arbeit fähig
60	Gelegentliche Unterstützung erforderlich, Patient kann sich jedoch weitgehend selbst versorgen
50	Erhebliche Unterstützung sowie häufige medizinische Versorgung erforderlich
40	Patient ist behindert, bedingt besondere Versorgung und Unterstützung
30	Schwer behindert, Krankenhauseinlieferung angezeigt, Patient ist jedoch nicht moribund
20	Patient ist schwerkrank, Krankenhausaufenthalt unerlässlich, aktive unterstützende Therapie ist erforderlich
10	Patient ist moribund, die tödlichen Prozesse schreiten rasch voran
0	Tod

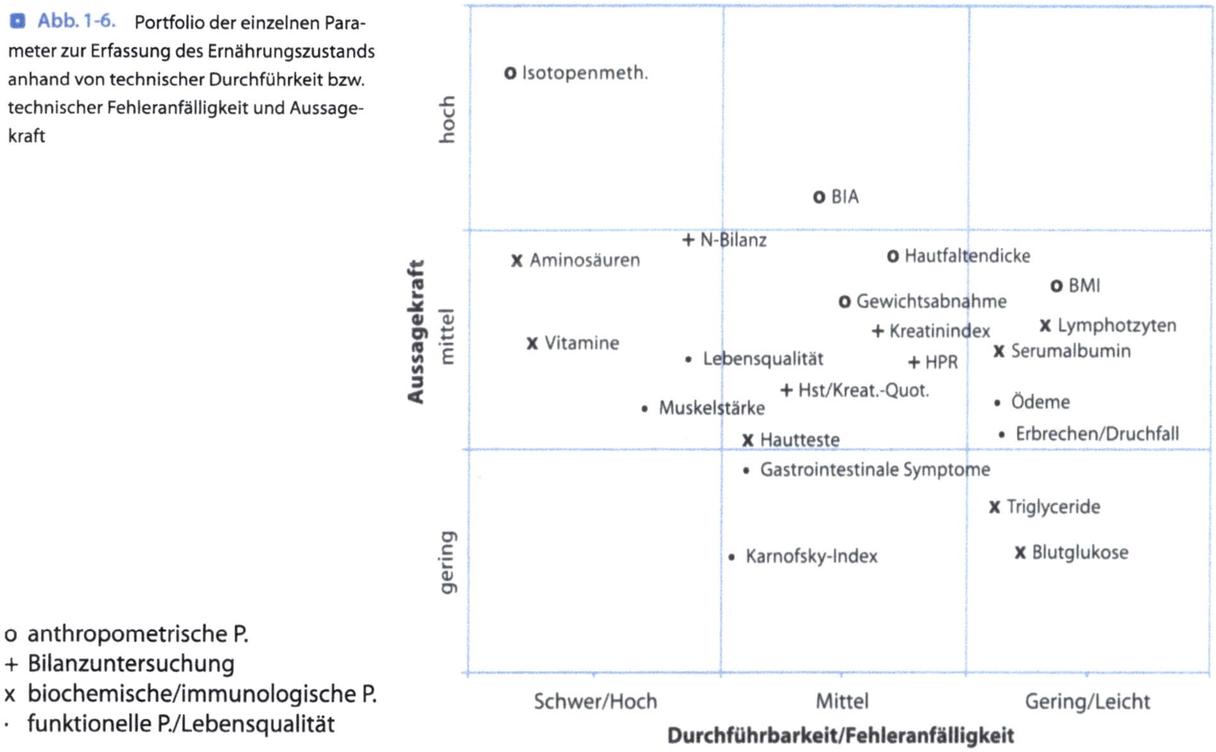

Abb. 1-6. Portfolio der einzelnen Parameter zur Erfassung des Ernährungszustands anhand von technischer Durchführkeit bzw. technischer Fehleranfälligkeit und Aussagekraft

ter zwar technisch relativ leicht zu erheben sind, jedoch eine geringe Sensitivität bzw. Spezifität zeigen, andere Parameter mit einer hohen Nachtestwahrscheinlichkeit sind sehr aufwendig und nur speziellen Zentren vorbehalten [3, 5, 21, 27, 55].

Die Beurteilung des Ernährungszustands kann daher nur mit Hilfe eines »Parametermix« erfolgen, wobei immer die Akzeptanz und die Kostenfrage berücksichtigt werden muss. Bei einer globalen Beurteilung sollen die wichtigsten Kriterien (Anamnese, anthropometrische und laborchemische Daten, Bilanz- und Funktionsuntersuchungen) miteinbezogen werden, da sich der Ernährungszustand in verschiedenster Weise manifestiert.

1.3.1 Einfache Beurteilung des Ernährungszustands

Mit den obigen Befunden kann der Ernährungszustand anhand von anthropometrischen, laborchemischen und Funktionsparameter definiert werden als (*Tabelle 1-10*).

Der Ernährungszustand geht im klinischen Alltag eher selten in die klinische Diagnostik und auch nur selten in die Patientendokumentation (KIS) ein. Der Ernährungszustand beeinflusst jedoch das Krankheitsgeschehen und den Krankheitsverlauf (Morbidität, Mortalität, Lebensqualität), daher ist es wichtig, diesen bereits bei Beginn der Behandlung zu erheben und entsprechend zu interpretieren.

Normal ernährte Patienten

Bei normal ernährten Patienten liegen die Ressourcen für die einzelnen Makro- und Mikrosubstrate im Normbereich, sie besitzen auch genügend Reserven, um einige Tage (bis 1 Woche) ohne Nahrungszufuhr schadlos zu überstehen.

Adipöse Patienten

Sie zeigen vielfach Zeichen eines metabolischen Syndroms (BMI >25 kg/m^2, Hypertonus und/oder einen Cholesterinwert >200 mg/dl, erniedrigtes HDL-Cholesterin und/oder Triglyzeridwerte >170 mg/dl) und einer diabetischen Stoffwechsellage (s. Kap. 56, 57). Zudem können übergewichtige Patienten mangelernährt sein, wenn es zu einer ungleichmäßigen Verteilung der Fett-, Eiweiß- und Substratreserven kommt. Hospitalisierte Patienten mit einer diabetischen Stoffwechsellage und/oder einem metabolischen Syndrom weisen im Vergleich zur Bevölkerung eine deutlich höhere Inzidenz an Komplikationen (Stoffwechsel, Infektionen, Druckulzera, Immobilisation) auf. Ihre Aufenthaltsdauer im Krankenhaus ist zumeist verlängert.

Mangelernährte Patienten

Die Mangelernährung lässt sich weiter in 3 Stufen unterteilen: I: mäßige, II: mittelgradige und III: schwere. Ausschlaggebend für den Ernährungszustand sind v. a. die Proteinreserven. Der mangelernährte Patient zeigt eine höhere Komplikationsrate (Infektion, Wundheilungsstörung) bzw. allgemein eine erhöhte Morbidität und Mortalität [7, 16, 42, 52, 56, 57].

Eine Klassifizierung der Mangelernährung ist auch deshalb notwendig, weil die Mangelernährung als eigenständige Krankheit angesehen wird und nach dem ICD-9-(263) und ICD-10-Schlüssel (E46) bewertet werden kann. Es wird dabei unterschieden zwischen schwerer Protein-Energie-Malnutrition (Kwashiorkor), nutritionalem Marasmus, Mangelernährung leichten und mittleren Grades und andere Protein-Energie-Mangelernährungen. In die letzte Gruppe (263.8) werden Patienten mit Stress, septische Patienten, Patienten mit größerer elektiver Chirurgie und Patienten, bei denen eine normale Nahrungszufuhr über 7 Tage nicht möglich ist, einbezogen.

Tabelle 1-10. Einteilung in verschiedene Ernährungszustände anhand verschiedener Parameter

	Normaler Ernährungszustand	Adipositas/metabolisches Syndrom	Protein-Mangelernährung	Protein-Kalorienmangelernährung (Mangelernährung)	Substratmangel
Anthropometrische Parameter					
Body Mass Index	normal	↑↓	normal/↓	↓	normal/↓
Trizepshautfaltendicke	normal	↑	normal	↓	normal
Armmuskelumfang	normal	normal	↓	↓	normal
Laborchemische Parameter					
Blutglukose	normal	normal/↑	unauff.	normal/↓	normal
Blutfette	normal	normal/↑	unauff.	normal/↓	normal
Albumin	normal	normal	↓	↓	normal
Präalbumin	normal	normal	↓	↓	normal
Immunstatus	normal	normal/↓	↓	↓	normal/↓
Spezifische Substrate (Fettsäuren, Spurenelemente, Vitamine)	normal	normal/↓ oder ↑	Spezifische Veränderungen	Spezifische Veränderungen	Spezifische Veränderungen
Bilanz-/Funktionsparameter					
Harnstoff-Produktionsrate	normal	normal	?	?	normal
Kreatininindex	normal	normal/↓	↓	↓	normal

1.3.2 Ernährungsbeurteilung anhand von Scores

Um eine leichtere Einschätzbarkeit der Ernährungszustands (Ernährungsteams, Krankhausinformationssystem) und eine angemessene Vergleichbarkeit von Studien zu erreichen, ist es notwendig, ein einfach durchführbares und allgemein anerkanntes Scoresystem zu verwenden, das aber verschiedene Funktionszustände berücksichtigen soll [7, 57].

Für die Überernährung und das metabolische Syndrom existieren keine eindeutigen Scoresysteme, einzelne Parameter finden sich in allgemeinen Systemen (APACHE, SAPS). Da in Zukunft diesen Ernährungsveränderungen mehr Aufmerksamkeit geschenkt werden muss, wird man auch diese Parameter in ein entsprechendes Score einbeziehen müssen.

In der Literatur wird die Mangelernährung vielfach anhand der klinischen Untersuchung oder eines Einzelparameters (BMI, Serumalbumin) definiert, dadurch ist eine Vergleichbarkeit der einzelnen Studien nur schwer möglich [2]. Andererseits bestehen aufwendige Scoresyteme mit zahlreichen Einzelparametern (»Surrogatparameter«), die kaum Eingang in die klinische Praxis finden. Analysen zeigen (*Abb. 1-7*), dass zur Beurteilung einer Mangelernährung die Parameter BMI, Gewichtsabnahme und Präalbumin eine sehr hohe, Serum-Eisen und Trizepshautfaltendicke eine mäßig hohe Validität besitzen. Cholesterin, Serumalbumin und Armmuskelumfang sind relativ uncharakteristische Parameter, der Harnstoff/Kreatinin-Quotient und die Lymphozytenzahl geben weniger Auskunft über den Ernährungszustand als über die Krankheit und das Stoffwechselverhalten (Katabolie).

Auf diesen Voraussetzungen basierend wurden in den letzten Jahren etliche Scores vorgestellt. Ihr Nachteil liegt vielfach im Aufwand an verwendeten Parametern und in der praktischen Nicht-Umsetzbarkeit im klinischen Alltag.

»Prognostic Nutrition Index« (PNI)

Der »Prognostic Nutritional Index« (PNI) wurde zur Risikoabschätzung chirurgischer Patienten im Hinblick auf postoperative Morbidität und Mortalität entwickelt. Er basiert ausschließlich auf laborchemischen Parametern [5, 7]. In den PNI [%] gehen der Serumalbuminwert, die Trizepshautfaltendicke, das Transferrin und die verzögerte Hypersensitivitätsreaktion nach folgender Formel ein:

PNI [%] = 158 – 16,6 × Serumalbumin [g/dl] – 0,78 × Trizepshautfaltendicke [mm] – 0,2 × Transferrin [mg/dl] – 5,8 × verzögerte kutane Hypersensitivitätsreaktion auf Mumps-, Streptokinase-, Streptodornase oder Candida-Antigen (keine Reaktion (Anergie) wird mit 0 bewertet, <5 mm wird mit 1; >5 mm (intaktes Immunsystem) mit 2 bewertet).

Risikogruppen »low risk« bei einem PNI <40%, »intermediate risk« bei einem PNI von 40–50% und »high risk« bei einem PNI >50% unterteilt werden.

Zwar fand sich in mehreren Studien ein signifikanter Zusammenhang zwischen dem PNI und der Zunahme an Komplikationen, dennoch hat er sich in der Ernährungstherapie nicht entsprechend durchsetzen können. Der PNI muss als *prognostischer Index* bewertet werden, er stellt den Ernährungszustand nur indirekt dar. Aufgrund der aufwendigen Parameter ist er für die Routine nicht geeignet.

Ernährungsscore nach Schmoz

Der von Schmoz et al. entwickelte Score definiert mit einzelnen biochemischen, anthropometrischen und immunologischen Parametern Störungsgrade des Normzustands und den Typ der Ernährungsstörung und verteilt dafür gewichtete Punkte [48]. Bei diesem Score wird zusätzlich das Ausmass einer Resorptionsstörung mittels des D-Xylose-Tests erfasst.

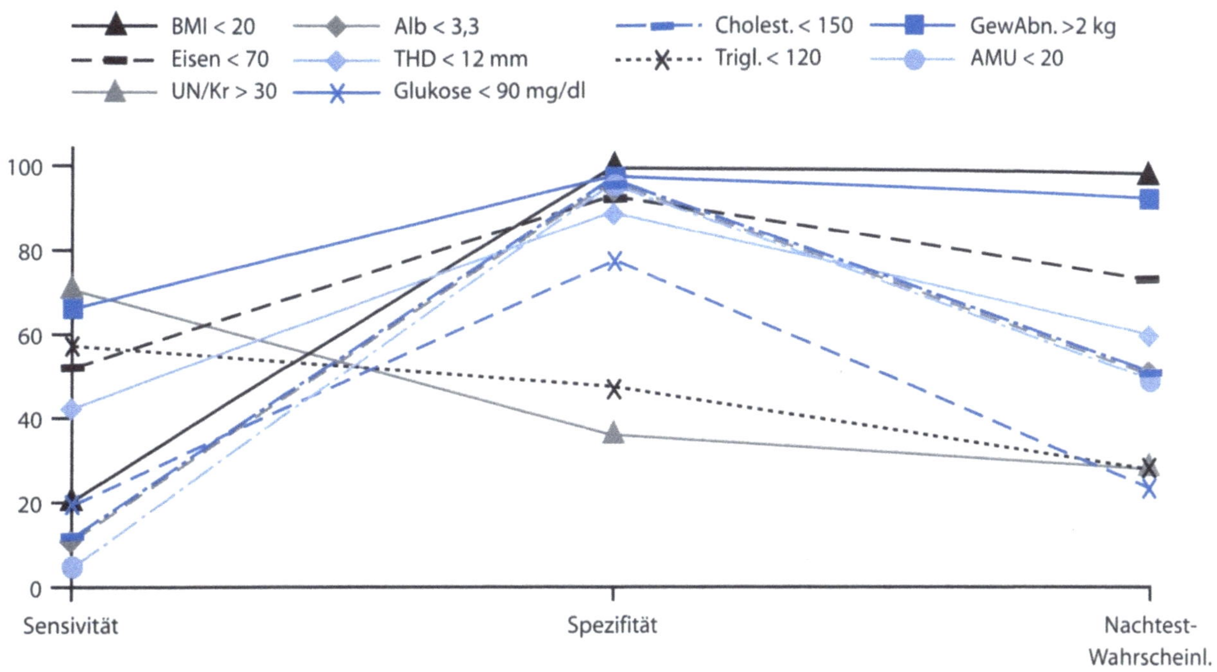

Abb. 1-7. Sensitivität, Spezifität und Nachtestwahrscheinlichkeit verschiedener Parameter zur Diagnose der Mangelernährung (entsprechend dem Hackl-Score)

Zur Durchführung sind mindestens 3 biochemische Parameter erforderlich, dazu noch der Kreatinin-Index, die Lymphozytenzahl und Hauttests.

Das Ernährungsscore nach Schmoz ist für die Bewertung des Ernährungszustandes gut geeignet, kann als Prognoseindex verwendet werden, ist aber in der Durchführung zu aufwendig.

Subjective Global Assessment (SGA)

Das SGA geht im anamnestischen Teil auf den BMI, die Gewichtsveränderungen (Berücksichtigung auch der Gewichtszunahme), die Veränderung der Nahrungszufuhr, gastrointestinale Symptome, die Leistungsfähigkeit und die Auswirkungen der Krankheit auf den Nährstoffbedarf (Stress) ein (*Tabelle 1-11*). Es werden keine laborchemische Parameter verwendet. Bei den klinischen Daten werden Ödeme, Aszites, Muskelatrophie und der Verlust von subkutanem Fettgewebe berücksichtigt. Aus allen Parametern ergibt sich dann die subjektive Einschätzung, ob der Patient gut, mäßig oder schwer mangelernährt ist, bzw. der Verdacht auf Mangelernährung besteht.

Bei einem Vergleich mit dem Ernährungsscore nach Hackl (s. unten) hat sich gezeigt, dass der SGA eine Mangelernährung nur unscharf zeichnet, da die anamnestischen Faktoren v. a. auf die Lebensqualität eingehen. In Verbindung mit einem diagnostischen Score dürfte das SGA jedoch sehr aussagekräftig sein.

Mininal Nutrition Assessment (MNA)

Beim speziell für den Bereich der Geriatrie entwickelten, leicht und schnell (<10 min) durchführbaren MNA wird die Datenerhebung in Form eines Fragebogens erhoben (*Tabelle 1-12*). Als anthropometrische Daten werden BMI und Gewichtsverlust der letzten 3 Monate erhoben, ergänzt durch Fragen über Nahrungsaufnahme (Appetitiverlust, Erbrechen, Verdauung, Schlucken), die Mobilität, die Pflegebedürftigkeit, die Anzahl der kompletten Mahlzeiten und die Zufuhr von Obst und Gemüse (Kohlenhydrate, Vitamine) und von Fleisch- und Milchprodukten (Eiweiß) [59]. Die Einteilung der Patienten erfolgt in 3 Kategorien:

a) normal oder gut ernährt,
b) grenzwertig ernährt oder mit dem Risiko einer Mangelernährung und
c) manifeste Unterernährung.

Der Vorteil des MNA liegt in der frühen Erkennung sich anbahnender Mangelzustände und erlaubt so eine rechtzeitige Intervention.

Ernährungsindex nach Hill

Dieser Index wurde speziell zur Beurteil der Effizienz einer künstlichen Ernährung beim kritisch Kranken entwickelt. Er berücksichtigt neben dem Ernährungszustand auch die Stoffwechselsituation des Patienten. Die Einteilung des Patienten anhand seines Körperproteingehaltes und Energiehaushaltes erfolgt in 4 Gruppen.

Gruppe 1 Mäßig bis schwere Eiweißmangelernährung, Ruheenergieumsatz (REE) normal.

Gruppe 2 Mäßig bis schwere Eiweißmangelernährung, Ruheenergieumsatz erhöht.

Gruppe 3 Leichte Eiweißmangelernährung, Ruheenergieumsatz normal.

Gruppe 4 Leichte Eiweißmangelernährung, Ruheenergieumsatz erhöht.

Für die Einteilung wird der gemessene REE mit dem für ein Kollektiv geschätzten REE (kcal/24 h) nach 13,58 FFM [kg] + 554 verglichen. Liegt das Verhältnis >1,18 gelten die Patienten als hypermetabol. Entsprechend wird das mittels In-vivo-Neutronenaktivierung gemessene Ganzkörperprotein

Tabelle 1-11. Fragebogen für das »Subjective Global Assessment«

A. Anamnese				Punkte
Derzeitiges Gewicht		Körpergröße	BMT (1=18–19, 2=16–17, 3= ≤16)	
1. Gewichtsveränderung				
	Gewichtsverlust in den letzten 3 Monaten (1=3–4,5%, 2=4,5–10%, 3=>10%)	[kg]	[%]	
	Veränderungen in den letzten 2 Wo.		–1 Zunahme 0 Keine Veränderung 1–3 Abnahme	
2. Veränderung der Nahrungszufuhr (im Vergleich zur gewöhnlichen Zufuhr)				
Art:	0 Keine Veränderung, suboptimale feste Kost 1 ausschließlich weiche Kost		2 nur flüssige Nahrung 3 keine Nahrungsaufnahme	
3. Gastrointestinale Symtome (die ≥1 Woche bestehen)				
	0 keine 1 Übelkeit	3 Erbrechen 3 Durchfall	2 Appetitlosigkeit	
4. Leistungsfähigkeit				
	0 Voll leitungsfähig Art	Eingeschränkt: Dauer ....Wochen 2 Eingeschränkt arbeitsf. 3 Bettlägrig	1 gehfähig	
5. Auswirkung der Erkrankung auf den Nährstoffbedarf				
	Hauptdiagnose.................................			
	Metabolischer Bedarf	0 Kein Streß 2 Mäßiger Streß	1 Niedriger Streß 3 Hoher Streß	
B. Untersuchung (0 = normal, 1 = gering, 2 = mäßig, 3 = ausgeprägt)				
	Verlust von subcutanem Fett Knöchelödeme Ascites	Muskelatrophie (Quadriceps, Deltoideus) Präsacrale Ödeme (Anasarca)		
				Summe von A und B
C. Subjektive Einschätzung des Ernährungszustandes				
	A = Gut ernährt (0–3)	B = mäßig mangelernährt oder mit Verdacht auf Mangelernährung (4–10)	C = schwer mangelernährt (> 10)	

(Gesamt-N × 6,25) jedes Patienten mit dem geschätzten Wert verglichen, wobei eine Verringerung auf <70% des Schätzwertes als mäßige bis schwere Eiweißmangelernährung gilt.

Männer:
Protein [kg] = 0,061 × Größe [cm] + 0,126 × kgKG – 0,032 × Alter [Jahren] – 6,334

Frauen:
Protein [kg] = 0,095 × Größe [cm] + 0,067 × kgKG – 0,018 × Alter [Jahren] – 10,631

Patienten der Gruppen 1 und 2 profitieren deutlich mehr von einer künstlichen Ernährung als Patienten der Gruppen 3 und 4.

Innsbruck Nutrition Score (INS)

Dieser Ernährungsscore nach Hackl et al. [27] geht in seiner ursprünglichen Form v. a. auf die Indikation zur Ernährungstherapie (prognostischer Test) ein [40, 44]. Für die anamnestische Beurteilung wird die Nahrungskarenz herangezogen, als anthropometrische Parameter dienen der BMI und die Gewichtsabnahme, als laborchemische das Serumalbumin und als Bilanzparameter der Harnstoff-/Kreatininwert (*Abb. 1-8*). Bei der Nahrungskarenz wird nach der Dauer der gesamten Nahrungskarenz, d. h. prä- und postoperativ, gefragt und für das Ausmass der Katabolie wird der Harnstoff/Kreatinin-Quotienten herangezogen. Bei der Bewertung des Ernährungszustands wird der höchste Wert aus den 4 Subgruppen herangezogen. Mit diesen Parametern, wobei der Ernährungszustand und die Nahrungskarenz gewichtet werden, lässt sich die Entscheidung treffen, ob eine Ernährungstherapie *nicht notwendig* ist, ob sie *empfohlen* wird oder ob sie *unabdingbar* ist.

Zur Beurteilung des Ernährungszustands werden die einzelnen Parameter (BMI, Gewichtsabnahme, Serumalbumin und Harnstoff/Kreatinin-Quotient) getrennt bewertet und summiert, die Dauer der Nahrungskarenz wird nicht in die Berechnung einbezogen. Werte <2 gelten als »normaler Ernährungszustand«, Werte von 2–3,5 als »mäßig mangelernährt«,

Tabelle 1-12. Fragebogen für das »Minimal Nutrition Assessment«

1. Nahrungsaufnahme verringert in den letzten 3 Monate					
			0 für nein	ja	nein
Appetitverlust:	ja	nein	Erbrechen:	ja	nein
Verdauungsprobleme:	ja	nein	Schluckstörungen:	ja	nein
2. Gewichtsverlust in den letzten 3 Monaten					
>3 kg: 3	1–3 kg:	2	Weniger, aber weiß nicht genau: 1	kein:	0
3. Mobilität					
An Bett oder Sessel gebunden:		3	Beweglich, jedoch vorwiegend zu Hause:		2
Verlässt die Wohnung, jedoch Schwierigkeiten beim Gehen: 1			Keine Probleme:		0
4. Pflegebedürftigkeit					
		ganz:	3	teilweise:	2
Nicht notwendig:	0	Zu Haus:	ja nein	Pflegeheim: ja	nein
5. Komplette Mahlzeiten					
drei oder mehrere:	0	zwei:	1	eine oder keine:	2
6. Obst und Gemüse					
>1-mal/Tag:	0	1-mal/Tag:1		Nicht regelmäßig:	2
7. Fleisch oder Milchprodukte					
>1-mal/Tag:	0	1-mal/Tag:1		Nicht regelmäßig:	2

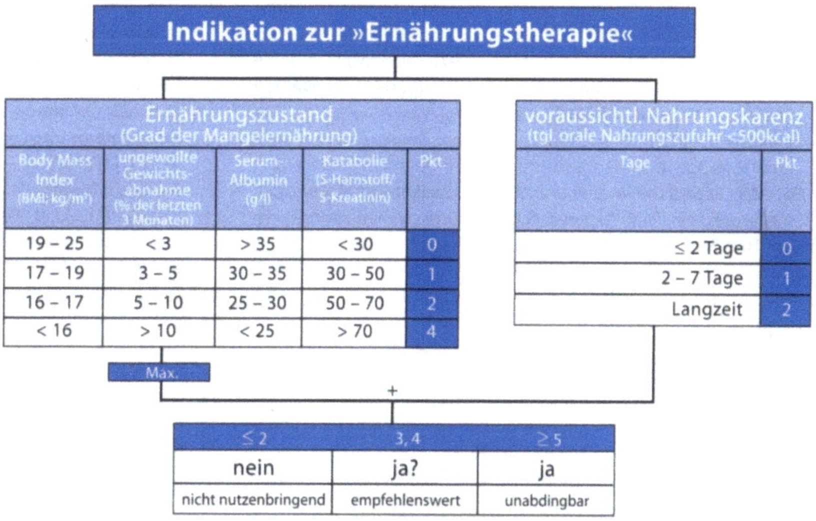

Abb. 1-8. Ernährungsscore nach Hackl. (Mod. nach Hackl 1998)

Werte von 3,5–5 als »mittelgradig mangelernährt« und Werte >5 als »ausgeprägt mangelernährt«. Als Subparameter, die nicht gewertet werden, aber eine genauere Beurteilung erlauben, können noch das Präalbumin, die Trizepshautfaltendicke, das Serumcholesterin und die absolute Lymphozytenzahl herangezogen werden. Der Score ist relativ einfach durchzuführen, jedoch fehlen noch Validierungen an unterschiedlichen Patientenkollektiven [24].

Literatur

1. Aaronson NK, Ahmedzai S, Bergmann B, et al. (1993) The European Organization for Research and Treatment of Cancer QLQ-30: a Quality-of-Life intrument for use in international trials in Oncology. J Nat Cancer Inst 85:365
2. Anderson CF, Moxness K, Meister J, et al. (1984) The sensitivity and the specifity of nutrition related variables in the relationship to the duration of hospital stay and the rate of complications. Mayo Clin Proc 59:477
3. Behrendt W (1999) Klinisch relevante Parameter zur Beurteilung des Ernährungszustands. Akt Ernähr Med 24:14
4. Bernstein LH, Shaw-Stiffel TA, Schorow M, et al. (1993) Financial implications of malnutrition. Clinics Labor Med. 1:491
5. Blackburn GL, Bistrian BR, Maini BS et al. (1977) Nutritional and metabolic assessment of the hospitalized patients. JAMA 253:1567
6. Boehles HJ, Germann G, Jauch KW, et al. (1996) Anabolie – Katabolie: Eine Standortbestimmung. Akt Ernähr Med 21:340
7. Brenner U, Müller JM, Keller W et al. (1988) Nutritional assessment in surgical planning. Clinical Nutr 7:225
8. Butters M, Straub M, Kraft K, et al. (1996) Studies on nutronal status in general surgery patients by clinical, anthropometric, and laboratory parameters. Nutrition 12:405
9. Cederholm T, Jägren C, Hellström K (1995) Outcome of protein-energy malnutrition in general medical patients. Am J Med 98:67

10. Chima CS, Barco K, Dewitt ML et al. (1997) Relationship of nutritional status to length of stay, hospital costs, and disability status of patients hospitalized in the medicine service. J Am Diet Ass 97: 975
11. Collins S (1996) Using middle arm circumference to assess severe adult malnutrition during famine. JAMA 276: 391
12. Cunningham-Rundles S, Lin DH (1998) Nutrition and the immune system of the gut. Nutrition 14: 573
13. Curtin F, Morabia A, Pichard C, et al. (1997) Body mass index compared to dual-energy X-ray absorptiometry. J Clin Epidemiol 50: 837
14. Dionigi R, Cremaschi RE, Jemos V, et al. (1986) Nutritional assessment and severity of illness classification systems: a critical review on their clinical relevance. World J Surg 10: 2
15. Doglietto GB, Gallittellie L, Pacelli F et al. (1996) Protein-sparing therapy after major abdominal surgery. Ann Surg 223: 357
16. Edington J (1996) Prevalence of malnutrition in patients in general practice. Clin Nutrition 15: 60
17. Eisenberg JM, Glick HA, Buzby GP et al. (1993) Does perioperative total parenteral nutrition reduce medical care costs? JPEN 17: 201
18. Engelman DT, Adams DH, Byrne JG et al. (1999) Impact of body mass index and albumin after surgery. J Thorac Cardiovasc Surg 118: 866
19. Essén P, McNurlan MA, Gamrin L, et al. (1998) Tissue protein synthesis rates in critically ill patients. Crit Care Med 26: 92
20. Ferguson RP, O´Connor P, Crabtree B et al. (1993) Serum albumin and prealbumin as predictor of clinical outcomes of hospitalized elderly nursing home residents. J Am Geriat Soc 41: 545
21. Ferguson M, Capra S, Bauer J, et al. (1999) Development of a valid and reliable malnutrition screening tool for adult hospital patients. Nutrition 15: 458
22. Galanos AN, Pieper CF, Kussin PS et al. (1997) Relationship of body mass index to subsequent mortality among seriously ill hospitalized patients. Crit Care Med 25: 1962
23. Gallagher HJ, Daly JM (1993) Malnutrition, injury, and the host immune response: nutrient substitution. Curr Opin Gyn Surgery 92
24. Galvan O, Sprinzi GM, Widner B, et al. (2000) Stellenwert eines Ernährungsscores bei Patienten mit fortgeschrittenen Karzinomen im Kopf-Hals-Bereich. HNO 148: 928
25. Garrow JS (1999) Composition of the body. In: Garrow JS, James WPT, Ralph A (eds) Human Nutrition and dietetics. Chruchill Livingstone, Edinburgh
26. Gibbs J, Cull W, Henderson W (1999) Preoperative serum albumin levels as a predictor of operative mortality and morbidity: results from the the National VA Surgical Risk Study. Arch Surg 134: 36
27. Hackl JM, Balogh D (1997) Indikation zur künstlichen Ernährung – Was ist gesichert? Akt Ernähr Med 22: 146
28. Hartmann B, Berchtold W, Aeberhard P, et al. (1998) Umfang, Rationalität und Qualität der parenteralen Ernährung. Akt Ernähr Med 23: 43
29. Hassan SJ, Weymuller EAJ (1993) Assessment of quality of life in head and neck cancer patients. Head Neck 15: 485
30. Haydock DA, Hill GK (1987) Improved wound healing response in surgical patients receiving intravenous nutrition. Brit J Surg 4: 320
31. Hedberg AM (1989) Malnutrition in the hospital: impact on costs, DRG coding for nutrition reimbursement. J Am Diet Ass 89: 762
32. Heitman BL (1990) Evaluation of body fat estimated from body mass index, skinfolds and impedance. A comparative study. Europ J Clin Nutr 44: 831
33. Herrmann FR, Safran C, Levkoff SE, Minaker KL (1992) Serum albumin level on admission as a predictor of death, length of stay and readmission. Arch Intern Med 152: 125
34. Heyland DK, Mac Donald S, Keefe L, et al. (1998) Total parenteral nutrition in the critically ill patient. JAMA 280: 2013
35. Heymsfield SB, Wang ZM, Baumgartner RN, et al. (1997) Human body composition: advances in models and methods. Ann Rev Nutr 17: 527
36. Jeejeebhoy KN (1998) Nutritional assessment. Gastroenterol Clin North Am 27: 347
37. Klipstein-Grobusch K, Reilly JJ, Potter J, et al. (1995) Energy intake and expenditure in elderly patients admitted to hospital with acute illness. Brit J Nutr 73: 323
38. Konstantinides FN (1992) Nitrogen balance studies in clinical nutrition. Nutr Clin Pract 7: 231
39. Kotler DP, Rosenbaum K, Allison DB, et al. (1999) Validation of bioimpedance analysis as a measure of change in body cell mass estimated by whole body counting of potassium in adults. JPEN 23: 345
40. Lauque S (1999) A tool for nutritional anamnesis of elederly patients. Z Gerontol Geriatr (Suppl 1): 145
41. Mc Whirter JP, Pennington CR (1994) Incidence and recognition of malnutrition in hospital. Brit Med J 308: 945
42. Miller S, Miller JM (1994) Malnutrition goes unnoticed before surgery. Brit Med J 308: 1369
43. Müller JM (2000) Bioelektrische Impedanzanalyse. Aktuel Ernähr Med 25: 167–169
44. Naber T, Schermer T, de Bree A et al. (1997) Prevalence of malnutrition in nonsurgical hospitalized patients and its association with disease complications. Am J Clin Nutr 66: 1232
45. Ollenschläger G (1996) Qualitätssicherung und Qualitätsmanagement in der Ernährungsmedizin – Eine Übersicht. Akt Ernähr Med 21: 306
46. Rey-Ferro M, Castano R, Orozco O, et al. (1997) Nutritional and immunological evaluation of patients with gastric cancer before and after surgery. Nutrition 13: 878
47. Robinson G, Goldstein M, Levine GM (1987) Impact of nutritional status on DRG length of stay. JPEN 11: 49
48. Schmoz G, Hartig W, Brunner HP et al. (1987) Erfassung der Gefährdungslage mit Hilfe ernährungsdiagnostischer Untersuchungen bei chirurgischen Patienten. Infusionsther 14 (Suppl 1): 17
49. Schöder J, Wesner F, Kremer B (2000) Diagnostische Schritte zur Krankheitsabklärung beim Leitsymptom Gewichtsabnahme. Chir Gastroenterol 16: 61
50. Selberg O (1997) Klinische Aspekte des Ernährungszustands und des Energiestoffwechsels. Akt Ernähr Med 22: 142
51. Shields PL, Fields J, Rawlings J, et al. (1996) Long-term outcome and cost-effectiveness of parenteral nutrition for acute gastrointestinal failure. Clin Nutr 15: 64
52. Souba WW (1997) Nutritional Support. N Engl J Med 336: 41
53. Stein J (1994) Diagnostik des Ernährungszustands. In: G. Wolfram, I. Husemeyer (Hrsg.) Infektiöse Darmerkrankungen, Kinderernährung. Verlag Junge & Sohn, S 74–99
54. Studley HO (1936) Percentage of weight loss. A basis indicator of surgical risk in patients with chronic peptic ulcer. JAMA 106: 458
55. Sullivan DH, Sun S, Walls RC (1999) Protein-energy undernutrition among elderly hospitalized patients. JAMA 281: 2013
56. Swails WS (1996) A proposed revision of current ICD-9-CM malnutrition code definitions. J Dietetit Ass 96: 370
57. Thorsdottir I, Eriksen B, Eysteinsdottir S (1999) Nutritional status at submission for dietetic services for malnutrition at admission to hospital. Clin Nutrit 18: 15
58. Veitl V. (1994) Perioperative Erhebung des Ernährungszustands und seine Bewertung. Chir Gastroenterol. 10: 144
59. Vellas B, Guigoz Y, Garry PJ et al. (1999) The Mini Nutritional Assessment (MNA) and its use in grading the nutrition state of elderly patients. Nutrition 15: 116
60. Windsor JA, Hill GL (1988) Weight loss with physiologic impairment: a basic indicator of surgical risk. Ann Surg 207: 290
61. Yanovski JA, Yanovski SZ, Sovik KN, et al. (2000) A prospective study of holiday weight gain. N Engl J Med 342: 861
62. Zaizen Y, Ford EG, Costin G, et al. (1990) Stimulation of wound bursting strength during protein malnutrition. J Surg Res 49: 336

Energieumsatz und Energiehaushalt

K.G. Kreymann

Leben basiert auf dem Zusammenspiel einer Vielzahl aktiver zellulärer Prozesse. Die hierfür notwendige Energie wird aus der Oxidation der mit der Nahrung zugeführten Kohlenhydrate, Fette und Proteine gewonnen. Für eine normale Zellfunktion ist die quantitative und qualitative Balance zwischen der umgesetzten und der aufgenommenen Energie eine Conditio sine qua non, jede Imbalance führt langfristig zu Funktionsstörungen oder gar zum Tode des Makroorganismus.

Kenntnisse über den Energiehaushalt sind deshalb in zweierlei Hinsicht von Interesse: Zum einen ist bei Gesunden der gemessene oder geschätzte Energieumsatz die Basis für die Planung einer bedarfsadaptierten Ernährung; in Gesellschaften, die nicht im Überfluss leben, ist der durchschnittliche Energieumsatz eine wichtige Größe für die Kalkulation der notwendigen Nahrungsressourcen. Zum anderen sind bestimmte Krankheitsbilder – insbesondere in der Intensivmedizin – mit erheblichen Veränderungen des Energieumsatzes verbunden. Die Bestimmung dieser Veränderungen erlaubt Rückschlüsse auf den Verlauf der Erkrankung und ist eine notwendige Voraussetzung für eine stoffwechselorientierte Substratzufuhr bei schwerstkranken Patienten.

In diesem Kapitel werden zunächst die zellulären Grundlagen des Energiestoffwechsels sowie die Messmethoden zur Bestimmung des Energieumsatzes und dessen einzelner Komponenten dargestellt. Die nachfolgenden Normwerte des Grundumsatzes bei Gesunden sind gleichzeitig die Referenz für die im letzten Teil beschriebenen Abweichungen des Ruheenergieumsatzes bei kritisch kranken Patienten.

2.1 Physiologische Grundlagen

2.1.1 Oxidation und Verlustwärme

In einer revolutionären Neubegründung der zu seiner Zeit gültigen Phlogistontheorie beschrieb der französische Chemiker A.L. Lavoisier am Ende des 18. Jahrhunderts als Erster die Verbrennung als Oxidationsvorgang. Den Teil der Luft, der sich mit der verbrennenden Substanz verbindet, nannte er – als er dessen Bedeutung bei der Bildung von Säuren erkannte – »principe oxygénant« oder einfach »oxygène« (von griech. oxys, Säure und gennaio, zeugen). In seinen weiteren Arbeiten übertrug er dann die neu errungenen chemischen Erkenntnisse auf die menschliche Physiologie. Seine geniale Einsicht, dass die biologische Verwertung zugeführter Energieträger den gleichen Gesetzen gehorcht wie deren physikalische Verbrennung in einer Kalorimeterbombe, fand ihren Ausdruck in dem Satz »La respiration est donc une combustion« (Die Atmung ist also eine Verbrennung) [20].

Der empirische Beweis dieser Hypothese erfolgte 100 Jahre später durch den deutschen Physiologen M. Rubner, der in einem 12-tägigen Experiment die von einem Hund in einem Kalorimeter abgegebene Wärme mit der Wärme verglich, die bei der direkten Verbrennung eines Äquivalents des zugeführten Futters entstand und dabei eine Differenz von lediglich 4% fand [33].

Dennoch besteht ein fundamentaler Unterschied zwischen der physikalischen und der biologischen Oxidation. Während bei der physikalischen Verbrennung die gesamte Energie unmittelbar in Form von Wärme freigesetzt wird, wird bei der biologischen Oxidation die freigesetzte Energie auf organische Energiespeicher – im allgemeinen Adenosintriphosphat (ATP), im Muskel zusätzlich Kreatinphosphat – übertragen, damit sie zeitlich und räumlich versetzt für energiefordernde Prozesse zur Verfügung steht.

Die Synthese dieser energiereichen Phosphatverbindungen ist an feste Zellstrukturen gebunden und findet allein in den Mitochondrien statt, die damit eine zentrale Rolle im Energiestoffwechsel der Zelle einnehmen. Die wichtigsten energieliefernden Prozesse sind die aerobe Glykolyse und die β-Oxidation der Fettsäuren. Bei der schrittweisen Dehydratation und Oxidation der Kohlenhydrate und Fettsäuren wird die freigesetzte Energie zuerst auf die wasserstoffübertragenden Koenzyme Nicotinamid-Adenin-Dinucleotid (NAD) und Flavin-Adenin-Dinucleotid (FAD) übertragen und $NADH^{+}H^{+}$ bzw. $FADH_2$ gebildet. Während die β-Oxidation der Fettsäuren und der Zitratzyklus bereits in der Mitochondrienmatrix stattfinden, läuft der Abbau der Glukose bis zum Pyruvat noch im Zytosol ab. Da das dabei entstandene $NADH^{+}H^{+}$ nicht die innere Mitochondrienmembran passieren kann, werden die Elektronen über den Malatzyklus (*Abb. 2-1*) oder den α-Glycerophosphatzyklus in den Matrixraum transportiert.

Die Enzymkette, des nachfolgenden als oxidative Phosphorylierung bezeichneten Prozesses, ist an der inneren Mitochondrienmembran fixiert. Der Ablauf erfolgt in 2 Schritten.

Zuerst übertragen die 4 Multienzymkomplexe der Atmungskette die freigesetzten Elektronen auf Sauerstoff, dann erfolgt mit Hilfe der hierbei freigesetzten Energie die Synthese des ATP aus Adenosindiphosphat (ADP) und organischem Phosphat (P_i). Die Koppelung dieser beiden Schritte erfolgt über den Aufbau eines H^+-Gradienten über die innere Mitochondrienmembran. Die in Kette ablaufenden Redoxvorgänge der Elektronenübertragung auf Sauerstoff sind stark exergone Reaktionen (*Tabelle 2-1*).

Mit Hilfe der dabei freigesetzten Energie werden an 3 Stellen Protonen durch die innere Mitochondrienmembran, die für Protonen nicht frei permeabel ist, aus dem Matrixraum in den Intermembranraum zwischen innerer und äußerer Membran gepumpt und damit eine starke elektrochemische Potentialdifferenz aufgebaut. Die H^+-Ionen strömen dann, durch die ebenfalls in der inneren Membran lokalisierte F1/Fo-ATPase, in den Matrixraum zurück und treiben mit der Energie des elektrochemischen Gradienten die ATP-Synthese an [22]. Über einen ADP/ATP-Translocator wird das synthetisierte ATP anschließend ins Zytoplasma transferiert, in dem es für die energieverbrauchenden Prozesse zur Verfügung steht (*Abb. 2-1*).

Tabelle 2-1. Enzymkomplexe der Atmungskette

Komplex-Nr.	Bezeichnung	Molekulargewicht (MG)	Untereinheiten	Koenzyme	Protonentransport
I	NADH: Ubichinon Oxidoreduktase	700.000	23–30 (7)	FMN 3–5 Eisen-Schwefel-Zentren	2H+/e−
II	Succinat: Ubichinon Oxidoreduktase	125.000	4 (0)	FAD 3 Eisen-Schwefel-Zentren Häm b	0/e−
III	Ubichinol-Cytochrom c-Reduktase	230.000	11(1)	Cytochrom b Cytochrom c1 1 Eisen-Schwefel-Zentrum	Q-Zyklus 2H+/e−
IV	Cytochrom-c-Oxidase	220.000	13 (3)	Cytochrom a Cytochrom a3 Cu	H+/e−

Zahlen in Klammern geben die mitochondrial kodierten Untereinheiten wieder.

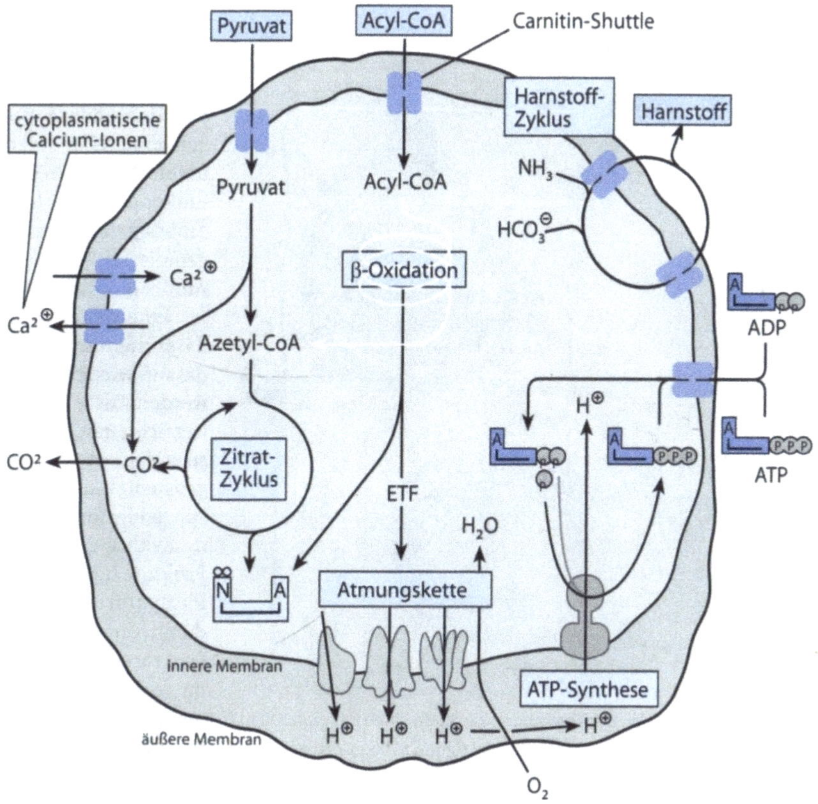

Abb. 2-1. Synthese energieliefernder Phosphatverbindungen und daran beteiligter energieliefernder Prozesse in den Mitochondrien

Ein Maß für die Effizienz dieses Systems ist die Relation zwischen der Zahl der in ATP inkorporierten Moleküle anorganischen Phosphats und der dabei verbrauchten O_2-Moleküle, die auch als P:O-Verhältnis bezeichnet wird. Die Menge des bei der Oxidation verbrauchten Sauerstoff ist dabei auch abhängig von der Art der oxidierten Substanzen (s. unten indirekte Kalorimetrie). Wie die nachfolgende Energiebilanz zeigt, gelingt die Übertragung der Energie der in den Substraten gespeicherten Energie auf ATP allerdings nicht vollständig.

Bei der aeroben Oxidation von 1 mol Glukose via Glykolyse und Zitratzyklus werden insgesamt 38 mol ATP gebildet, von denen jedes einer Energieaufnahme (DG) von 7,3 kcal entspricht (1 kcal = 4,187 kJ).

38 Pi + 38 ADP>> 38 ATP + 38 H2O// DG = +277 kcal

Die physikalische Verbrennung von 1 mol Glukose ist dagegen mit einer Energiefreisetzung von 686 kcal verbunden.

$C_6H_{12}O_6 + 6\ O_2$>> $6\ CO_2 + 6\ H_2O$/DG = –686 kcal

Von insgesamt verfügbaren 686 kcal werden somit nur 277 kcal für weitere energieverbrauchende Prozesse gewonnen; der Rest wird als Wärme (sog. Verlustwärme) freigesetzt. Der Wirkungsgrad der biologischen Oxidation – das Verhält-

■ **Tabelle 2-2.** Wichtige Hemmstoffe der Atmungskette und der oxidativen Phosphorylierung

Substanzen	Wirkort/Mechanismus
Retonon, Barbiturate	Atmungskette zwischen FMN und Koenzym Q
Antimycin A	Atmungskette zwischen Cytochrom b und Cytochrom c
HCN, CO, H_2S	Atmungskette zwischen Cytochrom a und Sauerstoff
Oligomycin	Hemmungs der F0/F1-ATPase
Entkoppler: 2,4-Dinitrophenol (DNP) oder m-Chlorcarbonyl-cyanidphenylhydrazon (CCCP)	Transport von Protonen durch innere Mitrochondrien-membranen
Atractylosid	ATP/ADP-Translokation

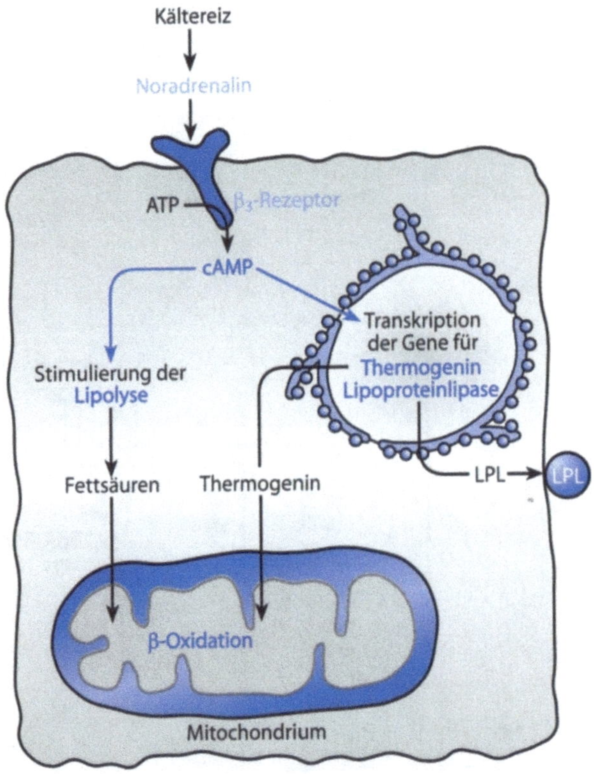

■ **Abb. 2-2.** Induktion der Thermogenese durch einen Kältereiz. Die durch Noradrenalin erhöhten cAMP-Spiegel führen nicht nur zu einer Erhöhung der Lipolyse, sondern auch zu einer gesteigerten Expression der Gene für Lipoproteinlipase und Thermogenin mit konsekutivem Transport der jeweiligen Protein in den Extrazelluläreraum bzw. ins Mitochondrium. (Mod. nach Löffler 1999)

nis der sinnvoll umgesetzten zur verbrauchten Gesamtenergie – beträgt damit 40%.

(Unter In-vivo-Bedingungen kann durch höhere Konzentrationen der Substrate dieser Wert auf bis zu 70% gesteigert werden. Im weiteren Text wird ein Mittelwert von 55% angenommen.)

Diese gering erscheinende Effizienz wird relativiert durch einen Vergleich mit den Werten, die in der modernen Technik realisiert werden: Selbst neuere Ottomotoren haben lediglich einen Wirkungsgrad von 25%, moderne Dieselmotoren einen Wert von 40%.

Die energetische Effizienz der ATP-Synthese kann jedoch durch verschiedene Mechanismen beeinträchtigt werden. Stoffe, die die Protonen an der F1/F0-ATPase vorbei in den Matrixraum zurücktransportieren können, führen zu einer Entkoppelung des Elektronentransports von der ATP-Synthese und senken damit die Effizienz des Systems; die Energie wird direkt in Wärme umgewandelt. Zu diesen »Entkopplern« gehören sowohl toxische (2,4-Dinitrophenol oder m-Chlorcarbonyl-Cyanidphenylhydrazon) und pharmakologische Substanzen (Koffein, Nikotin oder Amphetamine) als auch physiologische Botenstoffe (■ *Tabelle* 2-2).

Bisher sind 3 solcher »Uncoupling«-Proteine (UCP) isoliert worden, von denen das bekannteste, das UCP1 oder Thermogenin [16], das im Gegensatz zum UCP2 und UCP3, die auch in anderen Geweben (z. B. im Skelettmuskel) gefunden wurden, allein im braunen Fettgewebe nachgewiesen wurde. Eine adrenerge Stimulation der β_3-Rezeptoren im braunen Fettgewebe, das allerdings bei Erwachsenen nur noch in sehr geringem Ausmaß vorhanden ist, löst über das UCP1 eine direkte Wärmeproduktion aus (■ *Abb.* 2-2). Unter dieser Stimulation können die braunen Fettzellen ihren Energieumsatz verzehnfachen. Der in seiner Motorik noch eingeschränkte Säugling – oder z. B. Nager während des Winterschlafs – verfügen damit über einen effizienten Adaptationsmechanismus an unterschiedliche Umgebungstemperaturen. Da mit Hilfe des Entkoppelns der Oxidation von der ATP-Synthese auch überschüssig zugeführte Energie abgeführt werden kann, werden genetische Polymorphismen der UCP auch als Ursache der Adipositas diskutiert.

Eine weitere Effizienzminderung kann dadurch erfolgen, dass chemische Verbindungen aufgebaut und unmittelbar darauf wieder in ihre Ausgangsprodukte zurückverwandelt werden. Diese als »substrate cycling« oder auch »futile cycles« bezeichneten Vorgänge basieren darauf, dass einem Schlüsselenzym in einer Reaktionskette ein anderes Enzym entgegensteht, das genau die reverse Reaktion katalysiert. Ein Beispiele hierfür ist der am Anfang des Glykogenolyse ablaufende Zyklus, der durch die Enzyme Phosphofruktokinase und Fruktose-1,6-Bisphosphatase geregelt wird. Das mit Hilfe der Phosphofruktokinase gebildete Fruktosebisphosphat wird durch die Fruktosebisphosphatase direkt wieder zurück in Fruktose-6-Phosphat verwandelt. Da das bei der Hinreaktion verbrauchte ATP bei der Rückreaktion nicht wieder regeneriert wird, führt ein solcher Zyklus zu einem in erster Sicht sinnlosen Verbrauch von ATP. Weitere Beispiele für solche Zyklen sind die Hin- und Rückwandlung von Glukose zu Glukose-6-Phosphat oder die Freisetzung und Wiederveresterung von freien Fettsäuren.

Dennoch sind auch diese »futile cycles« nicht sinnlos: Sie stellen einen Mechanismus der Stoffwechselregulation dar, der es dem Metabolismus erlaubt, in kürzester Zeit mit einer maximalen Steigerung zu reagieren [27]. So kann z. B. in Antizipation muskulärer Arbeit der Fruktose-6-Phosphat-Fruktosebisphosphat-Zyklus im Muskel bereits hochgefahren werden, ohne dass es zu einem nennenswerten Substratumsatz kommt. Beim plötzlichen Start der muskulären Aktivität führt allein die Herabregulation der Fruktoseiphosphatase (FDP) zum schnellen Einschleusen großer Mengen von Fruktose in die Glykolyse.

2.1.2 Wärmeproduktion und Temperaturregulation

Die bei der biologischen Oxidation entstehende Verlustwärme ist allerdings nicht nur verlorene Energie: Sie wird bei homoiothermen Warmblütern zur Aufrechterhaltung einer konstanten Körpertemperatur genutzt, da unter den üblichen klimatischen Bedingungen die Sollkerntemperatur meist über der Umgebungstemperatur liegt. Allerdings steht nicht nur die Verlustwärme für die Aufrechterhaltung der Körpertemperatur zur Verfügung. Entsprechend dem 1. Satz der Thermodynamik geht bei keinem physikalischen oder chemischen Prozess Energie verloren, sie wird lediglich in eine andere Form überführt.

So wird z. B. ein Teil der bei der biologischen Oxidation freigesetzten Energie zuerst in ATP umgewandelt, dann von der Herzmuskulatur in mechanische Arbeit, bei der Beschleunigung des Blutvolumens in kinetische Energie und durch die Reibung des fließenden Blutes in den Gefässen zuletzt in Wärme. Letztendlich enden somit – bis auf die in Form von mechanischer Arbeit nach außen abgegebene Energie – alle biologischen Prozesse früher oder später Zeit in der Freisetzung von Wärme.

Die Wärmeproduktion ist von daher aber kein primäres Ziel, sondern vielmehr ein Verlust oder ein Umwandlungsprodukt des Metabolismus. Vor diesem Hintergrund ist es eher irreführend, wenn von vielen Autoren der Energieumsatz unter dem Begriff Thermogenese oder »heat production« beschrieben wird. Zwischen Energieumsatz und Wärmeregulation ergeben sich in Abhängigkeit von der Umgebungstemperatur 3 Konstellationen:

Innerhalb eines weiten Bereiches (Umgebungstemperatur <0°C bis ca. 29°C) kann unter Zuhilfenahme entsprechender Kleidung die Wärmeabgabe so geregelt werden, dass die Gesamtmenge der produzierten Wärme (Verlustwärme + die durch Energieumwandlung freigesetzten Wärme) ausreicht, um eine Kerntemperatur von 37°C aufrechtzuhalten.

Bei sehr niedrigen Umgebungstemperaturen, mangelnder Kleidung oder nur geringer körperlicher Aktivität muss zusätzliche Energie aufgebracht werden, um durch Kältezittern – oder beim Säugling mit Hilfe des braunen Fettgewebes – einen Abfall der Kerntemperatur zu verhindern oder einen Anstieg derselben zu bewirken. Für diese Wärmeproduktion ist der Begriff regulatorische Thermogenese zutreffend. Gleiches trifft zu bei einer Veränderungen des Sollwertes (ansteigendes Fieber), auch hier wir eine zusätzliche Wärmeproduktion erforderlich, um den erhöhten Sollwert zu erreichen.

Bei Umgebungstemperaturen >29°C (oder sinkendem Fieber) muss ebenfalls zusätzlich Energie aufgewandt werden, um mit Hilfe vermehrten Schwitzens und der dadurch erzielten Verdunstungskälte die Wärme trotz der nur geringen Temperaturdifferenzen abgeben zu können oder ein Absenken der Kerntemperatur zu erreichen.

2.1.3 Zugeführte und genutzte Energie

Neben der durch die biochemische Ineffizienz bedingten Verlustwärme, gibt es 3 weitere Faktoren, die bewirken, dass nicht die gesamte mit der Nahrung aufgenommene Energie dem Körper zur Verfügung steht:

- 5%–10% der zugeführten Energie geht mit den Faeces aufgrund unvollständiger Digestion oder Absorption verloren.
- Ein weiterer Teil geht in Form von unvollständig metabolisierten Metaboliten über den Urin verloren. Der ausgeschiedene Harnstoff z. B. enthält noch rund 20% der potenziellen Energie der Aminosäuren.
- Weitere 5%–10% müssen aufgewandt werden für den Transport, die Umformung und die Speicherung der zugeführten Substrate (s. unten Nahrungsinduzierte Thermogenese).

Die ersten beiden Punkte sind auch der Grund dafür, dass sich der sogenannte physiologische Brennwert der einzelnen Substrate geringgradig von den in einer Kalorimeterbombe erzielbaren Werten unterscheidet. Er beträgt bei Kohlenhydraten 4 kcal/g, bei Fetten 8,9 kcal/g und bei Protein 3,9 kcal/g.

Zusammengefasst stehen dem Organismus nach Abzug all dieser Verlustquellen lediglich 70% der zugeführten Energie bzw. 80% der absorbierten Energie für energieverbrauchende Zwecke zur Verfügung; nach Abzug der Verlustwärme verbleiben 38% bzw. 44%.

Die unterschiedlichen Energieträger unterscheiden sich jedoch nicht nur in Bezug auf ihren physiologischen Brennwert. Auch die Menge des bei ihrer Oxidation verbrauchten Sauerstoff ist unterschiedlich. Während für die komplette Oxidation von 1 g Fett 2,015 l O_2 benötigt werden, beträgt der entsprechende Wert für 1 g Glukose lediglich 0,747 l. Diese Aussage relativiert sich jedoch, wenn der unterschiedliche Brennwert der Substrate mitberücksichtigt wird. Für die Gewinnung von 1 kcal aus Fett sind demnach 224 ml O_2 erforderlich während für die Gewinnung von 1 kcal aus Glukose 187 ml O_2 verbraucht werden. Der O_2-Verbrauch liegt somit bei der Oxidation von Fett rund 23% über dem entsprechenden O_2-Verbrauch bei der Glukoseverwertung.

Gegensinnig zum O_2-Verbrauch verhält sich die CO_2-Produktion bei den unterschiedlichen Substraten. Während bei der Gewinnung von 1 kcal aus der Oxidation von Glukose auch 187 ml CO_2 produziert werden (der respiratorische Quotient =RQ beträgt 1), werden bei der Fettverbrennung, bei der der RQ 0,7 beträgt, nur 157 ml, also 14% weniger CO_2 freigesetzt. Bei Patienten mit einer ventilatorischen Insuffizienz kann dementsprechend durch eine fettbetonte Ernährung die CO_2 Produktion und damit auch die Anforderung an die alveoläre Ventilation vermindert werden.

2.2 Messmethoden zur Bestimmung des Energieumsatzes

2.2.1 Direkte Kalorimetrie

Da alle metabolischen Prozesse schließlich in der Umwandlung in Wärme enden und die entstandene Wärme an die Umwelt abgegeben werden muss, um die Körpertemperatur konstant zu halten, entspricht die Messung der abgegebenen Wärme einer quantitativen Bestimmung der metabolischen Aktivität.

Bereits Lavoisier [20] untersuchte Kleintiere in einem Eiskalorimeter. Das zu untersuchende Tier befindet sich dabei in einem geschlossenen Behältnis, das von einer Eisschicht umgeben ist, die wiederum nach außen isoliert ist. Die abgegebene Wärme führt zum Schmelzen des Eises und die Menge des aufgefangenen Schmelzwassers ist proportional der abgegebenen Wärme.

In heutigen direkten Kalorimetern erfolgt die Messung der abgegebenen Wärme über elektrische Temperatursonden. Für Untersuchungen an Menschen stehen direkte Kalorimeter in Raumgröße zur Verfügung, die in der Regel neben Ess-, Schlaf- und Arbeitsmöglichkeiten auch ein Fahrradergometer oder eine andere Belastungsmöglichkeit vorhalten, sodass die Versuchspersonen über einen längeren Zeitraum und während der unterschiedlichsten Aktivitäten untersucht werden können. Das Verfahren ist nichtinvasiv und die untersuchte Person wird in keiner Weise beeinträchtigt. Die Größe der Vorrichtung sowie die hohen Anschaffungskosten bringen allerdings mit sich, dass direkte Raumkalorimeter nahezu ausschließlich Forschungseinrichtungen vorbehalten bleiben.

Da bei der direkten Kalorimetrie die energieliefernden Prozesse erst erfasst werden, wenn die freigesetzte Energie letztendlich in Wärme umgewandelt wurde und andererseits Energie auch zwischengespeichert werden kann, besteht z. T. eine erhebliche Verzögerung zwischen dem Ablauf des energieliefernden Prozesses und seiner Registrierung durch das Kalorimeter. Auch die Qualität der ablaufenden Stoffwechselprozesse, d. h. die Art der umgesetzten Substrate, kann mit der direkten Kalorimetrie nicht erfasst werden. Direkte Kalorimeter können somit gut für die Messung des Gesamtenergieumsatzes über einen längeren Zeitraum eingesetzt werden. Sie sind nicht geeignet für die Erfassung kurzfristiger Veränderungen des Energieumsatzes.

2.2.2 Indirekte Kalorimetrie

Als indirekte Kalorimetrie wird die Bestimmung des aktuellen Energieumsatzes aus der Messung der O_2-Aufnahme (VO_2) und Kohlendioxidabgabe (VCO_2) bezeichnet. Der respiratorische Quotient (RQ) ist das Verhältnis VCO_2/VO_2. Die Erkenntnis, dass bei der biologischen Oxidation eine direkte quantitative Korrelation zwischen dem verbrauchten O_2, dem freigesetzten Kohlendioxid (CO_2) und dem Ausmaß der ablaufenden energetischen Prozesse besteht, geht ebenfalls auf Lavoisier zurück.

> Da der Körper über kein O_2-Reservoir verfügt und auch kein CO_2 akkumulieren kann, ist der bei der Oxidation verbrauchte Sauerstoff gleich dem aus der Atemluft aufgenommenen Sauerstoff und das über die Atmung abgegebene CO_2 entspricht dem metabolisch produzierten CO_2. Die Bestimmung dieser beiden Größen aus den Atemgasen ermöglicht damit eine quantitative Bestimmung des aktuellen Energieumsatzes.

Die Bezeichnung indirekte Kalorimetrie für diese Methode ist eigentlich irreführend, da sie die Kalorimetrie, also die direkte Messung der Wärmeabgabe, als das eigentliche Ziel der Messung impliziert. Wie oben bereits aufgeführt, sind VO_2 und VCO_2 aber unmittelbarer mit dem Energieumsatz verbunden als die Wärmeabgabe. Da die Bezeichnung jedoch fest etabliert ist, wird sie auch im weiteren Text beibehalten.

Bereits Lavasoir entwickelte einen experimentellen Ansatz, bei dem die Exspirationsluft der Versuchperson über ein Mundstück in ein Reservoir geleitet und dort der CO_2-Gehalt bestimmt wurde. Später wurde auch die Bestimmung der O_2-Konzentration in der Exspirationsluft möglich. Am Ende des 19. und zu Anfang des 20. Jahrhunderts wurden – zuerst von Atwater und Rosa – eine Vielzahl solcher stationärer indirekter Kalorimeter entwickelt, mit denen bei einer großen Zahl gesunder Normalpersonen Messungen zur Bestimmung des Normgrundumsatzes durchgeführt wurden. Bei diesen Geräten atmete der Patient über ein Mundstück oder eine Maske ein und aus. Dadurch waren die Messungen häufig mit einem erheblichen Diskomfort verbunden, der durchaus zur Beeinflussung der Messergebnisse beigetragen haben mag.

Ähnlich heutigen Narkosesystemen wurde zwischen geschlossenen oder offenen Systemen unterschieden, je nachdem, ob die Exspirationsluft (nach CO_2-Absorption an Kalk) wieder rückgeatmet wurde oder das System mit Frischluft aufgefüllt wurde. Prinzipiell bleibt bei diesem Aufbau die Versuchsperson an den Apparat gebunden und die Messung kann lediglich in sitzender oder liegender Position ohne wesentliche körperliche Aktivität erfolgen.

Um den zu Untersuchenden mehr Freiheit zu lassen und ggfs. auch körperliche Aktivität zuzulassen entwickelten Pettenkofer und Voit bereits in der zweiten Hälfte des 19. Jahrhunderts eine sog. Respirationskammer. Solche Respirationskammern erlauben Messungen unter den gleichen Bedingungen wie die oben beschriebenen Raumkalorimeter. Da aber die Gaskonzentrationen nicht in der Exspirationsluft, sondern erst nach der Verdünnung mit der gesamten Raumluft erfolgt, sind die methodischen Anforderungen an solche Respirationskammern ungeheuer gross und das Prinzip ist nur selten verwirklicht worden.

Einen deutlichen Fortschritt brachte erst die Weiterentwicklung des Haubenprinzips in den 1960er Jahren, das zum ersten Mal den Einsatz der indirekten Kalorimetrie am Krankenbett ermöglichte [32]. Im Gegensatz zur Atmung über ein Mundstück oder eine Maske atmet der Patient bei diesem Messaufbau unter einer durchsichtigen größeren Haube, aus der die gesamte Exspirationsluft abgesaugt und den Gasanalysatoren zugeleitet wird (Abb. 2-3).

Die zunehmende Miniaturisierung der Sensoren und Messelektronik erlaubte es schließlich, transportable Apparate zu entwickeln, die bettseitig bei wechselnden Patienten eingesetzt werden können. Auch beim Haubenprinzip wird allerdings, wie bei der Respirationskammer, die Exspirationsluft verdünnt, sodass erhöhte Anforderungen an die Messgenauigkeit des Systems gestellt werden.

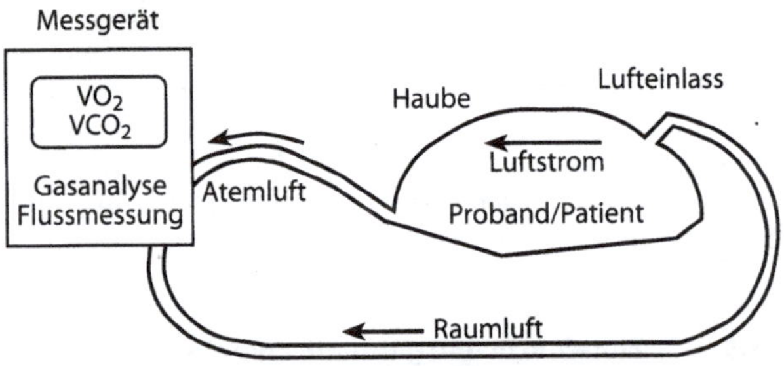

Abb. 2-3. Schematische Darstellung der indirekten Kalorimetrie mit einer Atemhaube (»ventilated hood«)

Methodisch verlangt die indirekte Kalorimetrie die Bestimmung der O_2- und CO_2-Konzentration im Exspirationsgas mit einer Genauigkeit von ±0,1% absolut und stösst damit auch heute noch – zumindest bei der O_2-Konzentration – an die Grenzen der Messtechnologie. Auch das exspiratorische Minutenvolumen (V_E) muss mit einer Genauigkeit von mindestens ±1% relativ bestimmt werden. Beim Haubenprinzip wird statt der Messung des Exspirationsvolumens durch einen Präzisionsventilator ein konstanter Fluss von ca. 40 l/min erzeugt, in den die vom Patienten exhalierte Luft mit eingesogen wird.

VCO_2 kann aus V_E bzw. dem konstanten Flow und der gemischt exspiratorischen CO_2-Konzentration (F_EO_2) nach folgender Formel berechnet werden:

$$VCO_2 = V_E \times F_EO_2$$

Die O_2-Aufnahme dagegen setzt neben V_E die Kenntnis des inspiratorischen Minutenvolumens (V_I) voraus und der aufgenommene Sauerstoff ergibt sich aus der Differenz von zugeführtem – abgegebenem Sauerstoff:

$$VO_2 = V_I \times F_IO_2 - V_E \times F_EO_2$$

In der Regel ist V_I aber nur schwer zu messen. Andererseits ist bei einem RQ <1 V_I nicht gleich V_E, da aus dem Atemgas mehr Sauerstoff aufgenommen wird als Kohlendioxid abgegeben wird. Die Berechnung von VO_2 erfolgt deshalb häufig mit Hilfe der Haldane-Transformation, die den unter der Annahme $V_I = V_E$ gemessenen RQ anhand der F_IO_2 korrigiert. VO_2 wird dann bestimmt als:

$$VO_2 = VCO_2 \times RQ$$

> Der RQ hängt von der Art der oxidierten Substanzen ab. Er beträgt 1 bei reiner Kohlenhydratverbrennung, 0,7 bei reiner Fettverbrennung und 0,8 bei der Verwertung von Proteinen. Bei üblicher Mischkost liegt er im Bereich von 0,85.

Da der kalorische Brennwert des Sauerstoffs – wie der RQ auch – von der oxidierten Substanzart abhängt, ergeben sich für die Berechnung des Energieumsatzes aus den gemessenen Werten von VO_2 und VCO_2 2 Ansätze:

Entweder wird anhand des RQ der Brennwert des Sauerstoffs als Konstante festgelegt und dann der Energieumsatz (EE, »energy expenditure«) allein aus der O_2-Aufnahme berechnet oder in die Formel muss sowohl VO_2 als auch VCO_2 eingehen. Für beide Ansätze wurden von einzelnen Autoren unterschiedliche Konstanten entwickelt. Eine der am häufigsten benutzen Formeln ist diejenige nach de van Weier [8], die EE aus VO_2, VCO_2 und der Stickstoffausscheidung im Urin (N_U) berechnet:

$$EE\ (kcal/min) = 3{,}941\ VO_2\ (ml/min) + 1{,}106\ VCO_2\ (ml/min) - 2{,}17\ N_U\ (mg/min)$$

Die Stickstoffausscheidung im Urin kann für die Berechnung des Energieumsatzes auch geschätzt werden. Der Normwert beträgt 0,2 g/kgKG/24 h. Der dadurch bedingte Verlust an Genauigkeit ist vernachlässigbar.

Entsprechend dem internationalen System der Masseinheiten (SI) ist die internationale Einheit (IE) des Energieumsatzes 1 Joule (J). Gerade im deutschen Sprachgebrauch wird überwiegend noch die früher gebräuchliche Einheit Kalorie (cal) verwendet (1 cal = 4,187 J), die deshalb auch im nachfolgenden Text beibehalten wird. Die Umrechnungsfaktoren und die jeweiligen Größenordnungen des Energieumsatzes pro Zeiteinheit finden sich in Tabelle 2-3.

Tabelle 2-3. Umrechnung des Energieumsatzes während unterschiedlicher zeitintervalle in Kalorien und Joule

Zeitintervall	Kalorien (cal)	Joule (J)
24 h	1440 kcal	6027 kJ
1 min	1 kcal	4 kJ
1 s	17 cal	70 J

1 cal=4,1855 Joule Joule=0,2389 cal

> Neben der Bestimmung des Grundumsatzes ermöglicht die indirekte Kalorimetrie auch die Quantifizierung des Substratumsatzes, also des Anteils der verstoffwechselten Kohlenhydrate, Fette und Aminosäuren. Dieser Ansatz setzt jedoch zwingend die Bestimmung des Stickstoffs im Urin voraus. Nur so kann verlässlich der sogenannte »Non-Protein«-RQ berechnet werden, mit dessen Hilfe dann der Anteil der Kohlenhydrate und Fette bestimmt wird.

Bei schwerkranken Patienten, bei denen neben der externen Zufuhr noch eine hohe endogene Glukoseproduktion und Freisetzung von Fettsäuren abläuft und bei denen gleichzeitig mit dem Abbau der Substrate noch eine Neusynthese derselben stattfindet, führt die Anwendung der Routineformeln zu Fehlberechnungen des Substratumsatzes, sodass dieser nur noch durch komplexere Berechnungsalgorithmen erfasst werden kann [11].

Das zunehmende Interesse an den metabolischen Auswirkungen schwerer Erkrankungen führte dazu, dass sowohl von einzelnen Arbeitsgruppen als auch von der Geräteindustrie unterschiedliche Ansätze entwickelt wurden, um auch bei beatmeten Intensivpatienten die indirekte Kalorimetrie zur Bestimmung des aktuellen Energieumsatzes einzusetzen. Obwohl der messtechnische Ansatz im Prinzip der gleiche ist, nehmen die methodischen Problem bei höheren O_2-Konzentrationen der Inspirationsluft (F_IO_2) deutlich zu. Dies ist darauf zurückzuführen, dass bei höheren F_IO_2 Werten kleinste Messfehler durch die Haldane-Transformation extrem potenziert werden, sodass bereits Ungenauigkeiten von <0,05% O_2 zu erheblichen Fehlern in der Bestimmung der O_2-Aufnahme führen können.

Bis zu einer F_IO_2 von 0,7 kann aber auch bei beatmeten Patienten mit Hilfe der indirekten Kalorimetrie der Energieumsatz ausreichend exakt bestimmt werden. Aufgrund der hohen messtechnischen Ansprüche stehen bis heute allerdings nur wenige kommerziell erhältliche indirekte Kalorimeter zur Verfügung. Von diesen hat in den letzten Jahren v. a. der Deltatrac Metabolic Monitor (Datex, Finnland) Bedeutung erlangt, da er sowohl bei spontanatmenden als auch bei beatmeten Patienten und bei diesen wiederum bei jedem beliebigen Beatmungsgerät eingesetzt werden kann.

Aus dem messtechnischem Ansatz ergibt sich, dass der Schwerpunkt der indirekten Kalorimetrie die Bestimmung des Energieumsatzes über einen kürzeren Zeitpunkt ist und der ermittelte Wert dann auf 24 h hochgerechnet wird. Welche Komponenten des Energieumsatzes (s. unten) dabei erfasst werden, hängt von den Bedingungen ab, unter denen die Messung durchgeführt wird. In der Regel erfolgt die Bestimmung des Grund- bzw. Ruheenergieumsatzes, allerdings sind z. B. in Verbindung mit einem Ergometer durchaus auch Messungen unter körperlicher Belastung möglich. Vergleichende Messungen im nüchtern und im postprandialen Zustand erlauben die Quantifizierung der nahrungsinduzierten Thermogenese (s. unten).

2.2.3 Das inverse Fick'sche Prinzip

Bei Intensivpatienten, die mit einem Rechtsherzkatheter überwacht werden, besteht neben der indirekten Kalorimetrie eine weitere Methode zur Bestimmung der O_2-Aufnahme und damit des Energieumsatzes zur Verfügung. Sie beruht auf der Umkehrung des von Fick 1870 erstmals beschriebenen Prinzips zur Bestimmung des Herzminutenvolumens, wonach das Herzminutenvolumen (HZV) aus VO_2 und der arteriovenösen Sauerstoffgehaltsdifferenz ($C_{a\text{-}v}O_2$) nach der folgenden Formel berechnet werden kann:

$$VO_2/C_{a\text{-}v}O_2 = HZV$$

> Erst die Umkehrung dieses Prinzips hat jedoch wirklich praktische Bedeutung erlangt. Mit Hilfe von Indikatorverdünnungsverfahren (meistens der Thermodilution) kann in der Intensivmedizin das Herzminutenvolumen bestimmt werden und daraus mit Hilfe der O_2-Gehaltsdifferenz die O_2-Aufnahme berechnet werden:
> $HZV \times (C_{a\text{-}v}O_2) = VO_2$ /min durch die Multiplikation mit dem Faktor 4,9 der Energieumsatz in cal/min bzw. mit dem Faktor 7 in kcal/24 h mit einer Genauigkeit von ±10% berechnet werden.

Bei Anwendung dieser Methode muss jedoch berücksichtigt werden, dass lediglich die O_2-Aufnahme im großen Kreislauf berechnet wird. Die O_2-Aufnahme des Lungenparenchyms, die z. T. direkt per Diffusion aus den Alveolen erfolgt, bleibt hierbei unberücksichtigt. Viele Daten sprechen dafür, dass diese unter normalen Umständen vernachlässigbare Größe bei schweren pulmonalen Erkrankungen wie dem ARDS signifikant ansteigt, sodass die Gesamtsauerstoffaufnahme und damit auch der Energieumsatz bei der Anwendung des umgekehrten Fick'schen Prinzips um bis zu 30% unterschätzt werden kann. Dennoch erlaubt diese Methode bei den vielen Intensivpatienten, die aus hämodynamischen Gründen mit einem Rechtsherzkatheter überwacht werden, einen – wenn auch etwas ungenaueren - Überblick über den aktuellen Energieumsatz.

2.2.4 Stabile Isotope

Die Applikation von doppelt stabil markiertem Wasser ($D_2{}^{18}O$) ist eine Methode, mit der der Energieumsatz von Menschen oder Tieren unter natürlichen Lebensbedingungen auch über einen Zeitraum von mehreren Tagen untersucht werden kann.

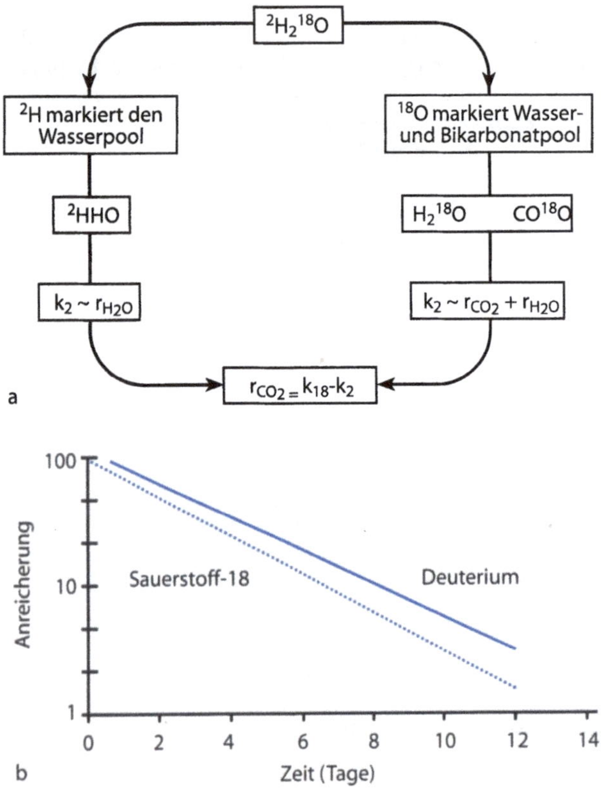

Abb. 2-4. **a** Prinzip und **b** Auswertung einer Messung des 24-h-Energieverbrauchs mit doppelt markiertem Wasser ($^2H_2{}^{18}O$): Die Differenzierung der fraktionellen Abbauraten von Deuterium (^2H) und Sauerstoff (^{18}O) ist proportional zur Kohlendioxidproduktion

Grundlage der Untersuchung ist, dass Deuterium ($D = {}^2H$) als Wasser über den Urin ausgeschieden wird, während ^{18}O sowohl im Urin als auch in Form von Kohlendioxid (CO_2) über die Lunge abgegeben wird [35]. Aus den unterschiedlichen Verschwundraten von D und ^{18}O im Urin und der Ausatemluft wird dann die CO_2-Produktion berechnet (*Abb. 2-4*). Da der mittlere RQ von der Nahrungszusammensetzung abhängig ist und dieser als »food quotient« anhand eines Ernährungsprotokolls kalkuliert werden kann (bei unbekannter Nahrungszusammensetzung wird ein RQ von 0,85 angenommen), kann hieraus der O_2- bzw. Energieverbrauch verrechnet werden.

Das sowohl durch Deuterium (^2H) als auch durch das stabile Isotop ^{18}O markierte Wasser wird in der Regel nach Sammlung einer basalen Urinprobe morgens vor oder mit dem Frühstück oral zugeführt. Zur Bestimmung des Energieumsatzes werden nach dem gewünschten Untersuchungszeitraum Urinproben entnommen und die darin enthaltene Menge ^2H und ^{18}O gemessen. Die Differenz zwischen den beiden entspricht der Menge ^{18}O die mit der Atmung abgegeben wurde, und diese wiederum ist proportional der Gesamt-CO_2-Produktion.

Die Genauigkeit der Methode wurde in einer methodenkritischen Arbeit mit ±7,8% berechnet [35]. Da beide Isotope stabil, d. h. nicht radioaktiv sind, besteht absolut keine Einschränkung bezüglich der zu untersuchenden Personen; es können selbst Kinder jeden Alters oder auch schwangere Frauen untersucht werden.

Haupteinsatzgebiet dieser Methode sind Langzeitmessungen des Gesamtenergieumsatzes unter Alltagsbedingungen. Sie stellt damit eine große methodische Bereicherung zu Untersuchungen des Energieumsatzes dar, da die Einschränkungen bei der Genauigkeit durch die Vielseitigkeit der Einsatzmöglichkeiten mehr als aufgewogen werden.

2.3 Komponenten des Energieumsatzes

Der über einen bestimmten Zeitraum ablaufende Total- oder Gesamtenergieumsatz setzt sich aus unterschiedlichen energieumsetzenden Prozessen zusammen:
- Dem Grundumsatz oder Ruheenergieumsatz: Energie, die für die Aufrechterhaltung der normalen Köperzusammensetzung und Funktionen erforderlich ist.
- Der physikalischen Aktivität: Energie, die für die körperliche Bewegung und mechanische Arbeit erforderlich ist.
- Der Wärmeregulation: Energie, die für zusätzliche Wärmeproduktion oder Schwitzen aufgebracht wird bei Abweichen der Umgebungstemperatur oder der Kleidung von den Idealwerten.
- Energie, die durch extern oder intern induzierten Stress (Schmerz, psychische Belastung etc.) verursacht wird.
- Der nahrungsinduzierten Thermogenese: Energie, die zur Digestion, Resorption, Transport und Umwandlung der zugeführten Nahrungssubstrate erforderlich ist.

In der Literatur finden sich unterschiedliche, z. T. widersprüchliche Einteilungen des Energieumsatzes. So erscheint z. B. die Einteilung in »essenzielle Wärmeproduktion« (für anabole und katabole Stoffwechselvorgänge im Rahmen der Zellerneuerung) und »obligatorische Wärmeproduktion« (z. B. für die Na^+-, K^+-ATPase oder die nahrungsinduzierte Thermogenese) relativ willkürlich. Andere Autoren bezeichnen als »Thermogenese« alle Zustände, die den Energieumsatz über den Grundumsatz hinaus erhöhen, rechnen aber die Muskelaktivität nicht dazu. Uns erscheint eine Einteilung, die den Energieumsatz eindeutigen physiologischen Funktionen zuordnet, sinnvoller.

2.3.1 Grundumsatz und Ruheenergieumsatz

Der Grundumsatz (BEE, »basal energy expenditure«) umfasst die gesamte Energie, die zur Aufrecherhaltung der physiologischen Homöostase erforderlich ist. Neben der mechanischen Arbeit, die durch die Herz- und Atemmuskulatur, die Darmmotilität und dem Grundtonus der Muskulatur geleistet wird, gehören hierzu auch die Funktionen der permanenten Zellerneuerung wie Neusynthese von Zellstrukturen, Proteinen etc. Darüber hinaus sind viele Transportprozesse über die Zellmembranen sowie die Aufrechterhaltung der Membranpotentiale energieabhängig. Es kann davon ausgegangen werden, dass allein die Tätigkeit der Na^+-K^+-ATPase an den Zellmembranen 20–40% des Grundumsatzes ausmacht. Wie bereits erwähnt werden aber bei all diesen Prozessen ca. 55% der Energie als Verlustwärme freigesetzt (s. oben), sodass von einem durchschnittlichen Grundumsatz von 1500 kcal/24 h ca. 700 kcal in diesen Funktionen eingesetzt werden.

> Der Grundumsatz ist nicht der niedrigste Energieumsatz. Dieser wird im Schlaf gemessen und liegt ca. 10% unter dem Wert des Wachzustandes. Deshalb muss darauf geachtet werden, dass die zu Untersuchenden während der Untersuchung nicht einschlafen.

Der Grundumsatz wird in der Regel nur über einen kürzeren Messzeitraum (20–30 min) gemessen und das Ergebnis auf 24 h hochgerechnet. Die Messung wird unter standardisierten Bedingungen durchgeführt:
- am frühen Morgen nach ausreichender Nachtruhe;
- mehr als 12 h nach letzten Nahrungsaufnahme;
- liegend, ohne körperliche Bewegung, aber wach;
- frei von Schmerzen oder psychischer Belastung;
- bei indifferenter Raumtemperatur (27–29°C nackt, 23–25°C bei leichter Bekleidung).

Aufgrund der zirkadianen Schwankung des Grundumsatzes ist es absolut erforderlich, dass die Untersuchung am frühen Vormittag stattfindet. Früher wurde gefordert, die zu Untersuchenden müssten die Nacht im Bereich des Untersuchungsortes verbringen, damit keine größere Anstrengung vor der Untersuchung nötig wäre. Vergleichende Untersuchungen haben aber ergeben, dass bei Einhalten einer Ruhepause von mindestens 30 min eine evtl. Anfahrt die Ergebnisse nicht beeinträchtig. Auch die Raumtemperatur ist für das Ergebnis wichtig, damit während der Untersuchung keine zusätzliche Energie für die Thermoregulation notwendig wird.

Ruheenergieumsatz

Der Ruheenergieumsatz (REE, »resting energy expenditure«) ist vergleichbar mit dem Grundumsatz, wird aber unter weniger standardisierten Bedingungen gemessen, allerdings ebenfalls immer ohne körperliche Bewegung und nach längerer Nahrungskarenz. Wird z. B. bei einem Intensivpatienten an einem Nachmittag unter den aktuellen Behandlungsbedingungen der Energieumsatz gemessen, so ist dieses der Ruheenergieumsatz und nicht der Grundumsatz.

Prinzipiell umfasst der Ruheenergieumsatz die gleichen Energiekomponenten wie der Grundumsatz, wobei es durch die weniger standardisierten Bedingungen zu Abweichungen durch extern oder intern induzierten Stress oder durch notwendige Wärmeregulation (z. B. Fieber) kommen kann. Aus einer frühen Arbeit Kinneys [18a], in der dieser berichtete, dass der Ruheenergieumsatz elektiv operierter Patienten eine Abweichung von ±10% vom vorhergesagten Grundumsatz zeigt, wurde immer wieder fälschlich berichtet, der Ruheenergieumsatz läge 10% über dem Grundumsatz. Die Arbeit hat im Gegenteil gezeigt, dass sich bei diesen Patienten REE nicht signifikant von BEE unterscheidet. (Die Abweichung ist damit nicht größer als die übliche Variationsbreite des Grundumsatzes, die ebenfalls im Bereich von ±10% des Normwertes liegt.)

Im Gegensatz zum Grundumsatz wird der Ruheenergieumsatz bei Patienten nicht nur am Vormittag sondern häufig auch zu unterschiedlichsten Tageszeiten gemessen. Untersuchungen bei Intensivpatienten haben jedoch gezeigt, dass zumindest bei diesen schwerkranken Patienten die zirkadiane Rhythmik vollständig aufgehoben ist, sodass der Messzeitpunkt nur eine untergeordnete Rolle spielt.

Englischsprachige Terminologie

Im Gegensatz zur deutschsprachigen Terminologie, die relativ konstant geblieben ist, hat die englischsprachige Terminologie 2 entscheidende Wendungen erfahren. In den meisten in der 1. Hälfte des 20. Jahrhunderts veröffentlichten Arbeiten, die den Grundumsatz gesunder Normalpersonen untersuchten, wurde der Grundumsatz als »basal metabolism« (BM) bezeichnet. Der Terminus »basal metabolic rate« (BMR) wurde zu dieser Zeit noch definiert als die relative Abweichung (meist in Prozent) des gemessenen Grundumsatzes von dem in dem jeweiligen Labor erhobenem Normwert. Eine BMR von +20% bezeichnete somit einen Grundumsatz, der 20% über dem alters- und geschlechtsspezifischen Normwert der untersuchten Person lag. Später wurde jedoch BMR identisch mit BM benutzt und bezeichnete nicht nur die relative Abweichung sondern auch den Absolutbetrag. Der Begriff wurde dann weitgehend durch die Bezeichnung »basal energy expenditure« (BEE) ersetzt.

Die entscheidendere Wendung vollzog sich aber in den Publikationen der letzten 15 Jahre: Da BEE nicht der basale, also niedrigste messbare Energieumsatz ist, der ja im Schlafzustand gemessen wird, wurde BEE zunehmend durch »resting energy expenditure« (REE) ersetzt. Dabei ging allerdings die begriffliche Differenzierung zwischen einem unter standardisierten Bedingungen gemessenen Grundumsatz (BEE) und einem unter nicht standardisierten Ruheenergieumsatz (REE) verloren, sodass heute in der englischsprachigen Literatur der Begriff REE für beides verwandt wird.

2.3.2 Physikalische Aktivität

Von allen genannten Faktoren kann physikalisch geleistete Arbeit zu den ausgeprägtesten Steigerungen des Energieumsatzes führen. Die Steigerung ist proportional zu der geleisteten Arbeit und kann bei körperlicher Schwerstarbeit oder Leistungssport leicht Werte von 5 kcal/min oder mehr erreichen, was einem Mehrfachen des GU von rund 1 kcal/min entspricht. Messungen des Energieumsatzes unter den Bedingungen schwerer körperlicher Arbeit können nur mit Hilfe der indirekten Kalorimetrie erfolgen und sind methodisch nicht einfach, da es nahezu unmöglich ist, unter realistischen Arbeitsbedingungen gleichzeitig noch solche Messungen durchzuführen. Bei vielen Untersuchungen wurden deshalb zuerst der Energieverbrauch bei einzelnen Arbeitsschritten untersucht und der Gesamtverbrauch dann anhand von Protokollen ermittelt, in denen die Arbeiter die Häufigkeit der einzelnen Teilschritte über einen bestimmten Zeitraum erfassten [9].

In der Sportmedizin wird zur Bestimmung der körperlichen Belastbarkeit von Athleten häufig die maximale O_2-Aufnahme (VO_2max) bestimmt. Sie ist gleichbedeutend mit der Messung des maximalen, unter aeroben Bedingungen ablaufenden Energieumsatzes (»anaerobic threshold«). Die bei hochtrainierten Triathlonsportlern auf einem Laufband gemessene maximale O_2-Aufnahme von 78,5 ml/kg/min entspricht bei einem 70 kg schweren Sportler einem Energieumsatz von 28 kcal/min bzw. einer Leistung des mehr als 20fachen des normalen Grundumsatzes.

> Das Verhältnis von physikalisch geleisteter Arbeit zur aufgewandten Energie – und damit der Wirkungsgrad – wird berechenbar, wenn auch der Energieumsatz in der üblichen Einheit der Leistung (W, Watt) angegeben wird: So entspricht ein BEE von 1600 kcal einer Leistung von 78 Joule/s bzw. 78 W, die oben genannte VO_2max des Triathlonsportlers ist äquivalent zu 1,935 kW.

Diese Rechnungsart erlaubt auch, den Wirkungsgrad der körperlichen Arbeit zu bestimmen. Ein zusätzliche Arbeitsleistung von 50 W würde theoretisch bei einem biochemischen Wirkungsgrad von 50% einen zusätzlichen Energieaufwand von 100 W erfordern. Untersuchungen an Ergometern zeigen aber, dass bei Kurbelarbeit im Liegen mit einer Leistung von 50 W die Sauerststoffaufnahme auf 800 ml/min steigt, was einer Leistung von 280 W entspricht, also einer Steigerung von 200 W im Verhältnis zum Grundumsatz von 80 Watt. Für 50 W externe Leistung müssen somit 200 W aufgewandt werden, was einem Wirkungsgrad der Muskelarbeit von 25% entspricht.

> Generell beträgt somit die Steigerung des Energieumsatzes das 4fache der geforderten externen Arbeit. Der zusätzliche Wirkungsverlust kommt durch die Ergonomie der Muskelarbeit zustande, die z. T. auf ungünstigen Hebelansätzen beruht.

Die Steigerung des Energieumsatzes hängt zusätzlich auch von der Ergonomie der Tätigkeit selbst ab. So hatten in den 1950er Jahren Untersuchungen des Physiologen E.A. Müller zum Energieumsatz bei Stahlarbeitern ergonomische Verbesserungen der Schubkarre und der Schaufel zur Folge [9]. Zusätzlich variiert die für eine physikalische Aktivität notwendige Energie auch mit dem Körpergewicht, da schwergewichtige Personen für dieselbe Tätigkeit eine höhere Leistung aufbringen müssen, weil sie während der Tätigkeit ein größeres Eigenwicht bewegen müssen .

Da körperliche Spitzenleistungen aber nicht kontinuierlich über längere Zeit ausgeübt werden, ist die Steigerung des Energieumsatzes durch körperliche Arbeit doch deutlich geringer als es kurzfristige Leistungsspitzen vermuten lassen. So gibt Durnin für die Arbeitszeit (Pausen eingerechnet) bei leichter Arbeit einen Steigerungsfaktor von 1,7 (bezogen auf den Grundumsatz) und bei mittelschwerer Arbeit von 2,7 an [9]. Bei Schwerstarbeitern kommt es jedoch zu deutlich höheren Werten. Bei kolumbianischen Zuckerrohrschneidern z. B. wurde während der 8-stündigen Arbeitszeit ein mittlerer Energieumsatz von 7400±1500 kcal/min gemessen, was dem 7fachen des Grundumsatzes entspricht [39]. Die Leistung entsprach 35% der maximalen O_2-Aufnahme dieser Arbeiter.

2.3.3 Psychische Belastung, Schmerz und Stress

Neben der körperlichen Aktivität führt auch Aufregung, psychische Belastung oder Schmerz mit Sicherheit ebenfalls zu einer Steigerung des Energieumsatzes. Für diese Komponente des Gesamtenergieumsatzes wurde bisher kein eigener Begriff geprägt und in der Literatur liegen nur wenige Daten vor, aus denen sich die Größenordnung der Steigerung abschätzen ließe.

2.3.4 Thermoregulation

Bei Aufenthalt in einer sog. thermoneutralen Umgebung (29-32°C) ist der Mensch in der Lage, durch eine Variation der Hautdurchblutung die Wärmeabgabe so zu regulieren, dass die durch den Grundumsatz und evtl. zusätzliche Muskelarbeit anfallende Wärme ausreicht, die Körperkerntemperatur im Bereich des Sollwertes von 37°C zu halten. D. h., es muss keine zusätzliche Energie für die Thermoregulation aufgebracht werden. Liegt die Umgebungstemperatur unter diesem Bereich, kann durch den Einsatz entsprechender Kleidung die Wärmeisolation so verstärkt werden, dass immer noch die durch den normalen Metabolismus entstehende Wärme ausreicht. Erst wenn die niedrige Umgebungstemperatur nicht mehr durch Kleidung oder Bewegung kompensiert werden kann, signalisiert das Gefühl des Frierens, dass eine zusätzliche Wärmeproduktion erforderlich wird.

Muskelzittern stellt eine äußerlich erkennbare Form der ineffektiven Muskelarbeit dar, die zu einer deutlichen Steigerung des Energieumsatzes und damit auch der Wärmeproduktion führt. Bei kardiochirurgischen Patienten, die am Ende der Hypothermiephase Muskelzittern zeigten, betrug der Energieumsatz das 1,5fache im Vergleich zu Patienten, die nicht zitterten [30]. Beim Säugling besteht zusätzliche die Möglichkeit, durch eine adrenerge Stimulation des braunen Fettgewebes über das Entkoppeln der ATP-Synthese (s. oben) Wärme direkt, ohne motorische Aktivität zu erzeugen.

Die oben beschriebenen hohen Energieumsätze bei schwerer körperlicher Arbeit oder sportlicher Aktivität machen deutlich, dass häufig – vor allem bei höheren Umgebungstemperaturen – das größere Problem der Wärmeregulation darin besteht, die anfallende Wärme an die Umgebung abgeben zu können. Ist die abzugebende Wärmemenge gross und/oder die Umgebungstemperatur hoch, ist neben der üblichen Wärmeabgabe durch Strahlung oder Konvektion die zusätzliche Erzeugung von Verdunstungskälte durch Schwitzen erforderlich. (Bei geringerer Wassersekretion durch die Schweissdrüsen und/oder schneller Verdunstung bleibt das Schwitzen unbemerkt [Transpiratio insensibilis].) Dieses System funktioniert so gut, dass bei geringer Luftfeuchtigkeit auch noch bei Umgebungstemperaturen von über 50°C eine Kerntemperatur von 37°C aufrechterhalten werden kann, während dagegen bei 100% Luftfeuchtigkeit bereits bei 37°C keine Wärmeabgabe durch Verdunstung mehr möglich ist.

Den wenigen verfügbaren Daten nach sind die energetischen Kosten für die vermehrte Wassersekretion relativ gering. Bei Neugeborenen, die unter einem Strahlungswärmer lagen – im Gegensatz zu einem Warmluftgebläse – stieg z. B. die Transpiratio insensibilis um 148% an, während im selben Zeitraum die O_2-Aufnahme nur um 4,6% zunahm [23].

2.3.5 Thermogenetischer Effekt der Nahrung

Nach der Zufuhr von Energieträgern – egal ob enteral oder parenteral – kommt es im Vergleich zum Nüchternzustand zu einer Steigerung des Energieumsatzes, da auch die Digestion, Absorption, Umwandlung und Speicherung der zugeführten Nährstoffe energieverbrauchende Prozesse sind. Dieser bei Proteinen besonders ausgeprägte energiesteigernde Effekt wurde bereits um 1900 als die sog. »spezifisch-dynamische« Wirkung von Eiweiss beschrieben, später wurde der Begriff auf Steigerungen des Energieumsatzes durch Nährstoffe jeder Art ausgedehnt. Der später eingeführte Begriff nahrungsinduzierte Thermogenese wird im Deutschen heute noch verwandt, während im Englischen jetzt die Bezeichnung »thermogenetic effect of food« (TEF) gebräuchlich ist.

Das Ausmaß des TEF variiert in Abhängigkeit von der Art und der Menge der aufgenommen Substanzen und von den dadurch induzierten Speicherungsprozessen. Aus der Kenntnis der einzelnen energieverbrauchenden Schritte ergibt sich z. B. für die Umwandlung von Glukose in Glykogen ein theoretischer Energieverbrauch von ca. 5% der mit der Glukose aufgenommenen Energie. Für die Umwandlung von Glukose in Fett beträgt der Wert 24% der aufgenommenen Energie [18]. Die direkte Speicherung von aufgenommenem Fett ist dagegen nur mit einem Verlust von 2–4% der Energie verbunden. Bedingt durch den hohen Energieaufwand, der für die Bildung von Peptidbindungen bei der Neusynthese von Proteinen oder die Glukoneogenese erforderlich ist, ist die Thermogenese durch die Zufuhr von Proteinen am höchsten und liegt in einem Bereich von 25–30% der zugeführten Energie [18].

Speziell nach der Zufuhr größerer Glukosemengen, nicht aber nach Fett- oder Proteinaufnahme, kommt es zu einer Steigerung des Energieumsatzes, die über den metabolischen Kosten der Glukoseabsorption- und speicherung liegt. Im Gegensatz zu der mit normaler Nahrungsaufnahme verbundenen sog. obligatorischen Thermogenese, wird dieser Effekt der Glukosezufuhr auch als fakultative Thermogenese bezeichnet. Sie ist umso ausgeprägter, je mehr die Glukosezufuhr über dem aktuellen Verbrauch liegt. Neben dem Recycling von C3-Intermediärverbindungen beruht die fakultative Thermogenese im Wesentlichen auf einer vermehrten Noradrenalinfreisetzung und kann durch die Gabe eines β-Blockers nahezu vollständig aufgehoben werden [18]. Diese fakultative Thermogenese erklärt auch die z. T. deutliche Steigerung des Energieumsatzes bei kohlenhydratreicher Ernährung nach längerer Nahrungskarenz.

> In der Praxis lassen sich die thermogenetischen Effekte einzelner Substratklassen nur relativ schwer bestimmen, sodass viele Untersuchungen zum TEF mit einer üblichen Mischkost durchgeführt wurden.

Die Steigerung des Energieumsatzes setzt nach Zufuhr einer solchen Mischkost sehr schnell ein und erreicht bereits nach 60 min ein Plateau, das in einem Bereich von +10% bis +20% liegt und über weitere 3 h anhält. Danach kommt es zu einem kontinuierlichen Abfall des Energieumsatzes und nach insgesamt ca. 8 h ist wieder der Normalwert erreicht [7].

Die kurzfristige postprandiale Erhöhung des Energieumsatzes um ca. 20% darf nicht verwechselt werden mit dem Anteil, den die TEF am Tagesgesamtenergieumsatz hat. Eine Untersuchung, bei der mageren und adipösen Männern Mahlzeiten mit 0, 8, 16, 24, und 32 kcal/kg fettfreier Masse zugeführt wurden, konnte zeigen, dass die TEF linear mit der zugeführten Kalorienmenge zunahm und bei beiden Gruppen im Mittel bei 8% der zugeührten Energie lag [7]. Daraus ergibt sich, dass die TEF indirekt mit dem Tagesenergieumsatz (s. unten) variiert und ca. 8% desselben ausmacht, da unter normalen

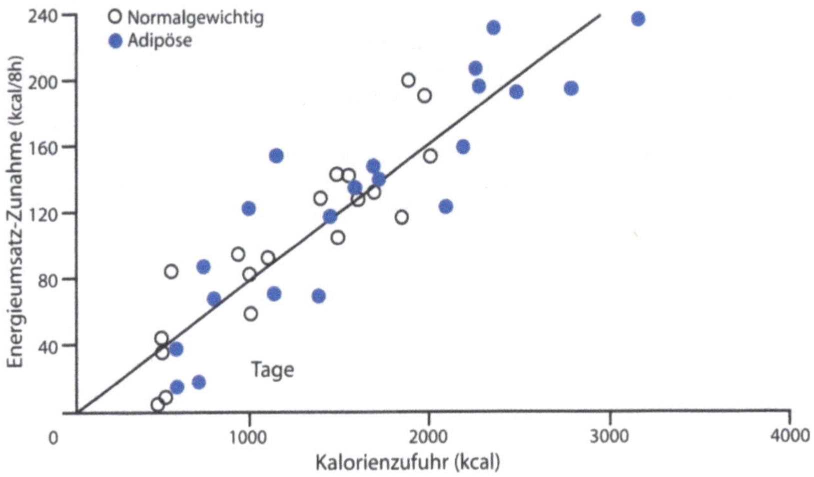

■ Abb. 2-5. Thermogenetischer Effekt der Nahrungsaufnahme in Abhängigkeit von der Kalorienzufuhr bei Normalgewichtigen und Adipösen. (Mod. nach [7])

Bedingungen eine Balance zwischen der umgesetzten und der mit der Nahrung zugeführten Energie besteht.

In den 1970er und 1980er Jahren wurde in vielen Studien der Zusammenhang zwischen TEF und Adipositas untersucht, da man vermutete, dass ein geringerer TEF (und damit eine bessere Verwertung der zugeführten Nährstoffe) ein kausaler Faktor der Adipositas sein könnte. Im Gegensatz zu früheren Studien, die bei Adipösen einen verminderten TEF im Vergleich zu normalgewichtigen Kontrollpersonen fanden, konnten spätere Studien einen solche Beziehung nicht nachweisen [7]. Es fanden sich aber erhebliche interindividuelle Unterschiede, die jedoch unabhängig von der Körperzusammensetzung waren. Zusammengefasst lassen sich die widersprüchlichen Daten dahingehend interpretieren, dass Unterschiede im TEF – wenn überhaupt vorhanden – nur einen geringen kausalen Anteil an der Entstehung der Adipositas haben (■ *Abb. 2-5*).

2.3.6 Gesamtwerte des Tagesenergieumsatzes

Der Tagesgesamtenergieumsatz (»total energy expenditure«, TEE) ist die entscheidende Größe für die Energiebalance, d. h. das Verhältnis von zugeführter und umgesetzter Energie. Überschüssig zugeführte Energie führt langfristig zum Übergewicht, Unterschreitungen zu Mangelerscheinungen.

TEE setzt sich somit aus einem konstanten Anteil, dem Grundumsatz, und den oben genannten 4 variablen Anteilen zusammen. Da die Wärmeregulation bei adäquater Bekleidung bzw. angemessener Raumtemperatur zu keiner wesentlichen Steigerung des Energieumsatzes führt und bei normalen Lebensverhältnissen und Gesundheit die psychische Komponente ebenfalls keinen großen Einfluss hat, ist die physikalische Aktivität die wichtigste Größe, die das Verhältnis des Tagesenergieumsatzes zum Grundumsatz bestimmt. Arbeitsintensität und Arbeitsdauer bestimmen dabei unmittelbar das Ausmaß der umgesetzten Energie.

In der Regel wird der TEE als Vielfaches des BEE angegeben; eine Größe die im Englischen auch als »physical activity level« (PAL) bezeichnet wird. Dass die heute übliche berufliche oder häusliche Tätigkeit nur mit einer mäßigen Steigerung des Energieumsatzes verbunden ist, konnte eine britische Untersuchung zeigen, bei der der TEE bei 12 gesunden jüngeren Frauen unter normalen Lebensbedingungen mit Hilfe doppelt markierten Wassers untersucht wurde. Im Mittel war der TEE lediglich das 1,38- ±0,04fache des BEE [29]. Bei männlichen Bauern in Gambia mit schwerer körperlicher Arbeit wurde dagegen ein Faktor von 2,40±0,41 ermittelt [15]. Im Allgemeinen wird von einem Faktor von 1,25 bei sitzender Tätigkeit, 1,5 bei leichter, 1,75 bei mittelschwerer und 2 und mehr bei schwerer Arbeit ausgegangen.

> Zu betonen ist, dass unter den heutigen Lebensbedingungen bei vielen Menschen, die einer sitzenden Tätigkeit nachgehen, der größte Energieumsatz während einer sportlichen Betätigung in Freizeit stattfindet. (Die hier aufgeführten über den Tag gemittelten Multiplikatoren des Grundumsatzes dürfen auch nicht verwechselt werden mit den oben aufgeführten kurzfristigen Steigerungen des Energieumsatzes.)

Eine kompilierte Studie, in der aus der Literatur 1614 Messungen des TEE an 1156 Personen zusammengetragen wurden, fanden den PAL in einem Bereich von 1,2–2,5 – wobei die höheren Werte lediglich bei physikalisch sehr aktiven Personen gemessen wurden [3]. Ausnahmen fanden sich z. B. bei Teilnehmern der »Tour de France«, die während des Wettbewerbs das 4,7fache des BEE an Energie umsetzten. Zusammengefasst ergab sich, dass Frauen – auch unter statistischer Berücksichtigung des Einflusses der anderen Körperzusammensetzung – im Mittel einen um 11% geringeren Energieumsatz hatten als Männer. Bei den Frauen blieb der PAL vom 13. bis zum 64. Lebensjahr relativ konstant und fiel dann ab, während er bei den Männern im Alter von 18–29 Jahre einen Höhepunkt erreichte und danach langsam sank.

2.4 Determinanten des Grundumsatzes

2.4.1 Körperoberfläche und Grundumsatz

Das am Ende des 19. Jahrhunderts propagierte Konzept, die Körperoberfläche sei der determinierende Faktor des Grundumsatzes, basierte auf der Annahme, die Wärme werde über die Körperoberfläche abgegeben, folglich müsse diese auch die bestimmende Größe derselben sein. (Der Irrtum lag darin, dass die Wärmeproduktion als Ziel und nicht – wie oben beschrieben – als Folgeprodukt des Metabolismus gesehen wurde.) Das Konzept wurde gestützt von einer Untersuchung Rubners [33] an Hunden mit einem Gewicht von 3–31 kg, deren Energieumsatz bezogen auf die Körperoberfläche übereinstimmend ca. 1000 kcal/m² betrug. Weitere Untersuchungen an anderen Spezies gaben Anlass zu der Hypothese, durch den Bezug auf die Körperoberfläche könne der Grundumsatz im Sinne eines biologischen Gesetzes artübergreifend normiert werden.

Obwohl sich bald herausstellte, dass selbst innerhalb einer Spezies geschlechts- und altersabhängige Unterschiede des auf die Körperoberfläche bezogenen Grundumsatzes bestehen, blieb der Gedanke dennoch über viele Jahre beherrschend und war, bis auf eine Ausnahme, die Grundlage aller größeren Untersuchungen des Grundumsatzes bis in die 1950er Jahre.

1917 veröffentlichten Aub u. DuBois [1], basierend auf der Untersuchung eines kleineren Kollektivs, die ersten Standardwerte für Männer und Frauen im Alter von 14–80 Jahren. Der Wert für Frauen wurde generell 7% unter dem der Männer angenommen. Bei dieser Arbeit wurde erstmals auch die 1916 vom Ehepaar DuBois entwickelte Formel zur Berechnung der Körperoberfläche eingesetzt:

$$A = G^{0{,}425} \times L^{0{,}725} \times 71{,}84$$

A = Körperoberfläche, G = Körpergewicht [kg],
L = Körperlänge [cm].

1919 publizierten Harris u. Benedict [13] die Ergebnisse ihrer Untersuchung von 239 Personen (136 Männer, 103 Frauen), deren Alter zwischen 15 und 73 Jahren lag (Mittelwert 31±3 bzw. 32±3 Jahre). Die mittlere Größe der Probanden (Männer 171±3 cm, Frauen 162±3 cm) zeigt wie sehr sich die damalige durchschnittliche Körperkonstitution von heute unterschied. Trotz dieser erheblichen methodischen Beschränkungen (kleines Kollektiv, relativ niedriges mittleres Alter, andere Konstitution) sind die von Harris u. Benedict vorgeschlagenen Formeln zur Berechnung des Normgrundumsatz auch heute noch die am häufigsten zitierten Normwerte.

Da die Autoren die allgemeine Gültigkeit des Gesetzes der Körperoberfläche anzweifelten, entwickelten sie mit – für die damaligen Verhältnisse -großem mathematischen Aufwand Regressionsanalysen, bei denen separat der Einfluss des Körpergewichts (KG) und der Körperlänge (KL) analysiert wurde. Die Formeln sind unterschiedlich für Männer und Frauen und berechnen BEE in Abhängigkeit von der Körpergröße und -länge sowie dem Alter:

BEE Männer = 66 + (13,8 × kgKG) + (5,0 × cmKL) – (6,8 × Alter [Jahre]) (n=136);

BEE Frauen = 655 + (9,6 × kgKG) + (1,8 × cmKL) – (4,7 × Alter [Jahre]) (n=103).

Mathematisch entspricht der Bezug auf Köpergewicht und -länge einem indirekten Bezug auf die Oberfläche, die allein durch diese beiden Größen bestimmt wird. Benedict selber äußerte in späteren Publikationen Kritik an seinen Normwerten und nahm an, dass sie den Grundumsatz ca. 5% zu hoch einschätzten.

1936 erfolgte dann die Veröffentlichung einer Untersuchung [4] an 639 gesunden Männern und 828 Frauen, in denen Boothby neue Standards für die »Mayo Clinic« festlegte und eine Abweichung von ±10% bis maximal ±15% als die Grenzen des normalen Grundumsatzes definierte. Bezugspunkt war wiederum die Körperoberfläche nach DuBois. Die Darstellung dieser Normwerte erfolgte nur in Tabellen bzw. als Graphik, eine Regressionsgleichung wurde nicht aufgestellt, sodass Vergleich mit anderen Standardwerten nur schwer möglich ist.

Die erste größere europäische Studie zur Normierung des Grundumsatzes wurde 1951 von Robertson u. Ried [31] veröffentlicht. Sie stützte sich auf die Messung von 987 männlichen und 1323 weiblichen Individuen im Alter von 3 bis >75 Jahren, die mit einem Respirometer nach Benedict-Roth untersucht wurden. Die Ergebnisse wurden lediglich als Tabelle und Graphiken veröffentlicht, sodass ein direkter statistischer Vergleich mit den anderen Studien nicht möglich ist.

Einen anderen Ansatz verfolgte Fleisch [12] in Lausanne. Die Grundlage seines »Metabocalculateur« war für die einzelnen Alters- und Geschlechtsklassen das jeweilige arithmetische Mittel aus 24 Studien und eine zusätzliche per Hand vollzogenen Glättung der daraus resultierenden Kurven.

Solche kompilierten Studien wurden mehrfach auch von der Food and Agriculture Organisation der UN (FAO) in Zusammenarbeit mit der WHO in Auftrag gegeben, mit dem Ziel, aus dem Grundumsatz und einem zusätzlichen Multiplikator für die körperliche Aktivität zukünftig notwendige Lebensmittelressourcen für bestimmte Bevölkerungen berechnen zu können. Retrospektiv verdeutlichen diese Studien allerdings mehr den Zugewinn an mathematisch-statistischer Rechenkraft durch die Entwicklung digitaler Computer als einen echten Zugewinn an biologischer Erkenntnis.

Die letzte dieser Studien wurde von 1981 bis 1985 von Schofield [37] erstellt, basierend auf 7549 auswertbaren Einzelmessungen und Mittelwerten von weiteren 3874 Messungen. Die Ergebnisse wurden geschlechtsspezifisch für jeweils 6 Altergruppen dargestellt und ergaben, dass in den meisten Fällen die Vorhersagekraft des Körpergewichts allein nicht schlechter war als das der Körperoberfläche. Allerdings lag der Korrelationskoeffizient bei vielen dieser Untergruppen bei Werten zwischen lediglich 0,6 und 0,73. Neben den Formeln von Harris u. Benedict werden heute die von Schofield häufig als sog. FAO/WHO-Standards zitiert und angewendet.

Das Erscheinungsdatum dieser letzten größeren Arbeiten kann aber nicht darüber hinwegtäuschen, dass mit dem Beginn der 1940er Jahre die wissenschaftliche und klinische Beschäftigung mit den Fragen des Energieumsatzes so gut wie zum Erliegen kam und die Methode der indirekten Kalorimetrie nahezu ausschließlich im Rahmen der Schilddrüsendiagnostik eingesetzt wurde. Eine Ausnahme bilden die bereits oben genannten Arbeiten Müllers in den 50er Jahren, der im Ruhrgebiet den Energieumsatz der Stahlarbeiter bei schwerster körperlicher Arbeit untersuchte. In Großbritannien hat Durnin [9] durch Untersuchungen an Kohlebergleuten diese Arbeiten weitergeführt und ergänzt.

Fasst man die in mehr als 60 Jahren an Tausenden von Probanden durchgeführten Studien zusammen, ergeben sich 2 Schlussfolgerungen:

- Die Studien belegen eindeutig, dass die Köperoberfläche nicht die Grundlage eines »biologischen Gesetzes« bildet und als Prädiktor des Grundumsatzes nur geringfügig besser als das Körpergewicht ist.

Mit Hilfe des Körpergewichts und/oder der Körperoberfläche lässt sich der Grundumsatz bei Gesunden lediglich mit einer Genauigkeit von ca. ±15% bestimmen – die für viele klinische Fragestellungen aber durchaus genügen mag.

Zwischen den einzelnen Studien bestehen z. T. beachtliche Übereinstimmungen in den vorhergesagten Grundumsatzwerten, z. T. aber auch bedingt durch die großen methodischen Unterschiede – verschiedene Apparate, Einzelmessungen vs. Serienmessungen, unterschiedliches Training der Untersuchten – Unterschiede in einer Größenordnung von 13–47% [10]. Keine der erarbeiteten Formeln ist den anderen methodisch so eindeutig überlegen, dass sie eindeutig vorzuziehen wäre; auch die aus mehreren Studien kompilierten Formeln nicht, da sie eine breitere Streuung aufweisen.

Bedenkt man die erheblichen anthropomorphischen Unterschiede der heutigen Bevölkerung im Verhältnis zu diesen älteren Studienpopulationen, so wären für Fragestellungen, die eine Normierung des Grundumsatzes voraussetzen, neuere und lokalbezogene Standards den älteren Formeln eindeutig vorzuziehen. Eine Datenbank aktueller, in den letzten Jahren in Deutschland durchgeführten Messungen zum Grundumsatz ist zzt. im Aufbau.

2.4.2 Körperzusammensetzung und Grundumsatz

Zeitgleich mit dem nachlassenden wissenschaftlichen Interesse an der Bestimmung des Energieumsatzes entstanden in den vierziger Jahren des 20. Jahrhunderts die ersten Untersuchungen der Körperzusammensetzung. Nachdem initiale Untersuchungen an Leichen aufgrund des schnellen Wasserverlusts des Gewebes keine verwertbaren Befunde erbracht hatten, war die Dichtebestimmung mit Hilfe einer Unterwasserwaage der erste praktikable Ansatz, in vivo die Körperzusammensetzung zu bestimmen [2].

Die Technik basiert auf einem 2-Kompartment-Modell, das den Körper in die sog. Magermasse (»lean body mass«, LBM) und das Gesamtkörperfett unterteilt. Die Differenz des außerhalb und unter Wasser gemessenen Körpergewichts entspricht dem Körpervolumen, der Quotient aus Gewicht und Volumen der Dichte. Aus der bekannten mittleren Dichte der Körpermagermasse von 1,1 und der der Fettmasse von 0,94 kann dann der Anteil dieser beiden Kompartimente am Gesamtgewicht bestimmt werden (s. Kap. 1).

Neben dem Interesse an dieser Methode z. B. zur Quantifizierung der Adipositas rückte bald die Frage in den Vordergrund, welchen Wert die so bestimmte Körpermagermasse als Prädiktor des Grundumsatzes hat. So konnten bereits die ersten Arbeiten, in denen sowohl die Körperzusammensetzung densitometrisch als auch der Grundumsatz mit Hilfe der indirekten Kalorimetrie untersucht wurden, zeigen, dass eine hochsignifikante Korrelation zwischen der Körpermagermasse und dem Grundumsatz bestand. Der wichtigste Unterschied zu Körpergewicht und Körperoberfläche lag darin, dass sich bei der Korrelation der LBM mit dem Grundumsatz eine identische Regressionsgerade für Männer und Frauen ergab.

Damit war die Hypothese eines geschlechtsspezifischen Unterschieds im Metabolismus widerlegt, zu der die früheren Untersuchungen Anlass gegeben hatten. Die Korrelation zwischen Grundumsatz und Körpergewicht ergab bei Männern und Frauen nur deshalb andere Ergebnisse, weil sie einen unterschiedlichen Anteil an Körpermagermasse haben und nicht weil sie unterschiedlichen metabolischen Gesetzen gehorchen.

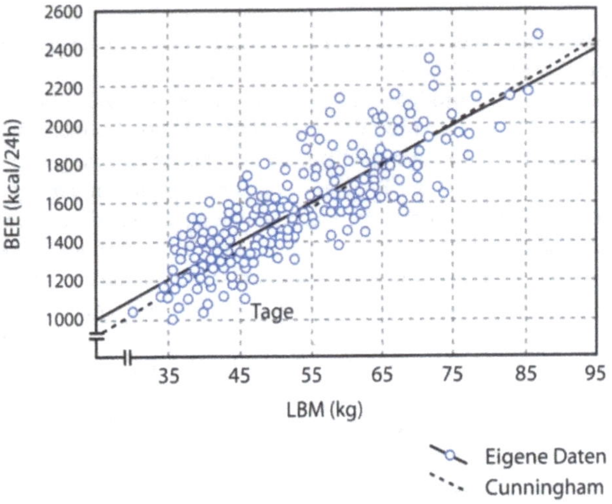

Abb. 2-6. Um die Körpermagermasse korregierte Korrelation zwischen Grundumsatz und Körpergewicht and 301 Normalpersonen (Erläuterung s. Text)

Spätere Untersuchungen, in denen die Körpermagermasse nicht nur densitometrisch sondern auch mit Hilfe der Anthropomorphie, einer Isotopenverdünnungsmethode oder der bioelektrischen Impedanzanalyse (BIA) untersucht wurde, haben diese Ergebnisse übereinstimmend bestätigt. Cunningham [5] hat aus 8 dieser Einzelstudien eine gewichtete Summenformel erstellt:

BEE = 370 +21,6 LBM.

Abbildung 2-6 zeigt diese kompilierte Regressionsgerade und das Ergebnis von eigenen Untersuchungen an 301 Normalpersonen. Beide Regressionsgeraden zeigen dieselbe Steigung und nur eine geringe Differenz im Absolutwert.

Allerdings stimmen alle Korrelationsstudien von LBM und Grundumsatz auch darin überein, dass die Regressionsgerade nicht durch den Nullpunkt geht, sondern einen positiven Schnittpunkt mit der y-Achse hat, der signifikant von Null abweicht. Hieraus ergeben sich mehrere Konsequenzen:

- Die Linearität der jeweiligen Regressionsgeraden gilt nur für den Bereich der LBM, der in der jeweiligen Studie untersucht wurde. Sie darf nicht beliebig nach unten oder oben erweitert werden. Das bedeutet, eine an Erwachsenen erhobene Regressionsgleichung darf nicht bei Kindern mit einer deutlich niedrigeren LBM untersucht werden. Korreliert man die LBM mit dem Energieumsatz über alle Altersklassen, ist die Beziehung nichtlinear [40].
- Der Quotient Energieumsatz/LBM ist bei niedrigerer LBM höher als bei hoher LBM. Die Schätzung des Grundumsatzes sollte daher, wie beim Körpergewicht, nicht über einen Faktor × LBM, sondern immer nur über die Regressionsgleichung erfolgen.

Der positive Schnittpunkt der Regressionsgeraden mit der y-Achse ist kein mathematisch statistisches Phänomen, sondern hat einen elementaren biologischen Hintergrund: Der metabolisch aktive Teil der LBM setzt sich aus 2 unterschiedlichen Komponenten zusammen, der im Ruhezustand metabolisch wenig aktiven Muskulatur und den normal aktiven viszeralen Organen. Quantitative Unterschiede in der LBM basieren zum größten Teil auf einer unterschiedlich ausgeprägten Muskelmasse. Ist diese weniger ausgeprägt, haben die viszeralen Organe einen relativ größeren Anteil und damit ist auch die Stoffwechselaktivität bezogen auf die Gesamtmasse höher. Ist die Muskelmasse groß, nimmt die Stoffwechselaktivität im Ruhezustand nur wenig zu, der Energieumsatz ist relativ zur Gesamtmasse geringer.

Im Gegensatz zu dem der Densitometrie zugrunde liegenden 2-Kompartment-Modell entstand ebenfalls bereits in den 1940er Jahren ein 3-Kompartment-Modell, das die LBM noch einmal in die Körperzellmasse (»body cell mass«, BCM) und die extrazellulär Masse (»extracellular mass«, ECM) unterteilte [25]. Die Körperzellmasse, definiert als die Summe aller stoffwechselaktiven Zellen, scheint der physiologische Prädiktor des Grundumsatzes zu sein. Die wenigen bisher vorliegenden Studien, die BCM mit dem Grundumsatz korreliert haben, fanden in der Tat eine hochsignifikant Korrelation zwischen den beiden Größen. Die Korrelationskoeffizienten dieser Regressionen waren jedoch nicht wesentlich besser als die der Beziehung zur LBM und auch diese Regressionsgeraden hatten eine positiven Schnittpunkt mit der Y-Achse. Der Grund dafür ist identisch mit dem oben genannten. Auch die BCM setzt sich aus stoffwechselaktiven viszeralen Organen und in Ruhe inaktiver Muskelmasse zusammen, sodass die Korrelation mit dem Grundumsatz nicht signifikant besser ausfallen kann als bei der LBM.

Mit Hilfe der Computertomographie, Kernspintomographie oder der »dual energy X-ray absorptiometry« (DEXA) kann die Masse einzelner viszeraler Organe bestimmt werden. Neuere Studien, die in einem multivariablen Regressionsansatz den Grundumsatz mit den Massen metabolisch-aktiver Organe korreliert haben, sind zu unterschiedlichen Ergebnissen gekommen und konnten generell die Vorhersagekraft gegenüber den oben genannten einfacheren Gleichungen nicht wesentlich steigern [17].

Die vorliegenden Studien haben aber nicht allein gezeigt, dass bezogen auf LBM oder BCM der Grundumsatz bei Männer und Frauen gleich ist. Auch der Einfluss des Alters, der z. B. in den Formeln von Harris u. Benedict noch sehr prononciert ist, fällt bei diesen Korrelationen deutlich geringer aus. Daraus ist zu schließen, dass ein erheblicher Anteil der Wirkung des Alters auf den Energieumsatz darauf beruht, dass sich mit dem Alter auch die Körperzusammensetzung ändert. Methodenkritisch muss hierbei jedoch angemerkt werden, dass die meisten Studien zum Einfluss des Alters Querschnittsstudien sind, d. h. zu einem gegebenen Zeitpunkt werden jüngere mit älteren Versuchspersonen verglichen. Longitudinale Studien, in denen dieselben Personen über mehrere Lebensjahrzehnte beobachtet werden, liegen zu diesem Thema nicht vor. Von daher sind die Aussagen zum Einfluss des Alters noch sehr begrenzt.

Übereinstimmend fand sich in allen Studien, die den Grundumsatz in größeren Kollektiven mit der LBM oder BCM korreliert haben, ein Korrelationskoeffizient (r) in der Größenordnung von 0,85 entsprechend einem Determinationskoeffizienten (r^2) von 0,725. Dies bedeutet, dass rund 75% der interindividuellen Varianz des Grundumsatzes durch Unterschiede in LBM bzw. BCM erklärt werden können, 25% aber anscheinend durch andere – bis heute noch nicht eindeutig bestimmte – Faktoren determiniert werden. Hierbei spielen wahrscheinlich neuronale und hormonelle Faktoren (Adrenalin und Noradrenalin, Schilddrüsenhormone, Insulin und Glukagon) eine bedeutende Rolle. Gerade die erstgenannten können sowohl das Ausmaß des »Uncouplings« (s. oben) wie auch des Substrate-»Cyclings« (s. oben) bestimmen und über diesen Mechanismus eine Stimulation bzw. eine Drosselung des Grundumsatzes bewirken.

Studien, die bei eineiigen Zwillingen eine hohe Übereinstimmung sowohl des Grundumsatzes als auch des Energieumsatzes bei physikalischer Aktivität gezeigt haben, lassen vermuten, dass viele der Faktoren genetisch determiniert sind.

2.5 Energieumsatz bei internistischen und chirurgischen Krankheiten

Neben den umfangreichen Studien zum Grundumsatz Gesunder fanden bereits am Ende des 19. und zu Beginn des 20. Jahrhunderts grundlegende Untersuchungen der Veränderung des Energiestoffwechsels durch unterschiedlichste – überwiegend internistische – Erkrankungen statt. Im Gegensatz zur bis dahin gültigen Meinung ergaben diese, dass die meisten gastrointestinalen, pulmonalen und kardialen Erkrankungen ebenso wie die Anämien, Leukämien, chronischen Infektionskrankheiten oder Stoffwechselerkrankungen wie Diabetes oder Gicht ohne wesentliche Veränderungen des Energieumsatzes einhergehen. Signifikante Veränderungen wurden bei der Hyper- und Hypothyreose gemessen, die Abweichungen von ±30%–50% bewirken können, sowie bei der Akromegalie und bei fieberhaften Infekten.

Diese Ergebnisse haben heute noch Gültigkeit. Sie belegen, dass der Energieumsatz innerhalb einer gewissen Varianz eine definierte biologische Größe ist, die nur durch wenige pathogenetische Faktoren wesentlich verändert wird. Ihre Relevanz liegt gerade in dem Bezug zu den nachfolgend referierten Veränderungen bei chirurgischen Erkrankungen und bei der Sepsis.

In den 1940er Jahren wurde das Interesse auf die metabolischen Veränderungen bei akzidentellen und chirurgischen Traumata gelenkt. Cuthbertson [6] beschrieb damals als erster, dass die metabolische Antwort auf einen traumabedingten Schock in 2 Phasen abläuft, einer initialen Ebbphase und einer nachfolgenden Flowphase. Neben Hyperglykämie, Hypothermie und Vasodilatation ist die Ebbphase durch einen normalen oder sogar erniedrigten Energieumsatz gekennzeichnet, während die Flowphase neben dem Anstieg der Körpertemperatur und einer vermehrten Stickstoffausscheidung vor allem mit einem deutlichen Hypermetabolismus einhergeht.

Empirische Untersuchungen an chirurgischen Patienten, die in den 1960er Jahren mit Hilfe der von Kinney [18b] wieder in die klinische Medizin eingeführten indirekten Kalorimetrie durchgeführt wurden, bestätigten die Steigerung des Energieumsatzes als eine der wesentlichen pathophysiologischen Merkmale des sog. Postaggressionsstoffwechsels (s. auch Kap. 13). Bei Patienten mit multiplen Frakturen wurde eine Zunahme des Energieumsatzes um 30% gemessen, bei Infektionen wie der Peritonitis um 50% und bei schweren Verbrennungen sogar um mehr als 80%.

Immer wieder zitiert wird eine von DuBois aufgestellte Regel, wonach der Energieumsatz um 13% je °C Körpertemperaturerhöhung ansteigt. Diese Beziehung ist – eigenen Messungen nach – so sicherlich nicht haltbar und vor allem auch nicht kausal. Vielmehr bewirken die Infektion und die dadurch freigesetzten Toxine und Mediatoren sowohl die Temperatursteigerungen als auch den Hypermetabolismus und die vermehrte Proteinkatabolie. Infektionsbedingte Steigerungen des Energieumsatzes sind auch bei Hypothermie nachweisbar und Fieber kann z. B. bei Systemerkrankungen ohne wesentlichen Hypermetabolismus einhergehen.

Gleichzeitig mit den ersten Arbeiten zum Hypermetabolismus wurde nachgewiesen, dass auch dieses zweite wesentliche pathophysiologische Charakteristikum des Postaggressionsstoffwechsels, der Stickstoffverlust infolge der vermehrten Proteinkatabolie, quantitativ mit der Steigerung des Energieumsatzes korreliert (s. auch Kap. 13, Abb. 2-7).

> Je ausgeprägter der Hypermetabolismus, desto gravierender der Abbau von Muskelmasse und desto negativer die Stickstoffbilanz [21].

Leider gab diese zeitliche Verknüpfung von Hypermetabolismus und Stickstoffverlust auch den Anlass für eine teleologische Fehlinterpretation dieser Befunde: Da man in dem Hypermetabolismus auch die Ursache des vermehrten Proteinabbaus sah – und nicht nur eine zeitliche Koinzidenz – wurde dieser auch als Negativum angesehen und Strategien entwickelt, den Energieumsatz z. B. durch Hypothermie zu senken. Cuthbertson [4] dagegen hatte bereits 1942 darauf hingewiesen, dass die Energieumsatzsteigerung in der Flowphase Ausdruck einer erfolgreichen Abwehr- und Reparaturleistung der Zellen ist und deren Ausbleiben mit einer schlechten Prognose verbunden ist. Eine Hypothese, die durch mehrere Untersuchungen bestätigt wurde, die überzeugend gezeigt haben, dass Intensivpatienten mit einer höheren O_2-Aufnahme eine bessere Prognose haben als Patienten mit einer niedrigen O_2-Aufnahme [14, 38].

Die frühen Arbeiten der 1970er Jahre zur Veränderung des Energieumsatzes bei chirurgischen Patienten wurden durch etliche neuere Untersuchungen bestätigt und auch die damals beschriebene Größenordnung der Stoffwechselsteigerung hat heute noch Gültigkeit.

> Im Mittel kann davon ausgegangen werden, dass schwere Traumata oder eine Sepsis mit einer Zunahme des Energieumsatzes von 30–50% verbunden sind und dass noch höhere Steigerungen nur in Ausnahmefällen oder bei schweren Verbrennungen erreicht werden (Abb. 2-8).

Da die Steigerungen des Energieumsatzes sehr spezifisch für bestimmte Erkrankungen sind, können sie z. B. auch für die Differenzialdiagnose eines septisch-bedingten SIRS und eines nicht-septisch-bedingten SIRS eingesetzt werden. In einer Untersuchung an 26 beatmeten Intensivpatienten hatten Patienten ohne SIRS einen REE von 855 kcal/24 h/m², Patienten mit einem nicht-septischen SIRS einen REE von 948 kcal/24 h/m² und, signifikant unterschiedlich davon, Patienten mit einem septischen SIRS einen Umsatz von 1149 kcal/24 h/m² [26].

Bezüglich der Methode ergibt sich bei diesen Untersuchungen die Frage, in wieweit die meist nur kurzfristigen Messungen des REE bei diesen Patienten eine Abschätzung des TEE erlauben. Mehrere Arbeiten haben aber übereinstimmend gezeigt, dass bei den schwerkranken überwiegend immobilisierten und beatmeten Patienten, der TEE meist nur geringfügig (0–20%) über dem REE liegt. Aufgrund der gestörten zirkadianen Rhythmik ist auch der Zeitpunkt der Messung unerheblich und auch der Einfluss durch Schlafphasen ist unter diesen Umständen geringer als bei Gesunden.

Da die Bestimmung des REE mit Hilfe der indirekten Kalorimetrie noch keine klinische Routinemaßnahme geworden ist, wurden von vielen Autoren Formeln entworfen, mit denen

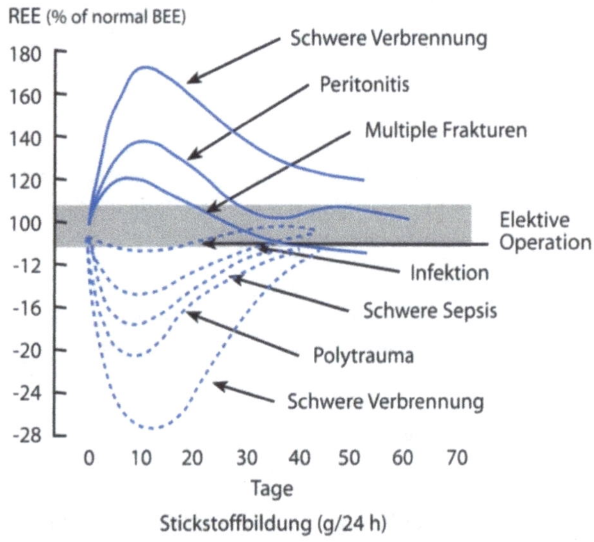

Abb. 2-7. Korrelation von Stickstoffausscheidung und Energieumsatz (REE als % des normalen BEE) bei unterschiedlichen chirurgischen Erkrankungen. (Mod. nach [21])

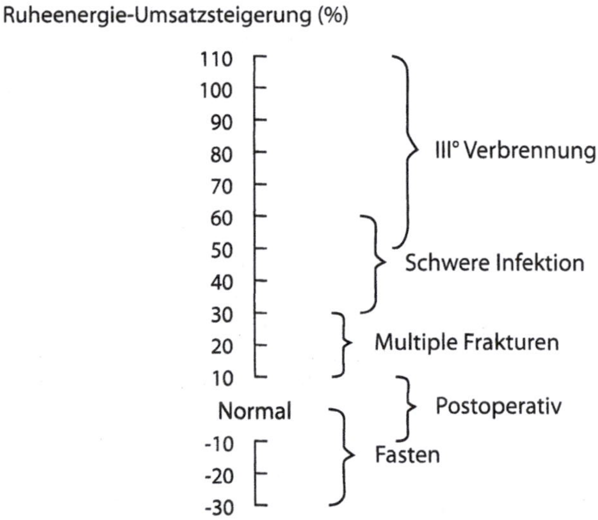

Abb. 2-8. Änderungen des Energieumsatzes in Abhängigkeit von der Grunderkrankung

der aktuelle Energieumsatz geschätzt werden soll. Die meisten der Algorithmen sind nach einem ähnlichen Prinzip aufgebaut: Der Grundumsatz wird mit Hilfe einer der bekannten Formeln (meistens Harris u. Benedict) nach Alter, Geschlecht, Größe und Gewicht geschätzt und dann mit einem Aktivitätsfaktor, der das Ausmaß der Mobilisierung wiederspiegelt und einem weiteren Faktor, der dem Schweregrad der Erkrankung entspricht, multipliziert. Mehrere Arbeiten, die einen solchen geschätzten Energieumsatz mit dem tatsächlich gemessenen REE verglichen haben, kamen aber zu dem Ergebnis, dass der REE zwar signifikant über dem Grundumsatz jedoch unter dem geschätzten Energieumsatz lag, sodass davon ausgegangen werden muss, dass die bekannten Formeln den aktuellen Energieumsatz eher überschätzen und von daher nur von begrenztem Nutzen sind.

Darüber hinaus beinhaltet der Versuch, den Energieumsatz mit Hilfe solcher Formeln zu erfassen, einen prinzipiellen Fehler und stellt deshalb einen methodischen Rückschritt dar. Mehrere Studien, in denen der Energieumsatz sequenziell über mehrere Tage gemessen wurde, haben belegt, dass bei kritisch Kranken der Energieumsatz – entsprechend dem von Cuthbertson dargelegten Konzept – einen phasischen Verlauf zeigt, d. h. er steigt in den ersten Tagen der Erkrankung bis zu einem Spitzenwert, der im Bereich der oben genannten Steigerungsraten liegt, an und fällt dann allmählich wieder ab. Sowohl die Höhe wie auch der Zeitpunkt des Höhepunkts der Veränderung variiert von Patient zu Patient. Er kann sowohl am 2. oder 3. Tag, genauso gut aber auch erst am 10. Tag auftreten [24, 28, 34]. Allein aus diesem Grund kann der exakte Energieumsatz eines Patienten nur über eine Messung erfolgen, sei es mit der indirekten Kalorimetrie oder dem inversen Fick'schen Prinzip.

Ein weiterer Grund, auf die exakte Bestimmung nicht zu verzichten, ergibt sich aus der Beobachtung, dass der Hypermetabolismus zwar einerseits eine ubiquitäre metabolische Folge eines Traumas, einer Sepsis oder einer Verbrennung ist, dass es mit zunehmendem Schweregrad der Erkrankung aber durchaus erneut zu einem Abfall des Energieumsatzes kommen kann. In eigenen Untersuchungen an Patienten mit einer Sepsis konnte gezeigt werden, dass Patienten mit einer unkomplizierten Sepsis durchaus im Mittel eine Steigerung des REE von +55% über dem geschätzten Grundumsatz (Harris u. Benedict) haben, dass aber Patienten mit einer schweren Sepsis (zusätzlich gestörte Organfunktion oder Perfusion) nur noch eine Steigerung von +20% aufweisen und dass bei Patienten im septischen Schock die Werte im Bereich des normalen Grundumsatzes oder sogar darunter lagen [19].

Die Bedeutung der Bestimmung des Energieumsatzes bei kritisch kranken Patienten ergibt sich somit aus mehreren Gesichtspunkten:

- Zum einen muss heute davon ausgegangen werden, dass eine Hyperalimentation, d. h. die Zufuhr von Substraten über den aktuellen Energiebedarf hinaus, bei Schwerkranken eher von Schaden als von Nutzen ist. Die Messergebnisse der vielfältigen Studien, die den Energieumsatz Schwerkranker zum Gegenstand hatten, haben diesbezüglich in den letzten Jahren zu einer deutlichen Reduktion der Zahl der zugeführten Kalorien geführt.
- Zum anderen muss aber auch bedacht werden, dass eine längere Unterernährung, z. B. bei nur schlecht tolerierter enteraler Ernährung, längerfristig zu erheblichen Funktionseinschränkungen führt und dass das wahre Ausmaß einer solchen Unterernährung nur durch den Vergleich der zugeführten Energie mit der tatsächlich umgesetzten Energie abgeschätzt werden kann.

Aus diesen Gründen sollten experimentelle Studien zur Erprobung neuer Ernährungskonzepte nicht ohne gleichzeitige Messungen des aktuellen Energieumsatzes durchgeführt werden. Neben diesem direkten Bezug zu alimentären Fragen ist der Energieumsatz zusätzlich ein wichtiger Globalparameter, der den Weg des kritisch kranken Patienten durch die unterschiedlichen metabolischen Phasen der akuten Erkrankung anzeigt.

Literatur

1. Aub JC, DuBois EF (1917) Clinical calorimetry. The basal metabolism of old men. Arch Intern Med 19: 823–831
2. Behnke AR (1941) Physiologic studies pertaining to deep sea diving and activation, especially in relation to the fat content and composition of the body. Harvey Lect 37: 198–226
3. Black AE, Coward WA, Cole TJ, Prentice AM (1996) Human energy expenditure in affluent societies: an analysis of 574 doubly-labelled water measurements. Eur J Clin Nutr 50: 72–92
4. Boothby WM, Berkson J, Dunn HL (1936) Studies of the energy of metabolism of normal individuals: A standard for basal metabolism, with a normogram for clinical applications. Am J Physiol 116: 468–484
5. Cunningham JJ (1991) Body composition as a determinant of energy expenditure: a synthetic review and a proposed general prediction equation. Am J Clin Nutr 54: 963–969
6. Cuthbertson DP (1942) Post-shock metabolic response. Lancet 1: 433–437
7. D'Alessio DA, Kavle EC, Mozzoli MA et al. (1988) Thermic effect of food in lean and obese men. J Clin Invest 81: 1781–1789
8. de Van Weir JB (1949) New methods for calculating metabolic rate with special reference to protein metabolism. J Physiol 109: 1–9
9. Durnin JVGA (1991) Practical estimates of energy requirements. Am Inst Nutr 121: 1907–1913
10. Elia M (1992) Energy expenditure in the whole body. In: Kinney JM, Tucker HN (eds) Energy metabolism. Tissue determinants and cellular corollaries. Raven Press, New York, pp 19–59
11. Fauth U, Heinrichs W, Halmágyi M (1987) Stoffwecheselmodelle zur Interpretation indirekt kalorischer Messungen bei Intensivpatienten. Infusionsther Transfusionsmed 14: 48–59
12. Fleisch A (1951) Le métabolisme basal standard et sa détermination au moyen du »Metabocalculator«. Helv Med Acta 18: 23–44
13. Harris JA, Benedict FG (1919) A biometric study of basal metabolism in man. Carnegie Institution of Washington (publ. no. 279
14. Hayes MA, Timmins AC, Yau EH et al. (1997) Oxygen transport patterns in patients with sepsis syndrome or septic shock: influence of treatment and relationship to outcome. Crit Care Med 25: 926–936
15. Heini AF, Minghelli G, Diaz E, Prentice AM, Schutz Y (1996) Free-living energy expenditure assessed by two different methods in rural Gambian men. Eur J Clin Nutr 50: 284–289
16. Himms-Hagen J (1989) Brown adipose tissue thermogenesis and obesity. Prog Lipid Res 28: 67–115

17. Illner K, Brinkmann G, Heller M et al. (2000) Metabolically active components of fat free mass and resting energy expenditure in nonobese adults. Am J Physiol 278: E308–E315
18. Jequier E, Schutz Y (1988) Energy expenditure in obesity and diabetes. Diabetes Metab Rev 4: 583–593
18a. Kinney JM, Duke JH, Long CL, Gump FE (1970) Tissue fuel and weight loss after injury. J Clin Pathol 23: 65–72
18b. Kinney JM, Morgan AP, Domingues FJ, Gildner KJ (1964) A method for continuous measurement of gas exchange and expired radioactivity in acutely ill patients. Metabolism 13: 205–211
19. Kreymann G, Grosser S, Buggisch P et al. (1993) Oxygen uptake and resting energy expenditure in sepsis, sepsis syndrome and septic shock. Crit Care Med 27: 1012–1019
20. Lavoisier AL, Laplace PS (1862) Mémoire sur la chaleur. (Mémoires de l'Académie des Sciences, année 1780). In: (Anonymous) Mémoires de chimie et de physique. Imprimerie Impériale, Paris, pp 283–334
21. Long CL, Schaffel N, Geiger JW et al. (1979) Metabolic response to injury and illness: Estimation of energy and protein needs from indirect calorimetry and nitrogen balance. JPEN 3: 452–456
22. Löffler G, Petrides PE (1998) Biochemie und Pathobiochemie, 6. Aufl. Springer, Berlin Heidelberg New York Tokio
23. Marks KH, Gunther RC, Rossi JA, Maisels MJ (1980) Oxygen consumption and insensible water loss in premature infants under radiant heaters. Pediatrics 66: 228–232
24. Monk DN, Plank LD, Franch-Arcas G et al. (1996) Sequential changes in the metabolic response in critically injured patients during the first 25 days after blunt trauma. Ann Surg 223: 395–405
25. Moore FD (1963) The body cell mass and its supporting environment; body composition in health and disease. Saunders, Philadelphia
26. Moriyama S, Okamoto K, Tabira Y et al. (1999) Evaluation of oxygen consumption and resting energy expenditure in critically ill patients with systemic inflammatory response syndrome . Crit Care Med 27: 2133–2136
27. Newsholme EA (1980) Sounding Board. A possible metabolic basis for the control of body weight. N Engl J Med 302: 400–405
28. Plank LD, Connolly AB, Hill GL (1998) Sequential changes in the metabolic response in severely septic patients during the first 23 days after the onset of peritonitis. Ann Surg 228: 146–158
29. Prentice AM, Davies HL, Coward DA et al. (1985) Unexpected low levels of energy expenditure in healthy woman. Lancet 22: 1419–1422
30. Ralley FE, Wynands E, Ramsay JG et al. (1988) The effects of shivering on oxygen consumption and carbon dioxide production in patients rewarming from hypothermic cardio-pulmonary bypass. Can J Anaesth 35: 332–337
31. Robertson JD, Reid DD (1952) Standards for the basal metabolism of normal people in Britain. Lancet 10: 940–943
32. Roe CF, Kinney JM (1965) The caloric equivalent of fever – II: influence of major trauma. Ann Surg 161: 140–147
33. Rubner M (1894) Die Quelle der thierischen Wärme. Z Biol 30: 73–142
34. Sato N, Oyamatsu M, Tsukada K et al. (1997) Serial changes in contribution of substrates to energy expenditure after transthoracic esophagectomy for cancer. Nutrition 13: 100–103
35. Schoeller DA, Hnilicka JM (1996) Reliability of the doubly labeled water method for the measurement of total daily energy expenditure in free-living subjects. J Nutr 126: S348–S354
36. Schoeller DA, van Santen E (1982) Measurement of energy expenditure in humans by doubly labeled water method. J Appl Physiol 53: 955–959
37. Schofield WN (1985) Prediciting basal metabolic rate, new standards and review of previous work. Hum Nutr Clin Nutr 39 (Suppl 1): 5–41
38. Shoemaker WC, Appel PL, Kram HB (1993) Hemodynamic and oxygen transport responses in survivors and nonsurvivors of high-risk surgery. Crit Care Med 21: 977–990
39. Spurr GB, Barac-nieto M, Maksud MG (1975) Energy expenditure cutting sugercane. J Appl Physiol 39: 990–996
40. Weinsier RL, Schutz Y, Bracco D (1992) Reexamination of the relationship of resting metabolic rate to fat-free mass and to the metabolically active components of fat-free mass in humans. Am J Clin Nutr 55: 790–794

Wasser-, Elektrolyt- und Säure-Basen-Haushalt

D. Faust, U. Wenzel, T. Lenz

Die Aufrechterhaltung des Wasser-, Elektrolyt- und Säure-Basen-Haushalts ist eine der wichtigsten Voraussetzungen für eine normale Zellfunktion und somit Grundvoraussetzung jeglichen Lebens. *Wasser (H_2O)* ist als unverzichtbares universelles Lösungs- und Transportmittel mit ca. 50% bei Frauen, mit ca. 60% bei Männern und mit bis zu 75% bei Säuglingen *Hauptbestandteil* des menschlichen Körpers. Durch seine hohe spezifische Wärme (1 kcal/kg; 1 kcal = 4,187 kJ) auf der einen Seite und seine hohe Verdunstungswärme (585 kcal/kg) auf der anderen Seite, spielt Wasser ferner eine wichtige Rolle bei der *Regulation der Körperwärme.*

Wasser- und Elektrolythaushalt bilden eine funktionelle Einheit und sollten daher immer im Zusammenhang bewertet werden. Die wichtigsten *Kationen* sind Natrium, Kalium, Kalzium und Magnesium, wobei *Natrium überwiegend extrazellulär und Kalium überwiegend intrazelluär* zu finden ist. Die wichtigsten *Anionen* sind Chlorid, Hydrogenkarbonat, Phosphat, Sulfat, organische Säuren und Proteinat. Körperflüssigkeiten und Gewebe aller höher entwickelten Lebewesen weisen einen charakteristischen und konstanten Gehalt an Elektrolyten auf, der gleichermaßen zwingende Voraussetzung für eine regelrechte Zellaktion ist.

Ebenso eng mit dem Wasser- und Elektrolythaushalt verbunden ist der Säure-Basen-Haushalt. Dieses komplexe System zur Regelung der physiologischerweise entstehenden Säuren und Basen dient der *pH-Konstanz des Blutplasmas und der extazellulären Flüssigkeiten.* Der normale extrazelluläre pH-Wert (*Potentia hydrogenii*) liegt zwischen 7,38 und 7,42. Neben den Stoffwechselprozessen auf zellulärer Ebene sind Nieren, Lunge, Gastrointestinaltrakt und Haut die zentralen Organsysteme zur Regulierung des Wasser-, Elektrolyt- und Säure-Basen-Haushalts.

3.1 Wasserhaushalt

Die *Homöostase* des Wasserhaushalts ist eng verbunden mit der *Natriumbilanz* und der Aufrechterhaltung der *Osmolalität* (s. unter 3.2.4).

> Der Körperwassergehalt beträgt bei Frauen 50%, bei Männern 60% und bei Säuglingen bis zu 75%. Mit zunehmendem Alter kommt es zu einer Abnahme des Körperwassergehaltes.
> Der unterschiedliche Wassergehalt beruht in erster Linie auf den verschiedenen Muskel- und Fettanteilen.

Freies Wasser kann im Prinzip ungehindert jede Zellmembran passieren. Die *Wasserverteilung* im Körper folgt den *Gesetzmäßigkeiten der Osmose.* Alle Körperflüssigkeiten befinden sich unter physiologischen Bedingungen in einem osmotischen Gleichgewicht, da extra- und intrazelluläre Osmolalität gleich sind. Die Kompartimente der Volumenverteilung werden in *intrazelluläre Flüssigkeit (IZF) und extrazelluläre Flüssigkeit (EZF)* unterteilt. Die extrazelluläre Flüssigkeit wiederum setzt sich aus der *interstitiellen* und *der intravasalen Flüssigkeit* zusammen. Die intravasale Flüssigkeit entspricht dem eigentlichen *Plasmavolumen* (*Abb. 3-1*).

Den Zustand der *ausgeglichenen Volumenbilanz* nennt man *Euhydratation.* Entsprechend wird *Volumenmangel* als *Dehydratation* und *Volumenüberschuss* als *Hyperhydratation* bezeichnet [18, 49].

3.1.1 Volumenbedarf und -bilanz

Obwohl in aller Regel die Flüssigkeitszufuhr von Mensch zu Mensch stark variiert, bleibt die Volumen- und Natriumbilanz beim Gesunden in engen Grenzen konstant. Die Aufnahme und Abgabe von Wasser geht jeweils vom extrazellulären Volumen aus.

> Der durchschnittliche tägliche Volumenbedarf des normalen Erwachsenen beträgt 35 ml/kg Körpergewicht bzw. 3,5% seines Körpergewichts.

Daraus lässt sich recht einfach der Volumenbedarf für einen 70 kg schweren Menschen errechnen: 70 × 35 = 2450, d. h. in diesem Fall ein Volumenbedarf von etwa 2,5 l/Tag. Der überwiegende Anteil des Volumenbedarfs wird über die orale Aufnahme von Flüssigkeit gedeckt, die vorwiegend einer Regulation durch das Durstgefühl (s. unter 3.2.5) unterliegt. Darüber hinaus nimmt der Mensch auch über die feste Nahrung einen nicht unerheblichen Teil von Flüssigkeit zu sich. Schließlich entsteht bei zahlreichen Stoffwechselvorgängen Oxidationswasser, welches ebenfalls als Volumen-

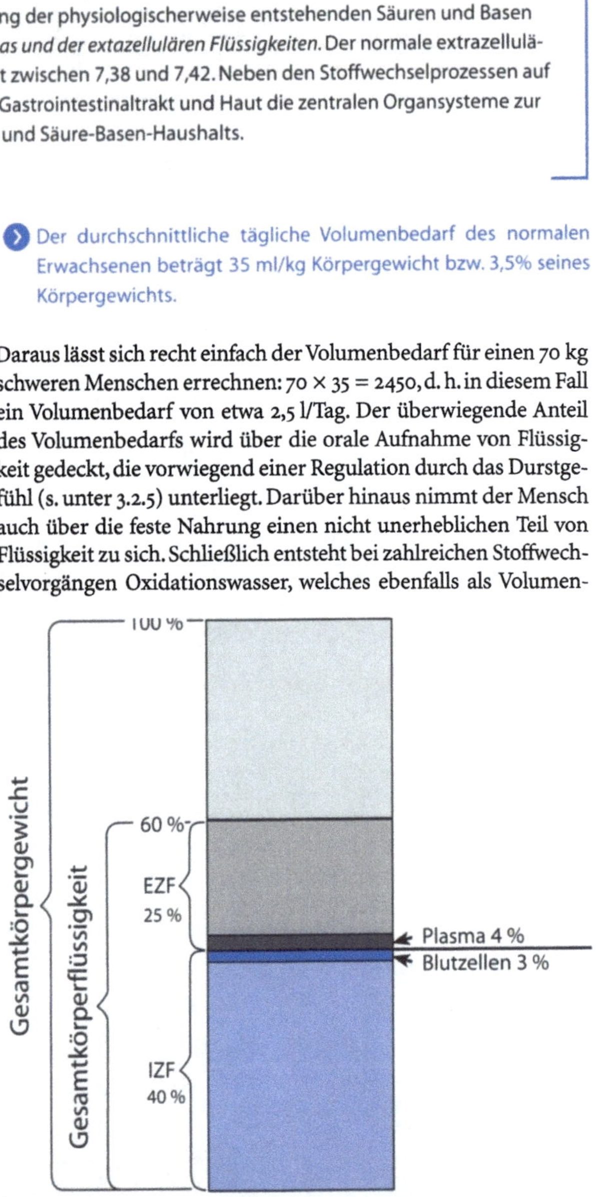

Abb. 3-1. Verteilung der Körperflüssigkeit bezogen auf das Gesamtkörpergewicht (100%)

Tabelle 3-1. Flüssigkeitsbilanz in 24 h eines 70 kg schweren Menschen

Volumenaufnahme in 24 h		Volumenabgabe in 24 h	
Trinkmenge	1000–1500 ml	Urinvolumen	1000–1500 ml
Nahrung	ca. 700 ml	Perspiratio insensibilis	ca. 500 ml
Oxidationswasser	ca. 300 ml	Atmung	ca. 400 ml
		Stuhl	ca. 100 ml
Gesamt	**2000–2500 ml**	**Summe**	**2000–2500 ml**

zufuhr bilanziert wird. Bei der Verbrennung von 1 g Kohlenhydraten entstehen 0,6 ml, bei der Verbrennung von 1 g Eiweiß 0,4 ml und bei der Verbrennung von 1 g Fett 1,0 ml Wasser.

Die Volumenabgabe erfolgt physiologischerweise hauptsächlich in Form von Urin. Ferner kommt es zu regulären Flüssigkeitsverlusten über die Haut (*Perspiratio insensibilis, unsichtbare Hautatmung*) und aus der Lunge durch die Atmung. Ein verhältnismäßig kleiner Flüssigkeitsverlust erfolgt über den Stuhl. Da im Zustand der Euhydratation Volumenaufnahme und Volumenverlust gleich gross sind, lässt sich folgende Übersicht (*Tabelle 3-1*) hinsichtlich der Wasserbilanz beim Gesunden aufstellen [44].

> Der durchschnittliche Wasserumsatz beim Erwachsenen beträgt etwa 3,5% seines Körpergewichts; d. h. ca. 2,5 l/Tag bei einem 70 kg schweren Menschen. Beim Säugling hingegen ist der notwendige Wasserumsatz 3-mal höher und beträgt 10% seines Körpergewichts; also beispielsweise 0,7 l/Tag bei einem 7 kg schweren Säugling. Ferner ist das extrazelluläre Volumen beim Säugling im Verhältnis zum Volumenumsatz wesentlich geringer als beim Erwachsenen. Dies erklärt, wieso Säuglinge im Gegensatz zum Erwachsenen bei Flüssigkeitsverlusten weitaus mehr gefährdet sind.

3.1.2 Volumenverteilung

Freies Wasser (z. B. in Form von 5% Glukoselösung) kann prinzipiell ungehindert jede Membran passieren und sich somit überall verteilen. Zahlreiche Transportsysteme und Zellbarrieren regeln jedoch über die Ausbildung von Gradienten (*kolloidosmotischer Druck, osmotischer Druck, hydrostatischer Druck*) die Verteilung des Wassers in den verschiedenen Kompartimenten des menschlichen Körpers.

Definitionsgemäß unterteilt man diese Kompartimente in den Extra- und Intrazellulärraum bzw. in die intra- und extrazelluläre Flüssigkeit (IZF/EZF). Die extrazelluläre Flüssigkeit wiederum wird nochmals in die interstitielle und intravasale Flüssigkeit unterteilt. Letztere entspricht dem eigentlichen Plasmavolumen (*Abb. 3-1*). Alle Flüssigkeitsvolumina zusammen werden als Gesamtkörperwasser (*»total body water«, TBW*) bezeichnet. Die intrazelluläre Flüssigkeit beträgt (IZF) rund 40% (ca. 28 l), die extrazelluläre Flüssigkeit (EZF) rund 25% (ca. 14 l) der Gesamtkörperflüssigkeit (ca. 42 l). Wiederum 75% der EZF finden sich im Interstitium und rund 25% als intravasale Flüssigkeit [27, 37].

3.1.3 Auswirkungen der Volumengabe

Neben den theoretischen Grundlagen der Volumenverteilung spielen für den klinischen Alltag die Folgen der Volumengabe für den Wasserhaushalt eine entscheidende Rolle. Zur Volumenersatztherapie sind in aller Regel Elektrolytlösungen, Kolloidlösungen und freies Wasser z. B. in Form von 5%iger Glukoselösung zur i.v.-Applikation verfügbar. Bezogen auf einen 70 kg schweren Menschen (42 l TBW) würden sich 30 min nach schneller Infusion der jeweiligen Lösungen folgende Veränderungen ergeben (*Tabelle 3-2*).

Durch die Gabe von 1 l 5%iger Glukoselösung erhöht sich das Gesamtkörperwasser von 42 auf 43 l. Die intrazelluläre Flüssigkeit steigt von 28 auf 28,8 l, das extrazelluläre Volumen steigt von 14 auf 14,2 l und die interstitielle und intravasale Flüssigkeit erhöhen sich jeweils nur um 100 ml von 10,5 auf 10,6 l bzw. intravasal von 3,5 auf 3,6 l. Dies bedeutet, dass durch die Infusion von 1 l freiem Wasser das effektive Plasmavolumen (intravasale Flüssigkeit) lediglich um 100 ml erhöht wird.

Würde hingegen 1 l einer isotonen Elektrolytlösung (z. B. Ringer-Laktat) infundiert, so erhöht sich das TBW auch auf 43 l, jedoch gibt es signifikante Unterschiede in der weiteren intra- und extrazellulären Volumenverteilung. Die intrazelluläre Flüssigkeit bleibt unverändert bei 28 l, im extrazellulären Raum kommt es jedoch zu einem Anstieg des Volumens

Tabelle 3-2. Effekte der unterschiedlichen Infusionslösungen auf den Wasserhaushalt eines 70 kg schweren Menschen

Infusionslösung	TBW [l]	Intrazelluläre Flüssigkeit [l]	Interstitielle Flüssigkeit [l]	Intravasale Flüssigkeit [l]
	42	28	10,5	3,5
1 l 5%ige Glukose	43	28,8	10,6	3,6
1 l Ringer-Laktat	43	28	11,2	3,8
1 l 3% NaCl	43	25,5	12,9	4,6
100 ml 20% Albumin	42,1	28	10,14	3,96

von 14 auf 15 l, wobei die interstitielle Flüssigkeit von 10,5 auf 11,2 l und die intravasale Flüssigkeit von 3,5 auf 3,8 l zunimmt. Das Plasmavolumen nimmt also 30 min nach der Infusion von einer isotonen Elektrolytlösung um 300 ml zu. Durch die Applikation einer hypertonen Elektrolytlösung (z. B. 3%ige Kochsalzlösung) könnte theoretisch das intravasale Volumen von 3,5 auf 4,6 l expandiert werden, wobei es auf dem Boden der osmotischen Gesetze durch die Infusion von hypertonen Lösungen vorwiegend zu einer Volumenumverteilung aus dem intrazellulären in den extrazellulären Raum kommt.

Eine weitere Möglichkeit zur Expansion des intravasalen Volumens ist durch die Gabe von kolloidalen Lösungen (z. B. 20%iges Albumin) möglich. Die *Körperhalbwertszeit* von *Albumin* beträgt etwa 21 Tage im Plasma. 10% des infundierten Albumins verlässt den Intravasalraum innerhalb von 2 h und weitere 75% innerhalb von 2 Tagen. Werden daher 100 ml einer 20%igen Albuminlösung infundiert, so findet sich 30 min später das gesamte Albuminvolumen noch intravasal. Dies bedeutet, dass das TBW von 42 auf 42,1 l und das extrazelluläre Volumen von 14 auf 14,1 l anwächst, wobei die interstitielle Flüssigkeit zunächst nicht verändert wird (10,5 l) und das intravasale Volumen um 100 ml auf 3,6 l steigt. Ferner bleibt die intrazelluläre Flüssigkeit konstant bei 28 l.

Das Albumin erhöht jedoch intravasal den kolloidosmotischen Druck, sodass es später als Folge dessen zu einem Einstrom von Wasser aus dem Interstitium in den Intravasalraum kommt. Es wird theoretisch davon ausgegangen werden, dass 1 g Albumin 18 ml Wasser »bindet«. Bezogen auf den Wasserhaushalt eines 70 kg schweren Menschen kommt es daher durch Equilibration zu einem Volumenshift von 360 ml Flüssigkeit (20 g Albumin × 18 ml Wasser) aus dem Interstitium in den Intravasalraum. Die interstitielle Flüssigkeit nimmt um 360 ml ab (von 10,5 auf 10,14 l) und die intravasale Flüssigkeit erhöht sich um dieses Volumen (von 3,6 auf 3,96 l).

Diese unterschiedliche physiologische Verteilung der verschiedenen Infusionslösungen sollte daher bei der Planung einer Volumenersatztherapie unbedingt berücksichtigt werden [5, 49].

3.1.4 Serumosmolalität und osmotische Lücke

Zum besseren Verständnis der Begriffe *Osmolarität* und *Osmolalität* sollen an dieser Stelle vorab einige Grundbegriffe erläutert werden. Die Angabe einer *Stoffmenge* erfolgt in der klinischen Chemie als *mol* und die *Stoffmengenkonzentration* als *mol pro l (mol/l = Molarität bzw. mmol/l oder µmol/l etc.)*. Die Stoffmengeneinheit Mol definiert sich über die *Avogadro-Konstante* (Größenordnung 6×10^{23} mol^{-1}) und besagt, dass 1 Mol eines aus Atomen aufgebauten Stoffes 6×10^{23} Atome enthalten muss. Kennt man nun die chemische Formel einer Stoffgruppe, so kann mittels Periodensystem die molare Masse berechnet werden. Diese beträgt beispielsweise für Glukose 180; d. h. um eine 1-molare Glukoselösung herzustellen, müssen 180 g Glukose in 1 l Wasser gelöst werden.

Definitionsgemäß versteht man unter dem Begriff *Osmolarität* die Menge aller Teilchen, die sich in einem bestimmten Volumen Flüssigkeit gelöst haben. Da sich die Osmolarität auf ihr Lösungsvolumen bezieht, wird sie als Osmolarität pro Liter also *osmol/l* angegeben.

In Analogie hierzu spricht man von *Osmolalität*, wenn die gelösten Teilchen auf das Volumen von einem Kilogramm Wasser bezogen werden. Die Osmolalität wird somit als *osmol/kg* H_2O angegeben.

Die *normale Osmolalität des Serums* liegt zwischen *275 und 290 mosmol/kg* H_2O und wird beim Gesunden durch komplexe Regulationsmechanismen in engen Grenzen konstant gehalten (s. unten). Trotz unterschiedlicher täglicher Aufnahme von Wasser und osmotisch wirksamen Substanzen kommt es physiologischerweise nur zu einer Änderung der mittleren Plasmaosmolalität von 287 mosmol/kg H_2O um ±2%. Die Plasmaosmolalität ist gleich der Summe der Einzelosmolalitäten der jeweils gelösten Teilchen. *Überwiegend bestimmen Natriumsalze die Serumosmolalität*, sowie in geringerem Ausmaß auch Bikarbonat, Chlorid, Glukose und Harnstoff.

Die korrekte Laborbestimmung der Plasmaosmolalität erfolgt am häufigsten im *Gefierpunkterniedrigung-Osmometer.* Das Osmometer besteht aus einer Kühleinrichtung und einem Thermometer, dessen Widerstand der Temperatur proportional ist. Durch die Unterkühlung der Serumprobe wird ein Kristallisationsprozess in Gang gesetzt bei dem wiederum Wärme entsteht, die das Gerät erfasst und nach dem Vergleich mit einer Standardlösung direkt als Osmolalität anzeigt. Demzufolge bewirken viele osmotisch aktive Substanzen in der Probe einen vermehrten Kristallisationsprozess bei dem vermehrt Wärme entsteht, die dann in diesem Beispiel als Ausdruck einer erhöhten Osmolalität messbar ist.

Neben der apparativen Bestimmung kann die Osmolalität unter Berücksichtigung der überwiegend osmotisch aktiven Substanzen nährerungsweise auch mit der nachfolgenden empirisch ermittelten Formel abgeschätzt werden:

mosmol/kg H_2O = 1,86 × Natrium *(mmol/l)* + Glukose *(mmol/l)* + Harnstoff *(mmol/l)* + 9

Liegt die Angabe der *Konzentrationen* von Glukose und Harnstoff als *mg/dl* vor, so muss die Glukosekonzentration durch 18 und die Harnstoffkonzentration noch durch 6 dividiert werden.

mosmol/kg H_2O = 1.86 × Natrium *(mmol/l)* + [Glukose *(mg/dl)*/18] + [Harnstoff *(mg/dl)*/6] + 9

Die Bestimmung der rein rechnerischen und der tatsächlich vorliegenden Osmolalitäten sind Voraussetzung zur Prüfung, ob eine sog. *osmotische Lücke* besteht. Diese kann auftreten, wenn Substanzen eine osmotische Aktivität ausüben, die nicht durch die vorgenannte Formel berücksichtigt werden. Beim Gesunden hingegen sind die gemessene und die errechnete Osmolalität gleich. Die Berechnung der osmotischen Lücke erfolgt nach folgender Gleichung:

Osmotische Lücke = gemessene Osmolalität – berechnete Osmolalität

> Eine osmotische Lücke liegt dann vor, wenn bei insgesamt erhöhter Plasmaosmolalität, die gemessene Osmolalität mindestens 6 mosmol/kg H_2O über der berechneten Osmolalität liegt.

Das Vorhandensein einer osmotischen Lücke deutet immer auf eine *schwere metabolische Störung* hin. Die Anwesenheit der unphysiologisch osmotisch aktiven Substanzen im Zusammenhang mit einer Laktat-, Keto- oder renalen Azidose verursacht meist eine osmotische Lücke bis zu 10 mosmol/kg H_2O.

Bei schweren Äthanol- oder Methanolvergiftungen kann die osmotische Lücke deutlich über 10 mosmol/kg H_2O liegen. Im hämorrhagischen Schock nach grossen Traumata treten osmotische Lücken bis 15 mosmol/kg H_2O auf, ohne dass die eigentlich osmotischen wirksamen Stoffe bekannt sind. Die Höhe der osmotischen Lücke korreliert oft mit dem Ausmaß der metabolischen Entgleisung bzw. dem Schweregrad der Vergiftung; z. B. Laktatazidose, Urämie, Salicylatintoxikation, Methanolintoxikation, Alkoholintoxikation, Ketoazidose [23, 26, 33].

> Unter physiologischen Bedingungen ist der osmotische Druck in allen Kompartimenten gleich. Da das überwiegend extrazelluläre Natrium hauptsächlich zur Plasmaosmolalität beiträgt, wird deutlich, dass Verschiebungen der intravasalen Natriumkonzentration über die damit zwangsläufige Veränderung der Plasmaosmolalität zu nicht unerheblichen Änderungen im Elektrolyt- und Wasserhaushalt führen können. Steigt beispielsweise die Serumnatriumkonzentration und damit auch die Plasmaosmolalität durch den Verlust von freiem Wasser an, so versucht der Organismus das Wasserdefizit durch den Einstrom von intrazellulärer Flüssigkeit in den Intravasalraum auszugleichen. Als Folge dessen kommt es zu einer Dehydratation der Zellen.
> Sinkt umgekehrt die Serumnatriumkonzentration bzw. die Plasmaosmalalität z. B. durch einen unphysiologischen Überschuss an freiem Wasser, so strömt Flüssigkeit vom Intravasalraum in das intrazelluläre Kompartiment, was ein Zellödem zur Folge hat. Beide Flüssigkeitsverschiebungen können unbehandelt eine vitale Bedrohung des Organismus verursachen.

3.1.5 Urinosmolalität

Im Gegensatz zur Plasmaosmolalität hat die Urinosmolalität eine große Schwankungsbreite. Sie liegt physiologischerweise zwischen 50 und 1200 mosmol/kg H_2O und ist stark von der jeweiligen Flüssigkeitszufuhr abhängig. Da die Plasmaosmolalität in engen Grenzen konstant gehalten werden muss, hat der Körper die Fähigkeit u. a. durch die Ausscheidung eines höher oder niedriger konzentrierten Urins die Homöostase des Elektrolyt- und Wasserhaushalts aufrecht erhalten.

Gesunde scheiden täglich über die Produktion von 1–1,5 l Urin 450–600 mosmol osmotisch aktiver Substanzen aus (z. B. 150 mmol Natrium, 75 mmol Kalium, 400 mmol Harnstoff und 50 mmol weitere Nichtelektrolyte). Besteht ein signifikanter Volumenmangel, so können die Nieren die gleiche Menge an harnpflichtigen Substanzen auch in einem geringeren Volumen ausscheiden. Die Konzentration des Urins und damit seine Osmolalität steigen dann maximal an. Die Bestimmung der Urinmosmolalität ist besonders für die differenzialdiagnostische Abklärung von Polyurien, Polydipsien oder Störungen des Natriumhaushalts notwendig. Die Interpretation der Urinsomolalität sollte aber in aller Regel im Zusammenhang mit der Serumosmolalität erfolgen [19, 34].

3.1.6 Regulation des Wasserhaushalts

Prinzipiell muss man hierbei zwischen der Regulation des effektiv *zirkulierenden Volumens* und der *Regulation der Plasmaosmolaltiät* differenzieren. Die Volumenregulationsmechanismen steuern die Salzausscheidung (v. a. Kochsalz), hingegen regulieren die Osmosysteme vornehmlich über das Durstempfinden die Wasserzufuhr. *Daher sind Volumenstörungen in erster Linie »Salzprobleme« und Osmolalitätsstörungen »Wasserprobleme«.*

Volumenregulation

Auf Veränderungen des effektiv zirkulierenden Volumens reagiert der Körper in 2 Richtungen. Zunächst wird die Veränderung durch geeignete Volumenrezeptoren erkannt, die dann ihrerseits eine Reihe von Reaktionen auslösen (z. B. Veränderung von Gefäßwiderstand, Herzzeitvolumen, renale Natriumausscheidung), die insgesamt darauf abzielen, die Volumenhomöostase wiederherzustellen. Die wichtigsten Volumenrezeptoren befinden sich im kardiopulmonalen Gefäßbett, im Karotissinus, in den Vorhöfen sowie in den afferenten Arteriolen der Niere.

Die *renalen Rezeptoren* beeinflussen als Effektor das *Renin-Angiotensin-Aldosteron-System (RAAS)*. Die *extrarenalen Rezeptoren* hingegen steuern vorwiegend als Effektoren des *sympathischen Nervensystems* sowie die Freisetzung des *atrialen natriuretischen Peptides (ANP)*. Wenngleich viele bekannte Rezeptoren an der Regulation des zirkulierenden Volumens beteiligt sind, so gibt es mutmaßlich noch eine Reihe von bislang nicht identifizierten Rezeptoren, die ebenfalls regulierend in den Volumenhaushalt eingreifen können. Dies könnte erklären, wieso denervierte Organe (z. B. nach Herz- oder Nierentransplantation) wieder zur Aufrechterhaltung der Volumenhomöostase beitragen (*Abb. 3-2*).

Das kaskadenartige *RAAS* wird üblicherweise durch einen Volumenmangel aktiviert. Renin, ein proteolytisches Enzym, wird im juxtaglomerulären Apparat der Niere gebildet und spaltet aus dem hepatisch gebildeten Angiotensin das Angiotensin I ab. Dieses wird über eine Peptidase, das Angiotensin-Converting-Enzyme (ACE), schließlich in das aktive Angiotensin II überführt. Neben der Induktion der Aldosteronsekretion aus der Nebennierenrinde, die dadurch eine gesteigerte renale Natriumrückresorption sowie eine Kreislaufstabilisierung bewirkt, führt Angiotensin II auch zu einer potenten Vasokonstriktion und zu einer direkten Stimulation des Na^+-H^+-Austauschmechanismus. Eine Reninfreisetzung erfolgt auch bei niedrigem Angiotensin-II-Spiegeln und über die Aktivierung des Karotissinus gesteuerten Sympathikus (β_1-Rezeptoren).

Die Aktivierung des sympathischen Nervensystems hat eine Veränderung der renalen Hämodynamik sowie eine Aktivierung des RAAS zur Folge. Darüber hinaus kommt es aber auch zu einer direkten Stimulation der renalen Na^+-Rückresorption am proximalen Tubulus (AT_1-Rezeptoren). Ebenso reagiert das sympathische Nervensystem mit einer vermehrten oder verminderten Freisetzung von Katecholaminen (Adrenalin und Noradrenalin) bei Volumenüberschuss bzw. Volumenmangel [6, 37, 39].

Das *atriale natriuretische Peptid (ANP)* wird hauptsächlich von den Myokardzellen der Vorhöfe gebildet. Stimulus für seine Freisetzung ist physiologischerweise eine Vorhofdehnung bei Volumenüberschuss. Es kann aber auch neuronal induziert über die Barorezeptormechanismen der Niere und des Karotisbogens freigesetzt werden. Die Wirkung des ANP erfolgt rezeptorvermittelt und resultiert hauptsächlich in einer Erniedrigung des arteriellen Blutdrucks sowie

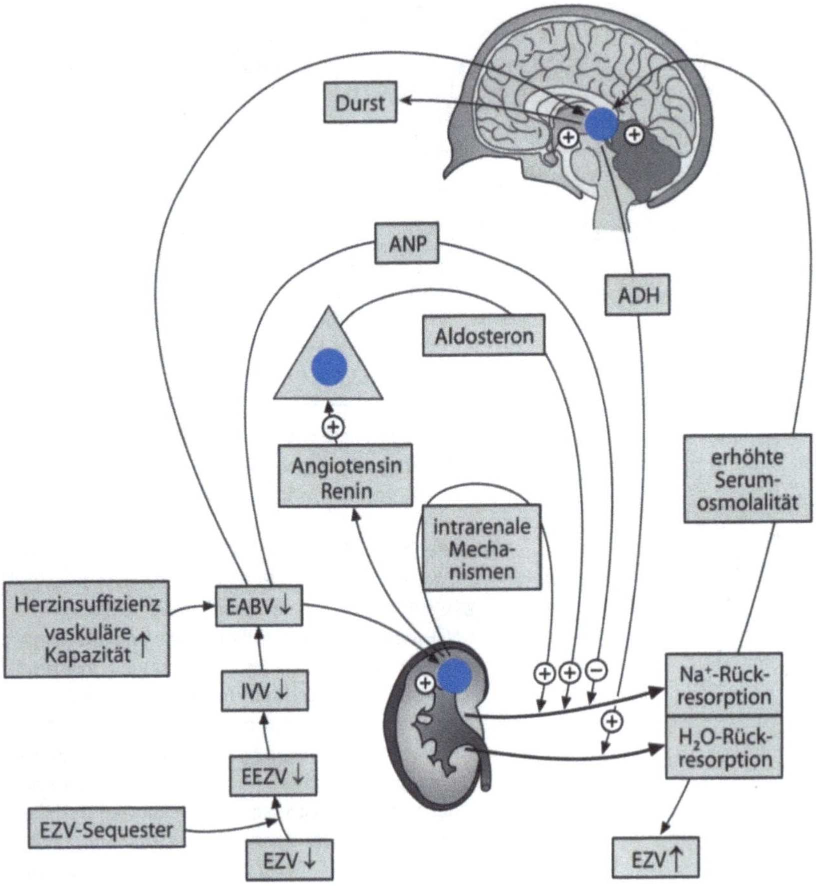

Abb. 3-2. Mechanismus der Volumenregulation am Beispiel des EZV-Defizits. EZV extrazelluläres Volumen, EEZV effektives extrazelluläres Volumen, IVV intravasales Volumen, EABV effektives arterielles Blutvolumen, (kollo-idosmotischer Druck, ANP atriales natriuretisches Peptid, ADH antidiuretisches Hormon)

in einer Steigerung der Natriurese und Diurese. An der Niere bewirkt ANP eine Zunahme der glomerulären Filtrationsrate bei gleichzeitiger Abnahme der Na^+-Rückresorption im Sammelrohrsystem. Ebenso vermindert das ANP die Reninfreisetzung, die Angiotensin-II-vermittelte Aldosteronsekretion sowie ferner auch die Effekte des antidiuretischen Hormons (ADH) am Sammelrohr. Neben dem eigentlichen ANP sind noch weitere Formen (z. B. »Brain Natriuretic Peptide«, Urodilatin) mit ähnlicher physiologischer Wirkung bekannt [1, 15].

> Der Volumenstatus wird hauptsächlich über Sensoren im Bereich des kardiopulmonalen Systems sowie in der Niere erfasst. Ein *Volumenmangel* hat vorwiegend eine *Aktivierung* des *RAAS* und des sympathischen Nervensystems zur Folge, was in einer Erhöhung der intravasalen Natriumkonzentration und des Blutdruckes mündet. Ein *Volumenüberschuss* führt über die erhöhte Ausschüttung von *ANP* zu einer vermehrten *Natriurese* bei gleichzeitiger Suppression der Aktivität des RAAS. Die wichtigsten Wirkmechanismen der Volumenregulation sind nochmals in *Tabelle 3-3* dargestellt.

Osmoregulation

Wie bereits zuvor erwähnt, wird beim Gesunden die normale Plasmaosmolalität in engen Grenzen konstant gehalten. *Veränderungen der Osmolalität* werden von *speziellen Sensoren im Hypothalamus* erkannt. Eine Zunahme der Osmolalität löst das Durstgefühl aus sowie eine vermehrte Sekretion des *antidiuretischen Hormons (ADH)* aus der *Neurohypophyse* aus. ADH stimuliert die orale Wasserzufuhr und kann über eine vermin-

Tabelle 3-3. Wirkmechanismen der Volumenregulation

Messgröße	Effektiv zirkulierendes Volumen ↓	Effektiv zirkulierendes Volumen ↑
Lokalisation wichtiger Rezeptoren	Kardiopulmonales Gefäßbett Afferente Arteriolen der Niere Karotissinus Vorhöfe	
Prinzipielle Effektoren	Aktivierung RAAS Aktivierung sympathisches Nervensystem	Abnahme der Reninsekretion Vermehrte ANP-Sekretion
Folge	Vermehrte Na^+-Rückresorption	Verminderte Na^+-Rückresorption

Tabelle 3-4. Regulation der Plasmaosmolalität

Plasmaosmolalität Sensoren im Hypothalamus	Effektoren Durstempfinden/ADH/Aquaporin	Urinosmolalität
Erniedrigt	ADH-Sekretion ↓ Aquaporin 2 ↓	Urinvolumen ↑ Ausscheidung eines verdünnten Urins
Erhöht	ADH-Sekretion ↑ Aquaporin 2 ↑ Durstempfinden ↑	Urinvolumen ↓ Ausscheidung eines konzentrierten Urins

derte Ausscheidung von Wasser die Isoosmolalität wieder herstellen. Renal wird in diesem Fall ein geringes Urinvolumen mit einer hohen Urinosmolalität ausgeschieden. Zum vollständigen Ausgleich des Wasserdefizits reicht die ADH-Wirkung an der Niere jedoch nicht aus. Nur die exogene Wasserzufuhr führt schließlich zum Ausgleich des Wassermangels. Fällt hingegen die Plasmaosmolalität durch einen intravasalen Wasserüberschuss, so wird durch Suppression der ADH-Freisetzung solange ein verdünnter, niederosmolaler Urin ausgeschieden, bis die Plasmaosmolalität wieder im Normbereich liegt.

Wenngleich die Regulation der Natrium- und Volumenhomöostase anderen Mechanismen unterliegt, so ist die Serumnatriumkonzentration doch wichtigster Faktor der Osmolalität. Eine Erhöhung der Plasmaosmolalität auf dem Boden einer erhöhten Natriumkonzentration hat somit im Sinne einer Feed-back-Regulation eine lineare Zunahme der ADH-Ausschüttung zur Folge. Auch sollte nicht unberücksichtigt bleiben, dass die Regulation des Volumenhaushalts und der Plasmaosmolalität eng miteinander verbunden sind. Verliert ein Mensch durch starkes Schwitzen bei einer anstrengenden körperlichen Tätigkeit oder bei grosser Hitze Wasser, so steigt – vermittelt über eine dann erhöhte Plasmaosmolalität – sein Durstgefühl an und die ADH-Sekretion nimmt zu.

Wird der Durst durch die Aufnahme eines isotonischen Getränkes gestillt, so kommt es zu einer Expansion des extrazellulären Volumens ohne merkliche Veränderung der Plasmaosmolalität. Infolge dessen wird jetzt ANP sezerniert und die Wirkung des RAAS supprimiert. Daraus resultiert zur Wiederherstellung der Volumen- und Elektrolythomöostase die angemessene Ausscheidung eines isoosmotischen Urins mit größeren Mengen an Natrium [10, 11, 45].

Neben dem antidiuretischen Hormon gibt es noch weitere Proteine, die u. a. auch die Wasserpermeabilität im Tubulus- und Sammelrohrsystem der Niere beeinflussen können. Diese erst kürzlich näher charakterisierten Proteine werden *Aquaporine* genannt. Es handelt sich hierbei um *Wasserkanäle*, die einen passiven Fluss von Wasser durch eine Zellmembran erlauben. Man unterscheidet bisher solche Kanäle, die nur einen selektiven Wassertransport ermöglichen von denen, die zusätzlich auch den Transport von anderen kleinen Molekülen zulassen.

Man geht davon aus, dass mindestens 6 Aquaporine (AQP 1–6) auch an der Regulation der renalen Wasserrückresorption beteiligt sind. AQP 1 findet sich im proximalen Tubulussystem und die AQP 2–4 wurden in den kortikalen Anteil der Sammelrohre nachgewiesen. Die Aktivierung bzw. Öffnung dieser Wasserkänale ist eng mit den osmotischen Gegebenheiten des komplexen Tubulus- und Sammelrohrsystem verbunden. Von AQP 2 ist bekannt, dass es auch ADH-abhängig reguliert wird. Zustände die eine erhöhte ADH-Sekretion zu Folge haben, gehen mit einer Erhöhung der Gesamtzahl der AQP-2-Wasserkanäle einher und fördern somit die Wasserpermeabilität im Sammerohr. Umgekehrt führt ein Wasserüberschuss zur Abnahme der AQP-2-Kanäle. Es wird vermutet, dass zahlreiche Erkrankungen (z. B. erworbener sowie hereditärer nephrogener Diabetes insipidus, zentraler Diabetes insipidus, SIAHD) auch auf Störungen im Aquaporinsystem zurückzuführen sind [4, 30, 31].

> Die Fähigkeit Urin auszuscheiden, dessen Osmolalität unterschiedlich zur der des Serums ist, spielt eine zentrale Rolle in der Regulation und Aufrechterhaltung des Wasserhaushalts und der Natriumbilanz (*Tabelle 3-4*).

3.2 Elektrolythaushalt

Elektrolyte sind essenziell für eine normale Zellfunktion. Veränderungen in der Konzentration der im Blut zirkulierenden Elektrolyte finden sich häufig bei schwerkranken Patienten und korrelieren meist mit zugrundeliegenden schweren metabolischen Störungen. Die Elektrolytkonzentration des Extrazelluärraums unterscheiden sich von derjenigen im Intrazellulärraum. Extrazellulär finden sich vorwiegend Natrium, Chlorid und Bikarbonat, während intrazellulär Kalium, Magnesium und Phosphat vorherrschen (*Tabelle 3-5*). Störungen des Elektrolythaushalts und entsprechende Therapieansätze werden in Kap. 40 näher erörtert.

3.2.1 Natrium (Na^+) und Chlorid (Cl^-)

Die Konzentration an Na^+-Ionen im Extrazellulärraum beträgt im Mittel 145 mmol/l, während intrazellulär nur 10–12 mmol/l vorkommen. Chlorid ist das quantitativ bedeutendste Anion des Extrazellulärraumes, das aufgrund seiner Ladung in seiner Verteilung dem Na^+ folgt. Die extrazelluläre Cl^--Ionenkonzentrationen beträgt 110–112 mmol/l, die intrazelluläre 2 mmol/l. Kalium (K^+) zeigt mit einer Ionenkonzentration von 150–160 mmol/l intrazellulär und 3,5–5 mmol/l extrazellulär eine fast umgekehrte Verteilung zum Natrium.

Die Verteilung von Ionen über die Zellmembran ist die Folge der Aktivität von Ionenpumpen, insbesondere der Na^+/K^+-ATPase sowie von Permeabilitätscharakteristika der Zellmembran. Wie wichtig die Aufrechterhaltung dieser Ionengradien-

Tabelle 3-5. Verteilung der wichtigsten Elektrolyte in den intra- und extrazellulären Kompartimenten

Kompartiment	Intravasal (bzw. Serum) [mmol/l]	Interstitiell [mmol/l]	Intrazellulär [mmol/l]
Kationen			
Natrium	137–145	145	10–12
Kalium	3,5–5	4	150–160
Kalzium	2,1–2,6	2,5	1
Magnesium	0,8–1	1	10
Anionen			
Chlorid	95–105	112–114	2
Phosphat	0,85–1,6	1	50

ten ist, zeigt sich daran, dass die Na^+/K^+-ATPase, die 3 Na^+-Ionen aus der Zelle und 2 K^+-Ionen in die Zelle transportiert, für etwa 20–40% des gesamten Ruheenergieumsatzes verantwortlich ist. Die selektive Permeabilität der Zellmembran verhindert den Austritt von Proteinen, organischen und anorganischen Phosphaten, Sulfaten und Magnesium aus den Zellen.

Die Anhäufung intrazellulärer negativer Ladungen in Form von Proteinen, Phospholipiden, Nukleinsäuren, Nukleotiden und Metaboliten fordert die Neutralisierung der anionischen Gruppen. Dies wird zum einen durch Mg^{2+}-Ionen geleistet, v. a. jedoch durch K^+-Ionen, da diese die Zellmembran relativ frei permeieren können. Die starke Anhäufung von K^+-Ionen in den Zellen lässt einen chemischen K^+-Gradienten von intra- nach extrazellulär entstehen. Dem nach außen gerichteten chemischen K^+-Gradienten steht mit zunehmender Diffsuion der K^+-Ionen nach außen der nach innen gerichtete elektrische Gradient entgegen. Dieser entsteht dadurch, dass die großen Anionen, wie Proteine und Nukleinsäuren, den K^+-Ionen nicht folgen können. Wenn beide gegensätzliche Kräfte sich ausgleichen, ist der elektrochemische Gradient für K^+-Ionen gleich Null.

Funktion

Das Ruhe-Membranpotential von Zellen wird hauptsächlich durch das Gleichgewichtspotential der K^+-Ionen bestimmt, da die Membran in Ruhe für andere Ionen nur bedingt durchlässig ist. Bei den meisten Zellen liegt es zwischen –70 und –100 mV intrazellulär gegenüber dem Extrazellulärraum. Während den Aktionspotentialen in Nerven- und Muskelzellen öffnen sich vorübergehend zahlreiche spannungsabhängige Na^+-Kanäle. Für kurze Zeit wird dann die Leitfähigkeit der Membran überwiegend durch die Leitfähigkeit der Na^+-Kanäle bestimmt. Das Gleichgewichtspotential für Na^+-Ionen liegt zwischen +50 und +65 mV intra- gegenüber extrazellulär, sodass das Membranpotential bei Öffnung der Na^+-Kanäle auf ca. +30 mV ansteigt. Generell kann es sich die Zelle jedoch nicht leisten, über längere Zeit Na^+ und Cl^- zu akkumulieren, da dadurch das osmotische Gleichgewicht gestört würde. Cl^- kann über Kanäle dem elektrischen Gradienten folgend die Zellen verlassen, während Na^+ unter ATP-Verbrauch durch die Na^+/K^+-ATPase aktiv aus der Zelle transportiert wird (s. Kap. 4).

Natrium ist wichtig für die intestinale Resorption einer Reihe von Nährstoffen. Aminosäuren, Glukose, Galaktose und Cl^- können im Kotransport mit Na^+-Ionen resorbiert werden. Diese Transportsysteme sind sekundär aktiv, da sie den durch die Na^+/K^+-ATPase unter Energieverbrauch aufrechterhaltenen Na^+-Gradienten ausnutzen (vgl. Kap. 7). Als Folge der Absorption von Na^+-Ionen ins Zytosol der Zellen und den anschließenden Transport in den interstitiellen Raum kann Cl^- passiv folgen. Der durch die NaCl-Absorption generierte osmotische Gradient bedingt die Absorption von Wasser, die zum großen Teil parazellulär und zum kleineren Teil transzellulär erfolgt (vgl. Kap. 4). Neben der Aufnahme von Na^+ über Transporter wird das Kation auch effizient über Na^+-Kanäle der apikalen Enterozytenmembran entlang des elektrochemischen Gradienten resorbiert.

Vorkommen, Resorption und Bioverfügbarkeit

Na^+ kommt in Nahrungsmitteln größtenteils als NaCl vor, daneben als $NaHCO_3$, Natrium-Glutamat und Natrium-Zitrat. Der Gehalt an Natriumsalzen ist niedrig in Obst und Gemüse und hoch in Fleischprodukten. Von der täglich aufgommenen Natriummenge stammen nur ca. 10% aus natürlichen Nahrungsmitteln, 15% aus dem Salzen zur Zubereitung von Speisen und 75% aus der Herstellung von Lebensmitteln. K^+ ist weit in Nahrungsmitteln verbreitet und kommt besonders reichlich in Obst und Gemüse vor [3].

Bedarf und Mangelzustände

Die *Empfehlungen* zur täglichen Natriumaufnahme liegen bei 2 bis 3 g Na^+ bzw. 3 bis 6 g NaCl für Erwachsene [20, 29]. Die Aufnahme hoher NaCl-Mengen wird in Zusammenhang gebracht mit der Entwicklung von Bluthochdruck, Gastritis und Magenkrebs [8, 9]. Ein eindeutiger Zusammenhang zwischen Kochsalzkonsum und Hypertension ergibt sich nur bei Vergleich von Populationen, die weniger als 1,3 g/24 h ausscheiden und solchen, die aufgrund höheren Konsums mehr ausscheiden. Allerdings scheint auch bei einer Ausscheidung von mehr als 2,4 g/24 h an NaCl eine Korrelation zum altersbedingten Anstieg des Blutdrucks zu bestehen. Neben den diätetischen Einflüssen auf die Entstehung der Hypertension gibt es offenbar auch genetische. Diätetische *Salzrestriktion* führt allerdings nur bei einem Teil der Patienten zu einer Senkung des Blutdrucks. Besonders gut sprechen *ältere, normalgewichtige Patienten* mit nur leichter Hypertension auf eine Salzreduktion der Kost an.

Ein diätetisch begründeter *Mangel* an Na^+ oder Cl^- kommt praktisch nicht vor. Imbalanzen sind zumeist die Folge anderer Grunderkrankungen. Die Mechanismen zur Retention von NaCl sind weit besser ausgeprägt als diejenigen zur NaCl-

Sekretion, sodass pathologische Zustände meistens eine vermehrte Retention und nur selten den Verlust von NaCl betreffen. Die osmotischen Wirkungen von NaCl bedingen, dass ein NaCl-Mangel den Verlust von Wasser, eine verstärkte Retention die Ansammlung von Wasser, bedeutet. Eine Hypervolämie kann z. B. nach zu schneller Infusion von Salzlösungen erfolgen. Herzinsuffizienz, Niereninsuffizienz oder eine pathologisch vermehrte Aldosteronsekretion (z. B. Conn-Syndrom) können ebenfalls Ursache einer Hypervolämie sein. Bei der Herzinsuffizienz kommt es durch den peripher verminderten Blutdruck zur Stimulation der Barorezeptoren der Niere, während bei Niereninsuffizienz eine verstärkte Na^+-Retention und beim Conn-Syndrom eine vermehrte Na^+-Reabsorption stattfindet. In allen Fällen kommt es zur Ödembildung.

Hypovolämien sind zumeist durch renale oder gastrointestinale Na^+-Verluste verursacht. Während Diarrhöen und Erbrechen im Vordergrund der gastrointestinalen Verluste stehen, können erhöhte renale Na^+-Verluste durch den Gebrauch von Diuretika, die Ausscheidung osmotisch wirksamer Substanzen (z. B. Glukose bei Diabetes mellitus) oder einen Mangel an Aldosteron (Morbus Addison) begründet sein. Auch chronische Nierenerkrankungen, die zu erhöhter Permeabilität der Glomeruli führen oder mit Zerstörung der Tubuli einhergehen, resultieren in erhöhten Na^+-Verlusten. In allen Fällen kommt es zur Dehydratation. Dehydratationen aufgrund von Diarrhöen sind weltweit nach wie vor eine der häufigsten Ursache der Kindersterblichkeit. In akuten Phasen der Diarrhö können Verluste von 5% des Körpergewichts lebensbedrohlich werden. Während der Hypovolämie kommt es zu Vasokonstriktion und verminderter Muskeldurchblutung, die zu Muskelschwäche und Krämpfen führen. Bei weiterem Fortschreiten stellen sich Schwindel, Kollaps und schließlich Kreislaufschock ein.

Eine Rehydratation kann mit oraler oder in Notfällen intravenöser Rehydratationstherapie durchgeführt werden. Orale Rehydratationslösungen enthalten 3,5 g NaCl, 2,5 g $NaHCO_3$, 1,5 g KCl und 20 g Glukose auf 1 l Wasser. Die Wirksamkeit einfacher Hausmittel, wie 3 Prisen Salz und eine Handvoll Zucker in 1 l Wasser zu lösen oder Cola mit Salzstangen zu konsumieren, beruhen ebenfalls auf der Tatsache, dass bei bakteriell ausgelösten Diarrhöen der intestinale Na^+/Glukose-Kotransport nicht limitiert ist und deshalb ausgenutzt werden kann, um den Organismus zu rehydratisieren [24, 25, 40, 41, 43].

3.2.2 Kalium (K^+)

Kalium findet sich ganz überwiegend *intrazellulär*, wo es aus elektrophysiologischer Sicht das wichtigste Kation ist. Es erreicht hier durchschnittlich physiologische Konzentrationen von 150–160 mmol/l. Die extrazelluäre Kaliumkonzentration hingegen ist wesentlich niedriger. Normale *Serumkaliumspiegel* liegen zwischen *3.5 und 5.0 mmol/l*. Somit befinden sich 99% des Gesamtkörperkaliums intrazellulär und nur 1% extrazellulär. Die tägliche Kaliumaufnahme liegt bei einer ausgewogenen Kost zwischen 50 und 150 mmol/24 h. Die enterale Kaliumaufnahme wird jedoch nicht reguliert. Es kann davon ausgegangen werden, dass 85–90% des aufgenommenen Kaliums tatsächlich enteral resorbiert werden. Neben einer passiven Diffusion, scheint v. a. die H^+-K^+-ATPase einen aktiven transepithelialen Kaliumtransport zu gewährleisten (vgl. Kap. 4).

Trotz einer schwankenden Kaliumaufnahme, kann die Kaliumbilanz durch Anpassung vorwiegend der renalen Ausscheidung in engen Grenzen konstant gehalten werden. Kalium wird beim Gesunden zu 90% renal und zu 10% fäkal ausgeschieden. Kaliumverluste durch Schwitzen sind äußerst gering. In der Niere wird Kalium glomerulär filtriert und zu 70% im proximalen Tubulus reabsorbiert. Das verbleibende Kalium wird dann im aufsteigenden Schenkel der Henle'schen Schleife reabsorbiert. Praktisch erfolgt bereits im Nephron eine *komplette Kaliumrückresorption. Die eigentliche Kaliumausscheidung erfolgt daher im distalen Tubulussystem* und im *Sammelrohrsystem*, wo *Kalium aktiv ins tubuläre Lumen sezerniert wird.* Auf diese Art und Weise ist die renale Kaliumausscheidung unabhängig von der glomerulären Filtrationsrate und dem tatsächlich gefilterten Kalium. Sie kann zwischen 3 und 300 mmol Kalium/24 h variieren.

Funktion

Kalium hat physiologischerweise *2 Hauptfunktionen.* Zum einen spielt es eine wichtige Rolle im Zellstoffwechsel wie beispielsweise in der Regulation von Protein- oder Glykogensynthese. Daraus folgt, dass Störungen im Kaliumhaushalt auch Zellstoffwechselstörungen verursachen können. Die zweite wichtige Funktion der Kaliumhomöostase besteht in der Aufrechterhaltung des Zellmembranpotentials. Dieses besteht in erster Linie aus dem Verhältnis von intrazellulärem zu extrazellulärem Kalium. Die normale Kaliumverteilung wird durch die Na^+-K^+-ATPase determiniert, die aktiv Kalium gegen Natrium nach intrazellulär transportiert. Die Aktivität dieser Elektrolytpumpe wird von unterschiedlichen Faktoren beeinflusst. Hierzu zählen Schilddrüsenhormone, Katecholamine, Insulin, verschiedene Medikamente und die aktuelle Kaliumkonzentration auf beiden Seiten der Zellmembran. Eine Verschiebung des intra-/extrazellulären Kaliumgradienten kann schwerwiegende muskuläre Störungen zur Folge haben, die z. B. zu lebensbedrohlichen Herzrhythmusstörungen führen können.

Bedarf und Mangelzustände

Die Regulation des Kaliumhaushalts unterliegt einer komplexen Steuerung, die von renalen und endokrinen Faktoren abhängig ist. Aldosteron, Insulin und Katecholamine sind hierbei wichtige Regulatoren im Bezug auf die Kaliumverteilung. Durch die Wirkung von Insulin und Katecholaminen (vermittelt durch β_2-adrenerge Rezeptoren) kommt es zu einem schnellen Shift von Kalium nach intrazellulär. Als Gewebe sind hiervon insbesondere die Skelettmuskeln und die Leber betroffen. Für die Langzeitsteuerung der Kaliumausscheidung kommt dann neben intrinsischen renalen Mechanismen v. a. die Wirkung des Mineralkortikoids Aldosteron zum Tragen. Es erhöht im Sammelrohrsystem die Anzahl der Na^+- und K^+-Kanäle in der luminalen Membran und stimuliert ferner die Na^+-K^+-ATPase, sodass es schließlich zu einer vermehrten Kaliumsekretion in den Urin kommt.

Hypokaliämien können als Konsequenz von Hyperaldosteronismus (Conn-Syndrom), bei der Verwendung von Schleifendiuretika oder bei einer metabolischer Alkalose auftreten. Auch gastrointestinale Verluste durch Erbrechen oder Diarrhö können eine Hypokaliämie verursachen. Die bei gastrointestinalen Verlusten auftretenden Na^+-Verluste führen zur Aktivierung des RAAS und verstärken dadurch noch die K^+-Verluste. Die Symptome eines K^+-Mangels sind in erster Linie neuromuskulär manifestiert. Es kommt zu Muskelschwäche, Krämpfen und in schwereren Fällen zu Arrhythmien, Lähmungen und metabolischer Alkalose. K^+- und H^+-Ionen stehen miteinander in Wechselwirkung. Bei bestehender metabolischer Alkalose bedeutet dies, dass aufgrund der auch intrazellulär verminderten H^+-Ionenkonzentration vermehrt K^+-Ionen in die Zellen einströmen können.

Als Faustregel gilt, dass eine Veränderung von 0,1 pH-Einheiten im Plasma zu einer Veränderung der Plasma-K^+-Ionenkonzentration von 0,5 mmol/l führt. Umgekehrt bedeutet dies, dass die durch eine Hypokaliämie bedingte Verminderung der intrazellulären K^+-Konzentration einen vermehrten Einstrom von H^+-Ionen in die Zellen bewirkt und dadurch zu einer metabolischen Alkalose führt (vgl. Kap. 42).

Ermittlung des Kaliumstatus

Die K^+-Statusbestimmung erfolgt anhand der Plasmaspiegel. Die komplexen Interaktionen und Regulationen machen deutlich, dass die Beurteilung nur sinnvoll ist bei gleichzeitiger Erfassung weiterer Parameter, wie z. B. Blut-pH. Veränderungen des Na^+-Gehalts des Organismus machen sich klinisch bemerkbar durch Ödembildung oder Dehydratation. Veränderungen der Na^+-Konzentration lassen sich dahingegen nur laborchemisch erfassen [14, 37].

3.2.3 Kalzium (Ca^{2+})

Kalzium ist zusammen mit Phosphor in Form des Hydroxylapatits $[Ca_{10}(OH)_2(PO_4)_6]$ des Skeletts das *quantitativ bedeutendste Mengenelement* des menschlichen Körpers. Seine Gesamtkonzentration im Serum liegt zwischen 2,1 und 2,6 mmol/l. Der Körper des Menschen enthält mehr als 1–1,4 kg Kalzium. 99% des Körperkalzium sind im Skelett gespeichert. Rund 1% stehen für einen physiologischen Austausch zwischen dem extrazellulären Raum und dem Knochen zur Verfügung.

Der im Verhältnis geringe Anteil des extrazellulären Kalziums verteilt sich wiederum auf 3 Fraktionen: 50% hiervon gehören zur biologisch wichtigen Fraktion des freien bzw. ionisierten Kalziums. Weitere 40% sind proteingebunden und somit nicht renal filtrierbar. Dieses Kalzium ist überwiegend an Albumin gebunden. Die übrigen 10% sind komplexgebunden beispielsweise an verschiedene Anionen wie Bikarbonat, Phosphat, Zitrat oder Laktat. Somit wird verständlich, dass Veränderungen der Konzentration zirkulierender Komplexbildner auch zu Veränderungen der Serumkalziumkonzentration führen kann. Dies gilt sowohl für das freie Kalzium als auch für die totale Serumkalziumkonzentration. Bekanntestes Beispiel dürfte die Abnahme des freien Kalziums nach Transfusion von zitratantikoagulierten Erythrozytenkonzentraten sein, wenngleich man davon ausgehen kann, dass leber- und nierengesunde Patienten hierdurch keine anhaltend gravierenden Veränderungen im Kalziumhaushalt erleiden.

Intrazellulär liegt Kalzium fast vollständig in gebundener Form vor, sodass die Konzentration an freien Ca^{2+}-Ionen hier nur ca. 10^{-7} mol/l beträgt. Damit besteht ein 10.000facher Gradient an freien Ca^{2+}-Ionen zwischen Extra- und Intrazellulärraum.

Funktionen

Eine Erhöhungen der intrazellulären Ca^{2+}-Ionenkonzentration durch Freisetzung aus dem endoplasmatischem Retikulum oder den Mitochondrien, sowie durch Öffnen von Kalzium-Kanälen der Plasmamembran findet als Antwort auf viele extrazellulär wirkende Signalgeber statt. Diese können Hormone oder Neurotransmitter sowie elektrische Signale sein, die beispielsweise über eine Erhöhung der intrazellulären Ca^{2+}-Ionenkonzentration zur Muskelkontraktion führen oder die Exozytose von Vesikeln bewirken. Die Exozytose von Insulin in den β-Zellen des Pankreas oder von Neurotransmittern an der motorischen Endplatte wird z. B. durch die Öffnung Spannungs-regulierter Ca^{2+}-Kanäle vermittelt. Hormone, die an Gq-Protein-gekoppelte Rezeptoren binden, wie Cholezystokinin, Serotonin, Histamin oder Vasopressin oder Hormone, die an Tyrosinkinase-Rezeptoren binden, wie der epidermale Wachstumsfaktor, sind über die Bildung von Inositol(1,4,5)-triphosphat in der Lage, Kalzium aus den intrazellulären Speichern frei zu setzen.

Kalzium wird somit zu einem der wichtigsten »second messenger« in der Übertragung von Signalen ins Zellinnere. Viele der Wirkungen werden durch Aktivierung des Ca^{2+}-bindenden Proteins Calmodulin weiter vermittelt. Calmodulin kann schließlich zelluläre Kinasen und andere Enzyme in ihrer Aktivität verändern und so zur Zellantwort auf das extrazelluläre Signal führen. Nach Beendigung des extrazellulären Signals wird hauptsächlich durch ATP-abhängige Ca^{2+}-Pumpen in der Plasmamembran und im endoplasmatischen Retikulum die Ca^{2+}-Ionenkonzentration im Zytosol wieder erniedrigt.

Kalzium spielt weiterhin eine wichtige Rolle für die Aktivität der Phospholipase A_2, des Ca^{2+}-bindenden Proteins Calpain sowie der Blutgerinnungsfaktoren II, VII, IX und X und der antikoagulatorischen Proteine C und S. Bei den Hämostase-regulierenden Proteinen bilden Ca^{2+}-Ionen die Brücke zwischen negativ geladenen Membranphospholipiden und den Gla-Resten der Vorstufen pro- bzw. antikoagulatorischer Proteine [7, 48].

Vorkommen, Resorption und Bioverfügbarkeit

Die Aufrechterhaltung einer normalen *Serumkalziumkonzentration* zwischen *2,1 und 2,6 mmol/l* ist Folge verschiedener Regulationsmechanismen, die den *Gastrointestinaltrakt*, *die Nieren* und den *Knochenstoffwechsel* umfassen. Kalzium wird im Gastrointestinaltrakt über einen energieabhängigen, transzellulären Prozess *resorbiert*, der unter hormoneller Kontrolle von $1{,}25(OH)_2D$ steht (s. Kap. 4). Die *Bioverfügbarkeit* von Kalzium wird durch Milchsäure verbessert, während Komplexbildner der Nahrung – wie Phytate, Oxalate oder langkettige, gesättigte Fettsäuren – die Verfügbarkeit vermindern.

Der *Serumkalziumspiegel* wird hauptsächlich über eine *kombinierte Wirkung von Parathormon und Vitamin D am Knochen* reguliert. Solange Knochenkalzium verfügbar ist, ist eine nahrungsabhängige Kalziumzufuhr eigentlich nicht erforderlich. Die Parathormonsekretion aus den Nebenschilddrüsen wird durch erniedrigtes freies Serumkalzium und Magnesiummangel stimuliert. Überschuss an freiem Serumkalzium und Hypermagnesiämie hingegen supprimieren die Parathormonsekretion.

Vitamin D wird an Position 25 in der Leber und an Position 1 in den Nieren hydroxyliert. Das so entstandene 1,25-Hydroxycholcalciferol (synonym Calcitriol) ist die aktive Form von Vitamin D. Es stimuliert die Kalziumaufnahme in

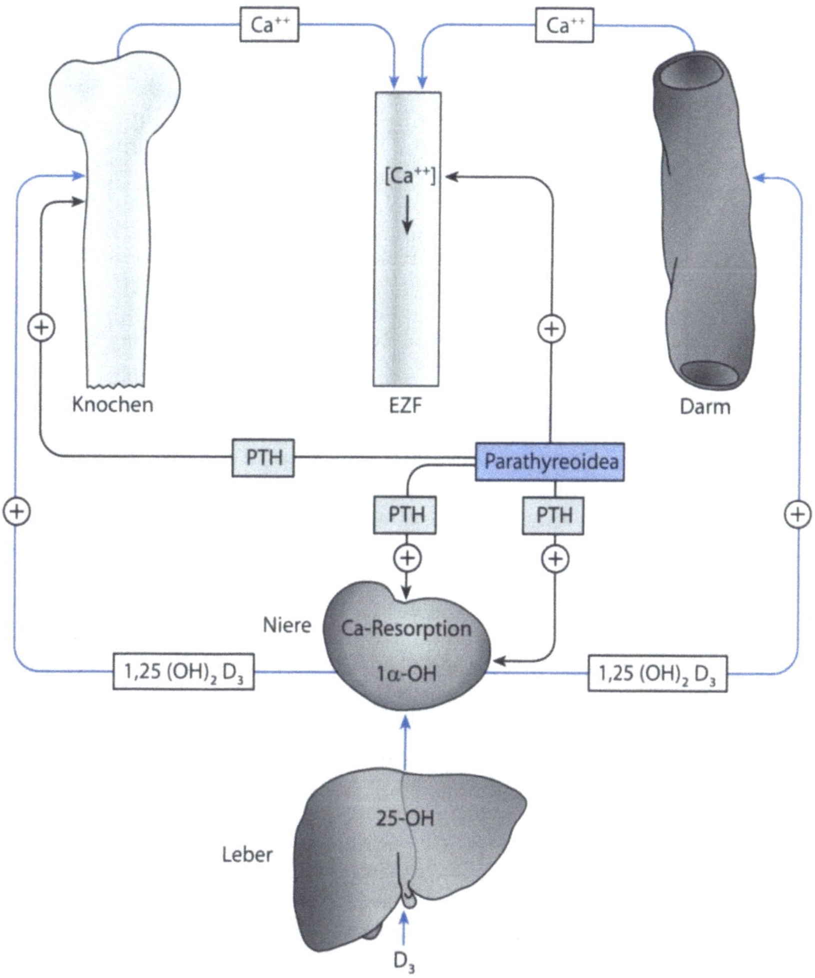

Abb. 3-3. Regulation des Kalziumhaushalts durch 1,15-$(OH)_2D3$ und Parathormon (PTH). EZF Extrazellulärflüssigkeit

den Knochen, die renal tubuläre Kalziumreabsorption sowie die enterale Kalziumabsorption. Die renale Hydroxylierung von Vitamin D wird PTH-abhängig stimuliert. Azidose und erhöhte Calcitriolspiegel inhibierten auf der anderen Seite die Vitamin-D-Hydroxylierung (*Abb. 3-3*).

Bedarf und Mangelzustände

Die *Empfehlungen* für die Kalziumaufnahme liegen beim Erwachsenen liegen zwischen 1000 und 1500 mg/24 h [32, 46], für Kinder und Jugendliche ist eine ausreichende Kalziumaufnahme für ein normales Knochenwachstum unerlässlich. Besonders für jüngere Frauen erscheint die Aufnahme adäquater Kalziummengen zwecks der Erhöhung der Knochendichte im Rahmen der Osteoporoseprophylaxe wichtig, wenngleich die Zusammenhänge noch nicht eindeutig geklärt sind [17, 42].

Ein symptomatischer *Kalziummangel* tritt auf bei zu geringen Ca^{2+}-Plasmakonzentrationen. Es kommt zu Tetanie, mit Parästhesien, schmerzhaften, tonischen Krämpfen oder generellen Krampfanfällen. Eine Alkalose kann zur normokalzämischen Tetanie führen, da aufgrund des erhöhten pH-Wertes im Blut verstärkt Carboxylgruppen von Proteinen dissoziieren und dadurch ionisiertes Kalzium vermehrt gebunden wird. Hypokalzämie kann die Folge eines Parathormonmangels oder einer bei Niereninsuffizienz auftretenden Hyperphosphatämie sein, bei der die erhöhten Phosphatspiegel Kalzium komplexieren und außerdem die Umwandlung von 25(OH)D in 1,25$(OH)_2$D verhindern. Auch die verminderte Zufuhr an Vitamin D oder Kalzium kann einen *Kalziummangel* ursächlich begründen.

3.2.4 Phosphat (PO_4^{2-})

Die *Serumphosphatkonzentration* liegt zwischen *2,7 und 4,9 mg/dl (bzw. 0,85–1,60 mmol/l)*. Es ist jedoch Hauptbestandteil des Knochens, findet sich aber ebenso in zahlreichen anderen Geweben. Phosphat ist insbesondere auch Bestandteil von Zellmembranen und besitzt eine Schlüsselstellung im Rahmen der zellulären Energiegewinnung, wo es beispielsweise in der Form des energiereichen Adenosintriphosphats (ATP) essenziell und ubiquitär vorkommt. Der Gesamtkörperbestand an Phosphat macht beim Erwachsenen 1% seines Körpergewichts aus (ca. 700–1000 g).

85% des Gesamtkörperphophats sind im Skelettsystem und in den Zähnen eingebaut. Hier liegt es zum größten Teil als Hydroxyapatit und im geringeren Maße auch als amorphes Kalziumphosphat vor. Das restliche Phosphat (ca. 14%) verteilt sich in organisch gebundener Form (z. B. Nucleinsäuren, Phospholipide, Glukose-6-Phosphat, Kreatininphosphat) in die übrigen zellulären Kompartimente. Nur 1% des Gesamtphosphats befinden sich im Blut und im extrazellulären Raum. Im Gegensatz zum Kalizum findet man im Serum lediglich 12% des Phosphats in proteingebundener Form und ca. 5% komplexgebunden (d. h. diese Anteile sind nicht renal filtrierbar).

In einer Nüchternserumprobe liegen 80–85% des Phosphats hingegen als freies anorganisches Orthophosphat (HPO_4^{2-}) vor. Die physiologische Konzentration liegt zwischen 2,8 und 4 mg/dl, wenngleich der Phosphatspiegel einem zirkadianen Rhythmus unterliegt und darüber hinaus nahrungs-, alters- und geschlechtsabhängig ist. Imaging-Systeme, die auf dem Prinzip der »nuclear magnetic resonance« (NMR) beruhen, erlauben es, den Phosphatgehalt in verschiedenen Geweben auch *in vivo* zu untersuchen.

Funktion

Die Spaltung der energiereichen Phosphatbindung im ATP wird für Prozesse wie Muskelkontraktion, Biosynthesen oder aktiven Transport benötigt. Kreatinphosphat stellt die Energiespeicherform im Muskel dar, deren Phosphatrest bei Bedarf durch die Kreatinkinase auf ADP unter Bildung von ATP übertragen werden kann. Phosphat bildet zusammen mit Desoxyribose bzw. Ribose das Rückgrat von DNA bzw. RNA. In den Phospholipiden ist Phosphat mit für die amphiphilen Eigenschaften der Moleküle verantwortlich. Phosphatester von Zuckern und deren Derivaten sind wichtige Intermediate im Metabolismus von Glukose und anderen Kohlenhydraten. Ihre Bildung findet zumeist durch Phosphatgruppenübertragung unter Verbrauch von ATP statt.

Auch die Coenzyme Nicotinamid-Adenin-Dinucleotid (NAD), Nicotinamid-Adenin-Dinucleotid-Phosphat (NADP), Flavin-Adenin-Dinucleotid (FAD) und Coenzym A (CoA) enthalten Phosphat als integralen Bestandteil. 3´,5´-zyklisches Adenosin-Monophosphat (cAMP), 3´,5´-zyklisches Guanosin-Monophosphat (cGMP) und Inositol(1,4,5)trisphosphat (IP_3) sind wichtige Signalmoleküle. Das Coenzym cAMP vermittelt beispielsweise als »second messenger« die Wirkungen von Glukagon auf Glukoneogenese und Glykogenabbau; cGMP aktiviert, wie cAMP, spezifische Proteinkinasen und ist auf diese Art am Hell-Dunkel-Sehen beteiligt. IP_3 koppelt die Rezeptoraktivierung an der Plasmamembran durch bestimmte Hormone oder Neurotransmitter an die Ca^{2+}-Freisetzung aus dem endoplasmatischen Retikulum und aktiviert dadurch Ca^{2+}-bindende Proteine, z. B. die Proteinkinase C.

Die reversible Übertragung von Phosphatgruppen auf Seryl-, Threonyl- oder Tyrosylgruppen von Proteinen (Interkonvertierung) verändert deren Konformation und ist ein wesentliches Prinzip zur Veränderung der Aktivität solcher interkonvertierbaren Proteine. Anorganisches Phosphat bildet in Form von $HPO_4^{2-}/H_2PO_4^-$ ein wichtiges Puffersystem des Organismus.

Vorkommen, Resorption und Bioverfügbarkeit

Das *Phosphatgleichgewicht* wird – vergleichbar mit der Kaliziumhomöostase – durch ein Zusammenwirken des Gastrointestinaltrakts, der Knochen und der Nieren erreicht. Regulierende Faktoren sind Vitamin D und das Parathormon.

Trotz unterschiedlicher Ernährung bleibt der Phosphathaushalt beim Gesunden in physiologischen Grenzen konstant. Enteral werden Nahrungsphosphate zu 70% duodenal und jejunal über einen natriumabhängigen aktiven und passiven Transportmechanismus resorbiert (vgl. Kap. 4). Während die *Bioverfügbarkeit* von Phosphat aus Fleisch mit mehr als 70% sehr gut ist, ist die Verfügbarkeit aus Zerealien häufig durch die Speicherung als *Phytat* limitiert.

Ungefähr 2/3 des aufgenommenen *Phosphats* werden über den Urin und der Rest mit dem Stuhl wieder *ausgeschieden*. Calcitriol induziert über eine vermehrte enterale Resorption sowie tubuläre Rückresorption eine vermehrte Phosphataufnahme bzw. -konservierung. Parathormon bewirkt über eine gesteigerte Osteoklastenaktivität ebenfalls eine Erhöhung der Serumphosphatkonzentration hemmt aber gleichzeitig auch renal die tubuläre Phosphatrückresorption. Calcitonin inhibiert über eine Hemmung der Osteoklastenaktivität den Knochenabbau. Somit kann der Knochenaufbau wieder stimuliert werden und es erfolgt eine vermehrte Phoshpateinlagerung im Knochengerüst. Auf der anderen Seite induziert Calcitonin jedoch auch eine erhöhte Urinphosphatausscheidung. In Bezug auf den Phosphathaushalt scheint Calcitonin daher Wirkungen zu haben, die sowohl denen des Parathormons als auch einem Parathormonantagonisten entsprechen.

Bedarf und Mangelzustände

Die *Empfehlungen* zur Phosphataufnahme richteten sich zumeist nach den Empfehlungen für die Kalziumaufnahme. Während eine adäquate Kalziumaufnahme oftmals ein Problem darstellt, ist dies beim Phosphat generell nicht der Fall.

Ein *Phosphatmangel* kommt aufgrund des reichen Vorkommens von Phosphat in der Nahrung, der effizienten intestinalen Resorption und der hormonellen Regulation des Phosphatplasmaspiegels sehr selten vor. Eine Ausnahme hiervon bilden Säuglinge, die mit Muttermilch ernährt werden, da der Phosphatgehalt der Muttermilch sehr niedrig ist (150 mg Phosphor/l).

Ein weiterer Grund für einen Phosphatmangel kann die Einnahme aluminiumhaltiger Antazida sein. Als Folge eines Phosphatmangels kommt es zum Abfall intrazellulärer organischer Phosphorsäureester, wie 2,3-Diphosphogylzerat in Erythrozyten oder ATP in Muskel- und anderen Zellen. 2,3-Diphosphogylzerat erleichtert die Freisetzung von Sauerstoff von Oxyhämoglobin, sodass im Phosphatmangel eine Minderversorgung der Gewebe mit Sauerstoff auftritt. Weitere Symptome sind Hämolyse, Muskelschwäche und erhöhte renale Kalziumausscheidung (wegen niedriger Parathormonspiegel).

Während inadäquate diätetische Zufuhr von Phosphat kaum vorkommt, kann eine unzureichende Vitamin-D-Zufuhr durchaus einen Phosphatmangel begründen. Eine unzureichende Versorgung mit Vitamin D kann auch im Rahmen einer Fettmalabsorption (Zöliakie, exokrine Pankreasinsuffizienz) auftreten. Schließlich können alle Zustände, die mit einer Polyurie assoziiert sind zu einer Hypophosphatämie führen.

Bestimmung des Phosphatstatus

Die Statusbestimmung der Phosphatversorgung erfolgt anhand der Phosphat-Plasmaspiegel. Wie beim Kalzium lässt diese Bestimmung keine Aussagen über die Versorgung der Knochen zu [13, 47].

3.2.5 Magnesium (Mg^{2+})

Magnesium (Mg^{2+}) ist nach Kalzium, Kalium und Natrium das *vierthäufigste Kation* im Organismus von Wirbeltieren. Seine Serumkonzentration liegt zwischen 0,8 und 1,0 mmol/l. 50–60% des Magnesiums sind im Knochen gespeichert. Es gehört nach Kalium zu den Kationen mit der höchsten intrazellulären Konzentration. Die *Serumkonzentration* hingegen liegt normalerweise *zwischen 1,6 und 2,4 mg/dl*. Der Magnesiumbestand eines normalgewichtigen Erwachsenen beträgt ungefähr 24 g. Als primär intrazelluläres Kation ist es für die Aufrechterhaltung vieler metabolischer Aktivitäten des Körpers notwendig. Extrazelluläres Magnesium macht nur 1% des Körperbestands aus, während etwa 30% intrazellulär lokalisiert sind. Metabolisch aktive Zellen weisen höhere Magnesiumgehalte auf als weniger aktive Zellen. Dies wird schon dadurch bedingt, dass in metabolisch aktiven Zellen mehr ATP gebildet und verbraucht wird.

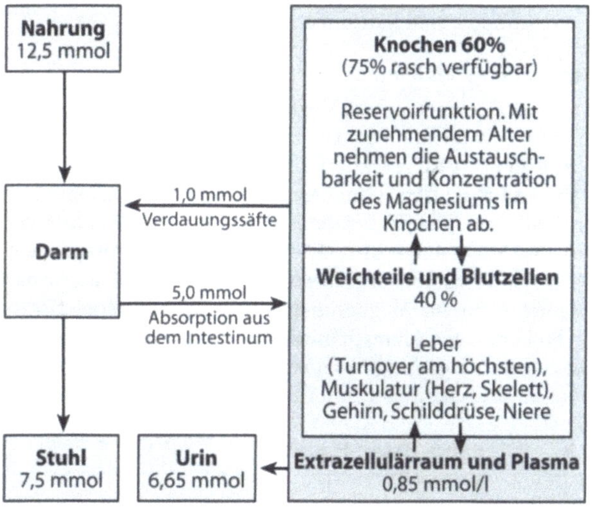

Abb. 3-4. Resorption, Ausscheidung und Verteilung von Magnesium

Funktion

Als *Kofaktor zahlreicher Enzyme* spielt Magnesium auch eine entscheidende Rolle im Energiestoffwechsel. Hierzu zählen insbesondere die Aktivitäten der Na^+-K^+-ATPase und der Kalzium-ATPase. Als entscheidender Kofaktor für den Natrium-Kalium-Transport führt beispielsweise ein signifikanter Magnesiummangel zur intrazellulären Kaliumdepletion und einer erhöhten renalen Kaliumausscheidung. Eine adäquate Kaliumsubsitution sollte daher auch eine Magnesiumsubstitution beinhalten.

Ferner ist die Anwesenheit von Magnesium unabdingbar für Enzymfunktionen im Rahmen der Aufrechterhaltung verschiedener Elektrolytgradienten, der Proteinbiosynthese, der Generierung von cAMP sowie der Sekretion von Parathormon. Zellmembranfunktionen wie die Regulation der Kalziumkanäle, der Zellmenbranpermeabilität und des Aktionspotentials sind ebenfalls magnesiumabhängig. Weitere Funktionen wie neurochemische Signalübertragung, Muskelarbeit, Membranstabilität, Zellteilung sowie der Protein-, Fett- und Kohlenhydratstoffwechsel sind ebenfalls auf physiologische Magnesiumkonzentrationen angewiesen.

Vorkommen, Resorption und Bioverfügbarkeit

Der *durchschnittliche Magnesiumbedarf* des Erwachsenen liegt bei 5 mg/kgKG. Ein erhöhter Magnesiumbedarf ist physiologisch während des Wachstums und in der Schwangerschaft. Viele Intensivpatienten haben häufig einen erhöhten Magnesiumbedarf. Magnesiummangel kann auch in Folge von Verlusten (z. B. durch Diarrhö) oder auch medikamteninduziert (z. B. Diuretika, verschiedene Immunsuppressiva) auftreten. Erhöhte intestinale Verluste können durch alle Formen einer Malabsorption entstehen oder durch chronische Diarrhö bedingt sein. Erhöhte renale Verluste sind die Folge von verstärkter Diurese unterschiedlicher Ätiologie, wie osmotische Diurese (z. B. bei Glukosurie), alkoholbedingter Diurese, medikamentösbedingter Diurese oder renaler Erkrankungen.

Die intestinale *Resorption* von Magnesium verhält sich umgekehrt proportional zur mit der Nahrung aufgenommenen Menge (vgl. Kap. 4). Die *Bioverfügbarkeit* von Magnesium wird durch Ballaststoffe aus Zerealien, Früchten und Gemüsen oder durch Phytate und Phosphate reduziert. Die hohen Magnesiumgehalte dieser Nahrungsmittel bedingen jedoch, dass die verminderte Absorption mehr als kompensiert wird.

Die *Regulation* des Magnesiumhaushalts erfolgt hauptsächlich über die renale Ausscheidung, wenngleich 60–80% des oral aufgenommen Magnesiums unverändert fäkal ausgeschieden werden (*Abb. 3-4*). Das Serummagnesium wird zu 50–60% renal im kortikalen Bereich des aufsteigenden Schenkels der Henle-Schleife filtriert und weitere 20–30% werden im proximalen Tubulussystem rückresorbiert. Rund 3% des glomerulär filtrierbaren Magnesiums werden ausgeschieden. Die renale Magnesiumelimination liegt jedoch insgesamt unter 1 mmol/24 h.

Die enterale Magnesiumresorption passt sich dem Bedarf an. Bei Mangel wird vermehrt und bei Sättigung vermindert resorbiert. Bei normalem Serummagnesiumspiegel kann daher durch zusätzliche Zufuhr keine signifikante Erhöhung der Serummangesiumkonzentration erreicht werden. ADH, Parathormon, Glukagon, Calcitonin sowie β-adrenerge Substanzen stimulieren mutmaßlich über cAMP die vermehrte renale Magnesiumresorbtion. Die Gesamtheit der Faktoren, die in die Regulation der Magnesiumhomöostase eingreifen, sind jedoch noch nicht vollständig aufgeklärt.

Bedarf und Mangelzustände

Die *Empfehlungen* für die tägliche Magnesiumzufuhr liegen bei etwa 300 mg für Frauen und 300–400 mg für Männer. Ein *erhöhter Bedarf* ergibt sich für alle Erkrankungen, die mit einem erhöhten *intestinalen* oder *renalen Magnesiumverlust* einhergehen. *Magnesiumintoxikationen* treten bei intakter Nierenfunktion nur durch parenterale Magnesiumgaben auf. Patienten mit Nierenversagen weisen dahingegen sehr häufig eine Hypermagnesämie auf, insbesondere wenn sie Magnesiumhydroxid als Antazidum erhalten oder Magnesium in höheren Dosen in Infusionen enthalten ist. Die Hemmung der neuromuskulären Übertragung steht im Vordergrund der Symptome. Frühzeitig fällt die Hemmung der Sehnenreflexe auf. Es kann außerdem zu Unterdrückung der Atemtätigkeit sowie Senkung von Blutdruck und Herzfrequenz kommen. Bei weiter fortschreitendem Anstieg der Magnesiumkonzentration kommt es zum Koma und zum diastolischen Herzstillstand. Antidote sind Kalzium und Neostigmin.

Bestimmung des Magnesiumstatus

Die *Statusbestimmung* von Magnesium wird anhand der Plasmaspiegel vorgenommen. Da nur 1% des Köpermagnesiums dort lokalisiert ist, reflektiert dieser Parameter den Köperbestand relativ schlecht. Genauere Methoden sind die Magnesiumbestimmung in Erythrozyten, Lymphozyten oder in Muskel- und Knochenbiopsien. Solche Tests sind allerdings nicht für den klinischen Gebrauch entwickelt worden. Neuere Analysemethoden zur Magnesiumbestimmung umfassen NMR-Techniken, magnesiumselektive Mikroelektroden sowie den Einsatz von Magnesiumisotopen [2].

3.3 Säure-Basen-Haushalt

Die in diesem Kapitel vorgenommene Trennung zu den Störungen des Elektrolythaushalts geschieht im Wesentlichen aus Gründen der Übersichtlichkeit – in der biologischen Wirklichkeit sind beide Systeme untrennbar miteinander verwoben. Die Homöostase des Säure-Basen-Haushalts ist für die Aufrechterhaltung eines Reaktionsmilieus für den optimalen Ablauf von Stoffwechselvorgänge von zentraler Bedeutung.

Störungen des Säure-Basen-Haushalts sind häufig, werden aber oftmals im klinischen Alltag übersehen oder verkannt. Eine Ursache dafür ist, dass die Bestimmung des hier maßgeblichen Bikarbonats ($HCO3^-$) nicht direkt erfolgen kann, sondern geschätzt werden muss. Dies führt dazu, dass dieser Wert häufig gar nicht in der Routineanalyse auftaucht, obschon der Schätzwert für klinische Belange völlig ausreicht. Vielerorts bleibt daher nur die aufwendigere arterielle Blutgasanalyse, um Information über den Säure-Basen-Haushalt mittels Berechnung über die Henderson-Hasselbalch-Gleichung (s. unten) zu gewinnen.

> Die wesentlichen Bausteine zur Erkennung einer Störung des Säure-Basen-Haushalts und ihrer Auswirkungen sind:
> *Elektrolyte:* Na^+, K^+, Cl^-, Ca^{2+}
> *Arterielle Blutgase:* pH, pCO_2, pO_2, HCO_3^-
> Die Analyse der Proben muss immer sofort erfolgen!
> Bei längeren Lagerzeiten der Blutproben ist eine sichere Beurteilung von Störungen des Säure-Basen-Haushalts nicht möglich!

3.3.1 pH-Wert

Der pH-Wert steht für den *negativen dekadischen Logarithmus* der Wasserstoffionen. Die H^+-Ionen Aktivität der Körperflüssigkeiten ist unter physiologischen Bedingungen sehr fein reguliert, da die Reaktionsfähigkeit biologisch-chemischer Systeme hiervon ganz entscheidend abhängt. Umgekehrt kann das Feststellen einer Dysregulation der H^+-Ionen-Aktivität als Indikator für stark ausgeprägte Stoffwechselstörungen dienen (Bsp: Menigokokkensepsis). Die H^+-Ionenkonzentration im extrazellulären Flüssigkeitsraum schwankt im gesunden Zustand zwischen $1{,}6 \times 10^{-8}$ und $1{,}2 \times 10^{-8}$ mol/l, entsprechend einem pH-Wert von 7,38 und 7,42. Im Extremfall können pH-Wert Grenzen von 7,0 und 7,8 mit dem Leben noch gerade vereinbar sein. Der mittlere pH-Wert im arteriellen Blut (Blutplasma) liegt bei 7,40, im venösen Blut und in der interstitiellen Flüssigkeit beträgt er im Durchschnitt 7,35. Im Vergleich dazu liegt die intrazelluläre H^+-Ionen-Konzentration etwa 4fach höher, was einem pH-Wert von 6,8 entspricht.

Alle Zustände, die mit einem *pH-Wert <7,38* einhergehen werden definitionsgemäß als *Azidose* und *pH-Wert >7,42 als Alkalose* bezeichnet. Entsprechend den Ursachen werden metabolische und respiratorische Störungen unterschieden, wobei häufig Mischformen anzutreffen sind. Komplizierend kommt hinzu, dass der Organismus über verschiedene Kompensationsmechanismen in der Lage ist, einer Veränderung des pH-Werts entgegenzuwirken (s. unten). Es kann also eine Veränderung des Milieus eingetreten sein, ohne dass sich dies an einem veränderten pH-Wert ablesen ließe. Solche Störungen werden als »kompensierte« Azidose bzw. Alkalose bezeichnet.

3.3.2 Henderson-Hasselbalch-Gleichung

Alle respiratorischen und metabolischen Größen, die den systemischen pH-Wert beeinflussen bzw. regulieren, können anhand der Henderson-Hasselbalch-Gleichung berechnet werden. Die modernen Geräte zur Blutgasanalyse, wie sie heute fast jedem Notfalllabor und/oder jeder Intensivstation zur Verfügung stehen, messen bzw. berechnen jedoch sofort die wichtigen Größen im Säure-Basen-Haushalt (pH, pO_2, pCO_2, Bikarbonat, Basenabweichung), sodass eine Kalkulation mittels dieser Formel für die klinische Routine nicht mehr erforderlich ist.

$$ph = 6,1 + \log\frac{[HCO_3^-]}{[H_2CO_3]}$$

3.3.3 Puffersysteme

Als Endprodukt des Stoffwechsels fallen ständig organische und anorganische Säuren an, die über verschiedene Mechanismen eliminiert werden müssen. Es ist zweckmäßig, die Säuren in 2 Kategorien einzuteilen:

1) Respiratorische Säuren	Kohlensäure (flüchtig); Elimination über Ventilation
2) Nicht-respiratorische Säuren	»Fixe Säure«: Schwefelsäure und Phosphorsäure (ca. 50%), sonstige organische Säuren (Laktat), Ketosäuren (ca. 50%); renale Elimination

Beim Gesunden fallen etwa 1 mmol/kgKG/24 h *»fixe Säuren«* an, also insgesamt 50–70 mmol. Diese entstehen unter anderem aus dem anaeroben Glukoseabbau sowie aus dem oxidativen Abbau schwefelhaltiger Aminosäuren (Schwefelsäure). Phosphorsäure entsteht im Wesentlichen bei der Verstoffwechslung von Fetten. Von besonderer Bedeutung sind die organischen Säuren: Laktat und die verschieden Ketosäuren (Azetoazetat, 3-Hydroxybuttersäure u. a.), die bei der Verbrennung von Kohlenhydrat oder Fett gebildet werden. Diese Säuren können in sehr großen Mengen anfallen, gelegentlich bis mehrere 100 mmol/24 h. Ihre Dissoziationskonstante liegt im physiologischen pH-

Bereich, sodass diese Substanzen dann rasch zu einer Bedrohung der Säure-Basen-Homöostase werden können.

Zur Beseitigung respiratorischer und nicht-respiratorischer Säuren stehen im Blut verschiedene Pufferbasensysteme sowie weitere Ausscheidungsmechanismen zur Verfügung, wobei zu rasche Änderungen in der H^+-Ionen-Konzentration vermieden werden sollen. Ein Mechanismus, der insbesondere schnelle Veränderungen der H^+-Ionen-Konzentration verhindern soll, ist die Steuerung über die Ventilation. Treten Veränderungen der H^+-Ionen-Konzentration auf, wird über die Aktivierung des *Atemzentrums* in der *Medulla oblongata* die pulmonale Elimination von CO_2 gesteigert.

Neben den Puffersystemen und der pulmonalen Elimination stehen auch renale Regulationsmechanismen zur Verfügung, die im Sinne einer meist verzögerten Reaktion über Ausscheidung eines sauren oder alkalischen Urins Einfluss auf den Säure-Basen-Status des Organismus nehmen können. Trotz der großen Pufferkapazität des Blutes, die im Sinne einer »Sofortreaktion« unmittelbar wirksam werden, sind demnach die Mitwirkung der Atmung (mit einer zeitlichen Verzögerung von 1–3 min) und der Niere (als metabolische »Langzeitreaktion«) unbedingt erforderlich, um den pH-Wert konstant zu halten.

Seit einiger Zeit hat sich auch die Erkenntnis durchgesetzt, dass Veränderungen des pH-Werts selbst den Anfall von organischen Säuren beeinflussen. So führt ein höherer pH-Wert zu einem vermehrten Anfall von Laktat, ein niedriger pH-Wert hat den gegenteiligen Effekt. Von Bedeutung ist dabei, dass Laktat und Ketokörper vom Organismus auch als alternatives Energiereservoir genutzt werden. Auch eine respiratorisch ausgelöste Störung des Säure-Basen-Gleichgewichts kann durch renale Elimination von überzähligen H^+-Ionen über den sogenannten Basensparmechanismus korrigiert werden. Bei starkem Anfall von Säuren können diese Mechanismen jedoch nicht immer verhüten, dass sich eine lebensbedrohliche Azidose entwickelt (*Abb. 3-5*).

Kohlensäure-Hydrogenkarbonatpuffersystem

Puffer bestehen aus schwachen Säuren und ihren Salzen. Das Blut besitzt unter allen Körperflüssigkeiten die wirksamsten Puffersysteme.

Wichtigster Puffer ist das Kohlensäure/Bikarbonat-System, gefolgt von Proteinatpuffern und dem Phosphatpuffer-System.

Das Bikarbonatpuffersystem besteht aus Kohlensäure (H_2CO_3) und dem Salz Bikarbonat (HCO_3^-). Kohlensäure H_2CO_3 dissoziiert nach der Beziehung

$$H_2CO_3 = H^+ + HCO_3^-$$

Bikarbonat (HCO_3^-) kann auch als korrespondierende Base der schwachen Säure H_2CO_3 aufgefasst werden. Es gilt dann für die Gleichgewichtskonstante K die Formel:

$$K = H^+ + HCO_3^-/H_2CO_3$$

Durch einfaches Logarithmieren lässt sich daraus die Henderson-Hasselbalch-Gleichung ableiten:

$$pH = pK + \log (HCO_3^-)/(H_2CO_3)$$

pK ist dabei der negative Logarithmus der Gleichgewichtskonstanten K und liegt bei 6,1. Anstelle der Kohlensäure lässt sich im Nenner der CO_2-Partialdruck (pCO_2) einführen; der Faktor 0,03 gilt immer dann, wenn HCO_3^- in mmol/l und pCO_2 in mmHg angegeben werden.

$$pH = pK + \log (HCO_3^-)/0{,}03 \times pCO_2$$

Bikarbonat kann ausschließlich nichtrespiratorische, fixe H^+-Ionen puffern. Dem Kohlensäure/Bikarbonatsystem kommt insbesondere deshalb große Bedeutung zu, da – im Unterschied zu anderen Puffersystemen – eine Wechselwirkung mit der Atmung besteht, die seine Effektivität noch deutlich erhöht. Im Organismus entsteht mit Hilfe des in Erythrozyten vorliegenden Enzyms Carboanhydrase rasch ein Gleichgewicht zwischen gelöstem CO_2 und gelöstem H_2CO_3. Bei normaler Körpertemperatur kommen auf 1 gelöstes Molekül H_2CO_3 340 Moleküle gelöstes CO_2. Bei Inanspruchnahme dieses Systems entsteht CO_2 und H_2O, die in der Regel über die Lunge bzw. die Nieren eliminiert werden können.

Durch die Steuerung des Atemzentrums wird im arteriellen Blut unter physiologischen Bedingungen ein CO_2-Partialdruck von 40 mmHg aufrechterhalten, der nach obiger Formel eine Bikarbonatkonzentration von 24 mmol/l sicherstellt; dieser Umstand garantiert also eine hohe Konzentration der puffernden Reaktionspartner. Hinzu kommt die Tatsache, dass ein zuviel an Säure durch Abatmung von CO_2 abgegeben werden kann bzw. umgekehrt kann bei zuviel basischer Aktivität im Blut CO_2 zurückgehalten werden. Dieser Regelmechanismen ist als weiteres Stabilisierungsinstrument für den pH-Wert anzusehen (*Tabelle 3-6*).

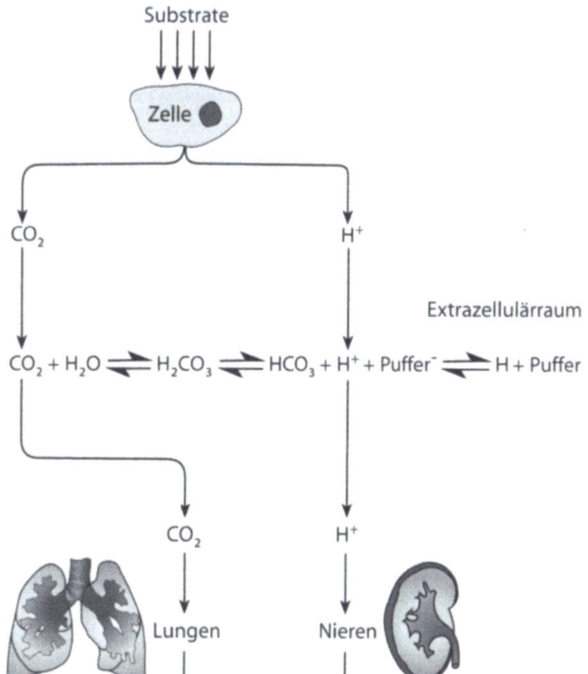

Abb. 3-5. Bikarbonatpuffersystem und CO_2-Exkretion: Im Säure-Basen-Haushalt sind die Eliminationswerte und Bilanzen für Kohlendioxid und die Protonen fixer Säuren völlig von einander getrennt. Die Verknüpfung beider Komponenten zum Säure-Basen-Gleichgewicht erfolgt durch Puffersysteme

Tabelle 3-6. Parameter zur Diffenrenzierung von Störungen des Säure-Basen-Haushalts. Da chronische metabolische Störungen respiratorisch und umgekehrt ausgeglichen werden, kommt es kompensatorisch zu entsprechend veränderten

	pH	pCO_2 [mmHg]	HCO_3^- [mmHg]	BE [mmol/l]
Normwerte	7,4±0,3	36–44	22–26	0±2
Metabolische Azidose	↓ kompensiert: ↔	↔ kompensiert: ↓	↓ oder ↔	↓
Metabolische Alkalose	↑ kompensiert: ↔	↔ kompensiert: ↑	↑ oder ↔	↑
Respiratorische Azidose	↓ kompensiert: ↔	↑	↔ kompensiert: ↑	↔ kompensiert: ↑
Respiratorische Alkalose	↑ kompensiert: ↔	↓	↔ kompensiert: ↓	↔ kompensiert: ↓

Sonstige Puffersysteme

Bei größeren Säurebelastungen werden akut bis zu 50% der H^+-Ionen durch Nicht-Bikarbonatpuffer abgefangen. Zu den *Nicht-Bikarbonatpuffern* zählen das Phosphatpuffersystem sowie verschiedene Proteinatpuffer. Eiweißkörper können in ihrer Funktion als Ampholyte H^+-Ionen aufnehmen oder abgeben und besitzen von daher eine erhebliche Pufferkapazität. Als extrazellulärer Proteinpuffer fungiert z. B. Albumin, als intrazellulärer Hämoglobin.

Quantitativ gesehen spielt Hämogobin hier die weitaus wichtigere Rolle. Hämoglobin kann als respiratorische Pufferbase H^+-Ionen aus Kohlensäure in großer Menge unter der Bildung von Bikarbonat puffern. Das in den Erythrozyten gebildete Bikarbonat beträgt unter physiologischen Bedingungen 24 mmol/l und steht im Gleichgewicht mit dem Extrazellulärraum. Beim Phospatpuffersystem ist das primäre Phosphat ($H_2PO_4^-$) als Säure und das sekundäre Phosphat (HPO_4^-) als korrespondierende Base wirksam. Der pK-Wert dieses Systems liegt verhältnismäßig günstig bei 6,8. Die Konzentrationen sind jedoch niedrig, sodass der Puffereffekt gering ist. Ein weiteres wichtiges Pufferreservoir stellt der Knochen dar.

Literatur

1. Antunes-Rodrigues J, Favaretto AL, Gutkowska J, McCann SM (1997) The neuroendocrine control of atrial natriuretic peptide release. Mol Psychiatry 2: 359–367
2. Altura BM, Altura BT (1995) Magnesium and cardiovascular biology: an important link between cardiovascular risk factors and atherogenesis. Cell Mol Biol Res 41: 347–359
3. Arbeit ML, Nicklas TA, Berenson GS (1992) Considerations of dietary sodium/potassium/energy ratios of selected foods. J Am Coll Nutr 11: 210–222
4. Beitz E, Schultz JE (1999) The mammalian aquaporin water channel family: A promising new drug target. Curr Med Chem 6: 457–467
5. Boineau FG, Lewy JE (1990) Estimation of parenteral fluid requirements. Pediatr Clin North Am 37: 257–264
6. Brown RG (1993) Disorders of water and sodium balance. Postgrad Med 93: 227–234, 239–240
7. Bushinsky DA, Monk RD (1998) Calcium. Lancet 352: 306–311
8. Cooper RS, Cheng HY, Rotimi C (1995) Basal and stimulated platelet calcium and sodium in hypertensive vs. normotensive black people. J Hum Hypertens 9: 747–752
9. Correa P (1992) Human gastric carcinogenesis: a multistep and multifactorial process– First American Cancer Society Award Lecture on Cancer Epidemiology and Prevention. Cancer Res 52: 6735–6740
10. Davis BB, Zenser TV (1993) Evaluation of renal concentrating and diluting ability. Clin Lab Med 13: 131–134
11. DeRouffignac C (1999) Effects of water balance, diet and antidiuretic-hormone administration on the renal excretion of water. Scand J Urol Nephrol [Suppl] 202: 31–35
12. Dorup I (1994) Magnesium and potassium deficiency. Its diagnosis, occurrence and treatment in diuretic therapy and its consequences for growth, protein synthesis and growth factors. Acta Physiol Scand Suppl 618: 1–55
13. Fliser D, Ritz E. (1998) Disorders of calcium and phosphate homeostasis. Internist 39: 825–830
14. Gross P, Passauer J. (1998) Disorders of potassium balance. Internist 39: 810–814
15. Gutkowska J, Antunes-Rodrigues J, McCann SM (1997) Atrial natriuretic peptide in brain and pituitary gland. Physiol Rev 77: 465–515
16. Halperin ML, Kamel KS (1998) Potassium. Lancet 352: 135–140
17. Heaney RP (2000) There should be a dietary guideline for calcium. Am J Clin Nutr 71: 658–661
18. Hill LL (1990) Body composition, normal electrolyte concentrations, and the maintenance of normal volume, tonicity, and acid-base metabolism. Pediatr Clin North Am 37: 241–256
19. Kamel KS, Ethier JH, Richardson RM, Bear RA, Halperin ML (1990) Urine electrolytes and osmolality: when and how to use them. Am J Nephrol 10: 89–102
20. Kaplan NM (2000) The dietary guideline for sodium: should we shake it up? No. Am J Clin Nutr 71: 1020–1026
21. Kayne LH, Lee DB (1993) Intestinal magnesium absorption. Miner Electrolyte Metab 19: 210–217
22. Kisters K (1998) Disorders of magnesium balance. Internist 39: 815–819
23. Kruse JA, Cadnapaphornchai P (1994) The serum osmole gap. J Crit Care 9: 185–197
24. Kugler JP, Hustead T (2000) Hyponatremia and hypernatremia in the elderly. Am Fam Physician 61: 3623–3630
25. Kumar S, Berl T (1998) Sodium. Lancet 352: 220–228
26. Lord RC (1999) Osmosis, osmometry, and osmoregulation. Postgrad Med J 75: 67–73
27. Luft FC (1998) Sodium and water balance for clinical routine practice. Internist 39: 804–809
28. Lukaski HC (2000) Magnesium, zinc, and chromium nutriture and physical activity. Am J Clin Nutr 72: 585 S–593 S
29. McCarron DA (2000) The dietary guideline for sodium: should we shake it up? Yes! Am J Clin Nutr 71: 1013–1019
30. Nielsen S, Fror J, Knepper MA (1998) Renal aquaporins: key roles in water balance and water balance disorders. Curr Opin Nephrol Hypertens 7: 509–516
31. Nielsen S, Kwon TH, Christensen BM, Promeneur D, Frokiaer J, Marples D (1999) Physiology and pathophysiology of renal aquaporins. J Am Soc Nephrol 10: 647–663

32. Anonymus (1995) Optimal calcium intake. Sponsored by National Institutes of Health Continuing Medical Education. Nutrition 11:409–417
33. Oster JR, Singer I (1999) Hyponatremia, hyposmolality, and hypotonicity: tables and fables. Arch Intern Med 159:333–336
34. Penney MD, Walters G (1987) Are osmolality measurements clinically useful? Ann Clin Biochem 24:566–571
35. Rose BD (1994) Potassium Homeostasis. Clinical physiology of acid-base and electrolyt disorders. McGraw-Hill, New York, pp 346–378
36. Rose BD (1994) Regulation of the effective circulating volume. Clinical physiology of acid-base and electrolyte disorders. McGraw-Hill, pp 235–260
37. Rose BD (1994) The total body water and the plasma sodium concentrations. Clinical physiology of acid-base and electrolyt disorders. McGraw-Hill, New York, pp 219–234
38. Ross EA., Nissenson AR (1994) Acid-base and electrolyte disturbances. In: Daugirdas JT, Todd SI (eds) Handbook of Dialysis. Little, Brown, Boston New York London, pp 401–415
39. Ruchardt A, Lydtin H (1999) Disorders of sodium and water balance. Diagnosis and therapy. Internist 40:W861–W871
40. Sawka MN, Montain SJ (2000) Fluid and electrolyte supplementation for exercise heat stress. Am J Clin Nutr 72:564 S–572 S
41. Smith DM, McKenna K, Thompson CJ (2000) Hyponatraemia. Clin Endocrinol 52:667–678
42. Specker BL (2000) Should there be a dietary guideline for calcium intake? No. Am J Clin Nutr 71:661–664
43. Stein J, Ries J., Caspary WF (1999) Resorption und Sekretion von Wasser und Elektrolyten. In: Caspary WF, Stein J (Hrsg) Darmkrankheiten. Springer, Berlin Heidelberg New York Tokio, S 35–48
44. Stout NR, Kenny RA, Baylis PH (1999) A review of water balance in ageing in health and disease. Gerontology 45:61–66
45. Takei Y (2000) Structural and functional evolution of the natriuretic peptide system in vertebrates. Int Rev Cytol 194:1–66
46. Weaver CM (2000) Calcium requirements of physically active people. Am J Clin Nutr 72:579 S–584 S
47. Weisinger JR, Bellorin-Font E (1998) Magnesium and phosphorus. Lancet 352:391–396
48. Yates AA, Schlicker SA, Suitor CW (1998) Dietary reference intakes: the new basis for recommendations for calcium and related nutrients, B-vitamins and choline. J Am Diet Assoc 98:699–706
49. Zaloga GP, Kirby RR, Bernards WC, Layon AJ (1997) Fluids and electrolytes. In: Civetta JM, Taylor RV, Kirby RR (eds) Critical care. Lippinott-Raven, Philadelphia, pp 413–440

Resorption und Sekretion von Wasser und Elektrolyten

J. Stein, W.F. Caspary

Neben seiner Funktion als Barriere zur Umwelt und der Digestion und Resorption von Makro- und Mikronährstoffen besteht eine weitere wesentliche Aufgabe des Intestinaltrakts in der Resorption enormer Mengen von Wasser und Elektrolyten.

Täglich passieren etwa 9 l Flüssigkeit, in Form von mit der Nahrung (orale Aufnahme etwa 2 l) aufgenommener Flüssigkeit oder als Sekrete des Magensaftes, der Galle und des Pankreas (endogene Sekretion etwa 7 l), den Intestinaltrakt. Nur etwa 1–1,5 l erreichen normalerweise den Dickdarm. Hiervon werden wiederum nur 100 ml mit dem Stuhl ausgeschieden werden; d. h. etwa nur 1% der täglich exogen und endogen zugeführten Flüssigkeitsmenge ausgeschieden.

Aufgrund seiner enormen resorptiven Kapazität ist der Dünndarm in der Lage, innerhalb von 24 h bis zu 18 l einer Elektrolytlösung zu resorbieren. Weniger effektiv ist das Kolon, dessen Resorptionskapazität bei maximal 3,8 l/24 h liegt. Während entsprechend der Osmolarität der zugeführten Nahrung im Duodenum noch unterschiedliche Osmolaritäten vorkommen, herrschen in Jejunum, Ileum, Kolon und im Stuhl isoosmolare Verhältnisse.

Die normale Flüssigkeitssekretion des Dünndarms liegt bei 100 ml/24 h. Diese Menge kann allerdings unter dem Einfluss sekretagog wirkender Toxine (z. B. Choleratoxin, Chlostridium diffizile Toxine) oder Hormone (z. B. Serotonin, vasointestinales Polypeptid) so erheblich gesteigert werden, dass es zu dramatischen intestinalen Flüssigkeitsverlusten kommt. So wurden bei Patienten mit Cholera Flüssigkeitsverluste bis zu 10 l/24 h beschrieben.

Entgegen der bis vor kurzem geltenden Meinung sind intestinale Resorptions- und Sekretionsprozesse, wenn auch in quantitativ unterschiedlichem Ausmaß, sowohl in Krypt- als auch Villuszellen möglich.

4.1 Intestinale Transportmechanismen

4.1.1 Membrantransportproteine

Die intestinale Resorption von Elektrolyten erfolgt, durch integrale Membranproteine vermittelt, in der Regel durch aktive Transportprozesse (s. unten). Die Resorption von Wasser verläuft dagegen passiv, überwiegend parazellulär, entlang osmotischer Gradienten. Die einzelnen Transportproteine sind asymmetrisch in der apikalen und basolateralen Zellmembran der Epithelzellen verteilt. In der Regel sind stets 3 Transportwege für einen transzellulären Transport miteinander gekoppelt [23];

1. transmembranäre Aufnahme der Substanz (apikal oder basolateral),
2. kontralaterale Abgabe (aktiv oder passiv) und
3. ein Energie liefernder Prozess durch die Aktivität einer Pumpe.

Im Hinblick auf ihren Mechanismus können Transportproteine grob in Kanäle, Carrier und Pumpen eingeteilt werden. Neben einigen Unterschieden weisen sie jedoch auch einige Gemeinsamkeiten auf [23, 44]:

- Es handelt sich um integrale Membranproteine, die die gesamte Zellmembran durchziehen.
- Sie weisen stets eine charakteristische Spezifität für einzelne Substanzen oder Gruppen ähnlicher Substanzen auf.
- Sie weisen typischerweise eine Sättigungskinetik und Temperaturabhängigkeit auf.
- Ihre Aktivierung erfolgt durch Neusynthese oder durch Einschleusung von, in intrazellulären Membranvesikeln bereitgehaltenen, Transportern.
- Ihre Aktivierung erfolgt meist durch einen einzelnen biochemischen Schritt (z. B. Phosphorylierung).
- Es besteht in der Regel eine selektive Hemmbarkeit durch Inhibitoren, die in vielen Fällen zur Klassifizierung des Transporters dient.

Ein Überblick über die wichtigsten intestinalen Epitheltransporter gibt *Tabelle 4-1*.

Pumpen (ATPasen)

Bei Pumpen handelt sich letztlich um primär aktive Carrier. Sie hydrolysieren ATP zu ADP + Phosphat und benutzten die dabei freiwerdende Energie, um Elektrolyte gegen elektrochemische Gradienten zu transportieren. Dieser Gradient dient dann sekundär und tertiär aktiven Transportprozessen als treibende Kraft. ATPasen sind daher sowohl Enzyme als auch Transporter.

Die wohl bedeutendste und am besten charakterisierte Pumpe ist die in allen Zellen vorkommende Na^+-K^+-ATPase. Sie ist in allen epithelialen Zellen, so auch im Intestinaltrakt, in der basolateralen Seite der Membran lokalisiert. Pro gespaltenes ATP-Molekül werden im Austausch gegen 2 K^+-Ionen (zelleinwärts) 3 Na^+-Ionen aus der Zelle ausgetauscht. Da es netto dabei zu einer Ladungs- und Molekülverschiebung kommt, entsteht neben einem chemischen auch ein elektrischer Gradient, deren treibende Kräfte wahlweise zur aktiven Sekretion von Anionen oder Resorption von Kationen bzw. unter Ausnutzung des Natriumgradienten von sekundär aktiven Carriern zum Transport von Nichtelektrolyten benutzt wird (*Abb. 4-1*).

Kanäle (Poren)

Kanalproteine bilden Tunnel durch die Membran (Tunnelproteine) und können ihre Durchlässigkeit sprunghaft ändern (engl. »gating«). Man unterscheidet spannungsaktivierbare, dehnungsaktivierbare bzw. Hormon- und »Second-messenger«-aktivierbare Kanäle. Im offenen Zustand können 10^6–10^8 Ionen/s passieren. Das ist etwa 1000- bis 10.000-mal mehr als bei Carriern. In Epithelien ist ihre Zahl jedoch bis zu 100.000fach geringer als die der Carrier. Im Gegensatz zu Carriern (Kotransportern) zeigen sie stöchiometrisch keine feste Kopplung mehrerer Moleküle. Bei vielen Kanälen tritt eine Sättigungskinetik auf, die bei steigender Substratkonzentration auf eine Abnahme der »Offen«-Wahrscheinlichkeit beruht. Die Temperaturab-

Tabelle 4-1. Pumpen, Carrier und Kanäle des intestinalen Transports. (Mod. nach [33])

Transportweg	Transportmechanismus	Endogene Regulation
Pumpen		
Na^+, K^+-ATPase	Alle aktiven Transportmechanismen	Aldosteron und Kotikosteroide durch mRNA-Transkription. Expression und Insertion der Pumpe
H^+, K^+-ATPase	K^+-Resorption	Aldosteron, Na^+-Restriktion
Ca^{2+}, Mg^{2+}	Zelluläre Ca^{2+}-Regulation	unklar, ATPasen und Mg^{2+}
Carrier		
Na^+-H^+-Austauscher	Elektroneutrale NaCl-Resorption	Endogene Regulatoren mit Erhöhung von Ca^{2+}-Calmodulin, cAMP, Glukokortikoide
Cl^- HCO_3^--Austauscher	Elektroneutrale NaCl-Resorption, HCO_3^--Sekretion	Ca^{2+}-Calmodulin
Na^+, K^+, Cl^--Kotransport	Cl^--Sekretion	cAMP-abhängige Phosphorylierung
Na^+-Glukose-Kotransport	Glukose und Na^+-Resorption	Diabetes, luminale Glukose
Anderer Na^+-Kotransport	Resorption anderer Nahrung über Kotransport	Unbekannt
HCO_3^--Austausch	HCO_3^--Sekretion, Resorption von kurzkettigen Fettsäuren	Unbekannt
Kanäle		
Na^+-Kanal	Elektrogene Na^+-Resorption (nur im Kolon)	Aldosteron
Cl^--Kanäle	Cl-Sekretion	Endogene Regulatoren mit Erhöhung von cAMP und cGMP
K^+-Kanäle	Cl-Sekretion, Resorption und Sekretion von K^+	Endogene Regulatoren mit Erhöhung von cAMP und zytosolischem freien Ca^{2+}
HCO_3^--Kanäle	HCO_3^--Sekretion	cAMP
Parazellulärer Weg		
»Tight junction«	Erlaubt gegensätzlich geladenen Ionen und Wasser aktiv resorbierten Ionen zu folgen	Unbekannt, ϱ-Proteine(?), Einfluss durch Regulatoren des Zytoskeletts

hängigkeit eines offenen Kanals ist zwar im Vergleich zu Carriern gering, das »Gating« selbst ist jedoch weitaus stärker temperaturabhängig.

Carrier

Im Gegensatz zu Kanälen läuft der Transport durch Carrier erst nach Bindung der zu translozierenden Substanz ab. Im einfachsten Fall erfolgt der Transport entlang eines Konzentrationsgradienten. Man spricht dann von Carrier-vermittelter oder auch erleichterter Diffusion. Da sich beim Transportprozess intermediär ein Komplex zwischen Substrat und Carrier bildet, kann die Kinetik eines derartigen Transportvorganges analog einer Enzymkinetik beschrieben werden. Sie zeigt häufig eine hyperbolische Abhängigkeit von der Substratkonzentration und damit eine »scheinbare« Michaelis-Konstante.

Carrier fungieren meist als sog. *Kotransporter*, d.h. sie transportieren 2 oder gar 3 Moleküle in einem festen Zahlenverhältnis. Hinsichtlich der Transportrichtung unterscheidet man *Symporter*, die mehrere Teilchensorten in die gleiche Richtung transportieren (positive Flusskopplung), und *Antiporter*, die die einzelnen Moleküle in entgegengesetzter Richtung transportieren (negative Flusskopplung). Nicht zum Kotransport befähigte Transporter heissen Uniporter.

Primär aktiver Transport. Ist die Spaltung von ATP direkt mit dem Transportprozess gekoppelt, so spricht man von primär aktivem Transport. Vertreter dieses Transportsystems sind die bereits besprochenen Pumpen (Na^+-K^+-ATPase, Ca^{2+}-ATPase, verschiedene Protonenpumpen). Merkmal sämtlicher in der Zellmembran von (intestinalen) Epithelzellen lokalisierten ATPasen (P-ATPasen) ist, dass sie im Gegensatz zu ATPasen intrazellulärer Vesikel (V-ATPasen) und Organellen (F-ATPasen) an einem Aspartylrest des ATPase-Proteins phosphoryliert werden. Die dabei übertragene Energie ermöglicht die für den aktiven Transport benötigte Konformationsänderung des Enzymproteins.

Sekundär aktiver Transport. Hierbei ist der Energie verbrauchende Schritt des Transportes nicht an den eigentlichen Transportprozess gekoppelt. So ist der, gegen einen zelleinwärts gerichteten Konzentrationsgradienten, erfolgende Glukosetransport im Dünndarm durch einen zelleinwärts gerichteten Natriumgradienten getrieben. Die hierfür notwendigen sehr niedrigen zellulären Natriumkonzentrationen werden durch Aktivität der basolateral gelegenen Na^+-K^+-ATPase aufrechterhalten (*Abb. 4-1*). Die meisten Kotransportsysteme basieren auf diesem an Na^+-gekoppelten Prinzip der Flusskopplung.

Tertiär aktiver Transport. Dieser wird durch einen sekundär aktiven Transportprozess angetrieben. So transportiert der in der apikalen Membran des Enterozyten lokalisierte H^+-Dipeptid-Symporter unter Ausnutzung eines Protonengradienten Di- und Tripeptide zelleinwärts. Dieser Gradient wird

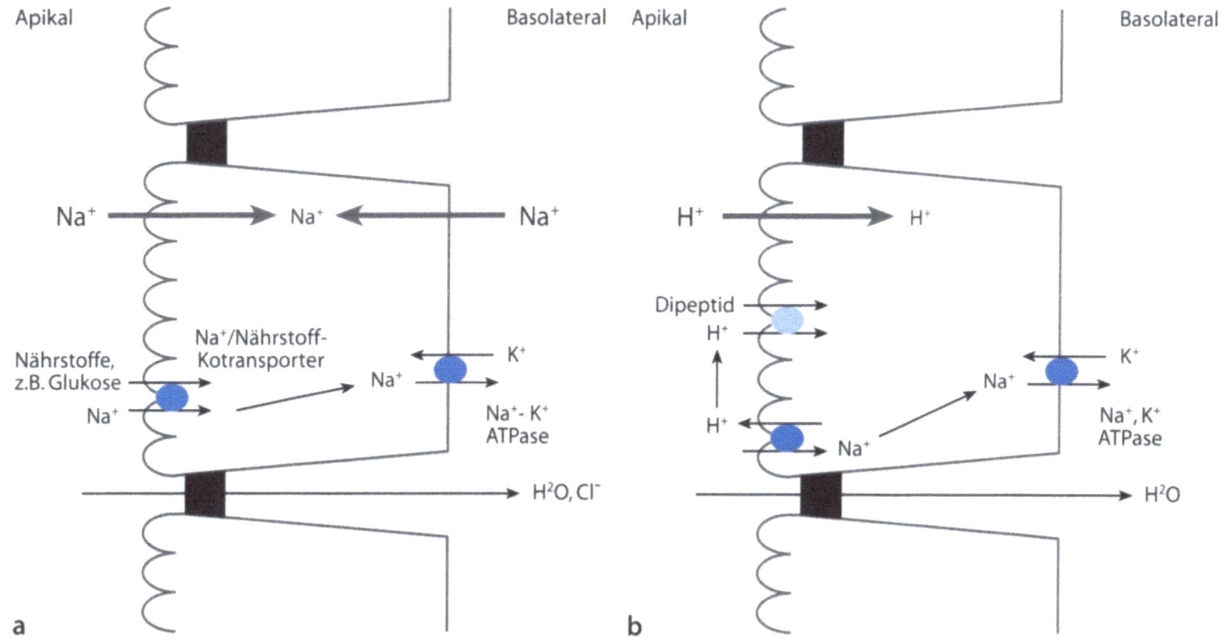

Abb. 4-1a, b. Sekundär und tertiär aktive Transportmechanismen. **a** Der Energie verbrauchende Schritt des sekundären Transports ist nicht an den eigentlichen Transportprozess gekoppelt. So ist der, gegen eine zelleinwärts gerichteten Konzentrationsgradienten, erfolgende Glukosetransport im Dünndarm durch einen zelleinwärts gerichteten Natriumgradienten getrieben. Die hierfür notwendigen, sehr niedrigen zellulären Natriumkonzentrationen werden durch Aktivität der basolateral gelegenen Na^+-K^+-ATPase aufrecht erhalten. **b** Ein tertiär aktiver Transport wird durch einen sekundär aktiven Transportprozess angetrieben. So transportiert der in der apikalen Membran des Enterozyten lokalisierte H^+-Dipeptid-Symporter unter Ausnutzung eines Protonengradienten Di- und Tripeptide zelleinwärts. Dieser Gradient wird durch einen ebenfalls in der apikalen Membran lokalisierten Na^+-H^+-Antiporter aufrechterhalten, der seinerseits durch einen Na^+-Gradienten angetrieben wird, für dessen Aufrechterhaltung, wie bereits erwähnt, die Aktivität der Na^+-K^+-ATPase verantwortlich ist

durch einen ebenfalls in der apikalen Membran lokalisierten Na^+-H^+-Antiporter aufrechterhalten, der seinerseits durch einen Na^+-Gradienten angetrieben wird, für dessen Aufrechterhaltung, wie bereits erwähnt, die Aktivität der Na^+-K^+-ATPase verantwortlich ist (*Abb. 4-1*).

4.1.2 Resorptionmechanismen von Wasser und Elektrolyten

Elektroneutrale Resorption von Natrium und Chlorid

Basierend auf der Beobachtung, dass eine effektive Resorption von Natrium stets an die Anwesenheit ausreichender Mengen Chlorid gebunden ist, wurde für den proximalen Dünndarm zunächst ein elektroneutraler Na^+-Cl^--Kotransport postuliert, der Nährstoffen unabhängig (in den interdigestiven Phasen) eine ausreichende (passive) Wasserresorption gewährleistet. Untersuchungen an isolierten Membranvesikeln von Enterozyten wiesen jedoch auf die Existenz zweier aneinander gekoppelter Antiporter hin:

- Einen Amilorid-sensitiven Na^+-H^+-Antiporter, der auch für die zelluläre pH-Homöostase und Regulation des Zellvolumens mitverantwortlich ist, und
- einen ebenfalls in der apikalen Membran lokalisierten Cl^--HCO_3^--Antiporter.

Beide werden durch Änderungen des intrazellulären pH aktiviert. So führt ein Anstieg der luminalen Na^+-Konzentration zur Aktivierung des Na^+-H^+-Austauschers; als Folge des H^+-Ausstroms kommt es zur Alkalisierung des Zellinneren; dies wiederum bewirkt die Aktivierung des Cl^--HCO_3^--Antiporters (*Abb. 4-2*). Na^+ und Cl^- werden also letztlich im Austausch gegen H^+ und HCO_3^- resorbiert, die ihrerseits intrazellulär durch die Aktivität Carboanhydrase ständig bereitgestellt werden. Na^+ wird seinerseits basolateral gegen einen Konzentrationsgradienten durch die Aktivität der Na^+-K^+-ATPase aus der Zelle ins Blut abgegeben. Die Resorption von Na^+ und Cl^- ist durch diesen »Doppelaustauscher« bei Wahrung eines konstanten pH-Wertes im Verhältnis 1:1 gekoppelt und daher nahezu elektroneutral.

Dagegen scheint insbesondere in den distalen Anteilen des Kolons die Kopplung des Na^+-H^+-Austauschers an weiteren Anionentransporter zu erfolgen. Hierbei werden zunächst im Austausch mit intrazellulär gebildetem HCO_3^- kurzkettige Fettsäuren (»short chain fatty acids«, SCFA) elektroneutral resorbiert (die Aktivität der hierzu benötigten Carboanhydrase ist im Dickdarm bei weitem am grössten). Das bei der Dissoziation von Bikarbonat ebenfalls gebildete H^+-Ion wird dann im Austausch mit Na^+ aus der Zelle geschleust.

Nährstoff-gekoppelte Na^+-Resorption

Diese für eine effektive Nährstoffaufnahme bereitstehenden Transportsysteme finden sich neben dem Dünndarm auch in zahlreichen weiteren resorptiven Epithelien (z. B. proximale Nierentubuli). Na^+-Symporter für Glukose als auch für die verschiedenen Aminosäuren sind in der apikalen Membran lokalisiert. Die dabei stattfindende transmembranäre

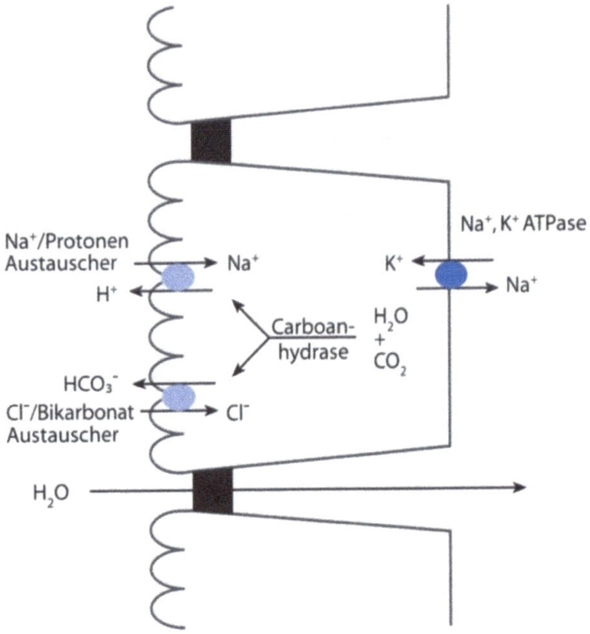

Abb. 4-2. Resorption von Na und Cl. Ein Anstieg der luminalen Na^+-Konzentration zur Aktivierung des Na^+-H^+-Austauschers, wodurch es als Folge des H^+-Ausstroms zur Alkalisierung des Zellinneren kommt, was dann zur Aktivierung des Cl^--HCO_3^--Antiporters führt (Abb. 4-3). Na^+ und Cl^- werden also letztlich im Austausch gegen H^+ und HCO_3^- resorbiert, die ihrerseits intrazellulär durch die Aktivität Carboanhydrase ständig bereitgestellt werden. Na^+ wird seinerseits basolateral gegen einen Konzentrationsgradienten durch die Aktivität der Na^+-K^+-ATPase aus der Zelle ins Blut abgegeben. Die Resorption von Na^+ und Cl^- ist durch diesen »Doppelaustauscher« bei Wahrung eines konstanten pH-Wertes im Verhältnis 1:1 gekoppelt und daher nahezu elektroneutral

Ladungsverschiebung in Form der Na^+-Ionen führt entlang des elektrischen Gradienten zu einer Stimulierung der Cl^--Resorption. Wasser folgt dann v. a. auf parazellulärem Wege entlang einem sich aufbauenden osmotischen Gradienten.

Klinisch bedeutsam erscheint die Tatsache, dass der Na^+-Glukose-Kotransporter auch bei schweren intestinalen Erkrankungen, insbesondere infektiösen Darmerkrankungen, in seiner Funktion erhalten bleibt, was die Effektivität von oralen Rehydratationslösungen gewährleistet. Der Zusatz von Kohlenhydraten wie Glukose, Saccharose oder Stärke zu einfachen Kochsalzlösungen führt unter Ausnutzung eben dieses Na^+-gekoppelten Transportsystems zu einer erheblich gesteigerten Wasserresorption.

Elektrogene Na^+-Resorption

Vor allem in den distalen Anteilen des Kolons erfolgt die Aufnahme von Na^+, und konsequenter Weise auch von Cl^- und Wasser, über einen elektrogenen Amilorid-sensitiven Na^+-Kanal (über ein mögliches Vorkommen auch im Dünndarm wird derzeit noch konträr diskutiert). Als treibende Kraft dient auch hier eine durch die Aktivität der Na^+-K^+-ATPase gewährleistete niedrige intrazelluläre Na^+-Konzentration, die umgekehrt proportional zur »Offen«-Wahrscheinlichkeit des Kanals ist. Analog zur nährstoffgekoppelten Na^+-Resorption folgen auch hier Cl^- und Wasser entlang eines elektrischen bzw. osmotischen Gradienten.

Unter normalen physiologischen Bedingungen scheint der Beitrag dieses Amilorid-sensitiven Na^+-Kanals zur Elektrolyt- und Wasserresorption allerdings gering. Bei Na^+-Mangelzuständen kommt es jedoch als Folge eines Aldosteronanstiegs im Serum zu einer deutlichen Zunahme der Na^+-Kanäle. Ob als Folge einer De-novo-Synthese oder einer Bereitstellung präformierter Kanalproteine aus dem Golgi-Apparat, ist noch unklar.

Resorption von Kalium

Bereits im oberen Dünndarm werden 85% des mit der Nahrung aufgenommenen Kaliums resorbiert. Bis vor kurzem wurde eine passive, in erster Linie parazelluläre, Diffusion entlang osmotischer Gradienten angenommen. Nach neueren Untersuchungen scheinen jedoch wie im Kolon aktive Transportprozesse zugrunde zu liegen. Verantwortlich hierfür zeichnet sich eine v. a. in der apikalen Membran lokalisierte H^+-K^+-ATPasen, die einen elektroneutralen transepithelialen Transport von Kalium gewährleistet. Ähnlich wie für Na^+-Kanäle liegt auch hier eine Regulation durch Aldosteron vor.

4.1.3 Sekretion von Wasser und Elektrolyten

Die aktive Sekretion von Cl^- und HCO_3^- gelten als Hauptantrieb bzw. Auslöser der intestinalen Sekretion von Wasser und weiteren Elektrolyten [5].

Cl^--Sekretion

Es handelt sich dabei um einen elektrogenen Prozess, der zum Aufbau eines lumenwärts gerichteten, transepithelialen elektrischen Gradienten führt und somit eine passive parazelluläre Diffusion von Kationen, vornehmlich Natrium, ermöglicht. Der resultierende osmotische Gradient zieht dann eine Sekretion von Flüssigkeit ins Lumen nach sich.

Dieser fundamentale und in der Natur weitverbreitete Prozess findet sich in allen sekretorischen Epithelien und resultiert letztendlich aus dem Zusammenspiel von 4 verschiedenen Membranproteinen. Basolateral wird Cl^- sekundär aktiv durch einen Furosemid- und Bumetamid-sensitiven Na^+-$2Cl^-$-K^+-Symporter gegen einen elektrochemischen Gradienten aufgenommen. Die treibende Kraft für diesen Prozess wird ebenfalls durch die in der basolateralen Membran gelegene Na^+-K^+-ATPase bereitgestellt, die für eine niedrige intrazelluläre Na^+-Konzentration sorgt. Ein kritischer Anstieg der intrazellulären K^+-Konzentration wird durch einen basolateral gelegenen Ca^{2+}-sensitiven K^+-Kanal verhindert. Erst durch die konzertierte Aktion dieser 3 in der basolateralen Membran gelegenen Membranproteine wird ein lumenwärts gerichteter elektochemischer Gradient für Cl^- aufgebaut. Auf der apikalen Seite wird Cl^- dann durch einen Cl^--Kanal ins Lumen abgeben, dessen Aktivität durch intrazelluläre Botenstoffe wie cAMP, cGMP und Ca^{2+} (s. unten) reguliert wird (*Abb. 4-3*).

HCO_3^--Sekretion

Die v. a. in den Kryptzellen lokalierte Sekretion von HCO_3^--Ionen wird durch das Zusammenspiel von mindestens 2 integralen Membranproteinen gewährleistet. Ein basolateral gelegener Na^+-H^+-Austauscher liefert H^+-Ionen ins Interstitium, eine basolateral gelegene Carboanhydrase (?) katalysiert aus H^+ und HCO_3^- die Bildung von CO_2 und Wasser. CO_2 ver-

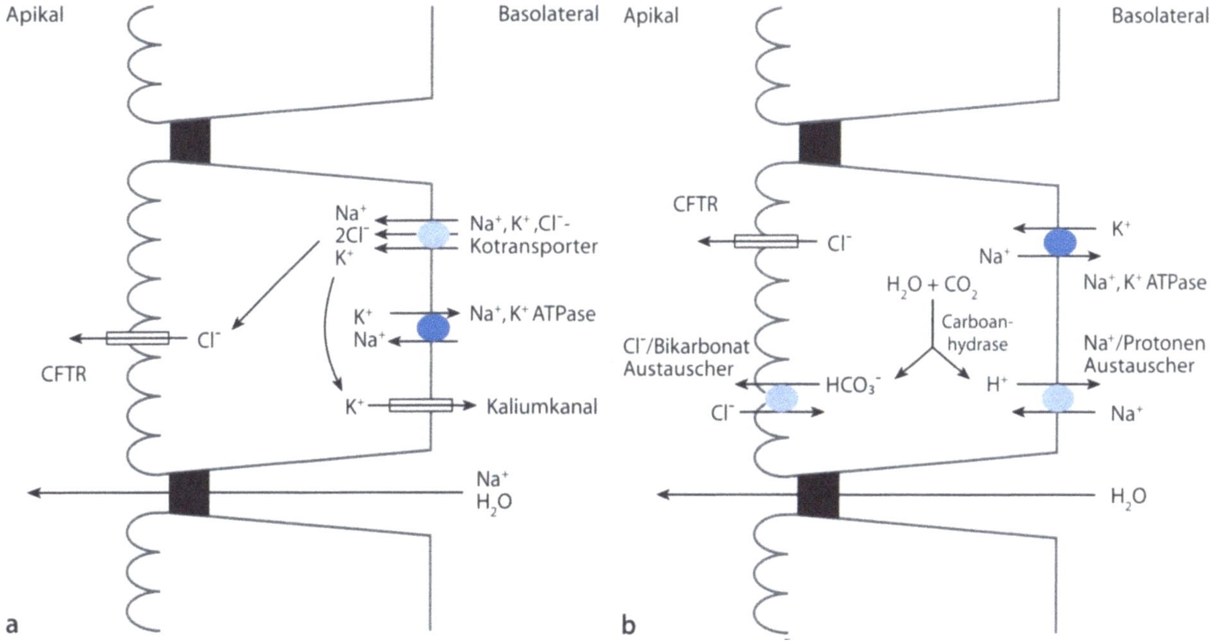

Abb. 4-3a, b. Mechanismen der (**a**) Chlorid- und (**b**) Bikarbonatsekretion. **a** Chlorid gelangt über einen basolateralen Na^+-K^+-$2Cl^-$-Kotransporter in die Zelle und verlässt sie nach apikal durch einen Chloridkanal (CFTR). Das aufgenommene Kalium wird durch Kaliumkanäle wieder abgegeben. Die treibende Energie wird primär aktiv von der basolateralen Na^+-K^+-ATPase bereitgestellt. **b** Ein basolateral gelegener Na^+-H^+-Austauscher liefert H^+-Ionen ins Interstitium, eine basolateral gelegene Carboanhydrase (?) katalysiert aus H^+ und HCO_3^- die Bildung von CO_2 und Wasser. CO_2 vermag aufgrund seiner Lipophilie ins Zellinnere zu difundieren, um dort unter dem Einfluss einer Carboanhydrase zu HCO_3^- resynthetisiert zu werden. Schließlich befördert ein apikal gelegener tertiär aktiver Cl^--HCO_3^--Antiporter Bikarbonat im Austausch gegen Cl^- ins Lumen. Mit einer wenn auch im Vergleich zu Cl^- deutlich niedrigeren Affinität (HCO_3^-:Cl^- = 1:4) scheint auch der CFTR-Kanal zur elektogenen HCO_3^--Sekretion beizutragen

mag aufgrund seiner Lipophilie ins Zellinnere zu difundieren, um dort unter dem Einfluss einer Carboanhydrase zu HCO_3^- resynthetisiert zu werden. Schliesslich befördert ein apikal gelegener tertiär aktiver Cl^--HCO_3^--Antiporter Bikarbonat im Austausch gegen Cl^- ins Lumen.

Zur Erklärung der zudem vorhandenen elektogenen HCO_3^--Sekretion wird von einigen Autoren die Existenz eines apikalen HCO_3^--Kanals postuliert. Mit einer wenn auch im Vergleich zu Cl^- deutlich niedrigeren Affinität (HCO_3^-:Cl^- = 1:4) scheint auch der CFTR-Kanal zur elektogenen HCO_3^--Sekretion beizutragen. Analog zur Sekretion von Cl^- folgen dann Kationen und Wasser entlang dem entstandenen osmotischen Gradienten (*Abb. 4-3*).

4.2 Regulationsmechanismen intestinaler Transportprozesse

Der intestinale Transport von Wasser und Elektrolyten unterliegt einer Feinabstimmung zwischen epithelialen und subepithelialen Gewebsverbänden, in die in der Regel weitere intestinale Funktionsprozesse wie Motiliät und Blutfluss miteinbezogen sind. Die dabei zugrunde liegenden inter(extra)zellulären Regulationsmechanismen beinhalten Interaktionen zwischen immunkompetenten, endokrin aktiven Zellen, enterischem Nervensystem und Fibroblasten, die auf neurokrinem oder parakrinem Weg die Transporteigenschaften des Epithels beeinflussen. Nach neueren Untersuchungen sind Epithelzellen ihrerseits in der Lage auf autokrinem Weg untereinander zu kommunizieren [5, 12].

4.2.1 Intrazelluläre Regulation der Chloridsekretion

Intrazelluläres Kalzium

Der 1. Schritt besteht in der Bindung neurohumoraler Mediatoren (Azetylcholin, Histamin) an einen in der basolateralen Membran lokalisierten G-Protein gekoppelten Rezeptor. Die dadurch bedingte Konformationsänderung führt zur Aktivierung von Phospholipase C mit nachfolgender Freisetzung von Inositoltriphosphat (IP_3) und Diacylglycerol (DAG) aus membranären Phospholipiden. IP_3 setzt dann aus dem endoplasmatischen Retikulum (ER) Ca^{2+} frei. Mit zunehmender Leerung der zytosolischen Speicher erfolgt eine Aufnahme auch aus dem Extrazellulärraum. Der Ca^{2+}-Anstieg führt zur Aktivierung von Ca^{2+}-Calmodulin-abhänigigen Proteinkinasen, Annexinen und/oder Proteinkinase C, die über mehrere Phosphorylierungsschritte zur Aktivierung von Transportproteinen führen (*Abb. 4-4*).

Änderungen der intrazelluären Konzentration an freiem Ca^{2+} sind im Intestinaltrakt an der Stimulation sekretorischer wie auch absorptiver Prozesse beteiligt. So führt die Erhöhung der Ca^{2+}-Konzentration über eine Hemmung des Cl^--HCO_3^-- und Na^+-H^+-Antiporter zu einer Abnahme der elektroneutralen NaCl-Resorption. Andererseits stimulieren Neurotransmitter wie Azetylcholin über eine intrazelluäre Ca^{2+}-Mobilisierung die intestinale Cl^-- und HCO_3^--Sekretion. Basolaterale gelegene Ca^{2+}-sensitive K^+-Kanäle führen hierbei über eine Hyperpolarisierung der Zelle zur Öffnung der apikal gelegenen Cl^--Kanäle [33, 48].

Zyklische Nukleotide

Den 2 zyklischen Nukleotiden, 3´-5´Adenosinmonophosphat (cAMP) und 3´-5´Guanosinmonophosphat (cGMP), kommen als zelluläre »second messenger« eine zentrale Rolle zu. Die Bindung von Agonisten wie vasoaktivem intestinalen Polypeptide (VIP) oder Prostaglandinen an den in der basolateralen Membran verankerten Rezeptor, führt nach Aktivierung der Adenylatzyklase zur Bildung von cAMP aus ATP. cAMP führt durch Bindung an die regulatorische Untereinheit der Proteinkinase A (PKA) zur Freisetzung der regulatorischen Domäne der PKA mit nachfolgender Phosphorylierung verschiedener intrazellulärer Substrate (■ *Abb. 4-4*).

cAMP. Dieser gilt als einer der potentesten Stimulatoren der intestinalen Cl^--Sekretion. Im Gegensatz zu Ca^{2+}-mediierten Sekretagoga, die über die Aktivierung basolateraler K^+-Kanäle zu einer Zunahme der Chloridsekretion führen, beruht seine sekretagoge Wirkung auf der direkten Aktivierung des in der apikalen Membran lokalisierten CFTR-Kanals. Nach neueren Untersuchungen scheinen cAMP-mediierte Agonisten auch zum vermehrten Einbau des Na^+-$2Cl^-$-K^+-Symporters in die basolaterale Plasmamembran zu führen. Neben der Stimulierung der intestinalen Cl^--Sekretion gilt cAMP auch als bedeutender »second messenger« in der HCO_3^--Sekretion und NaCl-Resorption [43].

cGMP. Die Wirkungen von cGMP im Intestinaltrakt ähneln weitestgehend denen von cAMP. Zu Mediatoren, die zur zellulären Akkumulation von cGMP führen, zählen u. a. der atriale nutriuretische Faktor (ANP), Stickoxid (NO) und Guanylin. cGMP-mediierte Sekretagoga wirken analog zu cAMP-vermittelten Agonisten. Im Gegensatz zu cAMP, das als einzigen intrazellulären Liganden die Proteinkinase hat, ist eine grössere Zahl von intrazelluären cGMP-Bindungsproteinen beschrieben worden. So finden sich mindestens 2 Isoformen cGMP-abhängiger Proteinenkinasen (PK), von denen der PK II im Intestinaltrakt eine Beteiligung in der cGMP-abhängigen Chloridsekretion zugeschrieben wird (cGMP-aktivierte PK II führt scheinbar indirekt über cAMP zur Aktivierung des CFTR-Kanals).

Welche Rolle den in verschiedenen Geweben (Niere, olfaktorisches Epithel) beschrieben cGMP-abhängigen Ionenkanälen (Na^+-Ca^{2+}-Kanäle) im Intestinaltrakt zukommt, ist noch unklar. Während im Dünndarm nur eine membranäre Form beschrieben ist, findet sich im Dickdarm zusätzlich eine zytosolische Form. Die Stimulierung der Cl^--Sekretion durch cGMP läuft nach neueren Untersuchungen indirekt über eine Stimulierung des PKA-Weges und nicht, wie lange Zeit angenommen, über eine direkte Wirkung des CFTR-Kanals.

Eine Reihe bakterieller Toxine bedienen sich zur Bewerkstelligung ihrer sekretagogen Wirkung zyklischer Nukleotide. So bindet die A-Untereinheit des Choleratoxins an eine der

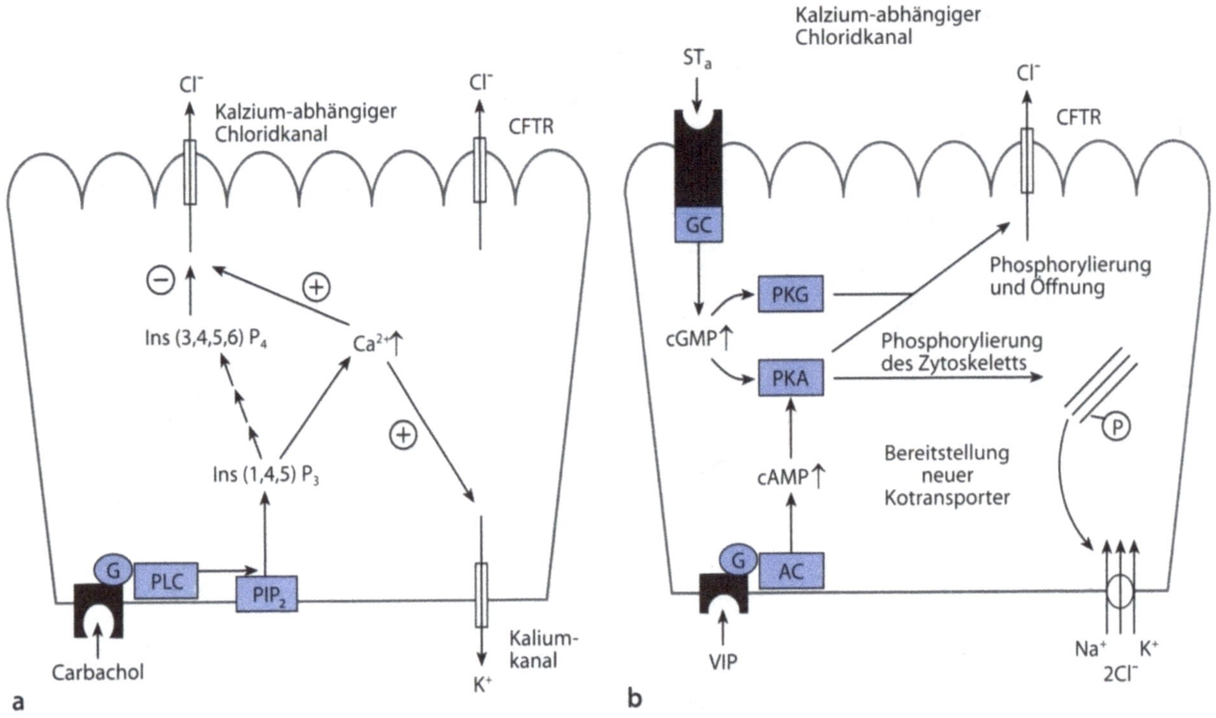

■ **Abb. 4-4a, b.** Intrazelluläre Regulation der Chloridsekretion. **a** Mechanismus der kalzium-abhängigen Chloridsekretion. Die positive Regulation ist mit durchgezogenen, die negative mit gestrichelten Pfeilen dargestellt. Carbachol bindet an einen basolateralen muscarinergen Rezeptor (m_3AChR), der G-Protein (G)-vermittelt zur Aktivierung der Phospholipase C (PLC) führt. Dieses Enzym spaltet Phosphatidylinositolbissphosphat (PIP_2) in Inositoltrisphosphat [$Ins(1,4,5)P_3$] und Diacylglycerol (DAG). Die durch $Ins(1,4,5)P_3$ ausgelöste Erhöhung des intrazellulären Kalziums führt zu einer direkten Aktivierung basolateraler Kaliumkanäle und des CFTR. Die negative Regulation kommt durch Aktivierung der Proteinkinase C (PKC) durch Kalzium und DAG und durch einen Metaboliten des $Ins(1,4,5)P_3$, dem Inositoltetrakisphosphat [$Ins(3,4,5,6)P_4$], zustande. **b** Mechanismus der von zyklischen Nukleotidphosphaten abhängigen Chloridsekretion. Dargestellt ist die rezeptorvermittelte Aktivierung der Guanylatzyklase und Adenylatzyklase durch die Agonisten VIP und hitzestabiles Enterotoxin von E. coli (St_a) der »second messenger« cAMP und cGMP. Im Gegensatz zu vielen intestinalen Geweben wirken cAMP und cGMP nicht antagonistisch sondern synergistisch regulatorischen Untereinheiten eines heterotrimeren G-Proteins (Gs), was zu einer irreversiblen Aktivierung der Adenylatzyklase mit nachfolgend extrem hohen intrazellulären cAMP-Konzentrationen und der daraus resultierenden sekretorischen Diarrhö führt. Zusätzlich führt das Toxin, ebenfalls cAMP vermittelt, zu einer Ausschüttung von Serotonin aus enterochromaffinen Zellen, was eine Stimulierung des enterischen Nervensystems nach sich zieht und eine Potenzierung seiner sekretagogen zur Folge hat (s. unten) [27, 43].

Demgegenüber führt das hitzestabile Enterotoxin von E. coli (Sta) über apikale Rezeptoren zu einer Aktivierung der Guanylatzyklaseaktivität mit nachfolgender Steigerung der Cl^--Sekretion.

4.2.2 Extrazelluläre Regulation

Die Steuerung der intestinalen Resorption und Sekretion von Elektrolyten unterliegt der Kontrolle verschiedenster nichtepithelialer (extrazellulärer) Faktoren, die eine Vielzahl *luminaler*, *vaskulärer*, *neuronaler* und *immunologischer* Mediatoren beinhalten. Bereits in der Lamina propria finden zahlreiche immunkompetende Zellen (»mucosa associated lymph tissue«, MALT), ein ausgeklügeltes neuronales Netzwerk (enterales Nervensystem, ENS) sowie enteroendokrine Zellen. Die Nähe von Neuronen, Fibroblasten, Immunzellen und Epithelzellen impliziert ihre enge Verknüpfung in der Regulation epithelialer Funktionen [47].

Enterales Nervensystem (ENS)

Neuere Untersuchungen zeigen, dass das ENS entgegen früheren Auffassungen kein einfaches Umschaltganglion des parasympathischen Nervensystems ist, sondern ein eigenständiges und integratives Netzwerk darstellt, das sich in unmittelbarer räumlicher Nähe zu den Endorganen (z. B. Muskulatur, Epithel) befindet. Nach neueren Schätzungen wird davon ausgegangen, dass es in seiner Gesamtheit aus 10–100 Mio Neuronen besteht und die gastrointestinalen Funktionen *weitgehend unabhängig vom zentralen Nervensystem* steuern kann *(»kleines Gehirn«)*. Das ENS weist zusätzlich eine enge bidirektionale Beziehung zum enterischen Immunsystem auf und ist bei zahlreichen immunologischen und entzündlichen Prozessen beteiligt (s. unten).

Das ENS wird aus 2 Nervengeflechten gebildet:

- Der *myenterische* oder *Auerbach-Nervenplexus* befindet sich zwischen der Zirkulär- und Längsmuskulatur und reguliert die motorischen Funktionen des Darms.
- Der *submuköse* oder *Meissner-Nervenplexus* ist zwischen Mukosa und Zirkulärmuskulatur lokalisert und steuert im Wesentlichen die Sekretion und die Resorption.

Beide Nervengeflechte stehen durch ihre Nervenzellfortsätze miteinander in Verbindung.

Acetylcholin (Ach) gilt nach wie vor als der bedeutendste *sekretagog* wirkende Neurotransmitter. In neuerer Zeit wurden durch histochemische und pharmakologische Untersuchungen zahlreiche weitere nichtadrenerge-nichtcholinerge (NANC) Neurotransmitter innerhalb des ENS nachgewiesen (*Tabelle 4-2*).

Enteroendokrines System (EES) als neuraler Sensor

Beobachtungen, dass Änderungen des luminalen pH-Wertes, Toxine (Cholera-Toxin) oder mukosale Dehnungsreize zur Freisetzung von Serotonin (5-Hydroxytryptamin = 5-HAT) aus den enterochromaffinen Zellen mit nachfolgender Aktivierung von Neuronen des submukös gelegenen Meissner-Nervenplexus führt, weisen auf eine sensorische Funktion dieses Zellsystems hin. In ähnlicher Weise führen freie Fettsäuren zur Freisetzung von Neurotensin aus intestinalen N-Zellen, was dann unter Einbeziehen neuronaler Mechanismen zur Stimulation der intestinalen Sekretion führt. Anderseits wird die Freisetzung von Serotonin und Neurotensin aus chromaffinen Zellen und N-Zellen wiederum durch Antagonisten nikotinerger Rezeptoren gehemmt [14].

Mukosales Immunsystem (MIS)

Der Intestinaltrakt gilt als das grösste Immunorgan des Organismus. Während die immunologischen Abwehrfunktionen dieses v. a. in der Lamina propria lokalisierten Netzwerkes immunokompententer Zellen (Lymphozyten, Granulozyten, Mastzellen, Makrophagen) zunehmend verstanden wird, ist zu ihrer Rolle in der Regulation des intestinalen Elektrolyttansports wenig gesichert [4].

Mastzellen

Mastzellen wird auch im Intestinaltrakt als primäre Effektorzellen eine Schlüsselrolle allergischer und anaphylaktoider Reaktionen zugeschrieben. Neuere Befunde weisen ihnen auch eine Bedeutung in der Pathogenese chronischentzündlicher Darmerkrankungen zu. Ihre Rolle in der Regulation des intestinalen Elektrolyttransportes ist durch zahlreiche tierexperimentelle Studien belegt. So führt die Gabe von *Histamin* bzw. *Substanz P*, zweier klassischer Mastzellaktivatoren, bei intestinal sensibilisierten Tieren zum Auslösen einer sekretorischen Diarrhö.

Tabelle 4-2. Zelluläre und humorale Regulatoren des intestinalen Wasser- und Elektrolyttransports

Vorkommen	Stimulation der Nettosekretion	Stimulation der Nettoresorption
Epithelzellen der Mukosa	Serotonin, Gastrin-CCK, Neurotensin, Guanylin	Somatostatin
Zellen der Lamina propria	Metabolite der Arachidonsäure, Oxidanzien, Stickoxid (NO), Zytokine, Bradikinin	?
Enterale Neurone	Acetylcholin, Serotonin, VIP, Substanz P, Purinerge Agonisten	Noradrenalin, Neuropeptid Y
Blut	VIP, Calcitonin, Prostaglandine, Atriale atriuretische Peptide	Noradrenalin, Kortikosteroide, Mineralkortikoide, Angiotensin

Es gibt mindestens 2 Subpopulationen von Mastzellen, einen Bindegewebstyp (»connective tissue-type mast cells«, CTMC) und einen Schleimhauttyp (»mucosal-type mast cells«, MMC). Letzterer befindet sich bevorzugt in der Mukosa des Intestinaltrakts [3].

In der Literatur finden sich zunehmend Hinweise für eine bidirektionale Kommunikation zwischen ENS und MMC. So führen mastzelltypische Mediatoren zu einer Aktivierung von Neuronen des Meissner-Plexus. Umgekehrt bleibt die durch neuronale Stimulierung (EFS) hervorgerufene Chloridsekretion in mastzelldefizitären Mäusen aus [13, 14, 25].

Granulozyten, Makrophagen

Akute und chronische Entzündungen zeichnen sich auch im Intestinaltrakt durch den gerichteten Übertritt *(Chemotaxis)* immunkompententer Zellen (Granulozyten, Lymphozyten, Makrophagen) in das perivaskuläre Gewebe v. a. der Lamina propria aus. Als wichtigste chemotaktische Reize gelten Bakterien und ihre Abbauprodukte.

Eine Aktivierung intestinaler Phagozyten mit FMPL, einem bakteriellen Tripeptid, führt sowohl im Dünndarm als auch im Dickdarm zu einer deutlichen Zunahme der Chloridsekretion. Wichtige Mediatorfunktion kommt dabei 5´-AMP zu, das mittels einer membranären 5´-Ektonukleotidase in Adenosin überführt, Ca^{2+}-vermittelt zur Stimulierung der epithelialen Chloridsekretion führt [42].

Neuroimmunologische Interaktion

Es gibt zunehmend Hinweise, dass MIS und ENS nicht unabhängig voneinander, sondern eng verknüpft in die Regulation des intestinalen Elektrolyttransports involviert sind. *Histomorphologische* Untersuchungen weisen eine enge räumliche Nähe von verschiedener Immunzellen und enterischer Nervenendigungen hin. *Funktionelle* Untersuchungen zeigten, dass eine Ausschaltung des ENS zu einer deutlichen Abnahme der immunstimulierten Chloridsekretion führt. So führen scheinbar zahlreiche primär für die unterschiedlichsten Immunzellen charakteristischen Mediatoren (Histamin, Serotonin, Eicosanoide, Kinine, Zytokine etc.) auch zu einer Aktivierung des ENS [13, 25].

4.3 Störungen der Wasser- und Elektrolytresorption als Ursache von Diarrhöen

Das Wort *Diarrhö* (Durchfall) ist aus den griechischen Wörtern *dia* (durch) und *rhein* (fließen) zusammengesetzt. Diarrhö ist keine Krankheit, sondern ein *Symptom*, das Haupt- oder Begleitsymptom zahlreicher Krankheiten des Gastrointestinaltrakts, aber auch extraintestinaler Krankheiten sein kann [38].

Unterschiedliche *Definitionen* existieren. Am gebräuchlichsten ist folgende Definition:

> *mehr als 3 dünnflüssige Stühle/24 h*, mit einem *Gewicht von mehr als 200 g/24 h*.

Eine andere ebenfalls gebräuchliche Definition bezeichnet als Diarrhö:

> *eine zu schnelle und häufige Entleerung eines zu flüssigen Stuhls.*

Von der Diarrhö sind 2 andere Symptomenkomplexe zu unterscheiden, die vom Patienten meist als Diarrhö missgedeutet werden:

- Pseudodiarrhö,
- Inkontinenz.

Unter *Pseudodiarrhö* verstehen wir eine *gesteigerte Defäkationsfrequenz ohne Konsistenzänderung* des Stuhls und Stuhlgewichten unter 200 g/24 h. Sie kommt bei Motilitätsstörungen wie auch bei anorektalen Krankheiten (Colon irritabile, Proktitis) vor.

Inkontinenz ist definiert als *unfreiwilliger Stuhlabgang*, wird aber oft aus Schamgefühl verschwiegen.

Des Weiteren wird unterschieden zwischen *akuter und chronischer Diarrhö*. Ein Durchfall, der länger als 2–3 Wochen anhält, ist als chronisch anzusehen und bedarf der exakten diagnostischen Abklärung [8, 20, 21].

4.3.1 Pathomechanismen der Diarrhö

Auf 4 unterschiedliche *Mechanismen* lassen sich fast alle Diarrhöen zurückführen (Abb. 4-5):

- gesteigerte intestinale Ionensekretion oder Hemmung normaler aktiver Ionenresorption (*sekretorische Diarrhö*);
- gestörte intestinale *Motilität* mit erhöhter *propulsiver Muskelkontraktion;*
- Exsudation von Schleim, Blut und Protein aus *entzündetem Gewebe mit Steigerung der Permeabilität* des zerstörten Darmepithels;

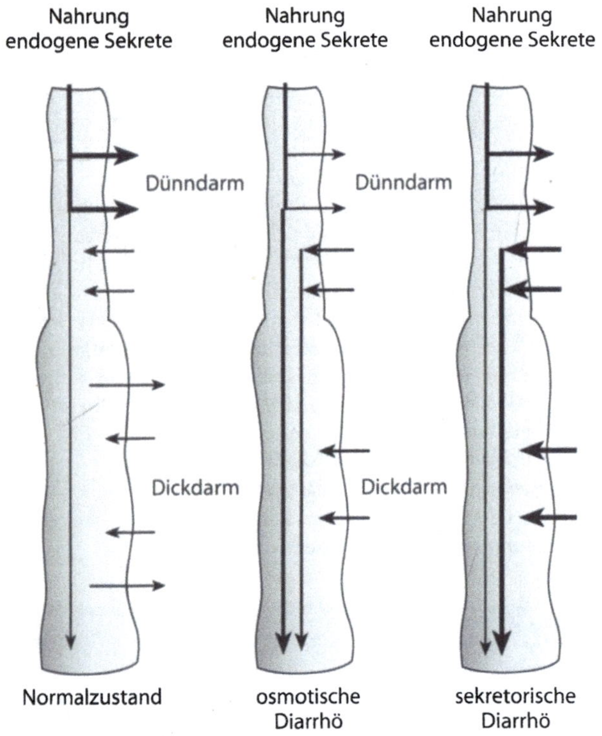

Abb. 4-5. Pathophysiologische Mechanismen der Diarrhö. 1: Stimulation der Nettosekretion von Wasser und Elektrolyten (sekretorische Diarrhö); 2: Steigerung propulsiver Muskelkontraktionen (motilitätsbedingte Diarrhö); 3: Destruktion der Mukosa und erhöhte Permeabilität; 4: Malabsorption von Nährstoffen (osmotische Diarrhö); KH KH-Malabsorption

- Vorhandensein ungewöhnlicher Mengen schlecht oder überhaupt nicht resorbierbarer, osmotisch wirksamer Substanzen (*osmotische Diarrhö*).

Dabei können sich bei dem gleichen Krankheitsbild sehr häufig die oben genannten pathogenetischen Mechanismen gegenseitig beeinflussen: Bei einer *Entzündung* kommt es nicht nur zum Verlust von Schleim, Blut und Protein, sondern auch über die Freisetzung von *Entzündungsmediatoren* des Immunsystems – häufig vermittelt über das enterale Nervensystem – zu einer wechselseitigen Beeinflussung der Motilität, Sekretion wie auch der Resorption.

Die pathophysiologische Konsequenz einer gesteigerten Sekretion ist eine *verstärkte Propulsion*, die durch *schnellere Passage* zu einer *verminderten Resorption* führt. Dadurch gelangt noch mehr Flüssigkeit in das Darmlumen, was die Propulsion wiederum verstärkt, sodass eine Diarrhö resultiert.

Osmotische Diarrhö

Eine *osmotische Diarrhö* wird durch Aufnahme schlecht resorbierbarer Substanzen, meist Kohlenhydrate oder divalente Kationen, verursacht (*Tabelle 4-3*).

Typisch für eine *osmotische Diarrhö* ist, dass sie *aufhört, wenn der Patient nicht mehr isst oder parenteral ernährt wird.*

Durch die fehlende Resorbierbarkeit ist die Flüssigkeit im Jejunum zunächst *hyperton*. Bedingt durch die hohe Permeabilität des Dünndarms wird durch Einstrom von Wasser und Natrium sehr bald *Isotonie* (290 mosmol/l) hergestellt. Im Ileum und Kolon wird ein Teil der Flüssigkeit und des Natriums rückresorbiert. Der bei der osmotischen Diarrhö entleerte Stuhl ist isoton, enthält aber zur Aufrechterhalung der Isotonie deutlich weniger Natrium (Na) und Kalium (K) als im Normalfall. Diese *osmotische Lücke* wird durch nicht resorbierte Substanzen determiniert (Magnesiumsulfat, PEG, Laktulose, Laktose, Sorbit, kurzkettige Fettsäuren als deren Abbauprodukte) [9, 22, 26, 28].

Da die Osmolalität des Stuhls immer *Isotonie* (290 mosmol/l) bewahrt, kann durch Bestimmung von

$$[Na + K] \times 2$$

(Multiplikation mit 2 zur Berücksichtigung der Anionen)

im Stuhl die *osmotische Lücke* (»osmotic gap«) bestimmt werden. Es ist falsch und nicht notwendig, die Osmolalität direkt im Stuhl mittels Osmometer zu bestimmen, da durch persistierende bakterielle Fermentation im Kolon die Osmolalität nach Evakuation des Stuhls immerhalb von 3 h bei 37°C auf über 370 mosmol/l ansteigt. Da der Stuhl immer – auch bei Diarrhö – isoosmolar zum Blut ist, braucht die Osmolalität nur indirekt errechnet werden durch Bestimmung von Na und K im Überstand des homogenisierten und nachher zentrifugierten Stuhls.

Ist z. B. das Ergebnis aus $[Na + K] \times 2 = 100$ mÄq/l, besagt dies, dass bei einer anzunehmenden normalen Osmolalität von 290 mosmol/l 190 mÄq nicht resorbierbarer Bestandteile im Stuhl vorhanden sein müssen. Es handelt sich damit um eine *osmotische Diarrhö*. Kann durch bakterielle Fermentation im Kolon der Anteil des Kohlenhydrats reduziert werden, wird die osmotische Lücke wie auch die Diarrhö geringer werden. Nicht resorbierbare und auch im Kolon nicht abbaubare Substanzen wie $MgSO_4$ oder PEG (z. B. Goletely) entfalten ihre volle osmotische Wirksamkeit und werden eine *grosse osmotische Lücke* bedingen, d. h. der Gehalt an Na und K ist gering, der Anteil an nicht resorbierten Bestandteilen ist hoch. Die zur Koloskopie benutzten PEG-Lösungen (z. B. Golytely) induzieren somit eine typische osmotische Diarrhö.

Bei der *sekretorischen Diarrhö* besteht ebenfalls ein *blutisotoner Stuhl*, es besteht aber *keine osmotische Lücke*. Dies bedeutet, dass durch die Bestimmung der Konzentration von Na und K im Stuhl eine diagnostische Unterscheidung zwischen osmotischer und sekretorischer Diarrhö möglich ist (*Tabelle 4-4*). Resorption und Sekretion bei osmotischer und sekretorischer Diarrhö im Vergleich zum Normalzustand sind in *Abb. 4-6* schematisch gegenübergestellt [17].

Sekretorische Diarrhö

Eine *sekretorische Diarrhö* zeichnet sich klinisch in Gegensatz zur osmotischen Diarrhö dadurch aus, dass die *Durchfälle auch unter Nahrungskarenz anhalten.*

Es gibt 4 unterschiedliche Kategorien von Krankheiten, bei denen eine sekretorische Diarrhö auftreten kann.

- *Angeborene Defekte* von *Ionentransportprozessen*: kongenitale Chloridorrhö mit Alkalose bedingt durch Defekt des Cl⁻-HCO_3^--Austauchers im Ileum und Kolon;
- *intestinale Resektion*;
- *diffuse Dünn- und Dickdarmkrankheiten* mit Schädigung oder Reduktion der Epithelzellen;

Tabelle 4-3. Vorkommen einer osmotischen Diarrhö

Exogen	
Laxanzien	PEG (Golytely), $Mg(OH)_2$, $MgSO_4$, Na_2S, Na_2PO_4 (Glaubersalz)
Antazida	mit MgO oder $Mg(OH)_2$
Diätetisch	Sorbit, Mannit, Xylit, Fruktose (meist in kalorienverminderten Lebensmittel, Diabetikerdiät)
Medikamente	Colchizin, Colestyramin, PAS, Laktulose, Lactitol, Acarbose, Neomycin
Endogen	
Angeboren	Disaccharidasenmangel (Laktase, Saccharase, Trehalase), Glukose-Galaktose- oder Fruktosemalabsorption, Abeta- und Hypolipoproteinämie, angeborene Lymphangiektasie, »microvillus inclusion disease«, »Tufting«-Enteropathie, Pankreasinsuffizienz (Mukoviszidose),
Erworben	Postenteritischer Disaccharidasenmangel, Pankreasinsuffizienz, bakterielle Überbesiedlung, Sprue/Zöliakie, Autoimmunenteropathie, Lambliasis, metabolische Krankheiten (Hyperthyreose, Nebennierenrindeninsuffizienz), entzündliche Krankheiten (eosinophile Enteritis, Mastozytose), Proteinmangel, Kurzdarmsyndrom, Jejunum-Ileum-Bypass

Tabelle 4-4. Typische Befunde bei osmotischer und sekretorischer Diarrhö

	Osmotisch	Sekretorisch
48 h Fastenperiode	Durchfall sistiert	Durchfall persistiert
Analyse der Stuhlflüssigkeit:		
Osmolalität (mosmol/kg)	290	290
Na^+ (mÄq/l)	30	100
K^+ (mÄq/l)	30	40
$Na^+ + K^+ \times 2$	120	280
Osmotische Lücke	170 (>60)	10 (<60)

- *abnorme Mediatoren* gebildet durch Veränderungen intrazellulären zyklischen Adenosinmonophosphat (cAMP), zyklischem Guanosinmonophosphat (cGMP), Kalzium und/oder Proteinkinasen. Sie bewirken eine Reduktion der neutralen NaCl-Resorption oder eine Steigerung der Chloridsekretion. Als Mediatoren fungieren:
- endogene Hormone oder Neuropeptide, entzündliche Zellprodukte (z. B. Zytokine),
- bakterielle Enterotoxine, Laxanzien, Fettsäuren und Gallensäuren.

Die wichtigsten Bestandteile bei der sekretorischen Diarrhö im Darmlumen sind Na, K, Cl, und HCO_3. Die Unfähigkeit, diese Elektrolyte zu resorbieren und/oder aktive Cl^--Sekretion determinieren die Menge an Flüssigkeit, die in das Kolon gelangen bzw. es verlassen. Die Stuhlosmolalität (290 mosmol/kg H_2O) ist bei der sekretorischen Diarrhö fast ausschliesslich durch das Produkt aus [Na + K] × 2 bestimmt, d. h. es besteht *keine osmotische Lücke.*

Bei einer Na-Konzentration im Stuhl < 90 mmol/l und einer osmotischen Lücke < 50 mosmol/l liegt eine sekretorische Diarrhö vor, beträgt die Na-Konzentration < 60 mmol und die osmotische Lücke > 100 mosmol/l, besteht eine *osmotische* Diarrhö.

Eine sekretorische Diarrhö kann *exogen* (Laxanzien, Medikamente, Toxine, bakterielle Toxine sowie Darmallergie) oder *endogen* (angeboren, bakterielle Endotoxine, endogene Laxativa, hormonproduzierende Tumoren) bedingt sein (s. *Tabelle 4-4*). *Bakterielle Toxine* sind in der Lage, die ADP-Ribosylgruppe des intrazellulären Koenzyms Nicotinamid-Adenin-Dinukleotids (NAD^+) kovalent an die α-Untereinheit von bestimmten G-Proteinen zu koppeln. Diese toxinkatalysierte ADP-Ribosylierung vermag die Aktivität der α-Untereinheit entscheidend zu beeinflussen. Verschiedene Toxine koppeln die ADP-Ribose an Aminosäuren in unterschiedlichen Regionen verschiedener G-Proteine. Während die Choleratoxin-katalysierte ADP-Ribosylierung die GTPaseaktivität der α-Untereinheit hemmt, katalysiert das Pertussistoxin eine Reaktion nahe am carboxylterminalen Ende der α-Untereinheit. Diese Modifikation verhindert die rezeptorvermittelte Aktivierung des G-Proteins. Weder Cholera- noch Pertussistoxin vermögen eine ADP-Ribosylierung an die α-Untereinheiten der G_q- oder G_{12}-Proteine zu katalysieren.

Das Choleratoxin. Der Erreger der Cholera, Vibrio cholerae, ist ein Exotoxinbildner. Das Choleratoxin besteht aus den Peptiden A und B.

- *Peptid-A* wird durch ein Gen kodiert und als ein Polypeptid mit einem Molekulargewicht von 28.000 exprimiert. Bakterielle Proteasen spalten das Peptid zwischen 2 Cysteinen, die A_1-Untereinheit (Molekulargewicht 21.000) und die A_2-Untereinheit (MG 7.000) verbleiben über eine Disulfidbrücke verknüpft. Die A_2-Untereinheit des Choleratoxins ist wiederum mit 5 ringförmig angeordneten B-Peptiden verknüpft.

Ein *B-Peptid* hat ein Molekulargewicht von 11.600, der ringförmige Komplex insgesamt somit ein Molekulargewicht von 58.000. Die Verknüpfung der B-Untereinheiten erfolgt ebenso wie die Bindung des B-Peptidkomplexes mit der A_2-Untereinheit nicht kovalent.

Die B-Peptide sind für die Bindung des Gesamtmoleküls an die extrazelluläre Seite der Plasmamembran verantwortlich. Der Rezeptor für das Choleratoxin ist ein spezifisches Gangliosid (G_{M1}). Die Affinitätskonstante des Rezeptors liegt bei 1×10^9 MG^{-1}, die Rezeptorzahl/Zelle variiert hingegen stark zwischen unterschiedlichen Geweben. Der B-Peptidkomplex, ähnlich wie bei anderen bakteriellen Toxinen, vermag in der Zellmembran kleine Poren zu bilden, durch welche das eigentlich toxische A-Peptid in die Zelle gelangen kann. Gereinigte B-Peptide des Choleratoxins sind allein nicht pathogen.

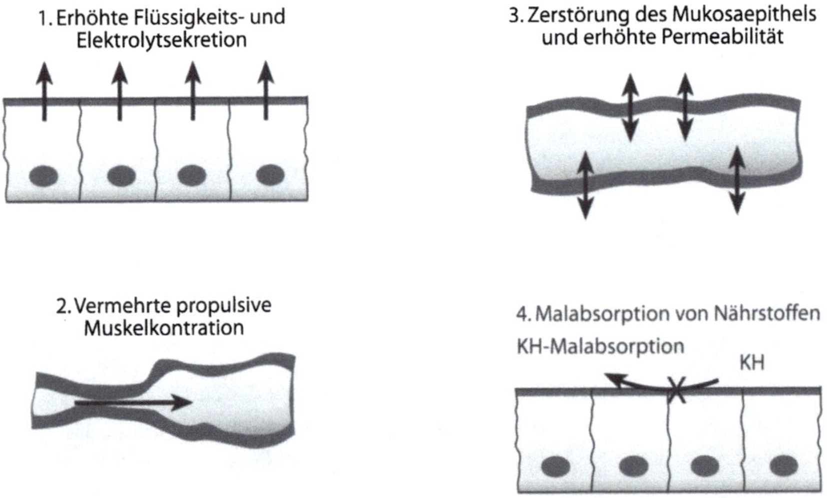

Abb. 4-6. Flüssigkeitsbewegungen im Dünn- und Dickdarm im Normalzustand, bei osmotischer und sekretorischer Diarrhö. Reduktion der Resorption im Dünndarm bewirkt sekundär einen Einstrom von Wasser und Elektrolyten in den Dünn- und Dickdarm. Ist die Rückresorptionskapazität des Dickdarms erschöpft, resultieren Diarrhöen. Bei der sekretorischen Diarrhö ist die Resorptionskapazität nicht eingeschränkt, eine abnorme Sekretion von Wasser und Elektrolyten führt jedoch zu Durchfällen [10]

In-vivo-Untersuchungen zeigten, dass ein Teil der Wirkung des Choleratoxins über eine Freisetzung von Neurotransmittern, z. B. Serotonin, erfolgen kann. Ob diese Effekte des Choleratoxins auf das enterale Nervensystem ebenfalls auf einer ADP-Ribosylierung von G_S-Proteinen beruhen, ist bislang nicht bekannt, erscheint jedoch wahrscheinlich [30, 36].

Das Escherichia-coli-Toxin. Escherichia coli ist einer der häufigsten Verursacher einer akuten Diarrhö. Diese enteropathogenen Escherichia-coli-Stämme produzieren sowohl hitzestabile als auch hitzeinstabile Enterotoxine. Die *hitzestabilen* Enterotoxine sind kurze Polypeptide aus 18 oder 19 Aminosäuren, die über eine Stimulation der Guanylzyklase und Anstieg des intrazellulären cGMP die Sekretion steigern. Das *hitzeinstabile* Enterotoxin (LT) hingegen ist analog dem Choleratoxin als Heterohexamer aus einer A-Untereinheit und 5 B-Untereinheiten aufgebaut. Das Molekulargewicht liegt bei 92.000. Die Bindung des Escherichia-coli-Toxins an der Zellmembran erfolgt mittels der B-Untereinheiten an G_{M1}-Gangliosidrezeptoren. Das A-Peptid katalysiert an G_S-Proteinen (Position Arg^{201}) eine ADP-Ribosylierung mit konsekutiver Aktivierung der Adenyklase.

Das Campylobacter-jejuni-Toxin. Campylobacter jejuni gilt weltweit, nach den enteropathogenen E.-coli-Stämmen und den Rotaviren, als dritthäufigster Erreger akuter Diarrhöen. Campylobacter jejuni produziert mindestens 2 Exotoxine: ein Zytotoxin und ein hitzeinstabiles Enterotoxin. Das Enterotoxin von Campylobacter jejuni ist immunologisch mit dem Choleratoxin und dem Escherichia-coli-Toxin verwandt, der Strukturaufbau aber bislang nicht aufgeklärt. Das Toxin erhöht wie Choleratoxin und das hitzeinstabile Escherichia-coli-Enterotoxin die intrazelluläre cAMP-Konzentration, allerdings ist eine ADP-Ribosyltransferaseaktivität an G_S-Proteinen bislang nicht bewiesen.

Salmonellen- und Shigellentoxine. Auch die Enterotoxine der Salmonellen und Shigellen stimulieren in vitro die Adenylatzyklase. Allerdings ist bislang für beide Toxine die ADP-Ribosyltransferaseaktivität noch nicht nachgewiesen worden. Insgesamt ist die pathophysiologische Bedeutung beider Toxine auf die Aktivität der Adenylzyklase nicht geklärt. Über den Wirkmechanismus des Clostridium-difficile-Toxins A und B ist bislang wenig bekannt. Der intrazelluläre Signaltransduktionsweg der Toxine ist cAMP- und cGMP-unabhängig. Für das Toxin A wird eine Signalvermittlung über Prostaglandin E_2 und Leukotrien B_4 mit Steigerung der Chloridsekretion und der Permeabilität diskutiert. Das Toxin B scheint über das zelluläre Zytoskelett die intestinale Permeabilität zu steigern [24].

Diabetische Enteropathie

Bei der *diabetischen Enteropathie* (Durchfälle nach lange bestehendem Diabetes mellitus) ist die *α-adrenerge Innervation* im Dünndarm *gestört.* Da die α-adrenerge Wirkung zur Steigerung der Resorption von Wasser- und Elektrolyten aus dem Dünndarm beiträgt, überwiegt bei der diabetischen Diarrhö die Sekretion von Wasser und Elektrolyten in das Darmlumen. Durch medikamentöse Gabe von *α-Adrenergika* (Clonidin) kann somit durch Resorptionssteigerung der Sekretion entgegengewirkt werden; somit können die Durchfälle bei der diabetischen Diarrhö effektiv mit Clonidin behandelt werden [11, 19].

Motilitätsstörungen als Ursache der Diarrhö

Störungen der Motilität mit rascher Passage des Darminhalts (,intestinal hurry‘) können durch reduzierte Kontaktzeit mit dem Oberflächenepithel zu Diarrhöen führen. In den meisten Fällen wird aber eine erhöhte Passage als sekundäres Phänomen bei osmotischer Diarrhö oder bei entzündlichen Krankheiten durch das enterale Nervensystem bewirkt. Eine verlangsamte Motilität kann durch bakterielle Überbesiedlung sekundär eine Diarrhö und Steatorrhö induzieren. Schließlich können Motilitätsstörungen des Anorektums die Stuhlfrequenz steigern ohne Erhöhung der Stuhlgewichte [6, 34].

Störungen der Resorption als Ursache der osmotischen Diarrhö

Damit der Dünndarm postprandial nicht mit Nahrung überschwemmt wird, spielt die *Motorik* (Motilität) des Gastrointestinaltrakt eine wichtige Rolle. Zum einen bremst die Magenentleerung den Weitertransport in den Dünndarm, zum anderen fördert die *Eigenmotorik des Dünndarms* den Transport des Nahrungsbreis durch den Dünndarm. Störungen der Motilität (z. B. diabetische Gastroparese), Fehlen von Magenanteilen nach Operation (Magenresektion nach Billroth II) können somit zu Störungen der Resorption führen (Postgastrektomiemalabsorption mit Steatorrhö, Anämie, Osteomalazie, Osteoporose). Über das Vorkommen von Resorptionsstörungen bei Maldigestion und Malabsorption informiert Kap. 6.

Eine *unvollständige Resorption* von Nahrungsbestandteilen aus dem Dünndarm kann vorkommen bei:

- Störungen der exokrinen Pankreasfunktion (z. B. chronische Pankreatitis),
- Reduktion der Gallesekretion in das Darmlumen (Cholestase),
- zu kurzem Darm (Darmresektion, Kurzdarmsyndrom),
- morphologischen Veränderungen des Dünndarms (z. B. Zottenverlust und damit Oberflächenverlust),
- genetisch bedingtem Fehlen spezifischer Transportprozesse oder Enzymen der Endverdauung in der Mukosazelle (z. B. Laktasemangel),
- Abflussbehinderung durch das Lymphsystem (Fettmalabsorption),
- zu schneller Passage durch den Dünndarm (,intestinal hurry«).

Nach *Dünndarmresektionen* hat der *untere Dünndarm* (Ileum) eine erheblich höhere Adaptationspotenz und kann alle Funktionen des oberen Dünndarms bald adaptativ übernehmen. Der obere Dünndarm (Jejunum) vermag jedoch nicht die spezifischen Mechanismen der *Gallensäurenrückresorption* und der *Vitamin-B_{12}-Resorption* des terminalen Ileums zu erwerben. Deshalb tritt nach *Resektionen von >30–50 cm terminalen Ileums* ein *enteraler Gallensäurenverlust* auf, der im Kolon durch seine membranschädigende Wirkung *wässrige Durchfälle* bewirkt (*chologene Diarrhö*) [31].

Die durch *Gallensäuren* bedingte Permeabilitätssteigerung im Kolon bewirkt eine *Hyperresorption von Oxalsäure*, die zur *enteralen Hyperoxalurie* und Bildung von *Nierensteinen* (Oxalatsteinen) führen kann [7].

Störungen der epithelialen Barriere

Von Bedeutung für den *Abwehrmechanismus* und die Entstehung von Krankheiten durch Bakterien, Viren, Protozoen, Toxinen oder aber auch Antigenen ist eine *intakte Barrierefunktion* des Dünndarmepithels. Die epitheliale Dünndarmbarriere ist komplex und dynamisch, sie verhindert eine passive Permeation von Substanzen, die sich nach Eindringen in die Mukosa schädlich auswirken könnten. Die Aufrechterhaltung einer *»gesunden« Barriere* hängt von der Integrität der Plasmazellmembranen, den ‚tight junctions' (epitheliale Schlussleisten) sowie der epithelialen sekretorischen Produkte (z. B. Bikarbonat, IgA) ab.

Die *Zerstörung der Barriere* führt zu einem gesteigerten Eindringen von schädlichen luminalen Bestandteilen wie *Antigenen* (z. B. α-Gliadin bei Sprue/Zöliakie), *Proteasen*, H^+ und Faktoren, die *chemotaktisch* auf Entzündungszellen wirken. Eine so hervorgerufene Entzündung kann durch Beeinflussung subepithelialer Gewebe sekundär den epithelialen Transport und die Barrierenfunktion beeinflussen. Die *Reparaturmechanismen* der Mukosa sind komplex, Erneuerung und gesteigerte epitheliale Zellproliferation spielen dabei eine wichtige Rolle [44].

Die Beeinflussung der Barrierenfunktion lässt sich besonders gut bei der Entstehung akuter Durchfälle darstellen. Dabei kann durch ein infektiöses Agens die *Epithelzelle direkt geschädigt* werden (E. histolytica, Rotavirus, Shigella), oder nur durch Toxine subzelluläre Mechanismen (Sekretion) beeinflusst werden (E. coli, Lamblien, Kryptosporidien, Helminthen). Man unterscheidet zwischen folgenden Pathogenitätsmechanismen: invasiv, enterotoxisch, zytotoxisch und enteroadhäsiv.

Eine *Schädigung der Epithelzellen* kann jedoch auch durch eine Aktivierung des Immunsystems (Komplementsystem, zytotoxische Lymphozyten oder antikörperabhängige zelluläre Zytotoxizität durch T-Lymphozyten, von Proteasen durch Mastzellen oder Phagozyten) entstehen, durch eine Hypersensitivitätsreaktion (z. B. Sprue/Zöliakie) oder idiopathisch/autoimmun bei der Colitis ulcerosa und M. Crohn. Störungen der Barrierefunktion unterschiedlichster Genese lassen sich diagnostisch durch eine *erhöhte Permeabilität* der Dünndarmmukosa nachweisen [15, 16].

Hierzu appliziert man oral kleinmolekulare Substanzen (Laktulose, Rhamnose, Mannit), die normalerweise kaum die Darmmukosa durchdringen können und wertet deren erhöhtes Erscheinen im Urin als Hinweis für eine gesteigerte Permeabilität. Es handelt sich hierbei jedoch nur um einen unspezischen Parameter, der nur Information über die Permeabilitätsstörung Auskunft gibt, jedoch nicht über deren Genese.

Auch nichtsteroidale Antirheumatika (NSAR) bewirken im Dünn- und Dickdarm eine gesteigerte intestinale Permeabilität und gehen mit der NSAR-Enteropathie einher. Bakterien scheinen bei der NSAR-Enteropathie eine wichtige Rolle zu spielen, da eine Vorbehandlung mit Metronidazol die NSAR-Schädigungen zu verhindern vermag [45].

▪ *Abbildung 4-7* zeigt synoptisch wie schädigende Stimuli (Parasiten, Allergene, Bakterien, Viren, entzündliche Darm-

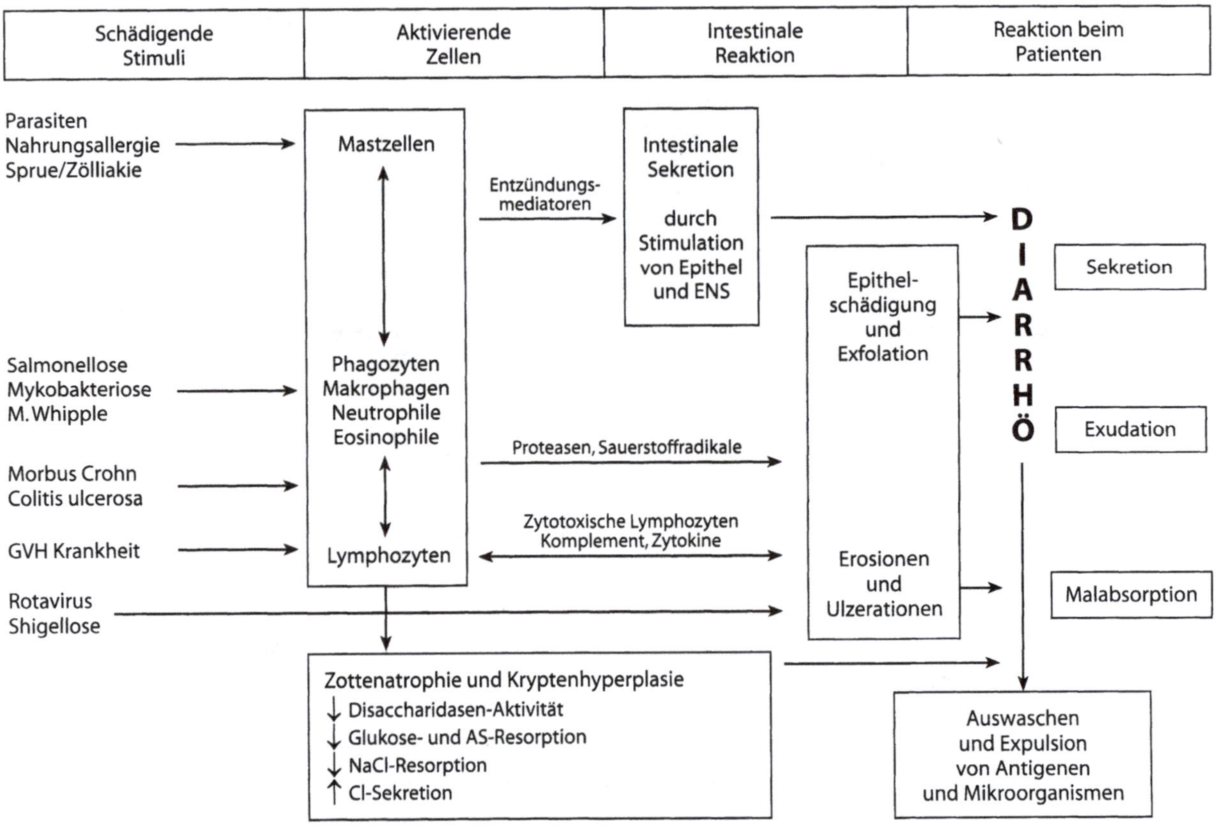

▪ **Abb. 4-7.** Pathophysiologie entzündlicher Diarrhöen. Beteiligt sind dabei: 1. schädigende Stimuli, 2. Aktivierung von Leukozyten, 3. Freisetzung von Mediatoren, die eine intestinale Sekretion bewirken, 4. Freisetzung von Proteasen, Sauerstoffradikalen und toxischen Zytokinen, die zusammen mit der Aktivierung von Komplement und Killer-Lymphozyten-Epithelschäden mit Ulzerationen bewirken, 5. Schädigung der Epithelzellen der Villi oder Villusatrophie und Kryptenhyperplasie durch T-Lymphozyten. Die klinischen Folgen beim Patienten sind sekretorische Durchfälle, Exsudation mit intestinalem Proteinverlust, Blutungen und Malabsorption. Durchfällen kommt hierbei eine protektive Rolle zu, da zum Auswaschen und zur Expelliation schädigender Mikroorganismen oder Antigenen führen. (Mod. nach [38])

krankheiten, Colitis ulcerosa, M. Crohn), über welche intestinale Reaktionen, Durchfälle beim Patienten auslösen.

4.3.2 Ökosystem Darm: Bakterielle Einflüsse im Dünn- und Dickdarm

Durchfälle können auftreten, wenn die Resorption gehemmt ist oder die Sekretion gesteigert ist oder auch dann, wenn zu wenig Zeit für die Resorption zur Verfügung steht. Im Dünndarm nicht resorbierte *Kohlenhydrate* (z. B. Laktose bei Laktasemangel) gelangen in den Dickdarm, in dem sie *bakteriell* durch *anaerobe Fermentation* abgebaut werden.

Die durch *Fermentation* entstehenden *kurzkettigen Fettsäuren* (Laktat, Azetat, Butyrat, Propionat) bewirken eine *Steigerung der Osmolalität* im Dickdarm und führen zu osmotisch bedingten Durchfällen, die mit einem *sauren Stuhl-pH* einhergehen. Die im Dickdarm entstehenden *kurzkettigen Fettsäuren* können dort wieder rückresorbiert werden, sodass trotz Malabsorption im Dünndarm ein Teil der zugeführten Kalorien noch im Dickdarm energetisch verwertet werden kann [40].

Außerdem entstehen bei der bakteriellen Fermentation *Gase* (H_2, CH_4, CO_2), die zu den klinischen Symptomen *Meteorismus und Flatulenz* führen. Wesentlich für die laxative Wirkung nichtresorbierbarer Substanzen ist ihre Abbaufähigkeit im Kolon. Polyäthylenglycol (PEG), das zur Darmreinigung vor einer Koloskopie eingesetzt wird, kann im Dickdarm von Bakterien nicht abgebaut werden und entfaltet somit seine volle osmotische Wirksamkeit ähnlich wie Magnesium. Nichtresorbierte Kohlenhydrate (Laktose, Laktulose, Lactitol, Therapie mit dem α-Glukosidasenhemmer Acarbose) werden im Dickdarm von Bakterien abgebaut, die entstehenden kurzkettigen Fettsäuren werden resorbiert und sogar noch energetisch genutzt. Damit wirkt die Bakterienflora des Dickdarms einer osmotischen Diarrhö entgegen. Nur wenn mehr Kohlenhydrate in den Dickdarm gelangen als fermentiert werden können, kommt es zu einer osmotischen Diarrhö.

Triglyzeride, die aus dem Dünndarm bei fehlender Resorbierbarkeit in den Dickdarm gelangen, werden dort bakteriell zu freien Fettsäuren und *Hydroxyfettsäuren* abgebaut, wobei letztere insbesondere *im Dickdarm laxativ* wirken.

Normalerweise findet sich nur eine geringe Anzahl von Bakterien im Dünndarm (Jejunum: $0–10^4$/ml, Ileum: $10^3–10^8$/ml, Kolon im Vergleich: $10^{10}–10^{12}$/ml). Strukturelle Veränderungen, Störungen der Motilität, erhöhte Anzahl von Bakterien und defekte Abwehr sind die wichtigsten 4 Mechanismen, die zu einer bakteriellen Überbesiedlung des Dünndarms führen.

Die *bakterielle Überbesiedlung* der oberen Dünndarmabschnitte kann zu Durchfällen und zahlreichen *klinischen Folgen* führen [8, 9].

Literatur

1. Alpers DH, Stenson WF (1998) Oral rehydration solutions for adults: An underused resource. Curr Opin Gastroenterol 14: 143–146
2. Avery ME, Snyder JD (1990) Oral therapy for acute diarrhea. The underused simple solution. N Engl J Med 323: 891–894
3. Barrett KE (1991) Immune-related intestinal chloride secretion. Acute and chronic effects of mast cell mediators on chloride secretion by a human colonic epithelial cell line. J Immunol 147: 959–964
4. Barrett KE (1996) Cytokines: sources, receptors and signalling. Baillieres Clin Gastroenterol 10: 1–15
5. Barrett KE, Keely SJ (2000) Chloride secretion by the intestinal epithelium: molecular basis and regulatory aspects. Annu Rev Physiol 62: 535–572
6. Bjorneklett A, Hoverstad T, Hovig T (1985) Bacterial overgrowth. Scand J Gastroenterol 20 (Suppl 109): 123–132
7. Caspary WF (1975) Erworbene Hyperoxalurie und Nephrolithiasis bei gastroenterologischen Erkrankungen. Dtsch Med Wochenschr 100: 1509–1513
8. Caspary WF (1999) Diarrhö. In: Caspary WF, Stein J (Hrsg) Darmkrankheiten. Springer, Berlin Heidelberg New York Tokio, S 88–106
9. Caspary WF (1999) Maldigestion und Malabsorption. In: Caspary WF, Stein J (Hrsg) Darmkrankheiten. Springer, Berlin Heidelberg New York Tokio, S 107–124
10. Chang EB (1966) Gastrointestinal physiology. In: Chang EB, Sitrin MD, Black DD (eds) Gastrointestinal, hepatobiliary and nutritional physiology. Lippincott-Raven, Philadelphia, pp 3–118
11. Chang EB, Fedorak RN, Field M (1986) Experimental diabetic diarrhea in rats: intestinal mucosal denervation hypersensitivity and treatment with clonidin. Gastroenterology 91: 564–569
12. Chang EB, Rao MC (1994) Intestinal water and electrolyte transport: mechanisms of physiological and adaptive responses. In: Johnson LR, Alpers DH, Christensen J, Jacobson ED, Walsh JH (eds) Physiology of the gastrointestinal tract, 3rd edn. Raven, New York, pp 2027–2082
13. Cooke HJ (1994) Neuroimmune signaling in regulation of intestinal ion transport. Am J Physiol 266: 167–178
14. Cooke HJ, Reddix RA (1994) Neural regulation of intestinal electrolyte transport. In: Johnson LR, Alpers DH, Christensen J, Jacobson ED, Walsh JH (eds) Physiology of the gastrointestinal tract, 3rd edn. Raven, New York, pp 2027–2082
15. Corazza GR, Biagi F, Volta U, Andreani ML, De Franceschi L, Gasbarrini G (1997) Autoimmune enteropathy and villous atrophy in adults. Lancet 350: 106–109
16. Cutz E, Sherman PM, Davidson GP (1997). Enteropathies associated with protracted diarrhea of infancy: Clinicopathological features, cellular and molecular mechanisms. Pediatr Pathol Lab Med 17: 335–368
17. Eherer AJ, Fordtran JS (1992) Fecal osmotic gap and pH in experimental diarrhea of various causes. Gastroenterology 103: 545–551
18. Farthing MJG (1991) Review article: prevention and treatment of travellers' diarrhea. Aliment Pharmacol Therap 5: 15–30
19. Fedorak RN, Field M, Chang EB (1985) Treatment of diabetic diarrhea with clonidine. Ann Intern Med 102: 197–199
20. Field M, Rao MC, Chang EB (1990) Intestinal electrolyte transport and diarrheal disease (First of two parts). N Engl J Med 321: 800–806
21. Fine KD (1998) Diarrhea. In: Feldman M, Scharschmidt BF, Sleisenger MV (eds) Gastrointestinal disease and liver disease. Saunders, Philadelphia, pp 128–152
22. Florent C, Flourie B, Leblond A et al. (1985) Influence of chronic lactulose ingestion on the colonic metabolism of lactulose in man (an in-vivo-study). J Clin Invest 75: 608–613
23. Fromm M, Hierholzer K (1997). Epithelien. In: Schmidt RF, Thews G (Hrsg) Physiologie des Menschen, 27. Aufl. Springer, Berlin Heidelberg New York Tokio, S 719–736
24. Galan JE, Pace J, Hayman MJ (1992). Involvement of the epidermal growth factor receptor in the invasion of cultured mammalian cells by Salmonella typhimurium. Nature 357: 588–589
25. Gelbmann CM, Barrett KE (1993) Neuroimmune regulation of human intestinal transport. Gastroenterology 105: 934–936
26. Goldberg LD, Ditchek NI (1978) Chewing gum diarrhea. Dig Dis 23: 568–571

27. Guba M, Kuhn M, Forssmann WG et al. (1996) Guanylin strongly stimulates rat duodenal HCO_3^--secretion: proposed mechanism and comparison with other secretagogues. Gastroenterology 111: 1558–1568
28. Hammer HF, Fine KD, Santa Ana CA, Porter JL, Schiller LR, Fordtran JS (1990) Carbohydrate malabsorption: its measurement and its contribution to diarrhea. J Clin Invest 86: 1936–1944
29. Harris AG, O'Dorisio TM, Woltering EA et al. (1995) Consensus statement: octreotide dose titration in secretory diarrhea. Diarrhea Management Consensus Development Panel. Dig Dis Sci 40: 1464–1473
30. Hirschhorn N, Kinzie JL, Sachar DB et al. (1968) Decrease in net stool output in cholera during intestinal perfusion with glucose-containing solutions. N Engl J Med 279: 176–180
31. Hofmann AF, Poley JR (1969) Cholestyramine treatment of diarrhea associated with ileal resection. N Engl J Med 281: 397–402
32. Hyams KC, Bourgeois AL, Merrell BR et al. (1991) Diarrheal disease during Operation Desert Shield. N Engl J Med 325: 1423–1428
33. Kaunitz JD, Barrett KE, McRoberts JA (1995) Electrolyte secretion and absorption: small intestine and colon. In: Yamada T (ed) Textbook of gastroenterology. Lippincott, Philadelphia, pp 326–360
34. King CE, Toskes PP (1979) Small intestine bacterial overgrowth. Gastroenterology 76: 1035–1055
35. Kingham JGC, Levinson DA, Ball JA et al. (1982) Microscopic colitis – a cause of chronic watery diarrhea. BMJ 28: 1601–1605
36. Lencer WI, Moe S, Rufo PA et al. (1995) Transcytosis of cholera toxin subunits across model human intestinal epithelia. Proc Natl Acad Sci USA 92: 10094–10098
37. Lindström CG (1976) "Collagenous colitis" with watery diarrhea: A new entity? Pathol Eur 11: 87–93
38. Powell DW (1995) Approach to the patient with diarrhea. In: Yamada T (ed) Textbook of gastroenterology. Lippincott, Philadelphia, pp 813–863
39. Read NW, Krejs GJ, Read MG et al. (1980) Chronic diarrhea of unknown origin. Gastroenterology 78: 264–270
40. Ruppin H, Bar-Meir S, Soergel KH et al. (1980) Absorption of short-chain fatty acids by the colon. Gastroenterology 78: 1500–1507
41. Santosham M, Daum RS, Dillman L et al. (1982) Oral rehydration therapy of infantile diarrhea. A controlled study of well-nourished children hospitalized in the United States and Panama. N Engl J Med 306: 1070–1076
42. Sartor RB, Powell DW (1991) Mechanisms of diarrhea in intestinal inflammation and hypersensitivity: immune system modulation of intestinal transport. In: Field M (ed) Diarrheal diseases. Elsevier, New York, pp 75–114
43. Seidler U, Blumenstein I, Kretz A (1997) A functional CFTR protein is required for mouse intestinal cAMP-, cGMP- and Ca^{2+}-dependent HCO_3-secretion. J Physiol 505: 411–423
44. Stein J (1999) Resorption und Sekretion von Wasser und Elektrolyten. In: Caspary WF, Stein J (Hrsg) Darmkrankheiten. Springer, Berlin Heidelberg New York Tokio, S 35–47
45. Stein J (1999) NSAR-Enteropathie. In: Caspary WF, Stein J (Hrsg) Darmkrankheiten. Springer, Berlin Heidelberg New York Tokio, S 519–524
46. Thillainnayagam AV, Hunt JB, Farthing MJ (1998) Enhancing efficacy of oral rehydration therapy: Is low osmolality the key? Gastroenterology 114: 197–210
47. Turvill JL, Farthing MJG (1997) Water and electrolyte absorption and secretion in the samall intestine. Curr Opin Gastroenterol 13: 94–98
48. Vajanaphanich M, Schultz C, Rudolf MT et al. (1994) Long-term uncoupling of chloride secretion from intracellular calcium levels by Ins(3,4,5,6)P4. Nature 371: 711–714

Makronährstoffe

U. Wenzel

Ernährung bedeutet die Utilisation von Nahrung durch lebende Organismen zum Zwecke eines normalen Wachstums, der Reproduktion sowie der Aufrechterhaltung der Gesundheit. Um dies zu gewährleisten, müssen Wasser, Kohlenhydrate, Proteine oder Aminosäuren, Fette, Vitamine und Mineralstoffe über die Nahrung zugeführt werden. Aufgrund der im Vergleich zu Vitaminen und Mineralstoffen erforderlichen quantitativ hohen Zufuhr an Kohlenhydraten, Proteinen und Fetten werden letztere als Makronährstoffe oder Hauptnährstoffe bezeichnet. Während bei den Kohlenhydraten und Fetten ihre Bedeutung als Energielieferanten für den menschlichen Organismus im Vordergrund steht, können Proteine bzw. Aminosäuren zwar auch energetisch verwertet werden, besitzen jedoch größere Bedeutung als strukturelle und funktionelle Komponenten des menschlichen Körpers.

5.1 Kohlenhydrate

Kohlenhydrate sind quantitativ die bedeutendste organische Komponente in den meisten Früchten, Gemüsen und Getreidearten und stellen die Hauptenergielieferanten in der menschlichen Ernährung dar. In den westlichen Industrienationen werden ca. 50% der Gesamtenergie in Form von Kohlenhydraten zugeführt, davon ca. 20% in Form raffinierter Zucker (Saccharose, Glukose). Für den menschlichen Organismus sind Kohlenhydrate leicht verwertbare und bevorzugte Energielieferanten.

5.1.1 Klassifikation

Kohlenhydrate werden definiert als Polyhydroxyaldehyde (Aldosen) und -ketone (Ketosen) oder deren Derivate. Diese Definition betont die hydrophile Natur der meisten Kohlenhydrate und umfasst auch Zuckeralkohole (Alditole), Zuckersäuren (z. B. Uronsäuren), Glykoside und polymerisierte Produkte, wie Oligo- und Polysaccharide. Die Hydroxylgruppen der Kohlenhydrate können mit anderen Gruppen substituiert sein, wie im Falle von Estern und Ethern, oder ersetzt sein, wie im Falle von Desoxy- oder Aminozuckern. Kohlenhydrate finden sich auch oft kovalent gebunden an Proteine und Lipide. Solche Glykokonjugate umfassen die Glykoproteine, Proteoglykane und Glykolipide.

5.1.2 Monosaccharide

Monosaccharide sind einfache Zucker mit 3–9 C-Atomen (Triosen, Pentosen, Hexosen, Heptosen, Octosen, Nonosen). Zu ihnen gehören die *Aldosen* und *Ketosen*.

Aldosen leiten sich vom Glyzeraldehyd ab und weisen als Charakteristikum eine Aldehydfunktion am C-1 auf (▪ *Abb. 5-1*). Ketosen weisen eine Carbonylfunktion auf, die typischerweise am C-2 lokalisiert ist (▪ *Abb. 5-1*). Monosaccharide können als Stereoisomere in D- oder L-Form vorliegen. Die D- oder L-Form wird durch die Position der Hydroxylgruppe des am höchsten numerierten chiralen C-Atoms des Monosaccharids determiniert. Ein chirales C-Atom besitzt 4 verschiedene Liganden. Entsprechend ist die Hydroxylgruppe in Zuckern mit D-Konfiguration rechts der C-Kette lokalisiert und in Zuckern mit L-Konfiguration links der C-Kette (Fischer-Schreibweise in Abb. 5-1). L-Zucker sind Spiegelbilder der D-Zucker mit dementsprechend reverser Konfiguration an allen chiralen C-Atomen. Zucker, die sich an nur einem C-Atom unterscheiden, nennt man *Epimere*. D-Glukose und D-Galaktose sind beispielsweise C-4-Epimere.

Von *ernährungsphysiologischer* Bedeutung sind unter den Monosacchariden nur die Pentosen und Hexosen. D-Glukose (Traubenzucker) und D-Fruktose (Fruchtzucker) in Früchten und Honig sowie in Spuren in den meisten Pflanzen sind unter ernährungsphysiologischer Betrachtung die wichtigsten Monosaccharide. Dennoch spielen auch Monosaccharide mit mehr als 6C-Atomen im Stoffwechsel wichtige Rollen. *Sedoheptulose-7-phosphat*, ein C-7-Zucker, ist ein phosphoryliertes Intermediat der direkten Glukoseoxidation. N-Acetylneuraminsäure, ein C-9-Zucker, ist ein wichtiges Signalepitop in Glykoproteinen.

5.1.3 Chemische Reaktivität der Monosaccharide

Zucker sind in trockenem, reinem Zustand relativ inerte Moleküle. In Lösung unterliegen sie Reaktionen mit Alkoholen, Aldehyden und Ketonen, die entweder enzymatisch oder chemisch katalysiert sind.

Aldosen

Aldosen sind reduzierende Agentien, die bei der Reaktion selbst zu den entsprechenden Carbonsäuren oxidiert werden. Ketosen zeigen nur schwaches reduzierendes Potential, da die Oxidation der Carbonylfunktion den Bruch des C-Rückgrats voraussetzen würde. Die Isomerisierung der Ketosen zu Aldosen unter alkalischen Bedingungen bedingt, dass Ketosen in Tests, die das reduzierende Potential von Zuckern als Basis des Nachweises ausnutzen, positive Resultate liefern. Diese früher zum Nachweis von Glukose im Urin verwendete Methode, ist heute durch spezifische enzymatische Nachweisverfahren ersetzt. Aldosen können nicht nur oxidiert, sondern *in vivo* auch enzymatisch zum entsprechenden Alditol reduziert werden, wie z. B. im Sorbitolweg, in dem Glukose zu Sorbitol umgewandelt wird.

Die Hydroxylgruppen der Monosaccharide sind leicht in eine Vielzahl verschiedener Ester umwandelbar. Besonders wichtig sind hier die Phosphatester als Metabolite des Intermediärstoffwechsels. Zuckerphosphate sind weiterhin Bestandteile biologischer Polymere, wie der Nukleinsäuren, die Ribose (RNA) bzw. 2-Desoxyribose (DNA) als wesentliche Bausteine enthalten (s. Kap. 11). In den Nukleinsäuren ist β-D-Ribose bzw. 2-Desoxy-β-D-Ribose an C-5 mit Phosphorsäu-

■ **Abb. 5-1a, b.** Strukturen einiger Monosaccharide. **a** Strukturen von D-Aldosen. Die D-Tetrosen, D-Pentosen und D-Hexosen leiten sich vom D-Glyzerinaldehyd ab. **b** Physiologisch bedeutsame Ketosen

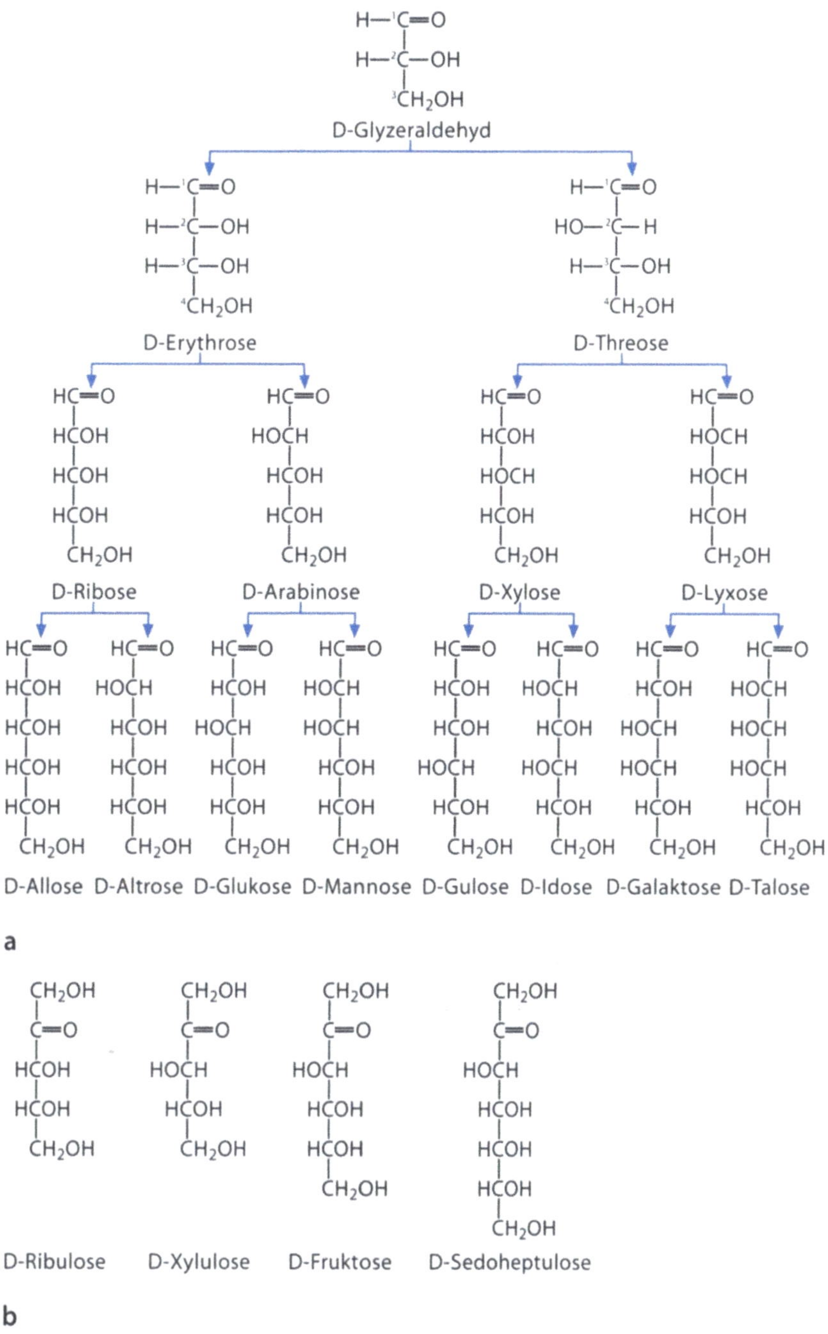

re verestert, während C-1 N-glykosidisch mit den jeweiligen Purin- und Pyrimidinbasen der DNA und RNA verknüpft ist. Die Synthese der DNA und RNA findet mit Hilfe von Nukleosidtriphosphaten statt. Ein Nukleosid besteht aus Purin- bzw. Pyrimidinbase und Ribose bzw. 2-Desoxyribose. Solche Nukleosidtriphosphate dienen auch der Aktivierung von Monosacchariden, die eine Voraussetzung für die Synthese von Oligosacchariden und Polysacchariden unseres Organismus ist.

So wird z. B. Glucose-1-Phosphat mittels Uridintriphosphat unter Bildung von Uridindiphosphatglukose (UDPG) aktiviert (■ *Abb. 5-2*). Die Aktivierung ermöglicht die enzymatische Übertragung des Glukoserests auf Akzeptormoleküle, wie beispielsweise Startermoleküle der Glykogenbiosynthese. Ein analoger Prozess findet bei der Laktosesynthese (Synthese von Milchzucker) in der laktierenden Milchdrüse statt. Hierbei wird aktivierte Galaktose (UDP-Galaktose) auf freie Glukose unter der Bildung von Laktose (D-Galaktose-β-1,4-D-Glukose) übertragen.

Diese Aktivierung von Zuckern mittels Nukleosidtriphosphaten dient jedoch nicht nur Synthesezwecken, sondern kann auch dazu genutzt werden, potenziell toxische Substanzen wasserlöslich und damit ausscheidungsfähig zu machen. So kann das Glukosederivat UDP-Glukuronsäure in der Leber enzymatisch auf hydroxylierte Verbindungen übertragen werden. Solche hydroxylierten Verbindungen fallen im Rahmen des Phase-I-Stoffwechsels der Leber an und werden mittels des Phase-II-Enzyms UDP-Glukuronyltransferase entgiftet (s. Kap. 12).

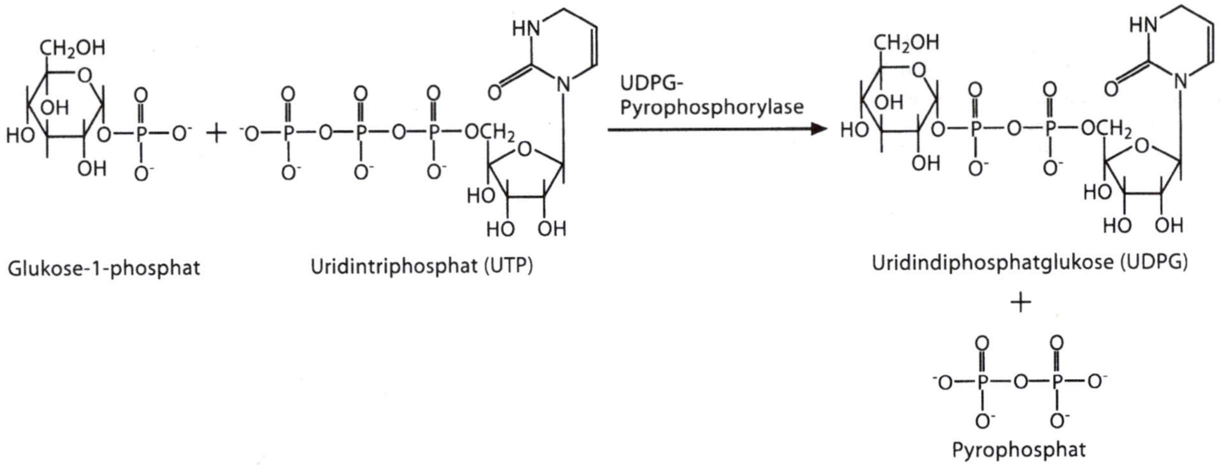

Abb. 5-2. Synthese von Uridindiphosphatglukose (UDPG) aus Glukose-1-phosphat und Uridintriphosphat (UTP) durch die UDPG-Pyrophosphorylase

5.1.4 Reduzierende Zucker reagieren mit Aminen: Die Maillard-Reaktion

Aldosen und Ketosen reagieren mit aliphatischen primären und sekundären Aminen, wie man sie in Form von Aminosäuren frei oder im Proteinverband findet. Als Reaktionsprodukte entstehen N-Glykoside, die in der *Maillard-Reaktion* schnell zu den entsprechenden *Schiff-Basen* dehydrieren (*Abb. 5-3*, Reaktionsschritte I und II). Die Aldose-Schiff-Base erfährt eine spontane *Amadori-Umlagerung* an C-1 und C-2, wobei eine substituierte 1-Amino-1-Desoxyketose entsteht (*Abb. 5-3*, Reaktion III). Die Ketose-Schiff-Base steht im Gleichgewicht mit der 2-Amino-2-Desoxyaldose. Diese Zuckeramine unterliegen sehr komplexen Reaktionen, die zu hoch reaktiven Dicarbonylen, wie z. B. 3-Desoxy-D-Glukoson, Quervernetzungen von Proteinen (*Abb. 5-3*, Reaktion IV), der Bildung brauner Pigmente und der Synthese von niedermolekularen geschmacksgebenden Verbindungen führen.

Die Maillard-Reaktion und die Folgereaktionen wurden zunächst bei der Prozessierung von Lebensmitteln, wie z. B. der Herstellung von Trockenmilch und anderen Verfahren bei denen höhere Temperaturen angewendet werden, als nicht-enzymatische Bräunungsreaktionen beschrieben. Durch Reaktionen freier Aminogruppen in Proteinen, insbesondere der ε-Aminogruppe des Lysins, kam es hierbei zu beträchtlichen Verminderungen des ernährungsphysiologischen Werts von Proteinen. In jüngerer Vergangenheit wurde entdeckt, dass solche Reaktionen auch unter physiologischen und pathophysiologischen Bedingungen *in vivo* stattfinden [1, 2, 10]. Dabei wurde zunächst die Reaktion von Glukose mit Hämoglobin beschrieben.

Blutglukose reagiert mit dem Hämoglobin der Erythrozyten über die Maillard-Reaktion und das glykierte Protein kann nach gelelektrophoretischer Auftrennung zur Bestimmung des mittleren Blutglukosespiegels im Verlauf der vergangenen Wochen herangezogen werden. Die Bestimmung *glykierten Hämoglobins* (HbA1c) ist somit zu einem wichtigen Hilfsmittel in der Beurteilung der Güte der Diabeteseinstellung geworden. Der Begriff »*glykiert*« beschreibt, dass es sich bei der Reaktion um eine nicht-enzymkatalysierte handelt, im Gegensatz zu den enzymatischen »*Glykosylierungs*«-*Reaktionen*, die z. B. bei der Synthese von Glykoproteinen stattfinden.

Außer dem Hämoglobin werden eine Reihe weiterer Proteine glykiert. Solche Proteine finden sich in extrazellulären Flüssigkeiten und in Geweben mit hoher intrazellulärer Glu-

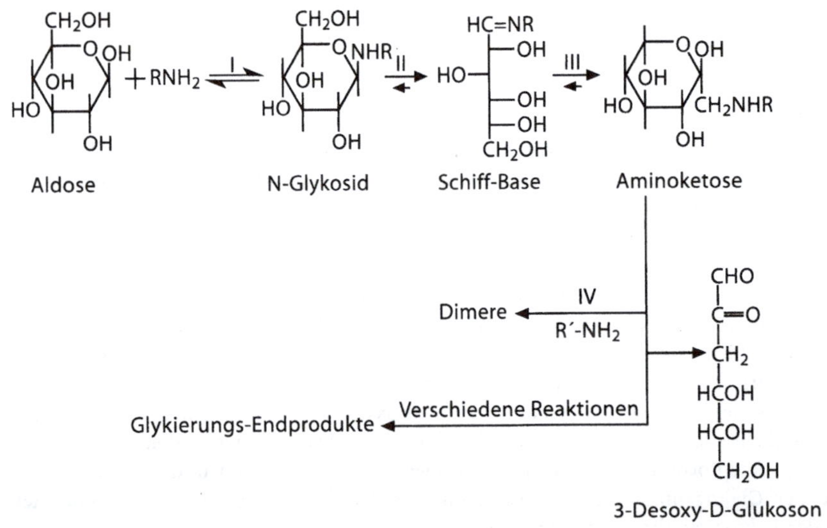

Abb. 5-3. Maillard-Reaktion zwischen Aldosen und Aminen. 3-Desoxy-D-Glukoson ist eine hoch-reaktive Verbindung, die zur Quervernetzung von Proteinen führen kann

kosekonzentration. Zu ihnen gehören Albumin, Apoproteine der LDL, Myelin, Kollagen und andere Basalmembranproteine, Linsenproteine und Proteine der Erythrozytenmembran. Proteinglykierungen führen sehr häufig zu Änderungen der Proteinstruktur, der Halbwertszeit von Proteinen und damit auch zu veränderter Funktion.

Maillard/Amadori-Reaktionen von Zuckern mit Aminosäuren von Proteinen ziehen eine Kaskade weiterer Reaktionen nach sich, die zur Entstehung sog. Glykierungs-Endprodukte – *engl. »advanced glycation endproducts«, AGEs* – führen. Diese AGEs stehen im Zusammenhang mit einer verminderten Elastizität von Arterienwänden und einer Reihe weiterer Alterungsvorgänge. Neben diesen physiologischen Veränderungen spielen sie aber auch eine bedeutende Rolle in pathophysiologischen Veränderungen. So treten AGEs aufgrund von Hyperglykämien gehäuft bei Patienten mit Diabetes mellitus auf und sind scheinbar zusammen mit spezifischen Rezeptoren für AGEs, den sog. *RAGEs*, für Reaktionen mitverantwortlich, die zu Arteriosklerose und anderen Gefäßveränderungen führen. Zumindest in diabetischen Tieren konnte eine pharmakavermittelte Inhibierung der Maillard/Amadori-Reaktionen verschiedene diabetesassoziierte Veränderungen von Arterien, Nieren, Nerven und der Retina verhindern.

5.1.5 Disaccharide und Oligosaccharide

Disaccharide und Oligosaccharide sind aus Monosaccharideinheiten aufgebaut, die über glykosidische Bindungen kovalent miteinander verknüpft sind. Besitzen Di- bzw. Oligosaccharide unsubstituierte anomere Hydroxylgruppen, so besitzen sie reduzierende Eigenschaften. Dies ist z. B. bei den Disacchariden Laktose (Milchzucker) und Maltose (Malzzucker) der Fall (*Abb. 5-4*). Hingegen sind in der Saccharose (Rohrzucker) beide anomere C-Atome an der glykosidischen Bindung beteiligt (*Abb. 5-4*).

Saccharose

Saccharose ist zusammengesetzt aus α-D-Glucose und β-D-Fruktose, die α-1-2-β miteinander verknüpft sind. Das Disaccharid wird im Dünndarm durch das Bürstensaummembran-assoziierte Enzym Saccharase (α-Glukosidase) schnell in Glukose und Fruktose gespalten. Saccharose ist weit verbreitet in Pflanzen und wird kommerziell aus Zuckerrüben und Zuckerrohr hergestellt. Saccharose ist das am häufigsten verwendete kalorische Süssungsmittel sowohl im Haushalt (*»Haushaltszucker«)* als auch zur Herstellung industriell gefertigter Produkte (*»Industriezucker«*). Die Zufuhr an Saccharose in den westlichen Industrienationen trägt über Haushaltszucker, Süsswaren und Erfrischungsgetränke zu ca. *20% zur Gesamtenergiezufuhr* bei.

Aus ernährungsphysiologischer Sicht ist der Verzehr raffinierter Kohlenhydrate, die praktisch frei von Ballaststoffen und essenziellen Nährstoffen sind, negativ einzustufen, weil hierdurch in kleinen Volumina viel Energie und wenig essenzielle Nährstoffe zugeführt werden. Damit steigt die Energiedichte (Brennwert/g Nahrung) und es sinkt die Nährstoffdichte (Nährstoffgehalt/Brennwert). Dennoch bedeutet dies nicht a priori, dass Saccharose, abgesehen von Zahnkaries, negative gesundheitliche Folgen hat. Die amerikanische Gesundheitsbehörde (Food and Drug Administration, FDA) hat Zucker den *GRAS-Status* (»generally recognized as safe«) erteilt. Exakte Belege für eine gesundheitliche Beeinträchtigung durch erhöhten Zuckerverzehr fehlen. In einer Reihe von Studien an Kindern und Jugendlichen im Alter zwischen 5 und 18 Jahren konnten keine eindeutig negativen Effekte des Zuckerkonsums auf die Bedarfsdeckung an essenziellen Nährstoffen und Ballaststoffen gefunden werden [21, 25].

Weitaus problematischer als die Bedeutung des Zuckers als »Nährstoffräuber« scheint seine »*Vehikelfunktion*« zu sein. Dies umschreibt, dass der überwiegende Teil der Saccharose in Form süsser Produkte wie Schokolade, Gebäck, Pralinen etc. mit hohem Anteil an Fett aufgenommen wird. Dies wiederum spielt bei Erwachsenen eine viel größere Rolle als bei Kindern, die Saccharose viel stärker in Form von Erfrischungsgetränken und Süssigkeiten aufnehmen, und könnte einen negativen Beitrag zum Problem der Adipositas im Erwachsenenalter leisten [11, 13].

Laktose

Laktose (Galaktose (β1–4) Glukose) wird in der Milchdrüse von Säugetieren synthetisiert. Die Konzentration variiert zwischen den Spezies und liegt in der Kuhmilch bei 4 g/100 ml, in der Humanmilch bei 6,4 g/100 ml [24]. Die Süßkraft von Laktose beträgt ca. ein 1/3 der von Saccharose. Laktose wird durch die Disaccharidase Laktase (β-Galaktosidase), die wie die Saccharase membranassoziiert vorliegt, in Galaktose und Glukose gespalten. Laktose-Intoleranz ist zumeist auf eine reduzierte Laktase-Aktivität zurückzuführen, sodass größere Laktosemengen nicht mehr vertragen werden (Kap. 7). Die Symptomatik trifft zwar nur 15–20% der erwachsenen Bevölkerung in Deutschland, ist aber bezogen auf die erwachsene Gesamtbevölkerung der Erde eher der Normalfall. Insbesondere dunkelhäutige Menschen exprimieren im Erwachsenenalter keine Laktase mehr. In Afrika liegt der Anteil der Laktoseintoleranzen bei 98% in China gar bei 100% (Kap. 7).

Abb. 5-4. Struktur der ernährungsphysiologisch bedeutsamen Disaccharide Laktose, Maltose und Saccharose

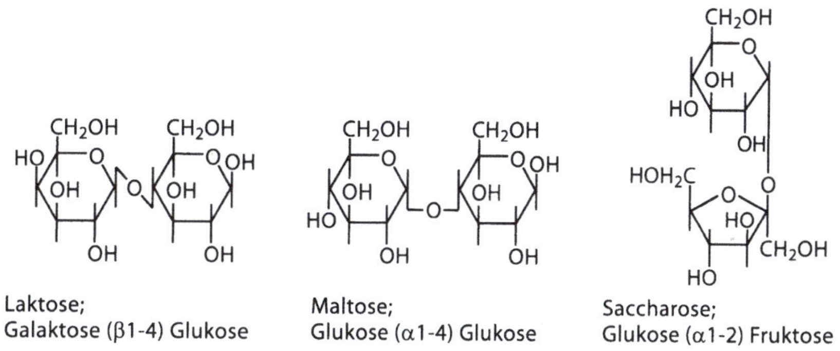

In alkalischem Milieu kann die Glukoseeinheit der Laktose zu Fruktose isomerisieren, wobei das Disaccharid Laktulose entsteht. Diese Isomerisierung erfolgt auch in einem gewissen Umfang beim Erhitzen der Milch. Laktulose kann von den Disaccharidasen des Organismus nicht gespalten werden und gelangt deshalb unverdaut in den Dickdarm, wo das Disaccharid bevorzugt im Kolon durch Bifidobakterien und Laktobazillen fermentiert wird. Damit dient Laktulose als Substrat dieser Keime und kann deren Wachtum und Kolonisation fördern, was präventiv beim Auftreten akuter Diarrhöen wirkt. Weiterhin wird durch die Fermentation der Laktulose zu kurzkettigen Fettsäuren der pH im Kolonlumen erniedrigt, wodurch das Wachstum pathogener Keime zusätzlich erschwert wird. Dieser Effekt der pH-Erniedrigung durch Fermentation von Laktulose wird therapeutisch ausgenutzt, um den bei hepatischer Enzephalopathie verstärkt ins Darmlumen diffundierenden toxischen Ammoniak zu protonieren und in Form von Ammoniumionen ausscheidungsfähig zu machen.

Maltose

Maltose (Glukose (α1–4) Glukose) wird nur in geringen Mengen als solche über die Nahrung aufgenommen. Maltose entsteht in Stärke produzierenden Pflanzen während des Abbaus der Stärke durch das pflanzliche Enzym Diastase, das während des Auskeimens von z. B. Getreidekörnern seine höchste Aktivität besitzt. Maltose und die um eine Glukoseeinheit längere Maltotriose entstehen im Dünndarm durch Einwirken des Stärke hydrolysierenden pankreatischen Enzyms α-Amylase. Da das Enzym nur α1–4-glykosidische Bindungen spalten kann, vermag es zwar die ausschließlich α1–4-verknüpfte Amylose bis auf Ebene von 2 bzw. 3 Glukoseeinheiten enthaltende Saccharide zu spalten, nicht jedoch den zweiten Bestandteil der Stärke, das *Amylopektin*. Die im Amylopektin enthaltenen α1–6-Verknüpfungen bedingen, dass ein weiteres Spaltprodukt der α-Amylaseaktivität die sog. α-Grendextrine sind, die an den α1–6-verknüpften Glukoseeinheiten 2–7 Glukoseeinheiten in α1–4-glykosidischer Bindung tragen. Die α1–4-Bindungen können durch die α-Amylase erst nach Spaltung der α1–6-Bindung durch eine α-Dextrinase weiter gespalten werden. Die Spaltprodukte des Stärkeabbaus sind schließlich Substrate membranständiger α-Glukosidasen, wie Maltase und Saccharase/α-Dextrinase, die in der Lage sind die Di- und Trisaccharide bis auf Ebene freier Glukose zu spalten (Kap. 7).

Raffinose und Stachyose

Raffinose und Stachyose sind Oligosaccharide, die α-D-Galaktose bzw. Galaktose (α1–6)-Galaktose verknüpft mit dem C-6 der Glukoseeinheit von Saccharose besitzen. Sie kommen in relativ großen Mengen in Leguminosen,wie z. B. Bohnen und Linsen, vor. Da der Mensch kein Enzym mit α-Galaktosidaseaktivität besitzt, gelangen diese Oligosaccharide nach Verzehr in tiefere Darmabschnitte, wo sie bakteriell fermentiert werden und so für exzessive Flatulenz sorgen können (Kap. 15).

5.1.6 Polysaccharide

Polysaccharide sind Polymere, die zwischen 20 und mehr als 10^7 Zuckereinheiten besitzen können. Die Vielzahl der Hydroxylgruppen in Monosacchariden, die u. a. der Bildung der glykosidischen Bindungen dienen, bedingt die enorme strukturelle Heterogenität der Polysaccharide. Diese umfasst die Molekulargröße der Polysaccharide, die verschiedenen monomeren Bausteine, ihre Ringform, ihre anomere Konfiguration, die Verknüpfungsposition, die Sequenz der Monomere sowie das Vorhandensein von Nicht-Kohlenhydratkomponenten.

Polysaccharide können linear oder verzweigt sein. Die Verzweigungen in Polysacchariden können unterschiedlicher Art sein und z. B. nur einen Zucker enthalten oder längerkettig sein, mit oder ohne zusätzlichen Verzweigungen. Die physikalischen Eigenschaften von Polysacchariden werden maßgeblich durch ihre chemische und konformationelle Struktur bestimmt. Vereinfacht lässt sich feststellen, dass lineare Polysaccharide schlecht wasserlöslich sind, während stark verzweigte recht gut in Wasser in Lösung gehen.

Verdauliche Polysaccharide

Verdauliche Polysaccharide sind Stärke und Glykogen. Beide Polysaccharide bestehen aus langen Ketten α1–4-verknüpfter Glukoseeinheiten, die über α1–6-Verbindungen verzweigt sind. Stärke kommt v. a. in Pflanzenzellen vor, in Form von ausschließlich α1–4-Verbindungen enthaltender Amylose und in Form von zusätzlich α1–6 enthaltendem Amylopektin. Glykogen weist im Gegensatz zum Amylopektin wesentlich mehr α1–6-Verzweigungen auf.

Stärke

Stärke ist eines der häufigsten Polysaccharide in Pflanzen. Sie wird in Samen, Knollen, Wurzeln und einigen Früchten gespeichert. Stärken verschiedener Pflanzenarten variieren zwar etwas in der Struktur, jedoch weist das Amylopektin bis ein α1–6-Verzweigungspunkt kommt typischerweise 20–25 Glukoseeinheiten auf. Typische Stärken sind aus 20–30% Amylose und 70–80% Amylopektin zusammengesetzt. Es gibt jedoch auch Stärken, die deutlich höhere Amylose- oder Amylopektinanteile aufweisen. Entprechend der unterschiedlichen physikochemischen Eigenschaften verschiedener Stärken, werden diese für die Lebensmittelherstellung aus unterschiedlichen Quellen gewonnen. Die wichtigsten Quellen sind Mais, Kartoffeln, Reis und Weizen.

Während der Biosynthese werden die Amylose- und Amylopektinpartikel in hoch organisierten Partikeln, sog. Granula, abgelagert. Die hohe Kapazität der Stärkekomponenten zur Wasserstoffbrückenbildung innerhalb der Moleküle bedingt ihre Unlöslichkeit in Wasser <55°C. Oberhalb dieser Temperatur nehmen die Stärkegranula Wasser auf, quellen und unterliegen einer gewissen Fragmentierung, die mit der Freisetzung von Amylose und Amylopektin einhergeht. Bei Unterschreiten einer Temperatur von 55°C aggregieren die Amylosemoleküle und – in geringerem Ausmaß – die Amylopektinmoleküle aufgrund ihrer intramolekularen Wasserstoffbrückenbildungskapazität wieder. Dies hat zur Folge, dass die Stärke aus Nahrungsmitteln die zur Zubereitung erhitzt wurden nach Erkalten weitaus schlechter durch die α-Amylase im Dünndarm gespalten werden kann (*resistente Stärke*).

Obwohl der Mensch auch α-Amylase in der Ohrspeicheldrüse produziert und über Ausführungsgänge in den Mund sezerniert, spielt die Stärkeverdauung im Mund unter quantitativen Gesichtspunkten keine Rolle. Viel bedeutender scheint die Rolle der Speichelamylase für eine Verringerung der Partikelgröße durch Spaltung einzelner Amylosemoleküle zu sein.

Glykogen

Glykogen weist im Gegensatz zu Amylopektin bereits nach 10–14 Glukoseeinheiten α1–6-Verzweigungen auf. Die stärkere Verzweigung bedingt, dass Glykogen auch in kaltem Wasser löslich ist und Lösungen mit relativ niedriger Viskosität ergibt. Diese Eigenschaft prädestiniert Glykogen als eine schnell verfügbare Energiespeicherform. Zudem verhindert die starke Verzweigung intensive intra- und intermolekulare Wasserstoffbrückenbildung der Glykogenmoleküle und ermöglicht somit den raschen Angriff von Glykogen-abbauenden Enzymen sowohl im Gastrointestinaltrakt zur Verdauung als auch in der Leber zur Energiegewinnung. Glykogen kommt in allen tierischen Geweben mit dem weitaus höchsten Gehalt in der Leber und der Skelettmuskulatur vor. Der Gewichtsanteil des Glykogens kann bis zu 10% des Gewichts der menschlichen Leber ausmachen.

Unverdauliche Polysaccharide

Unverdauliche Polysaccharide umfassen *Speicherpolysaccharide* oder *Gerüstsubstanzen* in Pflanzen, die nicht von den gastrointestinal wirksamen Enzymen des Menschen gespalten werden können. Diese Gruppe von Substanzen wird auch als *Ballaststoffe* bezeichnet. Zu ihnen gehören z. B. *Zellulose, Hemizellulosen und Pektine* (Kap. 15).

5.1.7 Glykokonjugate von physiologischem Interesse

Konjugate von Zuckern mit Proteinen und Lipiden besitzen essenzielle physiologische Bedeutungen. Zu ihnen gehören die *Proteoglykane, Glykoproteine* und die *Glykolipide*.

Proteoglykane

Proteoglykane, früher als Mukopolysaccharide bezeichnet, sind aus Disaccharideinheiten aufgebaute lange Kohlenhydratketten, die an meist einfach aufgebaute, sog. »core«-Proteine, geheftet sind. Die Disaccharideinheiten bestehen stets aus einem Hexosamin (Glukosamin, Galaktosamin bzw. die N-azetylierten Derivate der beiden Aminozucker) und einem N-freien Monosaccharid, meist Glukuronsäure. Diese typische Zusammensetzung der Disaccharideinheiten führte zur Bezeichnung dieser Heteroglykane als *Glykosaminoglykane*. Häufig sind die Monosaccharide zusätzlich sulfatiert. Aufgrund der Vielzahl negativer Ladungen (Sulfat- und Säuregruppen) wirken sie als Polyanionen. Man findet die Proteoglykane hauptsächlich als Bestandteile der extrazellulären Matrix. Sie tragen wesentlich zu den Ladungsverhältnissen an Zelloberflächen bei und sind in der Lage geordnete Strukturen auszubilden. Die Veränderung der Zusammensetzung von Proteoglykanen mit fortschreitendem Alter bedingt die Veränderungen der physikochemischen Eigenschaften bindegewebiger Strukturen, wie z. B. die verminderte Elastizität.

Typische Vertreter dieser Stoffklasse sind die Hyaluronsäure ([Glukuronsäure (β1–3) N-Azetylglukosamin $(\beta1\text{–}4)]_n$), die als einziges Glykosaminoglykan keine Sulfatierung besitzt und in großen Mengen im Bindegewebe, der Synovialflüssigkeit, im Glaskörper des Auges sowie der Nabelschnur vorkommt; Chondroitin-4-Sulfat und -6-Sulfat ([Glukuronsäure (β1–3) N-Azetygalaktosamin-4(oder 6)-Sulfat $(\beta1\text{–}4)]_n$), die in großen Mengen im Knorpel vorkommen, außerdem in Bindegewebe, Haut und Hornhaut; und Dermatansulfat ([Iduronsäure (α1–3)-N-Azetylgalaktosamin-4-Sulfat $(\beta1\text{–}4)_n]$), das durch C-5-Epimerisierung einiger Glukuronsäurereste aus Chondroitin-4-Sulfat zu Iduronsäureresten synthetisiert wird und in großen Mengen in der Haut, im Bindegewebe und in Herzklappen vorkommt. Ein nur in Knorpel und Kornea vorkommendes Glykosaminoglykan ist Keratansulfat ([Galaktose-6-Sulfat (β1–3) N-Azetylglukosamin-6-Sulfat $(\beta1\text{–}4)]_n$), das keine Uronsäure besitzt aber stark an den C-6 Atomen beider Monosaccharideinheiten sulfatiert ist.

Heparin und Heparansulfat enthalten im Gegensatz zu den anderen Glykosaminoglykanen Disaccharide, die über eine α-glykosidische Bindung verknüpft sind. Heparin wirkt gerinnungshemmend und aktiviert die Lipoproteinlipase des Kapillarendothels.

Glykoproteine

Glykoproteine sind Proteine, die als minore Komponenten kovalent gebunden Oligosaccharide enthalten. Die Anzahl und Größe der Oligosaccharidketten kann stark variieren. N-verknüpfte Oligosaccharide besitzen eine gemeinsame Kernstruktur und sind über die β-glykosidische Verknüpfung eines N-Azetylglukosaminrestes an den Stickstoff einer Asparaginseitengruppe mit dem Protein verbunden. In Muzin-artigen Glykoproteinen ist die Oligosaccharidkette O-glykosidisch mit der Hydroxylseitengruppe eines Serin- oder Threoninrestes verbunden. Im Kollagen findet man eine Besonderheit, in dem die Kohlenhydratketten O-glykosidisch mit dem C-5 der nur im Kollagen vorkommenden Aminosäure 5-Hydroxylysin verknüpft sind. Die Funktionen der Glykosylierung von Proteinen können Stabilisierung, Proteinfaltung, Vermittlung der biologischen Aktivität oder selektive zelluläre Erkennung sein.

Glykolipide

Glykolipide, die typisch für Säuger sind, umfassen die Cerebroside und Ganglioside. Diese sind Glukosyl- oder Galaktosyl-Derivate der Sphingolipide. *Sphingolipide* besitzen eine einfach ungesättigte 18-C-Kette mit 2 Hydroxyl- und einer Aminogruppe, das Sphingosin. Die Aminogruppe des Sphingosins wird azetyliert mit einer langkettigen (C_{14}–C_{26}) Fettsäure, sodass das Ceramid entsteht. Ceramid ist ein wichtiger sekundärer Botenstoff (»Second messenger«), der im Verlauf des programmierten Zelltods, der Apoptose, freigesetzt wird [20].

Ist die C-1-Hydroxylgruppe des Ceramids glykosyliert, so spricht man vom Cerebrosid. Wird das Monosaccharid des Cerebrosids sulfatiert, so entsteht ein Sulfatid. Cerebroside und Sulfatide kommen reichlich im Gehirn vor. Cerebroside können noch weiter glykosyliert werden. Werden neutrale Monosaccharideinheiten angeheftet (Glukose, Galaktose, L-Fukose, N-Azetygalaktosamin), so entstehen Globoside, wird Sialinsäure angeheftet, so entstehen die sauren Ganglioside. Unter Sialinsäure fasst man die N- und O-Azylderivate der Neuraminsäure zusammen. Neuraminsäure entsteht formal durch die Addition von Pyruvat an Mannosamin. Globoside findet man in der Membran der Erythrozyten, wo sie für gewöhnlich Blutgruppenreaktivität zeigen. Ganglioside findet man auf den Oberflächenmembranen der meisten Zellen, im Gehirn machen sie ca. 6% der Lipide aus.

Die Glykosylierung in Glykolipiden scheint ebenso wie die Glykosylierung bestimmter Glykoproteine eine wichtige Funktion in der Zell-Zell-Erkennung zu spielen. Dafür spricht, dass die aberrante Glykosylierung von Glykolipiden ein wesentlicher Mechanismus in der Tumorprogression ist. Umgekehrt konnte durch Inhibierung der Glykosylierung die Metastasierung bestimmter Tumorarten inhibiert werden.

5.2 Fette

Fette (Lipide) stellen mit 38 kJ/g (9 kcal/g) die wichtigste Energiereserve des menschlichen Organismus dar. Darüber hinaus erfüllen sie wichtige Funktionen als Bestandteile der Zellmembran sowie als Ausgangssubstanzen für die Biosynthese von Eicosanoiden und anderen biologisch wirksamen Susbtanzen.

5.2.1 Klassifikation

Die Zuordnung von Substanzen zu den Fetten erfolgt aufgrund ihrer fettlöslichen Eigenschaften. Fette umfassen Triazylglyzerole (Fette und Öle), Phospholipide, Sphingolipide, fettlösliche Vitamine, Lipopolysaccharide, Steroide, aliphatische Kohlenwasserstoffe, Seifen, Detergenzien und Wachse (*Tabelle 5-1*) [32].

Tabelle 5-1. Chemische Klassifikation der Lipide

I.	Kohlenwasserstoffe (normale, verzweigte, gesättigte, ungesättigte, zyklische, aromatische)
II.	Substituierte Kohlenwasserstoffe
	A. Alkohole
	B. Aldehyde
	C. Fettsäuren, Seifen
	D. Amine
III.	Wachse und andere einfache Ester von Fettsäuren
IV.	Fette und Öle (Ester von Fettsäuren mit Glyzerol)
	A. Triazylglyzerole
	B. Diazylglyzerole
	C. Monoazylglyzerole
V.	Glyzerophospholipide
	A. Phosphatidsäure
	B. Cholin-Glyzerophospholipde
	C. Ethanolamin-Glyzerophospholipide
	D. Serin-Glyzerophospholipide
	E. Inositol-Glyzerophospholipide
	F. Phosphatidylglyzerole
	G. Lysoglyzerophospholipide
VI.	Glykoglyzerolipide (einschließlich sulfatierter)
VII.	Sphingolipide
	A. Sphingosin
	B. Ceramid
	C. Sphingomyelin
	D. Glykosphingolipide (z. B. Cereboside, Ganglioside)
VIII.	Steroide (Sterole, Gallensäuren, Herzglykoside, Geschlechts- und Nebennierenrindenhormone
IX.	Andere Lipide (Vitamine A, D, E und K, Eikosanoide, Azyl-CoA, Azylcarnithin, Lipopolysaccharide, Ubichinon, Dolichole)

Die Klassifikation der Lipide, wie sie in der Tabelle angegeben ist, erhebt keinen Anspruch auf Vollständigkeit und ist willkürlich. Aus: Small DM, Zoeller RA (1991) Lipids. In: Encyclopedia of human biology, vol 4. Academic Press, Orlando/FL, pp 725–748

5.2.2 Biologische Funktionen der Fette

Obwohl Fette die wesentlichste Energiespeicherform unseres Organsimus darstellen, besitzen sie viele weitere biologische Funktionen. Sie wirken als Barriere, Rezeptoren, Sensoren, elektrische Isolatoren, biologische Detergenzien und Membrananker für Proteine.

Fette, Öle und Wachse werden als *Speicher zellulärer Energie* als Fetttröpfchen im Zytosol gespeichert. Ihr hoher physiologischer Brennwert bevorzugt sie diesbezüglich gegenüber den Kohlenhydraten und Proteinen. In den westlichen Industrienationen bedingt die zu hohe Fettzufuhr oftmals die Speicherung nicht zur Verbrennung verwendeter Fette mit dem zunehmenden Problem der Adipositas.

Phospholipide sind Voraussetzung für die Lebensfähigkeit von Zellen, indem sie Membranen in Form von *Lipiddoppelschichten* bilden. Diese Plasma- oder Zellmembranen grenzen lebende Zellen vom Extrazellulärraum ab. In den Zellen ermöglicht die Bildung solcher Lipiddoppelschichten die Ausbildung von Organellen, eine wesentliche Voraussetzung für die Kompartimentierung des Stoffwechsels. Die Membranen von Organellen und Zellen bestehen jedoch nicht ausschließlich aus Phospholipiddoppelschichten, sondern enthalten in die Phospholipide eingelagert andere Lipide, wie z. B. Cholesterin und Glykosphingolipide. In den Membranen finden sich weiterhin Proteine, die als Rezeptoren, Transporter, Ionenkanäle oder Strukturkomponenten wirken. Die Fluidität solcher biologischer Membranen wird maßgeblich durch die Fettsäurezusammensetzung der Phospholipide und den Cholesteringehalt determiniert.

Hohe Cholesteringehalte und gesättigte oder *trans*-ungesättigte Fettsäuren erhöhen die Rigidität von Membranen. Der verstärkte Einbau von Cholesterin in die Membranen der Arterienwände aufgrund hoher Blutcholesterinspiegel wird als ein Pathomechanismus diskutiert, der zu verminderter Elastizität der Arterien und damit zur Arteriosklerose beiträgt. Umgekehrt ist Cholesterin essenziell in der Embryogenese und ein absoluter Mangel des Sterols führt zu schweren Defekten [27, 30].

Glykosphingolipide findet man ausschließlich auf der extrazellulären Seite von Plasmamembranen, wo sie als Gewebeantigene fungieren aber auch als Rezeptoren für Toxine wirken können, wie es für das Gangliosid GM_1 der Fall ist, das Choleratoxin bindet und so dessen Eintritt in die Epithelzellen des Gastrointestinaltraktes ermöglicht.

Zahlreiche Fette wirken als *Hormone*. Dies trifft z. B. auf die vom Cholesterin abgeleiteten Steroidhormone, wie Cortisol, Progesteron, die Östrogene und Androgene zu, als auch auf die von vielfach-ungesättigten Fettsäuren abgeleiteten Prostaglandine und Leukotriene.

Andere Lipide wirken als *Regulatoren intrazellulärer Prozesse*. Zu ihnen gehören Diazylglyzerol, Sphingosin, Ceramid und der Plättchen-aktivierende Faktor.

In den Neuronen von Gehirn und Rückenmark werden Lipide in einer Art und Weise angeordnet, die eine Weiterleitung von elektrischen Impulsen erlaubt, ohne dass Kurzschlüsse zwischen Nerven oder Nervenverbindungen entstehen.

5.2.3 Bestandteile und chemische Klassen der Fette

Die meisten Lipide, einschließlich der meisten Fettsäuren und komplexen Glyzero- und Sphingolipide, können von den Zellen des menschlichen Organismus synthetisiert werden. Dennoch gibt es Fettsäuren, die der Mensch nicht *de novo* bilden kann, die aber dennoch für ihn essenziell sind und deshalb über die Nahrung aufgenommen werden müssen.

Essenzielle Fettsäuren

Essenzielle Fettsäuren für den Menschen sind solche mit einer *cis*-Doppelbindung nach dem dritten C-Atom vom Methylende aus (ω-3-Fettsäuren) und solche mit einer cis-Doppelbindung am C-6 vom Methylende aus (ω-6 Fettsäuren). Die ω-3 Fettsäuren, insbesondere α-Linolensäure (*Tabelle 5-2*), kommen in einigen Pflanzenölen vor. Hohe Gehalte weisen die Chloroplasten grüner Blattgemüse, wie z. B. Spinat, aber auch Linsen und Walnüsse auf. Die reichste Quelle für α-Linolensäure stellt Portulak dar, dessen Blätter als Salat gegessen werden. α-Linolensäure ist eine C_{18}-Fettsäure mit 3 *cis*-Doppelbindungen die enzymatisch verlängert und in die mittels des Enzyms Desaturase weitere Doppelbindungen eingeführt werden können, sodass die C_{20}-Verbindung Eicosapentaensäure (EPA) entsteht (*Abb. 5-5*). EPA kann schließlich über den gleichen Mechanismus zur C_{22}-Docosahexaensäure (DHA) umgewandelt werden. Die Synthese von EPA und DHA spielt im menschlichen Organismus keine große Rolle, allerdings kommen sie reichlich in Ölen von Kaltwasserfischen vor.

Die *Desaturasen tierischer Zellen*, die hauptsächlich in der *Leber* lokalisiert sind, zeichnen sich dadurch aus, dass sie Doppelbindungen nur zwischen der Carboxylgruppe und dem C-9 Atom einer Fettsäure einführen können. Das erklärt, warum im menschlichen Organismus zwar die einfach ungesättigte Ölsäure aus der gesättigten Stearinsäure gebildet werden kann, nicht aber Linolsäure aus Ölsäure. Da Kettenverlängerungen von Fettsäuren durch Einfügen von C_2-Einheiten am Carboxyterminus stattfinden, können zwischen bereits bestehende Doppelbindungen und dem Carboxyterminus durch die Desaturasen neue Doppelbindungen eingefügt werden. Hierdurch ist z. B. die Synthese der für den menschlichen Organismus essenziellen, 4fach ungesättigten ω-6-Fettsäure, Eicosatetraensäure (Arachidonsäure), aus der essenziellen 2fach ungesättigten Linolsäure möglich. Die C_{18}-Fettsäure Linolsäure wird durch eine Kettenverlängerung und 2 Desaturierungsschritte in die Arachidonsäure umgewandelt (*Abb. 5-5*). Die Arachidonsäure der Membranphospholipide

Tabelle 5-2. Fettsäuren, die in pflanzlichen und tierischen Fetten vorkommen. [Nach Elmadfa/Leitzmann (1998) Ernährung des Menschen, UTB]

Trivialname	KL	DB	Symbole			Systematische Bezeichnung	FP	Vorkommen
			I	II	III	IV		
Buttersäure	4	0	C 4:0		4:0	n-Butansäure	–8	Milchfett
Capronsäure	6	0	C 6:0		6:0	n-Hexansäure	–2	Milchfett
Caprylsäure	8	0	C 8:0		8:0	n-Oktansäure	16	Milchfett
Caprinsäure	10	0	C 10:0		10:0	n-Dekansäure	31	Milchfett
Laurinsäure	12	0	C 12:0		12:0	n-Dodekansäure	44	Kokosfett
Myristinsäure	14	0	C 14:0		14:0	n-Tetradekansäure	54	Tierische Fette
Palmitinsäure	16	0	C 16:0		16:0	n-Hexadekansäure	63	Tierische Fette
Palmitoleinsäure	16	1	C 16:1	C 16:1 ω-7	16:1, n-7	cis-9-Hexadekensäure	1	Tierische Fette, Fischöle
Stearinsäure	18	0	C 18:0		18:0	n-Oktadekansäure	70	Tierische Fette
Ölsäure	18	1	C 18:1	C 18:1 ω-9	18:1, n-9	cis-9-Oktadekensäure	13	Fette und Öle
Vaccensäure	18	1	C 18:1	C 18:1 ω-7	18:1, n-7	trans-11-Oktadekensäure	40	Sommerbutter
Linolsäure	18	2	C 18:2	C 18:2 ω-6	18:2, n-6	all cis-9,12-Oktadekadiensäure	–6	Phosphatide
γ-Linolensäure	18	3	C 18:3	C 18:3 ω-6	18:3, n-6	all cis-6,9,12-Oktadekatriensäure		Pflanzenöle
α-Linolensäure	18	3	C 18:3	C 18:3 ω-3	18:3, n-3	all cis-9,12,15-Oktadekatriensäure	14	einige Pflanzenöle
Arachinsäure	20	0	C 20:0		20:0	n-Eikosansäure	76	Tierische Fette
Gadoleinsäure	20	1	C 20:1	C 20:1 ω-9	20:1, n-9	n-11-Eikosensäure		
Arachidonsäure	20	4	C 20:4	C 20:4 ω-6	20:4, n-6	all cis-5,8,11,14-Eikosatetraensäure	–50	Phosphatide
Timnodonsäure (EPA)	20	5	C 20:5	C 20:5 ω-3	20:5, n-3	all cis-5,8,11,14,17-Eikosapentaensre.		Fischöl, Phosphatide
Behensäure	22	0	C 22:0		20:0	n-Dokosansäure	80	Cerebroside
Erucasäure	22	1	C 22:1	C 22:1ω-9	22:1, n-9	cis 13-Dokosensäure	35	
Clupandonsäure	22	5	C 22:5	C 22:5 ω-3	22:5, n-3	all cis-7,10,13,16,19-Dokosapentaensre		Fischöl, Phosphatide
Docosahexaensäure (DHA)	22	6	C 22:6	C 22:6 ω-3	22:6, n-3	all cis-4,7,10,13,16,19-Dokosahexaensäure		Fischöl, Phosphatide
Lignocerinsäure	24	0	C 24:0		24:0	n-Tetrakosansäure	84	Phosphatide
Nervonsäure	24	1	C 24:1	C 24:1 ω-9	24:1, n-9	cis 15-Tetrakosensäure	40	Cerebroside, Phophatide

KL Kettenlänge, DB Doppelbindungen, FP Festpunkt.

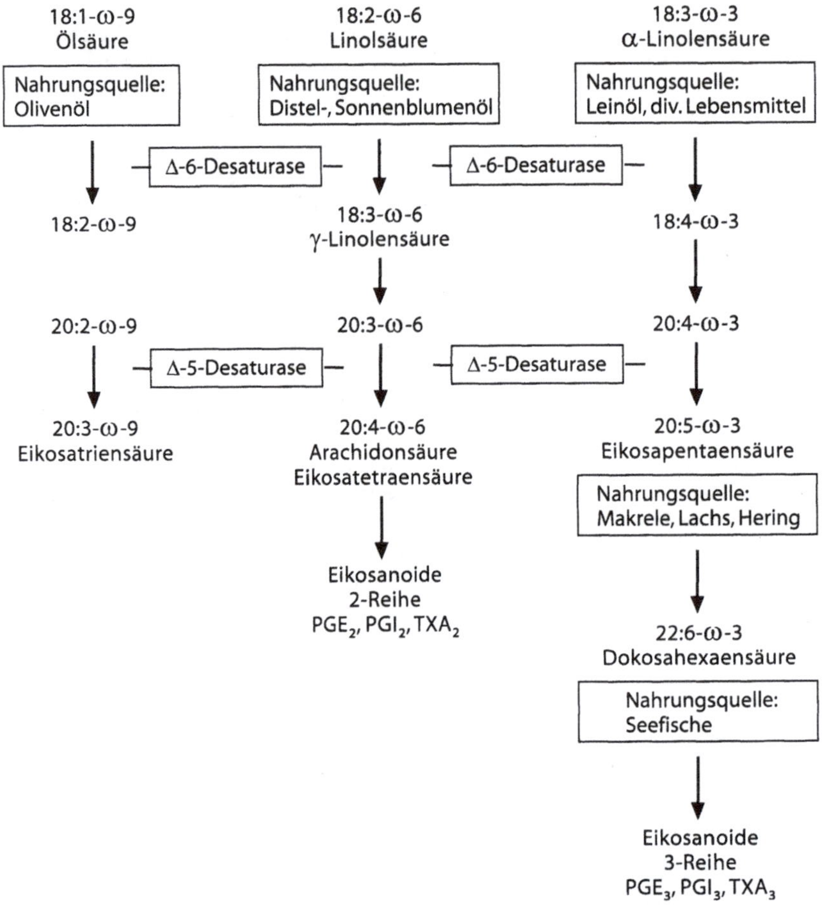

Abb. 5-5. Systematik und Stoffwechselwege ungesättigter Fettsäuren

ist Ausgangssubstrat für die Biosynthese von Prostaglandinen, Leukotrienen und Thromboxanen, die als Gewebshormone eine Vielzahl hormoneller und andersartiger Stimuli modulieren (*Tabelle 5-3*).

Die unter dem Sammelbegriff *Eikosanoide* zusammengefassten Hormone spielen ausserdem eine wichtige Rolle bei Überempfindlichkeits- und Entzündungsreaktionen. Ähnlich wie die Arachidonsäure können auch andere Fettsäuren, wie EPA und DHA, als Ausgangssubstrate für die Eikosanoidsynthese dienen. Im Unterschied zur Arachidonsäure werden allerdings aus den ω-3-Fettsäuren in erster Linie antiinflammatorische Prostaglandine der 3er-Reihe (z. B. PG E_3) bzw. Leukotriene der 5er-Reihe (z. B. LTB_5) gebildet. Dies erklärt die *immunsuppressive Wirkung* der Fischöle. ω-3- und ω-6-Fettsäuren nehmen nicht nur Einfluss auf das Spektrum der Eikosanoide, sondern bestimmen auch maßgeblich das Fettsäurespektrum im Blut und in den Geweben (Kap. 15). Dies ist dadurch begründet, dass beide Fettsäurearten um die Desaturase konkurieren, wobei das Enzym bevorzugt ω-3-Fettsäuren bindet (*Abb. 5-5*).

Vegetabile Öle zeichnen sich durch einen hohen Linolsäuregehalt und einen zumeist niedrigen α-Linolensäuregehalt aus. Die hohe Zufuhr an ω-6-Linolsäure bei Vegetariern führt zwangsläufig zu einer verminderten Synthese von EPA und DHA aus ω-3-α-Linolensäure. Ausnahmen bilden spezifische Gewebe, wie Retina, Gehirn und Hoden, die sehr reich an DHA sind. DHA ist eine der bedeutendsten Komponenten von Strukturlipiden des Gehirns. Deshalb besitzt insbesondere die Zusammensetzung der Nahrungslipide beim wachsenden Organismus eine wichtige Funktion für die Bildung von Strukturkomponenten des Gehirns. In Studien konnte gezeigt werden, dass der Gehalt der Nahrung an DHA und EPA das kognitive Verhalten signifikant beeinflusst [18, 36].

Konjugierte Linolsäure

Konjugierte Linolsäure ist ein Sammelbegriff für verschiedene Isomere der Linolsäure mit 2 Doppelbindungen in den Positionen 8 und 10, 9 und 11, 10 und 12 bzw. 11 und 13, jeweils vom Carboxyterminus aus gezählt. Bei der Linolsäure, wie wir sie in Getreidekeimöl, Distel-, Raps- und Sojabohnenöl finden, sind die Doppelbindungen in Position 9 und 12 lokalisiert. Konjugierte Linolsäure wird in erster Linie von der Pansenflora synthetisiert und findet sich daher überwiegend in Milchfett und Körperfett von Wiederkäuern. Den höchsten Gehalt weist Schafsmilch auf. Konjugierte Linolsäure zeigte in Tierexperimenten antikarzinogene und antisklerotische Wirkungen. Ebenfalls gibt es eine Reihe von *in vitro* Daten, die zeigen dass konjugierte Linolsäure in humanen Krebszellinien das Wachstum vermindert und ausserdem antioxidative Mechanismen aktiviert. Die Bestätigung dieser Befunde *in vivo* beim Menschen steht noch aus [22].

Trans-Fettsäuren

Trans-Fettsäuren werden ebenfalls, wenngleich nur in geringen Mengen, von der Pansenflora gebildet. Weit bedeutender ist ihr Anteil in gehärteten Speisefetten, wie Margarine. Bei den *trans*-Fettsäuren liegt nicht, wie üblicherweise bei den in der Natur vorkommenden, ungesättigten Fettsäuren eine *cis*-Konfiguration der Doppelbindung vor, sondern die Wasserstoffatome liegen an gegenüberliegenden Seiten der Doppelbindung. Dies hat die technologisch gewünschte erhöhte Rigidität des Moleküls zur Folge. Bei der Fettherstellung wird vorwiegend Linolsäure gehärtet, indem Wasserstoffatome an die Doppelbindungen addiert werden. Sättigung beider Doppelbindungen führt zur Stearinsäure, Sättigung nur einer Doppelbindung entweder zur *cis*-Ölsäure (▫ *Tabelle 5-3*) oder zur *trans*-Elaidinsäure, die sich nur durch die Konfiguration der Doppelbindung von der Ölsäure unterscheidet.

Trans-Fettsäuren stehen im Verdacht atherogen zu wirken, u. a. indem sie den Cholesterinspiegel erhöhen [34, 35]. Diese Befunde konnten allerdings bislang für den Menschen epidemiologisch nicht bestätigt werden. Während der Anteil an *trans*-Fettsäuren in unserer Nahrung einerseits aufgrund verminderten Fleischkonsums und veränderten Prozessbedingungen bei der Margarineherstellung abnimmt, nimmt er andererseits aufgrund der Zunahme an Hydrogenierungsprozessen zur Herstellung von Salatsaucen, Cocktailsaucen und ähnlichen Produkten zu.

Azylglyzerole

Azylglyzerole besitzen als Rückgrat den C_3-Polyalkohol Glyzerol, der mit 1, 2 oder 3 Fettsäuren verestert sein kann. Diazylglyzerole bzw. Diglyzeride sind lipolytische Intermediate zahlreicher lipolytischer Reaktionen, Ausgangssubstrat für die Synthese von Phospholipiden und Triazylglyzerolen bzw. Trigyzeriden, sowie sekundäre Botenstoffe (»Second messenger«), die die Signale von einigen extrazellulär wirkenden Botenstoffen, wie bestimmten Hormonen und Neurotransmittern, ins Zellinnere übermitteln. Triazylglyzerole bzw. Triglyzeride sind die Hauptspeicherform der Öle und Fette von Pflanzen und höheren Tieren.

Die physikochemischen Eigenschaften der Lipide werden dabei vornehmlich durch die Art der veresterten Fettsäuren bestimmt. Fette mit gesättigten Fettsäuren weisen höhere Schmelzpunkte auf als solche mit ungesättigten Fettsäuren. Tierische Fette wie Butter, Schmalz oder Talg besitzen Schmelzpunkte oberhalb der Körpertemperatur. Die vermehrte Aufnahme solcher hoch-schmelzenden Fette steht im Zusammenhang mit einer erhöhten Plasmakonzentration an β-Lipoproteinen (LDL, VLDL) und einem damit verbundenen erhöhten Risiko kardiovaskuläre Erkrankungen zu erlangen [20]. Die tägliche Aufnahme an gesättigten Fetten sollte beim Erwachsenen nicht mehr als 20–30 g/24 h ausmachen und weniger als 10% der ingesamt aufgenommenen Kalorien betragen.

Bei Mensch und Tier wird der Hauptanteil der Triglyzeride im Fettgewebe gespeichert, jedoch besitzen die Skelettmuskulatur, Herz, Leber, Haut und Knochenmark nicht zu vernachlässigende Mengen an Fett in Form intrazellulärer Fetttröpfchen.

Glyzerophospholipide besitzen am C3-Atom des Glyzerols einen Phosphatrest und an wenigstens einem der beiden anderen C-Atome, zumeist jedoch an beiden, einen Azyl- oder Alkylrest. Die Phosphatgruppe am C3 des Glyzerols kann frei vorliegen, wodurch Phosphatidsäure entsteht, oder mit anderen kleinen Molekülen verestert sein, wodurch Phosphatidylcholin (Lezithin), -ethanolamin, -serin, -glyzerol oder -inositol synthetisiert werden können. Während alle der genannten Phospholipide 2 Azylgruppen, an C1 und C2, tragen, unterscheiden sich die am C3 hängenden Kopfgruppen teils deutlich. Die Kopfgruppen von Phosphatidylethanolamin, -serin und -glyzerol sind bei pH 7 negativ geladen, während diejenigen von Phosphatidylcholin und -ethanolamin zwitterionisch sind. Die Gesamtladung des Moleküls ist abhängig von der Ionisierung des Phosphatrestes und des Aminoalkohols. In einigen Glyzerophospholipiden sind Alkylreste über eine Etherbindung (-C-O-C-) an das Glyzerol gebunden.

Dies ist z. B. beim vasoaktiven Plättchen-aktivierenden Faktor der Fall, der am C1-Atom einen Hexadekylrest trägt. Plasmalogene besitzen einen Vinylether (-C-O-C=C-) am Glyzerol

▫ Tabelle 5-3. Biologische Effekte von Prostaglandinen, Thromboxanen und Leukotrienen

Verbindung	Enzym	Rezeptor (Nachweis)	Mechanismus	Wichtige biologische Wirkungen
Prostaglandin E_2	COX, PGE-Synthase	Subtyp EP1 (Nieren)	IP3-Anstieg	Bronchodilatation, Vasodilatation, Hemmung der Chlorid-Sekretion im Magen, Antilipolyse im Fettgewebe
		Subtyp EP2 (Thymus, Lunge, Myokard, Milz, Ileum, Uterus)	cAMP-Anstieg	
		Subtyp EP3 (Fettgewebe, Magen, Nieren, Uterus)	cAMP-Abfall	
Prostaglandin D_2	COX, PGD-Synthase	DP (Ileum)	Aktivierung der Adenylatzyklase → cAMP-Anstieg	Bronchokonstriktion
Prostaglandin $F_2\alpha$	COX, PGE-Synthase	FP (Niere, Uterus)	IP3-Anstieg	Bronchokonstriltion, Vasodilatation, Konstriktion der glatten Muskulatur
Prostaglandin I_2 (Prostazyklin)	COX, PGI-Synthase	IP (Thrombozyten, Thymus, Myokard, Milz)	cAMP-Anstieg	Vasodilatation, Zunahme der Gefäßpermeabilität, Hemmung der Plättchenaggregation
Thromboxan A_2	COX, Tx-A-Synthase	TP (Thrombozyten, Thymus, Lunge, Nieren, Myokard)	cAMP-Abfall	Bronchokontriktion, Vasokonstriktion, Plättchenaggregation
5-HETE				
Leukotrien A_5				
Leukotrien B_5				
Leukotrien C_5				
Leukotrien D_5				
Leukotrien E_5				

gebunden und wirken wahrscheinlich als Antioxidanzien. Durch Entfernen eines Azylrestes von einem Glyzerophospholipid entsteht ein Lysophospholipid. Lysolezithin ist ein Produkt, das im Rahmen der Cholesterinveresterung durch das Enzym Lezithin-Cholesterin-Azyltransferase (LCAT) anfällt. Durch die Aktivität der LCAT nimmt der Gehalt der Lipoproteine hoher Dichte (HDL) an Cholesterinestern zu, gleichzeitig verringert sich der Gehalt an Glyzerophospholipiden, da das gebildete Lysolezithin von den HDL abdiffundiert (Kap. 10).

Die meisten *Phospholipide* sind strukturelle Bestandteile von Membranen, jedoch besitzen einige auch spezielle-re Funktionen. Phosphytidylserin ist beispielsweise ein Marker für Zellen, die dem programmierten Zelltod – der Apoptose – unterliegen. Nach Aktivierung bestimmter Rezeptoren der Zellmembran, die mit heterotrimeren GTP-bindenden Proteinen gekoppelt sind, wird das Membranphospholipid Phosphatidylinositol(4,5)bisphosphat durch das Enzym Phospholipase C in Diazylglyzerol und Inositol(1,4,5)trisphosphat gespalten. Diazylglyzerol und Inositol(1,4,5)trisphosphat sind wichtige intrazelluläre sekundäre Botenstoffe (»second messenger«), die Signale übermitteln, indem sie die Proteinkinase C aktivieren bzw. Ca^{2+}-Ionen aus intrazellulären Speichern freisetzen. Glykosylierte Phosphatidylinositole fungieren als Lipidanker für bestimmte Membran-assoziierte Proteine, wie die alkalische Phosphatase [12, 14]. Damit können sehr wahrscheinlich solche Proteine durch die Aktivität der Phospholipase C von der Membran abgelöst werden, wodurch Diazylglyzerol in der Membran zurück bleibt.

Steroide

Steroide ist eine Sammelbezeichnung für Substanzen, die ein Perhydro-1,2-Zyklopentan-phenantren-Ringsystem besitzen [15, 17]. Dazu zählen Cholesterin und die daraus synthetisierten Hormone Testosteron, Androgene, Östrogene, Progesterone, Kortisol, Kortison, Aldosteron und die Vitamin-D-Hormone. Die Hormone besitzen wichtige Funktionen in der Regulation des Metabolismus in höheren Tieren. Pflanzliche Steroide werden normalerweise im menschlichen Gastrointestinaltrakt nicht absorbiert. Allerdings gibt es seltene genetische Bedingungen unter denen es zur β-Sitosterolämie kommt, eine Erkrankung bei der große Mengen pflanzlicher Sterole in Körpergeweben abgelagert werden. In Pflanzen findet man ausserdem komplexere Moleküle mit Steroidkern, wie z. B. Digitalis, das früher als Stimulans der Herzkontraktionen bei Herzmuskelschwäche eingesetzt wurde.

Cholesterin wird in Form seiner Ester in Organen gespeichert und dient in der Nebennierenrinde und den Gonaden der Synthese der Steroidhormone. Bei bestimmten Erkrankungen kommt es zu vermehrter Speicherung von Cholesterinestern, wie z. B. bei der Cholesterinspeicherkrankheit, bei Arteriosklerose oder familiärer Hypercholesterinämie (Kap. 11).

Gallensäuren entstehen durch die Degradation der terminalen Seitenkette des Cholesterins um 3 C-Atome und durch Addition von Hydroxylgruppen an verschiedenen Positionen des Ringsystems [4]. Hier durch werden in der Leber die primären Gallensäuren, Cholsäure und Chenodesoxycholsäure gebildet (*Abb. 5-6*). Durch Konjugation mit Glyzin oder Taurin entstehen die Gallensäurekonjugate Taurocholsäure, Taurochenodesoxycholsäure bzw. Glykocholsäure und Glykochenodesoxycholsäure. Ihre Alkalisalze sind natürliche Detergenzien und werden von der Leber in die Galle sezerniert. Die solubilisierenden Eigenschaften der Gallensäurekonjugate ermöglicht schließlich die Sekretion von Cholesterin in die Galle und damit in den Darm. Die Ausscheidung der Steroide in Form von Gallensäuren und Cholesterin über die Fäzes ist die einzige Möglichkeit Steroidgerüste aus dem Organismus zu eliminieren.

Gallensäuren sind aufgrund ihrer solubilisierenden Eigenschaften eine unerlässliche Komponente für die Fettverdauung, indem sie mit den unter Einwirkung der Pankreaslipase entstehenden Monoazylglyzerinen und freien Fettsäuren sowie mit fettlöslichen Vitaminen im Duodenum Mizellen bilden [5]. In mizellarer Form ist die Resorption lipophiler Substanzen erheblich erleichtert. Gallensäuremangel, der durch verschiedene pathologische Zustände des Gastrointestinaltraktes, wie mutierte Gallensäuretransporter [26], bei bakterieller Überbesiedelung oder Ileumresektion, verursacht werden kann, kann zu Fettmalabsorption und Malnutrition führen. Solche Bedingungen können besonders bei Kindern zu schwerwiegenden Verlaufsformen führen, da sich hierdurch Wachstumsverzögerungen oder -verminderungen einstellen können. Die Bedeutung der Gallensäuren für die Solubilisierung des Cholesterins bedingt, dass es im Mangel sehr häufig zur Ausbildung von Cholesterinsteinen in der Gallenblase oder den Gallengängen kommt.

Kohlenwasserstoffe

Kohlenwasserstoffe bestehen ausschließlich aus Wasserstoff und Kohlenstoff. Sie können gesättigt oder ungesättigt, verzweigt oder unverzweigt, zyklisch oder aliphatisch sein oder eine Kombination dieser Eigenschaften aufweisen. Polyisoprenoide machen den Hauptanteil der Kohlenwasserstoffe biologischen Ursprungs aus. Von Mevalonsäure ausgehend werden in Pflanzen zunächst Isopreneinheiten ($-CH_2-C(CH_3)=CH-CH_2-$) und dann C_{40}-Polyene-Verbindungen, wie Phytoene, Phytofluene und Lykopin gebildet, aus denen schließlich die Karotinoide entstehen. Nach oraler Aufnahme dieser Verbindungen werden einige von ihnen in intestinale Epithelzellen aufgenommen. Eine von ihnen, das β-Karotin (Kap. 6), wird nach Resorption intrazellulär oxidativ gespalten, wodurch Vitamin A, ein C_{20}-Polyisoprenoidalkohol, entsteht.

In Tieren und im Menschen wird ein ähnlicher Biosyntheseweg benutzt, um aus Mevalonsäure Ubichinon (Koenzym Q), Farnesyl (C_{15}), Geranylgeranyl Einheiten (C_{20}) oder das C_{30}-Polyisoprenoid Squalen (*Abb. 5-6*) zu synthetisieren. Letzteres wird durch Zyklisierung und Oxidation zu Cholesterin und Steroiden umgewandelt.

Dolichole

Dolichole werden ebenfalls im Verlauf des Isoprenoidsyntheseweges gebildet. Sie bestehen aus 15–19 Isopreneinheiten und ihre terminale Alkoholgruppe ist mit Phosphorsäure verestert. Dolichole findet man hauptsächlich im endoplasmatischen Retikulum, wo sie als Anker für die dort synthetisierten Oligosaccharidketten fungieren. Die gebildeten Oligosaccharidketten werden im Lumen des endoplasmatischen Retikulums vom Dolicholanker auf Proteine übertragen, wodurch Glykoproteine gebildet werden, die noch weiter im Golgi-Apparat modifiziert werden.

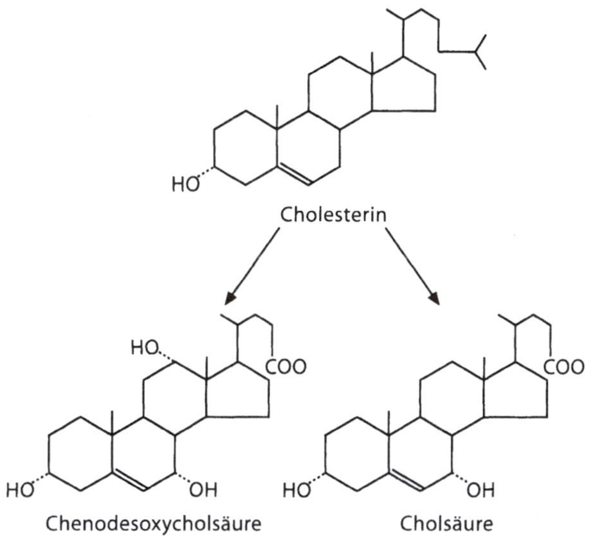

Abb. 5-6. Strukturen von Cholesterin und den daraus synthetisierten primären Gallensäuren Chenodesoxycholsäure und Cholsäure

5.2.4 Eigenschaften diätetischer Fette und Öle

Die physikalischen Eigenschaften diätetischer Triazylglyzerole und ihrer Hydrolyseprodukte bestimmen maßgeblich Digestion und Absorption diätetischer Fette und haben daher auch wichtige physiologische Bedeutung.

Die Hydrolyse von Triazylglyzerolen im Duodenum durch die Pankreaslipase generiert freie Fettsäuren und Monoazylglyzerol (Kap. 7). Handelt es sich bei den freigesetzten Fettsäuren um mittelkettige oder ungesättigte, so ermöglicht die über dem Schmelzpunkt der Fettsäuren liegende Körpertemperatur eine effiziente Solubilisierung durch Gallensäuren und die anschließende Resorption der Mizellen in die Epithelzellen des Dünndarms. Sind die freien Fettsäuren allerdings ungesättigt und langkettig (C_{18}-C_{24}), so bewirkt der hohe Schmelzpunkt dieser Fettsäuren, dass sich Präzipitate bilden, die relativ schlecht durch Gallensäuren solubilisiert werden können und niedrige Absorptionsraten aufweisen [32]. Dieser Effekt der Temperatur auf den Schmelzpunkt von Fetten wird bewusst in speziellen niedrig-kalorischen sog. strukturierten Fetten ausgenutzt.

Die Herstellung der *strukturierten Triglyzeride* erfolgt durch Mischen von kurzkettigen Fettsäuren mit langkettigen Triglyzeriden durch Transesterifizierung oder durch Mischen von Triglyzeriden definierter Struktur und anschließender Transesterifizierung (Kap. 27). Ziel ist in beiden Fällen Triglyzeride zu generieren, die eine sehr lange und 2 mittelkettige oder kurzkettige Fettsäuren tragen [33]. Die strukturierten Triglyzeride haben Schmelzcharakteristika ähnlich denen von Schokolade. Da jedoch die langkettige Fettsäure nach Abspaltung im Gastrointestinaltrakt kaum resorbiert wird und die kurz- und mittelkettigen Fettsäuren relativ niedrige kalorische Werte aufweisen, ist der physiologische Brennwert solcher Fette um 50–60% niedriger als der von Kakaobutter.

Fettsäuren werden auch malabsorbiert, wenn die Konzentration von Ca^{2+}-Ionen in der Umgebung hoch ist, da sie dann als Kalkseifen ausfallen. Die Ausscheidung von Fettsäuren mit den Fäzes korreliert gut mit der Aufnahme an Kalzium [5].

Neben der Art der Fettsäuren spielt auch die *Position* an der sie am Glyzerolrückgrat hängen offenbar eine wichtige Rolle für ihre Absorption aus dem Gastrointestinaltrakt. Die Positionierung von Fettsäuren mit hohem Schmelzpunkt in Position C2 des Glyzerols erhöht dabei ihre Resorption [28] (Kap. 7).

5.3 Proteine

Proteine erfüllen im Organismus zahlreiche, teilweise sehr unterschiedliche Aufgaben. Manche sind als Strukturproteine am Aufbau von Zellen oder extrazellulären Strukturen beteiligt, andere fungieren als Transporter, Kanäle, Rezeptoren, Enzyme, Hormone oder Vehikel für wasserunlösliche Stoffe, wie Eisen oder Sauerstoff. Die enorme strukturelle und funktionelle Vielfalt der Proteine wird durch unterschiedliche Kombinationen der 20 proteinogenen Aminosäuren erreicht. Die über Peptidbindungen verknüpften Polymere können weiterhin durch Assoziation mit Nicht-Proteinbestandteilen oder durch co- oder posttranslationale Modifikationen in ihrer Struktur und Funktion beeinflusst werden.

5.3.1 Aminosäuren

Die 20 proteinogenen Aminosäuren besitzen alle eine α-Aminocarbonsäuregruppe, unterscheiden sich aber in ihren Seitenketten (*Abb. 5-7*). Die Aminosäuren sind in den Proteinen über ihre α-Carboxylgruppe bzw. α-Aminogruppe zu langen Polypeptidketten verknüpft. Das α-C-Atom von Aminosäuren besitzt neben der Carboxylgruppe, der Aminogruppe und einem Wasserstoff, eine Gruppe die sich von den 3 ersten unterscheidet (R). Wie schon bei den Zuckern bedingt das Vorhandensein solcher chiraler Zentren die Existenz zweier spiegelbildlicher Formen, der D- und L-Aminosäuren. Eine Ausnahme hiervon bildet Glyzin, das am α-C-Atom 2 Wasserstoff-Atome gebunden hat und deshalb keine Chiralität aufweist. In der Fisher-Projektion liegt die α-Aminogruppe in L-Aminosäuren links in D-Aminosäuren rechts vom α-C-Atom.

In Proteinen und Peptiden findet man Aminosäuren fast ausschließlich in der L-Konfiguration, obwohl einige D-Aminosäuren in bakteriellen Proteinen und Peptiden gefunden wurden [9]. Die Synthese von D-Aminosäuren durch intestinale Bakterien sowie die Aufnahme fermentierter Produkte über die Nahrung macht man verantwortlich für den Nachweis, wenngleich relativer geringer Konzentrationen, von D-Aminosäuren im menschlichen Blut [3].

Die Seitenketten der Aminosäuren besitzen charakteristische Größe und Form, sowie Eigenschaften die Löslichkeit und elektrochemische Chrakteristika bestimmen und damit auch Konformation und Funktion von Proteinen determinieren [8]. Die große Varianz der Seitengruppen zeigt sich darin, dass manche Aminosäuren sehr polar und damit gut wasserlöslich sind, während andere völlig unpolar und damit gut fettlöslich sind.

Unpolare, hydrophobe Reste sind solche, die aus vielen C-Einheiten bestehen, wie die von Leucin, Isoleucin, Valin oder Prolin. Der am α-C-Atom hängende Rest des Prolins bildet mit der freien α-Aminogruppe einen Ring aus, was bei keiner der

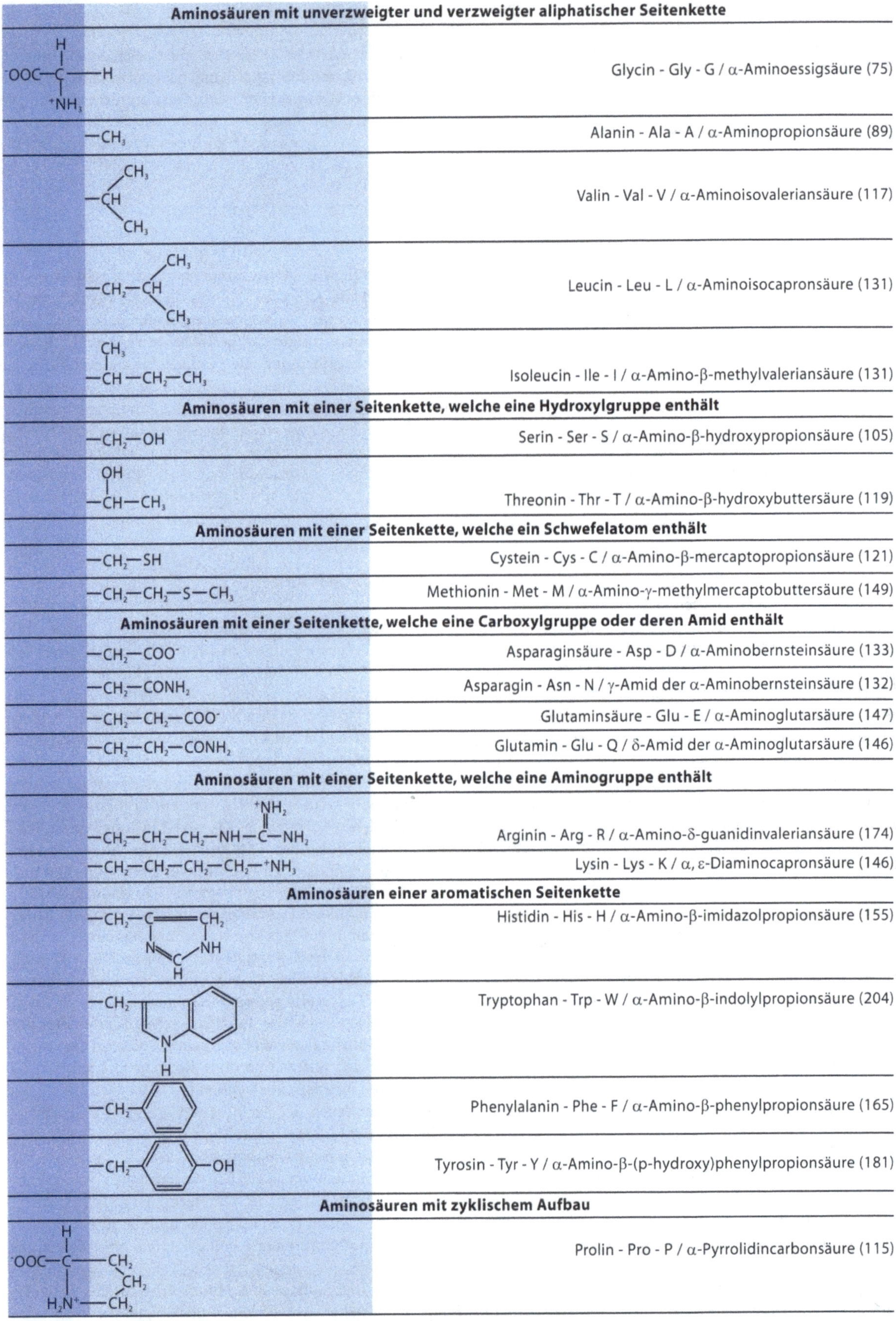

Abb. 5-7. Die 20 proteinogenen Aminosäuren (Molekulargewicht in Klammer)

anderen Aminosäuren vorkommt. Die zyklische Struktur verhindert ein freies Drehen um das α-C-Atom, was zu einer größeren Steifheit des Prolins im Vergleich zu den anderen Aminosäuren führt. Diese Rigidität macht sich dann auch in Prolin-reichen Peptiden und Proteinen bemerkbar [16, 19].

Die *aromatischen* Aminosäuren Phenylalanin, Tyrosin und Tryptophan weisen aufgrund ihrer Seitenketten positive Hydropathie-Werte auf. Außerdem erlangen Proteine durch aromatische Aminosäuren spezielle optische Eigenschaften, nämlich im UV-Bereich bei ca. 280 nm Licht zu absorbieren.

Asparaginsäure und *Glutaminsäure* sind saure, polare Aminosäuren, die aufgrund ihrer Carboxylgruppe in der Seitenkette bei physiologischem pH-Wert negativ geladen sind.

Lysin, Arginin und *Histidin* sind *basische*, polare Aminosäuren, die in der Lage sind H^+-Ionen über ihre Amino-, Guanidino oder Imidazolgruppen der Seitenkette zu binden und damit eine positive Nettoladung zu erlangen.

Bis auf die sauren und basischen Aminosäuren liegen alle Aminosäuren bei physiologischen pH-Werten als Zwitterionen vor, da sie eine α-Amino- und eine α-Carbonsäuregruppe besitzen aber keine Ladung in der Seitenkette tragen. Unter diesen finden sich auch *polare* Aminosäuren, wie Threonin, Serin, Cystein, Methionin, Asparagin und Glutamin. Die Polarität des Serins und Threonins ist durch den Sauerstoff der Hydroxylgruppen in der Seitenkette begründet. Die Polarität von Cystein und Methionin ist bedingt durch den Schwefel in der Seitenkette in Form einer Thiol- bzw. Methylthiogruppe. Asparagin und Glutamin sind polar weil sie eine Stickstoff- und Sauerstoff-haltige Carboxamidgruppe in ihrer Seitenkette tragen.

Die *Eigenschaften* einiger Aminosäuren können weiterhin durch enzymatische oder nicht-enzymatische Modifikationen der Seitenkette verändert werden. Solche Modifikationen können sowohl co- als auch posttranslational erfolgen und führen dazu, dass man in der belebten Natur neben den 20 proteinogenen Aminosäuren hunderte von Aminosäurederivaten in Proteinen findet [29]. Die Modifikationen können die physikochemischen Eigenschaften von Proteinen entscheidend verändern.

So führt die Phosphorylierung der Hydroxylgruppe nur eines Seryl-, Threonyl- oder Tyrosylrestes dazu, dass das Protein 2 zusätzliche negative Ladungen trägt. Die negativen Ladungen können die Interaktion mit positiv geladenen Seitengruppen basischer Aminosäuren bedingen und damit die Konformation des Proteins verändern. Als Folge hiervon treten Aktivitätsveränderungen von Proteinen ein, die beispielsweise bei der Interkonvertierung von Enzymen durch Phosphorylierungen und Dephosphorylierungen als regulierendes Element im Intermediärstoffwechsel genutzt werden. Weitere Beispiele *posttranslationaler Modifikationen* sind die Methylierung von Histidinresten in Muskelproteinen, die Hydroxylierung von Lysyl- und Prolylresten des Kollagens und die Carboxylierung von Glutamylresten in hämostatischen Faktoren.

Eine *kotranslationale Modifikation* findet beispielsweise bei der Synthese der Glutathion-Peroxidase statt. Hierbei wird in einer Mehrschrittreaktion Selenocystein synthetisiert an einer für das Uracil-Guanin-Adenin spezifischen Seryl-Transfer-RNA. Die N-Glykosylierung von Asparaginresten der entsprechenden Glykoproteine im endoplasmatischen Retikulum ist ebenfalls ein Prozess, der kotranslational erfolgt.

5.3.2 Strukturen von Proteinen

In Abhängigkeit davon, aus welchen Aminosäuren in welcher Anzahl und Reihenfolge Proteine zusammengesetzt sind, können sie völlig unterschiedliche Strukturen ausbilden. Kleine Proteine sind aus 50–100 Aminosäuren zusammengesetzt, große Proteine können bis zu 5.000 Aminosäuren enthalten. Apolipoprotein B besitzt beispielsweise eine Polypeptidkette mit einem Molekulargewicht von 513.000 (513 kDa), die aus ca. 5.000 Aminosäuren zusammengesetzt ist. [Dalton (Da) ist die Maßeinheit der Proteinmasse und ist equivalent der Molekularmasse des Proteins, d. h. 1 Da entspricht der Masse eines H-Atoms.] Viele Proteine bestehen aus Untereinheiten. In manchen Strukturproteinen sind diese Untereinheiten kovalent zu größeren Komplexen verbunden, sodass Proteine Molekulargewichte von mehr als einer Millionen Da erreichen können.

Proteinstrukturen können auf verschiedenen Ebenen betrachtet werden. Die 1. Ebene, die sog. *Primärstruktur*, ist die Abfolge der Aminosäuresequenz des Proteins. Primärstrukturen können einige Informationen über Eigenschaften von Proteinen liefern. So gibt es Sequenzen, die als sog. Signalpeptide erkannt werden und dafür sorgen, dass Proteine während ihrer Synthese an den Ribosomen in das endoplasmatische Retikulum eingeschleust werden. Das Einschleusen in die Zisternen des endoplasmatischen Retikulums bedingt, dass solche Proteine in vesikulärer Form gespeichert und bei Bedarf als sekretorische Proteine in den Extrazellulärraum abgegeben werden können.

- Die Sequenzabfolge *Asparagin*-X (beliebige Aminosäure)-*Serin* oder *Asparagin-X-Threonin* ist die *Voraussetzung* für eine *N-Glykosylierung von Proteinen.*
- Die Sequenz *Arginin-Glyzin-Asparaginsäure-Serin* wird von spezifischen *Oberflächenrezeptoren* erkannt und erlaubt es Proteinen wie Fibronektin an die Zelloberfläche zu binden und ihre Wirkung zu entfalten.
- Die Sequenz *Lysin-Asparaginsäure-Glutaminsäure-Leuzin* ist eines von vielen Signalen, die notwendig sind für den vektoriellen Transport löslicher Proteine im endoplasmatischen Retikulum.

Solche Aminosäuresequenzen, die mit einer bestimmten Eigenschaft oder Funktion verbunden sind, werden als *Konsensussequenzen* bezeichnet, insbesondere wenn die Sequenz die gleiche Funktion in verschiedenen Tier- und Pflanzenspezies als auch in Bakterien erfüllt.

Die *Primärsequenz* liefert außerdem wichtige Hinweise auf hydrophobe und hydrophile Domänen des Proteins. Hierbei werden Bereiche des Proteins definiert, die sich in ihren Anteilen an polaren oder unpolaren Aminosäuren unterscheiden und damit die Proteinfaltung im wässrigen Milieu oder die Insertion eines Proteins in die lipophile Zellmembran bestimmen.

Die *Sekundärstruktur* von Proteinen beschreibt die räumliche Anordung von Atomen um das Peptidrückgrat eines Proteins. Diese Eigenschaft wird maßgeblich durch den Rest der jeweiligen Aminosäure bestimmt. Große, sperrige Seitenketten verhindern die Rotation um das Rückgrat und tragen damit zur Fixierung der Konformation bei. Die Aminosäure Prolin besitzt zwar keine große Seitenkette, wird aber, wie bereits erwähnt (s. Abschn. 5.3.1) aufgrund ihrer Iminbindung an einer freien Rotation gehindert. Weiterhin tragen elektrostatische Interaktionen zwischen geladenen Aminosäureitenketten, Interaktionen zwischen den Aminosäuren am Ende der Helix und der elektrische Dipol eines jeden Peptidrückgrates zur Sekundärstruktur bei.

Fibröse Proteine weisen sehr häufig Faltblattstrukturen, meist sog. β-»sheets«, auf [23]. Diese werden durch segmentale Wiederholungen von Aminosäuren ermöglicht, die eine freie Rotation verhindern. Im Gegensatz dazu sind globuläre Proteine im allgemeinen als Spiralen oder globuläre Windungen angeordnet. Dies wird, z. B. in α-Helizes, durch das häufige Auftreten von Aminosäuren ermöglicht, deren Seitenkette frei um das Rückgrat rotieren kann, wie z. B. Glyzin. Dass ausschließlich ein Strukturelement in einem Protein vorkommt ist jedoch selten. Zumeist treten in einem einzigen Protein in verschiedenen Segmenten sowohl β-»sheets« als auch α-Helizes auf.

Die *Tertiärstruktur* beschreibt die dreidimensionale Anordnung von Proteinen [30]. Die *Quarternärstruktur* beschreibt schließlich komplexe Anordungen von Tertiärstrukturen, d. h. Anordungen von Proteinuntereinheiten. Die Tertiärstruktur ist oftmals wichtig für die Bindung prosthetischer Gruppen. Prosthetische Gruppen sind definierte chemische Strukturen, die einem Protein spezifische Funktionen oder zusätzliche Eigenschaften verleihen. Sie können kovalent oder nichtkovalent am Protein gebunden sein, jedoch sind sie im Gegensatz zu Koenzymen immer Bestandteil des Proteins. Beispiele für prosthetische Gruppen sind das Häm des Hämoglobins und Myoglobins und bestimmte Kofaktoren von Enzymen, wie Liponsäure oder Pyridoxal-5´-phosphat.

Für alle Proteine gilt, dass die Stabilisierung ihrer Konformationen durch die Summe aus hydrophoben und elektrostatischen Wechselwirkungen, H-Brückenbindungen und Van-der-Waals-Kräften erfolgt. Hydrophobe Wechselwirkungen sind besonders wichtig für Protein-Protein-Interaktionen sowie die Ausbildung der Tertiärstruktur in großen Proteinen. In kleineren Proteinen erscheint es schwierig hydrophobe Aminosäuren so anzuordnen, dass sie hydrophobe Interaktionen mit anderen kleinen Proteinen, beispielsweise den Untereinheiten, ermöglichen. Aus diesem Grunde werden die Untereinheiten kleiner Proteine, wie Insulin, über kovalente Bindungen, gewöhnlicherweise Disulfidbrücken, miteinander verknüpft.

5.3.3 Einflüsse von Nährstoffen auf Proteinstruktur und Assemblierung

Es gibt eine Reihe *co- und posttranslationaler Proteinmodifikationen*, die von einer optimalen Nährstoffzufuhr abhängen. Demzufolge führt eine suboptimale Ernährung zur Beeinflussung von Proteinstrukturen und damit auch der Assemblierung von Proteinen. *Insbesondere benötigen zahlreiche Enzyme, die an den Proteinmodifikationen beteiligt sind, Vitamine oder Mineralstoffe für ihre Funktion.* Dies trifft auch auf die Prolin- und die Lysin-Hydroxylase zu, die Hydroxylgruppen in die Seitenketten von Lysin- und Prolinresten des Kollagens einführen und als Kofaktor *Vitamin C* benötigen (Kap. 6). Kollagen macht etwa 1/3 des Gesamtkörperproteins aus und ist das vorrangige Protein der extrazellulären Matrix und des Bindegewebes. Vermindert hydroxylierte Kollagen-Polypeptidketten sind nicht in der Lage ausreichend zu tripelhelikalen Kollagenfibrillen zu assoziieren und werden im Vergeich zu normal hydroxylierten Kollagenfibrillen schneller abgebaut. Der vermehrte Abbau und die ungenügende Stabilität des Kollagens sind ein wesentlicher Grund für die bei der Vitamin-C-Mangelkrankheit Skorbut auftretenden Haut- und Bindegewebsläsionen (Kap. 6).

Eine weitere Proteinmodifikation erfolgt mit Hilfe von *Niacin* (Kap. 6). Niacin ist ein Überbegriff für die der B-Gruppe zugehörenden Substanzen Nikotinsäure, Nikotinamid und die Koenzymformen Nikotinamid-Adenin-Dinukleotid (NAD) und Niktoinamid-Adenin-Dinukleotid-Phosphat (NADP). Alle genannten Formen des Niacins können in einem Seitenweg des Tryptophanabbaus vom menschlichen Organismus synthetisiert werden. Allerdings benötigt man hierzu 60 Moleküle Tryptophan für die Synthese eines Moleküls Niacin. Neben seiner wesentlichen Funktion in Form seiner Koenzyme im Stoffwechsel als Elektronenüberträger bei zahlreichen Dehydrogenasereaktionen zu wirken, fungiert Niacin in Form von

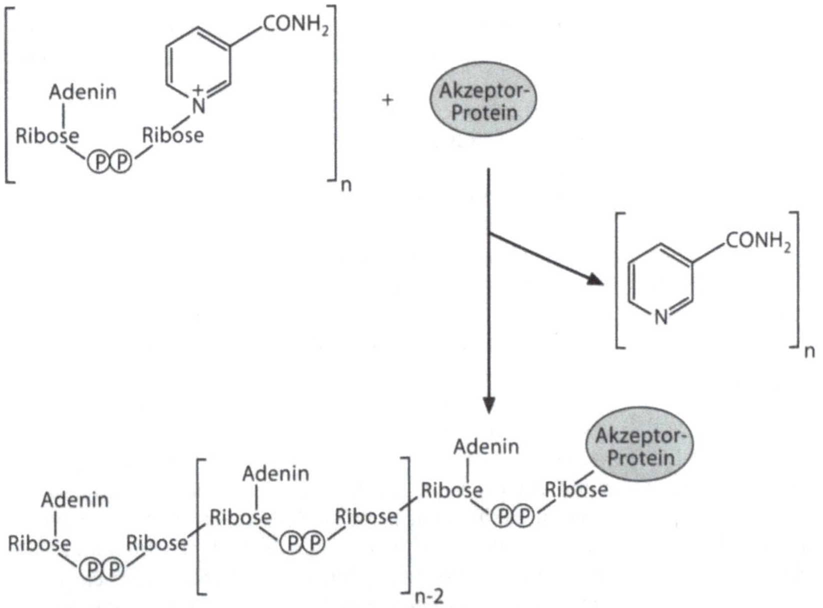

Abb. 5-8. Niktonamid-Adenin-Dinukleotid (NAD) als Substrat für Mono- und Polyribosylierungsreaktionen

NAD in Mono- und Polyribosylierungsreaktionen als Substrat (■ *Abb. 5-8*).

Polyribosylierungen verändern die strukturellen Konformationen einiger Proteine, wie der Histone im Zellkern. Die Konformationsänderungen der Histone sind Voraussetzung für DNA-Reparaturprozesse.

> Die im Niacinmangel auftretenden Hautläsionen sind sehr wahrscheinlich auf eine vermindertete DNA-Reparatur zurückzuführen.

Neben der DNA-Reparatur spielen Polyribosylierungsreaktionen eine wichtige Rolle in der Regulation des programmierten Zelltods, der Apoptose. Die Apoptose ist ein physiologischer Prozess, der die Aufgabe hat, die Masse der Organe konstant zu halten. Fehlregulationen der Apoptose sind mit verschiedenen Krankheitsbildern assoziiert, z. B. findet man bei Krebserkrankungen eine Verminderung der Apoptoserate in dem betroffenen Organ, bei Alzheimer dahingegen ein vermehrtes Absterben bestimmter Nervenzellen. Im Verlauf der Apoptose wird das Enzym Poly-ADP-Ribose-Polymerase inaktiviert, das normalerweise die Polyribosylierung katalysiert. Als Folge hiervon wird nicht nur die DNA-Reparatur vermindert, sondern auch eine Endonuklease aktiviert, welche die für die Apoptose charakteristischen DNA-Fragmente erzeugt. Entsprechend der aufgezeigten Mechanismen, könnte ein Niacinmangel zu erhöhter Apoptose führen, wohingegen Niacin möglicherweise als diätetisches Supplement bei Erkrankungen mit erhöhter Apoptoserate eingesetzt werden könnte [7].

Literatur

1. Baynes JW, Monnier VM (1989) The Maillard reaction in aging, diabetes and nutrition. Liss, New York
2. Brownlee M (1995) Advanced protein glycosylation in diabetes and aging. Annu Rev Med 46: 223–234
3. Bruckner H, Hausch M (1993) Gas chromatographic characterization of free D-amino acids in the blood serum of patients with renal disorders and of healthy volunteers. J Chromatogr 614: 7–17
4. Cabrall DJ, Small DM (1989) The physical chemistry of bile. In: Schultz SG, Forte JG, Rauner BB (eds) Handbook of physiology, sec 6, vol III. American Physiological Society. Waverly, Baltimore, pp 621–662
5. Carey MC, Small DM, Bliss CM (1983) Lipid digestion and absorption. Annu Rev Physiol 45: 651–677
6. Carpita NC (1990) The chamical structure of the cell walls of higher plants. In: Kritchevsky D, Bonfield C, Anderson JW (eds) Dietary fiber: Chemsitry, physiology and health effects. Plenum Press, New York, pp 15–30
7. Crowley CL, Payne CM, Bernstein H et al. (2000) The NAD+ precursors, nicotinic acid and nicotinamide protect cells against apoptosis induced by a multiple stress inducer, deoxycholate. Cell Death Differ 7: 314–326
8. Darby NJ (1993) Protein Structure. IRL Press/Oxford University Press, Oxford
9. Davies JS (1985) Amino acids and peptides. Chapman & Hall, New York
10. Dyer DG, Blackledge JA, Thorpe SR et al. (1991) Formation of pentosidine during nonenzymatic browning of proteins by glucose. Identification of glucose and other carbohydrates as possible precursors of pentosidine in vivo. J Biol Chem 266: 11654–11660
11. Emmet PM, Heaton KW (1995) Is extrinsic sugar a vehicle for dietary fat? Lancet 345: 1537–1540
12. Englund PT (1993) The structure and biosynthesis of glycosyl phosphatidylinositol. Annu Rev Biochem 62: 121–138
13. Gibson SA (1997) Non-milk extrinsic sugars in the diets of pre-school children: association with intakes of micronutrients, energy, fat and NSP. Br J Nutr 78: 367–378
14. Grundy SM (1991) The role of low-density lipoproteins in the development of coronary artery atherosclerosis. In: Kreisberg JI, Segrest JP (eds) Plasma lipoproteins in coronary artery disease. Blackwell Scientific Publishing Ltd., Oxford Press, New York, pp 93–124
15. Gunstone FD, Harwood JL and Padley FB (1994) The lipid handbook. 2nd edn. Chapman & Hall, London
16. Hamaguchi K (1992) The protein molecule: conformation, stability and folding. Yapan Scientific Societies Press/Springer, Tokyo New York
17. Hamilton RJ (1995) Waxes: Chemistry, molecular biology and functions, vol 6., Oily Press, Dundee/Scotland
18. Horrocks LA, Yeo YK (1999) Health benefits of docosahexaenoic acid. Pharmacol Res 40: 211–225
19. König WS (1993) Peptide and protein hormones: structure, regulation, activity. A reference manual. VCH, Weinheim New York
20. Kronke M (1999) Biophysics of ceramide signaling: interaction with proteins and phase transition of membranes. Chem Phys Lipids 101: 109–121
21. Lewis CJ, Park YK, Dexter PB et al. (1992) Nutrient intakes and body weights of persons consuming high and moderate levels of added sugars. J Am Diet Assoc 92: 708–713
22. MacDonald HB (2000) Conjugated linoleic acid and disease prevention: a review of current knowledge. J Am Coll Nutr 19: 111 S–118 S
23. Nesloney CL, Kelly JW (1996) Progress towards understanding β-sheet structure. Bioorg Med Chem 4: 739–766
24. Newburg DS, Neubauer SH (1995) Carbohydrates in milk. Analysis, quantities and significance. In: Jensen RG (ed) Handbook of milk composition, Academic Press, San Diego/CA, pp 273–349
25. Nielsen FH (1984) Ultratrace elements in nutrition. Annu Rev Nutr 4: 21–41
26. Oelkers P, Kirby LC, Heubi JE et al. (1997) Primary bile acid malabsorption caused by mutations in the ileal sodium-dependent bile acid transporter gene (SLC10A2). J Clin Invest 99: 1880–1887
27. Porter JA, Young KE, Beachy PA (1996) Cholesterol modification of hedgehog signaling proteins in animal development. Science 274: 255–259
28. Redgrave TG, Kodali DR, Small DM (1988) The effect of triacyl-sn-glycerol structure on the metabolism of chylomicrons and triacylglycerol-rich emulsions in the rat. J Biol Chem 263: 5118–5123
29. Rucker RB, McGee C (1993) Chemical modifications of proteins in vivo: selected examples important to cellular regulation. J Nutr 123: 977–990
30. Salen G, Shefer S, Batta AK et al. (1996) Abnormal cholesterol biosynthesis in the Smith-Lemli-Opitz syndrome. J Lipid Res 37: 1169–1180
31. Selvendran RR (1984) The plant cell wall as a source of dietary fiber: Chemistry and structure. Am J Clin Nutr 39: 320–337
32. Small DM, Zoeller RA (1991) Lipids. In: Encyclopedia of human biology. Vol 4, Academic Press, Orlando/FL, pp 725–748
33. Stein, J. (1999) Structured lipids. Int J Colorectal Dis 14: 79–85
34. Temple NJ (1996) Dietary fats and coronary heart disease. Biomed Pharmacother 50: 261–268
35. Van de Vijver LP, van Poppel G, van Houwelingen A, Kruyssen DA, Hornstra G (1996) Trans unsaturated fatty acids in plasma phospholipids and coronary heart disease: a case-control study. Atherosclerosis 126: 155–161
36. Youdim KA, Martin A, Joseph JA (2000) Essential fatty acids and the brain: possible health implications. Int J Dev Neurosci 18: 383–399

Mikronährstoffe

U. Wenzel

Mikronährstoffe (Vitamine und Spurenelemente) werden nur in geringen Mengen benötigt, da sie – im Gegensatz zu den Makronährstoffen – nicht für den Aufbau von Strukturen verwendet werden und nicht als Energiesubstrate dienen.

Die *Identifizierung* der Vitamine im Verlauf des 20. Jahrhunderts führte zur Beschreibung von 13 für den Menschen essenziellen Vitaminen. Dazu gehören 8 B-Vitamine (Thiamin, Niacin, Riboflavin, Folsäure, Pyridoxin, Cobalamin, Biotin und Pantothensäure), Ascorbinsäure (Vitamin C) sowie die fettlöslichen Vitamine A, D, E und K. Niacin und Vitamin D nehmen eine Sonderstellung ein, da sie aus Vorstufen im menschlichen Organismus synthetisiert werden können. Die meisten Vitamine sind chemisch nicht verwandt und unterscheiden sich in ihren biochemischen und physiologischen Funktionen.

Die *Einteilung* in *wasserlösliche* und *fettlösliche* Vitamine erfolgt aufgrund physikochemischer Unterschiede und spiegelt sich in unterschiedlichen Digestions-, Absorptions-, und Transportmechanismen sowie teilweise in ihren Funktionen wider.

Die meisten Vitamine wirken als *Koenzyme* oder als essenzielle Komponenten von Koenzymen. Dies trifft auf alle B-Vitamine, Vitamin C und reduziertes Vitamin K zu. Vitamin D wird zur Bildung von 1,25-Dihydroxycholekalziferol, einem den Kalziumhaushalt-regulierenden Hormon benötigt. Vitamin A dient der Synthese von all-*trans*-Retinsäure, die Differenzierung und Wachstum von Zellen beeinflusst. Neben diesen hormonähnlichen Wirkungen, besitzt Vitamin A in Form von 11-*cis*-Retinal eine wichtige Funktion als Sehpigment. Vitamin E ist ein fettlösliches Antioxidans, eine Funktion die Vitamin C neben seiner Koenzymfunktion ebenfalls wahrnehmen kann.

Von den natürlich vorkommenden ca. 90 Elementen, sind wahrscheinlich 22 essenziell für den Menschen. Die Unterteilung der für den Menschen essenziellen Mineralstoffe erfolgt aufgrund ihres Vorkommens im menschlichen Organismus in *Mengen-* (>50 mg/kg Köpertrockengewicht) und *Spurenelemente* (<50 mg/kg Köpertrockengewicht). Eine Ausnahme bildet das Eisen, das mit einem Vorkommen von ca. 60 mg/kg Körpertrockengewicht trotzdem den Spurenelementen zugerechnet wird.

Ebenso wie ein Mangel an essenziellen Mineralstoffen zu Störungen führt, entfalten insbesondere viele Spurenelemente bei überhöhter Zufuhr toxische Wirkungen. Mengenelemente spielen u. a. als Ladungsträger (Elektrolyte) eine wichtige Rolle im Wasserhaushalt (Na^+, K^+, Ca^{2+}, Mg^{2+}, Cl^-, HPO_4^{2-}, SO_4^{2-}). Unter quantitativen Gesichtspunkten besteht die bedeutendste Funktion der Mengenelemente in der Mineralisation der Skelettknochen und Zähne mittels Hydroxylapatit, das aus Kalzium und Phosphat besteht. Daneben erfüllt Kalzium wichtige Funktionen im Blutgerinnungssystem und als »second messenger«.

Viele Spurenelemente finden sich als Bestandteil von Enzymen oder anderen Proteinen, in denen sie strukturelle, katalytische oder bindende Funktionen einnehmen. Zink z. B. ist wichtig für die Tertiärstruktur zahlreicher Proteine oder besitzt, ebenso wie Kupfer, katalytische Funktionen innerhalb vieler Enzyme. Eisen bindet den Sauerstoff innerhalb des Hämoglobins. Andere Mineralstoffe werden ausschließlich für die Synthese spezieller organischer Verbindungen benötigt, wie Jod in den Schilddrüsenhormonen Trijodthyronin (T_3) und Thyroxin (T_4) oder Selen in Selenocystein.

6.1 Wasserlösliche Vitamine

6.1.1 Niacin (Vitamin B_3)

Niacin, früher als Vitamin B_3 bezeichnet, umfasst die Substanzen Nikotinsäure, Nikotinamid sowie die aus ihnen synthetisierten Koenzymformen Nikotinamidadenindinukleotid (NAD) und Nikotinamidadenindinukleotidphosphat (NADP) (◘ *Abb. 6-1*). Da Niacin im menschlichen Stoffwechsel in einem Seitenweg des Tryptophanabbaus – mit einer Umsatzrate von Tryptophan:Niacin von 60:1 – synthetisiert werden kann, werden Niacinaufnahme und -bedarf in *Niacinäquivalenten* angegeben. Nikotinsäure und Nikotinamid sind im Stoffwechsel ineinander überführbar.

Funktionen

Die Pyridinnukleotide NAD und NADP sind unerlässlich in *Redoxreaktionen*, die z. B. beim Abbau von Glukose, Fettsäuren, Ketonkörpern oder Aminosäuren als auch für die Synthese solcher Substanzen eine wesentliche Rolle spielen. In der reduzierten Form dient NADP hauptsächlich reduktiven Biosynthesen, wie z. B. der Synthese von Cholesterin oder Fettsäuren. Reduziertes NAD entsteht vornehmlich im katabolen Stoffwechsel der Makronährstoffe und schleust die Reduktionsäquivalente in die Elektronentransportkette der Mitochondrien ein. Durch die Übertragung der Elektronen auf molekularen Sauerstoff wird letztlich die Verbindung zwischen metabolischen Ereignissen und Energiegewinnung hergestellt. NAD dient weiterhin in *ADP-Ribosylierungsreaktionen* als Substrat (s. Abschn. 5.3.3).

Pharmakologische Nikotinsäuredosen (50–250 mg/24 h), jedoch nicht von Nikotinamid, senken die Plasmakonzentration an Cholesterin, Triazylgyzerinen, VLDL und LDL, während der Gehalt an HDL ansteigt. Über diese Mechanismen scheint die Rückfallrate nicht-fataler Myokardinfarkte durch Nikotinsäure gesenkt zu werden [12]. Der Mechanismus über

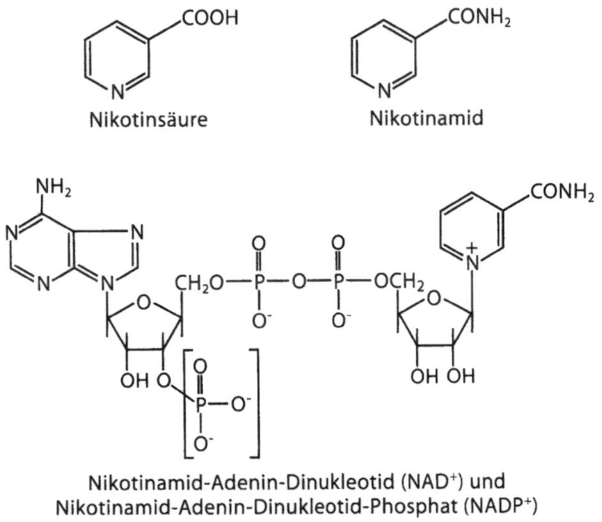

Abb. 6-1. Nikotinsäure, Nikotinamid, NAD und NADP

den Nikotinsäure seine antilipolytischen Effekte entfaltet ist unbekannt. Pharmakologische Dosen an Nikotinsäure können außerdem die Freisetzung des Vasodilators Histamin bewirken, was zu den häufig beobachteten Nebeneffekten der Gesichtsrötung (Flush) führt. Weitere pharmakologische Wirkungen, die unabhängig von der Vitaminwirkung des Niacins sind, betreffen u. a. Reizungen des Gastrointestinaltrakts, Leberschäden oder stimulatorische Effekte auf das Zentralnervensystem und limitieren eine dauerhafte Anwendung von Niacin als Therapeutikum.

Vorkommen, Resorption und Bioverfügbarkeit

Das Vorkommen von Niacin in der Nahrung erstreckt sich auf Nahrungsmittel pflanzlicher und tierischer Herkunft und zwar hauptsächlich in kovalent gebundener Form. Reichhaltige Quellen sind Fleisch, Geflügel, Fisch, Hülsenfrüchte, Erdnüsse und einige Getreidearten (s. *Tabelle 6-2*). Viele Mehle und Getreideprodukte werden mit Niacin angereichert, sodass auch sie gute Quellen darstellen. In Lebensmitteln tierischer Herkunft liegt Niacin hauptsächlich in Form seiner Pyridinnukleotide vor. Obwohl diese *relativ hitzebeständig* sind, wird Niacin zu einem nicht unerheblichen Teil während des Erhitzens, durch das Einwirken von Gewebspyrophosphatasen und -phosphatasen sowie Glykohydrolasen, freigesetzt.

Über die Nahrung aufgenommenes NAD und NADP wird durch unspezifische Pyrophosphatasen im Gastrointestinaltrakt zu Nikotinamid-Mononukleotid (NMN) gespalten [24]. Die alkalische Phosphatase des intestinalen Epithels spaltet von NMN einen Phosphatrest ab, sodass Nikotinamidribosid freigesetzt wird. Von diesem wird durch Glykohydrolasen der Zuckerrest abgespalten und das Amid hydrolysiert, sodass *hauptsächlich freie Nikotinsäure resorbiert* wird (s. Kap. 7).

In pflanzlicher Nahrung liegt Niacin in diversen gebundenen Formen vor. Niacin in Getreiden, insbesondere in Kleie, ist mit komplexen Kohlenhydraten und in geringerem Maße auch mit Peptiden verestert. Um das Niacin solcher Bindungsformen verfügbar zu machen, ist eine Behandlung des Korns mit Kalkwasser notwendig, so wie es bei der traditionellen Zubereitung der Tortillas in Mexiko und Zentralamerika geschieht. In Getreide liegt Niacin zum Großteil in der Aleuronschicht vor. Diese Bestandteile sind insbesondere in hellen Mehlen nach dem Ausmahlen nicht mehr vorhanden, weshalb der Niacingehalt solcher Mehle gering ist. In Amerika werden die ausgemahlenen Vitamine dem Mehl wieder zugesetzt, um die ursprünglichen Gehalte des Produkts zu bewahren. Solche Mehle werden als »angereichert« deklariert.

Das Rösten grüner Kaffeebohnen führt dazu, dass *Trigonellin* (1-Methyl-Nikotinsäure) zu Nikotinsäure umgewandelt wird.

Bedarf und Mangelzustände

Die *empfohlene Tageszufuhr* entspricht 5–6 mg Niacinäquivalente für Kinder, 20 mg für stillende Frauen, 15–20 mg für Männer und 13–15 mg für Frauen (*Tabelle 6-1*). Hierbei ist zu berücksichtigen, dass die Enzyme, die an der Konversion von Tryptophan zu Niacin beteiligt sind, teilweise Pyridoxin (Vitamin B_6)-abhängig sind und daher die Zufuhr von Vitamin B_6 bei der Beurteilung des Niacinstatus mit zu berücksichtigen ist. Die Symptome eines marginalen *Niacinmangels* sind uncharakteristisch und vorwiegend neurologisch. Ein ausgeprägter Mangel geht mit Dermatitis, Diarrhö und Demenz (»DDD«) einher. Diese schwere Form des Niacinmangels, die Pellagra (»rauhe Haut«), findet man auch heute noch in Indien und Gebieten von China und Afrika. Obwohl in Südamerika die Zufuhr an Tryptophan und Niacin ähnlich gering ist, scheint hier der Kaffeekonsum für eine ausreichende Niacinzufuhr zu sorgen.

Ermittlung des Niacinstatus

Die Bestimmung des Niacinstatus erfolgt vorwiegend auf Basis der im Urin ausgeschiedenen Metabolite [35, 42]. Messungen von n-Methyl-Nikotinamid, dem 2-Pyridon, der Summe und der Ratio der beiden Metabolite mittels hochauflösender Flüssigkeitschromatographie (»high performance liquid chromatography«, HPLC), werden gewöhnlich für die Bestimmung des Status herangezogen. Die Resultate nach Applikation einer Testdosis Nikotinsäure oder Nikotinamid sind zuverlässiger. Die chemische Standardmethode zur photometrischen Bestimmung von Nikotinsäure ist die Spaltung des Pyridinringes mit Cyanogenbromid (CNBr) und Bildung eines Farbkomplexes durch Reaktion mit aromatischen Aminen, wie z. B. Sulfanilsäure (König-Reaktion). Zur Bestimmung des Niacins in biologischen Systemen müssen die dort vorwiegenden Pyridinnukleotide und das Nikotinamid zunächst hydrolysiert werden.

Fluorometrische Verfahren zum Nachweis von Nikotinamid im Serum, nach quantitativer Umwandlung des Nikotinamids in 1-Methylnikotinamid mittels Methyljodid, stehen ebenfalls zur Verfügung. Außerdem gibt es enzymatische und mikrobiologische Methoden. Zur mikrobiologischen Bestimmung von Nikotinsäure und Nikotinamid werden häufig die Protozoen *Tetrahymena pyriformis* oder *Lactobazillus plantarum* verwendet. Ein für die biologisch aktiven Formen des Niacins spezifischer, radiometrisch-mikrobiologischer Test kann mittels der Hefe *Kloeckera brevis* durchgeführt werden.

6.1.2 Riboflavin (Vitamin B_2)

Riboflavin, auch als Vitamin B_2, bezeichnet, ist in Form seiner Flavokoenzyme Flavinadenindinukleotid (FAD) und Flavinmononukleotid (FMN, Riboflavin-5′-Phosphat) ebenso wie

Tabelle 6-1. Empfehlungen zur Zufuhr von Vitaminen. (Nach DGE, ÖGE, SGE und SVE, 2000)

Altersgruppe	Niacin	B_2	B_1	Folsäure	B_{12}	B_6	Pantothensre	Biotin	Vitamin C	Vitamin K	Vitamin E	Vitamin A	Vitamin D
	[mg NÄ[a]/24 h]	[mg/24 h]	[mg/24 h]	[µg FÄ[b]/24 h]	[µg/24 h]	[mg/24 h]	[mg/24 h][c]	[µg/24 h][c]	[mg/24 h]	[µg/24 h][c]	[mg TÄ[d]/24 h][c]	[mg RÄ[e]/24 h]	[µg[f]/24 h]
Säuglinge													
0–3 Monate	2	0,3	0,2	60	0,4	0,1	2	5	50	4	3	0,5	10
4–11 Monate	5	0,4	0,4	80	0,8	0,3	3	5–10	55	10	4	0,6	10
Kinder													
1–3 Jahre	7	0,7	0,6	200	1,0	0,4	4	10–15	60	15	6	0,6	5
4–6 Jahre	10	0,9	0,8	300	1,5	0,5	4	10–15	70	20	8	0,7	5
7–9 Jahre	12	1,1	1,0	300	1,8	0,7	5	15–20	80	30	10	0,8	5
10–12 Jahre													
m.	15	1,4	1,2	400	2,0	1,0	5	20–30	90	40	13	0,9	5
w.	13	1,2	1,0	400	2,0	1,0	5	20–30	90	40	11	0,9	5
13–14 Jahre													
m.	18	1,6	1,4	400	3,0	1,4	6	25–35	100	50	14	1,1	5
w.	15	1,3	1,1	400	3,0	1,4	6	25–35	100	50	12	1,0	5
Jugendliche/Erwachsene													
15–18 Jahre													
m.	17	1,5	1,3	400	3,0	1,6	6	30–60	100	70	15	1,1	5
w.	13	1,2	1,0	400	3,0	1,2	6	30–60	100	60	12	0,9	5
19–24 Jahre													
m.	17	1,5	1,3	400	3,0	1.5	6	30–60	100	70	15	1,0	5
w.	13	1,2	1,0	400	3,0	1,2	6	30–60	100	60	12	0,8	5
25–50 Jahre													
m.	16	1,4	1,2	400	3,0	1,5	6	30–60	100	70	14	1,0	5
w.	13	1,2	1,0	400	3,0	1,2	6	30–60	100	60	12	0,8	5
51–64 Jahre													
m.	15	1,3	1,1	400	3,0	1,5	6	30–60	100	80	13	1,0	5
w.	13	1,2	1,0	400	3,0	1,2	6	30–60	100	65	12	0,8	5
>64 Jahre													
m.	13	1,2	1,0	400	3,0	1,4	6	30–60	100	80	12	1,0	10
w.	13	1,2	1,0	400	3,0	1,2	6	30–60	100	65	11	0,8	10
Schwangere	15[g]	1,5[g]	1,2[g]	600	3,5	1,9[g]	6	30–60	110[g]	60	13	1,1	5
Stillende	17	1,6	1,4	600	4,0	1,9	6	30–60	150	60	17	1,5	5

[a] 1 mg Niacin-Äquivalent = 60 mg Tryptophan. [b] Folsäureäquivalent (FÄ). Menge eines Folsäurederivats, die wirkungsgleich mit freier Folsäure ist (berücksichtigt die unterschiedliche Bioverfügbarkeit von Mono- und Polyglutamaten; freie FÄ = Monoglutamat + 0,2 × Polyglutamat). [c] Schätzwerte für eine angemessene Zufuhr. [d] 1 mg RRR-α-Tocopherol-Äquivalent (TÄ) = 1 mg RRR-α-Tocopherol = 1,1 mg RRR-α-Tocopherylazetat = 2 mg RRR-β-Tocopherol = 4 mg RRR-γ-Tocopherol = 100 mg RRR-δ-Tocopherol = 3,3 mg RRR-α-Tocotrienol = 1,49 mg RRR-α-Tocopherylazetat. [e] 1 mg Retinoläquivalente (RÄ) = 6 mg all-trans-β-Karorin = 12 mg andere Provitamin A-Karotinoide = 1,15 mg all-trans-Retinylazetat = 1,83 mg all-trans-Retinylpalmitat; 1 µg Retinol = 3.3 IE. [f] 1 µg = 40 IE. [g] Ab dem 4. Monat.

Tabelle 6-2. Niacingehalte verschiedener Lebensmittel. [Nach Souci-Fachmann-Kraut (1989/90) Die Zusammensetzung der Lebensmittel, Nährwerttabellen]

Lebensmittel	Niacingehalt (mg/100 g)
Fleisch	
Rindfleisch	7,5
Kalbsleber	15,0
Schweinefleisch	5,0
Schweineleber	15,7
Fisch	
Heilbutt	5,9
Hering	4,3
Schellfisch	3,1
Gemüse/Obst	
Blumenkohl	0,6
Kohlrabi	1,8
Kartoffeln	1,2
Erbsen (Samen, grün)	2,0
Äpfel	0,3
Birnen	0,2
Bananen	0,6
Getreide/Getreideprodukte	
Haferflocken	1,0
Roggen (Vollkorn)	1,8
Roggenmehl, Type 815	0,6
Weizen (Vollkorn)	5,1
Weizenmehl, Type 405	0,7
Kaffee	
Kaffeebohnen, geröstet	13,7

Niacin essenziell für die Synthese bestimmter an Redoxvorgängen beteiligter Koenzyme (*Abb. 6-2*).

Funktionen

Flavinadenindinukleotid (FAD) und Flavinmononukleotid (FMN, Riboflavin-5´-Phosphat) sind als essenzielle Koenzyme an der terminalen Verbindungsstelle zwischen *katabolen Stoffwechselprozessen* und der *Energiegewinnung* durch Übertragung der, in der Substratoxidation gewonnenen, Elektronen auf molekularen Sauerstoff beteiligt. Auch an der Oxidation von Glukose, Ketonkörpern, Fettsäuren und Aminosäuren selbst ist FAD beteiligt. Die Flavin-Koenzyme sind bei diesen Redox-Reaktionen beteiligt, indem die N-Atome 1 und 5 des Isoalloxazinringes H-Atome und damit Elektronen aufnehmen und abgeben können.

Riboflavin ist die allgemeine Bezeichnung für 7,8-Dimethyl-10-(1´-D-Ribityl)isoalloxazin. »Ribo« beschreibt die Ribitylseitenkette, »flavin« wird Synonym für substituierte Isoalloxazine verwendet (*Abb. 6-2*). Die meisten Flavinkoenzyme sind über ionische und hydrophobe Interaktionen mit dem Apoenzym verbunden. Dennoch gibt es einige die kovalent mit dem Apoenzym verknüpft vorliegen. Beim Menschen trifft dies beispielsweise auf die mitochondrialen Flavoproteine Succinatdehydrogenase und Monoaminooxidase zu.

Vorkommen, Resorption und Bioverfügbarkeit

Riboflavin liegt *in Nahrungsmitteln* hauptsächlich in seinen Koenzymformen vor. Mehr als 2/3 des Riboflavins in Nahrungsmitteln sind typischerweise FAD. Milch und Eier bilden hiervon eine Ausnahme, da hier relative große Mengen freien Riboflavins vorkommen. Neben Milch und Eiern sind Fleisch, besonders Leber, und grüne Gemüse gute Riboflavinquellen (*Tabelle 6-3*). Zerealien sind relativ schlechte Riboflavinquellen, jedoch kommen auch hier zunehmend »angereicherte« Getreideprodukte auf den Markt.

Etwa 5–10% der natürlich vorkommenden Flavinkoenzyme sind kovalent über 8α-S-Cysteinyl- oder 8α-N-Histidylbindungen mit Proteinen verknüpft. Hieraus werden im Gastrointestinaltrakt 8α-(Aminosäure-)Riboflavine freigesetzt, die allerdings nicht für die Synthese von Flavinkoenzymen genutzt werden können [35].

Riboflavin und sein Phosphat (FMN) sind relativ hitzestabil in leicht sauren und neutralen Lösungen, unter basischen Bedingungen dahingegen sehr empfindlich. Eine Spaltung der Ribitylseitenkette verbunden mit einem Verlust der Vitaminaktivität geschieht unter Lichteinfluss. Lumichrom und Lumiflavin sind 2 typische Photoprodukte der Riboflavinspaltung.

Im Rahmen der proteolytischen *Digestion* werden die Flavin-Koenzyme, in welcher Form Riboflavin größtenteils in Nahrungsmitteln vorliegt, von den Proteinen freigesetzt. Pyrophosphatasen (spalten FAD zu FMN und AMP) und alkalische Phosphatase (spaltet FMN zu Riboflavin und Phosphat) sind, wie schon beim Abbau des NAD beschrieben, die beiden Enzyme die das Vitamin aus seinen Koenzymformen freisetzen. Freies Riboflavin wird hauptsächlich im proximalen Dünndarm über einen sättigbaren, Na^+-unabhängigen Mechanismus resorbiert (s. Kap. 7).

Bedarf und Mangelzustände

Empfehlungen zur Riboflavinzufuhr liegen bei 1,7 mg/24 h bei Männern, 1,5 mg/24 h bei Frauen, 1,8 mg bei Schwangeren, und 2,3 mg in der Stillzeit (s. *Tabelle 6-1*).

Die Symptome eines *marginalen Riboflavinmangels* sind uncharakteristisch und zeigen sich vorwiegend an den Schleimhäuten im Bereich des Kopfes. Dazu zählen *angulä-*

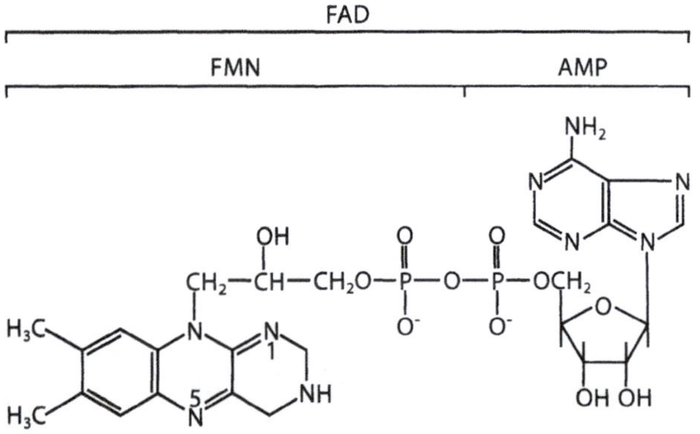

Abb. 6-2. Flavinadenindinukleotid (FAD) ist aus Flavinmononukleotid (FMN) und Adenosinmonophosphat (AMP) zusammengesetzt

Tabelle 6-3. Riboflavingehalte verschiedener Lebensmittel. [Nach Souci-Fachmann-Kraut (1989/90) Die Zusammensetzung der Lebensmittel, Nährwerttabellen]

Lebensmittel	Riboflavingehalt [mg/100 g]
Milch, Milchprodukte	0,15–0,2
Käse	0,2–0,5
Eier	0,3
Leber	3,5
Schweinefleisch	0,3
Huhn	0,2
Fisch	0,2–0,3
Spargel, Brokkoli	0,2
Spinat, Avocado	0,15
Obst	<< 0,1
Zerealien	0,2
Brot	<< 0,1
Walnüsse	0,1
Schokolade	0,4
Hefe	5,4

re Stomatitis, Cheilosis und Glossitis, starker Tränenfluss und Vaskularisierung der Kornea. Es besteht ebenfalls eine Verbindung zur Entwicklung der senilen Katarakt. Dies ist insbesondere deshalb zu berücksichtigen, da in westlichen Industrienationen für ca. 10% der älteren Bevölkerung die Gefahr eines Riboflavinmangels aufgrund unzureichender Zufuhr besteht. Im Spätstadium eines Mangels findet sich eine hypochrome Anämie, die vermutlich auf die reduzierte Aktivität einer FMN-abhängigen Oxydoreduktase zurückzuführen ist, die Eisen aus Ferritin freisetzt und bei der Hämatopoese eine Rolle spielt.

Bestimmung des Vitaminstatus

Die Statusbestimmung erfolgt durch Aktivitätsbestimmung der Gluthationreduktaseaktivität in frisch lysierten Erythrozyten [42]. Dieses Flavin-abhängige Enzym reduziert oxidiertes Glutathion und stellt einen wichtigen Schutzmechanismus gegenüber reaktiven Sauerstoffspezies, insbesondere in den Erythrozyten, dar. Eine deutliche Aktivitätssteigerung des Enzyms nach Zugabe von FAD (Aktivierungskoeffizient), zeigt einen Riboflavinmangel auf. Da die Speicherung von Riboflavin sehr gering ist, kann die Ermittlung der Riboflavinausscheidung im Urin ebenfalls zur Ermittlung des Riboflavinstatus herangezogen werden.

Die Trennung des Riboflavins erfolgt häufig durch HPLC, die Detektion des Riboflavins zumeist fluorometrisch. Hierbei wird entweder die natürliche Fluoreszenz des Riboflavins gemessen oder die des nach Bestrahlung im alkalischen Mileu gebildeten Lumiflavins [35]. Eine mikrobiologische Bestimmung des Riboflavins kann unter Verwendung von *Lactobazillus casei* erfolgen, indem man die Trübung photometrisch misst oder die gebildete Milchsäure titriert. Einen sensitiveren Nachweis erlaubt die Verwendung von *Leuconostoc mesenteroides*. Zur mikrobiologischen Bestimmung des Gesamtriboflavins in Körperflüssigkeiten eignet sich auch das Protozoon

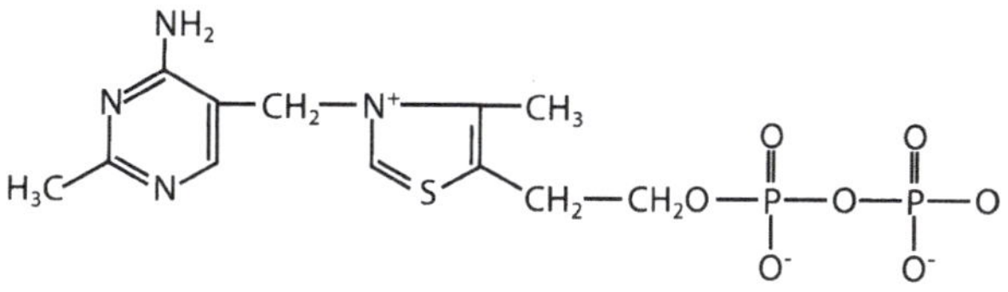

Abb. 6-3. Thiaminpyrophosphat ist die Koenzymform des Thiamins

Tetrahymena pyriformis [35]. Generell sind die HPLC-Methoden meist automatisiert und daher rascher sowie empfindlicher als die mikrobiologischen Testverfahren.

6.1.3 Thiamin (Vitamin B_1)

Thiamin, Vitamin B_1, besteht aus einem Pyrimidin- und einem Thiazolring, die über eine Methylgruppe miteinander verbunden sind. Beide Ringe sind, wie in *Abb. 6-3* dargestellt, substituiert. Die Substituenten am Pyrimidinring sind wichtig für die biologische Wirkung des Thiamins, die Hydroxyethylgruppe des Thiazolringes dient der Bildung der Koenzymform Thiaminpyrophosphat. Neben dem Pyrophosphat oder Diphosphat kommen auch Mono- und Triphosphatester des Thiamins natürlich vor. Thiamintriphosphat scheint für bestimmte Nervenfunktionen wichtig zu sein.

Funktionen

Thiamin wird vom Organismus in Form seines Koenzyms Thiaminpyrophosphat benötigt. Thiaminpyrophosphat ist essenziell für oxidative Decarboxylierungsreaktionen von bestimmten, im Intermediärstoffwechsel gebildeten α-Ketosäuren, wie die in Glykolyse bzw. Trikarbonsäurezyklus entstehenden Pyruvat bzw. α-Ketoglutarat oder die beim Abbau der verzweigtkettigen Aminosäuren gebildeten α-Ketoisovalerianat (Abbau von Valin), α-Keto-β-Methylvalerianat (Abbau von Isoleucin) und α-Keto-Isocapronat (Abbau von Leucin). Weiterhin ist Thiaminpyrophosphat als Koenzym der Transketolase an der Umwandlung von Pentosen aus Hexosen beteiligt (Pentosephosphatzyklus).

Pharmakologische Anwendungen findet Thiamin insbesondere bei Erkrankungen des zentralen und peripheren Nervensystems. Hier werden Dosen zwischen 50 und 200 mg/24 h oral verabreicht [25].

Vorkommen, Resorption und Bioverfügbarkeit

In *Nahrungsmitteln* liegt Thiamin hauptsächlich in Form seiner phosphorylierten Derivate vor. Thiamin kommt reichlich in Getreidesamen und der Aleuronschicht vor und geht deshalb beim Ausmahlen des Getreides größtenteils verloren. »Angereicherte« Mehle enthalten neben Niacin und Riboflavin auch Thiamin zugesetzt [69]. Weitere gute Thiaminquellen sind Fleisch, insbesondere Schweinefleisch, Nüsse und Hülsenfrüchte (*Tabelle 6-4*). Thiamin ist *sehr temperaturempfindlich*, besonders in wässrigem Milieu unter leicht alkalischen Bedingungen.

Aus Nahrungsmitteln wird Thiamin aus Thiaminpyrophosphat, wie schon für Niacin und Riboflavin beschrieben, durch die Aktivität von Pyrophosphatasen und alkalischer Phosphatase freigesetzt. Freies Thiamin wird über einen aktiven Transportprozess *resorbiert* (s. Kap. 7).

Tabelle 6-4. Thiamingehalte ausgewählter Lebensmittel

Lebensmittel	Thiamingehalt [mg/100 g]
Milch, Milchprodukte	0,3–0,5
Schweinefleisch	0,7–0,9
Rindfleisch	0,6
Huhn	0,1
Leber	0,3
Zerealien	0,5–2,0
Vollkorn	0,3–1,5
Vollkornbrot	0,3
Spargel	0,2
Spinat	0,2
Linsen	0,4
Erbsen	0,3
Bohnen	0,6
Walnüsse	0,5

Bedarf und Mangelzustände

Die *Empfehlungen für die Thiaminzufuhr* liegen bei 1,1 mg/24 h für Frauen und bei 1,3 mg/24 h für Männer. Für Schwangere und Stillende werden zusätzlich 1,5–1,7 mg/24 h empfohlen (s. *Tabelle 6-1*).

Symptome eines Thiaminmangels sind periphere Neuropathie, v. a. der Extremitäten, Schwäche, Muskelatrophie, Tachykardien, Müdigkeit und Gedächtnisverlust. Ursache eines Thiaminmangels in den westlichen Industrienationen ist in erster Linie chronischer Alkoholkonsum, der zu reduzierter Absorption und Speicherung führt, vor allem aber mit einer verminderten Zufuhr an Thiamin, als auch anderer Vitamine, assoziiert ist. Ein schwerer Thiaminmangel geht mit der Entwicklung von Beriberi einher. Marginaler Thiaminmangel ist durch eher unspezifische Symptome, wie Müdigkeit, Gewichtsverlust und Verwirrungszustände gekennzeichnet und wird bei 15–30% der Nordamerikaner beschrieben. Thiaminasen in rohem Fisch und Schellfisch und oxidierende Inhaltsstoffe aus Tee und Kaffee, können die *Bioverfügbarkeit* von Thiamin vermindern.

Ermittlung des Vitaminstatus

Der Thiaminstatus wird am verlässlichsten durch Bestimmung des Aktivierungskoeffizienten der erythrozytären Transketolase ermittelt. Stimulierung der Transketolaseaktivität um mehr als das 1,16fache durch Zugabe von Thiaminpyrophosphat deuten auf einen Thiaminmangel hin. Schwere, Beriberi-ähnliche Symptome treten erst bei Aktivierungskoeffizienten von ca. 2,5 auf.

Ein häufig benutztes Verfahren zur Thiaminbestimmung im Urin ist die Thiochrommethode. Sie basiert auf der Oxidation des Thiamins zu dem intensiv blau fluoreszierenden Thiochrom. Die Verknüpfung von HPLC-Techniken und Fluorometrie erlaubt den Nachweis von 0,05 pmol Thiamin und dessen 3 natürlich vorkommenden Phosphaten [35].

6.1.4 Folsäure

Folsäure besteht aus einem 2-Amino-4-Hydroxy-Pteridin-Ring (Pterin), der über eine Methylengruppe mit dem C_6-Atom von *p*-Aminobenzoylglutaminsäure verknüpft ist (*Abb. 6-4*). Die biologisch aktive Form der Folsäure ist die Tetrahydrofolsäure, die durch 2fache Reduktion von Folsäure durch NADPH-abhängige Folsäurereduktase und Dihydrofolsäurereduktase entsteht. Tetrahydrofolsäure wirkt als wichtiges Koenzym bei der Übertragung von 1-Kohlenstoffresten (Methyl-, Methylen-, Methenyl-, Formyl- und Formiminoreste). Träger der 1-Kohlenstoffreste sind die N_5- und N_{10}-Atome des Pterins. Übertragungen von 1-Kohlenstoffresten spielen v. a. im Nukleotid- und Aminosäurestoffwechsel eine Rolle.

Mehr als 95% der Gewebsfolate sind Polyglutamate, mit 5–8 Glutaminsäureresten, die jeweils über die γ-Carboxylgruppen mit der α-Aminogruppe des vorhergehenden Glutaminsäurerestes verknüpft sind. Im allgemeinen besitzen die Polyglutamatformen der Tetrahydrofolsäure ($H_4PteGlu_n$) höhere Affinitäten zu den entsprechenden Enzymen des 1-Kohlenstoff-Stoffwechsels und werden deshalb als Koenzymform bevorzugt gebunden.

Die 1-Kohlenstoffeinheiten des Folatmetabolismus stammen hauptsächlich vom C-3 des Serin ab. Weitere Quellen von 1-Kohlenstoffeinheiten sind Formiat, das wiederum innerhalb des Serinmetabolismus in den Mitochondrien entsteht, und der C-2 des Imidazolringes von Histidin.

Funktionen

Die Serin-Hydroxymethyltransferase, ein Pyridoxalphosphat-abhängiges Enzym, überträgt reversibel Formaldehyd von Serin auf Tetrahydrofolsäure unter Bildung von Glyzin und 5,10-Methylen-$H_4PteGlu_n$. 5,10-Methylen-$H_4PteGlu_n$ nimmt eine zentrale Position im 1-Kohlenstoffmetabolismus ein, da seine C1-Komponente in die 3 zytosolischen 1-Kohlenstoffzyklen der Methioninsynthese, der de-novo-Purinsynthese und der Thymidilatsynthese eingeht (*Abb. 6-5*).

Bei der *Remethylierung von Homocystein zu Methionin* wird zunächst 5, 10-Methylen-$H_4PteGlu_n$ zu 5-Methyl-$H_4PteGlu_n$ unter Beteiligung der Methylentetrahydrofolatreduktase und NADPH reduziert (*Abb. 6-5*). Die Methioninsynthase, ein Vitamin-B_{12}-abhängiges Enzym, katalysiert schließlich die Übertragung der Methylgruppe von 5-Methyl-$H_4PteGlu_n$ auf Homo-

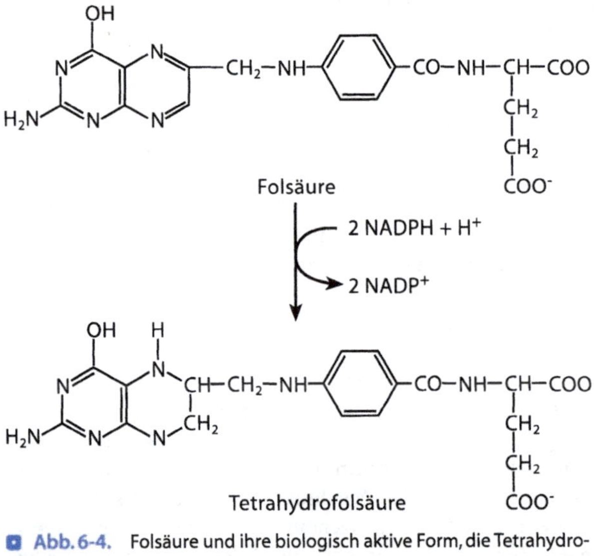

Abb. 6-4. Folsäure und ihre biologisch aktive Form, die Tetrahydrofolsäure

Abb. 6-5. Tetrahydrofolsäure-($H_4PteGlu_n$)-abhängige 1-Kohlenstoff-Zyklen im Zytoplasma von Zellen. *SHMT* Serinhydroxymethyltransferase; *MTHFR* Methylentetrahydrofolatreduktase; *MS* Methioninsynthase; *TS* Thymidilatsynthase; *DHFR* Dihydrofolatreduktase; *MTHFD* Methylentetrahydrofolatdehydrogenase; *CYH* Methylentetrahydrofolatcyclohydrolase; *GAR* Glyzinamidribonukleotid; *GART* GAR-Formyltransferase; *AICAR* 5-Amino-4-imidazolcarboxamidribonukleotid; *AICART* AICAR-Formyltransferase; *dUMP* 2-Desoxyuridin-5´-Phosphat; *dTMP* 2-Desoxythymidin-5´-Phosphat

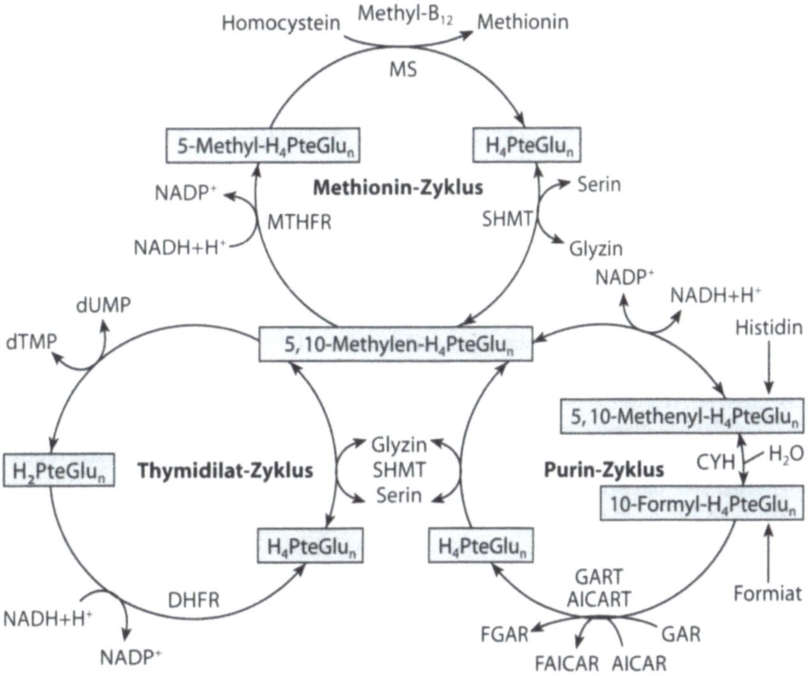

cystein unter Bildung von Methionin und Regenerierung der $H_4PteGlu_n$ (Abb. 6-5).

Homocystein entsteht im Stoffwechsel durch Hydrolyse von S-Adenosylhomocystein, dem Produkt von S-Adenosylmethionin-abhängigen Methylierungsreaktionen. Neben der Remethylierung von Homocystein zu Methionin kann Homocystein auch durch 2 Pyridoxalphosphat-abhängige Enzyme, die Cystathionin-β-Synthase und die Cystathionase, in einer Transsulfurierungsreaktion zu Cystein metabolisiert werden.

Das Ausmaß der Homocystein-Remethylierung oder -Transsulfurierung ist vom Gewebe abhängig und ist in Leber und Niere am höchsten. Die Gewebespiegel an Homocystein sind gewöhnlich niedrig, da akkumulierendes Homocystein schnell in die Zirkulation abgegeben wird. Wieviel Homocystein remethyliert bzw. transsulfuriert wird, hängt von der Menge an S-Adenosylmethionin ab. S-Adenosylmethionin ist ein potenter allosterischer Inhibitor der Methylentetrahydrofolatreduktase und ein Aktivator der Cystathionin-β-Synthase. Somit läuft bei hohen S-Adenosylmethionin-Spiegeln die Transsulfurierung, bei niedrigen Spiegeln die Remethylierung bevorzugt ab.

Unter hohen S-Adenosylmethionin-Spiegeln kommt es durch Hemmung der Methylentetrahydrofolatreduktase zur Verminderung von 5-Methyl-$H_4PteGlu_n$. Dieser Metabolit ist ein potenter Inhibitor der Glyzin-N-Methyltransferase, die S-Adenosylmethionin-abhängig Glyzin zu Sarkosin methyliert. Die Verminderung der 5-Methyl-$H_4PteGlu_n$-Spiegel unter hohen S-Adenosylmethionin-Spiegeln führt somit zu einer verstärkten Sarkosinbildung aus Glyzin und erlaubt die Fixierung überschüssiger Methylgruppen. Dies stellt offenbar einen wichtigen Entgiftungsmechanismus bei exzessiver Methioninzufuhr dar, die durch erhöhte Sarkosinausscheidung im Urin gekennzeichnet ist [51, 53].

Obwohl Folate nicht generell an der Synthese der Pyrimidine beteiligt sind, besitzen sie eine wichtige Bedeutung für die *Synthese von Thymidilat*. Die Thymidilatsynthase katalysiert den Transfer einer Methylgruppe auf Desoxyuridylat unter Bildung von Thymidilat (*Abb. 6-5*). Die Methylgruppe wird durch Reduktion der Methlyengruppe von 5,10-Methylen-$H_4PteGlu_n$ gebildet. Die Reduktionsäquivalente stammen vom $H_4PteGlu_n$ selbst. In der Reaktion entstehende $H_2PteGlu_n$ wird durch die Dihydrofolatreduktase wieder zu $H_4PteGlu_n$ reduziert (*Abb. 6-5*).

10-Formyl-$H_4PteGlu_n$ wird in 2 Schritten der *De-novo-Biosynthese von Purinen* im Zytosol benötigt. Die C_2- und C_8-Atome des Purinrings stammen vom 10-Formyl-$H_4PteGlu_n$ ab und werden durch Transformylierungsreaktionen übertragen (*Abb. 6-5*). 10-Formyl-$H_4PteGlu_n$ geht aus 5,10-Methylen-$H_4PteGlu_n$ durch Oxidation hervor (*Abb. 6-5*), kann jedoch auch durch direkte Formylierung von $H_4PteGlu_n$ mittels Formyltetrahydrofolatsynthetase entstehen.

Pharmakologische Bedeutung erlangen Folate zunehmend durch Beobachtungen, die einen Zusammenhang zwischen leichter *Hyperhomocysteinämie* und der Entstehung vaskulärer Verschlußkrankheiten zeigen [51, 53]. Genetische Defekte, die mit einem Mangel an Methylentetrahydrofolatreduktase oder Cystathionin-β-Synthase einhergehen, sind mit hohen Homocystein-Spiegeln und dem frühen Auftreten kardiovaskulärer Verschlusskrankheiten assoziiert. Hyperhomocysteinämien erhöhen die Proliferation glatter Muskelzellen der Gefäßwände und verringern die Proliferation der Endothelzellen.

Wenngleich viele Mechanismen diskutiert werden, die zu den arteriosklerotischen Veränderungen beitragen, wie z. B. Effekte auf Transkriptionsfaktoren, die das Zellwachstum regulieren, Disulfidbrückenbildung mit Proteinen wie Apolipoprotein-B-100, Modulation der Stickstoffmonoxidsynthaseaktivität oder Erhöhung der S-Adenosylhomocysteinspiegel, ist bislang nicht zweifelsfrei geklärt, wie Homocystein seine negativen Wirkungen auf das Gefäßsystem entfaltet. Die Plasmahomocysteinkonzentrationen liegen in Patienten mit vaskulären Erkrankungen um 30% höher als in Kontrollpersonen und das Auftreten von Karotisstenosen korreliert positiv mit den

Homocysteinspiegeln über den gesamten Bereich normaler und abnormaler Konzentrationen [53]. Berechnungen deuten darauf hin, dass bei Männern bereits eine Erhöhung des Homocysteinplasmaspiegels um 12% über den oberen Grenzwert der Normalwerte das Risiko für einen akuten Myokardinfarkt um das 3fache erhöht. Erhöhte Plasmahomocysteinkonzentrationen können durch erhöhte Folataufnahme reduziert werden.

Die Folataufnahme sowie die Plasmafolatspiegel verhalten sich umgekehrt zu den Nüchternhomocysteinspiegeln im Blut. Die größten Effekte auf den Homocysteinspiegel durch erhöhte Folataufnahme erreicht man bei Personen mit deutlich erhöhten Homocysteinplasmakonzentrationen. Ein Teil der Personen mit Hyperhomocysteinämie, die auf Folatgaben ansprechen, weisen einen *Polymorphismus (Alanin zu Valin)* in der Methylentetrahydrofolatreduktase auf [60]. Eine homozygote Val/Val-Form der Methylentetrahydrofolatreduktase findet sich in ca. 10% der meisten Populationen und tritt gehäuft bei Personen mit erhöhten Homocysteinspiegeln auf. Insgesamt sind etwa 50% der Bevölkerung heterozygot oder homozygot für den genannten Polymorphismus.

Während bereits gezeigt ist, dass Folatsupplementation erhöhte Homocysteinplasmaspiegel erniedrigen kann, steht der Beweis einer damit einhergehenden Senkung des Arterioskleroserisikos allerdings derzeit noch aus.

Da die Remethylierung von Homocystein auch B_{12}- und die Transsulfurierung B_6-abhängig ist, könnten auch erhöhte Gaben dieser Vitamine zu einer Verminderung des Homocysteinspiegels beitragen. Allerdings ist Vitamin B_{12}-Mangel ein quantitativ weniger bedeutender Risikofaktor als Folat-Mangel für Hyperhomocysteinämie [18]. Ein verbesserter Vitamin-B_6-Status führt, im Gegensatz zu einem verbesserten B_{12}-Status, nicht zu einer Senkung des Nüchternspiegels an Homocystein, schwächt aber den Anstieg an Homocystein nach Methionin-reicher Kost. Die Wirkung beruht sehr wahrscheinlich auf einer Stimulierung des Pyridoxalphosphat-abhängigen Enzyms Cystathionin-β-Synthase.

Neben protektiven Wirkungen von Folat in der Genese *arteriosklerotischer* Erkrankungen, kann eine *perikonzeptionelle Folatsupplementation* das Auftreten von Neuralrohrdefekten, die mit 0,1% der Geburten den häufigsten Geburtsdefekt beim Menschen darstellen, um mehr als 70% reduzieren. Ähnlich wie bei der Entstehung der Arteriosklerose scheinen Neuralrohrdefekten nicht durch einen Folatmangel per se begründet zu sein, vielmehr handelt es sich um eine wahrscheinlich multigenetische Erkrankung, deren Ausprägung durch Folatsupplementation in Abhängigkeit vom Genotyp beeinflusst werden kann. 400 µg Folat/24 h minimieren das Risiko von Neuralrohrdefekten des Neugeborenen, allerdings müssen sie in den ersten 3 Schwangerschaftswochen eingenommen werden, einer Periode also, in der die Schwangerschaft zumeist nicht bekannt ist. In Amerika erfolgt über die Anreicherung von Nahrungsmitteln derzeit eine zusätzliche Aufnahme von ca. 100 µg Folat/24 h mit dem Resultat verminderter Plasmahomocysteinspiegel. Die Menge stellt einen Kompromiss dar, um einerseits die Reduzierung von Neuralrohrdefekten zu erreichen und andererseits einen Vitamin-B_{12}-Mangel durch Folatgaben nicht zu maskieren.

Da Folate für die Biosynthese von Purinen und Thymidilat notwendig sind, wurden Inhibitoren der Thymidilatsynthase, der Dihydrofolatreduktase und von Enzymen der De-novo-Purinbiosynthese zur Behandlung verschiedener Krebsarten eingesetzt. Solche Folatantagonisten erzeugen einen funktionellen Folatmangel und bedingen durch die verminderte DNA-Synthese eine Wachstumshemmung schnell wachsender Gewebe, wie Tumoren.

Erstaunlicherweise zeigen epidemiologische Studien, dass Folatmangel mit einem erhöhten Risiko für bestimmte Krebsarten, wie Kolonkrebs, assoziiert ist. Diskutiert wird ein Fehleinbau von Uracil in die replizierten DNA-Stränge als Folge des Thymidilatmangels. Der gleiche Mechanismus führt in Zellen, die mit Folatantagonisten behandelt werden zum programmierten Zelltod, der Apoptose. Tatsächlich birgt die erfolgreiche Tumorbehandlung mit Folatantagonisten die Gefahr der Entstehung weiterer Tumore nach 10–20 Jahren. Das Risiko der Krebsentstehung ist in Personen mit einem homozygoten Polymorphismus der Methylentetrahydrofolatreduktase reduziert [60]. Die verminderte Enzymaktivität, die zu einer verminderten Remethylierung von Homocystein führt, bedingt offenbar, dass vermehrt 1-Kohlenstoffeinheiten für die Nukleotidbiosynthesen zur Verfügung stehen und somit die Wahrscheinlichkeit eines Fehleinbaus von DNA-Bausteinen minimiert wird.

Vorkommen, Resorption und Bioverfügbarkeit

Folate werden natürlich von Bakterien und Pflanzen in der 7,8-Dihydrofolatform synthetisiert. Besonders reichlich sind sie in Blattgemüse enthalten, woher sich auch ihr Name ableitet (folia, das Blatt). Gute Folsäurequellen sind weiterhin Spargel, Getreide (Weizenkeime und -kleie), aber auch bestimmte tierische Produkte wie Leber (*Tabelle 6-5*). Rindfleisch, Fisch und Obst sind relativ folsäurearm.

Als Supplement werden vollständig oxidierte Folate gegeben, da diese stabiler sind als die reduzierten Formen. Die Instabilität der reduzierten Formen bedingt auch die großen Verluste, die durch Erhitzen von Nahrung entstehen. Weitere Verluste ergeben sich durch Auslaugen während der Nahrungszubereitung.

Die meisten Nahrungsfolate sind Polyglutamate der Folsäure. Die Polyglutamate der Folsäure werden durch ein Bürstensaummembran-assoziiertes Enzym, die γ-Glutamylhydrolase, im Dünndarm in ihre Monoglutamatform überführt und resorbiert. (s. Kap. 7).

Bedarf und Mangelzustände

Die *Empfehlungen* zur Folataufnahme belaufen sich auf 400 µg Folsäureäquivalente/24 h für Erwachsene (s. *Tabelle 6-1*). Für Kinder entsteht im Vergleich zu Erwachsenen ein zusätzlicher Bedarf für ein optimales Zellwachstum. Für Kleinkinder im Alter von 1–3 Jahren wird eine Aufnahme von 200 µg Folsäureäquivalenten/24 h empfohlen. Für Schwangere ergibt sich ebenfalls ein Mehrbedarf, der mit 400 µg/24 h angegeben wird und am einfachsten über Supplemente zu erreichen ist. Die Supplementierung sollte spätestens 4 Wochen vor Beginn der Schwangerschaft erfolgen und während des ersten 1/3 der Schwangerschaft beibehalten werden.

Symptome eines *Folsäuremangels* machen sich aufgrund der Bedeutung von Folsäure für die DNA-Synthese als erstes in schnell wachsenden Geweben bemerkbar. Ein klassisches Symptom ist die megaloblastische Anämie als Folge einer defekten DNA-Synthese erythropoetischer Zellen. Neben den vergrößerten Erythrozyten, tritt eine Hyperseg-

Tabelle 6-5. Folsäuregehalte verschiedener Lebensmittel

Lebensmittel	Folsäuregehalt [µg FÄ[a]/100 g]
Fleisch und Eier	
Rinderleber	108
Schweineleber	108
Eidotter	127
Getreide/Getreideprodukte	
Hafermehl	21
Roggenvollkornmehl	40
Weizenvollkornmehl	43
Weizenkeime	271
Weizenkleie	159
Gemüse/Salat/Nüsse	
Brokkoliröschen	103
Endivie	116
Grünkohl	47
Rosenkohl	60
Rote Beete	74
Spargel	59
Spinat	134
Wirsing	66
Erdnüsse, geröstet	40
Walnüsse	55

[a] Folsäureäquivalent (FÄ). Menge eines Folsäurederivats, die wirkungsgleich mit freier Folsäure ist (berücksichtigt die unterschiedliche Bioverfügbarkeit von Mono- und Polyglutamaten; freie FÄ = Monoglutamat + 0,2 × Polyglutamat)

mentierung vermindert zirkulierender polymorphkerniger Leukozyten auf. Megaloblastische Zellen zeigen trotz erhöhten DNA-Gehalts einen Arrest in der G2-Phase des Zellzyklus und damit verminderte Zellteilung. Der durch den Folatmangel auftretende Defekt in der DNA-Synthese oder -Reparatur führt zu DNA-Strangbrüchen. Teilen sich solche Zellen dennoch, so unterliegen sie der Apoptose. Die megaloblastische Anämie im Folatmangel ist von ihrer Symptomatik identisch zu derjenigen, die bei Vitamin-B_{12}-Mangel auftritt.

Ermittlung des Vitaminstatus

Der Folatstatus wird zumeist anhand der Plasma- oder Erythrozytenspiegel bestimmt. Klinische Tests die mittels Folatbindungsprotein aus Milch Folat radioimmunologisch nachweisen sind ebenfalls gebräuchlich. Zur Trennung von komplexen Folatgemischen eignen sich HPLC-Methoden, die eine Separierung der verschieden substituierten, unterschiedlich oxidierten sowie unterschiedlich lange Polyglutamylketten aufweisenden Folsäurederivate erlauben [5].

Der *Nachweis* von *Metaboliten* wie *Formiminoglutamat*, das im Histidinabbau in einer H_4-PteGlu$_n$-abhängigen Reaktion zu Glutamat umgewandelt wird, kann ebenfalls einen Folatmangel anzeigen. Das verstärkte Auftreten von Metaboliten begründet sich in einer verminderten Aktivität eines Enzyms, das als Kofaktor ein Vitamin benötigt. Insofern macht es keinen Unterschied, ob man den Metaboliten selbst misst, wie im Falle des Formiminoglutamats oder auch des Homocysteins, oder ob man bestimmt, ob die Enzymaktivität durch Zugabe des Vitamins gesteigert werden kann (Aktivierungskoeffizient, s. oben).

Die Entdeckung von *Polymorphismen* zeigt jedoch die Limitationen auf, die die Bestimmung solcher Enzymaktivitäten oder Metabolite sowohl für die Statusbestimmung als auch für die Zufuhrempfehlung besitzen. Personen mit homozygotem Valin/Valin-Polymorphismus der Methylentetrahydrofolatreduktase weisen eine Instabilität des Enzyms verbunden mit einer verminderten Aktivität auf, deren Folge die Anhäufung von Homocystein ist. Die Bestimmung des Homocysteinspiegels im Plasma indiziert folglich einen Folatmangel. Gleichzeitig weisen die Personen aber eine vermehrte Einschleusung von 1-Kohlenstoffresten in die Nukleotidsynthese auf, sodass die Bestimmung der Thymidilatsynthese eine ausgezeichnete Folatversorgung anzeigt. Der genetische Polymorphismus der betroffenen Personen bedingt aber dennoch einen erhöhten Folatbedarf gegenüber Personen ohne Polymorphismus, die möglicherweise zur Bedarfsermittlung herangezogen wurden. Somit ist es wahrscheinlich, dass genetische Polymorphismen unterschiedliche Bedarfe an Nährstoffen bedingen.

Die angegebenen Empfehlungen können daher immer nur Richtwert sein und sind nie auf ein individuelles Genom angepasst. Außerdem sollten die Methoden der Statusbestimmung kritisch hinterfragt werden.

6.1.5 Cobalamin (Vitamin B_{12})

Vitamin B_{12}, Cobalamin, besteht aus einem zentralen Kobaltatom, das von einer Häm-ähnlichen Corrin-Ring-Struktur umgeben wird. Dabei sind die 4 N-Atome der Pyrrolringe koordinativ mit dem Kobalt verbunden (*Abb. 6-6*). Eine weitere koordinative Bindung verknüpft die Phosphoribo-5,6-Dimethylbenzimidazolyl-Seitengruppe über ein N-Atom des Imidazolringes mit dem Kobaltatom. Wenn Vitamin B_{12} an Enzyme gebunden vorliegt, wird die Dimethylbenzimidazolyl-Seitengruppe durch einen Histidinrest des aktiven Zentrums verdrängt. Die zweite axiale Position, die mit dem Kobaltatom verbunden ist, kann von verschiedenen Liganden, wie Methyl-, Hydroxyl-, 5´-Desoxyadenosyl-, Cyanogruppen oder Wasser, besetzt werden.

Üblicherweise versteht man unter Vitamin B_{12} das Cyanocobalamin. Cyanocobalamin kommt zwar selten natürlich vor, entsteht aber artifiziell durch Extraktion von Spuren an Cyanid während der Reinigung von Vitamin B_{12} aus natürlichen Quellen. Metall-Kohlenstoff-Bindungen sind sehr selten in der Natur und Cyanocobalamin ist das einzige Beispiel einer Kobalt-Kohlenstoff-Bindung. Im Cyanocobalamin und in den natürlich vorkommenden Hydroxy- (oder Aqua-)Cobalaminformen liegt der Kobalt als trivalentes Co^{3+}-Ion vor. Cob(III)alamin ist ein Elektrophil, während Cob(II)alamin ein Radikal und Cob(I)alamin ein Nukleophil ist [18]. Die Koenzymformen des Vitamin B_{12} umfassen die Liganden-freie, vollständig reduzierte Cob(I)alaminform, 5´-Desoxyadenosylcob(III)alamin und Methylcob(III)alamin.

Funktionen

Methylcobalamin ist Kofaktor der Folat-abhängigen Methioninsynthase. Das in der B_{12}-Domäne des Enzyms gebun-

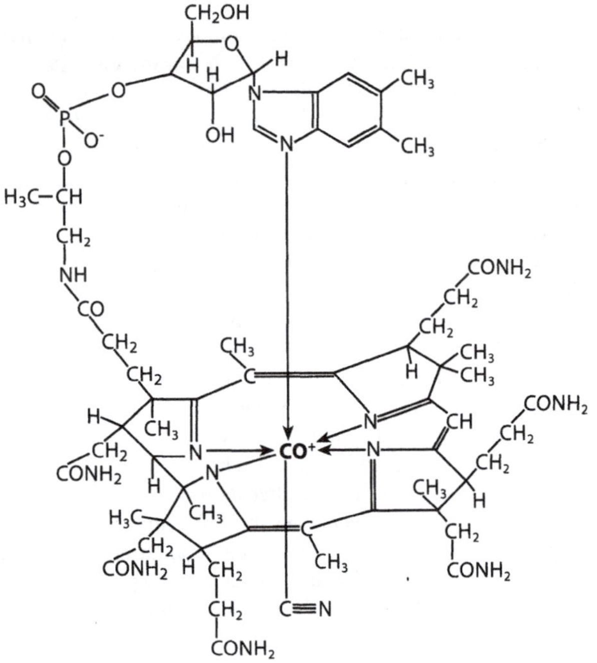

Abb. 6-6. Struktur von Vitamin B_{12} (Cyanocobalamin)

dene Cob(I)alamin wird durch 5-Methyl-H_4PteGlu$_n$ methyliert, wobei Enzym-gebundenes Methylcob(III)alamin entsteht und H_4PteGlu$_n$ aus der Enzymbindestelle freigesetzt wird. Methylcob(III)alamin transferiert seine Methylgruppe auf Enzym-gebundenes Homocystein unter Bildung von Cob(I)alamin und Methionin. Gelegentlich wird Cob(I)alamin im Verlauf der Katalyse zu nicht-funktionellem Cob(II)alamin oxidiert. In diesem Falle erfolgt die Regeneration von Methyl-Cob(III)alamin über eine reduktive Methylierung, die NADPH und S-Adenosylmethionin benötigt.

Desoxyadenosylcob(II)alamin ist Kofaktor der Methyl-Malonyl-CoA-Mutase. Dieses Enzym wandelt L-Methyl-Malonyl-CoA in Succinyl-CoA um. Damit wird ermöglicht Propionyl-CoA – das im Abbau ungeradzahliger Fettsäuren oder der Aminosäuren Isoleucin, Valin, Methionin und Threonin entsteht, nach Biotin-abhängiger Carboxylierung zu D-Methyl-Malonyl-CoA und Razemerisierung zu L-Methyl-Malonyl-CoA – energetisch zur Glukoneogenese (in Leber und Niere) oder zur Häm-Biosynthese zu verwenden.

Vorkommen, Resorption und Bioverfügbarkeit

Vitamin B_{12} wird von einigen anaeroben Mikroorganismen gebildet. Mit Ausnahme einiger Algen, wie Seetang, kommt es in Pflanzen nicht vor. *Hauptquellen für die menschliche Ernährung* sind Fleisch, Molkereiprodukte und einige Fischarten (*Tabelle 6-6*). In Amerika sind Getreideprodukte oftmals mit Vitamin B_{12} angereichert. Auch in Supplementform sind Vitamin-B_{12}-Präparate erhältlich.

Die *Bioverfügbarkeit* von in Nahrungsmitteln enthaltenem Vitamin B_{12} hängt von der Menge des zugeführten Vitamins ab und liegt im Durchschnitt bei ca. 50%. Das Vitamin B_{12} der Nahrung wird im Magen im Rahmen der beginnenden Proteolyse aus dem Proteinverband freigesetzt und an diätetische Proteine mit Affinität zu Vitamin B_{12} (R-Proteine) gebunden. Im Verlaufe der intestinalen Proteolyse werden die R-Proteine gespalten und das Vitamin B_{12} komplexiert mit dem »Intrinsic factor« (IF), einem Glykoprotein, das von den Parietalzellen des Magens sezerniert wird. Im distalen Ileum wird der Vitamin-IF-B_{12}-Komplex über rezeptorvermittelte Endozytose *resorbiert*, wozu die Anwesenheit von Ca^{2+}-Ionen notwendig ist (s. Kap. 7).

Bedarf und Mangelzustände

Die *Empfehlungen* für die Vitamin-B_{12}-Zufuhr liegen bei 3 µg/24 h mit der Nahrung für Erwachsene (*Tabelle 6-1*). Da der Zeitraum bis zur Entwicklung von Mangelsymptomen in Abhängigkeit von der Ursache zwischen 3–15 Jahren schwanken kann, besteht eine große Unsicherheit der Bedarfsableitung. Vermutlich ist mit einer täglichen Zufuhr von 1 µg/24 h bei vollständiger Bioverfügbarkeit ein Minimalbedarf des Menschen zu decken.

Ein *Vitamin-B_{12}-Mangel* ist selten durch unzureichende Nahrungszufuhr begründet, sondern beruht zumeist auf Absorptionsstörungen. Die klassische Manifestation des Mangels besteht in einer perniziösen Anämie, die identisch zur megaloblastischen Anämie des Folatmangels ist. Im B_{12}-Mangel kann die Methylgruppe der 5-Methyl-H_4PteGlu$_n$ nicht mehr auf Cob(I)alamin der Methioninsynthase übertragen und dadurch H_4PteGlu$_n$ nicht regeneriert werden. Als Folge davon verarmen die Zellen an Folatkoenzymen, die für die Thymidilat- und Purinsynthese notwendig sind. Außerdem treten schwere, oft irreversible, neurologische Degenerationen auf. Eine *neurologische Symptomatik* findet sich in 75–90% der Patienten mit klinischem B_{12}-Mangel, während in 25% der Fälle neurologische Symptome ohne das Auftreten einer Anämie vorhanden sind.

Möglicherweise kann ein hoher Folatstatus bei B_{12}-Mangel die Anämie verhindern, nicht aber die neurologischen Symptome. Eine verminderte B_{12}-Resorption als Folge einer verminderten IF-Produktion tritt bei 2–3% der älteren Bevölkerung als Folge einer Autoimmunreaktion gegen IF auf. Der

Tabelle 6-6. Vitamin-B_{12}-Quellen

Lebensmittel	B_{12}-Gehalt [µg B_{12}/100 g]
Milch/Milchprodukte	
Milch	0,4
Emmentaler/Edamer	2,2
Fleisch	
Kalbsleber	60,0
Kalbskotelett	1,6
Rinderniere	33,4
Rinderfilet	3,0
Schweinefleisch	1,0
Schweineleber	39,0
Fisch	
Scholle	1,5
Seelachs	3,5
Thunfisch	4,3
Hering/Makrele	8,5

Autoimmunprozess führt zur Zerstörung der Parietalzellen. Die damit einhergehende verminderte Salzsäureproduktion vermindert außerdem die Freisetzung von B_{12} aus den Nahrungsproteinen und somit zusätzlich die Resorption. Bei IF-Mangel als Ursache eines B_{12}-Mangels sind monatliche i.m.-Injektionen von jeweils 1 mg B_{12} indiziert. Die Notwendigkeit einer effizienten gastrointestinalen Proteolyse für die Resorption von Nahrungs-B_{12} bedingt, dass Erkrankungen wie Gastritis oder Pankreasinsuffizienz bei chronischem Bestehen einen B_{12}-Mangel verursachen. Die Prävalenz der atrophischen Gastritis in der Bevölkerung >50 Jahre wird mit 10–30% angegeben, außerdem sind viele ältere Menschen mit Helicobacter pylori infiziert.

Ermittlung des Vitaminstatus

Die *Vitamin-B_{12}-Statusbestimmung* über die Plasmaspiegel alleine ist nicht ausreichend. Zusätzliche Bestimmungen von Transcobalamin-II gebundenem B_{12} oder von L-Methyl-Malonsäure sind empfehlenswert. Mikrobiologische Tests nutzen die Abhängigkeit der verwendeten Mikroorganismen (meist Laktobazilli) vom Vitamin B_{12} des Mediums aus. Die Empfindlichkeit solcher Tests ist beträchtlich, die Nachweisgrenze liegt bei 10^{-15} g Vitamin B_{12}/ml [5]. Rascher als die mikrobiologischen Tests ist der Radioisotopenverdünnungstest, wenngleich er weniger sensitiv ist (10^{-12} g Vitamin B_{12}/ml). Er funktioniert nach dem Prinzip des Radioimmunoassays (RIA) und benutzt anstelle von Antikörpern »Intrinsic factor« zur Bindung des eingesetzten radioaktiv markierten und des in Serum- oder Urinproben enthaltenen nicht-markierten Vitamin B_{12} [5].

6.1.6 Pyridoxin und seine Derivate (Vitamin B_6)

Vitamin B_6, umfasst 2-Methyl-3-Hydroxy-5-Hydroxymethylpyridin-Verbindungen, die am C-4 unterschiedlich substituiert sind. Dazu zählen Pyridoxal (PL; 4-Formylderivat), Pyridoxin (PN; 4-Hydroxymethylderivat), Pyridoxamin (PM; 4-Aminomethylderivat) sowie die jeweiligen 5´-Phosphatderivate (PLP, PNP, PMP) (◘ *Abb. 6-7*). Die Koenzyme PLP und PMP sind die hauptsächlich vorkommenden Formen in tierischen Geweben. PN liegt vorwiegend in pflanzlicher Nahrung, größtenteils als Glukosidderivat, vor. Die Hauptausscheidungsform von Vitamin B_6 ist die 4-Pyridoxinsäure.

Funktionen

PLP dient in mehr als 100 Enzymen als Koenzym. Die meisten dieser Enzyme sind in den Aminosäurestoffwechsel involviert, wie Aminotransferasen, Decarboxylasen, Aldolasen, Razemasen und Dehydratasen. Die Carbonylfunktion von PLP ist dabei als Schiff-Base mit einer ε-Aminogruppe eines Lysylrests im aktiven Zentrum verknüpft. In praktisch allen PLP-enthaltenden Enzymen besteht der initiale Schritt der Katalyse in der Verdrängung des Lysylrests durch eine freie Aminosäure unter Bildung einer neuen Schiff'schen Base mit dem Koenzym. Damit ist das Koenzym nicht mehr kovalent an das Enzym gebunden, liegt als Ketiminintermediat aber immer noch fest mit dem Enzym assoziiert vor. Elektronenverschiebungen und Labilisierung verschiedener Bindungen um das α-C-Atom der gebundenen Aminosäure können in Transaminierungen, Decarboxylierungen, Razemerisierungen, α, β-Eliminationen/Additionen oder Eliminationen/Additionen des Aminosäurerests resultieren.

Der intermediäre Abbau fast aller Aminosäuren beinhaltet den Transfer einer Aminogruppe auf eine α-Ketosäure. Die häufigsten Akzeptoren solcher Übertragungen sind α-Ketoglutarat und α-Ketopropionat (Pyruvat). Transaminierungen mit diesen α-Ketosäuren führen zur Bildung von Glutamat und Alanin und den α-Ketosäuren der an den Reaktionen beteiligten Aminosäuren. Nach Bindung der freien Aminosäure und Freisetzung der entsprechenden α-Ketosäure entsteht ein PMP-Enzym-Intermediat, das einzig bei Transaminierungsreaktionen auftritt.

Decarboxylasen sind z. B. für die Synthese zahlreicher Hormone und Neurotransmitter, wie Noradrenalin, Serotonin oder Dopamin, notwendig. PLP ist weiterhin Kofaktor der mitochondrialen δ-Aminolävulinsäuresynthase, die den

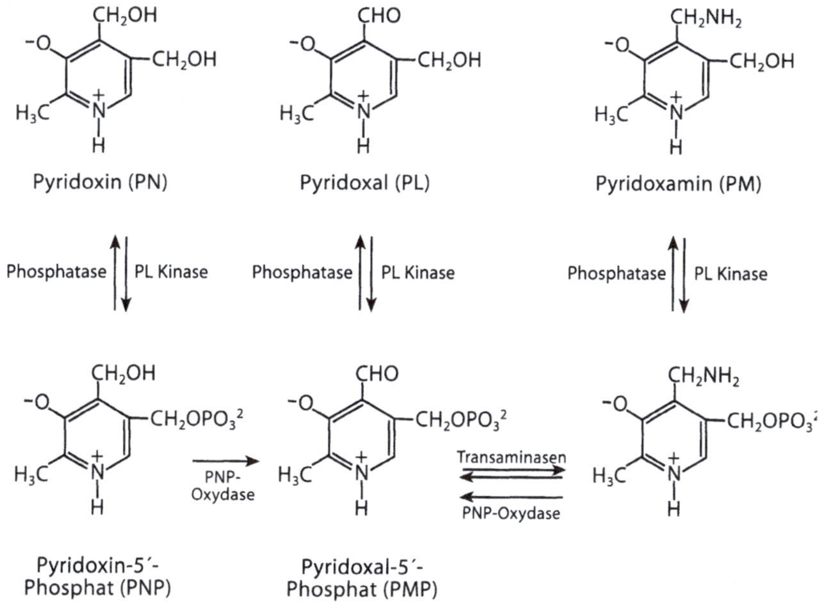

◘ Abb. 6-7. Vitamin-B_6-Verbindungen und ihre Interkonversion

ersten und geschwindigkeitsbestimmenden Schritt der Häm-Biosynthese katalysiert. Als Kofaktor der Serinhydroxymethyltransferase, der Cystathionin-β-Synthase und der Cystathionase spielt PLP eine Rolle im Homocysteinstoffwechsel (s. oben). Das meiste im Körper vorhandene PLP liegt als Bestandteil der Glykogenphosphorylase im Muskel vor. Allerdings wirkt hier die 5´-Phosphatgruppe anstatt der 4-Carbonylgruppe an der Katalyse mit. Auch die Serinpalmitoyltransferase – ein Enzym, das an der Sphingolipidsynthese beteiligt ist – benötigt PLP.

Pharmakologische Bedeutung besitzt Vitamin B_6 möglicherweise als Kofaktor der Homocystein-abbauenden Enzyme (s. oben). Der Anstieg des Homocysteinspiegels nach einer Methionin-reichen Mahlzeit wird durch Vitamin-B_6-Gaben signifikant reduziert. Schwere sensorische Neuropathien wurden bei Personen gefunden, die Megadosen von 1–6 g/24 h an Vitamin B_6 zu sich nahmen. Die Gründe für diese Toxizität sind unklar, jedoch erscheint eine Proteinmodifikation durch PLP plausibel. In einigen Studien wurden Anzeichen einer Toxizität bereits bei einer Aufnahme von 500 mg/24 h festgestellt, während diese bei einer Zufuhr von 100–300 mg/24 h nicht vorkommen. Als sichere Höchstmenge der Aufnahme werden 100 mg Vitamin B_6/24 h empfohlen, eine Menge die in etwa dem Körperspeicher an B_6 entspricht.

Vorkommen, Resorption und Bioverfügbarkeit

Cerealien, Fleisch (hauptsächlich Schweinefleisch und Geflügel) und Früchte (außer Zitrusfrüchten) sind gute *Vitamin-B_6-Quellen* (Tabelle 6-7). Vitamin-B_6-Verbindungen, insbesondere PL und PLP sind *lichtempfindlich*. Starke Verluste treten auch durch Erhitzen und Auslaugen während der Nahrungszubereitung auf.

Die *Resorption* von Vitamin B_6 erfolgt im Dünndarm über erleichterte Diffusion. Die 5´-Phosphatderivate werden vor ihrer Absorption durch Phosphatasen gespalten. Das in pflanzlicher Nahrung hauptsächlich vorliegende PN-Glukosidderivat wird durch eine mukosale Glukosidase dekonjugiert, jedoch wird ein Teil des PN-Glukosids im Menschen auch intakt resorbiert und kann dann in verschiedenen Geweben dekonjugiert werden (s. Kap. 7).

Die *Bioverfügbarkeit* von B_6-Supplementen beträgt mehr als 90%. Das in Nahrungsmitteln enthaltene freie Vitamin B_6 ist zu etwa 75% bioverfügbar, während die Verfügbarkeit des PN-Glukosids nur halb so gut ist. Trotz der guten Bioverfügbarkeit von Vitamin B6 ist die Speicherkapazität für das Vitamin gering, sodass bei hohen Dosen das meiste B_6 im Urin ausgeschieden wird. Der Großteil des resorbierten Vitamin B_6 wird in der Leber in PLP umgewandelt. Das in allen Geweben vorkommende Enzym PL-Kinase ist jedoch in der Lage auch die Vitamere PN, PL und PM zu ihren 5´-Phosphatderivaten zu phosphorylieren.

Tabelle 6-7. Gehalte verschiedener Lebensmittel an Vitamin B_6

Lebensmittel	B_6-Gehalt [mg B_6/100 g]
Huhn	0,3–0,6
Leber	0,9
Fisch	0,3–0,8
Schweinefleisch	0,3–0,5
Milch/Milchprodukte	<0,1
Zerealien	0,3
Reis	0,1–0,5
Brot	0,1–0,2
Bohnen	0,1–0,6
Brokkoli/Mais	0,2
Pilze	0,1–0,2
Spinat/Kartoffeln	0,3
Avocado	0,4
Tomaten	0,1
Obst	<0,1
Erdnüsse	0,8
Walnüsse	0,4

Bedarf und Mangelzustände

Die *Zufuhrempfehlung* für Vitamin B_6 liegt für Frauen bei 1,6 mg, für Männer bei 1,8 mg/24 h (*Tabelle 6-8*). Stillende sollten zusätzlich 0,6 mg, Schwangere 1 mg zu sich nehmen.

Vitamin-B_6-Mangel kann durch *seborrhoische Läsionen im Gesicht, Cheilosis, Glossitis, Stomatitis und eine pellagraähnliche Dermatitis* gekennzeichnet sein. Allerdings treten solche Erscheinungen auch im Niacin- und Riboflavinmangel auf. Es findet sich häufig im B_6-Mangel eine periphere Neuropathie mit Entmyelinisierung der Nerven, die wahrscheinlich auf eine verminderte Aktivität des PLP-abhängigen, an der Sphingomyelinsynthese beteiligten Enzyms Serinpalmitoyltransferase, zurückzuführen ist. EEG-Veränderungen, die vermutlich auf einem gestörten Neurotransmitterstoffwechsel beruhen (PLP-abhängige Aminosäuredecarboxylasen) sind ebenfalls beschrieben. Da PLP Koenzym des Schrittmacherenzyms der Hämbiosynthese, der δ-Aminolävulinsäuresynthase, ist, geht ein Vitamin-B_6-Mangel mit einer hypochromen, eisenrefraktären Anämie einher.

In der Altersgruppe 20–50 Jahre ist bei ca. 10% der Bevölkerung eine unzureichende Vitamin-B_6-Versorgung festzustellen. Häufige Ursachen des Mangels sind Resorptionsstörungen, Interaktionen mit Pharmaka, wie östrogenhaltige Kontrazeptiva oder D-Penicillamin, oder Alkoholismus.

Tabelle 6-8. Pantothensäuregehalte verschiedener Lebensmittel

Lebensmittel	Pantothensäuregehalt [mg/100 g]
Fleisch	4,6
Leber (Rind, Schwein)	60–80
Niere (Rind, Schwein)	30–40
Hirn (Rind, Schwein)	25
Milch	2,4–2,9
Eier	13
Eigelb	35
Hering	10
Heilbutt	2
Austern	5
Obst	0,7–2,5
Gemüse	2–6
Wein	0,3–0,4

Ermittlung des Vitaminstatus

Die Ermittlung des *Vitamin-B_6-Status* kann mit verschiedenen Methoden vorgenommen werden. Die Bestimmung des Plasma-PLP ist ein Maß für das Leber PLP und damit für die Gewebespeicher. Sie erfolgt zumeist enzymatisch unter Verwendung der Apotyrosindecarboxylase. Die Erfassung der Aktivierungskoeffizienten erythrozytärer Aminotransferasen, wie der Aspartat-Aminotransferase oder der Alaninaminotransferase, eignet sich ebenso.

Die Ausscheidung im Urin von Pyridoxinsäure, dem Hauptausscheidungsprodukt von Vitamin B_6 oder von Xanthurensäure, einem Produkt des Tryptophanabbaus, ist ebenfalls von der Vitamin-B_6-Versorgung abhängig. Xanthurensäure fällt im B_6-Mangel verstärkt an, weil durch Blockierung des PLP-abhängigen Enzyms Kynureninase, 3-Hydroxykynurenin im Tryptophankatabolismus nicht weiter abgebaut werden kann und deshalb nach Transaminierung zu Xanthurensäure zyklisiert. Die erhöhte Ausscheidung von Xanthurensäure unter Tryptophanbelastung lässt auf einen B_6-Mangel schließen, jedoch bedingen Steroidhormone einen verstärkten Tryptophankatabolismus und damit eine erhöhte Xanthurensäureexkretion. Außerdem ist die Kynureninase-Aktivität unter Verwendung hoher Dosen oraler Kontrazeptiva und in der Schwangerschaft erniedrigt ohne das ein B_6-Mangel vorliegt. Dies sollte bei Feststellung erhöhter Xanthurensäureausscheidung berücksichtigt werden.

Neben den enzymatischen Methoden zum Nachweis von Vitamin B_6 oder dessen Abbauprodukten existieren HPLC-Methoden in Verbindung mit UV-Spektrophotometrie, die den ebenfalls vorhandenen mikrobiologischen Methoden überlegen sind [5].

6.1.7 Pantothensäure (Vitamin B_5)

Pantothensäure wird im Organismus zu 2 wichtigen Kofaktoren, dem Acylcarrierprotein (ACP) und Koenzym A (CoA) (▣ *Abb. 6-8*), metabolisiert. Beide Koenzyme besitzen Sulfhydrylgruppen, die mit Carbonsäuren hochenergetische Thioester bilden können. Das ACP wird zunächst als enzymatisch inaktives Apoprotein synthetisiert. An einen Serylrest des ACP wird unter Freisetzung von 3´,5´-ADP die 4´-Phosphopantetheingruppe des CoA (▣ *Abb. 6-8*) kovalent gebunden.

Funktionen

ACP und CoA sind essenziell für die *Synthese von Fettsäuren*. CoA besitzt außerdem wichtige Funktionen in der Fettsäureoxidation, dem Ketonkörpermetabolismus, der oxidativen Decarboxylierung von Pyruvat und α-Ketoglutarat sowie im Metabolismus zahlreicher organischer Säuren, die beispielsweise im Abbau der Aminosäuren gebildet werden. Weiterhin sind die im Zytosol gebildeten CoA-Ester des β-Hydroxy-β-Methylglutarats (HMG) Startermoleküle für die Synthese von Isoprenoiden und Steroiden. Zu den Isoprenoiden zählen Ubichinon, das als Koenzym Q in der Elektronentransportkette der Mitochondrien fungiert und Dolichol, das an der Glykoproteinsynthese beteiligt ist (s. Kap. 5).

Azetyl-CoA dient nicht nur als oxidierbares Substrat im Zitronensäurezyklus, sondern ist auch Substrat für die Azetylierung von Aminosäuren sowie von Hydroxylgruppen zahlreicher Verbindungen. Die N-Azetylierung heterozyklischer aromatischer Amine, die bevorzugt durch Pyrolyse von Aminosäuren und Kreatinin während dem Erhitzen von Fleisch entstehen, entgiftet diese genotoxischen Substanzen. Allerdings verstärkt die Azetylierung der durch Cytochrom-P_{450}-abhängige Monooxygenasen gebildeten N-Hydroxymetabolite die Interaktion mit DNA und damit die Genotoxizität der heterozyklischen Amine. Polymorphismen in den N-Azetyltransferasen (NAT) werden im Zusammenhang mit unterschiedlichen Suszeptibilitäten gegenüber verschiedenen Krebsarten diskutiert [19].

Die Ester des CoA stehen im Gleichgewicht mit denen des *Carnitin*. Mittels Azyl-CoA-Transferasen erfolgt die Einstellung dieses Gleichgewichts. Beispielsweise überträgt die Palmitoyl-CoA-Transferase den Palmitoylrest im Zytosol auf Carnitin und erlaubt so den Transport der langkettigen Fettsäure ins Mitochondrium, wo sie der β-Oxidation zugeführt werden kann. Für die Übertragung kurz- und mittelkettiger Fettsäuren stehen ebenfalls Transferasen zur Verfügung. Über diesen Mechanismus wird dafür gesorgt, dass freies CoA für entsprechende Reaktion im Intermediärstoffwechsel bereitgestellt werden kann.

Allerdings kann es bei hereditären Erkrankungen der Fettsäureoxidation zu einer Anhäufung von Carnitinestern und damit zu einem Mangel an freiem CoA kommen. Das entstehende Krankheitsbild ist bedingt durch den Mangel an freiem CoA, die inhibitorische Wirkung von Azyl-CoAs auf zahl-

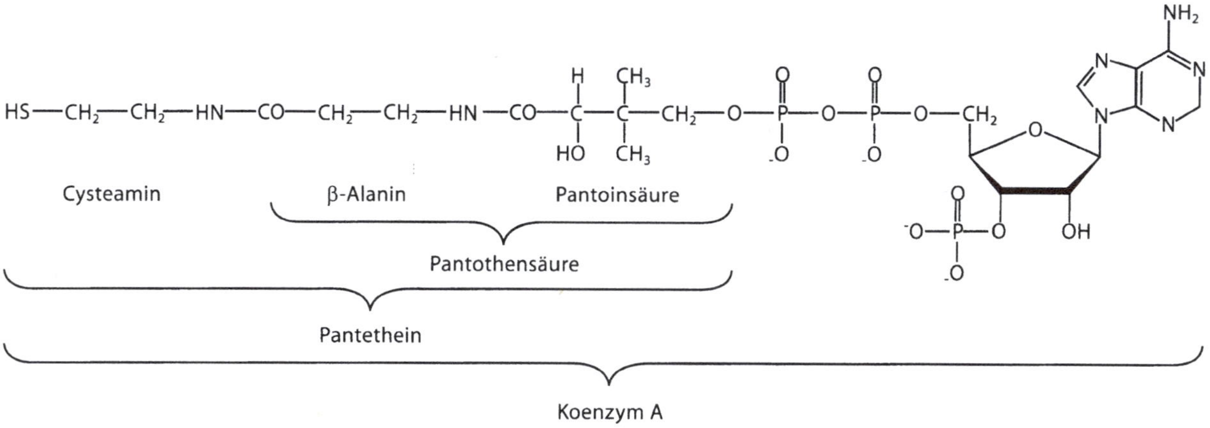

▣ **Abb. 6-8.** Strukturformeln der Pantothensäure und des Koenzym A reiche Enzyme und weitere toxische Wirkungen akkumulierender Azyl-CoAs. Die akkumulierenden Carnitinester werden aus dem Mitochondrium transloziert und über die Niere ausgeschieden. Hierdurch kann es zu einem sekundären *Carnitinmangel* kommen [20].

Eine relativ häufige hereditäre Erkrankung der Fettsäureoxidation, mit einem Auftreten von 1:10000 in der deutschen Bevölkerung, ist der Mangel an Mittelkettiger-Azyl-CoA-Dehydrogenase (s. Kap. 27). Die Akkumulation von Oktanoyl-CoA führt zur Akkumulation von Oktanoylcarnitin, das vermehrt im Plasma auftritt und über die Niere ausgeschieden wird. Um die toxische Akkumulation von Oktanoyl-CoA zu vermindern erhalten die Patienten 100 mg Carnitin/kgKG/24 h oral verabreicht. Hierdurch können die Plasmacarnitinspiegel normalisiert und vermehrt Oktanoylcarnitin ausgeschieden werden.

Vorkommen, Resorption und Bioverfügbarkeit

Panthothensäure kommt sowohl in freier Form als auch in Form von ACP und CoA weit verbreitet in pflanzlichen und tierischen Produkten vor (*Tabelle 6-8*). Zubereitungsverluste können je nach Art erheblich sein.

Das in Nahrungsmitteln enthaltene ACP und CoA wird im Gastrointestinaltrakt zu freier Pantothensäure abgebaut, die hauptsächlich im Jejunum resorbiert wird (s. Kap. 7). Glomerulär filtrierte Pantothensäure wird potent im Nierentubulus resorbiert. Erst bei höheren Plasmakonzentrationen erfolgt die Ausscheidung freier Pantothensäure über den Urin. Somit besteht eine positive Korrelation zwischen der Pantothensäureaufnahme und der Ausscheidung [21].

Bedarf und Mangelzustände

Der genaue *Pantothensäurebedarf* des Menschen lässt sich nicht angeben, da Mangelsymptome, aufgrund der weiten Verbreitung von Pantothensäure in Nahrungsmitteln, erst bei Verabreichung starker Antagonisten oder bei genereller Unterversorgung beobachtet werden. Studien bezüglich der diätetischen Aufnahme und der renalen Ausscheidung von Pantothensäure zeigen, dass nur ca. 50% der diätetischen Pantothensäure verfügbar ist. In den USA wurde als adäquate Menge der Pantothensäureaufnahme unter Berücksichtigung dieses Sachverhalts, diejenige Menge angesehen, die ausreicht die renalen Verluste von etwa 2,6 mg/24 h zu kompensieren [22].

Ermittlung des Vitaminstatus

Die Statusbestimmung der Pantothensäureversorgung erfolgt über die Messung der Plasmakonzentration oder der Urinausscheidung und wird meistens mit HPLC-Methoden, RIA oder auch mit mikrobiologischen Methoden bestimmt.

6.1.8 Biotin (Vitamin H)

Biotin dient im Stoffwechsel als prostethische Gruppe von 4 Carboxylasen. 3 davon carboxylieren CoA-Ester im Fettsäureauf- bzw. Aminosäureabbau. Die vierte carboxyliert Pyruvat zu Oxalacetat. Biotin ist formal eine Verbindung aus Harnstoff und einem substituierten Thiophanring (*Abb. 6-9*). Die Valeriansäureseitenkette des Biotin ist kovalent mit der ε-Aminogruppe eines Lysinrests des Apoproteins verknüpft.

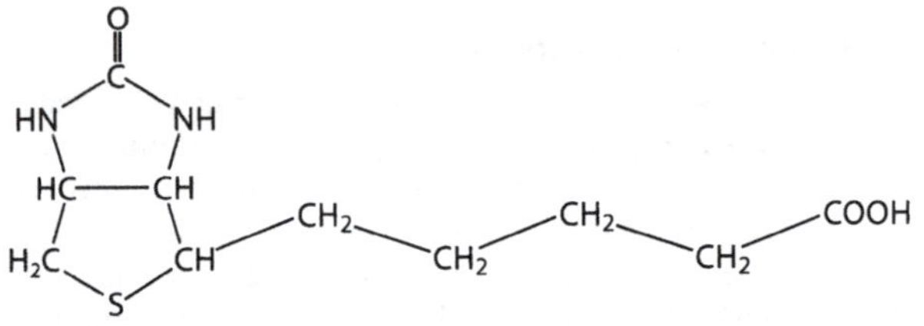

Abb. 6-9. Strukturformel des Biotins

Funktionen

Biotin fungiert in den Carboxylasen als Träger von CO_2 und Überträger von CO_2 auf die entsprechenden Substrate. Während erbliche genetische Defekte der Pyruvat-, Propionyl-CoA- und 3-Methyl-Crotonyl-CoA-Carboxylase beschrieben sind, ist ein Defekt der Azetyl-CoA-Carboxylase nicht bekannt. Dies unterstreicht die essenzielle Rolle des Schlüsselenzyms der Fettsäurebiosynthese für die Lebensfähigkeit des Organismus. Da die genetischen Defekte der Carboxylasen das Apoprotein betreffen, können hohe Biotingaben den Defekt nicht kompensieren.

Dahingegen können genetische Defekte der Holocarboxylasesynthetase, dem Enzym also, das Biotin auf die Apocarboxylasen überträgt, durch *pharmakologische Dosen* an Biotin (10–60 mg Biotin/24 h) effizient behandelt werden. Dabei wird stets eine, je nach Mutation mehr oder weniger stark ausgeprägte, Aktivitätsminderung der Holocarboxylasesynthetase kompensiert. Das völlige Fehlen einer Holocarboxylasesynthetaseaktivität scheint mit dem Leben nicht vereinbar.

Eine weitere erbliche Erkrankung des Biotinstoffwechsels betrifft das Enzym Biotinidase. Dieses Enzym, das in den meisten Zellen, dem Plasma und dem Pankreassekret vorkommt, spaltet Biocytin in Biotin und Lysin. Das an die Carboxylasen kovalent gebundene Biotin kann von den Proteasen des Gastrointestinaltrakts nicht adäquat gespalten werden, sodass nach Nahrungsaufnahme im Rahmen der Proteinverdauung Biocytin enthaltende Peptide und Biocytin anfallen. Aus diesen kann nur die Biotinidase Biotin freisetzen.

Symptome treten bei dieser Erkrankung erst einige Zeit nach der Geburt auf, da der Embryo in utero über den mütterlichen Kreislauf mit genügend freiem Biotin versorgt wird. Der Zeitpunkt des Auftretens von Mangelerscheinungen hängt von der Ausprägung des Biotinidasemangels ab, sowie vom Gehalt an freiem Biotin in der Nahrung. Der Effekt der oralen Gabe von 10 mg Biotin/24 h ist dramatisch. Es kommt zur raschen Korrektur der metabolische Azidose, die aufgrund der verminderten Propionyl-CoA-Carboxylase-Aktivität und der damit verbundenen Anhäufung von Propionsäure entsteht. Weiterhin verschwindet die Schuppung der Haut und das Körper- und Haarwachstum normalisiert sich wieder. Die Inzidenz des Biotinidasemangels ist mit 1:112.000 Neugeborene für eine angeborene Stoffwechselstörung relativ hoch. Da die Behandlung mit Biotin sehr effektiv und billig ist, wurden Tests entwickelt, die im Rahmen der Neugeborenendiagnostik die schnelle Diagnose eines Biotinidasemangels erlauben.

Vorkommen, Resorption und Bioverfügbarkeit

Biotin kommt weit verbreitet in Nahrungsmitteln vor und zwar in Form von freiem Biotin, Biocytin und Biocytinhaltiger Proteine. Hefe, Leber, Eigelb sowie Zerealien sind gute Biotinquel-

■ Tabelle 6-9. Biotingehalte ausgewählter Lebensmittel

Lebensmittel	Biotingehalt [µg/100 g]
Hammelleber	130,0
Kalbsleber	75,0
Schweineleber	27,0
Rindfleisch	3,0
Makrele	1,5–7,0
Milch	3,5
Eier	25,0
Bäckerhefe	33,0
Weizenkeime	17,0
Weizenvollkornbrot	3,5
Haferflocken	20,0
Champignons	16,0
Avocado	10,0
Bohnen	7,0
Spinat	6,9
Kartoffeln	0,4
Bananen	5,5

len (■ *Tabelle 6-9*). Das in der Nahrung enthaltene freie bzw. das mittels Biotinidase freigesetzte Biotin werden über einen aktiven, Na^+-abhängigen Prozess im Dünndarm *resorbiert* (s. Kap. 7).

Bedarf und Mangelzustände

Aufgrund der unzureichenden Informationen über den *Biotinbedarf* werden zumeist nur adäquate Aufnahmen angegeben. Diese beruhen auf der durchschnittlichen täglichen Aufnahme [22] und liegen in der Größenordnung von 30 µg Biotin/24 h für Erwachsene (s. ■ *Tabelle 6-1*).

Da Biotin in zahlreichen Nahrungsmitteln vorkommt, ist ein diätetischer *Mangel* sehr selten. Allerdings kann durch niedrige Biotinzufuhr bei gleichzeitig hoher Zufuhr an Avidin (in nicht gekochtem Eiklar enthalten) ein Biotinmangel entstehen. Dieser äußert sich klinisch in Haarausfall, Dermatitis und neurologischen Symptomen. Biotinmangelzustände sind ebenfalls unter Antikonvulsivatherapie mit Phenytoin, Primidon, Phenobarbital oder Carbamazepin beschrieben.

Ermittlung des Vitaminstatus

Ein guter Indikator für die *Statusbestimmung* ist die Bestimmung von 3-Hydroxyisovaleriansäure im Urin. Dieser Metabolit häuft sich im Biotinmangel aufgrund der verminderten 3-Methyl-Crotonyl-CoA-Carboxylase-Aktivität an und wird dann vermehrt ausgeschieden. Biotin selbst kann mittels HPLC-Verfahren oder mikrobiologischen Tests nachgewiesen werden [5]. Die Bestimmung des Aktivierungskoeffizienten der Pyruvatcarboxylase ist ebenfalls eine geeignete Methode zur Bestimmung des Biotinstatus.

6.1.9 Ascorbinsäure (Vitamin C)

Ascorbinsäure ist ein 6-Kohlenstoff-Lacton, das von vielen Tieren, nicht jedoch vom Menschen, aus Glukose synthetisiert werden kann. Beim Menschen und anderen Primaten fehlt das letzte Enzym des Biosyntheseweges, die Gulonolactonoxidase.

Ascorbinsäure ist aufgrund seiner elektronenübertragenden Eigenschaften ein Reduktionsmittel. Die meisten, wenn nicht alle, biochemischen und molekularen Wirkungen der Ascorbinsäure sind auf die reduzierenden Eigenschaften zurückzuführen. Ascorbinsäure geht durch Abgabe von 2 Elektronen in Dehydroascorbinsäure über (■ *Abb. 6-10*). Sehr wahrscheinlich werden die Elektronen der Ascorbinsäure nacheinander übertragen, unter Bildung des Radikalintermediats Semidehydroascorbinsäure. Das Radikal ist allerdings sehr stabil, sodass es nicht mit anderen Verbindungen reagiert und sich daher nicht an radikalischen Kettenreaktionen beteiligt. Diese Eigenschaften machen Ascorbinsäure zu einem idealen Elektronendonator. Dehydroascorbinsäure kann entweder irreversibel zu 2,3-Diketogulonsäure hydrolysiert oder reversibel zu Ascorbinsäure reduziert werden. *In vivo* erfolgt die Reduktion der Dehydroascorbinsäure nicht-enzymatisch durch Glutathion oder enzymatisch durch das Glutathion-abhängige Enzym Glutaredoxin oder durch ein noch nicht charakterisiertes Protein in Erythrozyten [24].

Funktionen

Im Organismus von Säugetieren fungiert Ascorbinsäure in 8 Enzymen als Elektronendonator. Bei diesen Enzymen handelt es sich entweder um Mono- oder um Dioxygenasen. 3 der Enzyme sind an der Hydroxylierung von Prolin- und Lysinresten des Kollagens beteiligt [25], 2 an der Carnitinbiosynthese [26], 1 ist notwendig für die Biosynthese des Noradrenalins [27], 1 für die Amidierung von Peptidhormonen [28] und ein weiteres ist am Tyrosinabbau beteiligt [29].

Die an der Kollagenhydroxylierung beteiligten Enzyme Prolyl-3-Hydroxylase, Prolyl-4-Hydroxylase und Lysylhydroxylase sowie die an der Carnitinbiosynthese beteiligten Enzyme Trimethyllysinhydroxylase und γ-Butyrobetainhydroxylase sind allesamt α-Ketoglutarat-abhängige Dioxygenasen, die Fe^{2+}-Ionen benötigen. Die Hydroxylierungen der Prolyl-, Lysyl-, Trimethyllysyl- oder γ-Butyrobetainreste sind gekoppelt an die oxidative Decarboxylierung von α-Ketoglutarat

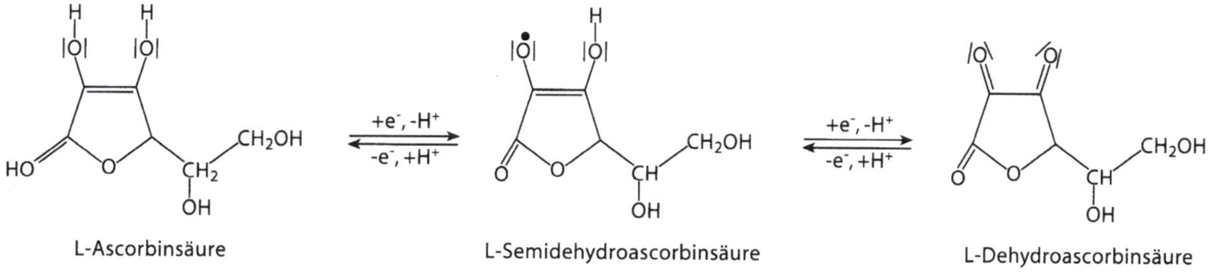

■ Abb. 6-10. Ascorbinsäure und Dehydroascorbinsäure sind durch Elektronenübertragungen ineinander überführbar

zu Succinat unter Beibehaltung der Fe^{2+}-Ionen in reduzierter Form. Bei nicht gekoppelten Reaktionszyklen, d. h. unter Abwesenheit der zu hydroxylierenden Substrate, kommt es zur oxidativen Decarboxylierung von α-Ketoglutarat, jedoch wird das normalerweise ins Substrat eingeführte O-Atom durch Fe^{2+} zu O^- reduziert. Die für die Substratbindung notwendige Reduktion des Fe^{3+} erfolgt spezifisch mit Hilfe von Ascorbinsäure.

Im starken Vitamin-C-Mangel mit Skorbutsymptomatik kommt es allerdings nicht nur durch die verminderte Hydroxylierung zur Beeinflussung der Kollagenbiosynthese, sondern auch durch eine vermehrte Expression von »Insulin-like-growth-factor«-1-Bindungsproteinen (IGF-1-BPs). Die gesteigerte IGF-1-BP Expression vermindert die Konzentration an freiem IGF-1 und reduziert dadurch die Kollagenbiosynthese [30]. Die aus einem Vitamin-C-Mangel resultierende verminderte Carnitinbiosynthese und die dadurch bedingte reduzierte Oxidation von Fettsäuren in Leber und Niere könnte eine Ursache sein für die als frühes Symptom zu beobachtende Müdigkeit.

Neben seiner Bedeutung für die genannten Mono- und Dioxygenasen, besitzt Ascorbinsäure weitere *nichtenzymatische Funktionen*, die das Vitamin als Reduktionsmittel bzw. Antioxidans auszeichnen. Die nicht-enzymatische Unterbrechung der Lipidperoxidationskette durch α-Tocopherol (Vitamin E) liefert α-Tocopherolradikale, die durch Ascorbinsäure zu α-Tocopherol regeneriert werden. Die entstehenden Ascorbinsäureradikale dismutieren zu Ascorbinsäure und Dehydroascorbinsäure. Die Bildung von Lipidperoxiden findet u. a. in Lipoproteinen niedriger Dichte (LDL) statt und lässt diese dadurch erst atherogen werden. *In vitro* Studien zeigten, dass Ascorbinsäure die Metallionen-katalysierte Oxidation der LDL inhibiert.

Ascorbinsäure inhibiert außerdem die Adhäsion von Leukozyten an das Endothel in Tieren, die Zigarettenrauch ausgesetzt wurden. Ähnliche Befunde ergaben sich auch mit Monozyten von Rauchern. Neben der Monozytenadhäsion stellt die Thrombozytenaggregation ein weiteres frühes Ereignis im Arterioskleroseg eschehen dar, das durch Ascorbinsäuregaben reduziert werden kann. Als ursächlich wird stets das Abfangen von Radikalen im wässrigen Milieu diskutiert. Allerdings sind die epidemiologischen Befunde hinsichtlich einer protektiven Rolle von Ascorbinsäure in der Genese der Arteriosklerose inkonsistent [31, 32].

Ascorbinsäure ist weiterhin Bestandteil eines antioxidativen Systems, das DNA vor oxidativen Schädigungen schützt. Oxidative DNA-Schäden werden im Zusammenhang mit der Entstehung von Krebs und anderen degenerativen Erkrankungen sowie in Verbindung mit Alterungsprozessen diskutiert [33]. Im Gastrointestinaltrakt erhöht Ascorbinsäure die Eisenresorption [34], entweder über Chelatbildung oder indem Fe^{2+}-Ionen in ihrem reduzierten Zustand bewahrt werden.

Pharmakologische Bedeutung besitzt Vitamin C neben der *Verbesserung der Eisenresorption in der Förderung der Wundheilung. Hierzu* sind Tagesdosen von 0,5–1,0 g notwendig. Weitere Indikationen für eine Vitamin-C-Supplementierung sind neben einem gesicherten Vitamin-C-Mangel (Präskorbut, Skorbut, M. Moeller-Barlow im Säuglingsalter) erhöhter Verbrauch bei gesteigertem Stoffwechsel durch Fieber oder Infektionen, starke körperliche Anstrengungen, Gravidität, Laktation, erhöhte Infektanfälligkeit und Methämoglobinämien. Eine Supplementierung empfiehlt sich außerdem bei Neu- und Frühgeborenen sowie in der Kataraktprophylaxe. Je nach Indikation liegen die Supplementierungen zwischen 50 mg und 2 g/24 h. Die höheren Dosierungen bedürfen medikamentöser Intervention während die niedrigeren Dosen durch nutritive Maßnahmen erreicht werden können.

Es gibt jedoch auch Personen, bei denen man Ascorbinsäuresupplemente, zumindest wenn sie 1 g/24 h übersteigen, unbedingt vermeiden sollte. Dies betrifft z. B. Patienten mit Hämochromatose, um durch Ascorbinsäure nicht zusätzlich die Eisenresorption zu erhöhen. Diketogulonsäure, das irreversible Produkt der Ascorbinsäureoxidation, wird u. a. weiter abgebaut zu Oxalsäure. Bei Patienten mit Hyperoxalurie erhöht die Gabe von 1 g Ascorbinsäure die Oxalsäureausscheidung und damit das Risiko einer Nierensteinbildung.

Vorkommen, Resorption und Bioverfügbarkeit

Ascorbinsäure kommt ubiquitär in nahe zu allen Obst- und Gemüsearten vor. Als sehr Vitamin-C-reiche Früchte gelten Kiwis, Erdbeeren, Hagebutten und Zitrusfrüchte, während unter den Gemüsesorten Brokkoli, Spinat, Tomaten und Spargel gute Quellen darstellen (*Tabelle 6-10*). 80–90% des Vitamin C liegen in Nahrungsmitteln als Ascorbinsäure, 10–20% als Dehydroascorbinsäure vor. Eine erhöhte Oxidation von Ascorbinsäure ist mit zunehmender Lagerungszeit der Nahrungsmittel zu erwarten. Die Resorption der Ascorbinsäure erfolgt im Ileum und Jejunum über einen Na^+-abhängigen, elektroneutralen Mechanismus (s. Kap. 4).

Bedarf und Mangelzustände

Die *Empfehlungen* zur täglichen Vitamin-C-Aufnahme liegen bei mindestens 60 mg für gesunde Erwachsene (s. *Tabelle 6-1*). Früh- und Neugeborene haben in den ersten Lebensmona-

Tabelle 6-10. Vitamin-C-Gehalte in Lebensmitteln

Lebensmittel	Vitamin-C-Gehalt [mg/100 g]
Obst	
Apfelsinen	50
Acerola, roh	1500
Erdbeeren	62
Hagebutten, roh	1250
Johannisbeeren, schwarz	189
Kiwi	100
Sanddornsaft	266
Zitronensaft	51
Gemüse	
Blumenkohl, gekocht	45
Brokkoli, roh	110
Grünkohl, gekocht	75
Kartoffeln, gekocht	14
Kohlrabi, gekocht	43
Paprika, roh	140
Paprika, gedünstet	105
Rosenkohl, gekocht	87
Rotkohl, roh	50
Weißkohl, roh	47

ten einen erhöhten Bedarf von etwa 6 mg/kgKG. Für Schwangere, Stillende sowie bei Patienten unter Antibiotikatherapie oder Hämodialyse werden 100–200 mg Vitamin C/24 h empfohlen. Eine Aufnahme in der gleichen Größenordnung empfiehlt sich auch für Raucher, die deutlich niedrigere Vitamin C-Plasmaspiegel aufweisen als Nichtraucher.

Die wesentlichsten *Vitamin-C-Mangelsymptome* sind Müdigkeit, die als frühes Symptom auftritt, Zahnfleischbluten, Hyperkeratose und Schmerzen in den stärker beanspruchten Muskeln, v. a. in den Waden. Orale Kontrazeptiva und Kortikosteroide verschlechtern, vermutlich über erhöhte Oxidation, den Vitamin-C-Status. Kalzitonin erhöht den Vitamin-C-Verbrauch. Salicylate, wie Aspirin, hemmen die gastrointestinale Resorption und Tetrazykline den intrazellulären Stoffwechsel von Ascorbinsäure. Aspirin, Tetrazykline und Barbiturate vermindern die tubuläre Resorption von Ascorbinsäure und erhöhen somit ebenfalls den Vitamin-C-Bedarf.

Ermittlung des Vitaminstatus

Die Statusbestimmung der Vitamin-C-Versorgung erfolgt zumeist durch Ermittlung der Plasmaspiegel. Die Bestimmung von Vitamin C in Leukozyten reflektiert besser die Gewebeversorgung als die Plasmaspiegel und ist deshalb besser zur Erfassung eines marginalen Vitamin-C-Mangels geeignet. Die bei Infekten auftretende rasche Verminderung der Vitamin-C-Konzentration in Leukozyten limitiert allerdings die Statusbestimmung anhand dieses Parameters.

Vitamin C kann chemisch mit 2,6-Dichlorphenolindophenol bestimmt werden, das bei Titration durch die Ascorbinsäure zu einer farblosen Verbindung reduziert wird [5]. Eine unspezifische Reduktion wird dabei durch Zugabe von p-Chlormercuribenzoat verhindert. Für die Bestimmung von Ascorbinsäure im Plasma eignet sich besser eine jodometrisch-fluorometrische Methode, bei der die Ascorbinsäure mit Jod zu Dehydroascorbinsäure umgesetzt wird und diese mit o-Phenyldiamin zu einem fluoreszierenden Produkt kondensiert [5]. Bei der Bestimmung mit 2,4-Dinitrophenylhydrazin wird die Ascorbinsäure mit $CuSO_4$ zu Dehydroascorbinsäure und 2,3-Dioxogulonsäure oxidiert. Die Messung erfolgt spektrophotometrisch nach der Reaktion mit 2,4-Dinitrophenylhydrazin und konzentrierter Schwefelsäure [5]. HPLC-Methoden sind ebenfalls sehr geeignet für die Bestimmung des Vitamin-C-Status.

6.2 Fettlösliche Vitamine

6.2.1 Phyllochinon und Derivate (Vitamin K)

Vitamin K umfasst 2-Methyl-1,4-Naphtochinone, die hydrophobe Substituenten am C-3 tragen (▫ *Abb. 6-11*). Von praktischer Bedeutung sind Vitamin K_1, Phyllochinon, das in grünen Pflanzen gebildet wird und eine Phytylgruppe am C-3 des Naphtochinonringes trägt sowie Vitamin K_2, Menachinon, das von Bakterien synthetisiert wird und eine ungesättigte Multiprenylgruppe an Position 3 besitzt (▫ *Abb. 6-11*). Menachinone mit 6–10 Isopreneinheiten sind die am häufigsten von Bakterien synthetisierten Vitamin-K-Formen. Außerdem ist das synthetische Vitamin K_3, Menadion, das keine hydrophobe Seitenkette am C-3 trägt, von Bedeutung für die Anreicherung

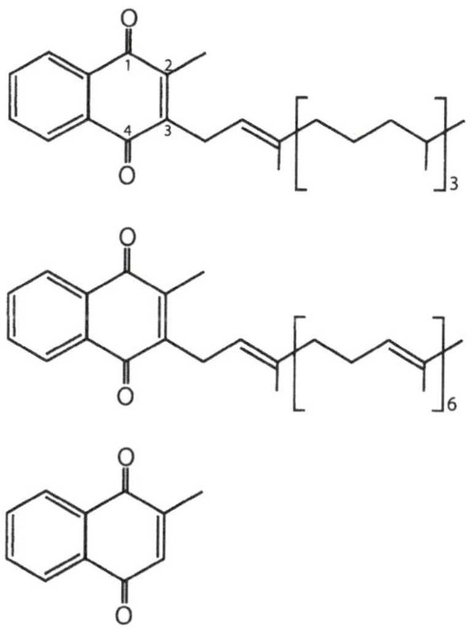

Phyllochinon (Vit. K_1)

Mechaninon-7 (Vit. K_2)

Menadion (Vit. K_3)

▫ Abb. 6-11. Verbindungen mit Vitamin-K-Aktivität. Das von Pflanzen synthetisierte Phyllochinon ist die primäre diätetische Vitamin-K-Form. Menachinon-7 ist eine von Bakterien synthetisierte Vitamin-K-Form, während Menadion eine synthetische Verbindung darstellt, die in der Leber des Menschen in Menachinon-4 umgewandelt wird

tierischer Nahrungsmittel. Klinisch wird Vitamin K_3 heute nicht mehr angewandt. Um als Kofaktor Vitamin-K-abhängiger Carboxylasen wirksam zu sein, muss Menadion zunächst am C-3 alkyliert werden. Dies geschieht durch das Anhängen von 4 Isopreneinheiten in der Leber von Säugetieren. Für die Anwendung am Menschen wird heute Phyllochinon in Tablettenform oral appliziert oder in einem Detergenz dispergiert für die parenterale Anwendung benutzt.

Funktionen

Vitamin K wird benötigt für die posttranslationale Modifizierung einer limitierten Anzahl von Proteinen. Hierbei fungiert Vitamin K als Kofaktor von spezifischen Carboxylasen, die Glutamatreste (Glu-Reste) bestimmter Proteine zu γ-Carboxyglutamatresten (Gla-Resten) umwandeln. Die Modifizierung ist essenziell für die normale physiologische Funktion dieser Proteine und verlangt die enzymatische Regeneration der Hydrochinonform des Vitamin K aus der in der Carboxylierungsreaktion gebildeten oxidierten Vitamin-K-Epoxidform. Die Oxidation der Hydrochinonform durch Sauerstoff zum Vitamin-K-2,3-Epoxid liefert die Energie, die zur Carboxylierung der Glu-Reste notwendig ist. Weiterhin besteht die mechanistische Rolle des Vitamin K darin, ein Proton vom γ-C-Atom des Glu-Restes zu abstrahieren, um damit den Angriff der CO_2-Gruppe zu ermöglichen.

Die Information, welche Proteine Substrate für die Vitamin-K-abhängigen Carboxylasen sind, ist offenbar in der Signalsequenz der Proteine kodiert, die sie als sekretorische Proteine kennzeichnet. Dies betrifft in erster Linie die Gerinnungsfaktoren Prothrombin (Faktor II), Faktor VII, IX und X, die antikoagulatorischen Proteine C und S sowie Osteokalzin und Atherokalzin. Vitamin-K-abhängige Carboxylaseaktivitäten wurden in Plazenta, Pankreas, Lunge, Niere, Milz und vielen anderen Organen nachgewiesen. Die gebildeten Gla-Reste sind dabei in den Proteinen, die an der Regulation der Hämostase beteiligt sind, für die Wechselwirkung der Proteine mit

Ca^{2+}-Ionen und die anschließende Bindung an Phospholipidmembranen sowie für die Umwandlung der Proenzymformen in die aktiven Formen notwendig. *In vivo* finden sich die in der Leber synthetisierten Phospholipid-bindenden Proteine ausschließlich im Blutplasma.

Dahingegen sind die Kalziumsalz-bindenden Proteine beispielsweise in der Matrix von Kalziumphosphat- und Kalziumkarbonatablagerungen lokalisiert. *Osteokalzin*, dem quantitativ bedeutendsten Gla-Protein des Körpers, kommt hierbei wahrscheinlich eine Rolle bei der Regulation der Kalzifizierung in der Knochenmatrix zu. Atherokalzin ist ein Protein, das sich in Plaques der Arterienwände findet. Die arterielle γ-Glu-Carboxylase ist möglicherweise in die Genese der Arteriosklerose involviert. Weiterhin findet sich ein Gla-haltiges Protein in Nierensteinen und wird dort, ebenso wie Atherokalzin in arteriosklerotischen Plaques, im Zusammenhang mit einer verstärkten Kalzifizierung diskutiert.

Vorkommen, Resorption und Bioverfügbarkeit

Ein hohes *Vorkommen* an Vitamin K_1 weisen grüne Gemüse, wie Kohlgemüse, Spinat, Brokkoli und Kopfsalat auf (*Tabelle 6-11*). Sonnenblumöl aber auch Sojaöl, Rapsöl und in geringerem Maße Olivenöl können ebenfalls maßgeblich zur täglichen Vitamin-K-Aufnahme beitragen.

Im Vergleich zur Phyllochinonaufnahme ist die Aufnahme an Menachinon (Vitamin K_2), beispielsweise über Leber oder fermentierte Produkte, zu vernachlässigen. Wenngleich intestinale Anaerobier, wie Escherichia coli oder Bacteroides fragilis Vitamin K_2 produzieren, scheinen die Bedingungen für eine Resorption des fettlöslichen Vitamins in den bakteriell besiedelten tieferen Dünndarmabschnitten und im Dickdarm aufgrund niedriger Gallensäurekonzentrationen ungünstig. Der derzeitige Erkenntnisstand weist auf eine eher unbedeutende Rolle von Menachinon für die Bedarfsdeckung mit Vitamin K beim Menschen hin.

Phyllochinone der Nahrung werden im Rahmen der Fettresorption in Mizellenform im Dünndarm *resorbiert* (s. Kap. 7). In den Enterozyten erfolgt die Inkorporation der Phyllochinone in Chylomikronen. Die Chylomikronen werden in die Lymphe sezerniert und erreichen über den Ductus thoracicus den systemischen Kreislauf. In die Leber gelangen die Phyllochinone zusammen mit den Chylomikronenresten und werden dort in VLDL (»very low density lipoproteins«) eingebaut. Die Wechselwirkungen der verschiedenen Lipoproteine bedingt offenbar, dass Phyllochinone auch als Bestandteil der HDL (»high density lipoproteins«) und LDL (»low density lipoproteins«) im Plasma gefunden werden. Als Folge hiervon weisen Patienten mit Hyperlipoproteinämien erhöhte Phyllochinon-Plasmaspiegel auf. Auch der Apolipoprotein-E(Apo E)-Genotyp, der mit einer verminderten Lipoproteinclearance einhergeht, weist erhöhte Phyllochinonspiegel auf.

Bedarf und Mangelzustände

Die *Zufuhrempfehlungen* an Vitamin K liegen bei ca. 1 μg/kgKG/24 h. Diese Menge reicht aus, um in parenteral ernährten Patienten unter Antibiotikatherapie eine Verminderung der Aktivität Vitamin-K-abhängiger Blutgerinnungfaktoren zu verhindern. Der Tagesbedarf an Vitamin K liegt bei 0,5–1,0 μg/kgKG. Für Kinder wird eine tägliche Aufnahme von 10 μg/kgKG empfohlen.

Tabelle 6-11. Vitamin-K-Gehalte ausgewählter Lebensmittel

Lebensmittel	Vitamin-K-Gehalt [μg/100 g]
Milch/Milchprodukte/Eier	
Kuhmilch, 3,5% Fett	3,7
Magermilch-Joghurt	0,5
Speisequark, 40% Fett i.Tr.	50
Speisequark, 20% Fett i.Tr.	23
Hühnerei	45
Fette und Öle	
Butter	60
Maiskeimöl	50
Sonnenblumenöl	500
Fleisch	
Huhn	300
Hammelfleisch	bis 200
Kalbsleber	150
Rindfleisch	210
Rinderleber	300
Schweinefleisch	18
Schweineleber	24
Getreide	
Hafer	50
Weizen	17
Weizenkeime	350
Gemüse	
Blumenkohl	300
Bohnen	22
Brokkoli	130
Karotten	80
Kartoffeln	50
Kohl	125
Kopfsalat	200
Rosenkohl	570
Spinat	350
Tomaten	8

Neugeborene sind ein Spezialfall in Bezug auf die Vitamin-K-Versorgung, da sie aufgrund der Plazentaschranke pränatal relativ schlecht mit Vitamin K versorgt werden. Weiterhin besteht eine unzureichende hepatische Synthese der Koagulationsfaktoren. Dadurch besteht ein beträchtliches Risiko einer hämorrhagischen Erkrankung bei Neugeborenen infolge eines Vitamin-K-Mangels. Die *hämorrhagische Säuglingserkrankung* ist streng assoziiert mit einem schwachen sozioökonomischen Status und kommt überwiegend bei brusternährten Säuglingen vor. Im Falle der stark erkrankten Kinder ist die Prognose schlecht, eine komplette Remission findet sich nur bei 20,7%, Todesfälle jedoch bei 26,7% und Schädigungen des ZNS bei 46,7%.

Unter den 3 Formen der hämorrhagischen Erkrankung beim Säugling unterscheidet man verschiedene Formen. Die *Frühform* tritt 0–24 h nach der Geburt auf. Sie ist typisch für

Neugeborene deren Mütter Medikamente nehmen, die den Vitamin-K-Stoffwechsel beeinträchtigen, wie Warfarin oder Antikonvulsiva. Es entstehen lebensbedrohliche Hämorrhagien. Die *klassische Form* tritt zwischen dem 2.–5. Lebenstag auf. Initial treten nasale Blutungen auf. Es kommt zu intrakraniellen Hämorrhagien in der 2.–3. Lebenswoche, wenn der Vitamin-K-Mangel unentdeckt bleibt. Die klassische Form kommt bei Säuglingen, die bei der Geburt eine parenterale Vitamin-K-Dosis erhalten, praktisch nicht vor. Die *späte hämorrhagische Erkrankung* tritt im Alter von 1–12 Monaten meistens als akute intrakranielle Hämorrhagie auf. Als erstes Zeichen der Erkrankung findet sich eine Dysfunktion des ZNS. Viele Patienten sterben, Überlebende haben oft neurologische Störungen.

Die Ernährungskommission der deutschen Gesellschaft für Kinderheilkunde empfahl deshalb 1986 eine einmalige parenterale Vitamin-K_1-Applikation von 1 mg für alle Neugeborenen zur Prävention des M. hämorrhagicus neonatorum.

Hinweise auf einen Zusammenhang zwischen der Vitamin-K-i.m.-Applikation und Krebserkrankungen im Kindesalter ließen Zweifel an der Prophylaxe aufkommen. Alternative Methoden, die wahrscheinlich sicherer sind, wären eine orale Supplementierung von 20–70 µg Vitamin K/24 h oder die orale Gabe von jeweils 2 mg Vitamin K_1 bei den Vorsorgeuntersuchungen U1, U2 und U3. Da Vitamin-K-Mangel weltweit nach wie vor eine der häufigsten Ursachen der Säuglingsmortalität darstellt, ist von einem generellen Verzicht auf eine Vitamin-K-Supplementierung bei Neugeborenen abzuraten.

Im Gegensatz zum erwachsenen Organismus ist beim Neugeborenen allerdings auch die Entwicklung einer *Vitamin-K-Hypervitaminose* möglich. Vitamin K wird zu dessen Ausscheidung u. a. in der Leber glukuronidiert. Bei hohen Dosen an Vitamin K kann deshalb die im Neugeborenen noch wenig entwickelte Glukoronidierung nicht mehr effizient Bilirubin entgiften. Die physiologische Hyperbilirubinämie des Neugeborenen wird dadurch verstärkt und kann zum pathologischen Ikterus neonatorum führen.

Ebenso wie eine Vitamin-K-Hypervitaminose kommt ein primärer, ernährungsbedingter Vitamin-K-Mangel beim gesunden Erwachsenen nicht vor. Sekundärer Vitamin-K-Mangel kann verschiedene Ursachen, wie längerfristige, nicht-substituierende parenterale Ernährung, Antibiotikatherapie, Verschlussikterus mit verminderter Gallensäuresekretion oder Malabsorptionssyndrome als Folge gastrointestinaler Erkrankungen (z. B. zystische Fibrose, Sprue, Zöliakie, Kurzdarmsyndrom) haben.

Ob eine Antibiotikatherapie durch die Hemmung der bakteriellen Vitamin-K-Synthese einen Vitamin K-Mangel erzeugt, ist angesichts des vermeintlich niedrigen Beitrags des bakteriellen Vitamin K zur Bedarfsdeckung fraglich.

Cephalosporinantibiotika hemmen die γ-Glu-Carboxylase- und Epoxid-Reduktaseaktivität und damit die Gla-Bildung in den Gerinnungsfaktoren.

Ermittlung des Vitaminstatus

Die *Vitamin-K-Statusbestimmung* wurde bislang zumeist anhand der »Prothrombinzeit« bestimmt, die ein Maß ist für die Bildung von Thrombin in einer Plasmaprobe. Neue sensitivere Methoden detektieren immunologisch zirkulierende Prothrombin- oder Osteokalzinformen, denen einige oder alle der normalerweise vorhandenen Gla-Reste fehlen. Eine sehr wirkungsvolle Methode ist die Bestimmung von Vitamin K durch HPLC. Sie erlaubt u. a. die Trennung verschiedener Menachinone sowie der *cis*- und *trans*-Isomere des Phyllochinons und erlaubt außerdem die quantitative Vitamin-K-Bestimmung [5].

6.2.2 Tocopherole (Vitamin E)

Vitamin E ist der Sammelbegriff für alle Tocopherole, Tocotrienole und ihre Derivate, die qualitativ die biologische Aktivität von RRR-α-Tocopherol aufweisen (*Abb. 6-12*). Jeweils 4 Tocopherole und Tocotrienole kommen natürlich vor. Sie unterscheiden sich in Anzahl und Position der Methylgruppen am Chromanolring. Neben dem Chromanolring besitzen die Tocopherole und Tocotrienole eine Phytylseitenkette (*Abb. 6-12*). Tocotrienole weisen im Unterschied zu Tocopherolen Doppelbindungen in 3′-, 7′- und 11′-Position der Phytylseitenkette auf. Neben den natürlich vorkommenden Isomeren gibt es eine Reihe synthetischer Vitamin-E-Derivate in freier oder veresterter Form.

Das natürlich vorkommende Isomer des α-Tocopherol ist das 2 R, 4′R, 8′R-Isomer, während synthetisches α-Tocopherol eine Mischung aus 8 möglichen Stereoisomeren darstellt. Gegenüber dem natürlich vorkommenden RRR-α-Tocopherol wird das synthetische Gemisch mit all-rac-α-Tocopherol (all-rac für »all racemic«, alles razematisch) angegeben. Die natürlich vorkommenden Tocopherole kommen überwiegend in freier Form vor. Für die Anreicherung von Lebensmitteln oder in Supplementen werden dahingegen bevorzugt Azetat- oder

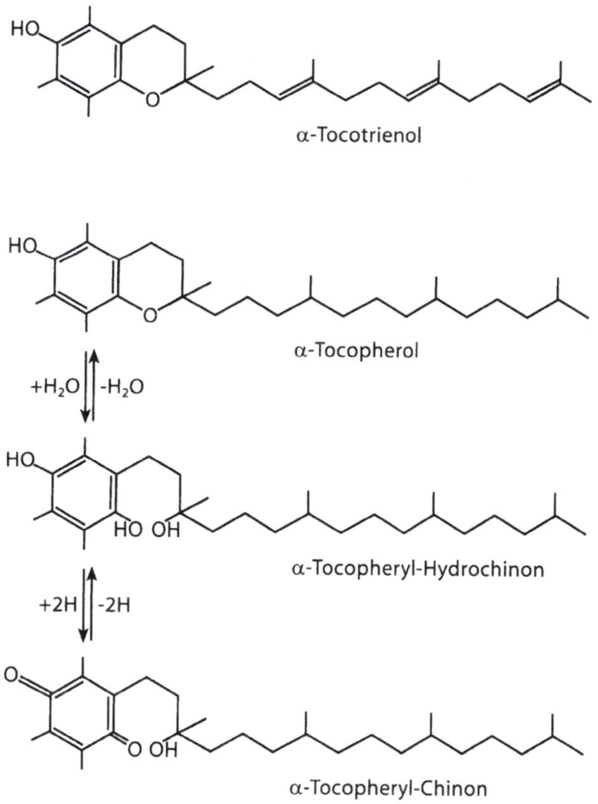

Abb. 6-12. α-Tocopherol und α-Tocotrienol sowie die Redoxformen des α-Tocopherol

Succinatester des Tocopherols eingesetzt, die stabiler gegenüber Oxidation sind. Die Veresterung findet zwischen der Säuregruppe des Azetats bzw. Succinats und der 6-Hydroxylgruppe des Chromanolringes von Tocopherol statt.

Funktionen

Die wesentlichste Funktion von Vitamin E ist der *Schutz* der Membranlipide vor *oxidativer Schädigung*. Vitamin E ist das dominierende fettlösliche Antioxidans im Plasma, Erythrozyten und Geweben. Aufgrund seiner Fähigkeit Lipidperoxylradikale zu reduzieren und dadurch radikalische Kettenreaktionen zu unterbrechen, besitzt es eine essenzielle Bedeutung für die Aufrechterhaltung der Integrität biologischer Membranen. Daneben beeinflusst Vitamin E Membran-assoziierte Enzymsysteme, wie die Proteinkinase C, die Wirkungen auf die zelluläre Regulation besitzen und beispielsweise auf die Proliferation von Zellen wirken.

Superoxidradikale, Stickstoffmonoxid, Lipidalkoxy- und Lipidperoxylradikale sind die primären reaktiven Sauerstoffspezies, die in lebenden Systemen unter aeroben Bedingungen gebildet werden. Unter diesen sind die Peroxylradikale, die bevorzugt aus mehrfach ungesättigten Fettsäuren hervorgehen, wegen ihrer Beteiligung an der Lipidperoxidation von besonderer Bedeutung. Die Lipidperoxidation verläuft in 3 Stufen:

In der *Initiationsphase* wird ein Proton von einer ungesättigten Fettsäure unter Anwesenheit eines freien Radikalinitiators abstrahiert oder addiert. In der *Propagationsphase* reagieren die gebildeten Lipidradikale (R•) mit molekularem Sauerstoff unter Bildung von Peroxylradikalen (ROO•). Das Peroxylradikal kann mit einer weiteren Fettsäure ein Hydroperoxyd (ROOH) und ein weiteres Lipidradikal (R•) bilden. Die propagierende Reaktion läuft solange ab, bis alle ungesättigten Fettsäuren peroxidiert sind oder die Kettenreaktion unterbrochen wird (*Terminationsphase*). Eine Unterbrechung der Kettenreaktion ist möglich, indem 2 Lipidradikale oder Peroxylradikale miteinander reagieren oder unter Einwirkung von Antioxidanzien unter Bildung eines Antioxidansradikals.

Tocopherole reagieren sehr viel schneller mit Peroxylradikalen als Radikale ungesättigter Fettsäuren und sind deshalb besonders effektiv in der Unterbrechung der radikalischen Kettenreaktion. Tocopherolester müssen hydrolysiert werden um antioxidativ wirksam zu sein.

Oxidativer Stress, der infolge von Lipidperoxidation zu Zellzerstörung bis hin zu Organdegeneration führen kann, entsteht im Organismus auf vielfältige Weise. Dazu gehören die unzureichende Zufuhr an Antioxidanzien, eine erhöhte Zufuhr an Prooxidanzien, chemische und physikalische Noxen, übermäßige physische Aktivität, Verletzungen und bestimmte Erkrankungen, wie z. B. Diabetes mellitus.

Unter normalen Bedingungen sind die Zellen in der Lage die nachteiligen Wirkungen reaktiver Sauerstoffspezies zu verhindern. Allerdings können durch Schwächung des antioxidativen Potentials oder eine starke Zunahme des oxidativen Stresses irreversible Zellschädigung entstehen. Die antioxidativen Mechanismen des Organismus umfassen:

- die direkte Interaktion mit Oxidanzien durch Ascorbinsäure, Glutathion und andere reduzierende Agentien;
- das Abfangen freier Radikale und von Singulett-Sauerstoff durch Vitamin E, Ascorbinsäure, Superoxidismutase und andere Radikalfänger;
- die Reduktion von Hydroperoxiden durch Glutathionperoxidase und Katalase;
- die Bindung oder Entfernung von Übergangsmetallen durch Ferritin, Transferrin, Coeruloplasmin, Albumin und andere Chelatoren;
- die Prävention der Interaktion von reaktiven Sauerstoffspezies mit essenziellen zellulären Komponenten durch Membranbarrieren;
- die Reparatur entstandener Schäden durch bestimmte Nährstoffe und metabolische Aktivitäten [39].

Vitamin E nimmt aufgrund seiner Lokalisation in der Zellmembran eine Schlüsselstellung unter den Antioxidanzien ein. Die Regeneration von Vitamin E kann im Organsimus über viele Systeme erfolgen, z. B. über Ascorbinsäure, Glutathion, Liponsäure, NADH-Cytochrom-b_5 und Koenzym Q_{10} [40].

Pharmakologische Bedeutung könnte Vitamin E aufgrund von Beobachtungen erlangen, die zeigen, dass eine erhöhte Vitamin-E-Aufnahme mit einem gesteigerten Immunstatus sowie einem verminderten Risiko an kardiovaskulären Erkrankungen, bestimmten Krebsarten sowie anderen degenerativen Erkrankungen zu erkranken assoziiert ist. Hohe Vitamin-E-Dosen können allerdings postoperative Blutungen verursachen und ein Problem bei Patienten unter Antikoagulanzientherapie darstellen. Dies beruht sehr wahrscheinlich auf einer Hemmung der γ-Glu-Carboxylase durch hohe Vitamin-E-Konzentrationen (s. 6.2.1: Vitamin K).

Vorkommen, Resorption und Bioverfügbarkeit

Vitamin E in Form von α-Tocopherol ist v. a. in langsam wachsenden oder ausgewachsenen dunkelgrünen Pflanzenteilen enthalten (*Tabelle 6-12*). Besonders reiche Vitamin-E-Quellen sind pflanzliche Öle, wie Weizenkeim-, Sonnenblumen- und Olivenöl. In Sojaöl, Maiskeimöl und Palmöl macht das im Vergleich zum α-Tocopherol sehr viel weniger wirksame

Tabelle 6-12. Vitamin-E-reiche Lebensmittel

Lebensmittel	Vitamin-E-Gehalt [mgTÄ[a]/100 g]
Walnussöl	39
Sonnenblumenöl	50
Weizenkeimöl	159
Palmöl	25
Maiskeimöl	31
Distelöl	29
Sojaöl	29
Leinsamen	57
Lauch	2,0
Spargel	2,1
Knollensellerie	2,6
Paprikafrüchte	3,1
Schwarzwurzeln	6,0
Rosenkohl	0,9

[a] *1 mg RRR-α-Tocopherol-Äquivalent (TÄ) = 1 mg RRR-α-Tocopherol = 1,1 mg RRR-α-Tocopherylazetat = 2 mg RRR-β-Tocopherol = 4 mg RRR-γ-Tocopherol = 100 mg RRR-δ-Tocopherol = 3,3 mg RRR-α-Tocotrienol = 1,49 mg RRR-α-Tocopherylazetat*

γ-Tocopherol den Hauptanteil des enthaltenen Vitamin E aus. Maiskeimöl und Palmöl enthalten außerdem beträchtliche Mengen an Tocotrienolen. In der Nahrung enthaltenes freies Tocopherol wird in Mizellenform im Rahmen der Fettresorption *resorbiert* (s. Kap. 7).

Bedarf und Mangelzustände

Die *Empfehlung* zur täglichen Vitamin-E-Aufnahme liegt bei 12 mg α-Tocopherol-Äquivalenten für Erwachsene. Bei Zufuhr anderer Isomere muss die relative Aktivität gegenüber α-Tocopherol berücksichtigt werden (s. *Tabelle 6-2*).

Der *Bedarf* an Vitamin E hängt maßgeblich ab von der Menge an mehrfach ungesättigten Fettsäuren in den Membranen der Zellen. Dieser Anteil ist wiederum durch die Fettzusammensetzung der Nahrung beeinflussbar. Generell wird jedoch bei steigender Zufuhr mehrfach ungesättigter Fettsäuren auch mehr Vitamin E aufgenommen, da Pflanzen, die reich an mehrfach ungesättigten Fettsäuren sind, auch hohe Tocopherolgehalte aufweisen. Neben der Zufuhr an mehrfach ungesättigten Fettsäuren bestimmen weitere diätetische Faktoren die Wirksamkeit von bzw. den Bedarf an Vitamin E.

Als Bestandteil der Selenoenzyme Glutathionperoxidase und Phospholipidhydroperoxidglutathionperoxidase ergänzt Selen die antioxidative Wirkung von Vitamin E, indem es an der Reduktion von Lipidperoxiden (ROOH) zu den entsprechenden Hydroxiden (ROH) beteiligt ist. Die Reduktion verhindert den Zerfall der Hydroperoxide und damit die Bildung neuer Radikale, die wiederum oxidative Reaktionen initiieren können. Ascorbinsäure ist für die Regeneration von oxidiertem Vitamin E und damit für dessen Wirksamkeit von großer Bedeutung. β-Karotin, eine Vorstufe von Vitamin A, ist ein potenter Radikalfänger, der im Vergleich zu Vitamin E bei niedrigeren O_2-Konzentrationen wirksam ist und deshalb den zellulären Schutz gegenüber oxidativen Schädigungen komplementiert. In gleicher Weise könnten auch andere Karotinoide, wie Lutein und Lycopen von Bedeutung sein.

Das Abfangen oder Entfernen von Übergangsmetallen, insbesondere Fe^{2+}-Ionen, ist wichtig für eine limitierte Bildung von Hydroxylradikalen (OH•) aus Wasserstoffperoxid (H_2O_2) (Fenton-Reaktion). Hydroxylradikale sind hochreaktive Moleküle und starke Initiatoren oxidativer Schädigung. Mit der Nahrung aufgenommenes oder aus Ferritin freigesetztes Eisen kann mittels Transferrin, Laktoferrin, Zitrat, ATP oder durch Phosphate gebunden werden. Eisenüberladung, wie sie bei Hämochromatose vorkommt, erhöht den Bedarf an Vitamin E drastisch. Schwefelhaltige Aminosäuren sind in Form von Cystein Bestandteil des Glutathions, das als Bestandteil der Glutathion-Peroxidase und durch die Beteiligung an der Regeneration von Vitamin E einen wichtigen antioxidativen Beitrag leistet.

Ein *Vitamin-E-Mangel* ist gekennzeichnet durch erhöhte Lipidperoxidation in Blut und Gewebe mit vermehrter Bildung an Peroxidationsprodukten, wie Malonaldehyd, anderen aldehydischen Oxidationsprodukten oder Hydroperoxyfettsäuren. Dies führt u. a. zu einer verkürzten Lebenszeit der Erythrozyten durch Hämolyse. Neurologische Abnormitäten treten ebenfalls auf. Neben einem familiären isolierten Vitamin-E-Mangel, der Folge einer Mutation im α-Tocopherol Transferprotein ist, kann ein Vitamin-E-Mangel durch Malabsorptionssyndrome verschiedener Ätiologie bedingt sein (vgl. 6.2.1: Vitamin K).

Ermittlung des Vitaminstatus

Die Vitamin-E-Statusbestimmung erfolgt mittels Messung der α-Tocopherolspiegel im Serum. Die Bestimmung in Thrombozyten ist, im Gegensatz zur Serumbestimmung, unabhängig von den Serumlipidspiegeln. Neuere HPLC-Methoden ermöglichen es extrem kleine Mengen (bis zu 1 ng) individueller Tocopherole in Plasmaproben zu messen [5]. Es existieren ebenfalls photometrische Methoden, die z. B. darauf beruhen, dass Fe^{3+}-Ionen durch α-Tocopherol zu Fe^{2+}-Ionen reduziert werden und diese mit 2,2′-Dipyridyl oder 4,7-Diphenyl-1,10-phenanthrolin einen roten Farbkomplex bilden (Emmerie-Engel-Reaktion).

6.2.3 Retinole (Vitamin A)

Vitamin A umfasst alle Verbindungen, die die biologische Aktivität des Retinols, der alkoholischen Vitamin-A-Form, besitzen (*Abb. 6-13*). Von den mehr als 600 bekannten, natürlich vorkommenden Karotinoiden, besitzen etwa 50 Vitamin-A-Aktivität. Da die Karotinoide gespalten werden müssen um biologisch aktiv zu sein, werden sie als Provitamin A bezeichnet. Unter dem Begriff Retinoide werden alle Substanzen zusammengefasst, die strukturelle Ähnlichkeiten zum Retinol aufweisen, unabhängig von ihrer biologischen Aktivität. Retinoide bestehen aus einem hydrophoben β-Iononring, einer mehrfach ungesättigten hydrophoben Kohlenwasserstoffkette und einer polaren Endgruppe. Die polare Endgruppe kann in verschiedenen Oxidationsstufen vorliegen (Retinol, Retinal, Retinsäure). *In vivo* wird Vitamin A als Retinyles-

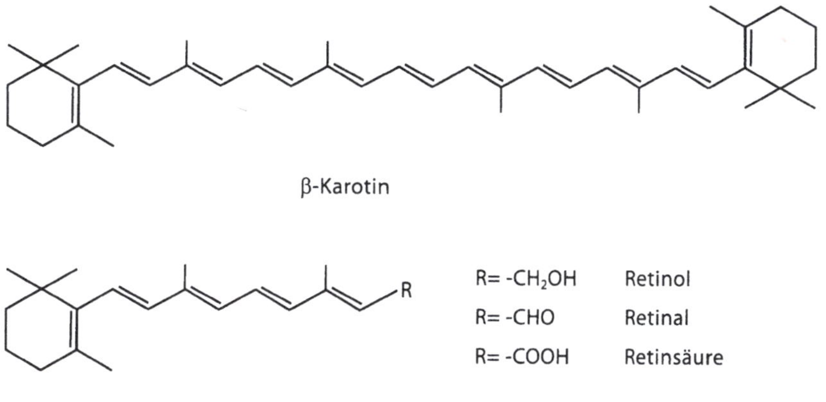

Abb. 6-13. Das in pflanzlicher Nahrung dominierende Provitamin A, β-Karotin sowie die daraus im menschlichen Organismus gebildeten Vitamin-A-Formen Retinol, Retinal und Retinsäure

ter, nach Veresterung der polaren Endgruppe des Retinols mit einer langkettigen Fettsäure, gespeichert.

Funktionen

Vitamin A und seine Metabolite besitzen vielfältige biologische Funktionen. Sie sind essenziell für den Sehvorgang, die Reproduktion, für Immunfunktionen und beeinflussen die zelluläre Differenzierung, Proliferation und Signaltransduktion. Die verschiedenen Effekte des Vitamin A werden von verschiedenen Retinoiden verursacht, die teilweise über unterschiedliche Mechanismen wirken. 11-*cis*-Retinal wirkt beim Sehvorgang, Retinsäure und möglicherweise andere Retinoide verändern die Transkription spezifischer Gene und wahrscheinlich beeinflussen *retro*-Derivate des Retinols die Proliferation und Aktivierung von Lymphozyten.

In Form des *11-cis-Retinal bzw. all-trans-Retinal* ist Vitamin A Bestandteil des in den stäbchenförmigen Photorezeptorzellen des Auges vorkommenden Rhodopsin. Rhodopsin besteht aus dem Protein Opsin und dem kovalent an einen Lysylrest des Opsin gebundenen Retinal. Die in den für das Farbsehen verantwortlichen Zapfen vorkommenden lichtempfindlichen Pigmente sind grundsätzlich gleich aufgebaut. Die Resorption eines Photons durch 11-*cis*-Retinal führt zu einer Isomerisierung des Chromophors in die all-*trans*-Form. Dieser Prozess induziert einige Konformationsänderungen des Rhodopsin an deren Ende die Abspaltung des Retinals steht.

Eines der dabei entstehenden Intermediate bindet an ein heterotrimeres G-Protein, das Transducin, und führt in diesem zu einem Austausch von GDP mit GTP. Die dadurch freigesetzte GTP-tragende α-Untereinheit aktiviert eine Phosphodiesterase, die den Spiegel an cGMP in den Photorezeptorzellen erniedrigt. Als Folge davon schließen sich Na^{+}-Kanäle, es kommt zur Hyperpolarisierung der Zellen, zum Schließen Spannungs-regulierter Ca^{2+}-Kanäle und damit zur verminderten Freisetzung von Glutamat, das an den Synapsen zwischen Photorezeptorzellen und den Bipolarzellen der Retina (afferente Neurone) das »Dunkelsignal« übermittelt. Rhodopsin wird regeneriert durch 11-*cis*-Retinal, das aus retinalen Pigmentepitheliumzellen bereitgestellt wird. In diesen wird Vitamin A als Retinylester gespeichert und bei Bedarf enzymatisch in 11-*cis*-Retinal umgewandelt.

Retinsäure beeinflusst die Differenzierung und Proliferation einer Reihe normaler als auch neoplastisch transformierter Zellen [42]. Beispielsweise hemmt Retinsäure die Differenzierung von Fibroblasten zu Adipozyten, während die Differenzierung zu Neuronalzellen gefördert wird. Auch für die Ausbildung der Finger und Zehen während der Embyonalentwicklung ist Retinsäure unabdingbar. In verschiedenen Studien bis hin zu Untersuchungen am Menschen konnte gezeigt werden, dass Retinsäure Prozesse der Karzinogenese inhibiert und in einigen Fällen wieder einen normalen Phänotyp transformierter Zellen bewirken konnte. Die meisten dieser Effekte werden der Beeinflussung der Gentranskription durch Retinsäure zugeschrieben.

Retinsäure bindet an nukleäre Hormonrezeptoren, die danach an eine Erkennungssequenz (RARE, »retinoic acid response element«) in der Promotorregion spezifischer Gene binden und die Transkription dieser Gene erleichtern oder erschweren [43]. 2 Klassen nukleärer Retinoidrezeptoren sind bekannt, die Retinsäurerezeptoren (RARs, »retinoic acid receptors«) und die Retinoid-X-Rezeptoren (RXRs, »retinoid X receptors«). Der primäre physiologische Ligand für RARs ist all-*trans*-Retinsäure. Wenngleich RXRs potent 9-*cis*-Retinsäure binden und durch diese aktiviert werden, ist nicht klar, ob dies der physiologische Ligand *in vivo* ist.

Wie andere Mitglieder der nukleären Hormonrezeptoren binden RARs und RXRs als Dimere an die Erkennungssequenzen der DNA. Während RXRs in Form von Homodimeren (RXR-RXR) als Transkriptionsfaktoren wirken, dimerisieren RARs vornehmlich mit RXRs zu Heterodimeren (RXR-RAR). RXRs können ebenfalls mit weiteren Mitgliedern der Hormonrezeptorfamilie, wie dem Vitamin-D_3-Rezeptor (VDR), dem Thyroidhormon-Rezeptor (TR), dem Peroxisomen-Proliferator-aktivierten Rezeptor (PPAR) oder dem durch Cholesterin aktivierten Rezeptor (LXR), dimerisieren. Damit nehmen RXRs eine Schlüsselstellung in Bezug auf die Signalweitergabe bestimmter Nährstoffe oder Hormone ein (s. Kap. 21).

Retro-Retinoide sind Vitamin-A-Derivate, bei denen der Polyenanteil mit einer Doppelbindung am β-Iononring angeknüpft ist. Einige Wirkungen von Vitamin A, wie z. B. die Regulation der Proliferation von Immunzellen oder die Entwicklung der Reproduktionskapazität, können nicht von Retinsäure wahrgenommen werden. Diese Vitamin-A-Wirkungen schreibt man v. a. den *retro*-Retinoiden zu.

Pharmakologische Bedeutung besitzt Vitamin A vor allem aufgrund seiner Fähigkeit in Form von Retinsäure die Gentranskription zu beeinflussen. Retinsäure und synthetische Liganden, die RARs aktivieren, werden derzeit in der Therapie und Chemoprevention verschiedener hämatologischer Krankheitsbilder (akute myoloische Leukämie, Thalassämie) eingesetzt. Die Fähigkeit von RXRs mit verschiedenen nukleären Rezeptoren zu dimerisieren und dadurch deren Aktivitäten zu beeinflussen, lässt RXR-spezifische Retinoide interessant im Hinblick auf die Behandlung einer Reihe weiterer Erkrankungen erscheinen.

Beispielsweise können sie im Mausmodell des nicht-insulinpflichtigen Diabetes mellitus (Typ II) die Insulinsensitivität erhöhen und die Hypertriglyzeridämie vermindern [44]. Diese Eigenschaften wurden der Bildung von RXR-PPAR-Dimeren zugeschrieben. Die Bildung von RAR-RXR-Heterodimeren wird in Verbindung gebracht mit einer erhöhten Expression von A-I und A-II [45], 2 Apolipoproteinen, die als Bestandteil der HDL protektive Effekte gegenüber kardiovaskulären Erkrankungen aufweisen.

Eine besondere Empfindlichkeit gegenüber teratogenen Wirkungen höherer Retinoldosen besteht in der 2.–5. Schwangerschaftswoche. Die Inzidenz von Neuralrohrdefekten war in Kindern von Müttern, die mehr als 4500 µg Retinol/24 h zu sich nahmen, 3,5-mal höher als bei Kindern, deren Mütter weniger als 1500 µg täglich konsumierten. Die tägliche Aufnahme an Vitamin A sollte bei Schwangeren 3000 µg/24 h daher nicht übersteigen und möglichst in Form von β-Karotin erfolgen, da für das Provitamin keine teratogenen Wirkungen gefunden wurden.

Vorkommen, Resorption und Bioverfügbarkeit

Vitamin A kommt in Form von Retinylestern in tierischen Produkten, insbesondere in Leber vor. in Abhängigkeit von der Tierspezies können starke Konzentrationsunterschiede auf-

Tabelle 6-13. Vitamin-A-reiche Lebensmittel

Lebensmittel	Vitamin-A-Gehalt [µg RÄ[a]/100 g]
Käse 45% Fett i.Tr.	356
Innereien	
Hühnerleber	11600
Rinderleber	3920
Schweineleber	5800
Lebertran	25500
Gemüse	
Karotte/Möhre	1100
Grünkohl	830
Feldsalat	783
Spinat	816
Brokkoli	316
Tomate	133
Obst	
Marille/Aprikose	298
Honigmelone	100
Papaya	125

[a] 1 mg Retinoläquivalente (RÄ) = 6 mg all-trans-β-Karorin = 12 mg andere Provitamin A-Karotinoide = 1,15 mg all-trans-Retinylazetat = 1,83 mg all-trans-Retinylpalmitat; 1 µg Retinol = 3.3 IE

treten. Das Provitamin β-Karotin kommt vorwiegend in Pflanzen vor (*Tabelle 6-13*). Die zahlreichen Doppelbindungen im Vitamin A machen es sehr empfänglich gegenüber Photodegradation, Isomerisierung und Oxidation. Demzufolge ist Vitamin A relativ instabil in wässriger Lösung, insbesondere unter Anwesenheit von Licht und Sauerstoff. Stabil ist Vitamin A in organischen Lösungsmitteln unter Abwesenheit von Sauerstoff. Die mit der Nahrung aufgenommenen Retinylester und das β-Karotin werden im Rahmen der Fettresorption im Dünndarm *resorbiert* (s. Kap. 4).

Bedarf und Mangelzustände

Die *Empfehlungen* zur Vitamin-A-Aufnahme liegen bei 1 mg Retinoläquivalente für Erwachsene (s. *Tabelle 6-1*). Der *Vitamin-A-Bedarf* des wachsenden Organismus ist erhöht. Ebenfalls besteht ein erhöhter Bedarf bei Regenerationsvorgängen, chronischen Infekten sowie in der Schwangerschaft und Stillperiode. Da die Plasmawerte des Neugeborenen immer unter denen der Mutter liegen, kann ein leichter Vitamin-A-Mangel der Mutter zu einem erheblichen Defizit des Neugeborenen führen. Wie bereits erwähnt, sollte der Mehrbedarf möglichst über die Provitamin-A-Formen gedeckt werden. Dabei ist zu berücksichtigen, dass 6 mg all-*trans*-β-Karotin und 12 mg anderer Provitamin A-Karotinoide nötig sind, um 1 mg Retinoläquivalente zu erreichen.

Die deutlichsten Anzeichen eines *Vitamin-A-Mangels* sind Dunkeladaptationsstörungen (bei schwerem Mangel Xerophtalmie), Hyperkeratose und eine unterdrückte Immunfunktion. In vielen Entwicklungsländern gehört ein ausgeprägter Vitamin-A-Mangel zu den häufigsten Mangelerscheinungen überhaupt. Berechnungen zeigen, dass Vitamin-A-Mangel die Ursache in 70% der Fälle von Erblindung bei Kindern (weltweit 1,5 Mio.) darstellt.

Eine *akute Vitamin-A-Toxizität* wurde als Folge des Verzehrs von Seebär- und Seehundleber bei Eskimos und Arktisforschern beschrieben. Seebär- und Seehundleber weisen allerdings extrem hohe Vitamin-A-Gehalte auf. Eine *chronische Toxizität* kann sich durch Aufnahme von mehr als 15 mg Retinoläquivalente/24 h über mehrere Monate entwickeln. Bei Kindern können bereits Mengen von mehr als 6 mg/24 h eine chronische Toxizität verursachen. Toxische Effekte sind allerdings sehr selten und können durch Stoppen der exzessiven Aufnahme verhindert werden. Als Symptome einer Intoxikation treten Kopfschmerzen, Schwindel, Benommenheit und Erbrechen auf.

Ermittlung des Vitaminstatus

Die Bestimmung des Vitamin-A-Status ist äußerst schwierig. Bestimmungen der Retinolplasmaspiegel geben keine verlässlichen Hinweise, da einerseits die Plasmaspiegel homöostatisch reguliert werden und damit kein Indiz der Gewebespeicher sind und außerdem die Plasmaspiegel bei gesteigertem Bedarf einer verzögerten Retinolfreisetzung aus der Leber unterliegen. Es wird empfohlen, zur Beurteilung des »Risikogrades« mehrere Kriterien gleichzeitig zu benutzen. Dazu zählen die alimentäre Vitamin-A-Zufuhr, die Plasmaspiegel des Retinol-bindendem Protein sowie klinische Symptome [5].

Zum Nachweis von Vitamin A im Plasma eignet sich die Fluorometrie des elektrophoretisch aufgetrennten Holo-Retinol-bindenden Proteins, da Retinol nach Bindung an Apo-Retinol-bindendes Protein ca. 14fach stärker fluoresziert als freies Retinol [5]. Durch Einwirkung von Antimontrichlorid in Chloroform gibt Vitamin A eine instabile Blaufärbung, die spektrophotometrisch gemessen werden kann (Carr-Price-Reaktion). Charakteristische Farbreaktionen sind ebenfalls mit Arsentrichlorid, Zinnchlorid und Bortrifluorid möglich [5]. HPLC-Methoden erlauben die Trennung geometrischer Vitamin-A-Isomere [5].

6.2.4 Kalziferole (Vitamin D)

Vitamin D umfasst verschiedene Verbindungen mit Steroidstruktur, die *anti-rachitische* Eigenschaften aufweisen. Die beiden wichtigsten sind das Vitamin D_3 (Cholekalziferol) und Vitamin D_2 (Ergokalziferol). Streng genommen ist Vitamin D kein Vitamin, da dessen Synthese in der Haut durch Einwirkung von Sonnenlicht aus 7-Dehydrocholesterin erfolgen kann. 7-Dehydrocholesterin ist die unmittelbare Vorläufersubstanz des Cholesterins, die sich u. a. in lebenden Zellen der Dermis und Epidermis befindet. UV-B-Strahlung bewirkt die Öffnung von Ring B des 7-Dehydrocholesterins unter Bildung von Provitamin D_3. Unter Umlagerung der Doppelbindungen kommt es bei Körpertemperatur innerhalb weniger Stunden zur Bildung von Vitamin D_3 (*Abb. 6-14*). Vitamin D_3 kann relativ leicht aus der Haut ins Blut gelangen, wo es an α_1-Globulin gebunden transportiert wird.

Da Provitamin D_3 bei längerer Sonnenexposition in die biologisch inerten Photoprodukte Lumisterol und Tachysterol umgewandelt wird, besteht auch bei erhöhter Sonneneinstrah-

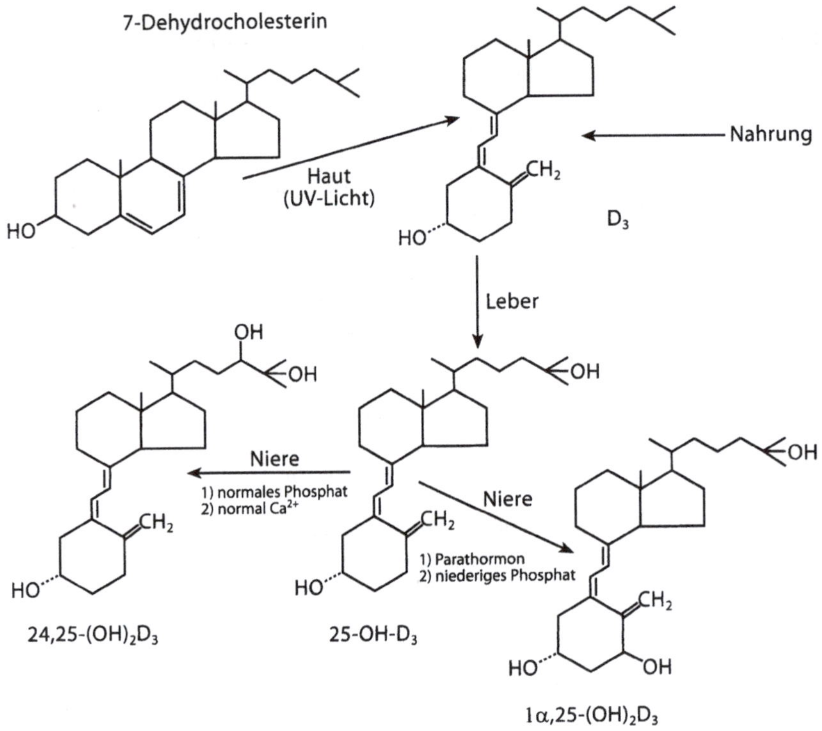

Abb. 6-14. Photochemische Bildung von Vitamin D_3 in der Haut aus 7-Dehydrocholesterin

lung keine Gefahr einer Intoxikation. Zudem resorbiert das Hautpigment Melanin potent Photonen der UV-B-Strahlung, sodass bei zunehmender Bräunung der Haut weniger 7-Dehydrocholesterin mit UV-B bestrahlt wird. Im Winter ist die UV-B-Strahlung sehr gering. Oberhalb des 42. Breitengrads ist keine Vitamin-D_3-Synthese in der Haut von November bis Februar möglich. 10 Breitengrade weiter nördlich verlängert sich diese Periode von Oktober bis März. Im Vergleich zu jungen Erwachsenen, nimmt die Konzentration an 7-Dehydrocholesterin im Alter von 70 Jahren um ca. 75% ab [46]. Verbunden mit einer niedrigen Aufenthaltszeit im Freien begründet dies den Bedarf an Vitamin-D-Supplementierung in der älteren Bevölkerung.

In der Haut gebildetes Cholekaziferol wird in der Leber zu 25-Hydroxycholekalziferol und dieses in der Niere zu 1,25-Dihydroxycholekalziferol (1,25$(OH)_2D_3$; Kalzitriol), dem biologisch aktiven Vitamin-D_3-Metaboliten, hydroxyliert. Kalzitriol reguliert die Kalziumabsorption in der Niere und im Darm sowie die Kalziummobilisierung im Knochen und ist neben dem Parathormon der wichtigste Regulator der Kalziumhomöostase. Mit der Nahrung aufgenommenes Ergokalziferol wird ebenfalls durch Hydroxylierungen an Position 1 und 25 aktiviert.

Funktionen

Die aktiven 1,25$(OH)_2$D-Formen des Vitamin D wirken v. a. auf die Kalzium-Homöostase indem sie die intestinale Kalziumabsorption erhöhen (bis zu 5fach). Eine erhöhte Expression des Kalzium-bindenen Proteins Calbindin scheint ursächlich an dem erhöhten Kalziumdurchtritt durch das intestinale Epithel beteiligt zu sein. Am Knochen ist 1,25$(OH)_2$D wichtig für Erneuerungsprozesse, die ständig ablaufen müssen, um die Beanspruchbarkeit zu gewährleisten. Hierbei scheint 1,25$(OH)_2$D über die Bereitstellung von Kalzium und Phosphat für die Mineralisierung des Osteoids zu wirken. In der Niere wird durch 1,25$(OH)_2$D die Reabsorption von Kalzium und Phosphat erhöht. Ein wichtiger Induktor für die renale 1,25$(OH)_2$D-Synthese ist das in den Nebenschilddrüsen gebildete Parathormon.

Parathormon wird bei niedrigen Kalzium-Plasmaspiegeln ausgeschüttet und aktiviert die 1α-Hydroxylase der Niere u. a. durch eine erhöhte Phosphatausscheidung bzw. Hypophosphatämie. Somit geht die Erniedrigung der Phosphatspiegel durch Parathormon der erhöhten Phosphatresorption durch 1,25$(OH)_2$D voraus und es kommt als Nettoeffekt zu einer gesteigerten Kalziumresorption.

Ein längerfristig anhaltender Effekt von 1,25$(OH)_2$D wird verhindert, indem der aktive Vitamin-D-Metabolit die 1α-Hydroxylierung inhibiert und gleichzeitig die Bildung der biologisch inaktiven Metabolite 24,25$(OH)_2$D und 1,24,25$(OH)_3$D steigert. Außerdem bewirkt 1,25$(OH)_2$D eine verminderte Bildung und Sekretion von Parathormon. Die meisten der 1,25$(OH)_2$D-Wirkungen werden durch Beeinflussung der Transkription spezifischer Gene nach Bindung an einen nukleären Vitamin-D-Rezeptor (VDR) erreicht. VDRs bilden Dimere mit RXRs und binden an spezifische Promotorregionen von Genen (VDRE, Vitamin D-response element), wie z. B. Calbindin, deren Transkriptionsrate dadurch beeinflusst wird.

Neben den Wirkungen auf Darm, Niere, Knochen und Nebenschilddrüse, die in unmittelbarer Beziehung zu den Wirkungen auf den Kalziumhaushalt stehen, besitzt 1,25$(OH)_2$D in einer Reihe weiterer normaler und maligne transformierter Gewebe Wachstums-hemmende und Differenzierungs-fördernde Funktionen. Zu den Geweben mit VDR zählen Gehirn, Gonaden, Brustdrüse, Haut, mononukleäre Zellen sowie aktivierte T- und B-Lymphozyten.

Während 1,25$(OH)_2$D für die *Pharmakotherapie* maligner Erkrankungen keine Bedeutung besitzt, möglicherweise aufgrund von Subpopulationen maligner Zellen ohne VDR, hat es sich bei hyperproliferativen Hauterkrankungen, wie z. B.

Psoriasis, als durchaus wirksam erwiesen. Das $1{,}25(OH)_2D$-Analog Calcipotrien (Dovonex) zeichnet sich außerdem durch äußerst geringe Nebenwirkungen aus. Weiterhin können $1{,}25(OH)_2D$-Formen zur Behandlung von primärem und sekundärem Hyperparathyreoidismus eingesetzt werden, da sie die Parathormon-Expression reduzieren. Die Gabe von Vitamin-D-Präparaten ist beispielsweise besonders wichtig in der frühen Behandlung von Azotämie oder Urämie, um die durch Hyperphosphatämie und Hypokalzämie bedingte Erhöhung von Parathormon zu verhindern, die sonst zu Osteomalazie bis hin zu Kalzifizierungsprozessen von Weichgeweben, wie Arterien, führen kann.

Die Behandlung der Osteoporose bei Frauen nach der Menopause kann nur mit dem aktiven Metaboliten $1{,}25(OH)_2D$ durchgeführt werden, da es unter den niedrigen Östrogenspiegeln zu keiner adäquaten Induktion der 1α-Hydroxylase in der Niere kommt. Die Dosis ist unter Bestimmung der Kalzium- und Phosphatspiegel in Blut und Urin festzulegen.

Lediglich die pharmakologische Einnahme exzessiver Vitamin-D-Mengen kann eine *Intoxikation* bedingen. Die Symptome sind Hyperkalzämie und -kalzurie, Kalzifizierung von Arterien, Leber und Niere, Erbrechen, Schwindel und Muskelschwäche. Die Behandlung erfolgt durch Absetzen des Vitamins, möglichst geringer Kalziumaufnahme und möglicherweise durch Applikation von Calcitonin, einem in der Schilddrüse gebildeten Hormon, das den Kalzium-Plasmaspiegel senkt.

Vorkommen, Resorption und Bioverfügbarkeit

Reichhaltige *Quellen* sind fettreiche Fische, wie Makrele und Lachs sowie Fischöle (*Tabelle 6-14*). *Ergokalziferol*, das sich von Cholekalziferol nur in der Seitenkette unterscheidet, kommt in Hefen vor. Pflanzen enthalten nur geringe Mengen an Ergokalziferol, bzw. seiner Vorstufe Ergosterol. in vielen Ländern wird Vitamin D in Milch, Butter und Margarine zugesetzt.

Mit der Nahrung aufgenommenes Vitamin D wird im Rahmen der Fettresorption im Dünndarm *resorbiert* und gelangt mit den Chylomikronen-Resten zur Leber (s. Kap. 7). Die *Empfehlungen* zur täglichen Vitamin-D-Aufnahme liegen bei 10 µg für Säuglinge, Schwangere und Stillende sowie 5 µg für Kinder, Jugendliche und Erwachsene (s. *Tabelle 6-2*). Erwachsene >50 Jahre sollten täglich mindestens 10–15 µg Vitamin D aufnehmen.

Tabelle 6-14. Vitamin-D-reiche Lebensmittel

Lebensmittel	Vitamin-D-Gehalt [µg/100 g]
Fisch/Fischöle	
Kabeljau	1,3
Thunfisch	5,4
Sardine	705
Hering	31
Lachs	16
Lebertran	330
Dorschleberöl	210
Innereien/Fleisch	
Geflügelleber	1,3
Rinderleber	1,7
Kalbfleisch	3,8
Eier	
1 Ei	3,5
1 Eigelb	5

Bedarf und Mangelzustände

Ein *Vitamin-D-Mangel* ist klassisch durch das klinische Bild der Rachitis gekennzeichnet. Durch die verminderte Resorption im Darm und in der Niere kommt es zu einem Abfall der Kalzium- und Phosphat-Plasmaspiegel. Kompensatorisch wird zur Erhöhung des Kalzium-Spiegels Parathormon verstärkt ausgeschüttet, das Kalzium aus den Knochen mobilisiert. Die Demineralisierung des Knochens ist mit einer erhöhten Aktivität der alkalischen Phosphatase verbunden und führt bei Kindern zu Rachitis, bei Erwachsenen zu Osteomalazie. Die wesentlichen Symptome der Osteomalazie sind Muskelschwäche und Knochenschmerzen. Mit fortschreitender Erkrankung nimmt das Frakturrisiko zu.

Ermittlung des Vitaminstatus

Der *Vitamin-D-Status* kann anhand der Plasmakonzentration von 25(OH)D bestimmt werden, das die primäre zirkulierende Form des Vitamins darstellt. Da die hepatische 25-Hydroxylierung normalerweise nicht sättigbar ist, bedeutet ein erhöhtes Angebot an Viatmin D auch die erhöhte Synthese von 25(OH)D und spiegelt deshalb den Versorgungszustand gut wider. Zur Bestimmung von $1{,}25(OH)_2D_3$ müssen aufgrund der sehr niedrigen Plasmaspiegel sehr empfindliche Methoden benutzt werden. Die am meisten verbreitete Methode zur Bestimmung des Kalzitriols ist der Radiorezeptorassay, der nach dem Prinzip des RIA funktioniert und als Bindungsprotein für Kalzitriol das intestinale Rezeptorprotein aus Küken benutzt [5]. Mittels HPLC können alle Vitamin-D-Formen rasch und sehr schonend getrennt werden [5]. In Analogie zum kolorimetrischen Nachweis von Vitamin A mit Antimontrichlorid, kann auch Vitamin D mit Antimontrichlorid als roter Farbkomplex nachgewiesen werden [5].

6.3 Spurenelemente

6.3.1 Eisen

Eisen ist ein Redox-aktives Übergangselement, das leicht Bindungen mit elektronegativen Elementen, wie O_2, N_2 und S eingeht. Eisen liegt gewöhnlich in 2- (Fe^{2+}) oder 3-wertiger (Fe^{3+}) Form vor. Als Bestandteil von Häm- und Nicht-Hämproteinen (Fe-S-Proteine, Fe-Metalloenzyme, Fe-O-Fe-Proteine) ist Eisen v. a. am Transport und Metabolismus von Sauerstoff beteiligt. Zu den Hämproteinen zählen Hämoglobin, Myoglobin, Katalase, Peroxidase und verschiedene Cytochrome. Unter den Nicht-Hämproteinen zählen zu den Fe-S-Proteinen die NADH-Dehydrogenase, Succinat-Dehydrogenase und Cytochrom-c-Reduktase (Proteine der mitochondrialen Elektronentransportkette) sowie die Aconitase, ein Eisen-regulierendes Protein. Fe-Metalloenzyme umfassen die Mono- und Dioxygenasen, während das Enzym Ribonukleotid-Reduktase ein Fe-O-Fe-Protein darstellt.

Häm-Proteine enthalten Komplexe aus Fe^{2+}-Ionen mit Protoporphyrin IX bzw. einem Protoporphyrin-IX-Derivat. Das Häm-Fe^{2+} ist stets koordinativ mit 4 N-Atomen des Tetrapyrrol-Ringes verbunden. Weiterhin weist das Häm-Fe^{2+} eine koordinative Bindung zu einem Histidin-Rest des Proteins auf. In O_2-bindenden Häm-Proteinen, wie Hämoglobin und Myoglobin, erfolgt die O_2-Bindung über die 6. koordinative Bindungsstelle. In dem Hämprotein Guanylat-Zyklase bindet die 6. Koordinationsstelle bevorzugt NO. In Cytochromen, die kein Sauerstoff binden, wie Cytochrom b bindet die 6. Koordinationsstelle eine weitere Aminosäure (Histidin oder Methionin) der Proteinkette. In den O_2-Transportproteinen Hämoglobin und Myoglobin verbleibt das Fe^{2+} in seiner Oxidationsstufe. In den Redox-aktiven Cytochromen a_3 und P450 oder Enzymen, die einem Valenzwechsel unterliegen, ist die Reduktion zum Fe^{2+} ebenfalls Voraussetzung für die Bindung des Sauerstoff.

Fe-S-Proteine enthalten zumeist 2Fe-2S- oder 4Fe-4S-Zentren. In beiden Typen von Zentren sind die Fe-Atome mit 4 Sulfhydrylgruppen von Cysteinresten des Proteins koordinativ verbunden. Somit wird in Fe-S-Proteinen ein Fe-Atom stets von 4 S-Atomen umgeben. Fe-S-Zentren finden sich meistens in Proteinen, die am Elektronentransfer beteiligt sind, wie Proteine der mitochondrialen Elektronentransportkette.

Die mitochondriale Aconitase ist ein 4Fe-4S-Protein, das ein Fe-Atom enthält, das nicht mit einem Cysteinrest verbunden ist. Das Fe-Atom mit einer freien Koordinationsstelle kann deshalb in der im Mitochondrium ablaufenden Reaktion von Citrat zu Isocitrat die Hydroxylgruppe des Citrats koordinativ binden. Im Zytosol spielt die Aconitase eine wichtige Rolle als Fe-regulierendes Protein, da bei niedrigen intrazellulären Fe-Konzentrationen das exponierte Fe-Atom aus der Aconitase freigesetzt wird. Die 3Fe-4S-Aconitase besitzt zwar keine Aconitase-Aktivität mehr, bindet jedoch an spezifische Regionen bestimmter mRNAs (IRE, »iron-response-element«) und führt so beispielsweise zur Stabilisierung der für das Fe-Transportprotein Transferrin und dessen Rezeptoren kodierenden mRNAs. Gleichzeitig werden die für das Fe-Speicherprotein Ferritin kodierende mRNA und die für die δ-Aminolävulinsäuresynthase (Schlüsselenzym der Häm-Biosynthese) kodierende mRNA, destabilisiert. Diese Mechanismen führen zu verstärkter Fe-Resorption und Fe-Freisetzung und damit zu verbesserter Fe-Versorgung des Organismus.

Fe-Metalloenzyme enthalten ein Fe-Atom, das koordinativ mit der Imidazol-Gruppe eines Histidin-Rests oder der Carboxyl-Gruppe eines Glutamat- oder Aspartat-Rests des Proteins verbunden ist. Fe-Metalloenzyme sind an Reaktionen beteiligt, die Sauerstoff als Substrat benutzen. Dazu gehören z. B. solche, die ein O-Atom von Sauerstoff (O_2) auf ein Substrat transferrieren, das dadurch hydroxyliert wird, und das zweite O-Atom auf α-Ketoglutarat übertragen, das durch oxidative Decarboxylierung in Succinat überführt wird. Zu diesen Enzymen, die neben Fe^{2+}-Ionen und dem α-Ketosäure-Cosubstrat auch Ascorbinsäure benötigen, gehören z. B. die Prolyl-3-Hydroxylase, die Prolyl-4-Hydroxylase und die Lysyl-Hydroxylase.

Eine weitere Untergruppe der Fe-Metalloenzyme sind Dioxygenasen, die beide O-Atome von O_2 auf ein Substrat übertragen. Dazu gehört z. B. die an der Eikosanoidsynthese beteiligte 5-Lipoxygenase. Hydroxylasen aromatischer Aminosäuren sind ebenfalls eine Untergruppe der Fe-Metalloenzyme, die sich durch die Verwendung von Tetrahydrobiopterin als Kofaktor auszeichnet.

Die *Ribonukleotidreduktase ist bislang das einzige bekannte Protein des Säugers, das eine Fe-O-Fe-Verbindung* aufweist. Das Protein liegt als Fe^{3+}-O^{2-}-Fe^{3+}-Komplex vor. Die zytosolische Ribonukleotidreduktase ist an der Reduktion der 4 Ribonukleotide in die entsprechenden zur DNA-Synthese benötigten Desoxyribonukleotide beteiligt. Möglicherweise enthalten weitere Fe-enthaltenden Enzyme des Säugers, wie die Fettsäuredesaturase, Fe-O-Fe-Komplexe [58].

Vorkommen, Resorption und Bioverfügbarkeit

Eisen wird aus der Häm-Form besonders gut *resorbiert.* Dies zeigt sich darin, dass bei einem Häm-Anteil von 10–15% an der Gesamt-Eisenzufuhr, das Häm-Eisen 35% des resorbierten Eisens ausmacht. Hämoglobin und Myoglobin aus tierischen Nahrungsmittel sind die wichtigsten *Häm-Quellen.* Neben der hohen Bioverfügbarkeit des Häm-Eisens trägt auch ein »Fleischfaktor« zur Verbesserung der Bioverfügbarkeit des Nicht-Häm-Eisens der Nahrung bei. Häm wird aus den Häm-Proteinen im Dünndarm freigesetzt und sehr wahrscheinlich durch rezeptorvermittelte Endozytose von den Enterozyten aufgenommen. Die Resorption des Häm-Eisens scheint nicht sonderlich reguliert. In den Enterozyten erfolgt die Freisetzung von Fe^{2+} durch die Häm-Oxygenase (s. Kap. 7).

Nicht-Häm-Eisen findet sich in Nahrungsmitteln tierischen und pflanzlichen Ursprungs. In Pflanzen kommt Nicht-Häm-Eisen hauptsächlich in Form von Metalloproteinen, löslichem Eisen und nicht-funktionellem, hauptsächlich mit Phytaten (Inositolpenta- und -hexaphosphate) komplexiertem, Eisen vor. Ein großer Anteil des diätetischen Nicht-Häm-Eisens wird in Form kontaminierender Eisenoxide und -hydroxide zugeführt (s. Kap. 7).

Bedarf und Mangelzustände

Die *Empfehlungen* für die Eisenzufuhr sind relativ schwer zu treffen. Dies liegt daran, dass eine in einer Anämie resultierende Minderversorgung mit einer signifikanten Morbidität assoziiert ist, während umgekehrt Zustände, die mit einer unkontrollierten Eisenabsorption einhergehen, wie Hämochromatose, zu Multiorganversagen führen können. Somit ist das Fenster einer optimalen Eisenversorgung relativ eng definiert. Empfohlen wird eine tägliche Aufnahme von 10 mg Eisen für Männer und 15 mg für menstruierende Frauen (■ *Tabelle 6-15*).

Neueren Berechnungen zufolge weisen weltweit etwa 1/2 Mrd. Menschen eine *Eisenmangelanämie auf.* Da die Anämie den Endpunkt des Eisenmangels darstellt, schätzt man, dass 2- bis 3-mal mehr Menschen verminderte Eisenspeicher oder eine Verminderung des funktionellen Eisenkompartimentes aufweisen. In Industrienationen betrifft die Anämie nur 8% der Population, während in Entwicklungsländern ca. 36% betroffen sind.

Säuglinge, Kinder und Schwangere sind *Risikogruppen* in Bezug auf eine Eisenmangelanämie, da im Wachstum vermehrt Eisen bereitgestellt werden muss. Auch Zustände, die mit erhöhten Eisenverlusten einhergehen, wie Laktation und Menstruation, erhöhen den Eisenbedarf.

Ein *Eisenmangel* kann durch eine *unzureichende Eisenzufuhr* mit der Nahrung, bei *Resorptionsstörungen* (z. B. bei Säuremangel oder beschleunigter Darmpassage) oder durch *gastrointestinale Blutverluste* z. B. bei benignen Tumoren, Karzinomen oder Ulzera (■ *Tabelle 6-16*) bedingt sein. Eine medi-

Tabelle 6-15. Empfehlungen zur Zufuhr von Spurenelementen. (Nach DGE, ÖGE, SGE und SVE, 2000)

Altersgruppe	Eisen (mg/24 h)	Zink (mg/24 h)	Kupfer (mg/24 h)[a]	Mangan (mg/24 h)[a]	Jod (µg/24 h)	Selen (µg/24 h)[a]	Fluorid (mg/24 h)[b]
Säuglinge							
0–3 Monate	0,5[a,c]	1	0,2–0,6		40	5–15	0,25
4–11 Monate	8	2	0,6–0,7	0,6–1,0	80	7–30	0,5
Kinder							
1–3 Jahre	8	3	0,5–1,0	1,0–1,5	100	10–40	0,7
4–6 Jahre	8	5	0,5–1,0	1,5–2,0	120	15–45	1,1
7–9 Jahre	10	7	1,0–1,5	2,0–3,0	140	20–50	1,1
10–12 Jahre							
m.	12	9	1,0–1,5	2,0–5,0	180	25–60	2,0
w.	15	7	1,0–1,5	2,0–5,0	180	25–60	2,0
13–14 Jahre							
m.	12	9,5	1,0–1,5	2,0–5,0	200	25–60	3,2
w.	15	7	1,0–1,5	2,0–5,0	200	25–60	2,9
Jugendliche/Erwachsene							
15–18 Jahre							
m.	12	10	1,0–1,5	2,0–5,0	200	30–70	3,2
w.	15	7	1,0–1,5	2,0–5,0	200	30–70	2,9
19–24 Jahre							
m.	10	10	1,0–1,5	2,0–5,0	200	30–70	3,8
w.	15	7	1,0–1,5	2,0–5,0	200	30–70	3,1
25–50 Jahre							
m.	10	10	1,0–1,5	2,0–5,0	200	30–70	3,8
w.	15	7	1,0–1,5	2,0–5,0	200	30–70	3,1
51–64 Jahre							
m.	10	10	1,0–1,5	2,0–5,0	180	30–70	3,8
w.	10	7	1,0–1,5	2,0–5,0	180	30–70	3,1
>64 Jahre							
m.	10	10	1,0–1,5	2,0–5,0	180	30–70	3,8
w.	10	7	1,0–1,5	2,0–5,0	180	30–70	3,1
Schwangere	30	10			230	30–70	3,1
Stillende	20[d]	11			260	30–70	3,1

[a] Schätzwerte für eine angemessene Zufuhr. [b] Richtwerte für die Fluoridgesamtzufuhr (Nahrung, Trinkwasser und Supplemente) sowie der Fluoridsupplemente zur Karies-prävention. [c] Ein Eisenbedarf besteht infolge der dem Neugeborenen von der Plazenta als Hb-Eisen mitgegebenen Eisenmenge erst ab dem 4. Monat. [d] zum Ausgleich der Verluste während der Schwangerschaft.

kamentöse Behandlung mit nichtsteroidalen Antiphlogistika (NSAID) kann ebenfalls zu einer Abnahme der Eisenspeicher beitragen. Des Weiteren liegt häufig bei Patienten mit chronisch entzündlichen Darmerkrankungen ein Eisenmangel vor. Bei Patienten mit M. Crohn und Colitis ulcerosa scheint zusätzlich zu einer verminderten Eisenresorption und einem erhöhten Verlust eine durch proinflammtorische Zytokine (Tumornekrosefaktor, Interleukin-1) bedingte Eisenverwertungsstörung zu bestehen. Die Eisenverwertungsstörung umfasst sowohl den verminderten Abbau von Speichereisen aus dem retikuloendothelialen System als auch eine Beeinträchtigung der Erythropoese durch eine verminderte Inkorporation von Eisen in die Erythrozyten.

Symptome eines manifesten Eisenmangels sind eine verminderte Leistungsfähigkeit, eine mikrozytäre, hypochrome Anämie, Plummer-Vinson-Syndrom (Glossitis, Ösophagitis), brüchige Fingernägel und Haare, Koilonychie sowie Parästhesien in Händen und Füßen.

Bestimmung des Eisenstatus

Die *Messparameter der Eisenversorgung* (Serumeisen, Transferrim, Ferritin und totale Eisenbindungskapazität) können durch verschiedene Faktoren beeinflusst werden. Die Serumeisenkonzentration unterliegt starken zirkadianen Schwankungen. Erhöhte Serumeisenspiegel sind unter anderem zu beobachten bei Einnahme oraler Kontrazeptiva, Östrogenen und bei Kortikoidtherapie. Außerdem bei entzündlichen Prozessen und Lebererkrankungen. Erniedrigte Werte werden während der Menstruation gemessen.

Tabelle 6-16. Gastrointestinale Blutverluste als Ursache für einen Eisenmangel

Dünndarm	Chronisch entzündliche Darmerkrankungen Parasitäre Infektionen - z. B. Hakenwurm Medikamentenbedingte Ulzerationen - NSAIDs, Kaliumchlorid Lymphome Meckel-Divertikel Morbus Whipple Strahlenenteritis
Dickdarm/Rektum	Karzinome Chronisch entzündliche Darmerkrankungen Divertikulitis Hämorrhoiden Angiodysplasie Strahlenkolitis Hämangiome

Serumferritin ist ein Indikator für den Speichereisengehalt des retikulohistiozytären Systems. Die Ferritinbestimmung dient der Erfassung von Störungen der zellulären Eisenreserven. Erniedrigte Konzentrationen sind ein Zeichen für einen Eisenmangel. Ferritin, wie auch Transferrin, gehört zu den sogenannten Akutphaseproteinen, d. h. im Rahmen von entzündlichen Prozessen, Lebererkrankungen und Abgabe von Ferritin aus zerstörtem Gewebe kann es zu einer Erhöhung der Serumferritinspiegel kommen und somit vorübergehend das Bild einer Normalversorgung bei Patienten, die tatsächlich einen Eisenmangel haben, hervorrufen.

Durch die Bestimmung des *Transferrins* ist die Erfassung von Störungen des Eisentransports möglich. Ein Eisenmangel ist mit einer verminderten Transferrinsättigung assoziiert. Diese lässt sich aus der totalen Eisenbindungskapazität (TEBK), die aus der Transferrinkonzentration errechnet wird, und der Serumeisenkonzentration bestimmen. Der Transferrinspiegel fällt im Rahmen einer Akutphasereaktion ab.

Aufgrund der oben genannten Faktoren, ist die Diagnose eines Eisenmangels insbesondere bei Patienten mit vorbestehenden (chronischen) inflammatorischen und/oder Lebererkrankungen schwierig, da die Anämie in diesem Falle einerseits auf einen Eisenmangel zurückgeführt werden kann, andererseits Folge der chronischen Erkrankung sein kann. Zur Differenzialdiagnose sollten deshalb fortlaufende Messungen der Entzündungsparameter, die unabhängig vom Eisenstoffwechsel sind (BSG, CRP), Messungen der relevanten Parameter des Eisenstoffwechsels unter kurzzeitigen therapeutischen Versuchen mit oraler Eisensupplementation und Messungen des erythrozytenfreien Protoporphyrins erfolgen.

Zu den neueren Techniken zählen die Bestimmung des *»Hypochromic Red Cell Index«* und des *löslichen Transferrinrezeptors im Serum (sTfR)*. Ein Anteil von mehr als 11% hypochromer Zellen ist relativ spezifisch für einen Eisenmangel. Es handelt sich jedoch hierbei um eine Methode mit nicht ausreichender Sensitivität. Alle Zellen des Organismus sind mit Transferrinrezeptoren ausgestattet, der Großteil (80%) befindet sich jedoch im Knochenmark. Die Anzahl der Transferrinrezeptoren an der Zelloberfläche ist ein Indikator für den Eisenbedarf. Eine Eisenmangelversorgung geht mit einer raschen Induktion der Transferrinrezeptorsynthese einher. Die im Serum vorhandenen löslichen Transferrinrezeptoren sind deformierte Abkömmlinge (*»truncated forms«*) der Gewebetransferrinrezeptoren und scheinen den Gesamtkörperbestand widerzuspiegeln. Erhöhte Konzentrationen wurden bei Patienten mit »erythroid hyperplasie« und Eisenmangel gemessen.

Bisher konnte jedoch nicht einheitlich bestätigt werden, dass ein erhöhter Serumtransferrinrezeptorspiegel der Faktor ist, der eine Unterscheidung zwischen einer Anämie aufgrund chronischer Erkrankung oder einer Eisenmangelanämie erlaubt. Die Messung des Serumtransferrinrezeptors ist mittels ELISA möglich. Nachteilig ist der derzeit noch sehr hohe Kostenaufwand. Außerdem ist eine Evaluierung der Methode anhand größerer Patientenzahlen notwendig.

6.3.2 Zink, Kupfer, Mangan

Zink, Kupfer und Mangan sind *Übergangselemente*, die sich durch die Fähigkeit auszeichnen, mit biologischen Liganden zu assoziieren. Derartige Metallkomplexe findet man besonders in zahlreichen Enzymsystemen.

Besonders *Zink* findet man häufig im aktiven Zentrum von Metalloenzymen. In verschiedenen Spezies wurden mehr als 200 Zink-enthaltende Metalloenzyme entdeckt, mit mehr als 20 unterschiedlichen biologischen Funktionen. Zu diesen zählen z. B. die Alkoholdehydrogenase, zytosolische und extrazelluläre Superoxiddismutasen, alkalische Phosphatase, Amino- und Carboxypeptidasen oder die Carboanhydrase.

Funktionen

Da *Zink nach Kalium und Magnesium das dritthäufigste intrazelluläre Metallion* ist und eine flexible Koordinationsgeometrie aufweist, scheint es besonders geeignet für den Einbau in das aktive Zentrum von Enzymen. Während Zink über 3 koordinative Bindungen mit Aminosäuren des Proteinrückgrades verknüpft ist, dient die 4. Koordinationsstelle zumeist der Bindung von Wasser. Die leichte Assoziation mit einer negativ geladenen Aminosäure des aktiven Zentrums auf der einen Seite und mit dem positiv geladenen Zink auf der anderen Seite verstärkt den Dipolcharakter des Wassers und erleichtert die Bereitstellung einer Hydroxylgruppe. Wie im Falle des Zink, besteht auch die Funktion von Kupfer und Mangan im aktiven Zentrum von Enyzmen oftmals in der Bereitstellung einer OH^--Gruppe. Allerdings findet man Kupfer und Mangan oftmals in Enzymen, in denen außerdem ein Valenzwechsel Voraussetzung für die enzymatische Reaktion ist.

Während Zink im allgemeinen als Zn^{2+} vorkommt, kann *Kupfer* zwischen den Oxidationsstufen Cu^{+} und Cu^{2+} und Mangan zwischen den Oxidationsstufen Mn^{2+}, Mn^{3+} und Mn^{7+} wechseln. Während Zn^{2+} beispielweise als strukturelles Element in zytosolischen und extrazellulären Superoxiddismutasen vorkommt, wird der Valenzwechsel, der für die Entgiftung von Superoxiden notwendig ist, durch Kupfer (zytosolische und extrazelluläre Cu/Zn SODs) oder Mangan (mitochondriale Mn SOD) katalysiert.

Zink besitzt neben seiner *Funktion* in Enzymen, große Bedeutung für die Konformation bestimmter Transkriptionsfaktoren. Durch 4fache Koordination von Zink mit S-Atomen von Cysteinresten oder N-Atomen von Histidinresten kommt es zur Ausbildung von Schleifen in der Proteinkette, sogenannten *Zinkfingern*, die eine Wechselwirkung mit Promotorsequenzen der DNA erlauben. Durch solche Interaktionen von Zinkfingern wird beispielsweise die Bindung von Steroidrezeptoren an DNA nach Bindung von Steroiden ermöglicht und eine veränderte Transkriptionsrate von Genen mit entsprechenden DNA-Bindungssequenzen (Response-Elements) bedingt. Auch der »Insulin-like-growth-factor-I«-(IGF-I-)Rezeptor besitzt in seiner Promotorsequenz eine Bindungsstelle für einen Transkriptionsfaktor mit Zinkfingerstrukturen. Die verminderte Bindung des als SP1 bezeichneten Transkriptionsfaktors an die Promotorsequenz des IGF-I-Rezeptors im Zinkmangel, könnte mitverantwortlich sein für die zu beobachtende Wachstumsretardierung.

Als Bestandteil des Coeruloplasmins besitzt *Kupfer* vermutlich *Bedeutung* für den Transport von Fe^{2+} über die basolaterale Membran der Dünndarmmukosazelle. Daneben besitzt Coeruloplasmin Ferroxidaseaktivität, d. h. es oxidiert im Plasma Fe^{2+}-Ionen zu Fe^{3+} und ermöglicht somit die Bindung von Eisenionen an Transferrin. Damit wird Kupfer zu einem wichtigen Element in der Regulation freier Eisenspiegel im Blut.

Vorkommen, Resorption und Bioverfügbarkeit

Gute *Zinkquellen* der Nahrung sind rotes Fleisch, Innereien und Meeresfrüchte. Nicht-raffinierte Zerealien, Nüsse und Hülsenfrüchte sind gute pflanzliche Quellen. Dahingegen sind Früchte und Gemüse schlechte Zinkquellen. Gute *Kupferquellen* sind die bereits beim Zink genannten Nahrungsmittel. Die meisten Fleischarten, Pilze, Tomaten, Trockenfrüchte, Bananen, Kartoffeln und Trauben weisen mit 0,1–0,3 mg Kupfer/100 g Nahrungsmittel mittlere Kupfergehalte auf. Schlechte Kupferquellen sind Milch und Milchprodukte, Geflügel, die meisten Fischarten und die meisten Früchte und Gemüse. *Mangan* kommt reichlich in nicht-raffinierten Zerealien, Nüssen, Tee und Blattgemüsen vor, während raffinierte Zerealien, Fleisch, Meeresfrüchte und Milchprodukte schlechte Zellen darstellen.

Die *Resorption* von *Zink, Kupfer* und *Mangan* findet im gesamten Dünndarm statt (s. Kap. 7). Nach ihrer intestinalen Resorption werden Zink und Kupfer an Albumin gebunden zur Leber transportiert. Zink wird von der Leber an α_2-Makroglobulin abgegeben. Im Plasma ist Zink zu etwa 57% an Albumin, 40% an α_2-Makroglobulin und 3% an niedermolekulare Liganden wie Aminosäuren gebunden. Kupfer wird von der Leber in Form des Coeruloplasmin abgegeben. 90–95% des Serumkupfers liegen an Coeruloplasmin gebunden vor. Mangan wird an α_2-Makroglobulin gebunden zur Leber transportiert. Da Mangan, ebenso wie Eisen die Oxidationsstufe 3+ (Mn^{3+}) einnehmen kann, findet eine Bindung an Transferrin statt. Somit wird Mangan, ebenso wie Eisen, über rezeptorvermittelte Endozytose in die peripheren Gewebe aufgenommen.

Bedarf und Mangelzustände

Die *Empfehlungen* zur Aufnahme von *Zink, Kupfer* und *Mangan* beruhen in erster Linie auf Bilanzstudien. Da z. B. die endogenen Zinkverluste nicht konstant sind und von der Zinkzufuhr abhängen, sind genaue Aussagen schwer zu treffen. Die tägliche Aufnahme von 10–15 mg Zink, 1,5–3 mg Kupfer und 2–5 mg Mangan ist für Aufrechterhaltung der Gesundheit ausreichend (s. *Tabelle 6-2*).

Tabelle 6-17. Klinische Manifestationen eines Zinkmangels

Alopezie	Anorexie	Oberbauchschmerzen
Blepharitis	Korneale opacities	Dysarthrie
Dermatitis	Depressionen	Diarrhö
Verzögerte Wundheilung	Fieber	Glossitis
Wachstumsretardierung	Hypogonadismus	Hypoguesia
Intentionstremor	Konzentrationsschwäche	Nystagmus
Nachtblindheit	Nervosität	Paronychia
Pica	Stomatitis	

Symptome eines *Zinkmangels* treten besonders bei hohem Verzehr an Phytaten und Fleisch-freier Ernährung auf (*Tabelle 6-17*). Appetitverlust tritt als eines der ersten Symptome auf. Weiterhin finden sich Veränderungen des Geschmacksempfindens, Hyperkeratinisierung der Haut, vermindertes Wachstum bei Kindern, Dysfunktionen des Immunsystems, Hypogonadismus und schlechte Wundheilung.

Symptome eines *Kupfermangels* sind Anämie, Skelettdefekte, Herzvergrößerung und verminderte Elastizität der Aorta und Neutropenie.

Manganmangel geht mit vermindertem Wachstum, Skelettdefekten, verminderter Glukosetoleranz, geringer Reproduktionsfähigkeit und Missbildungen der Nachkommen einher. Da Zink, Kupfer und Mangan für zahlreiche Enzyme notwendig sind und Zink außerdem durch seine Bedeutung in den Zinkfingerproteinen Voraussetzung für die Beeinflussung der Transkription zahlreicher Gene ist, erscheint es sehr wahrscheinlich, dass die Symptomatik der Mangelzustände multikausal bedingt ist.

Die Bestimmung der *Zinkkonzentration* im Serum ist kein ausreichender Indikator für den Gesamtkörperbestand, da Zink überwiegend intrazellulär vorliegt. Im Serum liegt Zink zu 2/3 an Albumin und zu 1/3 an Makroglobulin gebunden vor. So können erniedrigte Plasmaalbuminspiegel mit einer verminderten Serumkonzentration einhergehen und eine gesteigerte Proteinsynthese, z. B. als Folge einer Interleukin-1-Ausschüttung, die Zinkaufnahme in die Leber erhöhen. Zur Beurteilung der Zinkversorgung sollten zusätzlich Parameter zur Bestimmung der Immunfunktion, zinkabhängige Proteine (z. B. retinolbindendes Protein) und zinkabhängige Enzyme (z. B. alkalische Phosphatase) bestimmt werden.

6.3.3 Jod

Jod wird ausschließlich für die Synthese der Schilddrüsenhormone vom menschlichen Organismus benötigt. Schilddrüsenhormone sind jodierte Derivate der Aminosäure Tyrosin, nämlich 3,5,3´-Trijodthyronin (T_3) und 3,5,3´,5´-Tetrajodthyronin (T_4, Thyroxin). Die Synthese der Schilddrüsenhormone beginnt mit der an die Na^+/K^+-ATPase-Aktivität gekoppelten Aufnahme von Jodid aus dem Blutplasma in die Follikelzellen der Schilddrüse. Jodid und das Prohormon der Schilddrüsenhormone, das Thyreoglobulin, gelangen in das Follikellumen. Eine in der apikalen Membran der Follikelzellen lokalisierte Thyreoperoxidase oxidiert unter H_2O_2-Verbrauch Jodid und baut es in Tyrosylreste des Thyreoglobulins ein (Mono- und Dijodtyrosine). Auch die intramolekulare Kopplung zu Tri- und Tetrajodthyronin finden am Thyreoglobulin unter Mitwirkung der Thyreoperoxidase im Follikellumen statt.

Die *Sekretion* der Schilddrüsenhormone wird durch das Hypophysenhormon TSH (Thyroidea stimulierendes Hormon) ausgelöst, das zur Pinozytose des im Follikellumen gespeicherten Thyreoglobulins führt. In den Epithelzellen fusionieren die Vesikel mit Lysosomen zu Phagolysosomen, in denen das Thyreoglobulin vollständig proteolytisch abgebaut wird. Unter Fusion der Vesikel mit der basolateralen Membran der Follikelzellen werden die Schilddrüsenhormone (hauptsächlich als T_4) ans Blut abgegeben. Mehr als 99% der Schilddrüsenhormone liegen im Blut an Albumin, Thyroid-bindendes Präalbumin und Thyroid-bindendes Globulin vor. T_4 muss, um biologisch wirksam zu sein, zu T_3 dejodiert werden. Dejodierungen am inneren Ring der Schilddrüsenhormone führen dahingegen zu deren Inaktivierung.

T_3 wirkt, indem es im Zellkern an einen Rezeptor bindet und als Bestandteil des Hormonrezeptorkomplexes die Transkription bestimmter Gene verändert. Die Interaktion des Hormonrezeptorkomplexes mit der DNA wird durch Zinkfinger der Rezeptoren ermöglicht. Wie andere Mitglieder der nukleären Hormonrezeptorfamilie binden Thyroidrezeptoren als Dimere an die DNA. Das Vorhandensein unterschiedlicher Thyroidrezeptorisoformen und die Heterodimerisierung der Rezeptoren, z. B. mit RXR, ermöglicht eine Vielzahl Gen- und Gewebs-spezifischer Wirkungen der Schilddrüsenhormone.

Funktionen

Die physiologischen Wirkungen, die als Folge der Wirkung von T_3 auftreten sind u. a. ein erhöhter Ruheenergieumsatz und ein damit verbundener erhöhter O_2-Verbrauch. Verminderungen des Ruheenergieumsatzes um 30% bei Hypothyreose und eine Steigerung um 50% bei Hyperthyreose [62] zeigen, dass die metabolische Rate - durch Veränderungen des Schilddrüsenhormonspiegels – verdoppelt werden kann.

Auf zellulärer Ebene sind diese Wirkungen des T_3 verbunden mit der Induktion von Proteinen der mitochondrialen Elektronentransportkette, gesteigertem Transport von ADP in den mitochondrialen Matrixraum, einer vergrößerten Mitochondrienoberfläche und Veränderungen der Lipidzusammensetzung der Mitochondrienmembran. Offenbar kommt es als Folge dieser Effekte zu einem erhöhten passiven Einstrom von H^+-Ionen in die Mitochondrienmatrix, der bedingt, dass trotz des erhöhten Elektronentransports und des dadurch erhöhten O_2-Verbrauchs keine vermehrte ATP-Synthese stattfindet. Zusätzlich sorgt die Aktivierung ATP-verbrauchender Prozesse durch T3 für eine Erhöhung des Ruheenergieumsatzes. Der erhöhte Verbrauch an Sauerstoff führt kompensatorisch zu erhöhter Herzfrequenz und erhöhtem Herzminutenvolumen. Die durch T_3 erhöhte Herzaktivität trägt zu dem gesteigerten ATP-Verbrauch bei.

Die enorme *ernährungsphysiologische Bedeutung* von Jod wird dadurch deutlich, dass T_3 in den Metabolismus aller Makronährstoffe regulierend eingreift. Eine ungewöhnliche Eigenschaft des T_3 ist dabei, dass es sowohl anabole als auch katabole Wege aktiviert. Beispielweise wird die Fettsäuresynthese und Lipazidogenese induziert und gleichzeitig die Triazylglyzerolspeicher vermindert. T3 führt zu einer verstärkten Bildung von Cholesterin aufgrund der Induktion der β-Hydroxy-β-Methylglutaryl-CoA-Reduktase. Gleichzeitig bewirkt T_3 jedoch durch eine vermehrte biliäre Sekretion von Cholesterin, dass die Cholesterinplasmaspiegel sinken (s. Kap. 10).

Ebenso wie im Lipidstoffwechsel besitzt T_3 auch im Kohlenhydratstoffwechsel scheinbar gegensätzliche Wirkungen. So wird nicht nur die Glykolyse durch T_3 stimuliert, sondern auch die Glukoneogenese und die Glykogenolyse. Wahrscheinlich beruhen alle Wirkungen des T_3 auf einer vermehrten Transkription und als Folge davon auf einer vermehrten Proteinbiosynthese. Dennoch sind die Nettoeffekte des T_3, genauso wie im Lipid- und Kohlenhydratstoffwechsel, kataboler Art. Insbesondere Muskelprotein wird unter T_3-Wirkung verstärkt abgebaut.

Vorkommen, Resorption und Bioverfügbarkeit

Obwohl Jod ein relativ häufig vorkommendes Element ist, führte seine gute Löslichkeit zu sehr starken regionale Unterschieden in seinem *Vorkommen.* Regen, Schnee und Gletscherbildung führten zum Auswaschen von Jod aus der Erde bestimmter Regionen. Insbesondere Regionen des Himalaya, der Anden und der Alpen sind jod-arm. Flüsse wie der Ganges oder der gelbe Fluss, die sich durch häufige Überflutungen auszeichnen, führten zum Auswaschen des Jods aus dem Erdreich der umliegenden Gebiete. Während der Jodgehalt von Pflanzen im Durchschnitt 1 mg/kg Trockenmasse beträgt, kann er in jod-armen Gebieten 100-mal niedriger sein.

Eine reiche Nahrungsquelle an Jod sind Meeresfrüchte und Salzwasserfische. Das Würzen der Nahrung mit Jodsalz scheint in vielen Mangelgebieten eine gute Möglichkeit einer adäquaten Jodversorgung. In der Schweiz führte die Anwendung von Jodsalz zum Würzen von Speisen zum völligen Verschwinden des Jodmangels, von dem zuvor die Mehrheit der Bevölkerung betroffen war. Jod wird entlang des gesamten Gastrointestinaltrakts effizient *resorbiert* (s. Kap. 7).

Bedarf und Mangelzustände

Die *Empfehlungen* zur Jodaufnahme liegen für Erwachsene in Deutschland lebende bei 200 µg/24 h für. Schwangere und Stillende weisen einen Mehrbedarf von 25 bzw. 50 mg/24 h auf (s. ▣ *Tabelle 6-15*).

Als das klassische Symptom eines *Jodmangels* gilt die Jodmangelstruma (s. Kap. 55) Die Hyperplasie der Schilddrüse ist dabei Folge einer im Jodmangel nicht stattfindenden Rückkopplungshemmung der TSH-Sekretion aus der Hypophyse durch T_3. Die neurologische Manifestation des Jodmangels, die sich in Kretinismus äußert, hängt von der Schwere des Mangels und von der Lebensperiode ab, in der der Jodmangel auftritt. Besonders problematisch scheint diesbezüglich das 1. Trimester der Schwangerschaft zu sein, da eine geringe maternale Bereitstellung an Schilddrüsenhormonen zu irreversiblen Schädigungen des sich in dieser Phase stark entwickelnden fetalen Gehirns führt. Eine unzureichende Zufuhr von Jod in der Schwangerschaft ist weiterhin mit einem häufigeren Auftreten spontaner Aborte und Totgeburten sowie einer erhöhten Kindersterblichkeit assoziiert.

Die Symptomatik des *Jodmangels* ist ein *Paradigma für die Beeinflussung eines definierten Nährstoffmangels durch einen weiteren Nährstoffmangel.* Die Typ-I-Dejodinase ist ein Selenocystein-enthaltendes Enzym, dass maßgeblich für die Umwandlung von T_4 in T_3 verantwortlich ist. Im Selenmangel kommt es folglich zu verminderter T_3-Synthese. Bei geringen T_4-Spiegeln im Jodmangel bedingt der Selenmangel, dass T_4 konserviert wird und der Selen-unabhängigen Typ-II-Dejodinase im Gehirn zur T_3-Synthese zur Verfügung steht. Gleichzeitig bewirkt der Selenmangel, dass das Selenocystein enthaltende Enzym Glutathion-Peroxidase nicht als antioxidatives System gegenüber dem von der Thyreoperoxidase für die Synthese von T_4 benötigten oxidativen Milieu wirken kann. Es kommt deshalb zur oxidativen Schädigung der Schilddrüse und zu einer Form des Kretinismus, die sich weniger durch eine neurologische Symptomatik auszeichnet.

Bei adäquater Selenversorgung hingegen, kommt es nicht zu einer Schädigung der Schilddrüse, jedoch zu einer schnellen Umwandlung des im Jodmangel vermindert gebildeten T_4 in T_3 durch die Typ-I-Dejodinase. Damit steht dem Gehirn nur noch sehr bedingt T_4 für die Umwandlung in T_3 zur Verfügung und dies führt in frühen Lebensphasen zu irreversiblen neurologischen Schäden.

Ermittlung des Jodstatus

Da Jod im menschlichen Organismus ausschließlich der Synthese der Schilddrüsenhormone dient, kann eine Statusbestimmung anhand der Plasmaspiegel an T_4 oder an TSH mittels RIA erfolgen. Allerdings ist hierbei eine Dysregulation auf Ebene des Hypopthalamus, der Hypophyse, der Schilddrüse oder der Zielgewebe auszuschließen.

6.3.4 Selen

Erst 1957 erkannte man Selen als ein essenzielles Element in der Ernährung von Säugetieren. Mittlerweile kennt man mehr als 10 Enzyme in höheren Tieren, deren Aktivität das Vorhandensein von Selen in Form von Selenocystein voraussetzt. Das Kodon UGA kodiert auf mRNA-Ebene für den Einbau der proteinogenen Aminosäure Selenocystein während der Translation. Da jedoch UGA ein Stopkodon ist, bedarf es dem Vorkommen von Selenocystein-Insertionssequenz(SECIS)-Elementen im 3′-nicht-translatierten Bereich der mRNA, um den Einbau von Selenocystein in ein Protein zu kodieren.

Es gibt keine Selenocystein-spezifischen tRNA-Synthasen, die in der Lage wären Selenocystein aus der Nahrung oder aus dem Metabolismus des Selenomethionins auf Selenocystein-spezifische tRNAs (Sel-C) zu übertragen. Vielmehr wird zunächst durch Seryl-tRNA-Synthasen Serin auf Sel-C übertragen, das danach durch die Selenocysteinsynthase (SEL-A) unter Verwendung von Selenophosphat ($HSePO_3^{2-}$) in Selenocystein umgewandelt wird. Selenophosphat wird durch das Enzym Selenophosphatsynthetase (SEL-D) aus Selenid unter ATP-Verbrauch synthetisiert. Neben SEL-A, SEL-D, Sel-C, dem UGA-Kodon und SECIS ist schließlich noch ein Selenocystein-spezifischer Elongationsfaktor (SEL-B) für den Einbau von Selenocystein in ein Protein notwendig.

Zu den Selenocystein-enthaltenden Proteinen zählen z. B. die Glutathionperoxidasen, wie die in fast allen Körperzellen und im Plasma vorkommende *Glutathionperoxidase-1*, die hauptsächlich im Intestinaltrakt lokalisierte *Glutathionperoxidase-2* und die im Plasma und in der Milch vorkommende *Glutathionperoxidase-3*. Die Glutathionperoxidasen katalysieren den Abbau von Peroxiden und sind damit Bestandteil des antioxidativen Schutzsystems des Organismus (s. Kap. 59). Die Bedeutung der Glutathionperoxidase-3 in der Milch liegt vermutlich vorrangig in der Versorgung des Säuglings mit Selen. Auch die intrazellulär vorkommende Glutathionperoxidase-4 ist ein Selenocystein-enthaltendes Protein, das sich durch seine breite Substratsspezifität auszeichnet und auch Phospholipid- und Cholesterinhydroperoxide abbaut. Weitere Selenocystein-abhängige Proteine sind die Typ-I-Dejodinase, die Thioredoxinreduktase, das Plasmaselenoprotein P (SEL-P) und das Muskelselenoprotein W (SEL-W).

Vorkommen, Resorption und Bioverfügbarkeit

Das *Vorkommen* von Selen in der Nahrung ist stark abhängig vom Selengehalt des Bodens auf dem die Pflanzen wachsen. Insbesondere Böden vulkanischen Ursprungs sind sehr reich an Selen. Selen kommt in Pflanzen in erster Linie als Selenomethionin vor, in Tieren dagegen als Selenocystein. Gute Selenquellen sind Fleisch und Meeresfrüchte sowie Brot und andere Hartweizenprodukte.

Die *Resorption* von Selen aus der Nahrung ist ein sehr effizienter, aktiver Prozess (s. Kap. 7). Die Selenhomöostase wird allerdings nicht auf Ebene des Gastrointestinaltrakts, sondern auf Ebene der renalen Elimination reguliert.

Bedarf und Mangelzustände

Die *Empfehlungen* zur Selenaufnahme liegen bei 30–70 µg/24 h für Männer und 55 µg/24 h für Frauen (s. *Tabelle 6-15*). Dies ist die Menge an Selen, die zu einer maximalen Glutathionperoxidase-1-Aktivität führt. Für Schwangere und Stillende ergibt sich ein Mehrbedarf von 10 bzw. 20 µg/24 h. In vielen Gebieten der Erde wird sehr viel weniger Selen aufgenommen. Studien zeigen, dass Selenaufnahmen die nur 50% oder gar weniger der Empfehlungen betragen, nicht mit adversen Einflüssen auf die Gesundheit assoziiert sind. Außerdem ist zu berücksichtigen, dass der Grad zwischen adäquater Selenversorgung und Selentoxizität sehr schmal ist. Bereits eine Selenzufuhr, die das 20fache der minimal benötigten Menge beträgt, führt im Tierversuch zu einer chronischen Toxizität.

Ein *Mangel* an Selen äußert sich in seiner schwersten Ausprägung in der *Keshan-Krankheit.* Diese Erkrankung wurde bis zur Selensupplementation in den 1980er Jahren in ländlichen Regionen *Chinas* gefunden, die sich durch besonders niedrige Selengehalte des Bodens auszeichnen. Kennzeichnend sind multiple fokale myokardiale Nekrosen, akute oder chronische Herzinsuffizienz, Kardiomypathie, Arrhythmien und Lungenödeme.

Die *Toxizität* von Selen äußert sich in Übelkeit, Müdigkeit und Diarrhö. Kontinuierliche Zufuhr von mehr als 3200 mg/24 h führen zu Verlust der Haare, brüchigen Nägeln, Läsionen der Haut und des Nervensystems und Zahnverfärbungen. Die Veränderungen der Fingernägel treten bereits bei längerfristiger Aufnahme von ca. 1200 µg/24 h auf. Die biochemischen Mechanismen, die der Selentoxizität zugrunde liegen, sind unbekannt.

Ermittlung des Selenstatus

Der *Selenstatus* wird mittels der Bestimmung der Glutathionperoxidase-1-Aktivität im Blut oder der Leber erfasst. Die Glutathionperoxidase wirkt offenbar als Selenpuffer und wird durch den Selenstatus reguliert. Aufgrund seiner kurzen Halbwertszeit reflektiert die Konzentration an SEL-P die Selenaufnahme der unmittelbaren Vergangenheit. Selen kann weiterhin mittels fluorometrischer Analyse, Neutronenaktivierungsanalyse oder Atomabsorptionsspetroskopie bestimmt werden [64].

6.3.5 Fluorid

Fluorid kommt aufgrund seiner hohen Affinität zu di- und trivalenten Kationen hauptsächlich mit Kalzium, Magnesium, Aluminium und anderen Metallen assoziiert vor. Im menschlichen Organismus finden sich 99% des Fluorids im Skelett und in den Zähnen. Obwohl Fluorid nicht im eigentlichen Sinne als essenziell betrachtet werden kann, trägt es doch erheblich zur Zahngesundheit bei (s. Kap. 49). Entscheidend ist dabei das Vorhandensein entsprechender Fluoridkonzentrationen während der Zahnentwicklung.

Funktionen

Verschiedene Studien zeigten, dass durch eine Fluoridierung des Trinkwassers mit 0,7–1,2 mg/l eine Reduzierung der Karieshäufigkeit bei 4–6 Jahre alten Kindern um 20–80% (im Mittel 50%) erreicht wurde. Dieser Kariesprotektion steht eine leicht gestiegene Prävalenz milder Formen dentaler Fluorosen gegenüber. Fluorid wirkt Karies-mindernd, indem es eine oder beide Hydroxylgruppen des Hydroxylapatits $[Ca_{10}(PO_4)_6\,(OH)_2]$ ersetzt. Das Fluorid-haltige Apatit ist schwerer in Säure löslich und führt so zu einer Härtung des Zahnschmelzes. Zudem wird durch Fluorid die Remineralisation von Läsionen des Zahnschmelzes induziert (s. Kap. 47). Diese Läsionen auf ultrastruktureller Ebene entstehen durch die Einwirkung von Säuren, die bakteriell im Mund nach Aufnahme kohlenhydrathhaltiger Nahrungsmittel gebildet werden. Fluorid hemmt schließlich die bakterielle Glukoseaufnahme und Enzyme des Glukoseabbaus und führt dadurch zu verminderter Säureproduktion.

Pharmakologische Bedeutung könnte Fluorid möglicherweise im Rahmen der Osteoporosetherapie erlangen. Während Calcitonin und Östrogene durch ihre antiresorptive Wirkung einen weiteren Knochenverlust verhindern, sind Fluoridsalze die einzigen zugelassenen Substanzen, die durch *Stimulation der Osteoblasten* die Knochendichte erhöhen sollen. Gegenwärtig werden v. a. Natriumfluorid (NaF) und Natriumfluorophosphat (MFP) eingesetzt.

Auf zellulärer Ebene führen Fluorionen durch *Hemmung der Phosphotyrosylproteinphosphatase* zu einer Aktivierung der Osteoblasten und zu einer Erhöhung der Anzahl knochenbildender Zellen. Daneben wird Fluor im Knochengewebe durch Substitution der Hydroxylgruppen in die Hydroxylapatitkristalle eingebaut und führt damit zur Bildung der schwerer resorbierbaren Fluorapatitkristalle. Durch die Inkorporation von Fluorionen in Hydroxylapatit werden Größe und Form der Kristalle allerdings so verändert, dass die mechanische Widerstandskraft des Knochens abnimmt. Der entstehende Knochen erinnert mehr an einen unreifen als einen für den Erwachsenen typischen lamellären Knochen [63].

Vorkommen, Resorption und Bioverfügbarkeit

Die *Aufnahme* von Fluorid erfolgt einerseits über die Nahrung, insbesondere über fluoridiertes Wasser, damit hergestellte Getränke oder Speisen sowie über Zahnpflegemittel, wie Zahnpasta oder Mundspülungen. Die Fluoridkonzentration der meisten nicht-zubereiteten Nahrungsmittel beträgt weniger als 0,5 mg/kg. Tee und Salzwasserfische haben gewöhnlich Konzentrationen zwischen 1 und 6 mg/l bzw. mg/kg.

Bis zu 90% des oral zugeführten Fluorids werden im Gastrointestinaltrakt *resorbiert*. Voraussetzung dafür ist die Abwesenheit hoher Konzentrationen an Kalzium oder anderen Kationen mit denen Fluorid Komplexe bilden kann. Wenn Fluorid mit kalziumreichen Nahrungsmitteln, wie z. B. Milch, aufgenommen wird, sinkt die Resorptionsrate auf 50–70%. Bereits ca. 40% der zugeführten Menge an Fluorid diffundieren bereits im Magen nach Protonierung des Fluorids als Flusssäure (HF) durch die Mukosa (s. Kap. 7).

Bedarf und Mangelzustände

Als *adäquate Zufuhr* an Fluorid wird die Menge angesehen, die eine signifikante Reduktion der Karieshäufigkeit bewirkt ohne Nebenwirkungen zu entfalten. Diese liegt bei Erwachsenen bei ca. 3 mg/24 h (s. *Tabelle 6-15*). Für Säuglinge wird die Zufuhr über die Milch als adäquat angesehen. Für Kinder im Alter bis 8 Jahre scheint eine Zufuhr von ca. 1 mg/24 h, im Alter von 8–14 Jahren von 2 mg/24 h und für Jugendliche von 3 mg/24 h adäquat.

Während das verstärkte Auftreten von Karies die einzige Folge einer sehr geringen Fluoridzufuhr ist, kann eine vermehrte Zufuhr zur akuten oder chronischen *Toxizität* führen. Die akute *Fluoridtoxizität* äußert sich in Übelkeit und Erbrechen direkt nach dem Schlucken einer entsprechend großen Fluoridmenge. Eine Vielzahl unspezifischer Symptome, wie vermehrter Speichel- und Tränenfluss, Schweißausbrüche, Kopfschmerzen, Diarrhö und generelle Müdigkeit können innerhalb weniger Minuten auftreten. Spasmen der Extremitäten, epileptische Anfälle und Tetanie können Symptome eines lebensbedrohlichen Verlaufs sein. Als Folge einer Hypokalzämie und Hyperkaliämie kommt es zu Hypotension und Arrhythmien. Die Unterdrückung renaler und respiratorischer Funktionen führt zu einer metabolischen und respiratorischen Azidose, die im Koma enden kann.

Die Notfallbehandlung erfolgt zunächst durch orale Applikation von 1% Kalziumglukonat, um die Fluoridresorption zu hemmen. Milch kann in ähnlicher Weise das Fluorid komplexieren. Eine *akute Fluoridtoxizität* ist bei einer Zufuhr von ca. 5 mg Fluorid/kgKG zu erwarten. Solche Mengen sind über fluoridiertes Wasser nicht zuzuführen, das ca. 1 mg Fluorid/l enthält. Die häufigste Ursache einer akuten Fluoridtoxizität sind das Verschlucken von fluoridierten Zahnpasten und Mundspülungen durch Kleinkinder.

6.3.6 Bor

Bor existiert in biologischen Systemen hauptsächlich in Verbindung mit Sauerstoff, d. h. als Borsäure $(B(OH)_3)$. Borsäure bildet Ester mit Hydroxylgruppen organischer Verbindungen, wie AMP, Pyridoxin, Riboflavin, Dehydroascorbinsäure und Pyridinnukleotiden. Diese Ester führen zur Hemmung bestimmter Enzyme, wie z. B. von Oxidoreduktasen, die *cis*-Hydroxyl-enthaltende Flavine als Kofaktor benötigen. Die Bildung von Komplexen zwischen der Serinhydroxylgruppe und Borat führt zur Hemmung von Serinproteasen.

Funktionen

Aufgrund der kompetitiven Hemmung einiger Schlüsselenzyme durch Bor bzw. dessen Derivate wird vermutet, dass Bor als metabolischer Regulator fungiert [64]. Eine zweite Hypothese schreibt Bor eine Bedeutung für die Funktion der Zellmembran zu, wodurch Hormonwirkungen, die transmembrane Signalweitergabe oder der Transport von Ionen beeinflusst werden [65].

Die *gesundheitsförderlichen Wirkungen* von Bor gehen aus Studien hervor, in denen Personen mit niedriger täglicher Borzufuhr (0,25 mg/2000 kcal) mit 3 mg Bor/24 h supplementiert wurden. Die supplemtierten Personen wiesen einen höheren $25(OH)D_3$-Spiegel und Triazylglyzerolspiegel im Serum auf. Die Hydroxyprolinausscheidung, das Serumcoeruloplasmin die Superoxiddismutaseaktivität in Erythrozyten und der Hämoglobingehalt waren ebenfalls erhöht. Die Harnstoffspiegel im Blut, das Serumkreatinin, die Anzahl der Blutplättchen und Erythrozyten und damit der Hämatokrit waren erniedrigt. Verbesserte psychomotorische und kognitive Fähigkeiten wurden nach der Borsupplementation ebenfalls beschrieben.

Bedarf und Mangelzustände

Die *Empfehlungen* zur Boraufnahme lassen sich nur aus Tierstudien ableiten und liegen bei 1 mg Bor/24 h. Das *Vorkommen* von Bor erstreckt sich auf Früchte, Blattgemüse, Nüsse, Hülsenfrüchte, Wein und Bier.

Tierstudien zeigen, dass ein *Bormangel* den Kalzium- und Energiemetabolismus reduziert und als Folge zu vermindertem Wachstum führt. Weiterhin wurde gezeigt, dass im Bormangel die elektrische Aktivität des Gehirns verändert ist.

6.3.7 Chrom

Chrom besitzt sehr wahrscheinlich in Form von Cr^{3+} eine Bedeutung im Glukose- und Lipidmetabolismus. Personen, die lange Zeit parenteral mit Chrom-armen Infusionslösungen ernährt wurden, entwickelten eine niedrige Glukosetoleranz mit hohen Blutglukosespiegeln, Insulinresistenz und Glukosurie. Chromgaben führten zur Normalisierung dieser Zustände. Einige Studien konnten regulierende Wirkung einer Chromsupplementation bei Glukoseintoleranz zeigen, deren Spektrum von Hypoglykämie bis zu Insulin-abhängigem Diabetes reichte [66]. Eine Abnahme der Serumlipide durch Chromsupplementation wurde ebenfalls beschrieben. Da Cr^{3+}-Komplexe relativ inert sind, könnten sie als Strukturkomponenten wirken, die an der Bindung von Liganden in der enzymatischen Katalyse oder an der Tertiärstruktur von Proteinen und/oder Nukleinsäuren beteiligt sind.

Eine niedermolekulare Chrom-bindende Substanz wurde 1997 identifiziert, die die Insulinwirkung auf den Insulinrezeptor amplifiziert und offenbar eine Rolle im Kohlenhydrat- und Lipidstoffwechsel spielt [67]. Das Vorhandensein von Chrom ist die unbedingte Voraussetzung für die biologische Aktivität des Chrom-bindenden Oligopeptids. Weiterhin wurde gezeigt, dass Chrom mit der DNA interagiert und auf Ebene der Transkription möglicherweise die Expression kritischer Elemente des Glukosestoffwechsels mit reguliert.

Chrom kommt vor in Fleisch und Innereien, Zerealien und Nüssen. *Eine adäquate Aufnahme* ergibt sich für Jugendliche und Erwachsene bei einer täglichen Zufuhr von 30–100 µg Chrom. Die tatsächlich zugeführte Menge liegt in den meisten Bevölkerungsgruppen bei ca. 25 µg Chrom/24 h. Dennoch wurden bislang keine weitverbreiteten Chrommangelzustände beobachtet. Auch sind gesunde ältere Menschen in der Lage ihre metabolische Chrombilanz aufrecht zu erhalten, trotz niedriger diätetischer Chromzufuhr. Einige Studien sprechen dafür, dass erst bei Unterschreitung von 20 µg Chrom/24 h von einer inadäquaten Zufuhr zu sprechen ist.

6.3.8 Molybdän

Molybdän ist zwar ein essenzielles Element in der menschlichen Ernährung, spielt aber unter praktischen Gesichtspunkten keine Rolle, da Molybdänmangelerscheinungen beim Menschen kaum beobachtet wurden. Molybdän ist ein Übergangselement, das verschiedene Oxidationsstufen einnehmen kann und deshalb am Elektronentransfer in Redoxreaktionen beteiligt sein kann. Hierbei wechselt Molybdän zwischen Mb^{6+} und stärker reduzierten Formen. In Molybdoenzymen ist Molybdän häufig an der Hydroxylierung zahlreicher Substrate beteiligt. Diese Enzymsysteme sind u. a. von Bedeutung für die Metabolisierung von Fremdstoffen. Die Aldehydoxidase oxidiert und entgiftet verschiedene Pyrimidine, Purine und Pteridine. Die Xanthinoxidase katalysiert die Reaktion von Hypoxanthin über Xanthin zu Harnsäure, die Sulfitoxidase die Transformation von Sulfit zu Sulfat. Schließlich scheint Molybdän Steroidhormonrezeptoren zu stabilisieren.

Der *Minimalbedarf* an Molybdän scheint bei 25 µg/24 h zu liegen [68]. In den meisten Bevölkerungsgruppen liegt die tägliche Aufnahme zwischen 50 und 350 µg und ist damit ausreichend. Die Zufuhr erfolgt über Milch und Milchprodukte, Hülsenfrüchte und Gemüse, Innereien und Zerealien.

Die *Molybdänmangelerscheinungen* ergeben sich aus den biochemischen Funktionen des Molybdäns innerhalb der enzymatischen Katalyse. In einer Humanstudie mit 4 Probanden, die eine Molybdän-arme Diät (22 µg/24 h) über 102 Tage erhielten, fanden sich zwar keine klinischen Symptome eines Molybdänmangels, jedoch verminderte Xanthinoxidaseaktivitäten [68]. In einem Patienten, der über einen längeren Zeitraum mit einer Molybdän-armen Nährlösung parenteral ernährt wurde, beobachtete man hohe Methionin- und niedrige Harnsäurekonzentrationen im Blut, hohe Oxypurin- und niedrige Harnsäurekonzentrationen im Urin und eine sehr niedrige renale Sulfatausscheidung. Der Patient litt an Verwirrungszuständen und fiel ins Koma. Die Supplementation mit Ammoniummolybdat verbesserte das klinische Bild und normalisierte den Sulfat- und Harnsäuremetabolismus.

6.3.9 Nickel

Nickel ist ein Element, das in Bakterien eine Rolle spielt bei bestimmten Hydrolysereaktionen, Redoxreaktionen, der Regulation der Genexpression und wahrscheinlich der Stabilisierung bestimmter Strukturen. Da Nickel vielfältige Funktionen in einfachen Lebensformen besitzt, ist es sehr wahrscheinlich auch für den Menschen essenziell. *In vitro* ist Nickel in der Lage zahlreiche Enzyme, wie die Arginase und Calcineurin, zu aktivieren. Tierversuche zeigen, dass ein Nickelmangel zu vermindertem Wachstum, reduzierter Funktion von Kalzium und Zink und veränderter Gewebeverteilung von Kalzium, Zink, Eisen, Mangan und Vitamin B_{12} führt. Nickel kommt vor in Schokolade, Nüssen, Hülsenfrüchten und Zerealien.

6.3.10 Vanadium

Vanadium besitzt *Insulin-mimetische Eigenschaften*, stimuliert die Zellproliferation und -differenzierung, beeinflusst Phosphorylierungs- und Dephosphorylierungsreaktionen sowie den Glukose- und Ionentransport über die Zellmembran, den intrazellulären Kalziumtransport und Redoxreaktionen [70]. Von pharmakologischem Interesse ist besonders die Insulinmimetische Wirkung des Vanadiums. Generell scheint Vanadium Wachstumsfaktor-mimetische Wirkungen zu besitzen.

Tierstudien zeigen, dass ein Mangel an Vanadium zu einer erhöhten Rate spontaner Aborte führt, die Lebenserwartung reduziert sowie Skelettdeformationen bedingt. Offenbar stimuliert Vanadium die Mineralisation der Knochen und Zähne. *In vitro* stimuliert Vanadium die Osteoblastenproliferation und Kollagensynthese. Vanadium kommt vor in Meeresfrüchten, Pilzen, Petersilie, Dill und schwarzem Pfeffer.

6.3.11 Silizium, Arsen und andere Spurenelemente

Silizium ist sehr wahrscheinlich als für den Menschen essenziell zu betrachten, da Tierversuche zeigten, dass ein Mangel zu strukturellen Abnormitäten der Knochen führt. Silizium kommt vor in Zerealien, daraus hergestellten Produkten und in Bier.

Arsen wird von Enzymen der Leber mittels S-Adenosylmethionin methyliert und Glutathion-abhängig zu dem entsprechenden Arsenit reduziert. Arsenit kann die Produktion von Stressproteinen, den sog. »Heat-shock«-Proteinen, induzieren, ein Prozess der offenbar auf der Methylierung von Histonen und der damit verbundenen Beeinflussung der Transkription beruht. Epidemiologische Befunde weisen darauf hin, dass Arsen die Entstehung von bestimmten Krebsarten verzögern oder verhindern kann, die mit einer Hypomethylierung der DNA einhergehen. Ebenfalls korrelieren niedrige Arsenspiegel in Hämolysepatienten mit dem verstärkten Auftreten von Erkrankungen des Zentralnervensystems und des Herz-Kreislauf-Systems. Ein im Tierversuch erzeugter Arsenmangel führt zu vermindertem Wachstum und Zerstörungen des Myokards. Arsen kommt vor in Fisch, Zerealien und daraus hergestellten Produkten.

Tierexperimentelle Untersuchungen an selektiv induzierten Mangelzuständen weisen auf mögliche essenzielle Funktionen weiterer Spurenelemente hin. Hierzu gehören *Aluminium, Brom, Kadmium, Germanium, Blei, Lithium, Rubidium* und *Zinn*. Obwohl *Kobalt* das Spurenelement ist, für das 1935 als erstes eine essenzielle Funktion für den Organismus nachgewiesen wurde, ist es streng genommen nicht als Kobalt essenziell, sondern als Bestandteil des Vitamin B_{12}, über das es aufgenommen wird.

Literatur

1. Altura BM, Altura BT (1995) Magnesium and cardiovascular biology: an important link between cardiovascular risk factors and atherogenesis. Cell Mol Biol Res 41: 347–359
2. Ames BN, Gold LS, Willett WC (1995) The causes and prevention of cancer. Proc Natl Acad Sci 92: 5258–5265
3. Anderson RA (1994) Recent advances in the clinical and biochemical effects of chromium deficiency. In: Prasad AS (ed) Essential and toxic trace elements in human health and disease: an update. Wiley-Liss, New York, pp 221–234
4. Baynes RD, Shih YJ, Cook JD (1994) Mechanism of production of the serum transferrin receptor. Adv Exp Med Biol 356: 61–68
5. Bechgaard H, Jespersen S (1977) GI absorption of niacin in humans. J Pharm Sci 66: 871–872
6. Chen J, Stampfer MJ, Hough HL, Garcia-Closas M, Willett WC, Hennekens CH, Kelsey KT, Hunter DJ (1998) A prospective study of N-acetyltransferase genotype, red meat intake, and risk of colorectal cancer. Cancer Res 58: 3307–3311
7. Chia CP, Addison R, McCormick DB (1978) Absorption, metabolism, and excretion of 8 alpha-(amino acid) riboflavins in the rat. J Nutr. 108: 373–381
8. Chow CK (1991) Vitamin E and oxidative stress. Free Radic Biol Med 11: 215–232
9. Cooper RS, Cheng HY, Rotimi C (1995) Basal and stimulated platelet calcium and sodium in hypertensive vs. normotensive black people. J Hum Hypertens 9: 747–752
10. Correa P (1992) Human gastric carcinogenesis: a multistep and multifactorial process. First American Cancer Society Award Lecture on Cancer Epidemiology and Prevention. Cancer Res 52: 6735–6740
11. Davis CM, Vincent JB (1997) Chromium oligopeptide activates insulin receptor tyrosine kinase activity. Biochemistry 36: 4382–4385
12. DiPalma JR, Thayer WS (1991) Use of niacin as a drug. Annu Rev Nutr 11: 169–187
13. Dorup I (1994) Magnesium and potassium deficiency. Its diagnosis, occurrence and treatment in diuretic therapy and its consequences for growth, protein synthesis and growth factors. Acta Physiol Scand 618 [Suppl]: 1–55
14. Eipper BA, Milgram SL, Husten EJ, Yun HY, Mains RE (1993) Peptidylglycine alpha-amidating monooxygenase: a multifunctional protein with catalytic, processing, and routing domains. Protein Sci 2: 489–497
15. Englard S, Seifter S (1986) The biochemical functions of ascorbic acid. Annu Rev Nutr 6: 365–406
16. Fenstermacher DK, Rose RC (1986) Absorption of pantothenic acid in rat and chick intestine. Am J Physiol 250: G 155–G 160
17. Freake HC, Oppenheimer JH (1995) Thermogenesis and thyroid function. Annu Rev Nutr 15: 263–291
18. Frosst P, Blom HJ, Milos R, Goyette P, Sheppard CA et al. (1995) A candidate genetic risk factor for vascular disease: a common mutation in methylenetetrahydrofolate reductase. Nat Genet 10: 111–113
19. Gey KF (1995) Cardiovascular disease and vitamins. Concurrent correction of »suboptimal« plasma antioxidant levels may, as important part of »optimal« nutrition, help toprevent early stages of cardiovascular disease and cancer, respectively. Bibl Nutr Dieta 52: 75–91
20. Glass CK (1994) Differenzial recognition of target genes by nuclear receptor monomers, dimers, and heterodimers. Endocr Rev 15: 391–407
21. Glusker JP (1995) Vitamin B12 and the B12 coenzymes. Vitam Horm 50: 1–76
22. Gosiewska A, Wilson S, Kwon D, Peterkofsky B (1994) Evidence for an in vivo role of insulin-like growth factor-binding protein-1 and -2 as inhibitors of collagen gene expression in vitamin C-deficient and fasted guinea pigs. Endocrinology 134: 1329–1339

23. Graumlich JF, Ludden TM, Conry-Cantilena C, Cantilena LR Jr, Wang Y, Levine M (1997) Pharmacokinetic model of ascorbic acid in healthy male volunteers during depletion and repletion. Pharm Res 14: 1133–1139
24. Gross CJ, Henderson LM (1983) Digestion and absorption of NAD by the small intestine of the rat. J Nutr 113: 412–420
25. Gubler CJ (1991) Thiamin. In: Machlin LH (ed) Handbook of vitamins. 2nd ed. Marcel Dekker, New York, pp 233–281
26. Gudas LJ (1994) Retinoids and vertebrate development. J Biol Chem 269: 15399–15402
27. Gunshin H, Mackenzie B, Berger UV, Gunshin Y, Romero MF, Boron WF, Nussberger S, Gollan JL, Hediger MA. (1997) Cloning and characterization of a mammalian proton-coupled metal-ion transporter. Nature 388: 482–488
28. Hallberg L (1987) Wheat fiber, phytates and iron absorption. Scand J Gastroenterol 129 [Suppl]: 73–79
29. Holick MF, Matsuoka LY, Wortsman J (1989) Age, vitamin D, and solar ultraviolet. Lancet 2: 1104–1105
30. Hunt CD (1994) The biochemical effects of physiologic amounts of dietary boron in animal nutrition models. Environ Health Perspect 102 [Suppl 7]: 35–43
31. Institute of Medicine (1998) Dietary reference intakes for thiamin, riboflavin, niacin, vitamin B_6, folate, vitamin B_{12}, pantothenic acid, and choline. National Acadamic Press, Washington D.C.
32. Iseri LT, French JH (1984) Magnesium: nature's physiologic calcium blocker. Am Heart J 108: 188–193
33. Jackson JJ, Fairweather-Tait SJ, van der Berg H, Cohn W (1997) Assessment of the bioavailability of micronutrients. Eur J Clin Nutr 51: Suppl1
34. Kayne LH, Lee DB (1993) Intestinal magnesium absorption. Miner Electrolyte Metab 19: 210–217
35. Kock R, Reinhards R (1995) Vitamin-Stoffwechsel. In: Greiling HG, Gressner AM (Hrsg.) Lehrbuch der klinischen Chemie und Pathobiochemie. Schattauer, S 440–468
36. Laforenza U, Gastaldi G, Rindi G (1993) Thiamine outflow from the enterocyte: a study using basolateral membrane vesicles from rat small intestine. J Physiol 468: 401–412
37. Lee D, Brautbar N, Kleemann C (1981) Disorders of phosphorus metabolism. In: Bronner F, Coburn J (eds.) Disorders of mineral metabolism. Vol III, Academic Press, New York, pp 284–423
38. Levine M, Dhariwal KR, Washko PW, Butler JD, Welch RW, Wang YH, Bergsten P (1991) Ascorbic acid and in situ kinetics: a new approach to vitamin requirements. Am J Clin Nutr 54: 1157 S–1162 S
39. Lucock M (2000) Folic acid: nutrirional biochemstry, molecular biology, and role in disease processes. Mol Genet Metab 71: 121–138
40. Ma J, Stampfer MJ, Giovannucci E, Artigas C, Hunter DJ, et al. (1997) Methylenetetrahydrofolate reductase polymorphism, dietary interactions, and risk of colorectal cancer. Cancer Res 57: 1098–1102
41. Maellaro E, Del Bello B, Sugherini L, Santucci A, Comporti M, Casini AF (1994) Purification and characterization of glutathione-dependent dehydroascorbate reductase from rat liver. Biochem J 301: 471–476
42. McCormick DB, Greene HL (1999) Vitamins. In: Burtis CA, Ashwood CR (eds). Tietz Textbook of clinical chemistry, 3rd ed. W.B. Saunders, Philadelphia, pp 999–1029
43. Mukherjee R, Davies PJ, Crombie DL, Bischoff ED, Cesario RM, et al. (1997) Sensitization of diabetic and obese mice to insulin by retinoid X receptor agonists. Nature 386: 407–410
44. National Institutes of Health (1994) optimal calcium intake. NIH Consensus development panel on potimal calcium intake. JAMA 272: 1942–1948
45. Nielsen FH (1994) Biochemical and physiologic consequences of boron deprivation in humans. Environ Health Perspect 102 [Suppl 7]: 59–63
46. O'Dell BL, Sunde AR. (1997) Handbook of nutritionally essential mineral elements. Dekker, New York Basel Hong-Kong
47. Packer L, Witt EH, Tritschler HJ (1995) Alpha-Lipoic acid as a biological antioxidant. Free Radic Biol Med 19: 227–250
48. Pak CY, Sakhaee K, Rubin CD, Zerwekh JE (1997) Sustained-release sodium fluoride in the management of established postmenopausal osteoporosis. Am J Med Sci 313: 23–32
49. Peterkofsky B (1991) Ascorbate requirement for hydroxylation and secretion of procollagen: relationship to inhibition of collagen synthesis in scurvy. Am J Clin Nutr 54: 1135 S–1140 S
50. Rebouche CJ (1991) Ascorbic acid and carnitine biosynthesis. Am J Clin Nutr 54: 1147 S–1152 S
51. Refsum H, Ueland PM, Nygard O, Vollset SE (1998) Homocysteine and cardiovascular disease. Annu Rev Med 49: 31–62
52. Rimm EB, Stampfer MJ, Ascherio A, Giovannucci E, Colditz GA, Willett WC (1993) Vitamin E consumption and the risk of coronary heart disease in men. N Engl J Med 328: 1450–1456
53. Rindi G (1992) Some aspects of thiamin transport in mammals. In: Kobayashi T (ed). Proceedings of the 1st international congress on vitamins and biofactors in life sciences. Center for Academic Publications Japan, Tokyo, pp 379–382
54. Rodriguez BL, Labarthe DR, Huang B, Lopez-Gomez J (1994) Rise of blood pressure with age. New evidence of population differences. Hypertension 24: 779–785
55. Roe CR, Coates PM (1995) Mitochondrial fatty acid oxidation disorders. In: Scriver CR, Beaudet AL, Sly WS, Valle D (eds.) The metabolic and molecular bases of inherited disease, 7th edn.. McGraw-Hill, New York, vol 1, pp 1501–1533
56. Rumsey SC, Kwon O, Xu GW, Burant CF, Simpson I, Levine M (1997) Glukose transporter isoforms GLUT1 and GLUT3 transport dehydroascorbic acid. J Biol Chem 272: 18982–18989
57. Rumsey SC, Levine M (1998) Absorption, transport, and disposition of ascorbic acid in humans. J Nutr Biochem 9: 116–130
58. Said HM, Ma TY (1994) Mechanism of riboflavine uptake by Caco-2 human intestinal epithelial cells. Am J Physiol 266: G 15–G 21
59. Said HM, Thuy LP, Sweetman L, Schatzman B (1993) Transport of the biotin dietary derivative biocytin (N-biotinyl-L-lysine) in rat small intestine. Gastroenterology 104: 75–80
60. Selhub J, Jacques PF, Wilson PW, Rush D, Rosenberg IH (1993) Vitamin status and intake as primary determinants of homocysteinemia in an elderly population. JAMA 270: 2693–2698
61. Shanklin J, Whittle E, Fox BG (1994) Eight histidine residues are catalytically essential in a membrane-associated iron enzyme, stearoyl-CoA desaturase, and are conserved in alkane hydroxylase and xylene monooxygenase. Biochemistry 33: 12787–12794
62. Siliprandi L, Vanni P, Kessler M, Semenza G (1979) Na^+-dependent, electroneutral L-ascorbate transport across brush border membrane vesicles from guinea pig small intestine. Biochim Biophys Acta 552: 129–142
63. Sirotnak FM, Tolner B (1999) Carrier-mediated membrane transport of folates in mammalian cells. Annu Rev Nutr 19: 91–122
64. Stamler J (1997) The INTERSALT Study: background, methods, findings, and implications. Am J Clin Nutr 65: 626 S–642 S
65. Traber MG, Sokol RJ, Kohlschutter A, Yokota T, Muller DP, Dufour R, Kayden HJ (1993) Impaired discrimination between stereoisomers of alpha-tocopherol in patients with familial isolated vitamin E deficiency. J Lipid Res 34: 201–210
66. Turnlund JR, Keyes WR, Peiffer GL (1995) Molybdenum absorption, excretion, and retention studied with stable isotopes in young men at five intakes of dietary molybdenum. Am J Clin Nutr 62: 790–796
67. Vu-Dac N, Schoonjans K, Kosykh V, Dallongeville J, Heyman RA, Staels B, Auwerx J (1996) Retinoids increase human apolipoprotein A-11 expression through activation of the retinoid X receptor but not the retinoic acid receptor. Mol Cell Biol 16: 3350–3360
68. Weinberger MH (1996) Salt sensitivity of blood pressure in humans. Hypertension 27: 481–490
69. Whitehouse WS, Merrill AH Jr, McCormick DB (1991) In: Müller F (ed) Chemistry and biochemistry of flavins, vol I. CRC Press, Boca Raton,/ FL, pp 287–292
70. Willsky GR (1990) Vanadium in the biosphere. In: Chasteen ND (ed) Vanadium in biological systems. Kluwer Academic, Dordrecht/Netherlands, pp 1–24
71. Wood RJ, Han O (1998) Recently identified molecular aspects of intestinal iron absorption. J Nutr 128: 1841–184
72. Young SY, Woodside JV (2000) Folate and homocysteine. Curr Opin Clin Nutr Metabol Care 3: 427–432

Digestion und Resorption von Makro- und Mikronährstoffen

W.F. Caspary, J. Stein

Die wichtigste Aufgabe des Dünndarms ist die *Resorption der Nahrung*. Nach pankreatischer Vorverdauung erlaubt die große Resorptionsoberfläche des Dünndarms eine effektive terminale Digestion durch die in der Bürstensaummembran der Epithelzellen lokalisierten *Enzyme* sowie die Resorption der Digestionsendprodukte über verschiedene *spezifische Transportprozesse*. Die Resorptionsprozesse laufen im Dünndarm mit teils unterschiedlicher Effektivität und Lokalisation ab. Die *Wasser- und Elektrolytresorption* ist hauptsächlich an die Resorption der Nahrungsbestandteile gekoppelt. Während die *Sekretion* von Wasser und Elektrolyten überwiegend in der Kryptenregion der Dünndarmmukosa abläuft, erfolgt die *Resorption* vorwiegend an den Zotten (Villi; *Abb. 7-1*).

Damit der Dünndarm postprandial nicht mit Nahrung überschwemmt wird, spielt die *Motorik* (Motilität) des Gastrointestinaltrakts eine wichtige Rolle. Zum einen bremst die *Magenentleerung* den Weitertransport in den Dünndarm, zum anderen fördert die *Eigenmotorik des Dünndarms* den Transport des Nahrungsbreis durch den Dünndarm. Störungen der Motilität (z. B. diabetische Gastroparese), Fehlen von Magenanteilen nach Operation (Magenresektion nach Billroth II) können somit zu Störungen der Resorption führen (z. B. Postgastrektomiemalabsorption).

7.1 Digestion und Resorption der Kohlenhydrate

7.1.1 Kohlenhydrate der Nahrung

Stärke, Saccharose und Laktose sind die wichtigsten verdaulichen Kohlenhydrate der Nahrung (*Tabelle 7-1*). Zahlreiche *pflanzliche Kohlenhydrate* besitzen einen hohen Anteil *unverdaulicher Polysaccharide*. Aber auch zahlreiche Mehlprodukte, die bisher als voll verdaulich angesehen wurden, werden durch ihren hohen Anteil an unverdaulicher Stärke nicht im Dünndarm resorbiert und unterliegen dann der bakteriellen Fermentation im Dickdarm (*physiologische Kohlenhydratmalabsorption*; *Tabelle 7-2*). Erwachsene nehmen etwa 300 g/24 h – etwa 60% in Form von Stärke, 40% als andere Zucker (30% Saccharose, 6% Laktose, 3% Fruktose, 1% Maltose) – zu sich (s. Kap. 5 und 14).

7.1.2 Stärkeverdauung

Die Digestion von Stärke wird durch physikalische Verfahren und durch Kochen begünstigt. Kochen überführt Stärke von der kristallinen Struktur in eine Gelform. Verschiedene Stärkeprodukte enthalten Hemmer der Stärkeverdauung (α-Amylasehemmer).

Sowohl die Speichel- wie auch die Pankreasamylase (94% Identität) vermögen Stärke zu spalten, wenngleich der überwiegende Anteil der Speichelamylase im sauren Mageninhalt inaktiviert wird. Durch *α-Amylase* entstehen aus Amylose *Maltose und Maltotriose*, aus Amylopectin *Maltotriose und a-Grenzdextrine* (mit $\alpha_{1,6}$-Bindungen, 5–10 Glukosemoleküle), da α-Amylase die $\alpha_{1,6}$-Verzweigungen nicht zu spalten vermag [2, 13].

7.1.3 Membranständige Digestion

Oligosaccharide aus der Stärkeverdauung (Maltose, Maltotriose, α-Grenzdextrine) sowie die Disaccharide Saccharose und Laktose werden an der Bürstensaummembran von *Disaccharidasen* in Monosaccharide aufgespalten, die als freie Monosaccharide (Glukose, Galaktose) über die Membran in das Zellinnere transportiert werden (*Abb. 7-2*):

Glukoamylase spaltet einzelne endständige Glukosemoleküle ab.

Saccharase/Isomaltase hydrolisiert Maltose und Maltotriose sowie Saccharose in Glukose und Fruktose, Isomaltase allein vermag auch Glukose aus der $\alpha_{1,6}$-Bindung freizusetzen.

Laktase hydrolisiert Laktose zu Glukose und Galaktose.

Trehalase spaltet Trehalose zu Glukose.

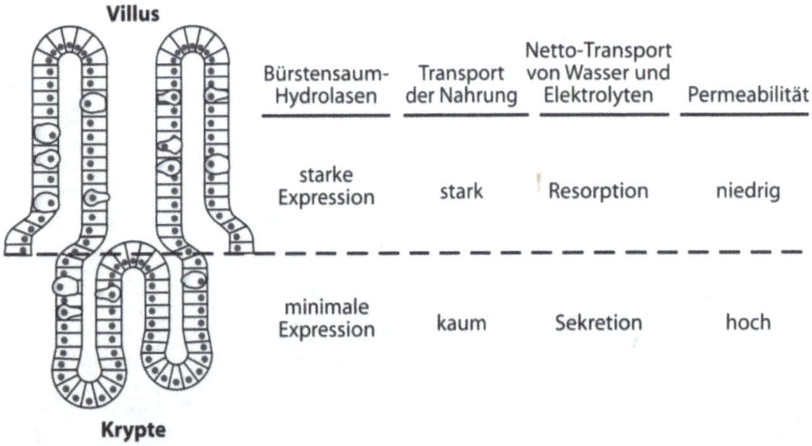

Abb. 7-1. Funktionelle Eigenschaften der Krypten und Zotten in der Dünndarmmukosa. (Mod. nach [46])

Tabelle 7-1. Kohlenhydrate der Nahrung und Verdaulichkeit

Verdaulichkeit	Art der Kohlenhydrate	Substrate
Verdauliche Kohlenhydrate	Polysaccharide	Stärke
	Oligosaccharide	α-Grenzdextrine
	Disaccharide	Saccharose
		Laktose
		Maltose
		Trehalose
	Monosaccharide	Glukose
		Galaktose
		Fruktose
Nichtverdauliche Kohlenhydrate	Polysaccharide	Zellulose
		Hemizellulose
		Guar, Pektin
	Disaccharide	Laktulose
		Lactitol
	Oligosaccharide	Raffinose
		Stacchyose
	Zuckeralkohole	Sorbit, Mannit

7.1.4 Intestinale Aufnahme von Glukose und Fruktose

Die Resorption der Verdauungsendprodukte Glukose und Galaktose erfolgt durch den Enterozyten über Transportsysteme an der Bürstensaum- und der lateralbasalen Membran. Die Aufnahme von *Glukose* und Galaktose erfolgt über ein *Na^+-abhängiges aktives Transportsystem* (Transporter *SGLT1*, Abb. 7-3). 2 Natriumionen (2 Na^+) gelangen mit je einem Molekül Glukose über den SGLT1-Transporter in das Zellinnere, wobei die Triebkraft des Transportes aus dem einwärts gerichteten *Na^+-Gradienten* resultiert. Der Na^+-Gradient wird durch die an der lateralbasalen Membran gelegenen *Natriumpumpe* aufrecht erhalten (sekundär aktiver Transport). Glukose verlässt die Zelle über den *GLUT2-Transporter* an der basolateralen Membran ohne Na^+. Luminale Glukose führt zu einer Steigerung der Transportkapazität für Glukose durch rasche Steigerung der maximalen Transportgeschwindigkeit V_{max} des SGLT1 sowie des basolateralen Ausstroms [52].

Fruktose wird über die Bürstensaummembran durch den *GLUT5-Transporter* (ohne Natriumkopplung) aufgenommen und verlässt die Zelle ebenfalls über den GLUT2-Transporter (s. *Abb. 7-3*). Der GLUT5-Transporter ist durch längerfristige Gabe von Fruktose induzierbar. Beim Menschen scheint Fruktose aber auch unter In-vivo-Bedingungen parazellulär aufgenommen werden zu können. Fruktose wird erheblich *langsamer resorbiert* als Glukose. Daher verursacht erhöhter Verzehr von Fruktose häufig Symptome der Kohlenhydratmalabsorption (Meteorismus, Flatulenz, Diarrhö). Die Resorption von Fruktose ist erheblich effektiver, wenn Fruktose nicht als Monosaccharid, sondern in Form des Disaccharids Saccharose appliziert wird. Die gleichzeitige Gabe von Glukose stimuliert die träge Resorption von Fruktose [2, 19, 44].

Die Enzymaktivität der stärkeverdauenden Enzyme ist höher als die Transportkapazität für Glukose. Allein bei der *Laktose* determiniert die Digestionskapazität der Laktase die Resorption von Glukose und Galaktose aus Laktose.

Tabelle 7-2. Kohlenhydrate, die nicht vollständig im Dünndarm resorbiert werden (»physiologische Kohlenhydratmalabsorption«)

Art des Kohlenhydrats	Positiver H_2-Atemtest[a]	Anteil des nicht resorbierten Kohlenhydrats [%]
Stärke (100 g)		
Weizenmehl	17/18	10–20
Reismehl	0/6	0
Roggenmehl	?	8
Maismehl	?	6
Kartoffel	?	13
Bohnen	?	18
Saccharose (100 g)	0/6	0
Fruktose (50 g)	5/7	?
Fruktose (25 g)	7/15	?

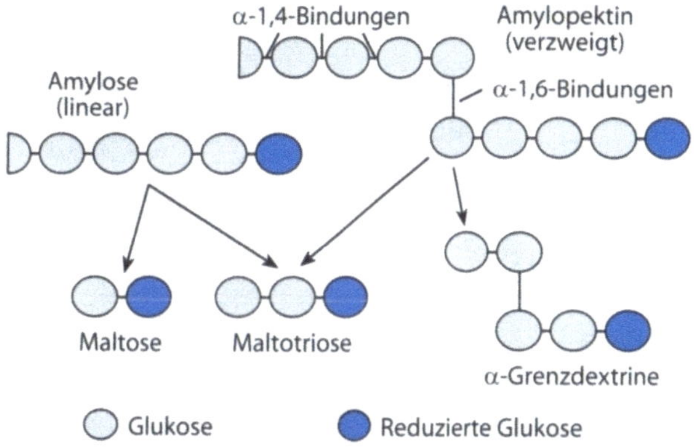

Abb. 7-2. Szenario des finalen Abbaus der aus Amylopektin entstandenen α-Grenzdextrine durch membranständige Oligosaccharidasen. Nur α-Dextrinase ist zur Abspaltung von Glukose aus der $\alpha_{1,6}$-Bindung in der Lage

7.1.5 Maldigestion und Malabsorption von Kohlenhydraten

Störungen der Resorption von Kohlenhydraten können durch einen *Mangel an pankreatischer a-Amylase*, durch *Mangel oder Fehlen an Disaccharidasen* der Dünndarmmukosa oder eine *Reduktion der Resorptionsfläche* des Dünndarms bedingt sein [9, 10, 12, 49]. Bei der *primären Malabsorption* von Kohlenhydraten fehlen einzelne funktionelle Elemente des Digestions- oder Resorptionsvorganges (Laktase, Saccharase, Glukose-Carrier) ohne morphologische Veränderungen. Eine generelle Verminderung der Digestions- und Resorptionskapazität besteht bei morphologischen Schleimhautveränderungen (z. B. Zottenschwund bei Sprue) und bedingt eine *sekun-*

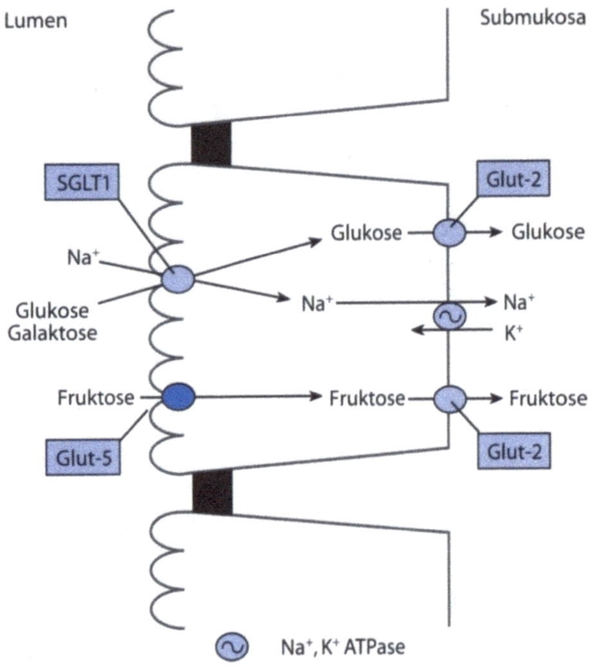

Abb. 7-3. Transport von Monosacchariden im Enterozyten. Glukose und Galaktose werden mit 2 Na+ entlang einem einwärts gerichteten Na+-Gradienten über den SGLT1-Transporter in die Zelle transportiert. Der Na+-Gradient wird durch die an der lateral-basalen Membran gelegenen ATPase-abhängigen Na-Pumpe aufrecht erhalten. Der Ausstrom von Glukose zur Blutseite erfolgt über den GLUT2-Transporter. Die Aufnahme von Fruktose erfolgt Na+-unabhängig durch die Bürstensaummembran über den GLUT5-Transporter, der Austritt aus der Zelle erfolgt ebenfalls über den GLUT2-Transporter. (Mod. nach [46])

däre globale Malabsorption. Mögliche Störungen der Resorption verschiedener Kohlenhydrate sind in *Tabelle 7-3* aufgeführt [14, 15, 27].

Im Dünndarm nicht resorbierte Kohlenhydrate werden im *Dickdarm durch Bakterien weiter abgebaut.* Terminaler Schritt des bakteriellen Abbaues von Kohlenhydraten ist die *Fermentation.* Dabei entstehen im Darmlumen *kurzkettige Fettsäuren (Butyrat, Propionat, Azetat, Laktat)* sowie als *Gase* CO_2, H_2, CH_4. Die kurzkettigen Fettsäuren können energetisch vom Körper durch effektive Rückresorption aus dem Kolon noch weiter genutzt werden (Energiesparmechanismus). Die bakterielle Fermentation ist die Ursache für Stühle mit *saurem pH* bei Kohlenhydratmalabsorption sowie Meteorismus und Flatulenz [49].

Auch pflanzliche Polysaccharide (Ballaststoffe) können im Dickdarm noch abgebaut werden. Ihre Abbaufähigkeit bestimmt ihre Wirkung auf das Stuhlverhalten: wenig abbaufähige Ballaststoffe (z. B. Lignin der Weizenkleie) erhöhen das Stuhlvolumen und wirken stuhlregulierend bei der Obstipation. Gut abbaubare pflanzlichen Polysaccharide (z. B. Guar und Pektine) entfalten durch ihren Gelcharakter eine Verzögerung der Resorption im Dünndarm, sind jedoch nicht stuhlwirksam [22].

Laktoseintoleranz

Zugrunde liegt eine Störung der Digestion von Laktose bedingt durch einen Laktasemangel der Dünndarmmukosa mit den klinischen Symptomen einer Kohlenhydratmalabsorption (*Abb. 7-4*). Laktasemangel ist der *häufigste Enzymmangel* der Dünndarmmukosa [8, 45]. Der Laktasemangel des Erwachsenen ist das häufigste genetische *Enzymmangelsyndrom* der Welt und besteht bei mehr als 50% der Weltbevölkerung (s. Kap. 42).

Bei den *Ursachen* des Laktasemangels unterscheidet man *3 verschiedene Formen*: angeboren, primär mit spätem Beginn und sekundär. Der *angeborene Laktasemangel* wird autosomal-rezessiv vererbt, ist äußerst selten und manifestiert sich mit schweren wässrigen Durchfällen und vollständigem Fehlen der Laktase unmittelbar nach Geburt (s. Kap. 42).

Tabelle 7-3. Malabsorption von Kohlenhydraten [14]

Malabsorption von	Erkrankung
Stärke	Kongenitaler α-Amylasemangel unbekannt
	sekundärer α-Amylasemangel bei exokriner Pankreasinsuffizienz
	»physiologische« Stärkemalabsorption
	Therapie mit Acarbose
Laktose	Kongenitaler Laktasemangel
	transienter Laktasemangel des Neugeborenen
	erworbener Laktasemangel
	sekundärer Laktasemangel bei Dünndarmerkrankungen
Trehalose	Kongenitaler Trehalasemangel
	sekundärer Trehalasemangel bei Dünndarmerkrankungen
Saccharose	Kongenitaler Saccharase-Isomaltase-Mangel
	sekundärer Saccharase-Isomaltase-Mangel bei Dünndarmerkrankungen
	Therapie mit Acarbose
Maltose, Maltotriose, α-Grenzdextrine	Kongenitaler Maltasemangel unbekannt
	sekundärer Maltasemangel bei Dünndarmerkrankungen
	Therapie mit Acarbose
Glukose, Galaktose	Kongenitale Glukose-Galaktose-Malabsorption
	sekundäre Malabsorption von Glukose und Galaktose bei Dünndarmerkrankungen, bakterieller Überbesiedlung oder beschleunigter Transitzeit
Fruktose	Kongenitaler Transportdefekt unbekannt
	»physiologische« Malabsorption von Fruktose bei Dosen >30–50 g/24 h
	sekundäre Malabsorption bei Dünndarmerkrankungen, bakterieller Überbesiedlung oder gesteigerter Transitzeit
D-Xylose	Kongenitaler Transportdefekt unbekannt
	sekundäre Malabsorption bei Dünndarmerkrankungen, bakterieller Überbesiedlung, gesteigerter Transitzeit

Saccharose-Isomaltose-Intoleranz

Es handelt sich um eine *autosomal-rezessive* vererbte, angeborene Krankheit mit völligem Fehlen der Saccharase und niedriger Isomaltaseaktivität in der Dünndarmmukosa, die selbst keine morphologisch erkennbaren Veränderungen aufweist.

Abb. 7-4. Pathophysiologie der Diarrhö sowie der intestinalen Gasproduktion beim Laktasemangel nach Laktosegabe. Im Dünndarm nicht resorbierte Laktose wird im Dickdarm zu kurzkettigen Fettsäuren (SCFA) sowie zu CO_2 und H_2 fermentiert. Durch die osmotische Wirkung von Laktose und der kurzkettigen Fettsäuren strömt Wasser in den Dickdarm. Es kommt zur Diarrhö mit sauren Stuhl-pH sowie zur gesteigerten Gasproduktion, die in der Atemluft (H_2) erfassbar ist

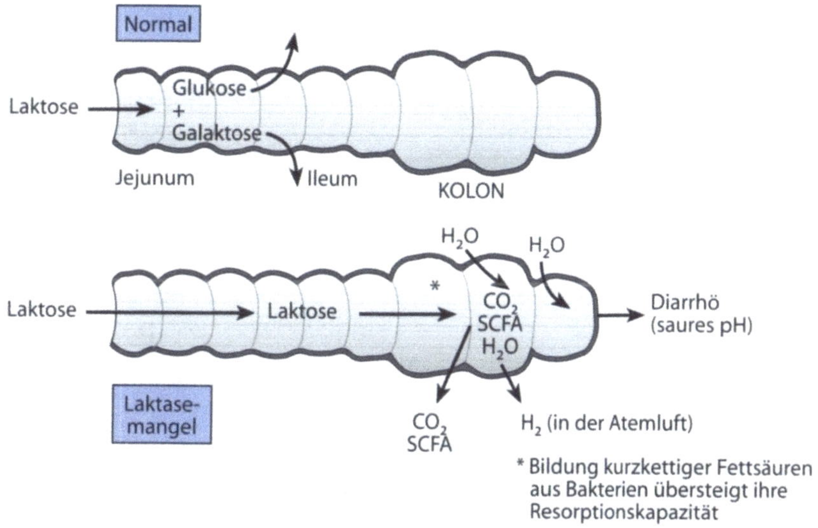

Die Synthese von Saccharase-Isomaltase wird von einem Gen auf dem Chromosom 3 kodiert. Der Saccharase-Isomaltase-Mangel scheint durch einen Defekt, bei der Enzyme aus Präkursoren zu entstehen, da sich bei Patienten mit diesem Enzymmangel eine Anhäufung der Präkursoren in der Golgi-Region und im endoplasmatischen Retikulum finden, aber keine Aktivität in der Bürstensaummembran. Die Durchfälle sind osmotisch bedingt wie nach Laktosegabe beim Laktasemangel (s. oben).

Symptome (Durchfälle, Gewichtsverlust) entstehen erst dann, wenn Saccharose verzehrt wird. Die Symptome treten bei Kleinkindern, die mit einer saccharosehaltigen Formuladiät ernährt werden, früher auf als bei gestillten Kindern [11, 15].

Trehaloseintoleranz

Das Disaccharid Trehalose findet sich in der Nahrung in größeren Mengen nur in frischen Pilzen. Ein isolierter Trehalasemangel kommt vor, ist sogar familiär beschrieben. *Symptome* der Kohlenhydratmalabsorption (Meteorismus, Flatulenz, Diarrhö und abdominelle Schmerzen) treten nach Genuss von Pilzen auf. In der Dünndarmbiopsie lässt sich keine Trehalase nachweisen. Am häufigsten (8%) kommt ein Trehalasemangel in Grönland vor. Die Diagnose lässt sich analog zum Laktosetoleranztest mit einem Trehalosebelastungstest stellen [11, 33].

Glukose-Galaktose-Malabsorption

Die autosomal-rezessiv vererbte Glukose-Galaktose-Malabsorption ist bedingt durch einen selektiven *Defekt* des intestinalen *Transporters für Glukose und Galaktose* in der Bürstensaummembran des Enterozyten. Die molekulare Basis für diese Transportstörung ist eine einzelne Missensemutation des Gens, das den Na^+-Glukosekotransporter kodiert.

Profuse wässrige Durchfälle mit Dehydratation treten in der ersten Lebenswoche auf. Das Stuhl-pH ist erniedrigt, der Stuhl enthält reduzierende Substanzen. Sofortige Besserung der *Symptome* tritt nach einer fruktosehaltigen Ernährung sowie der Elimination von Glukose und Galaktose auf. Eine transiente Glukosemalabsorption tritt vorübergehend in der Neugeborenenphase nach Operationen am Gastrointestinaltrakt sowie nach akuter Gastroenteritis (z. B. Rotavirusinfektion) auf. Die Resorption von Fruktose ist nicht beeinträchtigt [15].

Intoleranz gegenüber verschiedenen Kohlenhydraten der Nahrung

Verschiedene Kohlenhydrate der Nahrung vermögen klinische Symptome der Kohlenhydratmalabsorption hervorzurufen. Dabei handelt sich nicht um einen Enzym- oder Transportdefekt, sondern um einen *physiologischen Vorgang*.

Fruktose

Fruktose wird aus dem Dünndarm sehr langsam resorbiert, sodass der Verzehr von 25–50 g Fruktose bereits bei Gesunden zu 37% zur unvollständigen Resorption und Symptomen der Kohlenhydratmalabsorption führt. Die Intoleranz kann mit dem H_2-Atemtest (H_2-Anstieg >20 ppm) erfasst werden. Maissirup mit hohem Gehalt an Fruktose wird als Süßstoff bei zahlreichen Soft-Drinks eingesetzt [3].

Sorbit

Der *Polyalkohol Sorbit* kommt in Früchten vor und wird auch in kalorienverminderten Lebensmitteln (Diabetikermarmelade, Kaugummis, Bonbons) als Zuckerersatzstoff verwendet. Eine *osmotische Diarrhö* tritt bei Verzehr von 20–50 g Sorbit ein, Flatulenz und Meteorismus können bereits bei geringeren Dosen auftreten. Bereits bei Verzehr von 5–10 g Sorbit lässt sich mit dem H_2-Atemtest ein Anstieg von H_2 in der Atemluft über 20 ppm nachweisen [17].

Stärkeprodukte

Früher galt die Meinung, dass Stärkeprodukte vollständig resorbiert würden. Die Untersuchungen von Levitt haben gezeigt, dass zahlreiche *Stärkeprodukte* aus Weizen, Mais, Gerste, Kartoffeln und Bohnen auch von Gesunden *nicht vollständig resorbiert* werden (sog. physiologische Kohlenhydratmalabsorption). Reis wird jedoch vollständig resorbiert. Stärke aus glutenfreiem Mehl wurde effektiver resorbiert als glutenhaltiges Mehl. Dies mag erklären, warum Patienten mit funktionellen Störungen unter einer glutenfreien Diät weniger Symptome haben. Es muss angenommen werden, dass Faserstoffe oder Proteine Komplexe mit Stärke bilden, die die Digestion verzögern (sog. »unavailable starch«). Für die reduzierte Verdaulichkeit verschiedener Stärkeprodukte kann auch ihr natürlicher Gehalt an *Hemmern der a-Amylase* verantwortlich sein.

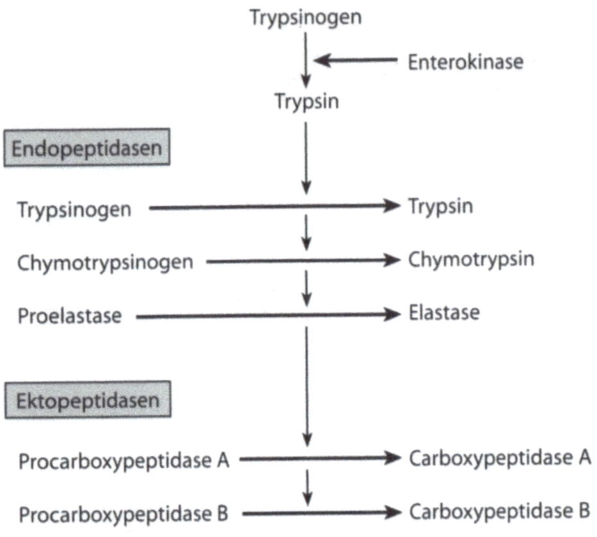

Abb. 7-5. Aktivierung von Proteasen aus Proenzymen des Pankreas im Darmlumen als wichtigem Schritt bei der Proteinverdauung. Das pankreatische Proenzym Trypsinogen wird im Darmlumen proteolytisch durch Enterokinase der Bürstensaummembran zu Trypsin aktiviert, das selbst Trypsinogen und andere pankreatische Proenzyme (Chymotrypsinogen, Proelastase, Carboxypeptidasen A und B) zu aktivieren vermag

7.2 Digestion und Resorption der Proteine

Die Digestion der Proteine beginnt mit der *intraluminalen Hydrolyse* durch *Proteasen* des Magens und Pankreas. Es folgt die *Aufspaltung der Oligopeptide* zu freien Aminosäuren durch Peptidasen an der Bürstensaummembran, gefolgt von der *Resorption* der freigesetzten Aminosäuren oder die Resorption intakter Di- und Tripeptide mit anschließender hydrolytischer Aufspaltung dieser kleinen Peptide durch intrazelluläre Peptidasen zu freien Aminosäuren.

Etwa 10% der resorbierten Aminosäuren werden vom Enterozyten für die *Proteinsynthese* genutzt, wobei der Darm die resorbierten Aminosäuren den Aminosäuren aus dem Stoffwechsel des Körpers vorzieht. Glutamin und Arginin dienen dem *Dünndarm* als wichtigste *Energiequelle. Glutamin* ist ein besonders wichtiges Substrat für die schnell proliferierenden Zellen der Darmmukosa und verhindert eine Atrophie der Darmmukosa unter parenteraler Ernährung [24].

7.2.1 Gastrale Phase

Pepsine des Magens hydrolisieren Peptidbindungen von Proteinen. Dieser erste Schritt der Hydrolyse mit Freisetzung von Peptiden und Aminosäuren ist nicht nur für die Verdauung wichtig, sondern auch für die Stimulation der Säuresekretion und der Magenentleerung durch Freisetzung von *Gastrin* und *Cholezystokinin*. Bei Erwachsenen kommen 2 *Pepsine* vor: Pepsin A und C. Beide Pepsine werden im leicht alkalischen Milieu denaturiert. Für eine effektive Proteinverdauung spielt die Peptidspaltung im Magen jedoch eine untergeordnete Rolle, da Patienten mit Magenresektion kaum Störungen der Proteinassimilation aufweisen. Entscheidender ist die *Hydrolyse durch pankreatische Proteasen.*

7.2.2 Luminale Phase: Digestion der Proteine durch pankreatische Proteasen

Pankreatische Proteasen werden als *Proenzyme* sezerniert. Die Aktivierung pankreatischer Proteasen erfolgt im Darmlumen durch das Bürstensaumenzym *Enterokinase*. Enterokinase wird durch *Trypsinogen* des Pankreassekrets und durch *Gallensäuren* aktiviert. Enterokinase spaltet aus Trypsinogen ein N-terminales Hexapeptid ab und bildet *Trypsin*, was selbst weiteres Trypsinogen zu aktivieren vermag wie auch andere pankreatische Proteasen (*Abb. 7-5*).

Das Pankreassekret enthält *Endopeptidasen* (Trypsin, Chymotrypsin) und *Exopeptidasen* (Carboxypeptidase A und B). *Trypsin* spaltet Peptidbindungen an der Carboxyl-Gruppe basischer Aminosäuren (Lysin, Arginin), *Chymotrypsin* am Carboxylende aromatischer Aminosäuren (Tyrosin, Phenylalanin, Tryptophan), während *Elastase* an der Carboxylgruppe aliphatischer Aminosäuren (Alanin, Leuzin, Glyzin, Valin) angreift. *Carboxypeptidasen* spalten einzelne Aminosäuren aus Proteinen und Peptiden ab am Carboxylende ab. So entsteht aus Proteinen durch pankreatische Hydrolyse ein Gemisch aus etwa 40% freien Aminosäuren und 60% Oligopeptiden [24, 26].

7.2.3 Membranständige terminale Digestion

Peptidasen finden sich sowohl an der Oberfläche (etwa 20 Peptidasen) wie auch im Zellinnern (4 Peptidasen) des Enterozyten. *Oligoeptide* werden durch die Bürstensaumpeptidasen aufgespalten in freie Aminosäuren, die dann durch die apikale Membran des Enterozyten unter Hilfe verschiedener *Transporter* in die Zelle gelangen. Dieser Prozess ist in Analogie zur Digestion und Resorption von Kohlenhydraten zu sehen (*Abb. 7-6*).

7.2.4 Aminosäurenresorption

Die Bürstensaummembran der Dünndarmmukosa enthält verschiedene *Transportsysteme* für die unterschiedlichen Aminosäuren (*Tabelle 7-4*). Dies erscheint logisch und notwendig in Anbetracht der unterschiedlichen Molekülgröße, der Lipophilie und der elektrischen Ladung der verschiedenen Aminosäuren. So transportiert das *System B neutrale Aminosäuren*, vermag aber nicht Iminosäuren, β-Aminosäuren, saure oder basische Aminosäuren zu transportieren. Wie bei dem Glukosetransportsystem handelt es sich um ein Na^+-abhängiges, elektrogenes Transportsystem, das seine Energie für den Transport aus einem transmembranösen Na^+-Gradienten bezieht [2, 30].

Die *Iminosäuren* Prolin und Hydroxyprolin werden ebenfalls über ein Na^+-abhängiges Transportsystem in die Zelle aufgenommen. Der *Phenylalanin-Carrier* ist den Aminosäuren Phenylalanin und Methionin vorbehalten.

Für *saure Aminosäuren* (Glutamin, Glutaminsäure, Asparaginsäure) existiert ein gesondertes Transportsystem (X^-_{AG}) mit einem Kotransport von Na^+-/sauren Aminosäuren, das mit einem Gegentransport (»counter transport«) von K^+ und H^+ verknüpft ist.

Basische Aminosäuren können sowohl über ein Na^+-abhängiges aktives Transportsystem (Y^+) als auch über ein Na^+-unabhängiges System über erleichterte Diffusion (y^+) in die Zelle gelangen. Alle Aminosäuren – insbesondere bei hohen intra-

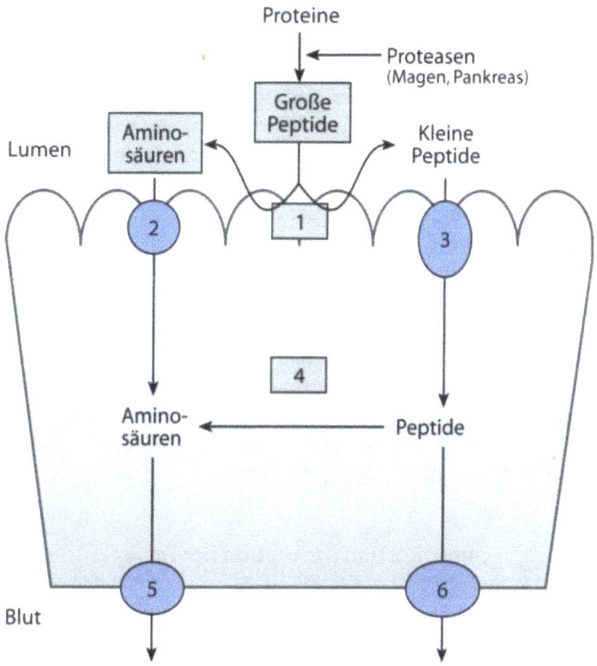

Abb. 7-6. Digestion und Resorption von Proteinen im Dünndarm. *1:* Peptidasen der Bürstensaummembran setzen aus Peptiden Aminosäuren frei. *2:* Verschiedene Transporter für Aminosäuren. *3:* Transporter für Di- und Tripeptide. *4:* Intrazelluläre Peptidasen spalten Di- und Tripeptide in freie Aminosäuren. *5:* Basolaterale Aminosäuren Transportsysteme. *6:* Basolaterales Transportsystem für Di- und Tripeptide

luminalen Konzentrationen – können auch über passive Diffusion in die Zelle gelangen. Der Transport aus der Zelle über die basolaterale Membran bestimmt oft die Resorption von Aminosäuren. Das L-System besitzt eine breite Transportspezifität und ist als der wichtigste Exitmechanismus anzusehen.

7.2.5 Peptidtransport

Kleine Peptide aus 2–3 Aminosäuren können intakt über den *Peptidtransporter* (Pept-1) in die Zelle gelangen, um dann intrazellulär durch Peptidasen in Aminosäuren aufgespalten zu werden. Patienten mit genetischem Defekt einzelner Aminosäurentransportsysteme (Hartnup-Krankheit, Zystinurie) können bestimmte Aminosäuren nicht resorbieren, die Resorption kleiner Peptide ist jedoch nicht gestört. Aminosäuren in Peptidform (insbesondere Prolin- und glyzinhaltige Peptide) werden bei Gesunden oft schneller resorbiert als die entsprechenden freien Aminosäuren (Grundlage für Peptiddiäten). In Gegensatz zu Na^+-gekoppelten Aminosäurentransportern operiert der Peptidtransporter H^+-gekoppelt. Die Energie wird dabei über einen einwärts gerichteten H^+-Gradienten bereitgestellt, der durch einen Na^+/K^+-Austauscher aufrechterhalten wird (s. *Abb. 7-6*). Beim Pept-1-Transporter handelt sich um ein Transportprotein mit niedriger Affinität, aber hoher Kapazität.

Die Bedeutung des Peptidtransporters liegt zum einen darin, dass postprandial Di- und Tripeptide effektiv resorbiert werden können, zum andern darin, dass in Elementardiäten kleine Peptide eine niedrigere Osmolalität und bessere Resorption erlauben als eine Diät aus freien Aminosäuren.

Zudem erlaubt der Peptidtransporter auch die Resorption von β-Lactam-Antibiotika, ACE-Hemmern und Reninhemmern [1, 2, 34].

7.2.6 Basolateraler Transport

Aminosäuren verlassen den Enterozyten über die basolaterale Membran, um über das Portalvenenblut in die Leber zu gelangen (s. *Abb. 7-6*). Es existieren *5 verschiedene Carriersysteme* für den Austritt, von denen das *L-System* die meisten neutralen Aminosäuren transportiert, während das asc-System Aminosäuren mit 3–4 C-Atomen übernimmt (Alanin, Serin, Cystein) (*Tabelle 7-4*). Etwa 10% des resorbierten Proteins gelangt als kleine Peptide in die Leber, da ein H^+-Peptid-Kotransporter in der basolateralen Membran existiert.

7.2.7 Maldigestion und Malabsorption von Protein

Störungen der Verdauung und Resorption von *Proteinen* treten bei einer Verminderung pankreatischer Proteasen (exokrine Pankreasinsuffizienz), bei seltenen isolierten Resorptionsstörungen (Hartnup-Krankheit) sowie bei einer morphologischen Veränderung mit Reduktion des Zottenepithels (Sprue) auf. Klinisch von größerer Bedeutung ist ein *gesteigerter enteraler Verlust von Protein aus dem Darm mit Entwicklung einer*

Tabelle 7-4. Klassifikation der Aminosäurentransportsysteme im Dünndarm

Transportsystem	Substrate und Spezifität	Art des Transports
Bürstensaummembran		
B	Neutrale Aminosäuren	Na-abhängig, aktiv
PHE	Hydrophobe Aminosäuren (Phenylalanin, Methionin)	Na-abhängig, aktiv
IMINO	Prolin, Hydroxyprolin	Na-abhängig, aktiv
X^-_{AG}	Saure Aminosäuren (Asparagin, Glutamin)	Aktiv, Na-CO-Transport K-Gegentransport
Y^+	Basische Aminosäuren Lysin, Arginin, Histidin und Cystein	Na-abhängig, aktiv
y^+	Basische Aminosäuren	Erleichterte Diffusion
L	Neutrale Aminosäuren (Leuzin)	Erleichterte Diffusion
Diffusion	Alle Aminosäuren	Passive Diffusion
Basolaterale Membran		
A (Alanin)	Neutrale Aminosäuren, Iminosäuren	Na-abhängig, aktiv
ASC (Ala, Ser, Cys)	3 und 4-C neutrale AS	Na-abhängig, aktiv
asc	3 und 4-C neutrale AS	Erleichterte Diffusion
L (Leuzin)	Neutrale Aminosäuren	Erleichterte Diffusion
y^+	Basische Aminosäuren	Na-unabhängig
Diffusion	Alle Aminosäuren	Passive Diffusion

Hypoproteinämie/Hypalbuminämie und Ödemen. Proteinmalabsorption führt zu einem Verlust an Muskelmasse und Gewicht sowie – seltener – zu Eiweißmangelödemen [41].

Enterokinasemangel

Der sehr seltene angeborene Enterokinasemangel führt durch das Fehlen des Bürstensaumenzyms *Enterokinase* – verantwortlich für Konversion des Proenzyms Trypsinogen zu Trypsin – zu einer *Digestionsstörung* für *Proteine.* In der Kindheit treten Diarrhö, Wachstumsverzögerung, Hypoproteinämie mit Ödemen auf. Eine Steatorrhö kann ebenfalls auftreten wegen sekundärer Störungen der Mukosa bei Proteinmangel.

Differenzialdiagnostisch ist an die exokrine Pankreasinsuffizienz bei der Mukoviszidose und an das Schwachman-Syndrom zu denken.

Die *Diagnose* wird durch das Fehlen der Enterokinase in der Dünndarmbiopsie gestellt. Die *Therapie* besteht in der Substitution mit Pankreasenzympräparaten.

Hereditäre Aminosäurentransportstörungen

Es handelt um selektive angeborene Transportstörungen einzelner Transporter für bestimmte Aminosäuren (*Tabelle 7-5*). Proteinmangelzustände kommen klinisch praktisch nicht vor, wenn einzelne genetisch bedingte Aminosäurentransportsysteme fehlen. Die Existenz des *Peptidtransportsystems* für Di- und Tripeptide sorgt dafür, dass der Patient keinen Proteinmangel erleidet.

Die klinischen *Symptome* sind trotz des Transportdefekts im Dünndarm meist *extraintestinal*: Niere und Harnwegssystem sowie Zentralnervensystem.

Hartnup-Krankheit und Zystinurie

Die Hartnup-Krankheit und die Zystinurie sind autosomalrezessiv vererbte, angeborene Krankheiten mit einem *Transportdefekt für freie Aminosäuren* im *Dünndarm* und im *proximalen Tubulus* der Nieren.

Bei der *Hartnup-Krankheit* besteht eine Transportstörung für *neutrale Aminosäuren*, bei der *Zystinurie* ist der Transport für *Zystin und dibasische Aminosäuren* defekt. Die entsprechenden Aminosäuren können jedoch resorbiert werden, wenn sie in Form von Di- und Tripeptiden verabreicht werden.

Die neuropsychiatrischen Symptome bei der Hartnup-Krankheit entstehen am ehesten durch Resorption von Indolen und toxischen Aminen, die durch die bakterielle Dekarboxylierung nichtresorbierten Tryptophans im Darm gebildet werden. Diese Metaboliten hemmen auch die Konversion von Tryptophan zu Nikotinsäure, was zu dem pellagraähnlichen Hautveränderungen führt. Der Ernährungszustand der Patienten ist kaum beeinträchtigt, der Nikotinsäuremangel wird durch Gabe von 25–50 mg/24 h *Nikotinsäure* behandelt (s. Kap. 50).

Bei der *Zystinurie* steht die *Nephrolithiasis* im Vordergrund bedingt durch die schlechte Löslichkeit von Zystin im Urin. Die Therapie besteht in reichlicher Flüssigkeitszufuhr, Alkalisieren des Urins (pH >7,5) und Gabe von D-Penicillamin. Hinsichtlich der weiteren seltenen Aminosäurentransportstörungen sei auf Kap. 45 verwiesen.

Tabelle 7-5. Krankheiten mit Störungen des intestinalen Aminosäurentransports

Krankheit	Substrate	Klinik
Hartnup-Krankheit	Neutrale Aminosäuren	Pellagra-ähnliche Hautveränderungen, neuropsychiatrische Symptome
Zystinurie	Dibasische Aminosäuren	Nierensteine, chronische Pankreatitis
Blue-diaper-Syndrom	Tryptophan	Blaufärbung der Windeln, Hyperkalziämie, Nephrokalzinose
Oasthouse-Syndrom	Methionin	Geistige Retardierung, Krampfanfälle
Lowe-Syndrom	Lysin, Arginin	Geistige Retardierung, Katarakt, Nierenversagen
Joseph-Syndrom (Iminoglyzinurie)	Glyzin, Prolin, Hydroxyprolin	Aminoazidurie

7.3 Digestion und Resorption der Fette

Mit der Nahrung nehmen wir etwa 100 g Fett/24 h zu uns, wovon >95% resorbiert werden. Damit wird 30–40% des täglichen Energiebedarfs gedeckt. Nahrungstriglyzeride enthalten zusätzlich *essenzielle ungesättigte Fettsäuren*, die als Vorstufen für lipidartige Mediatoren (z. B. Prostaglandine, Leukotriene) bei der Regulation verschiedener zellulärer Funktionen von Bedeutung sind [13].

7.3.1 Triglyzeride

Triglyzeride der Nahrung setzen sich aus 3 Fettsäuren, die über eine Esterbindung an Glyzerin gebunden sind, zusammen (*Triaglycerol*). Die meisten Triglyzeride bestehen aus *langkettigen gesättigten oder ungesättigten Fettsäuren* der Kettenlänge C_{14}–C_{22}, nur wenigen mittelkettigen (C_6–C_{12}) oder kurzkettigen (C_3–C_6) Fettsäuren (*Abb. 7-7*).

7.3.2 Lipolyse von Triglyzeriden

Triglyzeride können bereits im Magen zu 10–30% durch die *Magenlipase* (pH-Optimum: 2–6) hydrolisiert werden. Die Magenlipase wird durch Pepsin nicht inaktiviert. Sie hydrolisiert überwiegend die Esterbindung der 3-Position von Triaglycerol, sodass *Fettsäuren* und *Diglyzeride* entstehen. Im Magen werden die Proteinkomponenten der Lipoproteine abgespalten, es entstehen Öltröpfchen. Als Emulsion mit kleinen Lipidpartikeln (<2 nm) gelangen sie durch den Pylorus in das Duodenum. Die Öltröpfchen mit ihrem großen Verhältnis von Oberfläche/Volumen unterliegen im Duodenum dem wichtigsten Schritt der Digestion durch das *Kolipase-Lipase-System.*

Die *Pankreaslipase* ist ein Glykoprotein aus 449 Aminosäuren mit einem pH-Optimum von 8–9, Gallensäuren reduzieren das pH-Optimum auf 6–7. Bei einem pH <4 wird die Lipase irreversibel inaktiviert. *Gallensäuren* stabilisieren die Fettemulsion und reduzieren die Größe der Fettröpfchen. Kolipase begünstigt die Anlagerung der Lipase an der Oberfläche der Öltröpfchen. Pankreaslipase hydrolisiert die 1- und 3-Esterbindung der Triglyzeride. Es entstehen *Fettsäuren und 2-Monogylzeride.*

Die Digestion der Triglyzeride ist innerhalb der ersten 100 cm des Dünndarms nahezu vollständig. Pankreaslipase wird im Überschuss produziert. Erst bei einer Sekretionseinschränkung auf <10% kommt es zur Maldigestion und nachfolgender Steatorrhö.

Im Pankreassekret findet sich noch eine weitere Lipase, die zur Aktivierung der Gallensäuren benötigt wird. Diese *gallensäurenaktivierte Lipase* katalysiert die vollständige Hydrolyse von Triglyzeriden zu Fettsäuren und Glyzerin sowie der Carboxylesterbindungen von Cholesterylestern, fettlöslichen Vitaminen und Phospholipiden. Deshalb können Patienten mit kongenitalem Mangel von Kolipase/Lipase noch eine geringe Menge an Fett verdauen. Das Kolipase-Lipase-System besitzt eine 10- bis 60-mal höhere lipolytische Aktivität als die gallensäureaktivierte Lipase [20].

Regulation der exokrinen Pankreassekretion

Magensäure stimuliert im Duodenum die Freisetzung von Sekretin, das die Bikarbonatsekretion in den Pankreasgangzellen stimuliert. Dadurch wird die Magensäure im Duodenum neutralisiert und auf ein pH von 6,5 eingestellt, dem optimalen pH für das Kolipase-Lipase-System. Fettsäuren und bestimmte Aminosäuren stimulieren im oberen Dünndarm die Freisetzung von Cholezystokinin (CCK), das für die Stimulation der Sekretion pankreatischer Verdauungsenzyme (α-Amylase, Proteinasen, Kolipase/Lipase) sowie die Kontraktion der Gallenblase und die Relaxation des Sphinkter Oddi verantwortlich ist.

Sekretin, CCK und andere Hormone aus der Dünndarmmukosa regulieren die Magenmotilität und verhindern dadurch, dass die Nahrung zu rasch in den Dünndarm gelangt. Die Freisetzung von Cholezystokinin (CCK) hängt von der Hydrolyse der Triglyzeride ab. Dies bedeutet, dass Freisetzung von CCK, Entleerung der Gallenblase und Sekretion pankreatischer Enzyme von der Hydrolyse der Triglyzeride abhängig ist.

Bei Konzentrationen von 1–5 mmol/l bilden *Gallensäuren gemischte Mizellen* unter Inkorporation von Fettsäuren und anderen Lipiden in die Innenseite der Mizellen. Damit wird eine *bessere Wasserlöslichkeit* der Fettsäuren, Monoglyzeride und andere Lipide erreicht. Allerdings werden Fettsäuren selbst bei völligem Fehlen der Gallensäuren noch zu etwa 50–75% resorbiert [20].

7.3.3 Resorption von Fettsäuren und 2-Monoglyzeriden

Fettsäuren und Monoglyzeride gelangen durch passive Diffusion oder über einen *Carriermechanismus* (»fatty acid binding protein«, FABP) in die Mukosazelle [23]. Zytosolische Bindungsproteine (FABP) übernehmen den Transport zum glatten endoplasmatischen Retikulum des Enterozyten, wo Fettsäuren und 2-Monoglyzeride wieder zu *Triglyzeriden resynthetisieren*. Die aus den *Apolipoproteinen* B-48, Apo-A-IV und Apo-I zusammengesetzten *Chylomikronen* enthalten zu etwa 90% Triglyzeride. Sie verlassen die Mukosazelle in Vesikelform an der lateralen Membran und gelangen in das Lymphsystem (s. *Abb. 7-7*).

7.3.4 Intestinale Apolipoprotein- und Lipoproteinsynthese

Apolipoproteine sind von Bedeutung für den Wiederaufbau und die Sekretion von Lipoproteinen. *Apo-I* ist eine wichtige

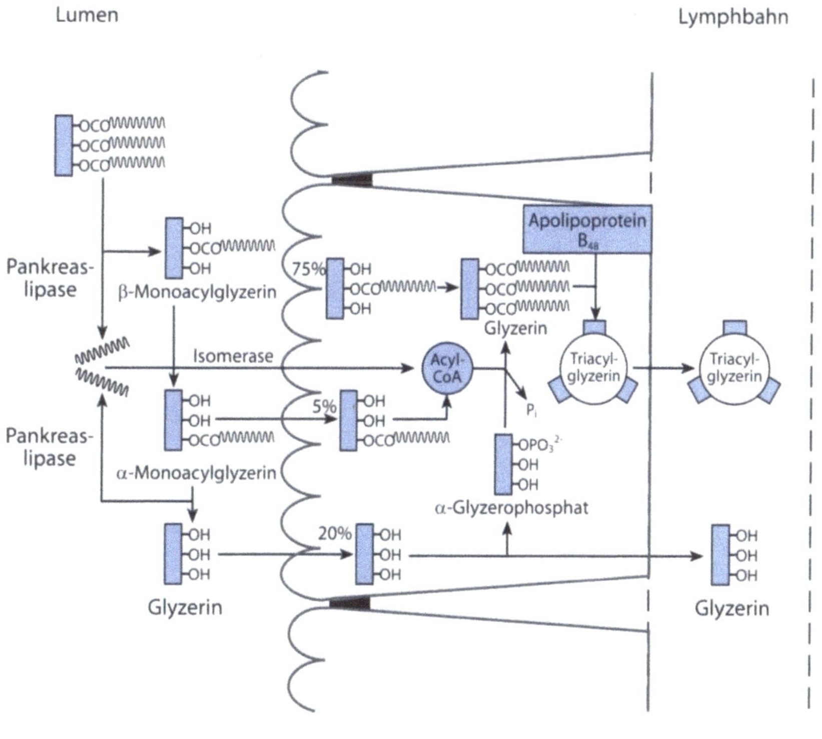

Abb. 7-7. Synopsis der Digestion und Resorption von Triglyzeriden der Nahrung

Proteinkomponente der Chylomikronen und die Hauptproteinkomponente von HDL, sowie ein Kofaktor bei der Veresterung des Plasmacholesterins.

Als *Apo B* bezeichnet man 2 große hydrophobe Proteine, die Bestandteile triglyzeridreicher Lipoproteine und ihrer Metaboliten sind. Das für die Synthese beider Proteine (Apo-B-100 und Apo-B-48) verantwortliche Gen liegt auf dem Chromosom 2. Apo B-100 wird in der Leber, Apo-B-48 in der Darmmukosa gebildet. Apo B reguliert die Synthese und Sekretion von triglyzeridhaltigen Lipoproteinen. Ein Mangel an Apo B führt zur *Abetalipoproteinämie* mit niedrigem Plasma-Apo-B, leichter Fettmalabsorption, Akkumulation von Triglyzeriden in Enterozyten und Hepatozyten sowie neurologischen und hämatologischen Störungen bedingt durch Malabsorption von Vitamin E (s. Kap. 10).

7.3.5 Digestion und Resorption mittelkettiger Triglyzeride

Mittelkettige Triglyzeride (MCT) enthalten Fettsäuren der Kettenlänge C_6– C_{12}. Sie kommen in der normalen Nahrung nur in kleinen Mengen vor, sind jedoch wichtige Komponenten in der Ernährungstherapie, da ihre Digestion und Resorption sich erheblich von den *langkettigen Triglyzeriden (LCT)* des Nahrungsfetts unterscheidet.

MCT werden durch verschiedene *Lipasen* (Magen-, gallensäurenabhängige und Pankreaslipase) *effektiver hydrolisiert* als LCT. Weitere Resorptionsvorteile der MCT gegenüber LCT beruhen auf (*Abb. 7-8*):
- besserer Wasserlöslichkeit;
- effektiverer Aufnahme in den Enterozyten selbst ohne Gallensäuren und sogar ohne vorherige Hydrolyse;
- sie werden in der Mukosazelle nicht für die Triglyzeridresynthese verwendet;
- bedürfen nicht der Chylomikronenbildung;
- MCT verlassen die Zelle direkt über die Pfortader und
- können von der Leber und anderen Geweben schneller als Energiesubstrat verwendet werden.

MCT könne deshalb als gut resorbierbare Energiequellen bei Patienten eingesetzt werden, die aus unterschiedlichen Ursachen eine Malabsorption haben:
- Pankreasinsuffizienz,
- intraluminaler Gallensäurenmangel bedingt durch Cholestase, Gallengangsverschluss, Ileumresektion,
- Kurzdarmsyndrom,
- Dünndarmkrankheiten mit Störungen der Resorption oder des intrazellulären Lipidstoffwechsels/Chylomikronenbildung, Lymphabflussstörungen.

Es sollte beachtet werden, dass MCT *keine essenziellen ungesättigten Fettsäuren* enthalten, die für die Bildung von Prostaglandinen, Leukotrienen und anderen lipidartigen Regulatoren des Zellstoffwechsels notwendig sind. Ein Mangel an essenziellen Fettsäuren kann sich bei fehlender diätetischer Zufuhr in wenigen Wochen entwickeln. Etwa 2–5% der kalorischen Aufnahme sollte deshalb in Form von LCT erfolgen [13, 20].

7.3.6 Maldigestion und Malabsorption von Nahrungsfetten

Malabsorption von Nahrungsfetten kann beim *Mangel pankreatischer Lipase* (exokrine Pankreasinsuffizienz), *Mangel an Gallensäuren* (hepatozelluläre Krankheiten, intrahepatischer

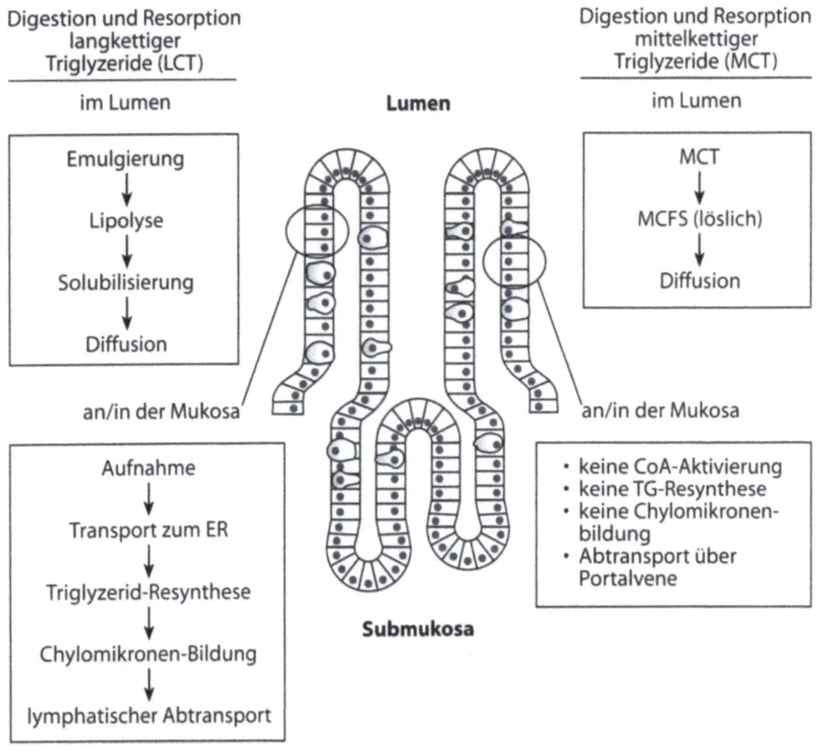

Abb. 7-8. Vergleich der Digestion und Resorption langkettiger (LCT) und mittelkettiger Triglyzeride (MCT)

Cholestase, extrahepatischer Cholestase, enteralem Gallensäurenverlust, bakterielle Überbesiedlung des Dünndarms), *reduzierter Resorptionsfläche* (Darmresektion oder Zottenschwund) oder auch bei *Lymphabflussstörungen* auftreten (*Tabelle 7-6*).

Eine *Steatorrhö* (Stuhlfettausscheidung >7 g/24 h) führt zum erhöhten Kalorienverlust, Durchfällen, enteralem Verlust von Kalzium und zu einer *gesteigerten Oxalatresorption* mit konsekutiver *»enteraler« Hyperoxalurie*. In der Regel besteht auch eine Malabsorption fettlöslicher Vitamine (Vitamine A, D, E, K), da diese zur mizellaren Löslichkeit eine kritische mizellare Gallensäurenkonzentration benötigen.

Störungen des Gallensäurekreislaufs

Von Bedeutung für die Resorption der Fettspaltprodukte ist die Mizellenbildungsfähigkeit der *Gallensäuren*. Ein erhöhter enteraler Verlust von Gallensäuren kann durch Synthesesteigerung der Leber ausgeglichen werden, sodass beim *kompensierten Gallensäurenverlustsyndrom* zwar wässrige Durchfälle bestehen, die Fettresorption aber noch gewährleistet ist (*Abb. 7-9*).

Übersteigt der enterale Gallensäurenverlust bei ausgedehnter Ileumresektion oder Kurzdarmsyndrom die Synthesekapazität der Leber, dann reicht die Gallensäurenkonzentration in Duodenum nicht mehr zur Mizellenbildung aus; es kommt zum *dekompensierten Gallensäurenverlustsyndrom* mit Diarrhö und Steatorrhö [29, 38].

Eine *bakterielle Überbesiedlung des Dünndarms* kommt bei anatomischen Veränderungen des Dünndarms wie Divertikeln, Fisteln, Strikturen und Stenosen, aber auch bei Motilitätsstörungen (diabetische Neurogastroenteropathie, Sklerodermie) vor. Sie bewirkt eine vorzeitige *Dekonjugation konjugierter Gallensäuren*. Die durch bakterielle Dekonjugation und Dehydroxylierung entstehenden dekonjugierten und sekundären Gallensäuren wirken toxisch auf das Darmepithel und induzieren Durchfälle. Durch die bakterielle Aktivität wird die Konzentration konjugierten Gallensäuren unter-

Tabelle 7-6. Krankheiten und Ursachen einer Steatorrhö [21]

Pathogenetische Störung der Digestion und Resorption von Fetten Intraluminale Phase	Zugrundeliegende Krankheit
Lipasen	
Verminderte Speichellipase	Enterale Sondenernährung, Sicca-Syndrom
Rasche Magenentleerung und Störung der Chylomikronenbildung	Billroth-II-Resektion, Pyloroplastik
Verminderte Enzym- und Bikarbonatsekretion	chronische Pankreatitis
Störung der Stimulation des Pankreas (verminderter CCK-Stimulus)	Dünndarmerkrankung, Sprue, Vagotomie
Verminderte Enzymproduktion und -exkretion	Mukoviszidose, hereditäre Pankreasinsuffizienz, schwere Malabsorption, Obstruktion des Pankreasgangs durch Neoplasma, Strikturen, Steine
Inaktivierung der Pankreasenzyme durch Magensäure	Zollinger-Ellison-Syndrom, Kurzdarmsyndrom
Gallensäuren	
Verminderte Konzentration konjugierter Gallensäuren im proximalen Dünndarm	
Verminderte Synthese in der Leber	Parenchymatöse Leberkrankheit, Cholestase
Verminderte Ausscheidung	Gallengangsobstruktion, PBC, PSC
Gesteigerte Präzipitation oder verminderte Resorption von Gallensäuren im proximalen Dünndarm,	Hypersekretion von Magensäure bewirkt Präzipitation ionisierter Gallensäuren
Verlust aus dem enterohepatischen Kreislauf	Zollinger-Ellison-Syndrom, Kurzdarmsyndrom, bakterielle Überbesiedlung des proximalen Dünndarms induziert Dekonjugation von Gallensäuren Ileopathie: M. Crohn, Resektion, Strahlenschädigung
Bindung von Gallensäuren	Colestyramin, Colestipol
Mukosaphase	
Reduktion normaler Dünndarmoberfläche	Resektion oder Bypass
Strukturelle und funktionelle Veränderungen der Epithelzellen bei Dünndarmkrankheiten	Sprue/Zöliakie, Autoimmunenterpathie, tropische Sprue, M. Whipple, Strahlenschädigung, eosinophile Gastroenteritis, Parasiten, Bakterien
Störung der Exkretion von Lipiden aus den Epithelzellen des Dünndarms	Abetalipoproteinämie, schwere Proteinmalnutrition
Lymphatische Phase	
Obstruktion des Lymphgefäßsystems	Lymphangiektasie, Neoplasien, parasitäre Infektionen, Strahlenfibrose, Tuberkulose

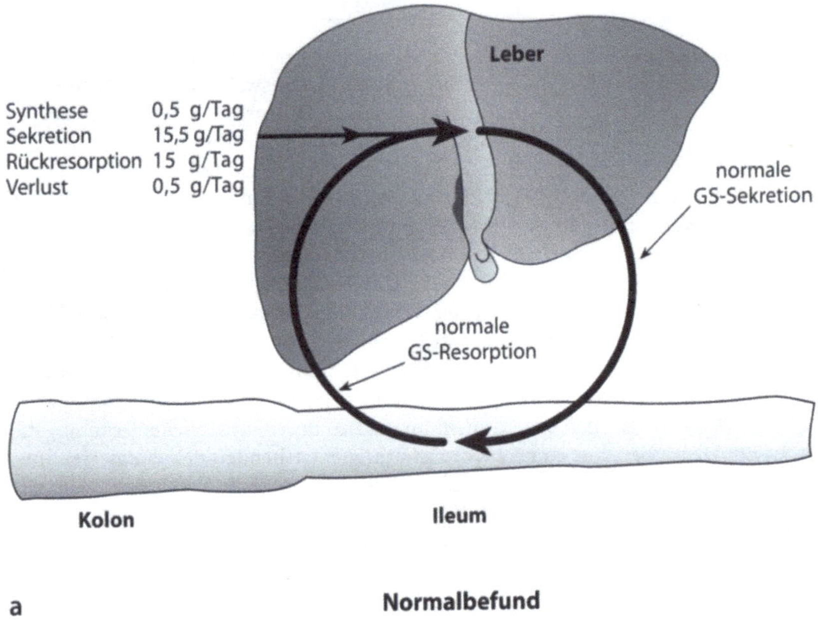

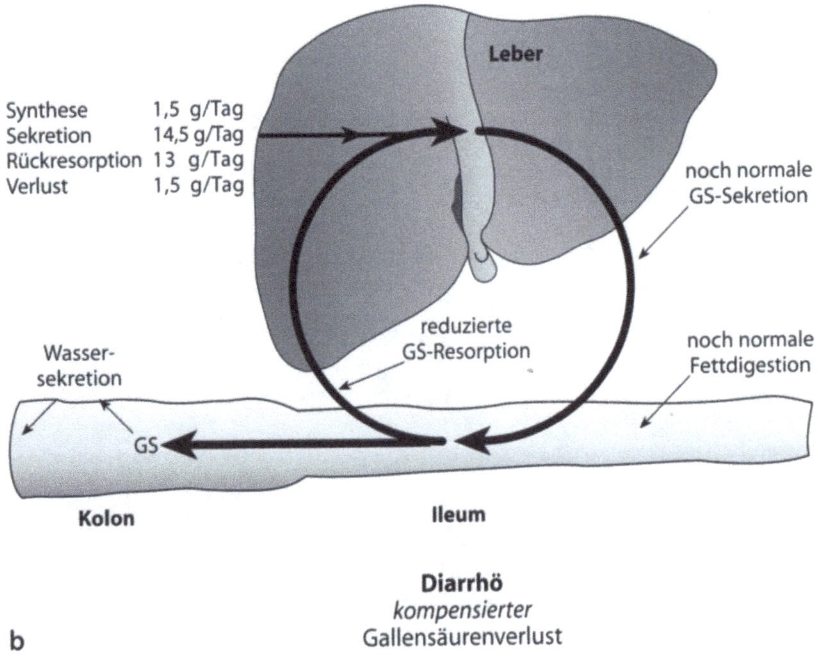

Abb. 7-9a–c. Gallensäuren; **a** enterohepatische Zirkulation von Gallensäuren; **b, c** enteraler Gallensäurenverlust (**b** kompensierte chologene Diarrhö, **c** dekompensierte chologener Diarrhö)

schritten, sodass eine *Malabsorption von Fett und fettlöslichen Vitaminen* (A, D, E, K) resultiert [32].

7.4 Digestion und Resorption anderer Nahrungslipide

7.4.1 Cholesterin

Mit der Nahrung werden etwa 300–500 mg Cholesterin aufgenommen. Die Galle liefert täglich 800–1200 mg nicht-verestertes Cholesterin, aus dem »Turn-over« der intestinalen Mukosa fallen weitere 250–400 mg/24 h an. Cholesterin der Galle wird besser resorbiert als Cholesterin der Nahrung. Etwa 30–60% des luminalen Cholesterins wird resorbiert. Cholesterinester werden durch die gallensäurenaktivierte Lipase hydrolisiert. Das wasserunlösliche Cholesterin wird in gemischte Mizellen inkorporiert. Der Resorptionsmechanismus ist bisher noch unklar. Im Enterozyten wird Cholesterin reverestert und in Chylomikronen inkorporiert [20].

7.4.2 Phospholipide

Die meisten Phospholipide im Darmlumen sind biliären Ursprungs (10–20 g/24 h), nur etwa 1–2 g/24 h stammen aus der

■ Abb. 7-9a–c. Gallensäuren; **a** enterohepatische Zirkulation von Gallensäuren; **b, c** enteraler Gallensäurenverlust (**b** kompensierte chologene Diarrhö, **c** dekompensierte chologener Diarrhö) (Fortsetzung)

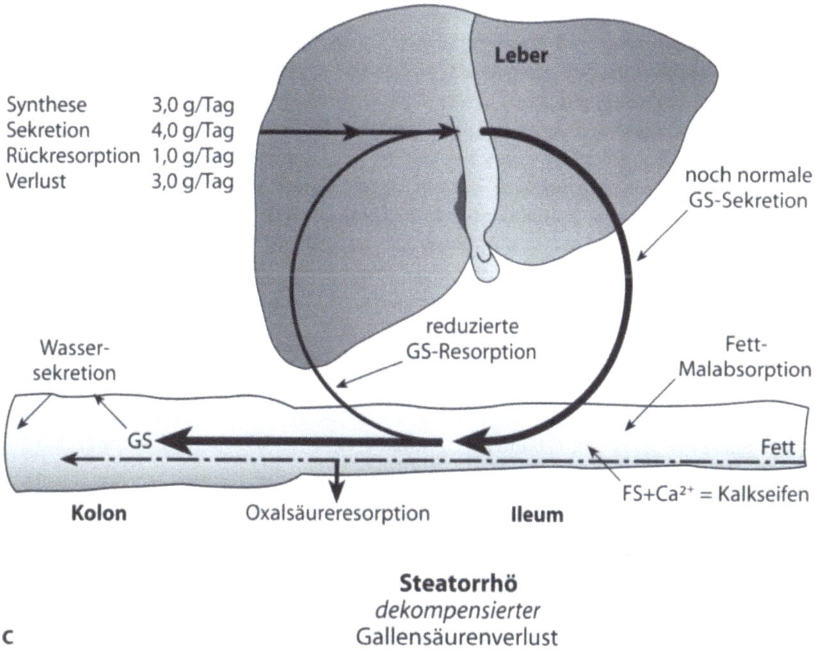

c

Nahrung. Phospholipide (Hauptkomponente: *Phosphatidylcholin*) der Galle kommen in gemischten Mizellen mit Gallensäuren und Cholesterin vor. Phosphatidylcholin wird von der pankreatischen und der Bürstensaumphospholipase A_2 zu Lysophosphatidylcholin und Fettsäuren katalysiert. Lysophosphatidylcholin fördert die Sekretion von Chylomikronen in die Lymphe [20].

7.4.3 Gallensäuren

Gallensäuren werden über die Bürstensaummembran der Enterozyten des Ileums über einen Na^+- und energieabhängigen Transporter aufgenommen (s. ■ *Abb. 7-9*). *Taurocholat* kann nur im Ileum aktiv transportiert werden, nicht jedoch im Jejunum. *Konjugierte Dihydroxygallensäuren* werden effektiver resorbiert als Trihydroxygallensäuren. Konjugierte Gallensäuren können auch im Jejunum resorbiert werden. Glyzin- und taurinkonjugierte Gallensäuren werden im Jejunum sowohl über einen *Transporter* (Carrier) als auch über *passive Diffusion* für protonierte (ungeladene) Glyzinkonjugate resorbiert. Nichtkonjugierte Gallensäuren werden über passive Diffusion abhängig von ihrer Lipophilie im gesamten Dünndarm – aber auch im Kolon – resorbiert. Gallensäuren verlassen den Enterozyten über einen Na^+-unabhängigen Anionenaustauschmechanismus an der basolateralen Membran (s. ■ *Abb. 7-11*).

Gallensäurenmalabsorption

Ein seltener *primärer Defekt* für die Rückresorption von Gallensäuren im terminalen Ileum wurde beschrieben. Dabei zeigte die Mukosa keine Defekte. Es bestanden wässrige chologene Diarrhöen, die auf Gabe von Colestyramin gut ansprachen. Die Diagnose lässt sich mit dem SeHCAT-Test stellen, wobei andere Ursachen des enteralen Gallensäurenverlusts (Ileopathie, Ileumresektion, Kurzdarm, schnelle Darmpassage) ausgeschlossen werden müssen. Kürzlich wurde bei einem Patienten mit M. Crohn der erste molekulare Defekt des menschlichen Na^+/Gallensäurenkotransporters im Ileum nachgewiesen. Dabei war im Transporter Prolin durch Serin in Position 290 der Aminosäurenkette ersetzt. Der Austausch dieser einzelnen Aminosäuren führte zu einem Defekt des Transports von Taurocholsäure [39, 51].

7.5 Resorption fettlöslicher Vitamine

7.5.1 Vitamin A

In der Natur vorkommende Substanzen wie *Retinol*, *Retinaldehyd* und *Retinolsäure* sowie eine Reihe synthetischer Analoga mit oder ohne biologische Vitamin-A-Aktivität nennt man *Retinoide*. Von den mehr als 500 in der Natur vorkommenden Karotinoiden sind etwa 50 Vitamin-A-Vorstufen. *Trans-b-Karotin* ist für den Menschen am wichtigsten (s. Kap. 6).

Die mit der Nahrung aufgenommenen Retinylester und das β-Karotin werden im Rahmen der Fettresorption im Dünndarm resorbiert . Vor ihrer Resorption werden die Retinylester als Bestandteil der gemischten Mizellen durch unspezifische Pankreasesterasen in Retinol und freie Fettsäure gespalten. Größere Bedeutung für die Esterspaltung besitzt allerdings eine in der Bürstensaummembran der Enterozyten lokalisierte Retinylester-Hydrolase. Resorbiertes β-Karotin wird zumindest teilweise im Enterozyten zu Retinal gespalten, das zu Retinol reduziert wird. Retinol liefert somit die Ausgangssubstanz für die aktiven Vitamin-A-Metaboliten 11-*cis*-Retinol und all-*trans*-Retinsäure. Im Menschen ist aber auch intaktes β-Karotin im Plasma und verschiedenen Organen, wie Leber und Fettgewebe, nachweisbar [31].

Neben seiner Funktion als Provitamin könnte β-Karotin antioxidative Wirkungen in Zellmembranen besitzen. In den Enterozyten vorliegendes Retinol wird, um in der Chylomikronenfraktion in den systemischen Kreislauf zu gelangen, reverestert. Obwohl ein Teil der Retinylester von der Lipoproteinlipase der Adipozytenoberfläche hydrolysiert wird, gelangt ein erheblicher Teil über die Chylomikronenreste in die Leber. Die Resorption, Mobilisierung und Speicherung von Vitamin A in den verschiedenen Geweben findet unter kontinuierlicher Hydrolyse und Reveresterung statt. Für den Transport zwischen den Geweben muss Vitamin A das O_2-reiche, wässrige Milieu von Zytosol und Plasma durchqueren. Die Bindung an spezifische Proteine, wie das Retinolbindungsprotein, ermöglicht dies unter möglichst geringer Degradation von Vitamin A.

7.5.2 Vitamin D

Zur *Resorption* bedarf das schlecht wasserlösliche Vitamin D der Gegenwart von Gallensäuren, um sich in gemischten Mizellen zu lösen. Patienten mit intraluminalem Gallensäurenmangel (Cholestase oder Gallensäurenmalabsorption nach Ileumresektion) resorbieren Vitamin D sehr schlecht. Der Abtransport aus dem Enterozyten erfolgt in Chylomikronenform. Beim Mangel an intraluminalen Gallensäuren findet sich Vitamin D überwiegend im Pfortaderblut, Gallensäuren begünstigen die Inkorporation in Chylomikronen.

Der besser wasserlösliche Metabolit 25-$(OH)D_3$ wird effektiver resorbiert als Vitamin D_3 selbst, insbesondere bei Gallensäurenmangel und Steatorrhö [6, 31].

7.5.3 Vitamin E

Vitamin E kommt in 8 verschiedenen Formen vor: α-, β-, γ- und δ-Tocopherolen, die sich in ihrer biologischen Aktivität unterscheiden. α-Tocopherol ist für 90% des Vitamin E im menschlichen Körper verantwortlich (s. Kap. 6). Nach Hydrolyse von α-Tocopherolazetat durch die gallensäureabhängige Lipase erfolgt die Aufnahme in den Enterozyten über passive Diffusion. Der Abtransport erfolgt ebenfalls überwiegend über das Lymphsystem in Chylomikronenform.

7.5.4 Vitamin K

Alle Formen von Vitamin K besitzen als Gemeinsamkeit eine 2-Methyl-1,4-Naphtochinon-Ringstruktur. In Pflanzen findet sich *Phyllochinon* (Vitamin K_1), Bakterien synthetisieren *Menachinone* (Vitamin K_2), tierische Gewebe enthalten sowohl Phyllochinone wie auch Menachinone. *Menadion* (Vitamin K_3) ist eine synthetische Substanz ohne Seitenkette. Seine wasserlöslichen Derivate werden in der Leber zu biologisch aktiven Menaquinonen alkyliert. Menadione können mit SH-Gruppen in Membranen reagieren und auf diese Weise eine Hämolyse, Hyperbilirubinämie und Kernikterus bei Kindern bewirken (s. Kap. 6).

Phylloquinone sind völlig wasserunlöslich, Gallensäuren sind für die Löslichkeit und Mizellenbildung unabdingbar. Deshalb führt intraluminaler Mangel an Gallensäuren (Cholestase) zum Vitamin-K-Mangel.

Die Resorption erfolgt wahrscheinlich über einen spezifischen Transporter. *Bakterien* des Intestinaltrakts vermögen *Menaquinone* (Vitamin K_2) zu sythetisieren, die allerdings im Kolon schlecht resorbiert werden können. Die bakterielle Vitamin-K-Produktion vermag jedoch nicht einen diätetischen Verlust auszugleichen, trägt aber dazu bei, dass bei Vitamin-K-armer Diät nicht schnell ein schwerer Vitamin-K-Magel auftritt [31].

7.6 Resorption wasserlöslicher Vitamine

7.6.1 Folsäure

In der Natur kommt Folsäure meist in der *Polyglutamatform* (bis zu 9 Glutamatresten) vor (s. Kap. 6). Die Polyglutamate der Folsäure werden durch ein Bürstensaummembran-assoziiertes Enzym, die γ-Glutamylhydrolase, im Dünndarm in ihre Monoglutamatform überführt und resorbiert. Die Resorption reduzierter Folsäuremonoglutamate erfolgt über einen Träger-vermittelten, sättigbaren Mechanismus (»reduced folate carrier«, RFC-1; [16]); bei höheren Konzentrationen spielt die Diffusion der Folatmonoglutamate eine zunehmende Rolle. Obwohl Polyglutamate aufgrund ihrer negativen Ladungen potent in Zellen gespeichert werden, sind Monoglutamate, hauptsächlich 5-Methyl-$H_4PteGlu_n$, die Transportform der Folate im Blut und werden in den meisten, wenn nicht allen Geweben über RFC-1 aufgenommen.

Die Spezifität des Transporters im Hinblick auf die verschiedenen Folsäuremonoglutamate unterscheidet sich in den verschiedenen Geweben als auch in der apikalen und basolateralen Membran polarisierter Zellen, wie den Enterozyten. Während RCF-1 in Enterozyten identische Affinitäten für reduzierte Folate und Folsäure aufweist, sind die Affinitäten für Folsäure in anderen Geweben 100fach niedriger, vermutlich bedingt durch posttranslationale Modifikationen des Transporters. Die *Bioverfügbarkeit* von Folaten aus Supplementen oder angereicherten Lebensmitteln ist hoch [17]. Hingegen liegt die *Bioverfügbarkeit* von in Nahrungsmitteln natürlich vorkommenden reduzierten Folaten deutlich unter 50% [4, 25].

7.6.2 Vitamin B_{12}

Vitamin B_{12} besteht aus einem zentralen Kobaltatom, umgeben von 4 Pyrrolringen, die mit einer Nukleotidverbindung verknüpft sind. Weitere wichtige Formen des Vitamin B_{12} sind *Hydroxykobalamin* und *Zyanokobalamin* (s. Kap. 6). Es besteht eine enterohepatische Zirkulation von Vitamin B_{12}, was die klinische Beobachtung erklärt, dass zur Entwicklung eines Vitamin-B_{12}-Mangels durch mangelnde diätetische Zufuhr von Vitamin B_{12} 8–12 Jahre benötigt werden, während Patienten mit Vitamin-B_{12}-Malabsorption schon nach 2–3 Jahren einen Vitamin-B_{12}-Mangel entwickeln.

Der Magensaft enthält 2 wichtige Vitamin-B_{12}-Bindungsproteine: *Haptocorrin* und *Intrinsic-Faktor* (IF). Sowohl Haptocorrin wie auch der IF werden durch den Magensaft nicht beeinflusst, pankreatische Proteasen verändern Haptocorrin jedoch zu einem kleineren Molekül, das eine geringere Bindungsaktivität für Vitamin B_{12} besitzt; der IF wird durch pankreatische Proteasen nicht beeinflusst. Im Dünndarm wird Vitamin B_{12} rasch und vollständig von Haptocorrin an den IF transferiert. Die Sekretion des IF durch die Parietalzellen des Magens wird in Gegenwart von Säureblockern (H_2-Rezeptorenblocker, Protonenpumpenhemmer) kaum beeinflusst.

Vitamin B_{12} wird nach Bindung an das im Magen gebildete Haptocorrin im Dünndarm, an den IF transferiert und wird als Vitamin-B_{12}-IF-Komplex im terminalen Ileum über Rezeptor-vermittelte Endozytose resorbiert, wozu die Anwesenheit von Ca^{2+}-Ionen notwendig ist. (Abb. 7-10).

Im Gegensatz zu den anderen B-Vitaminen ist der Anteil an B_{12} der durch Diffusion über die Epithelzellschicht gelangt vernachlässigbar gering. In der Dünndarmepithelzelle wird nach Fusion der abgeschnürten Endosomen mit Lysosomen, das Vitamin B_{12} ins Zytosol freigesetzt. Transcobalamin II (TC-II), ein Glykoprotein, bindet das freie B_{12} und transportiert es ins Blut. Die Gewebeversorgung mit Vitamin B_{12} erfolgt über Rezeptor-vermittelte Endozytose des TC-II-B_{12}-Komplexes und anschließender Freisetzung aus den mit Lysosomen fusionierten Vesikeln. Im Plasma kommen zwei weitere R-Proteine vor, nämlich TC-I und TC-II, die vermutlich mit komplexiertem B_{12} über einen Asialoglykoproteinrezeptor in die Leber aufgenommen werden. In der Leber bestehen mit 2–3 mg Vitamin B_{12} die größten Organspeicher [5, 35].

Vitamin-B_{12}-Malabsorption

Ein *Vitamin-B_{12}-Mangel* führt einer megaloblastären Anämie sowie neurologischen Veränderungen (funikuläre Myelose). Normale Vitamin-B_{12}-Spiegel, aber ein Vitamin-B_{12}-Mangel in peripheren Organen, finden sich beim Mangel an Transcobalamin II [16, 47].

Störungen der Vitamin-B_{12}-Resorption treten auf:

- bei chronisch atrophischer Gastritis (Mangel an Haptocorrin und IF),
- Pankreasinsuffizienz (mangelhafte Dissoziation des Haptocorrin-Vitamin-B_{12}-Komplexes),
- gesteigerte Metabolisierung von Vitamin B_{12} durch Bakterien im Dünndarm zu unwirksamen Kobamiden bei bakterieller Überbesiedlung,
- Resorptionsstörung durch Fehlen von IF-Vitamin-B_{12}-Rezeptoren (angeborenes isoliertes Fehlen, Resektion des Ileums).

Eine autosomal-rezessive Vitamin-B_{12}-Resorptionsstörung bedingt durch einen Transportdefekt am Rezeptor für den IF-Vitamin-B_{12}-Komplex im Ileum mit neurologischen und hämatologischen Folgen eines Vitamin-B_{12}-Magels kommt in der Kindheit vor (Imerslund-Grasbeck-Syndrom). Vitamin B_{12} im Serum ist – bei normalen Folsäurespiegeln – erniedrigt. Der Schilling-Test ist pathologisch, auch wenn er mit Gabe von Intrinsic-Faktor (IF), Pankreasenzymen und nach Antibiotikabehandlung durchgeführt wurde.

Die Therapie besteht in monatlicher parenteraler Gabe von Cyanocobalamin, worauf die neurologischen und hämatologischen Symptome schnell ansprechen.

Beim *Transcobalamin-II-Mangel* besteht ein Fehlen des Transportproteins für Vitamin B_{12}. Die fetale Entwicklung

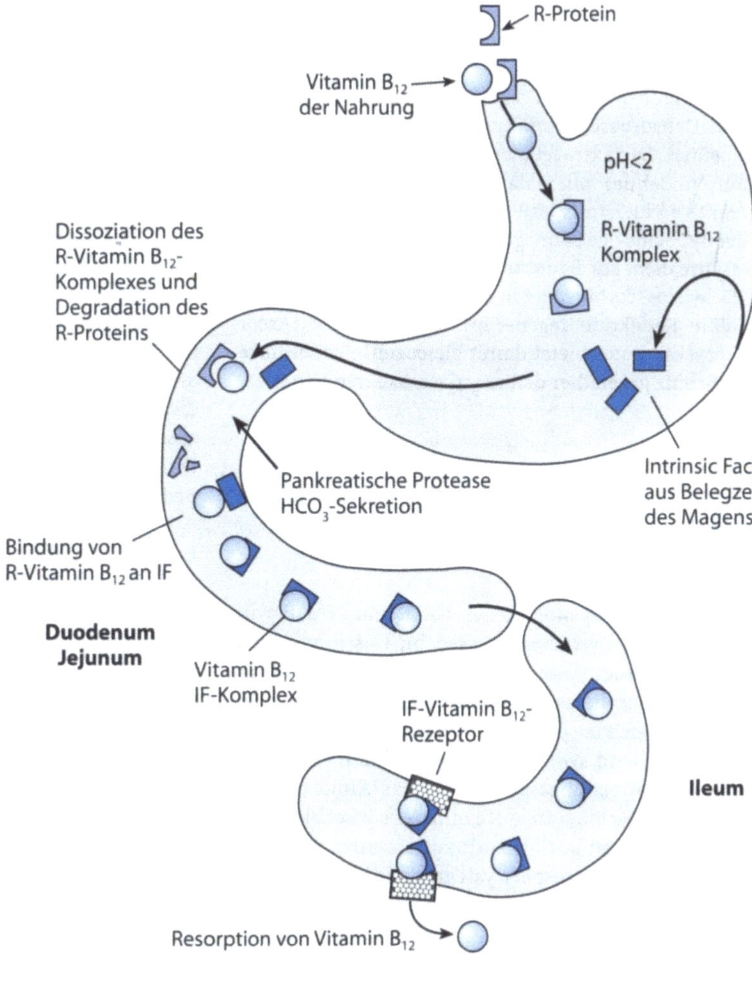

Abb. 7-10. Resorption von Vitamin B_{12} (Erläuterungen s. Text)

verläuft – dank mütterlichem Transcobalamin II – normal. Eine megaloblastäre Anämie entwickelt sich im Kindesalter. Vitamin B_{12} im Serum ist normal, es ist jedoch an Haptocorrin gebunden und steht damit nicht für die Gewebe zur Verfügung, die überwiegend an Transcobalmin II gebundenes Vitamin B_{12} aufnehmen.

Die Behandlung besteht in Applikation sehr hoher Dosen von Vitamin B_{12}, um den Gewebeeintritt durch Diffusion zu erreichen [13].

7.6.3 Ascorbinsäure (Vitamin C)

Die Resorption der *Ascorbinsäure* erfolgt im Ileum und Jejunum über einen Na^+-abhängigen, elektroneutralen Mechanismus [35]. Bis zu Dosen von 200 mg Vitamin C beträgt die Bioverfügbarkeit nahezu 100%. Bei höheren Dosen reduziert sich die Bioverfügbarkeit und liegt bei einer Gabe von 1250 mg etwa bei 50%. Ascorbinsäure liegt im Plasma in freier Form vor. In den Geweben kann die Konzentration an Ascorbinsäure 5–100fach höher sein als im Plasma. Gewebe, die Ascorbinsäure akkumulieren sind Nebennieren, Hirnanhangdrüse, Leukozyten, Thrombozyten, Fibroblasten, Osteoblasten, Chondrozyten, Endothelzellen, Leber, Milz, Gehirn, Lunge, Nieren, Testes, Ovarien, Linse, Hornhaut, Retina, Knochenmark, Pankreas und Herz [31].

Während Adcorbinsäure auch in die Gewebe über einen Na^+-abhängigen aktiven Transportprozess aufgenommen wird, erfolgt die Aufnahme von Dehydroascorbinsäure etwa 10- bis 20fach langsamer als die Ascorbinsäureaufnahme Na^+-unabhängig über die Glukosetransporter GLUT1 und GLUT3. Nach der Aufnahme von Dehydroascorbinsäure wird diese in den Geweben reduziert [31]. Das ermöglicht die weitere Aufnahme von Dehydroascorbinsäure entlang eines Konzentrationsgradienten. Die extrazelluläre Bildung von Dehydroascorbinsäure findet besonders dann statt, wenn vermehrt diffusible reaktive Sauerstoffspezies, wie Superoxidanionen, Peroxide oder hypochlorige Säure gebildet werden. Extrazelluläre Ascorbinsäure dient zur Reduktion der Sauerstoffspezies und wird als Dehydroascorbinsäure in die Zellen transportiert. Die intrazelluläre Reduktion regeneriert Ascorbinsäure (Ascorbinsäurerecycling) und bietet damit gleichzeitig einen intrazellulären Schutz gegenüber den reaktiven Sauerstoffspezies.

7.6.4 B-Vitamine

(Siehe auch ◻ *Tabelle 7-6*)

Niacin

Über die Nahrung aufgenommenes NAD und NADP wird durch unspezifische Pyrophosphatasen im Gastrointestinaltrakt zu Nikotinamidmononukleotid (NMN) gespalten [1]. Die alkalische Phosphatase des intestinalen Epithels spaltet von NMN einen Phosphatrest ab, sodass Nikotinamidribosid freigesetzt wird. Von diesem wird durch Glykohydrolasen der Zuckerrest abgespalten und das Amid hydrolysiert, sodass hauptsächlich freie Nikotinsäure resorbiert wird Sowohl Nikotinamid als auch Nikotinsäure werden über Na^+-abhängige sättigbare Transportsysteme in die Enterozyten aufgenommen [31]. Bei höheren, insbesondere nicht-physiologischen Konzentrationen, nimmt der Anteil der passiven Diffusion am Gesamttransport über die Epithelzellschicht erheblich zu. Die Leber ist das Organ, das den NAD-Haushalt reguliert. Die über die Pfortader aufgenommene Nikotinsäure wird in der Leber in NAD und NADP umgewandelt, von der Leber wird Nikotinamid ans Blut zur Versorgung der anderen Gewebe abgegeben.

Riboflavin (Vitamin B_2)

Riboflavin liegt in Nahrungsmitteln hauptsächlich in seinen Koenzymformen vor. Mehr als 2/3 des Riboflavins in Nahrungsmitteln sind typischerweise FAD. Im Rahmen der proteolytischen *Verdauung* werden die Flavinkoenzyme, in welcher Form Riboflavin größtenteils in Nahrungsmitteln vorliegt, von den Proteinen freigesetzt. Pyrophosphatasen (spalten FAD zu FMN und AMP) und alkalische Phosphatase (spaltet FMN zu Riboflavin und Phosphat) sind, wie schon beim Abbau des NAD beschrieben, die beiden Enzyme die das Vitamin aus seinen Koenzymformen freisetzen. Freies Riboflavin wird hauptsächlich im proximalen Dünndarm über einen sättigbaren, Na^+-unabhängigen Mechanismus resorbiert (s. Kap. 4; [31]).

Wie bei Niacin findet sich auch beim Riboflavin ein nicht unerheblicher Anteil, der durch Diffusion die Epithelschicht passiert. Die schlechte Löslichkeit des Riboflavins limitiert allerdings die Diffusion bei höheren Konzentrationen. Riboflavin wird im Blut z. T. an Albumin und ebenfalls an Immunoglobuline gebunden transportiert. Riboflavin gelangt durch Diffusion in die Gewebe. Durch Synthese von FMN aus Riboflavin unter ATP-Verbrauch mittels Flavokinase und anschließender Bildung von FAD durch Übertragung von AMP auf FMN unter ATP-Verbrauch mittels FAD-Synthetase wird Riboflavin intrazellulär aus dem Diffusionsgleichgewicht entfernt. Durch dieses »metabolic trapping« wird die Diffusion von Riboflavin in die Gewebe aufrecht erhalten [31].

Thiamin (Vitamin B_1)

Aus Nahrungsmitteln wird Thiamin aus Thiaminpyrophophat, wie schon für Niacin und Riboflavin beschrieben, durch die Aktivität von Pyrophosphatasen und alkalischer Phosphatase freigesetzt. Freies Thiamin wird über einen aktiven Transportprozess resorbiert [31]. Die Thiaminabsorption weist, wie diejenige von Niacin und Riboflavin, eine duale Kinetik auf, die aus sättigbaren und nicht-sättigbaren Komponenten zusammengesetzt ist. Auch im Falle des Thiamins gewinnt die Diffusion bei höherer Aufnahme (>5 mg/24 h) quantitativ an Bedeutung.

Die Pyrophosphorylierung des Thiamins durch das Enzym Pyrophosphokinase findet z. T. bereits in den resorbierenden Epithelzellen des Jejunums statt. Durch dieses »metabolic trapping« kann die Diffusion des Thiamins weiter erhöht werden. Freies Thiamin wird über einen primär aktiven Transport der basolateralen Membran unter ATP-Verbrauch ins Blut transportiert [31]. Die Zellen der Gewebe nehmen freies Thiamin auf und wandeln einen Großteil davon in Thiaminpyrophosphat um. Obwohl die Aufnahme in die verschiedenen Gewebe über einen sehr ähnlichen sättigbaren Mechanismus erfolgt, ist die Effizienz der Aufnahme sehr unterschiedlich ausgeprägt. Dies weist auf eine unterschiedliche Kapazität der Transportsysteme oder eine unterschiedliche Anzahl von Transportsystemen in den verschiedenen Geweben hin [31].

Während die Aufnahme von Thiamin in Enterozyten und Hepatozyten hoch ist, können Erythrozyten nur vergleichsweise geringe Mengen des B-Vitamins aufnehmen. Thiamin wird – wie Riboflavin – schlecht gespeichert. Etwa 50% des Gesamtkörperthiamins findet man im Muskel, der Rest verteilt sich auf Herz, Leber, Nieren und Nervengewebe. Etwa 80% des Thiamins liegt im Körper als Thiaminpyrophosphat, 10% als Triphosphat, der Rest als Monophosphat und freies Thiamin vor.

Vitamin B_6

Die Resorption von Vitamin B_6 erfolgt im Dünndarm über erleichterte Diffusion. Die 5´-Phosphatderivate werden vor ihrer Absorption durch Phosphatasen gespalten. Das in pflanzlicher Nahrung hauptsächlich vorliegende PN-Glukosidderivat wird durch eine mukosale Glukosidase dekonjugiert, jedoch wird ein Teil des PN-Glukosids im Menschen auch intakt resorbiert und kann dann in verschiedenen Geweben dekonjugiert werden. Die *Bioverfügbarkeit* von B_6-Supplementen beträgt mehr als 90%.

Pantothensäure

Die Resorption der Pantothensäure erfolgt hauptsächlich im Jejunum über einen aktiven, Na^+-abhängigen Transportprozess [31]. Neben der freien Pantothensäure wird auch Pantethein im Dünndarm resorbiert, allerdings sehr schnell in den Enterozyten in Pantothensäure umgewandelt. Auch in die meisten Gewebe wird Pantothensäure über einen sehr spezifischen Na^+-abhängigen sättigbaren Mechanismus aufgenommen.

Biotin

Das in der Nahrung enthaltene freie bzw. das mittels Biotinidase freigesetzte Biotin werden über einen aktiven, Na^+-abhängigen Prozess im Dünndarm resorbiert. Zwar kann auch Biozytin durch passive Diffusion in die resorbierenden Epithelzellen gelangen und dort durch Biotinidase gespalten werden, jedoch ist die Aufnahme von Biozytin im Vergleich zu der aktiven Aufnahme freien Biotins gering [31]. Im Plasma liegt 80% des Biotins in freier Form vor. Die Aufnahme von Biotin in die Gewebe erfolgt über Na^+-abhängige Mechanismen und durch Diffusion. Ein aktiver, Na^+-abhängiger Transport sorgt auch für die Reabsorption glomerulär filtrierten Biotins.

7.7 Resorption von Mineralstoffen und Spurenelementen

7.7.1 Kalzium

Kalzium wird im Gastrointestinaltrakt über einen energieabhängigen, transzellulären Prozess resorbiert, der unter hormoneller Kontrolle von $1{,}25(OH)_2D$ steht und in seiner Kapazität limitiert ist sowie über einen parazellulären Weg, der nicht sättigbar ist. Der aktive Transportprozess findet unter Beteiligung von *Calbindin* hauptsächlich in Duodenum und Jejunum statt. Neben der Bindung an Calbindin ist die Sequestrierung von Kalzium in Endosomen und Lysosomen offenbar am Durchtritt durch den Enterozyten beteiligt. Der Austritt von Kalzium wird basolateral durch eine Ca^{2+}-ATPase vermittelt. Der parazelluläre Aufnahme-Mechanismus kommt im Gegensatz zum aktiven im gesamten Intestinaltrakt vor (▣ *Abb. 7-11*):

Der *Eintritt* in die Zelle erfolgt über die Bürstensaummembran entlang einem abwärts gerichteten elektrochemischen Gradienten,

- *Translokation* durch den Enterozyten,
- *Austritt* aus der Zelle an der basolateralen Membran gegen einen
- elektrochemischen Gradienten unter Vermittlung von ATP-abhängigen Kalziumpumpen (kalziumtranportierende ATPase.

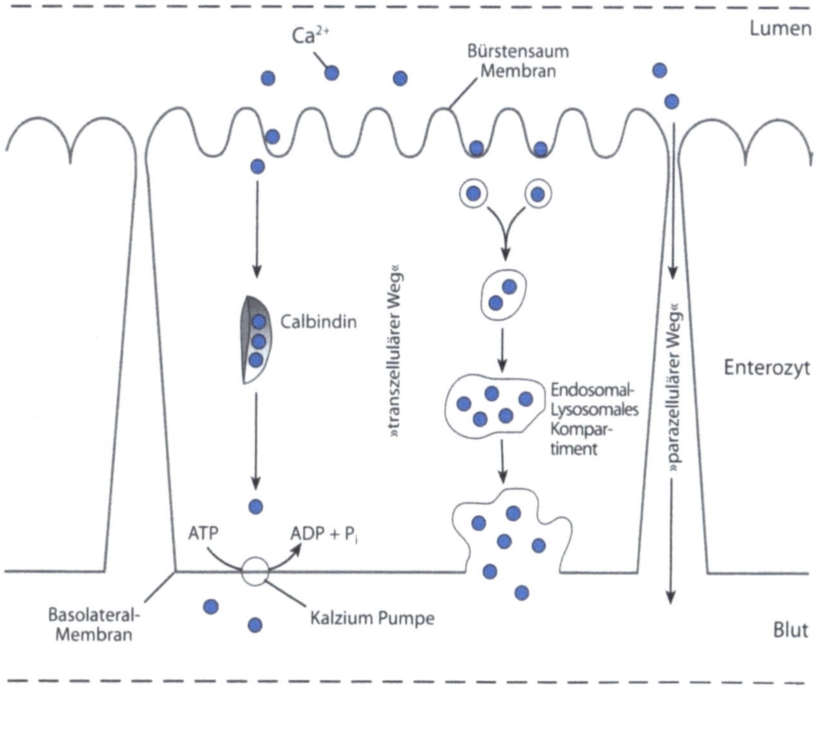

▣ Abb. 7-11. Modell der Kalziumresorption (Erläuterungen s. Text)

$1{,}25(OH)_2D_3$ stimuliert sowohl den Eintritt in die Zelle, wie auch die Translokation durch den Enterozyten und den Austritt. Geschwindigkeitsbestimmender Schritt bei der Resorption von Kalzium sind Durchtritt und Austritt aus der Zelle [7, 31].

Vitamin-D-Mangel führt zu einer Reduktion der Kalziumresorption. Meiden von Milch und Milchprodukten (bei Laktoseintoleranz) bewirkt deshalb langfristig einen Kalziummangel und eine Osteopenie. Phosphate, Oxalate, Phytate und Fettsäuren vermögen im Darmlumen lösliches Kalzium zu präzipitieren, auch verschiedene Ballaststoffe (»dietary fiber«) vermögen durch Bindung von Kalzium die Verfügbarkeit zu reduzieren (*Tabelle 7-7*). Die intestinale Resorption von Kalzium ist in der Schwangerschaft und während des Stillens erhöht und im Alter erniedrigt. Eine Steigerung der Kalziumresorption findet sich bei Zuständen mit erhöhtem $1{,}25\text{-}(OH)_2D_3$ sowie bei Hypophosphatämie, Östrogentherapie und Vitamin-D-Intoxikation. Eine verminderte Resorption von Kalzium ist bei zahlreichen Erkrankungen des Dünndarms, aber auch bei anderen extraintestinalen Krankheiten und unter Medikamenten (Chlorothiazide) zu finden (*Tabelle 7-8*).

7.7.2 Phosphat

Die *Resorption* des mit der Nahrung aufgenommenen Phosphats ist mit 60–70% mindestens doppelt so effektiv wie die Kalziumabsorption. Die Phosphatabsorption wird durch $1{,}25(OH)_2D$ erhöht, wenngleich weit weniger als die Kalziumaufnahme. Die Phosphataufnahme erfolgt über einen Na^+-abhängigen aktiven Transport und zwar bevorzugt als HPO_4^{2-} [31]. Wie beim Kalzium ist auch an der Phosphatabsorption neben dem aktiven Transportprozess ein passiver parazellulärer Flux beteiligt. Während die *Bioverfügbarkeit* von Phosphat aus Fleisch mit mehr als 70% sehr gut ist, ist die Verfügbarkeit aus Zerealien häufig durch die Speicherung als Phytat limitiert.

Tabelle 7-7. Luminale Beeinflussung der intestinalen Kalziumresorption

Hemmung der Resorption	Kein Einfluss	Gesteigerte Resorption
Pflanzliche Substanzen	Phosphate	Mittelkettige Triglyzeride (MCT)
Zellulose	Pektin	Laktose
Uronsäure	Ascorbinsäure	Aminosäuren
Alginate	Zitronensäure	Lysin
Phytate	Proteinreiche Nahrung	Arginin
Oxalate	–	Tryptophan
Langkettige Fettsäuren (Bildung von Seifen)	–	Medikamente
Alkohol	–	Penizillin
Medikamente	–	Chloramphenicol
Glukokortikoide	–	Neomycin
Antikonvulsiva	–	–
(Diphenylhydantoin)	–	–
Tetrazykline	–	–
Antazida	–	–

Tabelle 7-8. Durch Krankheiten bedingte Beeinflussung der intestinalen Kalziumresorption

Gesteigerte Resorption		Verminderte Resorption
Physiologisch		*Physiologisch*
Schwangerschaft		Im Alter
Stillperiode		
Pathologisch		*Pathologisch*
		Verminderte Resorptionsfläche: M. Crohn, Sprue/Zöliakie, tropische Sprue, Kurzdarmsyndrom
Erhöhtes $1{,}25\text{-}(OH)_2D_3$	Normales $1{,}25\text{-}(OH)_2D_3$	Gestörte Mizellenbildung: Cholestase, Ileopathie
Granulomatöse Krankheiten: Sarkoidose, Kokzidiodomykose, Histoplasmose, Berryliose, Tuberkulose	Diabetes mellitus	Operationen am Magen
Idiopathische Hyperkalziurie		Extraintestinale Krankheiten
Hyperparathyreoidismus		Hypoparathyreoidismus
Medikamente/Ernährung		Hyperthyreose
Hypophosphatämie		Chronisches Nierenversagen
Milch-Alkali-Syndrom		Renale tubuläre Azidose
Vitamin D-Intoxikation		Nephrotisches Syndrom
Östrogene		Medikamente/Ernährung
		Chlorothiazide
		Magnesiummangel

7.7.3 Magnesium

Die intestinale Resorption von Magnesium verhält sich umgekehrt proportional zur mit der Nahrung aufgenommenen Menge. Bei gesunden Personen werden etwa 30–50% des zugeführten Magnesium resorbiert. Wenngleich die absorptive Kapazität im distalen Jejunum und im Ileum am höchsten ist, erfolgt die Aufnahme im gesamten Intestinaltrakt. An der Magnesiumabsorption sind passive und aktive Mechanismen beteiligt. Die aktiven Transportprozesse sind sehr wahrscheinlich für die prozentual höhere Magnesiumaufnahme bei niedriger diätetischer Zufuhr verantwortlich [31]. Obwohl Vitamin D und dessen Metaboliten die intestinale Magnesiumresorption erhöhen ist ihr Einfluss verglichen mit der Beeinflussung der Kalziumabsorption sehr gering.

7.7.4 Spurenelemente

Eisen

Nahrungseisen kommt als *Hämeisen* (Fleischprodukte) sowie in verschiedenen Nicht-Häm-Substanzen (pflanzliche Produkte) vor. Nicht-Häm-gebundenes Eisen liegt überwiegend als

3-wertiges Eisen (Fe^{3+}) vor. Gegensatz zu Fe^{2+}, dessen Löslichkeit bei pH-Werten >6 rasch abnimmt, ist 3-wertiges Eisen nur in einem sauren pH löslich und präzipitiert bei einem pH >4. Seine Löslichkeit steigt allerdings in *hämgebundener* Form sprunghaft über pH 6 an. Während reduzierende Substanzen wie freie Ascorbinsäure oder die SH-Gruppen von Proteinen die Umwandlung von Fe^{3+} in Fe^{2+} begünstigen und so seine Löslichkeit und Resorption verbessern, können Oxalate, Phytate, Tannine und Phosphate durch Komplexbildung und/oder Änderung der Löslichkeit die Resorption vermindern (s. Kap. 6).

Die *intestinale Aufnahme* von Eisen wird somit sowohl in Phasen der Digestion als auch der Resorption durch Art der Nahrung, Bindungsform auch durch eine Vielzahl von Liganden (z. B. organische Anionen, Aminosäuren, Peptide, Fettsäuren) beeinflusst. Wird beispielsweise die gleiche Menge Eisen als Eisensulfat oder hämgebundenes Eisen *ohne Nahrung* verabreicht, liegen die Resorptionsraten mit 18–20% etwa gleich. Wird der gleiche Versuch mit einer gemischten Kost durchgeführt nimmt die Resorptionsrate bei Eisensulfatgabe auf <5% ab, während die Resorptionsrate von hämgebundenem Eisen unverändert bleibt.

Die *Eisenresorption* stellt einen komplexen, in seinen Einzelheiten noch nicht geklärten, Vorgang dar. *Eisen* wird in *2-wertiger* Form im *Duodenum* und oberen Dünndarm resorbiert. Im Magen wird das in der Nahrung vorkommende Fe^{3+} durch die Magensäure aus der Nahrung freigesetzt und teilweise zu Fe^{2+} reduziert. Die weitere Reduktion erfolgt durch eine membranständige Ferrireduktase. Anazidität des Magens sowie morphologische Veränderungen der Dünndarmmukosa – Fehlen ausreichenden Transportproteins – bewirken eine Reduktion der Eisenresorption. Von dem mit der Nahrung aufgenommenen Eisen werden normalerweise etwa 10% resorbiert, die Resorptionsquote steigt mit der Höhe des Eisenbedarfs (z. B. Schwangerschaft) bis auf 40% an (s. unten). Die Resorption läuft in 3 Phasen ab (*Abb. 7-12*):

- *apikale* Aufnahme aus dem Darmlumen in die Mukosazelle,
- proteinvermittelter *intrazellulärer* Transport,
- *luminale* Abgabe an das Eisentransportsystem ins Blut.

Zur *apikalen Aufnahme* von *freiem Eisen* (Fe^{2+}) dient ein erst kürzlich beschriebenes Transportprotein (DCT1: »divalent

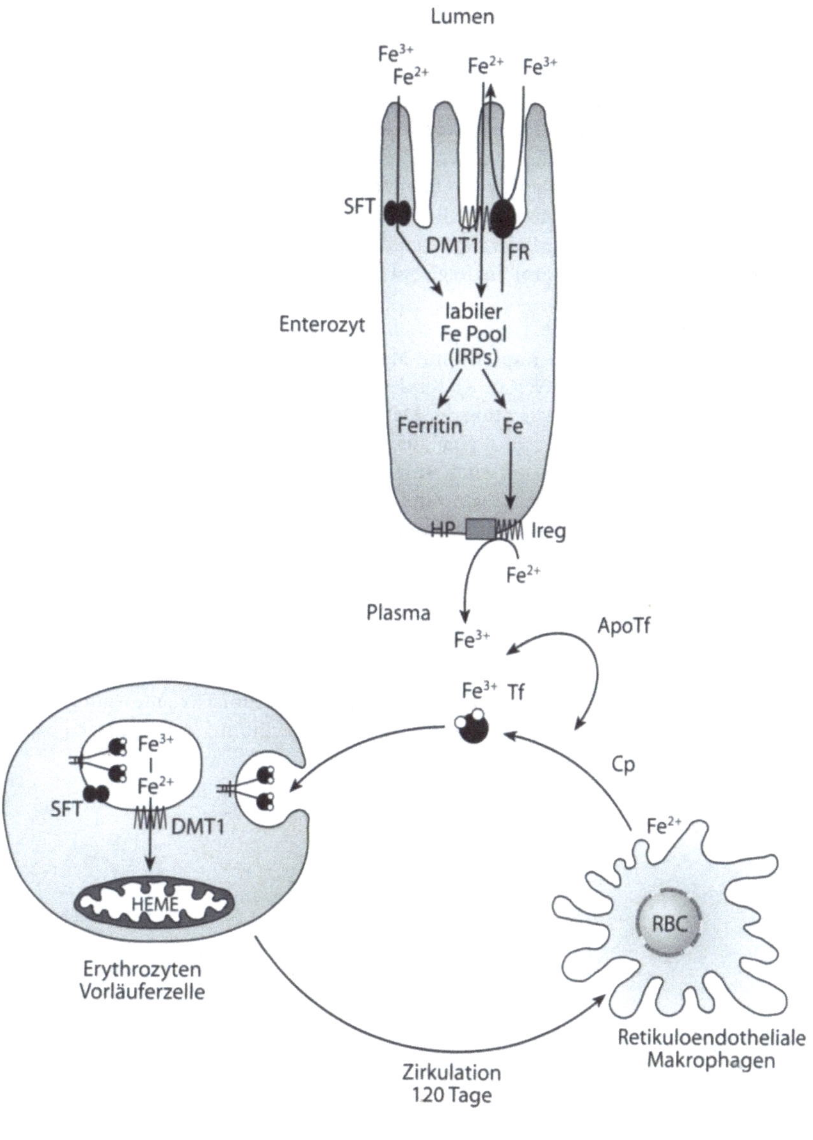

Abb. 7-12. Modell der intestinalen Eisenresorption. Nach Reduktion von Fe^{3+} zu Fe^{2+} durch eine membranständige Ferrinreduktase (FR) erfolgt zunächst die apikale Aufnahme durch DMT 1 (»divalent metal transporter 1«) und die zytosolische Bindung an Ferritin, dessen Konzentration vom Eisenbedarf bestimmt wird. Bei gefüllten Eisenspeichern wird zytosolisches Eisen an Ferritin gebunden, so an basolateraler Prozession gehindert, im Rahmen der normalen Zellabschilferung ins Lumen abgegeben. Der basolaterale Transport erfolgt mittels eines Ireg1/Feroproteins-1 (Ireg). Die basolaterale Abgabe wird durch Hephaestin (HP) beschleunigt, indem es Fe^{2+} zu Fe^{3+} reoxidiert und so die Bindung an Plasmatransferrin, einem Glykoprotein mit MG 80.000, erleichtert. Möglicherweise erhält die Mukosazelle über basolaterale Transferrinrezeptoren Informationen über den Eisenbestand des Körpers, was zur Zunnahme des in der apikalen Membran gelegenen Transportproteinen (DCT1) bei gleichzeitiger Abnahme zytosolischen Bindungsproteinen (Ferritin) und umgekehrt führt. Die Aufnahme in erythropoetische Stammzellen erfolgt über eine Transferrinrezeptor mediierte Endozytose. DMT1 überführt dann endosomales Eisen ins Zytosol, wovon es zum Einbau in Häm in die Mitochondrien gelangt. (Mod. nach [43])

cation transporter 1«), dessen mRNA in duodenalen Epithelzellen im Eisenmangel dramatisch zunimmt. Es handelt sich um einen *elektrogenen*, entlang eines Protonengradienten geriebenen, Carrier für Eisen und/oder Eisenchelate, der in Gegenwart von Ascorbinsäure auch weitere divalente Kationen (Mn, Zn, Co, Cu) zu transportieren vermag.

Im *Zytosol* erfolgt zunächst die Bindung an das große Shuttleprotein *Mobilferrin* (MG 56.000) und Paraferritin, einen großen Komplex (MG 520.000), bestehend aus *Mobilferritin, Integrin* und einer *Flavinooxygenase*. Beide stehen in Austausch mit *Ferritin*, dem eigentlichen zellulären Eisenspeicherprotein, dessen Synthese mit dem Eisengehalt der Mukosazelle eng korreliert ist, vermutlich um einer oxidativen Schädigung zellulärer Proteine durch ionisiertes Eisen entgegen zu wirken [43].

Das Ausmaß der Eisenresorption steigt mit fallendem Eisenbestand und/oder -bedarf des Organismus und umgekehrt. Das heißt, Zustände gesteigerter Erythropoese kommt es regelhaft zur Zunahme der TfR, was einen Anstieg der Eisenresorption zur Folge hat. Der Enterozyt wird folglich anhand des Transferinspiegels über den akuellen Eisenbedarf des Körpers informiert. Zweites Regulativ stellt die Höhe der mukosalen Ferritinmenge dar, die bei erhöhtem Bedarf (z. B. gesteigerter Erythropoese) abnimmt, bei einem Überangebot resorbiertes Eisen bindet und so die Abgabe an der basolateralen Seite verhindert (»*Mukosablock*«) dar. Die Abnahme der Resorptionsrate wird also über den Verlust von mukosalem Ferritin im Rahmen der physiologischen Abschilferung (Desquamation) bewerkstelligt. An der Regulation der Ferritinkonzentration und der damit verbundenen Steuerung des freien Eisenpools sind sogenannte IRP (engl. »iron response proteins«) beteiligt. Am *basolateralen* Transfer des Eisens ist ein kürzlich beschriebenes Protein, *IregI*, beteiligt [18, 26, 43].

Zink, Kupfer und Mangan

Die *Resorption* von Zink, Kupfer und Mangan findet im gesamten Dünndarm statt (s. Kap. 4). Kupfer wird außerdem im Magen resorbiert. Die Absorption der Metalle in Abhängigkeit von ihrer Konzentration weist eine duale Kinetik auf, mit einem sättigbaren, Träger-vermittelten Anteil und einer Diffusionskomponente. Die Aufnahme von Zink, Kupfer und Mangan in die Enterozyten kann über den Eisentransporter DCT1 vermittelt werden, jedoch ist derzeit nicht klar, ob es noch andere Transporter für die Metalle in der apikalen Membran der intestinalen Epithelzellen gibt.

Die Versorgung des Organismus mit Zink wird auf intestinaler Ebene durch das Protein Metallothionein geregelt. Dieses Zink-bindende Protein wird als Antwort auf eine hohe Zufuhr an Zink, Kupfer oder toxischen Schwermetallen, wie Cadmium und Quecksilber, induziert. Durch die vermehrte Bildung von Metallothionein werden die vermehrt zugeführten Metalle in der Mukosazelle gebunden und nach Abschilferung der Epithelzellen aus dem Organismus eliminiert (»Mukosablock«).

Die *Bioverfügbarkeit* der Metalle wird durch Komplexbildner der Nahrung, wie Phytate, beeinflusst. Da Zink, Kupfer und Mangan aber auch andere Metalle, wie Eisen, zwecks ihrer Aufnahme in den Organismus aber auch danach offenbar an identische oder ähnliche Strukturen binden, beeinflussen sich die Metalle auch gegenseitig in ihrer Bioverfügbarkeit [31].

Jod

Jod wird entlang des gesamten Gastrointestinaltraktes effizient resorbiert. Kropf-bildende Substanzen, sog. *Goitrogene*, kommen in Kreuzblütlern, wie Brokkoli und Kohlgemüsen vor. Sie hemmen entweder die Aufnahme von Jod in die Schilddrüse oder den Einbau in T_4. Während die Verzehrsmengen an Brokkoli und Kohlgemüse eine Beeinträchtigung der Synthese von Schilddrüsenhormonen nahezu ausschließen, kann der Verzehr an Maniok in bestimmten Populationen durchaus zu Jodmangelerscheinungen beitragen [31].

Fluor

Bis zu 90% des oral zugeführten Fluorids werden im Gastrointestinaltrakt resorbiert. Voraussetzung dafür ist die Abwesenheit hoher Konzentrationen an Kalzium oder anderen Kationen mit denen Fluorid Komplexe bilden kann. Wenn Fluorid mit Kalzium-reichen Nahrungsmitteln, wie z. B. Milch, aufgenommen wird, sinkt die Absorptionsrate auf 50–70%. Bereits ca. 40% der zugeführten Menge an Fluorid diffundieren bereits im Magen nach Protonierung des Fluorids als Flusssäure (HF) durch die Mukosa (s. Kap. 4). Im Dünndarm erfolgt die Absorption des Fluorids ebenfalls durch Diffusion, jedoch unabhängig vom pH-Wert. Die Ausscheidung des Fluorids über die Niere wird ebenso wie die Absorption im Magen maßgeblich durch den pH-Wert bestimmt. Niedrige pH-Werte des Urins begünstigen die Rückdiffusion des Fluorids in Form von Flusssäure, während hohe pH-Werte die Ausscheidung des Fluorids fördern [31].

Selen

Selen wird vorzugsweise in Verbindung mit Aminosäuren aufgenommen. Sein Resorptionskoeffizient liegt bei etwa 60%. Selenmangelzustände sind verschiedentlich in China (»Keshan disease«) in endemischen Selenmangelgebieten beschrieben worden. Die intestinale Aufnahme erfolgt – wie im Fall von Selenmethionin an Aminosäuren gekoppelt – äußerst effizient, wahrscheinlich über die verschiedenen Aminosäurentransporter. [31]

Literatur

1. Adibi SA (1997) The oligopeptide transporter (Pept-1) in human intestine: Biology and function. Gastroenterology 113:332–340
2. Alpers DH (1994) Digestion and absorption of carbohydrates and protein. In: Johnson LR (ed) Physiology of the gastrointestinal tract. Raven Press, New York, pp 1723–1749
3. Born P, Kamenisch W, Müller S, Paul F (1991) Fruktosemalabsorption – Normalisierung durch Glukosezugabe. Verdauungskrankh 9:239–241
4. Bowman BB, McCormick DB, Rosenberg H (1989) Epithelial transport of water-soluble vitamins. Annu Rev Nutr 9:187–199
5. Brandt LJ, Bernstein LH, Wagle A (1977) Production of vitamin B_{12} analogues in patients with small-bowel bacterial overgrowth. Ann Intern Med 87:546–551
6. Brasitus TA, Sitrin MD (1994) Absorption and cellular actions of vitamin D. In: Johnson LR (ed) Physiology of the gastrointestinal tract. Raven Press, New York, pp 1935–1956
7. Bronner F (1992) Current concepts of calcium absorption: an overview. J Nutr 122:641–643
8. Buller HA, Grand RJ (1990) Lactose intolerance. Annu Rev Med 41: 141–148
9. Caspary WF (1977) Biguanides and intestinal absorption. Acta Hepato Gastroenterol 24:473–480
10. Caspary WF (1983) Beeinflussung der Resorption durch Pharmaka. In: Caspary WF (Hrsg) Handbuch der inneren Medizin, Dünndarm, Bd III/3B, Springer, Berlin Heidelberg New York Tokio, S 548–570
11. Caspary WF (1986) Diarrhöa associated with carbohydrate malabsorption. Clin Gastroenterol 15:631–655
12. Caspary WF (1989) Inhibitors influencing carbohydrate absorption. In: Creutzfeldt W, Lefèbvre P (eds) Diabetes mellitus: Pathophysiology and treatment. Springer, Berlin Heidelberg New York Tokio, pp 172–191
13. Caspary WF, Stein J (1999) Resorption von Nährstoffen, Mineralien und Vitaminen. In: Caspary WF, Stein J (Hrsg) Darmkrankheiten. Springer, Berlin Heidelberg New York Tokio, S 18–34
14. Caspary WF (1999) Maldigestion und Malabsorption. In: Caspary WF, Stein J (Hrsg) Darmkrankheiten. Springer, Berlin Heidelberg New York Tokio, S 107–123
15. Caspary WF (1999) Angeborene Dünndarmkrankheiten und Kohlenhydratintoleranzen. In: Caspary WF, Stein J (Hrsg) Darmkrankheiten. Springer, Berlin Heidelberg New York Tokio, S 275–281
16. Chanarin I (1982) Disorders of vitamin absorption. Clin Gastroenterol 11:73–83
17. Charney BE, Bodurtha JN (1981) Intractable diarrhea associated with the use of sorbitol. J Pediatr 98:157–161
18. Conrad JF, Umbreit JN, Moore EG (1993) Regulation of iron absorption: proteins involved in duodenal mucosal uptake and transport. J Am Coll Nutr 12:720–728
19. Corpe CP, Burant CF, Hoekstra JH (1999) Intestinal fructose absorption: Clinical and molecular aspects. J Pediatr Gastr Nutr 28:364–374
20. Davidson NO (1999) Intestinal lipid absorption. In: Yamada T (ed) Textbook of gastroenterology. Lippincott, Philadelphia, pp 428–455
21. Earnest DL (1992) Steatorrhea and disorders of intestinal mucosal absorption. In: Winawer SJ (ed) Management of gastrointestinal diseases. Gower Med Publ, New York, pp 14.1–14.41
22. Elsenhans B, Zenker D, Caspary WF (1984) Guaran effect on rat intestinal absorption. A perfusion study. Gastroenterology 86:645–653
23. Frohnert BI, Bernlohr DA (2000) Regulation of fatty acid transporters in mammalian cells. Prog Lipid Res 39:83–107
24. Ganapathy V, Leibach FH (1999) Protein digestion and assimilation. In: Yamada T (ed) Textbook of gastroenterology. Lippincott, Philadelphia, pp 456–467
25. Gregory JF (1995) The bioavailability of folate. In: Bailey LB (ed) Folate in health and disease. Dekker, New York, pp 195–235
26. Halliday JW (1992) The regulation of iron absorption: one more piece in the puzzle? Gastroenterology 102:1071–1079
27. Harries JT (1982) Disorders of carbohydrate absorption. Clin Gastroenterol 11:17–30
28. Hildebrand P, Petrig C, Burckardt B, Ketterer S, Lengsfeld H, Fleury A et al. (1998) Hydrolysis of dietary fat by pancreatic lipase stimulates cholecystokinin release. Gastroenterology 114:123–129
29. Hofmann AF (1994) Intestinal absorption of bile acids and biliary constituents. In: Johnson LR (ed) Physiology of the gastrointestinal tract. Raven Press, New York, pp 1845–1865
30. Kumar NS, Nutting DF, St. Hilaire RJ, Mansbach CM (1998) Nutrient absorption. Curr Opin Gastroenterol 14:99–106
31. Lacey SW, Seidel RH (1999) Vitamin and mineral absorption. In: Yamada T (ed) Textbook of gastroenterology. Lippincott, Philadelphia, pp 468–484
32. Lembcke B (1999) Bakterielle Überbesiedlung des Dünndarms. In: Caspary WF, Stein J (Hrsg) Darmkrankheiten. Springer, Berlin Heidelberg New York Tokio, S 347–356
33. Madzarovova-Noheilova J (1973) Trehalase deficiency in a family. Gastroenterology 65:130–133
34. Minami H, Morse EL, Adibi SA (1992) Characteristics and mechanism of glutamine-dipeptide absorption in human intestine. Gastroenterology 103:3–11
35. Neale G (1990). B_{12} binding proteins. Gut 31:59–63
36. Newcomer AD (1992) Can diarrhea cause secondary steatorrhea? Gastroenterology 102:2163–2164
37. Newcomer AD (1992) Physiologic and diagnostic approach to diarrheal diseases. In: Winawer SJ (ed) Management of gastrointestinal diseases. Gower Med Publ, New York, pp 12.1–12.18
38. Nyhlin H, Merrick MV, Eastwood MA (1994) Bile acid malabsorption in Crohn's disease and indications for its assessment using SeHCAT. Gut 35:90–93
39. Popovic OS, Kostic KM, Milovic V, Miluodinovic-Djuric S, Miletic VD, Sesic L et al. (1987) Primary bile acid malabsorption. Histologic and immunologic study in three patients. Gastroenterology 92:1851–1858
40. Rehner G, Daniel H (1998) Der Gastrointestinaltrakt-Vermittler zwischen Außen- und Innenwelt des Organismus. In: Rehner G, Daniel H (Hrsg) Biochemie der Ernährung. Spektrum, Heidelberg, S 275–326
41. Riley SA, Marsh MN (1998) Maldigestion and malabsorption. In: Feldman M, Scharschmdt BF, Sleisenger MV (eds) Gastrointestinal and liver disease. Saunders, Philadelphia, pp 1501–1522
42. Scheich AM, Grand RJ (1999) Disorders of epithelial transport in the intestine. In: Yamada T (ed) Textbook of gastroenterology. Lippincott, Philadelphia, pp 1677– 1696
43. Schneider BD, Leibold EA (2000) Regulation of mammalian iron homeostasis. Curr Opin Clin Nutr Metab Care 3:267–273
44. Shi X, Schedl HP, Summers RM, Lambert GP, Chang R-T, Xia T et al. (1997) Fructose transport mechanisms in humans. Gastroenterology 113:1171–1179
45. Simoons JJ (1978) The geographic hypothesis and lactose malabsorption: a weighing of the evidence. Am J Dig Dis 23:963–980
46. Sitrin MD (1996) Nutritional physiology. In: Chang EB, Sitrin MD, Black DD (eds) Gastrointestinal, hepatobiliary, and nutritional physiology. Lippincott-Raven, Philadelphia, pp 121–210
47. Stein, J, Lembcke B (1992) Vitamin deficiency in chronic pancreatitis: assessment and treatment. In: Lankisch P (ed) Pancreatic enzymes in health and disease. Springer, Berlin Heidelberg New York Tokio, pp 155–165
48. Thorens B (1996) Glucose transporters in the regulation of intestinal, renal, and liver glucose fluxes. Am J Physiol 270:G541–G553
49. Traber PG (1999) Carbohydrate assimilation. In: Yamada T (ed) Textbook of gastroenterology. Lippincott, Philadelphia, pp 404–427
50. Tsuji A, Tamai I (1996) Carrier-mediated intestinal transport of drugs. Pharm Res 13:963–977
51. Wong MH, Oelkers P, Dawson, PA (1995). Identification of a mutation in the ileal sodium dependent bile acid transporter gene that abolishes transport activity. J Biol Chem 270:27228–27234
52. Wright EM, Hirayama BA, Loo DDF, Turk E, Hager K (1994) Intestinal sugar transport. In: Johnson LR (ed) Physiology of the gastrointestinal tract. Raven Press, New York, pp 1751–1772

Aminosäuren- und Proteinstoffwechsel

E. Roth, N. Manhart

Der Verlust der Muskelmasse, verbunden mit Schwäche und erhöhter Stickstoffausscheidung stand schon im 19. Jahrhundert im Zentrum der Beobachtungen bei schweren Krankheiten. Am Anfang des 19. Jahrhunderts wurde erkannt, dass eine Proteinzufuhr essenziell für die Erhaltung des Lebens ist. Hunde, die nur mit Mehl (als Kohlenhydratquelle) und Öl (als Fettquelle) ernährt wurden, starben. Erst die Ergänzung der Nahrung mit Eiern oder Käse ermöglichte eine normale Wachstumsrate. Durch die Untersuchungen von Rose und durch die Einführung der parenteralen Ernährung wurde erkannt, dass die Essenzialität in den Proteinbausteinen, den Aminosäuren, beheimatet ist. Im Nahrungsprotein liegen alle 20 Aminosäuren vor, die für die endogene Proteinsynthese benötigt werden. Aus diesem Grund sind der Protein- und Aminosäurenstoffwechsel sehr eng miteinander verbunden.

Der Proteinbestand des Körpers entspricht dem metabolisch aktiven Kompartiment der Körperzellmasse und ist für die Organfunktionen entscheidend. Entsprechend sind die kritischen Veränderungen bei Mangelernährung und Krankheiten auch im Eiweißhaushalt und im Aminosäurenstoffwechsel, den Bausteinen der Proteine, primär von Interesse. Die klinische Ernährungstherapie zielt daher auch auf eine Optimierung der Organfunktionen und somit des Aminosäuren- und Proteinhaushalts ab, während die Kohlenhydrate und Fett primär als Brennstoffe von überragender Bedeutung sind. Diese zentrale Rolle spiegelt sich auch in der regulativen Bedeutung der Aminosäuren und in den angeborenen Stoffwechselstörungen wider. Daneben besitzen gerade die Aminosäuren das Potential Krankheitsprozesse spezifisch zu beeinflussen.

8.1 Stickstoffhomöostase

Beim Erwachsenen halten sich die aufgenommene Stickstoffmenge (Stickstoffgehalt des aufgenommenen Nahrungsproteins oder der aufgenommenen Aminosäuren) und die ausgeschiedene Stickstoffmenge die Waage. Man spricht von einer ausgeglichenen Stickstoffbilanz. Die Stickstoffausscheidung in den Faeces ist gering und beträgt 2 g. Die Stickstoffausscheidung über die Haut und die Haare beträgt ebenfalls 2 g. Die Stickstoffausscheidung im Urin läuft hauptsächlich über Harnstoff. 90% des im Harn ausgeschiedenen Stickstoffs wird über Harnstoff ausgeschieden. Die restlichen 10% setzen sich aus Ammoniak, Peptiden/Proteinen, Harnsäure und anderen stickstoffhaltigen Metaboliten zusammen.

Bei einer Nahrungsproteinaufnahme von 100 g, die einer Stickstoffaufnahme von ungefähr 15 g entspricht, lässt sich deswegen eine Harnstoffstickstoffsynthese von 10 g errechnen. Multipliziert man diese 10 g mit 2,14 (errechnet aus dem prozentuellen Stickstoffanteil im Harnstoffmolekül), so kommt man zu einer täglichen Harnstoffproduktionsrate von 22 g.

Da die Harnstoffsyntheserate mit der Quantität der Aminosäureoxidation assoziiert ist, ist diese als ein rohes Maß der Aminosäureoxidation anzusehen (*Abb. 8-1*).

Ein Erwachsener mit einem Körpergewicht von 70 kg hat einen Proteinanteil von ungefähr 12 kg. Ungefähr 300 g Protein werden gemäß dem Bedarf und der Halbwertszeit täglich hydrolysiert und wieder synthetisiert.

Es gibt Proteine mit einer hohen Stabilität und einer sehr langsamen Umsatzrate (Tage) und solche mit einer sehr schnellen Umsatzrate (Stunden). Die Anzahl der körpereigenen Proteine liegt bei 50.000. Synthese und Hydrolyse dieser Proteine sind streng geregelt. Somit sind alle ernährungsphysiologischen Kenngrößen, die sich auf einen Proteinpool beziehen, wie Ganzkörperproteinsynthese, intestinales Protein usw., fiktive Größen, die nichts über die Regulation einzelner Proteine aussagen. Es ist klar, dass jedes pathophysiologische Zustandsbild durch eine unterschiedliche Zusammensetzung der 50.000 Körperproteine charakterisiert ist. Die Synthese der Proteine erfolgt aus den im Körper vorliegenden freien Aminosäuren. Gespeist wird dieser freie Aminosäurepool aus dem Nahrungsprotein (ungefähr 100 g/24 h), aus dem in den Verdauungstrakt sekretierten körpereigenen Protein (ungefähr 70 g/24 h) sowie aus dem Protein, das aus dem intrazellulären Proteinumsatz stammt (ungefähr 230 g/24 h).

8.2 Regulation des Proteinumsatzes

8.2.1 Aminosäurenpool

Die Menge der freien Aminosäuren im Körper beträgt ungefähr 120 g. Der größte Anteil der freien Aminosäuren liegt intrazellulär vor (115 g). Im Extrazellulärraum befinden sich 8 g freie Aminosäuren, wohingegen nur 1 g an freien Aminosäuren im Plasma messbar ist.

Bei einer täglichen Proteinumsatzrate von 300 g heisst das, dass sich der Plasmapool an freien Aminosäuren ungefähr 300-mal/24 h umsetzt (*Tabelle 8-1*).

Da das Verhältnis der Konzentrationen der freien intrazellulären Aminosäuren nicht dem Aminosäurenverhältnis in den Proteinen entspricht, müssen die Aminosäuren intrazellulär im Intermediärstoffwechsel umgesetzt werden. Die Konzentrationen der freien Aminosäuren sind von Gewebe zu Gewebe unterschiedlich.

Die Aminosäure mit der höchsten intrazellulären Konzentration im Skelettmuskel ist *Glutamin*, das ungefähr einen 50% Anteil an allen freien Aminosäuren im Skelettmuskel ausmacht.

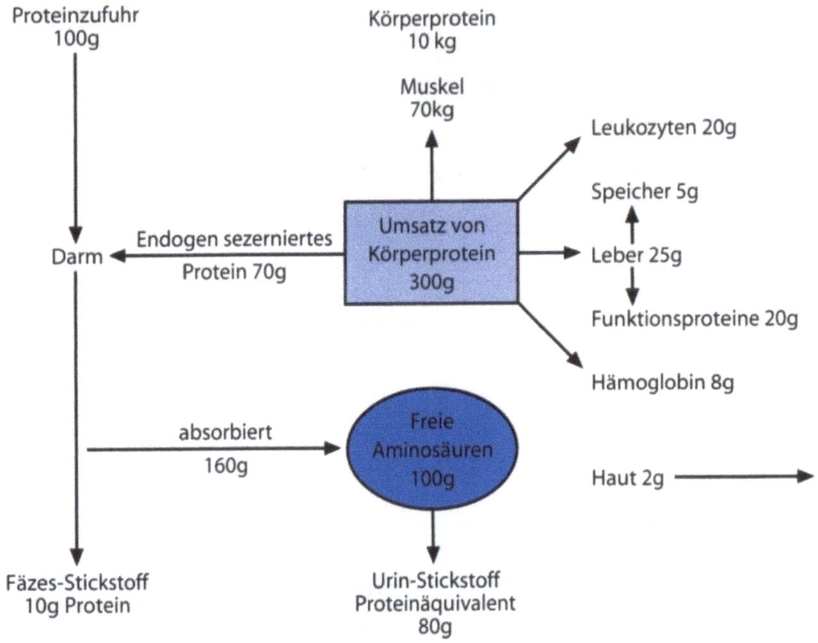

Abb. 8-1. Der tägliche Eiweißumsatz. (Mod. nach [11]).

Da der Anteil des Glutamins am Skelettmuskelprotein nur 6% beträgt, sieht man, dass Glutamin intrazellulär aus anderen Aminosäuren gebildet werden muss. In ähnlicher Weise ist auch die intrazelluläre Konzentration von Alanin wesentlich höher als der Alaninanteil des Skelettmuskelproteins. Die Erklärung für die Ausrichtung des muskulären Aminosäurestoffwechsels in Richtung Glutamin und Alanin liefert der Intermediärstoffwechsel und der Interorganstoffwechsel.

8.2.2 Proteinbiosynthese

In der Proteinbiosynthese wird der Nukleinsäurecode in eine Sequenz von Aminosäuren übersetzt. Dieser Übersetzungsvorgang wird als Translation bezeichnet. Eine erfolgreiche Translation bedarf der Ribonukleoproteinpartikeln, der Ribosomen, weiters einer messenger-RNA, an der die Aminosäuresequenz abgelesen wird, und der an transfer-RNA-gebundenen Aminosäuren. Außerdem braucht man zytosolische Proteinfaktoren, sowie ATP und GTP in geeigneten Konzentrationen.

Es wäre zu weit ausgeholt, in diesem Kapitel näher auf die Biochemie der Translation einzugehen, da darüber eine Vielzahl an einschlägigen Lehrbüchern vorliegt. Aus diesem Grund sollen hier die Möglichkeiten der Veränderung der Effektivität der Translation im Zusammenhang mit dem klinischen Eiweißkatabolismus dargestellt werden. Die Translation ist abhängig von der Anwesenheit einer Reihe von Faktoren wie den Kofaktoren GTP und ATP, und von Faktoren, die die Initiation, die Elongation oder die Termination der Proteinbiosynthese beeinflussen. Der erste Schritt der Translation erfordert die Bildung eines ternären Komplexes, bestehend aus dem eukaryotischen Initiationsfaktor-2 (eIF-2), GTP und einer methionierten t-RNA (met-$tRNA_1^{met}$). Die Regulation der Bildung dieses Komplexes ist abhängig von der Aktivität und der vorhandenen Menge an eIF-2.

Das septische Krankheitsbild ist ein gutes Beispiel, dass die Proteinsynthese organspezifisch reguliert wird. Sepsis führt in der Leber sowohl zu einem Anstieg der Ribosomen als auch zu einem Anstieg der Effektivität der Translation, wobei sowohl die Initiation als auch die Elongation stimuliert sind. Im Gegensatz dazu scheint die Sepsis im Skelettmuskel nicht das Profil der Ribosomen, sehr wohl aber die Effektivität der Translation zu verringern, ohne hier die Elongation zu beeinflussen. So kommt es im Skelettmuskel zu einer verringerten Konzentration der beiden Untereinheiten des Initiationsfaktors e-1F2, nämlich der β- und ε-Untereinheit. In der Leber ist die Proteinsynthese proportional zur Menge an vorhandenem eIF-2. In zweiter Linie kann die Effektivität von eIF-2 durch einen anderen Initiationsfaktor, nämlich durch eIF-2B, geregelt werden. eIF-2B ist ein Guanin-Nukleotid-Austauschfaktor, der für das Recycling von an eIF-2 gebundene GDP zu freiem GPT verantwortlich ist (*Tabelle 8-2*).

Durch eine verringerte Aktivität von eIF-2B reduziert sich die Verfügbarkeit von GTP und damit die Bildung des ternären Komplexes. Eine verringerte Aktivität von eIF-2B wird in »Fast-twitch«-Skelettmuskeln von fastenden und diabetischen Ratten festgestellt. Die Aktivität des eIF-2B wird auch durch den Phosphorylierungszustand der α-Einheit von eIF-2 reguliert. Die Phosphorylierung des eIF-2 (eIF-2αP) erhöht dessen Affinität zu eIF-2B, wodurch es zur Bildung eines sehr stabilen eIF-2αP-eIF-2B-Komplexes kommt. Diese Komplex-

Tabelle 8-1. Protein- und Aminosäurenpool im menschlichen Organismus. (Mod. nach [3])

Proteingehalt[a]	12.000 g
Proteinumsatzrate	300 g
Gesamtpool an freien AS	125 g
fAS Menge im IZ Raum	115 g
fAS Menge im EZ Raum	8 g
fAS Menge im Blutplasma	1 g

[a] Bezogen auf einen Erwachsenen mit einem Körpergewicht von 70 kg; fAS freie Aminosäuren, IZ Intrazellularraum, EZ Extrazellularraum.

Tabelle 8-2. Eukaryote Initiations- Elongations- und Terminationsfaktoren der Proteinbiosynthese. (Mod. nach [13])

Faktor	Funktion
Initiationsfaktoren	
eIF-I	Bindung der mRNA an das Ribosom
eIF-2	Transfer von Starter-Aminoacyl-tRNA auf die kleine ribosomale Untereinheit
eIF-2B	Guaninnucleotid-Exchange-Protein für eIF-2
eIF-3	Bindung der kleinen ribosomalen Untereinheit an eIF-2-Aminoacyl $tRNA_i^{met}$
eIF-4	Bindung der Kopfgruppe der mRNA
eIF-5	Assemblierung des vollständigen Ribosoms während der Initiation
Elongationsfaktoren	
eEF-Iα	Transfer von Aminoacyl-tRNA auf die Aminoacylstelle des Ribosoms
eEF-Iβ	Guaninnucleotid-Exchange-Protein für eEF-1α
eEF-2	Translokation der Peptidyl-tRNA mit der mRNA auf die Peptidylstelle des Ribosoms
Terminationsfaktoren	
ERF	Freisetzungsfaktor (»release factor«)

bildung verhindert das Recycling von gebundenem GDP zu freiem GTP.

Betrachtet man nun die Konzentration dieser beiden Initiationsfaktoren in der Sepsis, so sieht man, dass im Skelettmuskel in der Sepsis weder die Menge an eIF-2 noch der Phosphorylierungsgrad der α-Untereinheit von e-1F2 verändert ist. Allerdings ist die Aktivität des e-IF2B in »Fast-twitch«-Muskeln signifikant reduziert, während in den »Slow-twitch«-Muskeln kein Unterschied festgestellt wird. In der Leber hingegen (erhöhte Proteinbiosynthese) kommt es zu einem Konzentrationsanstieg des e-IF-2 um 85%. Außerdem bewirkt eine Sepsis eine Verlagerung von nicht-polysomaler zu polysomaler eIF-2α-mRNA. Fast 50% der nicht-polysomalen eIF-2α-mRNA wird bei Sepsis in die Polysomen rekrutiert, was zu einer Effizienzsteigerung der Translation in der Leber führt. Diese Verlagerung zu einem erhöhten Anteil an Polysomen wird nicht bei der m-RNA von β-Aktin gefunden, was als spezifische Beeinflussung der Initiation gesehen werden kann.

Inwieweit hormonelle Veränderungen oder spezifische Interleukinfreisetzungen für die gegenseitige Regulation der Proteinsynthese im Skelettmuskel oder der Leber verantwortlich sind, ist nicht bekannt. Es ist noch erwähnenswert, dass die Proteinsynthese der »Slow-twitch«-Muskeln (Herz, Soleus) in der hyperdynamen Sepsis unbeeinflusst bleibt.

8.2.3 Proteinhydrolyse

> Es gibt 4 bekannte Proteasensysteme: Ein zytosolisches System, das ATP- und ubiquitinabhängig ist (A), ein lysosomales System mit Proteasen, deren Aktivität im sauren Milieu liegt (B), ein System mit Kalzium- aktivierten Proteasen (C) und ein zytosolisches, proteolytisches System, deren Proteasen den 3 anderen Systemen nicht zuzuordnen sind (D).

- Das System A baut hauptsächlich kurzkettige Proteine ab, die kovalent an einem Multienzymkomplex mit Proteasomen gebunden werden. Es tritt hauptsächlich bei Denervation, bei langandauerndem Fasten und für myofibrilläre Komponenten in Erscheinung. Die Auswahl der abzubauenden Proteine erfolgt offenbar gemäß ihrer N-terminalen Struktur.
- Das lysosomale System B mit sauren Proteasen (v. a. Kathepsine) baut endozytotische Proteine, Membranbruchstücke und einige zytosolische Proteine ab. Dieses System wird durch Glukose- und Insulinmangel stimuliert und durch Aminosäuren und schwache Basen inhibiert.
- Das System C besteht aus den Kalzium-aktivierten Proteasen Calpain I und II, die für die Muskeldystrophie und die Reparatur von Muskelverletzungen verantwortlich sind.
- Das System D ist weder von Kalzium, noch von ATP abhängig und ist auch nicht in Lysosomen lokalisiert (*Tabelle 8-3*).

Die ausgereiftesten Untersuchungen über die Bedeutung dieser Proteasensysteme im Eiweißkatabolismus wurden bei metabolischer Azidose durchgeführt. Eine Azidose stimuliert das ATP-abhängige, nicht lysosomale proteolytische System. Es kommt durch die Azidose zu einem 2,5- bis 4fachen Anstieg der m-RNA von Ubiquitin im Skelettmuskel, der von einer gleich hohen Stimulation der m-RNA -Bildung der C2- und C3-Proteasomenuntereinheit geprägt ist. Hingegen hat die Azidose keinen Einfluss auf die lysosomalen Proteasen oder die Kalzium-abhängigen Proteasen. Wesentlich uneinheitlicher ist das Bild im septischen Zustandsbild oder nach der Verabreichung von Endotoxin. Für die lysosomalen Proteasen werden sowohl erhöhte als auch normale Aktivitäten der Kathepsine angeführt.

> Von Bedeutung dürften bei der Sepsis v. a. die Ca-abhängigen Proteasen sein. Ein erhöhter Kalziumeinstrom in die Zelle ist bei Sepsis (und Hypoxie) bekannt.

Tabelle 8-3. Proteasensysteme

Proteasen	Kofaktoren	Zielprotein	Aktivierung
Zytosolisches Proteasensystem	ATP/ubiquitinunabhängig	Kurzkettige Proteine	Sepsis, Azidose
Lysosomales Proteasensystem	Saure Proteasen	Endozytotische Proteine, Membranbruchstücke, einige zytosolische Proteine	Uneinheitliches Bild bei Sepsis
Proteasensystem	Kalziumabhängig	Muskeldystrophie, Muskelverletzung	Sepsis

Es kommt bei Sepsis offenbar zu einem hyperfunktionellen Ca-Kanal, der durch Diltiazem regulierbar ist. Eine Hemmung dieses Kanals mittels Diltiazem verhindert, die Gabe eines Ionophors wie Ionomycin stimuliert den Ca-Einfluss in die Zelle und damit die Proteolyse des Skelettmuskels. Die Mechanismen, die für die Stimulierung des Ca-Einflusses bei Sepsis verantwortlich sind, liegen noch im Dunkeln. Obwohl bekannt ist, dass Interleukine wie TNF-α, IL-1 oder IL-6 die katabole Reaktion des Skelettmuskels stimulieren, ist ein Einfluss dieser Zytokine auf den Ca-Stofftwechsel noch nicht geklärt. Eine Verabreichung von IL-6 induziert eine Proteolyse und aktiviert intrazelluläre Proteasen, wie die Kathepsine B und L, als auch die 26-S- und 20-S-Proteasomenuntereinheiten. Ein monoklonaler Antikörper gegen den IL-6-Rezeptor ist in der Lage, eine Muskelatrophie zu verhindern. Allerdings gibt es auch Daten, die zeigen, dass ähnlich wie in der Azidose, bei der Sepsis auch der Ubiquitin-Proteasomen-Stoffwechselweg aktiviert ist.

8.3 Regulation des Aminosäurenstoffwechsels

8.3.1 Chemie der Aminosäuren (s. Kap. 5)

Im menschlichen Körper gibt es ungefähr 300 Verbindungen, die eine Säure- und eine Aminogruppe beinhalten, die also der chemischen Definition nach Aminosäuren sind. Ernährungsphysiologisch sind v. a. die 20 α-Amino-α-Carboxylsäuren, die der Proteinsynthese dienen, von Bedeutung. Diese 20 Aminosäuren unterscheiden sich in der Zusammensetzung ihrer Seitenketten, die jeder der Aminosäuren eine spezifische Form und Größe gibt. Aufgrund der unterschiedlichen Zusammensetzung unterscheiden sich die Aminosäuren in ihrem Löslichkeitsverhalten und ihrer elektrischen Mobilität. Räumlich gesehen sind 4 unterschiedliche funktionelle Gruppen um ein zentrales Kohlenstoffatom herum angeordnet: Die Aminogruppe, die Karboxylgruppe, eine Seitenkette und ein Wasserstoffatom. Diese Konformation entspricht einem chiralen Zentrum, wo es räumlich gesehen zu 2 nicht deckungsgleichen aber spiegelbildlichen Molekülkonformationen (»Stereoisomeren«) kommt. Von den Aminosäurenisomeren bedeutet D- (für lat. dexter, rechts) ein rechtsdrehendes und L- (für lat. laevus, links) ein linksdrehendes Isomer. Mit der Ausnahme von Glyzin, das kein chirales Zentrum hat, gibt es für alle Aminosäuren ein D- bzw. L-Isomer.

In Proteinen und Peptiden liegen die Aminosäuren nahezu exklusiv in der L-Form vor, D-Aminosäuren kommen vereinzelt in bakteriellen Proteinen und Peptiden vor. Die in der Nomenklatur häufig als R bezeichneten Seitenketten der Aminosäuren können enzymatisch oder nichtenzymatisch modifiziert werden. Solche Modifizierungen treten ko- oder posttranslational auf. Posttranslationale Modifizierungen betreffen die Methylierung von Lysyl- oder Histidylresten, die Hydroxylierung von Prolyl- und Lysylresten, die Phosphorylierung von Serylresten oder die Karboxylierung von Glutamylresten.

Diese posttranslationalen Modifizierungen von R-Gruppen beeinflussen die strukturellen und funktionellen Eigenschaften von Proteinen. Aminosäuren liegen in Abhängigkeit vom pH des umgebenden Milieus in unterschiedlichen Ladungszuständen vor. Diese Ladungszustände sind abhängig von der Art und Anzahl der funktionellen Gruppen, die in der Lage sind, mit dem Hydroniumion zu reagieren oder dieses auszutauschen. Aus diesem Grund ist es möglich, für jede Aminosäure Titrationskurven aufzustellen, die darlegen, in welcher elektrostatischen Form bei einem gegebenen pH die Aminosäure vorliegt.

Beispielhaft seien die Kennzahlen der Titrationskurve der Aminosäure Alanin dargestellt. Alanin hat 2 titrierbare Gruppen. Bei einem niedrigen pH (d. h. bei einer hohen Konzentration an Hydroniumionen) ist sowohl die Aminogruppe als auch die Carboxylgruppe protoniert, d. h. das Molekül liegt in positiv geladener Form vor. Fügt man nun eine Lauge hinzu, so verliert zuerst die Karboxylgruppe und dann die Aminogruppe ihre Protonen. In der Mitte dieses Titrationsvorganges, wenn die Karboxylgruppe unprotoniert und negativ geladen vorliegt, ist die Aminogruppe noch protoniert und positiv geladen, sodass das Molekül nun in neutraler Form vorliegt. Durch weiteres Hinzufügen von Lauge verliert die Aminogruppe ihr Hydroniumion und ihre positive Ladung, und Alanin liegt nun negativ geladen vor.

8.3.2 Intermediärstoffwechsel der Aminosäuren

Der Intermediärstoffwechsel der Aminosäuren hat die Aufgabe gemäß dem physiologischen oder pathophysiologischen Bedarf Aminosäuren ineinander umzuwandeln. Aminosäuren sind nicht nur die Bestandteile der Proteine, sondern sie dienen der Synthese anderer Metaboliten, bzw. können auch oxidativ verwertet werden. Das Kohlenstoffgerüst von 9 Aminosäuren kann nicht im Körper synthetisiert werden (essenzielle Aminosäuren), hingegen können die anderen 11 aus endogenen Metaboliten synthetisiert werden (nicht essenzielle Aminosäuren). 2 Aminosäuren, nämlich Tyrosin und Cystein, können nur aus ihren essenziellen Vorstufen synthetisiert werden und gelten deswegen als halbessenziell. Außerdem gibt es pathophysiologische Situationen, in denen die Zufuhr gewisser Aminosäuren als essenziell betrachtet wird.

Die Erhaltung der Aminosäurenhomöostase bedarf somit der Zufuhr von entsprechenden Mengen an essenziellen Aminosäuren und von unspezifischem Stickstoff. Der größte Teil des Stickstoffs zur Synthese der nichtessenziellen Aminosäuren kommt wiederum aus den α-Aminogruppen der Aminosäuren, da der Körper nur eine limitierte Potenz hat, anorganischen Stickstoff (NH_3 und NH_4^+) in Aminosäuren einzubauen.

Die essenziellen Aminosäuren sind Isoleuzin, Leuzin, Valin, Threonin, Phenylalanin, Tryptophan, Methionin, Histidin und Lysin. Als halbessenziell gelten, wie bereits erwähnt, Tyrosin und Cystein, da sie nur aus ihren Vorstufen Phenylalanin und Methionin synthetisiert werden können. Üblicherweise werden die nichtessenziellen Aminosäuren aus ihren Keto- oder Hydroxylsäureanaloga hergestellt. Für die Übertragung der Aminogruppe auf dieses Kohlenstoffgerüst gibt es nun eine Reihe von Möglichkeiten. Die Übertragung einer α-Aminogruppe von einem Kohlenstoffgerüst auf ein anderes erfolgt mittels Transaminierung, die dafür zuständigen Enzyme heißen Aminotranferasen.

Die am häufigsten verwendete Transaminasenreaktion ist die Transaminierung der Aminogruppe von Glutamat auf eine Ketosäure, wodurch die korrespondierende Aminosäure und

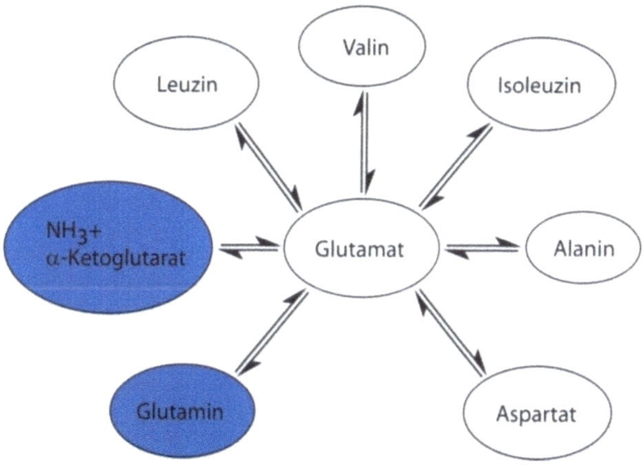

Abb. 8-2. Glutamat steht im Zentrum des Intermediärstoffwechsels, da es mit vielen Aminosäuren eine reversible Transaminierung eingeht. (Mod. nach [10])

α-Ketoglutarat entstehen. Auf diese Weise werden im Gewebe die Aminosäuren Alanin, Aspartat, Glutamat, Tyrosin, Serin, Valin, Isoleuzin und Leuzin transaminiert. Für die Aminosäuren Histidin, Phenylalanin, Methionin, Cystein, Glutamin, Asparagin und Glyzin ist auch eine Transaminierungsreaktion möglich, aber in der Regel unterliegen diese Aminosäuren einer anderen Metabolisierung. Hingegen werden die Aminosäuren Threonin, Lysin, Prolin, Tryptophan und Arginin nicht transaminiert. Es sei darauf hingewiesen, dass α-Ketoglutarat der wichtigste Aminogruppenakzeptor ist, was bedeutet, dass die meisten Aminosäuren über Glutamat (und im Interorganstoffwechsel in Folge über Glutamin) katabolisiert werden (*Abb. 8-2*).

Die Deaminierung ermöglicht direkt die Freisetzung von Ammoniak und die Bildung der α-Ketosäure. Auch diese Reaktion läuft hauptsächlich über Glutamat und die Glutamatdehydrogenase, ein mitochondriales Enzym, das in hoher Aktivität in der Niere, in der Leber und im Gehirn vorkommt. Der gebildete Ammoniak wird in den einzelnen Geweben unterschiedlich weitermetabolisiert. In der Niere dient er der Bildung des Ammoniumions, das im Urin ausgeschieden wird. In der Leber wird Ammoniak zu Harnstoff umgewandelt und im Hirn dient der Ammoniak zur Glutaminsynthese. Freier Ammoniak kann auch aus Histidin, Methionin, Glyzin, Serin und Threonin gebildet werden. Glutamin und Asparagin enthalten Karboxamidgruppen, deren Amidstickstoff mittels Glutaminase oder Asparaginase freigesetzt wird. Die Hydrolyse von Glutamin zu Glutamat und Ammoniak wird durch die phosphatabhängige mitochondriale Glutaminase katalysiert. Aus der enzymatischen Situation des Intermediäraminosäurestoffwechsels ist zu erkennen, dass den Aminosäuren Glutamat und Glutamin sowie deren Ketosäure, α-Ketoglutarsäure, eine zentrale Rolle zukommt.

> Der Körper ist in der Lage, über die *Aminosäurenoxidation*, einen beträchtlichen Teil des Energiebedarfs zu decken. Berechnungen haben ergeben, dass durch die komplette Oxidation von 1 g Fleischprotein 195 mmol ATP entstehen, was einer durchschnittlichen ATP-Bildung von 21,5 mol ATP/mol Aminosäure entspricht. 35% dieser ATP-Produktion kommen aus der Aminosäurenoxidation im Skelettmuskel und im Dünndarm, 60% aus der Oxidation der glukoneogenetisch gebildeten Glukose und 5% aus der Oxidation von Azetoazetat.

8.3.3 Interorganstoffwechsel der Aminosäuren

Beim Interorganstofftwechsel wird zwischen der postprandialen Phase (unmittelbar nach Nahrungsaufnahme) und der postabsorptiven Phase (12 h nach Nahrungsaufnahme) sowie der Phase einer verlängerten Nahrungskarenz bzw. eines durch Krankheit bedingten Eiweißkatabolismus unterschieden. Eine Nahrungsaufnahme bewirkt beim Erwachsenen einen verringerten Proteinabbau (beim wachsenden Kind auch eine erhöhte Proteinsynthese), sodass es zu einer Nettoakkumulation von Protein kommt.

Die im Gastrointestinaltrakt aus den Proteinen hydrolysierten Aminosäuren werden teilweise direkt im Darm verstoffwechselt (v. a. Glutamin), dann in der Leber für die Proteinsynthese und die Harnstoffbildung verwendet bzw. weiter an die anderen Organe, und hier in erster Linie an den Skelettmuskel, geliefert. Vom Skelettmuskel werden v. a. die verzweigtkettigen Aminosäuren Valin, Leuzin und Isoleuzin, sowie Glutamat aufgenommen (*Abb. 8-3*).

Ganz anders ist die Situation im postabsorptiven Zustand, bei längerer Nahrungskarenz und im klinischen Eiweißkatabolismus (Sepsis, nach Operationen/Traumata/Verbrennungen). Hier kommt es zu einer vermehrten Freisetzung von Glutamin und Alanin aus dem Skelettmuskel. Glutamin wird hauptsächlich vom Darm (Stimulation des Wachstums der Mukosazellen), den Immunzellen (DNA-Synthese) und der Niere (zur Pufferung saurer Valenzen) aufgenommen. Alanin dient in der Leber der Synthese von Glukose und somit der Aufrechterhaltung des Glukosespiegels für glukoseabhängige Organe (ZNS, Blutzellen) sowie für die Sicherstellung der Wundheilung. Außerdem werden die vom Skelettmuskel freigesetzten Aminosäuren in der Leber zur Synthese der Akutphaseproteine verwendet, die die Immunantwort verstärken.

> In anderen Worten, im Hungerzustand oder im klinischen Eiweißkatabolismus, dient das Protein des Skelettmuskels der Aufrechterhaltung der Stickstoff- und Energiehomöostase und ist somit der Infusionsflasche des Kranken vergleichbar.

Das Kohlenstoffgerüst der Aminosäuren wird entweder in den Zitronensäurezyklus eingebracht und in weiterer Folge oxidiert oder (bei glukoneogenetischen Aminosäuren) in Glukose eingeführt. Die Aminogruppen der glukoneogenetischen Aminosäuren werden im Harnstoffzyklus metabolisiert und der Harnstoff im Urin ausgeschieden. Daraus ist zu erkennen, dass Glukoneogenese und Harnstoffzyklus eng zusammenarbeiten (*Abb. 8-4*).

8.4 Aminosäuren als Zellregulatoren

Neue Forschungsergebnisse zeigen, dass viele Nahrungsbestandteile neben ihrer primären Aufgabe, die Energie- und Stickstoff(Protein)homöostase des Körpers sicherzustellen, eine Rolle als Zellmediatoren haben. In dieser Funktion wirken Nahrungsbestandteile immunregulierend, haben einen

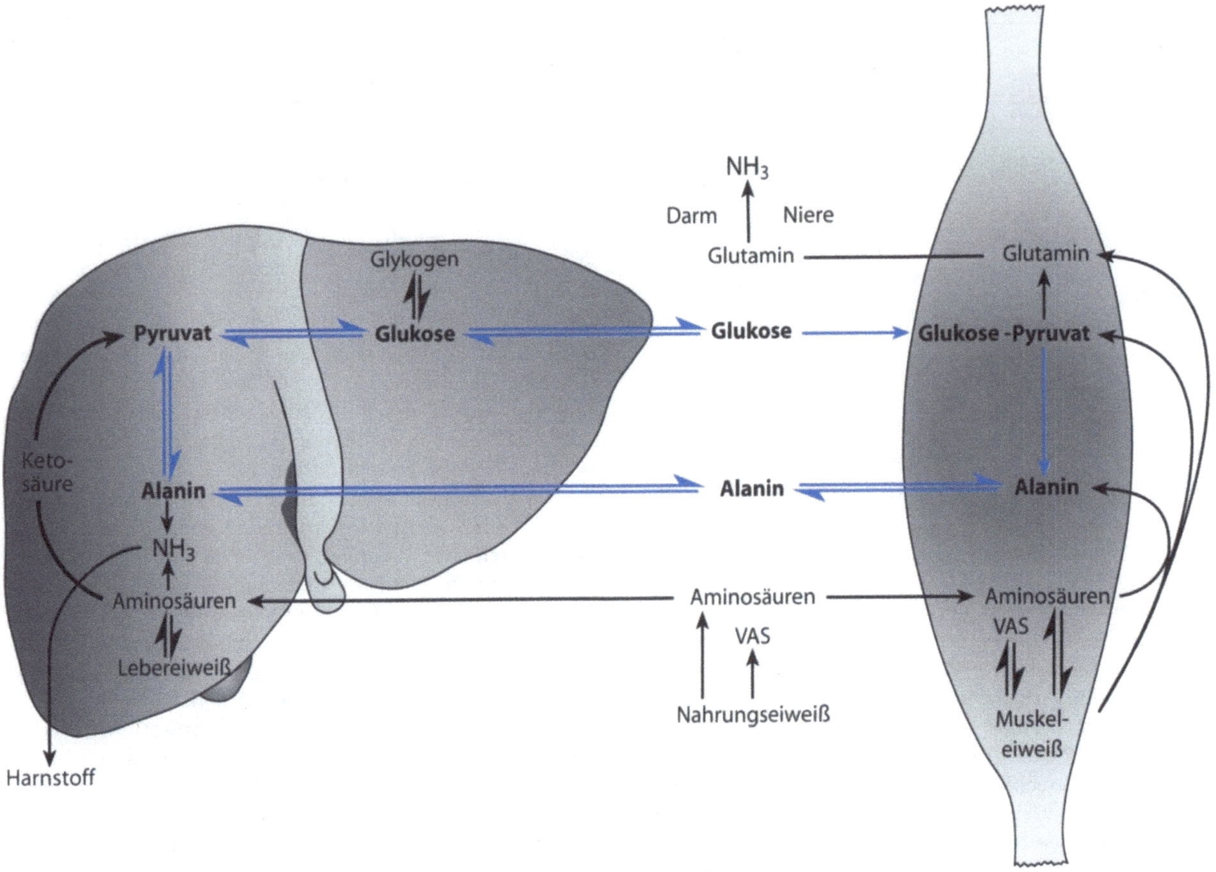

Abb. 8-3. Kohlenhydrat-Protein-Austausch zwischen Muskulatur und Leber (*VAS* verzweigtkettige Aminosäuren). (Mod nach [8])

Einfluss auf das Kreislaufsystem und beeinflussen Zellgröße, Zellproliferation und Zelltod.

Diese Erkenntnisse lassen die Substratzufuhr im Bereich der klinischen Ernährung in einem neuen Licht erscheinen, machen aber auch den Weg für neue Produkte am Lebensmittelsektor frei, wo Nahrungsbestandteilen neue physiologische Funktionen (»functional food«) zugeschrieben werden. Eine zellmodulierende Wirkung wurde bis jetzt für die Aminosäuren Glutamin, Arginin, Glyzin Cystein, Taurin, Tryptophan sowie für die verzweigtkettigen Aminosäuren (Valin, Leuzin, Isoleuzin) postuliert. Im amerikanischen Sprachgebrauch werden diese Aminosäuren auch als »key-nutrients« bezeichnet. Im Folgenden sollen zellregulative Eigenschaften dieser Aminosäuren dargestellt werden.

8.4.1 Aminosäuren als Regulatoren des Zellvolumens

Die Vitalität der Zelle ist abhängig von Substraten, die sie für Synthesevorgänge braucht. Eine zu grosse Aufnahme von Substraten würde zu einer kontinuierlichen Zellschwellung und somit zum Tod der Zelle führen. Aus diesem Grunde hat die Zelle verschiedene Systeme, mit Hilfe derer sie die Zellgröße konstant hält. Hier sind v. a. die Na^+-K^+-ATPase, der Na-K-2C1-Kotransport, der Na^+-H^+-Antiport und die Barium-abhängigen K^+-Kanäle zu nennen.

In jüngster Zeit hat sich gezeigt, dass das Zellvolumen ein wichtiger Regulationsmechanismus für eine Reihe von anabolen und katabolen Prozessen ist.

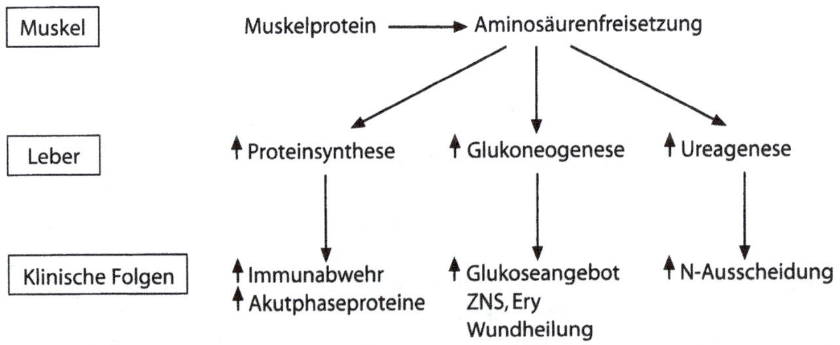

Abb. 8-4. Der Skelettmuskel als Aminosäurespeicher im eiweißkatabolen Zustand

> Eine Zellschwellung in der Größenordnung von 10% ist für die Zelle ein anaboles Signal, wohingegen eine Schrumpfung (um 10%) die Zelle in katabole Stoffwechselwege führt.

Anabole Hormone wie das Insulin bringen die Zelle zum Schwellen, indem sie durch Aktivierung des Na^+-H^+-Antiports, des Na-K-2C1-Kotransports und der Na^+-K^+-ATPase die intrazelluläre Konzentration von Na^+, K^+ und Cl^- anheben. Im Gegensatz dazu bewirkt Glukagon eine Stimulierung des Barium-stimulierbaren K^+-Kanals und somit eine geringere intrazelluläre K^+-Konzentration und ein Schrumpfen der Zelle.

Auch andere Hormone, wie Adenosin, α-adrenerge Agonisten, Vasopressin, Bradykinin und Serotonin bewirken eine Zellschwellung, wohingegen ein oxidativer Stress über eine Erhöhung des intrazellulären Ca^{2+} oder durch eine Oxidation von wichtigen SH-Gruppen eine Öffnung der K^+-Kanäle bewirkt. Eine Zellschrumpfung kann auch durch eine verringerte Aktivität des Aminosäure-Kotransports, des Na^+-H^+-Antiports oder des Na-K-2C1-Kotransports sowie durch Änderung des Transmembranpotentials und durch eine Öffnung der K^+-Kanäle unter dem Einfluss von Ernährung, Zytokinen, katabolen Hormonen, Sauerstoffradikalen und anderen Inflammationsmediatoren eintreten. Eine Sepsis und auch die Gabe des TNF-α führen zu einer Verringerung des Membranpotentials und des Transmembrangradienten von Na^+.

Doch nicht nur Hormone, auch Aminosäuren bewirken eine Veränderung des Zellvolumens. Die Infusion von Glutamin in der perfundierten Rattenleber führt bereits innerhalb von 2 min zu einer Vergrößerung des Zellvolumens. In der Leber inhibiert eine Zellschwellung einen Abbau von Glykogen, Glukose, RNA und Protein. Aminosäuren beeinflussen somit die Zellgröße und regulieren auf diesem Weg die Eiweißhomöostase der Zelle (*Abb. 8-5*).

8.4.2 Aminosäuren als Immunregulatoren

Arginin, Glutamin, Glyzin sowie Cystein und Taurin sind Aminosäuren mit immunregulierenden Funktionen in vielen pathophysiologischen Abläufen und besitzen somit eine potenzielle therapeutische Eignung.

Die erste Aminosäure, die als immunregulierend beschrieben wurde, ist die Aminosäure Arginin.

> *Arginin* ist ein wichtiges Zwischenprodukt des Harnstoffzyklus, es ist an der Synthese der Polyamine beteiligt, die wiederum bei der Zellteilung, der DNA-Synthese, der Regulation des Zellzyklus und somit auch bei der Lymphozytenproliferation eine Rolle spielen.
> Die Gabe von Arginin erhöht das Thymusgewicht, die Lymphozytenzahl und -proliferation, die zytolytische Kapazität von Makrophagen und NK-Zellen und die Bildung von Interleukin-1 in Lymphozyten.
> Arginin ist außerdem der wichtigste endogene Ausgangsmetabolit für das Stickoxid (NO).

Da dieses eine Reihe von regulatorischen Fähigkeiten hat, ist verständlich, dass eine Arginingabe sowohl immunmodulierende Eigenschaften als auch hämodynamische Wirkungen entfaltet.

Glutamin ist die am häufigsten vorkommende freie Aminosäure des Körpers. Im Postaggressionszustand ist der Glutamintransport vom Skelettmuskel zum Splanchnikus und zu den Blutzellen vermehrt, wobei gleichzeitig die intrazellulären Glutaminkonzentrationen im Skelettmuskel drastisch absinken.

> Glutamin hat eine Reihe von Mediatorfunktionen. Es ist ein essenzielles Substrat für die Proliferation aller Zellen in Zellkultur und eine wichtige Vorstufe für die Bildung von Purinen, Pyrimidinen und Phospholipiden.

Ein Glutaminmangel verringert die Proliferation von Lymphozyten nach Mitogenstimulation durch eine Blockierung des Zellzyklus in der G_0-G_1-Phase. Außerdem verhindert ein Glutaminmangel die späte Lymphozytenaktivierung. Bei Monozyten bewirkt ein Glutaminmangel eine Minderexpression verschiedener Oberflächenmarker und beeinträchtigt die Antigenpräsentation sowie die Phagozytosekapazität. Darüber hinaus ist Glutamin eine wichtige Vorstufe für die Synthese von Glutathion und stimuliert die Bildung von »heat-shock«-Proteinen, möglicherweise über eine Regulation des Zellvolumens (*Tabelle 8-4*).

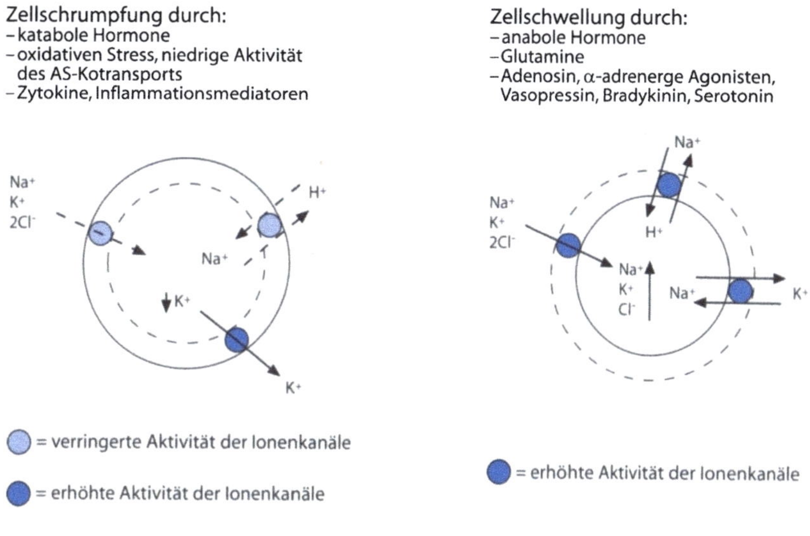

Abb. 8-5. Regulation der Zellgröße über Aminosäuren, Hormone und Zytokine. (Mod. nach [6])

Tabelle 8-4. Wirkungen von Glutamin auf die Zellfunktion

Lymphozyten
- Stimulation der durch Con-A- und PHA-induzierten Zellproliferation
- Stimulation der Expression von späten Aktivierungsmarkern (CD25 CD7 1, CD45RO)
- Stimulation der IFN-γ-Sekretion
- Stimulation der lymphokinaktivierten Killerzellen
- Hemmung der Apoptose
- Stimulation des intestinalen Immunsystems (GALT)
- Anstieg der NK-Zellen (»natural killer cells«) in der Milz

Monozyten
- Stimulation der RNA-Synthese
- Erhöhte IL-1-Sekretion
- Stimulation der Phagozytose von opsonierten E. coli und Erythrozyten
- Stimulation der Antigenpräsentation
- Erhöhte Expression von Oberflächenantigenen
- Einfluss auf die Differenzierung

Metabolische und regulative Zellfunktionen
- Quantitativ bedeutendste freie Aminosäure im Organismus
- Quantitativ bedeutendste Aminosäure in Zellkulturmedien
- Vorstufe von Purinen und Pyrimidinen
- Vorstufe von Glutathion
- Interferiert mit L-Arginin- und Stickoxidmetabolismus
- Regulation der Zellgröße
- Stimuliert die »heat-shock«-Proteinsynthese
- Erhöht die Zytotoxizität von TNF-α
- Aktiviert ERKs (»extracellular signal-regulated kinases«)

Glyzin ist eine nichtessenzielle Aminosäure und Bestandteil vieler parenteraler Ernährungslösungen. Die in letzter Zeit durchgeführten experimentellen Untersuchungen ergaben wichtige Erkenntnisse zu dieser Aminosäure.

> Glyzin besitzt zellprotektive sowie antiinflammatorische und antineoplastische Eigenschaften. Glyzin hält während einer Hypoxie die Integrität der Zellmembranen aufrecht und verringert dadurch die Freisetzung von intrazellulären Enzymen.

Es bewirkt die Hemmung von Kalzium-abhängigen, nichtlysosomalen Proteasen und schützt über einen Glyzin-abhängigen Cl^--Kanal vor Leber- und Lungenschädigungen. Nach LPS-Gabe in einem Rattenmodell konnte durch Glyzin die Mortalität gesenkt werden. Glyzin reduzierte durch Absenken des zytosolischen Kalziumspiegels die Synthese und Freisetzung inflammatorischer Zytokine und Eicosanoide in den Kupfferzellen der Leber.

Cystein wird in der Leber aus Methionin gebildet und kann durch Kondensation zweier Moleküle zu Cystin oxidiert werden. Eine Cysteinzufuhr beeinflusst die Glutathionsynthese. Eine Bedeutung für die Cysteinaufnahme der Makrophagen scheint im extrazellulären Verhältnis von Glutamin zu Cystein zu liegen, da beide Aminosäuren dasselbe Transportsystem verwenden.

Die Aminosäure *Taurin* wirkt immunstimulierend. Der wichtigste Wirkungsmechanismus scheint hier ein Schutz gegen Sauerstoffradikale zu sein, wobei durch Taurin eine Stabilisierung der Zellmembran erreicht wird.

8.4.3 Aminosäuren – Einfluss auf das zelluläre Redoxpotential

Wenn man das Wirkungsspektrum der Aminosäuren in Bezug auf nicht nutritive Effekte vergleicht, so fällt auf, dass viele der zellmodulierenden Effekte auf eine Interaktion mit dem Sauerstoffradikalmetabolismus abzielen. Aus diesem Grund sei im Folgenden dieser Aspekt näher beleuchtet. Die erhöhte Produktion von Sauerstoffradikalen und deren Metaboliten (H_2O_2, $O_2^{\bullet-}$, $^{\bullet}OH$, $ROO^{\bullet}$) wirkt aufgrund von deren aggressiven Oxidationsverhalten zelltoxisch. Durch erhöhte Lipidperoxidation an Membranen oder durch gesteigerte Oxidation an Membranproteinen und Enzymen kommt es zu einer gestörten Membranpermeabilität, die vom Funktionsverlust der Zelle bis hin zum Zelltod führen kann.

Antioxidanzien schützen vor oxidativen Eingriffen und verhindern somit sauerstoffradikal-induzierte Zellschäden. Unter physiologischen Bedingungen stehen Oxidanzien und Antioxidanzien in einem homöostatischen Gleichgewicht. Ist die Balance aufgrund der gesteigerten Sauerstoffradikalbildung zugunsten der Oxidanzien hin verschoben, spricht man von oxidativem Stress.

> Sauerstoffradikale stimulieren den Transkriptionsfaktor NF-κB.

Seit geraumer Zeit wird den reaktiven Sauerstoffmetaboliten als »second messengers« in der Signaltransduktion wachsende Aufmerksamkeit gewidmet. Dabei scheinen diese Metaboliten einen modulierenden Einfluss auf die Transkription von Genen zu haben, deren Produkte bei der Immunantwort, Proliferation und Differenzierung von Zellen als Reaktion pathologischer Veränderungen eine wichtige Rolle spielen.

Der nukleäre *Transkriptionsfaktor κB* (NF-κB) ist ein Heterodimer, bestehend aus den Proteinuntereinheiten p50 und p65. Im inaktiven Zustand liegt NF-κB gebunden an seinem inhibierenden Proteinkomplex I-κB im Cytosol vor. Zur Aktivierung von NF-κB wird I-κB vom p50/p65-Komplex proteolytisch durch das 26-S Proteasom abgebaut und NF-κB freigesetzt. Anschließend gelangt NF-κB in den Zellkern, wo es diesen an die DNA bindet und die Transkription aktiviert. Auf diese Weise werden Gene exprimiert, welche für die Bildung von proinflammatorischen Zytokinen (TNF-α, Interleukine), induzierbare Stickstoffmonoxidsynthetase (iNOS) und Adhäsionsmoleküle kodieren.

Versuche an Zellinien haben gezeigt, dass Wasserstoffperoxid (H_2O_2) und Lipidperoxide (LOOH) NF-κB aktivierten. Im Gegensatz dazu blockierten Substanzen, die die Bildung bzw. Reaktion dieser prooxidativen Substanzen verhindern (Antioxidanzien wie Katalase, Vitamin E, N-Acetylcystein, Glutathion), die NF-κB Aktivierung. Da während der Inflammation eine erhöhte Sauerstoffradikalproduktion auftritt (NADPH-Oxidase, Myeloperoxidase), könnte der gezielte Einsatz von Substanzen *(»drug targeting«)*, die die Zelle vor oxidativen Prozessen schützen, einen inhibierenden Effekt auf die Produktion von proinflammatorischen Substanzen haben.

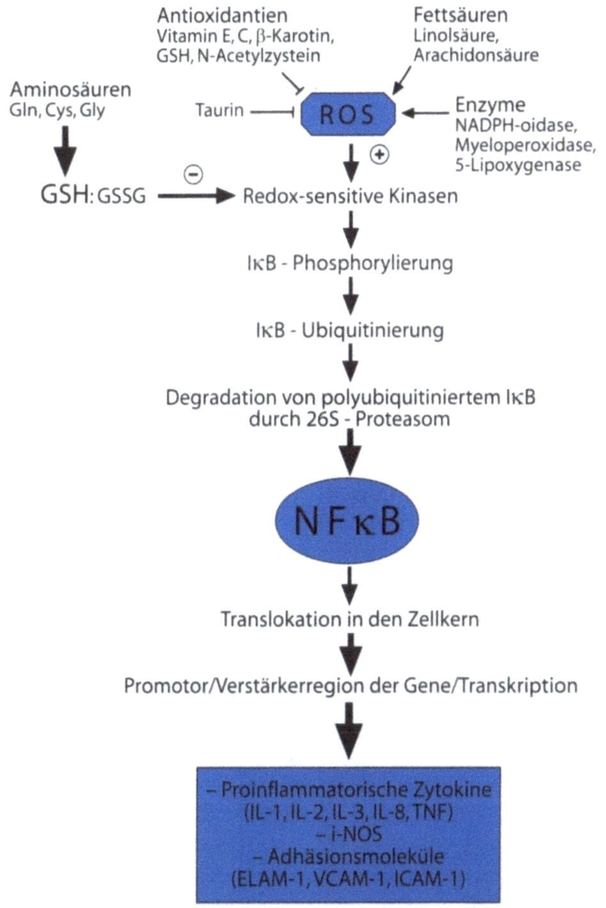

Abb. 8-6. Die Aktivierung des Transkriptionsfaktors NF-κB läuft über reaktive Sauerstoffradikale (*ROS:* erhöhte ROS wirken stimulierend) und das Verhältnis von reduziertem zu oxidiertem Glutathion (*GSH: GSSG,* erhöhtes GSH wirkt desaktivierend). NF-κB bewirkt in weiterer Folge eine erhöhte Produktion von v. a. proinflammatorischen Zytokinen und Adhäsionsmolekülen. Einige Ernährungssubstrate beeinflussen diese Kaskade, weil sie einerseits Vorstufen zur Radikalbildung sind (z. B.ungesättigte Fettsäuren) oder die Bildung von GSH stimulieren (z. B. Glutamin, N-Azetylzystein)

In diesem Zusammenhang kommt den Antioxidanzien eine antiinflammatorische Eigenschaft zu. Der Mechanismus, der dahinter steckt, ist noch nicht erforscht. Versuchsmodelle weisen eher darauf hin, dass es unter oxidativem Stress zur Aktivierung von redoxsensitiven Proteinkinasen kommt, die I-κB phosphorylieren und Signalinduktion auf das 26S-Proteasom haben. Ob die Antioxidanzien direkten Einfluss auf die I-κB-Phosporylierung haben, oder ob sie durch das Abfangen von reaktiven Sauerstoffmetaboliten den oxidativen Stress verhindern und damit die redoxsensitiven Proteinkinasen blockieren, ist derzeit Gegenstand intensiver Forschung.

> Auf jeden Fall eröffnet die Steuerung der Signaltransduktion hinsichtlich NF-κB-Aktivierung durch gezielten Einsatz von Antioxidanzien (Vitamin E und C, N-Acetylcystein, Glutathion) und Aminosäuren (z. B. Glutamin, Glyzin und Cystein, als Bausteine für Glutathionbiosynthese) neue Perspektiven in deren Anwendungsspektrum.

Aminosäuren, Fettsäuremetabolite, aber auch Zwischenprodukte des Glukosestoffwechsels sind im Radikalmetabolismus wesentlich involviert. Arginin fungiert nicht nur als Substrat für Stickstoffmonoxid (NO), es verhindert auch die Generierung von Superoxidradikalen ($O_2^{\bullet}$) mittels konstitutiver NO-Synthetase. Für Taurin ist eine Radikalscavengerfunktion beschrieben, und Pyruvat, ein Metabolit des Glucosestoffwechsels, reagiert mit H_2O_2 und schützt so vor oxidativen Schädigungen.

Als Bausteine für die Synthese von *Glutathion* (GSH) spielen die Aminosäuren Glutamin, Glyzin und Cystein eine wichtige Rolle. GSH ist seit langem in seiner Funktion als Antioxidans (Eliminierung von H_2O_2 und Lipidperoxiden) bekannt. Mit dem zellulären Glutathionmetabolismus werden aber noch eine Reihe von anderen Zellaktivitäten in Verbindung gebracht. Stimulierung der Zellproliferation: Einfluss auf die Aktivität des Ubiquitin-Proteasomen-Stoffwechselwegs und Veränderung des Apoptoseverhaltens der Zellen. Außerdem beeinflusst das intrazelluläre Verhältnis von reduziertem zu oxidiertem Glutathion (GSH/GSSG) den Redoxzustand der Zelle, der bei der Redoxregulation von NF-κB eine wesentliche Rolle spielt. Ein erniedrigter intrazellulärer GSH-Spiegel führt zur Aktivierung von NF-κB, während ein hoher Glutathionspiegel die NF-κB-Aktivierung blockiert (*Abb. 8-6*).

Tierexperimentelle Studien haben ergeben, dass die Zufuhr von Glutamin (Glutamindipeptiden) die Lebertoxizität des 5-FU über eine Anhebung des hepatischen Glutathionspiegels verringert. Eigene Untersuchungen zeigten, dass eine enterale Glutaminzufuhr den GSH-Spiegel der Darmmukosa und der Milz signifikant anhebt. GSH scheint auch

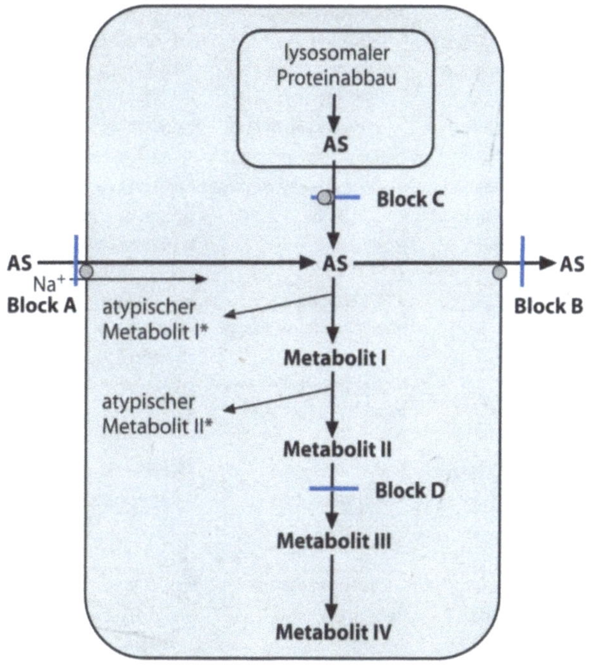

Abb. 8-7. Prinzipien primärer Störungen des Aminosäurenstoffwechsels: Sie können den Aminosäurentransport über die apikale (*Block A*) oder basolaterale (*Block B*) oder die lysosomale Membran (*Block C*) betreffen. Beim Defekt im enzymatischen Abbau (Block A) akkumulieren die Metabolite I und II, während die regulären Metabolite vermindert auftreten. (Mod. nach [6])

ganz wesentlich das Apoptoseverhalten der Zellen zu beeinflussen. Ein erhöhter GSH-Spiegel korreliert mit einer erhöhten Konzentration an intrazellulärem bcl-2, einem antiapoptotisch wirksamen Protein. Außerdem spielt der GSH -Gehalt bei der Karzinogenese, der Angiogenese von Tumorzellen und als Mutationsschutz des Repairenzyms p53 eine wichtige Rolle.

8.5 Angeborene (primäre) Störungen des Aminosäurenstoffwechsels

Primäre Störungen des Aminosäurenstoffwechsels sind entweder auf angeborene Defekte des *Aminosäuretransports* (s. Kap. 6) oder auf Defekte im *Aminsäurenabbau* zurückzuführen (*Abb. 8-7*). Die Manifestation erfolgt in der Regel bereits im frühen Lebensalter. Irreversible Schäden sind daher nur bei frühzeitiger Erkennung in den ersten Lebenswochen und rechtzeitiger Einleitung einer Ernährungstherapie zu vermeiden. Von den fast durchweg *autosomal-rezessiv* vererbten Aminosäurenstoffwechseldefekten (*Tabelle 8-5*) werden im Folgenden lediglich die klinisch relevanten Störungen des Phenylalanin-Tyrosinstoffwechsels und des Harnstoffwechsels besprochen.

8.5.1 Störungen des Phenylalaninstoffwechsels

Phenylketonurie

Die klassische *Phenylketonurie* (PKU) ist durch eine praktisch fehlende Aktivität der Phenylalaninhydroxylase mit Phenylalaninspiegel >1200 µmol/l vor bzw. ohne Behandlung gekennzeichnet (*Abb. 8-8*). Sie führt unbehandelt zu irreveriblen neurologischen Schäden, deren Korrelat eine gestörte Myelinisierung der Nervenscheiden ist. Im Urin findet sich vermehrt Phenylbrenztraubensäure (*»Phenylbrenztraubensäurenschwachsinn«, Imbecillitas phylpyruvica«*). Eine exakte molekulargenetische Diagnose lässt Aussagen über die Schwere des Enzymdefekts zu (Kap. 45.1).

Tetrahydrobiopterin(BH_4-)Mangel

Hierunter werden 4 Defekte der *Tetrahydrobiopterinsynthese* zusammengefasst, die etwa 2% der diagnostizierten PKU-Fälle ausmachen. Mit Ausnahme des *Pterin-4α-Carbinolamindehydratasemangels (Primapterinurie)*, bei dem eine rechtzeitige diätetische Therapie (plus BH_4-Gabe in den ersten Lebensmonaten) zu einer normalen neurologischen Entwicklung führt (Kap. 45.1), kommt es bei den anderen 3 Stoffwechseldefekten trotz diätetischer Therapie zur schwersten neurologischen Defekten.

Tabelle 8-5. Angeborene Störungen des Aminsäurenstoffwechsels (Störungen des Phe-Tyr- und des Harnstoffzyklus: nach [7])

Krankheit	Enzymdefekt	Biochemische Störung	Klinisches Bild
Störungen im Stoffwechsel der verzweigtkettigen Aminosäuren			
Ahornsirupkrankheit	Dehydrogenase für verzweigtkettige Ketonsäuren	Anhäufung von Leucin, Isoleucin und Valin sowie der dazugehörigen α-Ketosäuren und vermehrte Ausscheidung dieser Stoffe im Urin	Akuter Verlauf: Krämpfe in den ersten Lebenswochen, früher Tod; Chronischer Verlauf: Schwachsinn, Urin riecht nach gebranntem Zucker
Isovaleriansäureazidose	Isovaleryl-CoA-Dehydrogenase	Schubweise Anhäufung von Isovaleriansäure im Blut mit Azidose	Koma und aufallender Körpergeruch
Hypervalinämie	Valinaminotransferase	Hypervalinämie, Hypervalinurie	Entwicklungsstörung, rezidivierendes Erbrechen
Störungen im Stoffwechsel schwefelhaltiger Aminosäuren			
Homozystinurie (1:200.000)	Cystathionin-β-Synthase	Homocystein in Plasma und Urin erhöht, erhöhte Serummethioninspiegel, homocysteinbedingte Störung der Kollagenquervernetzung	Demenz, Linsenluxation, Osteoporose, Thromboembolieneigung (zerebrovaskuläre Insulte, Herzinfarkt)
	5,10-Methyltera-hydrofolsäurereduktase	Homocystein im plasma und Urin erhöht, normale oder erniedrigte Methioninspiegel im Serum	Demenz, Kleinhirnatrophie
	Methylcobalaminsynthese- und Transportstörungen	Wie Folsäurereduktasemangel, Methylmalanazidurie	Demenz, megaloblastäre Anämie, Panzytopenie
Zystathioninurie	Zystathioninlyase	Zystathioninausscheidung im Urin	Z. T. Demenz, Thrombopenie, Nierensteine
Sulfitoxidasemangel	Sulfitoxidase	Zystein-5-Sulfonat im Urin	Linsenluxation, Demenz
Störungen im Stoffwechsel von Histidin und Tryptophan			
Histidinämie (1:15.000)	Histidinammoniazyklase	Histidinspiegel im Plasma erhöht, gesteigerte Urinausscheidung von Histidin und Imidazolacetat, -pyruvat, -laktat	Verzögerte Sprachentwicklung, leichte Demenz, z. T. auch symptomlos
Formiminoglutamatazidurie	Formiminötransferase	Formiminoglutarta (FIGLU) im Urin erhöht, erhöhte Folsäure	Zum Teil Demenz
Xanthurensäureazidurie	Kynureninase	Kynurenin und xanthurensäureausscheidung im Urin erhöht	Zum Teil Demenz

Tabelle 8-5. Angeborene Störungen des Aminsäurenstoffwechsels (Störungen des Phe-Tyr- und des Harnstoffzyklus: s. Text) (Fortsetzung)

Krankheit	Enzymdefekt	Biochemische Störung	Klinisches Bild
Störungen im Prolin- und Hydroxyprolinstoffwechsel			
Hyperprolinämie Typ I	Prolinoxidase	Prolinerhöhung im Blut, vermehrte Ausscheidung von Prolin, Hydroxyprolin und Glyzin im Urin (Hemmung des für diese Aminosäuren gemeinsamen tubulären Rücktransports durch das hohe Prolinangebot)	Zum Teil symptomlos, häufig assoziiert mit geistiger Retardierung, Nierenmissbildungen
Hyperprolinämie Typ II	Pyrrolincarboxlat-dehydrogenase	Wie Typ I plus Ausscheidung von Pyrrolin-5-Carbonsäure im Urin	Schwachsinn, Krämpfe, z. T. auch symptomlos
Hydroxy-prolinämie	Hydroxyprolinoxidase	Freies Hydroxyprolin im Blut und Harn erhöht	Zum Teil Schwachsinn, z. T. auch symptomlos
5-Oxoprolinämie (Pyroglutamatazidose)	Mangel an Glutathionsynthetase	Anhäufung von Pyroglutamat in Blut und Geweben, massive Pyroglutamatazidurie	Metabolische Azidose, z. T. Schwachsinn und neurologische Störungen, Hämolysetendenz
Iminodipeptidurie	Prolidase	Ausscheidung von prolinhaltigen Di- und Tripeptiden	Knochendemineralisation, Splenomegalie, Dermatosen, Augenstörungen
Störungen im Glyzin- und Lysinstoffwechsel			
Primäre Hyperoxalurie (Oxalose)	α-Ketoglutaratglyoxylatcarboligase (Oxalose-Typ-I), Glyoxylatreduktase (Oxalose-Typ-II)	Hyperoxylurie (Typ I und II), Glykolaturie (Typ I und II)	Oxalatnephrolithiasis, Nephrokalizinoe, Niereninsuffizienz, Oxalatablagerungen im Herz, Kochen und Gefäßen
Karnosinämie	Karnosinase (Aminoacylhistidindipeptidase)	Karnosinämie, Karnosinurie	Neurologische Störungen
Hyperglyzinämie (nichtketotische Form)	»Glycine cleavage enzyme complex«	Hyperglyzinämie, Hyperglyzinurie, Glyzinanhäufung im Urin	Demenz, Krämpfe, Leukopenie, Thrombopenie
Hypersarkosinämie	Sarkosindehydrogenase	Sarkosinämie, Sarkosinurie	Zum Teil Demenz (kausaler Zusammenhang fraglich)
Hyperlysinämie	Störung des Lysinabbaus durch Mangel der 2-Oxoglutaratreduktase	Hyperlysinämie, vermehrte Ausscheidung von Lysin, Ornithin, Arginin und Cystein (Blockierung des gemeinsamen tubulären Transportmechanismus sowie sekundäre Arginaseblockierung durch das erhöhte Lysinangebot) mit Hyperammonämie	Zum Teil Schwachsinn, Muskelhypotonie, Anämie (Lysineinbaustörung in Hämoglobin)

Maternale Hyperphenylalaninämie

Sie definiert als eine Embryofetopathie bei Müttern, deren Phenylalaninspiegel >400–600 μmol/l betrug. Symptome sind in Abhängigkeit vom mütterlichen Phe-Serumspiegel intrauteriner Wachstumsretardierung, Mikrozephalie, Fehlbildung (v. a. Herzfehler). Wegen des *aktiven transplazentären Transportsystems* für Phenylalanin liegen die kindlichen Phe-Spiegel ca. 60-mal höher als die der Mütter.

8.5.2 Störungen des Tyrosinstoffwechsels

Hereditäre Tyrosinämie Typ I (hepatorenale Form)

Die Erkrankung beruht auf einem autosomal-rezessiv vererbten Defekt des Enzyms *Furarylacetoazetathydrolase* (s. ◘ *Abb. 8-8*), was zum Anstau und zur erhöhten Ausscheidung von *Succinylazeton* und *5-Aminolaevulinsäure* führt. Gelegentlich, insbesondere bei Kleinkindern, kommt es durch sekundäre Hemmung der *Methioninadenosyltransferase* zu einer *Hypermethioninämie*.

Klinisch kommt es zu einer progredienten Leberschädigung mit *Verfettung*, und *Cholestase*, *periportaler Fibrose* und *Zirrhose*. Bei chronischen Verläufen entwickelt sich häufig ein hepatozelluäres Karzinom. Bei der akuten Verlaufsform kommt es in des ersten Lebenswochen zu einem akuten Leberversagen. Im Vordergrund steht neben der dem Leberschaden beim chronischen Verlauf eine Tubulopathie (De-Toni-Debré-Fanconi-Syndrom) und Polyneuropathie. Durch Akkumulation von Succinylazeton und/oder Succinylazetat kann es durch Hemmung der Porphobilinogensythetase im Erwachsenenalter zum Auftreten einer *intermittierenden Porphyrie* kommen (Kap. 45.1).

Hereditäre Tyrosinämie Typ II (Richner-Hanhart-Syndrom)

Sie beruht auf einem Defekt der zytosolischen *Tyrosinaminotransferase* (s. ◘ *Abb. 8-8*) und führt zu einer *Keratitis*, später *Korneatrübung* und *Glaukom*. Hautveränderungen in Form von schmerzhaften Blasen oder Erosionen an den Handflächen und Fusssohlen treten v. a. im späteren Verlauf auf (Kap. 45.1)

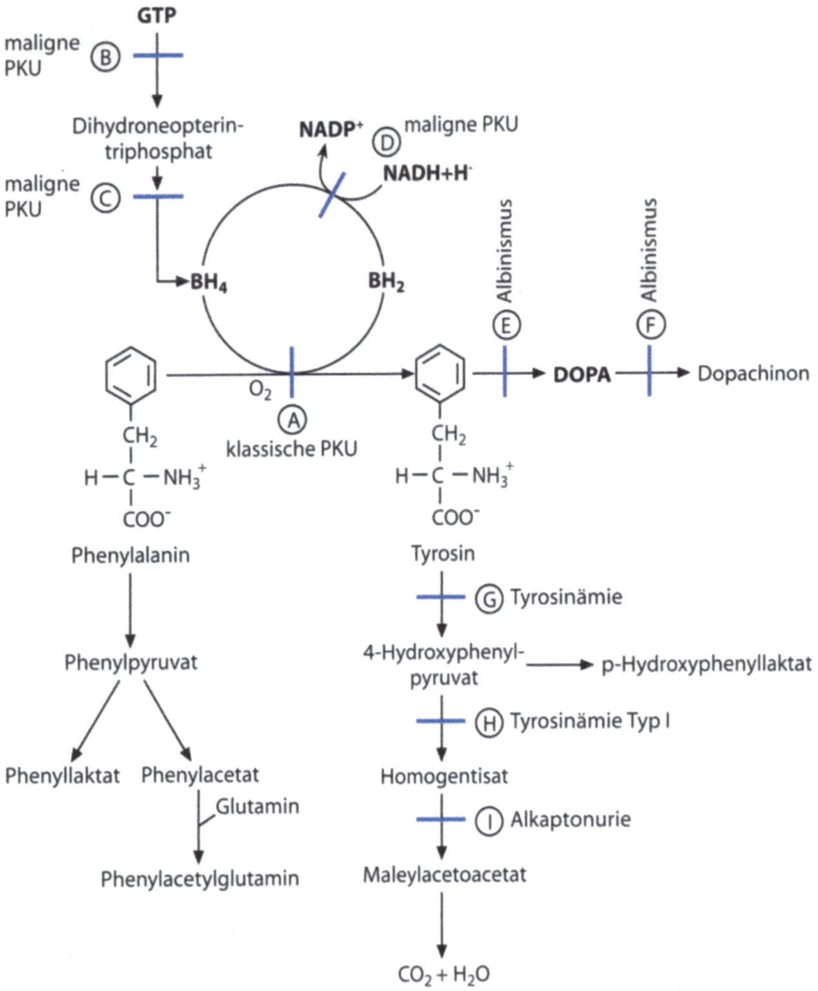

Abb. 8-8. Angeborene Störungen des Tyrosin- und Phenylalaninstoffwechsels (*PKU* Phenylketonurie, *BH2* Dihydrobiopterin, *BH4* Tetrahydrobiopterin)

Hereditäre Tyrosinämie Typ III

Zugrunde liegt ein Defekt der *4-Hydroxyphenylpyruvatdioxygenase* (Abb. 8-8) in der Leber mit gelegentlich *intermittierender Ataxie* oder geringer geistiger Retardierung, jedoch ohne Einschränkungen der Leberfunktion.

8.5.3 Hereditäre Störungen des Harnstoffzyklus

Jedes der 4 am Harnstoffzyklus beteiligten Enzyme, aber auch die Enzyme der Zulieferreaktionen, können von einem genetisch determierten Defekt betroffen ein (*Abb. 8-9*):
- N-Acetylglutamatsynthetase-Mangel,
- Carbamylphosphatsynthetase-Mangel,
- Ornithintranscarbamylase-Mangel,
- Citrullinämie (Argininosuccinatsynthetasemangel),
- Argininosuccinatlyasemangel,
- Argininämie.

Die *kumulative Häufigkeit* der Harnstoffzyklusdefekte wird mit 1:8.000 angenommen. Der X-chromosomal vererbte Ornithintranscarbamylasemangel ist der wichtigste dieser angeborenen Defekte. Bis auf die Hyperarginämie gehen alle Defekte des Harnstoffzyklus gesetzmässig mit einer *Hyperamonämie* einher.

Ornithincarbamyltransferase(OCT)-Mangel (Hyperammoniämie II)

Bei diesem als *einzigem X-chromosmal* vererbten Defekt kann das in den Mitochondrien gebildete Carbamylphosphat nicht auf Ornithin unter Bildung von Citrullin übertragen werden (Defekt 3 in *Abb. 8-9*). Carbamylphosphat wird in das Zytosol abgegeben und hier durch die zytosolische Carbamylphosphatsynthetase zur Synthese von Pyrimidinnukleotiden verwendet. *Orotsäure*, *Uridin* und *Urazil* werden mit dem Urin vermehrt ausgeschieden, die ihrerseits die tubuläre Rückresorption von Harnsäure hemmen (s. Kap. 11).

Hemizygote Mädchen zeigen eine leichtere Verlaufsform, während für die *heterozygoten* Jungen schwere Verlaufsformen mit hoher Letalität kennzeichnend sind. Das Spektrum der klinischen Auffälligkeiten reicht vom Erbrechen bis zu schweren neurologischen Ausfällen mit Krampfanfällen und Bewusstseinsstörung. Bei älteren Patienten führt die Hyperammoniämie zu Kopfschmerzen und Ataxie (Kap. 45.1).

8.6 Erworbene (sekundäre) Störungen des Aminosäurenstoffwechsels

Andere angeborene Stoffwechselstörungen können sekundäre Störungen des Aminosäurenstoffwechsels nach sich ziehen.

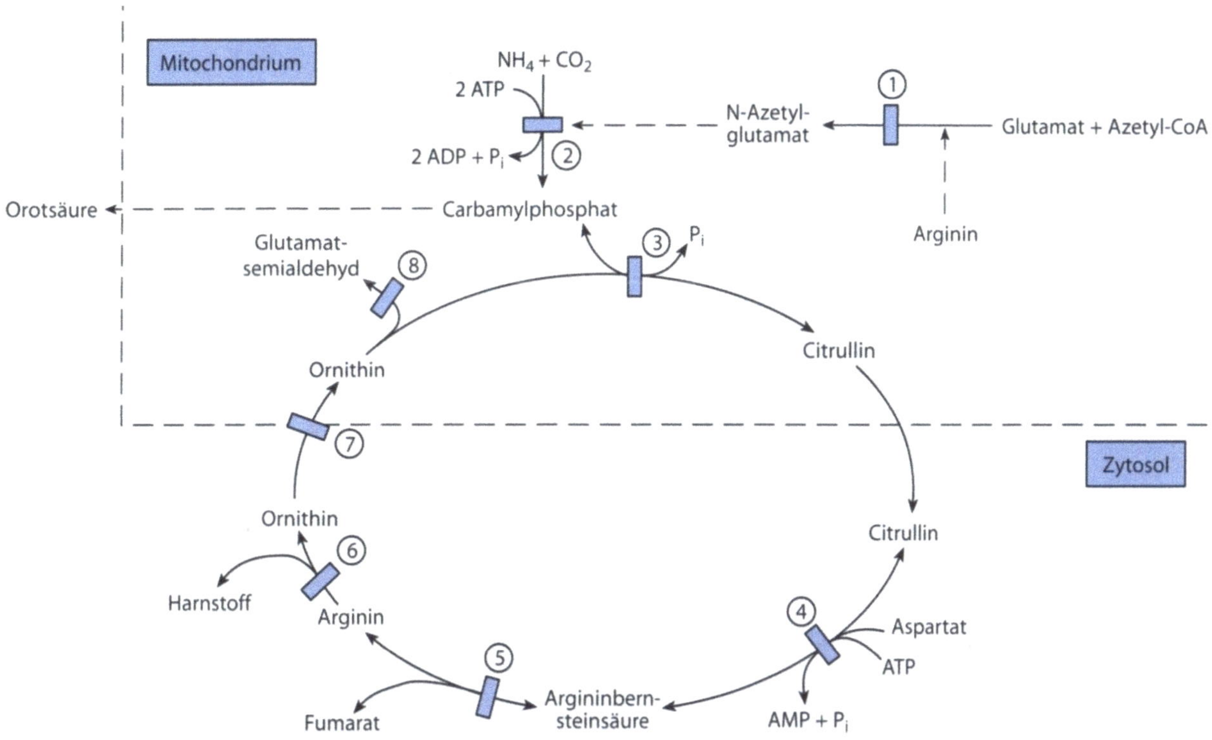

Abb. 8-9. Reaktionen und Defekte des Harnstoffzyklus

So führt die *Methylmalonylazidurie* (Defekt der Umwandlung von Methylmalonyl-CoA in Succinyl-CoA) oder die *Propionsäureazidurie* (Defekt der Propionyl-CoA-Carboxylase) durch Störung des Glyzinabbaus zur *ketotischen* Form der *Hyperglyzinämie* (s. *Tabelle 8-4)*.

Literatur

1. Abcouver SF, Souba WW (1999) Glutamine and arginine. In: Shils ME, Olson JA, Shike M and Ross AC (eds) z. Williams&Wilkins, New York, pp 559–569
2. Attaix D, Combaret L, Pauch MN, Thaillandier D (2001) Regulation of proteolysis. Curr Open Nutr Metabol Care 45:45–49
3. Bergström J, Fürst P, Noree L.O, Vinnars E (1974) Intracellular free amino acid concentration in human muscle tissue. J Appl Physiol 36:693–697
4. Eisensmith RC, Martinez DR, Kuzmin AI (1996) Molecular basis of phenylketonuria and a correlation between genotype and phenotype in a heterogeneous Southeastern US population. Pediatrics 97:512–516
5. Exner R, Wessner B, Manhart N, Roth E (2000) Therapeutic potential of glutathione. Wien Klin Wochenschr 112:610–616
6. Häussinger D, Roth E, Lang F, Gerok W (1993) The cellular hydration state: a major determinant for protein catabolism in health and disease. Lancet 341:1330–1333
7. Häussinger D, Tauber R (1994) Proteinstoffwechsel. In: Siegenthaler W (Hrsg) Klinische Pathophysiologie. Thieme, Stuttgart, S 103–120
8. Isselbacher KJ, Sanders SJ (1966) Intestinal absorption of amino acids. Gastroenterology 50:586–595
9. Jungas RL, Halperin ML, Brosnan JT (1992) Quantitative analysis of amino acid oxidation and related gluconeogenesis in humans. Physiol Rev 72:419–448
10. Matthews DE (1999) Protein and amino acids. In: Shils, Olson, Shike, Ross (Hrsg) Modern nutrition in health and disease. Williams&Wilkins, New York, pp 11–48
11. Munro HN (1976) Absorption and metabolism of amino acids with special emphasis on phenylalanine. J Toxicol envir Health 2:189–206
12. Nurjhan N, Bucci A, Stumvoll M, et al. (1995) Glutamine: A major gluconeogenic precursor and vehicle for interorgan carbon transport in man. J Clin Invest 95:272–277
13. Petrides PE (1998) Stoffwechsel der Aminosäuren In: Löffler G, Petrides PE (Hrsg) Biochemie und Pathobiochemie. Springer, Berlin Heidelberg New York Tokio, S 521–580
14. Rose WC (1957) The amino acid requirements of adult man. Nutr Abstr Rev 27:631–647
15. Roth E, Manhart N (1998) Regulation des Eiweißkatabolismus auf molekularer Ebene. Akt Ernährungsmed 23:50–55
16. Roth E, Punz A, Manhart M, Zellner M, Oehler R, Spittler A (1999) Einfluss von Aminosäuren, Proteinen und Fettsäuren auf die Immunmodulation und die Signaltransduktion. Akt Ernährungsmed 24:149–155
17. Roth E, Spittler A, Oehler R (1996) Glutamin: Wirkung auf das Immunsystem, auf Eiweißhaushalt und Darmfunktionen. Wien Klin Wochenschr 108:669–676
18. Smith I, Beasley MG, Ades AE (1991) Effect of intelligence of relaxing the low phenylalanine diet in phenylketonuria. Arch Dis Child 65:311–316
19. Stipanuk MH, Watford M (2000) Amino acid metabolism. In: Stipanuk (Hrsg) Biochemical and physiological aspects of human nutrition. Saunders, Philadelphia, pp 233–286
20. Wilmore DW, Goodwin CW, Aulick LH (1980) Effect of injury and infection on visceral metabolism and circulation. Ann Surg 192:491–497
21. Young VE, El-Khoury E (1995) The notion of the nutritional essentiality of amino acids, revisited, with a note on the indispensable amino acid requirements in adults. In: Cynober z (ed) Amino acid metabolism and therapy in health and nutritional disease. CRC Press, Boca Raton, Florida, pp z

Kohlenhydratstoffwechsel

C. Ebener, K.-W. Jauch

Kohlenhydrate zählen zu den Makronährstoffen und sind in vielfältiger Form in der Nahrung vertreten (s. Kap. 5). Die Kohlenhydrate in der Nahrung sind nur teilweise resorbierbar. Nicht-resorbierbare Nahrungskohlenhydrate, sog. Ballaststoffe (z. B. Zellulose, Pektine), sind wichtig, beispielsweise für die Motilität des Darmes (s. Kap. 4). In der parenteralen Ernährung waren die Kohlenhydrate die ersten zur Verfügung stehenden Substrate und sind nach wie vor die wichtigsten Zufuhrstoffe als Kalorienträger.

Im menschlichen Organismus ist die Hauptfunktion der Kohlenhydrate die Bereitstellung von Energie. Vor allem die Blutzellen und die Nervenzellen beziehen ihre Energie ausschließlich bzw. überwiegend aus der Blutglukose. Deren Serumkonzentration wird daher ebenso wie die Neubildung und die Glukosemetabolisierung sehr genau und komplex gesteuert. Wesentliches Steuerungsinstrument für den Kohlenhydratstoffwechsel ist das Insulin als postprandial ausgeschüttetes Hormon zur Aktivierung der Glukoseverstoffwechselung.

Störungen des Glukose- und Kohlenhydratstoffwechsels, wie Diabetes mellitus, Insulinresistenz oder der Postaggressionsstoffwechsel, haben mannigfache Auswirkungen auf den Energiestoffwechsel, die Zellhydratation und verschiedene Organfunktionen. Ihre therapeutische Beherrschung setzt Kenntnisse ihres Stoffwechsels vorraus.

Darüber hinaus kommen Kohlenhydrate in Verbindung mit Proteinen und Lipiden (z. B. Proteoglykane und Glykolipide), als Aminozucker (z. B. Glukosamine) oder in komplexerer Form als Bestandteile von Matrixstrukturen, Zellmembranen, Rezeptorstrukturen und anderen Körpersubstanzen mit großer funktioneller Bedeutung vor.

9.1 Nomenklatur und Struktur

Der Name Kohlenhydrate beschreibt bereits den Aufbau aus Kohlenstoff (C) und Wasser (H_2O). Die meisten Kohlenhydrate setzen sich nach der Formel $C_n(H_2O)_n$ zusammen. Kohlenhydrate besitzen eine Oxo-Gruppe (=O), sie sind Polyhydroxyaldehyde oder -ketone mehrwertiger Alkohole.

Das Kohlenhydratmonomer wird Monosaccharid genannt. Die Monosaccharide können auch nach der Zahl ihrer Kohlenstoffatome bezeichnet werden, z. B. Triosen, Tetrosen, Pentosen, Hexosen. Nach ihrer Konfiguration sind eine Vielzahl von Isomeren möglich (s. Kap. 5), von denen jedoch nur wenige biologisch bedeutsam sind (*Tabelle 9-1*).

Ein Molekül aus 2 Monosacchariden ist ein Disaccharid, längere Moleküle sind Oligo- bzw. Polysaccharide. Die Glykosidbindung ist die für die Polymerisation der Kohlenhydrate entscheidende Bindung. Auch hier gibt es unterschiedliche Möglichkeiten, die als α- bzw. β-glykosidische Bindung bezeichnet werden. Maltose (α-glykosidisch) und Zellobiose (β-glykosidisch) sind beides Disaccharide aus jeweils 2 Glukosemolekülen, die sich nur in der glykosidischen Bindung unterscheiden. Die wichtigsten Disaccaride sind Maltose (Glc-Glc), Saccharose (Glc-Fru) und Laktose (Gal-Glc). Glykogen, Stärke und Dextrane sind die wichtigsten, aus Glukosemolekülen aufgebauten, Polysaccharide (s. Kap. 5).

Tabelle 9-1. Wichtige Monosaccharide. (Mod. nach [1])

Typ	Zahl der C Atome	Aldosen	Ketosen
Triose	3	D-Glycerinaldehyd	Dihydroxyaceton
Pentose	5	D-Ribose	D-Ribulose
		D-Desoxyribose	D-Xylulose
		D-Xylose	
Hexose	6	D-Glucose (Glc)	D-Fruktose
		D-Galaktose(Gal)	
		D-Mannose (Man)	
		D-Glukosamin(GlcN)	
		D-Galaktosamin(GalN)	
		D-Glukuronsäure(GlcUA)	
		L-Fucose(Fuc)	
		L-Ascorbinsäure	

9.2 Verdauung und Digestion von Kohlenhydraten

Der Mensch kann durch die α-Amylase nur α-glykosidische Bindungen der mit der Nahrung aufgenommenen komplexen Kohlenhydratpolymere spalten. Zellulose, ebenfalls ein Glukosepolymer, ist wegen seinen α-glykosidischen Bindungen für den Menschen nicht zu verdauen. Kohlenhydratpolymere werden zunächst im Lumen des Gastrointestinaltraktes enzymatisch in Oligosaccharide gespalten. Oligo- und Disaccharide schließlich werden durch an die Bürstensaummembran gebundene Oligo- und Disaccharidhydrolasen zu Monosacchariden hydrolysiert und anschließend über den Na^+-Glukose-Kotransporter-1 (Sosium-Glukose-Transporter, SGLT) aus dem Darmlumen in den Enterozyten aufgenommen. Kennzeichnend für diesen Transporter ist der aktive Transport gegen ein Konzentrationsgefälle, sodass eine Glukoseanreicherung im Enterozyten möglich ist (s. Kap. 7).

Die Abgabe der Glukose an das Blut erfolgt über den GLUT2 nach dem Prinzip der erleichterten Diffussion. Ist die Glukosekonzentration im Enterozyten höher als im Blut wird Glukose abgegeben. Bei intrazellulär erniedrigten Glukosespiegeln wird über GLUT2 Glukose aus dem Blut in den Enterozyten aufgenommen. Nach dem gleichen Prinzip erfolgt die aktive Rückresorption der Glukose in den Nierentubuli durch den SGLT2-Transporter.

Betrachtet man Kohlenhydrate unter dem Blickwinkel der parenteralen Zufuhr, z. B. im perioperativen Stressstoffwechsel, so sind nur die Monosaccharide Glukose, Galaktose und Fruktose und der Zuckeraustauschstoff Xylit [3] von Bedeutung, da sie entweder aus dem Darmlumen resorbiert oder infundiert werden. Fruktose sollte wegen des Auftretens der zwar seltenen, dann aber u. U. tödlich verlaufenden, Fruktoseintoleranz nur oral, aber *nicht* als Infusionslösung verwendet werden, solange durch sorgfältige Anamnese eine Furktoseintoleranz nicht sicher ausgeschlossen ist.

9.3 Regulation und Metabolismus des Kohlenhydratstoffwechsels

Der Serumglukosespiegel wird durch verschiedene Prozesse reguliert und in einem engen Bereich von etwa 4–6,6 mmol/l einjustiert (■ *Abb. 9-1*). Ein Mangel an Glukose führt zu mangelnder Energiebereitstellung in den auf Glukose angewiesenen Nervenzellen mit entsprechenden Funktionsausfällen bis hin zum hypoglykämischen Koma. Andererseits führt eine Hyperglykämie durch den gleichzeitigen Na-Transport zur

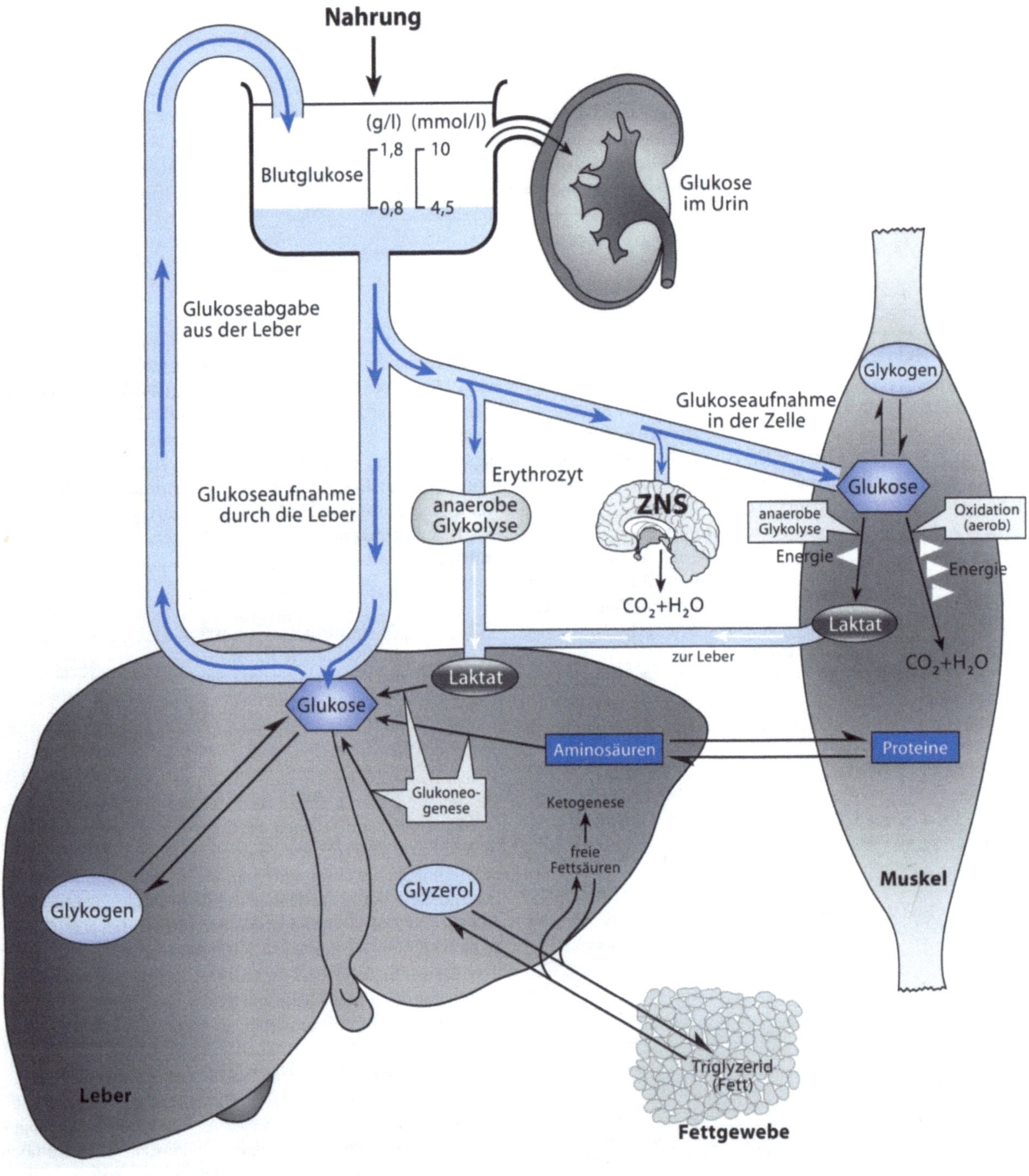

■ Abb. 9-1. Glukosestoffwechsel: Substratfluss, hormonelle Regulation, Organinteraktion

■ Tabelle 9-2. Vorkommen und Substratspezifität der GLUT-Transporter[a]. (Mod. nach [8])

	Vorkommen im menschlichen Gewebe	Transportierte Zucker				
		Glukose	Galaktose	Mannose	Fruktose	Xylose
GLUT1	Erythrozyt	+	+	+	–	–
GLUT2	Darm-Nieren-Epithel Hepatozyten Pankreaszellen	+	+	+	+	–
GLUT3	Alle Zellen	+	+	+	–	+
GLUT4	Braunes und weißes Fettgewebe Skelettmuskel Herzmuskel	+	n.b.	n.b.	n.b.	n.b.
GLUT5	Jejunum (Niere, Skelettmuskel, Fettgewebe)	–	n.b.	n.b.	+	n.b.

[a] Exprimiert in Xenopus laevis Oocyten, n.b. = nicht bestimmt, + = Transport, – = kein Transport

zellulären hyperosmolaren Dehydratation mit Funktionsausfällen (hyperosmolares Koma).

Eine Erhöhung des Blutzuckers durch Glukosezufuhr (enteral, parenteral), Glykogenabbau oder/und die Glukoneogenese (vorwiegend in der Leber, aber auch in der Niere möglich) aus glukoplastischen Aminosäuren, Laktat/Pyruvat oder Glyzerol führt – über verschiedene Rückkoppelungsmechanismen auf Hormon-, Substrat- und Enzymebene – zu erhöhtem Glukosemetabolismus und zur Reduktion der Glukoneogenese. Die in die Zellen aufgenommene Glukose wird der aeroben oder anaeroben Oxidation in der Glykolyse oder im Pentosephosphatzyklus zugeführt, steht im Austausch mit den Glykogenspeichern in Leber und Muskel oder wird zur Triglyzeridsynthese oder zum Aufbau anderer Substrate verwandt.

9.3.1 Glukoseaufnahme in die Zelle

Aufgrund ihrer hydrophilen Innenschicht ist die Zellmembran für kleine polare Moleküle wie die Glukose impermeabel. Der Transport von Glukose aus dem Blut in die Zellen erfolgt nach dem Prinzip der erleichterten Diffussion. Es ist eine passiver Transport durch Glukosetransporter (GLUT). Diese Transporte haben eine Sättigungskinetik. Bisher wurden 5 Isoformen beschrieben (GLUT1–5), von denen die 3 Isoformen GLUT1, GLUT2 und GLUT4 die wichtigsten zu sein scheinen. Die Glukosetransporter regulieren die Glukoseaufnahme in die Zellen, wobei das Verteilungsmuster in den einzelnen Geweben bzw. auf den einzelnen Zellen unterschiedlich ist.

Die basale Glukoseaufnahme erfolgt durch GLUT1, der in vielen Geweben vorkommt. Durch die hohe Affinität für Glukose wird der Glukosetransport auch bei Hypoglykämie gesichert. Besonders hohe Konzentrationen dieser Isoform sind in Zellen, die die Blut-Gewebe-Schranke aufrechterhalten (z. B. Hirn, Plazenta).

GLUT2 findet sich v. a. in der Leber, wo er die Glukoseaufnahme und Abgabe durch die Hepatozyten reguliert, in der Niere, dem Dünndarm (s. oben) und den β-Zellen des Pankreas. Dort scheint GLUT2 bei der Steuerung der Insulinsekretion mitzuwirken.

GLUT 4 ist an dem Insulin vermittelten Glukosetransport in die Zellen beteiligt, die höchsten Konzentrationen finden sich demnach im Skeltettmuskel, Fett und Herzmuskel.

Neben Glukose können auch andere Monosaccharide von den GLUT transportiert werden (■ *Tabelle 9-2*).

9.3.2 Aerobe und anaerobe Glykolyse/ Energiebilanz der Glukose

Nach Aufnahme in die Zelle wird die weitere Metabolisierung der Glukose durch den zellulären Energiestatus bestimmt. Zur Aktivierung erfolgt zunächst die Phosphorylierung zu Glukose-6-Phosphat und nach Umwandlung in Fruktose-6-Phosphat die weitere Übertragung eines mol ATP zu Fruktose-1,6,-Biphosphat. Die Steuerung der Glykolyse wird sehr stark von der Glukokinase und noch mehr von dem Enzym Phosphofruktokinase (PFK) gesteuert, die von AMP und Phosphat aktiviert, von ATP und Zitrat gehemmt wird. Erst danach erfolgt die glykolytische Spaltung in C3-Verbindungen mit weiterem enzymatischem Abbau zu Laktat/Pyruvat und Freisetzung von 4 mol ATP. Im ersten Schritt des Glukosestoffwechsels – der anaeroben Glykolyse (C6) – entstehen also netto im Zytosol aus einem mol Glukose unter Freisetzung von 2 mol ATP 2 mol Pyruvat (■ *Abb. 9-2*).

Pyruvat wird in die Mitochondrien transportiert und dort unter aeroben Bedingungen zunächst durch die Pyruvatdehydrogenase zu Acetyl-CoA decarboxyliert (C2). Acetyl-CoA, welches ebenfalls aus dem Lipidstoffwechsel stammen kann, gelangt dann in den sog. *Trikarbonsäurezyklus* (andere Bezeichnungen *Zitratzyklus* oder nach seinem Erstbeschreiber auch *Krebszyklus* genannt) in dem es unter Energiegewinnung über die Atmungskette für die Zelle vollständig zu CO_2 abgebaut wird (■ *Abb. 9-3*).

Die vollständige Verstoffwechselung der Glukose unter aeroben Bedingungen zu Wasser und CO_2 setzt 36 mol ATP und 2 mol GTP pro mol Glukose frei. Unter anaeroben Bedingungen lassen sich unter Bildung von Laktat nur 2 mol ATP gewinnen. Dies verdeutlicht, wie entscheidend aerobe Bedingungen für eine optimale Energieausnutzung der Substratzufuhr sind.

Andere Möglichkeiten der Nutzung von Pyruvat sind die Transaminierung zu Alanin oder Ausschleusung als Laktat und Verwendung zur Glukoneogenese oder Proteinsynthese. Das Maximum der Glukoseoxidation beträgt ca. 4–5 g/kgKG/24 h. Hier liegen somit auch die Höchstgrenzen der sinnvollen enteralen oder inbesondere parenteralen Kohlenhydratzufuhr.

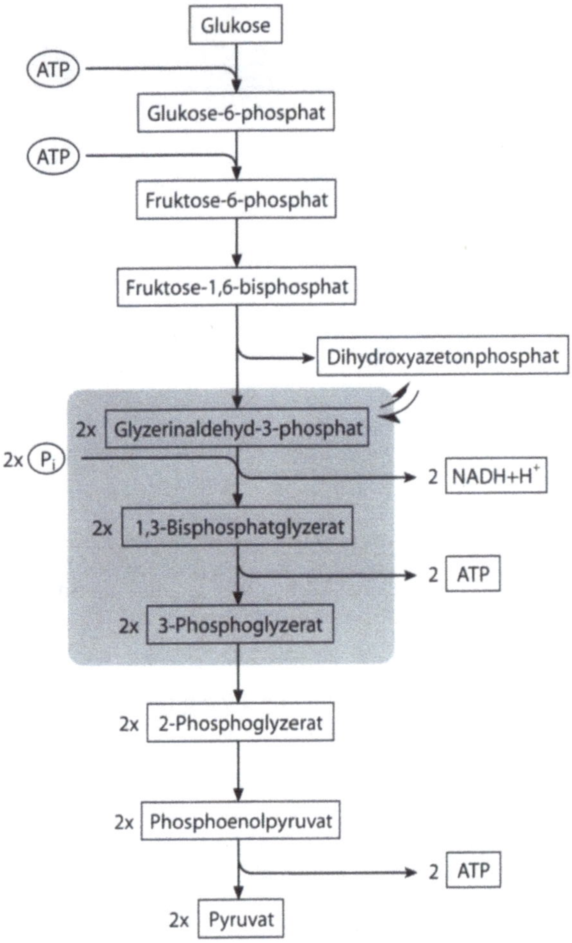

Abb. 9-2. Die glykolytische Kette: Energiebilanz Glukose–Pyruvat

Kann die Glukose in der Zelle nicht oxidiert oder als Glykogen gespeichert werden, werden Triglyzeride synthetisiert. Eine Kohlenhydratüberernährung führt letztendlich zur Leberverfettung, einer häufig beobachteten Nebenwirkung aus der Anfangszeit der parenteralen Ernährung, als bis zu 1000 g Glukose täglich in der Routine parenteral verabreicht wurden (s. Kap. 13 und 26).

9.3.3 Pentosephosphatzyklus

Der Pentosephosphatzyklus stellt eine Alternative zur Glykolyse dar. Glukose-6-Phosphat wird durch Abspaltung eines CO_2 nicht-reversibel zu Ribulose-6-Posphat decarboxyliert. Dabei werden gleichzeitig 2 mol NADPH + H^+ gewonnen. Im Weiteren entstehen aus 6 Pentosen über eine Reihe von Reaktionen 5 Hexosen (Fruktose-6-Phosphat). Damit also ein Molekül Glukose-6-Phosphat vollständig zu CO_2 abgebaut wird, muss dieser Zyklus 6-mal durchlaufen werden.

Die im Pentosephosphatzyklus synthetisierten Pentosen (z. B. Ribose) sind bedeutsam für die Nukleinsäurensynthese, weshalb der Zyklus auch in den synthetisch aktiven Geweben wie Leber, Nebenniere, Brustdrüse oder Plazenta besonders aktiv ist.

Für die klinische, parenterale Ernährung ist dieser Zyklus insofern bedeutsam, dass der Zuckeraustauschstoff Xylit über diesen Weg abgebaut wird. Das besondere ist, dass Xylit insulinunabhängig in die Zelle aufgenommen wird [3]. Da aber im Pentosephosphatzyklus letztlich Fruktose-6-Phosphat entsteht, ist eine Interaktion mit der Glykolyse der Glukose möglich. Einige Arbeiten deuten darauf hin, dass Xylit möglicherweise insulinunabhänig die Proteolyse in der Muskultur reduzieren und damit eine anabole Wirkung haben könnte.

9.3.4 Glukoneogenese und hepatische Glukoseproduktion

Die Glukose ist kein essenzieller Nährstoff, da der Körper in der Lage ist unter Aufwendung von Energie Glukose zu synthetisieren. Dies geschieht in erster Linie in der Leber, aber auch die Niere hat nach längeren Hungerperioden die Fähigkeit zur Glukoneogenese. Substrate für die Glukoneogenese

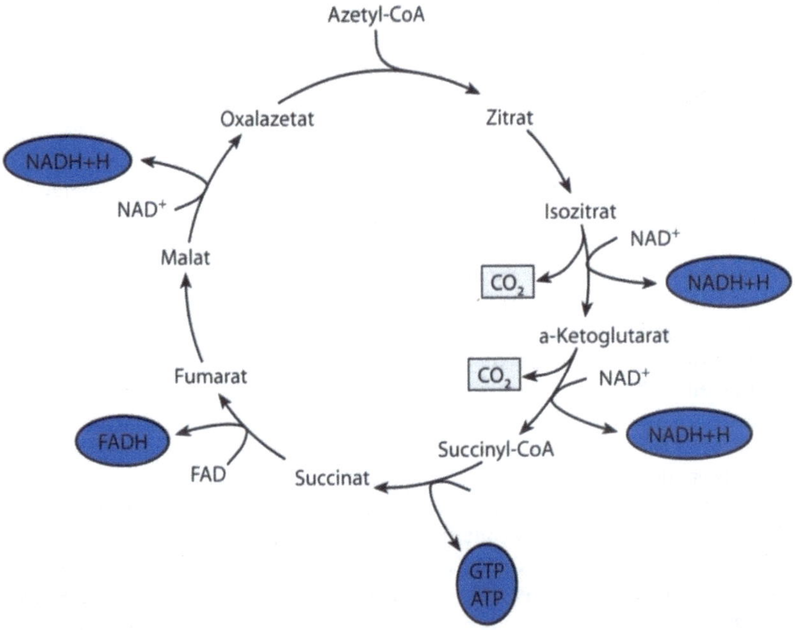

Abb. 9-3. Trikarbonsäurezyklus

sind Laktat und Pyruvat aus der anaeroben Glykolyse, glukoplastische Aminosäuren (z. B. Alanin, Valin) aus der Proteolyse vorwiegend in der Muskulatur sowie Glyzerol aus der Lipolyse [4]. Alanin entsteht aber auch quantitativ durch Übertragung einer Aminogruppe aus anderen, vor allem verzweigtkettigen Aminosäuren auf Pyruvat [5]. Die Bedeutung der unterschiedlichen Glukoneogenesepräkursoren variiert je nach Stoffwechselsituation (s. Kap. 13)

Bei der *Glukoneogenese* ist das Pyruvat Ausgangssubstrat. Um zur Glukose zu gelangen läuft die Glykolyse prinzipiell in umgekehrter Richtung ab. Die meisten an der Glykolyse beteiligten Enzyme können die Reaktion, in Abhängigkeit der vorhandenen Substratkonzentrationen, in beide Richtungen ausführen. Dies gilt nicht für die Hexokinase, Glukokinase, die Phosphofruktokinase sowie die Pyruvatkinase.

Die durch diese Enzyme vermittelten Reaktionen können nur über andere Wege zurückgeführt werden. So ist beispielsweise der Umweg über Oxalacetat notwendig, um aus Pyruvat Phosphoenolpyruvat zu bilden. Die beiden Schritte werden durch die Enzyme Pyruvatcarboxylase und Phosphoenolpyruvatcarboxykinase vermittelt.

Der Weg Glukose – Laktat – Glukose wird als *Cori-Zyklus* bezeichnet. Während in der anaeroben Glykolyse 2 mol ATP pro mol Glukose frei werden, sind bei der Synthese von 1 mol Glukose aus Laktat 6 mol ATP erforderlich. Die Nettoenergiebilanz dieses Cori-Zyklus verbraucht also insgesamt 4 mol ATP (▣ *Abb. 9-4*).

Neben dem Cori-Zyklus gibt es gleichsinnig noch einen Glukose-Alanin-Glukose-Zyklus, den sog. *Ballzyklus*, bei dem die Glukoneogenese über das Alanin aus der Proteolyse erfolgt, wobei das rezirkulierende Pyruvat auch Stickstoff aus anderen Aminosäuren übernehmen kann und der Leber zur Harnstoffsynthese zuführt.

Aus Untersuchungen mit Isotopen wissen wir, dass die hepatische Glukoseproduktion beim Gesunden 2,2 mg/kgKG/1 min, also 3,2 g/kgKG/24 h beträgt [10]. Die Glukoneogenese ist ein Energie und Sauerstoff verbrauchender Stoffwechselweg. 50% der hepatischen Sauerstoffutilisation sind für die Glukoneogenese notwendig.

9.3.5 »Futile cycling«, Leerzyklus

Energetisch gesehen von größter Bedeutung sind im Kohlenhydratstoffwechsel auch sogenannte »futile cycle« oder Leerzyklus (auch hepatisches »Glukosecycling« genannt (▣ *Abb. 9-5*). Dieser beschreibt die permanente Umwandlung von Glukose zu Glukose-6-Phosphat und umgekehrt. Die Hexokinase setzt dabei über die Phosphorylierung von Glukose zu Glukose-6-Phosphat die Glykolyse in Gang, gleichzeitig wird durch die Dephosphorylierung der Glukose-6-Phosphat die Glukoneogenese beendet.

Energetisch handelt es sich um einen Leerzyklus oder »futile cycle«, da als Nettoeffekt durch die Spaltung von 1 ATP zu ADP + P nur Wärme freigesetzt wird.

Quantitativ findet jedoch hier ca. 20–30% des hepatischen Glukoseumsatzes statt. Für den Organismus ist dies dennoch sinnvoll, da so eine rasche Umschaltung zwischen Glykolyse und Glukoneogenese und damit zeitgerecht eine an die metabo-

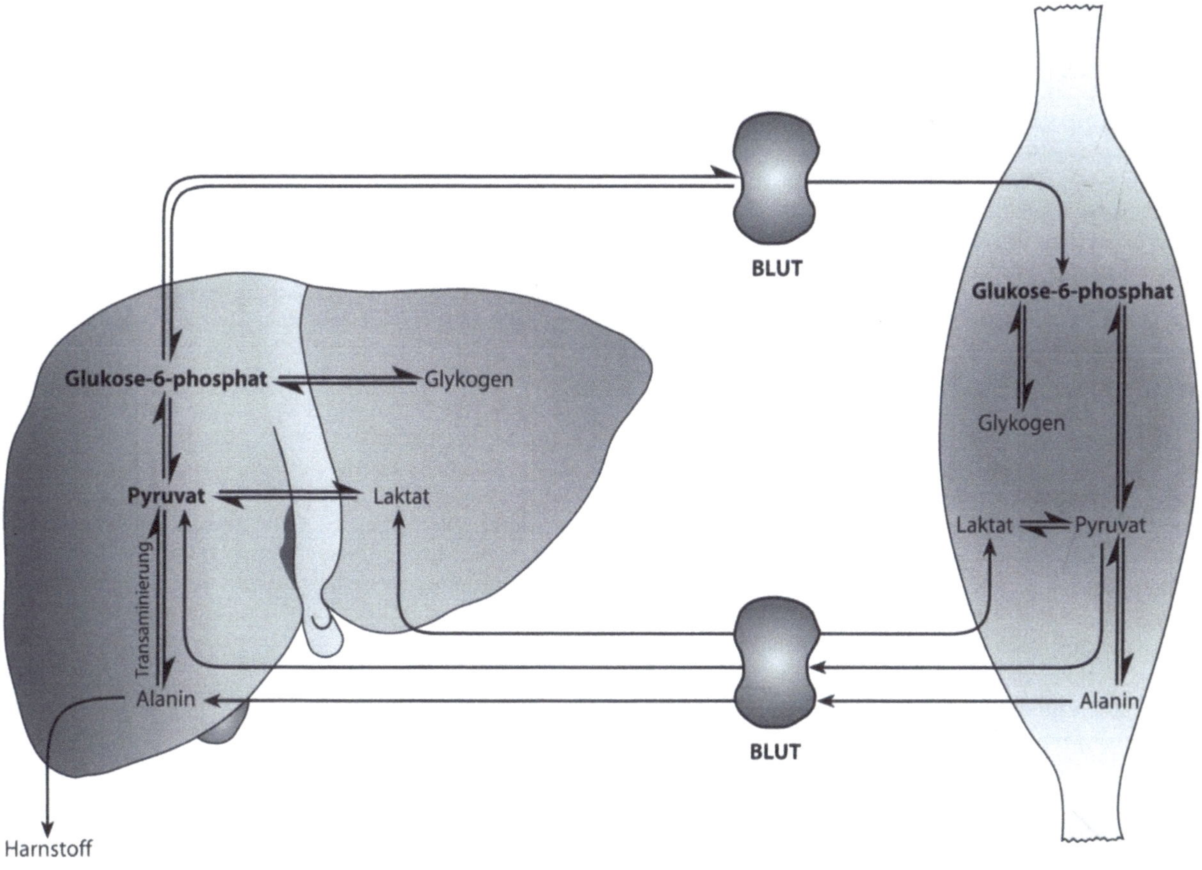

▣ Abb. 9-4. Kohlenhydratstoffwechsel: Interaktion zwischen Leber und Muskulatur

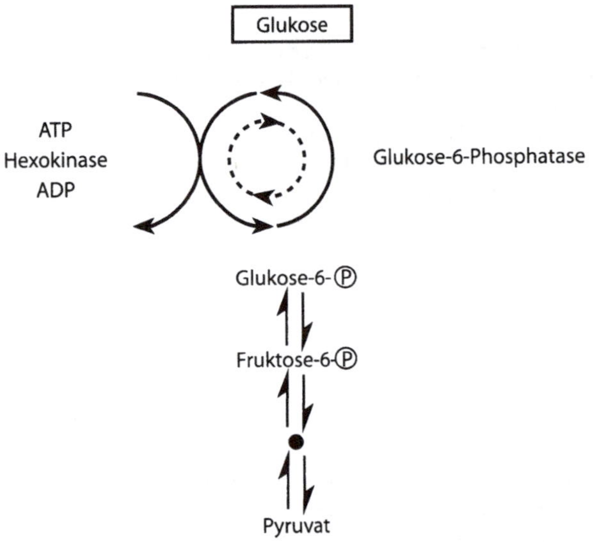

Abb. 9-5. »Futile cycle« (Leerzyklus)

lischen Erfordernisse adaptierte Anpassung des Kohlenhydratstoffwechsels erreicht wird. Sowohl in der Leber als auch in der Muskulatur bezweckt der Organismus die unmittelbare Reaktionsbereitschaft und Energiebereitstellung durch diesen energetisch aufwendigen Zyklus zu Lasten des Energiehaushalts [11].

9.3.6 Glykogensynthese und Glykogenabbau

In kurzen Hungerphasen wird der Glukoseserumspiegel zunächst durch den Abbau der ca. 200 g Glykogenreserven aufrecht erhalten. Bei einer längeren Hungerperioden wird die Glukoneogenese immer bedeutsamer.

Glykogenauf- und -abbau laufen im Bereich der Leber und der Muskulatur ab und sind vorwiegend für die begrenzte, kurzzeitige und lokale Energiegewinnung wichtig. Bei ausreichender Substrat- und Energiezufuhr und unter Einfluss von Insulin ist die Glykogensynthase aktiv und die abbauende Glykogenphosphorylase inaktiv, sodass die Glykogenreserven aufgefüllt werden. Bei Energiemangel oder unter Einfluss von Katecholaminen oder Glukagon besteht eine reziproke Situation. Zusätzlich wird im Muskel bei Aktivität die Phosphorylase aktiviert und so akut Energie aus dem Glykogenabbau zur Verfügung gestellt.

9.4 Hormonelle Regulation des Kohlenhydratstoffwechsels

Die Glukoseaufnahme in die Zelle ist bei einigen Geweben Insulin-unabhängig (z. B. Erythrozyten, Nierenmark, Knochenmark, Leukozyten). Für die Aufnahme von Glukose in die Zellen der metabolisch wichtigen Organe Leber und Muskel ist jedoch Insulin erforderlich. Unter normalen Stoffwechselbedingungen wird der Kohlenhydratstoffwechsel im Wesentlichen durch das Zusammenspiel von Insulin und Glukagon geregelt. Weitere wichtige Faktoren für die Regulation des Zuckerstoffwechsels, insbesondere unter den Bedingungen des sog. Postaggressionsstoffwechsels sind Hormone (Adrenalin, Kortison) und Zytokine (z. B. IL-6 [2]). Sie können sowohl die Aktivität der Schlüsselenzyme der Glukoneogenese direkt beeinflussen, als auch den Substratfluss regeln [6, 9].

Insulin, das durch Glukosezufuhr und Glukoseerhöhung gebildet und freigesetzt wird, fördert die Glukoseelimination aus dem Serum und senkt über die Metabolisierung die intrazelluläre Glukosekonzentration in dem die Gene der glukolytischen Schlüsselenzyme induziert werden und die Gene der glukoneogenetischen Schlüsselenzyme gleichzeitig supprimiert werden. Neben Transkriptions- und Translationssteigerung der Enzyme wird auch die Aktivität der bereits vorhanden Enzyme gesteigert.

Insulin sorgt also für ein Auffüllen der Glykogenspeicher in Leber und Muskelzelle und die Glykolyse. Gleichzeitig wird die Proteolyse im peripheren Muskel, die ja Präkursoren der Glukoneogenese bereitstellt, gestoppt. Dadurch ist Insulin in seiner Wirkung ein anaboles Hormon.

Eine Besonderheit des *Postaggressionsstoffwechsels* ist die sog. *Insulinresistenz*. Es besteht eine verminderte Insulinwirkung auf die Hemmung der hepatischen Glukoseproduktion, der Glukoseaufnahme in die Muskulatur sowie auf den Gesamtglukoseumsatz. Bekannte Insulinwirkungen können erst in unphysiologisch hohen Dosen, in denen es schon unerwünschte Insulinnebenwirkungen auftreten, wie eine Verfettung der Hepatozyten, erreicht werden (s. Kap. 13).

Glukagon als Gegenspieler des Insulin führt zur Freisetzung von Aminosäuren über eine gesteigerte Proteolyse in der Muskulatur. Glukagon und Adrenalin steigern daneben die Lipolyse und sorgen so für eine Glyzerolfreisetzung. Dadurch werden Präkursoren der Glukoneogenese bereitgestellt.

Durch Glukagon und Katecholamine wird in der Zelle die Adenylatcyclase aktiviert. Dieses Enzym macht aus ATP 3,5-cAMP. Dadurch wird intrazellulär eine Steigerung der Konzentration von c-AMP erreicht. c-AMP ist das regulatorische und koordinierende Agens zur Glukosebereitstellung in der Zelle und sorgt als sog. »second messenger« für die Vermittlung der Wirkung der oben genannten Hormone auf den Kohlenhydratstoffwechsel in der Zelle. c-AMP aktiviert einerseits die Glukoneogenese über ihre Schlüsselenzyme Pyruvatcarboxylase und Phosphenolpyruvatcarboxykinase (PEPCK) und verstärkt so die Glukoseproduktion aus den Vorstufen.

Andererseits wird die Freisetzung von Glukose aus ihrer intrazellulären Speicherform – dem Glykogen – gestartet und so eine rasche Energiebereitstellung in Leber und Muskel erreicht. c-AMP aktiviert die Proteinkinase A. Dadurch kommt es über die Aktivierung der Phosphorylasekinase, zur Aktivierung der Glykogenphosphorylase. Dieses Enzym setzt aus Glykogen Glukose-1-Phoshat frei. Im Kohlenhydratstoffwechsel wirken Insulin/Insulin + Glukose einerseits und cAMP (als intrazellulärer Vermittler der Glukagonwirkung) bzw. cAMP und Kortikoide häufig entgegengesetzt. Damit die durch Glukagon induzierte intrazelluläre Glukosebereitstellung noch zeitgerechter geschieht, reguliert dieses Hormon auch den von Wolfe beschriebenen »futile cycle«.

9.5 Einfluss der Kohlenhydratzufuhr

Wolfe et al. [11] zeigten, dass die hepatische Glukoseproduktion beim Gesunden bei 2,2 mg/kgKG/min liegt (=3,2 g/kg/24 h). Durch die Infusion von 1 mg/kgKG/min Glukose konnten sie die hepatische Glukoseproduktion um 35% unterdrücken. Die Infusion von 2 mg/kgKG/min (=2,88 g/kgKG/24 h) führte sogar zu einer Reduktion um 60%. Eine weitere Erhöhung der Glukosegabe auf 4 mg/kgKG/min hatte keine zusätzliche Wirkung. Die Unterdrückung der hepatischen Glukoneogenese bedeutet gleichzeitig, bis zu einem gewissen Grad, die Unterdrückung der Substratmobilisation durch Proteolyse in der Muskulatur.

Die Oxidationsrate bei Infusion von 1 und 2 mg/kgKG/min Glukose beträgt 40%. Bei einer Steigerung der Infusion auf 4 mg/kgKG/min Glukose werden nur noch 30% der infundierten Glukose oxidiert. Durch zusätzliche Gaben von Insulin konnten weder die hepatische Glukoseproduktion weiter reduziert noch die Glukoseoxidationsrate gesteigert werden.

Der Überschuss an zugeführten und gebildeten Kohlenhydraten in Relation zu den abgebauten Kohlehydraten führt über Acetyl-CoA und Glyzerol zur Lipidsynthese in der Leber. Hieraus erklärt sich die Leberverfettung bei Kohlenhydratmast, übermäßigem Alkoholgenuss und Diabetes mellitus oder anderen Formen der Insulinresistenz, z. B. beim kritisch Kranken. Hier gilt es ganz besonders eine Überernährung mit Hyperglykämie und ihren negativen Folgen auf die Nervenzellen und das Immunsystem zu vermeiden.

Auch die Zufuhr von Nicht-Kohlenhydratkalorien beeinflusst den Kohlenhydratstoffwechsel. So führt die Zufuhr von Lipiden, Ketonkörpern oder Fettsäuren zu deren bevorzugter Utilisation in der Muskulatur gegenüber Glukose und so zu einer verminderten Glukoneogenese über Substrat-Enzym-Regulation (sog. *Randle-Mechanismus*).

9.6 Angeborene Störungen des Kohlenhydratstoffwechsels

9.6.1 Glykogenosen

Unter dem Begriff Glykogenosen wird eine Gruppe von Stoffwechselstörungen zusammengefasst, deren Gemeinsamkeit eine abnorme *Speicherung* von normalem *Glykogen* und/oder die Bildung eines *atypischen Glykogens* ist. Zugrunde liegen angeborene in der Regel autosomal-rezessiv vererbte Enzymdefekte (*Tabelle 9-3*).

Glukose-6-Phosphatasemangel (Glykogenose Typ I, M. v. Gierke)

Es handelt sich um die häufigste und schwerwiegendste Störung des Glykogenstoffwechsels, der ein Mangel des Enzyms *Glukose-6-Phosphatase* in Leber, Niere, Dünndarmmukosa und Thrombozyten zugrunde liegt. Damit ist die zentrale Stelle der endogenen Glukosefreisetzung gestört. Es resultiert eine schwere *Hypoglykämie*. Der Enzymmangel führt zu einer Anhäufung von Glukose-6-Phosphat (Glu-6-P). Dieses aktivierte Glykogensynthase und verursacht somit die Glykogenablagerung. Glu-6-P wird glykolytisch zu Pyruvat und Laktat abgebaut. Letzteres führt über Hemmung der renalen Harnsäuresekretion zur *Hyperurikämie*. Die Hypoglykämie führt zu einer verminderten Insulinsekretion, die eine gesteigerte Lipolyse nach sich zieht. In der Folge entwickeln sich eine *Steatose* der Leber und *metabolische Azidose*.

Glukosidasemangel (Glykogenose Typ II, Pompe)

Bei dieser Krankheit fehlt die *lysosomale Exo-1,4-Glukosidase*, die lysosomales Glykogen hydrolytisch abbaut. In verschiedenen Organen kommt es zur erblichen Glykogenablagerungen in Form von vergrößerten, Glykogen-gefüllten Lysosomen. *Glykogenauf- und -abbau laufen außerhalb der Lysosomen ungestört ab.*

Klinisch stehen Muskelschwäche und Kardiomegalie im Vordergrund. Bei letzterer kommt es infolge der Gykogenspeicherung im Herzmuskel zur Herzvergrößerung mit konsekutiven Funktionsstörungen. Der Tod tritt meist im 1. Lebensjahr durch Herzversagen oder Insuffizienz der Atemmuskulatur ein. Die sehr seltene neuromuskuläre Form ist durch Muskelhypotonie mit Hypo- oder Areflexie sowie Sprach- und Schluckstörungen gekennzeichnet. Die Patienten versterben innerhalb der ersten 4 Lebensjahre.

»Debranching«-Enzymmangel (Glykogenose Typ III, Cori-Krankheit)

Die Amylo-1,6-Glukosidase – das »*debranching enzyme*« –, die die Verzweigungsstellen des Glykogens abbaut, fehlt. Das teilabgebaute Glykogen besitzt daher viele Verzweigungen und verkürzte Ketten. Muskel, Leber und Herz sind unterschiedlich betroffen. Da die Glukose aus der Glukoneogenese und den Glykogenseitenketten gewonnen wird, ist die Hypoglyk-

Tabelle 9-3. Glykogenspeicherkrankheiten

Typ	Eigenname	Enzymdefekt	Enzymdiagnostik	Vererbung
Ia	v. Gierke	Glukose-6-Phosphatase	Leber	Autosomal-rezessiv
Ib		Glukose-6-Phosphattranslokase	Leber (frisch)	
Ic		Pi/Ppi-Translokase	Leber (frisch)	
II	Pompe	Lysosomale saure α-Glukosidase	Leukozyten, Firboblasten	Autosomal-rezessiv
III	Cori	Amylo-(1,6)-Glukosidase (»derbaching enzyme«)	Leukozyten, Firboblasten Leber, Erythrozyten	Autosomal-rezessiv
VI	Amylopektiosis	»Branching enzyme«	Leber	Autosomal-rezessiv
V	McArdle	Muskelphosphorylase	Muskel	Autosomal-rezessiv
VI	Hers	Phosphorylase	Leukozyten, Leber	Autosomal-rezessiv
		Phosphorylasekinase	Leukozyten, Leber, Erythrozyten	X-chromosomal bzw. autosomal-rezessiv
VII	Tarui	Muskelphosphofruktokinase	Erythrozyten, Muskel, Fibroblasten	Autosomal-rezessiv

ämie nur mäßig. Ähnlich wie beim Typ I finden sich zudem Hepatomegalie und Muskelschwäche. Im Erwachsenenalter ist das Erscheinungsbild der Krankheit rückläufig.

Amylopektinose (Glykogenose Typ IV, Anderson-Krankheit)

Dieser Krankheit liegt das Fehlen der Amylo-1,4–1,6-Transglukosidase – das *»branching enzyme«* – zugrunde, sodass bei der Glykogenese keine neuen Verzweigungen aufgebaut werden können. Das so gebildete Glykogen besitzt lange, innere und äußere Ketten, hat wenig Verzweigungen und ähnelt dem Amylopektin (Amylopektinose). Klinisch findet sich eine zur Leberzirrhose fortschreitende Hepatosplenomegalie. Die Prognose der Krankheit ist schlecht, die Patienten sterben in den ersten Lebensjahren.

Muskelphosphorylasemangel (Glykogenose V, McArdle-Krankheit)

In der Muskulatur, nicht aber in der Leber und Herzmuskel, fehlt die für die phosphorylytische Spaltung des Glykogens notwendige Phosphorylase. Da das gespeicherte Glykogen bei körperlicher Belastung nicht zu Glukose abgebaut werden kann, kommt es ab dem 2. oder 3. Lebensjahrzehnt unter körperlicher Belastung zu einer raschen Ermüdbarkeit sowie schmerzhaften Muskelkrämpfen, die sich durch Glukosegaben rasch bessern lassen. Die normalerweise bei Muskelarbeit auftretende Laktatproduktion fehlt. Der dabei stattfindende Austritt von Muskelenzymen (LDH, Aldolase) ist diagnostisch verwertbar. Die Prognose der Krankheit ist relativ gut, schwere körperliche Belastung sollte allerdings vermieden werden.

Leberphosphorylasemangel (Glykogenose VI, Hers-Krankheit)

Die Aktivität der hepatischen Phosphorylase ist auf etwa 25% vermindert. Die Leber enthält vermehrt normales Glykogen. Die Freisetzung von Glukose aus Glykogen ist gestört. Die Glukoneogenese läuft jedoch normal ab. Es besteht nur eine geringe Hypoglykämieneigung. Das Krankheitsbild ähnelt dem der Glykogenese Typ I (Hepatosplenomegalie, Belastungshypoglykämie).

Muskelphosphofruktokinasemangel (Glykogenose VII, Tarui-Krankheit)

Die Aktivität der Phosphofruktokinase im Muskel ist herabgesetzt, d. h. die Umwandlung von Fruktose-6-Phosphat zu Fruktose-1,6-Diphosphat ist gestört. Der Enzymdefekt führt zur Anhäufung von Fruktose-6-Phosphat sowie von Glukose-6-Phosphat, das die Glykogensynthase aktiviert, sodass der Glykogenabbau verstärkt ist. Wie beim Muskelphosphorylasemangel (Typ V) kommt es als Folge verminderter Glykogenvorräte nach körperlicher Belastung zu einer rasch eintretenden Ermüdung und Muskelschwäche, die allerdings im Gegensatz zum Typ V nicht durch Gabe von Glukose und Glukagon behoben werden kann. Der Glykogengehalt der Muskulatur ist erhöht, die Laktatproduktion des Muskels fehlt.

Phosphorylasekinasemagel der Leber (Glykogenose VIII, Haijing-Krankheit)

Zugrunde liegt ein Mangel an *Phosphorylasekinase* in Leber, Leukozyten und Erythrozyten. Zwar steht der Leber ausreichend Phosphorylase zur Verfügung, sie jedoch infolge des Mangels spezifischer Kinase unzureichend phosphoryliert und somit inaktiv. Die biochemischen Folgen sind somit die gleichen wie beim Phosphorylasemangel selbst (s. Typ VI). Die Aktivität der Phosphorylasekinase der Muskulatur ist normal.

9.6.2 Fruktosestoffwechseldefekte

Der Fruktosestoffwechsels kann an 3 Stellen gestört sein. Bei Fehlen der Fruktokinase kommt es zu der *benignen Fruktosurie*, die keinen Krankheitswert besitzt und nur zufällig diagnostiziert wird. Weniger harmlos ist die *hereditäre Fruktoseintoleranz* (HFI), der ein Defekt der *Fruktose-1,6-Phosphat-Aldolase* zugrunde liegt. Der *Fruktose-1,6-Diphosphatasemangel*, ein Defekt der Glukoneogenese, manifestiert sich klinisch wie eine milde Verlaufsform der hereditären Fruktoseintoleranz.

Hereditäre Fruktoseintoleranz (HFI)

Ursache der HFI ist der Mangel des Enzyms *Fruktose-1,6-Phosphat-Aldolase B*. Von der Mutation ist nur die Aldolase B der Leber und Nieren betroffen. Die Häufigkeit der Erkrankung wird auf ca. 1:60.000 geschätzt, obwohl Einzelinzidenzen bis 1:20.000 festgestellt wurden [7]. Durch den Defekt kommt es zu einer Anhäufung von toxischem Fruktose-1-Phosphat, das sowohl die Fruktose-1,6-Phosphat-Aldolasereaktion als auch die Fruktose-1,6-Diphosphatase hemmt. Damit wird die Glukoneogenese in ihren letzten Schritten blockiert. Zusätzlich hemmt das angestaute Fruktose-1-Phosphat die Leberphosphorylase, wodurch eine Störung der Glykogenolyse und damit eine gestörte Glukosebereitstellung hinzukommt.

Symptome entwickeln Patienten erst nach Kontakt mit Fruktose, der zeitlich extrem variabel über das erste Lebensjahr verteilt sein kann. Bei gestillten Säuglingen ist der Erstkontakt bei Übergang auf Beikost (Säfte, Früchte, Gemüse) oder beim Übergang auf eine fruktosehaltige Folgemilchnahrung der Fall.

Klinisch imponiert das Krankheitsbild bei Säuglingen als *»sepsisartig«*.

Erbrechen, Hypoglykämie, Gerinnungsstörung, Durchfall und Schock sind typische klinische Merkmale der Erkrankung. Bei geringer Fruktosezufuhr (weniger als 1–2 g/24 h) ist der Verlauf oft protrahiert und klinisch lediglich durch Fütterungsschwierigkeiten und Gedeihstörung gekennzeichnet. Klinisch chemisch lässt sich jedoch immer eine Gerinnungsauffälligkeit im Sinne einer PTT-Verlängerung nachweisen. Der diagnostische Enzymnachweis erfolgt im Biopsiematerial der Leber oder der Dünndarmschleimhaut. Neuerdings kann auch die molekularbiologische Analyse durch den Mutationsnachweis der Aldolase-B-Gens (A149P) diagnostisch herangezogen werden. Die Heterogenität der HFI mit unterschiedlicher Restaktivität der Aldolase B und unterschiedlicher Empfindlichkeit der Betroffenen gegenüber Fruktose spiegelt sich auch auf Genniveau wider.

Fruktose-1,6-Diphosphatasemangel

Beim Fehlen des Schlüsselenzyms der Glukoneogenese (Abb. 9-6) muss der Blutzuckerspiegel durch vermehrte Glykogenolyse aufrecht erhalten werden. Sind die Glykogenvorräte verbraucht, kommt es zur Hypoglykämie. Die Gabe von Fruktose löst deshalb eine Hypoglykämie aus, da die aus

Fruktose entstehenden Triosen nicht zu Glukose umgewandelt, sondern zu Laktat abgebaut werden und die sich anhäufenden Metabolite, Fruktose-1,6-Diphosphat und Fruktose-1-Phosphat, ihrerseits die Glykogenphosphorylase und damit den Abbau von Glykogen zu Glukose hemmen.

Klinisch imponieren schwerste *hypoglykämische Krisen* und *Laktazidosen* nach Nahrungskarenz bei Infekten und Erbrechen. Sie können durch Glukoseinfusionen und Azidoseausgleich überwunden werden (s. Kap. 49z).

9.6.3 Störungen des Galaktosestoffwechsels

Mit der Nahrung aufgenommenene Galaktose wird in 3 enzymatischen Schritten in Glukose umgewandelt (s. *Abb. 9-6*). Angeborene Defekte sind für alle 3 Enzyme bekannt und führen immer zu einer Galaktoseerhöhung im Blut (Galaktosämie) und Urin [7].

Galaktokinasemangel (GALK)

Beim Galaktokinasemangel ist die Phosphorylierung von Galaktose zu Galaktose-1-Phosphat gestört. Galaktose und *Galaktitol* häufen sich an. Mit der Nahrung aufgenommene Galaktose wird zu 80% unverändert und zu 20% als Galaktitol über den Urin ausgeschieden. Unter Umgehung der Galaktokinasereaktion wird ein kleiner Teil der Galaktose abgebaut. *Hauptsymptom* ist ein oftmals bereits der bestehender Katarakt. *Galaktose-1-Phosphat* in den Blutzellen ist nicht erhöht [7].

Galaktose-1-Phophaturidyltransferasemangel (Galaktosämie)

Es besteht ein Mangel des Enzyms *Galaktose-1-Phosphat-Uridyltransferase*, das die Umwandlung von Galaktose in Glukose katalysiert (GALT). Konsekutiv kommt es zu einem Aufstau des toxisch wirkenden *Galaktose-1-Phosphats*. Gleichzeitig fällt *Galaktit* (Dulcit), die Alkoholform der Galaktose an, das wesentlich an der Kataraktbildung der Augenlinse beteiligt ist (s. oben).

Bis heute sind mindestens 91 Varianten des Enzyms bekannt. Die beiden häufigsten Formen, benannt nach den beiden südkalifornischen Städten ihrer Erstbeschreibung – *Duarte (D) und Los Angelos (LA)* – weisen etwa die Hälfte der normalen Enzymaktivität auf. Beiden liegt die gleiche Mutation zugrunde (Asn314Asp).

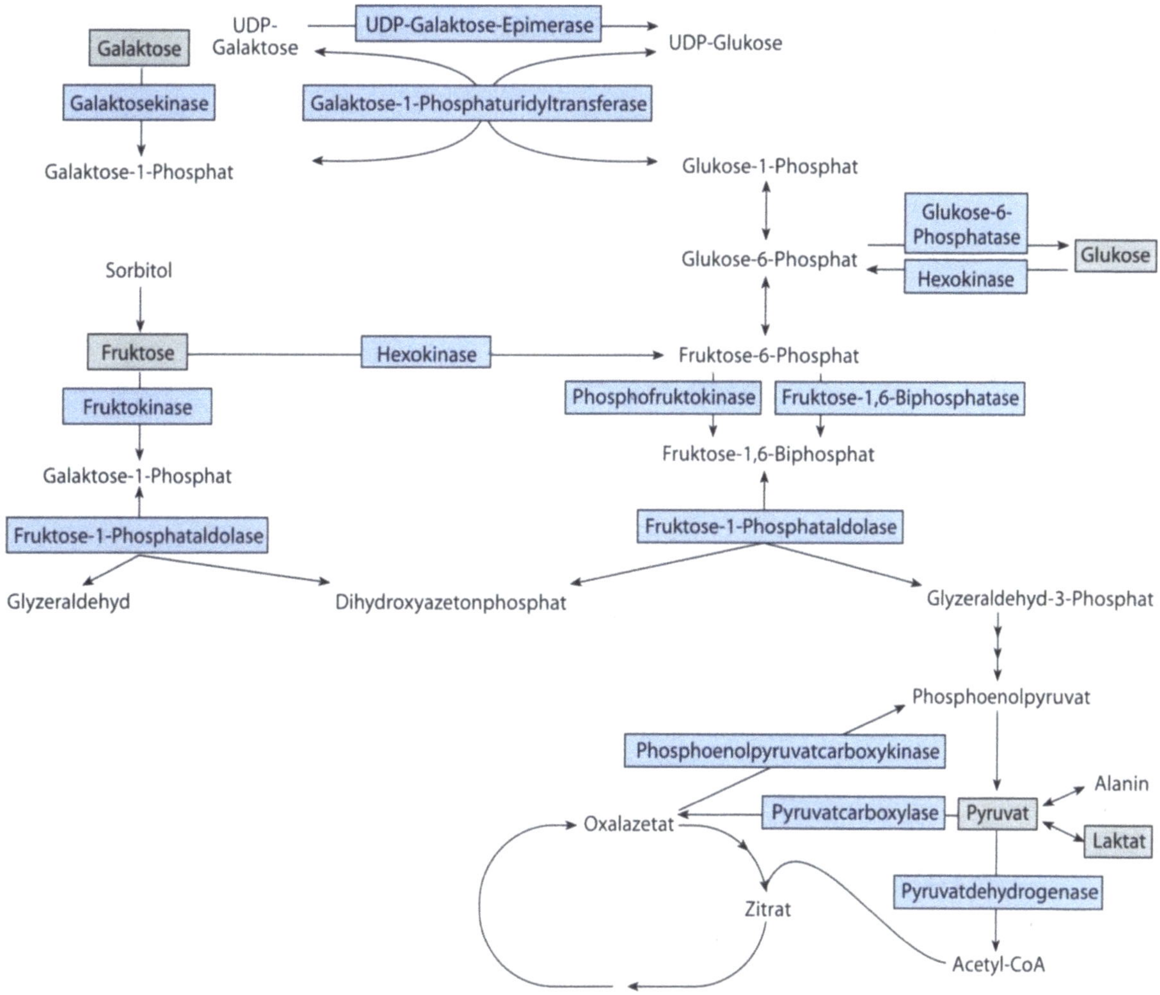

Abb. 9-6. Abläufe und Störungen des Stoffwechsels von Galaktose, Fruktose und Pyruvat

Bei klinisch unauffälligen Personen findet sich die niedrigste Enzymaktivität bei gleichzeitiger Heterozygotie für die klassische Galaktosämie und die Duarte-Variante (»compound«-Heterozygotie). Mit zunehmendem Alter werden Gedeihstörungen, Minderwuchs und geistige Retardierung deutlich. Nierenfunktionsstörungen im Sinne eines De-Toni-Debre-Fanconi-Syndroms treten auf.

UDP-Galaktose-4′-Epimerasemangel

Es liegt ein Mangel an *UDP-Galaktose-4′-Epimerase* (GALT) vor, was zur Anhäufung sowohl von Galaktose-1-Phosphat als auch UDP-Galaktose führt (*Abb. 9-6*). Sind nur die Erythrozyten betroffen, bleibt dieser Defekt symptomlos. Generalisiert entspricht er klinisch der klasssichen Galaktosämie.

9.6.4 Störungen des Pyruvatstoffwechsels

Defekte des Pyruvatdehydrogenasekomplexes – auch als Dihydrolipoatdehydrogenase bezeichnet – können alle Unterheiten betreffen. Pathogenetisch am wichtigsten ist der Mangel an Azetyl-CoA, das eine Schlüsselstellung zwischen Zitronensäurezyklus und Fettsäuresynthese einnimmt. Klinisch findet sich bereits bei jungen Säuglingen eine lebensbetrohliche Azidose mit Hypotonie, Gedeihstörung, Krampfanfällen und Dysmorphien. Die neurologischen Störungen nehmen mit dem Alter zu.

Literatur

1. Buddecke E (1994) Grundriss der Biochemie. De Gruyter, Berlin
2. Ebener C, Vydelingum NA, Baumann H, Röher HD, Brennan MF (1992) Interleukin-6 induziert die Glukoneogenese in Hepatozyten-Primärkulturen. In: Gall FP, Beger HG, Ungeheuer E (Hrsg) Chirurgisches Forum. Springer, Berlin Heidelberg New York Tokio
3. Georgieff M, MoldawerLL, Wagner D et al. (1987) Stoffwechselorientierte postoperative Ernährungstherapie – Möglichkeiten und Grenzen der Anwendung von Glukose und Xylit. Infusionsther Klin Ernähr 14:3–64
4. Jauch KW (1997) Chirurgischer Metabolismus. Chirurg 68:551–558
5. Jungas RL, Halperin ML, Brosnan JT (1992) Quantative analysis of amino acid oxidation and related gluconeogenesis in humans. Physiol Rev 72:419–448
6. Mizock BA (1995) Alterations in carbohydrate metabolism during stress: A Review of the literature. Am J Med 98:75–84
7. Petry KG, Reichardt JKV (1998) The fundamental importance of human galactose metabolism: lessons from genetics and biochemistry. Trends Genet 14:98–102
8. Rehner G, Daniel H (1999) Biochemie der Ernährung. Spektrum Akademischer Verlag, Heidelberg Berlin
9. Schricker T (1997) Was können wir von Kohlenhydraten während unterschiedlicher Inflammationszustände erwarten? J Anästh Intensivbeh 4:125–126
10. Wolfe RR, Allsop JR, Burke JF (1979) Glukose metabolism in man: responses to intravenous glucose infusion. Metabolism 28:210–230
11. Wolfe RR, Herndon DN, Jahoor F, Miyoshi z, Wolfe M (1987) Effect of severe burn injury on substrate cycling by glucose and fatty acids. N Engl J Med 317:403

Lipid- und Lipoproteinstoffwechsel

J. Stein, H. Böhles

Störungen des Lipid- und Lipoproteinstoffwechsels gehen häufig mit einem erhöhten Risiko für die Entwicklung kardiovaskulärer Krankheiten einher. Für die Manifestation und die Ausprägung sind sowohl genetische Faktoren als auch Umweltfaktoren, insbesondere die Ernährung, von Bedeutung. Im Folgenden sollen die Strukturen der Lipide, ihr Stoffwechsel und mögliche Störungen dargestellt werden.

10.1 Fettsäure- und Triglyzeridstoffwechsel

Die entscheidende biochemische Größe des Lipid- und Lipoproteinstoffwechsels sind die sowohl aus exogenen als auch endogenen Quellen stammenden Fettsäuren, denen neben ihrer Funktion als Hauptenergiespeicher insbesondere als Botenstoffe eine Reihe weiterer zentraler Funktionen zukommt (s. Kap. 5).

10.1.1 Biosynthese

Je nach Stoffwechselsituation werden Fettsäuren in einem Kreisprozess über Fettgewebe und Leber an den Ort des Energiebedarfs, d. h. der Fettsäureoxidation gebracht. Die Auffüllung des Fettsäurepools kann *exogen* (insbesondere essenzielle Fettsäuren) oder *endogen* aus Kohlenhydraten über *Acetyl-CoA* als Ausgangssubstrat erfolgen. Diese sog. *Lipogenese* findet überwiegend in Leber und Fettgewebe statt und kann in 6 Schritte eingeteilt werden:

- Bildung von Acetyl-CoA aus Glukose;
- Transport des Acetyl-CoA aus den Mitochondrien ins Zytoplasma;
- Bildung von Fettsäure-Acyl-CoA aus Acetyl-CoA;
- Bereitstellung des dafür notwendigen NADPH;
- Bildung von α-Glycerophosphat (α-GP) aus Glukose;
- Triglyzeridsynthese aus 3 Fettsäure-Acyl-CoA + α-GP.

Die *Geschwindigkeit* der Fettsäurebiosynthese hängt weitgehend von *nutritiven Faktoren* ab. Bei überwiegender *Kohlenhydratzufuhr* ist sie hoch (Speicherung von überschüssigen aufgenommenen Kohlenhydraten). Dagegen führt ein Anteil von 2,5% Fett in der Nahrung bereits zu einer messbaren Reduktion der Lipogenese aus Kohlenhydraten (Beziehungen zum Kohlenhydratstoffwechsel s. Kap. 12). Eine deutliche Hemmung der Lipogenese findet sich auch während längeren Fastens oder bei Diabetes mellitus [15].

10.1.2 Regulation der Fettsäurebiosynthese

Regelgrößen sind die *Acetyl-CoA-Carboxylase* und die *Pyruvatdehydrogenase.*

Langkettiges Acyl-CoA hemmt als Endprodukt der Fettsäuresynthese die Aktivität der Acetyl-CoA-Carboxylase, d. h. sich anstauendes Acyl-CoA blockiert die weitere Synthese von Fettsäuren. Zustände, bei denen es zum zellulären Anstieg von Acyl-CoA kommt, sind v. a. eine gesteigerte Lipolyse oder eine gesteigerte exogene Zufuhr (s. oben). In Gegenwart von Insulin und einem ausreichenden Glukoseangebot an die Zelle nimmt die Aktivität des Enzyms dagegen zu.

Zweiter reaktionsgeschwindigkeitsbestimmender Schritt ist die durch die *Pyruvatdehydrogenase* katalysierte Bildung von Acetyl-CoA aus Pyruvat. Die Aktivität des Enzyms unterliegt insbesondere einer direkten Regulation durch Insulin (Interkonvertierung in die aktive Form durch Dephosphorylierung). Ohne Insulin (z. B. bei Nahrungskarenz oder Diabetes mellitus) liegen weniger als 10% des Enzyms in seiner aktiven Form vor.

Zur Biosynthese von Triazylglyzerinestern müssen zunächst Fettsäuren und Glyzerin in ATP-abhängigen Prozessen mittels *Thiokinase* bzw. *a-Glyzerophosphat-Dehydrogenase* aktiviert werden. Im ersten Schritt verknüpft dann das Enzym Acyl-CoA-Glycerin-3-Phosphat-Acyl-Transferase 2 Moleküle Acyl-CoA mit α-Glyzerophosphat.

10.1.3 Abbau und Ketogenese

Der Abbau von gespeicherten Triglyzeriden im Fettgewebe wird eingeleitet durch die Aktivierung der »hormonsensitiven Lipase« (Katecholamine, ACTH, Glukagon). Im Rahmen dieser Fettgewebslipolyse werden täglich 180 mmol freie Fettsäuren insbesondere in Muskulatur und Leber angeliefert. Nach Aktivierung der freien Fettsäuren mit Koenzym A und Transport durch die innere Mitochondrienmembran mittels Carnitin, erfolgt der Abbau der Fettsäuren durch β-Oxidation bis zum Acetyl-CoA (*Abb. 10-1*). Neben der Endoxidation zu CO_2 und H_2O im Zitratzyklus kommen 3 weitere Stoffwechselwege in Frage, deren Richtung vom jeweiligen Organ und der Stoffwechselsituation bestimmt wird:

- Sterolsynthese,
- Lipogenese,
- Ketogenese.

Die Bildung der Ketonkörper *Aceton, b-Hydroxybutyrat* und *Acetoacetat* ist mit dem Intermediärstoffwechsel der freien Fettsäuren eng verbunden und findet ausschließlich in der Leber statt. Da die Leber allerdings diese Substrate selbst nicht verwerten kann, kommt es zu einem ständigen Fluss von Ketonkörpern in die Peripherie.

Unter normalen Stoffwechselbedingungen ist der Influx von freien Fettsäuren in die Leber gering, β-Oxidation der Fettsäuren und Endoxidation von anfallendem Acetyl-CoA im Zitratzyklus werden durch die Verfügbarkeit von freiem Koenzym A gesteuert, das seinerseits aus *Oxalacetat* und Acetyl-CoA gebildet wird. Im *Hunger* (Fasten) führen einerseits die *gesteigerte Lipolyse* mit erhöhtem hepatischen Influx freier Fettsäuren, andererseits durch die gesteigerte *Glukoneogenese* zum Absinken des Oxalacetats und somit zum Abfall von Koenzym A. Unter diesen Bedingungen erfolgt dann die enzymatische Regenerierung von Koenzym A über den *Hydroxy-*

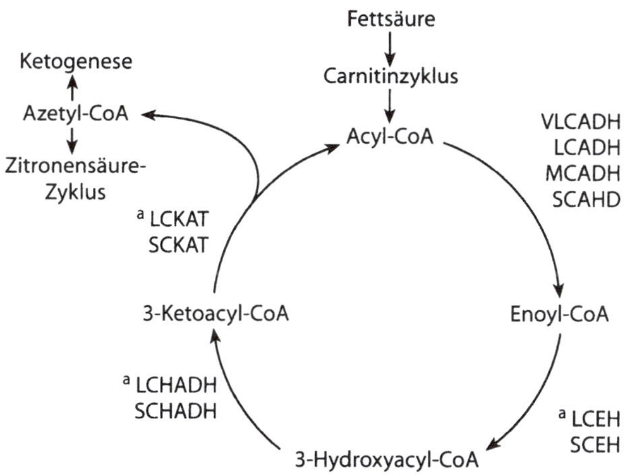

Abb. 10-1. Substrate und Reaktionsfolgen der β-Oxidation. *VLCADH* sehr langkettige Acyl-CoA-Dehydrogenase, *LCADH* langkettige Acyl-CoA-Dehydrogenase, *MCADH* mittelkettige Acyl-CoA-Dehydrogenase, *SCADH* kurzkettige Acyl-CoA-Dehydrogenase, *LCEH* langkettige Enoyl-CoA-Hydratase, *SCEH* kurzkettige Enoyl-CoA-Hydratase, *LCHADH* langkettige 3-Hydroxyacyl-CoA-Dehydrogenase, *SCHADH* kurzkettige 3-Hydroxyacyl-CoA-Dehydrogenase, *LCKAT* langkettige 3-Ketothiolase, *SCKAT* kurzkettige 3-Ketothiolase

methylglutaryl-CoA-Zyklus, indem 2 Moleküle Acetyl-CoA zu Acetoacetat und Koenzym A umgesetzt werden.

> Die Ketogenese der Leber im Hungerzustand ist demnach als ein physiologischer Zustand (physiologische Ketonämie) zu betrachten, da Ketonkörper für periphere Organe wie Herz- und Skelettmuskulatur, Niere eine wichtige Energiealternative zur Glukose darstellen. Dementsprechend steigt die Ketonkörperkonzentration im Serum von etwa 0,15 mmol/l auf Werte um 5 mmol/l im Hungerzustand an.

10.1.4 Störungen der mitochondrialen Fettsäureoxidation

Angeborene Störungen der mitochondrialen Fettsäureoxidation können, einschließlich von Störungen des Fettsäuretransports in die Mitochondrien, sämtliche Enzyme der β-Oxidation betreffen (*Tabelle 10-1*). Da ein intrazellulärer Anstieg freier Fettsäuren in Form ihrer Acyl-CoA-Verbindungen mit der Hemmung der Glukoneogenese verbunden ist (s. *Abb. 10-3*), gehen grundsätzlich alle Störungen der mitochondrialen Fettsäureoxidation (Ausnahme: kurzkettiger Acyl-CoA-Dehydrogenasemangel) mit einer hypokinetischen Hypoglykämie einher.

Störungen des Carnitinstoffwechsels

Langkettige Fettsäuren werden in Bindung an Carnitin über die innere Mitochondrienmembran transportiert (*Abb. 10-2*), um nachfolgend in der ß-Oxidation abgebaut

Tabelle 10-1. Charakterisierung von angeborenen Störungen der mitochondrialen β-Oxidation von Fettsäuren

Enzymdekt	Manifestationsalter	Hypotonie/ Myopathie	Hepatomegalie	Kardiomegalie	Hypoketotische Hypoglykämie	Myalgie	Myoglobinurie
Carnitintransport	6 Monate bis 4 Jahre	+	+	+	+		
Carnitinpalmityltransferase I	<1 Jahr	+	(+)		+		
Acylcarnitintransketolase	Neugeborene	+	+	AV-Block	+		
Carnitinpalmityltransferase		+	+			+	+
muskuläre Form	5.–30. Lebensjahr			AV-Block	(+)		
infantile Form	<6 Monate				+		
Kurzkettige Acyl-CoA-Dehydrogenase	>1 Jahr	+	+		+		
Mittelkettige Acyl-CoA-Dehydrogenase	6 Monate bis 4 Jahre	+	(+)	(+)	+		
Langkettige Acyl-CoA-Dehydrogenase	Neugeborene–>10 Jahre	+	+	+	+	+	+
Sehr langkettige Acyl-CoA-dehydrogenase	Neugeborene	+	+	Kammerflimmern			
Langkettige 3-Hydroxy-Acyl-CoA-Dehydrogenase	Neugeborene–1 Jahr	+	+	+	+	+, Retinitis pigmentosa, + periphere Neuropathie	+
3-Oxoacyl-CoA-Thiolase	<2 Jahre	+	+				
Multiple Acyl-CoA-Dehydrogenase	Neugeborene–19 Jahre	+	+	+	+		
a) Elektronentransferierender Faktor (ETF)							
b) ETF-Dehydrogenase							
c) Riboflavin-responsiv							
2,4-Dienoyl-CoA-Reduktase	Neugeborene	+		+			

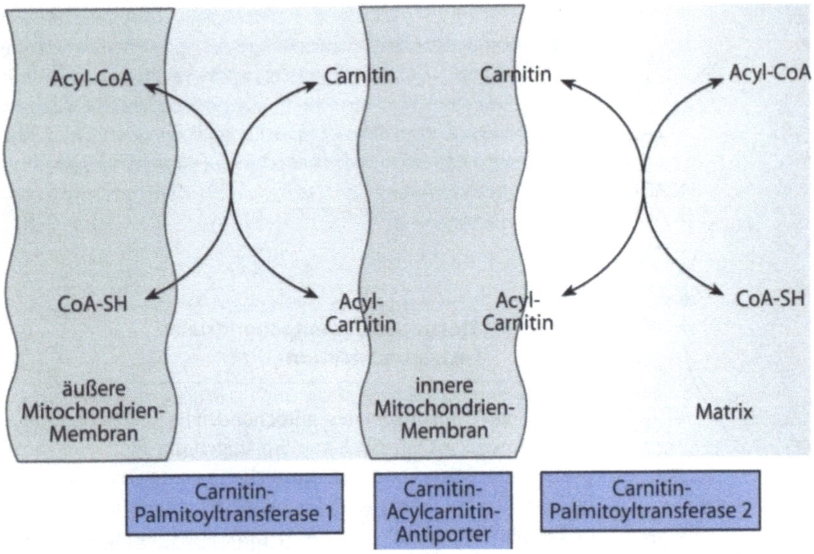

Abb. 10-2. Carnitin als Carrier von langkettigen Fettsäuren in die innere Mitochondrunmembran

zu werden (s. oben). Derzeit sind 4 angeborene Defekte im Zusammenhang mit Carnitin bekannt:
- Defekt des Carnitintransports über die Zytoplasmamembran (systemischer Carnitinmangel),
- Carnitinpalmitoyltransferase-I-Mangel (CPT-I-Mangel),
- Carnitinpalmitoyltranslokasemangel,
- Carnitinpalmitoyltransferase-II-Mangel (CPT-II-Mangel).

Systemischer Carnitinmangel

Bei diesem Defekt ist die *Carnitinaufnahme* in die Zelle durch den Mangel des Carnitintransportproteins gestört. Der Defekt betrifft *Skelettmuskulatur, Nieren, Leukozyten und Fibroblasten* [23]. Die Aufnahme in die Leberzelle ist dagegen unbeeinträchtigt. In den energetisch von Fettsäuren abhängigen Geweben, wie z. B. der Skelettmuskulatur, führt die mangelnde Carnitinverfügbarkeit zu einer unzureichenden Belieferung der intramitochondrialen β-Oxidation mit langkettigen Fettsäuren.

Durch die *renalen Carnitinverluste* kommt es zusätzlich zu einer sekundären *Carnitinverarmung der Leber*. In den betroffenen Geweben ist die Speicherung von Fett nachweisbar. *Fettvakuolen* können auch in Granulozyten nachweisbar sein (*Jordan-Phänomen*). Die überwiegende Zahl der Patienten wurde im Säuglings- und frühen Kleinkindesalter durch hypoketotische Hypoglykämien und Muskelschwäche einschließlich einer Kardiomyopathie, die häufig das Leitsymptom darstellt, auffällig.

Carnitinpalmitoyltransferase-I-Mangel (CPT-I-Mangel)

Die CPT I ist an der Innenseite der äusseren Mitochondrienmembran lokalisiert. Beim CPT-I-Mangel erfolgt keine Übertragung der über die innere Mitochondrienmembran zu transportierenden Fettsäure auf das Carnitinmolekül, wodurch eine nachfolgende Fettsäureoxidation nicht mehr möglich ist. Ein CPT-I-Mangel wurde bisher nur in der Leber nachgewiesen. Patienten werden im späten Säuglings- bzw. frühen Kleinkindesalter meistens im Rahmen von leichten Infekten auffällig. *Die Symptome* werden von einer Kombination aus Hepato- und Enzephalopathie (*»Reye-like«-Symptomatik*) *dominiert*. Eine erhöhte Plasmacarnitinkonzentration bei gleichzeitig bestehender hypoketotischer Hypoglykämie stellt eine diagnostisch charakteristische Situation dar [5].

Carnitinpalmitoyltranslokasemangel

Die in der CPT-I-Reaktion gebildeten Carnitinester langkettiger Fettsäuren werden durch die Translokase in das Mitochondrieninnere transportiert. Das klinische Bild ist durch hypoglykämische Episoden, rezidivierendes Erbrechen und kardiologische Auffälligkeiten gekennzeichnet. Ein diagnostisch verwertbares Zeichen ist der Nachweis erhöhter Konzentrationen langkettiger Carnitinester [25].

Carnitinpalmitoyltransferase-II-Mangel

Nach dem Transport über die innere Mitochondrienmembran wird der langkettige Fettsäurecarnitinester durch die Aktivität der *Carnitinpalmitoyltransferase II* wieder in die Fettsäure-CoA-Verbindung rücküberführt. Das Ausmaß der enzymatischen Restaktivität ermöglicht die Unterscheidung einer sich erst relativ spät als Myopathie manifestierenden Erkrankung (Restaktivität >ca. 20%) von einer bereits im jungen Säuglingsalter auftretenden fulminanten Verlaufsform (Restaktivität <ca. 20%), die von einer schweren Kardiomyopathie dominiert wird. Für die Herzrhythmusstörungen werden langkettige Acylcarnitine verantwortlich gemacht. Bei ca. 20% der Patienten sind Lipidspeicherphänomene in der Muskulatur nachweisbar. Wie beim Acylcarnitintranslokasemangel kommt es auch beim CPT-II-Mangel zu einer im Plasma nachweisbaren Anhäufung langkettiger Fettsäurecarnitinester.

Störungen der Fettsäureoxidation

Die Störungen betreffen die *intramitochondrialen* Enzyme der β-Oxidation. Es bestehen eigene Enzymsysteme für kurz-, mittel- und langkettige Fettsäuren.

Azyl-CoA-Dehydrogenasemangel sehr langkettiger Fettsäuren (VLCAD)

Diese Störung betrifft den ersten Schritt im β-oxidativen Abbau von Fettsäuren mit einer Kettenlänge über 18 C-Atomen. *Leitsymptome* sind eine Kardiomyopathie bei gleichzeitig bestehenden Hypoglykämien. Die Diagnose wird durch den Nachweis langkettiger Azylcarnitine mittels Tandemmassenspektrometrie gestellt.

Azyl-CoA-Dehydrogenasemangel mittelkettiger Fettsäuren (MCAD)

Der MCAD-Mangel ist die Störung des ersten Schrittes des intramitochondrialen β-oxidativen Abbaus *mittelkettiger* Fettsäuren. Es handelt sich um die *häufigste Störung* der Fettsäureoxidation. Durch den Defekt kommt es zur Anhäufung aktivierter mittel- und auch längerkettiger Fettsäuren, die durchaus toxische Wirkung haben können. Die Patienten werden in der Regel zwischen dem Alter von 6 Monaten und 2 Jahren klinisch auffällig. Im Vordergrund steht die Nüchternintoleranz bei gleichzeitig bestehender hepatozerebraler Auffälligkeit, die einem Reye-Syndrom entsprechen können. Die klinische Ausprägung kann sehr variabel sein. Es wurden auch asymptomatische Patienten beschrieben. Charakteristischerweise kann bei diesen Patienten eine erhöhte *Oktanoylcarnitinkonzentration* im Plasma nachgewiesen werden.

10.2 Cholesterin und Gallensäurestoffwechsel

Cholesterin besitzt die für alle Steroide charakteristische 4-Ring-Struktur mit einer sekundären Hydroxylgruppe in C3-Stellung. Ist diese Hydroxylgruppe unverestert, spricht man von freiem Cholesterin (s. Kap. 5).

10.2.1 Biosynthese und Metabolismus des Cholesterins

Sämtliche C-Atome des Sterangerüsts leiten sich vom Acetyl-CoA ab. Der erste Schritt der Cholesterinbiosynthese besteht in der Bereitstellung aktivierter Isoprenreste, die als Ausgangspunkt der Synthese von β-Hydroxy-β-Methylglutaryl-CoA (HMG-CoA) dienen. Dieses Intermediärprodukt ist auch Zwischenprodukt der intramitochondrialen Ketonkörpersynthese. Für die Cholesterinbiosynthese wird allerdings *zytosolisches HMG-CoA* benötigt. Zunächst wird 3-HMG-CoA durch die *3-HMG-CoA-Reduktase* zu *Mevalonsäure* reduziert, deren Aktivität durch die Menge des intrazellulären Cholesterins beeinflusst wird (»Endprodukthemmung«).

Wichtigstes Regulativ auf ein gesteigertes Angebot mit der Nahrung ist die Drosselung der endogenen Synthese, wobei Leber (85%) und Intestinaltrakt (12%) zusammen 97% der körpereigenen Cholesterinsynthese bestreiten (*Abb. 10-3*). Das reaktionsgeschwindigkeitsbestimmende Enzym für die gesamte Cholesterinbiosynthese ist die 3-HMG-CoA-Reduktase. Im Hunger ist die Aktivität des Enzyms reduziert, was die niedrigen Cholesterinspiegel beim Fasten erklärt. Ähnlich niedrige Enzymaktivitäten finden sich beim Diabetes mellitus und bei Hypothyreose. Die dennoch erhöhten Cholesterinwerte sind auf einen verminderten Cholesterinumsatz und eine Ausscheidung zurückzuführen. Umgekehrtes gilt für die Hyperthyreose (s. Kap. 12).

Von besonderer Bedeutung ist die *Regulation* der 3-HMG-CoA-Reduktase auf der Ebene der *Transkription*, die auch die 3-HMG-CoA-Reduktase, die *HMG-CoA-Synthase, die Prenyltransferase* und den *LDL-Rezeptor* in gleicher Weise betrifft. *Posttranskriptional* kann die 3-HMG-CoA-Reduktase durch eine *AMP-aktivierte Proteinkinase inaktiviert* werden. Eine Phosphoproteinphosphatase macht diesen Effekt, dessen Bedeutung noch weitestgehend unklar ist, rückgängig.

10.2.2 Abbau des Cholesterins und Gallensäuresynthese

Die enzymatische Ausstattung des Organismus zum Abbau von Cholesterin ist dagegen bescheiden. Die einzige Modifikation des Sterangerüstes ist seine Umwandlung zu Gallensäuren (beim Menschen etwa 1 g/24 h). Im ersten Schritt erfolgt die Hydroxylierung in der 7α-Position durch das mikrobielle Schlüsselenzym, die *7α-Hydroxylase*. Die weiteren Hydroxylierungen am Ring und der oxidative Abbau der Seitenkette laufen sowohl in den Mitochondrien als auch in den Peroxisomen ab. Die so gebildeten primären Gallensäuren (Cholsäure und Chendesoxycholsäure) werden mit Glyzin bzw. Taurin konjugiert und als Konjugat in die Galle ausgeschieden.

Unter der Annahme einer täglichen Gallensekretion von etwa 500 ml lässt sich ein täglicher Umsatz an Gallensäuren von etwa 10–12 g errechnen. Die tatsächliche Synthese durch

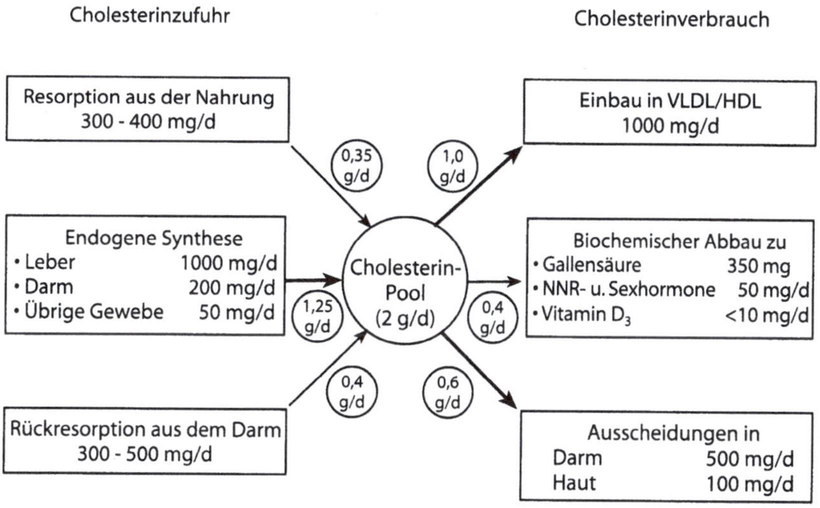

Abb. 10-3. Cholesterinbiosynthese und Regulation auf der Ebene der Transkription

die Leber liegt bei etwa 1 g, was dem täglichen Verlust im Stuhl entspricht. Über 90% der mit der Galle ins Duodenum eingebrachten Gallensäuren werden im Ileum mit Hilfe eines *aktiven Transportsystems* rückresorbiert (s. Kap. 4).

10.2.3 Anomalien des Cholesterinstoffwechsels: Cholesterinspeicherkrankheiten

Bei dieser relativ *benigne* verlaufenden Krankheit kommt es bedingt durch das Fehlen der *lysosomalen Cholinesterhydrolase* zur Speicherung von Cholesterinestern und Triglyzeriden in der Leber (der Cholesterinester-Gehalt ist auf das 10- bis 30fache erhöht). Die Kinder fallen im Alter von 5–7 Jahren durch eine *Hepatosplenomegalie* und eine Hyperlipoproteinämie auf. Das ZNS ist im Gegensatz zu den Sphingolipidosen und Gangliosidosen nicht befallen.

Lipoidgranulomatose (M. Hand-Schüller-Christian)

Es liegt eine Proliferation des RES vor, wodurch es zur Ablagerung von Cholesterinester-beladenen Schaumzellen in Organen, z. B. Lunge, Leber, kommt.

Xanthomatosen

Die autosomal-rezessiv vererbte *zerebrotendinöse Xanthomatose* beruht auf der erniedrigten Aktivität der mitochondrialen C_{27}-Hydroxylase in der Leber und führt zu einem totalen Block der Gallensäuresynthese. Es kommt zur Anreicherung von Cholesterin und Dihydrocholesterin (»Cholestanol«) in Groß- und Kleinhirn sowie in den Strecksehnen der Extremitäten. *Klinisch* findet sich im Kindesalter zunächst eine geistige Retardierung, gefolgt von Katarakten und Lungenveränderungen. Im höheren Lebensalter ist die Kleinhirnataxie am auffälligsten.

Die *β-Sitosterinämie mit Xanthomatose* beruht auf einer gesteigerten Resorption pflanzlicher Sterine aus dem Magen-Darm-Trakt. Die nicht abbaufähigen Sterine lagern sich in den Strecksehnen der Finger und Extremitäten ab.

10.3 Stoffwechsel der Phospholipide und Sphingolipide

Die meisten *Phospholipide* sind strukturelle Bestandteile von Membranen, jedoch besitzen einige auch speziellere Funktionen. *Phosphatidylserin* gilt beispielsweise als *Apoptosemarker*. Nach Aktivierung bestimmter Rezeptoren der Zellmembran, die mit heterotrimeren GTP-bindenden Proteinen gekoppelt sind, wird das Membranphospholipid Phosphatidylinositol-4,5-bisphosphat durch das Enzym Phospholipase C in Diazylglyzerol und Inositol-1,4,5-trisphosphat gespalten. Diazylglyzerol und Inositol-1,4,5-trisphosphat sind wichtige *intrazelluläre sekundäre Botenstoffe* (»second messenger«), die Signale übermitteln, indem sie die Proteinkinase C aktivieren bzw. Ca^{2+}-Ionen aus intrazellulären Speichern freisetzen (s. Kap. 4).

Sphingolipide besitzen eine einfach ungesättigte 18C-Kette mit 2 Hydroxyl- und einer Aminogruppe, dem Sphingosin. Die Aminogruppe des Sphingosins wird mit einer langkettigen (C_{14}–C_{26})-Fettsäure azetyliert, sodass das *Ceramid* entsteht. Ist die C-1-Hydroxylgruppe des Ceramids glykosyliert, so spricht man vom *Cerebrosid*. Wird das Monosaccharid des Cerebrosids sulfatiert, entsteht ein *Sulfatid*. Cerebroside und Sulfatide kommen reichlich im Gehirn vor. Cerebroside können noch weiter glykosyliert werden. Werden neutrale Monosaccharideinheiten angeheftet (Glukose, Galaktose, L-Fukose, N-Azetyegalaktosamin), so entstehen Globoside, wird Sialinsäure angeheftet, so entstehen die sauren Ganglioside. Unter *Sialinsäure* fasst man die N- und O-Azylderivate der Neuraminsäure zusammen. Neuraminsäure entsteht formal durch die Addition von Pyruvat an Mannosamin.

Globoside findet man in der Membran der Erythrozyten, wo sie für gewöhnlich Blutgruppenreaktivität zeigen. Ganglioside findet man auf den Oberflächenmembranen der meisten Zellen, im Gehirn machen sie ca. 6% der Lipide aus (s. Kap. 5).

10.3.1 Biosynthese und Abbau der Sphingolipide

Biosynthese

Die Biosynthese der *Sphingolipide* beginnt mit der Decarboxylierung von Serin zu 3-Dehydrosphinganin im glatten endoplasmatischen Retikulum nach dem in ■ *Abb. 10-5* dargestellten Mechanismus.

Zur Biosynthese der *Sphingomyeline* reagiert Ceramid in einer Austauschreaktion mit Phosphatidylcholin, wobei Sphingomyelin und Diacylglycerin entstehen (s. ■ *Abb. 10-4*).

Ausgangspunkt für die Biosynthese der *Cerebroside* und *Sulfatide* ist das durch Acylierung aus Sphingosin entstehende Ceramid, das mit UDP-Galaktose reagiert. Unter UDP-Abspaltung entsteht dann das mit Galaktose substituierte *Cerebrosid*. Für die Sulfatidbiosynthese wird die Galaktose am C3-Atom mittels *3′-Phosphoadenosin-5′-phosphosulfat* sulfatiert.

Auch für die *Gangliosidbiosynthese* ist Ceramid der Ausgangspunkt. Durch schrittweise Anheftung von UTP-aktivierten Hexosen wird der an Ceramid gebundene Oligosaccharidanteil synthetisiert (s. ■ *Abb. 10-5*).

Abbau

Für den Abbau von Sphingolipiden sind eine Reihe *lysosomaler Hydrolasen* zuständig. Bei *Glykolipiden* und *Gangliosiden* erfolgt der Abbau von der Kohlenhydratseitenkette her,

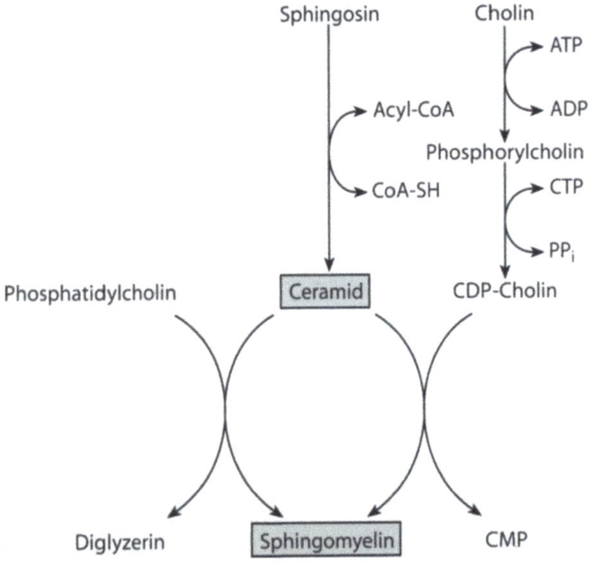

■ **Abb. 10-4.** Bildung von Sphingomyelin

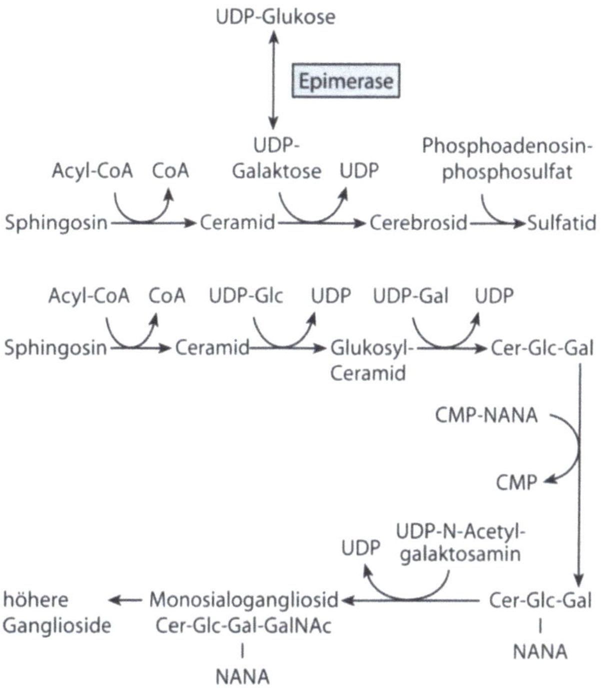

Abb. 10-5. Bildung der Ganglioside (NANA=N-Acetylneuraminsäure)

wobei β-*Galaktosidasen* die Galaktosereste, *Neuramidasen* die Neuraminsäurereste und *Hexosaminidasen* die acetylierten Galaktosaminreste abspalten.

Für den Abbau von *Sulfatiden* sind spezifische *Sulfatidasen*, für den Abbau der Sphingolipide eine spezifische *Sphingomyelinase* (spaltet Sphingomyelin in Phosphorylcholin + Ceramid) zuständig.

10.3.2 Lipidspeicherkrankheiten: Sphingolipidosen

Diese in der Regel *autosomal-rezessiv* vererbten Stoffwechselkrankheiten, die meist schon im Kindesalter auftreten, sind durch pathologische Ablagerungen von falsch aufgebauten Sphingolipiden gekennzeichnet. Ursächlich handelt es sich meist um genetisch bedingte Defekte der spezifischen, für den Aufbau der betreffenden Lipide (*Abb. 10-6*) verantwortlichen *Hydrolasen*, seltener auch um Defekte der Sphingolipidaktivatorproteine (*Tabelle 10-2*). Die Diagnose erfolgt durch Bestimmung des gespeicherten Lipids bzw. der Enzymaktivität in den betreffenden Gewebeproben. Ausführliche Beschreibungen findet man bei Schettler u. Münnich [19].

Lipogranulomatose (M. Farber)

Bei diesen Kindern liegt ein Defekt der *Ceramidase* (Acylsphingosin-deacylase) vor, wodurch es zur Ablagerung von Ceramid in Haut, Niere und anderen Geweben – z. T. mit Granulombildung – kommt. Häufig kommt es zu schmerzhaften Schwellungen an Gelenken und Lymphknoten (z. T. mit Schaumzellbildung). Das gespeicherte Ceramid lässt sich in subkutanen Granulomen problemlos nachweisen.

Glukosylceramidlipomatose (M. Gaucher)

Die Erkrankung, die mit einer Häufigkeit von 1:40.000 vorkommt, beruht auf einem Mangel einer spezifischen *Glukocerebrosidase*. Sie geht mit Ablagerungen großer Mengen an *Glukocerebrosid* in Makrophagen und zahlreichen Organen (*»Gaucher-Zellen«*) einher. Im Knochenmark kommt es zu einer schweren Störung der Hämatopoese, am Knochen zu Nekrosen, Frakturen und Infarkten. Die Splenomegalie (bis 20 kg!) ist ein Frühsymptom der Erkrankung [17]. Nach dem Fortschreiten der neurologischen Symptomatik werden 3 Typen unterschieden (akut, subakut, chronisch). In der Therapie des M. Gaucher werden seit kurzem modifizierte Glukocerebrosidasen, die vermehrt mannosehaltige Kohlenhydrateseitenketten aufweisen und deswegen besser in Makrophagen internalisiert werden, erfolgversprechend eingesetzt.

Sphingomyelinose (M. Niemann-Pick)

Analog zu den sog. *»Gaucher-Zellen«* finden sich auch hier mit Sphingomyelin (*Ceramidphosphorylcholin*) beladene *»Niemann-Pick-Zellen«*. Bei der autosomal-rezessiv vererbten Speicherkrankheit, von der bisher 4 Phänotypen bekannt sind, besteht ein Defekt der *lysosomalen Sphingomyelinase*.

Abb. 10-6. Abbauwege der Sphingolipide: *CER* Ceramid, *GAL* Galaktose, *GLU* Glukose, *NAGAL* N-Acetyl-Galaktosamin, *NANS* N-Acetyl-Neuraminsäure, *PCH* Phosphorylcholin. *Defekte: 1:* GM1-Gangliosidosen, *2:* GM2-Gangliosidosen, *3:* M. Fabry, *4:* Metachromatische Leukodystrophie, *5:* M. Krabbe, *6:* M. Gaucher, *7:* M. Niemann-Pick, *8:* M. Farber

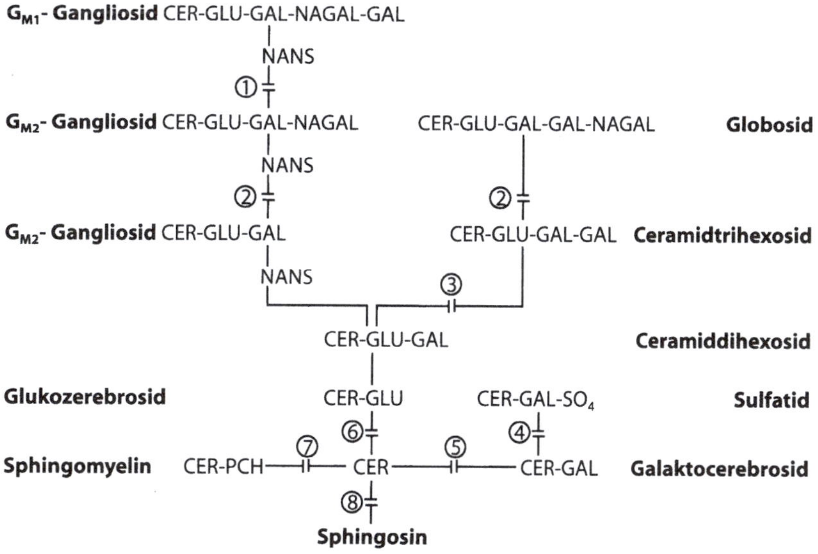

Tabelle 10-2. Lipidspeicherkrankheiten

Krankheit	Speichersubstanz	Enzymdefekt	Vererbung	Klinik
Sphingolipidosen				
Lipogranulomatose (M.Farber)	Ceramid	Lysosomale saure Ceraminidase	Autosomal-rezessiv	Schmerzhafte Gelenkschwellungen, meist schmerzhafte periartikulär lokalisierte subkutane Knoten, Hepatosplenomegalie, pulmonale Infiltrate
M. Niemann-Pick	Ceramid-Phosphocholin	Sphingomyelinase (Typ I), unbekannt (Typ II)	Autosomal-rezessiv	*Akute Form*: Hepatosplenomegalie, neurologische Störungen *Subakute Form*: Hepatosplenomegalie *Chronische Form*: Demenz, extrapyramidale Störungen
M. Gaucher	Ceramid-Glucose	β-Glucosidase	Autosomal-rezessiv	Hepatosplenomegalie, Panzytopenie, Osteolysen, Osteopenie
Diffuse infantile familiäre Hirnsklerose Typ Krabbe	Ceramid-Galaktose	Galaktosylcerebrosid-β-Galaktosidase	Autosomal-rezessiv	Geistige und motorische Entwicklungsstörungen, Pyramidenzeichen, Blind- und Taubheit, periphere Neuropathie
M. Fabry (Angiokeratoma corporis diffusum)	Ceramid-Glukose-Galaktose	α-Galaktosidase	X-chromosomal	Schmerzen und Parästhesien an den Extremitäten, Angiokeratome an Haut und Schleimhäuten, Hornhaut- und Linsentrübungen, Proteinurie, Lymphödem, renale Hypertonie, Urämie
M. Schindler	Unbekannt	N-Acetyl-Galaktosamidase	Autosomal-rezessiv	Verzögerte psychomotorische Entwicklung, Myoklonien, kortikale Blindheit
G_{M1}-Gangliosidosen	Ceramid-Glukose-Galaktose-N-Acetyl-neuraminsäure-N-Acetylgalaktosamin	β-Galaktosidase	Autosomal-rezessiv	Infantile, juvenile und adulte Form mit unterschiedlich ausgeprägter neurologischer Symptomatik und Knochenveränderungen, weiterhin Hornhauttrübung, Ödeme, Makroglossie, Wachstumsstörung
G_{M2}-Gangliosidosen	Ceramid-Glukose-Galaktose-N-Acetyl-neuraminsäure-N-Acetylgalaktosamin	Hexamidase-α-Untereinheit (Tay-Sachs-Krankheit) – Hexamidase-β-Untereinheit (Sandhoff-Krankheit)	Autosomal-rezessiv	Kirschroter Fleck am Augenhintergrund, Erblindung, Demenz, Makrozrphalie, Hyperakusis, neurologische Störungen
Adrenoleukodystrophie	Gesättigte langkettige Fettsäuren (>C22:0)	unbekannt	X-chromosomal	Demenz, Neurologische Ausfälle wie Seh- und Hörstörungen, Nebenniereninsuffizienz
M. Refsum	Phytansäure	Phytansäure-α-Hydroxylase	Autosomal-rezessiv	Retinitis pigmentosa, periphere Neuropathie, zerebelläre Ataxie, sensorische Taubheit, Anosmie, Ichthyosis, kardiale Arrhythmien

Galactosylceramidlipidose (M. Krabbe)

Diese auch als »*Globoidzellleukodystrophie*« bezeichnete Stoffwechselstörung des ZNS manifestiert sich im frühen Säuglingsalter mit rascher Progredienz. Es kommt zu einer deutlichen Glykolipid-Verarmung der weißen Substanz mit ausgeprägten Myelinverlusten. Zugrunde liegt ein Mangel an *Galaktocerebrosid-β-Galaktosidase* im Gehirn und anderen Organen.

Metachromatische Leukodystrophie

Bei dieser mit neurologischer Symptomatik schleichend verlaufenden Krankheit führt das Fehlen einer für den Abbau der Sulfatide benötigten *Cerebrosidulfase (Arylsulfatase)* zur Anhäufung von *Cerebrosidsulfat (Galaktosylsulfatid)* in den Markscheiden des ZNS und in peripheren Nerven. Die Gruppe der metachromatischen Leukodystrophien umfasst 7 Untergruppen, die nach dem Alter bei Krankheitsbeginn sowie biochemischen Defekten unterschieden werden. Als beweisend gilt der Nachweis von *metachromatischem* Material in Biopsien aus Gehirn und/oder peripheren Nerven (Übersicht s. Schettler [21]).

Angiokeratoma corporis diffusum (M. Fabry)

Dieses X-chromosomal-rezessiv vererbte Krankheitsbild, das typische Hautveränderungen (»*Angiokeratome*«) aufweist, ist auf das Fehlen einer *a-Galactosylhydrolase* zurückzuführen, wodurch es zu Ablagerungen von *Trihexosylceramiden* in nahezu allen Geweben kommt, was im Erwachsenenalter in Niere und Herz zum Organversagen führt (»*viszerale Sphingolipidose*«). Im *Kindesalter* stehen Gefäßektasien, Parästhesien, Fieberschübe und periphere Ödeme im Vordergrund.

Gangliosidosen

Gangliosidosen sind gekennzeichnet durch Akkumulation von verschiedenartigen Gangliosiden und anderer strukturell verwandter Glykolipide und Oligosaccharide vornehmlich im Nervensystem. G_{M1}- und G_{M2}-Gangliosidosen sind Abbaustörungen im Gangliosidmetabolismus, die durch Synthesedefekte entstehen. Bei den G_{M3}-Gangliosidosen liegt eine Abbaustörung vor.

G_{M1}-Gangliosidosen sind gekennzeichnet durch den nahezu vollständigen Aktivitätsverlust der lysosomalen sauren *β-Galaktosidase*. Es kommt zur Speicherung der Ausgangssubstrate in Ganglien- und Gliazellen der Klein- und Grosshirnrinde. Unterschieden werden eine *infantile* (Typ 1, Todesalter 1.–3. Lebensjahr), eine *juvenile* (Typ 2, Todesalter 6.–20. Lebensjahr) und eine *adulte* Form (Typ 3, Todesalter >20. Lebensjahr).

G_{M2}-Gangliosidosen werden unterschieden in:
- Hexosamidase α-Ketten-Defekte (Variante B, Tay-Sachs-Krankheit),
- Hexosamidase α-Ketten-Defekte (Variante: Sandhoff-Krankheit),
- G_{M2}-Aktivator-Protein-Mangel (Variante AB).

Refsum-Syndrom (Heredopathia atactica polyneuritiformis)

Bei dieser *autosomal-rezessiv* vererbten Krankheit handelt es sich um eine Abbaustörung im Phytansäuremetabolismus, die durch einen Mangel des Enzyms Phytansäure-α-Hydroxylase bedingt wird. Es kommt zu einer pathologischen Speicherung von Phytansäure (3,7,11,15-Tetramethylhexadecansäure) in Lipiden im ZNS, Leber und Niere mit langsam progredienter v. a. neurologischer Symptomatik.

Leitsymptome sind eine *atypische Retinitis pigmentosa, periphere Polyneuropathie, Kleinhirnataxie, erhöhter Proteingehalt im Liquor ohne Pleozytose.* Im Frühstadium treten nahezu regelmäßig Nachtblindheit, Schwäche in den Extremitäten und Gangunsicherheit auf [19].

10.4 Stoffwechsel der Lipoproteine

Die im Blut vorkommenden *Lipide, Cholesterin, Cholesterinester, Triglyzeride* und *Phospholipide* sowie die *fettlöslichen Vitamine* A, D, E, K sind weitgehend wasserunlöslich und müssen daher in eine wasserlösliche Form gebracht werden. Diesem Zweck dienen Proteine mit Lipid-komplexierenden Eigenschaften, die als »*Apolipoproteine*«, kurz »*Apoproteine*« genannt werden. Die entstehenden Lipidproteinkomplexe werden *Lipoproteine* genannt. Während der Proteinanteil homogen sein kann, ist der Lipidanteil immer heterogen. Die absolut wasserunlöslichen Triglyzeride und Cholesterinester, deren Anteil die Größe dieser sphärischen Partikel bestimmt (<1 µm), befinden sich im Innern der Lipoproteinkomplexe. Die an der Oberfläche sitzenden Proteine bestimmen durch Interaktion mit *Triglyzerid spaltenden und/oder Enzymen*, mit Lipidtransferproteinen und Zellmembranrezeptoren das Schicksal der Partikel.

10.4.1 Eigenschaften und Einteilung der Lipoproteine und Apolipoproteine

Lipoproteine

Die Einteilung der Serumlipoproteine erfolgt nach ihren physiko-chemischen Eigenschaften wie Molekülgröße, elektrophoretische Mobilität oder hydratische Dichte. Letztere beruht auf der unterschiedlichen Protein-Lipid-Zusammensetzung, die zwischen den Dichtewerten der Lipide (<0,9 g/ml) und denen der Proteine (>1,28 g/ml) unterscheidet. Ihre Auftrennung mittels Dichtegradientenzentrifugation erlaubt eine Auftrennung in mindestens 5 Lipoproteinfraktionen (◼ *Tabelle 10-3*).

Eine weitere Möglichkeit besteht in der Einteilung nach unterschiedlicher elektrophoretischer Mobilität. In Analogie an die Proteinfraktionen des Plasmas sind folgende Bezeichnungen möglich:
- α_1-Lipoproteine (entsprechen weitgehend HDL),
- α_2- oder prä-β-Lipoproteine (entsprechen VLDL und Lp(a)),
- β_1-Lipoproteine (entsprechen weitgehend LDL),
- Lipoproteine im frühen γ-Bereich (entsprechen weitgehend Lp-X).

◼ **Tabelle 10-3.** Charakterisierung der Plasmalipoproteine des Menschen

Fraktion	Ursprung	Durchmesser [nm]	Dichte	Protein [%]	Fett [%]	Triglyzeride [%]	Phospholipide [%]	Cholesterinester [%]	Freies Cholesterin [%]	FFS [%]
Chylomikronen	Darm	100–1000	<0,96	1–2	98–99	88	8	3	1	
Very low density lipoproteins (VLDL)	Leber	30–80	0,96–1,006	7–10	90–93	56	20	15	8	1
Low density lipoproteins (LDL)										
LDL_1	Chylomikronen VLDL	25–30	1,006–1,019	11	89	29	26	34	9	1
LDL_2	VLDL Chylomikronen	20–25	1,019–1,063	21	79	13	28	48	10	1
High density lipoproteins (HDL)	Leber, VLDL, Chylomikronen									
HDL_1		20	1,063							
HDL_2		10–20	1,063–1,125	33	67	16	43	31	10	1
HDL_3		7,5–10	1,125–1,210	57	43	13	46	29	6	6

Die triglyzeridreichen Chylomikronen besitzen keine elektrophoretische Mobilität und bleiben daher als schmale Bande an der Anfangsstelle liegen.

Apolipoproteine

Für die funktionellen Eigenschaften der Lipoproteine sind, wie bereits erwähnt, die *»Apoproteine«* verantwortlich. Das Molekulargewicht (MG) der Apolipoproteine reicht von etwa 6.500–1.000.000. Bis heute sind mindestens 15 nicht identische Apolipoproteine beschrieben, die in 10 Klassen unterteilt werden (*Tabelle 10-4*).

Apolipoproteine sind essenziell für die Stabilisierung und den Transport von Lipidemulsionen. Darüber hinaus dienen sie als Kofaktoren für Enzyme, die den Lipidanteil der Lipoproteine umsetzen. So gilt *Apo-A-I* als klassischer Aktivator der Lezithin-Cholesterin-Acyltransferase (LCAT). *Apo-A-II* scheint die hepatische Triglyzeridlipase (HTGL) zu aktivieren. *Apo-A-IV* spielt im Metabolismus TG-reicher Lp und der HDL eine zentrale Rolle.

Apo-B-100 (MG 512.000) ist das einzige Apolipoprotein der LDL und Hauptbestandteil der VLDL.

Als Apo B bezeichnet man 2 große hydrophobe Proteine, die Bestandteile triglyzeridreicher Lipoproteine und ihrer Metabolite sind. Das für die Synthese beider Proteine (Apo-B-100 und Apo-B-48) verantwortliche Gen liegt auf dem Chromosom 2.

Apo B reguliert die Synthese und Sekretion von triglyzeridhaltigen Lipoproteinen. Apo-B-100 ist Ligand für den LDL-Rezeptor (LDL-R), es ist auch Bestandteil von Lipoprotein (a). Letztlich wurde Apo B auch als Kofaktor für ein Enzym erkannt, das in reversibler Reaktion zur LCAT die Wiederveresterung des Lysolezithins zu Lezithin bewirkt [22]. Beim Menschen wird *Apo-B-48 nur im Enterozyten* und nicht in der Leber synthetisiert. Es kommt daher nur in Chylomikronen und Chylomikronen-Remnants vor (*Tabelle 10-4*).

Tabelle 10-4. Apolipoproteinzusammensetzung der Lipoproteine des menschlichen Blutes. (Nach [22])

Apolipoprotein	Dichteklassen	Masse (MG)	Konzentration [mg/l]
A-I	HDL	28.500	1200–1400
A-II	HDL	17.000	350–500
A-IV	CM, HDL	46.000	<50
B-100	VLDL, LDL	550.000	700–900
B-48	CM, β-VLDL	265.000	<50
C-I	CM, VLDL	6.500	50–80
C-II	CM, VLDL	8.800	30–70
C-III	CM, VLDL	8.900	100–120
D (A-III)	HDL_3	29.000	80–100
E	CM, VLDL, HDL_E	34.000	30–50
F	HDL	30.000	<50
G	VLDL	72.000	<50
H	CM, d >1,21 kg/l	55.000	150–300
(a)	Lp (a)	350.000–900.000	Variabel
J	HDL_2, HDL_3	70.000	70–200

> Es gilt heute als gesichert, dass Apo-B nicht nur für die Sekretion der Triglyzeride aus der Leber notwendig ist, sondern auch essenziell für die intestinale Resorption von Lipiden und fettlöslichen Vitaminen ist.

Die *Apolipoproteine C* gelten als wichtige Effektoren der Lipoproteinlipase (LPL), die v. a. Triglyzeride des exogenen Stoffwechsels (s. unten) spalten (*Tabelle 10-5*). Apo-C-II ist Aktivator der LPL, während Apo-C-III ihre Aktivität hemmt. Apo-C-III und Apo-C-I hemmen die Bindung triglyzeridreicher Lipoproteine an Rezeptoren der Leber und ermöglichen so, dass Lipoproteine erst nach ausreichendem TG-Abbau in die Leber aufgenommen werden. Apo-C-I aktiviert zusätzlich die LCAT.

Apo-E bindet mit einer 10fach höheren Affinität als Apo-B an den LDL-R. Darüber hinaus findet sich in der Leber eine weiterer Rezeptor für Apo-E, der für den Katabolismus von Chylomikronen-Remnants und von HDL_E verantwortlich ist, was als treibende Kraft des *»Reverse-cholesterol«*-Transports aus peripheren Zellen gilt. Ihm wird daher eine Schlüsselrolle in der Protektion der Atherosklerose zugeschrieben [3].

Apolipoprotein (a) ist neben Apolipoprotein-B-100 Bestandteil von Lipoprotein (a), dem eine starke Atherogenität zugeschrieben wird. Derzeit sind mindestens 6 Hauptisoformen bekannt. Apo (a) weist eine ausgeprägte Homologie zu Plasminogen auf.

Die genauen Funktionen der *Apolipoproteine D* und *F–J* sind noch weitgehend unklar.

Tabelle 10-5. Funktionen der Apolipoproteine. (Nach [22])

Apolipoprotein	Funktion
A-I	Strukturprotein, Aktivierung der LCAT, Bindung an HDL-Rezeptoren, Prostazyklinstabilisierung
A-II	Aktivierung der hepatischen Lipase?
A-IV	Triglyzeridstoffwechsel, Aktivierung der LCAT
B-100	Sekretion von Triglyzeriden und Cholesterin aus Leber und Dünndarm; Strukturprotein; Bindung an den B/E-Rezeptor; Aktivierung der Lysolezithin-Azyltransferase
B-48	Resorption von Lipiden und lipidlöslichen Vitaminen aus der Nahrung
C-I	Unterdrückung der Bindung naszierender Lipoproteine an den B/E-Rezeptor und an LRP; Aktivierung der LCAT
C-II	Aktivierung der Lipoproteinlipase
C-III	Hemmung der Lipoproteinlipase und Interferenz mit Lipoproteinen an Leberrezeptoren
D	Aktivierung und Stabilisierung der LCAT
E	Ligand für den B/E- sowie E-Rezeptor; Ausschleusung von Cholesterin aus peripheren Zellen
F–J	Unbekannt
(a)	Unbekannte Funktion in Blutgerinnung und Fibrinolyse

10.4.2 Enzyme und Transferproteine

Postheparinlipasen

Die intravenöse Gabe von Heparin (10-100 IE/kg KG) setzt verschiedene Lipasen frei, deren Aktivität daher als *»post-Heparinlipolytische Aktivität«* (PHLA) bezeichnet wird. Es wird unterschieden zwischen der Gewebslipase, auch *Lipoproteinlipase (LPL)* genannt, sowie der hepatischen *Triglyzeridlipase (HTGL)*.

Die *Lipoproteinlipase* findet sich, über ein Glykosaminglykan an die Endotheloberfläche der Kapillaren gebunden, vorwiegend im Fettgewebe und der Muskulatur. Als Kofaktor dient Apo-C-II, das die notwendige Bindung des Enzyms an das Substrat gewährleistet. Die LPL spielt eine zentrale Rolle im Abbau triglyzeridreicher Lipoproteine, also von Chylomikronen und VLDL. Ihre Transkription wird durch Insulin, Glukokortikoide und verschiedene Zytokine induziert.

Die *hepatische Triglyzeridlipase* benötigt für ihre Aktivität keinen Kofaktor. Die HTGL ist an der Konversion von IDL zu LDL beteiligt, aber auch an der Rückumwandlung von HDL_2 zu HDL_3 [29].

Lezithin-Cholesterin-Acyltransferase (LCAT)

Sie wird in der Leber synthetisiert und in die Zirkulation sezerniert. Das Enzym überträgt unter Bildung von Cholesterinestern Fettsäuren aus der Position sn-2 des Lezithins auf freies Cholesterin. Das entstandene Lysophosphatidylcholin wird an Albumin gebunden und entweder aus der Zirkulation entfernt oder reverestert. Die sphärische Struktur vieler Lipoproteine entsteht erst durch die Aktivität der LCAT [20].

Cholesterintransferprotein

Das *Cholesterintransferprotein* (CETP) ist verantwortlich für den Transport von Colesterinestern von HDL zu VLDL und von Triglyzeridestern in der umgekehrten Richtung. Darüber hinaus gibt es noch ein weiteres Transferprotein, das bevorzugt Triglyzeride transportiert, und ein drittes, das den Transfer von Phospholipiden, insbesondere Lezithin, das aus Chylomikronen und VLDL freigesetzt wird, zu HDL steuert [16].

Acyl-CoA-Cholesterin-Acyltransferase (ACAT)

Dieses Enzym ist vorwiegend in der Leber und im Darm nachweisbar und verestert Cholesterin.

10.4.3 Stoffwechsel der Lipoproteine

Im Stoffwechsel der Lipoproteine werden ein *exogenes*, ein *endogenes* und ein *reverses* Cholesterin-Transportsytem unterschieden.

- Der exogene Weg transportiert Lipide, die mit der Nahrung aufgenommen werden.
- Im endogenen Weg werden die Lipoproteine hepatischen Ursprungs abgebaut.
- Der Cholesterinrücktransport dient der Rückführung des Cholesterins aus der Peripherie in die Leber, dem einzigen Organ, über das Cholesterin ausgeschleust werden kann.

In der Regulation des Lipoproteinstoffwechsels kommt unter den verschiedenen Lipoproteinrezeptoren dem LDL-Rezeptor (LDL-R) eine überragende Stellung zu [4].

Exogener Weg

Die mit der Nahrung zugeführten langkettigen Triglyzeride werden durch die Pankreaslipase in Mono- und Diglyzeride sowie in freie Fettsäuren gespalten und nach Aufnahme in den Enterozyten zu Triglyzeriden reverestert (s. Kap. 4). Das resorbierte und intestinal neusynthetisierte Cholesterin wird durch die Acylcholesterinacyltransferase (ACAT) verestert und wie die Triglyzeride in Chylomikronen eingebaut, die Apo-A-I, Apo-B-48 und Apo-A-II enthalten. Ort dieser Assemblierung ist der Golgi-Apparat.

Nach Exozytose in den Extrazellularraum gelangen sie über intestinale Lymphgefäße in den Ductus thoracicus. Erst nach ihrer Sekretion nehmen sie Apo-C aus den HDL auf (s. unten). Durch Interaktion mit der Lipoproteinlipase (aktiviert durch Apo-C-II) kommt es zur Abnahme des TG-Gehaltes. Die freigesetzten Monoglyzeride und freien Fettsäuren werden in Muskulatur und Fettgewebe aufgenommen. Bei diesem Prozess nehmen die Chylomikronen Apo-E aus den HDL auf und geben Apo-A-I und Apo-C an die HDL ab. Die dabei entstehenden Chylomikronen-Remnants werden durch die Leber rezeptorvermittelt aufgenommen.

Endogener Weg

Im Hungerzustand versorgt der endogene Weg periphere Gewebe mit Triglyzeriden und Cholesterin. Er beginnt mit der hepatischen Synthese der VLDL, die neben Apo-B-100 (kein Apo-B-48!), auch Apo-E und kleinere Mengen Apo-C enthalten. Nach Übertritt ins Blut nehmen sie aus den HDL weitere Moleküle Apo-E und -C auf. Durch Apo-C-I wird eine vorzeitige Aufnahme in die Leber gehemmt, während Apo-C-II die PLP aktiviert. Die PLP hydrolysiert etwa 90% der TG in den VLDL. Dabei entstehen kleinere Lipoproteine, die reich an Cholesterinestern und Apo-E sind, die *VLDL-Remnants* oder *IDL*. Der größte Teil der C-Apolipoproteine und der größte Teil des freien Cholesterins wird dabei in HDL überführt. Die IDL werden danach entweder über den LDL-Rezeptor in die Leber aufgenommen oder unter Einwirkung der LPL und HTGL weiter zu LDL abgebaut (▫ *Abb. 10-7*). Nach Abgabe von Apo-C-I haben die IDL aufgrund ihres hohen Apo-E-Gehaltes eine höhere Affinität zum LDL-Rezeptor als LDL selbst. Die LDL werden zu 60–70% durch Bindung und Aufnahme über LDL-Rezeptoren abgebaut.

Der zytoplasmatische Teil des Rezeptors tritt in Wechselwirkung mit *Klathrin*, sodass sich der Rezeptor in sog. *»coated pits«* sammelt und in dieser Form zur Bindung von LDL bereit ist. Etwa 3–5 min. danach kommt es zur Endozytose der »coated pits« wobei deren Klathrinschicht verlorengeht und endozytotische Vesikel entstehen. Die durch Endozytose inkorporierten LDL-Rezeptorkomplexe assoziieren mit Lysosomen unter Bildung von sekundären Lysosomen. Die Dissoziation von Rezeptor und Ligand erfolgt bereits in den Endosomen, also vor dem Zusammenschluss dieser Vesikel mit den Lysosomen.

Über das tubuläre Transportsystem wird der Rezeptor zur Zelloberfläche transportiert und wiederverwendet (ca. 100-mal/Rezeptor). Die in den LDL-Partikeln enthaltenen Cholesterinester werden durch eine *lysosomale saure Lipase* zu freien Fettsäuren und Cholesterin hydrolysiert. Cholesterin reduziert einerseits die Aktivität der HMG-CoA-Reduktase (Schlüsselenzym der Cholesterinbiosynthese), andererseits aktiviert es die ACAT (s. oben), was zu einer Veresterung des Cholesterins mit Speicherung in den Lipidtropfen der Zel-

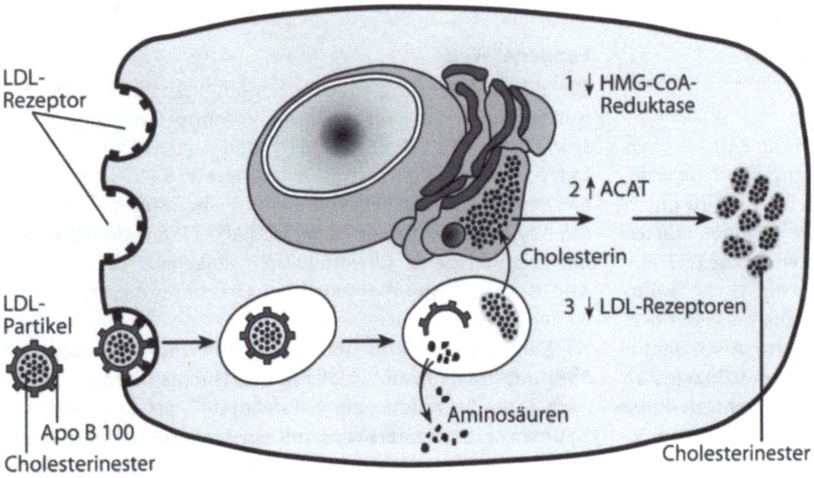

Abb. 10-7. Regulation des zellulären Cholesteringehaltes. Nach Endozytose des LDL-Partikels wird Cholesterin freigesetzt, das zur Hemmung der 3-HMG-CoA-Reduktase führt. Gleichzeitig wird die Anzahl der LDL-Rezeptoren an der Zelloberfläche vermindert. Mittels Acylcholesterinacyltransferase wird Cholesterin in seine Speicherform überführt

le führt. Das unveresterte Cholesterin supprimiert zudem die Transkription der LDL-Rezeptoren.

Der »scavenger pathway«

Ab einer LDL-Konzentration von etwa 200 mg/dl (= 5,2 mmol/l), der Rezeptorsättigungskonzentration, werden die LDL nicht mehr über LDL-Rezeptoren, sondern den sog. »scavenger pathway« verstoffwechselt. An diesem nicht sättigbaren Abbauweg sind neben Endozytose- und Pinozytoseprozessen, Rezeptoren beteiligt, die chemisch modifizierte LDL erkennen (»Scavenger«-Rezeptoren). Sie kommen v. a. in Makrophagen und Zellen des RES vor. Im Gegensatz zu den LDL-Rezeptoren wird die Expression von »Scavenger«-Rezeptoren nicht vom Cholesteringehalt der Zelle beeinflusst.

HDL-Stoffwechsel und Cholesterinrücktransport

Da die Leber das einzige Organ ist, über das Cholesterin in größerem Umfang direkt oder indirekt nach Umbau in Gallensäuren ausgeschieden werden kann, muss Cholesterin aus der Peripherie zur Leber transportiert werden. In diesem als *reversen Cholesterintransport* bezeichneten Weg kommt den HDL eine Schlüsselrolle zu. Im Gegensatz zu anderen Lipoproteinen handelt es sich nicht um eine einheitliche Fraktion. Aufgrund eines unterschiedlichen Apolipoproteingehaltes sowie unterschiedlichem Lipidgehalt können mindestens 3 HDL-Gruppen unterschieden werden, die als HDL_1–HDL_3 bezeichnet werden.

Abbildung 10-8 stellt die derzeitigen Vorstellungen des HDL-Stoffwechsels zusammen. Im ersten Schritt wird freies Cholesterin aus den Membranen nichthepatischer Zellen auf HDL übertragen. Die primären Akzeptoren sind hierbei *diskoidal naszente HDL* und kleine HDL-Partikel, wie man sie in der HDL_3-Fraktion findet, die beim Abbau der Chylomikronen in der Peripherie entstehen. Sie sind durch einen hohen Gehalt LCAT, Apo-A-I und Apo-E gekennzeichnet. Durch die Einwirkung von LCAT nimmt der Gehalt der HDL an Cholesterinestern zu, gleichzeitig verringert sich ihr Gehalt an Phosphoglyzeriden, da das neugebildete Lysophosphatidylcholin von den HDL-Partikeln abdiffundiert. Hierdurch nehmen die HDL ihre runde Form als micelläre Partikel an.

Da die durch LCAT gebildeten Cholesterinester in den apolaren Kern der HDL-Partikel wandern, entsteht auf der Oberfläche zunehmend Platz, in dem weiteres Cholesterin eingelagert werden kann. Dadurch entstehen zunächst HDL_3, woraus durch weitere Aktivität der LCAT und Einlagerung von Apo E und Phospholipiden aus dem Abbau von VLDL HDL_1 und HDL_2 entstehen, die dann von der Leber aufgenommen werden. Ein anderer Teil des veresterten Cholesterins wird unter Vermittlung des CETPs auf Apo-B-enthaltende Lipoproteine übertragen, um via LDL in die Leber oder erneut in periphere Gewebe zu gelangen [20].

10.5 Störungen des Lipoproteinstoffwechsels: Dyslipoproteinämien

Die Einteilung der Dyslipoproteinämien erfolgt nach den zugrunde liegenden hereditären Defekten und nicht nach der Klassifikation von Fredrickson, da den einzelnen Typen unterschiedliche Fettstoffwechselstörungen zugrunde liegen. Je nach zugrunde liegendem Defekt handelt es sich dabei um die *Überproduktion* einer oder mehrerer *Lipoproteinfraktionen* oder ihr *gestörter Abbau* durch einen gestörten oder *fehlenden*

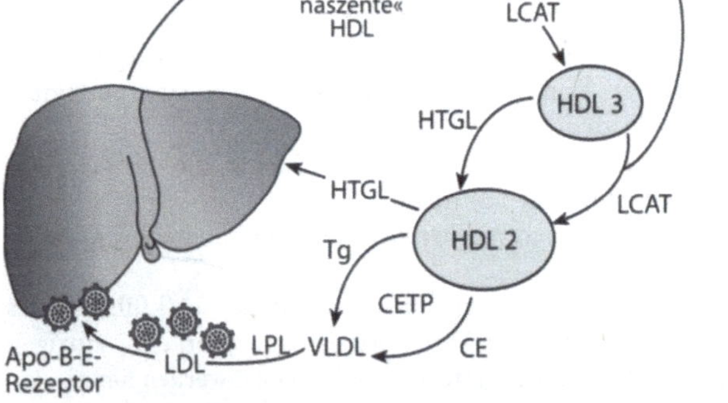

Abb. 10-8. Schematische Darstellung des HDL-Stoffwechsels (*LPL* Lipoproteinlipase, *LCAT* Lezithin-Cholesterin-Acyltransferase, (*HTGL*) hepatische Triglyzeridlipase, *CETP* Cholesterinestertransferprotein)

Tabelle 10-6. Einteilung der primären Dyslipoproteinämien

Dyslipoproteinämie	Häufigkeit	Erbgang	Lipoproteinfraktion	Serumlipide	Fredrickson-Typ	Atherosklerоserisiko
Familiäre Hypercholesterinämie	1:500 (heterozygot)	Autosomal dominant	LDL ↑↑	Cholesterin ↑↑	Typ IIa	Sehr hoch
	1:1.000.000 (homozygot)	Autosomal dominant	LDL ↑↑	Cholesterin ↑↑	Typ IIa	Extrem hoch
Familiärer Apoprotein-B-100-Defekt	1:700	Autosomal dominant	LDL ↑↑	Cholesterin ↑↑	Typ IIa	Sehr hoch
Familiäre kombinierte Hyperlipidämie	1–2%	Autosomal dominant	LDL ↑ und/oder VLDL ↑	Cholesterin ↑, Triglyzeride ↑	Typ IIb, IIa, IV	Hoch
Polygene Hypercholesterinämie	5%	Polygen	LDL	Cholesterin ↑	Typ II	Hoch
Familiäre β-Dyslipoproteinämie	1:5000	Autosomal-rezessiv	Chylomikronen ↑	Cholesterin ↑, Triglyzeride ↑	Typ III	Hoch
Familiäre Hyperchylomikronämie	Unbekannt	Autosomal-rezessiv	Chylomikronen ↑↑	Triglyzeride ↑	Typ I	Keines
Familiäre und sporadische Hypertriglyzeridämie	Bis zu 5%	Unklar	VLDL ↑, Chylomikronen (↑)	Triglyzeride ↑	Typ IV, V	Keines
Familiäre A-β-Lipoproteinämie	Selten	Autosomal-rezessiv	VLDL, LDL nicht nachweisbar			Keines
Familiäre β-Hypolipoproteinämie	1:3000	Autosomal-dominant		Cholesterin ↓, Triglyzeride (↓)		Keines

Rezeptor, durch ein *fehlendes Enzym* oder durch einen strukturell *defekten Liganden* (*Tabelle 10-6*). Hinzu treten *sekundär modulierende Faktoren* wie Ernährung, Arzneimittel oder Hormone (*Tabelle 10-7*).

10.5.1 Primäre Dyslipoproteinämien

Familiäre Hypercholesterinämien

Es handelt sich um *eine autosomal-dominant* vererbte Störung des *Cholesterinstoffwechsels* mit hohem Gesamt- und LDL-Cholesterin mit einer *Häufigkeit* von 1:500 (Heterozygote) bzw. 1:1 Mio. (Homozygote).

Pathogenese. Zugrunde liegen Mutationen des Gens für den LDL-Rezeptor auf Chromosom 19. Bisher sind 500 Mutationen (Punktmutationen, Deletionen, Insertionen) beschrieben, die zu unterschiedlichen Störungen der Rezeptorfunktion führen:

- keine Rezeptorsynthese,
- kein intrazellulärer Transport des Rezeptors vom Golgi-Apparat zur Zelloberfläche,
- keine Bindung von LDL an die Zelloberfläche,
- keine Internalisierung von Rezeptor und LDL in die Zelle,
- kein Rücktransport des Rezeptors vom Lysosom zur Zeloberfläche.

Als Folge kommt es zu einer verminderten Aufnahme von LDL in die Zellen der Leber und peripheren Organe mit konsekutiver Zunahme des LDL-Cholesterins um das 2–3fache bei Heterozygoten. Bei Homozygoten erfolgt die zelluläre Aufnahme von Cholesterin ausschließlich über Scavenger-Rezeptoren (s. oben), das Serumcholesterin ist mindestens (!) um das 4fache erhöht [14].

Klinik. Heterozygote Patienten stellen sich entweder mit den typischen Hautveränderungen wie *Xanthomen*, *Xanthelasmen* oder einer progredienten kardiovaskulären Symptomatik vor. So finden sich bei mehr als 90% der Patienten nach dem 50. Lebensjahr *Achillessehnenxanthome.* Die typische Angina pectoris tritt frühestens nach dem 20. Lebensjahr auf. Die Mehrzahl der Männer erkrankt vor dem 50. Lebensjahr an der KHK und verstirbt an deren Folgen bis zum 60. Lebensjahr.

Bei *homozygoten* Patienten manifestiert sich die Krankheit bereits im Kindesalter mit einer ausgedehnten Xanthomatose der Haut und frühzeitigen (vor dem 10. Lebensalter) ausgeprägten *koronarsklerotischen* Veränderungen in Verbindung mit einer *Aortenklappenstenose.* Die überwiegende Mehrzahl verstirbt vor Erreichen des 20. Lebensjahres am akuten Herztod.

Familiärer Apolipoprotein-B-100-Defekt

Dieser mit einer Häufigkeit von 1:700 vorkommende Defekt betrifft nicht den LDL-Rezeptor, sondern ausschließlich den *Liganden*, das Apolipoprotein-B-100. Bisher sind 2 Mutationen in der Bindungsregion von Apo-B-100 beschrieben.

Pathogenese. Durch die Mutationen kommt es zu einer deutlichen Abnahme der Ligand-Rezeptor-Affinität mit konsekutiver Erhöhung der Gesamt- und LDL-Cholesterinkonzentration im Serum.

Klinik und *Verlauf* unterscheiden sich nicht von der familiären Hypercholesterinämie.

Familiäre Dysbetalipoproteinämie (Typ-III-Hyperlipoproteinämie)

Die Erkrankung tritt mit einer Häufigkeit von 1:2000–1:3000 auf. Sie ist durch eine deutliche Erhöhung sowohl des Plasmacholeste-

Tabelle 10-7. Ursachen sekundärer Dys- (Hyper-)lipoproteinämien

Ursache	Dominierende Lipidveränderungen	Pathogenese
Alkohol	TG ↑, CHYL ↑, HDL-C ↑	VLDL-Synthese ↑, VLDL-Abbau ↓
Rauchen	TG ↑, LDL ↑, HDL-C ↓	Adrenalinstimulation ↑ → FFS ↑ → VLDL ↑
Pankreatitis	TG ↑, CHYL ↑	CHYL+VLDL-Abbau ↓ Mikrothrombosierungen als unmittelbare Ursache der Pankreatitis
Endokrinopathien		
Akromegalie	TG ↑	VLDL-Synthese ↑
Cushing-Syndrom	TG ↑, Chol ↑	VLDL-Synthese ↑, VLDL ↑ → LDL ↑ Insulinresistenz, Hemmung der LPL
Hypophyseninsuffizienz	TG ↑	VLDL-Abbau ↓
Hypophysärer Zwergwuchs	TG ↑, Chol ↑	VLDL-Synthese ↑ VLDL → LDL ↑
Hypothyreose	TG ↑, Chol ↑	VLDL- und LDL-Abbau ↓
Stoffwechselstörungen		
Anorexia nervosa	TG ↑, Chol ↓	Ausscheidung von Gallensäuren und Cholesterin ↓, Lipoproteinlipase ↓
Bulimie	TG ↑	CHYL- und VLDL-Abbau ↓
Glykogenose-Typ-I (v. Gierke)	TG ↑	VLDL-Synthese ↑, Lipoproteinlipase ↓
Diabetes mellitus		
Typ I	TG ↑, CHYL ↑	VLDL-Synthese ↑, VLDL-Abbau ↓, Lipoproteinlipase ↓
Typ II	TG ↑, HDL-C ↓, »small-dense«-LDL ↑	VLDL-Synthese ↑
Nierenkrankheiten		
Urämische Nephropathien	TG ↑, CHYL ↑	VLDL-Abbau ↓ infolge Lipoproteinlipase ↓
Nephrotisches Syndrom	TG ↑, Chol ↑, LDL ↑	VLDL-Synthese ↑ direkte hepatische Sekretion von LDL, VLDL- und LDL-Katabolismus ↓
Zustand nach Nierentransplantation	TG ↑, Chol ↑	
Leberkrankheiten		
Cholestatische Hepatosen, PBC	Chol ↑, HDL-C ↑	Übertritt biliären Cholesterins in die Blutbahn
Akute Hepatitis	TG ↑	Hepatische Sekretion von LCAT ↓, hepatische Lipase ↓
Hepatose	Chol ↓	Feedbackstörung der hepatischen Cholesterinsynthese durch alimentäres Cholesterin
Leberzirrhose	TG ↓, HDL-C ↓	
Medikamente		
Glukokortikoide	TG ↑, Chol ↑	VLDL-Synthese ↑, VLDL ↑ → LDL ↑
Kontrazeptiva		
östrogenbetont	TG ↑, IDL-C ↑, HDL-C ↑, LDL-C ↓	VLDL-Synthese ↑, VLDL-Abbau ↓
gestagenbetont	LDL-C ↑, HDL-C ↓, TG ↓	Unbekannt
Thiazide	TG ↑, LDL-C ↑, HDL-C ↓	VLDL-Synthese ↑
β-Blocker	TG ↑, HDL-C ↓	LCAT ↓, Lipoproteinlipase ↓
Östrogene	TG ↑, HDL-C ↑	VLDL-Synthese ↑
HIV-1-Protease-Inhibitoren	TG ↑, Chol ↑	RXR ↓, LRP ↓, Lipoproteinlipase ↓

rins als auch der Triglyzeride sowie cholesterinreicher VLDL (β-VLDL und IDL) gekennzeichnet. Bereits in jungen Jahren kommt es zu arteriosklerotischen Veränderungen an peripheren (AVK), koronaren (KHK) und zerebralen (Apoplex) Gefäßen [27].

Pathogenese. Es handelt sich um eine *multifaktorielle* Erkrankung, deren *Basisdefekt* meist die Homozygotie für ein mutiertes Apolipoprotein E (Apo-E-2) darstellt. Diese führt zur *normolipämischen β-Dyslipoproteinämie* (Fehlverteilung der β-Lipoproteine). Kommen weitere, per se eine Hyperlipidämie verursachende Faktoren hinzu (z. B. Diabetes mellitus, Schilddrüsenunterfunktion, Fehlernährung etc.), kann eine Hyperlipoproteinämie-Typ-III entstehen [27].

Klinik. Die Krankheit manifestiert sich selten vor dem Erwachsenenalter. Als pathognomonisch gelten gelbliche Handlinienxanthome (*Xanthomata striata palmaris*). Am häufigsten beobachtet man allerdings tuberöse oder tuberoeruptive Xanthome über den Strecksehnen der oberen und unteren Extremität [27]. Die Erkrankung spricht gut auf eine Korrektur der auslösenden Ursachen und auf diätetische Maßnahmen an (s. Kap. 52)

Familiär kombinierte Hyperlipidämie und familiäre Hypertriglyzeridämie

Diese *autosomal-dominant* vererbte Störung mit deutlicher Erhöhung von Cholesterin und/oder Triglyzeriden im Serum kommt mit einer *Häufigkeit* von *1–2%* der Bevölkerung vor [24].

Pathogenese. Es werden mindestens 2 Mutationen auf bisher nicht identifizierten Genen vermutet, die zu Störungen im Stoffwechsel Apolipoprotein-B-haltiger Lipoproteine führen:

- Überproduktion von Apolipoprotein-B-100 mit vermehrter Bildung von VLDL;
- verzögerter Umsatz von VLDL, mit einer gleichzeitig gesteigerten Bildung von LDL.

In den Fettzellen lässt sich eine verminderte Veresterung und Sekretion von Fettsäuren und eine damit verbundene Abnahme des Triglyzeridumsatzes nachweisen.

Klinisch manifestiert sich die Krankheit erst nach dem 20. Lebensjahr. Xanthome treten nicht auf. Das *Risiko* für eine *frühzeitige koronare Atherosklerose ist hoch* [24].

Polygene Hypercholesterinämie

Nach Ausschluss bekannter primärer und sekundärer Hyperlipidämien werden hier alle Formen zusammengefasst, bei denen das Serumcholesterin die 95. Perzentile für das jeweilige Alter und Geschlecht überschreitet. Es handelt sich mit einer Prävalenz von 5% um die *häufigste Form* der Hypercholesterinämie in Westeuropa.

Pathogenese. Eine einheitliche pathogenetische Erklärung fehlt. Fettreiche und hyperkalorische Ernährung und/oder hohe Anteile bestimmter gesättigter Fettsäuren führen zum Anstieg von LDL. Wegweisende Symptome wie Xanthome fehlen. Ein erhöhtes KHK-Risiko liegt vor [14].

Familiäre β-Dyslipoproteinämie (»broad-β-disease«)

Aufgrund von Mutationen in der Bindungsregion von Apo-E kommt es bei dieser *autosomal-rezessiv* vererbten Hyperlipoproteinämie zu einer verminderten Aufnahme von *Chylomikronen* und *VLDL-Remnants* mit konsekutiv erhöhten Serumkonzentrationen von Cholesterin und Triglyzeriden. In der Lipoprotein-Elektrophorese findet sich eine deutliche Verbreiterung der β-Bande (*»broad-β-disease«*).

Pathogenese. Das defekte Apo-E führt zu einer verminderten Bindung von Remnants an den B/E-Rezeptor der Leber und peripherer Organe. Die cholesterinreichen Remnants werden v. a. von Makrophagen aufgenommen, die sich zu Schaumzellen umwandeln, und führen zu einer generalisierten Atherosklerose bereits vor dem 40. Lebensjahr.

Klinisch manifestiert sich die Krankheit erst im Adoleszentenalter. Bei dominantem Erbgang erkranken bereits die Kinder. *Tuberoeruptive Xanthome* an Ellbogen und Knien sowie Handlinienxanthome sind *pathognomonisch*. Überernährung, Hypothyreose, Diabetes mellitus und Alkohol wirken krankheitsbeschleunigend [27].

α-Hyper- und -Hypolipoproteinämien

α-Hypolipoproteinämien

Genetisch determinierte α-*Hypolipoproteinämien* sind sehr selten. Die zugrunde liegenden Mutationen betreffen in der Regel *Apo-A-I* (teilweise auch Apo-C-III und A-IV). Unterschieden werden derzeit 3 Klassen von Mutationen [22]:

- Klasse 1: fehlende Synthese des Proteins (KHK-Risiko!),
- Klasse 2: zu kurzes Protein (variables KHK-Risiko),
- Klasse 3: große strukturelle Defekte im Protein und LCAT-Mangel (kein KHK-Risiko).

Tangier-Krankheit. Diese *autosomal-rezessiv* vererbte Krankheit ist durch kaum nachweisbares oder *fehlendes HDL* und *Apo-A-I* gekennzeichnet. *Serumcholesterin* ist *erniedrigt*, *Triglyzeride* deutlich *erhöht*. Die zugrunde liegende Mutation ist bislang unklar.

Klinisch findet man vergrößerte *orangefarbene Tonsillen*, in denen wie auch in Milz, Lymphknoten, Darmmukosa und der Kornea Cholesterinester angehäuft werden. Das kardiovaskuläre Risiko wechselt von Familie zu Familie.

Familiärer LCAT-Mangel und Fischaugenkrankheit. Autosomal-rezessiv vererbte Mutationen für LCAT führen entweder zu einem völligen Fehlen der Cholesterinveresterung (*familiärer LCAT-Mangel*) oder einer mangelhaften Veresterung des mit HDL assoziierten freien Cholesterins (*Fischaugenkrankheit*). Es findet sich ein stark erniedrigtes diskoides HDL. Cholesterin, LDL-Cholesterin und Serumphospholipide sind deutlich erhöht. *Klinisch* finden sich bei Patienten mit *LCAT-Mangel Anämie, Korneatrübungen* und *Proteinurie*, z. T. mit Übergang in eine chronische Niereninsuffizienz. Bei der *Fischaugenkrankheit* finden sich Korneatrübungen und koronare Herzkrankheit (KHK), jedoch *keine Blutbildveränderungen* bzw. Störungen der *Nierenfunktion*.

α-Hypolipoproteinämien

Genetisch determinierte α-*Hyperlipoproteinämien* wurden bei *CETP-Mangel* und Defekten der *hepatischen Lipase* beschrieben. Beim homozygoten CETP-Mangel kann das HDL-Cholesterin >200 mg/dl betragen. Ein erhöhtes KHK-Risiko liegt in beiden Fällen vor. Ein *erhöhtes kardiovaskuläres Risiko* liegt vor.

α-Hyperlipoproteinämien

Es handelt sich um eine *autosomal-rezessiv* vererbte Funktionsstörung der *Lipoproteinlipase (LPL)*, bei der es *postprandial* zur Anhäufung von Chylomikronen im Serum kommt. Die Häufigkeit ist nicht genau bekannt.

Pathogenetisch führen strukturelle Defekte oder das Fehlen des Aktivators des Enzyms (Apo-C-II) zu einer verringerten Aktivität der LPL oder heben sie ganz auf. Diskutiert wird daneben ein familiär gehäuft auftretender Inhibitor der LPL. Die mangelnde LPL-Aktivität führt zu einem verminderten Abbau von Chylomikronen und VLDL zu Remnants.

Klinisch manifestiert sich die Störung bereits im Kindesalter mit rezidivierenden Schüben einer akuten *Pankreatitis*, die in Zusammenhang mit *disseminierten eruptiven Xanthomen* als *pathognomonisch gelten*. Dagegen kommt zu es keinerlei atherosklerotischen Komplikationen [2].

Familiäre und sporadische Hypertriglyzeridämie

Es handelt sich um eine autosomal-dominant vererbte, aber meist sporadisch auftretende Hyperlipoproteinämie, die meist gemeinsam mit Überernährung und Übergewicht zu *Erhöhungen* von *Triglyzeriden* und *VLDL* führt. Die Angaben über die Häufigkeit schwanken zwischen 1,8:10000 und 5%. Die *Pathogenese* ist *unklar*.

Das Krankheitsbild manifestiert sich nach dem 20. Lebensjahr bei gleichzeitig bestehender Adipositas, Diabetes mellitus und Hypertonie. *Typisch* sind eruptive *Xanthome*, ein erhöhtes *Pankreatitisrisiko* ist beschrieben.

Hypolipoproteinämien

Die *A-β-Lipoproteinämie*, eine seltene autosomal-rezessive Krankheit, ist durch das Fehlen *Apolipoprotein-B-haltiger Lipoproteine* (B100 und B48) im Serum gekennzeichnet [13]. *Cholesterin* und *Triglyzeride* im Plasma sind *erniedrigt*. Dünndarmbiopsien nach Fasten zeigen in der Mukosa Ansammlungen großer Fetttropfen. Die Resorption von Fettsäuren und Monoglyzeriden ist normal, es besteht jedoch ein Defekt bei der Synthese von triglyzeridhaltigen Chylomikronen, sodass Fette den Enterozyten nicht verlassen können. Klinische Leitsymptome sind Steatorrhö, Verlust der Muskelkraft, neurologische Ausfälle, Nystagmus und Retinitis pigmentosa. Im Differenzialblutbild zeigen 50–70% der Erythrozyten die typische Stechapfelform (»*Akanthozytose*«). Die A-β-Lipoproteinämie führt auch zur *Malabsorption der fettlöslichen Vitamine A, E und K*, die in ihrer Resorption von der Chylomikronenbildung abhängen (nicht von Vitamin D, das ein eigenes Transportsystem im Blut besitzt!).

> Eine β-*Hypolipoproteinämie* ist meist durch Vorhandensein von verkürzten Apolipoprotein-B-Formen charakterisiert, z. B. Apo-B-37 oder Apo-34 [24].

Im Gegensatz zu den genannten seltenen primären Formen sind *sekundäre*, symptomatische Hypolipoproteinämien wesentlich häufiger. Bei der *exsudativen Gastroenteropathie* (intestinales Eiweissverlustsyndrom) kommt es auch zum intestinalen Verlust von Lipoproteinen mit konsekutiver Hypolipidämie und Hypolipoproteinämie [26]. Infolge eines gesteigerten Katabolismus der LDL, der zu einer gesteigerten biliären Cholesterinausscheidung führt, kommt es der *Hyperthyreose* zu einer Erniedrigung des Serumcholesterins und der LDL. Darüber hinaus wurde bei Hyperthyreose ein proteinreiches, cholesterinarmes Lipoprotein mit β-Mobilität beschrieben, d. h. es liegt auch eine Dyslipoproteinämie in der HDL-Fraktion vor.

10.5.2 Sekundäre Dyslipoproteinämien

Sekundäre Hyperlipidämien (HLP) sind Fettstoffwechselstörungen infolge einer organischen Grundkrankheit, Alkoholabusus oder der Einnahme bestimmter Medikamente. Man schätzt, dass derzeit 40 aller HLP sekundären Ursprungs sind. Bei sekundären HLPs kommt erschwerend hinzu, dass v. a. die LDL durch die Grundkrankheit modifiziert werden (z. B. Glykosierung beim Diabetes mellitus). Darüber hinaus erhöhen die zugrundeliegenden Krankheiten per se das Gefäßrisiko (z. B. Hypertonie bei Niereninsuffizienz).

Diabetes mellitus und Dyslipoproteinämie

Diabetes mellitus I

Bei Vorliegen eines absoluten Insulinmangels (Neumanifestation oder entgleister Typ I) kommt es zur ungezügelten Lipolyse mit Anflutung massiver Mengen freier Fettsäuren zur Leber (Randle-Zyklus), infolge dessen die VLDL-Synthese ansteigt. Gleichzeitig führt die im Insulinmangel herabgesetzte Lipoproteinlipaseaktivität zu einer verminderten VLDL-Elimination (■ *Abb. 10-9*). Der relative Anteil an Cholesterin und Apolipoprotein B in VLDL ist vermehrt und kann auch durch eine optimierte BZ-Einstellung nicht normalisiert werden [12]. Das Vorliegen einer primären HLP ist im Vergleich zum Typ-II-Diabetes eher selten [11, 12].

Diabetes mellitus II

Dagegen findet sich beim Typ II auch bei guter Einstellung des Blutzuckers häufig eine Hypertriglyzeridämie sowie ein erniedrigtes HDL-Cholesterin [12]. Typisch in der Anfangsphase der Erkrankung sind *Hyperinsulinismus* und periphere *Insulinresistenz* (infolge der häufig bestehenden Adipositas). Folgen sind auch hier die *gesteigerte Lipolyse* mit konsekutiver Erhöhung der VLDL-Synthese, Anstieg der Triglyzeride und Abnahme des HDL-Cholesterins. Infolge einer herabgesetzten Lipoproteinlipaseaktivität und erhöhter Aktivität der hepatischen Triglyzeridlipase ist besonders die HDL2-Fraktion vermindert (■ *Abb. 10-10*).

> Die Hypertriglyzeridämie beim Typ II ist damit Ausdruck der Insulinresistenz. Die Triglyzeride korrelieren positiv zum Seruminsulin, BMI und WHR.

Auch Einflüsse des Apolipoprotein-E-Polymorphismus sind beschrieben. So führt das Vorliegen einer E-2-Isoform zu einer bis zu 10fachen Erhöhung des Hypertriglyzeridämierisikos [11, 28]. Die meist normale LDL-Konzentration ist das Resultat zweier gegenläufiger Mechanismen: Die verminderte Aktivität der Lipoproteinlipase steht einer verminderten Elimination über LDL-Rezeptoren der Leber gegenüber (durch Glykosierung des Apolipoproteins-B-100 und höheren TG-Gehalt der LDL).

Endokrinologische Krankheiten

Cholesterinerhöhungen und schwere Koronarsklerosen bei manifester *Hypothyreose* sind seit langem bekannt. Zu wenig Beachtung finden *latente* Hypothyreosen als aggravierender Faktor der HLP und v. a. der familiären β-Dyslipoproteinämie (bei jeder Hypercholesterinämie mit »mixed« HLP sollte eine Schildrüsenabklärung erfolgen). Ursache sind die bei der Hypothyreose verminderte LDL-Rezeptor- und Lipoproteinlipase-Aktivität. Dadurch kommt es zu einer verminderten Elimination der IDL und LDL sowie einem verzögerten Abbau von Chylomikronen- und LDL-Cholesterin.

Östrogene zeigen sowohl einen VLDL- und HDL-erhöhenden Effekt, während ihre Wirkung auf die LDL nicht einheitlich ist. *Gestagene* und *Androgene* bewirken eine Verminderung der HDL-Konzentration (Steigerung der Aktivität der hepatischen Triglyzeridlipase) und der VLDL (Steigerung der Lipoproteinlipase), wodurch auch die LDL-Konzentration im Blut erhöht wird. Während einer *Schwangerschaft* kommt es zum Anstieg aller 3 Lipoproteinfraktionen. Im 1. und 2. Tri-

Abb. 10-9. Sekundäre HLP bei Insulinmangel (IDDM). (Nach [11])

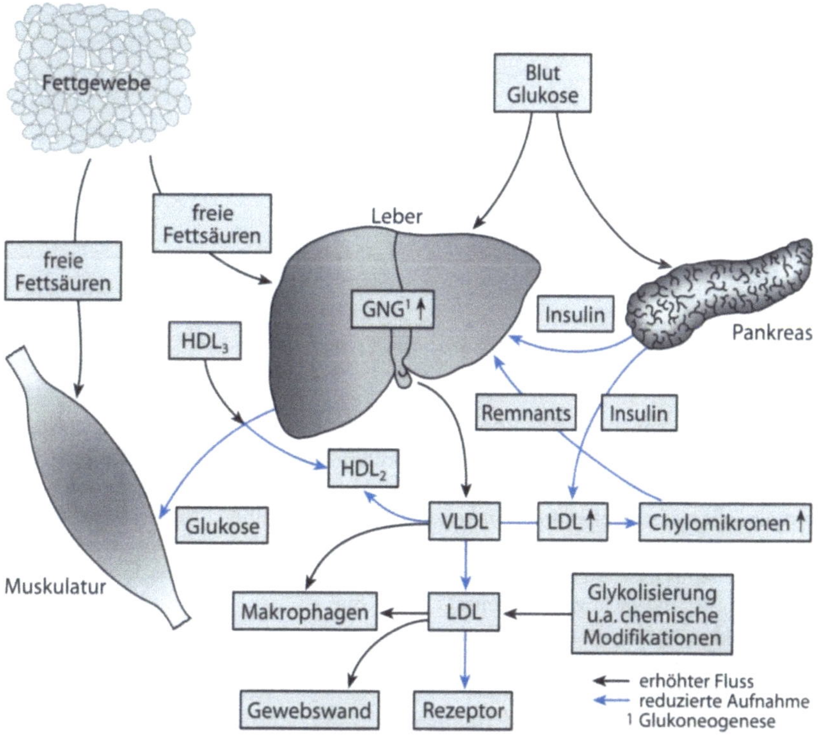

menon kommt es durch die Gestagenwirkung vorwiegend zu einem Anstieg der LDL, im 3. Trimenon durch die Östrogene zu einer deutlichen Erhöhung der Triglyzeride. Orale Kontrazeptiva beeinflussen den Lipidstoffwechsel je nach Zusammensetzung (s. *Tabelle 10-8*). Bei Nachweis einer manifesten HLP sind orale Kontrazeptiva kontraindiziert [33].

Anorexia nervosa

Es gilt als allgemein gesichert, dass im akuten Stadium der Dekompensation der Anorexia nervosa (s. Kap. 59) deutlich erhöhte Serumkonzentrationen für Gesamt- und LDL-Cholesterin vorliegen, während die Serumtriglyzeridspiegel im Regelfall normwertig bleiben. HDL-Cholesterin kann erniedrigt sein. Ursächlich diskutiert werden [31]:

- Verminderung des Cholesterinmetabolismus mit einer Verzögerung des LDL-Katabolismus als Folge einer eingeschränkten Thermoregulation, Reduktion des Grundumsatzes und Rückgang der Schilddrüsenhormone (signifikant erniedrigte T_3-Werte).
- Der Verlust der Körper(fett)masse führt über eine gesteigerte Lipolyse zum Anstieg des Gesamtcholesterins.

Trotz dieser nachweislich z. T. deutlich erhöhten Cholesterinkonzentrationen liegen bezüglich eines zu erwartenden

Abb. 10-10. Sekundäre HLP bei NIDDM mit Hyperinsulinismus. (Nach [11])

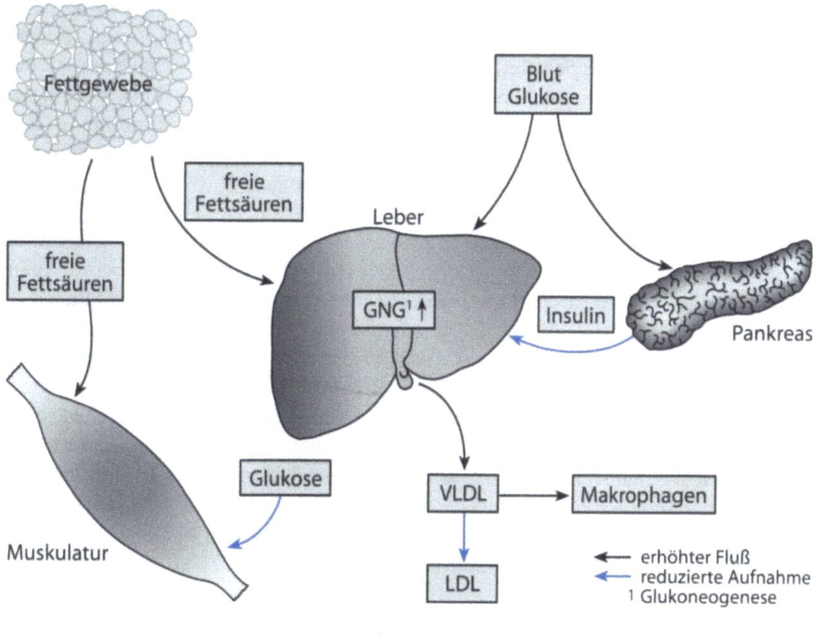

Tabelle 10-8. Klinisch-chemische Befunde bei hepatisch bedingten HLP

	Akute und chronische Hepatitis	Intra- und extrahepatische Cholestase	Primäre biliäre Zirrhose
Phänotyp	IV (atypisch mit β-VLDL)	IIb (atypisch mit LP-X)	IIa/IIb (atypisch mit LP-X)
Lipide	Chol ↓, TG ↑	Chol ↔, Phospholipide ↑	Chol ↑, TG (↑), Phospholipide ↑↑
Lipoproteine	LDL ↔, HDL ↓, LP-X ∅ bis +	LDL ↑, HDL ↔, LP-X +	LDL ↑, HDL ↔, LP-X ++
Biochemische Defekte	hepat. TG-Lipase ↓, LCAT ↓↔, Apo-C-Defizienz, Apo-A-I-Abbau ↑	Chol-Synthese ↑, hepat. TG-Lipase ↔, LCAT ↔	Chol-Synthese ↑, gestörter Transport biliärer Lipide und Gallensäuren

erhöhten atherosklerotischen Risikos derzeit keine Untersuchungen vor [31].

Dyslipoproteinämien bei Krankheiten der Leber

Die Leber nimmt im Stoffwechsel der Lipoproteine eine zentrale Stellung ein [10]:

- Die Leber ist *ausschließlicher Bildungsort* für die *VLDL* und neben dem Darm der wichtigste Bildungsort für die *HDL.*
- Die Leber *ist ausschließlicher Abbauort* von *Chylomikronen-Remnants* und wichtigster Abbauort für *LDL* und *HDL.*
- Die Leber synthetisiert und sezerniert 2 zentrale Enzyme des Lipoproteinstoffwechsels:
  die *hepatische Trigylzeridlipase,*
  die *Lezithin-Cholesterin-Acyl-Transferase* (LCAT).

Bei Leberzirrhose und anderen chronischen parenchymatösen Leberkrankheiten können die nachfolgend beschriebenen Störungen des Lipid- und Lipoproteinstoffwechsels einzeln oder in unterschiedlichen Kombinationen auftreten (*Tabelle 10-8*).

Zunahme des Gesamtcholesterins bei Abnahme der Cholesterinester

Ursache des typischen Abfalls der Cholesterinester (»*Cholesterinsturz*«) ist eine verminderte hepatozelluläre Synthese und Sekretion des Enzyms LCAT. Ursache für die Zunahme des Gesamtcholesterins ist die durch den LCAT-Mangel bedingte Minderung der HDL- und LDL-Bildung mit konsekutiver Abnahme der Cholesterinaufnahme in die peripheren Gewebe. Durch den LCAT-Mangel wird auch der Rücktransport von Cholesterin aus den Geweben zur Leber beeinträchtigt. Die hepatische Aufnahme von LDL und IDL über den Apo-B-Rezeptor ist bei chronischen Parenchymschäden infolge einer verminderten Expression des Rezeptorproteins und bei portokavalen Shunts (Leberzirrhose) mit Umgehung der Leber weiter reduziert.

> Im Zentrum der Störungen des Cholesterinstoffwechsels bei Leberzirrhose steht somit die Aktivitätsminderung der LCAT im Blut.

Hypertriglyzeridämie

In erster Linie verantwortlich ist eine deutlich verminderte hepatozelluläre Synthese der Triglyzeridlipase. Daneben ist auch die Aktivität der (extrahepatischen) *endothelialen* Lipoproteinlipase vermindert, was letztlich auf die verminderte Sekretion von *Apo-C-II,* einem Aktivator der Lipoproteinlipase, zurückgeführt werden kann. Dagegen ist die Änderung des prozentualen Anteils von PUFA noch weitgehend ungeklärt.

Änderungen des Lipoproteinmusters und atypische Lipoproteine

Das Verteilungsmuster ändert sich durch die Abnahme der HDL und VLDL. Die *Abnahme* der *HDL*-Konzentration ist durch die eingeschränkte Aktivität der LCAT (s. oben), die Abnahme der *VLDL* auf eine verminderte hepatozelluläre Synthese und Sekretion zurückzuführen.

Bei *extrahepatischer Cholestase* tritt ein charakteristisches Lipoprotein, *Lipoprotein X (LP-X),* auf. LP-X wird, wenn auch nicht unwiderprochen, als sensitivster und auch spezifischer Indikator von Cholestasen betrachtet [23]. LP-X gehört zur Klasse der LDL. Es besteht aus Phospholipiden und freiem Cholesterin und enthält Albumin, Gallensäuren und Apolipoproteine der Gruppe C, jedoch kein Apoprotein B wie normale LDL [23]. Da ähnliche abnorme Lipide auch bei familiärem Lezithin-Cholesterin-Acyltransferase(LCAT)-Mangel gefunden werden, könnte auch das Auftreten von LP-X bei manchen Cholestasen auf einem LCAT-Mangel beruhen. Wahrscheinlicher ist jedoch die Regurgitation eines in die Galle sezernierten Vorläuferlipoproteins in das Plasma.

Bei *akuter Hepatitis* findet sich vorübergehend meist eine mässiggradige Erhöhung des Cholesterins und deutlicher Anstieg der Triglyzeride und eine verminderte Synthese von Apolipoprotein-B-C-II. Auch hier lässt sich ein abnormes Lipoprotein nachweisen, das Apolipoprotein-B-100 enthält und reich an Triglyzeriden ist, in der Elektrophorese aber in β-Position wandert [9].

Eine *Sonderform* der Hyperlipidämie kommt bei der primären, biliären Zirrhose (PBC) vor, die mit einer starken Hypercholesterinämie bei nur geringer Hypertriglyceridämie einhergeht. Die Phospholipide des Serums sind meist stärker erhöht als das Cholesterin.

Bei einem *Hepatom* kann es infolge der fehlenden Feedbackhemmung durch den zellulären Cholesteringehalt zu einem ungehemmten Anstieg des LDL-Cholesterins kommen.

Dyslipoproteinämien der Niere

Erhöhte *LDL*-Cholesterinkonzentrationen gelten als häufigste Dyslipoproteinämie beim *nephrotischen Syndrom.* Seltener sind Erhöhungen der VLDL mit Hypertriglyzeridämie sowie Verminderung der HDL-Cholesterinkonzentration. Zugrunde liegt eine – infolge der Abnahme der Plasmaproteine (v. a. Albumin) durch die schwere Proteinurie – maximal gesteigerte hepatische Proteinsynthese, die zur vermehrten Freisetzung von freien Fettsäuren führt. Zusätzlich führt eine Abnahme der Lipoproteinlipaseaktivität zum verminderten Abbau der VLDL via IDL zu LDL und damit zum Anstieg der VLDL [8].

Im Unterschied zum nephrotischen Syndrom ist die häufigste Dyslipoproteinämie bei *chronischer Niereninsuffizienz* die *Hypertriglyzeridämie*. Ursächlich diskutiert wird eine aufgrund eines nicht dialysablen Inhibitors bedingte Abnahme der Lipoproteinlipaseaktivität. Als Bindeglied wird eine durch Parathormon supprimierte Insulinsekretion diskutiert [1].

Die nach *Nierentransplantation* nahezu regelhafte *Hyperlipoproteinämie* gilt als Folge der Immunsuppression. So verursacht *Ciclosporin* eine LDL-Cholesterinerhöhung um ca. 30% (s. Kap. 42).

Der Einfluss von Alkohol auf den Fettstoffwechsel

Im Unterschied zum marginalen Einfluss von Alkohol auf die Konzentration von LDL-Cholesterin und Triglyzeride, ließ sich in zahlreichen Studien ein günstiger Einfluss auf das HDL-Cholesterin nachweisen. Der durch Alkohol bedingte Anstieg der HDL-Fraktion betrifft dabei überwiegend die HDL_3-Fraktion, weniger die kardioprotektivere HDL_2-Fraktion. Derzeit werden 2 Mechanismen verantwortlich gemacht:

- Steigerung der LPL und HTGL,
- vermehrte Synthese der Apolipoproteine-A-I und -A-II durch Induktion der mikrosomalen Oxidasen in der Leber.

Unklar bleibt allerdings, ob die kardioprotektive Wirkung eines mäßigen Alkoholkonsums einzig auf eine HDL-Cholesterinerhöhung zurückzuführen ist oder ob, wie in neueren Arbeiten aufgezeigt, darüber hinaus nichtalkoholische Inhaltsstoffe, wie sie z. B. für Rotwein (Resveratrol) diskutiert werden, ursächlich in Frage kommen [19].

Der Einfluss von Medikamenten auf den Fettstoffwechsel

Hyper- und Dyslipoproteinämien als unerwünschte Arzneimittelwirkungen erfahren in den letzten Jahren zunehmend an Bedeutung (*Tabelle 10-8, 10-9*). Dies gilt v. a. für eine Reihe kardiovaskulär wirksamer Pharmaka, Kontrazeptiva, Anabolika und die neuerlich in der HIV-Therapie eingesetzten Proteaseinhibitoren (s. unten).

Tabelle 10-9. Kardiovaskuläre Pharmaka mit Einfluss auf Lipoproteine (Auswahl)

	Chol	TG	VLDL	LDL	HDL
Diuretika (Thiazide, Schleifendiuretika)	↑	↑↑ (dosisabhängig)	↑	↑	↔
β-Blocker, nichtselektiv	(↑)	↑↑↑	↑	↔	↓↓
β-Blocker, selektiv	(↑)	↑ (dosisabhängig)	↑	↔	↓
ACE-Hemmer	↔	↔	↔	↔	↔
Ca-Antagonisten	↔	↔	↔	↔	↔
α_1-Blocker	↓	↓↓	↓	↓	↑
Angiotensin-II-Rezeptor-Antagonisten	↔	↔	↔	↔	↔

Lipodystrophie-Syndrom

Eine beträchtliche Anzahl von Patienten mit HIV-Infektion wird mittlerweile langfristig mit einer hochaktiven antiretroviralen Therapie (HAART) behandelt, die aus der Kombination eines Proteaseinhibitors mit 2 Nucleosidanaloga (Inhibitoren der reversen Transkriptase) besteht. Nach etwa 10-monatiger Behandlung tritt bei 50% der Patienten eine *Lipodystrophie* auf, die nicht im Zusammenhang mit dem »Wastingsyndrom« steht (s. Kap. 57).

Sie ist gekennzeichnet durch den *peripheren Verlust des Subkutanfettes* (Gesicht, Glutealmuskulatur, Extremitäten) und *viszerale Fetteinlagerung* (Abdomen, sogenannter Büffelnacken, bei Frauen in der Brust). Die Therapie mit PI führt darüber hinaus regelhaft innerhalb von 3 Monaten zu *erhöhten Serumtriglyzerid-* und *-cholesterinspiegeln.* Bei gleichzeitiger Abnahme des HDL-Cholesterins kommt es vor allem zum Anstieg triglyzeridreicher VLDL- wie auch

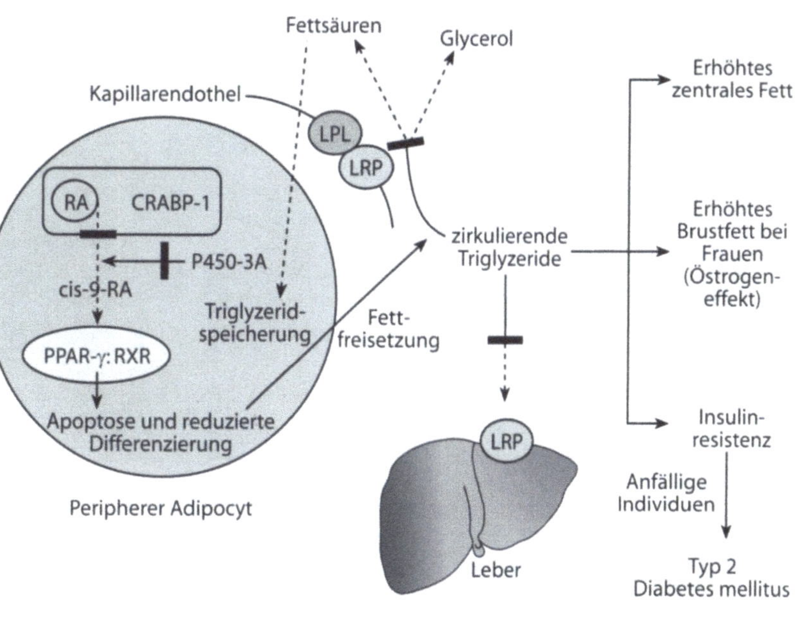

Abb. 10-11. Derzeit postulierter Mechanismus des durch HIV-1-Protease-Inhibitoren induzierten *Lipodystrophie-Syndroms:* Proteaseinhibitoren führen durch Bindung an das Retinolsäurebindungsprotein (CRABP-1) und/oder Hemmung von Cytochrom-P450-3-A zu einer Abnahme von cis-9-Retinolsäure (cis-9-RA). Dies führt zu einer verminderten Stimulation des Retinolsäure-Rezeptors (RXR) und so zu einer verminderten Ausdifferenzierung peripherer Adipozyten. (Mod. nach [7]; weitere Erläuterungen s. Text)

LDL-Partikel mit konsekutivem Anstieg des LDL-HDL-Quotienten.

Ursächlich diskutiert wird eine bis zu 60%ige strukturelle Homologie von HIV-Protease-1-Inhibitoren zu Schlüsselproteinen der Adipozytendifferenzierung [7]: Bindung an das zytosolische Retinolsäure Bindungsprotein (CRABP-1) und/oder Hemmung des Cytochrom-P450-3-A, das Retinolsäure (RA) zu cis-9-RA metabolisiert, führen zur Verminderung des RA-X Rezeptors (RXR), der mit dem Peroxisomen Proliferationsrezeptor-γ (PPAR-γ) als Heterotrimer für die Differenzierung und Apoptose u. a. von Fettzellen verantwortlich ist. Die gleichzeitige Abnahme des LDL-Rezeptor-Proteins (LRP) führt zur verminderten Klärung peripherer Triglyzeride durch die LRP-Lipoproteinlipase und einer reduzierten hepatischen Aufnahme von Chylomikronen in die Leber [6, 7, 36]. Die resultierende Hypertriglyzeridämie führt zu der charakteristischen Fettumverteilung (*Abb. 10-11*).

Literatur

1. Akmal M, Kasim SE, Soliman AR et al. (1990) Excess parathyroid hormone adversely affects lipid metabolism in chronic renal failure. Kidney Int 37:854–859
2. Beisiegel U, Patsch JR (2000) Chylomikronämie. In: Schwandt P, Richter WO, Parhofer KG (Hrsg) Handbuch der Fettstoffwechselstörungen, 2. Aufl. Schattauer, Stuttgart New York, S 115–139
3. Beisiegel U (1997) What do all the apolipoprotein E receptors do? Curr Opin Lipid 8:243–245
4. Beisiegel U (1998) Lipoprotein metabolism. Eur Heart J 19: A20–A23
5. Bougnères PF, Saudubray JM, Marsac C, Bernard O, Odièvre M, Girard J (1981) Fasting hypoglycemia resulting from hepatic carnitine palmitoyl transferase deficiency. J Pediatr 98:742–746
6. Carr A, Cooper DA (2000) Adverse effects of antiretroviral therapy. Lancet 356:1423–1430
7. Carr A, Samaras K, Crisholm DJ, Cooper DA (1999) Pathogenesis of HIV-1-protease inhibitor-associated peripheral lipodystrophy, hyperlipsaemia, and insulin resistanace. Lancet 351:1881–1883
8. Chait A, Brunzell JD (1990) Acquired hyperlipidemia (secondary dyslipoproteinemias). Endocrinol Metab Clin Nutr Am 19:259–263
9. Cooper AD (1995) Role of the liver in the degradation of lipoproteins. Gastroenterology 88:192–205
10. Gerok W, Rössle M, Schölmerich J (1995) Leberzirrhose – Störungen des Lipid- Lipoprotein- und Gallensäurestoffwechsels. In: Gerok W, Blum HE (Hrsg) Hepatologie, 2. Aufl. Urban & Schwarzenberg, München, S 338–341
11. Hanefeld M, Temelkova-Kurktschiev I (2000) Diabetes mellitus und Dyslipoproteinämien. In: Schwandt P, Richter WO, Parhofer KG (Hrsg) Handbuch der Fettstoffwechselstörungen, 2. Aufl. Schattauer, Stuttgart New York, S 239–254
12. Howerd BV (1987) Lipoprotein metabolism in diabets mellitus. J Lipid Res 28:613–618
13. Kane JP; Havel RJ (1989) Disorders of the biogenesis and secretion of lipoproteins containing the B apolipoproteins. In: Scriber CR, Beaudet WS, Valle D (eds) The metabolic basis of inherited disease, 6th edn. McGraw-Hill, New York, pp 1139–1143
14. Keller C, Zöllner N (2000) Familiäre Hypercholesterinämien. In: Schwandt P, Richter WO, Parhofer KG (Hrsg) Handbuch der Fettstoffwechselstörungen, 2. Aufl. Schattauer, Stuttgart New York, S 72–91
15. Löffler G (1999) Stoffwechsel der Lipide. In: Löffler G, Petrides PE (Hrsg) Biochemie und Pathobiochemie, 6. Aufl. Springer, Berlin Heidelberg New York Tokio, S 425–478
16. Morton RE (1999) Cholesteryl ester transfer protein and ist plasma regulator: lipidtransfer inhibitor protein. Curr Opin Lipidol 10:312–327
17. Niederau C, Rolfs A, vom Dahl S et al. (2001) Diagnose und Therapie des Morbus Gaucher. Med Klinik 96:32–39
18. Riccardi G (1990) Hormones, diabetes mellitus and lipoprotein metabolism. Curr Opin Lipidol 1:237–240
19. Ritter MM, Richter WO (2000) Einfluss von Nikotin, Kaffee und Alkohol auf den Fettstoffwechsel. In: Schwandt P, Richter WO, Parhofer KG (Hrsg) Handbuch der Fettstoffwechselstörungen, 2. Aufl. Schattauer, Stuttgart New York, S 288–294
20. Santamarina-Fojo S, Lambert G, Hoeg JM, Brewer HB (2000) Lecithin-cholesterol acyltransferase: role in lipoprotein metabolism, reverse cholesterol transport and atheroscleosis. Curr Opin Lipidol 11:267–275
21. Riesen WF, Mordasini RC, Münnich S (2000) Lipidosen (Lipidspeicherkrankheiten). In: Schwandt P, Richter WO, Parhofer KG (Hrsg) Handbuch der Fettstoffwechselstörungen, 2. Aufl. Schattauer, Stuttgart New York, S 201–228
22. Schmitz G, Lackner KJ (2000) High-density-Lipoproteine und Arteriosklerose. In: Schwandt P, Richter WO, Parhofer KG (Hrsg) Handbuch der Fettstoffwechselstörungen, 2. Aufl. Schattauer, Stuttgart New York, S 667–692
23. Seidel D, Alaupovic P, Furmann RH et al. (1970) A lipoprotein characterizing obstructive jaunice. II. Isolation and partial characterization of the protein moieties of low density lipoproteins. J Clin Invest 49:2396–2407
24. Sniderman AD, Cianflone K (1995) Hyper-Apo-B und familiäre kombinierte Hyperlipidämie. In: Schwandt P, Richter WO (Hrsg) Handbuch der Fettstoffwechselstörungen. Schattauer, Stuttgart New York, S 182–200
25. Stanley CA, Hale DE, Berry GT et al. (1992) A deficiency of carnitine-acylcarnitine translocase in the inner mitochondrial membrane. N Engl J Med 327:19–23
26. Stein J, Milovic V (1999) Eiweißverlustsyndrom. In: Caspary WF, Stein J (Hrsg) Darmkrankheiten. Springer, Berlin Heidelberg New York Tokio, S 125–130
27. Steinmetz A, Kaffarnik H (2000) Familiäre Dysbetalipoproteinämie (Typ-III-Hyperlipoproteinämie). In: Schwandt P, Richter WO, Parhofer KG (Hrsg) Handbuch der Fettstoffwechselstörungen, 2. Aufl. Schattauer, Stuttgart New York, S 92–103
28. Tall AR (1990) Plasma high denity lipoproteins. Metabolism and relationship to atherogenesis. J Clin Invest 86:379–384
29. Thuren T (2000) Hepatic lipase and HDL metabolism. Curr Opin Lipidol 11:277–283
30. Treem WR, Stanley CA, Finegold DN et al. (1988) Primary carnitine deficiency due toa failure of carnitine transport in kidney, muscle and fibroblasts. N Engl J Med 319:1331–1336
31. Wechsler JG (1995) Anoexia nervosa und Dyslipoproteinämien. In: Schwandt P, Richter WO (Hrsg) Handbuch der Fettstoffwechselstörungen. Schattauer, Stuttgart New York, S 303–306
32. Wechsler JG, Wemzel H (2000) Adipositas und Dyslipoproteinämien. In: Schwandt P, Richter WO, Parhofer KG (Hrsg) Handbuch der Fettstoffwechselstörungen, 2. Aufl, Schattauer, Stuttgart New York, S 256–269
33. Wieland D, Jockenhövel F, Kotzka J, Krone W (2000) Endokrinologische Erkrankungen und Dyslipoproteinämien. In: Schwandt P, Richter WO, Parhofer KG (Hrsg) Handbuch der Fettstoffwechselstörungen, 2. Aufl. Schattauer, Stuttgart New York, S 229–238
34. Young SG, Bertics SJ, Curtissm LK, Witztu JL (1987) Characterization of an abnormal species of apolipoprotein B, apo B-37, associated with familial hypobetalipoproteinemia. J Clin Invest 80:1850–1855
35. Zhang B, Macnaul K, Szalkowski D et al. (1999) Inhibition of adipocyte differentiation by HIV protease inhibitors. J Clin Endo Metabol 84: 4274–4277

Nukleoproteidstoffwechsel

J. Stein

Bei Nukleoproteiden handelt es sich um *nichtessenzielle* Proteinkomplexe, deren *prosthetische* Gruppe *Nukleinsäuren* sind. Ihre Bedeutung liegt zum einen in ihrer Funktion als Bausteine der menschlichen Erbsubstanz, zum anderen als freie Nukleotide als Kofaktoren zahlreicher enzymatischer Prozesse.

11.1 Chemie und Eigenschaften der Nukleinsäuren

11.1.1 Nukleoside und Mononukleotide

Nukleoside und Mononukleotide setzen sich aus je einer Base, einer Pentose und einem Phosphatrest zusammen. Nach dem jeweiligen Pentosebaustein werden *2 Gruppen* von Nukleinsäuren unterschieden:
- D-Ribose, Ribonukleinsäuren (DNA) und
- 2-Desoxyribose, Desoxyribonukleinsäuren (RNA).

Während die gesamte DNA im Zellkern lokalisiert ist, befinden sich etwa 70% der RNA im Zytoplasma (50% in Mikrosomen, 20% in Mitochondrien). Die restlichen 30% befinden sich im Zellkern (20% im Nukleolus, 10% in den Chromosomen).

Die verschiedenen stickstoffhaltigen Basen leiten sich formal von *Purin* und *Pyrimidin* ab. Durch Substitution von H-Atomen durch *Hydroxyl-*, *Amino-* oder *Methylgruppen* entstehen die in den Nukleinsäuren vorkommenden Pyrimidin- und Purinbasen. Sowohl in RNA als auch in DNA finden sich als Purine *Adenin* (6-Aminopurin) und *Guanin* (2-Amino-6-Hydroxypurin). In RNA kommen als Pyrimidine *Cytosin* (2-Hydroxy-6-Aminopyridin) und *Uracil* (2,6-Dihydroxypyrimidin) vor. In der DNA ist das Uracil durch *Thymidin* (5-Methyluracil) ersetzt. Nukleotide ohne Phosphatgruppe werden als Nukleoside bezeichnet (*Tabelle 11-1*).

11.1.2 Polynukleotide

Polynukleotide (Nukleinsäuren) sind unverzweigte hochpolymere Kettenmoleküle aus Nukleotideinheiten, die untereinander durch Phosphodiesterbindungen verknüpft sind. Ähnlich wie bei Proteinen handelt es sich um außerordentlich lange, stets unverzweigte Ketten. Die stickstoffhaltigen Purin- oder Pyrimidinbasen sind immer über eine glykosidische Bindung an das C1-Atom der Pentose gebunden. Die Verbindung zwischen den einzelnen Mononukleotiden erfolgt durch eine Phosphodiesterbindung zwischen dem C3-Atom der einen Pentose und dem terminalen C5-Atom der nächsten.

11.2 Biosynthese und Stoffwechsel der Nukleotidkörper

11.2.1 Biosynthese und Abbau von Purinnukleotiden

Biosynthese

Im Gegensatz zu den Pyrimidinen (s. unten) erfolgt die Biosynthese der Purinnukleotide von Anfang an in Form eines offenen, später ringförmigen *Ribonukleotids*. Die Biosynthese beginnt mit der *Pyrophosphorylierung von D-Ribose-5-Phosphat* zu *α-5-Phosphoribosyl-1-Pyrophosphat (PRPP)*, das dann als Ausgangsprodukt für die weitere Nukleotidsynthese dient (*Abb. 11-1*).

Wichtigstes *regulatorisches* Enzym ist dabei die *PRPP-Amidotransferase*, die die Glutamin-abhängige Bildung von 5-Phosphoribosylamin katalysiert. PRPP stimuliert den Übergang von der *dimeren inaktiven* Form in die *monomere aktive* Form des Enzyms, was zur Synthese von IMP führt. Dagegen führen sämtliche Purinnukleotide über Rückbildung in die dimere Form zu einer Endprodukthemmung.

Ein zweiter Regulationsmechanismus findet auf der Ebene der Umwandlung von IMP zu AMP bzw. GMP statt: So stimuliert im Sinne äquimolarer Syntheseraten GDP die Bildung von ATP, das seinerseits die Bildung von GMP fördert.

Abbau

Die *Biosynthese* von Purinbasen enthält eine Reihe nicht oder nur schwer umkehrbarer Reaktionen, sodass ihr Abbau nach einer anderen Reaktionssequenz abläuft (*Abb. 11-2*). Ausgehend von den einzelnen Purinribosiden (*Adenosin, Inosin, Xanthosin, Guanosin*) findet zunächst die Umwandlung zu *Xanthin* statt, das ebenfalls mittels Xanthinoxidase zu *Harnsäure* oxidiert wird.

Die Ausscheidung der durch den intrazellulären Purinabbau entstandenen Harnsäure (ca. 4–6 mmol/24 h) erfolgt zu etwa 20% über den Darm und unterliegt dort der bakteriellen Urikolyse. Der Hauptanteil (ca. 80%) wird über die Nieren durch *glomeruläre Filtration* sowie durch *tubuläre Rückresorption* und *Sekretion* ausgeschieden. Über das quantitative Verhältnis dieser beiden Mechanismen ist nichts sicheres

Tabelle 11-1. Nomenklatur der Nukleoside

Base	Abkürzung	Pentose	Nukleosid	Abkürzung
Cytosin	Cyt	Ribose	Cytidin	C
		Desoxyribose	Desoxycytidin	dC
Thymidin	Thy	Ribose	Thyminribosid	–
		Desoxyribose	Desoxythymidin	dT
Uracil	Ura	Ribose	Uridin	U
		Desoxyribose	Desoxyuridin	dU
Adenin	Ade	Ribose	Adenosin	A
		Desoxyribose	Desoxyadenosin	dA
Guanin	Gua	Ribose	Guanosin	G
		Desoxyribose	Desoxyguanosin	dG
Hypoxanthin	Hyp	Ribose	Inosin	I
		Desoxyribose	Desoxyinosin	dI
Xanthin	Xan	Ribose	Xanthosin	X
		Desoxyribose	Desoxyxanthosin	dX

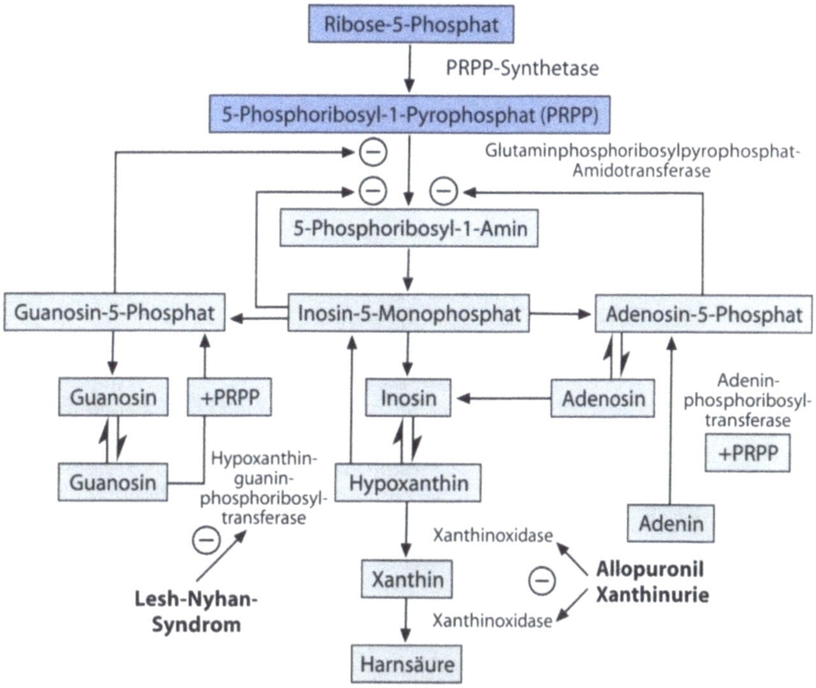

Abb. 11-1. Purinstoffwechsel des Menschen. *APRTase* Phosphoribosyltransferase; *HGPRTase* Hypoxanthin-Guanin-Phosphoribosyltrnasferase; *PRPP-Synthase* 5-Phosphoribosylpyrophosphatsynthase; *PRPP* 5-Phosphoribosyl-1-pyrophosphat. (Mod. nach [1])

bekannt [3], durch das Zusammenwirken beider Mechanismen ergibt sich bei physiologischen Harnsäurespiegeln und glomerulären Filtrationsraten eine Harnsäureclearance von 8,7±2,5 ml/min [1].

Der Gesamtharnsäurepool beträgt beim Menschen unter Normalbedingungen ca. 1,2 g (7,14 mmol). 50–75% werden pro 24 h umgesetzt. Die Höhe der renalen Harnsäureausscheidung ist abhängig von der täglichen Purin- bzw., Nukleoproteinzufuhr: Unter einer *nukleoproteinarmen* Ernährung scheiden

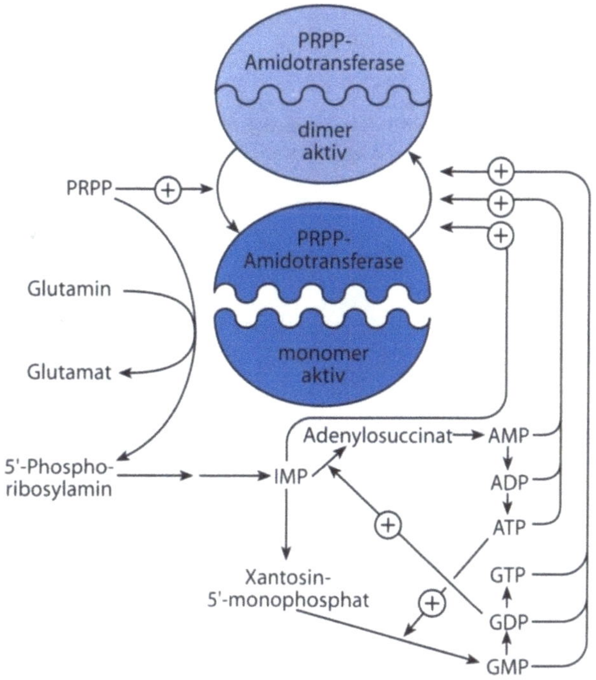

Abb. 11-2. Regulation der Purinbiosynthese. *PRPP* Phosphoribosylpyrophosphat. (Mod. nach [4])

gesunde Erwachsene 0,2–0,6 g (1,2–3,6 mmol)/24 h aus. Dieser Wert kann unter einer *purinreichen* Kost (Fisch, Leber, Nieren Hülsenfrüchte) bis auf 2 g/24 h ansteigen.

11.2.2 Biosynthese und Abbau von Pyrimidinnukleotiden

Biosynthese

Während bei der Purinbiosynthese *Glyzin* als Grundgerüst des entstehenden Purinkörpers dient, bilden *Aspartat* und *Carbamylphosphat* das Skelett in der Pyrimidinbiosynthese. Carbamylphosphat steht damit an der Schnittstelle zwischen Harnstoff- und Pyrimidinstoffwechsel. In einem mehrstufigen Prozess, an dessen Anfang die *Kondensation* von *Aspartat* und *Carbamylphosphat* zu Carbamylphosphat (Ureidosuccinat) steht, wird zunächst *Orotsäure* gebildet. Im Gegensatz zur Purinsynthese, die von Anfang an in Form des entsprechenden Nukleotids abläuft, erfolgt hier erst durch Anlagerung von Phosphoribosylpyrophosphat die Synthese des entsprechenden Nukleotids. Durch Decarboxylierung von Orodin-5-monophosphat (OMP) wird dann Uridinmonophosphat (UMP) gebildet, das als Ausgangssubstanz für die anderen Pyrimidinnukleotide dient (*Abb. 11-3*).

Die *Regulation* der Pyrimidinsynthese erfolgt mittels der *Carbamylphosphatsynthetase II (CPSaseII)*, die zusammen mit *Aspartattranscarbamylase (ATCase)* und *Dihydroorotase (DHOase)* Bestandteil eines multikatalatischen Enzymkomplexes ist. So wird Uridintriphosphat (UTP), dem Endprodukt der Kette gehemmt und durch PRPP alosterisch aktiviert. *DHOase* und *ATCase* werden dagegen durch Orotat gehemmt.

Abbau

Der nahezu ausschließlich in der Leber stattfindende *Pyrimidinabbau* erfolgt ausgehend von Cytosin, Uracil und Thymidin in einer über in 3 Stufen ablaufenden Ringspaltung, die

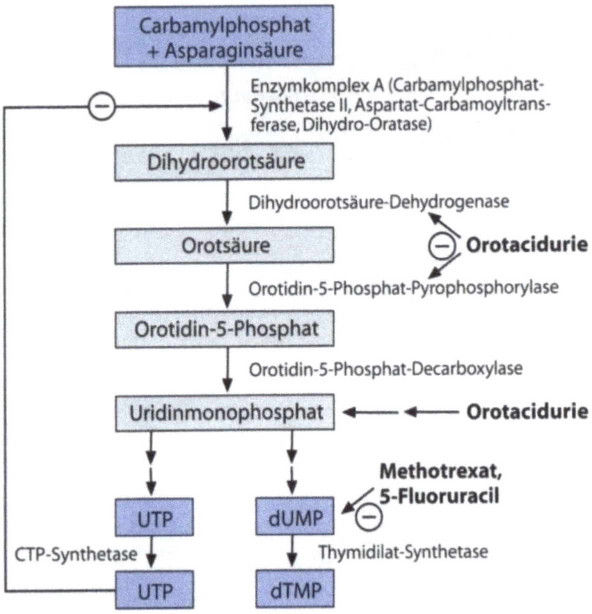

Abb. 11-3. Pyrimidinstoffwechsel des Menschen. Grundgerüst bilden Aspartat und Carbamylphophat. In einem mehrstufigen Prozess, an dessen Anfang die Kondensation von Aspartat und Carbamylphophat zu Carbamylphosphat (Ureidosuccinat) steht, wird zunächst Orotsäure gebildet, die dann schrittweise zu den Pyrimidinen UTP, CTP, dUTP und dTMP umgewandelt wird. (Mod. nach [4])

zur Bildung von β-*Alanin* bzw. β-*Aminobutyrat* führt. Beide Intermediärprodukte werden zu *Acetat bzw. Propionat, NH3* und *CO2* abgebaut (*Abb. 11-4*). Damit entstehen im Gegensatz zum Purinabbau, in Form von Acetat und Propionat, oxidierbare Verbindungen, die für die Zelle zumindest teilweise mit einem Energiegewinn verbunden sind.

11.2.3 Wiederverwertung von Nukleotiden

Grundsätzlich sind alle eukaryoten Zellen, wenn auch in unterschiedlichem Ausmaß, zur Biosynthese von Purin- und Pyrimidinnukleotiden imstande. Nukleotide fallen allerdings auch beim *intrazellulären Abbau* von Nukleinsäuren und als Folge der *intestinalen Resorption* an.

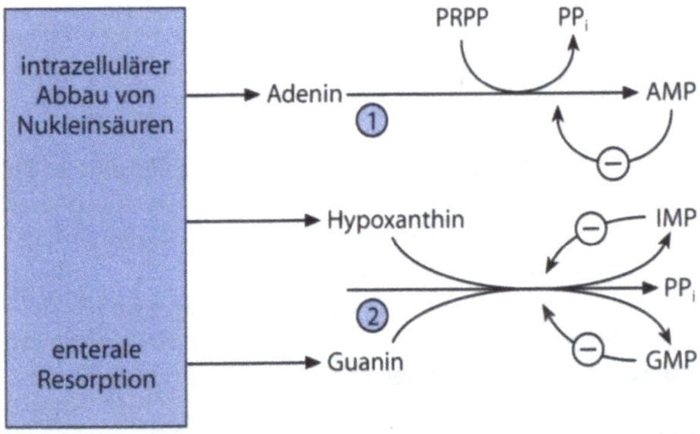

Abb. 11-4. Wiederverwertung von Adenin, Hypoxanthin und Guanin. *1:* Adenin-Phosphoribosyltransferse (APRT); *2:* Hypoxanthin-Guanin-Phosphoribosyltransferase (HPGRT). (Mod. nach [4])

Purinnukleotide

Zur Wiederverwertung (»*salvage pathway*«) der Purinnukleotide *Adenin, Hypoxanthin* und *Guanin* sind derzeit 2 Enzyme bekannt. Durch die *Adenin-Phosphoribosyltransferase (APRTase)* wird Adenin in einer PRPP-abhängigen Reaktion zu (Adeninmonophosphat (AMP) umgewandelt, während die *Hypoxanthin-Guanin-Phosphoribosyltransferase (HGPRTase)* für die Wiedereinführung von Hypoxanthin und Guanin in den Nukleotidstoffwechsel verantwortlich ist (s. *Abb. 11-3*). Beide Enzyme unterliegen der Hemmung durch ihre Endprodukte AMP bzw. IMP und GMP.

Zusätzlich gewährleistet ein aus 15 Enzymen bestehender Multienzymkomplex (Purinnukleotidzyklus) die Unabhängigkeit der Purinnukleotid-Neubildung von der Biosynthesegeschwindigkeit, mit dessen Hilfe es gelingt Purine, Purinnukleoside und Purinnukleotide ineinander zu überführen [5].

Pyrimidinnukleotide

Da die tägliche *Biosyntheserate* von Pyrimidinnukleotiden mit 400–700 mg in der gleichen Größenordnung wie die der Purinnukleotide liegt, sollten auch für sie ähnlich effiziente Wiederverwertungssyteme vorliegen. Mangels entsprechender Enzyme scheint allerdings der *PRPP-Amidotransferase-Weg* hierbei keine Rolle zu spielen.

11.3 Störungen des Purinstoffwechsels

11.3.1 Hyperurikämie

Bei normaler Ernährung werden vom gesunden Erwachsenen <600 mg (3,6 mmol)/24 h Harnsäure über die Niere ausgeschieden. Ein Anstieg der Harnsäurekonzentration im Blut wird durch einen oder mehrere der beiden nachfolgenden Faktoren primär und/oder sekundär verursacht:
- Überproduktion,
- gestörte renale Ausscheidung.

Überproduktion

Etwa 25% der *primären* Hyperurikämie ist mit einer Überproduktion von Harnsäure verbundenen (*Abb. 11-5*). Zum

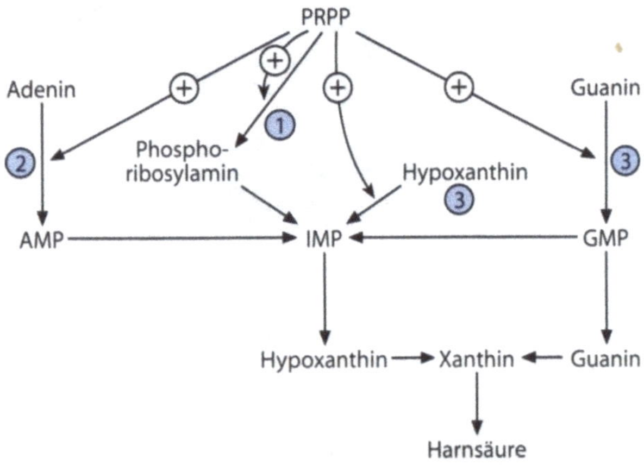

Abb. 11-5. Menchanismen der primären, durch Überproduktion entstandenen Hyperurikämie. *1:* vermehrte PRPP-Bildung; *2:* verminderte APRT-Aktivität; *3:* verminderte HGPRT-Aktivität. (Mod. nach [4])

Tabelle 11-2. Sekundäre Hyperurikämie infolge *gesteigerter Harnsäureproduktion*

Krankheiten mit vermehrten Zelluntergang	Sonstige
Akute und chronische Myelose	Psoriasis (bei Arthritis 25%, bei Spondylitis 50%)
Lymphoblastom	Schwere Infektionen
Polycythaemia vera	Herzinfarkt
Polyglobulie	Muskeldystrophie Typ Erb
Perniziöse Anämie (Remission)	Hyperlipoproteinämie Typ IV
Hämolytische Anämie	Akromegalie
Paraproteinosen	Glykogenspeicherkrankheit Typ 1
Infektiöse Anämie	Metabolisches Syndrom

überwiegenden Teil liegt hierbei eine *verminderte Aktivität* der *Hypoxanthin-Guanin-Phosphoribosyltransferase* mit konsekutivem Anstieg der PRPP-Konzentration vor, das dann vermehrt zur Purinbiosynthese zur Verfügung steht. Ein vollständiges Fehlen des Enzyms liegt beim ***Lesh-Nyhan-Syndrom*** zugrunde. Das Krankheitsbild ist durch eine schwere Gicht und Nephrolithiasis gekennzeichnet, zusätzlich findet sich eine neurologische Symptomatik mit Spastik sowie verzögerter körperlicher und geistiger Entwicklung.

Grundsätzliche sind alle Krankheiten, die mit einem erhöhten Zellumsatz einhergehen, z. B. *Leukämien*, oder bei *Psoriasis* durch den vermehrten Anfall von Purinkörpern mit einer *sekundären Hyperurikämie* verbunden (**Tabelle 11-2**).

Gestörte renale Ausscheidung

Schäden des tubulären Apparats der Niere oder die Hemmung der Sekretion durch Alkohol und Medikamente führen zu einer verminderten Harnsäureclearance, die besonders bei

Tabelle 11-3. Sekundäre Hyperurikämie infolge *verminderter Harnsäureausscheidung*

Krankheiten mit verminderter Harnsäureaussscheidung	Medikamente
Intoxikationen (z. B. Blei, »Moonlight Wiskey«)	Salizylate (<2 g/24 h)
Hypothyreose	Penicillin
Hypo-/Hyperparathyreodismus	Ethambutol
Sarkoidose (Nephrokalzinose)	Pyrazinamid
Keto-/Laktazidosen (β-Hydroxybutyrat)	Nikotinsäure
Hereditäre Fruktoseintoleranz (Laktat)	Diuretika
Ahornsirup-Krankheit (Ketosäuren)	Guanethidin
Schwangerschaftstoxikose	Xylit (Laktat)
Leberkrankheiten (Laktat)	Sorbit (Laktat)
Hunger (Ketosäuren)	
Essenzielle Hypertonie (Angiotensin)	
Niereninsuffizienz (fortgeschrittenes Stadium)	

Patienten mit primärer Gicht Schub-auslösend wirken können. So kommt es bei längerer Gabe von Diuretika – insbesondere von *Thiaziden* – wahrscheinlich als Folge der Kontraktion des extrazellulären Flüssigkeitsvolumens, zu einer erhöhten Harnsäureresorption im proximalen Tubulus. Auch unter Gabe von Guanethin oder niedriger Salizylatdosen kann es zur Verminderung der Harnsäureausscheidung kommen. Mögliche weitere Ursachen sind in **Tabelle 11-3** zusammengefasst.

11.3.2 Xanthinurie

Die Xanthinurie ist eine angeborene Störung im *Purinstoffwechsel*, die durch einen abnorm hohen Xanthingehalt im Urin bei gleichzeitig niedriger Harnsäureausscheidung gekenn-

Tabelle 11-4. Übersicht wichtiger Enzymdefekte in Purin- und Pyrimidinstoffwechsel mit klinischen Leitsymptomen.

Defektes Enzym	Gicht	Nephrolithiasis	Immundefekt	Psychomotorische Retardierung	Myopathie	Anämie
Purinstoffwechsel						
HPRTase	x	x		x (je nach Restaktivität)		
PRPP-Synthetase	x	x				
ARPTase		x				
Xanthinoxidase		x			(x)	
Myoadenylatdesaminase (MAD)					x	
Adenylosuccinatlyase (Asase)				x	(x)	
Adenosindesaminase (ADA)			x			
Purinnukleosidphosphorylase			x			
Pyrimidinstoffwechsel						
UMP-Synthetase		x (Kristalle)	(x)	x		x
Dihydropyrimidin-Dehydrogenase				x		
Pyrimidin-5´-Nekleotidase						x
Cytidindesaminase			x			
Uridinmonophosphatkinase			x			

zeichnet ist. Ursächlich wird ein Xanthinoxidasemangel (Oxidation von Hypoxanthin/Xanthin zu Harnsäure, (s. *Abb. 11-2*) diskutiert [6]. Im Krankheitsverlauf kommt es zur Ausbildung von Xanthinsteinen.

Weitere Störungen des Purinstoffwechsels

(Siehe *Tabelle 11-4*)

11.3.3 Störungen des Pyrimidinstoffwechsels

Orotazidurie

Diese autosomal-rezessiv vererbte Krankheit führt durch den gleichzeitigen Defekt (durch Mutation eines Regulator-Gens) zweier Enzyme (Orotidylpyrophosphorylase und Orotidyldecarboxylase) in der Pyrimidinnukleotidsynthese zur Blockierung der Umwandlung von *Orotsäure* in *Uridin-5-Phosphat* (s. *Abb. 11-2*). Es entsteht zellulärer »*Pyrimidinhunger*«. Der Mangel an Pyrimidin führt zu einer Aktivitätssteigerung der Enzyme vor dem Syntheseblock, was zu einer überschießenden Produktion von Orotsäure führt, die renal ausgeschieden wird. Klinisch findet sich eine ausgeprägte *megaloblastäre Anämie* und *Leukopenie* sowie eine geistige und körperliche *Retardierung*. Uridinzufuhr (s. Kap. 52 z) führt zur Rückbildung der klinischen Symptomatik und Orotzidurie [2, 4].

Literatur

1. Gröbner W, Zöllner N (1995) Hyperurikämie. Internist 36: 1207–1221
2. Gröbner W, Gross M, Zöllner N (2000) Krankheiten und Störungen des Purin- und Pyrimidinstoffwechsels. In: Gerok W, Huber C, Meinertz T, Zöller H (Hrsg) Die Innere Medizin. 10. Auflg., Schattauer, Stuttgart New York, S. 1165–1174
3. Kramer HJ (1994) Purinstoffwechsel In: Krück F (Hrsg) Pathophysiologie/ Pathobiochemie, 2. Aufl. Urban & Schwarzenberg, München, S 533–538
4. Löffler G (1999) Stoffwechsel der Purine und Pyrimidine. In: Löffler G, Petrides PE (Hrsg) Biochemie und Pathobiochemie, 6. Aufl. Springer, Berlin Heidelberg New York Tokio, S 581–598
5. Lotz M, Fallon HJ, Smith (1963) Excretion of orotic acid and orotidine in heterozygotes of congenital orotic aciduria. Nature 197: 194–196
6. Scriber CR, Beaudet AL, Sly WS, Valle D (1995) The metabolic and molecular basis of inherited disease In: Purines and pyrimidines Vol II, part 7, McGraw-Hill, New York
7. Van den Berghe G, Bontemps F, Vincent MF et al. (1992) The purine nucleotide cycle and ist molecular defects. Progr Neurobiol 39: 547–561
8. Watts R, Engelmann K, Klinenberg JR et al. (1964) The enzymatic defect in xanthinuria. Nature 201: 395–397

Der Stoffwechsel von Nahrungsinhaltstoffen in der Leber

G. Löffler

Die besondere Funktion der Leber im Intermediärstoffwechsel erklärt sich aus ihrer anatomischen Lage. Sie bezieht während der Resorptionsphase die über den Intestinaltrakt aufgenommenen Nahrungsstoffe, Vitamine und Elektrolyte. Eine Ausnahme hiervon machen die Nahrungslipide, die über die Lymphbahnen des Intestinaltrakts gesammelt und über den Ductus thoracicus in den großen Kreislauf verteilt werden und dementsprechend in größerer Verdünnung zur Leber gelangen. Damit ist die Leber als einziges Organ daran angepasst, ein sowohl von der Quantität als auch von der Qualität her sehr variables Stoffangebot zu bewältigen.

Die während der Resorptionsphase angefluteten Substrate können von ihr zu einem beträchtlichen Teil gespeichert werden. In der postresorptiven oder Hungerphase ist sie dann imstande, die gespeicherten Substrate in den Blutkreislauf abzugeben und den anderen Organen und Geweben des Körpers zur Deckung des Energiebedarfes zur Verfügung zu stellen. In diesem Sinne trägt die Leber entscheidend zur Aufrechterhaltung eines konstanten inneren Milieus und damit zur Funktionsfähigkeit aller extrahepatischen Organe und Gewebe bei.

12.1 Zellulärer und zonaler Aufbau der Leber

Am Aufbau des Leberparenchyms sind verschiedene Zellen mit unterschiedlichen Funktionen beteiligt:

- eigentliche Hepatozyten,
- Sinusendothelzellen,
- Kupffer-Zellen,
- Fettspeicher- (Ito-)Zellen,
- PIT-Zellen.

Alle Zellen, mit Ausnahme der Hepatozyten, werden unter dem Begriff der Nichtparenchymzellen zusammengefasst.

12.1.1 Hepatozyten

Auf die Hepatozyten entfallen etwa 65–70% der in der Leber vorhandenen Zellen. Sie bilden die um das periportale Feld gruppierten Leberbalken und damit die Leberläppchen. Es sind polare Zellen, bei denen der eine Pol gegen die Sinusoide gerichtet ist und von der sinusoidalen Membran begrenzt wird. Den anderen Pol bilden die Gallenkanalikuli. Die Sinusoidalmembran ist wie die kanalikuläre Membran zur Vergrößerung ihrer Oberfläche mit Mikrovilli ausgestattet. Beide Membrantypen unterscheiden sich allerdings im Hinblick auf Membranprotein (Transport-, Rezeptorproteine) und Lipidzusammensetzung. Der intrazelluläre Spalt zwischen 2 Hepatozyten steht mit dem Dissé-Raum in direkter Verbindung, ist jedoch durch Schlussleisten (»tight junctions«) gegen die Gallenkapillaren »abgedichtet« (vgl. intestinale Schlussleisten).

Die Hepatozyten sind aufgrund ihrer Zellorganellen und Enzymausstattung der eigentlichen Orte von Synthese- und Entgiftungsleistung. In Abhängigkeit ihrer Zuordnung zu den 3 Zonen innerhalb des Leberazinus ist ihre enzymatische Ausstattung sowie ihr Bestand an Zellorganellen unterschiedlich und somit auch metabolisch verschieden (*Abb. 12-1*).

Im Zentrum jedes Leberläppchens sind der Gallengang und die Verzweigungen der Pfortader und der Leberarterie sowie das lymphatische System der Leber enthalten. Infolge der Besonderheiten der Leberdurchblutung ergeben sich Substrat- und Metabolitengradienten entlang des Blutflusses von der Pfortader zur Lebervene. Dies ist der auslösende Faktor für die funktionelle Heterogenität von Leberzellbezirken. Die periportalen Bezirke mit dem afferenten Blutstrom zeichnen sich durch höhere Aktivität des Glykogenabbaus, der Glukoneogenes der Fettsäureoxidation, der Harnstoffbildung (Utilisation des Aminosäurestickstoffs) sowie der Gallensäure- und Bilirubinausscheidung aus.

Dagegen stellt die perivenöse Zone den bevorzugten Ort von Glykogensynthese, Glykolyse, Lipogenese, Harnstoffbildung aus Ammoniak und Biotransformation körpereigener und körperfremder Stoffe dar.

12.1.2 Nichtparenchymzellen

Etwa 30% der Leberzellen sind Nichtparenchymzellen. Hierzu zählen die als Cholangiozyten bezeichneten Zellen der Gallenkanalikuli. Daneben enthält die Leber eine Reihe von nichtepithelialen Zelltypen. Diese befinden sich bevorzugt entlang der Sinusoide und stehen sowohl anatomisch als auch funktionell in enger Beziehung zu den Parenchymzellen [22].

Sinusendothelzellen

Sie bilden die durch Spalten und Poren unterbrochene Auskleidung der Sinusoide. Die Poren (Fenestrae) sind von Aktin- und Myosinfasern umgeben, wodurch ihre Weite reguliert wird. Zunahme der Kalziumkonzentration, Katecholamine und Serotonin führen zu einer Engstellung, während Hypoxie und Endotoxin zur Weitstellung der Fenestrae führen. Auch die Sinusendothelzellen sind zur Phagozytose und Pinozytose befähigt, wenn auch in weit geringerem Ausmaß wie die Kupfferzellen. Sinusendothelzellen sind nicht nur zum Abbau, sondern auch zur Synthese von Komponenten der extrazellulären Matrix befähigt, so der Kollagentypen II und IV und des Glykoproteins Fibronektin (s. Kap. 14). Die Syntheseleistung ist allerdings deutlich geringer als die der Ito-Zellen. Sinusendothelzellen bilden ferner Adhäsionsmoleküle für Leukozyten, sogenannte Selektine.

Kupffer-Zellen

Kupffer-Zellen bilden wie die Ito-Zellen eine vergleichsweise kleine Zellpopulation. Sie gehören zum mononukleären Phagozytosesystem (MPS, früher RES) und machen etwa 80% der ortsständigen Zellen dieses Systems aus. Sie sind zwischen den Sinusoidalzellen eingelagert, ragen aber oft weit ins Lumen

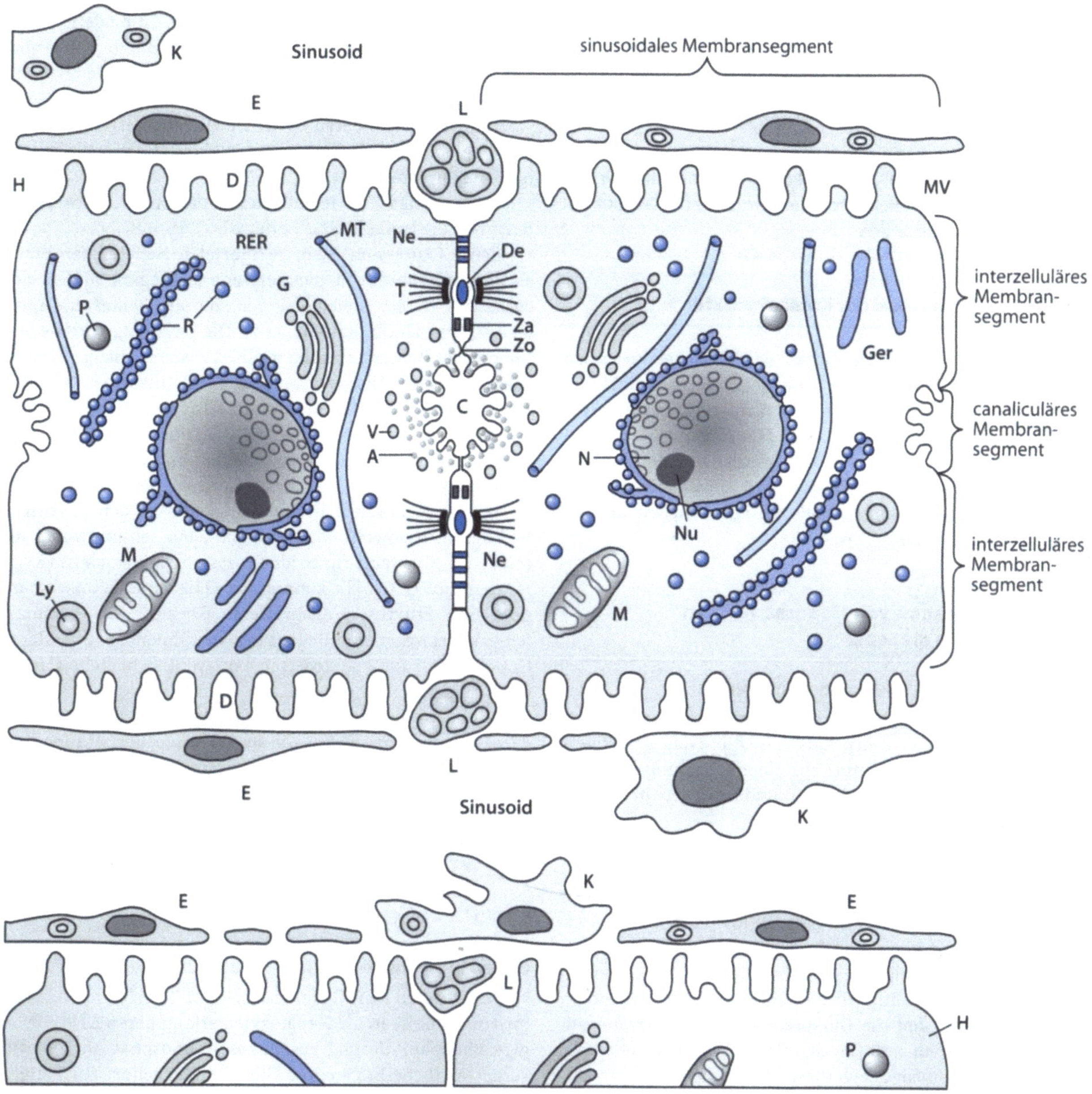

Abb. 12-1. Schematische Darstellung von Hepatozyten und ihren anatomischen Beziehungen zu Nichtparenchymzellen und dem Dissé-Raum. *A* Aktinfilamente; *C* Gallekanalikulus; *D* Dissé-Raum; *De* Desmosom; *E* Endothelzelle; *G* Golgi-Apparat; *Ger* glattes endoplasmatisches Retikulum; *H* Hepatozyt; *K* Kupffer-Zelle; *Ly* Lysomen, *M* Mitochondrien; *Mt* Mikrotubuli; *Mv* Mikrovilli; *N* Zellkern; *Ne* Nexus; *Nu* Nukleolus; *P* Peroxisomen; *R* Ribosomen; *RER* raues endoplasmatisches Retikulum; *T* Tonofilamente; *V* perikanalikuläre Vesikel; *Za* Zona adhärens; *Zo* Zonula occiudens (»tight junction«). [Aus Löffler/Petrides (1998) Biochemie und Pathobiochemie, 6. Aufl. Springer-Verlag]

der Sinusoide hinein und stehen über Zellfortsätze mit den Sinusendothelzellen und Hepatozyten in Verbindung.

Ihre Funktion besteht in der Phagozytose und Pinozytose von Mikroorganismen und Makromolekülen. Sie können darüber hinaus durch Rezeptor-unabhängige Mechanismen verschiedene toxische Substanzen, z. B. Endotoxin, aufnehmen und zum Abbau an die Hepatozyten weiterleiten und haben die Fähigkeit zur Antigenpräsentation. Durch Synthese bestimmter Zytokine und Eicosanoide stimulieren sie auf parakrinem Weg Hepatozyten zur Bildung von Akutphaseproteinen (z. B. C-reaktives Protein) oder sie aktivieren Ito-Zellen zur Fibrinogenese.

Fettspeicherzellen (Ito-Zellen, Sternzellen)

Fettspeicherzellen (Ito-Zellen) sind große mit Fettvakuolen gefüllte Zellen, die sich in enger Assoziation an die Hepatozyten finden. Auf 12–20 Hepatozyten kommt eine Ito-Zelle. Hauptbestandteil der Fettvakuolen sind Vitamin A und Vitamin-A-Metabolite. Ausläufer der Ito-Zellen umgreifen die Sinusoide und können so die Weite der Sinusoide regulieren. Die Kontraktion wird u. a. durch Eicosanoide verändert.

Die funktionelle Bedeutung der Ito-Zellen liegt der der Synthese einzelner Komponenten der extrazelluären Matrix (Kollagene, Glykoproteine, Proteoglykane). Ihre Aktivierung erfolgt durch Zytokine wie TGF-β, TNF-α oder FGF. Morphologische Zeichen ihrer Aktivierung ist der Verlust der Fettvakuolen, v. a. der Verlust von Vitamin A. Daneben werden auch abbauende Enzyme, z. B. Kollagenasen und zahlreiche Proteaseinhibitoren gebildet.

PIT-Zellen

Sie bilden die kleinste Zellpopulation. Es handelt sich um Lymphozyten mit großen Granula. Ihre Funktion entspricht der natürlicher Killerzellen.

12.2 Stoffwechsel der Kohlenhydrate

Die Leber ist das zentrale Organ der Glukosehomöostase des Organismus. Während der Resorptionsphase enthält das Pfortaderblut in Abhängigkeit vom Kohlenhydratgehalt der jeweiligen Nahrungstoffe erhebliche Mengen an Glukose aber auch Fruktose und Galaktose. Diese werden von den Hepatozyten aufgenommen, metabolisiert und, soweit sie nicht der Deckung des Energiestoffwechsels der Leber dienen, als Glykogen gespeichert (s. Kap. 13).

12.2.1 Aufnahme von Monosacchariden durch die Leber

Glukoseaufnahme in der Resorptionsphase

Die Tatsache, dass die Leber in der Resorptionsphase Glukose aufnimmt, in der Postresorptionsphase diese dagegen abgibt, erfordert einen Mechanismus zur Unterscheidung zwischen oral aufgenommener, resorbierter und endogen produzierter Glukose.

Eine Reihe von Untersuchungen in den verschiedensten experimentellen Anordnungen hat ergeben, dass hierfür das sog. portale Signal verantwortlich ist. Resorbierte und über die Pfortader aufgenommene Glukose löst in den Hepatozyten nicht nur eine Steigerung der Glukoseaufnahme, sondern auch eine Stimulierung von Glykolyse und v. a. Glykogenbiosynthese aus. Gleichzeitig wird die endogene Glukoseproduktion supprimiert und die Glukoseaufnahme in extrahepatischen Geweben reduziert [18, 28, 37]. Die i.v.-Gabe einer äquivalenten Glukosemenge zeigt diese Effekte nicht.

Der molekulare Mechanismus des portalen Signals ist noch nicht vollständig aufgeklärt. Ausgelöst wird es offensichtlich durch die Differenz der Glukosekonzentrationen in der A. hepatica und der Pfortader [40]. Mit großer Wahrscheinlichkeit beruht es auf einer Aktivierung des parasympathischen Nervensystems [40, 43].

Transport von Monosacchariden durch die Plasmamembran der Hepatozyten

Bei erhöhtem Angebot von Monosacchariden, insbesondere von Glukose, an die Leber, werden diese aufgenommen und entweder in der Glykolyse abgebaut oder für die Glykogenbiosynthese verwendet (s. oben). Dies findet vor allem in der Resorptionsphase statt. Sinkt die Glukosekonzentration im Blut dagegen ab (Postresorptionsphase), führt dies in der Leber zu einer hormonell stimulierten gesteigerten Glykogenolyse und Glukoneogenese, wobei die dabei entstehende Glukose abgegeben und zur Aufrechterhaltung einer normalen Blutglukosekonzentration verwendet wird. In beiden Situationen wird in erheblichem Ausmaß Glukose durch die Plasmamembran des Hepatozyten transportiert, wobei der Flux bis zu 50 g/h betragen kann (Übersicht bei [45]).

Wie in vielen anderen Geweben wird auch in der Leber der transmembranäre Glukosetransport durch Carrier-vermittelte Diffusion ermöglicht.

Der wichtigste in Hepatozyten vorliegende Glukosetransporter ist die Isoform GLUT2 der GLUT-Familie.

Seine Expression ist in periportalen Hepatozyten höher als in perivenösen. In der perivenösen Region finden sich zusätzlich in der sinusoidalen Membran Glukosetransporter des Typs GLUT1 (*Abb. 12-2*). Die physiologische Bedeutung dieses Befunds ist unklar. GLUT2 ist der einzige bis jetzt charakterisierte Glukosetransporter mit niedriger Affinität. Außer in Hepatozyten kommt GLUT2 in der basolateralen Membran epithelialer Zellen des Intestinaltraktes sowie der renalen, proximalen Tubulusepithelien und den β-Zellen des Pankreas vor.

GLUT2 katalysiert in Abhängigkeit von den jeweiligen Bedingungen sowohl Glukosin- als auch -efflux, wobei die Michaelis-Konstante für beide Prozesse relativ hoch ist (K_M = 15–20 mmol/1). GLUT2 kann außer Glukose Galaktose, Mannose und Fruktose transportieren. Dies ist für Hepatozyten u. a. deswegen von Bedeutung, weil ihnen der in anderen Geweben für den Fruktosetransport verantwortliche Carrier GLUT5 fehlt.

Glukose stimuliert die GLUT2-Expression auf der Ebene der Transkription, wobei die leberspezifischen Transkriptionsfaktoren HNF1 und HNF3 von besonderer Bedeutung sind [10]. Allerdings wird dieser Effekt durch Insulin gehemmt. Darüber hinaus nimmt die GLUT2-Expression bei allen Zuständen zu, die mit erhöhter Glukoneogenese einhergehen.

12.2.2 Stoffwechsel der Glukose

Glukokinase und hepatischer Glukosestoffwechsel

Nach der durch den Glukosecarrier GLUT2 erfolgten Aufnahme von Glukose in die Hepatozyten erfolgt deren ATP-abhängige Phosphorylierung zu Glukose-6-phosphat. Das hierfür verantwortliche Enzym, die Glukokinase, gehört zur Familie der Hexokinasen (Übersicht bei [20, 29, 33]). Die Michaelis-Konstanten für Glukose liegen für die verschiedenen Hexokinasen in der Größenordnung von 0,1 mmol/1, für die Glukokinase dagegen bei 5–10 mmol/1. Da die Michaelis-Konstante des Glukosetransporters GLUT2 in derselben Größenordnung liegt, bedeutet dies, dass die Geschwindigkeit der Glukosephosphorylierung des Hepatozyten direkt proportional zum Glukoseangebot in der Pfortader ist.

Expression und Aktivität der Glukokinase werden genau reguliert. Das Enzym wird durch Insulin, auch in Abwesenheit von Glukose, induziert sowie durch erhöhte Konzentrationen von cyclo-AMP reprimiert. Im Gegensatz zu Hexokinasen wirkt Glukose-6-phosphat nicht als Inhibitor der Glukokinase, dagegen wird dieses Enzym durch Fruktose-6-phosphat zusammen mit einem spezifischen Inhibitorprotein gehemmt [49].

Dem durch die Glukokinase gebildeten Glukose-6-phosphat stehen in der Resorptionsphase eine Reihe von Stoffwechselmöglichkeiten zur Verfügung (*Abb. 12-3*). Der Ener-

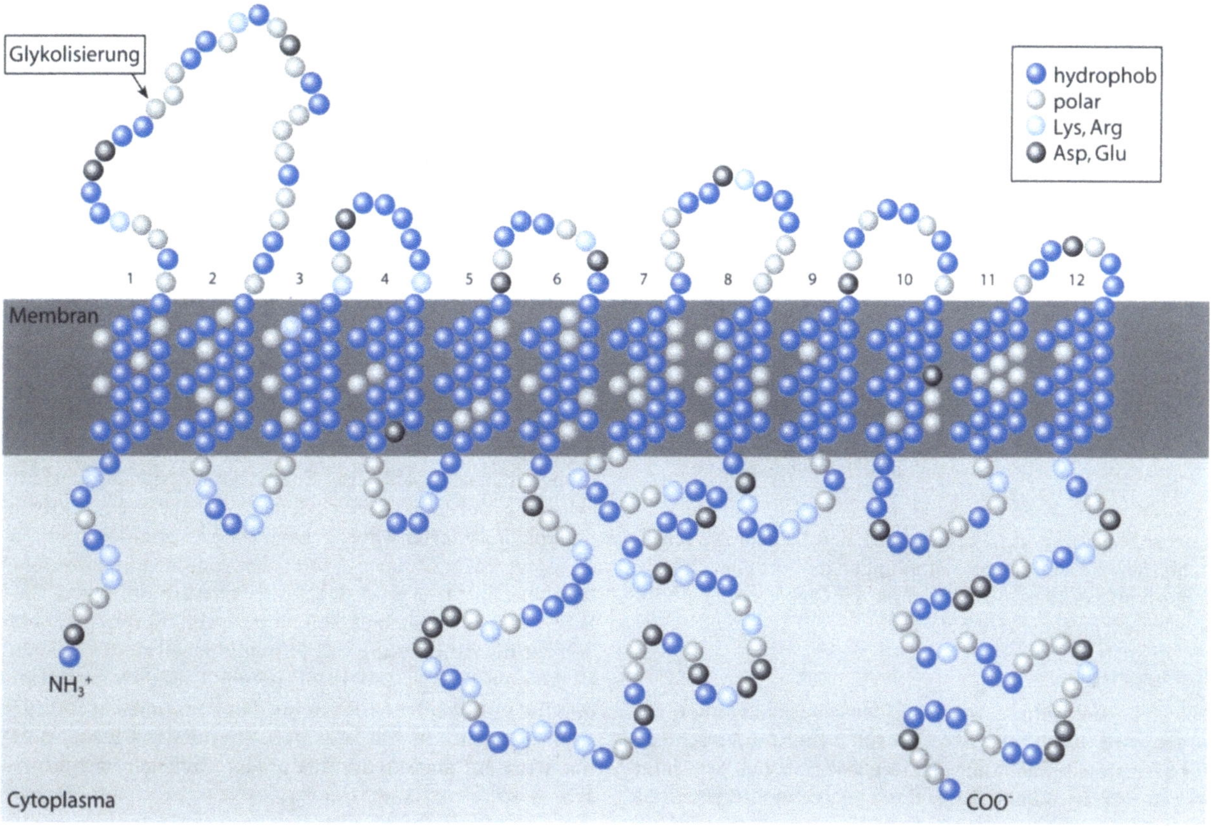

Abb. 12-2. Membrantopologie von Glukosetransportern. Die 12 postulierten Transmembranhelices sind entsprechend nummeriert. Die Position des N-glykosidisch verknüpften Oligosaccharides ist markiert. Die Abbildung stellt den Transporter GLUTI dar. [Aus Löffler/Petrides (1998) Biochemie und Pathobiochemie, 6. Aufl. Springer-Verlag]

giegewinnung dient der Abbau der Glukose in der Glykolyse. Eine Alternative ist der Glukoseabbau im Pentosephosphatweg, bei dem es zu einer direkten Oxidation sowie Decarboxylierung zu CO kommt. In der Resorptionsphase hat jedoch die Glykogenbiosynthese die größte Bedeutung. Neben seiner Funktion als Substrat spielt Glukose-6-phosphat eine besonders wichtige Rolle als Regulator des Glykogenstoffwechsels (s. unten) [23, 48].

Glykogensynthese und Glykogenspeicherung

Glykogen ist in allen Zellen die Speicherform der Glukose. In der Leber ist die Glykogenbiosynthese v. a. in der Resorptionsphase von besonderer Bedeutung, da dann die mit den Nahrungskohlenhydraten aufgenommene Glukose in besonders hoher Konzentration zur Verfügung steht. In der Postresorptionsphase wird durch Glykogenolyse die im Glykogen gespeicherte Glukose freigesetzt und von der Leber abgegeben (*Abb. 12-4*).

Enzyme des Glykogenstoffwechsels

Die beiden für den Glykogenstoffwechsel geschwindigkeitsbestimmenden Enzyme sind die Glykogensynthase und die Glykogenphosphorylase. Diese unterliegen einer komplexen Regulation, bei der ihre jeweiligen Aktivitäten jeweils gegensinnig durch allosterische Faktoren bzw. kovalente Modifikation beeinflusst werden (Übersicht bei [4, 11]). Da nach Nahrungsaufnahme die Umwandlung der aufgenommenen Glu-

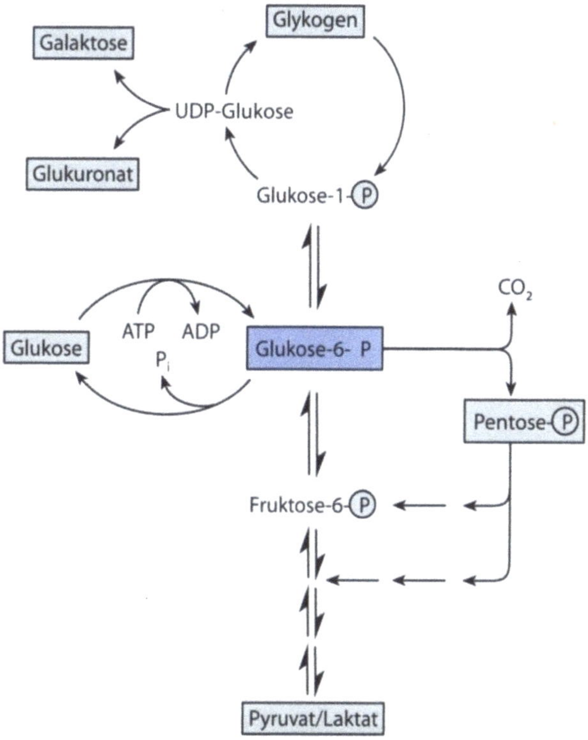

Abb. 12-3. Die Stellung des Glukose-6-phosphates im Stoffwechsel

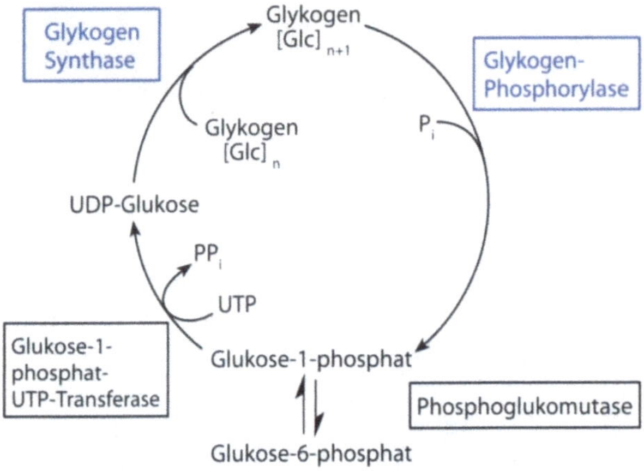

Abb. 12-4. Einzelreaktionen des Glykogenstoffwechsels

kose in Glykogen im Vordergrund des Leberstoffwechsels steht, sollten unter diesen Bedingungen die Aktivität der Glykogensynthase hoch sowie diejenige der Glykogenphosphorylase erniedrigt sein (Abb. 12-5).

Glykogensynthase

Die Glykogensynthase, welche in der Leber ein Homodimer bildet, wird durch reversible Phosphorylierung verschiedener Serinreste kovalent modifiziert, wobei in vivo pro Untereinheit bis zu 6 Phosphatgruppen eingefügt werden. Die phosphorylierte Glykogensynthase (Glykogensynthase b) ist inaktiv. In vitro sind die Proteinkinase A, Phosphorylasekinase, Proteinkinase C, Calmodulin-abhängige Proteinkinase II, Glykogensynthasekinase III und die AMP-stimulierte Proteinkinase zur Inaktivierung der Glykogensynthase imstande. Es ist jedoch unklar, welche dieser Kinasen in vivo für die Inaktivierung verantwortlich ist [4]. Über die cAMP-abhängige Proteinkinase A ergibt sich jedoch auf jeden Fall eine Inaktivierung der Glykogensynthase durch Adrenalin, Noradrenalin sowie Glukagon, die über die jeweiligen 7 Transmembrandomänen Rezeptoren die Adenylatcyclase stimulieren.

Glukose-6-phosphat ist ein allosterischer Aktivator der Glykogensynthase b, allerdings sind hierfür relativ hohe Konzentrationen erforderlich. Wichtiger ist, dass Glukose-6-phosphat ein Aktivator der Glykogen-assoziierten Proteinphosphatase I ist. Dieses Enzym ist für die Dephosphorylierung der inaktiven Glykogensynthase b zur aktiven, dephosphorylierten Glykogensynthase a verantwortlich. Da der Spiegel von Glukose-6-phosphat von der zellulären Glukosekonzentration und dem Aktivitätsverhältnis von Glukose-6-phosphatase und Glukokinase abhängt, spielt neben den für die Aktivierung von Proteinkinase veranwortlichen Hormonen die der Leber angebotene Glukosekonzentration eine entscheidende Rolle für den Aktivitätszustand der Glykogensynthase. Ein hohes postprandiales Glukoseangebot wird ein starker Stimulator der Glykogenbiosynthese sein [3, 50].

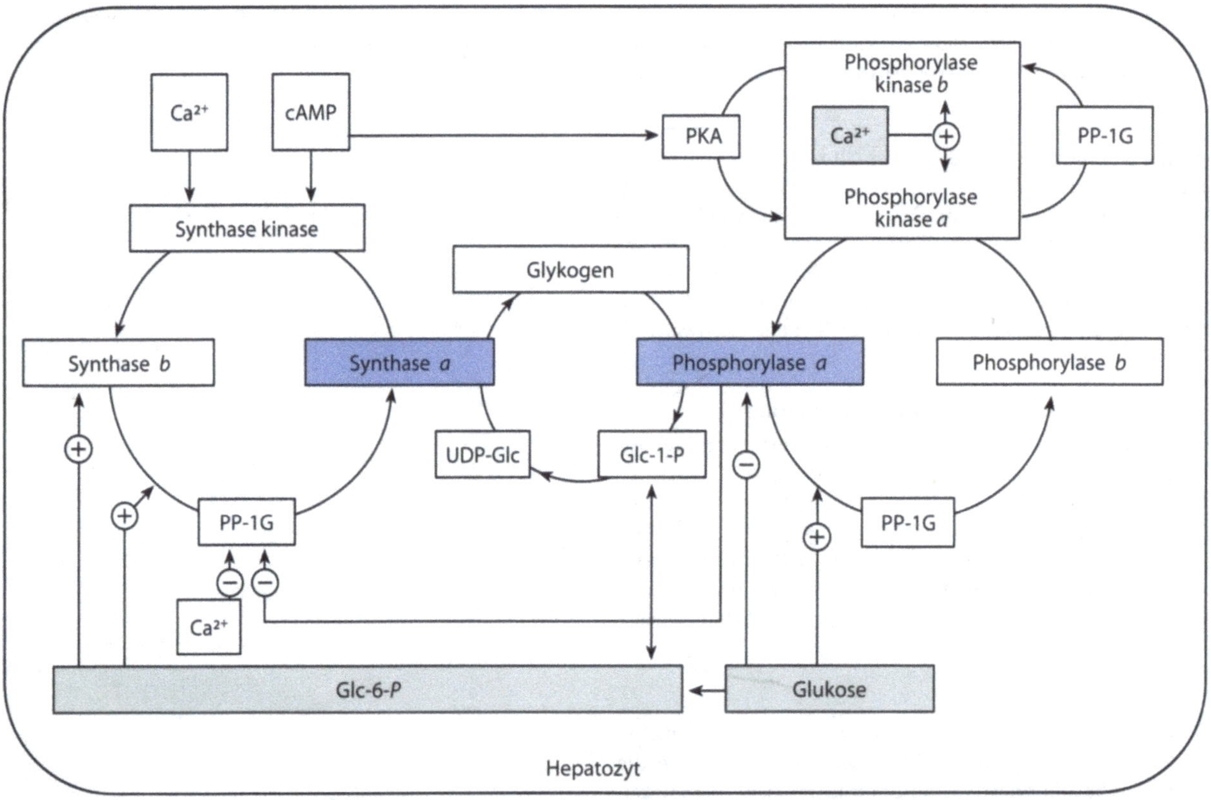

Abb. 12-5. Regulation des Glykogenstoffwechsels der Leber durch kovalente Modifikation und allosterische Regulation der Glykogensynthase und Glykogenphosphorylase. *cAMP* cycloAMP; *Glc-1-P* Glukose-1-phosphat; *Glc-6-P* Glukose-6-phosphat; *PKA* Proteinkinase A;. *PP-1G* glykogenassoziierte Proteinphosphatase-1; *UDP-Glc* UDP-Glukose. (Mod. nach [4])

Glykogenphosphorylase

Die für den Glykogenabbau verantwortliche Glykogenphosphorylase wird von der inaktiven Phosphorylase b in die aktive Phosphorylase a durch Phosphorylierung spezifischer Serinreste überführt (Übersicht bei [9, 25]. Anders als die Glykogenphosphorylase b im Muskel oder im Hirn spielt die allosterische Aktivierung der Leber-Glykogenphosphorylase-b durch AMP und ihre allosterische Hemmung durch Glukose-6-phosphat eine untergeordnete Rolle. Wichtig ist dagegen die intrazelluläre Glukosekonzentration. Glukose bindet an das aktive Zentrum der Phosphorylase und hemmt dadurch das Enzym nicht nur kompetetiv, sondern macht es sensitiver für die Dephosphorylierung durch die glykogenassoziierte Proteinphosphatase I.

Glykogen-assoziierte Proteinphosphatase I

Dieses für die Regulation des Glykogenstoffwechsels außerordentlich wichtige Enzym ist die einzige im Glykogen des Hepatozyten nachweisbare Proteinphosphatase und wird deswegen auch als Proteinphosphatase-I-G bezeichnet. Das für Phosphoserin- bzw. Phosphothreoninreste spezifische Enzym besteht aus einer katalytischen Untereinheit und einer für die Glykogenbindung verantwortlichen sog. G-Untereinheit. Diese verankert die Proteinphosphatase an die Glykogenpartikel, welche auch die anderen Proteine des Glykogenstoffwechsels binden. Außerdem verändert sie die spezifische Aktivität der Proteinphosphatase in Richtung einer höheren Spezifität für die Enzyme des Glykogenstoffwechsels [19, 22].

Glukose und Insulin als Regulatoren des hepatischen Glykogenstoffwechsels in der Resorptionsphase

In Hepatozyten spielt der Spiegel freier Glukose über eine Reihe unterschiedlicher Mechanismen eine entscheidende Rolle im Glykogenstoffwechsel (*Tabelle 12-1*). Von besonderer Bedeutung ist dabei die direkte Hemmung der Glykogenphosphorylase durch Glukose sowie die gesteigerte Bildung von Glukose-6-phosphat, das im Wesentlichen über eine Aktivierung der Proteinphosphatase-I-G eine Verminderung der Glykogenolyse zusammen mit einer Erhöhung der Glykogensynthese auslöst. Glukose beeinflusst darüber hinaus die Transkription einer Reihe von Genen, z. B. stimuliert sie die Expression des Glukosetransporters GLUT2 sowie der katalytischen Untereinheit der Glukose-6-phosphatase.

Unter physiologischen Bedingungen geht jede gesteigerte Zufuhr von Glukose, besonders wenn sie enteral erfolgt, mit einer gesteigerten Insulinsekretion einher. Tatsächlich beeinflusst auch Insulin den Glukosestoffwechsel der Hepatozyten über eine Reihe unterschiedlicher Mechanismen (*Abb. 12-6*) (Übersicht bei [13, 42]). Von besonderer Bedeutung ist hierbei offensichtlich die durch Insulin aktivierte PI-3-Kinase. Über eine sich daran anschließende Aktivierung der Proteinkinase B kommt es zu einer Aktivierung der cAMP-Phosphodiesterase sowie zu einer Inaktivierung der Glykogensynthase-Kinase-III. Die Konsequenz hiervon ist eine Aktivierung der Glykogensynthese sowie eine Hemmung der Glykogenolyse. Ein weiterer weniger gut untersuchter Insulineffekt ist eine gesteigerte Aufnahme von K^+, Na^+ und Cl^- und eine damit einhergehendeVolumenzunahme der Zellen, die ebenfalls zu einer Aktivierung der PI-3-Kinase führt.

Tabelle 12-1. Direkte und indirekte Einflüsse von Glukose auf den Glykogenstoffwechsel

Metabolit	Effekt
Glukose	Kompetitive Hemmung der Phosphorylase a
Glukose-6-phosphat aus Glukose	Hemmung der Protein-phosphatase-I-G
Xylulose-5-phosphat aus Glukose	Steigerung der Expression von GLUT2, deswegen Erhöhung der Glukose-6-phosphat-Bildung

Glykolyse und Glukoneogenese

Neben einer gesteigerten Glykogenbiosynthese führt die enterale Zufuhr von Kohlenhydraten auch zu einer Steigerung der Glykolyse und dem anschließenden oxidativen Abbau in den Hepatozyten. Ihr Ausmaß hängt sehr stark von der metabolischen Situation ab, z. B. von der Fettsäurekonzentration, dem Insulinspiegel und der körperlichen Aktivität. Ein signifikan-

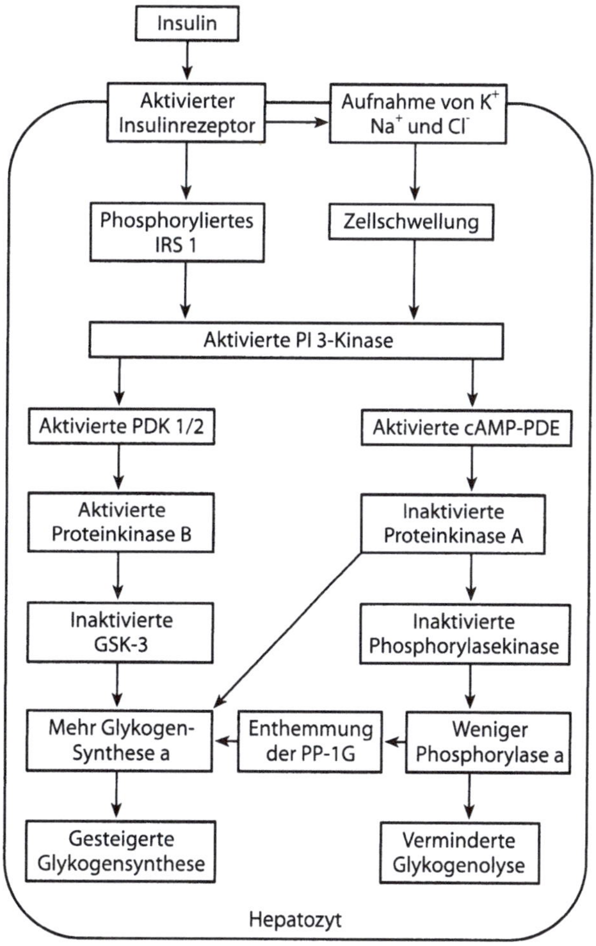

Abb. 12-6. Beeinflussung des hepatischen Glykogenstoffwechsels durch Insulin. *IRS-1* Insulin-Rezeptor-Substrat-I; *PDK* Phosphatidylinositol-abhängige Proteinkinase; *PDE* Phosphodiesterase; *GSK-3* Glykogensynthase-Kinase-3; *PP-1G* glykogen-assoziierte Proteinphosphatase-I. (Mod. nach [4])

ter Teil der zu Laktat abgebauten Glukosen wird wieder für die Glukose- und Glykogenbiosynthese verwendet (sog. indirekte Glykogenbiosynthese) (*Abb. 12-7*; [26, 35, 44]). Die Ursache für dieses Phänomen beruht auf der metabolischen Zonierung des Leberparenchyms.

Glukose wird zunächst durch perivenöse Hepatozyten des Leberazinus aufgenommen und für die Glykogenbiosynthese verwendet. Mit zunehmender Füllung der Glykogenspeicher wird Glukose allerdings auch glykolytisch abgebaut, wobei wegen der relativen O_2-Armut in diesem Areal überwiegend Laktat gebildet wird. Dieses gelangt an die periportalen Hepatozyten, wo es über gesteigerte Glukoneogenese in Glukose-6-phosphat und anschließend in Glykogen eingebaut wird. Die Glukoneogenese stellt formal eine Umkehr des glykolytischen Abbaus dar. Bis auf einige nicht umkehrbare Stoffwechselschritte werden dieselben enzymatischen Reaktionen wie bei der Glykolyse benutzt.

Aus Glukose wird nicht nur Glykogen, sondern auch eine Reihe weiterer Mono-, Di- und Polysaccharide synthetisiert. So entstehen beispielsweise Fruktose, Galaktose und andere in Heteroglykanen vorkommenden Monosaccharide sowie deren Derivate aus Glukose. Von besonderer Bedeutung ist die Biosynthese der Glukuronsäure, die u. a. in der Leber für Entgiftungsreaktionen benötigt wird.

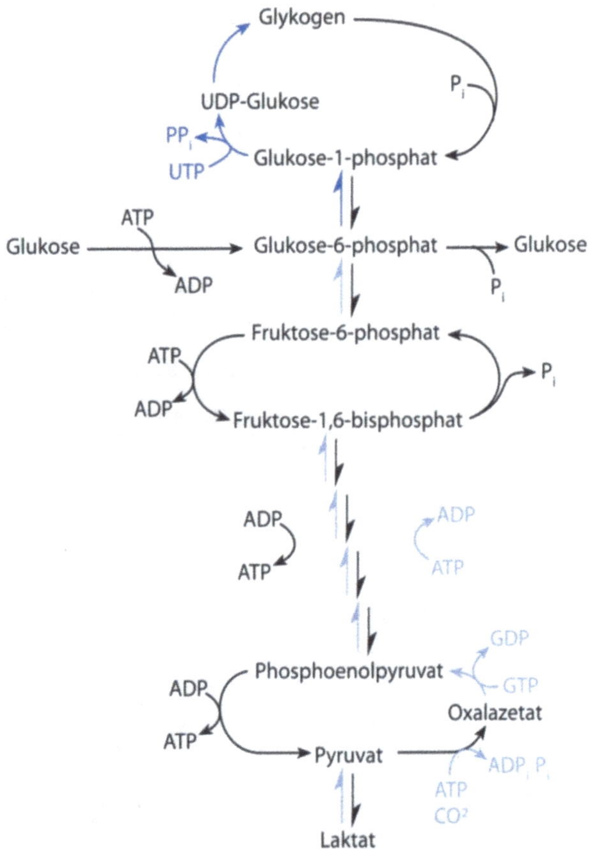

Abb. 12-7. Glykogenbiosynthese aus Glukose und Laktat. Die aufgenommene Glukose wird z. T. direkt für die Glykogenbiosynthese verwendet, z. T. zunächst zu Laktat abgebaut, welches dann über die Glukoneogenese das Substrat für die sog. direkte Glykogenbiosynthese liefert

Lipogenese aus Glukose

Die vollständige Biosynthese von Triazylglyzerinen aus Nichtlipidvorstufen, vor allem aus Glukose, wird auch als de novo Lipogenese (DNL) bezeichnet. Hierbei muss sowohl der Glyzerin- als auch der Fettsäureanteil der Triazylglyzerine aus Glukosekohlenstoff synthetisiert werden (*Abb. 12-8*). Notwendig hierfür sind ein vollständiger Abbau von Glukose in der Glykolyse zu Pyruvat, die anschließende oxidative Decarboxylierung des Pyruvats zu Acetyl-CoA und die Biosynthese von Fettsäuren aus Acetyl-CoA. Die früher gültige, vor allem aus Experimenten an Nagern abgeleitete Vermutung, dass die DNL einen wesentlichen Bestandteil des Kohlenhydratstoffwechsels der Leber ausmacht, ist für den Menschen nicht zu halten.

Die schon 1986 auf der Basis von Messungen der beteiligten Enzymaktivitäten geäußerte Vermutung, dass die Lipogenese aus Kohlenhydraten bei der durchschnittlichen Ernährung des Menschen ein Stoffwechselweg minderer Bedeutung sei, ist heute weitgehend akzeptiert. Wie durch eine Reihe von Messungen mit stabilen Isotopen gezeigt werden konnte, lässt sich unter physiologischen Bedingungen keine nennenswerte DNL nachweisen, weder in der Leber, noch im Fettgewebe des Menschen. Als allgemeine Regel lässt sich ableiten, dass – solange die Kohlenhydratzufuhr niedriger als der Gesamtenergieverbrauch ist – Kohlenhydrate bevorzugt oxidativ abgebaut bzw. als Glykogen gespeichert werden. Eine Lipidneusynthese wird immer aus den vorhandenen Nahrungslipiden gedeckt. Diese Beziehung ändert sich erst, wenn extrem kohlenhydratreiche Kost zugeführt wird [28, 29].

In einer kontrollierten Studie an schwerstkranken, über eine enterale Sonde ernährten Patienten, konnten Schwarz et al. [41] zeigen, dass die DNL in der Leber vom relativen Kohlenhydratgehalt der infundierten Nahrungsstoffe abhängt und bei 75% Kohlenhydrate einen Wert von etwa 20% der zugeführten Kohlenhydrate betrug.

Der Grund für die Unfähigkeit zur DNL bei der bei uns üblichen lipidreichen Ernährung liegt offensichtlich darin, dass die Expression der an diesem Vorgang beteiligten Enzyme Pyruvatdehydrogenase, Acetyl-CoA-Carboxylase und vor allem Fettsäuresynthase durch mehrfach ungesättigte Fettsäuren der Nahrung reprimiert wird [52].

12.2.3 Stoffwechsel weiterer Monosaccharide

Fruktose

Fruktose wird in z. T. beträchtlichen Mengen mit der Nahrung zugeführt, im Wesentlichen in Form des Disaccharids Saccharose. Die im Intestinaltrakt freigesetzte Fruktose wird nach Resorption über die Pfortader zur Leber transportiert. Diese ist das einzige Organ, das Fruktose abbauen kann.

Zunächst wird hierzu das Fruktosemolekül nach Aufnahme durch den Glukosecarrier GLUT2 durch die Fruktokinase phosphoryliert, wobei Fruktose-1-phosphat entsteht (Abb. 12-9). Die Aktivität der Fruktokinase wird im Gegensatz zu Glucokinase nicht durch Hungern oder Hormone beeinflusst. Deshalb wird Fruktose auch aus dem Blut diabetischer Patienten mit normaler Geschwindigkeit in die Leber aufgenommen. Durch die in der Leber und den Nieren vorkommende Aldolase B wird Fruktose-1-phosphat mit derselben Geschwindigkeit

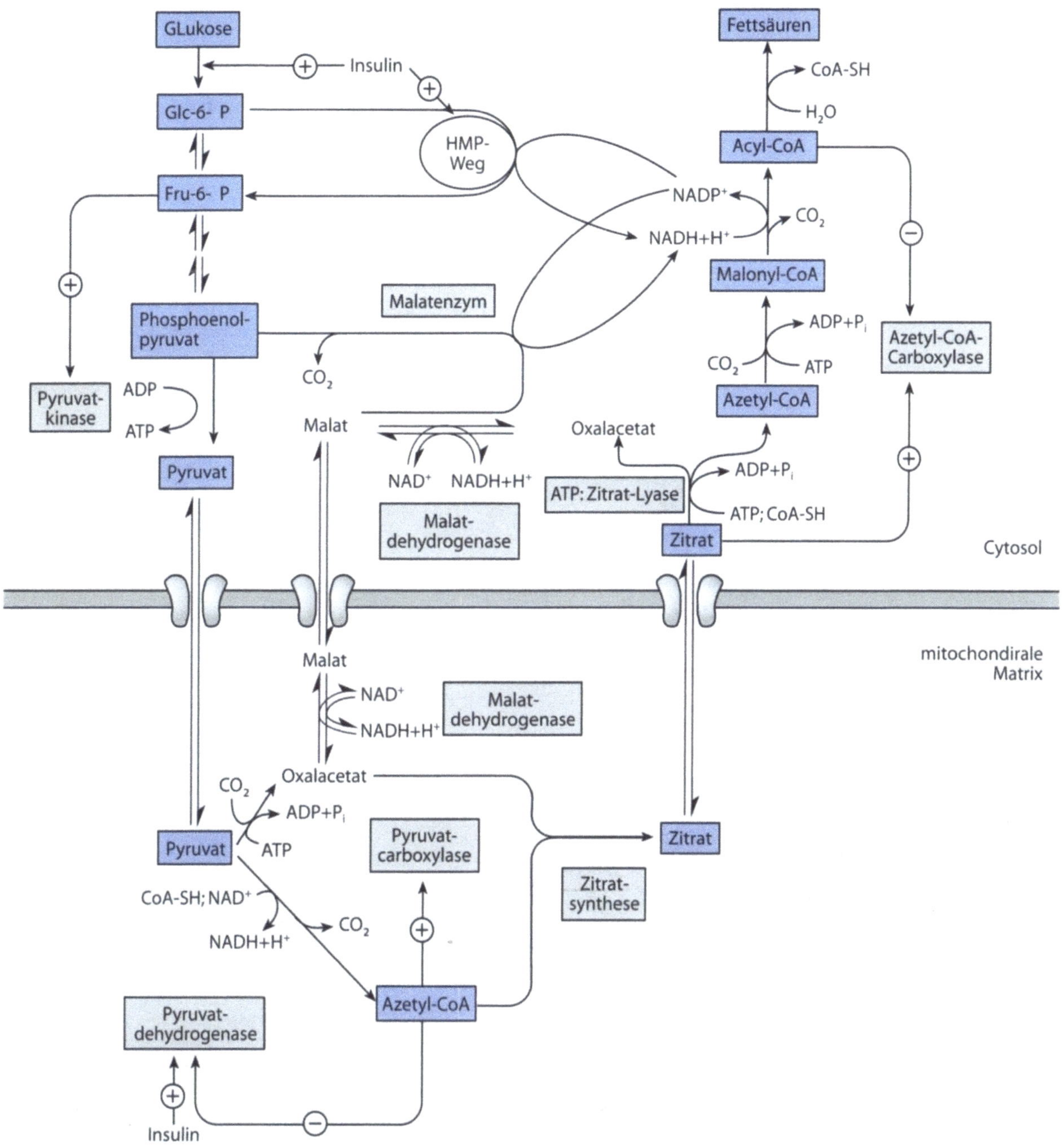

Abb. 12-8. De-novo-Lipogenese aus Kohlenhydraten. Glukose wird zytosolisch zu Pyruvat abgebaut und dieses anschließend in die Mitochondrien transloziert. Dort erfolgt die oxidative Dekarboxylierung des Pyruvats zu Acetyl-CoA. Da die mitochondriale Innenmembran impermeabel für Acetyl-CoA ist, muss dieses zunächst mit Oxalazetat zu Zitrat reagieren, das die mitochondriale Matrix verlässt und zytosolisch zu Oxalazetat und Acetyl-CoA gespalten wird. Acetyl-CoA ist anschließend das Substrat für die Fettsäurebiosynthese. [Mod. nach Löffler, Petrides (1998) Biochemie und Pathobiochemie, 6. Aufl. Springer]

wie Fruktose-1,6-bisphosphat gespalten. Die Reaktionsprodukte sind jedoch D-Glyzerinaldehyd und Dihydroxyazetonphosphat. Glyzerinaldehyd wird durch das Enzym Triokinase ATP-abhängig zu Glyzerinaldehyd-3-phosphat phosphoryliert.

Die anderen in *Abb. 12-9* dargestellten Stoffwechselwege sind von geringerer Bedeutung. Je nach Stoffwechsellage werden die aus dem Fruktoseabbau entstandenen Triosephosphate in der Glykolyse abgebaut oder für die Glukoneogenese verwendet. Die für den Fruktoseabbau benötigten Reaktionen laufen schneller als die Glykolyse ab. Wahrscheinlich ist dies darauf zurückzuführen, dass die durch Glukokinase, Phosphohexoseisomerase und Phosphofruktokinase katalysierten Reaktionen umgangen werden.

Galaktose

Wie andere Disaccharide wird Laktose im Intestinaltrakt durch die dort anwesenden Disaccharidasen hydrolytisch gespalten und die der Laktose zugrundeliegenden Monosaccharide Glukose und Galaktose resorbiert. Der Galaktoseabbau findet im Wesentlichen in der Leber statt (*Abb. 12-10*).

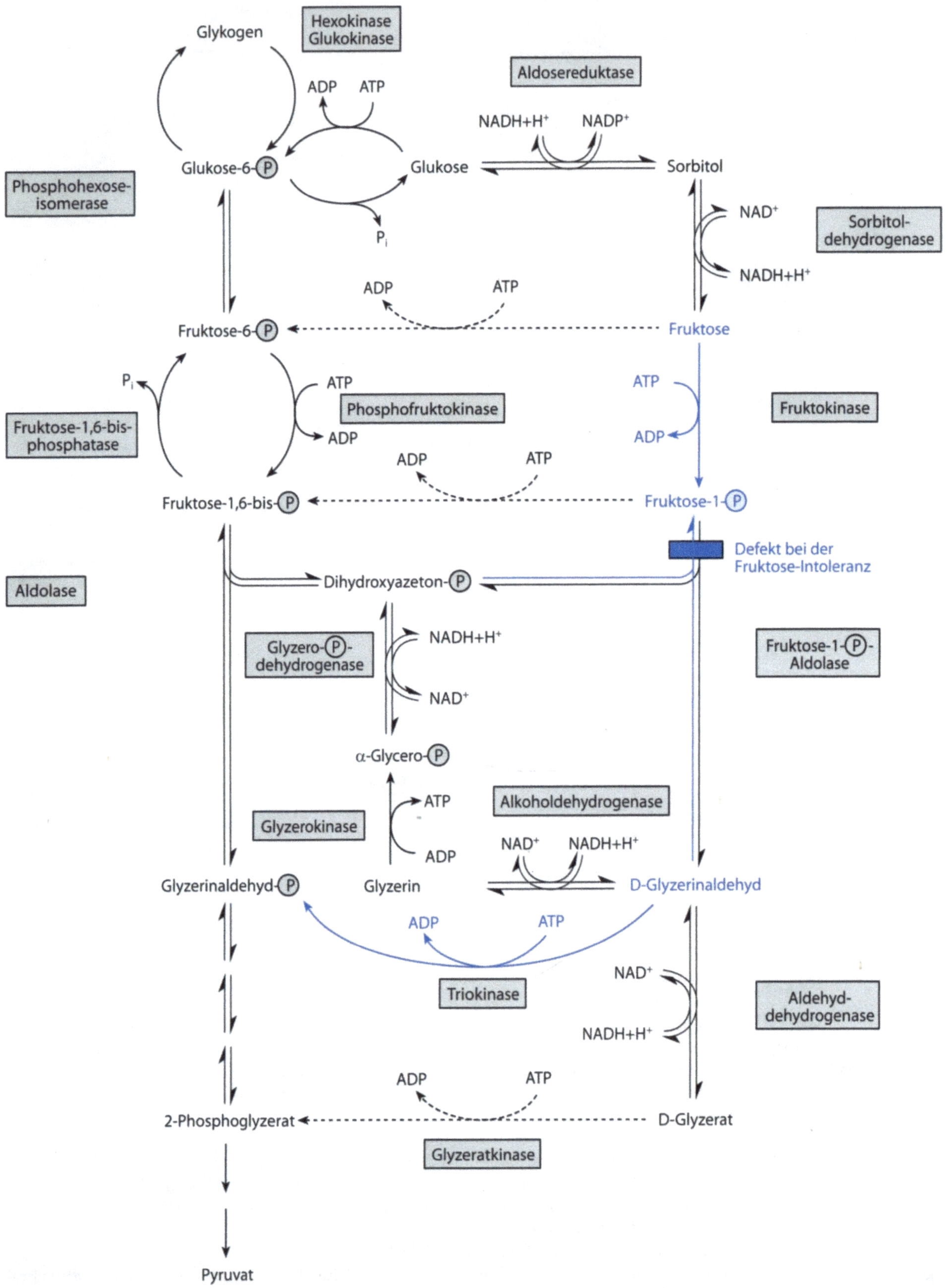

Abb. 12-9. Fruktosestoffwechsel der Leber

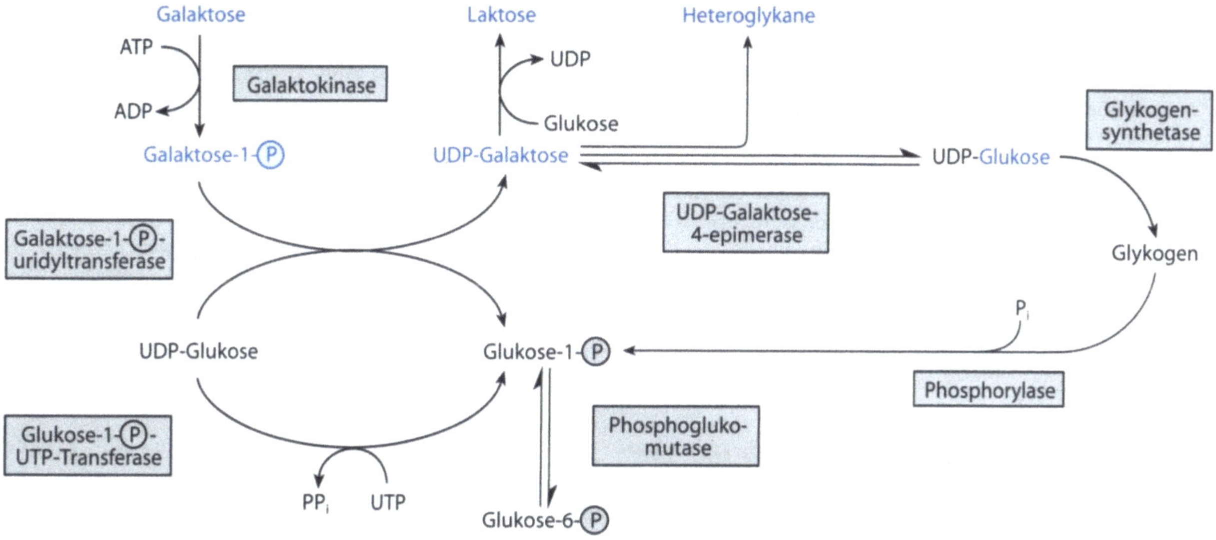

Abb. 12-10. Galaktosestoffwechsel der Leber

Ähnlich wie Fruktose wird Galaktose zunächst mit Hilfe einer spezifischen Galaktokinase mit Hilfe von ATP zu Galaktose-1-phosphat phosphoryliert, das anschließend mit UDP-Glukose unter Bildung von UDP-Galaktose und Glukose-1-phosphat reagiert. Diese durch das Enzym Galaktose-1-phosphat-Uridyltransferase vermittelte Reaktion besteht also in einem Austausch von Galaktose und Glukose am Uridindiphosphat. In der Folgereaktion kommt es an der aktivierten Galaktose zur Epimerisierung am C-Atom 4. Das hierfür verantwortliche Enzym ist die UDP-Galaktose-4-Epimerase. Die dabei entstehende UDP-Glukose kann in Glykogen eingebaut und auf dem Weg der Glykogenolyse in den Stoffwechsel eingeschleust werden.

12.3 Stoffwechsel der Lipide

Abbildung 12-11 gibt eine schematische Übersicht über die Rolle der Leber bei der Metabolisiemng der Nahrungslipide. Ein wichtiger Unterschied im Vergleich zur Metabolisierung von Nahrungskohlenhydraten beruht darauf, dass die Nahrungslipide, die ein heterogenes Gemisch der unterschiedlichsten hydrophoben Verbindungen darstellen, noch in den Mukosazellen des Intestinaltrakts in Chylomikronen verpackt werden. Diese gelangen über die intestinalen Lymphbahnen in den Ductus thoracicus und somit direkt unter Umgehung der V. portae in das venöse System.

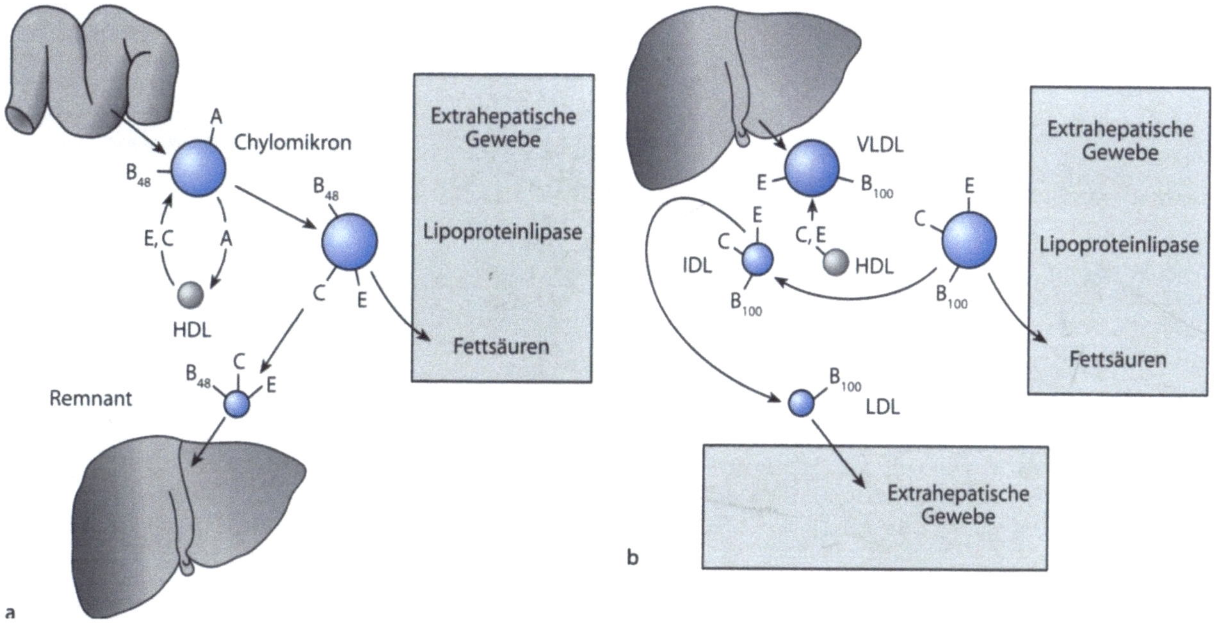

Abb. 12-11a, b. Rolle der Leber bei der Metabolisierung der Nahrungslipide; **a** Abbau von Chylomikronen; **b** Abbau der in der Leber synthetisierten VLDL in extrahepatischen Geweben. Etwa 50% der dabei entstehenden IDL werden wieder durch die Leber aufgenommen, der Rest bildet LDL

Die Triazylglyzerine der Chylomikronen werden durch die von vielen extrahepatischen Geweben produzierte und überwiegend auf Endothelzellen bzw. auf der Plasmamembran extrahepatischer Gewebe lokalisierte Lipoproteinlipase zu Fettsäuren und Glyzerin abgebaut. Diese werden metabolisiert, die Chylomikronen verkleinern sich entsprechend und werden schließlich als »Remnants« bezeichnet. Ähnlich wie die die Leber erreichenden Chylomikronen werden auch diese von ihr aufgenommen und weiter verstoffwechselt.

12.3.1 Aufnahme von Lipoproteinen durch Hepatozyten

Hepatische Lipase

Vor ihrer rezeptorvermittelten Endozytose werden triazylglyzerinreiche Lipoproteine durch die hepatische Lipase abgebaut. Dieses Enzym spaltet hydrolytisch Fettsäuren von den Triazylglyzerinen und Phospholipiden dieser Lipoproteine ab. Außerdem gibt es Hinweise, dass es zusammen mit Heparansulfatglykoproteinen als Rezeptor für triazylglycerinreiche Lipoproteine dient und so für deren Endozytose verantwortlich ist (Übersicht bei [11, 14, 17]).

Rezeptoren für die Aufnahme von Lipoproteinen

Chylomikronen, VLDL sowie die durch partiellen extrahepatischen Abbau entstandenen Chylomikronenremnants und BDL (die »Remnants« der VLDL) werden zu den triazylglycerinreichen Lipoproteinen gerechnet. Die Aufnahme dieser Partikel durch die Hepatozyten ist komplex und hängt von der Assoziation dieser Partikel mit dem Apolipoprotein E ab, welches in beträchtlichem Ausmaß von den Hepatozyten synthetisiert und sezerniert wird (*Abb. 12-12*; [30]). Diese Assoziation ist das Signal zur Bindung an spezifische Rezeptoren, nämlich den LDL-Rezeptor, LDL-Rezeptor-verwandte Proteine (LDL-RRP oder RP) [51] sowie Heparansulfatproteoglykane [24] und führt zu einer Internalisierung des jeweiligen Lipoproteinpartikels.

12.3.2 Stoffwechsel von Fettsäuren und Glyzerin

Die durch die Aktivität der hepatischen Lipase freigesetzten Fettsäuren werden von Hepatozyten aufgenommen, wobei Fettsäuretransportproteine (FATP) [31, 32] beteiligt sind. Intrazellulär erfolgt eine Aktivierung zum entsprechenden Azyl-CoA und anschließend der weitere Stoffwechsel.

Triazylglyzerinsynthese und β-Oxidation

Die jeweilige Stoffwechsellage bestimmt das Schicksal der aufgenommenen Fettsäuren (*Abb. 12-13*). Sie können oxidiert werden (β-Oxidation) und dienen dann der Deckung des Energiebedarfs der Hepatozyten. In der Resorptionsphase wesentlich bedeutender ist allerdings die Veresterung der aufgenommen Fettsäuren zu Triazylglyzerinen, deren anschließende Assemblierung zu VLDL-Lipoproteinen und anschließend deren Sekretion. Dieser Prozess beinhaltet die Assemblierung von neusynthetisierten Triazylglyzerinen mit dem für die VLDL-typischen Apolipoprotein-B-100. Hieran ist ein Triazylglyzerin-Transferprotein beteiligt [21, 46]. Seine Überexpression führt zu einer drastisch gesteigerten VLDL-Synthese und Sekretion.

Stoffwechsel des Glyzerins

Bei der Hydrolyse von Triazylglyzerinen entstehendes Glyzerin wird in nennenswerten Umfang lediglich in den Mukosazellen des oberen Intestinaltrakts sowie v. a. in der Leber metabolisiert. Durch die nur in diesen Geweben in entsprechender

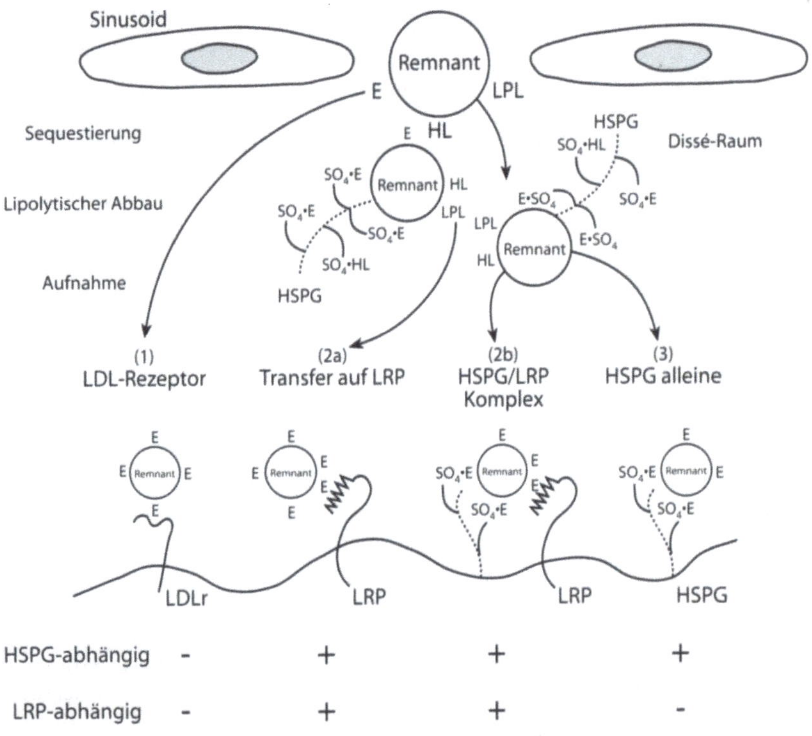

Abb. 12-12. Aufnahme von triazylglyzerinreichen Proteinen sowie »Remnant«-Lipoproteinen durch die Leber. An diesem Vorgang sind der LDL-Rezeptor, der LRP-Rezeptor sowie das Heparansulfat-Glykoprotein beteiligt. Weitere Einzelheiten s. Text. (Mod. nach [30])

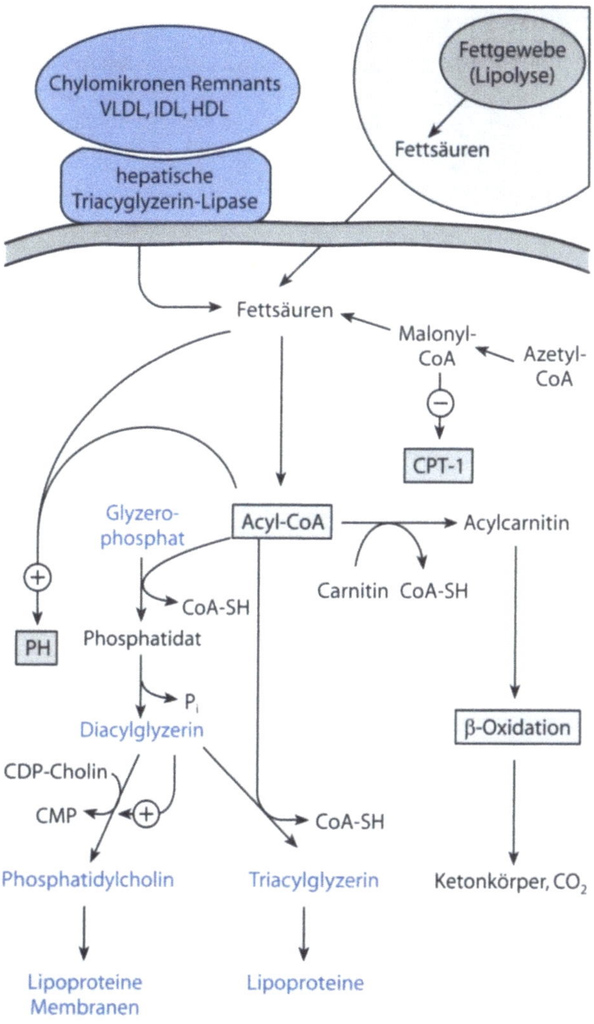

Abb. 12-13. Stoffwechsel von Fettsäuren in der Leber. Durch die Aktivität der hepatischen Lipase entstandene Fettsäuren oder Plasmafettsäuren werden von den Hepatozyten aufgenommen. Nach ihrer Aktivierung zu Azyl-CoA können sie entwederdurch β-Oxidation abgebaut, in Ketonkörper umgewandelt oder zur Biosynthese von Phospholipiden und Triazylglyzerinen verwandt werden. Diese können in Lipoproteine verpackt und als VLDL von der Leber sezemiert werden. [Mod. nach Löffler/Petrides (1998) Biochemie und Pathobiochemie, 6. Aufl. Springer]

Aktivität vorhandene Glyzerokinase wird Glyzerin zu α-Glyzerophosphat phosphoryliert und anschließend zu Dihydroxyazetonphosphat oxidiert, das ein Zwischenprodukt der Glykolyse bzw. Glukoneogenese ist.

12.3.3 Stoffwechsel von Cholesterin

Die Leber spielt eine wichtige Rolle im Cholesterinhaushalt des Organismus. Sie verfügt über ein sehr aktives und genau reguliertes System zur Cholesterinbiosynthese aus Acetyl-CoA und nimmt Nahrungscholesterin über Chylomikronen-»Remnants« auf. Darüber hinaus ist sie an der Produktion cholesterinreicher Lipoproteine, v. a. der LDL beteiligt, nimmt durch reversen Cholesterintransport Cholesterin aus extrahepatischen Geweben in Form der HDL auf und führt Cholesterin schließlich der Ausscheidung, entweder als freies Cholesterin oder als Gallensäuren in die Galle zu (Abb. 12-14). Die Abstimmung dieser sehr unterschiedlichen Vorgänge erfordert eine sehr genaue Regulation.

Cholesterinaufnahme durch die Hepatozyten

Mit der Nahrung aufgenommenes Cholesterin kommt als Bestandteil von Chylomikronen-«Remnants« und VLDL-«Remnants« (IDL) an die Leber. Die Aufnahme dieser Partikel erfolgt bevorzugt über den LRP-Rezeptor bzw. unter Vermittlung von Heparansulfat-Glykoproteinen (s. oben). Darüber hinaus ist die Leber auch zur Aufnahme von LDL-Cholesterin über LDL-Rezeptoren imstande.

1994 wurde als ein weiterer für die Aufnahme cholesterinreicher Lipoproteine bereitstehender Rezeptor der »Scavenger«-Rezeptor SR-B1 identifiziert. Seine Hauptfunktion besteht in der Aufnahme von HDL-Cholesterin, womit er eine besondere Bedeutung beim reversen Cholesterintransport hat (Übersichten bei [27, 47]). Weitere Untersuchungen haben aber gezeigt, dass SR-B1 möglicherweise auch an der Aufnahme von LDL und VLDL beteiligt ist. Eine Besonderheit dieses Rezeptors besteht darin, dass er offensichtlich imstande ist, selektiv die im Lipoprotein transportierten Lipide zu internalisieren, während die Proteinhülle nicht aufgenommen wird.

Die hepatische Cholesterinbiosynthese

Die hepatische Cholesterinbiosynthese (Abb. 12-15) ist auf verschiedene zelluläre Kompartimente verteilt und lässt sich in folgende Abschnitte einteilen:
- Synthese von HMG-CoA aus Azetyl-CoA,
- Synthese von Isopentenyl-Pyrophosphat und Dimethylallyl-pyrophosphat aus HMG-CoA,
- Biosynthese von Farnesyl-CoA,
- Biosynthese von Cholesterin.

Das geschwindigkeitsbestimmende Enzym der Cholesterinbiosynthese ist die HMG-CoA-Reduktase, die außerdem der Angriffspunkt einer Reihe cholesterinsenkender Medikamente ist.

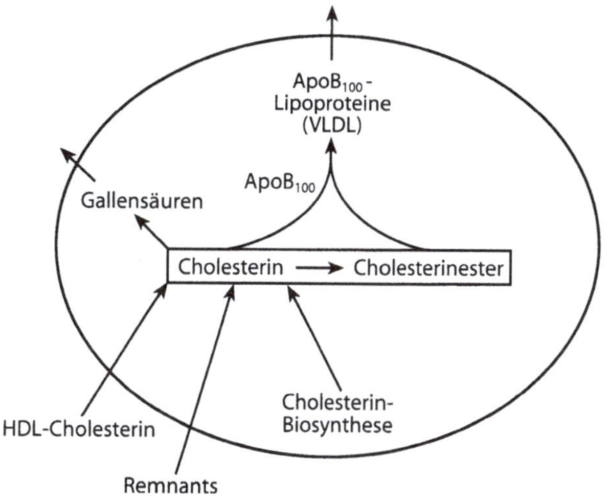

Abb. 12-14. Grundzüge des Cholesterinstoffwechsels der Leber

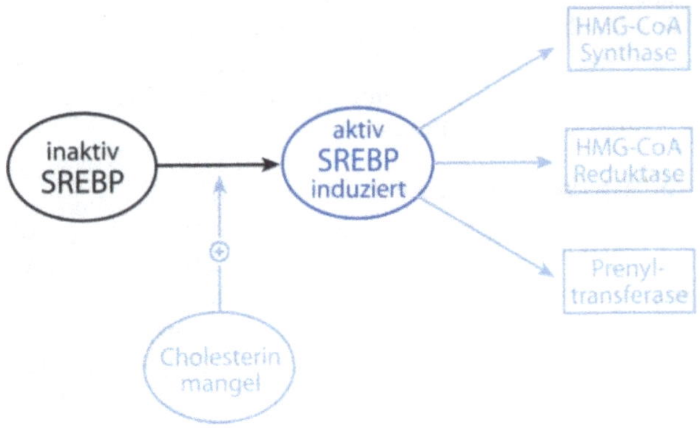

Abb. 12-15. Regulation der Cholesterinbiosynthese der Leber. Für die Expression der HMG-CoA-Synthase, HMG-CoA-Reduktase und Prenyltransferase ist als Transkriptionsfaktor SREBP notwendig, welches erst bei Cholesterinverarmung von Zellen aktiviert wird (weitere Einzelheiten s. Text)

Regulation der hepatischen Cholesterinbiosynthese

Die Expression einiger Enzyme der Cholesterinbiosynthese, nämlich der HMG-CoA-Synthase, der HMG-CoA-Reduktase, der Farnesylbisphosphat-Synthase und der Squalensynthase wird durch eine Gruppe untereinander verwandter Faktoren reguliert, die als »sterol response element binding proteins« (SREBP) bezeichnet werden (s. *Abb. 12-15*) (Übersicht bei [7, 8, 36]). Es handelt sich um Transkriptionsfaktoren, die in der Membran des endoplasmatischen Retikulums lokalisiert sind. Erst eine Kaskade proteolytischer Spaltungsvorgänge setzt das aktive SREBP frei, welches anschließend in den Kern transloziert wird und die Expression der genannten Gene stimuliert. Interessanterweise findet dieser Vorgang nur dann statt, wenn die Zellen an Cholesterin verarmt sind. Ein als »SREBP cleavage activation protein« (SCAP) bezeichnetes Protein dient wahrscheinlich als Sensor, der durch Bindung von Cholesterin oder vom Cholesterin abgeleiteten Oxisterolen inaktiviert wird.

Auch die Expression des LDL-Rezeptors wird durch SREBP's stimuliert. Ein Überangebot an Nahrungscholesterin hemmt damit nicht nur die endogene Cholesterinbiosynthese, sondern vermindert die Aufnahme cholesterinreicher LDL-Lipoproteine, womit sich diese atherogenen Partikel im Blut anhäufen. Interessanterweise sind SREBP's auch Modulatoren verschiedener Enzyme der Fettsäurebiosynthese. Sie wirken, allerdings neben anderen Transkriptionsfaktoren, stimulierend auf die Expression der Fettsäuresynthase, der Stearoyl-CoA-Desaturase, der Lipoproteinlipase sowie der Azetyl-CoA-Carboxylase. Während die Ausschaltung der SREBP allerdings die Cholesterinbiosynthese nahezu vollständig hemmt, bleibt die Fettsäurebiosynthese noch zu etwa 30% erhalten.

Cholesterinausscheidung

Vom Hepatozyten aufgenommenes Cholesterin wird entweder in Lipoproteine verpackt und sezerniert oder der Ausscheidung zugeführt. Diese erfolgt über die Galle, entweder als freies Cholesterin oder aber nach Umwandlung von Cholesterin zu Gallensäuren. Das geschwindigkeitsbestimmende Enzym hierbei ist die Cholesterin-7α-Hydroxylase. Ihre Expression wird durch Gallensäuren reprimiert, wobei der Farnesoid-X-Rezeptor neben dem HNT-4 und dem α1-Fetoprotein-Transkriptionsfaktor (FTF) beteiligt sind [5, 39]. Die Bereitstellung ausreichender Mengen an Gallensäuren ist für die Fettresorption von großer Bedeutung, weswegen Gallensäuren einen enterohepatische Kreislauf durchmachen, dessen einzelne Transportschritte außerordentlich komplex sind [2].

12.4 Stoffwechsel von Aminosäuren

Ähnlich wie für den Kohlenhydratstoffwechsel ist auch für den Stoffwechsel der Aminosäuren die Leber ein zentrales Organ. Während der Resorptionsphase enthält das Pfortaderblut infolge der Verdauung und Resorption von Nahrungsproteinen erhebliche Mengen von Aminosäuren. Bei einer durchschnittlichen täglichen Proteinzufuhr von 100 g macht dies ungefähr 1 mol Aminosäuren/24 h aus. Da sich auch nach proteinreichen Mahlzeiten die Konzentration der Plasmaaminosäuren nur geringfügig ändert, muss – ähnlich wie im Fall der Kohlenhydrate – die Leber als eine Art Puffer für Aminosäuren wirken, der den Organismus vor einer Überschwemmung mit den enteral resorbierten Aminosäuren bewahrt [6].

12.4.1 Aufnahme von Aminosäuren durch Hepatozyten

Für die Aufnahme der unterschiedlichen Aminosäuren stehen mindestens 7 verschiedene Transportsysteme mit überlappender Spezifität zur Verfügung (*Tabelle 12-2*; Übersicht bei [51]). Diese Aminosäuretransporter katalysieren überwiegend einen sekundär aktiven Transport, wobei der Natriumgradient über der Plasmamembran die Triebkraft für die Aufnahme auch gegen einen Konzentrationsgradienten liefert. Über die Regulation der Transportsysteme ist noch relativ wenig bekannt.

12.4.2 Stoffwechsel von Aminosäuren

Etwa 20% der von der Leber aufgenommenen Aminosäuren werden für die Biosynthese der verschiedenen, von der

Tabelle 12-2. Aminosäuretransportsysteme der Leber

Aminosäure-transportsystem	Bevorzugt transportierte Amonisäuren
A-	Glyzin, Alanin, Serin, Prolin, Methionin
ASCP-	Alanin, Serin, Cystein, Prolin
L-	Verzweigtkettige Aminosäuren (Leu, Ile, Val), aromatische Aminosäuren (Phe, Tyr, Trp), Methionin
Ly-	Lysin, Arginin, Orithin, Histidin
Dicarboxylat-β-N-	Apartat, Glutamat
	Taurin, β-Alanin
	Glutamin, Asparagin, Histidin

Leber synthetisierten und zumeist auch sezernierten Proteine verwendet (*Tabelle 12-3*). Weniger als 25% der resorbierten Aminosäuren gelangt in den systemischen Kreislauf, was die Tatsache erklärt, dass sich auch nach proteinreichen Mahlzeiten die Plasmaaminosäurekonzentration nur geringgradig verändert. Mehr als 50% der resorbierten Aminosäuren bleiben demnach in der Leber.

Die früher vertretene Ansicht, dass dieser Teil der Aminosäuren oxidiert wird, lässt sich nicht halten, da die vollständige Oxidation dieser Menge von Aminosäuren den gesamten Sauerstoffverbrauch der Leber benötigen würde [6]. Anstatt der vollständigen Oxidation erfolgt eine Metabolisierung von Aminosäuren, die in folgenden Schritten abläuft (*Abb. 12-16*):

- Transaminierung von Aminosäuren, sodass die zugehörigen α-Ketosäuren entstehen. Aufgrund der Verknüpfung der verschiedenen Aminotransferasen der Leber sammelt sich der Aminostickstoff der Aminosäuren im Glutamat an, von wo aus er für die Harnstoffbiosynthese verwendet wird.
- Die Kohlenstoffskelette aller nichtessenziellen Aminosäuren sowie der essenziellen Aminosäuren Methionin, Threonin, Valin und Histidin sowie Teile des Kohlenstoffskeletts der essenziellen Aminosäuren Isoleucin, Phenylalanin und Tryptophan liefern bei ihrem Abbau Zwischenprodukte des Zitratzyklus, die in Oxalacetat umgewandelt und anschließend für die Glukoneogenese (s. oben) verwendet werden können. Tatsächlich wird dieser Weg des Aminosäurestoffwechsels auch in der Resorptionsphase beschritten und führt dann nicht nur zur Glukoneogenese sondern auch zur Glykogensynthese.
- Die Kohlenstoffskelette der essenziellen Aminosäuren Leucin und Lysin sowie Teile des Kohlenstoffskeletts des Isoleucin, Phenylalanin und Tryptophan liefern darüber hinaus Acetyl-CoA. Dieses kann für Acetyl-CoA abhängige Biosynthesen (Cholesterin, Fettsäuren, Ketonkörper) verwendet werden.

Tabelle 12-3. Produktion wichtiger Proteine durch die Leber (Auswahl)

- Albumin
- Angiotensinogen
- α-Fetoprotein
- Orosomucoid
- α-1-Antitrypsin
- α-1-Antichymotrypsin
- α-1-Makroglobulin
- Antithrombin
- Caeruloplasmin
- Gerinnungsfaktoren I, II, V, VII, VIII, IX, X, XI, XII,
- IGF-I, IGF-II
- Kininogen
- Komplementsystem
- C-reaktives Protein
- Fibrinogen
- Plasminogen
- Transkortin
- Transferrin
- VLDL
- Naszierende HDL

12.4.3 Weitere Funktionen von Aminosäuren

Speziell die Aminosäuren Glutamin und Aspartat spielen eine besondere Rolle bei der Biosynthese stickstoffhaltiger Verbindungen. Zu diesen gehören Harnstoff, Purin- und Pyrimidinbasen, Aminozucker sowie Asparagin. Eine besondere Bedeutung haben Aminosäuren außerdem dadurch, dass sie durch Pyridoxalphosphat-abhängige Decarboxylierung in die entsprechenden Amine übergehen können, die wichtige Funktionen als Gewebshormone und Neurotransmitter haben. Die Biosynthese dieser Verbindung erfolgt allerdings zumeist nicht bevorzugt in den Hepatozyten.

Aufgrund der vielfältigen Funktionen von Aminosäuren lässt sich schließen, dass der Stoffwechsel von Aminosäuren sehr genau reguliert werden muss. Die hierüber bestehenden Kenntnisse sind noch lückenhaft, immerhin ist es bemerkenswert, dass Aminosäuren auch die Gen-Expression spezifischer Proteine beeinflussen (*Tabelle 12-4*).

12.5 Stoffwechsel weiterer Nahrungsinhaltstoffe

In der Resorptionsphase werden der Leber neben den erwähnten Kohlenhydraten, Lipiden und Aminosäuren weitere Verbindungen angeboten, die Nahrungsbestandteile sind und resorbiert werden. Zu diesen gehören die aus den Nuklein-

Tabelle 12-4. Genregulation durch Aminosäuren (Auswahl). (Mod. nach [16])

Mechanismus	Gen
Repression durch Aminosäure-verarmung	Fettsäuresynthase
	Präproglukagon
Induktion durch Aminosäure-verarmung	Aminotransporter
	IGF-Bindungsprotein
	Argininosuccinat-Synthase
	Omithin-Dekarboxylase

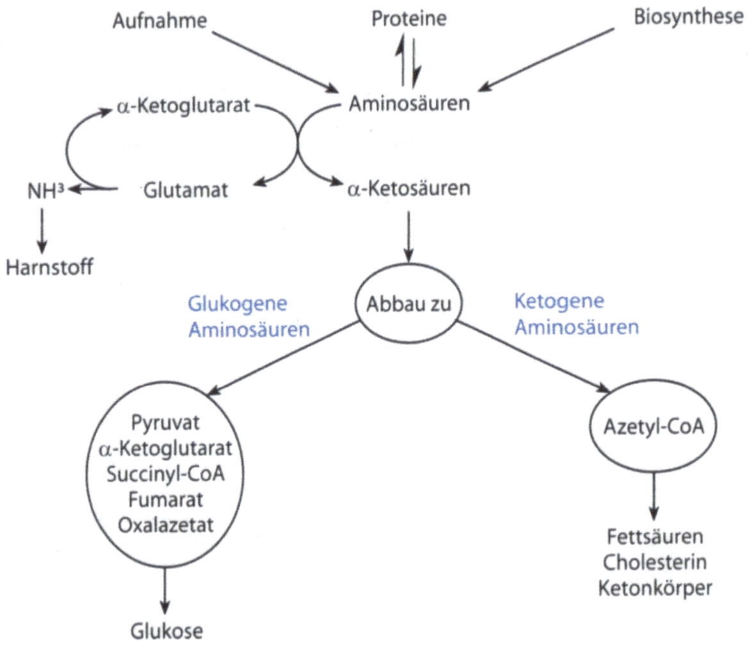

Abb. 12-16. Prinzip der Metabolisierung von Aminosäuren in der Leber (Einzelheiten s. Text)

säuren der Nahrung resorbierten Purin- und Pyrimidinbasen bzw. Nukleoside. Für diese stehen entsprechende Wiederverwertungszyklen zur Verfügung, die es ermöglichen, Nahrungspurine und Pyrimidine in Nukleotide und Nukleinsäuren einzubauen (s. Kap. 11). Eine weitere wichtige, mit der Nahrung aufgenommene und primäre der Leber zugeführte Gruppe von Verbindungen, stellen die Vitamine dar. Von diesen werden Carotinoide, sowie Folsäure und Kobalamin in der Leber aufgenommen und gespeichert (s. Kap. 7).

12.6 Zusammenfassung

Die Leber stellt ein Pufferorgan dar, das die während der Resorptionsphase in beträchtlichen Mengen anflutenden Nahrungsinhaltsstoffe speichert und metabolisiert, um sie dann in der Postresorptionsphase an den systemischen Kreislauf abzugeben. Hierdurch erfüllt sie eine zentrale Rolle in der Homöostase der Bestandteile der extrazellulären Flüssigkeit, im Einzelnen:

- Aus den Nahrungskohlenhydraten wird überwiegend Glykogen synthetisiert, das in der Postresorptionsphase abgebaut und als Glukose in den systemischen Kreislauf freigesetzt wird.
- Die während der Resorptionsphase durch extrahepatischen Abbau von Chylomikronen entstehenden »Remnants« werden durch hepatische Lipase weiter abgebaut und schließlich von den Hepatozyten aufgenommen. Aus den dabei in die Leber gelangten Lipiden werden VLDL gebildet, die von der Leber sezerniert und schließlich extrahepatisch weiter metabolisiert werden.
- Die in der Resorptionsphase aufgenommenen Aminosäuren werden durch die Leber aufgenommen und zu einem erheblichen Teil für die Proteinbiosynthese oder nach partiellem Abbau der Aminosäuren für Glukoneogenese und Glykogensynthese sowie in geringerem Umfang zur Cholesterin-, Fettsäure-und Ketonkörperbiosynthese verwendet.
- Weitere Nahrungsbestandteile wie beispielsweise Vitamine werden in gewissem Umfang in der Leber gespeichert.

Literatur

1. Aarsland A, Wolfe RR (1998) Hepatic secretion of VLDL fatty acids during stimulated lipogenesis in men. J Lipid Res 39: 1280–1286
2. Agellon LB, Torchia EC (2000) Intracellular transport of bile acids. Biochim Biophys Acta 1486: 198–209
3. Aiston S, Trinh KY, Lange AJ et al. (1999) Glucose-6-phosphatase. Overexpression lowers glucose 6-phosphate and inhibits glycogen synthesis and glycolysis in hepatocytes without affecting glucokinase translocation. Evidence against feedback inhibition of glucokinase. J Biol Chem 274: 24559–24566
4. Bollen M, Keppens S, Stalmans W (1998) Specific features of glycogen metabolism in the liver. Biochem J 336: 19–31
5. Bramlett KS, Yao S, Bums TP (2000) Correlation of farnesoid X receptor coactivator recruitment and cholesterol 7α-hydroxylase gene repression by bile acids. Mol Gen Metab 71: 609–615
6. Brosnan JT (2000) Glutamate, at the interface between amino acid and carbohydrate metabolism. J Nutr 130: 988S-990S
7. Brown MS, Goldstein JL (1997) The SREBP-pathway: Regulation of cholesterol metabolism by proteolysis of a membrane-bound transcription factor. Cell 89: 331–340
8. Brown MS, Ye J, Rawson RB, Goldstein JL (2000) Regulated intermembrane proteolysis: A control mechanism conserved from bacteria to humans. Cell 92: 391–398
9. Browner MF, Fletterick RJ (1992) Phosphorylase: a biological transducer. Trends Biochem Sci 17: 66–71
10. Cha LJ, Kim HIf, Kim KS et al. (2000) Identification of transacting factors responsible for the tissue-specific expression of human glucose transporter type 2 isoform gene: cooperative role of hepatocyte nuclear factors la and 3b. J Biol Chem 275: 18358–18365

11. Cohen JC, Vega GL, Grundy SM (1999) Hepatic lipase: new insights from genetic and metabolic studies. Curr Opin Lipidol 10: 259–267
12. Cohen P (1999) The Croonian Lecture 1998. Identification of a protein kinase cascade of major importance in insulin signal transduction. Phil Trans R Soc Lond 354-B: 485–495
13. Cohen P, Alessi DR, Cross DA (1997) PDK I, one of the missing links in insulin signal transduction? FEBS Lett 410: 3–10
14. Connelly PW (1999) The role of hepatic lipase in lipoprotein metabolism. Clin Chim Acta 286: 243–255
15. Diraison F, Beylot M (1998) Role of human liver lipogenesis and reesterification in triglycerides secretion and in FFA reesterification. Am J Physiol 274: E321–E327
16. Fafoumoux P, Bruhat A, Jousse C (2000) Amino acid regulation of gene expression. Biochem J 351: 1–12
17. Fan J, Watanabe T (1998) Hepatic lipase. J Atheroscler Thromb 5: 41–45
18. Galassetti P, Shiota M, Zinker BA, Wasserman DH, Cherrington AD (1998) A negative arterial-portal vein glucose gradient decreases muscle glucose uptake in the conscious dog. J Physiol 275: E101–E111
19. Gasa R, Jensen PB, Berman HKt et al. (2000) Distinctive regulatory and metabolic properties of glycogen-targeting subunits of protein phosphatase-1 (PTG, GL, GM /RG1) expressed in hepatocytes. J Biol Chem 275: 26396–26403
20. Girard J, Ferre P, Foufelle F (1997) Mechanisms by which carbohydrates regulate expression of genes for glycolytic and lipogenic enzymes. Annu Rev Nutr 17: 325–352
21. Gordon DA, Jamil H (2000) Progress towards understanding the role of microsomal triglyceride transfer protein in apolipoprotein-B lipoprotein assembly. Biochim Biophys Acta 1486: 72–83
22. Gressner AM (1995) In: Greiling H, Gressner AM (Hrsg) Lehrbuch der klinischen Chemie und Pathobiochemie. Schattauer, Stuttgart New York, S. 543–662
23. Iglesia N, Mukhtar M, Seoane J et al. (2000) The role of the regulatory protein of glucokinase in the glucose sensory mechanism of the hepatocyte. J Biol Chem 275: 10597–10603
24. Ji ZS, Dichek HL, Miranda DR, Mahley RW (1997) Heparan sulfate proteoglycans participate in hepatic lipase- and apolipoprotein E-mediated binding and uptake of plasma lipoproteins, including high density lipoproteins. J Biol Chem 272: 31285–292
25. Johnson LN (1992) Glycogen phosphorylase: control by phosphorylation and allosteric effectors. FASEB J 6: 2274–82
26. Koopmans SJ, Mandarine L, DeFronzo RA (1998) Time course of insulin action on tissue-specific intracellular glucose metabolism in normal rats. Am J Physiol 274: E642–E650
27. Krieger M (1999) Charting the fate of the »good cholesterol«: identification and characterization of the high-density lipoprotein receptor SR-B I. Annu Rev Biochem 68: 523–558
28. Livesey G, Wilson PDG, Dainty JR et al. (1998) Simultaneous time-varying systemic appearance of oral and hepatic glucose in adults monitored with stable isotopes. Am J Physiol 275: E717–E728
29. Magnuson MA (1990) Glucokinase gene structure. Functional implications of molecular genetic studies. Diabetes 39: 523–527
30. Mahley RW, Ji ZS (l 999) Remnant lipoprotein metabolism: key pathways involving cell-surface heparan sulfate proteoglycans and apolipoprotein E. J Lipid Res 40: 1–16
31. Martin G, Nemoto M, Gelman L et al. (2000) The human fatty acid transport protein-1 (SLC27A1; FATP-1) cDNA and gene: Organization, chromosomal localization, and expression. Genomics 66: 296–304
32. Martin G, Schoonjans K, Lefebvre A-M, Staels B, Auwerx J (1997) Coordinate regulation of the expression of the fatty acid transport protein and acyl-CoA synthetase genes by PPARα and PPARγ activators. J Biol Chem 272: 28210–28217
33. Matschinsky FM (1990) Glucokinase as glucose sensor and metabolic signal generator in pancreatic beta-cells and hepatocytes. Diabetes 39: 647–652
34. Newgard CB, Brady MJ, O'Doherty RM, Saltiel AR (2000) Organizing glucose disposal: emerging roles of the glycogen targeting subunits of protein phosphatase-1. Diabetes 49: 1967–1977
35. O'Doherty RM, Jensen PB, Anderson P et al. (2000) Activation of direct and indirect pathways of glycogen synthesis by hepatic overexpression of protein targeting to glycogen. J Clin Invest 105: 479–488
36. Olivier LM, Krisans SK (2000) Peroxisomal protein targeting and identification of peroxisomal targeting signals in cholesterol biosynthetic enzymes. Biochchim Biophys Acta 1529: 89–102
37. Pagliassotti MJ, Holste LC, Moore MC, Neal DW, Cherrington AD (1996) Comparison of the time courses of insulin and the portal signal on hepatic glucose and glycogen metabolism in the conscious dog. J Clin Invest 97: 81–91
38. Palacin M, Estevez R, Bertran J, Zorzano A (1998) Molecular biology of mammalian plasma membrane amino acid transporters. Physiol Rev 78: 969–1054
39. Patel DD, Knight BL, Soutar AK et al. (2000) The effect of peroxisome-proliferator-activated receptor-α on the activity of the Cholesterol 7α-hydroxylase gene. Biochem J 351: 747–753
40. Po-Shiuan H, Courtney Moore M, Neal DW, Cherrington AD (2000) Importance of the hepatic arterial glucose level in generation of the portal signal in conscious dogs. Am J Physiol 279: E284–E292
41. Schwarz JM, Chioler RO, Revelly JP et al. (2000) Effects of enteral carbohydrates on de novo lipogenesis in critically ill patients. Am J Clin Nutr 72: 940–945
42. Srivastava AK, Pandey SK (1998) Potential mechanism(s) involved in the regulation of glycogen synthesis by insulin. Mol Cell Biochem 182: 135–141
43. Stumpel F, Jungermann K (1997) Sensing by intrahepatic muscarinic nerves of a portal-arterial glucose concentration gradient as a signal for insulin-dependent glucose uptake in the perfused rat liver. FEBS 406: 119–122
44. Tayior R, Magnusson I, Rothman DL et al. (1996) Direct assessment of liver glycogen storage by 13C nuclear magnetic resonance spectroscopy and regulation of glucose homeostasis after a mixed meal im normal subjects. J Clin Invest 97: 126–132
45. Thorens B (1996) Glucose transporters in the regulation of intestinal, renal and liver glucose fluxes. Am J Physiol 270: G541–G553
46. Tietge UJF, Bakillah A, Maugeais C et al. (1999) Hepatic orerexpression of microsomal triglyceride transfer protein (MTP) results in increased in vivo secretion of VLDL triglycerides and apolipoprotein B. J Lipid Res 40: 2134–2139
47. Trigatti BL, Rigotti A, Braun A (2000) Cellular and physiological roles of SR-BI, a lipoprotein receptor which mediates selective lipid uptake. Biochim Biophys Acta 1529: 276–286
48. Van deWerve GA, Lange A, Newgard C et al. (2000) New lessons in the regulation of glucose metabolism taught by the glucose 6-phosphatase system. Eur J Biochem 267, 1533–1549
49. Van Schaftingen E, Detheux M, Veiga da Cunha M (1994) Short-term control of glucokinase activity: role of a regulatory protein. FASEB J 8: 414–419
50. Villar-Palasi, C, Guinovart JJ (1997) The role of glucose 6-phosphate in the control of glycogen synthase. FASEB J 11: 544–558
51. Willnow TE (1999) The low-density lipoprotein receptor gene family: multiple roles in lipid metabolism. J Mol Med 77: 306–315
52. Yahagi N, Shimano H, Hasty AH et al. (1999) A crucial role of sterol regulatory element binding protein-1 in the regulation of lipogenic gene expression by polyunsaturated fatty acids. J Biol Chem 274: 35840–35844

Hunger und Postaggressions-/ Stressstoffwechsel

K.-W. Jauch

Die Kenntnis und das Verständnis des Substratflusses und somit des Stoffwechsels insgesamt sowie seiner Beziehung und Interaktionen auf zellulärer und Interorganebene stellt eine Grundvorraussetzung für eine rationale Ernährungstherapie in den verschiedensten Krankheitssituationen dar. Neben der Resorptionsphase nach Substratzufuhr sind Grundkenntnisse des Hungerstoffwechsels mit seinen Adaptationsmechanismen, vor allem aber die Grundlagen des sog. Postaggressionsstoffwechsels für den klinisch tätigen Arzt von elementarer Bedeutung um eine rationale der individuellen Situation angepasste Ernährungstherapie zu betreiben.

13.1 Definition von Fasten und Hungerstoffwechsel

Unter Hunger- oder Fastenstoffwechsel verstehen wir Situationen prolongierter inadäquater Nahrungszufuhr. Hiervon abzugrenzen ist die Stoffwechselsituation nach kurzfristiger Nahrungskarenz, auch als Übernachtfasten oder postabsorptive Phase bezeichnet (s. Kap. 12). Eine vollständige Nahrungskarenz ist nicht Bedingung für die Stoffwechselsituation des Hungerstoffwechsels. Die Folgen des Hungerns sind abhängig von der Auslösesituation.

Wir unterscheiden »Wasting« *oder Protein-Energie-Mangelernährung* (PEM), als eine Mangelernährung beruhend auf Nahrungskarenz mit Energie- und/oder Proteindefizit ohne metabolischen Stress; *Kachexie* hingegen beinhaltet eine Mangelernährung, die in Zusammenhang mit metabolischem Stress unter dem Einfluss von Zytokinen und anderen Mediatoren zutage tritt.

13.2 Substratfluss im Hunger

Bei Ausbleiben einer Nahrungszufuhr muss der Organismus seinen Energiebedarf durch Mobilisation endogener Speicher decken. Gleichzeitig kommt es zu Adaptationsvorgängen mit Umstellung der Substratflüsse und Abnahme des Energieumsatzes. Diese Abnahme des Energieumsatzes ist ein entscheidender Unterschied zum Stressstoffwechsel, der mit einem Hypermetabolismus, d. h. einer Steigerung des Energieumsatzes verbunden ist.

13.2.1 Kohlenhydratstoffwechsel beim Fasten

Die endogenen Kalorienspeicher beinhalten nach Untersuchungen von Owen u. Cahill [23] etwa 165.000 kcal (690.822 kJ), ein Vorrat der rein zahlenmäßig bei einem Tagesumsatz von 1800 kcal (7536 kJ) für 75 Tage ausreichend erscheint. Tatsächlich starben jedoch z. B. die irischen Hungerstreikenden nach 60 Tagen und Mahatma Gandhi wurde nach 40 Tagen kritisch krank.

> Entscheidend ist die Erhaltung und Limitation des Eiweißspeichers, da bei einem etwa 40%igem Abbau der Körperzellmasse bzw. des Proteingehalts der Tod durch Organversagen eintritt. Entsprechend ist unser Organismus darauf ausgerichtet beim Fasten den Proteinabbau möglichst zu begrenzen.

Glukose – als der Hauptenergiedonator für das Gehirn – ist für die zerebrale Funktion von elementarer Bedeutung und eine Hypoglykämie führt schnell zu Funktionsstörungen. Daher wird der Glukosespiegel sehr eng reguliert. Nach Übernachtfasten besteht eine endogene Glukosefreisetzung durch die Leber von etwa 2 mg/kg/min entsprechend etwa 2 g/kgKG/24 h.

Zunächst stammt ein Großteil dieser Glukose aus der hepatischen Glykogenolyse, deren Speicher jedoch nach ca. 48 h verbraucht sind. Zunehmend nimmt die endogene Glukoseneuproduktion aus glukoplastischen Aminosäuren, Glyzerin aus der Lipolyse sowie Laktat und Pyruvat aus der Glykolyse zu. Unter dem verminderten Insulinspiegel beim Fasten nimmt gleichzeitig die periphere Glukoseaufnahme in die Muskulatur ab und die peripher und im ZNS aufgenommene Glukose wird nicht mehr endoxidiert, sondern zirkuliert zu einem hohen Prozentsatz als Pyruvat/Laktat zur Leber zurück, um wieder der Glukoneogenese zugeführt zu werden, wie aus *Abb. 13-1* ersichtlich wird (sog. Cori-Zyklus).

Der verminderte Insulinspiegel, verbunden mit einer abgesenkten Glukosekonzentration, führt durch Substratregulation zu einer Verminderung der Glukosebildung, wodurch wiederum der Bedarf an glukoplastischen Aminosäuren sinkt und die Proteolyse vermindert werden kann. Der periphere Energiebedarf aber auch der Energiebedarf des ZNS wird nach 2–3 Tagen zu einem großen Teil durch die Fettsäuren und Ketonkörper aus der Lipolyse gedeckt.

13.2.2 Lipolyse und Ketogenese beim Fasten

Als *Hauptenergiespeicher* kommt dem Fettgewebe beim Fasten eine quantitativ überragende Rolle zu. Nach Übernachtfasten und unter längerem Fasten steigen die Fettsäurespiegel aus der Lipolyse der Fettgewebstriglyzeride (s. Kap. 11) etwa auf das Doppelte an. Unter diesem Substrateinfluss und dem Überwiegen von Glukagon gegenüber Insulin bildet die Leber die Ketonkörper Azetazetat und β-Hydroxybutyrat. Deren Konzentration steigt nach 12–24 h von 0,1 mmol/l stetig auf Werte von 1,0 bzw. 4–6 mmol/l nach etwa einer Woche. Während die Ketonkörperoxidation in den Mitochondrien normal nur 3–5% des Energiebedarfs deckt, steigt dieser Anteil auf 30–40% nach einer Woche und nimmt dann nach 2 Wochen wieder ab, wenn die Fettsäuren als Hauptenergielieferant dienen. Entsprechend diesen Ausführungen kann die Tatsache eines Fastenzustands am Ketonkörpernachweis im Urin festgemacht werden. Im Gegensatz zur Ketose bei Diabetes mellitus mit Hyperglykämie kommt es jedoch nicht zur Ausbildung einer Ketoazidose.

Schon die Zufuhr geringer Glukose- und Insulinmengen hemmen die Ketogenese und verhindern so auch die Adaptation an das Fasten. Daher spielen die Ketonkörper auch in der klinischen Situation des Postaggressionsstoffwechsels eine ganz untergeordnete Rolle [13].

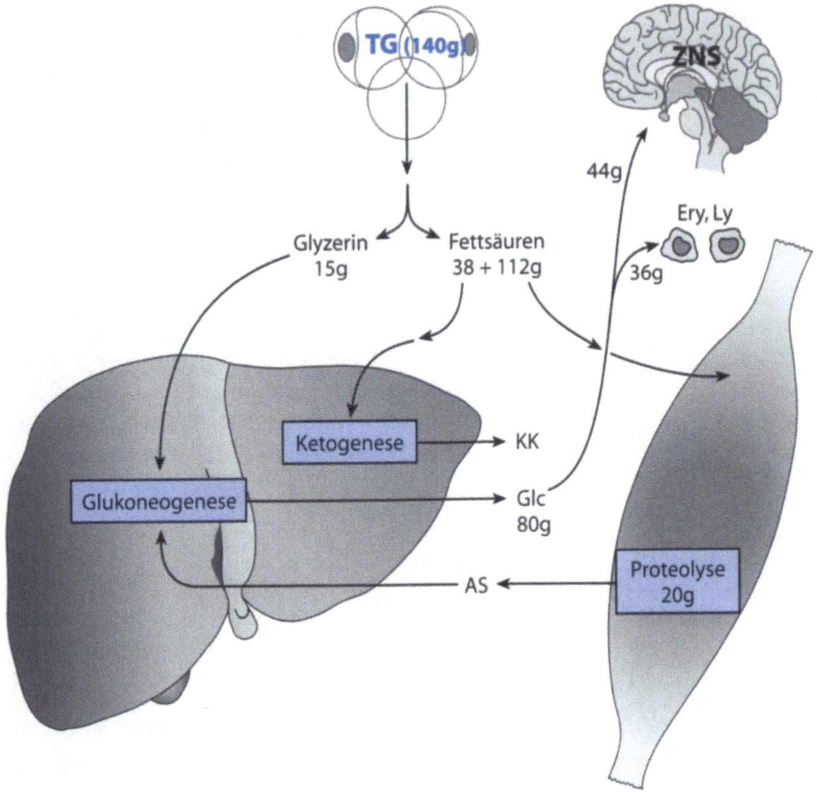

Abb. 13-1. Substratfluss im Hungerstoffwechsel. Das Fettgewebe ist mit der Lipolyse und Ketogenese der Hauptenergiespeicher

13.2.3 Proteinstoffwechsel beim Fasten

Der Erhaltung des Körpereiweiß kommt für die Organfunktion und das Überleben die überragende Bedeutung zu, weshalb mehrere Mechanismen zur Begrenzung des Eiweißabbau beitragen. Der Proteinabbau gemessen an der Stickstoffausscheidung nimmt so beim Fasten von zunächst 20 g/24 h auf unter 10 g/24 h nach 1 Woche und auf etwa 5 g/24 h nach 3 Wochen ab. Dabei wechselt gleichzeitig die Zusammensetzung des Urinstickstoffs. Anfangs wird dieser noch als Harnstoff ausgeschieden, zeitgleich mit der Ketose steigt jedoch die Bildung von Ammonium, wodurch auch die Ketonsäuren neutralisiert werden. Ammonium wird hierbei in der Niere durch Glutaminase aus Glutamin gebildet ([10], s. Kap. 8).

13.3 Folgen des Hungerns

Fasten führt letztlich zur Mangelernährung wie in Kapitel 1 beschrieben mit umfassenden Veränderungen aller Organfunktionen bis hin zum Hungertod. Damit einher gehen psychopathologische Alterationen wie Apathie, Infektionsanfälligkeit bei Anergie des Immunsystems und Veränderungen des Hormonhaushalts. Diese Veränderungen wurden eindrucksvoll im Warschauer Ghetto und in Stalingrad beschrieben ohne dass deren Pathophysiologie voll verstanden war [12, 34].

Wie oben schon angemerkt kommt es bei Reduktion der fettfreien Körpermasse um 40–50% zum Hungertod. Patienten ohne Fettspeicher sind gegenüber adipösen Menschen ungünstiger hinsichtlich der Prognose unter Fastenbedingungen einzuschätzen. Als Messparameter haben sich neben dem BMI, das Albumin und anthropometrische Daten wie in Kapitel 1 beschrieben zur Diagnose und Prognoseabschätzung bewährt.

13.4 Definition und historischer Rückblick des Postaggressionstoffwechsels

Unter dem Begriff Postaggressionsstoffwechsel wurden ursprünglich die Stoffwechselveränderungen beim chirurgischen Patienten zusammengefasst. Im Zentrum stehen dabei uniforme Reaktionen im Rahmen einer Verletzung oder eines geplanten operativen Eingriffs. Aber auch die Stoffwechselveränderungen bei Entzündungen, in der Sepsis, bei Tumorerkrankungen bis hin zur Kachexie, bei Erkrankungen im Gastrointestinaltrakt (GI-Trakt) zeigen Homologien zum postoperativen Stoffwechsel auf. Das Verständnis über die Zusammenhänge des Substratflusses zwischen den Organen und dessen Regulation ist für die rationale klinische Ernährungstherapie nach Traumen, bei Intensivpatienten, Mangelernährung und Tumorkachexie eine Voraussetzung.

Herausragende und *uniforme Kennzeichen* des Stoffwechsels nach Traumen sind:

- Hyperglykämie mit Glukoneogenesesteigerung,
- Hypermetabolismus,
- erhöhter Stickstoffverlust,
- Abbau der Speicherdepots (Lipolyse, Glykogenolyse, Proteolyse).

Jede plötzliche Störung der Homöostase – insbesondere Schock, Trauma oder Operation – führt zu typischen Reaktionen der unterschiedlichen Organsysteme, die im Rahmen der Evolution das Überleben in diesen Situationen begünstigen. Abhängig von der individuellen Ausgangssituation, dem Schweregrad des Traumas und der Reaktionsfähigkeit des Individuums können die hämodynamischen, immunologischen und metabolischen Veränderungen in ihrer Intensität und Zeitdauer variieren. Als Ergebnis resultiert bei adäquater Antwort eine Adaption mit Wiederherstellung der Homöostase im Rahmen eines Heilungsprozesses. Bei in Relation zum Trauma unzureichender oder überschiessender Reaktion kann es aufgrund der Traumaschwere oder autodestruktiver Prozesse zur Defektheilung oder zum Tode kommen.

Die Betrachtungsweise der Homöostasestörung wandelte sich mit den pathophysiologischen Kenntnissen, den klinisch-wissenschaftlichen Untersuchungsmethoden und Interventionsmöglichkeiten. Im Hinblick auf die Stoffwechselveränderungen können 3 Zeitperioden unterschieden werden.

In einer *1. Periode* von der Erstbeschreibung der posttraumatischen Blutzuckererhöhung durch Bernard 1877, über die traumabedingte Erhöhung der Eiweißverluste durch Bürger 1922 und Cuthbertson 1932 stand die sympathoadrenerge Notfallreaktion nach Cannon (1929) im Mittelpunkt des Interesses [3, 4, 6].

In einer *2. Periode* wurden die komplexen Veränderungen im Stoffwechsel bis hin zur Beschreibung des Hypermetabolismus mit Steigerung des Energieumsatzes durch Kinney 1961 in ihrem zeitlichen Verlauf weiter aufgeklärt und als entscheidende Ursache die komplexe Änderung des hormonellen Milieus herausgestellt. Für diese Periode stehen die Begriffe Postaggressionssyndrom und Operationskrankheit von Leriche 1937 und Adaptionssyndrom von Selye 1946. Francis D. Moore hat in dem 1959 erschienen Buch »*The metabolic care of the surgical patient*« den Wissensstand umfassend dargestellt und dabei schon methodisch neue Ansätze bis hin zur Isotopentechnik in die klinische Forschung eingeführt. Seit dieser Zeit sind die amerikanischen Chirurgen auf diesem Forschungsfeld führend [1, 6, 7, 9].

Mit Einführung molekularbiologischer Methoden und Kenntnis der Zytokine und sekundärer Mediatoren begann Mitte der 1970er Jahre die *3. Periode*, die zur heute akzeptierten Auffassung führte, dass Zytokine und andere Mediatoren, vornehmlich des Arachidonsäuremetabolismus, neben hormonellen Änderungen entscheidend zum Postaggressionsstoffwechsel beitragen. Deshalb wird heute auch von einem Gesamtkörperinflammationssyndrom (GIS) oder »*systemic inflammatory response syndrome*« (SIRS) gesprochen [16, 18, 33].

13.5 Pathophysiologie und Regulationsmechanismen

Die Veränderungen im Substratfluss beruhen auf *neuroendokrinen* Reaktionen, *Mediatorenwirkungen* und *Substratregulationsmechanismen.*

Verschiedenste Simuli wie Angst, Schmerz, Volumenmangel, Hypoxie, Kälte- und Wärmereiz führen zur Aktivierung der hypothalamo-hypophysären-adrenalen Achse mit Ausschüttung von Releasingfaktoren und Hormonen wie ADH, CRF, ACTH, um nur einige zu nennen. Im Endeffekt kommt es zur Freisetzung der katabol wirkenden Hormone Adrenalin, Noradrenalin, Kortisol und Glukagon (Abb. 13-2). Die-

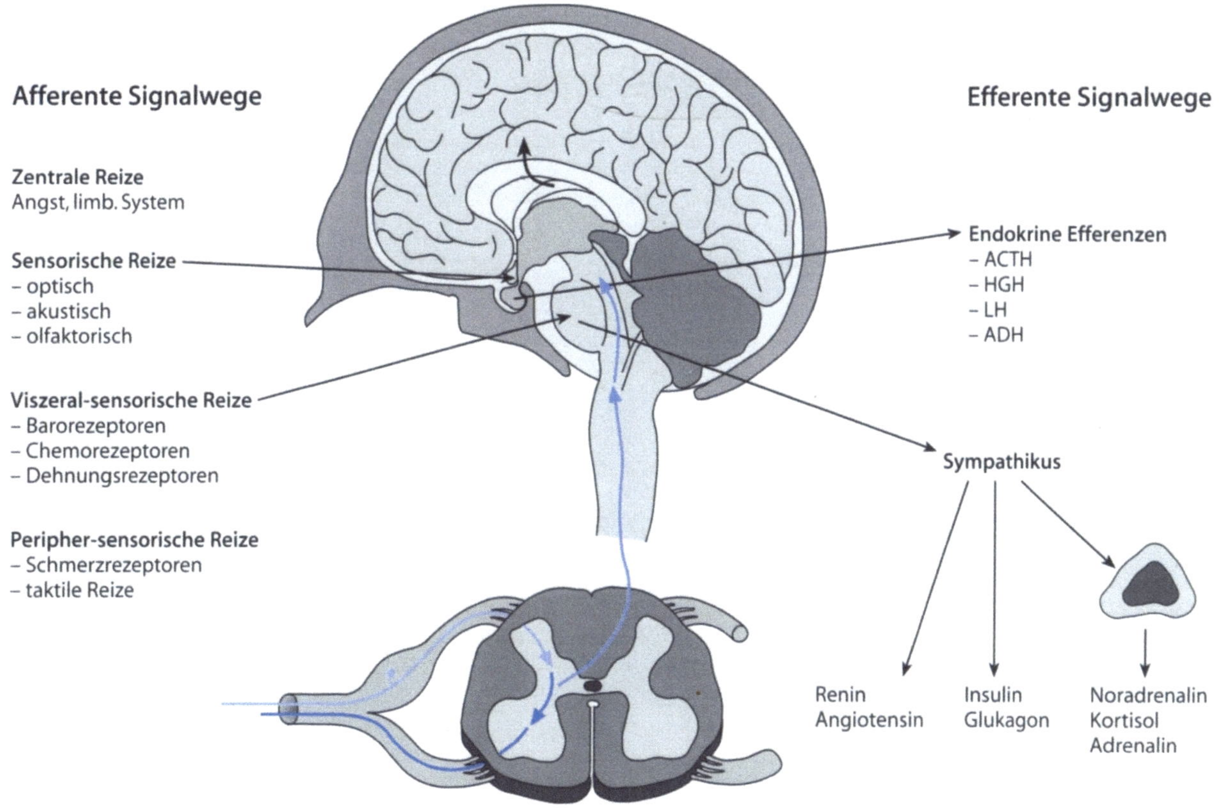

Abb. 13-2. Neuroendokrine Stressreaktion. Die verschiedensten afferenten Signale führen zur uniformen neuroendokrinen hypothalamo-hypophysären Notfallreaktion

se werden bei Sepsis und Trauma abhängig vom Schweregrad in einem typischen zeitlichen Verlaufsmuster freigesetzt und sind für die Mobilisierung der Energiedepots mitverantwortlich. So führt Noradrenalin über die Aktivierung der hormonsensitiven Lipase zur Lipolyse. Glukagon und Katecholamine stimulieren die Glukoneogenese, und Kortisol und Glukagon fördern die Proteolyse.

Bei Probanden werden durch Infusion dieser 3 Hormone mit Erreichen von Plasmaspiegeln wie bei Traumapatienten eine Hyperglykämie bei erhöhter Glukoseproduktion und verminderter muskulärer Glukoseaufnahme, eine Steigerung des Eiweißumsatzes mit vermehrter Aminosäurenabgabe aus der Muskulatur und erhöhter hepatischer Aminosäurenclearance sowie weitere Veränderungen simuliert [2]. Im Gegensatz hierzu ist die Freisetzung von Insulin und Wachstumshormon zunächst deutlich reduziert und dann gesteigert, wobei die Rythmik der Sekretion von GH ausbleibt und die Umwandlung in IGF-1 vermindert bleibt.

Erst durch das Zusammenwirken dieser Hormone resultieren die typischen Reaktionen des Postaggressionsstoffwechsels im vollen Ausmaß. Dabei variieren die Spiegel und Wirkungen der Hormone von Organ zu Organ, Stoffwechselweg zu Stoffwechselweg und Zeitpunkt zu Zeitpunkt. Im Endergebnis resultieren die typischen Änderungen im Substratfluss mit Mobilisation der Energiedepots und dem Ziel des *Funktionserhalts vor dem Strukturerhalt*, was letztlich bis zum sog. Autokannibalismus [5] beim septischen Patienten führen kann, wenn der Organabbau zur Organdysfunktion und zum Organversagen in der hypodynamen Sepsisphase führt, in welcher der Patient verstirbt.

Diese Hormone (Katecholamine, Glukagon und Kortisol) werden als katabole Hormone den anabolen Hormonen Insulin und humanes Wachstumshormon gegenübergestellt. Die Imbalanz zwischen diesen Hormonen führt zu einer Stoffwechselsituation wie bei Diabetes mellitus Typ II mit Erhöhung des Nüchternblutzuckers um etwa 20%. Gleichzeitig findet sich ein erhöhter Insulinspiegel mit weitgehend erhaltener pankreatischer Insulinsekretion. Die somit offenbar verminderte Wirksamkeit von Insulin führte zur Verwendung der Begriffe »postoperativer Diabetes« und »Insulinresistenz« als wesentliche Charakteristika des Metabolismus nach Trauma.

Das »SIRS-Konzept«

Bei massivem Gewebetrauma, Ischämie-Reperfusionsschäden und Infektionen sind jedoch seit Anfang der 1980er Jahre, die aus immunkompetenten Zellen freigesetzten Zytokine und Sauerstoffradikale, als wesentliche Faktoren der Stoffwechselveränderungen erkannt. Die durch Endotoxin oder andere Trigger stimulierten Makrophagen und andere Zellen setzen hierbei eine ganze Reihe von pro- und antiinflammatorischen Zytokinen frei, die ein komplexes Netzwerk bilden und mannigfach untereinander interagieren. Sie sind hauptverantwortlich für die Leitsymptome des SIRS (Abb. 13-3):

- Tachykardie,
- Hypotension,

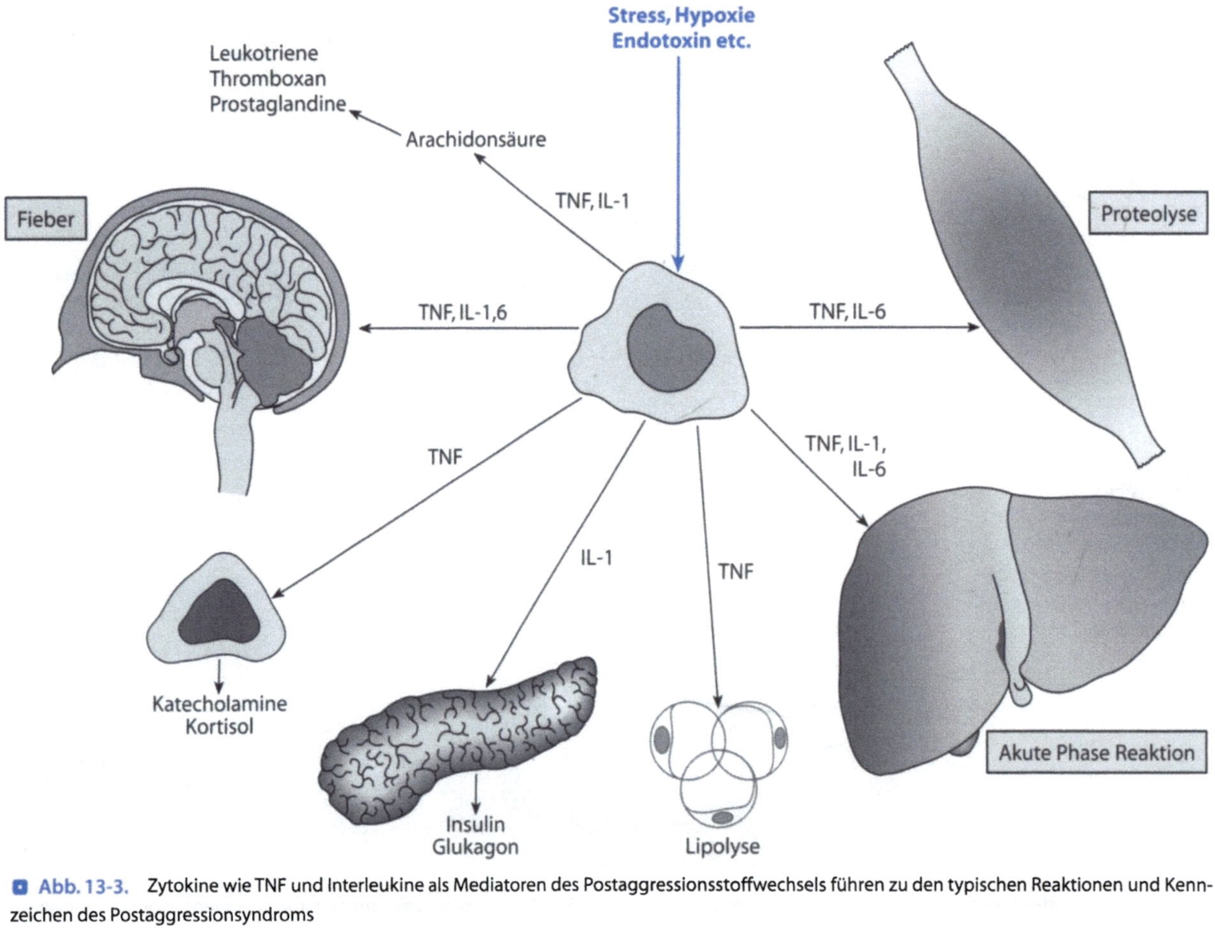

Abb. 13-3. Zytokine wie TNF und Interleukine als Mediatoren des Postaggressionsstoffwechsels führen zu den typischen Reaktionen und Kennzeichen des Postaggressionsyndroms

- Fieber,
- Tachypnoe und
- Hypermetabolismus.

In zahlreichen klinischen Studien wurde in den vergangenen Jahren die klare Korrelation der Zytokinspiegel mit dem Traumausmaß, der Verletzungsschwere, der operativen Eingriffsgröße und dem Transfusionsbedarf gezeigt. Daneben fanden sich z. B. bei Polytraumapatienen signifikant höhere Spiegel bei später Verstorbenen im Vergleich zu den Überlebenden.

Hinsichtlich der metabolischen Effekte konnte in Probandenuntersuchungen die Arbeitsgruppe um Wilmore [21, 33] zeigen, dass Endotoxin, TNF und Interleukin-1 zu den typischen Symptomen des Postaggressionssyndroms mit Fieber, Leukozytose, Hormonfreisetzung, Hyperglykämie und negativer Stickstoffbilanz führen. Daneben bewirkt TNF eine Hemmung der Lipoproteinlipase mit nachfolgender Hypertriglzeridämie. TNF stimuliert des Weiteren über die Cyclooxygenaseaktivität die Synthese von Arachidonsäurederivaten mit Erhöhung der katabolen Hormone und nachfolgendem Proteinabbau, der durch TNF-Antikörper oder Cyclooxygenaseinhibitoren geblockt werden kann.

Im Gegensatz hierzu wirkt Interleukin-1 über einen noch nicht geklärten Mechanismus direkt stimulierend auf den Proteinabbau durch Aktivierung der intrazellulären Proteasen im Muskel und Gesamtkörper (s. Kap. 8.2.3). Interleukin-6 wiederum wird als Hauptmediator der Akutphasereaktion mit hepatischer Synthese wichtiger Funktionsproteine angesehen [21]. Die verschiedenen Zytokine zeichnen sich insgesamt durch ihre Pleiotropie aus, weswegen auf eine detailliertere Darstellung verzichtet und auf die ◼ *Abb. 13-3* verwiesen wird.

Zeitlicher Ablauf des Postaggressionstoffwechsels

Die beschriebenen Regulationsmechanismen laufen in unterschiedlichen zeitlichen Phasen ab, die auch dazu führten, dass je nach Betrachtungsweise verschiedene Begriffe und Zeitfenster im Postaggressionstoffwechsel beschrieben wurden. Mit dem Trauma kommt es zur massiven hormonellen Umstellung in Sekunden, wobei einige Hormone ihre maximale Veränderung und Wirkung wie Glukagon und Kortisol auch erst nach Stunden und Tagen aufweisen.

Gekennzeichnet ist diese erste Traumaphase, die auch *Ebbphase* oder *Akutphase* genannt wird, von einem maximalen Überwiegen der antiinsulinären Katecholamine und unterdrückter Insulinsekretion. In dieser Phase wirken auch die Substratregulationsmechanismen und die Zytokinausschüttung weist ihr Maximum auf mit den Zeichen einer Gesamtkörperinflammation oder SIRS (◼ *Abb. 13-4*).

Nach 1–3 Tagen weicht diese erste Traumaphase mit Stabilisierung des Kreislaufs der sogenannten *Flowphase* mit ausgeprägter Insulinresistenz. In dieser Phase, der *eigentlichen Postaggressionsphase*, überfluten die peripher mobilisierten Substrate den Organismus. Es besteht eine ausgeprägte Katabolie mit zytokinstimulierter Synthese von Akutephaseproteine, Steigerung des Energieumsatzes und negativer Stickstoffbilanz. Auf hormoneller Ebene ist die Insulinresistenz ausgeprägt.

> Der zeitliche Ablauf beträgt je nach Traumaschwere 3–7 Tage oder auch 2–3 Wochen, wobei die Akutphaseproteine wie CRP nach 7 Tagen wieder in den Normbereich zurückkehren, während die Steigerung des Energieumsatzes noch weiter zunehmen kann (◼ *Abb. 13-5*).

In dieser Phase kommen den Ischämie-Reperfusionsphänomenen mit Bildung von freien Sauerstoffradikalen große Bedeutung in der Aggravation des SIRS und der Katabolie zu. Die Anflutung von Mediatoren aus der Peripherie und dem GI-Trakt führt verzögert zu hohem Anfall von toxischen Produkten im Leberstoffwechsel; eine zusätzliche Infektion eine erneute Schockphase und andere Ereignisse können jetzt im Rahmen eines sog. »second hit« eine Sepsis und ein Organversagen auslösen und den natürlichen Verlauf mit Wende der Katabolie zur anabolen Reparationsphase im Sinne des »turning Point« nach Moore verhindern. Dieser Zeitpunkt liegt wiederum je nach Trauma zwischen 5 und 10 Tagen, kann jedoch auch auf Intensivstation bei anhaltendem SIRS nicht erreicht werden, wenn wiederholte Inflammationsstimuli vorkommen (◼ *Abb. 13-5*).

Bei Intensivpatienten mit Sepsis ohne Trauma konnte das Zusammenspiel und der zeitliche Ablauf der endokrinen und metabolischen Veränderungen nicht in der selben Weise wie bei chirurgischen Patienten gezeigt werden [32].

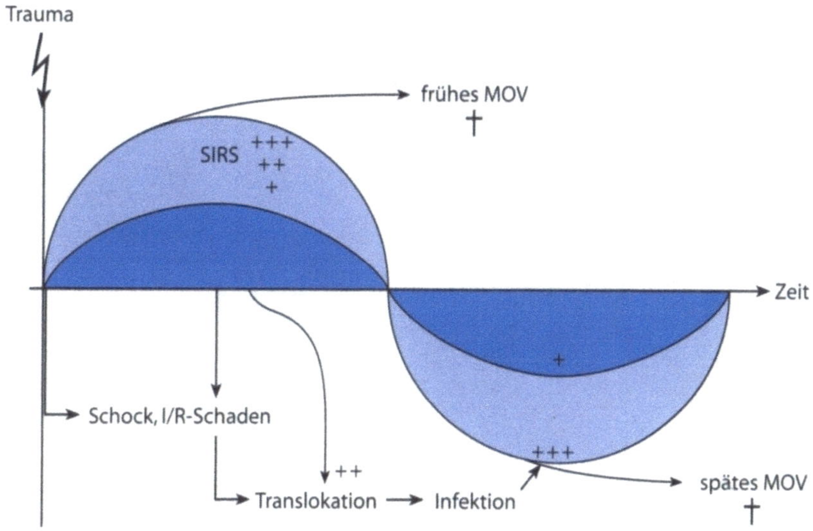

◼ **Abb. 13-4.** Zeitlicher Ablauf des Postaggressionssydroms. Nach Trauma kommt e zu einer systemischen Inflammationssyndrom (SIRS) gefolgt von einer Phase der Immunsuppression. Ausmaß von Inflammation und Immunparalyse hängen unter anderem vom Ausmaß des Traumas ab. Durch zusätzliche Schädigungen (»second hit«) und Schockfolgen am Darm kann es über eine Translokation zur späten Sepsis mit Organversagen kommen. Dies ist heute viel häufiger als der Tod im frühen Organversagen

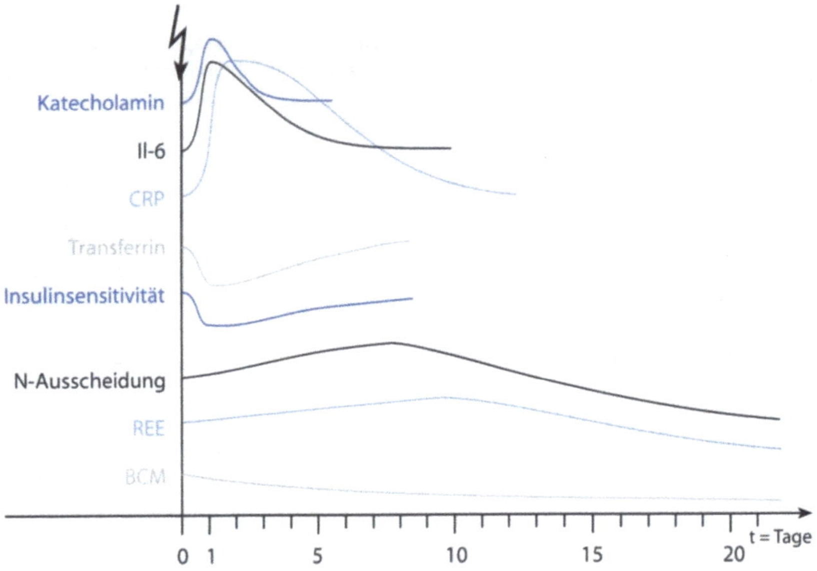

■ **Abb. 13-5.** Zeitliche Phasen der metabolischen Folgen eines Traumas. Sofort nach Trauma kommt es zur Katecholaminausschüttung und anderen Hormonausschüttungen, Zytokine wie IL-6 werden ebenfalls akut freigesetzt, während die Akutphasereaktion eine Latenzphase von 6–12 h aufweist bis zum Maximum nach 24 h. Entsprechend fallen auch Transferrin und andere konstitutive Proteine ab und erholen sich in 4–7 Tagen. Andere Änderungen wie Energieumsatz, N-Ausscheidung oder BCM-Änderungen zeigen ihr Maximum erst nach 7–10 Tagen. Bei kompliziertem Verlauf verschieben sich die Kurven entsprechend variabel

Die anabole Phase selbst nach Erreichen des Wendepunkts kann wiederum Wochen bis mehrere Monate dauern in denen der Proteinaufbau das enstandende Defizit langsam aufholt. Bei Verbrennungspatienten ist bekannt, dass das Körperwachstum und der Knochenstoffwechsel noch nach einem Jahr in Mitleidenschaft gezogen sein können [17].

13.6 Kohlenhydratstoffwechsel und Insulinresistenz

Der Organismus verfügt lediglich über beschränkte Kohlenhydratreserven in Form von Glykogen in der Leber und im Muskel in Höhe von 225 g oder 900 kcal (3768 kJ) sowie Eiweißdepots von 6 kg entsprechend 24.000 Kalorien. Den Hauptenergiespeicher stellt die Fettmasse mit 15 kg oder 141.000 kcal (5.903.388 kJ) dar.

Somit ist die Energiebereitstellung in Form von freien Fettsäuren und Glyzerin durch die Lipolyse sowie in Form von Ketonkörpern aus der hepatischen Ketogenese bei Nahrungskarenz von höchster Bedeutung. Den Ketonkörpern kommt dabei als alternatives Substrat für das Nervensystem, Herz und Muskulatur beim Fasten eine hohe Bedeutung zur Begrenzung des Eiweißabbaus zu. Im Postaggressionsstoffwechsel spielen sie keine wesentliche Rolle [13]. Die freien Fettsäuren werden in den Mitochondrien überwiegend der β-Oxidation und Energiegewinnung zugeführt (■ *Abb. 13-6*). Sie können jedoch auch unter dem Einfluss von Glukose und Insulin nach Transport zur Leber reverestert werden. Während Fettsäuren nahe-

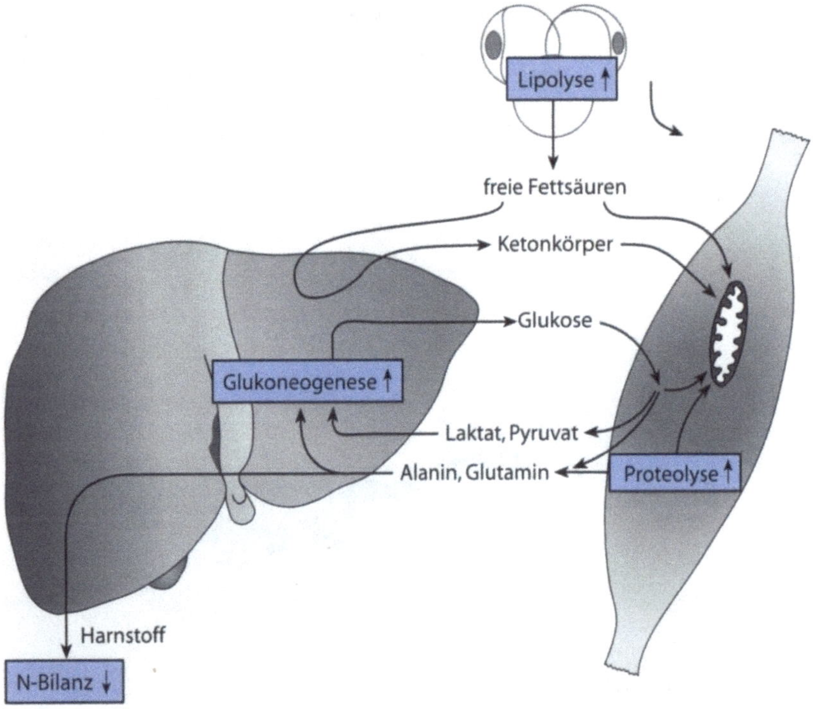

■ **Abb. 13-6.** Substratfluss im Postaggressionstoffwechsel

zu ubiquitär als Energiesubstrat genutzt werden, dient Glycerol in der Leber als ein »precursor«der Glukoneogenese.

Endogene Glukoneogenese

Die ausreichende Neuproduktion von Glukose in der Leber und in der Niere ist wegen der geringen Glykogenspeicher, die innerhalb von 24 h verbraucht sind, von zentraler Bedeutung im Intermediärstoffwechsel.

> Glykogensynthese und Abbau spielen daher im Postaggressionstoffwechsel keine Rolle.

Glukose dient vor allem dem Nervensystem, Immunzellen, Erythrozyten, Nebennieren und dem Wundgewebe zur Energiedeckung. Im Wundgewebe wird – bedingt durch die Entzündungszellen, aber auch die proliferierende Fibroblasten wie in der Muskulatur – vermehrt Glukose anaerob verstoffwechselt, also nicht endoxidiert, sondern als Laktat und Pyruvat wieder zur Leber rezirkuliert und der Glukoneogenese zur Verfügung gestellt. Dieser Glukose-Laktat-Glukose-Zyklus – auch Cori-Zyklus genannt – ist energetisch ungünstig mit einem ATP-Gewinn von 2 mol beim Glukoseabbau und einem Verbrauch von 6 ATP bei der Glukoneogenese. Der Organismus räumt jedoch dem Funktionserhalt Priorität gegenüber dem Strukturerhalt ein, um seine Reakionsfähigkeit zu garantieren.

Der größte Teil der Glukosenneubildung erfolgt jedoch aus glukoplastischen Aminosäuren aus der Proteolyse. Das in der Peripherie abgebaute Eiweiß liefert Aminosäuren für die Oxidation im peripheren Organ. Der freiwerdende Stickstoff wird auf Pyruvat und Oxalazetat transferiert (Enzyme: GOT, GPT), wodurch Alanin und Glutamin entstehen. Ein Teil der Aminosäuren wird für den Proteinneuaufbau in der Peripherie genutzt. Daneben werden Aminosäuren in das Plasma abgegeben und stehen in der Leber zur Neusynthese von Funktionsproteinen im Rahmen der Akutphasereaktion zur Verfügung.

> Der Abbau von Eiweiß insbesondere von Muskelmasse als wichtigstem Proteindepot ist somit Voraussetzung für die Synthese neuer Proteine und entspricht ebenfalls einem sinnvollen Adaptationsprozess zur Erhöhung der Abwehrkräfte (Funktionsproteine) und Reparationsprozesse im Wundgebiet.

Ein Grossteil der abgebauten Aminosäuren wird jedoch als Alanin und Glutamin zur Leber transportiert. Dort erfolgt zum einen die Einschleussung des Stickstoffs in die Harnstoffsynthese mit resultierender erhöhter Stickstoffausscheidung im Urin. Zum anderen dient das Kohlenstoffskelett der Glukoneogenese. Hierbei kann ein Glukose-Pyruvat-Alanin-Glukose-Zyklus oder auch Ball-Zyklus beschreiben werden, dem ähnliche Funktionen wie dem Cori-Zyklus zugeschrieben werden. Die quantitativen Verhältnisse des Glukosestoffwechsels sind in *Abb. 13-7* dargestellt. Insgesamt gehen etwa 50% des hepatischen Energieverbrauchs zu Lasten der Glukoneogenese.

Neben den beschriebenen Interorgan-Glukose-Zyklen gibt es auch ein »Glukosecycling« in der Leber selbst, wie es Wolfe [36] beschrieb und quantifizieren konnte. Glukose wird hierbei über das Enzym Hexokinase zu Glukose-6-Phosphat umgewandelt. Dies stellt den ersten Schritt der Glykolyse zu Pyruvat dar. Gleichzeitig oder parallel hierzu katalysiert die Glukose-6-Phosphatase die Dephosphorylierung von Glukose-6-Phosphat zu Glukose als Schlussprozess der Glukoneogenese. Diese parallel ablaufenden Stoffwechselprozesse sind in der Leber zonal kompartimentiert. Funktionell konnte mit stabilen Isotopen der Anteil des »Glukosecycling« auf etwa 20–30% des Glukoseumsatzes geschätzt werden. Dieser vorwiegend durch Glukagon stimulierte Mechanismus wird zwar als *»futile cycle«* bezeichnet, ermöglicht jedoch eine höhere Reaktionsmöglichkeit von Glykolyse und Glukoneogenese auf akute Anforderungen, worin der teleologische Sinn zu sehen ist.

Abb. 13-7. Glukoseneubildung im Stress

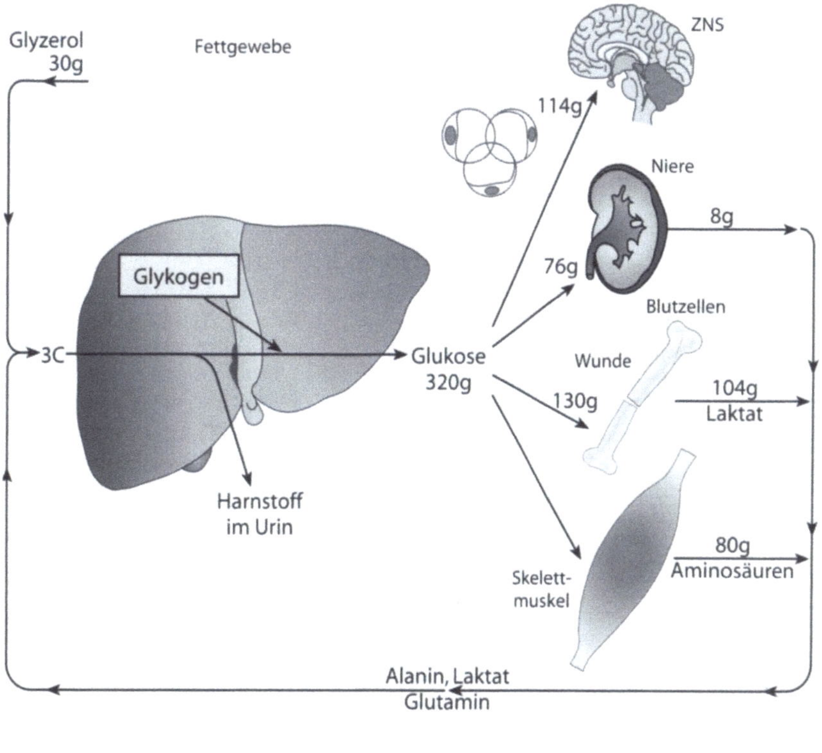

Periphere Glukoseverwertung

Mit der Erhöhung der hepatischen Glukoseproduktion geht eine unterproportionlae Steigerung der peripheren Glukoseaufnahme einher, sodass eine Hyperglykämie resultiert. Diese korreliert in ihrem Ausmaß mit der Schwere eines Traumas oder einer Sepsis. Sie kann auch erstes Zeichen einer Infektion oder anderweitigen Komplikation beim operierten oder kritisch kranken Patienten darstellen.

Die passive Glukoseaufnahme ist durch die Hyperglykämie gesteigert. Die insulinabhängige Glukoseaufnahme in den Skelettmuskel über den Glukosetransporter GLUT4 ist jedoch vermindert, wohl auch weil die intrinsische Aktivität des GLUT4 (v_{max}) durch Insulin nicht gesteigert werden kann. In der Summe ist die Glukoseverwertung vor allem durch die insulinunabhängigen Gewebe und Steigerung der Transporter GLUT1 erhöht. Im Stress ist diese Steigerung schon basal weitgehend ausgereizt und eine Hyperglykämie bzw. Insulinzufuhr kann die periphere Glukoseaufnahme nur noch vergleichsweise wenig bis auf etwa das Doppelte der Basalwerte steigern [22].

Wie oben bereits beschrieben ist die periphere Oxidationskapazität auf etwa 4–5mg/kg/min beschränkt und ein Großteil der aufgenommenen Glukose wird nur zu Pyruvat im Rahmen der anaeroben Glykolyse abgebaut.

Von den 5 weiteren Stoffwechselwegen des Pyruvat

1. Abbau zu AzetylCoA und Oxidation,
2. Abbau zu AzetylCoA und Lipogenese,
3. Abbau zu Laktat,
4. Transaminierung zu Alanin und
5. Rezirkulation zu Glukose über Oxalazetat.

werden daher die Rezirkulation zur Glukoneogenese über Lakat und Alanin vornehmlich im Stress genutzt (*Abb. 13-8*).

> Die Hyperlaktatämie ist ein Kennzeichen des Postaggressionstoffwechsels, das durch Glukosezufuhr noch gesteigert werden kann, dabei ist das Laktat/Pyruvat-Verhältnis nicht über 10–15:1 gesteigert.

Laktat ist hierbei auch kein Surrogatmarker für eine Ischämie. Die molekularen biochemischen Grundlagen dieser Veränderungen sind letztlich noch nicht definitiv geklärt, jedenfalls beruht dies nicht allein auf einer Hemmung der Pyruvatdehydrogenase. In eigenen Untersuchungen mit der Glukose-Klemm-Technik konnten durch Erhöhung der Insulinspiegel bei konstanten Glukosespiegeln die Laktatkonzentrationen von 0,4 auf maximal 1,0 mmol/l, bei gleichzeitigem Anstieg des Pyruvat und ohne ph-Abfall, angehoben werden [18, 19].

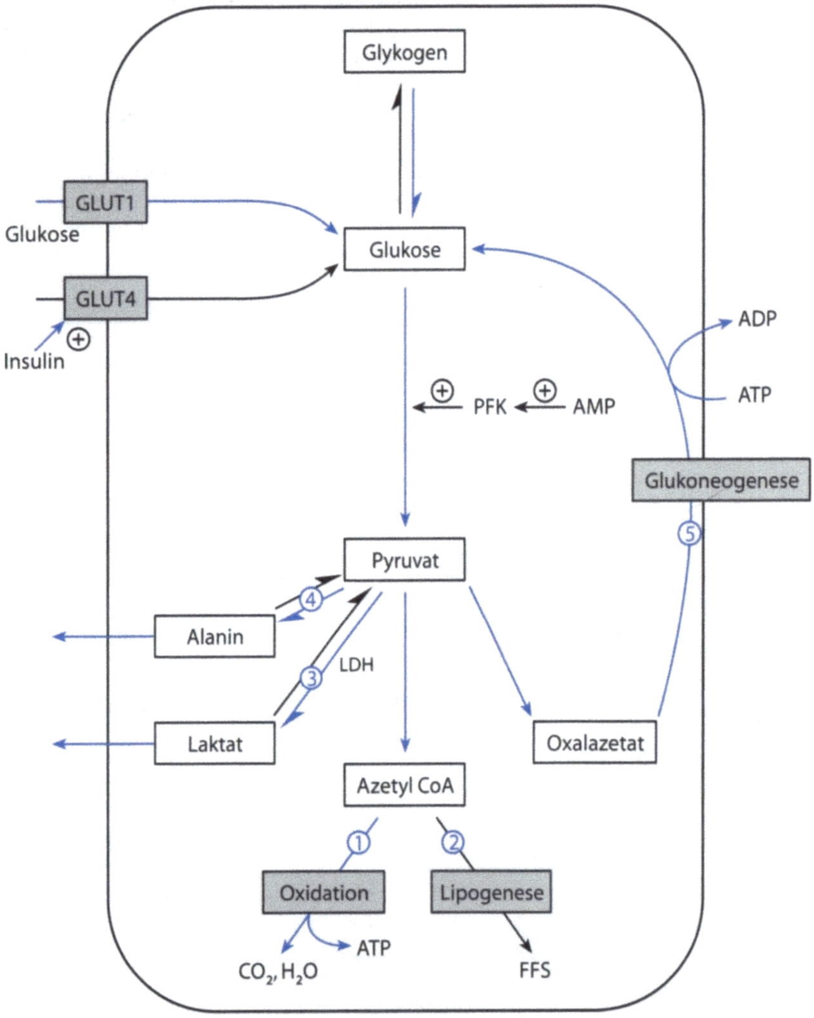

Abb. 13-8. Zellulärer Glukosestoffwechsel im Stress

Bedeutung der postoperativen Insulinresistenz

Mit Hilfe moderner Untersuchungsmethoden wie Kathetertechniken, stabilen Isotopenuntersuchungen und der Glukoseklemmtechnik (s. Kap. 51) kann die Insulinresistenz der verschiedenen Stoffwechselschritte differenziert untersucht und beschrieben werden [8]. Wie auch in eigenen Untersuchungen belegt [18, 19], besteht eine verminderte Insulinwirkung auf den Glukoseumsatz des Gesamtorganismus und auf die Glukoseaufnahme des Skelettmuskels (▫ *Abb. 13-9*). Ebenso wird eine verminderte Hemmung der hepatischen Glukoseproduktion gefunden. Im selben Sinn haben eine exogene Glukose- oder Fettzufuhr mit Insulinfreisetzung eine verminderte Wirkung auf die Glukoseverwertung und Glukoseproduktion.

In ▫ *Abb. 13-9* sind eigene Untersuchungen zur Insulinwirksamkeit bei Probanden und postoperativen Patienten am ersten Tag nach Abdominaleingriffen wiedergegeben. Mit Hilfe der Glukose-Klemm-Technik wurde bei unterschiedlich dosierten Insulingaben ein konstanter Insulinspiegel eingestellt und der Blutzucker durch ein künstliches Pankreas und variable Glukoseinfusion im euglykämischen Bereich stabil gehalten. Somit können Dosiswirkungskurven für Insulin, unabhängig vom Glukosespiegel, entsprechend biochemischen Enzymkinetiken erstellt werden.

Die Reduktion der Fettsäurenkonzentration in Relation zum Ausgangswert als Maß der Lipolyse zeigt beim Vergleich von Probanden und Operierten einen erhaltenen Hemmeffekt von Insulin mit halbmaximaler Wirkung in physiologischen Konzentrationsbereichen von etwa 25 µU/ml und nahezu voll erhaltener Suppression der Lipolyse bei 80 µU/ml. Somit ist die Insulinsensitivität des Fettgewebes postoperativ erhalten und eine niedrig dosierte Glukoseinfusion kann bereits zur Hemmung der endogenen Lipolyse führen, wie auch mit Hilfe stabiler Isotope inzwischen nach Herzoperationen eindrucksvoll bestätigt werden konnte. Diese Tatsache führte mit zur *Favorisierung von Zuckeraustauschstoffen gegenüber Glukose bei hypokalorischen Ernährungskonzepten*, wobei im klinischen Ansatz mit längerdauernder Substratzufuhr und Umstellung des Organismus dieser Effekt wohl nicht mehr so zum Tragen kommt [15].

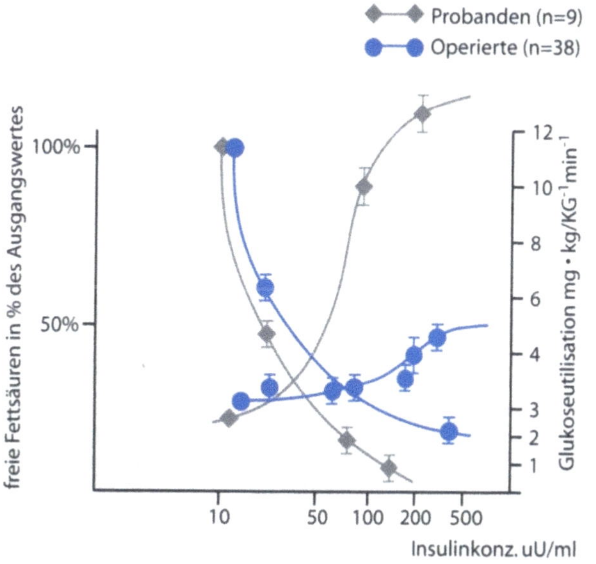

▫ **Abb. 13-9.** Insulinsensitivität bzw. Resistenz des Fettgewebes und des Glukosestoffwechsels mit der Glukoseklemmtechnik bestimmt. Während die freien Fettsäuren bei Operierten als Zeichen der erhaltenen Insulinwirksamkeit des Fettgewebes den gleichen Abfall unter Insulin zeigen wie bei Probanden ist die maximale Glukoseutilisation erheblich vermindert. Gleichzeitig ist die halbmaximale Wirkung nicht bei Insulinspiegeln von 80 uU/ml sondern erst bei >200 uU/ml erreicht

Im Gegensatz zur Insulinwirkung am Fettgewebe ist die Wirkung auf die Glukoseverwertung deutlich herabgesetzt. Der maximale Effekt ist vermindert und die Insulinkonzentration für den halbmaximalen Effekt ist von physiologischen Insulinkonzentrationen um 80 µU/ml auf über 200 µU/ml angehoben, was für eine massive Insulinresistenz auf Postrezeptorebene spricht. Nach Untersuchungen von Thorell [31] wird diese Insulinresistenz selbst durch kleine Eingriffe wie laparoskopische Cholezystektomie und Hernienoperation hervorgerufen, korreliert mit der Schwere des Eingriffs und hält dabei, wie in ▫ *Abb. 13-10* dargestellt, für wenige Tagen bis zu 2 Wochen an.

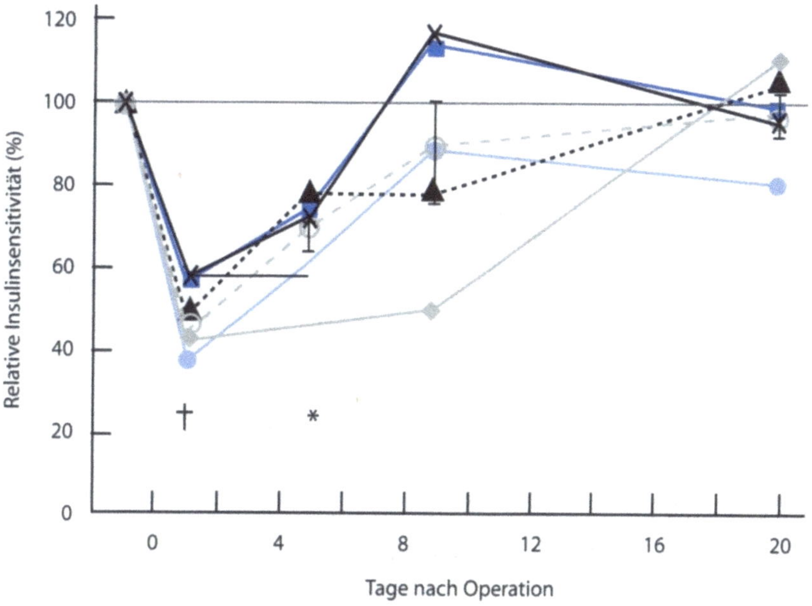

▫ **Abb. 13-10.** Relative Insulinsensitivität vor und nach operativem Eingriff. Die normale Insulinsensitivität (gemessen als metabolischer Glukoseumsatz *M* unter konstantem Insulinspiegel von 400 pmol/l) sinkt von etwa 4,8 mg/kg/min auf einen Mittelwert von 2,2 am 1. postoperativen Tag und erholte sich bis zum 9.–20. postoperativen Tag. (Mod. nach [31])

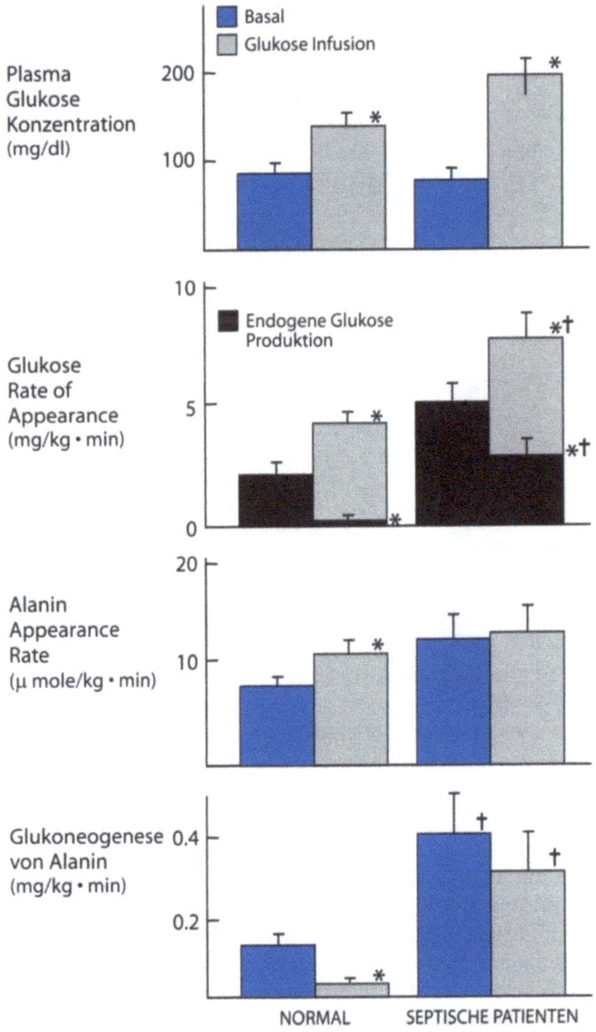

Abb. 13-11. Glukose- und Alaninstoffwechsel bei Gesunden und Septikern im Nüchternzustand und unter Glukoseinfusion. Die Steigerung der endogenen Glukoneogenese stellt ein Hauptmerkmal des Postaggressionsstoffwechsels, ebenso wie die nicht vorhandene Suppression der Glukoneogenese durch Glukosezufuhr, dar. (Mod. nach [26])
* p<0,05 vs basal, † p<0,05 vs normal

> Dies bedeutet, dass Insulin als Anabolikum erst in solch hohen Konzentrationen sinnvoll wird, dass die hierbei auftretenden Nebenwirkungen, wie hepatische Fettablagerung, den Einsatz von Insulin verbieten, solange nicht ein Insulinmangel wie bei diabetischen Patienten vorliegt.

Die Insulinresistenz ist auch für das Verständnis der Auswirkungen einer Ernährungstherapie von Relevanz. Während beim Gesunden die Zufuhr von Glukose die endogene Glukoseproduktion um etwa den selben Betrag hemmt, ist diese Hemmwirkung auf die endogene Glukoseproduktion beim Sepsispatienten aufgehoben.

So fand Shaw [26] bei septischen Patienten im Vergleich zu Freiwilligen eine Verdoppelung der endogenen Glukoseproduktion auf etwa 5 mg/kg/min entsprechend 530 g Glukose über 24 h bei 75 kgKG. Dabei stammte auch doppelt soviel Glukose aus der Alaninglukoneogenese. Eine Glukoseinfusion von 4 bzw. 8 mg/kg/min führte zur Reduktion der endogenen Glukoseproduktion bei Freiwilligen, aber nicht bei Septikern. Dasselbe gilt für die Glukosebildung aus Alanin, wodurch bei Sepsis ein erhöhter Glukosegesamtanfall mit Hyperglykämie bei Glukosezufuhr resultiert (*Abb. 13-11*).

Zwar ist die Glukoseoxidation absolut gesteigert, aber nur im gleichen Verhältnis wie der Glukoseumsatz, weshalb ein grosser Anteil der Glukose nicht oxidativ verwertet werden kann und hauptsächlich als Triglyzerid in der Leber abgelagert wird. Durch nicht umsatzorientierte Glukosezufuhr kann daher sowohl eine ungewollte Steigerung des CO_2-Stresses, als auch eine Leberverfettung bis hin zum Leberversagen, provoziert werden.

> Der Glukosespiegel bzw. Insulinbedarf unter konstanter Glukosezufuhr ist daher ein sehr empfindliches Maß für die Ausprägung des SIRS im Verlauf und kann zum einen Rekonvaleszenz aber auch Komplikationen frühzeitig anzeigen.

13.7 Fettstoffwechsel

Auf die Bedeutung des Fettstoffwechsels als quantitativ überragender Energiespeicher wurde schon mehrfach hingewiesen. Sowohl Hormone als auch Zytokine stimulieren die Freisetzung von Triglyzeriden und den resultierenden Fettsäuren und Glyzerin als Energiedonatoren. Aufgrund der erhöhten Insulinspiegel, von direkten Zytokinwirkungen und der Substratregulation spielt die Ketogenese im Gegensatz zum Fastenstoffwechsel keine Rolle [13]. Der Energieanteil der Fettsäureoxidation nimmt mit zunehmender Krankheitsschwere bzw. zunehmendem Hypermetabolismus zu, da die Glukoseoxidation wie oben gezeigt auf etwa 5 mg/kgKG/min begrenzt ist.

> Bei SIRS/Sepsis sind die Fettäuren die Hauptenergiedonatoren mit etwa 80% Energiedeckung im Muskel und auch eine exogene Glukosezufuhr kann die Fettoxidation nur geringfügig reduzieren. Nach Trauma sind die Fettsäure- und Glyzerinspiegel um das 2,5- bzw. 1,5fache erhöht.

Entsprechend erhöht sind auch die Umsatzraten mit peripherer Utilisationssteigerung aber auch erhöhter Reveresterung und Bildung von Triglyzeriden unter dem Einfluss von Insulin und Glukose. Die hohe Triglyzeridclearance und Fettverbrennung ist auch verantwortlich für die meist zu beobachtende Abnahme der Plasmatriglyzeride nach einem Trauma. Erst bei gestörter peripherer Clearance durch Hemmung der Lipoproteinlipase z. B. durch TNF oder exzessiver Liponeogenese in der Leber kann es auch zu Hypertriglyzeridämie im Postaggressionsstoffwechsel kommen, dies vor allem wenn eine hohe, über der Utilisation liegende, exogene Kalorienzufuhr in Form von Glukose erfolgt.

Diese Regulation erfolgt vornehmlich auf der Substratebene und wird weiter durch TNF, Interferon und IL-6 stimuliert. In der Leber werden die Fettsäuren bei ausreichendem Glukose- und α-Glyzerophosphatangebot nicht der β-Oxidation sondern der Reveresterung zugeführt. Bezüglich der komplexen Regulationsmechanismen im Fettstoffwechsel sei auf das Kap. 12 und eine hervorragende Übersicht von Wolfe [37] verwiesen. Es besteht dann bei weiterlaufender hepatischer Lipolyse – ähnlich wie im Kohlenhydratbereich – ein energiever-

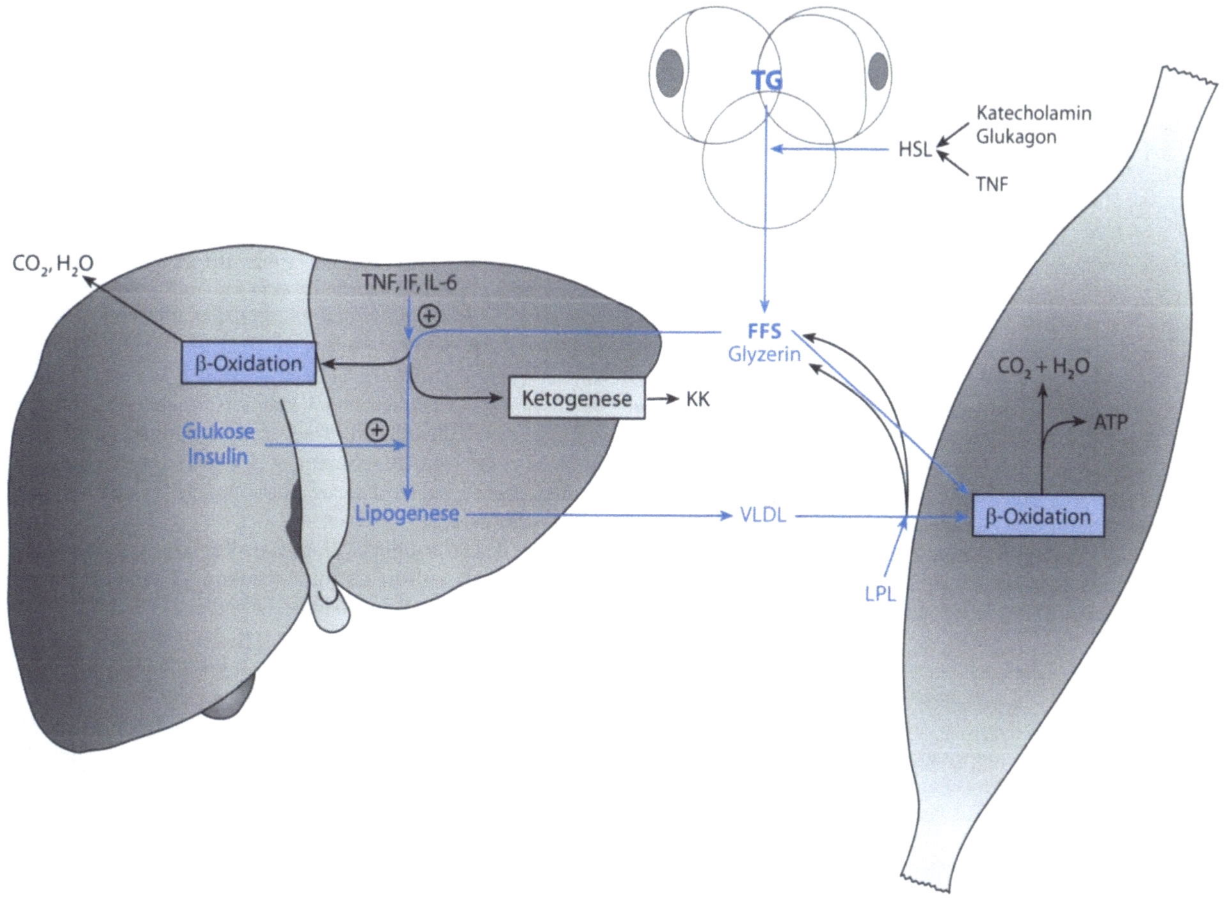

Abb. 13-12. Fettstoffwechsel im SIRS mit erhöhter Lipogenese durch Glukose und Insulin

brauchender Fettsäure-Triglyzerid-Zyklus dessen Bedeutung in der generellen Energiebereitstellung für die Peripherie, und gleichzeitig in der Bereitstellung essenzieller Fettsäuren als Präkursoren für wichtige Mediatoren und Strukturbestandteile der Membranen, liegt (Abb. 13-12).

13.8 Protein- und Aminosäurestoffwechsel

Das Überwiegen des Proteinabbaus über die Proteinsynthese mit resultierender Nettoproteinkatabolie stellt die kritische Grösse des Postaggressionsstoffwechsels dar. Das Ausmaß der Proteinkatabolie kann beim kritisch Kranken am Schwund der Muskelmasse im Bereich der Extremitäten leicht erkannt werden. *Der Proteinverlust beträgt ein Mehrfaches im Vergleich zum Hungerstoffwechsel.* Dabei wird der echte Muskelabbau noch unterschätzt, da der Muskel teilweise durch Fett ersetzt wird.

Mit Hilfe der stabilen Isotopentechnik kann die Proteinsynthese und der Proteinabbau für unterschiedliche Kompartimente im zeitlichen Verlauf differenziert werden. Shaw et al. [28] fanden so eine Steigerung des Proteinabbaus von 4,3 auf 6,1 g/kg/24 h bei septischen Patienten im Vergleich zu Gesunden. Die Proteinsynthese war demgegenüber geringer gesteigert. Im Vergleich zu Gesunden ist nach Untersuchungen von Jeevanandam [20] regelmäßig der Proteinabbau überproportional erhöht (s. Abb. 13-13). Darüber hinaus ist die Erhöhung der Proteolyse über Wochen erhöht und wird selbst in der sog. Flowphase nach 3 Wochen noch nicht von der Synthesesteigerung ausgeglichen. Dies trifft vor allem für die Skelettmuskulatur zu, während im Bereich der viszeralen Proteinsynthese eine Steigerung der Akutphaseproteinsynthese durch Zytokin-vermittelte Aktivierung der Translation zu beobachten ist. *Im Muskel hingegen ist die Proteinsynthese über Wochen beeinträchtigt*, wie die Arbeitsgruppe um Wernermann durch Bestimmung der Ribosomenkonzentration in Muskelbiopsien zeigen konnte.

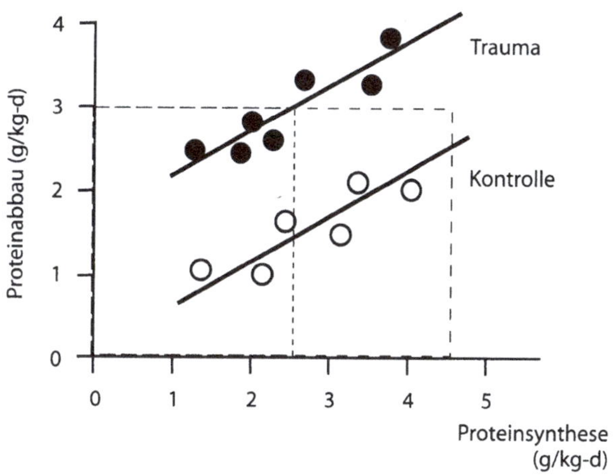

Abb. 13-13. Verhältnis von Proteinsynthese und Proteinabbau bei Trauma. (Mod. nach [20])

Die Einzelheiten und Regulationsmechanismen des Protein- und Aminosäurenhaushalts sind in Kap. 8 ausführlich behandelt. Der entscheidende molekulare Mechanismus für die Muskelproteolyse liegt nach heutiger Erkenntnis in der Aktivierung der Kalzium/Calpain-regulierten Ubiquitin/Proteasomen-Aktivität, die durch unterschiedlichste Mechanismen stimuliert wird [14]. Gemessen am Gesamtkörper kann nach elektivem Eingriff nach etwa 2 Wochen, bei ausreichender Substratzufuhr und Mobilisation, eine ausgeglichene Proteinbilanz erzielt werden. In der Klinik kann diese anhand der Harnstoffproduktion oder Urin-Stickstoffbilanz ausreichend genau bestimmt werden [15]. Neben der Harnstoffproduktion nehmen auch die Kreatininsynthese, die Harnsäurebildung und die Ammoniumbildung unter der Proteolyse zu und alle Substrate werden erhöht im Urin ausgeschieden. Die Stickstoffausscheidung kann bis auf 30 g/24 ansteigen (*Abb. 13-14*).

Als neues Verfahren kann die Körperzellmasse mit der Impedanzmessung bestimmt werden. Gemessen an der Proteinsynthese mit stabilen Isotopen ist eine Zufuhr von 1,5 g Aminosäuren/kg/24 h optimal und bei Erhöhung der Eiweißzufuhr ist keine Besserung der Syntheseleistung zu erwarten [27, 35].

> Die im Skelettmuskel aus der Proteolyse freigesetzten Aminosäuren werden unterschiedlich verwertet.

Die *verzweigtkettigen Aminosäuren* sind das bevorzugte Substrat zur oxidativen Verwertung im Muskel; Glutamin und Alanin rezirkulieren zur hepatischen Glukoneogenese, zum Darm, zur Niere und zu den Entzündungszellen. Besonders am Abfall des muskulären Glutamingehalts und schließlich am Abfall des Serumglutamins kann das Ausmaß der Proteinkatabolie gemessen werden, da Glutamin mit etwa 50% der Körperaminosäuren quantitativ die wichtigste Aminosäure darstellt.

In den vergangenen Jahren wurde von Souba et al. [30] die Bedeutung von Glutamin vor allem für den GI-Trakt und das Immunsystem sowie die Wundheilung herausgestellt. Glutamin stellt ein wichtiges Zwischenprodukt im Nukleotidstoffwechsel, in der Ammoniaksynthese und im Säure-Basen-Haushalt dar. Daneben regelt Glutamin die Proteinsynthese über die Regulation des zellulären Hydratationszustands. Häussinger postuliert, dass die Zellschwellung das entscheidende Signal für Anabolie und Proliferation darstellt und Glutamin hierbei neben Hormonen eine zentrale Rolle einnimmt (s. Kap. 8). Des Weiteren ist Glutamin neben kurzkettigen Fettsäuren ein wesentliches Energiesubstrat der Darmmukosa. Im Postaggressionsstoffwechsel kommt es nach Untersuchungen von Souba [30] zu einem verstärkten intestinalen Glutaminbedarf, der durch die Glutaminfreisetzung aus Muskel und Leber gedeckt wird. Mit zunehmender Traumaschwere oder bei zusätzlicher Sepsis wird dieser Nachschub jedoch dem Bedarf nicht mehr gerecht.

Nach der *»Gut-injury«-Hypothese* kommt es durch Abbau der Darmmukosaproteine mit Darmbarriereschädigung zur Translokation von Bakterienbestandteilen (LPS, Endotoxin) zur Leber, wo diese nicht mehr ausreichend vom RES geklärt werden, sondern durch überschießende Freisetzung von Mediatoren zum SIRS und Multiorganversagen führen.

Glutamin war aufgrund fehlender Stabilität nicht parenteral zu verarbreichen, wodurch es bei fehlender enteraler Ernährung im Tierversuch vor allem bei Sepsis zu einer Glutaminverarmung mit Atrophie der Darmmukosa, Einschränkung der Immunkompetenz und bakterieller Translokation kam. Nachdem dem Darm eine entscheidende Rolle im Rahmen des SIRS oder sog. Sepsissyndroms zugeschrieben wird, wurde dessen Stoffwechselbeeinflussung immer mehr Bedeutung zugemessen. Vor allem in der Ischämie muss hierbei auch

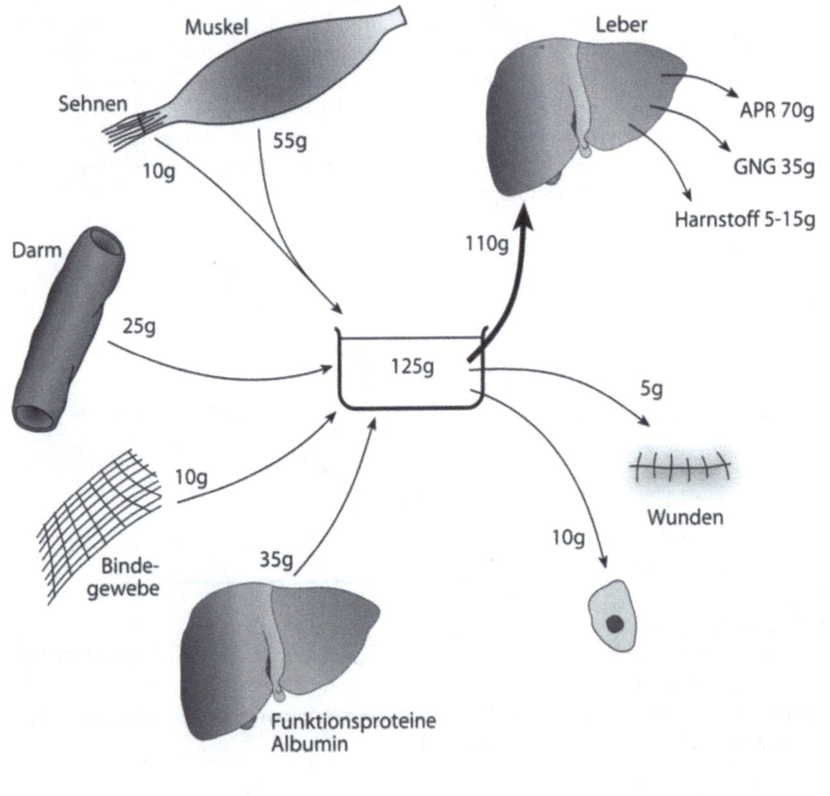

Abb. 13-14. Proteinhaushalt und Interorganeiweißfluss im Stress

die Verbindung von Durchblutung, oxidativem Stoffwechsel mit O_2-Verbrauch, Laktatproduktion und als Maß des zellulären Energiestatus dem mukosalen pH-Wert hervorgehoben werden. Die Zusammenhänge sind dabei noch weitgehend unbekannt und stellen zur Beherrschung des septischen Multiorganversagens eine große Herausforderung für den Kliniker und Stoffwechselforscher dar. Als klare Ansatzpunkte mit bereits klinisch mehrfach bestätigter Wirkung zeigt sich die frühzeitige enterale Ernährung klar überlegen [s. Kap. 32].

Erste Untersuchungen zur parenteralen Zufuhr von Glutamindipeptid und dessen Auswirkung auf die Darmfunktion bei Intensivpatienten lassen diese Hypothese und den entsprechenden Therapienasatz klinisch relevant erscheinen [s. Kap. 15, 32]. Ähnliches gilt auch für Arginin, das über die Stimulation der NO-Produktion die Durchblutung beeinflusst und für das Immunsystem eine essenzielle Aminosäure darstellt [s. Kap. 15, 32].

13.9 Energiestoffwechsel

Der Energieumsatz ist nach Trauma und Sepsis ganz erheblich gesteigert. Die Grundlagen des Energieumsatzes, seine Bestimmung und der Einfluss einer akuten Erkrankung sind ausführlich in Kap. 2 dargestellt, sodass die Veränderungen im Postaggressionstoffwechsel hier nur kursorisch abgehandelt werden.

In der initialen Ebbphase besteht bei gleichzeitiger Hyperglykämie, Vasodilatation und Hypothermie ein normaler oder sogar erniedrigter Energieumsatz, während die Flowphase durch den Hypermetabolismus gekennzeichnet ist.

Bei Patienten mit Peritonitis konnten Plank et al. [24] die maximale Steigerung des Energieumsatzes mit 49% am 9. Tag nach Erkrankungsbeginn feststellen und auch noch nach 21 Tagen war der Energieumsatz um 35% gegenüber dem errechneten Vorhersagewert erhöht. Bei Patienten mit schwerem Trauma fanden sie die maximale Steigerung von TEE/REE mit 1,6 sogar erst am 12. Tag [25].

Die Steigerung des Tagesgesamtenergieumsatzes (»total energy expenditure«, TEE) nach Trauma kann zwischen 10 und 80% des nach Harris-Benedict errechneten Ruheenergieumsatzes (REE) betragen (s. Kap. 2). In den Ruheenergieumsatz sind schon die Faktoren Alter, Geschlecht und Körpergröße sowie Gewicht einbezogen. Die relative Steigerung des TEE beruht auf mehreren Faktoren:

- *Traumaschweregrad* und Art der Erkankung bestimmen entscheidend den Hypermetabolismus. Hierbei scheinen Zytokine entscheidender als hormonelle Einflüsse. Infektionen sind, wie die Sepsis, ein weiterer Faktor, der zur Umsatzsteigerung führt, sodass die Steigerung des O_2-Verbrauchs oder der erhöhte Anfall von CO_2 das erste Zeichen einer Infektion im Rahmen eines SIRS darstellen kann.
- *Fieber* erhöht den Energieumsatz um einen variablen Prozentsatz, wobei ursächlich die pyrogenen Mediatoren wie TNF etc. die Temperatur und den Stoffwechsel steigern und nicht allein die Temperaturerhöhung zur Energieumsatzsteigerung führt.
- Weiterbestehende *Stressfaktoren* wie Schmerz, Tachykardie oder nicht neutrale Umgebungstemperatur erhöhen den Energieumsatz. Entsprechend ist die adäquate Volumen- und Kreislauftherapie sowie Analgesie und allgemeine Stressreduktion ein wichtiger Schritt zur Eindämmung des Hypermetabolismus.
- Veränderte *metabolische Prozesse* sind letztlich die Grundlage der Erhöhung des Energieumsatzes. Hierzu gehören die sog. »futile cycles«, die anaeroben Stoffwechselwege mit Glukoneogenesesteigerung, verstärkte Reparatur- und Proteinsyntheseprozesse, erhöhte Ionentransportprozesse bei Membranleckagen und Störungen der oxidativen Phosphorylierung in der Atmungskette der Mitochondrien. Am wichtigsten sind hierbei der *Glykolyse-Glukoneogenese-Zyklus* und der *Triglyzerid-Fettsäure-Zyklus* die um 250 bzw. 450% gesteigert werden können.

Gemessen werden kann der Energieumsatz mit der indirekten Kalorimetrie, die beim Intensivpatienten neben dem O_2-Verbrauch, der CO_2-Produktion und somit dem respiratorischen Quotienten wichtige Aussagen zur Substratoxidation erlaubt. In der Praxis wird jedoch zumindest in der kritischen Phase eher die Steigerung des Herzzeitvolumens als Maß des O_2-Verbrauchs bestimmt. Dieser ist bei konstanter arteriovenöser O_2-Differenz proportional zum Energieumsatz (kalorisches Äquivalent von 4,9 kal/mol O_2). Bekannt und akzeptiert sind in der Intensivmedizin die prognostisch ungünstige Situation einer unzureichenden Herzminutenvolumensteigerung oder einer erhöhten $avDO_2$ bei Sepsis/SIRS, während dies jedoch nicht mit der zugrundliegenden Siutation eines relativen Hypometabolismus zusammengebracht wird.

13.10 Änderung der Körperzusammensetzung

Mobilisation der Energiespeicher und Hypermetabolismus führen letztlich zu den klinisch erkennbaren Änderungen der Körperzusammensetzung mit Funktionsbeeinträchtigung. Während in der Ebb- und frühen Flowphase durch die Wassereinlagerung bei »capillary leak« und Volumenzufuhr die Ödemeinlagerungen den Substanzabbau optisch und gewichtsmäßig zu kaschieren vermögen, wird spätestens nach einigen Tagen SIRS der Abbau von Fettgewebe im Bereich der Wangen und der Muskelabbau am Vastus medialis oder der Unterschenkelmuskulatur auch beim sedierten Patienten sichtbar. Noch offensichtlicher wird der Substanzabbau wenn die Muskelfunktion mit einem Dynamometer oder elektrisch die »Fatigue« als Ermüdung unter konstanter Muskelreizung gemessen wird.

Durch die Messung der Körperzusammensetzung (s. Kap. 1) konnte zuletzt von Plank et al. [24, 25] und von Streat [29] eindrucksvoll gezeigt werden, dass nach hämodynamischer Stabilisierung das Körperwasser sich wieder zum Ausgangswert hin normalisiert, wobei das extrazelluläre Wasser entsprechend dem Körpergewicht auch abnimmt. Die Fettmasse wurde bei diesen kritisch kranken Patienten unter adäquater Ernährung konstant gehalten. Das bedeutet, dass Lipolyse und Lipidneusynthese und Ablagerung sich die Waage hielten. Bei bestehendem Proteinabbau bestätigt dies auch frühere Befunde von Fettabblagerung in der Muskulatur anstelle der Muskelfasern. Als Maßstab für die Katabolie kann der Abfall des Gesamtkörperkaliums, des Gesamtkörper- und Muskelproteingehalts oder der »body cell mass« herangezogen werden.

Bei Peritonitispatienten fanden Plank et al. trotz adäquater Ernährung einen Abfall innerhalb 3 Wochen um jeweils etwa 13%. Während in den ersten 2 Wochen der Proteinabbau

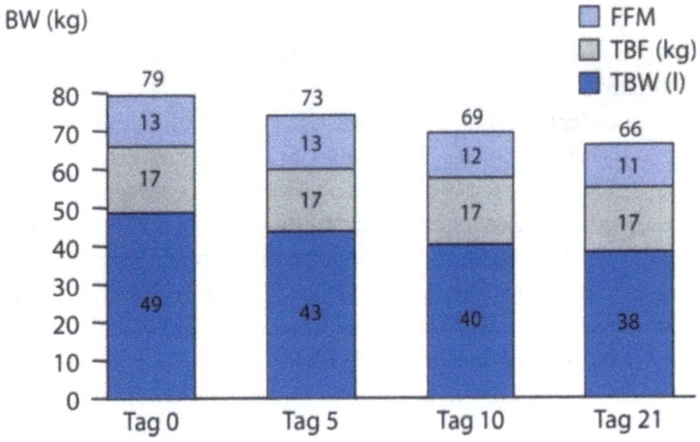

Abb. 13-15. Veränderungen der Körperzusammensetzung bei Patienten mit Peritonitis im Verlauf. (Mod. nach [24])

im Wesentlichen muskulär abläuft, steigt mit zunehmender Krankheitsdauer der prozentuale Anteil der viszeralen Proteinabbaumenge, was mit einer Abnahme der Organfunktionsreserven einhergeht. In 3 Wochen nahmen bei ihren Patienten die Muskelmasse und die viszerale Proteinmasse um jeweils 3 kg ab (*Abb. 13-15*).

13.11 Klinik und Folgen des Postaggressionsstoffwechsels

Der Kliniker hat sich bei seinen Patienten die Frage des Ernährungszustands und der Stoffwechselsituation, der Indikation zur Ernährung und der Wahl der metabolischen Therapie zu stellen.

Bezüglich des Ernährungszustands stellen bei Tumorkachexie, operierten Patienten und anderen Krankheitssituationen in der klinischen Routine nach wie vor die einfach messbaren Parameter die entscheidenden Größen zur Abschätzung der Stoffwechselsituation dar. Als Prognoseparameter und zur Einschätzung der Morbidität kommt dem Ernährungszustand größte Bedeutung zu (s. Kap. 1). Speziell nach Traumen ist der zeitliche Ablauf hinsichtlich der metabolischen Lage zu berücksichtigen.

> Während der kurzfristigen Ebbphase von Stunden bis zu 2-3 Tagen, in welcher die akute Hormon- und Zytokinfreisetzung mit kardiovaskulären Symptomen im Vordergrund steht, kommt der Ernährungstherapie keine Rolle zu.

Die anschliessende Flowphase über Tage bis hin zu 2–3 Wochen zeigt die typischen, oben beschriebenen metabolischen Eigenheiten und wird nach Moore nach Überwinden des *»turning point«* von einer lang anhaltenden Rekonvaleszenzphase gefolgt. Die Dauer und Bedeutung dieser dritten metabolischen Phase mit anhaltend erhöhtem Proteinabbau für die Rehabilitation wird oft unterschätzt. Die Kenntnisse über den Postaggressionstoffwechsel und seine Implikationen auf die Körperzusammensetzung machen eine an langfristigen Outcome-Parametern ausgerichtete Ernährungstherapie erforderlich. Daten hierzu sind derzeit leider noch kaum vorhanden, da bisherige Studien sich an Kurzzeiteffekten des Stoffwechsels ausrichteten. In dieser kurzfristig ausgerichteten Therapieansicht kommt dem Vermeiden akuter metabolischer Probleme, der Unterversorgung aber auch der Überversorgung die entscheidende Bedeutung zu.

Unterstützend und als Basis einer metabolischen Versorgung sind die katabolen Stimuli zu reduzieren. Hierunter fallen Maßnahmen zur Schmerzausschaltung, ausreichende Volumenzufuhr zur Optimierung der Perfusion bis hin zur niedrigdosierten Katecholamingabe, Vermeidung bzw. Entferung von Gewebenekrosen, Infektbekämpfung und Gabe nichtsteroidaler Antiphlogistica. Als neuer Ansatz steht in der ausgeprägten Katabolie auch die Gabe des anabolen humanen Wachstumshormons oder von IGF-1 zur Diskusion (s. Kap. 18, 34].

Literatur

1. Alberti KGMM, Batstone GF, Johnston DG (1977) Hormonal changes in trauma: the critically ill. Churchill Levingstone, Edinburgh London New York, pp 225–255
2. Bessey PQ, Watters JM, Aoki TT (1984) Combined hormonal infusion simulates the metabolic response to injury. Ann Surg 200: 264–281
3. Bürger M, Grauhan M (1927) Der postoperative Eiweißzerfall, sein Nachweis und seine Bedeutung. Klin Wochenschr 6: 1716–1720
4. Cannon WB (1939) The wisdom of the body. Norton, New York
5. Cerra FB (1987) Hypermetabolism, organ failure and metabolic support. Surgery 101: 1–14
6. Cuthbertson DP (1932) Observations on the disturbance of metabolism produced by injury of the limbs. Q J Med 25: 233–246
7. Dahn MS, Lange P (1982) Hormonal changes and their influence on metabolism and nutrition in the critically ill. Intensive Care Med 8: 209–213
8. DeFronzo RA, Tobin JD, Andres R (1979) Glucose clamp technique: a method for quantifying insulin secretion and resistance. Am J Physiol 237: E214–E223
9. Elliot M, Alberti KGMM (1983) The hormonal and metabolic response to surgery and trauma. New aspects of clinical nutrition. z, z, pp 247–270
10. Feling P, Owen OE, Wahren J, Cahill GF (1969) Amino acid metabolism during prolonged starvation. J Clin Invest 48: 584–594
11. Lavery GG, Paul G (2000) The metabolic and nutritional response to critical illness. Curr Opin Crit Care 6: 233–238
12. Girgensohn H (1973) Der Hungertod in Stalingrad. *Die Zeit* v. 02.02.1973
13. Hartl W, Jauch KW, Kimmig R et al. (1988) Minor role of ketone bodies in energy metabolism by skeletal muscle during the postoperative course. Ann Surg z: z–z
14. Hasselgren PO, Fischer JE (2001) Muscle cachexia; current concepts of intracellular mechanisms and molecular regulation. Ann Surg 233: 9–17
15. Herrmann A, Jauch KW (1998) Methoden zur Bestimmung von postoperativen Stickstoffverlusten. Akt Ernährungsmed 23: 56–62
16. Hill AG , Hill GL (1998) Metabolic response to severe injury. Br J Surg 85: 884–890
17. Jahoor F, Desai M, Herndorn DN, Wolfe RR (1988) Dynamics of the protein metabolic response to burn injury. Metabolism 37: 330–337
18. Jauch KW (1988) Untersuchungen zur postoperativen Insulinresistenz und der Beeinflussung durch das Kallikrein-Kinin-System. Habilitationsschrift, Ludwig-Maximilians-Universität München
19. Jauch KW, Günther B, Wicklmayr M et al. (1984) Untersuchungen zur postoperativen Insulinresistenz von Lipolyse und Ketogenese mit Hilfe der Glukose-Clamp-Technik. Infusionstherapie 11: 271–274
20. Jeevanandam M, Young DH, Schiller WR (1989) Endogenous protein-synthesis efficiency in trauma victims. Metabolism 38: 967

21. Michie HR (1966) Metabolism of sepsis and multiple organ failure. World J Surg 20:460–464
22. Mizock BA (1995) Alterations in carbohydrate metabolism during stress: a review of the literature. Am J Med 98:75–84
23. Owen OE, Feling P, Morgan AP et al. (1969) Liver and kidney metabolism during prolonged starvation. J Clin Invest 48:574–583
24. Plank LD, Connolly AB, Hill GL (1998) Sequential changes in the metabolic response in severly septic patients during the first 23 days after the onset of peritonitis. Ann Surg 228:146–158
25. Plank LD, Hill GL (2000) Sequential metabolic changes following induction of systemic inflammatory response in patients with severe sepsis or major blunt trauma. World J Surg 24:630–638
26. Shaw JHF, Klein S, Wolfe RR (1985) Assessment of alanine, urea and glucose interrelationships in normal subjects and in patients with sepsis with stable isotopic tracers. Surgery 97:557–567
27. Shaw JHF, Koea JB (1993) Metabolic basis für management of the septic surgical patient. World J Surg 17:154–164
28. Shaw JHF, Wildbore M, Wolfe RR (1987) Whole body protein kinetics in severely septic patients. Ann Surg 205:288
29. Streat JS, Beddoe AH, Hill GI (1987) Aggressive nutritional support does not prevent protein loss despite fat gain in septic intensive care patients. J Trauma 26:262–266
30. Souba WW (1994) Cytokine control of nutrition and metabolism in critical illness. Curr Probl Surg 31:579
31. Thorell A, Efendic S, Gutniak M et al. (1994) Insulin resistance after abdominal surgery. Br J Surg 81:59
32. Voerman HJ, Groeneveld ABJ, DeBoer H et al. (1983) Time course and variability of the endocrine and metabolic response to severe sepsis. Surgery 114:951–959
33. Watters JM, Bessey PQ, Dinarello CA, Wolff SM, Wilmore DW (1986) Both inflammatory and endocrine mediators stimulate host responses to sepsis. Arch Surg 121:179
34. Winick M (ed) (1979) Hunger disease studies by the Jewish physicians in the Warsaw Ghetto. Wiley, New York
35. Wolfe RR, Goodenough RD, Burke JF, Wolfe MH (1983) Response of protein and urea kinetics in burn patients to different levels of protein intake. Ann Surg 197:163–171
36. Wolfe RR, Herndorf DN, Jahoor F et al. (1987) Effect of severe burn injury on substrate cycling by glucose and fatty acids. N Engl J Med 317:403
37. Wolfe RR, Martinin WZ (2000) Changes in intermediary metabolism in severe surgical illness. World J Surg 24:639–647

Ballaststoffgruppe

W. Scheppach, J. Stein

Die wissenschaftliche Auseinandersetzung mit der Substanzgruppe der Ballaststoffe nahm ihren Anfang bei den Beobachtungen Burkitts (in den Jahren 1960–1970), der Unterschiede in bestimmten Krankheitsinzidenzen (Kolonkarzinom, Divertikulose u. a.) zwischen Afrika und England auf eine differente Ballaststoffaufnahme zurückführte [16]. Während zunächst angenommen wurde, dass Ballaststoffe den Magen-Darm-Trakt in unveränderter Form passieren, weiß man heute, dass diese überwiegend von der bakteriellen Kolonflora degradiert werden und dass von diesem Fermentationsprozess wichtige Wirkungen auf die Kolonmukosa ausgehen.

14.1 Definition und Einteilung

Im deutschen Sprachgebrauch hat sich der unglückliche Terminus »*Ballaststoffe*« durchgesetzt; dieser suggeriert fälschlicherweise, dass die hiermit bezeichneten Saccharide den Magen-Darm-Trakt unverändert passieren und als Ballast mit dem Stuhl ausgeschieden werden. Der englische Begriff »*dietary fiber*« ist ebenfalls problematisch, da Ballaststoffe keineswegs durchgehend eine Faserstruktur aufweisen. Vielmehr sind Ballaststofffraktionen fest oder flüssig, wasserlöslich oder -unlöslich, bakteriell fermentierbar oder nicht-fermentierbar. Die unterschiedliche Zusammensetzung der Monomere (Pentosen, Hexosen, Uronsäuren), der Verzweigungsgrad der Moleküle und die Art und Menge von Substituenten (z. B. Sulfatgruppen) bestimmen die stark unterschiedlichen physikochemischen Eigenschaften und sind für die Heterogenität der Substanzgruppe verantwortlich [60].

Die chemisch korrekte Bezeichnung lautet »*Nicht-Stärke-Polysaccharide*« *(NSP)* unter Einschluss von Lignin (chem.: Polyphenol). Die Bedeutung des mengenmäßig meist vernachlässigten Lignin liegt darin, dass stark ligninhaltige Ballaststoffe im Kolon dem bakteriellen Fermentationsprozess widerstehen.

Abhängig vom *Polymerisationsgrad* unterscheidet man *Zucker* (Mono- und Disaccharide), *Oligosaccharide* (3–9 Monomere) und *Polysaccharide* (≥10 Monomere). In allen 3 Kategorien finden sich Vertreter, die dem enzymatischen Abbau im Dünndarm entgehen und in den Dickdarm gelangen. Diese Eigenschaft (fehlende bzw. unvollständige Degradation im Dünndarm und konsekutiver Übertritt ins Kolon) bestimmt wesentlich das biologische Verhalten der schwer verdaulichen Saccharide (*Tabelle 14-1*).

14.1.1 Nicht-Stärke-Polysaccharide

Zellulose

Zellulose ist ein lineares Glukose-(ß1–4)-Glukose-Polymer aus bis zu 10^4 Glukoseeinheiten. Sie wird als Bestandteil pflanzlicher Zellwände in Form von Mikrofibrillen abgelagert, in denen die Ketten über Wasserstoffbrücken sehr starke Wechselwirkungen eingehen. Die Mikrofibrillen werden zu Fasern zusammengelagert, die wiederum die Festigkeit der Pflanzenzellwände ausmachen und die Unlöslichkeit von Zellulose in Wasser bedingen. Zellulose ist nicht nur der Hauptbestandteil von Holz, sondern findet sich auch unter den Ballaststoffen des Getreides (Kleie) und in vielen Obst- und Gemüsearten.

Hemizellulosen

Hemizellulosen findet man in Verbindung mit Zellulose als beträchtlichen Anteil der Pflanzenzellwände. Unter den Roggen- und Weinballaststoffen stellen sie den mengenmäßig weit überwiegenden Anteil dar. Hemizellulosen sind meist stark verzweigte Polysaccharide, die aus verschiedenen Monosacchariden wie Arabinose und Galaktose mit 50–200 Monomereinheiten zusammengesetzt sind. Zu ihnen gehören die Xyloglukane, die ein Zellulose-ähnliches Rückgrat mit α-D-Xyloseeinheiten besitzen, die wiederum am C-6 mit Glukoseeinheiten verknüpft sind und die Arabinoxylane, die denen die Xylose (ß1–4) Xylose-Ketten an C2- oder C3α-L-Arabinofuranose oder β-D-Glukuronsäureverzwigungen besitzen. Die meisten Hemizellulosen zählen, wie Zellulose, zu den unlöslichen Ballaststoffen.

Pektine

Pektine sind Polymere aus Galakturonsäure-(α1–4)-Galakturonsäure, die gelegentlich auch α-L-Rhamnoseeinheiten enthalten. Natives pflanzliches Pektin ist relativ unlöslich, zu Lebensmittel-technischen Zwecken gewonnenes hingegen gut löslich in heissem Wasser. Die Unlöslichkeit von nativem Pek-

Tabelle 14-1. Klassifikation der schwer verdaulichen Saccharide

Zucker		
a) Monosaccharide	Zuckeralkohole (Sorbitol, Mannitol, Xylitol)	
b) Disaccharide	Laktose (bei Laktasemangel)	
	Laktulose (synthetisches Disaccharid)	
	Laktitol (synthetischer Zuckeralkohol)	
Oligosaccharide	Fruktooligosaccharide	
	Galaktooligosaccharide	
	Maltodextrine (Abbauprodukte von Stärke)	
	Raffinose (Trisaccharid)	
	Stachyose (Tetrasaccharid)	
Polysaccharide	a) Nicht-Stärke-Polysaccharide (Hauptfraktion der Ballaststoffe)	
	– pflanzliches Zellwandmaterial: Zellulose, Hemizellulose, Pektine u. a	
	– Speicherpolysaccharide: Guar, Inulin	
	– Pflanzengummis und Schleimstoffe: Ispaghula, Sterkulia, Karaya	
	b) resistente Stärke	
	c) Mukopolysaccharide (aus Mukus, Epithelien)	

tin wird z. T. auf Kalziumionen zurückgeführt, die mit den Säuregruppen der Galakturonsäureeinheiten Komplexe eingehen und dadurch die Einzelstränge quervernetzen. Um beim Abkühlen von Pektin gelartige Konsistenz zu erreichen sind hohe Zuckergehalte notwendig.

Dies wird z. B. bei der Herstellung von Marmeladen oder Gelees ausgenutzt. Um den Effekt bei der Herstellung von »Light«-Marmeladen und -Gelees zu erzielen, ist der Zusatz von Kalziumionen notwendig. Eine breitere technologische Anwendung erlauben Zitrusschalenpektine, in denen die Säuregruppen der Galakturonsäureeinheiten zu Säureamiden umgesetzt sind (Amidpektine).

β-Glykane

β-Glykane machen etwa 40% des Ballaststoffgehalts von Hafer und Gerste aus. Sie sind ähnlich aufgebaut wie Zellulose, jedoch wesentlich kleiner und stark verzweigt, was ihre Wasserlöslichkeit bedingt. Sie besitzen Bedeutung für die Schleimbildung.

Gelstoffe aus Seetang sind z. B. die Alginate, Karragheen und Agar-Agar. Karragheen und Agar-Agar besitzen Säureeigenschaften, die durch sulfatierte Galaktoseeinheiten bedingt sind. Aufgrund ihrer lebensmitteltechnischen Bedeutung spielen solche Stoffe eine beträchtliche Rolle in der menschlichen Ernährung.

Pflanzengummis

Pflanzengummis gehören ebenfalls zu den löslichen Ballaststoffen. Es handelt sich dabei um Polysaccharide, die aus den unterschiedlichsten Monosaccharideinheiten zusammengesetzt sind und eine hochverzweigte Molekülstruktur besitzen. Zu ihnen zählen das Gummi arabicum, sowie Galaktomannane, die Hauptbestandteil Guargummi und Johannisbrotkernmehl sind. Pflanzengummis bilden schon in geringen Konzentrationen hochvisköse Lösungen, weshalb sie Lebensmitteltechnisch häufig als Quellstoffe, Dickungsmittel oder Emulgationsstabilisatoren eingesetzt werden

Inulin

Inulin ist ein Fruktose-Polymer, in dem etwa 30 Fruktosemoleküle 1-2β-glykosidisch miteinander verbunden sind und reichlich in der Topinamburknolle und in der Zicchorienwurzel, aber auch in Artischocken und Spargel vorkommt. Inulin erlangt zunehmend Bedeutung für die menschliche Ernährung, da es in ungespaltener oder partiell verdauter Form (s. Fruktooligosaccharide) als sog. Präbiotikum in der Lebensmittelherstellung Verwendung findet.

14.1.2 Resistente Stärke

Die Annahme, dass Stärke im Dünndarm komplett hydrolysiert wird und ihre Abbauprodukte vollständig resorbiert werden, hat sich als falsch herausgestellt. Vielmehr muss von einer *physiologischen Stärkemalabsorption* ausgegangen werden. Englyst et al. [24] wiesen neben verdaulicher Stärke sogenannte *(enzym)resistente Stärke (RS)* nach, die ein den Ballaststoffen ähnliches Verhalten im Magen-Darm-Trakt aufweist. Englyst [24] unterscheidet dabei physikalisch unzugängliche Stärke (RS_1)), resistente Stärkegranula (RS_2) und retrogradierte Stärke (RS_3). Durchschnittlich gelangen 10% der verzehrten Stärke ins Kolon, wo sie der Bakterienflora als energielieferndes Substrat dient (*Tabelle 14-2*).

14.1.3 Oligosaccharide

Oligosaccharide weisen einen *Polymerisationsgrad von 3–9* auf und sind *gut wasserlöslich*. Hierunter fallen *Maltodextrine* (partielle Hydolyseprodukte von Stärke), *Raffinose* (Trisaccharid aus Galaktose, Glukose und Fukose) und *Stachyose* (Tetrasaccharid aus 2 Galaktosemolekülen und je einem Glukose- und Fukosemonomer).

Raffinose und Stachyose

Raffinose und Stachyose sind Oligosaccharide, die α-D-Galaktose bzw. Galaktose-(α1–6)-Galaktose verknüpft mit dem C6 der Glukoseeinheit von Saccharose besitzen. Sie kommen in relativen grossen Mengen in Leguminosen, wie z. B. Bohnen und Linsen, vor. Da der Mensch kein Enzym mit α-Galaktosidaseaktivität besitzt, gelangen diese Oligosaccharide nach Verzehr in tiefere Darmabschnitte, wo sie bakteriell fermentiert werden können.

Fruktooligosaccharide

Fruktooligosaccharide (FOS) haben jüngst großes Forschungsinteresse hervorgerufen. Hierbei handelt es sich um lineare Moleküle aus einem Glukosemonomer und einer variablen Anzahl von Fruktosemonomeren. *FOS kommen natürlich in Artischocken, Zwiebeln, Knoblauch und Chicorée* vor oder werden aus Saccharose synthetisiert. Ihre Besonderheit besteht darin, dass sie nach ihrem Übertritt ins Kolon die *Zusammensetzung* der Keimflora *signifikant* verändern: Bereits nach Aufnahme von 10 g/24 h FOS kommt es regelhaft zu einem Anstieg der Bifidobakterienzahl im Stuhl um 2 Zehnerpotenzen [36].

Tabelle 14-2. Klassifikation und Einteilung der resistenten Stärke (Mod. nach Englyst)

Typ	Name	Chemisches Verhalten	Beispiel
RS_1	Unzugängliche Stärke	Der Kontakt mit α-Amylase ist bei zu großer Partikelgröße erschwert.	Gemahlene Getreidekörner
RS_2	Resistente Stärkegranula	Die kristalline Struktur von Stärkegranula erschwert den enzymatischen Abbau.	Rohe Kartoffeln, grüne Bananen
RS_3	Retrogradierte Stärke	Die beiden Stärkekomponenten Amylose und Amylopektin rekristallisieren (retrogradieren) nach Abkühlung.	Gekochte und anschließend abgekühlte Kartoffeln

In vitro entsteht bei der bakteriellen Fermentation von FOS zwar überwiegend Azetat und Propionat, im Tierversuch wurde jedoch über eine vermehrte Butyratbildung unter FOS-Fütterung berichtet. Diese beiden Eigenschaften (bifidogene Wirkung, Butyratbildung) sind möglicherweise gesundheitsfördernd und lassen FOS als geeignetes Präbiotikum erscheinen. Hiermit erklärt sich auch den Einsatz der Substanzen in zahlreichen Joghurts und Sondenkostpräparaten.

14.1.4 Mono- und Disaccharide

Monosaccharide werden in der Regel aus dem Dünndarm komplett resorbiert. Eine Ausnahme bilden die Zuckeralkohole (z. B. Sorbit), die in Früchten vorkommen und als Zuckerersatzstoffe in Kaugummis, Bonbons und Diabetikermarmelade Anwendung finden. Bereits bei Aufnahme von 5–10 g Sorbit lässt sich im Wasserstoff-Atemgastest eine Malabsorption nachweisen.

Laktulose (Disaccharid aus Galaktose und Fruktose) und Laktitol (Zuckeralkohol aus Galaktose und Glucitol) werden in unveränderter Form in den Dickdarm transportiert, wo sie dem bakteriellen Fermentationsprozess als Substrat dienen. Ihr Einsatz in der Prophylaxe und Therapie der hepatischen Enzephalopathie ist fest etabliert [64].

14.2 Physiologische Wirkungen im Magen-Darm-Trakt

14.2.1 Physiologie der Mundhöhle

Die Verdauung der Saccharide beginnt in der Mundhöhle durch Einwirkung der Speichelsaccharidasen. Enzymatisch rasch abbaufähige Kohlenhydrate und in Süßspeisen aufgenommener Zucker stehen somit dem anaeroben Abbau durch die Bakterien der Mundflora zur Verfügung. Der Verzehr von Zucker trägt wesentlich zur dentalen Plaquebildung und Kariesentstehung bei [45]. Zuckerrationierung in Kriegszeiten war mit einem drastischen Rückgang der Karies assoziiert. Weniger die Menge des verzehrten Zuckers ist hinsichtlich der Kariesentstehung wichtig, sondern vielmehr die Verweildauer des Zuckers in der Mundhöhle. Gelingt es, durch Maßnahmen zur Mundhygiene die dentale Plaquebildung unter Kontrolle zu halten, so führt der Zuckerverzehr weitaus seltener zur Karies.

Das Fermentationsmuster der oralen Bakterienflora scheint hinsichtlich der Kariesentstehung von Bedeutung zu sein. Bakterien degradieren Zucker zu Laktat und den hauptsächlichen kurzkettigen Fettsäuren Azetat und Propionat. Bei vorherrschender Laktatbildung und einem pH-Wert von 4,9 findet sich mehr kariöses Dentin als bei dominierender Azetatbildung und einem pH-Wert von 5,7 [34]. Durch Modulation des Fermentationstyps können Saccharide bzw. Zuckeralkohole (z. B. Sorbit, Xylit) zur Kariesprophylaxe beitragen. Auf die Auslösung osmotischer Diarrhoen durch Verzehr großer Mengen von Zuckeralkoholen (20–60 g/24 h) sei hingewiesen.

14.2.2 Magenentleerung und Sättigungsgefühl

Hinsichtlich der Wirkungen von Ballaststoffen auf die Magenentleerung muss zwischen der normalen Anatomie und dem Zustand nach Magenresektion unterschieden werden. Während Ballaststoffe am nicht-operierten Magen den Übertritt der Nahrung in das Duodenum nicht signifikant beeinflussen, verzögern Gelbildner (Guar) die Entleerung des teilresezierten Magens. Dieser Effekt kann zur diätetischen Beeinflussung des Dumping-Syndroms genutzt werden [33].

Verzehr von Energieträgern in Assoziation mit Ballaststoffen führt zu einer stärkeren Magendehnung und induziert ein frühes Sättigungsgefühl [32]. Folglich kann man eine ballaststoffreiche Diät als einen Baustein in der Therapie der Adipositas einsetzen [64]. In diesem Zusammenhang ist interessant, dass adipöse Personen in ihrer selbstgewählten Kost weniger Ballaststoffe aufnehmen als schlanke Kontrollpersonen [4].

14.2.3 Glukoseresorption im Dünndarm

Komplexe Kohlenhydrate beeinflussen den Stoffwechsel von Diabetikern günstig. Als besonders effizienz haben sich *gelbildende Ballaststoffe* wie z. B. Guar erwiesen. Im Modell des isoliert perfundierten Dünndarms der Ratte wurde gezeigt, dass Guar eine Schicht auf dem Epithel bildet, die eine Resorptionsbarriere darstellt (»unstirred water layer«) [9]. Beim Menschen waren diese Befunde allerdings nicht reproduzierbar. Vielmehr geht man davon aus, dass Glukose aus dem mit Guar durchmischten Darminhalt weniger rasch zur Darmwand diffundiert und somit langsamer und über eine längere Verlaufsstrecke des Dünndarms resorbiert wird [9].

Der Zusatz eines Ballaststoffs hat also auf die Glukoseresorption eine retardierende Wirkung *(»Lente«-Kohlenhydrat)*. Insbesondere die Glukoseresorption in der frühen postprandialen Phase, in der die Insulinsekretion beim Typ-2-Diabetiker vermindert ist, wird durch Ballaststoffe verzögert. In der Folge verläuft auch der postprandiale Insulin- und Glukagonanstieg im Plasma flacher als in Abwesenheit des Ballaststoffs (s. Abschn. 14.3.1). Neuere Daten zeigen sogar einen positiven Effekt löslicher Ballaststoffe (Psyllium) auf die Glukoseclearance im Skelettmuskel, einhergehend mit einer vermehrten Expression des membranständigen Glukosetransporters GLUT4 [58].

14.2.4 Lipidstoffwechsel

Schwer verdauliche Kohlenhydrate interagieren mit dem Lipidstoffwechsel auf komplexe Weise. Zum einen steigern bestimmte Ballaststoffe (z. B. Pektin) die Aussscheidung von Cholesterin und Gallensäuren bei Ileostomiepatienten [10]. Zum anderen reduzieren viele Ballaststoffe die postprandiale Insulinfreisetzung und üben somit einen indirekten Effekt auf den Cholesterin- und Triglyzeridstoffwechsel aus. Weiterhin werden Ballaststoffe im Kolon von der residenten Flora anaerob abgebaut, wobei kurzkettige Fettsäuren (Azetat, Propionat, n-Butyrat u. a.) als wichtige Degradationsprodukte entstehen. Insbesondere Propionat, welches ins Portalblut diffundiert und hepatisch komplett extrahiert wird, hemmt tierexperimentell die Cholesterinsynthese in der Leber [21, 23]. Es ist derzeit nicht bekannt, welcher dieser 3 Mechanismen entscheidend an der klinisch messbaren Verminderung der Serumlipidspiegel beteiligt ist (s. Abschn. 14.3.1).

14.2.5 Fermentationsprozess im Kolon

Gelangen Saccharide in den Dickdarm, so werden sie von der residenten bakteriellen Kolonflora fermentiert, d. h. unter anaeroben Bedingungen abgebaut (▣ *Abb. 14-1*). Die anaeroben Bakterien (v. a. Bacteroides, Bifidobakterien, Eubakterien) erhalten aus diesem Prozess Energie für ihren Erhaltungs- und Teilungsstoffwechsel. Da sich die über 400 verschiedenen Arten mit ihren spezialisierten Stoffwechselleistungen gegenseitig aushelfen (»cross feeding«), können verschiedenartige Kohlenhydrate von der Mischpopulation fermentiert werden.

Während sämtliche fermentierbare Substrate die Bakterienmasse im Stuhl erhöhen, stimulieren *Fruktooligosaccharide* bevorzugt die Proliferation von Bifidobakterien. Die Stimulation des bakteriellen Teilungsstoffwechsels hat die Fixierung von Stickstoff in bakteriellem Gerüstprotein zur Folge. Gasförmige Fermentationsprodukte sind für Meteorismus verantwortlich, dienen aber auch im Rahmen von Atemgastests der Diagnostik von Laktoseintoleranz und bakterieller Dünndarmfehlbesiedelung.

Die wichtigsten Produkte des bakteriellen Saccharidstoffwechsels sind zweifelsohne die kurzkettigen Fettsäuren (Azetat, Propionat, n-Butyrat u. a.). Diese stellen die vorherrschenden organischen Anionen im Kolonlumen dar und scheinen für das innere Milieu des Kolons von großer Bedeutung zu sein. Sie fördern die Natrium- und Wasserresorption aus dem Kolonlumen und unterstützen so eine der wesentlichen Kolonfunktionen (s. Abschn. 14.2.6). Die Fettsäure n-Butyrat stellt den wichtigsten luminalen Energielieferanten für die Kolonschleimhaut dar. Aufgrund ihrer mannigfaltigen physiologischen Wirkungen auf das Epithel könnte sie hinsichtlich der Integrität der Schrankenfunktion (s. Abschn. 14.2.7), der Therapie bestimmter Kolitiden (s. Abschn. 14.3.3) und der Primärprävention des Kolonkarzinoms von klinischer Bedeutung sein (s. Abschn. 14.3.4) [23].

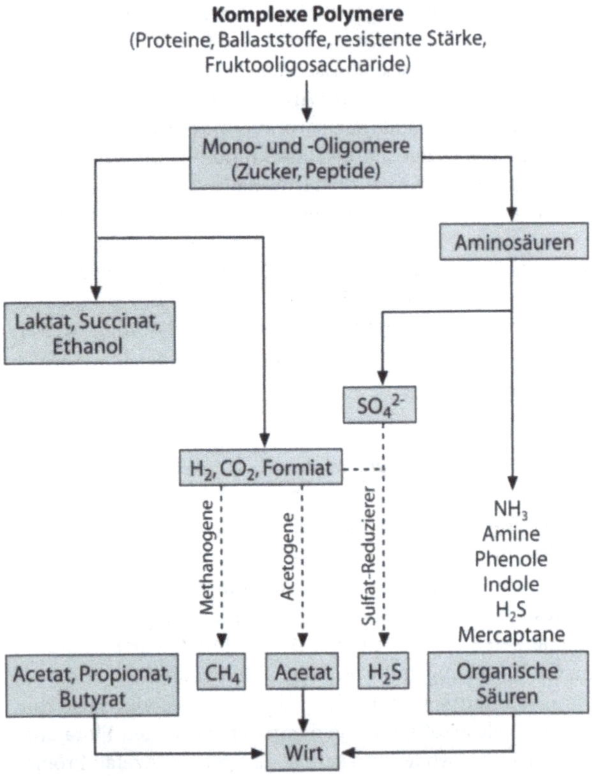

▣ **Abb. 14-1.** Schematische Übersicht zum bakteriellen Abbau von Kohlenhydraten und Proteinen im Kolon (Fermentation)

14.2.6 Resorption von Natrium im Kolon

Eine der wesentlichen Kolonfunktionen besteht in der Resorption von Natriumionen und Wasser. Dieser Vorgang wird durch den bakteriellen Fermentationsprozess mitbestimmt. Eine verminderte Transitzeit (z. B. nach subtotaler Kolektomie) oder eine Antibiotikatherapie behindern die durch bakterielle Stoffwechselleistung stimulierte Natriumresorption und haben somit klinisch fassbare Diarrhöen zur Folge.

Experimentell führt die Perfusion des Kolons mit kurzkettigen Fettsäuren zu einer gesteigerten Natriumresorption [50]. Gleichzeitig wird ein nahezu vollständiges Verschwinden der kurzkettigen Fettsäuren aus dem Kolonlumen beobachtet. Modelle wurden entwickelt, die eine Koppelung beider Prozesse postulieren [7]. Wahrscheinlich werden kurzkettige Fettsäuren hauptsächlich über einen membrangebundenen Ionenaustausch (gegen Bikarbonationen) aus dem Lumen in die Epithelzellen aufgenommen. Hierdurch werden weitere Ionenströme ausgelöst (z. B. Proton gegen Natriumion). Neben diesem transzellulären Transport wird eine elektroneutrale nicht-ionische Diffusion kurzkettiger Fettsäuren auf parazellulärem Wege postuliert. Während der exakte Resorptionsmodus für die genannten Ionen noch kontrovers diskutiert wird, scheint die Stimulation der Natriumresorption durch die Anwesenheit kurzkettiger Fettsäuren doch unumstritten zu sein.

Durch Generation kurzkettiger Fettsäuren können schwer verdauliche Kohlenhydrate ein primär sekretorisches Epithel in ein primär resorptives Epithel überführen [14]. Die Infektion mit Vibrio cholerae induziert eine starke Flüssigkeitssekretion in Dünn- und Dickdarm und führt zu einer rasch lebensbedrohenden Exsikkose. Die von der Weltgesundheitsbehörde propagierte orale Rehydratationslösung enthält Natriumchlorid und Glukose, wodurch die Natriumresorption im Dünndarm optimiert wird. Ramakrishna et al. [48] konnten nachweisen, dass der Zusatz von resistenter Stärke zur Rehydratationslösung die Natriumresorption weiter steigern kann. Die Rationale für den Einsatz dieses Kohlenhydrats liegt in der Ausnutzung der gekoppelten Resorption von kurzkettigen Fettsäuren und Natrium aus dem Kolonlumen.

14.2.7 Schrankenfunktion des Kolonepithels

Ein komplexes System verhindert die Penetration von Bakterien aus dem Lumen des Dünn- und Dickdarms in sterile Kompartimente des Körpers: die Epithelbarriere. Teilaspekte dieses Systems sind das mukosa-assoziierte Immunsystem, die Mukusschicht mit ihrer spezialisierten Flora und die Schleimhautzellen mit ihrem Schlussleistennetz.

Über Wirkungen der schwer verdaulichen Saccharide auf Immunsystem und Mukusschicht ist wenig bekannt. Hingegen weiß man, dass die genannten Saccharide das Darmepithel nachhaltig beeinflussen, sei es direkt und oder mittels ihrer bakteriellen Degradationsprodukte. Kurzkettige Fettsäuren wirken trophisch auf die Kolonschleimhaut und stimulieren Adaptationsprozesse nach chirurgischen Maßnahmen. Sie fördern im Tierversuch die Anastomosenheilung und die Resorptionsleistung des Restdarms nach subtotaler Dünndarmresektion [52]. Ballaststoffe (v.a. Zellulose) reduzieren signifikant die bakterielle Translokation aus dem Darmlumen in mesenteriale Lymphknoten, Leber und Milz [25]. Es ist unsicher, ob die im Tierversuch beobachteten Phänomene auf die Situation beim Menschen übertragbar sind.

Die bakterielle Translokation wurde beim Menschen perioperativ nachgewiesen; ihr Vorhandensein korreliert mit der Wahrscheinlichkeit der postoperativen Sepsis [57]. Obwohl es aufgrund dieser Daten bei Intensivpatienten attraktiv erscheint, über mit Ballaststoffen supplementierte Sondenkost, die Epithelschranke zu stärken, so wurde doch die Wertigkeit einer solchen Intervention noch nicht zweifelsfrei nachgewiesen. Belegt ist, dass die enterale Ernährung des traumatisierten Patienten mittels Sondenkost mit weniger Sepsisepisoden einhergeht als die totale parenterale Ernährung [43]. Nach wie vor ist jedoch die »Darmhypothese« von Wilmore unbewiesen, wonach Bakterien die bei oraler Nahrungskarenz atrophische Darmschleimhaut besonders leicht penetrieren und somit Sepsisepisoden provozieren.

14.2.8 Präbiotischer Effekt

Definitionsgemäß sind Präbiotika unverdauliche Bestandteile der Nahrung, die das Wachstum oder die Aktivität von einer oder mehreren Gruppen von Mikroorganismen im Kolon steigern, sodass positive Effekte auf den Organismus resultieren. Diese entstammen überwiegend der Substanzgruppe der Saccharide.

Typische Vertreter sind Laktulose (Stimulation des Wachstums von Laktobazillen) und Fruktooligosaccharide (Stimulation des Wachstums von Bifidobakterien) [31]. Insbesondere der bifidogene Effekt der Fruktooligosaccharide in einer oralen Dosis von wenigstens 10 g/24 h ist experimentell gut belegt und wird von gesunden Probanden nebenwirkungsfrei vertragen [11]. Der präbiotische Effekt bestimmter Saccharide ist solange von ausschließlich wissenschaftlichem Interesse, wie Gesundheitsvorteile für den Makroorganismus nicht zweifelsfrei nachgewiesen sind. Diesbezüglich ist die Datenlage derzeit wenig überzeugend; postulierte Anwendungsgebiete sind der Schutz vor Darmbesiedelung mit pathogenen Keimen (z. B. Clostridium difficile), die Verhinderung der bakteriellen Translokation, die Therapie bei chronisch entzündlichen Darmerkrankungen sowie die Protektion vor dem kolorektalen Karzinom. Die Inhibition aberrierender Krypten (präneoplastischer Biomarker) im Tierversuch durch Fütterung von Fruktooligosacchariden [49] könnte in diese Richtung deuten.

14.2.9 Proteinstoffwechsel im Kolon

Neben Kohlenhydraten gelangen auch Proteine (Pankreasenzyme, Mukus, Nahrungsproteine), Peptide und Ammoniak in das Kolonlumen, wo sie mit dem bakteriellen Fermentationsprozess interagieren [19]. Eiweißbestandteile werden von der Kolonflora nicht nur zu kurzkettigen Fettsäuren, sondern auch zu verzweigtkettigen Fettsäuren (Isobutyrat, Isovalerat, 2-Methyl-Butyrat) degradiert. Wahrscheinlich sind diese lediglich Markersubstanzen der Proteinfermentation; über spezifische Wirkungen dieser Verbindungen auf das Kolonmilieu liegen keine Erkenntnisse vor.

Die Fermentation von Kohlenhydraten im Kolon beeinflusst wesentlich die fäkale Stickstoffelimination. Stickstoff wird dabei in der Bakterienfraktion gebunden und mit dem Stuhl ausgeschieden. Die Inkorporation von Stickstoff in bakterielle Gerüstproteine erfordert eine teilungsaktive Darmflora. Bei Verfügbarkeit einer Kohlenstoff- und Stickstoffquelle im Kolonlumen sind die Bedingungen für bakterielle Proliferation optimiert. Während Stickstoff im Kolonlumen meist im Überschuss vorliegt, kann die Kohlenstoffquelle (in Kohlenhydraten) zum limitierenden Faktor werden. Beim Übertritt von schwer verdaulichen Sacchariden aus dem Dünndarm kommt es somit zur Vermehrung der Bakterienmasse und zur Erhöhung der fäkalen Stickstoffelimination [56] (▣ *Abb. 14-2*). Dieser Aspekt der Kohlenhydratfermentation im Kolon ist bei Patienten mit Leberzirrhose von klinischer Bedeutung (s. Abschn. 14.3.2).

14.2.10 »Bulking Effect«

Dem sog. »bulking effect« wurde zu Beginn der Ballaststoffforschung die meiste Beachtung geschenkt. Dieser drückt aus, dass beim Verzehr von Ballaststoffen die pro 24 h ausgeschiedene Stuhlmasse zunimmt. Durch Stimulation der propulsiven Peristaktik infolge stärkerer Darmfüllung sollte dabei die Passagezeit des Darminhalts abnehmen [18]. Eine inverse Beziehung zwischen Stuhlmasse und Passagezeit konnte jedoch nicht in allen Untersuchungen belegt werden. Ballaststoffe erhöhen die Stuhlmasse aufgrund zweier differenter Mechanismen:

- Nicht oder wenig fermentierbare Ballaststoffe (hoher Zellulose- bzw. Ligningehalt) quellen auf und vermehren das Stuhlvolumen infolge ihrer Wasserbindungskapazität.

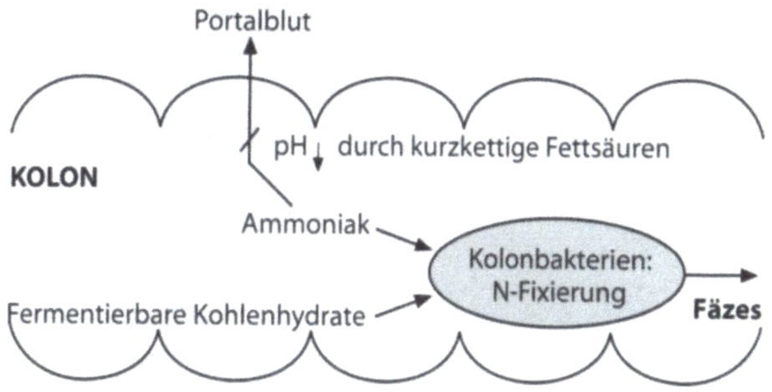

▣ Abb. 14-2. Wirkung von fermentierbaren Kohlenhydraten auf den luminalen Ammoniakspiegel. Inkorporation von Ammoniak in Darmbakterien infolge gesteigerten Teilungsstoffwechsels, Resorptionsverminderung durch pH-Absenkung

- Hingegen wird eine Zunahme der Stuhlmasse auch bei Verzehr von im Kolon vollständig degradierten Kohlenhydraten beobachtet [36]. Letztere stimulieren das Bakterienwachstum, die Zunahme der Stuhlmasse geht auf eine erhöhte Bakterienmasse zurück [69].

Die Steigerung der Stuhlmasse über die Wasserbindungskapazität der Ballaststoffe ist ausgeprägter als diejenige über die Zunahme der Bakterienmasse [23]. Die klinische Bedeutung des »bulking effect« liegt in der Prophylaxe und Therapie der funktionellen chronischen Obstipation (14.3.5). Die Vorstellung, dass Ballaststoffe über den »bulking effect« zu einer Karzinogendilution beitragen und somit der Tumorentstehung entgegenwirken, ist in Frage gestellt worden.

14.3 Mögliche gesundheitsfördernde Wirkungen

14.3.1 Arteriosklerose

In epidemiologischen Studien wurde der Effekt der Ballaststoffaufnahme auf das Risiko für arteriosklerotische Gefäßerkrankungen untersucht. In der Mehrzahl der Studien war eine ballaststoffreiche Ernährung mit einem verminderten Risiko der koronaren Herzkrankheit bzw. mit einer reduzierten Mortalität am Herzinfarkt assoziiert [37, 66]. Die Zuordnung dieses protektiven Effektes allein zur Ballaststoffaufnahme ist nicht möglich; insbesondere ist eine Trennung zwischen dem Effekt von Ballaststoffen und anderen in Obst und Gemüse enthaltenen Substanzen (sekundären Pflanzenstoffen) schwierig. Insgesamt ist jedoch die Reduktion des Erkrankungs- bzw. Mortalitätsrisikos bei ballaststoffreicher Kost überzeugend. Des Weiteren wurde bei Vegetariern eine deutliche Reduktion der koronaren Mortalität beobachtet [42]. Komplexe Kohlenhydrate wirken wahrscheinlich durch Beeinflussung der Risikofaktoren günstig auf die Pathogenese der Gefäßerkrankungen ein.

Ballaststoffreiche Lebensmittel führen zu einem geringeren postprandialen Anstieg der Glukosekonzentration im Plasma als vergleichbare ballaststoffarme Lebensmittel. Jenkins [39] hat hierfür den Begriff der »Nahrungsmittel mit niedrigem glykämischen Index« geprägt. In zahlreichen kontrollierten Untersuchungen an Typ-2-Diabetikern wurde gezeigt, dass eine ballaststoffreiche Ernährung (mit Betonung der löslichen Ballaststoffe) die Glukosetoleranz erheblich verbessert und die Hyperinsulinämie vermindert [20]. Bei Typ-1-Diabetikern unter intensivierter Insulintherapie ist der Effekt von Ballaststoffen auf die Stoffwechselführung weniger deutlich. Diabetes-Fachgesellschaften haben eine hohe Ballaststoffaufnahme in den Katalog ihrer diätetischen Empfehlungen aufgenommen [61].

Insbesondere lösliche Ballaststoffe (Guar, Haferkleie) vermindern die Cholesterinkonzentration im Serum signifikant um 5–15% des Ausgangswerts. Dabei wird in den meisten Studien ein Absinken des LDL-Cholesterins bei konstantem HDL-Cholesterin beobachtet [17]. Die Relation von HDL- zu LDL-Cholesterin verschiebt sich zugunsten des (hinsichtlich des Arterioskleroserisikos protektiven) HDL-Cholesterin.

Des Weiteren wurde eine Absenkung der Triglyzeridkonzentration im Serum nach Gabe von schwer verdaulichen Sacchariden beschrieben [1].

Dieser diätetische Beitrag zur Therapie der Hyperlipidämien ist zwar im Vergleich zu potenten Pharmaka quantitativ gering, sollte aber dennoch nicht vernachlässigt werden.

In den großen Kohortenstudien der Harvard-Universität zeigte sich bei Frauen und Männern ein Abfall des systolischen und diastolischen Blutdrucks unter ballaststoffreicher Kost [5]. Entsprechend findet sich im Tierversuch (spontan hypertensive Ratte) ein signifikanter Abfall der systolischen und diastolischen Werte unter einer fettarmen und ballaststoffreichen Fütterung [6]. Derzeit ist unbekannt, welche Ballaststoffkomponente für diesen blutdrucksenkenden Effekt verantwortlich ist. Jedenfalls wird deutlich, dass neben der Kochsalzaufnahme weitere diätetische Komponenten an der Blutdruckregulation beteiligt sind.

14.3.2 Hepatische Enzephalopathie

Seit 1966 wird die hepatische Enzephalopathie erfolgreich durch orale Gabe von Laktulose behandelt [8]. Es war lange Zeit nicht offensichtlich, auf welchem Wege dieses Disaccharid, bestehend aus den Monomeren Fruktose und Galaktose, der hepatischen Enzephalopathie entgegenwirkt. Durch die Originalarbeiten von Weber [64] wurde klar, dass Laktulose infolge ihrer Fermentation durch die Darmflora (»Substrateffekt«) eine Stickstofffixierung in der Bakterienfraktion bewirkt und zur Steigerung der fäkalen Stickstoffelimination beiträgt (s. Abschn. 14.2.9). Erst in hohen Dosen, individuell unterschiedlich bei etwa 30–60 g/24 h, tritt die osmotische Diarrhoe als Mechanismus der Stickstoffelimination in den Vordergrund. Der für Laktulose beschriebene Substrateffekt ist durch Zuckeralkohole (z. B. Laktitol) oder Polysaccharide (z. B. Ballaststoffe, Stärke) reproduzierbar [65]. In südlichen Ländern (z. B. Mexiko), wo die Laktoseintoleranz nahezu 100% der Bevölkerung betrifft, wird das Trinken von Frischmilch zur Prophylaxe und Therapie der hepatischen Enzephalopathie empfohlen.

14.3.3 Entzündliche Darmerkrankungen

Die Verknüpfung zwischen Ballaststoffen und entzündlichen Darmerkrankungen wurde von Roediger [50] erstmals hergestellt. Er fand in isolierten menschlichen Kolonozyten, dass kurzkettige Fettsäuren die bevorzugten energieliefernden Substrate der Kolonschleimhaut sind, insbesondere in den distalen Kolonabschnitten. Nach seiner Hypothese liegt bei der Colitis ulcerosa eine Utilisationsstörung der Fettsäuren vor, die einen Energiemangel und somit eine gestörte Epithelfunktion zur Folge hat. Ein prolongiertes Substratdefizit könnte laut Roediger kurzfristig zu einer Epithelatrophie mit verminderter Resorptionsleistung und langfristig zu strukturellen Veränderungen (Ulzerationen) der Mukosa führen.

Eine Störung der Oxidation kurzkettiger Fettsäuren könnte durch Sulfidionen hervorgerufen werden, die im Rahmen der Sulfatreduktion durch spezialisierte Kolonbakterien entstehen [51]; letztere wurden bei der Colitis ulcerosa in erhöhten Zahlen gefunden. Daneben wurden jüngst Mechanismen aufgedeckt, die eine direkte antiinflammatorische Wirkung der kurzkettigen Fettsäuren nahelegen: Butyrat hemmt in vitro die Aktivierung des nukleären Transkriptionsfaktors κB und hemmt auf diesem Wege die Kaskade der proinflammatorischen Zytokine [37].

Auf der Basis von Roedigers Hypothese wurden klinische Studien durchgeführt, bei denen Patienten mit aktiver distaler Colitis ulcerosa rektale Klysmen mit Natriumsalzen der kurzkettigen Fettsäuren applizierten. Die Mehrzahl dieser Studien zeigte einen moderaten entzündungshemmenden Effekt der kurzkettigen Fettsäuren, insbesondere in der Subgruppe der nicht-chronifizierten Entzündung [54]. Bei relativ kleinen Fallzahlen kann bezüglich dieses neuen Therapieansatzes keine endgültige Bewertung abgegeben werden. Interessant sind sicherlich der Einsatz einer physiologischen körpereigenen Substanz und das völlige Fehlen von unerwünschten Nebenwirkungen.

Kurzkettige Fettsäuren wurden mit unterschiedlichen Ergebnissen auch bei anderen Darmentzündungen eingesetzt (Diversionskolitis, Strahlenkolitis, Pouchitis).

Hinsichtlich der Remissionserhaltung bei Colitis ulcerosa ist bemerkenswert, dass ein Ballaststoff (Plantago ovata), über 12 Monate gegeben, die gleiche Wirksamkeit wie die Standardsubstanz Mesalazin entfaltete [28].

14.3.4 Kolorektale Karzinogenese

Mehr als 90% der kolorektalen Karzinome entstehen sporadisch und werden ganz wesentlich durch exogene Einflüsse (Ernährungsfaktoren) beeinflusst. Auf komplexe Weise interagieren hier genetische Faktoren mit Umwelteinflüssen. Die ungeheuer große Datenvielfalt aus epidemiologischen Untersuchungen, experimentellen Studien (in vitro, im Tierversuch) und Interventionsstudien wurde jüngst von einem Expertengremium des »World Cancer Research Fund«gesichtet und interpretiert [47].

D. Burkitt [17] formulierte im Jahre 1971 die Hypothese, dass die in den entwickelten Industriestaaten (im Vergleich zu den Entwicklungsländern der Dritten Welt) hohe Inzidenz des kolorektalen Karzinoms wenigstens teilweise durch eine verminderte Zufuhr von Ballaststoffen erklärbar sei. Fall-Kontroll-Studien zum Zusammenhang zwischen Ballaststoffverzehr und kolorektalem Krebsrisiko schienen zunächst die initiale Hypothese zu bestätigen [35]; aufgrund ihrer retrospektiven Datenerhebung sind sie jedoch anfällig für ein Bias. Prospektive Kohortenstudien, deren Ergebnisse als besonders valide betrachtet werden, ergaben hinsichtlich einer möglichen Tumorprotektion durch Ballaststoffe ein widersprüchliches Bild. Die letzte Auswertung der »Nurses' Health Study« (Beobachtungszeit 16 Jahre) ergab keine Verminderung des Adenom- bzw. Karzinomrisikos bei Personen mit hoher Ballaststoffaufnahme [30].

Trotz der inkonsistenten epidemiologischen Befunde wurden in vitro durchaus plausible Mechanismen hinsichtlich einer tumorprotektiven Wirkung von Ballaststoffen und anderen schwer verdaulichen Sacchariden (resistente Stärke, Fruktooligosaccharide) beschrieben. Die bei der Fermentation durch die Kolonflora entstehenden kurzkettigen Fettsäuren weisen in der Zellkultur und im Tierversuch tumorprotektive Eigenschaften auf. Insbesondere die Fettsäure n-Butyrat inhibiert die Hyperproliferation der Kolonschleimhaut, d. h. sie beeinflusst einen präneoplastischen Biomarker. Butyrat löst auch Apoptosen aus und trägt somit zur Erhaltung der Zellhomöostase im Dickdarm bei. Die genannte Fettsäure vermindert die Proliferation und steigert den Differenzierungsgrad von Kolonkarzinomzellen in vitro. Auf molekularer Ebene interferiert Butyrat mit intrazellulären Signaltransduktionskaskaden, moduliert die Expression pro- und antiapoptotischer Gene und inhibiert die Zellzyklusprogression in der G1-Phase. Somit gibt es zahlreiche experimentelle Daten zu möglichen Mechanismen einer Tumorprävention durch Ballaststoffe [55] (*Abb. 14-3*).

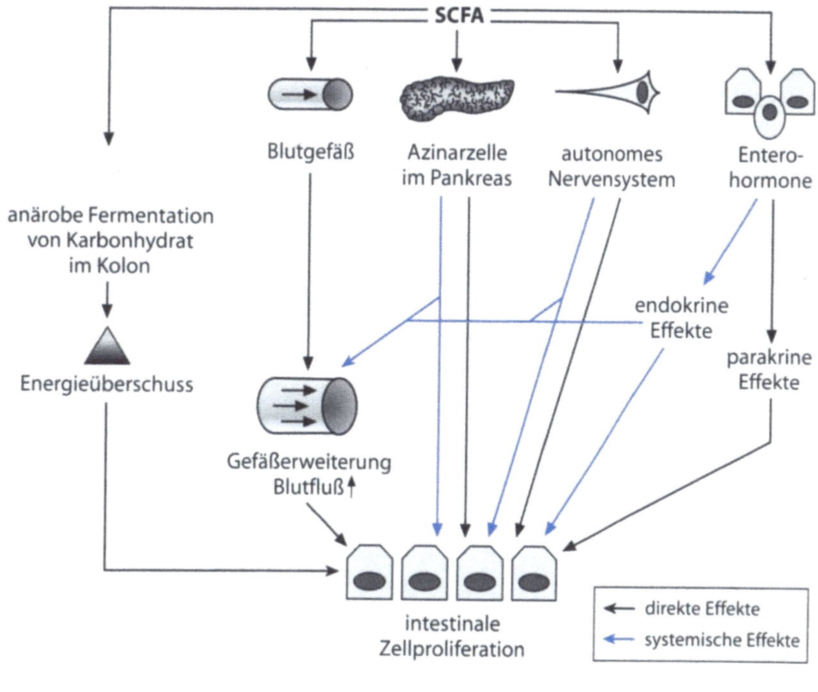

Abb. 14-3. Hypothesen zum Wirkungsmechanismus von kurzkettigen Fettsäuren auf Epithelzellproliferation und intestinale Funktionen. (Mod. nach [63])

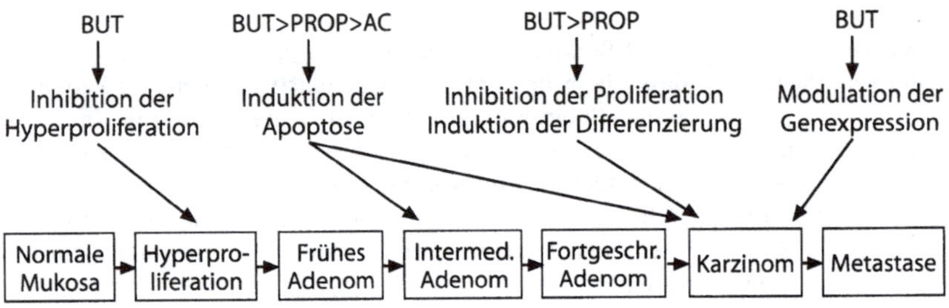

Abb. 14-4. Wirkungmechanismus von kurzlebigen Fettsäuren auf die Tumorprogression des Darmepithels

In Interventionsstudien wurde der Effekt einer ballaststoffreichen Kost auf die Rekurrenz von Kolonadenomen über einen Zeitraum von 3–4 Jahren untersucht. Weder eine intensive Diätberatung bezüglich einer ballaststoffreichen und fettarmen Kost [53] noch eine Supplementierung mit Weizenkleie [2] konnte das neuerliche Auftreten von Adenomen reduzieren. Hieraus kann als Fazit gezogen werden, dass die genannten spezifischen Interventionen in einem späten Stadium der Adenom-Karzinom-Sequenz unwirksam sind. Hinsichtlich möglicher protektiver Wirkungen in den frühen Stadien der Karzinogenese ist derzeit keine Aussage möglich. Zukünftige Studien müssen sicherlich die Heterogenität der Substanzgruppe der schwer verdaulichen Saccharide in Betracht ziehen.

14.3.5 Obstipation, Divertikulose, Colon irritabile

Epidemiologische Untersuchungen zeigen die erhebliche Prävalenz der Obstipation in der Bevölkerung der Industriestaaten: In Deutschland nehmen 15–30% aller Personen jenseits des 60. Lebensjahres Laxanzien ein. In den USA sind 55 Mio. Erwachsene gelegentlich und 4 Mio. ständig obstipiert. Diese Abschätzungen werden als konservativ angesehen, die Dunkelziffer liegt angesichts der erheblichen Tabuisierung des Problems deutlich höher.

Bei der *chronischen Obstipation* handelt es sich um ein multifaktorielles Syndrom, hinter dem sich Funktionsstörungen oder strukturelle Organstörungen verbergen können. In der überwiegenden Zahl der Fälle liegt eine für die Industriestaaten typische (ballaststoffarme) Fehlernährung vor (»Western diet«); diese ist durch eine Umstellung der Ernährungsweise gut angehbar. Nachdem diagnostische Maßnahmen zur genauen Abklärung einer chronischen Obstipation (Transitzeitmessung, Defäkographie u. a.) relativ aufwendig sind, sollte zuvor ein Behandlungsversuch mit einer ballaststoffreichen Kost (erhöhte Aufnahme von Früchten, Gemüse und Vollkornprodukten) erfolgen, evtl. ergänzt durch ein Ballaststoffpräparat (Ispaghula, Plantago ovata) [62]. Von praktischer Bedeutung ist die langsame Dosissteigerung des Ballaststoffpräparats bei der Umstellung von Laxanzien sowie die Einhaltung einer hinreichend großen Trinkmenge.

Während in den Industriestaaten bei 40% der 70-jährigen Personen *Kolondivertikel* radiologisch nachgewiesen werden, sind diese bei altersentsprechenden Personen der Dritten Welt eine Rarität. Bereits von den frühen Protagonisten der Ballaststoffhypothese wurde ein Zusammenhang zwischen ballaststoffarmer Ernährung und Divertikulose hergestellt. Neuere epidemiologische Daten aus der »Health Professionals' Study« [3] bestätigen die früheren Daten eindrucksvoll. Kolondivertikel treten bei Vegetariern seltener als bei Nichtvegetariern auf [43]. Im Tierversuch führt eine lebenslange ballaststoffarme Fütterung zu einer signifikanten Divertikelzunahme [29]. Sind Divertikel im Dickdarm einmal nachweisbar, können sie durch Ernährungsmodifikation nicht zum Verschwinden gebracht werden. Hingegen sprechen die mit der Divertikulose häufig assoziierten Beschwerden (abdominelle Schmerzen, Defäkationsbeschwerden) gut auf ein Ballaststoffsupplement (Weizenkleie) an [14].

In Europa und den USA ist das *Colon irritabile* (Reizdarm-Syndrom) bei etwa 20% der erwachsenen Bevölkerung intermittierend oder konstant anzutreffen. Seine Diagnose beruht auf Symptomen, die mit dem Syndrom vereinbar sind (»Rom-Kriterien«: abdominelle Schmerzen, Völlegefühl, Änderung von Stuhlfrequenz und -konsistenz, erschwerte Defäkation) und dem Ausschluss anderer Erkrankungen mit ähnlicher Symptomatik. Für eine Subgruppe mit dominierender Obstipation wird eine Steigerung der Ballaststoffzufuhr empfohlen [27]. Dennoch ist die wissenschaftliche Evidenz für diese Empfehlung unzureichend: 2 klinische Studien ließen keinen positiven Effekt eines Ballaststoffsupplements auf die Symptomatik bei Colon irritabile erkennen [22, 45].

14.3.6 Erkrankungen des Analkanals

Hämorrhoiden und Analfissuren treten, ebenso wie die chronische funktionelle Obstipation, gehäuft in den Industriestaaten auf. Nach der klassischen Ballaststoffhypothese ist eine erschwerte Defäkation infolge von hartem und pelletiertem Stuhl zumindest ein kausaler Teilfaktor. In der klinischen Proktologie ist die Stuhlregulierung mittels eines die Stuhlmasse erhöhenden Ballaststoffpräparats als Ergänzung der interventionellen Therapie etabliert. Die regelmäßige Einnahme von Weizenkleie reduziert die Zahl der Blutungsepisoden nach Gummibandligatur drittgradiger Hämorrhoiden [41]. Rezidive akuter Analfissuren treten signifikant seltener auf, wenn Patienten nach Abheilung der Läsion 3×5 g Weizenkleie/24 h verzehren [40].

Literatur

1. Agheli N, Kabir M, Berni-Canani S et al. (1998) Plasma lipids and fatty acid synthase activity are regulated by short-chain fructo-oligosaccharides in sucrose-fed insulin-resistant rats. J Nutr 128: 1283–1288
2. Alberts DS, Martinez ME, Roe DJ et al. (2000) Lack of effect of a high fiber cereal supplement on the recurrence of colorectal adenomas. N Engl J Med 342: 1156–1162
3. Aldoori WH, Giovannucci EL, Rimm EB et al. (1994) A prospective study of diet and the risk of symptomatic diverticular disease in men. Am J Clin Nutr 60: 757–764
4. Alfieri MA, Pomerleau J, Grace DM et al. (1995) Fiber intake of normal weight, moderately obese and severely obese subjects. Obes Res 3: 541–547
5. Ascherio A, Hennekens C, Willett WC et al. (1996) Prospective study of nutritional factors, blood pressure, and hypertension among US women. Hypertension 27: 1065–1072
6. Bagger M, Andersen O, Nielsen JB, Ryttig KR (1996) Dietary fibres reduce blood pressure, serum total cholesterol and platelet aggregation in rats. Br J Nutr 75: 483–493
7. Binder HJ, Mehta P (1989) Short-chain fatty acids stimulate active sodium and chloride absorption in vitro in the rat distal colon. Gastroenterology 96: 989–996
8. Bircher J, Muller J, Guggenheim P, Haemmerli UP (1966) Treatment of chronic portal-systemic encephalopathy with lactulose. Lancet I: 890–892
9. Blackburn NA, Johnson IT (1983) The influence of guar gum on the movement of inulin, glucose and fluid in rat intestine during perfusion in vivo. Pfluegers Arch 397: 144–148
10. Bosaeus I, Carlsson NG, Sandberg AS, et al.(1986) Effect of wheat bran and pectin on bile acid and cholesterol excretion in ileostomy patients. Hum Nutr Clin Nutr 40: 429–440
11. Bouhnik Y, Vahedi K, Achour L et al. (1999) Short-chain fructo-oligosaccharide administration dose-dependently increases fecal bifidobacteria in healthy humans. J Nutr 129: 113–116
12. Bowling TE, Raimundo AH, Grimble GK et al. (1993) Reversal by short-chain fatty acids of colonic fluid secretion induced by enteral feeding. Lancet 342: 1266–1268
13. Breuer RI, Soergel KH, Lashner BA et al. (1997) Short chain fatty acid rectal irrigation for left-sided ulcerative colitis: a randomised, placebo controlled trial. Gut 40: 485–491
14. Brodribb AJM, Humphreys DM (1976) Diverticular disease: three studies. Br Med J z: 424–430
15. Brown L, Rosner B, Willett WC, Sacks FM (1999) Cholesterol-lowering effects of dietary fiber: a meta-analysis. Am J Clin Nutr 69: 30–42
16. Burkitt D (1986) Dietary fibre – historical aspects. Scand J Gastroenterol 129 S: 10–13
17. Burkitt DP (1971) Epidemiology of cancer of the colon and rectum. Cancer 28: 3–13
18. Burkitt DP, Walker ARP, Painter NS (1972) Effect of dietary fibre on stools and transit-times, and its role in the causation of disease. Lancet II: 1408–1411
19. Chacko A, Cummings JH (1988) Nitrogen losses from the human small bowel: obligatory losses and the effect of physical form of food. Gut 29: 809–815
20. Chandalia M, Garg A, Lutjohann D et al. (2000) Beneficial effects of high dietary fiber intake in patients with type 2 diabetes mellitus. N Engl J Med 342: 1392–1398
21. Chen WJ, Anderson JW, Jennings D (1984) Propionate may mediate the hypocholesterolemic effects of certain soluble plant fibers in cholesterol-fed rats. Proc Soc Exp Biol Med 175: 215–218
22. Cook IJ, Irvine EJ, Campbell D et al. (1990) Effect of dietary fiber on symptoms and rectosigmoid motility in patients with irritable bowel syndrome. Gastroenterology 98: 66–72
23. Cummings JH (1997) The large intestine in nutrition and disease. Institut Danone (Monographie), Brüssel
24. Cummings JH, Englyst HN (1991) Measurement of starch fractions in the human large intestine. Can J Physiol Pharmacol 69: 121–129
25. DaZhong X, Deitch EA (1998) Elemental diet-induced bacterial translocation associated with systemic and intestinal immune suppression. J Parenter Enteral Nutr 22: 37–41
26. Delzenne NM, Kok NN (1999) Biochemical basis of oligofructose-induced hypolipidemia in animl models. J Nutr 129: 146S–1470S
27. Drossman DA, Whitehead WE, Camillieri M (1997) American Gastroenterological Association medical position statement: irritable bowel syndrome. Gastroenterology 112: 2118–2137
28. Fernandez-Banares F, Hinojosa J, Sanchez-Lombrana JL et al. (1999) Randomized clinical trial of Plantago ovata seeds (dietary fiber) as compared with mesalamine in maintaining remission in ulcerative colitis. Spanish Group for the Study of Crohn's Disease and Ulcerative Colitis (GETECCU). Am J Gastroenterol 94: 427–433
29. Fisher N, Berry CS, Fearn T et al. (1985) Cereal dietary fibre consumption and diverticular disease: a lifespan study in rats. Am J Clin Nutr 42: 788–804
30. Fuchs CS, Giovannucci EL, Colditz GA et al. (1999) Dietary fiber and the risk of colorectal cancer and adenoma in women. N Engl J Med 340: 169–176
31. Gibson GR, Beatty ER, Wang X, et al.(1995) Selective stimulation of bifidobacteria in the human colon by oligofructose and inulin. Gastroenterology 108: 975–982
32. Haber GB, Heaton KW, Murphy D, Burroughs LF (1977) Depletion and disruption of dietary fibre. Effect on satiety, plasma-glucose, and serum-insulin. Lancet II: 679–682
33. Harju E, Heikkila J, Larmi TK (1984) Effect of guar gum on gastric emptying after gastric resection. J Parenter Enteral Nutr 8: 18–20
34. Hojo S, Komatsu M, Okuda R et al. (1994) Acid profiles and pH of carious dentin and arrested lesions. J Dent Res 73: 1853–1857
35. Howe GR, Benito E, Castelleto R et al. (1992) Dietary intake of fiber and decreased risk of cancers of the colon and rectum: evidence from the combined analysis of 13 case-control studies. J Nat Cancer Inst 84: 1887–1896
36. Hylla S, Gostner A, Dusel G et al. (1998) Effects of resistant starch on the colon in healthy volunteers: possible implications for cancer prevention. Am J Clin Nutr 67: 136–142
37. Inan MS, Rasoulpour RJ, Yin L, Hubbard AK et al. (2000) The luminal short-chain fatty acid butyrate modulates NF-κB activity in a human colonic epithelial cell line. Gastroenterology 118: 724–734
38. Jacobs DR, Meyer KA, Kushi LH, Folsom AR (1998) Whole-grain intake may reduce the risk of ischemic heart disease death in postmenopausal women: The Iowa Women's Health Study. Am J Clin Nutr 68: 248–257
39. Jenkins DJA, Wolever TMS, Taylor RH et al. (1981) Glycemic index of foods: a physiological basis for carbohydrate exchange. Am J Clin Nutr 34: 362–366
40. Jensen SL (1987) Maintenance therapy with unprocessed bran in the prevention of acute anal fissure recurrence. J R Soc Med 80: 296–298
41. Jensen SL, Harling H, Tange G et al. (1988) Maintenance bran therapy for prevention of symptoms after rubber band ligation of third-degree haemorrhoids. Acta Chir Scand 154: 395–398
42. Key TJ, Fraser GE, Thorogood M et al. (1999) Mortality in vegetarians and non-vegetarians: detailed findings from a collaborative analysis of 5 prospective studies. Am J Clin Nutr 70: 516S–524S
43. Kudsk KA, Croce MA, Fabian TC, Minard G, Tolley EA, Poret HA, Kuhl MR, Brown RO (1992) Enteral vs. parenteral feeding. Effects on septic morbidity after blunt and penetrating abdominal trauma. Ann Surg 215: 503–511

44. Larsson B, Johansson I, Ericson T (1992) Prevalence of caries in adolescents in relation to diet. Community Dent Oral Epidemiol 20: 133–137
45. Lucey MR, Clark ML, Lowndes J, Dawson AM (1987) Is bran efficacious in irritable bowel syndrome? A double-blind placebo-controlled crossover study. Gut 28: 221–225
46. Pasman WJ, Saris WH, Wauters MA et al. (1997) Effect of one week of fibre supplementation on hunger and satiety ratings and energy intake. Appetite 29: 77–87
47. Potter JD (1997) Food, nutrition and cancer: a global perspective. World Cancer Research Fund/American Institute for Cancer Research, Washington DC
48. Ramakrishna BS, Venkataraman S, Srinivasan P et al. (2000) Amylase resistant starch plus oral rehydration solution for cholera. N Engl J Med 342: 308–313
49. Reddy B, Hamid R, Rao CV (1997) Effect of dietary oligofructose and inulin on colonic preneoplastic aberrant crypt foci inhibition. Carcinogenesis 18: 1371–1374
50. Roediger WEW (1990) The starved colon – diminished mucosal nutrition, diminished absorption, and colitis. Dis Colon Rectum 33: 858–862
51. Roediger WEW, Moore J, Babidge W (1997) Colonic sulfide in pathogenesis and treatment of ulcerative colitis. Dig Dis Sci 42: 1571–1579
52. Rolandelli RH, Koruda MJ, Settle RG, et al.(1986) Effects of intraluminal infusion of short-chain acids on the healing of colonic anastomosis in the rat. Surgery 100: 198–203
53. Schatzkin A, Lanza E, Corle D et al. (2000) Lack of effect of a low-fat, high-fiber diet on the recurrence of colorectal adenomas. N Engl J Med 342: 1149–1155
54. Scheppach W, German-Austrian SCFA Study Group (1996) Treatment of distal ulcerative colitis with short-chain fatty acid enemas. A placebo-controlled trial. Dig Dis Sci 41: 2254–2259
55. Scheppach W, Bartram HP, Richter F (1995) Role of short-chain fatty acids in the prevention of colorectal cancer. Eur J Cancer 31-A: 1077–1080
56. Scheppach W, Fabian C, Ahrens F et al. (1988) Effect of starch malabsorption on colonic function and metabolism in humans. Gastroenterology 95: 1549–1555
57. Sedman PC, Macfie J, Sagar P et al. (1994) The prevalence of gut translocation in humans. Gastroenterology 107: 643–649
58. Song YJ, Sawamura M, Ikeda K et al. (2000) Soluble dietary fibre improves insulin sensitivity by increasing muscle GLUT-4 content in stroke-prone spontaneously hypertensive rats. Clin Exp Pharmacol Physiol 27: 41–45
59. Stephen AM, Cummings JH (1980) Mechanism of action of dietary fibre in the human colon. Nature 284: 283–284
60. Theander O (1986) Chemistry of dietary fibre components. Scand J Gastroenterol 129: 21S–28S
61. Toeller M, Buyken AE, Heitkamp G et al. (1999) Fiber intake, serum cholesterol levels, and cardiovascular disease in European individuals with type 1 diabetes. EURODIAB IDDM complications study group. Diabetes Care 22: B21–B28
62. Voderholzer WA, Schatke W, Mühldorfer BE et al. (1997) Clinical response to dietary fiber treatment of chronic constipation. Am J Gastroenterol 92: 95–98
63. Wächtershäuser A, Stein J (2000) Rationale for the luminal provision of butyrate in intestinal diseases. Eur J Nutr 39: 164–171
64. Weber FL, Banwell JG, Fresard KM et al. (1987) Nitrogen in fecal bacterial, fiber, and soluble fractions of patients with cirrhosis: effects of lactulose and lactulose plus neomycin. J Lab Clin Med 110: 256–263
65. Weber FL, Minco D, Fresard KM, Banwell JG (1985) Effects of vegetable diets on nitrogen metabolism in cirrhotic subjects. Gastroenterology 89: 538–544
66. Wolk A, Manson JE, Stampfer MJ et al. (1999) Long-term intake of dietary fiber and decreased risk of coronary heart disease among women. JAMA 281: 1998–2004

Immunonutrition

D. Krenz, K.-W. Jauch

Trotz der Überversorgung mit Nahrungsmitteln in der westlichen Welt, die mit einer Zunahme der täglichen Kalorienaufnahme pro Kopf einhergeht, sehen wir im klinischen Alltag in bis zu 50% fehlernährte und in ihrer Immunkompetenz reduzierte Patienten. Die Bearbeitung und Verarbeitung (z. B. Konservierung) der zur Verfügung stehenden Nahrungsmittel, die mit einem Verlust an Vitaminen und antioxidativen Substanzen einhergeht, trägt wesentlich zur Mangelversorgung bei. Somit werden zwar zunehmend Energiesubstrate konsumiert, jedoch fehlen wesentliche Nahrungsbestandteile [7]. Diese Situation geht schon unter normalen Umständen nachgewiesenermaßen mit einer Beeinträchtigung des Immunsystems einher und wird deshalb u. a. für die steigende Anzahl an Erkrankungen aus dem allergologischen Formenkreis verantwortlich gemacht. Aber auch die Überernährung, insbesondere mit einem hohen Fettanteil (gesättigte Fettsäuren), hat nachgewiesenermaßen einen immunsuppressiven Effekt [15].

Eine ausgewogene Ernährung mit einem hohen Ballaststoffanteil ist unter Normalbedingungen ausreichend, um die Homöostase des Organismus und eine adäquate Immunkompetenz aufrechtzuerhalten. In Stress- und Krankheitsphasen (z. B. nach Operationen, Trauma, Sepsis, Tumorkachexie) und dem damit u. U. verbundenen Wechsel der Stoffwechselsituation von der Anabolie hin zur Katabolie kann eine Malnutrition – insbesondere auch bei alten Patienten mit per se reduzierter Immunkompetenz – zu einer Erhöhung der Morbidität und der Mortalität beitragen [8, 15].

Die Verlängerung des Krankenhausaufenthalts und somit auch höhere Behandlungskosten und ein Verbrauch der knapp gewordenen Resourcen sind die ökonomischen Folgen. Letztendlich sollte also der Versuch, die Malnutrition zu kontrollieren und einen Mangel an Immunkompetenz zu verhindern oder auszugleichen, zu einer Reduktion der Komplikationen führen sowie in einer Steigerung der Kosteneffektivität münden [36].

Im Falle einer Erkrankung und den damit verbundenen Veränderungen der Stoffwechsellage bis hin zu einer kaum beherrschbaren Katabolie ist die Substitution der Ernährungsprodukte mit immunologisch wirksamen Substanzen zumindest in der Theorie ein sinnvoller Angriffspunkt. In experimentellen und mittlerweile auch klinischen Studien gibt es für einige Substanzen hoffnungsvolle Ansatzpunkte, die einer kritischen Evaluierung noch standhalten müssen. Die Wirkungen der unterschiedlichen Vitamine sowie der Spurenelemente auf die immunologischen Reaktionen werden in Kap. 6 diskutiert.

15.1 Ernährung und Immunsystem

Das menschliche Immunsystems dient der Infektabwehr und setzt sich aus einer Vielzahl von Zellen und Molekülen zusammen, die in ihrem Zusammenspiel letztlich die Immunkompetenz erbringen. Man unterscheidet die natürliche, angeborene Immunität, die bei jedem Kontakt mit dem entsprechenden Agens gleichförmig abläuft, von der erworbenen, spezifischen Immunität, die sich durch eine Anpassung im Ablauf der Immunreaktionen bei wiederholtem Kontakt auszeichnet.

Die natürlichen Immunreaktionen bedienen sich der natürlichen Killerzellen (NK), phagozytärer Zellen (Neutrophile, Monozyten, Makrophagen) sowie sekretorischer Zellen (Basophile, Mastzellen, Eosinophile), die inflammatorische Mediatoren freisetzen. Die molekularen Komponenten bestehen im Komplementsystem, in Akutphaseproteinen sowie Zytokinen (z. B. Interferone).

Die *erworbene Immunität* besteht in erster Linie in den antigen-spezifischen T- und B-Zellen, die proliferieren, wenn es zu einer Bindung der Oberflächenrezeptoren dieser Zellen an Antigene kommt. Antigenpräsentierende Zellen kooperieren mit Lymphozyten, indem sie die Antigene für eine Anbindung zugänglich machen. B-Zellen sezernieren mit der Hilfe von unterschiedlichen T-Zellgruppen Immunglobuline, welche extrazelluläre Mikroorganismen letztendlich eliminieren. Durch die Aktivierung von Makrophagen tragen sie auch zur Vernichtung intrazellulärer Pathogene bei.

Natürliche und erworbene Immunität gewährleisten zusammen unter Normalbedingungen eine adäquate Immunkompetenz.

Viele experimentelle und klinische Untersuchungen weisen auf einen Zusammenhang eines Nährstoffmangels mit Störungen des Immunsystems hin. So kommt es u. a. zu einer signifikanten Atrophie und Funktionsstörung von Lymphorganen und somit zu einer Erhöhung der Infektanfälligkeit [7, 8, 47]. Obwohl die Auswirkungen einer Malnutrition im Stadium des Marasmus am deutlichsten sind, haben auch mildere Formen der Fehlernährung eine Beeinträchtigung der Immunität zur Folge. In Stadien einer kritischen Erkrankung kann eine solche Beeinträchtigung letztlich zur Entwicklung weiterer Komplikationen beitragen [26, 31, 40, 44].

Im weitesten Sinne kann jede Form der Nahrungsaufnahme als Immunonutrition bezeichnet werden, da eine Mangelernährung an sich die Immunlage negativ beeinflusst. Für eine Vielzahl von Nahrungssubstraten lassen sich Verbindungen zum Immunsystem herstellen (Abb. 15-1).

Im engeren klinischen Sinne bedeutet Immunonutrition die Supplementierung klinischer Ernährungsregime durch immunmodulatorische Substanzen. Von vielen Substraten wird man einen Einfluss auf den Metabolismus und die zelluläre Immunreaktion erwarten können.

Zurzeit gibt es allerdings nur wenige spezielle Zusätze, die in vitro und in vivo messbare und nachvollziehbare Veränderun-

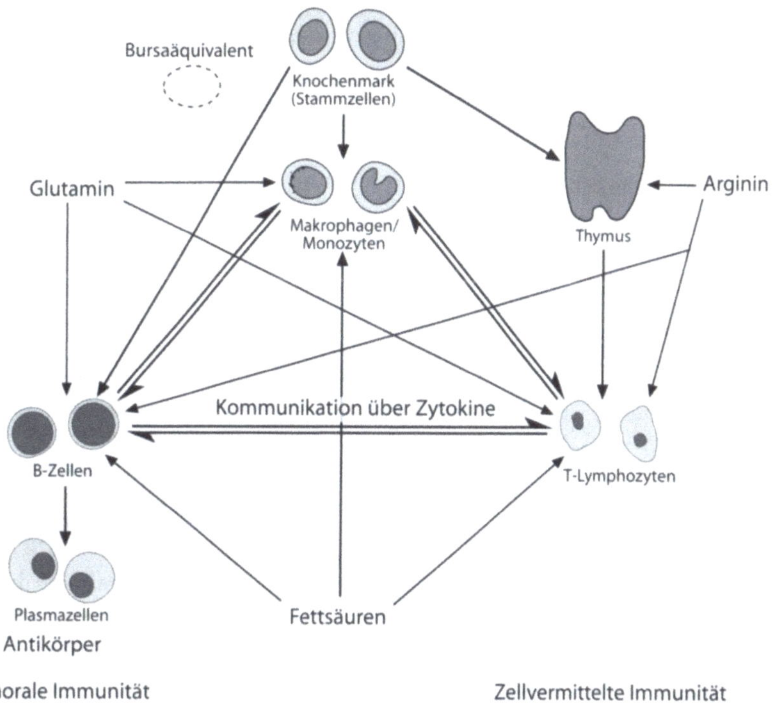

Abb. 15-1. Einfluss von Ernährungssubstraten auf das Immunsystem

gen der Immunantwort mit sich brachten. Der therapeutische Ansatz einer Supplementierung dieser Substanzen scheint plausibel.

15.2 Immunmodulierende Substrate

15.2.1 Arginin

Arginin ist eine nichtessenzielle Aminosäure, kann aber in kritischen und katabolen Zuständen aufgrund der hormonellen, immunologischen und zytotoxischen Wirkung durchaus essenzielle Bedeutung erlangen [44]. Die Synthese erfolgt aus Citrullin, dem Endprodukt des intestinalen Glutaminstoffwechsels, in der Niere [19]. Arginin stimuliert die Freisetzung anaboler Hormone, verbessert die Stickstoffbilanz und wirkt sowohl immunstimulierend als auch thymotrop [14, 19]. Arginin hat potente sekretionsfördernde Wirkungen auf endokrine Drüsen. Es bewirkt die Freisetzung von Wachstumshormon, Insulin, Glukagon, Prolaktin und Somatomedin C [11, 14].

Arginin nimmt sowohl im Stickstoffmetabolismus als auch in der Synthese von Kreatin, dem Hauptreservoir für energiereiche Phosphatgruppen in der ATP-Regeneration im Muskel, eine zentrale Position ein. Ferner dient es als Substrat für die NO-Bildung und die Polyaminsynthese, den beiden entscheidenden Mechanismen für die immunologische Wirkung. NO scheint aufgrund seiner multiplen Funktionen in inflammatorischen Situationen eine entscheidende Rolle zu spielen ([14, 27]; *Abb. 15-2*).

Immunologische Wirkungen von Arginin

In experimentellen Studien führt Arginin zu einer Verbesserung der Kollagensynthese sowie zu einer Beschleunigung der Wundheilung. Arginin verbessert die zelluläre Immunität. Es führt nicht nur zu einer Vergößerung der Thymusgröße, sondern auch zu einer Vermehrung der absoluten Zahl an T-Lymphozyten sowie zu einer Lymphozytenproliferationssteigerung als Reaktion auf Mitogene und Alloantigene [5, 11, 19].

Seit vielen Jahren wird die Wirkung von Arginin auf das Tumorwachstum untersucht. So konnte zwar die Zytotoxizitätssteigerung natürlicher Killerzellen (NK) und Lymphokinaktivierter Killerzellen (LAK) gezeigt werden, jedoch sind die Ergebnisse im Bezug auf das Wachstum von Tumorzellen in vitro und in vivo teilweise wiedersprüchlich [14].

Arginin kann, insbesondere aufgrund des beträchtlichen immunmodulatorischen Potentials in kritischen und katabolen Phasen, ein wertvolles Substrat zur Verbesserung des Immunstatus sein. Es gibt einige Hinweise für eine Reduktion infektiöser Komplikationen unter Supplementierung mit argininhaltigen Nährlösungen [6, 11].

Die Wirkungen auf den Tumormetabolismus scheinen zum einen von der Immunogenität unterschiedlicher Tumoren und des Weiteren vom Argininbedarf der Tumoren als Wachstumssubstrat abzuhängen [14]. Die Rolle von Arginin bei kritisch

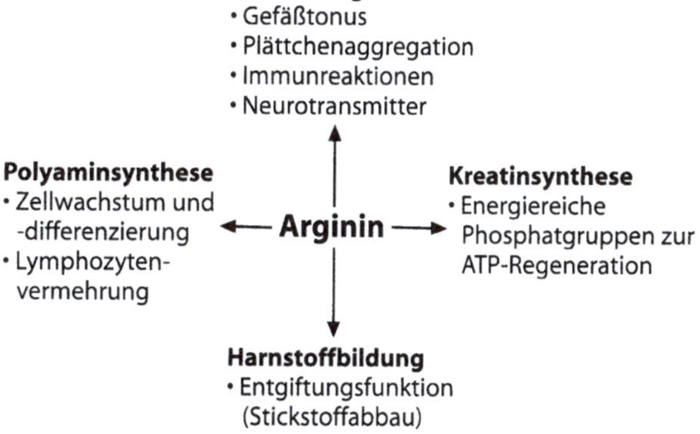

Abb. 15-2. Effekte und Wirkungsmechanismen von Arginin

kranken und an einem Malignom erkrankten Patienten bedarf – bei allen positiven Ansätzen – weiterer Untersuchungen.

15.2.2 ω-3-Fettsäuren

Lipide sind essenzielle Bestandteile jeder lebenden Zelle. Sie haben eine entscheidende Bedeutung in der Integrität von Zellmembranen, sowie als Energielieferanten und als Präkursoren vieler biologisch wirksamer Substanzen (s. Kap. 5). Alle erforderlichen Fette, mit Ausnahme der langkettigen mehrfach ungesättigten ω-3-Fettsäuren und ω-6-Fettsäuren, können im menschlichen Organismus synthetisiert werden. Gerade diese beiden Gruppen der langkettigen mehrfach ungesättigten Fettsäuren haben jedoch einen entscheidenden Einfluss auf biologische Reaktionen [1, 13]. Der biochemische Unterschied dieser Fette besteht in der Position der ersten Doppelbindung, die auch während der metabolischen Veränderungen dieser Fette stabil bleibt.

ω-3-Fettsäuren kommen in der menschlichen Nahrung in Form von α-Linolensäure, Eikopentaensäure (EPA) und Dokosahexaensäure (DHA) vor. EPA und DHA sind ausschließlich in Fischöl enthalten. Im wissenschaftlichen Interesse rücken die energetischen Wirkungen dieser Substanzen immer mehr gegenüber den pharmakologischen in den Hintergrund.

Je nach Verfügbarkeit und Substratangebot werden ω-3-Fettsäuren oder ω-6-Fettsäuren in Zellmembranen eingebaut. Die Zusammensetzung der Membranen bzgl. der Fettsäuren beeinflusst natürlich deren Stabilität, Beweglichkeit, Rezeptorformation, Ligandenbindung und die Aktivierung intrazellulärer Signalvermittlung [1, 24].

Eicosanoidsynthese

Zahlreiche Stimuli (z. B. Inflammation) führen zu einer Mobilisation der Fette aus den Membranen über einen vermehrten Einstrom von Ca-Ionen in die Zelle und Aktivierung von Phospholipasen. Der Abbau und Freisetzung der unterschiedlichen Fettsäuren erfolgt über die gleichen Enzymsysteme, sodass die Verstoffwechselung über das Substratangebot geregelt wird. Als Endprodukte entstehen Eicosanoide und Leukotriene, die sich hinsichtlich ihres proinflammatorischen Potentials beträchtlich unterscheiden (Abb. 15-3).

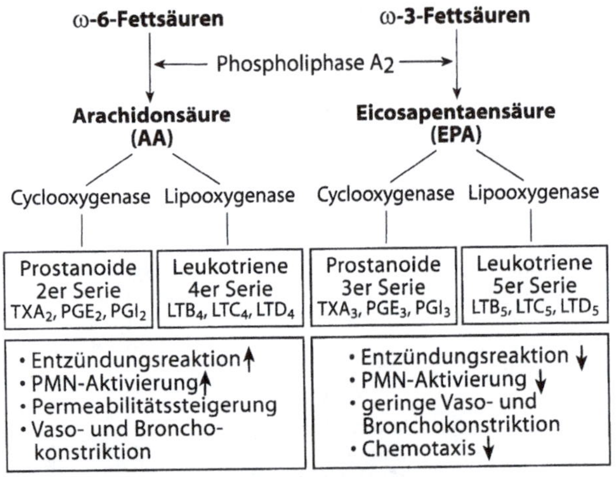

Abb. 15-3. Eikosanoide der ω-6- und ω-3-Fettsäuren

Die Eicosanoide der ω-3-Fettsäuren besitzen ein wesentlich geringeres inflammatorisches Potential als die der ω-6-Fettsäuren. Das aus EPA durch die Cyclooxygenase entstehende Thromboxan A_3 zeigt deutlich geringere vasokonstriktorische und proaggregatorische Wirkungen als das Thromboxan A_2, das entsprechende Korrelat aus dem Arachidonsäuremetabolismus.

Die *Metabolisierung* von AA über Lipooxygenase führt zur Bildung von Leukotrienen (LTB4, C4, D4), welche ihrerseits über die Aktivierung von Leukozyten und deren Degranulation wiederum proinflammatorische Wirkung haben.

Im Gegensatz hierzu sind die *Wirkungen* der aus den ω-3-Fettsäuren entstehenden Leukotriene der 5er-Serie (LTB5; C5, D5, E5) wesentlich geringer bzgl. der Vasokonstriktion und der chemotaktischen Potenz als die der Leukotriene der 4er-Serie, partiell sogar antagonistisch [1, 13, 21]. EPA reduziert die Bildung des Plättchen-aktivierenden Faktors (PAF), der proinflammatorisch wirkt und die Aggregation von Blutplättchen triggert.

Intrazelluläre Signaltransduktion und Zytokinproduktion

Neben der schon erwähnten Beeinflussung der Membranfunktionen durch die unterschiedlichen Lipide werden wesentliche Funktionen der intra- und interzellulären Signalübermittlung gesteuert.

Ein wesentlicher *intrazellulärer Messenger* ist das Enzym *Proteinkinase C (PKC)*, das u. a. von den Lipiden aktiviert wird. Bei Proteinkinase C handelt es sich um eine Gruppe von *Serin-Threonin-Proteinkinasen*, die nach ihrer Abhängigkeit von Kalzium und/oder Diazylglyzerol (DAG) als Kofaktor in 11 Isoenzyme unterschieden werden: Die »*klassischen*« PKC-Isoformen (α, $β_1$, $β_2$, und γ) benötigen sowohl Kalzium als auch DAG, »*neuere*« Isoformen (δ, ε, η, θ und μ) sind kalziumunabhängig, während die »*atypischen*« Formen (ι/λ und ξ) weder Kalzium noch DAG als Kofaktor benötigen. Den einzelnen Isoformen wird insbesondere im Kolonepithel in unterschiedlichem Ausmaß eine zentrale Rolle in der Regulation von Proliferation und Differenzierung zu geschrieben.

Durch Veränderungen der interzellulären Signalübermittlung scheinen ω-3-Fettsäuren inflammatorische Prozesse zu schwächen oder auch zu verhindern. Eine verminderte Produktion proinflammatorischer Zytokine in Monozyten durch Bildung von EPA-Eicosanoiden geht einher mit einer geringeren Produktion von freien O_2-Radikalen und einer Abschwächung der Chemotaxis von Granulozyten mit dem Ergebnis einer geringeren Permeabilität der Gefäßwände [1, 20].

Klinische Studien mit ω-3-Fettsäuren

Es existieren für viele Krankheitsbilder klinische Studien, in denen ω-3-Fettsäuren teils alleine, teils in Kombination mit anderen immunologisch wirksamen Substanzen appliziert worden sind (*Tabelle 15-1*). Die Ergebnisse sind meist vielversprechend. Für kardiovaskuläre Krankheitsbilder liegen positive Ergebnisse aus klinischen Studien vor [2, 12, 35, 42]. Bei Verbrennungsopfern scheint die Substitution die Wundkomplikationen zu vermindern und die Aufenthaltsdauer in der Klinik zu verkürzen [21]. Bei entzündlichen Darmerkrankungen gibt es ebenfalls Hinweise auf therapeutische Effekte [29]. Positive Wirkungen sind auch bei Patienten mit Lungenversagen beschrieben [16]. In der Transplantationsmedizin existieren Hinweise für eine Reduktion der durch die Immunsuppression verursachten Nephrotoxizität [42]. Für inflammatorische Hau-

Tabelle 15-1. Klinische Studien zum Eisatz von Immunonutrition

Erkrankung	Studiendesign	Ergebnisse	Referenz
Kardiale Arrhythmien	Randomisiert, plazebokontrolliert (Sonnenblumenöl), doppelblind	Reduktion ventrikulärer Ektopien um 70% vs. 15% in Kontrollgruppe	Sellmeyer et al., *Am J Cardiol 1995*
Hypertonus	Doppelblindstudie, CsA-induzierte Hypertonie bei Herztransplantempfängern	Verringerter Hochdruck und erniedrigter systemischer Widerstand	Ventura et al., *Circulation 1993*
Koronare Herzkrankheit		Reduzierte Koronarsklerose und Restenoserate n. PTCA	Dehmer et al., *N Engl J Med 1988*
Nierentransplantation	Prospektiv, doppelblind, randomisiert, Fischöl vs. Kokosnussöl	Verbesserte GFR, verbessertes Transplantatüberleben, verringerte, Abstossungsperioden	Van der Heide et al., *Transplantation 1992*
Entzündliche Darmerkrankungen	Randomisiert, plazebokontrolliert (Maisöl)	Verlängerung von Remissionsphasen	Loeschke et al., *Dig Dis Sci 1996*
Psoriasis/Neurodermitis	Doppelblind, plazebokontrolliert	Verbesserung klinischer Parameter und des Befindens	Henneicke v. Zepelin, *Br J Dermatol 1993*
ARDS	Prospektiv, multizentrisch, doppelblind, kontrolliert (Kombination mit Linolensäure)	Reduktion der Beatmungstage, der Intensivtage, der Organversagen	Gadek et al., *Crit Care Med 1999*
Sepsis- und Intensivpatienten	Metaanalyse (Kombinations- präparat)	Reduktion infektiöser Komplikationen, Reduktion der Intensivtage	Beale et al., *Crit Care Med 1999*
Sepsispatienten	Prospektiv, randomisiert, multizentrisch (Kombinationspräparat)	Reduktion der Mortalität	Galban et al., *Crit Care Med 2000*

terkrankungen, wie z. B. Psoriasis und Neurodermitis, konnte ebenfalls ein therapeutischer Effekt gesehen werden [22].

Auch scheint durch die Applikation ω-3-fettsäurehaltiger Lösungen die Inzidenz infektiöser Komplikationen sowohl bei Intensivpatienten als auch bei großen Abdominaleingriffen gesenkt zu werden [6,16]. Das gleiche Präparat (s. *Tabelle 15-2*) konnte bei 181 Sepsispatienten eine signifikante Reduktion der Mortalität erreichen [17].

Die Lipide werden zunehmend nicht mehr nur als wichtige Energieträger verstanden. Aufgrund der vielfältigen Wirkungen als Membranbausteine und als Modulatoren vieler biochemischer und immunologischer Reaktionen sollte zunehmend der optimalen Kombination in der klinischen Ernährung mehr Aufmerksamkeit geschenkt werden.

15.2.3 Glutamin

Glutamin wird unter normalen Umständen als nicht essenzielle Aminosäure eingestuft. Allerdings existieren sowohl experimentelle als auch klinische Daten, die darauf hinweisen, dass Glutamin zumindest in inflammatorischen Situationen essenzielle Bedeutung erlangt. Nahezu alle Zellen des menschlichen Organismus besitzen das Enzym Glutaminsynthetase und sind somit in der Lage diese Aminosäure zu synthetisieren. Allerdings besitzen nur wenige Gewebe die Potenz Glutamin über den Eigenbedarf hinaus zu produzieren. In katabolen Stoffwechselsituationen (z. B. Inflammation, Tumorerkrankungen) wird der Plasmapool von Glutamin im Wesentlichen aus der Skelettmuskulatur, aber auch aus der Lunge und dem Hirngewebe gespeist [33].

Eine der initialen Reaktionen auf Stress ist die Aktivitätssteigerung der Glutaminsynthetase durch Glukokortikoide und der messbare Efflux von Glutamin aus dem Skelettmuskel. Dies wiederum führt zu einer Reduktion des intrazellulären Glutaminspiegels und im Gefolge zu einer Synthese aus anderen Aminosäuren und letztlich zu einem Zusammenbruch der Proteinregulation. Die Aminosäuren aus der Muskulatur, Glutamin und Alanin, werden zu den verschiedenen Effektororganen, in erster Linie Darm, Leber, Nieren und Lymphgewebe, transportiert und dort utilisiert [33].

Im Darm dient Glutamin als wesentliches Substrat zur Energiegewinnung und für die Enterozytenproliferation. Somit trägt es entscheidend zum Erhalt der Integrität der Mukosabarriere und zur Verhinderung einer Translokation bei. In der Leber bildet Glutamin einen Grundstock für die Glukoneogenese sowie für die Synthese von Akutphaseproteinen. Des Weiteren stellt Glutamin die entscheidende Vorstufe zur Bildung von Gluthation dar, einem wesentlichen Antioxidans [33,37]. In der Niere trägt GLN entscheidend zur Aufrechterhaltung der Säure-Basen-Homöostase bei. Die Stickstoffamidgruppe wird in der Verbindung mit H^+-Ionen als Ammoniak ausgeschieden. Hierbei wird jeweils ein Bikarbonatmolekül in die Blutbahn abgegeben. Ein ähnlicher Mechanismus wird auch für Enterozyten und Leberzellen diskutiert (*Abb. 15-4*).

Die Wirkungen von Glutamin auf das Immunsystem zeigen ihre Komplexität in vielen experimentellen und klinischen Studien. So konnte gezeigt werden, dass Glutamin das Wachstum von Lymphozyten über IL-2-Produktion beschleunigt, während dieser Effekt für andere Aminosäuren nicht nachweisbar war. Auch konnte ein Zusammenhang zwischen der GLN-Konzentration und der Phagozytoserate von Makrophagen nachgewiesen werden. Die Lysekapazität von lymphozytenaktivierten Killerzellen (LAK) konnte durch Glutamin gesteigert werden [3, 33, 37]. Die Reduktion der Glutaminkonzentration in einem Kulturmedium führte zur Verminderung der Expression von MHC-Klasse-II-Antigenen sowie zur Verminderung der Expression anderer Oberflächenrezeptoren, wobei der Mechanismus letztendlich noch ungeklärt ist [3,46].

In vielen tierexperimentellen Untersuchungen konnten die positiven Wirkungen von Glutamin, die mit einer Verbesserung der Prognose einhergingen, bestätigt werden. Letzt-

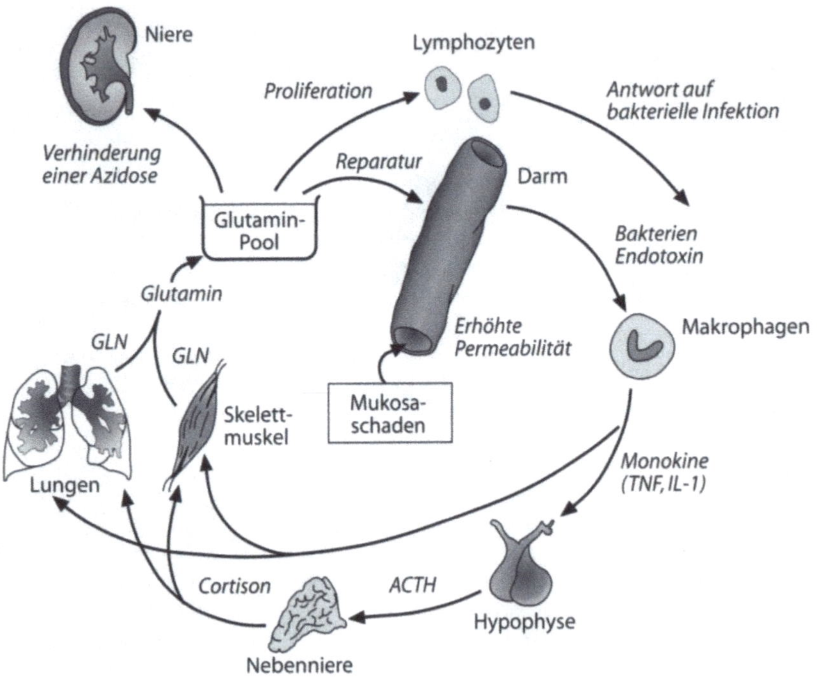

Abb. 15-4. Wirkungen von Glutamin auf den Organstoffwechsel

endlich zeigte sich neben der verbesserten Proteinsynthese mit GLN eine gesteigerte hepatische Aufnahme und als Konsequenz eine gesteigerte Synthese von Glukose, Gluthation und Akutphaseproteinen. Es konnte ferner auch der Nachweis einer Verbesserung des Energiehaushaltes und auch des Erhalts der mukosalen Integrität geführt werden.

Die erste größere klinische Studie, die einen positiven klinischen Effekt im Sinne einer Reduktion infektiöser Komplikationen und einer kürzeren Krankenhausaufenthaltsdauer zeigen konnte, wurde von Ziegler 1992 [48] nach Knochenmarkstransplantation veröffentlicht. Eine prospektiv-randomisierte Studie aus Holland [23] an polytraumatisierten Pateienten konnte zeigen, dass die Supplementierung einer enteralen Ernährung mit Glutamin die Inzidenz infektiöser Komplikationen reduzieren kann. Mittlerweile liegen Ergebnisse aus vielen anderen klinischen Arbeiten mit Glutamin vor, wobei jedoch die hoffnungsvollen Ergebnisse nicht immer bestätigt werden konnten [34].

Der Effekt einer Substitution dieser Aminosäure auf das Immunsystem unter klinischen Bedingungen ist noch nicht abschließend geklärt. Es scheint sowohl eine direkte Stimulation der Lymphozytenproliferation vorzuliegen, als auch ein indirekter Effekt auf das Immunsystem durch die Besserung der Stickstoffbilanz und die Erhöhung der Proteinsyntheserate [24, 46] . Die Stabilisierung der Mukosabarriere im Intestinaltrakt und somit die Reduktion von Translokationsphänomenen, die in der Entwicklung von Multiorganversagen mitwirken können, durch Glutaminsubstitution sollte zumindest in ausgewählten Krankheitsbildern, wie z. B. bei Frühgeborenen mit noch unreifen Enterozyten, zur Besserung beitragen können.

Die Stimulation der Wachstumshormonausschüttung sowie die Unterstützung des antioxidativen Systems sind weitere positive Aspekte in der Therapie kritischer Erkrankungen [25]. Die Vielzahl der Effekte von Glutamin macht Untersuchungen zur speziellen Wirkungsweise dieser Substanz auf einzelne Stoffwechselschritte und die Bewertung schwierig. Hier sind noch weitere Studien unter klinischen Bedingungen erforderlich, um letztendlich dieser vielversprechenden Aminosäure den Weg zu ebnen.

15.2.4 Taurin

Die sulfonierte Aminosäure Taurin findet sich im intrazellulären Aminosäurepool multipler Zelltypen. Sie entsteht im Rahmen des Methionin- und Cysteinstoffwechsels und scheint bei vielen biologischen Funktionen, u. a. der Stabilisierung von Zellmembranen, der Bindung freier Radikale im Sinne einer antioxidativen Wirkung sowie der Glykolyse und Glykogenolyse, eine wesentliche Rolle zu spielen.

Obwohl die endogenen Taurinspiegel im Menschen auch bei erheblichen Schwankungen von Methionin und Cystein konstant gehalten werden können, ist ein *Taurinmangel* bei *Vitamin-B6-Mangel* aufgrund der Abhängigkeit der Synthese von Pyridoxalphosphat beschrieben. Allerdings ist die klinische Relevanz eines Taurinmangels noch unklar. Bei Kindern wird ein Taurinmangel mit einer Degeneration der Retina in Zusammenhang gebracht. Bei Erwachsenen konnten erniedrigte Plasmakonzentrationen bei Malignompatienten sowie nach Trauma und in der Sepsis nachgewiesen werden. Zwar waren die Taurinpools auch ohne Substitution 10 Tage nach Operationen wieder aufgefüllt, jedoch gelang dies mit Substitution schneller. Dies könnte für den postoperativen Verlauf Bedeutung haben [32].

In Lymphozyten macht Taurin mehr als 50% des Aminosäurepools aus. Die zellprotektive Wirkung scheint auf einer Beeinflussung des Kalziuminfluxes und somit der zum Zelltod führenden Eisenüberladung zu beruhen. In Neutrophilen sind die Taurinkonzentrationen ebenfalls hoch. Die Immunmodulation erfolgt in diesem Fall wohl über die Bewahrung der phagozytären Kapazität der Neutrophilen.

Zumindest bei Früh- und Neugeborenen scheint Taurin essenziell zu sein. Allerdings gibt es durchaus Hinweise, dass auch in bestimmten klinischen Situationen eine Supplementierung sinnvoll sein könnte. So konnte bei Patienten mit kongestivem Herzversagen und einer Ejektionsfraktion <50% durch Taurinsupplementierung eine signifikante Verbesserung erreicht werden. Postoperative Cholestasen konnten ebenso beeinflusst werden wie Hauterkrankungen (Psoriasis). In septischen Situationen sowie in Ischämie-Reperfusionszuständen scheint die Lipidperoxidation und somit die Zellschädigung gemindert zu werden [30, 32].

15.2.5 Glyzin

Erstmals konnte Miller 1994 nephroprotektive Effekte im Tiermodell nachweisen. Im gleichen Jahr wurden positive Effekte auf Hepatozyten nach Hypoxie gefunden. In Transplantationsmodellen konnte durch die Gabe von Glyzin sowohl die Nephrotoxizität der immunsuppressiven Medikation als auch die Inzidenz chronischer Abstoßungsreaktionen gemindert werden. Ebenfalls beschrieben ist die Reduktion von hepatozytären Reperfusionsschäden nach Lebertransplantation [38, 39, 41]. Sowohl im Endotoxinschock als auch im hämorraghischen Schock konnten durch Glyzingabe die Organschädigung und die Mortalität vermindert werden [45].

Bei alkoholinduzierter Leberschädigung konnte die Phase der Erholung durch eine glyzinhaltige Diät beschleunigt werden. Glyzin erhöht in den Kupferzellen den Einstrom von Chlorid und vermindert so die Produktion von TNF-α, einem zentralen proinflammatorischen Zytokin [39].

15.2.6 Nukleotide

In inflammatorischen Situationen kommt es zu einem hohen Zellumsatz, sodass Gewebe mit einer hohen Proliferationsrate, wie z. B. Enterozyten, aber auch lymphozytäre Gewebe, auf einen ausreichenden Substratgehalt angewiesen sind. Dies ist der Hintergrund für die Supplementierung von Nukleotiden und damit die Gewährleistung ausreichender Substratmengen, sowohl für den Erhalt der Darmintegrität als auch für die immunologische Situation von wesentlicher Bedeutung. Es scheint ferner eine direkte Beeinflussung des Immunsystems auf T-Zell-Ebene vorzuliegen. So verbessern Nukleotide im Tierexperiment die Th1-vermittelte Immunreaktion, wobei die molekularen Mechanismen noch unklar sind [10, 28]. In teilhepatektomierten Ratten führt der Zusatz von Nukleotiden zur Ernährung zur Verbesserung der Proteinsyntheserate und zu einer Erhöhung des intrahepatischen RNA-Levels.

Bei mit Formulardiäten ernährten Kindern führt die Supplementierung mit Nukleotiden zu einer Erhöhung der Antikörpertiter nach Haemophilus-influenzae-Impfung sowie zu einer höheren Aktivität der natürlichen Killerzellen. Die intestinale Verbesserung der Mukosazellproliferation und -funktion ist ein weiterer wichtiger Aspekt der Nukleotidsupplementierung.

15.2.7 Kombinationspräparate

Die feste Kombination immunkompetenter Nährstoffe in Mischpräparaten scheint in klinischen Studien die positiven Ergebnisse der experimentellen Arbeiten zumindest teilweise zu bestätigen. Der erhoffte additive Effekt der verschiedenen Substanzen lässt sich anhand der Studienergebnisse in Ansätzen durchaus nachvollziehen. Verfügbar ist eine Nährlösung, der Arginin, ω-3-Fettsäuren und Nukleotide als immunmodulierende Substanzen zugesetzt sind ([4, 8, 9]; ◻ *Tabelle 15-2*).

Eine Metaanalyse der wesentlichen bislang durchgeführten Studien mit dieser industriell vorgefertigten Immunonutritionslösung konnte zumindest eine Reduktion infektiöser Komplikationen und eine Verkürzung der Intensivaufenthaltsdauer bei kritisch kranken Patienten zeigen. Diese Vorteile scheinen bei chirurgischen Patienten am ausgeprägtesten zu sein ([6]; ◻ *Abb. 15-5*). Diese Ergebnisse wurden zuletzt durch eine prospektiv, randomisierte Studie mit 181 Sepsispatienten bestätigt. In dieser Arbeit konnte auch die Mortalität dieser Patienten signifikant vermindert werden [17].

◻ **Tabelle 15-2.** Zusammensetzung industriell vorgefertigter Immunonutritionslösungen (Mod. nach [6])

	Impact	Immune-Aid
Kalorien [kcal]	1000	1000
Protein	43,5	37
Glutamin [g]	-	9,0
Arginin [g]	12,5	14,0
Verzweigtkettige Aminosäuren [g]	-	20,0
Nukleotide [g]	1,23	1,0
Fett [g]	27,8	322,0
ω-3-Fettsäuren (% Fettgehalt)	10,5	4,5
Osmolarität [mosmol/kg]	350	460
Vitamin C [mg]	6	60
Eisen [mg]	12	9
Zink [mg]	15	25
Selen [mg]	46	100
Kupfer [mg]	1,7	2

15.3 Fazit und Ausblick

Viele Nährsubstrate bieten experimentell positive Ansätze zur Verbesserung der Immunkompetenz und zur Stabilisierung bzw. Verbesserung von Organfunktionen bei kritisch kranken Patienten.

Nachdem die Versuche, den Ablauf von Immunreaktionen bei kritisch kranken und septischen Patienten punktuell zu beeinflussen, letztendlich gescheitert sind, ist der Versuch einer Unterstützung des Immunsystems durch Bereitstellung von immunkompetenten Nährsubstraten ein hoffnungsvoller Ansatzpunkt. Klinische Studien mit Kombinationspräparaten scheinen die positiven Ergebnisse der tierexperimentellen Arbeiten zu bestätigen. Auch bei onkologischen Patienten liefern erste experimentelle Studien hoffnungsvolle Ansätze, wobei Langzeitergebnisse bezüglich des onkologischen Verlaufs noch ausstehen.

Bei allen hoffnungsvollen Ansätzen müssen bislang noch einige Fragen offen bleiben. Bislang gibt es keinerlei Daten über Dosis-Wirkungsbeziehungen dieser Präparate. Weiterhin ungeklärt ist noch die Frage des richtigen Zeitpunkts einer Immunonutrition. Da ein Monitoring der komplizier-

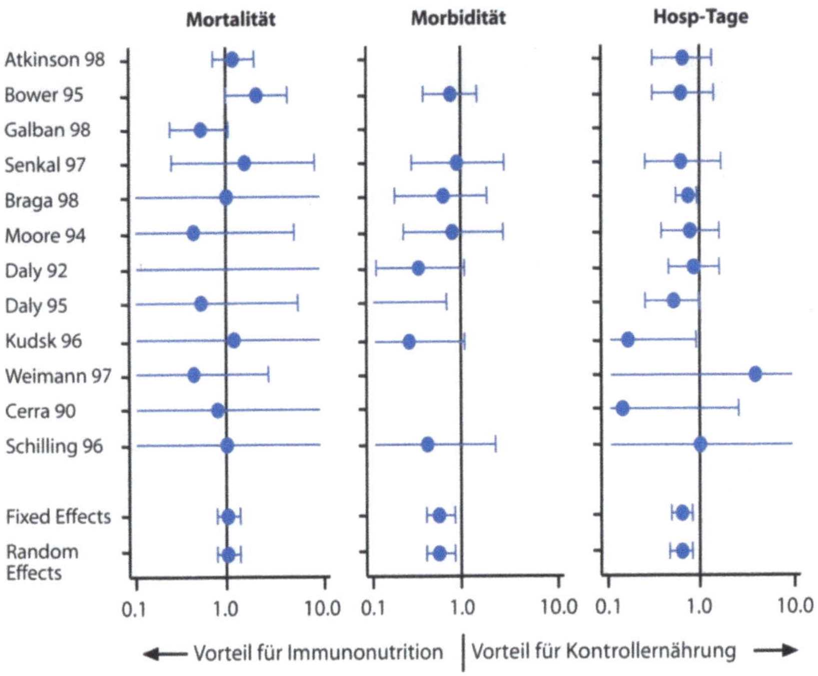

Abb. 15-5. Metaanalyse zur Immunonutrition nach Beale [6]

ten Abläufe einer Sepsis bzw. eines SIRS mit dem Wechsel unterschiedlicher Phasen bislang nicht möglich ist, kann eine Applikation zum falschen Zeitpunkt in der Theorie durchaus negative Folgen haben. Weiterhin ungeklärt ist die Beeinflussung der Immunsituation bei immunsupprimierten Patienten (z. B. nach Transplantationen, Chemotherapie). Letztlich ist auch über mögliche unerwünschte Wirkungen dieser Substrate noch nichts bekannt.

Ein neuer Ansatz in dem Versuch durch Nahrungszusätze immunologische Vorgänge günstig zu beeinflussen, besteht in der Gabe von probiotischen Bakterien mit der Ernährung im Sinne einer sog. »*Ecoimmunonutrition*«. Bei einigen Krankheitsbildern sind positive Effekte mit probiotischen Keimen, in erster Linie Lactobazillus plantarum, beschrieben. Hier fehlen jedoch noch aussagekräftige Studien, sodass die weitere Entwicklung abzuwarten ist.

Literatur

1. Alexander JW (1998) Immunonutrition: The role of ω-3 fatty acids. Nutrition 14:627–633
2. Appel LJ, Miller ER III, Seidler AJ, Whelton PR (1993) Does supplementation of diet with »fish oil« reduce blood pressure? A meta-analysis of controlled clinical trials. Arch Intern Med 153:1429
3. Ardawi MSM (1988) Glutamine and glucose metabolism in human peripheral lymphocytes. Metabolism 37:99
4. Atkinson S, Sieffert E, Bihari D on behalf of the Guy's Hospital Intensive Care Group (1998) A prospective randomized double-blind clinical trial of enteral immunonutrition in the critically ill. Crit Care Med 26: 1164–1172
5. Barbul A (1986) Arginine: biochemistry, physiology, and therapeutic implications. JPEN 10:227
6. Beale RJ, Bryg DJ, Bihari DJ (1999) Immunonutrition in the critically ill: A systematic review of clinical outcome. Crit Care Med 27/12:2799–2805
7. Bengmark S (1998) Ecoimmunonutrition: A challenge for the 3rd millenium. Nutrition14/7–8:563–572
8. Bengmark S, Gianotti L (1996) Nutritional support to prevent and treat multiple organ failure. World J Surg 20:474–481
9. Bower RH, Cerra FB, Bershadsky B et al. (1995) Early enteral administration of a formula (Impact) supplemented with arginine, nucleotides, and fish oil in intensive unit patients: Result of a multicenter, prospective, randomized, clinical trial. Crit Care Med 23:436–449
10. Carver JD, Cox WI, Barness LA (1990) Dietary nucleotides effects upon murine natural killer cell activity and macrophage activation. JPEN 14: 18–22
11. Daly JM, Reynolds J Thom A et al. (1988) Immune and metabolic effects of arginine in the surgical patient. Ann Surg 208:512
12. Dehmer GJ, Pompa JJ, van den Berg EK (1998) Reduction in teh early rate of restenosis after coronary angioplasty by a diet supplemented with ω-3 fatty acids. N Engl J Med 319:733–740
13. Endres S, DeCaterina R, Schmidt EB, Kristensen SD (1995) ω-3 polyunsaturated fatty acids: update 1995. Eur J Clin Invest 25:625
14. Evoy D, Lieberman D, Fahey TJ, Daly JM (1998) Immunonutrition: The role of arginine. Nutrition 14:611–617
15. Ferguson A, Griffin GE (2000) Nutrition and the immune system. In: Garrow JS, James WPT, Ralph A (Hrsg) Human nutrition and dietetics. Churchill Livingstone, Edinburgh
16. Gadek JE, DeMichele SJ, Karlstad MD et al. (1999) Effect of enteral feeding with eicosapentaenoic acid, gamma-linoleic acid, and antioxidants in patients with acute respiratory distress syndrme. Enteral nutrition in ARDS Study Group. Crit Care Med 27/8:1409–1420
17. Galban C, Montejo JC, Mesejo A et al. (2000) An immune-enhancing enteral diet reduces mortality rate and episodes of bacteremia in septic intensive care unit patients. Crit Care Med 28:643–648
18. Griffiths RD, Jones C, Palmer TE (1997) Six-month outcome of critically ill patients given glutamine-supplemental parenteral nutrition. Nutrition 13:295
19. Guoyao WU, Morris SM (1998) Arginine metabolism: nitrc oxide and beyond. Biochem J 336:1–17
20. Heller A, Koch T, Schmeck J, van Ackern K (1998) Lipid mediators in inflammatory disorders. Drugs 55:487–496

21. Heller A, Koch T (2000) Immunonutrition mit Omega-3 Fettsäuren. Zentralbl Chir 125: 123–136
22. Henneicke von Zepelin HH et al. (1993) Highly purified omega-3-polyunsaturated fatty acids for topical treatment of psoriasis. Results of a double-blind, placebo-controlled multicenter study. Br J Dermatol 29: 713–717
23. Houdijk AP, Rijnsburger ER, Jansen J et al. (1998) Randomised trial of glutamine-enriched enteral nutrition on infectious morbidity in patients with multiple trauma. Lancet 352: 772
24. Jackson NC, Carrol PV, Russell-Jones DL et al. (1999) The metabolic consequences of critical illness: acute effects on glutamine and protein metabolism. Am J Physiol 276: E163–E170
25. Jackson NC, Carrol PV, Russell-Jones DL et al. AM (2000) Effects of glutamine supplementation, GH, and IGF-I on glutamine metabolism in critically ill patients. Am J Physiol 278: E226–E233
26. Johnson CD, Kudsk KA (1999) Nutrition and intestinal mucosal immunity. Clinical Nutrition 18/6: 337–344
27. Jones MS, Thurman RG (1996)L-Arginine minimizes reperfusion injury in a low-flow, reflow model of liver perfusion. Hepatology 24/1: 163–168
28. Kulkarni AD, Fanslow WC, Drath DB, Rudolph FB et al. (1986) Influence of dietary nucleotide restriction on bacterial sepsis and phagocytic cell function in mice. Arch Surg 121: 169–172
29. Loeschke K, Überschär P, Pietsch A (1996) ω-3 fatty acids only delay early relaps of ulcerative colitis in remission. Dig Dis Sci 41: 2087
30. Marcinkiewicz J, Grabowska A, Bereta J et al. (1998) Taurine chloramine down-regulates the generation of murine neutrophil inflammatory mediators. Immunopharmacology 40: 27–38
31. O'Leary MJ, Coakley JH (1996) Nutrition and immunonutrition. Br J Anaesth 77: 118–127
32. Redmond HP, Stapleton PP, Neary P, Bouchier-Hayes D (1998) Immunonutrition: The role of taurin. Nutrition 14: 599–604
33. Roth E, Spittler A, Oehler R (1996) Glutamin: Wirkung auf das Immunsystem, auf Eiweißhaushalt und Darmfunktion. Wien Klin Wochenschr 108: 669–676
34. Schloerb PR, Skikne BS (1999) Oral and parenteral glutamine in bone marrow transplantation: a randomized, double-blind study. JPEN 23: 117–122
35. Sellmayer A, Witzgall H, Lorenz RL, Weber RC (1995) Effects of dietary lipid oil on ventricular premature complexes. Am J Cardiol 76: 974
36. Senkal M, Mumme A, Eickhoff U et al. (1997) Early postoperative immunonutrition: Clinical outcome and cost-comparison analysis in surgical patients. Crit Care Med 25: 1489–1496
37. Souba WW, Smith RJ, Wilmore DW (1985) Glutamine metabolism by the intestinal tract. JPEN 9: 608
38. Spittler A, Reissner C, Manhart N et al. (1999) z(Abstract), 6th Vienna Shock Forum
39. Stachlewitz RF, Li X, Smith S, Bunzendahl H et al. (2000) Glycine inhibits growth of T-lymphocytes by an IL-2-independant mechanism. J Immunol 164: 176–182
40. Tepaske R (1997) Immunonutrition. Curr Opin Anaesthesiol 10: 86–91
41. Thurman RG, Schemmer P, Zhong Z et al. (1998) Kupffer cell-dependant reperfusion injury in liver transplantation: new clinically relevant use of glycine. Langenbecks Arch Chir Suppl Kongressbd 115: 185–190
42. Van der Heide JJ, Bilo HJ, Donker AJ et al. (1992) The effects of dietary supplementation with fish oil on renal function and the course of early postoperative rejection episodes in renal transplant reciepients. Transplantation 54: 257
43. Ventura HO, Milani RV, Lavie CJ et al. (1993) Cyclosporine-induced hypertension. Efficacy of omega-3 fatty acids in patients after cardiac transplantation. Circulation 88: 281
44. Weimann A (1997) Beiträge zur Bedeutung des perioperativen Ernährungsstatus, des Stoffwechsels und der Körperzusammensetzung beim chirurgischen Problempatienten und zur Ernährungstherapie mit neuen Substraten. Habilitationsschrift Medizinische Hochschule Hannover.
45. Wheeler MD, Rose ML, Yamashima S et al. (2000) Dietary glycine blunts lung inflammatory cell influx following acute endotoxin. Am J Physiol Lung Cell Mol Physiol 279: L390–L398
46. Wilmore DW, Shabert JK (1998) Role of glutamine in immunologic responses. Nutrition 14: 618–626
47. Yoshida SH, Keen CL, Ansari AA, Gershwin ME (1998) Nutrition and the immune system. In: Shils, Olson, Shike, Ross (eds) Modern nutrition in health and disease. Lippincott/Williams & Wilkins, Philadelphia/Baltimore, pp 725–750
48. Ziegler TR, Young LS, Benfell K et al. (1992) Clinical and metabolic efficacy of glutamine-supplemented parenteral nutrition following bone marrow tranplantation: a double-blinded, randomized, controlled trial. Ann Intern Med 116: 821

Interaktionen zwischen Nahrungsinhaltsstoffen und Medikamenten

T. Gaschott, J. Stein

Die Beziehungen zwischen Arzneistoffen und der Ernährung sind außerordentlich komplex, das erschwert, klinisch relevante Einflüsse vorauszusagen. Ob es in der Praxis zu relevanten Wechselwirkungen kommt, hängt immer von zahlreichen Faktoren ab, die das Medikament, den Patienten und seine Ernährung betreffen (Tabelle 16-1) [9, 16].

So gehen z. B. Leber- und Nierenerkrankungen mit einer verringerten Plasmaalbuminkonzentration einher. Das führt zu einem höheren Anteil an freiem Wirkstoff bei Arzneistoffen mit hoher Proteinbindung und damit zur Überdosierung (z. B. Benzodiazepine, Etacrynsäure, Flufenaminsäure, Ibuprofen, Indole, Oxyphenbutazon, Phenylbutazon, Warfarin) [27]. Bei schlecht eingestelltem Diabetes mellitus bewirken sowohl die Glykosylierung von Albumin als auch ein erhöhter Blutspiegel an freien Fettsäuren ebenfalls eine Verminderung der Arzneistoffbindung [27].

Eine Malnutrition leichteren Grades kann bei dem entsprechenden Patienten die Metabolisierungsgeschwindigkeit von Arzneistoffen erhöhen, während diese bei schwerer Malnutrition vermindert ist [30].

Obwohl Pharmaka-Nährstoff-Interaktionen prinzipiell bei allen Personen denkbar sind, sind bestimmte Risikogruppen besonders betroffen (Tabelle 16-2) [9].

16.1 Grundlagen

Wechselwirkungen zwischen Arznei- und Nahrungsmitteln können den Verlust der therapeutischen Wirkung (über eine Verzögerung oder Abschwächung der Arzneistoffresorption, Beschleunigung der Arzneistoffmetabolisierung oder -exkretion, bzw. über pharmakodynamische Interaktionen) oder toxische Effekte hervorrufen.

16.1.1 Resorption und Verteilung

Resorption und Verteilung von Arzneistoffen können durch Nahrungsmittel über mehrere Mechanismen beeinflusst werden. Fettreiche, grobe Nahrung, heiße Mahlzeiten und hochvisköse Lösungen verzögern tendenziell die Magenentleerung; dadurch gelangen Arzneistoffe langsamer in den Darm, den Hauptort der Resorption [14, 22, 29, 30]. Eine verzögerte Magenentleerung führt ebenfalls zum Abbau säurelabiler Substanzen (z. B. Erythromycin, β-Lactam-Antibiotika) im Magen [9, 14]. Andererseits kann eine verzögerte Magenentleerung bei einigen Arzneistoffen (z. B. Diazepam, Didanosin, Hydrochlorothiazid, Lovastatin, Nitrofurantoin, Spironolacton) eine verbesserte Löslichkeit und Absorption bedingen [16, 30]. Weniger resorptionsverzögernd wirkt sich eine protein- und kohlenhydratreiche Nahrung aus [29], Flüssignahrung beschleunigt die Magenentleerung [16].

Tritt die aufgenommene Nahrung als mechanische Barriere auf, wird die Aufnahme von Arzneistoffen (z. B. Atenolol, Azithromycin, Sulfonamide) zur Mukosa verhindert und dadurch die Resorption dieser Wirkstoffe verringert [9, 25]. Andererseits verstärken gleichzeitig aufgenommene Nahrungsmittel die Durchblutung sämtlicher innerer Organe, sodass sich die Bioverfügbarkeit derjenigen Arzneistoffe erhöht, die über passive, konzentrationsgradientenabhängige Diffusion resorbiert werden [27].

Aber auch die Resorption von Nährstoffen wird durch die Einnahme bestimmter Arzneimittel beeinflusst, so können Neomycin und Cholchizin über die Induktion einer Enteropathie den aktiven Transport bestimmter Nährstoffe verändern [16].

Überzogene Arzneiformen sollten mit der Mahlzeit eingenommen werden, da sie sich nach einer verlängerten Verweildauer im Magen schneller im Darm zersetzen [13]. Allerdings erhöht die Einnahme bestimmter Nahrungsmittel (z. B. Milchprodukte) den Magen-pH auf Werte zwischen 3 und 6 in

Tabelle 16-1. Einfluss- und Risikofaktoren für Wechselwirkungen zwischen Nahrungsinhaltsstoffen und Medikamenten

Arzneimittel	Patient	Ernährung
Pharmakologische Eigenschaften	Alter	Gehalt und Relation der Hauptnährstoffe
Physikochemische Eigenschaften	Geschlecht	Gehalt an Mikronährstoffen
Galenik	Physiologischer Status	Ballaststoffgehalt
Indikation	Funktionen von Magen-Darm-Trakt, Leber, Niere	Gehalt an Nichtnährstoffen
Dosis	Grunderkrankungen, Begleiterkrankungen	Qualität der Nahrungsmittel
Erreichte Wirkspiegel im Plasma und Gewebe	Psychosoziale Situation	Evtl. Kostumstellung oder Diäten
Dauer der Medikation	Ernährungsstatus	Zeiten der Nahrungskarenz
Nebenwirkungen	Diätvorschriften/Compliance mit verordneter Kost	Art der Nahrungszubereitung
Pharmaka-Pharmaka-Wechselwirkungen	Genussmittelkonsum	Umfang der aufgenommenen Nahrung
	Aufnahme von Supplementen	Zeitlicher Abstand zwischen Nahrungsmittel- und Arzneimittelaufnahme

Tabelle 16-2. Risikogruppen für Pharmaka-Nährstoff-Interaktionen

Risikogruppe	Ursachen für ein erhöhtes Risiko
Senioren	Veränderte Stoffwechselleistungen (geringere Nährstoffabsorption, verminderte Magensäuresekretion) verschlechtern die Nährstoffversorgung
	Veränderte Pharmakokinetik infolge eingeschränkter Stoffwechselleistung von Leber und Niere
	Vielfach vorherrschende Multimorbidität zwingt zur Einnahme mehrerer Medikamente gleichzeitig
	Exakte Einnahmeempfehlungen werden häufig vergessen oder verwechselt
	Der Energiebedarf älterer Menschen sinkt, währenddessen der Bedarf an nichtenergieliefernden Nährstoffen konstant bleibt
	Ältere Menschen neigen dazu, weniger zu essen und sich unausgewogener zu ernähren
	Kau- und Schluckschwierigkeiten, herabgesetzte Speichelsekretion und verminderter Geschmackssinn führen oft zu eingeschränktem Obst- und Gemüsekonsum
	Ballaststoffarme Ernährung führt u. U. zu Obstipation, die eingesetzten Laxanzien bewirken weitere Nährstoffverluste
Schwangere und Stillende	Deutlich gesteigerter Nährstoffbedarf
	Regelmäßige Einnahme verschiedener Pharmaka (Analgetika, Antiemetika, Hypnotika, Laxanzien, Tranquillanzien)
	Häufig verminderte Speicher an Eisen, Folsäure, Vitamin A, B_1, B_2, B_6 und D
Chronisch Kranke	Arzneimitteleinnahme über lange Zeit bewirkt, dass sich auch geringe Effekte der Nahrung auf die Arzneimittelverfügbarkeit, bzw. von Arzneimitteln auf die Nährstoffversorgung auswirken
	Einige Wirkstoffe verursachen bei Langzeitapplikation Organschäden, was Konsequenzen für den Stoffwechsel der Nährstoffe haben kann
	Teilweise besteht ein erhöhter Nährstoffbedarf durch die Erkrankung selbst
	Teilweise verringert sich die Nahrungsaufnahme aufgrund der Krankheit (z. B. Aids, Karzinome), bzw. liegen Fehlernährungszustände vor (z. B. chronischer Alkoholabusus)
	Häufig ist die Einnahme mehrerer Medikamente notwendig
Säuglinge und Kleinkinder	Veränderte Pharmakokinetik infolge eingeschränkter Soffwechselleistung von Leber und Niere

den ersten 60–90 min. Dann kommt es zu einer unbeabsichtigten Wirkstofffreisetzung aus magensaftresistenten oder Retardarzneimitteln, weshalb diese Arzneiformen nur morgens nüchtern oder zwischen den Mahlzeiten einzunehmen sind [10, 22, 29, 30].

Schließlich kann sich ein durch Nahrungsmittel veränderter Magen-pH-Wert auch auf die Resorption von sauren oder basischen Arzneistoffen auswirken: Eine schwache Säure wird bei niedrigerem pH-Wert aufgrund des größeren Anteils an nichtionisierter, lipidlöslicher Form schneller resorbiert (z. B. Carbamazepin, Ketoconazol, Phenytoin). Das Umgekehrte gilt entsprechend für die Resorption von schwachen Basen [30].

Fettreiche Nahrung vermehrt die Sekretion von Gallenflüssigkeit, was die Löslichkeit schwerlöslicher Arzneistoffe infolge der benetzenden Wirkung der Gallensäuren verbessert [16, 22, 29, 30]. Außerdem hemmt eine fettreiche Nahrung die Magen-Darm-Motilität, sodass sich bereits eine größere Menge des Wirkstoffes im Magen lösen kann. Ein Beispiel hierfür ist die erhöhte Resorption von Griseofulvin nach Einnahme einer fettreichen Nahrung [16, 29]. Andererseits bilden die Gallensäuren mit einigen Arzneistoffen, z. B. Neomycin, schwer resorbierbare Präzipitate [16].

Wechselwirkungen zwischen Arzneistoffen und Nahrungsbestandteilen können in Form von Adsorption, Komplex- oder Salzbildung auftreten [28]. So adsorbieren Pektine in einer ballaststoffreichen Ernährung Arzneistoffe (z. B. Amoxicillin, Digoxin, HMG-CoA-Reduktasehemmer, Paracetamol) [9, 16, 29]. Die Mineralien Zink, Eisen, Kalzium und Magnesium bilden mit Antazida, Chinolonen und Tetrazyklinen unlösliche Komplexe [16].

Eine postprandiale Erhöhung des Spiegels an freien Fettsäuren führt zu einer verstärkten Dissoziation gebundener Arzneistoffe von dem Plasmaprotein Albumin, was den Anteil an freiem und somit wirksamen Arzneistoff (z. B. Benzodiazepine, Flufenaminsäure, Ibuprofen, Indole) erhöht [16, 30]. Der gleiche Effekt ist während des Fastens zu beobachten, wenn der Spiegel an freien Fettsäuren ebenfalls angestiegen ist [27, 30].

Eine proteinarme Ernährung erhöht – über eine Verminderung des Plasmaalbumins – das Verhältnis zwischen im Plasma freiem und gebundenem Arzneistoff, was sich auf die Wirksamkeit des Pharmakons auswirkt (z. B. Diazepam, Chinidin) [16, 27].

Eine flüssigkeitsarme Ernährung oder Hungerkuren vermindern aufgrund eines verringerten Flüssigkeitskompartimentes das Verteilungsvolumen von Arzneistoffen. Hungerkuren verringern aufgrund eines verminderten Anteils an Fettgewebe das Verteilungsvolumen von lipophilen Arzneistoffen. Magere Personen weisen im Vergleich zu anderen Personen ein größeres Flüssigkeitskompartiment auf, sodass die Halbwertszeit entsprechender Arzneistoffe verlängert ist [27]. Des Weiteren führt Mangelernährung generell zu einer verzögerten Magenentleerung [16].

16.1.2 Elimination

Ebenso können Nahrungsmittel auf die *Arzneistoffelimination* Einfluss ausüben. Hinsichtlich der Auswirkung von Nahrungsbestandteilen auf die Metabolisierung von Wirkstoffen liegen bisher widersprüchliche Daten vor.

Einerseits kann eine gleichzeitige Nahrungsaufnahme die Bioverfügbarkeit von Arzneistoffen mit hohem First-pass-Effekt (z. B. Alprenolol, Labetalol, Metoprolol, Propranolol, Hydralazin, Nitrofurantoin) dadurch erhöhen, dass die Leberenzyme vermehrt durch die gleichzeitige Metabolisierung von Nahrungsbestandteilen in Anspruch genommen werden und dadurch der Metabolismus der Arzneistoffe vermindert wird [9, 27, 29]. Eine Verminderung des First-pass-Metabolismus durch gleichzeitige Nahrungsaufnahme kann auch als Folge einer verstärkten Durchblutung sämtlicher innerer Organe entstehen, sodass ein größerer Anteil des Arzneistoffes an der Leber vorbeigeleitet wird [9, 18]. Insbesondere der Protein- und Fettgehalt der Nahrung beeinflusst den hepatischen Blutfluss und somit die Exkretion von Arzneistoffen, die bevorzugt hepatisch eliminiert werden (z. B. Labetalol, Propanolol) [16].

Andererseits wurde auch eine Erhöhung der Aktivität von Leberenzymen durch Nahrungsbestandteile beobachtet [29]. So verringert Nahrung die Verfügbarkeit von Chlorpromazin, weil der First-pass-Metabolismus in den Darmzellen bei verlangsamter Magenentleerung verstärkt ist [9]. Indole aus Kohlarten sowie polyzyklische aromatische Kohlenwasserstoffe aus gegrillten Produkten sind in der Lage, die Aktivität arzneimittelmetabolisierender Enzyme, insbesondere von Cytochrom-P450-haltigen Monooxygenasen, durch Induktion zu erhöhen. Dies verstärkt die Oxidation von Ondansetron, Tacrin, Theophyllin und Warfarin [9, 27, 30].

Umgekehrt erhöhen die Arzneistoffe Griseofulvin, Phenobarbital, Phenytoin und Rifampicin als Enzyminduktoren die Aktivität mikrosomaler Monooxygenasen, was nicht nur zu einer beschleunigten Metabolisierung anderer Pharmaka, sondern auch von Nährstoffen führt [9]. So vermindert sich der Spiegel an Magnesium sowie der Vitamine B_6, B_{12}, D, E und K durch die Einnahme der Antiepileptika Phenytoin oder Phenobarbital.

Vitamin A-arme Ernährung führt über eine Verringerung der Cytochrom-P450-Konzentration zu einer verminderten Aktivität der entsprechenden metabolisierenden Enzyme [24].

Eine eisenarme Ernährung verstärkt die Aktivität arzneistoffmetabolisierender Enzyme, währenddessen Zink-, Jod-, Magnesium- und Kaliummangel die Arzneistoffmetabolisierung vermindern [30].

Diäten mit verringertem Protein- oder erhöhtem Kohlenhydratgehalt verringern die Arzneistoffmetabolisierung, indem sie die Aktivität NADPH-abhängiger Enzyme reduzieren [9, 27, 30]. Eine proteinreiche und kohlenhydratarme Ernährung beschleunigt die Arzneistoffmetabolisierung (z. B. von Propranolol, Theophyllin) infolge einer erhöhten Enzymaktivität [14, 16, 27, 30]. Im Gegensatz dazu führt eine kurzzeitige Kohlenhydratrestriktion zu einer verminderten Arzneistoffmetabolisierung aufgrund eines Mangels an benötigten Kofaktoren [15].

Mahlzeiten mit niedrigem Fettgehalt führen ebenso zu einer verringerten Aktivität von Enzymen im hepatischen endoplasmatischen Retikulum, da Fette als wichtiger Membranbestandteil essentiell für die normale Aktivität von an der Membran befindlichen Enzymsystemen sind [4, 5, 8].

Chronischer Alkoholabusus erschöpft die Glutathionspeicher der Leber, was eine verminderte Biotransformation einer Vielzahl von Arzneistoffen nach sich zieht [27].

Eine Mahlzeit mit vorwiegend pflanzlichen Bestandteilen, eine kohlenhydratreiche bzw. proteinarme Mahlzeit sowie der Genuss von großen Mengen an Zitrussäften wirken alkalisierend auf den Harn. Schwache Säuren werden schneller, schwache Basen (z. B. Amphetamin, Antiarrhytmika vom Chinidin-Typ, Chinin, Chloroquin, Codein, Imipramin, Morphin, Pethidin, Procain) vermindert ausgeschieden. Dagegen bewirkt die Aufnahme einer eiweißreichen Kost eine Säuerung des Harns, sodass schwache Säuren wie Barbiturate, Nitrofurantoin, Phenylbutazon, Probenecid, Salicylsäure und Sulfonamide verstärkt reabsorbiert werden [9, 22, 29]. Kationische Arzneimittel, wie Amitriptylin, werden dagegen verstärkt ausgeschieden [16].

Eine proteinarme Mahlzeit reduziert den renalen Plasmafluss und erhöht die tubuläre Rückresorption, dadurch tritt eine Verminderung der renalen Clearance von Arzneistoffen (z. B. Allopurinol) auf [14, 27, 30].

16.1.3 Einnahmeflüssigkeit

Eine zentrale Rolle bei der Einnahme von Medikamenten spielt die Art und Menge der für die Einnahme des Medikamentes verwendeten Flüssigkeit.

Arzneimittel sind grundsätzlich mit viel Flüssigkeit (150–200 ml) einzunehmen. Das verbessert die Auflösung schwerlöslicher Arzneistoffe ebenso wie die Verträglichkeit vieler Medikamente und beschleunigt den Transport des Arzneistoffs in den Dünndarm. So bedarf es viel Flüssigkeit bei der Einnahme von Urikosurika (zur Vermeidung einer renalen Präzipitation) und von Cholestyramin. Allerdings vermindert eine Einnahme des Arzneimittels mit zu viel Flüssigkeit wiederum die Absorptionsgeschwindigkeit aufgrund einer verminderten Arzneistoffkonzentration in der Flüssigkeit. Darum sollte zur Applikation immer die gleiche Flüssigkeit in identischer Menge verwendet werden. Wasser ist als indifferentes Medium am besten geeignet.

Milch und Milchprodukte sind für die Einnahme von Medikamenten infolge einer möglichen Komplexbildung des Arzneistoffs mit den Kalziumionen (z. B. Tetracycline) und einer möglichen Erhöhung des Magen-pH-Wertes ebenso ungeeignet wie zuckerreiche, osmotisch wirksame Getränke, die die Magenentleerung verzögern. Auch von koffeinhaltigen Getränken ist abzuraten. Ebenso sollte bei der Einnahme von säureinstabilen Arzneistoffen wie Ampicillin, Cloxacillin oder Erythromycinbase auf Fruchtsäfte verzichtet werden [10]. Vor unbeabsichtigten Überdosierungen ist bei dem gleichzeitigen Genuss von Grapefruitsaft mit den Arzneistoffen Terfenadin, Triazolam, Midazolam, Ciclosporin, Saquinavir sowie mit einigen Statinen (Atorvastatin, Lovastatin, Simvastatin) und einigen Kalziumkanalblockern (Felodipin, Isradipin, Lacidipin, Nifedipin, Nimodipin, Nisoldipin, Nitrendipin, Verapamil; bezüglich Amlodipin liegen widersprüchliche Daten vor) zu warnen [1, 6]. Coca-Cola ist in der Lage, die Bioverfügbarkeit von Ketoconazol oder Riboflavin zu erhöhen.

16.2 Beeinflussung der Nährstoffversorgung durch Arzneimittel

Tabelle 16-3 zeigt, dass die Einnahme zahlreicher Medikamente die Versorgung des Organismus mit Makro- und Mikronährstoffen beeinflusst, was unterschiedlich ausgeprägte Zeichen eines Nährstoffmangels hervorrufen kann. Häufig treten dabei keine deutlichen klinischen Symptome eines Mangels auf, sondern frühe und unspezifische Befindlichkeitsstörungen, die zu voreilig als lästige, aber nicht korrigierbare Arzneimittelnebenwirkungen abgetan werden.

Einige Arzneimittel können die Wirkung von gleichzeitig eingenommenem Alkohol oder Koffein, die durchaus auch in Nahrungsmitteln oder in Getränken enthalten sind, verändern.

16.3 Beeinflussung des Ernährungsstatus durch Medikamente

Manche Medikamente sind in der Lage, zu einer klinisch ausgeprägten Unter-, Über- oder Fehlernährung zu führen. Zu einer *Minderung des Appetits* können neben Anorektika v. a. Arzneistoffe führen, die entweder zentral über eine Aktivierung von Chemorezeptoren in der Area postrema (Bromocriptin, Herzglykoside, Levodopa, Naloxon, Opioide, Parasympathomimetika, Zytostatika) oder peripher über eine Reizung des Gastrointestinaltraktes (v. a. NSAR wie Acetylsalicylsäure, Indometacin, Phenylbutazon) wirken, ebenso wie Arzneistoffe, die den Geschmacks- (Acetazolamid, Captopril, Clofibrat, Griseofulvin, Lithium, Metronidazol, Penicillamin, Phenytoin, Zytostatika) bzw. den Geruchssinn verändern (Antihistaminika, Bronchodilatatoren).

Außerdem senken Medikamente, die zu Schleimhautschädigungen im Magen-Darm-Bereich (NSAR, Colchicin, Zytostatika), Mundschleimhautentzündung (einige Zytostatika, wie z. B. Busulfan), Zahnfleischentzündung oder Hyperplasie (Phenytoin, Ciclosporin), Zahnfleischbluten (Warfarin), mikrobiellen Infektionen im Rachenraum (Captopril, Zytostatika), oraler Candidiasis (Breitspektrumantibiotika) bzw. zu Mundtrockenheit führen (α-adrenerge Pharmaka, Amantadin, Anticholinergika, Atropin, Hypnotika, Opioide, Phenothiazine, Sedativa, trizyklische Antidepressiva), den Appetit.

Weiterhin wirken Arzneistoffe, die die Magenentleerungsgeschwindigkeit erhöhen und somit Diarrhö auslösen (Breitspektrumantibiotika, Chinidin, Cholinergika, Cholinesterasehemmer, Erythromycin, Guanethidin, Laxanzien, Prokinetika, Reserpin) und auch solche, die die Motilität herabsetzen und Obstipation verursachen (Antazida, Anticholinergika, Antihistaminika, Antiparkinsonmittel, Clonidin, Corticosteroide, Eisenpräparate, Laxanzienabusus, Lithium, MAO-Inhibitoren, Muskelrelaxanzien, NSAR, Opioide, Phenothiazine, Sympathomimetika, trizyklische Antidepressiva) appetitsenkend.

Eine *Appetitsteigerung* können Anabolika, Androgene, Amitriptylin (führt zu Kohlenhydratheißhunger), Clomipramin und andere trizyklische Antidepressiva, Benzodiazepine, Chlorpromazin und andere Phenothiazine, Kortikosteroide, Insulin, Lithium, MAO-Hemmer, Metoclopramid, orale Kontrazeptiva (v. a. mit Megestrolacetat), Pizotifen und Sulfonylharnstoffe bewirken.

Eine *Malabsorption von bestimmten Nahrungsbestandteilen* wird evtl. durch p-Aminosalicylsäure, Chlortetracyclin, Cholestyramin, Colchicin, Colestipol, Cyclophosphamid, Indomethacin, Kanamycin, Neomycin, Methyldopa, Methotrexat und andere Zytostatika ausgelöst, die zu einer Schädigung der intestinalen Mukosa führen.

Andererseits beeinflussen bestimmte Medikamente den Kohlenhydrat-, Lipid- oder Proteinspiegel. Zu einem *erhöhten Blutglukosespiegel* kann es nach Einnahme von Clonidin, Diazoxid, Ethacrynsäure, Furosemid, Glucokortikoiden, Morphin, Nicotinsäure, bestimmten oralen Kontrazeptiva, Phenothiazinen, Phenytoin, Probenecid, Tacrolimus (FK 506) sowie von Thiazid-Diuretika kommen.

Eine *Erniedrigung des Blutglukosespiegels* wird ggfs. durch Barbiturate, MAO-Hemmer, Phenylbutazon, Propranolol und Sulfonamide erzeugt.

Dagegen wird der *Gesamtcholesterinblutspiegel* möglicherweise durch Chlorpromazin, einige orale Kontrazeptiva sowie durch Thiazide erhöht, währenddessen Acetylsalicylsäure, p-Aminosalicylsäure, Clonidin, Colchicin, Prazosin, Sulfinpyrazon und Trifluperidol eine Senkung hervorrufen.

Der *HDL-Cholesterinblutspiegel* kann durch Cimetidin, Phenytoin, Prazosin und Terbutalin erhöht werden, während Oxprenolol und Propranolol zu einer Verminderung des HDL führen.

Der *Plasmatriglyceridspiegel* wird z. B. durch folgende Arzneistoffe beeinflusst: Chlorpromazin, Ciclosporin, Kortikosteroide, orale Kontrazeptiva, Propranolol und Thiouracil bewirken einen Anstieg, Norethisteron bewirkt einen Abfall des Triglyceridblutspiegels.

Das *Stickstoffgleichgewicht* verändert sich durch Kortikosteroide, Impfstoffe und Tetracycline negativ, durch Anabolika und Insulin positiv.

Eine Erhöhung des Plasmaaminosäurespiegels wird durch Acetylsalicylsäure oder Tranylcypromin, eine Erniedrigung durch orale Kontrazeptiva ermöglicht.

Einen Anstieg des Plasmaphenylalanins bewirken Methotrexat und Trimethoprim [9, 19, 20, 26, 27].

16.4 Beeinflussung der Arzneimittelwirkung durch Nahrungsmittel

16.4.1 Beeinflussung der Pharmakokinetik von Arzneistoffen durch Nahrungsmittelinhaltsstoffe

Zahlreiche Inhaltsstoffe von Nahrungs- oder Genussmitteln sind in der Lage, die Resorption, Verteilung, Metabolisierung oder Ausscheidung von Arzneistoffen zu verändern, was deren Wirkung abschwächt oder bis hin zur Toxizität verstärkt (Tabelle 16-4). Inwieweit klinisch bedeutsame Veränderungen auftreten, hängt vom Ausmaß des Effekts und von der Art des Pharmakons ab. Während beispielsweise für Pharmaka mit einer steilen Dosis-Wirkungs-Kurve bereits eine geringfügige Änderung der Resorption deutliche Unterschiede in der Wirksamkeit hervorruft, spielt dies für eine Substanz mit einem breiten Wirksamkeitsbereich keine Rolle. Normalerweise sind Veränderungen in der Resorptionsgeschwindigkeit im Vergleich zu Veränderungen in der resorbierten

Tabelle 16-3. Beeinflussung von Nährstoffen durch Arzneimittel

Arzneistoffgruppe	Arzneistoff	Betroffener Nährstoff/ Genussstoff	Auswirkung auf Nährstoffe	Begründung
Antidiabetika	Insulin	Kalium	↓	
	Metformin	Folsäure	↓	Verminderte Resorption
		Vitamin B_{12}	↓	Verminderte Bindung des Vitamin B_{12}-Intrinsicfactor-Komplexes an Rezeptoren des Ileums [9, 27]
	Sulfonylharnstoffe	Alkohol (auch äußerlich)		Angereichertes Acetaldehyd durch Hemmung der Aldehyd-Dehydrogenase führt zu Übelkeit, Erbrechen, Flush, abdominellen Schmerzen, Brustschmerzen [27]
		Jod		Verminderte Aufnahme in die Schilddrüse
Antiepileptika	Carbamazepin, Primidon	Vitamin H	↓	Verminderte Aufnahme als Folge einer kompetitiven Hemmung [9]
	Carbamazepin, Phenobarbital, Phenytoin, Primidon	Folsäure	↓	Hemmung der Dekonjugase, die für die Spaltung der schwer resorbierbaren Polyglutamatverbindungen zu den Folsäuremonoglutamaten verantwortlich ist [7, 9]; erhöhter Abbau durch Enzyminduktion [7, 27]
		Kalzium	↓	Hemmung der Synthese von Kalziumbindendem Protein; verstärkter Abbau von 25-Hydroxycholecalciferol; verringerte Bildung von Vitamin K-abhängigen Proteinen, die für die Osteoblasten-Funktion wichtig sind [11, 27]
	Diphenylhydantoin	Kalium	↓	Verminderte Resorption
	Phenobarbital, Phenytoin, Primidon	Magnesium, Vitamin B_6, B_{12}, E	↓	Hepatische mikrosomale Enzyminduktion
	Phenobarbital, Phenytoin, Primidon, Valproinsäure	Vitamin D, K	↓	Hepatische mikrosomale Enzyminduktion [7, 9, 11, 27]
	Phenytoin	Glukose	↑	
		Jod		Verringerung der Plasmaproteinbindung
	Phenytoin, Valproinsäure	Zink	↓	Verstärkte renale Ausscheidung
Antihypertonika	ACE-Hemmer	Alkohol		Verstärkte berauschende Wirkung von Alkohol
	ACE-Hemmer, β-Blocker	Kalium	↑	
	Captopril	Eisen	↓	Komplexbildung führt zu Malabsorption
	β-Blocker	Glukose	↑	Verminderte Insulinsensitivität
		Triglyzeride	↑	
	Clonidin	Glukose	↑	
	Diazoxid	Natrium	↑	Verstärkte renale Rückresorption
	Hydralazin	Vitamin B_6	↓	Verstärkte renale Ausscheidung nach Hydrazonbildung [11, 19, 27]
	Methyldopa	Alle Nährstoffe	↓	Evtl. Diarrhö als NW
		Eisen, Folsäure	↓	Malabsorption
	Methyldopa, Nitroprussid-Natrium	Vitamin B_{12}	↓	Malabsorption

Tabelle 16-3. Beeinflussung von Nährstoffen durch Arzneimittel (Fortsetzung)

Arzneistoffgruppe	Arzneistoff	Betroffener Nährstoff/ Genussstoff	Auswirkung auf Nährstoffe	Begründung
Antikoagulanzien	Cumarinderivate	Vitamin K	↓	Vitamin K-antagonistische Wirkung [19]
	Heparine	Kalium	↑	
		Kalzium	↓	
Antiparkinsonmittel	Anticholinergika	Alle Nährstoffe	↓	Evtl. Diarrhö als NW; Hemmung oder Inaktivierung von Verdauungsenzymen; verminderte Enzymsekretion
	Carbidopa, Levodopa	Eisen	↓	Malabsorption durch Chelatbildung
	Levodopa	Alle Nährstoffe	↓	Evtl. Diarrhö als NW
		Vitamin B_6	↓	
Antiphlogistika/ Antirheumatika/ Analgetika		Alle Nährstoffe	↓	Evtl. herabgesetzte Integrität der absorptiven Oberfläche
		Eisen	↓	Evtl. gastrointestinale Blutungen
	ASS	Folsäure	↓	Verdrängung aus der Plasmaproteinbindung erhöht die renale Ausscheidung [9, 11]
		Vitamin C	↓	Verdrängung aus der Plasmaproteinbindung erhöht die renale Ausscheidung [9, 11]; verminderte Aufnahme durch gehemmten Na^+-abhängigen Transport [9]
	Colchicin	Carotin, Fett, Folsäure, Kalium, Lactose, Natrium, Protein, Vitamin B_{12}	↓	Unterbrochene intestinale Mukosafunktion [9, 11]
	Indomethacin	Kalzium	↓	
	Indomethacin, Phenylbutazon	Vitamin C	↓	Verstärkte renale Ausscheidung
	Morphin	Glukose	↑	
	Penicillamin	Eisen, Kupfer, Mangan, Zink	↓	Verminderte Resorption durch Chelatbildung; zusätzl. verstärkte renale Ausscheidung von Zink [10]
		Vitamin B_6	↓	Antagonismus zu Pyridoxalphosphat [11]
	Phenylbutazon	Jod		Verminderte Aufnahme in die Schilddrüse
	Sulfasalazin	Folsäure	↓	Verminderte Resorption (Inhibition des intestinalen Transportsystems [11, 23, 27]; Hemmung der Dekonjugase [9], s. Carbamazepin)
Chemotherapeutika	Breitspektrumantibiotika	Vitamin K	↓	Verminderte mikrobielle Synthese von Menachinon im Gastrointestinaltrakt [9, 16, 27]
	Aminoglykoside	Aminosäuren, Eisen, Fett, Folsäure, Kalium, Lactose, Natrium, Vitamin A, B_{12}, D, H, K, Zucker	↓	Verminderte Resorption (Ausfällung von Gallensalzen; direkte toxische Wirkung auf die Darmmukosa) [11, 23]
		Kalzium, Magnesium	↓	Verminderte Resorption, verstärkte renale Ausscheidung
	p-Aminosalicylsäure	Eisen, Fett, Folsäure, Kalzium, Magnesium	↓	Verminderte Resorption
		Jod		Verminderte Aufnahme in die Schilddrüse

Tabelle 16-3. Beeinflussung von Nährstoffen durch Arzneimittel (Fortsetzung)

Arzneistoff-gruppe	Arzneistoff	Betroffener Nährstoff/ Genussstoff	Auswirkung auf Nährstoffe	Begründung
Chemo-therapeutika	p-Aminosalicylsäure	Vitamin B_{12}	↓	Mukosale Blockade der Vitamin B_{12}-Aufnahme [11]
	Ampicillin, Carbenicillin, Piperacillin, Ticarcillin	Kalium	↓	
	Amphotericin B	Kalium, Magnesium, Natrium	↓	Erhöhte renale Ausscheidung (direkte toxische Wirkung auf distales tubuläres Epithel) [11]
	Carbenicillin	Magnesium	↓	
	Cephalosporine	Alkohol (auch äußerlich)	↓	Hemmung der Aldehyd-Dehydrogenase [27]; s. Sulfonylharnstoffe
		Vitamin K	↓	Hemmung der hepatischen Vitamin K-Epoxid-Reduktase [27]
	Ciprofloxacin	Eisen, Magnesium	↓	
	Cycloserin, Erythromycin	Eisen, Eiweiß, Fett, Folsäure, Kalium, Kalzium, Magnesium, Natrium, Vitamin A, B_{12}	↓	
	Cycloserin, Isoniazid	Niacin	↓	Verringerte pyridoxalphosphatabhängige Bildung von Niacin aus Tryptophan [9, 27]
	Cycloserin, Isoniazid, Pyrazinamid	Vitamin B_6	↓	Verstärkte renale Ausscheidung nach Hydrazonbildung [9, 11]; Hydrazon außerdem Inhibitor der Pyridoxalkinase [27]
	Griseofulvin, Isoniazid	Alkohol		Evtl. potenzierte Alkoholwirkung
	Griseofulvin	Alkohol (auch äußerlich)		Hemmung der Aldehyd-Dehydrogenase [27]; s. Sulfonylharnstoffe
		Vitamin D	↓	Enzyminduktion
	Gyrasehemmer	Koffein		Koffeinwirkung verstärkt und verlängert
	Isoniazid	Alle Nährstoffe	↓	Evtl. Diarrhö als NW
		Vitamin D	↓	Verminderte Hydroxylierung von Cholecalciferol in der Leber [19, 27]
	Metronidazol	Alkohol (auch äußerlich)		Hemmung der Aldehyd-Dehydrogenase [27]; s. Sulfonylharnstoffe
	Nitrofurantoin	Folsäure	↓	
	Pentamidin	Folsäure	↓	Folsäureantagonist [23]
		Magnesium	↓	
	Pyrimethamin, Trimethoprim	Folsäure	↓	Folsäureantagonist (Hemmung der Dihydrofolatreduktase) [9, 11, 19, 27]
	Rifampicin	Vitamin D	↓	Enzyminduktion; verringerte Hydroxylierung von Cholecalciferol in der Leber [27]
	Sulfonamide	Fette, Kohlenhydrate, Proteine	↓	Hemmung/Inaktivierung von Verdauungsenzymen; verminderte Enzymsekretion
	Tetracycline	Eisen, Kalzium	↓	Verminderte Resorption durch Komplexbildung mit 2- und 3-wertigen Kationen [19, 23]
		Kalium	↓	Verstärkte renale Ausscheidung
		Vitamin C	↓	Verminderte Synthese durch die geschädigte Darmflora [9]
		Vitamin H	↓	

Tabelle 16-3. Beeinflussung von Nährstoffen durch Arzneimittel (Fortsetzung)

Arzneistoff-gruppe	Arzneistoff	Betroffener Nährstoff/ Genussstoff	Auswirkung auf Nährstoffe	Begründung
Diuretika	Furosemid	Glukose		Verminderte Glukosetoleranz
		Vitamin B_1	↓	Verstärkte renale Ausscheidung bei Langzeitanwendung [16]
	Kaliumsparende Diuretika	Kalium	≠	
		Natrium	↓	Verstärkte renale Ausscheidung
	Schleifendiuretika	Kalium, Kalzium, Magnesium, Natrium, Phosphat, wasserlösliche Vitamine, Zink	↓	Verstärkte renale Ausscheidung
	Thiazide	Cholesterin, Triglyzeride	↑	
		Glukose	↑	Verminderte Insulinsekretion; Insulinresistenz
		Kalium, Magnesium, Natrium, Phosphat, wasserlösliche Vitamine, Zink	↓	Verstärkte renale Ausscheidung
		Kalzium	↑	Verminderte renale Ausscheidung
	Triamteren	Kalzium	↓	Verstärkte renale Ausscheidung
		Folsäure	↓	Kompetitive Hemmung der Folsäureaufnahme [9, 19]
Eisenpräparate		Vitamin C, D, E	↓	
Gichtmedikamente	Allopurinol	Eisen	↑	Verstärkte Resorption
	Colchicin	Alle Nährstoffe	↓	Verringerte Resorption (herabgesetzte Integrität der absorptiven Oberfläche; Enzymschädigung [23])
	Probenecid	Glukose	↑	
	Sulfinpyrazon	Vitamin C	↓	
	Urikosurika	Aminosäuren, Carotin, Chlorid, Fett, Kalium, Kalzium, Magnesium, Natrium, Phosphor, Vitamin B_2, B_{12}	↓	Verstärkte renale Ausscheidung
Hormone	Östrogene	Glukose	↑	
		Vitamin A	↑	
		Vitamin B_6	↓	Aktivierung Pyridoxinphosphat-abhängiger Enzyme [7, 10]
	Orale Kontrazeptiva, Schilddrüsenhormone	Koffein		Verstärkte und verlängerte Koffeinwirkung
	Orale Kontrazeptiva	Eisen	↑	
		Folsäure	↓	Verminderte Resorption (Hemmung der Dekonjugase; s. Carbamazepin) [7, 9]
		Jod		Erhöhung des proteingebundenen Jodanteils
		Magnesium, Vitamin B_2, B_{12}	↓	
		Triglyzeride	↑	

Tabelle 16-3. Beeinflussung von Nährstoffen durch Arzneimittel (Fortsetzung)

Arzneistoff-gruppe	Arzneistoff	Betroffener Nährstoff/ Genussstoff	Auswirkung auf Nährstoffe	Begründung
Hormone	Orale Kontrazeptiva	Vitamin C	↓	Verstärkte Metabolisierung durch höhere, östrogeninduzierte Aktivität des Enzyms Coeruloplasmin [7, 10]
	Thyroxin	Eisen	↓	Verminderte Resorption durch Komplexbildung
Immun-suppressiva	Ciclosporin	Kalium	↑	
		Magnesium	↓	Verstärkte renale Ausscheidung
		Triglyzeride	↑	
	Kortikosteroide	Kalium, Kalzium, Phosphor	↓	Verminderte Resorption
		Folsäure, Vitamin B_6, B_{12}, Zink	↓	
		Glukose, Triglyzeride	↑	
		Natrium	↑	Verminderte renale Ausscheidung
		Protein	↓	Erhöhter Proteinkatabolismus, erniedrigte Proteinsynthese
		Vitamin C	↓	Verstärkte renale Ausscheidung
		Vitamin D	↓	Vitamin D-Antagonist [7]
Kardiaka	Amiodaron	Jod		Verminderte Aufnahme in die Schilddrüse
	Herzglykoside	Alle Nährstoffe (vor allem Kalium, Magnesium)	↓	Verminderte Resorption
Lipidsenker	Cholestyramin, Colestipol	Eisen, Kalzium, Magnesium	↓	Verminderte Resorption (Bildung schwerlöslicher Komplexe mit im Darmlumen verbleibenden freien Fettsäuren) [9, 10, 23]
		Karotin, Folsäure	↓	Verminderte Resorption
		Fett, Vitamin A, D, E, K	↓	Verminderte Resorption (Komplexbildung mit Gallensalzen) [9, 10, 11, 19, 23, 27]
		Vitamin B_{12}	↓	Verminderte Resorption (Bindung an Vitamin B_{12}-Intrinsicfactor-Komplex) [9, 10, 11, 19, 23]
	Clofibrat	Karotin, Eisen, Fett, Vitamin A, B_{12}, D, E	↓	Verminderte Resorption
	Fischöle	Vitamin E	↓	
	HMG-CoA-Reduktase-hemmer	Koenzym Q10	↓	Verminderte körpereigene Synthese [7]
Magen-Darm-Therapeutika	Aktivkohle	Vitamine, Spurenelemente	↓	
	Aluminiumhaltige Antazida	Fett, Vitamin A, D, E, K	↓	Verminderte Resorption (Komplexbildung der Antazida mit Gallensalzen) [27]
		Kalzium, Kupfer	↓	Verminderte Resorption durch Komplexbildung [23]
	Aluminiumhydroxid-haltige Antazida	Eisen	↓	Verminderte Resorption (Bildung von Eisenhydroxid)

■ Tabelle 16-3. Beeinflussung von Nährstoffen durch Arzneimittel (Fortsetzung)

Arzneistoffgruppe	Arzneistoff	Betroffener Nährstoff/ Genussstoff	Auswirkung auf Nährstoffe	Begründung
Magen-Darm-Therapeutika	Aluminiumhydroxidhaltige Antazida	Oxalat (aus Kakao, Rhabarber, Sellerie, Spinat)	↑	Durch Bindung von Kalzium und Magnesium an Aluminiumhydroxid verstärkt sich die Oxalatresorption, was zu einer erhöhten Präzipitation von Kalzium- und Magnesiumoxalat in der Niere führt (Nierensteine!) [27]
	Aluminium- oder magnesiumhaltige Antazida	Phosphat	↓	Verminderte Resorption (Bildung schwerlöslicher Aluminium- oder Magnesiumphosphate) [9, 11, 16, 27]
	Antazida	Karotin, Vitamin A	↓	Verminderte Resorption (Abspaltung aus Nahrungsproteinen durch Pepsin, das jedoch ab pH 5 nicht autoaktiviert wird) [27]
		Vitamin B_2	↓	
	Antazida/H_2-Antagonisten/Protonenpumpenhemmer	Eisen	↓	Verminderte Resorption (erhöhter Magen-pH-Wert führt zu Eisenkomplexbildung und Bildung von schlecht resorbierbarem Fe^{3+}) [27]
		Vitamin B_1	↓	Instabilität bei höheren pH-Werten [27]
		Vitamin B_2	↓	
		Folsäure	↓	Verminderte carriervermittelte Resorption der Folsäuremonoglutamate durch pH-Erhöhung im Jejunum [9, 19, 27]
		Vitamin B_{12}	↓	Erhöhter Magen-pH bewirkt verminderte Freisetzung von Vitamin B_{12} aus der Nahrung [11], dessen Schädigung sowie verminderte Bindung an »intrinsic factor« [9, 27]
	Cimetidin	Vitamin D	↓	Verminderte Hydroxylierung von Cholecalciferol in der Leber
	Cimetidin, Ranitidin	Eisen, Kalzium	↓	
	H_2-Antagonisten	Alkohol		Potenzierte Alkoholwirkung
	Laxanzien	Alle Nährstoffe	↓	Evtl. Diarrhö als NW
		Chlorid, Kalium, Kalzium, Magnesium, Natrium, Vitamine, Zink	↓	Verstärkte renale Ausscheidung
		Vitamin K	↓	Verminderte Synthese durch geschädigte Darmflora
	Magnesiumhaltige Antazida	Magnesium	↑	Bei renaler Dysfunktion evtl. Intoxikation (Übelkeit, Erbrechen, Flush, Atembeschwerden, Herzversagen)! [23, 27]
	Metoclopramid	Alkohol		Verstärkte zentraldämpfende Wirkung von Alkohol
	Mineralöl	Karotin, Kalzium, Phosphor, Vitamin A, D, E, K	↓	Keine Resorption der im Mineralöl gelösten Nährstoffe möglich [10, 23]; Ausbildung einer physikalischen Barriere zur Mukosa [23]
	Natriumbikarbonathaltige Antazida	Natrium	↑	V.a. bei älteren Personen mit Herzproblemen Herzversagen möglich! [27]
	Omeprazol	Folsäure, Vitamin K	↑	Verstärkte Synthese durch die gastrointestinale Flora [16]
	Psyllium	Vitamin B_2	↓	Verminderte Resorption
	Rizinusöl	Kalium, Kalzium	↓	Verminderte Resorption

Tabelle 16-3. Beeinflussung von Nährstoffen durch Arzneimittel (Fortsetzung)

Arzneistoff-gruppe	Arzneistoff	Betroffener Nährstoff/ Genussstoff	Auswirkung auf Nährstoffe	Begründung
Magen-Darm-Therapeutika	Sucralfat	Phosphat	↓	Bildung unlöslicher Komplexe [11, 23]
Muskel-relaxanzien	Carisoprodol	Alkohol		Potenzierte Alkoholwirkung
Psychopharmaka	Amitriptylin, Imipramin	Vitamin B_2, B_6	↓	
	Barbiturate	Glukose	↓	
		Vitamin C	↓	Verstärkte renale Ausscheidung
	Chlorpromazin	Vitamin B_2	↓	
		Triglyzeride	↑	
	Glutethimid	Kalzium	↓	Verminderte Resorption
		Vitamin D	↓	
	Lithium	Jod		Verminderte Aufnahme in die Schilddrüse
	MAO-Hemmer	Glukose	↓	
	Phenothiazine, trizyklische Antidepressiva	Vitamin B_2		Verminderter Einbau in FMN-Flavokinase [27]
	Phenothiazine	Glukose	↑	
	Trifluoperazin	Vitamin B_{12}	↓	Verminderte Resorption
Sympathomi-metika		Koffein		Verstärkte und verlängerte Koffeinwirkung
Thyreostatika	Thiouracil	Triglyzeride	↑	
Zytostatika		Alle Nährstoffe	↓	Evtl. Diarrhö/Erbrechen als NW; herabgesetzte Integrität der absorptiven Oberfläche [9]
	Actinomycin D	Kalzium	↓	Verstärkte renale Ausscheidung
	Cisplatin	Magnesium, Zink	↓	Verstärkte renale Ausscheidung
	Methotrexat	Folsäure	↓	Folsäureantagonist (Hemmung der Dihydrofolatreduktase durch direkte Bindung) [11, 19, 27]
		Kalzium, Vitamin B_{12}	↓	Verminderte Resorption durch mukosale Schädigung [11, 19]
	Procarbazin	Alkohol (auch äußerlich)		Hemmung der Aldehyd-Dehydrogenase [27]; s. Sulfonylharnstoffe
		Vitamin B_6	↓	

Tabelle 16-4. Beeinflussung der Pharmakokinetik von Arzneistoffen durch Nahrungsmittelinhaltsstoffe

Arzneistoffgruppe	Arzneistoff	Nahrungs-/Genussmittel	Auswirkung auf Arzneistoff	Begründung
Antiallergika	Terfenadin	Grapefruitsaft	↑	Die im Grapefruitsaft enthaltenen Psoralenderivate und evtl. die Flavonoide hemmen das Cytochrom P450-Enzym CYP3A4 in der Dünndarmwand und Leber. Dies vermindert die »First-pass«-Metabolisierung von Terfenadin, was zu fatalen kardialen Arrhytmien (Verlängerung des QT-Intervalls) führen kann. Genuss von Grapefruitsaft frühestens 2 h nach Arzneistoffgabe! [1, 6, 27, 30]
Antiasthmatika	Theophyllin, Theophyllinderivate	Koffeinhaltige Getränke (Coca-Cola, Kaffee, Tee)	↑	Synergismus Theophyllin-Koffein [10]; verzögerte Theophyllinausscheidung, da Methylxanthine über das Cytochrom P450-System metabolisiert werden [22, 27]
		Proteinarme/Kohlenhydratreiche Ernährung	↑	Erhöhung von $t_{0,5}$ [20]
		Proteinreiche/Kohlenhydratarme Ernährung	↓	Absenkung von $t_{0,5}$ infolge beschleunigter Arzneistoffmetabolisierung [16, 20]
	Theophyllin	Broccoli, (Blumen-/Rosen-)Kohl	↓	Verstärkte Metabolisierung (Enzyminduktion durch die enthaltenen Indolderivate)
		Fettreiche Ernährung	↑	Erhöhte Löslichkeit von Theophyllin in Gegenwart höherer Mengen an Gallensalzen und Lecithin verbessert die Absorption
		Gegrillte Produkte	↓	Verstärkte Metabolisierung (Enzyminduktion durch die gebildeten polyzyklischen aromatischen Kohlenwasserstoffe)
		Schokolade	↑	Theobromin verursacht verzögerte Theophyllin-Ausscheidung (Metabolisierung der Methylxanthine über das Cytochrom P450-System) [27]
Antidiabetika	Sulfonylharnstoffe	Alkohol (chronischer Abusus)	↓	Verstärkte Metabolisierung (Enzyminduktion von CYP2E1)
Antiepileptika	Phenytoin	Alkohol	↑	Verminderte Metabolisierung (Konkurrenz um das gleiche hepatische Enzymsystem) [27, 30]
		Alkohol (chronischer Abusus)	↓	Beschleunigte Metabolisierung durch Enzyminduktion von CYP2E1 [27, 30]
		Fettreiche Ernährung	↑	Verstärkte Resorption; s. Theophyllin
Antihypertonika	Captopril	Milch, sonstige Nahrungsmittel	↓	
	Felodipin, Nifedipin, Nimodipin, Nisoldipin, Nitrendipin, Verapamil	Grapefruitsaft	↑	Verminderte »First-pass«-Metabolisierung, was zu einer Erhöhung der Bioverfügbarkeit bis zu 24 h nach Einnahme führt [1, 6, 10, 22]; s. Terfenadin
	Hydralazin	Milch, sonstige Nahrungsmittel	↑	
	Methyldopa	Proteinreiche Nahrungsmittel	↓	Verminderte Resorption durch die Aminosäuren des Nahrungsproteins [9, 10, 12]
Antikoagulanzien	Cumarinderivate	Grapefruitsaft	↑	Verminderte Bildung des 7-Hydroxymetaboliten durch Hemmung des CYP2A6; verzögerte renale Exkretion des Hauptmetaboliten [1, 6]
	Warfarin	Alkohol (chron. Abusus)	↓	Verstärkte Metabolisierung
		Brokkoli, (Blumen-/ Rosen-)Kohl	↓	Verstärkte Metabolisierung; s. Theophyllin
		Gegrillte Produkte	↓	Verstärkte Metabolisierung; s. Theophyllin
Antiparkinsonmittel	Levodopa	Eisenhaltige Nahrungsmittel	↓	Verminderte Resorption durch Chelatbildung [16]

Tabelle 16-4. Beeinflussung der Pharmakokinetik von Arzneistoffen durch Nahrungsmittelinhaltsstoffe (Fortsetzung)

Arzneistoff-gruppe	Arzneistoff	Nahrungs-/Genussmittel	Auswirkung auf Arzneistoff	Begründung
Antiparkinson-mittel	Levodopa	Kohlenhydratreiche Nahrungs-mittel	↑	Verstärkte Absorption
		Proteinreiche Nahrungsmittel	↓	Verminderte Resorption durch neutrale Aminosäuren des Nahrungsproteins (Isoleuzin, Leuzin, Tryptophan, Tyrosin, Valin); verringerter Levodopaspiegel im Gehirn infolge einer Kompetition um das Transportsystem, welches die Blut-Hirn-Schranke überwindet [9, 12, 16, 29, 30]
		Vitamin B_6-reiche Nahrungsmittel	↓	Verstärkte periphere Decarboxylierung (Pyridoxin als Kofaktor für die Dopa-Decarboxylase); Effekt jedoch nicht bei Kombination mit peripherem Decarboxylase-Inhibitor [7, 9, 27, 30]
Antiphlogistika/ Antirheumatika/ Analgetika	Codein, Morphin, Pethidin	Eiweißarme/kohlenhydratreiche/ pflanzliche Nahrungsmittel, Zitrussäfte		Alkalisierung des Harns bewirkt verminderte Ausscheidung der schwachen Basen mit dementsprechender Wirkungsverlängerung
	Paracetamol	Ballaststoffreiche Ernährung	↓	Verminderte Resorption
	Phenacetin	Brokkoli, (Blumen-, Rosen-)Kohl	↓	Verstärkte Metabolisierung; s. Theophyllin
		Gegrillte Produkte	↓	Verstärkte Metabolisierung; s. Theophyllin
	Phenylbutazon	Eiweißreiche Nahrungsmittel		Säuerung des Harns bewirkt verstärkte Rückresorption der schwachen Säure und dementsprechend Wirkungsverlängerung
Chemo-therapeutika	Aminoglykoside	Eiweißarme Nahrungsmittel		Wirkungsverlängerung als Folge einer verstärkten Rückresorption (proteinarme Ernährung vermindert die Produktion an Säureresten, was die Sekretion von H^+ verringert; dies verstärkt die Rückresorption von basischen Arzneistoffen, die somit weniger häufig in ihrer ionisierten Form vorliegen) [10, 27]
		Eiweißreiche Nahrungsmittel		Wirkungsverkürzung [10]
	Chloroquin	Eiweißarme/kohlenhydratreiche/ pflanzliche Nahrungsmittel, Zitrussäfte		Wirkungsverlängerung; s. Codein/Morphin/Pethidin
	Griseofulvin	Milch, Fettreiche Nahrungsmittel	↑	Verstärkte Resorption; s. Theophyllin
	Gyrasehemmer	Milch, Milchprodukte, Fleisch	↓	Verminderte Resorption infolge Komplexbildung mit 2-wertigen Kationen (vor allem Eisen, Kalzium) [9, 10, 22]
	Isoniazid, Rifampicin	Milch, sonstige Nahrungsmittel	↓	
	Itraconazol	Fettreiche Nahrungsmittel	↑	Verstärkte Resorption; s. Theophyllin
	Itraconazol, Ketoconazol	Coca-Cola	↑	
	Neomycin	Fettreiche Nahrungsmittel	↓	Verminderte Resorption (Komplexbildung mit Gallensalzen) [22]
	Nitrofurantoin, Sulfonamide	Eiweißreiche Nahrungsmittel		Wirkungsverlängerung; s. Phenylbutazon
	Saquinavir	Grapefruitsaft	↑	Verminderte »First-pass«-Metabolisierung; s. Terfenadin [6]
	Tetracycline	Milch, Milchprodukte, Fleisch	↓	Verminderte Resorption als Folge einer Komplexbildung mit 2-wertigen Kationen (v. a. Eisen, Kalzium, Magnesium, Zink) [9, 12, 22, 30]. *Ausnahmen*: Doxycyclin, Minocyclin [29]

Tabelle 16-4. Beeinflussung der Pharmakokinetik von Arzneistoffen durch Nahrungsmittelinhaltsstoffe (Fortsetzung)

Arzneistoff-gruppe	Arzneistoff	Nahrungs-/Genussmittel	Auswirkung auf Arzneistoff	Begründung
Desinfizientia	Bärentraubenblätter-präparat	Eiweißreiche Kost	↓	Verstärkte renale Ausscheidung durch Ansäuerung des Harns infolge des hohen Proteingehalts
		Pflanzliche Kost	↑	Verminderte renale Ausscheidung durch Harnalkalisierung
Diuretika	Spironolacton	Fettreiche Nahrungsmittel	↑	Verstärkte Resorption; s. Theophyllin
Eisenpräparate		Fruchtsaft	↑	
Gichtmedika-mente	Allopurinol	Proteinarme Ernährung	↑	Verminderte Metabolisierung von Allopurinol zu seinem aktiven Hauptmetaboliten Oxypurinol [30]; verminderte Clearance von Allopurinol durch erhöhte tubuläre Rückresorption von Oxypurinol [10, 27, 30]
	Probenecid	Proteinreiche Ernährung		Wirkungsverlängerung; s. Phenylbutazon
Hormone	Östradiolderivate	Grapefruitsaft	↑	Verminderte Metabolisierung des Östronmetaboliten zu sekundären Metaboliten [1, 6]; s. Terfenadin
		Vitamin C-reiche Ernährung (≥1 g/24 h)	↑	Verminderung der »First-pass«-Metabolisierung in der Darmwand
Immun-suppressiva	Ciclosporin	Grapefruitsaft	↑	Verminderte »First-pass«-Metabolisierung, was die Gefahr unkontrollierbarer Aktivitätssteigerung erhöht [1, 6, 10, 22, 30]; s. Terfenadin
		Milch, Nahrungsmittel mit hohem Anteil an ungesättigten Fetten	↑	
Kardiaka	Atenolol, Nadolol, Propranolol, Timolol	Milch, sonstige Nahrungsmittel	↑	Verminderte »First-pass«-Metabolisierung
	Chinidin	Alkalisierende Kost	↑	Verstärkte Resorption der schwachen Base bei erhöhtem pH-Wert
		Grapefruitsaft	↑	Verminderte »First-pass«-Metabolisierung [6]; s. Terfenadin
		Säuernde Kost	↓	Verminderte Resorption der schwachen Base bei erniedrigtem pH-Wert [10]
		Proteinarme Ernährung	↑	Verhältnis zwischen im Plasma freiem und proteingebundenem Arzneistoff erhöht
	Chinidin, Procainamid	Proteinarme Ernährung		Wirkungsverlängerung [27]; s. Aminoglykoside
		Kohlenhydratreiche/pflanzliche Nahrungsmittel, Zitrussäfte		Wirkungsverlängerung; s. Codein/Morphin/Pethidin
	Propranolol	Proteinreiche Nahrungsmittel	↑	Verminderte »First-pass«-Metabolisierung, allerdings nur bei Einmalgabe von Propranolol! [27]
		Proteinreiche, kohlenhydratarme Nahrungsmittel	↓	Beschleunigte Arzneistoffmetabolisierung [30]
Lipidsenker	HMG-CoA-Reduktase-hemmer	Ballaststoffreiche Nahrungsmittel (Kleie, Getreideflocken, Pektinkost)	↓	Verminderte Resorption
	Atorvastatin, Lovastatin, Simvastatin	Grapefruitsaft	↑	Verminderte »First-pass«-Metabolisierung [26]; s. Terfenadin

Tabelle 16-4. Beeinflussung der Pharmakokinetik von Arzneistoffen durch Nahrungsmittelinhaltsstoffe (Fortsetzung)

Arzneistoffgruppe	Arzneistoff	Nahrungs-/Genussmittel	Auswirkung auf Arzneistoff	Begründung
Magen-Darm-Therapeutika	Cisaprid	Grapefruitsaft	↑	Verminderte »First-pass«-Metabolisierung, was die Gefahr von lebensgefährlichen Herzrhytmusstörungen erhöht [3]; s. Terfenadin
	Ondansetron	Brokkoli, (Blumen-/Rosen-)Kohl	↓	Verstärkte Metabolisierung; s. Theophyllin
		Gegrillte Produkte	↓	Verstärkte Metabolisierung; s. Theophyllin
	Sucralfat	Proteinreiche Nahrungsmittel	↓	Verminderte Resorption infolge Bildung unlöslicher Komplexe [16]
Osteoporosetherapeutika	Biphosphonate, Natriumfluorid	Milch	↓	Verminderte Resorption (Komplexbildung mit dem Kalzium der Milch) [22]
Psychopharmaka	Amitriptylin, Clomipramin, Imipramin, Lofepramin, Maprotilin, MAO-Hemmer	Bohnenkaffee, Coca-Cola, Kakao, schwarzer Tee, Schokolade	↓	Verminderte Resorption (Bildung unlöslicher Komplexe mit Xanthinderivaten)
	Barbiturate	Alkohol (chronischer Abusus)	↓	Verstärkte Metabolisierung führt zur Toleranzentwicklung
		Eiweißreiche Ernährung		Wirkungsverlängerung; s. Phenylbutazon
	Butyrophenone, Phenothiazine, Thioxanthene	Bohnenkaffee, Fruchtsäfte, Milch, schwarzer Tee	↓	Verminderte Resorption durch Bildung unlöslicher Komplexe [10]
	Diazepam	Fettreiche Nahrungsmittel	↑	Verdrängung von Diazepam aus seinen Proteinbindungsstellen im Blut durch Fette erhöht den Plasmaspiegel an freiem, wirksamem Arzneistoff [9]
		Proteinarme Ernährung	↑	Verhältnis zwischen im Plasma freiem und proteingebundenem Arzneistoff erhöht
	Imipramin	Eiweißarme/kohlenhydratreiche/pflanzliche Nahrungsmittel, Zitrussäfte		Wirkungsverlängerung; s. Codein/Morphin/Pethidin
	Lithium	Salzarme Diät, geringe Flüssigkeitsaufnahme	↑	Verminderte Li^+-Ausscheidung bzw. verstärkte Li^+-Rückresorption bei niedriger Na^+-Konzentration kann evtl. zur Lithiumintoxikation führen! [10, 12]
		Überreichliche Salzzufuhr, hohe Flüssigkeitsaufnahme	↓	Verstärkte Li^+-Ausscheidung bei hoher Na^+-Konzentration [10, 12]
	Midazolam, Triazolam	Grapefruitsaft	↑	Verminderte »First-pass«-Metabolisierung, was allerdings auch bei Midazolam zu einem verzögerten Wirkungseintritt führt (aufgrund einer verminderten Bildung des Hydroxylmetaboliten) [1, 6, 26]; s. Terfenadin
	Tacrin	Brokkoli, (Blumen-/Rosen-)Kohl	↓	Verstärkte Metabolisierung; s. Theophyllin
		Gegrillte Produkte	↓	Verstärkte Metabolisierung; s. Theophyllin
Zytostatika	Methotrexat	Milch, Joghurt, Sahne	↓	Verminderte Resorption

Tabelle 16-5. Beeinflussung der Pharmakodynamik von Arzneistoffen durch Nahrungsmittelinhaltsstoffe

Arzneistoffgruppe	Arzneistoff	Nahrungs-/Genussmittel	Beeinflussung der Wirkung/ Nebenwirkungen; sonstige auftretende Effekte	Begründung
Antiasthmatika	Theophyllin, Theophyllinderivate	Koffeinhaltige Getränke	↑	Synergismus zwischen Theophyllin und Koffein [9, 10]
Antidiabetika	Acarbose	Sorbit	↑ (Gastrointestinale Nebenwirkungen)	[10]
	Sulfonylharnstoffe	Alkohol	↑ (Hypoglykämie)	[27]
Antiepileptika	Phenobarbital,	Koffeinhaltige Getränke	↓	Wahrscheinlich über Adenosin vermittelt [27]
Antihypertonika	Valproinsäure	Natriumarme Diät	↑	
	Molsidomin, Nitrate, Triamteren, Xipamid	Alkohol	↑	[22]
Antikoagulanzien		Bitter Lemon	↑	Wirkungsverstärkung durch im Bitter Lemon vorhandenes Chinin [22]
		Eiweißreiche Nahrungsmittel	↓	Bindung der Antikoagulanzien an Nahrungseiweiß [22]
	Cumarinderivate	Alkohol	↑	[22]
		Cumarinreiche Vegetabilien (Waldmeister, Steinklee, Tonkabohnen)	↑	[10, 12, 27]
		Fischöl	↑	verstärkte antikoagulatorische Wirkung durch die enthaltenen ω-3-Fettsäuren [16]
		Gekochte/gebratene Zwiebeln	↑ (Fibrinolyse)	[12]
		Vitamin K-haltige Nahrungsmittel (Avocado, Blumenkohl, Brokkoli, Eigelb, Grüner Tee, Kohl, Leber, Rosenkohl, Rote Beete, Spinat)	↓	[9, 10, 12, 27, 30]
		Vitamin E-haltige Nahrungsmittel	↓	Hemmung der Vitamin K-abhängigen Carboxylierung von Gerinnungsfaktoren aufgrund der Strukturähnlichkeit zwischen Vitamin K und Vitamin E
Antiparkinsonmittel	Levodopa	Große Bohnen (Saubohnen), exotische Leguminosearten	↑	Genannte Nahrungsmittel weisen hohen natürlichen Levodopagehalt auf [10]
Antiphlogistika/ Antirheumatika/ Analgetika	Acetylsalicylsäure, Phenylbutazon	Alkohol	↑ (Ulzerationen im Magen-Darm-Bereich)	[22]
	Opioidanalgetika	Alkohol	↑ (Atemdepression)	[22]
	Paracetamol	Alkohol	↑ (Leberschädigung)	[22]
Chemotherapeutika	Ampicillin, Cloxacillin, Erythromycin, Penicillin V	Fruchtsäfte	↓	Säureinstabilität der genannten Arzneistoffe

Tabelle 16-5. Beeinflussung der Pharmakodynamik von Arzneistoffen durch Nahrungsmittelinhaltsstoffe (Fortsetzung)

Arzneistoff-gruppe	Arzneistoff	Nahrungs-/Genussmittel	Beeinflussung der Wirkung/ Nebenwirkungen; sonstige auftretende Effekte	Begründung
Chemo-therapeutika	Furazolidon, Isoniazid	Nahrungsmittel mit hohem Tyramin- (Bier, abgehangenes Wild, Erdnüsse, eingelegter gereifter Käse, Hefeextrakt, Hering, Himbeeren, Hühner-/Rindsleber, Joghurt, Sahne, Salami, Sauerkraut, Schokolade, (Chianti-)Wein) oder Dopamingehalt (dicke Bohnen)	Hypertone Krise	Durch die Hemmung der Monoaminoxidase nimmt einerseits die synaptische Konzentration an Adrenalin, Noradrenalin und Serotonin zu; andererseits kann Tyramin im Gastrointestinaltrakt oder in der Leber nicht mehr oxidativ deaminiert werden, sodass dessen systemische Resorption und Aufnahme ins Gehirn zur verstärkten Freisetzung von Norepinephrin, einem blutdrucksteigernden Sympathomimetikum, aus Speichervesikeln führt. Risiko wird durch zusätzlichen Eisenmangel noch erhöht! [10, 27]
	Isoniazid	Thunfisch	»Histaminvergiftung«	Hemmung der Enzyme Histaminase/Monoaminoxidase kann zu Symptomen wie Gesichtsrötung, Jucken von Augen, Gesicht und Handflächen oder Kopfschmerzen führen [27]
	Sulfonamide	Eiweißreiche Nahrungsmittel	↓	Bindung der Sulfonamide an Nahrungseiweiß [22]
Desinfizientia	Chlorhexidin	Stark gesüßte Getränke	↓	Inaktivierung von Chlorhexidin durch Saccharose [22]
Dermato-therapeutika	Benzoylperoxid	Zimt, benzoesäurehaltige Nahrungsmittel	Hautausschlag	[12]
Diuretika		Lakritze	↓	Mineralkortikoide Wirkung von Lakritze (verminderte Wasser- und Natrium-Ausscheidung, erhöhte Kalium-Ausscheidung) [27]
	Kaliumsparende Diuretika	Kaliumreiche Fruchtsäfte/ Kochsalzersatzpräparate	↑ (Serumkaliumspiegel-erhöhung)	
	Thiazide	Lakritze	↑ (Serumkaliumspiegel-erniedrigung)	Mineralkortikoide Wirkung von Lakritze [12, 22]
Eisenpräparate		Bohnenkaffee, grüner/schwarzer Tee, Matetee	↓	Bindung des Eisens durch enthaltene Gerbstoffe
		Eiweißreiche Nahrungsmittel	↓	Bindung des Eisens an Nahrungseiweiß [22]
Immun-suppressiva	Kortikosteroide	Lakritze	↑ (mineralkortikoide Wirkung)	Mineralkortikoide Wirkung von Lakritze [27]; s. Diuretika
Kalzium-präparate		Coca-Cola	↓	Bildung von Kalziumphosphat mit dem in Colagetränken vorhandenen Phosphat [22]
Kardiaka	Herzglykoside	Bitter Lemon	↑	Wirkungsverstärkung [21]; s. Antikoagulanzien
		Eiweißreiche Nahrungsmittel	↓	Bindung der Herzglykoside an Nahrungseiweiß [22]
		Lakritze	↑	Mineralkortikoide Wirkung von Lakritze (s. Diuretika) verringert die Serumkaliumkonzentration, was die Blockade der Na^+/K^+-ATPase potenziert und zu einer beeinträchtigten Herzmuskelfunktion mit dem Risiko kardialer Arrhythmien führt [12]
Magen-Darm-Therapeutika	Aluminium-/ Magnesiumhaltige Antazida	Zitrusfrüchte, Zitrussäfte	↑ (Serumaluminiumspiegelerhöhung)	Durch Reaktion der Zitrate mit Aluminium ergibt sich ein Anstieg des Aluminiumserumspiegels, was bei dialysepflichtigen Nierenkranken zu neuronalen Störungen wie Verwirrung und Krämpfe führen kann! [22]

Tabelle 16-5. Beeinflussung der Pharmakodynamik von Arzneistoffen durch Nahrungsmittelinhaltsstoffe (Fortsetzung)

Arzneistoff-gruppe	Arzneistoff	Nahrungs-/Genussmittel	Beeinflussung der Wirkung/ Nebenwirkungen; sonstige auftretende Effekte	Begründung
Magen-Darm-Therapeutika	Kalziumcarbonat, Natriumbicarbonat	Milch	Sog. Milch-Alkali-Syndrom mit Hyperkalzämie, Kalziumpräzipitation in der Niere und fortschreitender renaler Insuffizienz	[27]
	Laxanzien	Lakritze	↑ (Serumkaliumspiegelerniedrigung)	Mineralkortikoide Wirkung von Lakritze (s. Diuretika) führt zu erhöhtem Risiko kardialer Arrhytmien [22]
Muskel-relaxanzien		Bitter Lemon	↑	Wirkungsverstärkung [22]; s. Antikoagulanzien
Psychopharmaka		Koffein	↓	[22]
	Antidepressiva, Hypnotika, Neuroleptika, Tranquillantien	Alkohol	↑ (Zentraldämpfende Wirkung)	[22]
	Haloperidol	Vitamin C-reiche Nahrungsmittel	↑	Evtl. verstärkt Vitamin C die Blockade von Dopaminrezeptoren im Gehirn [26]
	Lithium	Koffein	↑	Lithiumintoxikation möglich!
	MAO-Hemmer	Nahrungsmittel mit hohem Tyramin- oder Dopamin-Gehalt	Hypertone Krise	Siehe Chemotherapeutika (Furazolidon/Isoniazid); vor allem bei nicht-selektiven irreversiblen MAO-Hemmern (Tranylcypromin) auf reduzierte Aufnahme von Tyramin und Dopamin von 1 Tag vor bis 3 Wochen nach Arzneimitteleinnahme achten; bei der Einnahme von selektiven, reversiblen MAO-Hemmern (Moclobemid, Selegilin) sollten Nahrungsmittel mit sehr hohem Tyramingehalt (z. B. konzentrierter Hefeextrakt) gemieden werden! [10, 11, 12, 27]
		Alkohol	Gefahr disulfiramartiger Intoleranzreaktionen	[10]
Zytostatika	Alkylanzien	Koffeinhaltige Getränke	↑ (Zytotoxizität)	Evtl. beschleunigt Koffein den Durchgang durch die G_2-Phase des Zellzyklus, sodass geschädigte DNA nicht mehr effektiv repariert werden kann [27]
	Methotrexat	Folsäurereiche Nahrungsmittel	↓	Folsäureantagonist [30]
	Procarbazin	Nahrungsmittel mit hohem Tyramin- oder Dopamin-Gehalt	Hypertone Krise	Siehe Chemotherapeutika (Furazolidon/Isoniazid) [10, 27]

Gesamtmenge wenig von Bedeutung. Allerdings fallen Abweichungen in der Resorptionsgeschwindigkeit bei solchen Arzneistoffen ins Gewicht, die eine kurze Halbwertszeit besitzen oder bei denen schnell ein hoher Plasmaspiegel erreicht werden muss [16].

Eine generelle Aussage, wie sich die Nahrung auf die Pharmakokinetik des betreffenden Arzneistoffs auswirkt, kann daher nicht getroffen werden.

16.4.2 Beeinflussung der Pharmakodynamik von Arzneistoffen durch Nahrungsmittelinhaltsstoffe

In selteneren Fällen beeinträchtigen Nährstoffe direkt den Wirkmechanismus von Arzneimitteln. Folglich können durch bestimmte Nährstoffe entweder die eigentliche Wirkung oder die Nebenwirkungen des Arzneimittels abgeschwächt bzw. verstärkt werden.

Weiterhin können auch andere Effekte durch die gleichzeitige Einnahme von Arzneimittel und Nahrungsmittel hervorgerufen werden. ▫ *Tabelle 16-5* gibt eine Übersicht über mögliche Veränderungen der pharmakodynamischen Eigenschaften von Medikamenten durch Nährstoffe.

16.4.3 Einnahmezeiten und -empfehlungen

Grundsätzlich sollten Arzneimittel immer unter gleichen Bedingungen eingenommen werden, d. h. entweder nüchtern (d. h. mindestens 1 h vor bzw. 2 h nach der Mahlzeit), was den schnellsten Wirkungseintritt ermöglicht, oder mit/unmittelbar nach einer Mahlzeit, wenn die betreffenden Arzneistoffe bei Nüchterneinnahme häufig zu Magen-Darm-Unverträglichkeiten (z. B. NSAR) oder zu unerwünschten Plasmaspitzenkonzentrationen führen. Die Magenverträglichkeit eines Medikaments lässt sich ebenfalls durch den Genuss einer voluminösen, ballaststoffreichen Mahlzeit verbessern. Bei der Nüchterneinnahme sollte auf einen jeweils gleichen zeitlichen Abstand zur vorausgegangenen oder folgenden Mahlzeit geachtet werden [29].

Bei einigen Arzneistoffen gibt es in Bezug auf die empfohlenen Einnahmezeiten widersprüchliche Aussagen, sodass hier keine allgemein gültige Empfehlung gegeben werden kann.

16.5 Medikamenteneinnahme bei Unterernährung

Generell ist die Magenentleerung bei Mangelernährung verzögert [16]. Die Dosierung von Medikamenten bei der Verabreichung an Unterernährte ist grundsätzlich an das jeweilige Körpergewicht anzupassen. Zusätzlich sind noch folgende Punkte zu beachten:

Bei einer Proteinunterernährung (Marasmus/Kwashiorkor) werden aufgrund einer ungenügenden Pankreasfunktion »Prodrugs«, die in Form von Estern vorliegen (z. B. einige Antibiotika), nicht oder nur unvollständig gespalten. Eine weitere Folge der Proteinunterernährung ist der Mangel an Plasmaeiweißen wie Albumin.

Diejenigen Arzneistoffe, die normalerweise eine hohe Plasmaeiweißbindung besitzen (z. B. Cloxacillin, Digoxin, Flucloxacillin, Streptomycin, Sulfamethoxazol, Thiopental), liegen demnach zu einem höheren Anteil in ihrer freien und somit aktiven Form vor, was zu Überdosierungen führen kann. Erhöhte Plasmaspiegel können ebenfalls bei einer Dysfunktion von Leber oder Nieren aufgrund einer abgeschwächten Metabolisierung (z. B. bei Chloramphenicol, Isoniazid, Paracetamol, Phenobarbital, Salicylat, Sulfadiazin, Sulfamethoxazol) bzw. Ausscheidung (z. B. bei Penicillin, Streptomycin) auftreten. Bei schwerer Proteinunterernährung ist die Absorption von Chloramphenicol, Chloroquin, Rifampicin und Tetracyclin verzögert oder reduziert. Ebenso ist bei schwerer Proteinunterernährung der Speicher an antioxidativ wirkenden Substanzen (Carotenoide, Glutathion, Selen, Vitamin C, Vitamin E) erschöpft. Das kann bei bestimmten Arzneistoffen zu erhöhten Spiegeln an toxischen Abbauprodukten führen [26].

16.6 Einnahme von Medikamenten während der Stillperiode

Einige Medikamente sind in der Lage, die Menge an Milch bzw. die Nährstoffzusammensetzung in der Milch zu verändern oder sich in der Milch anzureichern:

Unter den oralen Kontrazeptiva neigen die Östrogen-Gestagenkombinationen dazu, das Milchvolumen zu reduzieren, während reine Gestagenpillen keinen Einfluss auf die Milchmenge haben. Der Arzneistoff Propylthiouracil sowie Opioide und Tetrahydrocannabinol reichern sich in der Muttermilch an. Ebenso sind radioaktive Arzneistoffe, Arzneistoffe, die im Neugeborenen nur geringfügig metabolisiert werden können und solche, die Allergien, Agranulozytose oder Blutungen hervorrufen, während der Stillzeit kontraindiziert. Dazu gehören z. B. Chloramphenicol, Diazepam, Indomethacin, Lithium, Reserpin und Zytostatika [26].

Literatur

1. Ameer B, Weintraub RA (1997) Drug interactions with grapefruit juice. Clin Pharmacokinet 33: 103–121
2. Bekhti A (1985) Serum concentrations of mebendazole in patients with hydatid disease. Int J Clin Pharmacol Ther Toxicol 23: 633–641
3. Brauer KG, Ditzel P (Hrsg) (2000) Wichtige Mitteilungen Arzneimittelkommission der Deutschen Apotheker: Ruhen der Zulassungen Cisaprid-haltiger Arzneimittel. Dtsch Apotheker Z 27: 10–12
4. Christon R, Fernandez Y, Cambon-Gros C et al. (1988) The effect of dietary essential fatty acid deficiency on the composition and properties of the liver microsomal membrane of rats. J Nutr 118: 1311–1318
5. Dinh L, Dumont O, Durand G (1994) Comparison of liver microsome enzyme and fatty acid composition recovery in adult and old rats deficient in a diet containing 18:3n-3. Biochem Mol Biol Int 32: 869–877
6. Fuhr U (1998) Drug interactions with grapefruit juice. Extent, probable mechanism and clinical relevance. Drug Safety 18: 251–272
7. Gröber U (1999) Vitaminräuber und Wirkstoffkiller. PTA heute 2: 117–122
8. Guengerich FP (1984) Effects of nutritive factors on metabolic processes involving bioactivation and detoxification of chemicals. Annu Rev Nutr 4: 207–231
9. Hahn A (1999) Ernährung und Medikamente. In: Biesalski HK, Fürst P, Kasper H et al. (Hrsg) Ernährungsmedizin, 2. Aufl. Thieme, Stuttgart, S 657–667
10. Heepe F (1998) Krankenernährung: Arzneimitteltherapie, adjuvante diätetische Maßnahmen. In: z (Hrsg) Diätetische Indikationen – Basisdaten für die interdisziplinäre Ernährungstherapie. 3. Aufl. Springer, Berlin Heidelberg New York Tokio, S 152–167
11. Heimburger DC, Weinsier RL (1997) Drug-nutrient interactions. In: Heimburger DC, Weinsier RL (eds) Handbook of clinical nutrition. 3rd edn, Mosby, St. Louis, pp 313–335
12. Keller U, Meier R, Bertoli S (1992) Medikamente und Ernährung. In: Keller U, Meier R, Bertoli S (Hrsg) Klinische Ernährung. Verlag Chemie, Weinheim, S 257–261
13. Kenyon CJ, Cole ET, Wilding IR (1994) The effect of food on the in vivo behavior of enteric coated starch capsules. Int J Pharm 112: 207–213
14. Klang M, Kochevar M, Rollins C (2000) Medications via feeding tube: issues and controversies. Workshop on ASPEN Congress 23.01.–26.01.2000, pp 429–440
15. Kwei GY, Zaleski J, Thurman RG et al. (1991) Enzyme activities associated with carcinogen metabolism in liver and nonhepatic tissues of rats maintained on high fat and food-restricted diets. J Nutr 121: 131–137
16. Laureno R (2001) Enteral feeding: drug/nutrition interaction. Clin Nutr 2: 187–193
17. Marvola M, Kannikoski A, Aito H et al. (1989) The effect of food on gastrointestinal transit and drug absorption of a multiparticular sustained release verapamil formulation. Int J Pharm 53: 145
18. McLean AJ, McNamara PJ, duSouich P et al. (1978) Food, splanchnic blood flow, and bioavailability of drugs subject to first-pass metabolism. Clin Pharmacol Ther 24: 5–10
18. Müller MJ, Przyrembel H (1998) Wechselwirkungen zwischen Medikamenten und Ernährung. In: Müller MJ (Hrsg) Ernährungsmedizinische Praxis – Methoden, Prävention, Behandlung. Springer, Berlin Heidelberg New York Tokio, S 425
20. Pfeifer S (1993) Einfluss von Nahrung auf die Pharmakokinetik von Arzneistoffen. Pharmazie 48: 3–16
21. Richter WO, Jacob BG, Schwandt P (1991) Interaction between fibre and lovastatin. Lancet 338: 706
22. Schmidt M (1999) Eisen und Milch – geht das zusammen? PTA heute 4: 349–352
23. Thomson CA, Rollins CJ (1997) Nutrient-drug interactions. In: Rombeau JL, Rolandelli RH (eds) Clinical nutrition – Enteral and tube feeding, 3rd edn. Saunders, Philadelphia, pp 523–539
24. Thurman RG, Kauffman FC (1980) Factors regulating drug metabolism in intact hepatocytes. Pharmacol Rev 31: 229–251
25. Toothaker RD, Welling PG (1980) The effect of food on drug bioavailability. Annu Rev Pharmacol Toxicol 20: 173–199
26. Truswell SA (2000) Drug-diet interactions. In: Garrow JS, James WPT, Ralph A (eds) Human nutrition and dietetics, 10th edn, Churchill Livingstone, Edinburgh, pp 829–835
27. Utermohlen V (1999) Diet, nutrition, and drug interactions. In: Maurice E, Shils I (eds) Modern nutrition in health and disease, 9th edn. Williams & Wilkins, Baltimore, pp 1619–1641
28. Vidon N, Evard D, Godbillon J et al. (1985) Investigation of drug absorption from the gastrointestinal tract of man. Metoprolol in the jejunum and ileum. Br J Clin Pharmacol 19: 107S–112S
29. Von Herrath D, Thimme W (1997) Wechselwirkungen zwischen Arzneimitteln und Nahrungsmitteln. Arzneimittelbrief 12: 89–91
30. Williams L, Hill DP, Davis JA et al. (1996) The influence of food on the absorption and metabolism of drugs: an update. Eur J Drug Metab Pharmacokinet 21: 201–211
31. Williams RL, Mordenti J, Upton RA et al. (1987) Effects of formulation and food on the absorption of hydrochlorothiazide and triamterene or amiloride from combination diuretic products. Pharm Res 4: 348–352

Nutraceutics, Functional Food und Medical Food

P. Stehle, T. Henn

Bedingt durch neue Erkenntnisse über die Rolle der Ernährung in der Prävention chronischer Erkrankungen befindet sich die ernährungswissenschaftliche und ernährungsmedizinische Forschung gegenwärtig in einer Phase der Neuorientierung. Aktuelle Arbeiten belegen, dass zahlreiche Lebensmittelinhaltsstoffe nicht nur sog. »nutritive« Eigenschaften (z. B. als Energiesubstrat, als Stickstofflieferant oder als essenzielles Substrat) aufweisen, sondern additive *»pharmakologische«* Effekte besitzen. Eine adäquate Zufuhr dieser Nährstoffe mit »added value« soll das Risiko für Gefäßkrankheiten, Krebs und anderen chronische Erkrankungen vermindern [1, 24]. In der Therapie soll die Aufnahme sog. *»bedingt unentbehrlicher Nährstoffe«* die Genesung unterstützen.

Generell geht es heute bei der Definition einer adäquaten, bedarfsdeckenden Ernährung als Präventiv- bzw. Therapiemaßnahme nicht mehr nur um die Vermeidung von Mangelzuständen, sondern um eine maximale Unterstützung von Gesundheit und Lebensqualität.

Diese wissenschaftliche Neuorientierung beeinflusst in erheblichem Maße die Entwicklung und Produktion von Lebensmitteln. Unter Verwendung von innovativen Technologien und unter Berücksichtigung von neuartigen Kriterien zur Beurteilung der Produktqualität wird eine neue Generation von Lebensmitteln produziert. Die Verbraucher werden mit Begriffen wie »nutraceutics«, »functional food«, »designer food«, »novel food«, und »medical food« konfrontiert [9]. Die Bevorzugung dieser Produkte gegenüber traditionellen Lebensmitteln soll entsprechend den Werbeaussagen die Gesundheit fördern, das Risiko für bestimmte Erkrankungen vermindert und – zumindest in einigen Fällen – bereits vorliegende Krankheiten (mit)therapieren. Einige dieser »funktionellen« Lebensmittel wie z. B. Pro-, Prä- oder Synbiotika haben bereits ihren festen Platz in den Regalen der Lebensmittelmärkte gefunden.

Im Bereich der klinischen Ernährung wird immer häufiger auf maßgeschneiderte Produkte für eine krankheitsbezogene Ernährungstherapie zurückgegriffen (»medical food«).

17.1 Nutraceutics

Die Erkenntnis, dass verschiedene Nährstoffe nicht nur die bekannten nutritiven Eigenschaften aufweisen, sondern auch noch weitergehende »pharmakologische« Effekte zeigen, hat Ende der 1980er Jahre zur Einführung eines neuen Begriffes in der Lebensmittelwissenschaft geführt: Als »nutraceutics« (zusammengesetzt aus *nutri*ent und pharm*aceutics*) werden Nahrungsmittelinhaltsstoffe bezeichnet, deren zusätzliche pharmakologische Eigenschaften in irgendeiner Form die Gesundheit des Menschen fördern [4]. Dies beinhaltet sowohl die Vorsorge als auch die Therapie von Krankheiten. Das Vorkommen dieser im Sinne der Gesundheit »wünschenswerten« bzw. »wertgebenden« Lebensmittelbestandteile ist die stoffliche Grundlage für die Konzeption von »functional food«.

«*Nutraceutics*« sind hinsichtlich ihrer gesundheitsfördernden bzw. therapeutischen Wirkung den Makro- bzw. Mikronährstoffen übergeordnet (◘ *Abb. 17-1*). Tatsächlich können einige als Makro- bzw. Mikronährstoffe eingeordnete Nährstoffe in Abhängigkeit von Dosierung und Art der Verabreichung zusätzliche pharmakologische Eigenschaften aufweisen. Mehrheitlich werden den »nutraceutics« jedoch Lebensmittelinhaltsstoffe zugeordnet, die bisher nicht oder nur sehr eingeschränkt im Focus des ernährungswissenschaftlichen Interesses standen (*Beispiel:* sekundäre Pflanzenstoffe). ◘ *Tabelle 17-1* zeigt eine aktuelle Auflistung potenzieller »nutraceutics«. Vorkommen, Struktur und Wirkung dieser Lebensmitteleinhaltsstoffe sind sehr unterschiedlich. In vielen Fällen wird jedoch postuliert, dass diese Nährstoffe auf direkte bzw. indirekte Weise die Immunantwort modulieren bzw. regulieren.

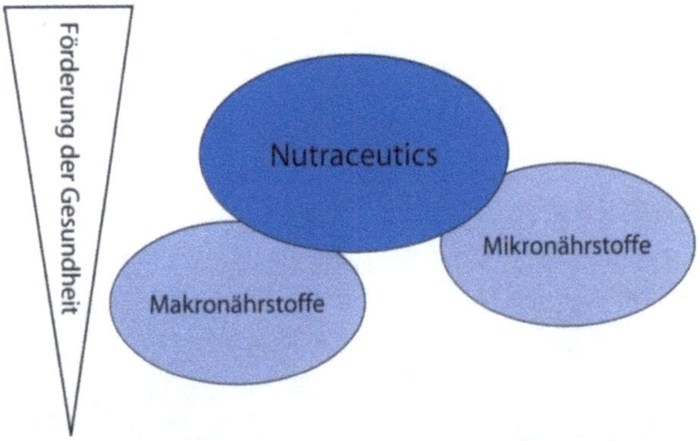

◘ Abb. 17-1. Modifizierte Einteilung der Lebensmittelinhaltsstoffe

17.1.1 Ballaststoffe (s. Kap. 14)

Per Definition sind *Ballaststoffe* (Nahrungsfasern) Lebensmittelinhaltsstoffe, die im engeren Sinne keinen nutritiven Wert aufweisen. Da Ballaststoffe nicht durch körpereigene Enzyme abgebaut werden können, ist eine direkte Beziehung zum zellulären Stoffwechsel nicht gegeben (s. Kap. 15). Die bekannten günstigen Wirkungen von Ballaststoffen müssen daher als »pharmakologisch« betrachtet werden, wodurch eine Zuordnung zur Gruppe der »nutraceutics« begründet wird. Eine adäquate Versorgung mit löslichen und unlöslichen Nahrungsfasern (bei Erwachsenen ca. 30 g/24 h) beeinflusst die Integrität und die Funktionen des Gastrointestinaltraktes (Verkürzung der Darmpassage, Veränderung der Enzymsekretion), trägt zur Senkung des Cholesterinspiegels bei und reguliert die Verwertung/Absorption von Kohlenhydraten.

Bei der teilweisen Verstoffwechselung der Ballaststoffe im Dickdarm durch Mikroorganismen entstehen kurzkettige Fettsäuren (Acetat, Propionat, Butyrat), die von den Mukosa-

Tabelle 17-1. Potenzielle Nutraceutics (Auswahl)

- Ballaststoffe (Nahrungsfasern)
- Aminosäuren
- Mehrfach ungesättigte Fettsäuren (ω-6-/ω-3-Fettsäuren)
- Mineralstoffe/Spurenelemente
- Milchsäurebakterien
- Synthetische Dipeptide
- Sekundäre Pflanzenstoffe (»phytochemicals«)
- Ungewöhnliche Fettsäuren (z. B. konjugierte Linolsäuren, CLA)
- Antioxidativ wirksame Nährstoffe

zellen als Substrat verwertet werden und somit die Integrität der Schleimhaut unterstützen können. Die Bildung von Säuren erniedrigt den intraluminalen pH-Wert und reduziert dadurch die Synthese von sekundären Gallensäuren. Diese werden als potentes Präkarzinogen für das Kolonkarzinom angenommen [21].

17.1.2 Fettsäuren

Im Sinne einer Modulation verschiedener Stoffwechselprozesse weisen auch *langkettige, mehrfach ungesättigte Fettsäuren* einen Zusatznutzen auf. Arachidonsäure (C20:4, ω-6-Reihe) und Eicosapentaensäure (C20:5, ω-3-Reihe) sind Ausgangsprodukte für die sog. Eicosanoide. Eicosanoide sind Gewebshormone, die entsprechend ihrer Struktur und des Ortes der Bereitstellung in verschiedenen Gruppen (Prostaglandine, Thromboxane, Leukotriene) eingeteilt werden. Eicosanoide dienen dem Organismus als Mediatoren zur Anpassung des Gewebes an Milieuveränderungen. Die wichtigsten Wirkungen beinhalten die Steuerung des Gefäßtonus, der Uterus- und Darmkontraktion, der Gefäßpermeabilität, der Thrombozytenaggregation (Blutgerinnung) und der Chemotaxis (Bewegungsreaktion beweglicher Organismen). Daraus ergeben sich auch eindeutige Zusammenhänge mit der zellulären Immunantwort [22].

17.1.3 Aminosäuren

Eine Vielzahl von Belegen weisen darauf hin, dass z. B. auch einige der sog. *nicht essenziellen Aminosäuren* das Immunsystem beeinfussen (s. Kap. 15). Eine besondere Rolle scheint hier Arginin und Glutamin zuzukommen.

Die physiologischen Funktionen von Arginin (z. B. Substrat im Harnstoffzyklus, Vorstufe von Kreatin, Bestandteil von Kollagen) sind seit langem bekannt. Zahlreiche Tierstudien weisen nun darauf hin, dass die Anreicherung einer Versuchsdiät mit Arginin die zellvermittelte Immunität verbessert (z. B. verstärkte Produktion von Interleukin-2, erhöhte Blastogenese). Zudem scheint Arginin die Induktion und Entwicklung von bösartigen Tumoren günstig zu beeinflussen. Als mögliche Wirkmechanismen werden eine verstärkte Freisetzung von Hormonen und eine Promotion des Stickoxid- (NO-)Stoffwechselwegs diskutiert.

Glutamin ist nach neueren Erkenntnissen ein wichtiges Energie- und Stickstoffsubstrat für immunkompetente Zellen und beeinflusst deren Vermehrung (Proliferation). Es gibt experimentelle Beweise dafür, dass ein Glutaminmangel die Fähigkeit, auf einen erhöhten Anreiz zur Zellteilung zu antworten deutlich verschlechtert. Klinische Studien zeigen, das eine adäquate Glutaminzufuhr bei bestimmten Krankheitsbildern die Immunabwehr verbessert [21].

17.1.4 Phytochemical

Sekundäre Pflanzenstoffe (engl. »phytochemicals«) sind Stoffe, die sekundär im Stoffwechsel von Pflanzen entstehen. Es handelt sich hierbei um Stoffe, die von Pflanzen u. a. als Abwehrstoffe gegen Schädlinge, als Wachstumsregulatoren sowie zur Farbgebung gebildet werden. Im Vergleich zu den primären Pflanzenstoffen (Kohlenhydrate, Eiweiß, Fett) kommen sekundäre Pflanzenstoffe nur in geringen Konzentrationen vor. Bis heute ist nur der kleinere Teil dieser Stoffe identifiziert. Insgesamt enthalten die pflanzlichen Lebensmittel zwischen 5.000 und 10.000 verschiedene »phytochemicals«. Aufgrund ihrer chemischen und funktionellen Eigenschaften lassen sie sich in mehrere Klassen unterteilen (*Tabelle 17-2*). Schätzungen gehen von einer durchschnittlichen Aufnahme von 1–1,5 g/24 h bei einer gemischten Kost aus [29].

»Phytochemicals« weisen keine klassischen »nutritiven« Nutzen auf, es werden diesen Gruppen jedoch eine Vielzahl von gesundheitsfördernden Wirkungen zugeschrieben. Zahlreiche In-vitro-Studien an verschiedenen Zelllinien belegen die günstige Wirkung von sekundären Pflanzenstoffen auf immunkompetente Zellen und die Unterdrückung des Wachstums von Krebszellen. Es wird vermutet, dass sekundäre Pflanzenstoffe aufgrund ihrer antioxidativen Eigenschaften auf fast jeder Stufe der Karzinogenese zu einer Hemmung der Krebsentstehung führen können. Weiterhin werden cholesterinsenkende Effekte (Saponine, Phytosterine, Sulfide) und damit ein Schutz vor Herz-Kreislauf-Erkrankungen diskutiert. Die antimikrobielle Wirkung von Nahrungs- und Gewürzpflanzen ist schon seit jeher bekannt. Es ist zu vermuten, dass »phytochemicals« dafür verantwortlich sind.

Einschränkend ist festzuhalten, dass für einzelne Pflanzenstoffe bisher nur Daten aus Tierstudien vorliegen. Inwieweit diese auf den Menschen übertragbar sind, ist noch nicht abschließend geklärt.

Neu in der Diskussion sind die sog. konjugierten Fettsäuren (CLA). In-vitro-Studien lassen vermuten, dass diese

Tabelle 17-2. Phytochemicals in Lebensmitteln

Substanz	Vorkommen
Carotinoide	Gelb-orangefarbenes Obst und Gemüse, grünblättriges und rotes Gemüse
Phytosterine	Pflanzensamen und -öle
Saponine	Hülsenfrüchte (Erbsen, Bohnen)
Glucosinolate	Senf, Knoblauch, Meerrettich, Kohlgemüse
Polyphenole	Randschichten von Obst, Gemüse und Getreide
Monoterpene	Öle von Gewürzpflanzen (Kümmel, Zitrus), Pfefferminze
Phytoöstrogene	Sojabohne, Vollkornprodukte, Leinsamen
Sulfide	Zwiebelgewächse (z. B. Knoblauch)

natürlicherweise in Milchprodukten vorkommenden Substrate antikanzerogen wirken. CLA modulieren den Stoffwechsel der Prostaglandine, die Aktiviätt der δ9-Desaturase und beeinflussen Apoptose. Allerdings stehen Interventionsstudien am Menschen bisher noch aus [20].

17.2 Functional-Food – Optimierung präventiver Ernährungsmaßnahmen

Bisher fehlen in Deutschland und Europa lebensmittelrechtliche Richtlinien hinsichtlich der Definition und Einordnung von »functional food«. Dies hat dazu geführt, dass je nach Standpunkt und wissenschaftlichem Hintergrund unterschiedliche Definitionen vertreten werden. Die nachfolgenden Ausführungen stellen die heute mehrheitlich akzeptierten Zuordnungen dar.

Das Konzept von »functional food« beruht auf der Hypothese, dass besonders ausgewiesene Lebensmittel neben ihrem nutritiven Nutzen eine zusätzliche gesunderhaltende bzw. gesundheitsfördernde Wirkung aufweisen [7, 9]. Dies begründet sich in der Regel durch den Gehalt an einem oder mehreren »nutraceutics« bzw. durch eine im Vergleich zum traditionellen Produkt veränderte Zusammensetzung. Nach der gebräuchlichsten Definition sind »functional food« daher *»Lebensmittel, die zusätzlich zu ihrem eigentlichen Ernährungswert eine nachweislich positive Funktion hinsichtlich Gesundheit, physischer Leistungsfähigkeit oder des Wohlbefindens ausüben«.*

Eine rechtliche Verankerung dieses Begriffes existiert bislang nur im japanischen Lebensmittelrecht: »Foods for specified health use (FOSHU)«, ins Deutsche frei übersetzt mit »Lebensmitteln, die speziell für die Gesundheit verwendet werden«, werden nach Erfüllung der Richtlinien (■ *Tabelle 17-3*) lizensiert und dürfen ein entsprechendes Etikett tragen. Kapseln, Pulver u. a. sind ausgeschlossen. Entsprechend dieser Definition sind diese Produkte zwischen traditionellen Lebensmitteln und Arzneimitteln einzuordnen. Aufgrund der Begriffsvielfalt erscheint es sinnvoll, im weiteren den Begriff »functional food« entsprechend der japanischen Einordnung (Lebensmittel) zu verwenden [2].

■ Tabelle 17-3. Richtlinien für die Zulassung für »Foods for Specified Health Use« (FOSHU) in Japan

- Das Lebensmittel soll Ernährung und Gesundheit verbessern.
- Der gesundheits- und ernährungsbezogene Nutzen des Lebensmittels bzw. Inhaltsstoffes soll eine wissenschaftliche Basis haben.
- Die angemessene tägliche Zufuhrmenge muss durch medizinische und ernährungswissenschaftliche Experimente bestätigt worden sein.
- Das Lebensmittel muss im Hinblick auf eine ausgewogene Ernährung sicher sein.
- Der Inhaltsstoff soll identifiziert sein hinsichtlich:
  seiner chemisch-physikalischen Eigenschaften (detaillierte analytische Untersuchungsmethoden),
  des quantitativen und qualitativen Vorkommens in Lebensmitteln.
- Der betreffende Inhaltsstoff soll den Nährwert des Lebensmittels nicht verringern.
- Das Lebensmittel muss auf normale Art und Weise verzehrt werden.
- Das Lebensmittel soll nicht in Form von Tabletten, Kapseln und Pulvern vorliegen.
- Der Inhaltsstoff soll eine natürliche Verbindung sein.

17.2.1 Wie werden Lebensmittel zu »functional food«?

Aufgrund fehlender Gesetzgebung unterscheiden sich funktionelle Lebensmittel lebensmittelrechtlich bisher nicht von traditionellen Produkten. Wichtiges Kriterium für die Einordnung ist daher der Nachweis einer günstigen Wirkung auf den Stoffwechsel. Ausgehend von traditionellen Lebensmitteln können diese gewünschten Effekte durch verschiedene Strategien erzielt werden.

Elimination unerwünschter Komponenten

Bekanntermaßen enthalten Lebensmittel nicht nur erwünschte, sondern auch potenziell gesundheitsschädliche bzw. toxikologisch bedenkliche Substrate. Hierzu gehören z. B. native Schadstoffe wie Enzyminhibitoren und Alkaloide. Ein aktuelles Problem ist auch der Gehalt an Eiweiß mit hohem allergenen Potential in bestimmten Lebensmitteln. Werden diese unerwünschten Substanzen durch geeignete technologische Maßnahmen entfernt, weisen diese Produkte im Vergleich zum traditionellen Lebensmittel möglicherweise zusätzliche positive Eigenschaften auf.

Ersatz von unerwünschten Komponenten

Aus epidemiologischen Erhebungen und Interventionsstudien ist bekannt, dass bestimmte Nährstoffe aus präventiver Sicht in der Zufuhr eher zu reduzieren sind. Dies trifft insbesondere für die Gesamtfettmenge sowie für die Art des Fetts (Fettsäurenzusammensetzung) zu. Ziel eines funktionellen Lebensmittels könnte somit auch sein, natürlich vorkommendes Fett durch technologische Modifikation in günstiger Weise zu verändern bzw. zu ersetzen. Als Fettersatzstoffe werden u. a. unverdauliche Saccharosepolyester diskutiert. Durch den Ersatz solcher Nährstoffe können einerseits unerwünschte Wirkungen minimiert, andererseits erwünschte Wirkungen eingebracht werden (z. B. durch den Zusatz von ω-3-Fettsäuren als Vorstufen von Lipidmediatoren).

Erhöhung des Anteils eines wertgebenden natürlichen Inhaltsstoffes (Anreicherung)

Aktuelle Studien belegen, dass einzelne Inhaltsstoffe der Lebensmittel dazu beitragen können, das Risiko für bestimmte Erkrankungen zu vermindern. Aus präventiver Sicht wäre es daher sinnvoll, die Zufuhr dieser wertgebenden Nährstoffe (»nutraceutics«) über den eigentlichen nutritiven Bedarf hinaus zu erhöhen. Dies kann u. a. durch eine Anreicherung (z. B. durch entsprechende Anbauverfahren und Produktionstechnologien) von häufig verzehrten Lebensmitteln erreicht werden. Als Beispiele seien hier die Anreicherung verschiedener Produkte mit Nahrungsfasern (Ballaststoffen) bzw. mit antioxidativ wirksamen Substraten (Vitamine, sekundäre Pflanzenstoffe) genannt.

Als funktionell einzustufen ist auch die Produktanreicherung mit einem Nährstoff, der bekanntermaßen bisher in nicht ausreichenden Mengen aufgenommen wird. Dieser Mangel kann zum einen durch die ungünstige Zusammensetzung der traditionellen Lebensmittel, zum anderen durch ein ungünstiges Ernährungsverhalten ausgelöst sein. In diesem Sinne ist jodiertes Speisesalz als funktionelles Lebensmittel einzuordnen. Weitere Beispiele wären die Anreicherung mit Folsäure bzw. mit Kalzium (z. B. Fruchtsäfte mit Kalziumzusatz bzw. Mehl mit Folsäurezusatz). Die Verfügbarkeit derartiger Produkte kann es auch bestimmten Risikogruppen (Menschen mit Kuhmilcheiweißallergie bzw. Laktoseintoleranz) erleichtern, alle Nährstoffe in adäquaten Mengen aufzunehmen.

Zusatz einer bisher nicht vorkommenden, wertgebenden Substanz (Supplementation/Anreicherung)

Synthetische Derivate bekannter wertgebender Inhaltsstoffe können im Vergleich zum natürlichen Substrat günstigere Eigenschaften (Stabilität während Verarbeitung, bessere Bioverfügbarkeit) aufweisen. Ein entsprechender Zusatz würde die ernährungsphysiologische Qualität des Produkts erhöhen. Durch gezielte Veränderungen in den Produktionstechnologien können bisher nicht vorkommende Substanzen in Lebensmittel eingebracht werden. Bekanntestes Beispiel ist der Einsatz von neuartigen Milchsäurebakterienstämmen zur Herstellung von probiotischen Milchprodukten.

Generell ist die Klassifizierung eines Lebensmittels als »functional food« mit einigen Problemen verbunden. Als »Bezugsgröße« gilt in der Regel das »traditionelle«, dem Verbraucher seit langem bekannte Produkt. Tatsächlich unterliegt die Lebensmittelproduktion (agrarwirtschaftliche Primärproduktion und »food processing«) einer stetigen Weiterentwicklung. Dementsprechend ändert sich jeweils die Bezugsgröße. Lebensmittel, die heute als »functional food« eingestuft werden, können in einigen Jahren durchaus die Metamorphose zum traditionellen Produkt durchlaufen. Strittig ist auch, ob traditionelle Lebensmittel selbst in die Kategorie »funktionell« eingeordnet werden können. Lebensmittel wie Grüner Tee oder Wildlachs besitzen nachweislich aufgrund ihres Gehalts an Polyphenolen bzw. ω-3-Fettsäuren einen gesundheitsfördernden Effekt. Damit erfüllen sie zumindest einen zentralen Teil der gängigen Kriterien.

17.2.2 Produktbeispiele

Mittlerweile werden eine Vielzahl an Lebensmitteln unter dem Begriff »functional food« auf dem deutschen Markt angeboten. Hierzu gehören die sog. Pro-, Prä- und Synbiotika, Lebensmittel mit erhöhtem Gehalt an antioxidativ wirksamen Inhaltsstoffen (z. B. ACE-Getränke), jodiertes Speisesalz, Lebensmittel mit Zusätzen an mehrfach ungesättigten Fettsäuren (Fischöl), Lebensmittel mit Zusätzen an sekundären Pflanzeninhaltsstoffen (z. B. Margarinen mit Phytosterinen) und spezielle Produkte aus der »convenience-food-Palette« (tiefgefrorene Gemüsemischungen).

Pro-, prä- und synbiotische Lebensmittel

Die Produktreihe der Pro-, prä- und synbiotischen Lebensmittel (s. Kap. 15) ist seit Jahren Marktführer im Bereich der »functional food«. Hintergrund zur Entwicklung dieser Lebensmittel ist die physiologische Erkenntnis, dass ein intakter Darm eine natürliche Barriere für Mikroorganismen und Endotoxine darstellt; eine gestörte Barrierefunktion aufgrund struktureller Schädigungen erhöht das Risiko für Infektionen. Zudem beeinflusst die Zusammensetzung der Darmflora bzw. deren Stoffwechselprodukte die Inzidenz verschiedener Erkrankungen (z. B. Kolonkarzinom). Schon seit Jahrzehnten wird darüber diskutiert, ob sich die Zusammensetzung der Darmflora gezielt und auf Dauer durch die Ernährung beeinflussen lässt. Zweifellos spielt der Gehalt an einzelnen Ballaststoffen und der Verzehr an milchsauren Produkten eine Rolle. Dies hat letztlich zum Konzept der Pro- und Präbiotika geführt [6].

> *Probiotika* (»pro bios« = für das Leben) sind »definierte lebende Mikroorganismen, die nach exogener Zufuhr aktiv und in ausreichender Menge ihren Wirkort (meist das Kolon) erreichen und Gesundheit (und Wohlbefinden) positiv beeinflussen«.

Probiotika zeichnen sich durch eine erhöhte Widerstandsfähigkeit gegenüber Säuren und Enzymen aus. Daher sollen sie sich bei regelmäßigem Verzehr im Dickdarm ansiedeln und dadurch antagonistisch gegenüber pathogenen Keimen wirken. Häufig sind probiotische Stämme ursprünglich aus dem Darm von Säuglingen gewonnen worden. Aufgrund geringer Laktaseaktivität werden sie den Milchprodukten oftmals nach der Fermentation zugefügt.

> *Präbiotika* sind *»nichtverdauliche Lebensmittelbestandteile*, die den Wirt durch Stimulation von Wachstum und Aktivität einzelner oder einer begrenzten Zahl positiver Bakterienstämme im Dickdarm günstig beeinflussen und dadurch die Gesundheit des Menschen verbessern«.

Zu den Präbiotika gehören u. a. Polymere des Monosaccharids Fruktose (Inulin aus der Zichorienwurzel und synthetische Oligofruktose) [15].

Synbiotika sind probiotische Lebensmittel, die zusätzlich eine präbiotische Substanz enthalten, wobei die präbiotische Substratkonzentration meist unter 10% liegt. Bisher liegen nur wenige kontrollierte In-vivo-Studien über die Wirkung von Pro-, Prä und Synbiotika vor. Unter Verzehr von Probiotika kommt es zu einer Veränderung des Musters an Mikroorganismen in der Darmflora.

Werden genügend lebende Keime zugeführt (ca. 5 Mio./g Lebensmittel), sind die zugeführten Stämme (z. B. Lactobacillus acidophilus) im Dickdarm nachweisbar. Wird das probiotische Lebensmittel nicht mehr verzehrt, stellt sich mit der Zeit die Ausgangssituation wieder ein. Durch klinische Studien belegt ist die vorbeugende Wirkung von Probiotika gegen Durchfallerkrankungen bei Rotavirus-Infektionen. Bei Kleinkindern reduzierte sich durch regelmäßigen Verzehr die Dauer der Erkrankungen signifikant. Günstige Effekte sind auch bei strahlentherapie- bzw. anitbiotikainduzierten Diarrhöen berichtet. Die Wirkung der Probiotika ist dabei über diejenige von konventionell hergestellten Sauermilchprodukten zu stellen. Daten zu Präbiotika legen insbesondere aus experimentellen Studien vor. Art und Menge eines Präbiotikums kann das Wachstum bestimmter Bakterien begünstigen (z. B. Bifidusbakterien) und dadurch ein gesundheitsförderndes Milieu schaffen.

Ob Pro- und Präbiotika tatsächlich günstiger zu beurteilen sind als herkömmlich vergorene Milchprodukte, lässt sich nicht abschließend beantworten. Viele der ausgelobten Eigenschaften sind jedoch Sauermilchprodukten generell zuzuordnen. Eine entsprechende Berücksichtigung von herkömmlichen und/oder probiotischen Produkten im Rahmen der täglichen Ernährung ist somit empfehlenswert. Möglicherweise günstig ist der Einsatz von probiotischen Lebensmitteln nach einer medikamenten- oder krankheitsbedingten Störung der Darmflora [6].

Jodiertes Speisesalz

Bedingt durch im Durchschnitt geringe Mengen an Jodid in unseren Lebensmitteln ist die Aufnahme an diesem essenziellen Spurenelement zu gering; Deutschland wird daher als endemisches Jodmangelgebiet bezeichnet [5]. Zur Verbesserung der Jodversorgung wird daher ein flächendeckender Einsatz von jodiertem Speisesalz propagiert. Jodiertes Speisesalz enthält 15–25 mg Jod/kg Kochsalz (bzw. 100 µg Jod/5 g Kochsalz) in Form von Natrium- oder Kaliumjodat. Über die Verwendung von Jodsalz im Haushalt kann jedoch nur eine Mehraufnahme von 20 µg/24 h erzielt werden. Im Vergleich hierzu bringt der Verzehr von mit Jodsalz hergestellten Brot- und Backwaren mit etwa 35 µg/24 h deutlich mehr. Auch Metzgereien bzw. fleischverarbeitende Betriebe benutzen vielfach bereits jodiertes Speisesalz. Entsprechende Fleisch- und Wurstwaren liefern bis zu 60 µg Jod/24 h. Eine konsequente Umstellung der Lebensmittelproduktion auf die Verwendung von jodiertem Speisesalz würde somit die Jodversorgung deutlich verbessern.

Functional Drinks

Viele der potenziellen »neutraceutics« lassen sich aufgrund ihrer chemischen Eigenschaften problemlos Getränken zusetzen. Konsequenterweise ist das Getränkeregal zur »Spielwiese« für neuartige Produkte mit zusätzlichen Eigenschaften (»added value«) geworden. Die Lebensmittelindustrie vermarktet diese Produkte unter dem Begriff »functional drink«. Diese sollen gesundheitsfördernde Eigenschaften besitzen, Körper und Geist anregen und in Belastungssituationen den Stoffwechsel unterstützen. Oftmals basieren diese Versprechungen auf ungeprüften Annahmen. Die Lebensmittelindustrie unterscheidet »functional drink« gemäß verschiedener Einsatzgebiete: Sportlergetränke, »energy drinks«, Getränke mit antioxidativen Wirkstoffen und Wellnessgetränke.

Aus sportphysiologischer Sicht sind spezielle isotonische Getränke nur für den Hochleistungssport notwendig und sinnvoll. Im Freizeitsportbereich ist der Konsum dieser Produkte wissenschaftlich nicht begründet.

Unter dem Begriff *»energy drink«* werden zahlreiche neuartige Erfrischungsgetränke mit teilweise unkonventionellen und futuristischen Bezeichnungen angeboten. Zu den gemeinsamen Merkmalen dieser Produkte zählen die Darreichungsform (Dosen mit 250 ml) und die Einordnung als »energy drink«. Bei einem Blick auf die Zutatenliste wird die Produktphilosophie deutlich: in 250 ml sollen möglichst viele »nutraceutics« zugeführt werden. Die am häufigsten verwendeten Inhaltsstoffe – Kohlenhydrate, Koffein (bzw. koffeinhaltiger Guaranaextrakt) und Taurin – werden mit »energy« und »power« assoziiert.

Die Konzeption von »energy drink« entspricht prinzipiell der Idee von »functional food«. Bis heute konnte jedoch noch kein objektivierbarer Nachweis erbracht werden, dass der Konsum dieser Produkte tatsächlich der Gesunderhaltung dient und die Leistungsfähigkeit fördert. Gerade das Vorkommen einer Vielzahl von Wirksubstanzen erhöht das Risiko von nicht erwünschten Wechselwirkungen und (bei hohem Konsum) von Nebenwirkungen. Getränke mit Alkohol widersprechen in jedem Fall der Philosophie von »functional drink«.

Getränke mit hohen Gehalten an antioxidativen Wirkstoffen (ACE-Getränke) befinden sich seit mehreren Jahren im Lebensmittelangebot. Diese bestehen in der Regel aus Mischungen von Orangen- und Karottensaft oder Orangen-, Karotten- und Zitronensaft. Weiterhin wird mit Vitamin C, Vitamin E und Provitamin A (β-Karotin) angereichert. Die Zusätze an diesen Vitaminen entsprechen bis zu 300% der empfohlenen Tagesdosis/Flascheninhalt. Aus wissenschaftlicher Sicht fehlen zum gegenwärtigen Zeitpunkt ausreichend fundierte Daten, die einem besonderen »Oxidationsschutz« durch den Konsum solcher Getränke bei Gesunden belegen. Insbesondere die Aufnahme von β-Karotin in Mengen über 10 mg/24 h wird kritisch diskutiert. Obwohl von verschiedenen Autoren eine über die derzeitige Empfehlung hinausgehende Aufnahme an antioxidativen Wirkstoffen propagiert wird, bleibt die Bewertung der mit antioxidativ wirksamen Inhaltsstoffen angereicherten Getränke als »functional food« problematisch.

Der Konsum von sog. Wellnessprodukten soll das individuelle Wohlbefinden steigern und dadurch auch die Gesundheit erhalten. Der Markt an Wellnessgetränken reicht von Frucht- und Gemüsesäften bis zu Erfrischungsgetränken. In der Regel sind die Produkte unter Zusatz eines Pflanzen-/Kräuterextrakts (z. B. Artischocken, Ginseng, Hopfen) hergestellt. Hinzu kommen Substanzen, die in Verbindung zu Wohlbefinden und Glücksgefühl gebracht werden können. Beispiele für solche Inhaltsstoffe sind DHA (Docosahexaensäure) aus Fischöl, Grünteeextrakten, β-Karotin (Provitamin A), Rotwein (Alkoholgehalt im Endprodukt ca. 2–3%) und vieles mehr. Aus wissenschaftlicher Sicht gibt es bisher keine Hinweise auf eine gesundheitsfördernde Wirkung derartiger Produkte. Verständlicherweise entzieht sich subjektives Wohlbefinden einer objektiven Bewertung. Dementsprechend ist die Einordnung als sinnvolles »functional food« fragwürdig.

17.3 Medical Food – Optimierung ernährungstherapeutischer Maßnahmen

Bereits Mitte des 20. Jahrhunderts beschäftigte sich die Wissenschaft und die Industrie mit speziellen Formuladiäten, deren Zusammensetzung den Erfordernissen in bestimmten Krankheitssituationen gerecht werden sollten. Der Markt für enterale Diäten entwickelte sich danach stetig: heute sind eine Vielzahl an Produkten verfügbar. Da die lebensmittelrechtliche Zuordnung dieser Produkte lange Zeit ungeklärt war, führte der U.S. Congress 1988 den Begriff *»medical food«* ein und definierte ihn wie folgt:

> *»Medical food«* bezeichnet ein Lebensmittel, das mit dem Zweck hergestellt wird, unter medizinischer Aufsicht konsumiert bzw.

enteral verabreicht zu werden und das als spezifische Ernährungsmaßnahme im Rahmen einer Erkrankung ... auf der Basis wissenschaftlicher Prinzipien zu betrachten ist [12, 18, 28].

In Deutschland gibt es keine eigenständige Definition für »medical food«. Enterale Diäten unterliegen generell der Diätverordnung. Die aktuellen Entwicklungen im Bereich der »medical food« verlaufen weitgehend parallel, wenn auch mit zeitlicher Verzögerung, zu den »functional food«. Traditionelle enterale Diäten werden dahingehend modifiziert, dass sie in optimaler Weise zum Heilungsprozess beitragen. Durch veränderte Fettsäuren- und Aminosäurenzusammensetzung, durch Zugabe von potenziell immunregulierenden »nutraceutics« und durch Anreicherung mit bestimmten Mikronährstoffen sollen bestimmte Organe und Zellsysteme gezielt unterstützt werden. Ein adäquater Ernährungszustand verbessert die Chancen für eine erfolgreiche Therapie und kann zur Beschleunigung des Heilungsprozesses beitragen [27].

17.3.1 Produktbeispiele

Immundiäten

Unter dem Begriff »Immunonutrition« werden neuartige Enteralia zusammengefasst, die mit potenziell immunstimulierenden Substraten wie z. B. Arginin, ω-3-Fettsäuren und Nukleotiden angereichert sind. In mehreren kontrollierten Studien bei Malignompatienten und posttraumatischen Patienten konnten Parameter der Immunantwort (z. B. Proliferationsindex von T-Lymphozyten) günstig beeinflusst werden. Zudem verbesserten sich klinische Endpunkte (geringe Anzahl an Komplikationen, verkürzter Krankenhausaufenthalt [14, 19, 20, 21, 22, 24]).

Glutaminangereicherte Diäten

Patienten mit schweren Verletzungen, Verbrennungen, Infektionen bzw. Patienten nach großen Eingriffen zeigen eine ausgeprägte Verarmung an der Aminosäure Glutamin. Die intrazellulären Speicher an freiem Glutamin sind um bis zu 50% verringert. Hintergrund hierfür ist ein stark erhöhter Bedarf an Glutamin durch verbrauchende Organe (Gastrointestinaltrakt, immunokompetente Zellen), der durch die endogene Synthese nicht gedeckt werden kann [25, 26]. Konsequenterweise wird Glutamin in diesen Situationen als unentbehrliche Aminosäure eingestuft. Der Mangel an Glutamin wird mit verminderter Immunkompetenz, Störungen der gastrointestinalen Funktionen und des Säure-Basen-Haushalts in Verbindung gebracht. Seit einigen Jahren werden enterale Produkte unter Verwendung von freiem Glutamin, von glutaminreichen Proteinen bzw. neuerdings von gut löslichen, während des Produktionsprozesses stabilen glutaminhaltigen Dipeptiden entwickelt [8].

17.4 Abschließende Betrachtung

Aus ernährungswissenschaftlicher bzw. ernährungsmedizinischer Sicht können durch den Einsatz von »functional« bzw. »medical food« folgende Ziele erreicht werden:

- Vorbeugung einer Mangelernährung (z. B. Verbesserung der Versorgungslage mit Kalzium, Jodid und Fluorid);
- Prävention von »Lifestyle«-Erkrankungen (z. B. Verbesserung des antioxidativen Schutzsystems);
- optimierte Versorgung von Gruppen mit eingeschränkter Lebensmitteltoleranz (z. B. Allergiker, Patienten mit genetisch bedingten Stoffwechselanomalien);
- krankheitsspezifische Ernährungstherapie (z. B. bei Schwerkranken nach Operationen, gastrointestinalen Erkrankungen oder bei Fettstoffwechselstörungen).

Eine generelle Verwendung von »functional food« im Sinne einer »optimalen« Prävention ist dagegen nicht indiziert. In vielen Fällen sind die ausgelobten günstigen Effekte nicht objektiv belegt. Bisher wurden nur mit wenigen Produkten vertrauenswürdige Humanstudien durchgeführt.

Ein kritischer Punkt sollte nicht ungenannt bleiben. Das stetig wachsende Angebot von sog. funktionellen Lebensmitteln könnte dazu führen, dass der Verbraucher ausschließlich derartige angereicherte Produkte auswählt. Dies könnte dazu führen, dass erhebliche Mengen an »nutraceutics« aufgenommen werden. Da bis heute jedoch noch keine Daten hinsichtlich einer möglichen Überdosierung (z. B. für »phytochemicals«) vorliegen, besteht ein nicht zu unterschätzendes Risiko für unerwünschte Nebenwirkungen.

Literatur

1. Andlauer W, Stehle P, Fürst P (1998) Chemoprevention – a novel approach in dietetics. Curr Opin Clin Nutr Metab Care 1: 539–547
2. Arai S (1996) Studies on functional foods in Japan – state of the art. Biosci Biotechnol Biochem 60: 9–15
3. Biesalski HK (2000) Gesünder leben mit Functional Food? Spektrum Wiss 12: 82–86
4. Caragay AB (1992) Cancer-preventive foods and ingredients. Food Technol 46: 65–68
5. Deutsche Gesellschaft für Ernährung (1996) Ernährungsbericht 1996. Druckerei Heinrich, Frankfurt am Main
6. DeVrese M, Schrezenmeir J (1998) Pro- und Präbiotika – Stand der Diskussion. Ernährungsumschau 45: 79–89
7. Erbersdobler HF, Meyer AH (1999) Praxishandbuch Functional Food. Behr's Verlag, Hamburg
8. Fürst P, Kuhn KS, Stehle P (2000) New nitrogen-containing substrates in artifical nutriton. In: Pichard C, Kudsk KA (eds) From nutritional support to pharmacologic nutriton in the ICU. Springer, Berlin Heidelberg New York Tokio, S 441–446
9. Goldberg I (1994) Functional foods, designer foods, pharmafoods, nutraceuticals. Chapman & Hall, New York London
10. Hornstra G, Barth CA, Galli C, et al. (1998) Functional food science and the cardiovascular system. Br J Nutr 80: S113–S146
11. Kasper H (2000) Ernährungsmedizin und Diätetik, 9. Aufl. Urban & Fischer, München Jena
12. Mueller C, Nestle M (1995) Regulation of medical food: towards a rational policy. Nutr Clin Prac 10: 8–15
13. Nguyen TT (1999) The cholesterol-lowering action of plant stanol esters. J Nutr 129: 2109–2113

14. Nitenberg G, Antonin S, Raynard B (2000) Enteral immunonutrition in the intensive care unit: a critical approach. In: Pichard C, Kudsk KA (eds) From nutritional support to pharmacologic nutriton in the ICU. Springer, Berlin Heidelberg New York Tokio, S 384–408
15. Roberfroid M (1993) Dietary fiber, inulin and oligofructose: a review comparing their physiological effects. Critical Rev Food Sci Nutr 33: 103–148
16. Salminen S, Bouley C, Boutron-Ruault MC et al. (1998) Functional food science and gastrointestinal physiology and function. Br J Nutr 80: S47–S75
17. Saris WHM, Asp NGL, Björck I et al. (1998) Functional food science and substrate metabolism. Br J Nutr 80: S47–S75
18. Scarbrough FE (1989) Medical foods: an introduction. Food Drug Cosmet Law J 44: 463–466
19. Schell-Frederick E, Schell JS (2000) Neuartige Lebensmittel (Novel Food) und Pharmazeutika. Dtsch Ärztebl 28/29: 1666–1671
20. Sébédio JL, Gnaedig S, Chardiguy (1999) Recent advances in conjugated linoleic acid research. Curr Opin Clin Nutr Metab Care 2: 499–506
21. Stehle P (2000) Immunonutrition – Nährstoffe mit immunmodulierender Wirkung. Teil 2: Nukleotide und mehrfach ungesättigte Fettsäuren. Ernährungsumschau 47: 292–297
22. Stehle P (2000) Immunonutrition – Nährstoffe mit immunmodulierender Wirkung. Teil 1: Aminosäuren. Ernährungsumschau 47: 216–222
23. Stehle P, Grimble RF (1998) Nutraceutics: a novel approach in nutrition prevention and therapy. Curr Opin Clin Nutr Metab Care 1: 525–526
24. Stehle P, Grimble RF (1999) Modulatory effect of nutrients on inflammation and the cellular immune response: on the way to solve the puzzle. Curr Opin Clin Nutr Metab Care 2: 484–486
25. Stehle P, Herzog B, Kuhn KS, Fürst P (1996) Glutamin – ein unentbehrlicher Nährstoff bei metabolischem Stress. Ernährungsumschau 43: 318–328
26. Stehle P, Kuhn KS, Fürst P (2000) From structure to function: what should be known about building blocks of protein. In: Pichard C, Kudsk KA (eds.): From nutritional support to pharmacologic nutriton in the ICU. Springer, Berlin Heidelberg New York Tokio, S 26–37
27. Suchner U, Kuhn KS, Fürst P (2000) Nutrition in the severely injured patient – the scientific basis of immunonutrition. Proc Nutr Soc 59: 553–563
28. U.S. Congress (1988) 100th Congress Orphan Drug Amendment of 1988. P.L. 100–290. Amendments of Section 526(a)(1) of the Federal Food, Drug and Cosmetic Act
29. Watzl B, Leitzmann C (1995) Bioaktive Substanzen in Lebensmitteln. Hippokrates, Stuttgart

Wachstumsfaktoren in der klinischen Ernährung

A. Dignass, R.-J. Schulz

Wachstumsfaktoren gehören zu den wichtigsten Modulatoren von Wachstum, Differenzierung und Regeneration im Intestinaltrakt. Mit dem Begriff Wachstumsfaktor im engeren Sinne wird eine heterogene Gruppe regulatorischer Peptide mit verschiedenartigen strukturellen und funktionellen Eigenschaften zusammengefasst, deren Molekulargewicht in der Regel unter 25.000 liegt. Die Nomenklatur der regulatorischen Peptide ist überlappend und wird in der Literatur z.T. uneinheitlich benutzt [19, 23, 32, 33]. So werden die Begriffe Wachstumsfaktoren, Zytokine, Interleukine, Interferone und Stammzellfaktoren mitunter synonym gebraucht (*Abb. 18-1*).

Die Uneinheitlichkeit und teilweise überlappende Nomenklatur der regulatorischen Peptide liegt im Wesentlichen an der initial unterschiedlichen Nomenklatur unterschiedlicher Forschergruppen, die sich mit der Identifizierung und Charakterisierung regulatorischer Peptide beschäftigten, ohne über die heutigen molekularbiologischen Methoden zur strukturellen und molekularen Charakterisierung dieser Peptide zu verfügen [23]. So wurden regulatorische Peptide von Zellbiologen als Wachstumsfaktoren bezeichnet, von Virologen als Interferone, von Immunologen als Interleukine und von Hämatologen/Onkologen als Kolonie-stimulierende Faktoren oder Stammzellfaktoren.

In den letzten Jahren hat sich der Begriff Zytokin zunehmend als Überbegriff für die genannten regulatorischen Peptide etabliert. Die Bezeichnung eines regulatorischen Peptids als Wachstumsfaktor im engeren Sinne basierte häufig auf der wachstumsmodulierenden Funktion des Peptids, die bei der Entdeckung als charakteristisches Merkmal identifiziert wurde. Nahezu alle Wachstumsfaktoren besitzen jedoch über ihre wachstumsmodulierenden Fähigkeiten hinaus weitere biologische Eigenschaften wie z.B. die Modulation von Zellmigration, Chemotaxis, Zytokinexpression, Proteinsynthese und anderer Zellfunktionen. Im Folgenden soll der Begriff Wachstumsfaktor als Überbegriff für multifunktionell wirksame regulatorische Peptide wie Wachstumsfaktoren im engeren Sinne und Zytokine verwendet werden [23, 32, 33].

Aufgrund der Vielzahl der in den letzten Jahrzehnten entdeckten Wachstumsfaktoren kann im Rahmen dieses Beitrags jedoch nur eine Diskussion allgemein gültiger Prinzipien unter Berücksichtigung ausgewählter Wachstumsfaktoren erfolgen. Für weiterführende und ausführlichere Darstellungen sei der interessierte Leser auf spezielle Handbücher der Zellbiologie, Physiologie und Endokrinologie verwiesen [1, 3, 14, 20, 32, 36].

18.1 Rationale für den Einsatz von Wachstumsfaktoren in der klinischen Ernährung

Bedeutende Fortschritte in der Ätiopathogeneseforschung verschiedener Krankheiten haben in den letzten Jahren gezeigt, dass Wachstumsfaktoren und andere regulatorische Peptide eine wichtige Rolle in der Ätiopathogenese verschiedener Erkrankungen spielen und wichtige regulatorische Funktionen im menschlichen Organismus besitzen. Auch im Gastrointestinaltrakt und im Rahmen der Ernährung werden verschiedenste Funktionen durch Wachstumsfaktoren und andere regulatorische Peptide moduliert (s. unten). Der klinische Einsatz von Wachstumsfaktoren und Hormonen in der experimentellen Ernährungstherapie wurde aber erst in den letzten Jahren aufgrund der besseren Verfügbarkeit dieser Faktoren durch moderne molekularbiologische Produktionstechniken möglich, da mittlerweile größere Mengen dieser regulatorischen Peptide mit vertretbarem Aufwand hergestellt werden können.

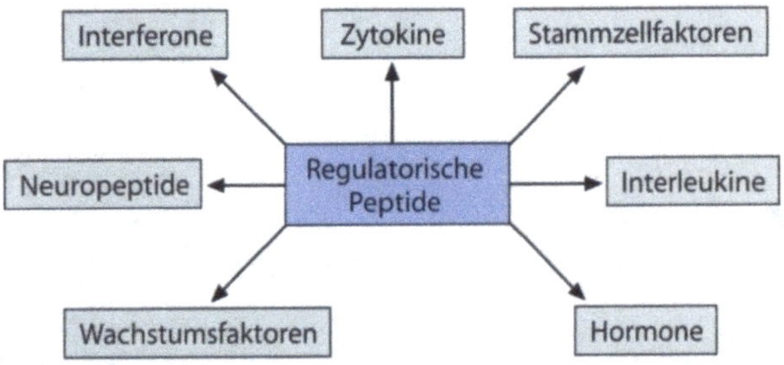

Abb. 18-1. Regulatorische Peptide im Gastrointestinaltrakt. Die Nomenklatur regularischer Peptide ist überlappend und uneinheitlich. Die dargestellten Peptide vermögen verschiedene Funktionen innerhalb des Intestinaltraktes zu modulieren

Generell muss der Einsatz von Wachstumsfaktoren in der klinischen Ernährung bis zum heutigen Tag jedoch weitestgehend als experimentell eingestuft werden, obwohl hier tiefgreifende Änderungen zu erwarten sind. Um die Relevanz und die möglichen Anwendungsgebiete von Wachstumsfaktoren in der klinischen Ernährung besser verstehen zu können, sollen im Folgenden wichtige spezifische Besonderheiten und Funktionen des Gastrointestinaltrakts diskutiert werden, bevor dann ausführlicher die Relevanz von Wachstumsfaktoren im Gastrointestinaltrakt und im Rahmen der Ernährung beleuchtet werden soll.

18.2 Bedeutung von Wachstumsfaktoren im Intestinaltrakt

Wie bereits erwähnt erfolgt die Verwendung des Begriffs »Wachstumsfaktor« häufig relativ uneinheitlich, da unter diesem Begriff mitunter alle Faktoren mit wachstumsmodulierenden Eigenschaften zusammengefasst werden [19]. Hierunter fallen dann die sogenannten regulatorischen Peptide, die auch als Wachstumsfaktoren im engeren Sinne (s. unten), Zytokine,

Tabelle 18-1. Übersicht wichtiger Modulatoren des intestinalen Wachstums

Luminal	Bestandteile der Nahrung (z. B. Kohlenhydrate, Aminosäuren, Fettsäuren, Polyamine, Glutamin u. a.) Verdauungssekrete/-enzyme (Speicheldrüsen, Magen, Pankreas, Darm) Sezernierte Peptide (luminales EGF, TFF-Peptide) Intestinale Glykoproteine Intestinale Mikroflora Medikamente Andere
Intraepithelial	Regulatorische Peptide Gastrointestinale Hormone und Peptide (Gastrin, Sekretin, CCK, Somatostatin, Enteroglukagon, Insulin, u. a.) Intraepitheliale Lymphozyten (IEL) Zell-Zell-Interaktionen Prostaglandine Phospholipide Adeninnukleotide Andere
Lamina propria	Extrazelluläre Matrix Zell-Matrix-Interaktionen Zell-Zell-Interaktionen Regulatorische Peptide Hormone Neurotransmitter Gefäße (Transportfunktion, direkte Modulation)

Interleukine, Interferone und Peptidhormone bezeichnet werden. Neben den regulatorischen Peptiden kann das intestinale Wachstum aber auch durch eine Vielzahl von Nicht-Peptidfaktoren beeinflusst werden (*Tabelle 18-1*). Beispielhaft seien hier Polyamine, Adeninnukleotide, Prostaglandine, Phospholipide, Spurenelemente und weitere Faktoren genannt.

Diese strukturell und auch funktionell erheblich divergenten Faktoren bilden ein komplexes interaktives Netzwerk innerhalb des Gastrointestinaltrakts, das die komplexen biologischen Vorgänge im Verdauungstrakt steuert (*Abb. 18-2*).

18.2.1 Multifunktionalität der gastrointestinalen Mukosa

Das gastrointestinale Mukosaepithel enthält unter anderem multifunktionelle Epithelzellen, die z. T. sehr divergierende Aufgaben haben. Zu den wesentlichen Aufgaben der gastrointestinalen Mukosa gehören die Digestion und Resorption der diversen Nahrungsbestandteile sowie die Bildung und Sekretion verschiedener Glykoproteine, gastrointestinaler Hormone, regulatorischer Peptide und anderer Substanzen (z. B. Elektrolyte, Defensine, etc.).

Mit einer Gesamtoberfläche von ca. 80 m² repräsentiert die intestinale Mukosa aber auch die größte Grenzfläche des menschlichen Organismus mit seiner Umwelt. Neben einer direkten Barrierefunktion der intestinalen Mukosa, die gegen luminale Säuren, Enzyme, Bakterien und Toxine schützt, besitzt die gastrointestinale Mukosa aber auch direkte immunologische Funktionen wie z. B. die Aufbereitung und Präsentation von luminalen Substanzen und das Initiieren von intestinalen Immunreaktionen, die zu Entzündung oder Toleranz führen können.

18.2.2 Mechanismen der Mukosaepithelerneuerung

Das Mukosaepithel des menschlichen Dünn- und Dickdarms ist durch einen lebenslangen raschen Zellumsatz mit nahezu kompletter Erneuerung der intestinalen Epithelzellpopulationen innerhalb von 24–72 h charakterisiert [25]. Kontinuierliches Wachstum ist somit eine charakteristische Eigenschaft des Dünn- und Dickdarms und eine unerlässliche Voraussetzung, um die intestinale Integrität und Barrierefunktion zu bewahren. Proliferierende Epithelzellen befinden sich in den Krypten und sind räumlich von einem funktionell aktivem Epithelzellkompartment getrennt.

Das funktionell aktive Epithelzellkompartment befindet sich im Bereich der intestinalen Villusstrukturen und entwickelt sich aus zunächst unreifen, noch proliferationsfähigen Epithelzellen, die während ihrer Wanderung aus den Krypten einen Differenzierungsprozess durchlaufen und dabei die verschiedenen funktionellen Eigenschaften reifer Epithelzellen erwerben. Unter physiologischen Bedingungen besteht ein ausgewogenes Gleichgewicht zwischen der Neubildung von intestinalen Epithelzellen durch epitheliale Zellproliferation und dem Verlust von intestinalen Epithelzellen im Rahmen von Zelltod, Apoptose sowie mechanischer Abschilferung durch verschiedene luminale Faktoren.

Eine verminderte Zellproliferation oder ein gesteigerter Zellverlust können zu Ulzerationen oder Atrophie führen; eine gesteigerte Zellproduktion oder eine verlängerte Lebensdauer

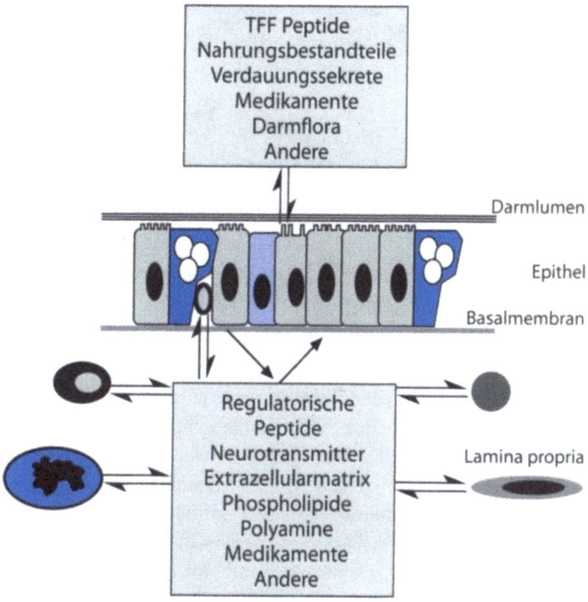

Abb. 18-2. Interaktionen innerhalb des Gastrointestinaltrakts: Die unterschiedlichen Zellpopulationen im Intestinaltrakt kommunizieren über ein interaktives multifaktorielles Netzwerk, das eine Modulation komplexer biologischer Mechanismen ermöglicht

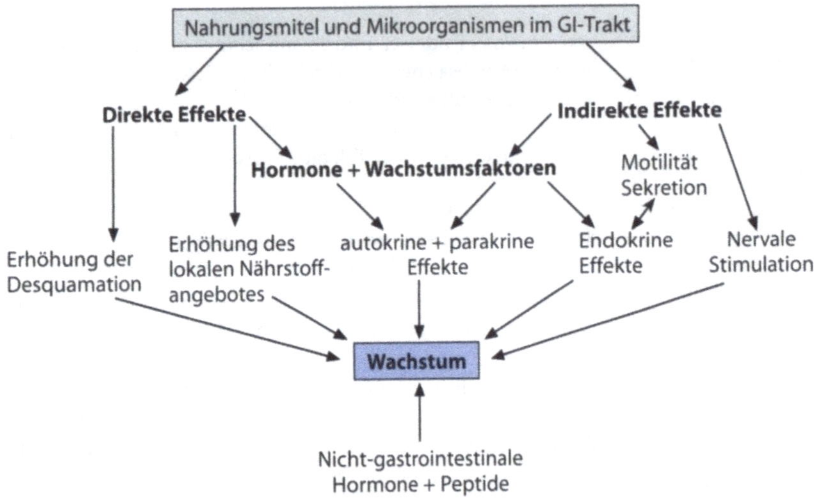

Abb. 18-3. Wachstumsmodulation des intestinalen Epithels. Das Wachstum des intestinalen Epithels wird multifaktoriell reguliert

intestinaler Zellen kann zu einer Hyperplasie und letztendlich auch zu einer Neoplasie führen. Das Gleichgewicht zwischen Zellersatz einerseits und Aufrechterhaltung der funktionellen Fähigkeiten des Epithels andererseits bedarf somit einer sorgfältigen Steuerung, um die Homöostase dieses komplexen Systems zu gewährleisten.

Eine Vielzahl von Faktoren im Gastrointestinaltrakt sind in der Lage, intestinale Epithelzellen zu modulieren und dadurch das komplexe Gleichgewicht innerhalb der intestinalen Mukosa zu regulieren (s. *Tabelle 18-1*). Unter den wichtigsten bisher identifizierten Regulatoren des intestinalen Wachstums sind verschiedene regulatorische Peptide, Polyamine, Hormone, lokale Zell-Zell-Interaktionen, extrazelluläre Matrixfaktoren, verschiedene Neurotransmitter und nervale Einflüsse zu nennen. Aber auch primär luminale Faktoren wie Nahrungsbestandteile, Verdauungssekrete, Magensäure, intestinale Glykoproteine und Komponenten der intestinalen Mikroflora beeinflussen das Wachstumsverhalten der verschiedenen intestinalen Zellpopulationen.

Eine Schlüsselrolle für das intestinale Wachstum spielen sicherlich die Wachstumsfaktoren, die im Folgenden ausführlicher diskutiert werden sollen. Wie in *Abb. 18-3* dargestellt, beeinflusst auch die Nahrung direkt und indirekt über Wachstumsfaktoren und andere Mediatoren das Wachstum in der intestinalen Mukosa.

18.2.3 Wirkmechanismen von Wachstumsfaktoren im Intestinaltrakt

Wachstumsfaktoren können sowohl luminal, intraepithelial und subepithelial in der Lamina propria und Lamina muscularis mucosae in effektiven Konzentrationen im gesamten Gastrointestinaltrakt nachgewiesen werden und dort ihre vielfältigen Effekte ausüben. Wachstumsfaktoren vermitteln ihre funktionellen Effekte über spezifische Rezeptoren an den jeweiligen Zielzellen [32, 33].

Wachstumsfaktorrezeptoren sind in der Regel transmembranäre Proteine, die eine spezifische Bindungsdomäne in ihrem extrazellulären Anteil enthalten. Eine intrazelluläre Interaktion zwischen Wachstumsfaktoren und ihren Rezeptoren muss als seltene Ausnahme angesehen werden. Ein Beispiel für einen derartigen intrakrinen Wirkmechanismus findet sich in einigen transformierten Fibroblasten-Zellinien, wo ein nichtsezernierter »platelet-derived growth factor« an einen intrazellulären Rezeptor gebunden wird.

Wachstumsfaktorrezeptoren repräsentieren ebenfalls ein großes Spektrum strukturell unterschiedlicher Proteine [32]. Nach spezifischer Bindung der Wachstumsfaktoren an ihre Rezeptoren werden unterschiedliche intrazelluläre Signalkaskaden in Gang gesetzt, die letztendlich über eine Beeinflussung der Transkription verschiedenartige Zellfunktionen beeinflussen. Eine charakteristische Eigenschaft von Wachstumsfaktoren ist die lokale Begrenzung ihrer Wirkung. Vereinfacht können 3 prinzipielle Wirkungsweisen unterschieden werden [33]:

1. autokriner Wirkmechanismus,
2. juxtakriner Wirkmechanismus,
3. parakriner Wirkmechanismus.

Mit dem Begriff *autokriner Wirkmechanismus* wird die Interaktion eines regulatorischen Peptides mit der Zelle, die es unmittelbar gebildet hat, bezeichnet. Beim *intern-autokrinen Wirkmechnismus* wird das regulatorische Peptid direkt an intrazelluläre Rezeptoren gebunden, ohne dass es zuvor in den Extrazellulärraum sezerniert worden wäre. Beim *extern-autokrinen Wirkmechanismus* wird das regulatorische Peptid in den Extrazellulärraum sezerniert, bindet jedoch unmittelbar an einen Zelloberflächenrezeptor, der sich auf der sezernierenden Zelle befindet.

Beim *juxtakrinen Wirkmechanismus* wird ein regulatorisches Peptid in den Extrazellulärraum sezerniert, bindet dann jedoch an unmittelbar benachbarte Zellen und löst dort eine spezifische Reaktion aus.

Beim *parakrinen Wirkmechanismus* wird das regulatorische Peptid zunächst in den Extrazellulärraum sezerniert, diffundiert über kurze Distanzen im Extrazellulärraum und kann somit gering entfernte Zellpopulationen modulieren.

Diese 3 Wirkmechanismen regulatorischer Peptide unterscheiden sich prinzipiell vom klassischen endokrinen Wirkmechanismus der Peptidhormone. Beim *endokrinen Wirkmechanismus* werden regulatorische Peptide nach der Synthese über den Blutstrom auch zu weiter entfernt gelegenen Wirkorten transportiert, sodass eine Wirkung an Zielzellen erfolgen kann, die eine große räumliche Distanz zum Ursprungsort des Hormons besitzen [33].

18.2.4 Redundanz von Wachstumsfaktoren

Die im Intestinaltrakt nachgewiesenen Wachstumsfaktoren besitzen in der Regel multiple funktionelle Eigenschaften und können verschiedene Zellpopulationen modulieren. In der Tat bilden die in der gastrointestinalen Mukosa exprimierten regulatorischen Peptide einschließlich der Wachstumsfaktoren ein komplexes Netzwerk von Interaktionen [23]. Die einzelnen Peptide in diesem Netzwerk üben häufig komplexe funktionelle Effekte aus. Eine Redundanz innerhalb des gastrointestinalen Peptidnetzwerkes besteht in mehrfacher Hinsicht [8, 10]:

- Wachstumsfaktoren können von unterschiedlichen gastrointestinalen Zellpopulationen gebildet werden.
- Gastrointestinale Zellen produzieren multiple Wachstumsfaktoren, die in für individuelle Zellpopulationen typischen Kombinationen exprimiert werden.
- Individuelle Zelltypen besitzen spezifische Rezeptoren für mehrere verschiedene Wachstumsfaktoren.
- Ein individueller Wachstumsfaktor kann in unterschiedlichen Zellpopulationen wirken.
- Die funktionellen Effekte individueller Wachstumsfaktoren auf einen spezifischen Zelltyp können durch die gleichzeitige Anwesenheit anderer Zytokine beeinflusst werden.
- Mehrere strukturell ähnliche Mitglieder einer spezifischen Wachstumsfaktorfamilie können mit einem identischen Rezeptor interagieren.
- Wachstumsfaktoren können ihre eigene Expression sowie die Expression anderer Peptide und ihrer Rezeptoren modulieren.
- Die meisten im Intestinaltrakt exprimierten Wachstumsfaktoren werden auch in anderen Organsystemen exprimiert, wodurch die erhebliche Bedeutung dieser regulatorischen Peptide für die Regulation verschiedenster biologischer Vorgänge nachhaltig hervorgehoben wird.

18.2.5 Wachstumsfaktorfamilien mit Bedeutung im Intestinaltrakt

Aufgrund struktureller und funktioneller Homologien bzw. Unterschiede können Wachstumsfaktoren in Wachstumsfaktorfamilien eingeteilt werden. Die wichtigsen Wachstumsfaktorfamilien mit Bedeutung für das intestinale Wachstum sowie ihre wesentlichen Zielzellen und ihre bedeutendsten Mitglieder sind in Tabelle 18-2 zusammengefasst. Ein weiterer wichtiger Wachstumsfaktor mit Bedeutung im Intestinaltrakt ist der »hepatocyte growth factor« (HGF), der auch als »scatter factor« bezeichnet wird und der bis heute keiner der bekannten Wachstumsfaktorfamilien zugeordnet werden konnte.

Nicht alle der in Tabelle 18-2 aufgeführten Wachstumsfaktoren modulieren das intestinale Wachstum; sie vermögen aber andere Funktionen innerhalb des Intestinaltraktes auszuüben (Abb. 18-4). Neben einer direkten Modulation des intestinalen Wachstums sowie der Regulation der intestinalen Epithelerneuerung bewirken zahlreiche Wachstumsfaktoren weitere funktionelle Effekte innerhalb des intestinalen Epithels. Sie stimulieren unter anderem die Expression wachstumsstimulierender Peptide, regulieren den Polyaminstoffwechsel, rekrutieren verschiedene primär nicht ortsständige

Tabelle 18-2. Wachstumsfaktorfamilien mit Bedeutung für das intestinale Wachstum

Wachstumsfaktorfamilie	Wichtigste Zielzellen	Ausgewählte Familienmitglieder[a]
TGF-α-Familie	Epithelzellen Endothelzellen Makrophagen/Monozyten	TGF-α, EGF, Amphiregulin, Cripto, heparinbindender EGF (HB-EGF), Heregulin
TGF-β-Familie	Epithelzellen Endothelzellen Fibroblasten Glatte Muskelzellen Lymphozyten Makrophagen/Monozyten Granulozyten	TGF-β_{1-3}, Inhibin A und B, Activin A und AB, Follistatin
IGF-Familie	Epithelzellen Endothelzellen Fibroblasten Glatte Muskelzellen	Insulin, »insulin-like growth factor I und II« (IGF-1 und -2)
FGF-Familie	Epithelzellen Endothelzellen Mesenchymale Zellen	»acidic und basic FGF«, int-2 Onkogen, hst-onkogen (= K-FGF), FGF-5, FGF-6, KGF, FGF-8, FGF-9, FGF-18
Trefoilfaktorfamilie (TFF-Peptide)	Epithelzellen Becherzellen Glatte Muskelzellen	TFF-1 (= pS2), TFF-2 (= spasmolytic peptide«), TFF-3 [= »intestinal trefoil factor (ITF)]

[a] Nicht alle erwähnten Familienmitglieder beeinflussen das intestinale Wachstum, sie werden jedoch aufgeführt, um die Vielfalt intestinaler Wachstumsfaktoren darzustellen.

Zellpopulationen in die intestinale Mukosa und schützen die Epithelzellbarriere gegen schädliche Einflüsse im intestinalen Lumen. Die wesentlichsten funktionellen Eigenschaften der verschiedenen intestinalen Wachstumsfaktorfamilien sind in Tabelle 18-3 exemplarisch zusammengefasst [8]. Im Folgen-

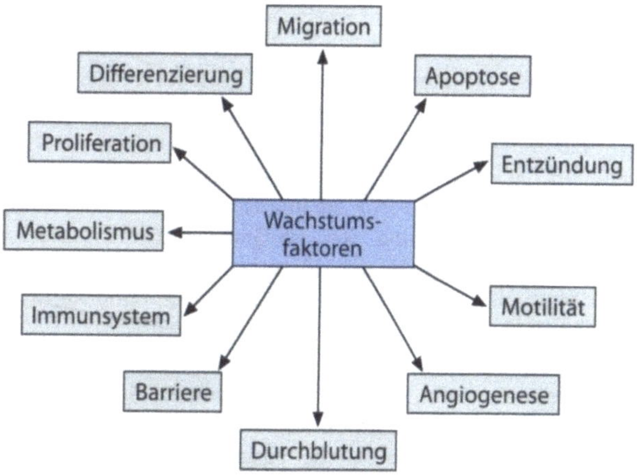

Abb. 18-4. Biologische Funktionen von Wachstumsfaktoren im Gastrointestinaltrakt

den sollen ausgewählte Wachstumsfaktorfamilien bzw. individuelle Wachstumsfaktoren vorgestellt werden.

Transforming-growth-factor-α-Familie (TGF-α)

TGF-α und EGF gehören zur TGF-α-Familie, interagieren vermutlich mit dem gleichen Rezeptor, dem sog. EGF-Rezeptor und zählen zu den potentesten Stimulatoren der intestinalen Epithelzellproliferation [5]. Das aus 50 Aminosäuren bestehende Peptid TGF-α wird sowohl im Magen, Dünndarm- und Kolonepithel exprimiert. Bioaktives EGF besteht aus 53 Aminosäuren und wird durch proteolytische Aktivierung aus einer membrangebundenen Vorstufe freigesetzt. Innerhalb des Gastrointestinaltraktes wird EGF in den Speicheldrüsen, den Brunner-Drüsen des Duodenums sowie im exokrinen Pankreas gebildet. Zusätzlich kann EGF auch in einer Vielzahl von natürlichen biologischen Körperflüssigkeiten wie Speichel, Milch, und Plasma nachgewisen werden. EGF-Rezeptoren werden im gesamten Gastrointestinaltrakt auf Mukosaepitelzellen und auch auf Lamina-propria-Zellen exprimiert.

EGF aus den Speicheldrüsen und dem Dünndarm wird in der Regel von Pankreasenzymen verdaut, solange es nicht von Speisen begleitet wird. Falls es mit Speisen gemischt ist, scheinen die mitgeführten Proteine eine hemmende Wirkung auf die Pankreasenzyme zu haben. Dies muss berücksichtigt werden, wenn EGF intraluminal appliziert werden soll. Wichtige Funktionen von EGF im Gastrointestinaltrakt umfassen zytoprotektive Effekte, eine Inhibition der Magensaftsekretion, trophische Effekte, Modulation von intestinalen Enzymaktivitäten, Stimulation der gastrointestinalen Wundheilung und Adaptation sowie eine Mitbeteiligung an der Stimulation von Tumorzellwachstum (s. *Tabelle 18-3*).

EGF ist ein potenter Wachstumsfaktor für die gastrointestinale Mukosa in vivo und in vitro. Es gibt eine Vielzahl von Studien am Tier und am Menschen, die die trophischen Effekte von EGF eindeutig belegen. So konnte unter anderem gezeigt werden, dass parenteral appliziertes rekombinantes EGF im TPN-Rattenmodell eine potente Stimulation der intestinalen Zellproliferation bewirkt, während enteral appliziertes EGF keine signifikante Effektivität besitzt [16, 17, 18]. Andere Untersucher konnten jedoch zeigen, dass auch luminal appliziertes EGF trophische Effekte besitzt und z. B. eine verbesserte Resorption von Glyzin und Galaktose induzieren kann [28].

EGF kann allein und synergistisch mit Trefoilpeptiden in gastrointestinale Heilungsprozesse eingreifen. Dies gilt auch für die Adaptations- und Regenerationsprozesse im Hinblick nach Darmresektionen. Nach partieller Darmresektion konnte für EGF dann auch entsprechend eine epitheliale Hyperplasie, eine Steigerung des Mukosagewichts sowie eine verlängerte Mikrovillushöhe beschrieben werden [15, 35]. Zusätzlich fördert der Einsatz von EGF die intestinale Adaptation durch eine erhöhte Expression von Na-Glukose-Kotransportern, Maltase sowie Aminooligopeptidase [13]. Ebenso scheint die Aufnahme von Glukose, Glutamin, Leucin, Alanin und Arginin verbessert zu werden.

Für den klinischen Einsatz müssen jedoch noch weitere Erkenntnisse gesammelt werden, auch wenn in humanen Studien eine biologische Relevanz von EGF nachgewiesen werden konnte. So induziert EGF bei Patienten mit kongenitaler Mikrovillusatrophie unter TPN eine Stimulation der Kryptenproliferation [37]. Auch bei der nekrotisierenden Enterokolitis wird die Epithelregeneration durch EGF signifikant beschleunigt [34].

Transforming-growth-factor-β-Familie (TGF-β)

TGF-β1, Prototyp der TGF-β-Familie, ist ein dimeres Peptid mit einem Molekulargewicht (MG) von 25.000, das sich aus 2 identischen Untereinheiten mit MG 12.500 zusammensetzt [29]. Der TGF-β-Dimer, der durch intrazelluläre proteolytische Spaltung aus einer TGF-β-Vorstufe freigesetzt wird, bildet zunächst einen Komplex mit den abgespaltenen Propeptidsegmenten. Dieser TGF-β-Komplex ist zunächst inaktiv und wird als *latentes TGF-β* bezeichnet. Die physiologischen Aktivierungsprozesse, die zur Bioaktivierung von TGF-β in vivo führen, sind nur unzureichend charakterisiert. In vitro kann eine Bioaktivierung des latenten TGF-β durch Abspaltung des nichtkovalent gebundenen Propeptides durch Ansäuerung, Harnstoff- und Proteasenbehandlung erfolgen. Es wird vermutet, dass auch in vivo pH-Wert-Änderungen oder Proteasen, insbesondere solche vom Plasmintyp an der Bioaktivierung des TGF-β beteiligt sind.

Im menschlichen Gastrointestinaltrakt werden die 3 TGF-β-Isoformen sowohl von Epithelzellen als auch von verschiedenen Lamina-propria-Zellpopulationen exprimiert. Funktionelle TGF-β-Rezeptoren werden von nahezu allen intestinalen Zellpopulationen exprimiert, sodass TGF-β eine Vielzahl verschiedener Zellpopulationen modulieren kann. TGF-β ist der potenteste charakterisierte Inhibitor der intestinalen epithelialen Zellproliferation und ist in der Lage, die proliferationsstimulierenden Effekte von Wachstumsfaktoren in intestinalen Epithelzellen zu antagonisieren [8, 29]. Die antiinflammatorischen und restitutionsfördernden Effekte von TGF-β in vitro und in vivo legen eine Relevanz von TGF-β bei intestinalen Entzündungen und Adaptationsvorgängen nahe [9, 12, 31]. Weitere wichtige biologische Funktionen von TGF-β im Intestinaltrakt sind in *Tabelle 18-3* aufgeführt.

Eine Supplementierung von enteralen Formulanahrungen mit TGF-β (z. B. Modulen IBD) bei Patienten mit chronisch entzündlichen Darmerkrankungen stellt einen Versuch dar, TGF-β auch klinisch in der Ernährungstherapie einzusetzen.

Insulin-like-growth-factor-Familie (IGF)

Zur IGF-Familie zählen die Peptide Insulin, IGF-1 und IGF-2. Eine kurze Darstellung der wesentlichen Zielzellen und biologischen Funktionen im Gastrointestinaltrakt findet sich in den *Tabellen 18-2* und *18-3* [10, 27].

Insulin ist ein 51-Aminosäuren-Dipeptid, das in den β-Zellen der Langerhans-Inselzellen im Pankreas produziert wird. Insulin besitzt komplexe metabolische Effekte, die im Wesentlichen 4 Bereiche umfassen:

1. Steuerung des Membrantransports von Glukose, Aminosäuren und verschiedenen Ionen,
2. Speicherung von Glykogen,
3. Regulation der Triglyzeridsynthese und
4. Steuerung der Synthese von DNA, RNA und Proteinen.

Insulin besitzt somit eine wichtige Funktion in der Wachstumsregulation, insbesondere von Geweben mit hoher Zellumsatzrate wie im intestinalen Epithel.

IGF-1 und IGF-2 sowie Typ-1- und -2-IGF-Rezeptoren werden unter anderem auch im gastrointestinalen Epithel exprimiert und vermitteln ihre biologischen Wirkungen über min-

Tabelle 18-3. Wichtige funktionelle Eigenschaften von Wachstumsfaktoren im Intestinaltrakt

TGF-α-Familie	Trophische Effekte
	Stimulation der epithelialen und nicht-epithelialen Zellproliferation
	Regulation von Enzymen im Polyaminstoffwechsel
	Regulation des intestinalen Elektrolyt- und Nährstofftransports
	Hemmung der Magensäuresekretion
	Regulation der Expression von Bürstensaumenzymen
	Begünstigung des Wachstums neoplastischer Zellpopulationen
	Beschleunigung der Epithelzellmigration
	Stimulation der Angiogenese
TGF-β-Familie	**Epithelzellen:** Proliferationshemmung, Stimulation der Zellmigration
	B-Lymphozyten: Proliferationshemmung, Suppression der IgM- und IgG-Produktion, Stimulation der IgA-Produktion
	T-Lymphozyten: Proliferationshemmung, Suppression der Zytokinproduktion, Hemmung der Generierung zytotoxischer T-Zellen
	Monozyten/ Makrophagen: Chemotaxis, Hemmung des »respiratory burst«, Induktion der Produktion von IL-1 und TGF-α
	Neutrophile: Chemotaxis, Hemmung der zytotoxischen Aktivität
	Fibroblasten: Proliferationshemmung, Modulation der Kollagen-, Fibronectin- und Kollagenproduktion, Chemotaxis
	Endothelzellen: Prolferationshemmung, Stimulation der Angiogenese
	Glatte Muskelzellen: Stimulation der Kollagenproduktion
IGF-Familie	Metabolische Funktionen im Kohlenhydrat-, Aminosäuren- und Fettstoffwechsel
	Proliferationsstimulierung von epithelialen und nicht-epithelialen Zellen
	Trophische Funktion in der intestinalen Mukosa
	Begünstigung intestinaler Adaptationsvorgänge nach Resektion
	Stimulation von Tumorzellwachstum über autokrine Mechanismen
	Förderung intestinaler Wundheilung
	Begünstigung der Fibroseentwicklung
	Förderung der Chemotaxis endothelialer Zellpopulationen
FGF-Familie	Proliferationstimulation von Epithel-, Endothel- und Mesenchymzellen
	Stimulation der Angiogenese und Neovaskularisierung
	Stimulation der epithelialen Migration
	Stimulation der intestinalen Wundheilung
TFF-Peptide	Stimulation der intestinalen epithelialen Restitution
	Protektion des intestinalen Epithels gegen luminale Schädigungen
	Modulation der intestinalen Motilität

destens 3 Oberflächenrezeptoren. Zahlreiche IGF-Bindungsproteine interagieren zusätzlich mit IGF-Peptiden und modulieren ihre biologischen Wirkungen. IGF-Peptide besitzen trophische Effekte im Intestinaltrakt und stimulieren intestinale Regenerations- und Adaptationsprozesse (*Tabelle 18-3*). IGF-1 wird abhängig vom Wachstumshormon (GH) primär in der Leber synthetisiert und in den Kreislauf sezerniert, sodass nach exogener Gabe auch im Intestinaltrakt erhöhte IGF-1-Spiegel gemessen werden [6]. Darüber hinaus werden IGF-1 und IGF-2 unter anderem auch von Epithelzellen im Dünndarm exprimiert und bewirken eine autokrine und parakrine Modulation intestinaler Mukosafunktionen [21]. IGF-1 stimuliert das mukosale Wachstum und kann die Darmatrophie bei schweren Krankheitszuständen bessern [6, 24, 26].

Während der dominante Einfluss des Wachstumshormons (GH) auf die IGF-1-Synthese weitestgehend geklärt ist, ist der detaillierte Wirkmechanismus einer systemischen Behandlung mit Wachstumshormon nur unzureichend charakterisiert. Eine Langzeitbehandlung mit Wachstumshormon stimuliert neben der Steigerung der IGF-1-Synthese auch die Expression hochaffiner hepatischer GH-Rezeptoren. Dies bewirkt eine dosisabhängige Steigerung des Wachstum und der Proteinsynthese sowie eine Hemmung der Lipolyse auch unter Fastenbedingungen. Aufgrund der lipolytischen und anabolen Eigenschaften des Wachstumshormons scheint dieses geeignet, die konventionelle Ernährung des katabolen Patienten zu optimieren.

Die Auswirkungen von GH auf den Kohlenhydrat- und Fettstoffwechsel sind weniger klar definiert. Kurzzeitig verabreicht wirkt das Wachstumshormon insulinartig, eine gesteigerte Glukoseaufnahme und erniedrigte Glukoseausschüttung in der Leber treten auf. Die chronische Anwendung von hochdosierten Wachstumshormongaben bewirkt jedoch antiinsulinäre Effekte mit Auftreten von verminderter Glukoseintoleranz und gesteigerter Lipolyse. Wenn Wachstumshormon postprandial in physiologischen Konzentrationen verabreicht wird, ist wenig Einfluss auf die Glukoneogenese oder die periphere Glukoseaufnahme festzustellen.

Sowohl die Behandlung mit Wachstumshormon als auch mit IGF-1 verringern die katabolen Effekte während einer geringgradigen oder kurzzeitigen Einschränkung der Nahrungszufuhr. Erste Untersuchungen bei Patienten mit septischen Erkrankungen zeigen jedoch, dass eine Behandlung mit Wachstumshormonen unter Stoffwechsel-Stress-Situationen zu einer erhöhten Mortalitätsrate führen kann, sodass der Einsatz von GH derzeit sicherlich kritisch abgewogen werden sollte und nicht dem klinischen Standard entspricht [36].

Fibroblast-growth-factor-Familie (FGF)

Die Expression und die Bedeutung der FGF-Peptide und ihrer Rezeptoren im Gastrointestinaltrakt ist derzeit nur unzureichend geklärt [2]. Es scheint jedoch, dass verschiedene FGF-Peptide durch parakrine und möglicherweise auch autokrine Mechanismen die intestinale Zellproliferation und Migration stimulieren und somit die intestinale Wundheilung und Adaptation begünstigen könnten [11]. Der klinische Einsatz von FGF beschränkt sich derzeit jedoch mehr auf die Stimulation von kutanen Wundheilungsstörungen, sodass keine signifikanten klinischen Erfahrungen bezüglich des Einsatzes von FGF-Peptiden in der klinischen Ernährung existieren.

Trefoilfaktorfamilie (TFF-Peptide)

Die Trefoilfaktoren oder Trefoilpeptide (TFF-Peptide) sind eine Gruppe von Peptiden, die relativ spezifisch im gesamten Gastrointestinaltrakt exprimiert werden. Trefoilpeptide sind durch eine hochspezifische Konfiguration aus 6 Cysteinresten, die als »P« oder Trefoildomäne bezeichnet wird, charakterisiert [30]. Die Disulfidbrücken zwischen den Cysteinresten der P-Domäne sind verantwortlich für die namengebende Primärstruktur, die einem Kleeblatt (Trefoil) ähnelt.

Zur Familie der Trefoilfaktoren gehören die Peptide TFF-1 (früher pS2 genannt), TFF-2 (früher spasmolytisches Polypeptid (SP) genannt) und TFF-3 (früher ITF, intestinaler Trefoilfaktor). TFF-1 wird überwiegend im proximalen Magen exprimiert, während TFF-2 im distalen Magen und Pankreas sowie TFF-3 im Dünn- und Dickdarm exprimiert wird. TFF-1 wird in einer Vielzahl von menschlichen Karzinomen exprimiert und TFF-1-«knock-out«-Mäuse weisen schwere Hyperplasien und Dysplasien der Antrumzellen auf, sodass vermutet wird, dass TFF-1 eine Tumorsuppression bewirken kann.

TFF-Peptide besitzen aber auch einen hohen Stellenwert in der Protektion und Reparatur der gastrointestinalen Mukosabarriere. So steigen 30 min nach einer experimentell im Rattenmagen hervorgerufenen Schleimhautverletzung die TFF-2-Expression an und die Verabreichung von exogenem TFF-2 oder TFF-3 schützt gegen experimentell verursachte Schleimhautschäden. Interessanterweise stimulieren Trefoilpeptide die Epithelreparatur über TGF-β-unabhängige Mechanismen [7]. Möglicherweise greifen Trefoilpeptide in die Funktion des E-Cadherin/Catenin-Komplexes ein und modulieren u. a. hierdurch die intestinalen Wundheilungsvorgänge.

Obwohl die Rezeptoren für die Trefoilpeptide noch nicht eindeutig identifiziert worden sind, wird angenommen, dass Trefoilpeptide ihre Wirkungen überwiegend von der Lumenoberfläche des gastrointestinalen Epithels ausüben, da sie überwiegend in das intestinale Lumen sezerniert werden und dort, aufgrund ihrer durch die spezifische Sekundärstruktur bewirkten Resistenz gegenüber luminalen Proteasen, auch längere Zeit ihre biologische Aktivität bewahren können. Klinisch werden Trefoilpeptide derzeit noch nicht eingesetzt, eine Anwendung zur Stimulation intestinaler Adaptations- und Reparaturvorgänge sowie zur Protektion von anderen Wachstumsfaktoren oder Medikamenten gegenüber luminalen Proteasen sind aber durchaus vorstellbar.

18.3 Wachstumsfaktoren in der klinischen Ernährung

Neben dem intestinalen Wachstum kann durch verschiedene Nahrungsbestandteile und auch durch verschiedene Wachstumsfaktoren eine Vielzahl weiterer Funktionen im Gastrointestinaltrakt moduliert werden, sodass aufgrund dieser physiologischen Kenntnisse ein klinischer Einsatz von Wachstumsfaktoren in der Ernährung sinnvoll erscheint. Unter Berücksichtigung der bisherigen experimentellen Daten erscheint ein Einsatz von Wachstumsfaktoren insbesondere unter folgenden Gesichtspunkten sinnvoll:

- trophische Funktion, z. B. bei enteraler Nahrungskarenz unterschiedlichster Ursache;
- Erhaltung bzw. Optimierung der Mukosahomöostase;
- Verbesserung der mukosalen Integrität und Barrierefunktion bei enteraler Nahrungskarenz und intestinalen Entzündungen mit Verminderung einer konsekutiven Translokation von Mikroorganismen;
- Verbesserung der intestinalen Adaptation nach Darmresektion durch Hypertrophie der vorhandenen Darmabschnitte sowie funktionelle Adaptation;
- anabole Funktion bei gestörter oder unzureichender Ernährung, um eine bessere Erhaltung von strukturell und funktionell relevanten Körperproteinen zu gewährleisten;
- Optimierung der Digestion und Resorption von Nahrungsbestandteilen durch funktionelle Adapatation bei schwerer Mukosadestruktion, z. B. bei chronisch entzündlichen Darmerkrankungen.

Aufgrund der obigen Überlegungen erscheint ein Einsatz von Wachstumsfaktoren im Rahmen der klinischen Ernährung bei folgenden Erkrankungen bzw. klinischen Situationen sinnvoll [4, 22, 36, 38, 39]:

- Kurzdarmsyndrom nach Darmresektionen (s. Kap. 42),
- chronisch-entzündliche Darmerkrankungen (s. Kap. 42),
- postoperativ (s. Kap. 33) bzw. während Phasen mit rein parenteraler Ernährung,
- katabole Stoffwechselsituationen (s. Kap. 34), die nicht ausreichend mit konventionellen Ernährungsregimes zu durchbrechen sind.

Literatur

1. Babyatsky MW, Podolsky DK (1991) Growth and differentiation in the GI tract. In: Yamada T, Alpers DH, Owyang C, Powell DW, Silverstein FE (eds) Textbook of gastroenterology. Lippincott, New York London, pp 475–501
2. Baird A, Böhlen P (1991) Fibroblast growth factors. In: Sporn MB, Roberts AB (eds) Peptide growth factors and their receptors. Springer, Berlin Heidelberg New York Tokio, pp 369–418
3. Brodsky IG (1998) Hormone, cytokine, and nutrient interactions. In: Shiles ME, Olson JA, Sheik M, Ross AC (eds) Modern nutrition in health and disease. Williams & Wilkins, Baltimore, pp 699–724
4. Byrne TA, Nompleggi DJ, Wilmore DW (1996) Advances in the management of patients with intestinal failure. Transplant Proc 28: 2683–2690
5. Carpenter G, Wahl MI (1991) The epidermal growth factor family. In: Sporn MB, Roberts AB (eds) Peptides growth factors and their receptors. Springer, Berlin Heidelberg New York Tokio, pp 69–171
6. Chen K, Okuma T, Okamura K et al. (1995) Insulin-like growth factor-I prevents gut atrophy and maintains intestinal integrity in septic rats. J Parenter Enteral Nutr 19: 119–124
7. Dignass A, Lynch-Devaney K, Kindon H et al. (1994) Trefoil peptides promote epithelial migration through a transforming growth factor β-independent pathway. J Clin Invest 94: 376–383
8. Dignass AU, Milovic V (1999) Wachstumsfaktoren und Wachstumsregulation im Intestinaltrakt. In: Stein J, Caspary WF (Hrsg) Krankheiten des Dünn- und Dickdarms. Springer, Berlin Heidelberg New York Tokio, S 73–70

9. Dignass AU, Podolsky DK (1993) Cytokine modulation of intestinal epithelial cell restitution: central role of transforming growth factor beta. Gastroenterology 105: 1323–1332
10. Dignass AU, Podolsky DK (1996) Growth factors in inflammatory bowel disease. In: Fiocchi C (ed) Cytokines in inflammatory bowel disease. Landes, Austin Georgetown, pp 137–155
11. Dignass AU, Tsunekawa S, Podolsky DK (1994) Fibroblast growth factors modulate intestinal epithelial cell growth and migration. Gastroenterology 106: 1254–1262
12. Donnet-Hughes A, Schiffrin EJ, Huggett AC (1995) Expression of MHC antigens by intestinal epithelial cells. Effect of transforming growth factor β 2 (TGF-β-2). Clin Exp Immunol 99: 240–244
13. Dunn JC, Parungo CP, Fonkalsrud EW et al. (1997) Epidermal growth factor selectively enhances functional enterocyte adaptation after massive small bowel resection. J Surg Res 67: 90–93
14. Felig P (1995) Endocrinology and metabolism, 3rd edn. McGraw-Hill, New York
15. Fiore NF, Ledniczky G, Liu Q et al. (1998) Comparison of interleukin-11 and epidermal growth factor on residual small intestine after massive small bowel resection. J Pediatr Surg 33: 24–29
16. Foster HM, Whitehead RH (1990) Intravenous but not intracolonic epidermal growth factor maintains colonocyte proliferation in defunctioned rat colorectum. Gastroenterology 99: 1710–1714
17. Goodlad RA, Wilson TJ, Lenton W et al. (1987) Intravenous but not intragastric urogastrone-EGF is trophic to the intestine of parenterally fed rats. Gut 28: 573–582
18. Goodlad RA, Wilson TJ, Lenton W et al. (1985) Urogastrone-epidermal growth factor is trophic to the intestinal epithelium of parenterally fed rats. Experientia 41: 1161–1163
19. Green AR (1989) Peptide regulatory factors: multifunctional mediators of cellular growth and differentiation. Lancet I: 705–707
20. Johnson LR (1994) Physiology of the gastrointestinal tract, 3rd edn. Raven Press, New York
21. Lund PK, Moats-Staats BM, Hynes MA (1986) Somatomedin-C/Insulin-like growth factor I and insulin-like growth factor II MRNAs in rat fetal and adult tissue. J Biol Chem 261: 14539-14544
22. Murphy MS (1998) Growth factors and the gastrointestinal tract. Nutrition 14: 771–774
23. Nathan C, Sporn M (1991) Cytokines in context. J Cell Biol 113: 981–986
24. Ohneda K, Ulshen MH, Fuller CR, D'Ercole AJ, Lund PK (1997) Enhanced growth of small bowel in transgenic mice expressing human insulin-like growth factor I. Gastroenterology 112: 444–454
25. Potten CS, Kellet M, Roberts SA, Rew DA, Wilson GD (1992) Measurement of in vivo proliferation in human colorectal mucosa using bromodeoxyuridine. Gut 33: 71–78
26. Read LC, Thomas FM, Howarth GS (1992) Insulin-like growth factor I and its N-terminal modified analogues induce marked gut growth in dexamethasone-treated rats. J Endocrinol 133: 421–431
27. Rechler MM, Nissley SP (1991) Insulin-like growth factors. In: Sporn MB, Roberts AB (eds) Peptide growth factors and their receptors. Springer, Berlin Heidelberg New York Tokio, pp 263–367
28. Reeves JR, Richards RC, Cooke T (1991) The effects of intracolonic EGF on mucosal growth and experimental carcinogenesis. Br J Cancer 63: 223–226
29. Roberts AB, Sporn MB (1991) The transforming growth factor-β. In: Sporn MB, Roberts AB (eds) Peptide growth factors and their receptors. Springer, Berlin Heidelberg New York Tokio, pp 417–472
30. Sands BE, Podolsky DK (1996) The trefoil peptide family. Annu Rev Physiol 58: 253–273
31. Shull MK, Ormsby I, Kier AB (1992) Targeted disruption of the mouse transforming growth factor β1 gene results in multifocal inflammatory disease. Nature 359: 693–699
32. Sporn MB, Roberts AB (1991) Peptide growth factors and their receptors I and II. Springer, Berlin Heidelberg New York Tokio, pp 98
33. Sporn MB, Roberts AB (1992) Autocrine secretion – 10 years later. Ann Intern Med 117: 408–414
34. Sullivan PB, Brueton MJ, Tabara ZB et al. (1991) Epidermal growth factor in necrotising enteritis. Lancet 338: 53–54
35. Swaniker F, Guo W, Fonkalsrud EW et al. (1995)The effect of epidermal growth factor on mucosal function after ileal resection. J Surg Res 58: 565–569
36. Thompson WA, Lowry SF (1993) Role of growth factors in nutritional support. In: Rombeau JL, Caldwell MD (eds) Clinical nutrition: parenteral nutrition. Saunders, Philadelphia, pp 223–244
37. Walker-Smith JA, Phillips AD, Walford N et al. (1985) Intravenous epidermal growth factor/urogastrone increases small-intestinal cell proliferation in congenital microvillous atrophy. Lancet II: 1239–1240
38. Wilmore DW (1999) Growth factors and nutrients in the short bowel syndrome. J Parenter Enteral Nutr 23: S117-S120
39. Ziegler TR, Estivariz CF, Jonas CR et al. (1999) Interactions between nutrients and peptide growth factors in intestinal growth, repair, and function. J Parenter Enteral Nutr 23: S174-S183

Enterale Ernährung

Sonden- und Applikationstechniken

J. Stein, A.J. Dormann

Die erste Beschreibung einer enteralen Sondenernährung findet sich in den Werken des arabischen Arztes Avenzoar (1126–1162), der einen Patienten mit Ösophaguskarzinom über eine in den Schlund eingeführte Silberkanüle ernährte [46]. Allerdings konnte sich die neue Ernährungsform erst vom 16. Jahrhundert an fortsetzen. Bis zum 18. Jahrhundert erfolgte dann eine konsequente Weiterentwicklung dieser Technik, vor allem bezüglich der Materialeigenschaften der Sonden. Die Entwicklung flexibler Katheter aus Leder durch J.B. v. Helmont im Jahre 1644 und der Import von Kautschuk aus Südamerika seit 1735 leisteten hierfür eine der wichtigen Voraussetzungen [26].

Eine weitere entscheidende Entwicklung war die Erfindung der *»Magenpumpe«* gegen Ende des 18. Jahrhunderts. Bereits im Jahre 1797 hatte Alexander Monro jun. den Gebrauch einer Magensonde in Kombination mit einer Spritze, sowohl zur Entfernung von Giften als auch zur Applikation von Nahrung, in Fällen von Dysphagie empfohlen [39]. So basierte die Veröffentlichung von A. Kussmaul im Jahre 1869 über Physiologie und Pathophysiologie des Gastrointestinaltrakts im Wesentlichen aus Experimenten mit einer solchen Pumpe [30]. Die beiden Deutschen C.A. Ewald und L. Oser entwickelten 1847 Magensonden aus weicherem Gummi und mit geringerem Durchmesser [17, 43]. Im Jahre 1909 stellten M. Gross [24] und M. Einhorn [15] die erste Duodenalsonde vor.

1878 beschrieb der französiche Chirurg M. Surmay [59] erstmalig einen chirurgischen Eingriff, bei dem eine Ernährungssonde in eine operativ freigelegte Jejunumschlinge implantiert und an der Bauchhaut fixiert wurde. K. Mayl [35] konnte dann im Jahr 1882 durch eine verbesserte Operationstechnik die Komplikationsrate der Jejunostomie entscheidend verringern. Eine weitere Verbesserung in Anlehnung an die von O. Witzel im Jahre 1891 [63] beschriebene Operation zur Anlegung einer Ernährungsfistel am Magen erfolgte 1895 durch A. Eiselberg [16].

Die weiteren Entwicklungen enteraler Ernährungstechniken zu Beginn des 20. Jahrunderts betrafen in erster Linie die Art der zugeführten Nahrung und die Applikationsformen. M. Einhorn [15] empfahl bereits 1910 die langsame intraduodenale Applikation einer speziellen Ernährungslösung in 2-stündlichen Intervallen. Im Jahr 1918 beschrieb A.F.R. Andresen [3], 1922 G. Kelling [29] die kontinuierliche intrajejunale Nahrungszufuhr über eine schwerkraftgesteuerte Tropfinfusion. Die konsequente Entwicklung mechanischer Hilfspumpen, die einen gleichförmigen Nahrungstransport ermöglichen sollten, erfolgte seit Ende der 1930er Jahre.

Ein weiterer großer Fortschritt betraf in den Folgejahren die Einführung neuartiger Ernährungsonden aus Silikonen und Polyethylen, die geschmeidiger und deutlich dünnlumiger waren als die vormaligen Gummisonden.

Die Suche nach einer besonders energiereichen, aber aufgrund von Entsorgungsproblemen ballaststoffarmen, Astronautenkost führte im Rahmen der Weltraumforschung in den 1950er- und 60er-Jahren zur Entwicklung niedermolekularer Formeldiäten, deren Weiterentwicklung in den Folgejahren zu den geschmacklich besseren und auch bedeutend billigeren Peptiddiäten, die seither erfolgreich zur Ernährungstherapie bei Krankheitsbildern eingesetzt werden.

Wesentliche *technische Neuentwicklungen* der letzten Zeit waren die Einführung der *perkutan endoskopisch kontrollierten Gastrostomie* (PEG) durch M.W.L. Gauderer und J.L. Ponsky [18] im Jahre 1980, die perkutan endoskopische Jejunostomie (PEJ) sowie die Entwicklung 2- und 3-lumiger Sonden.

19.1 Wahl der Sonden und Applikationstechnik

Nach Indikationsstellung zur künstlichen enteralen Ernährung (funktionsfähiger Intestinaltrakt) erfolgt die Auswahl des möglichen Zugangsweges (▣ *Abb. 19-1*) und Sondierungsverfahrens (▣ *Abb. 19-2*). Entscheidend hierfür sind:

- Dauer der Ernährungstherapie,
- Allgemein- und Ernährungszustand des Patienten,
- Grundkrankheit (z. B. akute Pankreatitis, Gastroparese),
- Zeitpunkt (intraoperativ, postoperativ),
- anatomische Besonderheiten nach Voroperationen (z. B. Gastrektomie, B-II-Magen, Kurzdarmsyndrom).

19.2 Nasogastrale/nasojejunale Sonden

Den einfachsten Zugangsweg zum Gastrointestinaltrakt stellen transnasale Sondensysteme dar. Die Anlage erfolgt mittels Vorschubmethode transnasal in Magen, Duodenum oder Jejunum. Zum Ausschluss einer Sondenfehllage ist eine radiologische Kontrolle erforderlich. Die Platzierung in distale Duodenalabschnitte oder in das Jejunum erfolgt meist unter Zuhilfenahme radiologischer oder endoskopischer Techniken (s. unten).

> Nasale Sonden sind für eine längerfristige Ernährung (>6 Wochen) nur eingeschränkt geeignet, da diese ein Fremdkörpergefühl im Rachen erzeugen, eine Refluxösophagitis und Druckulzera auslösen können und zur Dislokation neigen.

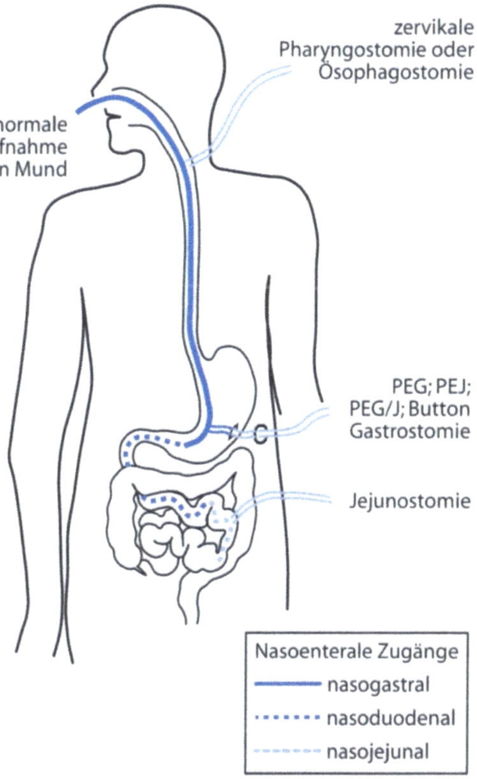

Abb. 19-1. Mögliche Zugangswege zur Sondenapplikation

19.2.1 Indikationen und Kontraindikationen

Für den Patienten kann die nasale Sonde als psychische Belastung empfunden werden, da das offensichtliche Tragen der Sonde im sozialen Umfeld auf das Kranksein des Patienten schließen lässt, was insbesondere bei ambulanten Patienten ein Problem darstellen kann. Dementsprechend finden nasale Sonden primär Anwendung bei *kurzfristiger enteraler* Ernährungsdauer und bei Bestehen von Kontraindikationen gegen andere Techniken der enteralen Nährstoffzufuhr.

Als *Indikationen* gelten:

- kurzzeitige Ernährungstherapie,
- schwere Gerinnungsstörungen (s. Kontraindikationen einer PEG).
- Die Anlage einer perkutanen Ernährungssonde ist kontraindiziert.
- Duodenal- oder Jejunalsonden:
  erhöhte Aspirationsgefahr, besonders bei Bewusstlosen und Patienten mit Magenentleerungsstörungen,
  geplante frühe postoperative Sondenernährung (gastrojejunale Dissoziation, s. unten).

Als *Kontraindikationen* gelten:

- Wandveränderungen der Speiseröhre, z. B. Ösophagusvarizen, Divertikel, Entzündungen, Stenosen (relative Kontraindikation),
- Ösophagusperforation,
- Magenausgangsstenose oder Gastroparese (Magensonde),
- unstillbares Erbrechen,
- unkooperativer Patient.

19.2.2 Handhabung und Durchführung

Ist die Ernährung über einen transnasalen Ernährungskatheter indiziert, sollten dünnlumige (Ch. 8), gewebefreundliche Polyurethan- bzw. Silikonkautschuksonden Anwendung finden, die mit entsprechenden Pflastersets fixiert werden, um einer Dislokation bzw. einem Herausrutschen vorzubeugen.

> Indikationsstellung, Verfahrenswahl und Sondenanlage sind grundsätzlich ärztliche Aufgaben. Der Arzt kann das Legen einer Magensonde an erfahrenes Pflegepersonal delegieren.

Gastrale Sondenernährung

Sie ist immer dann indiziert, wenn Erkrankungen mit Einschränkungen der Kau- und Schluckbewegungen (z. B. Operationen im Mund-, Kiefer- und Larynxbereich, Lähmungen der Kaumuskulatur, Innervationsstörungen des Kehlkopfs etc.) vorliegen.

Die Platzierung der Sonde ist auch beim intubierten, nichtkooperativen Intensivpatienten meist problemlos möglich (*Abb. 19-3*).

> Vor Beginn der Zufuhr der Sondennahrung muss eine Lagekontrolle entweder durch Aspiration von Magensekret oder durch Auskultation (Einblasen von Luft in die Magensonde bei gleichzeitiger Auskultation über dem Epigastrium) vorgenommen werden (s. *Abb. 19-3*).

Abb. 19-2. Auswahl der Sondenapplikation

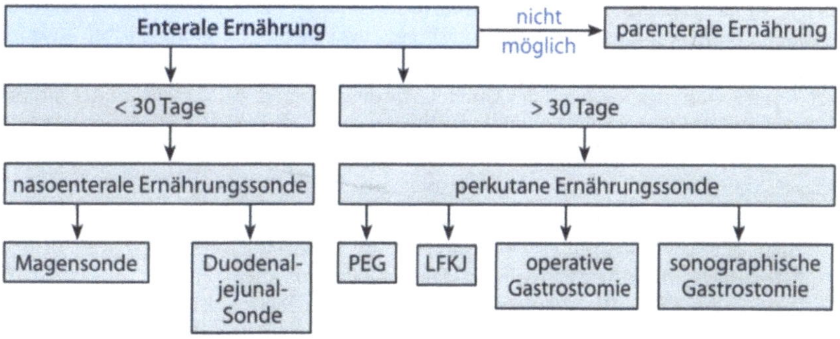

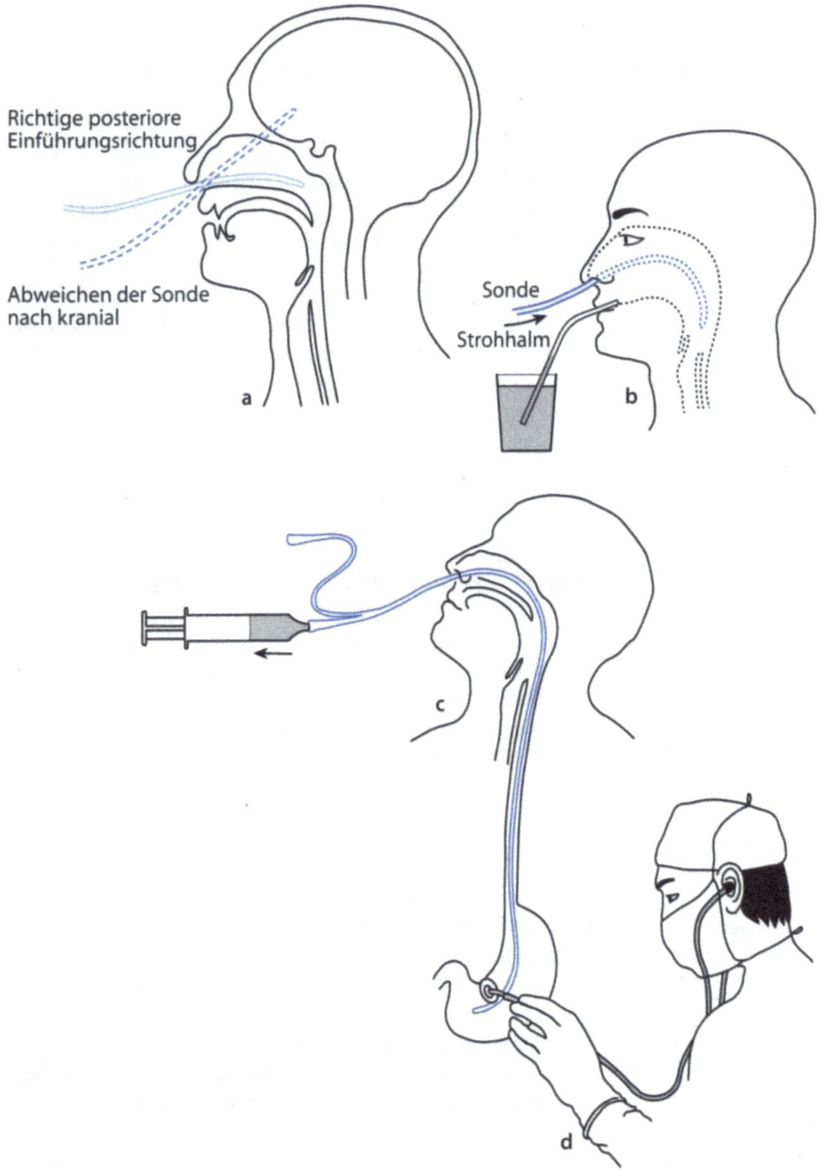

■ Abb. 19-3a–d. Einführen einer Magensonde (Salemsonde). **a** Schieben der Magensonde gerade und nicht in kranialer Richtung. **b** Trinken (Schluckreflex) erleichtert das Vorschieben. **c, d** Überprüfen der korrekten Lage nach Luftinjektion über dem Epigastrium

Dünndarmsonden

Eine duodenale und/oder jejunale Nährstoffzufuhr ist an weiche, filiforme Sonden gebunden, die vom Patienten bei längerer Liegedauer gut toleriert werden und nicht versteifen (!). Darüber hinaus erfordert diese Form geeignete Nährsubtrate sowie Pumpensysteme, die eine kontinuierliche Zufuhr sicherstellen.

Die Sonde wird, wie oben beschrieben, in den Magen vorgeschoben (■ *Abb. 19-4*). Ist die Pyloruspassage schwierig oder ein schnelleres Vordringen erwünscht, so kann die Platzierung nach Kontrastmittelgabe auch unter Durchleuchtung erfolgen.

Bei neueren Sonden wird auf einen Ballon verzichtet, sie haben statt dessen einen Drahtmandrin zur Versteifung, sodass sie genauso wie normale Magensonden eingeführt werden können. Die für Kinder gedachte Version hat diesen Mandrin nicht (Perforationsgefahr) und ist wegen der damit verbundenen Biegsamkeit deutlich schwieriger zu platzieren. Die *Kindersonde* kann allerdings mit einer halben magensaftlöslichen Gelatinekapsel an der Spitze einer normalen Magensonde befestigt werden (■ *Abb. 19-5*). Die so verbundenen Sonden werden dann gemeinsam vorgeschoben, nach Auflösung der Gelatinekapsel (ca. 30 min) wird die Magensonde entfernt, während die Ernährungssonde im Magen zurück bleibt.

Mehrlumige nasogastroduodenale Sonden: gastroduodenale Dissoziation

Inbesondere zur kurzzeitigen postoperativen Ernährung und beim kritisch Kranken mit manifesten Magenentleerungsstörungen erweisen sich 2- und 3-lumige nasoenterale Sonden als vorteilhaft, da sie neben der enteralen Nahrungsapplikation die gleichzeitige Flüssigkeitsentlastung des Magens ermöglichen (■ *Abb. 19-6*; [54]).

19.2.3 Komplikationen und Risiken

Eine konsequente Beachtung der Kontraindikationen machen die nasogastralen/-enteralen Sonden zu einer außerordentlich risikoarmen Methode.

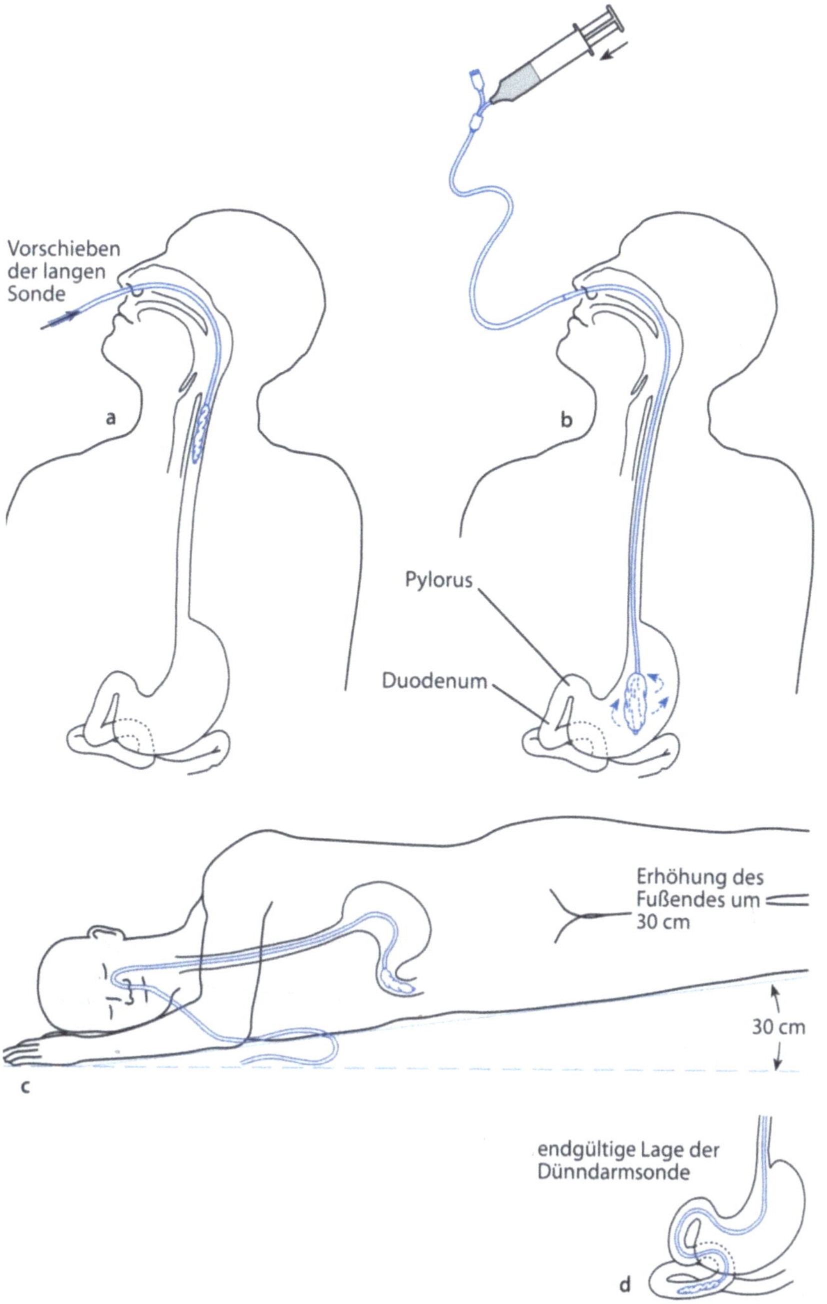

Abb. 19-4a–d. Einführen einer langen Dünndarmsonde (nach Miller-Abbott). **a** Der Patient wird in eine halbsitzende Position gebracht, die Sonde vorgeschoben, **b** nach Erreichen der 45-cm-Markierung (Sonde liegt sicher im Magen) wird der Ballon mit 5 ml Kochsalzlösung gefüllt und **c** der Patient auf die rechte Seite gelagert, was die Passage durch den Pylorus erleichtert. Die Sonde wird dann alle 30 min um 15 cm vorgeschoben, **d** bis die gewünschte Lage erreicht ist (Überprüfung mit Durchleuchtung)

Als Komplikationen/Risiken gelten:
- Nasenbluten,
- Via falsa: Verletzung der Ösophagusschleimhaut → submukosale Platzierung!
- Sondierung in die Trachea.
  Cave: bei sedierten und bewusstlosen Patienten fehlen Schutzreflexe!
- Ösophagus und Magenperforation: seltene Komplikation, nur bei Vorerkrankungen der Speiseröhre (Divertikel!!) und des Magens (Ulkus);
- Druckulzera und Perforationen im Ösophagus und Magen bei längerer Liegedauer sowie erhöhte Aspirationsgefahr durch das Offenhalten des unteren Ösophagussphinkters.

Die nasale Platzierung ist bei Traumapatienten mit Beteiligung der Schädelbasis risikoreich.

19.3 Perkutane zervikale Pharyngostomie (PZP) und Ösophagostomie

Diese ursprünglich zur enteralen Langzeiternährung von Patienten mit oropharyngealen Tumoren, neurologischen Schluckstörungen sowie Gesichtstraumata entwickelte Technik (*Abb. 19-7*) hat sich in Anbetracht der Risikohaftigkeit des Eingriffs im klinischen Alltag gegenüber der PEG (s. unten) nicht durchsetzen können.

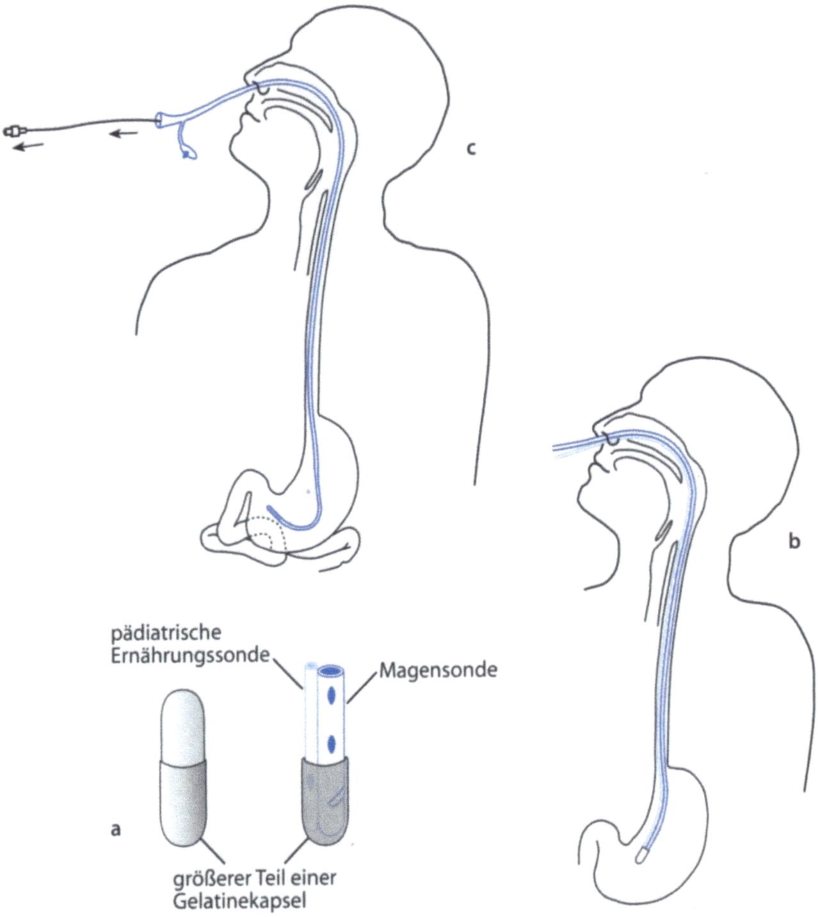

Abb. 19-5a–c. Einführen einer pädiatrischen Ernährungssonde ohne Mandrin. **a** Mit der größeren Hälfte einer Gelatinekapsel werden die Enden einer normalen Magensonde und einer pädiatrischen Ernährungssonde zusammen fixiert. **b** Beide Sonden werden dann gemeinsam in den Magen vorgeschoben, wo sich die Gelatinekapsel innerhalb von 20–30 min auflöst; **c** die größere Sonde wird anschließend wieder entfernt

19.4 Perkutane endoskopische Gastrostomie (PEG)

Die Nachteile der nasoenteralen Sondenernährung – insbesondere bei längeren Liegedauern: Irritationen im Nasen-Rachen-Raum, Dislokation, kosmetische Beeinträchtigung – führten, zur Entwicklung der perkutan endoskopisch kontrollierten Gastrostomie. Seit ihrer Erstbeschreibung durch Gauderer u. Ponsky [1, 19, 20,52] wurde die Technik mehrfach modifiziert und verbessert und hat die herkömmlichen, mit einer deutlich höheren Komplikationsrate einhergehenden, chirurgischen Gastrostomieverfahren (Witzel-Fistel, Magenfistel nach Stamm) verdrängt. Im Folgenden wird dieses Verfahren anhand von 3 unterschiedlichen Möglichkeiten, der *Fadendurchzugsmethode nach Gauderer*, der *Pushtechnik (Seldinger-Technik)* und der *perkutanen Direktpunktion* ausführlicher dargestellt.

19.4.1 Indikationen und Kontraindikationen

Eine enterale Langzeiternährung chronisch Kranker über eine perkutan-endoskopisch kontrollierte Gastrostomie kann, sofern eine orale Nahrungsaufnahme unmöglich ist, *indiziert* sein bei:
- reversiblen und irreversiblen Schluckstörungen,
- Schädel-Hirn-Trauma,
- Hirntumoren,
- Tumorobstruktionen im oberen Gastrointestinaltarkt (Ösophagus, Kardia), HNO-Bereich (Oropharynx, Larynx);
- Strahlentherapie,
- Tumorkachexie,
- Bewusstseinstrübung,
- Kurzdarmsyndrom,
- Missbildungen,
- Intoleranz transnasaler Sonden.

Die PEG erweist sich darüber hinaus als eine geeignete Maßnahme zur *Dekompression* bei Tumorpatienten mit Obstruktion des oberen Gastrointestinaltrakts. Dabei reichen die üblichen 15-Ch.-Sonden aus [6, 51]. Auch zur Gastropexie bei intermittierendem Magenvolvulus ist die PEG verwendet worden [2].

Die Indikation für eine PEG sollte in der Regel für mehr als 6 Wochen gegeben sein. Eine deutliche *Diaphanoskopie* vorausgesetzt, stellen auch gastrointestinale Voroperationen (z. B. Magenresektion nach Billroth I und II), keine absoluten Kontraindikationen dar. Ulcera ventriculi sollten vor der PEG-Anlage zur Abheilung gebracht werden.

Eine strenge und konsequente Beachtung der Kontraindikationen machen die PEG zu einer außerordentlich risikoarmen Methode. Als *Kontraindikationen* gelten:
- fehlende Diaphanoskopie (relative Kontraindikation),
- generelle Kontraindikationen gegen eine enterale Ernährung,

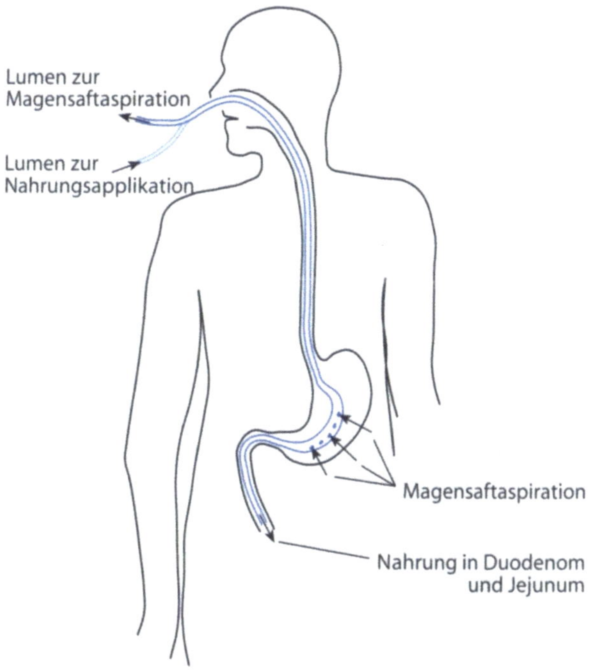

Abb. 19-6. Doppellumige nasoenterale Sonden bieten insbesondere beim kritisch Kranken (reflektorische Magenatonie) die Möglichkeit der gleichzeitigen enteralen Nahrungapplikation und gastralen Magensaftaspiration

- Peritonitis,
- Peritonealkarzinose,
- Ileus,
- Aszites,
- akute Pankreatitis,
- akutes Abdomen,
- Peritonealdialyse,
- pathologische Magenwandveränderungen,
- Blutgerinnungsstörungen,
- M. Crohn (relative Kontraindikation),
- fehlendes Einverständnis des Patienten,
- stark limitierte Lebenserwartung.

19.4.2 Pulltechnik (Fadendurchzugsmethode) nach Gauderer

Bei der Fadendurchzugsmethode wird unter endoskopischer Kontrolle der mit Luft aufgeblasene Magen unter Lokalanästhesie durch die Bauchwand punktiert [19, 20, 49]. Ein Faden wird durch die Punktionsnadel in den Magen geschoben, das Ende mit dem Endoskop gefasst und durch den Mund herausgezogen. Jetzt wird die Sonde selbst oder eine Schleuse an den Zugfaden gebunden und peroral-transösophageal in den Magen und mit ihrem äußeren Ende durch Magenwand und Bauchdecke gezogen. Eine innere Halteplatte als Widerlager liegt dann der Magenmukosa an und fixiert die Magenwand an die Bauchwand. Die Sonde wird auf der Bauchhaut unter mäßigem Zug durch die äußere Halteplatte fixiert. Die Schleuse kann entweder direkt zur gastralen Ernährung oder aber als Schleuse für eine dünnere jejunale Ernährungssonde, die eigens endoskopisch im Dünndarm platziert werden muss, dienen [53].

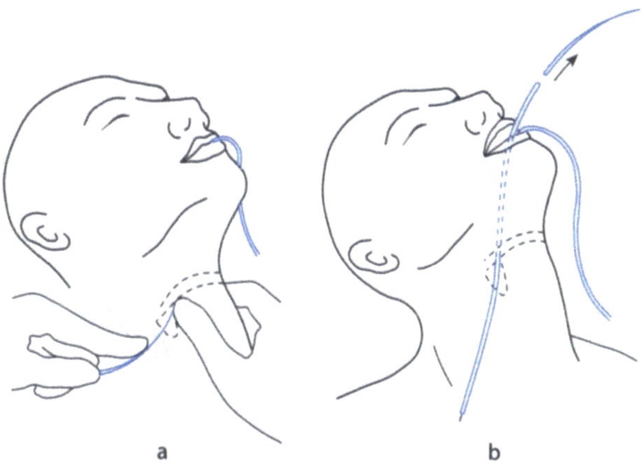

Abb. 19-7a, b. Prinzip der perkutanen zerviko Pharyngostomie (PZP)

Folgende Einzelheiten sind für ein *komplikationsarmes Vorgehen* wichtig (*Abb. 19-8*):

- Rasieren der epigastrischen Bauchhaut. Wenn nötig, ausreichende Sedierung und entsprechende Überwachung des zumeist schwerkranken Patienten. Es ist wichtig, dass die Patienten während des Eingriffs ruhig liegen, nicht würgen oder husten.
- *Beginn* in *Linksseitenlage* mit einer *vollständigen Gastroduodenoskopie*, gründliches Freisaugen des Magens (ohne Flüssigkeit keine Aspiration), Kennenlernen der anatomischen Verhältnisse (Ulkus, Tumor, Narben, Anastomosen, freie Passage).
- Drehen des Patienten in *Rückenlage*, Aufblasen des Magens, sehr gründliches und geduldiges Aussuchen der besten Punktionsstelle: die *Diaphanie* des endoskopischen Lichtes muss eindeutig, die Impression des Fingers von außen im Magen ebenfalls gut zu sehen sein. Sie soll an der Punktionsstelle den Magen nicht tangential, sondern mitten von anterior imprimieren. Andernfalls droht der Stich zum Schnitt zu werden mit Abgleiten der Nadel am Magen, Blutung und Perforation. An der ausgesuchten Stelle wird die *Lokalanästhesie* platziert, die Nadelspitze muss im Magen an gewünschter Stelle erscheinen (*Testpunktion*). Vorsicht mit dem Endoskop, nicht das Abwinkelungsgummi punktieren lassen.
- Nach einer *Stichinzision* der Haut mit einem Skalpell, *Punktion* mit der Schleuse, rasches Einführen des Fadens (darauf achten, dass die Luftfüllung erhalten bleibt), Greifen des Fadens mit der Biopsiezange, Extraktion nach außen. Dieser 4. Schritt muss sehr rasch und konzentriert erfolgen.
- Jetzt kann in Ruhe die *Sonde mit der Halteplatte* platziert und fixiert werden (Vorsicht bei der Passage stenosierender Ösophagustumore – bei gefühlvollem Zug gelingt sie immer, wenn ein Endoskop passieren konnte).
- Die Lage der PEG muss nicht endoskopisch kontrolliert werden, Instillation und Rückaspiration von etwas Kochsalzlösung sind ausreichend. Die PEG kann bei korrekter Lage sofort benutzt werden.

Komplikationen

Die PEG hat sich als sichere, nebenwirkungsarme, praktikable und für den Patienten wenig belastende Methode erwiesen. Als seltene schwerwiegende methodenbedingte Komplikationen sind bei allen Techniken Aspiration, Tumoraussaat im Punktionskanal, gastrokolische Fisteln, Blutungen, nekrotisierende Fasziitis, Magenperforation, Peritonitis mit einer Inzidenz von etwa 1% zu befürchten. Die Letalität liegt unter 0,5% [7, 9, 25, 42, 50].

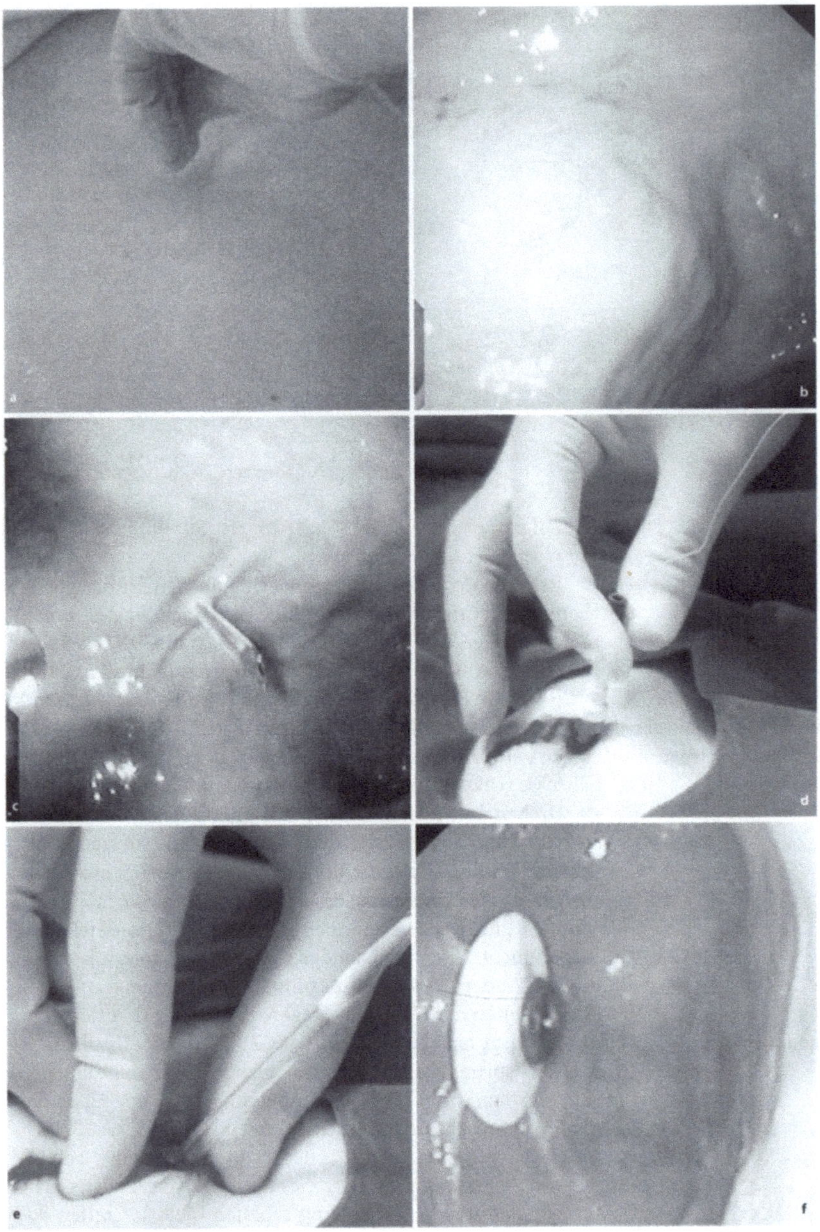

Abb. 19-8a–f. Perkutane endoskopische Gastrostomie (PEG). **a** Diaphanie in Rückenlage: An der geeigneten Punktionsstelle scheint das Licht des Endoskops durch Magenwand und Bauchdecke, der der Magen direkt anliegt. **b** Endoskopisch ist an dieser Stelle der von außen imprimierende Finger gut zu sehen: So wird die optimale Position der PEG gewählt. **c** Die Schleuse für den Faden hat den Magen punktiert, links steht die Zange bereit, um den Faden zu fassen. **d** Der Zugfaden läuft durch die Schleuse nach innen, wird mit dem Endospkop zum Mund herausgezogen. **e** Die PEG-Sonde wird mit ihrer Spitze mitsamt der Schleuse durch die Bauchdecke nach außen gezogen. **f** Die PEG-Sonde mit Halteplatte: korrekter Sitz im Magen. (Farbige Abb. s. Seite 924)

Die häufigste Komplikation bei PEG stellen peristomale Wundinfektionen dar. Die Rate *lokaler Infektionen* liegt hier bei etwa 10–14%, ohne Antibiotikaphrophylaxe doppelt so hoch [14, 31, 34].

Eine ausführliche Darstellung erfolgt in Kap. 21.

19.4.3 Perkutane Direktpunktion

In manchen Fällen, z. B. hochgradige maligne Ösophagusstenose können die oben genannten Techniken nicht oder nur bei gleichzeitiger Intervention (z. B. Bougierung) eingesetzt werden. Komplikationen dieses Vorgehens, wie z. B. Perforationen und Bakteriämien bedrohen die Patienten vital [50, 52]. Bei Tumorpatienten besteht zusätzlich die Gefahr von Implantationsmetastasen durch Verschleppung von Tumorresten aus dem proximalen Gastrointestinaltrakt [9]. In diesen Fällen werden meist alternativ laparoskopische oder radiologisch kontrollierte Techniken zur PEG-Anlage eingesetzt [11].

Das prinzipiell davon abweichende Verfahren der Direktpunktionstechnik, erstmalig 1994 von Russell [49] beschrieben (*Abb. 19-9*), ist von den technischen Voraussetzungen für diese Patienten besser geeignet, da eine Passage des Oropharynx mit der Halteplatte vermieden wird. Allen Verfahren der Direktpunktionstechnik ist gemeinsam, dass die Sonden mit einer Rückhaltevorrichtung ausgestattet sein müssen, die sich erst nach intragastraler Platzierung entfaltet. Es besteht insbesondere bei Verfahren ohne Gastropexie die Gefahr der Sondendislokation [25].

Ballonkatheterdirektpunktion (Introducermethode nach Russel)

Nach Ausschluss einer Magenausgangsstenose und Nachweis der Diaphanoskopie erfolgt die lokale Anästhesie (z. B. 10 ml

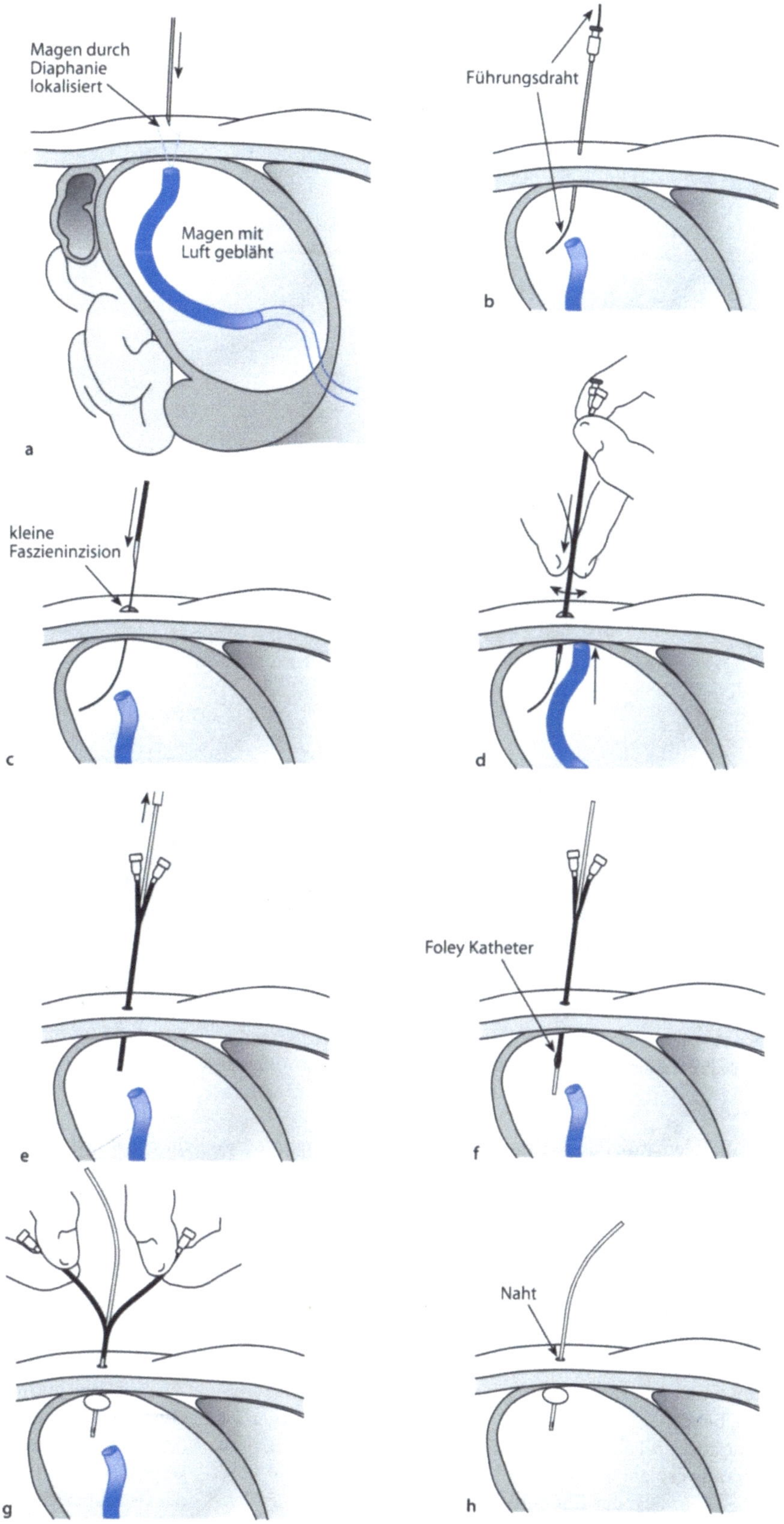

Abb. 19-9a–h. Ballonpunktionstechnik nach Russel. **a** Diaphanie in Rückenlage: An der geeigneten Punktionsstelle scheint das Licht des Endoskops. **b** Punktion des Magen nach Seldinger-Technik. **c, d** Nach Stichinzision Einführen des Split-Dilatators und vorsichtiges Aufdehnen des Stomakanals durch mehrmaliges Drehen. **e** Entfernen des Dilatators und **f** Einführen des Ballonkatheters. **g** Entfernen des Split-Dilatators und Füllen des Ballons. **h** Anbringen der äußeren Fixierung

Xylocain 1%). Der Magen wird mittels einer 16-F-Splitkanüle nach der Seldinger-Technik sondiert (*Abb. 19-10*). Der am Ende des Katheters befindliche Ballon wird geblockt und die Splittkanüle entfernt.

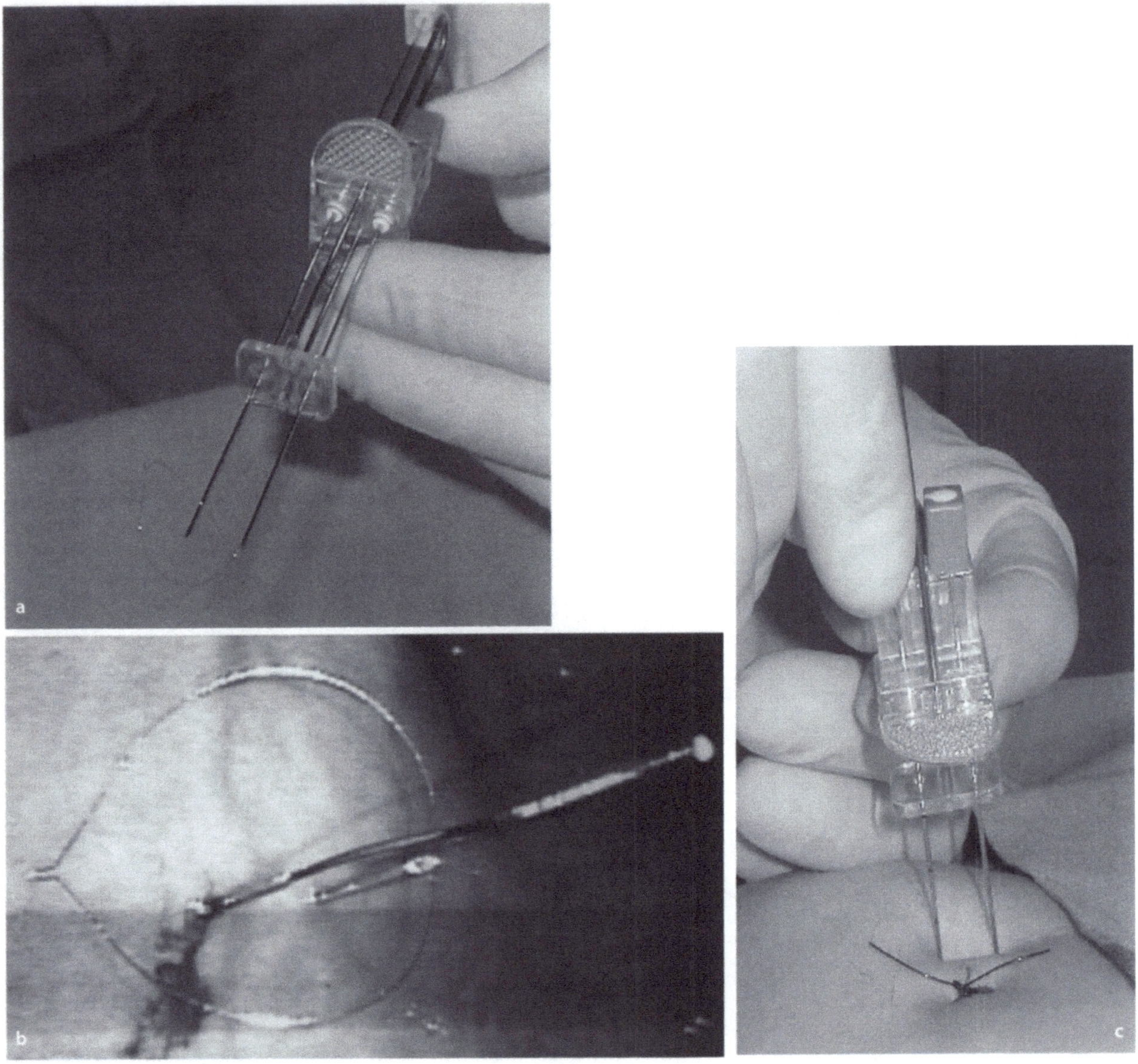

Abb. 19-10a–c. Nahtapparat Cliny-PEG 15: **a** Anlage der ersten Gastropexienaht von gastral; **b** Gastropexieapparat, zweite Gastropexienaht; **c** Anlage der zweiten Gastropexienaht von ventral. (Farbige Abb. s. Seite 925)

Problematisch und kritisch erweist sich bei dieser Methode die innere Fixierung der Sonde sowie die mögliche Beschädigung des Ballons mit Dislokation der Sonde [49].

Perkutane Direktpunktion (Introducermethode)

Seit 1999 ist in der Bundesrepublik Deutschland ein neues System zur Anlage einer PEG (Cliny-PEG, Firma AP-Nenno, Medizintechnik Marl) als endoskopisch kontrolliertes Direktpunktionsverfahren mit 2facher Gastropexie verfügbar. Dieses System findet Anwendung bei Patienten mit hochgradigen Stenosen, bei denen eine Durchzugs-PEG nicht mehr anzulegen ist, aber auch in Fällen wo eine passagere PEG-Anlage z. B. perioperativ geplant ist [13].

Die Anlage der Cliny-PEG (15 Ch.) wird bei allen Patienten nach präinterventioneller Antibiotikaprophylaxe (z. B. 1-mal 1 g Ceftriaxon i.v. 30 min vor der Untersuchung) und unter Analgosedierung (z. B. 5 mg Dormicum + 50 mg Dolantin i.v.) durchgeführt. Die Endoskopie erfolgt mit einem Stenosegerät (z. B. GIF-N-30, Fa. Olympus) durch nasale oder orale Intubation [14]. Ist die Passage primär nicht durchzuführen, kann das Endoskop mittels eines Führungsdrahts (0,035´´) geschient und das Gerät unter radiologischer Kontrolle platziert werden.

Durchführung und Handhabung

Nach Ausschluss einer Magenausgangsstenose und Nachweis der Diaphanoskopie erfolgt die lokale Anästhesie (z. B. 10 ml Xylocain 1%) und der Magen wird mittels des doppellumigen Gastropexiegerätes unter chirurgischen Bedingungen punktiert (s. *Abb. 19-10*). Bei sicherer intragastraler Lage wird die Schlinge geöffnet, der Gastropexiefaden eingebracht, nach Fixierung der Gastropexieapparat entfernt und eine Gastropexie angelegt. In einem Abstand von 2 cm erfolgt die Platzierung der zweiten Gastropexienaht. Nach einer ca. 1 cm breiten Stichinzision zwischen beiden Gastropexien punktieren wir mit dem *Trokar ein*

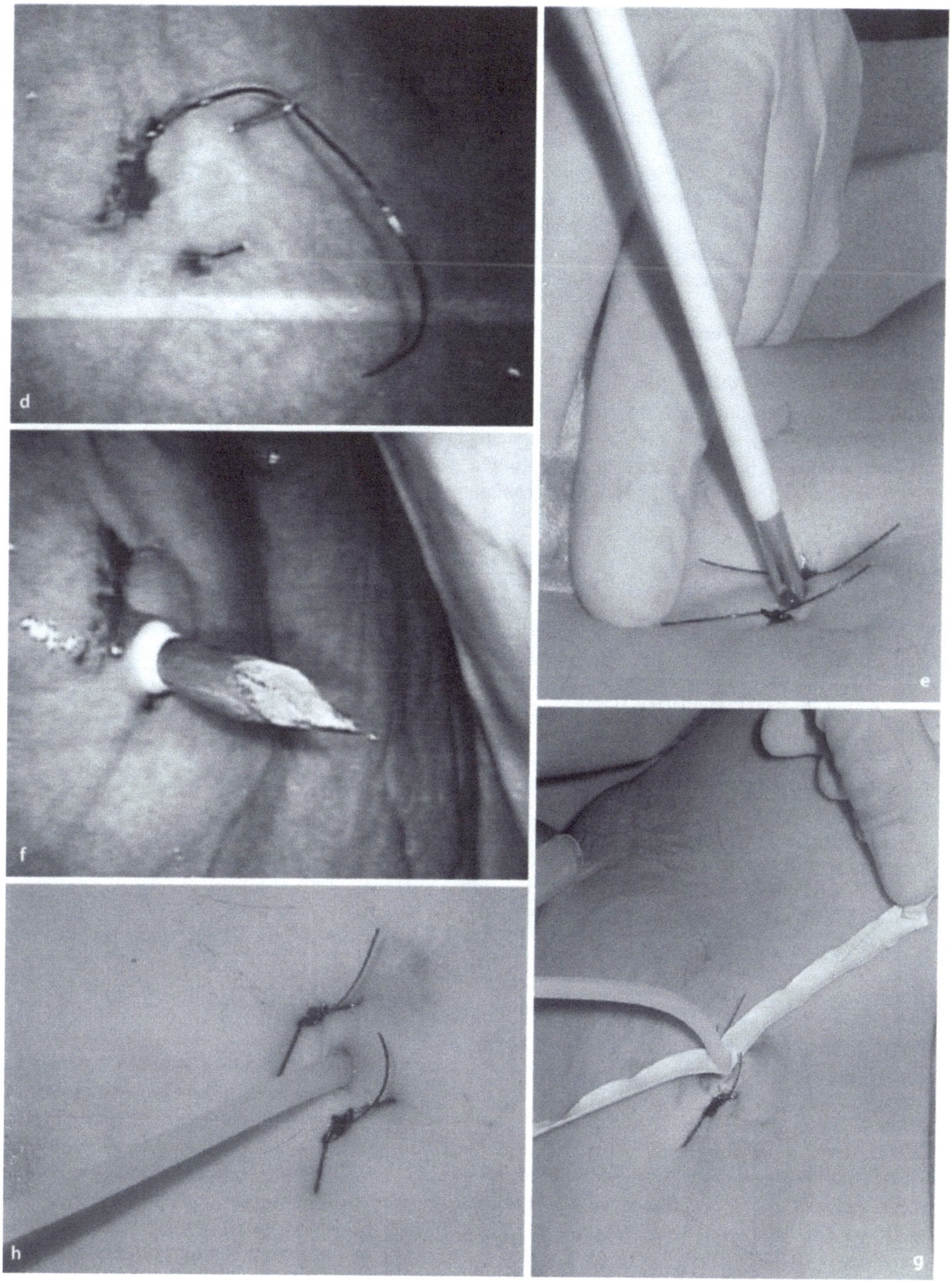

■ Abb. 19-10d–h. Nahtapparat Cliny-PEG 15 (Fortsetzung): **d** zweite Gastropexienaht von Innen, **e** Punktion mit Peel-off Schleuse Außenansicht, **f** Innenansicht; **g** Peel-off Schleuse mit eingefügtem Katheter; **h** Endergebnis. (Farbige ■ Abb. s. Seite 926)

schließlich einer Peel-off-Schleuse. Hierbei ist auf ein gute Insufflation von Luft zu achten, um Verletzungen der Magenhinterwand durch den Trokar zu vermeiden. Bei sicherer intragastraler Lage wird der beiliegende 15-F-Ballonkatheter durch die Schleuse eingebracht, mit 4 ml physiologischer Kochsalzlösung 0,9% geblockt und das Endoskop entfernt. Danach wird die äußere Halteplatte mittels der beiliegenden Halteplatte fixiert.

Die weitere Versorgung kann analog anderer PEG-Verfahren erfolgen. Am 10. Tag nach Anlage werden die beiden Gastropexiefäden entfernt. Die weiteren Verlaufskontrollen führen wir dann wöchentlich durch. Ein Wechsel des Ballonkatheters erfolgt geplant nach ca. 30–40 Tagen, häufig wird dann gleichzeitig ein Buttonsystem (s. Abschn. 19.4.6) angelegt, um eine bessere Langzeitstabilität zu erlangen [12].

19.4.4 Entfernung bzw. Austausch von PEG-/PEJ-Sonden

> Bei komplikationslosem Langzeitverlauf gibt es keine klinische Notwendigkeit eine PEG/PEJ-Sonde routinemäßig zu wechseln.

Bei adäquater Versorgung können enterale Sondensysteme über mehrere Jahre ohne Auswechselung benutzt werden (Erfahrungen zeigen Liegedauern von >10 Jahren). Die Notwendigkeit zum Sondenwechsel besteht (s. auch Kap. 21):
- beim Auftreten von Materialschäden (Leckagen, Sondenein- bzw. abriss),
- bei nicht behebbarer Verstopfung.

Endoskopische Entfernung

Auf Empfehlung einer interdisziplinären Konsensuskonferenz [33] wird für PEG-/PEJ-Sonden mit fixer innerer Halteplatte – trotz anderslautender Empfehlungen einzelner Studien – auch bei Erwachsenen die endoskopische Sondenentfernung vorgeschlagen (▫ *Abb. 19-11*).

Nichtendoskopische Entfernung

Bei zu erwartender nur zeitlich begrenzter, vorübergehender Notwendigkeit zur enteralen Ernährung mittels PEG (z. B. Strahlen- und/oder Chemotherapie), sollten PEG-Sondensysteme, die nicht endoskopisch gesteuert und durch einfaches Herausziehen aus dem granulierten Stomakanal entfernt werden können, bevorzugt werden (z. B. Flexiflo inverta, Firma Abbott, Ponsky-Non-Balloon Austauschgastrostomie-Sonde, Fastrac-Gastrotomiesystem (beide Firma Bard)).

Bei Entfernung einer PEG-Sonde mit fester innerer Halteplatte sollte wegen der potentiellen, dann aber meist schwerwiegenden Komplikationen (gastrointestinale Obstruktionen mit Ausbildung eines Ileus, Fistelbildungen, Perforationen mit z. T. letalen Ausgängen) die endoskopische Entfernung durchgeführt werden.

> Sofern keine schwerwiegenden Komplikationen vorliegen sollte eine frisch angelegte PEG/-PEJ-Sonde nicht innerhalb der ersten 10 Tage nach Anlage entfernt werden (unzureichende Granulation).

Nachsorge nach Sondenentfernung

Nach Entfernung der Sonde sollte unmittelbar ein externer Verband mit Kompresse angelegt werden, der bis zum Zuheilen (in der Regel 3–5 Tage) der externen Austrittstelle einmal täglich zu wechseln ist.

> Bei komplikationsloser Sondenlage und -entfernung kann der Patient unmittelbar essen und trinken. Gelegentlich kann es in den ersten Stunden zu einem meist geringen Austritt von Mageninhalt kommen.

Endoskopischer Sondenaustausch

Hierbei wird die liegende Sonde etwa 5 cm über dem Hautniveau abgeschnitten, ein Führungsfaden über die Sonde nach gastral vorgeschoben und das intragastrale Ende der PEG-Sonde mit einer Schlinge unmittelbar oberhalb der inneren Halteplatte mit dem Führungsdraht fixiert und nach peroral entfernt. Die Neuanlage erfolgt mittels Fadendurchzug.

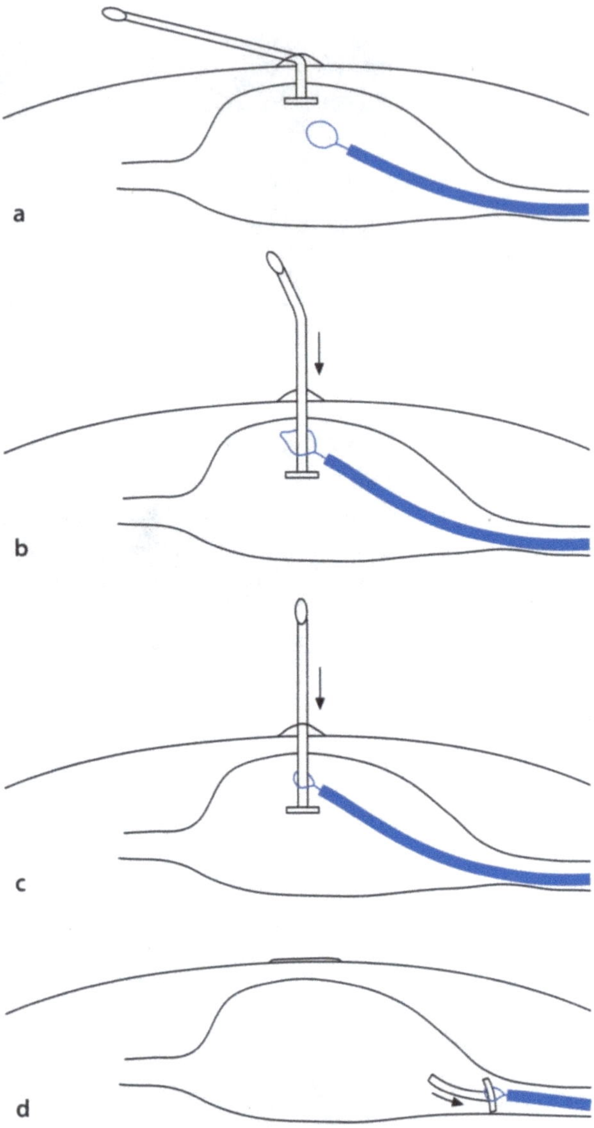

▫ **Abb. 19-11a–d.** Endoskopische Entfernung der PEG. **a** Zunächst erfolgt die endoskopische Einstellung der Halteplatte; **b, c** danach wird die Halteplatte durch leichtes Vorschieben nach gastral gelöst und oberhalb der inneren Halteplatte mit der Schlinge umfasst. **c, d** Nach Abschneiden der Sonde etwa 5 cm über Hautniveau wird der gastrale Teil der Sonde peroral entfernt und der Stomakanal mit einer Kompresse verschlossen

Alternativ kann im Einzelfall auch die Anlage eines Buttonsystems (s. Abschn. 19-7) erwogen werden.

Nichtendoskopischer Sondenaustausch

Bei vorhandenem Stomakanal stehen für den nichtendoskopischen Austausch derzeit Sonden mit innerem weichen Haltedom (z. B. Ponsky-Non-Balloon Austauschgastrostomie-Sonde, Firma Abbott) bzw. – analog zum Bottonsystem – Sonden mit luftinsufflierbaren oder mechanisch extendierbaren inneren Halteplatten zur Verfügung (z. B. Bard Tri-Funnel-Sonde, Flocare Gastrotube, Pfrimmer-Nutricia).

> Beide Systeme erfordern eine radiologische Lagekontrolle nach Kontrastmittelgabe als Beleg der sicheren gastralen Lage.

19.5 Perkutan sonographisch gesteuerte Gastrostomie (PSG) nach Gebel

Diese von Gebel et al. 1991 [21] erstmals beschriebene Methode beruht auf einer sonographisch gesteuerten Direktpunktion des flüssigkeitsgefüllten Magens [4].

Indikationen und Kontraindikationen

Als Indikationen gelten:
- nicht mehr für das Endoskop passierbare maligne Stenosen im Mund- und Rachenraum sowie der Speiseröhre und des Magens,
- nicht platzierbare Magen-, Duodenal- oder Jejunalsonde,
- nicht operabler Patient (schlechter Allgemeinzustand, hohes Narkoserisiko).

Handhabung und Durchführung

Kann der Patient nicht ausreichend trinken (z. B. *okkludierendes* Ösophaguskarzinom), erfolgt zunächst die Anlage einer nasogastralen Sonde mit Hilfe eines flexiblen Terumodrahts worüber dann über einen Zeitraum von ca. 15 min 500–1500 ml physiologische Kochsalzlösung installiert werden. Zur Verzögerung der Magenentleerung erhält der Patient gleichzeitig 20–40 mg N-Butylscopolaminiumbromid i.v. Nach dopplersonographischem Ausschluss möglicher Gefäßanomalien im Punktionsgebiet, erfolgt die sonographisch kontrollierte Direktpunktion (3,5-MHz-Schallkopf) und Anlage einer *Pigtailsonde* (alternativ Ballonsonde) nach der Seldinger-Technik (■ *Abb. 19-12*). Nach der obligatorischen *radiologischen Kontrolle* der Sondenlage, wird die Sonde zusätzlich durch eine Intrakutannaht von außen fixiert. Zur Vermeidung eines Refluxes wird über die noch liegende nasogastrale Sonde die verbliebene Flüssigkeit abgesaugt (Wiederfindung ca. 70%), die anschließend entfernt wird. Die Benutzung der PSG ist 3 Tage nach Anlage möglich [4, 21].

Komplikationen

Eine erfolgreiche Anlage gelingt nach Aussagen der Autoren und eigenen Erfahrungen in etwa 90%.

Lokale Entzündungen sind selten (<5%). Ihre Handhabung erfolgt analog zum Vorgehen bei PEG-Sonden (s. Kap. 22).

Bei 10–13% kommt es zu Material bedingten Komplikationen. In etwa 8 % wurde ein Sondenbruch, in ca. 13% *Sondenverschlüsse* infolge von Medikamenteninkompatibilitäten beschrieben (s. Kap. 21, 22).

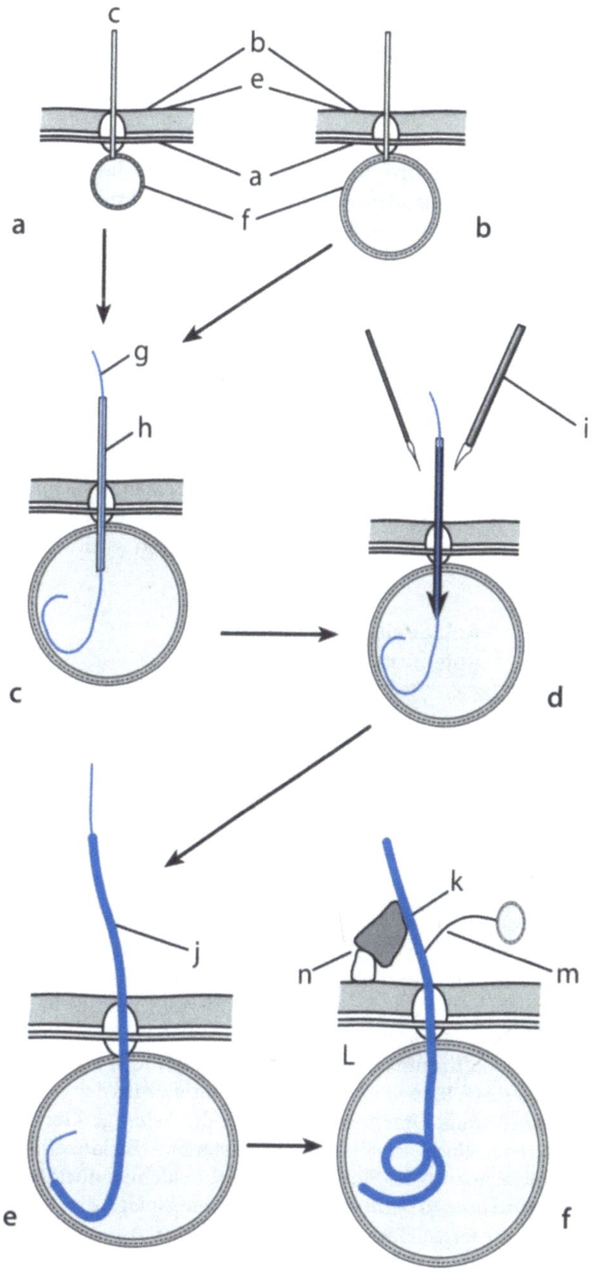

■ Abb. 19-12a–f. Prinzip der sonographisch gesteuerten Gastrostomie nach vorheriger Flüssigkeitsfüllung des Magens über eine nasogastrale Sonde. **a** Nach tiefer Lokalanästhesie der Haut (*e*), des Peritoneums (*a*) und der Magenwand (*f*) mit einer 0,7-mm-Nadel wird der Magen gefüllt **b** und anschließend **c** mittels Seldinger-Technik punktiert. **d** Nach ausreichender Dilatation wird dann über den noch liegenden Seldinger-Draht (*j*) die Ernährungsonde weit in den Magen vorgeschoben **e.** Nach Entfernung des Drahts wird der sich nun entfaltende »Pigtail« von außen mit einer Hautnaht (*n*) und Pflaster fixiert **f**

19.6 Röntgenologisch gesteuerte Gastrostomie

Der Vorteil dieser Technik liegt analog zur PSG in der Anwendbarkeit auch bei *okkludierenden* Prozessen im Oropharynxbereich und Ösophagus.

Indikationen und Kontraindikationen

Sie unterscheiden sich nicht von denen der SPG, d. h.
- endoskopisch nicht überwindbare Stenosen im Oropharynx oder Ösophagus,
- fehlende Diaphranoskopie (großer linker Leberlappen, Interposition des Kolons, Voroperationen)

Als Kontraindikationen gelten auch hier:
- nicht behebbare Gerinnungsstörung,
- ausgedehnter perigastrischer Aszites,
- großer linker Leberlappen,
- Interposition des Kolons,
- lokale abdominelle Voroperationen (Magenhochzug, Billroth I/II).

19.6.1 CT-gesteuerte Gastrostomie (bzw. Jejunostomie) nach Seitz [54]

Handhabung und Durchführung

Nach Platzierung einer nasogastralen Sonde – bei hochgradigen Stenosen des Oro- bzw. Hypopharynx oder des Ösophagus ggf. unter Durchleuchtung mittels eines Führungsdrahts (z. B. 5-French Terumosdraht) – werden 20–40 mg Butylscopalamin (Distension des Magens) appliziert und 500–1000 ml Raumluft über die Sonde insuffliert. Nach Lokalanästhesie (10–20 ml 1%iges Lidocain) erfolgt die Punktion des Magens und die Freisetzung des T-Ankers im Magenlumen (*Abb. 19-13*). Durch Zug am Ankerfaden wird die Magenvorderwand an der Bauchdecke fixiert und der Zugangsweg nach einer Hautinzision in kleinen Schritten (2–3 French) von 5 auf 16 F aufdilatiert. Anschließend wird die 17-F-Einführungshülse (»Peel-away-Sheet«) eingebracht und nach Entfernung des Madrins schließlich der 14-F-Silikonballonkatheter eingeführt, der abschließend mit 5 ml 0,9%iger Kochsalzlösung geblockt wird.

19.6.2 Anlage einer Gastrostomie unter Durchleuchtung

Die 1983 erstmals von Tao u. Gillies [60] beschriebene Gastrostomie unter Durchleuchtung unterscheidet sich hinsichtlich Komplikationsraten und Patienten-»Outcome« neueren Untersuchungen zufolge nicht wesentlich von der PEG oder chirurgischen Verfahren [8, 10].

Handhabung und Durchführung

Zur besseren Abgrenzen des Kolonrahmens erweist sich eine retrograde Füllung des Kolons mit wasserlöslichem Kontrastmittel oder die orale Gabe von Barium am Vortag als sinnvoll. Zusätzlich sollte die sonographische Abgrenzung des linken Leberlappens erfolgen.

Nach Luftinsufflation (500–1000 ml Raumluft) und Lokalanästhesie (z. B. 20–40 mg Butylscopolamin), wird der geblähte Magen unter Durchleuchtung nach der Seldinger-Technik punktiert. Nach ausreichender Dilatation (Ballonkatheter oder Dialatorset) des Stomas – sie sollte in kleinen Abständen erfolgen (max. 3-F-Abstand) – erfolgt die Anlage der Sonde analog zur Russel-Technik (s. oben, *Abb. 19-9*).

> Gelingt die Einlage der nasogastralen Sonde nicht, muss eine CT-gesteuerte Punktion des undilatierten Magens erfolgen.

Komplikationen

Die erfolgreiche Anlage liegt bei über 97%. Nach einer jüngeren Metaanalyse [21] liegen geringgradige und schwerwiegende Komplikationen mit 6 bzw. 5,9% unter denen der klassischen PEG und chirurgischen Verfahren. An schwerwiegenden Komplikationen können Peritonitis (ca. 1%), hämodynamisch wirksame Blutungen (> 1%) oder in selten Fällen Katheterleckagen und Aspiration auftreten.

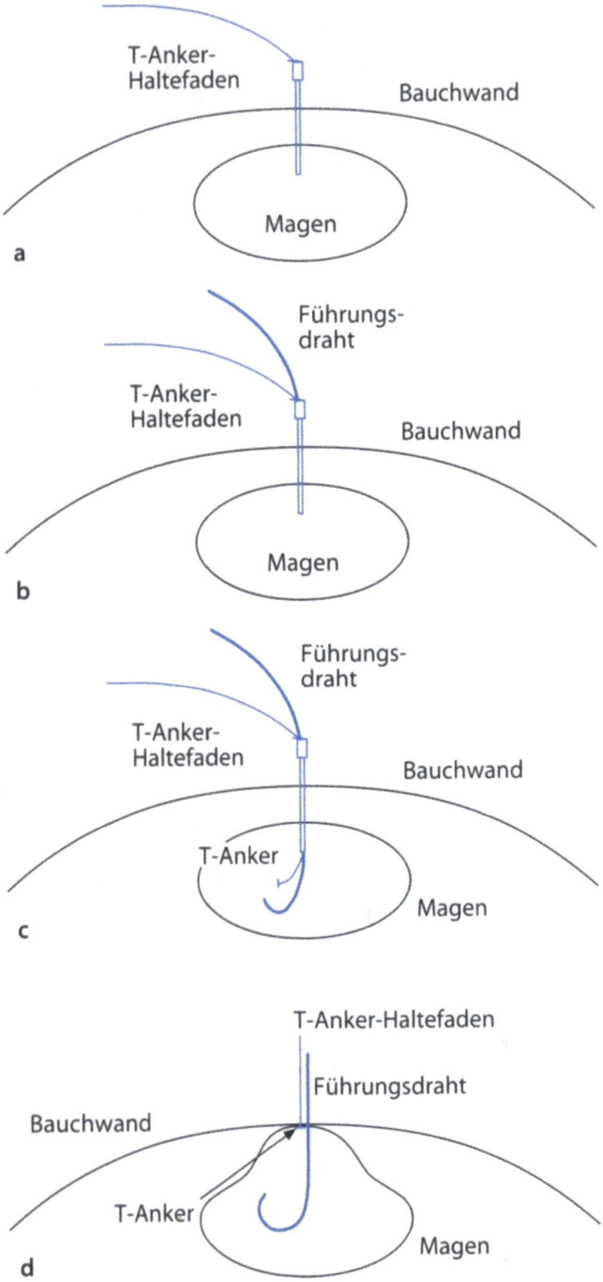

Abb. 19-13a–d. Prinzip der CT- gesteuerten Gastrostomie. **a** Die 18-G-Hohlnadel des Ankerfaden-Sets wird durch die Bauchwand in den luftgefüllten Magen eingebracht. In ihrem distalen Lumen befindet sich der etwa 1 cm lange T-Anker aus Metall, der damit verbundene Haltefaden verläuft entlang der Nadel nach extrakorporal. **b** Nach CT-Kontrolle der sicheren intragastralen Lage wird der Führungsdraht in das Nadellumen eingebracht und **c** anschließend der T-Anker-Haltefaden in den Magen vorgeschoben. **d** Nach Entferung der Führungsnadel liegen T-Anker und Führungsdraht im Magen. Durch gleichmäßigen Zug am Haltefaden wird jetzt die ventrale Magenwand an der Bauchdecke temporär fixiert. Anschließend erfolgt die Dilatation des Zugangsweges [54]

Tabelle 19-1. Buttonsysteme mit Ballon im Vergleich

Name	Freka-Button Gastrostomy	Flocare	Mic-Key
Hersteller:	Fresenius-Kabi	Nutricia	Vygon
Größen [Ch. (Charrière)]	15	14, 18	14, 16, 18, 20, 24
Schaftlängen [cm]:	*15 Ch.:* 1,1–4,5	*14 Ch.:* 1,1–4,0; *18 Ch.:* 1,0–4,5	*14, 16, 18, 20 Ch.:* 0,8–4,5; *24 Ch.:* 1,0–4,5
Mandrin	+	–	–
Längenmesser	+	+	+
Seldinger-Set	+	–	–

19.7 Button

Ergänzend zur perkutanen endoskopischen Gastrostomie (PEG) wurden in den letzten Jahren verschiedene Buttonsysteme (»skin-level gastrostomy tube«) entwickelt.

Der seit 1984 erhältliche *»Mushroom«-Button* (Pilzkopf aus Silikon) bietet als Vorteile eine sichere Fixierung und ein flaches Profil. Zu seinen Nachteilen zählen schmerzhafte Anlage und Entfernung, da ggf. eine Dilatation notwendig ist. Relativ häufig treten Ventildefekte, Fistelverletzungen und Undichtigkeiten auf. Seit 1991 werden in Deutschland v. a. Silikonballonbuttons verwendet (*Tabelle 19-1*). Ihre Vorteile liegen in der leichteren Platzierungen, dem leichten Wechsel, den selteneren Ventildefekten und ihrer Größenvielfalt [5, 12, 44].

> Der Button ist ein Austauschsystem zur Zweitplatzierung nach vorheriger Anlage einer PEG. Der *Silikonballonbutton* besteht aus einem in Hautniveau liegenden Ventiknopfsystem, einem in der Länge variierenden Verbindungskanal und einem Ballon.

Im Ventilkopf befinden sich 2 Ventile. Über die seitliche Öffnung kann der Ballon mit 5–7,5 ml physiologischer Kochsalzlösung geblockt werden. Zentral befindet sich ein Antirefluxventil, das den Austritt von Magensaft verhindert. Eine Klappe dient zum Verschluss der zentralen Öffnung in Ernährungspausen (*Abb. 19-14*).

19.7.1 Indikationen und Kontraindikationen

Hauptzielgruppen für die enterale Langzeiternährung über ein Buttonsystem sind mobile Patienten, z. B. mit ALS oder Tumoren, Kinder mit Mukoviszidose, Patienten mit Komplikationen bei liegender PEG (z. B. Ulkus, Ekzem), die sich nach Anlage oft spontan zurückbilden können. Demente Patienten neigen häufig zu Eigenmanipulation an der PEG. Der Button wird wesentlich besser toleriert und senkt oft das Risiko von Verletzungen. Ein Button kann auch als Platzhalter für Tumorpatienten in der Remission dienen.

Als *Kontraindikationen* gelten:
- floride Stomainfektion,
- ein PEG-Stoma, das nicht älter als 4 Wochen ist,

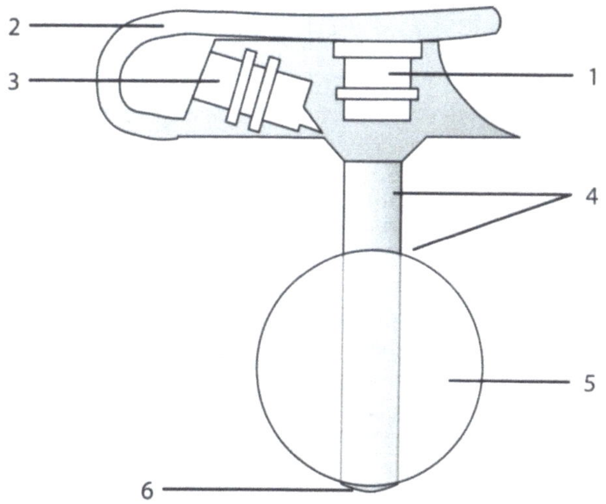

Abb. 19-14. »Button«: Anti-Reflux-Ventil (*1*); Verschlusslasche (*2*); Ventil für Ballonfüllung (*3*); Röntgenkontraststreifen (*4*); Rückhalteballon (*5*); abgerundete endständige gastrale Öffnung (*6*)

- ein langer (>4,5 cm), gewundener Fistelkanal,
- PEG-Dislokation und Fistelverschluss.

19.7.2 Anlage und Handhabung

Die in der Regel ambulante Anlage des Buttons erfolgt, wenn die PEG (>14 F) sicher eingeheilt ist.

> Der Button darf nur in einen gut ausgebildeten und vollständig ausgeheilten Stomakanal eingesetzt werden, frühestens 4 Wochen nach Anlage der PEG.

Das Vorgehen entspricht zunächst dem Vorgehen analog zum Wechsel bzw. der Entfernung einer PEG. Unter endoskopischer Sicht wird die auf ca. 4–5 cm abgeschnittene PEG in den Magen gezogen. Der Längenmesser für das Stoma wird auf das abgeschnittene Ende der PEG-Sonde aufgesetzt und mit der PEG als Schienung in den Magen geführt. Nach Bestimmung der Stomalänge (Skalierung am Längenmesser) und Entfernung des Längenmessers wird der Button unter Zuhilfenahme von Gleitgel vorgeschoben [12].

> Bei adipösen Patienten muss die Stomalänge im Sitzen bestimmt werden, da Längendifferenzen bis 1 cm bestehen.

In der Regel sollte der Button beim Erwachsenen im Hautniveau noch etwa 0,5 cm Spiel haben. Hierdurch werden Stomanekrosen vermieden. Der Ballon des Buttons wird *immer vor Anlage* durch Füllung auf Funktionstüchtigkeit überprüft.

Manipulationen mit Greifzangen von gastral dürfen wegen der Gefahr einer Beschädigung des Ballons in keinem Fall erfolgen. Die Lagekontrolle mittels radiologischer Durchleuchtung (röntgendichter Marker) ist bei der endoskopisch kontrollierten Erstanlage nicht notwendig.

Die *Applikation* der *Sondenkost* erfolgt durch einen Winkeladapter, der im Kanal des Buttons arretiert und direkt mit dem Überleitsystem verbunden wird (s. *Abb. 19-14*).

Bezüglich der durchschnittlichen Liegezeit und Haltbarkeit der verschiedenen Ballonsysteme sind lediglich Daten zum *Mic-Key-Button* mit einer Liegedauer von durchschnittlich 5,1 Monaten publiziert [12]. Vergleichsdaten zu den verschiedenen Systemen liegen derzeit noch nicht vor.

19.8 Jejunostomie

Prinzipiell stehen 2 Techniken zur Verfügung. Zum einen kann eine bereits liegende PEG in eine *Jejunostomie* »umgewandelt« werden (JET-PEG), zum anderen kann eine direkte endoskopisch kontrollierte Punktion des Jejunums erfolgen (EPJ). Als Indikationen gelten:

- eine Gastroparese bei metabolischer Neuropathie (z.B. Diabetes mellitus)
- das Vorliegen einer Magen-, Pylorusstenose oder duodenalen Stenose;
- ausgeprägter gastroösophagealer Reflux;
- Störungen der antroduodenalen Motilität (Magenatonie), z.B. beim kritisch Kranken.

19.8.1 JET-PEG

Die Plazierung einer Sonde jenseits des Treitz´schen Bandes über eine liegende PEG (jejunal tube trough PEG-= JET-PEG) ermöglicht eine jejunale Ernährung bei konventionell gelegter PEG.

Handhabung und Durchführung

Die Umwandlung einer bereits liegenden PEG in eine Jejunostomie (JET-PEG), erfolgt indem durch die vorhandene Fistel eine Schleuse mit einer längeren, jejunal platzierten Sonde eingebracht wird (■ *Abb. 19-15*).

Alternativ bietet sich die Anlage mittels Seldinger-Technik an: Hierbei wird zunächst endoskopisch (ggf. radiologisch) eine Führungsdraht durch die PEG-Sonde vorgeschoben, über den dann die Jejunalsonde jenseits des Treitz´schen Bandes platziert wird.

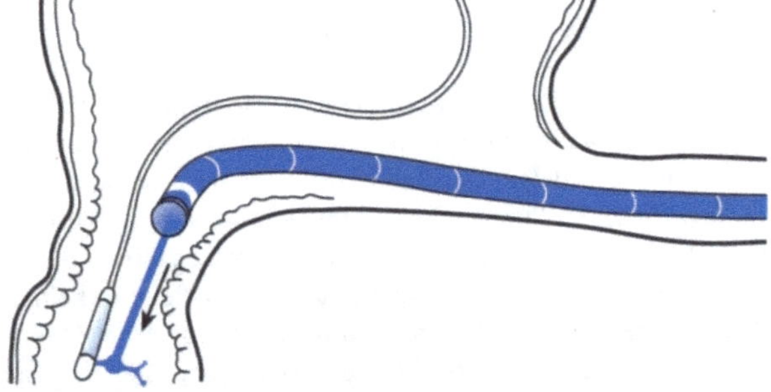

■ **Abb. 19-15.** Pinzip der transpylorischen endoskopischen Jejunostomie (JET-PEG). Die über PEG zunächst gastral platzierte Dünndarmsonde wird endoskopisch transpylorisch nach distal vorgeschoben

> Eine wesentliche Voraussetzung für eine dauerhafte Platzierung der Dünndarmsonde ist, dass diese spannungsfrei und gerade – ohne Schlaufen – durch das Magenlumen in den Dünndarm gelegt wird. Eine im Magen verbleibende Schleife erhöht das Risiko einer Sondendislokation.

Komplikationen

Die über eine liegende PEG transpylorische Applikation einer Duodenal- bzw. Jejunalsonde gilt uno sono als einfaches und modifizierbares endoskopisches Verfahren (zusätzlicher zeitlicher Mehraufwand 10–15 min). Lang- und Kurzzeitkomplikationen entsprechen denen einer normalen PEG. Als problematisch erwiesen sich jedoch im Langzeitverlauf Sondenokklusion, »Kinking«, Sondendislokationen, vor allem aber das Umschlagen der Sonde und retrograde Wandern in den Magen [34, 56, 64]. Ginsberg et al. [22] schlagen eine Fixierung mit herkömmlichen Clips vor.

19.8.2 Endoskopisch perkutane Jejunostomie (EPJ)

Ist eine PEG aus technischen Gründen (s. Abschn. 19.4.1) nicht möglich, so steht neben der operativen Katheterjejunostomie (FKJ) die von Mellert et al. 1994 [36] erstmals beschriebene direkte endoskopische perkutane Jejunostomie (PEJ) zur Verfügung [55].

Indikationen und Kontraindikationen

Als *Indikationen* zur Anlage einer EPJ gelten (nach [58]):

- Magen(teil)resektionen,
- Ösophagektomie,
- Magenhochzug,
- Anastomoseninsuffizienz nach Gastrektomie oder Ösophagusresektion,
- iatrogene Ösophagusperforation und
- ösophagotracheale Fisteln.

Absolute und relative Kontraindikationen entsprechen der Anlage einer PEG bzw. JET-PEG.

Handhabung und Durchführung

Handhabung und Durchführung einer EPJ entsprechen der Fadendurchzugsmethode (normales PEG-Set) zur Anlage einer PEG (8-stündige Nahrungskarenz, Antibiotikaprophylaxe, Sedierung). Nach Magenresektion (z. B. Billroth-II-Operation) genügt in der Regel ein einfaches Gastroskop zum Erreichen der 2. Jejununalschlinge. Ansonsten wird die Benutzung eines Kinderkoloskops oder eines Enteroskops (z. B. Olympus SIF-100) empfohlen. Wegen des engeren Lumens und der deutlich höheren Motilität des Darms ist eine *Spasmolyse* unverzichtbar.

> Die im Gegensatz zur PEG oftmals schwierigere *Diaphanoskopie* (u. U. Abdunkelung des Raums) gilt als unabdingbares Muss!

Zur optimaleren Punktion hat sich das Verfahren der »*Double-needle*«*-Technik* nach Mellert [36] während des Punktionsvorgangs bewährt. Zur Vermeidung einer Dislokation wird während des Punktionsvorgangs die Punktionskanüle endoluminal mittels einer Aligatorzange fixiert.

> Im Gegensatz zur PEG-Anlage ist eine unmittelbare radiologische Kontrolle zum Ausschluss eines Extravasats und zur Lagekontrolle der Andruckplatte unbedingt erforderlich.

Komplikationen

Die EPJ ist ein standardisiertes und modifizierbares endoskopisches Verfahren mit einer geringen Komplikationsrate zur Sicherung der enteralen Ernährung bei Problempatienten [48]. Im Vergleich zur operativen Katheterjejunostomie ist der Personal- und Sachkostenaufwand vergleichsweise gering.

Als *Frühkomplikationen* (<3 Monate nach Anlage) finden sich in 3–4% der Fälle eine lokale Peritonitis und in 4–5% eine Wundinfektion. An *Langzeitkomplikationen* (>3 Monate nach Anlage) finden sich eine periostale Wundinfektion sowie periostomale Hypergranulation (<1%). Bei der Anlage einer EPJ sind im Vergleich zur PEG häufiger Mehrfachpunktionen (14,5% vs. 1,9%) zu verzeichnen [48, 58].

19.9 Operative Verfahren zur Anlage gastroenteraler Ernährungssysteme

Klassische operative Verfahren wie *Witzel-, Kader- und Janeway-Fistel* oder die *Gastrostomie nach Stamm* spielen heute nur noch eine untergeordnete Rolle. Neben der chirurgisch oder laparoskopisch angelegten *Feinnadelkatheterjejunostomie* [41], erweisen sich zunehmend laparoskopische Verfahren wie die *laparoskopische Gastrostomie nach Janeway* [37, 47] als komplikationsarme Alternativen.

19.9.1 Feinnadelkatheterjejunostomie (FKJ)

Die Anlage einer FKJ erfolgt offen chirurgisch (intraoperativ) oder laparoskopisch.

Indikationen und Kontraindikationen

Als *Indikationen* gelten:

- große abdominalchirurgische Eingriffe am oberen Gastrointestinaltrakt (z. B. Ösophagusresektion mit Magenhochzug, Whipple-Operation);
- fortgeschrittenes, nichtresektables Magen- oder Pankreaskarzinom, sofern eine Gastroenterostomie nicht möglich ist;
- schweres Polytrauma (sofern eine Indikation zur Laparatomie besteht und wenn eine längere künstliche Ernährung wahrscheinlich erscheint – *Ausnahme*: eine intraoperativ bestehende Darmschwellung s. Kontraindikationen).

Als *Kontraindikationen* gelten:

- ausgeprägte Darmschwellung,
- chronische oder akute Entzündungen im Dick- und Dünndarm,
- schwere Peritonitis,
- fortgeschrittende Peritonealkarzinose.

Handhabung und Durchführung

Zunächst erfolgt die Wahl der Punktionsstelle im mittleren 1/3 der Verbindungslinie zwischen Nabel und Rippenbogen. Die Bauchdecke wird mit einer Splittkanüle schräg durchstoßen, die Jejunalsonde ins Abdomen eingeführt und die Splittkanüle anschließend zurückgezogen, aufgebrochen und entfernt (s. Abb. 19-11).

Mit der Splittkanüle tunnelt der Operateur den Dünndarm (»Serosatunnel«) in einer Länge von 5–10 cm und führt die Kanüle in das Darmlumen ein. Die bereits durch die Bauchdecke eingeführte Polyurethansonde (Ch. 9) wird durch den Splittkanal in das Darmlumen eingeführt. Die Splittkanüle wird anschließend gezogen und verworfen (Abb. 19-16).

Um den Austritt von Sondenkost in die freie Bauchhöhle zu vermeiden, wird die Sondeneintrittsstelle am Dünndarm mittels einer Tabaksbeutelnaht gesichert und die Dünndarmschlinge mit Nähten am Peritoneum fixiert.

Nach Verschluss des Abdomens wird die FKJ mit einer Fixationsplatte und einem besonders reißfesten Faden (z. B. Mersilene) von außen fixiert.

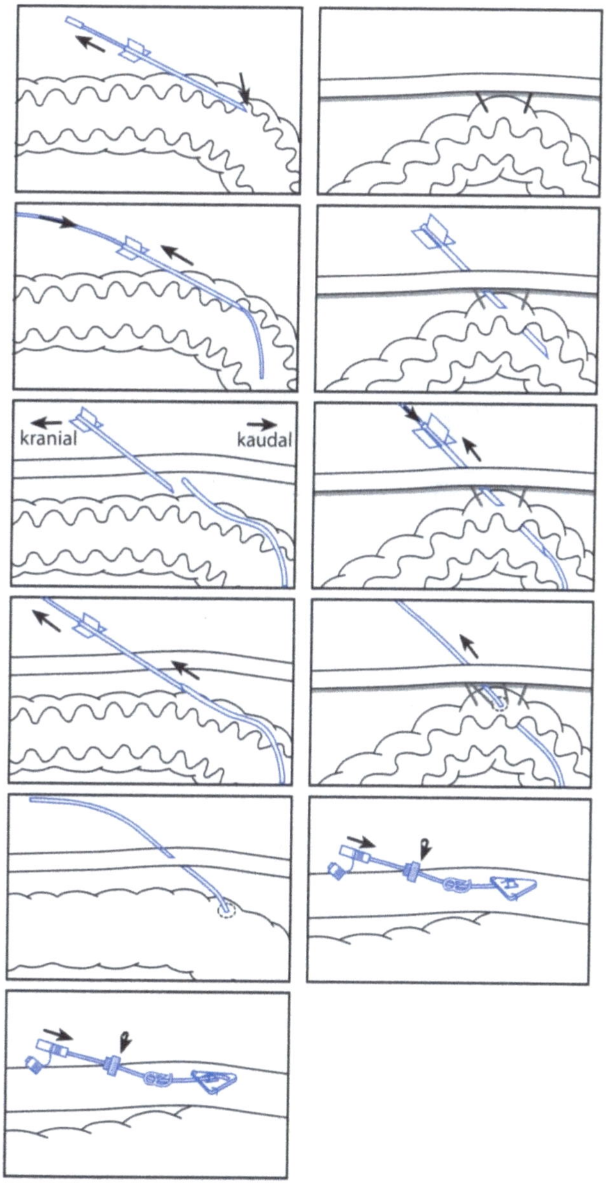

Abb. 19-16. Prinzip der Feinnadelkatheter-Jejunostomie (FKJ)

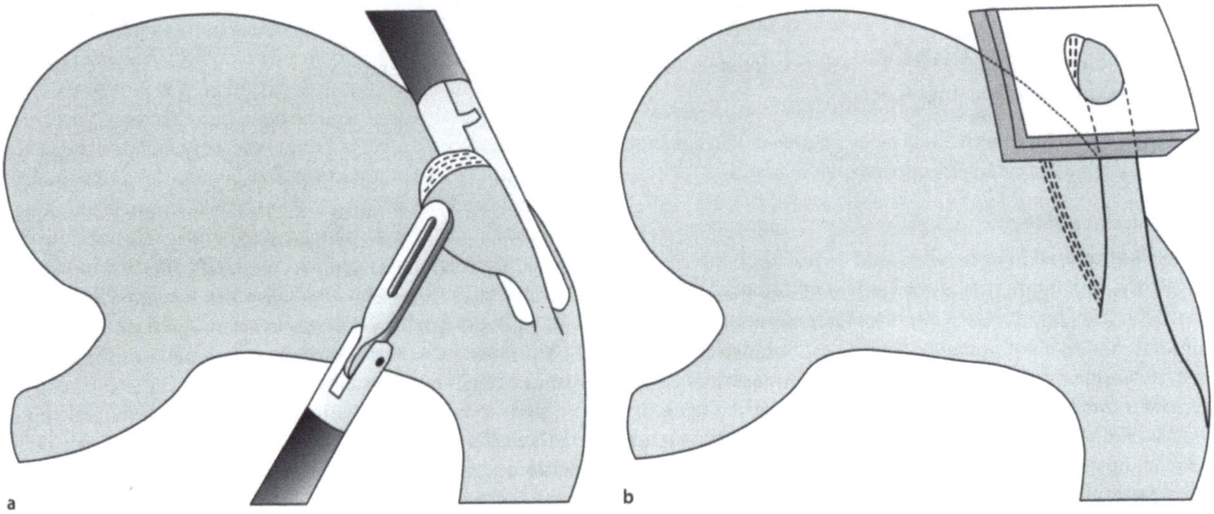

Abb. 19-17a, b. Prinzip der laparoskopischen Gastroskopie nach Janeway [37, 45]. **a** Bildung eines Stoma aus einer Längsfalte im Magenkorpus mit einem endoskopischen Stapler. **b** Fixierung im linken oberen Quadranten

> Vor Beginn der enteralen Ernährung sollte eine Röntgenkontrolle erfolgen. Bei korrekter Platzierung des Katheters ist das Risiko einer Leckage gering.

Komplikationen

Die Hauptgefahr ist das Entstehen eines Ileus, der von der fixierten Dünndarmschlinge ausgeht. Es muss daher unbedingt auf das Vermeiden einer Torsion geachtet werden [27].

19.9.2 Perkutane laparoskopische Gastrostomie (PLG) und Jejunostomie (PLJ)

Laparoskopische Gastrostomie nach Janeway u. Kader

Laparoskopische Gastrostomie nach Janeway ist eine Weiterentwicklung der bereits 1913 beschriebenen konventionellen Technik [37, 45]. Das hierbei aus einer Längsfalte im Magenkorpus gebildete Stoma wird durch den M. rectus abdominis ausgeleitet, der dabei eine Sphinkterersatzfunktion über-

Tabelle 19-2. Vor-und Nachteile unterschiedlicher Sondenapplikationsformen

Bolusapplikation	Schwerkraftapplikation	Pumpengesteuerte Applikation
Vorteile		
– Wenig Materialbedarf	– Geschlossenes System	– Exakte Einstellung der Zulaufgeschwindigkeit (1 ml/h–1000 ml/h)
– Kurze Verweildauer der Sondennahrung in Behältnissen	– Einfache Handhabung	– Langsamer, kontrollierter Kostaufbau
– Relative Unabhängigkeit durch geringen Materialbedarf	– Unkomplizierte Regulation per Rollklemme	– Selten Unverträglichkeitsreaktionen
– Geringe Kosten	– Nachfüllen von Flüssigkeit möglich	– Bei Störungen optische und akustische Alarmfunktionen
– Einfache Handhabung, schnell zu erlernen		– Durch Akkubetrieb der Ernährungspumpen Mobilität für mehrere Stunden möglich
Nachteile		
– Häufige Nahrungsgabe, z. B. 5×300 ml	– Mehr Materialbedarf als bei Bolusapplikation	– Mögliches Abhängigkeitsgefühl von technischen Geräten
– Hoher Zeitaufwand	– Stetige Einlaufkontrolle nötig	– Relativ hohe Kosten der Materialien
– Sehr häufig Unverträglichkeitsprobleme, wie Völlegefühl, Übelkeit, Erbrechen, Diarrhö	– Nur bei wachen und orientierten Patienten einzusetzen	– Ausführliche Einweisung und Schulung von Patient und betreuenden Personen erforderlich
– Hohe Kontaminationsgefahr bei unsachgemäßer Handhabung	– Höhere Kosten	
– Unsauberes Handling		
– Nur bei wachen, orientierten Patienten einzusetzen		

nimmt und dem Patienten die Unannehmlichkeit eines permanent liegenden Katheters erspart (■ *Abb. 19-17*).

Komplikationsraten und Mortalität beider Techniken liegen nach mehreren prospektiven Studien <5% und damit deutlich unter denen klassischer chirurgischer aber auch endoskopischer Verfahren [40, 41].

Der klinische Stellenwert, der in wenigen Zentren laparoskopisch durchgeführten Jejunostomie, bleibt weiteren prospektiven Studien vorbehalten.

19.10 Applikationsformen und -techniken

Der gewählte Applikationsmodus (Gastral/jejunal, Bolus/kontinuierlich) beeinflusst maßgeblich die Verträglichkeit und das Nebenwirkungsspektrum der enteralen Sondenernährung. Er richtet sich nach Art der Grunderkrankung und der notwendigen Sondenlage.

19.10.1 Bolusgabe

Die bei intakter gastroduodenaler Passage und Magenmotilität durchführbaren Bolusapplikation werden in einem Zeitraum von ca. 15 min bis zu 300 ml Sondennahrung portionsweise über eine großlumige Spritze (60–100 ml) appliziert.

> Eine Bolusapplikation ist nur bei gastraler Sondenlage und intakter Reservoirfunktion des Magens indiziert. Bei gastralen Entleerungsstörungen und dem damit verbundenen gastroösophagealen Reflux- und Aspirationssrisiko ist sie kontraindiziert.

Sie findet v. a. bei Patienten mit Kopf- und Halstumoren sowie geriatrischen Patienten Anwendung. Beim kritisch-kranken Patienten erweist sie sich aufgrund einer meist bestehenden Störung der gastroduodenalen Motilität in der Regel als ungeeignet.

Als *vorteilhaft* erweisen sich der geringe Materialaufwand (keine Pumpe), weitgehender Erhalt der Mobilität sowie der geringere Schulungsaufwand (einfach zu erlernen). *Nachteilig* erweisen sich ein höherer Zeitaufwand (wiederholte Nahrungsgaben) sowie Verträglichkeitsprobleme (Übelkeit, Völlegefühl, Diarrhöen).

19.10.2 Kontinuierliche Gabe

Sie gilt als Methode der Wahl beim kritisch Kranken (nahezu regelhaft gestörte antroduodenale Motilität), schweren gastrointestinalen Motilitätsstörungen und ist unabdingbar bei transpylorischer jejunaler Sondenernährung. Moderne Pumpen ermöglichen zudem höhere Nahrungszufuhr (bis 200 kcal/h). Das geringe Eigengewicht neuerer portabler Pumpen ermöglicht auch den ambulanten Einsatz bei Kindern. In der Regel wird kontinuierlich über ca. 16 (14–18) h mit einer nächtlichen Pause appliziert.

19.10.3 Applikationstechniken

Vor- und Nachteile der Schwerkraft- und Pumpen-gesteuerten Sondenapplikation sind in ■ *Tabelle 19-2* aufgeführt.

Literatur

1. Akkersdijk WL, Van Bergeijk JD, Van Egmond T, et al. (1995) Percutaneous endoscopic gastrostomy (PEG): Comparison of push and pull methods and evaluation of antibiotic prophylaxis. Endoscopy 27: 313–316
2. Altenwerth FJ (1994) Behandlung eines intermittierenden Magenvolvulus durch Gastropexie mittels perkutaner endoskopischer Gastrostomie. Dtsch Med Wochenschr 119: 1658–1660
3. Andresen AFR (1918) Immediate jejunal feeding after gastrectomy. Ann Surg 67: 565–566
4. Bleck JS, Reiss B, Gebel M et al. (1998) Percutaneous sonographic gastrostomy: method, indications and problems. Am J Gastroenterol 93: 941–945
5. Borge MA, Vesely TM, Picus D (1995) Gastrostomy button placement through percutaneous gastrostomy with fluoroscopic guidance: Experience in 27 children. J Vasc Interv Radiol 6: 179–183
6. Cannizzaro R, Bortoluzzi F, Valentini M, et al. (1995) Percutaneous endoscopic gastrostomy as a decompressive technique in bowel obstruction due to abdominal carcinomatosis. Endoscopy 27: 317–320
7. Chung RS, Schertzer M (1990) Pathogenesis of complications of percutaneous endoscopic gastrostomy: a lesson in surgical principles. Am Surg 56: 134–137
8. Davies RP, Kew J, West GP (2001) Percutaneous jejunostomy using CT fluoroscopy Am J Radiol 176: 808–810
9. Deinzer M, Menges M, Walter K et al. (1999) Implantationsmetastase an der Austrittsstelle nach perkutaner endoskopischer Gastrostomie bei Ösophaguskarzinom. Z Gastroeterol 37: 789–793
10. Deurloo EE, Schultze LJ, Kröger R et al. (2001) Percutaneous radiological gastrostomy in patients with head and neck cancer. EJSO 27: 94–97
11. Dewald L, Hiette PO, Sewall LE et al. (1999) Percutaneous gastrostomy and gastrojejunostomy with gastropexy: experience in 701 procedures. Radiology 211: 651–656
12. Dormann A J., Wigginghaus B, Grünewald T et al. (1999). Freka-Button Gastrostomy. Dtsch Med Wschr 124: 1204–1205
13. Dormann AJ, Glosemeyer R, Leistner U et al. (2000) Modified percutaneous endoscopic experience with a new introducer technique. Z Gastroenterol 38: 933–938
14. Dormann AJ, Wigginghaus B, Risius H et al. (1999) A single dose of ceftriaxone administered 30 minutes before percutaneous endsocopic gastrostomy significantly reduces local and systemic infective complications. Am J Gastroenterol 94: 3220–3224
15. Einhorn M (1910) Duodenal alimentation. Med Rec 78: 92–95
16. Eiselberg A (1895) Über Ausschaltung inoperabler Pylorusstrikturen nebst Bemerkungen über die Jejunostomie. Arch Klin Chirug 50: 919–939
17. Ewald CA (1874) A ready method of washing out the stomach. Irish Gazette 2: 254–258
18. Gauderer MWL, Ponsky JL, Izant RJ jr (1980) Gastrostomy without laparotomy: a percutaneous technique. J Pediatr Surg 15: 872–75
19. Gauderer MWL, Picha GJ, Izant RJ jr (1984) The gastrostomy button – a simple, skin-level, nonrefluxing device for the long-term enteral feeding. J Pediatr Surg 19: 803–805
20. Gauderer MWL (2001) Percutaneous endoscopic gastroscopy – 20 years later: a historical perspective. J Pediatr Surg 36: 217–219
21. Gebel M, Lange P, Müller MJ et al. (1991) Percutaneous sonographically guided gastro- and enterostomy – New approach for ental feeding. Gastroenterology 100: 365

22. Ginsberg GG, Lipman TO, Fleischer DE (1993) Endoscopic clip-assisted placement of enteral feeding tubes. Gastroint Endosc 40: 220–222
23. Grant JP (1988) Comparison of percutaneousendoscopic gastrostomy with Stamm gastrostomy. Ann Surg 207: 598–603
24. Groß M (1910) Eine Duodenalröhre. MMW 22: 1177–1178
25. Hardegg G, Heller T, Frühmorgen P (1991) Sondendislokation nach perkutaner endoskopisch kontrollierter Gastrostomie – Ein Fallbericht. Z Gastroenterol 29: 655–658
26. van Helmont JB (1644) Opusculla medica inaudita. Cap. VII: Tractatus de lithiasis 34, Tractatus de febribus 16
27. Ho CS, Yee ACN, McPherson R (1988) Complications of surgical and percutaneous nonendoscopic gastrostomy: Reviev of 233 patients. Gastroenterology 95: 1206–1210
28. Jordan A, Emde A, Markus z, et al. (1997) Enterale Ernährung tumorkranker Patienten. Ergebnisse einer 4-jährigen retrospektiven Studie. Akt Ernährungsmed 22: 4–8
29. Kelling G (1922) Zum Verschluss der Duodenalfistel nach Magenresektion. Zentralbl Chir 49: 779–780
30. Kussmaul A (1869) Über die Behandlung der Magenerweiterung durch eine neue Methode der Magenpumpe. Deutsche Archiv für klinische Medizin 6: 455–500
31. Külling D, Sonnenberg A, Fried M, Bauerfeind P (2000) Cost analysis of antibiotic prophylaxis for PEG. Gastroint Endosc 51: 152–156
32. Larson DE, Burton DD, Schroeder KW, DiMagno EP (1987) Percutaneous endoscopic gastrostomy: indications, success, complications and mortality in 314 consecutive patients. Gastroenterology 9: 46–50
33. Löser C, Fölsch UR (1997) Perkutane endoskopischen Gastrostomy. In: Sauerbruch T, Scheuerlen C (Hrsg) Leitlinien der Deutschen Gesellschaft für Verdauungs- und Stoffwechselkrankheiten. Demeter, Balingen
34. Mathus LMH, Koning H (1999) Percutaneous endoscopic gastrostomy and gastrojejunostomy: a critical reappraisal of patient selection, tube function and the feasibility of nutritional support during extented follow-up. Gastrointest Endosc 50: 746–754
35. Maydl K (1892) Über eine Methode zur Ausführung der Jejunostomie und Gastroenterostomie. Wien Med Wochenschr 42: 740–743
36. Mellert J, Naruhn MB, Grund KE, Becker HD (1994) Direct endoscopic percutaneous jejunostomy (EPJ). Surg Endosc 8: 867–870
37. Meyer G, Rau H, Strauss T (1995) The laprascopic Janeway gastrostomy. Chirurg 66: 719–723
38. Möller P, Linberg CG, Zilling T (1999) Gastrostomy by various techniques: evaluation of indications, outcome and complications. Scand J Gastroenterol 34: 1050–1054
39. Monro A (1797) Disputatio medica inauguralis de dysphagia. zz, S 78–80
40. Murayama KM, Johnson TJ, Thompson JS (1996) Laparoscopic gastrostomy and jejunostomy are save and effective for obtaining enteral access. Am J Surg 172: 591–595
41. Nguyen NT, Schauer PR, Wolfe BM et al. (2000) Laparoscopic needle catheter jejunostomy. Br J Surg 87: 482–483
42. Nicholson FB, Korman MG, Richardson MN (2000) Percutaneous endoskopic gastrostomy: A reviev of indications, complications and outcome. J Gastroenterol Hepatol 15: 21–25
43. Oser L (1877) Die Magenausspülung mittels des elastischen Schlauchs. Wiener Med Presse 18: 4–5
44. Peitgen K, Schlensak M, Krause U et al. (1997) Erfahrungen mit einem Ventilknopfsystem bei endoskopischen und chirurgischen Gastrostomien. Z Chir 122: 244–348
45. Ritz JP, Germer CT, Buhr HJ (1998) Laparoscopic gastrstomy according to Janeway. Surg Endosc 12: 894–897
46. Robinson V (1931) Avenzoar In. The story medicine. New York. 169–170
47. Rosser JC, Rodas EB, Blancaflor J et al. (1999) A simplified technique for laparoscopic jejunostomy and gastrostomy tube replacement. Am J Surg 177: 61–65
48. Rumala A, Baron TH (2000) Results of direct percutaneous endoscopic jejunostomy, an alternative method for providing jejunal feeding. Mayo Clin Proc 75: 807–810
49. Russel TR, Brotman M, Norris F (1984) Percutaneous gastrostomy: a new simplified and cost-effective technique. Am J Surg 148: 132–137
50. Schlaeffer F, Riesenberg K, Mikolich D, Niv Y (1996) Serious bacterial infections after endoscopic procedures. Arch Intern Med 156: 572–574
51. Scheidenbach H, Horbach T, Groitl H, Hohenberger W (1999) Percutaneous endoscopic gastrostomy/jejunostomy (PEG/PEJ) for decompression in the upper gastrointestinal tract. Surg Endosc 13: 1103–1105
52. Schoenemann J, Rosée D (1996) Die perkutane endoskopische Enterostomie – Vorteile und Risiken. Med Klin 91: 753–757
53. Seifert H, Wehrmann T (1999) Endoskopische Diagnostik. In: Caspary WF, Stein J (Hrsg) Darmkrankheiten. Springer, Berlin Heidelberg New York Tokio
54. Seitz J, Gmeinwieser J, Strotzer M, et al. (1997) Computertomographie-gesteuerte Gastrostomie. Jejunostomie und Gastrojejunostomie. Dtsch med Wschr 122: 1337-1342
55. Shang E, Kähler G, Meier-Hellmann A, Scheele J (1999) Advantages of endoscopic therapy of gastrojejunal dissociation in critical care patients. Intens Care Med 25: 162–165
56. Shike M, Latkany L, Gerdes H, Bloch AS (1996) Direct percutaneous endoscopic jejunostomies for enteral feeding. Gastrointest Endosc 44: 536–540
57. Simon T, Fink AS (2000) Recent experience with percutaneous endoscopic gastrotomy/jejunostomy (PEG/J) for enteral nutrition. Surg Endosc 14: 436–438
58. Standard of Practice Commitee, American Society for Gastrointestinal Endoscopy (1995) Antibiotic prophylaxis for gastrointestinal endoscopy. Gastrointest Endosc 42: 630– 635
59. Stüker D, Grund KE, Becker HD (1998) Enterale Ernährung bei Problempatienten: Ersatz der operativen Katheterjejunostomie durch ein endoskopisches Konzept. Langenbecks Arch Chir (Suppl II): 1096–1098
60. Surmay M (1878) Observation d'enterostomie. Bull Géneral Thér 95: 198–208
61. Tao H, Gillies RR (1983) Percutaneous feeding gastrostomy. AJR Am J Roentgenol 141: 793–794
62. Tapia J, Murguia R, Garcia G et al. (1999) Jejunostomy: techniques, indications, and complications. World J Surg 23: 596–602
63. Welsh JD, Griffiths WJ, McKee J (1983) Bacteremia associated with oesophageal dilatation. J Clin Gastroenterol 5: 109–112
64. Witzel O (1891) Zur Technik der Magenfistelanlegung. Zentralbl Chir 18: 601–604
65. Wolfsen HC, Kozarek RA, Ball TJ (1990) Tube dysfunction following percutaneous endoscopic gastrostomy and jejunostomy. Gastrointest Endoscopy 36: 261 ff.

Indikationen unterschiedlicher Sondendiäten

A. Jordan, B. Zietz, B. Heitkötter

Die Vielfalt der heute verfügbaren Trink- und Sondennahrungen sowie Ergänzungsnahrungen ermöglicht eine *bedarfsgerechte Ernährung von Patienten*, denen eine ausreichende orale Nahrungsaufnahme nicht möglich ist. Für die Ernährung über enterale Zufuhrwege stehen *industriell gefertigte bilanzierte Diäten* zur Verfügung, die in ihrer Zusammensetzung weitestgehend dem als RDA (»recommended daily allowances«) definierten Tagesbedarf entsprechen. *Modifizierte Spezialdiäten mit abweichender Nährstoffzusammensetzung* orientieren sich an den Anfordernissen bei speziellen Erkrankungen (z. B. Spezialdiäten für Patienten mit Diabetes mellitus, Nieren- oder Leberinsuffizienz). Im Klinik-und Praxisalltag ist es für den Arzt oft schwierig, aus der großen Palette der von den verschiedenen Herstellern angebotenen Podukte ein sowohl zweckmäßiges als auch kostengünstiges Produkt auszuwählen. Das folgende Kapitel soll daher eine Übersicht über die Zusammensetzung der unterschiedlichen Trink- und Sondennahrungen und ihre Indikationen geben.

20.1 Erstellen eines Ernährungsregimes

Substrate zur enteralen Ernährung stehen heute in gebrauchsfertiger Form in großer Anzahl zur Verfügung. Die Entscheidung für die richtige Nahrung setzt einige grundlegende Kenntnisse über die Unterscheidungsmerkmale und speziellen Inhaltsstoffe voraus (*Abb. 20-1*). Die Auswahl eines geeigneten Produkts erfolgt nach den inviduellen Erfordernissen des Patienten auf der Basis folgender Kriterien:

- Grunderkrankung und Begleiterkrankungen des Patienten,
- Alter des Patienten,
- Ernährungszustand des Patienten,
- Nährstoff- und Flüssigkeitsbedarf,
- gastrointestinale Funktion,
- spezifische krankheitsbedingte Anforderungen hinsichtlich der Ernährung (z. B. diätetische Restriktionen).

Nach Auswahl der geeigneten bilanzierten Diät ist der Energie- und Nährstoffbedarf des Patienten in Abhängigkeit seines aktuellen Ernährungsstatus und Krankheitsbilds zu bestimmen. Hierbei werden mögliche individuelle bzw. klinische Bedürfnisse oder Einschränkungen berücksichtigt. Der Energiebedarf Erwachsener wird üblicherweise nach den Formeln von Harris u. Benedict berechnet, welcher dann individuell um die entsprechenden Aktivitätsfaktoren erweitert wird (s. Kap. 2).

Der Aufbau der enteralen Ernährung ist stufenweise zu beginnen. Je weiter aboral die Sondenlage und je länger die vorhergehende Nahrungskarenz, desto langsamer sollte der enterale Kostaufbau erfolgen. Die Applikation der Sondenkost kann kontinuierlich per Ernährungspumpe oder mittels Schwerkraft über entsprechende Systeme erfolgen (s. Kap. 19). Bei kontinuierlicher Ernährung wird eine Zufuhrrate von 20 ml/h am 1. Tag empfohlen. Bei guter Verträglichkeit kann die Dosis täglich um 20 ml/h gesteigert werden. Eine Bolusapplikation ist ausschließlich bei gastraler Sondenlage möglich. Im Aufbau werden Boli von 50–100 ml im Abstand von 2–4 h verabreicht. Die Menge der Sondenkost pro Portion wird kontinuierlich gesteigert.

Je nach Verträglichkeit ist die Aufbauphase bis zum Erreichen des täglichen Bedarfs nach 3–5 Tagen abgeschlossen. Die enterale Ernährung bedarf während des gesamten Verlaufs insbesondere aber in der Aufbauphase einer sorgfältigen Überwachung, um gezielt auf möglicherweise auftretende Komplikationen (s. Kap. 21) reagieren und das Ernährungsregime jeweils entsprechend dem Verlauf steuern zu können.

20.2 Nährlösungen

Nach der Diätverordnung für diätetische Lebensmittel werden Nährlösungen zur enteralen Ernährung als diabetische Lebensmittel für besondere medizinische Zwecke (*Bilanzierte Diäten)* bezeichnet. Auch frühere Bezeichnungen wie Formel- oder Formuladiäten sind gängige Begriffe.

Bilanzierte Diäten sind vorwiegend industriell hergestellte *Zubereitungen mit exakt definierter Zusammensetzung*. Ihre Nährstoffzusammensetzung bzw. die Mindest- und Höchstmengen der täglich verabreichbaren Nährstoffe ist in § 14b sowie Anlage 6 der *DiätVO* geregelt [13].

In der Verordnung wird unterschieden zwischen bilanzierten Diäten zur *vollständigen* oder zur *ergänzenden Ernährung*.

Substrate zur vollständigen Ernährung müssen die in Anlage 6 der DiätVO aufgeführten Stoffe (Vitamine, Mineralstoffe, Spurenelemente) enthalten und den Vorgaben zu deren Mindest- und Höchstmengen entsprechen. Eine bedarfsdeckende Zufuhr an Mikronährstoffen ist in der Regel bei Verabreichung von 1500–2000 kcal einer bilanzierten Diät zur vollständigen Ernährung gesichert.

Diäten zur ergänzenden Ernährung können von diesen Vorgaben abweichen. Sie können beispielsweise nur ausgewählte Vitamine, Mineralstoffe und Spurenelemente enthalten und eine stark abweichende Nährstoffzusammensetzung aufweisen. Dementsprechend finden sie gezielt zur Supplementation bestimmter Makro- bzw. Mikronährstoffe Einsatz (z. B. Eiweißergänzungsnahrungen).

Bilanzierte Diäten kommen überwiegend in flüssiger, selten in pulvriger und fester Form in den Handel. Sie sind sowohl für *die Verabreichung über Ernährungssonden* als auch als *Trinknahrung* beispielsweise zur Ergänzung bei nicht bedarfsdeckender Normalkost geeignet. Als Sondenkost sind sie geschmacksneutral. Trinknahrungen werden in vielen verschiedenen Geschmacksrichtungen angeboten (z. B. Schokolade, Kakao, Nuss, Vanille, Erdbeer, Banane, Cassis, Gemüse, Champignon, Tomate), wodurch eine Berücksichtigung der individuellen Geschmackspräferenzen der Patienten möglich ist.

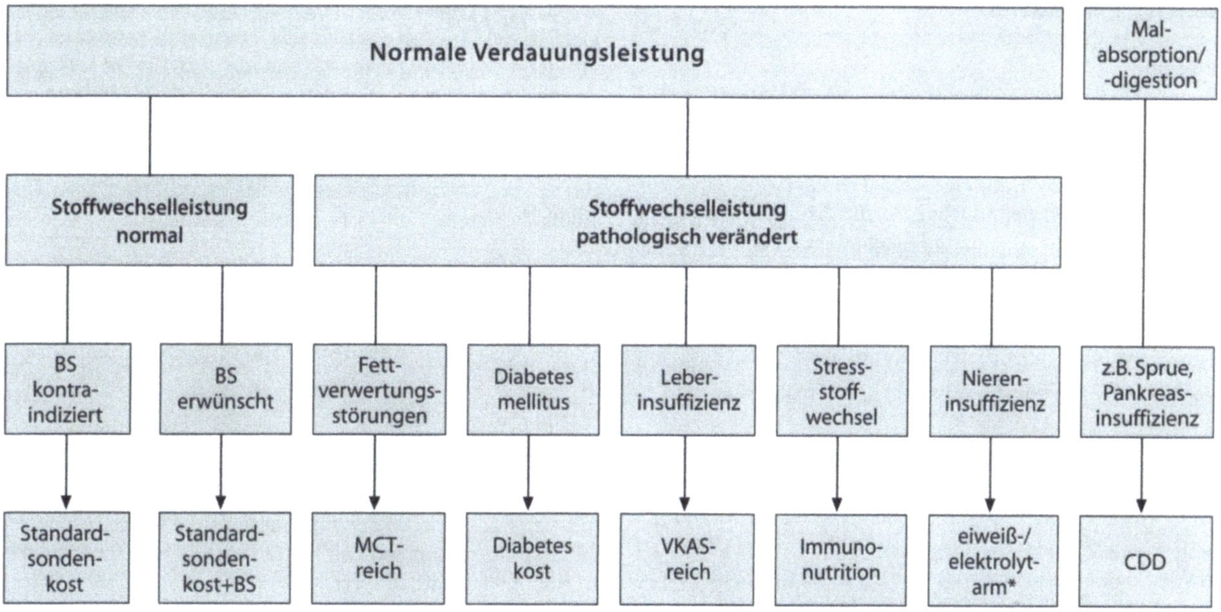

Abb. 20-1. Entscheidungshilfe zur Auswahl geeigneter Sondenkost. (*Cave: Dialysepflichtige Patienten haben erhöhten Eiweißbedarf.)
BS Ballaststoffe, *MCT* Mittelkettige Triglyzeride, *VKAS* Verzweigtkettige Aminosäuren, *CDD* Chemisch definierte Diät

Nach § 21 DiätVO unterliegen bilanzierte Diäten der *Kennzeichnungspflicht* durch den Hersteller, die zum einen dem Schutz des Verbrauchers dienen, zum anderen wichtige Informationen für den Anwender beinhalten (z. B. Art der Diät, empfohlener Anwendungsbereich, Nähr- und Wirkstoffverteilung, Energiedichte, Osmolalität bzw. Osmolarität, Darreichungsform).

Bilanzierte Diäten eignen sich sowohl in der klinischen Praxis als auch in der Heimversorgung in hervorragenderweise für die Krankenernährung, da:

- die Menge und Relation der Nährstoffe an den durch die Erkrankung vorgegebenen Bedarf adaptiert werden können;
- Spezialdiäten zur Versorgung von Patienten mit eingeschränkter Verdauungs- oder Resorptionsleistung bzw. speziellen Stoffwechselanforderungen zur Verfügung stehen;
- flüssige Formen problemlos auch über dünnlumige Sonden applizierbar sind;
- sie bei korrekter Handhabung hygienisch einwandfrei sind und ein geringes Kontaminationsrisko darstellen;
- sie sich durch eine gute Lagerfähigkeit bei langer Haltbarkeit auszeichnen.

Selbsthergestellte Sondennahrungen erfüllen in der Regel nicht die Anforderungen einer industriell hergestellten bilanzierten Diät. Sie entsprechen nicht den gesetzlich festgelegten Anforderungen an Mindest- und Höchstmengen der Nährstoffzufuhr und sind nicht vollbilanziert herstellbar. Aus hygienischen Gesichtspunkten ist eine Herstellung unter strikten hygienischen Bedingungen erforderlich. Bei den gängig verwendeten dünnlumigen Ernährungssonden (Ch. 7–15) kann es durch die schlechteren Fließeigenschaften der selbsthergestellten Sondenkost leicht zu Okklusionen kommen. Die Herstellung ist personal-, material- und daher kostenintensiv. Aus diesen Gründen sollte die sog. »Küchensonde« keinen Einsatz mehr finden [16].

Die bilanzierten Diäten können nach ihren Nährstoffkomponenten und ihrem Anwendungsbereich unterteilt werden in hochmolekulare, nährstoffdefinierte (NDD), niedermolekulare, chemisch definierte Diäten (CDD) und nährstoffmodifizierte Spezialdiäten (*Tabelle 20-1*).

Tabelle 20-1. Einteilung definierter bilanzierter Diäten zur enteralen Ernährung

Nährstoffdefinierte Diäten (NDD) Hochmolekulare Substrate 1. *Standarddiät:* intaktes Protein, Poly-, Oligosaccharide, LCT 1–2 kcal/ml Ballaststofffrei/-haltig 2. *Modifizierte NDD* Proteingehalt >20% der Gesamtenergie MCT-haltig Erhöhter Gehalt verzweigtkettiger Aminosäuren Erhöhter Fettgehalt (>45% der Gesamtenergie) Fettsäuremodifiziert (ω-3-Fettsäuren) Reich an speziellen Nährstoffen (z.B. Glutamin, Arginin, Nukleotide)
Chemisch definierte Diäten (CDD) Niedermolekulare Substrate 1. *Oligopeptiddiät:* Oligopeptide, Oligo-, Monosaccharide, MCT 1 kcal/ml Ballaststofffrei 2. *Modifizierte CDD:* krankheitsadaptiert durch Modifikation der Kohlenhydrat-, Fett- oder Proteinkomponente (z. B. nierenadaptiert: eiweißarm, elektrolytarm)

20.2.1 Inhaltsstoffe

Proteine

Proteine liegen in enteralen Nährlösungen als intakte Proteine oder als Proteinhydrolysate in Form von Oligopeptiden oder kristallinen Aminosäuren vor. Die wichtigsten Proteinquellen sind Milch- und Sojaeiweiß. Die überwiegende Zahl der auf dem Markt befindlichen Formeldiäten ist glutenfrei. Eiweißmodifizierte bilanzierte Diäten stehen zur Verfügung für Erkrankungen, bei denen die Menge und Art des zugeführten Eiweiß an die jeweilige Stoffwechselsituation angepasst werden muss wie beispielsweise bei Leber- und Niereninsuffizienz (s. unten). Spezielle Aminosäuren (z. B. Glutamin, Arginin) sind in bilanzierten Diäten zur Ernährung kritisch Kranker zugesetzt (s. unten).

Fette

Der Fettanteil von Formeldiäten kann zwischen 10 und 35% schwanken. Sie sind als langkettige Triglyzeride (LCT) – Fettsäuren mit einer Kettenlänge ab 12 C-Atomen – und/oder als mittelkettige Triglyzeride (MCT) mit einer Kettenlänge von 6–12 C-Atomen enthalten. LCT werden aus Maiskeim- oder Sojaöl gewonnen. Die Quelle für MCT-Fette ist Kokosöl. Bilanzierte Diäten sind wegen der ausschließlichen Verwendung pflanzlicher Öle als Fettkomponente cholesterinfrei. Modifikationen der Fettkomponente gibt es zum einen hinsichtlich der Art der Fette (LCT, MCT, ω-3-Fettsäuren) und zum anderen hinsichtlich des Anteils an der Gesamtenergie (s. unten). In neuen Konzepten wird der Einsatz von kurzkettigen Fettsäuren und sogenannter strukturierter Lipide diskutiert.

Strukturierte Lipide

Strukturierte Lipide werden durch Transesterifikation von MCT- und LCT-Fetten gebildet. Diese chemische Mischung erlaubt die Herstellung von Lipiden mit gewünschter Zusammensetzung. Vorteile strukturierter Lipide werden in der Möglichkeit gesehen, dass sowohl eine effiziente Energiequelle als auch essenzielle Fettsäuren bereitgestellt werden können. Die Nützlichkeit strukturierter Lipide in der enteralen Ernährung ist derzeit Gegenstand klinischer Untersuchungen [26].

Kurzkettige Fettsäuren

Zu den kurzkettigen Fettsäuren (KKFS) gehören Azetat, Propionat und Butyrat. Diese Fettsäuren entstehen physiologischerweise bei der bakteriellen Fermentation wasserlöslicher Ballaststoffe im Kolon. In Studien konnte gezeigt werden, dass KKFS den intestinalen Blutfluss fördern, die mukosale Proliferation stimulieren und die Resorption von Wasser und Elekrolyten steigern [9]. Aufgrund dieser Effekte wird den KKFS eine mögliche positive Wirkung hinsichtlich der Vermeidung funktioneller und struktureller Veränderungen im Dünn- und Dickdarm, die häufig bei kritisch Kranken zu beobachten sind, zugesprochen [31]. Bisher sind KKFS nicht in kommerziellen Formeldiäten enthalten. Aktuelle Studien geben jedoch Anlass dazu, den KKFS eine Bedeutung als enterales Substrat in der Ernährung kritisch Kranker beizumessen [11].

Kohlenhydrate

Der Anteil von Kohlenhydraten in Formeldiäten beträgt 40-75%. Kohlenhydrate liegen vor in Form von intakten Polysacchariden (Maltodextrin) oder als Oligo- bzw. Monosaccharide. Sie werden überwiegend aus Maisstärke gewonnen. Je geringer die Molekülgröße ist, desto höher ist die Osmolarität der Lösung und desto süßer deren Geschmack. Die industriell gefertigten Formeldiäten sind laktosearm bzw. laktosefrei [11]. Für Patienten mit Diabetes mellitus bzw. gestörter Glukosetoleranz sind kohlenhydratmodifizierte bilanzierte Diäten verfügbar (s. unten).

Ballaststoffe

Einige nährstoffdefinierte Diäten (NDD) enthalten Ballaststoffe in einer Menge von ca. 10 g/1000 kcal. Ballaststoffe werden ihren Eigenschaften entsprechend in *lösliche* und *unlösliche Ballaststoffe* unterteilt (s. Kap. 14). Sie haben eine große Wasserbindungskapazität und erhöhen das Stuhlvolumen und -gewicht. Die damit verbundene Verminderung des intraluminalen Drucks und die quantitative und qualitative Änderung der Darmflora können klinisch von Nutzen sein. Im Dickdarm findet eine bakterielle Verstoffwechselung der wasserlöslichen Ballaststoffe zu kurzkettigen Fettsäuren wie Butyrat, Propionat und Azetat statt. Butyrat ist der Hauptenergielieferant der Kolonschleimhaut. Ein unzureichendes Angebot von Butyrat reduziert die Natrium- und Wasserresorption und hat negative Effekte auf die Zellproliferation der Dickdarmschleimhaut.

Bei Patienten mit Diarrhö können ballaststoffhaltige Diäten einen positiven Effekt haben, da die erhöhte Verfügbarkeit kurzkettiger Fettsäuren zu einer Regeneration der Kolonschleimhaut führt. Gleichfalls können ballaststoffreiche Formula zu einer Stuhlregulation bei Obstipation beitragen [19].

Derzeit verfügbare Formeldiäten beinhalten zwischen 1,2 und 1,5 g Ballaststoffe/100 ml, vorwiegend in Form von unlöslichen Ballaststoffen gewonnen aus Sojabohnen. Bei der Herstellung bilanzierter Diäten ist eine Zugabe von Ballaststoffen sowohl hinsichtlich der Menge als auch der Art der Ballaststoffe beschränkt, da diese durch Aufquellen zu Veränderungen der Fließeigenschaften führen und somit die Gefahr einer Sondenokklusion besteht [32]. Durch technologische Verbesserungen sind aber mittlerweile zahlreiche Formeldiäten mit hohem Anteil wasserlöslicher Ballaststoffe wie beispielsweise Pektin, Guar und Gummi Arabicum verfügbar. Diesen wird über die genannten Effekte hinaus eine Verbesserung der Glukosetoleranz und eine Senkung des Cholesterinspiegels zugesprochen [18].

Einige Formeldiäten enthalten *Fruktooligosaccharide* (FOS), die ebenfalls zu den wasserlöslichen Ballaststoffen gehören. Diese können eine positive Wirkung auf die Zusammensetzung der bakteriellen Darmflora haben und sich positiv bei Patienten mit Obstipation auswirken [18]. Der Einsatz einer ballaststoffreichen NDD ist sinnvoll, wenn ein Patient mit intakter Digestions- und Resorptionsleistung enteral ernährt werden muss [23].

Ballaststoffhaltige Formeldiäten sind *kontraindiziert* bei Stenosen, entzündlichem Schub eines M. Crohn und bei postoperativem Kostaufbau nach großen abdominellen Eingriffen.

Wasser

Der Wassergehalt bilanzierter Diäten liegt zwischen 70 und 85%. Er ist abhängig von der Energiedichte eines Substrats. Bilanzierte Diäten mit einer Energiedichte von 1 kcal/ml (normokalorische bilanzierte Diät) haben durchschnittlich 80%

freie Flüssigkeit. Bei höherer Energiedichte (hochkalorische bilanzierte Diäten) beträgt der Anteil freier Flüssigkeit nur ca. 70%. Dies ist bei der Flüssigkeitsbilanzierung zu bedenken.

20.2.2 Chemisch definierte, niedermolekulare Diäten (CDD)

> Die Hauptnährstoffe der chemisch definierten Diäten (■ *Tabelle 20-2*) sind durch enzymatische Vorverdauung so weit aufgespalten, dass eine unmittelbare Resorption möglich ist.

Die Eiweißkomponente besteht aus Proteinhydrolysaten (Oligopeptiden), die durch Hydrolyse von Kasein, Weizenproteinen und anderen Proteinen gewonnen werden [24]. Die heute eingesetzten Oligopeptiddiäten zeigen einige Vorteile gegenüber den früher verfügbaren sog. Elementardiäten, die ausschließlich freie Aminosäuren enthielten. Zum einen bewirken Di- und Tripeptide eine geringere Osmolarität als freie Aminosäuren. Zum anderen scheint die Nettoresorption von Di- und Tripeptiden wesentlich schneller und effizienter zu sein als die entsprechender Mengen freier Aminosäuren, was insbesondere unter pathologischen Konditionen (z. B. bei Kurzdarmsyndrom und chronisch entzündlichen Darmerkrankungen) von herausragender Bedeutung ist [12, 17].

Kohlenhydrate liegen in Form von partiell hydrolysierter Stärke, als Maltodextrin und Oligosaccharide vor. Die Fettkomponente enthält einen hohen Anteil an MCT-Fetten. Bei den CDD ist der Fettanteil mit 10–20% zugunsten des Kohlenhydratanteils von 60–70% reduziert. Die Energiedichte beträgt in der Regel 1 kcal/ml. CDD sind generell frei von Laktose und Ballaststoffen. Bedingt durch die vorverdaute Form der Proteine und Kohlenhydrate weisen CDD eine erhöhte Osmolarität von 350–400 mosmol/l auf, was eine einschleichende Dosierung mit Hilfe einer Ernährungspumpe erforderlich macht. Die Resorption erfolgt nahezu vollständig in oberen Dünndarmabschnitten, was zu einer Reduzierung von Stuhlvolumen und Stuhlfrequenz führt. Eine langfristige orale Ernährung mit Oligopeptiddiäten erweist sich wegen des meist schlechten Geschmacks als sehr problematisch. Eine bessere Akzeptanz wird durch die Applikation von CDD über intestinal plazierte, dünnlumige Ernährungssonden erzielt.

Aus physiologischer Sicht eignen sich chemisch definierte Diäten bei:
- Patienten mit *eingeschränkter Digestions- und Resorptionsleistung* (z. B. akuter Schub bei chronisch entzündlichen Darmerkrankungen, Kurzdarmsyndrom, Strahlenenteritis, Pankreasinsuffizienz);
- *Kostaufbau nach längerfristiger parenteraler Ernährung* (>7–10 Tage), da eine totale parenterale Ernährung eine Atrophie der Dünndarmzotten verbunden mit Störungen der Nährstoffassimilation zur Folge haben kann;
- Patienten mit *Nahrungsmittelallergien* (aufgrund des Vorliegens der Eiweiße als Hydrolysate, haben CDD eine sehr geringe allergene Wirkung).

■ Tabelle 20-2. Produktübersicht chemisch definierter Diäten (Herstellerangaben, Stand April 2002 – keine Garantie auf Vollständigkeit)

Art der Sondenkost	Indikation (beispielhaft)	Hersteller/Produktname
Chemisch definiert, Standard	Bei ausgeprägter Malassimilation	Abbott: Osmolite (S)
1 kcal/ml Ballaststofffrei		B. Braun: Nutricomp Peptid (S)
		Fresenius Kabi: Survimed OPD (S/T)
		Nestlé: Salvipeptid liquid MCT (S/T), Peptamen (S/T)
		Novartis: Isosource MCT (S/T)
		Pfrimmer Nutricia: Nutrison Pepti (S), Peptisorb (S)
Protein- und Elektrolyt-reduziert 1,3–1,5 kcal/ml Ballaststofffrei	Niereninsuffizienz	Abbott: Suplena (S/T)[a]
		Fresenius Kabi: Survimed renal (S/T)[a]
		Nestlé: Salvipeptid nephro (S/T) (Pulver mit Eiweiß- und Energiekomponente)
		Pfrimmer Nutricia: Renilon (S)[a]
		RenaCare: Renamil (S/T)[a]

S Sondenkost, *T* Trinknahrung; [a] für Dialysepatienten nur in Kombination mit elektrolytarmem Eiweißpräparat geeignet.

Klinische Studien konnten jedoch bei der Mehrzahl der ursprünglich mit chemisch definierten Diäten behandelten Krankheiten, wie beispielsweise chronisch entzündliche Darmerkrankungen [30] und Kurzdarmsyndrom, keinen Vorteil dieser Diäten belegen [24]. Folglich gibt es derzeit nur noch wenige Indikationen für chemisch definierte Diäten. Erfolgt ein Kostaufbau mit CDD sollte nach erfolgreicher Aufbauphase eine schrittweise Umstellung auf eine nährstoffdefinierte Diät (NDD) versucht werden.

20.2.3 Nährstoffdefinierte, hochmolekulare Diäten (NDD)

Die *Standardpräparate der NDD* (■ *Tabelle 20-3*) entsprechen weitgehend der Nährstoffrelation von 15–20% Protein, 25–35% Fett und 45–55% Kohlenhydrate. Abweichungen von dieser Relation sind in bestimmten Situationen sinnvoll und sind in der Zusammensetzung enteraler Nährlösungen für spezielle Krankheitsbilder berücksichtigt (s. Kap. 25.1.4). Die Hauptnährstoffe liegen vor als hochwertiges natives Protein (überwiegend Milch- und Sojaprotein), Oligo- und Polysaccharide (Maltodextrin) und pflanzliche Öle in Form von Triglyzeriden mit langkettigen Fettsäuren (Sonnenblumen-, Soja- und Safloröl).

> Der Einsatz von NDD setzt dementsprechend eine weitgehend intakte Verdauungs- und Resorptionsleistung voraus. Die NDD entsprechen hinsichtlich des Gehalts an Protein, Kohlenhydraten, Fett, Vitaminen und Mineralstoffen den Empfehlungen der Deutschen Gesellschaft für Ernährung (DGE).

Modifikationen der NDD bestehen hinsichtlich der *Energiedichte* und des *Ballaststoffgehalts*. NDD werden angeboten mit

Tabelle 20-3. Produktübersicht nährstoffdefinierter Diäten (Herstellerangaben, Stand April 2002 – keine Garantie auf Vollständigkeit)

Art der Sondenkost	Indikation (beispielhaft)	Hersteller/Produktname
Standardnahrung Ohne Ballaststoffe 1 kcal/ml	Standardnahrung; bei Kontraindikation gegen Ballaststoffe	Abbott: Osmolite (S) B. Braun: Nutricomp Standard (S/T) Fresenius Kabi: Fresubin original (S/T) Nestlé: Salvimulsin Standard (S/T), Sondalis Iso (S) Novartis: Isosource Faser (S/T) Pfrimmer Nutricia: Nutrison Standard (S), Nutrison Soya (S)
Standardnahrung Mit Ballaststoffen 1 kcal/ml	Standardnahrung für ca. 90% aller Patienten	Abbott: Osmolite mit BS (S), Jevity mit FOS (S), Enrich (S/T) B. Braun: Nutricomp Standard mit BS (S/T) Fresenius Kabi: Fresubin original fibre (S/T) Nestlé: Salviplus(S/T), Sondalis Plus (S) Novartis: Isosource Standard (S/T) Pfrimmer Nutricia: Nutrison MultiFibre (S/T)
Standardnahrung Ohne Ballaststoffe 1,3–1,6 kcal/ml	Wie unten; bei Kontraindikation gegen Ballaststoffe	Abbott: Ensure Plus (S/T) Fresenius Kabi: Fresubin HP 750 MCT (S,) Nestlé: Sondalis Energy (S), Salvimulsin MCT 800 (S/T) Novartis: Isosource energy (S/T) Pfrimmer Nutricia: Nutrison Energy (S/T)
Standardnahrung Mit Ballaststoffen 1,3–1,6 kcal/ml	Flüssigkeitsrestriktion (z. B. Herzinsuffizienz), hoher Energiebedarf (Tumorerkrankungen)	Abbott: Enrich (S/T) Fresenius Kabi: Fresubin energy fibre (S/T) Novartis: Isosource energy fibre(S/T) Pfrimmer Nutricia: Nutrison Energy MultiFibre (S/T)

S Sondenkost, *T* Trinknahrung, *FOS* Fruktooligosaccharide.

einer Kaloriendichte von 0,75–2,0 kcal/ml. Sie werden sowohl mit als auch ohne Ballaststoffe angeboten. Die Osmolarität liegt mit 250–300 mosmol/l im physiologischen Bereich. Die Verabreichung erfolgt oral als Trinknahrung oder über enterale Ernährungssonden. NDD finden bei supplementärer oraler Verabreichung aufgrund der geschmacklichen Vielfalt gute Akzeptanz. Bei einer längerfristigen, ausschließlichen enteralen Nährstoffzufuhr ist jedoch in der Regel eine Applikationshilfe erforderlich. Der Großteil der Patienten, die einer enteralen Ernährungstherapie bedürfen, ist mit einem Standardpräparat der bilanzierten Diäten adäquat versorgt. Für Patienten, deren Krankheitsbild mit speziellen Anforderungen an die Ernährungstherapie einhergeht, stehen *Spezialdiäten* zur Verfügung.

Der kindliche Organismus stellt andere Anforderungen an eine bedarfsgerechte Ernährung als der des Erwachsenen. Daher sollten für Kinder keine Erwachsenensondenkost sondern spezielle *kindgerechte Trink- und Sondennahrungen* (s. Kap. 22) eingesetzt werden.

20.2.4 Nährstoffmodifizierte Spezialdiäten

Nährstoffmodifizierte Spezialdiäten (*Tabelle 20-4*) weisen einen im Vergleich zu den Standardnahrungen abweichenden Gehalt an Eiweiß, Fett oder Kohlenhydraten auf, der den Anfordernissen bei speziellen Erkrankungen gerecht wird. Variationen können auch hinsichtlich des Gehalts an Mineralstoffen und Vitaminen bestehen.

Spezialdiät zur Gabe bei Leberinsuffizienz (s. Kap. 44)

Für Patienten mit Leberinsuffizienz sind Präparate mit erhöhtem Anteil (40–50% der Gesamtaminosäuren) an verzweigtkettigen Aminosäuren (VKAS; Isoleuzin, Leuzin, Valin und Lysin) bei gleichzeitig vermindertem Anteil an aromatischen Aminosäuren (Phenylalanin, Tryptophan und Tyrosin) verfügbar. Insgesamt ist der prozentuale Anteil der Proteine an der Gesamtenergie mit 12% gegenüber den Standardnahrungen reduziert. Bilanzierte Diäten für Patienten mit Leberzirrhose sind hochkalorisch (durchschnittlich 1,3 kcal/ml) und somit flüssigkeitsreduziert. Weiterhin sind sie natriumarm, enthalten jedoch die weiteren Elektrolyte, Vitamine und Spurenelemente in den nach der Diätverordnung vorgeschriebenen Mengen. Es stehen sowohl Präparate zur Verabreichung über Sonden als auch Trinknahrungen zur Verfügung (z. B. Fresubin Hepa, Fresenius Kabi; Nutricomp Hepa, B. Braun).

Die Rationale für die therapeutische Anwendung verzweigtkettiger Amisosäuren ist, dass Patienten mit Leberzir-

Tabelle 20-4. Übersicht über nährstoffmodifizierte Spezialdiäten (Herstellerangaben, Stand April 2002- keine Garantie auf Vollständigkeit)

Art der Sondenkost	Indikation (beispielhaft)	Hersteller/Produktname
Diabetikernahrung	Diabetes mellitus, gestörte Glukosetoleranz	Abbott: Glucerna (S) B. Braun: Nutricomp Diabetes (S/T) Fresenius Kabi: Fresubin Diabetes (S/T), Diaben (L/T) Nestlé: Salvimulsin Diabetes (S/T), Sondalis Diabetes (S) Novartis: Novasource Diabetes (S/T) Pfrimmer Nutricia: Nutrison Diabetes (S)
Fettreich	Respiratorische Insuffizienz Tumorpatienten	Abbott: Pulmocare (S/T) Fresenius Kabi: Supportan (S/T) Nestlé: Modulen lipid (S/T)
Reich an MCT-Fetten	Fettverdauungsstörungen (z. B. Pankreasinsuffizienz), intestinale Lymphangiektasie, Chylothorax, Chylusfisteln	B. Braun: Nutricomp MCT (S) Fresenius Kabi: Fresubin HP 750 MCT (S) Nestlé: Salvimulsin MCT (S/T), Salvimulsin MCT 800 (S/T) Novartis: Isosource MCT (S/T) Pfrimmer Nutricia: Nutrison MCT (S), Biosorbin MCT (S/T)
Reich an VKAS	Leberzirrhose	B. Braun: Nutricomp Hepa (S/T) Fresenius Kabi: Fresubin Hepa (S/T)
Immunonutrition (reich an immunstimulierenden Substraten z. B. Glutamin, Arginin, RNS-Nukleotide, ω-3-Fettsäuren, Antioxidanzien)	Kritisch Kranke, Intensivpatienten	B. Braun: Nutricomp Immun (S) Fresenius Kabi: Reconvan (S) Novartis: Impact (S/T) Pfrimmer Nutricia: Stresson (S), Stresson MultiFibre (S)

S Sondenkost, *T* Trinknahrung, *MCT* mittelkettige Triglyzeride, *VKAS* verzweigtkettige Aminosäuren.

rhose ein verändertes Plasmaaminogramm aufweisen, welches durch erhöhte Spiegel der aromatischen Aminosäuren bei gleichzeitig subnormalen oder reduzierten Spiegeln der verzweigtkettigen Aminosäuren gekennzeichnet ist. Da die aromatischen Aminosäuren Vorstufen verschiedener hirntoxisch wirksamer Substrate sind, wurde eine Assoziation zwischen dem veränderten Plasmaaminogramm und den neuropsychiatrischen Befunden hergestellt. Hierfür gibt es jedoch bisher keinen gesicherten Nachweis. Hinsichtlich des Effektes auf den Ernährungszustand scheint jedoch gesichert, dass VKAS einen *anabolen bzw. antikatabolen Effekt* bei Patienten mit eingeschränkter Eiweißtoleranz (<50 g/24 h) haben [27].

In Studien zum Effekt einer enteralen Ernährung bei mangelernährten Leberzirrhosepatienten ohne eingeschränkte Eiweißtoleranz wurden sowohl positive Ergebnisse mit Standarddiäten als auch VKAS-angereicherten Diäten erzielt [20]. Es lässt sich schlussfolgern, dass der Einsatz VKAS-angereicherter Präparate bei Patienten mit chronischer hepatischer Enzephalopathie mit eingeschränkter Eiweißtoleranz geeignet ist. Unklar ist, ob eine allgemeine Notwendigkeit besteht, bei Leberzirrhosepatienten, die keine eingeschränkte Eiweißtoleranz haben, langfristig VKAS-angereicherte enterale Produkte einzusetzen. Im Vordergrund steht bei diesen Patienten eine bedarfsgerechte Ernährung, die eine Eiweißzufuhr von 1,0–1,2 g/kg KG/d (bei Zeichen einer Mangelernährung bis 1,8 g) beinhaltet. Die Präparate zur enteralen Ernährung sollten hochkalorisch sein, um das täglich zu verabreichende Volumen zu reduzieren. Weiterhin sind ballaststoffreiche Präparate empfehlenswert. Bei Aszites sollte der Natriumgehalt der Formeldiät überprüft werden.

Spezialdiät zur Gabe bei Niereninsuffizienz (s. Kap. 38)

Bei Niereninsuffizienz ist die renale Clearance für verschiedene Metaboliten (Harnstoff, Kreatinin, Harnsäure) und Mineralstoffe (Kalium, Natrium, Phosphat) reduziert. Ähnlich wie bei der oralen Ernährung ist im Prädialysestadium eine reduzierte Proteinzufuhr anzustreben. Dialysepatienten hingegen haben aufgrund der hohen Eiweißverluste einen hohen Eiweißbedarf (1,0–1,2 g/kgKG/24 h bei Hämodialyse; 1,2–1,5 g/kgKG/24 h bei Peritonealdialyse).

Die Zufuhr an Elektrolyten richtet sich nach den Serumspiegeln. Während bei Patienten mit dekompensierter Niereninsuffizienz häufig eine starke Einschränkung der Elektrolytzufuhr (insbesondere bei Kalium) erforderlich ist, sollten Dialysepatienten eine angepasste Basalzufuhr an Elektrolyten erhalten, die mittels regelmäßiger Kontrolle der Serumspiegel eingestellt werden muß. Ziel der Ernährungstherapie ist eine adäquate energetische Versorgung unter Brücksichtigung der Zufuhrbeschränkung der kritischen Nährstoffe [6]. Mehr als bei den meisten anderen Erkrankungen bedeutet dies, sich an den individuellen Gegenheiten des Patienten zu orientieren. Entsprechend den variierenden Anforderungen stehen verschiedene enterale Nährlösungen zur Verfügung. Im Wesentlichen können 3 Konzepte unterschieden werden [5]:

- Zur Ernährung von Patienten mit *dekompensierter Niereninsuffizienz* im Prädialysestadium stehen eiweißreduzierte und elektrolytarme Trink- und Sondennahrungen zur Verfügung (Renamil, RenaCare; Renilon, Pfrimmer Nutricia; Suplena, Abbott; Survimed renal, Fresenius Kabi). Der prozentuale Eiweißanteil an der Gesamtenergie ist reduziert auf 4–6%. Der Fettanteil ist mit 10–23% ebenfalls reduziert. Hauptenergielieferant dieser Produkte sind bei einem prozentualen Anteil von 73–84% die Kohlenhydrate. Die Formeldiäten haben in der Regel eine hohe Energiedichte (1,3–1,5 kcal/ml). Einige Präparate werden als Instantprodukt angeboten, hierdurch ist eine bedarfsgerechte Flüssigkeitsbilanzierung möglich. Zur Ernährung dialysepflichtiger Patienten stehen zur Deckung des erhöhten Eiweißbedarfs elektrolytarme bzw. -freie Proteinsupplemente zur Verfügung, die in dem individuellen Bedarf entsprechender Menge zugegeben werden (Abbonutril, Abbott; Eiweißkonzentrat, Fresenius Kabi; Protein 88, Novartis; Renapro, RenaCare).

- Bei einigen Anbietern setzen sich die Produkte aus einer *Energie- und einer Proteinkomponente* zusammen, was eine individuelle Anpassung der enteralen Proteinzufuhr möglich macht (Salvipeptid nephro, Nestlé). Um bei ausschließlicher Ernährung mit diesen Präparaten eine bedarfsdeckende Versorgung mit allen essenziellen Nährstoffen zu gewährleisten, müssen beide Komponenten stets in Kombination verabreicht werden, wobei die Eiweißkomponente entsprechend dem errechneten Bedarf dosiert wird.
- Des Weiteren sind speziell für Dialysepatienten bilanzierte Diäten verfügbar mit hohem Energie- und Eiweißgehalt bei gleichzeitiger Elektrolytrestriktion (Renenergy, RenaCare).

Bei einigen Patienten mit Dialysepflicht ist der Einsatz einer *Standardsondenkost* möglich. Dies gilt insbesondere für niereninsuffiziente Intensivpatienten, die kontinuierlich dialysiert werden [21]. Nachteil dieser Diäten ist die fixe Nährstoffzusammensetzung und der relativ hohe Gehalt an Elektrolyten. Vorab muss deshalb eine genaue Prüfung des Elektrolyt- und Eiweißgehalts vorgenommen werden. Bevorzugt sollte ein hochkalorisches und somit flüssigkeitsreduziertes Präparat gewählt werden.

Aufgrund des weiten klinischen Spektrums der Pathophysiologie bei Niereninsuffizienz stellt die Auswahl eines geeigneten Produktes zur enteralen Ernährung bei diesen Patienten eine besondere Herausforderung dar. Die Festlegung eines Regimes muss sich an den individuellen Erfordernissen orientieren und ist nicht selten eine Kombination der verschiedenen aufgeführten Möglichkeiten. Eine Kontrolle der Retentionswerte und die entsprechende Anpassung der enteralen Zufuhr ist in allen Fällen von grundlegender Bedeutung.

Spezialdiät zur Gabe bei Diabetes mellitus (s. Kap. 51)

Das primäre Ziel in der Behandlung von Patienten mit Diabetes mellitus bzw. gestörter Glukosetoleranz, die einer supportiven Ernährungstherapie bedürfen, ist eine optimale Blutzuckereinstellung unter Vermeidung von Hyper- als auch Hypoglykämie, bei adäquater Kalorien- und Nährstoffzufuhr und Erhaltung des Ernährungszustands [3]. Die Empfehlungen für die Zusammensetzung bilanzierter Diäten für Patienten mit Diabetes mellitus unterscheiden sich nicht von denen für den Diabetiker allgemein. Neue ernährungsmedizinische Erkenntnisse, insbesondere hinsichtlich der Bedeutung des Fettsäurenstoffwechsels bei Diabetikern, haben in den letzten Jahren zu einer erneuten Diskussion in Bezug auf die optimale Zusammensetzung einer Diabeteskost geführt.

Im Wesentlichen werden 2 Punkte in Frage gestellt. Zum einen das ideale Verhältnis von Fett und Kohlenhydraten als Energiequelle und zum anderen die Bedeutung der Ballaststoffe [32].

Die bisher verfügbaren Formeldiäten richten sich in der Nährstoffzusammensetzung nach den bisherigen Empfehlungen der deutschen Diabetesgesellschaft (DDG) aus dem Jahr 1988 (Fresubin Diabetes, Fresenius Kabi). Der Proteinanteil beträgt durchschnittlich 15% und wird aus Soja- und Milcheiweiß gedeckt. Beim Fettanteil von ungefähr 32% werden v. a. Soja- und Maiskeimöl verwendet, somit wird der Empfehlung nach einem hohen Anteil mehrfach ungesättigter Fettsäuren Rechnung getragen. 50–55% der Gesamtenergie werden durch Kohlenhydrate bereitgestellt. Ein Teil der Kohlenhydrate (ca. 30%) liegt in Form von Fruktose vor. Der Ballaststoffanteil beträgt durchschnittlich 30 g bei einer mittleren Tagesdosis von 2000 ml. Dies entspricht der Empfehlung eines großen Anteils komplexer Kohlenhydrate. Der Energiegehalt liegt bei 0,9–1,0 kcal/ml. 100 ml dieser Produkte entsprechen 1 Broteinheit (BE).

Aufgrund der neuen Erkenntnisse zur Ernährung bei Diabetes mellitus wurde eine Modifikation der Ernährungsempfehlungen nationaler und internationaler Diabetesgesellschaften vorgenommen. Diese veranlassten eine internationale Expertengruppe zur Verabschiedung eines Konsensusstatements zur enteralen Ernährung bei Diabetes mellitus [2].

> Als Kernpunkt des Konsensusstatements kann die diätetische Empfehlung eines höheren Anteils an einfach-ungesättigten Fettsäuren angesehen werden.

Hintergrund sind die Kenntnisse über die Pathogenese von Fettstoffwechselstörungen als Folge eines Diabetes mellitus und die positive Einflussnahme einfach ungesättigter Fettsäuren auf die Blutfettwerte. Weiterhin wird die Bedeutung des quantitativen und qualitativen Gehalts an Ballaststoffen diskutiert.

> Es gilt als gesichert, dass Ballaststoffe sowohl einen positiven Effekt hinsichtlich Vermeidung von Blutzuckerspitzen als auch auf die Lipoproteinspiegel ausüben [22]. Diese Effekte werden überwiegend den wasserlöslichen Ballaststoffen zugesprochen.

Die in bilanzierten Diäten enthaltenen Ballaststoffe werden vorwiegend aus Sojabohnen gewonnen. Sojabohnenpolysaccharide gehören überwiegend zu den wasserunlöslichen Ballaststoffen. Neuerdings werden als Ballaststoffquellen auch solche mit hohem Anteil wasserlöslicher quellfähiger Ballaststoffe herangezogen wie beispielsweise Pektin, Guar und Gummi Arabicum.

Von einigen Anbietern wurden die neuen Empfehlungen bereits zum Anlass genommen neue stoffwechseladaptierte Diabetesnahrungen zu konzipieren. Diese zeichnen sich dadurch aus, dass der Kohlenhydratanteil teilweise zugunsten der einfach-ungesättigten Fettsäuren ersetzt wurde (Diaben, Fresenius Kabi; Glucerna, Abbott; Novasource Diabetes, Novartis; Nutricomp Diabetes, B. Braun; Nutrison Diabetes, Pfrimmer Nutricia; Salvimulsin und Sandalis Diabetes, Nestlé). Dies resultiert in einer Nährstoffrelation von 15–18 Energie-% Eiweiß, 32–45 Energie-% Kohlenhydrate und 40–50 Energie-% Fett. Der Anteil der gesättigten und der mehrfach ungesättigten Fettsäuren beträgt jeweils weniger als 10 Energie-% [15]. Teilweise ist auch das Ballaststoffmuster zugunsten wasserunlöslicher Ballaststoffe (z. B. Pektin, Guar, Haferfasern, resistente Stärke, Inulin) verändert.

Spezialdiät mit hohem Anteil an MCT-Fetten

MCT-Fette haben einige Vorteile gegenüber den üblicherweise eingesetzten langkettigen Triglyzeriden. MCT-Fette sind wasserlöslich und werden unabhängig von Gallensalzen und ohne Chylomikronenbildung durch die Darmwand aufgenommen. Von der Mukosazelle werden sie direkt in das Portalvenenblut abgegeben (s. Kap. 6). So finden sie Einsatz bei Patienten mit Störungen der Fettverdauung (z. B. Fettmaldigestion oder -malabsorption bei Pankreasinsuffizienz, biliärer Obstruktion), der Fettresorption (z. B. Sprue, chronisch entzündliche Darmerkrankungen, Kurzdarmsyndrom), des Fetttransports (z. B. intestinale Lymphangiektasie, A_b-Lipoproteinämie) und bei Zuständen, die eine Reduktion des Austritts von Lymphe aus den Lymphgefäßen erfordern (z. B. Chylothorax, Chylusfisteln) [16].

Eine ausschließliche Gabe von MCT-Fetten ist nicht empfehlenswert, da es zu einem Mangel an essenziellen Fettsäuren kommen kann. Bei zu schneller Applikation und in größeren Mengen können MCT-Fette Symptome wie Übelkeit, Erbrechen und Diarrhö hervorrufen. Bilanzierte Diäten mit einem hohen Anteil an MCT-Fetten werden besser toleriert, wenn eine Adaptationsphase mit einschleichender Dosierung erfolgt. MCT-Fette haben eine stärker ketogene Wirkung als LCT-Fette und sollten deshalb bei Patienten mit Ketose und Azidose nicht eingesetzt werden [16]. Erwähnenswert ist außerdem der etwas niedrigere Energiegehalt der MCT-Fette gegenüber den LCT-Fetten. MCT-reiche Formeldiäten (Fresubin HP 750 MCT, Fresenius Kabi; Isosource MCT, Novartis; Nutricomp MCT, B. Braun; Nutrison MCT, Pfrimmer Nutricia; Salvimulsin MCT und Salvimulsin MCT 800, Nestlé) enthalten im Fettanteil von 27–35 Energie% durchschnittlich 50–60% MCT-Fette.

Spezialdiät zur Gabe bei respiratorischer Insuffizienz (s. Kap. 39)

Für Patienten mit respiratorischer Insuffizienz wurden bilanzierte Diäten mit einem erhöhten Anteil an Fetten (45–57 Energie%) bei gleichzeitig reduziertem Kohlenhydratanteil (26–32 Energie%) konzipiert (Modulen lipid, Nestlé; Pulmocare, Abbott; Supportan, Fresenius Kabi). Es wird davon ausgegangen, dass der in seiner Atmung beeinträchtigte Patient durch eine Änderung der Nährstoffrelation zugunsten von Fetten entlastet wird, da bei der Metabolisierung von Fetten weniger CO_2 entsteht. Klinische Studien mit entsprechend großer Probandenzahl, die einen klaren Nutzen herausstellen, fehlen jedoch bisher [1].

Spezialdiät zur Gabe bei kritisch Kranken

Die Bedeutung der Ernährung kritisch Kranker ist Gegenstand intensiver Forschung. Eine therapeutische Bedeutung wird in diesem Zusammenhang immunstimulierenden Substanzen zugeschrieben. Es werden zunehmend mehr Substrate identifiziert, denen eine immunmodulierende Wirkung zugesprochen werden kann. Dem Bereich der sogenannten Immunonutrition (s. Kap. 15) kommt dementsprechend eine ständig wachsende Bedeutung zu [28]. Auf der Basis des derzeitigen Wissens wurden Spezialdiäten zur enteralen Ernährung kritisch Kranker entwickelt (Impact, Novartis; Nutricomp Immun, B. Braun; Reconvan, Fresenius Kabi; Stresson und Stresson Multifibre, Pfrimmer Nutricia).

Ernährungslösungen zur Immunnutrition enthalten einen erhöhten Anteil an Antioxidanzien (Vitamine A, C, E und Selen), Arginin, Glutamin, Nukleotiden und ω-3-Fettsäuren in variierender Kombination. Der Routineeinsatz der immunmodulierenden Substrate in der Klinik wird derzeit noch kritisch diskutiert, ebenso die geeigneten Indikationen [10].

Glutamin (s. Kap. 15)

Glutamin ist die am häufigsten vorkommende freie Aminosäure des Körpers und erfüllt grundlegende Funktionen im Stoffwechsel als Stickstoff-Transporteur, Regulator der Aminosäurehomöostase und Vorstufe für verschiedene Biosyntheseprozesse. Die Zellen des Gastrointestinaltraktes sowie des Immunsystems sind spezifisch auf die Zufuhr von Glutamin als Energie- sowie als Stickstoffquelle angewiesen [25]. Unter hyperkatabolen Zuständen wird eine ausgeprägte Glutaminverarmung beobachtet. Ein Mangel an Glutamin führt zu einer Beeinträchtigung der Struktur und Funktion des Darmes, zu Muskelabbau und Immunsuppression [7].

Glutamin wird deshalb als *bedingt unentbehrliches Substrat* in der klinischen Ernährung angesehen. Verschiedene Studien zeigten eine Verbesserung der Stickstoffbilanz, eine Erhöhung der Proteinsyntheserate, eine verbesserte Immunfunktion und Erhaltung der Mukosaintegrität bei Supplementierung mit Glutamin [25]. Der Glutamingehalt in Formeldiäten wird auf 5–15% der Gesamtaminosäuren geschätzt und ist somit *als eher gering* einzustufen [29]. Da Glutamin in freier Form sehr instabil und nur begrenzt wasserlöslich ist, war bisher die Herstellung entsprechender Nährlösungen problematisch. Durch den Einsatz glutaminhaltiger Dipeptide (z. B. als Alanylglutamin oder Glyzylglutamin) konnten diese Probleme weitestgehend gelöst werden, sodass neuerdings glutaminangereicherte Formeldiäten zur Verfügung stehen.

Arginin (s. Kap. 15)

Arginin spielt eine herausragende Rolle als Stickstoffdonator im menschlichen Stoffwechsel. Es dient als Präkursor in der Synthese von Ornithin, Harnstoff, Polyaminen, Prolin, Kreatin und Glutamat [33]. Arginin entsteht biosynthetisch über den Harnstoffzyklus. Während der Wachstumsphase und bei bestimmten Krankheitszuständen ist jedoch die körpereigene Synthese nicht ausreichend. Im Fötus und bei Neugeborenen gilt Arginin als essenziell. Beim Erwachsenen zählt Arginin zu den konditionell essenziellen Aminosäuren. Eine Supplementation mit Arginin führte unter anderem zu einer verbesserten Wundheilung und einer verminderten Infektionsrate bei chirurgischen Patienten mit Neoplasien [4].

ω-3-Fettsäuren (s. Kap. 15)

Zu den Fettsäuren der ω-3-Reihe zählen Eikosapentaensäure (EPA) und Dokosahexaensäure (DHA) aus Fischölen und die α-Linolensäure aus pflanzlichen Ölen. ω-3-Fettsäuren werden eine Reihe therapeutischer Wirkungen zugesprochen. Neuere Publikationen beschäftigen sich mit dem Effekt von ω-3-Fettsäuren auf das Immunsystem, entzündliche Krankheiten und Tumorerkrankungen. Eine wichtige Rolle kommt in diesem Zusammenhang den Eikosanoiden zu. Die direkten Vorläufer der Eikosanoide sind die Fettsäuren Arachidonsäure (AA) und Eikosapentaensäure (EPA), die um die gleichen Enzymsysteme konkurrieren und sich durch ein größeres Angebot gegenseitig verdrängen. ω-3-Fettsäuren beeinflussen die zelluläre Abwehrfunktion durch den Einbau in die Zellmembran anstelle der Arachidonsäure verbunden mit einer vermehrten Synthese von Eikosanoiden mit begrenzter immunologischer Wirksamkeit wie Prostagladin E3 und Leukotrien B5 und geringerer Bildung von Zytokinen [8].

Nukleotide (Kap. 15)

Nukleotide werden ebenfalls den immunstimulierenden Substanzen zugeordnet. Sie regen die Proliferation und Differenzierung von Lymphozyten an. Der Nukleotidbedarf der Darmmukosa wird wegen des hohen Zellumsatzes als besonders hoch eingeschätzt. Es wird davon ausgegangen, dass ein Mangel mit einer Störung der Mukosaintegrität einhergehen kann. Bei Schwerkranken scheint eine Deckung des gesteigerten Bedarfs durch Eigensynthese nicht möglich zu sein [14].

Literatur

1. Anonymous (1993) ASPEN Board of Directors: Guidlines for the use of parenteral and enteral nutrition J Parent Enter Nutr 17: S1–S52
2. Anonymous (1998) Consensus Roundtable on Nutrition Support of Tube-Fed Patients with Diabetes. Consensus Statement. Clin Nutr 17: S63–S65
3. Coulston AM (2000) Enteral nutrition in the patient with diabetes mellitus. Curr Opin Clin Nutr Metab Care 3: 11–15
4. Daly JM, Liebermann MD, Goldfine J, Shou J, Weintraub F, Rosato EF, Lavin P (1992). Enteral nutrition with supplemental arginine, RNA, and ω-3-fatty acids in patients after operation: Immunologic, metabolic and clinical outcome. Surgery 112: 56–67
5. Druml W (2001) Nutritional management of acute renal failure. Am J Kid Dis 37: S89–S94
6. Druml W, Mitch WE (1997) Enteral nutrition in renal disease. In: Rombeau JL, Rolandelli RH (eds.) Enteral and tube feeding. Saunders, Philadelphia, pp 439–461
7. Dudrick PS, Souba WW (1991). The role of glutamine in nutrition. Curr Opin Gastroenterol 7: 299–305
8. Endres S, De Caterina R, Schmidt EB, Kristensen, SD (1995). N-3 polyunsaturated fatty acids: Update 1995. Eur J Clin Invest 25: 629–638
9. Evans MA, Shronts EP, (1992) Intestinal fuels: glutamine, short-chain fatty acids, and dietary fiber. J Am Diet Assoc 92: 1239–1246
10. Gentilini O, Braga M, Gianotti L (2000) Rational base and clinical outcome of immunonutrition. Ninerva Anestesiol 66: 362–366
11. Gottschlich MM, Politzer Shronts E, Hutchins AM (1997) Defined formula diets. In: Rombeau JL, Rolandelli RH (eds.) Enteral and tube feeding. Saunders, Philadelphia, pp 439–461
12. Grimble GK, Silk DBA (1990) The nitrogen source of elemental diets – An unresolved issue. Nutr Clin Pract 5: 227–230
13. Großklaus R (1990) Regelung für bilanzierte Diäten in der Diätverordnung. Sonderdruck Akt Ernähr 15: 9–16
14. Heys SD, Walker LD, Smith I, Eremin O (1999) Enteral nutrition supplementation with key nutrients in patients with critical illness and cancer – a meta analysis of randomized controlled clinical trials. Ann Surg 229: 467–477
15. Karsten S (1999) Neue Empfehlungen zur enteralen Ernährung von Diabetikern. Ernährungsumschau 46: 90–94
16. Klein S, Fleming CR (1997). Enteral and parenteral nutrition. In: Feldman M, Scharschmidt BF, Sleisenger MH (eds) Sleisenger & Fordtran's gastrointestinal and liver disease, 6 edn. Saunders, Philadelphia, pp 254–276
17. Matthews DM, Adibi SA (1979) Peptide absorption. Gastroenterology 71: 151–161
18. Olree K, Vitello J, Sullivan J, Kohn-Keeth C (1998) Enteral formulations. In: Merritt R (ed) The ASPEN Nutrition Support Manual, 4/1–4/9. American Society for Parenteral and Enteral Nutrition, Silver Spring
19. Palacio JC, Rombeau JL (1990) Dietary fiber: a brief review and potential application to enteral nutrition. Nutr Clin Pract 5: 99–106
20. Plauth M, Weimann A, Holm E, Müller MJ (1999) Leitlinien der GASL zur Ernährung bei Leberkrankheiten und Lebertransplantation. Z Gastroenterol 37: 301–312
21. Reynolds HN, Borg U, Frankenfield D (1992) Full protein allimentation and nitrogen equilibrium in a renal failure patient treated with continuous hemodialfiltration. J Parent Enter Nutr 16: 379–383
22. Riccardi G, Rivellese AA (1991) Effects of dietary fiber and carbohydrate on glucose and lipoprotein metabolism in diabetic patients. Diabetes Care 14: 1115–1125
23. Scheppach W, Bartram HP (1993) Experimental evidence for and clinical implication of fiber and artificial nutrition. Nutrition 9: 399–405
24. Shike M (1999) Enteral feeding. In: Shils ME, Olson JA, Shike M, Ross AC (eds) Modern nutrition in health and disease. 9 th edn, Williams & Wilkins, Baltimore, pp 1643–1656
25. Stehle P, Fürst P (1995). Glutamin – ein unentbehrliches Substrat in der enteralen und parenteralen Ernährungstherapie. Akt Ernährungsmed 20: 59–68
26. Stein J (1999) Chemically defined structured lipids: Current status and future directions in gastrointestinal disease. Int J Colorectal Dis 14: 79–85
27. Stein J (2000) Leber und Ernährung. In: Caspary WF, Leuschner U, Zeuzem S (Hrsg) Therapie von Leber- und Gallekrankheiten, 2. Aufl. Springer, Berlin Heidelberg New York Tokio, S 477–496
28. Suchner U, Senftleben U, Felbinger TW (2000) Immunfunktion und Organversagen. Immunmodulation durch Ernährungssubstrate – »update«. Anästhesist 49: 460–465
29. Swails WS, Bell SJ, Borlase GL, Blackburn GL (1992) Glutamine content of whole proteins: implications for enteral formulas. Nutr Clin Prac 7: 77–80
30. Verma S, Brown S, Kirkwood B, Giaffer MH (2000) Polymeric vs. elemental diets as primary treatment in active Crohn's disease: a randomized, double-blind trial. Am J Gastroenterol 95: 735–739
31. Wächtershäuser A, Stein J (2000) Rationale for the luminal provision of butyrate in intestinal diseases. Eur J Nutr 39: 164–171
32. Wright J (2000) Total parenteral nutrition and enteral nutrition in diabetes. Curr Opin Clin Nutr Metab Care 3: 5–10
33. Wu G, Meininger CJ, Knabe DA, Bazer FW, Rhoads JM (2000) Arginine nutrition in development, health and disease. Curr Opin Clin Nutr Metab Care 3: 59–66

Komplikationen

A. Jordan, M. Brandstätter

Die Komplikationen der enteralen Ernährung werden unterschieden in *gastrointestinale, sondenbedingte und metabolische Komplikationen*. Die Art und Häufigkeit ist abhängig von zahlreichen Faktoren. Neben der *Grunderkrankung* und dem damit eng verbundenen *metabolischen Status* (Katabolismus, postoperativer Stress, Postaggressionsstoffwechsel) spielen *Applikationstechnik* (intermittierende vs. kontinuierliche Applikation, Art der Sondenkost) und *Platzierung der Sonde* (gastral vs. intestinal) eine entscheidende Rolle. Nicht zuletzt ist auch die Erfahrung des Therapeuten für den Verlauf der Ernährungstherapie von ausschlaggebender Bedeutung. Die Komplikationsrate lässt sich verringern, indem die Richtlinien zur Sondenernährung, wie Sondenkostaufbau, Zufuhrgeschwindigkeit, Portionsgröße, Pflege der Sonde und Überwachung des Patienten beachtet werden [40].

Hinsichtlich der vielfältigen Möglichkeiten, die zur Genese von Komplikationen bei enteraler Ernährung beitragen können, ist bei deren Auftreten zunächst nach der Ursache zu forschen, um gezielt und effektiv gegen das Problem angehen zu können. In der Regel ist eine Behebung in der überwiegenden Zahl der Komplikationen mit einfachen pflegerischen Maßnahmen möglich.

21.1 Gastrointestinale Komplikationen

Die häufigsten Komplikationen einer enteralen Ernährung sind gastrointestinalen Ursprungs [22, 40]. Gastrointestinale Komplikationen gehören in der Regel nicht zu den akuten Komplikationen, doch kann eine Ernährungstherapie dadurch in hohem Maße beeinträchtigt werden. Nicht selten muss die Zufuhr der Sondenkost aufgrund intestinaler Beschwerden wie Diarrhö, Übelkeit, Erbrechen oder abdomineller Krämpfe unterbrochen oder reduziert werden, wodurch eine ausreichende Nährstoffversorgung des Patienten gefährdet ist.

> Die Ätiologie gastrointestinaler Beschwerden ist sehr komplex. Neben der enteralen Ernährung als solcher können auch therapeutische Maßnahmen wie Antibiose, Chemo- und/oder Strahlentherapie oder die Grunderkrankung mit ihren häufig umfassenden Begleiterscheinungen (metabolische Störungen, Kachexie, Eiweißmangel etc.) ursächlich für die Entstehung von Komplikationen verantwortlich sein bzw. diese verstärken. Bei Auftreten von Komplikationen ist dementsprechend zunächst nach der Ursache zu forschen.

Ernährungsassoziierte Ursachen für gastrointestinale Beschwerden sind eine zu schnelle Steigerung der Zufuhrrate in der Initialphase der enteralen Ernährung, eine zu rasche Verabreichung, zu große und zu häufige Bolusportionen. Durch Einhaltung der Richtlinien zur Sondenernährung, wie Sondenkostaufbau, Zufuhrgeschwindigkeit und Portionsgröße lassen sich diese Komplikationen in der Regel vermeiden bzw. beheben. In seltenen Fällen sind Nährstoffintoleranzen (z. B. Laktoseintoleranz, Milcheiweißallergie, Fettmalabsorption) Auslöser gastrointestinaler Beschwerden. Die Auswahl einer entsprechenden angepassten Formeldiät kann hier Abhilfe schaffen (Kap. 20).

21.1.1 Diarrhö

Durchfälle werden häufig als unvermeidbare Konsequenz einer enteralen Ernährung angesehen. Tatsächlich zählt die Diarrhö zu den häufigsten Komplikationen einer enteralen Ernährung. Die Angaben zur Häufigkeit von Diarrhö unter enteraler Ernährung in der Literatur schwanken jedoch stark. Eine mögliche Ursache hierfür ist die unterschiedliche Definition des Begriffs Diarrhö. Am gebräuchlichsten ist die Definition:

> Eine Diarrhö liegt vor bei einer Stuhlmenge von mehr als 200 mg/24 h sowie einer Stuhlfrequenz von mehr als 3 dünnflüssigen Stühlen pro Tag [8].

Die oben genannte Definition setzt eine Quantifizierung des Stuhlgewichts voraus. Dies ist sowohl unter stationären als auch ambulanten Bedingungen nicht immer möglich bzw. gewollt, was eine exakte Diagnosestellung häufig erschwert.

Man geht davon aus, dass bei etwa 25% der Patienten auf Normalstationen und bis zu 63% der intensivpflichtigen Patienten unter enteraler Ernährung Durchfallepisoden auftreten [6].

Durchfälle bringen nicht nur Unannehmlichkeiten für den Patienten mit sich, sondern sind mit einem erheblichen pflegerischen Aufwand verbunden und erhöhen die Behandlungskosten [12]. Ausgeprägte Durchfälle bergen die Gefahr metabolischer Entgleisungen (z. B. Flüssigkeits- und Elektrolytimbalanzen). Außerdem nimmt das Risiko einer Kontamination mit enteralen Erregern und die Häufigkeit von Hautläsionen zu [23].

> Durchfälle führen nicht selten zu einer Unterbrechung bzw. Reduktion der enteralen Nährstoffzufuhr und beeinträchtigen somit in hohem Maße die Zielsetzung der Ernährungstherapie.

In *Abb. 21-1* ist ein Rationalisierungsschema zur Vorgehensweise bei Diarrhö unter enteraler Ernährung dargestellt.

Die Pathogenese einer Diarrhö bei Patienten mit enteraler Ernährung ist bisher noch ungeklärt. Als auslösende Faktoren werden unter anderem Hypoalbuminämie, bakterielle Kontamination der Sondennahrung, Zusammensetzung der Sondenkost und begleitende medikamentöse Maßnahmen (*Tabelle 21-1*) diskutiert.

Antibiotikaassoziierte Diarrhö

Das Bestehen einer Verbindung zwischen einer mit der enteralen Ernährung assoziierten Diarrhö und einer antibiotischen

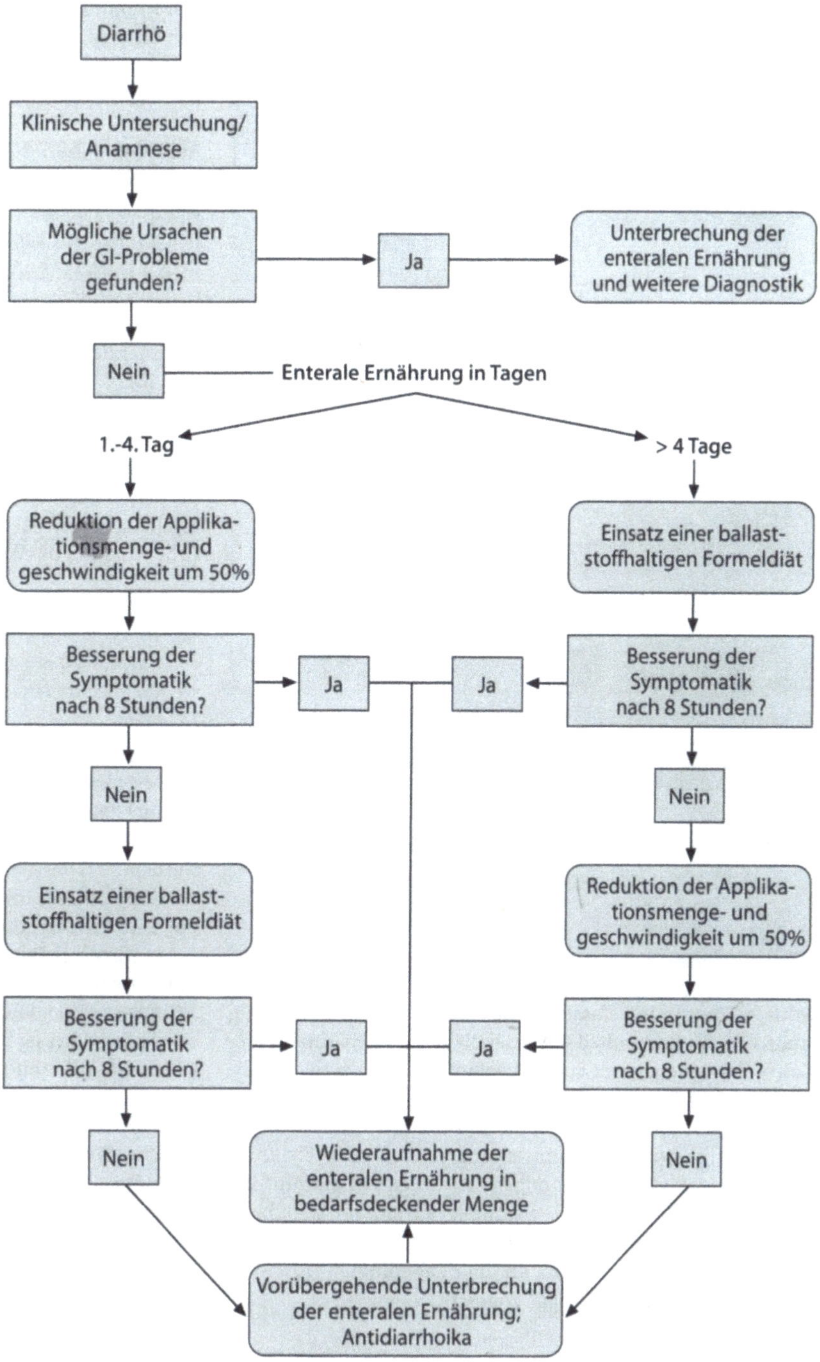

Abb. 21-1. Rationalisierungsschema zur Vorgehensweise bei Diarrhö unter enteraler Ernährung [31]

Begleittherapie ist seit langem bekannt [18, 42]. Jedoch ist die Inzidenz einer Diarrhö bei enteral ernährten Patienten mit Antibiose wesentlich höher als bei Patienten mit oraler Kost bei gleicher Medikation, was auf einen synergistischen Effekt der beiden Therapieoptionen hinsichtlich der Auslösung einer Diarrhö hindeutet [6].

Antibiotikaassoziierte Durchfälle sind Folge einer akuten entzündlichen Darmstörung, die bei und nach Anwendung von Antibiotika auftreten. Die zugrunde liegenden pathophysiologischen Mechanismen sind noch nicht eindeutig geklärt. Als vorrangige Ursachen werden *Störungen des mikrobiellen Kohlenhydratstoffwechsels* angesehen.

Unter physiologischen Bedingungen werden unverdaubare Nahrungsbestandteile, insbesondere wasserlösliche Ballaststoffe, im Kolon mikrobiell zu kurzkettigen Fettsäuren (KKFS) abgebaut, die für die Aufrechterhaltung einer normalen Kolonozytenfunktion essenziell sind und unter anderem auch in die Natrium- und Wasserresorption involviert sind (s. Kap. 14). Antibiotikainduzierte Veränderungen der Kolonflora führen zu einer Reduktion der KKFS-Produktionsrate [38].

Ein therapeutischer Ansatz ist die Umstellung der Formeldiät auf ein Produkt mit hohem Anteil wasserlöslicher Ballaststoffe, da diese zu einem Ausgleich des intraluminalen Substratmangels beitragen können (s.Kap. 20). Die gegen-

Tabelle 21-1. Ursachen und Therapie der Diarrhö bei enteraler Ernährung

Ursachen	Prophylaxe/Therapie
Antibiotische Begleittherapie	Therapie so kurz wie notwendig durchführen; ggf. Prophylaxe bzw. Therapie mit *Saccharomyces boulardii*; ggf. Umstellung auf Formeldiät mit hohem Gehalt löslicher Ballaststoffe
Clostridium difficile Infektion	Antibiotische Therapie; ggf. begleitende Therapie mit *Saccharomyces boulardii*
Hypoalbuminämie	Ggf. supplementäre parenterale Ernährung; ggf. Umstellung auf Oligopeptiddiät
Mikrobielle Kontamination enteraler Nährlösungen	Bevorzugung sog. »geschlossener Applikationssysteme«; Vermeidung von Zumischungen jeglicher Art zur Sondenkost; Handhabung der Applikationssysteme nach den hygienischen Vorschriften; Einhaltung der Vorgaben zur Hängezeit
Osmotisch aktive Medikamente	Überdenken der Indikation; ggf. alternative Medikation
Inadäquater Kostaufbau	Verringerung der Zufuhrgeschwindigkeit auf eine für den Patienten verträgliche Geschwindigkeit
Dumpingsyndrom	Verringerung der Zufuhrgeschwindigkeit; ggf. Umstellung von Bolusapplikation auf kontinuierliche Applikation
Laktoseunverträglichkeit	Überprüfung des Laktosegehaltes der Formeldiät; ggf. Wechsel des Präparates
Fettmalabsorption (z. B. bei exokriner Pankreasinsuffizienz)	Sondenkost mit geringem Fettanteil oder MCT- haltige Sondenkost
Hyponatriämie	Natriumsubstitution

wärtige Forschung befasst sich zusätzlich mit der Bedeutung von KKFS als Bestandteil enteraler Nährlösungen, um höhere Konzentrationen dieser Substanzen im Kolon zu erzielen, beispielsweise in Form einer Mikroverkapselung, die gewährleistet, dass die Freisetzung erst im Kolon erfolgt [6].

Weiterhin wird davon ausgegangen, dass eine *Virulenzsteigerung von Clostridium difficile* als Folge des antibiotikabedingten Verlusts der Kolonisationsresistenz im Dickdarm eine bedeutende Rolle in der Genese antibiotikassoziierter Diarrhö spielt. Bis zu 30% der antibiotikabedingten Durchfälle werden Clostridium difficile zugeschrieben [38].

> Erster Schritt in der Diagnostik der Diarrhö sollte deshalb immer eine mikrobiologische Stuhluntersuchung inklusive des Clostridium-difficile-Toxin-Nachweises (Toxin A und B) sein [38].

In einigen Untersuchungen konnte ein positiver Effekt von Saccharomyces boulardii (z. B. Perenterol, Santax, Perocur), einem Hefepräparat, in der Prävention bzw. Behandlung antibiotikaassoziierter Diarrhö und Clostridium difficile bedingter Diarrhö bzw. Kolitiden belegt werden [3, 43]. Der Wirkmechanismus von Saccharomyces boulardii ist bisher noch nicht in allen Einzelheiten geklärt. Diskutiert werden unter anderem ein inhibitorischer Effekt auf die durch bakterielle Toxine induzierte intestinale Sekretion, die Stimulation der Sekretion von Immunglobulinen im Darm, Stimulation der Produktion von Bürstensaumenzymen (Hydrolasen) und ein antagonistischer Effekt gegenüber einer Fehl- bzw. Überbesiedlung mit pathogenen Keimen [3].

Mikrobielle Kontamination enteraler Nährlösungen

Enterale Nährlösungen bieten nach bakterieller Kontamination insbesondere bei hohen Temperaturen ideale Voraussetzungen für eine schnelle Proliferation der Keime. In verschiedenen Untersuchungen konnte eine Kontamination mit Clostridium difficile [4], Pseudomonas und Enterobacter spezies [27] nachgewiesen werden. Studien zur Kontaminationsrate kommerziell und selbsthergestellter Sondennahrungen fanden Keimzahlen bis zu 10^9 KBE/ml [6]. Die Verabreichung kontaminierter Nährlösungen kann zu einer Beeinträchtigung des Allgemeinzustands, insbesondere bei immunsupprimierten Patienten, führen. Weiterhin sind Patienten gefährdet, bei denen die Sondennahrung intestinal verabreicht wird bzw. solche, die gleichzeitig Medikamente erhalten, die mit einer Erhöhung des ph-Wertes im Magen einhergehen [14].

> Bereits eine Kontaminationsrate von 10^3 KBE/ml kann Auslöser für *nosokomiale Infektionen* sein. Beschrieben werden nicht nur Diarrhö, sondern auch Sepsis, Pneumonien und Harnwegsinfekte [6].

Eine Kontamination enteraler Nährlösungen kann durch zahlreiche Faktoren bedingt sein [27]:
- nicht ausreichend gereinigte Materialien und Oberflächen, die während der Vorbereitung der Nährlösungen beansprucht werden;
- Supplemente, die zur Zubereitung bzw. Modifikation der Formeldiäten benötigt werden (z. B. Wasser zur Zubereitung pulverförmiger Formeldiäten, Verdünnung von Flüssigdiäten mit Wasser zur Reduktion der Osmolarität);
- unzureichende Lager- oder Transportbedingungen;
- Aufbewahrung angebrochener Flaschen mit Sondennahrung und zubereiteter Pulvernahrungen bei Raumtemperatur;
- unzureichende Einhaltung der Hygienevorschriften (hygienische Händedesinfektion etc.) bei der Vorbereitung der Nährlösungen;
- nicht korrekte Handhabung der Überleitsysteme;
- Verwendung der Applikationssysteme von mehr als 24 h;
- retrograde Kontamination durch aufsteigende Keime.

Geschlossene Systeme (Easy Bag, Fresenius-Kabi; Flexibag, Novartis; Nutrison Pack, Pfrimmer Nutricia; DRIPAC-flex, Nestlé), die seit einiger Zeit zur Verfügung stehen, stellen die sicherste Methode zur Bereitstellung nichtkontaminierter enteraler Nährlösungen dar. Auch Flüssignahrungen in Flaschen bzw. Containern werden bei korrekter Handhabung als sicher angesehen [11].

> Ein erhöhtes Risiko einer Keimbesiedlung besteht beim Anrühren pulverförmiger Formeldiäten und beim Mischen und Verdünnen gebrauchsfertiger Formeldiäten.

Freedland et al. [14] fanden in einer Untersuchung 1989 zur Kontamination verschiedener enteraler Nährlösungen nach

24 h eine Kontaminationsrate von 94% bei pulverförmigen Diäten, die angerührt werden müssen im Vergleich zu 15% bei Flüssignahrungen in Flaschen. Ist der Einsatz pulverförmiger Formeldiäten indiziert, sollte zur Herstellung der flüssigen Form abgekochtes Wasser (2 min bei 100°C) verwendet werden und die Zubereitung unter hygienischen Bedingungen in sauberen und trockenen Gefäßen erfolgen [27]. Es sollte zügig gearbeitet und nur portionsgerechte Mengen zubereitet werden. Manche Autoren empfehlen eine Reduktion der Hängezeit dieser Präparate auf maximal 8 h. Diese Empfehlung basiert auf experimentellen Daten, die eine Lag-Phase des bakteriellen Wachstums bei Raumtemperatur von 3–6 h belegen, gefolgt von einer logarithmischen Zunahme der Keimzahl in 2–10 h [14].

> Die Notwendigkeit des Verdünnens enteraler Nährlösungen mit dem Ziel einer Senkung der Osmolarität wird heute als überholt angesehen. Industriell hergestellte Sondennahrungen weisen mit ca. 300–400 mosmol/l eine physiologische Osmolarität auf. Es konnte gezeigt werden, dass eine Verdünnung isoosmolarer Lösungen keine Verbesserung der gastrointestinalen Toleranz bewirkt [14].

Um den Risikofaktor einer bakteriellen Kontamination enteraler Nährlösungen und somit die Komplikationsrate bei enteraler Ernährung möglichst gering zu halten, sind bei dem Umgang mit allen Systemen gleichermaßen die Richtlinien zur korrekten, hygienischen Handhabung einzuhalten [30].

Hypoalbuminämie

Neuere klinische Studien belegen einen Zusammenhang zwischen einer Hypoalbuminämie und dem Auftreten von Diarrhö bei enteraler Ernährung [20]. Ein möglicher Erklärungsansatz für dieses Phänomen ist, dass eine Hypoalbuminämie mit einer Beeinträchtigung der intestinalen Flüssigkeitsresorption verbunden ist [6]. Hwang et al. [20] fanden eine signifikant höhere Rate an Durchfällen bei Patienten mit einem Albuminspiegel ≤2 g/dl und bei Patienten mit Hypoalbuminämie infolge chronischer Mangelernährung im Vergleich zu solchen mit akuter Mangelernährung.

Es gibt Hinweise aus tierexperimentellen Studien, dass die Gabe von Peptiddiäten im Vergleich zu hochmolekularen Standarddiäten bei akuter Hypoproteinämie zu einer besseren intestinalen Resorption führt. Dies wird auf den effizienten Transportmechanismus von Di- und Tripeptiden zurückgeführt [17]. Bisher fehlen jedoch Daten aus klinischen Studien an Patienten, die eine entsprechende generelle Empfehlung erlauben. Vielmehr sollte die Zielsetzung eine Vermeidung von Mangelernährung durch frühzeitigen gezielten Einsatz der verschiedenen ernährungstherapeutischen Maßnahmen sein.

Osmotisch aktive Medikamente

Die Verabreichung einiger Medikamente bei enteral ernährten Patienten kann zur Auslösung von Diarrhö führen (*Tabelle 21-2*; s. Kap. 16). Zu nennen sind beispielsweise magnesiumhaltige Antazida, Digoxin, Methyldopa, Elektrolytkonzentrate und sorbitolhaltige Medikamente. Sorbitol wird häufig zur Geschmacksverbesserung Medikamenten beigemischt (beispielsweise Theophyllinpräparaten, Hustensäften und Cimetidin) und ist in zahlreichen flüssigen Medikamenten enthalten. Es handelt sich hierbei um einen schlecht resorbierbaren Zuckeralkohol, der in höheren Dosen osmotisch wirksam werden kann. Einige Studien konnten sorbitolhaltige Medikamente als Auslöser von Diarrhö bei enteral ernährten Patienten identifizieren [6]. Bei Identifikation eines dieser Medikamente sollte eine Umstellung auf ein alternatives Präparat oder eine parenterale Verabreichung in Erwägung gezogen werden.

Tabelle 21-2. Medikamente, die häufig Diarrhö bei enteral ernährten Patienten auslösen (s. Kap. 16)

Osmotisch
– Magnesiumhaltige Antazida
– Sorbitolhaltige Medikamente
– Kaliumsupplemente
– Phospatsupplemente
– Magnesiumsupplemente
– Osmotisch wirksame Laxanzien (z. B. Laktulose)
Nicht osmotisch
– Sekretorisch wirksame Laxanzien (z. B. Bisacodyl)
– Antibiotika
– Prokinetika (z. B. Cisaprid, Metoclopramid, Erythromycin)

21.1.2 Regurgitation/Aspiration

Störungen eines regelrechten aboralen Nahrungstransports durch gastrointestinale Motilitätsstörungen (Gastroparese, Darmatonie) oder mechanische bzw. funktionelle Obstruktionen (Ileus, Stenosen) können eine Akkumulation der Nahrung mit nachfolgender Regurgitation hervorrufen und schlimmstenfalls zu einer Aspirationspneumonie führen [19]. Erste Anzeichen einer Störung des Weitertransports der Nahrung sind abdominelle Beschwerden, Blähungen und Übelkeit bzw. Erbrechen. Bei nicht kommunikativen Patienten können abdominelle Spannung und ein erhöhtes gastrales Residualvolumen Hinweise geben.

Bei Auftreten dieser Symptome sollte zunächst die enterale Nährstoffzufuhr reduziert werden und nach der Ursache geforscht werden (*Tabelle 21-3*). Häufig liegt dieser Symptomatik *eine Störung der Magenentleerung (Gastroparese)* zugrunde. Dies wird insbesondere bei intensivpflichtigen Patienten als Folge eines erhöhten Sympathikotonus im Postaggressionsstoffwechsel beobachtet (s. Kap. 13). Aber auch Homöostasestörungen wie Hypokaliämie, Hyperglykämie und Hypomagnesiämie und einige in der Intensivmedizin gängige Medikamente (z. B. Opiate, Dopamin) können mit einer Beeinträchtigung der Magenentleerung einhergehen [28].

Ernährungsbedingte Faktoren, die aufgrund einer Stimulation von Chemorezeptoren im Duodenum und Ileum zu einer Verzögerung der Magenentleerung führen sind eine hohe Osmolalität und ein erhöhter Fettgehalt der Nahrung. Faktoren mit Einfluss auf die Magenentleerung sind in *Tabelle 21-4* zusammengestellt.

Tabelle 21-3. Risikofaktoren der Aspiration bei enteraler Ernährung

Ursache	Symptom	Therapie
Magenentleerungsstörung	Abdominelle Beschwerden, Regurgitation	Beseitigung der Ursache, Verringerung der Applikationsgeschwindigkeit, Oberkörperhochlagerung des Patienten, Prokinetika
Störung des Schluck- und Hustenreflexes	Hypoxie, Pneumonie, Dyspnoe	Beobachtung und gute Kontrolle des Patienten
Endotracheale Fehlplatzierung der Sonde	Hypoxie	Sofortige Entfernung der Sonde
Lage des Sondenendes im Ösophagus		Korrekte Platzierung der Sonde
Gastroösophagealer Reflux (GERD)	Sodbrennen Regurgitation	Medikamentöse Therapie, ggf. jejunale Platzierung der Sonde

Tabelle 21-4. Faktoren, die die Magenentleerung beeinflussen

Vorerkrankungen
- Diabetes mellitus
- Vorhergehende Vagotomie
- Systemische Sklerodermie
- Chronische intestinale Pseudoobstruktion
- Myopathie/Dermatomyositis

Akuterkrankungen
- Verbrennungen
- Ausgedehnte abdominelle Operationen oder Traumata
- Rückenmarkverletzungen
- Pankreatitis

Metabolische Störungen
- Hyperglykämie
- Hypokaliämie

Medikamente
- Opioide (Morphine/Pethidine)
- Anticholinergika
- Erythromycin

Stress
- Schmerzen
- Sepsis

Eine *Aspirationspneumonie* zählt zu den schwerwiegenden Komplikationen einer enteralen Ernährung. Bereits die Aspiration geringer Mengen an Sondenkost in die Luftwege kann eine Aspirationspneumonie auslösen. Die Angaben in der Literatur zur Inzidenz einer Regurgitation mit nachfolgender Aspiration von Sondenkost weichen stark voneinander ab. Es finden sich Häufigkeiten von 5–95%. Diese hohe Varianz ist möglicherweise Ausdruck der noch fehlenden Standardisierung der Definition des Begriffs Aspiration [19]. Identifizierbare Risikofaktoren für eine Aspiration sind bereits vorausgegangene Aspirationspneumonien, ein beeinträchtigter mentaler Status, neurologische Erkrankungen, fehlender Husten- und Schluckreflex, mechanische Ventilationstherapie und das Alter des Patienten [19].

Stark gefährdet sind außerdem Patienten mit bekanntem gastroösophagealem Reflux (GERD) [25]. Weiterhin ließ sich zeigen, dass eine kontinuierliche enterale Ernährung im Vergleich zu einer Bolusgabe mit einer geringeren Inzidenz an ernährungsassoziierten pulmonalen Komplikationen einhergeht [10]. Entgegen der allgemeinen Annahme, korrelieren Messungen der Magenentleerung und das gastrale Residualvolumen nicht mit dem Aspirationsrisiko [28].

Der Einfluss der Art der Sonde (transnasal vs. perkutan) ist gegenwärtig Gegenstand der Diskussion. Die Annahme, dass eine perkutane endoskopische Gastrostomie (PEG; Kap. 19) einen Vorteil gegenüber einer transnasal platzierten Sonde aufweist, da diese nicht den bei transnasalen Sonden beobachteten Effekt einer Relaxation des unteren Ösophagusspinkters aufweist, konnte durch prospektiv randomisierte Studien nicht bestätigt werden [2]. Auch der Vorteil dünnlumiger im Vergleich zu dickerlumigeren transnasalen Sonden hinsichtlich einer Verminderung von Regurgitation und Aspiration ist bisher noch unbewiesen [19].

Gesichert ist hingegen der Vorteil einer transpylorischen Positionierung der Sondenspitze (Kap. 19), wobei die Applikation der Sondenkost intrajejunal distal des Treitz'schen Bandes die beste Protektion gegen Aspiration bietet [19]. Bei Patienten mit gastroösophagealem Reflux kann die jejunale Platzierung der Ernährungssonde zu einer Verbesserung jedoch nicht der Eliminierung des Refluxes führen, wenn gleichzeitig eine Dekompression des Mageninhalts über eine gastrale Ablaufsonde erfolgt (z. B. JET-PEG; Kap. 19; [25]).

Erster Schritt in der Planung *von Maßnahmen zur Prävention einer Aspirationspneumonie* ist die Bestimmung der Herkunft des Aspirats. Neben einer Aspiration von Sondennahrung, kann es auch zur schluckaktbedingten Aspiration von Speichel kommen. Ist dies der Fall, ist eine Unterbrechung der enteralen Ernährung wenig sinnvoll [19]. Bei Auftreten von abdominellen Beschwerden in Folge von Magenentleerungsstörungen und Neigung zu Regurgitation und Aspiration von Sondenkost, sollte immer auf eine Hochlagerung von ca. 30–45° während und nach der Sondenkostgabe geachtet werden. Eine Verringerung der Applikationsgeschwindigkeit und der Einsatz einer Sondenkost mit niedrigerer Osmolalität können bei manchen Patienten Abhilfe schaffen.

Da Formeldiäten mit niedrigerer Osmolalität auch eine niedrigere Energiedichte aufweisen, ist auf eine ausreichende Energie- und Nährstoffversorgung ggf. durch eine kontinuierliche Applikation mittels Ernährungspumpe zu achten. Bei ausgeprägter Symptomatik ist eine Therapie mit prokinetisch wirkenden Substanzen (z. B. Metoclopramid, Domperidon) indiziert. Reichen diese Maßnahmen nicht aus, sollte eine Änderung der Sondenlage von gastral nach duodenal/jejunal in Erwägung gezogen werden [28].

21.2 Sondenbedingte Komplikationen

Sondenbedingte Komplikationen hängen mit der Art des gewählten Zugangs und dem Material und Durchmesser der verwendeten Ernährungssonden zusammen. Komplikationen, die durch die Anlagetechnik bedingt sind, werden ausführlich in Kap. 19 besprochen. Hier soll der Schwerpunkt auf sondenbedingte Langzeitkomplikationen gelegt werden. Diese Art der Komplikationen kann durch korrekte Pflege und regelmäßiges Monitoring der Therapie sehr oft vermieden werden.

21.2.1 Druckläsionen

Sonden können durch permanenten Druck oder Zug *Druckläsionen an Haut und Schleimhaut* verursachen. An Druckpunkten im Bereich des Nasopharynx, Ösophagus, Magens und Duodenums kann es zur Entstehung von *Ulzerationen, Nekrosen, Abszessen und schlimmstenfalls Perforationen* kommen. Beschrieben wurde auch die Bildung von Ösophagotrachealfisteln als Folge von ausgedehnten ösophagealen Drucknekrosen [19]. Besonders gefährdet sind Patienten, die mit einer nasoenteralen Ernährungssonde aus Polyvinylchlorid (PVC) versorgt sind. Hierin sind chemische Weichmacher enthalten, die sich bei Applikation von Sondenkost nach kurzer Zeit aus dem Material herauslösen. Die Sonden werden spröde und hart. Neben schmerzhaften Druckulzera, sogenannten »Ulzerastraßen«, können diese Sonden ein ausgeprägtes Fremdkörpergefühl im Nasen-Rachen-Raum verursachen.

> PVC-Sonden sind für eine enterale Ernährungstherapie als obsolet anzusehen.

Mit den mittlerweile verfügbaren *dünnlumigen (≤12 Ch.) Silikon- und Polyurethansonden* sind die Komplikationen sehr selten geworden. Diese Materialien enthalten keine zusätzlichen Weichmacher. Polyurethan hat eine hohe Knickstabilität und eine glatte Oberflächenstruktur, was einen optimalen Nahrungsdurchfluss gewährleistet. Silikonkautschuk ist weicher und instabiler. Für die Sondenplatzierung ist deshalb ein Mandrin erforderlich.

Nach Anlage einer transnasalen Ernährungssonde muss diese zur Vermeidung einer Dislokation fixiert werden. Eine Fixation der Sonde unter Zug kann Läsionen an den Nasenflügeln und an der Nasenschleimhaut hervorrufen. Es muss deshalb darauf geachtet werden eine korrekte Fixierung der Sonde ohne Ausübung von Zug auf die Nasenschleimhaut vorzunehmen. Zusätzlich sollte täglich eine gründliche Nasenpflege durchgeführt werden. Bei Auftreten von Ulzerationen ist sofort die Haut- bzw. Schleimhaut von dem Druck zu entlasten. Gegebenenfalls ist die Ernährungssonde zu entfernen und eine Neuanlage durch das andere Nasenloch vorzunehmen.

> Bei ausgeprägten Druckläsionen durch nasoenterale Sonden bzw. bei längerfristig geplanter enteraler Ernährung besteht die Indikation zur Anlage einer perkutanen endoskopischen Gastrostomie (PEG).

Seltener werden Druckläsionen bei perkutan implantierten Sonden (PEG) beobachtet. Wird eine PEG-Sonde unter zu starkem Zug angelegt, können durch den Druck der inneren Halteplatte (»*Bumper*«) mukosale Ulzerationen an der Mageneintrittsstelle der Sonde entstehen. Bei fortbestehender Fixation unter Zug kann es zu einem Einwandern der inneren Halteplatte in die Mukosa kommen (»*Buried-Bumper-Syndrom*«; s. unten).

21.2.2 Sondendislokation

Eine *akzidentelle Entfernung der Sonde* ist eine häufige Komplikation bei nasoenteraler Sondenlage. Diese können schon durch schwache Zugwirkung herausgezogen oder in ihrer Lage verändert werden.

> Zur Vermeidung einer Sondendislokation sollte immer eine korrekte Fixierung der Sonde vorgenommen und die Sonde an der Eintrittsstelle mit wasserfestem Marker markiert werden. Vor jeder Nahrungsapplikation sollte die Sondenlage überprüft werden.

Die Inzidenz wird in der Literatur mit 40–68% angegeben [19]. Risikofaktoren sind unruhige Patienten, starkes Husten, endotracheale Intubation und nasotracheales Absaugen [19]. Hinweise auf eine Sondenfehllage sind: Aspiration von Magen- oder Dünndarmsekret nicht möglich, bei Luftapplikation kein Einströmgeräusch in den Magen hörbar oder die Markierung an der Sonde befindet sich nicht mehr in der korrekten Position. Bei Dislokation der Sondenspitze in den Ösophagus besteht eine erhöhte Aspirationsgefahr, was eine Neuanlage der Sonde erforderlich macht.

Dislokationen perkutaner Ernährungssonden sind wesentlich seltener. Möglich ist die *intraabdominelle Dislokation einer FKJ-Sonde* (Feinnadel-Katheter-Jejunostomie) mit Gefahr des Einlaufens von Nährlösung in das Abdomen mit nachfolgender Peritonitis. Die *aborale Dislokation von Gastrostomiekathetern mit innerer Halteplatte* (z. B. PEG) kann zu einem Spasmus bzw. Verschluss des Pylorus mit Rückstau des Mageninhalts, Ileus, Ulzerationen und Pankreatitis als Folge einer Blockierung der Papilla vateri führen. Bei sehr unruhigen Patienten kann es zu einer akzidentellen Entfernung der PEG-Sonde kommen. Tritt dies ein bevor sich der Fistelgang gebildet hat (<2 Wochen), besteht die Gefahr des Übertritts von Mageninhalt oder Sondenkost in die Peritonealhöhle. In diesem Fall ist eine endoskopisch kontrollierte Neuanlage erforderlich, nachdem sich das alte Stoma geschlossen hat. Bei bereits ausgebildetem Fistelkanal kann die PEG-Sonde gegen ein Button-System (Kap. 19) ausgetauscht werden, an dem ein unruhiger Patient durch die flache externe Halteplatte kaum manipulieren kann.

Duodenal und jejunal platzierte Sonden können durch Bewegungen des Dünndarmes umschlagen oder abknicken. Um ein Umschlagen der Sonde zu verhindern sollte die Sondenspitze möglichst intrajejunal distal des Treitz'schen Bandes platziert werden.

21.2.3 Sondenokklusionen

Eine Obstruktion der Ernährungssonde ist eine häufige Komplikation der enteralen Ernährungstherapie. Primär tritt ein

Verschluss des Sondenvolumens durch eine *Koagulation von Sondenkost* auf, indem die Sonde nicht ausreichend bzw. mit nicht geeigneter Spülflüssigkeit (z. B. säurehaltige Getränke oder Teesorten) gespült wird. Nicht selten kann es auch durch *unsachgemäße Verabreichung von Medikamenten* (z. B. durch nicht ausreichende Zerkleinerung von Medikamenten, Präzipitation inkompatibler Medikamente, Verabreichung nicht geeigneter Medikamente) zu Sondenokklusionen kommen [19]. Grundsätzlich ist vor Verabreichung von Medikamenten über Ernährungssonden zu prüfen, ob und unter welchen Bedingungen dies möglich ist. Zur ausführlichen Information zum Thema der Medikamentenapplikation über Sonden sei auf Kap. 22 verwiesen.

Ein wesentlich höheres Risiko einer Sondenobstruktion scheint *bei regelmäßiger Aspiration von Mageninhalt* (z. B. zur Bestimmung des Residualvolumens) zu bestehen, da dies zu einer Koagulation der Sondenkost mit nachfolgender Verstopfung der Sonde führen kann [34]. Weiterhin ist die Häufigkeit von Sondenokklusionen abhängig von dem *Durchmesser des Sondenlumens*. Durch das kleine Lumen der duodenalen/jejunalen Sonden von 8–12 Charrière (Ch.) neigen diese Sonden eher zu Okklusionen, daher ist bei diesen dünnlumigen Sonden ein besonderes Augenmerk auf eine korrekte Pflege zu legen.

Liegt eine Obstruktion einer PEG-Sonde vor, ist zu prüfen, ob die Sonde im Stichkanal beweglich ist. Ist dies nicht der Fall, ist an das Vorliegen eines *»Buried-Bumper«-Syndroms* zu denken (s. unten).

Eine Obstruktion durch *Abknicken der Sonde* wird insbesondere bei dünnlumigen Silikonkautschuksonden beobachtet. Diese Sonden zeichnen sich zwar wegen des weichen Materials durch hohen Tragekomfort aus, neigen aber wegen der relativen Instabilität zum Abknicken.

> Sondenokklusionen können durch fachgerechte Handhabung der Ernährungssonden und korrekte Pflege in der Regel vermieden werden (▪ *Tabelle 21-5*).

Tritt eine Verstopfung der Sonde während der enteralen Ernährung auf, sollte zunächst versucht werden diese zu lösen. Das Spülen der Sonde mit warmem Wasser unter leichtem Druck und nachfolgendem Versuch der Aspiration des Sondeninhaltes wird in den meisten Fällen die Verstopfung beseitigen. Führt diese Maßnahme nicht zum Erfolg, kann versucht werden, durch Instillation von kohlensäurehaltigem Mineralwasser die Verstopfung aufzulösen [19]. Auch Cola, Pepsinwein und Multibionta finden Einsatz bei Sondenokklusionen. Von einigen Autoren wird eine Lösung aus Pankreasenzymen und Natriumbicarbonat zur Auflösung von Verstopfungen empfohlen.

> Nicht geeignet zum Lösen von Okklusionen ist das Ausüben von hohem Druck mit kleinvolumigen Spritzen (<20 ml) und das Durchstoßen mit einem Mandrin.

▪ **Tabelle 21-5.** Pflegerichtlinien zur Vermeidung von Sondenokklusionen

Regelmäßiges Spülen der Sonde mit mindestens 40 ml Wasser
– vor und nach jeder Sondenkostapplikation
– vor und nach jeder Medikamentengabe
– vor und nach jeder Aspiration von Mageninhalt
– bei dünnlumigen Sonden auch während Sondenkostgabe alle 4–6 h
Zum Spülen keine säurehaltigen Getränke verwenden
Medikamentenapplikation nur nach vorheriger Prüfung der Verabreichbarkeit über Sonden und nach den vorgegebenen Richtlinien (s. Kap. 22)

21.2.4 Sondendefekte

Die zur Herstellung gängiger Sonden verwendeten Materialien (Silikonkautschuk und Polyurethan) sind elastisch und flexibel und den üblichen Belastungen problemlos gewachsen. In der Regel können diese Katheter über mehrere Jahre liegen, ohne dass es zu Materialermüdungen kommt. Die in seltenen Fällen beobachteten Defekte wie Katheterbrüche, Perforationen und Knickstellen sind meist auf eine unsachgemäße Handhabung zurückzuführen. So kann es durch den Versuch eine okkludierte Sonde mechanisch zu öffnen zu einer Perforation kommen. Ein langzeitiges Abknicken der Sonde und Abklemmen der Sonde durch die Ritsch-Ratsch-Klemme immer an derselben Stelle kann zu nicht mehr korrigierbaren Knickstellen und nachfolgend zum Katheterbruch führen. Auch sind Katheterbrüche infolge Applikation ungeeigneter Lösungen (z. B. hochprozentige Alkoholika) beschrieben.

Zur Vermeidung dieser Komplikationen sollte von Manipulationen an der Sonde wie mechanisches Eröffnen von Okklusionen und unsachgemäße Reparaturversuche abgesehen werden. Die Sonde sollte nicht dauerhaft abgeklemmt und die Position der Ritsch-Ratsch-Klemme regelmäßig gewechselt werden.

Tritt ein Katheterbruch bzw. eine Perforation des Katheters auf, ist in der Regel eine Neuanlage der Sonde indiziert. Ist bei perkutanen Sonden der Abstand des Defekts zur Sondeneintrittsstelle ausreichend (ca. 5-8 cm), kann die Sonde unterhalb des Defekts abgeschnitten und ein neuer Ansatz angebracht werden.

21.2.5 PEG-spezifische Komplikationen

Die perkutane endoskopische Gastrostomie hat sich als sichere, praktikable und wenig belastende Methode erwiesen [22]. Die Anlage der PEG-Sonde stellt einen Eingriff am Patienten dar und weist somit ein methodenspezifisches Komplikationsprofil auf. Schwerwiegende anlagebedingte Komplikationen wie Blutung, Peritonitis und Fehlpunktion sind selten (<1%). Häufiger sind klinisch leicht zu handhabende Komplikationen wie peristomale Wundinfektionen , die den Patienten jedoch in der Regel nicht ernsthaft gefährden.

Blutung

Eine schwerwiegende Komplikation, die eine potenzielle Gefährdung für den Patienten darstellen kann, ist die Blutung infolge der perkutanen Punktion des Magens.

Wichtige Voraussetzungen für eine komplikationsarme Punktion sind eine sorgfältige Punktionstechnik und eine gute Diaphanoskopie (Kap. 19). Eine weitere Sicherheit bietet der Nadelaspirationstest bei der Lokalanästhesie. Hierbei wird mit der Lokalanästhesienadel beim Vorschieben aspiriert. Wird Blut oder Luft aspiriert, ohne dass die Nadelspitze im Magen sichtbar ist, muss die Punktionsstelle gewechselt werden.

Peritonitis, Peritonealreizung, Pneumoperitoneum

Die Peritonitis stellt eine klinisch schwere, lebensbedrohliche Komplikation der PEG-Anlage dar. Sie wird mit einer Häufigkeit von <1% angegeben. Schwierigkeiten ergeben sich häufig in der Abgrenzung gegenüber den typischen postinterventionellen Schmerzen im Bereich der Punktionsstelle. Diese können bis zu 3 Tage nach der Anlage anhalten und mit einer Abwehrspannung einhergehen. Hierbei kann es sich um eine Peritonealreizung handeln. Verursacht wird diese Reizung zumeist durch geringe Mengen ausgetretenen Magensekrets. Aber auch punktionsbedingte Verletzungen sind möglich.

Nach einer PEG-Anlage kann es in bis zu 50% der Fälle zur Entwicklung eines Pneumoperitoneum kommen. Dies verläuft in der Regel asymptomatisch, kann jedoch ebenfalls mit abdominellen Schmerzen einhergehen. Die intraperitoneale Luft resorbiert sich in wenigen Tagen. Man geht davon aus, dass die Entstehung auf die während der PEG-Anlage durchgeführte Luftinsufflation zurückzuführen ist.

In der postinterventionellen Phase ist eine Abgrenzung zur Peritonitis häufig schwierig. Patienten, die weitere Entzündungszeichen entwickeln, bedürfen der engmaschigen Kontrolle, um eine sich möglicherweise entwickelnde Peritonitis nicht zu übersehen.

Peristomale Wundinfektionen

Bei perkutan implantierten Ernährungssonden (PEG, PEJ, FKJ; s. Kap. 19) kann es zu lokalen Wundinfektionen kommen. Bei der perkutanen endoskopischen Gastrostomie (PEG) stellt dies mit 5–30% die häufigste methodenbedingte Komplikation dar (◘ *Abb. 21-2*); [21, 22]). Die große Schwankungsbreite dieser Angabe ist zum einen wahrscheinlich durch die unterschiedliche Definition des Begriffes Lokalinfektion begründet. Zum anderen sind in den Studien zur Häufigkeit von lokalen Wundinfektionen nach PEG-Anlage sehr unterschiedliche Patientenkollektive untersucht worden.

Typische Zeichen einer lokalen Infektion an der Sondeneintrittsstelle sind Rötung, Schwellung, Schmerzen und Sekretbildung. Aber auch lebensbedrohliche systemische Infektionen werden beschrieben.

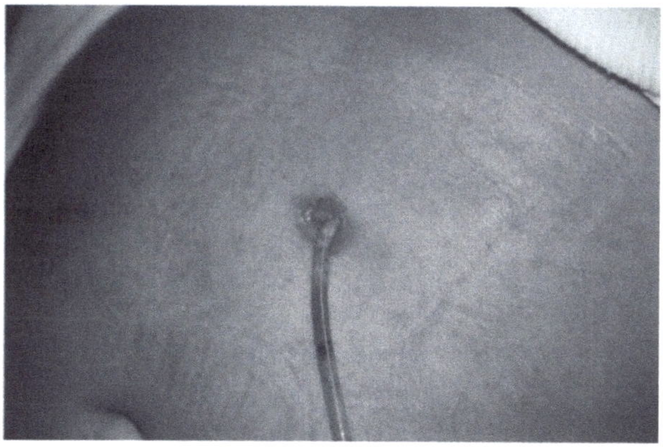

◘ **Abb. 21-2.** Lokalinfektion an der Sondeneintrittsstelle bei perkutaner endoskopischer Gastrostomie (PEG). (Farbige ◘ Abb. s. Seite 927)

Das richtige und v. a. frühzeitige Erkennen von Infektionen im Bereich des PEG-Stomas ist ein entscheidender Faktor für die wirksame Behandlung und Vermeidung septischer Komplikationen. Dementsprechend ist eine regelmäßige Beobachtung der Inzisionsstelle und eine sorgfältige und systematische Dokumentation von besonderer Bedeutung. In der Klinik ist initial täglich eine Inspektion und Neuversorgung des PEG-Stomas notwendig. Bei ambulanter Versorgung können auch Laien, z. B. pflegenden Angehörigen kurzfristige Veränderungen der Wunde als Entzündungszeichen erklärt werden. Sie sind darüber zu informieren, dass bei Auffälligkeiten der Inzisionsstelle eine Pflegefachkraft oder ein Arzt heranzuziehen ist.

> Häufige Ursache für Wundinfektionen sind Lücken im hygienischen Verhalten der pflegenden Personen. Verbesserungen sind durch die Verwendung von Pflegestandards zu erzielen, die eine bindende Vorgehensweise pflegerischer Tätigkeiten entsprechend dem neuesten Stand der medizinischen Kenntnis vorgeben.

Von Bedeutung ist darüber hinaus die Verbandstechnik. In einer vergleichenden Studie konnten Chung u. Schertzer [9] zeigen, dass ein zu festes Anziehen der äußeren Halteplatte der PEG-Sonde mit einer signifikant höheren Rate an Lokalinfekten einhergeht.

Zur Vermeidung von peristomalen Wundinfektionen ist eine regelmäßige Haut- und Stomapflege wichtig. Bei der Wundversorgung sollten einige wichtige Grundsätze beachtet werden. Das Ziel dieser Maßnahmen ist, den Wundbereich trocken und keimarm zu halten, um ein Bakterienwachstum zu vermeiden.

- Die Durchführung des Verbandwechsels erfolgt nach standardisierten Pflegerichtlinien.
- Der erste Verbandwechsel erfolgt bei unkompliziertem Verlauf am Tag nach der Neuanlage.
- Initial wird der Verband bei unkompliziertem Verlauf 1-mal täglich gewechselt.
- Nach der primären Wundheilungsphase (meist nach 7–10 Tagen) ist bei unkompliziertem Verlauf ein Verbandwechsel alle 2–3 Tage ausreichend.
- Bei der Neuanlage wird die äußere Halteplatte mit leichtem Zug fixiert; ab dem ersten Verbandwechsel wird ein Spielraum von gut 5 mm belassen.

Der *Einsatz von Salben* sollte nur unter strenger Indikationsstellung zeitlich begrenzt und unter sachgemäßer Anwendung erfolgen. Bei Salbenverbänden besteht die Gefahr, dass eine feuchte Kammer entsteht, die dem Bakterienwachstum Vorschub leistet. Dies ist auch bei antibiotikahaltigen Salben zu bedenken, da deren antibakterielle Wirksamkeit bei einer Halbwertszeit von nur ca. 8 h liegt. Des Weiteren kann es bei dauerhafter Anwendung von Salben zur Schädigung des Sondenmaterials (Polyurethan) mit der Gefahr einer Perforation bzw. eines Kathetersbruches kommen. Insbesondere Produkte auf Polyvidon-Jod-Basis können zu einer Versprödung des Schlauchmaterials führen.

Abszess

In seltenen Fällen treten bei Patienten mit einer PEG-Sonde massivere Infektionen im Bereich des Stomas mit Abszessbildung auf. Besteht der Verdacht eines Abszesses (bei ausgeprägten Entzündungszeichen im Stomabereich, Fieber, etc.) sollten weiterführende Untersuchungen durchgeführt werden (Ultraschall, ÖGD zum Ausschluss eines *»Buried-Bumper-Syndroms«*). Im ersten Schritt sollte eine systemische Antibiose eingeleitet werden, häufig ist jedoch eine Entfernung der Sonde nicht zu umgehen.

Stellenwert einer prophylaktischen Antibiotikagabe

Ein lange kontrovers diskutierter Aspekt ist die Anwendung einer *einmaligen Antibiotikaprophylaxe bei Anlage einer PEG* zur Senkung der Infektionsrate. Von 3 großen prospektiv angelegten Studien mit Beobachtungszeiträumen von bis zu 7 Tagen fanden 2 eine signifikante Reduktion der Infektionsrate bei Durchführung einer antibiotischen Prophylaxe [1, 21], wohingegen diese Ergebnisse durch die Untersuchung von Sturgis et al. [41] nicht bestätigt werden konnten. Eine kürzlich erschienene prospektiv randomisierte Multicenterstudie von Dormann et al. [13] konnten eine signifikant niedrigere Rate an lokalen Infektionen nach einmaliger Gabe von 1 g Ceftriaxone bis zum 4. Tag nach PEG-Anlage zeigen.

> Nach den Richtlinien der Deutschen Gesellschaft für Verdauungs- und Stoffwechselkrankheiten (DGVS) für die Anlage einer perkutanen endoskopischen Gastrostomie wird derzeit eine Antibiotikaprophylaxe mit z. B. 2 g eines Cephalosporins empfohlen [26]. Diese Empfehlung gilt insbesondere für Patienten mit eingeschränkter Immunfunktion z. B. bei onkologischen Erkrankungen.

Nach einer kürzlich erschienenen Analyse der Kosten einer antibiotischen Prophylaxe bei PEG wird diese als kosteneffektive Strategie zur Vermeidung schwerwiegender lokaler und systemischer PEG-assoziierter Komplikationen angesehen [24].

Leckagen

Zu den Langzeitkomplikationen nach Anlage einer perkutanen Sonde (PEG, FKJ; s. Kap. 19) zählen Leckagen von Magen-/Darminhalt oder Sondenkost durch den Stichkanal mit der Gefahr einer Peritonitis. Ursächlich kann hierfür ein Sondendefekt, aber auch eine Infektion des Stomas und eine Erweiterung bzw. ein initial zu großzügig angelegter Stichkanal verantwortlich sein. In seltenen Fällen kann es sich um eine Fistel im Stichkanal handeln. Es wird davon ausgegangen, dass lokale Infektionen häufig die Ursache für die Entstehung von Fisteln sind. Überwiegend kommt es zum Auftreten von gastrokutanen Fisteln.

Ist ein Sondendefekt die Ursache, ist in der Regel eine Neuanlage der Sonde erforderlich. Infektionen im Stomabereich werden durch entsprechende pflegerische Maßnahmen und gegebenenfalls antibiotische Behandlung therapiert.

Führen bei einem erweiterten Stoma pflegerische Maßnahmen nicht zum Erfolg, sollte die PEG-Sonde entfernt und Maßnahmen zur Reduktion der Fistelausfuhr (Nahrungskarenz, Gabe von H_2-Blockern, Platzierung einer Ablaufsonde) vorgenommen werden, um den Stomaverschluss zu fördern. Es besteht dann die Möglichkeit der Sondenplatzierung durch das bereits vorhandene Stoma, wenn dieses bis zu einem entsprechenden Stomadurchmesser abgeheilt ist [33, 37] oder durch ein neu angelegtes Stoma.

»Buried-Bumper«-Syndrom

Das »Buried-Bumper«-Syndrom ist eine seltene, aber schwerwiegende Komplikation nach Anlage einer perkutanen endoskopischen Gastrostomie (PEG; s. Kap. 19). Es kommt zu einer Überwucherung der inneren Halteplatte der PEG-Sonde mit hypertropher Magenschleimhaut und zu einem Einwachsen der Halteplatte in die Magenwand (*Abb. 21-3*). Es handelt sich hierbei um eine Komplikation, die meist erst nach Monaten oder Jahren einer enteralen Ernährungstherapie auftritt. Die Häufigkeit wird mit ca. 1,6% bei Patienten mit Langzeiternährung via PEG angegeben [29]. Begünstigt wird ein »Buried-Bumper« wahrscheinlich durch *sukzessiven Zug an den extrakorporalen Anteilen der PEG-Sonde.* Hierdurch kann es zu nekrotischen Veränderungen der gastralen Mukosa und

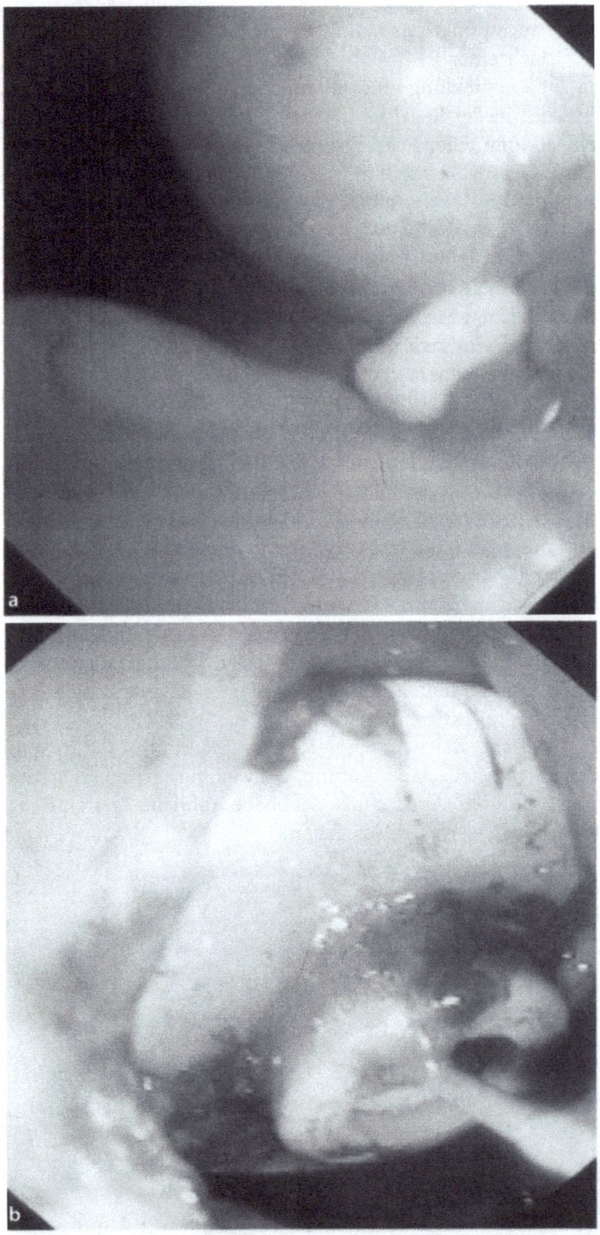

Abb. 21-3a, b. Eingewachsene (**a**) bzw. teilweise eingewachsene (**b**) Halteplatte bei perkutaner endoskopischer Gastrostomie (PEG) (»Buried-Bumper«). (Farbige Abb. s. Seite 927)

Submukosa mit Durchwanderung der inneren Halteplatte durch die Magenwand kommen. Die innerne Halteplatte wird in der Folge durch regenerierendes Epithel überwuchert. Als weiterer begünstigender Faktor wird eine *nicht ausreichende Pflege der PEG-Sonde*, insbesondere eine regelmäßige Mobilisation (Bewegung der Sonde im Stomakanal), angesehen [16].

> Hinweise auf das Vorliegen eines »Buried-Bumper«-Syndroms sind ein zunehmender Widerstand beim Spülen der Sonde bis hin zum kompletten Verschluss, Austritt von Flüssigkeit neben der Sondeneintrittsstelle, entzündliche Veränderungen und Schmerzen im Bereich des Einstichkanals und eine eingeschränkte Beweglichkeit der Sonde im Stichkanal.

Durch eine endoskopische Untersuchung ist die Lage der inneren Halteplatte zu kontrollieren [36]. Bei einem »Buried-Bumper«-Syndrom ist die Halteplatte oftmals komplett mit Magenepithel überwuchert. Mitunter bildet sich in dem Regenerationsgewebe ein Fistelkanal, durch den die applizierte Flüssigkeit in das Magenlumen gelangt. Eine Lokalisation der Halteplatte ist häufig nur durch Anspülen der Sonde oder mittels eines durch die PEG-Sonde vorgeschobenen Führungsdrahts möglich. Bei einer beginnenden Überwucherung der Halteplatte kann diese in der Regel komplikationslos endoskopisch freigelegt werden. Gelingt die endoskopische Entfernung nicht, ist die chirurgische Explantation der PEG-Sonde indiziert [36].

Besteht der Verdacht eines »Buried-Bumper«-Syndroms ist eine umgehende diagnostische Abklärung und adäquate Behandlung erforderlich, da das Risiko einer Perforation der Magenwand oder auch der gesamten Abdominalwand mit Ausbildung einer gastrokutanen Fistel besteht [36].

> Zur Vermeidung eines »Buried-Bumper«-Syndroms sollte nach Ausbildung des Stichkanals die Sonde in regelmäßigen Abständen im Stichkanal mobilisiert werden, indem die Sonde einige Zentimeter in den Magen vorgeschoben und um die eigene Achse gedreht wird, und eine tägliche Sondenpflege und -reinigung vorgenommen werden [16].

21.2.6 FKJ-spezifische Komplikationen

Die häufigsten Komplikationen nach Anlage einer FKJ sind die Sondenokklusion, bedingt durch die dünnen 9 Charrière (Ch.) Jejunostomiekatheter, und die Katheterdislokation, häufig verursacht durch akzidentelle Manipulation. Diese Art der Komplikationen kann durch korrekte Pflege (ausreichendes und regelmäßiges Spülen der Sonde, korrekte Fixierung des Katheters) in der Regel vermieden werden. Weiterhin kann es, wie bei allen perkutan gelegten Ernährungssonden, zum Auftreten von Infektionen an der Katheteraustrittsstelle, zur Fistelbildung und Peritonitis kommen. Sehr seltene Komplikationen nach Anlage einer FKJ sind die Dünndarmnekrose, die Pneumatosis intestinalis und die Dünndarmobstruktion.

Dünndarmnekrose

Die Feinnadel-Katheter-Jejunostomie (FKJ) stellt einen Zugang zur enteralen Ernährung dar, der im Rahmen großer abdomineller chirurgischer Eingriffe gelegt wird. Eine seltene Komplikation dieser Methode ist eine *Dünndarmnekrose infolge Ischämie*, die 0,15–0,29% der methodenbedingten Komplikationen ausmacht [32]. An der Entstehung einer Dünndarmnekrose bei chirurgischen Patienten, die mit einer Jejunostomie zur supplementären Ernährungstherapie versorgt wurden, scheinen verschiedene Faktoren beteiligt zu sein. Als zugrundeliegender Mechanismus wird ein vermehrter mesenterialer Blutfluss bei gleichzeitig metabolisch überlastetem Dünndarm angesehen. Ein bei kontinuierlicher Nährstoffzufuhr zusätzlich gesteigerter Blutfluss, kann durch Hypoperfusion und/oder inadäquatem Flüssigkeitsersatz zu einer Dünndarmischämie mit nachfolgender Nekrose führen [15].

Bei Patienten mit erhöhtem Risiko für einen verminderten mesenterialen Blutfluss wie solche mit chronischer Herzinsuffizienz, Arrythmien, Hypotension, Hypovolämie und/oder antihypertensiver Therapie, besteht eine größere Gefahr einer Darmischämie bei jejunaler Nahrungszufuhr. Bei Auftreten von abdominellen Schmerzen und Zeichen eines Ileus sollte insbesondere bei diesen Patienten an die Möglichkeit einer Darmischämie gedacht und ein vorübergehendes Aussetzen der enteralen Ernährung in Betracht gezogen werden [32].

Pneumatosis intestinalis

Eine weitere seltene Komplikation der FKJ ist die Pneumatosis intestinalis. Hierbei handelt es sich um *zystische Luftansammlungen in der Darmwand* [39]. Die Ätiologie bei Patienten mit FKJ ist bisher nicht eindeutig geklärt, scheint aber multifaktoriell zu sein. Diskutiert werden Darmhypoxie, anaerobe gasbildende Keime, Obstruktionen der Lymphwege und Eindringen intraluminaler Luft in die Mukosa durch die Kathetereintrittsstelle [19]. In den meisten Fällen scheint eine erfolgreiche Behandlung dieser seltenen Komplikation mit konservativen Methoden wie parenterale Ernährung, Breitbandantibiotika, O_2-Therapie und Aufrechterhaltung einer regelrechten Hämoglobinkonzentration möglich zu sein [19].

Dünndarmobstruktion

Eine Dünndarmobstruktion infolge FKJ-Anlage tritt mit einer Häufigkeit von weniger als 1% auf. Sie resultiert aus einer Rotation des Jejunum um die an der Abdominalwand fixierten Jejunalschlinge. Dies kann zu einer Obstruktion ähnlich einem Volvulus führen [19].

21.3 Metabolische Komplikationen

Metabolische Komplikationen während enteraler Ernährung sind in der Regel mit einer bereits instabilen Stoffwechselsituation eines Patienten assoziiert. Zugrundeliegende metabolische Erkrankungen wie Diabetes mellitus, Nieren- und Leberinsuffizienz bedürfen bei der Planung und Durchführung einer enteralen Ernährungstherapie besonderer Berücksichtigung. In der Regel treten metabolische Störungen bei enteraler Ernährung häufiger bei kritisch kranken Patienten auf. Zu den möglichen Komplikationen zählen Wasserretention mit Ödembildung, hypertone Dehydratation (»Tube-feeding«-Syndrom), Elektrolytstörungen (z. B. Hypo-/Hypernatriämie, Hypo-/Hyperkaliämie, Hypo-/Hyperphosphatämie), Hyperglykämie und ein Anstieg der harnpflichtigen Substanzen. Eine regelmäßige Kontrolle der Laborwerte ist notwendig,

Tabelle 21-6. Metabolische Komplikationen: Ursachen, Prävention, Therapie

Komplikation	Ursache	Prävention/Therapie
Hypertone Dehydratation	Ungenügende Flüssigkeitszufuhr, große Flüssigkeitsverluste (Diarrhö, Ostomien, Fieber etc.), hohe Osmolalität der Nährlösung (»Tube-feeding«-Syndrom)	Steigerung der Flüssigkeitszufuhr entsprechend der Flüssigkeitsbilanz, Nährlösung mit physiologischer Osmolalität/Infusionstherapie zur Normalisierung der Plasmaosmolalität
Hyperhydratation	Aggressive Ernährungstherapie bei mangelernährten Patienten (»Refeeding«-Syndrom)	Identifizierung von Risikopatienten, Berücksichtigung der Einschleichphase/Reduktion der Zufuhrrate
Hyperglykämie	Insulinmangel, Stresssituationen	Sondenkost mit überwiegend komplexen Kohlenhydraten einsetzen, kontinuierliche Applikation mit Ernährungspumpe
Hypernatriämie	Inadäquate Flüssigkeitszufuhr, Verlust von freiem Wasser (Diabetes insipidus), Niereninsuffizienz	Flüssigkeitszufuhr steigern entsprechend der Flüssigkeitsbilanz, natriumarme Sondenkost
Hyponatriämie	Zu geringe Natriumzufuhr, hohe Verluste (Diarrhö, Ostomien etc.), Diuretika, exzessive Wasserzufuhr	Natriumsubstitution (enteral/parenteral), ggf. Flüssigkeitszufuhr einschränken
Hyperkaliämie	Niereninsuffizienz	Kaliumrestriktion
Hypokaliämie	Aggressive Ernährungstherapie bei mangelernährten Patienten (»Refeeding«-Syndrom), hohe Verluste (Diarrhö, Ostomien etc.), Diuretika	Identifizierung von Risikopatienten, Berücksichtigung der Einschleichphase/Reduktion der Zufuhrrate, Kaliumsubstitution
Hyperphosphatämie	Niereninsuffizienz	Phosphatrestriktion
Hypophosphatämie	Aggressive Ernährungstherapie bei mangelernährten Patienten (»Refeeding«-Syndrom), hohe Kohlenhydratzufuhr	Identifizierung von Risikopatienten, Berücksichtigung der Einschleichphase/Reduktion der Zufuhrrate, Phosphatsubstitution

um metabolische Komplikationen frühzeitig erkennen und behandeln zu können.

In *Tabelle 21-6* sind die möglichen metabolischen Komplikationen, deren Prävention und therapeutische Maßnahmen aufgeführt. Einige für die enterale Ernährung typische bzw. häufiger vorkommende metabolische Komplikationen sollen im Folgenden ausführlich diskutiert werden.

21.3.1 Dehydratation/»Tube-feeding«-Syndrom

Bei enteraler Ernährungstherapie kann eine Dehydratation aufgrund zu geringer Flüssigkeitszufuhr oder exzessiver Flüssigkeitsverluste bei Diarrhö, Diurese, Ostomien, Fisteln, Wunden oder Fieber auftreten. Risikopatienten sind außerdem alte Menschen mit eingeschränktem Durstgefühl und intensivpflichtige Patienten (Trauma, Sepsis, SIRS). Die genaue Bestimmung des Flüsssigkeitsbedarfs eines Patienten und eine exakte Ein- und Ausfuhrbestimmung sind hilfreich zur Erzielung einer ausgeglichenen Flüssigkeitsbilanz. Die Flüssigkeitszufuhr wird aus dem Flüssigkeitsgehalt der Sondenkost, der Flüssigkeit zum Spülen der Sonde und Verabreichen von Medikamenten und zusätzlich parenteral bzw. oral verabreichter Flüssigkeit berechnet. Der zusätzlich berechnete Bedarf wird über den Tag verteilt via Sonde verabreicht.

Eine spezifische Komplikation der enteralen Ernährung ist das *»Tube-feeding«-Syndrom*. Bei Zufuhr einer hyperosmolalen Nährlösung erfolgt im oberen Dünndarm eine schnelle Wiederherstellung der Isotonizität durch Einstrom von Flüssigkeit aus dem Körper. Bei gleichzeitig inadäquater Flüssigkeitszufuhr resultiert eine hypertone Dehydratation begleitet durch Hypernatriämie, Hyperosmolalität des Plasmas und hoher relativer Dichte des Harns. Das »Tube-feeding«-Syndrom kann durch sorgfältige Flüssigkeitsbilanzierung und Vermeidung zu hoher Osmolalität der Nährlösung verhindert werden. Die Behandlung erfolgt durch Unterbrechung der enteralen Ernährung und einer Infusionstherapie zur Normalisierung der Plasmaosmolalität.

21.3.2 »Refeeding«-Syndrom

Ein bekanntes Phänomen einer forcierten Ernährungstherapie bei extrem mangelernährten Patienten ist das sogenannte *»Refeeding«-Syndrom*. Hierbei handelt es sich um einen Zustand komplexer metabolischer Störungen als Folge einer zu schnellen *enteralen* und/oder *parenteralen* Nährstoffzufuhr mit dem Ziel einer schnellen Repletion der Organspeicher und der Körperzellmasse [5, 7, 19, 35]. Kennzeichnend sind Hypophosphatämie, Hypokaliämie, Hypomagnesiämie und exzessive Natrium- und Flüssigkeitsretention (Einzelheiten s. Kap. 29).

21.3.3 Hyperglykämie

Eine hyperglykämische Stoffwechsellage wird seltener bei enteraler als bei parenteraler Ernährung beobachtet. Sie kommt insbesondere bei Zuständen mit gestörter zellulärer Glukoseutilisation wie Diabetes mellitus, metabolischem Stress oder Sepsis und unter Steroidtherapie vor. Aber auch die exzessive nicht an den Bedarf bzw. Stoffwechsel angepasste Verabreichung von Glukose kann zur Hyperglykämie führen. Treten unter enteraler Ernährung Störungen der Glukosetoleranz auf, ist zunächst das Glukoseangebot zu reduzieren und nach der Ursache zu forschen. Gegebenenfalls ist eine vorübergehende oder auch dauerhafte Insulintherapie erforderlich. Bei Diabetikern kann eine Neueinstellung des Diabetes erforderlich sein. Entsprechende Sondennahrungen für Diabetiker sind im Handel verfügbar (Kap. 20).

Literatur

1. Akkersdijk WL, Berggeijk JD, van Egmond T, Mulder CJ, van Berge Henegouwen GP, van der Werken C, van Erpekum KJ (1995) Percutaneous endoscopic gastrostomy (PEG): Comparison of push and pull methods and evaluation of antibiotic prophylaxis. Endoscopy 27:313–316
2. Baeten C, Hoefnagles J (1992) Feeding via nasogastric tube or percutaneous endoscopic gastrostomy. A comparison. Scan J Gastroenterol 194:95–98
3. Bleichner G, Bléhaut H, Mentec H, Moyse D (1997) Saccharomyces boulardii prevents diarrhea in critically ill tube-fed patients – a multicenter, randomized double-blind placebo-controlled trial. Intensive Care Med 23:517–523
4. Bliss DZ, Johnson S, Savik K, Clabots CR, Willard K, Gerding DN (1998) Acquisition of clostridium difficile and clostridium difficile-associated diarrhea in hospitalized patients receiving tube feeding. Ann Intern Med 129:1012–1019
5. Bowling TE, Silk DBA (1995) Refeeding remembered. Nutrition 11:32–34
6. Bowling TE, Silk DBA (1997) Diarrhea and enteral nutrition. In: Rombeau JL, Rolandelli RH (eds) Enteral and tube feeding. Saunders, Philadelphia/PA, pp 554–574
7. Brooks MJ, Melnik G (1995) The refeeding syndrome: An approach to understanding its complications and preventing its occurrence. Pharmacotherapy 15:713–726
8. Caspary WF (1999) Diarrhö. In: Caspary WF, Stein J (Hrsg) Darmkrankheiten – Klinik, Diagnostik und Therapie. Springer, Berlin Heidelberg New York Tokio, S 87–106
9. Chung RS, Schertzer M (1990) Pathogenesis of complications of percutaneous endoscopic gastrostomy. A lesson in surgical principles. Am Surg 56:134–137
10. Ciocon JO, Ciocon DJ, Tiessen C, Galindo D (1992) Continuous compared with intermittent tube feeding in the elderly. JPEN J Parenter Enteral Nutr 16:525–532
11. Dentinger B, Faucher KJ, Ostrom SM, Schmidl MK (1995) Controlling bacterial contamination of an enteral formula through the use of a unique closed system: contamination, enteral formulas, closed system. Nutrition 11:747–750
12. Dobb GJ (1986) Diarrhea in the critically ill. Intensive Care Med 12:113–115
13. Dormann AJ, Wigginghaus B, Risius H, Kleimann F, Kloppenborg A, Grünewald T, Huchzermeyer H (1999) A single dose of Ceftriaxone administered 30 minutes before percutaneous endoscopic gastrostomy significantly reduces local and systemic infective complications. Am J Gastroenterol 94:3220–3224
14. Freedland CP, Roller RD, Wolfe BM, Flynn NM (1989) Microbial contamination of continuous drip feedings. JPEN J Parenter Enteral Nutr 13:18–22
15. Gaddy MC, Max MH, Schwab CW, Kauder D (1986) Small bowel ischemia: a consequence of feeding jejunostomy? South Med J 79: 180–182
16. Gawenda M, Schmidt R. Schönau E (1996) Das »Buried-Bumper«-Syndrom – eine seltene Komplikation der perkutanen endoskopischen Gastrostomie. Chirurg 67:752–753
17. Granger DN, Brinson RR (1988) Intestinal absorption of elemental and standard enteral formulas in hypoproteinaemic (volume expanded) rats. JPEN J Parenter Enteral Nutr 12:278–281
18. Guenter PA, Settle RG, Perlmutter S, Marino PL, DeSimone GA, Rolandelli RH (1991) Tube feeding related diarrhea in acutely ill patients. JPEN J Parenter Enteral Nutr 15:277–280
19. Hamaoui E, Kodsi R (1997) Complications of enteral feeding. In: Rombeau JL, Rolandelli RH (eds) Enteral and tube feeding. Saunders, Philadelphia/PA, pp 554–574
20. Hwang TL, Lue MC, Nee YJ, Jan YY, Chen MF (1994) The incidence of diarrhea in patients with hypoalbuminemia due to acute or chronic malnutrition during enteral feeding. Am J Gastroenterol 89:376–378
21. Jain NK, Larson DE, Schroeder KW, Burton DD, Cannon KP, Thompson RL, DiMagno EP (1987) Antibiotic prophylaxis for percutaneous endoscopic gastrostomy. Ann Int Med 107:824–828
22. Jordan A, Emde A, Markus A, Caspary WF, Stein J (1997) Enterale Ernährung tumorkranker Patienten. Akt Ernährungsmed 22:4–8
23. Kelly TW, Patrick MR, Hillman KM (1983) Study of diarrhea in critically ill patients. Crit Care Med 11:7–9
24. Külling D, Sonnenberg A, Fried M, Bauerfeind P (2000) Cost analysis of antibiotic prophylaxis for PEG. Gastrointest Endosc 51:152–156
25. Lien HC, Chang CS, Chen GH (2000) Can percutaneous endoscopic jejunostomy prevent gastroesophageal reflux in patients with preexisting esophagitis? Am J Gastroenterol 95:3439–3443
26. Löser C, Fölsch UR (1996) Richtlinien der Deutschen Gesellschaft für Verdauungs- und Stoffwechselkrankheiten (DGVS). Standards in Gastroenterology. Z Gastroenterol 34:404–408
27. Lucia Rocha Carvalho M, Beninga Morais T, Ferraz Amaral D, Maria Sigulem D (2000) Hazard analysis and critical control point system approach in the evaluation of environmental and procedural sources of contamination of enteral feedings in three hospitals. JPEN J Parenter Enteral Nutr 24:296–303
28. Mallampalli A, McClave SA, Snider HL (2000) Defining tolerance to enteral feeding in the intensive care unit. Clin Nutr 19:213–215
29. Mamel JJ (1989) Percutaneous endoscopic gastrostomy: Clinical review. Am J Gastroenterol 84:703–710
30. Marion ND, Rupp ME (2000) Infection control issues of enteral feeding systems. Curr Opin Clin Nutr Metab Care 3:363–366
31. Montejo JC (1999) Enteral nutrition-related gastrointestinal complications in critically ill patients: A multicenter study. Crit Care Med 27:1447–1453
32. Munshi IA, Steingrub JS, Wolpert J (2000) Small bowel necrosis associated with early postoperative jejunal tube feeding in a trauma patient. J Trauma 49:163–165
33. Mushin U, Kite CJ (1985) Gastrostomy tube leakage: a new way of successful conservative management. JPEN J Parenter Enteral Nutr 9:630–631
34. Powell KS, Marcuard SP, Farrior ES, Gallagher ML (1993) Aspirating gastric residuals causes occlusion of small bore feeding tubes. JPEN J Parenter Enteral Nutr 17:243–246
35. Solomon SM, Kirby DF (1990) The refeeding syndrome: A review. JPEN J Parenter Enteral Nutr 14:90–97
36. Spalinger R, Schmid P, Bertschinger P, Schöb O, Largiadèr F (1999) Das Buried-Bumper-Syndrom – Eine seltene Komplikation nach perkutaner endoskopischer Gastrostomie (PEG). Swiss Surg 5:243–246
37. Sriram K, Hammond J (1986) Leakage of feedings and gastric contents through ostomy sites. JPEN J Parenter Enteral Nutr 10:437
38. Stein J (1999) Antibiotikaassoziierte Diarrhö und pseudomembranöse Kolitis. In: Caspary WF, Stein J (Hrsg) Darmkrankheiten – Klinik, Diagnostik und Therapie. Springer, Berlin Heidelberg New York Tokio, S 511–518
39. Stein J (1999) Pneumatosis cystoides intestinalis. In: Caspary WF, Stein J (Hrsg) Darmkrankheiten – Klinik, Diagnostik und Therapie. Springer, Berlin Heidelberg New York Tokio, S 423–425
40. Stein J, Jordan A (1999) Enterale und parenterale Ernährung. In: Caspary WF, Stein J (Hrsg) Darmkrankheiten – Klinik, Diagnostik und Therapie. Springer, Berlin Heidelberg New York Tokio, S 745–764
41. Sturgis TM, Yancy W, Cole JC, Proctor DD, Minhas BS, Marcuard SP (1996) Antibiotic prophylaxis in percutaneous endoscopic gastrostomy. Am J Gastroenterol 11:2301–2304
42. Surawicz CM, Elmer GW, Speelman P, McFarland LV, Chinn J, van Belle G (1989) Prevention of antibiotic associated diarrhea by Saccharomyces boulardii: a prospective study. Gastroenterology 96:981–988
43. Surawicz CM, McFarland LV, Greenberg RN, Rubin M, Fekety R, Mulligan ME, Garcia RJ, Brandmarker S, Bowen K, Borjal D, Elmer GW (2000) The search for a better treatment for recurrent Clostridium difficile disease: use of high-dose vancomycin combined with Saccharomyces boulardii. Clin Infect Dis 31:1012–1017

Medikamentenapplikation über Sonden

T. Gaschott, J. Stein

Fortschritte in der enteralen Ernährung, die sich in der *Formulierung* der enteralen Nahrung und in dem Legen der Sonde äußern und deren Vorteile, wie Kosteneinsparung, geringere Komplikationsraten, leichtere Handhabung auch im ambulanten Bereich, erhöhte Lebensqualität des Patienten und verkürzte Therapiedauer [31, 11], erleichtern eine frühere Umstellung von der parenteralen zur enteralen Ernährungsweise oder ersetzen sogar die parenterale Ernährung. Mit dem Wechsel auf die enterale Ernährung wird häufig die Applikationsart von Arzneimitteln umgestellt: Zur Reduktion von Arzneimittelkosten und auftretenden Nebenwirkungen wird die intravenöse Applikation durch die Applikation der Medikamente über die Sonde ersetzt [15]. In Ausnahmefällen bietet die rektale oder transdermale Verabreichung eine Alternative [31].

Die Kompatibilität von Arzneistoffen mit enteralen Formuladiäten wurde in vielen Fällen noch nicht ausreichend untersucht [15, 37]. Deshalb ist bei der Verabreichung von Medikamenten während einer enteralen Ernährung Vorsicht geboten.

22.1 Arzneimittelauswahl

Der Applikation von Arzneimitteln über eine Ernährungssonde geht generell die sorgfältige Auswahl eines geeigneten Präparates unter Berücksichtigung der Arzneiform und der Kinetik des Arzneistoffs voraus. Mögliche Wechselwirkungen mit der Sondennahrung, die Art der Zufuhr, Position und Durchmesser der Sonde sowie die Applikationsrhytmen machen die Überlegungen komplex. So kann z. B. die Bioverfügbarkeit von Arzneistoffen, deren Absorption pH-abhängig ist, durch die Sondenposition beeinflusst werden [18]. Bezüglich des Sondendurchmessers lässt sich feststellen, dass nasogastrale Sonden mit weiter Bohrung weniger häufig verstopfen als solche mit geringem Durchmesser [18]. Des Weiteren ist das Risiko einer Sondenverstopfung bei der intermittierenden enteralen Ernährung im Vergleich zur kontinuierlichen geringer, was auf das regelmäßige Spülen der Sonde in den applikationsfreien Phasen zurückzuführen ist [18].

In einigen Fällen ist es sogar sinnvoll, auf einen anderen therapeutisch gleichwertigen Arzneistoff umzustellen.

Tabelle 22-1 beinhaltet eine Checkliste zur Arzneimittelauswahl bei Patienten mit Ernährungssonde [31].

22.2 Interaktionen zwischen Arzneistoffen und Nährstoffen während der enteralen Ernährung

Interaktionen zwischen Nahrungs- und Arzneimitteln können in einer Vielzahl von klinischen Problemen wie unzureichende Absorption von Nährstoffen oder Arzneistoff, veränderte Metabolisierung, Ausscheidung oder Pharmakodynamik des Arzneistoffs, veränderte Toleranz gegenüber der enteralen Formuladiät sowie physikalische Inkompatibilitäten enden [34].

Die meisten Interaktionen, die während der enteralen Ernährungsphase zwischen Arznei- und Nährstoffen auftreten, sind auf eine einzige der nachfolgend aufgeführten Inkompatibilitäten zurückzuführen und lassen sich daher relativ einfach effektiv vermeiden [34].

22.2.1 Physikalische Inkompatibilitäten

Durch Mischung der Sondennahrung mit einem Arzneimittel können sich Änderungen bezüglich der Teilchengröße oder der Viskosität (z. B. Koagulation, Gelbildung) ergeben, Emulsionen können brechen oder Präzipitationen, Trübungen bzw. Ausflockungen können auftreten [15, 34, 35]. Diese Veränderungen erhöhen die Wahrscheinlichkeit einer Verstopfung der Sonde während der Verabreichung.

Säurebildende Sirupe sowie Suspensionen mit einem pH-Wert <4 sollten vermieden werden, um das Risiko physikalischer Inkompatibilitäten zu vermindern [15, 18, 34]. Ist das Arzneimittel stark sauer oder auf einen pH-Wert <4 gepuffert, so besteht die Gefahr, dass es mit Sondennahrung verklumpt, was zu einem Verstopfen der Sonde führen kann. Erreicht die Sondennahrung einen pH-Wert <5, kommt es gehäuft zur Ausfällung von Proteinen [31]. So zeigen casein- oder sojaproteinreiche enterale Nahrungen häufig physikalische Inkompatibilitäten mit Säften, die entweder Alkohol enthalten oder einen sauren bzw. neutralen pH-Wert aufweisen [15].

Umgekehrt kann das in den Formuladiäten enthaltene Protein auch zur Präzipitation eines gleichzeitig verabreichten Arzneimittels führen.

Eine Verstopfung des Schlauches kann v. a. bei folgenden Arzneistoffen auftreten: Sucralfat, Kaliumchlorid, Theophyllin, Phenytoin, Ciprofloxacin (als Suspension), Clarithromycin (als Suspension), Itraconazol [15]. Ebenso kann es durch die Mischung von Psyllium mit der enteralen Nahrung eventuell zu einer Verstopfung der Sonde kommen, wobei das Risiko bei gekühlter enteraler Nahrung größer ist als bei solcher, die auf Raumtemperatur erwärmt wurde [7].

Die emulsionsbrechende Aktivität der Sondennahrung ist abhängig von ihrem Protein-, Peptid- und Aminosäurengehalt: Intaktes Protein ist im Vergleich zu Peptiden oder freien Aminosäuren stärker in der Lage, eine Emulsion zu brechen [34].

Das Zufügen von Eisen, Zink oder Kalzium zur enteralen Nahrung kann zu einer Gelbildung führen [15].

Sucralfat, über eine Sonde appliziert, kann sich im Ösophagus verhärten: Besonders groß ist das Risiko bei gleichzeitiger Anwendung von Antazida, bei vorhandenen Motilitätsstörungen sowie bei einer Präzipitation von Protein durch den sauren Mageninhalt [15].

Tabelle 22-1. Checkliste zur Arzneimittelauswahl bei Patienten mit Ernährungssonde. (Mod. nach Thomson [34])

Patient und Sonde	– Ist beim Patienten eine orale Gabe möglich? Wenn ja, ist dieser Weg vorzuziehen (PEG-Sonden erlauben noch Schluckvorgänge). – Um welche Art und Größe der Sonde handelt es sich? Wo liegt das Sondenende?
Arzneiform	– Steht für den Arzneistoff eine flüssige Form zur Verfügung? Kann auf die Rezeptur einer flüssigen Form zurückgegriffen werden? – Welche Osmolalität und welchen pH-Wert hat die Flüssigkeit? – Kann eine parenterale Form oral gegeben werden? – Bietet eine rektale oder transdermale Gabe eine Alternative zur enteralen Verabreichung? – Ist das Zerkleinern einer festen Arzneiform bedenklich?
Arzneistoff	– Ist der Arzneistoff stabil gegenüber Licht, Magensäure, Enzymen des Magens? – Ist die Resorption des Arzneistoffs bei der vorliegenden Position der Sonde gewährleistet? – Gibt es Wechselwirkungen zwischen der Sondennahrung und den Arzneimitteln? – Ist eine Inkompatibilität zwischen Sondennahrung und Arzneimittel zu erwarten? – Haben die Arznei- oder Hilfsstoffe einen Einfluss auf die Magen-Darm-Motilität, Speichelbildung oder Geschmacksempfindung?
Therapie	– Sind die Dosis oder das Dosisintervall anzupassen? – Sollten besondere Parameter während der Therapie überwacht werden (»Drug«-Monitoring)? – Bietet sich für einen Arzneistoff mit problematischer Applikation ein anderer, therapeutisch gleichwertiger Arzneistoff an? – Sind alle zu verabreichenden Arzneimittel unbedingt notwendig?

22.2.2 Pharmazeutische Inkompatibilitäten

Hierzu zählen Veränderungen in der Arzneiform, die zu abweichender Wirkstärke, Effizienz oder Toleranz führen können.

Das Zerquetschen von magensaftresistenten Tabletten oder das Öffnen von Kapseln mit langsamer Wirkstofffreisetzung sind typische Beispiele für pharmazeutische Inkompatibilitäten, die in dem Bemühen entstehen, eine Verstopfung der Sonde zu vermeiden[15, 34, 35]. Dies beschleunigt den Zerfall der Arzneiformen im Magen, was zu Nebenwirkungen aufgrund einer zu schnellen Arzneistoffresorption bzw. zu einer Inaktivierung säurelabiler Arzneistoffe (z. B. Digoxin, Lansoprazol, Omeprazol) führt [15]. Deshalb sollte alternativ eine andere Applikationsart (Injektion des Arzneistoffs), eine andere Applikationsform (Flüssigkeit) oder ein äquivalenter Wirkstoff gewählt werden [15].

Aus dem Grund der pharmazeutischen Inkompatiblität wurden bereits Listen mit Arzneistoffen in oraler Applikationsform erstellt, die nicht zerkleinert werden dürfen [2, 8, 22, 29, 34].

Wegen einer möglichen Aerosolbildung wird außerdem davon abgeraten, Arzneimittel mit zytostatisch wirksamen Arzneistoffen zu zerkleinern [31].

22.2.3 Pharmakologische Inkompatibilitäten

Pharmakologische Inkompatibilitäten sind die am häufigsten in der klinischen Praxis auftretenden Interaktionen zwischen Arzneistoffen und Nährstoffen [34]. Hierbei handelt es sich um eine Intoleranz der enteralen Nahrung, die auf den pharmakologischen Wirkmechanismus des Arzneistoffs zurückzuführen ist [34]. Diese Intoleranz kann sich in Form von gastrointestinalen Beschwerden, veränderten Geschmackswahrnehmungen, veränderten biochemischen Parametern oder durch antagonistische Aktivitäten äußern [34].

Tabelle 22-2 enthält Arzneistoffe bzw. Arzneistoffgruppen, deren Applikation bei gleichzeitiger enteraler Ernährung zu pharmakologischen Inkompatibilitäten führen können.

> Eine relativ häufig vorkommende pharmakologische Inkompatibilität stellt diejenige zwischen verabreichtem Warfarin und dem in der enteralen Nahrung enthaltenen Vitamin K dar [18, 34, 36]. Bei einer Therapie mit oralen Antikoagulanzien sollten deshalb enterale Formeldiäten mit mehr als 80 mg Vitamin K/1000 kcal (1 kcal=4,187 kJ) vermieden werden.

22.2.4 Physiologische Inkompatibilitäten

Bedingt durch nichtpharmakologische Wirkungen eines Arzneimittels verändert sich bei der physiologischen Inkompatibilität die Toleranz gegenüber der verabreichten Sondennahrung [34].

Diarrhö, die am häufigsten auftretende physiologische Inkompatibilität, kann entweder als Folge einer erhöhten Osmolalität des Arzneimittels vorkommen oder aufgrund der Begleitstoffe (z. B. Sorbitol, Mannitol, Lactose, Saccharin, Sucrose, Polyethylenglykol, Propylenglykol), die häufig nicht auf der Verpackung oder in der Produktinformation aufgeführt werden [15, 34]. Die Osmolalität der Sondennahrung liegt im Durchschnitt bei 300 mosmol/kg und darf 500–600 mosmol/kg nicht überschreiten. Der Magen verträgt Osmolalitäten bis zu 1000 mosmol/kg, Flüssigkeiten mit höherer Osmolalität führen zu Diarrhö (als Folge einer hohen Flüssigkeits- und Elektrolytmenge, die im Dünndarm nicht aufgenommen werden kann), Übelkeit, Blähungen (infolge einer verzögerten Magenentleerung) und Erbrechen.

Bei Dünndarmsonden hingegen wird aufgrund von fehlenden Verdünnungsvorgängen in Mund, Speiseröhre und Magen eine noch strengere Isotonie gefordert [31]. Daher müssen zur Vermeidung gastrointestinaler Unverträglichkeiten hyperosmolare Arzneimittel in den Magen appliziert werden [18].

Zur Behandlung der Diarrhö kann
- die enterale Nahrung verdünnt,
- deren Ballaststoffgehalt erhöht,

Tabelle 22-2. Pharmakologische Inkompatibilitäten zwischen Arzneimitteln und enteralen Formeldiäten [34, 36]

Auftretende Symptome	Begleitmedikation mit enteraler Ernährung	Auftretende Symptome	Begleitmedikation mit enteraler Ernährung
Übelkeit, Erbrechen	Antibiotika (Erythromycin)	Hypertriglyzeridämie	Chlorpromazin
	Antiparkinsonmittel		Ciclosporin
	Antiphlogistika		Kortikosteroide
	Chemotherapeutika		Thiouracil
	Opioide	Hyperkaliämie	Spironolacton
Diarrhö	Antibiotika (z. B. Neomycin, Clindamycin)	Hypokaliämie	Amphotericin B
	Antiadrenergika		Ampicillin
	Chemotherapeutika		Carbenicillin
	Chinidin		Furosemid
	Cholinergika		Laxanzien
	Colchicin		Piperacillin
	Doxorubicin		Thiazide
	Etoposid		Ticarcillin
	H_2-Antagonisten	Hyponatriämie	Amphotericin B
	Laxanzien		Diuretika
	Magnesiumhaltige Antazida		Laxanzien
	Metoclopramid		Probenecid
	Phosphate (orale Verabreichung)	Hypomagnesiämie	Amphotericin B
Antagonistische Aktivität	Warfarin (Vitamin K-Antagonist)		Carbenicillin
	Methotrexat, Trimethoprim, Pyrimethamin		Ciclosporin
	(Folsäureantagonisten)		Ciprofloxacin
Hyperglykämie	Chemotherapeutika		Cisplatin
	Clonidin		Furosemid
	Kortikosteroide		Pentamidin
	Morphin		Probenecid
	Östrogen		Thiazide
	Phenothiazine	Hypophosphatämie	Kortikosteroide
	Phenytoin		Furosemid
	Probenecid		Sucralfat
	Thiazide		Thiazide
Hypoglykämie	Barbiturate	Hypokalzämie	Kortikosteroide
	Monoaminoxidasehemmer		Furosemid
	Phenylbutazon		Indomethacin
	Propranolol		Probenecid
	Sulfonamide		Triamteren

- Opiate zugegeben,
- die Geschwindigkeit der enteralen Ernährung vermindert
- oder diese unterbrochen werden.

Urtikaria, Asthma, Übelkeit oder anaphylaktischer Schock können ebenfalls bei Überempfindlichkeit von Patienten gegenüber Süß-, Geschmacks- oder Farbstoffen auftreten [34].

> Physiologische Inkompatibilitäten können durch einen Wechsel der Applikationsart, der Applikationsform (zerkleinerte Tabletten, die in Wasser suspendiert werden, weisen häufig eine niedrigere Osmolalität auf) oder des Arzneistoffs bzw. durch eine Erniedrigung der Osmolalität des applizierten Medikaments nach entsprechender Verdünnung (auf 500–600 mosmol/kg) vermieden werden [34].

22.2.5 Pharmakokinetische Inkompatibilitäten

Zu den pharmakokinetischen Inkompatibilitäten zählen die Änderung von Bioverfügbarkeit, Verteilung, Metabolismus oder Exkretion des Arzneistoffs durch Bestandteile der Sondennahrung [15, 34], bzw. die Änderung der Funktion von Nahrungsbestandteilen durch Arzneimittel [34].

So wird z. B. *Hydralazin* verstärkt bei kontinuierlicher enteraler Ernährung im Vergleich zur intermittierenden Ernährung resorbiert [15, 33].

Bei der Gabe des Antiepileptikums *Phenytoin* vermindert sich die Bioverfügbarkeit durch gleichzeitige enterale Ernährung [4, 20, 28, 32], wobei die Serumspiegel häufig sogar in subtherapeutische Bereiche abfallen [31] (s. 22.4). Begründet werden kann dies möglicherweise damit, dass sich Phenytoin als schwache Säure am besten unter alkalischen Bedingungen, wie sie im Dünndarm herrschen, löst. Da die enterale Nahrung (pH ca. 6,6) den intestinalen pH-Wert herabsetzt, wird evtl. die Phenytoinresorption reduziert [18, 28]. Auch die Zusammensetzung der enteralen Nahrung kann die Phenytoinresorption beeinflussen: In-vitro-Studien zufolge vermindern Proteine, Kalzium und Fetttröpfchen die Absorption des Antiepileptikums [18, 21]. Anstelle von Proteinhydrolysaten sollte deshalb Fleisch als Grundlage eingesetzt werden [12]. Anderen Studien zufolge kann Phenytoin auch an den Wänden von nasogastralen Sonden adsorbiert werden [5].

Ebenso vermindert sich die Bioverfügbarkeit des oralen Antikoagulans *Warfarin* bei gleichzeitiger enteraler Ernährung, auch wenn der Vitamin K-Gehalt der Formeldiät auf niedrigem Niveau gehalten wird (s. 22.4).

Weitere pharmakokinetische Inkompatibilitäten sind in Abschn. 22.4 aufgeführt.

Das in der enteralen Nahrung enthaltene Fett (bzw. die daraus gebildeten langkettigen Fettsäuren) kann die Pharmakokinetik bestimmter Arzneistoffe folgendermaßen beeinflussen [15]: Die durch die Lipide verminderte Magenentleerungsgeschwindigkeit verbessert einerseits die Auflösung schwacher Säuren (z. B. Phenytoin, Carbamazepin), andererseits wird die Zerstörung säurelabiler Arzneistoffe gefördert. Durch die vermehrt gebildeten Gallensäuren erhöht sich außerdem die Absorption von fettlöslichen Arzneistoffen wie Griseofulvin und von fettlöslichen Vitaminen.

> Der Proteingehalt der enteralen Formuladiät übt möglicherweise über seine Wirkung auf das mikrosomale Oxidaseenzymsystem einen Einfluss auf die Pharmakokinetik bestimmter Arzneistoffe aus [15]: Durch einen hohen Proteingehalt wird die Aktivität der Enzyme erhöht, was eine verstärkte Ausscheidung bestimmter Arzneistoffe nach sich zieht. Ein niedriger Proteingehalt vermindert den renalen Plasmafluss, sodass einige Arzneistoffe einer verringerten renalen Eliminierung unterliegen.
> Einige Vitamine (Niacin, Riboflavin, Vitamin C in großen Mengen) können ebenfalls das mikrosomale Enzymsystem und somit die Pharmakokinetik von Medikamenten beeinflussen [15].

22.3 Richtlinien für die Verabreichung von Arzneistoffen über eine Ernährungssonde

Bei der Verabreichung von Arzneistoffen über eine Ernährungssonde sind folgende Richtlinien zu beachten [1, 8, 15, 18, 34, 35, 36]:

1. Die kontinuierliche enterale Ernährung ist vor der Applikation des Arzneimittels zu stoppen.
2. Vor und nach Verabreichung die Sonde mit 15–30 ml (bei Kindern mit 5–10 ml) warmem Wasser spülen. Dies dient zur Reinigung und Prüfung der Funktionstüchtigkeit der Sonde, der Verdünnung des applizierten Arzneimittels, eines erleichterten Wirkstofftransports in den Magen oder Dünndarm sowie einer verstärkten Absorption. Als Spülflüssigkeit nur Wasser verwenden; andere Flüssigkeiten erhöhen die Osmolalität oder die Gefahr einer Schlauchverstopfung. Eine sehr sorgfältige Spülung der Sonde wird nach einer in Ausnahmefällen möglichen Applikation eines zerkleinerten Retardpräparates empfohlen, da die enthaltenen Hilfsstoffe häufig zum Quellen neigen [31].
3. Jedes Arzneimittel separat und immer zur gleichen Zeit verabreichen. Zwischen der Gabe verschiedener Arzneimittel jeweils mit 3–10 ml warmem Wasser spülen.
4. Bei der Verabreichung von Arzneistoffen mit enger therapeutischer Breite sollten die Blutspiegel beim Patienten engmaschig überwacht werden.
5. Die Arzneimittel aufgrund von möglichen Inkompatibilitäten nicht direkt mit der enteralen Formuladiät mischen. Ist dies jedoch nötig, die Sondennahrung möglichst unverzüglich aufbrauchen, bzw. in regelmäßigen Abständen auf sichtbare Veränderungen (z. B. Präzipitation) untersuchen.
6. Idealerweise sollten Arzneimittel als Flüssigkeit verabreicht werden.
   - Grundsätzlich spricht auch nichts dagegen, die parenterale Form eines Arzneistoffs über die Ernährungssonde zu geben, was allerdings häufig mit erhöhten Kosten und einer veränderten Bioverfügbarkeit verbunden ist. In jedem Fall ist vorher sicherzustellen, dass der Wirkstoff gut resorbierbar ist, nicht im sauren pH-Wert des Magens zerstört wird (bei Verwendung einer gastralen Sonde), nicht stark irritierend auf die Magen-Darm-Schleimhaut wirkt, das Arzneimittel nicht zu stark sauer oder basisch reagiert und seine Osmolalität tolerierbar ist.
7. Feste Arzneiformen nur in Notfällen zerkleinern und über eine Sonde mit einem entsprechend großen Durchmesser verabreichen. Bei Sonden mit zu geringem Durchmesser kann eine Adhärenz und Aggregation von Partikeln an der Innenwand der Sonde zur Verstopfung führen.

> Magensaftresistente, sublinguale, bukkale Arzneiformen oder solche mit verzögerter Wirkstofffreisetzung dürfen nur in Ausnahmefällen und nach Absprache mit dem jeweiligen Arzneimittelhersteller zerkleinert werden! Alternativ sollten andere Arzneiformen gewählt werden, wobei allerdings auf eine Veränderung des Dosierungsintervalls, der Anzahl an verabreichten Dosen sowie auf eine Angleichung der jeweiligen Dosis geachtet werden muss.

- Bei *Retardtabletten* zerstört das Zerkleinern das Retardierungsprinzip und der Arzneistoff wird rascher freigesetzt, was zu Überdosierungen und verkürzter Wirkdauer führen kann. In Einzelfällen (z. B. Tegretal-Retardtabletten) erlaubt allerdings das Retardierungsprinzip das Teilen einer Retardform; hier bleiben die Mikrokristalle in definierter Größe erhalten [31].
- *Hartgelatinekapseln mit Retardpellets* können ebenfalls geöffnet werden, falls deren Größe die Applikation über die Sonde erlaubt, da das Retardierungsprinzip hierbei erhalten bleibt (z. B. bei Bronchoretard mit Theophyllin als Wirkstoff) [31].
- *Magensaftresistente Tabletten* dürfen zerkleinert werden, wenn das Sondenende im Duodenum oder Jejunum liegt.
- *Sublingual- und Bukkaltabletten* wurden entwickelt, um eine lokale Wirkung von Arzneistoffen im Mund und Rachenraum zu ermöglichen, einen hohen »First-pass«-Effekt bestimmter Wirkstoffe zu vermeiden oder eine rasche Resorption zu ermöglichen (z. B. Buprenorphin, Glyceroltrinitrat, Isosorbiddinitrat). Sie können daher bei intakter Mundschleimhaut als Alternative zur Arzneimittelgabe über die Sonde angesehen werden. So kann z. B. Lorazepam in Form von Tavor Expidet auch sublingual verabreicht werden [31].
- Problematisch ist ebenfalls die Zerkleinerung von

- Arzneimitteln mit enger therapeutischer Breite, bei denen dies zu unvorhersehbaren Plasmaspiegeln bis in den toxischen Bereich führen kann,
- Arzneimitteln, die licht-, sauerstoff- oder feuchtigkeitsempfindliche Arzneistoffe beinhalten sowie
- umhüllten Arzneimitteln, deren Wirkstoffe die Mund- oder Magenschleimhaut reizen [29].

8. Bei der Verabreichung von flüssigen Medikamenten darauf achten, dass diese z. T. einen hohen Sorbitolgehalt aufweisen, was zu Nebenwirkungen wie Diarrhö führen kann. Daher sollten sorbitolreiche Säfte vorzugsweise mit Wasser so weit verdünnt werden, bis die Osmolalität der Mischung im physiologischen Bereich liegt. Außerdem ist beim Ersatz von festen Arzneiformen durch wirkstoffgleiche Flüssigkeiten zu beachten, dass die Resorption häufig schneller erfolgt, was zu unerwünscht hohen Plasmaspitzenkonzentrationen oder einer verkürzten Wirkdauer führen kann.
9. Flüssige Arzneimittel vor solchen Arzneimittel verabreichen, die verdünnt werden müssen.
10. Zerkleinerte Tabletten bzw. der Inhalt von geöffneten Hartgelatinekapseln in 10–30 ml (bei Kindern 5–10 ml) Wasser von Raumtemperatur verdünnt in die Ernährungssonde applizieren. Weichgelatinekapseln können mit einer Nadel angestochen und ihr flüssiger, meist öliger Inhalt kann mit Spritze und Kanüle aus der Hülle herausgezogen werden; allerdings ist dieses Verfahren mit einer relativ schlechten Dosiergenauigkeit verbunden. Eine vollständige Gabe des Arzneistoffs wird durch das Auflösen der Weichgelatinekapsel in 15–30 ml (bei Kindern 5–15 ml) warmem Wasser ermöglicht, was jedoch mit erheblichem Zeitaufwand verbunden sein kann.
11. Hypertone, visköse Arzneimittel oder solche, die zu Reizungen des Gastrointestinaltrakts führen, sind ebenfalls mit 15–60 ml Wasser (bei Kindern 10–15 ml) zu verdünnen. Außerdem sollten Arzneistoffe, die gastrointestinale Nebenwirkungen hervorrufen können, verabreicht werden, während sich die enterale Formuladiät noch im Magen-Darm-Trakt befindet. Längere Sondenpausen vermeiden.
12. Bei der Nüchterneinnahme von Medikamenten (z. B. von Ampicillin, Flucloxacillin, L-Thyroxin, Roxithromycin) während der enteralen Ernährungsphase sollte die Verabreichung der Formeldiät mindestens 15 min vorher bis 15 min nach der Arzneimittelgabe unterbrochen werden [36]. Andere Autoren [18, 37] empfehlen sogar, die enterale Ernährung erst 2 h nach der Arzneimittelapplikation zu beginnen.
13. Verschiedenartige Generika sind zu vermeiden, da die Interaktion des Arzneistoffs mit der Formeldiät ein unterschiedlich starkes Ausmaß annehmen kann.
14. Potenzielle Interaktionen zwischen Arzneistoffen und Nährstoffen können vermieden werden durch:
    - Auswahl einer anderen Applikationsart, z. B. intramuskulär, intravenös, subkutan,
    - Auswahl einer anderen Arzneiform (flüssige Arzneiformen bevorzugen),
    - Verwendung einer abweichenden Formeldiät, die mit dem entsprechenden Arzneistoff kompatibel ist,
    - Verabreichung eines alternativen Arzneistoffs mit identischer Wirkung, der mit der verabreichten Formeldiät kompatibel ist,
    - Veränderung des Ernährungs- oder Medikationsschemas (z. B. verteilte Gabe des Arzneimittels).
15. Ist die Sonde durch Arzneimittel verstopft, diese mit Wasser, kohlensäurehaltigen Getränken, Pepsinwein oder einer Suspension aus Pankreasenzympräparat und Natriumhydrogenkarbonat spülen [31]. Die zuletzt genannte Methode verspricht die besten Erfolge [19].

22.4 Anmerkungen zu ausgewählten Arzneistoffen

Acetylsalicylsäure

Einer Studie von Nelson et al. [25] zufolge, bei der nach Unterbrechung der enteralen Ernährung ASS in Form zerkleinerter Tabletten und in Wasser suspendiert jejunal über eine Sonde verabreicht wurde, waren die erreichten Resorptions- und Plasmaspiegeldaten mit denen nach oraler Gabe von ASS vergleichbar. Allerdings war die Eliminationshalbwertszeit etwa doppelt so lang als erwartet.

Amoxicillin/Flucloxacillin

Da die Suspensionen hohe Osmolalitäten aufweisen, sollten zur Vermeidung von Diarrhö die rekonstituierten parenteralen Arzneiformen über die Sonde appliziert werden. Die Resorption von Flucloxacillin wird durch gleichzeitige Nahrungsaufnahme vermindert, hier ist eine Unterbrechung der enteralen Ernährung 1 h vor der Arzneistoffgabe sinnvoll [1].

Antazida

Die Gabe von Antazida ist aufgrund ihrer Wirkung im Magen nur bei gastralen Sonden sinnvoll. Die Verstopfungsgefahr der Sonde ist v. a. bei aluminiumhaltigen Antazida, die mit Phosphaten und Proteinen der Sondennahrung unlösliche Verbindungen bilden, besonders groß. Deshalb sollte bei der Applikation von Antazida die enterale Ernährung für 2 h unterbrochen werden [18]. Werden Antazida mit mehreren Arzneimitteln hintereinander gegeben, sollten sie als letztes mit einem Abstand von 15 min appliziert werden [15].

Carbamazepin

Tegretalsuspension baut infolge ihres schnellen Anflutens hohe Plasmaspitzenspiegel auf, die bei Dauermedikation zu gastrointestinalen Beschwerden und Sedierung führen können. Die Resorption vermindert sich jedoch, wenn direkt nach der Suspension Sondennahrung verabreicht wird, was die Verträglichkeit deutlich verbessert. Obwohl auch eine während der enteralen Ernährungsphase gleichzeitig applizierte Carbamazepinsuspension vermindert und verlangsamt absorbiert wird, ändert sich die Bioverfügbarkeit des Wirkstoffs nicht signifikant [3]. Um die Wirksamkeit von Carbamazepin zu verstärken, sollte die Suspension mit gleichem Volumen Flüssigkeit verdünnt werden, da wahrscheinlich die unverdünnte Suspension aufgrund ihrer erhöhten Viskosität einer verstärkten Adhäsion an der Sondenwand unterliegt [6, 15, 34].

Die *Retardtablette*, die gleichmäßigere Plasmaspiegel und längere Dosierintervalle ermöglicht, kann ohne Verlust des Retardeffektes in Wasser suspendiert verabreicht werden [10].

Cefalexin

Da der Hauptresorptionsort für Cefalexin das Duodenum ist, ergeben sich bei Applikation des Arzneistoffs über eine jejunale Sonde verminderte Plasmaspiegel [1].

Cimetidin/Ranitidin

Die flüssigen Arzneiformen verursachen aufgrund ihrer hohen Osmolalität relativ häufig Diarrhö. Alternativ können die parenteralen Arzneiformen mit wesentlich niedrigerer Osmolalität über eine jejunale Sonde verabreicht werden [1].

Ciprofloxacin/Ofloxacin

Bei zeitgleicher Sondenernährung nimmt die Bioverfügbarkeit der genannten Fluorochinolone ab [1, 13, 24]. Die Tabletten können durchaus fein gemörsert über die Sonde gegeben werden, die orale Gabe der Infusionslösung ist wegen der hohen Kosten keine gute Alternative. Bei gleichzeitiger Gabe mit der Sondennahrung ist darauf zu achten, dass hohe Mengen an Aluminium, Eisen und Magnesium die Arzneistoffresorption vermindern [1].

Digoxin

Da parenterale und flüssige Arzneiformen hohe Osmolalitäten aufweisen, sollten bevorzugt zerkleinerte Tabletten, in Wasser suspendiert, oder alternativ flüssige Arzneiformen, mit der Sondennahrung gemischt, appliziert werden [1].

Fluconazol

Die orale Bioverfügbarkeit von nahezu 100% bleibt auch bei Zerkleinerung der Tabletten und Verabreichung über eine nasogastrale oder jejunale Sonde erhalten [26, 31].

Ketoconazol

Da dieser Arzneistoff nur bei niedrigem pH-Wert ausreichend gelöst und resorbiert wird, ist eine Verabreichung von Ketoconazol über eine jejunale Sonde nicht zu empfehlen [1].

Lithium

Die Retardierung von Lithiumpräparaten wird durch das Zerreiben im Mörser zerstört. Die dabei auftretenden hohen Plasmaspitzenwerte lassen sich durch Aufteilung der Tagesdosis auf mehrere Gaben vermeiden [31].

Loperamid

Imodiumsirup enthält als Begleitstoff Saccharin, das weniger häufig als Sorbitol Diarrhö verursacht und daher für die intrajejunale Verabreichung gut geeignet ist [1].

Morphin

Die Applikation einer *viskösen Lösung* zwingt aufgrund der kurzen Wirkdauer bei Patienten mit chronischen Schmerzen zur 4- bis 6-maligen Gabe/24 h.

Kapseln mit Retardpellets können ebenfalls über die Sonde verabreicht werden. Hierzu werden die Pellets in einen trockenen Medikamententrichter gefüllt, der auf der Sonde sitzt. Mit Hilfe einer Spritze können die Pellets mit viel Flüssigkeit durchgespült werden. Bei den Retardkapseln MST Continus long, die ein morphinsulfathaltiges Granulat mit einer definierten Korngrößenverteilung enthalten, eignet sich als Spülflüssigkeit wegen der hohen Lipophilie des stark wachshaltigen Granulats nur die flüssige Sondennahrung selbst. Wasser, Tee oder Säfte sind zur Applikation nicht tauglich, da die Granula an der Oberfläche der Sonde und des Trichters haften, vom Wasser nicht benetzt werden und zum Zusammenklumpen neigen [17, 31].

Eine Alternative für Patienten mit chronischen Schmerzen bietet sich durch die transdermale Anwendung von Fentanyl (Durogesic Pflaster).

Nifedipin

> Aufgrund der Photoinstabilität des Wirkstoffs Nifedipin muss die Zerkleinerung von Tabletten unter Lichtschutz erfolgen und die daraus hergestellte Suspension umgehend verabreicht werden.

Die im Handel befindlichen Tropfen (z. B. Nifehexal) besitzen den Nachteil einer kurzen Wirkdauer.

Die *Retardpräparate* Adalat SL und Adalat retard können vorsichtig und nicht zu fein zerkleinert werden, ohne dass das Retardierungsprinzip, Kristalle definierter Größe und Oberfläche, verloren geht [31].

Omeprazol/Lansoprazol

Die Applikation der Infusionslösung in den Magen ist aufgrund der Säureinstabilität von Omeprazol und Lansoprazol nicht sinnvoll.

Antra-Kapseln enthalten daher den Wirkstoff in Form von magensaftresistenten Granula, die nach Öffnen der Hartgelatinekapsel über die Sonde appliziert werden können. Problematisch ist allerdings, dass diese Granula relativ leicht die Sonde verstopfen. Bei Dünndarmsonden hat es sich deshalb bewährt, das Granulat 15 min lang in 20 ml einer 8,4%igen Natriumhydrogenkarbonatlösung zu suspendieren und dann umgehend zu verabreichen [1, 15, 31].

Paracetamol

Die jejunale Verabreichung von Paracetamol geht mit einer guten Absorption des Wirkstoffs einher. Das Analgetikum sollte allerdings aus Stabilitätsgründen nicht mit der Sondennahrung gemischt werden. Lösliche Tabletten, als Bolus verabreicht, stellen eine günstige Alternative dar [1].

Phenytoin

Wie bereits in Abschn. 22.2.5 erwähnt vermindert sich die Bioverfügbarkeit von Phenytoin bei gleichzeitiger enteraler Ernährung so weit, dass häufig subtherapeutische Serumspiegel resultieren. Deshalb ist die Serumkonzentration während der enteralen Ernährungsphase auf jeden Fall engmaschig zu kontrollieren (v. a. zu Therapiebeginn oder nach Dosisveränderungen). Um Wechselwirkungen mit der Sondennahrung zu umgehen, werden folgende Empfehlungen gegeben [23]:

- Steht eine Retardform für Phenytoin zur Verfügung (in Deutschland nicht der Fall [31]), die gesamte Dosis auf einmal applizieren.
- Vor und nach der Phenytoingabe die Sondenernährung für 2 h unterbrechen [4, 31, 36, 37], bzw. bei Einmalgabe pro Tag die enterale Ernährung 2 h vor bis 6 h nach der Phenytoinapplikation unterbrechen [1]. Phenytoin nicht mit der Sondennahrung mischen [1]. Vor und nach der Phenytoinverabreichung die Sonde mit jeweils 60 ml Wasser spülen [8].
- Die Suspension 1:2 [23] bzw. 1:1 [15] mit Wasser verdünnen und die Sonde vor und nach der Applikation mit 30–60 ml Wasser spülen, um die Freisetzung zu erhöhen. Durch die Verdünnung der Suspension erhöht sich die Wirksamkeit von Phenytoin. Zurückzuführen ist dies wahrscheinlich auf eine verstärkte Adhäsion der unverdünnten Suspensionen an der Schlauchwand aufgrund der erhöhten Viskosität [15].

- Werden mit oben genannten Maßnahmen keine ausreichenden Serumkonzentrationen erreicht, soll die Injektionslösung über die Sonde gegeben werden. Ansonsten muss auf die intravenöse Gabe von Phenytoin zurückgegriffen werden [14, 28].
- Bei einer langfristigen Verabreichung über die Sonde evtl. auf die orale Gabe eines anderen Antiepileptikums umstellen [27, 28, 31].

Sucralfat

Das speziell für die enterale Ernährung entwickelte Ulcogant IC ist dünnflüssiger als die normale Ulcogant Suspension und stellt zur Ulkusprophylaxe eine gute Alternative zu den Antazida dar, da der pH-Wert des Magensafts unbeeinflusst und damit der Säureschutz gegen Bakterien erhalten bleibt [31].

Theophyllin

Die Resorptionsquote von Theophyllin ist bei gleichzeitiger Gabe mit einer kontinuierlichen Sondennahrung vermindert [9].

Theophyllinlösungen (z. B. Solosin Tropfen, Euphyllin quick) müssen aufgrund ihrer kürzeren Wirkdauer 3- bis 4-mal/24 h verabreicht werden.

Kapseln mit Retardpellets (Bronchoretard Kapseln) können nach dem Öffnen bei ausreichendem Sondendurchmesser durch die Sonde gespült werden. Dies muss allerdings zügig geschehen, damit die Pellets nicht zu quellen beginnen [31].

> Wie bereits in Kap. 16 erwähnt erhöht sich die Theophyllinclearance durch proteinreiche, kohlenhydratarme Nahrung. Speziell proteinangereicherte Sondennahrungen können deshalb zu subtherapeutischen Theophyllinserumspiegeln führen.

Warfarin

Patienten mit enteraler Ernährung zeigen eine gewisse Resistenz gegenüber der Wirkung von Warfarin (s. 22.2.5). Begründet wird dies hauptsächlich durch eine Bindung von Warfarin an Proteine der Sondennahrung (v. a. bei casein- oder sojaproteinhaltigen enteralen Nahrungen) und daraus folgender Malabsorption [16, 18]. Deshalb wird eine 2-stündige Nahrungspause vor und nach einer Warfaringabe empfohlen [30]. Außerdem sollte die Prothrombinzeit bei den entsprechenden Patienten regelmäßig überwacht werden [8].

Der Vitamin K-Gehalt der Sondennahrung sollte in jedem Fall berücksichtigt werden (s. 22.2.3), obwohl die Wirkungsabschwächung primär nicht auf die antagonisierende Wirkung von in der Sondennahrung enthaltenem Vitamin K zurückzuführen ist.

Hinweise für einen ähnlichen Effekt bei dem in Deutschland vorrangig verwendeten Phenprocoumon ließen sich bisher nicht auffinden.

Literatur

1. Adams D (1994) Administration of drugs through a jejunostomy tube. Br J Intensive Care 4: 10–17
2. Auringer M, Kreckel H (1996) Sind Retardarzneimittel (zer)teilbar? Krankenhauspharmazie 17:478–483
3. Bass J, Miles MV, Tennison MB, Holcombe BJ, Thorn MD (1989) Effects of enteral tube feeding on the absorption and pharmacokinetic profile of carbamazepine suspension. Epilepsia 30: 364–369
4. Bauer LA (1982) Interference of oral oral phenytoin absorption by continuous nasogastric feedings. Neurology 32: 570–572
5. Cacek T, DeVito JM, Koonce JR (1986) In vitro evaluation of nasogastric administration methods for phenytoin. Am J Hosp Pharm 43: 689–692
6. Clark-Schmidt AL, Garnett WR, Lowe DR, Karnes HT (1990) Loss of carbamazepine suspension through nasogastric fedding tubes. Am J Hosp Pharm 47: 2034–2037
7. Davidson LJ, Belknap DC, Flournoy DJ (1991) Flow characteristics of enteral feeding with psyllium hydrophilic mucilloid added. Heart Lung 20:405–408
8. Estoup M (1994) Approaches and limitations of medication delivery in patients with enteral feeding tubes. Crit Care Nurse 14: 68–72, 77–79
9. Gal P, Layson R (1986) Interference with oral theophylline absorption by continuous nasogastric feedings. Ther Drug Monit 8: 421–423
10. Geigy Pharma (1996) Persönliche Mitteilung Ciba-Geigy GmbH, Wehr
11. Gilbar PJ (1999) A guide to enteral drug administration in palliative care. J Pain Symptom Manage 17: 197–207
12. Guidry J, Eastwood T, Curry S (1989) Phenytoin absorption in volunteers receiving selected enteral feedings. West J Med 150: 659–661
13. Healy DP, Brodbeck MC, Clendening CE (1996) Ciprofloxacin absorption is impaired in patients given enteral feedings orally and via gastrostomy and jejunostomy tubes. Antimicrob Agents Chemother 40: 6–10
14. Holtz L, Milton J, Sturek JK (1987) Compatibility of medications with enteral feedings. J Parenter Enter Nutr 11: 183–186
15. Klang M, Kochevar M, Rollins C (2000) Medications via feeding tube: issues and controversies. Workshop on ASPEN Congress 23–26.01.2000, pp 429–440
16. Kuhn TA, Garnett WR, Wells BK, Karnes HT (1989) Recovery of warfarin from an enteral nutrient formula. Am J Hosp Pharm 46: 1395–1399
17. Liefhold J, Heun G, Hermann-Hirche E (1996) Applikation von retardiertem Morphinsulfat bei künstlicher Ernährung. Z Allgemeinmedizin 72: 707–709
18. Lourenco R (2001) Enteral feeding: drug/nutrient interaction. Clin Nutr 20: 187–193
19. Marcuard SP, Stefall KS (1990) Unclogging feeding tubes with pancreatic enzyme. J Parenter Enter Nutr 14: 198–200
20. Maynard GA, Jones KM, Guidry JR (1987) Phenytoin absorption from tube feedings. Arch Intern Med 147: 1821–1823
21. Miller SW, Strom Jr G (1988) Stability of phenytoin in three enteral nutrient formulas. Am J Hosp Pharm 45: 2529–2532
22. Mitchell JF (1996) Oral solid dosage forms that should not be crushed. Hosp Pharm 31: 27–37
23. Miyagawa CI (1990) Drug-nutrient interactions in critically ill patients. Crit Care Nurse 13: 69–72, 77–82, 84–90
24. Mueller BA, Brierton DG, Abel SR, Bowman L (1994) Effect of enteral feeding with Ensure on oral bioavailabilities ofloxacin and ciprofloxacin. Antimicrob Agents Chemother 38: 2101–2105
25. Nelson O, Levitt J (1980) Aspirin absorption from a feeding jejunostomy. J Am Geriatr Soc 28: 556–557
26. Nicolau DP, Crowe H, Nightingale CH, Quintiliani R (1995) Bioavailability of fluconazole administered via a feeding tube in intensive care unit patients. J Antimicrob Chemother 36: 395–401
27. Nishimura LY, Armstrong EP, Plezia PM et al. (1988) Influence of enteral feedings on phenytoin sodium absorption from capsules. Drug Intell Clin Pharm 22: 130–133

28. O'Hagan M, Wallace SJ (1994) Enteral formula feeds interfere with phenytoin absorption. Brain Dev 16:165–167
29. Parker WA (1983) Canadian oral solid dosage forms that should not be crushed. Can Pharm J Nov 1983, 465–474
30. Petretich DA (1970) Reversal of Osmolite-warfarin interaction by changing warfarin administration time. Clin Pharm 9:93
31. Probst W (1997) Arzneimitteltherapie bei Patienten mit Ernährungssonde. PZ Prisma 1:31–41
32. Saklad JJ, Graves RH, Sharp WP (1986) Interaction of oral phenytoin absorption from tube feedings. J Parenter Enter Nutr 10:322–323
33. Semple HA, Koo W, Tam YK et al. (1991) Interactions between hydralazine and oral nutrients in humans. Ther Drug Monit 13:304–308
34. Thomson CA, Rollins CJ (1997) Nutrient-Drug Interactions. In: Rombeau JL, Rolandelli RH (eds) Clinical nutrition – Enteral and tube feeding, 3rd edn. Saunders, Philadelphia, pp 523–539
35. Utermohlen V (1999) Diet, nutrition, and drug interactions. In: Maurice E, Shils I (eds) Modern nutrition in health and disease, 9th edn. Williams & Wilkins, Baltimore, pp 1619–1641
36. Varella L, Jones E, Meguid MM (1997) Drug-nutrient interactions in enteral feeding: a primary care focus. Nurse Pract 22:98–104
37. Williams L, Hill DP, Davis JA, Lowenthal DT (1996) The influence of food on the absorption and metabolism of drugs: an update. Eur J Drug Metab Pharmacokinet 21:201–211
38. Yuk JH, Nightingale CH, Qunitiliani R et al. (1990) Absorption of ciprofloxacin administered through a nasogastric or nasoduodenal tube in volunteers and patients receiving enteral nutrition. Diagn Microbiol Infect Dis 13:99–102

Aspekte der enteralen Ernährung im Kindes- und Jugendalter

Sibylle Koletzko, B. Koletzko

Die klinische Ernährung spielt in der Pädiatrie eine noch deutlich größere Rolle als in den meisten anderen medizinischen Fachgebieten. Während die Nährstoffzufuhr beim Erwachsenen lediglich den Erhaltungsbedarf für die Organfunktionen und den zusätzlichen Bedarf für körperliche Arbeit decken muss, kommt bei Kindern und Jugendlichen der hohe Energie- und Substratbedarf für das Körperwachstum hinzu. Das gerade in den ersten Lebensmonaten enorm rasche Wachstum, mit einer Verdopplung des Körpergewichts bei reifen Neugeborenen in nur 4–5 Monaten nach der Geburt und bei Frühgeborenen sogar in nur 6 Wochen und auch die rasante Differenzierung der Gewebe und Organe hängen von einer auf das Körpergewicht bezogen sehr hohen und ausgewogenen Substratzufuhr ab. Besonders im frühen Kindesalter kontrastiert dabei der hohe Energie- und Substratbedarf mit nur geringen körpereigenen Substratreserven sowie stark limitierten Kompensationsmöglichkeiten durch noch unreife metabolische und renale Funktionen [1, 2].

Für den Pädiater wird in der alltäglichen Arbeit immer wieder offensichtlich, dass die Art und Menge der Substratzufuhr klinisch relevante, kurz- und langfristige Auswirkungen auf die kindliche Gesundheit und Entwicklung ausübt [3–6]. Besonders große praktische Bedeutung erlangt die pädiatrische Ernährungsmedizin für die zunehmende Zahl der zu betreuenden schwer und chronisch kranken Kinder, bei denen die Qualität der Substratzufuhr den Krankheitsverlauf und die Prognose ganz wesentlich beeinflussen kann.

Die Differenzialdiagnose der Ernährungsstörungen im Kindes- und Jugendalter und ihre effektive Therapie ist schwierig und erfordert gute Kenntnisse und eingehende Erfahrungen in der gesamten Breite der klinischen Pädiatrie [1, 7, 8, 9]. Die einfache Verordnung eines Kaloriensupplementes wird den meisten von einer Ernährungsstörung betroffenen Kindern und Jugendlichen nicht gerecht. In diesem Kapitel können nur einige allgemeine Grundlagen behandelt werden, während auf viele Einzelfragen und die eingehendere Diskussion krankheitsspezifischer Aspekte verzichtet werden muss.

23.1 Untergewicht im Kindes- und Jugendalter

Untergewicht bei Kindern und Jugendlichen kann auf einer unzureichenden Nahrungszufuhr beruhen (primäre Malnutrition), ist aber in Industrieländern häufiger Folge einer chronischen Erkrankung mit ungenügender Zufuhr, Malabsorption und/oder erhöhtem Energieverbrauch (sekundäre Malnutrition). Die Entwicklung von Untergewicht gefährdet die kindliche Gesundheit und Entwicklung und erfordert frühzeitige eine gezielte Diagnostik und Therapie.

Kindliches *Untergewicht* ist definiert als ein im Verhältnis zur Körperlänge vermindertes Körpergewicht, wobei in aller Regel als Grenzwert die 3. Perzentile der geschlechtsbezogenen Normalverteilung des Gewichts für die Länge gewählt wird [10]. Das altersbezogene Körpergewicht ist dagegen wegen der großen Schwankungsbreite der Körpergröße wenig aussagekräftig. Untergewicht geht regelmäßig mit einer veränderten Körperzusammensetzung einher [11].

Tabelle 23-1. Wellcome-Klassifikation der Protein-Energie-Mangelernährung auf der Grundlage von Untergewicht (»wasting«) und Minderwuchs (»stunting«). (Mod. nach [9])

Beurteilung	Gewicht (% des Längensollgewichts)	Länge (% der Altersnorm)
Normal	90–110	95–105
Leichte Mangelernährung	80–89	90–94
Mäßige Mangelernährung	70–79	85–89
Schwere Mangelernährung	<70 oder begleitende Ödeme	<85

Eine *Gedeihstörung* liegt vor, wenn der Gewichtsverlauf über die Zeit von der vom Kind etablierten Gewichtsperzentile nach unten abweicht. Im weiteren Verlauf bleibt bei schwerwiegender Gedeihstörung sekundär meist das Längenwachstum, bei jungen Säuglingen seltener auch das Kopfumfangwachstum zurück. Eine Gedeihstörung kann also bereits erfasst werden, wenn ein Untergewicht noch nicht erreicht ist (z. B. Abfall von der 60. auf die 15. längengezogene Gewichtsperzentile). Gedeihstörung und Untergewicht sind in der klinischen Pädiatrie häufige Befunde und stellen nicht selten die präsentierende Symptomatik bei schwerwiegenden oder chronischen Erkrankungen dar.

Für den klinischen Alltag hat sich die Einschätzung des Schweregrads einer Unterernährung anhand der Verminderung des Körpergewichts im Verhältnis zum Längensollgewicht (LSG) bewährt:

$$\text{Längensollgewicht (\%)} = \text{Körpergewicht} \times 100/\text{Gewichtsmedian für die Körpergröße.}$$

Ein Längensollgewicht zwischen 90 und 110% gilt als normal. Untergewicht oder Malnutrition liegen bei einem Längensollgewicht <90% vor (*Tabelle 23-1*). Anstelle des Längensollgewichts kann auch im Kindes- und Jugendalter die Einschätzung des Körpergewichts durch den Quetelet-Index (Body-Mass-Index, BMI) erfolgen, der sich aus Gewicht und dem Quadrat der Körperlänge berechnet:

$$\text{Body-Mass-Index (BMI)} = \text{Körpergewicht}/\text{Körpergröße}^2$$

Während im Erwachsenenalter ein einheitlicher Grenzwert des BMI zur Definition des Untergewichts herangezogen wird,

■ Tabelle 23-2. Altersabhängige Änderung der medianen Body-Mass-Index (BMI) Werte bei französischen Kindern. (Mod. nach [31])

Alter	Jungen	Mädchen
Geburt	13,21	12,92
6 Monate	16,84	16,54
12 Monate	17,42	17,2
18 Monate	17,06	16,88
2 Jahre	16,58	16,44
3 Jahre	15,98	15,86
4 Jahre	15,69	15,45
5 Jahre	15,51	15,20
6 Jahre	15,44	15,13
7 Jahre	15,53	15,22
8 Jahre	15,75	15,44
9 Jahre	16,04	15,76
10 Jahre	16,36	16,18
11 Jahre	16,73	16,73
12 Jahre	17,20	17,38
13 Jahre	17,80	18,12
14 Jahre	18,49	18,85
15 Jahre	19,18	19,74
16 Jahre	19,81	19,96
17 Jahre	20,35	20,26

sind bei Kindern und Jugendlichen wegen der ausgeprägten altersabhängigen Änderung der normalen BMI-Werte (■ *Tabelle 23-2*) altersbezogene Referenzwerte heranzuziehen.

Die klassischen Syndrome *Marasmus* und *Kwashiorkor* (■ *Tabelle 23-3*) stellen die extremen Endpunkte eines breiten Spektrums von Symptomen und Befunden bei kindlicher Malnutrition dar. Diese schweren Formen der Unterernährung sind regelmäßig durch Imbalanzen des Flüssigkeits- und Elektrolythaushalts sowie durch begleitende Infektionen kompliziert und auch heute noch durch eine hohe Mortalität belastet.

23.2 Folgen der Malnutrition im Kindes- und Jugendalter

Eine ausgeprägte Malnutrition hat im Wachstumsalter funktionelle Auswirkungen (■ *Tabelle 23-4*) und gefährdet die *körperliche Entwicklung* (Längenwachstumsgeschwindigkeit und Endgröße, z. T. Kopfumfang, Pubertätsentwicklung), die *kognitive Entwicklung* und die langfristige Leistungsfähigkeit sowie durch einen sekundären Immundefekt die *immunologische Funktion* mit der Folge eines erhöhten Infektionsrisikos [6, 12]. Die Wundheilung wird gestört und postoperative Komplikationen treten vermehrt auf. Auch der Verlauf chronischer Erkrankungen wird nachteilig beeinträchtigt: So ist Untergewicht bei Mukoviszidosepatienten mit einer kürzeren Lebensdauer [11] und bei Kindern nach Lebertransplantation mit niedrigerer Überlebenswahrscheinlichkeit verbunden [9]. Die differenzialdiagnostische Klärung der zugrundeliegenden Ursachen ist Voraussetzung für eine effektive Therapie.

■ Tabelle 23-3. Typische Befunde bei Marasmus und Kwashiorkor, den beiden extremen klinischen Manifestationen der Protein-Energie-Mangelernährung. (Mod. nach [9])

	Marasmus	Kwashiorkor
Typisches Alter	<1 Jahr	>1 Jahr
Körperlicher Verfall	Vorwiegend Verlust von subkutanem Fett und Muskulatur	Geringer Verlust von subkutanem Fett und Muskulatur
Gewicht für das Alter	Stark reduziert	Gering reduziert, bei Ödemen ggf. sogar erhöht
Ödeme	Keine	Gesicht, untere Extremitäten
Mentale Veränderungen	Keine	Erhöhte Erregbarkeit
Haare und Haut	Milde Veränderungen, Verlust des subkutanen Fettgewebes	Dermatitis, dyspigmentiertes Haar
Albumin im Serum	Normal	Niedrig
Immunfunktion	Mäßig reduziert	Schwere Störung der T-Zell-Funktion, Lymphopenie
Leber	Normal	Hepatomegalie mit Steatose
Vitaminmangel	Mild	Schwer durch reduzierte Transportproteine

23.2.1 Differenzialdiagnose

Bei Vorliegen von Untergewicht ist kritisch zu prüfen, ob als mögliche Ursache eine verminderte Nahrungszufuhr, erhöhte Nährstoffverluste oder ein erhöhter Energieverbrauch einzeln oder in Kombination vorliegen (■ *Abb. 23-1*). Wichtige Ursachen bei pädiatrischen Patienten sind in den ■ *Tabellen 23-5* bis *23-10* aufgezeigt.

■ Tabelle 23-4. Beispiele für funktionelle Konsequenzen der Malnutrition im Kindes- und Jugendalter

- ↓ Neurotransmittersynthese, Aktivität, Vigilanz, langfristige kognitive Leistungsfähigkeit
- ↓ Wachstum, Endgröße
- ↓ Proteinsynthese, Muskelmasse
- ↓ Humorale und zelluläre Immunität, ↑ Infektionen
- ↓ Wundheilung, Reparaturprozesse
- ↑ Postoperative Komplikationen
- ↓ Lungenfunktion, ↑ pulmonale Infektionen
- ↓ Kardiale Funktion
- ↓ Renale Funktion
- ↓ Intestinale Resorption
- ↓ Hepatische Metabolisierung von Xenobiotika (z. B. Medikamente)

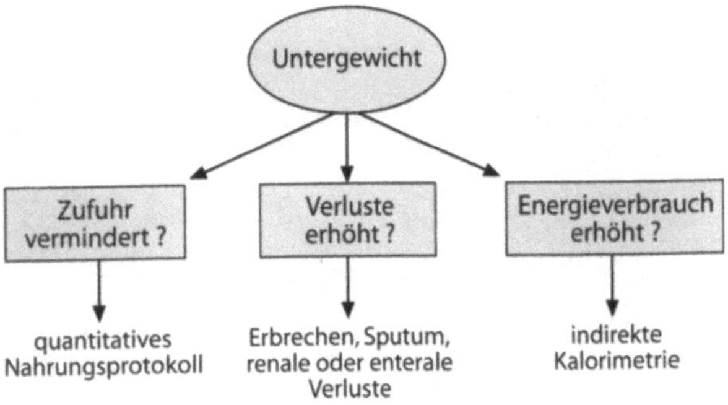

Abb. 23-1. Differenzialdiagnose der einzeln oder in Kombination vorliegenden Ursachen des Untergewichts bei Kindern und Jugendlichen

Hinweisend auf eine Unterernährung ist ein überproportionaler Abfall der Gewichtskurve mit weitgehend normalem oder langsamer zurückbleibendem Perzentilenverlauf für die Länge und den Kopfumfang. Dagegen spricht eine weitgehend proportionale Retardierung von Gewicht, Länge und Kopfumfang für eine konstitutionelle, genetische oder eine frühzeitig eingetretene exogene Schädigung (z. B. kongenitale Infektion) bzw. auch für eine endokrine Ursache.

23.2.2 Diagnostisches Vorgehen

Eine sorgfältige *Anamnese* wird durch gezielte Befragung zu Essverhalten und Ernährungsgewohnheiten sowie eine quantitative Erfassung der Nahrungszufuhr ergänzt. Eine gute Beobachtung des kindlichen Essverhaltens und der Interaktion zwischen Kind und Betreuungspersonen kann sehr wichtig sein. Die Beurteilung der *Nährstoffzufuhr* erlaubt ein prospektiv über 3 oder besser 7 Tage sorgfältig geführtes *Ernährungsprotokoll* (möglichst mit der *Wägeprotokollmethode*), aus dem eine Ernährungsfachkraft mit Computerprogrammen und Zuhilfenahme von auf die Ernährungsgewohnheiten von Kindern und Jugendlichen ausgerichteten Datenbanken die Aufnahme an Energie und einzelnen Nährstoffen berechnen kann. Hiermit kann man die durchschnittliche Nährstoffzufuhr pro kg Istgewicht sowie pro kg Sollgewicht (entspre-

Tabelle 23-5. Differenzialdiagnose des Untergewichts bei Säuglingen und Kleinkindern im Falle einer dokumentierten erniedrigten Substratzufuhr

Weiterführende Befunde	Verdachtsdiagnose	Bestätigung der Diagnose
– Vollgestilltes Kind ohne Hinweis auf Organkrankheit	Inadäquate Milchmenge (Hunger an der Brust)	Stillprobe (Wägung vor und nach dem Stillen)
– Hämatome, schlechter Pflegezustand, auffällige Mutter-Kind-Beziehung,	Deprivation, Vernachlässigung, Misshandlung	Familien- und Sozialanamnese, stationäre Verhaltensbeobachtung
– Einseitige oder alters-inadäquate Nährstoffzufuhr	Fehlernährung bei »alternativer« Ernährung, Eliminationsdiät oder falscher Zubereitung (Verdünnung) der Nahrung, Armut	Nahrungsmittelprotokoll, ggf. Blutuntersuchungen z. B. Blutbild, Eisen, Ferritin im Serum, bei Veganern Vitamin B_{12} im Serum, Methylmalonsäure im Urin
– Muskelhypo-/-hypertonie, schwaches Saugen, häufiges Verschlucken	Neurologische oder neuromuskuläre Erkrankung, Schluckstörung bei Dysfunktion im Oropharynx	Neurologische Abklärung, Schluckkinematographie
– Herzgeräusch, Zyanose,	Kardial bedingte Malnutrition	Echokardiographie, EKG
Ikterus, Pruritus, Hepatomegalie	Inappetenz bei chronischer Lebererkrankung	Abklärung der Lebererkrankung
– Erbrechen, palpabler Tumor, pathologischer Urinbefund	Hydronephrose, Harnweginfekt, Niereninsuffizienz	Sonographie, Abklärung der Nierenerkrankung
– Vermehrtes Spucken und Erbrechen, Hämatinfäden im Gespuckten; Schreien (Schmerzen) beim Trinken	Refluxösophagitis	Obere Endoskopie
– Nahrungsverweigerung, evtl. mit Koliken, Spucken, Durchfällen, atopisches Ekzem	Kuhmilcheiweißallergie	Allergenkarenz für 4–8 Wochen mit Sistieren der Symptome und Aufholwachstum, anschließend kontrollierte Belastung
– Geblähtes Abdomen, massige Stühle, Misslaunigkeit	Zöliakie	IgG-, IgA-Gliadinantikörper, IgA-Endomysium-antikörper, Transglutaminaseantikörper, Dünndarmschleimhautbiopsie
– Trinkschwäche, Erbrechen, Muskelhypotonie, neurologische Symptome, Organomegalie/-dysfunktion, auffälliger Geruch oder Atmung	Stoffwechselerkrankung	Glukose, Elektrolyte, Säuren-Basen-Status, Laktat, Ammoniak, Serum-Aminosäuren, organische Säuren im Urin
– Auffällig: Fazies oder Habitus	Angeborenes Syndrom, z. B. Alkoholembryopathie, Silver-Russel-Syndrom, Williams-Beuren-Syndrom	Genetisches Konsil, Chromosomenanalyse, Molekulargenetik

Tabelle 23-6. Differenzialdiagnose des Untergewichts bei Schulkindern und Jugendlichen im Falle einer dokumentierten erniedrigten Substratzufuhr

Klinik	Verdachtsdiagnose	Bestätigung der Diagnose
– Bauchschmerzen, Durchfall, perianale Läsionen, Aphthen	M. Crohn, Colitis ulcerosa	Blutbild, Eisen, Entzündungsparameter, Endoskopie, Röntgen
– Zunehmende Dysphagie, Erbrechen von unverdauten Speisen	Achalasie	Ösophagusmanometrie, Röntgen: Bariumbreischluck, obere Endoskopie
– Oberbauchschmerzen, Übelkeit,	Gastritis, Duodenitis	^{13}C-Harnstoff-Atemtest auf Helicobacter pylori, obere Endoskopie
– Oberbauchschmerzen, Übelkeit, Erbrechen, druckdolenter Leberrand	Affektionen der Gallenwege oder Leber	Ultraschall, Leberparameter im Serum
– Abnormes (Ess)verhalten, starke Gewichtszunahme, adoleszentes Mädchen mit sekundärer Amenorrhö ohne Hinweis auf Organerkrankung	Anorexia nervosa	Psychologische Evaluation
– Inappetenz, Nüchternerbrechen, Sehstörung, Kopfschmerzen	Zerebrale Ursache (Tumor, Hirndruck)	Kraniales CT oder MRT, Fundoskopie, EEG

chend der 50. Gewichtsperzentile für die Körperlänge) mit der altersgemäßen Zufuhr altersgleicher Gesunder (*Tabelle 23-11*) vergleichen.

Wenn sich eine auf das Sollgewicht bezogen niedrige Zufuhr herausstellt, sollte nach anatomischen, anderen organischen oder psychosozialen Ursachen für eine geringe Nahrungsaufnahme gefahndet werden.

Die von den Deutschen, Österreichischen und Schweizerischen Gesellschaften für Ernährung herausgegebenen Referenzwerte für die Nährstoffzufuhr bei Kindern und Jugendlichen (*Tabelle 23-11*) sind Schätzwerte für Gesunde mit gewissen Sicherheitszuschlägen, die beim einzelnen kindlichen Patienten an die hier ggf. vorliegenden Defizite, erhöhten Nährstoffverluste und verminderte Verwertbarkeit angepasst werden müssen. Grundsätzlich können die individuellen Bedarfszahlen des einzelnen Patienten mit diagnostischen Techniken wie der indirekten Kalorimetrie, der Stickstoffbilanz und der Umsatzbestimmung von Substraten mit stabilen Isotopen näherungsweise ermittelt werden, aber diese Methoden stehen nur in wenigen spezialisierten pädiatrischen Zentren zur Verfügung. Anhaltswerte für den mittleren Energie- und Proteinbedarf unter Krankheitsbedingungen zeigt die *Tabelle 23-12*.

Die gründliche *klinische Untersuchung* beinhaltet eine *Anthropometrie* mit Messung mindestens von Körpergewicht, Körperlänge und im frühen Kindesalter auch des Kopfumfangs sowie in jüngerer Zeit aufgetretene Veränderungen der Gewichtsentwicklung und der Wachstumsgeschwindigkeit. Die Körperzusammensetzung kann im klinischen Alltag mit Hilfe der Bestimmung des Oberarmumfangs und der Hautfaltendicke näherungsweise eingeschätzt werden. In spezialisierten Kliniken werden ggf. auch technische Untersuchungen zur Bestimmung der Körperzusammensetzung eingesetzt (z. B. bioelektrische Impedanz, mit allerdings großen Fehlermöglichkeiten, rechnerische Auswertungen standardisierter Schnittführungen bei bildgebenden Verfahren, Messungen der elektrischen Leitfähigkeit des Körpers [»total body electric conductivity«, TOBEC]).

Wenn bei einem untergewichtigen Kind eine niedrige Nahrungsaufnahme vorliegt und sich keine Hinweise auf erhöhte Verluste ergeben, bietet sich zur differenzialdiagnostischen Einschätzung ein *Therapieversuch mit erhöhter oraler Nahrungszufuhr* an (*Abb. 23-2*), ggf. auch mit einer Sondenernährung, um eine Inappetenz als Regulator der Nahrungsaufnahme zu umgehen. Führt die erhöhte Nahrungszufuhr zum Gedeihen des Kindes, wird dies den Verdacht einer Kausalbeziehung zwischen niedriger Zufuhr und Mangelernährung erhärten. Ist aber ein schlechtes Ansprechen auf die erhöhte Nahrungszufuhr zu beobachten, so müssen andere Ursachen wie erhöhte Nährstoffverluste in Stuhl und Urin oder eine ineffiziente Verwertung resorbierter Nahrungsbestandteile erwogen werden.

Laboruntersuchungen sollten nur gezielt je nach klinischer Einschätzung der Situation des Patienten durchgeführt werden. Das diagnostische Programm kann je nach klinischer Indikation u. a. die folgenden Parameter umfassen:
- Blutbild mit Differenzialdiagnose;
- *Plasma*: Gesamteiweiß, Albumin, Eisen, Ferritin, Transferrinsättigung, Blutzucker (nüchtern), Harnstoff, Aminosäuren (nüchtern), Triglyzeride, Cholesterin, Vitamin E, 25-OH-Vitamin D_3, β-Karotin, Gerinnnung;

Tabelle 23-7. Differenzialdiagnose des Untergewichts in Folge erhöhter renaler Verluste

Weiterführende Befunde	Verdachtsdiagnose	Bestätigung der Diagnose
Polydipsie, Poly- und Nykturie	Diabetes mellitus	Blut- und Urinzucker
Polyurie, Dehydratation	Renale Tubulopathie (Fanconi-Syndrom, distale oder proximale tubuläre Azidose	Säuren-Basen-Haushalt, Elektrolyte im Serum, Urin: pH, Glukose, Elektrolyte

Tabelle 23-8. Differenzialdiagnose des Untergewichts infolge erhöhter Verluste durch Spucken und Erbrechen

Weiterführende Befunde	Verdachtsdiagnose	Bestätigung der Diagnose
– Häufiges Spucken oder Erbrechen beim jungen Säugling oder bei Kind mit Zerebralparese	Primäre gastroösophageale Refluxkrankheit (Chalasie)	Sonographie, Röntgen: Breischluck (Hernie?) Endoskopie (Ösophagitis?), Ausschluss eines sekundären Refluxes
– Schwallartiges nicht-galliges Erbrechen mit 3-6 Wochen, sichtbare Peristaltik, Pseudoobstipation, Hypochlorämie, metabolische Alkalose	Pylorushypertrophie	Sonographie des Pylorus, ggf. obere Magen-Darm-Passage
– Klitorishypertrophie, Erbrechen, Dehydratation, Fieber	Adrenogenitales Syndrom mit Salzverlust	Elektrolyte im Serum, 17-OH-Progesteron im Urin, 17-Ketosteroide im Urin
– Trinkschwäche, Erbrechen, Muskelhypotonie, neurologische Symptome, Organomegalie/-dysfunktion, auffälliger Geruch oder Atmung	Stoffwechselerkrankung	Glukose, Elektrolyte, Säuren-Basen-Status, Laktat, Ammoniak, Aminosäuren im Serum, Zucker und organische Säuren im Urin
– Säuglinge mit Spucken, Erbrechen, evtl. Koliken, Durchfälle, atopisches Ekzem	Kuhmilcheiweißallergie	Allergenkarenz für 2–4 Wochen mit Sistieren der Symptome, anschließend Belastung
– Erbrechen z.T. gallig, Koliken	Malrotation, Darmstenose, intermittierender Volvulus	Röntgen: Magen-Darm-Passage
– Erbrechen mit neurologischen Symptomen wie Sehstörung, Kopfschiefhaltung, Zephalgie, Krampfanfall	Zerebrale Ursache (Tumor, Hydrozephalus mit Hirndruck, subdurale Hämatome)	Kraniales CT oder MRT

- *Stuhl*: Fett, reduzierende Substanzen, Chymotrypsin, Elastase, α_1-Antitrypsin, Blut;
- *Urin*: Urinstatus, ggf. organische Säuren im Urin.

23.3 Enterale Ernährungstherapie

In der Pädiatrie ist die Ernährungstherapie bei zahlreichen chronischen Erkrankungen mit dem Risiko einer sekundären Mangelernährung eine Therapiemaßnahme von zentraler Bedeutung. In Abhängigkeit von der Erkrankung und der Krankheitsphase wird eine stufenweise, in der Intensität der Maßnahmen zunehmende Therapie eingesetzt (*Tabelle 23-13*). Bei Kindern und Jugendlichen, deren Erkrankungen das Risiko einer Mangelernährung mit sich bringen, sollte bereits zum Zeitpunkt der Diagnosestellung eine Ernährungsberatung und ggf. auch Ernährungsmodifikationen zur Prävention einer Unterversorgung erwogen werden, denn eine erst einmal aufgetretene Malnutrition ist oft nur noch schwer rückgängig zu machen.

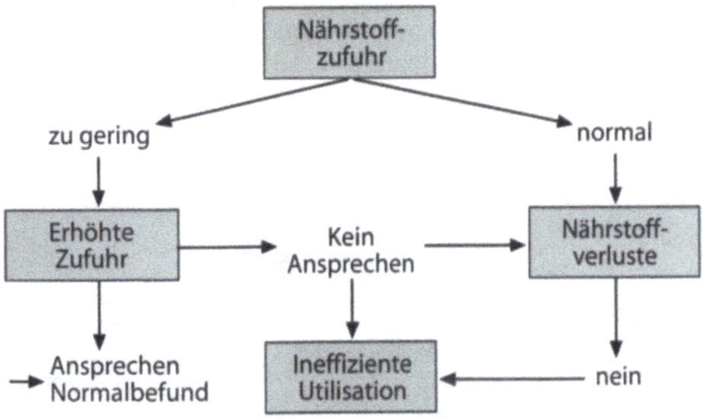

Abb. 23-2. Differenzialdiagnostische Einschätzung des Untergewichts mit niedriger Nahrungszufuhr durch probatorischen Therapieversuch mit erhöhter Zufuhr. [Mod. nach Koletzko B (1997) Untergewicht. In: Reinhardt D (Hrsg) Therapie der Krankheiten im Kindes- und Jugendalter, 6. Aufl. Springer, Berlin Heidelberg New York Tokio, S. 68–72]

> Grundsätzlich besteht auch bei Kindern mit Malnutritionsrisiko der Grundsatz, eine häusliche Normalkost so weit als möglich einer besonderen Diät vorzuziehen.

Die Kost sollte gut schmecken und attraktiv angerichtet sein. Unnötige diätetische Einschränkungen sind unbedingt zu vermeiden. Dem Auftreten psychogener Essstörungen kann am besten vorgebeugt werden, wenn die Mahlzeiten gemeinsam im Kreis der Familie in positiver Atmosphäre eingenommen werden. Die während der Mahlzeit geführten Gespräche sollten die Kinder miteinbeziehen, sodass Zeiten des Essen für sie angenehm sind. Eine Sonderbehandlung des kranken Kindes gegenüber seinen Geschwistern sowie ständiges Ermahnen zum Essen sollten vermieden werden. Bei bestehendem Risiko für Untergewicht ist ein hoher Fettanteil in der Nahrung von etwa 40% der zugeführten Energie erwünscht, so wie er den derzeitigen westlichen Ernährungsgewohnheiten nahekommt, mit einem hohen Anteil ungesättigter Fette.

Wenn mit einer energiereichen Normalkost keine normale Gewichtsentwicklung zu erzielen ist und eine anderweitige Therapie (z. B. Reduktion von Energieverbrauch durch die Therapie chronischer Infektionen, Reduktion von enteralen Verlusten durch Therapie der Malabsorption) nicht in Frage kommt, kann die häusliche Ernährung gezielt kalorisch angereichert werden, um die Energiedichte der Mahlzeit zu erhöhen. Dafür eignen sich die Zugabe von Fetten (Sahne, Streichfette wie Margarine oder Butter, Sonnenblumen-, Soja-, Oli-

Tabelle 23-9. Differenzialdiagnose des Untergewichts in Folge erhöhter enteraler Verluste

Weiterführende Befunde	Verdachtsdiagnose	Bestätigung der Diagnose
– Massige, fettglänzende Stühle, rezidivierende Bronchitiden	Zystische Fibrose	Elastase und Chymotrypsin im Stuhl, Schweißtest, Nachweis der CF-Mutation
– Massige, fettglänzende Stühle, persistierende oder intermittierende Neutropenie, Kleinwuchs, Thoraxdystrophie	Shwachman-Syndrom	Elastase und Chymotrypsin im Stuhl, Leber- und Knochenveränderungen
– Schaumige, alkalische Durchfälle seit Geburt, Hypoproteinämie	Enterokinasemangel	Eiweißausscheidung im Stuhl, Enterokinaseaktivität im Dünndarmbiopsat
– Wässrige Durchfälle, Erkrankung oder Resektion des terminalen Ileum, bakterielle Fehlbesiedlung,	Gallensäurenmalabsorption	Gallensäuren im Serum prä- und postprandial, Therapieversuch mit Cholestyramin
– Blähungen, Durchfall nach Muttermilch oder Kuhmilch	Primärer oder sekundärer Laktasemangel	Stuhl: pH, reduzierende Substanzen, H_2-Atemtest
– Wässrige saure Durchfälle nach Einführung von Saccharose oder Stärke in Beikost oder Folgemilch	Saccharase-Isomaltase-Mangel	Stuhl: pH, reduzierende Substanzen, Disaccharidasebestimmung im Schleimhautbiopsat
– Wässrige saure Durchfälle seit Geburt, Sistieren unter Nahrungskarenz	Glukosemalabsorption	Glukose im Stuhl, Glukosebelastungstest
– Wässrige Durchfälle seit Geburt, aufgetriebenes Abdomen	Chloriddiarrhö, Natriumdiarrhö	Elektrolyte im Serum, Urin und Stuhl
– Durchfälle, Dermatitis an Akren, perioral, perianal	Acrodermatitis enteropathica, sekundärer Zinkmangel	Zink im Serum, alkalische Phosphatase, Fettsäurestatus
– Schleimig-blutige Stühle bei gestilltem oder mit Formel ernährtem Säugling, Eosinophilie	Allergische Enterokolitis (Kuhmilcheiweiß, Sojaeiweiß, Muttermilch)	Allergenkarenz und Belastung
– Wässrige, sekretorische Durchfälle seit Geburt, kein Sistieren bei Nahrungskarenz	Mikrovillusatrophie	Dünndarmbiopsie mit Elektronenmikroskopie
– Geblähtes Abdomen, massige Stühle, Misslaunigkeit, Kleinwuchs	Zöliakie	IgG-, IgA-Gliadinantikörper, IgA-Endomysiumamtikörper, Dünndarmschleimhautbiopsie
– Bauchschmerzen, Tenesmen, blutig-schleimige Durchfälle, Aphthen, perianale Läsionen, Anämie, Entzündungszeichen	Chronisch entzündliche Darmerkrankung (M. Crohn, Colitis ulcerosa)	Obere und untere Endoskopie mit Biopsie, Magen-Darm-Passage
– Massige Stühle, Blähbauch, Auslandaufenthalt	Lambliasis	Lamblien im Stuhl, Duodenalsekret oder -biopsat
– Hypoproteinämie, Ödeme, Hypotriglyzeridämie, Lymphozytopenie, IgG-Mangel	Primäre oder sekundäre Lymphangiektasie	α_1-Antitrypsin im Stuhl, Magendarmpassage, Dünndarmbiopsie
– Steatorrhö, Neuropathie, Ataxie, mentale Retardierung, Retinitris pigmentosa, Akanthozytose	Aβ-Lipoproteinämie	Funduskopie, Fettstatus, Lipoproteine, Apoprotein B, Vitamin E
– Steatorrhö	Chylomikronenretentionskrankheit	Apoproteine, Dünndarmschleimhautbiopsie nach Fettmalzeit, Elektronenmikroskopie
– Chronische/rezidivierende Infektionen, Durchfälle, z. T. Malabsorption	Angeborener oder erworbener Immundefekt	Multimerieux-Test, spezifische immunologische Diagnostik
– Anorexie, Erbrechen, mentale Retardation, Hepatosplenomegalie, Kleinwuchs	Lysinurische Proteinintoleranz	Aminosäuren im Plasma und Urin

ven- oder Rapsöl) und Kohlenhydraten (Maltodextrin), sowie die Gabe energiereicher Zwischenmahlzeiten, z. B. in Form selbsthergestellter Milchshakes, Eis mit Sahne, Schoko- und Müsliriegel, Nüsse, Kartoffelchips etc.

In der Regel werden die häuslich zubereiteten Mahlzeiten den kommerziell erhältlichen Supplementnahrungen geschmacklich vorgezogen. Wenn aber häusliche Maßnahmen allein nicht ausreichen, um eine normale Gewichtsentwicklung zu erzielen, können Formeldiäten in Form von energiereichen Trinknahrungen hilfreich sein. Aus praktischen Erwägungen (handliche Abpackung, keine Zubereitungszeit), aber auch bei sozial schwach gestellten Familien (Supplementnahrungen sind je nach Indikation ggf. rezeptierfähig), erfreuen sich diese inzwischen in großer Auswahl zur Verfügung stehenden kommerziellen Trinknahrungen zunehmender Beliebtheit. Trink- und auch Sondennahrungen, die für den Bedarf von Erwachsenen konzipiert sind, dürfen insbesondere im Säuglings-, Kleinkind- und Grundschulalter nicht angewendet werden, da sie keine angemessene Deckung des kindlichen Nährstoffbedarfs (s. *Tabelle 23-11*) gewährleisten kön-

Tabelle 23-10. Differenzialdiagnose des Untergewichts infolge erhöhten Energieverbrauchs

Weiterführende Befunde	Verdachtsdiagnose	Bestätigung der Diagnose
– Tachypnoe, Dyspnoe	Pulmonolog. Erkrankung z. B. CF, interstitielle Erkrankung, Tuberkulose	Röntgen: Thorax, Lungenfunktion, Schweißtest, GT-Test
– Tachykardie, Zyanose, Herzgeräusch, Hepatomegalie	Herzerkrankung	Kardiologische Abklärung
– Vermehrtes Schwitzen, Tachykardie, Muskelschwäche	Hyperthyreose	fT3, fT4, Schilddrüsenantikörper
– Erhöhte Entzündungsparameter, Fieber	Chronische Infektion	Gezielte Organdiagnostik
– Neuromuskuläre Symptome, Lethargie, Apnoen, Schwitzen, Kardiomyopathie, Erbrechen, Durchfall	Atmungskettendefekt	Laktat, Pyruvat im Serum und ggf. im Liquor
– Solider Tumor, hämatologische Befunde	Tumorerkrankung	Onkologische Abklärung
– Motorische Unruhe	Hyperkinese	Neurologische Abklärung
– Ikterus, Zeichen der chronischen Lebererkrankung oder portalen Hypertension	Leberinsuffizienz	Transaminasen, γ-GT, Cholinesterase, Albumin, Gerinnung

nen und ein für Kinder zu hohes Protein-/Energieverhältnis aufweisen. Deshalb sollten ausschließlich kindgerecht konzipierte Produkte eingesetzt werden (*Tabelle 23-14, 23-15*).

Eine Sondenernährung bleibt denjenigen Patienten vorbehalten, bei denen die vorgenannten Schritte allein nicht zum Erfolg im Sinne einer ausreichenden einer konsequenten enteralen Ernährungstherapie bei mangelernährten Kindern und Jugenlichen zeigen, u. a. mit Aufholwachstum, deutlich gebessertem Wohlbefinden und verminderter Zahl von Infektionen. Nachuntersuchungen von Patienten mit zystischer Fibrose, die wegen Malnutrition mit einer intensivierten Ernährungstherapie behandelt wurden, zeigten noch Jahre nach Ende der Therapie günstigere Ergebnisse für Gewicht, Größe, Lungenfunktion und Mortalität als bei einem nicht intensiviert behandelten Kontrollkollektiv [13–16]. Allerdings sollte vor Einleitung einer Hyperalimentation kritisch geprüft werden, ob ggf. absolute oder relative Kontraindikationen vorliegen, z. B. eine pathologische Glukosetoleranz oder eine intestinale Motilitätsstörung.

Eine nasogastrale Sondierung ist zur Erprobung der Sondenernährung oder für eine zeitlich begrenzte Therapiemaßnahme geeignet. Bei langfristig notwendiger Therapie ist die Anlage einer perkutan endoskopisch angelegten Gastrostomie (PEG) in einem kindergastroenterologischen Zentrum zu erwägen. Besteht ein ausgeprägter gastroösophagealer Reflux oder wird die sondierte Nahrung häufig erbrochen, sollte die Nahrung ggf. kontinuierlich distal des Treitz-Bandes durch eine jejunale Sonde appliziert werden (**Cave:** Risiko des Dumpingsyndroms bei inadäquater Praxis der Sondierung!). Zur Vermeidung von Aspirationen und Verschlechterung der pulmonalen Situation ist bei einigen Kindern ggf. auch die Anlage der PEG in Kombination mit einer Antirefluxoperation zu erwägen, z. B. einer Semifundoplicatio oder einer Hiatusplastik mit Gastropexie. Eine Fundoplicatio nach Nissen sollte wegen des besonders bei jüngeren Kindern großen Risikos für das Auftreten eines Dumpingsyndroms nicht durchgeführt werden.

In der Regel wird die Sondennahrung und damit die zusätzlichen Kalorienzufuhr nur nachts appliziert, damit die betroffenen Kinder und Jugendlichen während des Tages ihre normalen Mahlzeiten essen können und bei Schulbesuch und Freizeitaktivitäten nicht mehr als unbedingt notwendig beeinträchtigt werden.

23.3.1 Formelnahrungen

Nach den geltenden Arzneimittelrichtlinien sind neben therapeutischen Eiweißhydrolysaten und Aminosäuremischungen bei angeborenen Stoffwechselerkrankungen auch Formeldiäten als Sondennahrung bei medizinisch indizierter Sondenernährung verordnungsfähig. Als Trinknahrung werden die Kosten bei M. Crohn, Kurzdarmsyndrom und untergewichtigen Patienten mit Mukoviszidose bei Vorlegen eines ärztlichen Attests über die medizinische Indikation von den Kostenträgern übernommen. Bei anderen Indikationen muss vor Rezeptur ein Kostenübernahmeantrag bei der Krankenkasse gestellt werden.

23.3.2 Bilanzierte Formelnahrungen

Nicht bilanzierte Formeldiäten stellen die Bedarfsdeckung essenzieller Nährstoffen nicht sicher und werden deshalb nur als supplementierende Ergänzung zu anderer Nahrungszufuhr verwendet, z. B. zur Erhöhung der Proteinzufuhr bei Kachexie. Bei den voll bilanzierten Nahrungen unterscheiden wir Säuglingsnahrungen (s. *Tabelle 23-14*), hochmolekulare, nährstoffdefinierte (s. *Tabelle 23-15*) und niedermolekulare, chemisch definierte Nahrungen (Aminosäure-, Peptid- oder Oligopeptidnahrungen). Eine darüber hinausgehend Unterteilung der bilanzierten Formelnahrungen beruht auf weiteren Charakteristika ihrer Zusammensetzung.

Die Standardnahrungen werden zumeist auf der Basis des biologisch hochwertigen Milcheiweißes hergestellt und haben eine Energiedichte von 1,0 kcal/ml (1 kcal=4,187 kJ), sie enthalten keine mittelkettigen Triglyzeride (MCT) und sind meist cholesterinarm, gluten- und fruktosefrei sowie laktosearm. Als Standardnahrungen werden heute mit Ballaststoffen angereicherten Formeldiäten eingesetzt, die etwa 10–15 g Ballaststoffe/1000 kcal enthalten. Die Zugabe von Ballaststoffen hat regulierende Einflüsse auf die Darmfunktion und -motilität [6, 17, 18]. Trotz Erhöhung der Viskosität sind selbst bei Verwendung dünnlumiger Ernährungssonden mechanische Komplikationen kaum gehäuft.

Die bilanzierten Formeldiäten werden mit verschiedenen Geschmacksrichtungen auch als Trinknahrungen recht

Tabelle 23-11 (Teile A, B und C). Referenzwerte der Deutschen, Österreichischen und Schweizerischen Gesellschaften für Ernährung 2000 [32] für die Zufuhr an wichtigen Nährstoffen in Abhängigkeit von Lebensalter und Geschlecht (Zufuhr/kgKG/24 h [/kg/24 h] oder pro Tag [/24 h]. Beachte: Der individuelle Bedarf gesunder und v. a. chronisch kranker Individuen kann erheblich von diesen Referenzwerten abweichen!

Teil A

Alter	Wasser [ml/24 h]	Energie [kcal/24 h] m./w.	Protein [g/kg&24 h] m./w.	Fett (% kcal)	Essenzielle Fettsäuren [% kcal] ω-6	[% kcal] ω-3	Kalzium [mg/24 h]
0–<4 Monate	620	500/450	0–1 Monate: 2,7 1–2 Monate: 2,0 2–4 Monate: 1,5	45–50	4,0	0,5	220
4–<12 Monate	400	700	4–6 Monate: 1,3 6–12 Monate: 1,1	35–45	3,5	0,5	400
1–<4 J.	820	1100/1000	1,0	30–40	3,0	0,5	600
4–<7 J.	940	1500/1400	0,9	30–35	2,5	0,5	700
7–<10 J.	970	1900/1700	0,9	30–35	2,5	0,5	900
10–<13 J.	1170	2300/2000	0,9	30–35	2,5	0,5	1100
13–<15 J.	1330	2700/2200	0,9	30–35	2,5	0,5	1200
15–<19 J.	1530	3100/2500	0,9/0,8	30	2,5	0,5	1200

Teil B

Alter	Magnesium [mg/24 h] m./w.	Eisen [mg/24 h] m./w.	Jod [μ g/24 h] m./w.	Zink [mg/24 h]	Vitamin A [mg Retinoläquivalent/24 h]	Vitamin D [μ g/24 h]	Vitamin K [μ g/24 h] m./w.
0–<4 Monate	24	0,5	40/50	1,0	0,5	10	4
4–<12 Monate	60	8	80/50	2,0	0,6	10	10
1–<4 J.	80	8	100/90	3,0	0,6	5	15
4–<7 J.	120	8	120/90	5,0	0,7	5	20
7–<10 J.	170	10	140/120	7,0	0,8	5	30
10–<13 J.	230/250	12/15	180/120	9,0/7,0	0,9	5	40
13–<15 J.	310	12/15	200	9,5/7,0	1,1/1,0	5	50
15–<19 J.	400/350	12/15	200	10/7	1,1/0,9	5	70/60

Teil C

Alter	Thiamin [mg/24 h] m./w.	Riboflavin [mg/24 h] m./w.	Niacin [mg Niacinäquivalent/24 h] m./w.	Vitamin B_6 [mg/24 h]	Folsäure [Nahrungsfolat, μg/24 h]	Vitamin B_{12} [μg/24 h]	Vitamin C [mg/24 h]
0–<4 Monate	0,2	0,3	2	0,1	60	0,4	50
4–<12 Monate	0,4	0,4	5	0,3	80	0,8	55
1–<4 J.	0,6	0,7	7	0,4	200	1,0	60
4–<7 J.	0,8	0,9	10	0,5	300	1,5	70
7–<10 J.	1,0	1,1	12	0,7	300	1,8	80
10–<13 J.	1,2/1,0	1,4/1,2	15/13	1,0	400	2,0	90
13–<15 J.	1,4/1,1	1,6/1,3	18/15	1,4	400	3,0	100
15–<19 J.	1,3/1,0	1,5/1,2	17/13	1,6/1,2	400	3,0	100[a]

[a] *Raucher 150 mg Vitamin C/Tag.*

gut akzeptiert. Die Abpackung in Tetrabriks macht sie insbesondere für Kinder und Jugendliche attraktiv und praktisch leicht einsetzbar, so können die Trinknahrungen einfach in die Schule oder zu Freizeitaktivitäten mitgenommen werden. Hochkalorische Nahrungen mit einer Energiedichte von meist 1,5 kcal/ml enthalten einen deutlich höheren Fettanteil, sodass die Osmolarität meist nur geringfügig höher ist. Bei Fettassimilationsstörungen werden die fettreichen, hochkalorischen Nahrungen trotz eines meist hohen Anteils an MCT nicht immer gut vertragen.

23.4 Deckung des Flüssigkeitsbedarfs

Die Deckung des Flüssigkeitsbedarfes ist nicht immer ganz einfach (z. B. bei vermehrten Flüssigkeitsverlusten) und bedarf insbesondere bei jüngeren Kindern und bei neurologisch beeinträchtigten Patienten besondere Aufmerksamkeit. Standardnahrungen (1 kcal/ml) enthalten pro Liter Zufuhrmenge größenordnungsmäßig etwa 850 ml Wasser, sodass der normale Flüssigkeitsbedarf (s. *Tabelle 23-13*) bei einer dem Kalorienbedarf entsprechenden Zufuhrmenge in der Regel

Tabelle 23-12. Anhaltswerte für den mittleren Energie- und Proteinbedarf unter Krankheitsbedingungen. (Mod. nach [9])

Bedingung	Klinische Diagnose	Energiebedarf	Proteinbedarf
Gesundes Kind	Normale Population	100%	100%
Leichter Stress	Anämie, Fieber, milde Infektion, elektive kleiner Operation	100–120%	150–180%
Mittlerer Stress	Skeletttrauma, schwächende chronische Erkrankungen (z. B. zystische Fibrose mit mäßig vermehrter Atemarbeit)	120–140%	200–250%
Großer Stress	Sepsis, schwere Skelettmuskeltraumata, größere Operationen	140–170%	250–300%
Bedrohlicher Stress	Schwere Verbrennung, schnelle Rehabilitation nach Unterernährung	170–200%	300–400%

gedeckt wird, sofern nicht ein zusätzlicher Mehrbedarf beispielsweise durch Hypersalivation oder andere Sekretverluste, Hyperventilation oder Fieber vorliegt. Dagegen wird mit der alleinigen Gabe einer hochkalorischen Sondennahrung (1,5 kcal/ml; ca. 530 ml Wasser/l Zufuhrmenge) der Flüssigkeitsbedarf der meisten kindlichen Patienten nicht gedeckt, sodass bei längerfristiger Sondenernährung ohne zusätzliche Wasserzufuhr eine hypertone Dehydratation auftreten kann.

23.5 Trink- und Sondennahrungen für spezielle Indikationen

Krankheitsspezifische und individuelle Faktoren müssen bei der Auswahl der Formeldiät berücksichtigt werden. Für Patienten mit diabetischer Stoffwechsellage, Nieren- und Leberinsuffizienz stehen Nahrungen mit spezieller Zusammensetzung zur Verfügung.

Nahrungen mit einem hohen Anteil an mittelkettigen Triglyzeriden (MCT) werden sowohl als hochkalorische als auch als normokalorische Nahrungen angeboten. MCT sind stärker wasserlöslich als langkettige Triglyzeride und ihre Hydrolyse zu freien Fettsäuren durch die Pankreaslipase sowie die intestinale Resorption erfolgt rascher und effektiver, sodass sie mit Erfolg bei Patienten mit schwerer Fettmalabsorption eingesetzt werden. Allerdings ist der biologische Brennwert von MCT um mehr als 15% geringer als der von langkettigen Triglyzeriden, sodass ein Nutzen für die Energiebilanz nur eintritt, wenn durch MCT die Fettabsorption um mehr als 15% gesteigert wird. Zu bedenken ist, dass bei exokriner Pankreasinsuffizienz, z. B. bei Kindern und Jugendlichen mit zystischer Fibrose auch bei der Zufuhr von MCT die Gabe von Pankreasenzympräparaten für eine effektive Hydrolyse notwendig ist.

Bei Gabe sehr großer MCT-Mengen kann es durch die rasche Hydrolyse zu osmotischen Durchfällen, Blähungen und Bauchschmerzen kommen. Deshalb sollte die Zufuhrrate nicht zu schnell gesteigert werden. Die hydrolysierten mittelkettigen Fettsäuren gelangen direkt über den portalen Blutstrom in die Leber, wo sie zum großen Teil rasch oxidiert werden. MCT sind ketogen und sollten deshalb bei Patienten mit Neigung zur Ketose oder Azidose nur mit größter Zurückhaltung und unter fortgesetzten Kontrollen eingesetzt werden, da bei dieser Stoffwechselsituation die Kapazität der Utilisation von Ketonkörpern in extrahepatischen Geweben bereits erschöpft sein kann. MCT haben einen starken thermogenetischen Effekt und erhöhen den Energieverbrauch in Ruhe, entsprechend führten sie bei Tieren bei gleicher Energiezufuhr zu einer geringeren Gewichtszunahme als bei der Gabe natürlicher langkettiger Fette. Während bei Fettdigestions-, Fettresorptions- und Fetttransportstörungen die Vorteile der MCT unumstritten sind, sollte bei normaler Fettverdauung der Einsatz von MCT nicht kritiklos erfolgen.

Für Patienten mit pulmonaler Insuffizienz werden hochkalorische Nahrungen mit hohem Fettgehalt angeboten, wobei jedoch keine speziellen Produkte für pädiatrische Patienten verfügbar sind. Ein hoher Fettanteil an der Energiezufuhr bedingt aufgrund des niedrigen respiratorischen Quotienten (RQ, Quotient zwischen CO_2-Produktion und O_2-Verbrauch) bei der Oxidation von Fett (RQ ≈0,7) im Vergleich zur Kohlenhydratverbennung (RQ ≈1,0) bei gleicher Energiezufuhr eine deutlich geringere Kohlendioxidproduktion [19]. Im Falle einer pulmonalen Funktionsstörung mit beinträchtigter CO_2-Abatmung und konsekutiver Hyperkapnie kann deshalb eine Ernährung mit hohem Fettanteil vorteilhaft sein und beispielsweise die Entwöhnung von einer mechanischen Ventilation erleichtern. Bei mäßiggradiger Einschränkung der Lungenfunktion ist ein Vorteil jedoch nicht erwiesen. Bei terminaler pulmonaler Insuffizienz ist zwar ein Austausch von Kohlenhydraten gegen Fette grundsätzlich sinnvoll, die CO_2-Produktion steigt aber mit der Energiezufuhr an. Deshalb birgt eine hochkalorische Ernährung auch bei günstigem respiratorischen Quotienten die Gefahr einer Aggravation der Hyperkapnie in sich und ist nicht indiziert.

Bei Nahrungsmittelallergien oder Stoffwechselkrankheiten ist eine besonders genaue Kenntnis der Nahrungszusammensetzung und der individuellen Bedürfnisse des Patienten

Tabelle 23-13. Stufenprogrammm der Ernährungstherapie bei Kindern und Jugendlichen mit Malnutritionsrisiko. (Mod. nach [11])

1. Ab Diagnosestellung: Regelmäßige Überwachung des Ernährungszustands, regelmäßige Ernährungsberatung
   Ziel: Bedarfsgerechte Zufuhr, energiedichte Nahrung

=> Frühzeitig bei Gewichtsabweichung vom Perzentilenverlauf:

2. Intensivierte Diätberatung
   Erhöhte Zufuhr mit häuslichen Mitteln (z. B. Snacks, Milchshakes)
3. Trinkbare Supplementnahrung
4. Ergänzende nächtliche Sondenernährung
   Vorübergehend über nasogastrische Sonde, falls toleriert. Andernfalls und auch bei langfristig notwendiger Sondierung ggf. perkutan endoskopische Gastrostomie (PEG)
5. Kontinuierliche Sondenernährung

Tabelle 23-14. In Deutschland erhältliche therapeutische Nahrungen für Säuglinge mit Kuhmilchproteinallergie oder schwerem Malabsorptionssyndrom

Firma	Name	Eiweißquelle	MCT [%]	[kcal/100 ml]	[mosmol/l]
Hydrolysatnahrungen					
Mead-Johnson	Nutramigen	Kasein	–	67	290
Mead-Johnson	Pregestimil	Kasein	(40)	67	290
Milupa	Pregomin	Schweinekollagen, Soja	–	75	200–210
Nestlé	Alfaré	Molkeprotein	(50)	72	194
Elementardiäten					
SHS	Neocate	freie AS	–	71	320[a]
Milupa	Pregomin AS	freie AS	–	73	300–320

[a] *mosmol/kg Wasser.*

notwendig. Auch bei anderen Erkrankungen, die eine Diätmodifikation erfordern, kann eine entsprechend modifizierte Formelnahrung hilfreich sein. So kann eine D-Laktatazidose bei Kurzdarmsyndrom durch Gabe einer Formelnahrung mit überwiegend hochmolekularen Kohlenhydraten und Fruktose, die nicht Substrat zur D-Laktatbildung sind, effektiv therapiert und das Auftreten weiterer azidotische Krisen verhindert werden [20]. Bei Maldigestion oder Malabsorption und bei Kindern mit Kurzdarmsyndrom können niedermolekulare Diäten mit oder ohne MCT je nach Bedarf eingesetzt werden [21–23]. Sie werden fast vollständig im oberen Dünndarm resorbiert. Sie enthalten komplexe Kohlenhydrate zur Vermeidung einer zu hohen Osmolarität. Wegen des schlechten Geschmacks der Polypeptide kommen sie nahezu nur für die Sondenernährung in Frage.

Der Geschmack von Formeldiäten ist für die Akzeptanz von großer Bedeutung und auch bei gastraler Sondierung wegen des gelegentlichen Aufstoßens nicht völlig zu vernachlässigen. Viele Nahrungen werden mit verschiedenen Geschmacksrichtungen angeboten, die vom Patienten beurteilt und ausgewählt werden sollten. Ein hoher Gehalt an Mono- und Disacchariden kommt den kindlichen Geschmackspräferenzen entgegen, er erhöht jedoch ebenso wie die Zugabe von Geschmacksstoffen die Osmolarität der Nahrung. Hyperosmolare Nahrungen sind im allgemeinen schlechter verträglich, ihre Entleerung aus dem Magen ist verzögert. Insbesondere bei transpylorischer Sondierung können sie zu »Dumping«-Symptomen und osmotischen Durchfällen führen. Formelnahrungen sollten deshalb in aller Regel nicht mit Zucker nachgesüsst werden, allenfalls mit Süssstoff.

23.5.1 Formelnahrungen für Säuglinge

Für Säuglinge werden übliche Säuglingsformelnahrungen auch zur Sondenernährung eingesetzt. Für Patienten mit gestörter Darmfunktion stehen laktosefreie, hochmolekulare Sojamilchformeln, chemisch definierte Hydrolysatnahrungen und Elementarnahrungen zur Verfügung, die sich insbesondere durch die verwandte Stickstoffquelle, den Gehalt an MCT und die Osmolarität unterscheiden und diesbezüglich auch individuell ausgesucht werden sollten (s. *Tabelle 23-14*).

> Bei bestehender Kuhmilchproteinintoleranz sollten initial keine Nahrungen auf der Basis von Sojaeiweiß eingesetzt werden, da es hier häufig zu Sensibilisierungen auch gegen Soja kommt [24].

Statt dessen sind extensive Hydrolysatnahrungen, bei hochsensibilisierten Säuglingen ggf. auch Nahrungen auf der Basis kristalliner Aminosäuren einzusetzen (s. *Tabelle 23-14*). Hier muss mit dem jeweiligen Kostenträger die Übernahme der dadurch entstehenden, oft erheblichen Kosten geklärt werden. Allerdings kann einige Monate nach Therapiebeginn bei vielen Säuglingen mit Nahrungsmittelallergie sekundär eine Sojanahrung eingesetzt werden.

23.5.2 Formelnahrungen für Kinder

Lange stellte die ausschließliche Sondenernährung von Kleinkindern ein Problem dar, da weder Säuglingsnahrungen noch die für Erwachsene konzipierten Formeldiäten dem Bedarf dieser Altersgruppe gerecht werden. Häufig werden Säuglingsnahrungen zur Erhöhung des Energiegehalts mit Stärke und Fett angereichert. Dies kann bei ausschließlicher Ernährung zu Fehlbilanzen an Vitaminen, Spurenelementen und Mineralstoffen führen. Außerdem ist zu bedenken, dass dadurch die Osmolarität erhöht wird. Für Erwachsene bilanzierte Diäten haben einen zu hohen Eiweißgehalt. Aufgrund der geringeren Zufuhrmenge, die jüngere Kinder erhalten, kann die Vitamin- und Mineralstoffzufuhr unzureichend sein. Inzwischen sind hochmolekulare nährstoffdefinierte Formelnahrungen auf Milcheiweißbasis für Kinder erhältlich (s. *Tabelle 23-15*). Sie unterscheiden sich in ihrer Zusammensetzung insbesondere bezüglich ihrer Kaloriendichte, wodurch die Wasserzufuhr bezogen auf 100 kcal entsprechend unterschiedlich ist.

Tabelle 23-15. Bilanzierte Formelnahrungen für Kinder

Firma	Name	Geschmack	Energie; Nährstoffrelation, MCT, Ballaststoffe (BST) Osmolarität
Fresenius	Frebini original fibre	Neutral	1,0 kcal/ml 10%P:40%F:50%KH 18% MCT, 0,75 g BST/100 ml 180 mosmol/l
Fresenius	Frebini energy/energy fibre Drink	Kakao* Erdbeere Banane	1,5 kcal/ml 10%P:40%F:50%KH 18% MCT, 1,13 g BST/100 ml 330 mosmol/l
Pfrimmer Nutricia	Nutrini L.EN 1–6 Jahre	Neutral	0,75 kcal/ml 9%P:36%F:55%KH keine MCT, 0 g BST/100 ml 190 mosmol/l

Tabelle 23-15. Fortsetzung

Firma	Name	Geschmack	Energie; Nährstoffrelation, MCT, Ballaststoffe (BST) Osmolarität
Pfrimmer Nutricia	Nutrini L.EN Multi-Fibre	Neutral	0,75 kcal/ml 9%P:36%F:55%KH keine MCT, 0,8 g BST/100 ml 190 mosmol/l
Pfrimmer Nutricia	Nutrini	Neutral	1,0 kcal/ml 11%P:40%F:49%KH keine MCT, 0 g BST/100 ml 215 mosmol/l
Pfrimmer Nutricia	Nutrini Multi-Fibre	Neutral	1,0 kcal/ml 11%P:40%F:49%KH keine MCT, 0,8 g BST/100 ml 215 mosmol/l
Pfrimmer Nutricia	Nutrini Energy	Neutral	1,5 kcal/ml 11%P:40%F:49%KH keine MCT, 0 g BST/100 ml 320 mosmol/l
Pfrimmer Nutricia	Nutrini Energy Multi-Fibre	Neutral	1,5 kcal/ml 11%P:40%F:49%KH keine MCT, 0,8 g BST/100 ml 320 mosmol/l
Pfrimmer Nutricia	Trentrini 7–12 Jahre	Neutral	1,0 kcal/ml 13%P:38%F:49%KH keine MCT, 0 g BST/100 ml 245 mosmol/l
Pfrimmer Nutricia	Trentrini Multi-Fibre	Neutral	1,0 kcal/ml 13%P:38%F:49%KH keine MCT, 1,1 g BST/100 ml 235 mosmol/l
Pfrimmer Nutricia	Trentrini Energy	Neutral	1,5 kcal/ml 13%P:38%F:49%KH keine MCT, 0 g BST/100 ml 335 mosmol/l
Pfrimmer Nutricia	Trentrini Energy Multi-Fibre	Neutral	1,5 kcal/ml 13%P:38%F:49%KH keine MCT, 1,1 g BST/100 ml 330 mosmol/l
Pfrimmer Nutricia	Bioni Multi-Fibre	Kakao, Vanille, Himbeer, Erdbeer	1,5 kcal/ml 9%P:41%F:50%KH keine MCT, 1,5 g BST/100 ml 390 mosmol/l
Novartis	Isosource Junior	Vanille, Multifrucht	1,2 kcal/ml 9% P:35% F:56% KH 15% MCT, 0 g BST/100 ml 222 mosmol/l
Nestle	Peptamen Junior	Neutral plus Geschmacksstoffe Oligopeptiddiät	1,0 kcal/ml 12%P:35%F:53%KH 60%MCT, BST frei 270 mosmol/

23.5.3 Selbstzubereitung von Sondennahrungen

Homogenisierte Lebensmittel, also selbsthergestellte Flüssignahrungen, sind eine mögliche Alternative zur Verwendung von Formelnahrungen bei Kindern mit intakter Magen-Darm-Funktion und normalem Nährstoffbedarf. Geschmacklich sind sie z. T. angenehmer als Formelnahrungen, was bei der Sondierung aber eine untergeordnete Rolle spielt. Die Herstellung erfordert allerdings mehr Zeit, mechanische Probleme durch erhöhte Viskosität können gehäuft auftreten und das Risiko einer bakteriellen Kontamination ist erhöht. Wichtig ist, dass die selbsthergestellten Nahrungen nicht bilanziert sind und deshalb ein erhöhtes Risiko besteht, dass der Nährstoffbedarf nicht angemessen gedeckt wird. Die Gesamtkosten der Selbstherstellung sind niedriger, wenn man den Zeit- und Personalaufwand für die Herstellung nicht in Rechnung stellt. Für die betroffene Familie fallen jedoch mehr Kosten an, da Sondennahrungen von den Kassen bezahlt werden.

Manche Eltern haben trotz der aufgeführten Nachteile insbesondere aus psychologischen Gründen den Wunsch, die Nahrung selbst herzustellen, um für ihr Kind etwas Gutes im Sinne einer Zuwendung tun zu können. Ein wesentliches Problem besteht darin, eine bedarfsdeckende ausgewogene Ernährung herzustellen, da die Auswahl zum Homogenisieren geeigneter Nahrungsmittel beschränkt ist. Darum sollten die Eltern unbedingt durch eine Diätassistentin gut informiert werden.

23.6 Ernährungssonden

Wenn die orale Ernährung nicht ausreichend oder ganz unmöglich ist, ist eine Sondenernährung erforderlich. Dafür stehen verschiedene Sonden zur Auswahl (*Tabelle 23-16*). Die sehr preisgünstig angebotenen Sonden aus Polyvinylchlorid (PVC) sind für die Langzeitsondierung nicht geeignet. Sie enthalten Weichmacher, die sich binnen 1–2 Tagen im Körper herauslösen. Die Sonden werden dann hart und spröde und können Drucknekrosen und Verletzungen hervorrufen. Die potenzielle Toxizität des herausgelösten Weichmachers wird kontrovers diskutiert.

Weiche Polyurethan- und Silikonkautschuksonden können Wochen und selbst mehrere Monate lang liegenbleiben. Polyurethan ermöglicht geringe Wandstärken und ist daher besonders für dünne Sonden geeignet. Nachteile der noch weicheren Silikonsonden sind der etwa 2,5fache Preis, die leichte Verletzlichkeit des Materials und der geringere Innendurchmesser bei dickerer Wandstärke. Sehr dünne und weiche Sonden sind für den Patienten am angenehmsten, haben aber auch Nachteile. Sie werden leichter herausgehustet oder -gewürgt, kollabieren bei Aspiration von Magen- oder Duodenalsaft und eine tracheale Fehlplatzierung kann insbesondere bei fehlendem Hustenreflex unbemerkt bleiben.

Sehr weiche Sonden sind oft nur mit Mandrin zu legen. Als Gleitmittel kann z. B. MCT-Öl verwendet werden. Bei Silikonsonden lassen sich Mandrins wegen der raschen Absorption der Gleitmittel von der porösen Silikonwand trotzdem oft schwer ziehen. Bei gastraler Platzierung kann die Lage auskultatorisch nach Eingabe von Luft oder durch Aspiration von Magensaft mit pH-Kontrolle überprüft werden. Die transpylorische Platzierung ist schwieriger und gelingt oft nur mit Man-

Tabelle 23-16. Zur enteralen Langzeiternährung bei Kindern und Jugendlichen geeignete Ernährungssonden

Firma	Name	Material	Umfang [Ch.]	Längen [cm]
Abbott	Flexiflo	Polyurethan	8,0	114
			10,0	114
			12,0	91, 114
Braun	Nutritub	Polyurethan	6,0	60
			8,0	100
			12,0	100
			14,0	122
Fresenius	Freka-Ernährungssonde	Polyurethan	8,0	60
	Freka-Paed-Sonde	Polyurethan	6,5	50
			9,0	60
Pfrimmer	PUR-Soft			
Nutricia	Nutrisoft	Polyurethan	5,0	40, 60
	Flocare Nutrisoft	Silikon	7,3	60, 80
			9,6	80
			7,3	40, 60, 80
			9,6	80
			8,0	60
			10,0	90

drin unter Durchleuchtung oder endoskopisch. Die Sondenlage kann zuverläässig nur radiologisch kontrolliert werden.

23.6.1 Perkutane endoskopische Gastrostomie (PEG)

Viele Kinder und Jugendliche tolerieren eine nasoenterale Sonde über Monate bis Jahre gut. Einige Kinder legen sich sogar über Jahre problemlos abends selbst ihre Sonde, um sie morgens vor dem Schulbesuch wieder zu ziehen. Andere Patienten aber leiden neben den kosmetischen Problemen bei nasoenteraler Sondenernährung auch an Reizungen im Nasen-Rachen-Raum, Würgereiz oder – v. a. Patienten mit Mukoviszidose oder AIDS mit pulmonalen Problemen – an häufigen Dislokationen der Sonde durch Husten. Bei einer notwendigen Langzeitsondierung können diese Probleme durch eine perkutane endoskopisch gelegte Gastrostomie (PEG) ausgeschaltet werden (s. Kap. 19).

Die PEG wird heute meist mit dem sog. »Durchzugverfahren« gelegt, wozu fertige Sets zur Verfügung stehen. Eine fehlende Diaphanoskopie vor Punktion des Magens ist eine Kontraindikation. Die Technik des Durchzugverfahrens wurde gegenüber anderen, wie der »Durchschubtechnik« oder nicht endoskopischen Techniken insbesondere bei kleineren Kindern als vorteilhaft bewertet. Bei sehr kleinen Kindern kann allerdings der Durchzug der Sonde mit der inneren Halteplatte durch den Ösophagus problematisch sein. Daher empfiehlt sich bei jüngeren Kindern die Anlage in Intubationsnarkose.

Die Ernährung über die Sonde kann nach 24 h begonnen werden. Die Katheteraustrittstelle wird mit einer sterilen Kompresse abgedeckt. Die Kinder können mit der liegenden PEG duschen, baden und auch schwimmen gehen, wenn anschließend der Wundverband erneuert wird. Die Akzeptanz dieser Sonden ist groß. Auch bei Säuglingen und kleineren Kindern sollten möglichst Sonden mit einer Größe von Ch. 14–16 gelegt werden, da bei Verwendung kleinerer Sondendurchmesser (Ch. 9) ein deutlich höheres Risiko der Verstopfung besteht, insbesondere auch bei der Sondierung von Medikamenten und zudem eine spätere Buttonanlage nicht ohne weiteres möglich ist.

Eine Alternative zur Gastrostomiesonde ist die Knopfgastrostomie (sog. Button), die bei ausgewählten Patienten und deren Eltern insbesondere wegen kosmetischer Vorteile eine bessere Akzeptanz findet [25]. Ferner wurden geringere Hautirritationen und eine geringere Bildung von Granulationsgewebe beobachtet. Die Sondengastrostomie kann nach 3 Monaten durch eine Knopfgastrostomie ersetzt werden, umwandelbare Systeme stehen zur Verfügung.

Komplikationen bei und nach der Anlage der PEG im Kindesalter sind nicht selten und können nicht allein auf mangelnde Erfahrung in den Besonderheiten bei Kindern und daraus resultierenden technischen und anästhesiologischen Problemen zurückgeführt werden, weshalb die Anlage im Interesse der Patienten nur in erfahrenen kindergastroenterologischen Zentren erfolgen soll. Aber auch in pädiatrischen Zentren mit großer Erfahrung treten bei etwa 10–20% der behandelten Kinder ernste Komplikationen auf, wie z. B. von der Eintrittsstelle ausgehende Infektionen, Bildung von Granulationsgewebe, Blutungen, Sondenleckagen, -dislokationen oder -obstruktionen [26–30]. Dabei erscheinen Patienten mit Multimorbidität hinsichtlich des Auftretens ernster Komplikationen besonders gefährdet [30].

23.6.2 Ernährungspumpen

Die kontinuierliche Sondierung sollte bei Kindern immer über Ernährungspumpen erfolgen, um eine gleichmäßige, mengengesteuerte Nahrungszufuhr zu gewährleisten. Bei der Auswahl der Ernährungspumpe ist u. a. auch auf den einstellbaren Bereich der Pumprate und die Einstellintervalle zu achten (*Tabelle 23-17*). Die verfügbaren Pumpen unterscheiden sich in Größe und Preis. Die meisten sind mit Ladegerät und Akku versehen. Einige sind nur für den stationären Bereich konzipiert. Die Alarmsysteme sind von unterschiedlicher Güte, was z. B. bei absoluter Dringlichkeit einer ununterbrochenen und konstanten Zufuhr bei nächtlicher Sondierung (z. B. bei Patienten mit Glykogenosen) zu beachten ist. Einige Pumpen haben auch einen Modus zur Bolusapplikation. Die Firmen bieten für die Pumpen passende Leitungen mit Beuteln für die Nahrung an, die meisten können über Adapter mit anderen auf dem Markt befindlichen Sonden konnektiert werden.

23.6.3 Durchführung der Sondenernährung

Für Kinder und ihre Eltern ist die Entscheidung zum Beginn einer Sondenernährung meist ein einschneidender Schritt. Kinder können dadurch in erhöhte Abhängigkeit von ihren Eltern gebracht werden. Das Krankheitsgefühl kann verstärkt werden. Furcht vor der technischen Handhabung muss erst einmal abgebaut werden. Für ältere Kinder oder auch Eltern

Tabelle 23-17. Zur enteralen Langzeiternährung bei Kindern und Jugendlichen geeignete Ernährungspumpen

Firma	Ernährungspumpen Name	Bereich [ml/h]	Intervalle [ml/h]
Abott	Companion Clear Star Pumpe	1–300	
Braun	Enteromat	1–400	1
Fresenius	Frenta II		
	Frentamat	1–300	
	Sondomat plus	1–500 ml (450 ml/h)[a]	
	Sondomat		
Pfrimmer	MicroMax		
Nutricia	100 I	5–400	1
	200 I	1–500[a]	1

a mit Boluseinstellung.

kleiner Kinder ist die Sichtbarkeit einer nasalen Sonde oft ein wesentliches Problem, bei dem im Falle einer Langzeitsondierung eine PEG angeboten werden kann.

Während der Aufbauphase sollte die Sondenernährung mit geringen Volumina und niedriger Nahrungskonzentration begonnen werden, um das Risiko gastrointestinaler und metabolischer Komplikationen zu mindern. Volumen und Konzentration sollten nicht gleichzeitig erhöht werden. Verschiedene Schemata zur Steigerung wurden vorgeschlagen, was aber individuellen Bedürfnissen nicht gerecht werden kann. Bei Unverträglichkeit oder Aspirationsgefahr müssen anfangs Magenreste kontrolliert werden.

Während die gastrale Nahrungszufuhr das bevorzugte Standardverfahren ist, kann bei ausgewählten Patienten mit verzögerter Magenentleerung, unstillbarem Erbrechen, gastroösophagealem Reflux und Aspirationsgefahr eine transpylorische Positionierung der Sonde günstig sein. Ein geringerer duodenogastraler Reflux und seltenere Deplatzierung der Sonde, z. B. durch Husten, ist bei Platzierung der Sondenspitze distal des Treitz-Bandes, also jejunal, zu erwarten. Für jüngere Kinder sind derzeit keine geeigneten Sets für die transpylorische Sondenanlage erhältlich. Da die für Erwachsene angebotenen Spiralsonden (Bengmark-Sonden) für kleine Kinder nicht geeignet sind und Drucknekrosen induzieren können, muss hier bei längerfristiger Sondierung in den Dünndarm eine operative Jejunostomie erwogen werden.

Nachteile der Sondierung in den Dünndarm sind der fehlende antiinfektiöse Schutz der gastrischen Azidität, die Notwendigkeit einer kontinuierlichen Zufuhr und einer Verwendung isotoner Nahrungen sowie möglicherweise eine geringere Vermischung der Nahrung mit Pankreasenzymen. Bei der jejunalen Sondierung ist mit häufigeren Unverträglichkeitsreaktionen (Dumpingsymptome, Bauchschmerzen, Blähungen, Durchfälle) zu rechnen. Ein genereller Vorteil einer Peptiddiät mit MCT enthaltendem Fettkörper bei der transpylorischen Sondierung ist nicht erwiesen.

Die Bolusapplikation der Sondennahrung in etwa 5–7 – bei besonderen Indikationen auch häufigeren – Einzelportionen/ 24 h wird als physiologisch günstig angesehen.

Indikationen für eine *kontinuierliche Nahrungsapplikation* sind neben der transpylorischen Sondierung eine vorausgegangene längere Periode ohne Nahrungszufuhr, eine gestörte (zu schnelle und verzögerte) Magenentleerung und eine verminderte intestinale Resorptionsfläche z. B. bei ausgeprägtem Kurzdarmsyndrom. *Vorteile* sind eine bessere Verträglichkeit durch geringere Magenreste, geringere abdominelle Beschwerden, eine geringere Stuhlfrequenz, eine erhöhte Toleranz gegenüber hyperosmolaren Nahrungen sowie eine verbesserte Nährstoffresorption. Kinder mit Herzfehlern tolerieren unter kontinuierlicher Sondierung eine höhere Energiezufuhr. Bestimmte Medikamente werden bei kontinuierlicher Sondenernährung anders resorbiert (z. B. Antiepileptika), sodass zu Beginn Spiegelkontrollen notwendig sind.

Wesentlichster *Nachteil* der kontinuierlichen Zufuhr ist die Bindung an die Ernährungspumpe. Kleine transportable Pumpen erhöhen die Mobilität der Patienten und können auch von Kleinkindern in Umhängetaschen getragen werden. Die nächtliche kontinuierliche Sondierung stellt einen für die meisten Patienten gut akzeptierbaren Mittelweg mit tagsüber uneingeschränkter Mobilität dar.

Auftretende Übelkeit und Erbrechen können durch Aversion gegen den ständigen Geruch und Aufstoßen bedingt sein. Häufiger sind sie Folge einer verzögerten Magenentleerung bei Gabe zu großer Mengen, Verwendung hypertoner oder hochkalorischer Nahrungen, oder sie können durch die Grunderkrankung bedingt sein. Langsame initiale Steigerung, kontinuierliche statt Bolusapplikation und eine Schräglagerung mit 30° Neigung sind oft hilfreich; ggf. muss die Zufuhrrate vorübergehend reduziert werden.

Bei zerebralparetischen Kindern mit Gastrostomie zeigte sich nach Sondierung von Molkeformula im Vergleich zu Kaseinformula eine raschere Magenentleerung und bessere Verträglichkeit. Dem vermehrten Auftreten eines gastroösophagealen Refluxes unter Sondenernährung mit der Gefahr der Aspiration kann durch die oben genannten Maßnahmen möglicherweise ebenfalls entgegengewirkt werden. Insbesondere neurologisch kranke Kinder leiden häufig unter dieser Komplikation. Eine schwere Refluxösophagitis und rezidivierende Aspirationspneumonien, die sich durch konservative Maßnahmen allein nicht beherrschen lassen, sind u. U. Indikationen für eine operative Antirefluxplastik, die allerdings unbedingt durch einen bei Kindern erfahrenen Operateur durchgeführt werden muss.

Durchfälle sind eines der häufigsten Probleme bei einer Sondenernährung. Sie können ebenfalls durch hyperosmolare Nahrungen bedingt sein, die aber nach langsamem Aufbau unter kontinuierlicher Zufuhr oft vertragen werden. Weitere Ursachen sind zu kalte Nahrungen bei der Bolusapplikation oder eine Kohlenhydrat- oder Fettmalabsorption, deren Ursachen geklärt und wenn möglich behandelt werden müssen. Zur Prophylaxe einer bakteriellen Kontamination sollte das Zuleitungssystem alle 24 h gewechselt werden. Ferner sollten die Formelnahrungen nicht über 8–12 h bei Raumtemperatur im Beutel verweilen. Durchfälle können auch durch Medikamente, insbesondere durch Antibiotika, hervorgerufen werden. Schließlich ist eine chronische Obstipation mit Überlaufstühlen auszuschließen.

Metabolische Probleme wie insbesondere Elektrolytimbalanzen und Hypo- oder Hyperglykämien sind bei Kindern mit intakten Organfunktionen selten. Als mechanisch bedingte Komplikationen können Missempfindungen im Nasen-Rachen-Raum und im Ösophagus insbesondere zu Beginn der Sondenernährung auftreten. Drucknekrosen sind durch die Weichheit der Sonden selten geworden. Ein trockener Mund kann durch verminderten Speichelfluss bedingt sein, der durch Kauen von Kaugummi angeregt werden kann. Bei Sinusitis oder Otitis media sollte vorübergehend die Sonde entfernt oder durch die andere Nasenöffnung geschoben werden. Die Sondenlage muss nach Legen der Sonde bzw. möglicher Dislokation nach Husten oder Würgen geprüft und – falls keine Sicherheit besteht – ggf. radiologisch ermittelt werden. Die Sondenlänge wird für den Fall der Dislokation und Legen einer neuen Sonde dokumentiert und den Eltern mitgeteilt. Eine Fehlplatzierung in die Trachea droht besonders bei neurologisch kranken oder bewusstseinsgestörten Patienten und muss unbedingt vermieden werden.

> Die Entwicklung einer Mangelernährung bei chronisch kranken Kindern und Jugendlichen beeinträchtigt in drastischer Weise ihre Prognose und Lebenschancen. Deshalb darf die Entwicklung einer kindlichen Malnutrition heute nicht mehr schicksalhaft hingenommen werden. Die vorliegenden pathophysiologischen Erkenntnisse und die verfügbaren modernen diagnostischen und ernährungstherapeutischen Möglichkeiten sollten konsequent in die alltägliche Betreuung Eingang finden, um die Lebenserwartung und die Lebensqualität betroffener Kinder und Jugendlicher zu verbessern.

Literatur

1. Ekvall AW (1993) Pediatric nutrition in chronic diseases and developmental disorders. Oxford Univ Press, New York
2. Koletzko B (2000) Ernährung und Ernährungsstörungen. In: Koletzko B (Hrsg) Kinderheillkunde, 11. Aufl. Springer, Berlin Heidelberg New York Tokio, S 127–149
3. Godfrey KM, Barker DP (2000) Fetal nutrition and adult disease. Am J Clin Nutr 71: 1344S–1352S)
4. Koletzko B (1998) Beeinflusst die frühkindliche Substratzufuhr die spätere Gesundheit und Entwicklung? Monatschr Kinderheilkd 146: S99–S110
5. Koletzko B, von Kries R (2001) Gibt es eine frühkindliche Prägung des späteren Adipositasrisikos? Monatsschr Kinderheilkd 149: 11–18
6. Koletzko B, Aggett PJ, Bindels JG et al. (1998) Growth, development and differentiation: a functional food science approach. Br J Nutr 80: S5–45
7. Baker SB, Baker RD, Davis A (1994) Pediatric enteral nutrition. Chapman & Hall, New York
8. Koletzko B, Koletzko S (1999) Gedeihstörung und Untergewicht. In: Michalk D, Schönau E (Hrsg) Differenzialdiagnose Pädiatrie. Urban & Schwarzenberg, München, S 23–29
9. Koletzko B (1993) Ernährung chronisch kranker Kinder und Jugendlicher. Springer, Berlin Heidelberg New York Tokio
10. Koletzko B (Hrsg) (2000) Kinderheilkunde, 11. Aufl. Springer, Berlin Heidelberg New York Tokio
11. Koletzko S, Koletzko B, Reinhardt D (1994) Aktuelle Aspekte der Ernährungstherapie bei zystischer Fibrose. Monatsschr Kinderheilkd 142: 432–445
12. Koletzko B, Schroten H (1999) Ernährung und Immunfunktionen. In: Wahn U, Seger R, Wahn V (Hrsg) Pädiatrische Allergologie und Immunologie, 3. Aufl. Urban & Fischer, München, S 148–156
13. Rettammel AL, Marcus MS, Farrell PM et al. (1995) Oral supplementation with a high-fat, high-energy product improves nutritional status and alters serum lipids in patients with cystic fibrosis. J Am Diet Assoc 95: 454–459
14. Steinkamp G, von der Hardt H (1994) Improvement of nutritional status and lung function after long-term nocturnal gastrostomy feedings in cystic fibrosis. J Pediatr 124: 244–249
15. Farrell PM, Kosorok MR, Laxova A et al. (1997) Nutritional benefits of neonatal screening for cystic fibrosis. Wisconsin Cystic Fibrosis Neonatal Screening Study Group. N Engl J Med 337: 963–969
16. Pencharz PB, Durie PR (1993) Nutritional management of cystic fibrosis. Annu Rev Nutr 13: 111–136
17. Tolia V, Ventimiglia J, Kuhns L (1997) Gastrointestinal tolerance of a pediatric fiber formula in developmentally disabled children. J Am Coll Nutr 16: 234–238
18. Raymond JL, Farjood L (1993) Adding fiber to enteral formulas: yes or no? J Am Diet Assoc 93: 527
19. Koletzko B, Demmelmair H, Socha P (1998) Nutritional support of infants and children: supply and metabolism of lipids. Balliere's Clin Gastroenterol 12: 671–696
20. Koletzko S, Waag KL, Koletzko B (1994) Rezidivierende D-Laktatazidosen mit Enzephalopathie bei einem Jungen mit Kurzdarmsyndrom. Dtsch Med Wochenschr 119: 458–462
21. Bines J, Francis D, Hill D (1998) Reducing parenteral requirement in children with short bowel syndrome: impact of an amino acid-based complete infant formula. J Pediatr Gastroenterol Nutr 26: 123–128
22. Chaet MS, Farrell MK, Ziegler MM, Warner BW (1994) Intensive nutritional support and remedial surgical intervention for extreme short bowel syndrome. J Pediatr Gastroenterol Nutr 19: 295–298
23. Booth IW, Lander AD (1998) Short bowel syndrome. Bailliere's Clin Gastroenterol 12: 739–773
24. Host A, Koletzko B, Dreborg S et al. (1999) Dietary products used in infants for treatment and prevention of food allergy. Joint Statement of the European Society for Paediatric Allergology and Clinical Immunology (ESPACI) Committee on Hypoallergenic Formulas and the European Society for Paediatric Gastroenterology, Hepatology and Nutrition (ESPGHAN) Committee on Nutrition. Arch Dis Child 81: 80–84
25. Treem WR, Etienne NL, Hyams JS (1993) Percutaneous endoscopic placement of the »button« gastrostomy tube as the initial procedure in infants and children. J Pediatr Gastroenterol Nutr 17: 382–386
26. Gauderer M (1999) Twenty years of percutaneous endoscopic gastrostomy: origin and evolution of a concept and its expanded applications. Gastrointest Endosc 50: 879–883
27. Khattak IU, Kimber C, Kiely EM, Spitz L (1998) Percutaneous endoscopic gastrostomy in paediatric practice: complications and outcome. J Pediatr Surg 33: 67–72
28. Kutiyanawala MA, Hussain A, Johnstone JM, Everson NW, Nour S (1998) Gastrostomy complications in infants and children. Ann R Coll Surg Engl 80: 240–243
29. Behrens R, Lang T, Muschweck H, Richter T, Hofbeck M (1997) Percutaneous endoscopic gastrostomy in children and adolescents. J Pediatr Gastroenterol Nutr 25: 487–491
30. Marin OE, Glassman MS, Schoen BT, Caplan DB (1994) Safety and efficacy of percutaneous endoscopic gastrostomy in children. Am J Gastroenterol 89: 357–361
31 Rolland CM, Cole TJ, Sempe M et al. (1991) Body mass index variations: Centiles from birth to 87 years. Eur J Clin Nutr 45: 13–21
32. Deutsche Gesellschaft für Ernährung; Österreichische Gesellschaft für Ernährung; Schweizerische Gesellschaft für Ernährungsforschung et al. (2000) Referenzwerte für die Nährstoffzufuhr. Umschau Braus, Frankfurt/M

Frühpostoperative enterale Ernährung

M. Kemen

Zur Planung einer frühpostoperativen enteralen Ernährungstherapie gilt es, die Kriterien Ernährungsstatus, Energieverbrauch, Umfang der Katabolie, Dauer der Nahrungskarenz und Organfunktionszustand zu bachten (Tabelle 24-1).

In der klinischen Praxis wird der Ernährungsstatus nach dem aktuellen Körpergewicht, der Gewichtsabnahme und dem Serumalbuminspiegel kalkuliert. Unter nutritiven Aspekten ist eine präoperative Ernährungstherapie nur bei mangelernährten Patienten sinnvoll. Relevante Mangelernährungen werden bei Tumoren des oberen Gastrointestinaltrakts (Ösophagus, Magen, Pankreas) in einer Rate von 10–20% gesehen. In den letzten Jahren wandte sich aber der Blick von der rein nutritiven hin zur immunologischen Bedeutung einer präopertiven Ernährungstherapie. Unter dem Einsatz gezielt modulierender immunologischer Substanzen konnten positive biologische Effekte und eine Verbesserung des Krankheitsverlaufes gesehen werden [25].

Die genannten Auswahlkriterien gelten für ein parenterales und enterales Ernährungsregime. Bei der Entscheidung zwischen den beiden Applikationsformen sind die Vor- und Nachteile zu berücksichtigen. Die parenterale Ernährung ist unabhängig von der digestiven und resorptiven Kapazität des Gastrointestinaltrakts und hat u. a. deswegen breite Anwendung in der perioperativen Phase gefunden.

Hinzu kommt, dass ein spezifisches nutritives Defizit meist rascher parenteral ausgeglichen werden kann. Durch Umgehung des Gastrointestinaltrakts und des Portalkreislaufes sind metabolische Entgleisungen bei der parenteralen Ernährung wesentlich häufiger und es bedarf eines engmaschigen Monitorings. Obligat bei einer bedarfsdeckenden Ernährung ist die Anlage eines zentralvenösen Zugangs, der mit katheterbedingten und punktionstechnischen Problemen behaftet ist, sowie einer kontinuierlichen Zufuhr über 24 h, die nur über Pumpsysteme zu erreichen ist. Ein weiterer Nachteil der total parenteralen Ernährung sind die Kosten, welche bei der enteralen Ernährung deutlich niedriger liegen [26]. Die enterale Nährstoffzufuhr ist die physiologische Alternative zur parenteralen Ernährung, wobei insbesondere ihre Auswirkungen auf die Integrität der Darmmukosa hervorzuheben sind. Nach 10-tägiger total parenteraler Ernährung kommt es zu einer Degeneration der Darmmukosa auf 50% ihres Ausgangsvolumens [2, 10, 18, 30].

24.1 Pathophysiologische Besonderheiten in der frühpostoperativen Phase

24.1.1 Energiebedarf

Der Energiebedarf nach großen abdominellen Eingriffen liegt nach Messungen mittels indirekter Kalorimetrie etwa 10–15% oberhalb des Ruheumsatzes, entsprechend 28–30 kcal/kgKG (1 kcal=4,187 kJ). In der postoperativen Phase besteht, je nach Größe des Eingriffs, eine katabolische Stoffwechselsituation mit Überwiegen der antiinsulinären Faktoren von 2–4 Tagen, sodass es sinnvoll ist, eine normokalorische Ernährungstherapie erst ab dem 4.–5. postoperativen Tag durchzuführen. Liegen zusätzlich spezielle Organfunktionsstörungen (Diabetes mellitus, Leber-, Niereninsuffizienz etc.) vor, müssen diese im Ernährungstherapiekonzept mit berücksichtigt werden.

Je nach Eingriff und Refluxmenge über die Magensonde ist eine Nahrungskarenz von mehreren Tagen sinnvoll.

24.1.2 Störungen der intestinalen Barrierfunktion

Neben Stoffwechselveränderungen (s. Postaggressionsstoffwechsel, Kap. 13) kommt es bei operierten Patienten zu strukturellen Veränderungen des Gastrointestinaltrakts, die z. T. Folge der durch die Operation veränderten Anatomie sowie Folge einer Durchblutungsminderung im Rahmen der adrenergen Phase sind. Zum Teil resultieren sie auch aus der intra- und postoperativen Nahrungskarenz. Während sich die erstgenannten Veränderungen in der direkt postoperativen Phase weniger auf die Stoffwechselsituation auswirken, kommt den zuletzt genannten entscheidende pathophysiologische Bedeutung zu.

Inwieweit sich die aderenerge gesteuerte Stoffwechselsituation negativ auf die Darmmukosa auswirkt, ist nur unzureichend untersucht. Kommt es jedoch zu einem Schockgeschehen, so wird über die α-adrenerge Potenz der A. mesenterica superior der Blutfluss im Splanchnikusgebiet, der normalerweise 25–35% des Herzminutenvolumens ausmacht (nach tierexperimentellen Untersuchungen) auf 1/3 der Norm reduziert. Gleichzeitig sinkt die Mukosaperfusion im distalen Dünndarm und Kolon auf 15–20% der Norm. Hier reagiert das Kapillargebiet mit einer Konstriktion der präkapillären Sphinkter, sodass ein Teil des Blutes über AV-Shunts, ohne das Endstromgebiet zu erreichen, zentralwärts zurückströmt. Die Hypoxie führt zu einer Weitstellung des Kapillarbetts mit daraus resultierender Verlangsamung der Strömungsgeschwindigkeit.

Tabelle 24-1. Kriterien zur Planung einer Ernährungstherapie

- Ernährungsstatus
- Energieverbrauch
- Umfang der Katabolie
- Dauer der Nahrungskarenz
- Organfunktionszustand

In Abhängigkeit von der Hypotension und der Vasokonstriktion im Splanchnikusgebiet kommt es zu einer graduellen Schädigung des Mukosaepithels. Diese reicht von der Bildung subepithelialer Hohlräume als Folge von Flüssigkeitseinlagerungen über das Abheben des Epithels an der Zottenspitze bis zur kompletten Zottendestruktion. Neben der Mukosaschädigung durch Proteasen und Sauerstoffradikale werden zunehmend auch Mediatoren hierfür verantwortlich gemacht. Im Tierversuch führt die intravenöse Gabe von TNF (Tumornekrosefaktor) zur Mukosanekrose.

Mikroorganismen sowie deren Endotoxin können in das Lymphsystem und den Portalkreislauf gelangen. Begünstigt wird dieser Prozess durch Nahrungskarenz. Da die Nahrungsaufnahme den größten Reiz zur Zelldifferenzierung und zum Zellwachstum der Darmepithelien darstellt, verstärkt Nahrungskarenz die Atrophie der Zotten und Mikrovilli des Darmes. In tierexperimentellen Studien war eine Atrophie bereits am 1. posttraumatischen Tag nach Nahrungskarenz morphologisch nachweisbar.

Zur Mukosaprotektion ist eine möglichst frühzeitige enterale Ernährung notwendig. Ob sie auch bei bereits erfolgter, höhergradiger Mukosaschädigung von Vorteil ist, bleibt umstritten. In den veränderten Mukosazellen finden sich neben dem reduzierten Stickstoffgehalt ein verminderter Diaminoxydasespiegel als Korrelat des erniedrigten Pyraminmetabolismus, welcher zur Beurteilung der intestinalen Zellintegrität herangezogen werden kann.

Eine reduzierte Proteinzufuhr führt zu verminderter Zellproliferation mit konsekutiver Mukosaatrophie. Hierbei scheinen einzelne Aminosäuren eine besondere Stellung im Stoffwechsel der Enterozyten einzunehmen. So gilt Glutamin als Hauptenergiequelle der Darmzellen, seine Zufuhr führt neben einer Glukoseeinsparung auch zu gesteigertem Zellwachstum der Mukosa [15, 16, 21, 24, 32]. Eine postoperativ sinkende Glutaminkonzentration durch Nahrungskarenz oder durch glutaminfreie parenterale Ernährung lag im zeitlichen Zusammenhang mit einer Mukosaatrophie [5, 16, 32].

Arginin hingegen kommt eine Schlüsselrolle im Proteminmetabolismus und somit in der Generation der Strukturproteine zu [6, 8, 9]. Neben einem Verlust der resorptiven Oberfläche durch ein Missverhältnis zwischen Zelldesquamation und Proliferation kommt es bei Argininmangel auch zu einer Zerstörung der im Bürstensaum des Enterozyten befindlichen resorptiven Strukturen und Enzyme. Diese Veränderungen führen zu einer verminderten Barrierefunktion der Darmmukosa, die zusätzlich verstärkt wird durch Depression der Immunbarriere in der postoperativen Phase [30]. Die klinische Bedeutung der gestörten Barrierefunktion in der Genese der postoperativen Sepsis konnte bisher noch nicht eindeutig bestimmt werden, jedoch scheint der zunehmende Barriereverlust des Darms, verbunden mit einer erhöhten Translokationsrate von Bakterientoxinen aus dem Darm, zu einem Perpetuum des septischen Krankheitsbilds zu führen und daher die Prognose der Patienten zu verschlechtern. Das Risiko der enterogenen Sepsis besteht v. a. bei immunkompromitierten Patienten der Intensivstationen [2, 5, 11, 12, 17].

24.1.3 Änderungen der intestinalen Motilität

Nach großen Oberbaucheingriffen kommt es durch das Operationstrauma mit Verletzung der Nervenbahnen und Lymphwege sowie durch die rekonstruktiven Veränderungen zu ausgeprägten Motilitätsstörungen, die den gesamten Intestinaltrakt betreffen und im Dünndarm bis zu 5 Tagen bestehen bleiben [2, 36]. Zur Motilitätsbeurteilung des Dünndarms dient das bei Menschen nachweisbare Nüchternmotilitätsmuster (»migrating motor complex«, MMC). Code u. Malet [7] unterteilten das MMC in 4 Phasen der Aktivität. Beginnend im Magen wandern die Phasen nach aboral, wobei sich die Phase III mit maximaler Aktivität (Aktivitätsfront) besonders gut abgrenzen lässt. Ihr postoperatives Wiederauftreten gilt allgemein als geeignetes Kriterium zur Beurteilung der Dünndarmfunktionsrestitution.

Gesichert ist die Aufgabe des MMC im Sinne einer Klärfunktion (»house keeper«) zur Elimation von Mukus und Bakterien. So konnten Vandrapen et al. [33] beim Fehlen der propulsiven Motilität eine bakterielle Überwucherung des oberen Dünndarms beobachten, wodurch sich auch die Dicke des »unstirred water layer« beeinflusst wird. Es ist denkbar, dass dies funktionelle Auswirkungen auf die Resorption hat. Patienten im Postaggressionsstoffwechsel erfahren aufgrund hormonaler Veränderungen und einer hypothalamisch-hypophysären Stressreaktion eine postoperative, posttraumatische Atonie des Gastrointestinaltrakts. Diese Magen-Darm-Atonie hält abhängig von den einzelnen Darmabschnitten unterschiedlich lange an: am Magen 4–5 Tage, am Dünndarm einige Stunden und am Kolon 3–4 Tage.

> Insbesondere bei Intensivpatienten nach ausgedehnten abdominellen Operationen oder nach schweren Traumen, generell aber bei jedem Patienten im metabolischen Stress, kann ein paralysierter Gastrointestinaltrakt die weitere Rekonvaleszenz erschweren und darüber hinaus eine Fülle weiterer Komplikationen (Regurgitation, Aspiration, restriktive Ventilationsstörung, eingeschränktes Weaning, etc.) implizieren [36].

Von mehreren Untersuchern konnte gezeigt werden, dass eine enterale/frühenterale Ernährung zu einem früheren Einsetzen einer regelhaften propulsiven Peristaltik führte. Einer enteralen Nutrition kommt damit eine propropulsive Funktion zu. Daher sollte nicht gewartet werden, bis der Gastrointestinaltrakt des Intensivpatienten verhungert und sich die Bedingungen für eine enterale Nährstoffapplikation durch inadäquates Zuwarten verschlechtern, sondern vorzeitig mit einer enteralen/frühenteralen Nutrition begonnen werden.

Der Nutzen einer solchen Ernährungsform ist umso größer, je früher sie dem Patienten zugeführt wird [2, 4, 8, 30, 36]. Frühenteral bedeutet ein Beginn innerhalb von 24 h. Erfolgreich ist eine frühenterale Ernährungstherapie (bezogen auf einen 70 kg Patienten), wenn es gelingt, innerhalb der ersten 3 Tage 2,5 l oder den ersten 5 Tagen 5 l enterale Diät zuzuführen. Schilling et al. [23] untersuchten bei 41 Patienten nach großen viszeralchirurgischen Eingriffen randomisiert in 3 Patientengruppen das Verhalten der Darmfunktion. Beide Formen der enteralen Nutrition führten zu einem deutlich frühzeitigerem Einsetzen einer normalen Darmfunktion im Vergleich zu einer parenteralen Nährstoffapplikation. Von ande-

Tabelle 24-2. Vorteile einer enteralen Ernährung mit Standarddiäten gegenüber einer total parenteralen Ernährung

- Verhinderung einer Schleimhautatrophie und Erhalt resorptiver und enzymatischer Strukturen
- Energieversorgung der Enterozyten/Kolonozyten unabhängig von der Splanchnikusperfusion
- Bei Substanzzufuhr via Darmmukosa verminderter Insulinbedarf und geringere metabolische Entgleisungen, damit geringeres Stoffwechselmonitoring erforderlich
- Frühzeitigeres Einsetzen der Magen-Darm-Motilität
- Stressulkusprophylaxe
- Kostenersparnis

ren Autoren konnte dieses vorzeitige Wiedereinsetzen einer sich normalsierenden Darmfunktion unter enteraler Ernährung bestätigt werden [2, 30].

Gerade der Intensivpatient unterliegt einer Vielzahl von Stressoren (metabolischer Stress, wechselnde Vigilanz mit fehlender Kommunikationsmöglichkeit, aufgezwungene Therapiemaßnahmen wie Respiratorbehandlung etc.) und damit der Gefahr der Entwicklung von Stressulzera des Gastrointestinaltrakts. Die enterale Applikation von Nährstoffen kann schon bei gering zugeführten Substratmengen einen Beitrag zur Stressulkusprophylaxe leisten, bedingt durch erniedrigte Serumgastrinspiegel (*Tabelle 24-2*).

24.2 Nährstofflösungen, Immunonutrition

Die industriell hergestellten enteralen Nährstofflösungen werden in hochmolekulare (NDD = nährstoffdefinierte) und niedermolekulare (CDD = chemisch definierte) Diäten unterteilt (Kap. 20). Da die enterale künstliche Ernährung in der Regel eine längerdauernde Behandlung darstellt, sind die Diäten bedarfsdeckend an Energie, essentiellen Aminosäuren, essentiellen Fettsäuren, Mineralien, Vitaminen und Spurenelementen. Stoffwechseladaptierte Diäten stehen für die Ernährung der Patienten mit Organinsuffizienzen zur Verfügung (Leber-, Niereninsuffizienz, verminderte Digestions- und Resorptionskapazität des Darmes).

Substrate wie Glutamin, Arginin, ω-3-Fettsäuren und andere, weisen in unterschiedlichem Ausmaß immunmodulierende Wirkungen auf [13, 20, 22, 31, 32, 34]. Zu den genauen Mechanismen s. Immunonutrition Kap. 15, 20.

Verschiedene Untersucher konnten eine verbesserte postoperative/posttraumatische Immundysfunktion, eine verminderte Komplikationsrate und eine Verkürzung des stationären Krankenhausaufenthaltes feststellen [3, 4, 8, 9, 10, 11, 19, 27, 28].

In einer prospektiven randomisierten doppelblinden Studie von Bower et al. [3] wurde bei 296 Patienten (168 immunonutritiv, 158 standardenteral) ernährt mit vorausgegangenem Ereignis gleicher Erkrankungsschwere (Trauma, Operation, Sepsis, APACHE-II-Score >10, TISS >20) unter vielen anderen Parametern auch die stationäre Behandlungsdauer verglichen. Die enteralen Nährlösungen wurden entweder über nasogastrale Sonden, nasoduodenale /-jejunale Dünndarmsonden oder via PEG oder Feinnadelkatheterjejunostomie (FNKJ) appliziert. Die frühenterale Applikation der Diäten begann innerhalb von 48 h und wurde innerhalb von 4 Tagen bis zur Zieldosierung von 60 ml/h gesteigert. Diejenigen Patienten, die eine Immunonutrition gut tolerierten, zeigten eine signifikante Verkürzung der Krankenhausaufenthaltsdauer von 8 Tagen ($p<0{,}05$). In der Untergruppe der Patienten mit septischen Komplikationen konnte eine Verkürzung der Hospitalisierungsdauer um 11,5 Tage erreicht werden ($p<0{,}05$). Signifikante Unterschiede hinsichtlich der Mortalität ergaben sich nicht.

In der postoperativen Situation untersuchten Daly et al. [8] in einer prospektiven randomisierten doppelblinden Studie mit 85 Patienten (Ösophagusresektionen, Gastrektomien, Duodenopankreatektomien) die Rate an Wundkomplikationen/Infektionen, die Krankenhausaufenthaltsdauer und die Restitution der Immunkompetenz. Intraoperativ erfolgte die Anlage einer FNKJ, die enterale Nährlösung wurde hierüber beginnend mit 25 ml/h am 1. postoperativen Tag verabfolgt. Ab dem 4. postopertiven Tag wurde die Zieldosierung von 75–100 ml/h erreicht (Kalorienziel 25 kcal/kgKG/24 h). Es zeigte sich in der Verumgruppe eine signifikante Abnahme an Wundkomplikationen/Infektionen, eine signifikante Reduktion der Krankenhausaufenthaltsdauer und eine raschere Restitution der vollen Immunkompetenz ($p<0{,}05$).

Senkal et al. [27, 28] untersuchten in einer prospektiven randomisierten doppelblind durchgeführten Studie an 42 Patienten nach tumorchirurgischen Oberbaucheingriffen eine mögliche Modulation der postoperativen Immunantwort. Verglichen wurden 21 immunnutritiv ernährte Patienten mit 21 standardenteral ernährten Patienten (isokalorisch/isonitrogen). Die immunonutritive Ernährung angereichtert mit Arginin, ω-3-Fettsäuren und RNA führte zu einer deutlichen Abschwächung der Akutphasenreaktion, gemessen an der postoperativ verringerten Konzentration der proinflammatorischen Zytokine TNF-α und IL-6. Diese Zytokine spielen eine entscheidende Rolle in der Entstehung der systemisch-hyperinflammatorischen Entzündungsreaktion.

Braga et al. [4, 10] führten an 77 Patienten nach kurativen tumorchirurgischen Magen- oder Pankreaseingriffen eine randomisierte kontrollierte Studie zur Beurteilung postoperativer Komplikationen und der Hospitalisierungsdauer durch. 26 immunonutritiv und 24 standardenteral ernährte Patienten wurden 27 total parenteral isonitrogen-isokalorisch ernährten Patienten gegenübergestellt. Der Beginn der enteralen Ernährung erfolgte innerhalb von 12 h nach Operationsende mit einer Infusionsrate von 10 ml/h. Gesteigert wurde diese tägliche Infusionsrate bis zum 4. postoperativen Tag mit einer dann angestrebten Kalorienzahl von 25 kcal/kgKG/h. Die enterale Ernährung wurde über eine FNKJ oder eine jejunale Ernährungssonde zugeführt. Es konnte eine signifikante Verminderung der postoperativen Infektionen (Sepsisscore 3,0 vs. 7,0 vs. 12,1) und der stationären Aufenthaltsdauer (13,5 vs. 15,2 vs. 19,3 Tage) in den enteral ernährten Kollektiven im Vergleich zur total parenteralen Gruppe gefunden werden.

Insgesamt existieren über die möglichen Vorteile einer frühenteralen immunonutritiven Ernährung eine Vielzahl von Studien [3, 4, 8, 27]. 2 Metaanalysen veranschaulichen die Studienergebnisse an über 1500 Patienten mit klaren Vorteilen zugunsten der Immunonutrition [3, 8].

24.3 Indikation einer enteralen/frühenteralen Ernährung

Bestehen keine Kontraindikationen gegen eine enterale Ernährung, sollte zum frühestmöglichen Zeitpunkt die Nährstoffzufuhr über den physiologischen enteralen Weg erfolgen. Die Vorteile mit Erhalt der Darmintegrität und der daraus resultierenden Reduktion einer möglichen bakteriellen oder Endotoxintranslokation werden zunehmend akzeptiert (s. *Tabelle 24-2*). Für die komplikationsträchtigere und teurere parenterale Ernährung werden die Indikationen enger gestellt.

Als *abolute Kontraindikation* gegen eine enterale/frühenterale Ernährung gelten:
- akutes Abdomen,
- Ileus/Subileus mit Aspirationsgefahr,
- aktive obere GI-Blutung.

Relative Kontraindikationen sind
- Kurzdarmsyndrom,
- Chylothorax/Chyloaszites.

Entzündliche Darmerkrankungen (M. Crohn, Colitis ulcerosa) stellen nach aktuellem Kenntnisstand keine Kontraindikation gegen eine enterale Ernährung dar. Beachtet werden sollte, dass beide Ernährungsformen sich ergänzende und nicht konkurrierende Verfahren darstellen. Kann der Intensivpatient rein enteral nicht bedarfsdeckend ernährt werden, erfolgt eine parallele parenterale Nährstoffapplikation. Umgekehrt ist es sinnvoll, eine bereits laufende parenterale Ernährung bei nicht voll funktionstüchtigem GI-Trakt durch eine niedrig dosierte enterale Ernährungsform zu supplementieren (z. B. Dosierung der enteralen Ernährung begleitend zur TPN mit 10–20 ml/h). Keine Kontraindikation für die enterale/frühenterale Ernährungsform sind:
- Sepsis/SIRS/MOV,
- akutes Trauma, Polytrauma,
- Patienten unmittelbar postoperativ mit »postoperativer Magen-Darm-Atonie«,
- tumorchirurgische Oberbaucheingriffe (Ösophagus-, Magen- und Pankreaskarzinome).

Gerade diese Patientengruppen profitieren von einer früh einsetzenden (d. h. nach Möglichkeit innerhalb von 12–24 h nach Ereignis beginnend) enteralen Ernährungsform. Eine weitere Verbesserung kann durch den Einsatz immunonutritiver Substanzen erreicht werden. Durch Erhalt der Darmmukosabarriere, günstige Beeinflussung schädlicher Folgen der frühen systemischen hyperinflammatorischen Entzündungsreaktion und schlussendlich Stimulation der Immunabwehr in der Phase der verzögerten Immundepression wird der Krankheitsverlauf dieser Patienten verbessert, die Krankenhausaufenthaltsdauer vermindert und die Gesamtkosten gesenkt [4, 8, 27].

24.4 Praxis der frühenteralen Ernährung

Als einfachster Zugangsweg zum Gastrointestinaltrakt gilt die Magen- und Duodenalsonde [35]. Steht nach einer Laparotomie (Ösophagus-, Magen-, Pankreaschirurgie) eine längerfristige Nahrungskarenz oder unzureichende Nahrungsaufnahme bevor, empfiehlt sich die Platzierung einer Katheterjejunostomie (FKJ) bei gutem Patientenkomfort und geringer Komplikationsrate. Bei jejunaler Sondenlage erfolgt die Substratzufuhr kontinuierlich und pumpengesteuert (s. Kap. 19).

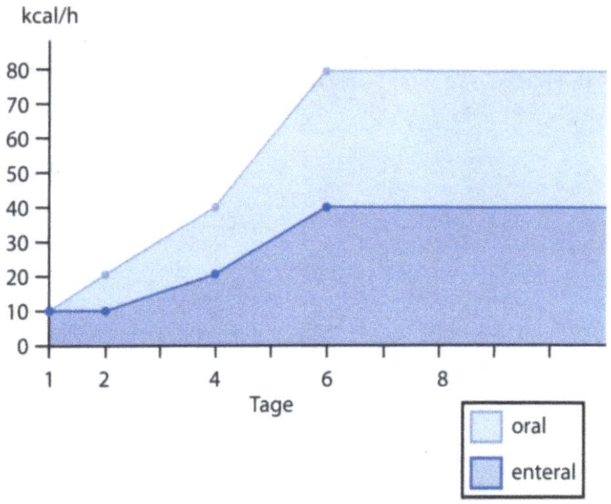

Abb. 24-1. Ernährungsschema bei postoperativer enteraler Ernährung via Katheterjejunostomie bezogen auf einen 70-kg-Patienten

Bezogen auf einen 70 kg schweren Patienten kann am Operationstag mit der Gabe von 10 ml/h einer nährstoffdefinierten Diät, spätestens aber am 1. postoperativen Tag von 20 ml/h (500 kcal/24 h) begonnen werden (*Abb. 24-1*). Über eine Adaptationsphase wird die volle enterale Ernährung entsprechend der Restitution des Dünndarms und dem Rückgang der Katabolie in der Regel am 5. postoperativen Tag mit der Gabe von 2000 kcal/24 h (= 80 ml/h) erreicht. Zwischenzeitlich werden Flüssigkeitsdefizite nach Bedarf parenteral ausgeglichen.

Zwischen dem 6. und 8. postoperativen Tag wird überlappend mit dem oralen Nahrungsaufbau begonnen. Die enterale Zufuhr über FKJ wird ab dem 10. postoperativen Tag auf die Hälfte reduziert und bis zur ausreichenden oralen Nahrungsaufnahme mit Gewichtssteigerung beibehalten (s. *Abb. 24-1*). Geht dieses über den stationären Aufenthalt hinaus, wird eine supplemetäre enterale Heimernährung angeschlossen. Bei Auftreten einer Diarrhö wird je nach deren Heftigkeit die Nährstoffzufuhr reduziert oder kurzfristig (<12 h) unterbrochen. Sollte hierunter keine Besserung auftreten, können Antidiarrhöika oder Diäten mit Ballaststoffen verwendet werden. Hierbei auftretende Zufuhrdefizite werden parenteral ausgeglichen.

Ein weiterer Vorteil der enteralen Ernährung über FKJ sehen wir in der Tatsache, dass bei auftretenden Komplikationen (z. B. Anastomoseninsuffizienz), die eine orale Nahrungsaufnahme verzögern, die Nutrition ohne eine den Patienten belastende nasale Sonde langfristig gesichert ist.

Die Kontrolle der enteralen Ernährung erfolgt in erster Linie klinisch. In der Adaptationsphase muss täglich das Abdomen untersucht sowie Stuhl- und Windabgang protokolliert werden. In der 1. Woche sollte täglich ein Blutzuckertagesprofil und 2-tägig Elektrolytkontrollen erfolgen. Wöchentlich sollten das Körpergewicht und klinisch-chemische Organüberprüfungen vorgenommen werden.

> Unter Beachtung dieser Richtlinien steht den Patienten nach großen Oberbaucheingriffen ein suffizientes enterales Ernäh-

rungskonzept, das sie von der Operation bis zur endgültigen Körpergewichtszunahme begleitet, zur Verfügung.

Liegen Krankheitsbilder ohne nennenswerte Störungen der gastrointestinalen Funktion vor (z. B. isoliertes Schädel-Hirn-Trauma) und beträgt die zu erwartende Dauer der künstlichen Ernährung <7 Tage, dann sollte der Versuch einer *bolusweisen* Ernährung via nasogastraler Magensonde unternommen werden (unter Beachtung der Kontraindikationen, z. B. stark aspirationsgefährdete Patienten). Diese Applikation sollte langsam einschleichend erfolgen und nicht erzwungen werden.

Die komplikationsärmere und frühzeitiger praktizierbare Ernährung (aufgrund vorzeitig einsetzender Dünndarmmotilität) ist die kontinuierliche Nährstoffapplikation über postpylorische Dünndarmsonden (Bengmark-Sonde, endoskopisch plazierte Duodenal- oder Jejunalsonde, FKJ oder PEG-J; s. Kap. 19).

Bolusapplikation, langsam einschleichend

1. Tag	4-bis 6-mal 50 ml
2. Tag	4-bis 6-mal 100 ml
3. Tag	4-bis 6-mal 200 ml
4. Tag	4-bis 6-mal 300 ml
5. Tag	max. Steigerung auf 6-mal 300–400 ml

> Angestrebt werden sollte ein stufenweiser Aufbau der Ernährungstherapie bis zum 5. postoperativen/posttraumatischen Tag. Er kann aber nicht erzwungen werden. Die Einhaltung nächtlicher Ruhepausen ist physiologisch.

Kontinuierlich, über Duodenal- oder Jejunalsonden

- Erwartete enterale Ernährung >7 Tage
- Einschleichender frühenteraler Beginn <12–24 h nach Operation mit 20 ml/h kontinuierlich über 24 h (keine nächtlichen Ruhepausen)
- Steigerung der Dosierung auf 60–80 ml/h bis zum 5. postopertiven Tag (Zieldosis 25–30 kcal/kgKG/24 h)
- Stoffwechselmonitoring (Blutzucker, Triglyzeride)
- Tägliche Untersuchung des Abdomens, Protokollierung des Stuhl-/Windabganges, Magenreflux
- Bei Komplikationen Unterbrechung der kontinuierlichen Zufuhr für >8–12 h, anschließend Reduktion der Zufuhr auf die nächst niedrigere Dosierungsstufe
- Bei persistierender Diarrhö Teepause für 24 h (**Cave:** Sondenverstopfung)
- Bei tumorchirurgischen Oberbaucheingriffen sind immunnutritive Nährstofflösungen zu bevorzugen.

Literatur

1. Beale RJ et al. (1999) Immunonutrition in the critically ill: A systematic review of clinical outcome. Crit Care Med 27: 2799–2805
2. Bischoff M (1999) Perioperative enterale Ernährungstherapie. Klinikarzt 6: 1–6
3. Bower R (1995) Early enteral administration of a formula (Impact) supplemented with arginine, nucleotides and fish oil intensive care unit patients: results of a multicenter, prospective randomized clinical trial. Critical Care Med 23: 436–449
4. Braga M (1995) Benefits of early postoperative enteral feeding in cancer patients. Infusionstherapie Transfusionsmedizin 22: 280–284
5. Calder PC (1994) Glutamine and the immune system. Clin Nutr 13: 2–8
6. Cerra FB et al. (1991) Improvement in immune function in ICU-patients by enteral nutrition supplement with arginine, RNA and menhaden oil is independent of nitrogen balance. Nutrition 7: 193–199
7. Code JF et al. (1975) The interdigestive myoelectric complex of the stomach and small vowel of dogs. J Physiol 246: 289–309
8. Daly M et al. (1992) Enteral nutrition with supplemented arginine, RNA and ϖ3-fatty acids in patients after operation: immunologic, metabolic and clinical outcome. Surgery 112: 56–67
9. Daly JM et al. (1996) Enteral nutrition during multimodality therapy in upper gastrointestinal cancer patients. Ann Surg 221: 327–338
10. Gianotti L et a (1998) Enteral nutrition with supplemented arginine, glutamine, RNA and ω3-fatty acids. Curr Criti Care 4: 263–268
11. Griffiths RD et al. (1996) Outcome and cost of intensive care patients given glutamine-supplemented nutrition. Clin Nutr 15: z(ASPEN-Abstracts-Bd)
12. Griffiths RD et al. (1997) Six-months outcome of critically ill patients given glutamine-supplemented parenteral nutrition. Nutr. 13: 295–302
13. Grimminger F et al. (1993) Parenterale ω-3-Lipidbehandlung bei inflammatorischen Systemerkrankungen. Med Welt 44: 207–216
14. Heys D et al. (1999) Enteral nutritional supplementation with key nutrients in patients with critical illness and cancer. Ann Surg 229: 467–477
15. Van der Hulst et al. (1993) Glutamine and the preservation of gut integrity. Lancet 341: 1363–1365
16. Houdijk APJ et al. (1998) Randomised trial of glutamine-enriched enteral nutrition on infectious morbidity in patients with multiple trauma. Lancet 352: 772–776
17. Jolliet P et al. (1998) Enteral nutrition in intensive care patients: a practical approach. Intens Care Med 24: 848–859
18. Kemen M (1992) Immunsuppression nach großen Oberbaucheingriffen und deren Beeinflussbarkeit durch eine enterale Ernährung. Habilitationsschrift Ruhr-Universität Bochum
19. Kemen M et al. (1995) Early postoperative enteral nutrition with arginine, ω3 fatty acids and ribonucleic acid-supplemented diet vs. placebo in cancer patients : an immunologic evaluation of Impact. Critical Care Medicine 23: 652–659
20. Morlion BJ et al. (1996) The effects of parenteral fish oil on leukocyte membrane fatty acid composition and leukotriene-synthesizing capacity in patients with postoperative trauma. Metabolism 45: 1208–1213
21. Pastores et al. (1997) Immunmodulatory effects and therapeutic of glutamine in the critically ill surgical patient. Nutrition 10: 385–391
22. Roulet M et al. (1997) Effects of intravenously infused fish oil on platelet fatty acid phospholipid composition and on platelet function in postoperative trauma. J Parenenteral Entral Nutrition 21: 296–301
23. Schulzki C et al. (1999) Supplemental alanyl-glutamine dipeptide improves nitrogen balance and reducer length of hospitalization in patients after severe operative injury. 23th ASPEN Congress San Diego, USA
24. Senkal M et al. (1995) Kostenvergleich der enteralen vs. parenteralen Ernährungstherapie nach Gastrektomie. Akt Ernährungsmed 20: 16–22
25. Senkal M et al. (1995) Modulation of postopertive immune response by enteral nutrition with a diet enriched with arginine, RNA and ϖ3 fatty acids in patients with upper gastrointestinal cancer. Eur J Surg 161: 115–122

26. Senkal M et al. (1994) Aktivitätssteigerungen der Blutmonozyten durch eine Arginin-, RNA- und ω-3-Fettsäuren supplementierten Diät bei Malignompatienten in der postoperativen Phase. Akt Ernährungsmed 19: 104–108
27. Senkal M et al. (1995) Praktische Durchführung enteraler Ernährung. Dtsch Ärztebl 92: 483–488
27a. Senkal M et al. (1999) Outcome and cost-effectiveness of perioperative enteral immunonutrition in patients undergoing elective upper gastrointestinal tract surgery. Arch Surg 134: 1309–1316
28. Stechmiller JK et al. (1997) Gut dysfunction in critically ill patients: a review of the literature. Crit Care Med 6: 204–209
29. Stehle P et al. (1995) Glutaminsupplementierte Ernährung in der klinischen Praxis – Anwendung von glutaminhaltigen Dipeptiden. Infusionsther Transfusionsmed 22: 317–324
30. Tremel et al. (1994) Glutamine dipeptide-supplemented parenteral nutrition maintains intestinal function in the critically ill. Gastroenterology 107: 1595–1601
31. Vantrappen G et al. (1977) The interdigestive motor complex of normal subjects and patient with bacterial overgrowth o the small intestine. J Clin Invest 59: 1158–1166
32. Wolfram G (1995) ϖ-3-Fettsäuren – ihr Stoffwechsel und ihre Wirkung auf vaskuläres System, Fettstoffwechsel und Immunsystem. Akt Ernährungsmed 20: 173–179
33. Zaloga GP (1991) Bedside method for placing small bowel feeding tubes in critically ill patients. A prospective study. Chest 100: 1643–1646
34. Zander JF (1998) Darmmotilitätsstörungen bei Intensivpatienten – Ursachen und therapeutische Möglichkeiten. In: Refresher Course – Aktuelles Wissen für Anästhesisten, Nr. 24. Springer, Berlin Heidelberg New York Tokio

Heimenterale Ernährung

A. Jordan

In den 1980er Jahren hat sich die enterale Ernährung in der Gesamttherapie von Erkrankungen, die häufig mit einer Mangelernährung einhergehen, wie Tumorerkrankungen, Aids, chronische Darmerkrankungen, aber auch in den Bereichen Geriatrie und Neurologie, zunehmend etabliert. Noch bis vor einigen Jahren war eine enterale Ernährung nur im klinischen Bereich möglich. Heute wird, nicht zuletzt im Rahmen der Kostensenkung im Gesundheitswesen, eine schnellstmögliche Entlassung der Patienten in den außerklinischen Bereich angestrebt. Auch für den Patienten steht der Wunsch im Vordergrund, nach einer Erkrankung schnellstmöglich in den häuslichen Bereich zurückzukehren. Voraussetzung hierfür ist, dass sich der Patient ausreichend sicher versorgt fühlt.

In den letzten Jahrzehnten wurden vielfältige Anstrengungen unternommen, um eine sichere und effiziente Versorgung von Patienten mit künstlicher Ernährung im häuslichen Milieu zu gewährleisten. Hieraus haben sich Strukturen entwickelt, die es sich zum Ziel gemacht haben, einen reibungslosen Übergang des Patienten aus dem klinischen in den häuslichen Bereich und eine adäquate fortlaufende Betreuung dauerhaft enteral ernährter Patienten zu ermöglichen. Dies bedarf der Erfüllung einiger grundlegender Voraussetzungen.

25.1 Voraussetzungen für heimenterale Ernährung

Die Indikation zu einer heimenteralen Ernährung besteht, wenn:
- die Ernährung eines Patienten dauerhaft durch eine orale Zufuhr nicht sichergestellt werden kann,
- der Patient sich in einem medizinisch stabilen Zustand befindet und
- keine Gründe für einen weiteren Krankenhausaufenthalt vorliegen.

In dieser Situation sollte eine schnellstmögliche Rückführung des Patienten in seine vertraute häusliche Umgebung in Erwägung gezogen werden, nicht jedoch ohne vorher zu prüfen, ob die Voraussetzungen für die Durchführung einer ambulanten Ernährungstherapie in dem individuellen Fall gegeben sind.

25.1.1 Psychische und physische Voraussetzungen

Neben der prinzipiellen Indikation für eine heimenterale Ernährung müssen auch von Seiten des Patienten und deren Angehörigen einige grundlegende Voraussetzungen erfüllt werden. Zunächst muss die *Einwilligung des Patienten* zur Durchführung dieser Maßnahme vorliegen. Grundlegend ist die *Motivation* des Patienten und seiner Angehörigen sowie deren *Kooperationsbereitschaft*. Weiterhin ist zu klären, ob der Patient mit Hilfe seiner Umgebung überhaupt in der Lage ist, die Ernährungstherapie selbstständig durchzuführen. In die Beurteilung dieser Fragestellung sind verschiedene Faktoren miteinzubeziehen. Von großer Bedeutung ist der *mentale Status* des Patienten, der sowohl vom Krankheitsprogress als auch der psychischen Verfassung in Folge der Krankheit abhängig ist. Hier sollte auch die zukünftig zu erwartende Entwicklung im Krankheitsverlauf mitentscheidend sein. Weiterhin sind die *intellektuellen und verhaltensmäßigen Fähigkeiten* des Patienten und dessen Angehörigen und deren grundsätzliche Bereitschaft zur Unterstützung des Patienten zu bewerten.

Viele Patienten und auch deren Angehörige machen sich Sorgen über den weiteren Verlauf der Therapie und sind mit der Situation zunächst völlig überfordert. Viele Angehörige fürchten, dass sie die Versorgung des Patienten in der häuslichen Umgebung nicht aufrecht erhalten können. Im Vorfeld sollten der Patient und seine Angehörigen ausführlich über die *Möglichkeiten und Grenzen einer ambulanten Ernährungstherapie* informiert und das Bewusstsein für die neuen Lebensumstände mit all ihren Anforderungen geweckt werden. Durch *Aufklärung und Schulung* sollten dem Patienten die Ängste gegenüber der Therapie genommen und die Motivation zur Mithilfe gesteigert werden. Ist eine selbstständige Versorgung durch den Patienten oder dessen Angehörige nicht möglich, muss frühzeitig vor der Entlassung Kontakt zu einer pflegenden Institution (Pflegedienst, Pflegeheim etc.) aufgenommen werden. Dies erfolgt in der Regel durch den in der Klinik ansässigen Sozialdienst.

25.1.2 Technische Voraussetzungen

Vor der Entlassung eines Patienten in den heimenteralen Bereich ist ein *adäquater Zugangsweg zur Verabreichung der Nährlösungen* zu schaffen. Häufig wird eine heimenterale Ernährung über Monate oder sogar Jahre durchgeführt. Nicht selten kehren die Patienten zurück ins Berufsleben und nehmen am normalen Alltag teil. Voraussetzung für eine erfolgreiche und für den Patienten tolerierbare Durchführung der ambulanten enteralen Ernährung ist die Anlage eines dauerhaften Zugangsweges (s. Kap. 19), der auch kosmetisch für den Patienten und seine Umgebung zu akzeptieren ist. Am optimalsten werden diese Voraussetzungen durch eine perkutan gelegte Sonde (PEG, FKJ) erfüllt. Sie zeichnen sich aus durch die Möglichkeit einer langen Liegedauer und haben den Vorteil, dass sie unsichtbar unter der Kleidung getragen werden. Die *perkutane endoskopische Gastrostomie* (PEG) hat sich als sichere, nebenwirkungsarme, praktikable und für den Patienten wenig belastende Methode erwiesen [8].

Für sehr mobile Ernährungspatienten bieten sich derzeit auf dem Markt befindliche *Buttonsets* an, die über ein bereits ausgebildetes Magenstoma platziert werden. Sie zeichnen sich aus durch eine sehr flache externe Halteplatte und werden zur Ernährung mittels Sicherheitsverbinder mit dem Applikationssystem verbunden. Sie ermöglichen dem Patienten weitestgehende Beibehaltung aller Aktivitäten und somit eine verbesserte Lebensqualität [4].

Transnasale Sonden haben zum einen den Nachteil einer begrenzten Liegedauer (≤4 Wochen), zum anderen können sie für den Patienten als psychische Belastung empfunden werden, da das offensichtliche Tragen der Sonde im sozialen Umfeld auf das Kranksein des Patienten schließen lässt, was insbesondere im ambulanten Bereich ein Problem darstellen kann. Ist die Ernährung über eine transnasale Ernährungssonde indiziert, sollten dünnlumige (8–12 Charière), gewebefreundliche Polyurethan- bzw. Silikonkautschuksonden Einsatz finden.

25.1.3 Organisatorische Voraussetzungen

Der Transfer eines Patienten von der Klinik in den häuslichen Bereich stellt eine besondere Anforderung dar. In der Klinik befindet sich der Patient in einer Einheit, in der alle Leistungen aus einer Hand erbracht werden. Die Leistungen, die von den verschiedenen Fachabteilungen und den unterschiedlichen Berufsgruppen erbracht werden, unterliegen einer strengen hierarchischen Verantwortlichkeit und Kompetenzzuweisung mit verbindlicher Regelung der fachlichen Kommunikation und Dokumentation. Dagegen wird der Patient im ambulanten Bereich mit einer Vielzahl voneinander unabhängiger Leistungserbringer konfrontiert. Um einen reibungslosen Übergang vom stationären in den ambulanten Bereich zu gewährleisten ist die *Kooperation der verschiedenen Disziplinen* von besonderer Bedeutung.

> Entscheidend für die erfolgreiche Durchführung der ambulanten Ernährungstherapie ist eine *enge Zusammenarbeit* zwischen Klinikarzt, Hausarzt, Ernährungsfachkräften, ambulantem Pflegedienst und Apotheke bzw. Herstellerfirma mit *klarer Zuweisung der Kompetenz- und Verantwortungsbereiche*.

Da die mangelnde Kooperation und Kommunikation zwischen den verschiedenen ambulanten Leistungserbringern häufig Ursache für das Auftreten von Problemen beim Transfer eines Patienten in den außerklinischen Bereich sind, wurden in den vergangenen Jahren zunehmend Institutionen eingerichtet, die neben der Vermittlung von Fachwissen im Bereich der künstlichen Ernährung mit der Organisation des Patiententransfers von der Klinik in die häusliche Umgebung und der Koordinierung der verschiedenen Disziplinen vor Ort beauftragt sind. Hierzu gehören die mittlerweile in zahlreichen Kliniken ansässigen *Ernährungsteams* (s. Kap. 63), *Brücken- bzw. Koordinierungsschwestern* und sog. *Home-Care-Teams* [9]. Hierdurch ist eine engere Verzahnung zwischen stationärer und ambulanter Versorgung möglich, sodass ein reibungsloser Übergang des Patienten in den außerklinischen Bereich gewährleistet ist.

25.2 Praktische Durchführung

Zur Vorbereitung des Patienten auf den eigenständigen Umgang mit der Sondenernährung nach Entlassung aus der Klinik wird ein Schulungstermin vereinbart. Die Schulung erfolgt abgestimmt auf die mentale Situation des Patienten oder der Angehörigen schrittweise und hält sich dabei an ein festes Konzept (*Tabelle 25-1*). Je nach Zustand und Mitarbeit

Tabelle 25-1. Inhalte für ein Schulungsprogramm zur Vorbereitung einer ambulanten enteralen Ernährung

- Individuelle Beratung zum patientenspezifischen Ernährungsregime
  - Zusammensetzung der Ernährungslösungen
  - Applikationsart (per Schwerkraft/Ernährungspumpe)
  - Applikationsgeschwindigkeit
- Beratung und Information zu den Sondensystemen
  - Transnasale Sonde, PEG, FKJ
- Applikationstechnik und Handhabung des Ernährungssystems
  - Technik der Überleitsysteme
  - Pumpentechnik
- Sondenpflege
  - Verbandwechsel
  - Spülen der Sonde – Zeitpunkt und Durchführung
  - Reinigung und Pflege der Applikationssysteme
  - Verabreichung von Medikamenten
- Selbstüberwachung
  - Flüssigkeitsein- und -ausfuhr, Gewicht, Inspektion der Sondeneintrittsstelle
- Verhaltensmaßregeln bei Komplikationen

des Patienten dauert die Schulung bei enteraler Ernährung 2–4 Tage. Mit der Vorbereitung der Entlassung sind parallel zur Schulungsphase verschiedene organisatorische Tätigkeiten verbunden, die den reibungslosen Übergang des Patienten vom stationären in den häuslichen Bereich ermöglichen sollen.

Der Krankenkasse wird die Notwendigkeit der Fortsetzung der enteralen Ernährungstherapie im ambulanten Bereich mitgeteilt und eine Kostenübernahme beantragt. Der Hausarzt ist über die geplante ambulante Weiterbetreuung in Kenntnis zu setzen und erhält alle dafür notwendigen Informationen. Die Versorgung des Patienten mit den notwendigen Materialien für die Durchführung der Ernährungstherapie (Sondennahrung, Infusionsständer, Ernährungspumpe, Verbandsmaterialien etc.) ist zu organisieren. Bei Einschaltung eines ambulanten Pflegedienstes muss dieser über den Entlassungstermin und den Umfang der notwendigen Versorgung informiert werden. Pflegedienste, die spezielle Leistungen wie die ambulante enterale Ernährungstherapie, anbieten, müssen bestimmte Qualitätskriterien einhalten (24-h-Rufbereitschaft, Dokumentation der Pflege und Behandlung etc.) und nach allgemein gültigen Qualtitätsstandards gemäß dem neuesten medizinisch-pflegerischen Stand arbeiten. Ziel dieser Maßnahmen ist die adäquate Versorgung des Patienten im heimischen Bereich unter Berücksichtigung seiner individuellen Lebensumstände (*Tabelle 25-2*).

25.3 Therapieplanung- und überwachung

Vor der Entlassung des Patienten wird ein *individueller Therapieplan* erstellt, der im Verlauf der ambulanten Therapie regelmäßig überprüft und ggf. angepasst wird. Dazu werden bei mobilen Patienten *regelmäßige Kontrolltermine*, optimalerweise einmal monatlich, in der im Klinikum zuständigen Institution vereinbart (z. B. Ernährungsteam) oder Hausbe-

Tabelle 25-2. Ziele einer heimenteralen Ernährung

- Adäquate Versorgung des Patienten mit Energie, Nähr- und Wirkstoffen und Flüssigkeit
  In der Regel werden Patienten mit einem durch Ernährungsfachkräfte der Klinik individuell erstellten Ernährungsregime entlassen. In Zusammenarbeit mit Ernährungsfachkräften und dem Hausarzt bzw. Klinikarzt wird das Regime im ambulanten Bereich an die jeweilige Situation des Patienten angeglichen.
- Vermeidung von Komplikationen (s. Kap. 21)
  Der Erfolg einer heimenteralen Ernährungstherapie wird maßgeblich bestimmt durch das Fachwissen der betreuenden Person(en). Werden die Richtlinien zur enteralen Ernährung wie Sondenkostaufbauplan, Zufuhrgeschwindigkeit, Portionsgröße, Nahrungstemperatur, Reinigung und Pflege der Sonde und Überwachung der Patienten beachtet, ist die Komplikationsrate bei dieser Form der Ernährung sehr gering. Für Patienten ist es meist eine große Beruhigung, wenn auftretende Komplikationen durch einfache pflegerische Maßnahmen zu beheben sind, ohne daß eine ärztliche Konsultation notwendig ist.
- Geringstmögliche Einschränkung der Aktivitäten des täglichen Lebens
  Die Therapieplanung und der organisatorische Ablauf sollten unter Berücksichtigung der individuellen Lebensumstände (Familie, Beruf, Freizeitplanung) des Patienten erfolgen, um eine Integration der Behandlung in den Alltag zu ermöglichen.
- Erhaltung der Mobilität
  Bei der Auswahl der Applikationstechnik sollte der Erhalt der Mobilität berücksichtigt werden (z. B. Einsatz mobiler Pumpensysteme).
- Fördern des Wohlbefindens und des Sicherheitsgefühls
  Der Patient sollte das Gefühl haben eine kompetente und verlässliche Versorgung zu erhalten.
- Hilfe zur Selbsthilfe
  Patient wie auch Angehörige sollten so früh wie möglich in das Behandlungskonzept einbezogen werden und entsprechend ihren Fähigkeiten Teile der Versorgung übernehmen. Durch Aufklärung und Schulung sollten dem Patienten die Ängste gegenüber der Therapie genommen und die Motivation zur Mithilfe gesteigert werden.

suche durch im ambulanten Bereich tätige Fachkräfte für die enterale Ernährung, durchgeführt. Maßnahmen zur Überwachung der enteralen Ernährungstherapie sind in *Tabelle 25-3* aufgeführt. Der Patient wird darüber hinaus zu einer Selbstüberwachung angeleitet (Flüssigkeitsein- und -ausfuhr, Gewicht, Inspektion der Kathetereintrittsstelle).

Zusätzlich sollte jederzeit, auch außerhalb der Dienstzeiten des Ernährungsteams, ein kompetenter Ansprechpartner für den Patienten erreichbar sein. Neben einer ausführlichen Schulung und Aufklärung des Patienten dient eine regelmäßige Überwachung der Therapie insbesondere der Vorbeugung schwerwiegender Komplikationen und somit einer Vermeidung von zusätzlichen Krankenhausaufenthalten durch die enterale Ernährungstherapie.

25.4 Komplikationen der heimenteralen Ernährung

Im Vergleich zur parenteralen Ernährung hat sich die enterale Ernährung als komplikationsärmer erwiesen und erfordert

Tabelle 25-3. Kontrollparameter während enteraler Ernährung

Was?	Wie oft?
1. Klinische Parameter	
Körpergewicht	2-mal pro Woche
Durstgefühl	Täglich
Stuhlfrequenz, -konsistenz	Täglich
Flüssigkeitsbilanz	Bei Bedarf
Bioelektrische Impedanzanalyse (BIA)	1-mal pro Monat
2. Laborparameter	
Hämoglobin, Hämatokrit	Wöchentlich bis monatlich
Serumharnstoff und -kreatinin	Wöchentlich bis monatlich
Serumnatrium, -kalium, -phosphat	Wöchentlich bis monatlich
Blutzucker	Monatlich, bei Diabetes täglich bis wöchentlich
Cholesterin, Triglyzeride	Monatlich
Leberenzyme (SGOT, SGPT, AP)	Monatlich
Gesamteiweiß, Albumin	Monatlich
Transferrin	Nach Bedarf
Retinolbindendes Protein	Nach Bedarf
Serumzink, -magnesium, -selen	Nach Bedarf
Vitamine A, D, E, K	Nach Bedarf

einen geringeren Überwachungsaufwand. Sie ist jedoch nicht komplikationsfrei. Die Häufigkeit gastrointestinaler und sondenbedingter Komplikationen kann bei der enteralen Ernährung erheblich schwanken in Abhängigkeit von Applikationsart und -ort, des Ernährungsregimes und der Grunderkrankung (s. Kap. 21). Weiterhin ist der prozentuale Anteil an Komplikationen abhängig von der Erfahrung des Therapeuten.

Die Komplikationsrate lässt sich verringern, indem die Richtlinien zur Sondenernährung, wie Sondenkostaufbauplan, Zufuhrgeschwindigkeit, Portionsgröße, Nahrungstemperatur und Pflege der Sonde, eingehalten werden [5]. Eine qualifizierte Schulung des Patienten im Umgang mit der Applikationstechnik und regelmäßige Kontrollen des Gelernten sind deshalb unabdingbare Voraussetzungen für eine erfolgreiche heimenterale Ernährungstherapie.

Treten Komplikationen auf, muss zunächst nach der Ursache geforscht werden. Neben der enteralen Ernährung als solcher können auch therapeutische Maßnahmen wie Antibiose, Chemo- und Strahlentherapie oder die Grunderkrankung, die Ursache für Beschwerden sein (z. B. Diarrhö, Übelkeit, Erbrechen). In der Regel können die Komplikationen der enteralen Ernährung durch leichte pflegerische Maßnahmen behoben werden, sodass eine Rehospitalisierung der Patienten aufgrund von Problemen der Ernährungstherapie nur sehr selten erforderlich ist. Dennoch bringen Komplikationen der enteralen Ernährung zum einen Beeinträchtigungen der Nährstoffversorgung mit sich, da sie häufig in einer Verminderung oder sogar vorübergehendem Aussetzen der Sondenkostzufuhr resultieren und tragen somit wesentlich zu einer Reduzierung des erwarteten »Outcome« unter enteraler Ernährung bei [5]. Zum anderen ist zu beobachten, dass die Compliance von Patienten gegenüber dieser Ernährungsform mit zunehmender Komplikationsrate abnimmt.

25.5 Psychosoziale Aspekte der heimenteralen Ernährung

Für den Patienten und dessen Angehörige ergeben sich durch die enterale Ernährungstherapie völlig neue Lebensumstände. Neben der psychischen Belastung durch die Grunderkrankung, kommt die Belastung durch die neue Form der Ernährung hinzu. Die Mahlzeiten werden auf ihre funktionale Rolle limitiert. Die orale Nahrungsaufnahme gehört zu den Grundbedürfnissen des Menschen und ist verbunden mit Freude und Genuss, was es dem Patienten schwer macht, Sinn und Nutzen der Therapie einzusehen und sich damit auseinanderzusetzen. Häufig ist mit dieser Form der Ernährung insbesondere bei transnasaler Sondenlage ein Schamgefühl gegenüber der Umwelt verbunden, sodass der Patient soziale Kontakte meidet und sich isoliert. Weiterhin kann es durch die Sondenernährung zu einer Einschränkung der Aktivitäten des täglichen Lebens kommen (Essen und Trinken, Bewegungsfreiheit, Abhängigkeit von Pflegepersonen etc.) [11]. Hinzu kommt, dass die Nahrungsaufnahme nun die Auseinandersetzung mit technischem Gerät und Hilfsmitteln erforderlich macht. Es kann spekuliert werden, dass diese veränderten Lebensumstände zu einer Einschränkung der *Lebensqualität* führen.

Tatsächlich gibt es bisher wenige Studien, die sich mit dieser Thematik beschäftigen. In einer kürzlich erschienen Studie zur Lebensqualität von Patienten mit Tumoren im HNO-Bereich und Ösophagus, die einer heimenteralen Ernährung bedurften, wurde in einem Beobachtungszeitraum von 1 Monat keine Einschränkung der Lebensqualität durch die heimenterale Ernährung gesehen, wenn auch ein nicht unerheblicher Teil der Patienten angab, dass die Technik der Sondenernährung mit Schwierigkeiten innerhalb der Familie und im sozialen Umfeld einhergeht [11]. In diesem Fall ist es wichtig, dass dem Patienten zu Hause kompetente Hilfe zur Seite steht.

Um zu verhindern, dass sich der Patient als kompletter »Pflegefall« fühlt, sollten sowohl der Patient als auch die Angehörigen so früh wie möglich in das Behandlungskonzept einbezogen werden und entsprechend ihren Fähigkeiten Teile der Versorgung übernehmen, im Sinne einer Hilfe zur Selbsthilfe. Die überwiegende Zahl der Patienten bzw. deren Angehöriger ist nach ausführlicher Schulung und Training in der Lage, die Sondenkostapplikation und Sondenpflege (Spülen der Sonde) selbstständig durchzuführen, was für den Patienten ein wichtiger Schritt zur Wiederherstellung seiner Autonomie ist. Im Mittelpunkt aller Maßnahmen sollte immer der Patient stehen. Er sollte maßgeblich in alle notwendigen Entscheidungsprozesse miteinbezogen werden und vorab über alle Möglichkeiten informiert und über die jeweiligen Vor- und Nachteile aufgeklärt werden.

Ein wichtiger Aspekt in Bezug auf die Beurteilung der Lebensqualität bei Patienten mit heimenteraler Ernährung ist die enge Verknüpfung des Ernährungszustands eines Patienten mit dem Wohlbefinden und folglich der Lebensqualität.

> Eine Malnutrition führt zu einer Beeinträchtigung des Stoffwechsels und der Immunabwehr, einhergehend mit Störungen der Organaktivität, Organatrophie, verzögerter Wundheilung und erhöhter Infektanfälligkeit [2]. Für den Patienten ist dies verbunden mit einer verminderten Belastbarkeit, Apathie und Schwäche, insgesamt mit einer verminderten Lebensqualität und einer Zunahme von Morbidität und Mortalität. Auch die schlechtere Toleranz gegenüber kausalen therapeutischen Maßnahmen (z. B. Chemo- und Strahlentherapie bei Tumorpatienten) ist belegt [3, 13].

Pflegeprobleme

Aus der geschilderten Pflegesituation können sich folgende Pflegeprobleme ergeben:

- schlechter Ernährungszustand (Kachexie), damit häufig verbunden Wundheilungsstörungen, Beeinträchtigung der Immunabwehr, erhöhte Infektanfälligkeit, Kräfteverfall etc.;
- ernährungsbedingte Komplikationen (Diarrhö, Obstipation, Übelkeit/Erbrechen);
- sondenbedingte Komplikationen (Entzündungen an Sondeneintrittsstelle bei PEG/FKJ, Druckulzera an Nasenflügel, Ösophagus, Magen durch transnasale Sonden, Sondenokklusion, Sondendislokation);
- Infektionen z. B. Soor, Pneumonie (begünstigt durch Aspiration);
- psychische Probleme (Ängste, Hilflosigkeit, Isolation durch Schamgefühle und beeinträchtigte Kommunikation etc.).

Pflegeziele

Aus der Pflegesituation und den möglichen Problemen, die mit der ambulanten enteralen Ernährungstherapie behaftet sein können, lassen sich folgende Pflegeziele ableiten:

- Adäquate Versorgung des Patienten mit Energie, Nähr- und Wirkstoffen und Flüssigkeit.

  In der Regel werden Patienten mit einem durch Ernährungsfachkräfte der Klinik individuell erstellten Ernährungsregime entlassen. In Zusammenarbeit mit Ernährungsfachkräften und dem Hausarzt bzw. Klinikarzt wird das Regime im ambulanten Bereich an die jeweilige Situation des Patienten angeglichen.
- Vermeidung von Komplikationen wie Aspiration, Druckulzera, Entzündungen der Sondeneintrittsstelle, Sondenokklusion und -dislokation, Diarrhöen, Erbrechen, Völlegefühl, Obstipation.

  Der Erfolg einer heimenteralen Ernährungstherapie wird maßgeblich bestimmt durch das Fachwissen der betreuenden Person(en). Werden die Richtlinien zur enteralen Ernährung wie Sondenkostaufbauplan, Zufuhrgeschwindigkeit, Portionsgröße, Nahrungstemperatur, Reinigung und Pflege der Sonde und Überwachung der Patienten beachtet, ist die Komplikationsrate bei dieser Form der Ernährung sehr gering. Treten unter der Therapie Komplikationen auf, sollte die betreuende Pflegekraft in der Lage sein die möglichen Ursachen zu erkennen und entsprechende pflegerische Maßnahmen einzuleiten. Die Mitarbeiter der ambulanten Pflegedienste, sind die Personen mit dem häufigsten Kontakt zum Patienten und somit meist primärer Ansprechpartner bei Auftreten von Komplikationen. Für Patienten ist es meist eine große Beruhigung, wenn auftretende Komplikationen durch einfache pflegerische Maßnahmen zu beheben sind, ohne dass eine ärztliche Konsultation notwendig ist.

- Geringstmögliche Einschränkung der Aktivitäten des täglichen Lebens.

Für den Patienten bedeutet die Betreuung durch Pflegepersonen, dass er in hohem Maße von diesen abhängig ist. In Absprache mit ihm sollte eine Terminplanung gefunden werden, die ihn möglichst wenig in seinen täglichen Aktivitäten einschränkt und seinen regelmäßigen Gewohnheiten (Aufstehen, Körperpflege, Mittagsruhe etc.) entspricht.

- Fördern des Wohlbefindens und des Sicherheitsgefühls.

Der Patient sollte das Gefühl haben eine kompetente und verlässliche Versorgung zu erhalten.

- Hilfe zur Selbsthilfe.

25.6 Ökonomische Aspekte der heimenteralen Ernährung

25.6.1 Kosteneffizienz

Untersuchungen zur Kosteneffizienz einer heimenteralen Ernährung konnten zeigen, dass im Vergleich zu einer stationären Behandlung eine Reduktion der Therapiekosten möglich ist [6, 10, 12]. Es wird von einer Kostenersparnis von 90–95% gegenüber einer stationär durchgeführten enteralen Ernährung ausgegangen [7]. Bisher gibt es wenige Daten zu den tatsächlichen Kosten einer heimenteralen Ernährung.

Einer Kostenanalyse von Reddy et al. (1998) zufolge betragen in den USA die Gesamtkosten für eine heimenterale Ernährung pro Jahr durchschnittlich ca. $ 18.000 bei einer Variation von $ 5000–$ 50.000 [10]. Es wurde gezeigt, dass der Großteil der Kosten mit ca. $ 25–50/24 h (durchschnittlich $ 33/24 h) im Jahr 1992 durch die für die enterale Ernährungstherapie benötigten Materialien verursacht wurde (Sondenkost, Applikationssets, Verbandmaterialien, Leihgebühr für Ernährungspumpen) [7]. Die große Spannbreite der Kosten resultiert überwiegend aus der unterschiedlichen Häufigkeit an Komplikationen und damit verbundenen Behandlungskosten. Der typische Patient mit künstlicher Heimernährung erleidet 1- bis 2-mal pro Jahr eine ernährungsassoziierte Komplikation, jedoch weist die Spannbreite von keiner bis 10 Komplikationen auf die große individuelle Varianz hin [10].

Den Ergebnissen einer italienischen Arbeitsgruppe zufolge, die eine Kostenanalyse der enteralen Ernährung bei 34 Patienten mit HNO-Tumoren durchführten, lagen die Kosten für Patienten mit PEG bei DM 24,06 (€ 12,03)/24 h gegenüber DM 22,78 (€ 11,39)/24 h bei transnasaler Sonde [12]. Die größere Inzidenz an Komplikationen bei transnasaler Sondenlage, die einen Sondenwechsel erforderlich machen, lassen jedoch höhere indirekte Kosten bei dieser Form der Ernährung vermuten. Bei einer oralen Ernährungstherapie mittels Trinknahrungen sind die höheren Kosten für die speziellen trinkbaren bilanzierten Diäten zu berücksichtigen [1].

25.6.2 Erstattungsfähigkeit der enteralen Ernährung

Für die Versorgung bei einer ambulanten enteralen Ernährung ist die Verordnung von Ernährungstherapeutika, Verband- und Hilfsmitteln durch den behandelnden Arzt erforderlich. Die gesetzlichen Rahmenbedingungen bei den ambulanten enteralen Ernährungstherapien sind verankert im § 31 Absatz 1 SGB V in Verbindung mit den Arzneimittelrichtlinien Nr. 17.1.i und der Europäischen Richtlinie 1999/21/EG der Kommission über diätetische Lebensmittel für besondere medizinische Zwecke.

Ernährungstherapeutika

Ernährungstherapeutika werden entsprechend den Arzneimittelrichtlinien durch den behandelnden Arzt rezeptiert und abgerechnet. Im Rahmen der derzeit vorgehenden Änderungen im Gesundheitswesen sind Überarbeitungen der Arzneimittelrichtlinien in Vorbereitung. Wann und in welcher Form diese in Kraft treten werden, ist zur Zeit noch unklar.

> Nach den zur Zeit gültigen Arzneimittelrichtlinien dürfen Trink- und Sondennahrungen vom behandelnden Arzt bei Morbus Crohn, Kurzdarmsyndrom, stark Untergewichtigen mit Mukoviszidose, Patienten mit chronisch terminaler Niereninsuffizienz unter eiweißarmer Ernährung und Patienten mit konsumierenden Erkrankungen sowie medizinisch indizierter Sondennahrung verordnet werden.

Die Zuzahlung zu Ernährungstherapeutika beträgt nach § 31 Abs. 3 SGB V DM 8,– (€ 4,–) je Verordnung (d. h. je Verordnungszeile unabhängig von der Menge und Packungsgröße).

Die diätetischen Lebensmittel für besondere medizinische Zwecke (bilanzierte Diäten) sind budgetrelevant, können aber als individuelle Praxisbesonderheit geltend gemacht werden. Eine Praxisbesonderheit muss gut begründet und ausreichend dokumentiert werden. Individuelle Praxisbesonderheiten sind nach Anerkennung durch die Kassenärztliche Vereinigung (KV) nicht budgetrelevant.

Verbandmittel

Die Verordnung von Verbandmitteln für die Versorgung von perkutanen Sonden unterliegt dem § 31 Abs. 1 SGB V (Verbandmittel). Die Zuzahlung für die verordnete Menge eines Verbandmittels beträgt DM 8,– (€ 4,–). Verbandmittel fallen nach § 84 SGB V in das Arzneimittel-/Verbandmittelbudget des Arztes.

Hilfsmittel

Zu den Hilfsmitteln bei einer enteralen Ernährungstherapie zählen beispielsweise Ernährungspumpen und Applikationshilfen wie Überleitsysteme und Spritzen. Die Hilfsmittel für die enterale Ernährung sind zuzahlungsfrei. Die Verordnung der Hilfsmittel belastet nicht das Arznei-, Verband- und Heilmittelbudget.

Literatur

1. Castillo Rabaneda RM, Gomez Candela C, de Cos Blanco AI et al. (1998) Evaluation of the cost of home enteral nutrition in relation to different access routes. Nutr Hosp 13: 320–324
2. Chandra RK (1983) Nutrition, immunity, and infection: Present knowledge and future directions. Lancet I: 688–691
3. Dewys WD, Begg C, Lavin PT et al. (1980) Prognostic effects of weight loss prior to chemotherapy in cancer patients. Am J Med 69: 491–497
4. Dormann AJ, Wigginghaus B, Grunewald T, Huchzermeyer H (1999) Freka button gastrostoma. Initial long term results. Dtsch Med Wochenschr 124: 1204–1205
5. Hamaoui E, Kodsi R (1997) Complications of enteral feeding and their prevention. In: Rombeau JL, Rolandelli RH (eds.) Enteral and tube feeding. Saunders, Philadelphia/PA, pp 554–574
6. Howard L, Ament M, Fleming CR, Shike M, Steiger E (1995) Current use and clinical outcome of home parenteral and enteral nutrition therapies in the United States. Gastroenterology 109: 355–365
7. Howard L, Malone M, Wolf BM (1997) Home enteral nutrition in adults. In: Rombeau JL, Rolandelli RH (eds) Enteral and tube feeding. Saunders, Philadelphia/PA, pp 510–522
8. Löser C, Fölsch UR (2000) Feeding of patients with ENT diseases using an enteral tube system (PEG/PEJ tubes). A review. Laryngorhinootologie 79: 442–446
9. McKinnon BT, Wolson MK, George P (1997) Managed care. In: Rombeau JL, Rolandelli RH (eds.) Enteral and tube feeding. Saunders, Philadelphia/PA, pp 599–611
10. Reddy P, Malone M (1998) Cost and outcome analysis of home parenteral and enteral nutrition. J Parent Ent Nutr 22: 302–310
11. Roberge C, Tran, M, Massoud C et al. (2000) Quality of life and home enteral tube feeding: a French prospective study in patients with head and neck or oesophageal cancer. Br J Cancer 82: 263–269
12. Sartori S, Trevisani L, Tassinari D et al. (1996) Cost analysis of long-term feeding by percutaneous endoscopic gastrostomy in cancer patients in an Italian health district. Supp Care Cancer 4: 21–26
13. Vigano A, Watanabe S, Bruera E (1994) Anorexia and cachexia in advanced cancer patients. Cancer Surv 21: 99–115

Parenterale Ernährung

Substrate in der parenteralen Ernährung

R. Breitkreutz, T. Gaschott

Die Entwicklung der parenteralen Zufuhr von Flüssigkeiten, Arzneimitteln und Ernährungslösungen erstreckt sich über einen Zeitraum von etwa 350 Jahren. Die ersten Berichte blieben sporadisch und spiegeln in deutlicher Weise das damalige Verständnis von Physiologie und Pathophysiologie wieder.

Eine der wichtigsten Voraussetzungen für *Beginn* und Entwicklung der Infusionstherapie war die Entdeckung, dass Blut im Organismus zirkuliert und Substanzen, die in das Blut gelangten, dadurch im Körper in die einzelnen Gewebe verteilt werden. Harvey, der 1628 den Blutkreislauf erstmals beschrieb, vermutete, dass auch die Inhaltsstoffe der Nahrung durch den Blutstrom in die verschiedenen Organe des Organismus gebracht werden [42]. Den *ersten intravenösen* Zugang soll 1656 Wren beschrieben haben: Über den Federkiel einer Gänsefeder, der mit einer Schweineblase verbunden war, infundierte er Hunden Rotwein und Bier [42]. Ähnliche Versuche wurden auch einige Jahre später von Fracassato an der Universität Pisa durchgeführt. 1662 wurde der Royal Society in London auf diese Weise die erste Bluttransfusion bei Hunden vorgestellt [42]. Wenige Jahre später (1666) erfolgte die erste erfolgreiche Bluttransfusion von Tier zu Mensch [42].

Die erste umfangreiche Niederschrift über die Möglichkeit der intravenösen Infusion wurde von Escholtz 1665 in Holland publiziert und hatte den Titel *»Clysmatica Nova«* [42]. William Courten aus Montpellier infundierte 1678/79 Tieren verschiedenste Substanzen wie Olivenöl, Zuckerlösung, Essig, Wein, Abführmittel, Opium, Urin und Salzlösung i.v., allerdings mit sehr unterschiedlichen Erfolgen [42].

Ein neuer Stimulus, an der Weiterentwicklung intravenöser Infusionen zu arbeiten, war 1831 eine schwere Choleraepidemie in England. Der Flüssigkeitsverlust durch Erbrechen und Diarrhoe führte häufig zu schwerer Dehydratation. Da die orale oder rektale Flüssigkeitszufuhr unmöglich war, musste die intravenöse Infusionsbehandlung erwogen werden. T. Latta aus Schottland infundierte Cholerapatienten Kochsalzlösungen mit großem Erfolg und publizierte dies in »The Lancet«. Seine Entscheidung, Kochsalzlösungen zu verwenden, basierte auf der Beobachtung, dass das Blut von Patienten mit Cholera dickflüssig, dunkel und kalt war. Er verdünnte daher deren Blut mit Wasser und Salz und war damit erfolgreich. Obwohl man dieser Behandlungsmethode zunächst mit großer Skepsis begegnete, setzte sie sich immer mehr durch. T. Weatherill verabreichte einem 29-jährigen Schmied innerhalb von 13 h 15 l Kochsalzlösung [42].

Eine *systematische Entwicklung* fand erst statt, als die naturwissenschaftliche Grundlagenforschung, beginnend in der Mitte des 19. Jahrhunderts, als Voraussetzung für das Erkennen von physiologischen und pathophysiologischen Zusammenhängen und gleichzeitig die technische und medizintechnische Entwicklung die Umsetzung dieser Erkenntnisse für die Klinik ermöglichte. So lässt sich auch die *erste Stufe* der Entwicklung der parenteralen Ernährung in der vorwiegend subkutanen Verabreichungsform in breiterer klinischer Anwendung zu Beginn unseres Jahrhunderts feststellen.

Eine entscheidende *Weiterentwicklung* folgte Mitte der 1930er Jahre, als zunächst Proteinhydrolysate und etwa 20 Jahre später die ersten kristalloiden *Aminosäurelösungen* eingesetzt wurden.

Eine *dritte Entwicklungsstufe* ist Anfang der 1960er Jahre zu erkennen, als sichere Fettemulsionen neben den Kohlehydraten als Energiespender breite klinische Anwendung erfuhren. Damit war das eigentliche Konzept der vollständigen parenteralen Ernährung entwickelt. Dieser von Wretlind [42] eindrucksvoll dargestellten Entwicklung muss eine weitere Stufe hinzugefügt werden, die das erweiterte Ziel der parenteralen Ernährung umschreibt, nicht nur eine optimierte Nährstoffzufuhr bei unmöglicher oder unzureichender normaler Nahrungsaufnahme zu erreichen, sondern gleichzeitig spezifische pharmakologische Effekte bei spezifischen Erkrankungsprozessen zu erzielen. So wurde erkannt, dass man das initiale Ernährungssubstrat gleichzeitig mit den Eigenschaften eines spezifischen Pharmakons versehen musste, um in pharmakologischer Hinsicht einen Einfluss auf krankheitsspezifische Stoffwechselsituationen zu nehmen.

Dieses Ziel, das sicherlich schon mit der Einführung der mittelkettigen Triglyzeride verfolgt wurde, wird durch die vor einigen Jahren durchgeführte Supplementierung der Fettemulsionen durch ω-3-Fettsäuren fortgesetzt [42]. Da ω-3-Fettsäuren das Spektrum und die Wirkungsweise der Eicosanoidsynthese im Organismus beeinflussen, wird versucht, durch Immunmodulation bei spezifischen Erkrankungen günstige Therapieeffekte zu erzielen.

26.1 Kohlenhydrate

26.1.1 Glukose

Glukose gilt als wichtigster Energieträger der parenteralen Ernährung. Sie liegt in Infusionslösungen als *Monohydrat* vor. Der Kaloriengehalt im Vergleich zur Nahrungsglukose beträgt 3,4 kcal/g (1 kcal = 4,181 kJ) statt 4 kcal/g. Isotone Glukoselösungen haben einen relativ niedrigen Kaloriengehalt (z. B. 5% = 170 kcal/l), weshalb für die vollständige parenterale Ernährung benutzte Glukoselösungen in konzentrierter und somit in hypertoner Form verabreicht werden, was eine zentralvenöse Applikation notwendig macht.

In der Regel werden meist 20–40%ige Glukoselösungen (Osmolarität 1010 bzw. 2020 mosm/l) verwendet. Bei Notwendigkeit einer Flüssigkeitsrestriktion (Herz- oder Niereninsuffizienz) werden neuerdings auch 60–70%ige (Osmolarität 3030 bzw. 3535 mosm/l!) Lösungen eingesetzt. Zu beachten ist, dass die hochdosierte Zufuhr von Glukose zusammen mit Insulin (»Hyperalimentation«) sowohl zu *Hypokaliämien* als auch zu ausgeprägten *Hypophosphatämien* führt (s. auch 26.5 Elektrolyte). Es kommt zum Übertritt von Kalium und Phosphat aus dem Extrazellulärraum in das zelluläre Kompartiment, was mit z. T. beträchtlichen neurologischen und metabolischen Störungen verbunden ist. Therapeutisch und prophylaktisch empfiehlt sich hier die rechtzeitige Gabe phospholipidhaltiger Fettemulsionen.

Die maximale Dosierung von Glukose beträgt 6 g/kgKG/24 h. Vom menschlichen Organismus können höchstens 500 g Glukose/24 h oder 0,275 g/kgKG/h oxidiert werden.

> Darüber hinaus bestehen nur geringe Möglichkeiten, überschüssige Energiemengen akut zu speichern. Bei einer längerandauernden reinen oder überwiegenden Kohlenhydraternährung können vermehrte Fettablagerungen in den Leberzellen *(Steatosis hepatis)* beobachtet werden (s. Kap. 29).

Eine exzessive Glukoseinfusion kann zu symptomatischen Hyperglykämien führen. Die Hyperglykämie gehört zu den häufigsten iatrogenen metabolischen Störungen bei TPN (»total parenteral nutrition«). Es ist beobachtet worden, dass die maximale Glukoseoxidationsrate 3 mg/kg/min bei stark erhöhter Glukoseinfusionsrate beträgt. Die Folgen eines länger andauernden Blutglukosewertes über 9 mmol sind vielfältig:

So kommt es zu
- hyperosmolarer Dehydratation,
- osmotischer Diurese,
- Verlust von Natriumspeichern durch hyperglykämisch-induzierte, forcierte Diurese,
- überhöhter CO_2-Produktion,
- erhöhter Sympatikusaktivität,
- Flüssigkeitsretention und zu
- Hypophosphatämien (s. oben).

In Extremfällen kann es zu einer hyperosmolaren, hyperglykämen, nichtketotischen Dehydratation mit ausgeprägtem Koma kommen [39]. Obwohl regelmäßig versucht werden kann, die erhöhten Blutglukosewerte mit Insulin zu senken, soll beachtet werden, dass es z. B. im Rahmen der intensivmedizinischen Behandlung zu peripherer (und zentraler) Insulinresistenz kommen kann. Daher sollte der Blutglukosewert engmaschig kontrolliert und damit auch stetig eine Adaptation der TPN erfolgen. Als weitere wichtige metabolische Akutkomplikation ist die sog. »Reboundhypoglykämie« aufgrund eines plötzlichen Absetzens einer TPN mit hoher Glukoseinfusionsrate zu erwähnen [39]. Der Grund für diese Komplikation ist eine erhöhte, sich erst später herunterregulierende endogene Insulinproduktion. Daher sollte auf eine schrittweise Reduktion der Glukoseinfusionsrate beim Absetzen einer TPN/Glukoseinfusion geachtet werden.

26.2 Zuckeraustauschstoffe

Bei den in der TPN eingesetzten Zuckeraustauschstoffen handelt es sich um die *Nichtglukosekohlenhydrate* Fruktose und Invertose und die *Zuckeralkohole* Sorbit und Xylit. Als *vorteilhaft* erweisen sich eine geringere Beeinflussung und somit bessere Steuerbarkeit des Blutzuckerspiegels (*insulinunabhängig*), insbesondere in Phasen des Postaggressionsstoffwechsels, sowie eine bessere Sterilisierbarkeit (fehlende Maillard-Reaktion).

26.2.1 Zuckeralkohole

Xylit

Im Gegensatz zu i.v. verabreichter Glukose, die zu etwa 80% insulinabhängig in der Muskulatur verstoffwechselt wird, wird Xylit insulinunabhängig von der Polyoldehydrogenase nahezu ausschließlich hepatisch verwertet. Dies erklärt, warum Xylit die hepatische Harnstoffproduktion wesentlich besser senkt als äquimolare Mengen Glukose. Seine Utilisation ist im Gegensatz zu Glukose auch im Postaggressionsstoffwechsel und bei peripherer (muskulärer) Insulinresistenz gut (s. Kap. 13). Eine eigentliche Intoleranzreaktion gegen Xylit ist nicht bekannt. Die fehlende Rückresorption in der Niere führt bei höherer Dosierung zu einer osmotischen Diurese und somit zu nicht unerheblichen renalen Verlusten. Als weiterer Nachteil erweist sich das Auftreten von Oxalatkristallen sowohl in der Niere als auch in weiteren Organen.

> Die Xylitgabe sollte daher auf maximal 3 g/kgKG/24 h beschränkt bleiben (ca. 200 g/24 h).
> *Fruktose* und *Sorbit* sollten aus der parenteralen Ernährung eliminiert werden, da für beide Zucker tödliche Zwischenfälle bei hereditärer *Fruktoseintoleranz* beschrieben wurden.

Zugrunde liegt eine auf <10% der Norm verminderte Aktivität der hepatischen Fruktose-1-Phosphosphat-Aldolase (Untereinheit der Aldolase B). Die Akkumulation von Fruktose-1-Phosphat in der Leber hemmt dann die Glykolyse und Glukoneogenese mit nachfolgender Hypoglykämie. *Sorbit* ist ein 6-wertiger Alkohol, der nach Oxidation zu Fruktose ebenfalls in der Leber verstoffwechselt wird. Zwar handelt es sich mit einer Inzidenz von 1:20.000 bis 1:60.000 um eine seltene Stoffwechselstörung, es sind jedoch allein in Deutschland 10 Zwischenfälle mit tödlichem Ausgang bei meist postoperativer Fruktose- oder Sorbitgabe beobachtet worden.

26.3 Fettemulsionen

Lipidemulsionen gelten als *Energiequelle* mit besonders hoher Energiedichte (9 kcal/g bei LCT-Fetten), sind aber auch Lieferanten für essenzielle Fettsäuren und Phospholipide. Sie bestimmen die Phospholipidzusammensetzung der Zellmembranen und beeinflussen damit eine Vielzahl Rezeptor-vermittelter Funktionen. Lipidemulsionen werden aus *Sojabohnenöl, Distelöl* oder *Kokosöl* (MCT-Fette) hergestellt und in Konzentrationen von 10, 20 und 30% als reine LCT-Fette oder MCT/LCT-Gemische (s. unten) angeboten. Da der Eilecithingehalt bei 10%igen Emulsionen relativ zu hoch ist, werden heute nur noch 20%ige Emulsionen empfohlen. Die derzeit auf dem Markt verfügbaren Lipidemulsionen unterscheiden sich in ihrem Gehalt an mehrfach ungesättigten Fettsäuren (Linolsäure, α-Linolensäure, ω-3-Fettsäuren) erheblich.

> Um den Bedarf an essenziellen Fettsäuren zu decken, müssen täglich 5–10% der Gesamtkalorien in Form von Fettemulsionen gegeben werden.
> Dies entspräche einer Gabe von 250 ml einer 10%igen Fettemulsion 2–3 ×/Woche.
> Ernährungsphysiologisch sinnvoller und allgemein empfohlen ist es, Fettemulsionen zu einem festen Bestandteil der täglichen parenteralen Ernährung zu machen, d. h. 30–35% der täglichen Energiemenge sollten als Fett gegeben werden.

Dieser Anteil kann bei bestimmten Krankheitsbildern (Leberzirrhose, pulmonale Erkrankungen) auf 50% erhöht werden. Fettemulsionen verringern die endogene Glykogen- und Fettspeicherung und verbessern statt dessen die Metabolisierungsrate von endogenem Fett. Insbesondere unter Zufuhr LCT-haltiger Emulsionen wird die Proteinsynthese der Leber gefördert.

MCT-haltige Emulsionen enthalten dagegen Fettsäuren mit Kettenlängen von C_8 bis C_{10}. Sie werden aus Palmkern- und Kokosnussöl hergestellt und stets als physikalische Mischung (50% LCT und 50% MCT) mit LCT-Fetten angeboten. Ihr Energiegehalt ist mit 8,3 kcal/g etwas geringer als der von LCT-Emulsionen. MCT-Fette werden v. a. in der Leber metabolisiert, indem sie entweder oxidiert oder zu Ketonkörpern abgebaut werden. Ein eindeutiger Vorteil von MCT/LCT-Gemischen gegenüber reinen LCT-Emulsionen ist klinisch nicht eindeutig belegt. MCT-haltige Fette werden bei Akutkranken nicht besser als reine LCT-Emulsionen verstoffwechselt. Bei chronisch Kranken kann die Hydrolyse der MCT-Fette im Vergleich zu LCT-Fetten gesteigert sein.

Der Einsatz von sog. »*strukturierten Lipiden*« anstelle der bisher angebotenen physikalischen MCT/LCT-Gemische im Rahmen der parenteralen Ernährung ist derzeit Gegenstand der klinischen Forschung. Es handelt sich dabei um *synthetische Triglyzeride* mit einem variierbaren Gehalt an lang-, mittel- und kurzkettigen Fettsäuren. Der klinische Wert ω-3-Fettsäuren-haltiger Fettemulsionen (z. B. in Form 10%iger Fischölpräparate; z. B. Omegaven) wird z. Zt. in ersten klinischen Studien untersucht.

Kontraindikationen

- Hypertriglyzeridämien (Nüchterntriglyzeridspiegel >4 mmol/l oder 350 mg/dl bzw. unter Infusion ein Anstieg gegenüber dem Ausgangswert um mehr als das 3fache);
- Anamnestische Unverträglichkeit gegen Fettemulsionen;
- »respiratory distress syndrome«: Hier sind unter Fettinfusion verstärkte O_2-Diffusionsstörungen beobachtet worden.

Intravenös verabreichte *Lipide* haben keine stimulierende Wirkung auf die exokrine Pankreasfunktion und sind deshalb bei akuter Pankreatitis *nicht kontraindiziert*. Einzige Ausnahme stellt die Hypertriglyzeridämie bei Pankreatitis dar.

Ebenfalls nicht mehr aufrecht erhalten werden kann die These, dass Störungen der Leberfunktion eine Kontraindikation für eine parenterale Gabe von Fettemulsionen darstellt. Sie beruht ebenso wie die in früheren Arbeiten aufgezeigten Auswirkungen auf das Immun- und Gerinnungssystem auf Beobachtungen bei deutlich erhöhten Lipidinfusionsraten (>0,1 g/kgKG/h).

Nebenwirkungen

Akute Komplikationen aufgrund der Gabe von Fettemulsionen sind selten. Anaphylaktische Reaktionen wurden bisher nie beschrieben. Bekannt ist aber, dass unmittelbar nach Beginn der Infusion milde Nebenwirkungen auftretenden können, wie Urtikaria, makulopapulöse Hautrötungen, Tachykardien, Flush, Dyspnö und Übelkeit. Sie sind im allgemeinen harmlos und enden nach Unterbrechung der Infusion. Ursächlich verantwortlich gemacht werden dafür allergische Reaktionen auf Proteinverunreinigungen (Sojaeiweiß) im Rahmen des Herstellungsprozesses. Auch bei in Fett zubereiteten Medikamenten wie z. B. Propofol muss eine mögliche Eiweißunverträglichkeit (!) beachtet werden.

Davon abzugrenzen ist das sog. »*Overloading*«*-Syndrom*, das u. a. bei älteren Fettemulsionen (Baumwollsamenöl) beobachtet wurde. Symptome sind Fieber, Ikterus, Anämie, Hepatosplenomegalie und Beeinträchtigung der Blutgerinnung.

Die unter den neueren Fettemulsionen beobachten Komplikationen sind jedoch anders: Es handelt sich um eine durch zu hohe Fettzufuhr verursachte Überschreitung der normalen Fetteliminationskapazität (3,8 ± /1,6 g Fett/kgKG/24 h). Dabei kommt es häufiger zu Hypertriglyzeridämien und zu begleitender Hypercholesterinämie, die zu Fetteinlagerungen in die Lungen und zu Cholestase führen können, wobei es zu einer vorübergehenden Blockade des retikuloendothelialen Systems kommt (s. auch Kap. 29). Das bei Hypertriglyzeridämien gebildete Lipoprotein X (LPX) kann nicht Substrat für andere Lipoproteine sein und wird in der Leber wesentlich langsamer eliminiert [39]. Weiterhin können Fettemulsionen immunsuppressiv sein und die Leukozytenfunktion und damit die Abwehr von bakteriellen Erregern beeinträchtigen.

26.4 Aminosäuren und Peptide

Neben der Deckung des Energiebedarfs gilt als weiteres wichtiges Ziel einer parenteralen Ernährung die strukturelle und funktionelle Aufrechterhaltung lebenswichtiger Organe. Einerseits soll der Proteinkatabolismus vermindert werden – die Stickstoffverluste von Schwerkranken können bis zu 35 g/24 h betragen –, andererseits sollen die Voraussetzungen für anabole Stoffwechselprozesse geschaffen werden (s. Kap. 1).

> Das Ausmaß der Proteinkatabolie kann semiquantitativ anhand des Stickstoffverlustes ermittelt werden: die Harnstoff-/Stickstoffausscheidung im 24-h-Urin entspricht in etwa der

gesamten Stickstoffausscheidung [47, 48]; dabei betragen Stickstoffverluste im Stuhl ca. 2 g/24 h und werden bei dieser Berechnung vernachlässigt, da sie nur schwer in der klinischen Routine gemessen werden können.

Es gelten folgende praktische Hinweise:
1) Die tägliche *Harnstoffproduktionsrate* (HPR in mmol/24 h) kann errechnet werden, indem man
(a) die Konzentration der Harnstoffwerte (Hst) im 24 h-Sammelurin (mmol/l) mit dem Sammelvolumen (in Liter) multipliziert,
(b) die Differenz von an 2 aufeinanderfolgenden Tagen gemessenen Werten des Serumharnstoff (in mmol/l) mit der aktuellen Körpermasse (KM in kg) und einem Faktor F (für Frauen 0,55; für Männer 0,60) multipliziert und
(c) die Differenz von (a) minus (b) bildet.
2) Da der in (b) errechnete Wert in der Regel relativ wenig ins Gewicht fällt, weil er zumeist <5% des Gesamtwerts beträgt, kann man auch auf die wiederholte Messung des Serumharnstoffs (oftmals aus praktischen Gründen bei ambulanten Patienten) verzichten und sich auf die Berechnung von (a) beschränken. Hierbei erhält man alternativ die reine *Harnstoffexkretion* (»urinary urea nitrogen«). Ein Wert für die HPR >250 mmol/24 h gilt als deutlicher Hinweis für das Vorliegen einer Katabolie.

Als Formel:

HPR = Hst im Urin × V + (Δ Hst im Serum × kgKM × F)

Beispiel: männlicher Patient mit Magenkarzinom

HPR = 320 mmol/l × 1,5 l/24 h + (–0,4 mmol/l × 60 kg × 0,6/kg) = 466 mmol/24 h

(Normwerte bis 250 mmol/24 h).

Bewertung im Bsp.: Katabolie ab >250 mmol/24 h [nach 48].

Außerdem kann mit Hilfe der errechneten Parameter eine *Stickstoffbilanz* bei bekannter Stickstoffzufuhr berechnet werden, wobei der Anteil von Stickstoff im Harnstoff berücksichtigt wird und in die Einheit mmol umgerechnet werden muss:

N-Bilanz = Gesamt-N-Zufuhr –[(HPR × 2,14) + 4]; [Umrechnungsfakor von g/l im mmol: Hst (g/l) =100 × 0,1665 × Hst (mmol)].

In der parenteralen Ernährung werden derzeit kristalline Aminosäurelösungen in Konzentrationen von 3,5–15% (Osmolarität 450–1450 mosmol/l) verwendet. Keine der derzeit erhältlichen Lösungen ist bezüglich ihrem Gehalt an essenziellen und nichtessenziellen Aminosäuren optimal konzipiert, was auf der schlechten Löslichkeit einzelner Aminosäuren (z. B. Tyrosin, Cystein) oder fehlender Stabilität in wässrigen Lösungen beruht (z. B. Glutamin, das zu Pyroglutamat und Ammoniak zerfällt). Erst die seit kurzem verfügbaren Dipetidlösungen ermöglichen entweder in Form von Komplettlösungen (z. B. Glamin; enthält die Dipeptide Glycyl-L-Glutamin und Glycyl-L-Tyrosin) oder als Additiva (z. B. Dipeptamin; Alanyl-L-Glutamin) die i.v.-Gabe größerer Mengen der genannten Aminosäuren.

»Adaptierte« Aminosäurelösungen

Da sich der Aminosäurebedarf von Kindern *quantitativ* (z. B. liegt die täglich notwendige Zufuhrrate im 1. Lebensjahr bei 1,5–2,5 g/kgKG/24 h) und *qualitativ* (bei Neugeborenen und Säuglingen sind auch die Aminosäuren Taurin, Histidin, Cystein, Tyrosin, Prolin und Arginin als essenziell oder zumindest semiessenziell anzusehen) von dem der Erwachsenen unterscheidet, aber auch eine Reihe von Krankheitszuständen bei Erwachsenen mit Störungen des Aminosäurestoffwechsels einhergehen, werden für Kinder, Patienten mit Leberzirrhose, Niereninsuffizienz und bei Sepsis und Trauma spezielle Aminosäurelösungen kommerziell angeboten (vgl. *Rote Liste*). Andere adaptierte Aminosäurelösungen für Infektionen und Krebserkrankungen sind denkbar und in der Diskussion [31].

Dosierung und Kontraindikationen

Die Obergrenze einer Aminosäurenzufuhr beim Erwachsenen liegt bei 2 g/kgKG/24 h.

Zur Gewährleistung einer optimalen Utilisation von Aminosäuren sollten ausreichend Energieträger zugegeben werden.

Das *optimale Verhältnis* zwischen Energie- und Stickstoffzufuhr liegt bei 25–35 kcal/g Aminosäuren.

Kontraindikationen gegen die Infusion von Aminosäuren sind angeborene Stoffwechselstörungen der Aminosäuren (z. B. Phenylketonurie, Ahornsirupkrankheit, Cystinurie) sowie Aminosäureverwertungsstörungen (z. B. schwere Leberfunktionsstörungen). Hier muss spezifisch adaptiert werden.

Komplikationen

Wegen der chemischen Zubereitung als Hydrochloride konnten früher hergestellte Aminosäurenlösungen zu einer *metabolischen Azidose* mit *Hyperchloridämie* führen. Nachdem vermehrt Aminosäurenacetatsalze verwendet werden, gibt es diese Nebenwirkungen praktisch nicht mehr. Theoretisch ist auch die Überladung mit Aminosäuren, die zu Hyperaminoazidämie führt, möglich. Dabei ist ein prärenales Nierenversagen (vermehrte Carbamidproduktion) und eine unnötige Leberbelastung mit vermehrter Harnstoffproduktion möglich, bei dem letzteres eine katabole Stoffwechsellage weiter verstärkt.

26.5 Elektrolyte

Der Elektrolytbedarf variiert individuell in Abhängigkeit von der Grunderkrankung, wird aber auch durch die Art der TPN mitbestimmt. So nehmen Kalium- und Phosphatbedarf zu Beginn einer Infusion von Glukose infolge eines durch Glukose/Insulin vermittelten Kalium- und Phoshateinstroms in die Zellen zu (s. auch *»Refeeding-Syndrom«*, s. auch Kap. 29).

Es kann zu symptomatischen *Hypophosphatämien* kommen. Dabei ist wissenswert, dass bei einer Hypophosphatämie die Phosphatkonzentrationen im Blut normal oder lediglich geringfügig subnormal sein können, da nur 1% des im Körper befindlichen Phosphats extrazellulär ist und Phosphat als das wichtigste intrazelluäre Anion gilt (s. auch Kap. 4). Die Inzidenz von Hypophosphatämien liegt auf Intensivstationen bei 10% [32]. Bei eingeschränkter Nierenfunktion müssen Kalium- und Phosphatzufuhr reduziert werden. Bei der gleichzeitigen Gabe von Phosphat und Kalzium oder Magnesium kann es zu Ausfällungen kommen. Hyperkalziämien sind seltene Komplikationen, die durch überhöhte Infusion von Kalzium oder Vitamin D hervorgerufen werden können.

Elektrolytzugaben sollten deshalb unter Kontrolle der Serumelektrolytkonzentrationen verordnet werden. Elektrolytlösungen werden als Konzentrate oder als Halb- oder Vollelektrolytlösungen substituiert. Elektrolytlösungen (z. B. Natriumchlorid, Kaliumchlorid) sind so konzentriert, dass bei einwertigen Ionen 1 ml Lösung 1 mmol Substanz entspricht. Vollelektrolytlösungen (z. B. Ringer-Lactat) haben eine dem Plasma entsprechende ionale Zusammensetzung und dienen auch als Ersatz von Extrazellulärflüssigkeit.

26.6 Mikronährstoffe

Bei längerandauernder parenteraler Ernährung (>3 Tage) muss eine tägliche Substitution wasser- und fettlöslicher Vitamine sowie von Spurenelementen in Form von Multivitamin- bzw. Spurenelementpräparaten erfolgen.

Daneben werden auch Einzelkomponenten angeboten (z. B. Zinkaspartat, Selenase). Aus Stabilitätsgründen stehen derzeit keine Vitamin-K-haltigen Multivitaminpräparate zur Verfügung. Neuere Untersuchungen zeigen jedoch, dass die kommerziell angebotenen intravenös zu verabreichenden Lipidemulsionen Vitamin K in Konzentrationen bis zum Doppelten des Tagesbedarfs (in 500 ml einer 10%igen Emulsion) enthalten. Zudem sprechen die derzeit vorliegenden Studien zur biologischen Aktivität für eine Bioverfügbarkeit des mit Lipidemulsionen verabreichten Vitamin K.

Es sollte berücksichtigt werden, dass der Bedarf an Mikronährstoffen im Rahmen einer (Langzeit-)parenteralen Ernährung z. T. erheblich von den für enterale Ernährung geltenden Empfehlungen abweicht und darüber hinaus für einige Spurenelemente kaum zu ermitteln ist. Zusätzlich ist ein durch die Grunderkrankung oftmals ausgeprägter Mangel einzelner Mikronährstoffe zu beachten und muss substituiert werden (*Tabelle 26-1*). So benötigen katabole Patienten täglich schätzungsweise zusätzlich 5–10 mg (100–300 mmol) *Zink*. Zu berücksichtigen sind auch erhöhte Verluste bei Gastro- oder Enterostomien, Diarrhöen oder Fisteln.

Für jeden Liter verlorengegangene Intestinalflüssigkeit sind zusätzlich ca. 12 mg Zink zu substituieren.

Umgekehrt können bei der Mikronährstoffversorgung aber auch Probleme durch eine bei bestimmten Erkrankungen (z. B. Leber- und Niereninsuffizienz) auftretende Akkumulation einzelner Vitamine und Spurenelemente entstehen. In diesen Fällen sind spezielle Empfehlungen der Hersteller zu beachten.

26.6.1 Spurenelemente

Die Bedeutung von Spurenelementen soll der *endemische Selenmangel* in China, die *Keshan-Krankheit*, beispielhaft belegen. Es wurde beobachtet, dass ein endemischer Selenmangel zu verstärkter Pathogenität von Virusinfektionen beim Menschen führt. Es konnte experimentell nachgewiesen werden, dass avirulente Viren im Rahmen eines künstlich erzeugten Selenmangels in Mäusen zu phänotypischen Veränderungen der Viren führten, die in die Entwicklung eines virulenten und pathogenen Stamms mündeten. Dabei waren Coxsackie-Viren, die aus Mäusen mit nutritivem Selenmangel extrahiert worden waren, für eine andere, normal ernährte Mauslinie derselben Art plötzlich hochpathogen. Als Schlüsselenzym wurde die Glutathionperoxidase charakterisiert. In sog. »Glutathionperoxidase-knock-out-Mäusen«, denen ein bestimmtes Coxsackie-Virus gegeben wurde, entwickelte sich ein virulenter Virusstamm, nicht aber in glutathionperoxidasepositiven Kontrollmäusen [4, 5].

Auf die Spurenelemente ist bereits in Kap. 6 eingegangen worden. Beachtenswert ist bei parenteraler Ernährung, dass viele dieser Spurenelemente bei der Herstellung Ernährungslösungen als Verunreinigung enthalten sind und damit unkontrolliert infundiert werden können. Beispielsweise kam es bei Applikation der früher verwendeten Proteinhydrolysate zu Alumiumintoxikationen.

Daher sind folgende Risiken zu beachten:

a) Die meisten Patienten, die langzeitig parenteral ernährt werden, haben *erhöhte Chromkonzentrationen* im Plasma [49]. Grund dafür ist eine unkontrollierte Gabe bei herstellungsbedingten Verunreinigungen von Aminosäurelösungen der TPN. Bisher ist unklar, ob diese erhöhten Chromspiegel schädlich sind, obwohl bei Langzeit-parenteral ernährten Kindern eine inverse Korrelation der Chromspiegel mit der glomerulären Filtrationsrate besteht und die Nierenfunktion sich nach Beenden der Chromgabe nicht verbesserte [49].

b) Bei Cholestase steigen die *Mangankonzentrationen* im Blut an. Komplikationen entstehen wegen der Ablagerung von Mangan in den Basalganglien. Klinisch können Parkinson-ähnliche Symptome entstehen. Auch bei Kindern besteht eine Prädisposition zu toxischen Nebenwirkungen bei einer Mangansupplementation.

Tabelle 26-1 gibt Hinweise für den Bedarf von Spurenelementen und Substitutionspräparate für die TPN. Ein Mangel bei TPN muss regelmäßig unterstellt werden. Leider sind bisher keine einfachen Tests für das »*Bed-side-Monitoring*« der Spurenelemente verfügbar. Zu bedenken ist, dass eine Messung in Plasma und Serum nur bedingt aussagekräftig ist, da nur 5% des Ganzkörperwassers zirkulieren und so im Blut nur ein geringer Anteil der Spurenelemente erfasst wird. Aus diesem Grund wären *intrazelluläre Analysen* (z. B. im Vollblut oder in isolierten Leukozyten) wesentlich besser geeignet, um die Versorgung des Körpers mit Mikronährstoffen abzuschätzen [49].

Tabelle 26-1. Spurenelemente für die parenterale Ernährung. (Nach Shenkin [50])

	RNI	RDA	Additrace	Nonan	Decan
Zn (μmol)	145	250	100	61	153
Cu (μmol)	19	26	20	7	7,5
Se (μmol)	0,9	1	0,4	0,5	0,9
Fe (μmol)	160	200	20	18	18
Mn (μmol)	26	50	5	18	3,6
Cr (μmol)	0,5	1	0,2	0	0,3
Mo (μmol)	7	1	0,2	0,03	0,26
Co (nmol)				25	25
I (μmol)	1,0	1,2	1,0	0,01	0,01
F (μmol)	200	200	50	76	76

RNI »reference nutrient intake«, *RDA* »recommended dietary allowance«, *Additrace* Fresenius Kabi, Schweden, *Nonan* Aguettant, Frankreich, *Decan* Baxter, Frankreich.

Tabelle 26-2. Fettlösliche Vitamine für die parenterale Ernährung. (Nach Shenkin [50])

	RNI	RDA	Vitalipid	Cernevit
Vitamin A (µg)	700	1000	1000	1000
Vitamin E (mg)	5	10	9,1	10,2
Vitamin D (µg)		5	5	5
Vitamin K (µg)	70	80	150	0

RNI »reference nutrient intake«, *RDA* »recommended dietary allowance«, *Vitalipid* Fresenius Kabi, Schweden, *Cernevit* Baxter, England.

26.6.2 Vitamine

Tabelle 26-2 und *Tabelle 26-3* geben eine Übersicht für den Bedarf von Vitaminzusätzen im Rahmen einer TPN an. Die im folgenden besprochenen Hinweise beziehen sich auf die chemische Herkunft und praktische Angaben für die Stabilität der Substanzen bei Zusatz zu einer TPN.

Wasserlösliche Vitamine

Biotin (Vitamin H)

D-Biotin ist die biologisch aktive Form. Es ist ein weißes Pulver und nur gering in Wasser löslich. In einer TPN ist es relativ stabil und wird in seiner Aktivität nur wenig durch Hitze, UV-Licht oder oxidierende sowie reduzierende Substanzen beeinträchtigt. Bei »All-in-one«-Mischbeuteln wurde eine Stabilität bei 4 Tagen Lagerungszeit und 2–8 °C Lagertemperatur beschrieben. Die Blutspiegel von Biotin können durch Biotinhaltige TPN-Lösungen offenbar über längere Zeiträume aufrecht erhalten werden [49, 50].

Thiamin (Vitamin B_1)

Thiamin besteht aus einem Pyrimidin- und Thiazol-Ring, die durch eine Methylengruppe verknüpft sind. Thiaminhydrochlorid ist in Wasser sehr gut löslich. In einigen Multivitaminpräparaten ist Thiamindiphosphat enthalten, welches als aktives Koenzym von Vitamin B_1 angesehen wird. Thiamindiphosphat dissoziiert in wässriger Lösung zu Thiaminmonophosphaten und ist dadurch weniger stabil als Thiaminhydrochlorid. Obwohl Thiamin in einer TPN relativ stabil ist, wird es durch stark reduzierende Substanzen wie das z. B. noch in verschiedenen Aminosäurengemischen enthaltene Natriumdisufit zersetzt. Sonnenlicht, nicht aber künstliche Beleuchtung, führt zu einem Abbau innerhalb von einer Woche [49].

Tabelle 26-3. Wasserlösliche Vitamine für die parenterale Ernährung. (Nach Shenkin [50])

	RNI	RDA	Soluvit N	Cernevit
Vitamin B_1 (mg)	0,9	1,5	3,1	3,5
Vitamin B_2 (mg)	1,3	1,7	4,9	4,1
Vitamin B_6 (mg)	1,4	2	4	4,5
Niacin (mg)	16	19	40	46
Folat (µg)	200	200	400	414
Vitamin B_{12} (µg)	1,5	2	5	6
Biotin (µg)	100	150	60	69
Vitamin C (mg)	40	60	100	125

RNI »reference nutrient intake«, *RDA* »recommended dietary allowance«, *Soluvit N* Fresenius Kabi, Schweden; *Cernevit* Baxter, England.

Riboflavin (Vitamin B_2)

Riboflavin ist chemisch gesehen ein Isoalloxazinring, der mit einer Ributylseitenkette verbunden ist. Es ist ein gelb-oranges kristallines Pulver, das nur als Natriumphosphatsalz gut in Wasser löslich ist und wird als solches TPN-Lösungen zugegeben. Bei gekühlter Lagerung ist es über 6–8 Wochen noch bis zu 80% nachweisbar. Tages- und UV-Licht (d. h. künstliches, fluoreszierendes Licht) führen zu vermehrter Degradation, jedoch nicht so ausgeprägt, wie es für die Vitamine A und E beschrieben wurde [49].

Nicotinamid (Niacin, Nicotinsäure)

Nicotinsäureamid (3-Pyridincarboxylsäureamid) ist die physiologisch aktive Form der Nicotinsäure. Es kann beim Menschen in der Leber aus Tryptophan synthetisiert werden. Nicotinamid ist ein gut lösliches weißes Pulver. Es ist eines der stabilsten Vitamine und wird nicht durch den Einfluss von Licht oder Oxidanzien und Reduktanzien in seiner biologischen Aktivität beeinflusst oder abgebaut. Formal wurde diese Stabilität in parenteralen Lösungen für 4 Tage nachgewiesen [49].

Pantothensäure (Vitamin B_5)

Nur das D-(+)-Enantiomer der Pantothensäure ist biologisch aktiv. Es ist viskös und in Wasser löslich, aber äußerst instabil. Daher kommt ein alkoholisches Derivat, Pantothenylalkohol (Dexpanthenol), zur Anwendung. In pH-neutraler Lösung ist Pantothensäure und für 4 Tage bei 2–8 °C als stabil beschrieben [49].

Pyridoxin (Vitamin B_6)

Pyridoxin entstammt der 3-Hydroxy-2-Methylpyridin-Stoffgruppe und es werden Pyridoxine (Alkohole), Pyridoxale (Aldehyde) und Pyridoxamine (Amine) unterschieden. Ein Hydrochloridsalz ist gut in Wasser löslich und in Lösung stabil. Die Stabilität in parenteralen Lösungen beträgt mindestens 4 Tage bei 20 °C und bei Lagerung bei 5 °C sogar bis zu 8 Wochen. Direkte Tageslichteinwirkung kann Pyridoxin zersetzen, nicht jedoch künstliches Licht oder indirekte Sonneneinstrahlung [49].

Cyanocobalamin (Vitamin B_{12})

Cyanocobalamin besteht aus 4 Pyrrolgruppen, die in einem Ring mit 6-konjugierten Doppelbindungen verbunden sind. Enthalten ist ein Cobaltatom, welches mit einer Cyanidgruppe an ein Stickstoffatom des 5,6-Dimethylbenzamidazol gebunden ist. Das rötliche, kristalline Pulver ist in Wasser schlecht löslich. Dagegen ist Cyanocobalamin in Lösung relativ stabil, zersetzt sich aber unter starkem Lichteinfluss. Die Haltbarkeit beträgt ca. 4 Tage [49].

Ascorbinsäure (Vitamin C)

Ascorbinsäure ähnelt chemisch der Hexose und bildet eine flache Ringstruktur, die 4 mögliche Stereoisomere ausbilden kann. Vitamin C wurde schon vom 2fachen Nobelpreisträger Linus Pauling, dem Begründer u. a. der *orthomolekularen Medizin*, oral in Dosierungen im Bereich von mehreren Gramm eingenommen, sog. »*Megadosierungen*« [41], um sich die antioxidative Wirkung von Vitamin C zu Nutze zu machen. Dennoch wird Vitamin C trotz guter Wasserlöslichkeit in Lösung instabil und verliert seine biologische Aktivität, da es schnell oxidiert. Dabei wird, katalysiert durch Anwesenheit von Kupfer- oder Eisenionen, Dihydroascorbat gebildet, und weiter zu 2,3-Diketogulonsäure hydrolysiert, wobei zuletzt Oxalate entstehen (s. auch Kap. 29z).

Zur Klärung der Stabilität von Vitamin C in parenteralen Lösungen kommen mehrere Faktoren zum Tragen. Da Aminosäurengemische und Fettemulsionen in der Regel ohne im Wasser gelösten Sauerstoff hergestellt werden, wird in TPN-Lösungen zugesetztes Vitamin C hier nicht verändert. Beim Zusammenstellen (»*Compounding*«) der Einzellösungen im Mischbeutel kommt es jedoch zwangsläufig zu Lufteinschluss und damit zur Berührung der TPN-Lösung mit Sauerstoff. Falls reduzierende Substanzen (z. B. N-Acetylcystein) zugesetzt werden, kann eine Oxidation von zugesetztem Vitamin C deutlich verlangsamt werden. Weiterhin ist die Beschaffenheit des Beutels zu berücksichtigen, da hier die Durchlässigkeit für Luftsauerstoff sehr unterschiedlich sein kann. Mehrkammerbeutel sind hier offenbar weniger anfällig, sodass Vitamin C hier mindestens 1 Woche stabil sein kann.

Daher gilt:

- Ein geringer Verlust von Vitamin C ist bei Zusatz zu einer TPN unvermeidbar.
- Eine Oxidation mit gelöstem Sauerstoff findet nach 6–24 h statt.
- Ein Verlust von ca. 50 mg Vitamin C pro Tag bei einer parenteralen Ernährung von Erwachsenen muss angenommen werden.
- Bei EVA- (Ethylen-Vinyl-Acetat-)Beuteln sollte ein Verlust berücksichtigt werden, sodass der Verbrauch der hergestellten Lösung schon innerhalb von 2–3 Tagen erfolgen muss [49].

Folsäure (Folat, Pteroylglutamat)

Das Molekül besteht aus Pteridinring und para-Aminobuttersäure, die durch eine Methylenbrücke verbunden und mit einer Amidbindung an Glutamat verknüpft sind. Folsäure kann sowohl in oxidierter als auch in reduzierter Form vorliegen und dabei 4fach hydriert sein (Tetrahydrofolsäure) und ist ein gelbliches Salz, dass schwer in Wasser löslich ist. Da Folsäure bei einem pH<7 praktisch unlöslich ist, kann durch Zugabe von Natriumhydroxid ein Dinatriumsalz gebildet werden, das sich wesentlich besser lösen lässt. Die Stabilität von Folsäure wird durch Ascorbinsäure und andere Stoffen mit reduzierenden Eigenschaften beeinträchtigt. Auch Riboflavin führt aus ungeklärten Gründen zu einer Degradation von Folsäure. Dennoch erscheint Folsäure in der TPN zumeist stabil genug für eine Gabe über 24 h zu sein [49].

Fettlösliche Vitamine

Vitamin A

Retinol hat eine Reihe von natürlichen Vorläufersubstanzen, die von β-Karotin abstammen. Die biologisch aktivste Form ist All-trans-retinol. Retinol ist ein primärer Alkohol. Im Gegensatz dazu sind Vitamin-A-haltige parenterale Präparate chemisch Vitamin-A-Ester, -Acetate oder -Palmitate. Diese Vitamin-A-Derivate sind nach dem Zusetzen in die TPN relativ lange stabil. Retinolacetat kann an PVC binden, da es besonders lipophil ist. Diese Eigenschaft hat Retinolpalmitat hingegen nicht [49].

Generell entstehen Verluste wegen Absorption von Vitamin A an die Plastikverpackung der Lösung oder relativ schnell durch Exposition von Tageslicht (UV), nicht aber bei künstlicher Beleuchtung. Obwohl Fettemulsionen Vitamin A vor Degradation schützen können, sollte im Laufe einer über den Tag verteilten TPN auf adäquaten Lichtschutz geachtet werden, da sonst bis zu 90% der Vitamin-A-Dosis verlorengehen können [49].

Vitamin D

Für den Menschen sind Ergocalciferol (Vitamin D_2) und Cholecalciferol (Vitamin D_3) biologisch gleichermaßen wichtig und beide werden als weißes Pulver mit Hilfe einer Fettemulsion für die parenterale Gabe aufgelöst. Die Stabilität von Vitamin D in einer TPN wurde bisher so unzureichend untersucht, dass keine verlässlichen Hinweise gegeben werden können [49].

Vitamin E

In der Natur vorkommende biologisch aktive Vitamin-E-Derivate sind jeweils 4 Isomere, die Tocopherol und Tocotrienol zugeordnet werden. Synthetisch hergestelltes α-Tocopherol besteht aus D- oder DL-Isomeren und ergibt eine ölige Flüssigkeit. Weiterhin gibt es α-Tocopherolacetat und -sukzinat in Pulverform. Verluste der Vitamin-E-Dosis während TPN-Gabe sind aufgrund von Degradation möglich und wurden mit 30–50% angegeben. Eine Zersetzung wird durch Abschirmung von Tageslicht oder künstliche Lichtquellen vermieden. Vitamin E oxidiert durch den im Mischbeutel gelösten Sauerstoff und verliert dadurch seine biologische Wirksamkeit. Ähnlich wie bei Vitamin A wirkt eine Fettemulsion in der TPN stabilisierend [49].

Vitamin K

Synthetisches Vitamin K_1 (Phytomenadion) besteht aus einer Mischung von cis- und trans-Isomeren, wobei der Anteil von cis-Isomeren geringer als 20% ist. Vitamin K wird als ölige Substanz i.v. gegeben. In Fettemulsionen ist Vitamin K_1 gewöhnlich schon enthalten. Die zeitliche Haltbarkeit in einer TPN-Lösung beträgt bei 4°C in EVA Beuteln ca. 20 Tage. Der Einfluss von Tageslicht führt nur zu einer geringen Degradation von bis zu 17% [49].

26.7 Nutraceutics

Mittlerweile ist klar geworden, dass parenterale Lösungen aus unterschiedlichen Gründen noch zu wenig dem tatsächlichem Bedarf bzw. einer besonderen Krankheitssituation angepasst sind. Um diesem Mangel spezifisch entgegenzuwirken wurden Supplemente entwickelt, die entweder mit einer parenteralen Lösung verabreicht oder zugesetzt werden müssen [38]. Obwohl bisher noch zu wenig kontrollierte klinische Studien vorliegen, gibt es eine Vielzahl von experimentellen oder kleinen klinischen Studien [35], die den Nutzen für die sog. Pharmakotherapie mit Nährstoffen belegen. Für die Verwendung von Supplementen im Allgemeinen sollte darauf geachtet werden [7], dass

- die Appliktionsart (p.o., i.v. oder anders) eindeutig angegeben ist;
- die genaue Zusammensetzung der Substanz bekannt ist;
- die genaue Menge des zu verabreichenden Supplements angegeben wird;
- der Reinheitsgrad der Substanz bekannt ist;
- der (patho)physiologische Zustand des zu behandelnden Kranken berücksichtigt wird.

Diese Informationen sind leider nicht für alle aufgeführten Supplemente verfügbar und es liegen kaum Konsensus-Empfehlungen vor. Dennoch wird hier der Blick auf neue und alte Substrate für die parenterale Ernährung gerichtet [23].

26.7.1 Ornithin-α-Ketoglutarat (OKG)

OKG besteht aus einem Molekül α-Ketoglutarat (AKG) und 2 Molekülen Ornithin. Es dissoziiert nach i.v.-Gabe zu beiden Bestandteilen im Blut [15]. OKG ist gut verträglich und wird mit der Stimulation der Freisetzung von Insulin und Wachstumshormon in Verbindung gebracht und ist ein Substrat für die Polyaminsynthese. Weiterhin ist OKG durch beide seiner Bestandteile an der Glutaminbiosynthese beteiligt. Die i.v.-Gabe von OKG bei postoperativen Patienten und kritisch Kranken führte zur Proteinkonservierung, zur Stimulation der Proteinsynthese in der Muskulatur und zur Verminderung des Abbaus der muskulären Glutaminpools. Bei Kindern mit Kurzdarmsyndrom und Wachstumsstörungen wurde durch OKG Supplementation (15 g/24 h) eine Verbesserung des Größenwachstums und eine Erhöhung der Plasmaglutamin- und IGF-1-Spiegel erreicht [35].

26.7.2 Ornithinaspartat

Als weitere Substanz ist Ornithinaspartat (z. B. Hepa-Merz Infusionslösungs-Konzentrat) in Deutschland zur Intensivbehandlung schwerwiegender akuter und chronischer Lebererkrankungen mit Hyperammoniämie zugelassen, insbesondere zur Behandlung von Präkoma und Koma bei latenter und manifester hepatischer Enzephalopathie (vgl. Rote Liste 2001).

26.7.3 Arginin

Die nichtessenzielle Aminosäure Arginin nimmt eine Schlüsselrolle in der Stickstoffhomöostase und bei der Bildung von Kreatin sowie den Polyaminen ein und ist das wichtigste Substrat für die Bildung von Stickstoffmonoxid (NO) [46]. Es wird angenommen, dass Arginin bei Intensivpatienten eine günstige Wirkung auf die Funktion von Immunzellen und auf den Verlauf der Wundheilung hat [24, 35]. Studien zur parenteralen Gabe beim Menschen liegen nur vereinzelt vor [59].

Angewendet werden kann Arginin als i.v.-Supplement z. B. bei metabolischen Alkalosen und beim Verlust saurer Sekrete sowie bei Lebererkrankungen. Bei Ischämie-Reperfusionsschaden wird Arginin eine protektive Rolle zugeschrieben [46]. Es ist zu beachten, dass diese Produkte verdünnt werden müssen und dass die tubuläre Reabsorption von Arginin mit der von Lysin konkurriert und daher eine vermehrte Arginingabe zu überhöhten Lysinverlusten führen kann [37, 38]. Um eine immunmodulierende Wirkung zu erreichen, sollte Arginin mit einem adäquaten Anteil von anderen Aminosäuresubstraten infundiert werden [20, 24].

26.7.4 Glutamin

Glutamin ist die am meisten verfügbare freie Aminosäure im menschlichen Körper. In der Skelettmuskulatur erreicht es eine Konzentration von 20 mmol/l (ca. 60% des Pools von freien Aminosäuren). Glutamin ist bei einer Vielzahl von Funktionen im Stoffwechsel beteiligt: Es ist Stickstoffdonator für die Synthese von Purinen, Pyrimidinen, Nukleotiden und Aminoglykosiden. Weiterhin trägt es wesentlich zur Ammoniakentgiftung in Leber und Niere bei. Mittlerweile ist sehr gut belegt, dass Glutamin die wichtigste Energiequelle für Zellen mit hoher Proliferationsaktivität, u. a. Zellen des Gastrointestinaltrakts (Enterozyten und Colonozyten) ist. Für Makrophagen und Lymphozyten fehlen für Glutamin aussagekräftige klinische Studien, die einen funktionellen Endpunkt beinhalten, damit der Einsatz für Glutamin im Rahmen der sog. »*Immunonutrition*« erfolgen könnte [11, 12].

Bei katabolen Erkrankungen (z. B. elektive Chirurgie, Trauma, Pankreatitis, Verbrennungen und Infektionen) kommt es zu einem massiven intrazellulären Glutaminmangel in der Muskulatur. Belegt durch mehrere Studien kann angenommen werden, dass Glutamin von Muskelgewebe und Lunge freigesetzt wird, um für andere Organe (Darm, Niere) und Immunzellen verfügbar zu sein. Damit stellt Glutamin die wichtigste Aminosäure für den Stickstofftransport zwischen Organen und Organsystemen dar. Glutamin-supplementierte enterale oder parenterale Ernährung führte in einer Vielzahl von experimentellen und klinischen Studien zur Vergrößerung der intestinalen Mukosa, Erhaltung der Mukosa bei langzeitparenteraler Ernährung, des DNA- und Proteingehalts, und zur Verminderung der bakteriellen Translokation nach Bestrahlung [24].

Es gibt 2 Gründe, weswegen freies Glutamin nur wenig in parenteralen Lösungen verwendet werden kann:

a) geringe Löslichkeit in wässriger Lösung und
b) Abbau zu Pyroglutamat mit Freisetzung von Ammoniak.

Daher müssen Glutamin-haltige parenterale Lösungen frisch und unter strengen aseptischen Bedingungen bei 4°C zubereitet werden. Außerdem sollte die Menge an zugesetztem Glutamin nur 1–1,5% [w/v] betragen, um ein Ausfällen zu verhindern. Da wegen der geringen Löslichkeit von Glutamin größere Mengen Flüssigkeit infundiert werden müssten, ist der Einsatz eingeschränkt.

Obwohl viele der bisherigen experimentellen Untersuchungen und klinischen Pilotstudien auf den erfolgreichen Einsatz von Glutamin bei einigen Erkrankungen hindeuten [11, 24], gibt es auch kontroverse Meinungen darüber, ob alle diese Beobachtungen und Ergebnisse für den Einsatz in der

Patientenversorgung ausreichen [11]. Der aktuelle Einsatz von Glutamin und anderen Glutamindoatoren ist daher weiterhin Gegenstand wissenschaftlicher Diskussion [11, 23, 24].

26.7.5 Glutamat

Glutamat ist ein wichtiger »Precursor« für Glutamin in der Muskulatur sowie in der Leber und geht im menschlichen Körper ausnahmslos in den Intermediärstoffwechsel ein. Darüber hinaus ist Glutamat ein bedeutender Neurotransmitter. Glutamat (als Glutamat-Natriumsalz) ist erheblich besser in Wasser löslich als Glutamin und in Aminosäurelösungen enthalten, obgleich die enthaltenen Mengen den diskutierten Glutaminbedarf nicht decken würden. Da kaum toxische Wirkungen zu erwarten sind [6, 58] eignet sich Glutamat auch gut, um in TPN-Lösungen angereichert zu werden [6]. Ziel des Einsatzes als »nutraceutical« bei parenteraler Gabe ist damit die Erhaltung der intrazellulären Glutamin und Glutathionpools [6].

26.7.6 Glyzin

Glyzin ist eine nichtessenzielle Aminosäure, die aus Serin oder Cholin gebildet wird. Neben der Beteiligung an vielen Biosyntheseprozessen (z. B. Synthese von Kreatin, Porphyrine, Purine) ist Glyzin an Konjugations- bzw. Entgiftungsreaktionen in der Leber beteiligt. Es ist weit verbreiteter Neurotransmitter, beteiligt an der Ammoniakentgiftung und ein Baustein von Glutathion (γ-Glutamylcysteinylglyzin). Glyzin ist in vielen parenteralen und auch enteralen Aminosäurelösungen enthalten. Ein Zufuhrmaximum von 10 g Glyzin in Kombination mit anderen nichtessenziellen Aminosäuren ohne Nebenwirkungen wurde als günstig angesehen [43]. Glyzin wird eine zytoprotektive, antiinflammatorische und immunmodulierende Eigenschaft zugeschrieben [43].

26.7.7 Glutathion

> Das Glutathion (γ-Glutamylcysteinylglyzin)-Glutathiondisulfid-Redoxpaar stellt das wichtigste Redoxsystem der Zelle zur Abwehr von freien Sauerstoffradikalen dar.

In der Zelle kann die Konzentration von Glutathion bis zu 40 mmol/l (in der Leber) betragen. Dabei ist reduziertes Glutathion 20- bis 40fach höher konzentriert als das oxidierte Glutathiondisulfid. Im Plasma hingegen ist Glutathion nur zu <5 μM vertreten [17].

> Reduziertes Glutathion wird aus seinen 3 Präkursoren gebildet: Glyzin, Glutamat und Cystein. Geschwindigkeitsbestimmend für die Glutathionbiosynthese ist in der Skelettmuskulatur das Glutamat und in Lymphozyten das Cystein [19, 30]. Nichtmaligne Zellen nehmen keinerlei Glutathion direkt auf.

Auschließlich Hepatozyten können Glutathion (in die Gallenflüssigkeit) sezernieren. Daher ist der Nutzen einer pharmakologischen Applikation von glutathionhaltigen Präparaten wissenschaftlich nicht belegt. Glutathion, das parenteral gegeben würde, müsste intravasal oder durch membranständige Transpeptidasen gespalten werden und würde unnötig Energie verbrauchen. Um die Glutathionkonzentrationen in Zellen zu erhöhen, sollten daher die Präkursoren verwendet werden, da diese durch die zellulären Aminosäurentransportsysteme wesentlich effektiver aufgenommen werden.

26.7.8 Cystein

> Die schwefelhaltige Aminosäure Cystein wird beim Erwachsenen aus Methionin über die Transsulfurierung in der Leber gebildet. Man unterscheidet Cystein (reduzierte Form, Aminosäure) und Cystin (oxidierte Form Dipeptid, bestehend aus 2 Molekülen Cystein).

Cystein ist als Hydrochlorid gut löslich, oxidiert jedoch sehr schnell. Daher ist es nicht lange in wässriger Lösung lagerbar. Cystein wird als ein bedingt essenzielles Substrat beim Heranwachsenden angesehen. Es gibt verschiedene Cysteinmangelerkrankungen, wie z. B. chronische HIV-Infektion/Aids oder Trauma und Verbrennungen [8, 9, 18, 19, 30]. Unklar ist bisher, inwieweit die Infusionstherapie für die verminderten Plasmakonzentrationen verantwortlich sind. Cystein gilt als semiessenzielle Aminosäure beim Heranwachsenden und bei Proteinkatabolie. Antikatabole Wirkungen und Verbesserung der Funktion von Immunzellen zeigen die Notwendigkeit der Cysteinversorgung des Organismus auf [8, 17, 18, 19]. Für die Glutathionsynthese in Erytrozyten, Lymphozyten und Makrophagen ist Cystein die *limitierende Aminosäure.*

> Parenterale Lösungen enthalten nur unzureichende Mengen oder gar kein Cyst(e)in.

Beim Zusetzen von Cystein in eine wässrige Lösung, bei neutralem und alkalischem pH, oxidiert *Cystein* zu *Cystin* (=2 Moleküle Cystein als Disulfid), bedingt durch kurzzeitige Lagerung und innerhalb von wenigen Stunden oder im Rahmen der Herstellung (Hitzesterilisation). *Cystin* kann wegen seiner schlechten Löslichkeit ausfallen und stellt ggf. eine prooxidative Belastung dar und ist im Tierversuch in höheren Dosierungen neurotoxisch. Im sauren Milieu kann es zur Bildung von Schwefelwasserstoff kommen.

Bei Kindern wird Cystein als limitierende Aminosäure für das Wachstum angesehen [17, 18]. Es wurde gezeigt, dass eine Infusion von Methionin ohne Cystein zur Verminderung der Fraktionen von freiem sowie proteingebundenem Cystein führt [24]. Eine Methionin- oder Cystingabe ist in höheren Dosierungen toxisch. Bestenfalls sollte eine Methioningabe nur mit gleichzeitiger Cysteinsupplementation erfolgen, um eine ausreichende Versorgung und Utilisation aller schwefelhaltigen Aminosäuren zu gewährleisten [18, 28].

26.7.9 N-Acetylcystein (NAC)

Da die Stabilität von Cystein, u. a. wegen Oxidation zu Cystin in wässriger Lösung oder auch als Salz, sehr gering ist, entwickelte man eine wesentlich stabilere Form, das Acetylcystein. Diese

Substanz gibt es bereits seit Jahrzehnten auf dem Markt und ist in Deutschland bisher für die Indikation der *chronischen Bronchitis* und bei der *Acetaminophen- (Paracetamol-)Vergiftung* zugelassen und wird erfolgreich eingesetzt. Es gibt jedoch weitere Beispiele für günstige Wirkungen [8, 17, 29, 33, 54].

Die Bioverfügbarkeit von NAC wird kontrovers diskutiert und scheint gering zu sein. Es werden Werte zwischen 7–15% gefunden [16, 17, 54]. Diese zumeist pharmakokinetisch orientierten Studien haben die entsprechenden Metabolite jedoch nur teilweise gemessen und auch lediglich im venösen Blut von gesunden Probanden. Im Blut kann N-Acetylcystein an Albumin binden, gemischte N-Acetylcystein-Cystein oder -Glutathiondisulfide bilden oder frei vorkommen. Bei der Bildung von solchen sog. gemischten Disulfiden werden die oxidierten endogenenen Formen Cystin sowie Glutathiondisulfid reduziert und damit die antioxidativen Verbindungen Cystein und Glutathion freigesetzt. Die reduzierten Formen sind wesentlich besser membrangängig. So kann u. a. nur reduziertes Cystein von Lymphozyten aufgenommen werden [17, 18, 19]. N-Acetylcystein dient damit wie Cystein als Prekursor von Glutathion in lymphozytären Zellen, wie von verschiedenen Untersuchern belegt wurde [16,17].

Bei der Behandlung der Paracetamolintoxikation kommt es über eine Anhebung der Glutathionkonzentrationen in der Leber und auch in Erythrozyten zu deutlich besseren Verläufen und Überlebensraten [52]. Selbst bei geringen Plasmakonzentrationen von N-Acetylcystein sollte eine biologische Wirksamkeit erreicht werden. Daher muss angenommen werden, dass hauptsächlich die Leber N-Acetylcystein aufnimmt [36, 55]. Er wurde gezeigt, dass die Deacetylierung von NAC beim Menschen weniger in der Leber, sondern v. a. in der Niere auftritt. Wenn auch diese Frage der Deacetylierung weiterhin kontrovers diskutiert werden kann [24], ist eine biologische Wirksamkeit, ob von NAC selbst oder von einem seiner aktiven Metaboliten fast zweifelsfrei anzunehmen [8, 33, 54].

Es gibt zwischenzeitlich auch bessere Cysteindonoren, wie z. B. Procystein (OTC), Dithiocarbamat, bestimmte Formen von Proteinlysate oder Cystein-haltigen Dipeptiden [24], die noch in der wissenschaftlichen bzw. klinischen Entwicklung sind.

26.7.10 Histidin

Zwar gilt diese Aminosäure als nichtessenziell, jedoch fallen nach einer länger andauernden Histidin-freien Diät die Plasmaspiegel bei Erwachsenen ab und auch bei Kindern wurde die Zufuhr von Histidin zur unbedingt notwendigen Versorgung gezählt. Daher enthält fast jede Aminosäurelösung Histidin. Ein Besonderheit stellt der Einsatz von Histidin in der Kardioplegielösung (z. B. Custodiol-Lösung) zur *Myokardprotektion* vor Reperfusionsschaden in der Herzchirurgie dar [13, 53].

Bei Urämie gilt Histidin als bedingt essenziell [24]. Daher sollte ein parenterales Aminosäurengemisch bei Patienten mit Urämie Histidin enthalten [24].

26.7.11 Serin

Serin wird im Menschen aus Glyzin und Formaldehyd gebildet und ist generell in Aminosäurengemischen enthalten. Bei eingeschränkter Nierenfunktion und bei Hämodialyse scheint die i.v.-Gabe von Serin der verminderten Bildung von Serin, der verminderten Proteinsynthese und dem erhöhten Proteinbedarf entgegenzuwirken [24].

26.7.12 Taurin

Taurin entsteht bei der Transsulfurierung aus Methionin und gehört zu den Aminen mit der größten intrazellulären Verteilung. Die Depletion von muskulärem Taurin ist stark mit Muskelermüdung »Fatigue«, bei chronischem Nierenversagen korreliert. Es gibt eine Reihe von Hinweisen, dass die Zugabe von Taurin bei TPN günstig sein soll. So kommt es bei Kindern mit geringem Körpergewicht bei Geburt und Taurin-freier TPN zu einer verschlechterten Nierenreifung [24, 37]. Eine ausreichende Taurinversorgung scheint eine wichtige Rolle bei kritisch Kranken zu spielen. Dennoch ist noch nicht hinreichend geklärt, ob eine verminderte Transsulfurierung von Methionin und Konversion über Cystein zu Taurin erfolgt, da die verwendeten parenteralen Lösungen den direkten Präkursor von Taurin, nämlich Cystein, auch nicht enthielten [24]. In Deutschland sind wenige Aminosäurelösungen die Taurin enthalten, u. a. pädiatrische Aminosäurelösungen, verfügbar (vgl. Rote Liste).

26.7.13 Tyrosin

Tyrosin wird aus Phenylalanin beim Menschen synthetisiert und galt daher lange als nichtessenziell. Dennoch gibt es spezifische Krankheitssituationen, wie z. B. die Phenylketonurie, Leber- und Nierenerkrankungen sowie frühgeborene, unreife Kinder, bei denen Tyrosin als konditionell essenziell gilt. Daher ist Tyrosin in den meisten Aminosäurelösungen enthalten. Tyrosinhaltige Dipeptide kommen vermehrt zum Einsatz, da Tyrosin schlecht in Wasser löslich ist.

Eine im Vergleich zu freiem Tyrosin wesentlich besser lösliche Tyrosinverbindung steht mit N-Acetyltyrosin zur Verfügung, obwohl N-Acetyltyrosin, ähnlich wie N-Acetylcystein, offenbar schlecht hydrolysiert und zu 40–50% unverändert renal eliminiert wird [36]. Da aber eine Anhebung der Plasmakonzentrationen von Tyrosin gemessen wurde, ist nicht eindeutig belegt, wieviel der verabreichten actetylierten und offenbar freien Tyrosinmenge tatsächlich im Gewebe aufgenommen wird [36].

26.7.14 Verzweigtkettige Aminosäuren (VAS): Leuzin, Valin und Isoleuzin

Die Verwendung von parenteralen Aminosäurenlösungen, die mit den essenziellen VAS angereichert werden, gilt als ein schon sehr lange bekanntes Beispiel für eine Pharmakotherapie mit Nährstoffen. Als Anwendungsspektrum finden sich in der Literatur eine Vielzahl von Wirkungen einer VAS-Supplementation. Dazu gehören Lebererkrankungen (insbesondere mit hepatischer Enzephalopathie), Sepsis, Trauma sowie Störungen der gastralen Motilität und ein Versagen der Atemmuskulatur bei Beatmung.

Tabelle 26-4. Kompatibilität häufig eingesetzter Arzneistoffe mit Infusionslösungen

Arzneistoff	Parenterale Zubereitung 2 in 1	3 in 1	Lipidlösung	Art der Inkompatibilität
Aciclovir	I	I		Unverzügliche Bildung eines weißen Präzipitats
Amikacin	K	K		
Aminophyllin	K	K	I	
Amphotericin B	I	I		Unverzügliche Bildung eines gelben Präzipitats
Ampicillin	K	K	I	
Ampicillin/ Sulbactam	K	K		
Aztreonam	K	K		
Bumetanid	K	K		
Buprenorphin	K	K		
Calciumfolinat	K	K		
Calciumgluconat	K	K		
Carboplatin	K	K		
Cefazolin	I	K		
Cefoperazon	K	K		
Cefotaxim	K	K		
Cefoxitin	K	K		
Ceftazidim	K	K		
Ceftizoxim	K	K		
Ceftriaxon	K	K		
Cefuroxim	K	K		
Chloramphenicol	K		K	
Chlorpromazin	K	K		
Ciclosporin	I	I	K	Unverzügliche Präzipitation
Cisplatin	I	K		
Clindamycin	K	K		
Cyclophosphamid	K	K		
Cytarabin	I	K		Verlust der normalen Trübung von 2-in-1-Zubereitungen
Dexamethason	K	K		
Dextran	K	I	I	
Digoxin	K	K		
Diphenhydramin	K	K	K	
Dobutamin	K	K		
Dopamin	K	I		Unverzügliche Präzipitation
Doxorubicin	I	I		Unverzügliches Brechen der Emulsion; Verlust der normalen Trübung von 2-in-1-Zubereitungen
Doxycyclin (-hyclat)	K	I		Unverzügliches Brechen der Emulsion
Droperidol	K	I		Brechen der Emulsion nach 1–4 h
Enalapril	K	K		
Erythromycin (-lactobionat)	K	I		
Famotidin	K	K	K	
Fentanyl	K	K		
Fluconazol	K	K		
Fluorouracil	I	I		Unverzügliche Bildung eines weißen Präzipitats
Furosemid	I	K		Bildung eines weißen Präzipitats innerhalb mehrer Stunden
Ganciclovir	I	I		Unverzügliche Bildung eines weißen Präzipitats
Gentamicin	K	K	I	
Granisetron	K			
Haloperidol (-lactat)	K	I		Unverzügliches Brechen der Emulsion
Heparin-Natrium	K	K	I	Unverzügliches Brechen der Emulsion
Hydralazin	K			
Hydrocortison	K	K		
Hydromorphon	K	I	K	Unverzügliches Brechen der Emulsion
Hydroxyzin	K	K		
Ifosfamid	K	K		
Imipenem/ Cilastatin	K	K		
Insulin	K	K	K	
Kaliumchlorid	K	K		

I inkompatibel; *K* kompatibel.

Es bestehen international länderspezifische Unterschiede bei der Beurteilung der Indikation für eine VAS-Supplementation [32, 35]. In Deutschland besteht die Anwendung der VAS entweder in Aminosäurelösungen und Aminosäurelösungen, welche mit VAS angereichert sind, und in der Nährstofftherapie in der Behandlung (oral) und Vorbeugung von Hirnfunktionsstörungen bei chronischen Lebererkrankungen sowie intravenös (in Kombination mit Ornithinaspartat und anderen Mineralsalzen, z. B. Comafusin Hepar) zur symptomatischen Therapie bei schweren Fällen von Leberinsuffizienz mit komatösen Zuständen.

26.7.15 Carnitin

Die Aminosäure Carnitin wird beim Menschen aus Methionin und Lysin gebildet. Einsatzgebiete sind angeborene und erworbene Stoffwechselerkrankungen [44], Muskeldystrophie mit Lipidakkumulation bei primärem muskulärem Carnitinmangel, Adjuvans bei Muskeldystrophie (Typ Duchenne) und ein Ersatz dialysebedingter L-Carnitinverluste bei chronischer Hämodialyse.

Darüber hinaus gibt es andere Carnitinmangelzustände [10, 45], bei denen ein relativer Mangel in der Muskulatur vorgefunden wird. Eine Carnitinsupplementation ist oral (Bio-

Tabelle 26-4. Kompatibilität häufig eingesetzter Arzneistoffe mit Infusionslösungen (Fortsetzung)

Arzneistoff	Parenterale Zubereitung 2 in 1	3 in 1	Lipidlösung	Art der Inkompatibilität
Kaliumphosphat	I	I		Unverzügliches Brechen der Emulsion; Präzipitation von unlöslichem Kalziumphosphat bei der Applikation hochkonzentrierter Kaliumphosphatlösung
Lidocain	K	K		
Lorazepam	K	I		Teilweises Brechen der Emulsion nach 1 h
Magnesiumsulfat	K	I		
Mannitol	I	K		
Mesna	K	K		
Methotrexat	I	K		Verlust der normalen Trübung von 2-in-1-Zubereitungen
Methyldopa	K	K		
Methylprednisolon	K	K		
Metoclopramid	I	K		Verlust der normalen Trübung von 2-in-1-Zubereitungen
Metronidazol	K	K		
Mezlocillin	K	K		
Miconazol	K			
Midazolam	I	I		Unverzügliches Brechen der Emulsion; Inkompatibilität bei einer Konzentration >0,5 mg/ml
Minocyclin	I	I		Unverzügliches Brechen der Emulsion
Mitoxantron	I	K		Verlust der normalen Trübung von 2-in-1-Zubereitungen
Morphin	K	K/I		In einer Konzentration von 1 mg/ml kompatibel, in einer Konzentration von 15 mg/ml unverzügliches Brechen der Emulsion
Nalbuphin	K	I		Unverzügliches Brechen der Emulsion
Natriumhydrogencarbonat	I	I		
Natriumphosphat		I		Unverzügliches Brechen der Emulsion
Neostigmin	K			
Netilmicin	K	K		
Nitroglycerin	K	K		
Nitroprussid-Natrium	K	K		
Norepinephrin	K	K		
Octreotid	K	K		
Ofloxacin	K	K		
Ondansetron	K	I		Unverzügliches Brechen der Emulsion
Paclitaxel	K	K		
Penicillin G	I	K	I	
Phenobarbital	K	I		Unverzügliches Brechen der Emulsion
Phenytoin	I	I	I	
Phytomenadion	K	K		
Piperacillin	K	K		
Piperacillin/Tazobactam	K	K		
Promethazin	I	K		
Propofol	K			
Ranitidin	K	K	K	
Sulfamethoxazol/Trimethoprim	K	K		
Tacrolimus	K	K		
Ticarcillin	K	K		
Ticarcillin/Clavulansäure	K			
Tobramycin	K	K		
Urokinase	K			
Vancomycin	K	I		Inkompatibilität bei Anwesenheit von Heparin
Vitamin A	K	K		
Vitamin C	K	K		
Zidovudin	K	K		

I inkompatibel; *K* kompatibel.

carn, Nefrocarnit) oder intravenös (Nefrocarnit) bei TPN ggf. auch bei anderen katabolen Erkrankungen denkbar.

26.7.16 Kreatin

Der Einsatz von Kreatin ist v. a. in der Leistungssteigerung der Sporternährung etabliert, da eine Vielzahl von Untersuchungen auf eine Leistungsminderung der Muskulatur bei Abnahme der Kreatinpools unter Belastung hindeuten [21]. Eine gleichzeitige Verabreichung von Kohlehydraten [26] erscheint sinnvoll, um die muskuläre Aufnahme zu verbessern. Weiterhin ist eine Abhängigkeit der Makrophagenfunktion von Kreatin bekannt.

Eine Reihe von Erkrankungen (rheumatoide Arthritis, Krebs, neuromuskuläre Dysbalancen) gehen mit einem relativen Kreatinmangel und gestörter Muskelfunktion einher. Da solche Patienten u. U. parenteral ernährt werden müssen, wäre eine parenterale Gabe denkbar. Diese Überlegung ist bisher nicht weiterverfolgt worden, da Kreatin und Kreatinmonohydrat nicht besonders gut wasserlöslich sind und der menschliche Körper Kreatin synthetisieren [27] kann. Daher kommen vorraussichtlich nur andere Präparate wie Kreatinzitrat oder neu zu entwickelnde Präparate als Kreatinquelle für eine parenterale Gabe in Frage, wobei deren möglicher Einsatz in der TPN nocht nicht untersucht wurde.

26.7.17 Cholin

Die Frage, ob die Versorgung mit Cholin essenziell für den Menschen ist, wird schon seit langem diskutiert [51] (s. auch Kap. 29). Die tägliche Cholinzufuhr eines Erwachsenen beträgt 6–10 mmol (600–1000 mg)/24 h. Obgleich der Mensch Cholin synthetisieren kann, führen Mangelzustände zum Leberzellschaden, u. a. falls auch die Zufuhr von Methionin zu gering ist [60]. Da bei TPN im Zusammenhang mit einer *steatosis hepatis* verminderte Plasmacholinkonzentrationen nachgewiesen wurden, will man durch gezielte (i.v.-)Cholingabe die TPN assoziierten Leberfunktionsstörungen abmildern. Erste Untersuchungsergebnisse sind vielversprechend [51].

26.7.18 Albumin

Albumin ist das wichtigste Plasmaprotein mit einem Molekulargewicht von 66 kD und wird ausschließlich in der Leber gebildet. Albumininfusionen zur Behandlung von Hypalbuminämien werden seit 50 Jahren verwendet und beschränken sich auf die bestehenden Indikationen: der Schock bei akuten Notfällen, die Akutbehandlung von Verbrennungen und andere klinisch relevante Hypoalbuminämien [1, 3, 22]. Die Gründe für Hypalbuminämien sind jedoch vielfältig. So wurde erst kürzlich bekannt, dass trotz vorliegender Hypalbuminämie bei Krebserkrankungen und HIV-Infektion die Leber vermehrt Albumin synthetisiert [2, 34].

Die Verwendung von Albumin als Therapeutikum bei kritisch Kranken wurde in einer großen Metaanalyse einer Cochranegruppe begutachtet. Die Untersuchung von 30 kontrollierten klinischen Studien bei insgesamt 1419 randomisierten Patienten verschiedener Indikationsgebiete weist darauf hin, dass in den Behandlungsgruppen mit Albumin das Risiko zu sterben höher war, als in den Vergleichsgruppen. Es wurde empfohlen, den Gebrauch von Humanalbumin im Grundsatz dringend zu überprüfen [14].

Die Anwendungsbereiche beziehen sich auf die in Deutschland zugelassenen Indikationen. Dazu gehören: Isoonkotische Volumensubstitution mit langfristiger Wirkung; Schockzustände; Plasma- bzw. Albuminmangelzustände vor, während und nach Operationen sowie bei Verbrennungen, Leberversagen, Leberzirrhose, Nephritis, nephrotischem Syndrom, gastritischen und intestinalen Störungen, Lyell-Syndrom, Aszites, ARDS, Kernikterus bei Neugeborenen, Hirnödem, Schwangerschaftsgestose. Verdünnt als 4–5%ige Lösung zur isoonkotischen Volumensubstitution (vgl. *Rote Liste*).

26.8 Kompatibilität von Medikamenten mit parenteralen Zubereitungen

Da parenteral ernährte Patienten häufig eine zusätzliche medikamentöse Versorgung benötigen, ergeben sich oftmals Fragen zur Inkompatibilität zwischen verordnetem Medikament und dem parenteralen Infusionsregime.

Die Inkompatibilitäten lassen sich unterteilen in [25, 56]:

1. Physikalische Inkompatibilitäten
   (Präzipitation, Farbveränderung, Gasentwicklung, Aufrahmen oder Brechen einer Emulsion)
2. Chemische Inkompatibilitäten
   (mindestens 10%ige Zerstörung einer oder mehrer Komponenten in der Mischung).

Zur Minimierung des Risikos von Inkompatibilitäten zwischen Arzneistoff und Infusionslösung sollten folgende Regeln eingehalten werden [25, 56]:

- Nicht unbedingt benötigte Medikamente sollten vermieden werden.
- Der problematische Arzneistoff sollte durch einen anderen Wirkstoff mit gleicher Indikation ersetzt werden.
- Andere Applikationsformen des Arzneistoffs sollten in Betracht gezogen werden.
- Die Verwendung von Filtern geeigneter Porengröße sollten den Patienten vor der unerkannten Präzipitation schützen, da Präzipitate mit einem erhöhten Morbiditäts- und Mortalitätsrisiko verbunden sind.

Leider lassen sich diese Maßnahmen im klinischen Alltag nicht immer optimal realisieren. So ist eine getrennte Verabreichung von Medikament und parenteraler Lösung dann nicht möglich, wenn beim Patienten nur ein i.v.-Zugang vorliegt. Darüber hinaus ist eine gleichzeitige Verabreichung von Medikamenten und Infusionslösungen in der Intensivmedizin und in der Krebstherapie aufgrund benötigter hoher Dosierungen unvermeidbar [56].

Bei unklarer Kompatibilität ist es ratsam, vor der gleichzeitigen Verabreichung von Infusionslösung und Medikament eine Probemischung durch pharmazeutisches Fachpersonal anfertigen und beurteilen zu lassen [25].

▪ *Tabelle 26.4* gibt einen Überblick über den derzeitigen Kenntnisstand bezüglich der Kompatibilität häufig eingesetzter Medikamente mit parenteralen Zubereitungen [25, 40, 56].

Literatur

1. Allison SP, Lobo DN, Stanga Z (2001) The treatment of hypoalbuminaemia. Clin Nutr 20: 275–279
2. Barber MD, Fearon KC, McMillan DC, Slater C, Ross JA, Preston T (2000) Liver export protein synthetic rates are increased by oral meal feeding in weight-losing cancer patients. Am J Physiol Endocrinol Metab 279: E707–E714
3. Ballmer PE (2001) Causes and mechanisms of hypoalbuminaemia. Clin Nutr 20: 271–273
4. Beck MA, Levander OA (1998) Dietary oxidative stress and the potentiation of viral infection. Annu Rev Nutr 18: 93–116 (Review)
5. Beck MA, Shi Q, Morris VC, Levander OA (1995) Rapid genomic evolution of a non-virulent coxsackievirus B3 in selenium-deficient mice results in selection of identical virulent isolates. Nat Med 1: 433–436
6. Bérard MP, Zazzo JF, Condat P, Vasson MP, Cynober L (2000) Total parenteral nutrition enriched with arginine and glutamate generates glutamine and limits protein catabolism in surgical patients hospitalized in intensive care units. Crit Care Med 28: 3637–3644
7. Borum PR. Supplements: questions to ask to reduce confusion. Am J Clin Nutr 2000 72: S538-S5340 (Review)
8. Breitkreutz R, Pittack N, Nebe C-Tet al. (2000) Improvement of immune functions in HIV infection by sulphur amino acid supplementation. J Mol Med 78: 55–62
9. Breitkreutz R, Holm S, Pittack N et al. (2000) Massive loss of sulphur in HIV-infection. AIDS Res Hum Retroviruses 16: 203–209
10. Breitkreutz R, Babylon A, Hack V et al. (2000) Effect of carnitine on muscular glutamate uptake and intramuscular glutathione in malignant diseases. Br J Cancer 82: 399–403
11. Buchman AL (2001) Glutamine: commercially essential or conditionally essential? A critical appraisal of the human data. Am J Clin Nutr 74: 25–32 (Review)
12. Calder PC, Yaqoob P (1999) Glutamine and the immune system. Amino Acids 17: 227–241 (Review)
13. Careaga G, Salazar D, Tellez S et al. (2001) Clinical impact of histidine-ketoglutarate-tryptophan (htk) cardioplegic solution on the perioperative period in open heart surgery patients. Arch Med Res 32: 296–299
14. Cochrane Injuries Group Albumin Reviewers [No authors listed] (1998) Human albumin administration in critically ill patients: systematic review of randomised controlled trials. BMJ 25: 235–240
15. Cynober L (1991) Ornithine alpha-ketoglutarate in nutritional support. Nutrition 7: 313–322
16. De Caro L, Ghizzi A, Costa R et al. (1989) Pharmacokinetics and bioavailability of oral acetylcysteine in healthy volunteers. Arzneimittelforsch 39: 382–386
17. Dröge W, Breitkreutz R (1999) N-acetylcysteine in the therapy of HIV-positive patients. Curr Opin Clin Nutr Metab Care 2: 493–498
18. Dröge W, Breitkreutz R (2000) Glutathione and immune function. Proc Nutr Soc 59: 1–6
19. Dröge W, Holm E (1997) Role of cysteine and glutathione in HIV infection and other diseases associated with muscle wasting and immunological dysfunction. FASEB J 11: 1077–8109 (Review)
20. Evoy D, Lieberman MD, Fahey TJ 3rd, Daly JM (1998) Immunonutrition: the role of arginine. Nutrition 14: 611–617 (Review)
21. Feldman EB (1999) Creatine: a dietary supplement and ergogenic aid. Nutr Rev 57: 45–50
22. Finelli C, Alfano V, Pasanisi F et al. (2001) Use and abuse of albumin: a survey of clinical records from an internal medicine ward. Clin Nutr 20: 183–185
23. Fürst P (1998) Old and new substrates in clinical nutrition. J Nutr 128: 789–796 (Review)
24. Fürst P, Stehle P (1994) Parenteral nutrition substrates. In: Payne-James JJ, Grimble G, Silk DBA (eds.) Artificial nutrition support in clinical practice. Arnold, London, pp 301–322
25. Gikic M, Di Paolo ER, Pannatier A, Cotting J (2000) Evaluation of physicochemical incompatibilities during parenteral drug administration in a paediatric intensive care unit. Pharm World Sci 22: 88–91
26. Green AL, Hultman E, Macdonald IA, Sewell DA, L. Greenhaff P (1996) Carbohydrate ingestion augments skeletal muscle creatine accumulation during creatine supplementation in humans. Am J Physiol 271: 1–6
27. Greenhaff PL (1997) The nutritional biochemistry of creatine. Nutr Biochem 8: 610–618
28. Grimble RF, Grimble GK (1998) Immunonutrition: role of sulfur amino acids, related amino acids, and polyamines. Nutrition 14: 605–610 (Review)
29. Hack V, Breitkreutz R, Kinscherf R et al. (1998) The redox state as a correlate of senescence and wasting and as a target for therapeutic intervention. Blood 92: 59–67
30. Hack V, Schmid D, Breitkreutz R et al. (1997) Cystine levels, cystine flux, and protein catabolism in cancer cachexia, HIV/SIV-infection and senescence. FASEB J 11: 84–92
31. Holm E, Staedt U, Leweling H, Tokus M (1993) Metabolism and artificial nutrition of patients with malignancy. SA J Clin Nutr 6: 10–21
32. Holm E, Breitkreutz R, Tokus M (2000) Metabolic encephalopathies: liver disease, renal failure and critical illness. In: Fernström JD, Uauy R, Arroyo P (eds) Nutrition and brain, Vol 5, Nestlé Nutrition Workshop Series: Clinical & Performance Programme. Karger, Basel, pp 283–306
33. Holt S, Goodier D, Marley R et al. (1999) Improvement in renal function in hepatorenal syndrome with N-acetylcysteine. Lancet 353: 294–295
34. Jahoor F, Gazzard B, Phillips G et al. (1999) The acute-phase protein response to human immunodeficiency virus infection in human subjects. Am J Physiol 276: E1092–E1108
35. Jonas CR, Griffith DP, Bergman GF, Leader LM, Ziegler TR (2001) Nutrient Pharmacotherapy. In: Rombeau JL, Rolandelli R (eds) Clinical nutrition: parenteral nutrition, 3rd edn. Saunders, Philadelphia, chap. 28, pp 562–579
36. Magnusson I, Ekman L, Wangdahl M, Wahren J (1989) N-acetyl-L-tyrosine and N-acetyl-L-cysteine as tyrosine and cysteine precursors during intravenous infusion in humans. Metabolism 38: 957–961
37. Mirtallo JM (2001) Parenteral formulas. In: Rombeau JL, Rolandelli R (eds) Clinical nutrition: parenteral nutrition, 3rd edn. Saunders, Philadelphia, chap. 7, pp 118–139
38. Newsholme E, Hardy G (1997) Supplementation of diets with nutritional pharmaceuticals. Nutrition 13: 837–839
39. Nordenström J (1999) Metabolic complications of parentertal nutrition. In: Payne-James JJ, Grimble G, Silk DBA (eds) Artificial nutrition support in clinical practice. Arnold, London, pp 333–342
40. Parenteral nutrition – A pocket guide (Driscoll DF, Mirtallo JM, Helms Ra, Bistrian BR, editoral advisory board), Astra Zeneca, LP
41. Pauling L (1991) Vitamins and intelligence tests. Nature 353: 103
42. Puchstein C (1999) Die Entwicklung der parenteralen Ernährung. In: Lawin P, Opderbecke W, Schuster HP (Hrsg) Die geschichtliche Entwicklung der Intensivmedizin in Deutschland. Anästhesist 48: 827–837
43. Razenberger M, Spittler A, Roth E (1998) Zytoprotektive und immunmodulierende Eigenschaften von Glyzin. Akt Ernährungsmed 23: 269–274
44. Rebouche CJ, Seim H (1998) Carnitine metabolism and its regulation in microorganisms and mammals. Annu Rev Nutr 18: 39–61 (Review)

45. Rössle C, Pichard C, Roulet M, Bergström J, Fürst P (1989) Muscle carnitine pools in cancer patients. Clin Nutr 8: 341–346
46. Roth E (1998) The impact of L-arginine-nitric oxide metabolism on ischemia/reperfusion injury. Curr Opin Clin Nutr Metab Care 1: 97–99 (Review)
47. Roth E, Funovics J, Schulz F, Karner J (1980) Biochemical methods for the determination of a clinical protein catabolism. Infusionsther Klin Ernähr 7: 306–309
48. Schmoz G (1994) . Ernährungszustand. In: Hartig W (Hrsg) Moderne Infusionstherapie – Künstliche Ernährung. Zuckschwerdt, Müchen, S 169–179
49. Shenkin A, Allwood MC (2001) Trace elements and vitamins in adult intravenous nutrition. In: Rombeau JL, Rolandelli R (eds) Clinical nutrition: parenteral nutrition, 3rd edn. Saunders, Philadelphia, chap. 4, pp 61–79
50. Shenkin A (2001) Micronutrients in adult nutritional support: requirements and benefits. Clin Nutr 20: S47–S50
51. Shronts EP (1997)Essential nature of choline with implications for total parenteral nutrition. J Am Diet Assoc 97: 639–646; 649; quiz 647–648
52. Smilkstein MJ, Bronstein AC, Linden C et al. (1991) Acetaminophen overdose: a 48-hour intravenous N-acetylcysteine treatment protocol. Ann Emerg Med 20: 1058–1063
53. Takeuchi K, Maida K, Tanaka S et al. (1999) Superior myocardial protection with a new histidine-buffered crystalloid cardioplegic solution in clinical trial. Thorac Cardiovasc Surg 47: 148–152
54. Tepel M, van der Giet M, Schwarzfeld C et al. (2000) Prevention of radiographic-contrast-agent-induced reductions in renal function by acetylcysteine. N Engl J Med 343: 180–184
55. Taut F, Zaplethal CM, Klar E et al. (1999) Sulfur-containing metabolites of N-acetyl-cysteine in patients undergoing orthotopic liver transplantation. Transplant Proc 31: 411–413
56. Trissel LA, Gilbert DL, Martinez JF et al. (1999) Compatibility of medications with 3-in-1 parenteral nutrition admixtures. JPEN J Parenter Enteral Nutr 23: 67–74
57. Valencia E, Marin A, Hardy G (2001) Glutathione-nutritional and pharmacological viewpoints: part III. Nutrition 17: 696–697
58. Walker R, Lupien JR (2000).The safety evaluation of monosodium glutamate. J Nutr 130: S1049–S1052 (Review)
59. Wu G, Meininger CJ, Knabe DA, Bazer FW, Rhoads JM (2000) Arginine nutrition in development, health and disease. Curr Opin Clin Nutr Metab Care 3: 59–66 (Review)
60. Zeisel SH, Da Costa KA, Franklin PD et al. (1991) Choline, an essential nutrient for humans. FASEB J 5: 2093–2098

Zugänge und Techniken in der total parenteralen Ernährung

R.-J. Schulz, A. Dignass

Ein wesentliches Ziel in der Versorgung schwerstkranker Patienten ist die Deckung des Energiebedarfs und die Bewahrung körpereigener Proteine durch Bereitstellung von Nährsubstraten. Besonders wichtig ist die Sicherstellung einer ausreichenden Substitution von Aminosäuren zur Bildung von Eiweißen mit kurzer Halbwertzeit, wie z. B. Enzyme, Transportproteine, Proteine des Immunsystems und Gerinnungsfaktoren. Dies kann nur durch eine suffiziente Planung des Ernährungsregimes gewährleistet werden (*Tabelle 27-1*). Besonders wichtig für die Wahl der parenteralen Ernährung ist die Schaffung geeigneter venöser Zugangsformen unter Berücksichtigung des zu erwartenden Ernährungszeitraums und der entsprechenden Ernährungsformen.

So muss beachtet werden, dass jede längere peripher-venöse Infusionstherapie zu einer Schädigung der oberflächlichen Armvenen führt. Schmerzhafte Thrombophlebitiden, Obliteration der Venen und ödematöse Schwellungen sowie paravenöses Einfließen infolge Durchstoßen der Kanüle durch die Venenwand, machen weitere Venenpunktionen im Bereich des Arms schließlich unmöglich (Kap. 28). Dies führt zuletzt auch zu einer erhöhten Frequenz von Punktionen zwecks neuer Kanülenanlage für die Infusionstherapie und wird als extrem belastend empfunden.

27.1 Zugangswege für die parenterale Ernährung

Für eine kurzfristige Infusionsbehandlung eignen sich diverse Kunststoffkanülen, die aufgrund guter Gewebeverträglichkeit auch längere Zeit in der Vene belassen werden können (*Abb. 27-1*). Der Durchmesser der Kanülen bestimmt wesentlich die Flussrate und begrenzt somit auch die zu applizierende Infusionsmenge. Für kurzzeitigen Flüssigkeit- und Elektrolytausgleich reichen aber oft die peripheren Venen des Handrückens oder Unterarms. Die Punktion erfolgt nach Stauung der Venen am Oberarm, Entfettung und Desinfektion der Einstichstelle. In *Abb. 27-2* ist die Anlage demonstriert. Dabei ist auf eine gespannte Haut des Handrückens zu achten, um eine Dislokation der Venen im dünnen Bindegewebe unter Punktion zu verhindern. Nach Punktion des Gefäßes wird der kleine Katheter über die Metallnadel in die Vene eingeführt (Kap. 28).

27.1.1 Zentralvenöser Zugang

Der zentralvenöse Zugang kann über verschiedene Zugangswege und Systeme erreicht werden. Die Gemeinsamkeit aller verwendeten Systeme besteht in der zentral-venösen Lokalisation der proximalen Katheteröffnung in einer zentralen Vene nahe des rechten Vorhofes. Die Zugänge können passager oder für eine längere Verweildauer angelegt werden. Kathetersysteme, die für eine längere Verweildauer bestimmt sind, können einen externen Zugang (ZVK) oder einen subkutan gelegenen Zugang (Port) besitzen. Technisch einfacher ist häufig der Zugang über eine direkte Punktion einer peripheren Armvene (V. basilica, V. cephalica) in der Ellenbeuge (*Abb. 27-3*). Peripher angelegte zentravenöse Katheter, sogenannte PAS-Port-Systeme und PICC-Katheter (*Abb. 27-4*), erfreuen sich daher zunehmender Beliebtheit. Wichtige Unterschiede zwischen Kathetern mit externem Zugang und subkutanen Ports werden in *Tabelle 27-2* aufgezeigt.

Tabelle 27-1. Aspekte der Ernährungsplanung

- Zu erwartender Zeitraum der Ernährung?
- Parenterale oder enterale Ernährung?
- Bestehende Kontraindikationen?
- Ausreichende Überwachungsmöglichkeiten für die jeweilige Ernährungsform?
- Geeignete vorhandene oder zu schaffende Zugangsformen?
- Ausbildungsstand beim Ärzte- und Pflegepersonal?
- Wann sollte welche Ernährungsform eingesetzt, bzw. gewechselt werden?

Die verschiedenen zentralvenösen Katheter sind mit unterschiedlichen Lumendurchmessern und unterschiedlicher Anzahl von Lumina verfügbar.

Der zentralvenöse Katheter ist eine unentbehrliche Voraussetzung für die Durchführung der parenteralen Ernährung sowohl im Rahmen der Intensivbehandlung als auch der prä- und postoperativen Infusionstherapie. Gängige parenterale Ernährungsregime weisen Osmolaritäten von mehr als 1000–1200 mosmol/l auf. Infundierte Lösungen werden nach Gabe über den ZVK bei Mündung in die V. cava superior bzw. kurz vor dem rechten Vorhof mit einem großen Blutvolumen gemischt und somit ein chemischer Reiz auf die Intima verhindert.

Indikation zum zentralen V.-cava-Katheter (ZVK)

Wichtige Indikationen für einen V.-cava-Katheter sind in *Tabelle 27-3* aufgeführt:

Zugangswege zur V. cava superior

Idealerweise sollte das proximale Ende eines zentralen Katheters in der V. cava superior unmittelbar vor ihrer Einmündung in den rechten Vorhof liegen. Der Zugang zur V. cava superior kann über folgende Venen erfolgen:

1. V. basilica und V. cephalica,
2. V. subclavia,
3. V. jugularis externa und interna,
4. V. brachiocephalica oder
5. V. saphena magna und V. femoralis.

Zur Anlage eines zentralen Venenkatheters stehen 3 mögliche Punktionstechniken zur Verfügung:

1. Direktpunktion,
2. Punktion in Seldinger-Technik oder
3. Venenfreilegung (Venae sectio)

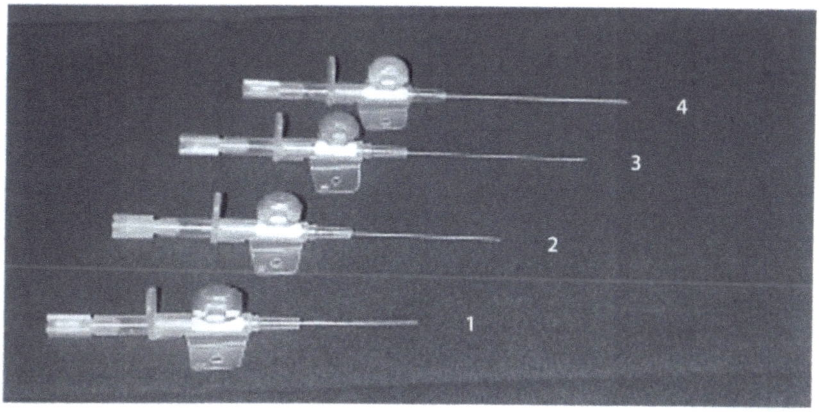

Abb. 27-1. Venenverweilkatheter: 4 verschiedene Größen von Venenverweilkanülen mit farbassozierten Durchmessern (*1*: Durchmesser = 0,9 mm, Länge = 25 mm, Flussrate = 38 ml/min; *2*: Durchmesser = 1,1 mm, Länge = 32 mm, Flussrate = 65 ml/min; *3*: Durchmesser = 1,3 mm, Länge = 45 mm, Flussrate = 100 ml/min; *4*: Durchmesser = 1,8 mm, Länge = 45 mm, Flussrate = 210 ml/min). (Farbige Abb. s. Seite 928)

Am häufigsten wird heute die Punktion in der *Seldinger-Technik* gewählt. Als *Vorteil* gilt hier, dass ein großlumiger Katheter über eine kleine Gefäßeinstichstelle eingeführt werden kann. Direktpunktion und Venensektion werden heutzutage nur noch selten und in speziellen Situationen (Verletzungen, Thrombosierung) durchgeführt. Generell sind beim Legen eines zentralvenösen Katheters zur Vermeidung der meistgefürchteten Komplikation, der Kathetersepsis, bei jedem elektiven V.-cava-Katheterismus aseptische Verhältnisse zu fordern. Die dafür erforderlichen Materialen wie Desinfektionsmittel, sterile Handschuhe, Mundschutz und Schutzkittel sind in der *Abb. 27-5* exemplarisch dargestellt.

Zur Risikominderung und Vermeidung von Komplikationen sollte ein klar standardisiertes Procedere eingehalten werden. Dazu gehört auch, dass die Platzierung von intravasalen Kathetern durch geübtes Personal oder unter Anleitung von geübtem Personal durchgeführt werden sollte. Die dabei einzuhaltenden Schritte sind in *Tabelle 27-4* zusammengefasst.

Direkte Punktion einer peripheren Armvene

Für die Punktion der oberflächlichen Armvenen bieten sich die V. basilica und V. cephalica an. Diese relativ gering invasive Technik, ist eine Technik, die auch auf Allgemeinstationen gut durchgeführt werden kann. Es wird dazu meistens ein Einmalpunktionsset verwendet. Die Vortherapie durch eine Lokalanästhesie wird oft empfohlen, birgt jedoch den Nachteil, dass die Vene unter schlechten Palpations- und Sichtverhältnissen durch die Quaddelung des Gewebes schlechter lokalisierbar ist.

> Grundsätzlich ist auf den Punkt hinzuweisen, dass die V. basilica (medial) zu bevorzugen ist, da die V. cephalica, die lateral in der Ellenbeuge liegt, rechtwinklig in die V. subclavia einmündet, und

Tabelle 27-2. Vergleichende Auswahl verschiedener Kathetersysteme

Katheterart	Kathetermaterial	Lumina	Lumendurchmesser	Anmerkungen
Katheter ohne Tunnelung				
Centrasil (Baxter, Deerfield, IL)	Silikon	1–3	23–16 Gauge	Erhältlich als zentral einführbare subklavikuläre Katheter und periphere PICC-Modelle (Austrittsstelle in der Ellenbeuge). Diese Katheter werden i. Allg. in eine Vene in weniger als 2,5 cm Entfernung von der Einstich-/Austrittsstelle eingeführt
C-PICS (Cook, Bloomington, IN)	Silikon-Elastomer			
Per-Q-Cath (Gesco, San Antonio, TX)	Polyurethan			
Getunnelter Katheter				
Hickman Broviac (Davol/Bard, Salt Lake City, UT)	Silikon	1–3	1,0–3,2 mm Außendurchmesser, 0,6-1,5 mm Innenddurchmesser	Besitzt über eine Strecke von ca. 10 cm eine Tunnelung. Austrittsstelle normalerweise zwischen Brustwarze und Sternum. Alle haben einen Dacroncuff ca. 2,5–5 cm entfernt von der Austrittsstelle zur Sicherung des Katheters und Minimierung des Infektionsrisikos
Reaf (Quinton, Seattle, WA)				
Groshong (Davol/Bard)				
Implantierter Port				
Port-A-Cath (Pharmacia Deltec, St. Paul, MN)	Silikon	1–2	1,5–4,6 mm Außendurch-messer, 1,0-1,6 mm Innendurchmesser	Silikonscheidewand in Plastikumhüllung, Edelstahl- oder Titan-Port. Für Zugang von oben, von der Seite oder aus allen anderen Richtungen. Als zentralvenöser oder peripherer Katheter erhältlich. Ausgestattet mit Hubernadeln
Infuse-A-Port (Strato, Beverly, MA)	Polyurethan			
S.E.A. Port (Harbor Medical, Jaffrey, NH)				
OmegaPort (Norfolk Medical, Skokie, IL)				
PAS Port (Pharmacia Deltec)				

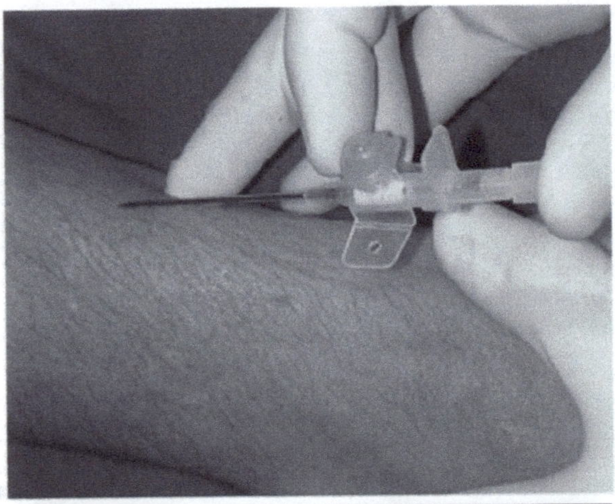
a

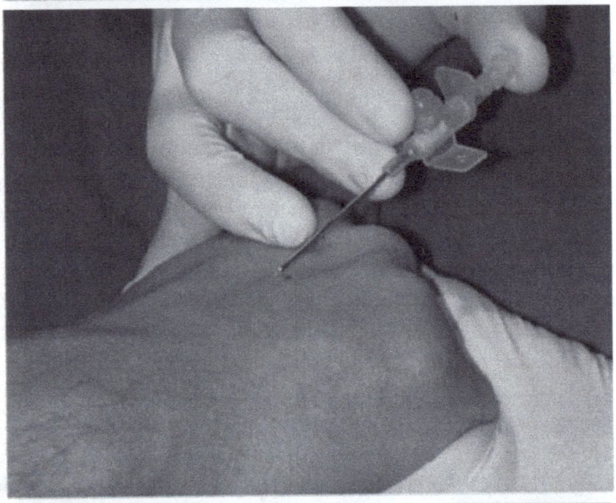
b

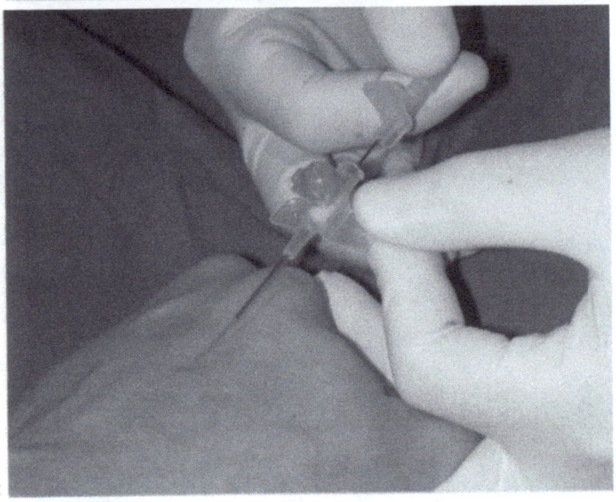
c

■ Abb. 27-2a–c. Punktion einer peripheren Vene

die Katheter sich von dort manchmal nicht mehr weiterschieben lassen. Hilfreich kann in einer solchen Situation dann die *Armabduktion* sein.

Die Einführungslänge sollte vor Einbringen des Katheters durch Anlage des steril verpackten Katheters am Arm abgeschätzt werden. Nach Platzierung des Katheters wird je nach gewähltem Kathetermodell die Kanüle gesichert, entfernt und der Katheter am Unterarm fixiert. Die Punktionsstelle wird mit bakterizider Salbe oder Spray versorgt und mit einem sterilen Verband abgedeckt, nachdem die korrekte Katheterlage unter Durchleuchtung oder durch eine Röntgenthoraxuntersuchung in 2 Ebenen dokumentiert ist.

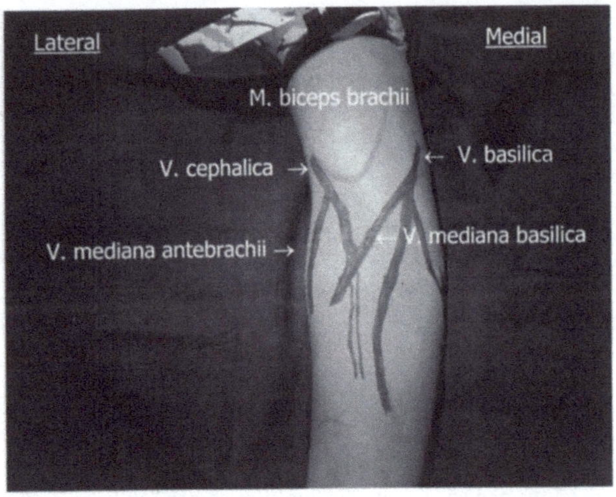

■ Abb. 27-3. Venenverhältnisse der Ellenbeuge

Es können auch dünnere Polyurethan-Katheter mit einem kleinen Port (*PAS-Port*) verwendet werden. Diese Katheter werden durch die V. basilica oder V. cephalica eingeführt. Ihr Weg im Körper wird mittels einer elektromagnetischen Einheit verfolgt. Dadurch ist die Röntgenkontrolle beim Legen des Katheters nicht mehr notwendig und dieser Katheter kann deshalb bei Bedarf auch ambulant im Bett oder in der Praxis gelegt werden [8].

Inzwischen gibt es diese Katheterart auch als externe Variante (*PICC-Katheter*; s. ■ *Abb. 27-4*), die eine neue Art von halbstarren, weniger thrombogenen Zentralvenenkathetern darstellen, die durch eine periphere Vene eingeführt werden können. Sie sind z. B. für solche Patienten nützlich, die nur relativ kurz- bis mittelfristig einen zentralvenösen Zugang benötigen oder für Patienten, bei denen die Schaffung eines zentralvenösen Zugangs besonders erschwert ist [1] (z. B. bei ausgedehnten Tumoren der Brustwand, Tracheostomie).

Punktion der V. subclavia

Die V. subclavia als venöser Abfluss der oberen Extremität bietet aufgrund ihrer bindegewebigen Fixierung und ihres auch im Schock nicht kollabierten Lumens, die günstigste Voraussetzung für eine schnellstmögliche perkutane Punktion.

Als problemlosester und schnellster Zugangsweg wird die *infraklavikuläre Punktion* angesehen. Der Punktionsort liegt medial der Medioklavikularlinie, dicht unterhalb der Klavikula. Beschrieben wurde auch ein mehr medialer Zugang, d. h. eine Punktion an der Grenze zwischen mittlerem und medialen Drittel der Klavikula, wobei die Nadelführung mehr horizontal erfolgen muss (■ *Abb. 27-7*). Zur Punktion sollte der Patient in leichte Kopftieflage gebracht und der Kopf des Patienten zur kontralateralen Seite gedreht werden. Dies hat den Vorteil des erhöhten Füllungsdrucks in dem venösen System mit besserer Punktions- und leichterer Aspirationsmöglichkeit über die Punktionskanüle.

Unter strengsten sterilen Kautelen tastet man sich zur Lokalisation der Einstichstelle am unteren Rand der Klavikula von lateral nach medial bis zum Ende der Furche zwischen

Tabelle 27-3. Indikationen für einen Vena-cava-Katheter

- Bilanzierte parenterale Ernährung über einen Zeitraum von mehr als 3 Tagen mit hyperosmolareren Lösungen
- Präoperativ vor größeren Eingriffen zur per- und postoperativen Volumenkontrolle sowie zur postoperativen Infusionstherapie
- Messung und Registrierung des zentralen Venendruckes zur Flüssigkeitsbilanzierung
- Aufrechterhaltung einer Infusionstherapie
- Bei der Therapie der verschiedenen Kreislaufdysregulationsformen
- Bei ausgedehntem Verlust peripherer Venen nach Verletzung oder multiplen Venenpunktionen
- Intravenöse Zufuhr von venentoxischen Medikamenten oder hyperosmolaren Lösungen

Abb. 27-4. PICC-Katheter

Schlüsselbein und erster Rippe am Sternalrand vor. Hier befindet sich ein kleiner, stets tastbarer Knochenvorsprung (1. Sternokostalgelenk). Etwas lateral dieses Punktes wird zunächst die Haut und dann das Gewebe unterhalb der medialen Klavikulahälfte mit einem Lokalanästhetikum infiltriert. Dabei ist auf eine besonders gute Anästhesie des schmerzempfindlichen Periosts, der Klavikula und der 1. Rippe zu achten. Die Punktionsrichtung verläuft dann in einem Winkel von 30° zur Klavikula und in einem rechten Winkel zur Verbindungslinie zwischen vorderer Achselfalte und Akromioklavikulargelenk (s. *Abb. 27-6*). Die Kanüle wird **unter Aspiration** langsam vorgeschoben und trifft in ca. 4–6 cm Tiefe die V. subclavia bzw. V. brachiocephalica. Bei erfolgreicher Punktion füllt sich die Spritze schlagartig mit Blut. Bei korrekter Lage der Kanülenspitze ist die Reinjektion ohne Widerstand möglich.

Wir sehen von der Vorfüllung der Injektionsspritze mit physiologischer Kochsalzlösung ab, da bereits eine erste visuelle Kontrolle durch die Helligkeit des aspirierten Bluts erfolgen kann (**Cave:** Luftembolie!).

Nach Entnahme der Spritze von der Kanüle wird der bereitliegende Seldingerdraht am besten unter Bildwandlerkontrolle oder Monitor-EKG-Kontrolle vorgeschoben. Das Einführen des Führungsdrahts muss völlig glatt ohne nennenswerten Widerstand erfolgen. Sollte es nicht möglich sein, den Führungsdraht vorzuschieben, kann bei korrekter Punktion entweder der Winkel zur Gefäßwand zu steil, ein bislang nicht bekannter Thrombus in der oberen Hohlvene bestehen (besonders nach multiplen ZVK-Anlagen), oder es kam zu einer Dislokation der Kanüle während der Manipulation und des Einführens des Führungsdrahts. In diesen Fällen ist eine erneute Punktion notwendig.

Nach Platzierung des Führungsdrahts wird die Kanüle über den liegenden Führungsdraht entfernt und eine ca. 2–3 mm große Stichinzision mit einem spitzen Skalpell in die Haut vom Führungsdraht ausgehend bis zu einer Tiefe von ca. 5 mm durchgeführt. Anschließend erfolgt über den Führungsdraht die Platzierung eines Bougierungskatheters, bei dem darauf zu achten ist, dass nicht nur die oberen Hautare-

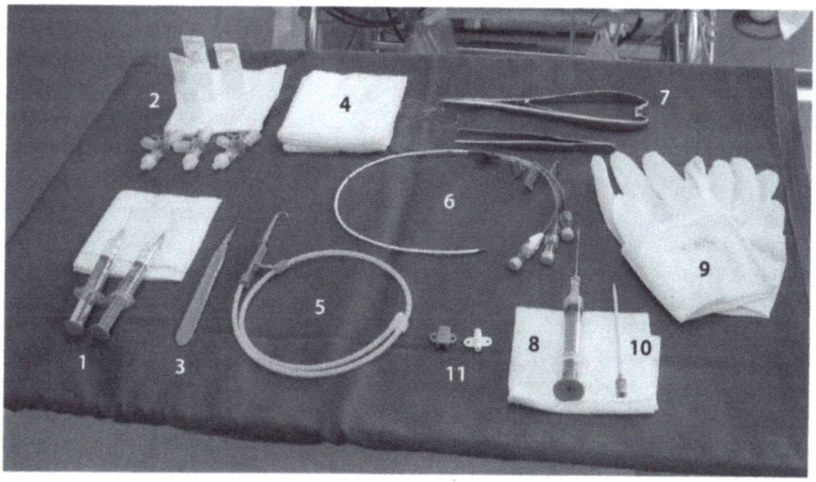

Abb. 27-5. Materialien für eine optimale ZVK-Anlage: *1:* Lokalanaästhesie, *2:* 3-Wegehähne und 0,9% NaCl-Lösung für die Katheterlüftung, *3:* spitzes Skalpell, *4:* sterile Kompressen, *5:* Führungsdraht mit Applikator, *6:* 3-lumiger Katheter, *7:* Nadelhalter mit Nahtmaterial, *8:* Punktionskanüle + Spritze, *9:* sterile Handshuhe, *10:* Dilatator, *11:* Fixierclips

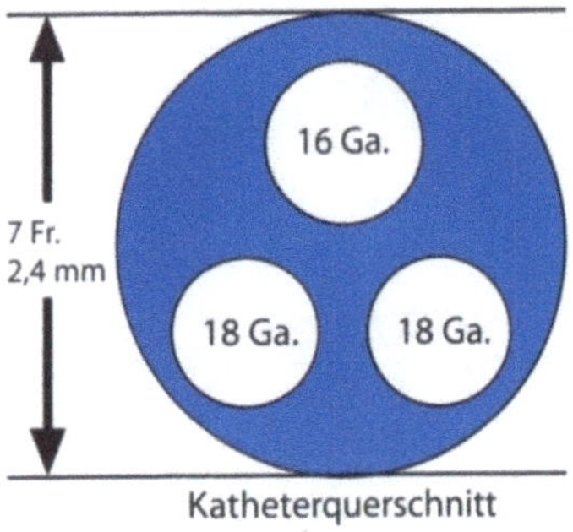

Lumen	Startvolumen (ml)	Flussrate[2] (ml/Std.)
Distal (16 Ga.)	0,49	2300
Medial (18 Ga.)	0,40	1000
Proximal (18 Ga.)	0,44	1100

[1] Die jeweiligen Startvolumen sind Näherungswerte gemessen ohne die Startkappe. Das Startvolumen der Injektionskappe beträgt 0,17 ml.

[2] Die Flussraten werden mit normaler Kochsalzlösung bei Raumtemperatur und 100 cm Kopfhöhe bestimmt und sind als Näherungswerte zu betrachten.

Abb. 27-6. Querschnitt durch einen 3-lumigen zentralen Venenkatheter

ale, sondern auch die Venenwand überwunden werden konnte. Anschließend wird der mit physiologischer Kochsalzlösung gefüllte mehrlumige Katheter über den offenen distalen Schenkel geführt und bis zur vorher extrakorporal abgeschätzten Länge oder unter Bildwandlerkontrolle eingebracht. Durch Hautnähte an der Punktionsstelle und am Katheteransatz wird der Katheter fixiert. Ein steriler Verband beendet den Eingriff.

Die endgültige Lage des Katheters sollte durch eine Röntgenkontrolle dokumentiert werden. Der Dokumentationszeitpunkt sollte ca. 1–2 h nach Punktion liegen, um einen evtl. bei der Punktion erzeugten Pneumothorax nicht zu übersehen. Bei einer eventuellen Punctio sicca oder fehlendem Erfolg, sollte vor Seitenwechsel und erneutem Anlageversuch ebenfalls eine Röntgenthoraxkontrolle erfolgen.

Die *supraklavikuläre Punktion*, hier ist der Zugangsort der laterale Ansatzpunkt des M. sternocleidomastoideus an der Klavikula, hat sich gegenüber der infraclavikulären Punktion wegen der sehr großen Gefahr einer Pleurafehlpunktion und einer möglichen Schädigung des Plexus brachialis nicht durchgesetzt und ist nur in Ausnahmefällen zu empfehlen. Dabei wird die Kanüle in einem Winkel von 45° zur Sagital- und von 15° zur Horizontalebene vorgeschoben.

Tabelle 27-4. Allgemeine Grundregeln zur Platzierung zentralvenöser Katheter

1. Klare und strenge Indikationsstellung
2. Venenwandverträgliches Kathetermaterial
3. Wahl des Zugangs mit der geringsten Infektionsrate (V. jugularis interna)
4. Entfetten, Enthaaren und sorgfältige Desinfektion der vorgesehenen Punktionsstelle im weiten Umkreis
5. Zur Desinfektion sind Mittel mit bakterizider, fungizider und sporozider Wirkung vorzuziehen
6. Steriles Abdecken der Punktionsstelle
7. Sterile Handschuhe, Mundschutz, Mütze und Kittel unabhängig von der Benutzung eines geöffneten oder geschlossenen Punktionssystems
8. Vor der Punktion ist eine Lokalanästhesie bei wachem Patienten empfehlenswert
9. Atraumatische Punktionen, schonendes Einführen, Blutaspiration und röntgenologische Lagekontrolle
10. Verhinderung von intravasalen Katheterbewegungen durch sichere – aber gegen Embolien schützende – Fixation
11. Sorgfältige Katheterpflege mit täglicher Kontrolle der Einstichstelle auf Blutungen und Entzündungszeichen
12. Häufiger Wechsel des Infusionsbestecks
13. Möglichst unter aseptischen Kautelen durchgeführte Manipulationen am Katheteransatz
14. Bei Blutentnahmen ausreichendes Spülen nach Entnahme durch physiologische Kochsalzlösung
15. Regelmäßige Desinfektion der Ansatzstücke nach Manipulation am Katheter
16. Automatischer Katheterwechsel zur Vermeidung von infektiösen Komplikationen ist bei begrenzter Anzahl der Zugangsmöglichkeiten nicht empfehlenswert

Punktion der V. jugularis interna

Die perkutane Punktion der V. jugularis interna zur Platzierung eines oberen Hohlvenenkatheters wird im allgemeinen als günstigster Zugang zur V. cava superior angesehen. Die V. jugularis interna liegt am weitesten lateral in dem hinter dem M. sternocleidomastoideus verlaufenden Gefäßnervenstrang. Sie verläuft nach ihrem Austritt aus dem Foramen jugulare in unmittelbarer Nähe der A. carotis interna zunächst an deren dorsaler, später an deren lateralen Wand nach kaudal, bedeckt von der Fascia colli media zur dorsal vom Sternoklavikulargelenk gelegenen Vereinigungsstelle mit der V. subclavia. Hier, im Bulbus, befindet sich in der Regel eine 2-teilige Klappe, die gelegentlich ein Hindernis für das mühelose Verschieben des Katheters sein kann.

Zur Punktion wird der Patient in 15–20° Trendelenburg-Position gelagert, um eine gute Venenfüllung zu erreichen und eine Luftembolie zu vermeiden. Zu einer guten Darstellung der Muskelgrenze und zur Fixation der Vene sollte der Kopf dorsal flektiert und leicht zur entgegengesetzten Seite gedreht werden. Bei Patienten mit kurzem, dicken Hals oder Säuglingen kann durch ein, unter die Schulter gelegtes, Stützkissen die Dorsalflexion verstärkt und damit eine bessere anatomische Voraussetzung für die Punktion geschaffen werden.

In der Regel sollte die rechte Jugularvene bevorzugt werden. Sie hat ein etwas größeres Kaliber als die linke, verläuft absolut gerade und stellt die kürzere, direkte Verbindung zur V. cava superior dar. Das Einlegen des Katheters hat unter strengen aseptischen Bedingung, wie oben beschrieben, zu erfolgen.

Die Einstichstelle befindet sich am Mittelpunkt des Außenrandes des M. sternocleidomastoideus und der V. jugularis externa. Möglich ist aber auch ein kranialer transmuskulärer Zugang. Nach Identifizierung der A. carotis wird in Lokalanästhesie an dem gewählten Punktionsort eingegangen und bei lateralen Zugang die Kanüle nach kaudal und dorsal in einem Winkel von 30–45° zur Hautoberfläche in Richtung des medialen Randes des klavikulären Muskelansatzes vorge-

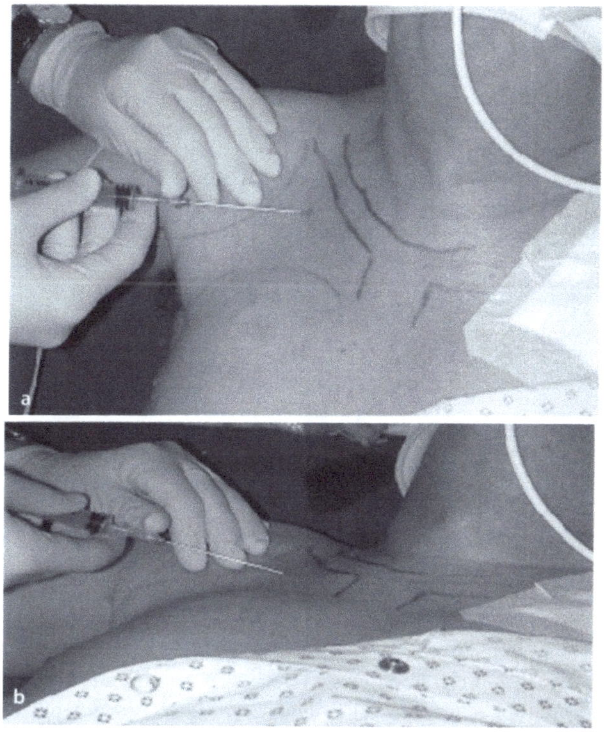

Abb. 27-7a, b. V.-subclavia-Punktion zur ZVK-Anlage: *rot* abgegrenzte deltopektorale Grube, *blau* begrenztes Os claviculare und Sternum. (Zur besseren Orientierung wurde der Patient für diese Abbildung nicht steril abgedeckt). (Farbige Abb. s. Seite 928)

schoben. In etwa 3–5 cm Tiefe wird das Lumen der V. jugularis interna erreicht. Das Einströmen von Blut in die Spritze sowie die Reinjektion ohne Widerstand zeigen die korrekte Lage der Kanüle an. Die korrekte Katheterlage sollte unter Bildwandlerkontrolle oder einer Röntgennativkontrolle dokumentiert werden. Die Punktionsstelle wird mit einem sterilen Verband versorgt, nachdem der Katheter sorgfältig durch 2 Hautnähte fixiert worden ist. Die Trefferquote bei den Jugularispunktionen ist für den Erfahrenen sehr hoch.

Punktion der V. jugularis externa

Sollte es aufgrund von anatomischen Veränderungen nicht möglich sein, einen Zugang über die V. jugularis interna zu erreichen, kann auch die V. jugularis externa gewählt werden. Die V. jugularis externa posterior leitet die temporalen und okzipitalen Kopfschwartenvenen ab. In 75% finden sich 2–3 Klappenpaare im Hauptstamm. Die Vene zieht vom Kieferwinkel schräg über den M. sternocleidomastoideus in das seitliche Halsdreieck und ist in ihrer Topographie relativ konstant und leicht aufzufinden. Die Punktion erfolgt bei Kopftieflagerung und zur Gegenseite gedrehten Kopf des Patienten etwa in der Mitte des M. sternocleidomastoideus oder etwas distal dieses Punkts. Das Vorschieben des Katheters in die V. cava superior ist bei der Wahl dieses Zugangs häufig erschwert durch die obengenannten Venenklappen und Abweichungen des Katheters in oberflächliche Venen, sodass sich diese Methode, wie bereits erwähnt, nur in Ausnahmefällen empfiehlt. Katheterfehllagen können eventuell durch distalen Zug am Arm und Manipulation der Katheterspitze von außen behoben werden. In etwa 15% der Fälle ist dieser Zugangsweg, sei es bezüglich der Punktion oder wegen nicht möglicher Katheterplatzierung, nicht begehbar.

Zugangsmöglichkeiten in Ausnahmefällen

Punktion der V. brachiocephalica

Die Punktionsstelle liegt beim flachgelagerten Patienten mit nach links gedrehtem Kopf gleichseitig 1–1,5 cm lateral vom Manubrium sterni. Die Kanüle wird unter ständiger Aspiration in mediokaudaler Richtung eingeführt und trifft dabei in etwa 3–4 cm Tiefe auf die V. brachiocephalica dextra. Im Gegensatz zur Punktion der V. subclavia und der V. jugularis interna hat dieses Verfahren keine weitere praktische Anwendung gefunden, zumal die Punktionstechnik nicht einfach ist, und die Gefahr einer Verletzung der Lungenspitze und des Plexus brachialis auf der linken Seite des Ductus thoracicus wegen der unmittelbaren topographischen Nähe sehr groß ist.

Vena-cava-inferior-Katheter von der Leistenbeuge

Zur Anlage eines Katheters bieten sich die V. femoralis oder V. saphena magna als Zugangswege an. Letztere ist aufgrund des meist stark ausgeprägten subkutanen Fettgewebes in dieser Region nur schwierig aufzufinden und erfordert in aller Regel eine Freilegung durch Venae sectio oder sonographiegestützte Punktion.

Die V. femoralis dagegen ist leicht durch eine perkutane Punktion zu erreichen. Nach Desinfektion und steriler Abdeckung wird unterhalb des Leistenbandes die A. femoralis palpiert. 1 cm medial davon erfolgt in leicht schräger proximaler Richtung die Punktion. Bei korrekter Katheterlage sollte die Katheterspitze knapp unterhalb der Nierenvenenmündung dokumentiert werden können. Um Fehllagen des Katheters zu vermeiden, sollte in jedem Fall eine Röntgenkontrolle der Katheterlage erfolgen. Wegen seiner besonders hohen Komplikationsrate und des hohen Risikos tödlicher Komplikationen durch vermehrt auftretende Thrombosierung und aufsteigende Infektionen über den Katheter, bedingt durch die topographische Nähe zum Urogenitaltrakt, ist dieser Zugangsweg nur in Ausnahmefällen oder Notfällen, wenn alle anderen Punktionsstellen keinerlei Alternative bieten, zu verwenden.

> Die Venae sectio wird in seltenen Fällen durchgeführt und findet in der täglichen Praxis keine Anwendung.

27.1.2 Kathetermaterialien

Heutzutage werden Katheter überwiegend aus Polyurethan hergestellt, die eine gute Röntgensichtbarkeit aufweisen. Generell sollte darauf geachtet werden, dass zur raschen Infusion großer Volumina in Volumenmangelsituationen ein großlumiger Katheterschenkel von mindesten 16 G vorhanden ist (s. *Abb. 27-6*). In der Therapie schwerstkranker Patienten auf Intensivstationen setzen sich heute zunehmend unter Berücksichtigung der verschiedenen Galeniken und fehlenden Mischbarkeit diverser zu verabreichender Substanzen mehrlumige zentralvenösen Katheter durch. Eine Übersicht über die derzeit verwendeten Kathetermaterialien findet sich in *Tabelle 27-5*.

Die Polyurethankatheter besitzen ein 16-G-Lumen, das an der Katheterspitze mündet sowie zwei 18-G-Lumina, die

Tabelle 27-5. Materialien von zentralen Venenkathetern und ihre Eigenschaften

Material	Vorteile	Nachteile
Polyvinylchlorid (PVC)	- variable Eigenschaften	- schlechte Biokompatibilität
	- fest	- hoch thrombogen
	- sparsam	- Wechselwirkung mit Medikamenten
Polyethylen (PE)	- ohne Verunreinigungen	- schlechte Biokompatibilität (Zusätze lösen sich und PE ändert seine Eigenschaften)
	- chemisch inert	- starr
	- keine Wechselwirkung mit Medikamenten	- empfindlich
	- leicht	- UV-sensibel
	- röntgenresistent	
	- sparsam	
Polyurethan (Alifate) (PUR)	- rein	- nur durchschnittlich chemisch inert
	- gute Biokompatibilität	- wenig Endothel-Abrasion
	- nicht sehr thrombogen	- Materialalterung
	- weich	- hohe Kosten
	- flexibel	
	- thermoplastisch	
	- hohe Widerstandsfähigkeit	
Fluoropolymere	- rein	- schlecht biokompatibel
	- chemisch inert	- sehr starr
	- antiadhesiv	- schädigt das Endothel
		- hoch thrombogen

im Abstand von 2 und 5 cm von der Katheterspitze münden. Mehrlumenkatheter verschiedener Länge sowie mit kleinerem Außendurchmesser für Kinder, werden mittlerweile von mehreren Anbietern zur Verfügung gestellt. Für die perkutane Implantation dieser Katheter stehen spezielle Einführungssysteme zur Verfügung, die mittels Seldinger-Technik ins obere Hohlvenensystem eingebracht werden. Nur in Ausnahmefällen kann dieses Kathetersystem unter Verlust der Bestimmung des zentralen Venendruckes auch über die Leiste in die untere Hohlvene eingebracht werden.

27.2 Langzeitverweilkatheter

Die Behandlung von Krebspatienten hat in der zweiten Hälfte des 20. Jahrhunderts große Fortschritte gemacht. Die rapide Zunahme der Chemotherapien trieb die Entwicklung alternativer intravenöser Zugänge voran. Auch die Entwicklung der total parenteralen Ernährung war ein wesentlicher Motor für die Suche und Entwicklung von besseren und einfacheren Zugängen zu den zentralen Venen. Vor 1970 bestanden die am häufigsten verwendeten Katheter aus halbstarren Materialen wie PVC und wurden durch einen Schnitt in die V. cephalica oder basilica oder durch subklavikuläre Punktionen unter dem Schlüsselbein eingeführt. Diese Katheter waren nicht »getunnelt« und mussten nach weniger als einer Woche wegen möglicher Infektions- und Thromboserisiken entfernt werden. 1973 entwickelte Broviac [4] für die parenterale Langzeiternährung einen Barium-imprägnierten Katheter aus Silikonkautschuk, der durch einen subkutanen Tunnel vor den rechten Vorhof platziert wurde.

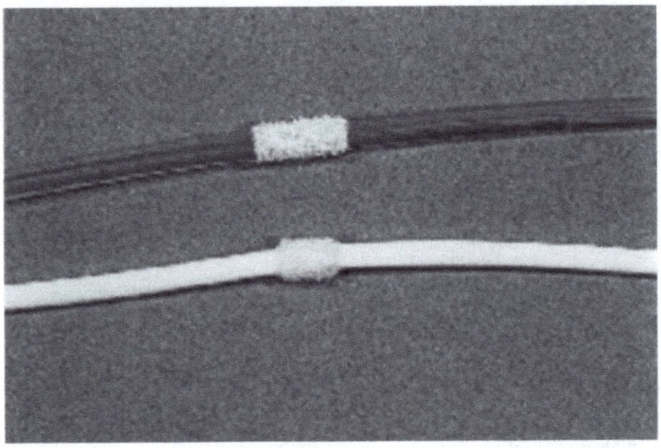

Abb. 27-8. Zwei unterschiedliche Varianten eines Dacroncuffs (oben = Groshong-Katheter, unten = Hickmann Katheter). (Farbige Abb. s. Seite 928)

Diese Technik stellte eine revolutionäre Neuerung auf dem Gebiet der zentralen Langzeitzugänge dar, da dieser Katheter deutlich weniger Thrombosen verursachte.

Das Kathetersegment im subkutanen Tunnel zwischen der Hautaustrittsstelle und der Eintrittsstelle in die Vene enthält einen sogenannten Dacroncuff (*Abb. 27-8*). Der Dacroncuff wird in einen Interkostalraum etwa 4–5 cm tief von der Austrittsstelle entfernt positioniert. Beide Seiten werden durch 2 Nähte fixiert. Der Dacroncuff verursacht eine beschleunigte Fibrosierung um den Katheter und verschließt somit wirkungsvoll innerhalb von 3 Wochen den subkutanen Tunnel, sodass von einer Verminderung des Infektionsrisikos entlang des Katheters ausgegangen werden darf [6]. Diese 2 charakteristischen Bestandteile ermöglichen das Verbleiben des zentralvenösen Katheters über längere Zeit, manchmal für Jahre, im zentralvenösen System.

Eine erste Verbesserung des Broviac-Katheters entwickelte Hickman [7], der für Patienten, die sich einer Knochenmarkstransplantation unterzogen, einen größeren inneren Katheter entwickelte, der einen gesteigerten Infusionsfluss zu ließ (*Abb. 27-9*). Bald wurde über den gleichzeitigen Einsatz von 2 unterschiedlich langen Kathetern berichtet, die die parallele Zufuhr von Ernährung durch den einen Katheter und von anderen Flüssigkeiten und Medikamenten durch den anderen möglich machte [17]. Einen weiteren Fortschritt bildete die Einführung von Zwei- bzw. Dreilumenkathetern in einer gemeinsamen Hülle, jedoch mit getrennten externen Ports. Dadurch können mehrere Medikamente, Lösungen und Blutprodukte gleichzeitig infundiert werden, ohne eine mögliche Präzipitation im Katheterlumen zu riskieren (*Abb. 27-10*).

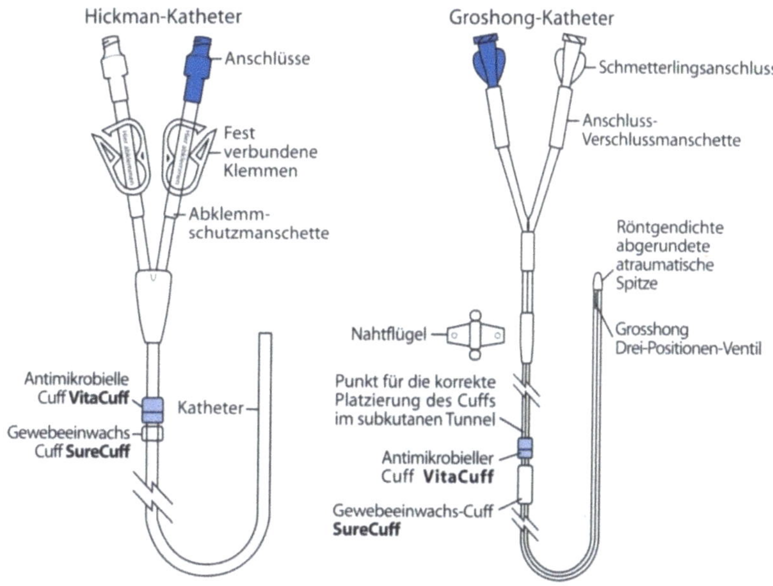

Abb. 27-9. Schematische Darstellung eines zweilumigen Hickman-Katheters (links) bzw. Groshong Katheters (rechts)

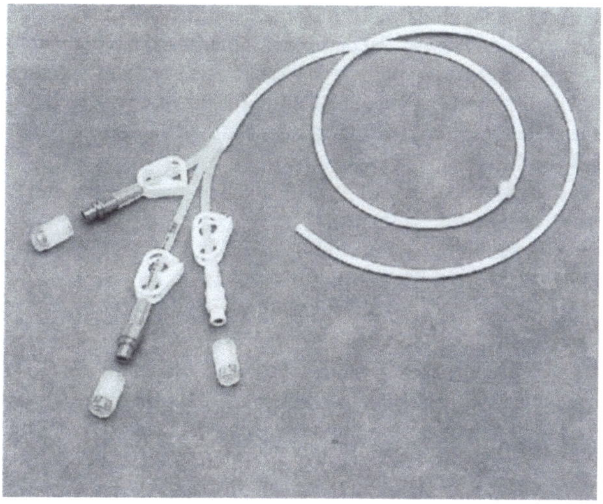

Abb. 27-10. 3-lumiger Hickman-Katheter

27.2.1 Getunnelter Broviac- oder Hickman-Katheter

Der Katheter sollte unter aseptischen Bedingungen in einem sauberen Interventionsraum eingesetzt werden. Bei Patienten, die älter als 16 Jahre sind, kann ein Broviac- oder Hickman-Katheter unter Lokalanästhesie eingesetzt werden [15].

Als Anlageort wird eine große Vene, wie z. B. die rechte V. cephalica in der deltopektoralen Grube (Trigonum deltoideopectorale) der Klavikula gegenüber dem Processus coracoideus, oder die rechte V. jugularis externe oder interne aufgesucht. Der Zugang wird geschaffen durch eine dünne Inzision über der hinteren Grenze des M. sternocleidomastoideus in mittlerer Position. Der Katheter wird bevorzugt rechts eingesetzt, da die V. cava superior anatomisch mit einem direkteren Verlauf das venöse System drainiert.

Ein subkutaner Tunnel wird vorsichtig unter Verwendung einer speziellen feinen Sonde oder auch mittels eines 16er-Thoraxdrainagesets unter der vorderen Brustwand angelegt. Der Ausgang liegt gewöhnlich in der Mitte zwischen der Klavikula und der Brustwarze oder zwischen den Brustwarzen, oder auch auf Brustwarzenhöhe entlang der Brustbeingrenze. Die Katheterlänge bis zum rechten Vorhof wird durch Auflegen des steril verpackten Katheters bis zum Erreichen des rechten Vorhofs geschätzt und der Katheter auf die entsprechende Länge gekürzt. Anschließend wird der Katheter über den subkutanen Tunnel in die Vene eingeführt und bis zum Erreichen der mittleren Höhe des Vorhofs vorgeschoben. Die Spitze des Katheters wird über eine Kontrastmitteldarstellung dokumentiert und sollte in Projektion auf die V. cava superior und den rechten Vorhof projizierbar sein, bevor der Eingriff beendet wird. Ein steriler Wundverband sollte während der folgenden postoperativen Woche angelegt werden.

27.2.2 Subkutane venöse Portsysteme

Um die Nachteile des extern/intern angelegten Broviac- oder Hickman-Katheters zu umgehen, wurde in der Folgezeit ein vollständig implantierbares System entwickelt, bei dem ein dem Broviac- und Hickman-Katheter verwandtes System mit einem Reservoir (Port) verbunden wurde, das dauerhaft in einer subkutanen Tasche platziert werden kann.

Der Zugang zu solchen Systemen wird mittels einer abgewinkelten Hubernadel hergestellt (*Abb. 27-11*). Diese Spezialnadel ist so geschliffen, dass ein stanzfreies Durchdringen des Septums möglich wird und mehrere tausend Portpunktionen möglich sind, ohne dass das Septum undicht wird. Durch diese Besonderheit ist es aber schwierig, ebenso hohe Flussraten wie bei externen Kathetern zu erreichen.

Andererseits bestehen klare Vorteile gegenüber Systemen mit externen Bestandteilen durch das weitaus ästhetischere Bild, sobald die Inzisionen verheilt sind. In jüngerer Zeit wurden Doppellumenkatheter-Portsysteme entwickelt (*Abb. 27-12*), bei denen die Katheter-Einstichreservoire unmittelbar nebeneinander oder aber in 3 cm Abstand gestaffelt liegen, um eine kontinuierliche Infusion über beide Lumina unter minimalem Kontakt der Lösungen zu gestatten.

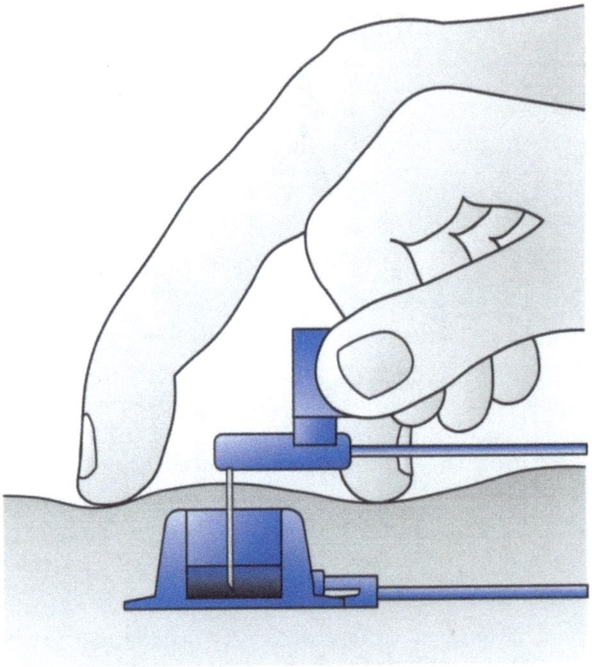

Abb. 27-11. Portpunktion eines Portsystems durch eine Hubernadel

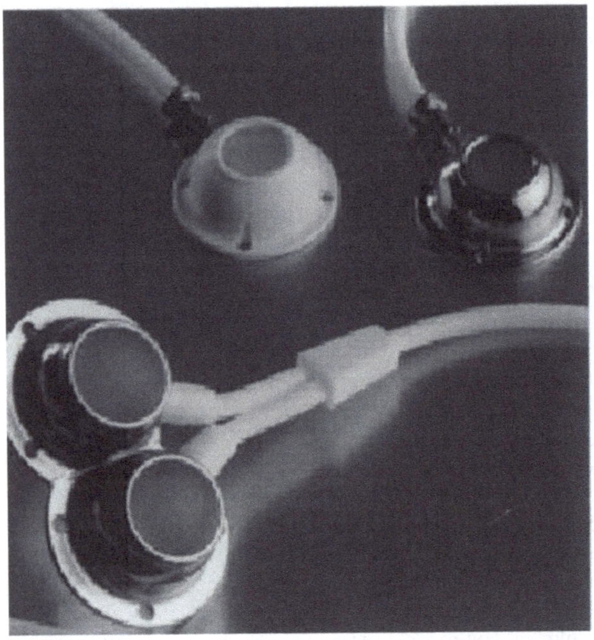

Abb. 27-12. 1- und 2-Kammer-Portsysteme. (Farbige Abb. s. Seite 928)

In *Abb. 27-13* ist die Portanlage in den wichtigsten Phasen intraoperativ dargestellt.

27.2.3 Wichtige prä- und postoperative Maßnahmen

Neben der allgemeinen Aufklärung über Risiken, mögliche Komplikationen und weitere Maßnahmen nimmt die psychologische Einstellung des Patienten einen ganz entscheidenden Einfluss auf das weitere Procedere. Meist ist die Anlage eines Langzeitverweilkatheters der erste Schritt in einer langen Kette von Kontroll- und Behandlungsschritten. Deswegen ist es wichtig, dass der Patient durch eine ausführliche Aufklärung über die folgenden Schritte so gering wie möglich traumatisiert wird. Eine aktive Beteiligung des Patienten im weiteren Verlauf und sein Wissen über die Notwendigkeit bestimmter Schritte ist dabei essenziell. Präoperativ sollte eine Unverträglichkeit von Heparin und Jod ausgeschlossen werden. Ebenso sollten Laborparameter wie die Thrombozytenzahl, Gerinnungsparameter bestimmt und mögliche Gerinnungsstörungen ausgeschlossen worden sein.

Unmittelbar auftretende interventionelle Komplikationen beinhalten einen Pneumothorax, Hämatothorax oder eine Fehllage des Katheters. Ein Auftreten dieser Komplikationen wird in der Regel unmittelbar periinterventionell sichtbar und kann meistens noch vor Ort behandelt werden. Eine Hämorrhagie oder die Bildung eines Hämatoms tritt meistens im weiteren Verlauf auf, weshalb eine Verbandskontrolle nach 12 h erfolgen sollte. Bei Nachbluten aus der Anlage an der Katheteraustrittsstelle sollte primär ein Kompressionsversuch und eine Blutbildkontrolle erfolgen, bei weiterer Blutung ist ein chirurgisches Vorgehen erneut zu diskutieren. Eine exzessive Bewegung des Arms sollte innerhalb der ersten 24 h vermieden werden, um das Risiko von Nachblutungen zu verringern [16]. Die Intensität und Häufigkeit der postoperativen Überwachung wird entscheidend durch folgende Punkte beeinflusst:

- Art der Anästhesie,
- Diagnose des Patienten,
- Allgemeinzustand des Patienten,
- Auftreten von Komplikationen.

Die Verlaufskontrollen sollten folgende Punkte beinhalten:

- Prüfung der Vitalzeichen,
- Auftreten lokaler und systemischer Manifestationen von Entzündungen oder Infektionen,
- Schweregrad eines Infusionswiderstandes bis zur Katheterverschlusssymptomatik,
- Veränderungen in der Länge des externen Katheters, entsprechende Markierungen sollten dokumentiert werden.

Infusionen dürfen erst erfolgen, wenn eine Katheterlagekontrolle erfolgt ist. Ein hoher Prozentsatz von Patienten stellt bis zu einem bestimmten Grad Schmerzen im postoperativen Verlauf oder Unwohlsein fest. Eine milde Analgesie ist normalerweise notwendig und zeitweise tritt auch ein stärkerer Schmerzmittelbedarf auf. Zur Sicherstellung einer adäquaten Nachtruhephase kann über die ersten 3 Tage eine leichte Sedationshilfe angeboten werden. Nach 24 h wird der Patient dazu aufgefordert, die oberen Extremitäten und den Hals in sämtlichen Freiheitsgraden zu bewegen.

27.3 Katheterkomplikationen bei Anlage eines ZVK

Katheterkomplikationen werden bestimmt durch:

- Punktionstechnik,
- Zugangsort,
- Liegedauer des Katheters
- und nicht zuletzt auch durch das Kathetermaterial.

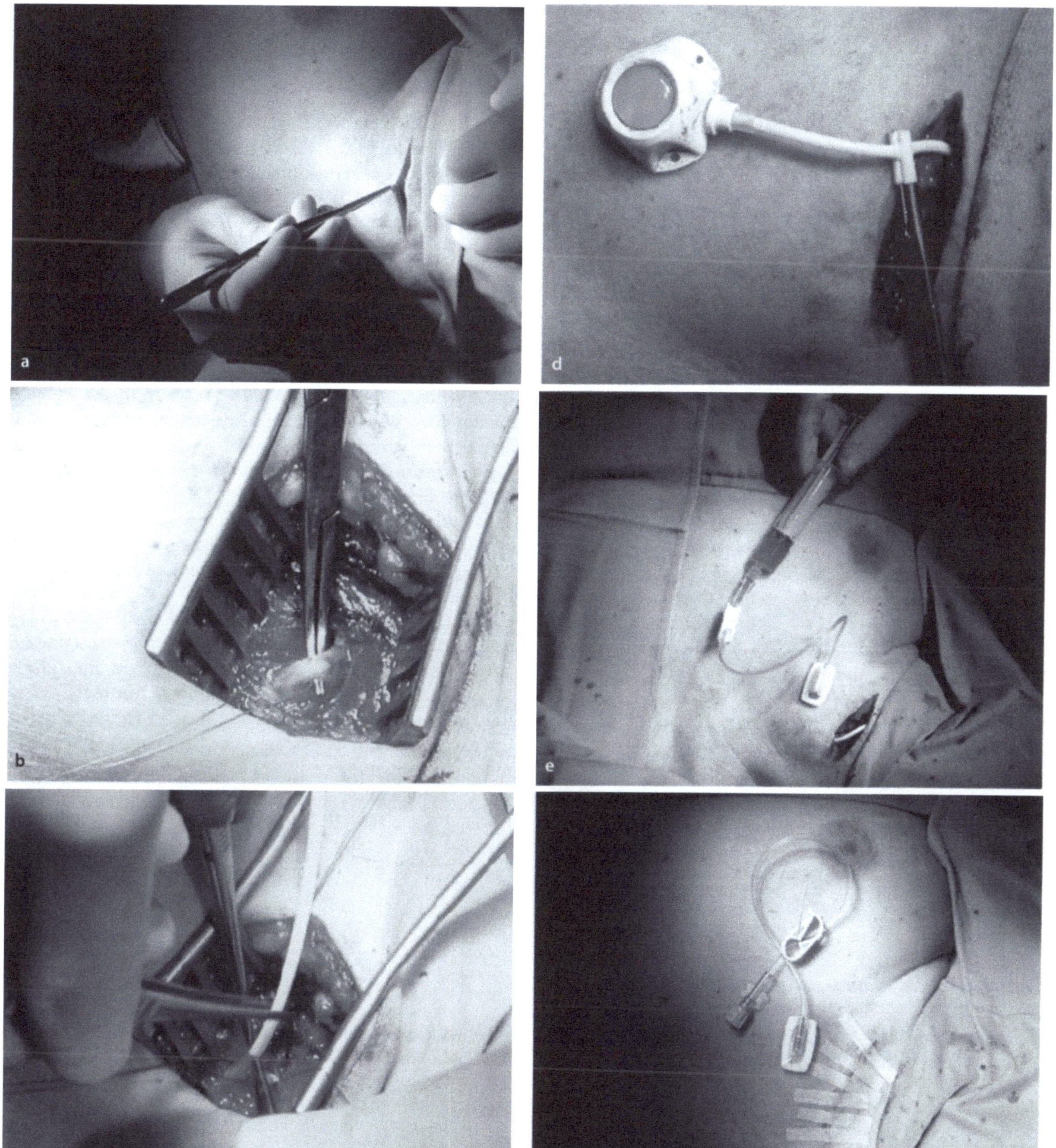

Abb. 27-13a–f. Portanlage: **a** Hautinzision in der Fossa deltoideopectoralis; **b** Präparation der V. cephalica dextra; **c** Einführen des Katheters und Fixierung; **d** Platzierung der Porttasche; **e** Punktion des Systems mit Funktionsprüfung vor Wundverschluss; **f** Subkutan- und Intrakutannaht. (Farbige Abb. s. Seite 929)

Nur geringe Komplikationen ergeben sich bei der relativ einfachen *Punktion* der Venen in der Ellenbeuge und der V. femoralis. Nicht immer gelingt es jedoch aufgrund von Venenspasmen oder anatomischen Gegebenheiten (Venenklappen) den Katheter ohne Schwierigkeiten vorzuschieben. Die Häufigkeit von Katheterfehllagen variiert je nach Zugang zwischen 0,85 und bis zu 25%. In der Regel handelt es sich dabei um eine zu tiefe Lage der Katheterspitze, seltener werden Katheteraberrationen gefunden. Zur Lagekontrolle und damit zur Vermeidung von Komplikationen können eine Thoraxübersichtsaufnahme, Durchleuchtung oder eine intrakardiale Elektrokardiographie über den liegenden Katheter in Verbindung mit einem EKG-Überwachungsmonitor (z. B. Alphacard; [2]) eingesetzt werden.

Über Komplikationen bei der *Neuanlage* eines ZVK wird in der Literatur insgesamt in 3–12% der Fälle berichtet [9, 10, 13,].

Ein häufiges Problem stellen *mechanische* Katheterkomplikationen dar. Die veröffentlichen Zahlen über mechanische

Komplikationen sind in hohem Maße abhängig von der Auswahl der Patienten und der Geschicklichkeit des Arztes. Es gibt jedoch immer noch eine ca. 5 -10%ige Inzidenz von Komplikationen auch wenn die Patienten von erfahrenen Ärzten betreut werden [43]. Letale und oft unbemerkte Komplikationen während des Einführens der Katheter und/oder der Katheterentfernung sind selten und wurden bei weniger als 1% der Patienten beschrieben [44, 45].

Pneumothorax

Bei Punktion der V. subclavia ist der Pneumothorax ein gefürchtetes Ereignis, das in ca. 2–3% auftritt, vorzugsweise bei älteren, kachektischen und dehydrierten Patienten [12, 18]. Grund für das relativ häufige Vorkommen ist die anatomische Nähe der V. subclavia zur Lungenspitze. Beim Pneumothorax handelt es sich um ein potenziell lebensbedrohliches Ereignis, da es, insbesondere bei beatmeten Patienten, durch Ventilbildung zu einem Spannungspneumothorax kommen kann. Diagnostiziert wird letztlich der Pneumothorax anhand eines Röntgenthoraxbildes, das ohnehin nach jeder zentralvenösen Punktion durchgeführt werden muss, um die korrekte Lage der Katheterspitze zu beurteilen. Bei kleinem Pneumothorax ohne klinische Zeichen der respiratorischen Insuffizienz genügt in der Regel die engmaschige klinische Beobachtung mit radiologischer Verlaufskontrolle. Bei ausgeprägtem Befund und/oder symptomatischem Patienten muss eine Thoraxdrainage angelegt werden [12].

Arterielle Fehlpunktion

Arterielle Fehlpunktionen sind selten. Meistens kann durch prompte Druckapplikation eine Einblutung größeren Ausmaßes verhindert werden. Liegt allerdings eine schlechte Gerinnungssituation vor, kann die Verletzung der Arterie gefährliche Komplikationen nach sich ziehen, wie z. B. einen Hämatothorax oder eine Einblutung in das Mediastinum bei Fehlpunktion der A. subclavia bzw. ein zervikales Hämatom mit nachfolgender Kompression der Trachea bei versehentlicher Punktion der A. carotis [12, 18].

Luftembolie

Eine Luftembolie entsteht, wenn während der Punktion eine offene Verbindung zwischen zentralvenösem Gefäß und atmosphärischem Druck existiert, insbesondere dann, wenn der Druck im Venensystem negativ ist und dadurch Luft angesaugt wird.

> Eine negative Druckdifferenz kann durch ausreichend intravasales Volumen und Kopftieflage des Patienten bei der Katheteranlage vermieden werden [14]. Klinische Zeichen einer massiven Luftembolie sind Dyspnoe und Blutdruckabfall.

Arrhythmien, Chylothorax

Zu den eher *seltenen Komplikationen* zählen die *Arrhythmie*, die durch zu weites Vorschieben des Führungsdrahtes bis in den rechten Vorhof ausgelöst wird sowie die *Perforation der V. cava superior oder des rechten Vorhofs* mit potenziell letalen Folgen [14, 18].

Durch Verletzung des Ductus thoracicus ist der Lymphabfluss gestört. Es kommt zur Ausbildung eines *Chylothorax* [18]. Die Verletzung des Plexus brachialis kann neurologische Ausfallerscheinungen nach sich ziehen [18].

Im Gegensatz zur perkutanen Punktion zur ZVK-Anlage ist die operative Implantation subkutan getunnelter *Langzeitkatheter* deutlich komplikationsärmer und kann ohne großes Risiko auch bei Patienten mit Gerinnungsstörungen vorgenommen werden. Langzeitkatheter werden entweder perkutan ausgeleitet, z. B. Hickman- oder Groshong-Katheter oder mit einem Reservoir vollständig implantiert (Portsysteme). Ein ebenfalls nur geringes Risiko besteht bei der Anlage von *peripher gelegten zentralen Kathetern* (PICC, »peripherally-inserted central catheter«) [5]. Sie werden über die V. basilica bzw. V. cephalica bis nach zentral vorgeschoben.

Literatur

1. Angle F et al. (1998) Peripherally inserted central catheters. Applied Radiology 7: 31–39
2. Bambauer R, Jutzler GA (1980) Lagekontrolle großlumiger zentraler Venenkatheter mittels intrakardialer elektrokardialer Elektrographie, Intensivmedizin 317: 319
3. Blot F and Brun-Buisson C (1999) Current approaches to the diagnosis and prevention of catheter-related infections. Curr Opin Crit Care 5: 341–349
4. Broviac JW, Cole JJ, Schribner BH (1973) A silicone rubber atrial catheter for prolonged parenteral alimentation. Surg Gynecol Obstet 136: 602–606
5. Denny DF (1993) Placement and management of long-term central venous access catheters and ports. AJR 161: 385–393
6. Goodman MS, Wickham R (1984) Venous access devices. An overview. Oncol Nurse Forum 11: 16–23
7. Hickman RO, Buckner CD, Clife RA et al. (1997) A modified right atrial catheter for access to the venous system in marrow transplant recipients. Surg Gynecol Obstet 148: 871–875
8. Kahn ML et al. (1992) Initial experience with percutaneus placements of PAS port implantable venous access devices. J Vasc Interv Radiol 3: 459–461
9. Ladefoged K, Efsen F, Krogh-Christoffersen J, Jarnum S (1981). Long-term parenteral nutrition. II. Catheter-related complications. Scand J Gastroenterol 16: 913–919
10. Linton DM, Bean E, Cronje CJ, Elliot MS, Wright J, Marquard FC (1983) Central venous catheterisation for parenteral nutrition. Experience at Groote Schuur Hospital. S Afr Med J 64: 351–354
11. Ma TY, Yoshinaka R, Banaag A et al. (1998) Total parenteral nutrition via multilumen catheters does not increase the risk of catheter-related sepsis: a randomized, prospective study. Clin Infect Dis 27: 500–503
12. Marouilis J, Kalfarentzos F (2000) Complications of parenteral nutrition at the end of the century. Clin Nutr 19: 295–304
13. Merk EA, Rush BF (1975). Emergency subclavian vein catheterisation and intravenous hyperalimentation. Am J Surg 129: 266–268
14. Paskin DL, Hoffmann WS, Tuddenham WJ (1981) A new complication of subclavian vein catheterization. Ann Surg 193: 264
15. Raaf JH et al. (1983) An easy technique for tunnelling the Broviac catheter. Surg Gynecol Obstet 157: 485–486
16. Reed WP et al. (1983) Prolonged venous access for chemotherapy by means of the Hickman catheter. Cancer 52: 185–192
17. Shafir M, Tiefenbrun J (1983) Simultaneous placement of two permanent central venous catheters. Indications and technique. Surg Gynecol Obstet 156: 369–370
18. Sitzmann JV, Tonsend TR, Siler MC (1985). Septic and technical complications of central venous catheterisation. Ann Surg 202: 766

Periphervenöse Ernährung

B. Leube, J. Stein

Die periphere parenterale Ernährung wird – als eine mögliche Form der parenteralen Ernährung – in den letzten Jahren immer häufiger angewendet. Wesentlicher Vorteil der peripheren Applikation von Nährlösungen ist das Vermeiden von Komplikationen, die bei Verwendung zentralvenöser Katheter vorkommen, sowie eine deutliche Kosteneinsparung.

Die Risiken zentralvenöser Katheter und der relativ große Aufwand bei der Anlage sind im klinischen Alltag ein häufiger Grund, die dringend indizierte künstliche Ernährung um Tage zu verzögern. Erste Versuche der peripheren Gabe einer Nährlösung wurden schon 1961 von Schuberth u. Wretlind [31] durchgeführt. Das Auftreten peripherer Thrombophlebitiden und die Entwicklung zentraler Katheter, die eine Gabe auch hochkonzentrierter Lösungen ermöglichten, ließen die periphere Ernährung zunächst außer Interesse geraten und erst in den 1980er Jahren wieder an Bedeutung gewinnen. Vor allem die Kenntnis über Entstehung und Prophylaxe der peripheren Thrombophlebitis und die Einführung niedrigosmolarer Infusionslösungen haben hierzu wesentlich beigetragen.

Zahlreiche vergleichende Studien über verschiedene periphervenöse Kathetertypen sind inzwischen veröffentlicht worden. Seit kurzem sind für die periphere Applikation geeignete »All-in-one«-Lösungen in verschiedenen Volumina und Zusammensetzungen auf dem Markt, die wesentlich einfacher zu handhaben sind als das bisher übliche Mehrflaschensystem. Für eine große Zahl an Patienten stellt heutzutage die periphere parenterale Ernährung eine einfach verfügbare und komplikationsarme Möglichkeit der künstlichen Ernährung dar.

28.1 Indikationen zur peripherparenteralen Ernährung

Nach den Richtlinien der American Society of Parenteral and Enteral Nutrition (ASPEN) ist eine parenterale Ernährung dann indiziert, wenn eine Mangelernährung vorliegt oder sich krankheitsbedingt entwickeln wird *und* eine enterale Ernährung nicht möglich ist ([2]; vgl. Kap. 26).

Die *periphere Applikation* empfiehlt sich für Patienten, die voraussichtlich maximal 2 Wochen lang einer künstlichen Ernährung bedürfen und geeignete Venen haben, oder wenn die Anlage eines zentralvenösen Katheters nicht möglich ist. Durch die Notwendigkeit relativ niedriger Osmolaritäten der peripheren Nährlösungen, die zur Folge haben, dass hohe Volumina infundiert werden müssen, um den Patienten mit ausreichend Kalorien zu versorgen, existieren zahlreiche Kontraindikationen für die periphere parenterale Ernährung. Hierzu gehören Flüssigkeitsrestriktion (Nierenversagen, Herzinsuffizienz etc.), schwere Unterernährung, schwerer metabolischer Stress bzw. katabole Stoffwechsellage sowie hoher Elektrolytbedarf. **Cave:** Kalium (gefäßschädigend!). Im Falle einer längerfristigen parenteralen Ernährung ist die zentrale Gabe zu bevorzugen.

28.2 Zentralvenöse vs. periphervenöse Ernährung

Hauptvorteil der künstlichen Ernährung über einen *zentralen* Zugang ist die Möglichkeit, auch über einen längeren Zeitraum eine komplette Ernährung sowohl quantitativ als auch qualitativ ausreichend durchzuführen. Zu bedenken sind allerdings die potenziell schwerwiegenden Risiken eines zentralen Katheters (ausführliche Darstellung in Kap. 29). In der Literatur sind Komplikationen bei Anlage des Katheters von 3–12% beschrieben, wie z. B. arterielle Fehlpunktion, Einblutung, Pneumothorax, Luftembolie oder Induktion einer Arrhythmie [17, 37, 27]. Hinzu kommen Komplikationen, die bei längerem Verweilen des Katheters auftreten können: Katheterinfektion mit Sepsis mit einer Inzidenz von 2,8–14% und die zentrale Thrombose mit Gefahr der Lungenembolie, die klinisch apparent in 2,5–4,8% der Fälle beschrieben wird, durch Angiographie allerdings in 45–59% nachzuweisen ist. Selten kann es auch zu einer katheterassoziierten Endokarditis kommen [25].

Dagegen sind mögliche Komplikationen einer *peripheren* parenteralen Ernährung weit weniger gravierend. Als einzige relevante, dann jedoch in der Regel auch limitierende Nebenwirkung gilt die Thrombophlebitis, worauf nachfolgend detailliert eingegangen wird.

Allerdings ist durch die begrenzte Anzahl an Kalorien und das hohe Flüssigkeitsvolumen eines peripheren Regimes diese Art der Ernährung nicht für jeden Patienten geeignet (s. Kontraindikationen im vorherigen Abschnitt). Dauer und Ausmaß einer peripheren parenteralen Ernährung wurden darüber hinaus in der Vergangenheit durch eine deutlich Einschränkung des Energie-Volumen-Verhältnisses limitiert.

28.3 Thrombophlebitis bei periphervenöser Ernährung

Häufige Nebenwirkung bei der peripheren Applikation von hyperosmolaren Nährlösungen (>800 mosmol/l) ist die Entwicklung einer Thrombophlebitis (Rötung, Schwellung, Überwärmung, Schmerzen und/oder ein verhärteter, tastbarer Venenstrang), die zu einer Gefäßokklusion und Extravasation der Infusionslösung in das umgebende Gewebe führt (*Abb. 28-1*). In der Regel kommt es in jedem Fall zu einem Verlust des venösen Zugangs. Die Häufigkeit wird in der Literatur sehr unterschiedlich angegeben und liegt zwischen 2 bzw. 3 und 70% [29]. In *Tabelle 28-1* sind die bedeutendsten ursächlichen Faktoren zusammengestellt.

Je höher die *Osmolarität*, desto schneller tritt eine Venenentzündung auf [10]. Die Angaben zur maximal möglichen Osmolarität schwanken, sie sollte aber in der Regel nicht mehr als 900 mosmol/l betragen. Auch ein zu niedriger *ph-Wert*

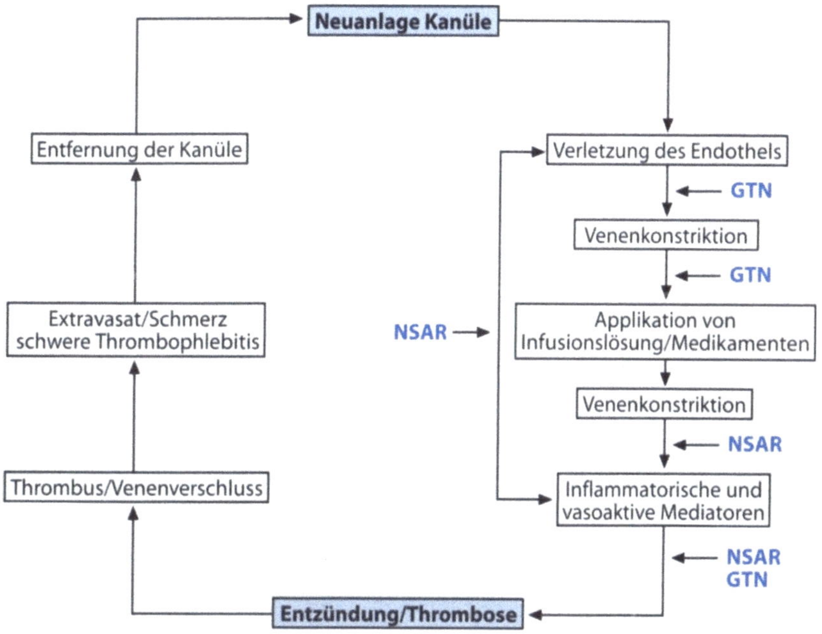

Abb. 28-1. Entstehung und Aufrechterhaltung der periphere Thrombophlebitis und Möglichkeiten der Unterbrechung des Zyklus. NSAR, nicht steroidale Antirheumatika GTN. (Mod. nach [28])

erhöht das Risiko. Zur besseren Venenverträglichkeit tragen Lipidemulsionen bei [21]; zum einen senken sie die Osmolarität, zum anderen wird ihnen auch eine direkte gefäßprotektive Wirkung zugeschrieben [21]. Das herkömmliche Mehrflaschensystem beinhaltet ein höheres Thrombophlebitisrisiko als die neuerdings auch fertig erhältlichen »All-in-one«-Lösungen [26].

Kleine Venen entwickeln schneller eine Thrombophlebitis als größere. Ebenso spielt die *Lokalisation der Punktion* eine Rolle. Bei Lage des Katheters im Bereich von Gelenken führt die Bewegung der Extremität zur Schädigung des Endothels und begünstigt die Entstehung von Entzündung und Thromben. Nachgewiesen ist auch eine positive Korrelation zur *Infusionsdauer*, zur *Infusionsgeschwindigkeit* sowie zur *Verweildauer des Katheters.* Manche Zentren empfehlen die Entfernung des venösen Zugangs nach jeder Infusion mit täglicher Neuanlage an der kontralateralen Extremität. Zum Einfluss des *Kathetermaterials* auf die Entstehung einer Thrombophlebitis existieren mehrere Studien (s. nächster Abschnitt). Auch der *Durchmesser des Katheters* scheint einen Einfluss zu haben. Dem Vorhandensein *größerer Partikel* in der Infusionslösung wird eine die Gefäßwand irritierende Wirkung zugeschrieben, da der Einsatz von Filtern verschiedener Porengröße (0,2–0,5 µm) nachweislich das thrombophlebitisfreie Verweilen peripherer Katheter verlängern konnte [1, 9].

Zur *Prophylaxe* der Entstehung einer Thrombophlebitis bei peripherer Applikation von Nährlösungen sind verschiedene Maßnahmen als wirkungsvoll beschrieben worden (*Tabelle 28-2*). Durch Zusatz von *Heparin* (1000 IU/l) und/oder *Hydrokortison* (5–10 mg/l) zur Infusionslösung tritt eine Thrombophlebitis deutlich seltener auf [5, 18, 24, 33]. Die Wirkung des Hydrokortisons beruht auf seiner entzündungshemmenden Wirkung durch Inhibierung der Phospholipase und verminderter Bildung von Eicosanoiden. Heparin verhindert die Entstehung von Thromben an der Katheterspitze, die in der Pathogenese der Thrombophlebitis einen bedeutenden Faktor darstellt [8]. Heparin bzw. Kortikosteroide werden bisher nicht routinemäßig eingesetzt.

Bei Zusatz von Heparin zu »All-in-one«-Lösungen kommt es zur Bildung von Kalzium-Heparin-Lipid-Komplexen [4]. Für Hydrokortison sind Instabilitäten mit Vitaminen beschrieben worden [13]. Transdermal appliziertes *Glyceroltrinitrat* führte in plazebokontrollierten Studien zu einer Verlänge-

Tabelle 28-1. Risikofaktoren für die Entstehung einer Thrombophlebitis

- Infusionszusammensetzung (Osmolarität, pH-Wert)
- Venengröße
- Mehrflaschensystem
- Katheterlokalisation
- Infusionsdauer
- Infusionsgeschwindigkeit
- Verweildauer des Katheters
- Kathetermaterial
- Katheterdurchmesser
- Größere Partikel in der Infusionslösung
- Bakterielle Besiedelung

Tabelle 28-2. Methoden zur Thrombophlebitisprophylaxe und deren Anwendbarkeit bei peripherer parenteraler Ernährung (PPN)

Methode	Geeignet für PPN?
Glyceroltrinitrat (transdermal)	Ja
NSAR (transdermal)	Ja
Heparin (als Zusatz zur Nährlösung)	Nein
Hydrokortison (als Zusatz zur Nährlösung)	Nein
Pflege des peripheren Zugangs durch speziell geschultes Personal	Ja

rung der komplikationsfreien Verweildauer peripherer Katheter, vermutlich durch seine vasodilatierende Wirkung [12, 14]. Auch *nichtsteroidale Antiphlogistika*, die in Form von Gel auf die Haut im Bereich der Katheterspitze aufgetragen wurden, konnten das Auftreten einer Thrombophlebitis deutlich verzögern [28]. Von nicht zu unterschätzender Bedeutung ist die fachgerechte Pflege des peripheren Zugangs, z. B. durch ein Ernährungsteam. In einer kontrollierten Studie kam es in der Gruppe, die von speziell geschultem Personal versorgt wurde, nur in 15% zu einer Thrombophlebitis, im Unterschied zu 32% in der Kontrollgruppe [35].

28.4 Kathetertypen

Die Art des Katheters übt einen großen Einfluss auf die Entwicklung einer Thrombophlebitis aus. Von Bedeutung sind sowohl der Durchmesser und die Länge des Katheters als auch das Kathetermaterial [29].

Die am häufigsten verwendeten periphervenösen Zugänge sind kurze (3–4 cm), meist aus Teflon bestehende Katheter (z. B. Braunüle, Venflon etc.). In Studien konnte nachgewiesen werden, dass 16-G-Teflon-Katheter sehr viel eher zu einer Venenentzündung führen als die dünneren 19-G-Katheter [11, 34].

Sehr gute Ergebnisse mit einem deutlich geringeren Risiko der Entwicklung einer Thrombophlebitis existieren für *Midline-Katheter*. Diese sind länger als übliche periphervenöse Zugänge (ca. 10–15 cm), liegen aber nicht zentral. Sie werden in eine der großen Venen des Oberarms (V. basilica, V. cephalica) gelegt und können 2–4 Wochen in situ verbleiben. Bei diesen Kathetern scheint die proximalere Lage der Katheterspitze in einem Bereich mit größerem Venendurchmesser und damit schnellerer Verdünnung der Infusionslösung die entscheidende pathophysiologische Rolle für das geringere Risiko der Entwicklung einer Thrombophlebitis zu spielen [19, 15]. Midline-Katheter bestehen entweder aus Silikon oder Polyurethan [22]. Polyurethan besitzt den Vorteil eines relativ großen Innendurchmessers im Vergleich zu einem recht geringen Außendurchmesser und hat die niedrigste Thrombogenität [6, 16].

Der früher weit verbreitete *Landmark-Midline-Katheter* aus Polyurethan besaß eine Außenbeschichtung aus Aquavene, einem besonderen Material, das nach Anlage zu einer Materialerweichung und Ausdehnung des Durchmessers führt [22]. Aufgrund teils schwerer anaphylaktoider Reaktionen nach Platzierung dieses Katheters wurde das Produkt 1996 vom Markt genommen [23, 32]. Die heute erhältlichen Midline-Katheter sind zumeist aus Silikon gefertigt. Eine gute Verträglichkeit wird ebenfalls für periphere Katheter aus Fluorethylen, Propylen und Teflon beschrieben [3, 30], wohingegen die Inzidenz der Thrombophlebitis bei Kathetern aus Polyvinylchlorid oder Polyethylen hoch ist [36].

28.5 Periphere Infusionsregime

Liegen keine Volumenbeschränkungen vor, kann grundsätzlich mit einem peripheren parenteralen Ernährungsregime eine komplette Ernährung mit allen notwendigen Substraten (Eiweiß, Fett, Kohlenhydrate, Elektrolyte, Vitamine, Spurenelemente) durchgeführt werden.

> Zur Vermeidung einer Venenreizung (Thrombophlebitis) darf im Unterschied zur zentralen Applikation bei der peripheren Applikation eine Osmolarität von ca. 800 mosm/l nicht überschritten werden.

Dadurch ist die in einem tolerierbaren Volumen maximal zuführbare Kalorienmenge begrenzt (maximal ca. 1500–2000 kcal bzw. 6280–8375 kJ in 2,5–3 l). *Lipide senken die Osmolarität und besitzen einen direkt gefäßprotektiven Effekt*, wodurch ihnen eine besondere Bedeutung in der peripheren Ernährung zu kommt. Zur Steigerung der Venenverträglichkeit bei trotzdem ausreichender Kalorienzufuhr enthalten periphervenöse Ernährungsregime deshalb einen relativ hohen Fettanteil. Das empfohlene Verhältnis von Glukose zu Fett in peripheren Nährlösungen beträgt 1:1 bis 1:2 [20].

Zunehmend Verbreitung in der parenteralen Ernährung finden sogenannte »All-in-one«-Beutel, von denen sich diejenigen mit einer niedrigen Osmolarität für die periphere Applikation eignen [26]. Sie enthalten Proteine, Kohlenhydrate und Fette in einem ausgewogenen Verhältnis und sind in verschiedenen Volumina erhältlich, um dem individuellen Energiebedarf eines Patienten Rechnung tragen zu können (*Tabelle 28-3*). Additiva, wie Vitamine und Spurenelemente, können zugesetzt werden. Die »All-in-one«-Lösungen sind einfacher zu handhaben als das Baukastensystem mit mehreren Flaschen. Die Inzidenz der Thrombophlebitis ist bei Verwendung fertiger »All-in-one«-Lösungen signifikant geringer [26]. Die Infusionsgeschwindigkeit sollte langsam bis auf eine maximale Geschwindigkeit von 2,5 ml/kgKG/h (entspricht 175 ml/h bei 70 kg) gesteigert werden.

Tabelle 28-3. »All-in-one«-Lösungen im Vergleich: Nutriflex lipid peri (Fa. Braun) und Clinomel 2,2% GF–E (Fa. Baxter)

Inhaltsstoffe je 1000 ml	Nutriflex lipid peri	Clinomel 2,2% GF–E
Aminosäuren [g]	32	22
Glukose [g]	64	80
Fett [g]	40 (MCT/LCT)	20 (nur LCT)
Gesamtkalorien [kcal]	764	630
Nicht-Eiweißkalorien [kcal]	636	540
Natrium [mmol]	40	28
Kalium [mmol]	24	24
Magnesium [mmol]	2,4	2
Kalzium [mmol]	2,4	1,8
Zink [mmol]	0,024	
Chlorid [mmol]	38,4	32
Azetat [mmol]	32	40
Phosphat [mmol]	6	12
Osmolarität [mosmol/l]	840	840
pH	5–6	6
Haltbarkeit	24 Monate	12 Monate

Nutriflex lipid peri (Fa. Braun) erhältlich als Beutel mit 1250, 1875 und 2500 ml; *Clinomel 2,2% GF–E* (Fa. Baxter) erhältlich als Beutel mit 1000, 1500 und 2000 ml

Literatur

1. Allcutt DA, Lort D, McCollum CN (1983) Final inline filtration for intravenous infusions: a prospective hospital study. Br J Surg 70: 111–113
2. Anonymous (1993) Guidelines for the use of parenteral and enteral nutrition in adult and pediatric patients. JPEN (J Parenter Enteral Nutr) 17: 1 SA–26 SA
3. Collin J, Collin C, Constable FL, Johnston IDA (1975) Infusion thrombophlebitis and infection with various cannulas. Lancet II: 150–152
4. Culebras JM, Garcia-de-Lorenzo A, Zarazaga A, Jorquera F (2000) Perripheral parenteral nutrition. In: Rombeau JL, Rollandelli RH (eds) Clinical nutrition. Parenteral nutrition. Saunders, Philadelphia, pp 580–587
5. Daniell HW (1973) Heparin in the prebention of infusion phlebitis. JAMA 226: 1317–1321
6. Everitt NJ, Madan M, Alexander DJ, McMahon MJ (1993) Fine bore silicone rubber and polyurethane catheters for the delivery of complete intravenous nutrition via a peripheral vein. Clin Nutr 12: 261–265
7. Everitt NJ, Wong C, McMahon MJ (1996) Peripheral infusion as the route of choice for intravenous nutrition: a prospective two year study. Clin Nutr 15: 69–74
8. Everitt NJ, Krupowicz DW, Evans JA, McMahon MJ (1997) Ultrasonographic investigation of tze pathogenesis of infusion thrombophlebitis. Br J Surg 84: 642–645
9. Falchuk KH, Peterson L, McNeil BJ (1985) Microparticulate-induced phlebitis: Its prevention by in-line filtration. N Engl J Med 312: 78–82
10. Gazitua R, Wilson K, Bistrian BR, Blackburn GL (1979) Factors determining peripheral vein tolerance to amino acid infusion. Arch Surg 114: 897–900
11. Hessov I (1985) Prevention of infusion thrombophlebitis. Acta Anaesthesiol Scand 29: 33–37
12. Hiremath AN, Hoffman BB, Blaschke TF (1989) Responsiveness of peripheral veins to transdermal and sublingual nitroglycerin in healthy male volunteers. J Cardiovasc Pharmacol 14: 534–541
13. Isaacs JW, Millikan WJ, Stackhouse J et al. (1977) Parenteral nutrition of adults with a 900 milliosmolar solution via peripheral veins. Am J Clin Nutr 30: 552–559
14. Khawaja HT, Williams JD, Weaver PC (1991) Transdermal glyceryl trinitrate to allow peripheral total parenteral nutrition. J R Soc Med 84: 69–72
15. Kohlardt SR, Smith RC (1989) Fine bore silicon catheters for peripheral intravenous nutrition in adults. Br Med J 299: 1380–1381
16. Linder LE, Curelaru I, Gustavsson B et al. (1984) Material thrombogenicity in central venous catheterization: A comparison between soft, antebrachial catheters of silicone elastomer and polyurethane. JPEN (J Parenter Enteral Nutr) 8: 399–406
17. Linton DM, Bean E, Cronje CJ, Elliot MS, Wright J, Marquard FC (1983) Central venous catheterization for parenteral nutrition. S Afr Med J 64: 351–354
18. Madan M, Alexander DJ, Mellor E, Cooke J, McMahon MJ (1991) A randomized study of the effects of osmolality and heparin with hydrocortisone on thrombophlebitis in peripheral intravenous nutrition. Clin Nutr 10: 309–314
19. Madan M, Alexander DJ, McMahon MJ (1992) Influence of catheter type on occurence of thrombophlebitis during peripheral intravenous nutrition. Lancet 339: 101–303
20. MatsumotoM, Shirotani N, Kameoka S (1999) Clinical study on the ratio of glucose/fat in peripheral parenteral nutrition and the usage of a midline catheter. Surg Today 29: 1040–1046
21. Matsusue S, Nishimura S, Koizumi S, Nakamura T, Takeda H (1995) Preventive effect of simultaneously infused lipid emulsion against thrombophlebitis during postoperative peripheral parenteral nutrition. Surg Today 25: 667–671
22. Mermel LA, Parenteau S, Tow SM (1995) The risk of midline catheterization in hospitalized Patients. Ann Intern Med 123: 841–844
23. Mermel L (1997) Midline catheters: the final chapter. Ann Intern Med 126: 334
24. Messing B, Leverve X, Rigaud D et al. (1986) Peripheral venous complications of a hyperosmolar (969 mOsm) nutritive mixture: the effect of heparin and hydrocortison. Clin Nutr 5: 57–61
25. Mughal MM (1989) Complications of intravenous feeding catheters. Br J Surg 76: 15–21
26. Nordenström J, Jeppsson B, Lovén L, Larsson J (1991) Peripheral parenteral nutrition: effect of a standardized compounded mixture on infusion phlebitis. Br J Surg 78: 1391–1394
27. Padberg FT jr., Ruggiero J, Blackburn GL, Bistrian BR (1981) Central venous catheterization for parenteral nutrition. Ann Surg 193: 264–270
28. Payne-James JJ, Bray MJ, Kapadia S, Rana SK, Mcswiggan D, Silk DBA (1992) Topical nonsteroidal anti-inflammatory gel for the prevention of peripheral vein thrombophlebitis. Anaethesia 47: 324–326
29. Payne-James JJ, Khawaja HT (1993) First choice for total parenteral nutrition: the peripheral route. JPEN (J Parenter Enteral Nutr) 17: 468–478
30. RudinC (1990) A comparative study of two different percutaneous venous catheters in newborn infants. Eur J Paediatr 150: 119–124
31. Schuberth O, Wretlind A (1961) Intravenous infusions of fat emulsions, phosphatides and amuklsifying agents. Acta Chir Scand 278: 1–21
32. Silverstein B, Witkin KM, Frankos VH, Terr AI (1997) Assessing the role of the biomaterial Aquavene in patient reactions to Landmark Midline Catheters. Regul Toxicol Pharma 25: 60–67
33. Tanner WA, Delaney PV, Hennessy TP (1980) The influence of heparin on intravenous infusions: a prospective study. Br J Surg 67: 311–312
34. Thayssen P (1973) Postinfusion phlebitis and the calibre of the catheter. Ugeskr Laeg 135: 1238–1241
35. Tomford JW, Hershey CO, McLaren CE, Porter DK, Cohen DI (1984) Intravenous therapy team and peripheral venous catheter-associated complications. Arch Intern Med 144: 1191–1194
36. Welch GW, McKeel DW, Silverstein P et al. (1974) The role of catheter composition in the development of thrombophlebitis. Surg Gynecol Obstet 138: 421–424
37. Wolfe BM, Ryder MA, Nishikawa RA, Halsted CH, Schmidt BF (1986) Complications of parenteral nutrition Am J Surg 152: 93–99

Komplikationen bei total parenteraler Ernährung

J. Stein, R.-J. Schulz, B. Leube

Die Komplikationshäufigkeit der total parenteralen Ernährung (TPE) hat seit ihren Anfängen in den 1960er Jahren durch verbesserte Kenntnis von Nährstoffbedarf und möglichen Stoffwechselkomplikationen einerseits sowie durch weitgehende Standardisierung der technischen Durchführung und Überwachung andererseits stark abgenommen. Dennoch zählen *Katheterprobleme* und *Stoffwechselstörungen* weiterhin zu den Hauptkomplikationen einer parenteralen Ernährung. Insbesondere bei *langfristiger* parenteraler Ernährung rücken *Stoffwechselentgleisungen* meist in Verbindung mit Mangelzuständen mit zunehmender Dauer der künstlichen Ernährung in den Mittelpunkt. In einer 1989 in Europa von Messing et al. [58] durchgeführten Multicenteranalyse fanden sich bei 194 Patienten, die länger als 12 Monate parenteral ernährt wurden, in 30% der Fälle metabolische Komplikationen, 20% zeigten Knochenveränderungen, 29% Leberfunktionsstörungen und 12% Gallensteine.

29.1 Katheterassoziierte Komplikationen

Direkte katheterassoziierte Komplikationen bei langzeitig parenteral ernährten Patienten lassen sich in Komplikationen bei der *Katheteranlage* (s. Kap. 27) und Langzeitkomplikationen unterteilen. Zu letzteren zählen die *Katheterokklusion*, *thrombotische* sowie *infektiöse* Komplikationen.

29.1.1 Katheterokklusion

Zu den möglichen Ursachen einer *Katheterokklusion* gehören:

- der *thrombotische Verschluss*,
- die Bildung von *Präzipitaten* innerhalb des Katheterlumens
- und *mechanische Probleme*, wie z. B. Katheterdislokation oder -beschädigung [13, 15, 56].

Beeinflussende Faktoren sind die Liegedauer des Katheters, Größe und Material des Katheters, die Art und Sorgfältigkeit der Pflege des zentralvenösen Zugangs und die Zusammensetzung der durchlaufenden Infusionslösungen [56].

Das *Kathetermaterial* sollte eine möglichst glatte Oberfläche besitzen, um die Plättchenanhaftung zu minimieren [22]. Geeignete Materialien sind Silikon und Polyurethan. Unterschiede in der Häufigkeit der Katheterdysfunktion sind für verschiedene *Typen von Langzeitkathetern* beschrieben worden. 2 Studien an pädiatrischen bzw. erwachsenen onkologischen Patienten ergaben eine signifikant höhere Dysfunktionsrate von Groshong-Kathetern im Vergleich zu Hickman-Kathetern [62, 77].

Die sorgfältige Pflege des zentralen Zugangs beeinflusst eindeutig die Komplikationsrate. Die jeweilige *Katheterpflege* variiert zwischen einzelnen Zentren und reicht von Spülen und Blockierung mit Heparin-enthaltenden Pufferlösungen bis hin zur reinen Spülung mit isotonischer Kochsalzlösung nur nach Gebrauch des Katheters. Bezüglich des Einsatzes von Heparin sollte der systemische Effekt und die Induktion der heparin-induzierten Thrombopenie (HIT) berücksichtigt werden. Mehrere Studien bekräftigen das Argument für den reinen Einsatz von 0,9% Natriumchloridlösung für die Spülung von Langzeitverweilkathetern mit 10 ml nach jedem Katheterabschluss [31]. Eigene Ergebnisse und Erfahrungen bestätigen diese Handhabung.

Prädisponiert für intraluminale Lipidablagerungen oder Kalziumsalzpräzipitate sind Patienten, die eine parenterale Ernährung in Form von Mischbeuteln erhalten [53]. Das Risiko erhöht sich nochmals, wenn Medikamente, insbesondere solche mit niedrigem pK_a, gleichzeitig mit Nährlösungen verabreicht werden.

Klinisch sollte der plötzlich eintretende *akute Verschluss* von *der graduell entstehenden Okklusion* unterschieden werden. Akute Ereignisse haben meist eine Thrombose oder eine intraluminale Präzipitation von schwerlöslichen Salzen oder Medikamenten zur Ursache, während die langsam entstehende Okklusion oft auf Fibrin- oder Lipidablagerungen zurückzuführen ist [70].

Tritt ein Katheterverschluss ein, so ist bei einem ZVK ein Katheterwechsel indiziert. Anders stellt sich die Situation bei dauerhaft implantierten zentralvenösen Zugängen dar, da die Katheterneuanlage mit einem erneuten operativen Eingriff verbunden ist. In dieser Situation sollte zunächst versucht werden, die Katheterdurchgängigkeit nichtinvasiv wiederherzustellen.

Im Januar 2000 hat eine amerikanische Konsensuskonferenz *Leitlinien zum Vorgehen bei thrombotisch bedingter Katheterdysfunktion* erstellt [41]. Anlass zur Einberufung der Konferenz war die Einstellung der Produktion des bisher weitverbreiteten Fibrinolytikums Urokinase, nachdem im Rahmen einer Prüfung durch die FDA (Food and Drug Administration) erhebliche Mängel bei der Sterilität der Herstellung des Präparats festgestellt wurden.

> Empfohlen wird eine niedrigdosierte Lyse mit *rekombinantem t-PA* (Alteplase).

Von der Verwendung anderer Fibrinolytika wird abgeraten, da entweder keine klinischen Studien für diese Indikation vorliegen (r-PA = Reteplase) oder ein zu großes Risiko aufgrund einer hohen Antigenität des Präparats existiert (Streptokinase, Anistreplase). In prospektiven Studien konnte gezeigt werden, dass die Funktion thrombosierter Katheter mit einer t-PA-Lysetherapie in 60–80% wiederhergestellt werden kann [3, 41, 55].

Praktisches Vorgehen

Zur Lyse werden *t-PA-Lösungen* mit einer Konzentration von 1 mg/ml verwendet. Es sollte so viel Volumen in den Katheter instilliert werden, dass er komplett gefüllt ist. Die Einwirkzeit beträgt 30–120 min. Ist nach einem Lyseversuch der Katheter noch immer okkludiert, kann die gleiche t-PA-Dosis nochmals appliziert werden. Bleibt der Katheter weiterhin verschlossen, muss eine nichtthrombotische Ursache in Erwägung gezogen

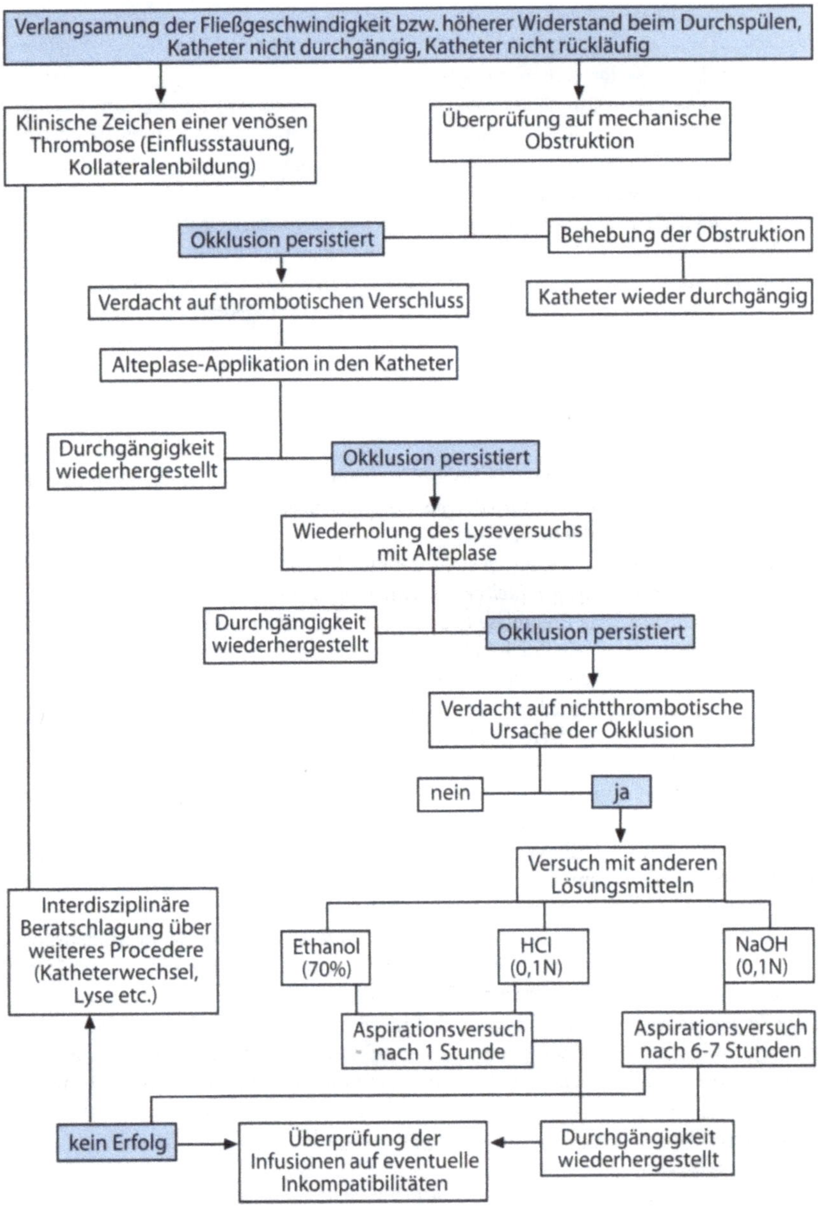

Abb. 29-1. Empfohlenes Vorgehen bei Katheterokklusion. (Mod. nach [43])

und mit alternativen Lösungsmitteln behandelt werden. *0,1 N-Salzsäure* eignet sich zur Lösung von Salz- bzw. Medikamentenpräzipitaten. *Natronlauge* (0,1 N) ist in der Lage, Fibrinablagerungen zu lösen, während *Ethanol* (70%iges) erfolgreich zur Auflösung von Lipidablagerungen verwendet wird. Ein empfohlenes Vorgehen bei Katheterokklusion gibt *Abb. 29-1* wieder.

29.1.2 Thrombotische Komplikationen

Anhand systematisch durchgeführter Phlebographien ließ sich zeigen, dass bei Langzeitkathetern bei 45–59% aller Katheter venöse Thrombosen nachweisbar waren, die in der Mehrzahl klinisch inapparent verliefen [6]. Symptome traten nur in 2,5–4,8% auf. Ursächliche Faktoren waren das Kathetermaterial, mechanische oder »osmotische« Verletzungen der Venenwand, thrombogene Stimuli (z. B. Infektionen) sowie Gerinnungsstörungen auf dem Boden der Grunderkrankung (z. B. Protein-S/C-Mangel).

Klinik

Erstes Zeichen einer bestehenden Thrombose ist häufig die *Katheterdysfunktion*, wenn das thrombotische Geschehen die Katheterspitze miteinbezieht oder sich bis in das Katheterlumen erstreckt. Zentrale Thrombosen können aber auch oberhalb der Katheterspitze entstehen. In diesen Fällen ist die Katheterfunktion nicht beeinträchtigt.

Klinische Zeichen einer *Subklaviathrombose* sind die Schwellung des ipsilateralen Arms und sichtbare Kollateralen an Oberkörper und Schulter. In 0,2–20% der Fälle tritt eine komplette V.-cava-superior-Thrombose mit oberer Einflussstauung auf [6]. Innerhalb von 2 Wochen bildet sich die Symptomatik in der Regel durch Ausbildung suffizienter Kollateralkreisläufe zurück. Löst sich der Thrombus teilweise oder ganz von der Wand, entsteht eine Lungenembolie mit potenziell fatalen Folgen. Das Risiko einer Lungenembolie ist bei frei flottierendem Thrombus an der Katheterspitze besonders groß.

Diagnostik

Die genaue Lokalisation und das Ausmaß einer Thrombosierung kann durch eine Phlebographie dargestellt werden. Eine Katheterdarstellung mit Kontrastmittel hilft bei der Entscheidung, ob der Katheter weiter benutzt werden kann oder nicht. Liegt die Katheterspitze außerhalb des Thrombus und läuft das Kontrastmittel gut ab, ist die Weiterbenutzung prinzipiell möglich. Der Verlust des zentralvenösen Zugangs stellt für manche Patienten eine lebensbedrohliche Situation dar. Eine Neuanlage ist bei V.-cava-Thrombose auf herkömmliche Weise nicht möglich, sodass entweder im Rahmen einer offenen Thorakotomie ein neuer zentraler Katheter implantiert oder auf alternative Zugangswege wie translumbale bzw. interkostale Punktion ausgewichen werden muss [26, 74].

Prävention und Therapie

Ist eine Thrombose sicher nachgewiesen, sollte zunächst ein Lyseversuch unternommen werden, um die Durchgängigkeit des zentralen Gefäßes wiederherzustellen (Dosierungen siehe ▫ *Tabelle 29-1*).

Streptokinase wurde erfolgreich zur Lyse bei *zentraler* Thrombose angewendet [37, 42.], birgt aber, insbesondere bei wiederholter Gabe, aufgrund seiner potenziellen Antigenität das Risiko *anaphylaktoider* Reaktionen. Da Streptokinase in der gesamten Zirkulation das fibrinolytische System aktiviert, besteht zudem ein erhöhtes, z. T. auch lebensbedrohliches *Blutungsrisiko* [6].

Eine höhere Erfolgsrate ist wiederholt für *Urokinase* beschrieben worden (100%ige komplette Lyse bei Thrombose der V. cava superior bei Thrombosedauer <5 Tage; 40% bei Thrombosedauer >5 Tage vs. 50% und 0% bei Streptokinase) [37].

Rekombinant hergestelltes *t-PA* bietet zahlreiche Vorteile gegenüber den vorab genannten Fibrinolytika. Es besteht nahezu keine Gefahr anaphylaktischer Reaktionen oder der Bildung neutralisierender Antikörper. Darüber hinaus wirkt rt-PA relativ selektiv auf Fibrin, sodass von einer geringeren Blutungsgefahr auszugehen ist. Auch die erfolgreiche Lyse mit rt-PA bei katheterassoziierter V.-cava-superior-Thrombose ist wiederholt berichtet worden [6].

Wie auch bei Thrombosen anderer Lokalisation ist nach initialer Lysetherapie eine längerfristige Antikoagulation mit oralen Vitamin-K-Antagonisten oder subkutanem Heparin notwendig. Einige Zentren empfehlen niedrig dosierte Vitamin-K-Antagonisten auch als Primärprophylaxe einer zentralen Thrombose bei Patienten mit Langzeitkathetern. Eine prospektive randomisierte Studie konnte zeigen, dass die tägliche Gabe von 1 mg Warfarin die Thrombosehäufigkeit signifikant verringern konnte (9,5% unter 1 mg Warfarin vs. 37,5% ohne Warfarin) [8]. Unter dieser Dosierung wurde keine Veränderung der Gerinnungsparameter beobachtet, sodass von einem nur sehr geringen Blutungsrisiko unter dieser Dosierung auszugehen ist.

▫ **Tabelle 29-1.** In der Literatur beschriebene Dosierungen verschiedener Fibrinolytika bei V.-cava-superior-Thrombose

	Dosierung	Dauer
Streptokinase	250.000-U-Bolus, anschließend 100.000 U/h	Bis Thrombus komplett lysiert ist (20–70 h), wenn nach 24 h kein Erfolg → Therapieabbruch
Urokinase	4.400-U/kg-Bolus anschließend 4.400 U/kg/h	Bis Thrombus komplett lysiert ist (20–70 h), wenn nach 24 h kein Erfolg → Therapieabbruch
rt-PA	1) 1,25 mg/kgKG	60% der Dosis in 1. Stunde, 40% anschließend über 2 h (Greenberg)
	2) 2 mg/kgKG	Über 48 h (Barclay)

29.1.3 Katheterinfektion

Infektionen bei liegenden intravasalen Kathetern gehören zu den bekannten und gefürchtetsten Komplikationen. Prinzipiell werden *3 Typen der Katheterinfektion* unterschieden [4].

- *Lokale Infektionen:* Entzündungen der Katheteraustrittsstelle, Porttascheninfektionen sowie Tunnelinfektionen bei subkutan getunnelten Langzeitkathetern.
- *Katheterkolonisation*: Wenn in Abwesenheit klinischer Symptome eine Besiedlung des Katheters mit Keimen nachgewiesen werden kann.
- *Kathetersepsis*: Sie liegt definitionsgemäß dann vor, wenn derselbe Keim sowohl aus dem Katheter als auch aus dem peripheren Blut in der Kultur isoliert werden kann und klinische Symptome einer Sepsis in Abwesenheit eines anderen infektiösen Fokus vorhanden sind.

Epidemiologie

Katheterassoziierte Infektionen (KAI) treten bei 5–10% aller zentralvenöser Katheter (ZVK) auf; das entspricht 0,3–30 Fällen/1000 Kathetertage ([10]; ▫ *Tabelle 29-2*). Gegenwärtig werden mehr als 50% aller KAI von koagulasenegativen Staphylokokken verursacht, die damit die Staphylokokkus-aureus-Infektionen an Zahl übertreffen. Auch Hefepilze, besonders solche von der Candida spp. verursachen eine KAI [69]. Ursächlich wird postuliert, dass koagulasenegative Kokken, die als normale Bestandteile der Hautflora vorkommen, ein höheres pathogenes Potential erlangen, wenn sie durch den Katheteransatz oder durch die Prozeduren, die die intakte Hautbarriere verletzen, eintreten können [54]. Diese Organismen, aber auch andere Keime sind jedoch schwierig effektiv zu therapieren, weil sie besonders an die Katheteroberfläche binden können. Dies geht soweit, dass einige Bakterien, sog. Schleimbildner, sich komplett auf der Oberfläche verkapseln können und diese Glykokalix effektiv vor Antibiotika und Körperabwehrreaktionen schützen.

Untersuchungen von nosokomialen Bakteriämien und Candida-Infektionen im Zeitraum 1965–1990 zeigen eine direkte Relation zu intravasalen Zugängen in jeglicher Form [33]. Die Zahl der gemeldeten systemischen katheterassoziierten Infektionen (KAI) reicht von 2,1 (konservative Intensivstation) bis zu 30,2 (Verbrennungsintensivstation) pro 1000 Kathetertage [63].

Für die *heimparenterale Ernährung (HPE)* werden Zahlen von 0,9 für getunnelte, 1,4 für nichtgetunnelte und 1,9 für periphere Katheter pro 1000 Kathetertage angegeben [45]. Eine prospektive Kohortenstudie an 827 Patienten (988 Katheter) [76] zeigte für Patienten mit heimparenteraler Ernährung

Tabelle 29-2. Infektiöse Komplikationen bei Langzeitkathetern (Mod. nach Waitzberg [76a])

Studie	Jahr	Design	Anzahl	Ergebnisse	p-Wert
Ross	1988	Prospektiv	50 externe K.; 41 Ports	Infektionen insgesamt: 15 (externe K.), 7 (Ports)	<0,01
Mirro	1989	Prospektiv	286 externe K.; 82 Ports	Ports länger ohne Infektion	<0,01
Mirro	1990	Retrospektiv	266 externe K.; 93 Ports	Ports länger ohne Infektion	0,014
Ingram	1991	Prospektiv, Kohorte	144 externe K.; 140 Ports	Infektionen pro 1000 Tage: 4,3 (externe K.), vs. 0,7 (Ports)	<0,001
Mueller	1992	Randomisiert	46 externe K.; 46 Ports	Infektionen pro 1000 Tage: 1,6 (externe K.) vs. 1,2 (Ports)	n.s.
Pegues	1992	Retrospektiv	47 externe K.; 94 Ports	Infektionen pro 1000 Tage: 1,8 (externe K.) vs. 0,4 (Ports)	<0,0002
Keung	1994	Retrospektiv	15 externe K.; 42 Ports	Infektionen pro 1000 Tage: 1,3 (externe K.) vs. 0,9 (Ports)	n.s.
Muscedere	1998	Retrospektiv	23 externe K.; 29 Ports	Zeit bis Auftreten einer Infektion (durchschnittliche Anzahl von Tagen): 96 (externe K.) vs. 184 (Ports)	<0,001

n.s. nicht signifikant, *K* Langzeitkatheter.

ein erhöhtes Risiko einer systemischen katheterassoziierten Infektion.

Ein erhöhtes Risiko einer Katheterinfektion besteht bei parenteraler *ambulanter* Ernährung, *vorausgegangener Systeminfektion* und *Multilumenkathetern* [32, 35]. Die systemischen Infektionsraten lagen zwischen 0,16 für Patienten mit keinem der obengenannten Risikofaktoren und 6,77 für Patienten mit 3 oder mehr Faktoren.

Zentralvenöse Katheter stellen die häufigste Quelle von nosokomialen Bakteriämien dar [18, 36, 50].

Periphere zentralvenöse Katheter (PICC´s) können eine Alternative zu Subklavikular- oder Jugular-Venen-Kathetern darstellen, da sie in die V. cava superior über die V. cephalica bzw. basilica vor dem Ellbogen gelegt werden. Neben deutlich niedrigeren Kosten finden sich auch signifikant weniger mechanische Komplikationen. Da die Einstichstelle an Arm bzw. Ellenbeuge weit ab oral liegen und zudem weniger feucht ist als die Brust, kann eine verminderte Infektionsinzidenz für PICC angenommen werden [63]. Eine neuere Veröffentlichung [28] wertete Daten eines kanadischen Pflegeheims in dem Zeitraum von 1996–1998 für PICC-Katheter aus. Die Erfolgsrate für die Anlage der PICC-Katheter betrug 90%. Die Untersuchung erbrachte keinen signifikanten Unterschied hinsichtlich der Häufigkeit von Pneumothorax, Sepsis, Thrombose und notwendiger Katheterexplantation bei PICC- oder anderen zentralen Venenkathetern. Es traten aber in der PICC-Gruppe signifikant häufiger Fehlpositionierung, Phlebitis und Leckage des Katheters auf.

In einer weiteren randomisierten Studie [23] wurden PICC-Katheter (n = 51) mit zentralvenösen Kathetern (n = 51) verglichen und ähnliche Ergebnisse, jedoch mit einer signifikant höheren Thromboserate für PICC-Katheter beschrieben. Diese übereinstimmenden Ergebnisse sprechen derzeit nicht für eine weite Indikationsstellung des PICC-Katheters.

Bei *Multilumenkathetern* zeigten mehrere Studien, dass Infusionen über 3-lumige Katheter ein höheres Risiko systemi-

Tabelle 29-3. Septische Komplikationen: Vergleich zwischen einlumigen und mehrlumigen Kathetern. (Mod. nach Waitzberg [76a])

Studie	Jahr	Design	Anzahl	Infektionsrate [%]		p-Wert
				1-lumig	2-lumig	
McCarthy	1987	Prospektiv, randomisiert	36 1-lumig 39 3-lumig	0	12,8	0,055
Rose	1988	Retrospektiv	252 1-lumig 244 3-lumig	1,6	4,9	0,065
Shulman	1988	Retrospektiv	30 1-lumig 31 2-lumig	57	52	n.s.
Gil	1989	Prospektiv	63 1-lumig 157 3-lumig	7,9	3,8	n.s.
Early	1990	Retrospektiv	51 1-lumig 94 2-lumig	14	21	0,02
Johnson	1990	Prospektiv, randomisiert	48 1-lumig 53 2-lumig	0	0	n.s.
Clark-Christoff	1992	Prospektiv, randomisiert	78 1-lumig 99 3-lumig	2,6	13,1	<0,01
Farkas	1992	Prospektiv, randomisiert	68 1-lumig 61 3-lumig	8,9	11,5	n.s..

n.s. nicht signifikant.

scher katheterassoziierter Infektionen in sich bergen als über 2- bzw. 1-lumige Katheter ([52, 63, 76]; *Tabelle 29-3*). Größere Zahlen von lokalen und systemischen Infektionen entstehen bei Patienten mit Multilumenkathetern im Vergleich zu solchen mit 1-Lumen-Kathetern [78]. Möglicherweise ist bei Multilumenkathetern die Anzahl der Manipulationen aufgrund verschiedener Infusionen und erhöhter Frequenz größer und damit das Risiko für eine Kontamination erhöht [29]. Nadellose Anschlusstechniken können eine weitere Reduktion der systemischen katheterassoziierten Infektionen bewirken [27].

Durch Einsatz von Antibiotikaspülblocks kann das Risiko für eine systemische katheterassoziierte Infektion signifikant reduziert werden. Das gilt auch für Taurolidinblockaden [16, 49]. Der Einsatz dieser antiseptischen Techniken mit Taurolidin [49] oder der Antibiotikaverschlusstechnik (Vancomycin) [16] scheinen ebenso wie der Einsatz von Antibiotikabeschichteten oder Antiseptika-imprägnierten Kathetern [30] geeignet, der katheterassoziierten Sepsis bei Hochrisikopatienten – wie TPN-Patienten – vorzubeugen.

Klinik

Katheterassoziierte Infektionen können lokal und/oder systemisch auftreten. Lokale Infektionen betreffen:
1. die Porttasche mit purulentem Exsudat, Erythem und Hautnekrosen;
2. den subkutanen Hauttunnel mit Erythem, Schmerzen und Hautinduration;
3. die Katheteraustrittsstellen.

Erste klinische Zeichen der *lokalen Infektion* sind Rötung und entzündliche Sekretion im Bereich der Katheteraustrittsstelle bzw. Druckschmerz und Rötung über dem Katheterverlauf bei Tunnelinfektionen.

Therapeutisch ist oft das häufige Wechseln das Verbandes ausreichend, jedoch sollte immer eine systemische antibiotische Therapie, die gegen *Staphylokokkus epidermidis* und *Staphylokokkus aureus* wirksam ist, bedacht werden. Lokale Antibiotika, z. B. in Form von Salben, sollten keinesfalls Verwendung finden. Sie erhöhen unter anderem das Risiko einer Pilzinfektion [54]. Bei Tunnelinfektionen und Cuffinfektionen muss der Katheter meistens entfernt werden.

Wichtig ist, dass bei Patienten mit Immunsuppression solche Symptome nur in abgeschwächter Form oder gar nicht mehr erzeugt werden können. Die Exsudate sind geringer oder fehlen gänzlich, wenn die Konzentration der neutrophilen Leukozyten niedrig ist. Bei solchen Patienten kann eine Infektion häufig nur mühsam nachgewiesen werden, und regelmäßige mikrobiologische Untersuchungen auch bei den geringsten Anzeichen einer Infektion sollten großzügig durchgeführt werden.

Häufig entstehen die katheterassoziierten Infektionen aus Kolonien innerhalb eines Thrombus. Sollte der Patient Symptome wie Katheterverschluss oder Thrombosierungsformationen zeigen, *muss* den Zeichen für Bakteriämien sofort aktiv nachgegangen werden.

Eine *Kathetersepsis* macht sich in der Regel durch Symptome wie Fieber und Tachykardie bemerkbar, die häufig in zeitlichem Zusammenhang mit der Benutzung des Katheters stehen. Eine luminale Katheterinfektion kann auch erst bei Auftreten von Komplikationen klinisch apparent werden, wie z. B. Endokarditis, Osteomyelitis oder Glomerulonephritis [80].

Diagnostische Strategien

Die Diagnose wird durch Abnahme von Kulturen an allen möglichen Infektionsorten gesichert. Blutkulturen sollten von *jedem* Katheterlumen und von einer peripheren Vene abgenommen werden. Lassen sich aus dem Katheter 5–10fach mehr Kolonien in der Kultur nachweisen als im peripher gewonnenen Blut, ist von einer Katheterinfektion auszugehen [31, 66].

Katheterinfektionen weisen in den meisten Fällen ein typisches *Keimspektrum* auf. Grampositive Kokken (typischerweise *Staphylokokkus epidermidis*, aber auch *Staphylokokkus aureus*) sind in ca. 60% für eine Infektion verantwortlich. In ca. 26% lassen sich gramnegative Keime nachweisen. Pilze, insbesondere *Canida ssp.*, verursachen in ca. 14% eine Katheterinfektion [13] (*Abb. 29-2*).

Ein besonders richtungsweisendes Symptom sind Fieberschübe mit oder ohne einhergehenden Schüttelfrost unmittelbar nach Katheteranschluss. Die externen Infektionsstellen des Katheters lassen sich einfach durch orale Antibiotikatherapie und spezifische desinfizierende Pflege der externen Katheterseite beheben. Sollte der Patient neutropen sein oder eine verminderte Immunkompetenz aufweisen, *muss* eine *i.v.-Antibiose* erfolgen.

Therapie und Prävention

Die therapeutischen Maßnahmen bei katheterassoziierten Septikämien [63] werden in der Regel individuell gehandhabt und werden durch folgende Faktoren beeinflusst:
- verursachender Mikroorganismus (unter Berücksichtigung des stationstypischen Keimspektrums),
- Antibiotikasensitivität,
- begleitende und/oder mit verursachende Neutropenie.

Bereits beim Verdacht einer Katheterinfektion sollte die Benutzung des zentralvenösen Katheters für mindestens 24–72 h unterbrochen werden, um eine weitere Keimstreuung zu vermeiden.

> Der positive Nachweis von Erregern in der Blutkultur aus einem Katheter bedeutet nicht notwendigerweise eine Entfernung des Katheters.

Der *sofortige Beginn* einer Antibiose mit anfänglich möglichst breitem Spektrum ist essenzieller Bestandteil der *Therapie*. Die antbiotische Therapie muss nach Keimidentifizierung und Erhalt des Antibiogramms entsprechend angepasst werden ([15]; *Abb. 29-3*).

Kombinationen von Antibiotika zumindest aus 2 der folgenden Gruppen, nämlich Aminoglykoside, den Quinolonen, Breitspektrumpenizillinen, Cephalosporinen der neuen Generation und den Glykopeptiden sind empfehlenswert. Um unnötig häufige Manipulationen am Katheter zu vermeiden, sollte möglichst ein Antibiotikum gewählt werden, das nur ein- bis zweimal am Tag appliziert werden muss. Die Therapie wird für mindestens 7 Tage (bei neutropenen Patienten bis die Neutropenie überwunden ist) durchgeführt. Sollte nach 3 Tagen kein fieberfreier Zustand erreicht werden, muss über eine Umstellung des Antibiotikaregimes bei fehlendem Antibiogramm oder Erregernachweis nachgedacht werden. Eine abschließende Blutkultur sollte zur Bestätigung einer erfolgreich therapierten Infektion durchgeführt werden. Nur die Gabe über den infizierten Katheter kann eine erfolgreiche Eradikation bewirken.

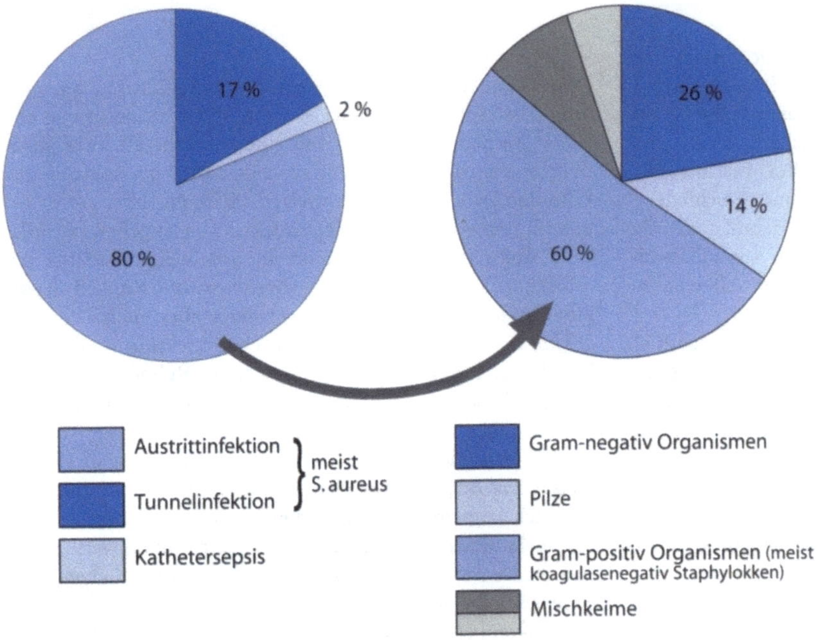

Abb. 29-2. Inzidenz katheterassoziierter Infektionen während total parenteraler Ernährung. (Mod. nach [13])

Persistierende Infektionen des Katheters und ein negativer Nachweis von peripheren Venenblutkulturen weisen auf einen notwendigen Katheterwechsel hin, da erfahrungsgemäß eine komplette Sanierung nicht mehr möglich ist. Eine positive Blutkultur mit Pilzen aus dem Katheter ist eine weitere Indikation zur Entfernung desselben, da bisherige Untersuchungen zeigen konnten, dass eine erfolgreiche Therapie nicht möglich ist. Pilzinfektionen müssen immer in Erwägung gezogen werden, wenn innerhalb von 48–72 h nach Beginn einer antibiogrammgerechten Therapie weiter Symptome bestehen (*Abb. 29-4, 29-5*).

Katheterblock

Eine neuere Methode antibiotischer Therapie von Katheterinfektionen stellt der *Block* des Katheters mit einem Antibiotikum dar [58]. Hierbei wird eine hochkonzentrierte Antibiotikumslösung 2-mal täglich über 1–2 Wochen in den Katheter instilliert. In über 90% war diese Art der Therapie erfolgreich, allerdings nicht im Falle von Pilzinfektionen [7]. Amikacin (1,5 mg/ml), Gentamicin (5 mg/ml), Minocyclin (0,2 mg/ml), Vancomycin (1,0–5,0 mg/ml) und Teicoplanin (125 mg/ml) sind in dieser Weise benutzt worden. Neben der im Vergleich zur systemischen Antibiose höheren Erfolgsrate handelt es sich auch um die deutlich *kostengünstigere* Methode.

Katheterwechsel

Ein regelhaft strittiger Punkt in der Behandlung von Langzeitkatheterinfektionen stellt die Entscheidung dar, ob der Katheter entfernt werden muss oder nicht. Die meisten Infektionen können erfolgreich ohne Entfernung des Katheters behandelt werden [13, 79]. Sichere Indikationen zum Entfernen sind Pilzinfektionen, septischer Schock und fehlendes Ansprechen auf

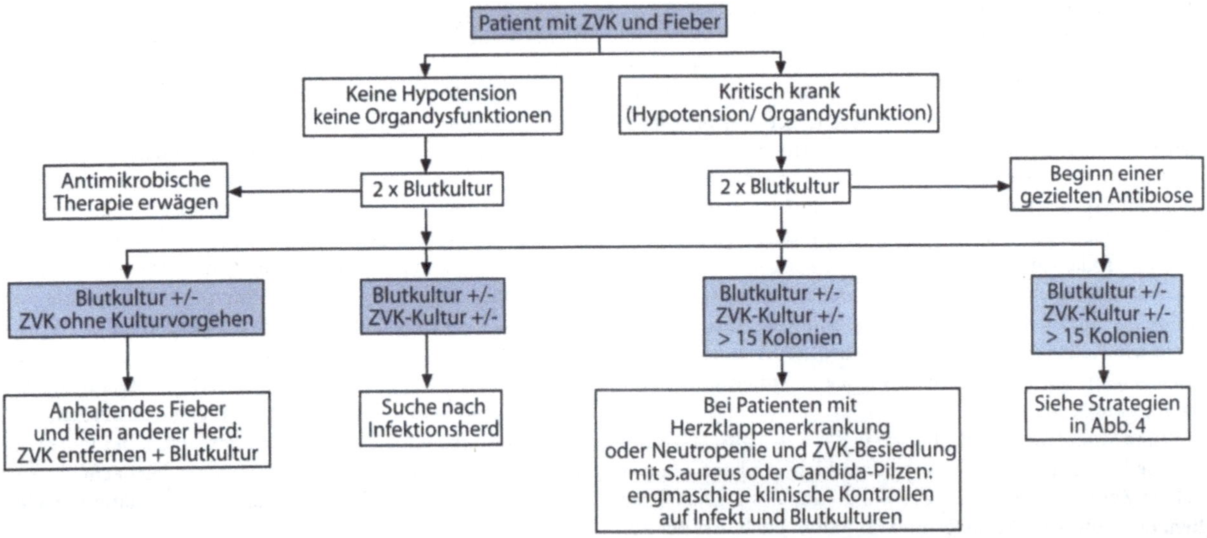

Abb. 29-3. Empfohlenes Vorgehen bei unklarem Fieber und Verdacht auf ZVK-Infektion (nicht-getunnelter Katheter). (Mod. nach Mermel [57a])

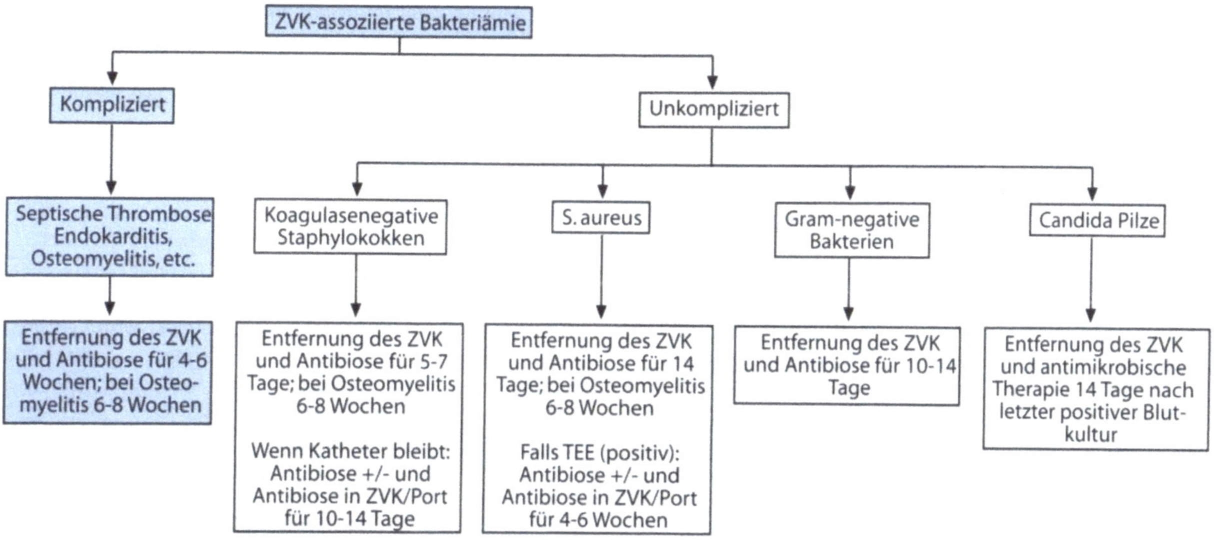

Abb. 29-4. Empfohlenes Vorgehen bei einem Patienten mit ZVK-Infektion (nicht-getunnelter Katheter) und Sepsis. (*TEE* = transösophageale Echokardiographie). (Mod. nach Mermel [57a])

die Therapie innerhalb von 48–72 h. Wird der Katheter im Falle einer Pilzsepsis mit zeitlicher Verzögerung entfernt, steigt die Mortalität nachweislich an [51]. Ein neuer Katheter kann frühestens nach 48–72 h Fieberfreiheit implantiert werden.

Prävention

Verschiedene *prophylaktische Maßnahmen* haben sich als wirkungsvoll erwiesen, das Risiko einer Katheterinfektion zu minimieren. Selbstverständlich gehört hierzu das sterile Vorgehen bei der Implantation. Von größter Bedeutung ist aber auch die strikte Einhaltung möglichst steriler Arbeitsweisen bei jeder Kathetermanipulation sowie die adäquate Pflege der Katheteraustrittsstelle. Hauptinfektionsquellen sind die Haut des Patienten sowie das Ansatzstück des Katheters. Katheter, die mit Antibiotika bzw. Antiseptika beschichtet sind, haben sich in einigen Studien als wirksam erwiesen, die Infektionsrate zentralvenöser Katheter zu senken. Allerdings hielt der Effekt nur 10–15 Tage an, sodass diese Maßnahme keinen Nutzen bei Langzeitkathetern bringt [10].

Einen neuen technischen Ansatz stellt der Einsatz von Antibiotika und Antiseptika-imprägnierten Kathetern dar [30]. Für diesen Zweck getestete Antibiotika sind Cefazolin, Minocyclinrifampicin, Vancomycin und Teicoplanin. Diese Katheter sollen bakterielle Besiedlungen an der Katheteroberfläche ohne signifikante Antibiotikaresistenz hemmen. Mehrere randomisierte Studien konnten im Vorfeld eine signifikante Verminderung der Inzidenz von Katheterbesiedelungen nachweisen [30, 25].

Mit der gleichen Intention wurden silberbeschichtete Katheter entwickelt. Metallionen in Metallverbindungen können zur Desinfektion von Flüssigkeiten, festen Substanzen und Geweben eingesetzt werden. Die biozide Wirkung von Silber, das ein breites Aktivitätsspektrum gegen Bakterien, Pilze und

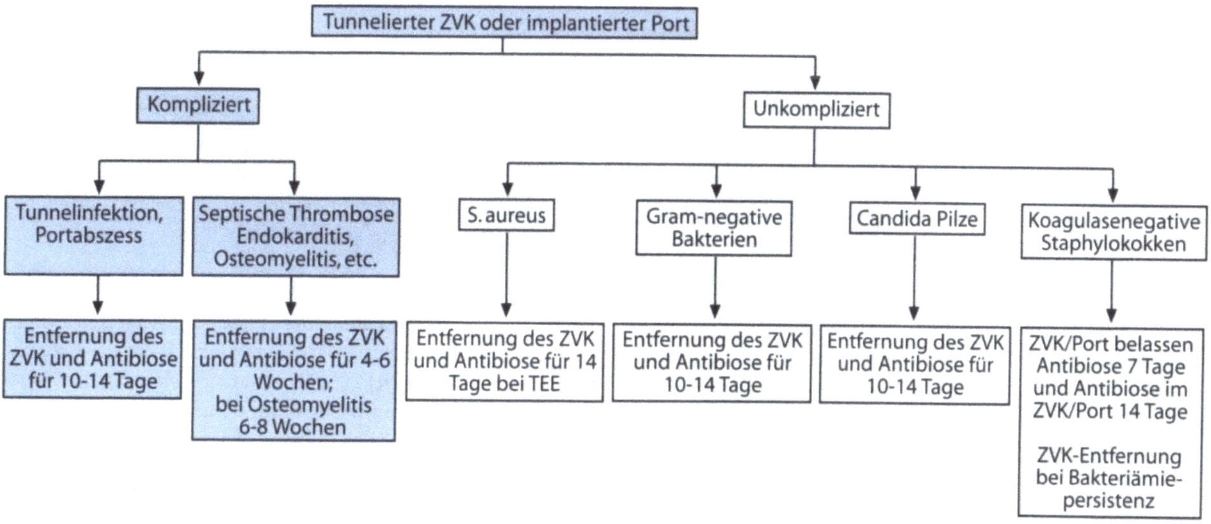

Abb. 29-5. Empfohlenes Vorgehen bei Verdacht auf Katheter-Infektion bei getunneltem Katheter (z. B. Hickmann-Katheter, Port). (Mod. nach Mermel [57a]

Viren aufweist, ist altbekannt. Silberionen besitzen eine Affinität zu Sulfhydrylgruppen in den Enzymsystemen der Zellwand, durch die sie in den Energietransfer über die Membran hinweg und den Elektronentransport der bakteriellen Mikroorganismen eingreifen. Der klinische Nutzen silberbeschichteter Katheter kann derzeit noch nicht endgültig eingeordnet werden. Bezüglich der Verträglichkeit und dem kurzzeitigen Einsatz gibt es positive Studienergebnisse. Im Langzeiteinsatz aber weisen Studien auf keine signifikanten Vorteile hin [5, 38].

Die Rolle der *Pflegekräfte* hat einen signifikanten Einfluss auf das Auftreten von katheterassoziierten Infektionen [1]. Es ist bekannt, dass Multilumenkatheter, die von einer Vielzahl von Pflegekräften betreut wurden, eine 5fach höhere Bakteriämierate haben als Einfachlumenkatheter, die von einer kleinen, intensiv trainierten Schwesterngruppe versorgt werden [72]. Höhere Sepsisraten bei Multilumenkathetern entstehen auch durch eine verminderte Compliance bei den Pflegekräften, wenn die Pflegeprotokolle unzureichend sind. In ein solches optimiertes Training sollte aber auch dringend das Ärzteteam eingeschlossen werden [71]. Bei adäquatem Training ist eine Versorgung von zentralen Kathetern auch durch normales Stationspersonal ohne erhöhte Inzidenz von Katheterkomplikationen möglich [1].

Sicherlich wird die Häufigkeit von Katheterinfektionen *multifaktoriell* beeinflusst. So zeigt eine neuere Studie, einen deutlich positiven Effekt der Einführung regelmäßiger der Handdesinfektion mit Alkohol, Verbandswechsel, Ein-Beutel-Systeme anstelle von Mehr-Flaschen-Sytemen, regelmäßiger Wechsel der Katheterbestecke sowie die Überwachung durch einen Infektionskontrollbeauftragten [9].

Deshalb ist es notwendig, dass das betreuende Personal wie auch die Patienten geschult und immer wieder angehalten werden, das Risiko einer Infektion durch Beachtung der folgenden Standards zu minimieren:

1. Strikte aseptische Bedingungen während der Katheterplatzierung, während der Exposition und der Heilungsphase und während des Öffnens von Verband und Anschlussstück.
2. Ein Ausbildungsprogramm zur guten Motivation und Information des Personals über die Sicherheitstechniken und möglichen Komplikationen.
3. Standardisierte Vorgehensweisen und Richtlinien.
4. Überwachungssysteme – Qualitätskontrolle der geforderten Befähigung über definierte Vorgehenskriterien wird empfohlen.
5. Beschränkung der Anzahl an betreuendem Personal, das mit dem Katheter in Kontakt tritt.
6. Es sollte darauf geachtet werden, vor jedem Kontakt und Benutzen von Anschlussstücken diese ausreichend zu desinfizieren. In größeren Zentren setzt sich dazu auch die sog. »No-touch-Technik« durch, bei der ein Mindestabstand von 2 cm zum Verschlussstück beim Anschließen eingehalten wird.
7. Gute Koordinierung der einzelnen Therapieschritte können die Arbeitszeiten und Arbeitsschritte am Katheter deutlich reduzieren und damit das Infektionsrisiko minimieren.
8. Unbedingte Vermeidung von Katheterthrombenbildung. Studien zeigen, dass mit der Entwicklung eines Thrombus oft die erhöhte Inzidenz von Infektionen assoziiert ist.

Prophylaktische Antibiotikatherapien bei Anlage des Katheters werden derzeit kontrovers diskutiert und meist nicht durchgeführt.

Der Einsatz von *topischen antimikrobiellen* Pflegemitteln wird sehr kontrovers diskutiert und gehandhabt. Letztendlich hat sich bisher kein spezielles Regime als besonders erfolgreich erwiesen. Auch in Bezug auf die Auswahl der Verbandstechnik konnte sich keine spezielle Technik wie z. B. permeable oder halbpermeable Verbandsmaterialien als überlegen erweisen. Als Grundprinzip sollte jedoch beachtet werden, dass nach Abheilen der primären Wunden das Ausbilden von Feuchtigkeitskammern unter den Verbänden ein vermehrtes Infektionsrisiko darstellen kann. Untersuchungen konnten zeigen, dass in diesen z. T. luftdicht abgeschlossenen Feuchtigkeitskammern ein vermehrtes Bakterienwachstum auftrat und man deswegen zu dem Schluss kam, einen möglichst luftdurchlässigen und den Katheter vor mechanischen Irritationen bewahrenden Wundverband mit möglichst geringer Auflagefläche auf der Haut herzustellen.

29.2 Organ- und Stoffwechselkomplikationen

29.2.1 Renale Komplikationen

Einschränkung der Nierenfunktion

Neueren Daten zufolge findet sich bei parenteraler Ernährung eine mittlere Abnahme der *Kreatininclearance* von 3,5%. Die *Ätiologie* ist weitgehend unklar. Als prädisponierende Faktoren gelten nephrotoxische Medikamente und das Patientenalter. Eine kausale Assoziation zu Aminosäuren ließ sich weder bei Erwachsenen noch bei Kindern nachweisen [11]. Demgegenüber scheinen v. a. bei Kindern herstellungsbedingte Kontaminationen mit Chrom ursächlich von Bedeutung zu sein. Cadmium und andere Schwermetalle spielen nach dem derzeitigen Stand keine Rolle [14].

Hyperoxalurie

Unabhängig von der Nierenfunktion kommt es mit der Dauer der parenteralen Ernährung unabhängig vom Alter der Patienten zur *Hyperoxalurie* mit konsekutiver Nephrolithiasis. Ursächlich diskutiert werden eine endogene Oxalatsynthese aus Ascorbinsäure und die Azidität der TPN-Lösungen [11].

29.2.2 Gastrointestinale Komplikationen

Gastroparese

Weder Ätiologie noch klinische Relevanz der beim Einsatz von LCT-haltigen Fettemulsionen von mehreren Autoren gefundenen verzögerten Magenentleerung bei langzeitig parenteral Ernährten sind bis dato geklärt.

Störung der gastrointestinalen Barrierefunktion

Ob und in welchem Ausmaß der Ausfall der enteralen Ernährung zu einer Hypoplasie der Enterozyten führt wird zunehmend konträr diskutiert (!). Neueren, am Menschen erhobenen Daten zufolge kommt es wenn überhaupt erst nach längerer und absoluter oraler Nahrungskarenz zu einer nennenswerten intestinalen Hypoplasie [46].

Gravierender scheint die beim Wegfall der enteralen Ernährung auftretende Störung der epithelialen und immunologischen Barrierefunktion zu sein. Zum einen kommt es zur Verarmung von IgA-produzierenden Zellen in der Lamina propria (intrinsische Barriere), zum anderen durch Öffnung der Schlussleisten (»tight junctions«) zur Weitung der Zell-Zell-Kontakte (extrinsische Barriere) mit konsekutiv erhöhtem Übertritt von Bakterien und Endotoxinen [48].

29.2.3 Knochenstoffwechselstörungen

Die im Rahmen einer total parenteralen Ernährung auftretenden oftmals tiefgreifenden Störungen des Knochenstoffwechsels manifestieren sich entweder als *Osteomalazie* oder im Erwachsenenalter als *Osteoporose*, in sehr seltenen Fällen als Mischform. Es handelt sich in der Regel um generalisierte metabolische Knochenerkrankungen, die sowohl kortikale als auch trabekuläre Knochenanteile betreffen [14].

Epidemiologie

Osteoporose ist definiert als ein gleichmäßiger Schwund sowohl der Knochengrundsubstanz als auch des Mineralanteils. *Osteomalazie* dagegen betrifft ausschließlich den Mineralanteil des Knochens.

Pathophysiologisch besteht bei der *Osteoporose* ein *Ungleichgewicht* zwischen *Knochenaufbau und -abbau*, sodass es in der Bilanz sowohl zu einer Abnahme der organischen Knochenmatrix als auch des Mineralanteils kommt.

Osteomalazie dagegen beschreibt eine *Mineralisationsstörung des Knochens* bei quantitativ und qualitativ normaler organischer Knochengrundsubstanz (Knochenmatrix). Sie stellt das *Erwachsenenäquivalent* zu der im Kindesalter auftretenden *Rachitis* dar und geht klinisch häufig mit einem diffusen Knochenschmerz sowie Muskelschwäche einher.

Eine *klinisch manifeste Osteoporose* (früher Osteofraktose) ist charakterisiert durch typische *osteoporoseassoziierte Knochenbrüche* (Wirbelsäule, Schenkelhals, Unterarm). Nach Definition der WHO liegt eine Osteoporose nicht erst nach der ersten Fraktur vor, sondern bereits bei einer um mindestens 2,5 Standardabweichungen gegenüber jungen gesunden Erwachsenen verminderten Knochendichte (T-Score Hüfte und/oder Wirbelsäule <–2,5). Ein T-Wert von –1 bis –2,5 (T-Score Hüfte und/oder Wirbelsäule) wird in Anlehnung an die WHO als *Osteopenie* (präklinische Osteoporose) bezeichnet. Da kein absoluter Schwellenwert für das Auftreten Osteoporose bedingter Knochenfrakturen existiert, kann das Frakturrisiko nur geschätzt werden (z. B. verdreifacht sich das Frakturrisiko für Oberschenkelhalsfrakturen bei einer Abnahme der Knochendichte in diesem um 10% gegenüber gleichaltrigen Kontrollen).

Angaben zur *Prävalenz* von Knochenstoffwechselstörungen bei langzeitig parenteral ernährten Patienten sind wenig eindeutig und liegen je nach Studie und Kriterien zwischen 40 und 100%. Pironi et al. [65] beobachteten bei 84% ihrer Patienten einen T-Score >1, bei 41% >2,5. Im Langzeitverlauf dokumentierten sie bei etwa 1/3 der Patienten zunehmende Knochenschmerzen, bei 10% Frakturen.

Tabelle 29-4. Mögliche Ursachen von Knochenstoffwechselstörungen bei langzeitig parenteral ernährten Patienten (Mod. nach Buchman u. Moukarzel [14])

Prädisponierende Faktoren	Toxizität
- Malabsorptionssyndrom	- Aluminium
- Bestehende Lebererkrankungen	- Vitamin-D-Überdosierung
- Kortikoidtherapie	
Hyperkalzurie	Mangelzustände
- Proteinüberladung	- Kalzium
- Hyperglykämie	- Magnesium
- Natriumüberladung	- Kupfer

Ätiologie

Als *prädisponierende* Faktoren gelten zugrunde liegende krankheitsassozierte Faktoren (z. B. Malabsorption, intestinaler Kalziumverlust, chronische Entzündungen, Kortikoideinnahme) sowie allgemeine Faktoren wie Lebensstil und Alter (Tabelle 29-4).

Als *direkte* TPN-assoziierte *pathophysiologische* Korrelate werden Aluminium-, Heparin- und Vitamin-D-Toxizität sowie negative Kalziumbilanz, unzureichende PTH-Sekretion und ein selektiver Überschuss bzw. Mangel an einzelnen Mikronährstoffen diskutiert (Tabelle 29-5).

Aluminiumtoxizität

Bis Anfang der 1980er Jahre trugen die bis dahin auf der Basis von Caseinhydrolysaten hergestellten Aminosäurelösungen aufgrund ihres z. T. in nicht unerheblichem Ausmaß enthaltnenen Aluminiums zur Entwicklung von Knochenstoffwechselstörungen bei. Pathogenetisch zugrunde liegt zum einen

Tabelle 29-5. Allgemeine Risikofaktoren für Knochenstoffwechselstörungen

1. Genetische Faktoren
   Weibliches Geschlecht
   Positive Familienanamnese
   Graziler Habitus
2. Hormonelle Faktoren
   Östrogenmangel
   - Amenorrhö
   - frühe Menopause
   - Ovarektomie

   Hypogonadismus
   Nullipara
3. Resorptionsstörungen
   Vitamin-D-Mangel
   Kalzium-/Phosphatmangel
4. Malnutrition
5. Exogene Faktoren
   Bewegungsmangel
   Geringe UV-Exposition (Vitamin-D-Mangel)
   Graziler Habitus
   Nikotinabusus
   Medikamente, z. B.
   - Kortikoide
   - Colestyramin
   - Heparin
   - Laxanzien

eine direkte Hemmung der Osteoblastenaktivität durch Aluminium, andererseits fanden sich nahezu regelhaft deutlich erniedrigte Serumspiegel von 1,25-Dihydroxycholecalciferol (Hemmung der renalen Hydroxylierung). Heute finden sich signifikante Aluminiumkontaminationen vereinzelt in Additiva wie Phosphat, Kalziumkonzentraten oder Multivitaminpräparaten [14, 65].

Vitamin-D-Toxizität

Hyperkalzurie. Für die sehr rasch einsetzende Hyperkalzurie werden neben zu hohen *Kohlenhydratgaben* eine *Natriumüberladung* und zu hohe *Proteingaben* diskutiert. Ursächlich wird hierfür der Verbrauch von *Kalziumcarbonat* verantwortlich gemacht, das zur Pufferung von Säureäquivalenten benutzt wird, die im Rahmen der Metabolisierung S-haltiger Aminosäuren entstehen. Entsprechende Korrekturen im Ernährungsregime blieben in der Behandlung der Osteoporose unter HPE jedoch erfolglos, was weitere – bis dato noch nicht bekannte – Faktoren in ihrer Entstehung impliziert [13, 14].

Klinik und Diagnostik

Die fortschreitende Minderung der Knochensubstanz ist in aller Regel schleichend und wird daher erst in den weit fortgeschrittenen Stadien erkannt. Erste Hinweise sind anhaltende *Knochenschmerzen*, die zunächst in den überwiegend trabekulären Knochen mit starker täglicher Belastung wie den Wirbelkörpern auftreten. Häufig jedoch wird eine *fortschreitende Osteopenie* erst nach Auftreten pathologischer Frakturen, Wirbelkörpersinterungen (einhergehend mit Schmerzen, zunehmender Kyphose und Größenabnahme) und in schweren Fällen auch neurologischen Ausfällen diagnostiziert.

Radiologische Diagnostik

In frühen Stadien ist die Diagnose der Knochenstoffwechselstörungen, die sich, wie oben erwähnt, in der Regel als Osteoporose, seltener als Osteomalazie manifestieren, zunächst nur durch radiologische Techniken möglich, wie die duale Photonenabsorptionsmessung, die duale Röntgenstrahl-Energie-Absorption (»dual energy x-ray absorption«) und die computertomographische Knochendichtemessung. Erst seit kurzem ist auch eine ultraschallgesteuerte Bestimmung der Knochendichte des Kalkaneus und damit die Bestimmung des Osteoporosegrades möglich.

Am geeignetsten ist momentan die *duale Energie-Röntgen*-Absorptionsmetrie, mit der die Knochendichte peripher und axial mit guter Präzision und geringer Strahlenbelastung gemessen werden kann. Entsprechend der WHO-Kriterien spricht man von einer Osteoporose bei einem Knochen T-Score <–2,5 sowie von einer Osteopenie bei einem Knochen T-Score von –1 bis –2,5.

Labordiagnostik

Biochemische Marker des Knochenstoffwechsels sind zunächst Kalzium, Phosphat, Vitamin D und Parathormon im Serum. Weiterhin als Parameter der *Knochenformation* dienen das osteoblastenspezifische Osteokalkin, die alkalische Phosphatase und das Prokollagen des Kollagen Typ I. Zur Bestimmung der *Knochenresorption* dienen die im Urin nachweisbaren Crosslinks Pyridinolin und Deoxypyridinolin und die amino- bzw. carboxyterminalen Crosslink-Telopeptide (INTP, ICTP) als Abbauparameter des Kollagens. Die *tartratresistente saure Phosphatase (TRAP)*, ein Isoenzym der ubiquitär vorkommenden sauren Phosphatase, ist ein osteoklastenspezifisches Enzym und somit ein direkter Parameter resorptiver Knochenprozesse.

Als weiterer *knochenspezifischer Stoffwechselparameter* bietet sich die Messung von Sialoproteinen im Serum an. Ihre Synthese erfolgt durch Osteoblasten sowie in geringerem Ausmaß durch Osteoklasten. In neueren Studien wurden bei zahlreichen metabolischen Knochenerkrankungen (z. B. M. Paget und osteolytischen Metastasen) als Folge einer dabei zugrunde liegenden Osteoklastenstimulation deutlich erhöhte Serumkonzentrationen nachgewiesen [13, 14].

Prävention und Therapie

Allgemeine Kriterien zur Prävention und Therapie

Die *Prävention* von Knochenstoffwechselstörungen bei TPE liegt zunächst in dem Wissen um das Bestehen einer Beziehung zwischen der Grunderkrankung und Knochenstoffwechselstörungen. Von weiterer Bedeutung ist die Abschätzung zusätzlicher Risikofaktoren (*Tabelle 29-6*) sowie die Behebung bereits bestehender Mangelzustände (Kalzium und Vitamin D) und die Optimierung parenteraler Nährlösungen:

- Aluminiumkonzentration <25 mg/l,
- Ca/P-Quotient: 1 mEq: 2 mmol,
- Minimierung der Hyperkalzurie: Natrium und Aminosäuren am individuellen Bedarf orientieren,
- Verwendung von Acetat als Anion zur Vermeidung einer Azidose.

Tabelle 29-6. Faktoren, die den Knochenstoffwechsel beeinflussen

	Knochenbildung	Knochenresorption
Ca2+-regulierende Hormone		
PTH	+	+
Calcitriole	+	+
Calcitonin	–	–
Andere Hormone		
Wachstumshormon	+	
Glukokortikoide	–	+
Schilddrüsenhormone	+	+
Insulin	+	
Östrogene	–	–
Lokale Faktoren		
Prostaglandin E_2	+	+
TGF-α	+	+
TNF-α	+	+
Interleukin-1	+	+
Interleukin-4	–	–
Interleukin-6	+	+
Interleukin-11	+	?
M-CSF	+	
Interferon-γ	–	–

Medikamentöse Therapie

Eine *Therapieindikation* ergibt sich aus den ermittelten Risikofaktoren, wobei der Glukokortikoidtherapie, der Malnutrition und dem Hypogonadismus die größte Bedeutung zukommt.

Eine *absolute Therapieindikation* ergibt sich bei einem Knochen T-Score von >–2,5, eine *relative* bei einem T-Score von –1 bis –2,5.

Die heute verfügbaren bzw. in der klinischen Prüfung befindlichen Therapeutika lassen sich grundsätzlich in 2 Hauptgruppen einteilen, Inhibitoren der Knochenresorption und Stimulatoren der Knochenneubildung (◘ *Tabelle 29-7*).

◘ **Tabelle 29-7.** Medikamentöse Prophylaxe und Therapie der Osteoporose

Inhibition der Knochenresorption	Stimulation der Knochenformation	Mineralisierende Substanzen
Östrogene	Fluoride	Kalzium
Biphosphonate	Parathormonpeptide	Thiazide
Calcitonin	Anabole Steroide	Vitamin D und Metabolite

Inhibitoren der Knochenresorption

Kalkitonin. Das lachsanaloge, synthetisch hergestellte Calcitonin ist ein aus 32 Aminosäuren bestehendes Polypeptid, dessen Aminosäurensequenz dem humanen Kalkitonin entspricht. Klakitonin hemmt spezifisch die Osteoklastenaktivität. Als Neuropeptid hat es additive zentral analgetische Wirkung. Für die *Osteoporoseprophylaxe* bei Risikopatienten werden Dosen von 3 × 100 I.E s.c. pro Woche bei einer Therapiedauer von bis zu einem Jahr empfohlen. Die Dauer der Anwendung wird allerdings durch eine zunehmende Antikörperbildung und einen Reboundeffekt der Rezeptoren limitiert. Die oftmals nicht unerheblichen Nebenwirkungen wie Flush, Übelkeit, Erbrechen, lokale inflammatorische Reaktionen an der Injektionstelle und Überempfindlichkeitsreaktionen lassen diese kostenintensive Therapie in der Langzeittherapie zukünftig mehr als fraglich erscheinen.

Biphosphonate. Biphosphonate sind Pyrophosphatanaloga, die bereits in geringer Konzentration zu einer deutlichen Reduktion der Knochenresorption (Osteoklastenhemmung) führen. Insbesondere neuere Präparate weisen kaum noch eine Wirkung auf die Knochenneubildung (Osteoblasten) auf. Die Verträglichkeit dieser Substanzgruppe ist im allgemeinen gut. Kontraindikationen sind Niereninsuffizienz und Schwangerschaft.

Zulassungen bestehen derzeit für die orale Behandlung des M. Paget (Etidronsäure/Diphos), für die tumorinduzierte Hyperkalzämie (Clodronsäure/Ostac, Pamidronsäure/Aredia) sowie zur Langzeitbehandlung der postmenopausalen Osteoporose (Etidronat/ Didronel, Alendronat/Fosamax). Während bei der Einnahme von Etidronat die sequentielle orale Einnahme von Kalzium standardmäßig erfolgt, muss auch bei einer Therapie mit Alendronat auf eine ausreichende Kalziumzufuhr geachtet werden und im Zweifel eine Supplementation mit 500 mg Kalzium/24 h erfolgen.

Zur Anwendung in der Behandlung kortikosteroidinduzierter Knochenstoffwechselstörungen oder bei chronisch-entzündlichen Darmerkrankungen liegen ebenfalls erste vielversprechende Daten vor. Die zyklische intermittierende Etidronat/ Kalzium-Therapie ist für die Behandlung der glukokortikoidinduzierten Osteoporose in mehreren Ländern zugelassen, sicher ebenso wirksam ist die Kombination von Alendronat (eventuell in Kombination mit Kalzium) anzusehen. Fragen der optimalen Dosis, Anwendungsdauer, Applikationsart und Langzeitwirkung sind derzeit noch Gegenstand weiterer Forschung.

Östrogene. In der Prävention des postmenopausalen Knochenabbaus stellt die gezielte Substitution von Östrogenen bei Risikopatientinnen das Mittel der Wahl dar. Östrogene verhindern den durch das Ungleichgewicht zwischen Knochenneubildung und -resorption v. a. initial raschen Knochenverlust. Sie führen als einzige – rechtzeitig eingesetzt – zu einer Abnahme der Frakturrate. Der zugrunde liegende Wirkmechanismus ist nicht genauer bekannt. Diskutiert wird u. a. eine Hemmung der IL-1-Bildung, die die Aktivität der Osteoklasten steigert.

Eine *Östrogensubstitution* bei peri- bzw. postmenopausalen Frauen mit chronisch-entzündlichen Darmerkrankungen zeigte in einer prospektiven Studie ebenfalls eine deutliche Reduktion der Knochenverluste sowohl der Wirbelsäule als auch im Radius, ohne dass es zu einer negativen Beeinflussung der Grunderkrankung kam. Eine Hormonsubstitution sollte bei Männern mit Hypogonadismus und Frauen mit prämenopausaler Amenorrhö erfolgen.

Stimulatoren der Knochenneubildung

Fluoride. Während Calcitonin und Östrogene durch ihre antiresorptive Wirkung einen weiteren Knochenverlust verhindern, sind Fluoridsalze die einzigen zugelassenen Substanzen, die durch *Stimulation der Osteoblasten* die Knochendichte erhöhen sollen. Gegenwärtig werden v. a. Natriumfluorid (NaF) und Natriumfluorophosphat (MEP) eingesetzt. Auf zellulärer Ebene führen Fluorionen durch *Hemmung der Phosphotyrosyl-Protein-Phosphatase* zu einer Aktivierung der Osteoblasten und zu einer Erhöhung der Anzahl knochenbildender Zellen. Daneben wird Fluor im Knochengewebe durch Substitution der Hydroxylgruppen in die Hydroxylapatitkristalle eingebaut und führt damit zur Bildung der schwerer resorbierbaren Fluorapatitkristalle. Durch die Inkorporation von Fluorionen in Hydroxylapatit werden Größe und Form der Kristalle allerdings so verändert, dass die mechanische Widerstandskraft des Knochens abnimmt. Der entstehende Knochen erinnert mehr an einen unreifen als einen für den Erwachsenen typischen lamellären Knochen.

Durch gleichzeitige Verabreichung von Kalzium sollen weitere Störungen wie die verzögerte Mineralisierung des neugebildeten Osteoids, die unter Monotherapie mit Fluor beobachtet wurden, verhindert werden.

In einer kürzlich mit 75 mg täglich über 4 Jahre an postmenopausalen Frauen durchgeführten Studie fand sich zwar eine Zunahme der Knochendichte um 35%, die Frakturrate blieb jedoch unverändert.

Neuere Erkenntnisse sowie retrospektive Reanalysen bisher durchgeführter Studien lassen auf eine äußerst enge therapeutische Breite der Fluoridwirkung mit der Notwendigkeit einer individuellen Dosierung schließen. Die tägliche Dosis sollte unter regelmäßiger radiologischer Kontrolle nicht mehr als 15–20 mg betragen, die Therapiedauer 3 Jahre nicht überschreiten. Wegen der ungesicherten Wirkung und des Nebenwirkungsspektrums sehen wir keine Indikation für Fluoride bei intestinaler Osteoporose oder Osteopenie, auch nicht bei der Glukokortikoidosteoporose.

Mineralisierende Substanzen

Mineralisierende Substanzen werden primär mit dem Ziel einer Verbesserung der Kalziumbilanz und Unterstützung der Mineralisation neugebildeteten Osteoids eingesetzt. Die tägliche Kalziumzufuhr sollte bei etwa 1000 mg liegen. Bei Frauen in der Menopause bei 1500 mg.

Bei *manifester Osteoporose* gilt Kalzium – evtl. in Kombination mit Vitamin D – heute als Basistherapie bzw. Adjuvans. Im Falle von Kontraindikationen (Hyperkalzämie, ausgeprägte Hyperkalzurie, rezidivierende Nierensteine, Nephrokalzinose) oder bei Patienten mit Hypertonie sollten Hydrochlorothiazide gegeben werden.

Basierend auf den z. T. sehr diskrepanten Ergebnissen in der Literatur sollten *Vitamin D* und seine Metaboliten nur als Basistherapie bei therapiebedürftiger Osteopenie und manifester Osteoporose empfohlen werden (500–1000 IE/24 h). Grundsätzlich sollten vor einer Therapie mit Vitamin D und Kalzium Kontraindikationen (s. oben) ausgeschlossen werden. Kontrollen der Elektrolytausscheidung im 24-h-Urin, insbesondere des Kalziums, sind 3-monatlich anzuraten.

29.2.4 Hepatobiliäre Komplikationen

Unter einer TPE können eine Reihe klinisch-chemischer und histologischer Veränderungen der Leber beobachtet werden [2, 12, 24]. Die *Häufigkeit* liegt je nach Literatur zwischen 15% und 47% und umfasst in ihrem Spektrum alle Formen vom passageren Enzymanstieg bis zum fortschreitenden Leberzelluntergang. Kennzeichned sind intrahepatische *Cholestase*, portale *Fibrose*, Gallengangsproliferationen, oftmals assoziiert mit morphologischen Veränderungen wie fettige Degenerationen und Rundzellinfiltrationen. Klinische Veränderungen können einen cholestatischen Ikterus, Hepatomegalie oder gar ein Leberversagen umfassen (■ *Tabelle 29-8*).

Pathogenese

Die pathophysiologischen Abläufe der unter einer total parenteralen Ernährung auftretenden Leberveränderungen sind bis heute noch weitestgehend unklar. *Ursächlich* verantwortlich gemacht werden je nach Art der Leberschädigung in unterschiedlichem Ausmaß (■ *Abb. 29-6*):

■ **Tabelle 29-8.** Hepatobiliäre Störungen der TPE

Häufig	Selten
Steatosis	Fibrose
Steatohepatosis	Mikronoduläre Zirrhose
Sludge	Achalkolische Cholezystitis
Cholelithiasis	Zirrhose
Cholestasis	Hepatozelluläres Karzinom

- Überangebot von Kalorien in Form von Glukose bzw. ein Ungleichgewicht zwischen zugeführten Aminosäuren/Glukose und Lipiden, was über gesteigerte Ausschüttung von Insulin zur Steigerung der Lipogenese bei gleichzeitiger Hemmung der Fettsäurenoxidation führt (s. Kap. 10, Kap. 12). Eine inadäquat hohe Zufuhr hemmt zudem die Lipoproteinsynthese und so die Exkretion von Lipiden [75].
- Darüber hinaus wird der Mangel an essenziellen Fettsäuren für eine verminderte Synthese von Lipoproteinen verantwortlich gemacht, was einen gestörten transmitochondrialen Transport langkettiger Fettsäuren zur Folge hat [75].
- Die protektive Rolle intravenös verabreichter Fettemulsionen ist dosisabhängig und wird z. T. konträr diskutiert. Zumindest ab Konzentrationen >1 kgKG/24 h agravieren sie die Cholestase und induzieren nachgewiesenermaßen Phospholipidosen und Steatose in Hepatozyten und Kupferzellen. Letzteres erklärt über eine Hemmung der Phagozytenfunktion die Abnahme der Clearance für Endotoxine und Bakterien durch das RES in der Leber (s. Kap. 12). Durch die Kombination von mittel- und langkettigen Fettsäuren wird dagegen die phagozytäre Funktion des RES weniger supprimiert [39].
- Mangel einzelner Aminosäuren bzw. Aminosäurederivate wie Carnitin (essenziell für den mitochondrialen Fettsäuretransport), Glutamin, Cholin, Taurin (essenzielle Aminosäure bei Kindern, notwendig für die Synthese von Lipoproteinen und die Gallensäurekonjugation).
- Toxische Komponenten der Infusionslösung, wie z. B. zu hohe Mengen an Methionin (wird im Überschuss zu lebertoxischen Mercaptanen abgebaut) oder pflanzliche Sterole [20], die in Lipidemulsionen enthalten sind (■ *Abb. 29-7*).

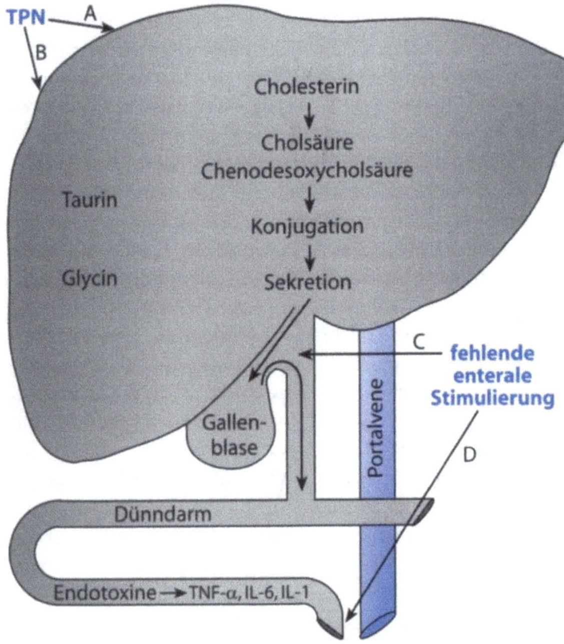

■ **Abb. 29-6.** Pathomechanismus der TPE-induzierten Cholestase (nach [20]). *A:* direkte toxische Inhaltsstoffe (z. B. Phytophenole); *B:* Mangel an essenziellen Makro- und Mikronähstoffen (Taurin, Glycin). Fehlen der enteralen Stimulation führt *C:* zu mangelnder Stimulierung der Gallenblasenkontraktion sowie *D:* zur Störung der intestinalen Barrierefunktion und somit zur bakteriellen Translokation mit konsekutivem portalem Anstieg von Endotoxinen, TNF-α, IL-6, IL-1β

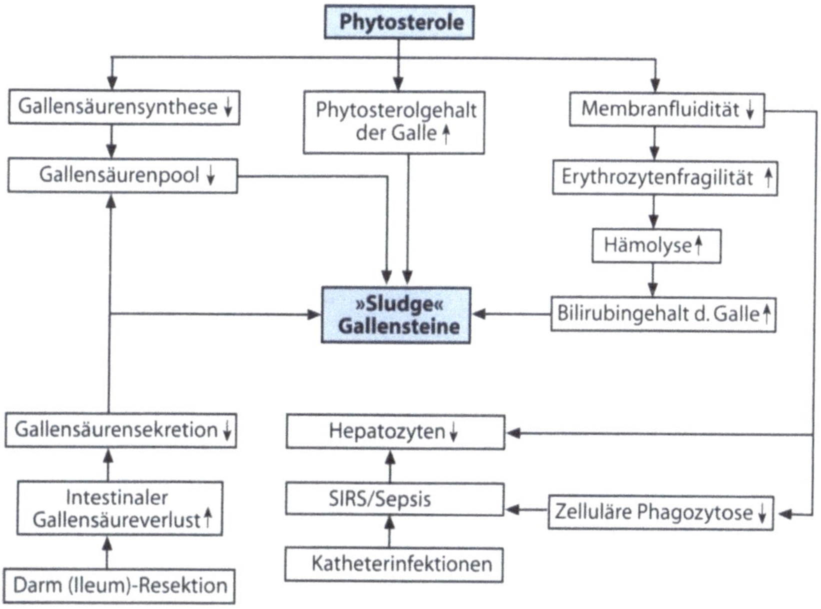

Abb. 29-7. Pathomechanismus der durch Phytosterole induzierten hepatobiliären Störungen. (Mod. nach [20])

- Die als Folge der verminderten Gallensekretion auftretende bakterielle Über-/Fehlbesiedlung des Darms mit Anaerobiern führt zur vermehrten Bildung der hepatotoxischen Lithocholsäure [44].
- Störung der intestinalen Barrierefunktion mit nachfolgender Translokation von Bakterien und Endotoxinen und die daraus resultierende Aktivierung der Kupffersternzellen [20].
- Mangelnde Stimulation der Gallenblasenmotilität und/oder -sekretion des kürzlich beschriebenen *hepatoenteralen Reflexes* als Folge einer fehlenden enteralen Nahrungsaufnahme (verminderte Sekretion intestinaler Peptide, z. B. Cholezystokinin [17, 20, 44]).

Die bei Kindern im Vergleich zum Erwachsenen weitaus häufiger auftretende Cholestase ist, da sie insbesondere bei Frühgeborenen auftritt, wahrscheinlich Folge des Zusammentreffens einer relativen Unreife der Gallensekretion mit zusätzlichen Faktoren wie Unterernährung, infektiösen Komplikationen, bakterieller Fehlbesiedelung des Dünndarms und Verwendung inadäquater Infusionsregime (s. Kap. 30). Bei Patienten mit schweren Leberschäden fanden sich zudem auffallend häufig höhere Serumkonzentrationen von Phytosterolen [17, 20, 39].

Klinik

Klinisch bedeutsam ist die Unterscheidung zwischen frühzeitig (2–4 Wochen) auftretenden und meist reversiblen Befunden sowie den erst im späteren Verlauf zu beobachtenden (>2 Monaten) und dann oftmals nicht voll reversiblen Veränderungen. Dominieren bei parenteral ernährten Kindern die cholestatischen Syndrome, wird beim Erwachsenen in erster Linie die Steatosis hepatis beobachtet.

Steatosis und Steatohepatitis

Eine Steatosis (vermehrte Fetteinlagerung der Hepatozyten), in schweren Fällen verbunden mit entzündlichen Infiltraten (Steatohepatitis) gilt als die häufigste Komplikation beim Erwachsenen. Sie findet sich meist bereits nach 2 Wochen, initial oft ohne, später mit mildem Anstieg der Transaminasen. Erhöhungen der Cholestaseparameter sind die Ausnahme.

Klinisch findet sich ein eher unspezifisches abdominelles Beschwerdebild, oft ein leichter Druck in der Lebergegend. Sowohl Ultraschallbefund (klassiches Fettleberbild) als auch Transaminasenanstieg normalisieren sich im Verlauf trotz Fortführung der TPN.

Pathogenetisch spielt wahrscheinlich ein relativer Überschuss an einzelnen Kalorienträgern (LCT, Glukose), septische Episoden, möglicherweise auch ein Mangel Carnitin (s. Carnitin-Acetyltransferase-Shuttle, Kap. 10) und Cholin eine Rolle [13]. Das relative Übergewicht von Glukose, insbesondere zu Lipiden, führt zum einen über eine gesteigerte Insulinsekretion zu einer zur Steigerung der Lipidsynthese, andererseits zur Drosselung der Lipolyse (s. oben).

Intrahepatische Cholestase

Während eine Cholestase als Komplikation einer total parenteralen Ernährung im Kindesalter die häufigste Komplikation darstellt, ist sie beim Erwachsenen eher selten.

Klinische Symptome sind mäßiger Ikterus, etwa 1–2 Wochen nach Beginn der TPN einsetzend. Beim Anstieg der Leberenzyme sind alkalische Phosphatase und γ-Glutamyltransferase führend. *Histologisch* finden sich entzündliche Infiltrate in den Periportalfeldern, disseminierte Nekrosen und Gallengangsproliferationen [13].

Pathogenetisch diskutiert werden inhibitorische Effekte der infundierten Aminosäuren auf den kanikulären Transport, Mangel an speziellen Aminosäuren und Störungen der mukosalen Barriere (s. oben).

Sludge

Die Abnahme der enteralen Stimulation führt bereits nach 2- bis -3wöchiger TPN bei etwa 50%, nach 12 Wochen bei nahezu allen Patienten zu deutlichen Veränderungen der Gallenblasenfunktion. Als Folge kommt es zunächst zur Ausbildung von Sludge, später zum Auftreten von akalkulöser Cholezystitis, Gallenblasenhydrops und Cholezystolithiasis.

Pathogenetisch diskutiert werden ein verminderter Gallenfluss mit Abnahme des enterohepatischen Kreislaufes, was nicht zuletzt durch therapeutische Wirksamkeit von Ursochenodeoxycholsäure unterstrichen wird (s. ◘ *Abb. 29-3*).

Siderose

Guglielmi et al. [39] beschrieben in Leberbiopsaten von langzeitig parenteral ernährten Patienten unabhängig von der Grundkrankheit, ähnlich wie Patienten mit nicht alkoholischer Steatose der Leber (NAFLD), erstmals koinzident mit einer Steatose das Bild einer milden bis moderaten Siderose (s. Kap. 42).

Fibrose und Zirrhose

Die schwersten, aber auch seltensten Komplikationen, die nur bei extrem langfristiger TPN auftreten, sind chronische Leberkrankheiten mit dem *histologischen* Bild einer chronischen Hepatitis und/oder mikronodulärer Zirrhose, meist verbunden mit einer nur geringgradigen Cholestase. Entscheidende Kofaktoren der noch unklaren Pathogenese sind die Grundkrankheit (v. a. Kurzdarmsyndrom), Frequenz septischer Episoden, Dauer der TPN und wiederholte chirurgische Eingriffe [13].

Prävention und Therapie

Empfehlenswerte Ansätze zur Vermeidung bzw. Therapie hepatobiliärer Schäden unter parenteraler Ernährung sind [2, 21, 39]:

- Einhaltung einer adäquaten Nährstoffrelation, insbesondere Vermeidung hoher Kalorien- und Glukosezufuhrraten sowie Insulingaben (s. Postaggressionsstoffwechsel); 20 bis maximal 50% der Gesamtenergiezufuhr als Lipide (ca. 1 g Fett/kgKG) möglichst als MCT/LCT-Gemische.
- Zyklische Ernährung: Infusionsperioden von 12–16 h unter Einhaltung von Nüchternperioden von 8–12 h.
- Enterale Ernährung auch in nicht bedarfsdeckenden Mengen, ggf. als Supplement.
- Bei Cholestase und/oder »Sludge-Bildung« Gabe von Ursodeoxycholsäure (10–15 mg/kgKG, ggf. als Saft) oder Cholezystokinin (**Cave:** mögliche anaphylaktoide Reaktion) sowie Dosisreduktion von fettlöslichen Vitaminen, Kupfer und Mangan.
- Bei bakterieller Fehl-/Überbesiedlung Eradikation mit Metronidazol (2-mal 400/500 mg oral/i.v.), alternativ Doxycyclin (2-mal 100 mg) oder Erythromycin (2-mal 1000 mg).
- Gabe »essenzieller« Substrate wie Carnitin, Taurin, Cholin bei Neugeborenen und Kindern.

In neueren Studien führte die Gabe von S-Adenosyl-L-Methionin (SAM) zu einem deutlichen Rückgang der Cholestaseparameter bei langzeitig parenteral ernährten Patienten. SAM kommt bei Sulfonierungsprozessen von Aminosäuren in der Leber eine Schlüsselrolle zu und könnte bei parenteraler Ernährung zu einem essenziellen Nährstoff werden.

29.2.5 Vitamin- und Spurenelementmangelzustände

Bei langfristiger parenteraler Ernährung kann ein Vitaminmangel trotz vollständiger Substitution auftreten. Innerhalb von 30 Tagen zeigen z. B. bis zu 80% der Patienten niedrige Plasmaspiegel für Vitamin C und B_6. Etwa 40% der langzeitig parenteral ernährten Patienten weisen erniedrigte Vitamin-A- und -E-Konzentrationen auf. Bei 10% findet sich ein Thiaminmangel. Bei Auftreten einer unklaren Laktatazidose (pH <7,2, Plasmalaktatspiegel >8 mmol/l) sollte an das Vorliegen eines Thiaminmangels gedacht werden.

Weltweit wurden inzwischen 5 Fälle eines Biotinmangels unter TPE beobachtet. Die Mangelzustände (Haarverlust, ekzematöse Dermatitis, Lethargie) traten im Mittel nach einem Jahr biotinfreier TPE auf.

Die Problematik einer adäquaten Spurenelementsupplementierung besteht zum einen darin, dass die gemessenen Blutspiegel nur eine unzureichende Aussagekraft besitzen, zum anderen, dass erst ein extremer Mangel zu klinisch manifesten Symptomen führt. So sind *Selenmangelzustände* beschrieben, die sich über einen Zeitraum von 3 Jahren entwickelten und mit einer nicht reversiblen Enzephalopathie, Kardiomyopathie oder Myositiden einhergingen. Ähnlich langsam entwickeln sich *Zinkmangelzustände* bis charakteristische Haut-, Haar- und Nagelveränderungen sichtbar werden [34].

29.2.6 Refeeding-Syndrom

Beim Refeeding-Syndrom handelt es sich um einen Zustand komplexer metabolischer Störungen als Folge einer zu schnellen enteralen und/oder parenteralen (ggf. auch oralen) Nährstoffzufuhr mit dem Ziel einer schnellen Repletion der Organspeicher und der Körperzellmasse [12, 24].

Kennzeichnend sind:

- Hypophosphatämie (◘ *Tabelle 29-9*),
- Hypokaliämie,
- Hypomagnesiämie,
- exzessive Natrium- und Flüssigkeitsretention.

Beschrieben wurde das Krankheitsbild bereits in den 1940er Jahren bei Kriegsgefangenen und in den späteren Jahren in Ländern der 3. Welt an Patienten, die im Anschluss an extreme Hungerphasen zu schnell ernährt wurden. Heute gelten Patienten mit Anorexia nervosa, chronischen »zehrenden« Krankheiten (Tumorkachexie, »Wasting«), Alterskachexie sowie Hungerstreikende als Risikokollektiv [12, 24].

Pathophysiologie

Bei Ausbleiben einer Nahrungszufuhr muss der Organismus seinen Energiebedarf durch Mobilisation endogener Speicher decken. Gleichzeitig kommt es zu Adaptationsvorgängen mit Umstellung der Substratflüsse und Abnahme des Energieumsatzes.

◘ **Tabelle 29-9.** Folgen der Hypophosphatämie

- Neurologische Ausfälle (Verwirrung, Parästhesien, Koma)
- Abnahme der 2,3-DPG der Erythrozyten mit Zunahme der O_2-Affinität und schlechterer O_2-Abgabe an das Gewebe
- Verminderung der Granulozytenphagozytose
- Hämolytische Anämie
- Abnahme der myokardialen Kontraktilität
- Verlängerte Ateminsuffizienz
- Rhabdomyolyse

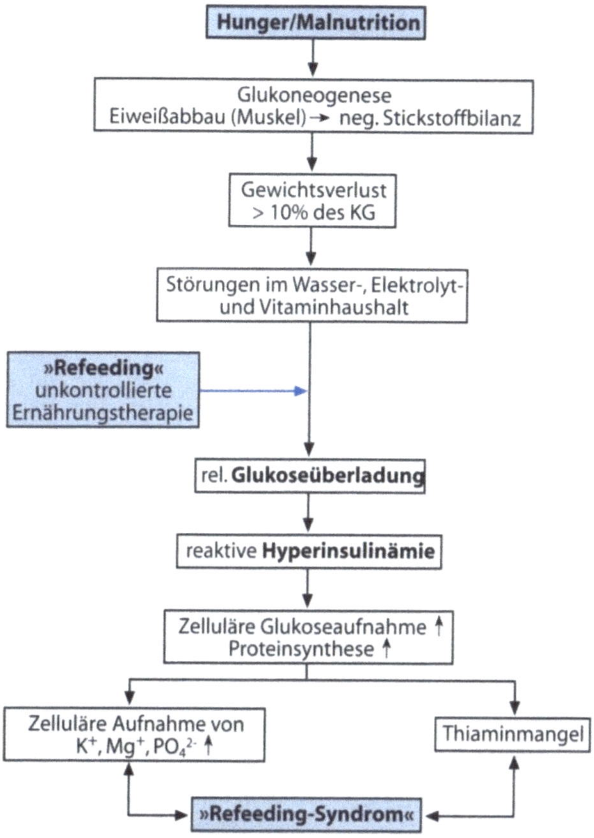

Abb. 29-8. Pathophysiologie des Refeeding-Syndroms

Glukose als der Hauptenergiedonator für das Gehirn ist für die zerebrale Funktion von elementarer Bedeutung. Daher wird der Glukosespiegel sehr eng reguliert. Zunächst stammt ein Großteil dieser Glukose aus der hepatischen Glykogenolyse, deren Speicher jedoch nach ca. 48 h verbraucht sind.

Zunehmend nimmt die Glukoneogenese aus glukoplastischen Aminosäuren, Glyzerin aus der Lipolyse sowie Laktat und Pyruvat aus der Glykolyse zu. Unter dem verminderten Insulinspiegel im Fasten nimmt gleichzeitig die periphere Glukoseaufnahme in die Muskulatur ab. Die peripher und im ZNS aufgenommene Glukose wird nicht mehr endoxidiert, sondern zu einem hohen Prozentsatz als Pyruvat/Laktat zur Leber zurückzirkuliert, um wieder der Glukoneogenese zugeführt zu werden (s. Kap. 12). Der verminderte Insulinspiegel – bei gleichzeitig erhöhtem Glukagonspiegel – verbunden mit einer abgesenkten Glukosekonzentration führt durch Substratregulation zu einer Verminderung der Glukosebildung, wodurch der Bedarf an glukoplastischen Aminosäuren sinkt und die Proteolyse vermindert werden kann [24].

Im Rahmen kataboler Zustände findet zudem ein Shift der vornehmlich im Intrazellulärraum vorkommenden Ionen Kalium, Magnesium und Phosphat in den Extrazellulärraum statt. Die Ausscheidung erfolgt über die Niere bei Erreichen der spezifischen Nierenschwelle. Dementsprechend sind trotz der Depletion die Serumwerte dieser Ionen im Zustand der Katabolie normal bis erhöht.

Während der *Refeeding-Phase* kommt es dann zu einem *»Reshift«* der überwiegenden *Fettutilisation zur Kohlenhydratverstoffwechselung*. Die Glukoseüberladung führt zu einem drastischen Insulinanstieg mit gesteigerter zellulärerer Aufnahme von Glukose. Konsekutiv werden dabei Phosphat, Kalium und Magnesium aufgenommen (*Abb. 29-8*). Dieser »Reshift« von Elektrolyten in den Intrazellulärraum erklärt die für das Refeeding-Syndrom nahezu charakteristischen Elektrolytstörungen [12, 24].

Klinik

Deutlich erniedrigte Serumphosphatkonzentrationen (s. *Tabelle 29-9*) und deren direkte und indirekte Folgen gelten als pathognomonisch und führen mit den genannten metabolischen Störungen klinisch zu [24]:
- reduzierter Myokardfunktion bis hin zur kardialen Insuffizienz,
- neuromuskulärer Dysfunktion,
- Störungen der Erythrozyten- und Leukozytenfunktion etc.

In Extremfällen finden sich nicht selten letale Verläufe, meist als Folge kardiopulmonaler Insuffizienz [24].

Prävention und Therapie

Empfehlungen zur Vermeidung eines Refeeding-Syndroms beinhalten folgende Punkte [12, 24]:
- Identifizierung von Risikopatienten durch ausführliche Anamnese.
- Vor Beginn der Ernährungstherapie Erfassung des Elektrolytstatus (Serum, Urin, insbesondere Kalium, Magnesium und Phosphat) und ggf. unbedingte (auch unter Inkaufnahme einer 24-stündigen Therapieverzögerung) Korrektur etwaiger Mangelzustände und Volumenverschiebungen: Serumphosphat <0,30 mmol/l bzw. Magnesiumspiegel <0,5 mmol/l stellen eine klare Therapieindikation dar [12, 24].
- Gleiches gilt für Vitamin- (hier v. a. Thiamin) und Spurenelementestatus. Generell wird eine einmalige Gabe von 100–250 mg Thiamin ca. 30 min vor Therapiebeginn vorgeschlagen, gefolgt von einer täglichen Gabe von 100 mg während den ersten 5–7 Tagen (Spiegelkontrolle). Die Sinnhaftigkeit einer prophylaktischen Folsäuregabe gilt als umstritten [24].
- Die initiale Nährstoffzufuhr sollte 20–30 kcal/kgKG/24 h (etwa 1000 kcal/24 h) und 1–1,2 g Protein/kgKG/24 h nicht überschreiten [5]. Sie kann innerhalb 1–2 Wochen entsprechend der Toleranz bis zum errechneten Bedarf gesteigert werden.
- Die angestrebte Gewichtszunahme sollte 1 kg/Woche nicht überschreiten. Jede weitere Gewichtszunahme ist ein Hinweis auf Flüssigkeitsretention und muss entsprechend behandelt werden [12].
- Regelmäßiges Monitoring für Anzeichen von Flüssigkeitseinlagerungen (BIA, Thoraxröntgen), d. h. initial täglich Flüssigkeitsbilanzierung und Gewichtskontrolle.

Literatur

1. Abi-Said D, Raad I, Umphrey J et al. (1999) Infusion therapy team and dressing changes of central venous catheters. Infect Control Hosp Epidemiol 20: 101–105
2. Angelico M, Della GP (2000) Review article: Hepatobiliary complications associated with total parenteral nutrition. Aliment Pharmacol Ther 14: 54–57
3. Atkinson JB, Bagnall HA, Gomberts E (1990) Investigational use of tissue plasminogen activator (t-PA) for occluded central venous catheters. JPEN J Parenter Enteral Nutr 14: 310–311
4. Attar A, Messing B (2001) Evidence-based prevention of catheter infection during parenteral nutrition. Curr Opin Clin Nutr Metab Care 4: 211–218
5. Bach A, Eberhardt H, Frick A et al. (1999) Efficacy of silver-coating central venous catheters in reducing bacterial colonization. Crit Care Med 27: 515–521
6. Barclay GR, Allen K, Pennington CR (1990) Tissue plasminogen activator in the treatment of superior vena caval thrombosis associated with parenteral nutrition. Postgrad Med J 66: 398–400
7. Benoit JL, Carandang G, Sitrin M, Arnow PM (1995) Intraluminal antibiotic treatment of central venous catheter infections in patients receiving parenteral nutrition at home. Clin Infect Dis 21: 1286–1288
8. Bern MM, Lokich JJ, Wallach SR et al. (1990) Very low doses of Warfarin can prevent thrombosis in central venous catheters. Ann Intern Med 112: 423–428
9. Bijma R, Girbes AR, Kleijer DJ, Zwaveling JH (1999) Preventing central venous catheter-related infection in a surgical intensive-care unit. Infect Control Hosp Epidemiol 20: 618–620
10. Blot F, Brun-Buisson C (1999) Current approaches to the diagnosis and prevention of catheter-related infections. Curr Opin Crit Care 5: 341–349
11. Boncompain-Gerard M, Robert D, Fouque D, Hadj-Aissa A (2000) Renal function and urinary excretion of electrolytes in patients receiving cyclic parenteral nutrition. JPEN J Parenter Enteral Nutr 24: 234–239
12. Brooks MJ, Melnik G (1995) The refeeding syndrome: An approach to understanding its complications and preventing its occurrence. Pharmacotherapy 15: 713–726
13. Buchman AL (2001) Complications of long-term home total parenteral nutrition: their identification, prevention and treatment. Dig Dis Sci 46: 1–18
14. Buchman AL, Moukarzel A (2000) Metabolic bone disease associated with total parenteral nutrition. Clin Nutr 19: 217–231
15. Buchman AL, Moukarzel A, Goodson B et al. (1994) Catheter-related infections associated with home parenteral nutrition and predictive factors for the need for catheter removal in their treatment. JPEN J Parenter Enteral Nutr 18: 297–302
16. Carratala J, Niubo J, Fernandez-Sevilla A et al. (1999) Randomized, double-blind trial of an antibiotic-lock technique for prevention of gram-positive central venous catheter-related infection in neutropenic patients with cancer. Antimicrob Agents Chemother 43: 2200–2204
17. Cavicchi M, Beau P, Crenn P et al. (2000) Prevalence of liver disease and contributing factors in patients receiving home parenteral nutrition for permanent intestinal failure. Ann Intern Med 132: 525–532
18. Clarke DE, Raffin TA (1990) Infectious complications of indwelling long-term central venous catheters. Chest 97: 966–972
19. Clarke-Christoff N, Watters N, Sparks VA et al. (1992) Use of triple-lumen subclavian catheters for administration of total parenteral nutrition. JPEN J Parenter Enteral Nutr 16: 403–407
20. Clayton PT, Whitfield P, Iyer K (1998) The role of phytosterols in the pathogenesis of liver complications of pediatric parenteral nutrition. Nutrition 14: 158–164
21. Colomb V, Jobert-Giraud A, Lacaille F et al. (2000) Role of lipid emulsions in cholestasis associated with long-term parenteral nutrition in children. JPEN J Parenter Enteral Nutr 24: 345–350
22. Cottee S (1995) Heparin lock practice in total parenteral nutrition. Prof Nurse 11: 25–28
23. Cowl CT, Weinstock JV, Al Jurf A et al. (2000) Complications and cost associated with parenteral nutrition delivered to hospitalized patients through either subclavian or peripherally-associated central catheters. Clin Nutr 19: 237–243
24. Crook MA, Hally V, Panteli JV (2001) The importance of the refeeding syndrome. Nutrition 17: 632–637
25. Darouiche RO, Raad II, Heard SO et al. (1999) A comparison of two antimicrobial-impregnated central venous catheters. N Engl J Med 340: 1–8
26. Denny DF (1993) Placement and management of long-term central venous access catheters and ports. AJR Am J Radiol 161: 385–393
27. Do AN, Ray BJ, Banerjee SN et al. (1999) Bloodstream infection associated with needleless device use and the importance of infection-control practices in the home health care setting. J Infect Dis 179: 442–448
28. Duerksen DR, Papineau N, Siemens J, Yaffe C (1999) Peripherally inserted central catheters for parenteral nutrition: a comparison with centrally inserted catheters. JPEN J Parenter Enteral Nutr 23: 85–89
29. Early TF, Gregory RT, Wheeler JR et al. (1990) Increased infection rate in double-lumen vs. single-lumen Hickman catheters in cancer patients. South Med J 83: 34–36
30. Elliott TS (1999) Role of antimicrobial central venous catheters for the prevention of associated infections. J Antimicrob Chemoth 43: 441–446
31. Epperson EL (1984) Efficacy of 0.9% sodium chloride injection with and without heparin for maintaining indwelling intermittent injection sites. Clin Pharm 3: 626–629
32. Farkas JC, Liu N, Bleriot JP et al. (1992) Single vs. triple-lumen central catheter-related sepsis: a peospective randomized study in a critically ill population. Am J Med 93: 277–282
33. Faubion WC, Wesley JR, Khalidi N et al. (1986) Total parenteral nutrition catheter sepsis : Impact of the team approach. JPEN J Parenter Enteral Nutr 10: 642–645
34. Forbes GM, Forbes A (1997) Micronutrient status in patients receiving home parenteral nutrition. Nutrition 13: 941–944
35. Gil RT, Kruse JA, Thill-Baharozian MC, Carlson RW (1989) Triple vs. single-lumen central venous catheters: a prospective study in a critically ill population. Arch Int Med 149: 1139–1145
36. Goetz AM, Wagener MM, Miller JM, Muder RR (1998) Risk of infection due to central venous catheters: effect of site of placement and catheter type. Infect Control Hosp Epidemiol 19: 842–845
37. Gray BH, Olin JW, Graor RA et al. (1991) Safety and efficacy of thrombolytic therapy for superior vena cava syndrome. Chest 99: 54–59
38. Guggenbichler JP, Boswald M, Lugauer S, Krall T (1999) A new technology of microdispersed silver in polyurethane induces antimicrobial activity in central venous catheters. Infection 27: S16–S23
39. Guglielmi FW et al. (2001) Hepatobiliary complications of long-term home parenteral nutrition. Clin Nutr 20: S51–S55
40. Haire WD, Atkinson JB, Stephens LC (1994) Urokinase vs. t-PA in thrombosed central venous catheter. Thromb Haemostas 72: 543–547
41. Haire WD, Herbst SL (2000) Use of alteplase (t-PA) for the management of thrombotic catheter dysfunction: Guidelines from a consensus conference of the National Association of Vascular Access Networks (NAVAN). Nutr Clin Pract 15: 265–275
42. Halevy A, Leonov Y, Lewinshon G et al. (1988) Thrombosis of superior vena cava during total parenteral nutrition managed successfully with low dose streptokinase. Intens Care Med 14: 72–73

43. Herbst SL, Kaplan LK, McKinnon BT (1988) Vascular access devices: Managing occlusions and related complications in home infusion. Infusion 4: S1–S32
44. Hofmann AF (1995) Defective biliary secretion during total parenteral nutrition: probable mechanisms and possible solutions. J Pediatr Gastroenterol Nutr 20: 376–390
45. Howard L, Hassan N (1998) Home parenteral nutrition. 25 years later. Gastroenterol Clin North Am 27: 481–512
46. Jeejeebhoy KN (2001) Total parenteral nutrition: potion or poison? Am J Clin Nutr 74: 160–163
47. Johnson BH, Rypins EB (1990) Single lumen vs. double-lumen catheters for total parenteral nutrition: a randomized prospective trial. Arch Surg 125: 990–999
48. Johnson CD, Kudsk KA (1999) Nutrition and intestinal mucosal immunity. Clin Nutr 18: 337–344
49. Jurewitsch B, Lee T, Park I, Jeejeebhoy K (1998) Taurolidine 2% as an antimicrobial lock solution for prevention of recurrent catheter-related bloodstream infections. JPEN J Parenter Enteral Nutr 22: 242–244
50. Keung Y, Watkins K, Chen S et al. (1994) Comparative study of infectious complications of different types of chronic central venous access devices. Cancer 73: 2832–2837
51. Lecciones JA, Lee JW, Navarro EE et al. (1992) Vascular catheter-associated fungemia in patients with cancer: Analysis of 155 episodes. Clin Infect Dis 14: 875–883
52. Ma TY, Yoshinaka R, Banaag A et al. (1998) Total parenteral nutrition via multilumen catheters does not increase the risk of catheter-related sepsis: a randomized, prospective study. Clin Infect Dis 27: 500–503
53. Main J, Pennington CR (1984) Catheter blockage with lipid during long term parenteral nutrition. Br J Surg 289: 734
54. Maki DG, Band JD (1981) A comparative study of polyantibiotic and iodophor ointments in prevention of vascular catheter-related infection. Am J Med 70: 738–744
55. Maloney KW, Hillary CA, Nelson TJ, Gill JC (1999) The use of aliquoted and frozen t-PA in central venous line occlusion. Blood 1: 114-I (Abstract)
56. Maroulis J, Kalfarentzos F (2000) Complications of parenteral nutrition at the end of the century. Clin Nutr 19: 295–304
57. McCarthy MC, Shives JK, Robinson RJ, Broadie TK (1987) Prospective evaluation of single and triple-lumen catheters in total parenteral nutrition. JPEN J Parenter Enteral Nutr 11: 259—264
57a. Mermel LA, Farr BM, Sheretz RJ (2001) Guidelines for the management of intravascular catheter-related complications. Clin Infect Dis3 2: 1249–1272
58. Messing B (1989) Proceedings of the first congress of artificial feeding at home. Rev Prat 39: 2253-2255
59. Mirro J Jr, Rao BN, Kumar M et al. (1990) A comparison of placement techniques and complications of externalized catheters and implantable port use in children with cancer. J Pediatr Surg 25: 120–124
60. Mueller BU, Skelton J, Callender DP et al. (1992) A prospective randomized trial comparing infectious and noninfectious complications of an externalized catheter vs. a subcutaneously implanted device in cancer patients. J Clin Oncol 12: 1943–1948
61. Muscedere G, Bennett JD, Lee TY, Mackie I, Vanderburgh L (1998) Complications of radiologically-placed central venous ports and Hickman catheters in patients with AIDS. Can Assoc Radiol 49: 84–89
62. Pasquale MD, Campbell JM, Magnanht CM (1992) Groshong vs. Hickman catheters. Surg Gynecol Obstet 174: 408–410
63. Pearson ML (1996) Giudeline for prevention of intravascular device-related infections. Part I. Intravascular device-related infections: an overview. The Hospital Infection Control Practices Advisory Committee. Am J Infect Control 24: 262–277
64. Pegues D, Axelrod P, McClarren C et al. (1992) Comparison od infections in Hickman and implanted port catheters in adult solid tumor patients. J Surg Oncol 49: 156–162
65. Pironi L (2001) Metabolic bone disease in long-term home parenteral nutrition. Clin Nutr 20: S43–S46
66. Quillici N, Audibert G, Controy MC et al. (1997) Differential quantitative blood cultures in the diagnosis of catheter-related sepsis in intensive care units. Clin Infect Dis 25: 1066–1070
67. Rannen T, Ladefofed K, Tvede M et al. (1986) Catheter-related septicaemia in patients receiving home parenteral nutrition. Scand J Gastroenterol 21: 455–460
68. Ross MN, Haase GM, Poole MA et al. (1988) Comparison of totally implanted reservoirs with external catheters as venous access devices in pediatric oncologic patients. Surg Gynecol Obstet 167: 141–144
69. Salwender HJ, Egerer G, Bach A et al. (2000) Central venous catheter-related complications. J Antimicrob Chemoth; 50: 133–14
70. Sando K, Fujii M, Tanaka K et al. (1997) Lock method using sodium hydroxide solution to clear occluded central venous access devices. Clin Nutr 16: 185–188
71. Sherertz RJ, Ely EW, Westbrook DM et al. (2000) Education of physicians-in-training can decrease the risk for vascular catheter infection. Ann Intern Med 132: 641–648
72. Sherman R, Flynn NM et al. (1988) Multi-lumen catheter sepsis and an educational programme to combat it. Am J Infect Control 16: 31A–34A
73. Shulman RJ, Smith EO, Rahman S et al. (1988) Single vs. double-lumen central venous catheters in pediatric oncology patients. Am J Dis Child 142: 839–842
74. Solomon BA, Solomon J, Shlansky-Goldberg R (2001) Percutaneous placement of an intercostal central venous catheter for chronic hyperalimentation guided by transhepatic venography. JPEN J Parenter Enteral Nutr 25: 42–44
75. Teitelbaum DH (1997) Parenteral nutrition-associated cholestasis. Curr Opin Pediatr 9: 270–275
76. Tokars JI, Cookson ST, McArthur MA et al. (1999) Prospective evaluation of risk factors for bloodstream infection in patients receiving home infusion therapy. Ann Intern Med 131: 340—347
76a. Waitzberg DL, Plooper C, Terr RM (2000) Access routes for nutritional therapy. World J Surg 24: 1468–1476
77. Warner BW, Haygood MM, Davies SL, Hennies GA (1996) A randomized prospective trial of standard Hickman compared with Groshong central venous catheters in pediatric oncology patients. J Am Coll Surg 183: 140-144
78. Wickham R, Purl S, Welken D (1992) Long term central venous catheters: issues for care. Semin Oncol 8: 133–147
79. Widmer AF (1997) Management of catheter-related bacteremia and fungemia in patients on total parenteral nutrition. Nutrition 13: S18–S25
80. Yared G, Seidner DL, Steiger E, Hall PM, Nally JW (1999) Tunneled right atrial catheter infection presenting as renal failure. JPEN J Parenter Enteral Nutr 23: 363–365

Parenterale Ernährung im Säuglings- und Kindesalter

H. Böhles

Die Indikation für eine parenterale Nährstoffzufuhr ist grundsätzlich gegeben, wenn keine ausreichende enterale Zufuhr möglich ist, oder wenn der Darm bewusst entlastet oder ruhig gestellt werden soll. Dies ist v. a. bei gastroenterologischen Krankheitsbildern der Fall, von denen einige in ◘ *Tabelle 30-1* aufgeführt sind. Eine besondere Bedeutung hat die parenterale Ernährung v. a. für Frühgeborene, die im Regelfall auf einer Intensivstation beatmet werden und nur über sehr begrenzte Energiespeicher verfügen (◘ *Tabelle 30-2*). Die Notwendigkeit einer langzeitigen parenteralen Ernährung ist v. a. nach ausgedehnten Dünndarmresektionen (z. B. Kurzdarmsyndrom nach Volvolus) und bei intestinalen Pseudoobstruktionssyndromen gegeben. Die nekrotisierende Enterokolitis des Neugeborenen stellt dabei eine absolute Indikation zur parenteralen Ernährung dar.

Die Wahl des venösen Zugangs richtet sich danach, ob Nährstoffe lediglich zur Minimierung der Katabolie kurzzeitig über eine periphere Vene zugeführt werden sollen oder ob eine vollständige parenterale Ernährung über längere Zeit notwendig ist, was einen zentralvenösen Zugang voraussetzt. Zur Entscheidungsfindung bietet sich das Flussschema in ◘ *Abb. 30-1* an.

30.1 Periphervenöse Ernährung

Der Sinn einer kurzzeitigen parenteralen Nährstoffzufuhr über eine periphere Vene ist *nicht*, eine *kalorisch ausreichende Nährstoffzufuhr* zu ermöglichen, sondern lediglich die *Minimierung von Stickstoffverlusten* im Rahmen einer Katabolie.

Glukose wird in Höhe der endogenen Glukoseproduktionsrate (s. Abschn. 30.4.2.2, Kohlenhydratdosierung) bei einer gleichzeitigen minimalen Aminosäurezufuhr von 0,5–1,0 g/kgKG/24 h zugeführt. Dabei ist zu beachten, dass die endogene Glukoseproduktionsrate linear mit dem Anteil des Gehirns an der Gesamtkörpermasse korreliert, d. h. diese ist bei Säuglingen im Vergleich zu Erwachsenen wesentlich höher (◘ *Abb. 30-2*). Durch die dabei geringe Glukosezufuhr wird eine wesentliche Insulinausschüttung vermieden und der Abbau endogener Fettreserven nicht vollständig blockiert, sodass diese zusätzlich energetisch verwertet werden können. Mit einer derartigen Infusionslösung werden Osmolaritäten um 600 mosmol/l erreicht, die auch von peripheren Venen toleriert werden (s. Kap. 28).

◘ **Tabelle 30-1.** Indikation zur parenteralen Ernährung bei einigen gastroenterologischen Krankheitsbildern

Malabsorptionszustände
– Schwere chronische Durchfälle
– Ausgedehnte Darmresektionen (z. B. Kurzdarmsyndrom nach Volvolus)
– Darmfisteln
– Schwere Beeinträchtigung der Darmschleimhaut bei der Chemo- oder Radiotherapie onkologischer Patienten
Ruhigstellung des Darmes
– Schwere Verlaufsformen einer entzündlichen Darmerkrankung
– Darmfisteln
– Intestinale Lymphangiektasie
– Akute Pankreatitis
Störungen der Darmmotorik
– Schwere Verlaufsform einer Aganglionose (M. Hirschsprung)
– Angeborene Hypo- bzw. Aplasie der Muskelschicht der Darmwand
– Schwere Omphalozele bzw. Gastroschisis

30.2 Totale parenterale Ernährung

30.2.1 Zugangswege

Die Möglichkeit eines Zuganges über eine periphere Vene wird durch die Osmolarität der Infusionslösung limitiert. Lediglich Lösungen mit einer Osmolarität bis 600 mosmol/l werden über mehrere Tage ohne Schädigung der peripheren Vene toleriert. Dies entspricht z. B. der Osmolarität einer 10%igen Glukoselösung. Die Osmolarität einer zur totalen parenteralen Ernährung geeigneten, kalorisch ausreichenden Lösung beträgt dagegen ca. 1800 mosmol/l ohne Fett bzw. ca. 1200 mosmol/l, wenn Lipidemulsionen verwendet werden. Eine totale parenterale Ernährung kann somit nur über einen zentralen Venenkatheter erfolgen. Dafür bestehen mehrere Möglichkeiten:

1. Direkter Zugang über die V. jugularis interna. Es wird die rechte V. jugularis interna bevorzugt, weil sie auf dieser Seite kürzer ist, gerade verläuft und der Gefäßquerschnitt größer ist. Dieser Zugang ist auch deshalb anatomisch günstiger, weil der Ductus thoracicus auf der linken Seite einmündet. Die Thromboserate nach Burri beträgt ca. 1% [9].

2. Broviac- oder Hickmann-Katheter. Diese Kathetertechnik ist besonders für die langfristige parenterale Ernährung geeignet. Nach Punktion der V. subclavia oder der V. jugularis interna wird der Katheter in die V. cava superior vorgeschoben. Das proximale Katheterende wird über einen ca. 8–15 cm langen Tunnel an der Thoraxvorderwand ausgeleitet und an der Austrittsstelle über Haltenähte fixiert (s. Kap. 27).

Katheter mit implantierbarem »Port«. Es handelt sich um Katheter aus Silicon oder Polyurethan, welche in einer subcutan implantierbaren Injektionskammer münden. Der Vor-

◘ **Tabelle 30-2.** Energiereserven von Neugeborenen

1000 g	ca. 100 kcal/kg
2000 g	ca. 485 kcal/kg
Reife Neugeborene	ca. 1580 kcal/kg

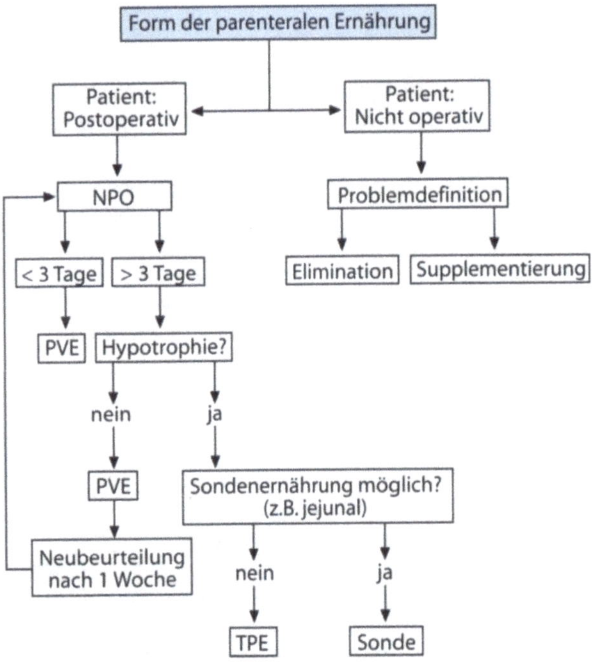

Abb. 30-1. Entscheidungshilfe zur Beurteilung der Notwendigkeit einer parenteralen Ernährungsform. *PVE* periphervenöse Ernährung; *NPO* keine orale Ernährung möglich; *TPE* totale parenterale Ernährung

teil dieser Systeme ist, dass kein extrakorporaler Katheterverlauf besteht. Ein Nachteil ist, dass das Reservoir durch eine Membran perkutan anpunktiert werden muss. Die Größe der Kammer verbietet seine Anwendung bei Säuglingen mit ungenügendem Unterhautfettgewebe.

Kathetermaterialien

Das Siliconelastomer Silastic wird durch das Gefäßendothel am besten toleriert. Broviac-Katheter sind im Bereich des Hautdurchtrittes mit einer Teflonmanschette versehen, welches mit der Zeit von Bindegewebe durchdrungen wird, den Katheter fixiert und gleichzeitig ein mechanisches Hindernis für die Besiedlung des Katheters mit Hautkeimen darstellt.

Sehr dünne Katheter aus Siliconelastomer, wie auch aus Polyurethan, sind, wegen ihrer Weichheit und ihres geringen Durchmessers (Innendurchmesser 0,30 mm), besonders für Frühgeborene geeignet.

Kontraindikationen einer parenteralen Ernährung

Die Kontraindikationen einer parenteralen Ernährung sind:
- Akutphase einer Erkrankung, unmittelbar nach Operationen und Trauma,
- Kreislaufschock,
- Serumlaktatkonzentration >3 mmol/l,
- Hypoxie (pO_2 <50 mmHg),
- Azidose.

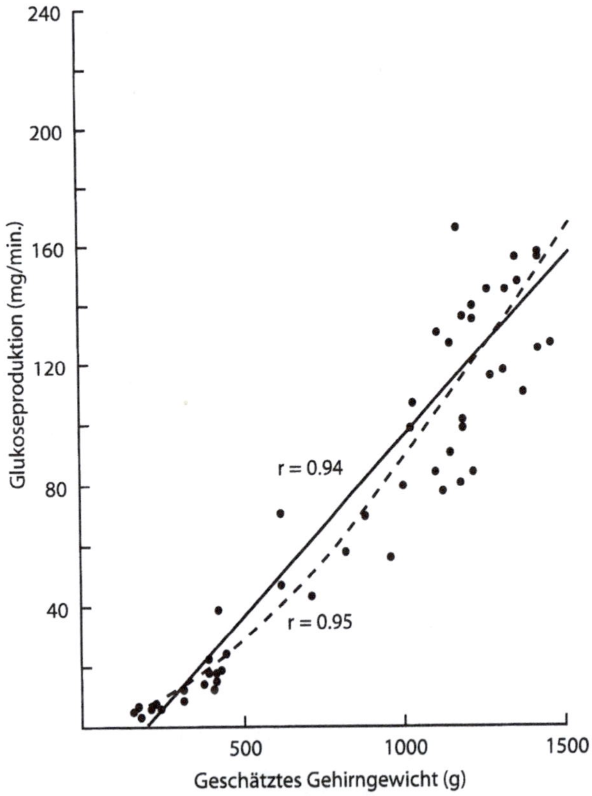

Abb. 30-2. Beziehung zwischen Glukoseproduktionsrate und Gehirngewicht. (Mod. nach Bier et al. [19])

30.3 Grundsätzliche Aussagen zur Gewebeanabolie in verschiedenen Entwicklungsphasen

30.3.1 Energie- und Stickstoffbedarf bei Frühgeborenen

Stickstoffretention

Die Bedarfszahlen der Stickstoffretention orienteren sich am Erreichen einer möglichst dem *intrauterinen Stickstoffeinlage-*

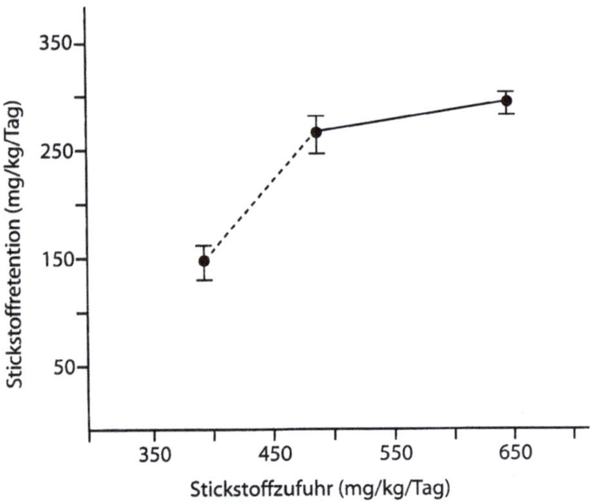

Abb. 30-3. Auswirkung einer Anhebung der Stickstoffzufuhr auf die Stickstoffretention bei Säuglingen mit einer Energiezufuhr <60 kcal/kg/24 h. (Mod. nach Zlotkin et al. [2])

rung entsprechenden Wachstumsrate. Im 3 Schwangerschaftstrimenon ist das fetale Wachstum besonders ausgeprägt und die Stickstoffretention beträgt ca. 330 mg/kg/24 h. Um eine derartige Stickstoffretention bei parenteraler Ernährung zu erzielen ist eine Stickstoffzufuhr von ca. 480 mg/kg/24 h notwendig [56] (▣ *Abb. 30-3*).

Der Quotient aus retinierter und zugeführter Stickstoffmenge gilt als ein Maß für die Qualität einer Aminosäurelösung. Bei einer konstanten Energiezufuhr ist die Aminosäureutilisation eine Funktion der zugeführten Menge. Sie nimmt von ca. 50% bei einer Stickstoffzufuhr von 200 mg/kg/24 h auf ca. 70% bei 500 mg/kg/24 h zu. Der beschriebene Quotient ist daher nur bei einer jeweils vergleichbaren Stickstoffzufuhr aussagefähig.

Wird das Verhältnis von Stickstoffzufuhr zu Stickstoffretention wie in ▣ *Abb. 30-3* gegeneinander aufgetragen, so ist die Steigung umso steiler, d. h. die Stickstoffretention umso effektiver, je mehr Nichtstickstoffkalorien zugeführt werden.

Proteinsynthese und Energiebedarf

Die Nettoproteinsituation ist das Ergebnis aus immer gleichzeitig ablaufender Proteinsynthese und Proteindegradation (▣ *Abb. 30-4*; ▣ *Tabelle 30-3*). Ein Nettoproteinzuwachs von z. B. 2 g resultiert aus einer Proteinsyntheseleistung von 15 g und einem Proteinabbau von 13 g. Für 1 g Nettoproteinzugewinn müssen somit ca. 7 g Protein synthetisiert werden.

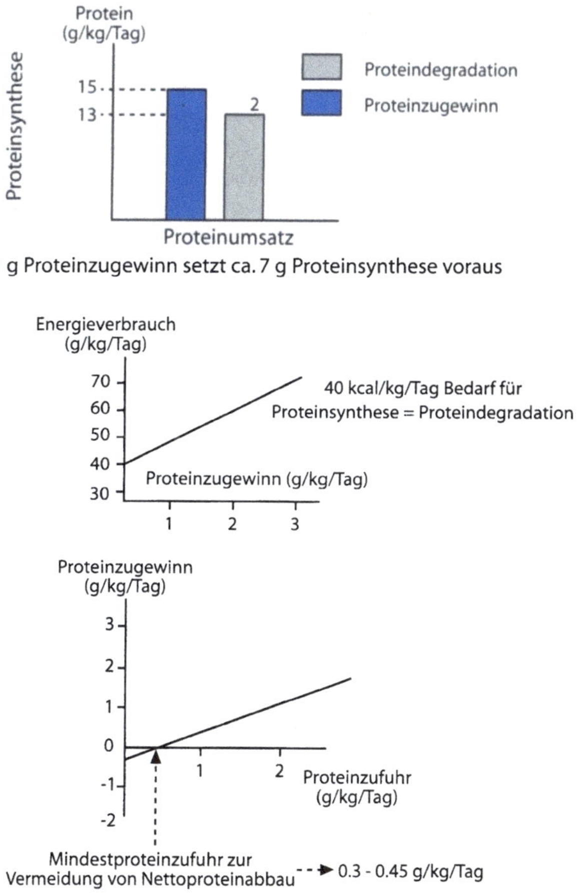

▣ **Abb. 30-4.** Zusammenhänge zwischen Energieverbrauch, Proteinsynthese und Proteinzugewinn. (Mod. nach Micheli u. Schütz [3])

▣ **Tabelle 30-3.** Modellrechnung des Energiebedarfes der Proteinsynthese. (Mod. nach Micheli u. Schütz [4])

Unreife Frühgeborene:
Energiezufuhr 110 kcal/kgKG/24 h (3.-7. Woche)
Energieverbrauch: 60
Energie für Wachstum: 50
Zuwachs:
15 g/kgKG/24 h = fetaler Proteinzuwachs (=320 mg N/kg/KG/24 h)
- 14% Gewebeproteinanteil (fetales Wachstum); 12% (postnatales Wachstum)
- 2,1 g Protein in 15 g Gewebe
- 1 g Nettoproteinzuwachs = 110/2 kcal = 55kcal
- 2 g Nettoproteinzuwachs benötigen 14 g Proteinsynthese und ca. 12 g Proteinabbau; 14 g Proteinsynthese = 110 kcal

1 g Proteinsynthese = ca. 10 kcal

Wird der Nettoproteinzuwachs gegen den Energieverbrauch aufgetragen so schneidet die Regressionsgerade bei einem Nettoproteinzuwachs von 0 die Ordinate bei ca. 40 kcal/kg/24 h (1 kcal=4,187 J). Es werden somit 40 kcal/kg/24 h alleine für Proteinsynthese und Proteindegradation benötigt.

Wird der Nettoproteinzugewinn gegen die Proteinzufuhr aufgetragen, so schneidet die Regressionsgerade die Abszisse bei einer Proteinzufuhr von 0,3–0,4 g/kg/24 h. Damit wird die Mindestproteinzufuhr zur Vermeidung eines Nettoproteinabbaus beschrieben.

> Eine Aminosäurezufuhr von ca. 0,4 g/kg/24 h bei einer Zufuhr von 40 kcal/kg/24 h stellt somit das *absolute Minimum* zur Erhaltung der Körperproteinstabilität dar. Zur Erhaltung der Gewichtsstabilität werden weitere 10 kcal/kg/24 h, also insgesamt 50 kcal/kg/24 h benötigt [17].

30.3.2 Energie- und Stickstoffbedarf bei reifen Säuglingen

Der Energiebedarf/kg KG sinkt mit zunehmendem Alter. Er beträgt im ersten Lebenshalbjahr ca. 120 kcal/kg/24 h und im zweiten ca. 110 kcal/kg/24 h.

Eine effiziente Eiweißnutzung wird bei einem Verhältnis von 150–200 kcal/1 g Protein angenommen. Dies entspricht ca. 24–31 kcal/1 g Protein.

30.3.3 Energie- und Stickstoffbedarf ab dem 2. Lebensjahr

Im 2. und 3. Lebensjahr beträgt der Energiebedarf noch ca. 100 kcal/kg/24 h. Im weiteren Altersverlauf gelten folgende Anhaltswerte:

- 4.–6. Lebensjahr ca. 90 kcal/kg/24 h.
- 7.–9. Lebensjahr ca. 80 kcal/kg/24 h.
- 10.–12. Lebensjahr ca. 70 kcal/kg/24 h.
- 13.–15. Lebensjahr ca. 60 kcal/kg/24 h.

Der ausgereifte Organismus hat dann noch einen Energiebedarf von ca. 40–50 kcal/kg/24 h. Als effizientes Verhältnis zwischen Nichtproteinkalorien und Eiweiß gilt die unter Abschn. 2.2. gemachte Aussage.

30.4 Flüssigkeitsbedarf

30.4.1 Flüssigkeitsbedarf bei frühgeborenen Säuglingen

Die Besonderheiten der Flüssigkeitszufuhr bei jungen Säuglingen unterschiedlichen Reifegrads ergeben sich aus den unterschiedlichen Verhältnissen der Flüssigkeitsräume (*Tabelle 30-4*). Der Gesamtkörperwassergehalt von jungen Säuglingen ist 70–75%, der von Erwachsenen dagegen nur 60–65% des Körpergewichtes. Erwachsenenwerte werden im Alter von ca. 1 Jahr erreicht. Pro kgKG ist der Wasserbedarf umso größer, je jünger und unreifer ein Kind ist. Die sich ändernden Anteile der Flüssigkeitsräume sind in *Abb. 30-5* nach Friis-Hansen dargestellt [17]. Nach der Geburt kommt es zu einer steten Abnahme des Gesamtkörperwassergehalts, der v. a. auf Kosten des extrazellulären Raums, insbesondere seines interstitiellen Anteils geht. Bei sehr unreifen Kindern ist die Verringerung des Extrazellulärraums bei relativ konstant verbleibendem Intrazellulärraum besonders ausgeprägt.

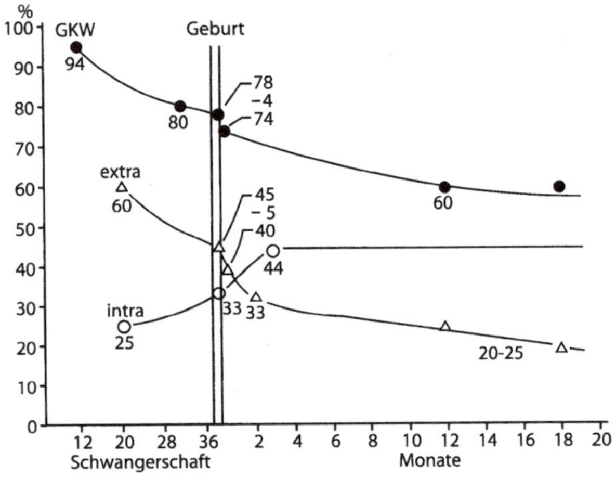

Abb. 30-5. Veränderungen der Flüssigkeitsräume im Laufe der Entwicklung. *GKW* Gesamtkörperwasser; *extra* extrazellulärer Raum; *intra* intrazellulärer Raum. (Mod. nach Friis-Hansen [4])

Tabelle 30-4. Flüssigkeitsbedarf unreifer Frühgeborener. Für die Empfehlungen gelten folgende Bedingungn: Inkubator, Luftfeuchtigkeit >60%, keine Phototherapie. Bei Phototherapie kann sich der Bedarf um ca. 20 ml/kg/24 h erhöhen

Geburtsgewicht [g]	1.–2. Tag [ml/kg/24 h]	3.–4. Tag [ml/kg/24 h]	15.–30. Tag [ml/kg/24 h]
>750–1000	105	140	150
1001–1250	100	130	140
1251–1250	90	120	130
1501–1750	80	110	130
1751–2000	70	100	130

Tabelle 30-5. Perspiratio insensiblis bei Neugeborenen in Abhängigkeit vom Reifestadium. Bei Kindern unter der Wärmelampe +50%. Bei Kindern unter der Plastikfolie –25%

Frühgeborene <1000 g	2,8 ml/kg/h
1200 g	2,5 ml/kg/h
1500 g	2,0 ml/kg/h
2000 g	0,8 ml/kg/h
Reife Neugeborene	0,5 ml/kg/h

Die Verteilungsanteile des Erwachsenen werden ebenfalls gegen Ende des 1. Lebensjahres erreicht. Da das extrazelluläre Volumen vom Gesamtkörpernatriumgehalt bestimmt wird, gehen die Veränderungen mit dessen Reduktion einher. Der peripartale Wasserverlust und der damit verbundene Gewichtsabfall können und sollen bei Frühgeborenen durchaus bis zu 10% des Körpergewichts betragen.

> Der Wasserverlust wird durch die postpartale Diurese induziert, die mit einer Verbesserung der Lungenfunktion einhergeht. Der Flüssigkeitsbedarf resultiert aus Verlustsituationen wie auch aus der Umsatzdynamik.

Die Verlustsituation ist einerseits durch das noch eingeschränkte Konzentrationsvermögen der noch unreifen Säuglingsniere wie auch durch den hohen Anteil der Perspiratio insensibilis bedingt (*Tabelle 30-5*).

Die Niere des Neugeborenen kann nur bis ca. 700 mosmol/kg Wasser konzentrieren. Eine Ausreifung der Konzentrationsfähigkeit wird um den 6. Lebensmonat erreicht. Junge und insbesondere unreife Säuglinge können auf eine akute Flüssigkeitsbelastung nur verzögert reagieren und neigen daher zur Überwässerung, die mit einem erhöhten Risiko für intrakranielle Blutungen und eine Persistenz des Ductus arteriosus Botalli einhergeht. Die Dynamik des Flüssigkeitsumsatzes unterscheidet sich beim unausgereiften vom ausgereiften Organismus. Der tägliche Flüssigkeitsumsatz eines Säuglings beträgt ca. 1/3 des Extrazellulärraums dagegen beim ausgereiften Organismus nur 1/7. Die Flüssigkeitszufuhr sollte möglichst so gestaltet werden, dass die Ausscheidung von Feststoffen (»Molenlast«) bei ca. 250 mosmol/kg Urin möglich ist. Katabole Zustände führen grundsätzlich zu einem Anstieg dieser molaren Belastung.

30.4.2 Flüssigkeitsbedarf bei reifen Säuglingen, Klein- und Schulkindern

Nach dem 1. Lebensjahr ist der Anteil der extrazellulären Flüssigkeit ca. 20–25% (Plasmawasser ca. 5%; interstitielle Flüssigkeit ca. 15%, transzelluläres Wasser ca. 1–3%) und der der intrazellulären Flüssigkeit 30–40% des Körpergewichts. Die Verteilung der Flüssigkeit zwischen Plasma und Interstitium ist wesentlich durch die Plasmaproteinkonzentration gesteuert.

Als allgemeine Regel zur Berechnung des Flüssigkeitsbedarfes kann gelten (*Tabelle 30-6*):

1–10 kgKG 100 ml/kg,
11–20 kgKG 1000 ml + 50 ml/kg für jedes kg >10 kg,
>20 kgKG 1500 ml + 25 ml/kg für jedes kg >20 kg.

Tabelle 30-6. Flüssigkeitsbedarf

Alter	Menge [ml/kgKG/24 h]
1. Lebenstag	50–70
2. Lebenstag	70–90
3. Lebenstag	80–100
4. Lebenstag	100–120
5. Lebenstag	100–130
1. Lebensjahr	100–140
2. Lebensjahr	80–120
3.–5. Lebensjahr	80–100
6.–10. Lebensjahr	60–80
10. Lebensjahr (Pubertät)	50–70

30.4.3 Allgemeine Regeln zur Steuerung der Flüssigkeitszufuhr bei Säuglingen

Ziel der Flüssigkeitszufuhr in der Phase der postnatalen Anpassung des extrazellulären Raums ist die Minimierung der Flüssigkeitszufuhr ohne Auftreten einer zellulären Dehydratation. Im Rahmen der Flüssigkeitszufuhr ist folgende Urinausscheidung anzustreben:

- am 1. Tag: >0,5 ml/kg/h und
- am 2. Tag: >2,0 ml/kg/h.

Die Flüssigkeitszufuhr sollte gesteigert werden, wenn:

- Urinmenge > Einfuhr,
- Urinmenge <0,5 ml/kg/h über 8 h, sofern keine Anzeichen einer Überwässerung bestehen,
- Gewichtsabnahme >5% des Körpergewichts/24 h in den ersten 2 Tagen bzw. >10–13%.

Die Flüssigkeitsmenge sollte reduziert werden, wenn:

- Gewichtsabnahme <1–2% des Körpergewichts/24 h in den ersten 5 Lebenstagen,
- Herzinsuffizienz (z. B. Ductus arteriosus),
- Niereninsuffizienz.

30.4.4 Flüssigkeitszufuhr in besonderen Situationen

Frühgeborene mit Atemnotsyndrom

Pulmonale Insuffizienz und Flüssigkeitshaushalt sind auf das Engste miteinander verknüpft. Am 3. Lebenstag sollten Diurese und Natriurese einsetzen und interstitielle Ödemflüssigkeit aus den Lungen ausgeschwemmt werden. Beim Atemnotsyndrom ist dieser zeitliche Ablauf verzögert. In der zu erwartenden Diuresephase ist eine *Urinproduktion von <2 ml/kg/h* ein Hinweis auf eine verminderte glomeruläre Filtrationsrate infolge eines Kreislaufschocks. Bestehen nach der Grundversorgung weiterhin Schockzeichen, sollte die i.v.-Volumenexpansion mit 10–20 ml 0,9% NaCl-Lösung über 30 min erfolgen. Albuminhaltige Lösungen sind nicht indiziert, da sie wegen des bestehenden Kapillarlecks eher zu einer Verschlechterung des interstitiellen Ödems führen. Nach der Kreislaufstabilisierung sollten die Phasen zur physiologischen Kontraktion des extrazellulären Volumens und zur Ausschwemmung des Lungenödems durchlaufen werden. Danach kann die Flüssigkeitszufuhr auf 120–130 ml/kg/24 h gesteigert werden.

Phototherapie

Bei Phototherapie ist der Flüssigkeitsbedarf um 15–30% gesteigert.

Beatmung

Die Flüssigkeitszufuhr ist während der Beatmung am unteren Dosierungsbereich orientiert.

Fieber

Fieber steigert den Flüssigkeitsbedarf um 30%/1°C Temperaturerhöhung.

Perioperative Flüssigkeitszufuhr

Intraoperativ sind natriumreiche Lösungen, d. h. mit einem Natriumgehalt >70 mmol/l, zu verwenden.

Flüssigkeitsdosierung:

- 1.–5. Lebensjahr: 6–8 ml/kg/h.
- 6.–9. Lebensjahr: 4–6 ml/kg/h.
- >10. Lebensjahr bis Pubertät 7 ml/kg/h.

Postoperativ besteht in den ersten 12–24 h die Tendenz zur Wasserretention (erhöhte ADH-Aktivität!). Die Flüssigkeitszufuhr ist daher an der unteren und die Natriumzufuhr an der oberen Dosierungsgrenze auszurichten. Volumenverluste über Drainagen und Sonden sind zusätzlich zu substituieren.

30.5 Makronährstoffe

30.5.1 Aminosäuren

Für die Pädiatrie geeignete Aminosäurelösungen müssen sich mit ihrer Zusammensetzung zum einen an den Erfordernissen einer metabolischen Unreife und zum anderen am Bedarf des körperlichen Wachstums orientieren. Deshalb gelten neben den klassischen 8 essenziellen Aminosäuren für den Stoffwechsel, besonders bei unreifen Säuglingen, weitere Aminosäuren als essenziell oder *semiessenziell*. Grundsätzlich gilt, dass je jünger das Kind und je unreifer dessen v. a. hepatischer Intermediärstoffwechsel ist, desto differenzierter muss die Formulierung einer Aminosäurelösung sein. Verfügbare, für das Kindesalter geeignete Aminosäurelösungen, sind in *Tabelle 30-7* aufgeführt.

Allgemeine Bedeutung der Aminosäuren in der parenteralen Ernährung des Kindes

Die verzweigtkettigen Aminosäuren: Leuzin, Isoleuzin und Valin

Der Ort der Metabolisierung dieser Aminosäuren ist die Muskulatur. Ihre Oxidation hat eine Sparwirkung auf den Glukoseverbrauch, und sie vergrößern den Alanin- und Glutaminpool, der wiederum die Grundlage der Glukoneogenese darstellt.

Leuzin beeinflusst die Geschwindigkeit der Proteinsynthese in der Muskulatur. Der Bedarf an verzweigtkettigen Aminosäuren ist bei Frühgeborenen größer als bei ausgereiften Säuglingen. Frühgeborene tolerieren daher problemlos Aminosäurelösungen mit einem höheren Gehalt an verzweigtkettigen Aminosäuren.

Tabelle 30-7. Für die Kinderheilkunde wichtige Aminosäurelösungen

	Aminopäd	Vamin Infant	Aminoven infant	Primene
Aminosäure				
Konzentration	10%	6,5%	10%	10%
Tryptophan	4,0	2,2	2,01	2,0
Isoleuzin	5,1	4,8	8,0	6,7
Leuzin	7,6	10,8	13,0	10,0
Valin	6,1	5,5	9,0	7,6
Lysin	8,8	8,6	8,51	11,0
Methionin	2,0	2,0	3,12	2,4
Phenylalanin	3,1	4,2	3,75	4,2
Threonin	5,1	5,5	4,4	3,7
Arginin	9,1	6,3	7,5	8,4
Histidin	4,6	3,2	4,76	3,8
Glyzin	2,0	3,2	4,1	4,0
Alanin	15,9	9,7	9,3	8,0
Glutaminsäure	9,3	10,9	–	10,0
Asparaginsäure	6,6	6,3	–	6,0
Prolin	6,1	8,6	9,71	3,0
Serin	2,0	5,9	7,67	4,0
Tyrosin	1,06	0,8	4,2	0,45
Cystein	0,56	1,5	0,52	1,9
Ornithin			–	2,–2,55
Taurin	0,3	–	0,4	0,6
			–	0,6
% verzweigtkettige Aminosäuren				
	19	21	24	24

Die aromatischen Aminosäuren: Phenylalanin und Tyrosin.

Phenylalanin ist essenziell für die Proteinsynthese. In Proteinen macht Phenylalanin durchschnittlich 5% der Aminosäuren aus. Tyrosin ist die Ausgangssubstanz der Synthese von Katecholaminen, Melanin und der Schilddrüsenhormone. Überhöhte Phenylalaninkonzentrationen sind für das Zentralnervensystem toxisch (s. Phenylketonurie, Kap. 45).

Bei Frühgeborenen sind sowohl die hepatische Phenylalaninhydroxylaseaktivität als auch das enzymatische System des *Tyrosinstoffwechsels* noch unausgereift. Frühgeborene neigen daher bei parenteraler Aminosäurezufuhr sowohl zur Hyperphenylalaninämie als auch zur Hypertyrosinämie. Beim ausgereiften Säugling dagegen führen die Enzymaktivitäten zu einem raschen Aminosäureumsatz der sich in eher niedrigen Phenylalanin- und Tyrosinkonzentrationen zeigt [42]. Es wird versucht die niedrigen Plasmatyrosinkonzentrationen bei parenteralernährten Säuglingen durch den Zusatz des besser löslichen N-Acetyltyrosins anzuheben. Neugeborene und unreife Frühgeborene haben jedoch offensichtlich eine noch unzureichende Deacetylierungskapazität, sodass Tyrosin in dieser besser löslichen Form u. U. nicht ausreichend genutzt werden kann.

Es besteht eine Wechselwirkung zwischen den verzweigtkettigen und den aromatischen Aminosäuren. *Leuzin* begünstigt den Phenylalanin- und Tyrosinstoffwechsel. Seit der Verfügbarkeit neuerer Lösungen mit hohen Konzentrationen an verzweigtkettigen Aminosäuren werden bei Frühgeborenen kaum mehr Hyperphenylalaninämien und Hypertyrosinämien gesehen [45].

Die schwefelhaltigen Aminosäuren: Methionin, Cystein, Taurin

Methionin ist als schwefelhaltige, essenzielle Aminosäure die Vorstufe von Cystein und Taurin. Methionin ist der wesentliche Methylgruppendonator im hepatischen Intermediärstoffwechsel. Durch Demethylierung wird es in Homocystein umgewandelt, das unter Beteiligung des Tetrahydrofolsäuresystems wieder zu Methionin remethyliert oder aber auf dem Transsulfurierungsweg über die Bildung von Cystathionin schließlich zu Cystein umgewandelt wird.

Bei unreifen, aber auch reifen Neugeborenen, ist *Cystein* wegen der noch bestehenden unausgereiften Cystathionaseaktivität eine weitgehend essenzielle Aminosäure. Bereits bei Frühgeborenen ist die Plasmacysteinkonzentration von der Methioninzufuhr abhängig. Es wird dabei häufig beobachtet, dass sich normale Plasmacysteinkonzentrationen erst bei überhöhten Plasmamethioninkonzentrationen einstellen. Aus diesem Grund wird für den Gebrauch bei jungen Säuglingen die Cysteinsupplementierung der Aminosäurelösungen empfohlen. Eine Anreicherung mit Cystein-HCl erscheint aufgrund der geringen Löslichkeit und der Gefahr einer Azidose wenig angezeigt. Das verfügbare N-Acetylcystein ist jedoch wegen der bei Frühgeborenen bestehenden noch limitierten Deacetylierungsfähigkeit und der ebenfalls noch unausgereiften Stoffwechselverhältnisse ungeeignet. Neuere Entwicklungen konzentrieren sich auf Procystein, eine Vorstufe des Glutathions [7].

Taurin wird durch Decarboxylierung der Cysteinsulfinsäure, einem Enzymschritt gebildet, der ebenfalls bei Frühgeborenen noch unausgereift ist. Im letzten Schwangerschaftstrimenon akkumuliert der Fetus ca. 50–60 µmol Taurin/24 h [19]. Wegen der geringen Taurinsynthesefähigkeit des unreifen Säuglings wird Taurin für diesen Entwicklungsabschnitt zu einer zu supplementierenden essenziellen Aminosäure. Die Funktionen von Taurin sind vielfältig und noch nicht in vollem Umfang verstanden. Gesichert ist seine Bedeutung für das ZNS, die Retina und den Gastrointestinaltrakt [56]. Die nachgewiesene Bedeutung für die Reifung akustisch evozierter Potentiale weist erneut auf die klinische Bedeutung dieser Aminosäure hin [53].

> *Junge Säuglinge* sind somit bei der *parenteralen Ernährung* zur Aufrechterhaltung ihrer Plasmakonzentrationen auf eine *exogene Taurinzufuhr* angewiesen. Die Beurteilung der Taurinausscheidung im Urin ist ein besseres Kriterium zur Beurteilung des Taurinstatus als die Plasmakonzentration, da durch die hohen zellulären Taurinkonzentrationen viele Verfälschungsmöglichkeiten gegeben sind.

Die essenziellen Aminosäuren: Threonin, Lysin, Histidin und Tryptophan

Bei der parenteralen Ernährung unreifer Säuglinge ist die Plasmakonzentration von *Threonin* direkt proportional zur Zufuhr als auch umgekehrt proportional zum Gestationsalter [3]. Eine Toxizität überhöhter Plasmathreoninkonzentrationen konnte bisher nicht nachgewiesen werden, obwohl es sich um die Aminosäure handelt, deren Konzentration im Gehirn proportional zu den Plasmakonzentrationen ansteigt.

Von allen Aminosäuren ist bei *Lysin* der maternofetale Gradient am stärksten ausgeprägt. Die Plasmalysinkonzentrationen des Fetus sind ca. 4fach höher als die der Mutter. Ein Lysinmangel, wie auch ein Lysinüberschuss hat negative Auswirkungen auf das Wachstum, auf den DNA-Gehalt des Gehirns und die Dynamik der Harnstoffsynthese [49].

Die Plasmakonzentration von *Histidin* wird von allen essenziellen Aminosäuren am wenigsten durch die Zufuhr beeinflusst. Histidin gilt bei jungen Säuglingen als essenzielle Aminosäure.

Tryptophan macht ca. 1,5% der Aminosäuren in tierischem Protein aus. Seine Bedeutung resultiert insbesondere als Vorstufe von Serotonin und Nikotinsäure. Es wird im Plasma teilweise an Protein gebunden. Mit den gängigen chromatographischen Methoden wird nach Eiweißfällung nur das freie Tryptophan gemessen. Das freie Tryptophan korreliert jedoch mit der Gesamttryptophankonzentration, sodass die Bedarfssituation gut abgeschätzt werden kann.

Nichtessenzielle Aminosäuren

Die Anforderung an die Zufuhr nichtessenzieller Aminosäuren liegt in der Zufuhr von nichtessenziellem Stickstoff ohne Verursachung einer Hyperammoniämie, die v. a. nach reichlicher Zufuhr von Glyzin und Serin gesehen wurde.

Durch die Zufuhr von *Asparaginsäure* und *Glutaminsäure* kann der Glyzin- und Seringehalt der Aminosäurelösungen vermindert werden. Ein weiterer Vorteil dieser dicarboxylischen Aminosäuren ist ihre antiazidotische Wirkung. Gleichzeitig kann Glutaminsäure als Vorstufe von Glutamin gesehen werden, welches v. a. bei hypermetabolischen Patienten als wesentliche Energiequelle, sowohl der intestinalen Zellen als auch der Zellen des lymphatischen Systems, gesehen werden muss [50]. Es bleibt jedoch noch zu klären, ob durch Aminosäurelösungen mit einem angehobenen Gehalt an verzweigtkettigen Aminosäuren und dem Zusatz an α-Ketoglutarat entsprechende Ergebnisse zu erzielen sind [12].

Aminosäuren der Harnstoffsynthese: Arginin und Ornithin

Der Gehalt einer Aminosäurelösung an *Arginin* trägt zur Vermeidung einer Hyperammoniämie bei. Asymptomatische Hyperammoniämien bei Frühgeborenen weisen erniedrigte Konzentrationen der Plasmakonzentrationen der Harnstoffzyklusintermediate auf und können durch die Anhebung der Argininzufuhr normalisiert werden [5]. Ein Teil des Argininbedarfes kann auch durch *Ornithin* gedeckt werden,was in einigen neueren Aminosäurelösungen berücksichtigt wird (◘ *Tabelle 30-7*).

Wegen ihrer geringen Löslichkeit oder ihrer Instabilität enthalten Aminosäurelösungen nur geringe Mengen an *Cystein*, *Tyrosin* oder *Glutamin*. Diese Aminosäuren gelten in definierten Situationen zumindest als semiessenziell. Zwischenzeitlich wurden jedoch Di- und Tripeptide von Cystein, Glutamin und Tyrosin synthetisiert, die schnell hydrolysiert und die jeweiligen Aminosäuren verfügbar gemacht werden können [48]. Diese Gesichtspunkte sind v. a. für die parenterale Aminosäurezufuhr bei unreifen Säuglingen von Bedeutung (s. Kap. 26).

Aminosäurebedarf, verfügbare Lösungen und Dosierung

Der Aminosäurebedarf des Frühgeborenen stellt eine Extremform des parenteralen Aminosäurebedarfs dar. Es ist eine ausreichende Zahl an für die parenterale Ernährung des Kindes unter den Gesichtspunkten der Unreife und des Körperwachstums geeigneten Aminosäurelösungen auf dem deutschen Markt verfügbar (s. ◘ *Tabelle 30-7*).

Die Dosierung der Aminosäuren erfolgt grundsätzlich einschleichend, wobei mit einer Zufuhr von 0,5 g/kg/24 h begonnen und täglich um 0,5 g/kg/24 h gesteigert werden sollte. Die maximale Zufuhr orientiert sich grundsätzlich an 2 Gegebenheiten:

- An der für das Alter physiologischen Eiweißsyntheserate
  Entsprechend den Daten von Pohland et al. [41] haben Frühgeborene physiologischerweise um die 30. SSW eine maximale Eiweißsyntheserate mit einem im Median maximalen Eiweißbedarf von 2,7 g/kg/24 h der bis zur 40. SSW wieder auf <2,0 g/kg/24 h zurückgeht (◘ *Abb. 30-6*). Bei Frühgeborenen kann mit einer Aminosäurezufuhr von 2,5 g/kg/24 h und 60 kcal/kg/24 hg eine positive Stickstoffbilanz erzielt werden [3].
- An den Harnstoff- und Ammoniakkonzentrationen im Plasma
  Die Harnstoffproduktionsrate ist ein empfindliches Maß für die Aminosäureverwertung. Die Überwachung der Plasmakonzentrationen von Funktionsproteinen, wie z. B. Präalbumin, Fibrinogen oder Retinolbindungsprotein, gibt einen Hinweis für eine ausreichende Aminosäureversorgung der Leber. Es ist in diesem Zusammenhang zu bedenken, dass eine durch die Glukosezufuhr bedingte massive Insulinausschüttung den Stickstofffluss v. a. zur Muskulatur lenkt. Dies kann durch eine gleichzeitige Absenkung der Plasmakonzentration in der Leber synthetisierter Funktionsproteine nachvollzogen werden.

30.5.2 Kohlenhydrate

Grundlagen

Glukose ist das wesentliche Kohlenhydrat, das als Energiesubstrat bei der parenteralen Ernährung Verwendung findet. Bei der Oxidation von 1 g Glukose werden 0,746 l O_2 verbraucht und 0,746 l CO_2 sowie 3,735 kcal produziert (RQ 1). Ein nicht zu vernachlässigender Teil der intravenös zugeführten Glukose wird nicht oxidiert sondern gespeichert. Dieser Anteil

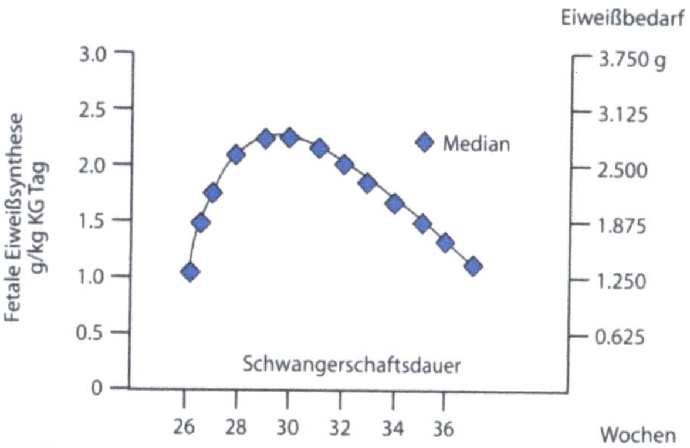

◘ Abb. 30-6. Fetale Eiweißsynthese und Proteinbedarf in Abhängigkeit der Schwangerschaftswoche. (Mod. nach Pohlandt [17])

hängt stark vom Ernährungszustand des Kindes, von der zugeführten Menge und ebenso von der Qualität der weiteren zugeführten Nährstoffe ab.

Die Speicherung der Glukose in Form von Glykogen ist begrenzt, sodass nicht oxidierte Glukose hauptsächlich zur Lipogenese beiträgt. Diese Speicherphänomene sind energetisch aufwendig. Die energetischen Kosten der Glukosespeicherung als Glykogen sind 5,5% der Glukosekalorien und die Lipogenese verbraucht sogar 25%. Die i.v.-Glukosezufuhr führt daher zu einer thermodynamischen Wirkung von ca. 6–8% der damit zugeführten Energiemenge (Kap. 2, 13).

Bei Überdosierung kann die daraus resultierende Hyperglykämie v. a. bei Säuglingen die Ursache von osmotischer Diurese, Dehydratation und intrakraniellen Blutungen sein.

Dosierung

Die Glukosedosierung bei parenteraler Ernährung orientiert sich an 2 Anhaltszahlen:

- *Endogene Glukoseproduktionsrate*
  Der Glukosebedarf des Organismus wird stark von der Masse der glukoseabhängigen Organsysteme beeinflusst. Es darf angenommen werden, dass zwischen der Gehirnmasse und der endogenen Glukoseproduktionsrate des Kindes eine lineare Beziehung besteht (s. ◘ *Abb. 30-2*; [24]). Als endogene Glukoseproduktionsrate konnte von diesen Autoren mit stabiler Isotopentechnik bestimmt werden:
  Frühgeborene
  5,46±0,31 mg/kg/min (7,8±0,44 g/kg/24 h)
  Reife Neugeborene
  6,07±0,27 mg/kg/min (8,7±0,39 g/kg/24 h)
  <6 Jahre
  7,10±0,27 mg/kg/min (10,2±0,39 g/kg/24 h)
  6–10 Jahre
  5,40±0,28 mg/kg/min (7,7±0,40 g/kg/24 h)
  Im Vergleich dazu beträgt die endogene Glukoseproduktionsrate des *Erwachsenen* 2,9 ± 0,5 mg/kg/min (4,2±0,72 g/kg/24 h) [51].

> Es ist eine Besonderheit des unreifen Neugeborenen, dass die endogene Glukoseproduktion durch eine Glukoseinfusion – im Gegensatz zu z. B. Erwachsenen – nicht vollständig supprimiert wird. Im Median verbleibt bei Frühgeborenen eine endogene Produktionsrate von ca. 1 mg/kg/min [51].

Mit der Glukosezufuhr sollte die endogene Produktionsrate nicht unterschritten werden, da sonst in unökonomischer Weise Eiweiß zur Glukoseproduktion herangezogen werden müsste.

- *Maximale Glukoseoxidationsrate*
  Die Kapazität der Glukoseoxidation ist begrenzt. Eine steigende Glukosezufuhr ist zunächst von einer Zunahme der Glukoseoxidation bis zu einem Plateauwert gefolgt, der der maximalen Glukoseoxidationsrate entspricht. Diese liegt bei jungen Säuglingen bei ca. 14 mg/kg/min (20 g/kg/24 h) [31]. Ein Überschreiten der maximalen Glukoseoxidationsrate ist durch einen Anstieg des RQ>1 und eine Nettolipogenese gekennzeichnet. Das Oxidationsmaximum wird aber bei verschiedenen Erkrankungen mit unterschiedlichen Glukosezufuhrraten erreicht. Insbesondere bei gleichzeitiger Medikation mit Kortikoiden ist die maximale Menge der Glukoseoxidierbarkeit abgesenkt. Mit der Einstellung des RQ auf 1 mittels der indirekten Kalorimetrie, die am Krankenbett durchgeführt werden kann, besteht eine elegante Möglichkeit, individuell das Erreichen der maximalen Glukoseoxidationsrate festzustellen.

Praktisches Vorgehen

Nach einer Anfangsdosierung von 8–10 g Glukose/kg/24 h erfolgt eine zügige Anhebung bis zum Erreichen der maximalen Glukoseoxidation bei einem RQ=1. Es ist auf das Vermeiden wesentlicher Nebenerscheinungen der Glukosezufuhr zu achten:

- Die durch die Glukosezufuhr bedingte Hyperosmolarität kann zu einer osmotischen Diurese führen. Es besteht daher die Gefahr einer Dehydratation.
- Durch Natriumretention ist auch das Gegenteil, eine Oligurie möglich, die mit einem Abfall der Natrium- und Kaliumkonzentration im Urin einhergeht.
- Bei Überschreiten der maximalen Glukoseoxidationsrate ist mit der Entwicklung einer Steatose der Leber als Grundlage weiterer hepatischer Komplikationen zu rechnen. Mit einer zyklischen parenteralen Ernährung (s. unten) soll die Entwicklung sekundärer Leberprobleme vermieden werden.
  Der Zustand der Lipogenese aus Kohlenhydraten ist durch einen RQ >1 gekennzeichnet, d. h. die CO_2-Produktion ist größer als der O_2-Verbrauch. Somit ist eine Glukosezufuhr über der maximalen Glukoseoxidationsrate mit einer ausgeprägten CO_2-Produktion verbunden, die sich v. a. bei pulmonal beeinträchtigten Patienten negativ auswirkt. Bei diesen Patienten sollte der pCO_2 immer mit der Glukosezufuhrrate abgeglichen werden. Die bei einer Hyperkapnie immer bestehende Tendenz zu erhöhten Serumbikarbonatkonzentrationen kann insofern zur klinisch chemischen Überwachung herangezogen werden, da bei den bestehenden sich die Bikarbonatkonzentration bei den bestehenden membranregulativen Verhältnissen umgekehrt proportional zur Serumchloridkonzentration verhält. Ein pCO_2-Anstieg muss somit bei der Überwachung immer im Zusammenhang mit erniedrigten Serumchloridkonzentrationen gesehen werden.
- Der Verwendung von Insulin zur Verbesserung der energetischen Ausnutzung von Glukose kann nur bei Überwachung durch indirekte Kalorimetrie zugestimmt werden. Eine vordergründige Absenkung der Serumglukosekonzentration bei einem RQ-Anstieg >1 würde lediglich die Entstehung einer Leberverfettung begünstigen.

30.5.3 Lipide

Bedeutung von Lipiden in der parenteralen Ernährung

Über lange Jahre war Fett aus der Sicht des Anwenders lediglich ein Substrat von (im Vergleich zu Kohlenhydraten) großer Energiedichte (9,3 kcal/g). In den letzten Jahren jedoch sind 2 weitere Funktionen in den Mittelpunkt einer differenzierten Betrachtung gerückt:

- Fettsäuren, insbesondere langkettige mehrfach ungesättigter Fettsäuren, sind wesentliche Strukturkomponenten v. a. des ZNS. Aufgrund dieser Indikation wird die Applikation geeigneter Fettemulsionen zu einem zentralen Anliegen der parenteralen Ernährung v. a. unreifer Säuglinge.

- Fettsäuren als Grundsubstrate des Eikosanoidstoffwechsels und der Möglichkeit steuernd in die Mechanismen systemischer Inflammationsreaktionen einzugreifen.

Grundlagen des Lipoproteinstoffwechsels bei parenteraler Lipidzufuhr

Die Partikel einer Fettemulsion sind Chylomikronen ähnlich, die ein triglyzeridreiches Lipoprotein darstellen. Partikel einer Emulsion bestehen aus einem hydrophoben, v. a. Triglyzeride enthaltenden Zentrum, das im Wesentlichen durch eine umgebende Phospholipidschicht stabilisiert wird. Die Partikelgröße variiert zwischen 100–500 nm Durchmesser und entspricht dem der Chylomikronen. Der wesentliche Unterschied zu Chylomikronen besteht darin, dass die Partikel der Emulsion auf ihrer Oberfläche zunächst kein Apoprotein-B-48 oder A-I tragen. Sobald sie sich jedoch in der Blutzirkulation befinden, treten sie v. a. mit Lipoproteinen hoher Dichte (HDL) in Verbindung, um fehlende Apoproteine aufzunehmen. Dieser Austausch stellt eine Schlüsselreaktionen im Stoffwechsel infundierter Lipidemulsionen dar. Es werden zunächst Apo C und Apo E übernommen. Ein Transfer von Apo A bzw. Apo B findet kaum statt.

Durch die Aufnahme von Apo CII können die Triglyzeridpartikel von der endothelialen Lipoproteinlipase erkannt und diese aktiviert werden. Die cholesterinreichen Remnants werden über den Apo-E-Rezeptor in die Leber aufgenommen. Die Funktion der einzelnen aufzunehmenden Apoproteine ist ◻ *Tabelle 30-8* zu entnehmen. Die Übernahme von Apoproteinen ist direkt proportional zur Menge der infundierten Fettpartikel. Die endotheliale Lipoproteinlipase wird stark durch die Fettsäurezusammensetzung beeinflusst und durch die freigesetzten langkettigen Fettsäuren gehemmt, sodass es bei einer verminderten Fettsäureassimilation zu einem Abbruch der intravaskulären Lipolyse kommt. Insbesondere Triglyzeride mit Fettsäuren einer mittlere Kettenlänge werden schnell hydrolysiert [12].

Die der Emulsion zugesetzten Phospholipide werden auf HDL übertragen und durch die Lezithincholesterinazyltransferase verstoffwechselt. Dabei wird das verbleibende Lysolezithin an Albumin gebunden abtransportiert und anschließend abgebaut. Die Lezithin-Cholesterinazyltransferase wird durch Apo A I aktiviert. Sie überträgt in kleinen HDL3-Partikeln Fettsäurereste von Lezithin auf Cholesterin, wodurch Cholesterinester entstehen. Diese Wandern in den Kern der HDL3-Partikel, wodurch deren Größe zunimmt. Es wird vermutet, dass durch die längerdauernde Infusion von Fettemulsion die Aktivität sowohl der Lezithincholesterinazyltransferase wie auch der hepatischen Lipase vermindert wird (s. Kap. 10) [54].

◻ **Tabelle 30-8.** Die metabolische Funktion einzelner Apolipoproteine

Apo AI	Aktivierung der Lezithin-Cholesterin-Acyltransferase (LCAT)
Apo CI	Aktivierung der LCAT
Apo CII	Aktivierung der endothelialen Lipoproteinlipase
Apo CIII	Hemmung der endothelialen Lipoproteinlipase
Apo B-48	Biogenese der Chylomikronen/ Rezeptorerkennung
Apo B-100	Biogenese der VLDL/Rezeptorerkennung
Apo E	Rezeptorerkennung an der Leberzelle

Grundlagen des Fettsäurestoffwechsels

Bedeutung unterschiedlicher Fettsäurefamilien

Ungesättigte Fettsäuren werden nach der Position ihrer endständigen Doppelbindung in unterschiedliche Familien eingeteilt. Aus der ω-Position der Fettsäure heraus beurteilt, können bis zur Position 9 (ω-9 Fettsäuren) keine Doppelbindungen gebildet werden. Fettsäuren mit einer Doppelbindung in ω-3- oder ω-6-Position können daher nicht vom Stoffwechsel gebildet werden und haben somit Vitamincharakter. Die Ausgangsfettsäuren Linolsäure (18:2 ω-6) und α-Linolensäure (18:3 ω-3) werden durch Elongasen kettenverlängert. Die Fettsäurefamilien haben eine unterschiedliche Affinität zum elongierenden und desaturierenden Enzymsystem: ω-3>ω-6>ω-9. Diese unterschiedlichen Affinitäten müssen bei der Supplementierung mit Säuren unterschiedlicher Familien berücksichtigt werden.

Der wesentliche Unterschied zwischen v. a. der ω-3- und der ω-6-Fettsäurefamilie ergibt sich aus der Bildung von Eikosanoiden mit unterschiedlicher Wirkung v. a. auf Gefäßreaktionen und Entzündungsabläufe. Die Eikosanoide der ω-3-Familie wirken im Vergleich zu jenen der ω-6-Familie im Wesentlichen gefäßerweiternd und entzündungshemmend [28]. Arachidonsäure (C20:4) ist die entscheidende C20-Fettsäure der ω-6- und Eikosapentaensäure (C20:5) der ω-3-Reihe. Ein Verhältnis der ω-3- zu ω-6-Fettsäuren von 1:2 bis 1:3 gilt als ideal für ein günstiges Leukotrien-C5/Leukotrien-C4-Verhältnis.

Bedeutung unterschiedlicher Fettsäurekettenlängen

Der Fettsäurezusammensetzung von Fettemulsionen kommt große Bedeutung, besonders bei der Bildung neuer Gewebe, zu. Die langkettigen mehrfachungesättigten Fettsäuren (LCP) spielen eine wichtige Rolle für das Wachstum und die membranbezogene Organentwicklung von Neugeborenen. Dies gilt insbesondere für die Entwicklung des ZNS, für die LCPs der ω-3- und der ω-6-Reihe eine zentrale Bedeutung haben.

Intrauterin erhält der Fetus LCPs v. a. im letzten Schwangerschaftstrimenon über einen selektiven maternofetalen Transfer, um dann in membranreiche Gewebe, insbesondere das Gehirn, eingebaut zu werden. Pro Woche sind dies ca. 85 mg ω-6- und ca. 30 mg ω-3-Fettsäuren [33]. Zwischen der intrauterinen Verfügbarkeit von Arachidonsäure (20:4 ω-6) und dem fetalen Wachstum besteht eine lineare Beziehung [30]. Die Arachidonsäure- als auch die Docosahexaensäurekonzentrationen (22:6 ω-3) des Gehirns ist während dieser Zeitspanne um das 50- bis 80fache höher als die ihrer Vorläuferfettsäuren Linolsäure (18:2 ω-6) und α-Linolensäure (18:3 ω-3).

Unreife Frühgeborene, die von diesem präferenziellen Plazentafettsäuretransfer durch ihre vorzeitige Geburt abgeschnitten sind, haben nur geringe Reserven und sind auf eine exogene Zufuhr angewiesen. Eine unzureichende Zufuhr hat einen raschen Verlust von langkettigen Polyenfettsäuren in den Strukturlipiden des wachsenden Nervengewebes und in der Retina zur Folge. Diese Auswirkungen auf die Gehirnentwicklung und die kindliche Sehfunktion konnten nachgewiesen werden [1].

Zusammenfassend kommt den essenziellen Polyenfettsäuren v. a. in der Perinatalperiode eine wichtige Bedeutung durch die Beeinflussung von Struktur und Funktion wachsender Gewebe zu. Während die orale Zufuhr erst nach mehrwöchiger Diät zu einem relevanten Einbau von z. B. ω-3-Fettsäuren in Zellmembranen führt, erfolgt die Inkorporation nach parenteraler Applikation schon innerhalb weniger Tage.

Die immunmodulatorische Wirkung von Fettemulsionen wird durch das enthaltene Verhältnis an ω-3- zu ω-6-Fettsäuren bestimmt (▫ *Abb. 30-7*) [8]. Während bei den auf Sojaöl basierenden Emulsionen das Verhältnis von ω-3:ω-6-Fettsäuren 1:7 beträgt und zur Bildung von die Entzündungsreaktion fördernden Leukotrienen (LTB4, LTC4, LTD4) führt, wird entsprechend aktueller Anschauung eine Relation von 1:2 bis 1:4 empfohlen. Ein Verhältnis von 1:2 ist mit der vorteilhaftesten antiinflammatorischen Modulation der Synthese von Lipidmediatoren verbunden [38]. Zum Erreichen eines definierten ω-3: ω-6-Verhältnisses bietet es sich an, wie in ▫ *Tabelle 30-9* aufgeführt, Mischungen unterschiedlicher Emulsionen herzustellen.

30.5.4 Verfügbare Lipidemulsionen

Die ersten Lipidemulsionen im klinischen Gebrauch wurden aus Sojaöl hergestellt. In der Folge fanden auch Öle anderer Herkunft, wie zuletzt Olivenöl, Verwendung. Fettemulsionen bestehen grundsätzlich aus einem Triglyzerid und einem Emulgator. Zur Herstellung der Isotonie enthalten Emulsionen Glyzerin (22,5 g/l). Die Herkunft des Triglyzerids bestimmt die Fettsäurezusammensetzung. Die grundsätzliche Zusammensetzung einer Emulsion ist in ▫ *Tabelle 30-10* und die Fettsäurezusammensetzung unterschiedlicher Emulsionen in ▫ *Tabelle 30-11* dargestellt. Zum Schutz der Fettsäuredoppelbindungen müssen Emulsionen Vitamin E enthalten. Emulsionen auf Sojagrundlage enthalten relativ viel γ- und δ-Tocopherol, die jedoch eine geringere antioxidative Kapazität haben als α-Tocopherol [25]. Der Vitamin-E-Bedarf hängt von der Zahl der enthaltenen Doppelbindungen ab. Pro 1 g Linolsäure (18:2 ω-6) besteht ein Vitamin-E-Bedarf von 0,6 mg. Mit jeder weiteren Doppelbindung steigt der α-Tocopherolbedarf um 0,3 mg an.

Fettsäuren einer mittleren Kettenlänge (C6–C10), der MCT-haltigen Emulsionen, haben einige besondere Eigenschaften, die sie für besondere Situationen interessant machen. Sie werden v. a. unabhängig vom Carnitinsystem zur β-Oxidation in den mitochondrialen Matrixraum eingeschleust und führen daher zu einer ausgeprägteren Ketogenese. Dieser unregulierte Fettsäureeinstrom ins Mitochondrium führt jedoch zu einem ausgeprägten CoA-Verbrauch. CoA wird erst bei einer ausreichenden Carnitinsubstitution wieder freigesetzt. Mittelkettige Fettsäuren schaffen somit trotz ihres von Carnitin-unabhängigen Einstroms ins Mitochondrium eine sekundäre Carnitinabhängigkeit. In Analogie zur Behandlung angeborener Stoffwechselstörungen wird eine Supplementierung mit ca. 50–100 mg L-Carnitin/kg/24 h empfohlen (s. oben).

Emulsionen mit einem 10%igen Triglyzeridanteil enthalten einen relativ überhöhten Phospholipidanteil. Diese überschüssigen Phospholipide bilden eigene liposomale Partikel mit einem mittleren Durchmesser von 80–100 nm, die mit dem Lipoproteinstoffwechsel interferieren. Bei gleicher Triglyzeridmenge enthält eine 10%ige Emulsion die doppelte Phospholipidmenge und die 4fache Menge an liposomalen Parti-

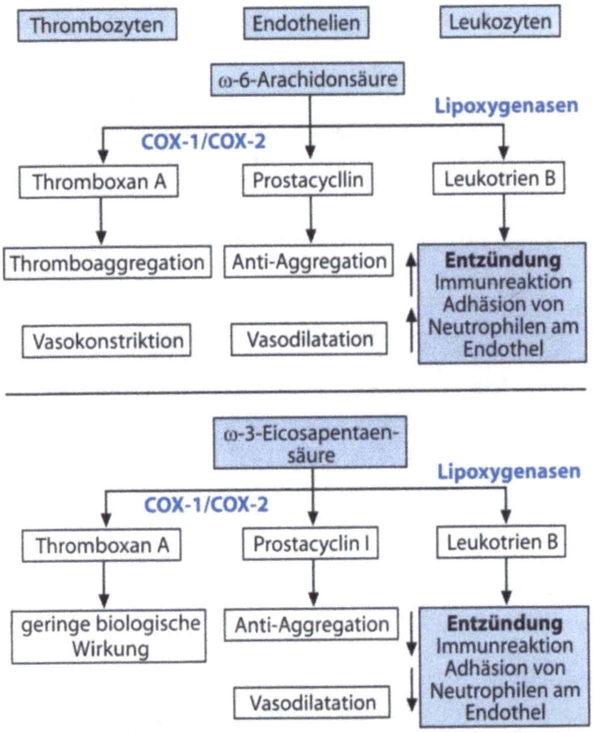

▫ Abb. 30-7. Der Einfluss von ω-6 und ω-3 Fettsäuren auf die Bildung von immunologisch bedeutsamen Eikosanoiden

▫ Tabelle 30-9. Die Beeinflussung des ω-3:ω-6-Fettsäureverhältnisses durch die Mischung handelsüblicher Fettemulsionen

Fischöl	LCT-Emulsion aus Sojabohnen		MCT/LCT-Emulsion	
[ml]	20% [ml]	Verhältnis	20% [ml]	Verhältnis
50	250	1:4	250	1:3
100	250	1:3	250	1:2
150	250	1:2,5	500	1:2,5

▫ Tabelle 30-10. Grundsätzliche Zusammensetzung einer Emulsion

1000 ml enthalten:	
Oleum sojae fractionat	100,0 g
Eilezithin	12,0 g
Glyzerin	22,5 g
Aqua ad iniectablilia	ad 1000 ml
Osmolarität:	160 mosmol/l
pH-Wert:	7,5
Energiegehalt:	1100 kcal/l

Tabelle 30-11. Fettsäurezusammensetzung unterschiedlicher Fettemulsionen [g%]

Handelsname	Intralipid	Omegaven	ClinOleic	Lipovenös MCT
Fettsäure	Sojaöl	Fischöl	Olivenöl 80% Sojaöl 20%	Sojaöl 50% MCT 50%
C 6	0	0	0	1
C 8	0	0	0	27
C 10	0	0	0	20
C 16:0	12	2,5–10	12	6
C 18:0	4	0,5–2,0	3	2
C 18:1 ω-9	22	6–13	58	11
C 18:2 ω-6	52	1–7	18	26
C 18:3 ω-3	8	2	2	4
C 20:4 ω-6	0	1–4	0	0
C 20:5 ω-3	0	12–28	0	0
C 20:6 ω-3	0	14,4–30,9	0	0

keln als eine 20%ige Emulsion [24]. Die sich in der Folge bildenden Phospholipidcholesterinkomplexe haben eine große Ähnlichkeit mit Lipoprotein X, das v. a. bei Patienten mit Cholestase auftritt. Es besteht eine starke Korrelation zwischen dem Phospholipidtriglyzeridverhältnis der Emulsion und der LP-X-Konzentration [51]. Diese LP-X ähnlichen Partikel haben eine längere Halbwertszeit und interferieren sowohl mit der Partikelbindung an die endotheliale LPL als auch mit der Bindung von LDL an deren spezifische Rezeptoren. Dadurch wird ein Anstieg der Plasmatriglyzeridkonzentration und ebenso eine Verzögerung der LDL-Elimination verursacht. Daher sollte 10%ige Emulsionen nicht verwendet werden.

Bei der parenteralen Lipidzufuhr kommt es ebenfalls zur Anhäufung einiger Phytosterole, wie z. B. *Sitostanol* und *Cholestanol*, die bei der parenteralen Ernährung von Säuglingen mit dem Auftreten einer Cholestase und Thrombozytopenie in Verbindung gebracht werden (s. Kap. 29).

Dosierung von Lipiden

Die Fettzufuhr wird mit 0,5 g/kg/24 h begonnen und pro Tag um 0,5 g/kg gesteigert. Die maximale Zufuhr liegt bei 2–3 g/kg/24 h. Über die Zufuhr entscheidet die Toleranz der Lipidemulsion. Dafür aussagekräftige klinisch-chemische Parameter sind:

- Plasmatriglyzeridkonzentration
  Diese sollte <150 mg/dl gehalten werden. Sie wird beim Überschreiten der Lipoproteinlipasekapazität ansteigen. Die Lipoproteinlipase ist bei einer Plasmatriglyzeridkonzentration von ca. 150 mg/dl gesättigt. Die Lipoproteinlipaseaktivität kann durch Heparin gesteigert werden. Von einem mancherorts geübten Einsatz von Heparin ist abzuraten, da die Diagnostik einer Fettunverträglichkeit auf die Ebene der schwerer zu erkennenden Unverträglichkeit freier Fettsäuren verlagert werden würde.
- Blutzuckerhomöostase
  Eine Verwertungsstörung der freien Fettsäuren führt zu einer peripheren Glukoseutilisationsstörung und wird am Anstieg der Plasmaglukosekonzentration erkennbar.

Carnitin bei der Applikation von Lipiden

Langkettige Fettsäuren werden durch das Carnitinsystem über die innere Mitochondrienmembran in den Matrixraum, den Ort der β-Oxidation transportiert (s. *Abb. 10-2*). Carnitin wird aus den Aminosäuren Lysin und Methionin in der Leber synthetisiert. Die Eigensynthese ist jedoch sehr träge, sodass sie raschen metabolischen Veränderungen nicht unbedingt Rechnung tragen kann. Junge Säuglinge haben darüber hinaus noch keine ausreichenden Konzentrationen in der Muskulatur, die 98% der Gesamtkörpercarnitinmenge enthält. Bei parenteraler Ernährung von Säuglingen kommt es bereits nach wenigen Tagen zu einer wesentlichen Einschränkung der Verfügbarkeit von freiem Carnitin. Bei Erwachsenen tritt dieser Zustand nach einigen Wochen ein. Es ist grundsätzlich anzuraten bei TPE ca. 30–50 mg L-Carnitin/kg/24 h zuzuführen.

Das intramitochondriale Verhältnis von freiem CoA/Azyl-CoA wird durch das Verhältnis von freien Carnitin/Azylcarnitin beeinflusst. Über dieses chemische Gleichgewicht führt die Zufuhr von Carnitin zu einer intramitochondrialen Freisetzung von CoA. Da CoA v. a. beim im Vergleich zu langkettigen Fettsäuren (LCT) unregulierten intramitochondrialen Einstrom von mittelkettigen Fettsäuren (MCT) zu deren Aktivierung verbraucht wird, wird gleichzeitig das Carnitinsystem beeinflusst, wodurch eine Carnitinsupplementierung notwendig wird (*Abb. 30-8*).

Kontraindikationen für die Zufuhr von Lipiden

Der Kreislaufschock ist eine absolute Kontraindikation für Lipide. Bei Entzündungsreaktionen, die mit einem CRP-Anstieg einhergehen, kann mit zunehmenden CRP-Konzen-

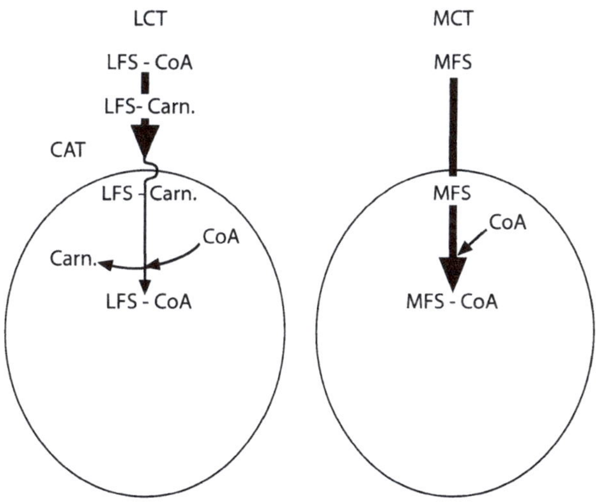

Abb. 30-8. Die innere Mitochondrienmembran ist für aktivierte langkettige Fettsäuren (*LFS-CoA*) nicht durchlässig. Der Einstrom langkettiger Fettsäuren in den mitochondrialen Matrixraum erfolgt nach Umformung zu einem Fettsäurecarnitinester (*LFS-Carn*). Über diesen Mechanismus wird der Einstrom und damit die gesamte Ketogenese reguliert. Mittelkettige Fettsäuren (*MFS*) werden dagegen erst im Inneren des Mitochondriums aktiviert (*MFS-CoA*); sie passieren daher ungehindert die innere Mitochondrienmembran. Ein reichliches Angebot an mittelkettigen Fettsäuren führt somit im Vergleich zu langkettigen Fettsäuren zu einem höheren intramitochondrialen CoA-Verbrauch

trationen die Gefahr einer Agglutinationsreaktion (»Creaming«) zunehmen. Ab einer CRP-Konzentration von 4,0 mg/dl muss grundsätzlich mit diesem Phänomen gerechnet werden [31]. Lungenprobleme gelten nicht länger als eine Kontraindikation für Fett [27].

30.5.5 Elektrolyte

Natrium

Vom austauschbaren Natrium befinden sich 85% im Extrazellulärraum; es ist das dominierende Kation des extrazellulären Raums. Über seine Plasmakonzentration sind wesentliche Aussagen über den Zustand des extrazellulären Raums und seine Osmolarität möglich. Der Natriumbedarf wird somit wesentlich durch die Veränderungen des extrazellulären Volumens bestimmt. Die Natriumausscheidung erfolgt zu 95% über den Urin. Unter normalen Umständen ist die im Urin ausgeschiedene Natriummenge eine Funktion der Natriumaufnahme. Bei der parenteralen Zufuhr ist der Reifungszustand der Niere zu berücksichtigen. Frühgeborene z. B. befinden sich in den ersten Lebenswochen wegen ausgeprägter Natriumverluste über die Nieren in einer negativen Natriumbilanz. Der bei parenteraler Ernährung bestehende Natriumbedarf ist in ◘ *Tabelle 30-12* aufgeführt.

Beim reifen Neugeborenen wird mit einsetzender vermehrter Diurese am 3.–5. Lebenstag die Zufuhr von Natrium, zunächst in einer Dosierung von 1–3 mmol/kg/24 notwendig. In dieser Altersgruppe ist die Funktion der natrium- und wasserregulierenden Mechanismen jedoch noch begrenzt.

Die Natriumdosierung entspricht der in ◘ *Tabelle 30-12* angegebenen Bedarfszahl. Bei der Berechnung der Natriumdosierung ist zu bedenken, dass viele Medikamente, insbesondere Antibiotika, als Natriumsalz vorliegen und die Natriumzufuhr hierdurch massiv gesteigert sein kann.

Kalium

Die Kaliumdosierung ist ◘ *Tabelle 30-12* zu entnehmen. Grundsätzlich zu beachten ist, dass die Kaliumzufuhr immer eine ausreichende Nierenfunktion voraussetzt. Junge Säuglinge scheiden weniger Kalium im Urin aus als Erwachsene (9% gegenüber 15% des glomerulär filtrierten Kaliums) und sind daher schlechter in der Lage eine akute Kaliumbelastung auszugleichen. Vor allem sehr unreife Neugeborene neigen daher zur Hyperkaliämie. Wie Natrium, so muss auch Kalium im Moment der bei Neugeborenen einsetzenden stärkeren Diurese um den 3.–5. Lebenstag in einer Dosierung von 1–2 mmol/kg/24 h zugeführt werden.

◘ **Tabelle 30-12.** Elektrolytbedarf von Frühgeborenen, reifen Säuglingen, Klein- und Schulkindern

	Elektrolytbedarf [mmol/kgKG/24 h]
Natrium	3–5[a]
Kalium	1–3
Chlorid	3–5
Magnesium	0,1–0,7

[a] Bei unreifen Frühgeborenen erfolgt die Orientierung am oberen Bedarfsbereich.

Da 98% des rasch austauschbaren Kaliums intrazellulär lokalisiert sind, gibt die Plasmakonzentration nur einen ungenauen Einblick in den Gesamtkörperkaliumzustand. Im Zweifelsfall sollten zu dessen Beurteilbarkeit mögliche im EKG sichtbare Veränderungen herangezogen werden. Es ist zu berücksichtigen, dass die Plasmakaliumkonzentration sehr stark vom Säure-Basen-Haushalt beeinflusst wird. Jede pH-Änderung um 0,1 Einheit führt zu einer Änderung der Kaliumkonzentration um ca. 0,6 mmol/l.

Unter den für die parenterale Ernährung wichtigen Funktionen ist Kalium beteiligt an der:

- zellulären Glukoseaufnahme: es besteht eine mittlere zelluläre Akkumulationsrate von 0,40 mmol K^+/g gebildetes Glykogen;
- Eiweißsynthese: mit 1 g Stickstoff werden ca. 2,5 mmol K^+ gebunden. Dies erklärt auch, dass bei einer bestehenden Eiweißkatabolie K^+ freigesetzt wird.

Chlorid

Die Chloriddosierung ist ◘ *Tabelle 30-12* zu entnehmen. Chlorid ist ein überwiegend extrazelluläres Anion (88%). Zusammen mit Natrium bestimmt es die osmotischen Verhältnisse des Extrazellulärraums. Chlorid wird zu 98% im Urin ausgeschieden. Chloridverluste beim Erbrechen erfolgen zusammen mit H^+-Verlusten und führen zur metabolischen Alkalose. Chloridüberschuss führt dagegen über Verschiebung und Verluste von HCO_3^- zu einer metabolischen Azidose. Diese Zusammenhänge sind bei der Auswahl der Anionen in einer parenteralen Ernährungslösung zu berücksichtigen.

30.5.6 Kalzium und Phosphat

Ziel der Kalzium- und Phosphatsupplementierung ist es, eine Knochenmineralisation zu erreichen, die der intrauterinen Mineralisationsrate möglichst gleichkommt. Um die 30. SSW beträgt die fetale Kalziumeinlagerung ca. 3,0 mmol/kg/24 h (ca. 120 mg/kg/24 h) und die fetale Phosphoreinlagerung ca 2,5 mmol/kg/24 h (ca. 70 mg/kg/24 h). Besonders bei parenteral ernährten Säuglingen sind immer wieder Mineralisationsstörungen des Knochens beobachtet worden, die durchaus mit Frakturen einhergingen [18].

Es besteht ein enger Zusammenhang zwischen der Retention von Kalzium, Phosphor und Stickstoff. Der Zusammenhang zwischen Kalzium und Phosphor ist durch die Stöchiometrie der Knochenmineralisation als Apatit $Ca_5(PO_4)_3(OH, F)$ vorgegeben. In Apatit liegt ein molares Ca/P-Verhältnis von 1,67 (Gewichtsverhältnis: 2,16) vor. Bei der i.v.-Zufuhr sollten möglichst die fetalen Einlagerungsraten von 120 mg Kalzium/kg/24 h und 70 mg Phosphor/kg/24 h als Dosierungsrichtlinien erreicht werden (s. Kap. 3) Die Ausscheidung von Kalzium und Phosphat im Urin ist ein aussagefähiger Parameter zur Überprüfung einer ausreichenden Zufuhrsituation. Eine optimale Mineralisation ist bei einer Ausscheidung von >1,2 mmol Ca/l und >0,4 mmol P/l zu erwarten [40].

Die gleichzeitige Verabreichung von Kalzium und Phosphat stellt ein Problem dar, da die Neigung besteht, unlösliche Präzipitate zu bilden, die wiederum die Ursache von Katheterverstopfungen und auch Lungenembolien sein können

[29]. Zur Supplementierung sind unterschiedliche Phosphate geeignet. Bei Verwendung eines monobasischen Kaliumphosphates (KH_2PO_4) konnten im Vergleich zum dibasischen Kaliumphosphat (K_2HPO_4) höhere Zufuhrmengen ohne Auslösung einer Präzipitation realisiert werden [10]. Bei Verwendung von Glyzerophosphat wurden bei Frühgeborenen stabile Plasmaphosphatkonzentrationen erzielt. Im direkten Vergleich konnten mit Kalziumglycerophosphat als auch mit den herkömmlichen Mineralsalzen (Kalziumgluconat + KH_2PO_4 + K_2HPO_4) entsprechende Retentionswerte erzielt werden [23].

Die Frage der Löslichkeit von Kalzium und Phosphor in vollständigen TPE-Lösungen, die komplexen Einflüssen unterliegt, wurde von Dunham et al. [14] experimentell angegangen und eine Löslichkeitskurve erarbeitet. Es werden dabei v. a. die Einflüsse von Lagerungsdauer, Temperatur, verwendetem Kalziumsalz, Reihenfolge des Zusammenmischens, pH und die Konzentrationen von Aminosäuren und Glukose hervorgehoben [14].

30.5.7 Magnesium

Plasmamagnesium liegt zu ca. 60% in freier, ionisierter Form vor. 30% sind dagegen an Protein und ca. 10% an organische Ionen (z. B. Zitrat, Phosphat) gebunden. Magnesium, das zu ca. 99% intrazellulär vorliegt, ist neben Kalium das wichtigste intrazelluläre Kation. Bei anaboler bzw. kataboler Stoffwechsellage werden 0,3 mmol Mg^{2+}/g Stickstoff intrazellulär gebunden bzw. abgegeben. Magnesium und Kalzium beeinflussen die neuromuskuläre Erregbarkeit synergistisch. Eine starke Erhöhung der extrazellulären Magnesiumkonzentration hat curareähnliche Wirkung, indem die Freisetzung von Azetylcholin herabgesetzt wird. Dieser Effekt kann durch die gleichzeitige Erhöhung der Kalziumkonzentration wieder aufgehoben werden. Der Magnesiumbedarf bei parenteraler Zufuhr ist mit 0,1–0,7 mmol/kg/24 h anzusetzen.

30.6 Mikronährstoffe

30.6.1 Spurenelemente

Spurenelemente üben unterschiedliche charakteristische Funktionen aus:

- Sie können den notwendigen Kofaktor einer Enzymreaktion darstellen. So hängen z. B. zahlreiche Enzymaktivitäten des Nukleinsäurestoffwechsels von Zink ab.
- Sie können einen unabdingbaren Faktor einer Hormonaktivität ausmachen. 3-wertiges Chrom konnte z. B. als ein wesentlicher Faktor der Insulinwirkung ausgemacht werden [34].
- Sie können essenzieller Bestandteil eines Vitamins sein, wie z. B. Kobalt in Vitamin B_{12}.
- Sie können eine wesentliche Rolle im Stoffwechsel der Bindegewebe spielen. Die Synthese von Mukopolysacchariden ist weitgehend von einer ausreichenden Manganverfügbarkeit abhängig.

Hinsichtlich der Zufuhr von Spurenelementen besteht wegen der unzureichenden Forschungsgrundlage bei Säuglingen und Kindern noch ein großes Maß an Unsicherheit. Die notwendigen Zufuhrmengen variieren mit Alter, Geschlecht, Körpergewicht und Geschwindigkeit des Wachstums. 1973 wurden von der WHO 14 Spurenelemente als notwendig anerkannt [43]. Für die folgenden 9 Spurenelemente können nachvollziehbare Empfehlungen abgegeben werden: Eisen, Zink, Kupfer, Selen, Mangan, Chrom, Molybdän, Jod und Fluor. Für Silizium, Kobalt, Vanadium, Nickel und Zinn existieren bisher noch keine offiziellen Empfehlungen. Für die parenterale Ernährung sind hinsichtlich der Spurenelementdosierung vollständig andere Gesichtspunkte als bei der enteralen Ernährung anzulegen, da die bekannten durch die Matrixverhältnisse bedingten unterschiedlichen Resorptionsbedingungen und gegenseitigen hemmenden oder fördernden Beeinflussungen nicht gegeben sind.

Es ist hervorzuheben, dass die Zufuhrempfehlungen der Spurenelemente/kgKG für Frühgeborene höher liegen als bei reifen Neugeborenen, da Frühgeborene noch keine ausreichenden Vorräte aufbauen können. Diese werden überwiegend in den beiden letzten Schwangerschaftsmonaten angelegt. Außerdem ist das Wachstum/kgKG bei Frühgeborenen schneller. Die Empfehlungen der parenteralen Spurenelementsubstitution sollten sich zusätzlich an dem bestehenden digestiven Zustand orientieren. Ein noch vorhandenes signifikantes Stuhlvolumen erfordert eine Zinkzulage und eine bestehende Cholestase erfordert eine Reduktion der Kupfer- und Manganzufuhr. Als wesentliche Grundlagen für das Verständnis einer parenteralen Spurenelementsupplementierung sollen die nach folgenden Aussagen gelten.

Zink

Zink ist nach Eisen das zweithäufigste Spurenelement im menschlichen Organismus. Die Gesamtkörperzinkmenge entspricht etwa der Hälfte des Eisenbestandes. 95% des Körperzinks sind intrazellulär an Protein gebunden. Im ausgereiften Organismus sind 80% des Körperzinks in der Muskulatur und den Knochen enthalten. Bei Neugeborenen dagegen enthalten die Leber über 25% und das Skelett über 40%. Das Organ mit der höchsten Zinkkonzentration ist die Retina (Zinkgehalt der Retininreduktase). Bei katabolen Zuständen werden große Zinkmengen aus der Muskulatur verloren.

Zink ist essenzieller Bestandteil von über 200 Enzymen, wovon unter klinisch-chemischen Gesichtspunkten die alkalische Phosphatase am häufigsten bestimmt wird, wodurch zumindest ein grober Anhaltspunkt über eine ausreichende Zinkverfügbarkeit gegeben sein kann. Als klinische Zeichen eines Zinkmangels sind bekannt:

- Wachstumsverzögerung,
- Hautveränderungen: bullös-pustulöse Dermatitis im Sinne einer Akrodermatitis enteropathica. Derartige Hautveränderungen wurden gerade bei Patienten nach 3–5 Wochen totaler parenteraler Ernährung beschrieben [36]. Alopezie und Paronychie.
- Wundheilungsstörungen,
- Störungen der Geschmacksempfindung.

Bei der Beurteilung des Zinkbedarfs bei parenteraler Ernährung sind Zinkverluste im Urin durch die Ausscheidung von Zinkaminosäurekomplexen (Zn-Histidin; Zn-Cystein) v. a. bei Frühgeborenen zu berücksichtigen. Der Zinkbedarf bei parenteraler Ernährung ist entsprechend dem Alter in *Tabelle 30-13* aufgeführt.

Tabelle 30-13. Zinkbedarf bei parenteraler Ernährung]

	Zinkbedarf [µg/kgKG/24 h]
Frühgeborene	400
Säuglinge <3 Monate	250
Säuglinge >3 Monate	100
Klein- und Schulkinder	50

Kupfer

Kupfer ist essenzieller Bestandteil einer Reihe von Enzymen wie z. B. der Cytochrom-C-Oxidase, der Superoxiddismutase, der Dopamin-β-Hydroxylase und der Tyrosinase (Hypopigmentierung bei Kupfermangel!). Diese Enzyme binden im allgemeinen zwischen 1 und 8 Grammatom Kupfer/Mol. Seine Bedeutung für die Integrität des Bindegewebes ergibt sich aus seiner Beteiligung an der Lysylaminooxidase, die für die Quervernetzung von Elastin und Kollagen verantwortlich ist (Störungen der Bindegewebsfunktion, wie z. B. Blasendivertikel bei Patienten mit M. Menkes!). Kupfer wird über die Galle in Bindung an Aminosäuren, Gallensäuren und Bilirubin ausgeschieden und ist dadurch einem enterohepatischen Kreislauf entzogen. Bei Kupferüberschuss wird die Metallothioninsynthese stimuliert und hierdurch Kupfer innerhalb der intestinalen Mukosazelle sequestriert. 96% des im Plasma enthaltenen Kupfers ist an Zoeruloplasmin, das 6 Kupferatome/Mol enthält, gebunden.

Die Leber eines reifen Neugeborenen enthält 200–400 µg Kupfer/g Trockengewicht, d. h. 10- bis 20-mal die Konzentration im Erwachsenenalter. 40% des Kupfers in der Leber des Neugeborenen sind an lysosomale Metallothionine gebunden. Die Kupferkonzentration des Gehirns dagegen ist beim Neugeborenen gering und wird bis zum Erwachsenenalter verdoppelt.

Ein Kupfermangel interferriert durch eine Hemmung des intramitochondrialen Eisentransportes und eine Verminderung der Zytochrom-C-Oxidaseaktivität auch mit der Hämsynthese. Unter klinischen Gesichtspunkten entwickeln sich bei einem Kupfermangel zuerst eine mikrozytäre Anämie, eine Leukopenie und eine Hypoproteinämie. Sowohl die Plasmazoeruloplasmin als auch die Plasmakupferkonzentration (<25 µg/dl) fallen ab.

Bei parenteraler Ernährung werden 20 µg Kupfer/kg/24 h benötigt, um die Kupferhomöostase bei einem jungen Säugling aufrecht zu erhalten. Bei einer bestehenden Cholestase ist die Kupfersupplementierung kontraindiziert.

Selen

Selen ist essenzieller Kofaktor der Enzyme Glutathionperoxidase und Thyroxindejodinase. Glutathion ist eines der wichtigsten Schutzsysteme des Körpers gegen reaktive O_2-Verbindungen. 1979 wurde von van Rij et al [55] dargestellt, dass Selen bei langzeitparenteraler Ernährung essenziell ist. Es wurde eine zunehmende Muskelschwäche beschrieben, die nach Selensupplementierung sofort reversibel war.

Die Plasmaselenkonzentration variiert als Funktion mehrerer Gegebenheiten:
- Es besteht eine enge Korrelation zur zugeführten Selenmenge,
- Alter,
- Allgemeinzustand.

Ein wesentlicher Teil von Selen wird über die Pankreassekrete ausgeschieden, was auch den diagnostischen Einsatz von Selenmethionin zur nuklearmedizinischen Darstellung dieses Organs erklärt. Bei Selenüberschuss wird es auch in Form von Dimethylselenid über die Lungen abgeatmet, das in typischer Weise nach Knoblauch riecht.

Eine ausreichende Selenversorgung lässt sich funktionell an der Glutathionperoxidaseaktivität in Erythrozyten nachweisen. Sie erreicht bei einer Plasmaselenkonzentration von ca. 10 µg/dl ein Maximum.

Bei parenteraler Ernährung werden für Säuglinge 2 µg/kg/24 h und nach dem ersten Lebensjahr 1 µg/kg/24 h mit einem Maximum von 35 µg/24 h empfohlen.

Mangan

Mangan ist essenzieller Bestandteil wesentlicher Enzyme:
- Glykosyltransferasen (Biosynthese von Mukopolysacchariden),
- mitochondriale Superoxiddismutase (Schutz gegenüber reaktiven O_2-Verbindungen),
- Mevalonatkinase (Cholesterinbiosynthese),
- Pyruvatcarboxylase (Glukoneogenese),
- Arginase (Harnstoffsynthese).

Von Mangan ist nur eine geringe Toxizität bekannt und unterschiedliche Dosierungen werden gut toleriert [16]. Eine orale Aufnahme von 2,5–5 mg/24 h wird als wünschenswert angesehen. Als intravenöser Bedarf wird 1 µg/kg/24 h angegeben.

Chrom

Die klinisch wichtigste Funktion besitzt Chrom als Kofaktor der Insulinwirkung in Form eines Dinikotinsäureglutathionchromkomplexes, der als »Glukosetoleranzfaktor« bezeichnet wird [37]. Zwischen Chrom und Insulin besteht eine Wechselwirkung. Die Zufuhr von Insulin wie auch von Glukose führen zu einem transitorischen Anstieg der Plasmachromkonzentration. Diese sog. »relative chromium response« kann als Zeichen ausreichender Chromspeicher gewertet werden. Diese Chromkonzentrationsanstiege sind von gesteigerten Chromverlusten gefolgt. Bei langzeitparenteraler Ernährung muss im Rahmen der konstanten Glukosezufuhr mit Chrommangelsituationen gerechnet werden, die als Glukoseintoleranz bei relativer Insulinresistenz beschrieben werden [15].

Ein Chrommangel stellt sich bezüglich der Auswirkung auf den Glukosestoffwechsel in 3 Phasen dar:
- Anstieg der zirkulierenden Insulinmengen, wie bei einer beginnenden kompensierten Insulinresistenz,
- abnormer Glukosetoleranztest,
- Insulinresistenz bei diabetischer Stoffwechsellage.

Der tägliche Chrombedarf wird je nach Glukosezufuhr mit 20–200 µg angegeben.

Molybdän

Molybdän ist ein essenzieller Kofaktor der Xanthinoxidase, der Sulfitoxidase und der Aldehydoxidase. Im Rahmen von langzeitparenteraler Ernährung wurde Molybdänmangel beschrieben, der sich klinisch v. a. in einer zunehmenden Beeinträchtigung der Bewusstseinslage, Nachtblindheit und einem Zentralskotom äußerte. Über Empfehlungen der parenteralen Zufuhr können für das Kindesalter keine endgültigen Aussagen gemacht werden. Der zu veranschlagende Bedarf liegt bei 0,25 µg/kg/24 h.

Jod

Jod hat seine dominierende Rolle im Stoffwechsel der Schilddrüsenhormone. Deutschland ist weiterhin ein endemisches Jodmangelgebiet, sodass auch im Bereich der parenteralen Ernährung auf eine ausreichende Jodversorgung geachtet werden muss. Es ist von einem intravenösen Jodbedarf von 1 µg/kg/24 h auszugehen.

Verwendung und Dosierung eines kommerziellen Präparats

Zur Spurenelementsubstitution bei Säuglingen ist das Präparat *Peditrace* verfügbar.

In 1 ml Infusionslösungskonzentrat sind enthalten:

Zinkchlorid	521 µg	=	Zn^{2+}	250 µg	3,2 µmol
Kupfer (II)-chlorid 2 H_2O	3,7 µg	=	Cu^{2+}	20 µg	0,315 µmol
Mangan (II)-chlorid 4 H_2O	3,6 µg	=	Mn^{2+}	1 µg	18,2 nmol
Natriumselenit 5 H_2O	6,66 µg	=	Se^{2+}	2 µg	25,3 nmol
Natriumfluorid	126 µg	=	F	57 µg	3,0 µmol
Kaliumjodid	1,31 µg	=	J	1 µg	7,88 nmol

Dosierungsempfehlung: 1 ml/kg/Tag.

30.6.2 Vitamine

Die Berechnung des Vitaminbedarfs erfolgte bisher durch die Beurteilung der Vitaminzufuhr mit der Nahrung gesunder Personen. Bei jungen, gedeihenden Säuglingen stellte die durchschnittliche Aufnahme mit der Muttermilch die entsprechende Bezugsgrundlage dar. Die bestehenden Dosierungsempfehlungen sind bisher an der Vermeidung eines klinisch manifesten Vitaminmangels orientiert. Der Übergang von einem prälatenten, über einen latenten und subklinischen, bis zum klinisch manifesten Vitaminmangel sind fließend (Abb. 30-9), sodass v. a. Kriterien zur Erkennung allererster Anfänge definiert werden müssen. Grundsätzlich kann jedoch davon ausgegangen werden, dass bei jeder parenteralen Ernährung, die länger als 4–5 Tage dauert, Vitamine substituiert werden sollten. Sie sollten erst kurz vor Applikation der Infusion zugesetzt werden.

Wasserlösliche Vitamine

Mit Ausnahme von Vitamin B_{12} werden wasserlösliche Vitamine in keiner wesentlichen Menge gespeichert. Sie können als nahezu atoxisch angesehen werden, da sie über Urin und Galle ausgeschieden werden. Lediglich bei stark eingeschränkter Nierenfunktion müssen gezielte Überlegungen zu Toxizitätsfragen angestellt werden. Eine ungenügende Zufuhr dagegen kann sich, wie bei Vitamin B_1, bereits nach kurzer Zeit beeinträchtigend auf metabolische Funktionen auswirken.

Behördliche Auflagen, denen zufolge z. B. neuere, intravenös anwendbare Mischungen wasserlöslicher Vitamine erst ab dem 11. Lebensjahr zugelassen sind, sind nicht nachvollziehbar, da sich eine sinnvolle Dosierung wasserlöslicher Vitamine ausschließlich an metabolischen Abläufen orientieren muss. Die Empfehlungen für eine intravenöse Vitaminzufuhr bei reifen Neugeborenen sind seit 1975 nahezu unverändert. Die 1975 von der »Nutrition Advisory Group« des »Department of Food and Nutrition« der »American Medical Association« gemachten Empfehlungen wurden sowohl vom »Committee on Nutrition« der »American Academy of Pediatrics« 1985 als auch durch das »Subcommittee on Pediatric Parenteral Nutrition Requirements from the Committee on Clinical Practice Issues of the American Society for Clinical Nutrition« im Jahre 1988 übernommen.

Bei Neugeborenen ist die Konzentration wasserlöslicher Vitamine höher als bei der Mutter. Der aktive Plazentatransport wasserlöslicher Vitamine resultiert in der Schwangerschaft in einem Konzentrationsgradienten von 1:1,5 bis 1:6 zugunsten des Fetus.

Vitamin B_1 (Thiamin)

Thiamin katalysiert v. a. Dekarboxylierungsreaktionen und ist Kofaktor der Pyruvatdehydrogenase, der α-Ketoglutaratdehydrogenase, der Dehydrogenase verzweigtkettiger Aminosäuren sowie der Transketolase. Da Thiamin eng mit dem energetischen Glukosestoffwechsel verbunden ist, wirkt sich

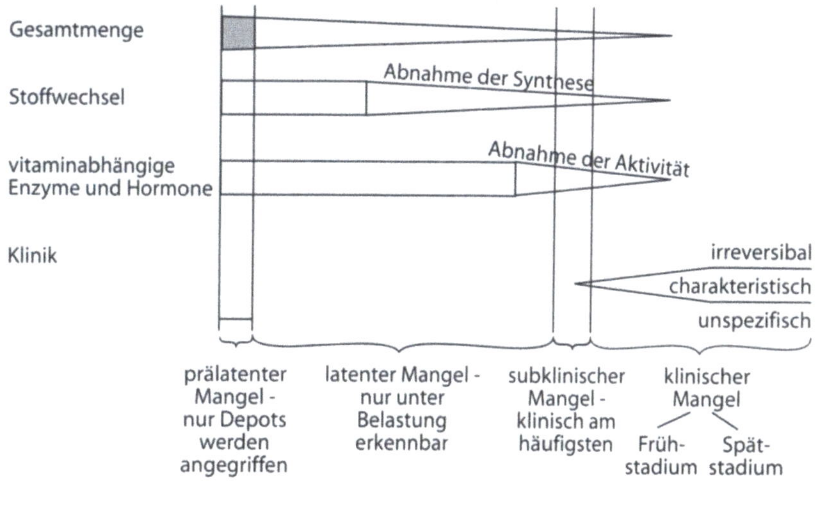

Abb. 30-9. Unterschiedliche Phasen eines Vitaminmangels

sein Mangel hauptsächlich an von Glukose abhängigen Organsystemen, z. B. am Zentralnervensystem aus. Der Thiaminbedarf ist wesentlich von der Kohlenhydratzufuhr beeinflusst. Ein Thiaminmangel kann bereits nach wenigen Tagen einer kontinuierlichen Glukosezufuhr auftreten. Im Vordergrund steht eine durch die Grundproblematik des Patienten nicht zu erklärende Laktatazidose.

Die zuverlässigste Methode zur Beurteilung des Thiaminversorgungszustandes ist die Messung der Transketolaseaktivität in Erythrozyten vor und nach Zugabe von Thiaminpyrophosphat (s. Kap. 6). Ein Mangel ist als eine Stimulierbarkeit von >20% definiert (normal: 0–15%).

- Parenteraler Thiaminbedarf: 3–4 mg Thiamin/24 h
- Reife Säuglinge: ca. 1,2 mg/24 h
- Frühgeborene: ca. 0,3 mg/kg/24 h

Vitamin B_2 (Riboflavin)

Riboflavin ist das Koenzym von Oxidasen und Dehydrogenasen. Seine wichtigsten Derivate sind Flavinmononukleotid (FMN) und Flavindinukleotid (FAD). Die höchsten Riboflavinkonzentrationen finden sich in der Leber, den Nieren und im Herz, und zwar 70–90% als FAD und <5% als freies Riboflavin. Überschüssiges Riboflavin kann nicht gespeichert werden. Wegen seiner Stellung als Koenzym der Glutathionreduktasereaktion ist Riboflavin ein indirekt antioxidativ wirkendes Vitamin. Das Glutathionsystem, welches zu den effektivsten antioxidativ wirkenden Enzymen des wässrigen Kompartiments zählt ist in seiner Wirksamkeit von reduziertem Glutathion abhängig, welches gegenüber der oxidierten Form die ca. 100fache Konzentration aufweisen sollte.

Riboflavin ist, wie auch Vitamin A, extrem lichtempfindlich. Die bei Neugeborenen häufig wegen einer Hyperbilirubinämie eingesetzte Phototherapie führt zu einem Riboflavinzerfall und damit bei vollgestillten Kindern durchaus zu einem Riboflavinmangel. Bei parenteraler Ernährung ist in diesem Zusammenhang auf einen ausreichenden Lichtschutz der Lösungen zu achten. Ein bei parenteraler Ernährung beobachteter Riboflavinmangel war laborchemisch sowohl durch eine Laktatazidose als auch durch eine ausgeprägte Glutarazidurie gekennzeichnet. Die Glutaratdehydrogenase ist ein FAD-abhängiges Enzym.

Der Riboflavinstatus kann über die Konzentrationsmessung im Serum, die Ausscheidung im Urin (Riboflavinmangel: <40 µg/g Kreatinin) und die Glutathionreduktaseaktivität in den Erythrozyten beurteilbar.

Der Riboblavinbedarf ist abhängig von der allgemeinen Energiezufuhr. Reife Säuglinge sollten mit ca. 1 mg/24 h und Frühgeborene mit ca. 0,15 mg/kg/24 h supplementiert werden.

Vitamin B_6 (Pyridoxin)

Vitamin B_6 ist das wesentliche Vitamin der Transaminierungsreaktionen im Aminosäurestoffwechsel. Sein Bedarf steht daher in unmittelbarem Zusammenhang zur Aminosäurezufuhr. Pro g Protein steigt der Vitamin-B_6-Bedarf mindestens um 15 µg. Es liegt im Intermediärstoffwechsel in verschiedenen Formen (Pyridoxin, Pyridoxal, Pyridoxamin, Pyridoxalphosphat und Pyridoxinsäure) vor. Etwa 70% des Vitamins werden im Urin als 4-Pyridoxinsäure ausgeschieden.

Ein isolierter Vitamin-B_6-Mangel ist selten und meistens an die Einnahme antagonisierender Medikamente geknüpft. Unter ihnen ist v. a. das Tuberkulostatikum Isoniazid (INH) hervorzuheben. Laborchemisch sollte bei Hyperoxalurie als auch einer Hyperhomozysteinämie auch an die Möglichkeit eines Vitamin-B_6-Mangels gedacht werden.

Der Pyridoxinstatus kann über die Konzentrationsmessung im Serum erfolgen. Die Serumpyridoxal-5-phosphatkonzentration liegt im Kindesalter bei ca. 0,9 µg/dl; die Konzentration in den Erythrozyten ist etwa doppelt so hoch. Weitere Beurteilungsmöglichkeiten sind v. a. die 4-Pyridoxinsäureausscheidung im Urin als auch die Xanthurensäureausscheidung nach Tryptophanbelastung (0,1 g L-Tryptophan/kg p.o.); eine Ausscheidung von >30 mg/24 h weist auf einen Vitamin-B_6-Mangel hin.

Der Pyridoxinbedarf bei parenteraler Ernährung ist für reife Säuglinge ca. 1,0 mg/24 h und für Frühgeborene ca. 0,15 mg/kg/24 h.

Nikotinsäure/Nikotinamid (Niazin)

Die Nikotinsäure und ihr Amid werden zusammen als Niazin bezeichnet. Beide Substanzen haben die gleiche Vitaminwirksamkeit. In Form von Nikotinamidadenindinukleotid (NAD) bzw. Nikotinamidadenindinukleotidphosphat (NADP) sind sie Kofaktoren von Oxidations- und Reduktionsreaktionen. Nikotinamid wird im Urin als Trigonellin (Methylbetain der Nikotinsäure) ausgeschieden. Der Nikotinbedarf wird etwa zu 2/3 über die Tryptophanzufuhr gedeckt (60 mg Tryptophan = 1 mg Nikotinamid = 1 Niazinäquivalent). Der klassische Niazinmangel ist durch die »3-D-Regel«: Dermatitis, Diarrhö und Demenz zu charakterisieren.

Der Niazinstatus ist am besten durch die Messung der N-Methylnikotinamidausscheidung im Urin zu beurteilen. Der Bedarf liegt bei reifen Säuglingen bei ca. 17 mg/24 h und bei Frühgeborenen bei ca. 6–7 mg/kg/24 h.

Vitamin C (Askorbinsäure)

Die Hauptfunktionen der Askorbinsäure sind die Beteiligung an Redoxreaktionen, an mikrosomalen Hydroxylierungsreaktionen und an der Kollagensynthese. Vitamin C ist einer der wichtigsten Radikalfänger des wasserlöslichen Kompartimentes. Es übernimmt ein ungepaartes Elektron (Radikal) aus dem lipidlöslichen Membranbereich und regeneriert somit das Tokopherylradikal der Zellwand zu Tokopherol. Vitamin C vermindert daher den Vitamin-E-Bedarf. Es katalysiert auch die Reduktion von Fe^{3+} zu Fe^{2+} und begünstigt somit die Eisenresorption.

Der Vitamin-C-Status ist durch die Bestimmung der Plasmakonzentration (normal >0,2 mg/dl), oder besser durch die Konzentration in Leukozyten zu beurteilen. Der Bedarf liegt je nach Alter bei 25–100 mg/24 h.

Vitamin H (Biotin)

Biotin ist das Koenzym von Karboxylasen und somit essenziell für die Übertragung von C1-Gruppen. Es katalysiert 4 klassische Enzymreaktionen:

- Pyruvatkarboxylase (1. Schritt der Glukoneogenese),
- Propionylkarboxylase (Abbau der verzweigtkettigen Aminosäuren),
- 3-Methylkrotonyl-CoA-Karboxylase (Leuzinabbau),
- Acetyl-CoA-Carboxylase (1. Schritt der Fettsäuresynthese).

Der Biotinmangel äußert sich v. a. an der Haut, den Haaren und dem ZNS. Typische Veränderungen sind eine Dermatitis seborrhoides und Haarausfall, der bis zur vollständigen Alopezie führen kann. Bei totaler parenteraler Ernährung von Säuglingen konnten die Zeichen eines Biotinmangels nach 3 Monaten festgestellt werden. Klinisch stand dabei der Haarausfall im Vordergrund.

Die Biotinmangelsituation ist durch das Auftreten von 4-OH-Isovaleriansäure im Urin gekennzeichnet. Die Bestimmung der Biotinkonzentration im Serum ist extrem aufwendig und kann nicht als klinisch-chemische Routineuntersuchung gelten. Freies Biotin macht ca. 20% des im Plasma messbaren Gesamtbiotins aus. Die Plasmabiotinkonzentration im Nüchternzustand beträgt altersunabhängig ca. 0,50 ± 0,14 ng/ml. Der Bedarf liegt bei reifen Säuglingen bei ca. 20 µg/24 h und wird für Frühgeborene mit 6–8 µg/kg/24 h angegeben.

Pantothensäure

Pantothensäure ist der wesentliche Bestandteil von CoA (Zysteamin + *Pantothensäure* + Ribose-3′-Phosphat + Adenin). CoA bildet mit verschiedenen Karbonsäuren S-Azylverbindungen mit hohem Gruppenübertragungspotential, die dann »aktivierte Verbindungen« genannt werden. In dieser Form wird Pantothensäure somit für die Übertragung von Azylresten benötigt.

Ein isolierter Pantothensäuremangel bei parenteraler Ernährung wurde bisher nicht beschrieben. Mit ihm muss im Rahmen eines allgemeinen Vitaminmangels bei schweren Malnutritionszuständen gerechnet werden.

Die Pantothensäurekonzentrationen im Urin (4–6 mg/24 h) betragen ca. 50% der täglichen Zufuhr. Sie können als ein Maß der Pantothensäureversorgung herangezogen werden.

Der Bedarf eines reifen Säuglings beträgt ca. 5 mg/24 h und der eines Frühgeborenen ca. 0,5–2,0 mg/kg/24 h.

Folsäure (Pteroylglutamat)

Folsäure besteht aus Pteridin + p-Aminobenzoat-Glutamat. Sie ist erst in Form der 5,6,7,8-Tetrahydrofolsäure (THF) biologisch aktiv. Sie ist die wichtigste Koenzymform bei der Übertragung von Methylgruppen. Diese werden v. a. für die Purin- und die DNA-Synthese sowie die Remethylierung von Homozystein zu Methionin benötigt. 5-Methyl-THF ist die überwiegende Transport- und Speicherform der Folsäure. Aus ihr kann THF nur bei der Remethylierung von Homozystein zu Methionin regeneriert werden. Für die Reaktion ist Kobalamin (Vitamin B_{12}) als Koenzym erforderlich. Somit wird verständlich, dass es beim Vitamin-B_{12}-Mangel auch zu einem THF-Mangel kommt.

Folsäuremangel führt zu einer Reifungsstörung von Leuko- und Erythropoese, die im peripheren Blutbild an einer granulozytären Übersegmentierung und makrozytären Anämie (Überalterungszeichen) zu erkennen sind. Für die Entwicklung eines Folsäuremangels können v. a. Medikamente, die eine folsäureantagonistische Wirkung haben, verantwortlich sein:
- Antiepileptika, wie Diphenylhydantoin, Primidon, Barbiturate;
- Trimethoprim, Pyrimethamin, Triamteren;
- Methotrexat;
- Pentamidin.

Eine mangelnde Folsäurezufuhr führt zunächst zu einer Absenkung der Folatausscheidung im Urin und nach ca. 3 Wochen zu einem Abfall der Folatkonzentration im Plasma <3,5 ng/ml. Parallel dazu steigt im Urin die Ausscheidung von Formimminoglutaminsäure (FIGLU) nach Histidinbelastung an. Klinisch-chemisch stellt der Nachweis erhöhter Plasmahomozyteinkonzentrationen eine gut durchführbare Methode dar.

Für reife Säuglinge beträgt der Bedarf ca. 140 µg/24 h und wird für Frühgeborene mit 14–56 µg/kg/24 h angegeben.

Vitamin B_{12} (Kobalamin)

Die aktive Form von Vitamin B_{12} ist Methylkobalamin. Beim Menschen hat Vitamin B_{12} nur noch bei 3 Reaktionen eine vitale Bedeutung:
- Methylkobalamin ist Methylgruppenüberträger bei der Rückmethylierung von Homozystein zu Methionin.
- Adenosylkobalamin ist an der Umlagerung von Methylmalonyl-CoA zu Sukzinyl-CoA beteiligt. Durch diese Reaktion bekommen ungeradzahlige Fettsäuren und Valin Anschluss an den Zitratzyklus. Bei Störungen dieser Reaktion kommt es zum Auftreten von Methylmalonsäure im Urin.
- Adenosylkobalamin katalysiert die Umwandlung von Leuzin in 3-Aminokapronsäure (β-Leuzin).

Der Vitamin-B_{12}-Mangel führt zu einer Störung der Erythro-, Granulo- und Thrombopoese mit hyperchromer, makrozytärer Anämie. Klinisch sind Blässe und Zungenbrennen charakteristisch. Am ZNS bewirkt der Vitamin-B_{12}-Mangel eine Entmarkung der Hinterstrang- und Pyramidenseitenstrangbahnen (funikuläre Myelose) mit symmetrischen Parästhesien, Störungen des Tast-, Schmerz- und Vibrationssinnes und spinaler Ataxie.

Der Vitamin-B_{12}-Status kann an der Serumkobalaminkonzentration beurteilt werden. Konzentrationen <200 pg/ml zeigen einen Mangel an. Im Urin wird Methylmalonsäure nachweisbar. Außerdem tritt in Analogie zum Folsäuremangel eine Hyperhomocysteinämie auf, welche die Abhängigkeit der Folsäureaktivierung von Vitamin B_{12} unterstreicht.

Die bei Geburt gespeicherte Vitamin-B_{12}-Menge reicht zur Bedarfsdeckung in den ersten 2 Jahren aus. Mit Mangelerscheinungen im Säuglingsalter muss jedoch bei Kindern strikter und stillender Vegetarierinnen (Veganerinnen) gerechnet werden.

Der Vitamin-B_{12}-Bedarf liegt bei reifen Säuglingen bei 1 µg/24 h und wird für Frühgeborene mit 0,1–0,3 µg/kg/24 h angegeben.

Stabilität wasserlöslicher Vitamine in Mischungen zur parenteralen Ernährung

Die unter Stabilitätsgesichtspunkten kompliziertesten Verhältnisse sind bei sog. *»All-in-one-Mischungen«* gegeben, für die im Extremfall die sog. 6+1 Bedingungen, d. h. bis zu 6 Tage Aufbewahrung im Kühlschrank plus 1 Tag Verabreichungsdauer, gelten. Die wesentlichen, die Vitaminstabilität gefährdenden Faktoren, sind v. a. Licht (Riboflavin, Retinol!), aber auch Spurenelemente (Askorbinsäure). Riboflavin erfährt unter Lichtexposition innerhalb 24 h einen ca. 80%igen Wirkstoffverlust. Dieser beträgt für Thiamin ca. 17%. In einer Mischung, die gleichzeitig eine Fettemulsion enthält, ist dieser Wirkstoffverlust geringer. Die Lichtempfindlichkeit von Pyridoxin kann dagegen vernachlässigt werden. Vitamin C ist lediglich im unphysiologisch saueren Bereich bei pH 4,5 stabil.

Besonders in Gegenwart von Kupfer erfährt es innerhalb von 24 h einen 67%igen Wirkstoffverlust (s. Kap. 26).

Praktische Gesichtspunkte

Vitamine sollten bei jeder totalen parenteralen Ernährung substituiert werden. Dabei kommt einer ausreichenden Thiaminsubstitution bei den zugeführten, immer relativ hohen Kohlenhydratmengen, die größte Bedeutung zu. Vitamine sollten erst unmittelbar vor der Verabreichung der Substratmischung zugesetzt werden. Grundsätzlich sind Mischbeutel und zuführende Leitungen vor Licht zu geschützt (Alufolie!).

Fettlösliche Vitamine

Die fettlöslichen Vitamine A, D, E und K unterscheiden sich in zweierlei Hinsicht von den wasserlöslichen Vitaminen:

- Sie müssen in einer v. a. wässrigen Infusion gelöst werden. Das Löslichkeitsproblem konnte weitgehend durch das synthetische Detergens Polysorbat gelöst werden, obwohl hinsichtlich einer unbedenklichen Verwendung bei Frühgeborenen Zweifel bestehen [2, 32]. Das in Europa gebräuchliche Präparat Vitalipid enthält kein Polysorbat.
- Potenzielle Toxizität fettlöslicher Vitamine [26]. Bei den derzeitigen Empfehlungen gibt es jedoch keine Hinweise auf toxische Reaktionen.

Vitamin A (Retinol)

Vitamin A ist die Bezeichnung für Verbindungen, die keine Carotinoide sind und qualitativ die biologische Aktivität des Retinols aufweisen. Die aktivste Form ist all-trans-Retinol. Vitamin A hat keinen einheitlichen Wirkungsmechanismus, sondern eine Reihe von Wirkungsbereichen:

- Differenzierung von Epithelgewebe
  Es existieren spezifische Bindungsproteine im Zytosol, die Retinol zu sepzifischen Rezeptoren des Zellkerns transportieren, wo es über die Beeinflussung der Genexpression die Synthese von Proteinen steuert, welche in Gewebeproliferation und Differenzierung eingeschaltet sind. Diese nukleären Rezeptoren gehören zu jenen der Steroid-/Thyroidhormonfamilie.
- Reproduktion
  Retinol ist für die Plazenta-, die Fetalentwicklung und die Spermatogenese notwendig.
- Sehvorgang
  Die Lichtrezeptoren in der Retina enthalten Sehpigmente, die aus einer Proteinkomponente und einem Chromophor bestehen. Der Chromophor ist 11-cis-Retinal. Rhodopsin, das Sehpigment der Stäbchen (Dämmerungssehen) und Jodopsin, das Pigment der Zapfen (Sehen bei hohen Lichtintensitäten) unterscheiden sich nur durch die Proteinkomponente.
- Lungenreifung
  Durch die Vitamin-A-Supplementierung kann das Auftreten einer broncho-pulmonalen Dysplasie vermindert werden [47].

Erwachsene verfügen über Leberspeicher, die auch bei fehlender Zufuhr für Monate ausreichen. Neugeborene dagegen verfügen über nur geringe hepatische Reserven und wachsende Kinder können ihren Vitamin-A-Bedarf nur über wenige Wochen aus den Speichern decken. Frühgeborene verfügen über keine nennenswerten Vitamin-A-Speicher.

Für die Handhabung von Vitamin A bei der parenteralen Ernährung ist von Bedeutung, dass es sehr empfindlich gegenüber Luft und Sauerstoff ist. Die Lichtintensität auf Frühgeborenenintensivstationen sowie die geringen zu verabreichenden Mengen mit einem hohen Oberflächenanteil begünstigen zusätzlich diese Stabilitätsbeeinträchtigungen. Ester sind stabiler als Alkoholformen. Gegenüber Basen ist Vitamin A stabil, jedoch gegenüber Säuren sehr empfindlich. Zusätzlich haftet Vitamin A an den Plastikteilen des Infusionssystems. Für die parenterale Ernährung wird Vitamin A in Form von Retinol verwendet. Seine Verluste während der parenteralen Ernährung sind geringer, wenn fettlösliche Vitamine zusammen mit einer Fettemulsion verabreicht werden [21].

Für reife Säuglinge und Kinder wird eine intravenöse Tagesdosis von 700 µg Retinol empfohlen. Bei Frühgeborenen sollte die tägliche Zufuhr 500 µg Retinol/kg betragen. Mit einer Zufuhr von 280 µg/kg konnte keine befriedigende Konzentration aufrecht erhalten werden.

Vitamin D

Vitamin D wird endogen in der Haut nach Einwirkung von UV-Strahlen synthetisiert oder über die Nahrung aufgenommen. Es wird in der Leber zu 25-OH-Vitamin D und nachfolgend in der Niere zu 1,25-$(OH)_2$-Vitamin D hydroxyliert, ein Vorgang, der durch Parathomon stimuliert wird. Die Serum 25-OH-Vitamin-D-Konzentration korreliert mit dem Vitamin-D-Versorgungszustand, während 1,25-$(OH)_2$-Vitamin-D die eigentliche Wirkform darstellt. Es fördert die Kalziumresorption im Darm, die Kalziumrückresorption in den distalen Nierentubuli und die Kalziummobilisierung aus dem Knochen. Über diese Mechanismen führt es zu einer Anhebung der Kalziumkonzentration im Plasma.

Bei parenteraler Ernährung von Frühgeborenen wurde durch eine Vitamin-D-Zufuhr von 160 IU/kg/24 h ein stabiles metabolisches Milieu erzielt.

Vitamin E (Tokopherol)

Die einzelnen Tokopherole unterscheiden sich durch die Anzahl und Stellung der Methylgruppen am Chromanring, worauf die unterschiedliche Vitamin-E-Aktivität beruht. Zu den 8 natürlichen Vitamin-E-Verbindungen gehören 4 Tokopherole (α-, β-, γ-, δ-Tokopherol) mit gesättigter Seitenkette und 4 Tokotrienole (α-, β-, γ-, δ-Trienol) mit ungesättigter Seitenkette. α-Tokopherol gilt als Referenzsubstanz mit der ausgeprägtesten Wirkung. In bezug auf die Bioaktivität von α-Tokopherol-1 haben die anderen Tokopherole folgende relative Aktivitäten: β 0,15–0,40; γ 0,1–0,2; δ 0,02–0,03. Vitamin E schützt v. a. Membranen vor der Peroxidation der in den Membranfettsäuren enthaltenen Doppelbindungen. Es ist somit nachvollziehbar, dass der Vitamin-E-Bedarf bei parenteraler Ernährung weitgehend von der Menge der mit den Lipidemulsionen zugeführten ungesättigten Fettsäuren, also letztlich der Summe an zugeführten Doppelbindungen abhängt. Pro Gramm Dien-, Trien-, Tetraen-, Pentaen- und Hexaensäure ergibt sich ein Vitamin-E-Bedarf von 0,6; 0,9; 1,2; 1,5 und 1,8 mg [56].

Lipidemulsionen enthalten zur Protektion der Fettsäuredoppelbindungen bereits unterschiedliche Vitamin-E-Mengen. Hinsichtlich der angestrebten unterschiedlichen Vitamin-E-Konzentrationen im Plasma ist zu betonen, dass es mit der β-Lipoproteinfraktion transportiert wird und daher Konzentrationsangaben möglichst auf Gesamtplasmalipide, jedoch zumindest auf die Cholesterinkonzentration bezogen werden sollten. Die in der Literatur vorliegenden Konzentrationsangaben pro Volumeneinheit haben in einem strengeren Sinn keine Aussagekraft. Für die parenterale Ernährung sind keine ausreichenden Bedarfszahlen definiert. Für reife Säuglinge bis zu Kindern mit ca. 30 kgKG wurden mit einer α-Tokopheroldosis von 7 mg/24 h normale Plasmakonzentrationen erreicht. Bei Frühgeborenen <1500 g konnte mit einer Dosis von 2,8 mg α-Tokopherol/kg/24 h die Plasmakonzentration im Normbereich gehalten werden.

Vitamin K

Vitamin K ist keine einheitliche Substanz, sondern kommt in 3 strukturellen Varianten vor. Grundgerüst ist das 2-Methyl-1,4-Naphtochinon. Die einzelnen Vitamin-K-Formen unterscheiden sich nur durch die Seitenkette in C3-Stellung. Für die biologische Wirkung ist die Methylgruppe in C2-Stellung entscheidend. Die Seitenkette beeinflusst lediglich die Resorbierbarkeit. Die Gerinnungsfaktoren II, VII, IX und X sind von Vitamin K abhängig. Intravenös verabreichtes Vitamin K wird innerhalb von 3 Tagen zu ca. 20% im Urin und zu 40–50% über die Galle ausgeschieden. Daraus ergibt sich die Notwendigkeit einer kontinuierlichen Vitamin-K-Zufuhr bei parenteraler Ernährung. Vor allem Neugeborene können auf überhöhte Vitamin-K-Dosierungen (>1 mg/24 h) mit Hämolyse und Ikterus reagieren. Der Versorgungszustand mit Vitamin K kann aus der Prothrobinzeit (PTT) bzw. der Konzentration der entsprechenden Gerinnungsfaktoren abgelesen werden.

Über die Dosierung bei parenteraler Ernährung liegen kaum Daten vor. Unter einer Zufuhr von 200 µg für Säuglinge, Klein- und Schulkinder wurden keine PTT-Auffälligkeiten bemerkt. Diese Dosierung liegt jedoch vermutlich weit oberhalb des Bedarfs. Bei Frühgeborenen führte die tägliche Zufuhr von 130 µg bzw. 70 µg zu keinen PTT-Auffälligkeiten. Für Frühgeborene wird eine Tagesdosis von 100 µg empfohlen.

30.7 Komplikationen der parenteralen Ernährung (s. Kap. 29)

30.7.1 Metabolische Komplikationen

Die metabolischen Komplikationen der parenteralen Ernährung können Störungen der folgenden Systeme betreffen:

- Mikronährstoffhaushalt,
- Elektrolyte und Spurenelemente,
- Aluminiumakkumulation,
- Vitamine, Makronährstoffhaushalt,
- Glukosehomöostase,
- Aminosäureimbalanzen,
- Hyperammoniämie,
- Säure-Basenhaushalt,
- Lipidstoffwechsel.

Die Entwicklung einer intrahepatischen Cholestase ist eine geläufige, jedoch noch ungeklärte Komplikation der TPE. Sie wurde 1971 erstmals von Peden et al. [39] bei einem Säugling beschrieben. Bei Säuglingen, insbesondere Frühgeborenen, ist eine Häufung zu verzeichnen. Je nach Definition der Cholestase (direktres Bilirubin >1, >1,5 oder >2,0 mg/dl) werden bei total parenteral ernährten Frühgeborenen Häufigkeiten bis 43% beschrieben [52], dabei nimmt die Häufigkeit mit zunehmendem Gestationsalter abnimmt (<32. SSW: 13,7%; 32.–36. SSW: 5,3%; >36 Wochen: 1,4%). Der Anstieg der Serumgallensäurenkonzentration ist der empfindlichste Indikator einer beginnenden Cholestase. Vor dem Anstieg des direkten Bilirubins, ist ein Anstieg der alkalischen Phosphatase möglich. Ein Anstieg der Transaminasen erfolgt signifikant später als der Bilirubinanstieg. Die Pathogenese der Cholestaseentwicklung ist weiterhin ungeklärt, obwohl sich 2 Haupttheorien etabliert haben:

- Die parenterale Ernährung führt zu einer Unterbrechung des enterohepatischen Kreislaufs. Die Cholestase resultiert aus einer veränderten Bildung intestinaler Hormone und den Endotoxinen, die in Folge der bakteriellen Translokation gebildet werden.
- Direkte Toxizität der TPE-Lösungen, wobei Aminosäureimbalanzen und Pflanzensterolen eine besondere Bedeutung zugemessen wird.

Zur Vermeidung wird es als günstig angesehen zumindest eine minimale orale Nährstoffzufuhr weiterzuführen. Zur Behandlung der Cholestase werden Ursodeoxycholsäure, S-Adenosyl-L-Methionin und Cholecystokinin eingesetzt.

30.7.2 Katheterbezogene Komplikationen

Komplikationen durch die Punktion

Die durch den Punktionsvorgang hervorgerufenen Komplikationen sind v. a.:

- Arterienpunktion,
- Nervenpunktion,
- Punktion umgebender Organe,
- Punktion des Ductus thoracicus,
- Luftembolie.

Infektionen

Infektionen sind die häufigsten Komplikationen bei der parenteralen Ernährung. Eine Kathetersepsis ist im Kindesalter häufiger als im Erwachsenenalter.

Die häufigsten Erreger sind koagulasenegative Staphylokokken [20]

Die Erreger wachsen an der Katheterinnenseite auf Fibrinablagerungen v. a. im Bereich der Katheterspitze. Hinweise auf eine Kathetersepsis sind entzündliche Veränderungen am Kathetereintritt, Fieber bzw. Temperaturinstabilität, Tachykardie, Tachypnoe, Hepatosplenomegalie, Ikterus, Erbrechen, Exanthem, Thrombozytopenie, Durchfall.

> Vor Entfernung des Katheters sollte nochmals Infusionsflüssigkeit aus dem Katheter entnommen und nach der Entfernung zusammen mit der Katheterspitze in Kultur genommen werden.

Thrombosen

Seit der Verwendung von Silikonkathetern hat sich die Häufigkeit von venösen Thrombosen vermindert [58]. Infektionen begünstigen das Auftreten von Thrombosen. Das Auftreten mehrerer Thrombosen im Bereich der oberen Hohlvene erschwert das Legen eines neuen Katheters erheblich.

Literatur

1. Agostini C, Trojan S, Bellu R, Riva E, Giovannini M (1995) Neurodevelopmental quotient of healthy term infants at 4 months and feeding practice: the role of long-chain polyunsaturated fatty acids. Pediatr Res 38: 262–266
2. Alade SL, Brown RE, Paquet A (1986) Polysorbate 80 and E-Ferol toxicity. Pediatrics 77: 593–597
3. Anderson TL, Muttart CR, Bilber MA (1979) A controlled trial of glucose vs. glucose and aminoacids in premature infants. J Pediatr 94: 947–951
4. Arias I, González M, Martínez J (1986) Solución a las incompatibilidades calcio-fosfatos en mezclas de NPT. Rev Assoc Esp Farm Hosp X: 113–116
5. Batshaw ML, Wachtel RC, Thomas GH (1984) Arginine-responsive asymptomatic hyper-ammoniemia in the premature infant. J Pediatr 105: 89–91
6. Bier DM, Leake RD, Haymond MW et al. (1977) Measurement of »true« glucose production rates in infancy and childhood with 6,6-dideuteroglucose. Diabetes 26: 1016–1023
7. Bjelton L, Fransson GB (1990) Availability of cysteine and of L-2-oxo-thiazolidine-4-carboxylic acid as a source of cysteine in intravenous nutrition. JPEN J Parenter Enteral Nutr 14: 177–182
8. Boudreau M, Chanmugam P, Hart S, Lee S, Hwang D (1991) Lack of dose response by dietary ω-3-fatty acids at a constant ratio of ω-3- to ω-6-fatty acids in suppressing eicosanoid biosynthesis from arachidonic acid. Am J Clin Nutr 54: 111–117
9. Burri C, Ahnefeld FW (1977) Cava-Katheter. Springer, Berlin Heidelberg, New York Tokio
10. Chessex P, Pineault M, Brisson G, Delvin EE, Glorieux FH (1990) Role of the source of phosphate salt in improving the mineral balance of parenterally fed low birth weight infants. J Pediatr 116: 765–772
11. Cowett RM, Wolfe RR (1991) Glucose and lactate kinetics in the neonate. J Dev Physiol 16: 341–347
12. Deckelbaum RJ, Hamilton JA, Moser A (1990) Medium-chain vs. long-chain triglycerol emulsion hydrolysis by lipoprotein lipase and hepatic lipase: Implications for the mechanisms of lipase action. Biochemistry 29: 1136–1142
13. DiConstanzo J, Sastre B, Choux R, Kasparian M (1988) Mechanism of thrombogenesis during total parenteral nutrion in paediatric gastroenterology patients; a study of 185 consecutive central venous catheters. Clin Nutr 9: 73–78
14. Durham B, Marcuard S, Khazanie PG, Meade G, Craft T, Nichols K (1991) The solubility of calcium and phosphorus in neonatal total parenteral nutrition solutions. JPEN J Parenter Enteral Nutr 15: 608–611
15. Freund H, Atamian S, Fischer IE (1979) Chromium deficiency during total parenteral nutrition. JAMA 241: 496–498
16. Friedman BJ, Freeland-Graves JH, Bales CW (1987) Manganese balance and clinical observationsin young men fed a managanese deficient diet. J Nutr 117: 133–143
17. Friis-Hansen B (1961) Body water compartments in children: changes during growth and related changes in body composition. Pediatrics 28: 87–98
18. Gefter WB, Epstein DM, Anday EK, Dalinka MK (1982) Rickets presenting as multiple fractures in premature infamts on hyperalimentation. Radiology 142: 371–374
19. Ghisolfi J (1987) Taurine and the premature. Biol Neonate 52: 78–86
20. Goulet O, Larchet M, Gaillard JL (1990) Catheter related sepsis during long-term parenteral nutrition in paediatric gastroenterology patients; a study of 185 consecutive central venous catheters. Clin Nutr 9: 73–78
21. Greene HL, Phillips BL, Franck L (1987) Persistently low blood retinol levels during and after parenteral feeding of very low birth weight infants: examination of losses into intravenous administration sets and a method of prevention by addition to a lipid emulsion. Pediatrics 79: 894–900
22. Hammarqvist F, Wernerman J, von der Decken A, Vinnars E (1991) α-ketoglutarate preserves protein synthesis and free glutamine in skeletal muscle after surgery. Surgery 109: 28–36
23. Hanning RM, Atkinson SA, Whyte RK (1991) Efficacy of calcium glycerophosphate vs conventional mineral salts for total parenteral nutrition in low-birth-weight infants; a randomized clinical trial. Am J Clin Nutr 54: 903–908
24. Haumont D, Deckelbaum RJ, Richelle M et al. (1989) Parenteral nutrition with 20% compared to 10% Intralipid is associated with lower plasma lipid concentrations and only minor changes in plasma lipoproteins in LBW infants. J Pediatr 115: 787–793
25. Henton DH, Merritt RJ, Hack S (1992) Vitamin E measurements in patients receiving intravenous lipid emulsions. JPEN J Parenter Enteral Nutr 16: 133–135
26. Herman RH (1981) Disorders of fat-soluble vitamins A, D, E and K. In: Suskind RM (ed) Textbook of pediatric nutrition. Raven, New York, pp 65–112
27. Jelen-Esselborn S, Tempel G, von Hundelshausen B (1983) Fettemulsionen in der parenteralen Ernährung. Klinische Erfahrungen bei Polytraumatisierten. Infusionsther Klin Ernähr 10: 152–158
28. Kinsella JE, Lokesh B, Broughton S, Whelan J (1990) Dietary polyunsaturated fatty acids and eicosanoids: Potential effects on the modulation of inflammatory and immune cells: An overview. Nutrition 6: 24–44
29. Knowles JB, Cusson G, Smith M (1989) Pulmonary deposition of calcium phosphate crystals as a complication of home total parenteral nutrition. JPEN J Parenter Enteral Nutr 13: 209–213
30. Leaf AA, Leighfield MJ, Costeloe KL, Crawford MA (1992) Factors affecting long chain polyunsaturated fatty acid composition of plasma choline phosphoglycerides in preterm infants. J Ped Gastroenterol Nutr 14: 300–308
31. Lindh A, Johansson B, Lindholm M, Rossner S (1985) Agglutinate formation in serum samples mixed with intravenous fat emulsions. Crit Care Med 13: 151–154
32. MacDonald MG, Getson PR, Glasgow A (1987) Propylene glycol: increase of seizures in low birth weight infants. Pediatrics 79: 622–625
33. Martinez M (1991) Developmental profiles of polyunsaturated fatty acids in the brain of normal infants and patients with peroxisomal diseases: severe deficiency of docosahexaenoic acid in Zellweger's and pseudo-Zellweger's syndromes. World Rev Nutr Diet 66: 87–102
34. Mertz W (1969) Chromium occurrence and function in biological systems. Physiol Rev 49: 163–203
35. Mertz W, Schwarz K (1959) Relation of glucose tolerance factor to impaired glucose tolerance in rats on stock diets. Am J Physiol 196: 614–621
36. Messing B, Poitras P, Bernier JJ (1977) Zinc deficiency in total parenteral nutrition. Lancet II: 97–98
37. Micheli JL, Schütz Y (1984) Mindestbedarf von Frühgeborenen unter 1500 g (Kalorien, Protein, Flüssigkeit und Elektrolyte) In: Duc G (Hrsg) Workshop für Neonatologen. Vieweg, Braunschweig, S 87–98
38. Morlion BJ, Torwesten E, Wrenger K, Puchstein C, Fürst P (1997) What is the optimum ω-3 to ω-6 fatty acid ratio of parenteral lipid emulsions in postoperative trauma? Clin Nutr 16: 49–53
39. Peden V, Witzleben C, Skelton M (1971) Total parenteral nutrition. J Pediatr 78: 180–181
40. Pohlandt F (1994) Prevention of postnatal bone demineralization in very low-birth-weight infants by individually monitored supplementation with calcium and phosphorus. Pediatr Res 35: 125–129
41. Pohlandt F (1984) Aktuelle Aspekte der enteralen und parenteralen Ernährung von Frühgeborenen. Monatsschr Kinderheilkd 132: 393–395
42. Puntis JW, Edwards MA, Green A (1986) Hyperphenylalaninemia in parenterally fed newborn babies. Lancet II: 1105–1106

43. Report WHO Expert Committee (1973) Trace elements in human nutrition. WHO Techn Rep Series No. 532
44. Rigo J, Senterre J (1985) Aromatic amino acid in LBW infants. The role of branched chain amino acids. Clin Nutr 4: 71–76
45. Rigo J, Senterre J (1980) Optimal threonine intake for preterm infants fed on oral or parenteral nutrition. JPEN J Parenter Enteral Nutr 4: 15–17
46. Salas JS, Dozio E, Goulet OJ, Marti-Henneberg C; Moukarzel E, Ricour C (1991) Energy expenditure and substrate utilization in the course of renutrition of malnourished children. JPEN J Parenter Enteral Nutr 15: 288–293
47. Shenai JP, Kennedy KA, Chytil F, Stahlmann MT (1987) Clinical trial of vitamin A supplementation in infants susceptible to bronchopulmonary dysplasia. J Pediatr 111: 269–277
48. Stehle P (1988) Need-related availability of short-chain peptides – a prerequisite for their use in artificial feeding. Infusionstherapie 15: 27–32
49. Tews JK, Bradford AM, Harper AE (1981) Induction of lysine imbalance in rats. Relation to competition for lysine transport into brain in vitro. J Nutr 111: 954–967
50. Rennie MJ (1990) Recent findings on the mecanism of glutamine stimulation of protein and carbohydrate anabolism. Clin Nutr 9: 33–34
51. Tomsits E, Rischak K, Molnar M, Filiczky I, Szollar L (1005) Effects of administration of different intravenous lipid emulsions on plasma LP-X concentrations in the rat. JPEN J Parenter Enteral Nutr 19: 369–372
52. Touloukian RJ, Seashore JH (1975) Hepatic secretory obstruction with total parenteral nutrition in the infant. J Pediatr Surg 10: 353–358
53. Tyson JE, Lasky R, Flood D, Mize D, Picone T, Paule CL (1989) Randomized trial of taurine supplementation for infants <1300-gram birth weight. Effect on auditory brainstem. Evoked responses. Pediatrics 83: 406–415
54. Untracht SH (1982) Intravascular metabolism of an artificial transporter of triacylglycerols. Biochim Biophys Acta 711: 176–192
55. Van Rij AM, Thomson CD, MacKenzie JM, Robinson MF (1979) Selenium deficiency in total parenteral nutrition. Amer J Clin Nutr 32: 2076–2085
56. Witting LA, Horwitt MK (1984) Effect of degree of fatty acid unsaturation in tocopherol deficiency induced creatinuria. J Nutr 82: 19–33
57. Wright CE, Tallan HH, Lin YY, Gaull GE (1986) Taurine: Biological update. Ann Rev Biochem 55: 427–453
58. Zlotkin SH, Bryan MH, Anderson GH (1981) Intravenous nitrogen and energy intakes required to duplicate in utero nitrogen accretion in prematurely born human infants. J Pediatr 99: 115–120

Heimparenterale Ernährung

A. Jordan

Bis vor Kurzem war die parenterale Ernährungstherapie den Kliniken vorbehalten. Durch neue Entwicklungen im Bereich der Katheter und der Applikationstechnik und logistische Verbesserungen in der ambulanten Versorgung hat sich die heimparenterale Ernährung als effektive und sichere Methode etabliert. Vielen Patienten kann es ermöglicht werden die, in der Klinik begonnene, parenterale Ernährungstherapie zu Hause fortzuführen. Vor dem Hintergrund der Komplexität dieser Methode ist jedoch eine sorgfältige Prüfung der Indikation einer heimparenteralen Ernährung in jedem Einzelfall notwendig.

31.1 Indikationen für heimparenterale Ernährung

Shils et al. [18] berichteten 1967 erstmalig über ihre Erfahrungen mit einem heimparenteral ernährten Patienten. Hiermit wurde ein bedeutender Schritt zur Konzeption einer Lanzeitbetreuung parenteral ernährter Patienten vorgenommen. In den folgenden 10 Jahren wurden von zahlreichen medizinischen Zentren Erfahrungen mit der Versorgung parenteraler Patienten im ambulanten Bereich gesammelt.

Indikationen einer heimparenteralen Ernährung (HPE) waren anfänglich neben dem Kurzdarmsyndrom v. a. schwerwiegende Motilitätsstörungen (z. B. chronisch intestinale Pseudoobstruktion, CIPO; s. Kap. 42). Heute wird die HPE mit zunehmender Häufigkeit auch bei Patienten mit malignen Tumorerkrankungen und Aids im fortgeschrittenen Stadium eingesetzt.

V. a. *Aids*-Patienten befinden sich sehr häufig, im fortgeschrittenen Stadium praktisch immer, in einem Zustand der Mangelernährung. Hinzu kommt, dass Patienten mit Aids im fortgeschrittenen Stadium wegen der häufig bestehenden Durchfälle (viral, bakteriell, parasitär oder Aids-Enteropathie) nicht mehr enteral ernährt werden können (s. Kap. 58). In Europa sind jedoch die Zahlen heimparenteral ernährter Aids-Patienten seit 1993 bereits wieder rückläufig, wahrscheinlich aufgrund der verbesserten therapeutischen Möglichkeiten in der Behandlung dieses Krankheitsbildes [1].

Bis in die 1980er Jahre wurden *Tumorerkrankungen* als Kontraindikation einer HPE angesehen. In den letzten 10–15 Jahren hat jedoch, sowohl in einigen europäischen Ländern als auch in den USA, die Häufigkeit von Tumorpatienten, die einer HPE zugeführt werden, stark zugenommen [6].

In einer 1994 in 13 europäischen Ländern durchgeführten retrospektiven Studie lag bei 42% der 496 parenteral ernährten Patienten eine maligne Grunderkrankung vor, 15% waren Patienten mit M. Crohn, 8% hatten eine Strahlenenteritis, 4% Aids [21]. In einer erneuten Erhebung in 1997 hat sich dieses Verhältnis nicht wesentlich geändert [1]. Die primäre Indikation für jede dieser pathologischen Konditionen, die zur Initiierung einer heimparenteralen Ernährung führte, war bei 31% ein Kurzdarmsyndrom, überwiegend als Folge von vaskulären Erkrankungen und M. Crohn. Eine intestinale Obstruktion, primär aufgrund einer malignen Grunderkrankung, führte in 22% der Fälle ursächlich zur Notwendigkeit einer parenteralen Ernährung [21]. Zu einer nahezu gleichen Häufigkeitsverteilung kamen Howard et al. [6] bei der Auswertung von Versicherungsdaten von 5357 Patienten in den USA in den Jahren 1986–1992 (*Tabelle 31-1*).

Bei Betrachtung der Indikationen zur HPE in den europäischen Ländern zeigt sich eine große Varianz. So wurden in Italien 67% der Patienten wegen einer malignen Grunderkrankung einer HPE zugeleitet und nur 2% wegen eines M. Crohn. Konträr dazu ist die Situation in Großbritannien, wo 55% der Patienten aufgrund eines Kurzdarmsyndroms oder Fisteln bei M. Crohn behandelt wurden. In Frankreich herrscht eine nahezu gleiche Verteilung der Indikationen auf Karzinome, Gefäßleiden, Morbus Crohn und Strahlenschäden. In Belgien erhält nahezu 1/4 der Patienten eine HPE wegen Aids [1].

31.2 Prävalenz der heimparenteralen Ernährung

Für die meisten europäischen Länder sind derzeit noch keine vollständigen Daten zur Prävalenz der HPE verfügbar. Näherungsweise können die Prävalenzen für 7 europäische Länder herangezogen werden, in denen davon ausgegangen wird, dass die Aktivitäten in diesen Ländern im heimparenteralen Bereich zu ungefähr 80% bekannt sind. Am 01.01.1998 betrug hiernach die Prävalenz pro 1 Mio. Einwohner 12,7 in Dänemark, 3–4 in Großbritanninen, Niederlanden, Frankreich und Belgien, und weniger als 2 in Polen und Spanien [1]. Für Gesamteuropa wird die jährliche Prävalenz auf 2–3 HPE-Patienten pro 1 Mio. Einwohner angegeben [21]. Gegenüber den USA liegt die Prävalenz der HPE damit um ein Vielfaches niedriger. In den USA beträgt die geschätzte Prävalenzrate 70 pro 1 Mio. Einwohner im Jahr 1989 und 150 pro 1 Mio. Einwohner in 1992 [9].

Tabelle 31-1. Indikationen für eine heimparenterale Ernährung (HPE) in Europa (Mod. nach [21]) und den USA (Mod. nach [8])

	USA	Europa	
	1985–1992 [%]	1993 [%]	1997 [%]
Tumorerkrankungen	42	44	39
M. Crohn	11	14	19
Darmischämie	6	13	15
Motilitätsstörungen	6	k.A.	k.A.
Aids	5	4	2
Strahlenenteritis	3	7	7
Andere	23	18	18

k.A. keine Angaben

31.3 Einleitung einer heimparenteralen Ernährung

Der Erfolg einer heimparenteralen Ernährungstherapie wird maßgeblich durch das Fachwissen der betreuenden Personen bestimmt. In den letzten 2 Jahrzehnten sind zahlreiche Einrichtungen entstanden, die sich auf die Betreuung künstlich ernährter Patienten im ambulanten Bereich spezialisiert haben. Hierzu gehören in Kliniken ansässige Ernährungsteams (s. Kap. 63). In einer Untersuchung zum Stand der HPE in Europa erfolgte in 73% der teilnehmenden Zentren die Betreuung durch ein speziell geschultes Ernährungsteam [21]. Vor Einleitung einer HPE muss die Erfüllung einiger grundlegender Voraussetzungen geklärt sein (*Tabelle 31-2*).

31.3.1 Patientenselektion

Bei der Auswahl eines Patienten für eine heimparenterale Ernährung müssen neben der medizinischen Indikation zahlreiche Faktoren bedacht werden.

> Ziel der HPE muss es sein, den Patienten möglichst zur Unabhängigkeit vom Arzt und dem Ernährungsteam zu schulen und trotz der schwerwiegenden Erkrankung ein möglichst hohes Maß an Lebensqualität zu erhalten.
> Wichtigste Voraussetzung zur Erreichung dieses Zieles ist eine intensive Schulung des Patienten und/oder der Angehörigen durch ein qualifiziertes Ernährungsteam. Vor Beginn der Schulung erfolgt eine detailierte Patientenanamnese und ein ausführliches Gespräch mit Patient und Angehörigen.
> Jede Form der künstlichen Ernährung erfordert die Bereitschaft zur persönlichen Aktivität und zu verantwortungsvoller Handlungsweise.

Diese Voraussetzungen liegen in der Persönlichkeit der Betroffenen. Im einzelnen müssen manuelle und geistige Fähigkeiten des Patienten sowie der betreuenden Angehörigen eingeschätzt werden, da diese für eine eigenverantwortliche, zuverlässige Durchführung die Grundbedingung bilden. Manche häusliche Bedingungen sind nicht vereinbar mit einer sicheren ambulanten Infusionstherapie [7]. Im Einzelfall müssen die häuslichen Gegebenheiten geprüft und in den weiteren Entscheidungsprozess miteinbezogen werden. Die günstigste Voraussetzung für die Durchführung der ambulanten Ernährungstherapie ist der ausdrückliche Wunsch des Betroffenen, der sich häufig erst Tage nach einem Aufklärungsgespräch entwickelt. Inhalte sachlicher und motivationsfördernder Patientenaufklärung sind in *Tabelle 31-3* zusammengefasst.

Tabelle 31-2. Voraussetzungen für den Erfolg einer heimparenteralen Ernährung (HPE)

- Stabiler klinischer Zustand und Stoffwechsellage des Patienten
- Anlage eines Dauerverweilkatheters (Port, Groshong, Hickman)
- Klare therapeutische Strategie für die unmittelbare Zukunft
- Bereitschaft des Patienten und der Angehörigen zur Erlernung und Durchführung der HPE
- Manuelle Geschicklichkeit des Patienten oder seiner Bezugsperson
- Qualifizierte Schulung nach Pflegestandard
- Sichere Infusionslösungen
- Ein effektives ambulantes Betreuungssystem (Krankenschwester, Arzt, Krankenkasse, Apotheke, Hersteller)

Tabelle 31-3. Gesprächsinhalte eines Aufklärungsgesprächs mit Patienten, die künstlich ernährt werden müssen

Sachliche Inhalte
- Aufklärung über die Notwendigkeit der künstlichen Ernährung im Zusammenhang mit der Grunderkrankung
- Informationen zum organisatorischen Ablauf, langfristiger Versorgung und Betreuung

Motivationsfördernde Inhalte
- Technik der künstlichen Ernährung ist erlernbar und bedeutet bei sachgerechter Durchführung keine Gefährdung für den Patienten
- Zusicherung der Schulung und Einführung in die Technik der Ernährungsform
- Entlassung aus dem Krankenhaus ist nur unter den Bedingungen der künstlichen Ernährung möglich

31.3.2 Auswahl des zentralvenösen Verweilkatheters

Ist die Entscheidung zur Durchführung einer HPE getroffen worden, muss die Auswahl eines für den jeweiligen Patienten optimalen zentralvenösen Verweilkatheters zur langfristigen parenteralen Ernährung getroffen werden. In den Entscheidungsprozess sollten neben dem Patienten und dessen Angehörigen alle in die Therapie involvierten Disziplinen miteinbezogen werden. Der Patient ist vorab über alle Vor- und Nachteile der einzelnen Kathetersysteme aufzuklären.

Zur langfristigen HPE stehen getunnelte Katheter mit externem Segment (Broviac-, Hickman- und Groshong-Katheter) und subkutan platzierte Katheter (Port) zur Verfügung (s. Kap. 26).

Ein *Portkathetersystem* muss zur Applikation der Infusionslösung transkutan punktiert werden. Nicht alle Patienten sehen sich in der Lage, selbstständig die Punktion des Ports durchzuführen. Bei Patienten mit intermittierender parenteraler Ernährung, bietet der Port den Vorteil, dass er in dem ernährungsfreien Intervall nur einen geringen Pflegeaufwand erfordert. Einige Patienten bevorzugen aus kosmetischen Gründen ein Portsystem.

Einer europäischen Multicenterstudie zufolge erhielten 73% der Patienten einen getunnelten Katheter, bei 18% wurde ein Port implantiert, 8% wurden über einen nicht-getunnelten Katheter ernährt und 1% über einen Shunt [21].

31.3.3 Festlegung des Ernährungsregimes

Bereits in der Klinik wird ein patientenindividueller Infusionsplan erstellt, der alle notwendigen Daten (Energiegehalt, Substratverteilung, Flüssigkeitsvolumen) enthält und der den technischen und zeitlichen Ablauf festlegt. In der Klinik ist häufig noch die getrennte Zufuhr der einzelnen Substrate gebräuchlich. Für die HPE ist diese Methode nicht praktikabel. In diesem Bereich haben sich sogenannte *»All-in-one«-Mischlösungen* durchgesetzt. Diese bieten den Vorteil einer leichteren Handhabung der Infusionstherapie, insbesondere dadurch, dass dem Patienten der mehrfache Wechsel der Infusionskomponenten erspart bleibt. Es handelt sich hierbei um industriell hergestellte Fertiglösungen, die als *Mehrkomponentenbeutel* (2- und 3-Kammer-Beutel) angeboten werden.

Bei den *2-Kammer-Systemen* sind Aminosäuren, Kohlenhydrate und Elekrolyte in verschiedenen Standardkonzentrationen enthalten und werden erst kurz vor Beginn der Infusion durch Öffnen der Kammerbegrenzung gemischt. Fette, Vitamine und Spurenelemente werden über einen Zuspritzstutzen zugeleitet. *3-Kammer-Beutel* enthalten in der 3. Kammer zusätzlich Fette. Auch hier müssen Vitamine und Spurenelemente kurz vor Infusionsbeginn zugespritzt werden. Der Patient bzw. die Pflegeperson erhalten eine genaue Anleitung zur Vorbereitung der Mischbeutel. Hygienisches Arbeiten ist für das Richten der Infusionsbeutel unerlässlich, da mit der Häufigkeit der Manipulationen an dem Zuspritzstutzen die Gefahr einer Kontamination der Nährlösungen steigt [12]. Eine Untersuchung zum Kontaminationsrisiko beim Zuspritzen zu Infusionslösungen zeigte, dass bereits bei 3-maligem Anstechen des Infusionsbeutels über den Zuspritzstutzen fast 3% aller Infusionen bakteriell kontaminiert waren [19].

Compounding

Alternativ hierzu besteht für spezifische Indikationen die Möglichkeit der Herstellung *maßgeschneiderter Infusionsregime (»Compounding«)* durch dafür autorisierte Apotheken bzw. Hersteller. Die Herstellung von Infusionslösungen nach speziellen Rezepturen ist Herstellerbetrieben bzw. Apotheken mit entsprechend qualifiziertem Personal und technischer Ausrüstung vorbehalten. Zum einen wird die Produktsicherheit der Infusionslösungen stark von der hygienischen Herstellerqualität beeinflusst, d. h. es sind die gesetzlichen Anforderungen an die räumliche und technische Ausstattung (laminar Airflow, Isolator, Abfüllpumpen, Fußboden, kontrollierte Luftzufuhr etc.) einzuhalten. Weiterhin ist bei der Herstellung von Mischlösungen strengstens auf *Kompatibilitäts- und Stabilitätsrichtlinien* zu achten [22]. Bei der Mischung von Komponenten zur Infusionstherapie werden bis zu 50 verschiedene chemische Substanzen kombiniert, deren Kompatibilität vorab geprüft werden muss. Weiterhin sind die Daten zur Stabilität unter bestimmten Bedingungen zu berücksichtigen [2].

Mit dem steigenden Angebot von Infusionslösungen verschiedenster Hersteller werden die Infusionsregime zunehmend komplexer. Es ist nicht nur Vorsicht geboten beim Mischen von verschiedenen Lösungen eines Herstellers, sondern insbesondere beim Zusammenstellen von Mischlösungen auf der Basis von Produkten unterschiedlicher Hersteller. Infusionslösungen (z. B. Lipidemulsionen) können in ihrer Zusammensetzung stark variieren und somit völlig unterschiedliche Auswirkungen auf die Stabilität und Kompatibilität von Mischlösungen haben [2]. Die genaue Kenntnis der Kompatibilitäts- und Stabilitätsdaten geprüfter Substanzen und deren Mischverhalten sind wichtige Voraussetzungen des pharmazeutischen Herstellbetriebes und der Apotheken.

Der Patient erhält in kurzfristigen Lieferzyklen den individuell gemischten Beutel als Komplettlösung, d. h. außer dem Zuspritzen von Vitaminen kurz vor Infusionsbeginn sind keine Manipulationen durch den Patienten mehr notwendig. Diese Methode stellt für den Patienten hinsichtlich Komfortabilität und Kontaminationsrisiko der Infusionslösungen die vorteilhafteste Methode dar.

31.3.4 Schulung

Willigen Patient und Angehörige in die Durchführung der HPE ein, muss im Weiteren festgelegt werden, ob der Patient selbst oder ein Angehöriger bzw. Pflegedienst die Versorgung übernimmt. ◻ *Tabelle 31-4* veranschaulicht unter welchen Bedingungen eine Schulung Angehöriger sinnvoll ist. Eine Erhebung zur HPE in Europa aus dem Jahr 1993 zeigte, dass sich 44% der Patienten selbst versorgten, 30% wurden von Angehörigen betreut und die restlichen Patienten von ambulanten Pflegekräften. Die eigenständige Versorgung von Patienten war gegenüber dem Jahr 1989 mit 60% deutlich zurückgegangen. Diese Abnahme ist möglicherweise Ursache des zunehmenden Anteils an Patienten, die aufgrund ihrer psychischen und physischen Einschränkungen und ihrer schlechten Prognose (z. B. präfinale Tumorpatienten) nicht in der Lage sind, sich selbstständig zu versorgen [21].

Die Schulung erfolgt nach einem *standardisierten Pflegeprotokoll*. Die Schulungsphase beginnt in der Regel in der Klinik und gliedert sich in mehrere Trainingseinheiten. Die Dauer der Schulung hängt im Wesentlichen von der Auffassungsgabe der zu schulenden Person ab, es sollte jedoch bei der Planung der Entlassung des Patienten eine Vorbereitungsphase von 7–10 Tagen angenommen werden. Van Gossum et al. [21] belegten eine durchschnittliche Schulungsdauer von 14 Tagen für selbstversorgende Patienten, 10 Tage für Angehörige und 1,5 Tage für Mitarbeiter ambulanter Pflegedienste. Die Entlassung des Patienten sollte erst dann erfolgen, wenn sich der Patient bzw. Angehörige im Umgang mit den Infusionen sicher fühlt und korrekt arbeitet.

Das Patiententraining umfasst neben der praktischen Anleitung im Umgang mit dem zentralvenösen Katheter, Schulungseinheiten zu Erkennung und Selbstmanagement von auftretenden Komplikationen, allgemeine Verhaltensmaßregeln wie Körperpflege und Gewichtskontrolle und allgemei-

◻ **Tabelle 31-4.** Faktoren, die eine selbstständige Durchführung der HPE erschweren

Eine Schulung Angehöriger ist unter folgenden Bedingungen notwendig und sinnvoll:
- Der Patient ist mental oder manuell eingeschränkt (z. B. Zustand nach Apoplex, Alterstremor, Amputation, Lähmungen).
- Es besteht keine Bereitschaft zur eigenständigen Versorgung.
- Der allgemeine Gesundheitszustand ist stark reduziert.
- Die Prognose lässt erkennen, dass der Patient sich in nächster Zukunft nicht mehr selbst versorgen kann (z. B. bei Tumorpatienten im präfinalen Stadium).
- Bei Kindern werden die Eltern geschult.

Tabelle 31-5. Schulungsprogramm zur Vorbereitung der heimparenteralen Ernährung (HPE)

Individuelle Beratung zum patientenspezifischen Ernährungsregime
- Aufbewahrung der Infusionslösungen und Additiva
- Beratung und Information zu den zentralvenösen Kathetern: Port, Hickmann-, Broviac-Katheter
- Verabreichungsmöglichkeit der Infusionstherapie: Schwerkraft/Pumpe/Tropfenzähler

Praktische Durchführung der HPE
- Einführung in die aseptischen Grundsätze: Hände- und Hautdesinfektion, steriles Arbeiten
- Vorbereitung der Infusionslösungen und Additiva
- Anschluss des Mischbeutels
- Punktion des Port
- Einweisung in die Handhabung der Infusionspumpe
- Überwachung der Infusion
- Abschluss der Infusion
- Spülen des Katheters
- Reinigung und Desinfektion der Kathetereinstichstelle
- Verbandwechsel

Allgemeine Verhaltensmaßregeln
- Körperpflege
- Gewichtskontrolle
- Urinausscheidung
- Mundpflege
- Temperaturmessung
- Stuhlgang

Verhaltensmaßregeln bei auftretenden Problemen, z. B.
- Katheter kann nicht gespült werden
- Luft im Infusionsschlauch
- Riss oder Loch im Katheter
- Blut im Infusionsschlauch
- Infusionslösung läuft nicht
- Infusionspumpe gibt Alarm
- Infusionsgerät aus dem Beutel gerissen
- Fehlpunktion des Port
- Paravasatbildung
- Schmerzen bei/nach der Portpunktion
- Rötung/Entzündung an der Kathetereinstichstelle
- Schüttelfrost, Fieber
- Übelkeit, Erbrechen, Krämpfe
- Ödembildung

Allgemeine Hinweise
- Notfallregelung Hausarzt/Notarzt/Pflegedienst
- Anlegen einer Dokumentationsmappe

ne Hinweise zur Notfallregelung und Bestellung der erforderlichen Materialien (*Tabelle 31-5*). Nach erfolgreicher Schulung im Krankenhaus kann der Patient unter seinem individuellen Ernährungsregime nach Hause entlassen werden. Die ambulante Betreuung beginnt am Tag der Entlassung. Es erfolgt ein Hausbesuch, um den Erstanschluss zu überwachen und die Voraussetzungen zur hygienischen Herrichtung der Infusionslösungen und zum Katheteranschluss zu kontrollieren.

31.3.5 Organisation

Mit der Vorbereitung der Entlassung sind parallel zur Schulungsphase verschiedene administrative Tätigkeiten verbunden, die den reibungslosen Übergang des Patienten vom stationären in den häuslichen Bereich ermöglichen sollen (*Tabelle 31-6*). Für die Absicherung der häuslichen Versorgung ist ein *interdisziplinäres Netzwerk* zwischen den an der ambulanten Versorgung beteiligten Institutionen zu knüpfen (Ernährungsteam, Hausarzt, ambulanter Pflegedienst, Krankenkasse, Home-Care-Unternehmen, Apotheke). In der Regel wird die Koordination des Transfers eines parenteral ernährten Patienten in den ambulanten Bereich durch das in der Klinik ansässige *Ernährungsteam* (s. Kap. 63) durchgeführt.

Auch sog. *Home-Care-Unternehmen*, die sich auf die Versorgung künstlich ernährter Patienten im ambulanten Bereich spezialisiert haben, sind auf die Organisation einer HPE ausgerichtet. Sie koordinieren im Auftrag des Arztes alle Maßnahmen zur Vorbereitung der Entlassung und übernehmen wichtige Aufgaben in der Weiterbetreuung des Patienten im ambulanten Bereich wie die regelmäßige Versorgung mit den Produkten für die ambulant-häusliche Infusionstherapie und die Bereitstellung ihrer Fachkompetenz bei Problemen der HPE. Einige Unternehmen sind zusätzlich auf das Compounding der Mischbeutel spezialisiert. Diese werden nach der in der Klinik erstellten Rezeptur und nach vorheriger Prüfung der Kompatibilitäts- und Stabilitätsdaten produziert.

In besonderem Maße ist der Erfolg einer HPE von der *Beteiligung des Hausarztes* abhängig. Hierbei wird nicht davon ausgegangen, dass der Hausarzt den gesamten Umfang der Behandlung eines HPE-Patienten übernimmt. Hat sich jedoch die Anwendung der HPE bei einem Patienten stabilisiert, kann der Hausarzt die Überwachung des Therapieverlaufs übernehmen. Optimalerweise erfolgt die Betreuung eines HPE-Patienten in Kooperation von Hausarzt und Spezialisten der Klinik.

Tabelle 31-6. Organisatorische Aufgaben zur Vorbereitung der heimparenteralen Ernährung (HPE)

- Erstellung eines individuellen Infusionsplanes durch Arzt/Ernährungsteam der Klinik
- Kontaktaufnahme mit Apotheke/Herstellerfirma zur Bestellung der notwendigen Materialien zur Infusionstherapie (Infusionslösungen, -ständer, -pumpe, Verbandsmaterialien etc.)
- Veranlassung der Erstbelieferung des Patienten durch die Apotheke
- Information des Hausarztes über die geplante Therapie
- Ggf. Einschaltung eines für die parenterale Ernährungstherapie qualifizierten Pflegedienstes
- Organisation einer individuellen Betreuung durch speziell geschulte Fachkräfte (Heimpflegekräfte)
- Beantragung der Kostenübernahme durch die Krankenkasse
- Koordination der an der Ernährungstherapie beteiligten Institutionen

Dies ist vorteilhaft für den Patienten, da ihm aufwendige und anstrengende Klinikbesuche erspart bleiben. Aber auch das Pflegepersonal braucht einen kompetenten Ansprechpartner vor Ort, der in den gesamten Therapieablauf involviert ist. Die Versorgung von HPE-Patienten stellt hohe Anforderungen an die Pflegekräfte und nicht selten stehen sie vor schwierigen Entscheidungen in komplizierten Situationen, die eines ärztlichen Rates bedürfen.

31.4 Komplikationen der heimparenteralen Ernährung

Bei der parenteralen Ernährung werden *infektiöse, mechanische und metabolische Komplikationen* unterschieden. Diese werden ausführlich in Kap. 28 besprochen.

Als häufigste Komplikation während der heimparenteralen Ernährung hat sich die *Kathetersepsis* erwiesen [3]. Die Häufigkeit katheterassoziierter Infektionen wird mit 10–30%, mit einer Rate von 1,4/1000 Kathetertage, angegeben [4, 15]. Einer Untersuchung von Burnes et al. [3] zufolge kamen über 70% der Krankenhausaufenthalte von Patienten mit HPE wegen eines Verdachts auf eine Kathetersepsis zustande. Am häufigsten wurden als Auslöser einer Sepsis Hautkommensalen wie *Streptococcus epidermis, Staphylococcus aureus und Candida ssp.* gefunden. Aber auch typische Darmbakterien sind nicht selten Ursache einer Sepsis [7]. In der Betreuung von HPE-Patienten sollten alle Anstrengungen unternommen werden septische Komplikationen zu vermeiden. Wichtigste Voraussetzung hierfür ist eine intensive Schulung des Patienten in der aseptischen Handhabung des Katheters und in der aseptischen Vorbereitung der Infusionslösungen. Eine regelmäßige Überprüfung der Handlungsabläufe ist auch bei langfristiger komplikationsloser Infusionstherapie indiziert [20].

Nach der Kathetersepsis, folgt als nächste bedrohliche Langzeitkomplikation der HPE die zentrale *Venenthrombose* und der nachfolgende Verlust des Zugangs zur Vene. Je länger ein Patient einer HPE bedarf, desto überragender stellt sich die Problematik einer Thrombosierung des Katheters dar [3]. Eine zentrale Venenthrombose fördert ihrerseits das Risiko einer Kathetersepsis [15]. Der prophylaktische Einsatz von Antikoagulanzien sollte deshalb frühzeitig in Erwägung gezogen werden [3].

> Die Aspiration von Blut über den Katheter ist grundsätzlich in Frage zu stellen, da dies möglicherweise das Thromboserisiko erhöht. Ist dies zwingend notwendig, z. B. zur Entnahme einer Blutkultur bei Verdacht auf eine Kathetersepsis, ist im Anschluss eine ausgiebige Spülung des Katheters erforderlich [20].

Weitere Komplikationen (z. B. metabolische Komplikationen) sind in der Regel durch regelmäßiges Monitoring des Therapieverlaufs frühzeitig zu erkennen und mit einfachen Maßnahmen zu behandeln.

Die Ausprägung und Häufigkeit von Komplikationen der HPE hängt in hohem Maße von der Erfahrung und dem Fachwissen des Therapeuten und der betreuenden Personen ab. Patienten mit HPE sollten deshalb immer über den gesamten Verlauf der Therapie durch eine Spezialambulanz bzw. ein Ernährungsteam betreut werden.

31.5 Ergebnisse der heimparenteralen Ernährung

Aufgrund der Erfahrungen und Fortschritte in der heimparenteralen Ernährung hat sich dieses Verfahren in vielen Zentren etabliert. Die Komplikationen konnten gesenkt und eine deutliche Verlängerung der Lebenszeit erzielt werden. Das ursprüngliche Therapiespektrum von vorwiegend benignen Erkrankungen wurde aufgrund der geringen Komplikationsraten erweitert. In vielen Ländern werden heute weit mehr Patienten mit maligner Grunderkrankung betreut als Patienten mit Kurzdarmsyndrom oder intestinalen Motilitätsstörungen.

Mit der Änderung der Indikationsstellung sind auch Veränderungen hinsichtlich der Überlebenszeiten, der Lebensqualität der Patienten und der Art und Häufigkeit der Komplikationen zu beobachten. Der Erfolg einer HPE ist in hohem Maße abhängig von der Grunderkrankung und deren Progression. Ein weiterer ausschlaggebender Faktor ist der Zeitpunkt zu dem die Indikation zur HPE gestellt wird. Insbesondere bei Tumorpatienten wird die Indikation zur parenteralen Ernährung nicht selten im Finalstadium der Erkrankung gestellt [20].

In einer Erhebung zur Mortalität von Patienten mit HPE in Europa konnte nach einem 6-monatigen Beobachtungszeitraum gezeigt werden, dass alle Patienten mit M. Crohn noch lebten. 1/3 der Patienten konnte die Infusionstherapie beenden, 2/3 infundierten weiterhin. Bei Patienten mit Strahlenenteritis war die Mortalitätsrate 7%, bei Patienten mit vaskulären Erkrankungen 8%, bei Tumorpatienten 77% und bei Patienten mit Aids 88% [21]. Ähnliche Ergebnisse konnten dem OASIS-Register für heimparenterale Ernährung in den USA entnommen werden [8]. Bei Patienten mit Kurzdarmsyndrom und M. Crohn können mitunter sehr lange Ernährungszeiten erreicht werden. Nach einer Erhebung von Messing et al. [13] war die 5-Jahres-Überlebensrate bei Patienten mit Kurzdarmsyndrom nicht malignen Ursprungs 75% [13].

31.6 Psychosoziale Aspekte der heimparenteralen Ernährung

Die Rückkehr in die häusliche Umgebung stellt eine *bedeutende Verbesserung der Lebensqualität* von Patienten mit parenteraler Ernährung dar [5], was sich im allgemeinen auch positiv auf die gesundheitliche Verfassung auswirkt. Dennoch ist die HPE eine Methode, die für den Patienten mit einschneidenden Veränderungen der Lebensumstände einhergeht. Die HPE ist eine zeitaufwendige Prozedur, die einer relativ festgelegten Regelmäßigkeit im Tagesablauf bedarf [11]. Die Patienten erfahren einen Verlust ihrer Unabhängigkeit, ihres sozialen und beruflichen Status und häufig auch der Kontrolle bestimmter Körperfunktionen [11].

Initial treten oftmals eine ganze Reihe unterschiedlicher emotionaler Reaktionen auf wie das Leugnen der Krankheit, Hoffnungslosigkeit, Zukunftsängste und Depressionen. Bei Einbezug der Patienten in die Therapie folgt hierauf häufig der Ehrgeiz, die Technik des neuen Versogungssystems zu erlernen und zu trainieren. Der Patient sollte deshalb frühzeitig dazu motiviert werden, seinen Fähigkeiten und Möglichkeiten entsprechend, aktiv zum Gelingen der im heimischen Bereich durchgeführten Therapie beizutragen. Die Akzeptanz gegenüber der Therapie ist in hohem Maße von der Persönlichkeit des Patienten, der Unterstützung durch die Familie und von der Auswirkung der Therapie auf die physische Gesundheit abhängig.

Im Verlauf der Therapie empfinden Patienten häufig eine »*Abhängigkeit von der Infusionspumpe*«, durch die sie in ihrer Mobilität und Aktivität eingeschränkt sind [16]. Die Infusionsdauer und -zeit sollte in gemeinsamer Absprache mit dem Patienten und dessen Familie festgelegt werden. Um eine möglichst große Unabhängigkeit zu gewährleisten, ist wenn immer möglich eine Infusion der gesamten Nährlösung über 10–12 h über Nacht zu empfehlen. Ist eine Infusion der Nährlösungen nur tagsüber möglich oder erwünscht bzw. ist neben der nächtlichen Applikation eine zusätzliche Gabe von Infusionen erforderlich, können mobile Pumpensysteme (z. B. Multifuse, B. Braun; 6060 Multi-Therapie Infusionspumpe, Baxter; CADD-PRIZM, Deltec Graseby) Einsatz finden, die dem Patienten eine weitestgehende Erhaltung der Mobilität ermöglichen.

Eine Untersuchung von Jeppesen et al. [11] zur *Lebensqualität von HPE-Patienten* bei Kurzdarmsyndrom zeigte, dass diese aufgrund reduzierter Kraftreserven in ihrer physischen Aktivität eingeschränkt sind. Häufig sind diese Patienten in ihren Möglichkeiten, einen Beitrag zu Aktivitäten in Haushalt und Freizeit zu leisten, begrenzt. Einschränkungen werden außerdem berichtet in den Bereichen nächtliches Durchschlafen, sportliche Aktivitäten, Reisen und Teilnahme am sozialen Leben [16]. Auch ist die Rate der Berufstätigen unter diesen Patienten sehr gering. In der erwähnten Studie lag die Vollbeschäftigungsrate bei 14% [11]. Dies ist vergleichbar mit den Ergebnissen einer ähnlichen Untersuchung aus Großbritannien, nach der 20% der Patienten ihren Beruf wieder aufnehmen konnten [16]. Eine etwas höhere Berufstätigkeitsrate (52%) wurde in einer europäischen Multicenterstudie gefunden, jedoch handelte es sich bei 20% um Teilzeitbeschäftigungen [13]. Einer Studie von Reddy u. Malone [16] zufolge ist die Lebensqualität von Patienten mit HPE niedriger als die der Gesamtbevölkerung und scheint vergleichbar mit der von Dialysepatienten.

Obwohl sich die HPE zu einer erfolgreichen, fortschrittlichen und weitverbreiteten Maßname entwickelt hat, die insbesondere für Patienten mit schwerem Malassimilationssyndrom lebenserhaltenden Charakter hat, sollte in der medizinischen Versorgung dieser Patienten zukünftig auch ein Schwerpunkt auf die optimale Rehabilitation hinsichtlich psychosozialer und emotionaler Aspekte gelegt werden, mit dem Ziel den bestmöglichen Grad an Lebensqualität zu erreichen [11].

31.7 Ökonomische Aspekte der heimparenteralen Ernährung

Untersuchungen zur Kosteneffizienz einer heimparenteralen Ernährung konnten zeigen, dass im Vergleich zu einer stationären Behandlung eine signifikante Reduktion der Therapiekosten möglich ist [6].

> Es wird von einer Kostenersparnis von 50–75% gegenüber einer stationär durchgeführten parenteralen Ernährung ausgegangen [10].

Die Gesamtkosten einer heimparenteralen Ernährung in den USA wird in einer Analyse von Reddy u. Malone [16] mit jährlich durchschnittlich $ 70.000 angegeben. Es wurden Abweichungen von $ 15.000 bis $ 169.000 beschrieben. Der Hauptteil der Kosten resultierte mit $ 55.193 pro Jahr (±30.596) aus der Bereitstellung der Infusionslösungen. Die durchschnittlichen jährlichen Kosten für Hilfsmittel der HPE (z. B. Applikationssets, Verbandmaterial etc.) betrugen $ 8948 ± 2260. Die Kosten für Krankenhausaufenthalte aufgrund von Komplikationen der Ernährungstherapie beliefen sich pro Jahr auf $ 2673±5784. Bei einigen Patienten überwogen die Kosten für die stationäre Behandlung ernährungsassoziierter Komplikationen die Kosten der Infusionslösungen. Weitere Kosten wie ambulante Kliniksbesuche, Hausbesuche durch speziell geschulte Pflegekräfte, Bestimmung der Routinelaborparameter und Medikamente machten weniger als $ 1000 der Gesamtkosten aus.

Bisher existieren wenige Informationen zu den Kosten der HPE in Europa. Einer Kostenanalyse der HPE in Großbritannien aus dem Jahr 1995 entsprechend lagen die Kosten für das erste Jahr der HPE bei $ 75.000 (44.288 Pfund Sterling). Eingeschlossen waren ein stationäres Patiententraining über 3 Wochen, 4 ambulante Kontrollbesuche und Infusionslösungen für 6 Tage/Woche [16].

Die Finanzierung der HPE erfolgt in den europäischen Ländern zu 100% durch das nationale Gesundheitssystem. In Deutschland werden die Kosten durch die gesetzlichen bzw. privaten Krankenkassen getragen [14]. Da in den USA kein einheitliches nationales Gesundheitssystem existiert, weicht die Rückerstattung der Kosten einer HPE von der im europäischen System ab [14]. Zwar wird der Großteil der Kosten einer HPE von bundesstaatlichen, staatlichen oder privaten Krankenkassen getragen, doch können in Abhängigkeit von der individuellen Situation des Patienten erhebliche zusätzliche Kosten entstehen [7].

Aus den bisher vorliegenden Ergebnissen zur HPE lässt sich schlussfolgern, dass die Kosten für eine HPE pro Patient stark variieren. Zum einen bestehen große Unterschiede in der Häufigkeit der Verabreichung der Infusionen pro Woche. Auch sind einige Patienten lediglich auf eine intravenöse Flüssigkeitszufuhr angewiesen. Zum anderen besteht eine große Varianz beim Auftreten von Komplikationen. Maßgeblich werden diese Faktoren durch die zugrundeliegende Erkrankung, die eine HPE erforderlich macht, und deren Progression beeinflusst [16].

Literatur

1. Bakker H, Bozzetti F, Staun M et al. (1999) Home parenteral nutrition in adults: a european multicentre survey in 1997. ESPEN – Home Artificial Nutrition Working Group. Clin Nutr 18: 135–140
2. Barnett MI, Cosslett AG, Duffield JR et al. (1990) Parenteral nutrition – pharmaceutical problems of compatibility and stability. Drug Saf 5 (Suppl): 101–106
3. Burnes JU, O'Keefe SJD, Fleming CR et al. (1992) Home Parenteral Nutrition – A 3-year analysis of clinical and laboratory monitoring. JPEN J Parenter Enteral Nutr 16: 327–332
4. Clarke DE, Raffin TA (1990) Infectious complications of indwelling long-term central venous catheters. Chest 97: 966–972
5. Detsky AS, McLaughlin JR, Abrams HB et al. (1986) Quality of life of patients on long-term total parenteral nutrition at home. J Gen Intern Med 1: 26–33
6. Howard L, Ament M, Fleming CR, Shike M, Steiger E (1995) Current use and clinical outcome of home parenteral and enteral nutrition therapies in the United States. Gastroenterology 109: 355–365
7. Howard L, Hassan N (1998) Home parenteral nutrition. 25 years later. Clin Nutr 27: 481–512
8. Howard L, Heaphey L, Fleming R, Lininger L, Steiger E (1995) Four years of North American Registry Home Parenteral Nutrition Outcome Data and their implications for patient management. JPEN J Parenter Enteral Nutr 15: 384–393
9. Howard L, Malone M, Ehrenpreis B, Hilf A (2000) Home Parenteral Nutrition: Clinical Outcome. In: Rombeau JL, Rolandelli RH (eds) Parenteral nutrition. Saunders, Philadelphia/PA, pp 497–511
10. Howard L, Malone M, Wolf BM (1997) Home enteral nutrition in adults. In: Rombeau JL, Rolandelli RH (eds) Enteral and tube feeding. Saunders, Philadelphia/PA, pp 510–522
11. Jeppesen PB, Langholz E, Mortensen PB (1999) Quality of life in patients receiving home parenteral nutrition. Gut 44: 844–852
12. Meguid MM (1989) Clinical applications and cost-effectiveness of AIO. Nutrition 5: S5–S6
13. Messing B, Landais P, Goldfarb B et al. (1989) Home parenteral nutrition in adults: a multicentre survey in Europe. Clin Nutr 8: 3–9
14. Moreno JM, Shaffer J, Staun M et al.: Home Artificial Nutrition Working Group ESPEN (2001) Survey on legislation and funding of home artificial nutrition in different european countries. Clin Nutr 20: 117–123
15. Press OW, Ramsey PG, Larson EB et al. (1984) Hickman catheter infections in patients with malignancies. Medicine 63: 189–200
16. Reddy P, Malone M (1998) Cost and outcome analysis of home parenteral and enteral nutrition. JPEN J Parenter Enteral Nutr 22: 302–310
17. Richards DM, Irving MH (1997) Assessing the quality of life of patients with intestinal failure on home parenteral nutrition. Gut 40: 218–222
18. Shils ME, Wright WL, Turnbull A (1970) Long-term parenteral nutrition through external arteriovenous shunt. N Engl J Med 283: 341–344
19. Stoklasek B, Breuer M, Aspök C et al. (1997) Kontaminationsrisiken beim Zuspritzen von Medikamenten zu Infusionslösungen. Hyg Med 22: 463–466
20. Thul P (1999) Ambulante parenterale Ernährung. In: Hartig W, Richter U, Thul P (Hrsg.) Home-Care-Konzepte für Infusionstherapien. Zuckschwerdt, München, S 37–52
21. Van Gossum A, Bakker H, De Francesco A et al. (1996) Home parenteral nutrition in adults: a multicentre survey in Europe in 1993. ESPEN – Home Artificial Nutrition Working Group. Clin Nutr 15: 53–59
22. Wormleighton CV, Catling TB (1998) Stability issues in home parenteral nutrition. Clin Nutr 17: 199–203

Besonderheiten der Ernährungs- und Infusionstherapie bei speziellen Krankheitsbildern und Patientengruppen

Intensivtherapie im hypovolämisch-hämorrhagischen Schock

U. Kreimeier, M. Rehm

32.1 Definition und Ätiologie

Der *Schock* ist definiert als eine akute, nicht oder nur kurzfristig kompensierbare Störung des Gleichgewichts zwischen O_2-Angebot/-Verwertung und aktuellem O_2-Bedarf auf zellulärer Ebene [23]. Er geht mit einer Fehlverteilung des Blutflusses auf der Ebene der Mikrostrombahn und damit Beeinträchtigung der für den O_2- und Substrataustausch zur Verfügung stehenden Oberfläche einher. Häufigste Ursache des Schocks ist eine *inadäquate kapilläre Perfusion* und damit ein ungenügendes O_2-Angebot auf zellulärer Ebene.

Der Volumenmangelschock ist die in der operativen Medizin am häufigsten anzutreffende Schockform. Ihm liegt eine akute Reduktion des Herzzeitvolumens aufgrund der *Verminderung des intravasalen Volumens* und damit der venösen Füllung des Herzens zugrunde. Der durch akuten oder protrahierten massiven *Blutverlust* induzierte hämorrhagische Schock ist von der unkontrollierten, lebensbedrohlichen Hypovolämie infolge *Plasma-, Wasser- und Elektrolytverlust* zu unterscheiden.

Ursächlich für den rein *hämorrhagischen Schock* sind massive äußere und/oder innere Blutungen. Hierzu zählen neben diffusen Blutungen aufgrund großflächiger ausgedehnter Eingriffe in der Karzinomchirurgie oder bei Zweiteingriffen Blutverluste infolge Gefäßeröffnungen (Pfortader, V. cava; arterielle Gefäße und Venengeflechte z. B. im kleinen Becken) und durch Verletzungen parenchymatöser Organe (Leber, Milz, Nieren). Die zunehmende Häufigkeit operativer Eingriffe, die vor einigen Jahren aufgrund gleichzeitig bestehender Vor- oder Begleiterkrankungen nur zurückhaltend indiziert wurden, erfordert insbesondere in der Lungen- und Abdominalchirurgie postoperativ eine erhöhte Aufmerksamkeit und Überwachung der Patienten hinsichtlich des Auftretens einer Nachblutung. Intensivmedizinisch betreute Patienten mit Mehrfachverletzungen (Polytrauma), speziell im Beckenbereich (Beckenringfraktur), und mit Beteiligung abdomineller Organe (Leber, Milz, Niere) zeigen gerade in der Frühphase nach operativer Erstversorgung häufig Kreislaufinstabilitäten, die ihre Ursache in (Nach)blutungen aus verletzten Gefäßgebieten haben können.

Hiervon zu unterscheiden ist der massive *Flüssigkeits- und Elektrolyverlust* bei Intensivpatienten, der als Folge einer Extravasation in den Intestinaltrakt entsteht (z. B. bei Subileus/Ileus), durch die Transsudation von Flüssigkeit und Plasmaeiweiß bei Peritonitis und bei Verbrennungen sowie bei Polyurie renaler (chronische Pyelonephritis, akutes Nierenversagen) oder extrarenaler (zentraler Diabetes insipidus) Genese (■ *Tabelle 32-1*). Ursächlich kommen ferner profuses Erbrechen oder Diarrhö sowie anhaltend hoher Flüssigkeitsverlust über Sonden, Drainagen oder Fisteln und extrem gesteigerte Schweißproduktion (z. B. bei hohem Fieber) in Frage. Sie können in verhältnismäßig kurzer Zeit eine bedrohliche Exsikkose bis hin zum *hypovolämischen Schock* hervorrufen. Im Unterschied zum reinen Blutverlust (hämorrhagischer Schock) entsteht hierbei sehr schnell eine Hämokonzentration mit Verschlechterung der Fließeigenschaften des Blutes, wodurch die Bildung von Mikrothromben begünstigt wird.

■ **Tabelle 32-1.** Der »dehydrierte Patient«

- Durchfälle
- Erbrechen
- Ileus
- Gastrointestinale Fisteln
- Magenabsaugung
- Hohes Fieber
- Hyperglykämie mit Azetonurie bei Diabetes mellitus
- Nierenfunktionsstörungen

32.2 Kreislaufveränderungen bei Hypovolämie und Schock

Eine plötzlich eintretende Verminderung des Intravasalvolumens hat erst mit einer zeitlichen Verzögerung eine Änderung der Na^+- und Wasserexkretion infolge Aktivierung des *Renin-Angiotensinogen-Aldosteron-Systems* zur Folge. Unmittelbar beeinflusst wird jedoch die Herzfunktion über den *Frank-Straub-Starling-Mechanismus*, der bei Änderung der Vorlast (Preload) zu einer gleichsinnigen Änderung des Pumpvolumens führt. Blutverluste bis zu 10% des Intravasalvolumens lassen Herzzeitvolumen und systemischen Blutdruck unbeeinflusst, vorausgesetzt, es bestand zuvor Normovolämie. Größere Blutverluste haben zuerst eine Reduktion des Herzzeitvolumens und erst danach des Blutdrucks zur Folge [17]. Die verzögerte Abnahme des Blutdrucks beruht auf der kompensatorischen Zunahme des peripheren Gefäßwiderstandes im Verlauf der *sympathikoadrenergen Reaktion.*

Die *sympathikoadrenerge Reaktion* führt zu einer Umverteilung des Herzzeitvolumens auf die einzelnen Organe entsprechend des Grades ihrer α- und β-adrenergen Innervation [33]. Bei einer akuten Hypovolämie ist die Abnahme der Durchblutung im Splanchnikusgebiet, in Niere, Haut und Muskulatur am ausgeprägtesten [33]; Koronar- und Hirnkreislauf bleiben von der Vasokonstriktion ausgenommen. Dieser als *Zentralisation* bezeichnete Vorgang hat eine Sicherstellung der Durchblutung von Gehirn und Herz zum Ziel. Neben der arteriolären Vasokonstriktion kommt es zu einer Konstriktion auch postkapillärer Abschnitte des Kapazitätssystems, welches kurzfristig eine Erhöhung des venösen Rückstroms und damit Maskierung des wahren Volumenmangels zur Folge hat (■ *Abb. 32-1*).

32.3 Klinische Zeichen

Der hämorrhagische Schock ist durch eine individuell unterschiedlich ausgeprägte Dynamik und Progredienz gekennzeichnet; er kann sich *akut* (z. B. bei intraoperativ massiver Blutung) oder *protrahiert* (postoperativ z. B. bei intraabdomineller Sickerblutung) entwickeln. Aufgrund der körpereigenen Kompensationsmechanismen wird bei letzterem die Schwere der durch Hypovolämie induzierten Herz-/Kreislaufstörung erfahrungsgemäß unterschätzt, was den verzögerten Beginn einer adäquaten Schocktherapie (in diesem Falle der Volumensubstitution) zur Folge hat. Untersuchungen beim hämorrhagischen Schock haben jedoch gezeigt,

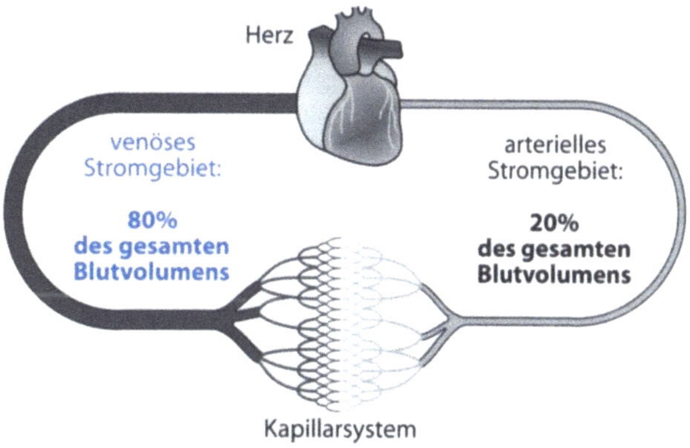

Abb. 32-1. Proportionale Verteilung der Volumina im venösen und arteriellen Stromgebiet. [Aus: Allgöwer M (1998) Schock und Traumareaktion. In: Siewert JR (Hrsg) Chirurgie, 6. Aufl. Springer, Berlin Heidelberg New York Tokio, S 121, Abb. 8.3]

dass die Prognose der Patienten neben Alter und Vorerkrankungen gerade von *Dauer* und *Ausmaß* des Schockzustandes bestimmt wird [23].

Der Patient im hypovolämischen Schock macht gewöhnlich einen schwerkranken Eindruck, ist apathisch oder sogar bewusstlos. Es imponieren Hypotonie, Tachykardie, Tachypnoe, Oligurie, schwach gefüllter Puls, und die kalte, schweißbedeckte und blasse Haut als Zeichen des erhöhten Sympathikotonus (*Tabelle 32-2*). Die Wiederauffüllung des Fingernagelbetts nach Kompression ist stark verzögert. In Abhängigkeit von Schwere und Dauer besteht *jederzeit* die Gefahr der Kreislaufdekompensation bis hin zu Asystolie, Apnoe sowie Bewusstlosigkeit, und damit der Notwendigkeit zur Reanimation.

32.4 Grundlagen der Volumenersatztherapie

Die Volumenersatztherapie hat neben einer Erhöhung des intravasalen Volumens und damit Steigerung von *Vorlast* und – über eine Erhöhung des Herzzeitvolumens – des *O2-Angebots* eine Verbesserung der mikrovaskulären Perfusion zum Ziel (*Abb. 32-2*). Die moderne Volumentherapie basiert auf dem Prinzip der Hämodilution: Unter normovolämischen Bedingungen hat die Senkung des Hämatokrits durch Austausch von Blut gegen zellfreie Plasmaersatzlösungen (s. unten) eine Verbesserung der Fluidität des Blutes und einen überproportionalen Anstieg des Herzzeitvolumens zur Folge. Bei einem Hämatokrit von 30% (Hämoglobinkonzentration 10 g/dl) liegt unter darüber hinaus physiologischen Bedingungen eine maximale O_2-Transportkapazität ohne Gefahr einer Gewebshypoxie vor [32].

Tabelle 32-2. Klinische Zeichen des hämorrhagischen Schocks

Hypovolämie	Hypotonie
Sympathikoadrenerge Reaktion	Tachykardie
Vasokonstriktion	Hautblässe, Kaltschweißigkeit
Renale Minderperfusion, Hypoxie	Oligurie, konzentrierter Urin
Hypoxie, Azidose	Tachypnoe
Zerebrale Hypoxie	Unruhe, Verwirrtheit

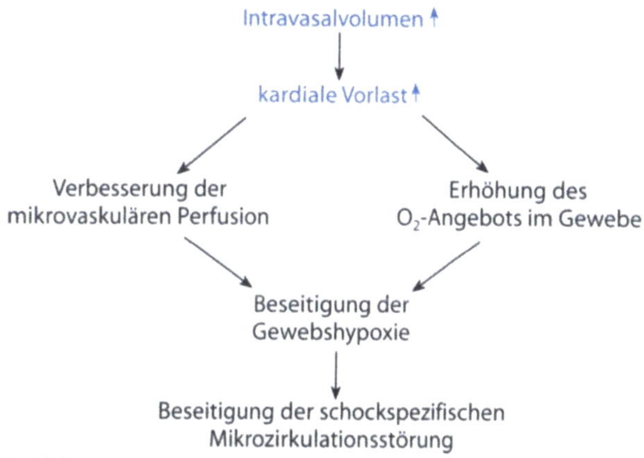

Abb. 32-2. Ziele der Volumenersatztherapie

32.4.1 Pharmakologische Eigenschaften kolloidaler Lösungen

Kolloide zeichnen sich gegenüber *Kristalloiden* durch ihren Volumeneffekt aus (vgl. unten), und werden daher zur initialen Volumentherapie nach *schwerem Trauma* und *im hämorrhagischem Schock* verwendet. Sie bewirken eine *Hämodilution*, die durch Verminderung der viskösen Komponente des peripheren Gefäßwiderstands die Nachlast senkt und die *Fließeigenschaften des Bluts* verbessert, woraus eine Verbesserung der nutritiven Organdurchblutung und der Versorgung des Gewebes mit Sauerstoff resultiert [8, 34]. Bei Infusion von Kristalloiden ist deren – im Vergleich zu Kolloiden – geringere *Volumenwirkung* zu beachten. Im Falle einer ausgeprägten Hypovolämie bedeutet dies aufgrund der erforderlichen höheren Volumina (3- bis 4-mal soviel, verglichen mit isoon-

Tabelle 32-3. Charakteristika von Kristalloiden und Kolloiden

Kristalloide:
- Kurze intravasale Verweildauer
- Schnelle Verteilung im intra- und extravasalen Raum
- Reduktion der Plasmaproteinkonzentration
- Substitution 3–6 ml/ml Blutverlust
- Bei überfordertem Lymphtransport Entstehung eines interstitiellen Ödems (Lunge, Darmwand)

Kolloide:
- Lange intravasale Verweildauer (3–8 h)
- Hohe onkotische Wirksamkeit (Wasserbindung)
- Plasmaexpander-Eigenschaften (Dextran, Hydroxyäthylstärke)
- Substitution ca. 1 ml/ml Blutverlust
- Beeinflussung des Gerinnungssystems in höherer Dosierung (>1,5 g/kg/24 h Dextran bzw. >2 g/kg/24 h Hydroxyäthylstärke)
- Möglichkeit von Unverträglichkeitsreaktionen (anaphylaktoide Reaktionen)
- Extravasation bei Permeabilitätsstörungen (Sepsis, SIRS)

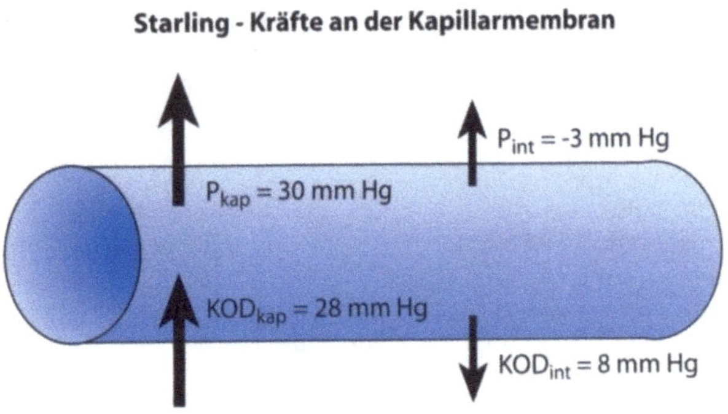

Abb. 32-3. Richtung und Größe von an der Kapillarmembran wirksamen Starling-Kräften

kotischen Kolloiden) eine längere Zeitspanne bis zum Erreichen stabiler Kreislaufverhältnisse [35] (Tabelle 32-3).

Demgegenüber ist bei Erhöhung der Kapillarpermeabilität (beginnende Sepsis; »systemic inflammatory response syndrome« (SIRS), »toxic shock syndrome«) der Effekt einer Volumenexpansion und Zunahme des hydrostatischen Drucks in den Gefäßen – unter der Vorstellung einer damit verbundenen Erhöhung des Blutflusses – gegenüber der stärkeren Filtration von Flüssigkeit, aber auch von Makromolekülen in das umliegende Gewebe abzuwägen: Entscheidend ist neben der hydrostatischen Druckdifferenz (intrakapillärer Druck – interstitieller Druck) die kolloidosmotische Druckdifferenz (kapillärer KOD – interstititeller KOD) (sog. Starling-Gleichgewicht; Abb. 32-3).

Die intravasale Halbwertszeit von Kolloiden liegt zwischen 3 h (Gelatinelösungen) und 6 h (Dextran, Hydroxyäthylstärke-Präparate). Kristalloide verbleiben demgegenüber nur sehr kurz im Intravasalraum (Halbwertszeit ca. 20–25 min), wobei die rasche Infusion großer Volumina mit dem *Risiko interstitieller Ödeme* (Lunge, Darmwand) verbunden ist. Für die Volumentherapie ist heute eine restriktive Anwendung natürlicher Kolloide (Albumin, tiefgefrorenes Frischplasma) zu fordern. An ihrer Stelle werden vermehrt künstliche Kolloide (Dextrane, Gelatine- und Hydroxyäthylstärke-Präparate) zusammen mit Kristalloiden eingesetzt.

32.4.2 Körpereigene Kolloide

Albumin

Bei verschiedenen Krankheitsbildern ist ein Abfall der Albuminkonzentration im Serum zu beobachten [36]. Die Relevanz einer verminderten Serumalbuminkonzentration für den klinischen Verlauf u. a. nach chirurgischen Eingriffen wurde besonders in den 1980er Jahren diskutiert [39, 53]. Ein Absolutwert, bei welchem die Albumingabe zwingend indiziert ist, konnte auch für Intensivpatienten durch wissenschaftliche Daten bis heute nicht etabliert werden. So wurde in einer prospektiven Studie an 97 Patienten im Alter von 50–85 Jahren mit »community-acquired pneumonia« kein Anhalt dafür gefunden, dass der klinische Verlauf durch eine zusätzliche Albumingabe positiv beeinflusst werden kann [18].

Nicht zuletzt seit der Publikation der »Cochrane Injuries Group Albumin Reviewers« wird die Indikation für die Albumingabe sehr restriktiv gestellt [11]: In einer Metaanalyse von 30 randomisierten Studien konnte kein positiver Effekt bei Substitution mit Humanalbumin zur Therapie von Hypovolämie, Hypalbuminämie oder bei Verbrennungen nachgewiesen werden. Es bleibt daher festzustellen, dass Humanalbumin grundsätzlich *kein* Volumenersatzmittel beim erwachsenen Intensivpatienten darstellt, und die Gabe von Albumin (iso-onkotisch als 4–5%ige und hyperonkotisch als 20 bzw. 25%ige Lösung) selbst bei manifester *Hypalbuminämie* mit einer Albuminkonzentration <2,5 g/dl (vgl. [14, 51]) eine Ausnahme bleiben und eine in jedem Einzelfall neu zu überdenkende Entscheidung sein muss.

Beim primären Volumenersatz durch synthetische Kolloide und Überschreiten der von den Herstellern angegebenen Dosisbegrenzungen (6% Dextran 60: 1,5 g/kgKG/24 h; 6% HES 200.000/0,5: 2 g/kgKG/24 h), bei akutem Nierenversagen (ohne Hämofiltration) und terminaler Niereninsuffizienz (aufgrund der erheblich verlängerten Eliminationshalbwertszeiten), und bei bekannter Überempfindlichkeit gegenüber künstlichen Kolloiden ist dagegen eine Indikation für Albumin gegeben. Die 4–5%igen Albuminlösungen haben einen intravasalen Volumeneffekt von etwa 100%, der, sofern keine massiven Kapillarpermeabilitätsstörungen vorliegen, ca. 4 h anhält.

Vorteile des natürlichen Kolloids Albumin sind die physiologische Transportfunktion und Halbwertszeit, nachteilig sind der – gegenüber den künstlichen Kolloiden Hydroxyäthylstärke und Dextran – geringere Volumeneffekt, die Unterdrückung der körpereigenen Albuminsynthese in der Leber, und die hohen Kosten. Pro Tag werden unter Normalbedingungen etwa 120–200 mg Albumin/kgKG neu gebildet. Die Regulation der Biosynthese scheint außer von hormonellen Einflüssen von der Höhe des kolloidosmotischen Drucks im Bereich der Hepatozyten abzuhängen [2].

Auch nach Albumingabe sind Unverträglichkeitsreaktionen als Sofort- und Spätreaktionen beschrieben; ursächlich kommen Proteinaggregate in den Lösungen sowie zugesetzte Stabilisatoren in Betracht. Nach §14 des Transfusionsgesetzes unterliegen Humanalbuminlösungen der Chargendokumentation.

Frischplasma

In der Frühphase einer sich entwickelnden Sepsis treten neben einem auffallend hohen Volumenbedarf oftmals petechiale oder flächenhafte Haut- und Schleimhautblutung auf. Sie sind Ausdruck von Gerinnungsstörungen, ebenso wie spontane oder langanhaltende Blutungen aus Punktionsstellen. Tiefgefrorenes Frischplasma (»fresh frozen plasma«) wird zum Ersatz von Gerinnungsfaktoren und v. a. in der Akutphase einer massiven, unkontrollierten Blutung verwendet, ist aber mit dem Risiko v. a. der Übertragung von Non-A-/Non-B-Hepatitis und des HIV-Virus verbunden. Als Indikation für FFP gelten schwere Gerinnungsstörungen und Massivtransfusionen (Gabe von mehr als 12 Erythrozytenkonzentraten bzw. entsprechend einem kompletten Blutvolumenaustausch innerhalb von 24 h) [16, 27], sowie eine Aufhebung der Wirkung von Antikoagulanzien bei dringlicher Operationsindikation. Zur Volumensubstitution oder als Albumin- bzw. Eiweißersatz ist Frischplasma dagegen grundsätzlich nicht indiziert (vgl. [9]).

32.4.3 Synthetisch hergestellte Kolloide

In der Volumentherapie intensivpflichtiger Patienten kommen heute Dextrane (10% Dextran 40, 6% Dextran 60/70), Gelatine und Hydroxyäthylstärke-Lösungen (6 und 10% HES 130.000 bzw. 200.000) zum Einsatz. Die Vorteile der synthetischen Kolloide liegen primär in ihrer unbegrenzten Verfügbarkeit, langen Haltbarkeit und guten Lagerungsfähigkeit, der relativ preiswerten Herstellung, sowie dem fehlenden Übertragungsrisiko von Infektionen (Gelatine: s. unten). Den Zielen der Volumenersatztherapie entsprechend erscheinen künstliche Kolloide insofern vorteilhaft, als über die Erhöhung des Intravasalvolumens und Verbesserung der mikrovaskulären Perfusion das Sauerstoffangebot an das Gewebe gesteigert wird, wobei der kolloidosmotische Druck aufrechterhalten bzw. – bei den hyperonkotischen Präparationen – sogar erhöht wird.

Dextran verfügt über spezielle pharmakologische Effekte: dazu zählen antithrombotische Eigenschaften durch Verminderung der Plättchen- und Faktor-VIII-Aktivität und eine erhöhte Lysierbarkeit von Fibringerinnseln [7] sowie eine Reduktion der postischämischen Leukozytenendothelinteraktion [31]. Ersteres ist zu unterscheiden vom Einfluss der Dextrane auf Gerinnungsparameter, welcher bei Überschreiten einer Dosis von 1,5 g/kg/24 h beschrieben ist.

Diese Dosisbegrenzung wurde lange Jahre auch für *Hydroxyäthylstärke* empfohlen, da mit zunehmender Infusionsmenge vermehrt auftretende Nebenwirkungen wie Gerinnungsveränderungen, Organfunktionsstörungen bei terminaler Niereninsuffizienz, histologisch bzw. immunhistochemisch noch nach Monaten nachweisbare Speicherung von Hydroxyäthylstärke im Gewebe, v. a. im retikuloendothelialen System und der Haut sowie Pruritus beschrieben worden sind. Basierend auf den umfangreichen Erfahrungen bei der Routineanwendung von Hydroxyäthylstärkelösungen zur perioperativen Volumentherapie wurde das obere Dosislimit für Hydroxyäthylstärke 200.000 vor einigen Jahren auf 2 g/kgKG/24 h (33 ml/kgKG) neu festgelegt.

In den letzten Jahren wurde der Einfluss von Gelatine- und Hydroxyäthylstärkepräparaten auf das Gerinnungssystem und die Thrombozytenfunktion näher charakterisiert. *Gelatine* scheint die Aktivität des von-Willebrand-Faktors und die Plättchenaggregation zu beeinträchtigen [30,48], während gerade die hoch- und mittelmolekularen Stärkepräparate (mittleres Molekulargewicht 200.000 Dalton und höher) einen spezifischen Effekt auf die Konzentration des Faktor VIII:c haben [20,49].

Volumenwirkung künstlicher kolloidaler Lösungen

Entscheidend bei der Gabe von Kolloiden zur Therapie einer Hypovolämie sind ihre *Volumenwirkung* und *intravasale Verweildauer*, welche sowohl von der Konzentration des Kolloids im Lösungsmittel, vom mittleren Molekulargewicht und von der Verteilung der Molekulargewichte, aber auch von der Molekülstruktur sowie dem Substitutionsgrad und -muster (bei Hydroxyäthylstärke) abhängen. Kolloide mit einem hohen Anteil von Molekülen bis zu einem Molekulargewicht von 50.000 verbleiben nur kurzfristig im Intravasalraum und werden rasch über die Niere ausgeschieden. Diese Tatsache muss nicht zuletzt auf der Intensivstation bei der Interpretation des spezifischen Gewichts im Urin beachtet werden.

Für die *initiale Volumentherapie* mit künstlichen Kolloiden erscheinen die *6% Dextran-60-Lösung* (Macrodex) sowie die 6% Lösungen von mittelmolekularer *Hydroxyäthylstärke* (HES 200.000/0,5 bzw. HES 130.000/0,6) vom pharmakologischen Profil am besten geeignet. Für die 10% Dextran 40-Lösung (Rheomacrodex), deren Dextranmoleküle aufgrund des niedrigeren Gewichts rasch renal eliminiert werden, sind bei Bestehen einer schweren Dehydratation *Nierenfunktionsstörungen* bis zur akuten Niereninsuffizienz beschrieben worden. Dieses Risiko ist vermeidbar, wenn gleichzeitg eine ausreichende Menge Kristalloide infundiert wird. Gelatinelösungen haben einen im Vergleich zu den anderen Kolloiden geringeren Volumeneffekt, es besteht jedoch praktisch keine Dosisbeschränkung.

Der *initiale Volumeneffekt* (in % des Infusionsvolumens) beträgt bei 6% Dextran 60 130% (bei 10% Dextran 40 175%) gegenüber 100–110% bei der 6% Hydroxyäthylstärke 200.000/0,5 (145% bei 10% HES) [1].

Die volumenwirksame Halbwertszeit liegt bei 4–6 h (6% Dextran 60) bzw. 3–8 h (HES 200.000/0,5 bzw. 0,62). *Gelatinelösungen* mit einem Molekulargewicht von 30.000–35.000 verfügen über einen initialen Volumeneffekt von 80–100% der infundierten Volumenmenge, der ca. 3 h anhält. Sie eignen sich daher v. a. für den kurzfristigen Volumenersatz.

32.4.4 Arzneimittelsicherheit

Unverträglichkeitsreaktionen

Bei Infusion sowohl künstlicher wie auch natürlicher Kolloide können *Unverträglichkeitsreaktionen* unterschiedlichen Schweregrades bis zum anaphylaktischen/anaphylaktoiden Schock auftreten [40]. Insgesamt scheint die Inzidenz von Unverträglichkeitsreaktionen nach Gabe von Kolloiden gering zu sein, hat jedoch beim Intensivpatienten aufgrund der Vielzahl der täglich verabreichten Medikamenten, darunter v. a. Antibiotika, und möglichen Arzneimittelinteraktionen besondere klinische Relevanz.

Nach der im Jahre 1977 publizierten, ersten prospektiven Vergleichsstudie ist mit *Unverträglichkeitsreaktionen* nach Humanalbumin mit einer Inzidenz von 0,011% zu rechnen, bei Gelatine betrug sie 0,115%, bei Dextran 40 und 60/75 0,032% und bei 6% Hydroxyäthylstärke 450.000/0,7 0,085% [41]. Darüber hinaus haben die Ergebnisse einer Doppelblindstudie an 240 allgemeinchirurgischen Patienten gezeigt, dass in der Narkoseeinleitungsphase nach Infusion von Gelatine (Haemaccel 35) beinahe doppelt so häufig eine *Histaminfreisetzungsreaktion* (HR) mit klinischer Symptomatik auftrat als nach Infusion von Ringer-Lösung (26/172 Patienten = 15,1% vs. 5/59 Patienten = 8,5%) [29]. Dies steht im Widerspruch zu dem früher angenommenen *Fehlen* einer klinisch relevanten Histaminfreisetzung älterer Gelatinepräparate. Auch neueren klinischen Untersuchungen zufolge sind Gelatinepräparate mit der höchsten Rate an anaphylaktoiden Reaktionen aller künstlichen Kolloide assoziiert [26]. Es hat sich zudem gezeigt, dass auch eine Prophylaxe mit H_1- und H_2-Rezeptor-Antagonisten keinen zuverlässigen Schutz vor schweren anaphylaktoiden Reaktionen bietet.

Hinsichtlich der Wahl zwischen Hydroxyäthylstärke- und Dextran-Präparationen wird das Argument angeführt, dass gegen Dextran gerichtete präformierte Antikörper relativ häufig im Blut der Patienten vorhanden sein können und die Häufigkeit schwerer Unverträglichkeitsreaktionen (Grad III und höher) bei Dextrangabe bei 1:2.000 Anwendungen liegt. Die Einführung der Prophylaxe mit monovalentem Hapten (Dextran 1000; Promit) im Jahre 1982 hat jedoch die schweren anaphylaktischen Reaktionen nach Dextraninfusion drastisch reduziert [28]. Auf der Basis der in Skandinavien obligatorisch erfassten Daten aller Unverträglichkeitsreaktionen von Arzneimitteln wird im Zusammenhang mit der Gabe von Dextran von einem Risiko von 1:70.000 bis 1:200.000 (Grad III und IV) ausgegangen.

Auch nach Gabe von Hydroxyäthylstärke wurden Unverträglichkeitsreaktionen beobachtet, deren pathophysiologischer Mechanismus nicht eindeutig geklärt werden konnte. Vor einigen Jahren wurden dann bei einem Patienten präformierte Antikörper gegen Hydroxyäthylstärke nachgewiesen, deren pathogenetische Bedeutung jedoch bislang unklar ist [21].

Zusammenfassend ist festzustellen, dass das Risiko von Unverträglichkeitsreaktionen nach Gabe von Hydroxyäthylstärke wie auch Dextran – bei letzterem die Hapten-Prophylaxe vorausgesetzt – äußerst gering und niedriger als nach Gelatinegabe ist.

Weitere Nebenwirkungen

Erwähnt wurde bereits die Nebenwirkung auf das *Gerinnungssystem* bzw. die *Thrombozytenfunktion*, die bei Gabe von Dextran wie auch Hydroxyäthylstärke dosisabhängig ist und von Seiten der Hersteller zu einer empfohlenen Tageshöchstdosis (Dextran 60/70: 1,5 g/kgKG/24 h; Hydroxyäthylstärke 200.000: 2 g/kgKG/24 h) geführt hat.

Lange Zeit wurde angenommen, dass der nach Hydroxyäthylstärkeinfusion immer wieder von Patienten berichtete, therapieresistente *Juckreiz* dosisabhängig sei. Dies wurde v. a. aus der Tatsache abgeleitet, dass die meisten Berichte von Patienten stammten, die HES über längere Zeit erhalten hatten (v. a. im Zusammenhang mit der Therapie eines Hörsturzes). Die Arzneimittelkommission der Deutschen Ärzteschaft wies erst kürzlich erneut auf den Zusammenhang HES/Juckreiz hin [5], nachdem es bei mehreren Intensivpatienten und bei einer relativ geringen verabreichten Gesamtmenge an HES zu schwerem persistierendem Pruritus gekommen war.

BSE

In jüngster Zeit erlangte ein weiterer Aspekt Bedeutung: Das bovine Rohmaterial zur Gelatineproduktion ist zwar einem chemisch aggressiven Herstellungsverfahren unterworfen. Trotzdem kann die Übertragung von Prionen als wahrscheinlichem Pathomechanismus der Bovinen Spongiformen Enzephalitis (BSE) grundsätzlich nicht vollständig ausgeschlossen werden [13, 25].

32.5 Blutkomponententherapie

32.5.1 Einsatz von Erythrozytenkonzentraten

Es besteht heute Konsens, dass bei einer Hämoglobinkonzentration zwischen 6 und 10 g/dl eine Bluttransfusion die *Ausnahme* darstellen sollte und erst dann indiziert ist, wenn Zeichen einer ungenügenden O_2-Versorgung vorliegen (ST-Segment-Analyse; TEE) [46], und selbst Patienten mit einer stabilen koronaren Herzerkrankung unter einer Therapie mit β-Blockern (z. B. vor einer ACVB-Operation) einen Hämoglobinwert um 10 g/dl ohne Myokarddysfunktion tolerieren [47].

Die Indikation zur Transfusion von Erythrozytenkonzentraten kann daher restriktiv gestellt werden: Unter der Vorbedingung einer Normovolämie (erzielt durch Volumensubstitution mittels Plasmaersatzmittel) galt bis vor kurzem bei ansonsten gesunden Patienten in der perioperativen Phase erst das Erreichen einer Hämoglobinkonzentration von 7–8 g/dl (entsprechend eines Hämatokrits von 20–25%) als Indikation zur Erythrozytentransfusion [22, 42, 44]. Für kritisch kranke Patienten hatten Czer u. Shoemaker [12] vor über 20 Jah-

Tabelle 32-4. Differenzierte Volumenersatz- und Blutkomponententherapie bei Hypovolämie und Schock.: Leitfaden für die Intensivtherapie.

	Kristalloide (Vollelektrolytlösungen)	Künstliche Kolloide	Humanalbumin	Frischplasma (FFP)	Erythrozytenkonzentrate (EK)	Thrombozytenkonzentrate (TK)
Primärer Volumenersatz	ja	ja	nein	nein	nein	nein
Dehydratation	ja	(ja)[a]	nein	nein	nein	nein
Hypovolämie mit Hypoproteinämie (Serumalbumin <2,5 g/dl); Aszites	ja	ja	nein[b]	nein	nein	nein
Hypovolämie mit Hämoglobinkonzentration 7–10 g/dl	ja	ja	nein	nein	nein[c]	nein
– bei Anhalt für akute, schwere Blutung	ja	ja	nein	nein[d]	ja[e]	nein
Hypovolämie mit Thrombozytopenie[f]; keine akute Blutung	ja	ja	nein	nein	nein	nein
Hypovolämie mit Thrombozytopenie[g] und Hinweis auf akute Blutung	ja	ja	nein	ja[d]	nein	ja

[a] Häufig sekundär indiziert. [b] Generell nicht indiziert; Ausnahmen: Kontraindikation bzw. Erreichen der Dosisobergrenze für *künstliche* Kolloide. [c] Abhängig von Begleiterkrankungen (z. B. KHK) und EKG-Veränderungen (ST-Segment-Analyse). [d] Abhängig von relevanten Veränderungen der plasmatischen Gerinnung und klinischer Situation (z. B. geplante Operation). [e] Abhängig von klinischer Situation: operativer Eingriff, Möglichkeit zur interventionellen Radiologie (Embolisierung). [f] Thrombozytenzahl 20.000–50.000/µl; [g] Thrombozytenzahl <20.000/µl.

ren noch einen Hämatokritwert von 27–33% als Interventionsgrenze in der perioperativen Phase angegeben, nachdem sie für diesen Bereich bei ihren Patienten die niedrigste Mortalitätsrate beobachtet hatten.

Kürzlich publizierte Ergebnisse einer Multicenterstudie haben gezeigt, dass bei Intensivpatienten kein Unterschied im Outcome besteht, wenn eine restriktive Transfusionsstrategie eingehalten wird [19]: Die 30-Tage-Mortalität unterschied sich nicht signifikant zwischen den Patienten mit einer Hämoglobinkonzentration zwischen 7 und 9 g/dl gegenüber denen mit einem liberalen Transfusionsregime (Ziel: Hb 10–12 g/dl).

Die Indikationen für eine differenzierte Volumenersatz- und Blutkomponententherapie sind in ◘ *Tabelle 32-4* aufgeführt (vgl. [3, 4, 19, 42, 43, 45]).

32.6 Monitoring des Volumenersatzes

Die Bestimmung des *zentralen Venendruckes (ZVD)* lässt eine relative Aussage über den Volumenstatus zu. Der ZVD ist allerdings außer vom venösen Rückstrom zum Herzen auch vom Funktionsverhalten des linken Ventrikels und vom intrathorakalen Druck, und damit nach der Intubation auch von Beatmungsdruck, Inspirations-/Expirationsverhältnis, PEEP und Atemminutenvolumen abhängig.

Vor allem im intensivmedizinischen Bereich haben der intraabdominelle Druck (erhöht z. B. bei Ileus, Peritonitis) und die Lagerung (Rückenlagerung/Bauchlagerung) Einfluss auf die Höhe des ZVD. Zudem ist die Lagekontrolle der Katheterspitze, radiologisch oder elektrisch über die EKG-Ableitung, Voraussetzung für eine valide Beurteilung des Volumenstatus sowie für die Infusion großer Mengen, insbesondere konzentrierter Infusionslösungen. Bei Hypovolämie ist der ZVD vermindert (Normalwert: 5–8 mmHg), beim Rechtsherzpumpversagen infolge Anstiegs des pulmonalvaskulären Widerstands dagegen erhöht. Unabhängig vom Absolutwert lassen die Änderungen des ZVD während der Volumentherapie zu, den individuellen Volumenbedarf abzuschätzen.

Anhand des *pulmonalkapillären Verschlussdrucks (PCWP)* – gemessen mittels eines Pulmonaliskatheters – kann beurteilt werden, ob das erniedrigte Herzzeitvolumen im Schock auf einer verminderten Pumpfunktion des linken Ventrikels oder auf der Verminderung des venösen Rückstroms beruht. Das *Herzzeitvolumen* kann über den gleichen Katheter mittels Thermodilutionsmethode bestimmt werden.

Aus dem mittleren arteriellen Druck, dem ZVD und dem Herzzeitvolumen kann der *systemische Gefäßwiderstand (SVR)* berechnet werden; charakteristischerweise ist er bei schwerer Hypovolämie und Schock erniedrigt. Die Volumentherapie muss vorhandene Nierenfunktionsstörungen und insbesondere Störungen des pulmonalen Gasaustauschs berücksichtigen, und einer in der Akutphase erforderlichen stark positiven Bilanzierung (Volumenbedarf infolge relativer Abnahme des systemischen Gefäßwiderstandes) muss sich eine differenzierte Volumen- und Blutkomponententherapie anschließen.

Mittels bildgebender Verfahren wie der *Ultraschalldopplersonographie* und der *transösophagealen Echokardiographie* lässt sich der Effekt positiv-inotroper Substanzen auf die Pumpfunktion wie auch der Effekt der Volumensubstitution v. a. auf den Füllungszustand des Herzens nichtinvasiv verfolgen. Vorausgesetzt, der Untersucher ist gut geschult, ist heute sogar die Berechnung des Herzzeitvolumens möglich.

Die Letalität kritisch kranker Patienten korreliert eng mit der Höhe der *Laktatkonzentration* im Blut; Überlebende wiesen im Verlauf ihrer Erkrankung trotz gleichen O_2-Angebots (DO_2) signifikant niedrigere Laktatspiegel auf [6, 24, 52]. Eine Laktatkonzentration >1,5 mmol/l, eine gemisch-venöse Sauerstoffsättigung (S_vO_2) <75% bzw. eine O_2-Aufnahme (VO_2) <110 ml/min/m² infolge eines inadäquaten O_2-Angebots deutet im allgemeinen auf eine schlechte Prognose hin [50]. Hierbei muss allerdings berücksichtigt werden, dass sowohl der O_2-Verbrauch als auch die Laktatkonzentration im Blut *globale* Parameter darstellen, die eine lokale Ischämie, v. a. im besonders Ischämie-gefährdeten Splanchnikusgebiet, nicht ausschließen [10, 37]. Hier hat sich die indirekte Messung von Magenmukosa- oder Darmwand-pH mittels *Tonometrie* (pH_i) als praktikable und diagnostisch wertvolle Methode erwiesen [15, 38].

Literatur

1. Adams HA, Hempelmann G (1991) Therapie mit Volumenersatzmitteln. Anaesth Intensivmed 10: 277–283
2. Adams HA, Michels R, Hempelmann G (1993) Die Indikation zum Einsatz von Humanalbumin in Anästhesie und Intensivmedizin. Anaesthesiol Intensivmed Notfallmed Schmerzther 28: 66–74
3. American College of Physicians (1992) Practice strategies for elective red blood cell transfusion. Ann Intern Med 116: 403–406
4. American Society of Anesthesiologists (1996) Practice guidelines for blood component therapy. A report by the American Society of Anesthesiologists Task Force on Blood Component Therapy. Anesthesiology 84: 732–747
5. Arzneimittelkommission der Deutschen Ärzteschaft (2000) »UAW-News-International«: Hydroxyethylstärke (HES) – Juckreiz. Dtsch Ärztebl 43: B2447
6. Bakker J, Coffernils M, Leon M, Gris P, Vincent JL (1991) Blood lactate levels are superior to oxygen-derived variables in predicting outcome in human septic shock. Chest 99: 956–962
7. Bergqvist D (1990) Dextran zur Thromboseprophylaxe. In: Messmer K, Peter K (Hrsg) Infusionstherapie mit Dextranen. Neue Aspekte und Stellenwert. Zuckschwerdt, München, S 28–36
8. Brückner UB, Messmer K (1991) Organdurchblutung und Sauerstoffversorgung bei limitierter isovolämischer Hämodilution mit 6% HAES 200/0,62 und 6% Dextran 70. Anästhesist 40: 434–440
9. Bundesärztekammer (1995) Leitlinien zur Therapie mit Blutkomponenten und Plasmaderivaten. Deutscher Ärzte-Verlag, Köln
10. Cain SM (1991) Physiological and pathological oxygen supply dependency. In: Gutierrez G, Vincent JL (eds) Tissue oxygen utilization. Update in intensive care and emergency medicine, vol 12. Springer, Berlin Heidelberg New York Tokio, pp 114–123
11. Cochrane Injuries Group Albumin Reviewers (1998) Human albumin administration in critically ill patients: systematic review of randomised controlled trials. Cochrane Injuries Group Albumin Reviewers. BMJ 317: 235–240

12. Czer LSC, Shoemaker WC (1978) Optimal hematocrit value in critically ill postoperative patients. Surg Gynecol Obstet 147: 363–368
13. Dieterich HJ (2001) Kolloide in der Intensivmedizin. Anästhesist 50: 54–68
14. Engelhardt W (1995) Gibt es gesicherte Indikationen für Humanalbumin in der Anästhesiologie und Intensivmedizin? Anaesth Intensivmed 36: 120–127
15. Fiddian-Green RG (1995) Gastric intramucosal pH, tissue oxygenation and acid-base balance. Br J Anaesth 74: 591–606
16. Fresh-Frozen Plasma, Cryoprecipitate, and Platelets Administration Practice Guidelines Development Task Force of the College of American Pathologists (1994) Practice parameter for the use of fresh-frozen plasma, cryoprecipitate, and platelets. JAMA 271: 777–781
17. Guyton AC (1991) Circulatory shock and physiology of its treatment. In: Guyton AC (ed) Textbook of medical physiology. Saunders, Philadelphia, pp 263–271
18. Hedlund JU, Hansson LO, Örtqvist AB (1995) Hypoalbminemia in hospitalized patients with community-acquired pneumonia. Arch Intern Med 155: 1438–1442
19. Hébert PC, Wells G, Blajchman MA et al. (1999) A multicenter, randomized, controlled clinical trial of transfusion requirements in critical care. Transfusion Requirements in Critical Care Investigators, Canadian Critical Care Trials Group. N Engl J Med 340: 409–417
20. Kapiotis S, Quehenberger P, Eichler HG et al. (1994) Effect of hydroxyethyl starch on the activity of blood coagulation and fibrinolysis in healthy volunteers: comparison with albumin. Crit Care Med 22: 606–612
21. Kreimeier U, Christ F, Kraft D et al. (1995) Anaphylaxis due to hydroxyethyl-starch-reactive antibodies. Lancet 346: 49–50
22. Kreimeier U, Messmer K (1996) Hemodilution in clinical surgery: state of the art 1996. World J Surg 20: 1208–1217
23. Kreimeier U, Peter K (1993) Schock. In: Lawin P, van Aken H, Brüssel T, Prien T (Hrsg) Praxis der Intensivbehandlung. Thieme, Stuttgart, S 658–701
24. Kruse JA (1987) Blood lactate and oxygen transport. Intens Care World 4: 121–125
25. Laubenthal H (1997) BSE und Heparin- bzw. Gelatinepräparate. Anästhesist 46: 253–254
26. Laxenaire MC, Charpentier C, Feldman L, Groupe Français d'Etude de la Tolérance des Substituts Plasmatiques (1994) Anaphylactoid reactions to colloid plasma substitutes: frequency, risk factors, mechanisms. A French prospective multicentre inquiry. Ann Fr Anesth Réanim 13: 301–310
27. Leslie SD, Toy PTCY (1991) Laboratory hemostatic abnormalities in massively transfused patients given red blood cells and crystalloid. Am J Clin Pathol 96: 770–773
28. Ljungström KG (1993) Safety of dextran in relation to other colloids – ten years experience with hapten inhibition. Infusionsther Transfusionsmed 20: 206–210
29. Lorenz W, Duda D, Dick W et al., (1994) Incidence and clinical importance of perioperative histamine-release: randomized study of volume loading and antihistamines after induction of anesthesia. Lancet 343: 933–940
30. Mardel SN, Saunders F, Ollerenshaw L, Edwards C, Baddeley D (1996) Reduced quality of in-vitro clot formation with gelatin-based plasma substitutes (letter to the editor). Lancet 347: 825
31. Menger MD, Thierjung C, Hammersen F, Messmer K (1993) Dextran vs. hydroxyethylstarch in inhibition of postischemic leukocyte adherence in striated muscle. Circ Shock 41: 248–255
32. Messmer K, Frey L (1991) Das Prinzip der Hämodilution. Chirurg 62: 769–774
33. Messmer K (1967) Intestinale Faktoren im Schock: Intestinaler Kreislauf. Langenb Arch Chir 319: 890–909
34. Messmer K, Frey L (1991) Das Prinzip der Hämodilution. Chirurg 62: 769–774
35. Modig J (1986) Effectiveness of Dextran 70 vs. Ringer's acetate in traumatic shock and adult respiratory distress syndrome. Crit Care Med 14: 454–457
36. Moshage HJ, Janssen JAM, Franssen JH, Hafkenscheid JCM, Yap SH (1987) Study of the molecular mechanism of decreased liver synthesis of albumin in inflammation. J Clin Invest 79: 1635–1641
37. Nelson DP, Samsel RW, Wood LDH, Schumacker PT (1988) Pathological supply dependence of systemic and intestinal O_2 uptake during endotoxemia. J Appl Physiol 64: 2410–2419
38. Pargger H (1999) Gastric intramucosal acidosis, pHi and the tonometer: What is the benefit for patients? In: Vincent JL (Hrsg) Yearbook of intensive care and emergency medicine 1999. Springer, Berlin Heidelberg New York Tokio, pp 547–556
39. Randle NW, Hubert-Hartmann K, Mulheran LC (1984) Serum albumin levels: relationship to length of hospital stay. Hosp Pharm 19: 802–805
40. Ring J (1991) Anaphylactoid reactions to intravenous solutions used for volume substitution. Clin Rev Allergy 9: 397–414
41. Ring J, Messmer K (1977) Infusiontherapie mit kolloidalen Volumenersatzmitteln. Anästhesist 26: 279–287
42. Royal College of Physicians of Edinburgh (1994) Consensus statement on red cell transfusion. Br J Anaesth 73: 857–859
43. Schramm W (2000) Blood safety in the European Community: An initiative for optimal use. Conference Proceedings from the Commission of the European Communities, Wildbad Kreuth, 20–22 May 1999. European Commission, München
44. Silberstein LE, Kruskall MS, Stehling LC et al. (1989) Strategies for the review of transfusion practices. JAMA 262: 1993–1997
45. Spahn DR, Casutt M (2000) Eliminating blood transfusions: new aspects and perspectives. Anesthesiology 93: 242–255
46. Spahn DR, Schanz U, Pasch T (1998) Perioperative Transfusionskriterien. Anästhesist 47: 1011–1020
47. Spahn DR, Schmid ER, Seifert B, Pasch T (1996) Hemodilution tolerance in patients with coronary artery disease who are receiving chronic β-adrenergic blocker therapy. Anesth Analg 82: 687–694
48. Tabuchi N, de Haan J, Huet RCGG, Boonstra PW, van Oeveren W (1995) Gelatin use impairs platelet adhesion during cardiac surgery. Thromb Haemost 74: 1447–1451
49. Treib J, Haass A, Pindur G et al. (1997) Avoiding an impairment of Factor VIII: C by using hydroxyethyl starch with a low *in vivo* molecular weight. Anesth Analg 84: 1391
50. Tuchschmidt J, Fried J, Swinney R, Sharma OP (1989) Early hemodynamic correlates of survival in patients with septic shock. Crit Care Med 17: 719–723
51. Van der Weyden MB, Trinker FR, Hemming M et al. (1992) Human albumin solutions: consensus statements for use in selected clinical situations. Med J Aust 157: 340–343
52. Vincent JL (1996) End-points of resuscitation: arterial blood pressure, oxygen delivery, blood lactate, or ...? Intensive Care Med 22: 3–5
53. Warnold I, Lundholm K (1984) Clinical significance of preoperative nutritional status in 215 noncancer patients. Ann Surg 199: 299–305

Perioperative Ernährung

U. Bolder, K.-W. Jauch

Über 50 Jahre alte Berichte von Studley [25] belegen, dass ein Gewichtsverlust über den Erfolg oder Misserfolg einer Operation entscheiden kann. Sowohl die postoperative Verabreichung von Fleischbrühe oder die Gabe von Hühnersuppe – verabreicht in Episoden grippaler Infekte – konnten, wenn auch nur empirisch begründet, ihren Platz in den Therapieschemata der jeweiligen Epochen sichern. Aubaniac berichtete 1952 über die erfolgreiche Punktion der Vena subclavia und ermöglichte damit die Verabreichung hypertoner Lösungen. Bereits 1968 berichteten Wilmore u. Dudrick [29] über die Möglichkeit einer vollständigen Deckung des Kalorienbedarfs über parenterale Infusion aller Substrate.

Die Überlegung, eine Deckung des Kalorienbedarfs über künstliche Ernährung zu gewährleisten, liegt nahe, bedenkt man den Weg des chirurgischen Patienten während des Krankenhausaufenthalts und die traumatisierende Natur des chirurgischen Eingriffs. So erfordern diagnostische Maßnahmen oft eine Nahrungskarenz, die sich zu einer vorbestehenden, krankheitsbedingten Mangelernährung addiert. Die Prävalenz einer Mangelernährung wird bei hospitalisierten Patienten auf mindestens 30–65% geschätzt. Insbesondere alte Patienten weisen bereits vor Aufnahme in die Klinik in bis zu 50% Zeichen einer Mangelernährung auf [18].

33.1 Ziele der perioperativen Ernährung

Generelles Ziel einer perioperativen Ernährungstherapie ist die Erhaltung der Funktion aller Organsysteme in der perioperativen Phase. Hierbei gilt das Konstrukt eines unmittelbaren Zusammenhangs zwischen der erhaltenen Organfunktion und der Möglichkeit, die perioperative Stressituation zu kompensieren. Da die direkte Messung der Kompensationsfähigkeit nicht möglich ist, haben sich verschiedene Ersatzparameter etabliert, deren Erreichen als Ziel einer perioperativen Ernährung angesehen wird. Der Wichtigste ist hierbei der Erhalt der Körperzellmasse in der Periode des Hypermetabolismus.

Beim Mangelernährten ist die Repletion das primäre Ziel, die bereits präoperativ einsetzen muss. Um die funktionellen Veränderungen zurückzuführen, hat sich eine Hyperalimentation über 7–10 Tage mit 120% des Energiebedarfs als sinnvoll erwiesen. Längere Phasen hingegen erhöhen das Risiko nosokomialer Infektionen. Die Durchführung entsprechender Therapien Zuhause ist prinzipiell möglich, findet derzeit jedoch noch keine generelle Anwendung. Klinisches Ziel ist immer die Erzielung eines optimalen Funktionszustands von Immunsystem, Muskulatur und Wundheilung.

33.2 Diagnostik der präoperativen Malnutrition

Von entscheidender Bedeutung für den Erfolg der operativen Therapie ist dabei die korrekte Einschätzung des Ernährungsstatus und der Größe des zu kompensierenden Traumas, das dem Patienten durch prä-, peri- und postoperativen Stress aufgebürdet wird. Diese Aufgabe erfordert Erfahrung hinsichtlich beider Parameter. Insbesondere ein reduzierter Ernährungszustand kann maskiert sein. Eine Reduktion aller Nahrungsbestandteile führt langfristig zu einem Aufbrauch von Muskulatur und Fettgewebe und ist mit Kraftverlust, verminderter Aktivität sowie einer depressiven Stimmungslage vergesellschaftet. Diese Form ist leicht diagnostizierbar und spricht gut auf eine Nahrungszufuhr an.

Hingegen entziehen sich isolierte Mangelerscheinungen, häufig der klinischen Diagnostik und fallen erst im weiteren Verlauf der Krankenhausaufenthalts durch gestörte Wundheilung, Ödeme, Infektanfälligkeit und prolongierte Beatmungszeiten auf. Gerade alte Menschen, die immobilisiert oder hospitalisiert sind, stellen hier eine besondere Risikogruppe dar.

Die sorgfältige körperliche Untersuchung mit einer ausführlichen Anamneseerhebung steht im Mittelpunkt der diagnostischen Maßnahmen. Erfahrene Untersucher übertreffen bei der Diagnose einer Mangelernährung meist aufwendigere analytische Verfahren wie anthropometrische Messungen, laborchemische Parameter oder Risikoindizes.

Von besonderer Bedeutung ist zweifellos ein nicht freiwilliger Gewichtsverlust von mehr als 10% des Körpergewichts in den letzten 6 Monaten oder das Unterschreiten eines »Body Mass Index« (BMI) von 18,5 kg/m^2. Ein derartig gravierender Gewichtsverlust ist auch mit einer Abnahme der Körperzellmasse und somit der Körperzusammensetzung verbunden. Tatsächlich zeigte sich, dass eine Zunahme der Extra- gegenüber der Intrazellulärmasse als Vorhersageparameter letaler Komplikationen der Messung von anthropometrischen Indizes, wie Hautfaltendicke in Trizeps- oder Bizepsbereich sowie dem Oberarmumfang, an Genauigkeit überlegen ist.

Daneben haben sich einige biochemische Kenngrößen wie der Serumalbuminspiegel als gute Vorhersageparameter erwiesen. So stieg in einer Population der amerikanischen Veteran's Administration Hospitals die Mortalität bei einem beobachteten Intervall der Albuminspiegel von 46–21 g/l von 1 auf 29% an. Der Serumalbuminspiegel hatte in chirurgischen Patienten mit 78% hinsichtlich Mortalität und mit 68% bezüglich der Morbidität die höchste Vorhersagegenauigkeit vor weiteren Faktoren wie der ASA-Klassifikation und dem Patientenalter. Ein weiterer aussagekräftiger Indikator einer Mangelernährung war eine Erniedrigung des Serumtransferrins $<1{,}74$ g/l oder ein Präalbuminspiegel $<0{,}12$ g/l [11].

Von den Risikoindizes hat sich der »Nutrition-Risk-Index« (NRI; [$1519 \times$ g Albumin/l] + $41{,}7 \times$ [derzeitiges/vorheriges Gewicht]) mit einem Normalwert von über 100 als Aussagekräftig bei der Identifizierung mangelernährter Patienten erwiesen. Auch eine Lymphozytenzahl von $<3000/\mu l$ hat sich als diagnostisch bedeutsam für die Diagnose einer Mangelernährung erwiesen [8].

Funktionelle Untersuchungen haben dabei ergeben, dass die Störungen der *muskulären Kontraktionsfähigkeit* bei Mangelernährung dem strukturellen und damit messbaren Verlust an Muskelmasse vorausgeht. So weisen humane Muskelbiopsien von Mangelernährten verminderte Konzentrationen der Regelenzyme von Glykolyse (Phosphofruktokinase) und des Krebszyklus (Succinatdehydrogenase) auf. Daneben wurden geringere intrazelluläre K^+-Spiegel als Resultat einer verminderten ATP-Oxidation und einer geringeren energetischen Versorgung der Na/K-ATPase gemessen. Die Verminderung des Membranpotenzials führt nicht nur zu einem reduzierten Transport von Nahrungssubstraten über sekundär aktive Transportmechanismen (z. B. Glukose oder Alanin) sondern auch zu einer Abnahme von Muskelkraft bei erhöhter Ermüdbarkeit. Alle diese Störungen sind bei adäquater Substratzufuhr reversibel, bevor eine Umsetzung des Substrats in Gewebemasse beobachtet wird.

33.3 Intraoperative Stoffwechselveränderungen

Die besondere metabolische Situation des chirurgischen Patienten ist sowohl durch die zugrunde liegende Erkrankung (Tumor, Infektion, Entzündung etc.) als auch durch die Art und Größe des Operationstraumas gekennzeichnet. Dementsprechend erfolgt die Verabreichung der Substrate in der Situation eines systemischen Inflammationssyndroms (SIRS) mit erhöhten Spiegeln an proinflammatorischen Mediatoren und katabol wirkender Faktoren wie Katecholaminen, Glukagon und Kortisol.

Unter diesen Bedingungen kommt es zu tiefgreifenden Veränderungen der Körperenergiereserven. Unter dem Einfluss von Katecholaminen und Kortisol kommt es zu einer Abnahme der peripheren Insulinwirkung und damit zu einem Anstieg der Serumglukosespiegel. Auch die Spiegel an humanem Wachstumshormon steigen und verstärken die Insulinresistenz peripherer Gewebe. In der postoperativen Akutsituation kommt es in den kritischen, glukoseoxidierenden Geweben, wie dem ZNS, dem Immunsystem, der Hämatopoese und der Wunde zu einem vermehrten Energiebedarf, der mangels gespeicherten Kohlehydrats nur durch eine erhöhte Glukoneogenese gedeckt werden kann. Die Bausteine hierzu werden durch Muskelabbau und durch einen zentripetalen Fluss von Aminosäuren zur Leber und entsprechenden Umbau gewährleistet.

Stickstoff kann dabei häufig nicht anders als durch eine gesteigerte Harnstoffsynthese eliminiert werden. Die Glukoneogenese erreicht 2–3 Tage nach Unterbrechung der Substratzufuhr eine stabile Rate, die mit einem Verbrauch von ca. 75 g Protein, entsprechend ca. 300 g Muskelmasse, einhergeht. Die Leber steigert dabei nicht nur die Rate der Glukoneogenese, sondern auch die Syntheserate der positiven Akutphaseproteine bei gleichzeitiger Abnahme der Synthese von Transportproteinen.

Die Ausprägung und Dauer dieser Hypermetabolismusphase sind unterschiedlich. Mittlere gastrointestinale Resektionen haben eine Steigerung der metabolischen Rate zwischen 25 und 50% für die Dauer von etwa einer Woche zur Folge. Die Gesamtveränderungen der Körperkomposition, mit der Verminderung von Körperzellmasse und Albumin, bei gleichzeitiger Natrium- und Wasserretention dauern jedoch oft bis zu 3 Wochen [15, 21].

Beim nichtmangelernährten Patienten reichen die körpereigenen Substratreserven meist aus, um das Operationstrauma und die perioperative Nahrungskarenz zu überwinden. Bei der in den letzten 20 Jahren stetig gesunkenen Mortalität auch großer elektiver chirurgischer Eingriffe sind die Komplikationen zumeist durch Komorbidität aus dem kardiopulmonalen Bereich bedingt [1]. Eine Beeinflussung dieser Komplikationen bei sonst gesunden und nichtmangelernährten Patienten ist deshalb nicht zu erwarten. Geachtet werden sollte jedoch auf das Erreichen einer Deckung von mindestens 60% des Energiebedarfs durch orale Nahrungsaufnahme in den ersten 7–10 postoperativen Tagen. Meguid et al. [17] konnten ein Nichterreichen dieser Grenze mit einer erhöhten Komplikationsrate korrelieren.

33.4 Perioperative Ernährung und postoperativer Energiebedarf

Ergebnisse von Streat et al. [24] an Traumapatienten konnten zeigen, dass auch eine aggressive Hyperalimentation die postoperative Katabolie nicht in eine anabole Stoffwechsellage umwandeln kann. In der Phase des Postaggressionsstoffwechsels dominiert vielmehr der Abbau von Strukturproteinen zur Gewinnung glukoplastischer Aminosäuren gegenüber den gleichzeitig ablaufenden Syntheseprozessen. Es ist jedoch möglich, bei maximal gesteigerter Glukoneogenese aus peripher gewonnenen Aminosäuren durch Zufuhr von Aminosäuren, die Nettostickstoffbilanz zu verbessern.

Da eine vollständige kalorische Abdeckung beim Normalernährten nicht erforderlich ist, gelingt dies durch Zufuhr der in der Glukoneogenese verbrauchten Aminosäuren (75 g/24 h) in Kombination mit geringen Dextrosemengen (150 g/24 h). Ein solches hypokalorisches Ernährungskonzept (900 kcal/24 h) führt nur selten zu Hyperglykämien und den mit ihr vergesellschafteten Komplikationen. Darüber hinaus ist die Osmolarität (<800 mosmol/l) dieser Lösungen niedrig genug, um die periphervenöse Infusion zu erlauben. Die Anwendung der hypokalorischen Substratzufuhr setzt die Wiederaufnahme der Ernährung nach 5–7 Tagen voraus.

Kommt es zu einer verlängerten Nahrungskarenz oder besteht diese schon in der präoperativen Zeit, muss eine normokalorische EE oder PE durchgeführt werden. Unabhängig von der Entscheidung, welcher Route der Substratzufuhr der Vorzug gegeben wird, sind hierbei einige physiologische Eckdaten zu berücksichtigen. So beträgt die hepatische Glukoneogeneserate ca. 2 mg/kgKG/min bei einer maximalen Oxidationsrate für Dextrosen von 4 mg/kgKG/min. Bei einem Körpergewicht (KG) von 70 kg entspricht die maximale Oxidadationskapazität damit 400 g/24 h. Je nach Ausprägung der peripheren Insulinresistenz kann bereits die Glukoneogenese eine Hyperglykämie bedingen. Ist die periphere Insulinresistenz dagegen nur gering ausgeprägt ergibt sich, dass eine maximale Infusionsrate von 400 g/24 h nicht verstoffwechselt werden kann und deshalb die Obergrenze der Kohlenhydratzufuhr darstellt.

Höhere Infusionsraten führen in der Regel zur Lipogenese – mit entsprechenden metabolischen Folgen wie Leberzellverfettung, Cholestase und einer erhöhten Rate infektiöser Komplikationen. Von den angewendeten Verfahren zur Einschätzung des Kalorienbedarfs hat sich eine am Körpergewicht orientierte Kalorienmenge vor der indirekten Kalorimetrie oder der Berechnung über die Harris-Benedikt-Formel durchgesetzt.

Die Mehrzahl der Empfehlungen der Fachgesellschaften gehen von einer Menge an Nichtproteinkalorien von 22–25 kcal/kgKG aus. Hierbei sollte der Anteil fettgebundener Kalorien 30–50% betragen. Zusätzlich sollten postoperativ 1,2–1,5 g/kgKG an Aminosäuren verabreicht werden. Unter einem solchen Ernährungsregime kann unter Fastenbedingungen die Glukoneogenese vollständig unterdrückt werden, während im Postaggressionsstoffwechsel der Stickstoffverlust begrenzt werden kann.

Die Applikation einer dem tatsächlichen Verbrauch angepassten Kalorienmenge führt zu einem erheblichen Einstrom der Substrate aus dem Extra- in den Intrazellulärraum. Hierbei sind Elektrolytverschiebungen wie die Intrazellulärbindung von Kalium zu berücksichtigen und auszugleichen. Daneben ist der gesteigerte Bedarf an Phosphor und Magnesium zu substituieren. Ist eine längerfristige Ernährung abzusehen, sollten zusätzlich die Vitamine A, B_1, B_6, C, E und Folsäure sowie die Spurenelemente Zink und Selen appliziert werden. Sowohl für die Vitaminapplikation als auch für die Gabe von Spurenelementen stehen gebrauchsfertige enterale und parenterale Präparate zur Verfügung.

33.5 Klinische Studien zur perioperativen Ernährung

Die künstliche Ernährung als Zusatz zur Therapie von Tumorpatienten ist seit mehreren Jahrzehnten etabliert. Eine der ersten kontrollierten Studien an Patienten mit großen Tumoreingriffen, zumeist Gastrektomien, konnte eine deutliche Reduktion der Komplikationsrate durch eine 10 Tage präoperativ einsetzende parenterale Kalorienzufuhr zeigen. Daneben wurde eine Verbesserung zahlreicher biochemischer Parameter gefunden. Bemerkenwertestes Resultat war jedoch die Reduktion der Letalität von 19% auf 5% [19]. Eine geringere Rate septischer Komplikationen (17% vs. 37%) fand sich auch bei Patienten mit Leberresektionen aufgrund eines hepatozellulären Karzinoms nach einwöchiger präoperativer zusätzlicher intravenöser Ernährung [9].

Die gleiche Autorengruppe konnte jedoch keinen Effekt bei Patienten mit einem Ösophaguskarzinom zeigen und schlossen, dass bei dem mit diesem Krankheitsbild assoziierten Gewichtsverlust (5,7–7,6 kg) eine längere Infusionstherapie erforderlich ist, um eine klinisch fassbare Verbesserung zu erzielen. Patienten, die jedoch auf die TPE nur mit einer Expansion des Extrazellulärraumes reagierten anstatt mit einem Anstieg des Albuminspiegels, hatten die höchste Komplikationsrate.

Die Veterans-Administrations-Gruppe identifizierte 395 Patienten mit verschieden stark ausgebildeter Mangelernährung und verabreichte diesen Patienten für 1–2 Wochen zusätzlich zur Krankenhauskost 50 kcal/kgKG/24 h an Nichtproteinkalorien sowie ca. 1,8 g/kgKG/24 h Aminosäuren. Es zeigte sich, dass Patienten mit nur gering ausgeprägter Mangelernährung eine erhöhte Rate infektiöser Komplikationen (12,5% vs. 9,1%) und Allgemeinkomplikationen (12,5% vs. 2,6%) aufwiesen. Patienten mit ausgeprägter Mangelernährung hatten durch die parenterale Zusatzernährung jedoch deutlich weniger infektiöse Komplikationen (5% vs. 43%) und Allgemeinkomplikationen (16% vs. 21%).

In einer Metaanalyse fassten Klein et al. [16] die wesentlichen Ergebnisse von 13 prospektiv randomisierten Studien mit insgesamt 1258 Patienten zusammen. Hierbei reduzierte eine präoperative Ernährung die postoperative Komplikationsrate um ca. 10%. In dieser Metaanalyse war auffällig, dass – insbesondere bei Studien mit großem Anteil mangelernährter Patienten – eine Risikoreduktion stattfand.

Brennan et al. [7] untersuchten 117 Patienten mit Pankreastumoren, denen postoperativ entweder eine 5%-Glukoselösung oder eine parenterale Ernährung mit 30–35 kcal/kg/24 h (Nichtproteinkalorien) im Verhältnis Kohlenhydrate: Fett = 70:30 i.v. verabreicht wurden. Hierbei zeigte sich in der ernährten Gruppe eine Komplikationsrate von 45% gegenüber 23% in der Kontrollgruppe. Zu ähnlichen Resultaten gelangten auch Preshaw et al. [22] in ihrer Studie an Patienten mit Colektomie. Hier nahm die postoperative Anastomoseninsuffizienz bei den ernährten Patienten von 18% auf 33% der Fälle zu.

In einer randomisierten Studie untersuchten Sandstrom et al. 300 Patienten mit PE bzw. 250–300 g Glukose für bis zu 15 Tagen. Patienten, die nach 8–9 Tagen wieder normal essen konnten, hatten durch die PE keine klinischen Vorteile. Gelang in der Gruppe mit ausschließlicher Kohlenhydratzufuhr keine orale Kaloriendeckung innerhalb dieser Zeit, wurde diesen Patienten eine TPE verabreicht. In dieser Gruppe stieg die Letalität von 5% auf 21% an. Sie lag jedoch unter der einer Gruppe von Patienten, die einerseits nicht selbstständig essen konnten, andererseits wegen Nebenwirkungen keine TPE erhalten konnten. Die Autoren schlossen daraus, dass eine postoperative TPE in 20% der Fälle eine Rettung des Patienten bewirken kann. Insgesamt ergibt die Metaanalyse von 726 Patienten aus 8 prospektiv randomisierten Studien jedoch eine Zunahme der postoperativen Komplikationen um ca. 10%. Die Fachgesellschaften fordern deshalb Untersuchungen zur besseren Identifizierung des Patienten mit potenziellem Nutzen einer prä- oder postoperativen künstlichen Ernährung.

33.5.1 Parenterale vs. enterale Ernährung

Für die Verabreichung von Nährstoffen stehen der parenterale sowie der enterale Weg oder eine Kombination beider Ernährungsformen zur Verfügung. Die Applikation parenteraler Lösungen erfordert einen peripheren oder zentralen Venenkatheter, während enterale Diäten meist oral aufgenommen werden können. Kann ein Patient nicht essen oder trinken, ergibt sich die Möglichkeit zur Nahrungszufuhr über gastrale oder jejunale Sonden.

Die *parenterale* Ernährung hat die Ruhigstellung des Gastrointestinaltrakts zur Folge und wird mit Nebenwirkungen wie einer erhöhten intestinalen Permeabilität und einer nachfolgenden bakteriellen Translokation in Verbindung gebracht. Dies spiegelt sich auch in den Empfehlungen verschiedener Fachgesellschaften wider, die enterale Ernährung (EE) gegenüber der parenteralen Ernährung (PE) vorziehen. Die Ursachen dieser Empfehlung erscheinen klar: Die EE gilt als »physiologischer« und vermag die Konzentration wichtiger trophischer Faktoren im Darmlumen zu erhöhen. Über den Erhalt der morphologischen Struktur soll die Passage von Endotoxinen oder gar lebender Bakterien vermindert werden, was schließlich hinsichtlich Morbidität und Mortalität zu einem verbesserten operativen Gesamtergebnis führen soll. Daneben entfällt bei einer enteralen Ernährung die Notwendigkeit zu vollständiger Asepsis, was sich in geringeren Kosten und einem größeren Sicherheitspotenzial dieser Ernährungsform niederschlägt.

Das Argument der weniger physiologischen parenteralen Substratzufuhr wird durch einige wesentliche Fakten gestützt. So fehlt die »First-pass-Passage« der Substrate durch die Leber, was gegenüber der EE oder einer normalen Mischernährung eine unterschiedliche Reaktion gastrointestinaler Hormone bedingt. Daneben sind aus pharmakotechnischen Gründen verschiedene essenzielle Nahrungsbestandteile nicht in parenteralen Ernährungslösungen enthalten. Dagegen kann eingewandt werden, dass auch die Applikation enteraler Ernährungslösungen hinsichtlich der Vielschichtigkeit der verabreichten Substrate nicht mit einer normalen oralen Ernährung vergleichbar ist. Zudem entspricht die geübte Praxis der Verabreichung über eine Pumpe als 20 oder 24 h Dauerinfusion keineswegs dem normalen Essverhalten mit 3 Hauptmahlzeiten im Wachzustand.

Hinsichtlich des morphologischen Erhalts der Darmstruktur existieren zahlreiche Hinweise auf eine erhöhte Villushöhe sowie verminderte bakterielle Translokation und eine geringere parazelluläre Passage des stoffwechselinerten Dissacharids Mannitol [27]. Diese stammen jedoch meist aus Tierversuchen, während die wenigen an Menschen durchgeführten Studien nach parenteraler und enteraler Ernährung meist eine vergleichbare intestinale Permeabilität zeigten [12]. Die klinische Relevanz von verminderten Spiegeln intestinaler Bürstensaumenzyme in Dünndarmbiopsien parenteral ernährter Patienten oder in Biopsien, die distal von vollständig ableitenden Dünndarmfisteln gewonnen wurden, ist somit fraglich. Erwähnt werden sollten jedoch Befunde, die eine höhere Dichte von Aminosäurentransportern in der apikalen Dünndarmmukosa bei enteralernährten gegenüber Patienten ohne orale Substratzufuhr zeigten. Auch konnte bei vorbestehender Villusatrophie durch enterale Ernährung in keiner Untersuchung der Nachweis einer besseren Wiederherstellung der anatomischen Strukturen durch enterale Substratzufuhr erbracht werden.

In klinischen Untersuchungen konnten die im Tierversuch ermittelten Vorteile der EE nur bei wenigen Patientengruppen auch eine klinisch bedeutsame Verbesserung der Morbidität und Mortalität zeigen. Besonders bei Patienten mit abdominellem Trauma scheint sich ein kleiner Vorteil der EE gegenüber der PE zu zeigen. Hingegen findet sich keine verminderte Morbidität oder Mortalität bei normal ernährten Patienten nach elektiven chirurgischen Eingriffen. Patienten mit neurochirurgischen Operationen können von der rasch einsetzenden Kalorienzufuhr bei PE profitieren [26].

Die Hypothese, dass die »physiologischere« EE auch die sicherere sei, ist nicht zutreffend. Die häufigsten Komplikationen der PE sind Katheterinfekte mit Fieberentwicklung, Überwässerung sowie die Hyperglykämie. Die Komplikation des Pneumothorax bei der Anlage eines zentralvenösen Subklaviakatheters wird in 1–3% der Fälle beobachtet. Katheterfehllagen treten hingegen wesentlich seltener auf. Als Spätkomplikationen wurden V. subclavia- oder V.-jugularis-Thrombosen und in Fällen mit langzeitiger TPE auch Leberverfettung oder Gallensteine beschrieben. Zumindest die Frühkomplikationen sind durch einfache Maßnahmen zu behandeln und zu diagnostizieren. Dementsprechend sind tödliche Komplikationen der TPE extrem selten und wurden im eigenen Krankengut noch nicht beobachtet.

Die *Komplikationen der EE* resultieren meist aus Fehllagen der Ernährungssonde mit der Folge einer Peritonitis. Diese entwickelt sich meist sekundär durch den Austritt von Darmkeimen durch die Perforationsstelle bei dislozierter Sonde. Daneben sind Aspirationspneumonien, Infusionsthorax und Ileus wichtige Komplikationen der EE. In großen Untersuchungen rangierte die Komplikationsrate chirurgisch gelegter Feinkatheterjejunostomien je nach Erfahrung zwischen 1,7 und 4,1 % [17a].

Muss die Ernährungssonde interventionell angelegt werden, müssen Blutungskomplikationen bei Verletzung der Milz (z. B. bei PEG) und von Dünndarmgefäßen beachtet werden (Kap. 21). Die Art der aufgeführten Komplikationen zeigt, dass es sich um lebensbedrohliche Ereignisse handeln kann. Tatsächlich wird in der Literatur immer wieder über Fälle mit letalen Komplikationen der EE berichtet, sodass hinsichtlich des Sicherheitsaspekts nicht von einem Vorteil der EE gegenüber der PE ausgegangen werden kann.

33.5.2 Immunonutrition

Die immunsuppressive Wirkung des Operationstraumas ist insbesondere bei mangelernährten Patienten bekannt. Längst aufgegebene Tests, wie die verzögerte Immunreaktion auf intrakutan injizierte Antigene, sind ein klinisches Zeichen des herabgesetzten Immunstatus. Dementsprechend werden sog. Immunonutritionlösungen angeboten, die immunstimulierend wirken sollen. Derzeit hat sich noch kein einheitliches Konzept zu der Frage durchgesetzt, welche Bestandteile in welcher Dosierung obligat in Immunonutritionslösungen enthalten sein sollten. Arginin, Glutamin, ω-3 Fettsäuren und RNA-Nukleotide sind dabei potenzielle Substrate.

Untersuchungen von Braga et al. [6] konnten bei Patienten mit großen Tumoreingriffen zeigen, dass die Gabe von Lösungen, die mit Arginin, RNA-Nukleotiden und ω-3 Fettsäuren angereichert sind, im späteren postoperativen Verlauf zu einer erhöhten Anzahl von Killerzellen, Lymphozyten und einer verbesserten CD4/CD8-Ratio führten. Die Autoren beobachteten daneben eine Abnahme infektiöser Komplikationen um 50–75% sowie eine Verkürzung des Krankenhausaufenthalts um 20%. Beide Effekte waren sowohl im Vergleich zu konventionellen enteralen Lösungen als auch im Vergleich zu PE signifikant und waren nicht an die präoperative Verabreichung gebunden [5]. Sogenannte Immunonutritionslösungen sind sowohl als neutrale Sondenernährungen als auch in Form oraler Trinklösungen erhältlich.

Eine Metaanalyse von Heyland et al. [14] fasste 22 Studien mit insgesamt mehr als 2400 Patienten zusammen, die verschiedene immunstimulierende Diäten erhielten. In der Zusammenschau ergab sich, dass zumindest hinsichtlich der Morbidität bei chirurgischen Patienten eine Verbesserung erwartet werden kann. Dagegen wiesen Intensivpatienten eine erhöhte Morbidität auf. Ausführlicheres hierzu s. Kap. 15.

33.6 Rationale Konzepte der perioperativen Ernährung am Beispiel abdominalchirurgischer Patienten

Um eine geeignete perioperative Substratzufuhr zu wählen, ist die Kenntnis des Ausmaßes des – durch den zu erwartenden Eingriff induzierten – chirurgischen Traumas erforderlich. Zudem muss das metabolische Risiko, dem der Patient ausgesetzt wird oder das bereits durch die Grunderkrankung gegeben ist, korrekt eingeschätzt werden. Die Kriterien der Mangelernährung wurden bereits an anderer Stelle behandelt. Das chirurgische Risiko ergibt sich aus der Operationsdauer, der Wundfläche, dem Blut- und Volumenverlust, der perioperativen Auskühlung sowie der kardiopulmonalen Belastung während der Narkose. Die Vielzahl dieser Parameter deutet an, dass eine exakte Quantifizierung hierzu weniger geeignet ist als die klinische Erfahrung des Operateurs.

Patienten mit einer Nahrungskarenz von unter einer Woche, kurzer Narkose und geringer Wundfläche, wie sie z. B. im Rahmen einer Appendektomie oder einer Cholezystektomie auftreten, benötigen grundsätzlich keinerlei Substratzufuhr. Das hier erlittene Operationstrauma kann mit einer maximalen Nahrungskarenz von 3 Tagen von gesunden Patienten leicht überwunden werden. Auch bei Mangelernährten liegen keine Daten darüber vor, die bei geringem Trauma ein verbessertes chirurgisches Ergebnis durch eine Ernährungstherapie belegen. Nachzuweisen ist bei diesem Patientengut nur eine Verbesserung biochemischer Ernährungsmarker (s. Kap. 1). Somit ist lediglich eine Flüssigkeitszufuhr von 40–60 ml/kgKG/24 h und ggf. die Substitution von Elektrolyten sinnvoll. Bei einem Körpergewicht von 70 kg bedeutet dies eine postoperative Zufuhr an Vollelektrolytlösung oder 5% Dextrose von 2800–4200 ml/24 h.

Neuere Untersuchungen von Lobo [16a] deuten jedoch darauf hin, dass eine zu großzügige Volumensubstitution zu verminderter propulsiver Peristaltik führen kann. Von dieser Arbeitsgruppe wurde eine intravenöse Flüssigkeitssubstitution von weniger als 2 l/24 h mit einer Natriumrestriktion auf weniger als 77 mmol/24 h empfohlen. Gleichzeitig wurde den Patienten die orale Aufnahme von Flüssigkeiten erlaubt. Für so behandelte Patienten konnte – gegenüber der weiter oben erwähnten herkömmlichen Flüssigkeitssubstitution – eine schnellere Magenentleerung für flüssige und feste Speisen gezeigt werden (■ *Abb. 33-1*). Die gleiche Arbeitsgruppe konnte auch eine frühere Stuhlentleerung sowie eine Verminderung sonstiger postoperativer Komplikationen mit einer Flüssigkeitsrestriktion korrelieren. Ein wesentlicher klinischer Orientierungspunkt sollte die Vermeidung einer postoperativen Gewichtszunahme von mehr als 3 kg sein.

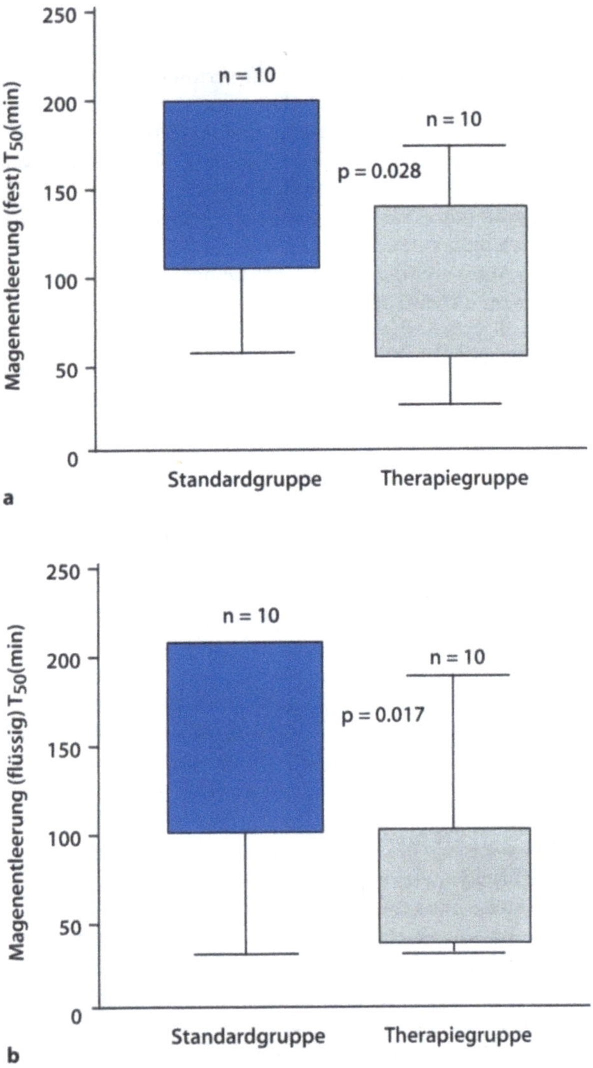

■ **Abb. 33-1a, b.** Magenentleerung flüssiger und fester Nahrung nach **a** Flüssigkeitsrestriktion und **b** »konventioneller« Volumentherapie mit postoperativer Zunahme des Körpergewichts um mehr als 3 kg. (Mod. nach [16a])

33.6.1 Präoperative Ernährung

Der Nutzen der präoperativen Ernährung ist für die Gruppe der mangelernährten Patienten unumstritten. Die Identifizierung des mangelernährten Patienten gelingt nach den in Kap. 33-2 genannten Kriterien. Hingewiesen sei dabei auch auf den Ernährungsscore von Hackl et al. (s. Kap. 1), der den augenblicklichen Ernährungszustand, repräsentiert durch den BMI, die Gewichtsentwicklung in den letzten 3 Monaten, laborchemische Parameter und die erwartete Nahrungskarenzzeit verbindet.

Eine Reduzierung aller Maßnahmen, die eine normale Nahrungsaufnahme behindern, wie z. B. medizinisch diagnostische Vorbereitungen, sind obligat. Sowohl die enterale, wie auch der parenterale Ernährung sind für diese Ernährungsform geeignet. Prinzipiell ist die PE wegen der raschen Verfügbarkeit der Substrate in dieser Phase der Operation als gleichwertig anzusehen. Ein realistisch zu erreichendes Ziel ist meist weniger die schnelle Steigerung des Körpergewichts, als die Verbesserung biochemischer Parameter (z. B. Serumalbumin), die eine Abnahme der katabolen Stoffwechsellage anzeigen.

Präoperative »Kohlenhydrataufsättigung«

Neueren Studien zufolge gilt die intra-/postoperative periphere Insulinresistenz als *negativer unabhängiger pädiktiver Faktor*. Ljungqvist et al. [20] zeigten, dass gleich zur präoperativen i.v.-Glukosegabe, die Einnahme eines *»Glukosedrinks«* (12,5%ige Kohlenhydratlösung, 285 mosmol/l) am Vorabend (800 ml) und am Morgen (400 ml, 2–3 h vor der Operation) im Vergleich zur sonst üblichen *»Nüchternperiode«* zu einer deutlichen Verbesserung der postoperativen Insulinresistenz führte (*Abb. 33-2*). Messungen der Magenentleerung zeigten eine komplette Entleerung des *»Frühstückdrinks«* bereits nach 90 min [20, 23].

33.6.2 Hypokalorische Ernährung

Bei größeren chirurgischen Eingriffen wie z. B. nach Dünndarm, Dickdarm- oder Magenresektion ist mit einer längeren Operationszeit und mit einer größeren Wundfläche zu rechnen. Zudem fordern viele Chirurgen bei Anlage gastrointestinaler Anastomosen und postoperativer Darmatonie eine Nahrungskarenz. Üblicherweise können binnen der ersten postoperativen Woche keine ausreichenden Kalorienmengen oral aufgenommen werden. Das Zusammentreffen des Operationstraumas mit der postoperativen Fastensituation ist auch beim Normalernährten ein potenter kataboler Stimulus. Bei diesen Patienten hat sich ein stickstoffsparender Effekt bei der Deckung des Glukoneogenesebedarfs durch eine Zufuhr von 1 g/kgKG Aminosäuren und 2,5–3,5 g/kgKG Hexose gezeigt.

Der Effekt von Aminosäuren hinsichtlich der klinischen Effektivität ist nicht gesichert [13]. Die Gabe der Kohlehydratkalorien kann sowohl in Form von Glukose als auch als Xylit erfolgen. Das letztgenannte Substrat hat den Vorteil, insulinunabhängig verstoffwechselt zu werden, sodass Hyperglykämien durch die postoperative Insulinresistenz vermieden werden können.

Die Zufuhr von Vitaminen und Antioxidanzien ist ebenfalls zu diskutieren. Laborchemisch lässt sich für beide Substanzklassen ein Unterschreiten der Serumreferenzwerte nachweisen. Hingegen fehlt ein klinisch klar definiertes, mit dieser Mangelerscheinung assoziiertes Krankheitsbild.

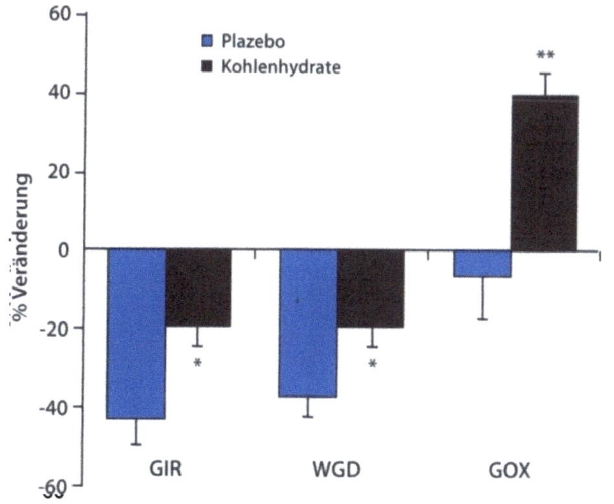

Abb. 33-2. Relative postoperative Veränderungen der Glukoseinfusionsrate (*GIR*), Glukosverteilungsrate (*WGD*) und Glukoseoxidationsraten (*GOX*) bei Patienten nach Hüftendoprothesenoperation und kohlenhydratreichem Frühstück am Operationstag [20]

Die Frage nach dem optimalen Zeitpunkt des Kostaufbaus ist seit langem Gegenstand der Diskussion. Von den Verfechtern eines späten Kostaufbaus wird mit der Angst vor Anastomoseninsuffuzienzen, Distension, Aspiration und Ileus argumentiert. Dem kann entgegengehalten werden, dass die Serosa des Gastrointestinaltrakts innerhalb von 24 h verklebt und damit eine ausreichende Abdichtung der Bauchhöhle gegen das Austreten intraluminaler Nahrungsbestandteile darstellt. Etwaige Anastomoseninsuffizienzen werden somit meist häufiger durch eine verminderte Durchblutung und eine geringere Kollagensynthese im Rahmen einer postoperativen Katabolie verursacht.

> Die orale Aufnahme von Tee oder Trinknahrung ab dem ersten postoperativen Tag, die dann je nach Verträglichkeit bzw. Rücklauf über die Magensonde weiter gesteigert wird, ist problemfrei möglich.

Neben den üblichen Krankenhausdiäten stehen heute Nahrungssupplemente mit einem Energieäquivalent von 1 kcal/ml zur Verfügung. Ihre Applikation lässt sich im Gegensatz zur »regulären« Ernährung leicht quantifizieren.

Die vorgestellte Substratzufuhr geht von einer vorübergehenden Nahrungskarenz bei gleichzeitig bestehendem Postagressionsstoffwechsel aus, dessen metabolische Auswirkungen zwar abgeschwächt, aber nicht vollständig unterbunden werden können. Die hierzu erforderliche Substratzufuhr liegt unter dem tatsächlichen Kalorienbedarf. Ein solches Ernährungskonzept wird deshalb als hypokalorisch bezeichnet und setzt die Fähigkeit zur Bereitstellung endogener Substrate für einen limitierten Zeitraum voraus. Ein solches Ernährungskonzept ist schematisch in *Abb. 33-3* dargestellt.

33.6.3 Normokalorische Ernährung

Dauert die operationsbedingte Nahrungskarenz länger als 7 Tage, kann von einem Abklingen des operationsbedingten Postaggressionsstoffwechsels innerhalb dieser Zeit ausgegangen werden. Nach bestimmten chirurgischen Eingriffen oder durch Komplikationen kann auch nach dieser Frist eine Nahrungsaufnahme unmöglich sein. Somit ist bei hypokalorischer Substratzufuhr von einer Mangelernährungssituation auszugehen. In diesem Falle – oder bei vorbestehender Mangelernährung – sollte in der postoperativen Phase eine normokalorische Ernährung, also eine am tatsächlichen Substratumsatz orientierte Ernährung, angestrebt werden. Somit sollte nach langsamer Steigerung der Kalorienzahl 3–4 g/kgKG/24 h Kohlehydrat sowie 1 g/kgKG/24 h Fett zugeführt werden. Dies entspricht einer Menge an Nichtproteinkalorien von ca. 25 kcal/kgKG/24 h. Die Verteilung Fett:Kohlenhydrat schwankt dabei zwischen 30:70% und 50:50%. Zu diesen Kalorien sollten 1,2–1,5 g/kgKG/24 h Aminosäuren appliziert werden, um die Proteinsynthese zu stimulieren und die Glukoneogenese zu hemmen.

Spurenelemente und Vitamine sind bei dieser Ernährungsform von Anfang an zu substituieren (*Abb. 33-4*). Bei Patienten mit erhöhtem metabolischem Risiko, insbesondere bei Mangelernährten, längerer Nahrungskarenz und größeren Eingriffen, favorisieren wir die frühe enterale Ernährung (*Abb. 33-5*).

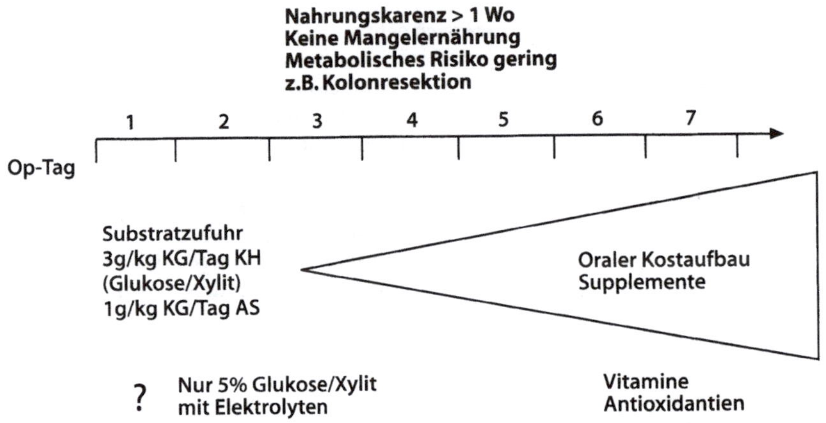

Abb. 33-3. Konzept der parenteralen hypokalorischen Substratzufuhr

33.6.4 Supplementierung in der Rehabilitationsphase

Die klassischen Untersuchungen an Patienten mit Hüftfrakturen haben eine Korrelation von Untergewicht und Krankenhausletalität aufgezeigt. Die Letalität konnte durch eine enterale Zusatzernährung (1000 kcal/24 h) bei stark untergewichtigen Patienten von 22% auf 8% reduziert werden. Patienten mit Zusatzernährung erreichten ihr Rehabilitationsziel signifikant schneller als solche mit nur perioperativer Substratzufuhr. Während dieses Ziel bei orthopädischen Problemen das Wiedererreichen der Mobilität ist, stellt nach abdominalchirurgischen Operationen oft die Erhaltung der Körpermasse bei eingeschränkter intestinaler Funktion das Problem dar. So beträgt der durchschnittliche Gewichtsverlust nach Gastrektomie 7 kg und reduziert sich in den ersten 3 postoperativen Jahren weiter.

Durch Gabe einer proteinhaltigen Zusatzernährung kann bei Patienten mit Gastrektomie postoperativ eine Vermehrung der Körperzellmasse sowie eine Verbesserung der Körperkraft erzielt werden. Signifikante Verbesserung der Lebensqualität durch enterale Supplementierung konnten auch Beattie et al. [4] erzielen. Neben einem geringeren postoperativen Gewichtsverlust berichtete diese Arbeitsgruppe auch über eine höhere Hautfaltendicke und eine Verminderung der Antibiotikatage.

Die Frage wie die Nahrungssupplementierung erfolgen sollte wird kontrovers diskutiert. So kann die selbstständige Aufnahme von Supplementen über Tag zu einem Appetitverlust für die reguläre Nahrung führen. Dagegen konnte in anderen Arbeiten gezeigt werden, dass über eine jejunale Sonde bis zu 2000 kcal/24 h infundiert werden können, ohne dass der Appetit für reguläre Nahrung vermindert wird. Auch Bastow et al. [3] fanden bei jejunal zugeführten Nahrungssupplementen keinerlei Appetitminderung. Andere Daten hingegen zeigen, dass dies nur dann zutrifft, wenn die applizierte Kost über Nacht und über eine Sonde zugeführt wird [30].

33.7 Entscheidungsfindung in der perioperativen Ernährung

Wichtigste Fragen vor Einleitung einer Ernährungstherapie sind *wer*, *welche* Therapie *wann* erhalten sollte (*Abb. 33-6*). Hier hat sich zum einen durch den Nachweis der Wirkungslosigkeit einer speziellen Ernährungstherapie in verschiedenen Situationen, zum anderen durch den zunehmenden Kostendruck des Gesundheitswesens ein Wandel eingestellt. So konnten die ersten positiven Daten zur Verbesserung der Mortalität durch eine perioperative Ernährung in späteren Studien häufig nicht bestätigt werden. Deshalb gilt es, die Patienten mit dem größten Nutzen einer Ernährung zum geeigneten Zeitpunkt während des klinischen Verlaufs herauszufiltern.

Eine routinemäßige Kontrolle des Serumalbuminspiegels, der Lymphozytenzahl sowie des BMI sollte am Anfang des Krankenhausaufenthalts stehen. Werden die bereits genann-

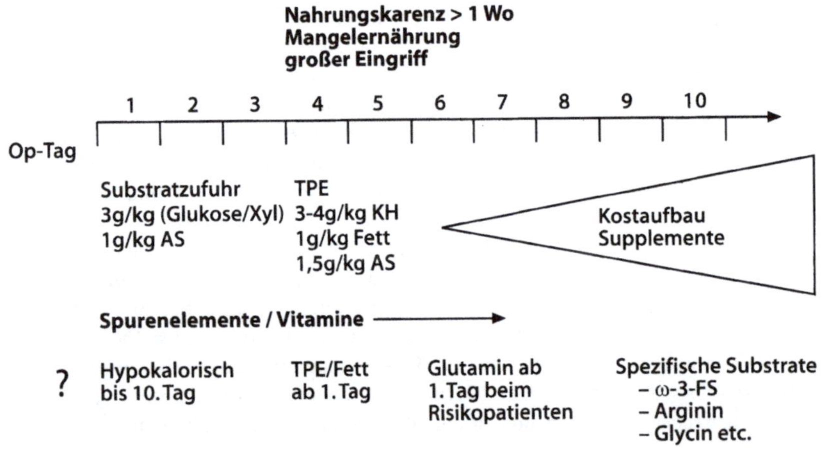

Abb. 33-4. Konzept der parenteralen normokalorischen Substratzufuhr

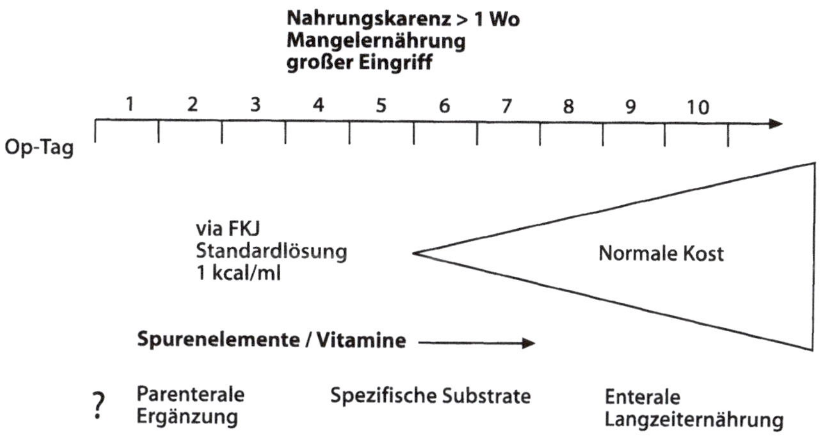

Abb. 33-5. Konzept der enteralen Ernährung nach Gastrektomie

ten Grenzwerte unterschritten, so sollte mit der Realimentierung bereits präoperativ begonnen werden. Hierbei sollte wenn möglich zur Optimierung der normalen Ernährung eine orale Zusatzernährung in Form von Trinknahrung verabreicht werden. Eine Kalorienmenge von 120% des Kalorienbedarfs sowie eine Applikationsdauer von 10 Tagen hat sich als ausreichend erwiesen. Unter elektiven Umständen haben Immunonutritionslösungen gegenüber konventionellen Sondenernähungen einen Vorteil. Existiert hingegen ein Passagehindernis, das die orale Kalorienaufnahme unmöglich macht, muss eine vollständige parenterale Ernährung über einen zentralvenösen Katheter erfolgen. Hierbei sollten auch Spurenelemente und Vitamine zugeführt werden. Die verabreichte Menge an Flüssigkeit sollte durch klinische Überprüfung des Hydratationszustands und ggf. durch Wiegen oder Messung des zentralvenösen Drucks überprüft werden.

Mit der Operationsindikation gilt es das metabolische Risiko des Patienten einzuschätzen. Dieses ist von der präoperativen Gewichtsabnahme sowie dem geplanten operativen Eingriff abhängig. Resektionen im Bereich des oberen GI-Trakts sind dabei besonders zu beachten, da diese in der postoperativen Phase häufiger eine Stillegung des GI-Trakts erfordern. Hier hat sich im eigenen Vorgehen nach oberen gastrointestinalen Resektionen die intraoperative Anlage einer Feinkatheterjejunostomie bewährt. Diese ermöglicht es, bereits am ersten postoperativen Tag mit einer enteralen Substratzufuhr zu beginnen. Auch im Hinblick auf die mittelfristige Rehabilitationsmöglichkeit können hier Vorteile erwartet werden, da eine Entlassung in die Rehabilitationsmaßnahme nur bei ausreichender enteraler Kalorienzufuhr möglich ist.

Liegt *kein* erhöhtes *metabolisches Risiko* vor, so ist eine kalorische Unterversorgung für bis zu einer Woche problemfrei zu kompensieren. In diesem Falle wird die Gabe *einer hypokalorischen Ernährung* empfohlen. Die zu erwartenden Vorteile gegenüber einer reinen Glukose-/Elektrolytzufuhr sind bezüglich Morbidität und Mortalität nicht gesichert, es können jedoch theoretische Vorteile hinsichtlich der Substratdeckung des Postaggressionsstoffwechsels geltend gemacht werden. Als Risikofälle müssen Patienten angesehen werden, die aufgrund von Begleiterkrankungen, eine verlängerte Nahrungskarenz haben könnten. In diesen Fällen kann bereits früh postoperativ mit der Applikation von Glutamin begonnen werden.

Bei Patienten, bei denen die Nahrungskarenz über eine Woche betragen wird, sollte bereits früh die vollständige Deckung des Kalorienbedarfs angestrebt werden. In der Praxis wird hierbei meist eine Kombination von enteraler und

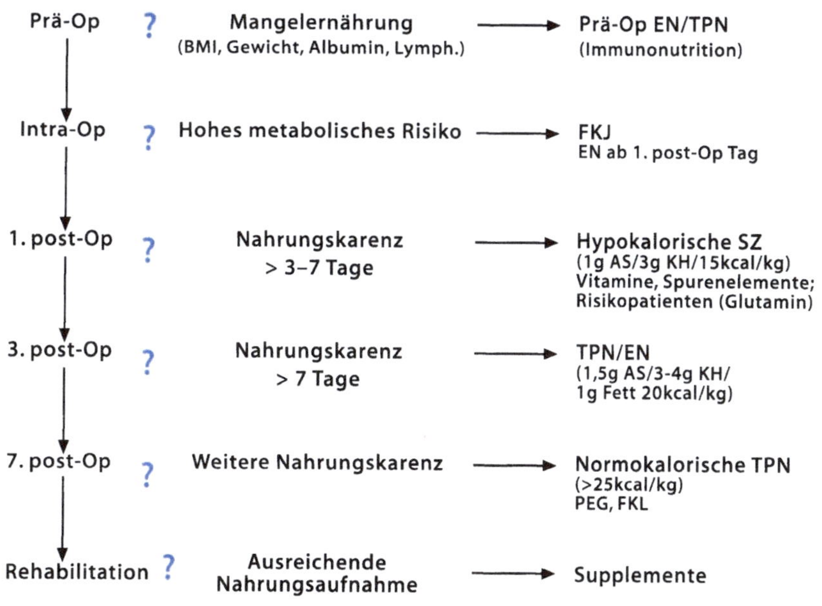

Abb. 33-6. Entscheidungsalgorhythmus zur perioperativen Ernährungstherapie

parenteraler Ernährung angewendet. Kommt es zu längerfristiger Nahrungskarenz sollte der Energiebedarf via indirekter Kalorimetrie exakt bestimmt werden, um die metabolischen Nebenwirkungen der künstlichen Ernährung zu minimieren.

Diese sind bei parenteraler Ernährung deutlich ausgeprägter, sodass auch die Revisionsoperation zur Einlage einer Feinkatheterjejunostomie oder die endoskopische Intervention zu einer PEG-Sonde gerechtfertigt ist.

Literatur

1. Allison SP (2000) Malnutrition, disease, and outcome. Nutrition 16: 590–593
2. Anonymous (1991) Perioperative total parenteral nutrition in surgical patients. The Veterans Affairs Total Parenteral Nutrition Cooperative Study Group. N Engl J Med 325: 525–532
3. Bastow MD, Rawlings J, Allison SP (1983) Undernutrition, hypothermia, and injury in elderly women with fractured femur: an injury response to altered metabolism? Lancet I: 143–146
4. Beattie AH, Prach AT, Baxter JP, Pennington CR (2000) A randomised controlled trial evaluating the use of enteral nutritional supplements postoperatively in malnourished surgical patients. Gut 46: 813–818
5. Bower RH, Cerra FB, Bershadsky B et al. (1995) Early enteral administration of a formula (Impact) supplemented with arginine, nucleotides, and fish oil in intensive care unit patients: results of a multicenter, prospective, randomized, clinical trial. Crit Care Med 23: 436–449
6. Braga M, Gianotti L, Vignali A et al. (1998) Artificial nutrition after major abdominal surgery: impact of route of administration and composition of the diet. Crit Care Med 26: 24–30
7. Brennan MF, Pisters PW, Posner M et al. (1994) A prospective randomized trial of total parenteral nutrition after major pancreatic resection for malignancy. Ann Surg 120: 436–441
8. Buzby GP, Mullen JL, Matthews DC et al. (1980) Prognostic nutritional index in gastrointestinal surgery. Am J Surg 139: 160–167
9. Fan ST, Lo CM, Lai EC et al. (1994) Perioperative nutritional support in patients undergoing hepatectomy for hepatocellular karzinoma. N Engl J Med 331: 1547–1552
10. Furst P, Albers S, Stehle P (1990) Glutamine-containing dipeptides in parenteral nutrition. J Parenter Enteral Nutr 14: 118S–124S
11. Gibbs J, Cull W, Henderson W et al. (1999) Preoperative serum albumin level as a predictor of operative mortality and morbidity: results from the National VA Surgical Risk Study. Arch Surg 134: 36–42
12. Hadfield RJ, Sinclair DG, Houldsworth PE, Evans TW (1996) Effects of enteral and parenteral nutrition on gut mucosal permeability in the critically ill. Am J Respir Crit Care Med 152: 1545–1548
13. Heyland DK, Cook DJ, Guyatt GH (1994) Does the formulation of enteral feeding products influence infectious morbidity and mortality rates in the critically ill patients? A critical review of the evidence. Crit Care Med 22: 1192–1202
14. Heyland DK, Novak F, Drover JW et al. (2001) Should immunonutrition become routine in critically ill patients? A systematic review of the evidence. JAMA 286: 944–953
15. Hill AG, Hill GL (1998) Metabolic response to severe injury. Br J Surg 85: 884–890
16. Klein S, Kinney J, Jeejeebhoy K et al (1997) Nutrition support in clinical practice: review of published data and recommendations for future research directions. Summary of a conference sponsored by the National Institutes of Health, American Society for Parenteral and Enteral Nutrition, and American Society for Clinical Nutrition. Am J Clin Nutr 66: 683–706

16a. Lobo DN, Bostock KA, Neal KR et al. (2002) Effect of salt and water balance on recovery of gastrointestinal function after elective colonic resection: a randomised contolled trial. Lancet 359: 1812–1818

17. Meguid MM, Meguid V (1985) Preoperative identification of the surgical cancer patient in need of postoperative supportive total parenteral nutrition. Cancer 55: 258–262

17a. Myers JG, Page CP, Stewart RM et al. (1995) Complications of needle jejunostomy in 2022 consecutive cases. Am J Surg 170: 547–551

18. Morley JE, Mooradian AD, Silver AJ et al. (1988) Nutrition in the elderly. Ann Intern Med. 109: 890–904
19. Muller JM, Brenner U, Dienst C, Pichlmaier H (1982) Preoperative parenteral feeding in patients with gastrointestinal karzinoma. Lancet 1: 68–71
20. Nygren J, Thorell A, Ljungqvist O (2001) Preoperative oral carbohydrate nutrition: an update. Curr Opin Clin Nutr Metabol Care 4: 255–259
21. Plank LD, Connolly AB, Hill GL (1998) Sequential changes in the metabolic response in severely septic patients during the first 23 days after the onset of peritonitis. Ann Surg 228: 146–158
22. Preshaw RM, Attisha RP, Hollingsworth WJ (1979) Randomized sequential trial of parenteral nutrition in healing of colonic anastomoses in man. Can J Surg 22: 437–439
23. Soop M, Nygren J, Myrenfors P et al. (2001) Preoperative oral carbohydrate treatment attentenuates immediate postoperative insulin resistance. Am J Physiol 280: E576–E583
24. Streat SJ, Beddoe AH, Hill GL (1987) Aggressive nutritional support does not prevent protein loss despite fat gain in septic intensive care patients. J Trauma 27: 262–266
25. Studley JM (1937) Correlation of mortality and nutrition status. Br J Surg 12: 123–129
26. Suchner U, Senftleben U, Eckart T et al. (1996) Enteral vs. parenteral nutrition: effects on gastrointestinal function and metabolism. Nutrition 12: 13–22
27. Van der Hulst RR, von Meyenfeldt MF, van Kreel BK et al. (1998) Gut permeability, intestinal morphology, and nutritional depletion. Nutrition14: 1–6
28. Waitzberg DL, Plopper C, Terra RM (1999) Postoperative total parenteral nutrition. World J Surg 23: 560–564
29. Wilmore DW, Dudrick SJ (1968) Growth and development of an infant receiving all nutrients exclusively by vein. JAMA 203: 860–864
30. Yeung CK, Young GA, Hackett AF, Hill GL (1979) Fine needle catheter jejunostomy–an assessment of a new method of nutritional support after major gastrointestinal surgery. Br J Surg 66: 727–732

Ernährung bei Verbrennungen

M.G. Jeschke, K.-W. Jauch

Das Verbrennungstrauma stellt eine Verletzung extremen Ausmaßes dar. Dies nicht nur hinsichtlich der pathophysiologischen Alterationen, sondern auch hinsichtlich der Lebensgefährdung des einzelnen Patienten und der Aufmerksamkeit bei Verletzung mehrerer Personen im Rahmen von Katastrophen. Viele unserer Kenntnisse zur Traumareaktion basieren auf Erfahrungen und klinischer Forschung beim Verbrennungstrauma. Entscheidende therapeutische Fortschritte, die auch anderen Patientengruppen zu Gute kommen, wurden in den vergangenen 30 Jahren erzielt. Darunter spielt die frühzeitig einsetzende, gezielte Ernährungstherapie eine zentrale Rolle, wie v. a. bei Säuglingen und Kleinkindern beispielhaft demonstriert werden konnte. Auch die Überlegenheit einer frühenteralen Substratzufuhr wurde in ihrer Bedeutung zunächst beispielhaft bei Verbrennungspatienten beobachtet, bevor sie bei Traumapatienten in Studien evaluiert wurde.

Die führende Rolle in diesem medizinischen Spezialgebiet nehmen die USA ein, bedingt zum einen durch die höhere Inzidenz von Verbrennungen (Industrie, Haushaltsunfälle), als auch durch die enormen Forschungsmittel des Shriners Burns Institute und der Armee.

34.1 Pathophysiologische Grundlagen und Historie

Die metabolische Reaktion auf ein Trauma mit Hypermetabolismus, setzt nach einem thermischen Trauma bereits bei Verbrennung van ca. 20–30% der Körperoberfläche (»total body surface area«, TBSA) ein [13, 15, 24]. Dabei ist die Steigerung des Energieumsatzes als Maß des Hypermetabolismus direkt proportional zum Ausmaß der Verbrennung [13]. Prinzipiell gelten die im Kap. 13 beschriebenen pathophysiologischen Mechanismen auch für Verbrennungspatienten [35]. Nach einer Verbrennung kann die metabolische Rate 200% der normalen, physiologischen metabolischen Rate betragen. Ein erhöhter Proteinabbau und Proteinverlust mit ausgeprägt negativer Stickstoffbilanz und niedrigem Plasmaproteinspiegel sind zusätzliche Charakteristika dieser schweren Verbrennungskrankheit [1, 26].

Der Energiebedarf wird zunächst durch Mobilisation von Kohlenhydraten, Fetten und Proteinen aus den Speichern gedeckt. Allerdings sind nach einer Verbrennung die Energiespeicher, insbesondere die Glykogenspeicher, schnell erschöpft und der Energiebedarf wird durch eine gesteigerte Glukoneogenese aus Aminosäuren, die aus dem Skelettmuskel mobilisiert werden, gesichert. Die Mobilisation von Aminosäuren aus dem Skelettmuskel führt zu Muskelabbau und Unterernährung [8]. In der Folge ist die Struktur und Funktion von essenziellen Organen, wie z. B. die der Skelettmuskulatur, der Haut, des Immunsystem und allgemein der zellulären membrangebundene Transportfunktionen, eingeschränkt [4]. Eine weitere wichtige pathophysiologische Ursache des Hypermetabolismus ist die generalisierte und zelluläre Resistenz des Körpers gegen Wachstumshormon (GH) und die verminderte Produktion und Wirkung von »insulin-like growth factor I« (IGF-I) [3, 35].

Wie auch in anderen Bereichen der Verbrennungsmedizin hat die Ernährung bei Verbrennung mehrere entscheidende Veränderungen durchlaufen. Vor 1940 war der Energiebedarf, um das Körpergewicht nach einem thermalen Trauma zu konservieren, nicht bekannt, sodass Patienten mit einer Verbrennung von mehr als 30% der TBSA einen massiven Gewichtsverlust erlitten. Als der Effekt der Ernährung auf Immunsystem, Wundheilung, und Morbidität realisiert wurde, erhielt die Ernährung einen großen Stellenwert, der manchmal zu einer Überernährung der Patienten führte. Um 1970 dachte man, dass die TPN (»total parenteral nutrition«) der Erfolgschlüssel gegen den massiven Protein- und Kalorienverlust bei Verbrennungspatienten sei. Dies hat sich über die Jahre nicht bestätigt. Im Gegenteil, mehrere klinische Studien zeigten, eindeutige Vorteile zugunsten einer frühen enteralen Ernährung [14, 37]. Momentan wird die TPN bei Verbrennungspatienten nur im Fall einer gastrointestinalen Funktionsstörung empfohlen, welche in vielen Fällen Symptom einer beginnen Sepsis sein kann [37].

Ziel einer adäquaten Ernährung ist die Erhaltung der Organfunktionen, die Vermeidung einer kalorischen Unterversorgung mit Entwicklung einer Mangelernährung und die Reduktion der Morbidität und Mortalität.

Dabei müssen mehrere Faktoren in die individuelle Erstellung der Ernährungstherapie mit einbezogen werden:
- initiale Erhebung des metabolischen Risikos und des Ernährungszustands,
- Erstellung eines Ernährungsplans,
- kalorischer Bedarf,
- Zusammensetzung und Art der Ernährungskomponenten,
- Verabreichung und Monitoring.

34.2 Initiale Abschätzung des metabolischen Risikos und Erstellung des Ernährungsplans

Das Ziel der initialen Einschätzung und Erstellung des Ernährungsplans ist es, den Kalorien- und Proteinbedarf eines Patienten unmittelbar nach einer Verbrennung zu bestimmen und aufgrund des metabolischen Risikos die Indikation zur künstlichen Ernährung abzuklären.

Die Indikation zur künstlichen Ernährung ist bei allen schwerverbrannten Patienten gegeben, sofern sie nicht ausreichend orale Trinknahrung zu sich nehmen können. Insbesondere bei Kindern wird man den enormen Flüssigkeitsbedarf auch durch orale Zufuhr von Milch und Elektrolytlösungen teilweise decken, wobei den Milchproteinen große Bedeutung z. B. beim Schleimhautschutz des Magens zukommt.

Für das initiale Erstellen des Ernährungsplans sollten standardisierte Formeln herangezogen werden. Falls möglich sollte eine Diätassistentin zusammen mit einem Mediziner den Plan erstellen. Wichtig für die Erstellung des Ernährungsplans ist die Erfassung oder die Abschätzung des Körpergewichts und der Körpergröße, vor der Verletzung und bei stationärer Aufnahme sowie Messung und Dokumentation anderer Parameter zur Erkennung einer evtl. Mangelernährung, wie in Kap. 1 beschrieben. Neben den anamnestischen Daten sollten objektive Messparameter des Proteinstoffwechsels und bekannte Scores erhoben werden, zumindest jedoch der BMI. Unterernährung bei Verbrennungspatienten kann bis zu einem gewissen Grad durch eine adäquate Ernährung beeinflusst und kompensiert werden [37].

Weiterhin ist eine sorgfältige Erfassung von Vor- und Begleiterkankungen und Begleitverletzungen von eminenter Bedeutung um das metabolische Risiko einordnen zu können.

34.3 Kalorischer Bedarf

Falls die Möglichkeit an der Klinik besteht, sollte die *indirekte Kaloriemetrie* nach Aufnahme zur Erstellung des Ernährungsplans und dann zur Verlaufskontrolle mindestens 1-mal wöchentlich, bis zur vollständigen Wundheilung durchgeführt werden. Die indirekte Kalometrie kann den Energieverbrauch messen und somit zur Einschätzung der Ernährungssituation herangezogen werden. Nachteile der indirekten Kaloriemetrie sind, dass sie nur eine Momentaufnahme darstellt und so mehrere Messungen durchgeführt werden müssen, und dass exogene Stressfaktoren, wie z. B. Verbandswechsel, Katheterwechsel, nicht in die Kalkulation mit einbezogen werden. Aus diesen Gründen wird eine Multiplikation des REE mit 1,2–1,5 durchgeführt, um annäherungsweise ein Maß für den täglichen Energieumsatz zu erhalten. Detaillierte Angaben sind in Kap. 2 dargestellt.

Bei der Berechnung des kalorischen Bedarfes muss bei Verbrennungspatienten zwischen Neugeborenen, Kindern, Jugendlichen, Erwachsenen und Senioren unterschieden werden.

Neugeborene, Kinder und Jugendliche. Bei Kindern sind Formeln die auf der Körperoberfläche basieren genauer, da Kinder eine größere Körperoberfläche pro Kilogramm Körpergewicht (KÖF/kgKG) als Erwachsene haben. Zusätzlich haben die Kinder normalerweise weniger Körperfett und eine geringere Muskelmasse. Dies bedeutet, dass Kinder ein besonders hohes Risiko für eine Entwicklung einer Unterernährung und eines rapiden Muskelschwunds aufweisen. Da die Energiebedürfnisse während der verschiedenen Entwicklungsphasen völlig unterschiedlich sind empfiehlt das Shriners Hospital for Children, Galveston/TX, USA [15, 37] zwischen Säuglingen, Kindern und Jugendlichen zu differenzieren und die Formeln aus ◘ *Tabelle 34-1* anzuwenden.

Erwachsene und Senioren. Es existieren viele Formeln um den kalorischen Bedarf eines erwachsenen Verbrennungspatienten zu berechnen. Das Shriners Hospital for Children, Galveston, Texas, USA [15, 37] empfiehlt die Anwendung der Curreri oder die modifizierte Curreri-Formel (s. ◘ *Tabelle 34-1*).

Sondersituationen. Patienten mit einem Steven-Johnson-Syndrom (toxische Epidermolyse, Lyell-Syndrom) sollten wegen den Darmulzerationen zunächst enteral mit flüssiger Ernährung versorgt (Milch, spezielle Mixgetränke) und langsam an den Kostaufbau herangeführt werden. Die Patienten sollten ungefähr 2500 kcal/24 h erhalten.

Patienten mit einer chemischen oder einer elektrischen Verbrennung sollten besondere Beachtung der gastrointestinalen Funktion erfahren, da sie häufig an einem paralytischen Ileus leiden. Der Kalorienbedarf ist ansonsten der gleiche wie bei einer thermischen Verletzung.

34.4 Zusammensetzung und Art der Ernährungskomponenten

Die Zusammensetzung der Ernährungssubstrate ist v. a. bei parenteraler Ernährung von entscheidender Bedeutung und es muss den besonderen Anforderungen Rechnung tragen. Bei enteraler Ernährung werden mit den marktüblichen Produkten (s. Kap. 20 »Sondenkost«) physiologische und situationsadaptierte Substratzusammensetzungen eingehalten.

34.4.1 Proteine und Aminosäuren

Der Proteinbedarf ist bei Verbrennungspatienten wegen des vermehrten Proteinverlusts und Verbauchs im Wundbereich und entsprechendem Stickstoffverlust stark erhöht. Der größte Stickstoffverlust besteht zwischen 5–10 Tagen nach dem Trauma [15, 35]. Die optimale diätetische Zusammensetzung beinhaltet 1,5–2 g/kgKG/24 h. Dies ergibt einen Kalorien-Stickstoffquotient von 100:1. Bei Ausschluss einer Niereninsuffizienz kann in der Flowphase nach akutem Trauma die Aminosäurenzufuhr auf >2 g/kgKG/24 h gesteigert werden, um durch Substratzufuhr eine maximale Stimulation der Proteinsynthese zu erzielen. Die Obergrenze wird entsprechend dem Konzept einer umsatzorientierten Substratzufuhr bei einem Serumharnstoffwert um die obere Normalgrenze gesehen.

Für Kinder unter einem Jahr wird empfohlen 3–4 g/kgKG/24 h zu verwenden, da Kinder in diesem Alter eine hohe renale Konzentration nicht tolerieren [9].

Einige Aminosäuren sind essenziell für diese kritisch Kranken. *Glutamin* stellt eine Energiequelle für sich schnell

◘ **Tabelle 34-1.** Berechnung des kalorischen Bedarfs für die verschiedenen Altersgruppen

Altersgruppe	Gesamtkalorien Basiskalorien plus	Kalorien pro Verbrennung
Säuglinge (0–12 Monate)	2100 kcal/TBSA in m²/24 h	1000 kcal/TBSA verbrannt in m²/24 h
Kinder (1–12 Jahre)	1800 kcal/TBSA in m²/24 h	1300 kcal/TBSA verbrannt in m²/24 h
Jugendliche (12–18 Jahre)	1500 kcal/TBSA in m²/24 h	1500 kcal/TBSA verbrannt in m²/24 h
Erwachsene (16–59 Jahre)	25 kcal/kgKG/24 h	40 kcal/TBSA in verbrannt in %/24 h
Senioren (>60 Jahre)	20 kcal/kgKG/24 h	60 kcal/TBSA in verbrannt in %/24 h

teilende Zellen dar, wie z. B. Enterozyten, Lymphozyten, und Makrophagen. In experimentellen Studien ist im Verbrennungsmodell gezeigt worden, dass Glutamin die Dünndarmschleimhaut erhält und somit die Dünndarmpermeabilität und bakterielle Translokation vermindert. *Arginin* ist eine Aminosäure, die die Wundheilung und die Immunfunktion verbessern soll, und eine Ergänzung der Ernährung mit Arginin von ca 2% des gesamten kalorischen Bedarfs wird empfohlen [30]. Allerdings sind diese Aminosäuren in manchen enteralen Ernährungen enthalten und es bleibt abzuwarten, ob eine weitere Ergänzung sinnvoll ist.

34.4.2 Kohlenhydrate

Die adäquate Ernährung mit Kohlenhydraten hat bei Verbrennungspatienten Priorität. Es müssen große Mengen von Kohlenhydraten substituiert werden, um dem exzessiven Proteinkatabolismus mit nachfolgender Glukoneogenese entgegenzuwirken. Es ist jedoch bis heute nicht gesichert, wieweit durch exogene Glukosezufuhr der Proteinabbau durch Reduktion des Bedarfs an glukoplastischen Aminosäuren reduziert werden kann.

Die Diät von Verbrennungspatienten sollte ca. 50% Kohlenhydrate enthalten. Studien zeigten, dass eine optimale Glukosegabe von ungefähr 5 mg/kg/min, entsprechend 7 g/kgKG/24 h, im »steady state« notwendig ist, um den Katabolismus zu reduzieren und um Nebenwirkungen zu vermeiden [37]. Aufgrund der maximal stimulierten endogenen Glukoneogenese mit verminderter Suppression durch exogene Glukosegabe sollte mit einer Rate von 2–3 mg/kg/min (3–4g/kgKG/24 h) begonnen und auf 5 mg/kg/min im Laufe von 3–5 Tagen gesteigert werden. Eine Zufuhr in Höhe der gemessenen Umsatzraten ist in den ersten Tagen nicht sinnvoll, da die endogene Substratmobilisation nicht voll gebremst werden kann. Generell soll die Zufuhrrate umsatzorientiert am Glukosespiegel ausgerichtet werden, der nicht über 180 mg/dl liegen sollte. Eine Insulinzufuhr von 1–4 E Insulin/h kann bei normokalorischer Ernährung notwendig sein (s. Kap. 13).

Zuckeraustauschstoff mit Mischinfusion von Glukose, Xylit und Fruktose können alternativ – unter Beachtung der entsprechenden Kautelen – verabreicht werden (s. Kap. 26).

34.4.3 Fette

Der Fettmetabolismus ist bei Verbrennungspatienten besonders zu beachten. Fett dient zwar als hochkalorische Energiequelle, allerdings kommt es bei Verbrennungen häufig zur Leberverfettung. Die Fettleber resultiert aus einer gesteigerten peripheren Lipolyse mit einer verminderten Transportfähigkeit der Leber und des Körpers, und nicht aus einer alleinigen De-novo-Synthese aus Kohlenhydraten. Aus diesem Grund wird empfohlen mehr Kohlenhydrate als Fette zu verwenden, um die Menge an Fett zu reduzieren, die die Leber nicht verarbeiten kann. Am Shriners Hospital for Children, Galveston/TX, USA, wird als TPN Vivonex TEN als Standardernährung verwandt, die minimale Mengen an Fett enthält [15, 37]. Als Energiedonator kann eine Mischemulsion aus mittel- und langkettigen Triglyzeriden bevorzugt werden, da sie weniger zu Fettdeposition in der Leber neigt (s. Kap. 20).

Um einen Mangel an essenziellen Fettsäuren zu vermeiden, sollten sie mindestens 2-mal pro Woche mit 0,5–1,0 g/kgKG/24 h substituiert werden. Im Allgemeinen wird man jedoch im Sinne einer Komponententherapie eine kontinuierliche Fettzufuhr favorisieren.

In experimentellen und klinischen Studien wurde untersucht, welchen Effekt der Ersatz von ω-6-Fettsäure durch die ω-3-Fettsäure hat. Diese Studien zeigten, dass ω-3-Fettsäuren einen positiven Effekt auf die Immunfunktion haben ([2], s. Kap. »Immunomodulation«). Saffle [28] hat allerdings gezeigt, dass ω-3-Fettsäuren die Mortalität erhöhen und somit ist der positive Effekt von ω-3-Fettsäuren fraglich.

Ähnliches wie für die Aminosäuresubstitution gilt auch für die Fettsäuren; mehr kontrollierte klinische Studien müssen durchgeführt werden, um den Effekt von dieser Modifikationen zu untersuchen.

34.4.4 Albuminzufuhr und Plasmaeratz bei Verbrennung

Die Hauptfunktion von Albumin ist die Aufrechterhaltung des kolloidosmotischen Druckes (KOD). Der KOD ist für die Wasserbindung intravasal von essenzieller Bedeutung. Eine Hypoalbuminämie besteht bei Verbrennungspatienten durch einen erhöhten Verbrauch, kapilläres Leck, renale Ausscheidung und relativ durch die massive Flüssigkeitsgabe im Rahmen der Schocktherapie. Die Empfehlungen sind sehr verschieden, Greenhalgh [11] empfiehlt keine Substitution, während einige klinische Studien die Notwendigkeit aufgezeigt haben [5].

Am Shriners Hospital for Children, Galveston, Texas, USA wird folgendermaßen vorgegangen: Der Albuminspiegel wird täglich kontrolliert. Falls der Albuminspiegel unter 2,0 g/dl abfällt, wird Albumin substituiert. Für Patienten unter 2 Jahren und 20 kgKG: 6,25 g/24 h, Patienten 2–9 Jahre und zwischen 20 und 40 kgKG: 12,5 g/24 h und Patienten über 9 Jahre und 40 kgKG 25 g/24 h jeweils über 6 h infundiert.

An der Universität Regensburg wird die Gabe vom Albuminspiegel und dem KOD-Spiegel abhängig gemacht. Substituiert wird bei einem Albuminspiegel <2,0 g/dl und einem KOD <20. Als Volumenersatz wird allerdings mit Ausnahme der Verbrennung mit massivem Abfall der Serumproteine die Gabe von 10% oder 20% HAES bevorzugt (s. Kap. 32). Albumin weißt jedoch keinerlei Ernährungsfunktion im Sinne einer Eiweißzufuhr auf.

34.4.5 Vitamine und Spurenelemente

Eine Reihe von Vitaminen und Spurenelementen sollte substituiert werden. Diese dienen hauptsächlich als Radikalfänger und verbessern die Wundheilung. Unter diesen Gesichtspunkten beginnen wir mit der Zufuhr der Mikronährstoffe innerhalb der ersten 24 h. Eine Übersicht über die Substitution von Vitaminen und Spurenelementen gibt ◻ *Tabelle 34-2* wieder; weitere Angaben sind im Kap. 6 »Mikronährstoffe« dargestellt.

Tabelle 34-2. Medikationsrichtlinien für die Vitamin- und Mineralsubstitution (Mod. nach [37])

Vitamine und Mineralien	0–2 Jahre	2–12 Jahre	>12 Jahre
Multivitamin	Poly Vi Sol 1 ml	Poly Vi Sol 1 ml	Vi Deylin 5 ml oder Theragran
Vitamin C	250 mg/24 h	250 mg/24 h	500 mg/24 h
Folsäure	1 mg QMWF	1 mg QMWF	1 mg QMWF
Vitamin A	2500 U	5000 U	10.000 U
Vitamin E	5 mg	5 mg	10 mg
Zinksulfat	55 mg	110 mg	220 mg
Elementares Eisen	<30 kgKG: 2 mg/kgKG PO TID >30 kgKG: 65 mg PO TID oder $FeSO_4$ 325 mg PO TID		

34.5 Enterale vs. parenterale Ernährung

Wie bereits erwähnt, sollte eine frühe enterale Ernährung, innerhalb der ersten 24 h nach dem Verbrennungstrauma initiiert werden.

Eine frühe enterale Ernährung ist physiologisch, vermindert den Hypermetabolismus, vermindert die Freisetzung kataboler Stresshormone, reduziert den Stickstoffverlust, erhält die Dünndarmintegrität, vermindert die Inzidenz von Ulzera und Diarrhöen, ist letztlich kostengünstiger und verkürzt die Hospitalisationsdauer [7, 29].

Eine frühe enterale Ernährung erhöht den Blutfluss im Darm, erhält die gastrointestinale Funktion, minimiert die sogenannte bakterielle Translokation, und ist der bevorzugte Weg der nutritionellen Unterstützung, um die gefürchteten Infektionskomplikationen zu vermindern (s. Kap. 35).

Wichtig ist die engmaschige klinische Überwachung der Patienten, um evtl. Komplikationen frühzeitig zu erkennen, wie z. B. mechanische Komplikationen (Verschluss der Ernährungssonde), gastrointestinale Komplikationen (abdominelle Distension, Reflux, Diarrhö, Ileus) oder metabolische Komplikationen (Dehydratation, Hyperglykämie, Hyper- oder Hyponaträmie, Hyper- oder Hypokaliämie).

Der Dünndarmileus gilt als schwerwiegende, wenn auch äußerst seltene Komplikation. Weit häufiger ist das Auftreten einer Gastroparese. Aus diesem Grund wird für die enterale Ernährung eine nasoduodenale Sonde gelegt, die möglichst früh nach stationärer Aufnahme benutzt werden sollte. Die initiale Rate über die nasoduodenale Sonde beträgt 10–20 ml/h. Die Menge wird je nach Klinik gesteigert und entsprechende andere Mengen (parenterale Ernährung, Flüssigkeit) reduziert. Es empfiehlt sich eine weitere nasogastrale Sonde zu legen, um den Magen zu dekomprimieren und den Reflux bestimmen zu können. Vorteilhaft sind bei entsprechender Erfahrung Sonden mit mehreren Kanälen (s. Kap. 19). Die Motilität kann mit Prokinetika unterstützt werden.

Verbrennungspatienten sollten, sobald sie es tolerieren, auf eine normale orale Ernährung umgestellt werden. Die Umstellung sollte schrittweise individuell adaptiert geschehen und folgende Punkte sind dabei zu beachten:

- Die Sondenkost sollte entsprechend der oralen Kost reduziert und angepasst werden (die Summe der Kalorien sollte immer 100% des Zielwerts betragen).
- Falls möglich, sollte tagsüber normal p.o. ernährt werden, während zunächst noch nachts über die Sonde ernährt werden kann.
- Falls die orale Diät 50% der benötigten Kalorien ausmacht, kann ein 3-tägiger Versuch mit alleiniger oraler Ernährung erfolgen.

34.6 Monitoring

Ein Monitoring zur Klärung, ob die Ernährung adäquat und suffizient ist, sollte regelmäßig erfolgen. Über- als auch Unterernährung sind ernsthafte Komplikationen! Dabei bedient man sich zum einen klinischer Parameter und der klinischen, körperlichen Untersuchung und zum anderen Labordaten.

- Die klinischen Parameter umfassen:
  Körpergewicht (auch im Vergleich zum Gewicht vor der Verbrennung),
  Schluckfähigkeit, Ernährungsintoleranzzeichen,
  genaue tägliche Kalkulation der Ernährung unter Berücksichtigung der Ernährungskomponenten und Flüssigkeitssubstitution (Ernährungsprotokoll),
  Planung und Einberechnung von chirurgischen (invasiven) Interventionen,
  Planung und Einberechnung der Wundheilung,
  Diarrhöen und Intoleranzzeichen können einen Hinweis auf eine beginnende Sepsis darstellen.
- Die Laborparameter umfassen:
  Serumelektrolyte (täglich Na, K, Cl, Phosphat),
  Serumnierenwerte (täglich bis zur Stabilisierung, dann 2-mal/Woche): Kreatinin, Harnstoff, Kreatininclearance, Harnstoffproduktion,
  Serumleberwerte (täglich bis zur Stabilisierung, dann 2-mal/Woche): konstitutive hepatische Proteine, z. B. Albumin, PCHE oder Prä-Albumin, Transferrin, Retinol-bindendes Protein (1-mal wöchentlich während Intensivtherapie, nach 1 Woche beginnend);
  Akutphaseproteine, z. B. CRP, Fibrinogen, Haptoglobin, α_2-Makroglobulin. Gerinnungsparameter,
  Serumglukose (täglich),
  Serumimmunmarker (1-mal/Woche): Lymphozyten, C-3-Komplement, IgG, IgM,
  Respiratorischer Quotient und Resting energy expenditure (1-mal/Woche).

34.7 Einsatz von Wachstumshormonen

Ein erhöhter Proteinumsatz, Proteinabbau und eine negative Stickstoffbalance sind charakteristisch für schwerstkranke Patienten [1, 26, 33]. Als eine Folge daraus ist die Struktur und Funktion von essenziellen Organen beeinträchtigt, wie z. B. die Skelettmuskulatur, Haut, Immunsystem und andere Organe [33]. Der Stickstoffverlust bei kritisch erkrankten Patienten wurde mit einer Wachstumshormonresistenz und einer verminderten Produktion von Insulin-like growth factor I (IGF-I) assoziiert [3]. Deshalb lag der Schluss nahe, klinisch schwerstkranken Patienten Wachstumshormone (rhGH) zu geben, um die Katabolie zu verbessern. In der Tat verbesserten hohe Dosen von rhGH das Überleben von hypermetabolischen Versuchstieren und rhGH stimulierte das Immunsystem [32]. Bei Patienten konnte eine Verbesserung und Beschleunigung der Wundheilung [10, 12] und eine Reduktion der hypermetabolischen Antwort nach einer großen Operation, Trauma, Sepsis oder einer Verbrennungsverletzung belegt werden [6, 21, 25].

Weitere Studien haben gezeigt, dass rhGH die hepatische Akutphasereaktion moduliert, indem es konstitutive hepatische Proteine erhöht, Akutphaseproteine erniedrigt und die Zytokinexpression beeinflusst [16, 17]. RhGH stimuliert die Proteinsynthese und vermindert den Stickstoffverlust nach einer Verletzung durch die Verminderung des Aminosäurereflux vom Skelettmuskelkompartment und hat somit gezeigt, dass es sich vorteilhaft auf das klinische Outcome nach einer massiven Verletzung, wie z. B. einer Verbrennungsverletzung, auswirkt. In der Tat vermindert eine rhGH-Therapie die Länge des Krankenhausaufenthalts und verkürzt die Wundheilung bei Kindern mit Verbrennungen [12]. Bei chirurgischen Patienten hat rhGH-Therapie die Muskelglutaminkonzentration konserviert, die Stickstoffbilanz optimiert, die Handgriffstärke erhöht und das Weaning von einer mechanischen Ventilation vereinfacht [18, 20, 21].

Diese Ergebnisse haben zu Multicenterstudien an europäischen Intensivstationen geführt, um den Effekt von rhGH auf *schwerste Erkrankungen* zu untersuchen [33]. In dieser Studie haben die Autoren gezeigt, dass rhGH die Mortalität von 18% bei Kontrollpatienten auf 44% bei rhGH-Patienten erhöht hat.

Dies hat eine Untersuchung am Shriners Hosital for Children, University Texas Medical Branch, initiiert, um die Mortalität und hepatische Akutphasereaktion nach rhGH-Therapie bei Verbrennungspatienten zu untersuchen [17, 25]. In einer großen Serie bei pädiatrischen Patienten fanden wir zwischen Plazebo- und rhGH-Behandlung keinen Unterschied in Bezug auf die Mortalität. Im Gegenteil: rhGH-therapierte Verbrennungspatienten hatten eine kürzere Hospitalisation und einer verbesserte Rehabilitation. In einer weiteren Untersuchung haben wir gezeigt, dass rhGH die proinflammatorische Akutphasereaktion vermindert, indem es IGF-I erhöht und proinflammatorische Zytokine, wie IL-1 und TNF erniedrigt [17]. Die Verminderung der proinflammatorischen Zytokine geht mit erniedrigten Typ-I-Akutphaseproteinen und erhöhten konstitutiven hepatischen Proteinen einher. rhGH hatte keinen Effekt auf IL-6-like-Zytokine und Typ-II-Akutphaseproteine. Da die Akutphasereaktion ein wichtiger Effektor der Mortalität nach einem Trauma ist, konnten wir schlussfolgern, dass eine rhGH-Therapie die Mortalität bei schwerstverbrannten Kindern nicht erhöht.

Um die Rolle von rhGH besser zu verstehen, wurden weitere Studien durchgeführt. Low et al. [22] haben gezeigt, dass nach einem Verbrennungstrauma der REE über Jahre hinweg erhöht sein kann. Weiterhin weisen Kinder nach einem Trauma über einen Zeitraum von mindestens 3 Jahren Wachstumsretardierung und eine erhöhte Inzidenz von pathologischen Frakturen auf [19, 27]. Diese lange posttraumatisch anhaltende Katabolie und Stoffwechselstörung kann nur schwer durch adäquate Ernährung beeinflusst werden. RhGH hingegen hat positive Effekte auf den REE, Wachstumsgeschwindigkeit und Knochenhaushalt.

Low et al. [22] konnten in einer 3-Jahre-Follow-up-Untersuchung zeigen, dass eine Kurzzeittherapie von im Mittelwert ca. 40 Tagen die Wachsumsretardierung 3 Jahre nach Verbrennung vermindert. Kinder, die rhGH erhielten, lagen in der Wachstumsperzentile um 50–60, während Kinder, die Plazebo erhielten, um 30–35 lagen [22]. Ähnliches fand sich im REE. Kinder mit einer Kurzzeittherapie von rhGH hatten über einen Zeitraum von 2 Jahren einen normalisierten REE, während Kinder mit Plazebo einen pathologisch erhöhten REE aufwiesen [unveröffentliche Daten].

Dies kann durchaus damit zusammenhängen, dass rhGH die proinflammatorischen, katabolwirkenden Mediatoren TNF und IL-1 vermindert. Auch die Knochendichte und pathologische Frakturen konnten mit rhGH signifikant gesenkt werden [unveröffentlichte Daten]. Aufgrund dieser positiven metabolischen Effekte und da rhGH bei verbrannten Kindern die Mortalität nicht erhöht, sehen wir nur in diesem speziellen Fall die Indikation für GH in einer Dosierung von 0,2 mg/kgKG gegeben: Dabei darf kein Anzeichen von Sepsis oder Multiorganversagen vorliegen.

34.8 Zusammenfassung

Die hypermetabolische Reaktion auf eine Verbrennung kann zu einer metabolischen Rate führen die 200% über der normalen Rate liegt. Ziel der adäquaten Ernährung bei Verbrennungspatienten ist es, die Organfunktion zu erhalten oder zu verbessern, eine Proteinkatabolie mit einer Mangelernährung zu vermeiden und im Allgemeinen die Morbidität und Lebensqualität zu erhöhen. Eine frühe enterale Ernährung, die exakt berechnet und täglich neu kalkuliert wird, die intensive Überwachung und die klinische Untersuchung des Patienten stellen wichtige Grundlagen dar.

Die Komponenten der Ernährung basieren auf Proteinen 1,5–2 g AS/kgKG, evtl. individuellen Aminosäuren, Kohlenhydraten und wenig Fetten, mit der Zugabe von Vitaminen und Spurenelementen. Die Ernährung sollte anhand des Alters des Patienten und des Verbrennungsausmaßes berechnet werden.

Eine rhGH-Therapie vermag die hypermetabolische Reaktion zu verbessern, allerdings ist wegen den potenziell gefährlichen Nebenwirkungen die Indikation streng zu stellen. Wir sehen diese nur bei Kindern mit einem Verbrennungstrauma, ohne Anzeichen von Sepsis und Multiorganversagen gegeben.

Eine gute Ernährung zeigt sich bei der Entlassung des Patienten. Falls sein Körpergewicht nicht um mehr als 10% (nach oben oder unten) von seinem ursprünglichen Gewicht abweicht, war die Ernährung suffizient, falls nicht, sollte die Strategie nochmals überdacht werden.

Literatur

1. Arnold J, Campbell IT, Samuels TA (1993) Increased whole body protein breakdown predominates over increased whole body protein synthesis in multiple organ failure. Clin Sci (Colch) 84: 655–661
2. Beale RJ, Bryg DJ, Bihari DJ (1999) Immunonutrition in the crtitically ill: a systemic review of clinical outcome. Crit Care Med 27: 2799–805
3. Berghe van den G, de Zegher F, Veldhuis JD (1997) The somatotropic axis in critical illness: effect of continuous growth hormone (GH)-releasing hormone and GH-releasing peptide-2 infusion. J Clin Endocrin Metab 82: 590–599
4. Biolo G, Toigo G, Ciocchi B et al. (1997) Metabolic response to injury and sepsis: changes in protein metabolism. Nutrition 13: 52S–57S
5. Brown RO, Bradley JE, Bekemeyer WB et al. (1988) Effect of albumin supplementation during parenteral nutrition on hospital mortality. Crit Care Med 16: 1177–1183
6. Byme TA, Morrissey TB, Gatzen C et al. (1993) Anabolic therapy with growth hormone accelerates protein gain in surgical patients requiring nutritional rehabilitation. Ann Surg 218: 400–418
7. Chiarelli A, Enzi G, Casadei A, Baggio B, Valerio A (1990) Very early nutrition supplementation in burned patients. Am J Clin Nutr 51: 1035–1039
8. Chiolero R, Revelly JP, Tappy L (1997) Energy metabolism in sepsis and injury. Nutrition 13: 45S–51S
9. Gottschlich MM (1987) Acute thermal injury. In: Lang CE (ed) Nutritional support in critical care. Aspen Publ, Rockeville/MD, pp 159–181
10. Gilpin DA, Barrow RE, Rutan RL et al. (1994) Recombinant human growth hormone accelerates wound healing in children with large cutaneous burns. Ann Surg 220: 19–24
11. Greenhalgh DG, Housinger TA, Kagan RJ et al. (1995) Maintenance of serum albumin levels in pediatric burn patients: a prospective, randomized trial. J Trauma 39: 67–74
12. Herndon DN, Hawkins HK, Nguyen TT et al. (1995) Characterization of growth hormone enhanced donor site healing in patients with large cutaneous burns. Ann Surg 221: 649–659
13. Herndon DN, Currerei PW (1978) Metabolic response to thermal injury and its nutritional support. Cutis 22: 501–506
14. Herndon DN, Barrow RE, Stein M et al. (1989) Increased mortality with intravenous supplemented feeding in severely burned patients. J Burn Care Rehab 10: 309–313
15. Hildreth M (1996) Nutritional support of the burn patient. In: Herndon DN (ed) Total burn care. Saunders, Philadelphia, pp 237–245
16. Jeschke MG, Chrysopoulo MT, Herndon DN, Wolf SE (1999) Increased expression of insulin-like growth factor-I in serum and liver with recombinant human growth hormone treatment in thermally injured rats. J Surg Res 85: 171–177
17. Jeschke MG, Barrow RE, Herndon DN (2000) Recombinant human Growth Hormone (rhGH) treatment in pediatric burn patients and its role during the acute phase response. Crit Care Med 28: 1578–1584
18. Jiang Z, He GZ, Zhang SY et al. (1989) Low-dose growth hormone and hypocaloric nutrition attenuate the protein catabolic response after major operation. Ann Surg 210: 513–525
19. Klein GL, Herndon DN, Langman CB (1995) Long term reduction in bone mass after severe burn injury in children. J Pediatrics 126: 252–256
20. Knox J, Demling R, Wilmore D et al. (1995) Increased survival after major thermal injury: the effect of growth hormone therapy in adults. J Trauma 39: 526–532
21. Knox JB, Wilmore DW, Demling RH (1996) Use of growth hormone for postoperative respiratory failure. Am J Surg 171: 576–580
22. Low JF, Herndon DN, Barrow RE (1999) Effect of growth hormone on growth delay in burned children: a 3-year follow-up study. Lancet 354: 1789
23. Pierre E, Herndon DN, Barrow RE (1996) Growth hormone therapy in the treatment of burns. In: Torosian MH (ed) Growth hormone in critical illness: research and clinical studies. Landes, Austin/TX, pp 105–116
24. Pointing GA, Halliday D, Teale JD et al. (1988) Postoperative nitrogen balance with intravenous hyponutrition and growth hormone. Lancet I: 438–439
25. Ramirez R, Wolf SE, Barrow RE, Herndon DN (1998) Growth hormone treatment in pediatric burns. A safe therapeutic approach. Ann Surg 238: 439–448
26. Rennie MJ (1985) Muscle protein turnover and wasting due to injury and disease. Br Med Bull 41: 257–264
27. Rutan RL, Herndon DN (1990) Growth delay in postburn pediatric patients. Arch Surg 125: 392–395
28. Saffle JR, Wiebke G, Jennings K, Morris SE, Barton RG (1997) Randomized trial of immune enhancing enteral nutrition in burn patients. J Trauma 42: 793–800
29. Saito H, Trocki O, Alexander JW, Joffe SN (1987) The effect of route of nutrient administration on the nutritional state, catabolic hormone secretion and gut mucosal integrity after burn injury. J Parenter Enteral Nutr 11: 1–7
30. Saito H, Trocki O, Joffe SN, Alexander JW (1987) Metabolic and immune effects of dietary arginine supplementation after burn. Arch Surg 122: 784–789
31. Takagi K, Suzuki F, Barrow RE et al. (1997) Growth hormone improves immune function and survival in burned mice infected with herpes simplex virus type I. J Surg Res 69: 166–170
32. Takagi K, Suzuki F, Barrow RE et al. (1998) Recombinant human growth hormone modulates Th-1 and Th-2 cytokine response in burned mice. Ann Surg 228: 106–111
33. Takala L, Ruokonen E, Webster NR et al. (1999) Increase mortality associated with growth hormone treatment in critically ill patients. N Engl J Med 341: 785–792
34. Timmins AC, Cotterill AM, Hughes SC (1996) Critical illness is associated with low circulating concentrations of insulin-like growth factors-I and -II, alterations in insulin like growth factors binding proteins, and induction of an insulin-like growth factor binding protein 3 protease. Crit Care Med 24: 1460–1466
35. Wilmore D (1990) Hypermetabolic response to burn injury. J Trauma 30: S4–S6
36. Wolf SE, Jeschke MG, Desai MH et al. (1997) Enteral feeding intolerance as an early indicator of sepsis associated with mortality in massively burned children. Arch Surg 132: 1310–1314
37. Wolf SE, Herndon DN (1999) Burn care. Landes Bioscience, Austin/TX, pp 66–71

Ernährung und Stoffwechsel bei SIRS und Sepsis

J. Stein

Trotz erheblicher Fortschritte in der Intensivmedizin ist das Versagen eines oder mehrerer Organe (Multiorganversagen) mit einer hohen Mortalität verbunden. Dem Versagen vitaler Organe nach schweren Verletzungen, Schock, Verbrennungen und Immunsuppression geht regelmäßig eine generalisierte Entzündungsreaktion voraus, die auf infektiöse (Sepsis) oder nichtinfektiöse Ursachen zurückgeführt werden kann. Die hämodynamischen Auswirkungen bei Schock führen im Gastrointestinaltrakt zu einer Beeinträchtigung der intestinalen Durchblutung, in deren Folge eine Störung der intestinalen Barrierefunktion entsteht, die zur Invasion von Bakterien und Toxinen aus dem Darmlumen in den Blutkreislauf führt.

Die bei Sepsis/SIRS und Multiorganversagen auftretenden *Stoffwechselveränderungen* können grundsätzlich mit denen des Postaggressionsstoffwechsels verglichen werden (Kap. 13); sie unterscheiden sich dennoch sowohl in qualitativer als auch quantitativer Hinsicht z. T. erheblich.

Ernährungstherapeutische Maßnahmen bei SIRS und Sepsis umfassen zum einen die sichere – an die geänderte Stoffwechselsituation angepasste – Zufuhr von Makro- und Mikronährstoffen, zum anderen Maßnahmen, die zur Steigerung der intestinalen Durchblutung und damit zur Verbesserung des intestinalen O_2-Angebots führen.

35.1 Definitionen

Außerhalb von nichtkardiologischen Intensivstationen stellt die *Sepsis* die häufigste Komplikation und Todesursache dar. Ein der Sepsis vergleichbares klinisches Syndrom kann auch ohne Infektion beobachtet werden und wird als *systemisches Inflammationssyndrom (SIRS)* bezeichnet (▪ *Tabelle 35-1*). Die Auslöser für ein SIRS sind vielfältig und umfassen primär *nichtinfektiöse* Ursachen wie Verbrennung, Trauma und Pankreatitis. Das SIRS ist demnach gegenüber der Sepsis der übergeordnete Begriff, da er das klinische Syndrom des kritischkranken Patienten – unabhängig von der Ursache – beschreibt (▪ *Abb. 35-1*). Wenn das SIRS durch eine nachgewiesene Infektion verursacht wird, wird es als Sepsis bezeichnet. Der gleichzeitige oder in rascher zeitlicher Abfolge eintretende Funktionsverlust zweier oder mehrerer Organsysteme wird als *Multiorgandysfunktionssyndrom (MODS)* bezeichnet (▪ *Tabelle 35-2*).

In Abhängigkeit von der Schwere der Primärerkrankung, der individuellen Ausgangssituation des Patienten (Alter, Komorbitität) und dem therapeutischen Konzept kann sich das MODS wieder zurückbilden oder aber zu einem oft irreversiblen Organ- oder Multiorganversagen (MOV) fortschreiten (▪ *Tabelle 35-1*).

35.2 Ätiopathogenese und Klinik

Das heutige pathogenetische Konzept von SIRS/Sepsis und/oder MOV basiert auf komplexen Wechselwirkungen zwischen Wirtsorganismus und dem Infektionserreger bzw. der Gewebschädigung. So kommt es bei einer Sepsis durch Endotoxine zur Aktivierung von zellulären Systemen (Monozyten-Makrophagen, Endothelzellen etc.) mit konsekutiver Produktion von Zytokinen (TNFα, Il-6, etc., s. unten) sowie proinflammatorisch und gefäßaktiven Lipidmediatoren (Leukotriene, Prostaglandine, PAF, s. unten). Als »conditio sine qua non« einer MODS/MOV gilt dabei die Störung der intestinalen Barrierefunktion.

▪ Tabelle 35-1. Definition des SIRS

Ein SIRS liegt vor, wenn 2 der folgenden Kriterien erfüllt sind	
Körpertemperatur	>38 C oder <36°C
Herzfrequenz	>90/min
Atemfrequenz	>20/min oder p_aCO_2<32 mmHg
Leukozyten	>12.000/ml oder >4.000/ml oder >10% stabkernige Zellen

▪ Tabelle 35-2. Begriffsdefinitionen. (Mod. nach [24])

SIRS	Systemic inflammatory response syndrome	Generalisiertes Entzündungssyndrom ohne Nachweis einer Infektion
Sepsis	Sepsis	Generalisiertes Entzündungssyndrom mit Nachweis einer Infektion
MODS	Multiorgandysfunktionssyndrom	Paralleles oder sequentielles (reversibles) Organversagen
MOV	Multiorganversagen	Etabliertes Organversagen

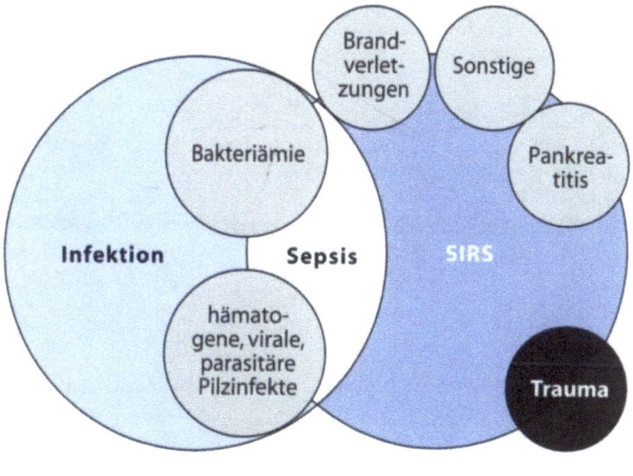

▪ Abb. 35-1. SIRS bei nicht *infektionsbedingter* und Sepsis bei *infektionsbedingter* systemischer Entzündungsreaktion

35.2.1 Schädigung der intestinalen Barriere

Substanzdefekte, wie ein Homöostaseverlust der verschiedenen Komponenten der intestinalen Barriere, führen zu einer Steigerung der Permeabilität des Darmepithels. Das Epithel des *Ileums* weist meist eine schwerere Schädigung auf, als das Jejunumepithel.

Die *Schädigungsmechanismen* der intestinalen Barrierefunktion sind vielfältig und greifen bei den komplexen Geschehen von Sepsis und SIRS kombiniert an (■ *Abb. 35-2*). Dabei kann die parazelluläre Permeabilität, aber auch die transzelluläre Passage gesteigert sein. *Endotoxine*, die bei der baktriellen Proliferation entstehen, überwinden das Epithel leichter als intakte Bakterien. Daneben können auch *Entzündungsmediatoren*, wie Prostaglandine und Leukotriene, das Darmepithel sowohl trans- als auch parazellulär überwinden und zu einer Leukozytenmigration in die Submukosa führen [41]. Es häufen sich Befunde, nach denen es sich bei der bakteriellen Translokation um einen transzellulären Prozess handelt, während die Passage kleinerer ungeladener, hydrophiler Moleküle parazellulär verläuft. Beweise für die Translokation von Mikroorganismen bei Schädigungen des Darmepithels resultieren v. a. aus dem Nachweis lebender Bakterien aus Mesenteriallymphknoten. Der Nachweis einer gesteigerten parazellulären Permeabilität basiert dagegen auf intestinalen Resorptionstests mit stoffwechselinerten Markern, die über die Niere frei ausgeschieden werden [42].

Ischämie und oxidative Radikale

Die experimentelle Unterbrechung des Blutflusses führt zu Läsionen im Bereich der Mikrovilli, die bereits nach 20 min lichtmikroskopisch nachweisbar sind. Vergleichbare Schäden treten auch nach hämorrhagischem Schock und bei Sepsis auf und werden nach 1–2 h erkannt. Erstes Zeichen der Epithelschädigung ist ein *Ödem* im Bereich von Mukosa und Submukosa. Die Epithelschicht erscheint von der brüchigen Lamina propria abgehoben zu sein. Durch die Luxusperfusion des Intestinums können Einschränkungen der Perfusion bis zu 50% ohne Folgen toleriert werden. Hierbei wird eine verminderte Perfusion durch eine gesteigerte O_2-Extraktion des Intestinums kompensiert. Für die Entstehung von *Epithelschäden* bei Überschreitung der Toleranzgrenzen von Perfusion und Oxigenisation wurden 3 Mechanismen angeschuldigt:

- Beim *ersten* Mechanismus trägt die Gefäßversorgung des Darmvillus wesentlich zur Hypoperfusion im Bereich des Epithels der Villusspitze bei. Die zuführende Arterie zweigt sich erst unmittelbar im Bereich der Villusspitze auf. Das Blut fließt dann in subepithelialen Venolen zurück und führt im Bereich der Villusbasis in entgegengesetzter Flussrichtung an der zuführenden Arterie vorbei. Der Abstand beträgt dabei weniger als 20 µm und ist gering genug, um bei langsamer Flussgeschwindigkeit ein O_2-Diffusionsgleichgewicht zwischen arteriellem und venösem Blut zu ermöglichen. Bei einer Zunahme der normalen Transitzeit des Blutes durch das Villus von 4–8 s auf 20–30 s, z. B. im hypovolämischen Schock, sinkt daher die Menge des verfügbaren O_2 unter den Bedarf des Epithels ab [41].

> Die *Hypoxie* durch diesen »counter current exchange« kann unter den Bedingungen der Sepsis auch durch die gesteigerte O_2-Extraktion nicht ausgeglichen werden, da hier der O_2-Bedarf erheblich ansteigt.

- Als *zweiter* Mechanismus kann die direkte Wirkung luminaler Enzyme, Gallensäuren und pankreatische Proteasen eine Schädigung des Darmepithels bewirken.
- Die *dritte* Hypothese basiert auf der Beobachtung, dass bei einer Ischämie ATP zu AMP und über weitere Zwischenstufen zu Hypoxanthin abgebaut wird. Das Enzym Xanthindehydrogenase wird bei Ischämie durch Proteolyse zu Xanthinoxidase umgewandelt, die Hypoxanthin zu Xanthin und zu Harnstoff oxidiert. Dieses Enzym benötigt freies O_2 für die Oxidation von Hypoxanthin wodurch das Superoxydradikal (O_2^-) entsteht (■ *Abb. 35-3*). Bei einem erhöhten O_2-Angebot, wie z. B. nach Ischämie und Reperfusion, werden große Mengen epithelschädigender Superoxydradikale gebildet. Eine weitere Quelle reaktiver O_2-Radikale ist deren Freisetzung aus neutrophilen Granulozyten durch die NADPH-Oxidase. Die O_2-Radikale führen zu einer Schädigung des Zytoskeletts mit Verlust der »tight junctions«. Daneben wurde eine verminderte ATP-Synthese durch Hemmung der Glykolyse (Glyzeraldehyd-3-Phosphatase) und der mitochondrialen ADP-Phosphorylierung bei Hypoxie beschrieben. Als Beweis der schädigenden

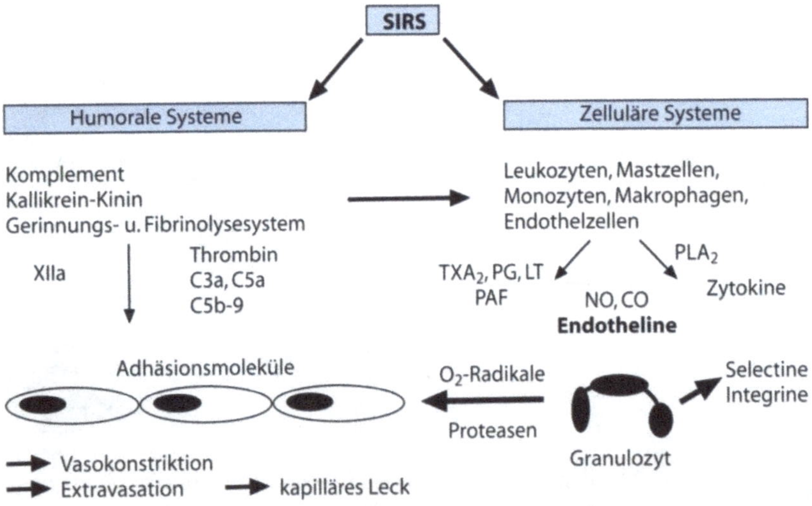

■ **Abb. 35-2.** Mediatorkaskade bei SIRS/Sepsis: es kommt sowohl zur Aktivierung *humoraler* als auch *zellulärer* Systeme, was zur Freisetzung vasoaktiver Substanzen (v. a. Endotheline) sowie Chemokinen und letztlich zur Stimulation von Granulozyten führt. Die Freisetzung von lysosomalen Proteasen und toxischen O_2-Radikalen führt zur Destruktion der kapillären Integrität mit konsekutiver Extravastion von Flüssigkeit und Proteinen

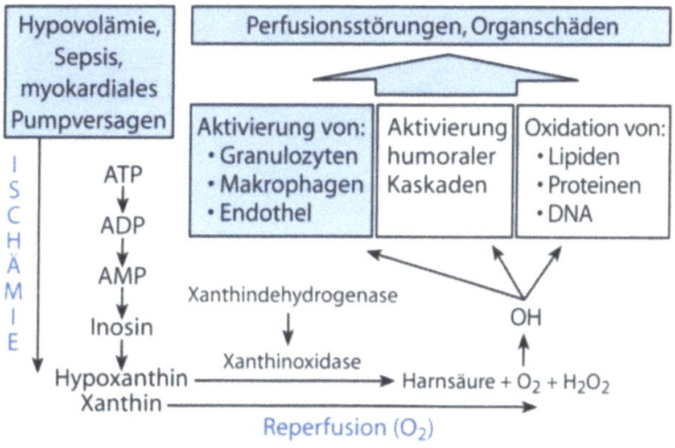

Abb. 35-3. Pathophysiologie des gastrointestinalen Reperfusionsschadens mit Hinblick auf die Entwicklung eines MOV. (Mod. nach [38])

Wirkung des Superoxydradikals wird die Aufhebung dieser Effekte durch reduzierende Substanzen angesehen.

Stickoxyd

Im Intestinaltrakt wird Stickoxyd (NO) von Epithelzellen, neutrophilen Granulozyten, Makrophagen, Mastzellen und verschiedenen Mikroorganismen freigesetzt. Im Enterozyten findet sich neben der konstitutiven, Ca^{2+} und calmodulinabhängigen NO-Synthetase (cNOS), auch die Ca^{2+} unabhängige, induzierbare NO-Synthetase (iNOS). Diese wird durch LPS, IL-1, TNFα und IFNγ aktiviert.

NO ist ein wichtiger *Modulator* des basalen gastrointestinalen *Gefäßtonus*. Die Hemmung der NO-Synthetase bewirkt eine Verminderung der Mukosadurchblutung durch Gefäßkonstriktion.

In physiologischen Dosierungen hingegen übt NO eher einen protektiven Effekt aus. NO hat einen schützenden Effekt auf die intestinale Mikrozirkulation und kann den durch LPS ausgelösten Endothelschaden verringern und den alkoholtoxischen Schaden an Duodenal- und Magenepithelien verhindern. Eine entzündungsbedingte Stimulation der *induzierbaren* NO-Synthase (iNOS) führt zu einer erheblichen Steigerung der NO-Produktion, die den durch die *konstitutuve* NO-Synthase (cNOS) bereitgestellten Basalwert um ein mehrfaches übersteigt. Als Folge kommt es zu einer heterogenen Perfusion in den Organen, was einerseits zu nutritiv wertlosen Shuntdurchblutungen und anderseits zu Perfusionsausfällen führt, sodass insgesamt O_2-Angebot und Organfunktion beeinträchtigt werden [15, 41].

Intrazellulärer ATP-Mangel

Experimentelle Daten belegen, dass bei einer Verminderung des epithelialen ATP-Gehalts ab 30% mit einem Anstieg der Permeabilität zu rechnen ist. Die Mediatorsituation der Sepsis und des SIRS führen zu einer Zentralisation des Blutstroms in lebenswichtige Organe. Im Splanchnikusgebiet kommt es dagegen zu Hypoperfusion und Hypoxämie. Hierdurch kommt es zu einer epithelialen Azidose, die die mitochondriale ADP-Phosphorylierung über eine Hemmmung der Phosphofruktokinase, die das geschwindigkeitsbestimmende Enzym der Glykolyse ist, vermindert [14, 41].

Zytokine

Bei den an der inflammatorischen Antwort beteiligten Zytokinen lassen sich pro- (Il-1β, TNFα, Il-6, Il-8) und antiiflammatorische (Il-8, Il-4, Il-12) Substanzen unterscheiden. Verschiedene proinflammatorische Zytokine, wie Il-4 und IFNγ, erhöhen die parazelluläre Permeabilität kultivierter Modellepithelien. In Makrophagen der Kolonschleimhaut von Patienten mit Colitis ulcerosa wird eine Koinzidenz gesteigerter intestinaler Permeabilität und erhöhter mRNA-Spiegel der proinflammatorischen Zytokine IL-1β, IL-6, und IL-8 beobachtet. Bei Patienten mit Morbus Crohn finden sich erhöhte IL-1β- und TGF-β Spiegel – sowohl in der Ileum- als auch in der Kolonschleimhaut – sowie eine pathologisch gesteigerte Permeabilität [41].

Immundysfunktion

Im Bereich des Intestinaltrakts befinden sich 70–80% der immunkompetenten Zellen des Körpers und bilden hier das »gut associated lymphoid tissue« (GALT). Im einzelnen setzt sich das GALT aus T- und B-Lymphozyten, Makrophagen, Mastzellen, NK-Zellen, dendritischen Zellen, neutrophilen und eosinophilen Granulozyten zusammen. Eine systemische Immunsupression verursacht eine Herabsetzung der intestinalen Immunabwehr und erhöht das Risiko einer Infektion.

Die Katabolie bei Sepsis und SIRS führt zu einer Abnahme der intestinalen Masse, wobei das GALT besonders betroffen ist. Daneben wird über qualitative Veränderungen der IgA-Synthese spekuliert. Die bei septischen Patienten häufig beobachtete Hyperglykämie kann über die Glykosylierung von IgG die Komplementfixierung und Opsonierung von Mikroorganismen verhindern und die Infektabwehr herabsetzen.

Humorale Entzündungsfaktoren

Als humorale Komponenten der inflammatorischen Reaktion gelten die 3 großen Kaskadensysteme: Blutgerinnung, Komplementsystem und das Kinasesystem (*Tabelle 35-3*). Endotoxine und/oder andere bakterielle Zellwandbestandteile führen zu einer Aktivierung des Hagemann-Faktors (Faktor XII), was u. a. zur Aktivierung des Kininsystems mit Entstehung von Kallikrein und Bradykinin sowie zur Aktivierung des Fibrinolysesystems führt. Die Aktivierung des Komplementsystems über den alternativen Weg, z. B. durch Kontakt mit bakteriellen Zellwandbestandteilen, führt zur Bildung vasoaktiver Komplementkomponenten (C3a, C5, C3b, ..), die darüber hinaus Granulozyten zur Ausschüttung vasoaktiver Amine stimulieren, Leukozyten zur Freisetzung toxischer O_2-Verbindungen und Proteasen aktivieren sowie chemotaktisch auf Makrophagen wirken.

Intestinaler Substratmangel

Durch die 2- bis 3-tägige Replikation des intestinalen Epithels ist ein ausreichendes Substratangebot zum Erhalt von Funktion und Morphologie erforderlich. Kommt es zu einem Substratmangel, so verläuft die Atrophie der Darmmukosa schneller und umfassender als bei anderen Organen. Auch verliert der Darm trotz unveränderter Ruhemotilität die Fähigkeit auf Nahrungszufuhr mit einer gerichteten Peristaltik zu reagieren, was zu einer Überwucherung mit Mikroorganismen führt (*Abb. 35-4*).

Ein *Mangel* an *Substrat* führt in Enterozyten zu einer verminderten DNA- und Proteinsynthese und schließlich zu einer verlangsamten Zellreifung. Eine Proteinrestriktion führt nach kurzer Zeit zur verminderten luminalen Resorption für

Tabelle 35-3. Humorale Mediatorsysteme im SIRS. (Mod. nach [24])

Gerinnungssystem	V,X,XII, Thrombin	Koagulation
Fibrinolysesystem	Plasmin, Plasminogenaktivatorinhibitoren (PAI)	Antikoagulation
Kallikrein-Kinin	Bradykinin	Kapillarpermeabilität
Komplement	C3a, C5a	Opsonierung, Entzündungsreaktion
Arachidonsäurestoffwechsel	Plättchenaktivierender Faktor (PAF)	Leukozyten-, Thrombozyten- und Makrophagenaktivierung; Gefäßschäden und Permeabilitätsstörungen
Lipoxygenaseprodukte	LTB_4, LTC_4, LTD_4, LTE_4	Chemotaxis, leikozytenrecruitment, Degranulation, Ödembildung, Bronchokonstriktion
Cyclooxygenaseprodukte	Thromboxane A2, Prostacyklin (PGI2), Prostaglandin E2 (PGE2)	Vasokonstriktion, Bronchokonstriktion, Thrombozytenaggregation, Immunmodulation (Suppression)
Biogene Amine	Histamin	Vasodilatation, Schmerz

Aminosäuren und Kohlenhydrate. Experimentelle Untersuchungen zeigen eine Verringerung der *Ornithindecarboxylase* (ODC) in Jejunalepithelien nach Nahrungskarrenz und eine Normalisierung nach oraler Substratzufuhr. ODC ist das Schlüsselenzym der Polyaminsynthese und gilt als Indikator für Zellproliferation und Zellwachstum (s. Kap. 18).

Glutamin ist bei kritisch Kranken die Hauptenergiequelle des Darms. Proinflammatorische Mediatoren vermindern dabei nicht nur die Glutaminaufnahme des Enterozyten, sondern führen – über eine Hemmung der Glutaminase – auch zu einer verminderten intrazellulären Glutaminutilisation. Ein Mangel dieser Aminosäure führt zu einer erhöhten Translokation enteropathogener Bakterien sowie zu in einer reduzierten Immunglobulinsynthese und Lymphozytenzahl. Daneben führt eine Unterbrechung der enteralen Substratzufuhr zur Herabregulierung wichtiger anaboler Hormone, wie Insulin oder der Wachstumsfaktoren IGF-I und EGF.

35.2.2 Transzellulärer Transport – Malabsorption

Kritischkranke Patienten haben durch einen Substanzverlust oft eine verminderte Resorptionsfläche für Nahrungsstoffe. Häufig sind die gerichtete Peristaltik und die intesti-

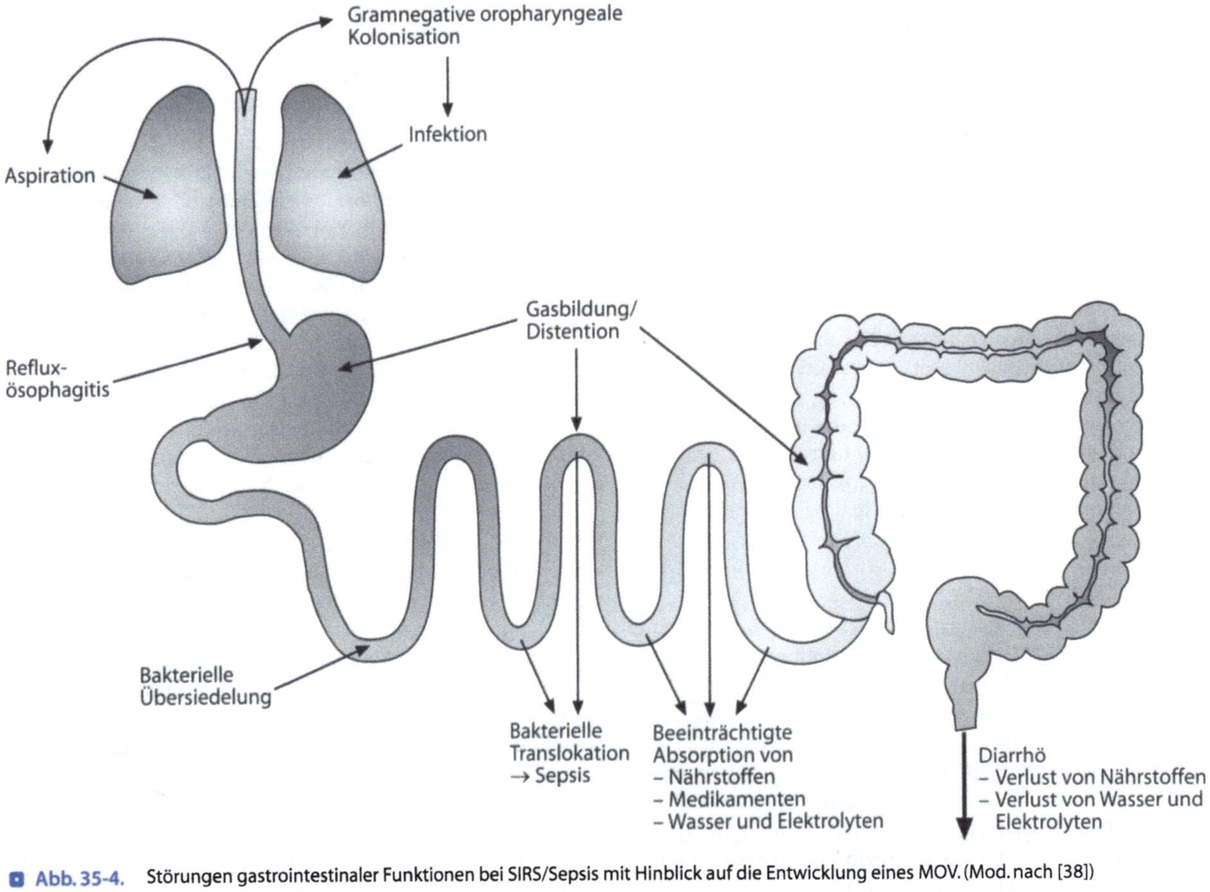

Abb. 35-4. Störungen gastrointestinaler Funktionen bei SIRS/Sepsis mit Hinblick auf die Entwicklung eines MOV. (Mod. nach [38])

nale Durchblutung gestört, was zu *Maldigestion* und *Malabsorption* führt.

Transportversuche mit evertierten Jejunalsegmenten der Ratte konnten zeigen, dass es nach Sepsisinduktion durch Zökalpolpunktion zu einer geringeren Resorption verschiedener Aminosäuren, u. a. Glutamin, Alanin, Leucin und Prolin kommt. Experimente mit der Darmepithelzellinie Caco-2 ergaben, dass auch Entzündungsmediatoren wie IFN-γ oder Glukokortikoide den Transport von Glutamin herabsetzen (◘ *Abb. 35-5*).

Dem Angebot intestinaler Substrate kommt bei der Erhaltung der aktiven gastrointestinalen Resorption eine wichtige modulierende Funktion zu. So führt eine präoperative enterale Ernährung zu einer Verbesserung der Transportfunktion für Glutamin, Alanin und andere Aminosäuren. Analysen kinetischer Transportparameter zeigen, dass die enterale Substratzufuhr durch Substratinduktion eine Zunahme kompetenter Transportproteine für diese Aminosäuren bewirkt. Einen Erhalt durch enterale Nahrungszufuhr wurde auch für den intestinalen Na^+-abhängigen Glukosetransporter SGLT1 sowie für den Fruktosetransporter Glut5 gezeigt. Die Instillation von Glukose führt zu einer gesteigerten Transkription des SGLT1-Gens und zu einer höheren Membranexpression.

35.2.3 Bakterielle Translokation – klinische Relevanz und Verbindung zum MODS

Die Überwindung des Darmepithels durch lebende Mikroorganismen und Endotoxine wird als *bakterielle Translokation (BT)* bezeichnet. Sie wird vorwiegend bei einer Schädigung der intestinalen Barrierefunktion beobachtet, setzt jedoch ein morphologisches Korrelat nicht voraus. Der direkteste Beweis der bakteriellen Translokation ist die Anzüchtbarkeit lebender, der Darmflora zugehörigen, Mikroorganismen aus mesenterialen Lymphknoten. Der Passageweg, auf dem das Epithel und die Lamina propria überwunden werden, ist unklar. Neben parazellulärer Passage wurde auch ein transzellulärer Transport oder das Eindringen in den Enterozyten vom Parazellularraum aus, mit anschließender Passage der basolateralen Membran, vorgeschlagen.

Beim Eindringen in kleinere Gefäße kann es zur systemischen Ausbreitung und zur Bakteriämie kommen, wenngleich das lymphatische Gewebe der Leber meist die Ausbreitung verhindert. Ein hepatischer Umgehungskreislauf, die Ausschaltung der Makrophagen durch Gadolinium oder eine Suppression der Makrophagenfunktion – die im Rahmen einer Cholestase beobachtet wird – vermindern jedoch die Abwehrfunktion und erlauben die Passage von Mikroorganismen in die systemische Zirkulation.

Als Faktoren, die unter klinischen Bedingungen die BT fördern gelten:
- entzündliche Darmerkrankung,
  Morbus Crohn,
  Colitis ulcerosa,
- Trauma,
- Schock,
- gastrointestinale Obstruktion,
- Cholestase/Ikterus,
- Endotoxinämie,
- Zirrhose,

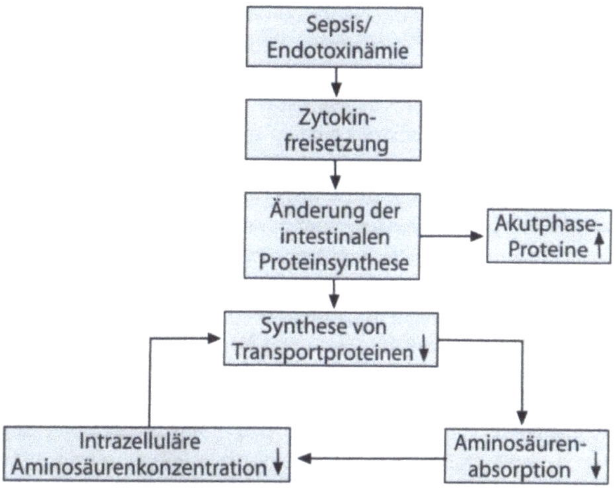

◘ **Abb. 35-5.** Ursachen und Folgen der Änderung der intestinalen Aminosäurenresorption bei SIRS/Sepsis

- Mangelernährung/Katabolie,
- Immunsuppression,
- Chemotherapie,
- Verbrennung,
- Strahlentherapie.

Während im Tierexperiment eine klare Korrelation zwischen BT und Morbidität bzw. Mortalität besteht, ist beim Menschen ein solcher Zusammenhang bisher nicht gesichert. Befunde, die einen solchen Zusammenhang stützen, sind eine erhöhte intestinale Permeabilität bei Endotoxinämie und Trauma. Tatsächlich findet sich eine Bakteriämie mit Darmkeimen regelmäßig beim MODS, und mit hoher Frequenz bei Verbrennungen und beim Polytrauma, wenngleich auch ein direkter Zusammenhang zwischen der Schwere des Traumas, Anzahl oder Art der infektiösen Komplikationen nicht existiert.

In einzelnen Untersuchungen fanden sich bei Patienten mit Sepsis mehr als 50% der Mesenteriallymphknoten bakteriell besiedelt. Bei bis zu 15% der Patienten kommt es zusätzlich zur bakteriellen Besiedlung der Portalregion der Leber. Der Nachweis von E.-coli-β-Galaktosidase in 100% der mesenterialen Lymphknoten bei einer Anzüchtungsrate von E. coli von nur 5% zeigt jedoch in einer Studie, dass die Inzidenz der BT unterschätzt wird. Daher erhebt sich die Frage, ob die Translokation von intestinalen Mikroorganismen die Ursache oder die Folge des MODS ist. Zudem ist die pathophysiologische Rolle translozierter Mikroorganismen nicht sicher geklärt. So könnte die BT eine Rolle bei der Präsentation von Antigenen und beim Priming des Immunsystems spielen. Auch muss erwogen werden, ob nicht auch die Freisetzung von Entzündungsmediatoren aus dem GALT, die als Reaktion auf den Kontakt mit Mikroorganismen erfolgt, zur Entstehung eines MODS beitragen kann.

35.2.4 Portale Endotoxinämie und Leberfunktion

Der Leber kommt wahrscheinlich eine zentrale Stellung in der Unterhaltung der pathophysiologischen Kaskaden zu, die letztlich in ein MOV münden können (»Leber als Motor des MOV«).

Bakterien und Endotoxine, die das Epithel überwinden, gelangen über die Pfortader zur Leber. Neben den chronisch und akut entzündlichen Darmerkrankungen kann auch eine portale Hypertension Ursache einer *portalen Endotoxinämie* sein. Die Ursache hierfür ist eine Epithelschädigung durch portalvenöse Stauung. Patienten mit einer Endotoxinämie leiden oft an Ikterus und Cholestase. Experimentelle Untersuchungen zeigen bei Endotoxinämie einen verminderten Transport von verschiedenen Markersubstraten des hepatozellulären Transports und erklären so den verminderten Gallefluss und den Ikterus. Weitergehende Analysen haben eine transkriptionelle Herunterregulierung der geklonten Membrantransportproteine für Gallensäuren und organische Anionen gezeigt. Die Wirkung eingeschwemmter *Endotoxine* wird hierbei in erster Linie über *TNF-α* vermittelt, während z. B. IL-6 nur geringe Wirkung über eine Herabsetzung des Membranpotentials durch eine Verminderung der Na^+/K^+-ATPase Aktivität zeigt.

Dagegen nimmt die Aufnahme von Aminosäuren in den Hepatozyten bei einer Endotoxinämie zu. Auch hierbei ist TNFα der Hauptmediator. Hierdurch wird bei einer systemischen Infektion dem erhöhten Bedarf der Leber an Aminosäuren zur Synthese der Akutphaseproteine Rechnung getragen. Da die Resorption von Aminosäuren aus dem Darm, selbst bei luminalem Angebot, beim Kritischkranken vermindert ist, werden diese Aminosäuren aus Funktions- und Strukturproteinen, wie der quergestreiften Muskulatur, freigesetzt und führen zu einer katabolen Stoffwechselsituation des Gesamtorganismus.

35.2.5 Klinisches Bild des MODS

Das klinische Bild des MODS wird zunächst von den Zeichen des zu Grunde liegenden SIRS geprägt. Auch abdominelle oder gastrointestinale Funktionsausfälle – wie etwa eine Pankreasinsuffizienz, »Stressulzera« oder »Schockgallenblase« – sind als Organversagen zu verstehen und beruhen auf Perfusionsstörungen und/oder Versagen der Abwehr.

Das Bild einer MODS oder eines MOV ist bezüglich der betroffenen Organsysteme und dem Schweregrad der Dysfunktion variabel. Die hieraus resultierende Problematik einer klinisch-diagnostischen Beschreibung wird durch die Beschreibung berücksichtigt (z .B. »sepsis-related organ failure assessment score«: »SOFA« der European Society of Intensive Care Medicine). Zur weiterführenden Darstellung sei auf aktuelle Lehrbücher der Intensivmedizin verwiesen [24].

35.3 Stoffwechseländerungen

Grundsätzlich können die bei Sepsis und Multiorganversagen auftretenden Stoffwechseländerungen mit denen des Postaggressionsstoffwechsels verglichen werden (s. Kap. 13). Auch hier findet sich, wenn auch in verstärkter Form, die für eine Stressantwort typische neuroendokrine Antwort mit Aktivierung des zentralen und vegetativen Nervensystems sowie einer vermehrten Ausschüttung von Katecholaminen, Glukagon und Kortisol (■ *Tabelle 35-4*).

Der Stoffwechsel verändert sich im Verlauf eines SIRS oder einer Sepsis, wobei eine *Ebb*- und eine *Flowphase* unterschieden werden (s. Kap. 13). Während der initialen Ebbphase reagiert der Organismus sympathoadrenerg und mobilisiert Energiespeicher (Glykogeno-/Lipolyse). Gleichzeitig wird das Proteinsynthesemuster der Zelle umgestellt (s. unten). In der anschließenden Flowphase steigen Körpertemperatur und metabolischer Umsatz in Korrelation zur Krankheitsschwere an.

35.3.1 Energieverbrauch

Entscheidend für die Beurteilung des Energieverbrauchs (EV) ist neben der Art der Erkrankung auch das aktuelle Krankheitsstadium (■ *Tabelle 35-5, 35-6*). So finden sich z. B. für die Krankheitsstadien schwere Infektion, Sepsis, septischer Schock und Regeneration jeweils typische Änderungen im Energieverbrauch. Kreymann et al. (s. Kap. 2) wiesen bei Patienten, die an einer schweren Infektion litten eine um 55% höhere O_2-Aufnahme im Vergleich zu Gesunden nach. Eine Verschlechterung des Krankheitsbildes ging mit einer deutlichen Abnahme der O_2-Aufnahme einher (ausführliche Darstellung s. Kap. 2).

35.3.2 Fettstoffwechsel

Der Anteil der Fettsäurenoxidation nimmt parallel zur Abnahme der Glukoseoxidation (s. unten) mit zunehmender Krankheitsschwere bzw. zunehmendem Hypermetabolismus zu. Unter dem Einfluss der Katecholamine werden die Triglyze-

■ **Tabelle 35-4.** Stoffwechselwirkungen nach Gabe von TNF – Ergebnisse von Untersuchungen an Versuchstieren und Freiwilligen. (Mod. nach [5])

ZNS	Fieber, erhöhter Energieverbrauch
	Anorexie
	Funktionsänderungen von Hypothalamus und Hypophyse
Proteinstoffwechsel	Verarmung des Organismus an Protein
	Verminderte Synthese von Actin und Myosin
	Erhöhter Proteinumsatz
	Verstärkter Proteinabbau
	Erhöhter Ausstrom von AS aus der Muskulatur
Fettstoffwechsel	Verminderte Aktivität von LPL im Fettgewebe
	Verminderte Lipogenese im Fettgewebe
	Erhöhte Lipolyse und Fettsäureumsatz
	Hypertriglyzeridämie
Kohlenhydratstoffwechsel	Erhöhte Glukoseproduktion
	Verstärkte Glukoseutilisation
	Gykogenmobilisation
	»futile cycling« in der Muskulatur
Leberfunktion	Vermehrte Synthese von Akutphasenproteinen
	Verstärkte AS-Aufnahme
	Verstärkte hepatische Lipogenese
	Erhöhtes Lebergewicht und erhöhter DNA/RNA-Gehalt
	Verminderte Albuminsynthese

Tabelle 35-5. Täglicher Energieverbrauch kritischkranker Patienten in der operativen Intensivmedizin. Messungen unter vollständiger parenteraler Ernährung. (Literatur bei [5])

Autoren	Jahr	RU (%)	EV (kcal)
Nach Operationen und schweren Traumen[a]			
Lanschot et al.	1986	+42	2160
Swinamer et al.	1987	+47	2342
Behrendt et al.	1991	+56	2330
Adolph et al.	1987	+54	2620
Frankenfield et al.	1994	+55	2750
Sepsis nach Operation/Trauma[b]			
Giovannini et al.	1983	+45	2140
Shangraw et al.	1989	+48	2950
Frankenfield et al.	1994	+91[c]	3390
Multiorganversagen			
Forsberg et al.	1991	+41[d]	2080
	1991	+26[e]	1860
Müller et al.	1995	31 kcal/kg/Tag	

[a]beatmete Patienten; [b]eindeutige Sepsiskriterien; wahrscheinlich beatmete Patienten, genaue Angaben fehlen; [c]hyperdyname Sepsis nach Polytrauma, Herzindex 6,4 l/m²/min; [d]überlebende Patienten; [e]verstorbene Patienten. *RU* Ruheumsatz, *EV* Energieverbrauch.

ride aus den endogenen Fettdepots mobilisiert und zu Glyzerin und Fettsäuren gespalten. Das freigesetzte Glyzerin wird von der Leber aufgenommen, entweder reverestert oder in die Gykolyse bzw. Glukoneogenese eingeschleust. Die freien Fettsäuren dienen Leber und Muskulatur als energiereiche Substrate bzw. werden in der Leber nach Durchlaufen der β-Oxidation in Acetacetat und β-Hydroxybutyrat umgewandelt (s. Kap. 10). Im Gegensatz zu Fettsäuren sind Ketone gut wasserlöslich, werden v. a. von der Herzmuskulatur und vom ZNS verstoffwechselt und können dort Glukose als Nährstoff ersetzen (s. Kap. 10). Sie enthalten noch etwa 75% der Energie der entsprechenden Fettsäuren.

> Die Utilisation von Triglyzeriden lässt sich beim septischen Patienten – im Gegensatz zum Gesunden – auch durch noch so hohe Mengen an Kohlehydraten nicht unterdrücken.

Die bei SIRS/Sepsis oder bei beginnendem MODS oftmals nachhaltige Störung des Triglyzeridstoffwechsels beruht auf der deutlichen *Aktivitätsminderung der endothelialen Lipoproteinlipase*. Sie ist verbunden mit einer Abnahme der muskulären Metabolisierung von Fettsäuren und Abnahme der Ketogenese. Beides führt zur weiteren Forcierung des Proteinabbaus, um auf diese Weise den erhöhten Energiebedarf zu decken.

Substrate cycling

Nach Untersuchungen der Arbeitsgruppen um Jeevanandam und Wolfe [16, 51] kann davon ausgegangen werden, dass etwa 15% (6–17%) der Steigerung des Ruheumsatzes bei septischen und polytraumatisierten Patienten durch ein sog. »substrat cycling« verursacht wird. Es handelt sich um eine sowohl extra- als auch intrazellulär ablaufende Lipolyse mit anschließender Reveresterung der freigesetzten freien Fettsäuren. Ursache und physiologische Relevanz sind noch unklar.

Tabelle 35-6. Täglicher Energieverbrauch von Patienten mit verschiedenen internistischen Erkrankungen. Messungen mittels indirekter Kalorimetrie. Die Werte wurden unter einer enteralen oder parenteralen Ernährungstherapie erhoben. (Literatur bei [5])

Autor/Jahr	Erkrankung	RU(%)	EV (kcal)
Barot et al. 1982	Entzündliche Darmerkranungen[a]	+23	1290[a]
Dickerson et al. 1991	Pankreatitis	+12	1560[b]
	Pankreatitis mit Sepsis	+20	1900[b]
Schneeweiß 1991	ANV mit Sepsis	+33	1500[b]
Kreymann 1992	Schwere Infektion	+55	2300[c]
	Sepsis	+25	1855[c]
	Septischer Schock	+ 2	1484[c]

ANV akutes Nierenversagen; *RU* Ruheumsatz; *EV* Energieverbrauch. [a]Körpergewicht <90% des Idealgewichts; [b]Werte aus den Angaben der Originalarbeiten berechnet; [c]unter Annahme einer Körperoberfläche von 1,75m² und einem Ruheumsatz von 848 kcal/m²/24 h.

> Diese energieverbrauchenden »futile cycles« laufen immer dann im Organismus ab, wenn die für gegensätzliche metabolische Reaktionen verantwortlichen Enzyme simultan aktiviert sind. Wolfe et al. [51] konnten an hypermetabolen Verbrennungspatienten nachweisen, dass solche Cycling-Prozesse bzgl. Glykolyse- und Glukoneogenese (s. unten) um 250% – hinsichtlich Lipolyse und Lipogenese um 450% – über den der gesunden Kontrollpatienten lagen und so wesentlich zum erhöhten Energieverbrauch bei diesen Patienten beitrugen.

35.3.3 Kohlenhydratstoffwechsel

Die auffälligste Änderung im Glukosestoffwechsel im Rahmen einer Sepsis ist die meist in Verbindung mit einer peripheren Insulinsekretion auftretende *Hyperglykämie*, die aus einer gesteigerten *hepatischen Glukoneogenese* resultiert und bei Patienten mit schweren Verbrennungen bis zu 400 g/24 h betragen kann (normal: 130–240 g/24 h). Während sich beim Gesunden die hepatische Glukoneogenese durch Zufuhr von etwa 150 g Glukose/24 h supprimieren lässt, gelingt dies beim septischen und/oder schwer traumatisierten Patienten selbst bei Gabe extrem hoher Insulin- (bis 50 IE Insulin/h) und Glukosedosierungen (400 g/24 h) nur unzureichend [5].

Analog zum Fettstoffwechsel findet sich bei Sepsis/SIRS/MODS auch im Kohlehydratstoffwechsel ein sog. »substrate cycling« (»Fruktosecycle« bzw. »Glukosecycle«). Ursächlich diskutiert werden hormonelle Umstellungen, v. a. eine deutlicher Anstieg des Glukagon (s. Kap. 9).

Die Einschränkung der Glukoseoxidation, v. a. in der Muskulatur, bei gleichzeitigem verstärkt ablaufendem Abbau bis zum Laktat dient dem Ziel, die Glukosehomöostase aufrecht zu erhalten. Das von der Muskulatur abgegebene und von der

Leber aufgenommene Laktat wird erneut zu Glukose umgewandelt. Nach Befunden von Wolfe et al. [51] werden so posttraumatisch ca. 30% der gebildeten Glukose rezykliert (s. Kap. 13). Als weitere wichtige Glukosequelle der Leber dient Alanin aus dem Proteinabbau (v. a. Muskulatur), das als c3-Gerüst dient, aus dem die Leber in der Lage ist, Glukose neu zu bilden ohne die Kohlenstoffgerüste komplett neu bilden zu müssen. Die zur Glukoneogenese erforderliche Energie gewinnt sie im Wesentlichen aus der β-Oxidation von Fettsäuren (s. Kap. 13).

> Eine *Hyperlaktatämie* bei gleichzeitiger *Hyperglykämie* ist stets Zeichen einer schweren, häufig letal endenden metabolischen Störung.

35.3.4 Eiweißstoffwechsel

Die im Rahmen einer Sepsis/SIRS/MDOS v. a. in der Leber deutlich gesteigerte Proteolyse dient im wesentlichen 3 Zielen:

- Bereitstellung von Aminosäuren zur Synthese von Akutphaseproteinen (bis zu 3 g/24 h).
- Der Versorgung schnell proliferierender Gewebe (Darm, Lymphozyten) mit Glutamin und der
- Bereitstellung von Alanin zur Glukoneogenese und somit zur Energieversorgung der Muskulatur (s. Kap. 9).

Interleukin-6 spielt neben Glukokortikoiden eine maßgebliche Rolle bei der Regulation der hepatischen Akutphaseproteinsynthese. Unter Stressbedingen wird die Albuminsynthese (*»negatives«* Akutphasenprotein) zugunsten der *»positiven«* Akutphasenproteinen (CRP, Haptoglobin, Transferrin, Thrombopoetin) herunterreguliert.

Die infolge des enormen Proteinabbaus bei Sepsis/SIRS auftretenden Stickstoffverluste liegen bei 21–37 g/24 h (*Tabelle 35-7*), was einem Verlust an Muskelmasse von ca. 500–1000 g/24 h entspricht.

Tabelle 35-7. Stickstoffverluste bei Sepsis (Literatur bei [5])

Autoren/Jahr	Jahr	N-Verlust (g/Tag)
Sepsis – postoperativ/postraumatisch		
Long et al.	1979	26[a]
Giotthardis u. Hackl	1988	34[b]
Radrizzani et al.	1988	27[c]
Behrendt et al.	1981–91	25–50
Sepsis – Innere Medizin		
Kierdorf et al.	1990	21[d]
Zum Vergleiche		
Cholecystektomie		10
Magensektion		15
Polytrauma		20–25

[a]N-Zufuhr mindestens 20 g/24 h; [b]Unter der Annahme: Gesamt-N = Harnstoff-N + 25%, keine Angaben zur Ernährungstherapie; [c]keine Nährstoffzufuhr; [d]N-Zufuhr 10,6 g/24 h; [e]eigene Messungen; N-Zufuhr 12–16 g/24 h.

Der auch als »muscle wasting« bezeichnete Muskelschwund betrifft v. a. die Extremitäten. Sie basiert einerseits auf einer deutlich gesteigerten Proteolyse anderseits einer deutlichen Abnahme der muskulären Aminosäureaufnahme und Proteinsyntheserate. Wohin gegen es in der Leber zu einem Anstieg der Aminosäureaufnahme und Proteinsyntheserate (Akutphaseproteine) kommt. Da Aminosäuren zum Großteil in die Glukoneogenese einfließen, überwiegt in der Summe der Eiweißabbau.

Durch den Abfall glukoplastischer Aminosäuren kommt es in den ersten posttraumatischen Tagen zu einem deutlichen Abfall der Gesamtaminosäurekonzentration im Plasma, während verzweigtkettige Aminosäuren – aber auch Phenylalanin – ansteigen (s. Kap. 13).

35.4 Ernährungstherapeutische Maßnahmen bei Sepsis und MOV

Ernährungstherapeutische Maßnahmen bei Patienten mit Sepsis und/oder Multiorganversagen verfolgen 2 Ziele:

1. sichere und an die veränderte Stoffwechselsituation angepasste Zufuhr gut utilisierbarer Mikro- und Makronährstoffe.
2. Steigerung der gastrointestinalen Durchblutung zur Verbesserung bzw. Stabilisierung der intestinalen Schrankenfunktion.

Während trotz bedeutender Fortschritte in der enteralen Nährstoffzufuhr die Zufuhr gut utilisierbarer Substrate der parenteralen Zufuhr vorbehalten bleibt, trägt die frühe enterale Ernährung des Kritischkranken nachgewiesenermaßen zur Protektion der intestinalen Barriere sowie zu deren Regeneration nach vorausgegangenem Trauma bei (z. B. viszerale Hypoperfusion).

35.4.1 Parenterale Ernährung bei SIRS/Sepsis und MOV

Kohlenhydrate

Glukose ist wegen seiner bekannten günstigen metabolischen Eigenschaften (obligatorische Energiequelle für ZNS und Erythrozyten, antiketogene Wirkung, leicht durchführbares Monitoring der Blutzuckerspiegel) der in der klinischen Praxis wohl am häufigsten eingesetzte Energieträger. Dennoch müssen gerade unter den Stoffwechselbedingungen bei SIRS/Sepsis und/oder MOV an die parenterale Gabe von Kohlenhydraten besondere Ansprüche gestellt werden.

So wurde bei Glukosespiegeln von *über 250 mg/dl* über eine erhöhte Mortalität nach kardiopulmonaler Reanimation sowie zerebraler Ischämie berichtet (s. Kap. 36). Zusätzlich bestehen die Risiken der Leberverfettung, der hyperglykämisch, hyperosmolaren Dehydratation und der Hypokaliämie bzw. Hypophosphatämie (*Tabelle 35-8*).

Basierend auf Arbeiten von Wolfe et al. [51], die an hypermetabolen Verbrennungspatienten mit Hilfe stabiler Isotope erstmals zeigen konnten, dass selbst bei sehr hoher Glukosezufuhr nur bis zu ca. 4 g/kg/24 h oxidiert werden, liegt die heute gültige *Dosierungsempfehlung* für Glukose bei 2–4 g/kg/24 h. *Tabelle 35-9* verdeutlicht den Einfluss steigender Glukose-

Tabelle 35-8. Nachteile der Hyperglykämie (Blutzucker >250 mg/dl)

- Erhöhte Mortalität nach
  - kardiopulmonaler Reanimation
  - zerebaler Ischämie
- Steigerung des portalvenösen Drucks
- Gefahr der Leberverfettung
- Risiko der
  - hyperglykämisch, hyperosmolaren Dehydratation
  - Hypokaliämie und Hypophosphatämie
- Assoziierung mit energieaufwendigen »futile cycles« von Glukose, Alanin und Fettsäuren
- Steigerung der CO_2-Produktion
- Aktivierung des sympathoadrenergen Systems
- Beeinträchtigung
  - der Phagozytosekapazität polymorph-nukleärer Phagozyten
  - des Komplementsystems

mengen auf den Blutzuckerspiegel bei verschiedenen Krankheitsbildern. Es wird deutlich, dass bei Sepsis vergleichsweise niedrige Glukosemengen zu einem massiven Anstieg der Blutglukosekonzentration führen. Aus diesem Grund sollte v. a. bei Patienten mit SIRS/Sepsis mit der Glukosezufuhr behutsam begonnen werden (z. B. 2 g/kg/24 h Glukose). Wird dies gut toleriert (Blutzuckerspiegel <10 mmol/l) und wird kein oder kaum Insulin benötigt (≤2 IE/h), sollte die Glukosezufuhr um ca. 1 g/kg/24 h bis zu einer Dosierung von 4–4 g/kg/Tag erhöht werden (ca. 200–300 g/24 h).

Um trotz dieser v. a. bei Sepsis/SIRS häufig bestehenden »Glukoseresistenz« eine adäquate Kohlenhydrat- und ausreichende Energiezufuhr sicherzustellen, wurden verschiedene Kohlenhydrate wie Fruktose, Sorbit und Xylit als geeignete Alternativen untersucht. Basierend auf tierexperimenellen Daten, dass v. a. Xylit posttraumatisch und bei Sepsis die Glukoneogeneserate aus Alanin und die Harnstoffsynthese verringert, wird Xylit (Dosierungsgrenze: 0,125 g/kg/h) in Verbindung mit Glukose seit längerem in der parenteralen Ernährung eingesetzt. Dennoch fehlen bisher überzeugende klinische Studien, insbesondere im Hinblick auf die ausschließlich hepatische Metabolisierung dieser Substanz.

Tabelle 35-9. Hyperglykämie (mg/dl)in Abhängigkeit von der Glukosezufuhr nach Operation, Trauma, Verbrennung und Sepsis. (Mod. nach [39])

GLK-Zufuhr (mg/kg/min)	Operation	Trauma	Verbrennung	Sepsis	Normal
0,0	101±1				86±7
1,4		133±11		162±38	103±4
2,5			122±1		121±0
4,0	129±11				
5,0		187±18	196±58	259±90	122±9
7,0	147±15				

Fette

Vor allem ihre Eigenschaft als kompakte Energieträger haben die Lipidemulsionen zu einem festen Bestandteil parenteraler Ernährungsstrategien gemacht. Es sind derzeitig Emulsionen mit langkettigen Triglyzeriden (LCT) sowie 50%ige Mischungen aus lang- und mittelkettigen Triglyzeriden (neuerdings auch als strukturierte Lipide) sowie neuerdings linolen- und fischölhaltige Emulsion erhältlich (s. Kap. 26). Die häufig in den Anfangszeiten geäußerten Befürchtungen, Fettemulsion könnten negative Auswirkungen auf das Immunsystem und die Lungenfunktion ausüben, gilt heute weithin als widerlegt [1, 50].

Der lange Zeit postulierte Vorteil von LCT/MCT-Emulsionen gegenüber einer reinen LCT-Emulsion konnte in den derzeit verfügbaren klinischen Studien bisher nicht sicher herausgearbeitet werden.

> Fettemulsionen sollten erst gegeben werden, wenn der Kohlenhydratstoffwechsel unter einer konstanten Glukosezufuhr stabil ist und die Serumtriglyzeridkonzentration ≤4 mmol/l ist.

Bewährt hat es sich zunächst mit 0,5 g/kgKG/24 h zu beginnen und die Dosierung in den Folgetagen auf 1,0 g/kgKG/24 h zu steigern. Dabei sollte die Fettemulsion möglichst mit den anderen Nährstoffen kontinuierlich infundiert werden. Aufgrund des geringeren Emulgatoranteils sollte hochprozentigen Emulsionen der Vorzug gegeben werden.

ω-3-Fettsäuren

Das zunehmende Wissen um den Stellenwert der Eicosanoide als Schlüsselmediatoren entzündlicher Prozesse sowie die immunmodulatorische Potenz der ω-3-Fettsäuren (s. Kap. 5, 15) ist die rationale Grundlage von Studien, die eine Wirksamkeit von fischölhaltigen Lipidemulsionen während Sepsis überprüften. So beobachteten Mascioli et al. am Sepsismodell der Ratte nach Zufuhr von Fischöl Verbesserung im Energieverbrauch, der Stickstoffbilanz und Überlebensrate. Andere Arbeitsgruppen wiesen ebenfalls in tierexperimentelle Studien auf positive metabolische Wirkungen während der Sepsis hin (Übersicht bei [44]). Während sich bei elektiven chirurgischen Eingriffen die positiven tierexperimentellen Daten einer »*Immunonutrition*« nahezu unisono in klinischen Studien bestätigen ließen, scheinen kritische Kranke – insbesondere Patienten mit SIRS und/oder Sepsis – nach einer jüngsten Metaanalyse nicht zu profitieren. Einige Untersucher weisen gar eine erhöhte Mortalität bei diesen Patienten nach, sodass derzeit keine allgemeingültigen Empfehlung zum Einsatz einer parenteralen und/oder enteralen (s. unten) immunmodulierenden Ernährung bei Patieten mit SIRS/Sepsis und/ oder MOV ausgesprochen werden kann [13].

Aminosäuren

Während der bei SIRS/Sepsis und/oder MOV regelhaft erhöhte Energiebedarf durch den Einsatz geeigneter Energieträger zumindest auf längere Sicht gedeckt werden kann, gelingt es bis heute nicht die zum Teil exzessive Eiweißkatabolie und den damit verbundenen erheblichen Verlust an fettfreier Körperzellmasse, entscheidend zu vermindern [5, 43]. Mehr als 70% des Proteinverlusts betreffen die Muskulatur (*Abb. 35-6*) in geringerem Ausmaß auch viszerale Organe. Zwar gelingt es,

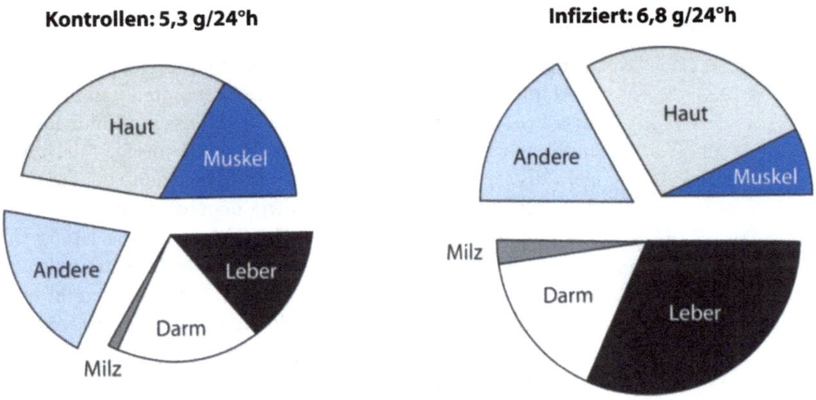

Abb. 35-6. Quantitative und qualitative Änderungen der organspezifischen Proteinsynthese bei Patienten mit Sepsis im Vergleich zur Kontrolle (Mod. nach [32])

die Körperproteinsyntheserate durch die parenterale Gabe von Aminosäuren zu steigern, dennoch bleibt bei weiterhin überwiegender Proteolyserate die Stickstoffbilanz deutlich negativ (Tabelle 35-10; [4]).

Weder der Einsatz der verzweigt-kettigen Aminosäuren Leu, Iso, Val (0,5–1,2 g/kgKG) noch der glutaminhaltiger Aminosäurenlösungen (s. Kap. 26) konnte in den bisher durchgeführten klinischen Studien den exzessiven intramuskulären Abfall von Aminosäuren verhindern oder gar die katabole Stoffwechsellage bei diesen Patienten durchbrechen [5, 9]. Dagegen scheint durch eine frühzeitige perioperative Glutaminzufuhr der postoperative Abfall der intramuskulären Glutaminkonzentration abgeschwächt bzw. verzögert zu werden. Die derzeitige Datenlage erlaubt es allerdings nicht, generelle Empfehlungen zum Einsatz glutaminhaltiger Lösungen – insbesondere bei Patienten mit SIRS/Sepsis und/oder MOV – auszusprechen.

Die hormonell und/oder mediator- (zytokin-)induzierte Proteinkatabolie bei septischen Patienten lässt sich durch keine noch so sinnvoll konzipierte Nährstoffzufuhr durchbrechen (»septischer Autokannibalismus«).

Für die anfängliche Dosierung von Aminosäuren sind zunächst Werte zwischen 1,0–1,5 g/kgKG anzustreben. Bei intakter Nierenfunktion können in der Rehabilitationsphase bis zu 2,0 g AS/kgKG/24 h gegeben werden [9].

Spezielle Aminosäurengemische konnten sich in der Behandlung von Patienten mit Sepsis/SIRS und/oder MOV bis dato nicht durchsetzen.

35.4.2 Enterale und minimal-enterale Ernährung

Die Indikation zur enteralen Ernährung beim kritisch Kranken wurde noch vor wenigen Jahren bei einer zu erwartenden Krankheits- oder Nahrungskarenz von >10 Tagen gestellt (Zitat bei [44]).

Basierend auf der Hypothese, dass die bei SIRS/Sepsis als Folge des intestinalen Hypoxie-/Reperfusionsschadens eintretende Störung der intestinalen Barrierefunktion als Initiator einer bakteriellen Translokation gilt, sollte eine *frühe* gezielte Substratapplikation durch Stimulation der intestinalen Durchblutung sowie Reduktion der Stressantwort den Schweregrad des SIRS reduzieren und die Inzidenz des MOV verringern.

Tabelle 35-11 fasst die derzeit diskutierten Vorteile einer frühen enteralen Substratzufuhr bei kritisch kranken Patienten zusammen. So konnten Kompan et al. [17] in einer 1999 publizierten Studie eindeutig in der Gruppe der frühenteral-ernährten Patienten deutlich niedrigere Permeabilitätsraten wie auch niedrigere MOF-Scores nachweisen. Eine von Marik et al. [22] 2001 publizierte Metaanalyse randomisierter prospektiver doppelblind-durchgeführter Studien zur frühenteralen Ernährung kritisch Kranker wies auf deutlich geringere Infektionen und kürzere Krankenhausverweildauer in den Verumgruppen hin.

Problematisch bei der *praktischen Umsetzung* ist allerdings, dass kritisch Kranke häufig – aufgrund intestinaler Motilitätsstörungen – eine erhebliche Intoleranz gegenüber einer enteralen Ernährung aufweisen (*Tabelle 35-12*). In einer kürzlich von Montejo [26, 27] publizierten Multicenterstudie, in der die Inzidenz gastrointestinaler Komplikationen (GIK) und deren Einfluss auf enterale Ernährbarkeit kritisch Kranker untersucht wurde, fanden sich bei ca. 63% der Patienten gastrointestinale Komplikationen (gastroösophagealer Reflux, Obstipation, Diarrhö, abdominelle Distension, Erbrechen, Regurgitation) was dazu führte, dass lediglich 60% des angestrebten Volumens toleriert wurden. In der »GIK-Gruppe« fand sich zudem eine deutlich verlängerte Krankenhausverweildauer (21% vs. 15%) sowie eine doppelt so hohe Mortalität (32% vs. 16%). Zu ähnlichen Ergebnissen kommen Adam u. Batson [1] in einer 1997 publizierten Multicenterstudie: Auch sie zeigen, dass bei der Mehrzahl der kritisch kranken Patienten eine umsatzdeckende Nährstoffzufuhr durch ausschließlich enterale Ernährung nicht möglich ist.

Tabelle 35-10. Änderungen des muskulären Aminosäurengehalts [%] bei elektiven abdominalchirurgischen Eingriffen, schwerem Trauma und Sepsis. (Mod. nach [34])

Aminosäure	Abdominalchirurgischer Eingriff	Polytrauma	SIRS/Sepsis
Glutamin	−39±12	−54±10	−52±14
Arginin	−55±6	−56±2	−54±3
Alanin	+29±5	+55±14	+65±22
Leucin, Isoleucin, Valin (VKAs)	+59±9	+101±28	+235±12
Phenylalanin	+89±13	+187±12	+422±74

Tabelle 35-11. Mögliche Vorteile einer frühen enteralen Ernährung

- Gesteigerte intestinale Perfusion, Bereitstellung (basal) von Wachstumsfaktoren (EGF)
- Geteigerte neuronale Aktivität und Peristaltik
- Bereitstellung luminaler Nährstoffe, (generell) und spezieller Substrate
- Luminale Bereitstellung luminaler Antioxidantien
- Mukosale Synthese (endokrin, parakrin, autokrin)
- Gesteigerte Exfoliation von Villuszellen (Stimulation der Kryptenbereiche)

> Eine bedarfdeckende Ernährung beim kritisch Kranken lässt sich daher dauerhaft nur durch eine Kombination aus parenteraler und enteraler Ernährung erreichen (duale Ernährung).

35.4.3 Praktisches Vorgehen bei dualer Ernährung

Nach Ausschluss absoluter Kontraindikationen (GI-Blutung, mechanischer Ileus, metabolisches Koma, Schock) wird nach Anlage eines sicheren Zugangsweges (PEG, FKJ, nasogastrale Sonde) zunächst mit einer Zufuhrrate von 5–10 ml/h begonnen und dann nach klinischer Verträglichkeit langsam um ca. 10–20 ml/h alle zwei Tag gesteigert (*Abb. 35-7*).

Ob und in welchem Ausmaß der Patient die enterale Ernährung toleriert, sollte mehrmals täglich kontrolliert werden. Wichtig ist v. a. die regelmäßige Kontrolle der Magenentleerung (alle 6–8 h).

> Bei einer Aspirationsmenge von mehr als dem Doppelten der kumulativen Pumpenförderleistung sollte die Pumpenleistung reduziert oder ausgesetzt werden. Zu beachten ist auch die Qualität des Magensaftes (reine Sondenkost oder Magensaft?).

Weiterhin zu beachten sind: Passage von Stuhlgang, Zeichen von Reflux, Diarrhö, abdominelle Distension. In diesen Fälle sollte eine temporäre Reduktion oder eine Unterbrechung der Nahrungszufuhr erfolgen.

Als *Sondennahrung* haben sich bei jejunaler Applikation nährstoffdefinierte Diäten mit einem Energiegehalt von 1 kcal/ml bewährt (s. Kap. 20). Ob bei Patienten mit SIRS/Sepsis und/oder MOV Spezialnahrungen, denen Arginin, Nukleotide, ω-3-Fettsäuren und/oder Glutamin zugesetzt sind, weitere Vorteile bieten, wird kontrovers diskutiert.

Tabelle 35-12. Gründe, die bei Intensivpatienten zum Verzicht oder zum Abbruch einer enteralen Ernährung führen. (Mod. nach [5])

Kein Beginn	Abbruch
Fehlende Darmgeräusche	Gastroösophagealer Reflux
Gastroösophagealer Reflux	Diarrhö
Orale Kost möglich	Abdominelle Distension
Geplante operative Eingriffe	Aspiration
Erbrechen	Technische Sondenprobleme
Keine Sonde	
Kontraindikationen	

> Aufgrund jüngst publizierter Daten kann derzeit keine allgemeine Empfehlung zur Immunonutrition bei Patienten mit SIRS/Sepsis und/oder MOV ausgesprochen werden [12, 45].

Eine *adjuvante parenterale* Ernährung ist in den ersten Tagen nahezu regelhaft erforderlich, um eine ausreichende Substitution schnell utilisierbarer Makro- und Mikronährstoffe zu gewährleisten (s. oben):

- Die parenterale *Aminosäurenzufuhr* beginnend mit 1,0 g/kgKG/24 h kann in den folgenden Tagen auf 1,5 ggf. 2,0 g/kgKG/24 h gesteigert werden.

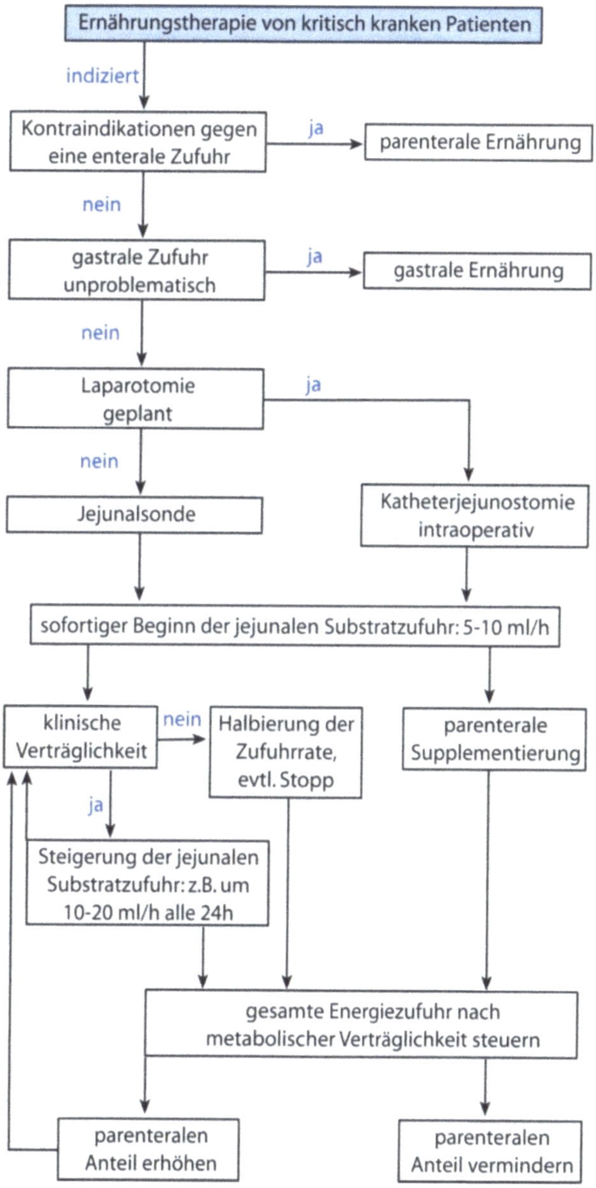

Abb. 35-7. Praktisches Vorgehen einer dualen Ernährungstherapie bei Patienten mit SIRS/Sepsis und/oder MOV

- Die *Kohlenhydratszufuhr* sollte schrittweise von 2 g/kgKG/24 h bis auf 4–5 g/kgKG/24 h gesteigert werden (ca. 300–400 g/24 h).
- Nach Stabilisation der Kohlenhydratzufuhr (s. oben) sollte ab dem 2. posttraumatischen Tag mit der Zufuhr von *Fetten* begonnen werden (0,5–1,0 g/kgKG/24 h).
- Wasser, fettlösliche Vitamine und Spurenelement werden täglich durch kommerziell angebotene Fertiglösungen (z. B. Cernevit) parenteral substituiert.
- In dem Maße, in dem die enterale Substratzufuhr gesteigert werden kann, sollte die parenterale Ernährungstherapie reduziert werden.

Literatur

1. Adam S, Batson S (1997) A study of problems associated with the delivery of enteral feed in critically ill patients in five ICUs in the UK. Intensive Care Med 23: 261–266
2. Adolph M (1999) Lipid emulsions in parenteral nutrition. Ann Nutr Metab 43: 1–13
3. Alexander JW (1999) Is early enteral feeding of benefit? Intensiv Care Med 25: 129–130
4. Beale RJ, Bryg DJ, Bihari DJ (1999) Immunonutrition in the critically ill: a systematic review of clinical outcome. Crit Care Med 27: 2799–2805
5. Behrendt W, Raumanns J (2002) Stoffwechselveränderungen und Ernährung. In: Schuster HP, Werdan K (Hrsg.) Intensivtherapie bei Sepsis und Multiorganversagen. Springer, Berlin Heidelberg New York, S. 311–332
6. Boelens PG, Nijveldt RJ, Houdijk AP et al. (2001) Glutamine alimentation in catabolic state. J Nutr 131: S2569–S2767
7. Bone RC, Balk RA, Cerra FB et al. (1992) Definitions for sepsis and organ failure and guidelines for the use of innovative therapies in sepsis. The ACCP/SCCM Consensus Conference Committee. American College of Chest Physicians/Society of Critical Care Medicine. Chest 101: 1644–1655
8. Brathwaite CE, Ross SE, Nagele R et al. (1993) Bacterial translocation occurs in humans after traumatic injury: evidence using immunifluorescence. J Trauma 34: 586–590
9. Cerra FB, Benitez MR, Blackburn GL et al. (1997) Applied nutrition in ICU patients. A consensus statement of the American College of Chest Physicians. Chest 111: 769–778
10. Heyland DK, Cook DJ, Guyatt GH (1993) Enteral nutrition in the critically ill patient: a critical review of the evidence. Intensive Care Med 19: 435–442
11. Heyland DK, MacDonald S, Keefe L, Drover JW (1998) Total parenteral nutrition in the critically ill patient: a meta-analysis. JAMA 80: 2013–2019
12. Heyland DK (2000) Parenteral nutrition in the critically ill patient: more harm than good? Proc Nutr Soc 59: 457–466
13. Heyland DK, Novak F, Drover et al. (2001) Should immunonutrition become routine in critically ill patients? A systematic review of the evidence. JAMA 286: 944–953
14. Hyslop PA, Hinshaw DP, Halsey WA (1988) Mechanism of oxidant-mediated cell injury: the glycolytic and mitochondrial pathways of ADP phosphorylation are majorintracellular targets inactivated by hydrogen peroxyde. J Biol Chem 253: 1665–1675
15. Hutcheson IR, Whittle BJ, Boughton-Smith NK (1990) Role of nitric oxide in maintaining vascular integrity in endotoxin-induced intestinal damage in the rat. Br J Pharmacol 101: 815–820
16. Jeevanandam M, Young DH, Schiller WR (1990) Glucose turnover, oxidation, and indices of recycling in severely traumatized patients. J Trauma 30: 582–589
17. Kompan L, Kremzar B, Gadzijev E, Prosek M (1999) Effects of early enteral nutrition on intestinal permeability and the development of multiple organ failure after multiple injury. Intensive Care Med 25: 157–161
18. Kompan L, Kompan D (2001) Importance of increased intestinal permeability after multiple injuries. Eur J Surg 167: 57057–57064
19. Kudsk KA, Croce MA, Fabian TC et al. (1992) Enteral versus parenteral feeding – effects on septic morbidity after blunt and penetrating abdominal trauma. Ann Surg 215: 503–603
20. Leidig P, Gerding W, Arns W, Ortmann M (2001) Renal oxalosis with renal failure after infusion of xylitol. Dtsch Med Wochenschr 126: 1357–1360
21. Madara J (1989) Loosening the tight junctions: lessons from the intestine. J Clin Invest 83: 1089–1094
22. Marik PE, Zaloga GP (2001) Early enteral nutrition in acutely ill patients: a systematic review. Crit Care Med 29: 2264–2270
23. Marshall JC, Christou NV, Meakins JL (1993) The gastrointestinal tract – the undrained abscess of multiple organ failure. Ann Surg 218: 111–119
24. Marzi I, Bauer M (2001) Multiorganversagen. In: Burchardi H, Larsen R, Schuster HP, Suter PM (Hrsg.) Intensivmedizin. Springer, Berlin Heidelberg New York, S. 1087–1098
25. Mayer K, Grimm H, Grimminger F, Seeger W (2002) Parenteral nutrition with ω-3 lipids in sepsis. Br J Nutr 87: S69–S75
26. Montejo JC (1999) Enteral nutrition-related gastrointestinal complications in critically ill patients: a multicenter study. The Nutritional and Metabolic Working Group of the Spanish Society of Intensive Care Medicine and Coronary Units. Crit Care Med 27: 1447–1453
27. Montejo JC, Grau T, Acosta J et al. (2002) Multicenter, prospective, randomized, single-blind study comparing the efficacy and gastrointestinal complications of early jejunal feeding with early gastric feeding in critically ill patients. Crit Care Med 30: 796–800
28. Moore FA, Feliciano DV, Andrassy RJ et al. (1992) Early enteral feeding, compared with parenteral, reduces postoperative septic complications. The results of a metaanalysis. Ann Surg 216: 172–183
29. Moore FA (2000) Common mucosal immunity: a novel hypothesis. Ann Surg 231: 9–10
30. Moseley RH, Wang W, Takeda H et al. (1996) Effect of endotoxin on bile acid transport in rat liver: a potential for sepsis associated cholestasis. Am J Physiol 271: G137–G146
31. Nieuwenhuijzen GAP, Deitch EA, Goris RJA (1996) Infection, the gut and the development of the multiple organ dysfunction syndrome. Eur J Surg 162: 259–273
32. Obled C, Papet I, Breuille D (2002) Metabolic bases of amino acid requirements in acute diseases. Curr Opin Clin Nutr Metab Care 5: 189–197
33. O'Riordain MG, Fearon KC, Ross et al. (1994) Glutamine-supplemented total parenteral nutrition enhances T-lymphocyte response in surgical patients undergoing colorectal resection. Ann Surg 220: 212–221
34. Reeds PJ, Jahoor F (2001) The amino acid requirements of disease. Clin Nutrition 20: S15–S22
35. Pacitti AJ, Inoue Y, Souba WW (1993) Tumor necrosis factor stimulates amino acid transport in plasma membrane vesicles from rat liver. J Clin Invest 91: 474–483
36. Riehl TE, Stenson WF (1994) Mechanisms of transit of lipid mediators of inflammation and bacterial peptides across intestinal epithelia. Am J Physiol 267: G687–G695
37. Sax HC, Illig KA, Ryan CK, Hardy DJ (1996) Low-dose enteral feeding is beneficial during total parenteral nutrition. Am J Surg 17: 587–590

38. Schmeck J, Kraft P (1998) Die Leber als Zielorgan im Multiorganversagen – pathophysiologische Aspekte und therapeutische Ansätze. Anästh Intens Notf 11:549–558
39. Schricker T, Geisser W, Georgieff M (1997) Parenteral nutrition therapy. Energy and non-energy actions of carbohydrates and fats. Anästhesist 46:371–384
40. Souba WW, Copeand EM (1992) Cytokine Modulation of Na^{+}-dependent Glutamine transport across the brush border membrane of monolayers of human intestinal Caco-2 Cells. Ann Surg 215:536–545
41. Stein J, Bolder U (2000) Pathophysiologie intestinaler Funktionen beim kritisch Kranken. Chir Gastroenterol 16:13–22
42. Stein J (2002) Resorptionstests In: Stein J, Wehrmann T (Hrsg.) Funktionsdiagnostik in der Gastroenterologie. Springer, Berlin Heidelberg New York, S. 125–180
43. Streat SJ, Beddoe AH, Hill GL (1987) Aggressive nutritional support does not prevent protein loss despite fat gain in septic intensive care patients. J Trauma 127:262–266
44. Suchner U, Felbinger TW (2001) Enterale, minimal-enterale, parenterale Ernährung – Vorteile einer enteralen Ernährungstherapie. In: Löser C, Keymling M (Hrsg.) Praxis der enteralen Ernährung. Thieme, Stuttgart, S. 32–40
45. Suchner U, Heyland DK, Peter K (2002) Immune-modulatory actions of arginine in the critically ill. Br J Nutr 87:S121–S132
46. Teppermann BL, Brown JF, Korolkiewicz R, Whittle BJ (1994) Nitric oxide synthetase activity, viability and cyclic GMPlevels in rat colonic epithelial cells: effects of endotoxin challange. J Pharmacol Exp Ther 271:1477–1482
47. Tremel H, Kienle B, Weilermann LS et al. (1994) Glutamine dipeptide – supplemented parenteral nutrition maintains intestinal function in the critically ill. Gastroenterology 107:1595–1601
48. Unno N, Menconi MJ, Smith M, Fink MP (1995) Nitric oxide mediates interferon-γ-induced hyperpermeability in cultured human intestinal epithelial monolayers. Crit Care Med 23:1170–1176
49. Valero MA, Leon-Sanz M, Escobar I et al. (2001) Evaluation of nonglucose carbohydrates in parenteral nutrition for diabetic patients. Eur J Clin Nutr 55:1111–1116
50. Waitzberg DL, Lotierzo PH, Logullo AF et al. (2002) Parenteral lipid emulsions and phagocytic systems. Br J Nutr 87:S49–S57
51. Wolfe RR, Herndon DN, Jahoor F et al. (1987) Effect of severe burn injury on substrate cycling by glucose and fatty acids. N Engl J Med 31: 403–408
52. Wolfe RR (1999) Sepsis as a modulator of adaptation to low and high carbohydrate and low and high fat intakes. Eur J Clin Nutr 53: S36–S42

Neurologisch-neurochirurgische Krankheitsbilder

M. Adelmann, J. Stein

Viele ernährungsbedingte neurologische Erkrankungen sind in Industriestaaten selten geworden, treten in Entwicklungsländern aber noch immer häufig auf. In Industriestaaten sind heute ernährungsabhängige neurologische Krankheitsbilder meist im Zusammenhang mit Alkoholabhängigkeit, bei bestimmten Diäten oder sekundär bei Malnutrition zu finden. Eine zunehmende Bedeutung gewinnt dagegen die Rolle gezielter ernährungstherapeutischer Interventionen bei neurologischen Krankheiten.

Ein häufiges Merkmal ernährungsassoziierter neurologischer Erkrankungen ist die gleichzeitige Schädigung des zentralen sowie des peripheren, gelegentlich auch des autonomen Nervensystems. Grundsätzlich lassen sich folgende Krankheitsgruppen unterscheiden:

- ernährungsbedingte- oder stoffwechselbedingte Entwicklungsstörungen,
- Mangelerkrankungen (Vitamine, Spurenelemente),
- Einwirkung neurologischer Krankheiten (akut/chronisch) auf Verdauungs- und Stoffwechselfunktionen.

36.1 Ernährungs- und stoffwechselbedingte neurologische Störungen

36.1.1 Vitaminmangelkrankheiten

Häufigste *Ursachen* für neurologische Vitaminmangelerkrankungen sind Malnutrition, gestörte Resorption und Alkoholismus. Dieses führt meist zu einer Mangelsituation mehrerer Vitamine, sodass es häufig zu Überlappungen der einzelnen Krankheitsbilder kommt.

Vitamin A

Ein Vitamin-A-Mangel führt beim Säugling und Kleinkind zu einer chronisch-progredienten Erblindung, die durch Substitution vollständig reversibel ist. Durch eine Vitamin-A-Hypervitaminose kann es zur Entwicklung eines *Pseudotumor cerebri* kommen.

Vitamin-B_1-Mangel (Thiaminmangel)

Ursachen des Vitamin-B_1-Mangels sind:

- ungenügende Zufuhr (Alkoholismus, häufiges Schwangerschaftserbrechen);
- intestinale Resorptionsstörungen (bei Erkrankungen des Dünndarmes mit entsprechenden Zeichen der Malresorption findet sich häufig auch eine mangelnde Resorption von Vitamin B_1);
- erhöhter Verbrauch (z. B. Infusion von Glukose);
- Thiaminantagonistische Stoffe (s. Kap. 6).

Im Rahmen des Vitamin-B_1-Mangels kommt es je nach Ausmaß des Mangels zu folgenden Krankheitsbildern:

- Beri-Beri,
- Wernicke-Korsakoff-Syndrom [43, 47].

Wernicke-Korsakow-Syndrom (WKS)

Die Wernicke-Enzephalopathie findet sich bei 2% aller Autopsiefälle. Die Diagnose wird leider häufig nicht rechtzeitig gestellt. Nur etwa 20% der Wernicke-Enzephalopathie-Patienten wird intravital diagnostiziert.

Die klassische vollständige *Symptomkonstellation* findet sich nur bei etwa 16% aller Erkrankungen. Oligosymptomatische Verläufe sind sehr häufig. Typisch ist die Symptomtrias aus:

- Orientierungs- und/oder Bewusstseinsstörung,
- Augensymptome (z. B. Nystagmus, Augenmuskelparesen, Blickparesen, Anisokorie),
- Ataxie/Gangunsicherheit.

Oligosymptomatische Verläufe sind häufig. Harper [20] fand einen asymptomatischen Verlauf in 18,6% der Fälle, ein Zeichen bei 37,1%, 2 Zeichen bei 27,8% und den vollständigen Symptomkomplex nur in 16,5% der Fälle.

Die *Diagnose* wird insbesondere anhand der Klinik ergänzend durch Bestimmung des Vitamin-B_1-Spiegels im EDTA-Plasma und anhand der Bestimmung der Erythrozyten-Transketolase-Aktivität (erniedrigt) gestellt. Bei frühzeitiger Substitution sind die Symptome meist reversibel. Bei nicht rechtzeitiger Behandlung kommt es zur Ausbildung eines Korsakoff-Syndroms mit mnestischen Störungen und Konfabulation.

Zur *Behandlung* sollte täglich 100 mg Vitamin B_1 parenteral gegeben werden.

Die Wernicke-Enzephalopathie ist eine häufig übersehene neurologische Erkrankung. Zu den typischen Symptomen gehören: Orientierungsstörung, Augensymptome und Gangunsicherheit. Eine oligosymptomatische Verlaufsform ist häufig. Wichtig ist die rechtzeitige Substitution von Vitamin B_1. Bei Infusion von Glukose wird akut Vitamin B_1 verbraucht, sodass es akut zum Auftreten einer Wernicke-Enzephalopathie unter Glukoseinfusionen kommen kann. Zur Behandlung gibt man 100 mg Vitamin B_1/24 h parenteral.

Beri-Beri

Beri-Beri ist *endemisch* in Asien. In Industriestaaten ist Alkoholismus die häufigste Ursache. Bei der »trockenen Form« kommt es zu einer distal symmetrischen Polyneuropathie (PNP). In schweren Fällen können auch Hirnnerven betroffen sein. Zusätzlich kann es zu kardiovaskulären Symptomen (Tachykardie, Belastungsdyspnoe, Herzinsuffizienz, Ödemen) kommen: »*feuchte Form*«. Vitamin B_1 findet sich insbesondere in Weizenkeimen, Nüssen und Samen.

Vitamin B_6 (Pyridoxin)

Neben Dermatitis und evtl. mikrozytärer Anämie finden sich bei einem Vitamin B_6-Mangel Störungen des zentralen Nervensystems (Nervosität, Anfälle) sowie des peripheren Nervensystems mit distal betonten Parästhesien, brennenden Schmerzen, eingeschränktem Vibrationsempfinden und evtl. Paresen im Sinne einer Polyneuropathie (PNP). Diese *Polyneuropathie* ist bedingt durch eine *Störung* der *Sphingosinsynthese.*

Ursachen sind eine verminderte Zufuhr (insbesondere bei Säuglingen durch Stillen mangelernährter Mütter), Alkoholismus, pyridoxin-antagonistisch wirkende Medikamente (INH, Hydralazin, Penicillamin) und mangelnde Resorption. Bei Säuglingen führt der Mangel an Vitamin B_6 zu epileptischen Anfällen, die durch Substitution behandelt werden können (10–150 mg/24 h). Die Anfälle sistieren sofort nach Substitution. Die Polyneuropathie erfordert eine Substitution mit 300 mg/24 h. Die Ausfälle bilden sich langsam und nicht immer vollständig zurück.

Diagnostisch findet man im Serum eine verminderte Pyridoxalphosphatkonzentration (Normwert 30–80 µg/l) und eine verminderte Pyridoxinsäureexkretion (<1 mg/24 h). Weitere Information erbringt möglicherweise ein Tryptophanbelastungstest.

Eine *Therapie* mit INH erfordert eine tägliche Substitution mit 300 mg Vitamin B_6/24 h.

> Eine *Vitamin-B6-Hypervitaminose* führt jedoch ebenfalls zur Ausbildung einer Polyneuropathie. Hierbei handelt es sich dann um eine *rein sensible PNP* mit Ataxie.

Vitamin B_{12} (Cobolamin)

Bei einem Vitamin-B_{12}-Mangel können gemeinsam, aber auch getrennt, folgende Symptome bzw. Erkrankungen auftreten:

- Makrozytäre Anämie,
- Enzephalopathie (bis zur Psychose, bis zur Demenz),
- Myelopathie (funikuläre Myelose, Schädigung der Hinter- und Seitenstränge),
- Neuropathie (Polyneuropathie).

Im Rahmen der Enzephalopathie finden sich Verhaltensauffälligkeiten bis hin zur Psychose wahrscheinlich im Rahmen einer Demyelinisation des tiefen Marklagers.

Ursächlich findet sich eine Erschöpfung der Speicher, Resorptionsstörungen (Antikörper gegen »intrinsic factor«, Galaktosämie, Pankreasinsuffizienz, Ileumresektion, Parasiten) und Medikamente.

Die Diagnose wird gesichert durch einen erniedrigten Serumspiegel (bei Werten <100 pg/ml sind neurologische Symptome häufig), einen erhöhten Homocysteinspiegel im Serum, eine erhöhte Methylmalonsäureausscheidung im Urin und durch den Schilling-Test.

Je früher die *Substitutionsbehandlung* beginnt, desto höher ist die Wahrscheinlichkeit zur vollständigen Restitution. Besserungen können nach länger bestehendem Defizit unter Substitution bis zu einem Jahr beobachtet werden. Beginn der Substitution mit 1000 µg Vitamin B_{12} i.m./24 h für mindestens 7 Tage (besser 3 Wochen), danach 1 mg/Woche für (1–)6 Monate, danach 1 mg/Monat i.m.

Niacin

Ursachen eines Niacinmangels (Pellagra) sind (s. Kap. 6):

- autosomal-rezessiver Stoffwechseldefekt (Hartnup-Syndrom);
- mangelnde Zufuhr (überwiegende Ernährung mit Maisprodukten, Alkohol, Mangeldiäten, Anorexie);
- mangelnde Resorption (chronische Diarrhö, Pankreasinsuffizienz, Parasiten);
- mangelnde Synthese (Karzinoidsyndrom) und
- Therapie mit INH.

Die *neurologischen Veränderungen* treten meist vor den *Hautveränderungen* auf. Neben einer Dermatitis an lichtexponierten Stellen, Diarrhö und makrozytärer Anämie kommt es zu Rigor, Tremor, hirnorganischem Psychosyndrom, Kopfschmerzen, Vergesslichkeit, Depression und Nervosität bis hin zur Psychose.

Es gibt keinen sicher beweisenden Test für einen Niacinmangel. Evtl. findet sich eine verminderte Ausscheidung von Methylnicotinamid im Urin (Metabolit).

Therapeutisch werden initial 3-mal 200 mg/24 h p.o. (alternativ 2- bis 4-mal/24 h i.v.) gegeben. Die Erhaltungsdosis liegt bei 1- bis 3-mal 100 mg/24 h p.o.

Pantothensäure

Eine Mangelsituation wird sehr selten bei extrem mangelernährten Patienten beobachtet. Möglich sind Kopfschmerzen, Schlafstörungen, Parästhesien und Ataxie.

Folsäure

Ursachen eines Folsäuremangels sind Alkoholismus, Anorexie, Malabsorption, gesteigerter Bedarf und Medikamenteninteraktionen (u. a. Methotrexat und Antikonvulsiva wie Phenytoin, Carbamazepin, Valproinsäure und Phenobarbital).

Neben einer möglichen Degeneration der Hinter- und Seitenstränge (sensible Polyneuropathie, »Restless-legs«-Syndrom) kann es zum Auftreten enzephalopathischer Veränderungen (Demyelinisation) kommen.

Diagnostisch findet sich ein erniedrigter Serumspiegel (<4 ng/ml), ein erhöhter Homocysteinspiegel oder ein pathologischer Histidinbelastungstest.

Die Substitution erfolgt mit 15 mg Folsäure/24 h i.m. oder 2- bis 3-mal 5 mg p.o. In der Schwangerschaft ist eine Gabe von 400–500 µg/24 h sinnvoll (Neuralrohrdefekte!)

Vitamin E (α-Tocopherol)

Klinisch führt ein Vitamin-E-Mangel zu einer progredienten spinozerebellären Degeneration mit zerebellärer Ataxie, vermindertem Vibrationsempfinden und proximal betonten Paresen.

Ursächlich können bestehen eine Abetalipoproteinämie (Bassen-Kornzweig), eine cholestatische Lebererkrankung beim Säugling oder ein familiärer Vitamin E-Mangel (autosomal-rezessiv). Diagnostisch wegweisend ist ein erniedrigter Serumspiegel. Unter Substitution kommt es über Monate zu einer langsamen Besserung der Symptomatik.

36.1.2 Störungen des Aminosäurenstoffwechsels

(Siehe Kap. 45)

36.1.3 Störungen des Kohlenhydratstoffwechsels

(Siehe Kap. 45)

36.1.4 Störungen des Harnstoffzyklus

(Siehe Kap. 45)

36.1.5 Morbus Wilson

(Siehe Kap. 45)

36.1.6 Migräne/vasomotorischer Kopfschmerz

Unter Migräne versteht man *chronisch-rezidivierende, anfallsartig auftretende* Kopfschmerzen, die in 60% der Fälle halbseitig, wechselnder Häufigkeit, Stärke und Dauer auftreten. Typische Begleitsymptome sind Übelkeit, Erbrechen, Photo- und Phonophobie. Die *Häufigkeit* in den westlichen Industrieländern wird mit ca. 10% angegeben (Verhältnis Männer : Frauen = 3:1).

Ätiologie und *Pathogenese* sind weitgehend hypothetisch. In etwa 60–70% der Fälle lässt sich eine familiäre Belastung nachweisen. Diskutiert werden Störungen der zerebrovaskulären Durchblutung. Auslösende Faktoren sind u. a.:

- psychischer Stress,
- Alkoholgenuss,
- tyraminhaltige Speisen (z. B. Schokolade, Hartkäse),
- hormonelle Veränderungen (v. a. zu Menstruationsbeginn).

Vermutlich werden dadurch Hirnstammneurone in den Raphekernen, dem Locus coerulus aktiviert.

Klinisch manifestiert sich die Migräne mit (klassische Migräne, selten) oder ohne Aura (einfache Form, häufig).

- *Migräne ohne Aura*: wiederkehrende einseitige Kopfschmerzattacken, die zwischen 4 und 72 h anhalten.
- *Migräne mit Aura:* neurologische Symptome, die meist dem Kortex (Sensibilitätsstörungen, Skotome, Hemianopsie, Aphasie) oder dem Hirnstamm (Paraparese, Schwindel mit Nystagmus, Ataxie) zuzuordnen sind, und über eine Zeitraum von 5–20 (selten bis 60) min dem typischen Kopfschmerz vorausgehen.

Ernährungsprophylaxe/-therapie

Aufgrund von Anamnesen, Expositionsversuchen und der prophylaktischen Bedeutung von Eliminationsdiäten steht außer Zweifel, dass zumindest bei einem Teil der Patienten Ernährungsfaktoren eine kausale Bedeutung zukommt [6, 16, 45].

> Daher ist eine sorgfältige Erfassung der vom Patienten als Auslöser verdächtigten Nahrungsmittel in jedem Falle empfehlenswert → Ernährungstagebuch!

Praktisches Vorgehen

- *Tyramin-, histamin- und phenylethylaminarme Kost*

Tyramin findet sich je nach Fermentationsgrad in unterschiedlichen Konzentrationen in Käse (70 – 1400 μg/g), Wein (Rotwein >Weißwein) und bestimmten Gemüsearten (z. B. Avocado 23 μg/g).

Bei sensibilisierten Personen lässt sich mit 25 mg Tyramin die typische Migränesymptomatik auslösen.

Das vasoaktive *Phenyletylamin* ist in fermentierten Käseprodukten v. a. aber in kakaohaltigen Lebensmitteln zu finden (Bitterschokolade 12 mg/g, Milchschokolade 6 mg/g). Bereits mit 3 mg lassen sich bei entsprechender Prädisposition Migräneattacken auslösen.

Das biogene Amin *Histamin* findet sich in extremen Konzentrationen v. a. im Rotwein.

- *Eliminierung gesicherter nutritiver Allergene und Pseudoallergene.*

Insbesondere bei Kindern konnte in kontrollierten Studien nach Elimination von Nahrungsantigenen bzw. unter der sog. oligoantigenen Kost eindeutig ein positiver Effekt auf das Auftreten von Migräneanfällen belegt nachgewiesen werden [16].

- *Vermeidung hypoglykämischer und hypotoner Zustände.*

Unregelmäßige Nahrungsaufnahme, reaktive Hypoglykämien nach dem Verzehr großer Mengen an Zucker wurde in Einzelfällen als Ursache einer Migräne diskutiert.

- *Vermeidung von Natriummonoglutamat.*

Natriummonoglutamat (MSG) wurde als Geschmacksverstärker v. a. in der asiatischen Küche und bei der Herstellung von Fertiggerichten verwendet, wird allerdings nicht regelhaft als Inhaltsstoff ausgezeichnet und kann sich z. B. auch hinter der Bezeichnung »mit natürlichen Aromastoffen verbergen [37]. In etwa 1/3 der Fälle soll es nach dem Verzehr von MSG neben Kopfschmerzen zu einem Engegefühl in der Brust, brennenden Missempfindungen im Bereich von Schultern, Brust und Hals, Schwindel und Bauchschmerzen kommen (*»Chinarestaurantsyndrom«*).

Unabhängig von diesem Beschwerdebild kann Natriummonoglutamat bei entsprechender Disposition Migräneattacken auslösen [37].

- *ω-3-Fettsäuren, Magnesium*

Die Einnahme von Magnesium (600 mg/Tag) und ω-3-Fettsäuren-haltigen Nahrungsmittel (→ Makrelendiät) sollen ebenfalls Häufigkeit und Intensität von Migräneattacken reduzieren [31].

> Die Bewertung therapeutischer und/oder prophylaktischer Ernährungsmaßnahmen wird bei Migräne durch einen extrem hohen (bis 70%) Plazeboeffekt erschwert.

36.1.7 Refsum-Krankheit (Heredopathia atactica polyneuritiformis)

Bei dieser erstmals 1946 von Sigvald Refsum beschriebenen *autosomal-rezessiven* vererbten Krankheit handelt es sich um eine Abbaustörung im Phytansäuremetabolismus, die durch einen Mangel des Enzyms Phytansäure-α-Hydroxylase bedingt wird [33a]. Es kommt zu einer pathologischen Speicherung von Phytansäure (3, 7, 11, 15-Tetramethylhexadecansäure) in Lipiden im ZNS, Leber und Niere mit langsam progredienter v. a. neurologischer Symptomatik (Kap. 11).

Als gewöhnlich im *zweiten Lebensjahrzehnt* oder später auftretende *Leitssymptome* gelten:

- atypische Retinitis pigmentosa,
- periphere Polyneuropathie,
- Kleinhirnataxie,
- erhöhter Proteingehalt im Liquor ohne Pleozytose.

Im *Frühstadium* treten nahezu regelmäßig Nachtblindheit, Schwäche in den Extremitäten und Gangunsicherheit auf [33a]. Der Verlauf der Krankheit zeigt eine *allmähliche progressive Verschlechterung*, wird aber bei etwa 50% der Patienten durch ursächliche unklare langandauernde Remissionsphasen unterbrochen.

Die *Diagnose* der Phytansäurespeicherkrankheit wird einerseits durch klinische Symptomatik, anderseits durch den Nachweis abnorm hoher Phytansäurewerte in Plasma und Gewebe gestellt. In unklaren Fälle gilt Bestimmung der *Phytanoyl-CoA-Hydroxylase* im Lebergewebe (Biopsie) als beweisend [22, 23].

Eine kausale *Therapie* der Krankheit existiert nicht. Als *Behandlungsprinzip* gilt die weitestmögliche *Eliminierung von Phytonsäure* aus der Nahrung, d. h. Ausschaltung jeder Art von fetthaltigen Molkereiprodukten (Butter, Käse etc.) sowie von Rind-, Wild- und Kalbfleisch.

> Für Kinder gilt: Herabsetzung der Phytansäurezufuhr von ca. 60–90 mg/24 h bei üblicher Ernährungsweise.
> Erwachsene: Phytansäurezufuhr <20 mg/24 h; Ziel: Phytansäurespiegel <10 µmol/l (<3 mg/l).

Die daraus resultierende relativ fett- und eiweißarme Kost erfordert eine sorgfältige Kalkulation aller essenziellen Nährstoffe (v.a. Kalzium, Vitamin A, D, E). Auf chlorophyllhaltige grüne Gemüse (1 Mol Chlorophyll enthält 1 Mol Phytol) muss dabei – im Gegensatz zur früheren Meinung – nicht verzichtet werden.

> Mit der phytansäurearmen Ernährung sollte frühestmöglichst begonnen und sie sollte lebenslang beibehalten werden.

36.1.8 Störungen der Entwicklung

Viele angeborene Stoffwechsel-/Enzymdefekte führen zu neurologischen Erkrankungen oder neurologischen Symptomen im Rahmen eines komplexen Symptomenkomplexes. Einige dieser Erkrankungen können durch bestimmte Diäten gelindert oder in der Progression aufgehalten werden. Hier muss jedoch auf die einschlägige neurologisch-pädiatrische Literatur verwiesen werden.

Folsäuremangel in der frühen Schwangerschaft (innerhalb der ersten 4 Wochen) führt vermehrt zu Neuralrohrdefekten (z. B. Spina bifida) [8, 38]. Durch Folsäuresubstitution kann für das zweite Kind das Risiko um 72% reduziert werden.

36.2 Akute Hirnläsionen

Jede akute Erkrankung des ZNS führt zu einer Umstellung des Stoffwechsels mit allen Zeichen des *Postaggressionsstoffwechsels* (s. Kap. 13):

- Anstieg des Ruheenergiebedarfs,
- Entwicklung einer peripheren Insulinresistenz bei zunehemendem Plasmaanstieg kontrainsuliärer Hormone,
- bei negativer Stickstoffbilanz,
- bei Katabolie,
- bei erhöhtem Proteinumsatz,
- bei gestörter gastrointestinaler Funktion mit der Gefahr der Translokation von Keimen aus dem Darm und dadurch erhöhter Infekt- und Sepsisanfälligkeit.

Die Intensität des Hypermetabolismus korreliert mit dem Ausmaß der Hirnläsion bzw. Glasgow-Coma-Score. Analog zu anderen schweren Traumata führen auch hier erhöhte Plasmaspiegel von Zytokinen zur *Akutphaseantwort* mit Hypoalbuminämie, einer vermehrten Sekretion von Akutphasenproteinen (CRP, α-Antitrypsin etc.) und zur Immunsupression (*Tabelle 36-1*).

> Darüber hinaus kommt es zu regional-zerebralen Ischämien mit z. T. erheblichen neuronalen metabolischen Veränderungen. Die sich dabei ausbildenende intrazelluläre Azidose korreliert dabei direkt mit der initialen Glukosekonzentration und bestimmt in erheblichem Maß das »neurologische Outcome« [10].

So führen Blutglukosewerte >150 mg/dl zu einem deutlich schlechteren Ergebnis. Unter ernährungstherapeutischen Aspekten ist also die Kombination von Postaggressionsstoffwechsel und zerebralem hypoxämischem Metabolismus zu beachten (*Abb. 36-1*).

Erhöhten zerebralen Konzentrationen exzitatorischer Neurotransmitter wird in der Pathogenese des hypoxischen Hirnschadens eine zentrale Rolle beigemessen. So gehen erhöhte Konzentrationen von Tryptophan (→ Serotonin) und Glutamin (→ Glutamat/Aspartat) mit einem schlechteren »neurologischen Outcome« einher. Andererseits verbietet die katabole Stoffwechsellage sowie das mit einer reduzierten Stickstoffzufuhr verbundene, schlechtere, neurologische Outcome eine allzu starke Reduktion der Aminosäurenzufuhr [39].

> Derzeit können noch *keine speziellen Empfehlungen* zum Einsatz von Aminosäuren gemacht werden, die über die üblichen Ernährungsregime bei kritisch Kranken hinaus gehen (39).

Die spezifischen neurologischen Wirkungen von *Fetten* im Rahmen einer akuten Hirnläsion sind bis dato ungenügend untersucht. Als Energie- und Strukturträger stellen sie aller-

Tabelle 36-1. Mediatoren des Metabolismus bei isoliertem Schädel-Hirn-Trauma. (Mod. nach [39])

Metabolische Reaktion	Potenzielle Mediatoren
Akute-Phasen-Antwort	Zytokine (IL-1, IL-6, TNF-α)
Hypermetabolismus	Stresshormone, Zytokine, Denervierung inhibitorischer »metabolischer« Areale
Hyperkatabolismus	Stresshormone, Zytokine, Immobilisierung, Steroide
Hyperglykämie	Stresshormone, Zytokine
Gastrale Motilitätsstörung	Erhöhter intrakranieller Druck, Zytokine, Opioide, »Corticotropin-releasing-factor«
Verminderte Immunkompetenz	Hyperkatabolismus, Stresshormone, Zytokine
Oxidativer Stress	Sauerstoffradikalproduktion, Verbrauch von endogenen Antioxidanzien

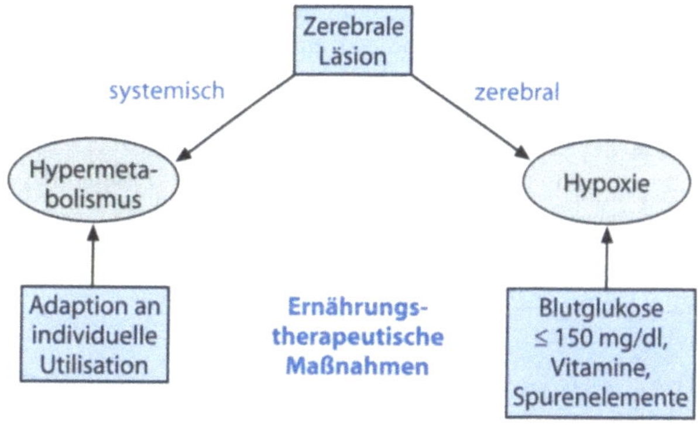

Abb. 36-1. Ernährungstherapeutische Maßnahmen bei kombiniertem systemischen Hypermetabolismus und zerebralem hypoxischen Stoffwechsel im Rahmen einer zerebralen Läsion

dings einen unverzichtbaren integralen Bestandteil in der Ernährungstherapie des kritisch Kranken dar (bis 2,5 g/kg/24 h = 1575 kcal bei 70 kgKG).

Neueren Untersuchungen zufolge scheint auch die Produktion von freien chemisch hochaggressiven Sauerstoffradikalen (ROS) im Rahmen der Ischämie/Reperfusionfolge zu einer Reihe von funktionellen und strukturellen Folgeschäden beizutragen (z. B. Peroxidation von Membranlipiden). Der sich daraus ableitende mögliche Nutzen von Antioxidanzien (Vitanin E, Selen, Zink) ist leider noch weitestgehend ungeklärt. Erste Untersuchungen weisen zumindest für Vitamin E einen potenziellen Nutzen nach [39]. Eine allgemeine Therapieempfehlung lässt sich zum gegenwärtigen Zeitpunkt hieraus allerdings noch nicht herleiten.

36.2.1 Apoplektischer Insult

Es handelt sich um ein Syndrom mit sich schnell entwickelnden Symptomen, ausgelöst durch den *Funktionsverlust eines umschriebenen Hirnbereichs.*

Spezielle neurologische Symptome sind vom Sitz des Hirninfarkts abhängig. Aufgrund des Symptomenkomplexes kann die betroffene Arterie häufig bestimmt werden, obwohl die Korrelation nicht ganz exakt ist.

Bei entstehendem oder akutem vollständigem Schlaganfall können sich über die folgenden Tage (wegen eines begleitenden Hirnödems oder – seltener – einer Infarktausdehnung) die Ausfälle verstärken, und das Bewusstsein kann eintrüben. Ein schweres Ödem kann eine tödliche Verschiebung der intrakraniellen Strukturen zur Folge haben. In der Regel kommt es allerdings zu einer Funktionsverbesserung, es sei denn, der Infarkt war sehr ausgedehnt. Eine weitere Besserung ist dann über Tage, Wochen und Monate zu erwarten.

Ätiologie und Klinik

Etwa 80% der Schlaganfälle sind *ischämischer Genese* und Folge einer Thrombose (häufig) oder hämodynamisch (selten) bedingt. 15–20% sind embolischer Genese. In den übrigen Fällen liegt in 15% eine zerebrale Blutung und in 5% eine Subarachnoidalblutung (SAB) zugrunde. Als Risikofaktoren gelten [5]:

- Hypertonus (2- bis 10fach),
- Rauchen (2- bis 2,5fach),
- Diabetes mellitus (2- bis 3,5fach),
- Hypercholesterinämie (1,5- bis 2fach),
- Übergewicht (1,5- bis 2fach),
- Bewegungsmangel (1,5- bis 2fach),
- Hyperhomozysteinämie (bis 15fach),
- Kontrazeptiva (Östrogengehalt >50 μg, bis 2fach)
- Vorhofflimmern (2- bis 17fach).

Homocystein

Homocystein entsteht als Zwischenprodukt aus Methionin und wird rasch wieder zu Methionin remethyliert. Hierfür sind Folsäure, Vitamin B_6 und Vitamin B_{12} erforderlich.

Durch angeborene Stoffwechseldefekte (Cystathionin-β-Synthase, 5´10´-Methyl-tetrahydrofolat-Reduktase, Methioninsynthase) kommt es zu einer Homocystinurie bei massiv erhöhtem Homocystein-Plasmaspiegel. Diese Stoffwechseldefekte sind assoziiert mit einer früh auftretenden Atherosklerose und nachfolgend koronarer Herzerkrankung, peripherer AVK und Hirninfarkten. Dies ist seit längerer Zeit bekannt.

Aber auch durch Mangel an Folsäure, Vitamin B_6 oder Vitamin B_{12} kommt es zu einem Anstieg der Homocysteinkonzentration im Plasma. Mittlerweile gilt als gesichert, dass ein erhöhter Homocysteinspiegel ein unabhängiger Risikofaktor für die Entstehung einer Atherosklerose (Karotisstenose) ist und damit ein unabhängiger Risikofaktor für Hirninfarkte ist [44]. Mit steigendem Spiegel steigt das Risiko. Ab einem Homocysteinplasmaspiegel >18 μmol/l (Normwert: Frauen 3–13 μmol/l; Männer 5–15 μmol/l) nimmt das Risiko um den Faktor 3,4 zu. Der Homocysteinplasmaspiegel steigt bereits an bevor die Serumspiegel für Folsäure, Vitamin B_6 oder Vitamin B_{12} abgefallen sind.

Ernährungstherapie und -prophylaxe

Prophylaxe

Die ursächlichen Zusammenhänge zwischen den genannten Risikofaktoren und apoplektischem Insult legen – anlog zum Herzinfarkt – folgende vorbeugenden Maßnahmen nahe (*Tabelle 36-2*):

- eine Normalisierung des Blutdrucks (ernährungstherapeutische Maßnahmen s. Kap. 41),
- eine Optimierung der Diabeteseinstellung (s. Kap. 48),
- eine Senkung der LDL/HDL-Ratio (s. Kap. 46),
- eine Normalisierung des Homozysteinspiegels.

Therapeutisch sollte Folsäure, Vitamin B_6 und Vitamin B_{12} substituiert werden. Möglicherweise ist bereits eine alleinige Folsäuresubstitution ausreichend (diese führt bereits zu einer Senkung des Homocysteinspiegels). Möglicherweise führt eine ausreichende Substitution in der Nahrung zu einer Senkung des Atheroskleroserisikos. Entsprechende Interventionsstudien fehlen bislang jedoch.

Ein erhöhter Homocysteinspiegel ist ein unabhängiger Risikofaktor für die Entstehung einer Atherosklerose. Es gibt angeborene Stoffwechseldefekte (s. Kap. 7). Ein Mangel an Folsäure, Vitamin B_6 oder Vitamin B_{12} führt zu erhöhten Homocysteinspiegeln, >18 μmol/l steigt das Atheroskleroserisiko.

Ernährungstherapeutische Maßnahmen in der Frühphase

16% der Schlaganfallpatienten zeigen bei Aufnahme, 36% nach einer Woche, Zeichen der Mangelernährung. Zeichen der Malnutrition eine Woche nach Schlaganfall sind assoziiert mit

Tabelle 36-2. Lebensführung, Risikofaktoren und Schlaganfall: das Ideal. (Mod. nach [4])

Ernährung	– Salzarm, Obst, Gemüse/Salat – Hoher vegetarischer Anteil – 2-mal pro Woche Fisch – Zusatz von Cobalamin (1 mg) und Folat (0,5 mg) – 0,25 l Wein täglich erlaubt – Verzicht auf Koffein
Normalgewicht	
Nichtraucher	
Normotoner Blutdruck	
Sport	2- bis 3-mal 30 min Ausdauersport/Woche, mindestens Gehen >20 km/Woche
Stoffwechsel/ Endokrinium	Normwerte für Blutzucker, Cholesterin (HDL/LDL), Triglyzeride; *Frauen:* Östrogenpräparate <50 µg erlaubt

einer verstärkten Stressreaktion, einer erhöhten Pneumonierate und einer schlechteren Prognose nach einem Monat [10].

Bei akuten Hirninfarkten *muss* in der Akutphase der *Blutzuckerspiegel* unter 200 mg/dl (besser zwischen 100–150 mg/dl) gesenkt werden. Mittlerweile gilt als gesichert, dass erhöhte Blutzuckerspiegel in der Akutphase mit der späteren Prognose negativ korreliert sind. Andererseits müssen hypoglykämische Situationen ebenfalls unbedingt vermieden werden, da auch sie zu einer schlechteren Prognose führt.

Insultbedingte Schluckstörungen finden sich nach neueren Untersuchungen in 30–70% der Patienten, die bei >90% im weiteren Verlauf rückläufig waren. Eine Aspirationspneumonie wurde in bis zu 10% der Fälle beobachtet.

> Primäre Ziele der Ernährungstherapie sind neben Vermeiden von Aspirationspneumonie und Mangelernährung die Rehabilitation der Schluckstörung. Hierfür bedarf es neben einer adäquaten (enteralen/parenteralen) Flüssigkeits- und Nährstoffzufuhr eines intensiven Schlucktrainings.

Die Flüssigkeits- und Nährstoffzufuhr wird initial über einen peripher venösen Katheter oder nasogastrale (nasoenterale) Sonde gewährleistet.

Indikation zur PEG- (PEJ/JET-PEG-)Anlage

Für den optimalen Zeitpunkt des Beginns einer enteralen Nahrungsapplikation über perkutane Sondensysteme (PEG/PEJ/JET-PEG) liegen derzeit keine eindeutigen Daten vor. Als allgemein akzeptiert gilt zwar, das transnasale Sonden durch lokale Irritationen das Schlucktraining in nicht unerheblichem Maße stören. Dennoch scheint es sinnvoll (bei sorgfältiger Betreuung des Patienten während der Nahrungsaufnahme), in den ersten Tagen nach einem Insult den Verlauf der Schluckstörung abzuwarten, bevor die Entscheidung zur künstlichen Ernährung getroffen wird [49].

Für eine längerfristige Ernährung (absehbare Therapiedauer >3 Wochen) sowie häufige (habituelle) Sondendislokation sollte die Indikation zur lagestabilen perkutan-gastralen (enteralen) Ernährung großzügig gestellt werden.

Applikationsort. Aufgrund ernährungsphysiologischer Überlegungen erscheint die gastrale Applikation zunächst am sinnvollsten. Die hierbei relativ hohen Aspirationsraten von bis zu 18% favorisieren allerdings die jejunale Platzierung der Sonde. Bei Patienten, die häufiger Erbrechen und/oder regurgitieren, sollte in jedem Fall eine jejunale Nahrungsapplikation mittels PEJ oder JET-PEG erfolgen (s. Kap. 19).

36.2.2 Schädel-Hirn-Trauma

Therapiestandards zur Ernährungsbehandlung des Patienten mit Schädel-Hirn-Traums (SHT) können derzeit aufgrund der wenigen, wissenschaftlich nur unzureichend abgesicherten Erkenntnisse nicht formuliert werden. Dennoch lassen sich die nachfolgenden Anhaltspunkte aus der Literatur ableiten [13, 42, 48].

Flüssigkeits- und Elektrolytbedarf

Insbesondere nach strukturellen Läsionen im hypothalamisch-hypophysären Bereich, Operationen von Hypophysentumoren und anderen Mittellinientumoren, ferner nach schweren Subarachnoidalblutungen (SAB) ist mit dem gehäuften Auftreten von Störungen des Wasser- und Elektrolythaushalts zu rechnen. Häufig sind Diabetes insipidus, die zentrale Hypernatriämie durch Läsionen der Osmorezeptoren im Hypothalamus und Syndrom inadäquater ADH-Sekretion.

> Eine schematische Flüssigkeitszufuhr sollte bei Patienten mit zentralen Regulationsstörungen vermieden werden.

Allgemein kann der Flüssigkeitsbedarf eines Patienten nach SHT und anderen intrakranielle Läsionen mit 30–35 ml/kgKG/24 h in der ersten posttraumatischen/-operativen Woche kalkuliert werden.

Energie- und Proteinzufuhr

Für *nichtrelaxierte* Patienten ist eine Kalorienzufuhr von ca. 140%, für relaxierte (bzw. tief sedierte) Patienten von 100% des Energieumsatzes nach Harris-Benedict zu veranschlagen (Kap. 1). Bei der Kohlenhydratzufuhr sind auch hier Blutzuckerwerte zwischen 100–150 mg/dl anzustreben (s. oben). Der Einsatz xylosehaltiger Gemische erscheint sinnvoll, ist aber nicht eindeutig belegt [39]. Trotz bedarfsgerechter Kalorien- und Aminosäurenzufuhr ist eine ausgeglichene Stickstoffbilanz in den wenigsten Fälle zu erreichen.

> Eine Zufuhr von >1,5 g/kgKG/24 hist wegen der erhöhten Harnstoffbildung nicht angezeigt.

Ob durch einen erhöhten Anteil verzweigtkettiger Aminosäuren eine Verbesserung der kumulativen Stickstoffbilanz erzielt werden kann bleibt derzeit noch offen. Aufgrund der nachgewiesen Neurotoxizität von Glutamat (Gliaschwellung, Stimulation des NMDA-Rezeptors) sind zukünftig *glutamatfreie Infusionslösungen* anzustreben [24].

Spurenelement- und Vitaminzufuhr

Zu Art und Ausmaß der Vitamin- und Spurenelementversorgung bei Patienten mit SHT existieren nur sehr lückenhafte

Daten. Basierend auf der Überlegung eines durch die extreme katabole Stoffwechsllelage (60% des Körperzinks finden sich in der Muskulatur) und nachgewiesene renale Verlust verglichen Young et al. [50] im Rahmen einer randomisierten Studie eine mit 12 mg Zink (Woche 1–2) bzw. 22 mg (bis Monat 3) angereicherte Sondennahrung gegen Plazebo. Trotz unveränderter Serumzinkspiegel (Aussagewert fraglich), fand sich in der Substitutionsgruppe im Vergleich zu Kontrollgruppe ein deutlich besseres neurologisches Outcome [50, 42].

Der in Tiermodellen wiederholt gefundene Nutzen einer Cu-Zn-SOD-Gabe weist auf die bereits erwähnte pathophysiologische Rolle von neurotoxischen Sauerstoffradikalen hin. Der sich daraus ableitende Einsatz antioxidativer Vitamine (Tocopherol, Ascorbat, β-Karotin) ist bisher nicht ausreichend untersucht. Erste Untersuchungen weisen zumindest für Vitamin E einen potenziellen Nutzen nach [39]. Eine allgemeine Therapieempfehlung lässt sich zum gegenwärtigen Zeitpunkt auch hier nicht herleiten.

Neueren prospektiven Studien zufolge [19] wird bei SHT-Patienten – auch bei nicht sicherer Alkoholanamnese – zur Prophylaxe eines WKS (s. oben) generell eine ausreichende Thiaminsubstitution vorgeschlagen (100 mg Vitamin B_1 parenteral).

Enterale/parenterale Ernährung

Lediglich in der Initialphase einer schwereren Hirnläsion ist mit einer Störung der gastrointestinalen Motilität zu rechnen. Ein gastraler Kostaufbau (oral oder über Sonde) sollte in der Regel nach etwa 3–5 Tagen beginnen [84, 99].

> Bei Patienten mit SHT ist insbesondere beim Applikationsweg zu beachten, dass durch die Frakturlinien beim Legen einer nasogastralen Sonde die Gefahr einer intrakraniellen Fehllage besteht. Hier erleichtert ein transnasal unter Sicht eingeführtes Bronchoskop platzierter Führungsdraht die sichere Platzierung der Sonde.

Weitere Indikationen für die Anlage einer Ernährungssonde sind neurogene Schluckstörungen durch *Läsionen kaudaler Hirnnerven* (z. B. nach Operationen in der hinteren Schädelgrube).

> Nach jeder Operation in der hinteren Schädelgrube sollten deshalb vor dem Kostaufbau Würge-, Husten-, und Schluckreflexe sowie Rachensensibilität und Zungenbeweglichkeit auf ihre Regelhaftigkeit überprüft werden.

Die initiale Zurückhaltung zur frühzeitigen Anlage perkutaner Sondensysteme (PEG, JET-PEG) in der Primärversorgung bei Patienten mit SHT-erweist sich neueren Untersuchungen zufolge als weitestgehend unbegründet [1, 2, 27, 49].

36.3 Neuro-/vaskulodegenerative Krankheiten

36.3.1 Multiple Sklerose (MS)

Es handelt sich um eine langsam fortschreitende ZNS-Erkrankung, die durch fleckförmig verstreute Zonen von Demyelinisation in Gehirn und Rückenmark gekennzeichnet ist, die auch mit intermittierenden Schüben einhergeht.

Ätiologie und Inzidenz

Die Ursache ist nicht bekannt. Man nimmt eine immunologische Störung an, wobei nur wenig Hinweise auf einen spezifischen Mechanismus vorliegen. Ätiologisch wird eine Infektion mit einem »slow virus« oder einem latenten Virus und Myelinolyse durch ein Enzym angenommen. Bei den meisten Patienten ist das IgG im Liquor vermehrt, und erhöhte Titer sind mit einer Vielzahl von Viren, einschließlich Masern, in Verbindung gebracht worden.

Ein gehäuftes familiäres Auftreten lässt vermuten, dass wahrscheinlich auch genetische Faktoren einen Einfluss haben. Frauen werden etwas häufiger befallen als Männer. Auch Umweltfaktoren spielen eine Rolle. Die Krankheit kommt öfter im gemäßigten Klima als in tropischen Ländern vor (1:2.000 bzw. 1:10.000). Obwohl der Krankheitsbeginn in der Regel zwischen dem 20. und dem 40. Lebensjahr liegt, hat man die MS mit dem Ort in Verbindung gebracht, an dem ein Patient die ersten 15 Jahre seines Lebens verbracht hat. Ein Ortswechsel nach dem 15. Lebensjahr verändert das Risiko nicht.

Symptomatik

Die Krankheit ist durch verschiedenartigste Beschwerden und Befunde von Funktionsstörungen des ZNS gekennzeichnet, mit Remissionen und immer wiederkehrenden Exazerbationen. Der Beginn ist für gewöhnlich schleichend. Häufigste Symptome sind Parästhesien in einer oder mehreren Extremitäten, am Stamm oder einer Gesichtshälfte; Schwäche oder Unbeholfenheit einer Hand oder eines Beins, Sehstörungen, wie partielle Blindheit oder Schmerz in einem Auge (Retrobulbärneuritis des Optikus), Doppelbilder, trübes Bild oder Skotome.

Therapie

Zur Behandlung des *akuten Schubes* gelten orale Kortikosteroide (z. B. Methylprednisolon 0,5–1 g), bis zum Eintritt der Remission (typischerweise 1–3 Tage) und anschließend über 5–7 Tage bis auf Null ausschleichend als Mittel der Wahl.

Eine Langzeitbehandlung mit Kortikosteroiden ist selten gerechtfertigt. Der Einsatz immunsuppressiver-immunmodulierender Medikamente (β-Interferone, Glatirameracetat, intravenöse Immunglobuline) erlaubt zunehmend eine spezifische Therapie der MS.

Ernährungstherapie

Epidemiologische Daten, dass MS in Populationen mit *hohem Fettverzehr* (v. a. tierische Fette, d. h. hoher Gehalt an gesättigten Fetten) und die Tatsache, dass die phospholipidfraktionen des zerebralen Myelins von MS-Patienten relativ geringe Konzentrationen von ω-6-Fettsäuren enthält, gelten als Rationale für eine *fettmodifizierte Kostformen* [41].

Nach neueren Studien führt eine nur wenig gesättigtes Fett enthaltende, polyensäurereiche, mit marinen ω-3-Fettsäuren angereicherte, überwiegend lactovegetabile Kost zu leichteren Verlaufsformen, häufigeren und längeren Remissionen und wesentliche besseren Überlebenszeiten [14, 33].

Nach bisherigem Wissensstand sollte daher eine dauerhafte strikte Reduktion des Konsums gesättigter Fette (<15 g/24 h) in Verbindung mit Zulage von polyensäurereichem Planzenöl (10–40 g/24 h) und Dorschlebertran (5 g/24 h, alternativ eine Portion Makrele, Hering o.ä.) angestrebt werden (▫ *Tabelle 36-3*). Bei Dorschlebertran ist dessen Gehalt an Vita-

Tabelle 36-3. Nahrungsmittel mit hohem Gehalt für ω-3-Fettsäuren (EPA/DHA in mg/g essbarem Anteil)

Kabeljau, Dorsch	65/120
Rotbarsch	275/130
Brachsen	485/866
Sardinen	580/810
Makrele	629/1120
Dornhai	550/1840
Sprotte	1330/1900
Lachs	709/2150

min A (ca. 0,25 mg/g) und Vitamin D (ca. 2 μg/g) zu berücksichtigen (maximal 5–10 g Lebertran/24 h!).

> Die über Jahrzehnte in Deutschland propagierte *»Evers-Diät«* (ausschließliche Rohkost) entbehrt jeglich er wissenschaftlichen Grundlage und wird heute allgemein als obsolet angesehen.

36.3.2 Morbus Parkinson

Es handelt sich um eine idiopathische, langsam fortschreitende degenerative Erkrankung des ZNS mit 4 charakteristischen Merkmalen:

- Bewegungsverlangsamung und -armut (Akinese),
- Rigor der Muskulatur,
- Ruhetremor,
- Instabilität der Körperhaltung.

Die Parkinson-Krankheit ist die vierthäufigste neurodegenerative Erkrankung im höheren Alter. Sie betrifft 1–1,5% der über 65-jährigen und 0,4% aller über 40-jährigen. Im Mittel liegt der Krankheitsbeginn bei 57 Jahren.

Ätiologie und Inzidenz

Die Ätiologie dieser Erkrankung ist unbekannt. Charakteristisch ist der Untergang von pigmentierten Neuronen in der Substantia nigra, dem Locus coeruleus und in weiteren dopaminergen Zellgruppen des Hirnstamms. Der Verlust der Neurone der Substantia nigra, deren dopaminhaltige Axone zum Nucleus caudatus und zum Putamen ziehen, bedeutet, dass der *Neurotransmitter Dopamin in diesen Regionen vermindert* ist.

Sekundärer Parkinsonismus entsteht durch Verlust der Dopaminwirkung oder durch Interferenz mit der Dopaminwirkung in den Basalganglien aufgrund von idiopathischer neuronaler Degeneration, Medikamenten oder exogenen Giften. Die häufigste Ursache eines sekundären Parkinsonismus ist die Einnahme von Neuroleptika oder Reserpin.

Symptomatik

Bei 50–80% der Patienten beginnt die Parkinson-Krankheit schleichend mit einem Ruhetremor (4–8/s, »Pillendrehen«) einer Hand. *Der Tremor ist in Ruhe maximal ausgeprägt, vermindert sich bei Bewegungen und fehlt im Schlaf*; er wird durch emotionale Spannungen oder Ermüdung verstärkt. Hände, Arme und Beine sind üblicherweise in dieser Reihenfolge betroffen. Kiefer, Zunge, Stirn und Augenlider können auch betroffen sein, die Stimme allerdings nicht. Viele Patienten zeigen nur eine Rigidität, niemals aber Tremor. Fortschreitende Rigidität, Bewegungsverlangsamung und -armut (Bradykinese) sowie Schwierigkeiten bei der Initiierung von Bewegungen (Akinese) folgen. Rigor und Hypokinese mögen zu Muskelschmerzen und einem Gefühl von Müdigkeit beitragen.

Eine *Störung* der *Darmfunktion* mit *Obstipation* findet sich bei 30% bis über 60% der Parkinson-Patienten (im Alter zunehmend). *Schluckstörungen finden sich bei bis zu 95%* der Parkinson-Patienten (Breischluck, Ösophagusdruckmessungen) bedingt durch zusätzliche degenerative Veränderungen im Nucleus dorsalis nervi vagi. Die häufig bestehende Hypersalivation ist nicht Folge einer vermehrten Speichelsekretion (diese ist eher vermindert), sondern Folge der Schluckstörung.

> Durch eine wahrscheinlich zusätzlich bestehende Degeneration im Bereich des Hypothalamus kommt es bei einzelnen Patienten zu einem kaum beeinflussbaren Gewichtsverlust bis zur Kachexie.

Autonome Symptome u. a. mit *gestörter Magenmotilität*, *Schluckstörungen* und *Obstipation* sind bei Parkinson-Patienten häufig. Wirkungsfluktuationen unter L-Dopa-Therapie können auftreten, da L-Dopa mit Aminosäuren um Transportsysteme im Darm konkurrieren. Hier ist eine eiweißarme Diät und die Einnahme der L-Dopa-Medikation unabhängig von den Mahlzeiten sinnvoll.

Therapie

Basistherapie ist die Gabe von L-Dopa. Als Nebenwirkung der Therapie mit L-Dopa kommt es häufig zu Übelkeit, Erbrechen und Obstipation. Diese lassen sich mit 3-mal 10–20 mg Domperidon meist gut behandeln.

Im Verlauf der Therapie mit L-Dopa Präparaten kommt es, häufig bedingt durch eine gestörte intestinale Resorption von L-Dopa, das mit Nahrungsaminosäuren um die gleichen Aminosäuren-Transporter konkurriert, zu Wirkungsschwankungen. In zeitlichem Zusammenhang zur Medikamenteneinahme sollte daher eine zu reichliche Eiweißaufnahme vermieden werden.

Cave: Bei Vermeiden proteinreicher Lebensmittel während des Tages Gefahr der Progredienz der Mangelernährung und Gewichtsabnahme. Bei gutem Ernährungszustand Begrenzung der Proteinzufuhr auf die Höhe der Empfehlung für die Ernährung des Gesunden (0,8–1,0 g/kgKG/24 h).

Im Hinblick auf die häufig begleitende habituelle (Anticholinergika!) Obstipation *ballaststoffreiche* (angereicherte) *Vollkost*. In Fällen starker Schweißneigung reichlich Flüssigkeit und erhöhtes Kochsalzangebot (wenn keine Kontraindikation).

> Die verlangsamten Parkinson-Patienten benötigen meist das Zwei- bis Dreifache der Essenszeit eines Gesunden. Herausfinden der im Einzelfall je nach Kau- und Schluckvermögen zu bevorzugenden Speisenkonsistenz. Häufig kleine Mahlzeiten. Zeit lassen zum Essen!

Ergebnisse von Langzeitstudien mit pharmakologischen Vitamin-E-Dosierungen, konnten die wiederholt diskutierte Rolle von freien Radikalen (verminderte Aufnahme von antioxidativen Vitaminen) in der Entstehung der Krankheiten nicht bestätigen [36, 40].

36.3.3 Alzheimer-Demenz

Die Krankheit beruht auf einem degenerativen Prozess mit auffälligem *Zellschwund* im *basalen Vorderhirn, der Hirnrinde* und anderen Hirnbereichen. Cholinerge Neurone und ihre Zielneurone sind besonders betroffen. Es besteht eine makroskopisch erkennbare *Hirnatrophie* mit *weiten Sulci* und *erweiterten Ventrikeln* sowie mit mikroskopisch nachweisbaren senilen Plaques und neurofibrillären Knötchen.

Die Inzidenz steigt von 0,5% bei 65-jährigen auf 8% bei den über 85-jährigen.

Gedächtnisschwund ist das erste und auffälligste *Symptom*; im Frühstadium gibt es noch keine Vigilanzstörungen. Senile und präsenile Alzheimer-Demenzen sind einander in ihren klinischen und pathologischen Merkmalen ähnlich: Das Erkrankungsalter der präsenilen Form liegt bei 40–60 Jahren, das der senilen bei 60–80 Jahren – manchmal früher, selten später. Üblicherweise schreitet die Demenz stetig voran und macht sich nach 2–3 Jahren eindeutig bemerkbar.

Ätiologie

Histopathologische Hauptmerkmale sind die Anhäufung von senilen Plaques und neurofibrillären Bündeln in Kortex, Hippocampus und in anderen für Gedächtnisfunktionen relevanten Hirnregionen sowie eine zerebrovaskuläre Amyloidose. Hauptbestandteil der Plaques ist ein schwer lösliches Protein (Molekulargewicht ca. 4.000), das in einer β-Faltblattstruktur vorliegt, dessen helikale Filamente abnorm phosphoryliert sind. Die Ätiologie ist unklar. Diskutiert werden und wurden:

- oxidativer Stress,
- Hyperhomozysteinämie,
- chronische Aluminiumintoxikation.

Freie Radikale – oxidativer Stress: ROS

Die Wertigkeit experimenteller Daten die für eine Beteiligung *freier Radikale* – im Plasma von Alzheimer-Patienten konnten im Vergleich zu Gesunden signifikant niedrigere Spiegel von Karotinoiden und an Vitamin E bei der Amyloidbildung nachgewiesen werden – sprechen, bleibt umstritten [11, 51]. So solle zerebrale Eisenüberladung, Aggregation von Amyloid-β-Protein und eine erhöhte CuZn-Superoxid-Dismutase-Aktivität zu einer Erhöhung der freien Radikale führen, die ihrerseits über eine übermäßige Oxidation von Membranlipiden und -proteinen zur Ablagerung der senilen Plaques und mikroatherosklerotischen Läsionen führen sollen (*Abb. 36-2*).

In einer prospektiven Studie an 341 Alzheimer-Patienten mit pharmakologischen Vitamin-E-Dosen (2-mal 1.000 IU) allein oder in Kombination mit Selegilin (2-mal 5 mg) konnte die Progredienz der Krankheit – gemessen am Zeitpunkt der Krankenhauseinweisung, Sterblichkeitsrate, Ausprägung der Demenz – signifikant verzögert werden [35].

Hyperhomozysteinämie

Erhöhte Homozysteinspiegel gelten seit langem als von Hypertonus, Hyperlipidämie und Rauchen unabhänigiger kardiovaskulärer Risikofaktor (s. Kap. 41). Neuere Arbeiten zeigen darüber hinaus auch einen deutlichen Zusammenhang zu kognitiven Funktionen und auch zur Enstehung von Alzheimer [32]. Ursächlich diskutiert werden mikrovaskuläre Veränderungen und/oder Mikroinfarkte die über lokale Ischämien – insbesondere in der Hippokampusregion – zum neuronalen Zelleuntergang und β-Amyloid-Ablagerung führen. Eine direkte neurotoxische Wirkung über Aktivierung von N-methyl-D-Aspartart-Rezeptoren wird ebenfalls diskutiert (*Abb. 36-3*)

Aluminiumintoxikation

Geographische Korrelationen zur Prävalenz der Alzkeimer-Krankheit und dem Aluminiumgehalt des Trinkwassers (0,11 mg/l 1,5fach höheres Risiko) sowie Ähnlichkeiten zur Aluminium induzierten Dialyseenzephalopathie machten Aluminium zu einem möglichen ätiopathogenetische Faktor in der

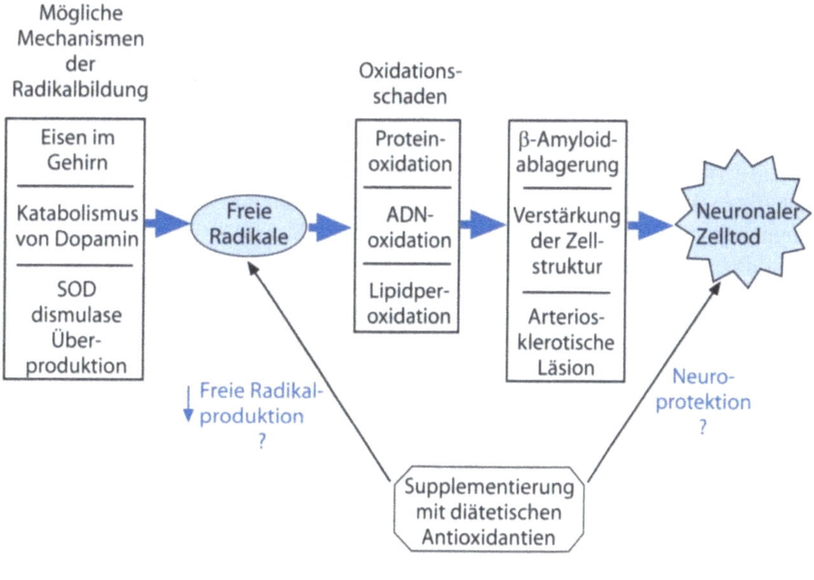

Abb. 36-2. Ätiopathogenetische Bedeutung freier Radikale bei Alzheimer-Demenz

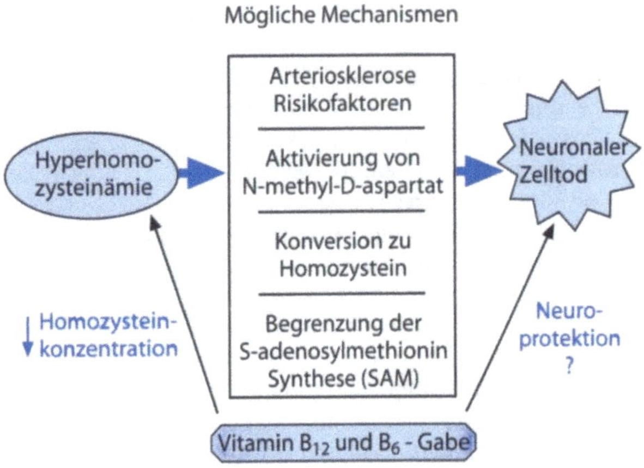

Abb. 36-3. Hyperhomozysteinämie als möglicher Risikofaktor der Alzheimer-Demenz

Entstehung der Alzheimer-Demenz. Übereugende wissenschaftliche Belege dieser Hypothese blieben bisher aus [32].

Therapie

Das therapeutische Vorgehen umfasst neben der Behandlung internistisch-neurologischer Begleiterkrankungen die symptomatische Behandlung psychopathologischer Störungen sowie spezielle Konzepte zur positiven Beeinflussung kognitiver Defizite.

Bei noch nicht schwer ausgeprägter Demenz (selbstständiges Leben bei Aktivitäten des täglichen Lebens) erweist sich die Gabe von zentral wirksamen Cholinesterasehemmern (z. B. Aricept) als wirksam.

Ernährungstherapeutische Maßnahmen betreffen [32, 34]:
- Beseitigung des in späteren Stadien häufig latenten Thiamin-, Folsäure und Cobalaminmangels;
- Dehydratation, proteinkalorische Unterernährung;
- Sicherstellung bedarfsgerechter Ernährung auch im Stadium fortgeschrittenen zerebralen Abbaus;
- Berücksichtigung eventueller Schluckstörungen (ggf. Sondenernährung).

36.3.4 Epilepsie

Der epileptische Anfall ist ein Symptom, das bei einer Vielzahl morphologischer und metabolischer Affektionen auftreten kann. Häufige Ursachen sind frühkindliche Hirnschäden, Schädel-Hirn-Traumata, Hirntumore, Alkoholentzug, diabetisches Koma, Schlafentzug, Pharmaka (Neuroleptika, Immunsuppressiva etc.). Bei einem Teil bleibt die Ursache unklar (idiopathische Anfallsleiden).

Bei Säuglingen kommt es gelegentlich zu Vitamin B_6 sensitiven epileptischen Anfällen die auf eine Vitaminsubstitution prompt sistieren. Häufig ist dieser Mangel bei Säuglingen, die von deutlich mangelernährten Müttern gestillt werden. Die Substitution erfolgt mit 10–150 mg Vitamin B_6/24 h.

Viele Antikonvulsiva führen zu Vitaminmangelsituationen. So kann beispielsweise die Gabe von Phenobarbital, Phenytoin, und Primidon zu einer Störung im Folsäurestoffwechsel führen, die dann während einer Schwangerschaft Neuralrohrdefekte bedingen kann, welche durch eine Folsäuresubstitution verhindert werden können. Unter Therapie mit Antikonvulsiva finden sich auch häufig verminderte Vitamin-E- und -D-Spiegel [29]. Neueren Hinweise zufolge führen erniedrigte Vitamin-E-Spiegel zu einer Erhöhung der Krampfbereitschaft [29].

1991 wurde von DeVico [12] erstmals ein Glukose-Transporter-Protein-Defekt-Syndrom beschrieben, das zum Auftreten epileptischer Anfälle (meist in Form atypischer Absencen) führt. Typischerweise kommt es in einer beginnenden Hungersituation zu Anfällen. Nach dem Essen kommt es zu einer raschen, nahezu vollständigen Normalisierung des zuvor hochpathologischen EEG´s mit typischen Anfallsmustern (2–2,5 Hz Spike-wave-Komplexen). Wegweisend ist eine Differenz der Glukosekonzentration im Serum und Liquor (wo die Glukosekonzentration deutlich erniedrigt ist [26]). Wahrscheinlich ist dieses Syndrom häufiger, als bisher vermutet. Es sind sowohl hereditäre als auch (überwiegend) sporadische Fälle beschrieben.

Bei diesem Syndrom sollte darauf geachtet werden, dass regelmäßig und häufige Mahlzeiten eingenommen werden und Hungersituationen vermieden werden. Nach bisherigen Erkenntnissen scheint eine ketogene Diät unterstützend hilfreich [7].

Ernährungstherapie

Ketogene Diät

Bereits in den 1920er Jahren wurde beobachtet, dass eine durch Fasten induzierte Ketoazidose die epileptische Anfallsbereitschaft reduziert. Dies war in den Nachfolgejahren Basis zur Einführung extremst fettreicher (>80% der Energie), kohlenhydratarmer Kostformen in der Therapie des Anfallsleidens [18].

Die antikonvulsiven Mechanismen sind weitestgehend unklar. Am wahrscheinlichsten erscheint eine direkte antikonvulsive Wirkung der β-Hydroxybuttersäure zu sein, da sich signifikante eine Wirkung der Diät erst ab Konzentrationen >4 mmol einstellen [18].

Eine vernünftige Praktikabilität dieser Diät wurde jedoch erst nach Einführung von MCT-Fetten möglich (die ketogene Potenz von MCT-Fetten ist um den Faktor 1,25 größer). Ausführliche Darstellung finden sich bei [9, 30, 18].

Oligoantigene Diät

Für Kinder mit zugleich bestehendem hyperkinetischem Syndrom oder Migräne ließ sich die Anfallsbereitschaft durch Einhaltung einer oligoantigenen Diät deutlich reduzieren.

Eine oligoantigene Diät besteht aus einer Sorte Fleisch, einem kohlenhydratreichen Lebensmittel, wenigen, wenn möglichst zu einer Pflanzenfamilie zählenden, Gemüsesorte und einer Sorte Obst. Nach Eintritt der Beschwerdefeiheit wird pro Woche ein Lebensmittel (aus einer Liste von 10 häufig Migräne auslösenden Lebensmitteln wie Hafer, Rindfleisch, Weizen, Käse, Kuhmilch, Ei, Fisch etc.), das täglich verzehrt werden muss, in den Kostplan integriert [15, 16].

36.3.5 Hyperkinetisches Syndrom

Beim hyperkinetischen Syndrom handelt es sich um eine Verhaltensstörung im Kindesalter, die mit motorischer Unruhe,

Tabelle 36-4. Neurologisch bedingte Schluckstörungen

Potenziell reversibel	Irreversibel
Zerebrovaskulärer Insult	Amyotrophe Lateralsklerose
Enzephalitis	Multiple Sklerose
Zerebrale Blutung (SAB)	Morbus Alzheimer
Postoperative Zustände	Chorea Huntington
Schädel-Hirn-Trauma	Apallisches Syndrom

Konzentrationsschwäche, Impulsivität im Denken und Handeln, Leistungs- und Kontaktstörungen sowie Stimmungs- und Infektlabilität einhergeht.

Exakte Angaben über die *Häufigkeit* fehlen. Nach Schätzungen sollen in Mitteleuropa etwa 4–6% aller Schulkinder betroffen sein. Die Ätiologie ist unbekannt. Als mögliche Ursachen wurden u. a. auch bestimmte Lebensmittelunverträglichkeiten (s. Kap. 56) diskutiert. Sie dienten als Basis bestimmter Ernährungsempfehungen:

- Nach der »*Feingoldtheorie*« ist das Syndrom Folge des Verzehr farbstoff- und konservierungsstoffhaltiger Lebensmittel [17].
- Die v. a. in Deutschland propagierte »*Phosphattheorie*« [25] führte gar zur Gründung der sog. »*Phosphatliga*« (jetzt »Arbeitskreis *Überaktives Kind*«).
- Die unter kontrollierten doppelblinden Bedingungen durchgeführte Besserung unter einer *oligoantigenen Diät*, führte zur Annahme, das hyperkinetische Syndrom sei eine besondere Form einer *Lebensmittelallergie* [15, 16].

> Die Wirksamkeit der auf diesen Annahmen beruhenden Kostformen (»Feingolddiät«, sog. phosphatarme Diät nach Hafer) ist nach dem bisherigen Wissensstand mehr als zweifelhaft. Ein bloßer Suggestiveffekt ist nicht auszuschließen.

Die oligoantigene Diät ist scheinbar auch bei anderen kindlichen Verhaltensstörungen (Migräne, Enuresis) wirksam. Auch ist die immer wieder geäußerte Behauptung, ein hoher Verzehr von *Zucker* oder *Süßwaren* bzw. *Aspartam* nach neueren Untersuchungen wissenschaftlich unhaltbar [28].

36.3.6 Polyneuropathie

Viele Vitaminmangelsituationen führen zur Ausbildung einer dann meist symmetrischen distal betonten sensomotorischen Polyneuropathie (Vitamin B_1, Niacin, Pantothensäure, B_6, B_{12}, evtl. Folsäure).

Autonome Polyneuropathie

Eine autonome Polyneuropathie tritt häufig im Rahmen einer diabetischen PNP (meist in Kombination mit einer sensomotorischen PNP) auf. Neben kardiovaskulären Störungen, Störungen der Temperaturregulation treten aber auch sehr häufig gastrointestinale Störungen auf.

Eine gestörte Peristaltik und ein verminderter Tonus des Ösophagus kann zur Dysphagie führen. Eine Gastroparese erklärt häufig ein Völlegefühl nach der Mahlzeit. Zusätzlich besteht eine Hypotonie (bis Atonie) des Dünn- und Dickdarms.

Therapeutisch sind kleine Mahlzeiten sinnvoll. Bei diabetischer PNP kann eine Therapie mit 600 mg α-Liponsäure i.v./24 h versucht werden. Ergänzend ist die Gabe von 3-bis 4-mal 10 mg Metoclopramid sinnvoll. Antiemetika, Cholinergika und Cholinesterasehemmer sind wenig effektiv.

36.3.7 Stellenwert der parenteralen/enteralen Ernährung

Eine Indikation zur enteralen-/parenteralen Ernährung bei neurologischen Patienten ergibt sich insbesondere bei Bewusstseinsstörungen sowie bei gestörtem Schluckakt (Aspirationsgefahr!). Unterschieden werden dabei potenziell reversible von primär irreversiblen Schluckstörungen (*Tabelle 36-4*). Der Schluckakt ist häufig bei akuten und chronisch-progredienten Hirnstammprozessen (Hirnstamminfarkt, -blutung, -tumoren), bei progredienter Schädigung der kortikobulbären Bahnen (z. B. im Verlauf der amyotrophen Lateralsklerose, ALS), bei einer gestörten neuromuskulären Übertragung (Myasthenie) sowie im späteren Verlauf degenerativer Muskelerkrankungen (Myopathie) gestört.

Neben Verhütung der Malnutrition und Aspirationsschutz scheint neueren Studien zufolge eine adäquate Sondenernährung (im Rahmen multimodaler Konzepte) auch zur *Dekubitusprophylaxe* beizutragen [3, 21].

Patienten mit *akuten Erkrankungen* des zentralen Nervensystems (ZNS) haben ein besonders hohes Risiko für die Entwicklung von Stressulzera. Wie bei anderen Erkrankungen auch sollte eine möglichst frühzeitige enterale Ernährung angestrebt werden. Da bei Schädigungen des ZNS häufig die Magenentleerung deutlich gestört ist, muss jedoch der Vorteil der frühen enteralen Ernährung mit dem Risiko der Aspiration gründlich abgewogen werden. Bei höhergradigen Bewusstseinsstörungen und gestörter Magenmotilität/-entleerung wird die Ernährungstherapie in Form einer totalen parenteralen Ernährung begonnen. Die enterale Ernährung sollte zu einem möglichst frühen Zeitpunkt angestrebt werden. Sollte die enterale Ernährung voraussichtlich länger als 3 Wochen notwendig sein, so wird die Anlage einer PEG (seltener PEJ) bevorzugt (s. oben).

Literatur

1. Akkersdijk WL, Roukema JA, van der Werken C (1998) Percutaneous endoscopic gastrostomy for patients with severe cerebral injury. Injury 29: 11–14
2. Anonymus (2000) The Brain Trauma Foundation. The American Association of Neurological Surgeons. The Joint Section on Neurotrauma and Critical Care. Nutrition. J Neurotrauma 17: 539–547
3. Ayello EA, Thomas DR, Litchford MA (1999) Nutritional aspects of wound healing. Home Healthc Nurse 17: 719–729
4. Bath PM, Bath FJ, Smithard DG (2000) Interventions for dysphagia in acute stroke. Cochrane Database Syst Rev 2: CD000323
5. Berlit P (2000) Schlaganfall. Möglichkeiten der Primärprävention, Nervenarzt 71: 231–237

6. Bic Z, Blix GG, Hopp HP et al. (1999) The influence of a low-fat diet on incidence and severity of migraine headaches. J Wom Health Gend Based Med 8/5: 623–630
7. Boles RG, Seashore MR, Mitchell WG et al. (1999) Glucose transporter type 1 deficiency: a study of two cases with video-EEG. Eur J Ped 158: 978–983
8. Butterworth CE Jr, Bendich A (1996) Folic acid and the prevention of birth defects. Annual Review of Nutrition 16: 73–97
9. Carroll J, Koenigsberger D (1998) The ketogenic diet: a practical guide for caregivers. J Am Diet Assoc 98: 316–321
10. Davalos A, Ricartz W (1996) Effect of malnutrition after stroke on clinical outcome. Stroke 27: 1028–1032
11. Deschamps V, Barberger-Gateau P, Peuchant E, Orgogozo JM (2001) Nutritional factors in cerebral aging and dementia: epidemiological arguments for a role of oxidative stress. Neuroepidemiology 20: 7–11
12. De Vico DC, Trifiletti RR, Jacobson RI, Ronen GM, Behmand RA, Harik SI (1991) Defective glucose transport across the blood-brain barrier as a cause of persistent hypoglycorrhachia, seizures, and developmental delay. N Engl J Med 325: 731–732
13. Dörr F, Jantzen JP (1997) Nutrition for patients with craniocerebral-trauma. Zentralbl Neurochir 58: 88–90
14. Dworkin RH, Bates D, Millar JH, Paty DW (1984) Linoleic acid and multiple sclerosis: a reanalysis of three double-blind trials. Neurology 34: 1441–1445
15. Egger J, Carter CH, Soothill JF, Wilson J (1992) Effect of diet treatment on enuresis in children with migraine or hyperkinetic behavior. Clin Pediatr 31: 302–307
16. Egger J, Carter CM, Soothill JF, Wilson J (1989) Oligoantigenic diet treatment of children with epilepsy and migraine. J Pediatr 114: 51–58
17. Feingold BF (1975) Hyperkinesis and learning disabilities linked to artificial food flavors and colors. Am J Nurs 75: 797–803
18. Freeman JM (2001) The ketogenic diet and epilepsy. Nestlé Nutr Workshop Ser Clin Perform Programme 5: 307–318
19. Ferguson RK, Soryal IN, Pentland B (2000) Wernicke-Korsakoff syndrome in head injury: a missed insult. Alcohol Alcohol 35 (Suppl 1): 16–18
20. Harper CG, Giles M, Finley-Jones (1986) Clinical signs in the Wernicke-Korsakoff complex: a retrospective analysis of 131 cases diagnosed at necopsy. J Neurol Neurosurg Psychiatry 46: 593–598
21. Hartgrink HH, Wille J, Konig P et al. (1998) Pressure sores and tube feeding in patients with a fracture of the hip: a randomized clinical trial. Clin Nutr 17: 287–292
22. Jansen GA, Mihalik SJ, Watkins PA et al. (1996) Phytanoyl-CoA hydroxylase is present in human liver, located in peroxisomes, and deficient in Zellweger syndrome: direct, unequivocal evidence for the new, revised pathway of phytanic acid alpha-oxidation in humans. Biochem Biophys Res Commun 229: 205–210
23. Jansen GA, Wanders RJ, Watkins PA, Mihalik SJ (1997) Phytanoyl-coenzyme A hydroxylase deficiency – the enzyme defect in Refsum's disease. N Engl J Med, 337: 133–134
24. Kempski O, von Andrian U, Schurer L, Baethmann A (1990) Intravenous glutamate enhances edema formation after a freezing lesion. Adv Neurol 52: 219–223
25. Klemm U (1985) Zur Therapie schwer verhaltensgestörter Kinder Hyperkinetiker (nach Hertha Hafer). Z Erfahrungsheilkd 9: 125
26. Klepper J, Wang D, Fischbarg J et al. (1999) Defective glucose transport across brain tissue barriers: a newly recognized neurological syndrome. Neurochem Res 24/4: 587–594
27. Klodell CT, Carroll M, Carrillo EH, Spain DA (2000) Routine intragastric feeding following traumatic brain injury is safe and well tolerated. Am J Surg 179: 168–171
28. Krummel DA, Seligson FH, Guthrie HA (1996) Hyperactivity: is candy causal? Crit Rev Food Sci Nutr 36: 31–47
29. Levy SL, Burnham WM, Bishai A, Hwang PA (1992) The anticonvulsant effects of vitamin E: a further evaluation. Can J Neurol Sci 19: 201–203
30. Mak SC, Chi CS, Wan CJ (1999) Clinical experience of ketogenic diet on children with refractory epilepsy. Acta Paediatr Taiwan 40: 97–100
31. McCarty MF (1996) Magnesium taurate and fish oil for prevention of migraine. Med Hypotheses 47: 461–466
32. Nicolas AS, Vellas B (2001) Diet-related prevention of Alzheimer's disease: different hypotheses. Nestlé Nutr Workshop Ser Clin Perform Programme 5: 283–303
33. Nordvik I, Myhr KM, Nyland H, Bjerve KS (2000) Effect of dietary advice and ω-3 supplementation in newly diagnosed MS patients. Acta Neurol Scand 102: 143–149
33a. Riesen WF, Mordasini RC, Münnich S (2000) Lipidosen (Lipidspeicherkrankheiten). In: Schwandt P, Richter WO, Parhofer KG (Hrsg) Handbuch der Fettstoffwechselstörungen, 2. Aufl. Schattauer, Stuttgart New York, S 201–228
34. Rosenberg ICH (2001) Aging, B vitamins and cognitive decline. Nestlé Nutr Workshop Ser Clin Perform Programme 5: 201–214
35. Sano M, Ernesto C, Thomas RG, et al. (1997) A controlled trial of selegiline, α-tocopherol, or both as treatment for Alzheimer's disease. The Alzheimer's Disease Cooperative Study. N Engl J Med 336: 1216–1222
36. Scheider WL, Hershey LA, Vena JE, Holmlund T et al. (1997) Dietary antioxidants and other dietary factors in the etiology of Parkinson's disease. Mov Disord 12: 190–196
37. Scopp AL (1991) MSG and hydrolyzed vegetable protein induced headache: review and case studies. Headache 31: 107–110
38. Scott JM, Kirke PN, Weir DG (1990) The role of nutrition in neural tube defects. Annual Review of Nutrition 10: 277–295
39. Senftleben U, Suchner U (2000) Zerebrale Protektion. Anästhesist 49: 340–344
40. Shoulson I (1998) DATATOP: a decade of neuroprotective inquiry. Parkinson Study Group. deprenyl and tocopherol antioxidative therapy of parkinsonism. Ann Neurol 44: S160–S166
41. Swank RL, Dugan BB (1990) Effect of low saturated fat diet in early and late cases of multiple sclerosis. Lancet 336: 37–39
42. Twyman D. (1997) Nutritional management of the critically ill neurologic patient. Crit Care Clin 13: 39–49
43. Victor M (1976) The Wernicke-Korsakoff syndrome. In: Vinken PJ, Bruyn GW (eds) Handbook of clinical neurology, vol. 28. Elsevier North Holland Publ., Amsterdam, p 243
44. Vollset SE, Refsum H, Tverdal A et al. (2001) Plasma total homocysteine and cardiovascular and noncardiovascular mortality: the Hordaland Homocysteine Study. Am J Clin Nutr 74: 130–136
45. Wasiewski WW (2001) Preventive therapy in pediatric migraine. J Child Neurol 16: 71–8
46. Weir CJ, Murray GD, Dyker AG, Lees KR (1997) Is hyperglycaemia an indipendent predictor of poor outcome after stroke. BMJ 314: 1303–1306
47. Wernicke C, (1881) Lehrbuch der Hirnkrankheiten, Bd 2, T. Fischer, Kassel
48. Wilson RF, Dente C, Tyburski JG (2001) The nutritional management of patients with head injuries. Neurol Res 23: 121–128
49. Yanagawa T, Bunn F, Roberts I et al. (2000) Nutritional support for head-injured patients. Cochrane Database Syst Rev 2: CD001530
50. Young B, Ott L, Kasarskis E et al. (1996) Zinc supplementation is associated with improved neurologic recovery rate and visceral protein levels of patients with severe closed head injury. J Neurotrauma 13: 25–34
51. Zaman Z, Roche S, Fielden P et al (1992) Plasma concentrations of vitamins A and E and carotenoids in Alzheimer's disease. Age Ageing 21: 91–94

Ernährung in der Transplantationsmedizin

L. Brinkmann, B. Markus

Der Transplantationspatient nimmt in vielerlei Hinsicht eine Sonderstellung bei der klinischen Ernährung und Infusionstherapie ein. Zum einen haben die Patienten entweder das Endstadium einer schweren chronischen Erkrankung erreicht, oder eine akut lebensbedrohliche Erkrankung hat die sofortige Transplantation zur Folge. Dieses führt zu einer schwerwiegenden Beeinträchtigung der verschiedenen Organsysteme und erfordert eine schnelle und umfassende Therapie.

Auch die Vielfalt der heute üblichen und bewährten Organtransplantationen mit ihren unterschiedlichen und komplexen pathophysiologischen Stoffwechselvorgängen bedürfen differenzierter und ausgewogener Therapieverfahren. Hinzu kommt, dass die prä-, intra- und postoperative Stoffwechsellage der Patienten verschiedene Anforderungen an die Ernährungs- und Infusionstherapie stellen. So sind Patienten mit einer langen Krankheitsgeschichte präoperativ häufig mangelernährt, die Operationen sind anspruchsvoll und belastend für den Patienten und die postoperative Behandlung erfordert den Einsatz von Immunsupressiva.

37.1 Indikationen zur Organtransplantation

- ***Lebertransplantation***
  Endstadium der Leberzirrhose bei verschiedenen Grunderkrankungen (z. B. Hepatitis B oder C, sklerosierende Cholangitis, primär biliäre Zirrhose, Autoimmunhepatitis, akutes Leberversagen, primäre Lebertumore etc.).
- ***Herztransplantation***
  Terminalstadien verschiedener Herzerkrankungen, für die keine effektive alternative Therapien zur Verfügung stehen (z. B. primäre Kardiomyopathien, ischämische Herzerkrankungen, angeborene Herzfehlbildungen etc.).
- ***Nierentransplantation***
  Terminale Niereninsuffizienz bei verschiedenen Grunderkrankungen, die eine chronische Dialysebehandlung erforderlich machen (z. B. chronische Glomerulonephritis, diabetische Nephropathie etc.).
- ***Lungentransplantation***
  Endstadien chronischer Lungenerkrankungen.
- ***Dünndarmtransplantation:***
  Kurzdarmsyndrom (z. B. bei Zustand nach akuter Mesenterialischämie, chronischer intestinaler Pseudoobstruktion etc.).
- ***Pankreastransplantation***
  Chronische Pankreasinsuffizienz und schlecht kontrollierbare endokrine Stoffwechselvorgänge (z. B. Diabetes mellitus Typ I).
- ***Knochenmarktransplantationen***
  Schwere akute Leukämie, aplastische Anämie, Strahlenschäden etc.

37.2 Präoperativer Enährungszustand und Therapie

Die adäquate Beurteilung des Ernährungszustands bei Patienten vor einer Organtransplantation erlaubt eine prognostische Beurteilung des Erfolgs und der Komplikationsrate während und nach der Transplantation [2,20,25,31,34]. Pikul et al. [30] zeigten in einer Studie mit 68 lebertransplantierten Patienten (Tabelle 37-1), dass eine schwere präoperative Mangelernährung mit einer erhöhten Verweildauer auf der Intensivstation, einer verlängerten Krankenhausverweildauer und einer erhöhten Mortalität einhergeht.

Der präoperative Ernährungszustand der Patienten muss daher korrekt eingeschätzt und gegebenenfalls therapiert werden. Hierfür kommen neben dem Body Mass Index und der Gewichtsentwicklung anthropometrische Parameter (Trizepshautfaltendicke, Oberarmumfang) sowie verschiedene laborchemische Parameter in Frage [27]. Zur Ermittlung der Körperzellzusammensetzung und des daraus resultierenden Ernährungszustands eignet sich die BIA-Messung (bioelektrische Impedanzmessung). Hackl ([16]; Tabelle 37-2) hat zur Beurteilung der Indikation für eine Ernährungstherapie einen Score entwickelt, der anhand von objektiven Kriterien wie Body Mass Index, ungewollte Gewichtsabnahme, S-Albumin, S-Harnstoff, S-Kreatinin und den zu erwartenden Tagen, die der Patient künstlich ernährt werden soll, die Notwendigkeit einer künstlichen Ernährung bestimmt (s. Kap. 1).

Die objektive Einschätzung des Ernährungszustands gestaltet sich allerdings häufig schwierig und ist v. a. bei chronischen Lebererkrankungen mit komplexen Stoffwechselstörungen nicht verwertbar. So hat Detsky [8] Richtlinien entwickelt, um den präoperativen Ernährungszustand von Patient vor der Organtransplantation einschätzen zu können (Tabelle 37-3). Hierbei unterteilt sich der Ernährungszustand der Patienten in 4 Stufen von gut ernährt bis hochgradig mangelernährt.

Hieraus ergibt sich, dass Patienten, die für eine Organtransplantation vorgesehen sind, soweit der zeitliche Ablauf es erlaubt, einer Optimierung des Ernährungsstatus zugeführt werden sollten. Allerdings wird die Malnutrition nicht als Kontraindikation zur Transplantation gewertet [37]. Die Zusammensetzung der Nahrung richtet sich nach individuellen Aspekten und Parametern. Die Energiebilanz und damit der Energieverbrauch kann mit dem 1,3fachen des Grundumsatzes

Tabelle 37-1. Morbidität und Mortalität nach Lebertransplantationen in Abhängigkeit vom Ernährungszustand. (Mod. nach [30])

Ernährungszustand	n	Mittlere Verweildauer auf einer Intensivstation [Tage]	Mortalität [%]
Gut	14	3	0
Gering mangelernährt	13	3	0
Mäßig mangelernährt	23	29	8
Hochgradig mangelernährt	18	44	28

Tabelle 37-2. Indikation zur künstlichen Ernährung. (Mod. nach [16])

1. Ernährungszustand (Grad der Mangelernährung)				
Punkte[a]	BMI [kg/m²]	Gewichtsabnahme (in % der letzten letzten 2 Monaten)	Serumalbumin [g/l]	Katabolie Serumharnstoff/-kreatinin
1	19–25	<2	>35	<15
2	17–19	2–3	30–35	15–25
3	16–17	3–6,5	25–30	25–35
4	<16	>6,5	<25	>35
2. Voraussichtliche Nahrungskarenz (<500 kcal/24 h)				
Tage:	≤2Tage	2–5 Tage	Langzeit	
Punkte[a]:	0	2	5	
3. Gesamtsumme		≤2	3,4	≥5
Ernährungstherapie		Nicht indiziert	Empfehlenswert	Unabdingbar

[a] Hierbei sind die unter 1. und 2. aufgelisteten Parameter getrennt zu ermitteln und zu addieren. Ob eine Ernährungstherapie empfehlenswert, unabdingbar oder nicht inidiziert ist, ergibt sich aus der Gesamtsumme (3.).

berechnet werden [31]. Hierfür eignet sich die indirekte Kalorimetrie oder die Harris/Benedict-Formel (s. Kap. 1).

So lange wie möglich ist eine orale Kost gegebenenfalls in Verbindung mit Zusatznahrung zu bevorzugen und evtl. durch enterale Sondenkost unter Berücksichtigung der Kontraindikationen zu ergänzen [18]. Die Kost sollte kalorien- und eiweißreich sein und vorwiegend aus komplexen Kohlenhydraten bestehen [25]. Gegebenenfalls ist die Nahrung mit Kalzium- und Vitaminsupplementen zu ergänzen. Bei kritisch Kranken und Patienten mit Organversagen, wie auch nach großen abdominellen Operationen, ist eine an intensivmedizinischen Kriterien ausgerichtete, zusätzliche parenterale Ernährung erforderlich. Die vollständige parenterale Ernährung ist allerdings nicht nur kosten- und personalintensiv, sondern geht auch mit einer erhöhten Infektionsrate einher, u. a. wahrscheinlich aufgrund eines verringerten Immunstatus [10]. Bei diesen Patienten hat sich eine Immunonutrition, die reich an ω-3-Fischölen, Glutamin, Arginin und Nukleotiden ist, bewährt [5, 35]. Diese Ergebnisse lassen sich voraussichtlich auf Patienten vor der Organtransplantation übertragen.

Obwohl Übergewicht keine generelle Kontraindikation für die Organtransplantation darstellt, weisen präoperativ stark adipöse Patienten eine erhöhte postoperative Komplikationsrate auf [21]. Deshalb erscheint eine moderate Gewichtsreduktion bei stark übergewichtigen Patienten (BMI >30 kg/cm²) vor der Transplantation sinnvoll.

37.3 Allgemeine Richtlinien zur postoperativen Ernährung

Ein wesentlicher Faktor bei der postoperativen, langfristigen Ernährung von organtransplantierten Patienten spielt die Gabe von Kortikoiden und Immunsuppressiva zur Verhinderung von Abstoßungsreaktionen. Bei einer hochdosierten Gabe von Kortikoiden wird der Proteinkatabolismus gesteigert und die Proteinsynthese gehemmt. Weitere Nebenwirkungen bei der Therapie mit Immunsuppresiva sind metabolische Stoffwechselstörungen mit Elektrolytverschiebungen [17]. Bei der Langzeittherapie mit Kortikoiden und Immunsuppressiva kommt es nicht selten zu einer Hyperlipoproteinämie, deren Folgen schwerwiegende kardiovaskuläre Erkrankungen seien können. Hierbei zeigte sich, dass die verschiedenen Immunsuppressiva unterschiedliche Auswirkungen auf den Lipidstoffwechsel haben. So wurden bei der Verwendung von Tacrolimus (Propraf) ein geringerer Anstieg des Serumtriglyzerid-, Serumcholesterin- und Serum-LDL-Spiegels beschrieben, als bei Ciclosporin (z. B. Sandimmmun) [23].

Die durch Medikamente induzierte Hyperlipoproteinämie kann in der Regel durch einen reduzierten Anteil von Fetten (<30% des Energiebedarfs) in der Nahrung gebessert werden [28]. Allerdings entwickeln Patienten im Langzeitverlauf nach der Organtransplantation häufig eine Hypertriglyzeridämie [24]. Gründe hierfür scheinen neben den Ernährungsgewohnheiten in erster Linie die genetische Disposition, mangelnde Aktivität und präoperativ ein erhöhter BMI zu sein [21].

Auch hat die Gabe von Immunsuppressiva eine gestörte Kohlehydratverwertung, Proteinkatabolismus, Hypertonus, Nierenversagen und Osteoporose zur Folge, die bei der Ernährung entsprechend berücksichtigt werden müssen. Eine prinzipiell niedrige Immunsuppression sowie die frühzeitige und rasche Reduzierung trägt entscheidend zu einer Verminderung dieser Nebenwirkungen bei.

Grundsätzlich sollte sich die Nahrung aus einer kohlehydrat- und eiweißreichen Diät, die einen geringen Fettanteil besitzt, zusammensetzen. Präoperative Malnutrition, perioperativer Stress und die forcierte Rehabilitation erfordern postoperativ einen erhöhten Energiebedarf. Allgemeine Empfehlung sind unmittelbar postoperativ den Energiebedarf auf ca. 130–150% des BEE (»basal energy expenditure« nach Harris/Benedict) oder 35 kcal/kgKG/24 h festzulegen [21].

Gerade in der frühen postoperativen Phase sind engmaschige laborchemische Kontrollen notwendig (Harnstoff, Kreatinin, Albumin, Elektrolyte, Triglyzeride, Cholesterin, Total-

Tabelle 37-3. Richtlinien zur Beurteilung des Ernährungszustands von Patienten vor Organtransplantationen. (Mod. nach [8])

Gut ernährt	Kein Abbau von Muskulatur
	Kein oder minimaler Verlust von subkutanem Fettgewebe
	Nahrungsaufnahme ausreichend oder grenzwertig unzureichend während weniger als 2 Wochen
	Körpergewicht (ohne Ödeme und Aszitis) nur weniger als 10% unter dem üblichem Körpergewicht
Gering mangelernährt	Geringradiger Muskelabbau
	Geringradiger Verlust von subkutanem Fettgewebe
	Unzureichende Nahrungsaufnahme während 2–3 Wochen
	Körpergewicht (ohne Ödeme und Aszitis) 10–20% unter dem üblichem Körpergewicht
	Körperliche Leistungsfähigkeit suboptimal
Mäßig mangelernährt	Mäßiger Muskelabbau
	Deutlicher Verlust von subkutanem Fettgewebe
	Unzureichende Nahrungsaufnahme während mehr als 3–5 Wochen
	Körpergewicht (ohne Ödeme und Aszitis) 20–30% unter dem üblichem Körpergewicht
	Reduzierte körperliche Leistungsfähigkeit erfordert Hilfe bei Aktivitäten des täglichen Lebens
Hochgradig mangelernährt	Hochgradiger Verlust an Muskulatur
	Hochgradiger Verlust von subkutanem Fettgewebe
	Unzureichende Nahrungsaufnahme mehr als 5 Wochen
	Köpergewicht (ohne Ödeme und Aszitis) mehr als 30% unter dem üblichem Körpergewicht
	Körperliche Leistungsfähigkeit stark reduziert, meist bettlägerig

protein), um den Ernährungsstatus beurteilen und ggf. frühzeitig intervenieren zu können. Die Nahrung sollte durch die regelmäßige Gabe von Vitamin- und Kalziumpräperaten ergänzt werden. Auch empfiehlt sich neben einer sorgfältigen Bilanzierung und Gewichtsbestimmung eine regelmäßige BIA-Messung zur Beurteilung der Körperzusammensetzung.

Die Flüssigkeitszufuhr sollte sich an dem Bedarf orientieren. Gerade bei nierentransplantierten Patienten ist auf ein engmaschiges Flüssigkeitsmonitoring zu achten. Generell gilt ein Mindest-Volumenbedarf von 1 ml/kcal/24 h bei Patienten mit einer ausgeglichenen Flüssigkeitsbilanz [21].

Bei allen Organtransplantationen ist die enterale der parenteralen postoperativen Ernährung vorzuziehen. Die total parenterale Ernährung (TPN) sollte lediglich bei Komplikationen des Gastrointestinaltrakts oder beim Ausgleich metabolischer Störungen oder erheblicher Ernährungsdefizite zur Anwendung kommen [21]. Hierbei ist der zentralvenöse Katheter als potenzielle Infektionsquelle gerade bei immunsupprimierten Patienten anzusehen.

Die Frage, ob Patienten postoperativ zusätzlich über eine nasogastrale Sonde oder einen Feinadelkatheterjejunostomie enteral ernährt werden sollten, ist noch nicht hinreichend geklärt [18, 19]. Alexander [1] empfiehlt bei der frühen postoperativen Ernährung die Gabe einer Immunonutrition, reich an ω-3-Fettsäuren, Arginin, Nukleotiden und Glutamin, um hierdurch die Zahl der Abstoßungsreaktionen zu reduzieren. In Tierversuchen konnte gezeigt werden, dass durch die Kombination aus einer immunmodulativen Nahrung und Immunsuppressiva (Ciclosporin A und Rapamycin) Abstoßungsreaktionen vermindert werden konnten [12]. Auch ist bei kritisch kranken Patienten, die mit einer Immunonutrition postoperativ ernährt wurden, eine verminderte Rate an infektiösen Komplikationen beschrieben worden [5, 11]. Allerdings stellt sich die Frage, ob immunsupprimierte Patienten von einer immunmodulativen Ernährung profitieren. Weitere Untersuchungen hierzu stehen noch aus.

37.4 Spezielle Ernährungstherapieformen

37.4.1 Ernährung bei Lebertransplantationen

Aufgrund der herausragenden Stellung im Stoffwechsel nimmt die Leber von allen Transplantationsorganen eine Sonderstellung bei der klinischen Ernährungs- und Infusionstherapie ein. Akute oder chronische Lebererkrankungen, die zu einer Lebertransplantation führen, haben schwerwiegende metabolische Folgen auf den gesamten Stoffwechsel. Auch sind viele der Patienten aufgrund des langen Krankheitsverlaufes häufig mangelernährt (s. Kap. 43).

Die akute Lebererkrankung hat eine reduzierte Glukoneogenese und eine massive hepatische Aminosäurefreisetzung zur Folge. Chronische Lebererkrankungen gehen dagegen mit einer Mischform der Mangelernährung im Sinne der Protein-Energie-Malnutrition (PEM) einher. Auch kommt es bei Patienten mit chronischen Lebererkrankungen häufig zu einer peripheren Insulinresistenz und einer erhöhten Fettoxidation im Nüchternzustand. Bei einer gesicherten hepatischen Enzephalopathie mit einer Eiweißintoleranz kann durch die Gabe von verzweigtkettigen Aminosäuren (VKAS) eine adäquate Stickstoffzufuhr erreicht werden [31]. Allerdings richtet sich die präoperative Ernährungstherapie nach dem individuellem Krankheitsbild. Einen Überblick hierfür gibt die *Tabelle 37-4* (s. auch Kap. 43).

Bei chronischen Lebererkrankungen im Endstadium kommt es zu einem Defizit langkettiger, mehrfachungesättigter Fettsäuren (PUTA's) im Leberstoffwechsel, das durch die Gabe einer mit ω-3-Fettsäuren angereicherten Diät ausgeglichen werden kann [6]. Cabre [7] zeigte bei Patienten mit Leberzirrhose, dass eine Verschiebung der Fettsäureverhältnisse zu Ungunsten der ω-3-Fettsäuren und deren Folgeprodukten zu einer erhöhten Mortalität führt. Auch haben Patienten mit chronischen Lebererkrankungen eine reduzierte Anzahl an Lymphozyten, die unabhängig ist vom Ernährungsstatus ist [3]. Von daher scheint auch bei chronischen Lebererkrankungen im Endstadium eine Immunonutrition, die u. a. reich an ω-3-Fettsäuren ist sinnvoll.

Hasse et al. [19] zeigten in ihren Untersuchungen, dass Patienten, die für die Lebertransplantation vorgesehen sind, von einer speziellen hepatischen Eiweißkost profitieren und u. a. weniger Tage im Krankenhaus vor der Transplantation verbringen.

Auch bei Patienten, die zur Lebertransplantation vorgesehen sind, ist die enterale Ernährung – wenn möglich – der parenterale Zufuhr vorzuziehen [21]. Bei präkomatösen und komatösen Patienten bedarf es jedoch einer parenteralen

■ Tabelle 37-4. Ernährung bei chronischen Leberkrankheiten aus »Leitlinien der GASL zur Ernährung bei Leberkrankheiten und Lebertransplantation«. (Mod. nach [31])

Klinische Konstellation	Nichteiweiß Energie kcal/kg/24 h	Eiweiß bzw. Aminosäuren g/kg/24 h
Fettleber	25	1,2
Alkoholhepatitis	3–40	1,2–1,5
Kompensierte Zirrhose	25–35	1,0–1,2
Komplikationen		
– Inadäquate Zufuhr/Malnutrition	35	1,5
– Enzephalopathie Grad I–II	25–35	Initial 0,5, dann 1,0–1,2, bei Eiweißintoleranz VKAS-Supplemente
– Enzephalopathie Grad III–IV	25–35	1,0 beiVerwendung von VKAS-angereicherten Aminosäurelösungen

Ernährung, die sich an einem Energiebedarf von 25–30 kcal/kgKG/24 h ausrichtet, wobei 35–50% der Kalorienzufuhr aus Nichteiweißenergie in Form von Glukose und Fett erbracht werden sollte [31]. Eine adäquate Stickstoffzufuhr wird durch die Gabe von 1,0 g/kgKG/24 h einer mit verzweigtkettigen Aminosäuren angereicherten Nährstofflösung (VKAS) erreicht. Die Indikation für eine leberadaptierte Eiweißlösung kann aber auf Patienten mit einer schweren hepatischen Enzephalopathie beschränkt bleiben (s. Kap. 43).

Unmittelbar postoperativ hat sich die parenterale Ernährung bewährt [33]. Die Dauer der parenteralen Ernährung beträgt im Durchschnitt 9–12 Tage, die überlappende enterale Ernährung sollte etwa am 2.–4. postoperativen Tag eingeleitet werden [25]. Bei einem komplikationslosen Verlauf besteht die Möglichkeit den Patient bereits am ersten postoperativen Tag mit schluckweise Tee oder Wasser oral aufzubauen (bis zu 400 ml/24 h), um die Darmmotalität aufrechtzuerhalten und die physiologischen Resorbtionsvorgänge zu unterstützen. In dieser Phase nach der Transplantation wurden bei der enterale Ernährung mit Hilfe einer nasogastralen Sonde oder einer Feinnadelkatheterjejunostomie (FKJ) eine Reduktion der Komplikationsraten und Kosten beschrieben [14, 19, 38].

Die Sondenkost sollte in diesen Fällen vom ersten postoperativen Tag stufenweise und langsam bis zur Deckung des Kalorienbedarfs am 5.–7. postoperativen Tag gesteigert werden. Bei Komplikationen und metabolischen Störungen muss eine individuelle Abstimmung der Dosierung und ggf. der Art der Sondenkost erfolgen. Sondenkost in Form von Immunonutrition hat sich bei kritisch Kranken laut Beale [5] in der frühen postoperativen Phase bewährt. Eine abschließende Bewertung bezüglich Form und Art der postoperativen enteralen Ernährung bei der Lebertransplantation ist mangels fehlender Untersuchungen bisher nicht möglich.

Bei der postoperativen Ernährung ist eine Gesamtenergiezufuhr in Höhe des 1,3-fachen Grundumsatzes anzustreben. Am ersten postoperativen Tag wird eine eiweißreduzierte (0,3–0,5 g/kgKG/24 h), kohlenhydratreiche (z. B. bis zu 4 g/kgKG/24 h in Form einer Glukoselösung), fettlose Kost empfohlen. Im weiteren Verlauf ist der Eiweißanteil sukzessive zu erhöhen (am 3. postoperativen Tag 1,2–1,7 g/kgKG/24 h), wobei 80% der Gesamtkalorien weiterhin aus Kohlehydraten bestehen sollte [25]. Bei der genauen Berechnung der Eiweißdosierung ist der präoperativen Ernährungszustand und die perioperative Leber- und Nierenfunktion zu berücksichtigen [32]. Auch erfordert eine erhöhte Kortikoiddosierung eine erhöhte Eiweißzufuhr [21].

Mit der Fettsubstitution kann in der Regel am 3.–5. postoperativen Tag begonnen werden, wobei der Fettanteil am Anfang nicht mehr als 10–20% des Energiebedarfs betragen sollte. McCullough ([39]; ■ *Tabelle 37-5*) gibt in seinen Richtlinien einen Überblick über den peri- und postoperativen Protein- und Energiebedarf.

Ein Beispiel für ein postoperatives Ernährungsregime nach einer Lebertransplantation zeigt ■ *Tabelle 37-6* anhand der Empfehlungen der »Arbeitsgruppe Lebertransplantation« der Klinik für Allgemein- und Gefäßchirurgie der Johann Wolfgang Goethe-Universität in Frankfurt.

Bei der Berechnung des Aminosäurenbedarfs und des individuellen Stickstoffbedarfs hat sich die Bestimmung des Serumharnstoffspiegels bzw. der Harnstoff-Stickstoff-Ausscheidung bewährt. Bei der leberadaptierten Aminosäurensubstitution mit VKAS soll eine maximale Dosierung von 1,5 g/kgKG/24 h nicht überschritten werden [25]. Bei der Zusammensetzung der Fette empfiehlt es sich mittelkettige (MCT) und langkettige (LCT) Triglyzeride zu verabreichen, bei denen es zu einer geringeren Beeinträchtigung des retikuloendothelialen Systems (RES) kommt [25]. Allerdings werden mittelkettige gegenüber langkettigen Fettsäuren schneller eliminiert und oxidiert, sodass bei der Zusammensetzung auf einen erhöhten MCT-Anteil geachtet werden sollte [10].

Auch sollten alle substitutionspflichtigen Vitamine u. a. als antioxidativer Schutz regelmäßig in ausreichender Dosierung verabreicht werden. Ebenfalls wird die Supplementierung von Mikronährstoffen und Elektrolyten empfohlen. Hierbei ist eine engmaschig kontrollierte, bedarfsorientierte Substitution, v. a. bei der Korrektur der chronischen Hyponatriämie – aufgrund der Gefahr einer pontinen Myelinolyse [31] aber auch zur Therapie von Ödemen und Aszites – erforderlich [18].

■ Tabelle 37-5. Richtlinien zur peri- und postoperativen Ernährung bei der Lebertransplantation. (Mod. nach [39])

Zeitpunkt	Protein [g/kgKG/24 h]	Energie [kcal/kgKG/24 h]	Fettanteil [%]	Ziel
Perioperativ	1,2–1,75	30–50	20–30	Wiederherstellung des Ernährungsstatus
Postoperativ	1,0	30–35	≥30	Wiederherstellung und Aufrechterhaltung des Sollgewichts

Tabelle 37-6. Beispiel zur postoperativen Ernährung bei der Lebertransplantation der »Arbeitsgruppe Lebertransplantation« der Klinik für Allgemein- und Gefäßchirurgie der Johann Wolfgang Goethe-Universität Frankfurt am Main

Nährstoff	1. POD	2. POD	3. POD	4. POD
Aminosäuren in Form einer leberadaptierten Kost (z. B. AminoHepa 10%)	0,5 g/kgKG/24 h	1 g/kgKG/24 h	1 g/kgKG/24 h	1,2 g/kgKG/24 h
Kohlenhydrate in Form von Glukose (z. B. G 10 oder 20%)	15–20 kcal/kgKG/24 h	25 kcal/kg/24 h	25–30 kcal/kg/24 h	30 kcal/kg/24 h
Fette (z. B. Lipofundin 20%)	Keine	Keine	3 ml/h (≈137 kcal/24 h)	6 ml/h (≈274 kcal/24 h)
Vitamine (z. B. Cernevit täglich 1-mal 750 mg Trockensubstanz in 100 ml NaCl 0,9% als Kurzinfusion)				
Elektrolyte, Flüssigkeit und Spurenelemente nach Bedarf				

POD: postoperativer Tag.

In der frühen postoperativen Phase kommt es bei lebertransplantierten Patienten häufig zu Glukosestoffwechselstörungen mit einer relativen Insulinresistenz. Häufige Folgen der Hyperglykämie sind Wundheilungsstörungen und erhöhte Infektionsraten [21]. Hier sollte primär eine Reduktion der Glukosezufuhr erfolgen, da eine höhere Insulindosis zu keiner Verbesserung der Glukoseoxidation führt [31]. Entsprechende Empfehlungen lauten: Glukosezufuhr bei Diabetikern oder Patienten mit einer hyperglykämischen Stoffwechsellage anfänglich auf maximal 200 g/24 h beschränken und bis zum Erreichen der Euglykämie unter moderater Insulingabe nur langsam erhöhen [21].

Bei der mittel- und langfristigen Ernährung von lebertransplantierten Patienten steht die Ausrichtung der Kost an den individuellen Bedarf im Vordergrund. Auch hat der metabolische Zustand des Spenderorgans einen Einfluss auf den postoperativen Verlauf. So zeigen Spenderlebern mit einem erhöhten Grad der Verfettung eine zunehmende Rate an Dysfunktionen nach der Organtransplantation [9]. Grundsätzlich sollte bei normalgewichtigen Patienten eine moderate Eiweißzufuhr von 1 g/kgKG/24 h erfolgen. Bei den Kohlenhydraten werden komplexe Formen empfohlen. Der Fettbestandteil sollte in erster Linie aus MCT- und LCT-Supplementen bestehen und ca. 30% des Gesamtkalorienbedarfs, bei einem Cholesteringehalt von weniger als 300 mg/24 h, betragen. Fettarme Kost scheint vor dem Hintergrund einer häufig auftretenden Lipidstoffwechselstörung bei lebertransplantierten Patienten mit der Gefahr der Arteriosklerose und der Entwicklung einer Transplantatvaskulopathie wichtig.

Die Hypertriglyzeridämie ist die häufigste Form der Fettstoffwechselstörungen bei lebertransplantierten Patienten [13]. Hinweise auf das Auftreten einer postoperativen Hypertriglyzeridämie geben neben der präoperativen Diagnose der hepatozellulären Lebererkrankung und die postoperative renale Dysfunktion. Ein präoperativ erhöhtes Serumcholesterin ist dagegen ein prognostischer Risikofaktor für die postoperative Hypercholesterinämie.

Eine engmaschige Elektrolytkontrolle, eine daran angelehnte Supplementierung und die Gabe von Vitaminpräparaten ist v. a. im ersten postoperativem Jahr sinnvoll [25]. Die mit der mittel- und langfristigen Gabe von Immunsuppressiva und Kortikosteroiden verbundenen Stoffwechselstörungen sind unter 37.3 beschrieben und sollten entsprechend berücksichtigt werden.

37.4.2 Ernährung bei Herz- und Nierentransplantation

Bei Patienten, die zu einer Herz- oder Nierentransplantation vorgesehen sind, ist der präoperative Ernährungszustand ebenfalls von großer Bedeutung für den peri- und postoperativen Verlauf. Auch hier geht der Transplantation häufig ein langer Krankheitsverlauf voraus.

Die meisten Patienten, die zu einer ***Nierentransplantation*** anstehen, sind schon lange dialysepflichtig. Bei diesem Patientenkollektiv ist die präoperative Adipositas mit einer höheren Gefahr des Organverlusts verbunden [29]. Daher sollte vor der Nierentransplantation bei übergewichtigen Patienten nach Möglichkeit auf eine Gewichtsreduktion geachtet werden.

Gerade bei Patienten mit einer chronischen Niereninsuffizienz ist auf eine ausgewogene und bilanzierte Diät schon vor der Transplantation zu achten, unter besonderer Berücksichtigung des Wasser- und Elektrolythaushalts. Der tägliche Phosphatanteil der Nahrung ist auf 800–900 mg, der Kaliumanteil auf 60–80 mmol zu beschränken. Der Aminosäurenanteil sollte bei diesen Patienten nicht mehr als 0,4–0,6 g/kgKG/24 h in Form einer nierenadaptierten Kost betragen, bei einer täglichen Kalorienzufuhr von 35–55 kcal/kgKG/24 h. Bei Dialysepatienten kann sich der Proteingehalt erhöhen (1,0–1,5 g/kgKG/24 h, abhängig von der Dialyseform). Als Hauptenergieträger dient Glukose, wobei 20–25% der Gesamtenergiezufuhr aus Fetten bestehen sollte (bis zu 1 g/kgKG/24 h) (s. auch Kap. 38.5).

In der Regel ist bei Patienten nach einer ***Herztransplantation*** in der frühen postoperativen Phase ein Proteingehalt der Nahrung von 1,3–1,5 g/kgKG/24 h und eine tägliche Energiezufuhr von 30–35 kcal/kgKG/24 h anzustreben.

Bei Patienten nach einer ***Nierentransplantation*** richtet sich der Aminosäurenanteil nach dem Ausmaß der postoperativen Niereninsuffizienz (Kreatininclearence, Retentionswerte etc.) und der gegebenenfalls noch bestehenden Dialysepflicht. Einen Überblick hierüber gibt *Tabelle 37-7*.

Die Flüssigkeits- und Elektrolytzufuhr richtet sich nach der Bilanz und setzt gerade bei nierentransplantierten Patienten engmaschige und ggf. langfristige Kontrollen voraus. Der orale Kostaufbau kann schon am ersten postoperativen Tag mit flüssiger Kost begonnen und nach dem individuellen Verlauf fortgeführt werden.

Postoperativ treten bei *Herz- und Nierentransplantationen* vermehrt Fettstoffwechselstörungen auf. Ursachen hierfür

Tabelle 37-7. Nährstoffbedarf nach der Nierentransplantation in Abhängigkeit von den Retentionswerten

Nährstoffbedarf	Hämodialyse (3-mal/Woche)	Kreatinin 3–6 mg% (Harnstoff 100–150 mg%	Kreatinin 6–7 mg% (Harnstoff >150mg%)
Proteinzufuhr (g/kgKG/24 h)	1,0–1,2	0,6	0,4
Energiebedarf (in erster Linie in Form von Glukose) [kcal/24 h]	35	35–40	35
Kalium [mmol/24 h]		60–80	<50
Flüssigkeit [ml]	500 + Urinmenge	Nach Bedarf	Nach Bedarf

sind neben der gesteigerten Kalorienaufnahme eine Abnahme der Fettoxidation [18]. Zudem kommt es auf dem Boden der Immunsuppressiva- und Kortikoidtherapie zu einer gestörten Kohlenhydratverwertung und einem vermehrten Proteinkatabolismus, der die Gesamtkörperzellmasse zugunsten des Fettanteils verschiebt. Hier sollte eine postoperative fettreduzierte Diät erfolgen (<30% des Kalorienbedarfs). Alexander [1] zeigte, dass bei der Ernährung nach Nierentransplantationen eine Diät, die reich an Arginin und Fischölen ist, in Verbindung mit einer auf Ciclosporin A basierenden Immunosupression weniger Abstoßungsreaktionen und einen verbesserten Blutdruck hat.

> Gerade bei der Nieren- und Herztransplantation ist auf Verschiebungen im Elektrolyt- und Fettstoffwechsel zu achten, als mögliche Nebenwirkungen einer immunsuppressiven Therapie.

Durch eine kochsalzreduzierte Kost (<80–100 mmol/24 h) können eine postoperativ fortbestehende oder neu aufgetretene arterielle Hypertonie oder Ödeme unterstützend therapiert werden.

Ansonsten gelten bei der Herz- und Nierentransplantation die unter 37.2 und 37.3 angegebenen Empfehlungen. In der Regel sind nach der erfolgreichen Nieren- oder Herztransplantation bei der langfristigen Ernährung keine besonderen diätetischen Maßnahmen erforderlich. Engmaschige Nachuntersuchungen, bei denen u. a. der Ernährungsstatus und der Wasser- und Elektrolythaushalt regelmäßig überprüft und ggf. optimiert werden sollte, gelten bei Langzeitverläufen als unabdingbar.

37.4.3 Ernährung bei Dünndarmtransplantation

Obwohl sich die Anzahl der Dünndarmtransplantationen in den letzten Jahren weltweit erhöht und auch die Prognose gebessert hat, gibt es bei dieser Art der Transplantation nach wie vor überdurchschnittlich viele Komplikationen und Abstoßungsreationen [15]. Dies liegt unter anderem an der Pathophysiologie und dem immunologischen Status des Organs, sodass die Patienten in der Regel sehr lange total parenteral ernährt werden, bis eine Transplantation unumgänglich wird [2]. Erst bei deutlichen metabolischen Störungen und anderen Komplikationen der total parenteralen Ernährung (TPN) wird heute die Organtransplantation empfohlen.

Das setzt für die präoperative Ernährung ein hohes Maß an technischem Know-how und ernährungswissenschaftlicher Betreuung voraus [2]. In der Regel sind die Patienten mit einem zentralvenösem Verweilkatheter versorgt, der die TPN über einen langen Zeitraum erlaubt (s. Kap. 26, 27). Bei der Versorgung des Katheters sollte auf strenge hygienische Verhältnisse geachtet werden. Hier empfiehlt es sich neben dem Patienten auch die Angehörigen in die pflegerischen Maßnahmen mit einzubinden. Bei dem parenteralen Ernährungsregime gilt es, die Patienten engmaschig zu untersuchen und ggf. auftretende metabolische oder hygienische Komplikationen frühzeitig zu erkennen und zu behandeln.

Bezüglich der Darmfunktion nach Dünndarmtransplantationen haben Tierversuche gezeigt, dass die Resorption von Kohlehydraten, Fetten, Glutamin und Elektrolyten erschwert ist. Auch ist die Darmmotalität durch den Verlust der extrinsischen Innervation, der ischämischen Reperfusion und der ausgeprägten immunologischen Aktivität des Dünndarms empfindlich gestört [15]. Dieses stellt zusätzliche Anforderungen an die postoperative Ernährung dar. Von daher empfiehlt es sich, die postoperative enterale Ernährung entweder durch eine nasogastrale Sonde oder oral so früh wie möglich zu beginnen.

Der Prozess bis zur Herstellung der vollständigen intestinalen Funktion und normalen Stuhlvolumina kann u. U. Wochen dauern. Deshalb ist in der Regel eine adjuvante parenterale Ernährung unumgänglich [21]. Auch ist durch die umfangreiche immunsuppressive Therapie mit starken metabolischen Störungen zu rechnen. Eine ausgewogene und streng bilanzierte postoperative Kost mit der engmaschigen ambulanten Anbindung an ein Team von Ernährungsmedizinern erscheint gerade bei der Dünndarmtransplantation hilfreich.

37.4.4 Ernährung bei Lungentransplantation

Die pulmonale Hämodynamik kann beim akuten Lungenversagen, aber auch in der frühen postoperativen Phase nach der Transplantation, durch die vorzeitige Fettapplikation beeinträchtigt sein [36]. Als Ursache hierfür wird die Stimulation der Prostaglandinsynthese und die daraus resultierende pulmonale Vasodilatation und die Abschwächung der pulmonalen hypoxischen Vasokonstriktion diskutiert, deren Folge die Zunahme des intrapulmonalen Rechts-links-Shunts ist. Perioperativ wird daher eine reduzierte Fettaplikation von 0,5 g/kgKG/24 h empfohlen [4]. Die maximale Tagesdosis sollte 1,5 g/kgKG/24 h nicht überschreiten.

Ein erhöhtes Fettangebot und damit eine verstärkte Fettverbrennung kann allerdings während der Weaningphase postoperativ zu einem geringerem CO_2-Anfall und damit zu einer verminderten Atemarbeit führen [36]. In dieser Phase ist eine kurzfristige Erhöhung des Fettanteils an den Gesamtkalorien (bis zu 50% der Nichtproteinkalorien) mit einer verbesserten respiratorischen Funktion verbunden (s. Kap. 40).

Literatur

1. Alexander JW (2000) Nutrition support in transplantation. ASPEN Congress Proc: 98–100
2. Allard JP (1999) The role of nutrition before and after transplantation. Current opinion in clinical nutrition and metabolic care 2: 313–314
3. Akerman A, Jenkins RL, Bristian BR (1993) Preoperative nutrition assessment in liver transplantation. Nutrition 4: 350–356
4. Apin M, Martin J (2000) Praxis der Ernährung in der Intensivmedizin. In: Göppinger Reihe. Zuckschwerdt München New York, S. 19–22
5. Beale JR, Bryg DJ, Bihari DJ (1999) Immunonutrition in criticallly ill: A systematic review of clinical outcome. Ctit Care Med 27: 2799–2805
6. Burke PA, Ling PR, Forse RA, Bistrian BR (1999) Conditionally essential fatty acid deficiencies in end-stage liver disease. Nutrition 4: 302–304
7. Cabre E, Abad-Lacruz A, Nunez MC et al. (1993) The relationchip of plasma polyunsturated fatty acid deficiency with survival in advanced cirrhosis: multivariate analysis. Am J Gastroenterol 5: 718–722
8. Detsky AS, McLaughlin JR, Baker JP (1987) What is subjective global assment of nutritional status. J Parenter Enteral Nutr JPEN 11: 8–13
9. Driscoll DF, Palombo JD, Bistrian BR (1995) Nutritional and metabolic considerations of adult liver transplant candidate and organ donor. Nutrition 11: 255–262
10. Felbinger TW, Suchner U (2000) Ernährungsstrategien bei kritisch kranken Patienten. Anästhesiologie und Intensivmedizin. 41: 206–222
11. Gianotti L, Braga M, Fortis C et al. (1998) A prospective, randomized clinical trial on perioperative feeding with arginin, omega-3-fatty acid, and RNA enriched enteral diet. J Parenter Enteral Nutr JPEN 23: 314–320
12. Gibson SW, Valente JF, Alexander JW et al. (2000) Nutritional immunomodulation leads to enhanced allograft survival in combination with Cyclosporine A and Rapamycin, but not FK 506. Transplantation 10: 2034–2038
13. Gisbert C, Prieto M, Berenger M et al. (1997) Hyperlipidemia in liver transplantation recipients: Prevalence and risk factors. Liver Transplant Surg 4: 416–422
14. Gonzales C, Ukah F, Wu Y (1993) The benefit of early enteral feeding in Patients undergoing liver transplantation. Hepatology 8: 1123
15. Goulet O (1999) Intestinal transplantation. Curr Opin Clin Nutr Metabol Care 2: 315–321
16. Hackl JM (1998) Parenterale und enterale Ernährung. Anästh Intensivmed Notfallmed Schmerzther 33: 731–753
17. Hasse JM (1990) Nutritional implications of liver transplantation. Henry Ford Hosp J 38: 235–240
18. Hasse JM (2000) The role of perioperative nutrition support in organ tranplantation. ASPEN Congress Proc: 100–104
19. Hasse JM, Blue LS, Liepa GU et al. (1995) Early enteral nutrition support in patients undergoing liver transplantation. J Parenter Enteral Nutr JPEN 19: 437–443
20. Hasse JM, Gonwa TA, Jennings LW et al. (1998) Malnutrition affects liver transplant outcomes. Transplantation 66: 553
21. Hasse JM, Roberts S (2000) Transplantation. In: Rombeau JL, Rolandelli RH (eds.) Clinical nutrition. WB Saunders, Philadelphia, pp 529–561
22. Homan van der Heide JJ (1993) Effect of dietry fish oil on renal function and rejection in cyclosporine treated recipients of renaltransplants. N Engl J Med 329: 769–773
23. Jindal RM, Popescu I, Emre S et al. (1994) Serumlipid changes in liver transplantation recipients in a prospective trial of cyclosporine vs FK 506. Transplantation 57: 1395–1398
24. Kobashigawa JA, Kasiske BL (1997) Hyperlipidemia in solid organ transplantation. Transplantation 63: 331–338
25. Müller JM (1997) Praxis der Ernährungsmedizin. Springer, Berlin Heidelberg New York Tokio, S 1080–1104
26. Muller MJ, Lautz HU, Plogmann B et al. (1992) Energy expenditure and substrate oxidation in patients with cirrhosis: the impact clinical staging and nutritional state. Hepatology 15: 782–794
27. Nompleggi DJ, Bonkovsky LB (1994) Nutritional supplementation in chronic liver disease: An analytical review. Hepatology 19: 518–533
28. Perez R (1993) Managing nutritional problems in transplant patients. Nutr Clinical Pract 8: 28–32
29. Pfeiffer T, Albrecht K, Wagner K, Herget S, Eigler FW (1994) Der Einfluss der Adipositas auf die Ergebnisse der Nierentransplantation. Med Klin 89: 635–639
30. Pikul J, Sharpe MD, Lownders R, Ghent CN (1994) Degree of preperative malnutrition is predictive of postoperative morbidity and mortality in liver transplantation recipients. Transplantation 3: 469–471
31. Plauth M, Weimann A, Holm E, Müller MJ (1999) Leitlinien der GASL zur Ernährung bei Leberkrankheiten und der Lebertransplantation. Z Gastroenterol 37: 301–312
32. Plevak DJ, DiCecco SR, Wiesener RH et al. (1994) Nutritional support for liver transplantation: Identifying caloric and protein requirement. Mayo Clin Proc 69: 225–230
33. Reilly J, Mehta R, Teperman L et al. (1990) Nutritional support after liver transplantation: A randomized prospective study. J Parenter Enteral Nutr JPEN 14: 386–391
34. Selberg O, Böttcher J, Tusch G et al. (1992) Identification of high- and low risk patients before Liver transplantation: A prospectiv cohort study of nutritional and metabolic parameters in 150 patients. Hepatology 25: 652–657
35. Senkal M, Zumtobel V, Bauer KH et al. (1999) Outcome and cost effectiness of perioperative enteral immunonutrition in patients undergoing elective upper gastrointestinal tract surgery. Arch Surg 134: 1309–1316
36. Semsroth M (1994) Parenterale Ernährung. In: Benzer H, Burchardi H, Larsen R, Suter PM (Hrsg) Intensivmedizin, 13. Aufl., Springer, Berlin Heidelberg New York Tokio
37. Weimann A, Kuse ER, Bechstein WO (1998) Perioperative parenteral and enteral nutrition for patients undergoing orthopic liver transplantation. Transplant Int 11: 289–291
38. Wicks C, Somasundaram S, Bjarnason I et al. (1994) Comparison of enteral feeding and total parenteral nutrition after liver transplantation. Lancet 344: 837–840
39. McCullough AJ (2000) Malnutrition in liver disease. Liver Transplant 6: 585–596

Ernährung bei Krankheiten der Niere

W. Druml

Patienten mit Nierenerkrankungen sind eine sehr heterogene Gruppe von Kranken. Innerhalb dieser Gruppe sind die Probleme bzw. Zielvorstellungen in der Ernährungstherapie sowie der Bedarf an Nährsubstraten sehr unterschiedlich, ja sich häufig widersprechend. Zusätzlich können sich bei diesen Patienten die ernährungsrelevanten Bedingungen im Krankheitsverlauf kurzfristig grundsätzlich verändern.

Kaum eine andere Personengruppe ist so wie die Patienten mit Nierenversagen gefährdet, eine Mangel- bzw. Fehlernährung auszubilden. Nur bei wenigen anderen Erkrankung ist wie bei diesen Patienten der Zusammenhang zwischen Ernährungszustand und Morbidität bzw. Überlebensrate so eindeutig belegt. Durch das Nierenversagen bedingte pathophysiologische Störungen werden durch das gleichzeitige Vorliegen einer Mangelernährung verstärkt. Beispielsweise wird die Infektionsgefährdung oder der Proteinkatabolismus der Patienten durch eine Malnutrition potenziert.

Beachtenswerterweise sind die Ursachen für die Malnutrition bei Patienten mit Nierenversagen nicht nur *krankheitsbedingte Stoffwechseländerungen* und das beeinträchtigte Ernährungsverhalten der Patienten, sondern insbesondere auch *therapeutische Faktoren*, wie die Verordnung inkompletter Diätregime und der Einfluss der Nierenersatztherapie auf Nährstoffbilanz und Stoffwechsel.

Schließlich können wie bei keiner anderen Patientengruppe Fehler in der Ernährung den Krankheitsverlauf ganz entscheidend beeinflussen und sowohl akut, als auch längerfristig zu potenziell lebensbedrohlichen Komplikationen führen.

Im Folgenden sollen die ernährungstherapeutischen Grundzüge der wichtigsten Gruppen von Patienten mit Nierenerkrankungen mit Betonung des akutkranken Patienten im Krankenhaus und insbesondere auch die Fragen der künstlichen Ernährung besprochen werden. Eine eingehende Analyse der diätetischen ambulanten Therapie kann hier nicht vorgenommen werden.

Zielvorstellung der Ernährungstherapie bei Patienten mit Nierenversagen

- Verminderung der urämischen Toxizität
- Ausgleich der durch den Ausfall der Nierenfunktionen bedingten Stoffwechselstörungen
- Vermeidung von urämiebedingten Komplikationen auf Organsysteme, Gefäße etc.
- Besserung des subjektiven Wohlbefindens der Patienten
- Verzögerung des Fortschreitens des Nierenversagens (der »Progression«)
- Verminderung der Proteinurie
- Gleichzeitig Vermeidung der Ausbildung einer Malnutrition

38.1 Gemeinsame metabolische Störungen bei Patienten mit Nierenversagen

Trotz der sehr unterschiedlichen Verlaufsformen haben verschiedene Formen des Nierenversagens doch wesentliche gemeinsame metabolische Charakteristika. Ein Nierenversagen führt zu Störungen der exkretorischen, der metabolischen und endokrinen Nierenfunktion und hat damit Auswirkung auf jede Stoffwechselfunktion und Organfunktion. Das Nierenversagen muss daher als panmetabolisches oder panendokrinses Syndrom angesehen werden. Die wichtigsten gemeinsamen metabolischen Störungen sind in ◘ *Tabelle 38-1* zusammengefasst.

Der Stoffwechsel bei Nierenversagen wird auch durch den Verlust an metabolisch aktivem Nierengewebe beeinflusst. Daher können im Nierenversagen Aminosäuren wie Tyrosin, Arginin, Cystein oder Serin krankheitsbedingt essenziell werden. Da die Niere eine wesentliche Funktion im Abbau von Peptiden bzw. Peptidhormonen einnimmt, ist im Nierenversagen der Katabolismus dieser Peptide verlangsamt und deren Plasmaspiegel erhöht. In der Niere gebildete oder aktivierte Hormone, wie Erythropoetin oder Calzitriol, werden bei Nierenerkrankungen vermindert freigesetzt.

38.2 Einfluss von Nährstoffen auf die Nierenfunktion

Eine Protein-/Aminosäurenzufuhr hat sowohl Akuteffekte als auch langfristige Wirkungen auf die Nierenfunktion. Nach einer Proteinmahlzeit bzw. intravenösen Aminosäurenzufuhr kommt es zu einem Anstieg der glomerulären Filtrationsrate (GFR) und der Nierendurchblutung um etwa 30% (*»renale Funktionsreserve«*). Ob dieser Mechanismus für die Beschleunigung der Reparation der Nierenfunktion nach akutem Nierenversagen (ANV) genutzt werden kann, ist bislang unbekannt.

Eine längerfristige Erhöhung der Zufuhr von Proteinen (proteinreiche Diät) führt über diese Steigerung der Nierendurchblutung und GFR auch zu einer Erhöhung des intraglomerulären Druckes. Die »Hyperfiltration« wird über die Förderung der Glomerulosklerose als eine der Ursachen des Fortschreitens einer Nierenschädigung (»Progression« des Nierenversagens) angesehen.

Andererseits hat auch eine Malnutriton grundlegende Auswirkungen auf die Nierenfunktion, führt zu einer Änderungen der renalen Hämodynamik (Abfall der Nierendurch-

Tabelle 38-1. Gemeinsame metabolische Störungen bei Patienten mit Nierenfunktionsstörungen

- Periphere Insulinresistenz
- Beeinträchtigung der Lipolyse
- Störung des Proteinstoffwechsels ± Aktivierung des Proteinkatabolismus
- Metabolische Azidose
- Hyperparathyreoidismus/urämische Knochenkrankheit
- Störung der Vitamin-D_3-Aktivierung
- Beeinträchtigung der Kaliumtoleranz
- Induktion einer chronisch inflammatorischen Reaktion
- Überschießender Katabolismus bei interkurrenten Akuterkrankungen

blutung und GFR) und beeinträchtigt die Konzentrationsleistung der Niere und die Säureelimination.

Die Infusion von Aminosäuren kann im Tierexperiment Tubuluschäden bei ischämischen oder nephrotoxischen ANV hervorrufen oder verstärken. Der zur Aminosäurerückresorption erhöhte O_2-Verbrauch kann, bei gleichzeitig limitiertem O_2-Angebot, eine Steigerung hypoxischer Schäden an Tubuluszellen induzieren. Ähnliche Beobachtungen wurden mit Glukoseinfusionen bei ischämischen ANV gemacht. Eine kontinuierliche Aminosäureinfusion führt jedoch beim Menschen nicht zu einer Steigerung des renalen O_2-Verbrauchs.

Andererseits haben Aminosäuren protektive Wirkungen: *Glycin* und – in geringerem Maße – *Alanin*, vermindern beim ischämischen und nephrotoxischen Modell des ANV das Ausmaß tubulärer Schädigungen. Eine *Argininsupplementierung* führt möglicherweise über eine Stimulation der NO-Freisetzung zu einer Verbesserung der Nierenfunktion in verschiedenen Tiermodellen eines ANV und verzögert die Progression des Nierenversagens auch bei CNV.

Verschiedenste hormonell-metabolische Interventionen (z. B. Gabe von Thyroxin, Wachstumshormon (HGH), epidermalem Wachstumsfaktor (EGF), »insulin-like growth factor I« (IGF-I)) führen im Tierexperiment zu einer Beschleunigung der Regeneration einer Tubulusnekrose und Verbesserung der Nierenfunktion. Klinische Studien mit IGF-I, HGH und auch Thyroxin waren zumindest beim ANV fast durchwegs enttäuschend.

Im Tierexperiment wurde kürzlich nachgewiesen, dass eine enterale Ernährung gegenüber einer parenteralen Ernährung nicht nur zur Verbesserung der Splanchnikusdurchblutung, sondern auch zu einer Verbesserung der renalen Perfusion und einer Beschleunigung der Reparation nach einem ANV führt. Dieser potenziell günstige Effekt einer enteralen Ernährung auf die Nierenfunktion ist allerdings in klinischen Studien noch nicht bestätigt worden.

38.3 Besonderheiten in der Ermittlung des Ernährungsstatus bei Patienten mit Nierenversagen

Methoden zur Erhebung des Ernährungsstatus werden in Kap. 1 zusammengefasst. Bei Patienten mit Nierenversagen ist die Quantifizierung des Ernährungszustands schwierig. Durch den Einfluss der metabolischen Nierenfunktion auf den renalen Abbau verschiedener *Plasmaproteine* sind deren Konzentration *nur bedingt* als Indikator des Ernährungszustandes verwertbar. Durch kurzfristige Flüssigkeitsbewegungen (Ödeme, Dialyse), ist auch das Körpergewicht nur mit Einschränkungen beurteilbar.

Obwohl in allen Empfehlungen als bester Parameter angeführt, sollte der Serumspiegel des Albumin nur bedingt als Parameter des Ernährungszustands betrachtet werden. Dieser Wert wird nicht nur durch ernährungsbedingte Faktoren beeinflusst, sondern als negatives Akutphasenprotein (insbesondere auch vom inflammatorischen Zustand und damit durch die bei Patienten mit Nierenversagen sehr häufigen interkurrente Begleiterkrankungen) beeinflusst. Daher ist die enge Beziehung von Prognose und Albuminkonzentration nicht verwunderlich, spiegelt jedoch nicht nur den Ernährungszustand, sondern eher die Komorbidität des Patienten wider. Das ebenfalls häufig empfohlene Präalbumin ist eher ein Indikator für die Adäquatheit der aktuellen Nahrungszufuhr als des Ernährungszustands.

> Für die Beurteilung des Ernährungszustands bei Patienten mit Nierenversagen sollte dessen Erhebung
> - nicht zu einem einzigen Zeitpunkt erfolgen, sondern die Entwicklung im zeitlichen Verlauf verfolgt werden;
> - nicht ein Einzelparameter herangezogen werden, sondern eine Zusammenschau verschiedener Größen vorgenommen werden;
> - sollten auch funktionelle Parameter wie das subjektive Wohlbefinden (»quality of life«), körperliche Leistungsfähigkeit, Immunkompetenz etc. herangezogen werden.

38.4 Patienten mit chronisch kompensiertem Nierenversagen (CNV)

38.4.1 Mangelernährung bei Patienten mit CNV

Die Ursachen der Malnutrition bei Patienten mit CNV vor Aufnahme in eine Nierenersatzverfahren sind vielfältig (**Tabelle 38-2**). Ganz entscheidend sind alimentäre Faktoren, wie Geschmacksmissempfindungen, Anorexie, Übelkeit. Zusätzlich bestehen gastrointestinale Probleme, wie Motilitätsstörungen (Gastroparese insbesondere bei diabetischen Patienten), Völlegefühl, Erbrechen, Diarrhöen oder Obstipation. Dazu kommen urämische Stoffwechselstörungen (»urämische

Tabelle 38-2. Ursachen der Malnutrition bei Patienten mit CNV

- Anorexie[a]
- Urämische »Toxizität«
- Azidose
- Hormonell-endokrine Faktoren
  PTH, Insulinresistenz etc.
- Gastrointestinale Motilitätsstörungen, Gastroparese
- Übertriebene diätetische Restriktionen
- Medikamente

[a] Die spontane Nahrungsaufnahme sinkt mit zunehmender Niereninsuffizienz.

Toxizität«), hormonell-endokrine Störungen (Insulinresistenz, Hyperparathyreoidismus), die den Proteinhaushalt, die Nährstoffbilanz und den Ernährungszustand beeinflussen.

In den letzten Jahren wurde eindrucksvoll belegt, dass die *metabolische Azidose* des chronischen Nierenversagens zu einer Aktivierung des Proteinkatabolismus bei urämischen Patienten beiträgt. Durch eine Alkalisierungstherapie kann eine deutliche Verminderung des Eiweißkatabolismus und Verbesserung der Stickstoffbilanz erzielt werden.

An *therapiebedingten Faktoren* für das Auftreten einer Malnutrition ist v. a. eine restriktive Diätverordnung zu erwähnen. Da heute eine eiweißreduzierte Diät (wieder) zur Basistherapie der Behandlung des CNV zählt, besteht eine nicht zu unterschätzende Gefahr der Induktion von Mangelzuständen durch Verordnung von unvollständigen Diäten.

Wenn auch in stabiler Stoffwechsellage ohne interkurrente Begleiterkrankungen und bei kompensierter Azidose der Proteinkatabolismus bei CNV nicht erhöht ist, so können zusätzliche Erkrankungen und insbesondere die bei Patienten mit CNV häufig auftretenden Infektionen den Proteinkatabolismus potenzieren. Selbst ein metabolisch weitgehend stabiler Patient kann, wenn zusätzlich eine Infektion auftritt, einen beträchtlichen Verlust an funktioneller Körpermasse erleiden, der therapeutisch nur schwer und langsam ausgeglichen werden kann.

> Die Ernährungstherapie kann nur ein Element in der Behandlung von Patienten mit CNV darstellen, muss immer in Zusammenhang mit anderen Therapiemaßnahmen stehen – z. B. eine genauste Kontrolle des Blutdrucks, antiproteinurische Maßnahmen, Ausgleich der urämischen Azidose, Therapie des Hyperparathyreoidismus, exakte metabolische Einstellung bei Patienten mit Diabetes mellitus.

Ab welcher Nierenfunktionseinschränkung sollte eine adaptierte Ernährungstherapie erfolgen?

Stoffwechselstörungen der Niereninsuffizienz treten dann auf, wenn die Nierenfunktion auf weniger als etwa 25% des Normalwertes eingeschränkt ist, d. h. die endogene Kreatininclearance (z. B. ermittelt nach der Formel von Cockcroft u. Gault) auf unter etwa 30–25 ml/min abgefallen ist (entsprechend einem Serumkreatinin je nach Alter und Körpergewicht zwischen 2,5 und 4,0 mg/dl).

Eine Proteinbeschränkung über diesem Bereich (»prophylaktische Diät«) ist – trotz der gegenteiligen Praxis in verschiedenen Zentren – nach heutigem Wissen nicht gesichert. Andererseits sollte auch in früheren Krankheitsstadien auf eine proteinreiche Diät verzichtet werden (empfohlene Proteinzufuhr 0,8–1,0 g/kgKG/24 h).

Cave: Die Beachtung des Serumkreatinins kann zu krassen Fehleinschätzungen der aktuellen Nierenfunktion führen und sollte nur beschränkt zur Beurteilung der Nierenfunktion herangezogen werden, da dessen Wert stark gewichts- und altersabhängig ist.

38.4.2 Grundzüge der ernährungstherpeutischen und metabolischen Interventionen

Das Grunddilemma der Ernährung bei Patienten mit CNV liegt in der schmalen Gratwanderung bei dem Versuch, durch Restriktion der Proteinzufuhr eine Verminderung der urämischen

Tabelle 38-3. Substratbedarf bei (metabolisch stabilen) Patienten mit CNV

Energie	(kcal/kgKG/24 h)	>35
Protein	(g/kgKG/24 h)	0,6[a]–1,0
Phosphat	(mg/24 h)	600–1000
Kalium	(mg/24 h)	1500–2000[b]
Natrium	(g/24 h)	2,6–4,3[b]
Flüssigkeit	–	Nicht beschränkt
Vitamine	–	Calcitriol, Supplemente

[a] Bei Kreatininclearance <25–30 ml/min. [b] Je nach Blutdruck, Ödemen etc.

Toxizität zu erreichen, wobei gleichzeitig die Gefahr der Induktion einer Malnutrition wächst (Substratbedarf s. *Tabelle 38-3*).

Eiweißreduzierte Diät

Trotz der seit der Publikation der MDRD-Studie von 1994 heftig geführten Diskussion um deren Sinnhaftigkeit bei CNV, haben verschiedene Metaanalysen die Wirkung einer Reduktion der Proteinzufuhr auf urämische Toxizität und Progression der Niereninsuffizienz eindeutig belegt. Daher beinhalten die Ernährungsempfehlungen aller relevanten nephrologischen Gesellschaften eine Reduktion der Proteinzufuhr bei Patienten mit CNV auf 0,6 g/kgKG/24 h. Eine weitere Verminderung der Proteingabe ist nur möglich, wenn gleichzeitig eine Supplementierung mit essenziellen Aminosäuren bzw. deren stickstofffreie Analoga (»Ketosäuren«) erfolgt.

Es muss unbedingt darauf geachtet werden, eine ernährungsphysiologisch vollständige Nahrung zu verordnen, um die Induktion von Mangelzuständen zu verhindern. Mittlerweile ist aber eindeutig belegt worden, dass eine Proteinreduktion ohne Verursachung von Mangelernährung erreicht werden kann.

Trotz dieser auch den Kriterien einer »evidence-based medicine« (EBM) standhaltenden Empfehlungen, muss betont werden, *dass auch in vielen Industriestaaten mehr als 50% der nephrologischen Zentren eine systematische Proteinrestriktion nicht durchführen.* Verschiedenste Gruppen sind der Ansicht, dass ein optimaler Ernährungsstatus für den weiteren Krankheitsverlauf wichtiger ist, als das Hinausschieben des Dialysebeginnes durch strikte diätetische Protokolle. Der Ernährungsstatus zu Beginn der Dialyse korreliert mit jenem nach 2–3 Jahren unter der Therapie und damit auch der Prognose der Patienten. Zudem bestehen für strenge Diätformen beträchtliche Complianceprobleme, die eine sehr enge Betreuung der Patienten notwendig machen.

Mit einer Eiweißreduktion geht auch eine erwünschte Phosphatreduktion einher. Zudem wird der Proteinzufuhr ein positiver Effekt auf den Blutdruck und auch auf die Insulinsensitivität zugeschrieben.

Industriell angeboten werden eine breite Palette von eiweißreduzierten, energiereichen Diätprodukten, die entweder als Supplemente, oder auch als ausschließliche Nährstoffe, eingesetzt werden können.

Energiebedarf

Im Gegensatz zur Eiweißreduktion ist bei Patienten mit CNV auf eine ausreichende Energiezufuhr (35–40 kcal/kgKG/24 h, je nach körperlicher Aktivität) zu achten. Dies kann schwierig werden, da der Kohlenhydratzufuhr (Glukoseintoleranz bei CNV, insbesondere bei diabetischen Patienten) Grenzen gesetzt sind. Bevorzugt sind Diäten mit nichtraffinierten, komplexen Kohlenhydraten mit niedrigem glykämischen Index und einem hohem Ballaststoffanteil einzusetzen.

Durch die *urämische Fettstoffwechselstörung* (Hypertriglyzeridämie, häufig auch Hypercholesterinämie) ist auch eine Steigerung der Fettzufuhr nur beschränkt möglich. Daher muss bei diesen Patienten sehr individuell die optimale Nährstoffrelation ermittelt werden. Die Zufuhr gesättigter, tierischer Fette muss eingeschränkt werden. Wieweit bei CNV, wie bei diabetischen Patienten, eine erhöhte Zufuhr einfach-ungesättigter Fettsäuren zu empfehlen ist, ist derzeit nicht gesichert.

Vitamine

Häufig besteht bei CNV-Patienten ein Defizit insbesondere der wasserlöslichen Vitaminen, das weniger durch einen erhöhten Verlust/Metabolisierung als v. a. durch eine unzureichende Zufuhr verursacht wird. Bei Patienten mit erhöhtem Plasmahomocystein wird eine zusätzliche Supplementierung mit Folsäure und Vitamin B_{12} empfohlen. Dagegen müssen die fettlöslichen Vitamine A und K nicht vermehrt zugeführt werden. (Vitamin D s. unten).

Elektrolyte

Der Bedarf an Elektrolyten kann je nach Krankheitsstadium sehr unterschiedlich sein. Ist in frühen Stadien eine normale, in einigen Fällen bedingt durch erhöhte renale Verluste sogar gesteigerte Zufuhr notwendig, müssen im späteren Verlauf verschiedene Elektrolyte (Kalium, Phosphat) beschränkt gegeben werden.

Mit der Eiweißrestriktion geht auch eine (gewünschte) Verminderung der Phosphatzufuhr einher. Intestinale Phosphatbinder sind daher meist nur im späteren Krankheitsverlauf notwendig.

Auch eine Kaliumrestriktion ist meist nur in präterminalen Krankheitsstadien notwendig. Zu beachten ist, dass die Kaliumtoleranz bei urämischen Patienten beeinträchtigt ist. Dies kann durch Medikamente (β-Blocker, Digitalisglykoside, ACE-Hemmer) verstärkt werden. Eine erhöhte exogene Zufuhr (Nahrung, Transfusionen etc.) bzw. endogene Freisetzung (Katabolismus, Azidose) kann bei Patienten mit CNV rasch zur Ausbildung einer Hyperkaliämie führen.

Der *Kalziumbedarf* ist bei Patienten mit CNV *regelhaft erhöht*. Wegen eines erhöhten renalen Magnesiumverlustes, kann auch eine gesteigerte Magnesiumzufuhr sinnvoll sein.

Dagegen ist in diesem Krankheitsstadium eine *Natrium- und Flüssigkeitsrestriktion nicht notwendig*, kann aber zur Behandlung der Hypertonie oder bei Gegenwart eines nephrotischen Syndroms bzw. verschiedenen Begleiterkrankungen (Herzinsuffizienz etc.) notwendig werden.

Kommt es zur Flüssigkeitsretention bzw. zur Ausbildung von Ödemen, ist eine Natrium- und Flüssigkeitsrestriktion in Kombination mit einer diuretischen Therapie vorzunehmen.

> **Cave:** Außer im präterminalem Stadium ist die Gefahr einer Hypovolämie (Folge: weitere Verschlechterung der Nierenfunktion!) höher, als einer Hypervolämie.
> Bei akut-kranken Patienten mit CNV kann der Nährstoffbedarf über den hier angegebenen Richtwerten liegen, Mangelerscheinungen können wesentlich schneller auftreten.

Weitere metabolische Interventionen

Obligater Bestandteil in der Betreuung dieser Patienten ist die Prophylaxe bzw. frühzeitige Therapie des *Hyperparathyreoidismus*. Dies erfolgt einerseits durch *Senkung des Phosphatspiegels* durch Limitierung der Zufuhr und Verabreichung von Resorptionshemmern, andererseits durch Gabe von aktivem Vitamin D_3 (Calcitriol bzw. Analogen) und durch Erhöhung der Kalziumzufuhr.

Wie schon vor mehr als 50 Jahren, ist auch heute wieder die *Korrektur der urämischen Azidose* ein *wesentlicher Teil* des Behandlungskonzepts. Dabei muss durch orale Alkalisierungssupplemente versucht werden, das Bikarbonat im Blut auf >22 mmHg anzuheben.

Da interkurrente Akuterkrankungen den Proteinkatabolismus bei Nierenversagen potenzieren, ist jede Infektion rasch und konsequent zu behandeln.

Patienten mit diabetischer Nephropathie

Mittlerweile ist ganz klar belegt, dass die metabolische Einstellung eines Diabetikers einen wesentlichen Einfluss auf die Progression des Nierenversagens ausübt. Damit kommt der Diät eine entscheidende Bedeutung in der Behandlung dieser Patienten zu (s. auch Kap. 20). Auch zur Frage der Proteinrestriktion liegen nunmehr zumindest für den Typ-I-Diabetes verschiedene Studien vor. In systematischen Zusammenfassung aller bisherigen Daten wurde gezeigt, dass eine Eiweißbeschränkung die Progression verzögern kann. Trotz der bei diesen Patienten häufig bestehenden Proteinurie sollte daher auch bei diabetischen Patienten eine Proteinrestriktion vorgenommen werden. Das optimale Ausmaß dieser Einschränkung der Proteinzufuhr ist allerdings noch nicht definiert. Bislang vorliegende Untersuchungen haben eine eher mässige Restriktion von 0,8–1,0 g/kgKG/24 h vorgenommen.

Gerade bei diabetischen Patienten wurde klar belegt, dass die Hypertonie (aber auch das Rauchen!) einen wesentlichen Progressionsfaktor darstellt und damit die Blutdruckeinstellung als ein entscheidendes Element in der Therapieführung anzusehen ist. Insbesondere ACE-Hemmer weisen einen spezifischen antiproteinurischen und nephroprotektiven Effekt auf.

38.4.3 Enterale Ernährung

Für eine enterale Ernährung bei Patienten mit CNV gibt es nur wenige Indikationen. Bislang sind daher nur einzelne systematische Studien durchgeführt worden. Bei Insassen von Pflegeheimen, neurologisch beeinträchtigten Personen kann eine Sondenernährung (evtl. auch mittels PEG) notwendig werden. Über die enterale Ernährung bei akut kranken Patienten mit CNV s. Abschn. ANV (s. S. 530).

Enterale Diätpräparate für Patienten mit CNV

Prinzipiell können 3 Formen von enteralen Diäten bei Patienten mit CNV eingesetzt werden. Leider enthalten einige dieser Diäten keine Ballaststoffe, die gerade bei urämischen Patienten mehrere Vorteile aufweisen (Normalisierung der Darmmotilität, Besserung der Glukosetoleranz, gewisse detoxifizierende Eigenschaften).

a) Elementardiäten (meist pulverförmig)

Die älteren Präparate dieser in Analogie zur proteinarmen oralen Diät formulierten Präparate enthalten ein limitiertes

Aminosäurenspektrum und sind auch in anderen Nährstoffen inkomplett. Neuere Elementardiäten bestehen aus einer »Energie-« und einer »Proteinkomponente« und erlauben damit eine gewisse Anpassung an die individuellen Bedürfnisse der Patienten. Hauptnachteile dieser Pulverdiäten sind die hohe Osmolalität, der Zeitaufwand für die Zubereitung und die Gefahr der Kontamination. Sie wurden daher vielfach von flüssigen Fertigdiäten abgelöst. Als wesentlichster Vorteil dieser Diäten ist die Tatsache anzusehen, dass sie auch jejunal verabreicht werden können.

b) Hochmolekulare nährstoffdefinierte Diäten für Patienten mit CNV

Diese haben einen verminderten Gehalt an Protein (als hochwertiges Eiweiß z. T. in Form von Oligopeptiden und freien AS), sind elektrolytreduziert und weisen eine hohe Energiedichte von 1,5–2,0 kcal/ml auf. Einige enthalten Zusätze, wie Taurin, Carnitin oder Histidin. Wieweit diese Diäten auch jejunal zu tolerieren sind, muss individuell geklärt werden.

c) Supplemente

Neben diesen können Supplemente, die für die ambulante Diät von Patienten mit CNV eingesetzt werden (z. B. Renamil), auch in der stationären Ernährungstherapie bzw. auch als enterale Diäten verwendet werden.

Die *Praxis* der enteralen Ernährungstherapie entspricht jener bei anderen Patientengruppen. Urämische Patienten, insbesondere Patienten mit Diabetes mellitus, haben sehr häufig intestinale Motiltätsstörungen. Dieser Umstand kann eine jejunale Sondenlage erforderlich machen. Insbesondere bei bewusstseinseingeschränkten Patienten können Sonden für nächtliche enterale Nahrstoffzufuhr angelegt werden. Bei Kindern mit CNV wurde über günstige Erfahrungen mit der Anlegung einer PEG-Sonde (bzw. PEG-Button) berichtet.

38.4.4 Parenterale Ernährung bei CNV

Eine parenterale Ernährung wird bei Patienten mit CNV üblicherweise dann vorgenommen, wenn eine Akuterkrankung die orale/enterale Ernährung unmöglich macht. Die Praxis der parenteralen Ernährung wird im Kapitel über akutes Nierenversagen/CNV mit Akuterkrankungen abgehandelt (s. S. 530).

38.5 Patienten unter einer Langzeithämodialysetherapie (HD-Therapie)

38.5.1 Metabolische Besonderheiten, metabolische Auswirkungen der HD-Therapie

Durch das Terminalstadium und die Dauer der Niereninsuffizienz sind bei diesen Patienten die urämischen Stoffwechselstörungen und chronischen Folgeerscheinungen besonders ausgeprägt und werden durch die von den extrakoporalen Nierenersatzverfahren induzierten Änderungen des Metabolismus überlagert.

Die *Stickstoffbilanz* von HD-Patienten ist an Dialysetagen wesentlicher stärker negativ ausgeprägt als an dialysefreien Tagen. Dies wird nicht nur durch eine verminderte Nahrungsaufnahme verursacht, sondern ist durch die Hämodialysetherapie selbst mitbedingt, durch die es zum Verlust verschiedener Nahrstoffe, insbesondere von Aminosäuren und Vitaminen (und Glukose bei Verwendung eines glukosefreien Dialysates) kommt. Zusätzlich tritt ein obligater Blutverlust und damit Verlust von Proteinen und Eisen auf. Schließlich führt die Dialyse selbst durch Phänomene der Bioinkompatibilität, möglicherweise zytokinbedingt, zu einer Aktivierung des Proteinkatabolismus.

38.5.2 Mangelernährung bei Patienten unter chronischer HD-Therapie

Zu den bei CNV angeführten Ursachen einer Mangelernährung, die durch die chronische Nierenfunktionsstörung bzw. die urämische Intoxikation bedingt sind, kommen bei Patienten unter einer chronischen HD-Therapie noch verschiedene weitere therapiebedingte Ursachen (*Tabelle 38-4*) vor. Die Anorexie ist besonders ausgeprägt, wobei dialyseassoziierte Faktoren, wie kurzfristige Flüssigkeitsverschiebungen, aber auch bei dieser Patientengruppe häufig auftretende psychosoziale Probleme, wie die Vereinsamung, das Ausgeliefertsein an eine Maschine etc., eine Rolle spielen können.

Die Patienten tendieren dazu, weniger zu essen, als sie dürfen oder sogar sollten. Falsch verstandene und vielerorts noch übliche unsinnige Diätrestriktionen verstärken diese Gefahr. Insgesamt muss betont werden, dass bei Dialysepatienten (bis auf Flüssigkeitszufuhr und Kaliumaufnahme) viel eher die Gefahr einer Mangelernährung – als einer überhöhten Nahrungsaufnahme – besteht.

Eine *Mangelernährung* lässt sich bei etwa 30% (schwere Malnutrition bei etwa 5%) aller Hämodialysepatienten nachweisen. Der Abbau funktioneller Körpermasse wird durch bei Dialysepatienten häufig auftretende *interkurrente Akuterkrankungen*, insbesondere Infektionen, aggraviert, die wie schon betont, zu einer Potenzierung des Proteinkatabolismus führen. Der Zusammenhang zwischen Ernährungszustand und Überlebensrate ist bei dieser Personengruppe eindrucksvoll belegt worden. Patienten mit erhöhten Entzündungsindikatoren (z. B. CRP) bedürfen einer gründlichen Abklärung und einer konsequenten Therapie der Ursachen. Interventionsmöglichkeiten bei Malnutrition sind in *Tabelle 38-5* dargestellt.

Tabelle 38-4. Ursachen der Malnutrition bei Patienten unter HD-Therapie

- Anorexie
- Falsche bzw. geschmacklich inakzeptable Diät
- Urämische Toxizität (inadäquate Dialysedosierung)
- Interkurrente Erkankungen (Infektionen)
- Gastroplegie
- Medikamente
- Psychosoziale Faktoren (Einsamkeit, Depression, Gleichgültigkeit)
- Nebenwirkungen der HD-Therapie (Übelkeit, Müdigkeit etc.)
- Dialyse-assoziierte Faktoren:
  Verlust von Nahrstoffen
  Induktion eines Katabolismus etc.

Tabelle 38-5. Möglichkeiten der Intervention bei Malnutrition bei HD-Patienten (Stufenschema)

- Beseitigung von Ursachen (mangelnde Dialysequalität, interkurrente Akuterkrankungen, Hyperparathyroidismus etc.)
- Diätetische Beratung, Änderungen der Diät
- Orale Nährstoffsupplemente (z. B. während der HD-Therapie)
- Nächtliche Sondenernährung
- Intradialytische parenterale Ernährung (IDPN)
- Anabolika/Wachstumsfaktoren (rHGH, rIGF-1)

38.5.3 Grundzüge der Ernährungstherapie

(Substratbedarf s. *Tabelle 38-6*.)

Bei chronischen Hämodialysepatienten besteht das Grundprinzip der Ernährungstherapie in einer Limitierung der Flüssigkeits- und Kaliumzufuhr bei gleichzeitig liberalisierter Proteinaufnahme von 1–1,2 g/kgKG/24 h. Die Reduktion der Natriumzufuhr kann evtl. in der Behandlung der Hypertonie notwendig werden. Durch diese Vorgaben ist die Aufnahme von rohem Obst und Gemüse vermindert und die alimentäre Vitaminzufuhr häufig unzureichend. Der Vitaminbedarf muss durch Verabreichung von Kombinationspräparaten gedeckt werden. Der bei der heute zur Behandlung der urämischen Anämie üblichen Therapie mit Erythropoetin gesteigerte Bedarf an Eisen wird üblicherweise durch parenterale Eisensupplementierung nach der Dialysebehandlung gedeckt.

Dagegen ist auf eine ausreichende Energiezufuhr von 30–35 kcal/kgKG/24 h zu achten. Wie bei Patienten mit CNV besteht häufig eine Glukoseintoleranz und Fettstoffwechselstörung, die eine individuelle Zusammenstellung von Kohlenhydraten und Fetten erforderlich macht.

Der obligat bestehende Hyperparathyreoidismus muss konsequent durch genannte Maßnahmen therapiert werden (aktive Vitamin-D_3-Verbindungen, Phosphatbinder). Eine Absenkung des Parathormonspiegels in den für Gesunde geltenden Normalbereich ist nach heutiger Ansicht nicht wünschenswert, da dies eine Verminderung des Knochenumsatzes bewirkt und eine Osteopathie verstärken kann (»adynamic bone disease«). Der erhöhte Kalziumbedarf wird heute durch Verwendung kalziumhältiger Phosphatbinder gedeckt.

Tabelle 38-6. Substratbedarf bei Patienten unter chronischer HD- bzw. PD-Therapie

		HD	PD
Energie	(kcal/kgKG/24 h)	>35	>35[a]
Protein	(g/kgKG/24 h)	1,1–1,4	1,2–1,5
Phosphor	(mg/24 h)	800–1000	800–1000
Kalium	(mg/24 h)	2000–2500	2000–2500
Natrium	(g/24 h)	2,6–4,3	2,6–4,3
Flüssigkeit	(ml/24 h)	800 + HV	800 + UF+ HV

UF Ultrafiltration, *HV* Harnvolumen. [a] Beinhaltet Energiezufuhr (Glukose) aus dem Dialysat. [b] Der individuelle Bedarf kann sehr unterschiedlich sein.

Eine zusätzliche Azidosebehandlung ist bei Patienten unter Hämodialyse selten notwendig, da die Dialyse zu einer meist ausreichenden Alkalisierung führt. Das Serumbikarbonat sollte prädialytisch etwa 22 mmol/l betragen.

Sonstige metabolische Interventionen

Große Erwartungen wurde in die Gabe von Wachstumsfaktoren (Wachstumshormon [rHGH], Insulin-ähnlicher-Wachstumsfaktor-I [IGF-I]) als ergänzende Therapie der Malnutrition bei HD-Patienten gesetzt. Bislang vorliegende Untersuchungen über die Substitution von Wachstumsfaktoren haben Effekte nur auf Surrogatendpunkte gezeigt und sind insgesamt wenig ermutigend. Diese Therapie ist mit exzessiven Kosten verbunden. Eine HGH-Therapie ist derzeit nur bei Kindern unter HD-Therapie zur Normalisierung des Wachstums gerechtfertigt. Dagegen wurde zuletzt gezeigt, dass durch die (in einigen Zentren schon Jahrzehnte geübte) wesentlich kostengünstigere Gabe von steroidalen Anabolika der Ernährungszustand von HD-Patienten langfristig verbessert werden kann.

> Besteht eine Malnutrition, muss zunächst abgeklärt werden, ob behandelbare Faktoren (unzureichende Dialysequalität, Hyperparathyreoidismus, interkurrente Akuterkrankungen) beteiligt sind. Dann muss versucht werden, durch eine Änderung der Diät, Optimierung der Diätvorschreibung unter Berücksichtigung der Präferenzen der Patienten und seines Essverhaltens die orale Nahrungsaufnahme zu verbessern (s. *Tabelle 38-1*).

38.5.4 Enterale Ernährung

Ist es nicht möglich, bei mangelernährten HD-Patienten durch Änderung der Diät eine bedarfsgerechte Nahrstoffzufuhr zu erreichen, sollte als nächster Schritt versucht werden, mit oralen Supplementen, die nach den individuellen Geschmackspräferenzen der Patienten ausgewählt werden, die Nahrung zu ergänzen. Insbesondere unter medizinischer Motivation während der HD-Behandlung gelingt es damit häufig, eine verbesserte Nahrstoffzufuhr zu erreichen (z. B. Gabe von 1–2 Packungen einer Trinklösung während der HD).

Systematische Untersuchungen zur enteralen Ernährung liegen kaum vor. Für diese gibt es bei HD-Patienten wohl nur wenige Indikationen. Bei Insassen von Pflegeheimen bzw. neurologisch beeinträchtigten Personen kann eine Sondenernährung (z. B. nächtlich; mittels nasogastraler Sonde bzw. PEG-Sonde) notwendig werden.

Über die enterale Ernährung von akut kranken HD-Patienten s. Abschn. ANV (s. S. 530).

Enterale Diätpräparate für Patienten unter HD-Therapie

Prinzipiell können 3 Formen von enteralen Diäten bei HD-Patienten eingesetzt werden.

a) Elementardiäten (meist pulverförmig):
Die älteren Präparate dieser für die Therapie des CNV entwickelten Diäten (s. oben) und entsprechen nicht den Erfordernissen von Patienten unter einer HD-Therapie. Der einzige Vorteil dieser Diäten ist die Tatsache, dass sie auch jejunal verabreicht werden können.
b) Speziell für Patienten unter Hämodialysetherapie entwickelte hochmolekulare („nährstoffdefinierte" Diäten (NDD):

Diese gebrauchsfertigen Flüssigdiäten sind an den Nährstoffbedarf von Patienten unter HD-Therapie adaptiert, haben einen moderaten Proteingehalt (als hochwertiges Eiweiß z. T. in Form von Oligopeptiden und freien Aminosäuren), sind elektrolytreduziert und haben eine hohe Energiedichte von 1,5–2,0 kcal/ml. Einige enthalten Zusätze, wie Taurin, Carnitin oder Histidin. Wieweit diese Diäten auch jejunal toleriert werden können, muss individuell geklärt werden.

c) Supplemente:

Zusätzlich wird eine große Zahl von Supplementen (pulverförmig bzw. trinkfertig) angeboten, die z. T. aus Eiweiß- bzw. Energiekomponenten (z. B. Renapro) bestehen, aber auch vollständige Diäten sind (z. B. Renenergy). Als ergänzende orale Ernährung können aber auch für Stoffwechselgesunde entwickelte Präparate eingesetzt werden (was den Vorteil der wesentlich breiteren Palette an Geschmacksrichtungen hat).

38.5.5 Parenterale Ernährung bei Patienten mit CNV

Intradialytische parenterale Ernährung [IDPN])

Falls eine Optimierung der oralen bzw. enteralen Nahrungszufuhr durch genannte Maßnahmen nicht erreicht werden kann, sollte die Möglichkeit der parenteralen Nahrstoffzufuhr während der Hämodialyse (IDPN) erwogen werden. Die Sorge, dass durch Nahrstoffinfusion während der Behandlung der dialysebedingten Verlust verstärkt wird, ist in Bilanzuntersuchungen eindeutig widerlegt worden. Die Nährlösung kann also während der Dialysetherapie vorgenommen werden und muss nicht – wie früher angenommen – nach der Therapie infundiert werden.

Gegenüber früheren Empfehlungen ist mindestens 0,5 g/kgKG an Aminosäuren und auch Energiesubstrate zu verabreichen. Unsere Form der IDPN verfolgt ein Gesamtnährlösungskonzept (»Nephromix«; ◘ *Tabelle 38-7*): Neben der Energie- und Stickstoffzufuhr sind möglichst jene Substanzen zuzuführen, bei denen während einer Hämodialysetherapie erfahrungsgemäß Mangelzustände auftreten können. Die Nährlösung (+ Zuspritzungen) enthält also Glukose, Fett, Phospholipide, Aminosäuren (inkl. Tyrosin als Dipeptid), Carnitin und wasserlösliche Vitamine. Lediglich Spurenlemente, insbesondere Eisen und evtl. auch Selen, müssen getrennt verabfolgt werden.

◘ Tabelle 38-7. Intradialytische parenterale Ernährung (IDPN) (Beispiel für Nährlösung)[a]

Basislösung:				
Glukose	60%	100 ml	60 g	240 kcal
Aminosäuren »nephro«	10%	500 ml	50 g	200 kcal
Fettemulsion	20%	100 ml	20 g	190 kcal
– zuzuspritzen:				
L-Carnitin		1 Amp.	5 ml	500 mg
Wasserlösliche Vitamine		2 Amp.	730 ml	630 kcal
– getrennt verabreichen:				
Selenit		1 Amp.	5 ml	200 µg
Eisen-Saccharinat (nach Bedarf)[b]			2 ml	40 mg

[a] Kann in der Apotheke gemischt oder industriell gefertigt zugekauft werden :«Nephro-Mix«. [b] Maximale Infusionsgeschwindigkeit (in venöse Tropfkammer: 250 ml/h).

Eine IDPN muss zwangsläufig einen Kompromiss zwischen dem Wunsch, möglichst viele Nährstoffe zu verabreichen und der durch die zeitliche Beschränkung auferlegte Limitierung der Zufuhr darstellen. Insbesondere die Gabe von Glukose und Fett muss moderat gehalten werden, um nicht Entgleisungen der Plasmakonzentrationen zu induzieren.

In mehreren Untersuchungen wurde gezeigt, dass durch eine IDPN der Ernährungszustand der Patienten und auch die Infektionsabwehr (Immunkompetenz) von Dialysepatienten verbessert werden kann. Eine Verbesserung der Prognose konnte allerdings nach EBM-Kriterien bislang nicht nachgewiesen werden.

Totale parenterale Ernährung (TPE)

Eine totale parenterale Ernährung wird bei HD-Patienten üblicherweise dann vorgenommen, wenn eine Akuterkrankung eine orale/enterale Ernährung unmöglich macht. Die Praxis der parenteralen Ernährung wird unter ANV abgehandelt (s. S. 530).

38.6 Patienten unter einer chronischen Peritonealdialyse (PD-Therapie)

38.6.1 Mangel- bzw. Fehlernährung bei Patienten unter PD-Therapie

Die therapiebedingte Induktion einer Fehlernährung ist bei Patienten unter einer chronischen PD (kontinuierliche ambulante PD [CAPD], intermittierende PD [IPD]) etc.) besonders augenscheinlich. Heute übliche PD-Lösungen enthalten Glukose in einer Konzentration von 1,26–3,86% (= 1260–3860 mg/dl) als osmotisch wirksame Substanz zur Aufrechterhaltung der notwendigen Ultrafiltration. Damit kommt es zu einer beträchtlichen Resorption von Glukose. Diese kalorisch überhöhte, einseitige Zufuhr von Kohlenhydraten führt zu einer *Aggravierung* der bei Nierenversagen bestehenden *Hyperlipidämie*, zu einer Fehlernährung mit Liponeogenese, zu einer Störung der Stoffwechselkontrolle bei Patienten mit Diabetes mellitus etc. Alternative osmotisch aktive Substanzen, wie Glukosepolymere oder Aminosäuren, könnten zu einer Verminderung dieser therapiebedingten Komplikation beitragen.

Die Inzidenz einer Mangelernährung ist bei Patienten unter PD geringer als bei jenen unter HD. Trotz der meist überhöhten Kalorienzufuhr weisen aber bis 1/3 der Patienten Zeichen einer Malnutrition auf. Neben urämischen Faktoren und den Nebenwirkungen der überhöhten Glukoseaufnahme sind weitere durch die Therapie verursachte Faktoren dafür verantwortlich zu machen. *Die PD bedingt einen Proteinverlust von mehr als 5–15 g/24 h.* Bei einer gleichzeitig vorhandenen Peritonitis kann dieser Proteinverlust stark ansteigen. Aber auch Spurenelemente und Vitamine gehen über das Peritoneum verloren. Die Inappetenz bei PD-Patienten wird durch die überhöhte Glukosezufuhr, aber auch durch zusätzliche Faktoren wie Erhöhung des intraperitonealen Drucks, Völlegefühl, abdominelle Schmerzen durch Katheter etc. verstärkt.

38.6.2 Zusätzliche Besonderheiten der Ernährungstherapie bei PD-Patienten

Zusätzliche Besonderheiten betreffen den gegenüber HD-Patienten weiter erhöhten Proteinbedarf von ca. 1,2–1,4 g/kgKG/24 h bei gleichzeitig zu reduzierender Kalorienzufuhr (insbesondere Kohlenhydrate) (s. *Tabelle 38-6*). Die peritoneale Glukoseresorption muss bei Berechnung der Energiezufuhr mitberücksichtigt werden. Nicht nur durch die optimierte Entgiftung, sondern durch die meist höhere Restfunktion der Nieren bedingt, sind Flüssigkeits- und Elektrolytentgleisungen bei Patienten unter PD seltener und diätetische Restriktion in geringerem Ausmaß notwendig.

Bei Patienten unter PD sind Versuche unternommen worden, durch Nahrungszusätze zur Peritonealspülflüssigkeit die Nahrstoffaufnahme zu optimieren. Bis auf die schon erwähnten aminosäurehältigen Lösungen haben allerdings noch keine weiteren Modifikationen Eingang in die klinische Routine gefunden.

38.7 Akutes Nierenversagen (bzw. Patienten mit CNV unter HD-/PD-Therapie mit Akuterkrankungen)

38.7.1 Stoffwechselprobleme

Auch der akute Verlust der exkretorischen Nierenfunktion führt nicht nur zu den offensichtlichen Auswirkungen auf den Wasser-, Elektrolyt- und Säure-Basen-Haushalt, sondern auch zu ausgeprägten und spezifischen Veränderungen im Stoffwechsel verschiedenster Substrate, die in vielen Aspekten den in *Tabelle 38-8* angegebenen Störungen entsprechen. Diese werden aber durch den akuten Krankheitsprozess, durch die das ANV auslösende Grundkrankheit und verschiedenen Komplikationen (z. B. schwere Infektionen oder anderen Organdysfunktionen) sowie nicht zuletzt auch von der Art und Dauer der Nierenersatztherapie modifiziert.

Ein wesentlicher Aspekt beim ANV ist die hochgradige Aktivierung des Proteinkatabolismus, der durch eine exogene Substratzufuhr zwar vermindert, aber nicht aufgehoben werden kann. Die Stimulation der hepatischen Glukoneogenese kann nicht – wie bei Gesunden oder Patienten im CNV – durch eine exogene Glukosezufuhr unterdrückt werden. Es besteht damit eine obligat negative Stickstoffbilanz.

Tabelle 38-8. Metabolische Auswirkungen kontinuierlicher Nierenersatzverfahren

- Hitzeverlust
- Zufuhr von Substraten (Laktat, Zitrat, Glukose etc.)
- Verlust von Nährstoffen (Aminosäuren, Vitamine, Cholin etc.)
- Verlust von Elektrolyten (Phosphat, Magnesium)
- Elimination von kurzkettigen Proteinen (Hormonen, Mediatoren?)
- Metabolische Folgen der Bioinkompatibilität (Induktion einer inflammatorischen Reaktion, Aktivierung von Mediatorkaskaden, Stimulation des Proteinkatabolismus?)

Patienten mit CNV, Personen unter einer chronischen HD oder CAPD, die eine Akuterkrankung aufweisen (z. B. Operationen, Infektionen) sind metabolisch wie Patienten mit ANV einzuschätzen und sollten auch ernährungstherapeutisch wie diese geführt werden.

38.7.2 Metabolische Auswirkungen der kontinuierlichen Nierenersatztherapie

Die metabolischen Auswirkungen der Hämodialyse wurden schon dargestellt. Heute werden auf Intensivstationen üblicherweise kontinuierliche Nierenersatzverfahren (CRRT) in der Behandlung des ANV eingesetzt, die durch den kontinuierlichen Therapiemodus und die hohen Umsatzraten der Substitutionsflüssigkeiten zu ausgeprägten Auswirkungen auf den Stoffwechsel und den Substratbedarf führen können (s. *Tabelle 38-8*). Sie können negative, aber auch positive Effekte zeitigen. Beispielsweise wird die Induktion einer milden Hypothermie als Mitursache der Kreislaufstabilisierung während dieser Therapieverfahren diskutiert. Der Verlust von Nährstoffen, insbesondere von Aminosäuren und wasserlöslichen Vitaminen, muss bei der Planung der Ernährungstherapie berücksichtigt werden. Die Bedeutung einer »Mediatorelimination« ist umstritten. Beachtet werden muss, dass die heute verfügbaren Substitutionslösungen für diese kontinuierlichen Therapieverfahren für die Behandlung des ANV nicht optimal zusammengesetzt sind, sodass Elektrolytentgleisungen wie eine Hyponatriämie, Hypophosphatämie und Hypomagnesiämie auftreten können.

38.7.3 Substratbedarf bei ANV

Der Bedarf an einzelnen Substraten bei Patienten mit ANV wird nicht nur durch den akut urämischen Zustand bestimmt, sondern auch vom Ernährungszustand, der Grunderkrankung, von im Krankheitsverlauf auftretenden Komplikationen und Art und Dauer der Nierenersatztherapie. Da im ANV die regulatorischen Funktionen der Niere ausgeschaltet sind, ist die Toleranz gegenüber jeder exzessiven Substratzufuhr (Aminosäuren, Spurenelemente, Vitamine etc.) stark herabgesetzt. *Tabelle 38-9* gibt eine Übersicht über den Substratbedarf bei 3 Gruppen von Patienten mit unterschiedlichem Schweregrad der Grunderkrankung bzw. Ausmaß des Hyperkatabolismus.

Energiebedarf

Der Energieverbrauch liegt bei Patienten mit komplikationslosem ANV im Normbereich (ermittelt z. B. nach der Formel von Harris-Benedikt). Eine zusätzlich vorliegende Sepsis oder ein Multiorganversagen steigern den O_2-Verbrauch um etwa 30%. Der Energiestoffwechsel wird also mehr von der Grunderkrankung bzw. Komplikationen bestimmt als durch das ANV und liegt in den meisten Fällen bei 25–30 kcal/kgKG/24 h.

Da ein überhöhtes Angebot an energetischen Substraten (»Hyperalimentation«) schwerwiegende Komplikationen hervorrufen kann, ist eine über den tatsächlichen Bedarf hinausgehende Energiezufuhr strikt zu vermeiden. Frühere Empfehlungen für die Gabe von bis zu 50 kcal/kgKG/24 h (d. h. 100% über dem Grundumsatz (BMR)) sind strikt abzulehnen.

Aminosäuren und Proteinbedarf

Nur in wenigen Studien wurde versucht, den Bedarf an Aminosäuren und/oder Proteinen im ANV zu definieren. Bei nicht-hyperkatabolen Patienten mit ANV bzw. während der polyurischen Erholungsphase nach einem ANV wurde eine Proteinzufuhr von 1,0–1,3 g/kgKG/24 h ermittelt, um eine ausgeglichene Stickstoffbilanz zu erreichen. Klinisch wesentlich relevanter sind jüngere Untersuchungen zum Aminosäurenbedarf von hyperkatabolen Patienten mit ANV unter einer kontinuierlichen Nierenersatztherapie. Übereinstimmend sind die Autoren der derzeit verfügbaren Studien zum Schluss gekommen, dass bei diesem kritisch kranken Patienten der Aminosäuren- bzw. Proteinbedarf zwischen 1,2 und 1,5 g/kgKG/24 h liegt.

Patienten, die einer intermittierenden oder kontinuierlichen Hämodialyse bzw. Hämofiltration unterzogen werden, sollten zum Ausgleich der therapiebedingt erhöhten Aminosäurenverluste 0,2 g/kgKG/24 h AS zusätzlich erhalten. Pro Stunde HD-Therapie gehen etwa 2 g AS verloren, während einer kontinuierlichen Hämofiltration etwa 0,2 g AS/l Filtrat. Die Infusion der Nährlösung während der Nierenersatztherapie steigert diesen Verlust nur unwesentlich, da die endogene Clearance von Aminosäuren mehr als 100fach höher liegt als die exogene.

Vitamin- und Spurenelementbedarf

Exakte Angaben zum Bedarf an Mikronährstoffen sind für Patienten mit ANV nicht verfügbar. Bei ANV tritt ein gesteigerter Verlust an wasserlöslichen Vitaminen während der Nierenersatztherapie auf. So kann etwa ein Mangel an Vitamin B_1 (Thiamin) eine Laktatazidose hervorrufen und/oder aufrechterhalten. Eine Supplementierung sollte alle wasserlöslichen Vitamine umfassen, wobei unter kontinuierlicher Nierenersatztherapie die Gabe des doppelten Tagesbedarfs zu empfehlen ist. Die Zufuhr von mehr als 205 mg/24 h Vitamin C sollte vermieden werden, da Vitamin C zu Oxalsäure metabolisiert wird und eine überhöhte Gabe zur Ausbildung einer sekundären Oxalose führen kann. Von den fettlöslichen Vitaminen sollten die Vitamine A, E und möglicherweise auch Vitamin D erhöht zugeführt werden. Der Bedarf am fettlöslichen Vitamin K ist dagegen nicht gesteigert.

Als Spurenelementsubstitution empfehlen wir derzeit die 2- bis 4-mal wöchentliche Gabe des empfohlenen Tagesbedarfs. Für Selen ist eine höhere Zufuhr anzustreben. Selen weist unter anderem auch einen renoprotektiven Effekt auf, eine Selengabe kann bei Intensivpatienten die Ausbildung eines ANV hintanhalten. Spurenelementgaben bei ANV beinhalten das Risiko der Induktion toxischer Effekte, da die wichtigsten regulatorischen Funktionen im Spurenelementhaushalt, die intestinale Resorption und die renale Exkretion, durch eine parenterale Zufuhr umgangen werden.

Elektrolytbedarf

Der Bedarf an Elektrolyten ist interindividuell bei Patienten mit ANV sehr unterschiedlich und kann sich auch im Krankheitsverlauf extrem ändern (z. B. polyurische Phase). Die optimale Zufuhr an Elektrolyten muss also täglich neu ermittelt werden. Obwohl aus verschiedenen Gründen eine Hyperkaliämie bzw. Hyperphosphatämie auftreten kann, muss doch beachtet werden, dass ein hoher Prozentsatz von Patienten mit ANV mit einer Hypokaliämie bzw. Hypophosphatämie zur

Tabelle 38-9. Substratbedarf bei Patienten mit ANV bzw. unter chronischer HD- bzw. PD-Therapie und interkurrenten katabolen Akuterkrankungen

Parameter	Ausmaß des Katabolismus		
	Gering	Mäßig	Stark
Harnstoff-N-Produktion (über N-Zufuhr)	>6 g	6–12 g	>12 g
Klinisches Bild (Beispiele)	Medikamententoxizität	Postoperativ, Infektion	Sepsis/MODS
Mortalität	20%	60%	>80%
Häufigkeit der Dialyse/Hämofiltration	Selten	Nach Bedarf	Täglich
Energiezufuhr (kcal/kgKG/24 h)	25	25–30	25–35
Energiesubstrate	Glukose	Glukose + Fett	Glukose + Fett
Aminosäuren/Proteine (g/kgKG/24 h)	0,6–1,0 EAS (+ NEAS)	0,8–1,2 EAS + NEAS	1,0–1,5 EAS + NEAS
Art der Nahrungszufuhr	Oral/enteral	Enteral und/oder parenteral	
Diäten enteral	Speisen/enterale Diät	Enterale Standard- bzw. spezielle »Nephro«-Diäten	
Nährstoffe parenteral		Glukose 30–60%	
Fettemulsionen		Fettemulsionen 10% oder 20%	
Aminosäurenlösung	EAS + spezifische NEAS (»Standard«- oder »Nephrolösungen«); Multivitamin- und Multispurenelementpräparate		

EAS: essenzielle Aminosäuren, *NEAS:* nichtessenzielle Aminosäuren.

Behandlung kommen. Verschiedene therapeutische Maßnahmen (Ernährungstherapie, Nierenersatztherapie, Phosphatbinder etc.) können diese Störungen verstärken.

Indikation zu ernährungstherapeutischen Interventionen

Wie bei anderen Akuterkrankungen bildet die Indikation zu einer gezielten künstlichen Ernährungstherapie nicht nur der Ernährungszustand, sondern auch Art und Schweregrad der Grunderkrankung, Ausmaß des Hyperkatabolismus und die Dauer, in der eine orale Ernährung nicht möglich ist. Wie bei anderen Akuterkrankungen sollte diese Entscheidung frühzeitig im Krankheitsverlauf gefällt werden, um die Ausbildung von Defiziten zu vermeiden.

Orale Ernährung/Diätetische Therapie

Eine orale Ernährung bleibt unkomplizierten Patienten mit isoliertem ANV ohne Hyperkatabolismus vorbehalten, die üblicherweise keine wesentlichen Probleme machen und eine gute Prognose aufweisen. Mit einer leichten, gemischten Kost sollte ein langsamer Ernährungsaufbau vorgenommen werden. Meist muss eine Flüssigkeits- und Kaliumrestriktion vorgenommen werden. Inappetenz und Motilitätstörungen limitieren in der Frühphase häufig die Ernährungstherapie. Wegen der meist begrenzten Zeitspanne des Nierenversagens sollte eine bedarfsdeckende Ernährung aber nicht erzwungen werden. In der polyurischen Phase und der Erholungsphase müssen die erhöhten Flüssigkeits- und Elektrolytverluste kompensiert werden.

Enterale Ernährung

Bei Patienten, die einer künstlichen Ernährung bedürfen, sollte grundsätzlich immer eine enterale Ernährung angestrebt werden, auch wenn damit nur ein Teil des Nährstoffbedarfs gedeckt werden kann. Schon kleine Mengen an enteralen (luminalen) Substraten können dazu beitragen, die intestinale Integrität und Funktion zu erhalten. Obwohl die enterale Ernährung auch bei Patienten mit ANV der Standard auf Intensivstationen geworden ist, liegen dazu bislang kaum systematischen Untersuchungen vor.

Die Praxis der enteralen Ernährungstherapie entspricht wiederum jener bei anderen Erkrankungen (s. Abschn. II). Der Ernährungsaufbau muss aber langsamer erfolgen. Wiederum muss betont werden, dass beim ANV häufig gastrointestinale Motilitätsstörungen bestehen, die durch Analgosedierung, Kreislauftherapie etc. verstärkt werden. Häufig muss bei diesen Patienten die Sondenspitze ins Jejunum platziert werden.

Enterale Diätpräparate für Patienten mit ANV

Prinzipiell können 3 Formen von enteralen Diäten bei Patienten mit ANV eingesetzt werde, wobei betont werden muss, dass keine von diesen speziell für das ANV entwickelt wurde.

a) Elementardiäten (meist pulverförmig):

Die älteren Präparate dieser für die Therapie des CNV entwickelten Diäten (s. oben) enthalten ein limitiertes Aminosäurenspektrum und sind auch in anderen Nährstoffen inkomplett. Neuere Elementardiäten bestehen aus einer »Energie-« und einer »Proteinkomponente« und erlauben damit eine gewisse Anpassung an die individuellen Bedürfnisse der Patienten. *Hauptnachteile* dieser Pulverdiäten sind neben der z. T. inkompletten Zusammensetzung die hohe Osmolalität, der Zeitaufwand für die Zubereitung und die Gefahr der Kontamination. Sie wurden weitgehend von flüssigen Fertigdiäten abgelöst. Die Elementardiäten können jedoch jejunal verabreicht werden.

b) hochmolekulare nährstoffdefinierte Diäten (NDD) für nicht-urämische Patienten:

Auf den meisten Intensivstationen werden für Patienten mit ARF Standard-NDD verwendet. *Nachteile* dieser Präparate sind die fixe Nahrmittelzusammensetzung ohne Möglichkeit der Adaptation, die Menge und biologische Wertigkeit des Proteins, der hohe Elektrolytgehalt, insbesondere von Kalium und Phosphat. Bei nicht bedarfsdeckender enteraler Ernährung bzw. bei gleichzeitiger kontinuierlicher Nierenersatztherapie können aber bei Patienten mit ANV Standardsondenkostpräparate eingesetzt werden. Bei bedarfsdeckender Zufuhr kann der hohe Elektrolytgehalt (v. a. von Kalium und Phosphat) die Verwendung limitieren. Ob Diäten, die mit spezifischen Substraten, wie Glutamin, Arginin, Nukleotiden oder ω-3-Fettsäuren angereichert sind (»Immunonutrition«), bei Patienten mit ANV Vorteile aufweisen, muss noch in klinischen Studien nachgewiesen werden.

c) Für Patienten unter HD-Therapie entwickelte NDD:

Diese gebrauchsfertigen Flüssigdiäten die an den Nährstoffbedarf von Patienten unter HD-Therapie adaptiert sind (s. oben), haben einen moderaten Proteingehalt (als hochwertiges Eiweiß z. T. in Form von Oligopeptiden und freien Aminosäuren), sind elektrolytreduziert und haben eine hohe Energiedichte (1,5–2,0 kcal/ml). Diese Diäten sind derzeit als das Optimum für Patienten mit ANV zu betrachten. Einige enthalten Zusätze, wie Taurin, Carnitin oder Histidin. Wieweit diese Diäten auch jejunal toleriert werden können, muss individuell geklärt werden.

Parenterale Ernährung

Erfahrungsgemäß ist bei vielen Patienten mit ANV die Deckung des Nahrungsbedarfs auf enteralem Wege alleine nicht möglich, weshalb eine ergänzende oder totale parenterale Ernährung – besonders im frühen Krankheitsstadium – notwendig werden kann. Da im ANV die Flüssigkeitszufuhr beschränkt werden soll, müssen hyperosmolare Lösungen verwendet werden, die eine Verabreichung über Zentralvenenkatheter erforderlich machen.

Substrate für die parenterale Ernährung

Aminosäurenlösungen

Eine umstrittene Frage in der Ernährung bei ANV bezieht sich auf die optimale Zusammensetzung der Aminosäurenlösung, ob ausschließlich essenzielle Aminosäuren (EAS), sogenannte »Normallösungen«, die EAS und nichtessenzielle AS (NEAS) enthalten, oder speziell zusammengesetzte »Nephrolösungen« mit adaptierten Anteilen an EAS plus spezifischen NEAS, die im ANV krankheitsbedingt »essenziell« werden, verwendet werden sollen.

Im Nierenversagen können verschiedene als NEAS klassifizierte Aminosäuren essenziell werden. So ist die Bildung von Tyrosin und Cystein, von Arginin und Serin herabgesetzt. Daher sollten Gemische von ausschließlich EAS nicht mehr verwendet werden, moderne »Nephrolösungen« müssen EAS und verschiedene NEAS enthalten.

Aufgrund seiner geringen Wasserlöslichkeit kann Tyrosin nicht direkt einer Aminosäurenlösung zugesetzt werden. Das aus diesem Grund als Tyrosinersatz häufig verwendete N-Acetyltyrosin wird beim Menschen nicht verwertet. Mit tyrosinhaltigen Dipeptiden stehen nunmehr Tyrosindonatoren für die parenterale Ernährung zur Verfügung, die gut wasserlöslich sind.

Die Utilisation einiger Aminosäuren ist im ANV verändert. Gerade jene Aminosäuren, deren Clearance am stärksten beeinträchtigt ist, wie Phenylalanin, finden sich in herkömmlichen Lösungen in den höchsten Konzentrationen, weshalb die Infusion dieser Lösungen zu Imbalanzen im Plasmaaminosäurenmuster führt.

Zusammenfassend sollten heute entweder sogenannten Normallösungen oder besser, neuere Generationen von adaptierten Nierenlösungen eingesetzt werden. Die Verwendung dieser »Nephrolösungen« führt zu einer Normalisierung des Plasmaaminosäurenmusters und ist, zumindest im Tierexperiment, in Bezug auf die Optimierung der Stickstoffbilanz und Proteinsynthese konventionellen Lösungen überlegen. Wegen der vielen Gemeinsamkeiten von Stoffwechselstörungen bei ANV, bei Sepsis und SIRS sollten diese neuen »Nephrolösungen« eher als »Organversagenlösungen« betrachtet und entsprechend eingesetzt werden.

Wie bei anderen katabolen Krankheitsbildern wurden auch bei Patienten mit ANV mit verzweigtkettigen AS angereicherte AS-Lösungen verwendet. Bislang konnte kein überzeugender Beweis für eine relevante antikatabole Wirkung dieser AS-Lösungen erbracht werden.

Das früher als NEAS klassifizierte Glutamin wird heute wegen seiner Wirkungen auf den Proteinstoffwechsel, auf die Erhaltung der intestinalen Funktionen und auf die Immunkompetenz bei katabolen Akuterkrankungen als krankheitsbedingt essenziell angesehen. Systematische Untersuchungen zu Glutamin bei ANV fehlen. In einer Studie, die eine konventionelle parenterale Ernährung mit einer mit Glutamin supplementierten Ernährung bei Intensivpatienten verglichen hatte, war die Überlebensrate von Patienten, die Glutamin erhalten hatten, verbessert. In einer Post-hoc-Analyse war dieser positive Effekt bei Patienten mit ANV am ausgeprägtesten ($p<0{,}02$).

Da Glutamin in wässriger Lösung nicht stabil ist, werden heute glutaminhaltige Dipeptide (Alanylglutamin, Glycylglutamin) in der parenteralen Ernährung eingesetzt. Obwohl die Utilisation dieser Dipeptide, insbesondere jener mit N-terminalem Glycin von der Nierenfunktion abhängig ist, ist doch die Hydrolyse bei klinisch üblicher Dosierung auch in Gegenwart eines ANV ausreichend.

Energiesubstrate

Kohlenhydrate. Glukose ist das Hauptenergiesubstrat in der Ernährung von Patienten mit ANV. Alternative Kohlenhydrate wie Fruktose, Sorbit oder Xylit bieten gegenüber Glukose keinerlei dokumentierte Vorteile und könnten unerwünschte metabolische Wirkungen durch Steigerung der renalen Glukoneogenese bzw. des renalen O_2-Bedarfs hervorrufen.

Die Glukosezufuhr sollte 3 g bis maximal 5 g/kgKG/24 h betragen. Übersteigt die Zufuhr 4–5 g/kgKG/24 h, wird Glukose nicht zur Energiegewinnung oxydiert, sondern in Fett umgewandelt, wodurch eine hepatische Steatose und Kohlendioxidproduktion begünstigt werden. Aufgrund der eingeschränkten Glukoseutilisation im ANV wird häufig die Verabreichung von Insulin zur Aufrechterhaltung einer Normoglykämie nötig. Ein Teil des Energiebedarfs sollte wenn immer möglich durch Fett gedeckt werden. Bei kritisch Kranken soll die Energiesubstratzufuhr nicht ausschließlich durch Glukose, sondern mit einer Kombination von Glukose und Fett erfolgen.

Fettemulsionen. Die Vorteile i.v. verabreichter Lipide liegen in einer hohen Energiedichte, niedrigen Osmolalität, der Bereitstellung essenzieller Fettsäuren, einer Verringerung hepatischer Nebenwirkungen einer parenteralen Ernährung und einer verminderten Kohlendioxydproduktion. Überdies liefern Lipide nicht nur Energie, sondern auch strukturelle (Membranbestandteile) und funktionelle (Prostaglandinvorläufer etc.) Prekursoren.

Die Beeinträchtigung der Fettelimination bei ANV sollte nicht von der Verwendung von Fettemulsionen abhalten. Stattdessen muss die Infusionsmenge der Verwertungskapazität des Patienten angepasst werden. In den meisten Fällen steigert eine Zufuhr von 1 g Fett/kgKG/24 h die Plasmatriglyzeride kaum. Damit können etwa 25–30% des Energiebedarfs durch Fettemulsionen gedeckt werden.

Fettemulsionen enthalten zumeist Triglyzeride langkettiger Fettsäuren (LCT). Zuletzt wurden i.v.-Emulsionen mit einem Gemisch aus lang- und mittelkettigen Fettsäuren (MCT) entwickelt. Postulierte Vorteile liegen in einer rascheren Elimination aus dem Plasma, einem vollständigen und Carnitin-unabhängigen Abbau, in einer Senkung der Plasmatriglyzeride und einer Verminderung hepataler Nebenwirkungen. Tatsächlich ist jedoch die Elimination beider Emulsionstypen im ANV gleichermaßen verzögert, kann die Störung der Lipolyse durch Verwendung MCT also nicht umgangen werden.

Vitamine und Spurenelemente

Da eine individuelle Supplementierung mit einzelnen Vitaminen oder Spurenelementen nicht praktikabel ist, werden Kombinationspräparate eingesetzt. Die meisten Erzeugnisse enthalten die empfohlenen Tagesdosen für gesunde Erwachsene und sind nicht an die veränderten, jedoch mangelhaft definierten Bedürfnisse der Patienten im Nierenversagen angepasst. Wasserlösliche Vitamine sollten täglich in doppelter Dosierung verabreicht werden (Vitamin-C-Gaben nicht über 250 mg/24 h), fettlösliche Vitamine ebenfalls täglich. Bei den Spurenelementen ist die 2- bis 4-mal wöchentliche Gabe von Kombinationspräparaten ausreichend. Evtl. sollte Selen zusätzlich verabreicht werden.

Parenterale Nährlösungen

Diese Nährlösungen enthalten Aminosäuren, Glukose und Fettemulsionen. Vitamine, Spurenelemente und Elektrolyte können nach Bedarf zugespritzt werden. »All-in-one«-Gesamtnährlösungen, die alle Komponenten in einem einzigen Beutel gemischt enthalten und entweder von der Anstaltsapotheke oder industriell gefertigt werden, haben sich weltweit durchgesetzt (*Tabelle 38-10*).

Um die Nährstoffverwertung zu gewährleisten und metabolische Entgleisungen zu vermeiden, sollte die Infusion mit etwa 50% der Erhaltungsdosis begonnen werden und über mehrere Tage auf die Sollinfusionsrate gesteigert werden.

38.7.4 Komplikationen und Überwachung der Ernährungstherapie bei ANV

Nebenwirkungen und Komplikationen einer Ernährungstherapie bei Patienten mit ANV unterscheiden sich nicht grundsätzlich von jenen, die in anderen Indikationen beobachtet werden. Durch die beeinträchtigte Toleranz gegenüber einer Volumen- und Elektrolytzufuhr und die vielfältigen Einschränkungen in der Substratverwertung können beim ANV rasch Elektrolytentgleisungen, ein extremer Anstieg des BUN, eine Hyperglykämie oder Hypertriglyzeridämie auftreten. Daher erfordert die Ernährung von Patienten mit ANV eine engmaschigere Überwachung metabolischer Parameter, als dies bei anderen Patientengruppen der Fall ist.

38.8 Nephrotisches Syndrom (NS)

38.8.1 Metabolische Besonderheiten

Neben der Niereninsuffizienz unterschiedlichen Ausmaßes wird der Stoffwechsel beim NS durch die Proteinurie und deren direkten und sekundären Auswirkungen beeinflusst. Insbesondere hervorzuheben ist die ausgeprägte Hyperlipidämie mit teils massiver Erhöhung von Cholesterin und Triglyzeriden. Häufig wird bei diesen Patienten eine immunsuppres-

Tabelle 38-10. Parenterale Gesamtnährlösung (»All-in-one-Nierenlösung«)

Bestandteil		Menge	Bemerkungen
Glukose	30–60%	500 ml	Bei schwerer Insulinresistenz: Glukose 30%
Fett-emulsion	10–20%	500 ml	Mit 10% Emulsion beginnen, auf 20% wechseln, wenn TG <350 mg/dl
Amino-säuren-lösung	6,5–10%	500 ml	Normallösung oder spezielle »Nephro«-AS-Lösung mit EAS und verschiedenen NEAS
Wasser-lösliche Vitamine		2-mal täglich	Kombinationspräparate Vitamin-C-Zufuhr <250 mg/24 h!
Fettlösliche Vitamine		täglich	Kombinationspräparate
Spuren-elemente		2- bis 4-mal wöchentlich	Kombinationspräparate. **Cave:** Induktion toxischer Effekte
Elektrolyte		Nach Bedarf	**Cave:** Hypophosphatämie oder Hypokaliämie nach Beginn der TPN
Insulin		Nach Bedarf	Getrennte Zufuhr, evtl. Zusatz direkt zur Nährlösung (bei stabilen Patienten)

»All in one«-Gesamtnährlösung mit allen Bestandteilen in einem einzigen Beutel gemischt. Infusionsgeschwindigkeit zunächst 50% des Bedarfs, Steigerung der Zufuhr über 2–4 Tage auf die bedarfsdeckende Sollinfusionsgeschwindigkeit. **Merke:** Wenn immer möglich, zusätzliche Verabreichung von enteralen Nährstoffen!!

sive Therapie eingesetzt, die zu einer Verstärkung der Fettstoffwechselstörung führt, aber auch eine diabetische Stoffwechsellage verschlechtern bzw. induzieren kann.

Durch den bisweilen hochgradigen Proteinverlust, den Verlust anderer proteingebundender Substanzen im Harn, die eingeschränkte Nierenfunktion, durch Glucocortikoidtherapie und verminderte Nahrungsaufnahme tritt bei Patienten mit NS häufig eine ausgeprägte Mangelernährung auf.

38.8.2 Grundzüge der Ernährungstherapie

Die sehr verschiedenen Grundkrankheiten, Unterschiede im Ausmaß der Proteinurie, Nierenfunktionseinschränkung, der Stoffwechselstörungen und Malnutrition, der Art der Therapie (Kortikoide, Immunsuppressiva) erschweren die Formulierung einheitlicher Ernährungsempfehlungen und machen eine individualisierte Diät notwendig (Substratbedarf s. *Tabelle 38-11*).

Proteinzufuhr

Wegen des ausgeprägten renalen Proteinverlusts wurde früher bei Patienten mit nephrotischem Syndrom eine proteinreiche Diät empfohlen (z. B. 1,2 g/kgKG/24 h + renaler Eiweißverlust). Inzwischen wurde klar belegt, dass auch bei diesen Patienten eine Reduktion der Proteinzufuhr nicht zu einer Verstärkung der negativen Stickstoffbilanz führt, sondern der Plasmalbuminspiegel erhalten bleibt, die renale Proteinausscheidung vermindert und möglicherweise auch das Fortschreiten der Niereninsuffizienz verzögert wird. Das Ausmaß der Proteinreduktion ist bislang nicht genau definiert. Bei normaler Nierenfunktion sollte eine mäßige Proteinbeschränkung 0,8–1,0 g/kgKG/24 h, bei eingeschränkter Nierenfunktion eine Reduktion auf 0,6 g/kgKG/24 h vorgenommen werden. Verschiedentlich wurde auch für Patienten mit NS eine weitere Proteinreduktion auf 0,3 g/kgKG/24 h mit gleichzeitiger Supplementierung von Keto- und Aminosäuren empfohlen. Von einigen Arbeitsgruppen wurde über den günstigen Effekt einer vegetarischen Diät auf Proteinurie, Nierenfunktion und Hyperlipidämie berichtet.

Sonstige Maßnahmen

Zur Behandlung der oft sehr ausgeprägten Fettstoffwechselstörung bei nephrotischem Syndrom sind rein diätetische Maßnahmen meist nicht ausreichend, sondern müssen durch eine medikamentöse Therapie ergänzt werden (HMG-CoA-Reduktasehemmer). Eine Therapie mit Fischölen hat keine günstigen Effekte gezeitigt.

Zur Reduktion der Ödembildung muss eine Flüssigkeits- und Natriumrestriktion auf <2 g/24 h vorgenommen werden. Durch die renale Eiweißausscheidung kommt es zum Verlust anderer, z. T. proteingebundener Substanzen im Harn. Dazu gehören einige Vitamine (z. B., Vitamin-D_3-Metaboliten, Vitamin E), Spurenelemente (z. B. Selen), die eine Supplementierung notwendig machen.

38.9 Patienten nach Nierentransplantation

38.9.1 Metabolische Besonderheiten

Patienten vor, perioperativ oder längerfristig nach Nierentransplantation weisen komplexe metabolische Störungen

Tabelle 38-11. Substratbedarf bei Patienten mit nephrotischem Syndrom

Energie	kcal/kgKG/24 h	>35	(Je nach körperlicher Aktivität)
Protein	g/kgKG/24 h	0,7–1,0	(Pflanzliche Proteine zu bevorzugen)
Fett		<30% der Energiezufuhr	Cholesterinarm
Phosphor	mg/24 h	600–1000	(Je nach Nierenfunktion und Serum-PO_4)
Kalium	mg/24 h	1500–2000	(Je nach Nierenfunktion)
Natrium	g/24 h	1,5–2,0	(Zur Reduktion von Blutdruck und Ödemen)
Flüssigkeit		Beschränkt	(Je nach Diurese)
Kalzium		Erhöht	**Beachte:** Hypovitaminose D
Vitamine			Calcitriol bzw. Analoga; evtl. Vitamin E (nicht aber Vitamin A und K)
Spurenelemente			Evtl. Selensubstitution; Eisen nur bei nachgewiesenem Mangel!!

auf, wobei sich der Hyperkatabolismus, Glukoseintoleranz, ein Steroiddiabetes, eine Fettstoffwechselstörung (Hypertriglyzeridämie) bei variabler Nierenfunktion mit der Persistenz urämischer Stoffwechelstörungen bzw. eines nephrotischen Syndromes überlagern können.

38.9.2 Grundzüge der Ernährungstherapie

(Substratbedarf: *Tabelle 38-12*)

Vor der Transplantation

Vor der Transplantation stehen diese Patienten in einem chronischen Nierenersatzprogramm (HD, CAPD; s. oben). Wenn eine ausgeprägte Malnutrition besteht, sollte schon vor der Operation eine systematische Ernährungstherapie erfolgen. Patienten mit Malnutrition, Adipositas und/oder schlecht eingestelltem Diabetes mellitus haben eine höhere perioperative Komplikationsrate und schlechtere Prognose.

Unmittelbar nach der Transplantation

Wegen der extraperitonealen Operationstechnik können Patienten nach Nierentransplantation meist schon kurz nach der Operation mit einem oralen Kostaufbau beginnen. Die künstliche Ernährung bleibt Patienten mit Komplikationen vorbehalten.

In der unmittelbaren postoperativen Phase kann, bedingt durch das Operationstrauma, die Therapie mit Glukokortikoiden, durch Infektionen, das verzögerte Einsetzen der Nierenfunktion, durch eine verminderte Nahrstoffaufnahme ein beträchtlicher Verlust funktioneller Körpermasse eintreten.

Die Energiezufuhr sollte in dieser Phase etwa 30 kcal/kgKG/24 h, die Proteinzufuhr 1,2 g/kgKG/24 h betragen. Wegen der durch hochdosierte Kortikoidtherapie häufigen diabetischen Stoffwechsellage bzw. Ausbildung eines manifesten Steroiddiabetes, sollten komplexe Kohlenhydrate mit niedrigem glykämischen Index eingesetzt werden. Viele Patienten benötigen in dieser Phase auch Insulin. Daher sollte die Glukokortikoiddosis auf das unbedingt notwendige Minimum gesenkt werden. Die häufig bestehende Hyperlipidämie, verstärkt durch die immunsuppressive Therapie, limitiert die Fettzufuhr. Wiederum sollte die Gabe von tierischen, gesättigten Fetten reduziert werden.

Die persistierende tubuläre Dysfunktion bei einsetzender Nierenfunktion kann zu beträchtlichem Verlust von Flüssigkeit, Elektrolyten, insbesondere Phosphat und Magnesium, aber auch von wasserlöslichen Vitaminen, führen, die eine entsprechende Substitution notwendig machen.

Tabelle 38-12. Substratbedarf bei Patienten nach Nierentransplantation

Substrat		Postoperativ	Chronische Phase
Energie	(kcal/kgKG/24 h)	30–35	>35 (je nach körperlicher Aktiviät)
Protein	(g/kgKG/24 h)	1,3–1,5	(0,8)–1,0[a] (je nach Nierenfunktion)
Fett	% der Energiezufuhr		<30% (<300 mg Cholesterin)
Phosphor	(mg/24 h)	1500–2000[b]	<30% (<300 mg Cholesterin)
Natrium	(g/24 h)	Keine Restriktion (außer bei Hypertonie, Ödemen)	
Kalzium	(mg/24 h)	1200	1200–1500

[a] Bei chronischer Rejektion 0,6 g/kgKG/24 h wie bei CNV. [b] In der unmittelbaren postoperativen Phase durch renalen Verlust oft stark erhöhter Phosphat- und Magnesiumbedarf.

Chronische Phase

Im weiteren Verlauf nach einer erfolgreichen Transplantation verbessert sich meist der Ernährungszustand. Jedoch kann eine Nierenfunktionseinschränkung unterschiedlichen Ausmaßes weiterbestehen oder durch eine chronische Abstoßungsreaktion bedingt sein, die eine Adaptierung der Ernährung erforderlich macht (s. oben). Eine proteinreduzierte Diät kann auch bei dieser Patientengruppe zu einer Verzögerung der Abnahme der Transplantatfunktion beitragen.

Zusätzlich besteht auch bei guter Transplantatfunktion eine Persistenz des Hyperparathyreoidismus, der entsprechend therapiert werden muss. Zur Vermeidung der Osteoporose bei transplantierten Patienten sollte neben aktivem Vitamin D_3 (bzw. Analoga) Kalzium supplementiert werden.

Grundkrankheit, Niereninsuffizienz und chronische Steroidtherapie können zu einer Persistenz der diabetischen Stoffwechsellage beitragen, die eine entsprechende diätetische Einstellung erfordert.

Auch findet sich in der chronischen Phase häufig eine gemischte Hyperlipidämie, die durch Grundkrankheit, Nierenfunktionsstörung, Steroidtherapie, aber insbesondere auch durch Immunsuppressiva, wie Ciclosporin, Tacrolimus oder Sirolimus z. T. extrem verstärkt wird. Eine Gewichtsreduktion und diätetische Therapie führt in vielen Fällen nicht zu einer ausreichenden Senkung der Blutlipide. Wieweit durch Gabe von Fischölen die Langzeittransplantatfunktion verbessert werden kann, muss noch gezeigt werden.

38.10 Diabetische Nephropathie

Die Nephropathie ist eine *chronisch-progrediente* Nierenerkrankung bei Diabetes mellitus (Typ 1 und 2) mit persistierender Proteinurie (>0,5 g/24 h) und arterieller Hypertonie und einer Häufigkeit von 20–30% Bestandteil des diabetischen Spätsyndroms (s. Kap. 50). Als Risikofaktoren gelten:

- genetische Disposition,
- unzureichende Stoffwechseleinstellung,
- Hypertonus,
- Hypercholesterinämie,
- Nikotinabusus.

38.10.1 Ätiopathogenese und Klinik

Die diabetische Stoffwechsellage führt nach einer initialen Phase der glomerulären Hyperfiltration (*Tabelle 38-13*) zur Schädigung der Basalmembran (Verdickung der Basalmem-

Tabelle 38-13. Stadieneinteilung der diabetischen Nephropathie (nach Mogensen)

Nephropathiestadium	Albuminausscheidung	Kreatinin	GFR
I: Hyperfiltration	Erhöht	Normal	Erhöht
II: Klinische Latenz	Normal	Normal	Normal
III: Beginnende Nephropathie	Persistierende Mikroalbuminurie 20–200 μg/min 0,30–300 mg/24 h)	Normal	Normal
IV: Klinisch manifeste Nephropathie	Makroalbuminurie (<200 μg/min)	Im Normbereich ansteigend	Abnehmend
V: Niereninsuffizienz	Makroalbuminurie	Erhöht	Erniedrigt

Tabelle 38-14. Ernährungsempfehlung bei fortgeschrittener diabetischer Nephropathie

- Die Eiweißzufuhr ist moderat auf 0,7–0,9 g/kgKG/24 h zu reduzieren.
- Die Kochsalzzufuhr sollte v. a. bei Vorliegen einer Hypertonie auf etwa 6 g/24 h reduziert werden.
- Als Eiweißquellen sollte Fisch, Geflügel und pflanzliches Eiweiß bevorzugt werden (laktovegetabile Kost).
- Es sollte eine fettmodifizierte Ernährung (<10% gesättigte Fettsäuren, 10–20% einfach ungesättigte Fettsäuren, <10% mehrfach ungesättigte Fettsäuren) empfohlen werden (mediterrane Kost).
- Phosphatreiche Lebensmittel (z. B. Käse, Nüsse, Schokolade, Weizenkleie, Kolagetränke) sollten vermieden werden.
- Die tägliche Alkoholmenge sollte auf 20 g bei Männern und 10 g bei Frauen begrenzt werden.
- Bei Adipositas sollte durch eine mäßig kalorienreduzierte Kost eine Gewichtsreduktion angestrebt werden.

bran, Expansion der mesangialen und interstitiellen Matrix, interstielle Fibrose) mit konsekutiver Mikroalbuminurie (30–300 mg/24 h). Sie gilt als frühster Indikator der Nephropathie und geht dem Kreatininanstieg und der Entwicklung klinischer Symptome um Jahre voraus [41].

Vor Entwicklung der Niereninsuffizienz ist das klinische Bild geprägt durch die extrarenalen Symptome des diabetischen Spätsyndroms (Vaskulopathie, Neuropathie, Retinopathie, Gastroenteropathie, »diabetischer Fuß«).

38.10.2 Ernährungstherapie

Als Grundsatz gilt die Anpassung der Diabeteskost an die eingeschränkte Nierenfunktion nach gleichen Grundsätzen wie beim Nichtdiabetiker.

> Wichtigste vorbeugende Maßnahme ist eine dauerhaft optimale Stoffwechseleinstellung.

Von präventiver Bedeutung, v. a. bei bereits nachweisbarer Mikroalbuminurie erweist sich das Vermeiden einer als zu kochsalz- und eiweißreichen Ernährung, am zweckmäßigsten in Form einer *laktovegetabilen* Kost (*Tabelle 38-14*).

Eiweiß

Bereits eine *Eiweißbegrenzung* auf ca. 0,8 g/kgKG (durchschnittliche Eiweißaufnahme in Deutschland 1,5 g pro kgKG!!), die den DGE-Empfehlungen für eine normale Eiweißzufuhr beim Erwachsenen entspricht führte bei Typ-1-Diabetes zu einer Normalisierung der initialen Hyperfiltration [16, 43].

Nicht unerheblich scheint neueren Untersuchungen auch die *Art der Eiweißquellen*. Insbesondere der Verzehr von Fisch (und Geflügel) scheint das Risiko für eine Mikroalbuminurie signifikant zu senken [32]. Ebenso scheint die Zufuhr von pflanzlichem Eiweiß im Gegensatz zu tierischem (rotem) Eiweiß keinen negativen Einfluss auf die Entwicklung einer diabetischen Nephropathie zu haben [34].

38.11 Nephrolithiasis, Urolithiasis, Harnsteindiathese

Bei Harn- und Nierensteinen handelt es sich um Konkretionen von Urinkristallen, die durch eine kolloidale Gerüstsubstanz verbunden sind. Mit einer Inzidenz von ca. 0,5% muss bezogen auf die Gesamtbevölkerung in Deutschland (ca. 80 Mio.) pro Jahr bei 400.000 Personen mit einer Harnsteinepisode gerechnet werden. Die Rezidivhäufigkeit beträgt 20–50%. Als mit Abstand häufigste Steinsubstanz gilt Kalziumoxalat, gefolgt von Harnsäure, Struvit und Karbonat. Mit unter 1% der Fälle sind Brushit, Cystin, Ammoniumurat, Xanthin und Dihydroxyadenin eher selten (*Abb. 38-1*).

38.11.1 Ätiopathogenese und Klinik

Nephro- bzw. Urolithiasis gelten als *multifaktorielle Krankheiten*, an deren Entstehung chemische, physikalische und biochemische Faktoren beteiligt sind. Als Conditio sine qua non gilt die Harnübersättigung mit einer lithogenen Substanz wie Kalzium, das mit entsprechenden Anionen schwer- oder unlös-

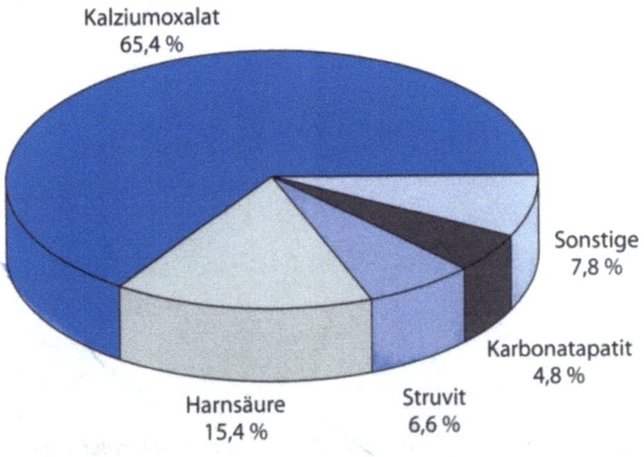

Abb. 38-1. Häufige Konkrementsubstanzen

liche Komplexe bildet. Es entstehen Kristallisationskeime (homogene Nukleation). Kalzium- und Oxalationen können sich darüber hinaus an Harnsäurekristalle, Harnproteine oder die urothele Oberfläche anlagern (= heterogene Nukleation).

Als die 3 Hauptursache der multifaktoriellen Lithogenese gelten (▫ *Abb. 38-2*):

- Erkranktes Nierenparenchym begünstigt die heterogene Nukleation (z. B. Papillenverkalkung bei Diabetes mellitus).
- 60–70% der Patient en mit Urolithiasis haben eine Harnabflussstörung, die als ideale Vorrausetzung für Entstehung eines Infekts gilt

Durch bakterielle Urease wird Harnstoff in Ammoniak und Bikarbonat gespalten mit konsekutiver Alkalisierung des Harns. Es bildet sich *Struvit* als typischer Infektstein.

- Als wichtigster Faktor gilt die Kalzium- und Oxalatausscheidung (70% aller Kalziumrezidivsteinträger haben eine Hyperkalzurie) > 4 mg/kg/Tag (bei normalem Serumkalzium) s. Anhang.

> Lediglich bei Zystinsteinen (Zystinurie), Struvit (ureasebildende Erreger) und Xanthin (Xanthinurie) kann von der Steinzusammensetzung auf die zugrunde liegende Krankheit geschlossen werden. Die Zusammensetzung aller anderen Steine beweist nicht die Ursache der Grunderkrankung.

Klinisch werden nach Lokalisation, Abgangsfähigkeit, Beweglichkeit und Ausdehnung Kelchsteine, Harnleitersteine (Koliken) und Nierenbeckenkelchausgusssteine (oft Jahre symptomlos) unterschieden.

38.11.2 Prophylaxe und ernährungstherapeutische Maßnahmen

Allgemeine Maßnahmen der Prophylaxe

- Erhöhte Flüssigkeitszufuhr (natrium-, kalzium- und oxalatsäurearme Flüssigkeit (2–4 l/24 h) in häufigen kleine Portionen über den Tag verteilt.

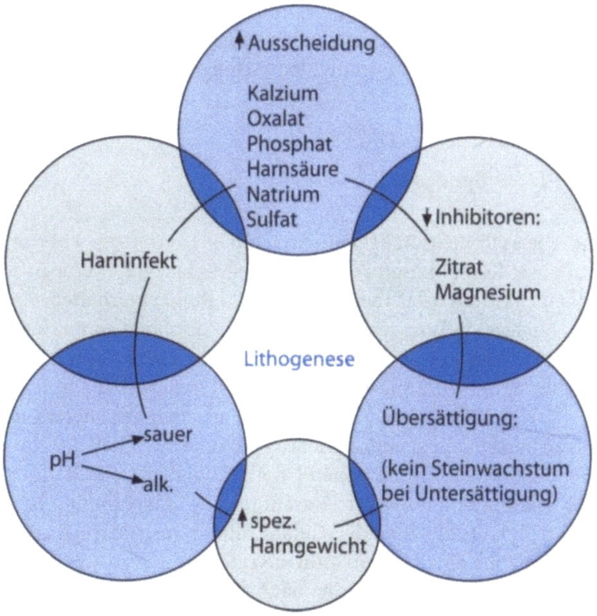

▫ Abb. 38-2. Venn-Diagramm der lithogenen Faktoren

Kontrollkriterien: Urinausscheidung >1,5 (2–4) l/24 h, spezifisches Gewicht <1015.

- Vor dem Schlafengehen 0,5 l, um Ionenkonzentration während der Nacht niedrig zu halten.
- Beachtung des eventuellen Mehrbedarfs (warme Jahreszeit, Fieber, Durchfall etc.).
- Vermeidung übermäßiger Zufuhr von Natrium (Expansion des EZV und Hemmung der Thiazidwirkung), Kalzium (Milchprodukte) und Oxalsäure (Schokolade, Spinat, Rhababer, schwarzer Tee).
- Normalisierung des Körpergewichts, insbesondere der eiweißreichen Ernährung.

Steinspezifische Maßnahmen

Zusätzlich zu den allgemeinen Empfehlungen gelten in Abhängigkeit von der Steinart steinspezifische Richtlinien für die Lebensmittel- und Getränkeauswahl.

Kalziumoxalatsteine

Die Hyperkalzurie (Urinkalzium >300 mg% bei Männern bzw. >250 mg% bei Frauen) gilt als »kontinuierlicher Risikofaktor«. *Ursachen* der Hyperkalzurie: 90% »ideopathisch« (renale und intestinale = absorptive Hyperkalzurie), bei 8% primärer Hyperparathyreodismus (knochenresorptive Hyperkalzurie), seltener tubuläre Azidose und enterale Hyperoxalurie (bei 20–30% ideopathisch, Kurzdarmsyndrom, Zustand nach Ileozökalresektion).

Vorgehen:

- Unterstützung der medikamentösen Harnalkalisierung (Ziel: Urin-pH 7,0–7,2):

  Zitrusfrüchte, -säfte, magnesiumreiche alkalisierende Mineralwässer (z. B. Fachinger), alkalisierende Kost unter Bevorzugung von basenüberschüssigen Vegetabilien (Obst, Gemüse, Kartoffeln), jedoch unter Ausschluss von Pflaumen, Zwetschgen, Preiselbeeren und deren Säfte.

> Die alkalisiernde Potenz der Nahrung steigt in der Reihenfolge: fleischhaltige Mischkost < laktovegetabile Kost < streng vegetarische (vegane) Kost.

- Purinarme Kost!

> Eine verminderte Harnsäureausscheidung verbessert die Löslichkeit für Kalziumoxalationen und erhöht die inhibitorische Aktivität der sauren Mukopolysaccharide.

- Gabe von Kalium-Magnesiumzitrat [12].
- Bei enteraler Hyperkalzurie:

  Kalziumkarbonat 1–4 g/24 h, Colestyramin 4–16 g/24 h, Herabsetzung der Oxalatzufuhr >50 mg/24 h (>10 mg Oxalat/Mahlzeit) durch Ausschalten oxalatreicher Vegetabilien (▫ *Tabelle 38-15*), reichlich oxalatarme Ballaststoffträger (z. B. Vollkornerzeugnisse, Hülsenfrüchte).

Kalziumphosphatsteine

Hierzu zählen *Karbonatapatit* (Kalziumphosphat) und *Brushit* (Kalziumhydrogenphosphat).

Vorgehen

- Wichtigste Rezidivprophylaxe ist eine ausreichende und gleichmäßige Harndilution 2,5–3l/24 h.

Tabelle 38-15. Oxalatreiche Lebensmittel (mg Oxalat/100 g)

Lebensmittel	mg/100 g
Rhababer	250–1000
Spinat	350–750
Mangold	Etwa 650
Rote Beete	100–400
Sauerampfer	1200–1600
Sauerklee	300–1250
Walnüsse	550
Kakao	400–600
Schokolade	80–200
Teeaufguss (schwarzer Tee)	50–80

- Unterstützung der medikamentösen Harnsäuerung (Ziel: Urin-pH <6,0):
  keine rein vegetarische Kost, sulfatreiches Mineralwasser (SO_4^{2-} >400 mg/l), Preiselbeersaft, L-Methionin (z. B. Acimethon 3-mal 500 mg/24 h) bzw. methioninreiche Lebensmittel (Tabelle 38-16), möglichst wenig Zitrusfrüchte und Zitrussäfte.

Infektsteine (Struvitsteine)

Struvitsteine (*Magnesiumammoniumphosphatsteine*) gelten als klassische *Infektsteine*. Einerseits dienen die Bakterien als Nukleus für die Steinebildung, andererseits kommt es als Folge der Ureaseaktivität (mit Ausnahme von E. coli handelt es sich bei Harnwegsinfekten um urease-positive Keime) zur Bildung von Ammoniak und Bikarbonat aus dem reichlich vorhandenen Harnstoff. Der Anstieg des Urin-pH auf Werte <7,0 führt zum Ausfallen von Magnesium-Ammonium-Phosphat-Kristallen.

Vorgehen

- Chirurgische Beseitigung prädisponierender Faktoren.
- Antiobiotische Behandlung des Harnwegsinfektes (meist Proteus).
- Harnansäuerung auf pH-Werte <6,0:
  keine rein vegetarische Kost, sulfatreiches Mineralwasser (SO_4^{2-} >400 mg/l), Preiselbeersaft, L-Methionin (3-mal 500 mg/24 h) bzw. methioninreiche Lebensmittel (s. *Tabelle 38-16*),
- Einschränkung der enteralen Phosphataufnahme, *Beschränkung* der Zufuhr von *phosphatreichen* Lebensmitteln (z. B. Innereien, Hülsenfrüchte, Nüsse), 800–100 mg Kalzium/24 h (z. B. Kalziumbrause) bzw. kalziumreiche Lebensmittel (z. B. Hartkäse wie Emmentaler, Parmesan etc.).

Harnsäuresteine (Uratsteine)

Zugrunde liegt eine Hyperurikosurie = Harnsäureausscheidung >800 mg. Behandlungsziel:

- Harnsäureausscheidung <400 mg/24 h,
- Urin-pH 6,2–6,8.

Vorgehen

- Purinarme Kost (s. Kap. 52):
  Vermeiden von zellkernhaltigen Innereien wie Leber, Milz, Hirn sowie Fisch, Geflügel und Fleisch.
- Alkalisierung des Urins auf pH-Werte zwischen 6,2 und 6,8:
  Cave: bei pH >7 Gefahr der Phosphatsteinbildung, adjuvante alkalisierende Maßnahmen (Zitrusfrüchte, Zitrussäfte, alkalisierende Minerlawässer), alkalisierende Kost wie bei Kalziumoxalatsteinen (s. oben), weitgehender Alkoholverzicht.

Zysteinsteine

Zugrunde liegt eine autosomal-rezessive Erbkrankheit mit verminderter proximal-tubulärer Reabsorption und dadurch erhöhter renaler Zysteinexkretion (normale Zysteinausscheidung <30 mg/24 h, bei Zysteinurie 30–3000 mg/24 h).

Vorgehen

- Aufrechterhaltung einer kontinuierlichen maximalen Diurese. Flüssigkeitszufuhr >4 l/24 h. Nächtliche Flüssigkeitszufuhr ist erforderlich 2-mal 500 ml).
- Alkalisierung des Urins auf pH-Werte >7,4: adjuvante alkalisierende Maßnahmen (Zitrusfrüchte, Zitrussäfte, alkalisierende Mineralawässer). Alkalisierende Kost wie bei Kalziumoxalatsteinen (s. oben), ggf. Kalziumzitrat oder Kalziumbikarbonat.
- Eiweißlimitierung auf Höhe der Empfehlung für die Ernährung des Gesundenen (0,8–1,0 g/kgKG/24 h).
- Beschränkung der Zufuhr von tierischem Protein (hoher Anteil schwefelhaltiger Amonsäuren).
- Bevorzugung von pflanzlichen Lebensmitteln.
- Versuchsweise zu empfehlen: streng natriumarme Kost (<3 g/24 h).

Tabelle 38-16. Methioningehalt des Eiweißes ausgewählter Lebensmittel bzw. Lebensmittelsgruppen in mg Metionin/100 g. (Nach [40])

Lebensmittel tierischer Herkunft		Lebensmittel pflanzlicher Herkunft	
Milch, Milchprodukte	2,5–3	Getreideerzeugnisse	1–2
Fleisch, Fleischwaren	2,5–3	Kartoffel	1,5
Fisch	3–3,8	Linsen, Bohnen, Erbsen	1–1,5
Vollei	3,5	Nüsse, Mandeln	1–1,5
Eigelb	2,9	Sojamehl	1,6
Eiklar	4,2	Bierhefe	1,9
Gelatine	0,9		

38.12 Synopsis

1. Die Malnutrition bei Patienten mit Nierenversagen beruht auf einer Kombination von urämiebedingten, von therapeutischen Faktoren und einem beeinträchtigten Essverhalten.
2. Wichtige Mitursachen der Malnutrition sind therapieassoziierte Faktoren, wie die medikamentöse Therapie, zu strikte Diätregime und Auswirkungen der Nierenersatztherapie.
3. In der diätetischen Führung von Patienten mit Nierenversagen besteht ein grundsätzliches Dilemma zwischen der Notwendigkeit von Restriktionen (in Abhängigkeit vom Stadium der Nierenerkankung v. a. Beschränkung der Protein- bzw. Elektrolytzufuhr) und der Gefahr, durch restriktive Ernährungsregime eine Malnutrition auszulösen.
4. Erfahrungsgemäß werden häufig unsinnige und bisweilen sogar gefährliche Diätbeschränkungen verordnet, sodass iatro-

gene Ursachen einer Malnutrition nicht zu unterschätzen sind. Besonders Dialysepatienten sind wesentlich eher gefährdet eine Mangelernährung auszubilden, als – bis auf die obligate Flüssigkeits- und Kaliumbeschränkung – Diätfehler zu begehen.

5. Die Therapie der Mangelernährung bei Patienten mit Nierenversagen ist nicht nur ein Problem der Nährstoffzufuhr und Diätverordnung. Die Stoffwechselsituation der Urämie muss mit berücksichtigt werden (Anämie, Azidose, urämische Toxizität, Dialysequalität, Hyperparathyreoidismus etc.). Ohne gleichzeitige Therapie dieser Faktoren ist jede ernährungstherapeutische Intervention zum Scheitern verurteilt.

6. Interkurrente Akuterkrankungen, insbesondere die bei Patienten mit Nierenversagen häufig auftretenden Infektionen, führen zu einer Potenzierung des Eiweißkatabolismus, verstärken die Malnutrition und müssen rasch und konsequent behandelt werden.

7. Bei Patienten unter chronischer Nierenersatztherapie ist vielfach eine Verbesserung des Ernährungszustandes mit konventionellen Maßnahmen alleine nicht möglich, sodass im Einzelfall alternative Interventionen, wie eine intradialytische parenterale Ernährung oder eine Therapie mit Wachstumsfaktoren erwogen werden sollte.

Literatur

1. Aparicio M, Chauvenau P, De Precigout V et al. (2000) Nutrition and outcome on renal replacement therapy of patients with chronic renal failure treated by a supplemented very low protein diet. J Am Soc Nephrol 11:708–716
2. Bailey JL, Mitch WE (2000) Pathophysiology of uremia. In Brenner BM (ed) The kidney. Saunders, Philadelphia, pp 2059–2078
3. Benabe JE, Martinez-Maldonado M (1998) The impact of malnutrition on kidney function. Miner Electrolyte Metab 24:20–26
4. Bergström J (1995) Why are dialysis patients malnourished? Am J Kidney Dis 26:229–241
4a. Borghi L, Schianchi T, Meschi T, et al. (2002) Comparison of two diets for the prevention of recurrent stones in idiopathic hypercalciura. N Engl J Med:346:77–84
5. Combe C, Chauveau P, Laville M et al. (2001) Influence of nutritional factors and hemodialysis adequacy on the survival of 1,610 French patients. Am J Kidney Dis 37:S81–88
6. D'Amico G, Gentile MG, Manna G et al. (1992) Effect of vegetarian soy diet on hyperlipidemia in nephrotic syndrome. Lancet 339: 1131–1134
7. Delarue J, Maingourd C (2001) Acute metabolic effects of dialysis fluids during CAPD. Am J Kidney Dis 37:S103–107
8. Druml W (2001) Nutritional management of acute renal failure. Am J Kidney Dis 37:S89–94
9. Druml W, Mitch WE (1996) Metabolic abnormalities in acute renal failure. Semin Dial 9:484 – 490
10. Druml W, Mitch WE (1988) Protein restricted diets and the progression of renal failure. Blood Purific 4:20–37
11. Druml W (1997) Malnutrition is bad, but how can we detect malnutrition? Nephrol Dial Transpl 12:2225–2227
12. Ettinger B, Pak CY, Citron JT et al. (1997) Potassium-magnesium citrate is an effective prophylaxis against recurrent calcium oxalate nephrolithiasis. J Urol 158:2069–2073
13. Fiaccadori E, Lombardi M, Leonardi S et al. (1999) Prevalence and clinical outcome of malnutrition in acute renal failure. J Am Soc Nephrol 10:581–593
14. Fouque D, Laville M, Boissel JP et al. (1992) Controlled low protein diets in chronic renal insufficiency: meta analysis. BMJ 304:216–220
15. Hafner D, Schaeffer F, Nissel R et al. (2000) Effect of growth hormone treatment on the adult height of children with chronic renal failure. N Engl J Med 343:923–930
16. Hansen HP, Tauber-Lassen E, Jensen BR, Parving HH (2002) Effect of dietary protein restriction on prognosis in patients with diabetic nephropathy. Kidney Int 62:220–228
17. Ikizler TA, Flakoll PJ, Parker RA et al. (1994) Amino acid and albumin losses during hemodialysis. Kindey Int 46:830–837
18. Iktzler TA, Greene JH, Wingards RL et al. (1995) Spontaneous dietary protein intake during progression of chronic renal failure. J Am Soc Nephrol 6:1361–1391
19. Johansen KL, Mulligan K, Schambelan M (1999) Anabolic effects of nadrolone decanoate in patients receiving dialysis. J Am Med Assoc 281:1275–1281
20. Kasiske BL, Lakatua JDA, Ma JZ, Louis TA (1998) A meta-analysis of the effects of dietary protein restriction on the rate of decline of renal function. Am J Kidney Dis 31:954–961
21. Kaysen GA (1998) The nephrotic syndrome: nutritional consequences and dietary management. In: Mitch WE, Klahr S (eds) Handbook of nutrition and the kidney. Lippincott Raven, Philadelphia, pp 201–212
22. Klahr S, Levey AS, Beck GL et al. (1994) The effects of dietary protein restriction and blood-pressure control on the progression of chronic renal disease. Modification of Diet in Renal Disease Study Group. N Engl J Med 330:877–884
23. König JS, Fischer M, Druml W et al. (1997) Antioxidant status in patients on chronic hemodialyis therapy: Impact of parenteral selenium supplementation. Wien Klin Wochenschr 109:13–19
24. Kopple JD (2001) The National Kidney Foundation K/DOQI clinical practice guidelines for dietary protein intake for chronic dialysis patients. Am J Kidney Dis 38:S68–73
25. Kopple JD (1994) Effect of nutrition on morbidity and mortality in maintenance hemodialysis patients. Am J Kidney Dis 24: 1002–1009
26. Kopple JD (2000) National kidney foudation K/DOQI Clinical practice guidelines for nutrition in chronic renal failure. Am J Kidney Dis 37: S66–70
27. Kuhlmann MK, Schmidt F, Köhler H (1999) High protein/energy vs. Standard protein energy nutritional regimen in the treatment of malnourished hemodialysis patients. Miner Electrolyte Metab 25: 306–310
28. Laidlaw SA, Kopple JD (1987) Newer concepts of indispensable amino acids. Am J Clin Nutr 46:593–605
29. Lim VS, Kopple JD (2000) Protein metabolism in patients with chronic renal failure: role of uremia and dialysis. Kidney Int 58:1–10
30. Mehrotra R, Kopple JD (2001) Nutritional management of maintenance dialysis patients: why aren't we doing better? Annu Rev Nutr 21:343–379
31. Mitch WE, Klahr S (eds) (1998) Handbook of nutrition and the kidney, 3rd edn. Lippincott Raven, Philadephia
32. Mollsten AV, Dahlquist GG, Stattin EL, Rudberg S (2001) Higher intakes of fish protein are related to a lower risk of microalbuminuria in young Swedish type 1 diabetic patients. Diabetes Care 24:805–810
33. Parivar F, Low RK, Stoller M (2001) The influence of diet on urinary stone disease. J Urol 155:432–440
34. Pecis M, de Azevedo MJ, Gross JL (1994) Chicken and fish diet reduces glomerular hyperfiltration in IDDM patients. Diabetes Care 17: 665–672

35. Pedrini MT, Levey AS, Lau J et al. (1996) The effect of dietary protein restriction on the progression of diabetic and non-diabetic renal diseases: A meta analysis. Ann Intern Med 124: 627–632
36. Pupim LB, Kent P, Hakim R (1999) The potential of intradialytic parenteral nutrition: A review. Miner Electrolyte Metab 25: 317–323
37. Rudberg S, Osterby R (1998) Diabetic glomerulopathy in young IDDM patients. Preventive and diagnostic aspects. Horm Res 50: S17–22
38. Sacks FM, Svetkey LP, Vollmer WM et al. (2001) Effects on blood pressure of reduced dietary sodium and the dietary approaches to stop hypertension (DASH) diet. DASH-Sodium. N Engl J Med 344: 3–10
39. Smolle KH, Kaufmann P, Holzer H, Druml W (1995) Intradialytic parenteral nutrition in malnourished patients on chronic hemodialysis therapy. Nephrol Dial Transplant 10: 1411–1416
40. Souci SW, Fachmann W, Kraut H (1994) Die Zusammensetzung der Lebensmittel. Nährwert-Tabellen, 5. Aufl. Medpharm Scientific Publishers, Stuttgart
41. Toigo G, Aparicio M, Attman PO et al. (2000) Expert working group report on nutrition in adult patients with renal insufficiency (part 1 and 2) Clin Nutr 19: (part 1) 197–207; (part 2) 281–291
42. Viberti GC, Hill RD, Jarrett RJ, Argyropoulos A et al. (1982) Microalbuminuria as a predictor of clinical nephropathy in insulin-dependent diabetes mellitus. Lancet 26: 1430–1432
43. Waugh NR, Robertson AM (1998) Protein restriction in diabetic renal disease. Diabetes module of the Cochrane Database of Systematic Reviews. The Cochrane Collaboration
44. Wolfson M (1996) Nutritional management of continuous ambulatory peritoneal dialysis patients. Am J Kidney Dis 27: 744–749

Störungen des Wasser-, Elektrolyt- und Säure-Basenhaushalts

T. Lenz, D. Faust

Das wichtigste Organ bei der Regulation des Wasser- und Elektrolythaushalts ist die Niere, da sie für die Konstanz des Wasser- und Elektrolytbestands im Organismus sorgt. Diese Funktion wird durch Mechanismen sichergestellt, die vom hydrostatischen und osmotischen Druck des Blutplasmas sowie von Volumenänderungen des Bluts abhängig sind. Diese physikochemischen Variablen werden durch Osmo- und Druckrezeptoren in verschiedenen Körperregionen registriert und durch endokrine (Mineralokortikoide, antidiuretisches Hormon (ADH), atrialer natriuretischer Faktor (ANF), Angiotensin II u. a.) sowie neurovegetative Regulationsmechanismen im Gleichgewicht gehalten. Die meisten Störungen des Wasser-, Elektrolyt- und Säure-Basen-Haushalts sind komplex und stehen zueinander in Beziehung. Störungen der Elektrolytkonzentrationen gehen meist mit Veränderungen im Hydratationszustand einher [16].

39.1 Störungen des Wasserhaushalts

Störungen des Wasserhaushalts können sich in einer Dehydratation oder einer Hyperhydratation äußern und gehen mit oder ohne Änderungen der extrazellulären Elektrolytkonzentrationen einher (isoton, hyperton, hypoton). Der osmotische Druck des Blutplasmas bzw. des Extrazellulärraums wird in der Hauptsache durch die Konzentration an Na^+ und Cl^- sowie durch die Blutplasmaproteine, Glukose und Harnstoff bestimmt. Die hypertonen bzw. hypotonen Hydratationsstörungen sind daher meist von charakteristischen Änderungen der Serumnatriumkonzentration begleitet [1, 25, 16].

39.1.1 Hyperhydratation

Eine isotone Hyperhydratation tritt ein, wenn Wasser und Elektrolyte, insbesondere Na^+ retiniert bzw. nicht ausreichend eliminiert werden und dabei das intrazelluläre Wasservolumen nicht verändert wird. Hypotone bzw. hypertone Hyperhydratationen entstehen u. a. durch Bilanzstörungen bei der Zufuhr hypotoner oder hypertoner Lösungen und einer nicht ausreichenden Kompensation durch die renale Ausscheidung von Wasser und Elektrolyten (▫ *Abb. 39-1*).

39.1.2 Dehydratation

Isotone Dehydratation bezeichnet einen ausgewogenen Verlust an Körperwasser und Na^+ mit nachfolgender Abnahme des Extrazellulärvolumens. Wichtigste Ursachen hierfür sind isotone Flüssigkeitsverluste durch Erbrechen, Durchfälle, Fisteln sowie Blut- und Plasmaverluste. Bei Verlust an Verdauungssäften kommt es wegen der vom Serum abweichenden Elektrolytzusammensetzung häufig gleichzeitig zu Störungen des Elektrolyt- und Säure-Basen-Haushalts. Eine metabolische Alkalose und Hypokaliämie entwickelt sich bei Verlust von saurem Magensaft durch Erbrechen oder über die Magensonde; metabolische Azidosen entstehen durch Verlust an bikarbonatreichen Darmsekreten, z. B. durch enterokutane Fisteln oder bei Ureterosigmoidostomie ([7]; ▫ *Abb. 39-1*).

Die klinischen Erscheinungsbilder bei Störungen des Wasserhaushalts sind eng mit Veränderungen der Elektrolytho-

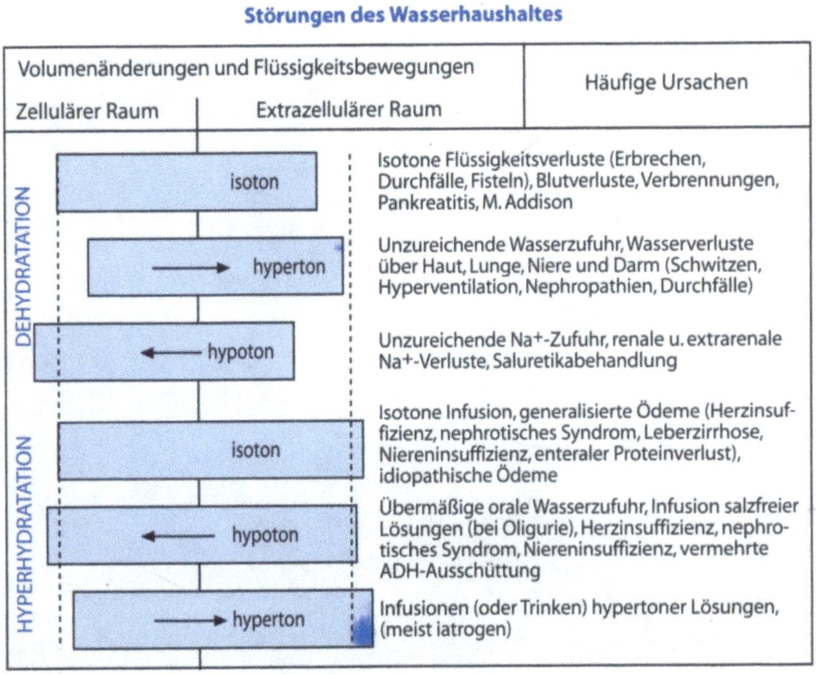

▫ **Abb. 39-1.** Störungen des Wasserhaushalts. (Mod. nach E. Buddecke [8])

Tabelle 39-1. Wichtigste Ursachen einer Hyponatriämie

Syndrom der inadäquaten ADH-Sekretion (SIADH)
– Tumoren (Karzinome, ZNS-Tumoren u. a.)
– Medikamenten-assoziiert (Clofibrat, Vincristin, Antidepressiva u. a.)
– Pulmonale Störungen (Pneumonie, Abszeß, Tuberkulose, Asthma, Pneumothorax u. a.)
– Zustand nach Operation, Aids u. a.
Störungen mit stimuliertem ADH
– Herzinsuffizienz
– Leberzirrhose
– Hypovolämie
– Endokrine Störungen (NNR-Insuffizienz, Hypothyreose)
Diuretika-induziert (Thiazide)
»Tee-und-Zwieback-Syndrom«
Psychogene Polydipsie
Spülung nach transurethraler Prostataresektion

möostase (insbesondere Na^+) verknüpft [1, 4, 5] und werden deshalb in den jeweiligen Unterkapiteln besprochen.

39.2 Elektrolythaushalt

39.2.1 Hyponatriämie

Eine Hyponatriämie liegt vor, wenn die Serumnatriumkonzentration auf <136 mmol/l absinkt. Sie ist die am häufigsten zu beobachtende Elektrolytstörung. Die wichtigsten Ursachen sind in *Tabelle 39-1* wiedergegeben. In den meisten Fällen besteht eine Dilutionshyponatriämie (hypoton), die dadurch zustande kommt, dass die Wasseraufnahme die Kapazität der Nieren zur Wasserausscheidung überschreitet. Eine Schlüsselstellung in der Pathogenese kommt dem antidiuretischen Hormon (ADH) zu.

> Eine im Krankenhaus erworbene Hyponatriämie wird häufig durch zu große Volumina hypotoner Infusionslösungen verursacht und ist in der Regel vermeidbar.

Klinisches Bild

Klinisch manifestiert sich eine Hyponatriämie meist in einer Dysfunktion des zentralen Nervensystems. Besonders eine sich rasch entwickelnde oder ausgeprägte Hyponatriämie (<120 mmol/l) führt zu Kopfschmerzen, Übelkeit, Erbrechen, Muskelkrämpfen, Lethargie, Unruhe und verminderten Eigenreflexen. Bei Voranschreiten der Störung kommt es schließlich zu Krampfanfällen, Koma, oberer Einklemmung und Tod durch Atemstillstand.

Therapie

> Die optimale Therapie einer Hyponatriämie ist immer ein Balanceakt zwischen der von der vorliegenden Störung ausgehenden Gefährdung und dem Risiko einer Korrektur dieser Störung.

Bei einer symptomatischen Hyponatriämie, erhaltener Harnkonzentrierung (Urinosmolaität >200 mosmol/kg H_2O) und fehlenden Hinweisen für eine Hypovolämie wird eine hypertone Natriumchloridinfusion verabreicht. Zur Vermeidung einer Hypervolämie empfiehlt sich die gleichzeitige Gabe eines Schleifendiuretikums (Furosemid). Furosemid führt zur Ausscheidung von Urin, der etwa einer halbnormal-isotonen Kochsalzlösung äquivalent ist, sodass hierdurch die Hypotonizität des Plasmas weiter ansteigt. Patienten mit gleichzeitig vorliegender Hypovolämie werden am besten mit isotonischer Kochsalzlösung behandelt. Reines Wasser oder elektrolytfreie Lösungen müssen möglichst zurückgehalten werden. Zusätzlich müssen evtl. vorliegende endokrine Störungen (Hypothyreose, Nebennierenrindeninsuffizienz) hormonell therapiert werden. Bei Hyponatriämie und nicht vorhandener Harnkonzentrierung (Urinosmolalität <200 mosmol/kg H_2O) ist bei weniger schweren Formen meist eine Wasserrestriktion ausreichend. Bei zentralnervösen Störungen empfiehlt sich auch die Gabe einer hypertonen Natriumchloridlösung.

Die Korrektur einer Hyponatriämie ist mit Risiken behaftet, die insbesondere bei einem zu raschen Anstieg der Serumnatriumkonzentration auftreten können. In erster Linie ist hier die osmotische Demyelinisation pontiner und extrapontiner Neurone zu nennen, die zu schweren neurologischen Defiziten (Tetraplegie, Pseudobulbärparalyse) und sogar zum Tod führen kann. Daher sollte der Anstieg der Serumnatriumkonzentration 8 mmol/l/24 h möglichst nicht überschreiten. Es stehen verschiedene Konzentrationen von Natriumchloridlösungen zu Korrektur zur Verfügung. Die erforderliche Infusionsrate der jeweiligen Lösung kann anhand von Formeln abgeschätzt werden [1, 5].

Nach Luft gilt:

$$Na^+\text{-Defizit (mmol)} = 0{,}6 \times \text{Körgergewicht (kg)} \times (Na^+_{\text{Sollwert (z.B. 120)}} - Na^+_{\text{aktueller Wert}})$$

39.2.2 Hypernatriämie

Eine Hypernatriämie besteht bei einer Serumnatriumkonzentration >145 mmol/l. Da Na^+ ein funktionell impermeables Solut darstellt, deutet eine erhöhte Serumnatriumkonzentration immer eine Hyperosmolarität an, die meist mit intrazellulärer Dehydratation einhergeht. Ursächlich wird diese Elektrolytstörung entweder durch einen Verlust an freiem Wasser oder durch ein Übermaß an hypertonischer Kochsalzlöung hervorgerufen (*Tabelle 39-2*). Klinische relevante Formen können sich besonders dann entwickeln, wenn das Durstempfinden und/oder der Zugang zu freiem Wasser gestört sind (psychiatrisch erkrankte Patienten, Intubation, Säuglinge und Kleinkinder, sehr alte Menschen).

> Die wichtigsten Ursachen einer Hypernatriämie sind Wasserverlust und Salzzufuhr.

Klinisches Bild

Eine Hypernatriämie äußert sich in erster Linie durch eine Beeinträchtigung zentralnervöser Funktionen. Bei Kindern kommt es zu Hyperpnoe, Muskelschwäche, Unruhe sowie Bewusstseinsstörungen bis hin zum Koma. Bei älteren Menschen treten Symptome (Muskelschwäche, Verwirrtheit, Bewusstseinsstörungen) meist erst bei einer Serumnatriumkonzentration >160 mmol/l auf. Bei rascher Zunahme der Serum-

Tabelle 39-2. Ursachen einer Hypernatriämie (Mod. nach Adrogue et al. [4])

Netto-Wasserverlust
– Reines Wasser
- Nichtersetzte Verluste durch Perspiratio und Respiratio
- Hypodipsie
- Neurogener Diabetes insipidus
Posttraumatisch
Andere Ursachen (Tumor, Tuberkulose, Sarkoidose u. a.)
Idiopatisch
- Kongenitaler nephrogener Diabetes insipidus
- Erworbener nephrogener Diabetes insipidus [Hypokaliämie, Hyperkalzämie, medulläre zystische Degeneration, Medikamente (Lithium u. a.)]
– Hypotonische Flüssigkeiten
- Renale Verluste
Schleifendiuretika
Osmotische Diurese (Glukose, Mannit, Harnstoff)
Postobstruktion
Polyurische Phase bei akutem Nierenversagen
Chronische Niereninsuffizienz
Gastrointestinale Verluste
Erbrechen/Magensonde
Enterokutane Fistel
Diarrhö/osmotische Laxanzien
- Hautverluste
Verbrennungen
Pathologisches Schwitzen
Natriumüberladung
- Hypertone Natriumbikarbonatinfusion
- Hypertone Natriumchloridinfusion
- Hypertone Sondenkost
- Meerwasseraufnahme
- Hypertone Dialyse
- Primärer Hyperaldosteronismus
- Cushing-Syndrom

natriumkonzentration können auch zerebrale Krampfanfälle auftreten.

Therapie

Die Therapie einer Hypernatriämie zielt einerseits auf die Beseitigung der Ursache und andererseits auf die Korrektur der Hypertonizität. Bei einer schon seit mehreren Stunden oder Tagen bestehenden Hypernatriämie sollte die Korrektur allmählich über einen Zeitraum von 48 h erfolgen. Das Therapieziel ist dabei die Absenkung des Serumnatriumwertes auf 145 mmol/l. Eine Verminderung um nicht mehr als 0,5 mmol/l/h verhindert das Auftreten eines Hirnödems oder eines zerebralen Krampfanfalls. Hierfür geeignet sind bei i.v.-Therapie nur hypotone Lösungen (Glukose 5%, halb-isotone 0,45%ige Natriumchloridlösung). Das Wasserdefizit und damit die erforderliche Infusionsrate können anhand von Formeln abgeschätzt werden [4].

Nach Luft gilt:

Wasserdefizit (Liter) = Gesamtkörperwasser × [(Plasma-Na^+/140)–1]
(Gesamtkörperwasser = Körpergewicht × 0,5)

39.2.3 Hypokaliämie

Die Hypokaliämie ist eine sehr häufige Elektrolytstörung und liegt vor, wenn der *Serumspiegel unter 3,5 mmol/l* absinkt. Da Kalium wie Magnesium ein vorwiegend intrazelluläres Ion ist, kann eine Hypokaliämie bei normalem, erniedrigtem oder sogar erhöhtem Gesamtkörperkalium vorliegen.

Ursachen der Hypokaliämie

Der physiologische tägliche Kaliumverlust liegt zwischen 10 und 20 mmol, der durch eine normale Ernährung ausgeglichen wird. Übersteigt der Kaliumverlust die Zufuhr, so kommt es zur manifesten Hypokaliämie. Abhängig vom Urinkalium können die verschiedenen Formen einer Hypokaliämie in 2 Gruppen unterteilt werden. *Kaliummangel* bei *niedrigem Urinkalium* spricht meist für einen *extrarenalen Verlust.* Hingegen deutet *ein hohes Urinkalium* auf einen *renalen Verlust* hin. Darüber hinaus müssen metabolische Störungen, die einen Kaliumshift nach intrazellulär verursachen sowie hormonelle Einflüsse auf die renal-tubuläre Regulation der Kaliumausscheidung gesondert betrachtet werden.

Die meisten Fälle von Hypokaliämien sind Folge eines renalen Kaliumverlustes, der häufig auf Nebenwirkungen von verschiedenen Medikamenten zurückzuführen ist. Die therapeutische Einnahme sowie der Missbrauch von Schleifendiuretika und/oder Thiaziddiuretika spielen hierbei eine große Rolle. Aber auch Substanzen, die eine tubulotoxische Wirkung haben (Aminoglykoside, Cylcosporin A, Tacrolimus, Amphotericin B u. a.), können einen übermäßigen renalen Kaliumverlust und damit eine Hypokaliämie hervorrufen.

Eine andere Ursache für einen renalen Kaliumverlust besteht bei einer erhöhten Aktivität von Mineralkortikoiden (z. B. Aldosteron). Hierdurch kommt es zu einer vermehrten renalen Natriumrückresorption bei gleichzeitig erhöhter Kaliumelimination. Aber auch monogenetisch bedingte tubuläre Transportdefekte wie das Bartter-, Gitelman oder Liddle-Syndrom sowie eine Hypomagnesiämie oder eine Polyurie können zum renalen Kaliumverlust führen.

Extrarenale Kaliumverluste finden sich v. a. bei gastrointestinalen Störungen. So kann anhaltendes starkes Erbrechen zur Hypokaliämie führen, da die Kaliumkonzentration im Magensaft rund 10–15 mmol/l beträgt. Bei starkem Erbrechen kann es durch den zusätzlichen Säureverlust auch zur metabolischen Alkalose kommen, die wiederum eine Hypokaliämie verstärkt, da es auf dem Boden der Alkalose zum Kaliumshift nach intrazellulär kommt. Neben dem Erbrechen kann das permanente Ableiten des Mageninhaltes via Magensonde über den selben Mechanismus zur Hypokaliämie führen. Neben dem Verlust von Magensaft begünstigt auch eine intestinale Malabsorption (z. B. Diarrhö, Zustand nach Darmoperation, intestinale Fisteln oder Laxanzienabusus) die Entstehung einer Hypokaliämie, da mit dem flüssigem Stuhl 30–60 mmol/l Kalium ausgeschieden werden können. Die wichtigsten Ursachen und Differenzialdiagnosen einer Hypokaliämie sind in *Tabelle 39-3* und *Abb. 39-2* aufgeführt.

Klinische Manifestation der Hypokaliämie

Kasuistik

Eine 52-jährige Patientin wurde wegen einer seit 3 Wochen bestehenden, zunehmenden körperlichen Schwäche statio-

Tabelle 39-3. Wichtigste Ursachen der Hypokaliämie

Verminderte Kaliumaufnahme	
	Essstörungen, Alkoholiker
Erhöhter Kaliumeinstrom nach intrazellulär	
	Alkalose, Insulintherapie, erhöhte β-adrenerge Aktivität bzw. Therapie mit β-Agonisten, Hypothermie
Erhöhter gastrointestinaler Kaliumverlust	
	Erbrechen, Malabsorption/Diarrhö, Magensonde, Laxanzienabusus
Erhöhter renaler Kaliumverlust	
	Mineralokortikoide (z. B. bei Hyperaldosteronismus), genetischer »apparent mineralocorticoid excess« (AME), Glukokortikoide (z. B. Cushing-Syndrom, Lakritzabusus, Hypomagnesiämie), Medikamente (Schleifendiuretika, Thiazide, Azetazolamid, osmotisch wirksame Diuretika; Cisplatin, Aminoglykoside, Rifampicin, Amphotericin B u. a.), Bartter-Syndrom, Polyurie
Massives Schwitzen	
Extrakorporaler Blutkreislauf (Dialyse, Plasmapherese durch Verlust im Dialysat bzw. im Filtrat)	

när aufgenommen. In dieser Zeitspanne hatte sie etwa 4 kg an Gewicht verloren. Seit 4 Jahren war ein Diabetes mellitus Typ 2 bekannt, der seit 18 Monaten mit Insulin behandelt wurde. Ein Jahr vor der jetzigen stationären Aufnahme erfolgte eine Parathyreoidektomie wegen eines primären Hyperparathyreoidismus. Wegen geschwollener Beine am Abend nahm die Patientin seit mehreren Monaten bis zu 160 mg Furosemid/24 h ein. Bei Aufnahme war die Patientin wach und voll orientiert. Die körperliche Untersuchung zeigte keinen wegweisenden Befund. Die initial durchgeführte Laboruntersuchung erbrachte einen Serumkaliumwert von 1,4 mmol/l, ein Plasmakreatininwert von 1,7 mg/dl sowie eine Kreatinkinase von 1081 U/l. Der Blutzucker betrug 104 mg/dl und es fand sich eine Alkalose. Sonographisch zeigte sich das Bild einer Nephrokalzinose.

Nach anfänglicher intensivmedizinischer Überwachung kam es unter Rehydrierung und Kaliumsubstitution zur weitgehenden Normalisierung der Hypokaliämie und der Nierenfunktion. Dieser Fall zeigt, dass die unkontrollierte Einnahme eines Schleifendiuretikums bei einer Nephrokalzinose und den damit häufig assoziierten tubulären Funktionsstörungen zu einer lebensbedrohlichen Hypokaliämie mit akuter Niereninsuffizienz und Rhabdomyolyse führen kann.

Im Allgemeinen sind die klinisch manifesten Störungen – wie im Fall oben beschrieben – Folge einer akuten Hypokaliämie. Sie resultieren in erster Linie aus einer erhöhten Störanfälligkeit auf zellulärer Ebene sowie einer deutlichen muskulären Schwäche, die bis zur Paralyse und Rhabdomyolyse führen kann. Über die Störung der Zellfunktion (Syntheseleistung, Membranpotential) kann Kaliummangel jedoch zu Beeinträchtigungen aller Organsysteme führen; besonders gefürchtet sind Herzrhythmusstörungen, die bei kardial vorerkrankten Patienten akut lebensbedrohlich sein können. Bei chronischem Kaliummangel kommt es mit der Zeit hingegen zu einer Äquilibrierung des Ruhepotentials an der Zellmembran bei gleichzeitig intra- und extrazellulär niedriger Kaliumkonzentration, sodass klinische Auswirkungen einer Hypokaliämie hier eher seltener vorkommen. *Tabelle 39-4* gibt einen Überblick über die häufigsten klinischen Anzeichen bei manifester Hypokaliämie.

Therapie der Hypokaliämie

Der Behandlung einer Hypokaliämie sollte, abgesehen von Notfallsituationen, immer eine Abklärung der zugrundeliegenden Störung vorausgehen bzw. parallel zur notwendigen Therapie eingeleitet werden, um einen kausalen Therapieansatz gewährleisten zu können (s. auch *Tabelle 39-3*). Im Rahmen einer solchen Diagnostik empfiehlt es sich, Natrium, Kalzium und Magnesium zu bestimmen sowie eine Blutgasanalyse zu veranlassen, da die Hypokaliämie häufig mit anderen Störungen des Elektrolyt- und Säure-Basen-Haushalts verbunden ist. Bis zum Ausgleich der Hypokaliämie kann ein

Abb. 39-2. Differenzialdiagnose der Hypokaliämie

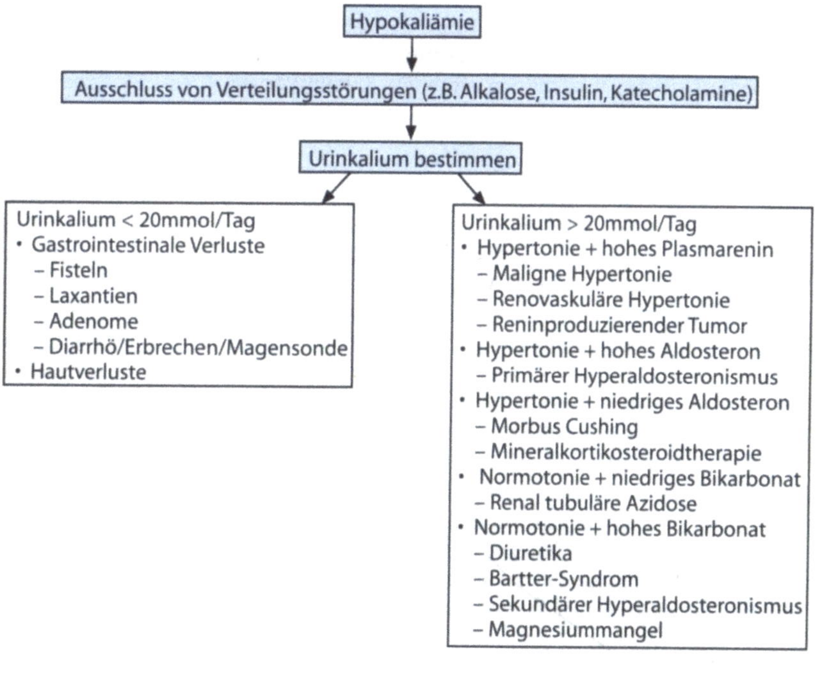

Tabelle 39-4. Klinische Anzeichen bei manifester Hypokaliämie

Kardiovaskuläres System	
	Arrhythmie
	Tachykardie
	Überleitungsstörungen
	EKG-Veränderungen (U-Welle, abgeflachte T-Welle, ST-Streckensenkung, Verbreiterung des ORS-Komplexes, AV-Blockierung)
	Mangelndes Ansprechen auf Katecholamine und Angiotensin II
Muskulatur	
	Schwäche
	Paralyse
	Ateminsuffizienz
	Myalgie
	Krämpfe
	Rhabdomyolyse
Neurologische Störungen	
	Reflexabschwächung
	Depression
	Konzentrationsschwäche
	Verwirrtheit
Renale Störungen	
	Verminderte glomeruläre Filtrationsleistung
	Polyurie
	Tubulusschäden
Gastrointestinale Störungen	
	Darmträgheit
	Ileus
	Obstipation
	Übelkeit/Erbrechen
Metabolische Störungen	
	Verminderte Proteinbiosynthese
	Glukoseintoleranz
	Metabolische Alkalose

EKG-Monitoring zur rechtzeitigen Erfassung von Rhythmusstörungen sinnvoll sein. Die Kaliumsubstitution muss aus vorgenannten Gründen vorsichtig erfolgen. Da Kalium vorwiegend ein intrazelluläres Ion ist, kann das Abschätzen des Kaliumdefizits schwierig sein.

> Als Faustregel gilt – eine normale Nierenfunktion und einen normalen pH-Wert des Bluts vorausgesetzt –, dass *ein Defizit von 1 mmol Kalium im Serum etwa einem Mangel von 100 mmol Gesamtkörperkalium entspricht.* Um einen Serumkaliumwert von 2,5 mmol/l auf 4,0 mmol/l anheben zu können, müssten in einem solchen Fall rund 150 mmol Kalium langsam substituiert werden.

Die Kaliumsubstitution erfolgt enteral oder parenteral. Da die Gefahr einer substitutionsbedingten Hyperkaliämie bei einer oralen Kaliumgabe geringer ist, sollte dieser Weg bevorzugt werden, falls es die Gesamtsituation des Patienten erlaubt. Zur Planung der Kaliumgabe muss die Kaliumkonzentration der verschiedenen handelsüblichen Präparate (z. B. 40 mmol in einer Kalinor-Brausetablette, 8 mmol in 1 Tbl. KCL-retard Zyma) sowie die enterale Kaliumresorption (85–90%) berücksichtigt werden. Das jeweilige Anion bei den handelsüblichen Präparaten sollte ebenfalls bedacht werden, da z. B. Kalinor-Brausetabletten wegen des Hydrogenkarbonatanteils eine Alkalose verstärken können. Dies ist bei bei Verwendung von Kalinor Retard Kapseln (enthält Kaliumchlorid) nicht zu befürchten. Müssen größere Mengen oral substituiert werden, so ist die Gesamtdosis auf mindestens 2–3 Einzeldosen zu verteilen.

Besteht die Indikation zur parenteralen Kaliumgabe (z. B. Intensivpatient, Erbrechen, Diarrhö), so sollten nicht mehr als 60 mmol/24 h über eine periphere Vene gegeben werden, da es sonst zu äußerst schmerzhaften Venenreizungen kommen kann. Die stündliche Kaliumsubstitution soll 10–20 mmol nicht überschreiten, um das Risiko von Rhythmusstörungen zu vermeiden. Kalium muss hierbei in einer geeigneten Trägerlösungen gelöst sein (z. B. 20 mmol in 500 ml Ringer-Lösung bzw. 40 mmol in 1000 ml Ringer-Lösung. **Cave:** keine Glukoselösungen verwenden, da hierdurch eine Insulinsekretion ausgelöst werden kann, die wiederum einen vermehrten Kaliumshift nach intrazellulär bewirkt) und die Tagesgesamtdosis sollte ebenfalls auf mehrere Einzeldosen verteilt werden.

Müssen schwere Hypokaliämien ausgeglichen werden, so ist zur Infusion großer Kaliummengen die Anlage eines zentralvenösen Katheters (ZVK) indiziert, dessen korrekte Lage unbedingt kontrolliert werden muss. Liegt der Katheter zu tief, so können iatrogen u. U. lokal schwere Hyperkaliämien mit gravierenden Herzrhythmusstörungen ausgelöst werden. Das Kaliumdefizit wird bei der Gabe über einen ZVK ebenfalls nach vorgenannter Schätzung ermittelt. Zur einfachen Handhabung empfiehlt sich die Verwendung von Kaliumchloridlösungen mit einer Konzentration von 1 mmol Kalium/ml. Über den ZVK kann mittels Perfusor der notwendige Kaliumausgleich erfolgen (z. B. errechnetes Kaliumdefizit 150 mmol → Substitution mit 3 × 50 mmol/24 h; Perfusor mit je 50 ml einer 1-molaren Kaliumlösung mit 10–20 ml/h – entspricht 10–20 mmol Kalium – 3 × im Laufe von 24 h infundieren; [6]).

39.2.4 Hyperkaliämie

Eine Hyperkaliämie liegt vor, wenn der Serumkaliumspiegel über 5,5 mmol/l liegt. In Analogie zur Hypokaliämie gilt, dass eine Hyperkaliämie bei erniedrigtem, normalem oder erhöhtem Gesamtkörperkalium auftreten kann. Initial sollte immer eine Pseudohyperkaliämie ausgeschlossen werden, die durch zur langes Stauen bei der peripheren Venenpunktion oder durch spätere Hämolyse im Probenröhren entstehen kann, wenn die Probe nicht in einem angemessenen Zeitrahmen (<2 h) im Labor zentrifugiert und analysiert wird.

Ursachen der Hyperkaliämie

Da physiologischerweise rund 90% der Kaliumausscheidung renal erfolgt, liegt einer Hyperkaliämie in aller Regel eine akute oder chronische Nierenschädigung zu Grunde, die sowohl Ausdruck einer primären Nierenerkrankung als auch einer metabolischen und/oder hormonellen Störung der Nierenfunktion sein kann (verminderte renale Kaliumelimination; Kaliumverschiebungen zwischen dem Intra- und Extrazellulärraum). Eine Hyperkaliämie kann ebenso Folge einer vermehrten Kaliumaufnahme bei vorbestehender chronischer Niereninsuffzienz sein, wenngleich häufig noch eine Homöostase im Kaliumhaushalt besteht, solange die glomeruläre Filtrationsrate (GFR) über 10 ml/min liegt. Eine besondere Patientengruppe mit häufigen Störungen im Kaliumhaushalt sind Patienten nach Nierentransplantation, bei denen eine Hyperkaliämie Zeichen einer Abstoßungsreaktion, eines hyporeninämischen Hypoaldosteronismus oder Folge der immunsuppressiven Therapie sein kann.

Im Bereich der Intensivmedizin spielen – neben den offensichtlichen Störungen bei erhöhter Kaliumzufuhr bzw. verminderter renaler Kaliumausscheidung–, pathophysiologische Zustände, die zum Ungleichgewicht zwischen den intra- und extrazellulären Kaliumkompartimenten führen, eine große Rolle. In diesem Zusammenhang finden sich häufig Azidosen, katabole Stoffwechsellagen, ausgedehnte Nekrosen oder eine Rhabdomyolyse, welche sowohl über einen vermehrten Zellzerfall als auch im Verlauf über eine akutes Nierenversagen (»Crushniere«) zur Hyperkaliämie führen können. Andere Ursachen einer Hyperkaliämie sind Insulinmangel, Überdosierung mit Herzglykosiden, Katecholaminmangel sowie Aldosteronmangel (z. B. Nebenniereninsuffizienz; hyporeninämischer Hypoaldosteronismus bei fortgeschrittener Niereninsuffizienz, interstitieller Nephritis; Diabetes mellitus).

Zu den gängigen Medikamenten, die eine Hyperkaliämie verursachen können, zählen nichtsteroidale Antirheumatika (sog. NSAID), ACE-Hemmer, Angiotensin-II-Antagonisten, Aldosteron-Antagonisten, β-Blocker sowie die Immunsuppressiva Ciclosporin und Tacrolimus. Tatsächlich finden sich häufig Hyperkaliämien bei Dauertherapie mit diesen verschiedenen Medikamentengruppen, insbesondere bei Kombinationsbehandlungen wie z. B. im Rahmen der Herzinsuffizienztherapie (ACE-Hemmer oder Angiotensin-II-Antagonist + Aldosteronantagonist). Selten kommt es auch bei Anwendung von Succinylcholin zur Muskelrelaxation bei Intubationsnarkosen zur Hyperkaliämie (*Tabelle 39-5*).

Tabelle 39-5. Wichtigste Ursachen der Hyperkaliämie

Pseudohyperkaliämie
Abnahmefehler, Hämolyse ex vivo
Erhöhte Kaliumzufuhr
Überdosierung mit oralen oder i.v.-Kaliumpräparaten
Bluttransfusionen
Diätfehler (insbesondere bei chronischer Niereninsuffizienz)
Verminderte Kaliumausscheidung
Jede Form des akuten oder chronischen Nierenversagens
Kaliumsparende Diuretika (z. B. Aldosteron-Antagonisten)
Mineralokortikoidmangel (Nebenniereninsuffizienz, hyporeninämischer Hypoaldosteronismus)
Immunsuppressiva (Ciclosporin/Tacrolimus)
ACE-Hemmer/Angiotensin-II-Antagonisten
NSAIDs
Verteilungsstörungen zwischen Intra- und Extrazellulärraum
Azidosen
Schwere Katabolie
Rhabdomyolyse
Gewebsnekrosen
Insulinmangel
Digitalisintoxikation
Succinylcholin
Katecholaminmangel/β-Blocker

Klinisches Bild

Da die Kaliumhomöostase entscheidend für einen normalen Ablauf der Zellelektrophysiologie ist, manifestiert sich die akute Hyperkaliämie klinisch meist als Störung der kardialen und/oder neuromuskulären Funktion. In aller Regel wird die Hyperkaliämie jedoch erst bei Serumwerten >6 mmol/l klinisch bedeutsam. Eine chronische Hyperkaliämie verläuft hingegen häufiger symptomlos, da es mit der Zeit sowohl zu einer Erhöhung der intra- wie extrazellulären Kaliumkonzentration kommt und sich auf höherem Niveau ein neues Kaliumgleichgewicht einstellt.

Bei der akuten Hyperkaliämie finden sich Herzrhythmusstörungen, Blockbilder, Überleitungsstörungen bis hin zum Herzstillstand; besonders gefährdet sind ältere Patienten mit Herzvorerkrankungen. Typische EKG-Veränderungen sind hohe T-Wellen, abgeflachte P-Wellen, verlängerte PQ-Zeiten sowie ein verbreiterter QRS-Komplex. Auf neuromuskulärer Ebene finden sich Parästhesien (z. B. periorales »Ameisenlaufen«), Muskelschwäche, respiratorische Insuffizienz und Paralysen. Verwirrungzustände können ebenfalls Ausdruck einer Hyperkaliämie sein.

Therapie der Hyperkaliämie

Die Therapie bei Hyperkaliämie richtet sich immer nach der Schwere der Hyperkaliämie und dem klinischen Erscheinungsbild und sollte sich auf zusätzliche diagnostische Maßnahmen (Blutgasanalyse sowie die Bestimmung von Natrium, Chlorid und Glukose) stützen, da komplexe metabolische und respiratorische Störungen rasch erkannt werden müssen. Darüber hinaus sollte eine Abklärung der Genese der Hyperkaliämie erfolgen, da nur hierdurch ein kausaler Therapieansatz gewährleistet ist. Die Akuttherapie der Hyperkaliämie bewirkt in aller Regel nur eine vorübergehende Verschiebung der extrazellulären Kaliumkonzentration nach intrazellulär. Dieser Vorgang ist reversibel und wird ohne eine kausale Therapie nicht durchbrochen.

Eine leichte Hyperkaliämie (<6 mmol/l) ohne klinische Zeichen erfordert meist keine Akutmaßnahmen. Häufig findet man diese Konstellation als Nebenwirkung einer medikamentösen Therapie (s. o.). Hier kann durch ein vorübergehendes Absetzen der Therapie mit späterer Fortführung in reduzierter Dosierung, eine Normokaliämie meist wiederhergestellt werden. Die Gabe eines Ionenaustauschers (z. B. 15–30 g Resonium p.o.) kann hierbei die Kaliumelimination unterstützen. Die Wirkung der Ionenaustauscher setzt jedoch erst verzögert ein (nach ca. 2–4 h), sodass diese Substanzgruppe nicht für die initiale Akuttherapie geeignet ist.

Im Falle einer akuten Hyperkaliämie mit schwerwiegenden kardialen und/oder neuromuskulären Störungen, muss eine rasche Absenkung der intravasalen Kaliumkonzentration erreicht werden. Hierzu kann zum einen der Kaliumshift von extra- nach intrazellulär stimuliert werden und/oder eine vermehrte renale Kaliumausscheidung induziert werden. Eine Überprüfung der Nierenfunktion, des Volumenstatus sowie des Säure-Basen-Haushalts sollten vorab erfolgen. Bei einer normalen oder noch kompensierten Nierenfunktion haben sich verschiedene schnellwirkende Therapieschemata bewährt (z. B. Glukose-Insulin-Infusion, Schleifendiuretika, β-Mimetika).

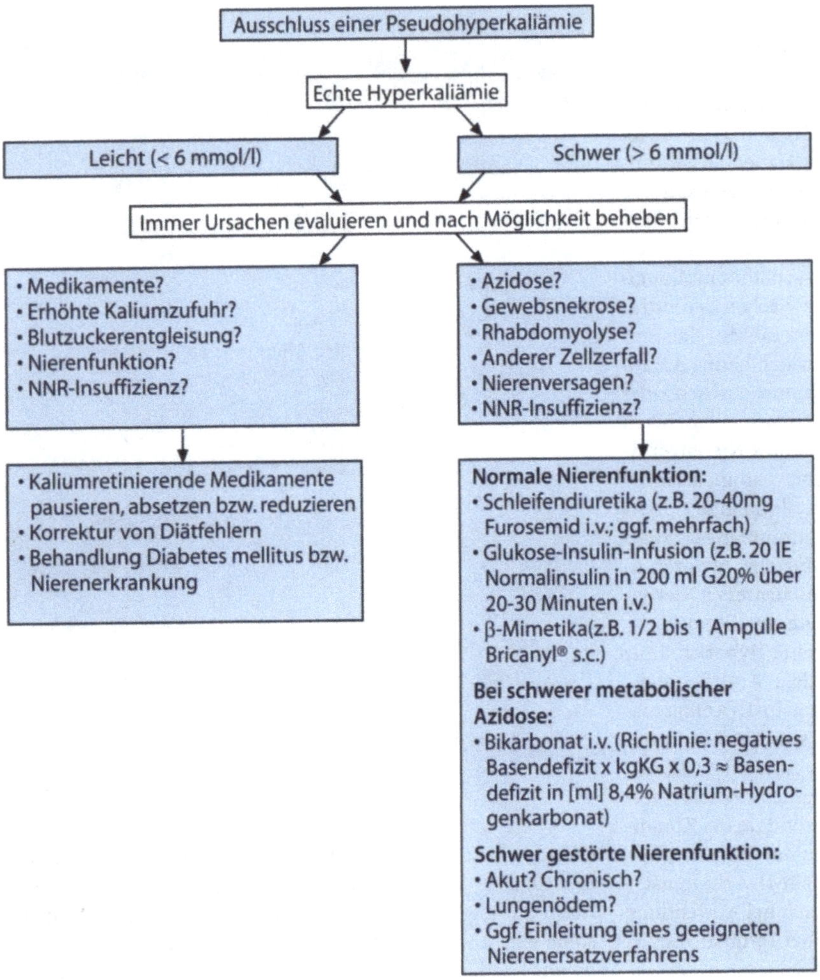

Abb. 39-3. Vorschlag zur Therapiestrategie bei Hyperkaliämie

Bei einer metabolischen Azidose mit Hyperkaliämie wird über einen Azidoseausgleich (z. B. Bikarbonat) rasch einen Kaliumeinstrom nach intrazellulär bewirkt. Ähnliches gilt für die Kompensation einer respiratorischen Azidose, die jedoch nicht selten eine maschinelle Respiratortherapie oder eine Maskenbeatmung erfordert. Versagen alle genannten Möglichkeiten zur Akuttherapien einer Hyperkaliämie, muss ein adäquates Nierenersatzverfahren (z. B. Hämodialyse beim kreislaufstabilen Patienten; kontinuierliches Nierenersatzverfahren beim kreislaufinstabilen Intensivpatienten, z. B. CVVHD) eingesetzt werden. Die Akuttherapie der Hyperkaliämie erfordert eine engmaschige Kontrolle der Serumelektrolyte, der Glukose sowie meist auch der arteriellen Blutgase. *Abb. 39-3* fasst die wichtigsten Diagnostik-Therapieschritte bei manifester Hyperkaliämie zusammen [12, 14].

39.2.5 Hypokalzämie

Eine Hypokalzämie liegt nur dann vor, wenn das ionisierte Kalzium erniedrigt ist. Meist wird jedoch nur das Gesamtkalzium (ionisiertes + proteingebundenes) bestimmt, sodass Veränderungen der Serumproteine (besonders Albumin) bei der Interpretation eines solchen Befundes zu berücksichtigen sind (*Tabelle 39-6*).

Klinisches Bild

Abhängig vom Schweregrad der Hypokalzämie kann ein großes Spektrum von klinischen Symptomen beobachtet werden. Patienten mit nur leichter chronischer Hypokalzämie (z. B. bei chronischer Niereninsuffizienz) sind diesbezüglich häufig asymptomatisch; andererseits kann ein rascher Abfall des Serumkalziums (z. B. nach Parathyreoidektomie) eine akut lebensbedrohliche Situation mit Laryngospasmus und/oder Krampfanfällen verursachen, die notfallmäßig behandelt werden müssen. Typische Befunde und Symptome sind Taubheit, Parästhesien, Muskelkrämpfe bis hin zur Tetanie. Weitere mögliche Folgen sind kardiale Veränderungen (Verlängerung des QT-Intervalls, Herzinsuffizienz), psychiatrische Erkrankungen (hirnorganische Syndrome, Psychosen) und ophthalmologische Störungen (Papillenödem, Neuritis N. opticus: Kataraktbildung).

> Hypokalzämie kann eine lebensbedrohliche Notfallsituation mit Laryngospasmus und Muskelkrämpfen auslösen.

Therapie der Hypokalzämie

Akute Hypokalzämie: Bereits bei ersten Anzeichen einer erhöhten neuromuskulären Übererregbarkeit sollen 200–300 mg elementares Kalzium langsam i.v. verabreicht werden (möglichst unter EKG-Monitoring). Dies entspricht etwa 2–3 Ampullen (10 ml) einer 10%igen Kalziumglukonatlösung.

Tabelle 39-6. Wichtigste Ursachen einer Hypokalzämie. (Mod. nach Lebowitz et al. [20], Halabe et al. [13])

Mit Hyperphosphatämie einhergehende Erkrankungen
- Parathormon (PTH)-Mangel
  - Primär: kongenital, idiopatisch
  - Sekundär: nach Operation, nach J131-Therapie, infiltrativ (Metastasen), Amyloid- oder Eisenablagerungen
- Resistenz gegen PTH
  - Pseudohypoparathyreoidismus Typ I und II
  - Chronischer Magnesiummangel
- PTH-unabhängige Erkrankungen
  - Chronische Niereninsuffizienz
  - Hämolyse, Rhabdomyolyse, Tumorlysesyndrom, akute Pankreatitis, osteoblastische Metastasen

Mit Hypophosphatämie einhergehende Erkrankungen
- Vitamin-D-Mangel
  - Inadäquate Synthese in der Haut, mangelnde Zufuhr
  - Renal-tubuläre Störungen
  - Malabsorption
    - Gastrektomie
    - Dünndarmerkrankungen
    - Chronische Pankreasinsuffizienz
  - Verminderte Aktivierung in der Leber
    - Chronisch hepatobiliäre Erkrankungen
    - Medikamente (Diphenylhydantoin, Phenobarbital u. a.)
  - Vitamin-D-Resistenz
    - Vitamin-D-resistente Rachitis Typ I und II

Sonstige Ursachen
- Osteoblastische Metastasen
- Akute Pankreatitis
- »Hungry-bone-Syndrome«
- Medikamente (Mithramycin, Calcitonin, Colchicin, i.v.-Zitrat, Furosemid)

Nach Parathyreoidektomie muss Kalzium meist kontinuierlich über mehrere Tage iv. verabreicht werden. Engmaschige Kontrollen des Serumkalziumspiegels sind erforderlich. Zusätzlich erhalten diese Patienten zur Milderung des »Hungry-bone-Syndromes« Vitamin D (Calcitriol) oral. Bei einer durch einen Magnesiummangel ausgelösten Hypokalzämie muss zusätzlich Magnesium parenteral appliziert werden.

> Intravenöses Kalzium darf nicht gleichzeitig mit bikarbonathaltigen Lösungen appliziert werden (Ausfällen von Kalziumsalzen!); bei Galaktosämie ist Kalzium kontraindiziert; bei digitalisierten Patienten ist besondere Vorsicht geboten.

Chronische Hypokalzämie: Das Therapieziel ist – unabhängig von der Ätiologie – die Normalisierung des Serumkalziumspiegels durch Stimulation der intestinalen Kalziumabsorption. Hierfür werden orale Kalziumsalze häufig zusammen mit Vitamin D eingesetzt. Dabei ist zu berücksichtigen, dass der Anteil elementaren Kalziums durchaus unterschiedlich ist (40% bei Kalziumkarbonat, 36% bei Kalziumchlorid, 12% bei Kalziumlaktat und 8% bei Kalziumglukonat). Wichtig ist auch, dass die Therapie durch regelmäßige Laborkontrollen (Kalzium, Phosphat, alkalische Phosphatase) überprüft wird, insbesondere um das Auftreten einer »überschießenden« Hyperkalzämie nicht zu übersehen.

Für die Behandlung des Hypoparathyreoidismus wird die Gabe von Calcitriol (0,5–3 µg/24 h) empfohlen. Wegen der Gefahr einer Nephrokalzinose sollten niedrig normale Serumkalziumwerte angestrebt werden. Eine Hyperkalziurie (Urinkalzium >8 mmol/24 h) ist unbedingt zu vermeiden. Thiazide (z. B. Chlorthalidon 50 mg/24 h) können aufgrund ihres hypokalziurischen Effekts ebenfalls eingesetzt werden. Bei gleichzeitig vorliegender Hyperphosphatämie wirken die oralen Kalziumsalze auch als Phosphatbinder; ggf. kann auch Aluminiumhydroxid vorübergehend als Phosphatbinder eingesetzt werden (nicht zusammen mit Kalziumzitrat verabreichen, da hierdurch die Aluminiumabsorption gesteigert wird; [9]).

39.2.6 Hyperkalzämie

Eine Hyperkalzämie liegt vor, wenn das Serumgesamtkalzium >2,7 mmol/l beträgt. Wichtig ist bei der Beurteilung einer Hyperkalzämie die Berücksichtigung der Plasmaproteinkonzentration. Die häufigsten Ursachen einer Hyperkalzämie sind in *Tabelle 39-7* zusammengefasst.

> Bei Änderungen der Serumalbuminkonzentration kommt es zu gleichgerichteten Änderungen des Gesamtserumkalziums. Bei Verfügbarkeit der Analytik ist daher die Bestimmung des ionisierten Kalziums vorzuziehen. Die Normwerte hierfür sollten unbedingt im jeweils durchführenden Labor ermittelt werden.

Nach folgender Formel (Schmidt-Gayk et al. [26]) kann das Serumkalzium (mmol/l) auf das Gesamteiweiß korrigiert werden:

Serumkalzium × [0,6 + (Gesamteiweiß [g/l]: 194)
(Normwerte für das korrigierte Kalzium 2,2–2,6 mmol/l

Klinisches Bild

In vielen Fällen wird eine Hyperkalzämie im Rahmen einer Routinelaboruntersuchung bei häufig noch asymptomatischen Patienten zufällig entdeckt; bei starkem Anstieg der Serumkalziumkonzentration kommt es zu Schwäche und Apathie sowie zu multiplen schweren Organkomplikationen (vaskuläre und metastatische Kalzifikationen, Polyurie, Nephrolithiasis, Niereninsuffizienz, Pankreatitis). Eine hyperkalzämische Krise kann bei Werten >3,5 mmol/l auftreten. Diese ist gekennzeichnet durch Erbrechen, Polyurie, Fieber, Exsikkose, Konfusion, Halluzination, Depression und Koma.

Therapie der Hyperkalzämie

Bei einer leichten chronischen Hyperkalzämie (bis 3,0 mmol/l) wird das Vorgehen weitgehend von der zugrunde liegenden Erkrankung bestimmt. Zunächst ist es immer sinnvoll, die orale Kalziumzufuhr (Milchprodukte, kalziumhaltige Mineralwasser etc.) zu beschränken und ggf. Vitamin D und A abzusetzen. Bei einer Hyperkalzämie auf dem Boden einer granulomatösen Erkrankung oder Vitamin-D-Exzess werden bevorzugt Kortikosteroide eingesetzt. Bei der medikamentösen Behandlung des primären Hyperparathyreoidismus sowie bei einer tumor-

Tabelle 39-7. Wichtigste Ursachen einer Hyperkalzämie. (Mod. nach Halabe et al. [13])

- Maligne Erkrankungen mit Osteolysen oder paraneoplastisch (»PTH-related peptide PTHrP« Production,)
  Bronchial-, Prostata-, Mammakarzinom, Hypernephrom, Plasmozytom u. a.
- Endokrine Erkrankungen
  Primärer, sekundärer und tertiärer Hyperparathyreoidismus, M. Addison, Hyperthyreose, Phäochromozytom, multiple endokrine Neoplasie (MEN)
- Sarkoidose/andere granulomatöse Erkrankungen
- Medikamente
  Vitamin D und A, Thiaziddiuretika, kalziumhaltige Ionenaustauscher, Lithium, Tamoxifen u. a.
- Immobilisation
- Erholungsphase nach akutem Nierenversagen
- M. Paget
- Renale Transportstörung (benigne familiäre hypokalziurische Hyperkalzämie)

assoziierten leichten Hyperkalzämie kann auch ein oral verfügbares Biphosphonat (z. B. Alendronat) eingesetzt werden.

Bei Serumkalziumwerten >3,0 mmol/l ist ein intensiveres Vorgehen notwendig. Nach einer häufig erforderlichen Rehydrierung wird eine Volumenexpansion, z. B. Beginn mit 1–2 l isotoner Kochsalzlösung (nicht Ringer-Laktat → enthält Kalzium!) – sofern kardial vertretbar – empfohlen, die durch Gabe eines Schleifendiuretikums (z. B. Furosemid 40–80 mg, ggf. mehrfach wiederholen) ergänzt wird; auf eine ausreichende Kaliumsubsitution (z. B. 20–40 mmol/l Infusion) ist zu achten. Die Behandlung sollte unter Intensivüberwachung und bei komatösen/beatmeten Patienten mit liegendem Blasenkatheter durchgeführt werden. Der Erfolg einer solchen Therapie ist nicht zweifelsfrei bewiesen.

> Bei schwerer Hyperkalzämie müssen die Therapiemaßnahmen durch Bilanzierung und engmaschige Kontrollen der Serumkonzentrationen von Kalzium und der anderen Elektrolyte (Kalium!) sowie der Nierenfunktion flankiert werden.

Zusätzlich ist Calcitonin (5–10 IE/kgKG/24 h) als Infusion in isotoner Kochsalzlösung wirksam. Biphosphonate können ebenfalls eingesetzt werden. Mit einem Wirkungseintritt ist aber erst nach 2–3 Tagen zu rechnen. Bei der hyperkalzämischen Krise und bei tumorbedingten Erhöhungen kann der Serumkalziumspiegel manchmal nur durch Hämodialyse anhaltend abgesenkt werden. Zukünftig könnte der Einsatz von neuen Substanzen (z. B. 22-Oxacalcitriol), die die Genexpression von PTHrP hemmen, die Behandlungsmöglichkeiten bei der schweren tumorassoziierten Hyperkalzämie erweitern [29].

39.2.7 Hypophosphatämie

Eine Hypophosphatämie liegt vor, wenn die gemessene Phosphatkonzentration in einer Nüchternserumprobe <2,5 mg/dl (≅ 0,80 mmol/l)liegt. Kalzium- und Phosphathaushalt sind eng miteinander verbunden. Ein schwerer Phosphatmangel findet sich bei einer akuten Phosphatverschiebung von extra- nach intrazellulär, aufgrund einer mangelnden Phosphataufnahme, bei einer gestörten enteralen Phosphatresorption, durch einen renal-tubulären Verlust, beim Hyperparathyreoidismus und bei chronischen Alkoholikern. Die häufigsten klinischen Zustände, die mit einer Hypophosphatämie einhergehen, sind in *Tabelle 39-8* zusammengestellt.

Klinisches Bild

Die klinische Manifestation einer Hypophosphatämie umfasst akute Myopathien mit Schwäche und gelegentlich auch Insuffizienz der Atemmuskulatur, Kardiomyopathien, neurologische Symptome sowie hämatologische Störungen (insbesondere Hämolyse).

Therapie der Hypophosphatämie

Zunächst sollte eine Abklärung der zugrundeliegenden Störung erfolgen, um einen kausalen Therapieansatz zu ermöglichen. Bei weniger schweren Formen und oraler Aufnahmefähigkeit, kann die Gabe von Magermilch (enthält etwa 0,9 mg Phosphat/ml) bei einer Tagesmenge von 1000–2000 mg Phosphat über 7–10 Tagen bei vielen Patienten bereits zur Normalisierung der Phosphatkonzentration führen. Bei ausgeprägtem Phosphatmangel (<1 mg/dl ≅ 0,3 mmol/l) muss in der Regel eine intravenöse Phosphatgabe begonnen werden. Dies kann in Form von Natrium- oder Kaliumphosphat (2,5–5 mg/kgKG alle 6 h) bis zur Phosphatnormalisierung erfolgen. Vorsicht ist bei bestehender Niereninsuffizienz geboten. Besteht gleichzeitig eine Hyperkalzämie, so muss diese erst behoben werden (s. Abschn. 39.3.6), um die Entstehung von Kalziumphosphatablagerungen (Ausfällung von Kalziumphosphaten in Form von Hydroxylapatitkristallen) zu verhindern [15].

Tabelle 39-8. Klinische Zustände mit Hypophosphatämie

- Primärer Hyperparathyreoidismus
- Intestinale Malabsorption von Vitamin D und Kalzium mit sekundärem Hyperparathyreoidsmus
- Vitamin-D-Mangel-Rachitis
- Postoperative Zustände (Flüssigkeitsverlust und Glukoseinfusionen können eine Phosphatverschiebung nach intrazellulär induzieren)
- Heilungsvorgänge nach Verbrennungen
- Diabetische Ketoazidose (Therapie einer diabetischen Ketoazidose mit Rehydrierung und Insulingabe führt zu einer Phosphatverschiebung nach intrazellulär)
- Unzureichende Phosphatsubstitution bei parenteraler Ernährung
- Alkoholismus
- Metabolische und respiratorische Alkalose
- Therapie mit Antazida und Dopamin
- Paracetamolüberdosierung
- Onkogene Osteomalazie
- Familiäre Hypophosphatämie
- Tubuläre Störungen (Phosphatdiabetes, Fanconi-Syndrome)

39.2.8 Hyperphosphatämie

Eine Hyperphosphatämie liegt vor, wenn die Phosphatkonzentration in einer Nüchternserumprobe >4,5 mg/dl (≅ 1,5 mmol/l) beträgt. Die häufigste Ursache dieser Störung ist eine verminderte renale Phosphatexkretion im Rahmen einer chronischen Niereninsuffizienz. Es gibt auch tubuläre Störungen, die eine vermehrte Phosphatrückresorption zur Folge haben. Darüber hinaus können ursächlich eine vermehrte enterale Phosphataufnahme, eine erhöhte parenterale Phosphatgabe sowie Verteilungsstörungen zwischen Intra- und Extrazellulärraum hierfür verantwortlich sein. ◘ *Tabelle 39-9* fasst die wichtigsten Ursachen einer Hyperphosphatämie zusammen.

◘ Tabelle 39-9. Ursachen der Hyperphosphatämie

- Renale Hyperphosphatämie
  Akute bzw. chronische Verminderung der GFR oder vermehrte tubuläre Phosphatrückresorption
- Hypoparathyreoidismus/Pseudohypoparathyreoidismus
  Beim echten Hypoparathyreoidismus (z. B. nach Schilddrüsen-/Nebenschilddrüsenoperation) führt der Parathormonmangel zu einer verminderten enteralen Kalziumabsorption und gleichzeitig zu einer verminderten renalen Phosphatelimination; beim Pseudohypoparathyreoidismus liegt eine tubuläre Resistenz gegen Parathormon vor, so dass es zur vermehrten renalen Phosphatrückresorption kommt
- Vermehrte Phosphatzufuhr
  Oral oder parenteral
- Akutes Tumorlysesyndrom/Crushsyndrom
  Insbesondere nach Chemotherapie von Lymphomen, da Lymphoblasten sehr hohe Phosphatkonzentrationen aufweisen; beim Untergang der Lymphomzellen kommt es zum Anfluten von intravasalem Phosphat; ähnliches gilt für den massiven Zelluntergang bei einer Rhabdomyolyse mit konsekutivem Nierenversagen (Crushniere)
- Akute metabolische Azidose
  Verschiebung von Phosphat aus dem Intra- in den Extrazellulärraum

Therapie der Hyperphosphatämie

Bei normaler Nierenfunktion besteht die Akuttherapie der Hyperphosphatämie in einem hohen i.v.-Flüssigkeitsumsatz mit physiologischer Kochsalzlösung und der Gabe von Acetazolamid (bis zu 500 mg alle 6 h, ggf. zusätzlich Kaliumsubsitution), um hierdurch die renale Phosphatausscheidung zu erhöhen. Ebenso sollte eine Klärung der zugrundeliegenden Störung erfolgen, die ggf. eine kausale Behandlung ermöglicht (z. B. Therapie einer metabolischen Azidose).

Bei chronischer Niereninsuffizienz ist eine möglichst phosphatarme Ernährung anzustreben und es wird zusätzlich die Einnahme von Phosphatbindern zu den Mahlzeiten verordnet. Vorzugsweise sollte man hierzu Kalziumverbindungen wählen (z. B. Kalziumcarbonat 500 mg 1 bis 2 Tabletten mehrmals täglich oder Kalziumazetat in gleicher Dosierung). Darüber hinaus erfolgt bei terminaler (oder akuter) Niereninsuffizienz eine Phosphatelimination mittels Dialyse oder CVVHD [28].

39.2.9 Hypomagnesiämie

Die Hypomagesiämie gehört mit zu den häufigsten Elektrolytstörungen bei Intensivpatienten (10–65% aller Patienten). Da Magnesium ein vorwiegend intrazelluläres Ion ist, kann ein intrazellulärer Magnesiummangel auch bei normaler Serummagnesiumkonzentration vorliegen. Die meisten Fälle von Magnesiummangel gehen jedoch mit einem erniedrigten Serumspiegel einher. Die Bestimmung der Magnesiumausscheidung im Urin ist eine Möglichkeit, um zunächst einen renalen Magnesiumverlust abzuklären. Bei normaler Nierenfunktion kann der Körper im Falle von Magnesiummangel die Magnesiumausscheidung im Urin deutlich unter 1 mmol/24 h reduzieren.

Magnesiumdefizit bei gleichzeitig erhöhter Urinmagnesiumausscheidung lässt daher den Schluss auf einen renalen Magnesiumverlust zu. Umgekehrt kann bei Magnesiummangel und niedrigem Urinmagnesium ein renaler Verlust weitgehend ausgeschlossen werden. Besteht bei einem Patienten der Verdacht auf einen intrazellulären Magnesiummangel, so kann die Magnesiumretention überprüft werden. Im Falle eines ausgeglichenen Magnesiumhaushalts wird intravenös gegebenes Magnesium (z. B. 30 mmol/12 h) fast vollständig renal eliminiert, mit dann erhöhter Urinmagnesiumausscheidung. Bei manifestem Magnesiummangel wird lediglich 1/3 des verabreichten Magnesiums wieder renal eliminiert.

Ursachen der Hypomagnesiämie

Magnesiumdefizit kann Folge von Verteilungsstörungen oder exzessiven gastrointestinalen sowie renalen Verlusten sein. Ein Magnesiumdefizit auf dem Boden von Verteilungsstörungen ist Folge eines Magnesiumshifts vom Extrazellularraum in den Intrazellularraum (◘ *Tabelle 39-10*). Dies kann u. a. nach der Gabe von Katecholaminen oder Insulin auftreten. Ferner kommt es zu einem signifikanten Einbau von Magnesium in den Knochen nach der operativen Korrektur eines Hyperparathyreoidismus (sog. »Hungry-bone-Syndrome«). Ebenso beobachtet man einen Magnesiummangel in der Erholungsphase nach Malnutrition sowie in der Wiedererwärmungsphase nach einer Hypothermie.

Renale Verluste sind die häufigste Ursache für einen Magnesiummangel. Neben einer primären renalen Schädigung können eine Reihe von Medikamenten, die eine vermehrte Magnesiumausscheidung hervorrufen, zum Magnesiummangel führen. Hierzu zählen Diuretika, Antibiotika, Zytostatika, Antimykotika sowie Immunsuppressiva wie Ciclosporin oder Tacrolimus. Exzessive Magnesiumverluste können bei Diarrhö, Fistelbildung und dem Verlust von Magensaft auftreten. Außerdem tritt Magnesiummangel gehäuft im Rahmen von Bypassoperationen sowie auch durch Verdünnungseffekte und Komplexbildungen auf.

Klinisches Bild

Magnesiummangel betrifft in erster Linie das kardiovaskuläre und das neuromuskuläre System. Klinisch finden sich Herzrhythmusstörungen, Gefäßspasmen, Muskelschwäche und/oder -krämpfe sowie zentrale Krampfanfälle bis hin zum Koma. Begleitend kann es zur Hypokaliämie, Hypokalzämie und Hypophosphatämie kommen. Im Zusammenhang mit den kardiovaskulären Symptomen ist bekannt,

Tabelle 39-10. Häufigste Ursachen der Hypomagnesiämie

Magnesiumverluste:
- Renale Verluste (z. B. Nebenwirkung von Medikamenten, Nierenerkrankungen)
- Gastrointestinale Erkrankungen (z. B. Diarrhö, Malabsorption, Fistelbildung)

Verteilungsstörung zwischen Extra- und Intrazellularraum:
- Katecholamingabe
- Insulintherapie
- »Hungry-bone-Syndrome«
- Magnesiumkomplexbildung (z. B. Pankreatitis oder Rhabdomyolyse)

Verschiedenes:
- Kardiochirurgische Operationen
- Erholungsphase nach Malnutrition
- Erholungsphase nach Hypothermie
- Verdünnungseffekte

dass eine Magnesiumgabe – auch bei normalen Serumspiegeln – das Risiko von Herzrhythmusstörungen bei Bypassoperationen, akuter myokardialer Ischämie, »Torsades-de-pointes«-Ereignissen sowie bei Digitalisintoxikationen vermindern kann.

Therapie der akuten und chronischen Hypomagnesiämie

Neben der Behebung der Ursache eines Magnesiummangels umfasst die Therapie eine Magnesiumsubstitution auf intravenösem, intramuskulärem oder oralem Wege. Bei akutem lebensbedrohlichen Magnesiummangel (z. B. Arrhythmie) muss eine *i.v.-Subsitution* erfolgen. Hier sollten *1–2 g Magnesiumsulfat als Bolus* über 3–5 min verabreicht werden, gefolgt von einer Magnesiumsulfatinfusion (ebenfalls 1–2 g) in der nächsten Stunde. Je nach klinischem Verlauf können weitere 0,5–1 g Magnesiumsulfat/h für mehrere Stunden als Erhaltungstherapie erforderlich sein. Parallel hierzu muss in Ergänzung zum Magnesiumspiegel der Kaliumspiegel kontrolliert und ggf. ausgeglichen werden. Im Falle einer schweren aber nicht lebensbedrohlichen Hypomagnesiämie sollte unter entsprechender Serumkontrolle über 3–6 h ebenfalls 1–2 g Magnesiumsulfat infundiert werden und falls erforderlich danach weitere 0,5–1 g Magnesiumsulfat/h als Erhaltungstherapie bis zur Normalisierung der Magnesiumspiegel beibehalten werden.

Bei chronischem Magnesiummangel reicht bei normaler Nierenfunktion die parenterale Gabe von 600–1200 mg Magnesium über 12–24 h aus. Nach 3–5 Tagen sollten die Magnesiumspeicher wieder aufgefüllt sein und es kann dann, falls erforderlich, eine orale Erhaltungstherapie angeschlossen werden [11, 8].

39.2.10 Hypermagnesiämie

Eine Hypermagnesiämie liegt bei einer Serummagnesiumkonzentration >3 mg/dl vor. Eine klinisch-manifeste Hypermagnesiämie ist bei Patienten mit normaler Nierenfunktion extrem selten.

Ursachen der Hypermagnesiämie

In den meisten Fällen liegt der Hypermagnesiämie eine Nierenfunktionsstörung bei gleichzeitiger Zufuhr von Magnesium zugrunde. Es sollte auch berücksichtigt werden, dass eine Reihe von Medikamenten (z. B. Abführmittel, Antazida) Magnesium enthalten und somit kumulativ zur Magnesiumüberladung führen können. Auch kann die Hypermagnesiämie Folge einer Nebenniereninsuffizienz, eines Hypoparathyreoidismus oder einer Lithiumintoxikation sein.

Klinisches Bild

Die Hypermagnesiämie vermindert die neuromuskuläre Erregungsleitung und kann zur Abschwächung der Skelettmuskelfunktion mit Paralyse führen. Eine schwere Magnesiumüberladung verursacht zudem im kardiovaskulären System eine Vasodilatation mit Hypotonie, Bradykardie sowie die Ausbildung von AV-Überleitungsstörungen bis hin zum Herzstillstand. Respiratorische Insuffizienz, Depressionen und Koma können ebenfalls als Folge einer Hypermagnesiämie auftreten.

Therapie der Hypermagnesiämie

Die neuromuskulären und kardialen Symptome einer schweren Hypermagnesiämie können vorübergehend durch die i.v.-Gabe von Kalzium (100–200 mg über 5 min) antagonisiert werden. Eine erhöhte renale Magnesiumausscheidung kann durch die Gabe von Kochsalzlösung in Kombination mit Schleifendiuretika erzielt werden. Bei Niereninsuffizienz kann ggf. die Indikation zur Hämodialyse zur Magnesiumelimination gestellt werden. Unabhängig hiervon sollten alle magnesiumhaltigen Präparate abgesetzt werden [17, 18, 22].

39.3 Störungen des Säure-Basenhaushalts

Nach dem pH-Wert des Blutes werden Störungen im Säure-Basen-Status als Azidosen bezeichnet, wenn der Wert <7,38 beträgt, bei Werten >7,42 als Alkalosen. Zur Beurteilung des Schweregrades eines gestörten Säure-Basen-Haushalts gehört immer die Einbeziehung des klinischen Bilds. So kann ein pH-Wert von 7,10 sehr leicht im Rahmen eines Grand-mal-Anfalls auftreten, ohne dass sich hierdurch für den Patienten eine unmittelbare Gefährdung ergibt. Der gleiche pH-Wert kann bei einer Methanolintoxikation als prognostisch ungünstiges Zeichen gewertet werden. Umgekehrt kommt es im Rahmen eines meist harmlosen Hyperventilationssyndroms häufig zu einer pH-Erhöhung auf 7,60. Der gleiche pH-Wert kann bei einem Patienten mit Kardiomyopathie unter Digitalis und Diuretika wegen der Gefahr einer Hypokaliämie aber ein hohes Risiko darstellen.

> Die Beurteilung des pH-Wertes ist nur im Zusammenhang mit dem zugrundeliegenden klinischen Bild sinnvoll.

39.3.1 Anionenlücke

Zur Unterteilung metabolischer Azidosen eignet sich die Bestimmung der Anionenlücke (»anion gap«). Anhand dieser einfachen Berechnung kann unterschieden werden, ob eine metabolische Azidose durch eine vermehrte Bildung (oder Zufuhr) von Säuren (Anionenlücke erhöht) oder durch einen Verlust (oder verminderte Bildung) von Bikarbonat (Anionenlücke normal) zustande gekommen ist. Die ionisierten Stoffe im Blut umfassen positiv geladene Kationen und negativ geladene Anionen, die in ihrer Summe elektroneutral sind. Im Serum macht Na^+ 95% aller Kationen aus, alle anderen wie K^+, Ca^{2+}, Mg^{2+} und positiv geladene Proteine sind im Sinne der Elektroneutralität von untergeordneter Bedeutung. Zu den Anionen gehören Cl^-, HCO_3^-, Albumin (ca. 10%), PO_4^-, SO_4^- und einige dissoziierende Aminosäuren [18]. Die Anionlücke berücksichtigt nur die quantitativ wichtigsten Elektrolyte und wird wie folgt bestimmt:

Anionenlücke (mmol/l) = $Na^+ - (Cl^- + HCO_3^-)$
(Normalwert 12 ± 2 mmol/l)

39.3.2 Metabolische Azidose

Metabolische Azidosen können durch einen vermehrten Anfall fixer Säuren (»Additionsazidose«), eine renalbedingt verminderte Elimination fixer Säuren (»Retentionsazidose«) sowie durch Verlust an Bikarbonat (»Verlustazidose«) bzw. einer Kombination dieser Ursachen hervorgerufen werden. Zur differenzialdiagnostischen Abklärung kann die An- oder Abwesenheit einer Anionenlücke hilfreich sein, da Patienten mit vermehrter Säureretention oder verminderter Säureelimination eine größere Anionenlücke aufweisen (▣ *Tabelle 39-11*).

Klinisches Bild

Die Symptomatik wird durch das Grundleiden bestimmt. In den meisten Fällen kommt es zu einer Zunahme der Atemtiefe und der Atemfrequenz. Weitere Zeichen sind Tendenz zur Hyperkaliämie, vermehrt Herzrhythmusstörungen sowie verminderte Katecholaminwirksamkeit, Vasodilatation und Hypotonieneigung bis hin zum Kreislaufschock. Die wichtigsten Folgen einer Azidose (pH-Wert <7,20) sind in ▣ *Tabelle 39-12* wiedergegeben. All diese Störungen können metabolischer, respiratorischer oder gemischter Genese sein. Besonders die Wirkungen auf das Herz-Kreislauf-System können rasch lebensbedrohlich werden.

▣ Tabelle 39-11. Wichtige Ursachen für metabolische Azidosen (Mod. nach Schmitz [27])

- Mit vergrößerter Anionenlücke
  - Laktazidose
  - Diabetische Ketoazidose/alkoholassoziierte Ketoazidose
  - Urämische Azidose
  - Hyperchlorämisch-hypokaliämische Azidose (z. B. bei Ureterosigmoidostomie)
  - Salizylatintoxikation
- Mit normaler Anionenlücke
  - Renal-tubuläre Azidosen
  - Iatrogen ausgelöste Azidosen
  - Verlustazidosen (Bikarbonatverluste bei Darmfisteln, Diarrhö, über die Niere) u. a.

▣ Tabelle 39-12. Wichtigste Folgen einer schweren Azidose

- Kardiovaskulär
  - Abnahme der kardialen Kontraktilität
  - Abnahme des Herzleistung, Abfall des Blutdrucks sowie der renalen und hepatischen Perfusion
  - Zentralisation des Blutvolumens
  - Sensibilisierung für Arrhythmien
  - Abnehmende Empfindlichkeit gegenüber Katecholaminen
- Respiratorisch
  - Hyperventilation
  - Dyspnoe
- Metabolisch
  - Insulinresistenz
  - Hoher metabolischer »Turnover«
  - Hyperkaliämie
- Zerebral
  - Bewusstseinsstörungen

Therapie der metabolischen Azidose

Das Behandlungsziel bei jeder Azidose ist die Beseitigung der Grundkrankheit. Bei klinisch manifester, akut aufgetretener Azidose ist meist jedoch eine symptomatische Alkalitherapie notwendig, da die Behandlung der Grundkrankheit längere Zeit in Anspruch nehmen kann (z. B. bei Sepsis). Hauptsächlich wird hierfür intravenöses Natriumbikarbonat als 1-molare (8,4%ige) Lösung verwendet, wobei 1 ml 1 mmol Natrium und 1 mmol Bikarbonat entsprechen. Diese Lösung entfaltet eine schnelle Pufferwirkung, die aber zunächst nur extrazellulär wirksam wird. Mit einer gewissen zeitlichen Verzögerung kommt es über Austauschvorgänge auch zu einer intrazellulären Korrektur. Die Frage, die sich im klinischen Alltag immer wieder stellt ist dabei: Ab welchem pH-Wert ist eine Alkalitherapie indiziert und wieviel Bikarbonat soll über welchen Zeitraum appliziert werden?

Aufgrund unterschiedlicher Ursachen und komplexer, häufig nicht überschaubarer Stoffwechselvorgänge, ist eine einfache Antwort auf diese Frage meist nicht möglich, da der Bedarf großen Schwankungen unterliegt. Als pragmatisches Therapieziel gilt das Erreichen eines »sicheren« pH-Werts von 7,20 und eines Bikarbonatspiegels von 8–10 mmol/l. Zur groben Abschätzung der erforderlichen Natrium-Bikarbonat-Gesamtmenge dient folgende Faustregel:

Gesamtmenge [mmol] = Basendefizit [mmol] × Körpergewicht [kg] × 0,3

Dabei sollte die Bikarbonatlösung als Kurzinfusion über Minuten bis Stunden, nicht als Bolus appliziert werden. Von der errechneten Gesamtmenge dürfen initial höchstens 50% verabreicht werden. Eine Zeitspanne von mindestens 30 min ist erforderlich, um den Effekt einer Alkalibehandlung beurteilen zu können. Die Risken einer Bikarbonatinfusion müssen dabei beachtet werden (Hypernatriämie, Hyperosmolalität, Hypokaliämie, Volumenüberladung, »Overshoot«-Alkalose, CO_2-Intoxikation u. a.). Eine überschießende Korrektur der Azidose ist unbedingt zu vermeiden. Zu beachten ist, dass das entstehende CO_2 abgeatmet werden muss, sodass zur Verhütung einer CO_2-Intoxikation auf entsprechende ventilatorische Kapazitäten geachtet werden muss. Vorbestehende Kaliumdefizite sollten möglichst korrigiert werden, da das Entstehen einer Hypokaliämie durch Alkalizufuhr begünstigt wird. Wenn sich die Azidose durch eine Alkalitherapie nicht entscheidend bessern lässt, ist der Einsatz einer Hämodialysebehandlung zu erwägen [10, 21, 24].

Laktatazidose

In den meisten Fällen ist Gewebehypoxie als Folge eines zirkulatorischen Versagens Ursache einer dann als Typ-A-Laktazidose bezeichneten Störung. Typ-B-Laktazidosen sind alle anderen Formen (z. B. durch Metformin, Methanol u. a.). Die unter hypoxischen Bedingungen im Gewebe gebildete Milchsäure wird vollständig zu Laktat und H^+-Ionen dissoziiert. Die sich entwickelnde Laktazidose ist um so ausgeprägter, je weniger die meist ins Schockgeschehen mit einbezogene Leber in der Lage ist, die anfallende Milchsäure zu verstoffwechseln. Beides – Laktatüberproduktion und verminderter Abbau – tragen dazu bei, dass Laktat akkumuliert. In einem Teufelskreis trägt die entstehende Azidose weiter zum Kreislaufversagen bei. Im Unterschied dazu hat die exogene Zufuhr von laktathaltigen Lösungen keinen unmittelbaren Effekt auf den pH-Wert. Erst sekundär, wenn zugeführtes Laktat (und auch Anionen anderer organischer Säuren) in der Leber verstoffwechselt wird, werden äquimolar H^+-Ionen dem Stoffwechsel entzogen, sodass der pH-Wert sogar ansteigt.

Die Therapie richtet sich nach der Beseitigung der Grundkrankheit oder des auslösenden Agens. Von entscheidender Bedeutung sind weiterhin ausreichende Oxygenierung, kreislaufstabilisierende Maßnahmen, rasche Einleitung einer antibiotischen Therapie bei Infektion und Azidoseausgleich mit Bikarbonat. In verzweifelten Fällen kann auch die Behandlung mit einem Nierenersatzverfahren (Hämodialyse, CVVHD) notwendig werden. Auf Vasokonstriktoren (z. B. Norepinephrin) sollte möglichst verzichtet werden, da hierdurch die Gewebehypoxie weiter zunimmt [2, 10].

39.3.3 Metabolische Alkalose

Eine metabolische Alkalose liegt bei einem Anstieg des pH-Wertes >7,42 und des Plasmabikarbonatspiegels >26 mmol/l vor. Die wichtigsten Ursachen sind in ◘ *Tabelle 39-13* wiedergegeben.

◘ **Tabelle 39-13.** Ursachen für metabolische Alkalosen. (Mod. nach Schmitz [25])

- Additionsalkalose
  Überdosierung von Bikarbonat und/oder metabolisierbaren Anionen (Laktat, Zitrat, Azetat u. a.)
- Verlustalkalosen
  Gastrale Säureverluste bei starkem Erbrechen oder über Magensonde
  Renale H^+-Ionenverluste (z. B. durch Schleifendiuretika)
  Primärer Hyperaldosteronimus/Hypokaliämie
  Bartter-Syndrom/Hypokaliämie
  Cushing-Syndrom

Klinisches Bild

Die Symptomatik wird von der Grundkrankheit bestimmt. Bei zunehmender Alkalose kommt es zur Abnahme der Atemtiefe und der Atemfrequenz. Der Anstieg des pCO_2 bewirkt jedoch wiederum einen vermehrten Atemantrieb, sodass CO_2 weiter abgeatmet wird. Die neuromuskuläre Erregbarkeit ist häufig gesteigert und bei einem pH-Wert >7,55 treten gehäuft Herzrhythmusstörungen auf. Die gegenregulatorisch entstehende Hypoventilation (Hypoxämie) sowie die infolge renaler Säureexkretion (paradoxe Azidurie) auftretende Hypokaliämie (intrazelluläre Azidose) können erhebliche klinische Störungen (z. B. Vasokonstriktion der Hirngröße) verursachen.

Therapie der metabolischen Alkalose

Die Therapie zielt auf die Beseitigung der auslösenden Ursache. Zusätzlich ist häufig die Substitution des Chloriddefizits, z. B. durch isotone Natriumchloridlösungen und der Ausgleich des Kaliummangels, notwendig. Bei schweren Formen mit pH-Werten >7,45 und entsprechenden klinischen Zeichen (z. B. Bewusstseinsstörungen) kann die Gabe von Salzsäure (HCl) oder Argininhydrochlorid erforderlich sein. Als »Ultima Ratio« kann die Hämodialyse gegen niedriges Bikarbonat eingesetzt werden [2].

39.3.4 Respiratorische Azidose

Eine respiratorische Azidose tritt immer dann ein, wenn die pulmonale CO_2-Elimination nicht mit der CO_2-Bildung standhält. Als Folge der sich entwickelnden Hyperkapnie kommt es zum Anstieg von Bikarbonat, das durch vermehrte renale Säureelimination entsteht. Typisch für diese Störung ist der Befund einer hypochlorämischen Azidose mit hohen Plasmabikarbonatwerten.

> Bei schwerer, akut aufgetretener respiratorischer Azidose oder bei Dekompensation einer chronischen respiratorischen Azidose kann sich eine lebensbedrohliche Situation ergeben.

Häufige Ursachen einer akuten respiratorischen Azidose sind Verlegungen der Atemwege, Status asthmaticus, Pneumonie, Lungenödem, neuromuskuläre Erkrankungen (z. B. myasthenische Krise), Behinderung der Ventilation (z. B. Rippenserienfraktur) und zentralnervös ausgelöste Atemstörungen. Beim Atmen von Raumluft geht eine Hyperkapnie aus physikalischen Gründen immer mit Hypoxämie einher. Beim Überschreiten eines CO_2-Partialdrucks von 80–90 mmHg kommt es deshalb zu einer lebensbedrohlichen Hypoxämie. Neben dem Versuch, eine mögliche Ursache zu beseitigen (z. B. bei Verlegung der Atemwege) ist in einer solchen Situation die Intubation und mechanische Beatmung meist unumgänglich. Wegen der begleitenden Hypoxämie ist auf ausreichende Oxygenierung zu achten.

Eine chronische Hyperkapnie entsteht häufig auf dem Boden einer chronisch obstruktiven oder restriktiven Lungenerkrankung, chronischer Erkrankungen der oberen Luftwege, zentralnervöser bzw. neuromuskulärer Erkrankungen und bei gestörter Atemmechanik. Zur Dekompensation tragen Infekte, Nikotinkonsum und unkontrollierter Einsatz von Sauerstoff bei, da hierdurch die Hyperkapnie akut verschlechtert werden kann – mit Entwicklung einer hyperkapnischen Enzephalopathie bis hin zum Koma. Die Behandlung richtet sich nach der Akuität des Geschehens und zielt auf die Beseitigung der auslösenden Faktoren hin (z. B. Behandlung einer Pneumonie). Bei obstruktiven Erkrankungen helfen Bronchodilatatoren und das Absaugen von zähem Sekret. Die O_2-Zufuhr sollte allmählich wieder zurückgenommen werden, wobei ein arterieller O_2-Partialdruck um 60 mmHg anzusteuern ist. Auf medikamentös-sedierende Maßnahmen sollte nach Möglichkeit verzichtet werden. Die Behandlung des begleitenden Elements einer metabolischen Alkalose optimiert den ventilatorischen Antrieb.

Wenn irgend möglich, sollte auf den Einsatz einer mechanischen Beatmung verzichtet werden, da diese Patienten nur sehr schwer wieder vom Respirator entwöhnt werden können. In diesem Zusammenhang könnte die Möglichkeit einer nichtinvasiven Maskenbeatmung in Zukunft an Bedeutung gewinnen. Bei fortschreitender Azidose ist jedoch Intubation und mechanische Beatmung unumgänglich. Dabei sollte eine zu rasche Reduktion des CO_2-Partialdrucks wegen der Gefahr einer posthyperkapnischen Alkalose vermieden werden [3].

39.3.5 Respiratorische Alkalose

Die respiratorische Alkalose ist die häufigste Veränderung des Säure-Basen-Haushalts, da sie physiologischerweise in der Schwangerschaft und beim Aufenthalt in Höhenlagen auftritt. Weitere Ursachen sind verschiedene Lungenerkrankungen, Erkrankungen des Zentralnervensystems, Salizylatvergiftung, Leberversagen, Sepsis und das häufige Hyperventilationssyndrom. Insbesondere bei schwerkranken Patienten kommt es zur Entwicklung einer respiratorischen Alkalose; das Ausmaß der Hypokapnie kann sogar als prognostisch ungünstiger Parameter verwendet werden.

In den meisten chronischen Fällen wird ein pH-Wert von 7,55 jedoch nicht überschritten, sodass unmittelbare Folgen der Alkaliämie nicht zu befürchten sind. Abgesehen von akuten Entgleisungen, z. B. durch falsche Respiratoreinstellung, ist daher eine spezielle Therapie in der Regel nicht erforderlich. Bei Patienten mit schweren Formen eines meist psychisch bedingten Hyperventilationssyndroms kann eine psychotherapeutische Behandlung notwendig werden, bei akuter hypokapnieinduzierter Alkalose ist manchmal medikamentöse Sedation zumindest vorübergehend hilfreich [7, 23, 25].

39.3.6 Gemischte Azidosen

Gemischt respiratorisch-metabolische Azidosen können bei verschiedenen klinischen Konstellationen entstehen. Beispiele hierfür sind Herz-Kreislauf-Stillstand, Kreislaufversagen bei vorbestehender chronisch obstruktiver Lungenerkrankung, renopulmonales Versagen sowie verschiedene Vergiftungen. Hyperkapnie einerseits und Bikarbonatdefizit andererseits können in eine nur schwer beherrschbare Azidose münden. Beide Komponenten des gestörten Säure-Basen-Status sollten bei der Therapie Berücksichtigung finden [2,3].

Literatur

1. Adrogue HJ, Madias NE (1997) Aiding fluid prescription for the dysnatremias. Intensive Care Med 23: 309–316
2. Adrogue HJ, Madias NE (1998) Management of life-threatening acid-base disorders. N Engl J Med 338: 26–34
3. Adrogue HJ, Madias NE (1998) Management of life-threatening acid-base disorders. N Engl J Med 338: 107–111
4. Adrogue HJ, Madias NE (2000) Hypernatremia. N Engl J Med 342: 1493–1499
5. Adrogue HJ, Madias NE (2000) Hyponatremia. N Engl J Med 342: 1581–1589
6. Bourgoignie JJ, Oster JR, Perez GO, Green DF (1993) Disorders of potassium metabolism. In: Suki WN, Massry SG (eds) Therapy of renal diseases and related disorders. Kluwer, Boston, pp 45–89
7. Brown RG (1993) Disorders of water and sodium balance. Postgrad Med 93: 227–234, 239
8. Buddecke E (1985) Wasserhaushalt. In: Grundriss der Biochemie, 7. Aufl. De Gruyter, Berlin New York, S 284–291
9. Bushinsky DA, Monk RD (1998) Electrolyte quintet: Calcium. Lancet 352: 306–311
10. Cuhaci B, Lee J, Ahmed Z (2000) Sodium bicarbonate controversy in lactic acidosis. Chest 118: 882–884
11. Dorup I (1994) Magnesium and potassium deficiency. Its diagnosis, occurrence and treatment in diuretic therapy and its consequences for growth, protein synthesis and growth factors. Acta Physiol Scand Suppl 618: 1–55
12. Gross P, Passauer J (1998) Störungen des Kaliumhaushalts. Internist 39: 810–814
13. Halabe A, Sutton RAL (1993) Disorders of calcium metabolism. In: Suki WN, Massry SG (eds) Therapy of renal diseases and related disorders. Kluwer, Boston, pp 91–110
14. Halperin ML, Kamel KS (1998) Potassium. Lancet 352: 135–140
15. Hicks W, Hardy G (2001) Phosphate supplementation for hypophosphataemia and parenteral nutrition. Nutr Metab Care 4: 227–233
16. Hill LL (1990) Body composition, normal electrolyte concentrations, and the maintenance of normal volume, tonicity, and acid-base metabolism. Pediatr Clin North Am 37: 241–256
17. Kayne LH, Lee DB (1993) Intestinal magnesium absorption. Miner Electrolyte Metab 19: 210–217
18. Kisters K (1998) Störungen des Magnesiumhaushalts. Internist 39: 815–819
19. Kruse JA, Cadnapaphornchai P (1994) The serum osmole gap. J Crit Care 9: 185–197
20. Lebowitz MR, Moses AM (1992) Hypocalemia. Semin Nephrol 12: 146–158
21. Levy B, Sadoune LO, Gelot AM et al. (2000) Evolution of lactate/pyruvate and arterial ketone body ratios in the early course of catecholamine-treated septic shock. Crit Care Med 28: 114–119
22. Lukaski HC (2000) Magnesium, zinc, and chromium nutriture and physical activity. Am J Clin Nutr 72/(2 Suppl) 2: 585 S–593 S
23. Madias NE, Cohen JJ, Adrogue HJ (1990) Influence of acute and chronic respiratory alkalosis on preexisting chronic metabolic alkalosis. Am J Physiol 258: F 479–F 485
24. Okuda Y, Adrogue HJ, Field JB, Nohara H, Yamashita K (1996) Counterproductive effects of sodium bicarbonate in diabetic ketoacidosis. J Clin Endocrinol Metab 81: 314–320
25. Rose BD (1994) The total body water and the plasma sodium concentrations. In: Clinical physiology of acid-base and electrolyte disorders. McGraw-Hill, New York, pp 219–234

26. Schmidt-Gayk H, Haerdt H (1994) Differencial diagnosis of hypercalcemia: Laboratory assessment. Recent Results Cancer Res 137: 122–37
27. Schmitz JE (2001) Säure-Basen-Status. In: Burchardi H, Larsen R, Schuster H-P, Suter PM (Hrsg) Intensivmedizin. Springer, Berlin Heidelberg New York Tokio, S 933–944
28. Weisinger JR, Bellorin-Font E (1998) Magnesium and phosphorus. Lancet 352: 391–396
29. Zaloga GP, Kirby RR, Bernards WC, Layon AJ (1997) Fluids and electrolytes. In: Civetta JM, Taylor RV, Kirby RR (eds) Critical care. Lippincott-Raven, Philadelphia/PA, pp 413–440

Ernährung bei Krankheiten der Lunge

J. Bargon, U. Müller

Die Bedeutung der Ernährung für die Atemfunktion und deren Zusammenhang ist seit dem Beginn des 20. Jahrhunderts bekannt. Das sog. »Wastingsyndrom«, das bei vielen schweren Erkrankungen wie AIDS, bösartigen Neubildungen, schweren Herzerkrankungen und als sog. pulmonale Kachexie bei schweren Lungenerkrankungen auftritt, hat einen direkten Einfluss auf die Ventilation und die Atemmuskulatur.

Malnutrition vermindert das Minutenvolumen, das Tidalvolumen und die Atemfrequenz bei Hungernden [15]. Im Gegensatz zu früheren Meinungen konnten dann weitere Studien in den 1980er Jahren zeigen, dass die Atemmuskulatur – ebenso wie die übrige Skelettmuskulatur – den katabolischen Veränderungen bei Mangelernährung und Stress in Form von reduzierter Proteinsynthese und erhöhtem Abbau unterworfen ist. Es scheint sogar so zu sein, dass der Verlust an Muskelmasse insgesamt die Atemmuskulatur prozentual mehr betrifft als die übrige Muskulatur [4].

40.1 Ernährungsphysiologische Aspekte der Atmung

An der Atmung sind 4 hintereinandergeschaltete Teilprozesse beteiligt (Abb. 40-1):

1. der konvektive Transport von Luft-O_2 in die Lungenalveolen durch die *Ventilation;*
2. die *Diffusion* von Sauerstoff aus den Alveolen in das Lungenkapillarblut (die Teilprozesse 1 und 2 werden unter der Bezeichnung Lungenatmung bzw. äußere Atmung zusammengefasst);
3. der konvektive Transport von Sauerstoff durch den Blutkreislauf zu den Gewebskapillaren (Atemgastransport des Blutes);
4. die *Diffusion* aus den Gewebskapillaren in die umliegenden Zellen (Gewebeatmung, innere Atmung).

Die *äußere Atmung* (Lungenatmung) dient der Aufrechterhaltung des Gasaustauschs, d. h. der Oxygenierung des arteriellen Blutes während der Inspiration sowie der Ausscheidung von Kohlendioxid aus dem venösen Blut während der Exspiration.

Neben dem Gastrointestinaltrakt ist die Lunge ein zweites System, um den Organismus mit Energie zu versorgen.

40.1.1 Energieverbrauch der Atemarbeit

Die pulmonale Teilfunktion der Konvektion von Sauerstoff ist allerdings gleichzeitig mit einem Energieverbrauch durch die Ventilation verbunden, dessen Anteil am Gesamtenergieverbrauch nicht unerheblich ist. So werden in Ruhe im Rahmen der *Inspiration* etwa 2% des aufgenommenen Sauerstoffs für Kontraktionsarbeit der Atemmuskulatur zur elastischen Dehnung der Lunge und für die Überwindung der viskösen Widerstände (v. a. der Strömungswiderstände) benötigt. Die Exspiration läuft bei Ruheatmung weitgehend passiv ab (elastische Rückstellkräfte der Lunge). Erst bei vertiefter und beschleunigter Arbeit wird die zusätzliche Mitwirkung der Exspirationsmuskulatur notwendig.

Hauptträger der Atemarbeit und damit Hauptkonsument der zur Ventilation aufgewendeten Energie ist die Atemmuskulatur. Mehr als 50% der Atemarbeit werden vom Diaphragma (Zwerchell) getragen, der Rest entfällt auf die Interkostalmuskulatur, die Abdominalmuskulatur und die Atemhilfsmuskulatur der oberen Thoraxaperatur.

Bei körperlicher Arbeit steigt der Anteil der Atmenarbeit am Gesamtenergieverbrauch überproportional – im Extremfall bis auf 20% – an. Ebenso erhöht jeder Zustand der mit einer Beeinträchtigung der Atemmuskulatur eingeht, den Energieaufwand der Inspiration. Subjektives Zeichen einer vermehrten Atemarbeit ist Dyspnoe (Luftnot). Abb. 40-2 veranschaulicht die energetischen Zusammenhänge zwischen Ernährung und respiratorischen Funktionen: Einerseits führt eine vermehrte Atemarbeit (z. B. bei pulmonalen Krankheiten) zu einem gesteigerten Energiebedarf, der bei nicht adäquat gesteigerter Nahrungszufuhr zu einer Malnutrition führt (s. pulmonale Kachexie), anderseits beeinträchtigten ausgesprochene Über- und Unterernährung die Ventilation.

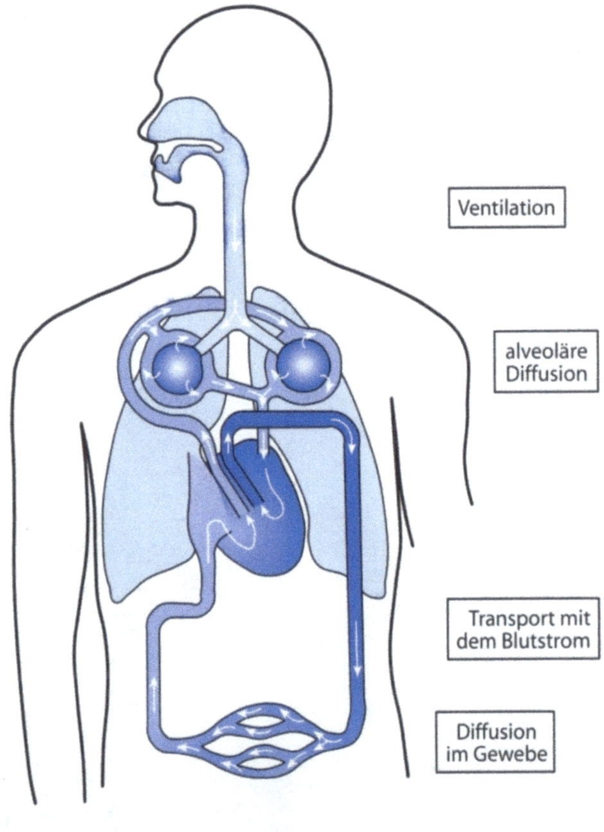

Abb. 40-1. Partialfunktionen der Atmung

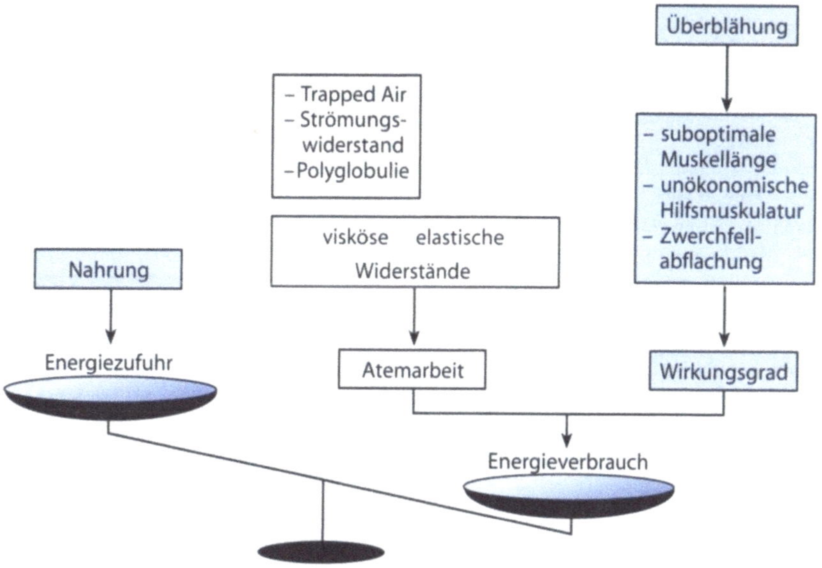

Abb. 40-2. Zusammenhang zwischen pulmonalen Erkrankungen und Energiebilanz

40.1.2 Ventilatorische Folgen der Unterernährung

Mangel- und/oder Unterernährung führen zu strukturellen Veränderungen der Lunge und Atemwege sowie zu einer Verminderung der pulmonalen Abwehrmechanismen. In Tiermodellen wurde hierfür eine Abnahme der Makrophagenaktivität verantwortlich gemacht. Es konnte gezeigt werden, dass Mangelernährung die antibakterielle Abwehr der Lunge vermindert [37]. Zudem kommt es zu einer Veränderung des Arachidonsäuremetabolismus in Alveolarmakrophagen mit verminderter Produktion von Leukotrien B_4 und erhöhter Freisetzung von Thromboxan B_2 und Prostaglandin E_2 [39].

So existiert ein oft zu wenig beachteter Circulus vitiosus: Unter- und Mangelernährung führen zu chronischer Lungenerkrankung und eine chronische Lungenerkrankung führt häufig zu Malnutrition.

Der Einfluss des Ernährungsstatus wirkt sich auf die Atemfunktion über verschiedene Mechanismen und Ebenen des Atemtrakts aus:

- zentral auf den Atemantrieb,
- auf die Atemmuskulatur, die sog. Atempumpe,
- auf das Lungenparenchym,
- indirekt durch einen veränderten Metabolismus durch die Nahrung selbst bzw. durch deren Mangel.

40.1.3 Ventilatorische Folgen der Überernährung

Die Adipositas (s. Kap. 47) kann sich direkt und indirekt auf die Atemtätigkeit auswirken.

Zunächst können nahezu alle mit einer Adipositas einhergehende Erkrankungen zu einer Schädigung der Lunge führen:

- kardiovaskulären Sekundärerkrankungen wie KHK, Herzinsuffizienz und Niereninsuffizienz führen je nach Ausprägungsgrad zu einer Beeinträchtigung von Gasaustausch und Ventilation.
- Ausgeprägte, gewichtsbedingte degenerative Wirbelsäulenschäden können zur Beeinträchtigung der Ventilation führen.

Darüber hinaus beeinträchtigt ausgeprägte Adipositas die Atemfunktionen per se:

- Adipositas gilt als Hauptrisikofaktor des obstruktiven Schlafapnoesyndroms.
- Die elastische Rückstellkraft, d. h. die thorakopulmonale Dehnbarkeit der Thoraxwand, nimmt proportional zur Thoraxwandmasse ab.
- Zwerchfellhochstand und eingeschränkte Zwerchfellbeweglichkeit führen zu einer Verminderung von Vitalkapazität, Totalkapazität, funktioneller Residualkapazität und exspiratorischem Reservevolumen.

40.1.4 Pathophysiologie der pulmonalen Kachexie

Chronische Lungenkrankheiten wie z. B. COPD (s. unten), Mukoviszidose, Lungenemphysem führen mit zunehmender Krankheitsdauer zu einem der Tumorkachexie vergleichbaren Krankheitsbild. Allerdings sind die Ursachen dieses als *pulmonale Kachexie* bezeichneten Krankheitsbilds vielfältiger. Analog zur Tumorkachexie (s. Kap. 61) führen chronisch inflammatorische Prozesse – v. a. bei COPD zu deutlich erhöhtem Serumspiegel von TNF-α (s. unten) – zu einer Erhöhung des Ruheenergieverbrauchs. Als weitere Ursachen gelten eine reduzierte Nahrungsaufnahme, Beeinträchtigung der Digestion von Makro- und Mikronährstoffen (Mukoviszidose).

Reduzierte Aufnahme von Nahrung

Für die verminderte Aufnahme von Nahrung bei Patienten mit fortgeschrittener Lungenerkrankung gibt es selten einen einzigen Grund, sondern es sind mehrere Faktoren, die dazu beitragen:

- Chronische Mundatmung bei respiratorischer Insuffizienz führt zu vermindertem Geschmacksempfinden und daraus resultierendem mangelndem Interesse am Essen.
- Dyspnoe, die oft bereits in Ruhe vorhanden ist, verstärkt sich bei einer Belastung, z. B. auch durch Nahrungsaufnahme. Zunehmende Dyspnoe fördert Müdigkeit und Abgeschlagenheit, was zu verkürzten Essenszeiten führt. Zudem führt Dys-

pnoe auch dazu, dass die Patienten sich nicht selbst bekochen und auch nicht zum Essen ausgehen.

- Aerophagie, die bei COPD-Patienten häufiger ist als bei Gesunden, führt zu vorzeitigem Sättigkeitsgefühl oder sogar Beschwerden.
- O_2-Abhängigkeit: Gerade Patienten, die Sauerstoff eher über eine Maske zu sich nehmen, haben beim Essen nur die Wahl zwischen Nahrungsaufnahme oder Sauerstoff.
- Medikamente wie Antibiotika, Theophyllin etc. führen nicht selten zu gastrointestinalen Beschwerden, die wiederum mangelnden Appetit und Essen bedingen. Auch die Menge an Medikamenten, oft vor oder zum Essen genommen, führt bei manchen Patienten zu Völlegefühl und Appetitlosigkeit.
- Depressionen bei Patienten, die unter der zunehmenden Immobilität, Dyspnoe und Behinderung durch die Erkrankung leiden, sind häufig und führen ebenfalls zu verminderter Nahrungsaufnahme.

Dagegen spielen Störungen der Maldigestion und -absorption bei Patienten mit COPD und interstitiellen Lungenerkrankungen keine wesentliche Rolle [13], wohl aber bei der zystischer Fibrose (s. Kap. 45).

Erhöhter Energieverbrauch

Eine der Ursachen, für einen höheren Ruheenergieverbrauch bei respiratorisch eingeschränkten Patienten, ist die erhöhte Atemarbeit. Beim Gesunden werden in Ruhe ca. 2–3% der Gesamtenergie für die Atmung benötigt. Beim Patienten mit COPD oder mit Lungenfibrose wird, alleine aufgrund der verminderten Elastizität des Thorax und der mechanisch ungünstigeren Ausgangslage bei Überblähung, mehr Energie für die Atmung benötigt [16]. Ob bei stabilen Patienten mit Lungenerkrankungen ein hypermetabolischer Zustand vorliegt, wird kontrovers diskutiert. Sicher ist dies aber der Fall bei Infekten, die bei diesen Patienten, insbesondere mit COPD, gehäuft auftreten. Auch in der Behandlung der Lungenerkrankungen häufig eingesetzte Medikamente wie Theophyllin und β_2-Sympathomimetika führen zu einer Erhöhung des Grundumsatzes. Kortikosteroide in höheren Dosierungen (>60 mg/24 h) verursachen eine Reduktion der Atemmuskelstärke. Nicht ganz so klar ist der Effekt einer niedrigen Dosis (<20 mg/24 h). Die meisten Studien deuten aber auch bei den niedrigeren Dosen auf einen negativen Effekt auf die Atemmuskulatur bei Patienten mit fortgeschrittenen Lungenerkrankungen hin [14, 46].

40.2 Chronisch-obstruktive Bronchitis und Emphysem

Chronische Bronchitis, das Lungenemphysem sowie Mischformen aus beiden werden hauptsächlich durch Rauchen verursacht. Im angloamerikanischen Sprachgebrauch werden die beiden Krankheitsbilder meist unter dem Begriff COPD zusammengefasst. COPD ist charakterisiert durch Atemwegsobstruktion, die meist progressiv ist, manchmal partiell reversibel und die mit Hyperreagibilität einhergehen kann. Die Inzidenz und die Prävalenz der COPD steigen. Trotz der Tatsache, dass Rauchen der Hauptrisikofaktor für das Erkranken an einer COPD ist, entwickeln nur ca. 15–20% der Raucher diese Erkrankung. Es liegt daher nahe zu vermuten, dass entweder genetische Faktoren einen Einfluss haben oder dass Ernährung, z. B. in Form von besserem antioxidativem Schutz eine Rolle spielt.

Unter- und Mangelernährung sind bei Patienten mit COPD sehr häufig. In der Literatur wird eine Inzidenz zwischen 20–70% angegeben, abhängig auch von der Schwere der Erkrankung [6, 16, 19, 35, 36]. Eine klare Korrelation zwischen Body Mass Index (BMI) und Lungenfunktionsparametern konnte ebenso gefunden werden wie zwischen BMI und Mortalität [8, 35].

40.2.1 Ernährungstherapeutische Maßnahmen bei COPD

Es gilt mittlerweile als gesichert, dass Malnutrition bei COPD Patienten einen unabhängigen negativen Prädiktor darstellt [36].

Ob und in welchem Umfang gezielte ernährungstherapeutische Maßnahmen das Überleben dieser Patienten verbessern, wird weiterhin konträr diskutiert. *Tabelle 40-1* fasst die bis zum Jahr 2000 publizierten 14 Studien zusammen, 12 davon randomisiert-kontrolliert (rk). Neun der Studien (8 rk) belegen eine positive Wirkung einer Ernährungsintervention, gemessen mittels anthropometrischen Parametern, 8 Studien finden funktionelle Verbesserungen der Muskulatur sowie pulmonaler und immunologischer Funktionen. Fünf Studien zeigen sowohl Verbesserungen anthropometrischer als auch funktioneller Parameter. Zwei randomisiert-kontrollierte Studien finden keinen Vorteil einer Ernährungsintervention. Eine gestörte Energiebilanz bei einer Untergruppe von COPD-Patienten scheint für das Outcome einer Ernährungsintervention verantwortlich zu sein. Alter, Anorexie, Plasmaleptin sowie proinflammatorische Zytokine (z. B. sTNF-Rezeptor 55, sICAM) korrelieren nicht mit dem Ansprechen einer Ernährungstherapie [12].

Dagegen wird in einer kürzlich publizierten Metaanalyse [18] von 9 randomisiert-kontrollierten Studien zur Ernährungssupplementierung bei COPD-Patienten der Benefit einer solchen Therapie als marginal bezeichnet, da in keiner Studie eindeutige Verbesserungen der Lungenfunktion und Belastbarkeit aufgezeigt werden konnten.

Trotz der derzeit uneinheitlichen Studienlage, scheint in der Übersicht eine rechtzeitige Ernährungsintervention bei COPD-Patienten antropometrische Parameter wie Körperzusammensetzung, muskuläre Leistungsfähig und Lungenfunktionen zumindest vorübergehend positiv zu beeinflussen.

Allgemeine Empfehlungen zur Ernährung bei Patienten mit COPD:

- adäquate Kalorienzufuhr (evtl. mit Zusatznahrung);
- häufige und kleine Mahlzeiten;
- Anraten von Mahlzeiten, die wenig Vorbereitung benötigen (z. B. Mikrowellenfertigmahlzeiten);
- Ruhezeiten vor und nach den Mahlzeiten;
- tägliche Gabe von Multivitaminpräparaten.

Aussagen zum Einfluss auf Langzeitmortalität sind derzeit nicht möglich. Neben einer Verbesserung des Ernährungs-

Tabelle 40-1. Studien zur Ernährungsintervention bei Patienten mit COPD (Literatur bei [2])

Autoren, Jahr	Studiendesign	Patienten		Ernährungsintervention				Ergebnis	
		n[a]	PEM	Typ	Energie[b]	g/24 h Eiweiß	Dauer	Anthropometrische bzw. biochemische Indizes	Funktion
Saundney-Unterberger et al. 1997	rk	24 [33]	Nein	Orales Supplement	10 kcal/kgKG[c]	10[c]	2 Wochen	–	Lungenfunktion ↑
Ganzoni et al. 1994	rk	20 [30]	Ja	Diät	Energie ↑	–	12 Monate	Kein Effekt	Kein Effekt auf die Lungenfunktion, subjektives Wohlbefinden ↑
Rogers et al. 1992	rk	24 [27]	Ja	Diät ?	0,3-mal REE[c]	–	4 Monate	Gewicht ↑	Muskelkraft ↑
Fuenzalida et al. 1990	rk	9 [9]	Ja	Orales Supplement	1080 kcal/24 h[c]	43[c]	3 Wochen	Kein Effekt	Immunität ↑
Whittaker et al. 1990	rk	10 [10]	Ja	Enterale Ernährung	1000 kcal/24 h[c]	0	6 Tage	Gewicht ↑	Respiratorische Atemmuskulatur ↑
Otte et al. 1989	rk	28 [28]	Ja	Orales Supplement	400 kcal/24 h[c]	20[c]	13 Wochen	Gewicht ↑ subkutanes Fettgewebe	Kein Effekt auf die Funktion
Efthimiou et al. 1988	rk	14 [14]	Ja	Orales Supplement	690 kcal/24 h[c]	29[c]	3 Monate	Antropometrie ↑ Lean Body Mass ↑	Muskelkraft ↑
Knowles et al. 1988	rk	25 [25]	Nein	Orales Supplement	360–540 kcal/24 h[c]	21–32[c]	8 Wochen	Gewicht ↑	Kein Effekt auf die Funktion
Lewis et al. 1987	rk	21 [21]	Ja	Orales Supplement	500–1000 kcal/24 h[c]	18[c]	8 Wochen	Kein Effekt	Kein Effekt auf die Funktion
Ferreira et al. 1998	rk	17 [23]	Ja	Testosterone	–	–	27 Wochen	Antropometrie ↑	Kein Effekt auf die Funktion
Burdet et al. 1997	rk	16 [16]	Ja	Diät und Wachstumshormone	40 kcal/kgKG[d]	–	3 Wochen	Lean Body Mass ↑	Kein Effekt auf die Funktion
Schols et al. 1995	rk	203 [217]	Ja	Orales Supplement mit und ohne Nandrolone	420 kcal/24 h[c]	–	8 Wochen	Gewicht ↑ (orales Supplement →, Fett ↑, Kombination → Lean Body Mass ↑)	Respiratorische Muskelkraft ↑
Sridhar et al. 1994	uk	9	Ja	Orales Supplement	50%[c]	≥1,5 g/kgKG BW[d]	4 Monate	Kein Effekt	Kein Effekt auf die Funktion
Pape et al. 1991	uk	7	Ja	Diät und Wachstumshormone	35 kcal/kgKG/24 h	1/kg BW5	3 Wochen	Gewicht ↑, Nitrogenbalance ↑	Respiratorische Muskelkraft ↑

Abkürzungen: *KG* Körpergewicht, *NG* nasogastrale Sonde, *PEM*, Protein-Energie-Mangelernährung, *rk* randomisiert-kontrolliert, *REE* Ruheenergie, *uk* unkontrolliert. [a] Anzahl der in die Studie aufgenommenen Patienten; [b] Umrechnungsfaktor in kJ: 4,18; [c] beabsichtigte Supplementierung; [d] geschätzte Gesamtaufnahme.

zustands, gehören allerdings zur adäquaten Behandlung von COPD-Patienten:
- Optimierung der Lungenfunktion;
- regelmäßiges körperliches Training, anfänglich unter Anleitung, dann selbständig;
- Verbesserung der O_2-Sättigung durch O_2-Gabe;
- konsequente Behandlung von Infekten und deren Vorbeugung durch Impfungen (gegen Grippe sowie gegen Pneumokokken).

Obwohl Rehabilitationsmaßnahmen kombiniert mit Ernährungsberatung und- intensivierung zusammen mit körperlichem Training die sinnvollste Maßnahme sind, gibt es derzeit keine aussagekräftigen Studien. Eine Studie bei älteren Patienten hat bei der Kombination einen positiven Effekt beobachtet, weniger bei Ernährung alleine [20].

40.3 Asthma bronchiale

Asthma bronchiale ist definiert als chronisch entzündliche Erkrankung der Atemwege, die mit Obstruktion, Inflammation und bronchialer Hyperreagibilität einhergeht. Die Obstruktion ist reversibel und wird durch verschiedenste Stimuli und Allergene ausgelöst. Klinisch äußert sich Asthma durch Dyspnoe, Husten und »Wheezing«. Die Prävalenz des Asthmas ist in den letzen Jahrzehnten weltweit drastisch gestiegen, wobei starke regionale Unterschiede bestehen [26].

40.3.1 Ätiologie und Klinik

Akute Exazerbationen können durch eine Vielzahl von Auslösern getriggert werden, wie Anstrengung, kalte Luft, unspezifische Reize wie Rauch und Parfum, virale Infekte und beim allergischen Asthma die entsprechenden Allergene.

Nahrungsmittelallergie

Die Bedeutung der Nahrungmittelallergie beim Asthma wird kontrovers diskutiert. Über die Inzidenz und die Rolle beim allergischen Asthma liegen nur wenig Studien vor. Bei einer Nahrungsmittelallergie kann das Allergen, gegen das der Patient sensibilisiert ist, einen Asthmaanfall auslösen. Dies kann geschehen durch:

1. Resorption von Allergenen, die dann die Atemwege durch den Blutkreislauf erreichen;
2. Mediatoren, die im Darm durch den Allergenkontakt freigesetzt werden;
3. Inhalation flüchtiger Nahrungsmittelbestandteile.

Man unterscheidet 3 Typen der Nahrungsmittelallergie (s. Kap. 55; [33]):

Typ A: Nahrungsmittelallergie bei Säuglingen und Kleinkindern:

Hier erfolgt die Sensibilisierung über den Gastrointestinaltrakt. Protein aus Milch, Fisch, Hühnerei und Erdnuss stellen die wichtigsten Allergene dar.

Typ B: Nahrungsmittelallergie des Jugendlichen und Erwachsenen:

Die Sensibilisierung erfolgt über den Respirationstrakt. Aerogene Allergene lösen allergische Typ-I-Reaktion mit Bildung von spezifischem IgE aus, das mit ähnlichen Proteinen in Nahrungsmitteln kreuzreagiert, sog. pollenassoziierte Nahrungsmittelallergie. Besonders häufig ist hier die Birkenpollenallergie mit Kreuzreaktionen auf Kernobst.

Typ C: Diese stellt die seltenste Form dar. Sie kommt v. a. bei erwachsenen Frauen vor, ist nicht an Atopie gekoppelt und wird durch eine gastrointestinale Sensibilisierung ausgelöst, welche gegen ein bestimmtes verdauungsstabiles Protein gerichtet ist.

Eine *Nahrungsmittelallergie* ist, außer im Falle der pollenassoziierten Nahrungsmittelallergie, oft schwer zu diagnostizieren. Diagnostische Tests schließen Pricktestungen der Haut, RAST und die doppelblinde, plazebokontrollierte Nahrungsmittelprovokation ein.

Die Allergenkarenz ist die beste und sicherste *Therapie*. Die Behandlung des Asthmas entspricht den allgemeinen Richtlininen nach dem Stufenplan [48]. Bei einer pollenassoziierten Nahrungsmittelallergie ist eine spezifische Immuntherapie zur Besserung der Asthmasymptome eine zunehmend etablierte Therapie, als Therapie für eine Nahrungsmittelallergie gibt es derzeit keine Daten (Kap. 55).

Spezifische Nährstoffe

Der Mangel oder das Ungleichgewicht spezifischer Nährstoffe wurde und wird immer wieder als Mitauslöser des Asthma bronchiale diskutiert. Substanzen wie Vitamin C, Magnesium, Selen und essenzielle Fettsäuren wurden – sowohl im akuten Anfall als auch bei der Basistherapie – in Studien überprüft.

Magnesium

Magnesium spielt bei verschiedenen enzymatischen Reaktionen eine Rolle und ist zusammen mit Kalzium an neuromuskulären Transmissionen und Aktivierungen beteiligt. Bei leichteren Asthmaanfällen zeigte sich die i.v.-Gabe von Magnesiumsulfat akut wirksam, jedoch im Vergleich zu β-Sympathomimetika weit weniger potent [29, 43]. Der zugrunde liegende Mechanismus ist unklar. Möglicherweise wirkt es direkt dilatatorisch an der glatten Muskulatur. Ein Magnesiumdefizit konnte bei Asthmapatienten nicht nachgewiesen werden. Ob Magesiumsulfat prophylaktisch wirkt, bleibt fraglich.

Vitamin C

Vitamin C ist ein wasserlösliches Vitamin, das als O_2-Radikalfänger in der Lunge sowohl extrazellulär als auch intrazellulär nachweisbar ist. Zudem ist Vitamin C in der Lage, oxidiertes Vitamin E zu reduzieren. Die Rolle von Vitamin C bei Asthma lässt sich über eine mögliche Beeinflussung des Arachidonsäurestoffwechsels, hier insbesondere der Prostaglandine, erklären.

In 2 Studien [1, 30] konnte ein etwas niedrigerer Vitamin-C-Spiegel bei Asthmapatienten gegenüber Kontrollen gezeigt werden, wobei eine Korrelation mit dem Schweregrad und der Dauer der Erkrankung nicht gefunden wurde. Eine niedrigere Zufuhr von Vitamin C wurde in einer großen Studie mit 2526 Probanden mit einer niedrigeren FEV_1 in Verbindung gebracht, wobei die Unterschiede marginal waren [37]. Die Gabe von Vitamin C bei Asthma wurde in relativ vielen Studien überprüft.

Zusammenfassend lässt sich daraus schließen, dass zumindest ein kurz wirksamer protektiver Effekt auf die Atemwegsüberempfindlichkeit zu erreichen ist. In einer der größten prospektiven Studien bei Kindern in Italien konnte gezeigt werden, dass die Aufnahme von frischem Vitamin-C-haltigem Obst die »Wheezingsymptome« bei Kindern reduziert [21]. Problematisch ist bei diesen Studien, dass andere Faktoren, die bei gesünderer Ernährung eine wichtige Rolle spielen, auszuschließen sind. Langzeitstudien zu der Frage, ob sich der Verlauf des Asthmas durch Vitamin-C-Gabe positiv beeinflussen lässt, stehen allerdings noch aus.

Selen

Selen wirkt ebenfalls als Antioxidans und ist ein essenzieller Bestandteil der Glutathionperoxidase. Die Daten über eine Selendefizienz oder eine verminderte Glutathionperoxidaseaktivität bei Asthmapatienten sind kontrovers. Es gibt keine Daten, dass die Zufuhr von Selen bei Asthma von Vorteil ist.

Fischöl

Polyungesättigte Fettsäuren, wie ω-6-Fettsäuren, könnten ebenfalls über den Arachidonsäurestoffwechsel einen zusätzlich negativen Effekt auf die Inflammation beim Asthma haben. Im Gegensatz dazu geht man davon aus, dass ω-3-Fettsäuren, wie Eicosahexaensäure (EPA) und Docosahexaensäure (DHA), diesen Entzündungprozess eher hemmen. Mehrere Studien haben jedoch keinen positiven Effekt bei Patienten mit Asthma zeigen können [17, 24, 42].

> Es bleibt festzuhalten, dass, nach Ausschluss einer Nahrungsmittelallergie- bzw. unverträglichkeit, es derzeit keine zwingenden Hinweise gibt, dass durch eine Ernährungsumstellung bzw. gezielte Supplementierung oder Entzug von Nahrungsbestandteilen das Asthma bronchiale therapeutisch beeinflusst werden kann.

40.4 Bronchialkarzinom

Das Bronchialkarzinom ist der zweithäufigste bösartige Tumor bei Männern und Frauen. 1997 starben 28.464 Männer und 8.784 Frauen in der BRD an Lungenkrebs. Bei über 80% der Bronchialkarzinome findet sich eine direkte Korrelation zu den gerauchten »packyears« an Zigaretten. Da aber – ähnlich wie bei der Entwicklung einer COPD – bei Rauchern, nur 10–20% der Raucher ein Bronchialkarzinom entwickeln, gibt es Spekulationen über gewisse schützende Einflüsse wie genetische Faktoren oder Umwelteinflüsse, bei denen Ernährungsfaktoren eine nicht unerhebliche Rolle zukommen könnte (s. Kap. 60).

So zeigen epidemiologische Studien eine geringere Inzidenz für chronisch-obstruktive Lungenerkrankungen, Karzinome und kardiovaskuläre Erkrankungen bei höherer Zufuhr von Karotinoiden und Retinoiden. In den daraufhin durchgeführten weiteren Studien konnte aber kein Effekt in der Prävention von kardiovaskulären Erkrankungen und Karzinomerkrankungen in einer normal ernährten Population nachgewiesen werden [45]. Zwei größere Studien zeigten, dass kein Effekt durch die Gabe von β-Karotin und Vitamin A in Hinblick auf Lungenkrebs und kardiovaskuläre Erkrankungen zu erzielen war; im Gegenteil dazu zeigte eine Studie, dass die Inzidenz von Lungenneoplasien in der Interventionsgruppe sogar höher war [23, 31]. Eine neuere Beobachtung konnte zeigen, dass zumindest bei Nichtrauchern die Inzidenz des Bronchialkarzinoms durch Gemüse und Obstzufuhr gesenkt werden kan, eine andere, dass Vitamin A bei Patienten mit Bronchialkarzinom das Auftreten von Neutumoren bei Rauchern vermindert [32].

Die Tatsache, dass Gewichtsverlust bei allen Tumorleiden mit einer schlechteren klinischen Prognose einhergeht, hat auch bei Lungenkarzinompatienten zu zahlreichen Studien Anlass gegeben [9]. Ein Konzept für Bronchialkarzinompatienten gibt es derzeit nicht. Medikamentöse Behandlungsstrategien (Kortikosteroide, Anabolika, Wachstumshormone etc.) erbrachten bisher keine überzeugenden Daten [35]. Allgemeine ernährungstherapeutische Maßnahmen bei Tumorpatienten werden ausführlich in Kap. 60 abgehandelt

40.5 Ernährung bei beatmungspflichtiger respiratorischer Insuffizienz

Häufigste Ursachen für eine Beatmung aufgrund einer respiratorischen Insuffizienz, die pulmonal bedingt ist, sind Exazerbationen einer COPD, schwere Pneumonien und das ARDS.

40.5.1 ARDS

Die sicher kritischste und bedrohlichste Komplikation, die zur Beatmung führt, ist das ARDS (»adult respiratory distress syndrome«), dessen Ursachen vielfältig sind – wie Schock, Trauma, Infektionen, Sepsis, Inhalation toxischer Substanzen und anderes. Mehrere Stunden bis Tage können nach dem initialen Ereignis vergehen, bis sich das respiratorische Versagen durch Hypoxämie und Tachypnoe klinisch manifestiert und dann meist rasch in eine völliges respiratorisches Versagen mit Hyperkapnie und Azidose übergeht.

Je nach Ursache des ARDS ist die Prognose auch mit aggressiver Behandlung oft schlecht – wie bei gramnegativer Sepsis mit einer Letalität von 90%. Die Behandlung besteht aus mechanischer Beatmung mit PEEP und möglichst niedrigem P_{max}, dabei auch eine permissive Hyperkapnie tolerierend. Neuere Studien zeigen, dass die Beatmung mit niedrigeren Tidalvolumen als bisher üblicherweise angewendet wurden die Mortalität senken kann [3].

40.5.2 Ernährung des intensivpflichtigen Patienten mit respiratorischer Insuffizienz aufgrund einer Lungenerkrankung

In der initialen Phase der Beatmung bei respiratorischer Insuffizienz aufgrund einer Lungenerkrankung wie ARDS, exazerbierter COPD oder Pneumonie bestehen Hypermetabolismus und Hyperkatabolismus und häufig hämodynamische Instabilität. Die oben beschriebenen Faktoren, die bei Lungenkranken zur pulmonalen Kachexie führen, potenzieren sich bei Exazerbationen und im Stadien der Intensiv- bzw. Beatmungspflichtigkeit. Mehrere Studien haben gezeigt, dass Patienten, die eine mechanische Beatmung wegen respiratorischer Insuffizienz benötigten, nicht adäquat ernährt wurden [21, 27].

Ernährung von intensivpflichtigen, beatmeten Patienten

- genügend, aber nicht zu viel Kalorien;
- bei Hyperkapnie RQ beachten und mehr Fette als Kohlenhydrate (bis zu 50% Fett);
- Lipidemulsionen, langsam infundiert, haben möglicherweise einen positiven Einfluss auf inflammatorische Prozesse und Surfactantbildung;
- bei enteraler Ernährung auf Aspiration und andere mechanische Probleme achten;
- Elektrolyte, Vitamine und Spurenelemente ersetzen (Hypophosphatämie).

Eine durch respiratorisches Versagen notwendige Intubation erfordert eine mindestens 48- bis 72-stündige mechanische Beatmung. Diese Zeit benötigt die Atemmuskulatur, um sich zu erholen. Eine zu frühe Entwöhnung ist kontraproduktiv und führt oft zu einer erneuten Erschöpfung.

Als minimale tägliche Glukosezufuhr für Gesunde zur Aufrechterhaltung glukoseabhängiger Stoffwechselprozesse gelten 200 g/24 h. Im Gegensatz zum Gesunden limitieren die beim kritisch Kranken regelhaft vorhanden Störungen im Intermediärstoffwechsel (s. Kap. 13) eine darüber hinausgehende Glukosezufuhr in erheblichem Maße. Zudem kann sich bei respiratorisch insuffizienten Patienten die – als Folge von Glukoseoxidation und Lipogenese – erhöhte CO_2-Produktion zusätzlich als problematisch erweisen. Bei hyperkapnischen Patienten führt dies zu einem weiteren Anstieg des CO_2, was sich insbesondere in der Phase des Entwöhnens komplizierend erweist [10]. Möglicherweise kommt allerdings der Gesamtkalorienzufuhr eine größere Rolle zu [41, 44]. Dennoch wird bei hyperkapnischen Patienten – insbesondere während der Entwöhnungsphase – aufgrund des günstigeren respiratorischen Quotienten eine Fettzufuhr in Höhe von 50–55% der Gesamtkalorienzufuhr angestrebt. Hierfür stehen spezielle enterale Zusatznahrungen zur Verfügung.

Ebenfalls wichtig für die schwierige Entwöhnungsphase von Patienten mit Lungenerkankungen ist ein Ausgleich der zu kontrollierenden Elektrolyte. Insbesondere die bei Intensivpatienten häufige Hypophosphatämie führt zu einer generalisierten Muskelschwäche, die eine regelrechte Entwöhnung erschweren bis unmöglich machen kann.

Literatur

1. Aderele WI, Ette SI, Oduwole O et al. (1985) Plasma vitamin C (ascorbic acid) levels in asthmatic children. Afr J Med Med Sci 14: 115–120
2. Akner G, Cederholm T (2001) Treatment of protein-energy malnutrition in chronic non-malignant disorders. Am J Clin Nutr 74: 6–24
3. Anonymous (2000) The acute respiratory distress syndrome network: Ventilation with lower tidal volumes as compared with traditional volumes for acute lung injury and the acute respiratory distress syndrome. N Engl J Med 342: 1301–1308
4. Arora NS, Rochester DF (1982) Effect of body weight and muscularity on human diaphragm muscle mass, thickness, and area. J Appl Physiol 52: 64–70
5. Askanazi J, Rosenbaum SH, Hyman AI et al. (1980) Respiratory changes induced by the large glucose loads of total parenteral nutrition. JAMA 243: 1444–1447
6. Braun SR, Keim NL, Dixon RM et al. (1984) The prevalence and determinants of nutritional changes in chronic obstructive pulmonary disease. Chest 8: 558–563
7. Brennan P, Fortes C, Butler J et al. (2000) A multicenter case-control study of diet and lung cancer among non-smokers. Cancer Causes Control 11: 49–58
8. Chailleux E, Fauroux B, Binet F et al. (1996) Predictors of survival in patients receiving domiciliary oxygen therapy or mechanical ventilation. A 10-year analysis of ANTADIR observatory. Chest 109: 741–749
9. Chlebowski RT, Palomares MR, Lillington L et al. (1996) Recent implications of weight loss in lung cancer management. Nutrition 12: S43–S47
10. Covelli HD, Black JW, Olsen MS et al. Respiratory failure precipitated by high carbohydrate loads (1981) Ann Intern Med 95: 579–581
11. Creutzberg EC, Schols AMW, Bothmer-Quaedvlieg FCM et al. (1998) Acute effects of nebulized salbutamol on resting energy expenditure in patients with chronic obstructive pulmonary disease and helthy subjects. Respiration 65: 375–380
12. Creutzberg EC, Schols AMW, Weling-Scheepers CAPM et al. (2000) Characterization of nonresponse to high caloric oral nutritional therapy in depleted patients with COPD. Am J Respir Crit Care Med 161: 745–752
13. d'A Semple P, Watson WS, Beastall GH et al. (1979) Diet, absorption, and hormone studies in relation to body weight in obstructive airways disease. Thorax 34: 783–788
14. Decramer M, Lacquet LM, Fagard R et al. (1994) Corticosteroids contribute to muscle weakness in chronic airflow obstruction. Am J Respir Crit Care Med 150: 11–16
15. Doekel RCJr, Zwillich CW, Scoggin CH et al. (1976) Clinical semi-starvation: depression of hypoxic ventilatory response. N Engl J Med 295: 358–361
16. Donahoe M, Rogers RM, Wilson DO et al. (1989) Oxygen consumption of the respiratory muscles in normal and in malnourished patients with chronic obstructive pulmonary disease. Am Rev Respir Dis 140: 385–391
17. Dry J, Vincent D (1991) Effect of a fish oil diet on asthma: results of a 1-year double-blind study. Int Arch Allergy Immunol 95: 156–157
18. Ferreira IM, Brooks D, Lacasse Y et al. (2000) Nutritional support for individuals with COPD. A meta-analysis. Chest 117: 672–678
19. Fiaccadori E, Del Canale S, Coffrini E et al. (1988) Hypercapnic-hypoxemic chronic obstructive pulmonary disease (COPD): influence of severity of COPD on nutritional status. Am J Clin Nutr 48: 680–685
20. Fiatarone MA, O'Neill EF, Ryan ND et al. (1994) Exercise training and nutritional supplementation for physical frailty in very elderly people. N Engl J Med 330: 1769–1775
21. Forastiere F, Pistelli R, Sestini P et al. (2000) Consumption of fresh fruit rich in vitamin C and wheezing symptoms in children. Thorax 55: 283–288
22. Hasselmark L, Malmgren R, Zetterstrom O et al. (1993) Selenium supplementation in intrinsic asthma. Allergy 48: 30–36
23. Hennekens CH, Buring JE, Manson JE et al. (1996) Lack of effect of long-term supplementation with beta carotene on the incidence of malignant neoplasms and cardiovascular disease. N Engl J Med 334: 1145–1149
24. Kirsch CM, Payan DG, Wong MY et al. (1988) Effect of eicosapentaenoic acid in asthma. Clin Allergy 18: 177–187
25. Knowles JB, Fairbarn MS, Wiggs BJ et al. (1988) Dietary supplementation and respiratory muscle performance in patients with COPD. Chest 93: 977–983
26. Konietzko N, Fabel H (2000) Weißbuch Lunge. Thieme, Stuttgart New York
27. Laaban JP, Kouchakji B, Dore MF et al. (1993) Nutritional status of patients with chronic obstructive pulmonary disease and acute respiratory failure. Chest 103: 1362–1368
28. Martin TR, Altman LC, Alvares OF (1983) The effects of severe protein-calorie malnutrition on bacterial defense mechanisms in the rat lung. Am Rev Respir Dis 128: 1013–1019
29. Noppen M, Vanmaele L, Impens N et al. (1990) Bronchodilating effect of intravenous magnesium sulfate in acute severe bronchial asthma. Chest 97: 373–376
30. Olusi SE, Ojutiku OO, Jessop WJ et al. (1979) Plasma and white blood cell ascorbic acid concentrations in patients with bronchial asthma. Clin Chim Acta 92: 161–166
31. Omenn GS, Goodman GE, Thornquist MD et al. (1996) Effects of a combination of beta carotene and vitamin A on lung cancer and cardiovascular disease. N Engl J Med 334: 1150–1155
32. Pastorino U, Infante M, Maioli M et al. (1993) Adjuvant treatment of stage I lung cancer with high-dose vitamin A. J Clin Oncol 11: 1216–1222
33. Pichler WJ (1998) IgE-vermittelte Nahrungsmittelallergien. Allergologie 21: 441–450
34. Rogers RM, Donahoe M, Costantino J (1992) Physiologic effects of oral supplemental feeding in malnourished patients with chronic obstructive pulmonary disease. Am Rev Respir Dis 146: 1511–1517
35. Sahebjami H, Doers JT, Render ML et al. (1993) Anthropometric and pulmonary function test profiles of outpatients with stable chronic obstructive pulmonary disease. Am J Med 94: 469–474
36. Schols AMW (2001) Nutrition and respiratory disease. Clin Nutr 20 (Suppl 1): 173–179
37. Schwartz J, Weiss ST (1994) Relationship between dietary vitamin C intake and pulmonary function in the first national health and nutrition examination survey. Am J Clin Nutr 59: 110–114
38. Shennib H, Chiu RC, Mulder DS et al. (1984) Depression and delayed recovery of alveolar macrophage function during starvation and refeeding. Surg Gynecol Obstet 158: 535–540
39. Skerrett SJ, Henderson WR, Martin TR (1990) Alveolar macrophage function in rats with severe protein calorie malnutrition. Arachidonic acid metabolism, cytokine release, and antimicrobial activity. J Immunol 144: 1052–1061

40. Tatabatake N, Nakamura H, Abe S (1999) Circulating leptin in patients with chronic obstructive pulmonary disease. Am J Respir Crit Care Med 159: 1215–1219
41. Talpers SS, Romberger DJ, Bunce SB et al. (1992) Nutritionally associated increased carbon dioxide production. Excess total calories vs high proportion of carbohydrate calories. Chest 102: 551–555
42. Thien FC, Mencia-Huerta JM, Lee TH (1993) Dietary fish oil effects on seasonal hay fever and asthma in pollen-sensitive subjects. Am Rev Respir Dis 147: 1138–1143
43. Tiffany BR, Berk WA, Todd IK et al. (1993) Magnesium bolus or infusion fails to improve expiratory flow in acute asthma exacerbations. Chest 104: 831–834
44. Van den Berg B, Bogaard JM, Hop WC (1994) High fat, low carbohydrate, enteral feeding in patients weaning from the ventilator. Intensive Care Med 20: 470–475
45. Vianio H (2000) Chemoprevention of cancer: lessons to be learned from β-carotine trials. Toxicol Lett 112: 513–517
46. Wang YM, Zintel T, Vasquez A et al. (1991) Corticosteroid therapy and respiratory muscle function in humans. Am Rev Respir Dis 144: 108–112
47. Weiner P, Azgad Y, Weiner M (1993) T'he effect of corticosteroids on inspiratory muscle performance in humans. Chest 104: 1788–1791
48. Wettengel R, Berdel D, Cegla U et al. (1994) Empfehlungen der Deutschen Atemwegsliga zum Asthmamanagement bei Erwachsenen und bei Kindern. Med Klin 89: 57–67

Ernährung bei Herz-Kreislauf-Krankheiten

H. Varlemann, J. Stein

Herz-Kreislauf-Krankheiten (HKK) zählen zu den bedeutendsten Todesursachen in den westlichen Industrienationen. Immer noch gilt als die häufigste Form der HKK die koronare Herzkrankheit (KHK), die etwa 30% aller Todesfälle pro Jahr zugrunde liegt [22]. Wie in den meisten westlichen Industrieländern war auch in Deutschland (alte Bundesländer) in den letzten 20 Jahren bei beiden Geschlechtern eine starker Rückgang der Herz-Kreislauf-Mortalität und der Sterblichkeit zu beobachten. Am wenigsten deutlich war der Rückgang der KHK-Sterblichkeit in den Jahren 1970–85; er betrug nur etwa 10%. Dagegen zeigte sich in den osteuropäischen Ländern im gleichen Zeitraum ein ebenso deutlicher Anstieg der HKK (▣ *Tabelle 41-1*).

41.1 Atherosklerose

41.1.1 Definition

Nach der WHO-Definition handelt es sich bei der Atherosklerose um eine degenerative Veränderung der Arterienwand, die einen Umbau der Intima zur Folge hat. Dieser Umbau führt durch Fettablagerungen, reaktive Entzündungen, Nekrosen, Bindegewebswucherungen und Verkalkungen zu einer Verdickung und Verhärtung der Gefäßwand. Es handelt sich dabei um einen Prozess, der bereits im Jugendalter beginnt und im mittleren Lebensalter zu Störungen der Struktur, zu Reparaturmechanismen und schließlich zur Gefäßwandverdickung führt [41].

Die atherosklerotischen Veränderungen der großen Gefäße führen zu unterschiedlichen klinischen Krankheitsbildern wie *koronarer Herzkrankheit (KHK), peripherer Verschlusskrankheit (pAVK)* der unteren Extremitäten und *zerebrovaskulären Erkrankungen.* Die atherosklerotischen Gefäßveränderungen betreffen das arterielle Gefäßbett meist nicht gleichmäßig. Das Verteilungsmuster der Läsionen variiert mit dem Alter und dem Schweregrad der Sklerose.

41.1.2 Pathogenese

Bei der Atherosklerose des Menschen können für jedes Lebensalter charakteristische histomorphologische Läsionensformen beschrieben werden (s. unten). Lipoproteine, Triglyzeride, Hämodynamik, Gerinnungsfaktoren und weitere noch unklare Risikofaktoren der Atherosklerose werden durch genetische und zahlreiche Umweltfaktoren sowie durch subklinisch verlaufende Krankheiten beeinflusst. Diese Risikofaktoren bestimmen dann den Gefäßabschnitt und Ort der Primärläsion sowie das Fortschreiten der Läsionstypen und damit die spezifischen klinischen Manifestationen des betroffenen Individuums. In ▣ *Abb. 41-1* und ▣ Tabelle 41-2 werden die zeitliche Entwicklung der Atherosklerose schematisch dargestellt (ausführliche Übersicht bei [41]):

- Typ-I- und Typ-II-Läsionen (»*Frühatherosklerose*«) führen zu keiner nenneswerten Intimaverdickung und somit zu keiner Lumeneinengung;
- Typ-III-Läsionen liegen, was ihre Zusammensetzung betrifft, zwischen streifigen Intimaverfettung (Typ II) und dem Atherom (Typ IV);
- Typ-IV-Läsionen führen in den mittelgroßen Läsionen meist nur zu geringfügiger Obstruktion und sind häufig noch klinisch stumm;
- Typ-VI-Läsionen im mittelgroßen Arterien sind meist instabil und verursachen in der Regel Symptome;
- Typ-V-, Typ-VII- und Typ-VIII-Läsionen sind entweder klinisch stumm oder in Abhängigkeit vom Stenosegrad symptomatisch.

▣ **Tabelle 41-1.** Prozentuale Veränderungen der altersstandardisierten Mortalitätsraten bei Männern (30–69 Jahre) für den Zeitraum 1970–1985. (Mod. nach [22])

	Gesamtmortalität	Kardiovaskuläre Krankheiten		
		Herz-Kreislauf-Krankheiten	Ischämische Herzkrankheit	Zerebrovaskuläre Krankheiten
Ungarn	+33,8	+29,5	+38,6	+53,8
Finnland	-25,0	-27,5	-23,0	-53,2
USA	-27,3	-38,8	-48,6	-55,1
BRD	-24,1	-19,5	-9,3	-41,1
Schweden	-8,3	-6,4	-2,5	-26,3
Japan	-36,2	-51,7	-38,8	-66,8

41.1.3 Epidemiologie der Risikofaktoren atherosklerotischer Gefäßveränderungen

Risikofaktoren für die Entstehung von Herz-Kreislauf-Krankheiten und speziell der KHK wurden anhand zahlreicher prospektiver Kohortenstudien, – Framingham-Studie, 7-Länder-Studie, PROCAM, MONICA u. a. – eingehend untersucht. Wissenschaftlicher Konsens besteht heute über die Bedeutung von 3 Faktoren als *Hauptrisikofaktoren:*

- Dyslipoproteinämie (Hypercholesterinämie),
- Hypertonie,
- Zigarrettenrauchen.

Sie spielen neben dem Diabetes mellitus bei der Entstehung der Atherosklerose und der Manifestation der KHK in den westlichen Industrienationen eine entscheidende Rolle [22].

Ernährungsfaktoren

Die Beeinflussung der Gesamt- und LDL-Cholesterinwerte durch Ernährungsgewohnheiten, insbesondere durch die Zufuhr von *gesättigten Fettsäuren, trans-ungesättigten Fettsäuren* und *Nahrungscholesterin* konnte in zahlreichen ver-

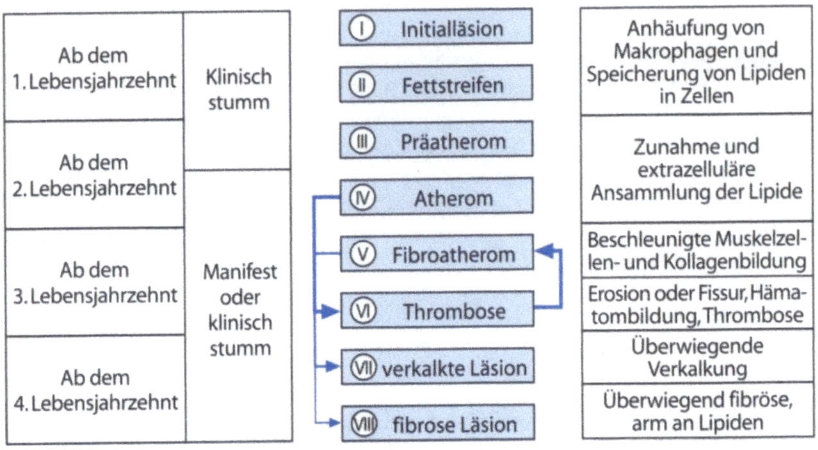

Abb. 41-1. Schematische Darstellung der zeitlichen Entwicklung der Atherosklerose. Je nach Lebenszeitabschnitt finden sich typische Läsionen der Arterienwand. (Mod. nach [41])

gleichenden epidemiologischen Studien und verschiedensten tierexperimentellen Untersuchungen wiederholt belegt werden [22].

Fettsäurenzusammensetzung

Die unterschiedliche Auswirkung von Fettsäuren auf die Plasmalipide sind weitgehend bekannt (*Tabelle 41-2*). Die Einteilung erfolgt nach der Kettenlänge und dem Sättigungsgrad. Am häufigsten kommen in unserer Nahrung die gesättigten Fettsäuren Laurin- (C12:0), Myristin- (C14:0), Palmitin- (C16:0) und Stearinsäure (C18:0) vor. Sie machen etwa 60–70% unseres Nahrungsfettes aus und sind besonders reichhaltig in tierischen Fetten, Kokos- und Palmfett enthalten. Von *Laurin-*, *Myristin-* und *Palmitinsäure* ist nachweislich bekannt, dass sie die Gesamt- und LDL-Cholesterinkonzentration im Plasma erhöhen. Stearinsäure hat wahrscheinlich nur eine geringe LDL-Cholesterin-steigernde Wirkung. Stearinsäure ist in größeren Mengen in Kakaobutter und somit auch in Schokolade enthalten.

Tabelle 41-2. Einfluss verschiedener Nahrungsbestandteile auf LDL- und HDL-Cholesterin sowie Triglyzeride

Nahrungsbestandteile	LDL	HDL	Triglyzeride
Reduktion des Gesamtfettgehalts	+	–	–
Reduktion gesättigter Fettsäuren	++	–	0
Vermehrte Zufuhr einfach ungesättigter Fettsäuren	++	0	0
Vermehrte Zufuhr mehrfach ungesättigter Fettsäuren			
ω-6-Fettsäure	++	–	0
ω-3-Fettsäure	0	0	++
Hohe Zufuhr von trans-Fettsäuren	–	–	0
Verminderte Cholesterinzufuhr	+	0	0
Kohlenhydrate, rasch resorbierbar	0	0	–
Sojaprotein	+	0	0
Hohe Ballaststoffzufuhr	+	0	+
Alkohol	0	+	–
Hohe Energiezufuhr	–	–	–
Adipositas	0	–	–

+ günstiger Einfluss, – ungünstiger Einfluss, *0* kein Einfluss.

Als wichtigste *einfach ungesättigte* Fettsäure in der Ernährung des Menschen gilt die Ölsäure (C18:1 ω-9). Sie hat eine *LDL-Cholesterin-senkende Wirkung.* Die Aufnahme sollte über 14%–16% der Gesamtenergieaufnahme betragen. *Hauptlieferanten* für die Ölsäure sind pflanzliche Öle, besonders Oliven- und Rapsöl. Beide zeichnen sich zudem durch einen hohen Gehalt an α-Linolensäure aus, der direkte antithrombotische Wirkungen zugeschrieben werden.

Die *mehrfach ungesättigten* Fettsäuren senken nachweislich das Gesamt-, LDL-, und bei einer sehr großen Aufnahme das HDL-Cholesterin. Sie unterliegen der Peroxidation und es ist wichtig bei einer bewussten Aufnahme gleichzeitig auf einen hohen Verzehr von antioxidativen Substanzen zu achten. *Transfettsäuren* entstehen bei der Fetthärtung und im Pansen von Wiederkäuern. Der Wechsel der Doppelbindung von einer *cis* zu einer *trans*-Konfiguration führt zu Veränderungen der Eigenschaften der Fette. Es wird nachweislich bei großen Verzehrsmengen das LDL-Cholesterin erhöht.

> Da gesättigte Fettsäuren nachweislich den stärksten Einfluss auf den Cholesterinspiegel haben, wird empfohlen, den Anteil der Kalorien von gesättigten Fetten an der Gesamtkalorienaufnahme auf 8–10% zu beschränken.

Cholesterin

Die durchschnittliche Aufnahme von Cholesterin beträgt nach dem Ernährungsbericht der DGE (1996) 420 mg/24 h. Die Referenzwerte der DGE geben die notwendige Zufuhr mit 300 mg/24 h an. *Die Erhöhung der exogenen Cholesterinzufuhr führt in erster Linie zur Erhöhung des LDL-Cholesterins.* Effekte auf das HDL-Cholesterin und die Thrombogenese wurden ebenfalls gezeigt.

Die epidemiologische Evidenz der »Antiatherogenität« des HDL-Cholesterins ergibt sich aus Querschnitts-, Fall-Kontroll- und Kohortenstudien. Alle Studien zeigen einhelling einen starken, unabhängigen Effekt des HDL-Cholesterins auf das KHK-Risiko. Der Zusammenhang zwischen HDL-Cholesterin und pAVK weist ebenfalls auf die antiatherogene Wirkung des HDL-Cholesterins hin [22].

> Aus epidemiologischer Sicht ist ein niedriger HDL-Cholesterinspiegel als wichtigster atherogener Risikofaktor anzusehen.

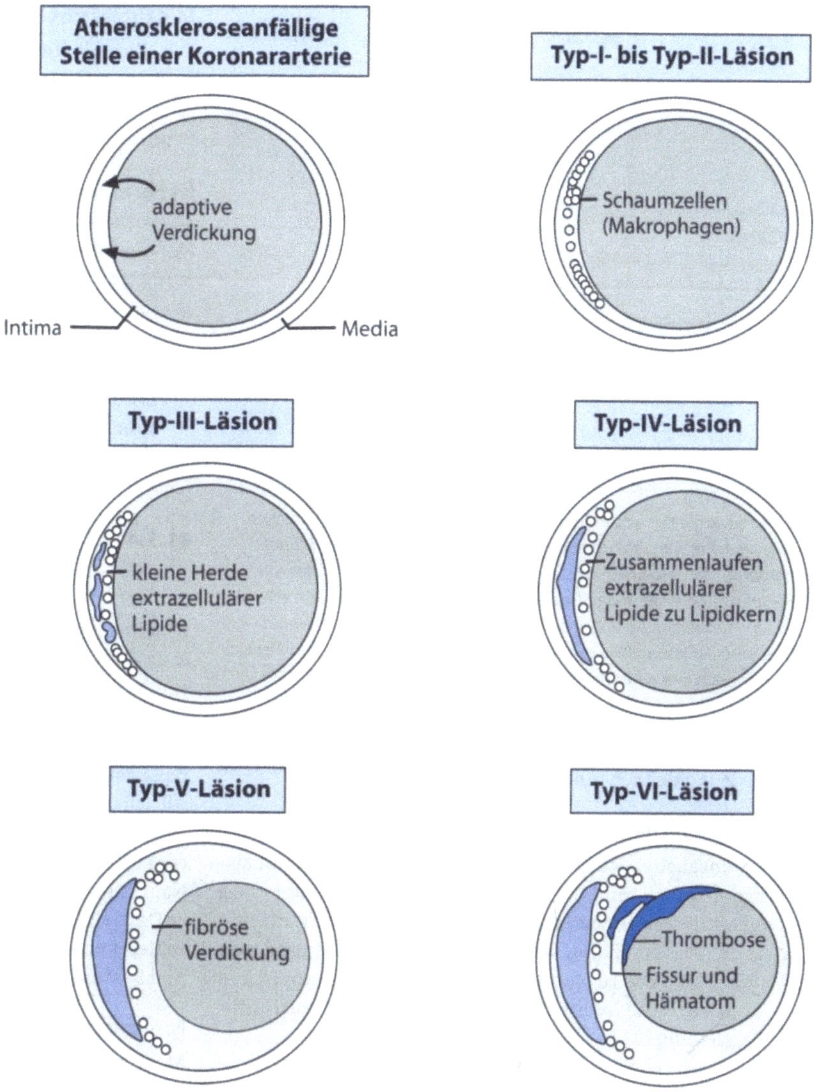

Abb. 41-2. Darstellung der Atheroskleroseentwicklung anhand histomorphologischer Querschnitte der linken, absteigenden Kranzarterie von in verschiedenem Alter verstorbenen Personen. (Mod. nach [41])

Analog zum niedrigen HDL-Cholesterin gilt ein erhöhtes LDL-Cholesterin als ein unabhängiger Risikofaktor für atherosklerotische Gefäßveränderungen, insbesondere die KHK, wobei laut Framingham-Studie die Erhöhung des HDL-Cholesterins stärker protektiv wirkt als eine Erhöhung des LDL-Cholesterins atherogen [22].

Triglyzeride

Der Stellenwert erhöhter Triglyzeridwerte als unabhängiger Risikofaktor in der Atherogenese ist bis heute umstritten. Trotz jüngster Analysen der Framingham-Studie, die zumindest für eine Subgruppe von Männern und Frauen identifizieren die bei gleichzeitig erniedrigtem HDL-Cholesterinspiegel ein erhöhtes KHK-Risiko nachwies, reicht die Evidenz für einen generellen Kausalzusammenhang zwischen KHK und Hypertriglyzeridämie derzeit noch nicht aus [22].

> Derzeit liegen keine randomisierten, kontrollierten Studien vor, die Vorteile einer medikamentösen Senkung erhöhter Serumtriglyzeridwerte belegen.

Zur initialen Therapie der Hypertriglyzeridämie wird derzeit lediglich die nichtpharmakologische Behandlung, wie körperliche Bewegung, Ernährungsumstellung und Zigarettenverzicht vorgeschlagen [22].

Bewegungsmangel

Mangelne körperliche Aktivität gilt als signifikanter Risikofaktor für sämtliche kardiovaskuläre Krankheiten (Übersicht bei [28]).

> Die amerikanische Gesundheitsbehörde, wie auch die Deutsche Gesellschaft für Kardiologie empfehlen eine ca. 30-minütige körperliche Aktivität an 4–5 Tagen, möglichst an allen Tagen der Wochen (*Tabelle 41-3*).

Übergewicht

Adipositas gilt neben Rauchen als zweithäufigste Ursache vermeidbarer Krankheiten und Todesfälle (s. Kap. 47). Adipositas ist mit einer 2fach erhöhten Sterblichkeit und einer 3fach erhöhten kardiovaskulären Sterblichkeit verbunden.

Vor allem bei Kindern ist in den letzten 30 Jahren die Prävalenz des Übergewichts auf über 40% gestiegen. 60% dieser Kinder weisen bereits weitere Risikofaktoren, wie Hyperlipidämie, Hypertonie oder Hyperinsulinämie, auf. Bei über 80% der übergewichtigen Erwachsenen liegen Diabetes, Hypercholes-

Tabelle 41-3. Gesundheitsminimal- und Gesundheitsoptimalprogramm

	Gesundheits-minimalprogramm	Gesundheits-optimalprogramm
Belastungszeit/ Woche	60 min	3 h
Belastungs-intensität	50% der Herz-Kreislauf-Leistung	70% der Herz-Kreislauf-Leistung
Belastungs-frequenz	130/min, 160/min– Alter	150/min, 170/min– 1/2 Lebensalter
Belastungs-dauer	10–12 min, max. 30 min	30–35 min, max. 60–70 min
Trainings-häufigkeit/Woche	5-mal 12 min bis 2-mal 30 min	6-mal 30 min bis 3-mal 60 min

Zum Erreichen einer gesundheitlichen Auswirkung muss ein Minimum an körperlicher Aktivität überschritten werden (*Gesundheitsminimalprogramm*), das mit einem relativ geringen Zeitaufwand betrieben werden kann. Für das *Gesundheitsoptimalprogramm* ist dagegen ein erheblicher wöchentlicher Zeitaufwand erforderlich. Größerer Zeitaufwand und intensivere Belastung bringen weiteren Zuwachs an körperlicher Fitness, aber nur noch einen geringen zusätzlichen gesundheitlichen Vorteil.

terinämie, Hypertonie oder Cholelithiasis vor; bei 40% bereits mindestens 2 der genannten Risikofaktoren (s. Kap. 47).

Zigarettenrauchen

Zigarettenrauchen steigert das Atheroskleroserisiko dosisabhängig, wobei keinerlei Unterschied zwischen Filter- und Nichtfilterzigaretten besteht. Gesichert gilt, dass weiterhin das auch das Passivrauchen zu einer Risikoerhöhung von 30% führt [22]. Die zugrundeliegenden pathophysiologischen Mechanismen sind bis heute nur teilweise bekannt (ausführliche Darstellung bei [22]):

- Rauchen wirkt über eine Erhöhung der Thrombozytenaggregation und -adhäsion thrombosefördernd.
- Rauchen führt zur Erhöhung der Blutviskosität.
- Rauchinhaltsstoffe, wie polyzyklische aromatische Kohlenwasserstoffe (PAH), schädigen direkt das Gefäßendothel.
- Rauchen führt zur Oxidierung des LDL-Cholesterins und erhöht somit die Atherogenität des Cholesterins.
- Das im Rauch enthaltene Kohlenmonoxid erhöht einerseits den O_2-Bedarf des Myokards, vermindert aber anderseits die O_2-Transportkapazität des Blutes.

Dagegen führt das für die Abhängigkeit (Sucht) verantwortliche Nikotin wahrscheinlich nicht zu größeren Schäden am Herz-Kreislauf-System.

Diabetes mellitus

Bei Diabetikern fand sich in der Framingham-Studie ein um den Faktor 2–3 erhöhtes KHK-Risiko (s. Kap. 47, 50).

Beim *insulinpflichtigen* Diabetes (IDDM, Typ-1-Diabetes) sind v. a. Mikroangiopathien (diabetische Nephropathie) für die erhöhte Sterblichkeit verantwortlich. Beim *nichtinsulinpflichtigen* Diabetes (NIDDM, Typ-2-Diabetes) ist dagegen v. a. das Risiko für die Entwicklung einer peripheren arteriellen Verschlusskrankheit (pAVK) erhöht [22].

Metabolisches Syndrom

Die Kombination von Übergewicht, Hypertriglyzeridämie, niedrigen HDL-Werten, Hyperinsulinämie mit Insulinresistenz und Hypertonie wird als metabolisches Syndrom oder als Syndrom X bezeichnet (s. Kap. 47).

Hypertonus

Hypertonus (s. Kap. 41.3) gilt als einer der häufigsten und bedeutendsten Risikofaktoren für atherosklerotischer Gefäßveränderungen, wobei zerebrovaskuläre Gefäße am stärksten betroffen sind. Dennoch findet sich eine, wenn auch etwas schwächere, Assoziation zur KHK [22]:

- Ein Blutdruck von 160/95 mmHg bedeutet ein 2fach erhöhtes Risiko für KHK.
- Eine Kombination der klassischen Risikofaktoren lässt das Risiko für KHK bis auf das 11fache anwachsen.

41.1.4 Ernährungsprophylaxe- und -therapie atherosklerotischer Gefäßveränderungen

Ernährungstherapeutische Maßnahmen können nicht nur über Beeinflussung der klassischen Risikofaktoren (s. oben), sondern auch über eine gezielte Modifikation individueller Ernährungsmuster (z. B. mediterrane Diät) und/oder durch Wichtung einzelner Nahrungsbestandteile (z. B. Vitamine, Ballaststoffe, Fettsäuren u. a.) das Risiko für HKK senken. Allerdings sind sowohl die Daten epidemiologischer Studien als auch die von Interventionsstudien für globale Ernährungsmuster eindeutiger und konsistenter als für einzelne Nahrungsbestandteile. Im Nachfolgenden soll daher eine kurze Darstellung über wissenschaftlich gesicherte Möglichkeiten weiterer ernährungstherapeutischer Maßnahmen zur Primär- und Sekundärprävention gegeben werden.

Faserreiche Kost (Ballaststoffe)

Mehrere epidemiologische Studien zeigten bei Männern und Frauen, dass das Risiko an einer KHK zu erkranken, durch eine faserreiche Kost signifikant gesenkt werden kann (s. Kap. 15). Eine Steigerung der Ballaststoffe um 10 g/24 h führte zu einer Senkung der koronaren Ereignisse um knapp 29%. Dies galt insbesondere für den Verzehr von wenig verarbeiteten Getreideprodukten, weniger für Gemüse und/oder Obst [28]. Ursächlich diskutiert werden:

- eine, wenn auch geringe, Senkung des Gesamt- und LDL-Cholesterin;
- Glättung der postprandialen BZ-Verläufe (Verbesserung der Insulinsensitivität);
- günstige Effekte auf den Plasminogenaktivator Typ I und die Faktor-VII-Aktivität.

Zu berücksichtigen ist allerdings die meist gleichzeitige Aufnahme weiterer protektiver Nahrungsbestandteile wie Phytoöstrogene, Antioxidanzien (Vitamin E, C, Betakarotin) und Folsäure (Homozystein).

Alkohol

Für Alkohol finden sich bei regelmäßigem Konsum dosisabhängig sowohl günstige (<30 g) als auch ungünstige (>30 g) Auswirkungen auf kardiovaskuläre Morbiditäts- und Mortalitätsraten.

Generell scheinen alle alkoholischen Getränke mit einem kardiovaskulären Risiko verbunden zu sein, allerdings sprechen neuere Studien zunehmend dafür, dass die Wirkung von Wein (Rotwein) stärker zu sein scheint als die von Bier oder Spirituosen [34]. Ob dies allerdings alleine auf den Gehalt von sekundären Pflanzeninhaltsstoffen (Polyphenole, Gerbstoffe, Antioxidanzien) oder aber den in der Regel unterschiedlichen Ernährungs- und Lebensgewohnheiten von Wein- und Nichtweintrinkern begründet ist, bleibt offen [41].

Aufgrund zusätzlich bestehender Risikofaktoren (Suchtgefahr, Hypertonus, Leberschäden, Tumorentstehung) sollte bei regelmäßigem Alkoholgenuss der tägliche Verzehr auf 30 g (Männer) bzw. 15 g (Frauen) beschränkt werden [25].

ω-3-Fettsäuren, Fisch

Untersuchungen an Eskimos und auch weitere Bevölkerungsstudien zeigten, dass einem hohen Fischverzehr ein protektiver Effekt auf das KHK-Risiko zukommt. Trotz der überzeugenden Studienlage von ω-3-Fettsäuren in der *Sekundärprävention* der KHK bleibt die epidemiologische Evidenz, dass Fischöle primär das Atheroskleroserisiko vermindern, bisher auf wenige Studien beschränkt. So fand sich in der Health-Professionals-Follow-up-Studie keine eindeutig zusätzliche kardioprotektive Wirkung eines über das Normalmaß erhöhten Fischkonsums [28].

> Ein bis zwei Fischmahlzeiten pro Woche wirken sich nachweislich günstig auf die kardiovaskuläre Morbidität und Mortalität aus, weitere zusätzliche Fischmahlzeiten scheinen darüber hinaus keinen weiteren Effekt zu haben.

Antioxidatives Abwehrsystem

Die Annahme, dass von Antioxidanzien wie Vitamin E (Tocopherol), Provitamin A (Betakarotin) und Vitamin C, Selen sowie sekundären Pflanzenstoffe (Polyphenole, Flavonoide) eine protektive Wirkung gegen Atherosklerose und KHK aufweisen, beruht auf experimentellen Hinweisen, dass nur das oxidierte LDL-Cholesterin atherogen wirkt.

Oxidativ modifizierte LDL-Partikel werden wahrscheinlich vom LDL-Rezeptor nicht erkannt und stattdessen von Scvanger-Rezeptor der Makrophagen aufgenommen. Als Folge tritt eine Vermehrung der Schaumzellen ein. Wird das in den Schaumzellen gelagerte Cholesterin nicht durch HDL-Cholesterin abtransportiert, sterben die Zellen ab und sind als Cholesterinablagerungen in der Arterienwand, als sog. Fettstreifen (»fatty streaks«), zu erkennen.

Antioxidanzien wie Tocopherole und β-Karotine verhindern in vitro die Peroxidation von mehrfach ungesättigten Fettsäuren in Zellmembranen. In den wasserlöslichen Anteilen der Zellen übernimmt Vitamin C das Abfangen der freien Radikalen und kann Tocopherole regenerieren. Eine erhöhte Aufnahme von Antioxidanzien über die Nahrung sollte daher die LDL-Cholesterinoxidation günstig beeinflussen.

Bisherige klinische randomisierte Interventionsstudien mit β-Karotin-Supplementation sind jedoch überwiegend negativ ausgefallen. In weiteren Untersuchungen zeigte sich, dass ein antioxidativer Schutz möglicherweise nur dann erreicht wird, wenn eine ausreichende Menge von unterschiedlichen Antioxidantien aufgenommen wird. Die Dosisempfehlungen werden von mehreren Faktoren beeinflusst: Zigarrettenrauchen, Stress, hohe Aufnahme von mehrfach ungesättigten Fettsäuren erhöhen den Bedarf. Pro Gramm mehrfach ungesättigter Fettäuren sollen 0,4 mg α-Tocoperhol (Referenzwerte der DGE 2000) mehr aufgenommen werden [12].

Bei Patienten mit einer koronaren Herzkrankheit oder einer anderen Manifestation der Atherosklerose, muss es im Einzelfall die Entscheidung des behandelnden Arztes bleiben, ob eine ausreichende Versorgung mit antioxidativen Vitamine sichergestellt ist. Ausschlaggebend sind die als »präventiv« angenommen Plasmakonzentrationen:

- α-Tocoperhol ≥30 µmol/l (lipidkorreliert auf einen Cholesterinspiegel von 220 mg/dl und eine Triglyzeridspiegel von 110 mg/dl bzw. auf einen α-Tocoperhol/Cholesterin-Quotienten ≥5,1 [µM/mM]);
- Vitamin C: ≥50 µmol/l;
- β-Karotin: ≥0,4 µmol/l.

15–20% des präventiven Schwellenwerts sind statistisch mit einer Verdopplung des Risikos verbunden und auf ausreichende Versorgung mit Antioxidanzien ist zu achten. Zwar ließ sich im Rahmen der kürzlich publizierten »Heart Protection study« durch die regelmäßige Einnahme von Antioxidantien der Serumspiegel dieser Substanzen suffizient anheben, eine signifikante Minderung der kardiovaskulären Mortalität fand sich jedoch nicht [19a].

Die optimale Zufuhr von antioxidativen Vitaminen und sekundären Pflanzenstoffen ist durch eine Bevorzugung von pflanzlichen Lebensmitteln wie Vollkornprodukte, Obst, Gemüse und daraus hergestellten Säften präventiv zu erreichen. Einer ausgewogenen, vollwertigen Ernährung ist immer der Vorzug vor einer Vitaminsupplementierung zu geben.

Ernährungsempfehlungen bei Atherosklerose

Iso- bis hypokalorische Energiezufuhr

Isokalorische Kost wird empfohlen, wenn der Body-Mass-Index (BMI) im Normbereich liegt. Ansonsten gilt es das Körpergewicht möglichst zu normalisieren (BMI<25); eine Gewichtsabnahme von wenigstens 5–10 kg ist unbedingt ratsam. Eine Gewichtsabnahme von 0,5–1 kg pro Woche sollte angestrebt werden. *Die Kost sollte in der Zusammensetzung den Empfehlungen der DGE entsprechen* (*Tabelle 41-4*). Die optimale Gewichtsreduktion liegt zwischen 1–2 kg pro Woche und sollte über eine dauerhafte Ernährungsumstellung langfristig Erfolg bringen. Wenn die Reduzierung der Fettmenge für die gewünschte Gewichtsreduzierung nicht ausreicht, kann über das Einfügung von 1–2 modifizierten Fastentage pro Woche in Form von einem Reistag, Obsttag oder einer Formulardiät ein Gewichtsverlust erreicht werden. Die Durchführung von modifizierten Fastentagen sollte nach Absprache mit dem behandelnden Arzt erfolgen. Eine gleichzeitige Steigerung der körperlichen Aktivität verbessert die Gewichtsabnahme und die metabolischen Veränderungen.

Fettmenge

Die Gesamtfettzufuhr ist auf 25–30% der täglichen Energiezufuhr zu vermindern; davon gesättigte Fettsäuren 7–10%, einfach ungesättigte Fettsäuren 10–15% und mehrfach ungesättigte Fettsäuren 7–10% (s. *Tabelle 41-4*).

Das heißt in der täglichen Praxis einen Austausch von tierischen Fetten (Butter, Schmalz, Speck) und Kokosfett gegen

Tabelle 41-4. Nährstoffempfehlungen bei erhöhtem kardiovaskulärem Risiko

	Europäische Arteriosklerose Gesellschaft 1994[a]	NCEP Stufe 1[b]	NCEP Stufe 2[c]	American Heart Association[d]	WHO 1988[e]	Referenzwerte DGE 2000[f]
Kohlenhydrate	>45%	55%	55%	50–60%	>45%	>50%
Ballaststoffe	>30 g					>30 g/24 h
Fett	35%	≤30%	<30%	<30%	30%	30%
Gesättigte FS	15%	<10%	<7%	10%		>10%
Einfach ungesättigte FS		10–15%	10–15%	10–15%		<10%
Mehrfach ungesättigte FS		<10%	<10%	≤10%		<7%
						Linolsärue: Linolensäure 5:1
P/S-Quotient	≥0,5				≤1,0	
Cholesterin	<300 mg/24 h	<300 mg/24 h	<200 mg/24 h	100 mg/1000 kcal	<100 mg/1000 kcal	≤300 mg/24 h
Eiweiß	12–13%	15%		10–20%	13%	0,8 g/kgKG
	12–13%			10–20%	13%	12–13%
Salz	5 g/24 h					6 g/24 h
Alkohol						Männer bis 20 g/24 h, Frauen bis 10 g/24 h

NECP National Cholesterin Education Programm. [a] Patienten mit hohem Kardiovaskulärem Risiko; alle Menschen; [b] Menschen mit erhöhten Plasmalipiden; [c] Menschen mit manifester Atherosklerose; [d] Patienten mit Hypercholesterinämie; alle Menschen; [e] Patienten mit hohem kardiovaskulärem Risiko; [f] alle Menschen.

pflanzliche Fette sowie von fettreichen Lebensmitteln (z. B. Wurst, Milch, Käse) gegen magere Produkte vorzunehmen. Der Verzehr von Lebensmitteln mit hohem Gehalt an trans-Fettsäuren (z. B. Pommes frites, Blätterteig) ist ebenfalls einzuschränken.

Als Koch- und Streichfette sollten pflanzliche Öle mit einem hohen Anteil an einfach ungesättigten Fettsäuren (z. B. Olivenöl) und mehrfach ungesättigten Fettsäuren (Raps-, Walnuss-, Soja-, Sonnenblumenöl) und daraus hergestellte Magarinen verwendet werden. Fettarme Zubereitungsformen sind zu bevorzugen. Zur Deckung des Bedarfs an einfach ungesättigten Fettsäuren sollten Raps- oder Olivenöl verzehrt werden (*Tabelle 41-5*).

Die zusätzliche Aufnahme von *ω-3-Fettsäuren* ist durch den regelmäßigen Verzehr von fettem Kaltwasserfisch (Lachs, Makrele, Hering, Thunfisch) zu erreichen. Es sollten mindestens 2–3 Portionen mit 200 g pro Woche verzehrt werden.

Cholesterin

Die Zufuhr von Cholesterin ist auf <300 mg/24 h zu beschränken. Cholesterin ist Bestandteil aller tierischer Lebensmittel und ist aus diesem Grund in der Menge zu reduzieren. Besonders cholesterinhaltig sind Innereien (oft in Wurst verarbeitet), fettes Fleisch, Krustentiere, Muscheln, Eier. Der Verzehr dieser Lebensmittel führt daher gleichzeitig zu einer erhöhten Cholesterinzufuhr.

Kohlenhydrate

Kohlenhydrate sind in komplexer Form zu bevorzugen. Eine Erhöhung der Ballaststoffzufuhr auf >30 g/24 h ist anzustreben. Keine zusätzliche Verwendung von Zucker, Honig, Sirup, gesüßten Getränken. Vollkornprodukte sind den herkömmlichen Produkten vorzuziehen, da sie eine höhere Nährstoffdichte besitzen und den Bedarf an Vitaminen, Mineralstoffen und Spurenelementen gut decken. Es wird empfohlen pro Tag 3 Portionen Gemüse in gekochter und roher Form und möglichst in einer bunten Vielfalt zu verzehren. Die Obstmenge sollte bei mindestens 2 Portionen pro Tag liegen. Der Konsum von grünem Tee erhöht die Aufnahme von sekundären Pflanzenstoffen, da er sehr reich an Flavonoiden ist.

Antioxidanzien

Bei regelmäßigem Verzehr von rohem Obst, v. a. Zitrusfrüchten ist die Zufuhr von 75–150 mg Vitamin C gewährleistet. Bei einer Steigerung der Gemüseaufnahme (besonders von tiefgrünen und orangefarbene Gemüsesorten) von bisher 120 g auf 300 g/24 h können die empfohlenen Richtwerte für β-Karotin leicht erreicht werden. Der regelmäßige Genuss von Tomatensaft erhöht die Aufnahme des Karotins Lykopin. Um eine ausreichende Zufuhr von α-Tocopherol zu gewährleisten, ist der Verzehr von einem Pflanzenöl mit einem hohen Gehalt an α-Tocopherol zu mehrfach ungesättigten Fettsäuren zu empfehlen (*Tabelle 41-6*).

41.2 Arterieller Hypertonus

Arterieller Hypertonus zählt mit einer Prävalenz von 20–25% zu den häufigsten Erkrankungen in den westlichen Industrienationen. Ergebnisse der Framingham-Studie zeigten, dass die Häufigkeit von Herz-Kreislauf-Krankheiten bei Männern und Frauen >18 Jahre eindeutig von der Höhe des Blutdrucks abhängig war (*Abb. 41-3*). Die Interpretation der Daten zeigt darüber hinaus, dass es sich

■ **Tabelle 41-5.** Fettsäuren (FS) in Speisefetten und fetthaltigen Lebensmitteln

Fettsäuren	Gesättigte FS [%]	Einfach ungesättigte FS [%]	Mehrfach ungesättigte FS ω-6-FS [%]	ω-3-FS [%]
Speisefette				
Butter	64	30	2	2
Gänsefett	29	60	10	1
Hühnerfett	27	50	22	1
Kokosfett	91	7	2	–
Schweineschmalz	40	47	11	1
Borretschöl	17	18	65	+
Distelöl	9	12	78	+
Kürbiskernöl	21	25	54	1
Leinöl	10	19	15	56
Maiskeimöl	13	30	55	1
Nachtkerzenöl	10	10	80	+
Olivenöl	14	77	8	1
Rapsöl	7	58	26	9
Sojaöl	14	22	56	8
Sonnenblumenöl	11	22	66	1
Walnussöl	9	17	60	14
Weizenkeimöl	18	16	57	8
Fetthaltige Lebensmittel				
Hühnerei	33	51	15	1
Kabeljau	24	17	8	51
Lachs	22	29	5	44
Makrele	32	22	4	42
Ostseehering	34	32	6	29

1. um einen *kontinuierlichen* Risikofaktor handelt, d. h. dass es *keine sichere Schwelle* gibt und
2. dies für den *systolischen* und *diastolischen* Blutdruck gleichermaßen gilt.

■ **Tabelle 41-6.** Tocopherolgehalt ausgewählter Lebensmittel

Lebensmittel	Menge (12 g = 1 Esslöffel) [g]	Tocopherol [mg]	α-Tocopherol [mg]
Maiskeimöl	12	4	3
Rapsöl	12	2,7	2,2
Sonnenblumenöl	12	7,5	7,4
Distelöl	12	5,3	5,2
Sojaöl	12	2	1,1
Diätmargarine	20	1,3	–
Kabeljau	150	0,7	0,7
Matjesfilet	150	3,2	3,2
Aal	150	12	12
Hähnchenbrust	150	0,4	0,4

Die Abgrenzung *»hypertoner«* von *»normotonen«* Blutdruckwerten ist demnach willkürlich. Die arterielle Hypertonie ist häufig Teil eines metabolischen Syndroms mit Diabetes mellitus, Fettstoffwechselstörungen und Adipositas (s. Kap. 47).

Da der Blutdruck im Tagesverlauf z. T. erheblichen Schwankungen unterliegen kann, sollte die Diagnose »Hypertonie« nur gestellt werden, wenn erhöhte Blutdruckwerte bei mehrfachen Messungen an verschiedenen Tagen festgestellt wurden. ■ *Tabelle 41-7* gibt die derzeit geltenden *Definitionen* normaler und hypertoner Blutdruckwerte der Weltgesundheitsorganisation (WHO) und der Internationalen Hypertoniegesellschaft (ISH) wieder. Bei Kindern bis zu 14 Jahren sind die Grenzwerte abhängig vom Alter in Korrelation zur Körpergröße (z. B. Körpergröße 80 cm: Blutdrucknormalwert 115/70 mmHg). Ab dem 14. Lebensjahr gelten die Werte für Erwachsene.

41.2.1 Ätiologie und Klinik

Etwa in 95% aller Hypertonien liegt die *primäre* (essenzielle) Form vor, für deren Zustandekommen u. a. genetische und Umweltfaktoren (z. B. Überernährung, kochsalzreiche Kost) eine Rolle spielen. Wenn beide Elternteile an Bluthochdruck erkrankt sind, steigt bei den Kindern das Erkrankungsrisiko um das 2- bis 3fache. *Differenzialdiagnostisch* hiervon abzugrenzen sind *sekundäre* Hochdruckformen (■ *Tabelle 41-8*).

Erhöhte Zufuhr von *Natrium* und/oder Störungen der renalen Rückresorption steigern die Inkretion natriuretischer Hormone und somit die intrazelluläre Natriumkonzentration. Dadurch steigt ebenfalls der Gehalt an ionisiertem Kalzium in der Zelle, was u. a. über eine vermehrte Irritabililität glatter Gefäßmuskelzellen der Arteriolen zu Hypertonie führt.

Der kausale Zusammenhang zwischen *Übergewicht* und *Hypertonie* konnte in zahlreichen Studien gezeigt werden. Die Hochdruckinzidenz steigt parallel zum Körpergewicht.

■ **Tabelle 41-7.** Klassifikation des Blutdrucks für Erwachsene. (Mod. nach [44])

Einteilung	Systolischer Druck	Diastolischer Druck
Optimal	<120	<80
Normal	<130	85
Hochnormal	130–139	85–89
Milde Hypertonie Grad 1 (milde Hypertonie)	140–159	90–99
Untergruppe: Grenzwerthypertonie	140–149	90–94
Milde Hypertonie Grad 2 (mittelschwere Hypertonie	160–179	100–109
Milde Hypertonie Grad 3 (Schwere Hypertonie)	≥180	≥110
Isolierte systolische Hypertonie	≥140	<90

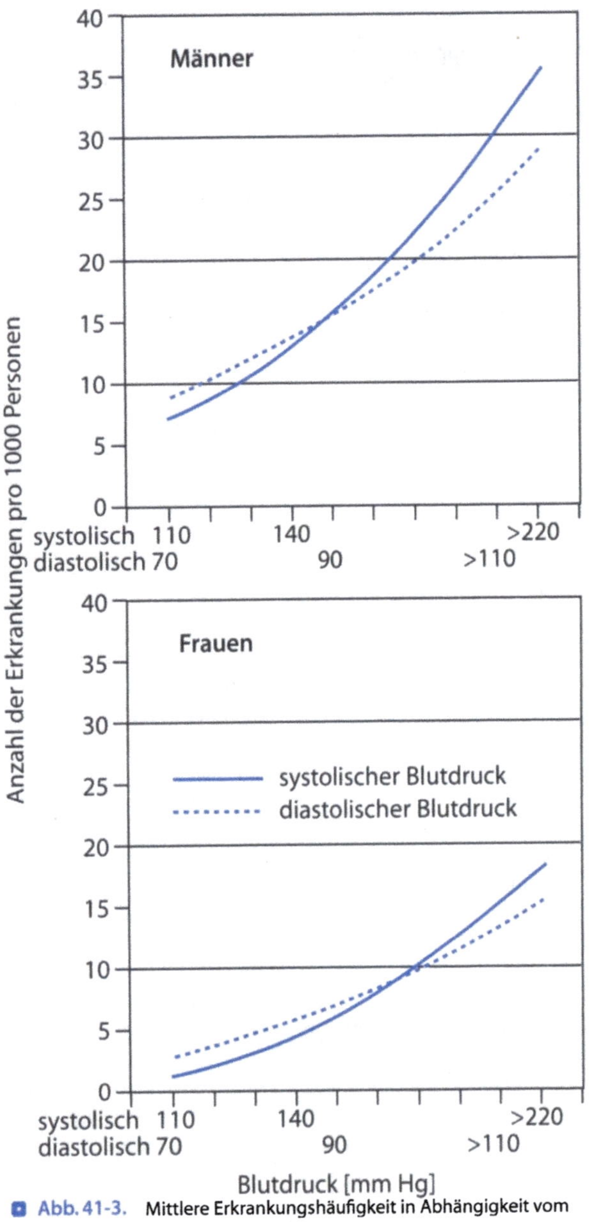

Abb. 41-3. Mittlere Erkrankungshäufigkeit in Abhängigkeit vom Blutdruck

> Adipositas gilt mit einer Prävalenz von 16% als bedeutendster Risikofaktor für die Entstehung der Hypertonie.

Etwa 73% aller Hypertoniker sind adipös und umgekehrt findet sich bei jedem 2. Übergewichtigen eine Hypertonie [20, 44].

Jüngere Personen und Frauen erkranken häufiger als ältere Menschen und Männer. Insbesondere die *abdominelle Form* der Adipositas (s. Kap. 47) ist mit einer höheren Hypertonieprävalenz verbunden. Ursächlich diskutiert werden:

- Insulinresistenz und Hyperinsulinämie:
  Als insulinvermittelte blutdrucksteigernde Mechanismen werden die Erhöhung der Natriumretention, zelluläre Natrium- und Kalziumakkumulation, Änderung der Gefäßstruktur und -funktion sowie eine Erhöhung der HZV diskutiert [20].
- Erhöhte sympathische Aktivität:
  Die anfänglich erhöhte Sympathikusaktivität, die zunächst der weiteren Gewichtszunahme kompensatorisch entgegenwirken soll, führt im weiteren Verlauf zu einer Downregulation der β-Rezeptoren und somit zu einer Abnahme des Energieverbrauchs [38].
- Hämodynamische Veränderungen:
  Bei einer Gewichtszunahme von 10 kg kommt es neben der Zunahme der Fettmasse zur Erhöhung der Muskelmasse von ca. 3 kg, die zusätzlich mit Sauerstoff versorgt werden müssen, was die Zunahme des Gesamthämoglobins und eine Expansion des Intravasalvolumens nach sich zieht [39].
- Erhöhte Aktivität des Renin-Angiotensin-Aldosteron-Systems (s. Kap. 3):
  Insbesondere bei der abdominellen Form findet sich eine gesteigerte Aktivität des RAAS, die mit der Fettmenge korreliert [15].
- Erhöhter Leptinspiegel (s. Kap. 47):
  Das im Serum an Eiweiß gebundene und ausschließlich von Fettzellen sezernierte Leptin korreliert mit der Körperfettmasse. Neben seiner zentralen Rolle in der Regulation der Homöostase des Energiehaushaltes (s. Kap. 47), wirkt Leptin über die Erhöhung des Sympathikotonus blutdruckerhöhend (*Abb. 41-4*; [18]).

Tabelle 41-8. Ursachen einer sekundären Hypertonie (häufige oder wichtige Formen sind *kursiv* gedruckt)

Renoparenchymaler Hochdruck
– doppelseitig (z. B. Glomerulonephritis, diabetische Nephropathie, Systemkrankheiten, Zystennieren, Pyelonephritis, Refluxnephropathie, Analgetikanephropathie)
– einseitig (z. B. Refluxniere, Nierenzellkarzinom)
Renovaskulärer Hochdruck
– fibromuskulär
– atherosklerotisch
– Sonstiges
Endokriner Hochdruck
– *Phäochromozytom*
– Mineralokortizismus (Conn-Syndrom) bei Nebennierenrindenadenom oder -hyperplasie
– M. Cushing
– adrenogenitales Sndrom und seltenere Syndrome (wichtig: steroidsensitives Syndrom)
– Hypothyreose
– Primärer Hyperparathyreoidismus
– Akromegalie
– Sonderfall: Diabetes mellitus
Medikamentös ausgelöste Hypertonie:
– *nichtsteroide Entzündungshemmer*
– *hormonelle Kontrazeptiva*
– Sympathomimetika
– Antidepressiva
– Lakritze
– Immunosuppressiva (Ciclosporin A, Kortikosteroide)
– Erythropoetin (beim niereninsuffizienten Patienten)
Aortenisthmusstenose

Abb. 41-4. Kardiovaskuläre Wirkungen von Leptin

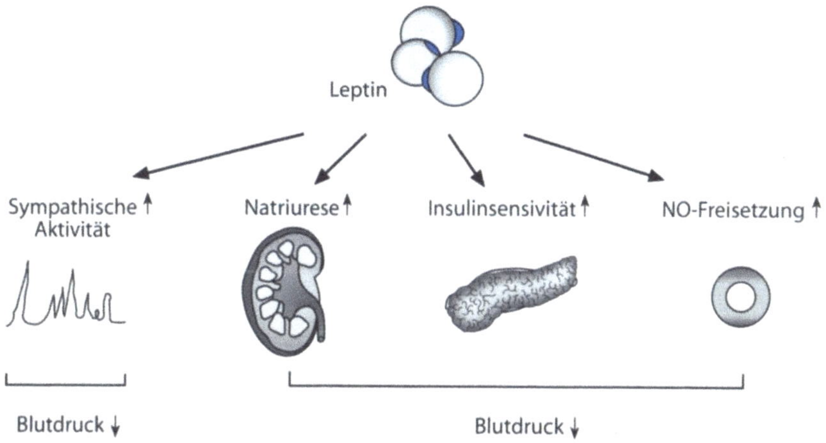

Klinik

Das *klinische Beschwerdebild* ist meist uncharakteristisch. Patienten mit Hypertonie zeigen meist keine auf die Hypertonie hinweisenden Symptome. *Ausnahmen* bilden hypertensive Notfallsituationen und das Phäochromozytom.

Jede chronische Druckerhöhung im arteriellen Gefäßsystem begünstigt die Entwicklung der Atherosklerose mit all ihren Folgeerscheinungen in den Endorganen Herz, Gehirn und Nieren. *Hauptrisiko* der unbehandelten Hypertonie ist eine erhöhte Morbidität und Mortalität infolge Linksherzinsuffizienz, koronarer Herzerkrankung und hämorrhagisch wie thrombotisch bedingten Apoplexien sowie der Übergang in eine *maligne Hypertonie* mit Entwicklung einer Niereninsuffizienz.

Die *Risikoabschätzung* erfolgt nach den neuen WHO/ISH-Richtlinien kaum mehr alleine nach der Blutdruckhöhe. Sie basiert, wie auch die Therapieentscheidung, in erster Linie auf dem *Gesamtrisikoprofil* des Patienten (*Tabelle 41-9*). So werden Patienten als »Hoch«- oder »Sehr-hoch«-Risikopatienten eingestuft und sollten einer unmittelbaren konsequenten Behandlung *und* Lebensstiländerung zugeführt werden. Bei »Niedrig-Risiko«-Patienten sollten Medikamenten nur dann eingesetzt werden, wenn nach einem 1-jährigen Versuch der Lebensstiländerung der Blutdruck über 150/95 mmHg bleibt (s. unten).

Therapie

Therapeutisches Ziel ist die Vermeidung der kardiovaskulären Mortalität, des zerebralen Insults und aller anderen Endorganschäden. Dazu müssen arterielle Blutdruckwerte erreicht werden, die systolisch nicht über 130 mmHg und diastolisch zwischen 80–85 mmHg liegen. Unbedingt anzustreben sind eine Minimierung von Risikofaktoren *und* eine optimale Therapie von Begleiterkrankungen, besonders bei Diabetes mellitus (*Tabelle 41-10*).

Bei einer *Grenzwerthypertonie* (»borderlinde hypertension« 140–160/90–95 mmHg) ist eine Therapie immer indiziert, wenn neben der Hypertonie weitere kardiovaskuläre Risikofaktoren vorhanden sind. Dazu zählen nicht abstellbarer Nikotinabusus, Hypercholesterinämie, Diabetes mellitus und familiäre Belastung durch kardiovaskuläre Erkrankungen.

Als *1. therapeutische Maßnahme* sollte bei Patienten mit leichter bis mittelschwerer Hypertonie stets eine *Änderun-*

Tabelle 41-9. Risikostratifikation bei Hypertonie (nach WHO/ISH-Richtlinien 1999)

	Andere Risikofaktoren bzw. Begleiterkrankungen	Leichte Hypertonie	Mittelschweres Risiko	Hohes Risiko
I.	Keine weiteren Risikfaktoren	Niedriges Risiko	Mittelschweres Risiko	Hohes Risiko
II:	1–2 Risikofaktoren[a]	Mittleres Risiko	Mittleres Risiko	Sehr hohes Risiko
III.	3 oder mehr Risikofaktoren[a] oder Endorganschädigung[b]	Hohes Risiko	Hohes Risiko	Sehr hohes Risiko
IV.	Begleiterkrankungen[c]	Sehr hohes Risiko	Sehr hohes Risiko	Sehr hohes Risiko

[a] Zum Beispiel Männer >55, Frauen >65 Jahre; Rauchen; erhöhtes Serumcholesterin; Diabetes mellitus. [b] Zum Beispiel linksventrikuläre Hypertrophie, Proteinurie oder Serumkreatininerhöhung. [c] Zum Beispiel Zustand nach Schlaganfall oder Myokardinfarkt; Angina pektoris; Linksherzinsuffizienz; Nierenfunktionseinschränkung.

Tabelle 41-10. Therapiestrategien in Abhängigkeiten von der Risikobewertung

Geringes Risiko: Nichtpharmakologische Maßnahmen für 6–12 Moante; bei ungenügendem Erfolg (Blutdruck ≥150/95 mmHg) medikamentöse Therapie einleiten.
Mittleres Risiko: Nichtpharmakologische Maßnahme für 3–6 Monate; bei ungenügendem Ansprechen (Blutdruck ≥140/90 mmHg) medikamentöse Therapie einleiten
Hohes und sehr hohes Risiko: Erhöhten Blutdruck verifizieren und sofort mit der medikamentösen Therapie beginnen; nichtpharmakologische Maßnahmen später nach individueller Evaluation einleiten Cave: Bei *medikamentös behandelter* Hypertonie Nicht mit Allgemeinmaßnahmen überfordern (v. a. nicht, wenn die Medikamentencompliance auf dem Spiel steht)

Tabelle 41-11. Auswirkungen verschiedener Allgemeinmaßnahmen auf den mittleren Blutdruck in [mmHg][a]

Ernährungsfaktoren	Blutdrucksenkung [mmHg]
Gewichtsreduktion	10
Körperliche Aktivität	10
Alkoholkarenz	5–8
Mediterane Ernährung	5–8
Na^+/K^+-Verhältnis in der Nahrung↓	3–14

[a] Das individuelle Antwortmuster ist sehr unterschiedlich, daher individuell austesten.

gen des Lebensstils angestrebt werden (*Tabelle 41-11*, s. auch *Tabelle 41-14*). Die WHO schlägt hierzu folgende Maßnahmen vor: Gewichtsreduktion, Ausdauertraining, Ernährungsumstellung und Entspannungsübungen.

Ernährungstherapie

An erster Stelle steht eine Gewichtsnormalisierung in den Bereich eines BMI <25, eine Kochsalzaufnahme <6 g/24 h, die Aufnahme der Fettmenge unter 30% der Gesamtenergie. Die Bedeutung einer Fettmodifikation durch einen vermehrten Verzehr von mehrfach ungesättigten Fettsäuren ist nicht eindeutig abgesichert, um eine konkrete Ernährungsempfehlung zu geben. Damit treten die Empfehlungen nach den Referenzwerten der DGE in den Vordergrund, die eine Aufnahme der essenziellen Fettsäuren für Linolsäure mit 6,5 g/24 h (ca. 2,5% der Gesamtenergiemenge) der Nahrungsenergie und einen Schätzwert von ω-3-Fettsäuren bei 0,5% der Gesamtenergie angeben.

Gewichtsnormalisierung

Zahlreiche Interventionsstudien zeigen übereinstimmend, dass eine Gewichtsreduktion als eine der potentesten Maßnahmen zur Senkung eines erhöhten Blutdrucks anzusehen ist, wobei die *Reduktion des Körpergewichts um 1 kg eine Senkung des systolischen Blutdrucks um 1,2 mmHg und des diastolischen um 1 mmHg bewirkt* [2]. Das Ziel ist eine langfristige, langsame Gewichtsreduktion in Verbindung mit einer vermehrten körperlichen Aktivität. Die Gewichtsreduktion sollte 1–2 kg pro Woche nicht überschreiten und nach den Richtlinien der Deutschen Adipositas Gesellschaft erfolgen (s. Kap. 48).

Bei einer Gewichtsreduktion kommt es zu verschiedenen endokrinen Veränderungen im Organismus. Die sympathische Aktivität wird normalisiert und die Katecholaminspiegel gesenkt. Das intrazelluläre Kalzium wird ebenfalls abgesenkt und die Salzsensitivität der übergewichtigen Patienten aufgehoben. Dies führt dazu, dass Patienten, die ihr Körpergewicht reduzieren, in dieser Phase auf eine zusätzliche Salzrestriktion verzichten können.

Kochsalz

Neben der Gewichtsreduktion gehört die Kochsalzrestriktion zu den bekanntesten Maßnahmen in der Behandlung der Hypertonie. Gehört der Patient zu den 50% »*salzsensitiven*« Hypertonikern, kommt es unter einer Salzrestriktion regelmäßig zu einem deutlichen Abfall des systolischen Blutdrucks bis zu 13 mmHg (diastolisch bis zu 9 mmHg). Diese Senkung entspricht der blutdrucksenkenden Wirksamkeit einer Monotherapie mit Diuretika. Bei »*nichtsalzsensitiven*« Patienten scheint zumindest ein permessiver Effekt, d. h. eine bessere Ansprechbarkeit auf Antihypertonika einzutreten. Ältere Hypertoniker sprechen dabei besser an [1–3].

> Die Indikation zu einer streng natriumarmen Kost (NaCl-Aufnahme <3 g/Tag) wird heute bei Hypertonie nicht mehr gestellt. Für eine Dauertherapie hat sich die Beschränkung auf 6 g NaCl pro Tag bewährt.

Eine moderate *Kochsalzbeschränkung* auf 6 g/24 h ist auch in der Praxis *durchführbar. Eine* streng natriumarme Kost mit 1–2 g/24 h sollte nicht empfohlen werden, da sie praktisch kaum durchführbar ist und bei einer effektiven Durchführung zu einer endokrinen Gegenregulation mit der Erhöhung des Sympathikus führen kann. Die erhöhten Katecholaminspiegel führen dann reaktiv zu einem Blutdruckanstieg und einer Erhöhung des Serumcholesterinspiegels. Diese sympathische Gegenregulation bleibt bei mäßiger Salzrestriktion aus [35, 36].

Dennoch erweist sich auch die Umsetzung dieser moderaten Kochsalzeinschränkung in der Praxis als eher schwierig, da vielen Lebensmitteln (v. a. Fertigprodukten) zusätzlich zu ihrem natürlichen Gehalt an Natrium herstellungsbedingt oder zur Konservierung weiteres Kochsalz zugesetzt wird (z. B. bei Sauerkraut, Käse, Schinken, Wurst und Fleischwaren; *Tabelle 41-12*).

Spezielle *natriumarme Lebensmittel* unterliegen dem Gesetz für diätetische Lebensmittel und bedürfen der Deklaration »*natriumarm*« bzw. *kochsalzarm*. Sie enthalten maximal 120 mg Natrium pro 100 g des verzehrfertigen Lebensmittels. Bei *Getränken* ist der Hinweis »*natriumarm*« erst unterhalb der Grenze von 2 mg Natrium pro 100 g erlaubt. Natrium-

Tabelle 41-12. Kochsalzgehalt in Fertigprodukten je 100 g

Lebensmittel	Natriumgehalt [mg]
Brötchen	553
Knäckebrot	463
Roggenmischbrot	537
Cornflakes	910
Bohnen (Dose)	275
Champignons (Dose)	360
Gemüsebrühe (Fertigprodukt)	495
Pizza mit Tomate, Käse, Salami	550
Cheesburger	670
Matjeshering	250
Bratwurst	520
Salami	1260
Schinken, geräucherter	1400
Speck, durchwachsener	1770
Hartkäse	675
Schmelzkäse	1260
Oliven	3288
Chips	450
Salzstangen	1800

arme Fleischerzeugnisse können anstelle von Nitritpökelsalz mit Kaliumnitrat hergestellt werden (bis zu 300 mg/kg).

Die Angaben »*streng natriumarme* bzw. *streng kochsalzarm*« dürfen nur solche Produkte – außer Getränke – tragen, die maximal 40 mg Natrium pro 100 g enthalten.

Kochsalzersatz bzw. jodierter Kochsalzersatz, oft auch als Diätsalz im Handel, gibt es als Kochsalzalternative, um völlig natriumfrei zu salzen. Diese werden meistens aus Kalium-, Kalzium- und Magnesiumsalzen der Salzsäure hergestellt und sind unter der Bezeichnung »Dr. Ritter Diät-Salz mit Jod«, »Sina Salz« und »Disal Diätsalz jodiert« im Handel.

Bei dem Verzehr von *Mineralwasser* sollte auf einen geringen Natriumgehalt geachtet werden. Vom Verbrauch eines Heilwassers sollte wegen des hohen Gehalts an Natrium abgesehen werden. Ein natriumarmes Getränk darf nicht mehr als 20 mg/Na/l enthalten (▣ *Tabelle 41-13*).

Als einfach durchzuführende Maßnahmen zur Geschmacksverbesserung der in der Regel oftmals geschmacklich »faden« kochsalzarmen Ernährung gelten:

- gezielter und reichlicher Einsatz von Kräutern und Gewürzen bei der Speisenzubereitung;
- Vollkornprodukten mit einem intensiveren Eigengeschmack;
- Verwendung von Ölen mit Eigengeschmack wie natives Oliven-, Lein-, Walnussöl;
- marinierte Öle und verschiedene Essigsorten verwenden;
- Garmethoden, die den Eigengeschmack verbessern, z. B. Grillen, Bratenschlauch, Römertopf, gratinieren;
- Einsatz von gerösteten Nüssen und Samen z. B. in Brot;
- Verwendung von Sahne (saure und süße) – soweit es der Diätplan erlaubt.

Alkoholkonsum

Es gibt Hinweise, dass ein erhöhter Alkoholkonsum über 4–5 Drinks pro Tag zu einer deutlichen Blutdrucksteigerung führt. Eine Reduktion des Alkoholkonsums unter 30 g/24 h für Männer und 25 g/24 h bei Frauen führt zu einer Reduktion der erhöhten Blutdruckwerte [46].

Koffeinhaltige Getränke

Der Genuss von Kaffee oder Tee (pro Tasse etwa 50–135 mg Koffein) hat auch nach neueren prospektiv angelegten Studien, nur einen marginalen blutdrucksteigernden Effekt, der mit maximal 10 mmHg während der ersten 2 h angegeben wird [23].

> Es besteht somit keinerlei Grund zu einem generellen Verbot für Kaffee und/oder Tee.

Eine Reihe von Studien spricht dafür, dass der gering gradige blutdrucksteigernde Effekt nur bei koffeinabstinenten Personen nachweisbar ist, da sich bei regelmäßigen Kaffee- bzw. Teegenuss eine Toleranz bzgl. der Blutdruckwirkung zu entwickeln scheint [21].

Kalium, Kalzium, Magnesium

Metaanalysen randomisierter kontrollierter Studien zum Einfluss von *Kalium* kommen übereinstimmend zum Ergebnis, dass eine orale Kaliumsupplementation den Blutdruck signifikant senkt [10, 43]. Die Daten unterstreichen zudem frühere klinische und tierexperimentelle Untersuchungen, dass

▣ **Tabelle 41-13.** Natriumarme Mineralwasser

Mineralwasser	Natriumarm <20 mg/l
Adelholzer Primus-Quelle	3
Apollo Quelle	17
Bad Brückenauer Mineralwasser	4
Bad Driburger stilles Mineralwasser	14
Contrex (still)	6
Dürrheimer Johannisquelle (still)	4
Meinberger Neubrunnen	6
Perrier	14
Rietenauer Kneipp-Quelle	10
Sodenthaler Andreasquelle	15
Staatl. Bad Meinberger	14
Stiftsquelle	14
Volvic	9
Wildunger Reinhardquelle	13

nicht die alleinige Höhe der Natriumzufuhr, sondern vielmehr das Natrium-Kalium-Verhältnis in der Nahrung letztlich für die Zunahme bzw. Abnahme des Blutdrucks entscheidend ist. So empfehlen die Autoren insbesondere dann Kaliumzulagen, wenn eine ausreichende Natriumeinschränkung der Patienten nicht eingehalten wird (▣ *Abb. 41-5*).

> Ein in Relation zum Natriumkonsum hoher Kaliumkonsum schwächt die hypertensinogene Wirkung von Natrium ab.

Als sinnvolle Supplementation wird die Zufuhr von 30–50 mmol Kalium pro Tag beschrieben. Die Substitution von Magnesium, Selen, Zink, Kalzium ist zur Behandlung der arteriellen Hypertonie nicht etabliert. Klinische Daten liegen hier noch nicht vor.

Neuere Daten sprechen zunehmend auch anderen Elektrolyten, insbesondere Magnesium und Kalzium, eine blutdruckregulierende Wirkung zu. So erwiesen sich nach Untersuchungen von Witteman et al. regelmäßige Magnesiumzulagen von täglich 365 mg Magnesium als wirkungsvoll blutdrucksenkend [27, 45]. Der Stellenwert von Magnesium bei schwangerschaftsassoziierter Hypertonie (Gestose) ist zudem unbestritten (s. Kap. 59). Auch eine vergleichsweise niedrige Kalziumaufnahme (<500 mg/24 h) scheint neueren Untersuchungen zufolge das Hypertonierisiko zu erhöhen [16].

ω-3-Fettsäuren

Eine Blutdrucksenkung durch die Verabreichung von ω-3-Fettsäuren ist im Bereich von 5 mmHg diastolisch zu erreichen. Untersuchungen haben gezeigt, dass die Zufuhr zwischen 4–12 g in der Form von Fischöl liegen muss [17].

DASH-Kost

Appel et al. [6] konnten im Rahmen der DASH-I-Studie (»*D*iatary *A*pproach to *S*top *H*ypertension«) erstmals zeigen, dass eine Kost, die vorrangig aus Früchten, Gemüsen, fettarmen Milchprodukten, Getreide, Geflügel und Nüssen besteht, weitestgehend auf rotes Fleisch, Süßwaren und zuckerhaltige Getränke verzichtet und mit einem geringen Anteil an gesättigten Fettsäuren auskommt (mediterrane Kost), den Blutdruck bei Hypertonikern

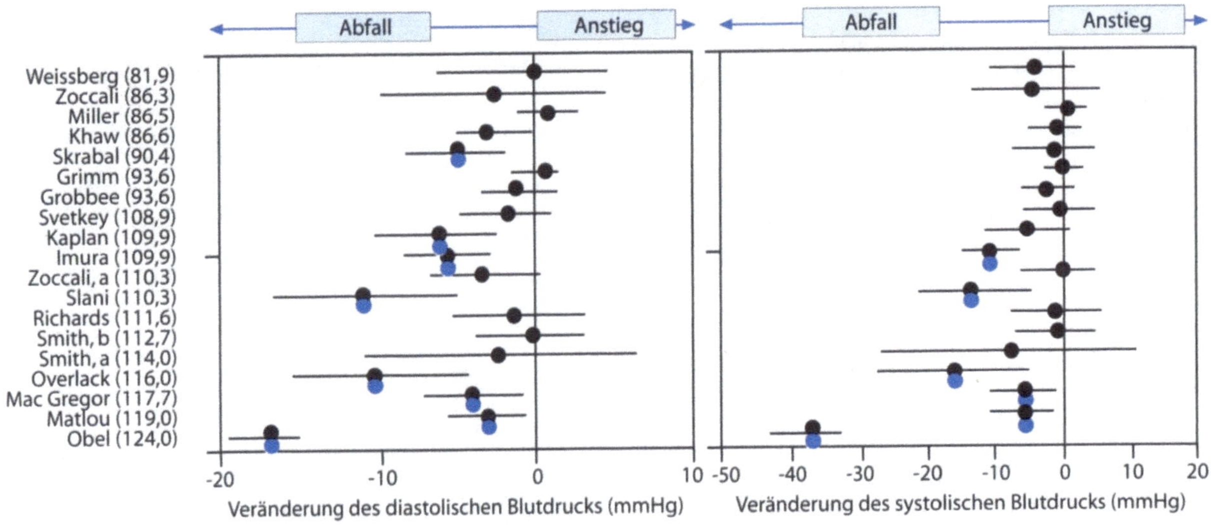

Abb. 41-5. Blutdrucksenkende Wirkung einer kaliumreichen Kost. (10, mod. nach [39])

signifikant in der Größenordnung einer pharmakologischen Monotherapie senkt. Da die Natriumzufuhr auf 100 mmol/24 h begrenzt war, war nicht klar, ob die erzielte Blutdrucksenkung nicht überwiegend Ausdruck der Natriumrestriktion war.

Daher sollte die Folgestudie DASH-Sodium [38] klären, ob der Effekt der DASH-Diät auch unabhängig von der aufgenommenen Salzmenge zustande kommt und wie sich die Kombination von DASH-Diät und sehr starker Kochsalzrestriktion (60 mmol=5,8 g/24 h) auf den Blutdruck auswirkt (*Abb. 41-6*):

- Die DASH-Diät senkte unabhängig von der Kochsalzzufuhr signifikant sowohl den systolischen als auch den diastolischen Blutdruck.
- Auch die Natriumrestriktion senkte unabhängig von der verabreichten Kost den Blutdruck.
- Die Kombination von Natriumrestriktion und DASH-Diät verstärkte die Blutdrucksenkung signifikant, wenn auch nicht additiv.
- Bei Hypertonikern waren die Blutdrucksenkungen durch Natriumrestriktion deutlicher als bei Normotonikern, bei Frauen stärker als bei Männern, bei Schwarzen stärker als bei Weißen.

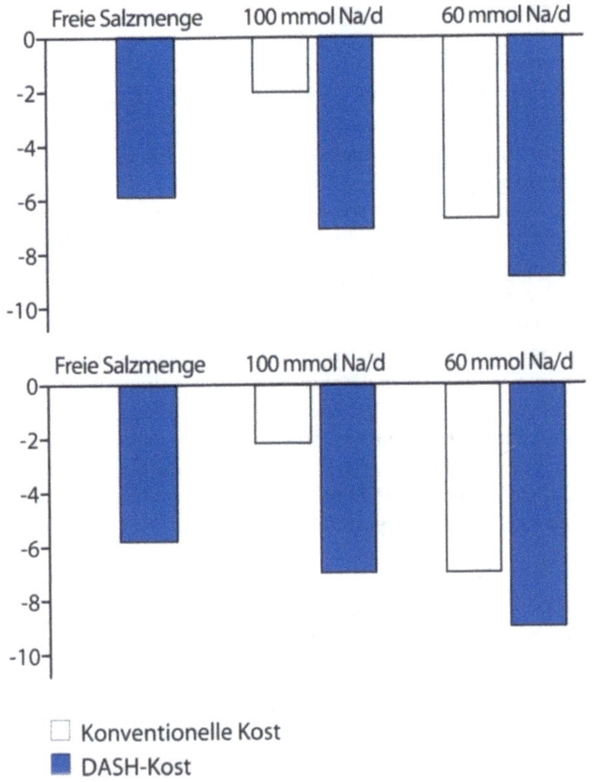

Abb. 41-6. Mittlere Blutdrucksenkung durch verschiedene Diäten (DASH-II-Studie): 412 Probanden (60% normoton, 40% mit milder arterieller Hypertonie, 56% Farbige, 57% Frauen) wurden 2 Kostformen (typische US-amerikanische Kost und DASH-Diät) und 3 Natriumstufen (150 mmol/24 h; 100 mmol/24 h; 60 mmol/24 h) zugelost. Es folgte eine 30-tägige Diätphase mit Blutdruckkontrollen. (Mod. nach [38])

> Sowohl DASH-Kost als auch eine salzarme Ernährung führen somit unabhängig von einander zu einer Blutdrucksenkung, wie sie einer pharmakologischen Monotherapie entspricht, wobei die DASH-Diät wirksamer ist als eine extreme Salzrestriktion.

Ernährungstherapeutische Maßnahmen bei Hypertonus

Modifiziert nach [12]:

- Normalisierung des Körpergewichts (BMI <25); bei vorliegendem Übergewicht ist eine Gewichtsreduktion von 5–10 kg anzustreben.
- Einschränkung der Kochsalzzufuhr auf etwa 6 g/24 h, d. h. Verzicht auf kochsalzreiche Lebensmittel und Speisen (z. B. Konserven und Fertiggerichte, Salzgebäck, gepökelte und geräucherte Fleisch- und Fischerzeugnisse). Auch auf den Natriumgehalt von Mineralwässern ist zu achten (günstig <20 mg/l Natrium). Würzen und Zubereiten von Speisen mit Kräutern und salzfreien Gewürzen.
- Einschränkung der Alkoholzufuhr auf 20 g/24 h bei Männern bzw. 10 g/24 h bei Frauen.
- Reduktion der Gesamtfettzufuhr auf 30% der täglichen Energiezufuhr, davon:
gesättigte Fettsäuren: 7–10%,
einfach ungesättigte Fettsäuren: 10–15%,
mehrfach ungesättigte Fettsäuren: 7–10%.

- Kaliumreiche Ernährung (>90 mmol/24 h Kalium durch kaliumreiche Kost oder DASH-Diät. **Cave:** bei Niereninsuffizienz. Das Kalium/Natrium-Verhaltnis der Nahrung beachten.
- Magnesiumreiche Ernährung. **Cave:** bei Niereninsuffizienz.
- Zwei Fischmahlzeiten pro Woche. Besonders günstig: Makrele, Hering und Lachs (reich an ω-3-Fettsäuren).
- Verzehr fettarmer Milch- und Milchprodukte, Vollkornerzeugnisse, Gemüse, Rohkost, Obst, Nüsse und Samen (ausreichende Versorgung mit Vitaminen, Kalzium, Magnesium und Ballaststoffen).

Eine Übersicht über das Hypertonie-Behandlungs- und Schulungsprogramm entnehmen Sie ◻ *Tabelle 41-14* und Hinweise zur metabolischen Wirkungsweise der gebräuchlischsten Antihypertonika der ◻ *Tabelle 41-15*.

41.3 Homozysteinämie

Homozystein, eine schwefelhaltige Aminosäure, entsteht als Intermediärprodukt beim Abbau von Methionin zu Cystein (s. Kap. 6).Bereits 1969 machte McCully [31] Homozystein für das Auftreten der Atherosklerose bei der klassischen Homozysteinurie, die auf einem Mangel an Zytathion-β-Synthase beruht, verantwortlich. Bei der homozygoten Form kommt es bei Kindern zu mentaler Retardierung, Skelettdeformitäten, arteriellen und venösen Thrombosen sowie bereits im frühen Erwachsenenalter zu atherosklerotischen Gefäßveränderungen. Die Plasmakonzentrationen von Homozystein liegen weit über 400 µmol/l, die Methioninkonzentration im Plasma ist ebenfalls erhöht. Die heterzygote Form soll in der Häufigkeit von 1:300 vorkommen und ist mit einer Plasmakonzentration von 20–40 µmol/l gekennzeichnet.

Seither wurde in mehr 30 epidemiologischen Studien eine inverse Korrelation zwischen einem erhöhten Plasmaspiegel und kardiovaskulären Krankheiten (KHK), zerebravaskulärer Insuffizienz (CVI) und arterieller Verschlusskrankheit (pAVK) aufgezeigt.

> Homozytsein gilt als ein unabhängiger Risikofaktor für atherosklerotische, kardiovaskuläre Krankheiten [11, 14].

◻ **Tabelle 41-14.** Aufbau und Inhalt des Hypertonie-Behandlungs- und Schulungsprogramms (HBSP)

Schwerpunkt	Theoretische Inhalte	Praktische Inhalte
1. Stunde: **Einführung**, Blutdruckselbstmessung	– Was ist Bluthochdruck? – Wie ist der Normwert für den Blutdruck? – Wie wird der Blutdruck reguliert? – Was sind die wichtigsten Risikofaktoren für Bluthochdruck? – Welche Folgen kann langjähriger hoher Blutdruck haben?	– Techniken der korrekten Selbstmessung des Blutdrucks – Richtiges Protokollieren der gemessenen Blutdruckwerte in den Blutdruckpass der Deutschen Hochdruckliga
2. Stunde: Nichtmedikamentöse Behandlungsmöglichkeiten	– Gewichtsreduktion – Kochsalzrestriktion – Steigerung der körperlichen Aktivität – Einschränkung des Alkoholkonsums – Einschränkung des Rauchens	– Kontrolle der korrekten Messtechnik druch Parallelmessungen des Blutdrucks mit der Schulungsschwester – Aufforderung, die nichtmedikamentösen Behandlungsmöglichkeiten bis zur nächsten Unterrichtseinheit anzuwenden
3. Stunde: Medikamentöse Behandlungsmöglichkeiten	– Wirkmechanismus und häufigste Nebenwirkungen der verschiedenen Medikamentengruppen (s. ◻ Tabelle 41-15) – Möglichkeiten zur Vermeidung bzw. Verminderung von Nebenwirkungen – Wichtigkeit regelmäßiger Medikamenteneinnahme	– Kontrolle der korrekten Messtechnik druch Parallelmessungen des Blutdrucks mit der Schulungsschwester. Erfolgskontrolle der nichtmedikamentösen Therapie – Besprechung der von den Teilnehmern mitgebrachten Medikamentenbeipackzettel – Anpassung der Medikamentendosis – Gemeinsamen Festlegen der vorläufigen medikamentösen Therapie
4. Stunde (optional): **Spezielle Schwerpunkte**	– Kalorienreduzierte Mischkost	– Umgang mit einer Nährwerttabelle
– bei Übergewicht	– Körperliche Bewegung	– Führen eines Kalorientagebuchs
– bei Nephropathie	– Normalisierung der Eiweißzufuhr (0,8 g/kgKG/24 h)	– Umgang mit einer Eiweißtabelle – Individuelles Zusammenstellen von Mahlzeiten anhand von Abbildungen

Tabelle 41-15. Gebräuchliche Antihypertensiva und unerwünschte metabolische Wirkungen

Medikamente	LDL-C	HDL-C	TG	Glukose-intoleranz	Hyper-urikämie
Diuretika	↑	↓	↑	↑	↑
β-Blocker					
– ohne ISA	↑	↓	↑	↑	↔
– mit ISA	↔	↔	↔	↔	↔
Kalziumantagonisten	↔	↔	↔	↔	↔
ACE-Hemmer	↔	↔	↔	↓	↔
AT-II-Antagonisten	↔	↔	↔	↔	(↓)
α-Blocker	↓	↓	↓	↓	↔

LDL-C: LDL-C=Cholesterin, *HDL-C:* Cholesterin, *TG:* Triglyzeride, *ISA:* intrinsische sympathomimetische Aktivität, *ACE:* Angiotensin-Converting-Enzyme, *AT-II-Antagonisten:* Angiotensin-II-Antagonisten, ↔ neutral, ↑ Verschlechterung, ↓ Verbesserung

Die genauen Mechanismen der vasoaggressiven Wirkung von Homozystein sind noch nicht vollständig geklärt. Derzeit werden folgende pathologische Effekte diskutiert: Verdickung der Gefäßintima, Aktivierung der Thrombozytenaggregation, Begünstigung der Ablagerung von Lipiden in der Gefäßwand, Förderung der Oxidation von LDL-Cholesterin und eine Verstärkung der pathogenen Wirkung von Lipoprotein. Homozysteinmessungen zeigen den Gesamtpool an. 70–80% befindet sich in proteingebundener Form und der Rest als freies Homozystein im Plasma. Homozystein wird über den Urin ausgeschieden.

Der *Abbau* von Methionin zu Zystein ist abhängig von einer ausreichenden Versorgung mit Folsäure, Vitamin B_6, B_{12} zur Aufrechterhaltung der notwendigen Enzymsysteme. Milde Homozysteinämien gehen häufig mit einer Unterversorgung von Folsäure, Vitamin B_6 und Vitamin B_{12} einher. Bei 2/3 aller Patienten kann durch eine entsprechende Substitution ein milde Homozysteinurinämie gesenkt werden.

41.3.1 Ernährungstherapie

Ernährungstherapeutische Maßnahmen in der Behandlung einer Homozysteinämie beinhalten eine Reduzierung bzw. Modifizierung der Eiweißzufuhr (Reduzierung der Methioninaufnahme) sowie eine ausreichende Substitution von Folsäure, Vitamin B_6 sowie Vitamin B_{12} (*Tabelle 41-16*).

Eiweißreduzierung (Reduzierung der Methioninaufnahme)

Methionin ist in fast allen eiweißhaltigen Lebensmittel enthalten, der Bedarf wird mit ca. 0,9 g/24 h angegeben, die durchschnittliche Aufnahme bei 2,0 g/24 h entsprechend der Gesamtzufuhr von Eiweiß. Besteht die Kost aus großen Mengen an tierischen Lebensmitteln und relativ wenig pflanzlichen, stieg die Methioninzufuhr bei gleichzeitiger Tendenz zur Unterversorgung von Folsäure.

> Je höher die tierische Eiweißaufnahme, desto höher die Methioninaufnahme.

In der praktischen Umsetzung bedeutet dies, die Gewichtung der Kost auf Lebensmittel pflanzlichen Ursprungs mit dem Verzehr von Vollkornprodukten, Gemüse, Obst und wenig Produkten tierischer Herkunft zu setzen.

Folsäure

Eine ausreichende Zufuhr von *Folsäure* trägt wahrscheinlich zum verbesserten *Abbau* von Methionin zu Zystein maßgeblich bei. Folsäure liegt in der Nahrung als Monoglutamat und Polyglutamat vor. Beide Formen zusammen werden Folatäquivalent bezeichnet und setzen sich nach der Definition der DGE wie folgt zusammen:

Folatäquivalent = Monoglutamat + (0,2×Polyglutamat).

In den *Dietary Reference Intakes* (*DRI*) wird eine Definition verwendet, die auch in die Referenzwerte der DGE eingeht.

1 µg Folatäquivalent = 1 µg Nahrungsfolat = 0,5 µg synthetische Folsäure.

Monoglutamat wird zu 90% und Polyglutamat zu 50% resorbiert. In verschiedenen Lebensmitteln können beachtliche Schwankungen im Monoglutamat-Polyglutamat-Verhältnis auftreten. Aus unseren Verzehrsgewohnheiten ergibt sich ein mittleres Monoglutamat-Polyglutamat-Verhältnis von 50:50. Die durchschnittliche Bioverfügbarkeit liegt bei 50%. Die Empfehlungen der DGE beziffern den Bedarf bei einer Aufnahme von 400 µg Folatäquivalent, auch in Verbindung mit einem erhöhten Homozysteinspiegel, als ausreichend gedeckt. Verschiedene Untersuchungen haben gezeigt, dass erst durch die regelmäßige Aufnahme von 400 µg Folsäure mit der Nahrung eine maximale Senkung des Homozysteinspiegels erreicht wird. Die Wirksamkeit höherer Dosierung wird noch diskutiert.

Gute Folatlieferanten sind Tomaten, Kohlarten, Spinat, Gurken, Orangen, Weintrauben, Vollkornprodukte wie Brot und Backwaren, Kartoffeln, Fleisch und Eier. Besonders folatreich sind Weizenkeime und Sojabohnen (s. Kap. 6).

Vitamin B_6 (Pyridoxin)

Die empfohlene Zufuhr von Vitamin B6 liegt zwischen 1,2–1,5 mg/24 h. Vitamin B_6 hat eine wichtige Funktion als Koenzym im Homozysteinstoffwechsel. Die Bioverfügbarkeit von Vitamin B_6 pflanzlicher Herkunft ist sehr unterschiedlich

Tabelle 41-16. Unterschiedliche Empfehlungen der Zufuhr von Vitaminen bei Homozysteinämie. (Mod. nach [14])

	DGE 2000	*N Engl J Med*, Review 1998	*RDA*, (»recommended dietary allowance«)	Rimm, *JAMA* 1998
Folsäureäquivalente (Gesamtfolat)	400 µg/24 h	1–5 mg/24 h	180 µmol/24 h	400 µg/24 h
Vitamin B_6 (Pyridoxin)	1,2–1,5 mg/24 h	Kombination aus B_6, B_{12} mit oder ohne Folsäure	1,6 µmol/24 h	3 mg/24 h
Vitamin B_{12} (Cobalamin)	3 µg/24 h			

(0–80%). Vitamin B_6 ist in fast allen Lebensmitteln enthalten, gute Lieferanten sind Hühner- und Schweinefleisch, Fisch, einige Gemüsearten wie Kohl, Bohnen, Linsen, Feldsalat, Kartoffeln, Bananen, Vollkornprodukte, Weizenkeime und Sojabohnen.

Vitamin B_{12} (Cobalamin)

Der Bedarf liegt bei 3,0 µg/24 h und muss über die Nahrung zugeführt werden. Die Resorption erfolgt nach der Komplexbildung mit dem Intrinsic Factor aus der Magenschleimhaut. Ein Vitamin-B_{12}-Mangel steht eng mit einem gestörten Folsäureumsatz in Verbindung und kann unter anderem zu Störungen des Methioninabbaus führen. Gute Vitamin-B_{12}-Lieferanten sind Leber, Muskelfleisch, Fisch, Eier, Milch, Käse. In Lebensmitteln pflanzlicher Herkunft sind Spuren von Vitamin B_{12} enthalten, wenn sie nach einer Bakteriengärung verzehrt werden, z. B. Sauerkraut.

Bei Homozysteinämie sollte die Ernährung reich an komplexen Kohlenhydraten sein. Der reichliche Verzehr von Lebensmitteln pflanzlicher Herkunft, insbesondere Vollkornprodukte, Gemüse und Obst, ist die Grundlage für eine ausreichende Zufuhr von Folsäure, Vitamin B_6 und Vitamin B_{12}. Die Empfehlungen für eine Supplimentierung sind derzeit noch uneinheitlich (s. ◘ *Tabelle 41-17*).

41.4 Erkrankungen des Myokards

41.4.1 Herzinfakt

In der *Akuttherapie* eines Myokardinfarkts sind ernährungstherapeutische Maßnahmen nur zweitrangig. Die wichtige Maßnahme besteht in der Versorgung mit leichtverdaulichen Speisen in kleinen Mengen über den Tag verteilt. Eine Stuhlgangregulierung kann gut über den Verzehr von getrockneten Früchten wie Datteln, Feigen, Pflaumen oder in Form von Haferkleie erfolgen und sollte am 2. Tag verabreicht werden. Meist reichen diese pflanzlichen Laxanzien zur Anregung der Darmperistaltik aus. Die Kost sollte nur einen geringen Anteil an Kochsalz enthalten, um die Bindung von Wasser im Körper zu verringern. Bei der Verwendung von Diuretika ist auf die Konzentration von Kalium und Magnesium im Plasma zu achten.

Inwieweit die von der ACC (American College of Cardiology) und der AHA (American Heart Association) in der Akutphase vorgeschlagene parenterale Applikation der sog. GIK-Lösung (Glukose-Insulin-Kalium-Lösung) den Verlauf positive beeinflussen kann bleibt ab zu warten [37].

Ernährung in der Sekundärprophylaxe nach akutem Myokardinfarkt

ω-3-Fettsäure, Fischöl

Epidemiologische Untersuchungen an Grönland-Eskimos wiesen Mitte der 1970er Jahre auf eine etwa 10fach niedrigere Sterblichkeitsrate durch Myokardinfarkt als bei Vergleichsbevölkerungen aus den USA und Dänemark hin. Als Hauptdifferenz in der Ernährung fand sich bei quantitativ gleichem Fettverzehr (!) ein deutlicher Mehrverzehr an Fisch mit hohem Gehalt an ω-3-Fettsäuren (s. Kap. 5 und 15). Diese Fettsäuren (EPA, DHA) senken den Triglyzeridspiegel, hemmen die Thrombozytenaggregation und *stabilisieren als Zellmembranbestandteile kardiale Arrhythmien* und senken damit den plötzlichen Herztod in der Sekundärprophylaxe (◘ *Abb. 41-7*; [28, 40]).

Basierend auf In-vitro-Daten dürfte der Hauptmechanismus der antiarrhythmischen Wirkung von ω-3-Fettsäuren auf der Hemmung schneller Natriumkanäle und der L-Typ-Kalziumkanäle beruhen (◘ *Tabelle 41-17*). Nach der ers-

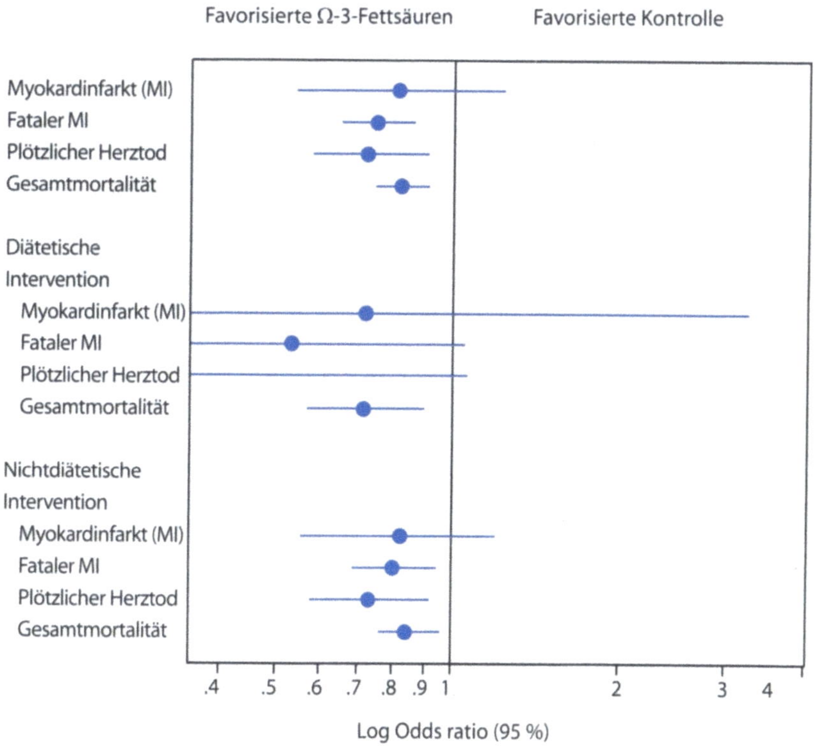

◘ **Abb. 41-7.** Metaanalyse zur kardioprotektiven Wirkung von einer ω-3-Fettsäuren reichen Ernährung und/oder Supplementen. *MI* Myokardinfarkt. (Mod. nach [9])

Tabelle 41-17. Molekulare Mechanismen der antiarrhythmischen Wirkungen von ω-3-Fettsäuren. (Mod. nach [40])

- Verlängerung der relativen Refraktärzeit
- Erhöhung des Schwellenpotentials für ein neues Aktionspotential
- Erreichen eines negativeren Ruhepotentials
- Modualtion transmembranärer Ionenströme durch:
  - Hemmung des spannungsabhängigen schnellen Natriumeinstroms
  - Hemmung des spannungsabhängigen L-Typ Kalziumseinstroms
  - Hemmung des spannungsabhängigen rektifizierenden Kaliumkanals
- Hemmung der durch Adenorezeptoren vermittelten Arrhythmien

ten Interventionsstudie zur Sekundärprävention mit ω-3-Fettsäuren nach akutem Myokardinfarkt (DART = Diet and Reinfarction Trial) 1989 von Burr et al., konnte die kardioprotektive Wirkung von ω-3-Fettsäuren in 2 weiteren Studien (Lyon Heart Trial, GISSI) nachdrücklich belegt werden [5, 13, 17, 33].

Vitamine, Antioxidantien

Dagegen zeigen prospektive Untersuchungen mit der Zufuhr von Vitamin E und/oder β-Karotin als Nahrungsergänzung (Tabletten, Supplemente) weder in der Sekundärprävention (CHAOS, ISSI, HPS) noch in der Primärprävention des Myokardinfarkts bei Hochrisikopatienten einen positiven Effekt [28, 19a].

> Eine Nahrungsergänzung mit Vitamin E und/oder β-Karotin kann daher derzeit weder zur Primär- noch zur Sekundärprävention empfohlen werden.

Empfohlen wird allerdings der vermehrte Verzehr von antioxidantienreichen Lebensmitteln wie Gemüse, Obst und Getreide [28].

41.4.2 Myokardinsuffizienz

Myokardinsuffizienz führt zu einer eingeschränkten Pumpleistung des Herzens und kann manigfaltige Ursachen haben (Koronarsklerose, Hypertonie, Klappenfehler, toxisch/infektiös). Nicht alle Symtpome besitzen Bedeutung für die Ernährungstherapie. Der Flüssigkeitsaustritt aus den Gefäßen führt zu Ödemen, Aszites und damit erklären sich u. a. Völlegefühl, Inappetenz und Blähungen. Dadurch kommt es zu Mangelernährung und evtl. zu einer Kachexie. Die Folgen sind Substanzverlust der Organe, wobei auch der Herzmuskel betroffen ist. Es resultiert die Verschlechterung des Grundleidens (Circulus vitiosus).

Als ernährungstherapeutische Maßnahmen gelten:

- vorsichtige Gewichtsregulation in den Bereich des Normalgewichts.
- Reduzierung der Kochsalzzufuhr auf etwa 6 g NaCl/24 h (s. Hypertonie).
- Vermeidung kardiotoxisch wirksamer Genussmittel (insbesondere Alkohol.)
- Leichte Vollkost um die Entstehung von Blähungen zu vermeiden (nach Rationalisierungsschema DGEM, s. Kap. 62).
- Bei Ödemen: Bilanzierung des Wasserhaushalts.
- Bei der Verabreichung von Diuretika ist auf eine ausreichende Zufuhr von Kalium und Magnesium zu achten.

41.5 Kardiale Kachexie

Patienten mit chronischer Herzinsuffizienz zeigen häufig einen typischen Verlust fettfreier Körpermasse auf. Dieser Verlust betrifft nicht den Bewegungsapparat, sondern die inneren Organe, einschließlich der Herzenmuskulatur. Das Energiedefizit kommt durch Inappetenz zustande, gestörte intestinale Ausnutzung als Folge der ödematösen Darmwand bzw. erhöhten Energiebedarfs durch eine vermehrte Atemaktivität und einem gesteigerten Sympathikotonus [32].

Zum Ausgleich des katabolen Zustands ist es wichtig eine ausreichende Zufuhr von Energie und Eiweiß zu verabreichen. Die Energiezufuhr sollte nur langsam erhöht werden, um unnötige Belastungen zu vermeiden. Eine besondere Beachtung verdient die Inappetenz, d. h. die Speisenauswahl und Speisenzubereitung sollte den persönlichen Vorlieben des Patienten angepasst werden. Bei Ödemen ist auf einer Bilanzierung der Flüssigkeit zu achten. Die Plasmaspiegel von Kalium und Magnesium sind im Normbereich zu halten und evtl. über die Kost oder über ein Supplementierung auszugleichen.

Literatur

1. Alam S, Johnson AG (1999) A meta-analysis of randomised controlled trials (RCT) among healthy normotensive and essential hypertensive elderly patients to determine the effect of high salt (NaCl) diet of blood pressure. J Hum Hypertens 13: 367–374
2. Alderman MH (1994) Non-pharmacological treatment of hypertension. Lancet 30: 307–311
3. Alderman MH, Cohen H, Madhavan S (1998) Dietary sodium intake and mortality: The National Health and Nutrition Examination Survey (NHANES I). Lancet 351: 781–785
4. Anonymous (1997) The sixth report of the Joint National Committee on prevention, detection, evaluation, and treatment of high blood pressure. Arch Intern Med 157: 2413–2446
5. Anonymous (1999) Dietary supplementation with ω-3 polyunsaturated fatty acids and vitamin E after myocardial infarction: results of the GISSI-Prevenzione trial. Lancet 354: 447–455
6. Appel LJ, Moore TJ, Obarzanek E, et al (1997) A clinical trial of the effects of dietary patterns on blood pressure. DASH Collaborative Research Group. N Engl J Med 336: 1117–1124
7. Appel LJ, Miller ER 3rd, Jee SH et al. (2000) Effect of dietary patterns on serum homocysteine: results of a randomized, controlled feeding study. Circulation 102: 852–857
8. Barri YM, Wingo CS (1997) The effects of potassium depletion and supplementation on blood pressure: a clinical review. Am J Med Sci 314: 37–40

9. Bucher HC, Hengstler P, Schindler C, Meier G (2002) ω-3 polyunsaturated fatty acids in coronary heart disease: a meta-analysis of randomized controlled trials. Am J Med 112: 298–304
10. Cappuccio FP, MacGregor GA (1991) Does potassium supplementation lower blood pressure? A meta-analysis of published trials. J Hypertens 9: 465–473
11. Cleophas TJ, Hornstra N, van Hoogstraten B, van der Meulen J (2000) Homocysteine, a risk factor for coronary artery disease or not? A meta-analysis. Am J Cardiol 86: 1005–1009
12. DGE (2000) Beratungsstandards, Bonn
13. de Lorgeril M, Salen P, Martin JL et al. (1999) Mediterranean diet, traditional risk factors, and the rate of cardiovascular complications after myocardial infarction: final report of the Lyon Diet Heart Study. Circulation 99: 779–785
14. Eikelboom JW, Lonn W, Genest J et al. (1999) Homocysteine and cardiovascular disease: a critical revive of the epidemiologic evidence. Ann Intern Med 131: 363–375
15. Engeli S, Gorzelniak K, Kreutz R et al. (1999) Co-expression of renin-angiotensin system genes in human adipose tissue. J Hypertens 17: 555–560
16. Griffith LE, Guyatt GH, Cook RJ et al. (1999) The influence of dietary and nondietary calcium supplementation on blood pressure: an updated metaanalysis of randomized controlled trials. Am J Hypertens 12: 84–92
17. Harris Ws, O'Keefe JH (2001) Cardioprotective effects of ω-3 fatty acids. J Parenter Enteral Nutr JPEN 16: 6–12
18. Haynes WG (2000) Interaction between leptin and sympathetic nervous system in hypertension. Curr Hypertens Rep 2: 311–318
19. He J, Ogden LG, Vupputuri S et al. (1999) Dietary sodium intake and subsequent risk of cardiovascular disease in overweight adults. JAMA 282: 2027–2034
19a. Heart protection study collaborative group (2002) MRC/BHF Heart protection study of antioxidant vitamin supplementation in 20, 536 high-risk individuals: a randomised placebo-controlled trail. Lancet 360: 23–33
20. Julius S, Valentini M, Palatini P (2000) Overweight and hypertension: a 2-way street? Hypertension 35: 807–813
21. Kasper H. (2000) Ernährungsmedizin und Diätetik, 9. Aufl. Urban & Fischer, München
22. Keil U, Spelsberg A, Liese AD (2001) Epidemiologie der Atheroskleroserisikofaktoren. In: Schwandt P, Richter WO, Parhofer KG (Hrsg) Handbuch der Fettsoffwechselstörungen. Schattauer, Stuttgart New York, S 624–644
23. Klag MJ, Wang NY, Meoni LA et al. (2002) Coffee intake and risk of hypertension: the johns hopkins precursors study. Arch Intern Med 162: 657–662
24. Krieger DR, Landsberg L (1988) Mechanism in obesity-related hypertension: role of insulin and catecholamines. JAMA 1: 84–90
25. Krauss RM, Eckel RH, Howard B et al. (2000) AHA Dietary Guidelines: revision 2000: A statement for healthcare professionals from the Nutrition Committee of the American Heart. Circulation 31/102: 2284–2299
26. Kurokawa K (2001) Salt, kidney and hypertension: Why and what to learn from genetic analyses? Nephron 89: 369–376
27. Laurant P, Touyz RM (2000) Physiological and pathophysiological role of magnesium in the cardiovascular system: implications in hypertension. J Hypertens 18: 1177–1191
28. Lengenfelder W (2002) Primäre Prävention kardiovaskulärer Erkrankungen durch nichtpharmakologische Maßnahmen. Med Klin 97: 77–87
29. Mann J (2000) Diseases of the heart and circulation: the role of dietary factors in aetiology and management. In: Human nutrition and dietetics. Churchill Livingstone, Edingburgh London New York, pp 689–714
30. Massey LK (2001) Dairy food consumption, blood pressure and stroke. J Nutr 131: 1875–1878
31. McCully KS (1969) Vascular pathology of homocysteinemia: implications for the pathogenesis of arteriosclerosis. Am J Pathol 56: 111–118
32. Mustafa I, Leverve X (2001) Metabolic and nutritional disorders in cardiac cachexia. Nutrition 17: 756–760
33. Nilsen DW, Albrektsen G, Landmark K et al. (2001) Effects of a high-dose concentrate of ω-3 fatty acids or corn oil introduced early after an acute. Am J Clin Nutr 74: 50–56
34. Rimm EB, Willett WC, Hu FB et al. (1998) Folate and vitamin B_6 from diet and supplements in relation to risk of coronary heart disease among women. JAMA 279: 359–364
35. Ruppert M, Overlack A, Kolloch R et al. (1993) Neurohormonal and metabolic effects of severe and moderate salt restriction in non-obese normotensive adults. J Hypertens 11: 743–749
36. Ruppert M, Overlack A, Kolloch R et al. (1994) Effects of severe and moderate salt restriction on serum lipids in nonobese normotensive adults. Am J Med Sci 307: S87–S90
37. Ryan TJ, Antman EM, Brooks NH et al. (1999) ACC/AHA Guidelines for the management of patients with acute myocardial infarction: Executive summary and recommendations: A report of the American College of Cardiology/American Heart Association Task Force on Practice Guidelines. Circulation 100: 1016–1030
38. Sacks FM, Svetkey LP, Vollmer WM et al. (2001) Effects on blood pressure of reduced dietary sodium and the »Dietary Approaches to Stop Hypertension« (DASH) diet. N Engl J Med 344: 3–10
39. Schorr-Neufing U (2002) Neue Konzepte zur Pathophysiologie der adipositasassoziierten Hypertonie. Ernähr Med 17: 31–34
40. Sellmayer A, Theisen K, Weber PC (2000) ω-3-Fettsäuren nach Myokardinfarkt: Senkung der Mortalität durch antiarrhythmische Effekte. Dtsch Med Wochenschr 125: 1542–1546
41. Stary HC (2001) Pathologie der Atherosklerose. In: Schwandt P, Richter WO, Parhofer KG (Hrsg) Handbuch der Fettsoffwechselstörungen Schattauer, Stuttgart New York, S 607–623
42. Tjonneland A, Gronbaek M, Stripp C, Overvad K (1999) Wine intake and diet in a random sample of 48763 Danish men and women. Am J Clin Nutr 69: 49–54
43. Whelton PK, He J, Cutler JA et al. (1997) Effects of oral potassium on blood pressure. Meta-analysis of randomized controlled clinical trials. JAMA 277: 1624–32
44. WHO Consultation on Obesity (1997) Obesity-preventing and managing the global epidemic. WHO 1–276
45. Witteman JC, Grobbee DE, Derkx FH et al. (1994) Reduction of blood pressure with oral magnesium supplementation in women with mild to moderate hypertension. Am J Clin Nutr 60: 129–135
46. Xin X, He J, Frontini MG et al. (2001) Effects of alcohol reduction on blood pressure: a meta-analysis of randomized controlled trials. Hypertension 38: 1112–1117

Ernährung bei Krankheiten des Gastrointestinaltrakts

J. Stein, A. Jordan

42.1 Ösophagus

42.1.1 Gastroösophageale Refluxkrankheit (GERD)

Ein gastroösophagealer Reflux ist definiert als ein *Rückfluss von Mageninhalt in den Ösophagus*. Dies kann zu einer Ösophagitis infolge Irritation und Schädigung der Schleimhaut führen. Mitunter kann es von der erosiven Refluxkrankheit zum metaplastischen Umbau des Plattenepithels des Ösophagus zum Drüsenepithel im Sinne eines Barrett-Ösophagus bis hin zur Dysplasie und dem Adenokarzinom kommen.

Ätiologie und Klinik

Die Ätiologie der gastroösophagealen Refluxkrankheit ist multifaktoriell. In der Regel liegt ein Zusammenspiel aus Fehlfunktionen und fehlerhaften Kompensationsmechanismen vor. Bei gesunden Individuen stellen der regelrechte Tonus des unteren Ösophagussphinkters (UÖS), die Selbstreinigungsfunktion der tubulären Speiseröhre sowie eine physiologische gastroduodenale Funktion wesentliche *Antirefluxmechanismen* dar (Abb. 42-1).

Zugrundeliegende *Ursachen* für die Entstehung der gastroösophagealen Refluxkrankheit sind [37]:

- *kardiale Insuffizienz* bedingt durch eine axiale Hiatushernie,
- *primäre Insuffizienz* des unteren Ösophagussphinkters,
- *exzessive Hypersekretion von Magensäure*,
- *sekundäre Sphinkterinsuffizienz*, z. B. Adipositas, eine pathologische Ösophagusmotilität und/oder eine gestörte Reservoirfunktion des Magens (z. B. verzögerte Magenentleerung).

> Man geht heute davon aus, dass bis zu 80% der Patienten, die an gastroösophagealem Reflux leiden, *übergewichtig* sind. Ein ausgeprägter Fettansatz im Abdominalbereich erhöht bei Rückenlage erheblich den intraabdominellen Druck und begünstigt, insbesondere bei nicht optimalem Tonus des unteren Ösophagussphinkters, den Reflux von Mageninhalt (sekundäre Sphinkterinsuffizienz).

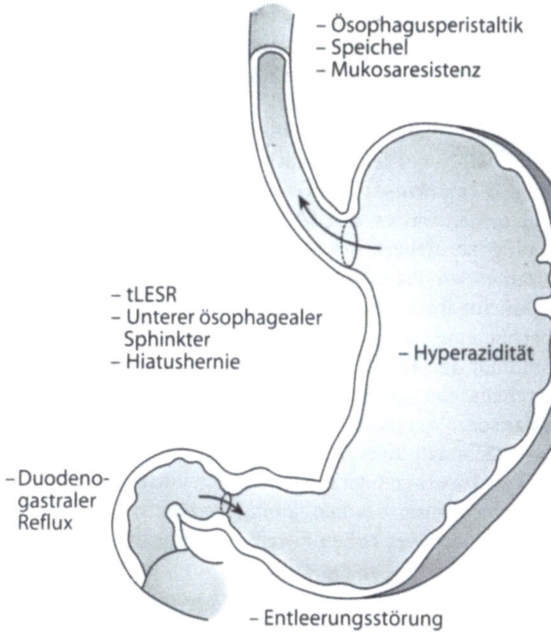

Abb. 42-1. Determinanten des gastroösophagealen Refluxes

Pathogenetisch scheinen außerdem Nikotin- und Alkoholabusus eine bedeutende Rolle zu spielen: Sowohl Nikotin als auch Alkohol bewirken eine *Senkung des UÖS-Ruhetonus* und eine *Einschränkung der ösophagealen Motilität*, was mit einer Einschränkung der Selbstreinigungsfunktion (Clearance) der tubulären Speiseröhre einhergeht [4].

Klinisch äußert sich die Refluxkrankheit durch Sodbrennen, Aufstoßen von Säure ohne Übelkeit, Schluckbeschwerden und Brennen im Rachen. Seltener treten retrosternale Schmerzen, Bauchschmerzen, Aufstoßen von Luft, Übelkeit und Erbrechen auf.

Ernährungstherapie

Diätetische Maßnahmen zur Vermeidung eines gastroösophagealen Reflux basieren meist auf der *ärztlichen Empirie* und weniger auf dem wissenschaftlichen Nachweis durch entsprechende Studien.

> Ziel der ernährungstherapeutischen Maßnahmen bei Sodbrennen sollte eine Steigerung des Druckgefälles zwischen Magen und unterem Ösophagus und eine Vermeidung direkter Irritation der Ösophagusmukosa sein.

Gesichert ist die Assoziation der Refluxkrankheit mit der Adipositas. Meist reicht eine *Normalisierung des Körpergewichts* aus, um die Symptomatik zu beseitigen oder erheblich zu vermindern. Die Gewichtsreduktion erfolgt nach den üblichen Regeln der Adipositastherapie (s. Kap. 47, 48).

Nahrungsmittel bzw. Genussmittel, die gesichert den gastroösophagealen Reflux fördern, wie Alkohol, Zigaretten, exzessiv fett- und eiweißhaltige Lebensmittel, sollten gemieden werden.

Belegt ist außerdem, dass Patienten profitieren, wenn sie *mehrere kleine* (4–6) *Mahlzeiten* pro Tag zu sich nehmen anstatt 2–3 große.

> Um dem durch die horizontale Lage nachts begünstigten Reflux vorzubeugen, sollte insbesondere die Abendmahlzeit wenig voluminös sein und spätestens 3 Stunden vor dem zu Bett gehen eingenommen werden. Auf nächtliche Mahlzeiten sollte gänzlich verzichtet werden.

Einer kürzlich erschienen Studie zufolge scheint ein postprandialer Reflux weniger durch den Energiegehalt einer Mahlzeit als durch das Volumen induziert zu werden [46]. Dieser Effekt wird wahrscheinlich durch das gastrointestinale Hormon Cholezystokinin (CCK) vermittelt. Die Ausschüttung von CCK erfolgt bei einer Dehnung der Magenwand durch Stimulation von gastralen Mechanorezeptoren, die überwiegend in der subkardialen Region lokalisiert sind. CCK bewirkt eine vorübergehende Relaxation des unteren Ösophagussphinkters (UÖS) [3].

> Der Erfolg der Beachtung gängiger diätetischer Empfehlungen, wie das Meiden von Kaffee, scharfen Gewürzen und fettreichen Lebensmitteln, konnte bisher wissenschaftlich nicht ausreichend belegt werden.

Studien zum Effekt von *Kaffee* auf den gastroösophagealen Reflux zeigen keine einheitlichen Ergebnisse. Es wurde sowohl eine Erhöhung als auch eine Verminderung des UÖS nach Konsum von Kaffee gefunden. Die Gastrinsekretion wird sowohl durch regulären als auch entkoffeinierten Kaffee stimuliert, nicht aber durch Koffein allein. Die Säureproduktion ist sowohl nach Konsum von regulärem Kaffee als auch entkoffeiniertem Kaffee und Koffein erhöht, wobei der ausgeprägteste Effekt durch regulären Kaffee zu erzielen ist. Kaffee hat keinen Effekt auf die Magenentleerung. Bisher ist noch unklar, welche Substanzen im Kaffee bzw. welche Mechanismen für die Effekte verantwortlich sind [2]. Da bisher keine einheitlichen Ergebnisse vorliegen, wird von einem generellen Verbot von Kaffee abgesehen und stattdessen eine Empfehlung nach der individuellen Austestung gegeben.

Immer wieder wird die Frage diskutiert, ob pflanzliche *Gewürze* gastrointestinale Beschwerden nach Nahrungsaufnahme auslösen oder verstärken. Insbesondere werden scharfe Gewürze wie roter und schwarzer Pfeffer und Chili diskutiert. Da sich die Art der Wirkstoffe in den pflanzlichen Gewürzen erheblich unterscheidet, lassen sie sich nicht einheitlich beurteilen. Am besten erforscht ist die Wirkung von *Capsaicin*, dem aktiven Wirkstoff aus Chili, der unter anderem für die Schärfe der Chilischoten verantwortlich ist. Interessanterweise zeigen zahlreiche Studien einen *protektiven Effekt von Capsaicin auf die ösophageale und die gastrale Mukosa*. Als mögliche Erklärung gilt die Erhöhung des Blutflusses im Splanchnikusgebiet nach Aufnahme von Capsaicin. Capsaicin erhöht den Druck des unteren Ösophagussphinkter und die ösophageale Motilität. Capsaicin fördert also nicht den ösophagealen Reflux, es scheint aber bei bestehendem Reflux durch seine Wirkung auf afferente Neuronen die Schmerzschwelle im unteren Ösophagus gegenüber dem Refluat herabzusetzen und somit die Schmerzempfindlichkeit zu erhöhen [54].

Fettreiche Speisen werden häufig von Patienten als Auslöser von Beschwerden angegeben. Einer Untersuchung von Penganini et al. [47] zufolge konnte jedoch kein eindeutiger Effekt auf den gastroösophagealen Reflux durch Mahlzeiten mit steigendem Fettgehalt bei gleichbleibender Kaloriendichte gefunden werden. Die Empfehlungen hinsichtlich des Fettgehalts bei Patienten mit Refluxkrankheit folgen mit 30 Energie-% den Empfehlungen einer gesunden Ernährung.

Kohlenhydrate beeinflussen des UÖS nur unwesentlich, wohingegen bei Gesunden nach einer *proteinreichen* Mahlzeit einer Drucksteigerung um 50% nachweisbar war [40].

Das nach dem Genuss von *Schokolade* beschriebene Auftreten von Refluxbeschwerden ist wohl weniger Folge ihres Fettgehalts, sondern wird in erheblichem Maße durch den hohen Gehalt an Methylxanthin bestimmt, das eine Abnahme des UÖS-Drucks bedingt [42].

42.1.2 Ösophagusmotilitätsstörungen

Neben neurogenen Schluckstörungen (s. Kap. 36) führen ein sog. *funktioneller Megaösophagus* (Achalasie) wie auch der akute Ösophagusspasmus (*Nussknackerösophagus*, Korkenzieherösophagus) regelhaft zu Störungen der Ösophagusmotilität.

Bei der *Achalasie* kommt es durch die fehlende bzw. inkomplette reflektorische Öffnung des UÖS beim Schlucken zur Behinderung des Speisetransports mit zunehmender Retention des Nahrungsbreis und Dilatation der Speiseröhre (Entwicklung eines Megaösophagus).

Dagegen ist beim *Nussknackerösophagus* die Funktion des UÖS normal, es finden sich jedoch deutlich erhöhte und verlängerte Kontraktionsamplituden (hyperkontraktiler Ösophagus).

Die *Ätiologie* beider primärer Motilitätsstörungen ist unbekannt. Bei Achalasie findet sich u. a. eine signifikante Verminderung der Ganglienzahl des Auerbach-Plexus.

Leitsymptome sind Dysphagie (feste Speisen >> flüssige Nahrung), Regurgitation, retrosternale krampfartige Schmerzen (v. a. Nussknackerösophagus) sowie Gewichtsabnahme mit zunehmender Dauer der Erkrankung.

Die *Therapie* besteht in der Dilatationsbehandlung oder Myotonie nach Heller. Eine medikamentöse Senkung des Sphinkterwiderstands durch Kalziumantagonisten und/oder Nitrate ist in Einzelfällen erfolgreich (s. Lehrbücher der Gastroenterologie).

42.2 Magen

42.2.1 Peptisches Ulcus ventriculi und Ulcus duodeni

Beim peptischen Ulkus findet sich ein *kraterförmiger Schleimhautdefekt*, der über die Muscularis mucosae hinaus in die Magen-Darm-Wand penetriert.

Ätiologisch liegt eine ungeklärte Resistenzminderung der Schleimhaut gegen die peptische Aktivität (Salzsäure und Pepsin) zugrunde. »Ohne Säure kein Ulkus«. Ursächlich diskutiert werden:

- Besiedlung der Gastroduodenalschleimhaut mit Helicobacter pylori,
- Einnahme von nichtsteroidalen Antiphlogisitika,
- Hypersekretion von Säure (z. B. Gastrinom).

Begünstigende Faktoren sind weiterhin psychische Belastungen, Nikotinabusus, Krankheitsstress (Schock, Sepsis, »Stressulkus«), Leberzirrhose, verschiedene endokrine Krankheitsbilder. Der möglich Stellenwert bestimmter Ernährungsweisen wird kontrovers diskutiert (s. unten).

Leitsymptome sind brennende, bohrende, nagende, gelegentlich krampfartige Oberbauchschmerzen, die evtl. durch Nahrungsaufnahme gebessert werden (Säurenneutralisation).

Cave: Bis zu 30% der Ulzera machen keine subjektiven Beschwerden. In der Regel findet sich keine Korrelation der Beschwerden zu Größe und Abheilungsstadium.

Ernährungsprophylaxe/-therapie

Anfang bis Mitte des letzten Jahrhunderts bestand die Therapie der *Ulkuserkrankung* in sog. Ulkuskuren. Ziel dieser Therapieformen war es, den Magen sekretorisch und motorisch ruhig zu stellen. Bekannt wurden solche Therapien unter Namen wie die *Sippy-Diät* oder die *Richard-Doll-Therapie* (Milch-Sahne-Alkali-Diät). Basis war die stündliche oder permanente Gabe von Milch – meist per Magensonde – , basierend auf der Annahme, dass Milch wegen seines hohen Eiweißgehalts eine große Pufferkapizität besitzt. Zusätzlich wurde das sog. *Sippy-Pulver* verabreicht, wobei es sich schlicht um ein Bikarbonatpulver handelte. Diese Diäten wurden teilweise bis zu 4 Wochen oder länger durchgeführt [34].

Erst in späteren Studien konnte gezeigt werden, dass Milch aufgrund seines hohen Eiweiß- und Kalziumgehalts im Gegenteil die Säuresekretion erheblich stimuliert. So konnte in einer vergleichenden Studie an Ulcus-duodeni-Patienten gezeigt werden, dass die Heilungsrate unter Einnahme eines

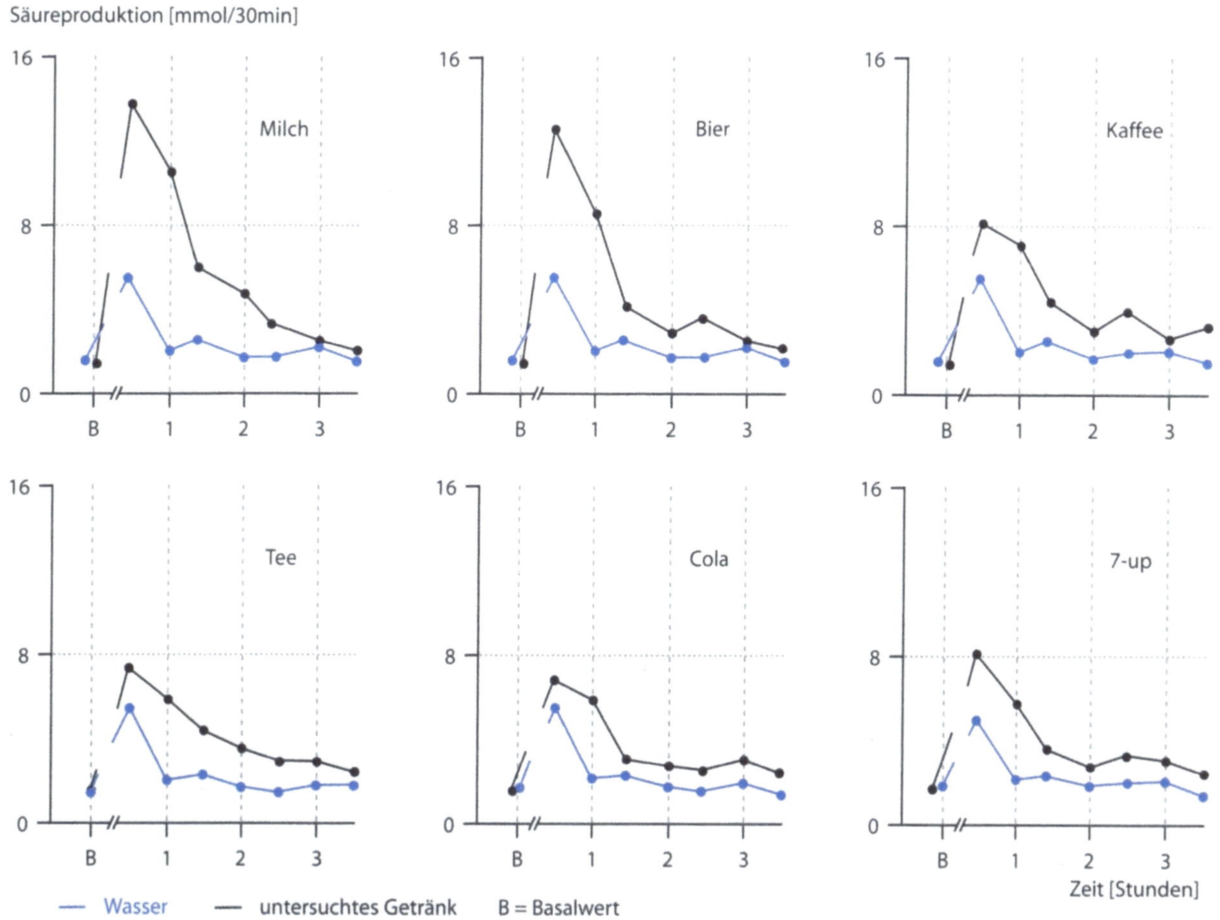

Abb. 42-2. Gastrale Säureproduktion bei gesunden Versuchspersonen nach Gabe verschiedener Getränke im Vergleich zu Wasser. (Mod. nach [36])

H_2-Blockers signifikant geringer war, wenn gleichzeitig größere Mengen Milch (2 l über den Tag verteilt) getrunken wurden [58].

Ebenso ist die Wirksamkeit der in den früheren Jahren auf der Basis einer leichten ballaststoff- und fettarmen Kost angewandten *»blanden Ulkusdiäten«*, mit dem Ziel, den Magen sekretorisch und motorisch ruhig zu stellen, mehr als fraglich anzusehen. Vielmehr ließ sich zeigen, dass der gastrale pH-Wert nach einer frei gewählten Kost im Durchschnitt weniger sauer war als nach einer sog. blanden Ulkusdiät.

Obwohl für Gewürze, insbesondere Pfeffer, Paprika und Senf – ähnlich wie beim GERD (s. oben) – ein direkter schädigender Einfluss auf die Magenschleimhaut bis heute nicht bewiesen wurde, sind sie nach wie vor auf der Negativliste zahlreicher Ulkusdiäten zu finden. Für Capsaicin, dem aktiven Wirkstoff aus Chili, konnte sogar eine protektive Wirkung auf die Magenschleimhaut nachgewiesen werden [78].

Trotz einer nachgewiesenen Stimulation der gastralen Säure- und Pepsinsekretion durch *Alkohol* (*Abb. 42-2*), ließ sich für alkoholhaltige Getränke kein epidemiologischer Zusammenhang zwischen Höhe des Alkoholkonsums und der Ulkushäufigkeit aufzeigen. Weder die Abheilung noch die Rezidivrate von peptischen Ulzera wurde durch den regelmäßigen Konsum alkoholischer Getränke negativ beeinflusst [36].

Ein hoher *Kaffeekonsum*, nicht aber ein regelmäßiger Verzehr anderer koffeinhaltiger Getränke geht nach der Mehrzahl der epidemiologischen Erhebungen mit einer höheren Rate an peptischen Ulzera einher. Analog zu Bier und Wein, bei denen neben dem Alkohol wohl auch *Fermentationsprodukte* des *Gärungsprozesses* für die Säuresekretion verantwortlich sind, stimulieren bei Kaffeegenuss neben Koffein beim Röstprozess entstandene Substanzen die Magensäuresekretion [36].

> Ulkuspatienten sollten daher zur Vermeidung weiterer Schmerzen und Förderung des Heilungsprozesses auf einen übermäßigen Genuss von Kaffee und schwarzem Tee verzichten (<3 Tassen pro Tag).

Nach dem derzeitigen Stand des Wissens spielen Ernährungstherapie und Ernährungsprophylaxe in der Behandlung peptischer Ulzera inzwischen eine untergeordnete Rolle. Zum einen wegen der neuen Erkenntnisse über die Bedeutung von Helicobacter pylori für die Entstehung von Magen- und Zwölffingerdarmgeschwüren und die Möglichkeit der Rezidivprophylaxe durch Eradikation. Zum anderen durch die Therapieerfolge mit H_2-Antagonisten und Protonenpumpenhemmern. Unter dieser Therapie werden in der Regel alle Nahrungsmittel ohne Beschwerden vertragen.

> Zusammenfassend bleibt festzuhalten, dass es keine zwingenden Hinweise gibt, dass weder bestimmte Nahrungsmittel ursächlich an der Entstehung peptischer Ulzera beteiligt sind

noch eine bestimmte Kostform einen Einfluss auf die Abheilung von Ulzera hat. Auch Nahrungsmittel, die nachweislich potente Säurestimulatoren sind, scheinen nicht an der Genese peptischer Ulzera beteiligt zu sein. Es wird eine Kost nach den Regeln einer vollwertigen Ernährung empfohlen. Grundsätzlich sollten individuelle Unverträglichkeiten erfragt werden. Von exzessivem Kaffee- und Alkoholkonsum sollte abgeraten werden. In jedem Fall ist von dauerhaften einseitigen Kostformen abzuraten, da diese zu einer Mangelernährung führen können.

42.2.2 Reizmagen, chronische Gastritis

Unter *Reizmagensyndrom* (*Synonyme:* Dyspepsie, nichtulzeröse Dyspepsie, NUD) werden eine ganze Reihe von Symptomen und Beschwerden zusammengefasst, die im Bereich der Oberbauchorgane lokalisiert sind und deren Genese durch Funktionsstörungen oder eine veränderte Nozizeption dieser Organe bzw. auf einem psychosomatischen Hintergrund erklärt werden können. Unterschieden wird ein »*Refluxtyp*« (Sodbrennen, Aufstoßen), ein »*Dysmotilitätstyp*« mit Stasesymptomen und ein »*Ulkustyp*« mit entsprechenden Schmerzen. Diese Unterteilung erlaubt jedoch keine Zuordnung zu pathophysiologischen Zusammenhängen und ist daher nur von geringem prädiktivem Wert hinsichtlich des Ansprechens auf verschiedene medikamentös-therapeutische Maßnahmen (z. B. Säuresuppression, Prokinetika).

Ätiologie und Klinik

Die verantwortlichen *pathogenetischen Faktoren* sind bis heute unklar. In älteren Studien konnten Veränderungen der Magen- und Duodenalmotilität bei bis zu 60% der Patienten nachgewiesen werden. Eine Korrektur der Motilitätsstörung mittels pharmakologischer Therapie führt jedoch nicht zuverlässig zu einer Besserung der Beschwerden bei diesen Patienten, weshalb die beobachteten Motilitätsstörungen auch nur ein Epiphänomen darstellen mögen. Neuere Daten weisen auf eine gesteigerte Nozizeption für Distensionsreize im Magenkorpus und Duodenum bei Dyspepsiepatienten hin. Jedoch ergibt sich auch aus diesen Befunden bis heute kein aktueller therapeutischer Ansatz. Auch eine pathophysiologische Rolle der durch Helicobacter pylori induzierten Gastritis konnte bis heute nicht zweifelsfrei belegt werden. Die methodisch saubereren Studien sprechen gegen einen solchen Zusammenhang.

Klinisch stehen im Vordergrund *Schmerzen*, die im Epigastrium, mittleren Oberbauch, periumbilikal oder aber auch im rechten und/oder linken Oberbauch lokalisiert sind. Begleitsymptome sind *Völlegefühl* (v. a. postprandial), *Übelkeit*, *Brechreiz*, *frühzeitiges Sättigungsgefühl*, *Meteorismus*, aber auch (saures oder nichtsaures) *Aufstoßen*. Gelegentlich wird auch *Sodbrennen* angegeben. Die exakte Abgrenzung zu anderen funktionellen Syndromen (irritabler Ösophagus, Sphinkter-Oddi-Dysfunktion, Reizdarmsyndrom) ist schwierig und häufig unmöglich. Gelegentlich sind andere vegetative Symptome vorhanden, wie Herzpalpitationen, Reizblase, Myogelosen, vasomotorische Kopfschmerzen oder Schlafstörungen.

Die *Diagnose* kann nur als *Ausschlussdiagnose* gestellt werden. Hierfür wird der weitestgehende Ausschluss organischer Veränderungen am oberen GI-Trakt gefordert (s. Lehrbücher der Gastroenterologie).

Therapie und Prophylaxe

Die *medikamentöse* Therapie ist durch die Untergruppen teilweise vorgegeben. Stehen *Refluxbeschwerden* und *Sodbrennen* im Vordergrund, werden bevorzugt Antazida, H_2-Blocker oder Protonenpumpenblocker eingesetzt. Beim sog. »*Motilitätstyp*« mit Stasesymptomen (Völlegefühl, Druck, schnelle Sättigung, Übelkeit, Brechreiz) wirken Prokinetika (Metoclopramid, Domperidon, Cisaprid) besonders gut. Beim »*Ulkustyp*« (NUD) stehen wiederum H_2-Blocker bzw. Protonenpumpenblocker im Vordergrund. Der Stellenwert einer grundsätzlichen Eradikation von Helicobacter pylori wird kontrovers diskutiert.

Ernährungstherapeutische Maßnahmen

Zur Behandlung funktioneller Magenerkrankungen und chronischer Magenschleimhautentzündung gibt es keine spezielle Kostform. Es wird eine vollwertige Ernährung empfohlen unter Meidung individuell unverträglicher Lebensmittel. Gegebenenfalls ist der Abbau eines Genussmittelabusus (Kaffee, Nikotin, Alkohol) zu berücksichtigen.

42.2.3 Vagotomie, partielle und totale Gastrektomie

Während die Operationsinzidenz wegen rezidivierender Ulzera nach Einführung potenter Ulkustherapeutika (H_2-Blocker/Protonenpumpenblocker) drastisch gesunken ist, blieb sie für Ulkuskomplikationen praktisch unverändert. Dabei werden partielle Magenresektionen (Billroth I und II etc.) nur noch selten durchgeführt, da meist die selektive Vagotomie, Ulkusumstechung bei Blutung ausreichen (*Abb. 42-3*). Die totale Magenreseketion wird vornehmlich bei malignen Prozessen des gastroduodenalen Bereiches durchgeführt.

Postvagotomiesyndrom

Bei dem früher häufig bei Magen- und Zwölffingerdarmgeschwüren angewandten Verfahren der selektiven proximalen Vagotomie (SPV) bleibt die Reservoirfunktion des Magens weitgehend erhalten. Bei 30–50% der Patienten bestehen in den ersten postoperativen Wochen Störungen der Motilität mit Druck- und Völlegefühl, Erbrechen und Diarrhö (Postvagotomiesyndrom), die sich in der Regel spontan bessern.

Empfohlen werden sorgfältiges Kauen, langsames Essen, häufig kleine Mahlzeiten, ggf. Prokinetika vor dem Essen. Eine diätetische Behandlung in Form einer MCT-haltigen Kost wird erst bei auftretender Steatorrhö notwendig.

Partielle bzw. totale Magenresektion

Die partielle oder totale Magenresektion geht zum einen mit einem Defekt in der Kontinuität des oberen Gastrointestinaltrakts und zum anderen mit dem Verlust der *Reservoirfunktion* des Magens einher. Diese Veränderungen können zu einer erheblichen Beeinträchtigung der Sekretions-Transport-Verdauungsfunktion führen und können die bekannten komplexen Syndrome nach Gastrektomie (Postgastrektomiesyndrom, Früh- und Spätdumpingsyndrom) hervorrufen.

Motilitätsveränderungen sind einerseits bedingt durch den Wegfall des Magenschrittmachers im Antrum durch die trunkuläre Vagotomie, andererseits durch den Verlust des unteren Ösophagussphinkters und des Pylorus.

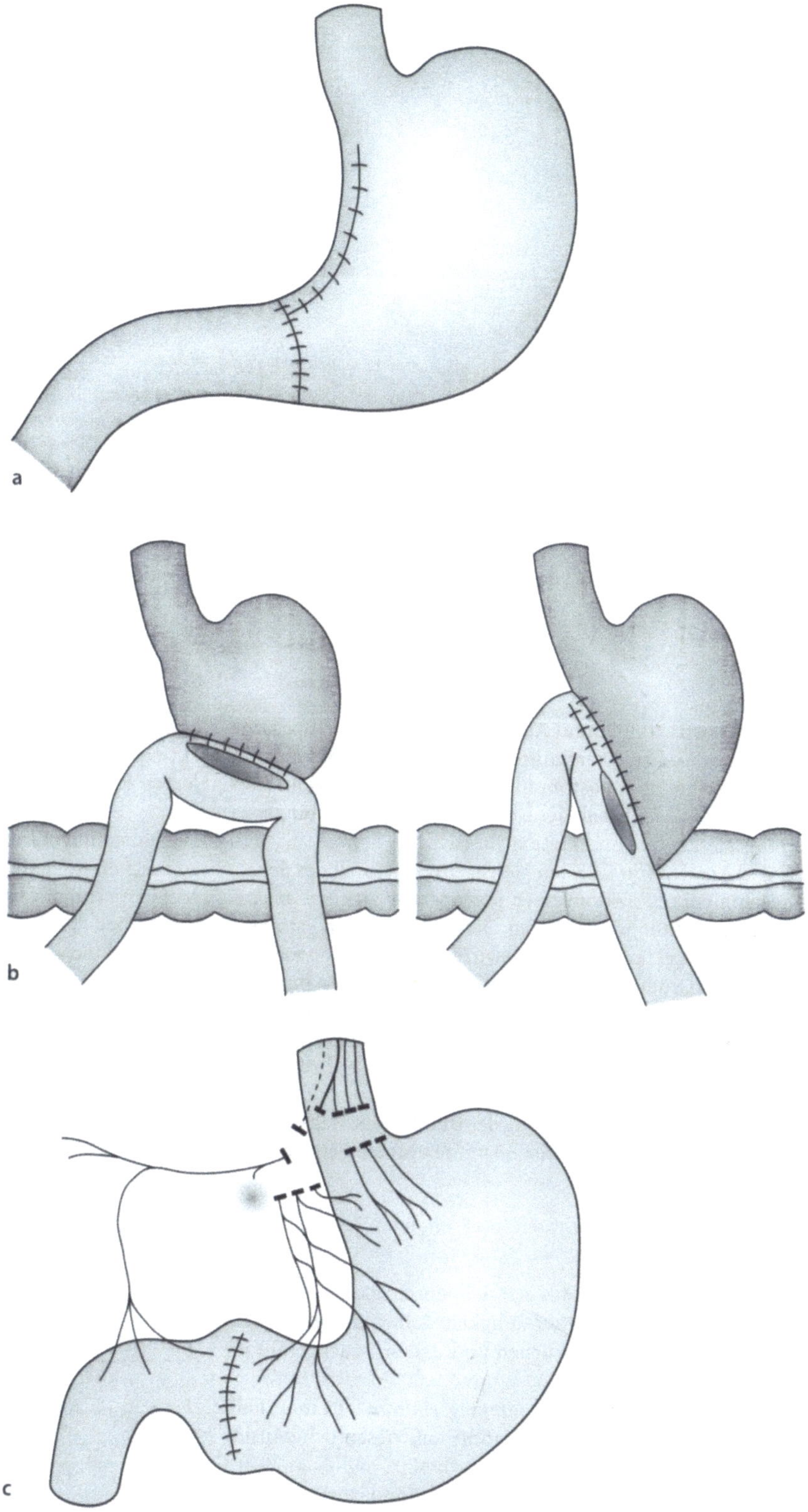

Abb. 42-3a–c. Schematische Darstellung der Magenresektion nach Billroth I (**a**), nach Billroth II (**b**) und selektiver gastraler Vagotomie mit Pyloroplastik (**c**)

Weiterhin treten nach einer Gastrektomie komplexe Veränderungen im Haushalt der *gastrointestinalen* Hormone auf. Diese Veränderungen sind zum einen dadurch bedingt, dass der Magen selbst gastrointestinale Hormone sezerniert (z. B. Gastrin, Somatostatin, vasoaktives intestinales Polypeptid). Zum anderen liegt eine Beeinflussung der Regulation gastrointestinaler Hormone durch die veränderte Nahrungspassagezeit, das veränderte pH-Milieu und die fehlende direkte alimentäre Stimulation bei Aufhebung der Duodenalpassage vor [65]. Insgesamt besteht nach Gastrektomie unter Stimulationsbedingungen ein starker Anstieg der gastrointestinalen Hormone gastrointestinales Polypeptid (GIP) und Cholezystokinin (CCK), wohingegen Gastrin, pankreatisches Polypeptid (PP), Motilin und Sekretin abfallen. Die Insulinsekretion

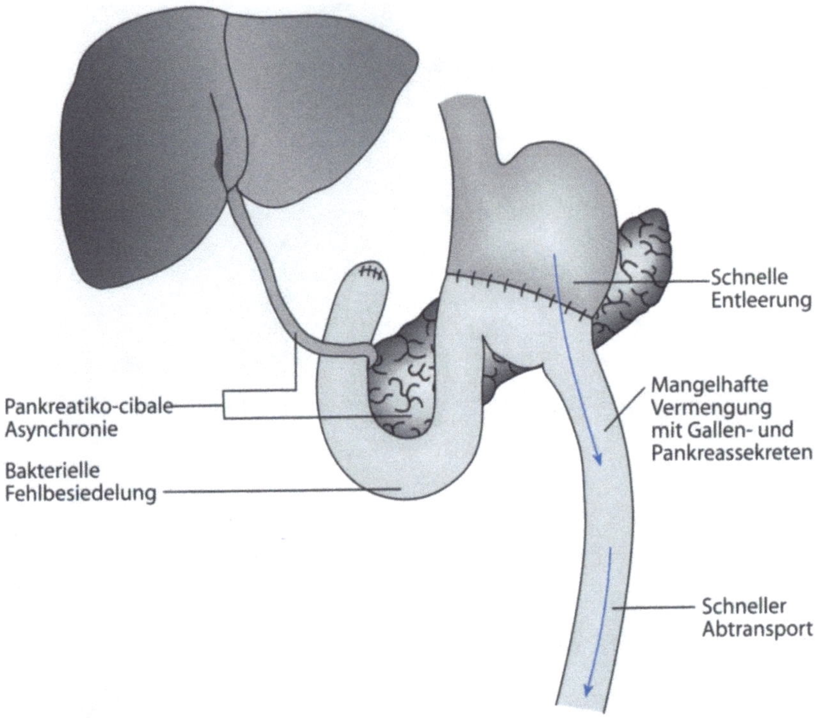

Abb. 42-4. Pathogenetische Faktoren der Stearrhö nach Gastrektomie

ist nach Gastrektomie und Aufhebung der Duodenalpassage vermindert, was zu einer pathologischen Glukosetoleranz mit bis zu 30% höheren postprandialen Blutzuckerkonzentrationen führt. Bei dem Erhalt der Duodenalpassage liegt hingegen eine verstärkte Insulinsekretion vor [65].

Der Anstieg von CCK bei gleichzeitigem Abfall des Sekretins kann bei Gastrektomierten postoperativ zu *einer exokrinen Pankreasinsuffizienz* führen. Diese ist bei vielen Patienten für die Maldigestion und den Gewichtsverlust verantwortlich. Aus diesem Grund sollten gastrektomierte Patienten postoperativ regelhaft Pankreasenzyme erhalten. Des Weiteren hemmt CCK über zentrale Mechanismen den Appetit und erzeugt ein Sättigungsgefühl, was mit einer verminderten Nahrungsaufnahme einhergeht [65].

Insbesondere bei Aufhebung der Duodenalpassage kommt es nicht selten zu einer *Steatorrhö* mit relevanten Fettverlusten (s. unten; *Abb. 42-4*).

Dumpingsyndrom: postalimentäres Früh- und Spätdumpingsyndrom

Das Dumpingsyndrom äußert sich durch akute Durchfälle, Übelkeit, postprandiale Müdigkeit, Schwindelgefühl, verbunden mit Schweißausbrüchen und einem Druckgefühl im Oberbauch.

Das postalimentäre *Frühdumpingsyndrom* tritt innerhalb von 30 min nach Nahrungsaufnahme auf. Wesentliche Auslösungsmechanismen sind (*Abb. 42-5*):

- mechanische Dehnung des oberen Dünndarms nach Aufnahme großvolumiger Mahlzeiten bzw. durch hyperosmolaren Speisebrei (Sturzentleerung). Durch Zerrung an der Mesenterialwurzel kommt es zur *reflektorischen Kreislaufreaktion.*
- Aufgrund des *hohen osmotischen Drucks* des Speisebreis kommt es zu einem Wassereinstrom aus der Blutbahn in das Darmlumen. Dieser Effekt geht mit einer Hypovolämie und konsekutivem Blutdruckabfall einher. Durch Freisetzung vasoaktiver Peptide (Serotonin, Bradykinin) kommt es zur *hypovolämen Kreislaufreaktion.*

Das postalimentäre *Spätdumpingsyndrom* ist die Folge einer zu raschen Kohlenhydratresorption nach Aufnahme größerer Mengen schnell resorbierbarer Kohlenhydrate. Es kommt zu einer über die Norm ansteigenden Blutzuckerkonzentration, was reflektorisch mit einer starken Insulinausschüttung verbunden ist. Hieraus kann sich bei Sistieren der Kohlenhydratresorption ein Missverhältnis zwischen dem im Überschuss sezernierten Insulin und dem Blutzucker ergeben, sodass es 2–3 h nach dem Essen zu einer *reaktiven Hypoglykämie* mit den klassischen Symptomen wie Schweißneigung, Konzentra-

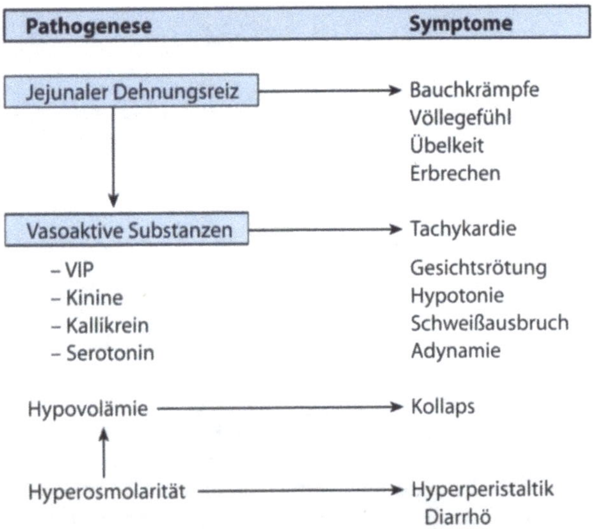

Abb. 42-5. Pathogenese und Beschwerden des postprandialen Frühdumpings

tionsschwäche, Heißhunger, Müdigkeit und Somnolenz kommt. Das Spätdumpingsyndrom wird v. a. nach dem Billroth-II-Verfahren beobachtet.

Bakterielle Überbesiedlung (Syndrom der blinden Schlinge)

Eine bakterielle Überbesiedlung als Folge der Hypo- bzw. Anazidität nach *Vagotomie* oder Stase in ausgeschalteten blinden Schlingen (*Billroth-II-Operation*) stellt einen Teilaspekt im Spektrum der vielfältigen Ursachen einer bakteriellen Überbesiedlung dar und wird daher in diesem Kontext abgehandelt werden (s. Abschn. 42.3.6).

Postgastrektomiesyndrom

Die klinischen Folgen nach Gastrektomie werden als Postgastrektomiesyndrom zusammengefasst. Neben der beschriebenen Dumpingsymptomatik, gilt als wesentliches ernährungsmedizinische Problem bei diesen Patienten die frühzeitige Erkennung und Deckung des z. T. erhöhten Energie- und Nährstoffbedarfs.

Energiebedarf

Während etwa 10–20% der Patienten nach Magenteilresektion untergewichtig werden, sind dies etwa 60% der Gastrektomierten! Ursachen sind eine *unzureichende Nahrungsaufnahme* und das Auftreten einer *Malassimilation.*

So werden in den ersten Monaten nach Gastrektomie meist weniger als 50% der üblichen Portionen je Mahlzeit toleriert, sodass eine bedarfdeckende Energie- und Nährstoffaufnahme nur durch 7–10 Mahlzeiten/24 h erreicht werden. Im weiteren Verlauf steigt die tolerable Mahlzeitengröße individuell an. So lag 12 Monate postoperativ bei 18% der Patienten mit Jejunumersatzmagen die Mahlzeitenfrequenz bereits unter 4 Mahlzeiten/24 h, bei 45% bei 4–5 Mahlzeiten, jedoch bei 35% der Patienten über 6 Mahlzeiten/24 h [12].

Sowohl nach Ersatzmagenbildung als auch nach Ösophagojejunostomie konnte bei etwa 90% der Patienten ein pathologisch erhöhter Stuhlfettgehalt bestimmt werden. Das Ausmaß der Steatorrhö zeigt jedoch *unabhängig vom Operationsverfahren* große individuelle Unterschiede. Entsprechend unterschiedlich ist der Einfluss der Fettmalassimilation auf Energie- und Nährstoffverluste (Kalzium, Magnesium, fettlösliche Vitamine, Zink).

> Maßgebend für eine adäquate Energie- und Nährstoffversorgung ist demnach eine stetige, individuelle, am Gewichtsverlauf orientierte Anpassung der Mahlzeitenfrequenz an die tolerierbare Mahlzeitengröße [12].

Mineralstoffe und Spurenelemente

Aufgrund der Zunahme der PTH-Ausschüttung (sekundärer Hyperparathyreodismus) und vermehrter intestinaler Kalziumverluste findet sich bei über 50% der Patienten nach Magenteilresektion oder Gastrektomie eine gesteigerte Kalziummobilisation bis hin zur Ausbildung einer sekundären Osteoporose. Hauptursache ist das durch Auftreten einer sekundären Laktoseintoleranz bedingte Meiden von Milch und Milchprodukten.

> Nach Gastrektomie kann sich in bis zu 50% der Fälle ein (sekundärer) Laktasemangel einstellen bzw. ein präexistenter geringgradiger Mangel postoperativ manifestieren.

Tabelle 42-1. Ursachen der verminderten Eisenresorption nach Gastrektomie. (Mod. nach [50])

Fehlen von Magensäure und Pepsin → verminderte Reduktion von Fe-III zu Fe-II
Verminderte Resorptionsfläche, insbesondere bei Ösophagojejunostomie mit Ausschaltung des Duodenums
Fehlende Durchmischung des Dünndarminhalts mit Galle und Pankreassaft
Beschleunigte Dünndarmpassage
Bakterielle Fehlbesiedlung des Dünndarms
Verminderte Vitamin-C-Zufuhr, insbesondere bei Intoleranz von Früchten

Wird regelhaft auf Milch und Milchprodukte verzichtet, liegt die mittlere Kalziumaufnahme bei 300–350 mg, während mindestens 1000 mg notwendig wären (s. Abschn. 42.3.2). Die Verfügbarkeit von Kalzium (und Magnesium!) wird je nach Ausmaß der Steatorrhö weiter erschwert.

Zink. Bei Vorliegen einer Steatorrhö kann es weiterhin durch die Bildung unlöslicher Komplexe mit Fettsäuren und Phosphat zur *Zinkmalabsorption* kommen. Auch unter der empfohlenen oralen Zinksupplementation von 25–30 mg/24 h sollte eine Kontrolle bis zum Erreichen normaler Blutspiegel alle 4 Wochen erfolgen [12].

Eisen. Die Häufigkeit einer Eisenmangelanämie wird bei Patienten mit Gastrektomie mit 11–40% angegeben. Neben einer verminderten Resorption (Fehlen von Magensäure) kommen vermehrter Eisenverlust als Folge chronischer und/oder okkulter Blutungen, Anastomosenulzera oder einer Jejunitis durch bakterielle Fehlbesiedlung in Frage (*Tabelle 42-1*).

Vitamine

Vitamin B12. Infolge der fehlenden Produktion des Intrinsic-Faktors durch die Parietalzellen und der damit verbundenen Abnahme der Vitamin-B_{12}-Resorption im Ileum entwickelt sich mit einer Latenz von Jahren eine makrozytäre Anämie. Bei Vorliegen einer bakteriellen Überbesiedlung (s. Abschn. 42.3.6) tritt eine Verminderung der Vitamin-B_{12}-Resorption als Folge bakterieller Bindung – kompetitiv zur Bindung an Intrinsic-Factor (IF) oder Bindung des B_{12}-IF-Komplexes – auf, die stärker ist als die Affinität zum Transportsystem in Ileum sowie bei Utilisierung des Zyanocobalamins und Umwandlung in Cobamide.

Vitamin A, D, E, K. Je nach Ausmaß der Steatorrhö muss von einer nicht bedarfsdeckenden Versorgung mit fettlöslichen Vitaminen ausgegangen werden. Da der genaue Bedarf nur geschätzt werden kann, sollte eine Unterversorgung durch regelmäßige Bestimmung der Serumspiegel (Vitamin A, D, E) ausgeschlossen werden.

Ernährungstherapie

Ernährungstherapeutische Ziele sind:

- Herabsetzung der Osmolarität des Intestinaltrakts durch Einschränkung (Mono-/Disaccharide) und Änderung (komplexe Polysaccharide) der Kohlenhydratzufuhr.
- Verkleinerung des Volumens des Intestinaltrakts durch Beschränkung der Flüssigkeitszufuhr (*Tabelle 42-2, 42-3*),

Tabelle 42-2. Ernährungtherapeutische Maßnahmen bei Zuständen nach Magenoperation

Syndrom	Symptom	Ursache	Therapiemöglichkeiten
Frühdumping	30 min postprandial: Tachykardie, Hypotonus, Schwindel	Dehnung des Dünndarms führt zur Ausschüttung vasoaktiver Substanzen und osmotischer Flüssigkeitsverschiebung	Viele kleine Portionen zu den Mahlzeiten, langsam essen Flüssigkeitszufuhr nur zwischen den Mahlzeiten (s. Tabelle 42-3)
Spätdumping	2–3 h postprandial: Hypoglykämie, Schweißausbruch, Tachykardie	Erhöhte Insulinproduktion durch plötzlich erhöhte Glukoseresorption; Asynchronie durch zu kurze abführende Schlinge bis zur Roux-Y-Anastomose	Viskositätserhöhung des Speisebreis durch viskositätssteigernde Ballaststoffe (5 g Guar oder Pektin) oder α-Glukosidasehemmer Mehrere kleine Mahlzeiten Ggf. erneute Rekonstruktion: Verlängerung der abführenden Schlinge
Syndrom der zuführenden Schlinge	Krampfartige Oberbauchschmerzen postprandial	Stenose der ableitenden Schlinge, bakterielle Besiedlung der zuführenden Jejunumschlinge mit fehlgeleitetem Chymus	Rekonstruktion
Postoperative Diarrhö	Steatorrhö, Diarrhö, übelriechende Blähungen	Biliopankreoprive Asynchronie mit Fettmalabsorption und Fettstühlen, unkontrollierter Galleübertritt in das Kolon, Laktasemangel	Einsatz von Pankreasfermenten, ggf. gallebindendes Cholestyramin; Reduktion der Peristaltik; Laktosearme Kost

individuelle Anpassung der notwendigen Mahlzeitenfrequenz: kalorienreiche kleine Mahlzeiten,
- ggf. Verzögerung der Kohlenhydratresorption durch viskositätssteigernde Ballaststoffe (5 g Guar oder Pektin) oder durch den Einsatz von α-Glukosidasehemmern (2-mal 50 mg Arcarbose),
- adjuvante supportive Maßnahmen wie z. B. Vitamin- und Spurenelementsupplementierung bei Vorliegen der Steatorrhö (s. Kap.: Therapie der exokrinen Pankreasinsuffizienz);
- Behebung bzw. Prophylaxe eines Kalzium-(Magnesium) Mangels durch Verzehr von Milch- und Milchprodukten. Bei Vorliegen einer Laktoseunverträglickeit laktosearme Käsesorten, Sauermilchprodukte, kalziumangereicherte Lebensmittel bzw. Kalziumpräparate (s. Abschn. 42.3.1).

> Die Beschwerden beim Dumping-Syndrom verlieren sich in den meisten Fällen einige Monate postoperativ wieder. Bei gravierenden Beschwerden über 1 Jahr hinaus sollte eine chirurgische Korrektur überdacht werden

42.3 Dünn- und Dickdarm

42.3.1 Laktosemalabsorption

Unter der Laktoseintoleranz ist eine Störung der Digestion von Laktose (Milchzucker) bedingt durch einen Mangel der im Bürstensaum der Enterozyten lokalisierten Disaccharidase Laktase zu verstehen.

Vorkommen

Der Laktasemangel gilt als der *häufigste Enzymmangel* der Dünndarmmukosa. Der Laktasemangel des Erwachsenen ist das weltweit häufigste genetische *Enzymmangelsyndrom* und besteht bei mehr als 50% der Weltbevölkerung (*Tabelle 42-4*).

Ätiologie und Klinik

Bei den Ursachen des Laktasemangels unterscheidet man 3 verschiedene *Formen*: angeboren, primär mit spätem Beginn und sekundär (*Tabelle 42-5*). Der *angeborene Laktasemangel* wird autosomal-rezessiv vererbt, ist äußerst selten und manifestiert sich unmittelbar nach der Geburt mit schweren wässrigen Durchfällen und vollständigem Fehlen der Laktase. Der sehr viel häufigere *primäre Laktasemangel* geht mit einem Enzymverlust der ursprünglichen Laktaseaktivität auf 5–10% einher, der sich in der frühen Kindheit oder auch erst in der Adoleszenz einstellt. Wie es zum Verlust der Laktaseaktivität kommt, ist noch nicht völlig geklärt. Es findet sich in der Mukosa eine Verminderung der mRNA sowie eine verminderte Proteinsynthese; aber auch eine defekte Bildung von Laktase aus Laktasepräkursoren mag für den Laktasemangel verantwortlich sein.

Ein *primärer Laktasemangel* ist – betrachtet man die Weltbevölkerung – sogar als Normalzustand anzusehen, da in vielen Bevölkerungsgruppen zu mehr als 90% ein Laktasemangel besteht (s. *Tabelle 45-5*). Eine Theorie besagt, dass der Erhalt

Tabelle 42-3. Empfehlungen zur Flüssigkeitszufuhr nach Gastrektomie

Flüssigkeitsaufnahme 30 min vor bzw. frühestents 45 min nach den Mahlzeiten
Zu den Mahlzeiten nur schluckweise zur Anfeuchtung der Speisen trinken
Geeignete Getränke: – Kohlensäurearmes Mineralwasser, Tee, Gemüsesäfte, säurearme Obstsäfte mit Mineralwasser (1:3)
Ungeeignete Getränke: – Sehr heiße bzw. kalte Getränke

■ **Tabelle 42-4.** Ethnisches Vorkommen des Laktasemangels

Bevölkerungsgruppen	Prävalenz [%]
Nordeuropäer	5–15
Mittelmeerregion	60–85
Schwarze Afrikaner	85–100
Schwarze Amerikaner	45–80
Weiße Amerikaner	10–25
Amerikanische Indianer	50–95
Mexikanische Amerikaner	40–75
Asiaten	90–100

■ **Tabelle 42-5.** Laktasemangel – Arten und Pathogenese

Typ	Pathogenese
Angeboren	Enzym fehlt von Geburt an
Primär später Beginn	Genetisch prädeterminierte Reduktion der Enzymaktivität in der Kindheit oder Adoleszentenalter
Sekundär	Reduzierte Enzymaktivität bedingt durch diffuse Dünndarmerkrankungen: Lambliasis, Rotavirusinfektion, Sprue/Zöliakie, tropische Sprue, bakterielle Überbesiedlung des Dünndarms, Dünndarmresektion

der Laktaseaktivität – und damit die Fähigkeit, Milch als wichtige Nahrungsquelle zu verwenden – sich als eine genetisch determinierte Mutation entwickelt hat, die den Menschen einen Überlebensvorteil bot, die sich milchproduzierende Haustiere hielten. Der Verlust der Laktaseaktivität beim primären Laktasemangel kann auch durch langfristige hohe Gaben von Milch nicht verhindert werden.

Im Dünndarm durch Fehlen der Laktase nicht hydrolisierte Laktose gelangt in den Dickdarm und wird dort von anaeroben Bakterien zu kurzkettigen Fettsäuren (SCFA) sowie zu Kohlendioxid (CO_2) und Wasserstoff (H_2) fermentiert. Durch die osmotische Wirkung von Laktose und der entstandenen kurzkettigen Fettsäuren kommt es zum Einstrom von Wasser in das Darmlumen, was zu *osmotischen Durchfällen* mit einem sauren Stuhl-pH führt.

Klinik

Die Laktoseintoleranz führt nach Milchgenuss zum Blähbauch, Meteorismus, Flatulenz, Schmerzen und Diarrhö. Die Symptome treten bereits nach Genuss von etwa 18 g Laktose (1–1,5 Glas Milch) auf. Das subjektive Empfinden von Symptomen nach Milchgenuss durch den Patienten kann jedoch sehr variieren. Die klinische Symptomatik ist von folgenden Faktoren abhängig:

- Menge der aufgenommenen Laktose,
- Magenentleerungsgeschwindigkeit,
- Laktaseaktivität der Dünndarmmukosa,
- Dünndarmpassagegeschwindigkeit,
- Fermentationskapazität des Dickdarms für Laktose,
- Rückresorptionskapazität für Fermentationsprodukte (kurzkettige Fettsäuren).

Therapie

Prinzip der diätetischen Therapie

Beschwerdefreiheit wird durch *Anpassung* der oralen Laktoseaufnahme an die *individuelle intestinale Toleranz* erzielt. Die subjektive Verträglichkeit und das Stuhlverhalten sind dabei aussagefähiger als der H_2-Atemtest. Bei vielen Patienten reicht bereits eine Umstellung auf eine *laktosearme Kost* (8–10 g/24 h) aus. Fermentierte Milchprodukte (Joghurt, Kefir, Sauermilch, Käse usw.) werden häufig gut toleriert. Es wird angenommen, dass die verbesserte Verdauung von Laktose aus Joghurt auf dem intraintestinalen Abbau von Laktose durch die bakterielle Laktase der zur Joghurtherstellung eingesetzten Milchsäurebakterien (Lactobacillus bulgaricus, Streptococcus thermophilus) basiert. Die Dauer der bakteriellen Lipaseaktivität hängt von der Überlebensdauer der Laktobazillen nach Aufnahme ab. Limitierende Faktoren sind zum einen das saure Milieu im Magen, das zu einer Deaktivierung der bakteriellen Laktase innerhalb von 20–60 min führt, zum anderen die mangelnde Fähigkeit dieser Organismen, an den intestinalen Epithelzellen zu haften.

Die Induzierung einer Hypochlorhydrie bei Patienten mit Laktoseintoleranz führte zwar dazu, dass das zugeführte Milchsäurebakterium Lactobacillus acidophilus BG2FO4 – das sich auszeichnet durch eine gute intestinale Haftungsfähigkeit – unversehrt den kompletten Gastrointestinaltrakt passierte, es zeigte sich jedoch weder eine Besserung des Beschwerdebildes noch eine Reduktion der Wasserstoffproduktion gemessen mittels H_2-Atemtest nach Laktoseaufnahme [59]. Vielmehr ist davon auszugehen, dass die bessere Verträglichkeit von Milchprodukten gegenüber Milch auf dem geringeren Gehalt an Laktose basiert. Während des Fermentationsprozesses erfolgt durch die Zugabe der Milchsäurebakterien eine Abnahme des Laktosegehalts abhängig von der Dauer der Lagerung.

Bei ausgeprägtem Laktasemangelsyndrom ist eine *dauerhafte laktosefreie Diät* (max. 1 g/24 h) erforderlich. Für diese Patienten sind im Handel als Ersatz für Milchprodukte neben Reis- und Mandelmilch Sojamilch und daraus hergestellte Zubereitungen wie Sojajoghurt, Sahneersatz auf Sojabasis und Tofu verfügbar. In einigen Ländern ist darüber hinaus laktosearme Milch erhältlich.

Praktisches Vorgehen

Die Toleranzgrenze für Laktose sollte jeweils vom Patienten eigenständig ermittelt werden, indem zunächst über einen Zeitraum von 4–6 Wochen eine laktosefreie Kost eingehalten wird. Neben Milch und Milchprodukten sind auch mit Milch bzw. Milchpulver zubereitete Lebensmittel (Backwaren, Schokolade, Fertigmenüs, verschiedene Wurstsorten usw.) zu meiden (■ *Tabelle 42-6*). Bei industriell hergestellten Lebensmitteln kann die Zutatenliste Hinweise auf laktosehaltige Bestandteile geben. Zu beachten ist zusätzlich, dass zahlreiche Medikamente in Tabletten- oder Drageeform Laktose als Grundsubstanz oder zur Geschmackskorrektur enthalten.

Bei Beschwerdefreiheit kann mit der Austestung der verschiedenen Milchprodukte begonnen werden. Hierzu sollten zunächst fermentierte Milchprodukte (z. B. Hartkäse, Joghurt) in kleinen Mengen zwischen den Mahlzeiten verzehrt werden. Pro Tag sollte immer nur ein Produkt getestet werden. Bei guter

Tabelle 42-6. Laktosehaltige Lebensmittel

- Milch, Milchprodukte

  Milch, Trockenmilch und alle daraus hergestellten Produkte wie Milchmixgetränke, Kakao, Saure Sahne, Creme fraiche, Kondensmilch, Sahne, Schmand, Sauermilchprodukte (Joghurt, Buttermilch, Sauermilch, Kefir), Quark, Käse (s. Tabelle 42-7)
- Brot und Backwaren

  Brot- und Kuchenbackmischungen, Milchbrötchen, Kuchen, Kekse, Weiß-/Mischbrot mit Milch
- Süßwaren

  Milchschokolade, Pralinen, Eiscreme, Milch-/Karamelbonbons, Nuß-Nougat-Cremes, diverse Schokoriegel
- Fleisch- und Wurstwaren

  Brühwürste, Leberwurst, fettreduzierte Wurstwaren, Wurstkonserven
- Fertiggerichte

  Fertigsuppen und -saucen, Kartoffelpüreepulver, Instantcremes, Fertigpudding, Konserven, tiefgefrorene Fleisch- oder Gemüsezubereitungen

Verträglichkeit kann die zugeführte Menge gesteigert und weitere Produkte getestet werden. In vielen Fällen wird eine bessere Verträglichkeit erzielt, wenn die Laktosezufuhr über den Tag verteilt stattfindet. Für den Patienten kann es sehr hilfreich sein, während der Testphase ein Protokoll zu führen, in dem eingetragen wird, welche Lebensmittel ausgetestet wurden und ob bzw. welche Beschwerden nach Verzehr auftraten.

Zur Verbesserung der Verträglichkeit laktosehaltiger Produkte können *laktasehaltige Präparate* eingesetzt werden (z. B. Laluk, Lactrase, LactAid, Laktase Plus). Diese werden in Tabletten- und Pulverform angeboten und können der laktosehaltigen Speise direkt zugegeben oder zu der laktosehaltigen Mahlzeit eingenommen werden. Diese Produkte vermögen allerdings nicht die komplette oral zugeführte Laktosemenge zu hydrolisieren. Da sie nicht mit einer magensaftresistenten Ummantelung versehen sind, beginnt bereits im Magen die Hydrolyse des Enzyms. Die Effektivität ist daher individuell sehr variabel.

Milch und Milchprodukte (*Tabelle 42-7*) gelten bei den Ernährungsgewohnheiten der westlichen Länder als wichtigste Kalziumquelle. Die Deutsche Gesellschaft für Ernährung (DGE) empfiehlt eine tägliche Kalziumzufuhr von 800–1000 mg. Zur Verminderung der Häufigkeit und Schwere einer postmenopausalen Osteoporose werden sogar 1500 mg/24 h empfohlen. Reicht die Umstellung auf eine laktosearme Kost (8–10 g/24 h) aus, um eine Verbesserung der Beschwerdesymptomatik zu erzielen, ist in der Regel keine Kalziumsupplementation notwendig.

Ist eine *komplett laktosefreie Kost* indiziert, sollte der Patient detaillierte diätetische Anweisungen zur Deckung seines Kalziumbedarfs erhalten. Kann der Patient den Bedarf an Kalzium dauerhaft nicht durch die orale Kost decken, ist an den Einsatz von Kalziumsupplementen zu denken. Die Bioverfügbarkeit von Kalzium aus Supplementen entspricht der aus Milch. Optimalerweise sollte die Verabreichung von Kalziumsupplementen nicht als einmalige Dosis pro Tag sondern in 2–3 kleineren Einzeldosen erfolgen, die jeweils zu den Mahlzeiten eingenommen werden [9].

Tabelle 42-7. Laktosegehalt von Milch und Milchprodukten (Mod. nach Renner, 1994)

Produkt	g Laktose/100 g
Konsummilch (Frischmilch, H-Milch)	4,8–5,0
Milchmixgetränke	4,4–5,4
Dickmilch	3,7–5,3
Joghurt	3,7–5,6
Kefir	3,5–6,0
Buttermilch	3,5–4,0
Sahne, Rahm (süß, sauer)	2,8–3,6
Crème fraîche	2,0–3,6
Crème double	2,6–4,5
Kaffeesahne 10–15% Fett	3,8–4,0
Kondensmilch 4–10% Fett	9,3–12,5
Butter	0,6–1,7
Milchpulver	38,0–51,5
Molke, Molkegetränke	2,0–5,2
Eiscreme (Milch-, Frucht-, Joghurteis)	5,1–6,9
Sahneeis	1,9
Rahm-, Doppelrahmfrischkäse	3,4–4,0
Magerquark	4,1
Speisequark 10–70% Fett i. Tr.	2,0–3,8
Schichtkäse 10–50% Fett i. Tr.	2,9–3,8
Hüttenkäse 20% Fett i. Tr.	2,6
Frischkäsezubereitungen 10–70% Fett i. Tr.	2,0–3,8
Schmelzkäse 10–70% Fett i. Tr.	2,8–3,6
Kochkäse 0–45% Fett i. Tr.	3,2–3,9
Hart-, Schnitt-, Weichkäse (z. B. Emmentaler, Parmesan, Edamer, Gouda, Tilsiter, Brie, Camembert, Weichkäse, Edelpilzkäse, Schafskäse, Mozzarella, Limburger), Sauermilchkäse (Harzer, Mainzer)	Praktisch laktosefrei

42.3.2 Einheimische Sprue (Zöliakie)

Es handelt sich um eine Dünndarmerkrankung, die in erster Linie morphologisch definiert ist. Sie geht mit einer charakteristischen, diagnostisch aber unspezifische *Zottenreduktion* und *Kryptenhyperplasie* der Dünndarmschleimhaut einher. Bei den betroffenen Individuen besteht eine Überempfindlichkeit gegenüber dem Kleberprotein Gliadin, das in Weizen, Gerste, Roggen und Hafer enthalten ist. Die strukturellen Veränderungen bilden sich nach glutenfreier Ernährung zurück und treten bei Glutenexposition erneut auf. Obwohl seit langem das auslösende Agens (Gluten) bekannt ist, sind die exakten pathophysiologischen Vorgänge immer noch unbekannt. Bei der *Sprue* des Erwachsenen handelt es sich um das gleiche Krankheitsbild wie bei der *Zöliakie* des Kindes.

Epidemiologie

Sie manifestiert sich gewöhnlich *nach dem Säuglingsalter mit Beginn einer glutenhaltigen Nahrung*. Ein erster *Altersgipfel* liegt zwischen 9 Monaten und 3 Jahren, ein zweiter im 4. Lebensjahrzehnt. *Inzidenz* und *Prävalenz* zeigen große geographische Unterschiede. In Irland und Schottland ist die Zöli-

■ Abb. 42-6. Phylogenie der Getreidearten

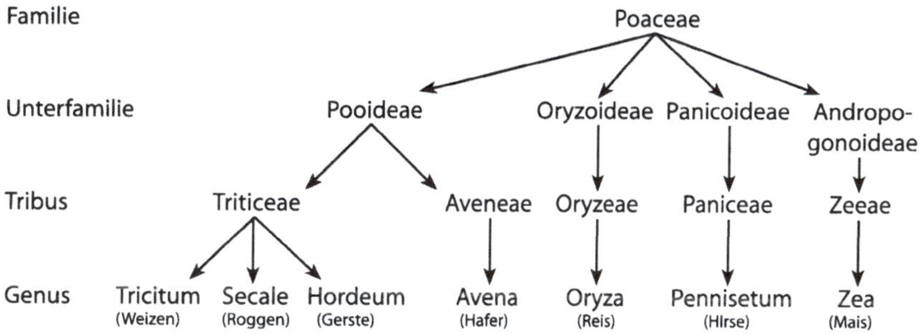

akie besonders häufig (1:300), in anderen Teilen Europas weniger häufig (England 1:3.000). In *Deutschland* dürfte die Inzidenz bei Kindern bei etwa 1:1.000, bei Erwachsenen bei 1:5.000 liegen. Die *Inzidenz* der Sprue hat in den letzten Jahren abgenommen. Etwa 5–10% der Verwandten ersten Grads von Patienten mit einer manifesten Sprue weisen eine asymptomatische Sprue mit den typischen Veränderungen in der Dünndarmschleimhaut auf [22].

Ätiologie und Klinik

Ätiopathogenetisch handelt es sich bei Zöliakie/Sprue um eine permanente Intoleranzreaktion gegenüber *Gluten*. Weizenmehl besitzt einen Proteingehalt von 7–15%, der wiederum zu 90% aus *Gluten* besteht. Die Glutenfraktion des Weizenmehls ist *wasserunlöslich*. Durch Extraktion in Äthylalkohol lassen sich 2 Fraktionen trennen: Das alkoholunlösliche *Glutenin* und das lösliche *Gliadin*. Bei Gliadin handelt es sich um ein großes glutamin- und prolinreiches Polypeptid (Molekulargewicht etwa 30.000–75.000), das der Gruppe der *Prolamine* zugerechnet wird. Sie machen neben den wasserlöslichen Globulinen und Albumin die *alkohollösliche*, weitestgehend *wasserunlösliche* Fraktion der Klebereiweiße in Getreiden aus und kommen als *Secalin* im Roggen, als *Hordein* in der Gerste und als *Avenin* im Hafer vor (■ *Abb. 42-6*). Letztlich werden diese *Prolamine* als die eigentliche toxische Komponente in den genannten Zerealien angesehen.

Entsprechend ihrer elektrophoretischen Auftrennung werden sie in die schwefelhaltigen α-, β-, γ-Gliadine und schwefelarmen ω-Gliadine unterteilt. Während die schwefelhaltigen α-, β-, γ-Gliadine durch eine N-terminale repetitive Domäne *Pro-Gln-Gln-Pro-Phe-Pro-Gln* und eine cysteinreiche C-terminale Domäne gekennzeichnet sind, findet sich bei den schwefelarmen ω-Gliadinen ein wiederholt auftretendes Oktapeptid *Pro-Gln-Gln-Pro-Phe-Pro-Gln-Gln*. Die Frage nach *dem toxischen Prolamin* bleibt derzeit aufgrund eines außerordentlich variablen Molekulargewichtsspektrums (30.000–90.000) sowie extraktionsbedingter Verluste unlöslicher Polyaminpolymere noch unbeantwortet [22].

Klinik

Vor dem 6. Lebensmonat erkranken nur wenige Kinder an der Zöliakie. Die Symptome sind unterschiedlich stark ausgeprägt. 2/3 der Krankheitsfälle werden im 2. und 3. Lebenshalbjahr erkannt. Nur etwa 15% der Patienten sind zum Zeitpunkt der Diagnose älter als 2 Jahre. Bei den meisten Kindern treten die Symptome 3-6 Monate nach dem Beginn der glutenhaltigen Ernährung (Griessbrei, Vollkornbrei etc.) auf. Oftmals stehen *Gedeihstörungen*, weniger die Durchfälle im Vordergrund der klinischen Symptomatik (■ *Tabelle 42-8*).

■ Tabelle 42-8. Symptome der Zöliakie bei Säuglingen und Kleinkindern

Symptome	[%]
Gedeihstörungen	98
Geblähtes Abdomen	86
Durchfälle	76
Blässe	65
Erbrechen	60
Wesensveränderungen	56
Appetitlosigkeit	46
Muskelschwäche	43
Eiweißmangelödeme	11

Beim *Vollbild der Sprue* leidet der Patient aufgrund der Malabsorption unter starkem Gewichtsverlust, Muskelschwund und Eiweißmangelödemen. Durch die fehlende Fettresorption sind die Stühle massiv, breiig und fettglänzend. Darüberhinaus können extraintestinale Symptome auftreten, die meist durch die Malabsorption wichtiger Nahrungsstoffe wie Kohlenhydrate, Fette, Eiweiß, Vitamine, Mineralien und Spurenelemente bedingt sind. Nicht selten finden sich auch extraintestinale Manifestationen, die nicht direkt durch Mangelerscheinungen zu erklären sind und vermutlich durch ähnliche Immunmechanismen verursacht werden, die auch zur Schädigung der Darmmukosa geführt haben (■ *Tabelle 42-9*).

Symptome wie *Anämie* oder *Eisenmangel* können oftmals zunächst der einzige Hinweis auf das Vorliegen einer Sprue sein (oligosymptomatische Sprue). Auch *Knochenschmerzen* mit Osteomalazie lassen den Patienten zunächst den Orthopäden aufsuchen. Im Blut ist dann häufig nur ein erniedrigtes Serumkalzium und eine erhöhte alkalische Phosphatase erfassbar. Des Weiteren können extraintestinale Manifestationen wie z. B. neurologisch-psychiatrische Krankheitsbilder oft die einzigen Symptome einer Sprue sein [22].

Ernährungstherapie

Die *diätetische Therapie* der glutensensitiven Enteropathie besteht in der *lebenslangen Elimination* aller *Getreidearten*, die toxisches Gluten enthalten (Weizen, Roggen, Gerste, Hafer, Grünkern, Dinkel) und daraus hergestellter Produkte (■ *Tabelle 42-10*). Reine Stärke (Primastärke) aus den entsprechenden Getreidearten hat einen minimalen Resteiweißgehalt von 0,3% und ist somit in der glutenfreien Diät erlaubt und zur Herstellung glutenfreier Lebensmittel zugelassen. In der Praxis ist es meist unproblematisch, aus den betreffenden

Tabelle 42-9. Extraintestinale Manifestationen und deren Ursachen bei Sprue

Organe/Symptom	Ursache
Durch Mangelerscheinungen verursacht	
Periphere Polyneuropathie	Thiamin- und Vitamin-B_{12}-Mangel
Perniziöse Anämie	Folsäure, Vitamin-B_{12}-Mangel
Nachtblindheit	Vitamin-A-Mangel
Blutungsneigung	Vitamin-K-Mangel
Osteomalazie, Osteoporose	Vitamin-D- und Kalziummangel
Muskelkrämpfe	Magnesiummangel
Ödeme	Proteinmangel, Hypalbuminämie
Wachstumsstörungen	Malabsorption aller Nahrungsbestandteile
Menstruationsstörungen, Impotenz	unbekannt
Mit Sprue assoziierte Erkrankungen (vermutlich immunologische Mechanismen)	
Diabetes mellitus, Sjögren-Syndrom, rheumatoide Arthritis, IgA-Nephritits	
Kuhmilchproteinintoleranz	
Chronisch-entzündliche Darmerkrankungen	
Dermatitis herpetiformis Duhring	
Neurologisch-psychiatrische Krankheitsbilder: Depressionen, Psychopathien, Enzephalopathien, zerebelläre Syndrome, Epilepsie	

Getreidearten hergestellte Nahrungsmittel wie Brot, Brötchen, Nudeln, Kuchen, Grieß, Graupen usw. zu meiden. Die Lebensmittelindustrie bietet eine große Auswahl glutenfreier Mehle und Fertigprodukte (Backwaren, Nährmittel, Milchnahrungen und Breikost für Säuglinge und Kleinkinder usw.) an, die meist aus reiner Stärke bestehen und bei denen Backfähigkeit durch Zusatz von glutenfreiem Klebereiweiß, z. B. aus Johannisbrotkernmehl, erreicht wird.

Problematisch ist das praktisch ubiquitäre Vorkommen von Gluten, insbesondere in Form von Weizenmehl, in verarbeiteten Lebensmitteln (*Tabelle 42-11*). Es handelt sich dabei besonders um von der Lebensmittelindustrie hergestellte *Fertigprodukte* wie Soßen, Suppen, Gemüse- und Fleischkonserven, Gewürzmischungen, verschiedene Wurst- und Käsesorten und Süßigkeiten. Die Zutatenliste der entsprechenden Produkte gibt meist keine ausreichenden Hinweise, um beurteilen zu können, ob es sich um ein glutenfreies Produkt handelt. Zu beachten ist ferner, dass auch manche Produkte der pharmazeutischen Industrie Gluten enthalten. *Wichtige Auskunftquelle* für alle Fragen, die eine glutenfreie Kost betreffen, ist die *Deutsche Zöliakiegesellschaft e. V.* Sie ist Herausgeber der jährlich neu überarbeiteten *»Aufstellung glutenfreier Lebensmittel und Arzneimittel«* und des *»Zöliakiehandbuchs«*, die eine unentbehrliche Hilfestellung bei der Umsetzung einer strikt glutenfreien Kost in die Praxis darstellen [22].

Tabelle 42-10. Glutenhaltige Lebensmittel

Lebensmittel, die aus Weizen, Roggen, Hafer (?), Gerste, Dinkel oder Grünkern hergestellt werden:
- Mehl, Grieß, Graupen, Grütze
- Getreideflocken, Müsli
- Getreidestärke, Kleie, Paniermehl
- Teigwaren, z. B. Nudeln
- Brot, Brötchen, Knäckebrot, Zwieback usw.
- Kuchen, Kekse, Torten
- Malzkaffee (Getreidekaffee)
- Bier, Malzbier, Spirituosen aus Getreide

Tabelle 42-11. Vorkommen von Gluten in versteckter Form in Fertiglebensmitteln

Gemüse/ Kartoffeln	Konserven, Tiefkühlgemüse mit Mehlzusatz, Kartoffelfertigprodukte, Gemüsebrühe
Obst	Fruchtzubereitungen, eingedickte Früchte
Milchprodukte	Mit Fruchtzubereitungen oder Müslizusatz, Frischkäsezubereitungen, fettreduzierte Produkte, Schmelzkäse, Schlagschaum, Speiseeispulver, Kräuterbutter
Fleischwaren/ Fischerzeugnisse	Grütz-, Semmel-, Mehlwürste, fettreduzierte Wurstwaren, Fleischfüllungen, Frikadellen, panierte Produkte, Erzeugnisse mit Sauce, Brathering, Bratrollmops, Fisch in Sauce
Getränke	Malzkaffee, Bier, Spirituosen aus Getreide, Instanttees
Süßigkeiten	Pralinen, Malzbonbons, Desserts, Marzipan, Knabbergebäck
Sonstiges	Fertigsuppen, Fertigsaucen, Salatdressings, Kartoffelchips, Ketchup, Senf, Fertiggerichte, Backzutaten (Backpulver, Tortenguss usw.)

Die Gluteneliminaton führt meist innerhalb weniger Wochen zur Besserung der Krankheitssymptome. Bei Kindern und Jugendlichen ist häufig ein schnelleres Ansprechen auf eine glutenfreie Ernährung zu beobachten als bei älteren Menschen.

Als Folge der morphologischen Veränderungen der Dünndarmschleimhaut bei Sprue kann es zu einer Beeinträchtigung der Fett- und Laktoseresorption kommen. In der *Anfangsphase* bis zur Normalisierung der intestinalen Funktion ist es deshalb häufig erforderlich, die kausale Diättherapie durch eine Elimination von *Laktose* und eine Reduktion der *Fettzufuhr* zu ergänzen. Diese Maßnahmen tragen zwar nicht zu einer Begünstigung des Heilungsprozesses bei, jedoch kommt es zu einer Verminderung subjektiver Beschwerden. Bei einer Reduktion der Fettzufuhr können ersatzweise zur Deckung des Energiebedarfs mittelkettige Triglyzeride (MCT) eingesetzt werden. Zu Beginn der Behandlung können aufgrund der eingeschränkten resorptiven Kapazität ausgeprägte Mangelzustände an wasser- und fettlöslichen Vitaminen, Elektrolyten und Mineralien bestehen, die eine orale oder parenterale Substitution erforderlich machen.

Kontroverse: Hafer in der Ernährung von Spruepatienten

Übereinstimmung herrscht darüber, dass die toxische Gliadinfraktion im Klebereiweiß (Gluten) des Weizens, Roggens und der Gerste enthalten ist, nicht aber in Mais, Reis, Buchweizen und Hirse. Die *Toxizität von Hafer* für Spruepatienten hingegen wird seit 3 Jahrzehnten kontrovers diskutiert [20, 24, 49, 67]. Frühere Untersuchungen zeigten widersprüchliche Ergebnisse hinsichtlich des Effekts von Hafer auf die Dünndarmmukosa.

In einer kürzlich veröffentlichten Studie fanden Janatuinen et al. [24] *keinen Hinweis* für eine toxische Wirkung von Hafer für Patienten mit Sprue. In einer randomisierten Studie verglichen sie die Wirkung einer glutenfreien Kost mit und ohne Hafer an 52 Patienten mit einer Sprue in Remission und 50 neu diagnostizierten Spruepatienten über einen Zeitraum von 6–12 Monaten. Patienten der Hafergruppe erhielten zusätzlich zur glutenfreien Kost 50–70 g Hafer pro Tag. Die Ergebnisse zeigten, dass Hafer als Bestandteil einer glutenfreien Diät keinen negativen Effekt auf die Morphologie der Dünndarmschleimhaut und den Ernährungszustand bei Spruepatienten in Remission hat. Bei den Patienten mit neu diagnostizierter Sprue wurde sowohl in der Kontrollgruppe als auch in der Verumgruppe eine Remission innerhalb eines Jahres erzielt. Ein Ausschlusskriterium dieser Studie waren Patienten mit schwerem Krankheitsverlauf.

In einer nachfolgenden Studie von Srinivasan et al. [67] wurden 10 Patienten unter Gabe von 50 g Hafer zusätzlich zur glutenfreien Kost über einen Zeitraum von 12 Wochen beobachtet, wovon 2 Patienten eine ausgeprägte Sensitivität gegenüber kleinsten Mengen Gluten aufwiesen. Diese Patienten zeigten eine Stimulation immunologischer Mechanismen gemessen an der Produktion von α-Gliadin- und Endomysiumantikörpern bei Verabreichung kleinster Mengen Gluten. Hafer bewirkte keine Veränderung der immunologischen Parameter. Eine Untersuchung von Hardman et al. [20] zur Wirkung von Hafer bei Dermatitis herpetiformis konnte diese Ergebnisse bestätigen. Unter glutenfreier Kost mit Zusatz von 62,5±10,8 g Hafer pro Tag über einen Zeitraum von 12 Wochen ereigneten sich weder morphologische Rezidive des Darms noch der Haut.

Die Abstammung der verschiedenen Getreidearten lässt sich auf Wildformen bestimmter Gräser (*Poaceae*) zurückführen. Die zöliakieauslösenden Getreidearten Weizen, Roggen und Gerste gehören innerhalb der Familie der Poaceae der Gattungsgruppe Triticeae an. Hafer befindet sich zwar über die gemeinsame Unterfamilie Pooideae dazu in verwandtschaftlicher Nähe, gehört aber zu der Gattungsgruppe der Aveneae. Die nichttoxischen Getreidearten Reis, Mais und Hirse gehören jeweils entfernt verwandten Unterfamilien der Poaceae an.

Die für Spruepatienten toxische Komponente α-Gliadin findet sich in der alkohollöslichen Proteinfraktion Prolamin. Prolamine sind bis zu 40% Bestandteil des Gesamtproteins in Weizen, Roggen und Gerste, wohingegen im Hafer die Prolaminfraktion nur 5–15% ausmacht. Die Aminosäurezusammensetzung der Prolamine ist sehr ähnlich bei Weizen, Roggen und Gerste. Typisch ist ein hoher Gehalt der Aminosäuren *Glutamin und Prolin*, denen vermutlich eine große Bedeutung für die toxische Wirkung zukommt.

Hafer weicht von der Prolaminzusammensetzung der Triticeae ab. Hafer hat zwar einen ähnlich hohen Glutamingehalt, der Prolamingehalt ist jedoch deutlich niedriger. Es konnten bisher 2 Aminosäuresequenzen der Getreideprolamine isoliert werden, die möglicherweise einen toxischen Effekt auf die Dünndarmmukosa ausüben: *Prolin-Serin-Glutamin-Glutamin* und *Glutamin-Glutamin-Glutamin-Prolin.* Ein Molekül Weizenprolamin (α-Gliadin) enthält 5 Einheiten dieser Tetrapeptidstruktur, ein Molekül Gerste (β-1-Hordein) und Hafer (Avenin) jeweils 2. Bei einem Prolamingehalt von 5–15% im Hafer ist der Gehalt solcher Sequenzen wesentlich geringer als in Weizen oder Gerste.

Obwohl Langzeituntersuchungen zum Einsatz von Hafer bei Patienten mit glutensensitiver Enteropathie noch ausstehen, ist eine Änderung der Diätrichtlinien bei Sprue zu diskutieren. Ein häufig unbekannter Faktor in der Behandlung der Sprue ist die Compliance der Patienten hinsichtlich der Einhaltung der diätetischen Vorgaben. Kumar et al. fanden eine strikte Einhaltung der glutenfreien Kost nur bei 44% von 102 untersuchten jugendlichen Patienten. 9% der Patienten nahmen bei überwiegend glutenfreier Kost 2,5–10 g Gluten/24 h auf und 11% der Patienten hielten keine Diät ein (>10 g Gluten/24 h). Eine weitere Untersuchung an 123 ebenfalls jugendlichen Patienten zeigte eine strikt glutenfreie Diät bei 65%, eine glutenfreie Diät mit gelegentlicher Glutenaufnahme bei 11,4% und eine glutenhaltige Kost (>2 g Gluten/24 h) bei 23,6% der Patienten. Eine Lockerung der Diät durch Zugabe von 50–100 g Hafer pro Tag könnte zu einer Verbesserung der Patientencompliance beitragen.

Therapierefraktäre Sprue

Bei der *therapierefraktären Sprue* (*Synonyme:* unklassifizierte Sprue, »refractory celiac sprue«, ideopathische Steatorrhö) kommt es trotz einer glutenfreien Diät zu keiner befriedigenden Besserung des Krankheitszustands. Es handelt sich letztlich um eine Ausschlussdiagnose. Ein Teil der Patienten spricht initial oftmals gut auf eine glutenfreie Diät an, entwickelt aber dann ein therapierefraktäres Stadium.

Beim Vorliegen einer therapierefraktären Sprue sollte *differenzialdiagnostisch* stets an das Vorliegen eines malignen *Lymphoms* oder an eine sog. *kollagene Sprue* gedacht werden. Spruepatienten haben ein doppelt so hohes Krebsrisiko wie Normalpersonen. Etwa 10–15% der Patienten, bei denen die Erstdiagnose der Sprue oft 20–30 Jahre zurückliegt, entwickeln überwiegend gastrointestinale Tumoren, wobei das T-Zell-Lymphom des Dünndarms im Vordergrund steht. Eine möglichst frühzeitige, strikte und lebenslange Einhaltung einer glutenfreien Ernährung führt nachgewiesenermaßen zu einer Reduzierung des Malignomrisikos.

42.3.3 Tropische Enteropathie und tropische Sprue

Als tropische Sprue und tropische Enteropathie bezeichnet man 2 Krankheitsbilder mit einem fortschreitenden *Malabsorptionssyndrom*, das bei Bewohnern bestimmter tropischer Regionen sowie bei Personen, die diese Gegenden besuchen oder besucht haben, klinisch manifest wird und in seinem klinischen Bild einerseits von der Dauer der Störung, andererseits von den körperlichen Reserven des Betroffenen wesentlich bestimmt wird. Ob es sich dabei nur um 2 Manifestationen des gleichen Krankheitsbilds handelt oder um 2 verschiedene Krankheiten, ist unklar [8].

Es wird angenommen, dass die tropische Sprue eine *infektiöse Krankheit* ist, die durch eine *persistierende Kontamination* des Dünndarms durch toxische E. coli-Stämme hervorgerufen wird. Neuerdings wird aber auch diskutiert, ob nicht *Protozoen* (Cryptosporidium parvum, Isospora belli, Blastocystis hominis oder Cyclospora cayetanensis) als wichtige infektiöse Erreger für diese chronische Infektion in Frage kommen. Unklar ist auch die Ursache des *Folsäuremangels* bei der tropischen Sprue.

Bei der tropischen Sprue besteht eine chronische Diarrhö, die oft von einer Steatorrhö, Anorexie, Bauchkrämpfen, Blähbauch und verstärkten Darmgeräuschen begleitet ist [8].

Die Krankheit beginnt oft mit *akuten wässrigen Durchfällen*, Fieber, Krankheitsgefühl und krampfartigen Schmerzen. Nach einer Woche lassen die Symptome nach und werden chronisch. Die Struktur der Dünndarmmukosa in der Biopsie zeigt zu Beginn keine wesentlichen pathologischen Veränderungen, später entwickeln sich pathologische morphologische Veränderungen, die auch von funktionellen Veränderungen begleitet sind. Der *Verlust* von *Laktase* führt zur Milchzuckerintoleranz. Innerhalb von 2–4 Monaten führt die Malabsorption zum *Folsäuremangel*, was zur Anorexie, reduzierter Nahrungsaufnahme und Gewichtsverlust führt. Nach etwa 6 Monaten entsteht ein schwerer Folsäuremangel, meist verbunden mit einem *Vitamin-B12-Mangel*, es entsteht eine megaloblastäre Anämie mit Schwäche und einer Glossitis [8].

Klinisch imponieren: Blässe, Glossitis, Ödeme und Zeichen der Malnutrition. Stomatitis, Hyperpigmentierungen und neurologische Zeichen des Vitamin-B_{12}-Mangels sind eher selten. Im Vordergrund der klinischen Symptomatik stehen: Durchfälle (94%), Blähungen (88%), Anorexie (84%), abdominelle Distension (75%), Übelkeit (46%), Erbrechen (30%), Fieber (30%).

Therapie

Der Ausgleich der Wasser- und Elektrolytverluste (s. unten) sowie die Behebung von Nahrungsdefiziten sind Basismaßnahmen in der Therapie der tropischen Sprue. Vitamin B_{12} sollte parenteral verabreicht werden.

Die Therapie besteht zusätzlich in der Gabe von *Folsäure* 5–15 mg/24 h, worunter sich sowohl die megaloblastäre Anämie, die Glossitis, Appetitlosigkeit wie auch die gastrointestinalen Störungen prompt bessern. Die Wirksamkeit von *Antibiotika* wurde von Engländern bereits während des 2. Weltkriegs in Indien belegt. Die Dosierung beträgt 4 × 9,20 mg eines *Tetrazyklins*. Andere Antibiotika sind sicher ebenfalls wirksam, es steht hierfür jedoch der Beweis aus. Rezidive können bis zu 5 Jahren nach initialer Therapie vorkommen [8].

42.3.4 Chronisch-entzündliche Darmkrankheiten

Chronisch-entzündliche Darmkrankheiten (CED) sind schubweise verlaufende, rezivierende Krankheiten des Gastrointestinaltrakts mit bislang *unklarer Ätiologie* (*Abb. 42-7*). Die wichtigsten Formen sind *Morbus Crohn* (Syn.: Enteritis regionalia, Ileitis Crohn), der *diskontinuierlich segmental* den gesamten Gastrointestinaltrakt betreffen kann und durch eine *transmurale Entzündung* der Darmwand gekennzeichnet ist, und die *Colitis ulcerosa* (*Synonym:* Colitis gravis), die in aller Regel *kontinuierlich*, *vom Rektum* ausgehend, unterschiedlich weitreichend das gesamte Kolon, gelegentlich auch das terminale Ileum (»back wash ileitis«) erfasst (*Tabelle 42-12*). Die Colitis ulcerosa (CU) kann dabei das gesamte Kolon (Pankolitis), das distale Kolon (Linksseitenkolitis) oder nur das Rektum befallen (Proktitis). Im Gegensatz zum Morbus Crohn (MC) betrifft die entzündliche Infiltration hauptsächlich die Mukosa, seltener die Submukosa (*Tabelle 42-13*).

Leitsymptome und klinische Befunde hängen ab von Ausmaß und Lokalisation des Befalls, intestinalen Komplikationen und extraintestinalen Manifestationen (*Abb. 42-8*).

Die Beziehungen zwischen Ernährung und chronisch-entzündlichen Darmkrankheiten reichen von einer möglichen Beteiligung in der Ätiopathogenese [70, 71] der Krankheit bis

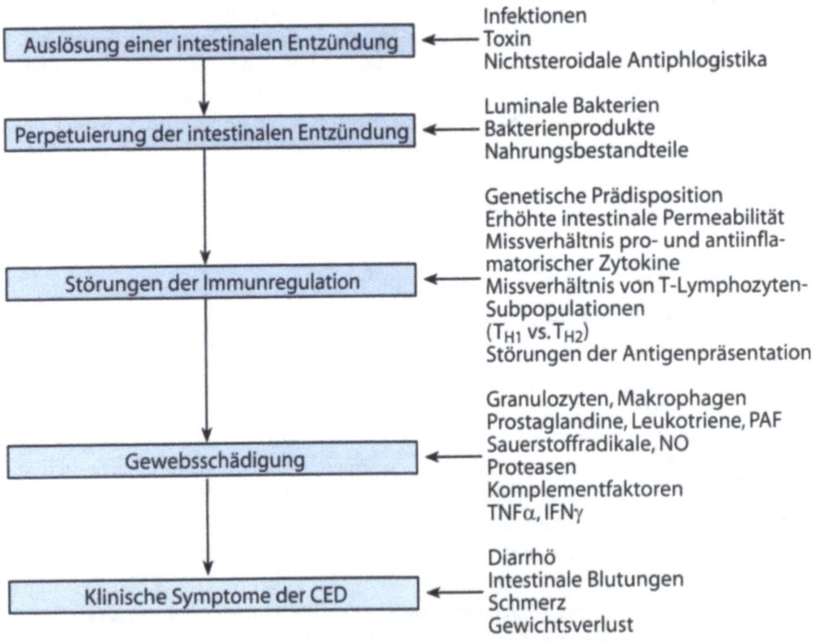

Abb. 42-7. Pathogenetisches Konzept chronisch-entzündlicher Darmkrankheiten. (Mod. nach [68])

Tabelle 42-12. Vergleich M. Crohn und Colitis ulcerosa

Parameter	Colitis ulcerosa	M. Crohn
Ätiologie	Letztlich unbekannt: genetisch (polygen) bedingte Störung der Immunreaktion auf endogene (neuroimmunogen?) und exogene (Bakterien?), Noxen	
Verlauf, Prognose	Unterschiedliche Verläufe (perakut, subakut, chronisch rezidivierend)	Chronisch rezidivierend mit akuten Schüben
Lokalisation der Erkrankung	Rektum und distales Kolon mit kontinuierlicher strumpfartiger proximaler Ausdehnung, uncharakterisisch erweitertes Ileum	Noduläres oder stenotisches distales Ileum, Befall anderer Segmente mit dazwischenliegenden Abschnitten normaler Schleimhaut
Intestinale Komplikationen	Fisteln und Fissuren ungewöhnlich; toxisches Megakolon, erhöhtes Karzinomrisiko	Analfisteln und Fisteln, Abszesse, Stenosen, Malabsorptionsyndrom
Extraintestinale Manifestationen	Seltener (Polyarthritis, Monoarthritis, Sakroiliitis)	Häufiger (Erythema nodosum, Pyoderma gangrenosum, primär sklerosierende Cholangitis (PSC), Iridizyklitis, Uveitis, Glomerulonephritis, interstitielle Nephrits, Nephrolithiasis)
Malnutrition	Selten	Häufig

zur ernährungstherapeutischen Intervention in den verschiedenen Krankheitsstadien. Nachfolgend sollen daher folgende Aspekte im einzelnen abgehandelt werden.

- Sind Ernährungsfaktoren an der Entstehung chronisch-entzündlicher Krankheiten maßgeblich beteiligt?
- In welchem Ausmaß treten bei Patienten mit M. Crohn Zeichen einer globalen oder selektiven (Vitamine, Spurenelemente) Mangelernährung auf? Sind sie durch gezielte ernährungstherapeutische Maßnahmen kompensierbar?
- Gibt es eine effektive Ernährungstherapie im akuten Schub?
- Welche Art der Ernährung ist perioperativ sinnvoll?
- Gibt es Empfehlungen beim Auftreten von Komplikationen (Stenosen, Fistelbildung, Stoma, Kurzdarmsyndrom)?
- Sind diätetische Maßnahmen im entzündungsfreien Intervall zur Erhaltung der Remission geeignet?

Ernährungsfaktoren in der Ätiopathogenese chronisch-entzündlicher Darmkrankheiten

Die Beobachtung, dass chronisch entzündliche Darmkrankheiten bis Ende der 1950er Jahre extrem selten waren und seit dieser Zeit in allen westlichen Industrieländern erheblich zugenommen haben [56], veranlasste zur Annahme, dass Änderungen in der Ernährung eine wesentliche oder gar eine mögliche Ursache für die Häufigkeitszunahme insbesondere für MC aber auch CU seien (*Abb. 42-9*).

Angeschuldigt wurden der nach Kriegsende angestiegene Konsum an raffinierten Kohlenhydraten, chemisch aufbereiteten Fette, die Abnahme des Verzehrs an Ballaststoffen, allergische Reaktionen auf Bäckerhefe sowie der Ersatz von Muttermilch durch Kuhmilch in der Säuglingsernährung (s. *Tabelle 42-13*). Trotz der steigenden Inzidenz von CED und der geänderten Lebens- und Ernährungsweise in den modernen Industriestaaten konnte in keiner der bisher publizierten Studien ein zwingender Beweis für eine mögliche Rolle von Ernährungsfaktoren in der Ätiopathogenese von M. Crohn oder Colitis ulcerosa erbracht werden (Übersicht bei [75]).

Mangelernährung und Malabsorption

Chronisch entzündliche Darmerkrankungen (CED) gehen aufgrund einer direkten Beteiligung des Darms und der damit verbundenen Beeinflussung der Nahrungsaufnahme häufig mit einer Nährstoffdepletion einher. Da die durch Malnutrition hervorgerufenen Komplikationen den Patienten oftmals mehr schwächen können, als der zugrundeliegende inflammatorische Prozess selbst, sind Prävention und Behandlung der Malnutrition obligatorische Bestandteile der Therapie chronisch entzündlicher Darmerkrankungen [51].

Für die Nährstoffdefizite ist nicht immer eine Malabsorption kausal, sondern häufig auch eine inadäquate Zufuhr, verminderte Assimilation, erhöhte Verluste, gesteigerter Bedarf und Interaktionen zwischen Pharmazeutika und Nahrungsinhaltsstoffen. Colitis ulcerosa und M. Crohn sind chronische Erkrankungen, die beide zu Anorexie führen können. Diese wird mit einer erhöhten Zytokinproduktion in Zusammenhang gebracht. Mit Ausnahme der Fälle, bei denen das gesamte Kolon betroffen ist, weisen nur wenige Patienten mit Colitis ulcerosa eine signifikante Malabsorption auf. Im Gegensatz dazu entwickeln M. Crohn-Patienten mit einer therapieresistenten Dünndarmbeteiligung und Indikation zur Resektion regelmäßig ein Kurzdarmsyndrom mit nachfolgender Malabsorption.

Letztlich besteht die Möglichkeit, dass Nahrungsmittel bzw. spezielle Nahrungsmittelkomponenten aus der normalen Ernährung bei Colitis ulcerosa und M. Crohn eine ätiologische Rolle spielen. Insofern könnte eine Modifikation der Diät nicht nur den Ernährungsstatus verbessern, sondern eventuell auch die Krankheitsaktivität abmildern (*Tabelle 42-14*).

Oft unterschätzt wird hierbei eine – durch Diarrhö, lokale Schmerzen und Übelkeit bedingte – eingeschränkte Nahrungsaufnahme. Diese Symptome treten üblicherweise postprandial verstärkt auf. Häufig ist die Verminderung der Nahrungszufuhr nur gering, kann aber über einen längeren Zeitraum trotzdem in einer inadäquaten Zufuhr an Gesamtkalorien und einzelnen Nährstoffen resultieren. Für eine unausgewogene oder unzureichende Nahrungszufuhr können allerdings auch therapeutische Diätvorschriften ursächlich sein [77].

Malabsorption

Im Zusammenhang mit der verminderten Energiezufuhr und -verfügbarkeit spielt eine *Kohlenhydratmalabsorpti-*

Tabelle 42-13. Ernährungsfaktoren in der Ätiopathogenese von CED

Autoren	Ort und Jahr	Anzahl der Patienten (Kontrollpersonen)	Art der Kontrollpersonen	Methode	Durchschnittsalter (in Jahren)	Mittlere Erkrankungsdauer (in Jahren)	Kohlenhydrate	Raffinierter Zucker, inkl. Getränke	Cornflakes	Ballaststoffe oder Getreideprodukte	Obst/Gemüse	Protein	Fett	Milch	Energie
Martini/Brandes	Marburg 1976	63 MC (63)	Patienten aus Zahnklinik	Fragebogen	31	4,5		↑	–		–	–	–	–	–
Brandes et al.	Marburg 1979	114 Cu (114)	Patienten aus Zahnklinik	Fragebogen	35	8,6	↑	–		↑	↓			↓	–
Miller et al.	Düsseldorf (1976)	34 MC (34)		Fragebogen	33		↑								
James	Middlesex 1977	34 MC (68)	Patienten	Interview	37				↑	↑				–	
Rawcliff/Truelove	Oxford 1978	100 MC (100)	Besucher des Krankenhauses	Interview					–	–; ↓: bzgl. Kleie					
Archer/Harvey	Bristol 1978	57 MC (57); 61Cu (61)	Patienten und medizinisches Personal	Interview	MC: 16–78; Cu: 22–72				–	–					
Mayberry/Rhodes	Cardiff 1978	100 MC (100)	Patienten aus unfallchirurgischer Ambulanz	Interview	41,7			↑	–		↓				
Thornton et al.	Bristol 1979	30 MC (30)	Orthopädische Patienten	Fragebogen	33	3 Monate		↑*	–	–	↓**	–	–		–
Thornton et al.	Bristol 1980	30 Cu (30)	Patienten aus unfallchirurgischer Ambulanz	Fragebogen		3 Monate (1–18)	–	–		–		–	–		–
Kasper/Sommer	Würzburg 1979	35 MC (70)	Bevölkerung	Interview	30	1–2	↑	↑		↑		–	–		↑
Mayberry/Rhodes	Cardiff 1980	120 MC (120); 100 Cu	Patienten aus unfallchirurgischer Ambulanz	Fragebogen	MC: 42,7; Cu: 45,9	MC: 10,7; Cu: 8,7		↑;–	–					–	
Mayberry/Rhodes	Cardiff/Birmingham 1981	#1: 32 MC (120)	Patienten aus unfallchirurgischer Ambulanz	Fragebogen	37	1		↑							
		#2: 16 MC (16)		5-Tage-Protokoll			–	–		–		–	–		–
Silkoff/Hallak	Tel–Aviv 1980	27 MC (27)	Orthopädische Patienten	Interview	45	8	↑	↑							
Penny et al.	Aberdeen 1982	70 MC; 50 Cu (50)	Patienten aus unfallchirurgischer Ambulanz	Fragebogen	MC: 44; Cu: 45,5 (37,3)	MC: 10,5; Cu: 7,8		↑;–							

Tabelle 42-13. Ernährungsfaktoren in der Ätiopathogenese von CED (Fortsetzung)

Autoren	Ort und Jahr	Anzahl der Patienten (Kontrollpersonen)	Art der Kontrollpersonen	Methode	Durchschnittsalter (in Jahren)	Mittlere Erkrankungsdauer (in Jahren)	Kohlenhydrate	Raffinierter Zucker, inkl. Getränke	Cornflakes	Ballaststoffe oder Getreideprodukte	Obst/Gemüse	Protein	Fett	Milch	Energie
Järnrot et al.	Örebro 1983	30Cu (30); 30 MC (30) 30IBS (30)	Orthopädische Patienten	Interview	MC:27,9; Cu: 34,8 IBS: 41,9	MC: <3 Monate 7–36 Monante		– ↓							
Panza et al.	Mailand 1987	109 MC; 124 Cu (250)	Patienten	Interview			RR: ↑; RR: ↑	RR: ↑; RR: ↑			RR: ↓; RR: ↓	RR: ↑; RR: –		–; RR: –	
Katschinski et al.	Nottingham 1988	104 MC (153)	Patienten	Fragebogen	30			RR: ↑							
Thornton et al.	Bristol 1985	30 MC (30); 30 Cu (30)		Interview		3 Monate		–		–		–	–		–
Matsui et al. (195)	Japan 1990	50 MC (50)		Interview				↑		–	–	–	–		–
Persson et al.	Stockholm 1992	152 MC; 145 Cu (305)	Bevölkerung	Fragebogen	15–79	103 unter 3 Jahre; 190 über 3 Jahre	–	RR: ↑; RR: ↑		RR: ↓		–	–		RR: ↑; RR: ↑
Sonnenberg	Milwaukee 1988			Internationale epidemiologische Studie				–					–		

↑: Verzehr signifikant erhöht; ↓: Verzehr signifikant erniedrigt; –: kein signifikanter Unterschied; *: wesentlich mehr; **: beträchtlich weniger. Die Signifikanz bezieht sich auf die Patienten und ihre jeweiligen Kontrollpersonen.

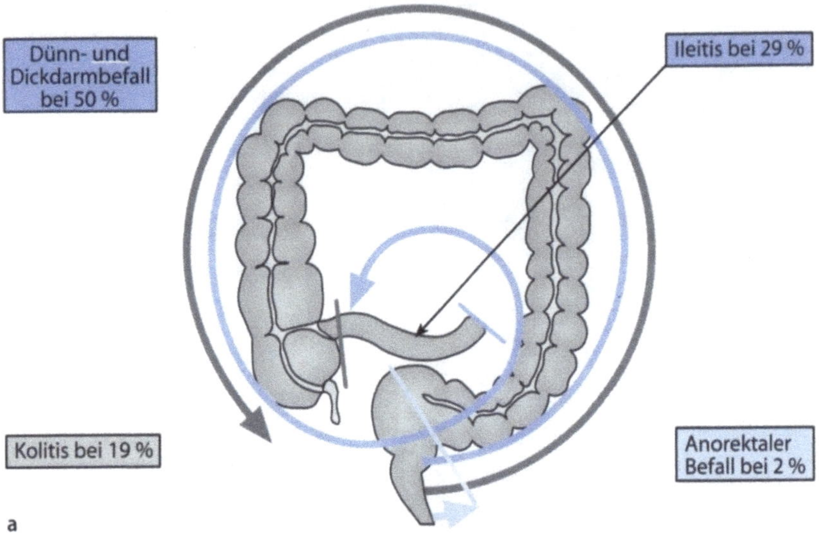

a

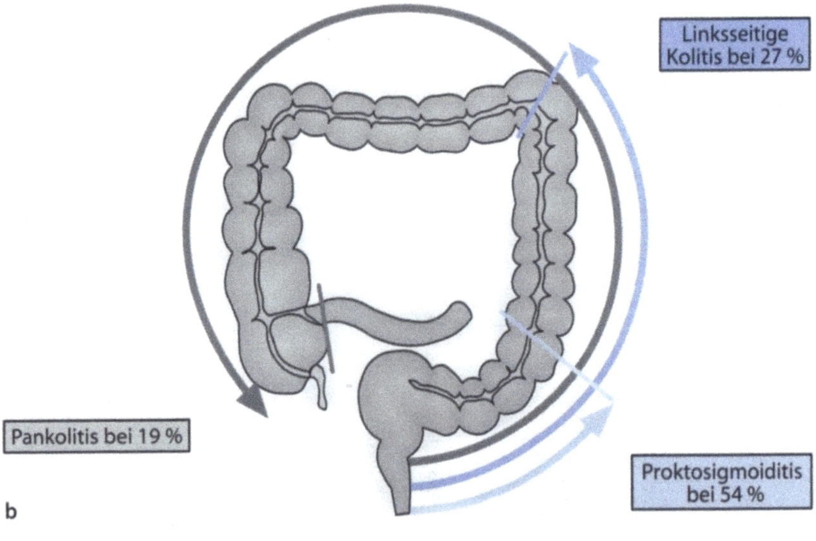

b

Abb. 42-8. Typische Befallsmuster bei CED; **a** M. Crohn, **b** C. ulcerosa

on nur eine untergeordnete Rolle. Die jejunale Funktion, durch D-Xylose-Absorption gemessen, ist bei den meisten M. Crohn-Patienten erhalten.

Der Grund für die Einführung einer laktosefreien Diät bei M. Crohn beruht in erster Linie auf früheren Studien, die eine hohe Prävalenz der Laktoseintoleranz bei Patienten mit CED zeigen konnten. Die Aktivität zweier anderer Disaccharidasen, Saccharidase und Maltase, bleibt bei Colitis ulcerosa unbeeinflusst. Zusammengefasst bedeutet dies, dass es mit Ausnahme extensiver Dünndarmbeteiligungen bei M. Crohn derzeit *keine Hinweise auf eine erhöhte Prävalenz der Laktosemalabsorption bei Patienten mit CED gibt.*

In der Praxis hat sich allerdings erwiesen, dass 1/3 der M. Crohn-Patienten und 1/4 der Patienten mit Colitis ulcerosa nach Elimination milchhaltiger Lebensmittel aus der Nahrung eine Besserung der Diarrhösymptomatik zeigen. Dies könnte auch damit zusammenhängen, dass im Blut von Patienten mit CED vermehrt spezifische Antikörper gegen Milchproteine nachgewiesen werden können, wobei die Entzündungsaktivität mit den Antikörpertitern korreliert [77].

Fettmalabsorption

Während es bisher keinen eindeutigen Hinweis auf Störungen der Kohlenhydratabsorption gibt, tritt bei ca. 30% der Patienten mit CED nachweislich eine Fettmalabsorption auf. Ein Fettmalabsorptionskoeffizient <94% wurde bei 31% der Patienten mit M. Crohn beschrieben. Gerson et al. (nach [77]) zeigten einen engen Zusammenhang zwischen Stuhlfettgehalt und der Länge des betroffenen und/oder resezierten Darmsegments. Für eine Steatorrhö kann sowohl eine Erkrankung der jejunalen Mukosa, Resektion bei M. Crohn oder eine Abnahme der luminalen Gallensäurekonzentration nach Ileostomie ursächlich sein. Auf der anderen Seite können nicht absorbierte Gallensäuren zu einer chologenen Diarrhö beitragen, indem sie die epitheliale Barrierefunktion des Kolons beeinträchtigen. Bei ausgedehnteren Resektionen

Tabelle 42-14. Primäre Ursachen, die häuptsächlich zur Entstehung eines Nährstoffdefizits bei Patienten mit CED beitragen

- Verminderte orale Aufnahme
  Durch die Erkrankung induziert (abdominelle Schmerzen, Diarrhö, Nausea, Anorexie, Erbrechen, Geschmacksstörungen)
  iatrogen (restriktive Diäten ohne Supplementation)
- Malabsorption
  Verringerte absorptive Fläche durch die Erkrankung oder Resektionen
  Gallensalzmangel nach Resektion des Ileums
  Bakterielle Überwucherung
  Medikamentenbedingte Malabsorption
- Erhöhte Sekretion und Nährstoffverlust
  Eiweißverlustenteropathie
  Elektrolyt- und Spurenelementverlust durch Diarrhö
  Gastrointestinale Blutverluste
- Medikamenten-Nahrungsinhaltstoff-Interaktionen
  Kortikoide und Kalziumabsorption/Proteinmetabolismus
  Sulphasalazin und Folatabsorption/Hämolyse
  Cholestyramin und Absorption fettlöslicher Vitamine
- Erhöhte Nutzung und erhöhter Bedarf
  Inflammation, Fieber, Infektion, Fisteln
  Erhöhte intestinale Zelldesquamation
  Hämolyse

des Ileums kann die Gallensäuremalabsorption zur Depletion des Gallensäurepools führen. In diesem Fall wird die Steatorrhö noch intensiviert [18].

Intestinaler Nährstoffverlust

Vor allem bei aktiver CED, insbesondere beim M. Crohn, kann eine exsudative Eiweißverlustenteropathie zu einer exzessivem Abnahme von Plasmaproteinen durch die entzündete Mukosa führen. Im Gegensatz zu renalen Proteinverlusten bei Patienten mit nephrotischem Syndrom, wobei ausschließlich Plasmaproteine kleinen Molekulargewichts ausgeschieden werden, scheint der Eiweißverlust bei CED unabhängig von der Proteingröße zu sein. Eine Hypoalbuminämie tritt

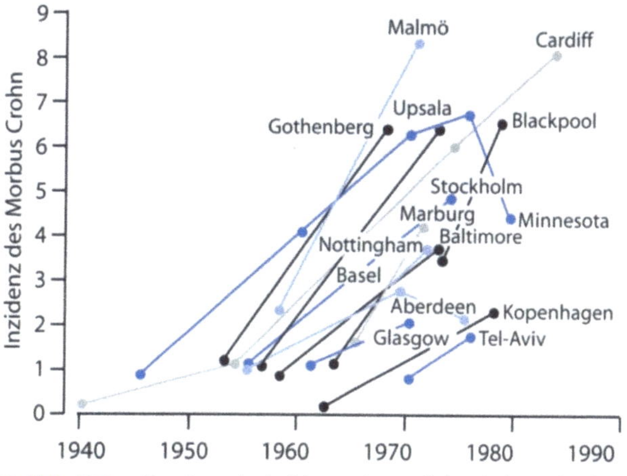

Abb. 42-9. Zunahme der Inzidenzen in westlichen Industrieländern nach dem 2. Weltkrieg. (Mod. nach [56])

bei Eiweißverlustsyndrom regelmäßig auf, da die hepatische Albuminsynthese bei diesen Patienten normal bzw. nur leicht erhöht ist.

Durch persistierende Diarrhöen kommt es zur Ausscheidung von Elektrolyten und Spurenelementen. Klinisch können diese exzessiven Verluste zur Hypokaliämie, Hypomagnesiämie und Zinkspeicherdepletion führen (s. unten). Bei Vorliegen einer Steatorrhö kommt es außerdem zu extensiven Kalzium- und Magnesiumverlusten, die durch Seifenbildung der Kationen mit den freien Fettsäuren hervorgerufen werden [77].

Interaktionen zwischen Medikamenten und Nahrungsinhaltsstoffen

Eine Reihe von Pharmaka, die üblicherweise zur Behandlung von CED eingesetzt werden, haben einen negativen Effekt auf den Ernährungsstatus. Kortikosteroide können, besonders wenn sie in hohen Dosen eingesetzt werden, einen additiven katabolen Effekt ausüben, da sie in den Proteinmetabolismus eingreifen. Zusätzlich hemmen Kortikosteroide die Kalziumabsorption und führen zu *Magnesiurie.* Andere Beispiele potenzieller Interaktionen zwischen Medikamenten und Nahrungsinhaltsstoffen beinhalten die kompetitive Hemmung der Folataufnahme durch Sulphasalazin, reduzierte Absorption von Fetten und fettlöslichen Vitaminen durch Cholestyramin und veränderten Vitamin-K-Status durch Antibiotika [18].

Spezifische Malabsorptionssyndrome

Ein Gewichtsverlust findet sich bei 54% (ambulant) bis 75% (stationär) der Patienten. Etwa 10–25% weisen erniedrigte Albuminspiegel auf [18]. Eine Anämie, definiert als Hämoglobin <10 g/dl wird je nach untersuchtem Kollektiv bei 45–60% gefunden, Eisenmangel bei 55% und Zinkmangel bei 10%. Weitere Anämieursachen sind Folsäure- und Vitamin-B_{12}-Mangel (*Tabelle 42-15*).

Tabelle 42-15. Häufigkeit (in %) eines Nährstoffmangels bzw. nährstoffmangelassoziierter Befunde bei stationären und ambulanten Patienten mit CED. (Mod. nach [18])

Nährstoff	Morbus Crohn – stationär	Morbus Crohn – ambulant	Colitis ulcerosa – stationär	Colitis ulcerosa – ambulant
Gewichtsabnahme	65–75	54	18–62	43
Hypoalbuminämie	25–80	0	25–50	n.u.
Anämien	60–80-	54	66	n.u.
– Eisen	25–50	37–53	81	n.u
– Folsäure	56–62	10	30–41	n.u
– Vitamin B_{12}	48	3–4	5	n.u.
Vitamin A	11–50	n.u	93	n.u
Vitamin D	23–75	n.u	35	n.u
Kalzium	13	n.u	n.u	n.u
Magnesium	14–33	n.u	n.u	n.u
Kalium	6–20	n.u	n.u	n.u
Zink	40	1	n.u	n.u

n.u.: nicht untersucht.

Erhebung des Ernährungszustands

Zur Erhebung von etwaigen Mangelzuständen sollten bei jeder Visite Körpergewicht und Blutbild bestimmt werden. Im aktiven Schub sollten zusätzlich Albumin und bei Verdacht auf eine Elektrolytstoffwechselstörung Natrium, Kalium und Kalzium, zur Erfassung einer Steatorrhö ß-Karotin im Serum bestimmt werden. Eine routinemäßige Messung von Vitaminen und Spurenelementen ist nicht erforderlich. Bei Verschlechterung des Krankheitsbilds, Gewichtsverlust und V. a. selektive Mangelzustände sollte zusätzlich eine Diätanamnese (Ausschluss von Außenseiterdiäten) durchgeführt werden.

Ernährungtherapie in den einzelnen Krankheitsstadien

Akuter Schub

Die Effektivität einer enteralen Ernährung bei *akutem* M. Crohn im Vergleich zur medikamentösen Therapie war Gegenstand zahlreicher Untersuchungen der letzten 2 Jahrzehnte [15, 16, 26, 32, 64, 72]. Eine Anzahl von Studien zeigten vergleichbare Ergebnisse hinsichtlich einer ausschließlichen Behandlung mit Formeldiäten und einer Standardtherapie. 4 prospektive, randomisierte Studien an 111 Patienten untersuchten Elementardiät vs. Steroidtherpie mit vergleichbaren Ergebnissen hinsichtlich der Erzielung einer Remission, wobei bis zu 41% der Patienten in der enteral ernährten Gruppe die Therapie vorzeitig abbrachen. Ein Vergleich von Oligopeptiddiät und Steroiden wurde in 3 randomisierten Studien vorgenommen. Insgesamt waren 270 Patienten eingeschlossen. In 2 Studien war die Oligopeptiddiät der Steroidtherapie unterlegen. Eine Multizenterstudie von Lochs et al. [32] umfasste 107 Patienten, die entweder Methylprednisolon und Sulfasalazin oder eine Oligopeptiddiät per nasogastraler Sonde erhielten. Remissionen wurden bei 79% der Patienten unter medikamentöser Therapie und bei 53% der Patienten mit enteraler Ernährung erzielt. Eine Studie an jugendlichen Crohn-Patienten zeigte keinen signifikanten Unterschied zwischen Steroidbehandlung und Ernährungstherapie. In einer Studie zum Vergleich einer hochmolekularen, nährstoffdefinierten Diät mit herkömmlicher Steroidtherapie zeigten die Resultate beider Gruppen keine signifikanten Unterschiede bezüglich Remissionsquote und -dauer (Übersicht bei [64]).

Hingegen kamen Griffith et al. [16], die kürzlich eine Metaanalyse (Abb. 42-10) zur Effektivität einer enteralen Ernährung im Vergleich zu einer konventionellen Therapie mit Kortikosteroiden veröffentlichten, zu dem Schluss, dass eine enterale Ernährung in der Behandlung eines aktiven M. Crohn einer Steroidtherapie unterlegen ist [16]. Zu dem gleichen Ergebnis kamen Fernandez-Banares et al. [15]. In der Gesamtbetrachtung lagen die Remissionsraten für enteral ernährte Patienten bei 58% und für steroidbehandelte Patienten bei 80% [15]. Nährstoffdefinierte hochmolekulare Diäten waren dabei genauso effektiv wie chemisch definierte Peptiddiäten (Abb. 42-11).

Die Therapiestudien zur enteralen Ernährung zeigen zwar überwiegend positive Ergebnisse, sind jedoch z. T. schwer vergleichbar mit Ergebnissen zu medikamentöser Standardbehandlung, unter anderem aufgrund kleiner Fallzahlen, unterschiedlicher Kriterien zur Bewertung des Therapieerfolgs und sehr heterogener Patientengruppen. Außerdem sind in den enteral ernährten Patientengruppen hohe Raten an vorzeitigen Therapieabbrüchen wegen Unverträglichkeit der Formeldiäten und mangelnder Compliance zu verzeichnen

Prä- und postoperative Ernährung

Seit ihren Anfängen gilt die künstliche Ernährung (enteral/parenteral) nach mittleren und großen adominalchirurgischen Eingriffen als ebenso notwendige wie sinnvolle Routine zur perioperativen Betreuung des Patienten. Ziel ist, der postoperativen Katabolie mit negativer Stickstoffbilanz, der erforderlichen Nahrungskarenz und der Darmatonie entgegenzuwirken (Tabelle 42-16). Dennoch existieren trotz einer überproportional hohen Operationsinzidenz bei M. Crohn-Patienten – 10 Jahre nach Diagnosenstellung wird bei 50%, 20 Jahre danach bei 85% der Patienten ein operativer Eingriff erforderlich – nur wenige (keine) Standards für den Einsatz der perioperativen Ernährungstherapie bei dieser Patientengruppe [53].

Zu den in Tabelle 42-16 postulierten Zielen einer perioperativen Ernährung finden sich nur wenige aussagekräftige Studien, die dann allerdings in keinem der genannten Punkte einen signifikanten Vorteil, weder einer perioperativen TPN noch TEN, finden.

Präoperativ liegt eine Indikation zur Ernährungstherapie vor, wenn ein Gewichtsverlust von mehr als 10% in den letzten 6 Monaten vor der Operation stattgefunden hat und das Serumalbumin unter 30 g/l liegt [53].

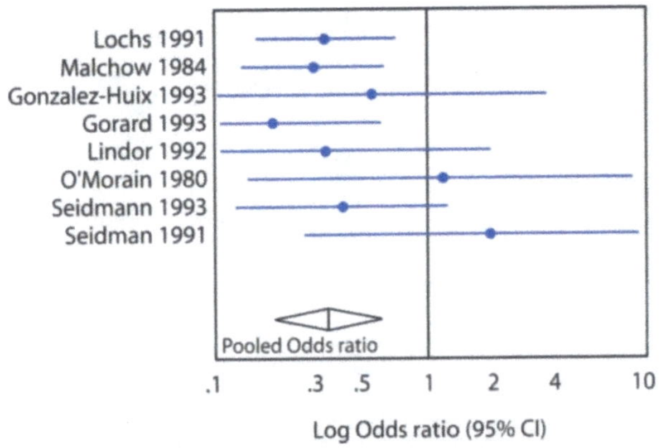

Abb. 42-10. Vergleich der therapeutischen Effizienz enteraler Ernährung zu Kortikosteroiden in der Behandlung des aktiven M. Crohn. (Mod. nach [16])

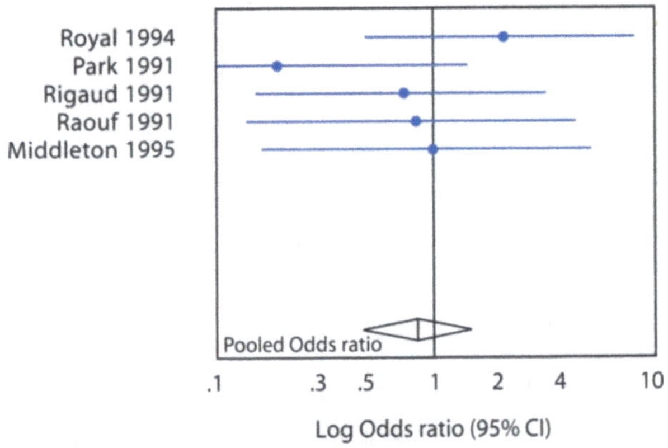

Abb. 42-11. Vergleich der enteralen Ernährung mit nichtelementaren Diäten (nährstoffdefinierte Diät) und elementaren Diäten (chemisch definierte Diäten) in der Behandlung des aktiven M. Crohn. (Mod. nach [16])

Tabelle 42-16. Ziele der perioperativen Ernährung bei Patienten mit M. Crohn

- Beseitigung einer bestehenden Malnutrition
- Protektion von Enteroanastomosen
- Reduktion perioperativer Komplikationen
- Reduktion der postoperativen Rezidivneigung/Fistelbildung
- Verkürzung der Krankenhausaufenthaltsdauer

Postoperativ erscheint eine parenterale oder/und enterale Ernährung nach ausgedehnten Darmresektionen (KDS) oder schweren metabolischen Entgleisungen sinnvoll (s. unten).

Komplikationen

Stenosen

Stenosen mit *Subileuszuständen,* insbesondere am terminalen Ileum, sind *eine häufige Komplikation* und treten bei ca. 20–30% der Patienten im Verlauf der Krankheit mindestens einmal auf. Im Initialstadium ist die *Einengung des Dünndarmsegments* durch den entzündlichen Prozess ausgelöst, im späteren Verlauf durch *fibröse Strikturen.* Nach initialer Kortikoidtherapie ist nicht selten eine elektive Operation notwendig.

Bei Vorhandensein von Passagebehinderungen aufgrund von Stenosen ist eine ballaststoffarme Kost indiziert. Insbesondere faserreiche Gemüse wie Spargel, Fenchel, grüne Bohnen und Blattspinat, hartschaliges Obst und Ballaststoffpräparate sollten gemieden werden. Gegebenenfalls muss eine passierte Kost und/oder Nährstoffsupplemente in Form von Trink- oder Sondennahrung gegeben werden [18].

Fisteln

Viszeroviszerale Fisteln variabelster Lokalisation sind eine klassische Komplikation des M. Crohn. Sie entstehen zwischen verschiedenen Darmabschnitten, meist im Bereich des unteren Dünndarms (*enteroenterisch*), aber auch von einem Darmabschnitt zur Blase (*enterovesikal*), zur Vagina (*enterovaginal*) oder zur Haut (*enterokutan*) [33, 66, 79].

Als pathogenetisches Prinzip für die positive Beeinflussung des Fistelleidens mittels enteraler oder parenteraler Ernährung werden Reduktion der gastrointestinalen Sekretion sowie Reduktion von Stuhlfrequenz und -volumen angesehen. Die bisher publizierten Daten zum Einfluss einer enteralen Ernährung auf das Fistelleiden bei M. Crohn sind uneinheitlich und aufgrund kleiner Fallzahlen (z. T. Kasuistiken), unterschiedlicher Therapieregime und -dauer kaum vergleichbar. Die Rate der kompletten Fistelverschlüsse liegt im Mittel über alle Studien bei etwa 40% (vgl. TPE). Dabei scheinen postoperativ entstandene Fisteln auf eine Behandlung deutlich besser anzusprechen. Einheitliche Vorstellungen über die erforderliche Dauer (je nach Studie 1–56 Wochen!) existieren nicht. Die Rezidivrate bei Absetzen der Ernährung und erneutem Schub der Krankheit liegt bei nahezu 100%.

Die Aussagen zur Wirksamkeit einer *total parenteralen* Ernährung auf den Verschluss enterokutaner Fisteln sind ebenfalls uneinheitlich. Langzeitverläufe sind kaum dokumentiert. Ein permanenter Fistelschluss wird in ungefähr 40% der Fälle gesehen [33].

Zustand nach Darmresektion, Ileostoma, Pouchitis (s. Abschn. 42.3.7)

Hyperoxalurie/Oxalatnephrolithiasis

Eine Fettmalabsorption bei Patienten mit ausgedehnter Ileumresektion unter Erhalt des Kolons ist mit einem erhöhten Risiko für eine *Kalziumoxalatlithiasis* verbunden. Unter normalen Bedingungen werden nur etwa 5% der zugeführten Oxalsäure resorbiert, da Kalzium und Oxalsäure einen unlöslichen Komplex bilden und als solcher ausgeschieden werden. Bei erhöhter Konzentration nicht resorbierter langkettiger Fettsäuren werden diese bevorzugt an Kalzium gebunden. In freier Form ist Oxalsäure löslich und wird zu einem höheren Anteil im Kolon absorbiert. Darüber hinaus führen nicht resorbierte Gallensäuren im Kolon zu einer erhöhten Permeabilität für Oxalate. Als Folge tritt eine renale Hyperoxalurie auf. Nightingale et al. [31] beobachteten ein symptomatisches Nierensteinleiden bei 9 von 38 Patienten (24%) mit Kurzdarmsyndrom bei Erhalt des Kolons in einem Zeitraum von 2 Jahren. Präventiv sollten neben einer fettreduzierten Diät oxalsäurereiche Lebensmittel (Rhabarber, Spinat, Sauerampfer, Kakao, Schokolade, Colagetränke) gemieden werden [31, 66].

Diätetische Maßnahmen zur Erhaltung der Remission

Für die Wirksamkeit einer speziellen Diät oder Ernährungstherapie zur Remissionserhaltung liegen derzeit keine ausreichenden Daten vor. Zwar zeigen kleinere z. T. unkontrollierte Studien mit ω-3-Fettsäuren angereicherten Supplementnahrungen einen remissionserhaltenden Effekt, eine generelle Therapieempfehlung kann daraus jedoch derzeit nicht abgeleitet werden [66]. Gleiches gilt für die von Roediger [55] vorgeschlagene sulfitarme Kost, die im Meiden von Lebensmitteln, die reich an schwefelhaltigen Aminoäuren sind, besteht.

Stellenwert einer total parenteralen Ernährungstherapie (TPE)

Eine Analyse der Untersuchungen zum Einsatz von TPE bei M. Crohn wurde 1993 von Greenberg [15b] veröffentlicht. Danach kam es bei ausschließlichem Einsatz von TPE bei 64% der Patienten 2–3 Wochen nach Behandlungsbeginn zu einer Remission. Diese Ergebnisse entsprechen denen unter chemisch definierten Diäten. Durch den Einsatz von TPE als präoperative Maßnahme kann eine Verbesserung des Ernährungszustands und somit eine Verminderung postoperativer Komplikationen erzielt werden. Aussagen zur Effektivität von TPE hinsichtlich des Verschlusses enterokutaner Fisteln sind widersprüchlich. Langzeitverläufe sind kaum dokumentiert. Ein permanenter Fistelschluss wird in ungefähr 40% der Fälle gesehen.

Wegen der höheren Komplikationsrate und des negativen Effekts auf die intestinale Mukosa sollte sich die Indikation zur parenteralen Ernährung auf Patienten beschränken, bei denen eine enterale Ernährung wegen intestinaler Komplikationen nicht gerechtfertigt ist [15].

Fazit für die Praxis

- Für die Wirksamkeit einer speziellen Diät oder Ernährungstherapie zur *Remissionserhaltung* liegen derzeit keine ausreichenden Daten vor. Wie bei allen anderen Krankheiten gelten auch bei MC und CU die ernährungstherapeutischen Grundsätze einer Stufentherapie: Ernährungsberatung, zusätzliche Ernährung durch Trinknahrung (Supplemente), Sondennahrung, parenterale Ernährung. Grundsätzlich ist eine Ernährungsberatung zur Empfehlung einer ausgewogenen und ausreichenden Kost entsprechend der leichten Vollkost (DGE) sowie zum Ausschluss einseitiger Ernährung sinnvoll. Auf individuelle Nahrungsunverträglichkeiten ist zu achten.

- Die Ernährungstherapie im *akuten Entzündungsschub* gestaltet sich in Abhängigkeit vom Schweregrad der Entzündung und von den Begleiterscheinungen, wie beispielsweise Stenosen und Maldigestion von Nährstoffen. Wenn keine besonderen Komplikationen vorliegen, wird mit einer leichten Vollkost ernährt.
- Bei Vorhandensein von Passagebehinderungen aufgrund von *Stenosen* ist eine ballaststoffarme Kost indiziert.
- Bei Auftreten einer Steatorrhö sollte ein teilweiser Ersatz des üblichen Nahrungsfettes durch mittelkettige Triglyzeride (MCT-Fette) erfolgen.
- Bei Vorliegen einer *Malnutrition* (gleichgültig ob es sich um eine generelle Mangelernährung oder spezifische Mängel handelt) ist eine Supplementierung mit einer nährstoffdefinierten Kost (ca. 500 ml/24 h) zu empfehlen. Hinweise, dass Elementardiäten oder Spezialprodukte einen Vorteil gegenüber hochmolekularen Standarddiäten böten, gibt es nicht.
- *Präoperativ* liegt eine Indikation zur Ernährungstherapie vor, wenn ein Gewichtsverlust von mehr als 10% in den letzten 6 Monaten vor der Operation stattgefunden hat und das Serumalbumin unter 30 g/l liegt.
- Die *parenterale* Ernährung ist auf den schweren Schub mit Unmöglichkeit der adäquaten oralen Ernährung bzw. auf ausgeprägte perioperative Mangelernährung beschränkt.
- Eine generelle *Vitamin- oder Spurenelementsubstitution* ist beim komplikationslosen M. Crohn nicht sinnvoll. Eine Substitution von Eisen ist bei einem Hämoglobin <10 g/dl indiziert. Bei langfristiger Steroidtherapie (>6 Monate) sollte Vitamin D (1000 IE/24 h) sowie bei nachgewiesener Laktosemalabsorption Kalzium in einer Dosis von 1000 mg/24 h substituiert werden. Für die sonstige Vitamin- und Spurenelementsubstitution (v. a. Zink, Cobalamin) gelten die allgemeinen Empfehlungen.

42.3.5 Strahlenenteritis

Die *Strahlenenteritis* ist aufgrund ihrer Häufigkeit und ihres vielfältigen Erscheinungsbildes eine der gefürchtetsten Komplikationen der Radiotherapie. So wird die *Inzidenz der chronischen Strahlenenteropathie* in der Literatur mit 2,5–25% angegeben. Eine *akute Schädigung* des Darms ist dagegen vermutlich bei allen bestrahlten Patienten zu finden, ohne dass jedoch eine derartige Schädigung immer mit dem Auftreten klinisch bedeutsamer gastrointestinaler Symptome verbunden sein muss. Da bei zunehmend kurativer, multimodaler Therapie intraabdomineller Karzinome der Radiotherapie eine wichtige integrative Funktion zukommt, ist eine weitere Zunahme der Strahlenschäden im Bereich des Gastrointestinaltrakts anzunehmen [62].

Ätiologie und Klinik

Abhängig vom Manifestationszeitpunkt, der klinischen Symptomatik und dem morphologischem Bild wird zwischen einem *Frühschaden* (akutes Stadium) und einem *Spätschaden* (chronisches Stadium) unterschieden [62].

Gastrointestinale Beschwerden in der *Frühphase* entwickeln sich innerhalb weniger Stunden nach der Exposition. Praktisch alle Patienten nach Bestrahlung mit kurativen Tumordosen sind von Frühreaktionen betroffen, jedoch erreichen diese nicht immer klinische Relevanz. Als *Hauptsymptome* bei den in rund der Hälfte der Fälle klinisch nachweisbaren Beschwerden treten besonders *Übelkeit, Erbrechen und Diarrhö*, bisweilen in Verbindung mit leichten intestinalen Blutungen und uncharakteristischen abdominellen Schmerzen hervor. Obwohl die zugrundeliegenden molekularen Mechanismen der akuten aktinischen Reaktion am Gastrointestinaltrakt bislang nicht vollständig erforscht sind, scheinen 5-Hydroxytryptamin-Typ 3-Rezeptoren (5-HT_3) und das zentrale Nervensystem (ZNS) wesentliche Elemente zu sein.

So wird als eine Ursache der Frühphase der Strahlenkrankheit eine Stimulation des ZNS durch im Blut zirkulierende freie Radikale oder durch von intestinalen Mikroorganismen produzierte Endotoxine angenommen. Alternativ wird ein direkter, über afferente oder efferente Nervenfasern übermittelter Mechanismus diskutiert [62].

Nach einem symptomarmen bis -freien Intervall von durchschnittlich 3–6 Monaten kann sich zu jedem Zeitpunkt ein Strahlenspätschaden manifestieren, wobei die Symptomatik in der überwiegenden Anzahl der Fälle innerhalb der ersten beiden Jahre nach Abschluss der Strahlenbehandlung auftritt. Dagegen mündet ein Strahlenfrühschaden selten direkt in einen Spätschaden ein. Die Inzidenz des Strahlenspätschadens wird mit mindestens 10% angenommen und ist besonders bei einer Mitbestrahlung des Rektums häufig [62].

Klinisch imponiert der *Strahlenspätschaden* im Bereich des Dünndarms überwiegend mit kolikartigen abdominellen Schmerzen infolge partieller Dünndarmobstruktionen. Begleitet wird das Bild des intermittierenden Subileus und Ileus von Appetitlosigkeit, Übelkeit, Völlegefühl, Erbrechen und Gewichtsverlust unterschiedlichen Ausmaßes. Enteroenterale, enteroorganische sowie enterokutane Fistelbildungen sind ein relativ häufiges Ereignis, stärkere Intestinalblutungen sowie Darmperforationen werden weitaus seltener beobachtet.

Sind größere Teile des Dünndarms, insbesondere des *Ileums*, miteinbezogen, ist zusätzlich mit Symptomen der Malabsorption zu rechnen. Bei bekannter radiogener Exposition und unklarem Gewichtsverlust empfiehlt sich daher die Bestimmung verschiedener intestinaler resorptiver Funktionen (Vitamin-B_{12}-Resorptionstest, Fettbestimmung im Stuhl, D-Xylosetest) zum Ausschluss eines Malassimilationssyndroms.

Ernährungstherapie

In der Phase des *akuten* Strahlensyndroms mit Übelkeit, Erbrechen, Diarrhöen, Tenesmen und lokalen Schmerzen ist eine *symptomatische Behandlung* indiziert. Nur in seltenen Fällen ist eine stärkere Fraktionierung oder gar eine Unterbrechung der Bestrahlung erforderlich.

Die Therapie der Diarrhö erfolgt mit verschiedenen Antidiarrhoika wie z. B. Loperamid oder Diphenoxylat. Bei persistierender klinischer Symptomatik lässt sich unter Berücksichtigung eines möglichen Malabsorptionssyndroms eine deutliche Besserung mit einer fett- und ballaststoffarmen oder laktosefreien Diät erzielen. Im Falle einer akuten Ileitis terminalis mit Gallensäuremalabsorption ist in der Regel die chologene Diarrhö durch den Gallensäureaustauscher Colestyramin (4–12 g/24 h) gut zu beherrschen. Therapierefraktäre Fälle machen die Gabe von Sulfasalazin oder lokaler oder systemischer Glukokortikoide erforderlich.

Bei einer Ileussymptomatik erscheint eine konservativ abwartendene Haltung zunächst gerechtfertigt. Jedoch ist bei den sehr seltenen perakuten Krankheitsverläufen mit massiven intestinalen Blutungen oder Darmperforationen eine sofortige chirurgische Intervention unumgänglich [62].

Patienten mit *Spätschäden* am Darm bedürfen häufig einer konservativen Therapie. Diese ist ausschließlich symptomatisch und unterstützend, häufig polypragmatisch und empirisch. Zum Einsatz kommen Antidiarrhoika, gelegentlich auch Sulfasalazin oder Glukokortikoide, Spasmolytika, Colestyramin und Breitspektrumantibiotika bei Maldigestion durch Gallensäuredekonjungation infolge bakterieller Überwucherung. Bei einem stark ausgeprägten Malabsorptionssyndrom sollte eine Substitution von Vitaminen, Elektrolyten und Spurenelementen sowie der therapeutische Versuch einer fettarmen, laktosefreien Diät unternommen werden. Bei Versagen dieser Therapie muss eine intermittierende, hochkalorische totale parenterale Ernährung und bei ausgeprägter Anämie eine Transfusionsbehandlung eingeleitet werden [62].

42.3.6 Ernährung nach Resektionen des Dünndarmes: Kurzdarmsyndrom

Beim Kurzdarmsyndrom (»short bowel syndrome«, KDS) handelt es sich um ein – infolge der Resektion *quantitativ* und/oder *funktionell* bedeutender Dünndarmabschnitte auftretendes – Malabsorptionssyndrom. Das Ausmaß der klinischen Erscheinungen hängt also zum einen von der *Länge* des verbleibenden Restdarms und zum anderen aber vom Ort der Resektion ab (*Abb. 42-12*).

Umfasst die Resektion mehr als 70% des Dünndarms, ist mit ernsten, schwer oder gar nicht ausgleichbaren Störungen zu rechnen. Werden mehr als 50% des Ileums reseziert, treten isolierte Störungen der Resorption von Vitamin B_{12} und Gallensäuren auf.

Das KDS des Erwachsenen unterscheidet sich in wesentlichen Punkten vom KDS bei Kindern. So reichen bei Neugeborenen bereits 40 cm Dünndarm für das Überleben ohne Notwendigkeit einer langzeitparenteralen Ernährung. Bei vorhandener Ileozökalklappe sind gar 15 cm ausreichend. Bei Erwachsenen muss hingegen mit einer langzeitparenteralen Ernährung gerechnet werden, wenn weniger als 70 cm Dünndarm verbleiben (<20% der Normallänge).

Zur Inzidenz des Erkrankungsbilds liegen in Europa derzeit noch keine umfassenden Daten vor. In den USA liegt nach neueren Schätzungen die Zahl der Patienten, die als Folge eines Kurzdarmsyndroms eine langzeitparenterale Ernährung benötigen, bei 10.000–20.000 [69].

Ätiologie und Klinik

Zu den häufigsten *Ursachen*, die beim Erwachsenen zur Resektion von Teilen des Dünndarms führen, zählen M. Crohn, Störungen der intestinalen Durchblutung und der Darmvolvulus. Bei Kindern, insbesondere bei Neugeborenen stehen gastrointestinale Malformationen, Darmischämien und die nekrotisierende Enterokolitis im Vordergrund (3–5 Neugeborene/1.000 Geburten leiden an einem KDS). Quantitativ bedeutend sind auch traumatisch bedingte Darmnekrosen [69].

Die Resorptionsleistung des verbliebenen Restdarms wird zum einen durch Lokalisation und Fläche der verbliebenen Abschnitte definiert, zum anderen durch die Funktionsfähigkeit pro Fläche. Letztere wird durch die Grunderkrankung selbst (z. B. Rezidiv eines M. Crohn), durch aus ihr resultierende Zusatzschäden (z. B. bakterielle Fehlbesiedlung, Medikamente) oder durch Sekundäreffekte einer Malabsorption (z. B. Vitamin-B_{12}-Mangel) beeinflusst. Andererseits wird

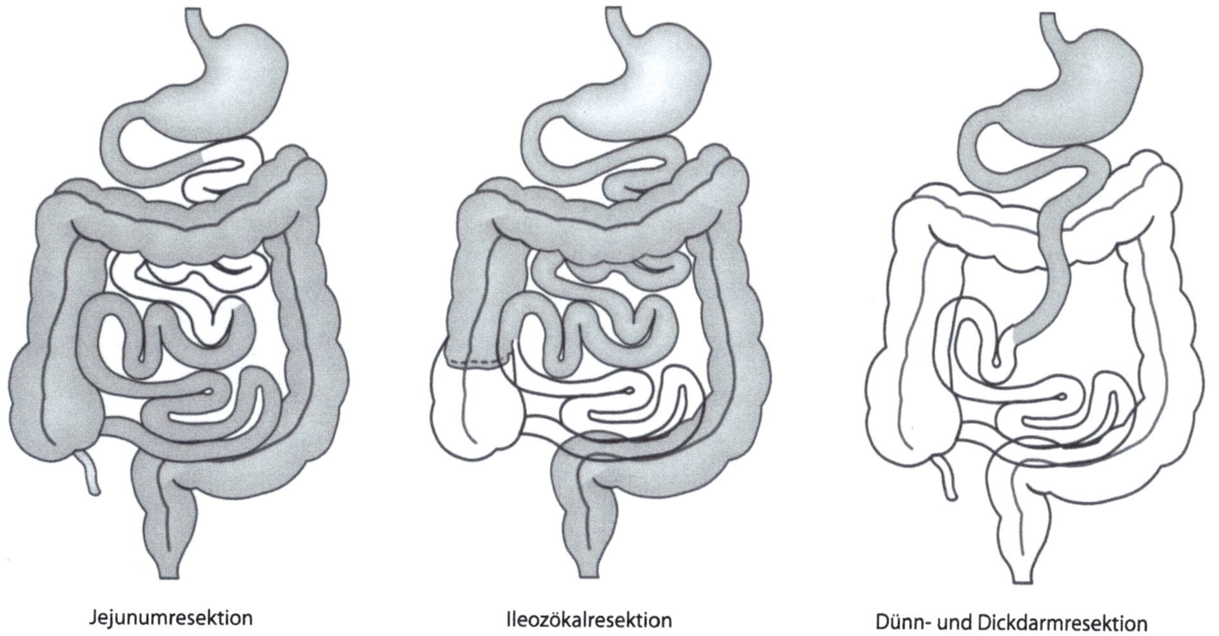

Abb. 42-12. Typische Resektionsformen des KDS

die Resorptionsleistung durch postoperative Adaptationsprozesse verbessert.

Malabsorption

Für die Resorptionsleistung von *Kohlenhydraten*, *Eiweißen* und mit einigen Abstrichen auch für *Fett* ist – unabhängig vom resezierten Dünndarmabschnitt – allein das Ausmaß der Resektion maßgebend. Dass hierbei auf das *Jejunum* am ehesten verzichtet werden kann, liegt an der normalerweise hohen *»funktionalen Reserve«* und der guten Adaptationsfähigkeit des Ileums. Dennoch können sehr ausgedehnte Resektionen (>50%) des mittleren Dünndarms zur Malabsorption von Fett, Kohlenhydraten, Eiweiß, Vitaminen (außer B_{12}) sowie Wasser und Elektrolyten führen. Neben einer *Laktosemalabsorption* (schlechte Adaptation des Enzyms) sind Störungen der *Folsäureresorption* besonders häufig. Von den Spurenelementen sind *Zink* und *Kupfer* besonders betroffen [69].

Einerseits führt der Verlust der resorbierenden Oberfläche per se zum Auftreten einer *Malabsorption von Fetten und fettlöslichen Vitaminen (A, D, E, K)*, anderseits wirkt der mit einer Resektion des *Ileums* einhergehende *Gallensäureverlust* agravierend. Ab einer Restlänge von 50–100 cm beginnt der Gallensäureverlust die kompensatorisch gesteigerte Lebersynthese zu übersteigen und führt zunehmend zu einer Abnahme des Gallensäurepools sowie der Konzentration von Gallensäuren im Duodenum. Es kommt zur Beeinträchtigung der Mizellenbildung mit eingeschränkter Emulgierung von Fett. Zudem wird das pH-Optimum für Lipase verschoben. Im Weiteren kommt es zur Ausbildung einer lithogenen Galle mit Prädisposition zur *Cholelithiasis*. Die vermehrt in den Dickdarm gelangenden Gallensäuren führen über Komplexierung von Kalzium zudem zu einer vermehrten Oxalsäureresorption, was das gehäufte Auftreten von *Oxalatsteinen* bei Patienten mit KDS erklärt (s. Kap.38). Liegt eine Steatorrhö vor, wird die Resorption von Kalzium und Magnesium durch Seifenbildung (Kalkseifenbildung) im Lumen zusätzlich vermindert [31].

Bei distaler Resektion von mehr als 50 cm ist der *Schilling-Test* (s. Kap. 69) als Hinweis auf eine Beeinträchtigung der Vitamin-B_{12}-Aufnahme praktisch immer pathologisch, obgleich die Rezeptoren für den *Intrinsic-Faktor-B12-Komplex* erheblich weiter nach proximal reichen.

Bereits bei einer Resektion von mehr als 30% des Dünndarms kommt es bei mehr als 50% der Patienten zur einer passageren (Wochen bis Monate) Zunahme der Magensekretion. Es findet sich jedoch weder für die Länge noch die Lokalisation (proximal oder distal der Resektion) eine eindeutige Korrelation.

Als Ursache wird der vorübergehende Fortfall eines – direkt oder indirekt wirkenden – intestinalen Hemmstoffs (z. B. VIP, GIP) der Säuresekretion postuliert. Alternativ könnte ein verminderter Abbau oder eine vermehrte Bildung (GIP) eines Stimulators verantwortlich sein. So wurden postoperativ z. B. für *Gastrin* erhöhte Serumspiegel gemessen. Ursächlich wäre ein verminderter intestinaler Abbau denkbar. Die fehlende zeitliche Koinzidenz der gastralen Hyperazidität und Hypergastrinämie stellt diese Hypothese allerdings in Frage. Peptische Komplikationen oder Anastomoseninsuffizienzen als Folge dieser gastralen Hyperazidität sind allerdings selten [69].

Adaptationsmechanismen

Postoperativ finden im gesunden Restdarm sowohl strukturelle als auch funktionelle Adaptationsvorgänge statt, die bei distaler Dünndarmresektion geringer sind als bei proximaler:
- Steigerung der Proliferationsrate der epithelialen Krypten,
- Zunahme von Kryptentiefe und Zottenhöhe,
- Dilatation und Elongation der verbleibenden Darmabschnitte.

Aus den morphologischen Änderungen resultieren eine Verlängerung der intestinalen Transitzeit, eine Zunahme der resorbierenden Oberfläche und des Enzymbesatzes pro Längeneinheit, verbunden mit einer Verbesserung der Nährstoffresorption. Verschiedene Faktoren sind an dem Mechanismus der Adaptation beteiligt. Von essenzieller Bedeutung ist das intraluminale Angebot von Nährstoffen und die Sekretion biliärer und pankreatischer Enzyme. Primäre Energiequelle für die Enterozyten ist Glutamin. Experimentelle und klinische Untersuchungen haben gezeigt, dass Glutamin eine trophische Wirkung auf die Darmmukosa ausübt.

Die *intestinale Adaptation* verläuft in der Regel in *3 Phasen* (*Tabelle 42-17*) Die unmittelbare postoperative Phase ist geprägt von enormen Flüssigkeits- und Elektrolytverlusten. Je nach Ausmaß der Resektion sind Flüssigkeitsverluste bis 5 l/24 h, bei Jejunostomiepatienten sogar 6–8 l/24 h zu beobachten. Diese *Phase der Hypersekretion* kann bis zu 2 Monate – in Einzelfällen auch länger – andauern und ist durch die unzureichende Nährstoffabsorption von Elektrolytentgleisungen, Vitaminmangelzuständen und Gewichtsabnahme geprägt. Die *Phase der intestinalen Adaptation* tritt ab dem 3. postoperativen Monat ein und dauert in der Regel bis zu 1 Jahr. In dieser Phase sollten die Flüssigkeitsverluste auf weniger als 2,5 l/24 h zurückgehen. Die Dauer bis zur *maximalen Adaptation* kann mehrere Jahre betragen. In der Regel werden in einem Zeitraum von 2 Jahren 90–95% des Adaptationspotentials der Restdarmabschnitte erreicht. In der Phase der *Stabilisation* gehen Diarrhöen und Steatorrhö infolge zunehmender Adaptation zurück.

Klinik

Das Kurzdarmsyndrom äußert sich klinisch als globales Malabsorptionssyndrom, dessen Symptomatologie und Ausprägung durch Ausmaß und Lokalisation der Resektion, der zugrundeliegenden Erkrankung und den zeitlichen Abstand zur Operation bestimmt wird (*Tabelle 42-18*). Bereits eine

Tabelle 42-17. Phasen des Kurzdarmsyndroms

1. Phase der Hypersekretion (>2,5 l/24 h)
Dauer 1–4 Wochen
Total parenterale Ernährung obligat
2. Phase der Adaptation (<2,5 l/24 h)
Dauer 4 Wochen bis 1 Jahr
Aufbau der enteralen/oralen Ernährung
3. Phase der Stabilisation (Maximum der Adaptation)
3–12 Monate postoperativ
Enterale/orale Ernährung

Tabelle 42-18. Klinische Symptomatik beim Kurzdarmsyndrom

- Gewichtsabnahme
- Wässrige Diarrhö
- Steatorrhö
- Laktoseintoleranz
- Anämie
- Tetanie
- Nachtblindheit
- Osteopathie
- Hämorrhagische Diathese
- Cholezystolithiasis
- Nephrolithiasis (Oxalatsteine)

Resektion von mehr als 25 cm des terminalen Ileums (funktionelles KDS) kann zu einem Verlust von Gallensäuren in das Kolon führen. Eine Konzentration von Gallensalzen über 3 mmol/l führt im Kolon zu einer Erhöhung der Permeabilität der »tight junctions«, verbunden mit einer gesteigerten Sekretion von Wasser und Elektrolyten. Die Folge sind wässrige Diarrhöen (*chologene Diarrhö*). Bei über 50 cm Resektion des terminalen Ileum kann es infolge gesteigerter Gallensalzverluste zu einer Unterschreitung der kritischen mizellären Konzentration und somit zur Steatorrhö kommen. Werden mehr als 100 cm des terminalen Ileums reseziert, steigt der Verlust an Gallensäuren auf mehr als 90%. Eine *Vitamin-B12-Malabsorption* ist häufig bereits nach Resektionen von mehr als 50 cm des terminalen Ileums zu verzeichnen.

Die Resektion der Ileozökalklappe führt zu einer weiteren Verkürzung der intestinalen Transitzeit und birgt das Risiko einer bakteriellen Besiedlung des Dünndarms mit der Gefahr einer zusätzlichen Dekonjugation von Gallensäuren und Abbau des Vitamin-B_{12}-Intrinsic-Faktor-Komplexes. Die daraus resultierende perniziöse Anämie manifestiert sich in Form einer megaloblastären Anämie, Thromobozytopenie und Hunter-Glossitis (Lackzunge) sowie neurologische Störungen im Sinne einer funikulären Myelose (nicht bei Folsäuremangel). Das Auftreten einer Polyneuropathie als Folge eines Thiamin- und Riboflavinmangels ist beschrieben (*Tabelle 42-19*).

> In Abhängigkeit vom Ausmaß der Resektion kommt es als Folge eines relativen Laktasemangels zur *Laktosemalabsorption*.

Direkte Folge der *Fettresorptionsstörung* ist der Mangel an fettlöslichen Vitaminen. Unbehandelt kommt es zum Auftreten von *Nachtblindheit* (Vitamin A), *Gerinnungsstörungen* (Vitamin K) und – im weiteren Verlauf – zu *Knochenstoffwechselstörungen* (Vitamin D) bis hin zur Osteoporose (s. Kap. 53). Quantitative (geringe resorbierende Oberfläche) und qualitative (Kalkseifenbildung bei Steatorrhö) Störungen der Kalziumresorption führen zum Auftreten einer z. T. ausgeprägten Hypokalzämie, die sich klinisch in Parästhesien bis hin zu Tetanien mit Karopedalspasmen und tonisch klonischen Krämpfen äußert [69].

Zentrales Problem bei Patienten mit Jejunostomie stellt das Management großer Wasser-, Elektrolyt-, insbesondere von Magnesiumverlusten dar. Bei einer jejunalen Restlänge von >100 cm (Stomaverlust <2 l/24 h) erlaubt die vorhandene resorptive Kapazität eine ausreichende orale Versorgung, d. h. die Patienten (»*Absorber*«) sind in der Lage, ihre täglichen Stomaverluste bei entsprechender Kost oral zu kompensieren. Demgegenüber sind Patienten mit einer Restdarmlänge <100 cm (Stomaverlust >3 l/24 h) ständig auf eine parenterale Substitution angewiesen (»*Sekreter*«). Der bei Jejunostomieträgern fast regelmäßig auftretende Magnesiummangel äußert sich klinisch durch vermehrte Müdigkeit, Depression und allgemeiner Muskelschwäche. Ein Kaliummangel tritt aufgrund einer kompensatorisch gesteigerten Resorptionsfähigkeit erst ab einer Jejunumlänge <50 cm auf.

Bei Patienten mit einem KDS und *erhaltener Kolonpassage* kommt es unmittelbar postoperativ zunächst nur zu einer geringen klinischen Symptomatik. Erst im weiteren Verlauf kommt es zu Auftreten einer Malnutrition und weiterer z. T. typischer Komplikationen, die auf die reduzierte resorptive Kapazität des Kolons v. a. für Makronährstoffe sowie die bakterielle Besiedlung dieses Darmabschnitts zurückzuführen sind [69].

So wird die eher seltene *D-Laktatazidose* nur bei Patienten mit erhaltenem Kolon beobachtet. Ursache ist eine erhöhte Zufuhr raffinierter Kohlenhydrate, die bei Übertritt in den Dickdarm durch Bakterien zu kurzkettigen Fettsäuren und Laktat abgebaut werden. Die damit verbundene Senkung des Kolon-pH begünstigt das Wachstum grampositiver, säureresistender Anaerobier (*Bifidobacterium, Lactobacillus, Eubacteriaceae*), die ebenfalls D-Laktat produzieren. Da D-Laktat vom Menschen nicht ausreichend metabolisiert werden kann, stellt sich eine D-Laktatazidose, verbunden mit neurologischen Symptomen wie Sehstörungen, Verwirrtheit und Gangunsicherheit ein. Den Patienten wird daraufhin oftmals fälschlicherweise Alkoholabusus unterstellt.

Die Diagnose erfolgt durch Bestimmung des D-Laktats im Blut (beweisend >3 mmol/l, normal <0,5 mmol/l). Die Therapie besteht im unmittelbaren Ausgleich der Azidose durch Bikarbonatgabe und Absetzen der enteralen Nahrungszufuhr. Der therapeutische Nutzen einer antibiotischen Therapie ist umstritten. Diätetisch erfolgt eine Einschränkung der Zufuhr raffinierter Kohlenhydrate. Der Mediator der neurologischen Symptomatik ist unklar, da die Infusion von D-Laktat bei Darmgesunden keinerlei neurologische Symptomatik nach sich zieht. Möglicherweise kommt bei Patienten mit KDS ursächlich das Fehlen eines weiteren Kofaktors in Betracht.

Tabelle 42-19. Diarrhöformen nach Resektion des Ileums

	Chologene Diarrhö	Steatorrhö
Ausmaß der Resektion:	<100 cm	>100 cm
Gallensäurenauscheidung im Stuhl	Erhöht	Erhöht
Kompensationsgrad des Gallensäurenverlusts	Ja	Nein
Verminderung des Gallensäurenpools	Nein	Ja
Steatorrhö	Minimal	Ja
Ansprechen auf fettmodifizierte/reduzierte Diät	Nein	Ja
Ansprechen auf Cholestyramin	Ja	Nein

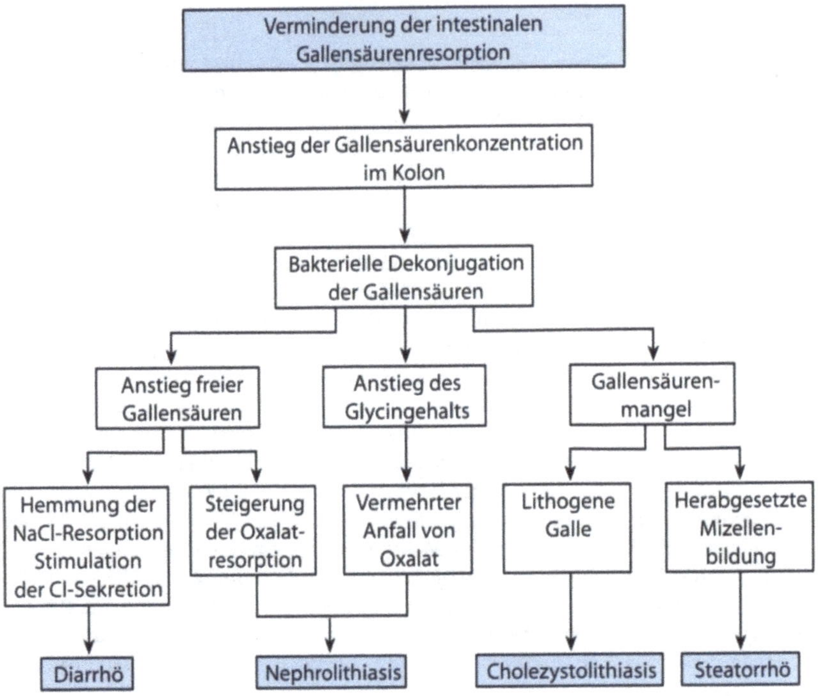

Abb. 42-13. Folgen einer verminderten intestinalen Gallensäurenresorption. (Mod. nach [69])

Aufgrund der Ähnlichkeit zur Wernicke-Enzephalopathie wurde in jüngster Zeit die prophylaktische Gabe von Thiamin vorgeschlagen (s. Kap. 36).

Das nach distaler Dünndarmresektion auftretende Gallensäurenverlustsyndrom führt zum Auftreten von *Gallen- und Nierensteinen* (s. Kap. 38). Gallensteine werden bei ca. 30%, Nierensteine bei etwa 10% der Patienten beobachtet (*Abb. 42-13*). Prophylaxe und Therapie der Oxalatsteinbildung im Sinne einer oxalat- und fettarmen Diät sind in Kap. 38 ausführlich beschrieben.

Therapie

Die Therapie des KDS beruht je nach Resektionsausmaß und in Abhängigkeit vom Stadium in einer überlappenden bzw. kombinierten Therapie von (langzeit-) parenteraler/enteraler Ernährung, ggf. mit medikamentösen Zusätzen bzw. einer chirurgischen Behandlung ggf. unter Einbeziehung der Dünndarmtransplantation (*Tabelle 42-20* bis *42-22*).

Ernährungstherapie

Phase der Hypersekretion

Nach ausgedehnter Dünndarmresektion steht in der unmittelbaren *postoperativen Phase* (Phase der Hypersekretion) zunächst eine ausreichende, unter engmaschiger Kontrolle des Wasser- und Elektrolythaushalts durchzuführende parenterale Ernährung (TPE) des Patienten im Vordergrund. Die Dauer der anfänglichen TPE ist dabei vom Ausmaß und der Art der Resektion abhängig. Die rasch anzustrebende Entwöhnung (engl.: weaning) und der damit verbundene orale Nahrungsaufbau setzen einen ausreichenden Ernährungsstatus und das Tolerieren einer oralen Kost voraus. In der initialen Phase adaptiert sich der verbliebene Restdarm (*Adaptationsphase*). Die sich anschließende zweite Phase(*Erhaltungsphase*) hat zum Ziel, andauernde Funktionsstörungen durch geeignete Maßnahmen – wenn möglich – zu beseitigen bzw. in schwerwiegenden Fällen das Auftreten von Mangelerscheinungen zu verhindern [69].

Adaptationsphase

Diese Phase nimmt Wochen bis Monate in Anspruch. Sie ist durch die Übernahme von Funktionen des resezierten Darms durch den verbliebenen Restdarm gekennzeichnet. Ohne ein orales Nahrungsangebot erfolgt keine oder eine ungenügende enterale Adaptation. Eine rasche orale Nahrungsaufnahme

Tabelle 42-20. Phasengerechte Therapie des Kurzdarmsyndroms

Phase 1 (Hypersekretion)	Total parenterale Ernährung H_2- oder Protonenpumpenblocker Octreotid Enterale Zufuhr isotoner Lösungen zur Stimulation des Restdarms
Phase 2 (Adaptation)	Langsamer überlappender Kostaufbau (nährstoffdefinierte Diäten, Kap. 67) Gabe von Glutamin und Wachstumshormonen MCT-Fette, Cholylsarcosin bei Steatorrhö Antidiarrhoika H_2- oder Protonenpumpenblocker Octreotid
Phase 3 (Maximum der Adaptation = Stabilisation)	Mischkost (vgl. Kap. 67): Langsamer Beginn mit ca. 400 kcal/24 h und Steigerung um 200 kcal/24 h Häufig kleine Mahlzeiten Ggf. weitere bedarfsgerechte (enteral oder parenteral) Substitution essenzieller Makro- und Mikronährstoffe (Vitamine, Spurenelemente) Zum Vorgehen im Einzelnen s. Kap. 67

Tabelle 42-21. Therapeutische Interventionsmöglichkeiten beim KDS

Störung	Medikament	Dosierung (pro Tag)
Gastrale Hypersekretion	H_2-Bocker (z. B. Sostril, Pepdul)	300 bzw. 40 mg p.o./i.v.
	Protonenpumpenblocker (z. B. Antra, Pantozol)	20–40 mg p.o./i.v.
Hypermotilität[a]	Loperamid (Imodium)	4–6 mg p.o.
	Kodein	30 mg p.o.
	Diphenoxylat/Atropin (Lomptil)	2,5–5 mg p.o.
	Tinctura opii	10–60 mg p.o.
Sekretorische Diarrhö	Octreotide (Sandosatin)	2- bis 3-mal 50–100 µg s.c.
Bakterielle Über-/Fehlbesiedlung	Tetracycline (z. B. Doxycyclin)	2-mal 100 mg
Kompensiertes GSVS	Cholestyramin	Bis 4 g p.o.

Medikamente sollten jeweils 1 h vor der Mahlzeit und dem Schlafengehen eingenommen werden

ist daher von zentraler Bedeutung. Sie sollte jedoch stets überlappend mit dem langsamen Abbau der TPE erfolgen. Beginnend mit Tee und klaren Suppen, erfolgt der Nahrungsaufbau über Anreicherung der Suppen mit Kohlenhydraten. Die Fette sollten mittelkettige Fettsäuren enthalten. In dieser Phase eignen sich auch Elementardiäten, die durch eine Pumpe und

Tabelle 42-22. Ernährungstherapie in Abhängigkeit von der Resektion bei Kurzdarmsyndrom

Patienten mit *Jejunostomie*
- Salzreiche Diät
- Oxalsäurearme, fettarme Diät; ggf. Ersatz des Fettes bis zu 50–75% durch MCT
- Vitamin-B_{12}-Supplementation
- Supplementation von fettlöslichen Vitaminen, Kalzium, Magnesium, Zink

– Restjejunumlänge 100–150 cm
- Dauerhaft Flüssigkeits- und Elektrolytsubstitution i.v.
- Evtl. supplementäre enterale Ernährung

– Restjejunumlänge <100 cm
- Dauerhaft supplementäre parenterale Ernährung und/oder enterale Ernährung

Patienten mit *Jejuno-Kolon-Anastomose*
- Oxalsäurearme, fettarme Diät; ggf. Ersatz des Fettes bis zu 50–75% durch MCT
- Vitamin-B_{12}-Supplementation
- Supplementation von fettlöslichen Vitaminen, Kalzium, Magnesium, Zink

Patienten mit *Ileostomie*
- Resektat >50 cm: Vitamin-B_{12}-Supplementation
- Resektat >100 cm: Vitamin-B_{12}-Supplementation; oxalsäurearme, fettarme Diät

eine gastrale Sonde kontinuierlich und entsprechend langsam appliziert werden können (s. Kap. 19).

Um die Resorption zu optimieren, kann versucht werden, medikamentös die Nahrungspassagezeit zu senken und damit die Kontaktzeit im Darm zu verlängern. Wegen der durch die gastrale Hyperaziditität drohenden Inaktivierung von Pankreasenzymen sollte prophylaktisch ein Säureblocker verabreicht werden (s. *Tabelle 42-21*). Die zusätzliche Gabe von Pankreasenzympräparaten in Pulver- oder Granulatform kann sich als hilfreich erweisen.

Erhaltungsphase

Nach Abschluss der oftmals Monate dauernden strukturellen und funktionellen Adaptationsprozesse des Restdarms erfolgt zunächst eine Abschätzung der verbleibenden funktionellen Ausfälle und die Einleitung geeigneter Maßnahmen in Form einer bedarfsgerechten Substitution von Makro- und Mikronährstoffen (Vitamine, Spurenelemente), die die Lokalisation des resezierten Dünndarmabschnitts zu berücksichtigen hat.

Grundsätzlich muss nach distaler Dünndarmresektion zwischen *kompensierter* und *nichtkompensierter) Gallensäuremalabsorption* unterschieden werden, wozu die Bestimmung des Stuhlfettgehalts dient. Bei der *kompensierten Gallensäuremalabsorption* liegt *eine chologene Diarrhö* ohne wesentliche Steatorrhö vor, die durch Cholestyramin behandelbar ist.

Beim *nichtkompensierten Gallensäureverlustsyndrom* kommt es zum Auftreten einer deutlichen *Steatorrhö*, die durch Cholestyramin noch verstärkt wird. In diesem Fall ist auf eine regelmäßige Substitution fettlöslicher Vitamine (z. B. ADEK-Falk) unter Kontrolle ihrer Serumkonzentrationen sowie Blutbild- und Quick-Wert-Bestimmung zu achten. Fette sollten in Form mittelkettiger Fettsäuren (MCT-Fette) gegeben werden. Ein neuer vielversprechender Therapieansatz in der Behandlung des Gallensäureverlustsyndroms besteht in der Gabe von *Cholylsarcosin*, einer konjungierten Gallensäure, die keinerlei segretagoge Wirkungen aufweist. Erste Studien zeigten bei einer Gabe von 1,5 g/24 h *Cholylsarcosin* eine deutliche Zunahme der Kalzium- und Fettresorption.

Ernährungstherapeutische Besonderheiten nach Stoma- und Pouchanlage

Eine *Einheitsdiät für Stoma- und Pouchträger gibt es nicht.* In Abhängigkeit der Restdarmfunktion muss für jedes Nahrungsmittel und jede Zubereitungsform die individuelle Toleranz ausgetestet werden. In der Phase des Kostaufbaus sollte pro Tag höchstens ein neues Nahrungsmittel in nicht zu großer Menge eingeführt werden (Tagebuch führen!).

Ileostomie

Ziel der Ernährungstherapie bei Ileostomie ist es – in Abhängigkeit vom Restdarm (s. oben) –, den Wasser- und Elektrolytverlust, aber auch eine chemische Reizung des Stomas durch Lebensmittel zu vermeiden (*Tabelle 42-23*).

Erst nach etwa 8 (ggf. auch bis 12) Wochen kommt es zur Stabilisierung der Stuhlbeschaffenheit, die jedoch flüssig bis breiig bleibt. In der *Adaptationsphase* (s. oben) wirkt sich der Einsatz von »stopfenden« Lebensmitteln wie Kartoffeln, Reis, Haferflocken, Bananen positiv aus. Gegebenenfalls ist auch der Einsatz quellender Lebensmittel und flüssigkeitsbinden-

Tabelle 42-23. Einfluss von Lebensmitteln auf die Bildung von Darmgasen. (Mod. nach [43])

Blähungshemmende Wirkung	Blähende Wirkung
Kümmel/Kümmelöl/ Kümmeltee	Kohlensäurehaltige Getränke/ Sekt/Bier/Federweisser
Schwarzkümmel	Koffeinhaltige Getränke
Fencheltee	Frisches Obst/Birnen
Anistee	Rhabarber
Heidelbeeren/Heidelbeersaft	Hülsenfrüchte/Kohlgemüse/ Paprikaschoten/Zwiebeln/ Knoblauch/Spargel/ Schwarzwurzeln/Pilze
Preiselbeeren/Preiselbeersaft	Frisches Brot/Pumpernickel
Joghurt	Eier/Eiprodukte/Eiernudeln/ Majonäse

Tabelle 42-24. Einfluss von Lebensmitteln auf die Entwicklung von Geruchsstoffen. (Mod. nach [43])

Geruchshemmende Wirkung	Geruchsfördernde Wirkung
Petersilie	Kohlgemüse/Bohnen/Spargel/Pilze/ Zwiebeln/Knoblauch/Schnittlauch
Grüner Salat	Eier/Eiprodukte
Spinat	Fleisch/Fleischerzeugnisse, v. a. geräuchertes
Preiselbeeren/ Preiselbeersaft	Tierische Fette
Heidelbeeren/ Heidelbeersaft	Fisch/Fischerzeugnisse, v. a. geräuchertes und gebratenes, Krabben, Hummer
Joghurt	Käse
	Scharfe Gewürze

der Präparate wie Pektine zur besseren Eindickung des Stuhls hilfreich [43].

> Grundlage der Ernährungstherapie bei Ileostomie, Kostaufbau und Adaptationsphase ist eine ausreichende Flüssigkeits- und Kochsalzaufnahme. Für den Ileostomieträger ist es wichtig zu wissen, dass jede Nahrungsaufnahme zu einer Entleerung des Stomas führt.

Der Flüssigkeitsbedarf liegt bei ca. 3 l/24 h. Als Richtwert für eine ausreichende Flüssigkeitsaufnahme gilt *eine Urinmenge von mindestens 1 l/24 h* (regelmäßige Kontrollen des Urinvolumens!). Eine Kochsalzaufnahme von 6–9 g/24 h wird empfohlen (z. B. gesalzene Fleisch- und Gemüsebrühen). Der empfohlene Ballaststoffanteil liegt bei 25–30 g/24 h.

Cave: Ileostomie- und Jejunostomiepatienten sind extrem empfindlich gegen vermehrten Flüssigkeitsverlust durch Schwitzen, Diarrhö und übermäßiges (überhastetes) Trinken, dass zu einer Steigerung der Stomavolumina führt (Gefahr des prärenalen Nierenversägens).

Kolostomie

Behandlungsziele sind eine normale Stuhlkonsistenz und Defäkationsfrequenz sowie Minimierung von Windabgang und Geruchsentwicklung (*Tabelle 42-24*) und peristomaler Hautreizung unter einer bedarfsgerechten Vollkost.

Zu Beginn des Kostaufbaus sind die Stühle häufig flüssig und weich. Nach einer etwa 2-wöchigen Adaptationsphase wird bei funktionsfähigem Dünndarm eine normale Stuhlbeschaffenheit erreicht.

Grundlage der Ernährungstherapie bei Kolostomie, nach Kostaufbau und Adaptationsphase, bilden regelmäßige Essenszeiten (geregelter Tagesablauf) und langsames Essen. Die Stuhlregulierung erfolgt nach den Gesichtspunkten des Darmgesunden.

Pouchanlage – Pouchitis

Als Kontinenz erhaltendes Standardverfahren nach totaler Kolektomie hat sich die Reservoirbildung aus Schlingen des terminalen Ileums als kontinente Ileostomie oder pouchanale Anastomose etabliert. Allerdings entwickelt sich bei etwa 40% der Patienten, meist innerhalb der ersten beiden Jahre nach Pouchanlage, eine symptomatische Entzündung des Pouches (*Pouchitis*).Sie tritt meistens plötzlich auf mit *Durchfällen* (führendes Symptom), *abdominellen Krämpfen*, *Tenesmen* und gelegentlich *Stuhlinkontinenz* und findet sich deutlich häufiger nach Kolektomie wegen Colitis ulcerosa [63].

Im Verlauf der Chronifizierung kommt es zu einer *Zottenatrophie bei gleichzeitiger Kryptenhyperplasie*, die zur Beeinträchtigung typischer Transportfunktionen des Ileums führen. So finden sich vielfach deutlich erniedrigte *Serumspiegel für Vitamin A, D, E und B12* [28]. Die zusätzlich chologen bedingten Diarrhöen können mit *Störungen des Wasser- und Elektrolythaushalts* einhergehen. Die *Ätiologie* der Pouchitis ist in seinen Einzelheiten ungeklärt, diskutiert werden [63]:
- bakterielle Überwucherung (Anaerobier) durch Stase,
- Mangel an kurzkettigen Fettsäuren (Butyrat) und/oder Glutamin,
- Kolonmetaplasie,
- Remanifestation der CU.

Therapeutisch finden die topische Applikation von Metronidazol, kurzkettigen Fettsäuren und/oder Probiotika Anwendung [63].

42.3.7 Enterales Eiweißverlustsyndrom

Unter einem enteralen Eiweißverlustsyndrom (*Synonym:* exudative Enteropathie) versteht man den übermäßigen Verlust von Plasmaproteinen in das Darmlumen hinein. Auch unter physiologischen Bedingungen gehen täglich kleinere Mengen der Serumproteine ins Darmlumen verloren. Der rasche und nahezu vollständige intestinale Abbau infolge enzymatischer Aufspaltung und bakterieller Degradation erschwerte lange Zeit *quantitative Aussagen* über die tatsächliche Ausscheidung [38].

Ätiologie und Klinik

Zu den Ursachen eines gesteigerten enteralen Proteinverlustes zählen Störungen des »turn-over« der Epithelzellen (mukosale Erkrankungen ohne Hinweis auf ulzerative Erkrankungen), Ulzerationen oder eine Verlegung des Lymphabflusses. Vor allem im letzteren Fall kann der Eiweißverlust als passive Sekretion von Plasmaproteinen in den Darm angesehen werden. Dabei folgen die Plasmaproteine einerseits ihrem *Konzentrationsgradienten*, anderseits besteht aufgrund einer Lymphabflussbehinderung, z. B. als Folge einer Rechtsherzinsuffizienz, auch ein erhöhter *hydrostatischer Druck* in den Lymphgefäßen [38].

Das enterale Eiweißverlustsyndrom umfasst eine Vielzahl von Krankheitsbildern, die sich in einem mehr oder weniger ausgeprägten intestinalen Eiweißverlust mit nachfolgender Hypoproteinämie manifestieren. *Leitsymptom* ist das *hypoproteinämisch bedingte Ödem*. Eine Hypoproteinämie wird immer dann beobachtet, wenn der intestinale Verlust die Syntheserate des Körpers übersteigt. Kompensatorisch kommt es dabei initial zu einer gesteigerten (hepatischen) Synthese einzelner Plasmaproteine (bei Albumin bis zu 100%), sodass zumindest bei einem nur mäßig ausgeprägten Eiweißverlust der Abfall im Serum ausgeglichen werden kann [38].

In der Regel kommt es zu einer generalisierten Ödembildung. Vor allem periorbital wird Flüssigkeit eingelagert (Lidödem). Die durch den Eiweißverlust bedingte *negative Gesamtstickstoffbilanz* führt zunehmend zu Muskelabbau und Gewichtsverlust. Bei ausgeprägtem Eiweißverlust kommt es infolge einer bakteriellen Degradation zum Anfall osmotisch wirksamer Teilchen, gefolgt von *osmotisch* bedingten *Diarrhöen*. Insbesondere bei Erkrankungen, die zu Störungen des Lymphabflusses führen (s. unten), führt die damit verbundene *Fettmalabsorption* (s. Kap. 2) zum Auftreten einer *Steatorrhö*. Der mit dem intestinalen Albuminverlust einhergehende Kalziumverlust wird für das verschiedentlich beschriebene Auftreten *hypokalzämischer Tetanien* verantwortlich gemacht [38].

Ernährungstherapie

Die Therapie besteht primär in der Behandlung der zugrundeliegenden Erkrankung (z. B. Korrektur von Herzfehlern), ggf. Resektion lokal befallener gastrointestinaler Abschnitte. Bei intestinaler Lymphangiektasie gilt als primäres Ziel die Entlastung des Lymphsystems durch Gabe einer *fettarmen* und *modifizierten Kost*. Als Hauptenergieträger dienen neben Kohlenhydraten (etwa 50% der Gesamternergie) *mittelkettige Triglyzeride (MCT*-Fette mit Fettsäuren einer Kettenlänge von $C_{6:0}$ bis $C_{12:0}$), die unter Umgehung des Lymphkreislaufs resorbiert werden. Initial kann die i.v.-Gabe von Humanalbumin erforderlich sein.

Zu beachten ist eine ausreichende Zufuhr essenzieller Fettsäuren. Eine Indikation für eine gleichzeitig eiweißreiche Kost (1–1,5 g/kgKG) besteht, wenn das exsudierte körpereigene Eiweiß nicht mehr verdaut und resorbiert werden kann, weil der Verlust der Eiweiße in den distalen Dünndarm erfolgt [38].

42.3.8 Bakterielle Fehlbesiedlung

Die klinische Entität der bakteriellen Übersiedlung des Dünndarms (sog. Blindsacksyndrom; in der angloamerikanischen Literatur: »blind loop syndrome«, »bacterial overgrowth syndrome« oder »contamined small bowel syndrome«) umfasst:

- eine bakterielle Übersiedlung des Dünndarms in quantitativer Hinsicht,
- qualitative Veränderungen der Bakterienflora und
- eine Malassimilation von Nahrungsbestandteilen, insbesondere von Nahrungsfetten und Vitamin B_{12}.

Die häufig gebrauchten Bezeichnungen »*Blindsacksyndrom*« oder »*Syndrom der blinden Schlinge*« orientieren sich an einem Teilaspekt im Spektrum vielfältiger möglicher Ursachen dieser Entität; auch der Terminus »bakterielle Kontamination des Dünndarms« wird dem Krankheitsbild nicht gerecht, da eine Kontamination die exogene Keimbesiedlung eines zuvor sterilen Bezirks beinhaltet. Zutreffend ist die Bezeichnung »*bacterial owergrowth syndrome*«, die das charakteristische, gemeinsame Kriterium der abnormen bakteriellen Proliferation betont; im deutschen Schrifttum sollte das Krankheitsbild daher als »*bakterielle Überbesiedlung des Dünndarms*« bezeichnet werden [30].

Ätiologie und Klinik

Der obere Gastrointestinaltrakt ist beim Menschen im Nüchternzustand nur spärlich mikrobiell besiedelt und häufig steril. Das Auftreten von bis zu 10^4 Keimen/ml Darminhalt, in der Regel als grampositive Intestinalflora mit Streptokokken, Staphylokokken und Lactobazillen sowie Hefen, aber auch einzelnen anaeroben Spezies, wird heute nicht als Kontamination, sondern als eine transiente Flora »en route« im Dünndarm angesehen.

Der distale Dünndarm entspricht einer Übergangszone zwischen der spärlichen Besiedlung des oberen Dünndarms und der komplexen Bakterienflora des Kolons, d. h. Keimdichte und die Zahl der Bakterienspezies nehmen nach distal zu (■ *Abb. 42-14*). Im Ileum finden sich gehäuft gramnegative Bakterien (z. B. Coliforme) und obligate Anaerobier (vorwiegend Bacteriodaceae) in höherer Keimzahl (10^5–10^8/ml).

In der Flora des Kolons mit 10^{10}–10^{12} Bakterien/g übertrifft die Zahl der nichtsporenbildenden obligaten Anaerobier der Genera Bacteroides, Bifidobacterium, Eubacterium und Propionobacterium die Lactobazillen und fakultativen Organismen wie orale Streptokokken, Streptococcus faecalis oder Escherichia coli um den Faktor 10^3–10^4; Veillonella species, Hefen, Proteus, Klebsiella und Pseudomonas, die häufiger nachgewiesen werden, sind quantitativ von untergeordneter Bedeutung.

Klassische *Ursachen* der bakteriellen Überbesiedlung sind (■ *Tabelle 42-25*):

- stasewirksame *Behinderungen* der gastrointestinalen Motilität durch lokale oder systemische Ursachen bzw. anatomisch oder chirurgisch angelegte blinde Schlingen,
- Beeinträchtigungen der gastralen Säureproduktion,
- immunologische Störungen der Mukosafunktion,
- enterokolische Fisteln bzw. Keimzuströme aus einem extraintestinalen Reservoir [z. B. Cholangitis, starke exogene Keimbelastung (in unterentwickelten Ländern)].

> Eine bakterielle Überbesiedlung des Dünndarms führt zu erheblicher Beeinträchtigung digestiver und resorptiver Prozesse, in deren Folge subjektive Beschwerden (Blähungen, Flatulenz, Durchfälle) und nutritive Mangelerscheinungen auftreten können.

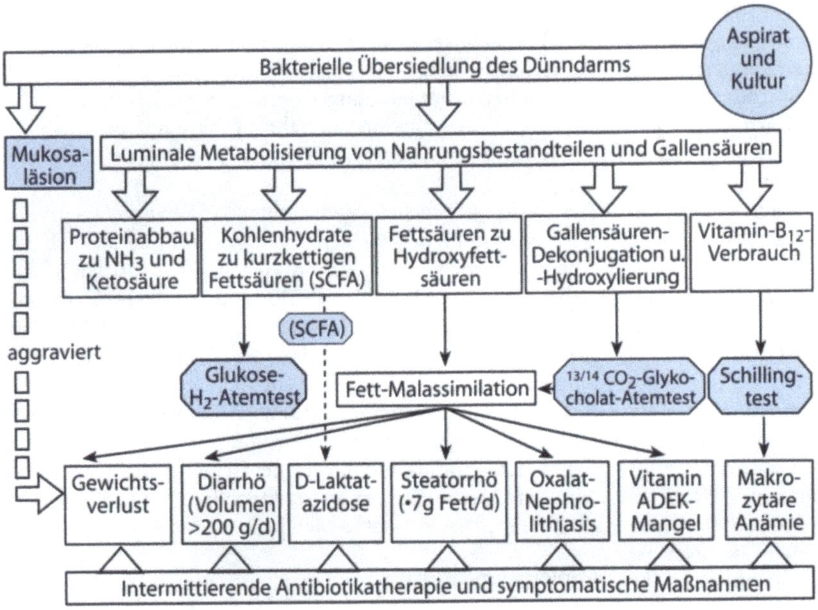

Abb. 42-14. Pathophysiologie der bakteriellen Überbesiedlung (Mod. nach [31])

Darüber hinaus muss prinzipiell mit Veränderungen der Bioverfügbarkeit und des Metabolismus von Medikamenten gerechnet werden.

Die heute vorliegenden pathophysiologisch-klinischen Daten und experimentellen Untersuchungen lassen eine pathogenetische Rolle folgender Mechanismen für die Entstehung des Malassimilationssyndroms bei der bakteriellen Überbesiedlung erkennen:

- Eine bereits im Dünndarm eintretende Dekonjugation konjugierter Gallensäuren (Glykochol-, Taurochol- und Chenodesoxycholsäure) führt zu einem Unterschreiten der kritischen mizellären Konzentration von Gallensäuren, da dekonjugierte Gallensäuren schlechtere Mizellenbildner sind und ihre Konzentration im Jejunum durch Resorption oder auch Präzipitation zusätzlich abnimmt. Folge eines Unterschreitens der *kritischen mizellären Gallensäurekonzentration* ist eine *Steatorrhö*, die bei etwa 33% der Patienten beobachtet wird.

  Als weitere Störungen der Fettassimilation wurden eine verminderte Aufnahme von Fett in die Mukosazelle und eine beeinträchtigte Ausschleusung von Chylomikronen im Zusammenhang mit morphologischen Mukosaschäden beschrieben. Diese ultrastrukturellen, auch lichtmikroskopisch erfassbaren Schleimhautveränderungen werden u. a. auf eine toxische Wirkung dekonjugierter Gallensäuren zurückgeführt.
- Die bakterielle Metabolisierung ungesättigter Fettsäuren zu Hydroxyfettsäuren kann zur *Mukosaschädigung* beitragen und *wässrige Durchfälle* (sekretagoge Laxanzienwirkung) auslösen.
- Zu einer Störung der Digestion bzw. Resorption von Kohlenhydraten bei der bakteriellen Überbesiedlung tragen eine *Abnahme der Disaccharidasenaktivitäten* in der enterozytären Bürstensaummembran, verursacht durch dekonjugierte Gallensäuren wie auch bakterielle Proteasen, eine Beeinträchtigung der Resorption von Zuckern in Gegenwart dekonjugierter Gallensäuren sowie eine endoluminale bakterielle Utilisierung von Kohlenhydraten mit Entstehung kurzkettiger Fettsäuren und Gasbildung (CO_2, H_2) bei.
- In ähnlicher Weise bewirken bakterielle Degradation und die Resorptionshemmung von Aminosäuren eine Malassimilation von Eiweiß.
- Eine Verminderung der Vitamin-B_{12}-Resorption tritt als Folge bakterieller Bindung [kompetitiv zur Bindung an Intrinsic-Factor (IF) oder Bindung des B_{12}-IF-Komplexes] auf, die stärker ist als die Affinität zum Transportsystem im Ileum sowie bei Utilisierung des Zyanocobalamins und Umwandlung in Cobamide.

Die praktische *Diagnostik* der bakteriellen Überbesiedlung lässt sich durch 5 Schritte kennzeichnen:

- die Vermutungsdiagnose aufgrund der Vorgeschichte (Operationen, Grunderkrankung) und des klinischen Bildes,
- den Nachweis einer die bakterielle Überbesiedlung begünstigenden Störung durch radiologische, manometrische und laborchemische Methoden,
- Nachweis einer bakteriellen Überbesiedlung durch direkten Keimnachweis oder ein praktikables funktionsdiagnostisches Verfahren,
- den Nachweis von bakteriell bedingten Funktionsveränderungen des Dünndarms,
- differenzialdiagnostische Untersuchungen zur Abgrenzung anderer Ursachen eines Malassimilationssyndroms.

Das Malassimilationssyndrom wird durch die quantitative Fettbestimmung im Stuhl (>7 g/24 h) oder eine deutliche Erniedrigung der Serum-β-Karotinkonzentration (>47 µg/100 ml), den 25-g-D-Xylosetest (Ausscheidung im Urin <16%, Anstieg der D-Xylosekonzentration im Serum <30 mg/100 ml nach 60 min) und den Schilling-Test (mit Intrinsic factor; Ausscheidung im 24-h-Urin <8%) bestätigt.

Bei Vorliegen anatomischer oder pathophysiologischer Veränderungen, die zu einer bakteriellen Überbesiedlung des Dünndarms prädisponieren, belegt eine Normalisierung dieser Parameter nach antibiotischer Behandlung (Anaerobier) die Diagnose. Sowohl der $^{14}CO_2$-Glykocholatatemtest zum Nachweis der bakteriellen Dekonjugation von Gallensäuren als auch der 1g-$^{14}CO_2$-D-Xyloseatemtest haben als radioaktive Testprinzipien in Europa nur geringe Verbreitung gefunden; entsprechende $^{13}CO_2$-Atemtests sind bisher nicht hinreichend validiert und keine Routineverfahren. Ebenso wie die technisch unkomplizierten H_2-Exhalationstests mit D-Glukose oder (weniger günstig) Laktulose als Substrat beruhen diese Methoden auf spezifischen bakteriellen Stoffwechselvorgängen, die die pathologische Flora häufig, aber nicht in allen Fällen kennzeichnen [30].

> Eine Normalisierung *der Atemtests* unter Antibiotikagabe stellt keinen verlässlichen Parameter effizienter Therapie der bakteriellen Überbesiedlung dar.

Differenzialdiagnostische Überlegungen können u. a. das Vorliegen einer einheimischen Sprue (Dünndarmbiopsie; meist normaler Schilling-Test) und eine exokrine Pankreasinsuffizienz (meist normaler D-Xylosetest) betreffen.

Therapie

Ziele der Behandlung beim Syndrom der bakteriellen Überbesiedlung des Dünndarms sind:

Tabelle 42-25. Ursachen einer bakteriellen Überbesiedlung des Dünndarms

1. Intestinale Stase	Stase durch Behinderung der Nahrungspassage: Mechanische Obstruktion durch Striktur (primär, postoperaktiv oder radiogen), entzündliche oder neoplastische Stenosen (z. B. bei M. Crohn, Lymphom, Karzinoid) Motilitätsstörungen des Dünndarms (bei diabetischer Neurogastroenteropathie, Sklerodermie, Amyloidose, intestinaler Pseudoobstruktion, als Folge radiogener Schädigung oder nach Vagotomie) mit Unterbrechung der sog. Housekeeper-Funktion des interdigestiven myoelektrischen Komplexes und möglicherweise auch durch langfristige Einnahme motilitätshemmender Pharmaka (z. B. Morphinpräparate, Anticholinergika) Megaduodenum bei Ehlers-Danlos-Syndrom, Malrotation Stasebezirke in Blindsäcken und ausgeschalteten Schlingen: Duodenal- und Jejunaldivertikel Chirurgisch angelegte blinde Schlingen (Billroth-II-Anastomose, intestinale Bypasschirurgie, enteroenterale Anastomosen) Enteroenterale, enterokolische Fisteln
2. Hypo- bzw. Anazidiät	Chronisch atrophische Gastritis (perniziöse Anämie), nach Vagotomie, medikamentös bedingt, bei betagten Patienten (?)
3. Immunologische Faktoren	Hypo- und Agammaglobulinämie, erworbenes Immunmangelsyndrom (Aids)
4. Extraintestinales Reservoir/nicht klassifizierbare Ursachen	Cholangitis, enterokolische Fistel, dekompensierte Leberzirrhose; Alkoholismus

- ursächliche Behandlung oder Korrektur der auslösenden Ursache und Erkrankung,
- kausale, symptomatische Behandlung des Malassimilationssyndroms und Ausgleich von Mangelzuständen,
- ggf. rechtzeitige chirurgische Maßnahmen beim Auftreten mechanischer Komplikationen.

Entscheidend bei der antibakteriellen Behandlung ist in der Regel der Einsatz von Breitspektrumantibiotika, die auch gegen Anaerobier wirksam sind. Keine Substanz wird in allen Fällen befriedigen; gute Erfahrungen liegen jedoch mit Tetrazyklin- und Ampicillinpräparaten sowie z. B. Metronidazol vor. Die Antibiotikatherapie erfolgt i. Allg. intermittierend und für 7–14 Tage; während dieser Zeit lässt sich bereits eine Besserung der Stuhlfettausscheidung und des D-Xylosetests erkennen.

Zusätzliche Maßnahmen umfassen die bedarfsgerechte parenterale Korrektur von Vitaminmangelzuständen (B_{12}, A, D, K) und den diätetischen Ausgleich einer Hypoproteinämie. Bei Persistenz einer deutlichen Steatorrhö infolge unzureichenden Behandlungserfolgs oder durch das Grundleiden bedingt besteht eine Indikation zum Ersatz des Nahrungsfettes durch mittelkettige Triglyzeride (MCT-Kost). In derartigen Fällen ist zudem eine oxalatarme Kost zur Korrektur einer enteralen Hyperoxalurie und Prävention von Nierensteinen anzustreben.

Eine Anwendung von Antidiarrhoika ist bei der bakteriellen Überbesiedlung des Dünndarms unangebracht und kann u. U. eine Motilitätsstörung perpetuieren; in therapierefraktären Fällen und nicht wesentlich zu besserndem Grundleiden (z. B. Agammaglobulinämie und Antibiotikaresistenz) kann jedoch eine begrenzte Indikation vorliegen [30].

42.3.9 Diarrhö

Das Wort *Diarrhö* (= Durchfall) ist aus den griechischen Wörtern *dia* (»durch«) und *rhein* (»fließen«) zusammengesetzt. Diarrhö ist keine Krankheit, sondern ein *Symptom*, das Haupt- oder Begleitsymptom zahlreicher Krankheiten des Gastrointestinaltrakts, aber auch extraintestinaler Krankheiten sein kann. Es existieren unterschiedliche *Definitionen*. Am gebräuchlichsten ist die Definition:

- *mehr als 3 dünnflüssige Stühle/24 h* mit einem *Gewicht von mehr als 200 g/24 h.*

Eine andere ebenfalls gebräuchliche Definition bezeichnet als Diarrhö

- *eine zu schnelle und häufige Entleerung eines zu flüssigen Stuhls.*

Gesunde Kinder und Erwachsene haben tägliche Stuhlgewichte von <200 g/24 h, Kleinkinder <10 g/kgKG/24 h [6].

Der Wassergehalt des Stuhls ist inkonstant und kann erheblich variieren (60–85%). Eine *Steatorrhö* (= Stuhlfettausscheidung >7 g/24 h) geht häufig mit einem reduzierten Wassergehalt des Stuhls einher, trotz oft erheblich erhöhter Stuhlgewichte.

Von der Diarrhö sind *2 andere Symptomenkomplexe* zu unterscheiden, die vom Patienten meist als Diarrhö mißgedeutet werden:

Pseudodiarrhö (gesteigerte Defäkationsfrequenz) ohne Konsistenzänderung des Stuhls und mit Stuhlgewichten <200 g/24 h. Sie kommt bei Motilitätsstörungen wie auch bei anorektalen Krankheiten vor und *Inkontinenz* (*unfreiwilliger Stuhlabgang* als relativ häufiges Symptom, das aber oft aus Schamgefühl verschwiegen wird).

Des Weiteren wird unterschieden zwischen *akuter und chronischer Diarrhö*. Ein Durchfall, der länger als 3 Wochen anhält, ist als chronisch anzusehen und bedarf der exakten diagnostischen Abklärung.

Ätiologie und Klinik

Auf 4 unterschiedliche *Mechanismen* lassen sich fast alle Diarrhöen zurückführen:

- gesteigerte intestinale Ionensekretion oder Hemmung normaler aktiver Ionenresorption (*sekretorische Diarrhö*).
- gestörte intestinale *Motilität* mit erhöhter *propulsiver Muskelkontraktion*,
- Exsudation von Schleim, Blut und Protein aus *entzündetem Gewebe mit Steigerung der Permeabilität* des zerstörten Darmepithels,
- Vorhandensein ungewöhnlicher Mengen schlecht oder überhaupt nicht resorbierbarer, osmotisch wirksamer Substanzen.

Akute Diarrhö

Akute Durchfälle sind meist durch eine *enterale Infektion* bedingt. Alter, Veränderungen des immunologischen Status, Proteinmangelernährung, mangelnde Hygiene bestimmen die Infektionsrate und die Komplikationen. Protektive Faktoren gegen eine enterale Infektion sind: saures Magenmilieu, sekretorisches IgA und IgM im Dünndarm, die physiologische Mukosabarriere des Dünndarms und die Motilität. Pathogene Bakterien besitzen zahlreiche Virulenzcharakteristika, mit denen sie den Abwehrmechanismus des Wirts überwinden und zur Infektion führen.

Chronische Diarrhö

Als chronische Diarrhö wird eine Durchfallerkrankung, die *länger als 3–4 Wochen anhält*, bezeichnet. Wichtige Hinweise für die Ursache und Lokalisation ergeben sich aus der Art und Beschaffenheit des Stuhls: *großvolumige Stühle* sprechen für eine Krankheit des Dünndarms oder des proximalen Kolons, *kleinvolumige Stühle* deuten auf eine Krankheit des linken Kolons oder Rektums hin.

»Dünndarmstühle« sind meist hell, wässrig, fast immer unblutig, sie können aber auch dickflüssig und stinkend sein und unverdaute Nahrungsbestandteile enthalten. Kleinvolumige *»Dickdarmstühle«* enthalten oft Schleim und Blut und gehen mit Tenesmen einher [6].

Bei chronischen Durchfällen bestehen häufig auch *Allgemeinsymptome*. Aus der klinischen Begleitsymptomatik ergeben sich oft diagnostische Hinweise auf die Grunderkrankung, die sowohl zur Diarrhö wie auch zu systemischen Symptomen führt.

Als häufigste Ursache einer chronischen Diarrhö finden sich *Malabsorptions- und/oder Maldigestionssyndrome* wie:

- Diarrhö durch Malabsorption von Kohlenhydraten (z. B. Laktosemalabsorption, Sprue),
- Diarrhö durch Malabsorption von Fetten (z. B. exokrine Pankreasinsuffizienz, Sprue),
- Diarrhö durch Malabsorption von Gallensäuren (z. B. Kurzdarmsyndrom, Iliitis Crohn).

Diarrhöen finden sich häufig auch als *Nebenwirkungen* zahlreicher *Medikamente*.

Ernährungstherapie

Unabhängig von Ätiologie und Pathogenese gelten als Behandlungsziele:

- die rasche Auffüllung des bestehenden Elektrolyt- und Flüssigkeitsdefizits,
- Kostaufbau unter Anpassung an jeweilige absorptive und/oder digestive Funktionsminderung und
- Beseitigung primärer und/oder sekundärer Magelernährung.

Akute Diarrhö

Die Therapie des Symptoms der akuten Diarrhö hat sich nach der Grunderkrankung und der *Schwere des Krankheitsbildes* zu richten: Fieber >39°C, Krankheitsgefühl, Tenesmen, blutige Durchfälle, längerer Verlauf, Dehydratation. In den meisten Fällen sind *akute Durchfälle* (z. B. im Rahmen einer Reisediarrhö) von kurzer Dauer und *selbstlimitierend*. Eine symptomatische Therapie mit oraler Flüssigkeit ist meist ausreichend, eine kulturelle Diagnostik sowie eine Antibiotikatherapie sind nicht erforderlich.

Bei stark ausgeprägten Diarrhöen kann eine symptomatische Therapie mit modernen Opioiden (z. B. Loperamid) oder Saccharomyces boulardii (Perenterol) erfolgen. Die orale Flüssigkeitssubstitution sollte mit der *WHO-Glukose-Elektrolyt-Trinklösung* (■ *Tabelle 42-26*) sowie eine prophylaktische Antibiotikatherapie erfolgen, wobei man am ehesten Ciprofloxacin oder Norfloxacin wählen wird. Ist die *Dehydratation* gravierend, handelt es sich um ein Kind oder einen alten Menschen, ist die Krankenhausaufnahme zu erwägen. Bei anhaltendem Erbrechen muss die Flüssigkeits- und Elektrolytsubstitution parenteral erfolgen.

Als *Basistherapie* dient zum Ersatz des Flüssigkeitsverlustes und zur Verhinderung einer Dehydratation die Gabe der *WHO-Lösung*. Andere Modifikationen dieser Lösung haben sich als weniger wirksam erwiesen. Dies hängt damit zusammen, dass in diesen Lösungen meist zu wenig Natrium und relativ zu viele Kohlenhydrate enthalten sind, was zu keiner optimalen Resorption der Flüssigkeit aus dem Darm führt. *Schwarzer Tee, Mineraldrinks, Orangensaft, Apfelsaft sind nicht geeignet, wenn sie nicht mit Kochsalz erheblich angereichert werden.* Zusammensetzungen der in Deutschland erhältlichen oralen Rehydrierungslösungen im Vergleich zur WHO-Lösung sind in ■ *Tabelle 42-26* zusammengestellt. Daraus ist auch ersichtlich, dass verschiedentlich empfohlene Getränke (Gatorade, Coca-Cola, Apfelsaft, Orangensaft) zu wenig Natrium und relativ zu viele Kohlenhydrate beinhalten [6].

> Da die Resorptionsfunktion des Dünndarms bei der infektiösen Diarrhö (in der Regel eine sekretorische Diarrhö) im Gegensatz zu Durchfällen als Folge einer Malassimilation meist intakt ist, sollte die Nahrungsaufnahme dem Krankheitszustand angepasst und nur wenige Restriktionen auferlegt werden (z. B. bei Übelkeit, Erbrechen Bauchkrämpfen).

Tabelle 42-26. Zusammensetzung oraler Rehydratationslösungen zur Therapie der Diarrhö im Vergleich zu Getränken. (Nach Caspary [6])

Lösung	Na [mmol/l]	K [mmol/l]	Cl [mmol/l]	Citrat [mmol/l]	Bikarbonat [mmol/l]	Glukose[a] [mmol/l]
WHO-Lösung	90	20	80	30	30 (alternativ)	111 (20)[a]
D-Iso-ratiopharm	90	20	80	30	–	111 (20)
Elotrans	90	20	80	30	–	111 (20)
Isolyt von ct	90	20	80	30	–	111 (20)
Oralpädon 240	60	20	50	30		90 (17,8)
Saltadol	90	20	80	–	30	111 (20)
Santalyt	60	20	60	20	–	90 (17,8)
Gatorade	23,5	<1	17	–		(40)
Coca Cola	1,6	<1	–	–	13,4	(100)[b]
Apfelsaft	<1	25	??	??	??	(120)
Orangensaft	<1	50	??	50	??	(120)
Hühnerbrühe	250	8	0	0	0	

[a]Zahlen in Klammern geben den Anteil an Kohlenhydraten in g/l an. [b]Reissirup anstatt Glukose.

Chronische Diarrhö

Im Falle akuter diarrhöischer Exazerbationen Rehydrierungsmaßnahmen und Kostaufbau (s. oben). Ansonsten unter Beachtung ursächlich beteiligter Funktionsstörungen (Laxanzienabusus, Zustand nach Magenresektion, Kurzdarmsyndrom, exokrine Pankreasinsuffizienz, Disaccharidasenmangel, Colitis ulcerosa, M. Crohn, etc.) kausales Vorgehen (s. einzelnen Krankheitsbilder).

42.3.10 Obstipation

Der Begriff Obstipation unterliegt in hohem Maße subjektiven Wertungen, die vom Patienten als *zu seltener Stuhlgang, zu harter Stuhl* und *Stuhlgang nur unter Beschwerden* wiedergegeben werden. Dem Krankheitsbild der Obstipation liegen ganz unterschiedliche organische und nichtorganische Ursachen zugrunde [13]. Sie ist entweder auf eine *verzögerte Darmpassage* (bei normalem Defäkationsmechanismus) oder einen *gestörten Entleerungsreflex* zurückzuführen.

Obstipation ist *Leitsymptom* zahlreicher Grunderkrankungen und kann als Nebenwirkung vieler Medikamente auftreten. Vor Beginn einer Behandlung sollten deshalb mögliche behandelbare Ursachen einer Obstipation identifiziert werden. Bei mehr als 50% der Patienten ist es allerdings nicht möglich, eine spezifische Ursache zu finden.

In diesem Fall wird von *idiopathischer* oder *funktioneller* chronischer Obstipation gesprochen. Die Definition der funktionellen Obstipation erfolgt anhand der Rom-II-Kriterien (*Tabelle 42-27*).

Mit einer *Prävalenz* von etwa 15% bei Frauen und 5% bei Männern sind Frauen 3-mal häufiger von dem Krankheitsbild der Obstipation betroffen als Männer.

Die *Häufigkeit* der Obstipation nimmt mit steigendem *Alter* zu. Bei Männern ist ein Anstieg der Prävalenz ab dem 60. Lebensjahr zu verzeichnen, während bei Frauen eine Zunahme der Obstipationshäufigkeit über alle Lebensjahrzehnte zu beobachten ist [13]. Bei gezielter Befragung klagen nahezu 40% der über 60-Jährigen über Obstipation. Bei Pflegebedürftigen (in der Klinik, im Pflegeheim oder in der häuslichen Pflege) liegt die Prävalenz mit über 50% sogar noch höher. *Die hohe Prävalenz der Obstipation im Alter ist multifaktoriell bedingt* (s. Kap. 60). Neben altersphysiologischen Veränderungen des Verdauungstrakts spielen hierbei alterstypische Krankheitsbilder mit Einfluss auf die Kolonmotilität (z. B. Morbus Parkinson), Multimedikation verbunden mit möglichen Medikamenteninteraktionen und Immobilität (z. B. nach Apoplex), aber auch psychosoziale Faktoren (Depressionen bei zunehmender Isolierung, Umgebungsfaktoren) eine große Rolle [61]. Etwa 10% der Patienten mit Obstipation konsultieren aufgrund ihres Beschwerdebildes einen Arzt. Die Obstipation gehört somit zu einer der häufigsten Ursachen für die Konsultation eines niedergelassenen Arztes. Zwischen 25 und 50% der obstipierten Patienten nehmen Laxanzien ein.

> 1998 wurden in der Bundesrepublik Deutschland Laxanzien im Wert von ca. 112 Mio. EUR verkauft [13].

Ätiologie und Klinik

Zur Pathogenese der funktionellen Obstipation gibt es eine Vielzahl von Theorien (*Tabelle 42-28*). Einige dieser lan-

Tabelle 42-27. Definition: funktionelle Obstipation (Rom II-Kriterien, 1999)

Vorliegen von 2 oder mehr der folgenden Symptome innerhalb der letzten 12 Monate während wenigstens 12 Wochen (die nicht zusammenhängen müssen):

(1) Pressen bei mehr als 25% der Stuhlgänge
(2) Harter Stuhlgang bei mehr als 25% der Stuhlgänge
(3) Gefühl der unvollständigen Entleerung bei mehr als 25% der Stuhlgänge
(4) Gefühl der anorektalen Obstruktion bei mehr als 25% der Stuhlgänge
(5) Manuelle Unterstützung ,um ein Defäkation zu ermöglichen bei mehr als 25% der Stuhlgänge
(6) Weniger als 3 Stuhlgänge pro Woche

Tabelle 42-28. Ursachen der Obstipation

- Mechanische Obstruktion (Tumoren, Endometriose, Briden etc.)
- Stoffwechselerkrankungen (Diabetes mellitus, Hypothyreose, Porphyrie etc.)
- Elektrolytentgleisungen (Hyperkalzämie, Hypokaliämie)
- Neurologische Erkrankungen (Multiple Sklerose, Morbus Parkinson, Querschnittsverletzungen)
- Myopathische Muskelerkrankungen (Kollagenosen z. B. Sklerodermie, Amyloidose etc.)
- Medikamenteninduziert (Opiatanalgetika, anticholinerge Psychopharmaka wie Neuroleptika und Antidepressiva, Antihypertensiva wie Kalziumantagonisten, aluminiumhaltige Antazida, Eisenpräparate, Vincaalkaloide etc.)

ge diskutierten Theorien, z. B. dass mangelnde Ballaststoffzufuhr, mangelnde Flüssigkeitszufuhr, erhöhte Progesteronwerte, Unterdrückung des Defäkationsdrangs, Schädigung des enteralen Nervensystems durch stimulierende Laxanzien sowie verminderte körperliche Aktivität als *alleinige Ursache* einer chronischen idiopathischen Obstipation anzuschuldigen sind, konnten durch Studien der letzten Jahre *nicht eindeutig bestätigt* werden [10].

Mittels Kolontransitzeit können *Subtypen* der funktionellen Obstipation identifiziert werden [61]. Etwa 70% der Patienten mit chronischer idiopathischer Obstipation haben *einen normalen Kolontransit*. Hierbei handelt es sich um eine ausgesprochen heterogene Subgruppe. Ein Teil der Patienten kann anhand der Symptomatik einer Form des Reizdarmsyndroms zugeordnet werden. Eine nicht zu unterschätzende Rolle in der Genese der funktionellen Obstipation muss außerdem *psychosozialen Faktoren* beigemessen werden. Mehrere Studien belegen psychische Auffälligkeiten (Depressionen, Angstzustände, Zwanghaftigkeit etc.) insbesondere bei obstipierten Patienten mit normaler Transitzeit [17].

Annähernd 30% der Patienten mit pathologischer Kolontransitzeit können dem Obstipationstyp des *langsamen Transits (»slow transit constipation«)* zugeordnet werden. Hiervon sind überwiegend Frauen betroffen (70–90%). Als Ursache der Motilitätsstörung ist mit hoher Wahrscheinlichkeit eine Neuropathie des enterischen Nervensystems im Kolon anzusehen [61]. Bei den restlichen 70% der Patienten mit verminderter Kolontransitzeit liegt eine *Ausgangsobstruktion (»outlet obstruction«)* vor.

Ballaststofftheorie

Die *»Ballaststofftheorie«* geht auf epidemiologische Studien von Burkitt et al. aus dem Jahre 1972 zurück. Hiernach wurde das Stuhlgewicht und die Ballaststoffzufuhr mit der Inzidenz der Obstipation korreliert und der Kausalzusammenhang zwischen einer mangelnden Ballaststoffzufuhr und der Entstehung von Obstipation hergestellt. Es muss jedoch bei der Interpretation epidemiologischer Daten zum Zusammenhang von Ernährungsweise und der Entstehung von Erkrankungen berücksichtigt werden, dass eine ballaststoffarme Ernährung in der Regel reich an Fett, tierischem Eiweiß und raffinierten Lebensmitteln wie Zucker und Weißmehl ist (*Tabelle 42-29*).

Darüber hinaus zeigte die Analyse der Ernährungsgewohnheiten von obstipierten und nichtobstipierten Probanden keinen Unterschied hinsichtlich des Ballaststoffgehalts der Kost [48]. Zahlreiche Studien mit gesunden Probanden belegen, dass Ballaststoffzulagen das Stuhlgewicht erhöhen und die Kolontransitzeit verkürzen. Weniger überzeugend ist jedoch der klinische Effekt bei Patienten mit Obstipation [40]. Neueren Studien zufolge scheinen nur Subgruppen der Obstipierten von Ballaststoffzulagen zu profitieren. Eine Untersuchung von Voderholzer [74] an 149 Patienten mit chronischer Obstipation unterschiedlicher Subgruppen, die über einen Zeitraum von 6 Wochen täglich 15–30 g Plantago-ovata-Samen erhielten, ergab bei 56,4% der Patienten keine Besserung, bei 22,1% der Patienten eine Symptomreduktion und lediglich bei 21,5% Symptomfreiheit. Die Ergebnisse dieser Studie konnten zeigen, dass die beste Wirkung von Ballaststoffen bei Patienten mit Obstipation und normaler Transitzeit zu erzielen ist.

Tabelle 42-29. Ballaststoffgehalt ausgewählter Lebensmittel

Nahrungsmittel	Ballaststoffe gesamt (g/100 g)	– davon unlöslich (g/100 g)	– davon löslich (g/100 g)
Weizenspeisekleie	49,3	45,7	3,6
Roggenvollkornbrot	8,5	4,9	3,7
Weizenvollkornbrot	6,9	4,9	2,0
Weizentoastbrot	3,8	2,0	1,8
Weiße Bohnen	7,5	3,4	4,1
Kartoffeln	1,9	0,6	1,3
Brokkoli	3,2	1,8	1,4
Weißkohl	3,0	2,2	0,8
Apfel	2,3	1,1	1,2
Orange	2,2	0,9	1,3
Aprikosen (getrocknet)	8,0	3,7	4,3

> Patienten mit verzögerter Transitzeit (»slow transit constipation«) und mit »outlet obstruction« profitieren den Ergebnissen zufolge wenig oder gar nicht von Ballaststoffzulagen [74].

Therapie

In der medikamentösen Therapie der Obstipation werden üblicherweise 5 Gruppen von Substanzen eingesetzt (*Tabelle 42-30*). Diese Substanzen wirken entweder, indem sie den eingedickten Fäzes aufweichen oder die Defäkation in Gang setzen. Die auf dem Markt befindlichen Präparate zur Behandlung der Obstipation sind meist Kombinationen der verschiedenen Substanzgruppen.

Bevor eine medikamentöse Therapie der chronischen Obstipation erfolgt, sollte zunächst *immer ein nichtmedikamentöser Therapieversuch* erfolgen. Hierzu gehören eine Umstellung der Ernährung auf eine ballaststoffreiche Kost und allgemeine Verhaltensmaßregeln zur Stuhlregulation. *Tabelle 42-31* zeigt einen Stufenplan zur Vorgehensweise bei der Therapie der Obstipation.

Ballaststoffreiche Kost

Die nebenwirkungsärmste, physiologischste und kostengünstigste Methode zur Behandlung der Obstipation ist eine ballaststoffreiche Kost. Obwohl der Effekt von Ballaststoffzulagen

Tabelle 42-30. Substanzen in der Therapie der Obstipation

Gruppe	Handelsname (Beispiele)	Anmerkungen/Nebenwirkungen
1. Quell- und Ballaststoffe		
a) wasserlöslich:	Agiocur, Metamucil, Mucofalk	Kaum Nebenwirkungen, bakterieller Abbau kann Blähungen verursachen
Psyllium, Plantago (Flohsamen), Guar, Pektin		
b) wasserunlöslich:		Bakteriell kaum abbaubar, auf ausreichende Flüssigkeitszufuhr achten
Methylzellulose, Leinsamen, Kleie		
2. Osmotische Laxanzien		
a) salinisch: Magnesiumsalze, Natriumphosphat	Bitter- und Glaubersalz	Einfluss auf Elektrolyt- und Flüssigkeitshaushalt; **Cave:** Niereninsuffizienz
b) Zucker/Zuckeralkohole: Laktose, Laktulose, Mannitol, Sorbitol, Glycerol, Glukollösungen (PEG), Polyethylen	Bifiteral, Lactuflor, Importal	
3. Antiabsorptiv/sekretorische Laxanzien		
a) Anthrachinone (Senna-Glycoside)	Liquidepur, Regulax, Bekunis, Tirgon	Daueranwendung/hohe Dosierung: Dehydratation, Hypokaliämie; Gefahr der Schädigung der autochthonen intestinalen Innervation; Pseudomelanosis coli
b) Bisacodyl	Laxobera Bisa, Dulcolax, Laxans-ratiopharm, Laxoberal, Agiolax Pico, Dulcolax NP	Daueranwendung: Hypokaliämie, Verstärkung der Darmträgheit
c) Natriumpicosulfat		Daueranwendung: Hypokaliämie, Verstärkung der Darmträgheit
4. Prokinetische Laxanzien	Buscopan	
5. Einläufe und Suppositorien		
Natriumphosphat, Glycerol, Sorbitol, Lactulose, Mineralöle, Bisacodyle, CO_2-produzierende Suppositorien	Practo-Clyss, Klistier	Schnelle Wirkung; **Cave:** Perforationsgefahr!

wie bereits beschrieben scheinbar auf bestimmte Subgruppen obstipierter Patienten limitiert ist, sollte dies *immer der erste Schritt* in der Therapie der Obstipation sein. Bei akut auftretender bzw. progressiver Obstipation sollten vorab Ursachen (wie mechanische Obstruktionen z. B. bei Tumoren, Endometriose, Briden), bei denen Ballaststoffzulagen kontraindiziert sind, ausgeschlossen werden.

Die Umstellung von ballaststoffarmer Kost auf eine ballaststoffreiche Kost zur Stuhlregulierung ist häufig ein sehr mühsamer und zeitaufwendiger Prozess, zumal Patienten mit chronischer Obstipation häufig zur Stuhlregulation einer wesentlich höheren Ballaststoffzufuhr bedürfen als Nichtobstipierte. Es ist sinnvoll, mit dem Patienten gemeinsam einen Plan ausgehend von den individuellen Ernährungsgewohnheiten zu erarbeiten, der es dem Patienten ermöglicht, Schritt für Schritt und entsprechend den Essenswünschen, Bekömmlichkeit und Wirksamkeit die Kostumstellung vorzunehmen.

Bei *Therapiebeginn* können *abdominelle Missempfindungen* und *Blähungen* auftreten, insbesondere, wenn die Ballaststoffzufuhr zu schnell gesteigert wird. In der Regel verschwinden diese Begleiteffekte nach einer Eingewöhnungszeit von ca. 1–2 Wochen aufgrund der Adaptation der intestinalen Flora. Der Patient sollte beim Beratungsgespräch hierauf aufmerksam gemacht werden, um einen vorzeitigen Therapieabbruch zu vermeiden. Ebenso ist der Patient darauf hinzuweisen, dass die Latenzzeit bis zum Wirkungseintritt mitunter mehrere Tage betragen kann.

Insgesamt ist jedoch zu berücksichtigen, dass nur ein Teil der Patienten von einer Kostumstellung hinsichtlich einer Linderung ihrer Symptomatik profitieren und dass bei nicht befriedigendem therapeutischem Effekt nicht zwingend eine mangelnde Compliance des Patienten anzuschuldigen ist.

Wirkungsweise der Ballaststoffe

Bei der Behandlung der Obstipation mit ballaststoffreicher Kost wird die *natürliche, laxierende Wirkung der Ballaststoffe* ausgenutzt, die zu einer Stuhlregulation führen kann. In das Kolon übertretende Ballaststoffe (z. B. Zellulose, Hemizellulose, Pektin) und Ballaststoffäquivalente (z. B. resistente Stärke, Oligofruktose, Laktulose) haben einen Einfluss auf Stuhlmenge und Stuhlbeschaffenheit sowie auf den mikrobiellen Stoffwechsel im Kolon (s. Kap. 15). Die Ballaststoffe werden unterschieden in *lösliche und nichtlösliche Ballaststoffe*. Lösliche Ballaststoffe (z. B. Pektine, β-Glukane, resistente Stärke, Oligofruktose) können im Dickdarm mikrobiell abgebaut werden. Beim mikrobiellen Abbau der löslichen Ballaststoffe entstehen als Abbauprodukte kurzkettige Fettsäuren (KKFS) wie Butyrat und Propionat. Die KKFS, insbesondere Butyrat, haben in physiologischen Konzentrationen den Effekt einer Steigerung der Kolonmotilität. Die zugrundeliegenden Mechanismen sind noch unklar. Derzeit werden 3 verschiedene Möglichkeiten diskutiert, wie KKFS auf die Motilität im Kolon einwirken (s. Kap. 15):

Tabelle 42-31. Ernährungstherapeutische Empfehlungen zur Stuhlregulation bei Obstipation

1. Ballaststoffaufwertung der konventionellen Kost
- Steigerung des Verzehrs von Vollkornbrot (200 g/24 h), vorzugsweise aus feingemahlenem Vollkornmehl
- Bei Kuchen nach und nach Ersatz von Weißmehl durch Vollkornmehl
- Steigerung des Verzehrs sonstiger Vollkornprodukte (ungeschälter Reis, Vollkornnudeln)
- Verzehr von Frühstückszerealien auf Vollkornbasis (50 g/24 h)
- Steigerung des Verzehrs an Obst und Gemüse (400 g/24 h)
- Steigerung des Verzehrs an Hülsenfrüchten
  Cave: Blähungen durch erhöhte mikrobielle Gasbildung
- Einschränkung des Verzehrs ballaststoffarmer Lebensmittel (Feinmehlbackwaren und -teigwaren, Zucker, Schokolade, Kakao)
- Reduzierung überhöhten Fleischkonsums

2. Spezielle Kostzulagen
- Weizen- oder Haferkleie (3-mal 10 g/24 h)
  Cave: Ausreichende Flüssigkeitszufuhr (150 ml/EL Kleie)
- Leinsamenschrot (15–40 g/24 h)
- Eingeweichtes Backobst (auch püriert)
- Milchzucker (20–40 g/24 h)

- KKFS könnten durch Aktivierung von chemosensitiven Rezeptoren, die mit vagalen Nervenfasern und/oder myenterischen Neuronen verbunden sind, nervale Reflexe stimulieren.
- KKFS führen zu einer Ausschüttung regulatorischer Peptide (z. B. Peptid YY, Substanz P, VIP), die wichtige Transmitter des Darmnervensystems darstellen.
- KKFS üben eine direkte Wirkung auf die glatte Muskulatur des Kolon aus.

Unlösliche Ballaststoffe sind durch die Bakterien im Dickdarm kaum fermentierbar. Sie können Wasser binden, was zu einem Aufquellen der Randschichten führt und somit zu einer Zunahme des Stuhlvolumens *(»bulking effect«)*. Da die Peristaltik im Kolon u. a. reflektorisch durch Dehnung der Darmwand ausgelöst wird, führt eine Zunahme des Füllungszustands im Lumen durch eine Verstärkung der Dehnungsreize zu einer Beschleunigung der Dickdarmpassage und somit zu einer Verringerung des Wasserentzugs aus dem Stuhl.

Die Wirkungsweise von Ballaststoffen ist in hohem Maße von der Aufarbeitung der entsprechenden Rohstoffe abhängig. So ist grobe Kleie aufgrund der höheren Wasserbindungskapazität wesentlich effektiver hinsichtlich einer Erhöhung des Stuhlvolumens als feine Kleie [73]. Die küchentechnische Verarbeitung von Lebensmitteln (z. B. Kochen, Backen) kann ebenfalls zu einer Veränderung der physikochemischen Eigenschaften der Ballaststoffe führen. So können z. B. unlösliche Ballaststoffe durch Erhitzen z. T. zu löslichen Ballaststoffen umgewandelt werden.

Praktisches Vorgehen

Bei einer Obstipation sollte eine *schrittweise Ernährungsumstellung* auf eine dem individuell variierenden Bedarf angepasste Ballaststoffzufuhr erfolgen. In der Regel sollte diese bei ca. *30 g Ballaststoffen/24 h* liegen. Behandlungsziel und Kriterium ausreichender Ballaststoffversorgung sollte ein regelmäßiger geformter Stuhlgang und problemlose Defäkation (mindestens 3-mal wöchentlich) ohne Notwendigkeit des Gebrauchs von Laxanzien sein.

Die wichtigsten *Ballaststofflieferanten* sind Getreide und Getreideprodukte, die durch ihren hohen Gehalt an mikrobiell nicht fermentierbaren Ballaststoffen am effektivsten das Stuhlvolumen erhöhen können (»bulking effect«). Gemüse und Obst haben wegen ihres hohen Wassergehalts einen niedrigeren Ballaststoffgehalt als Getreideerzeugnisse. Die Ballaststoffe sollten je zur Hälfte in Form von Getreide sowie Obst und Gemüse verzehrt werden. Den Ballaststoffgehalt einiger ausgewählter Lebensmittel zeigt *Tabelle 42-29*.

Die ernährungstherapeutischen Empfehlungen zur Stuhlregulation bei Obstipation sind in *Tabelle 42-32* aufgeführt. Eine Umstellung von einer ballaststoffarmen auf eine ballaststoffreiche Ernährung sollte langsam über mehrere Tage bzw. Wochen erfolgen. Zuerst sollte Vollkornbrot – vorzugsweise aus feingemahlenem Mehl – und ungeschälter Reis vermehrt verzehrt werden. Bei Kuchen sollte nach und nach Weißmehl durch Vollkornmehl ersetzt werden. Danach können stufenweise Rohkost und Obst eingeführt werden. Unterstützend können Lebensmittel und Lebensmittelbestandteile mit laxierender Wirkung sein, wie z. B. Sauermilchprodukte (Joghurt, Quark, Dickmilch), Sauerkraut und Milchzucker (Laktose).

Füll- und Quellstoffe

Als milde Laxanzien eignen sich natürlich vorkommende oder partialsynthetisch abgewandelte quellfähige, nicht verdaubare Polysaccharide. Hierzu gehören z. B. Carboxymethylzellulose, Ispaghula, Psyllium und Plantago ovata/afra Samen (Flohsamenpräparate). Diese Substanzen quellen unter Aufnahme von Wasser und vergrößern das Volumen des Darminhalts beträchtlich. Dadurch wird die Darmwand gedehnt und reflektorisch die Defäkation stimuliert. Beim Einsatz von Füll- und Quellstoffen ist auf eine ausreichende Flüssigkeitszufuhr zu achten, da diese ihre Wirkung nur bei ausreichend vorhandener Flüssigkeit entfalten können (mindestens 150 ml pro

Tabelle 42-32. Stufentherapie chronischer Obstipation

- 1. Stufe: Konsequente Einhaltung der Basistherapie: ballaststoffreiche Kost; allgemeine Verhaltensmaßregeln (»Konditionierung« des Defäkationsreflexes)
- 2. Stufe: Ballaststoffpräparate: mehrere Teelöffel Weizenkleie oder Leinsamen mit reichlich Flüssigkeit. Bei Versagen Umstellung auf:
- 3. Stufe: Quell- und Füllstoffe: Plantago ovata-Samen/-Samenschalen 5–10 g Granulat (z. B. Agiolax, Mucofalk, Metamucil). Bei Versagen Umstellung auf:
- 4. Stufe: Laktulose 1–3-mal 5–10 g Granulat (z. B. entsprechend 7,5–15 ml Bifiteral-Susp.); Dosissteigerung bis max. 3-mal 20–30 g (30–45 ml)
- Reservemedikation: osmotisch wirkende Laxanzien 10–20 g Bittersalz ($MgSO_4$) oder Glaubersalz (Na_2SO_4) in reichlich Flüssigkeit; keine Umstellung auf Anthrachinone oder Hydragoga, da Gefahr zusätzlicher Komplikationen

1 Esslöffel). Bei zu geringer Flüssigkeitszufuhr kann die Obstipation nach Aufnahme dieser Präparate durch Flüssigkeitsentzug der Fäzes noch verstärkt werden. Im Dickdarm werden sie zu 50–70% durch bakterielle Enzyme abgebaut.

Oligo- und Disaccharide

Unterstützend können in der Therapie der Obstipation nicht resorbierbare Oligo- bzw. Disaccharide eingesetzt werden. Diese Substanzen stellen ihrer Wirkungsweise entsprechend *Ballaststoffäquivalente* dar, deren Effekte im Kolon ähnlich denen der wasserlöslichen Ballaststoffe sind. Häufig angewendet wird das synthetische Disaccharid *Laktulose*. Laktulose wird im Dickdarm bakteriell fermentiert zu osmotisch wirksamem Laktat und Acetat. Die Wirkung tritt innerhalb von 8–10 h ein. Laktulose wird unter anderem auch in der Therapie der hepatischen Enzephalopathie zur Senkung des Blutammoniakspiegels eingesetzt.

Die Laktose (Milchzucker) wird im Gegensatz zur Laktulose grundsätzlich hydrolisiert und resorbiert. Ein laxierender Effekt kann nur dann erzielt werden, wenn die Hydrolyse dieses Disaccharids wie bei der Laktoseintoleranz eingeschränkt ist oder so große Mengen zugeführt werden (>20 g), dass eine vollständige Hydrolyse nicht möglich ist. Zu beachten ist allerdings, dass mit diesen Mengen an Milchzucker nicht unerhebliche Mengen an Kalorien zugeführt werden (z. B. liefern 40 g Milchzucker 160 kcal).

Nebenwirkungen einer ballaststoffreichen Kost

Generell weisen Ballaststoffzulagen die geringsten Nebenwirkungen aller Laxanzien auf, haben aber auch eine relativ lange Latenzzeit bis zum Wirkungseintritt (mitunter mehrere Tage). Zu beachten ist außerdem, dass mikrobiell fermentierbare Ballaststoffe und Ballaststoffäquivalente (resistente Stärke, Fruktooligosaccharide, Laktulose) aufgrund der Zunahme der bakteriellen Gasbildung zu abdominellen Missempfindungen und Blähungen führen können. Gegebenenfalls sollte in dieser Phase medikamentös (z. B. sab simplex, Lefax, Elugan) Abhilfe gegen diese unerwünschten Nebenwirkungen geschaffen werden.

Lösliche Ballaststoffe bilden mit Wasser Gele, wodurch die flüssige Phase der Nahrung in ihrer Konsistenz verfestigt wird und eine Verzögerung der Magenentleerung eintritt. Bei manchen Patienten führt dies initial zu Völlegefühl.

Die These, dass eine erhöhte Zufuhr an Ballaststoffen aufgrund des hohen Gehalts an Phytat und Uronsäuren zu einer Beeinträchtigung des Mineralstoffhaushalts (insbesondere Zink, Kalzium und Eisen) führt, ist bei einer in den westlichen Industrieländern gemischten vollwertigen Kost wissenschaftlich nicht belegt [15a].

Allgemeine Maßnahmen

Bei vielen Menschen besteht eine falsche Vorstellung über die notwendige Frequenz und Menge des Stuhlgangs. Patienten nehmen gelegentlich an, dass sie »verstopft« sind, wenn nicht täglich eine Stuhlentleerung erfolgt. Im Rahmen einer ausführlichen Anamnese sollte eine gezielte Erhebung der Symptomatik erfolgen. Leidet der Patient lediglich unter niedriger Stuhlfrequenz, ist eine wichtige Maßnahme, den Patienten darüber aufzuklären, dass auch Stuhlhäufigkeiten von 3-mal pro Woche durchaus im Normbereich liegen [40].

Patienten sollen dazu angehalten werden, *den physiologischen Defäkationsmechanismus* auszunutzen. Nicht selten ist das jahrelange bewusste Unterdrücken des Defäkationsreizes ursächlich an der Funktionsstörung beteiligt. Eine Unterdrückung des natürlichen Defäkationsreizes führt zu einer Verlängerung der Verweildauer der Fäzes im Kolon und damit zu einer verstärkten Eindickung infolge des Flüssigkeitsentzugs in diesem Darmabschnitt.

Ein Defäkationsreiz besteht häufig unmittelbar nach der Nahrungsaufnahme. Der zugrundeliegende sog. *gastrokolische Reflex* wird möglicherweise durch eine Steigerung der Peristaltik im Enddarm, unter dem Einfluss des nach Nahrungsaufnahme freigesetzten Gastrins, ausgelöst. Insbesondere morgens kann durch ein ausreichendes Frühstück oder ein Glas kalten Fruchtsafts der gastrokolische Reflex zum Auftreten eines natürlichen Defäkationsreizes führen.

42.3.11 Reizdarm

Das *Reizdarmsyndrom* zählt zu den funktionellen Magen-Darm-Erkrankungen, die durch eine meist charakteristische Konstellation an Symptomen gekennzeichnet sind, ohne dass ein Nachweis biochemischer oder struktureller Normabweichungen mittels routinemäßig verfügbarer Untersuchungsmethoden möglich ist. Leitsymptome des Reizdarmsyndroms sind abdominelle Schmerzen, die mit Stuhlunregelmäßigkeiten (Obstipation, Diarrhö oder beides alternierend) und/oder Blähungen assoziiert sind (*Tabelle 42-33*).

Synonym verwendete Begriffe wie *irritables Kolon* oder *spastisches Kolon* sollten keine Verwendung mehr finden, da auch Symptome des oberen Gastrointestinaltrakts (epigastrische Schmerzen, Sodbrennen, Aufstoßen, Übelkeit/Erbrechen) und extraintestinale Symptome (z. B. Kopfschmerzen, Rückenschmerzen und Schlafstörungen) mit dem Reizdarmsyndrom vergesellschaftet sein können. Vor der Diagnose Reizdarmsyndrom sind mögliche organische Ursachen (z. B. entzündliche, neoplastische oder infektiöse Veränderungen) auszuschließen.

Die *Prävalenzraten* liegen zwischen 6,6% und 25% [23]. Die hohe Varianzbreite der Prävalenzraten ist durch die

Tabelle 42-33. Definition des Reizdarmsyndroms nach den »Rom-Kriterien«. (Mod. nach [23])

Vorliegen der folgenden Symptome seit mindestens 3 Monaten dauerhaft oder wiederkehrend:

Unterbauchschmerzen
- die mit einer Änderung der Stuhlfrequenz oder -konsistenz einhergehen
  und/oder
- die bei Stuhlgang nachlassen

Gestörte Defäkation, in mindestens 25% der Fälle einhergehend mit mindestens 2 der folgenden Symptome:
- veränderte Stuhlfrequenz
- veränderte Stuhlkonsistenz
- veränderte Stuhlpassage (Pressen, Gefühl der unvollständigen Entleerung, Gefühl der Dringlichkeit)
- Schleimauflagerungen auf dem Stuhl häufig begleitet von Blähungen

Anwendung unterschiedlicher Kriterien zur Diagnosestellung des Reizdarmsyndroms zu erklären. Doch zeigen sich auch bei identischer Vorgehensweise zur Klassifikation der Erkrankung Unterschiede zwischen den Studien. So konnte gezeigt werden, dass die Häufigkeit eines Reizdarmsyndroms in den USA generell höher als in Deutschland ist. Weiterhin herrscht Übereinstimmung darüber, dass in den westlichen Industrienationen der Anteil der Frauen größer ist als derjenige der Männer [23]. Es ist davon auszugehen, dass eine hohe Dunkelziffer an Patienten mit Reizdarmsymptomatik besteht. Nur etwa 20% der Betroffenen mit entsprechendem Beschwerdebild suchen einen Arzt auf. Gründe für einen Arztbesuch sind

- schwere Symptomatik,
- Einschränkung der Lebensqualität,
- Ängste der Patienten, insbesondere Krebsangst und
- allgemeines Krankheitsverhalten (sekundärer Krankheitsgewinn etc.).

Ätiologie und Klinik

Der Pathomechanismus für die Entstehung des Reizdarmsyndroms ist nach wie vor ungeklärt. Zunehmend wird davon ausgegangen, dass die Pathophysiologie des Reizdarmsyndroms auf einer komplexen Interaktion physiologischer, psychologischer und sozialer Faktoren beruht [21]. Eine Zusammenstellung der möglichen pathophysiologischen Mechanismen mit Beurteilung der wissenschaftlichen Datenlage nach einer Konsensuskonferenz der Deutschen Gesellschaft für Verdauungs- und Stoffwechselkrankheiten (DGVS) im Januar 1998 zeigt ◘ *Tabelle 42-34*. Die gegenwärtig am meisten diskutierten Hypothesen werden im Folgenden kurz erläutert.

Motilitätshypothese

Verschiedenen Studien zufolge bestehen *Unterschiede der Motilitätsmuster im Kolon* von Gesunden und Reizdarmpatienten. So beschreiben einige Autoren eine verlängerte und stärker ausgeprägte postprandiale Erhöhung der Kolonmotilität im Vergleich zu Gesunden. Auch konnte gezeigt werden, dass bei Reizdarmpatienten *bestimmte Motilitätsmuster mit Schmerzepisoden assoziiert* sind. Obwohl lange diskutiert, ist die Datenlage hinsichtlich einer Motilitätsstörung bei Reizdarmpatienten durchaus widersprüchlich, und bisher konnte kein überzeugendes pathophysiologisches Konzept abgeleitet werden [41].

◘ **Tabelle 42-34.** Pathomechanismen des Reizdarmsyndroms und ihre wissenschaftliche Grundlage. (Mod. nach einer Konsensuskonferenz der DGVS, [23])

Pathomechanismus	Datenlage
Viszerale Hypersensibilität	Gesichert
Psychosomatische Störung	Wahrscheinlich
Motilitätsstörung	Möglich
Störung des autonomen/zentralen Nervensystems	Möglich
Störung des enterischen Nervensystems	Möglich
Psychiatrische Erkrankung	Unwahrscheinlich
Andere Störungen (z. B. alterierte Darmflora)	Unwahrscheinlich
Störung des Immunsystems	Unzureichend
Genetische Disposition	Unzureichend
Umwelteinflüsse (z. B. chemische Reize)	Unzureichend

Hypersensibilitätshypothese

Das Konzept der *viszeralen Überempfindlichkeit* ist bisher als einzige Hypothese durch übereinstimmende Studien belegt. Hiernach tolerieren Reizdarmpatienten eine geringere intraluminale Dehnung der Darmwand als gesunde Probanden. So zeigten Untersuchungen von Whitehead et al. [76, 80], dass bei Auslösung eines Dehnungsreizes von 180 ml Luft in einen rektalen Ballon nur 20% der Normalpersonen gegenüber 55% Patienten mit Reizdarmsyndrom Unbehagen oder Schmerzen angaben [76]. Noch ungeklärt ist die Frage nach den Ursachen für eine intestinale Hypersensibilität.

Ein heute weitgehend akzeptierter Erklärungsansatz ist eine vorausgegangene bakterielle Darminfektion, die zur Aktivierung bislang schweigender (»silent«) Nozizeptoren führt, die nach Abklingen der lokalen Reizung aktiviert bleiben und im weiteren Verlauf auch nach Ausübung physiologischer Reize auf den Darm erregt werden (zentrale Sensibilisierung).

Intraluminale Faktoren

Hierbei handelt es sich vornehmlich um *ernährungsabhängige Faktoren*. Magen-Darm-Symptome bei funktionellen Störungen treten häufig ernährungsabhängig auf. Nahrungsmittelintoleranzen wie z. B. die *Laktoseintoleranz* (s. Kap. 45.1) können bei vorliegendem Reizdarmsyndrom die Symptomatik verschlimmern. Andererseits müssen diese als Differenzialdiagnose berücksichtigt werden. Die Symptomatik bei Laktosemalabsorption kann der bei Reizdarmsyndrom entsprechen und sollte differenzialdiagnostisch ausgeschlossen werden. Grundsätzlich ist jedoch auch eine Koinzidenz von Laktoseunverträglichkeit und Reizdarmsyndrom zu beachten.

Insgesamt herrscht Konsens darüber, dass Ernährungseinflüsse auf die Erkrankung als möglich betrachtet werden; gesicherte Daten aus der Literatur fehlen jedoch gänzlich [27].

Psychosoziale Faktoren

Psychische Komponenten werden immer wieder als ursächliche Faktoren in der Pathogenese des Reizdarmsyndroms diskutiert. Tatsächlich weisen Patienten mit Reizdarmsyndrom nach psychodiagnostischen Kriterien häufig abnorme Persönlichkeitsmerkmale auf wie Depressionen, Somatisierung, Ängstlichkeit und paranoides Denken. Jedoch handelt es sich hierbei um unspezifische psychopathologische Auffälligkeiten, die auch bei anderen somatischen oder funktionellen Störungen zu finden und weniger als Ursache denn als Folge chronischer Erkrankungen anzusehen sind.

Konsens herrscht darüber, dass Stress (belastende Lebensereignisse, Alltagsbelastungen) auf die Darmfunktion wirkt und Symptome des Reizdarmsyndroms verschlimmern oder auslösen kann [76]. Eine Verursachung des Reizdarmsyndroms durch Stress wird jedoch als unwahrscheinlich angesehen.

Therapie

Aufgrund der noch ungeklärten Pathogenese des Reizdarmsyndroms ist eine begründete Therapieempfehlung gegenwärtig nicht möglich. Da zunehmend von einer komplexen Interaktion physiologischer, psychologischer und sozialer Faktoren als Ursache für das Reizdarmsyndrom ausgegangen wird, erscheint ein multidisziplinärer Behandlungsansatz als sinnvoll, insbesondere bei solchen Patienten, die unter der medikamentösen Standardtherapie keine suffiziente Besserung zeigen (Tabelle 42-35). Eine kürzlich erschienene Studie von Heymann-Mönikes et al. [21] zeigte die Überlegenheit einer *Kombination* aus *medikamentöser Therapie* und *verhaltenstherapeutischen Verfahren* gegenüber einer alleinigen medikamentösen Therapie.

Das Behandlungskonzept bei Reizdarmsyndrom stützt sich auf *4 Säulen*:

1. allgemeine Maßnahmen (ärztliche Führung, Patientenaufklärung),
- Ernährungstherapie,
- medikamentöse Therapie,
- Psychotherapie.

In Abb. 42-15 ist ein Stufenplan zur Behandlung von Patienten mit Reizdarmsyndrom orientiert an den Leitsymptomen dargestellt. Optimalerweise sollte die Betreuung von Patienten mit Reizdarmsyndrom durch ein *interdisziplinäres Behandlungsteam* bestehend aus Gastroenterologen, Psychotherapeuten, Psychiatern, Ernährungswissenschaftlern/Diätassistenten und Pflegepersonal erfolgen, die in enger Zusammenarbeit und unter Einbeziehung des Patienten das Behandlungskonzept erarbeiten und koordinieren.

Allgemeine Maßnahmen

Wichtig ist zum Zeitpunkt der Diagnosestellung Reizdarmsyndrom die Aufklärung des Patienten darüber, dass keine lebensbedrohliche oder gefährliche Grunderkrankung vorliegt. Nach einer Studie von O'Sullivan et al. [45] fühlen sich die meisten Patienten mit Reizdarmsyndrom unzureichend über ihr Krankheitsbild informiert. Unzureichende Aufklärung wurde insbesondere hinsichtlich des Risikos schwerwiegender Erkrankungen und der Bedeutung diätetischer Maßnahmen bemängelt [45].

Ernährungstherapie

Patienten mit Reizdarmsyndrom erwarten häufig detaillierte diätetische Anweisungen zur Linderung ihrer Beschwerden, da sie meist ihre Beschwerden in Verbindung mit Nahrungsmittelunverträglichkeiten bringen. Der Patient sollte darüber aufgeklärt werden, dass diätetische Restriktionen nur dann sinnvoll sind, wenn spezifische Nahrungsmittelunverträglichkeiten nachgewiesen wurden, und dass nicht gerechtfertigte Einschränkungen der Lebensmittelauswahl die Gefahr einer Fehlernährung bergen. Vielmehr sollte eine abwechslungsreiche vollwertige Mischkost sichergestellt werden. Die Ernährungsberatung von Patienten mit Reizdarmsyndrom sollte sich am individuellen Symptombild des Patienten orientieren und erfordert im Vorfeld eine ausführliche Ernährungsanamnese mit Erhebung der Ernährungsgewohnheiten und des Beschwerdebilds.

Ballaststoffe

Eine häufig ausgesprochene Empfehlung ist die Erhöhung der *Ballaststoffzufuhr*. Ballaststoffzulagen stellen eine sichere und im Einzelfall häufig effektive Möglichkeit zur Behandlung reizdarmassoziierter Symptome dar. Empfohlen werden sie v. a. beim *Reizdarmsyndrom* vom *Obstipationstyp*, vom *Diarrhötyp* und beim *Schmerztyp* mit Stuhlunregelmäßigkeiten.

Erster Schritt sollte der Versuch einer Umstellung auf eine ballaststoffreiche Kost sein. Ist eine Umstellung nicht möglich, nicht gewollt oder nicht erfolgreich im Sinne einer Verschlechterung der Symptomatik, kann ein Therapieversuch mit kommerziell erhältlichen Ballaststoffpräparaten erfolgen.

Die therapeutische Wirkung von Ballaststoffen bei Reizdarmpatienten wurde in zahlreichen Studien untersucht. Die Ergebnisse hierzu sind jedoch widersprüchlich: Von 13 randomisierten, kontrollierten Studien zeigten nur 4 eine eindeutige Besserung der Symptomatik (Tabelle 42-36). Es bleibt allerdings anzumerken, dass der Vergleich und die Interpretation von Studien zum Einsatz von Ballaststoffen in der Behandlung des Reizdarmsyndroms aufgrund der chemischen und morphologischen Komplexität der Ballaststoffe sehr schwierig ist, was zu recht ihre z. T. deutlich unterschiedlichen Wirkungen auf physiologische und pathophysiologische Prozesse im Gastrointestinaltrakt widerspiegelt [44].

Symptomorientierte Ernährungstherapie

Diese Unterschiede können jedoch in der Differenzialtherapie des Reizdarmsyndroms gezielt genutzt werden (s. Abb. 42-15):

- Patienten mit *Diarrhöen* profitieren am ehesten von *wasserlöslichen Ballaststoffen*. Diese können durch ihr hohes Wasserbindungsvermögen zu einer Stuhlregulation beitragen. Vorsicht ist bei gleichzeitigem Einsatz motilitätshemmender

Tabelle 42-35. Randomisierte und plazebokontrollierte Studien zur Behandlung des Reizdarmsyndroms mit Ballaststoffpräparaten. (Mod. nach [24a])

Studie (Referenz bei 24a)	Präparat	(n)	Design	Prädominantes Symptom	Dauer (Wochen)	Globale Besserung	Symptombesserung
Longstreth et al.	Psyllium	77	Parallel	Schmerzen	8	Nein	Nein
Snook u. Shepherd	Grobe Kleie	71	Crossover	Schmerzen	7	Nein	Nein
Fowlie et al.	Konzentrierte Ballaststoffe	49	Parallel	Obstipation/Diarrhö	12	Nein	Nein
Cook et al.	Maiskleie	14	Crossover	Schmerzen	12	Nein	Nein
Toskes et al.	Polycarbophil	28	Crossover	-	12	Ja	Erleichterung der Stuhlpassage
Jalihal u. Kurian	Ispaghula	22	Crossover	-	4	Ja	Darmberuhigung
Prior u. Whorwell	Ispaghula	80	Parallel	Obstipation/Diarrhö	12	Ja	Stuhlfrequenz

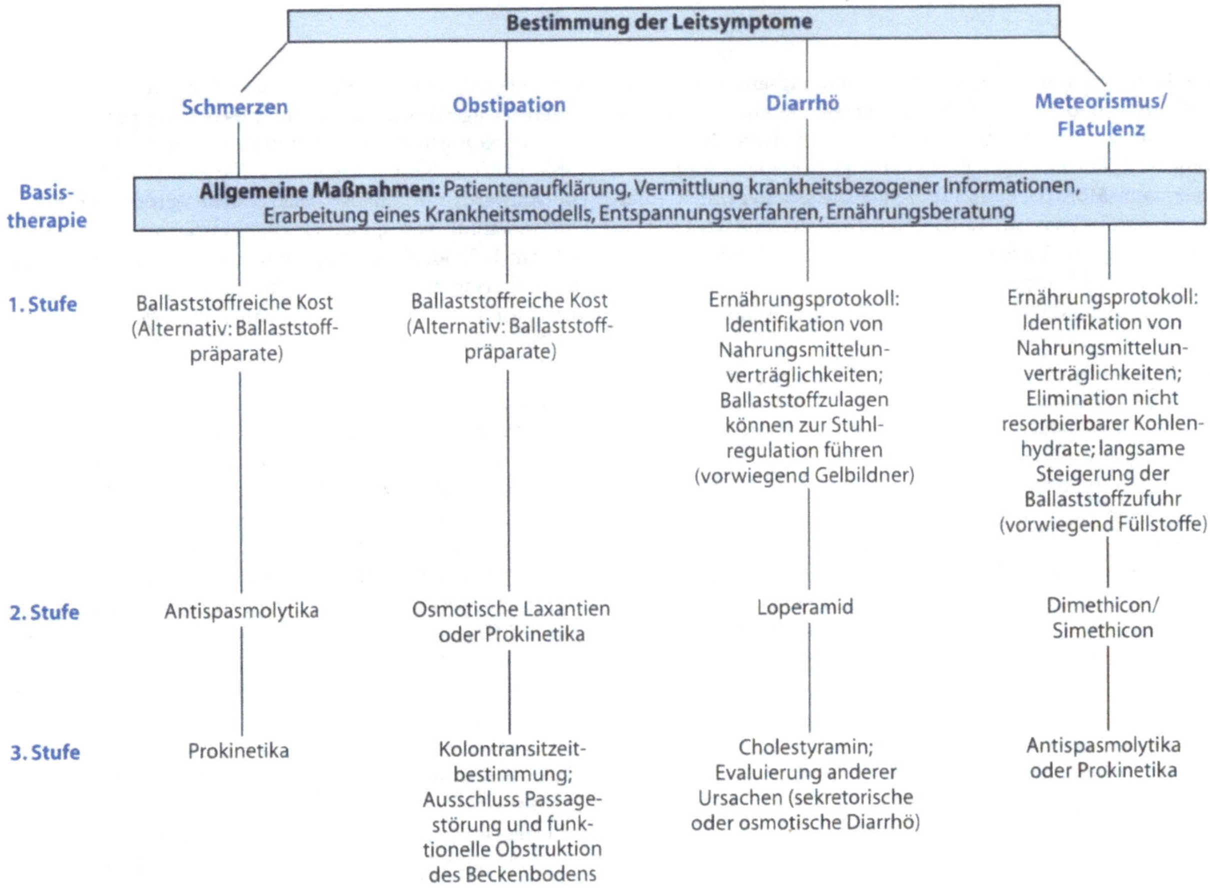

Abb. 42-15. Differenzialtherapie des Reizdarmsyndroms

Substanzen (Loperamid, Opiate) geboten, da die Gefahr eines Ileus besteht.

- Bei *Obstipation* haben sich sowohl lösliche als auch unlösliche Ballaststoffe als wirksam erwiesen (s. oben). Den gegenwärtig verfügbaren Literaturdaten zufolge scheint sich der Trend abzuzeichnen, dass *Gelbildner* wie *Psyllium*, *Ispaghula* und *Plantago ovata* günstiger die Beschwerden bei Reizdarmsyndrom beeinflussen als Kleie bei ähnlicher Verbesserung der Stuhlkonsistenz und Stuhlfrequenz [27, 40].

Handelt es sich um Patienten, bei denen *Gasbildung* und *Blähungen* und damit verbundene *Schmerzen* im Vordergrund stehen, sollten Nahrungsmittel aus der Kost eliminiert werden, die zu erhöhter Gasbildung im Kolon führen. Hierzu gehören insbesondere nicht bzw. schlecht fermentierbare oder resorbierbare Kohlenhydrate, die im Kolon bakteriell zu kurzkettigen Fettsäuren (KKFS) und Darmgasen (H_2, CO_2) abgebaut werden (s. *Tabelle 42-36*). In der praktischen Umsetzung bedeutet dies eine Vermeidung von Lebensmitteln mit hohem Gehalt nicht resorbierbarer Kohlenhydrate wie Raffinose, Stacchyose und Inulin (z. B. in Bohnen, Erbsen, Artischocken, Chicorée, Zwiebeln, Lauch), laktosefreie Kost bei Verdacht auf Milchzuckerunverträglichkeit (s. oben) und Verzehr stärkehaltiger Nahrungsmittel ausschließlich in verdaubarer Form.

Die mit der Nahrung zugeführte Stärke wird im Dünndarm nur z. T. enzymatisch gespalten. In Abhängigkeit von der physikalischen Struktur besteht eine Resistenz der Stärke gegenüber den Verdauungsenzymen. Einen hohen Gehalt an resistenter Stärke haben unreife Bananen, unzureichend gekochte Kartoffeln, abgekühlte gekochte Kartoffeln und ganze oder grob gemahlene Getreidekörner. Im Dickdarm wird die resistente Stärke bakteriell fermentiert und ist somit, wie die löslichen Ballaststoffe (Pektine, β-Glukane etc.), eine weitere Quelle für die Produktion von Gasen im Kolon (s. Kap. 15).

Verschiedene Zuckeralkohole (Fruktose, Sorbitol) vermögen ebenfalls klinische Symptome einer Kohlenhydratmalabsorption hervorzurufen. Diese werden aus dem Dünndarm sehr langsam resorbiert und können bei Verzehr größerer Mengen aufgrund unvollständiger Resorption und Übertritt in den Dickdarm zu einer erhöhten bakteriellen Gasbildung führen [6]. Fruktose und Sorbit kommen z. B. in Früchten, Diabetikerprodukten, Kaugummis, Bonbons und zahlreichen Soft-Drinks vor. Bei vielen Patienten kann der gleichzeitige Verzehr von Glukose zu einer Verbesserung der Resorption von Fruktose und Sorbit führen.

Nahrungsmittelunverträglichkeiten

Besteht der Verdacht auf *Nahrungsmittelunverträglichkeiten*, sollten diese z. B. anhand einer *Eliminationsdiät* ausgetestet werden (s. Kap. 46). Hierzu wird der Patient zunächst dazu angehalten, über mindestens 7 Tage ein *Ernährungs- und Beschwerdeprotokoll* mit genauer zeitlicher Festlegung der Nahrungsaufnahme und des Auftretens von Beschwerden zu führen. Ergeben sich hieraus Anhaltspunkte für spezifische

■ **Tabelle 42-36.** Potenziell gasbildungsfördernde Nahrungskohlenhydrate

	Nicht bzw. schlecht verdaubare Nahrungsbestandteile	Enthalten in:
Zuckeralkohole	Fruktose, Sorbitol	Früchte, Diabetikerprodukte, Kaugummi, Bonbons
Disaccharide	Laktose (bei Verdacht auf Laktoseintoleranz)	Milch- und Milchprodukte und daraus hergestellte Lebensmittel
Oligosaccharide	Oligofruktose, Inulin	Artischocken, Zwiebeln, Lauch, Chicorée
	Raffinose und Stacchyose	Bohnen, Erbsen
Stärke	Resistente Stärke	Unreife Bananen
		Unzureichend gekochter Mais, Kartoffeln
		Gekochte und abgekühlte Nichtgetreidestärken
Ballaststoffe	Wasserlösliche Ballaststoffe (Pektine, β-Glukane etc.)	Obst/Gemüse in großen Mengen; Haferprodukte

Nahrungsmittelunverträglichkeiten, sollten diese Nahrungsmittel im Weiteren aus der Kost eliminiert werden. Ergeben sich keine Hinweise auf Unverträglichkeiten bestimmter Nahrungsmittel oder bringt die Elimination vermuteter Beschwerdeauslöser keine Besserung der Symptomatik, sollte über die Durchführung einer *Suchkost* nachgedacht werden.

Nach einer Phase der Nahrungszufuhr durch Elementar- oder Oligopeptiddiät bis zur Beschwerdefreiheit sollten schrittweise die verschiedenen Nahrungsmittel ausgetestet werden. Dies macht eine enge Zusammenarbeit mit einer Ernährungsfachkraft erforderlich, um detaillierte Pläne entsprechend des Reaktionsmusters zu erstellen und Nährstoffdefizite zu vermeiden. Es ist zu bedenken, dass sich einige Faktoren limitierend auf den Erfolg einer Eliminationsdiät bzw. Suchkost auswirken:

- Aufgrund des multifaktoriellen Entstehungsprozesses des Reizdarmsyndroms und der multiplen Einflussfaktoren auf das Beschwerdebild ist selbst bei Zufuhr einer allergenarmen Elementar- bzw. Oligopeptiddiät bei einigen Patienten keine Beschwerdefreiheit zu erzielen.
- Bei einzelnen Patienten können sowohl die Zusammensetzung der Speisen, die zeitliche Beziehung zur Nahrungsaufnahme als auch die körperliche Verfassung des Patienten (Stressfaktoren, körperliche Anstrengung etc.) während oder nach der Nahrungsaufnahme für die Beschwerdeauslösung eine Rolle spielen.
- Da bei manchen Patienten nach eigenen Angaben Beschwerden auf bestimmte Nahrungsmittel verzögert auftreten, kann die Testphase pro Nahrungsmittel 1–3 Tage betragen. Je nach Umfang der auszutestenden Nahrungsmittel kann es sich hierbei um ein sehr langwieriges Verfahren handeln, das sowohl vom Patienten als auch dem Arzt/der Ernährungsfachkraft eine hohe Motivation erfordert.

42.3.12 Divertikulose

Divertikel des Kolons sind *Ausstülpungen der Mukosa und der Submukosa* durch die Ringmuskulatur des Dickdarms (■ *Abb. 42-16*). Prädilektionsorte sind Sigma und Colon descendens. Das Sigma ist in bis zu 95% der Fälle mitbeteiligt. Mit der Dauer der Erkrankung nimmt der Befall des proximalen Kolons zu. Ein alleiniger Befall des Sigmas wird bei ca. 65% der Patienten gesehen. Die unkomplizierte Divertikulose ohne Beschwerden ist als vorklinisches Stadium aufzufassen.

Unter dem Begriff *Divertikelkrankheit* werden die symptomatische Divertikulose, die Divertikulitis (entzündliche Veränderung der Divertikelwand infolge Retention von Kot in den Divertikeln) sowie deren Komplikationen, die Peridivertikulitis (Übergreifen der Entzündung auf die Umgebung des Divertikels) und Perikolitis (auf das umgebende Gewebe übergreifende Entzündung des Kolons bzw. Sigmas) zusammengefasst.

> Der überwiegende Anteil der Patienten (80%) mit Dickdarmdivertikulose bleibt symptomfrei.

Bei ca. 20% der Patienten treten Symptome in Form von Krämpfen im linken Unterbauch, Flatulenz, Obstipation und/oder Diarrhö auf. Komplikationen wie Entzündung und Blutungen, die konservativer oder chirurgischer Behandlung bedürfen, treten bei ca. 5% auf.

Die Divertikelkrankheit weist *eine steigende Häufigkeit* mit zunehmendem Alter auf. Im 5. Lebensjahrzehnt liegt die Inzidenz bei ca. 5% und steigt bis zum 9. Lebensjahrzehnt auf über 50% [35]. Weiterhin zeigt sich eine Korrelation mit zunehmendem Lebensstandard. So haben Autopsiestudien ergeben, dass die Dickdarmdivertikulose in den westlichen Ländern von ca. 5% im Jahr 1910 auf heute fast 50% zugenom-

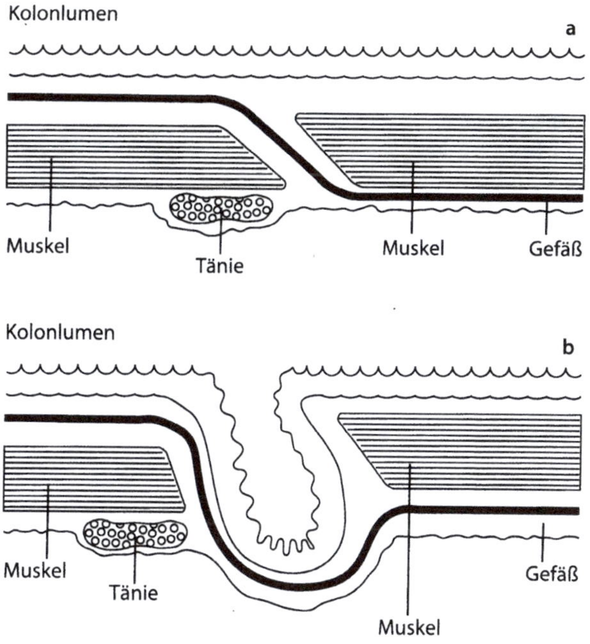

■ **Abb. 42-16a,b.** Schematische Darstellung der Divertikelentstehung; **a** normales Kolon, **b** Muskellücke mit Ausstülpung des Divertikels men hat. Die Divertikulose wird in asiatischen und afrikanischen Ländern selten beobachtet. Studien an Immigranten dieser Länder zeigten jedoch, dass bei westlicher Ernährungsweise die Inzidenz der Dickdarmdivertikulose innerhalb von 10 Jahren zunimmt [35].

Ätiologie und Klinik

Divertikel entstehen überwiegend an der Durchtrittsstelle der Gefäße in die Submukosa. Diese Zonen stellen eine anatomische Wandschwäche der Ringmuskulatur des Dickdarmes dar (■ *Abb. 42-16*). Die Bildung von Divertikeln wird begünstigt durch eine strukturelle Schwäche der Dickdarmwand mit zunehmendem Alter sowie durch erhöhte intraluminale Druckwerte bei Muskelhypertrophie.

Bei ca. 70% der Patienten mit spastischer Divertikulose liegen Veränderungen der glatten Muskulatur vor. Häufig ist eine erhebliche Verdickung der distalen Dickdarmwand durch Hypertrophie der Muskulatur zu beobachten. Es scheinen sowohl die Ringmuskulatur als auch die Längsmuskulatur (Taenien) verdickt und verkürzt (Myochose). Möglicherweise ist die Ursache für die Verkürzung der Taenien, nicht aber der Ringmuskulatur ein vermehrtes Vorkommen von Elastin [7]. Bei ca. 30% der Patienten finden sich keine Hinweise für eine Muskelhypertrophie.

Große Bedeutung bei der Entstehung der Divertikulose wird dem Verlust an faserreicher Kost zugemessen (»Fibre-Hypothese«). Ein geringer Ballaststoffgehalt kann zu vermindertem Stuhlvolumen verbunden mit einer intraluminalen Drucksteigerung führen. Dabei entstehen vermehrt nichtpropulsive motorische Bewegungen im distalen Kolon, die mit der Zeit zu einer Hypertrophie der glatten Muskulatur führen. Der intraluminale Druck steigt wiederum und begünstigt eine Herniation. Für diese These sprechen zum einen die Beobachtung, dass eine Normalisierung des intrakolischen Drucks bei regelmäßigem Verzehr von ballaststoffreicher Kost zu beobachten ist [35], und zum anderen die Tatsache, dass eine Divertikulose bei Vegetariern praktisch nicht vorkommt.

Ernährungstherapie

Im Stadium »Divertikulose mit Beschwerden« werden konservative Maßnahmen eingesetzt. Als Basistherapie wird eine ballaststoffreiche Kost empfohlen. Das Ziel ist eine Stuhlregulation mit Erleichterung der Darmpassage, Linderung von assoziierten abdominellen Beschwerden und eine Verhinderung von Komplikationen. Eine Rückbildung bereits ausgebildeter Kolondivertikel ist durch eine Kostumstellung nicht möglich. Auch bei zufällig entdeckter symptomloser Divertikulose ist eine ballaststoffreiche Kost indiziert (s. ■ *Abb. 42-18*).

Die empfohlene *tägliche Zufuhr an Ballaststoffen* beträgt *mindestens 30 g*. Die Vorgehensweise zur Umstellung einer ballaststoffarmen auf eine ballaststoffreiche Kost entspricht den Empfehlungen bei der chronischen idiopathischen Obstipation (s. oben). Vorsicht ist bei der Divertikulose geboten beim Verzehr schwer verdaulicher Nahrungsbestandteile (z. B. grob gemahlenes Getreide, Nüsse, Kerne), die zu einer Verlegung der Divertikel führen können. Hilfreich kann der Einsatz von Ballaststoffpräparaten z. B. 3-mal 10 g Weizen- oder Haferkleie/24 h als Enddosis nach einer Einschleichphase oder quellfähigen Präparaten wie Psyllium und Plantago ovata/afra sein (z. B. Agiolax, Mucofalk, Metamucil 5–10 g Granulat/24 h). Reichen diese Maßnahmen zur Beschwerdelinderung und Stuhlregulation nicht aus, können zusätzliche medikamentöse Maßnahmen (osmotische Laxanzien, Spasmolytika) eingesetzt werden.

> Bei Komplikationen der Divertikelkrankheit wie *Divertikulitis*, *Peridivertikulitis* und *Perikolitis* ist eine absolute Nahrungskarenz indiziert.

Die Zufuhr von Ballaststoffen und Quellmitteln ist dann kontraindiziert, da die Gefahr einer Stenosierung besteht. Die Zufuhr von Nährstoffen und Flüssigkeit erfolgt in dieser Phase parenteral. Gegebenenfalls sind chirurgische Maßnahmen indiziert. ■ *Abb. 42-17* zeigt das therapeutische Vorgehen bei Divertikulose/Divertikulitis in Abhängigkeit vom Krankheitsstadium.

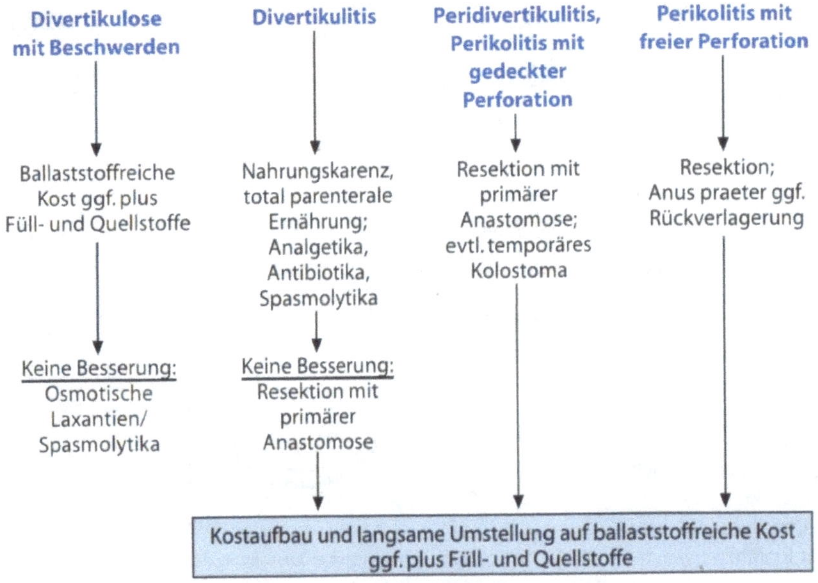

■ Abb. 42-17. Divertikulosetherapie

Literatur

1. Bcker HD, Caspary WF (1980) Postgastrectomy and postvagectomy syndromes. Springer, Berlin Heidelberg New York
2. Boekema PJ, Samsom M, van Berge Henegouwen GP, Smout AJ (1999) Coffee and gastrointestinal function: facts and fiction. Scand J Gastroenterol 34 (Suppl 230): 35–39
3. Boulant J, Mathieu S, D'Amato M et al. (1997) Cholecystokinin in transient lower oesophageal sphincter relaxation due to gastric distension in humans. Gut 40: 575–581
4. Bujanda L (2000) The effects of alcohol consumption upon the gastrointestinal tract. Am J Gastroenterol 95: 3374–3382
5. Byrne TA, Persinger RL, Young LS et al. (1995) A new treatment for patients with short-bowel syndrome – growth hormone, glutamine and a modified diet. Ann Surg 222: 243–255
6. Caspary WF (1999) Diarrhö. In: Caspary WF, Stein J (Hrsg) Darmkrankheiten – Klinik, Diagnostik und Therapie. Springer, Berlin Heidelberg New York Tokio, S 87–106
7. Caspary WF, Hanisch E (1999) Divertikulose und Divertikulitis. In: Caspary WF, Stein J (Hrsg) Darmkrankheiten – Klinik, Diagnostik und Therapie. Springer, Berlin Heidelberg New York Tokio, S 499–506
8. Caspary WF (1999) Tropische Enteropathie und tropische Sprue. In: Caspary WF, Stein J (Hrsg) Darmkrankheiten – Klinik, Diagnostik und Therapie. Springer, Berlin Heidelberg New York Tokio, S 295–298
9. Charles P (1992) Calcium absorption and calcium bioavailability. J Intern Med 231: 161–168
10. Coenen C, Wegener M, Wedmann B, Schmidt G, Hoffmann S (1992) Does physical exercise influence bowel transit time in healthy young men? Am J Gastroenterol 3: 292–295
11. Cook GC (1996) Tropical sprue. In: Cox FEG (ed) The Wellcome illustrated history of tropical diseases. Wellcome Trust, London, pp 359–369
12. Decker-Baumann C (2000) Diätetische Konsequenzen nach Gastrektomie. Chir Gastroenterol 16 (Suppl 2): 51–54
13. Erckenbrecht JF (2000) Epidemiologie der Obstipation. Z Gastroenterol (Suppl 1) 38: 3–5
14. Fein M, Tigges H, Maroske J et al. (2001) Pathophysiologie der gastroösophagealen Refluxkrankheit. Chir Gastroenterol 17: 8–13
15. Fernandez-Banares F, Cabre E, Esteve-Comas M, Gassull MA (1995) How effective is enteral nutrition in inducing clinical remission in active Crohn's disease? A meta-analysis of the randomized clinical trials. J Parenter Enteral Nutr JPEN 19: 356–364

15a. Frolich W (1983) Mineral bioavailability from high fiber cereal products. In: Wallace G, Bell L (eds) Fiber in human and animal nutrition. The Royal Society of New Zealand, Wellington, NZ

15b. Greenberg GR (1993) Nutritional support in inflammatory bowel disease: current status and future directions. Scand J Gastroenterol 192: 117–122

16. Griffiths AM, Ohlsson A, Sherman PM, Sutherland LR (1995) Meta-analysis of enteral nutrition as a primary treatment of active Crohn's disease. Gastroenterology 108: 1056–1067
17. Grotz RL, Pemberton JH Talley NJ et al. (1994) Discriminant value of psychological distress, symptom profiles, and segmental colonic dysfunction in outpatients with severe idiopathic constipation. Gut 35: 798–802
18. Han PD, Burke A, Baldassano RN, Rombeau JL, Lichtenstein GR (1999) Nutrition and inflammatory bowel disease. Gastroenterol Clin North Am 28: 4234–4243
19. Hanisch E (1999) Stomaversorgung-Ileostoma, Kolostoma. In: Caspary WF, Stein J (Hrsg) Darmkrankheiten – Klinik, Diagnostik und Therapie. Springer, Berlin Heidelberg New York Tokio, S 607–612
20. Hardman CM, Garioch JJ, Leonard JN et al. (1997) Absence of toxicity of oats in patients with dermatitis herpetiformis. N Engl J Med 337: 1884–1887
21. Heymann-Mönnikes I, Arnold R, Florin I, Herda C et al. (2000) The combination of medical treatment plus multicomponent behavioral therapy is superior to medical tretament alone in the therapy of irritable bowel syndrome. Am J Gastroenterol 95: 981–994
22. Holtmeier W, Stein J (1999) Zoliakie/Sprue. In: Caspary WF, Stein J (Hrsg) Darmkrankheiten – Klinik, Diagnostik und Therapie. Springer, Berlin Heidelberg New York Tokio, S 283–294
23. Hotz J, Enck P, Goebell H, Heymann-Mönnikes I et al. (1999) Konsensusbericht: Reizdarmsyndrom-Definition, Diagnosesicherung, Pathophysiologie und Therapiemöglichkeiten. Konsensus der Deutschen Gesellschaft für Verdauungs- und Stoffwechselkrankheiten. Z Gastroenterol 37: 685–700
24. Janatuinen EK, Pikkarainen PH, Kemppainen TA et al. (1995) A comparison of diets with and without oats in adults with celiac disease. N Engl J Med 333: 1033–1037

24a. Jailwala J, Imperiale TF, Kroenke K (2000) Pharmacological treatment of the irritable bowel syndrome: A systematic review of randomized, controlled trials. Ann Intern Med 133: 136–147

25. Jordan A, Stein J (1999) Ernährung bei Krankheiten des Dünn- und Dickdarmes. In: Caspary WF, Stein J (Hrsg) Darmkrankheiten – Klinik, Diagnostik und Therapie. Springer, Berlin Heidelberg New York Tokio, S 729–744
26. King TS, Woolner JT, Hunter JO (1997) Review article: the dietary management of Crohn's disease. Aliment Pharmacol Ther 11: 17–31
27. Klein KB (1988) Controlled treatment trials in the irritable bowel syndrome: A critique. Gastroenterol 95: 232–241
28. Kuisma J, Nuutinen H, Luukkonen P et al. (2001) Long term metabolic consequences of ileal pouch-anal anastomosis for ulcerative colitis. Am J Gastroenterol 96: 3110–3116
29. Lee MF, Krasinski SD (1997) Human adult-onset lactase decline: an update. Nutr Rev 56: 1–4
30. Lembcke B (1999) Bakterielle Überbesiedlung des Dünndarmes. In: Caspary WF, Stein J (Hrsg) Darmkrankheiten – Klinik, Diagnostik und Therapie. Springer, Berlin Heidelberg New York Tokio, S 347–356
31. Lembcke B (1998) Urolithiasis in IBD: key factors for developing oxalate and uric acid stones, therapeutic management and options for prophylaxis. In: Lembcke B, Kruis W, Sartor RB (eds) Sytemic manifestations of IBD. Kluwer Acad Publ, Lancaster, UK, pp 262–270
32. Lochs H, Steinhardt HJ, Berta KW et al. (1991) Comparison of enteral nutrition and drug treatment in active Crohn's desease. Gastroenterology 101: 881–888
33. Makhdoom ZA, Komar MJ, Still CD (2000). Nutrition and enterocutaneous fistulas. J Clin Gastroenterol 31: 195–204
34. Marotta RB, Floch MH (1991) Diet and nutrition in ulcer disease. Med Clin North Am 75: 967–979
35. Matthews JB (2000) Treatment of diverticular disease. In: Wolfe MM (ed) Therapy of digestive disorders. A companion to Sleisinger and Fordtran's gastrointestinal and liver disease. Saunders, Philadelphia, pp 617–628
36. McArther KD, Hogan D, Isenberg JI (1982) Relative stimulatory effects of commonly ingested beverages on gastric acid secretion in humans. Gastoenterology 83: 199–206
37. Meining A, Classen M (1998) Gastroösophageale Refluxkrankheit. Internist 39: 215–222
38. Milovic V, Stein J (1999) Enterales Eiweißverlustsyndrom. In: Caspary WF, Stein J (Hrsg) Darmkrankheiten – Klinik, Diagnostik und Therapie. Springer, Berlin Heidelberg New York Tokio, S 125–130
39. Miura S, Tsuzuki Y, Hokari R, Ishii H J (1998) Modulation of intestinal immune system by dietary fat intake: relevance to Crohn's disease. Gastroenterol Hepatol 13: 1183–1190
40. Müller-Lissner SA (1988) Effect of wheat bran on weight of stool and gastrointestinal transit time: a meta analysis. Br Med J 296: 615–617
41. Musial F, Enck P (1999) Reizdarmsyndrom. In: Caspary WF, Stein J (Hrsg) Darmkrankheiten – Klinik, Diagnostik und Therapie. Springer, Berlin Heidelberg New York Tokio, S 525–530

42. Murphy DW, Castell DO (1988) Chocolate and heartburn: Evidence on increased esophageal acid exposure after chocolate ingestion. Am J Gastroenterol 83: 633–639
43. Nißle D (2001) Ernährungstherapie bei Stomaanlage. Aktuel Ernähr Med 26: 26–29
44. Nordgaard I, Hove H, Clausen MR, Mortensen PB (1996) Colonic production of butyrate in patients with previous colonic cancer during long-term treatment with dietary fibre (Plantago ovata Seeds). Scand J Gastroenterol 31: 1011–1020
45. O'Sullivan MA, Mahmud N, Kelleher DP et al. (2000) Patient knowledge and educational needs in irritable bowel syndrome. Eur J Gastroenterol Hepatol 12: 39–43
46. Pehl C, Pfeiffer A, Waizenhoefer A, Wendl B, Schepp W (2001) Effect of caloric density of a meal on lower oesophageal sphincter motility and gastro-oesophageal reflux in healthy subjects. Aliment Pharmacol Ther 15: 233–239
47. Penagini R, Mangano M, Bianchi PA (1998) Effect of increasing the fat content but not the energy load of a meal on gastro-oesophageal reflux and lower oesophageal sphincter motor function. Gut 42: 330–333
48. Preston DM, Lennard-Jones JE (1986) Severe chronic idiopathic constipation of young women: »idiopathic slow transit constipation«. Gut 27: 41–44
49. Picarelli A, Di Tola M, Sabbatella L et al. (2001) Immunologic evidence of no harmful effect of oats in celiac disease. Am J Clin Nutr 2001 74: 137–140
50. Printz H, Eissele R (2000) Eisenstoffwechsel nach Gastrektomie. Chir Gastroenterol 16 (Suppl 2): 46–50
51. Rath HC, Caesar I, Schölmerich J (1998) Mangelzustände und Komplikationen bei chronisch entzündlichen Darmerkrankungen. Med Klin 31: 6–10
52. Rau B, Koop H (2000) Mechanismen der Mangelernährung nach Gastrektomie. Chir Gastroenterol 16 (Suppl 2): 1–7
53. Ritz JP, Buhr HJ (2000) Ernährung in der perioperativen Phase bei chronisch entzündlichen Darmerkrankungen. Viszeralchirurgie 35: 62–68
54. Rodriguez-Stanley S, Collings KL et al. (2000) The effects of capsaicin on reflux, gastric emptying and dyspepsia. Aliment Pharmacol Ther 14: 129–134
55. Roediger WEW (1998) Decreased sulphur aminoacid intake in ulcerative colitis. Lancet 351: 1555
56. Rose JDR, Roberts GM, Williams G (1988) Cardif Crohn's disease jubille: the incidence over 50 years. Gut 29: 346–351
57. Ruemmele FM, Roy CC, Levy E, Seidman EG (2000) Nutrition as primary therapy in pediatric Crohn's disease: fact or fantasy? J Pediatr 136: 285–291
58. Rydning A, Berstad A (1985) Dietary aspects of peptic ulcer disease. Scand J Gastroenterol 20 (Suppl): 29–34
59. Saltzman JR, Russell RM, Golner B et al. (1999) A randomized trial of Lactobazillus acidophilus BG2FO4 to treat lactose intolerance. Am J Clin Nutr 69: 140–146
60. Sartor RB (2000) Probiotics in chronic pouchitis: restoring luminal microbial balance. Gastroenterology 119: 584–587
61. Schmidt T (2000) Pathophysiologie der chronischen Obstipation. Z Gastroenterol (Suppl 1) 38: 6–8
62. Schröder O, Stein J (1999) Schädigungen an Dünn- und Dickdarm infolge von Zytostatika und Radiotherapie. In: Caspary WF, Stein J (Hrsg) Darmkrankheiten – Klinik, Diagnostik und Therapie. Springer, Berlin Heidelberg New York Tokio, S 383–390
63. Schürmann G, Brüwer M, Senninger N (2000) Pouchitis und Diversionskolitis. In: Dignass A, Stein J (Hrsg) Chronisch-entzündliche Darmkrankheiten, Update 2000. Springer, Berlin Heidelberg New York Tokio, S 59–70
64. Schwab D, Raithel M, Hahn EG (1998) Enteral nutrition in acute Crohn disease. Z Gastroenterol 36: 983–995
65. Schwarz A, Beger HG (2001) Veränderungen im gastrointestinalen Hormonhaushalt nach Gastrektomie: Was ist klinisch relevant. Chir Gastroenterol 16 (Suppl 2): 25–30
66. Song HK, Buzby GP (2001) Nutritional support for Crohn's disease. Surg Clin North Am 81: 103–115
67. Srinivasan U, Leonard N, Jones E et al. (1996) Absence of oats toxicity in adult coeliac disease. BMJ 313: 1300–1301
68. Steffes C, Fromm D (1992) Is preoperative parenteral nutrition necessary for patients with predominantly ileal Crohn's disease? Arch Surg; 127: 1210–1212
69. Stein J (1999) Das Kurzdarmsyndrom In: Caspary WF, Stein J (Hrsg) Darmkrankheiten – Klinik, Diagnostik und Therapie. Springer, Berlin Heidelberg New York Tokio, S 409–418
70. Stein J, Makoviec F, Starlinger RM, Caspary WF (1999) Colitis ulcerosa. In: Caspary WF, Stein J (Hrsg) Darmkrankheiten – Klinik, Diagnostik und Therapie. Springer, Berlin Heidelberg New York Tokio, S 465–490
71. Stein J, Makoviec F, Starlinger RM, Caspary WF (1999) Morbus Crohn. In: Caspary WF, Stein J (Hrsg) Darmkrankheiten – Klinik, Diagnostik und Therapie. Springer, Berlin Heidelberg New York Tokio, S 439–464
72. Takazoe M, Kondoh K, Hamada T et al. (1995) Therapeutic efficacy of elemental enteral alimentation in Crohn's fistula. J Gastroenterol 30 (Suppl) 8: 88–90
73. Vincent R, Roberts A, Frier M et al. (1995) Effect of bran particle size on gastric emptying and small bowel transit in humans: a scintigrafic study. Gut 37: 216–219
74. Voderholzer WA, Schatke W, Mühldorfer pBE et al. AS (1997) Clinical response to dietary fiber treatment of chronic constipation. Am J Gastroenterol 92: 95–98
75. Weinand I, Jordan A, Caspary WF, Stein J (1997) Nutrition in the etiopathogenesis of chronic inflammatory bowel diseases. Z Gastroenterol 35: 637–649
76. Whitehead WE, Holtkoetter B, Enck P et al. (1990) Tolerance for rectosigmoid distension in irritable bowel syndrome. Gastroenterology 98: 1187–1192
77. Wolter F, Stein J Malnutrition und Malabsorption. In: Dignass A, Stein J (Hrsg) Chronisch-entzündliche Darmkrankheiten, Update 2000. Springer, Berlin Heidelberg New York Tokio, S 178–200
78. Yeoh KG, Kang JY, Guan R et al. (1995) Chili protects against aspirin-induced gastroduodenal mucosal injury in humans. Dig Dis Sci 40: 580–583
79. Zachos M, Griffiths AM (2001) Enteral feeding and Crohn disease. Curr Opin Gastroenterol 17: 167–170
80. Zar S, Kumar D, Benson MJ (2001) Food hypersensitivity and irritable bowel syndrome. Aliment Pharmacol Ther 15: 439–449

Ernährung bei Leberkrankheiten

M. Plauth, J. Stein

Angesichts ihrer funktionell wie anatomisch einzigartigen Position für die Aufrechterhaltung der metabolischen Homöostase unter unterschiedlichen Bedingungen wie Fasten, Hungern, Nahrungsaufnahme oder körperlicher Arbeit verwundert es keineswegs, dass Ernährungsfehler zu Lebererkrankungen und umgekehrt Lebererkrankungen zu Störungen des Ernährungszustands führen können.

Nutritive Exzesse wie Überernährung oder Alkoholabusus verursachen bekanntermaßen die Fettleber und die Steatohepatitis bis hin zur Zirrhose. Auch die Umgehung der fein abgestimmten Zusammenarbeit von Darm und Leber, beispielsweise infolge ausgedehnter Darmresektion, Anlage eines jejunoilealen Bypass oder parenterale Ernährung kann zu morphologischen Veränderungen an der Leber führen. Bei Adipösen kommt es unter striktem Fasten oder extrem hypokalorischer Ernährung gehäuft zu einer Steatohepatitis. Auch die inadäquate hohe Einnahme von Vitamin A oder bestimmten Niacinpräparaten kann zu Leberschäden bis hin zur Zirrhose führen.

Persistierende Auswirkungen der Unterernährung auf die Lebermorphologie konnten allerdings bislang nur bei Tieren zweifelsfrei nachgewiesen werden; die durch isolierten Eiweißmangel (Kwashiorkor) bedingte Fettleber bildet sich nach Ausgleich des Defizits prompt und vollständig zurück.

Die Mangelernährung (▣ *Tabelle 43-1*) ist die wohl häufigste Komplikation chronischer Lebererkrankungen und von großer Relevanz für ihre Prognose und Therapie. Deshalb wurde ein schlechter Ernährungszustand auch als eine von 5 Variablen des prognostischen Index von Child u. Turcotte zunächst noch berücksichtigt. Wegen der Schwierigkeiten, Störungen des Ernährungszustands einfach und reproduzierbar zu bemessen, wird heute fast ausschließlich die Modifikation nach Pugh benutzt, in die der Ernährungszustand nicht eingeht. Die Vernachlässigung der prognostisch relevanten Variablen »Mangelernährung« findet ihre Spitze in der verbreiteten »Malpraxis« (von frz. »mal«, schlecht), Patienten mit Leberzirrhose eine eiweißarme Diät in der unbegründeten Annahme zu verschreiben, damit einer hepatischen Enzephalopathie vorzubeugen.

Ziele der Ernährungstherapie bei Leberkrankheiten sind
- Prävention oder Behandlung der Malnutrition,
- Bereitstellung optimaler Voraussetzungen für eine effektive Leberzellregeneration und damit Verbesserung der Leberfunktion,
- Prävention oder Behandlung der hepatischen Enzephalopathie.

43.1 Stoffwechsel und Ernährungszustand bei Leberkrankheiten

43.1.1 Energieumsatz

Im Energiestoffwechsel hat die Leber insofern eine besondere Stellung, als sie alle anderen Gewebe mit oxidierbaren Substraten zu versorgen und daneben auch den eigenen Energiebedarf zu decken hat. Letzteres geschieht durch Oxidation von a) aus dem Fettgewebe mobilisierten Fettsäuren und Glyzerin und b) aus Erythrozyten und Muskulatur freigesetzten Laktat und Alanin sowie Pyruvat und anderen Ketosäuren. Für die anderen Organe produziert die Leber im Wesentlichen zwei oxidierbare Substrate: Glukose und Azetoazetat.

Der Energieverbrauch des Gesamtorganismus kann nach Messung von Grundumsatz und diätinduzierter Thermogenese und Abschätzung des Energiebedarfs für körperliche Aktivität errechnet oder durch aufwendige Bestimmung des 24-h-Energieverbrauchs gemessen werden. Solche Untersuchungen zeigen, dass der 24-h-Energiebedarf von Zirrhosepatienten ähnlich wie bei Gesunden etwa das 1,3fache des Grundumsatzes beträgt. Auch die diätinduzierte Thermogenese und der Energiebedarf für körperliche Aktivität stabiler Zirrhosepatienten zeigen keine Abweichung gegenüber gesunden Probanden. Obwohl bei fortgeschrittener Krankheit der Grundumsatz gesteigert ist, bleibt der gesamte Energiebedarf infolge einer verminderten körperlichen Aktivität unverändert.

Messungen des Ruheumsatzes zeigen bei 1/3 der Zirrhosekranken Werte, die um mehr als 20% über den berechneten Werten liegen; ein solcher *Hypermetabolismus* ist mit einer ungünstigen Prognose verbunden. Für das Verständnis dieser Befunde ist zu beachten, dass in allen vorgehend genannten Befunden der Energieverbrauch auf die Gesamtmasse des Körpers, nicht aber auf die metabolisch relevanten Größen wie

▣ **Tabelle 43-1.** Faktoren, die zur hepatischen Mangelernährung beitragen

- Negative Bilanz durch verminderte Nährstoffaufnahme (Inappetenz, Völlegefühl durch massiven Aszites, vermindertes Geschmacks- und Geruchsempfinden, fade natriumreduzierte Kost)
- Iatrogene Protein- und Fettrestriktion
- Wiederholte katabole Insulte mit kumulativen Eiweißverlusten (Infektionen, Blutungen, Parazentesen)
- Malabsorption, Maldigestion infolge von portaler Enteropathie und Cholestase (erhöhter intestinaler Proteinverlust, verminderte Gallensäurensekretion, Neomycin)
- Hepatozelluläre Synthesestörung
- Eingeschränkte hepatozelluläre Speicherkapazität für Mikronährstoffe (z. B. Zink, Vitamin A, B_{12})
- Veränderter Intermediärstoffwechsel (Proteinkatabolismus, Hyperinsulinismus)

Körperzellmasse bezogen wurden. Wird diese Differenzierung vorgenommen, dann zeigen alle Zirrhosepatienten mit zunehmender Mangelernährung ein Anwachsen des spezifischen Energieverbrauchs im Sinne eines Hypermetabolismus [12].

Bei akutem Leberversagen liegt ein *erhöhter Grundumsatz* vor, allerdings ist bei diesen Patienten der Energieverbrauch für körperliche Aktivität reduziert [32].

Für die Ermittlung des Energiebedarfs in der klinischen Praxis gilt die Messung mittels indirekter Kalorimetrie als erste Wahl; wenn diese Technik nicht verfügbar ist, lässt sich der Grundumsatz nach Harris u. Benedict mit einem Fehler von 10–15% gegenüber gemessenen Werten abschätzen (s. Kap. 2).

Zur *Erfassung* der *Energiebilanz* ist neben der Bestimmung des Energieverbrauchs auch eine Messung bzw. Abschätzung der Energieaufnahme erforderlich, um die Energiebilanz ermitteln zu können. Die prognostische Bedeutung einer adäquaten Nahrungszufuhr ist in mehreren Studien belegt, in denen Zirrhosepatienten mit niedriger spontaner Energieaufnahme die höchste Letalität aufwiesen. In der klinischen Praxis kann die Nahrungsaufnahme am besten in einem standardisierten Ernährungsinterview durch eine geübte Diätassistentin oder mit prospektiv geführten Ernährungsprotokollen quantifiziert werden; für Stoffwechselstudien sind präzisere Methoden erforderlich. Eine erste Orientierung erbringt die anamnestische Erhebung der zuletzt eingenommen Mahlzeiten [22, 23].

43.1.2 Kohlenhydratstoffwechsel

Die Leberzirrhose ist in den meisten Fällen mit einer gestörten Glukosetoleranz und einer *Insulinresistenz* verbunden; in bis zu 60% der Zirrhosepatienten besteht ein manifester Diabetes mellitus [34]. Die Insulinresistenz manifestiert sich in der Skelettmuskulatur durch eine reduzierte Glukoseaufnahme und einer Störung des nichtoxidativen Glukoseumsatzes mit reduzierter Glykogensynthese, während Glukoseoxidation und Laktatproduktion nach exogener Glukosegabe normal sind. Postabsorptiv sind sowohl die Glukoseoxidation als auch die hepatische Glukosefreisetzung, infolge entleerter Glykogenspeicher, trotz gesteigerter Glukoneogenese vermindert. Postprandial kann die Insulinresistenz infolge hoher Insulin- und Glukosespiegel partiell überwunden werden und man findet eine Normalisierung der Glukoseoxidation unter Insulingabe bei euglykämischen Bedingungen (*Abb. 43-1*).

Bei *akutem Leberversagen* besteht eine erhebliche Gefährdung des Patienten durch *Hypoglykämie.* Diese resultiert aus den 3 Faktoren:

1. Entleerung der Glykogenspeicher,
2. Reduktion bzw. Ausfall der Glukoneogenese durch massiven Leberzellverlust,
3. Hyperinsulinämie und Insulinresistenz.
   Die Hyperinsulinämie ist Folge einer gesteigerten Insulinsekretion bei verminderter hepatischer Insulindegradation.

43.1.3 Fettstoffwechsel

Postabsortiv ist bei Zirrhosekranken für den Gesamtorganismus Fett das bevorzugte oxidative Substrat und die Verwertung von exogenem Fett ist, gemessen an Plasmaclearance und Oxidation, nicht eingeschränkt. Lipolyse und Mobilisation von Speicherfett sind gesteigert und es finden sich erhöhte Plasmaspiegel von freien Fettsäuren, Glyzerin und Ketonkörpern. Diese Phänomene der Lipolyse sind durch Insulin nicht in dem Masse zu supprimieren wie bei Gesunden. Erhöhte Plasmaspiegel von Triglyzeriden sind meist durch extrahepatische Faktoren wie Alkohol, Sepsis oder Nierenversagen bedingt. Mit Zunahme von Malnutrition und Schweregrad der Zirrhose treten Defizite bezüglich essenzieller und mehrfach ungesättigter Fettsäuren auf.

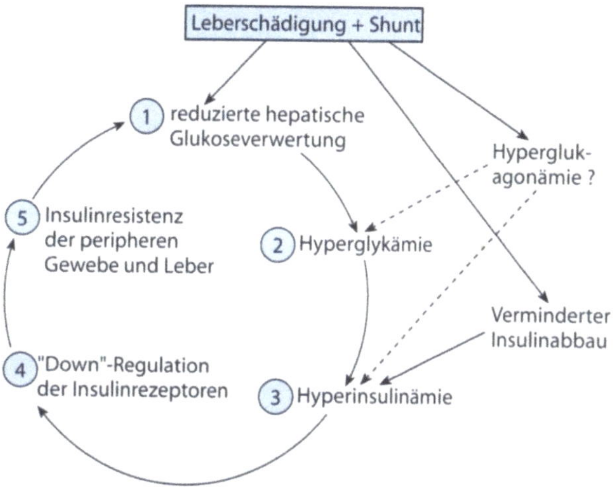

Abb. 43-1. Circulus vitiosus zur Pathogenese des hepatogenen Diabetes mellitus. (Nach W. Creutzfeldt)

Eine *Leberinsuffizienz bedingt per se keine Hypertriglyzeridämie*, sondern tendiert eher zum Gegenteil. Für die parenterale Ernährung beim Leberversagen folgt daraus, dass schon allein wegen des Triglyzeridmangels Fettemulsionen angezeigt sein können. Unter metabolischen Aspekten ist die Leberinsuffizienz als solche keine Kontraindikation gegen die Lipidzufuhr.

Eine oftmals angeführte mögliche *Überladung des retikuloendothelialen* Systems durch parenteral zugeführte Fette ist, innerhalb der zulässigen Zufuhrraten (bis 1,5 g/kgKG/24 h) bei Verwendung mittelkettiger Triglyzeride, auch bei eingeschränkter Leberfunktion *nicht nachweisbar.*

43.1.4 Eiweiß- und Aminosäurenstoffwechsel

Bei Zirrhosepatienten ist die Insulinwirkung auf Aminosäurenutilisation und Proteinsynthese offenbar erhalten, trotz der Insulinresistenz für den Kohlenhydratstoffwechsel. Ein erhöhtes Eiweißangebot kann von mangelernährten Zirrhosekranken auch tatsächlich zum Aufbau des Gesamtkörpereiweißbestands genutzt werden. Eiweißumsatzbestimmungen zeigen normale bis erhöhte Raten, dann oft mit erhöhter Proteindegradationsrate. Eine differenzierte Betrachtung zeigt eine Korrelation von quantitativen Leberfunktionstests mit der Albumin-, nicht aber der Fibrinogensyntheserate.

Eine gesteigerte Proteinkatabolie führt durch die damit verbundene Anflutung von nitrogenen Substanzen zur Hyperammoniämie und verstärkt die Aminosäurenimbalanz. Diese ist typischerweise durch eine Verminderung der – überwiegend peripher metabolisierten – verzweigtkettigen Aminosäuren (VKAS) Leuzin (Leu), Isoleuzin (Ile) und Valin (Val) und eine Erhöhung der – bevorzugt hepatisch metabolisierten – aromatischen Aminosäuren (AAS) Tyrosin (Tyr) und Phenylalanin (Phe) sowie von Methionin (Meth) und Tryptophan (Try) gekennzeichnet. Die Zunahme der aromatischen Aminosäuren (AAS) beruht auf ihrer verminderten hepatischen Degradation, während die Abnahme der verzweigtkettigen Aminosäuren (VKAS) auf einer erhöhten muskulären Aufnahme und Metabolisierung beruht, möglicherweise als Folge des vorbeschriebenen Hyperinsulinismus (die Hemmung durch β-Blocker weist neueren Untersuchungen zufolge auf eine β-adrenerge Kopplung hin). Der Quotient VKAS/AAS fällt in Korrelation mit dem Zirrhosegrad (Child-Klassifikation) ab.

Aus pathophysiologischen Überlegungen läge es daher nahe VKAS oder ihre Ketoanaloga zur Therapie und Prophylaxe der hepatischen Enzephalopathie einzusetzen. Der Nutzen dieser Behandlung bleibt trotz zahlreicher Studien unklar. Dagegen gelten der anabole und antikatabole Effekt als gesichert, sodass bei eingeschränkter Eiweißtoleranz (<50 g/24 h) die supportive Behandlung mit VKAS in einer Dosierung von 15–20 g/24 h indiziert ist.

Eine gezielte und systematische Bestimmung des Eiweißbedarfs wurde nur in wenigen Studien durchgeführt und zeigte bei Patienten mit stabiler Zirrhose einen gegenüber Normalpersonen (0,8 g/kgKG/24 h) erhöhten Eiweißbedarf von 1,2 g/kgKG/24 h zum Erreichen einer ausgeglichenen Proteinbilanz. In Therapiestudien wurden Patienten mit Leberzirrhose und schwerer Enzephalopathie bis zu 1,2 g/kgKG/24 h und Patienten mit alkoholischer Hepatitis oder Zirrhose mit oder ohne geringgradige Enzephalopathie bis zu 1,6 g/kgKG/24 h ohne nachteilige Wirkungen gegeben.

Bei *akutem Leberversagen* besteht eine ausgeprägte Katabolie mit Freisetzung von Aminosäuren, v. a. Alanin, und Ammonium aus der Splanchnikusregion und anderen Geweben (Muskulatur, Lunge), die zu erhöhten Plasmaaminosäurenspiegeln und Zunahme der Plasmaosmolalität führt. Als Folge der gesteigerten Proteinkatabolie und der zusammengebrochenen hepatischen Harnstoffsynthese kommt es zur Hyperammoniämie, die ihrerseits zu einer Astrozytenschwellung mit Volumenzunahme des Gehirns (Hirnödem) führt und terminal Einklemmungssymptomen zur Folge hat.

43.1.5 Säure-Basen-Haushalt

Bei *Leberzirrhose* kommt es infolge der gestörten Bikarbonatelimination durch die reduzierte Harnstoffsynthese häufiger zu einer *metabolischen Alkalose* (Abb. 43-2), während bei akutem Leberversagen eine metabolische Azidose (v. a. bei Parazetamol induzierter Leberzellnekrose) bzw., infolge des Hirnödems, eine respiratorische Alkalose auftreten. Damit wird verständlich, dass Diuretika über die Karboanhydrasehemmung und portosystemische Shunts über die Reduktion des hepatischen Blutflusses die metabolische Alkalose begünstigen, während die Hyperammoniämie über den oben genannten Mechanismus die respiratorische Alkalose begünstigt. Diese kann wiederum zur Hypokaliämie und Hypophosphatämie führen [14].

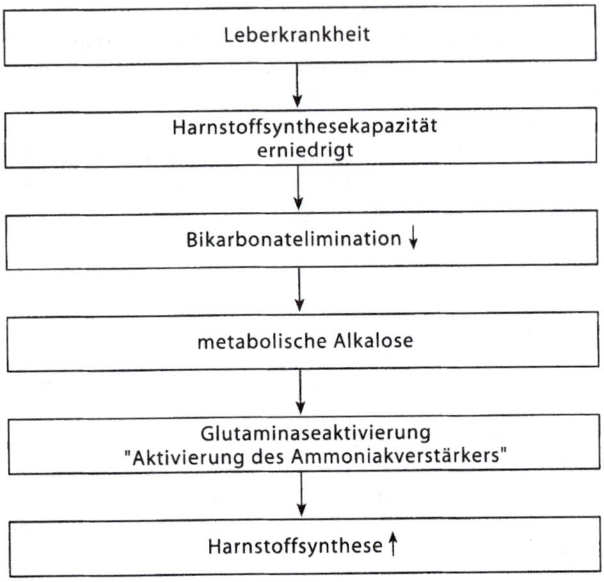

Abb. 43-2. Pathobiochemie des Bikarbonatstoffwechsels bei Leberzirrhose. (Nach Häussinger und Gerok)

43.1.6 Flüssigkeits- und Mineralstoffhaushalt

Mit dem Fortschreiten einer Leberzirhose geht eine kontinuierliche, grundsätzlich reversible Nierenfunktionsstörung einher, deren Maximalvariante als hepatorenales Syndrom bezeichnet wird. Periphere Vasodilatation, Reduktion des zentralen Blutvolumens, Kochsalzretention und Expansion des Extrazellulärraums mit Erhöhung des Gesamtkörperwassers sind die Prozesse, die zu Aszites und Ödemen führen. Im fortgeschrittenen Stadium gesellt sich zu der Natrium- und Wasserretention eine Störung der freien Wasserexkretion, erkennbar an einer Hyponatriämie. Nicht selten sind therapiebedingte Elektrolytstörungen durch inadäquat hohe Diuretikadosierung (Hyponatriämie, Hypo- und Hyperkaliämie, Azotämie) anzutreffen.

Das Serumkalzium kann infolge niedriger Albuminkonzentrationen unter der Norm liegen bei allerdings normalem ionisierten Kalzium. Erst bei länger bestehender Cholestase führt die verminderte Vitamin-D-Resorption zu einer reduzierten 1,25-$(OH)_2D_3$-Bildung mit Abnahme der intestinalen Kalziumaufnahme.

Eine Hypophosphatämie ist bei fortgeschrittener Zirrhose und Mangelernährung, insbesondere bei Alkoholabusus häufig und kann bei Einleitung der Ernährungstherapie zu einer Aggravierung der Hypophosphatämie mit Ausbildung des »Refeeding-Syndroms« (s. Kap. 29) kommen.

Ein Magnesiumdefizit liegt ebenfalls häufig – in bis zu 70% – bei Patienten mit Zirrhose vor. Ursächlich sind verminderte Aufnahme (einseitige Kost und Unterernährung), gesteigerte renale Verluste (Alkohol, Saluretika, Aldosteron), verminderte hepatische Speicherung und verminderte intestinale Resorption (Fettmalabsorption, D-Hypovitaminose).

Bei ausgedehnten Leberzellnekrosen kann es zur Hypermagnesiämie und Hyperkaliämie, aber auch Hypokaliämie, Hypophosphatämie und Verdünnungshyponatriämie kommen (vgl. Abschn. »Säure-Basen-Haushalt«).

43.1.7 Spurenelemente und Vitamine

Mit zunehmendem Schweregrad der Zirrhose und Zunahme des portosystemischen Shuntvolumens tritt häufiger ein *Zinkmangel* (erniedrigte Plasma- und Gewebekonzentrationen) auf, der zu verminderten Syntheseraten von u. a. Harnstoff und Proteinen führt. Zink ist integraler Kofaktor für eine große Zahl von Enzymen und sein Mangel führt u. a. auch zu verminderten Plasmaspiegeln von retinolbindendem Protein und Vitamin A. In dieser Folge können sensorische Störungen (gestörte Dunkeladaptation, Geruchs- und Geschmacksstörungen), Hyperammoniämie und komplexe neuropsychologische Störungen wie die hepatische Enzephalopathie auftreten. *Ursachen* für den Zinkmangel liegen in einer Verminderung der intestinalen Resorption, einer verminderten hepatischen Extraktion mit konsekutiv erhöhten renalen Verlusten, und einer Verminderung zinkbindender Proteine [16].

Auch ein *Selenmangel* ist, insbesondere bei der alkoholtoxischen Zirrhose, nicht selten und möglicherweise für eine gestörte Funktion antioxidativer Schutzmechanismen mitverantwortlich.

Bei nichtalkoholischer Zirrhose besteht ein Mangel an *wasserlöslichen Vitaminen* für B-Vitamine in ca. 10% und Folsäure in ca. 20%; dieser Prozentsatz steigt bei alkoholischer Genese erheblich an und kann neben einseitiger und unzureichender Ernährung durch andere Faktoren verursacht werden, wie Malabsorption (Thiamin, Kobalamin, Folsäure), gestörte Retention, vermehrte hepatische Abgabe, beschleunigter Abbau (Pyridoxin), erhöhte renale Verluste und metabolische Interdependenzen der B-Vitamine. Klinisch bedeutsam ist v. a. der B_1-Mangel, der zu Wernicke-Enzephalopathie und Laktatazidose führen kann.

Defizite *fettlöslicher Vitamine* (40% bei nichtalkoholischer Zirrhose) werden bei cholestasebedingter Steatorrhö, Gallensalzmangel und vermehrt bei Alkoholikern beobachtet. Alkoholabusus kann schon vor Ausbildung einer Zirrhose über vielfältige Störungen des Vitamin-A-Stoffwechsels zu Funktionsdefiziten dieses Vitamins führen. Daneben tragen die oben genannten zinkabhängigen Ursachen und eine verminderte hepatische Transthyretinsynthese (erhöhte renale Verluste des Retinol-RBP-Komplexes) zum Vitamin-A-Mangel bei.

Bezüglich Vitamin D können sowohl Resorption (Cholestase) als auch seine 25-Hydroxylierung (Leberinsuffizienz) gestört sein. Die Bedeutung dieser Störungen für die Pathogenese der klinisch relevanten Osteopenie bei chronisch Leberkranken und nach Lebertransplantation ist aber unklar. Therapeutisch führt die Supplementierung mit Kalzium und Vitamin D bei Patienten mit primär biliärer Zirrhose und Osteopenie zu keiner Verbesserung der Knochendichte; erheblich wirksamer ist hier bei Patientinnen die Östrogensubstitution.

Die *chronische Cholestase*, beispielsweise bei primär biliärer Zirrhose, beeinträchtigt am stärksten die Vitamin-E-Resorption, sodass v. a. bei Kindern Mangelsymptome wie sensible Ausfälle, Hyporeflexie und Ataxie auftreten können (◘ *Tabelle 43-2*).

Die hämorrhagische Diathese, soweit sie Folge des Vitamin-K-Mangels durch Fettmalabsorption und nicht Folge der schlechten Leberfunktion ist, kann wirksam durch Gabe, v. a. parenteral, von Vitamin K behandelt werden.

◘ **Tabelle 43-2.** Bei Leberkrankheiten anzutreffende Mangelzustände an Makro- und Mikronährstoffen mit den zugehörigen klinischen Veränderungen/Laborbefunden

Klinische Befunde, Laborbefunde	Ursächliche Defizite
Haut	
Desquamation, Pigmentation	Pantothensäure
Petechien, Purpura	Vitamin C, Vitamin K
Follikuläre Hyperkeratose	Vitamin A, essenzielle Fettsäuren
Trockenheit, Schuppung	Unspezifisch, Fett
Subkutaner Fettverlust	Energie
Haare, Nägel	
Haare dünn, trocken, depigmentiert; Alopezie; Nägel spröde, gerillt, evtl. uhrglasförmig	Protein, Eisen, Zink, Biotin
Augen (s. auch Nervensystem)	
Xerophtalmie, Lidwinkelfissuren	Vitamin A, essenzielle Fettsäuren
Blepharitis	B-Vitamine
Nachtblindheit	Vitamin A
Mundregion, Parotis	
Cheilosis, Mundwinkelrhagaden	Protein, Eisen, Riboflavin (B_2), Pyridoxin (B_6), Pantothensäure und andere B-Vitamine
Glossitis, Papiellenverlust	Eisen, Riboflavin (B_2), Pyridoxin (B_6), Cobalamin (B_{12}), Pantothensäure, Biotin, Folsäure
Geschmacksstörungen	Zink
Zahnfleisch geschwollen, leicht blutend	Vitamin C
Parotis geschwollen	Protein
Herz	
Vergrößerung, Tachykardie, »high output failure«	Thiamin (B_1), Phosphat

43.1.8 Ernährungszustand

Akute Lebererkrankungen haben primär ähnliche metabolische Folgen wie jede andere Erkrankung, die zu einer Akutphasereaktion führt. Die Auswirkungen auf den Ernährungszustand hängen von Erkrankungsdauer und evtl. vorbestehender chronischer Lebererkrankung ab. Bei chronisch Leberkranken liegt meistens eine Mischform der Mangelernährung im Sinne einer Proteinenergiemalnutrition vor.

Prävalenz und Schweregrad der Mangelernährung sind, abgesehen von verwahrlosten Alkoholkranken, zwar unabhängig von der Ätiologie der Lebererkrankung, aber positiv mit dem Krankheitsstadium korreliert. Bei Einsatz einfacher diagnostischer Methoden wie der Anthropometrie, steigt sie von 20% im Stadium Child-Pugh A auf mehr als 60% im Stadium C an. Sensitive Methoden zur Beurteilung der Körperzusammensetzung ergeben eine deutlich höhere Prävalenz und zeigen, dass einfache Variablen wie Körpergewicht, Kör-

Tabelle 43-2. Bei Leberkrankheiten anzutreffende Mangelzustände an Makro- und Mikronährstoffen mit den zugehörigen klinischen Veränderungen/Laborbefunden (Fortsetzung)

Klinische Befunde, Laborbefunde	Ursächliche Defizite
Muskulatur, Skelett (s. auch Nervensystem)	
Muskelschwund (z. B. temporal, Handrücken zwischen Daumen und Zeigefinger)	Protein, Energie
Muskelschwäche	Kalium, Thiamin (B_1)
Wadenschmerzen	Thiamin (B_1)
Knochenschmerzen	Protein, Kalzium, Vitamin D
Ödeme	Protein, Thiamin (B_1)
Nervensystem	
Ophtalmoplegie	Thiamin (B_1), Vitamin E
Parästhesien, Störung der Lage- und Vibrationsempfindungen, Muskelschwäche, Ataxie	Thiamin (B_1), Niacin (B_5), Pyridoxin (B_6), Cobalamin (B_{12}), Pantothensäure, Folsäure, Vitamin E
Neuromuskuläre Übererregbarkeit	Magnesium
Emotionale Labilität, Desorientiertheit, Konfabulation	Thiamin (B_1), Folsäure
Blut	
Mikrozytäre Anämie	Eisen, Pyridoxin (B_6)
Makrozytäre Anämie	Cobalamin (B_{12}), Folsäure
Blutungsneigung	Vitamin K
Sonstiges	
Glukoseintoleranz	Phosphor, Zink, Thiamin (B_1)
Insuffizienz der unspezifischen und spezifischen Immunität	Protein, Zink, B-Vitamine
Wundheilungsstörung	Protein, Energie, Zink, Vitamin C

perlänge oder Body-Mass-Index den Ernährungszustand Zirrhosekranker nicht adäquat abbilden. Es ist daher nötig, den Ernährungszustand mehrdimensional durch Angaben zu Energiebilanz, Körperzusammensetzung und Gewebefunktionen zu erfassen [5, 10, 21].

Die *Energiebilanz* kann aus Bestimmung von Energieverbrauch einerseits und Nahrungszufuhr andererseits ermittelt werden (vgl. Abschn. »Energieumsatz«).

Die Körperzusammensetzung kann für klinische Belange ausreichend durch Anthropometrie (Oberarmfung, Trizepshautfaltendicke), Kreatininausscheidung im 24-h-Urin oder am zuverlässigsten durch Ermittlung der Körperzellmasse mittels bioelektrischer Impedanzanalyse (BIA) erfasst werden [27]. Für metabolische Studien ist die direkte Bestimmung von Fettmasse (Photonenabsorptiometrie (DEXA)) und fettfreier Masse in ihren Teilkomponenten Extrazellulärwasser (Isotopendilutionstechnik), Körperzellmasse und Muskelmasse (BIA, Ganzkörperkaliumbestimmung, In-vivo-Neutronenaktivierungsanalyse (IVNAA)) erforderlich (s. Kap. 1).

Die Beurteilung der Gewebefunktion kann durch Bestimmung prognostisch relevanter Variablen wie absolute Lymphozytenzahl bzw. CD8-positive Zellen (Immunsystem) oder Muskelfunktion (Skelettmuskulatur) erfolgen. Für die Verlaufsbeurteilung ernährungsbedingter Störungen des Immunsystems haben sich Lymphozytenstimulationsindizes oder kutane Anergietests nicht bewährt. Die häufig zur Beurteilung des Ernährungszustands herangezogenen Konzentrationen viszeraler Plasmaproteine sind nur beschränkt geeignet, da sie durch die Lebererkrankung selbst, durch Alkoholkonsum und die entzündliche Reaktion beeinflusst sind.

Für die klinische Praxis am Krankenbett kann als Screeningverfahren die *»subjektive globale Einschätzung«* des Ernährungszustands anhand einer Checkliste ernährungsrelevanter Daten aus Anamnese und körperlichem Befund empfohlen werden; sie ist jedoch nicht zur quantitativen Verlaufsbeurteilung in Therapiestudien geeignet. Scoresysteme, die zu quantifizierten Größen führen, haben sich nur bedingt bewährt (s. Kap. 1).

43.2 Modalitäten der Ernährungstherapie

43.2.1 Orale Ernährung

Empfehlungen zur gesunden Ernährung sind auch für Patienten mit Lebererkrankungen zutreffend. *Diätetische Beschränkungen sind in den meisten Fällen nicht notwendig und oft sogar von Nachteil.* Eine verminderte Fettzufuhr vermag zwar eine symptomatische Steatorrhö bei Cholestase günstig zu beeinflussen, ist aber durch das Risiko einer ungenügenden Energiezufuhr belastet und in ihrer Wirksamkeit nicht durch klinische Studien belegt. Zirrhosepatienten sollten ihre Ernährungsgewohnheiten auf die Einnahme von 4–7 kleinen Mahlzeiten umstellen, wobei insbesondere eine kohlenhydratreiche Spätmahlzeit zu einer Verbesserung des Eiweißhaushalts führt [17, 28, 29].

43.2.2 Orale Supplemente

Durch orale Supplemente können einzelne Nährstoffe gezielt zugeführt werden, ohne dass der Patient seine gewohnte orale Ernährung aufgeben muss. Der sichere Nachweis eines Vitamin- oder Spurenelementmangels ist meist aufwendig, sodass für alle Patienten mit Komplikationen (Mangelernährung, Aszites, Enzephalopathie) die Supplementierung von Vitaminen und Spurenelementen als pragmatisches Vorgehen empfohlen wird. Die Supplementierung von Zink und Vitamin A vermag durch Verbesserung von Geschmacksstörungen indirekt die Nahrungsaufnahme und den Ernährungszustand zu verbessern. Möglicherweise werden Substanzen wie S-Adenosylmethionin oder Dilineolylphosphatidylcholin für die (nicht)alkoholische Fettehepatitis in der Zukunft als *»supernutrients«* einen Platz als Nahrungssupplemente haben; bis dahin sind jedoch die Ergebnisse der laufenden kontrollierten Studien abzuwarten.

In der Ernährungstherapie chronisch Leberkranker sind neben enteralen Fertigdiäten (Eiweißkonzentrate, eiweißangereicherte oder kaloriendichten Trinkdiäten) v. a. Präparate verzweigtkettiger Aminosäuren und solche zur Substitution von Vitamin- und Spurenlementen als sinnvolle orale Supplemente anzusehen (*Tabelle 43-3*).

Tabelle 43-3. Orale Supplemente bei Leberzirrhose

Mikronährstoff	[mg]	[mmol]	Route
VKAS	250/kgKG/24 h		p.o.
Zink		0,1–0,2/24 h	p.o.
Thiamin (Vitamin B_1)	20–100/24 h		p.o.
Riboflavin (Vitamin B_2)	10–20/24 h		p.o.
Pyridoxin (Vitamin B_6)	100–300/24 h		p.o
Cobalamin (Vitamin B_{12})	1,0 alle 3 Monate		i.m.
Folsäure	0,5–1,0/24 h		p.o.

VKAS: verzweigtkettige Aminosäuren.

43.2.3 Anabole Steroide

Oxandrolon kann in einer Dosierung von 40–80 mg/24 h den Ernährungszustand unter der Voraussetzung, dass eine adäquate orale Nährstoffzufuhr besteht, lediglich in der Subgruppe von Patienten mit mäßiggradiger Mangelernährung günstig beeinflussen. Bei schwer mangelernährten Patienten oder unzureichender Nahrungsaufnahme ist kein Vorteil nachweisbar [19].

43.2.4 Enterale Ernährung

Mangelernährte Zirrhosepatienten sind häufig anorektisch und erreichen deshalb durch orale Ernährung »ad lib« keine Bedarfsdeckung. Hier führt die ausschließlich enterale bzw. supplementierend enterale Ernährung zu einer signifikanten Verbesserung von Überleben und Leberfunktion, da durch die Sondenernährung eine Steigerung der Nährstoffzufuhr mit Ausgleich des Bilanzdefizits erzielt wurde [1].

> Geringgradige oder intermittierende gastrointestinale Blutungen sind nicht als absolute Kontraindikation gegen eine enterale Ernährung zu sehen.

In jedem Fall gilt es, längere Fastenzeiten für die Patienten zu vermeiden, weshalb der Beginn einer Sondenernährung nicht verzögert werden sollte. Die Applikation der Sondennahrung kann kontinuierlich oder als Bolusgabe (häufige klinische Praxis) erfolgen Die gastrale Applikation ist hinsichtlich der metabolischen Effizienz völlig ausreichend. Für Zirrhosepatienten sollten vorzugsweise hochmolekulare Flüssigdiäten mit hoher Energiedichte (>1,5 kcal/ml) und niedrigem Natriumgehalt (40 mmol/24 h) zur Anwendung kommen, die auch bei Patienten mit Aszites und Ödemen eingesetzt werden können.

43.2.5 Parenterale Ernährung

Die parenterale Ernährung kommt erst als *Methode der zweiten Wahl* bei den Patienten zum Einsatz, bei denen eine ausreichende orale oder enterale Sondenernährung nicht möglich ist.

Für Patienten mit Lebererkrankungen wurden leberadaptierte Aminosäurenlösungen mit erhöhten Anteilen verzweigtkettiger (35–45%) und reduziertem Anteil aromatischer Aminosäuren sowie von Methionin und Tryptophan eingeführt. Diese Lösungen tragen der Aminosäurenimbalanz Rechnung, wie sie bei Leberzirrhose und akutem Leberversagen auftritt. In einigen Ländern sind »Komalösungen« verfügbar, die VKAS allein oder zusätzlich andere Substanzen enthalten, die bei hepatischer Enzephalopathie wirksam sein sollen. Diese Lösungen sind inkomplett, sodass sie nur zur gezielten pharmakologischen Korrektur einer Aminosäurenimbalanz, nicht aber als alleinige Stickstoffquelle für die parenterale Ernährung eingesetzt werden dürfen.

43.3 Diagnose-orientierte Ernährungstherapie

43.3.1 Fettleber

Primäres Behandlungsziel ist die Elimination auslösender Noxen (Alkohol, Hyperphagie) bzw. die Behandlung der Grundkrankheit (Einstellung des Diabetes mellitus, Behandlung der primären Hyperlipidämie). In zweiter Linie sollten gesicherte Risikofaktoren für den Übergang in eine Steatohepatitis wie ein Überangebot von Kohlenhydraten oder mehrfach ungesättigten Fettsäuren und vollständiges Fasten vermieden werden. Der Steatosegrad ist ein Risikofakor für die Ausbildung einer alkoholischen wie auch nichtalkoholischen Steatohepatitis.

Neben dem Ausgleich evtl. vorhandener Defizite (Thiamin, Folsäure bei Alkoholabusus) ist eine bedarfsdeckende Eiweißzufuhr (*Tabelle 43-4*) mit einer moderat reduzierten Energiezufuhr mit Anhebung des Anteils einfach ungesättigter Fettsäuren (mediterrane Diät) und einem Faseranteil von >30 g/24 h zu empfehlen. Die Wirksamkeit von Dilineolylphosphatidylcholin ist bislang noch nicht ausreichend gesichert.

43.3.2 Akute Virushepatitis

Behandlungsziel ist die ausreichende Zufuhr von allen Nährstoffen, um die zur Heilung erforderliche erfolgreiche Leberzellregeneration optimal zu unterstützen. Auch ohne akutes Leberversagen können bei schwereren Verläufen Hypoglykämien infolge einer verminderten hepatischen Glukosefreisetzung auftreten. Der Wert einer »Leberschonkost« ist wissenschaftlich nicht belegt. Besonders bei cholestatischen Verläufen können länger anhaltende Oberbauchbeschwerden mit Inappetenz zu einem spürbaren Verlust an Körperzellmasse führen, dessen Ausmaß durch supplementierende Trinkdiäten abgemildert werden kann. Empfehlenswert ist eine leichte Vollkost mit bedarfsdeckender Zufuhr von Makro- und Mikronährstoffen nach den Richtwerten für Gesunde und unter Berücksichtigung individueller Unverträglichkeiten.

43.3.3 Steatohepatitis

Da sich die alkoholische und die nichtalkoholische Steatohepatitis (NASH) zwar in ihrer Ätiologie, nicht aber bezüglich Pathogenese und Morphologie unterscheiden, sind nach gegenwärtigem Kenntnistand keine unterschiedlichen ernäh-

Tabelle 43-4. GASL-Richtlinien zur Ernährung bei Leberkrankheiten (1999)

Klinische Konstellation	Nichteiweiß-energie [kcal/kgKG/24 h]	Eiweiß bzw. Aminosäuren [kcal/kgKG/24 h]
Fettleber	25	1,2
Alkoholhepatitis	30–40	1,2–1,5
Kompensierte Zirrhose	25–35	1,0–1,2
Komplikationen:		
Inadäquate Zufuhr	35	1,5
Malnutrition		
Enzephalopathie I–II	25–35	Initial 0,5, dann 1,0–1,2; bei Eiweißintoleranz: VKAS-Supplement
Enzephalopathie III–IV	25–35	1,0 bei Verwendung von VKAS-angereicherten Aminosäurenlösungen

Grundsätzlich ist die orale bzw. enterale Zufuhr der parenteralen vorzuziehen. Eine parenterale Ernährung sollte nur dann erfolgen, wenn eine enterale Ernährung nicht möglich oder praktikabel ist. Bei parenteraler Ernährung soll der Energiebedarf durch Glukose und Fett gedeckt werden, sodass 35–50% der Nichteiweißkalorien durch Fett erbracht werden. Für die Stickstoffzufuhr sind bis auf die angegebenen Ausnahmen leberadaptierte Lösungen nicht erforderlich [28, 29].

rungstherapeutischen Strategien erforderlich, die über die Alkoholentwöhnung und den Ausgleich der bei Alkoholabusus häufigen Spurenelement- und Vitamindefizite hinausgehen (alkoholische Steatohepatitis).

Mehrere allerdings heterogene Studien zur parenteralen Ernährung zeigen bei einer täglichen Aminosäurenzufuhr von bis zu 130 g in Form einer Standardlösung zwar keine Verbesserung der Letalität, jedoch günstige Effekte auf Ernährungszustand und Leberfunktion, die in dieser Patientengruppe nicht immer zweifelsfrei von Effekten der Abstinenz zu differenzieren sind. Bemerkenswert ist aber das Ausbleiben nachteiliger Auswirkungen auf den neuro-psychiatrischen Status trotz der erhöhten Stickstoffzufuhr. Ein direkter Vergleich zeigt die enterale Ernährung bezüglich der kurzfristigen Letalität der konventionellen Prednisolontherapie zwar unterlegen, weist aber bei den initial Überlebenden eine signifikant bessere langfristige Überlebensrate durch weniger Infektionen nach. Wahrscheinlich wird sich in der Zukunft eine Kombination aus medikamentöser (Steroide, Pentoxyfyllin, etc.) und enteraler Ernährungstherapie als letalitätssenkender Standard etablieren [2, 5, 11].

Patienten mit florider *Alkoholhepatitis* sind häufig hypermetabol und sollten daher hochkalorisch (Nichteiweißenergie: 30–40 kcal/kgKG/24 h) unter Verwendung von Fett (35–50% der Energiezufuhr) mit einer Eiweiß- bzw. Aminosäurenzufuhr von 1,2–1,5 g/kgKG/24 h ernährt werden. Die parenterale Ernährung ist eine wirksame Alternative, wenn die enterale Ernährung kontraindiziert ist (Enzephalopathie mit Verlust der Schutzreflexe) oder nicht toleriert wird.

Der Einsatz von Antioxidanzien (z. B. α-Tocopherol) in der Behandlung der NASH sollte vorläufig nur im Rahmen prospektärer Studien erfolgen [8, 18].

43.3.4 Kompensierte Zirrhose

Therapeutisches Ziel ist Sicherstellung einer bedarfsgerechten Versorgung an Makro- und Mikronährstoffen, die mit Ausnahme eines höheren Eiweißbedarfs im Grunde mit der von Gesunden identisch ist. Für eine »Leberschonkost« (kohlenhydratreich, fett- und eiweißarm) gibt es keine gesicherte Grundlage.

Patienten mit Leberzirrhose haben keinen erhöhten Energieverbrauch, sodass das 1,3fache des Grundumsatzes als adäquater Richtwert zu sehen ist. Der Grundumsatz sollte vorzugsweise gemessen werden; ersatzweise kann er nach der Formel von Harris u. Benedict geschätzt werden. Patienten mit klinisch stabiler Zirrhose sollen zum Erhalt der Körperzusammensetzung eine Energiezufuhr von 1,3 × Grundumsatz bzw. 25–30 kcal/kgKG/24 h als Nichteiweißenergie erhalten. Die Zufuhr an qualitativ hochwertigem Eiweiß sollte 1,0–1,2 g/kgKG/24 h betragen.

Die Verbesserung des Ernährungszustands mangelernährter Patienten erfordert eine entsprechend höhere Nährstoffzufuhr. Insbesondere bei mangelernährten Patienten, die durch potentiell letale Komplikationen wie Infektion und Blutung gefährdet sind, ist eine Zufuhr an Nichteiweißenergie von 35 kcal/kgKG/24 h und eine Eiweißzufuhr von 1,5 g/kgKG/24 h zu empfehlen (*Tabelle 43-5*).

Bei Patienten mit kompensierter Zirrhose, die eine parenterale oder enterale Ernährung benötigen, können Standardlösungen eingesetzt werden; spezielle leberadaptierte, also VKAS-angereicherte Lösungen sind in der Regel nicht erforderlich. In der parenteralen Ernährung sollte Energie in Form von Glukose und Fett (LCT oder MCT/LCT-Emulsionen) in einem kalorischen Verhältnis von G:F = 65–50:35–50 zugeführt werden.

43.3.5 Leberzirrhose und Enzephalopathie

Schon eine adäquate Ernährung wirkt durch Vermeidung einer erhöhten Proteinkatabolie dem Auftreten einer *hepatischen Enzephalopathie (HE)* entgegen. Das Auftreten einer HE zeigt fast immer eine erhöhte Ammoniumbelastung durch Proteinkatabolismus (Infektion, Blutung, Nahrungskarenz) oder Obstipation, Störungen im Elektrolythaushalt (Diuretika, Diarrhö) oder die Modulation neuronaler GABAerger Chloridkanäle (Sedativa, Hypnotika) als präzipitierende Faktoren an, die zu eruieren und behandeln sind. Sehr viel seltener liegt eine Einweißintoleranz zugrunde, bei der eine tägliche Eiweißzufuhr von >1,0 g/kgKG zur symptomatischen Enzephalopathie führt.

> Ziel der Ernährungstherapie bei Zirrhosepatienten mit HE ist daher die Verminderung der Eiweißkatabolie auf das geringste Maß durch eine rasche bedarfsdeckende Ernährung.

Akute HE

In vielen Fällen führt die Behandlung des präzipitierenden Ereignisses und eine kurzdauernde supplementierende peri-

Tabelle 43-5. Ernährungsregime bei kompensierter Leberzirrhose

Behandlungsziel ist der Wiederaufbau von Körperzellmasse (BCM) und eingeschmolzener Fettdepots, d. h. positive Stickstoff- und Energiebilanz:

- Energiezufuhr: ca. 1,3fach über dem aktuellen Energiebedarf 35–40 kcal/kgKG/24 h (bei Zustand einer Fehlernährung bis 45 kcal), Fett: 2,0–2,5 g/kgKG/24 h; Kohlenhydrate: 3,5–4,5 g/kgKG/24 h
- Eiweißzufuhr: Aminosäuren 1,0–1,2 g/kgKG/24 h (bei Zustand einer Fehlernährung bis 1,8 g)
- Auch bei einer mäßigradigen Enzephalopathie (I–II) keine Kontraindikation gegen eine Eiweiß- bzw. Aminosäurenzufuhr von 1,2–1,5 g/kgKG/24 h
- Vitamine: Wasserlösliche Vitamine bis zum 10fachen der RDA (s. Tabelle 43-5), fettlösliche Vitamine nach Spiegel (z. B. ADEK-Falk i.m.)
- Spurenelemente: derzeit noch lückenhafte Empfehlungen. Für Zink wird eine orale Substitution von 3-mal 15 mg/24 h in Form von Zinkhistidin (1 h vor der Mahlzeit!) empfohlen

Anmerkung: *Es gibt keine spezielle Diät*, in jedem Fall jedoch Sicherstellung bedarfsgerechter Versorgung mit Makro- und Mikronährstoffen. Die sog. »*Leberschonkost*« (kohlenhydratreich, geringer Fett- und Eiweißgehalt) entbehrt auch hier jeder wissenschaftlichen Grundlage (s. oben).

phervenöse parenterale Ernährung zur prompten Rückbildung der HE. In diesem Fall ist auch bei einer mäßiggradigen Enzephalopathie (I–II°) keine Kontraindikation gegen eine Eiweiß- bzw. Aminosäurenzufuhr von 1,0–1,5 g/kgKG/24 h zu sehen. Bei höhergradiger Enzephalopathie (III–IV°) werden 25–30 kcal/kgKG/24 h Nichteiweißenergie in Form von Glukose und Fett (35–50% der Kalorienzufuhr) infundiert, während eine adäquate Stickstoffzufuhr durch Gabe von 1,0 g/kgKG/24 h einer VKAS-angereicherten Aminosäurenlösung erreicht wird (s. *Tabelle 43-5*). Die Wirksamkeit verzweigtkettiger Aminosäuren in der Behandlung der hepatischen Enzephalopathie wurde in 7 kontrollierten Studien untersucht, deren Einzelresultate zwar widersprüchlich sind, in einer Metaanalyse jedoch einen Vorteil der VKAS-angereicherten Lösungen hinsichtlich Verbesserung der Enzephalopathie, nicht aber der Überlebensrate zeigen.

Nach Besserung des klinischen Bildes schrittweiser Übergang zur natürlichen Kost:

- überlappender Übergang von vollständig parenteraler zu partiell parenteraler plus enteraler Ernährung,
- supplementierend enterale Ernährung ergänzend zur oraler Ernährung.

Zeigt sich dabei eine Proteinintoleranz (HE-Episode bei normaler Eiweißzufuhr), ist eine passagere Reduktion der täglichen Eiweißzufuhr auf 0,5 g/kgKG erforderlich. Diese Maßnahme sollte wegen der Gefahr der Eiweißkatabolie nur über den kürzest nötigen Zeitraum (<48 h) zum Einsatz kommen. In dieser Situation ist die Sicherung einer adäquaten Stickstoffzufuhr durch die orale Supplementierung mit VKAS (0,25 g/kgKG/24 h) ohne ungebührliches Risiko der hepatischen Enzephalopathie möglich. Die Eiweißintoleranz ist oft nur ein vorübergehendes Phänomen, sodass die betreffenden Patienten nach einem langsamen Nahrungsaufbau später normale Proteinmengen tolerieren.

> Spezielle Substrate wie Arginin, Ornithinaspartat oder Ornithin-α-Ketoglutarat, die zur Senkung der Hyperammoniämie erfolgreich eingesetzt werden, haben keinen nachgewiesenen Effekt auf den Ernährungszustand bei chronischen Lebererkrankungen.

Chronische HE

Länger anhaltende bzw. fluktuierende geringgradige HE-Zustände treten insbesondere bei Patienten mit großen Shuntvolumen ihrer natürlichen oder künstlichen Kollateralkreisläufe auf. Diese Patienten sollten sich wie Patienten mit einer kompensierten Leberzirrhose ernähren und mit Laktulose und wasserlöslichen Ballaststoffe (>30 g/24 h) für eine Stuhlreglation sorgen (Ziel: 3 weiche Stühle/24 h). Zeigt sich darunter eine Proteinintoleranz, so ist die Eiweißzufuhr auf das tolerierte Maß zu reduzieren und durch eine orale Supplementierung mit VKAS (0,25 g/kgKG/24 h) so zu ergänzen, dass eine negative Stickstoffbilanz vermieden wird. Die langfristige Supplementierung mit VKAS geht bei Patienten mit stabiler Leberzirrhose mit Verbesserungen von Stickstoffretention, Leberfunktion und neuropsychiatrischem Status einher.

Patienten mit einer grenzwertigen Eiweißintoleranz können in der Prophylaxe einer hepatischen Enzephalopathie von einer vegetabilen faserreichen Diät profitieren. Bei deren langfristigem Einsatz ist jedoch die Gefahr einer ungünstigen Stickstoffbilanz durch höhere fäkale Stickstoffverluste zu beachten (*Tabelle 43-6*).

43.2.6 Aszites

Behandlungsprinzip sind *alimentäre Natriumrestriktion* und *Bettruhe* (Basistherapie). Mit Beschränkung der Natriumzufuhr auf 10 mmol/24 h in Verbindung mit Bettruhe (Steigerung der Nierendurchblutung) können täglich bis zu 300 ml Aszites oder 800 ml Ödemflüssigkeit mobilisiert werden (*Tabelle 43-7*).

Bei Verdünnungshyponatriämie (Natrium im Serum <130 mmol/l) sollte eine Reduktion der Flüssigkeitszufuhr auf 750–1000 ml/24 h erfolgen. Es besteht eine *relative* Kontraindikation für eine parenterale Ernährung, da bei totalparenteraler Ernährung eine Flüssigkeitsbelastung von ca. 2 l besteht. Deshalb zumindest Kombination parenterale-enterale Ernährung oder wenn immer möglich enterale Ernährung, da intestinal resorbierte Flüssigkeit besser renal ausgeschieden wird als parenteral applizierte (*intestinal-renaler Reflex* über vagale Afferenzen vom Portalgebiet zum ADH-Zentrum).

43.3.7 Hepatozelluläres Karzinom

Bisherige Untersuchungen haben nicht sicher belegen können, dass Patienten mit hepatozellulärem Karzinom (HCC) und Leberzirrhose einen gegenüber Zirrhosepatienten ohne HCC erhöhten Grundumsatz haben. Mangels weiterer Daten sind

Tabelle 43-6. Ernährungsregime bei chronischer HE

- Leichte Vollkost mit bedarfsdeckender Zufuhr von Kalorien (30–40 kcal/kgKG/24 h) und Eiweiß (0,8–1,0 g/kgKG/24 h), Bevorzugung von pflanzlichem Eiweiß und Molkereiprodukten (→ laktovegetabile Kost)
- Keine Einschränkung der Kohlenhydrat- und Fettzufuhr (außer bei Cholestase)
- Häufige Nahrungsaufnahme (4–6), einschließlich einer Spätmahlzeit
- Defizite an fettlöslichen Vitaminen und B-Vitaminen, Zink, Kalzium und Phosphat ausgleichen (s. oben)
- Stuhlregulation (bei Obstipation steigt die Ammoniakproduktion) durch wasserlösliche Ballaststoffe (>30 g/24 h) und Gabe von Laktulose (Laktose) von 3-mal 10 bis 4-mal 30 ml/24 h nach den Mahlzeiten (Ziel: Stuhl-pH <7,0)

Patienten mit – in Mitteleuropa meist auf dem Boden einer Leberzirrhose entstandenem – HCC die gleichen Ernährungsempfehlungen wie Patienten mit Leberzirrhose mit/ohne ausgeprägte Mangelernährung und mit/ohne Enzephalopathie zu geben (s. Abschn. »Enzephalopathie«).

43.3.8 Perioperative Ernährung bei chronisch Leberkranken

Bei mangelernährten Zirrhosepatienten ist das Risiko postoperativer Komplikationen einschließlich Letalität nach abdominalchirurgischen Eingriffen erhöht. Für Patienten mit stabiler Zirrhose kann mangels Daten keine Empfehlung zur routinemäßigen präoperativen parenteralen Ernährung gegeben werden. Die unmittelbar postoperativ begonnene Ernährungstherapie ist für Patienten mit Leberzirrhose mit günstigeren Komplikations- und Überlebensraten verbunden. Bei Patienten ohne Enzephalopathie kann sie mit konventionellen Aminosäurenlösungen durchgeführt werden; der Einsatz VKAS-angereicherter Lösungen ist nicht grundsätzlich erforderlich. Wahrscheinlich ist die frühenterale Ernährung ebenso wirksam wie die frühe parenterale Ernährung. Die Dosierung der Nährstoffe erfolgt wie oben – s. Abschn. »Kompensierte Leberzirrhose« – angegeben (*Tabelle 43-8*).

Tabelle 43-7. Diätetisches Vorgehen bei Aszites

Natriumrestriktion (3 g NaCl/24 h):
(Die streng natriumarme Diät [täglich 1 g NaCl = 17 mmol Na] ist auch unter stationären Bedingungen nur kurzfristig durchführbar.)

- Kochen ohne Salzzusatz, kein Nachsalzen bei Tisch
- Verzicht auf Fertiggerichte und Konserven
- Einschränkung des Verzehrs von Brot und Backwaren, Wurst und Fleischwaren
- Meiden natriumhaltiger Mineralwässer (>150 mg Na/l)
- Einsatz natriumarmer Produkte
- Auf versteckte Natriumzufuhr achten (Antibiotika, Humanalbumin, Infusionslösungen)
- Frühzeitig kaliumreiche Kost [kaliumreiche Obst- und Gemüsearten, kaliumreiche Kochsalzersatzmittel (!), generell Bevorzugung kaliumreicherer vor kaliumärmeren Produkten: Kartoffeln anstelle von Teigwaren, Pellkartoffeln anstelle von Salzkartoffeln (+ kaliumreiche Kost)]

43.3.9 Lebertransplantation

Während eine Malnutrition bei Patienten, die wegen eines fulminanten Leberversagens transplantiert werden, eher selten ist, finden sich bei Patienten mit terminaler chronischer Lebererkrankung »prae transplantationem« häufig Zeichen einer Mangelernährung, die mit längeren Perioden der Intensivbehandlung, der Respiratortherapie, der prolongierten Krankenhausverweildauer und einer erhöhten Letalität verbunden sind. Die Bedeutung einer Ernährungstherapie zur Transplantationsvorbereitung wurde bisher nicht systematisch untersucht.

Die *postoperative Ernährungstherapie* führt zur Senkung der Komplikations- und Morbiditätsrate und wird bei glei-

Tabelle 43-8. Infusionslösung zur parenteralen Ernährung bei Leberzirrhose und Enzephalopathie

Größe	Einheit	Betrag
Volumen	[ml]	1545
Glukose	[g]	250
Fett	[g]	75
Aminosäuren	[g]	75
Energie	[kcal]	2050
Energiedichte	[kcal/ml]	1,33
NP-Energie	[kcal]	1750
NP-Energiedichte	[kcal/ml]	1,13
Fettenergie/KH-Energie		0,75
Osmolarität	[mosmol/l]	1415
Infusionsrate	[ml/kgKG/h]	0,9
Volumen	[ml/kgKG/24 h]	22,1
NP-Energie	[kcal/kgKG/24 h]	25,0
Glukose	[g/kgKG/24 h]	3,6
Fett	[g/kgKG/24 h]	1,1
Aminosäuren	[g/kgKG/24 h]	1,1

Diese Infusionlösung ist als »All-in-one«-Lösung mit einer hohen Kaloriendichte konzipiert, die in der Klinikapotheke unter Verwendung von 357 ml einer Glukose 70%, 250 ml einer Fettemulsion 30% und 938 ml einer leberadaptierten Aminosäurenlösung 8% hergestellt werden kann. Der Anteil an verzweigtkettigen AS sollte bei leberadaptierten AS-Lösung mindestens 35%, besser noch 45% betragen.
Elektrolyte und Vitamine müssen dieser Lösung zur Deckung des Tagesbedarfs noch vor Infusion zugegeben werden. Spurenelemente und kompatibilitätsgefährdende Mineralstoffe wie Phosphat und 2-wertige Kationen sollten im getrennten Zulauf appliziert werden.
Von besonderer Bedeutung ist eine ausreichende i.v.-Zufuhr von Thiamin (bei Verdacht auf Wernicke-Enzephalopathie 50–400 mg an Tag 1, dann 100 mg/24 h), Phosphat (bevorzugt als organisches Glyzerophosphat, initial je nach Serumphopshat, s. Kap. 27), Zink (bevorzugt als Zinkaspartat 0,1–0,2 mmol/24 h) und Magnesium (bevorzugt als Magnesiumaskorbat 0,5–1,0 mmol/24 h).

cher Effizienz, wahrscheinlich geringeren infektiösen Komplikatonsraten und niedrigeren Kosten inzwischen fast ausschließlich im Sinne der frühenteralen Ernährung vorgenommen. Der Energiebedarf ist wie bei vielen anderen abdominalchirurgischen Patienten durch das 1,3fache des Grundumsatzes ausreichend abgedeckt. Früh postoperativ besteht nicht selten eine Störung des Glukosestoffwechsel mit Insulinresistenz. Das diabetogene Potential bei Immunsuppression mit Tacrolimus kann durch Dosisreduktion mit Talspiegeln von 3–8 ng/ml ohne erhöhtes Rejektionsrisiko abgesenkt werden. Transplantierte Patienten können einen nennenswerten Stickstoffverlust mit anhaltend negativer Stickstoffbilanz bis 28 Tage postoperativ aufweisen, sodass eine Eiweiß- bzw. Aminosäurenzufuhr von 1,0–1,5 g/kgKG/24 h empfohlen wird.

In den wenigen Langzeitbeobachtungen sind 12–18 Monate nach Transplantation persistierende Störungen bzgl. Proteinstoffwechsel, Körperzusammensetzung und Essverhalten dokumentiert. Typischerweise wird eine Expansion der Fettmasse bei unvollständiger Wiederherstellung der Körperzellmasse mit Hyperphagie, exzessiver Gewichtszunahme und Hypercholesterinämie beschrieben. Ähnliche Phänomene werden auch nach Transplantation anderer solider Organe beobachtet.

43.3.10 Akutes Leberversagen

Zur Ernährung dieser Patienten liegen keine kontrollierten Studien vor. In der gegenwärtig praktizierten klinischen Praxis werden Patienten mit akuten Leberversagen *zunehmend enteral ernährt*; beim Einsatz der parenteralen Ernährung unterscheidet sich das Vorgehen nicht grundsätzlich von dem bei anderen kritisch Kranken. Für das erwartet kurze Intervall bis zu Transplantation oder Leberregeneration wird bei hyperakutem Leberversagen häufig auf Fett verzichtet. Bei längerer Krankheitsdauer kann aus der Erfahrung entsprechender Zentren die Energiezufuhr mittels Fett und Glukose empfohlen werden, auch wenn zur Fettutilisation kaum Daten vorliegen. Eine ausreichende Glukosezufuhr (2,0 g/kgKG/24 h) ist zur Prophylaxe bzw. Behandlung von Hypoglykämien obligat. Zur Beurteilung der Substratutilisation werden die in ◘ *Tabelle 43-9* angegebenen Zielparameter empfohlen.

Während bei hyperakutem Leberversagen Aminosäurenlösungen eher zurückhaltend eingesetzt werden, kommen sie bei akutem und subakutem Leberversagen in einer Dosierung von 0,5–1,5 g/kgKG/24 h zum Einsatz. Die im deutschsprachigen Raum vielfach vorgeschlagene Orientierung an der Osmolalitätslücke (Differenz von kryoskopisch bestimmter Osmolarität und errechneter Serumosmolarität, s. unten) wird in den übrigen europäischen Ländern nicht eingesetzt. Danach ist bei schwerer Hyperaminoazidämie (Osmolalitätslücke >15 mosmol/l) eine Aminosäureninfusion allenfalls im Sinne eines Ausgleichs einer Aminosäurenimbalanz (setzt Plasmaaminogramm voraus) zu empfehlen. Bei mäßiger Hyperaminoazidämie (Osmolalitätslücke <10 mosmol/l) erscheint die Gabe einer VKAS-angereicherten Aminosäurenlösung zur Verbesserung der Proteinsynthese vertretbar.

Berechnung:
[(Na + 5) × 2 + Blutglukose (mmol/l) + BUN (mmol/l) + Laktat (mmol/l)]

43.3.11 Ernährung bei Erkrankungen der Gallenblase

Adipositas und Hyperinsulinämie scheinen wesentliche epidemiologische Faktoren bezüglich der Gallensteinenstehung zu sein. Der Zusammenhang von massiver Gewichtsreduktion und dem Auftreten von Gallensteinen ist weitgehend akzeptiert; alle übrigen Ernährungsformen sind ohne gesicherte Zusammenhänge.

Bei symptomatischer Cholezystolithiasis ist die Cholezystektomie die einzig sinnvolle Therapie. Nach der Cholezystektomie sind über die allgemeinen Empfehlungen für eine gesunde Ernährung hinausgehende besondere diätetische Maßnahmen nicht erforderlich.

Für eine fettarme, sog. Gallenschonkost, wie sie früher empfohlen wurde, gibt es keine Indikation (nur extreme Fettmengen können durch Kontraktionen der Gallenblase eine Kolik auslösen). Eine ernährungstherapetische Intervention kommt v. a. zur Rezidivverhütung (nach chemischer Litholyse, ESWL) bzw. zur Prophylaxe bei familiärer Belastung oder metabolischer Risikokonstellation in Betracht. Dies lässt sich mit einer ballaststoffreichen (Senkung des Cholesteringehalts über Hemmung HMG-CoA-Reduktase, Senkung der Konzentration von Deoxycholsäure im Serum) Vollkost erreichen (◘ *Tabelle 43-10*). Bei Übergewicht sollte eine Gewichtsreduktion langsam erfolgen; für die Wirksamkeit medikamentöser Interventionen (Ursodeoxycholsäure, Statine als Cholesterinsynthesehemmer) in der Protektion gegen die Gallensteinentstehung bei dieser Patientengruppe liegen keine gesicherten Daten vor.

◘ **Tabelle 43-9.** Angestrebte Plasmaspiegel zur Beurteilung der Substratutilisation bei akutem Leberversagen. (Nach GASL-Leitlinien 1999)

	Ammoniak	Glukose	Laktat	Triglyzeride
Plasmaspiegel	≤100 µmol/l	5–10 mmol/l	≤5,0 mmol/l	≤3,0 mmol/l

◘ **Tabelle 43-10.** Ernährungsempfehlung zur Prävention von Gallensteinen

- Übergewicht vermeiden, ggf. langsame Gewichtsreduktion (ggf. UDC, Cholesterinsynthesehemmer)
- Ballaststoffreiche Kost (40–50 g Ballaststoffe/24 h)
- Meiden von Leguminosen (Erhöhung des lithogenen Index)
- Abendliches kakaohaltiges Getränk
- Mäßiger Alkholgenuss (20–30 g Ethanol/24 h)

Literatur

1. Cabré E, Gonzalez-Huix F, Abad-Lacruz A et al. (1990) Effect of total enteral nutrition on the short-term outcome of severely malnourished cirrhotics. A randomized controlled trial. Gastroenterology 98: 715–720
2. Cabré E, Rodriguez-Iglesias P, Caballeria J et al. (2000) Short- and long-term outcome with severe alcohol-indiced hepatitis treated with steroids or enteral nutrition: a multicenter randomized trial. Hepatology 32: 36–42
3. Chin SE, Shepherd RW, Thomas et al. (1992) Nutritional support in children with end-stage liver disease: a randomized crossover trial of a branched-chain amino acid supplement. Am J Clin Nutr 56: 158–163
4. Clemmesen JO, Kondrup J, Ott P (2000) Splanchnic and leg exchange of amino acids and ammonia in acute liver failure. Gastroenterology 118: 1131–1139
5. Crawford DHG, Shepherd RW, Halliday JW et al. (1994) Body composition in nonalcoholic cirrhosis: the effect of disease etiology and severity on nutritional compartment. Gastroenterology 106: 1611–1617
6. Druml W, Fischer M, Pidlich J, Lenz K (1995) Fat elimination in chronic hepatic failure: long-chain vs medium-chain triglycerides. Am J Clin Nutr 61: 812–817
7. Fan S-T, Lo C-M, Lai ECS, Chu K-M, Liu C-L, Wong J (1994) Perioperative nutritional support in patients undergoing hepatectomy for hepatocellular carcinoma. N Engl J Med 331: 1547–1552
8. Hasegawa T, Yoneda M, Nakamura K et al. (2001) Plasma transforming growth factor-β-1 level and efficacy of α-tocopherol in patients with non-alcoholic steatohepatitis: a pilot study. Aliment Pharmacol Ther 15: 1667–1672
9. Horst D, Grace ND, Conn HO et al. (1984) Comparison of dietary protein with an oral, branched chain-enriched aminoacid supplement in chronic portal-systemic encephalopathy: A randomized controlled trial. Hepatology 4: 279–287
10. Italian Multicentre Cooperative Project on Nutrition in Liver Cirrhosis (1994) Nutritional status in cirrhosis. J Hepatol 21: 317–325
11. Kearns PJ, Young H, Garcia G et al. (1992) Accelerated improvement of alcoholic liver disease with enteral nutrition. Gastroenterology 102: 200–205
12. Kondrup J, Müller MJ (1997) Energy and protein requirements of patients with chronic liver disease. J Hepatol 27: 239–247
13. Lindor KD (1993) Management of osteopenia of liver disease with special emphasis on primary biliary cirrhosis. Semin Liver Dis 13: 367–373
14. Lieber CS (1998) Nutrition in liver disorders. In: Shils ME et al. (eds) Modern nutrition in health an disease. Williams & Wilkins, Baltimore, pp 1177–1189
15. Marchesini G, Dioguardi FS, Bianchi GP et al. (1990) Long-term oral branched-chain amino acid treatment in chronic hepatic encephalopathy. J Hepatol 11: 92–101
16. Marchesini G, Fabbri A, Bianchi G, Brizi M, Zoli M (1996) Zinc supplementation and amino acid-nitrogen metabolism in patients with advanced cirrhosis. Hepatology 23: 1084–1092
17. McCullough AJ, Teran JC, Bugianesi E (1998) Guidelines for nutritional therapy in Liver disease. ASPEN Nutr Supp Manual 12-1 bis 12-12
18. Mehta K, Van Thiel DH, Shah N, Mobarhan S (2002) Nonalcoholic fatty liver disease: pathogenesis and the role of antioxidants. Nutr Rev 60: 289–293
19. Mendenhall CL, Moritz TE, Roselle GA et al. (1993) A study of oral nutritional support with oxandrolone in malnourished patients with alcoholic hepatitis: results of a department of veterans affairs cooperative study. Hepatology 17: 564–576
20. Mendenhall CL, Moritz TE, Roselle GA et al. (1995) Protein energy malnutrition in severe alcoholic hepatitis: diagnosis and response to treatment. J Parenter Enteral Nutr 19: 258–265
21. Merli M, Riggio O, Dally L (1996) Does malnutrition affect survival in cirrhosis? PINC (Policentrica Italiana Nutrizione Cirrosi). Hepatology 23: 1041–1046
22. Müller MJ, Lautz HU, Plogmann B et al. (1992) Energy expenditure and substrate oxidation in patients with cirrhosis: the impact of cause, clinical staging and nutritional state. Hepatology 15: 782–794
23. Müller MJ, Dettmer A, Tettenborn M et al. (1996) Metabolic, endocrine, haemodynamic and pulmonary responses to different types of exercise in individuals with normal or reduced liver function. Eur J Appl Physiol 74: 246–257
24. Naylor CD, O'Rourke K, Detsky AS, Baker JP (1989) Parenteral nutrition with branched chain amino acids in hepatic encephalophathy: a metaanalysis. Gastroenterology 97: 1033–1042
25. Nielsen K, Kondrup J, Martinsen L et al. (1995) Long-term oral refeeding of patients with cirrhosis of the liver. Br J Nutr 74: 557–567
26. Ohyanagi H, Nomura H, Nishimatsu S, Usami M, Kasahara H (1995) The liver and nutrient metabolism. In: Payne-James J, Grimble G, Silk DBA (eds) Artificial nutrition and support in clinical practice. E. Arnold, London, pp 59–71
27. Pirlich M, Spachos T, Schütz T et al. (2000) Bioelectrical impedance analysis is a useful bedside technique to assess malnutrition in cirrhotic patients with and without ascites. Hepatology 32: 1208–1215
28. Plauth M, Merli M, Kondrup J et al. (1997) ESPEN guidelines for nutrition in liver disease and transplantation. Clin Nutr 16: 43–55
29. Plauth M, Weimann A, Holm E, Müller MJ (1999) GASL Leitlinien zur Ernährung bei Leberkrankheiten und Lebertransplantation. Z Gastroenterol 37: 241–252
30. Prijatmoko D, Strauss BJG, Lambert JR et al. (1993) Early detection of protein depletion in alcoholic cirrhosis: role of body composition analysis. Gastroenterology 105: 1839–1845
31. Roske AE, Plauth M (1999) Liver transplantation, body composition, and substrate utilization: does organ transplantation normalize the metabolic situation of the patient? Nutrition 15: 504–504
32. Schneeweiss B, Pammer J, Ratheiser K et al. (1993) Energy metabolism in acute hepatic failure. Gastroenterology 105: 1515–1521
33. Selberg O, Böttcher J, Tusch G et al. (1997) Identification of high- and low rsik patients before liver transplantation: A prospective cohort study of nutritional and metabolic parameters in 150 patients. Hepatology 25: 652–657
34. Selberg O, Burchert W, van der Hoff J et al. (1993) Insulin resistance in cirrhosis. Positron-emission tomography scan analysis of skeletal muscle glucose metabolism. J Clin Invest 91: 1897–1902
35. Soulsby CT, Morgan MY (1999) Dietary management of hepatic encephalopathy in cirrhotic patients: survey of current practice in United Kingdom. BMJ 318: 1391
36. Swart GR, van den Berg JWO, van Vuure JK et al. (1989) Minimum protein requirements in liver cirrhosis determined by nitrogen balance measurements at three levels of protein intake. Clin Nutr 8: 329–336
37. van der Rijt CCD, Schalm SW, Schat H, Foeken K, DeJong G (1991) Overt hepatic encephalopathy precipitated by zinc deficiency. Gastroenterology 100: 1114–1118
38. Verboeket-van de Venne WPHG, Westerp KR, van Hoek B, Swart GR (1995) Energy expenditure and substrate metabolism in patients with cirrhosis of the liver: effects of the pattern of food intake. Gut 36: 110–116
39. Vilstrup H, Iversen J, Tygstrup N (1986) Glucoregulation in acute liver failure. Eur J Clin Invest 16: 193–197
40. Weber FL, Minco D, Fresard KM, Banwell JG (1985) Effects of vegetable diets on nitrogen metabolism in cirrhotic subjects. Gastroenterology 89: 538–544
41. Weimann A, Kuse ER, Bechstein WO et al. (1998) Perioperative parenteral and enteral nutrition for patients undergoing orthotopic liver transplantation – Results of a questionnaire from 16 European transplant units. Transplant Int 11: S 289–S 291
42. Zillikens MC, van den Berg JW, Wattimena JL, Rietveld T, Swart GR (1993) Nocturnal oral glucose supplementation. The effects on protein metabolism in cirrhotic patients and in healthy controls. J Hepatol 17: 377–383

Ernährung bei Krankheiten des Pankreas

R.F. Meier, C. Beglinger

Grundsätzlich werden *akute* und *chronische Formen* entzündlicher Pankreaserkrankungen unterschieden. Bei den akuten Formen kommt es nach entzündlichen Schüben des Organs meist zu einer Restitutio ad integrum. Nach histomorphologischen und klinischen Kriterien werden hier eine *ödematös-interstitielle* von einer *nekrotisierend-hämorrhagischen* Form unterschieden.

Demgegegnüber geht die *chronische* Pankreatitis mit *progressiver Organschädigung Funktionseinschränkung* einher, die letztlich in einer Maldigestion und in schweren Fällen zusätzlich in einer endokrinen Insuffizienz endet.

Trotz klarer standardisierter intensivmedizinischer Therapiestrategien in der Behandlung der akuten Pankreatitis, fehlen mangels kontrollierter Studien, richtungweisende ernährungstherapeutische Standards. Bei der chronischen Pankreatitis ist das Vorgehen klarer definiert, da sich die Ernährung nach der Schwere der Pankreasinsuffizienz und deren Folgen richtet.

44.1 Akute Pankreatitis

Die akute Pankreatitis ist durch plötzlich einsetzende Bauchschmerzen und eine Erhöhung der Pankreasenzyme im Blut und Urin (Amylase, Lipase, Elastase) als Folge einer einer entzündlichen Erkrankung der Bauchspeicheldrüse charakterisiert. Die mittlere Inzidenz in Europa wird mit mit 20 Fällen pro 100.000 Einwohnern und Jahr angegeben.

44.1.1 Ätiologie und Klinik

Alkoholmissbrauch (40%) und Gallensteinleiden (45%) sind in 75–85% die Hauptursachen für eine akute Pankreatitis. Zusätzlich können aber auch metabolische, traumatische, infektiöse und pharmakologische Ursachen vorliegen (*Tabelle 44-1*). Die akute Pankreatitis ist gekennzeichnet durch eine diffuse systemisch immunoinflammatorische Antwort auf einen lokalisierten Prozess (*Abb. 44-1*).

Pathogenetisches Prinzip aller Pankreatitiden ist die Selbstverdauung (Autolyse) des Organs aufgrund der Aktivation von proteolytischen Verdauungsenzymen.

Die *Aktivierung von Trypsin* und die Freisetzung von Trypsin ins Zytoplasma wird als initialer Mechanismus der Zellschädigung postuliert. Zusammen mit anderen aktivierten Zymogenen wird die Selbstverdauung des Pankreas eingeleitet [29]. Die zirkulatorische entzündliche Antwort auf diese initiale Zellschädigung wird durch eine Induktion einer generalisierten systemischen entzündlichen Antwort (»systemic inflammatory response«, SIRS) verstärkt. Der Grad dieser Aktivierung bestimmt den klinischen Verlauf bezüglich Morbidität und Mortalität. *Die Spitze der entzündlichen Zytokinproduktion wird nach 24–36 h nach Beginn der Schmerzen erreicht.* Die entzündlichen Mediatoren sind im Pankreas in einer deutlich höheren Konzentration zu finden als im Serum.

IL-1, TNF und PAF sind wahrscheinlich die wichtigsten inflammatorischen Mediatoren, die für die klinische Manifestation der Pankreatitis verantwortlich sind. IL-1 und TNF sind verantwortlich für Fieber, Hypoperfusion, Schock, metabolische Azidose, kardiale Dysfunktion und der Entwicklung eines ARDS (»adult respiratory distress syndrome«). PAF ist ein potenter Vasodilatator und Leukozytenaktivator und ist involviert in der Entwicklung eines SIRS. IL-6 wird als initialer Faktor für diese Reaktion angesehen. IL-8 aktiviert die Degranulation von neutrophilen Leukozyten, die zur Freisetzung von Enzymen und einer lokalen Gewebsschädigung durch die Generierung von freien O_2-Radikalen führt [27].

Der *klinische Verlauf* einer akuten Pankreatitis ist sehr variabel. Das Spektrum reicht von einer milden Form bis zu einer schweren Krankheit. Bei der milden Form liegt eine ödematöse Entzündung (interstitielle Pankreatitis) vor, die sich in wenigen Tagen spontan und vollständig erholt. Bei der schweren Form kommt es zu Nekrosen (nekrotisierende Pankreatitis) in unterschiedlicher Ausdehnung. Die milde Form ist mit über 80% häufig und hat eine Mortalität von <1%. Bei der schweren Form ist die Mortalität deutlich höher und steigt je nach Komplikationen bis auf 50% an [23].

Die *Komplikationen* können lokal oder systemisch auftreten. Gehäuft kommt es zu diesen Komplikationen im Rahmen der nekrotisierenden Pankreatitis, wobei ihr Auftreten einerseits von der morphologischen Ausdehnung der Nekrosen im Pankreasgewebe selbst sowie in der Umgebung des Organs, andererseits durch Ausdehnung des Nekrotisierungsprozesses in die pankreasangrenzenden Strukturen abhängt. Eine im Verlauf der Erkrankung eintretende *Infizierung dieser Nekrosen* kann zum entscheidenden Faktor für den Verlauf der Erkrankung werden. Die akute nekrotisierende Pankreatitis läuft in 2 Phasen ab.

Die erste Phase ist gekennzeichnet durch Einschwemmung von vasoaktivtoxischen Substanzen, wobei häufig volumenbedingte Störungen, durch die massive Exsudation von Flüssig-

Tabelle 44-1. Ursachen der akuten Pankreatitis

- Alkohol
- Gallensteine
- Postoperativ
- Medikamente
- Endoskopische retrograde Pankreatographie
- Pankreastumoren
- Pankreastrauma
- Vaskulitis
- Hyperkalzämie
- Hyperlipidämie (Typ I, IV, V)
- Infektiös
- Hereditär
- Idiopathisch

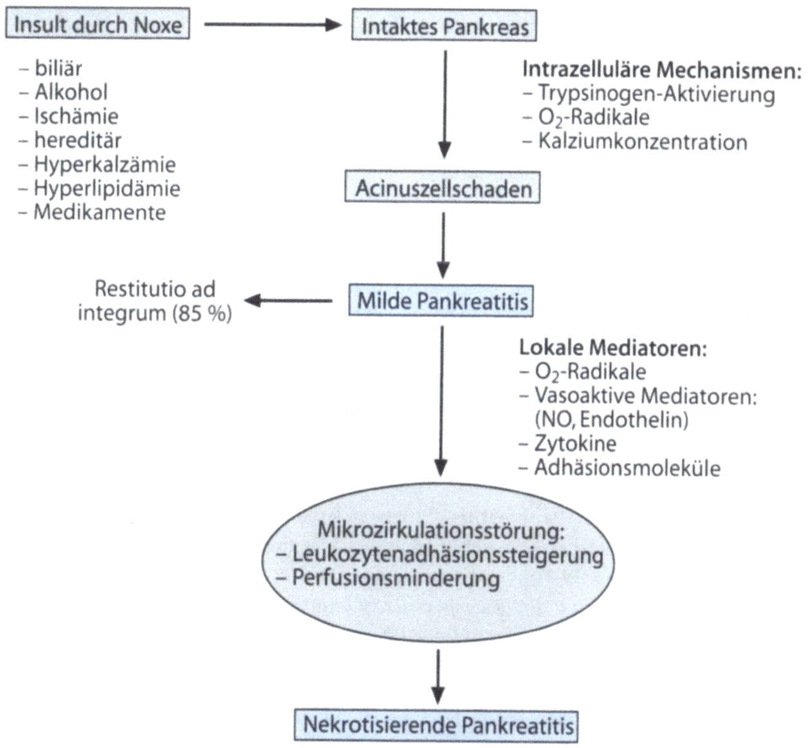

Abb. 44-1. Schematische Darstellung der Ätiopathogenese und Verlaufsformen der akuten Pankreatitis. (Mod. nach [12])

keit (2–10 l) auftreten. In Einzelfällen kann es durch diese Einschwemmung toxischer Substanzen zu einem Kreislaufversagen, Nierenversagen und respiratorischer Insuffizienz kommen. Diese Komplikationen müssen durch intensivmedizinische Maßnahmen behandelt werden.

In etwa 50% der Fälle treten Komplikationen ab der 2. Woche mit einer Latenz von bis zu 4 Wochen ein und sind in der Regel als Folge infizierter Pankreasnekrosen in der 2. Phase der Erkrankung anzusehen. Es kann zum septischen Geschehen mit häufigem Multiorganversagen kommen. Dieser Verlauf mit Infizierung von Nekrosen und den folgenden septischen Komplikationen ist in erster Linie für die hohe Mortalität bei der akuten nekrotisierenden Pankreatitis verantwortlich.

44.1.2 Schweregrad und Verlauf

Der Ernährungzustand des Patienten und der Schweregrad der Erkrankung sind die wesentlichsten Faktoren, die die Notwendigkeit einer speziellen Ernährungsintervention bestimmen. Die Schwere der Erkrankung kann mit spezifischen Kriterien (Ranson, Glasgow, APACHE-II), mit dem Laborparametern (C-reaktives Protein [CRP]) und dem Nachweis von Nekrosen im Computertomogramm (Balthazar-CT-Scoore) bestimmt werden [4, 9, 16]. Mit den heute schon historischen *Ranson-Kriterien*, die 11 verschiedene Faktoren berücksichtigen (5 davon bei der Aufnahme und 6 weitere während der ersten 48 h), kann eine grobe Aussage zum Krankheitsverlauf gemacht werden (*Tabelle 44-2*). Nach diesem ersten komplexen System wurde in der Folge eine Reihe anderer Prognosescores entwickelt, die aber keinen Gewinn hinsichtlich einer verbesserten prognostischen Aussage brachten.

Aus der Liste *laborchemischer Parameter* hat sich das CRP am besten durchgesetzt. Das CRP hat sich bei einer Erhöhung über die kritische Grenze von 120 mg/l als sehr zuverlässig für die Differenzierung zwischen einer interstitiell-ödematösen oder einer nekrotisierenden Pankreatitis erwiesen. Die Treffsicherheit dieses Parameters zum Nachweis einer nekrotisierenden Pankreatitis liegt bei etwa 85% [9].

Die Sensititivität der Computertomographie für die Diagnose der akuten Pankreatitis liegt bei 80%. Das dynamische kontrastmittelverstärkte CT stellt heute den »golden standard« zum Nachweis und Ausschluss von Pankreasnekro-

Tabelle 44-2. Ranson-Prognoseparameter der akuten Pankreatitis [15a]

	Werte für biliäre Pankreatitis		Normalwerte
Bei Aufnahme	**>55 Jahre**	**>70 Jahre**	
Leukozyten	>16.000/mm³	18.000/mm³	7000±3000/mm³
Nüchternblutzucker	>200 mg/dl	>200 mg/dl	≤105 mg/dl
Serum-LDH	>350 U/l	>400 U/l	20–225 U/l
Serum-GOT	>250 U/l	>250 U/l	7–40 U/l
48 h nach Aufnahme			
Hämatokritabfall um	>10%	–	–
Harnstoffanstieg um	>5 mg/dl	2>mg/dl	–
Serumkalziumabfall auf	<8 mg/dl	–	9,2–10,8 mg/dl
Arterieller pO_2-Abfall auf	<60 mmHg	–	–
Basendefizit	>4 mEq/l	>5 mEq/l	–
Geschätzte Flüssigkeitssequestration	6000 ml	4000 ml	–

sen, Hämorrhagien und extrapankreatischen Flüssigkeitsansammlungen dar. Die nekrotisierende Pankreatitis kann mit einer Treffsicherheit von 95% nachgewiesen werden. Für die klinisch-radiologische Routine hat sich die CT-Gradierung nach Balthazar in 5 Schweregradgruppen bewährt [1].

Neben diesen spezifischen prognostischen Faktoren sollte auch immer der aktuelle Ernährungszustand erfasst werden. Bei einer vorbestehenden Mangelernährung oder bei einer rasch auftretenden Verschlechterung des Ernährungszustands sollte eine adäquate Ernährungstherapie früh in das diagnostische Konzept integriert werden. Der Ernährungszustand kann anhand des Gewichtsverlaufs, des Körpermassenindexes (BMI), den Laborparametern (Serumalbumin, absolute Lymphozytenzahl) und mehreren Scores einfach erfasst werden [5, 34].

44.1.3 Metabolische Veränderungen

Während einer akuten Pankreatitis finden sich spezifische und unspezifische metabolische Veränderungen. *Die entzündlichen Veränderungen im Pankreas generieren ähnliche Reaktionen wie bei Patienten mit einer Sepsis.* Diese primäre Reaktion führt zu einem erhöhten Grundumsatz, Eiweißkatabolie und Veränderungen des Substratmetabolismus. Ein erhöhter O_2-Verbrauch reflektiert den gesteigerten Energieverbrauch und die endogene Glukoneogenese den Bedarf. Während einer schweren Pankreatitis sind über 80% der Patienten in einem hypermetabolen Zustand. Der erhöhte Energie- und Eiweißbedarf durch den gesteigerten Verbrauch und die verminderte exogene Zufuhr führen rasch zu einer Verschlechterung des Ernährungszustands. *Der zirkulierende Anteil an freien Aminosäuren (v. a. der verzweigtkettigen) ist stark reduziert.* Glutamin ist sowohl im Serum wie auch in der Skelettmuskulatur vermindert. Eine negative Stickstoffbilanz mit Urinstickstoffmengen bis zu 40 g/24 h sind bekannt.

> Das Ausmaß der negativen Stickstoffbilanz korreliert eng mit dem Verlauf. Bei negativer Stickstoffbilanz wurde eine bis zu 10-mal höhere Mortalität beschrieben im Vergleich zu Patienten mit einer positiven Stickstoffbilanz [32].

Wie bereits erwähnt, beeinflussen verschiedene Faktoren den Ruheenergieverbrauch: die Schwere der Erkrankung, der primäre Ernährungszustand und die Entwicklung von septischen Komplikationen. Der größte Teil der schwerkranken Patienten ist hypermetabol. Es gibt aber auch Patienen die normometabol oder sogar hypometabol sind. Aufgrund dieser unterschiedlichen metabolischen Reaktion ist es wichtig, den Energieverbrauch bei diesen Patienten zu erfassen. Es hat sich gezeigt, dass die Harris-Benedict-Formel meistens zu ungenau ist und deshalb die indirekte Kalorimetrie empfohlen wird; diese wird aber in der Praxis nur vereinzelt angewendet [23].

Kohlenhydrate

Die *Glukoneogenese* ist i. Allg. gesteigert und die Glukoseverwertung sowie die Oxidation sind reduziert.

> Bis zu 90% der Patienten entwickeln während einer schweren akuten Pankreatitis eine Glukoseintoleranz, und über 80% benötigen als Folge Insulin.

Kohlenhydrate, v. a. Glukose, stellen die Hauptenergiequelle dar. Der gesteigerte Grundumsatz und der Eiweißkatabolismus während einer akuten Pankreatitis bedingen eine vermehrte Energiezufuhr. Kohlenhydrate sind aus verschiedenen Gründen die bevorzugte Energiequelle:

1. Die Energiezufuhr ist einfach.
2. Die Glukosezufuhr reduziert teilweise die intrinsische Glukoneogenese durch Eiweißabbau. Dadurch kann der Eiweißkatabolismus z. T. kompensiert werden.
3. Die Energiezufuhr von Glukose anstatt Fett reduziert das Risiko einer Hyperlipidämie.

Die i.v.-zugeführte Glukose führt nicht zu einer Stimulation des exokrinen Pankreas. Sie kann aber den Glukosemetabolismus beeinflussen. Da auch die Glukagon- und Insulinsekretion während einer akuten Pankreatitis verändert sein können, besteht ein erhöhtes Hyperglykämierisiko. Die Entwicklung einer Hyperglykämie stellt einen weiteren Risikofaktor für den Verlauf dar. Die Hyperglykämie kann oft durch die Zufuhr von exogenem Insulin nur teilweise korrigiert werden [23].

Proteine und Aminosäuren

Ein gesteigerter Eiweißkatabolismus während einer akuten Pankreatitis ist häufig, und die negative Stickstoffbilanz beeinflusst den klinischen Verlauf. Die Aufrechterhaltung einer positiven Stickstoffbilanz ist daher ein wesentliches therapeutisches Ziel. Das Pankreas braucht ebenfalls eine adäquate Aminosäurenzufuhr, da eine Reihe wichtiger Eiweiße synthetisiert werden müssen. Zudem kann ein Mangel an bestimmten Aminosäuren die entzündlichen Prozesse noch verstärken.

Fette

Patienten mit einer Hyperlipidämie haben ein erhöhtes Risiko für eine Pankreatitis. Hyperlipidämien findet man bei 12–15% der Patienten während einer akuten Pankreatitis. Es ist jedoch nicht klar, ob dies einen pathogenetischen Faktor darstellt oder eine Folge der Pankreatitis ist oder eine Kombination von beidem. Eine Erhöhung von Cholesterin und freien Fettsäuren ist ebenfalls bekannt. Mit dem Abklingen der Pankreatitis normalisieren sich die erhöhten Werte meistens wieder. Die Lipolyse und die Fettoxidation sind gewöhnlich gesteigert, was eine Erklärung für die Hyperlipidämie sein kann. Verschiedene Mechanismen zur Erklärung der Schädigung des Pankreas durch erhöhte Serumlipide wurde vorgeschlagen.

Im geschädigten Pankreas ist die Kapillarpermeabilität gesteigert, was das Austreten von aktivierten Pankreasenzymen erleichtert. Dies kann zu einer lokalen Hydrolyse von Triglyzeriden aus Chylomikronen führen, was wiederum toxische Effekte an Kapillarmembranen begünstigt und zu einer weiteren Schädigung des Pankreas führt. Im Weiteren wurde die Ausbildung von Mikrothromben postuliert, die durch ischämische Schädigungen des Pankreas die Pankreatitis verschlimmert.

Mikronährstoffe

Die massiven Flüssigkeitsverschiebungen, Malabsorption und fehlende Zufuhr kann zu Mikronährstoffdefiziten führen. Eine Hypokalzämie wird durch eine verminderte Parathormonsekretion, eine gesteigerte Stimulation von Kalzitonin, Hypoalbuminämie und der Verseifung von Kalzium mit freien Fettsäuren erzeugt.

> Vor allem bei Alkoholikern mit einer akuten alkoholbedingten Pankreatitis sind erniedrigte Werte für Magnesium, Zink, Thiamin und Folsäure durch einen vorbestehenden Mangel und gesteigerte Verluste häufig.

Pankreas und Substratzufuhr

Bis vor kurzem galt das Dogma, dass während einer akuten Pankreatitis das Pankreas ruhiggestellt werden muss – unter der Annahme, dass Nährstoffe das exokrine Pankreas stimulieren und so die Krankheit durch eine Zunahme der Autolyse verschlimmert wird.

Diese Annahme gilt mittlerweile als überholt (!), da eine Reduktion der Nährstoffzufuhr mit einem erhöhten Bedarf zu einer negativen Energiebilanz führt und so den Verlauf der Krankheit negativ beeinflusst. Bis heute konnte keine Studie belegen, dass eine Ruhigstellung des Pankreas den klinischen Verlauf der Krankheit verbessert. Bei adäquater Ernährung kann aber der Verlauf positiv beeinflusst werden.

Wirkungen parenteral zugeführter Nährstoffe auf die Pankreassekretion

Dass die intravenöse Zufuhr von Nährstoffen die exokrine Pankreassekretion nicht bzw. nur geringradig stimuliert, wurde sowohl in zahlreichen tierexperimetellen Untersuchungen (9 von 12 Tierstudien zeigten nach einer Gabe von intravenösen Nährstoffen nur marginale Veränderungen der exokrinen Pankreassekretion), aber auch beim Menschen bestätigt [17]. Intravenös verabreichte Aminosäuren können allerdings die Magensekretion stimulieren; durch eine erhöhte Entleerung von Säure in das Duodenum kann die Pankreassekretion stimuliert werden. Dieser Effekt ist aber gering und hat keinen wesentlichen Einfluss auf den Verlauf der Pankreatitis.

Die intravenöse Gabe von Glukose und Eiweißhydrolysaten kann ohne Bedenken erfolgen. Dasselbe gilt auch für Fette. Die intravenöse Verabreichung von Fetten zeigte keine Verschlechterung der Pankreatitis, wenn keine Hyperlipidämie vorlag. Auch konnte bei gesunden Probanden nach Gabe von intravenösen Fetten keine Stimulation des exokrinen Pankreas gefunden werden. Negative Effekte bei der Gabe von intravenösen Fetten wurden aber vereinzelt beschrieben. Nur 4 Fälle wurden publiziert, in denen eine akute Pankreatitis nach der Gabe von Fettinfusionen auftrat. Diese Fälle sind aber schlecht charakterisiert, und die Lipidspiegel wurden in 3 Fällen schlecht dokumentiert oder nicht angegeben. 3 dieser 4 Patienten hatten einen M. Crohn als Grundkrankheit. Diese Fälle reichen nicht aus, um eine strenge Kausalität zwischen intravenösem Fett und der Auslösung einer Pankreatitis zu zeigen [17].

Wirkungen enteral zugeführter Nährstoffe auf die Pankreassekretion

Die Verdauung und Absorption von Nährstoffen ist ein komplexer Vorgang der eine Reihe regulatorischer Prozesse bedarf. Eine normale Pankreasfunktion spielt eine zentrale Rolle zur Verarbeitung und der Aufnahme von Nährstoffen. Eine Reihe von Untersuchungen hat gezeigt, dass die exokrine Pankreassekretion während einer akuten Pankreatitis stark reduziert ist. Die Cholezystokinin-stimulierte Sekretion ist praktisch gleich null zum Zeitpunkt der maximalen Schädigung. Es dauert Wochen bis Monate, bis die Sekretion sich wieder erholt.

Die Lokalisation der verabreichten Nährstoffe im Magen-Darm-Trakt bestimmt den Grad der exokrinen Pankreassekretion. Man kennt 3 Phasen der Pankreasstimulation:

1. *Kephale Pase:*
   Die visuelle und olfaktorische Wahrnehmung von Nahrung stimuliert die Magen- und Pankreassekretion über einen Vagusreiz.
2. *Gastrale Pase:*
   Durch die nahrungsbedingte Magendehnung erfolgt eine Freisetzung von Gastrin und Magensäure.
3. *Intestinale Phase:*
   Durch den Übertritt von *saurem* Speisebrei aus dem Magen ins Duodenum wird Sekretin freigesetzt und so die Pankreas- und Bikarbonatsekretion stimuliert. Cholezytokinin-Pankreozymin (CCK-PZ) wird v. a. beim Übertritt von Fett und Eiweiß ins Duodenum freigesetzt.

Jede Phase beinhaltet multiple stimulatorische Faktoren. Die *Stimulation des exokrinen Pankreas kann neurovagal, mechanisch, chemisch und hormonal sein.* Je *proximaler* im Magen-Darm-Trakt die Nährstoffe appliziert werden, desto mehr Faktoren bestimmen die Sekretion. Je *distaler* die Verabreichung in Nährstoffen, desto kleiner ist die Stimulation der exokrinen Sekretion. Mehrere Studien haben gezeigt, dass nur eine minimale Stimulation der exokrinen Pankreassekretion erfolgt, wenn die Nährstoffe in das Jejunum perfundiert werden. Neben dem Ort der Verabreichung spielt auch die Art des Nährstoffs eine Rolle für die Stimulation der exokrinen Pankreassekretion. Fette stimulieren die Sekretion stärker als Eiweiße und Kohlenhydrate.

In einer Hundestudie wurden die Pankreassekretion mit einer chemisch definierten Diät im Vergleich zu NaCl gastral, duodenal und jejunal verglichen. Die intragastrische Gabe resultiert in einer markanten Steigerung der Enzym- und Bikarbonatsekretion. Die Verabreichung intraduodenal war mit einer signifikanten Steigerung gegenüber der gastralen Gabe verbunden. Demgegenüber zeigte die intrajejunale Perfusion keine Stimulation der Enzym- und Bikarbonatsekretion im Vergleich zu den Kontrollen.

Bis heute wurde nie nachgewiesen, dass jejunal verabreichte nährstoffdefinierte Diäten den Verlauf der Pankreatitis verschlechtern. Etliche Studien nach großen Operationen oder kritisch kranken Patienten haben jedoch eine Reduktion der septischen Komplikationen bei der Gabe von immunstimulierenden Diäten dokumentiert [2, 10]. Hieraus folgernd wurde postuliert, dass die Erhaltung der Mukosaintensität für diese Befunde verantwortlich seien. Es konnte auch gezeigt werden, dass während einer akuten Pankreatitis Veränderungen der Mukosa mit konsekutiver Reduktion der Mukosadicke auftreten.

Eine enterale Ernährung wäre in der Lage, diese Veränderungen zu verhindern. Eine Atrophie der Mukosa kann die Translokation von Bakterien oder von Endotoxinen begünstigen und so die Grundlage für systemische Endotoxinämien, Bakteriämien oder für Sepsis bilden. Bei kritisch kranken Patienten wurde gezeigt, dass multiple Zytokine und andere inflammatorische Mediatoren aus dem Magen-Darm-Trakt freigesetzt werden, die zu folgenden Veränderungen führen können: Verschlechterung des oxidativen Stresses, Hypoglykämien und SIRS. Aus den obigen Ausführungen ist ersichtlich, dass eine enterale Ernährung auch bei akuter Pankreatitis Vorteilen haben könnte. So wird der enteralen Ernährung bei der akuten Pankreatitis einer parenteralen Ernährung zunehmend den Vorzug gegeben, da

- die intrajejunale Verabreichung von Nährstoffen keine wesentliche Stimulation des exokrinen Pankreas zeigt;
- eine mukosale Atrophie mit den darauffolgenden negativen Reaktionen wahrscheinlich verhindert werden kann;
- die enterale Ernährung billiger ist und weniger Komplikationen auftreten.

Als *»primo loco« der Applikation gilt das Jejunum.* Offen bleibt die Zusammensetzung der Ernährung. Die Frage, ob nährstoffdefinierte oder immunstimulierende Diäten chemisch definierten Formaldiäten überlegen sind, kann aufgrund fehlender Studien derzeit nicht beantwortet werden.

44.1.4 Ernährungstherapie bei akuter Pankreatitis

Wahl des Zeitpunkts

80% der Patienten haben eine leichte bis mittelschwere Pankreatitis. Diese Patienten erholen sich rasch. Mit einer oralen Ernährung kann meistens nach 5–7 Tagen wieder begonnen werden. Zu Beginn der Erkrankung ist es aber oft schwierig zu entscheiden, welchen Verlauf die Erkrankung nimmt. Es stehen praktisch keine Daten zur Verfügung, die einen frühen Ernährungsbeginn rechtfertigen. Es gibt derzeit keine prospektive Studie, die dokumentiert, dass im Vergleich zur Nahrungskarenz ein früher Beginn einer Ernährung den Verlauf der Krankheit beeinflusst. In einer einzigen Studie wurde untersucht, ob mit einer *frühen* parenteralen Ernährung der Krankheitsverlauf beeinflusst werden kann. Die Studie zeigte jedoch keinen positiven Effekt, sondern lediglich, dass Patienten unter parenteraler Ernährung länger hospitalisiert waren als jene, die nüchtern blieben [30] (*Tabelle 44-3*).

20% der Patienten haben eine schwere Pankreatitis und sind in einem katabolen, hypermetabolen Zustand. Eine Verschlechterung des Ernährungszustands tritt rasch ein. Zudem können diese Patienten über längere Zeit nicht oral ernährt werden. Die zunehmende Verschlechterung des Ernährungszustands beeinflusst die körpereigene Abwehr durch eine Verminderung der immunologischen Kompetenz negativ, was

Tabelle 44-3. Therapie der leichten bis mittelschweren Pankreatitis [24]

1. Stufe (2–5 Tage)	– nüchtern – Analgetika – i.v.-Flüssigkeitssubstitution und Elektrolytersatz
2. Stufe (3–7 Tage) Schmerz kontrolliert, Amylase, Lipase <3-fache Norm	– Ernährungsbeginn – Diät: reichlich Kohlenhydrate mäßig Eiweiß mäßig Fett
3. Stufe	Normales fettarmes Essen

dazu führt, dass nosokomiale Infektionen weniger gut vermieden werden können. Es ist deshalb entscheidend, dass Patienten mit einer akuten Pankreatitis täglich genau beurteilt werden. Sobald Zeichen eines schweren Verlaufs sichtbar werden, sollte mit einer Ernährungstherapie begonnen werden. Der optimale Beginn ist demzufolge sehr individuell und hängt häufig von der Erfahrung der betreuenden Ärzte ab.

Konsequenzen für die Ernährungstherapie

Zeitpunkt und Art der Ernährung während einer akuten Pankreatitis bleiben derzeit weiter umstritten. Unklar bleibt auch, ob die Ernährungsstrategie eine therapeutische Intervention darstellt oder lediglich supportiv ist. Viele therapeutische Ansätze basieren auf der Interpretation physiologischen Studien ohne Absicherung durch kontrollierte prospektive klinische Arbeiten. Zudem ist die Datenbasis, die die Basis für allgemeine Empfehlungen darstellen könnten, ungenügend. So existiert eine prospektive kontrollierte Studie bei Patienten mit leichter Pankreatitis, im Rahmen derer eine parenterale Ernährung mit ausschließlicher Flüssigkeitszufuhr verglichen worden ist. Die Resultate erbrachten keinen Vorteil für die parenterale Ernährung bezüglich des Verlaufs (Komplikationen, Tage bis zur oralen Ernährung). Die Gruppe der Patienten mit der parenteralen Ernährung war aber signifikant länger (6 Tage) hospitalisiert als die Kontrollgruppe [30].

Grundlegende Arbeiten bei Patienten mit schwerem Trauma, mit Verbrennungen oder nach großen abdominellen Tumoroperationen haben gezeigt, dass die Zahl der septischen Komplikationen reduziert werden kann, wenn die Patienten enteral ernährt wurden. Diese Grundlagen haben dazu geführt, dass die enterale Ernährung heute ein wichtiges therapeutisches Prinzip für alle kritisch kranken Patienten darstellt. Die enterale Ernährung kann den katabolen Zustand verbessern, den Verlust an Körpermagermasse reduzieren und die Akutphasenreaktion durch die Aufrechterhaltung des viszeralen Eiweißmetabolismus und durch Beeinflussung der Zytokinreaktionen im Splanchnikusgebiet modulieren. Kürzlich wurde von einer japanischen Arbeitsgruppe an Ratten gezeigt, dass die enterale Ernährung bei der akuten Pankreatitis die Translokation von Bakterien und Endotoxinen verhindert. Ein Einfluss auf den Verlauf der Krankheit konnte aber nicht nachgewiesen werden [14].

In den letzten Jahren wurden mehrere prospektive randomisierte Studien durchgeführt, die die enterale mit der parenteralen Ernährung verglichen.

Die Studie von Nakad et al. [26] hat dokumentiert, dass die enterale Ernährung bei 20 von 21 Patienten mit einer schweren Pankreatitis problemlos mit einer nasojejunalen Sonde innerhalb der ersten 60 h durchgeführt werden konnte; es traten keine signifikanten Komplikationen auf. McClave et al. [22] publizierten die erste prospektive Studie, die bei Patienten mit einer leichten bis mittelschweren Pankreatitis durchgeführt wurde. Die Patienten erhielten entweder eine parenterale Ernährung oder eine enterale Ernährung mit einer nasojejunalen Sonde innerhalb der ersten 48 h. Beide Gruppen erhielten eine isokalorische, isonitrogene Ernährung. Die Resultate zeigen ebenfalls, dass eine enterale Ernährung möglich ist. Die enteral Ernährten erreichten aber das kalorische Ziel nur in 82%, im Vergleich zu 96% bei den parenteral Ernährten. Der Verlauf zeigt aber keinen Unterschied bezüglich infektiöser

Komplikationen, Dauer des Aufenthaltes auf der Intensivstation, Dauer der Hospitalisation und der Anzahl Tage bis zur Aufnahme einer oralen Ernährung. Die parenteral ernährten Patienten hatten aber in der ersten Woche deutlich höhere Glukosespiegel als die enteral ernährten. Die Kosten waren in der parenteral ernährten Gruppe zudem signifikant höher [22].

Das wesentliche Problem dieser Studie ist jedoch die Selektion der Patienten mit einer leichten Pankreatitis, die normalerweise innerhalb 5–7 Tage normal essen können [22].

Die erste Studie bei Patienten mit einer schweren nekrotisierenden Pankreatitis wurde von Kalfarentzos et al. [13] publiziert. Die Patienten wurden in eine parenterale und eine enterale Gruppe randomisiert. Die enterale Ernährung erfolgte mit einer nasoenteralen Sonde mit einer chemisch definierten Formaldiät innerhalb der ersten 48 h der Krankheit. Die enterale Ernährung wurde gut toleriert und zeigte signifikant weniger Komplikationen (44% vs. 75%; $p<0{,}05$) als die parenterale Ernährung. Zudem hatten weniger Patienten in der enteralen Gruppe systemische Komplikationen (28% vs. 50%; $p<0{,}01$), die Gruppe der enteral ernährten Patienten hatte pro Patient eine niedrige Anzahl von Infektionen (0,56 vs. 1,35; $p<0{,}01$). Die enterale Ernährung war schließlich 3-mal billiger als die parenterale. Alle anderen untersuchten Parameter zeigten jedoch keine Unterschiede [13].

In einer englischen Studie wurde die parenterale Ernährung mit der enteralen Ernährung bei Patienten mit leichter bis schwerer Pankreatitis verglichen. Windsor et al. [35] zeigten, dass in der Gruppe der enteral ernährten Patienten die Akutphasenantwort reduziert wurde und der Verlauf besser war, obwohl keine merkliche Veränderung der Schädigung des Pankreas im Computertomogramm sichtbar war.

Folgende Punkte gelten als allgemein akzeptiert:

- Die Platzierung einer enteralen Sonde ist möglich, und eine enterale Ernährung weist mehr Vorteile auf als eine parenterale Ernährung.
- Die Gesamtkosten sind bei einer enteralen Ernährung deutlich niedriger.
- Komplikationen (Aszites, Pseudozysten, Fisteln) stellen keine Kontraindikation für eine enterale Ernährung dar.

Empfehlungen zur Ernährungstherapie

Das ernährungtherapeutische Management der akuten Pankreatitis umfasst derzeit 4 Prinzipien:

1. Verhinderung von iatrogenen Komplikationen (z. B. katheterbedingte Komplikationen),
2. Reduktion der Pankreasstimulation auf subklinische Stufen,
3. Erhaltung der intestinalen Integrität,
4. Verbesserung der systemischen inflammatorischen Antwort (SIRS).

Zur Zeit gibt es keine gesicherten Daten, dass eine zusätzliche Ernährung (enteral oder parenteral) bei Patienten mit *leichter bis mittelschwerer Pankreatitis* einen positiven Effekt auf den Krankheitsverlauf ausübt [24]. Das dies auch für Patienten mit einer manifesten Mangelernährung zutrifft, ist nicht belegt (s. ■ *Tabelle 44-3*).

Bei der *schweren Pankreatitis* wird der enteralen Ernährung hingegen der Vorzug gegeben, da die Inzidenz von nosokomialen Infektionen vermindert werden kann, die Dauer der systemischen inflammatorischen Antwort kürzer ist und die

■ Tabelle 44-4. Ernährungstherapeutische Maßnahmen bei schwerer Pankreatitis [24]

- Energie 25–35 kcal/kgKG/24 h (gemäß dem Ruheenergieverbrauch [indirekte Kalorimetrie])
- Protein 1,2–1,5 g/kgKG/24 h*
- Kohlenhydrate 3–6 g /kg/24 h (unter Kontrolle der Blutglukosespiegel)*
- Fette 1–2 g/kgKG*/24 h (unter Kontrolle der Serumlipide)*
- → Wenn eine Ernährungstherapie nötig ist, kontinuierliche enterale Ernährung mit einer Jejunalsonde.
  (Wenn das kalorische Ziel nicht erreicht werden kann, soll der Rest parenteral gegeben werden).
- → Wenn eine enterale Ernährung nicht möglich ist, sollte die parenterale Ernährung mit einer enteralen »Darmernährung« kombiniert werden mit einer kontinuierlichen jejunalen Perfusion einer chemisch definierten Formaldiät oder einer immunstimulierenden Diät (10–30 ml/h).

* Diese Werte entsprechen den Empfehlungen für die parenterale Ernährung. Für die enterale Ernährung kann es schwierig sein, diese Werte einzuhalten, da die Nährlösungen in einer fixen Zusammensetzung angeboten werden.

Schwere der Krankheit beeinflusst werden kann. Die enterale Ernährung ist sicher und jejunale Sonden sind einfach zu legen und werden gut toleriert, ohne dass eine Verschlechterung der Pankreatitissymptome eintreten. Als Diät wird eine chemisch definierte Formaldiät empfohlen. Allenfalls kann eine enterale immunostimulierende Diät versucht werden, doch ist hier die Datenlage noch ungenügend. Die parenterale Ernährung sollte nur adjuvant verabreicht werden, wenn das kalorische Ziel enteral nicht erreicht werden kann [24]. Die parenterale Ernährung mit Fetten ist ebenfalls sicher, wenn eine Hypertriglizeridämie (<12 mmol/l) vermieden wird (■ *Tabelle 44-4*).

Patienten mit schwerer Pankreatitis, Komplikationen oder der Notwendigkeit einer Operation, benötigen eine intensive Ernährungstherapie zur Prävention von negativen Effekten von Ernährungsdefiziten.

- Beginn mit einer kontinuierlichen, enteralen, jejunalen Ernährung mit einer chemisch definierten Formaldiät.
- Wenn das kalorische Ziel nicht erreicht werden kann, empfiehlt es sich, die enterale Ernährung mit einer parenteralen Ernährung zu kombinieren.
- Die Gabe von intravenösen verabreichten Fetten ist sicher, wenn einer Hypertriglyzeridämie vermieden wird.

Energiebedarf

Die Reduktion der Energiezufuhr und der gesteigerte Bedarf führen notwendigerweise zu einer negativen Energiebilanz mit einer folgenden Mangelernährung. In Analogie zur Sepsis sind Patienten mit einer schweren Pankreatitis meistens hypermetabol und haben einen gesteigerten Eiweißkatabolismus, eine erhöhte Glukoneogenese sowie eine verstärkte Urogenese. Je schwerer die Pankreatitis aufgrund der verschiedenen Scores, desto ausgeprägter ist der Hypermetabolismus. Der Ruheenergiebedarf ist sehr variabel und erreicht Werte zwischen 77 und 139% bezogen auf den errechneten Bedarf [6]. Der Ruheenergiebedarf ist jedoch signifikant höher bei einem komplizierten Verlauf mit Sepsis oder Multiorganversagen. Werte bis 158% wurden publiziert. Eine septische Komplikation beeinflusst den Ruheenergiebedarf am meisten. In diesen Fällen ist die Berechnung des Ruheenergiebedarfs mit der Harris-Benedict-Formel oft zu ungenau. In diesen Situationen wird heute die indirekte Kalorimetrie empfohlen, doch ist deren Anwendung noch nicht sehr verbreitet.

Energiezufuhr

Bei kritisch kranken Patienten kann weder eine isokalorische noch eine hyperkalorische Ernährung den Eiweißkatabolismus verhindern. In beiden Fällen wird die metabolische Last erhöht; dies kann am Energieverbrauch, an der Thermogenese, der Harnstoffproduktion und den Glukose- und Laktatspiegel gemessen werden. Eine hypokalorische Energiezufuhr von 15–20 kcal/kgKG ist deshalb in den frühen katabolen Stadien zu empfehlen (bei nichtchirurgischen Patienten oder bei multiplem Organversagen [MOF]). Eine Eiweißzufuhr von 1,2–1,5 g/kgKG ist meistens während einer schweren Pankreatitis ausreichend. Eine höhere Eiweißzufuhr ist nur bei einer ausgeprägten negativen Stickstoffbilanz gerechtfertigt. Je nach dem Verlauf der Erkrankung, insbesondere bei der Ausbildung eines Multiorganversagens, ist der Energie- und Eiweißbedarf zu adaptieren. Bei Patienten mit einem Nieren- oder Leberversagen sollte die Eiweißzufuhr nicht höher als 1,2 g/kgKG sein. Die regelmäßige Bestimmung des Urinharnstoffes kann notwendig sein, um den Eiweißbedarf zu bestimmen.

Eine reduzierte Glukoseoxidation kann häufig nicht mit Insulin verbessert werden. Die Glukosespiegel sollten jedoch unter 10 mmol/l gehalten werden. *Eine Steigerung der Insulindosis >6 IE/h sollte dennoch vermieden werden.* Wenn immer möglich sollte die Nährstoffzufuhr zu Beginn enteral über eine jejunale Sonde erfolgen. Kann das kalorische Ziel nicht erreicht werden, ist es sinnvoll, den Rest parenteral zu geben. Die Art der enteralen Diät ist noch nicht endgültig definiert. Unbedenklich scheinen aber chemisch definierte Formaldiäten zu sein. Aufgrund der Resultate bei anderen kritisch kranken Patienten könnte man auch eine immunstimulierende Diät verabreichen.

Bei einer vollständigen parenteralen Ernährung wird eine Kalorienzufuhr von 25–35 kcal/kgKG empfohlen, mit einer Eiweißzufuhr von etwas 1,2–1,5 g/kgKG. Die Energiezufuhr, aufgeteilt auf Fett und Kohlenhydrate, liegt idealerweise bei etwa 1:1. Es ist wichtig, Glukose und Lipidspiegel regelmäßig zu messen und den Kalorienbedarf regelmäßig, am besten anhand der indirekten Kalorimetrie, zu adaptieren.

Kostaufbau nach akuter Pankreatitis

Die Basistherapie sollte bis zu einer deutlichen klinischen Besserung (Schmerzfreiheit, Normalisierung der Körpertemperatur, Normalisierung des Abdominalbefundes und des Stuhlgangs) erfolgen.

> Die Wiederaufnahme der oralen Ernährung ist unabhängig von einem noch nachweisbaren Enzymanstieg. Entscheidend ist, dass der Patient zu Beginn der Nahrungsaufnahme beschwerdefrei ist [28].

Es gibt keinen fundierten Beleg für den häufig praktizierten mehrstufigen Kostaufbau mit gradueller Steigerung der Fettzufuhr (sog. Pankreasdiät Stufe 1–4). Die 2-stufige Empfehlung mit Tee und Zwieback als Basisstufe vor einer leichten Mischkost wird erfahrungsgemäß gut vertragen.

> Eine zusätzliche Gabe von Pankreasenzymen zum Kostaufbau ist ungesichert und prinzipiell nicht notwendig [28].

Etwa bei jedem 5. Patienten kommt es jedoch während des Kostaufbaus zu einem Rezidiv. Besonders gefährdet sind Patienten mit nekrotisierender Pankreatitis und initial lang anhaltenden Schmerzen [15a]. In der Studie von Lévy et al. [19] haben 21% der Patienten am 1. oder 2. Tag nach dem oralen Ernährungsbeginn wiederum Schmerzen verspürt. Als Risikofaktoren fanden sie eine Serumlipasekonzentration von mehr als dem 3-fachen Normwert und einen höheren Balthazar-CT-Score.

44.2 Chronische Pankreatitis

Die chronische Pankreatitis ist durch eine fibrosierende Entzündung mit fortschreitendem Untergang des Parenchyms und narbigem Ersatz, u. U. Ausbildungen von Pseudozysten und Verkalkungen des Organs, charakterisiert. Die morphologischen Veränderungen sind meist irreversibel und führen zu einer langsamen, aber progredienten Verminderung der exokrinen und endokrinen Sekretionen. Mit einer Latenzzeit von 8–15 Jahren nach Etablierung der Diagnose führt dies zu einer Maldigestion und in 20–30% zu einem Diabetes mellitus (*Abb. 44-2*).

44.2.1 Ätiologie und Klinik

In westlichen Ländern findet sich als häufigste Ursache einer chronischen Pankreatitis (>70%) ein langjähriger Alkoholabusus. In etwa 15–20% kann jedoch kein Grund gefunden werden, und wir sprechen von einer idiopathischen chronischen Pankreatitis. Die übrigen Ursachen sind selten (s. *Tabelle 44-5*).

Chronische, rezidivierende Bauchschmerzen sind das Leitsymptom der chronischen Pankreatitis. Persistierende Schmerzen kommen v. a. bei Komplikationen vor, wobei Pseudozysten, Obstruktionen des Gallengangs oder des Duodenums im Vordergrund stehen. In wenigen Fällen ist aber auch eine schmerzlose Form bekannt. Fettstühle (Steatorrhö), d. h. eine Stuhlfettausscheidung von mehr als 7 g/24 h und ein ente-

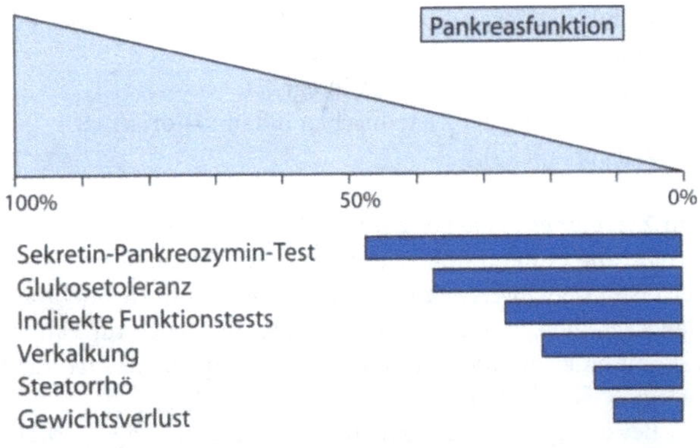

Abb. 44-2. Zeitlicher Verlauf einzelner morphologischer und funktioneller Veränderungen bei chronischer Pankreatitis. (Mod. nach [20])

Tabelle 44-5. Ätiologie der chronischen Pankreatitis

– Alkohol	70%
– Idiopathisch	15–20%
– Andere	15–20%
- Gangstenosen (Trauma, Pancreas divisum, Fibrosen, Tumor)	
- Heriditäre Pankreatitis	
- Tropische Pankreatitis	

raler Eiweißverlust (Azotorrhö) treten erst auf, wenn die Lipase und Trypsinsekretion um 90% reduziert sind, d. h. wenn mehr als 90% des Pankreasgewebe zerstört sind [7]. Appetitlosigkeit, Übelkeit und Erbrechen begleiten das Krankheitsbild. Nahrungsaufnahme verschlimmert die Symptomatik.

Bauchschmerzen, Maldigestion und Diabetes mellitus sind Komplikationen, die den Ernährungszustand des Patienten beeinträchtigen. Eine Eiweiß-Kalorien-Mangelernährung ist bei den betroffenen Patienten häufig. Die Ursache der Mangelernährung ist multifaktoriell: postprandiale Schmerzen, Appetitlosigkeit, Steatorrhö, Veränderungen der postprandialen Motilität und ein fortgesetzter Alkoholkonsum können die Gründe sein.

44.2.2 Diagnostik

Die chronische Pankreatitis wird anhand der morphologischen Veränderungen des Pankreas und der Reduktion der exokrinen und endokrinen Funktionen diagnostiziert. Der Nachweis von Kalk im Abdomenübersichtsröntgenbild oder in der Computertomographie sind diagnostischer Hinweis für eine chronische Pankreatitis. Die ERCP stellt das sensitivste Nachweisverfahren für eine chronische Pankreatitis dar. Die Art der Gangveränderungen definiert das Erkrankungsstadium.

Zum Nachweis einer *exokrinen Insuffizienz* stehen grundsätzlich 2 Möglichkeiten zur Verfügung:

- *direkte Methoden*, mit denen die Produkte der Pankreassekretion (Bikarbonat, Enzyme) unmittelbar erfasst werden (Sekretin-Pankreozymin-Test);
- *indirekte Methoden*, bei (SPT) denen der Nachweis einer verminderten Verdauungsleistung (Stuhlfettbestimmung, Pankreolauryltest, NBT-PABA-Test) oder eine verminderte Enzymkonzentration/-aktivität im Stuhl (Chymotrypsin, Elastase) auf eine verminderte Pankreassekretion schließen lässt.

Zum Nachweis einer frühen Insuffizienz muss die exokrine Sekretion nach spezifischer Stimulation mit Sekretin (SPT-Test) quantifiziert werden, wobei Duodenalsekret über eine Sonde aspiriert wird. Die Sensitivität des Sondentests liegt bei 80–90%.

Bei nachgewiesener exokriner Pankreasinsuffizienz sollten Stuhlgewicht und die Stuhlfettausscheidung über mindestens 72 h bestimmt werden um festzustellen, ob eine Enzymsubstitution erforderlich ist. Als semiquantiative Schnelltests können die Sudan-Färbung des Stuhles oder der β-Karotin-Nachweis im Serum durchgeführt werden [15].

Die *endokrine Funktion* wird anhand des Blutzuckertagesprofils, des oralen Glukosetoleranztests und der Bestimmung von Insulin und C-Peptid im Plasma beurteilt [25].

44.2.3 Exokrine Sekretion und Digestion

Obwohl bei der Entwicklung einer fortschreitenden Pankreasinsuffizienz die Sekretion aller Enzyme und damit die Verdauung aller Makronährstoffe vermindert ist, kommt der Reduktion der Fettverdauung mit nachfolgender Steatorrhö die entscheidende Rolle zu, da sie deutlich Jahre früher als die Maldigestion von Kohlenhydraten und Eiweißen auftritt [8]. Ursächlich kommen hierfür mehrere Mechanismen infrage:

- Die Digestion von Kohlenhydraten und Eiweißen wird erst spät beeinträchtigt. Die Amylase ist im Speichel vorhanden und Kohlenhydrate können durch mukosale Oligosaccharidasen aufgenommen werden. Die Eiweißverdauung beginnt im Magen mit der Proteolyse, und die Aufnahme im Darm kann über mukosale Peptidasen erfolgen (s. Kap. 7).
- Die luminale Fettverdauung ist abhängig von einer kombinierten Aktion der Pankreaslipase, der Kolipase und der Gallensäuren (s. Kap. 7). Im Gegensatz zu Kohlenhydraten (Disaccharidasen) und Eiweißen (Peptidasen) gibt es kein mukosales Enzymsystem für die Fettverdauung; die gastrische Lipase kann den Mangel an Pankreaslipase nicht ausgleichen.

Als Folge der chronischen Pankreatitis ist auch die Bikarbonatsekretion reduziert. Der postprandiale pH-Wert sinkt im Duodenum unter 4. Da die Lipase bei diesem pH-Wert inaktiviert wird, kann auch die vermindert sezernierte Lipase nicht voll aktiv sein. Im Weiteren werden Gallensäuren bei tiefem pH-Wert denaturiert, was die zur Fettaufnahme notwendige Mizellenbildung vermindert.

Es ist auch bekannt, dass die luminale Inaktivierung der Lipase schneller erfolgt als für andere Enzyme. So sind bereits bei Gesunden im terminalen Ileum nur noch 1% der sezernierten Lipase – gegenüber 74% der sezernierten Amylase- und 22% der sezernierten Trypsinaktivität nachweisbar [7].

> Vor diesem Hintergrund gilt die Wiederherstellung einer ausreichenden Fettverdauung als primäres ernährungstherapeutisches Ziel [15, 25].

44.2.4 Metabolische Konsequenzen

30–50% der Patienten mit einer chronischen Pankreatitis haben einen Ruheenergieverbrauch der höher liegt als der mit der Harris-Benedict-Formel errechnete Wert. Dies ist speziell bei Patienten mit einer alkoholinduzierten Pankreatitis der Fall. Beim Vorliegen einer zusätzlichen Mangelernährung haben bis zu 65% der Patienten einen erhöhten Energieverbrauch.

> Die reduzierte Zufuhr von Kalorien infolge von Schmerzen, Übelkeit, Erbrechen, die verminderte Aufnahme durch die reduzierte Enzymaktivität und die gesteigerten Verluste infolge der Steatorrhö sind entscheidende Faktoren für die Entwicklung einer Mangelernährung.

Neben der Eiweiß-Kalorien-Mangelernährung können infolge der Steatorrhö auch Mangelzustände der fettlöslichen Vit-

Tabelle 44-6. Häufigkeit von Hypovitaaminosen bei Patienten mit chronischer Pankreatitis und Steatorrhö

Vitamin	[%]
A	67
E	71
C	39
B_{12}	0,5

amine (A, D, E, K) auftreten (*Tabelle 44-6*). Trotz maximaler Pankreassubstitutionstherapie können deutlich erniedrigte Serumspiegel fettlöslicher Vitamine auftreten, die eine regelmäßige parenterale Substitution (A, D, E, K) erforderlich machen [18].

Durch erhöhten Alkoholkonsum bedingte weitere spezifische Mangelzustände für Kalzium, Magnesium, Zink, Thiamin und Folsäuren sind ebenfalls bekannt. Durch die unzureichende Bikarbonatsekretion und zunehmenden Proteasemangel kommt es zu einer nur unzureichenden Freisetzung von Vitamin B_{12} aus einer Bindung am sog. R-Protein (s. Kap. 7) und so zu einer verminderten Resorption von Vitamin B_{12} im terminalen Ileum.

Sehr spät im Verlauf kommt es durch die zunehmende Steatorrhö und durch eine gleichzeitig bestehende Malabsorption von Gallensäuren analog zu Patienten mit M. Crohn zu einer Hyperoxalurie und der damit oftmals verbunden Oxalatnephrolithiasis (Kap. 38).

Wie bei der akuten Pankreatitis wird den O_2-Radikalen eine wichtige Bedeutung beigemessen. Erniedrigte Serumkonzentrationen von Antioxidanzien wurden sowohl bei Patienten mit hereditärer chronischer Pankreatitis als auch mit chronischer alkoholischer Pankreatitis festgestellt. Da keine verminderte Zufuhr nachweisbar ist, wird der Mangel an Antioxidanzien mit einem erhöhten Bedarf erklärt [33].

44.2.5 Therapie

Als Therapieziel gilt es, die exokrine Pankreasinsuffizienz zu kompensieren und sekundäre Symptome infolge des Enzymmangels zu vermeiden bzw. abzumildern. Dazu bedarf es allgemeiner und diätetischer Maßnahmen sowie der individuelle angepassten Enzymsubstitution.

Die wichtigsten allgemeintherapeutischen Maßnahmen bei der chronischen Pankreatitis umfassen die *Abstinenz von Alkohol* und die *Schmerzkontrolle*. Mit diesen Maßnahmen kann in der Regel ein verbesserter Ernährungszustand erreicht werden. Falls Analgetika notwendig sind, sollten diese mit den Mahlzeiten verabreicht werden. Eine konsequente Alkoholkarenz gewährleistet:

- bei mindestend 50% der Patienten eine deutliche Reduktion der Schmerzen und
- eine Steigerung der gastrischen Lipasesekretion, was die digestive Insuffizienz zumindest partiell mindert.

Ob allerdings durch Alkoholkarenz das Fortschreiten einer ausgeprägten chronischen Pankreatitis aufgehalten werden kann, wird allgemein angezweifelt.

Indikationen für den Einsatz von Pankreasfermenten

Therapie der exokrinen Insuffizienz

Aufgrund der enormen Reservekapazität des exokrinen Pankreas kommt es bei der Mehrzahl der Patienten erst bei einem Funktionsausfall von >90% zur manifesten Steatorrhö (s. oben). Trotzdem finden sich nicht wenige Patienten mit bereits vorliegender Steatorrhö, trotz noch wesentlich besser erhaltener Pankreasfunktion, und Patienten mit nahezu vollständigem Funktionsausfall ohne Steatorrhö [25]. Als Entscheidlungskriterien zur Durchführung einer Enzymsubstitution gelten:

- manifeste Steatorrhö (>15 g/24 h),
- Gewichtsverlust/Marasmus,
- Diarrhö und/oder dyspeptische Beschwerden (Obstipation).

Tabelle 44-7. Liste der am häufigsten in Deutschland verschriebenen Pankreasenzympräparate. [Nach 15]

Pankreasenzympräparate		Firma	Lipase	Amylase	Proteasen
Kreon	10.000	Solvay	10.000	8.000	600
	25.000	Solvay	25.000	18.000	1.000
Enzym Lefax		Asche	2.200 + Simethicon 41,2 mg	1.800	100
Enzym-Lefax forte		Asche	10.500 + Dimeticon 40 mg	6.000	600
Panzytrat	10.000	Knoll	10.000	9.000	500
	25.000	Knoll	25.000	12.000	800
	40.000	Knoll	40.000	15.000	900
Pankreon forte	28.000	Solvay	28.000	22.000	1.500
Pangrol	25.000	Berlin-Chemie	25.000	22 500	1.250
Meteozym		Novartis	15.000 + Dimeticon-1000-silicium-dioxod 100 mg	11.000	900
Pancreatan	25.000	Novartis	25.000	22 500	1 250
	36.000	Novartis	36.000	18.000	1.200
Ozym	10.000	Trommsdorff	10.000	9.000	1.000
	20.000	Trommsdorff	20.000	18.000	1.000
Pankreatin Mikro	20.000	Ratiopharm	20.000	18.000	1.000

Enzymgehalt in Ph.-Eur.-Einheiten; Ph Eur., European Pharmacopoeia.

Tabelle 44-8. Differenzialtherapie der exokrinen Pankreasinsuffizienz

Therapiestandard	Säurefeste, mikrosphärisch verkapselte Pellets
Schwere exokrine Insuffizienz, ausgeprägte Steatorrö, Mukoviszidose	Hochdosierte säuregeschützte Enzympräparate + Magensäuresekretionshemmung
Zustand nach Billroth-II-Magenresektion; Kausch-Whipple-Operation	Konventionelle Enzympräparate als Granulat
Verdacht auf gastroduodenale Passagestörung (Diabetes mellitus, Pylorusstenose, Vagotonie)	Granulat + Säuresekretionshemmung, optional Prokinetika
Hyperazidität des Magens	Hochdosierte säuregeschützte Enzympräparate; konventionelle Präparate + Säuresekretionshemmung

> Pankreasenzyme werden bei pankreatogener Steatorrhö (in der Regel >15 g/24 h) und Gewichtsverlust eingesetzt. Ein Gewichtsverlust ohne Nachweis einer Steatorrhö stellt keine Indikation zur Enzymtherapie dar.

Da die Kohlenhydrat- und Eiweißverdauung z. T. durch extrapankreatische Enzyme übernommen werden kann, gilt in der Therapie der pankreatogenen Maldigestion der suffiziente Ersatz der Pankreslipase als zentraler Punkt.

Da ungeschützte Pankreasenzymextrakte während der Passage durch den intakten Magen zu >95% säureinaktiviert werden [15], sind moderne Präparate säurestabil durch eine Mikrogalenik geschützt. Als günstige Partikelgröße gilt eine Durchmesser um 2 mm (1,5–2,5 mm), da es sonst aufgrund der schnelleren Magenentleerung größerer Partikel zu einer zeitlichen Dissoziation von Enzymen und Nahrung kommt (*Tabelle 44-7*).

Ungeschützte, nichtsäureresistente Pankreasfermente sind bei Patienten unter einer Säureblockade bzw. nach (totaler) Gastrektomie auch wegen der rascheren intradudenalen Verfügbarkeit vorzuziehen (*Tabelle 44-8*; [15, 24]).

Die *Dosierung* von Pankreasenzympräparaten ist immer empirisch und erfolgt individuell (!). Um eine Reduktion der Steatorrhö in den therapeutischen Bereich von <14 g/24 h – eine Normalisierung des Stuhlfettgehalts ist in der Regel nicht möglich –, zu erreichen, sind in der Regel 25.000–50.000 U Lipase/Hauptmahlzeit sinnvoll. Kleinere Dosierungen (10.000 U) können bei den kleineren Zwischenmahlzeiten ausreichen (*Tabelle 44-9*).

Tabelle 44-9. Initiale Standardtherapie mit Pankreasenzymen bei normaler Physiologie und Anatomie

	Lipase-einheiten	Bemerkungen
Frühstück (Hauptmahlzeit)	20.000	Bis 40.000
1. Zwischenmahlzeit	10.000	Bis 20.000
Mittagessen (Hauptmahlzeit)	20.000	Bis 40.000
2. Zwischenmahlzeit (Kaffee)	10.000	Bis 20.000
Abendessen (Hauptmahlzeit)	20.000	Bis 40.000
Nachtessen (Zwischenmahlzeit)	10.000	Bis 20.000

> Die Dosierung muss sich, falls keine quantitative Stuhlfettanalyse möglich ist, nach der zu fordernden Abnahme der Stuhlfrequenz, des Stuhlgewichts und der Zunahme des Körpergewichts richten [15, 25].

Bei ungenügendem Ansprechen ist ein stufenweises Vorgehen zu empfehlen (*Abb. 44-3*). Die Besonderheiten der Ernährungs- und Enzymtherapie bei Mukoviszidose werden ausführlich in Kap. 45 besprochen.

Therapie von Schmerzen mit Pankreasenzymen

Bei verschiedenen Tierspezies wurde wiederholt gezeigt, dass die Anwesenheit von Proteasen im Duodenum die exokrine Pankreassekretion im Sinne einer »negativen Feedbackregulation« hemmt. Die Daten beim Menschen sind noch widersprüchlich [11, 31]. Ebenso sind die Studienergebnisse

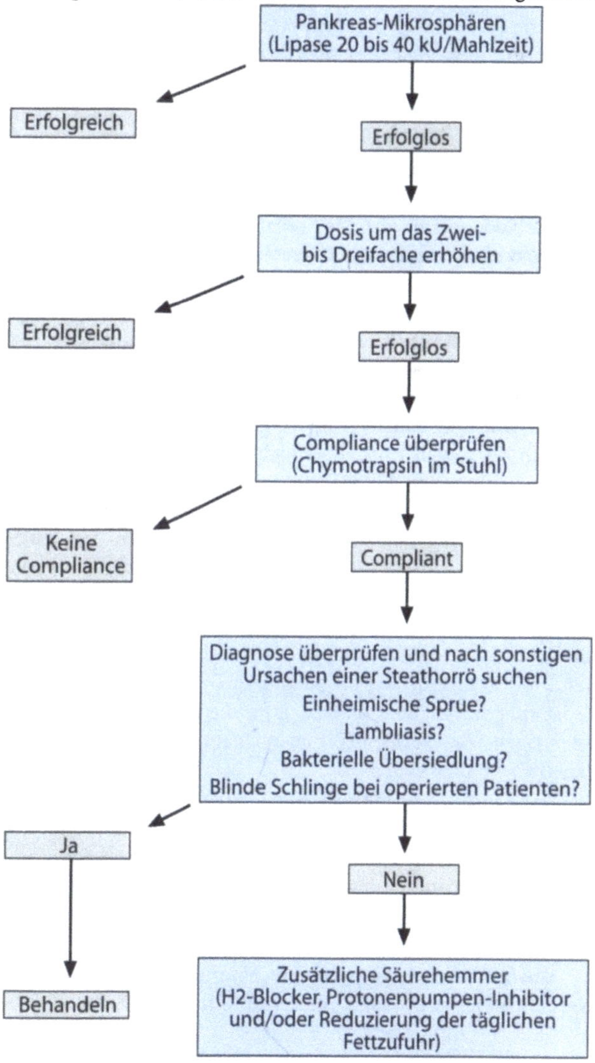

Abb. 44-3. Therapie der exokrinen Pankreasinsuffizienz. (Mod. nach [15])

zum Einsatz von Pankreasenzymen kontrovers. Eine kürzlich erschienene Metaanalyse von 6 randomisierten, doppelblinden, plazebokontrollierten Studien konnte keine signifikante analgetische Wirkung der Pankreasenzyme nachweisen. Am ehesten profitieren Patienten mit maifester Steatorrhö.

Bei nachgewiesener chronischer Pankreatitis mit anhaltenden abdominellen Beschwerden/Schmerzen kann probatorisch über einen Zeitraum von bis zu 8 Wochen die Gabe von Pankreasenzymen versucht werden. *Bei Nichterfolg sollte die Behandlung abgebrochen werden.*

Ernährungstherapeutische Maßnahmen

Empfehlenswert sind mehrere kleine Mahlzeiten (6–8) über den Tag verteilt. Es ist zu beachten, dass der Energiebedarf bei vielen Patienten über dem nach der Harris-Benedict-Formel errechneten Bedarf liegt.

In einer frühen Phase der chronischen Pankreatitis ohne Steatorrhö ist eine Diät mit reichlich Kohlenhydraten, 70–100 g Fett und 1–1,5 g Eiweiß/kgKG sinnvoll.

Beim Vorliegen einer Steatorrhö und einer Mangelernährung ist neben einer adäquaten Enzymsubstitution v. a. auf eine ausreichende Kalorienzufuhr zu achten. Fette sollten auf 50–70 g/24 h reduziert werden, wenn die Stearrhö persistiert. Die Anordnung einer sehr restriktiven Fettreduktion gilt als überholt, da v. a. leicht verdauliche pflanzliche Fette weder den chronisch entzündlichen Prozess verschlimmern, noch nachweislich verstärkte Beschwerden auslösen. Diese Fette sind unverzichtbare Kalorienträger. Die Eiweißzufuhr liegt bei 1–2 g/kgKG. Der Rest der Kalorien soll als Kohlenhydrate gegeben werden (300–400 g/24 h). Die Kohlenhydrate sollten auch beim Vorliegen eines manifesten Diabetes mellitus – unter Berücksichtigung der Insulindosis – reichlich angeboten werden. Hochmolekulare Kohlenhydrate sollten hier bevorzugt werden.

Eine übermäßig faserreiche Diät ist zu vermeiden, da Enzyme und Gallensäuren vermehrt gebunden werden können. Wenn trotz ausreichender Enzymsubstitution, Säureblockade und fettreduzierter Diät sich die Fettstühle und die dadurch bedingten Durchfälle nicht bessern, können mittelkettige Triglyzeride (MKT-Fette) versucht werden. Diese Fette, deren Fettsäuren überwiegend eine Kettenlänge von 8–10 Kohlenstoffatome haben, unterscheiden sich von den langkettigen Triglyzeriden (LKT) dadurch, dass sie bis zu einem gewissen Grade wasserlöslich sind, schneller durch Lipase gespalten und teilweise auch ungespalten resorbiert werden können. Sie werden nicht über die Lymphe, sondern vorwiegend mit dem Pfortaderblut aus dem Darm abtransportiert. Es ist aber zu beachten, dass auch für die Resorption von mittelkettigen Triglyzeriden eine ausreichende Lipaseaktivität im Darm vorhanden sein muss.

Der Einsatz von mittelkettigen Triglyzeriden muss langsam erfolgen, da sonst Nebenwirkungen wie abdominale Beschwerden, Erbrechen und Kopfschmerzen auftreten können. Bei der Zubereitung von Speisen mit MKT muss man ebenfalls die eingeschränkte geschmackliche Qualität und den geringeren Energiegehalt (8,3 kcal/g) beachten.

Die fettlöslichen Vitamine und Vitamin B_{12} sollten ersetzt werden, wenn ein Mangel im Serum oder spezifische Symptome auftreten. Die Dosisfindung ist oftmals schwierig, Überdosierungen können gefährlich sein. Zumindest die fettlöslichen Vitamine sollten parenteral appliziert werden, z. B. durch monatliche i.m.-Injektionen [18] (*Tabelle 44-10*).

Tabelle 44-10. Ernährungtherapie bei exokriner Pankreasinsuffizienz mit Steatorrhö

6–8 kleine Mahlzeiten:	2500–3000 kcal/24 h
Adäquate Enzymsubstitution	
Fette:	50–70 g/24 h (in schweren Fällen MKT (80–120 g/24 h)
Eiweiß:	1–1,5 g/kg KG (ohne Mangelenährung) –2 g/kg KG (mit Mangelenährung)
Kohlenhydrate:	300–400 g/24 h (bei Diabetes mellitus unter Anpassung des Insulins)
Vitamine:	Fettlösliche Vitamine (ADEK-Falk 1 Amp. i.m.) alle 1–2 Wochen Vitamin-B-Komplex (z. B. Polybion 1 Amp. i.m. oder i.v.) alle 1–2 Wochen Vitamin B_{12} (z. B. Depogamma 1000) 1-mal monatlich Folsäure (z. B. Folsan 15 mg i.m./i.v.) alle 1–2 Wochen bei Kachexie oder Anorexie
Chemisch definierte Formaldiät:	oral (in seltenen Fällen per Sonde kontinuierlich)

Ob die Gabe von Antioxidanzien sinnvoll ist, kann zur Zeit nicht abschließend beantwortet werden. Eine Zufuhr von Selen, Vitamin C, E und L-Methionin kann versucht werden [33].

Wenn in Ausnahmefällen mit den angeführten diätetischen Maßnahmen und adäquaten Pankreasenzymsubstitution keine ausreichende Deckung des Nährstoffenergiebedarfs möglich ist, kann auch eine zusätzlich verabreichte chemisch definierte Formaldiät versucht werden.

Enterale Ernährung

Eine enterale Ernährung mit einer nasojejunalen Sonde mit einer chemisch definierten Formaldiät wird nur empfohlen, wenn der Ernährungszustand durch keine andere Maßnahme gebessert werden kann. Es scheint, dass die kontinuierliche Gabe über Nacht den besten Effekt erzielt. Derzeit sind aber nur wenige kleine Studien verfügbar, mit denen eine Verbesserung des Ernährungszustands nachgewiesen werden konnte [21].

Therapie der endokrinen Pankreasinsuffizienz

Der endokrine Ausfall tritt überwiegend erst nach bereits manifestem exokrinem Ausfall auf und kann meist nur initial mit oralen Antidiabetika behandelt werden; früher oder später wird dennoch meist Insulin benötigt.

Wegen der gestörten Gegenregulation (Fehlen antiisulinärer Hormone wie z. B. Glukagon), der gestörten Nährstoffaufnahme und dem oftmals fortgesetzten Alkoholkonsum sollte auf eine zu strenge Einstellung mit Insulin verzichtet werden.

Literatur

1. Balthazar EJ, Robinson DL, Megibow AJ, Ranson JHC (1990) Acute pancreatitis: value of CT in establishing prognosis. Radiology 174: 331–336
2. Beale RJ, Bryg DJ, Bihari DJ (1990) Immunonutrition in the critically ill: A systematic review of clinical outcome. Crit Care Med 26: 1164–1172
3. Bradley EL (1993) A clinically based classification system for acute pancreatitis. Arch Surg 128: 586–590
4. Corfield AP, Cooper MJ, Williamson RCN et al. (1985) Prediction of severity in acute pancreatitis: Prospective comparison of three prognostic indices. Lancet II: 403–407
5. Detsky AS, McLaughlin JR, Baker JP et al. (1987) What is subjective global assessment of nutritional status. J Parenter Enteral Nutr JPEN 11: 8–14
6. Dickerson RN, Vehe KL, Mullen JL, Feurer ID (1991) Resting energy expenditure in patients with pancreatitis. Crit Care Med 19: 484–490
7. DiMagno EP, Clain JE, Layer P (1993) Chronic pancreatitis. In: Go VLW et al. (eds): The pancreas: biology, pathobiology, and diseases, 2nd edn. Raven Press, New York, pp 665–706
8. DiMagno EP, Malagelada JR, Go VLW, Moertel CG (1977) Fate of orally ingested enzymes in pancreatic insufficiency: comparison of two dosage schedules. N Engl J Med 296: 1318–1322
9. Heath DI, Cruickshank A, Gudgeon M, Jehanli A, Shenkin A, Imrie CW (1993) Role of interleukin-6 in mediating the acute phase protein response and potential as an early means of severity assessment in acute pancreatitis. Gut 34: 41–45
10. Heys SD, Walker LG, Smith I, Eremin O (1999) Enteral nutritional supplementation with key nutrients in patients with critical illness and cancer. Ann Surg 229: 467–477
11. Jansen JBMJ, Kuijpers JH, Zitman FJ, Van Dongen R (1995) Pain in chronic pancreatitis. Scand J Gastroenterol 30: 117–125
12. Klar E, Werner J (2000) Neue pathophysiologische Kenntnisse zur akuten Pankreatitis. Der Chirurg 71: 253–264
13. Kalfarentzos F, Kehagias J, Mead N, Kokkinis K, Gogos CA (1997) Enteral nutrition is superior to parenteral nutrition in severe acute pancreatitis: results of a randomized prospective trial. Br J Surg 84: 1665–1669
14. Kotani J, Usami M, Nomura H, Iso A et al. (1999) Enteral nutrition prevents bacterial translocation but does not improve survival during acute pancreatitis. Arch Surg 134: 287–292
15. Lankisch PG, Layer P (2000) Chronische Pankreatitis. Dtsch Ärztebl 33: B1844–B1852

15a. Lankisch PG, Büchler MW (2000) Akute Pankreatitis. Dtsch Ärztebl 31/32: B1787–1793

16. Larvin M, McMahon MJ (1989) Apache-II score for assessment and monitoring of acute pancreatitis. Lancet II: 201–205
17. Leibowitz AB, O'Sullivan P, Iberti TJ (1992) Intravenous fat emulsions and the pancreas: a review. Mount Sinai J Med 59: 38–42
18. Lembcke B, Stein J (1992) Vitamin deficiency in chronic pancreatitis: assessment and treatment. In: Lankisch P (ed) Pancreatic enzymes in health and disease. Springer, Berlin Heidelberg New York Tokio, pp 155–165
19. Lévy P, Heresbach D, Pariente EA, Boruchowicz A et al. (1997) Frequency and risk factor of recurrent pain during refeeding in patients with acute pancreatitis: a multivariate multicentre prospective study of 116 patients. Gut 40: 262–266
20. Löser C, Fölsch UR (1996) Diagnostik der chronischen Pankreatitis. Dtsch Med Wochenschr 121: 243–247
21. Marulendra S, Kirby DF (1995) Nutrition support in pancreatitis. Nutr Clin Pract 10: 45–53
22. McClave SA, Greene LM, Snider HL, Makk LJK et al. (1997) Comparison of the safety of early enteral vs parenteral nutrition in mild acute pancreatitis. J Parenter Enteral Nutr JPEN 21: 14–20
23. McClave SA, Spain DA, Snider HL (1998) Nutritional management in acute and chronic pancreatitis. Gastroenterol Clin North 27: 421–433
24. Meier R, Beglinger C., Layer P et al.(2002) ESPEN guidelines on nutrition in acute pancreatitis. Clin Nutr 21: 173–183
25. Mössner J, Keim V, Nierderau C et al. (1998) Leitlinien zur Therapie der chronischen Pankreatitis. Z Gastroenterol 36: 359–367
26. Nakad A, Piessevaux H, Marot JC, Hoang P (1998) Is early enteral nutrition in acute pancreatitis dangerous? About 20 patients fed by an endoscopically placed nasogastrojejunal tube. Pancreas 17: 187–193
27. Norman JG (1999) New approaches to acute pancreatitis: role of inflammatory mediators. Digestion 60 (Suppl 1): 57–60
28. Rünzi M, Layer P, Büchler MW et al. (2000) Therapie der akuten Pankreatitis. Z Gastroenterol 38: 571–581
29. Saluja AK, Steer ML (1999) Pathophysiology of pancreatitis. Role of cytokines and other mediators of inflammation. Digestion 60 (Suppl 1): 27–33
30. Sax HC, Warner BW, Talamini MA et al. (1987) Early total parenteral nutrition in acute pancreatitis: lack of beneficial effects. Am J Surg 153: 117–124
31. Scolapio JS, Malhi-Chowla N, Ukleja A (1999) Nutrition supplementation in patients with acute and chronic pancreatitis. Gastroenterol Clin North Am 28: 695–707
32. Sitzmann JV, Steinborn PA, Zinner MJ, Cameron JL (1989) Total parenteral nutrition and alternate energy substrates in treatment of severe acute pancreatitis. Surg Gynecol Obstr 168: 311–317
33. Sommer H (1997) Grundlagen der Diätetik von Erkrankungen der Bauchspeicheldrüse. Akt Ernähr Med 22: 338–341
34. Teasley-Strausburg KM, Anderson JD (1993) Assessment, prevalence and clinical significance of malnutrition. In: DiPiro JT et al. (eds) Pharmacology: a pathophysiologic approach, 2nd edn. Appleton & Lange, Norwald/CT
35. Windsor ACJ, Kanwar S, Li AGK et al. (1998) Compared with parenteral nutrition, enteral feeding attenuates the acute phase response and improves disease severity in acute pancreatitis. Gut 42: 431–435

Ernährungstherapie von angeborenen Stoffwechsel- und Speichererkrankungen

H. Böhles, J. Bargon, J. Stein

Schädigungen, die im Rahmen angeborener Stoffwechselerkrankungen auftreten, sind entweder Folge der toxischen Wirkung eines pathologisch erhöhten Metaboliten des Intermediärstoffwechsels oder die Folge eines durch den Defekt entstandenen Mangels. Die Behandlungsprinzipien sind dabei immer:

- Verhinderung der Anhäufung toxischer Substrate und Metaboliten.
- Zufuhr eines limitierenden Metaboliten nach einem metabolischen Block.
- Zufuhr eines Metaboliten, dessen Fehlen eine eigene Problematik verursacht.

Die erfolgreiche Betreuung derartiger Patienten setzt die Kooperation zwischen Arzt, Diätassistenz und metabolischem Labor voraus. Vorstellungen zur praktischen Umsetzung einer Diät, v. a. zu deren Schmackhaftigkeit, entscheiden weitgehend über deren Erfolg. Appetitlosigkeit, Erbrechen und Gedeihstörungen sind häufige praktische Probleme bei der Patientenführung.

45.1 Störungen des Aminosäurestoffwechsels

45.1.1 Phenylketonurie

Es ist bisher eine bereits nicht mehr überschaubare Anzahl einzelner Mutationen (>200) des Phenylalaninhydroxylase-Gens beschrieben, die eine unterschiedlich starke Herabsetzung der Enzymaktivität bewirken. Es besteht ein breites Spektrum klinischer und biochemischer Phänotypen, die mit dem Genotyp korrelieren [1]. Der größte Teil der Patienten hat einen Compound-Heterozygotie-Status. Klinisch ergeben sich folgende Varianten:

- *klassische Phenylketonurie:* Defekt der Phenylalaninhydroxylase mit einer Restaktivität <1%;
- *Phenylketonurie Typ II oder milde Phenylketonurie:* Restaktivität von 1–5%;
- *Hyperphenylalaninämie* im engeren Sinn: Restaktivität von >5%. Die Serumphenylalaninkonzentrationen liegen auch bei normaler Proteinzufuhr <10 mg/dl.
- 1–3% der Patienten haben eine Störung des *Tetrahydrobiopterin (BH_4)-Kofaktorsystems.* Diese Form ist einer diätetischen Therapie nicht zugänglich. Es ist keine Diät notwendig. Therapie ist die Gabe von Tetrahydrobiopterin und von Neurotransmittervorstufen (L-DOPA, 5-Hydroxytryptophan).

Hyperphenylalaninämien und klassische Phenylketonurie

Pathogenese und Diagnostik

Die Phenylketonurie ist die häufigste Störung des Aminosäurestoffwechsels (ca. 1:7500 Neugeborene in Mitteleuropa; ca. 1:3000 in der Türkei). Betroffen ist die Umwandlung der Aminosäure Phenylalanin (Phe) in Tyrosin durch das Enzym Phenylalaninhydroxylase; an dieser Reaktion ist Tetrahydrobiopterin (BH_4) als Kofaktor beteiligt. Die Ursache der verminderten Phenylalaninhydroxylaseaktivität kann im Enzym selbst oder durch eine gestörte Tetrahydrobiopterinsynthese bedingt sein (s. Kap. 8).

Da durch eine *frühzeitige diätetische Therapie* die – durch die Erkrankung verursachten – neurologischen Störungen vermeidbar sind, wurde zur Früherkennung von staatlicher Seite ein offizielles *Screeningprogramm* eingeführt. Bisher wurde die Phenylalaninkonzentration in auf Filterpapier konserviertem Blut zwischen dem 5. und 7. Lebenstag nach einer ausreichenden Proteinzufuhr im mikrobiologischen *Guthrie-Test* gemessen. Bei gestillten Kindern ist der Anstieg der Phenylalaninkonzentration wegen des geringen Proteingehalts der Muttermilch verzögert (Phenylalaningehalt in Frauenmilch etwa 50 mg/dl, in Kuhmilchformula ca. 150 mg/dl). Zwischenzeitlich setzt sich das Screeningverfahren mittels *Tandemmassenspektrometrie* durch, das eine Beurteilung sowohl der Serumphenylalanin- als auch der Serumtyrosinkonzentration bereits am ersten Lebenstag erlaubt. Normale Serumphenylalaninkonzentrationen liegen bei 0,6–2,0 mg/dl (37–125 µmol/l).

Im Falle eines positiven Screeningergebnisses muss zum Ausschluss einer Störung des Koenzymsystems ein *BH_4-Test* durchgeführt werden. Er besteht aus einer Bestimmung der Pterine im Urin sowie der Messung der Serumphenylalaninkonzentration vor sowie 4 und 8 h nach oraler Zufuhr von Tetrahydrobiopterin (20 mg/kgKG). Bei klassischer Phenylketonurie fällt die Phenylalaninkonzentration nicht ab.

Neugeborene mit Phenylketonurie weisen keine klinischen Symptome, also auch keine Funktionsbeeinträchtigung des Gehirns auf. Eine massive Schädigung des Gehirns durch die Beeinträchtigung der Myelinisierung erfolgt insbesondere im ersten Lebensjahr. Es wird eine zunehmende Retardierung der psychomotorischen Entwicklung bemerkt. Etwa 1/3 der Säuglinge entwickeln schwere Krampfanfälle (generalisierte und/oder ZNS-Anfälle); spätere Symptome der unbehandelten Phenylketonurie können sein: Mikrozephalie, Verhaltensstörungen, Hyperaktivität, Grand-mal-Epilepsien. Bei einem Teil der Patienten entwickeln sich neben der Pigmentarmut von Haut und Haaren stark juckende, ekzematoide Dermatitiden. Durch eine frühzeitige diätetische Therapie kann eine normale Intelligenzentwicklung erhalten werden.

Therapiegrundsätze

Frühzeitige Kompensation (Behandlungsbeginn möglichst vor der 3. Lebenswoche) der Stoffwechselstörung mit Senkung der Serumphenylalaninkonzentration auf 0,7–4 mg/dl (40–240 µmol/l) bis zum 10. Lebensjahr führt zu einer weitgehend normalen intellektuellen und motorischen Entwicklung.

Eine Beendigung der Diät nach dem 10. Lebensjahr führt zu keinem Verlust an intellektuellen Fähigkeiten [2, 3]. Allerdings zeigt ein Teil nachuntersuchter Patienten neurophysiologische Auffälligkeiten sowie Veränderungen der weißen Hirnsubstanz im MRT. Trotz optimaler Diätführung lassen sich u. U. kognitive Defizite und Verhaltensauffälligkeiten nachweisen.

In Deutschland wird bis zum 10. Lebensjahr eine anzustrebende Serumphenylalaninkonzentrationen zwischen 40 und 240 µmol/l empfohlen; zwischen dem 11. und 15. Lebensjahr eine Konzentration <15 mg/dl (900 µmol/l) und danach <20 mg/dl (1200 µmol/l).

Über eine Behandlungsnotwendigkeit älterer Kinder muss individuell entschieden werden. Eine intermittierende strenge Diätführung kann bei speziellen Anforderungssituationen (Schulungen, Prüfungen usw.) auch zu einem späteren Zeitpunkt anzuraten sein, da von den Patienten häufig über Konzentrationsstörungen geklagt wird. Während einer diätetischen Behandlung sollte eine *Serumphenylalaninkonzentration von nicht <0,7 und nicht >10 mg/dl angestrebt werden.*

Praktische Durchführung

> Grundsätzlich gilt, dass die Eltern, später die Patienten, von Anfang an in der selbstständigen Berechnung der Phenylalaninzufuhr anhand von Nährstofftabellen und der Zubereitung der Kost zu unterweisen sind.

Anfangstherapie. Zunächst erfolgt die Ernährung mit einem phenylalaninfreien Milchersatzpräparat (z. B. PKU 1 mix; p-am ANALOG) bis die Serumphenylalaninkonzentration unter 8 mg/dl abgefallen ist. Die Serumphenylalaninkonzentration wird mit Hilfe einer berechneten Mischung aus einer Säuglingsmilch und einem phenylalaninfreien Proteinersatzpräparat auf 2–4 mg/dl eingestellt. Eine phenylalaninkontrollierte Diät wird wie folgt berechnet:

- Festlegung des Gesamtproteinbedarfs entsprechend offizieller Empfehlungen (*Tabelle 45-1, 45-2*).
- Berechnung des täglichen Phenylalaninbedarfs und der damit erlaubten Zufuhr an nativem Protein; als Leitlinien können hier die Bedarfswerte aus *Tabelle 45-3* gelten. Die meisten tierischen und auch pflanzlichen Proteine enthalten ca. 50 mg Phenylalanin pro Gramm Protein (5%). Die durchschnittliche Phenylalanintoleranz im Säuglingsalter ist ca. 30–50 mg/kgKG/24 h.
- Deckung des restlichen Eiweißbedarfs durch ein phenylalaninfreies Eiweißersatzpräparat (z. B. PKU 1, PKU 2, P-AM).
- Beurteilung des Gesamtenergiebedarfs und Aufteilung des nach Abzug von Eiweiß verbleibenden Restkalorienbedarfs auf Kohlenhydrate und Fett.
- Anpassung der notwendigen Flüssigkeitsmenge.

Der Phenylalaningehalt von einigen exemplarischen Lebensmitteln ist in *Tabelle 45-4* dargestellt. Es soll gesondert darauf hingewiesen werden, dass der Süßstoff *Aspartam* (Nutrasweet, Canderel), der v. a. in »Light-Getränken« enthalten ist, ein phenylalaninhaltiges Dipeptid (L-Aspartyl-L-Phenylalaninmethylester) ist. Er wird zu 34% Asparaginsäure, 56% Phenylalanin und 10% Methanol metabolisiert. Bei der täglichen Einnahme von 34 mg Aspartam/kgKG = 15 mg Phenylalanin/kgKG wäre die Phenylalanintoleranz eines Patienten erreicht. Die mittlere Phenylalaninkonzentration in Light-Getränken, die durch Aspartamzusatz bedingt ist, liegt bei 5–7 mg/100 ml.

Tabelle 45-1. Proteinbedarf in verschiedenen Altersklassen

Säuglinge	2,5 g/kgKG/24 h
Kleinkinder	2,0 g/kgKG/24 h
Schulkinder	1,5 g/kgKG/24 h

Tabelle 45-2. Empfehlungen zur Ernährung bei Phenylketonurie

- Stillen:
  Vor dem Stillen Vorfütterung (außer nachts) von 30–50 ml Phe-freiem Milchersatzpräparat (Dosierung je nach Serum-Phe-Konzentration), danach Stillen ad libidum
- Einstellung:
  Ernährung des Säuglings mit einem phenylalaninreichen Milchersatzpräparat bis zu einer Phe-Serumkonzentration <8 mg/dl
  Serumkonzentrationen mittels einer Mischung aus einer adaptierten Säuglingsmilch und einem Phe-freien Proteinersatz auf 2–4 mg/dl einstellen (s. Text)
  Deckung des Phenyalaninbedarfs durch natives Eiweiß (Fleisch und Wurst sind grundsätzlich zu meiden)
  Deckung des verbleibenden Eiweißbedarfs durch ein phenylalaninfreies Proteinersatzpräparat (möglichst über 5 Einzeldosen)
  Bei fieberhaften Infekten: Reduktion der Phenylalaninzufuhr

Ernährung mit Muttermilch. Der bewusste Einsatz des Stillens in der Behandlung von PKU-Kindern wurde erst in den letzten Jahren als eine gut zu handhabende Möglichkeit erkannt. *Muttermilch hat mit ca. 50 mg/dl (3000 µmol/l) einen niedrigeren Phenylalaningehalt als Kuhmilch mit ca. 150 mg/dl (ca. 9000 µmol/l) und Standardsäuglingsmilch auf Kuhmilchbasis (ca. 4500 µmol/l)*, was v. a. auf ihren geringeren Proteingehalt von 0,8–0,9 g/dl zurückzuführen ist.

In den ersten Tagen nach der Diagnosestellung kann nicht gestillt werden. In dieser Zeit wird eine phenylalaninfreie Flaschennahrung gefüttert. Meistens werden nach 3–5 Tagen Serumphenylalaninkonzentrationen <10 mg/dl (600 µmol/l) erreicht, sodass mit dem Stillen begonnen werden kann. Abgesehen von ernährungsphysiologischen Gründen vermindert das Stillen den bei dieser Krankheitsproblematik beträchtlichen emotionalen Stress der Mutter. Die Trinkmenge an der Brust wird über die Zufuhr des Milchersatzgemisches gesteuert, das grundsätzlich zuerst gefüttert wird und dessen Menge sich wiederum nach der Höhe der Serumphenylalaninkonzentration richtet. In den meisten Fällen emp-

Tabelle 45-3. Phenylalaninbedarf in den ersten Lebensjahren

Alter	Gewicht [kg]	Phenylalanin [mg/kgKG]	Phenylalanin [mg/24 h]
Geburt	3	45	135
1 Monat	4	45	180
3 Monate	6	40	240
6 Monate	8	35	280
1 Jahr	10	30	300
3 Jahre	15	20	300
6 Jahre	20	15	300

fiehlt sich die Vorfütterung von 30–50 ml eines phenylalaninfreien Milchersatzgemisches; nachts kann die Vorfütterung entfallen.

Im Säuglingsalter sollte die Serumphenylalaninkonzentration wöchentlich kontrolliert werden.

Diätführung im Kleinkind- und Schulalter. Für die Berechnung und Zusammenstellung einer phenylalaninkontrollierten Diät ist die Kenntnis des Phenylalaningehalts einzelner Nahrungsmittel notwendig (s. Anhang). Diese Werte sind der einschlägigen Literatur zu entnehmen. Grundsätzlich kann man jedoch davon ausgehen, dass Fleisch und Wurst nichterlaubte Lebensmittel sind. Zwischenzeitlich werden industriell gefertigte eiweißarme Nahrungsmittel angeboten (z. B. Loprofin-Lebensmittel).

> Das phenylalaninfreie Proteinersatzpräparat schmeckt, wie alle Aminosäuremischungen und Proteinhydrolysate unangenehm. Die Patienten neigen daher dazu die gesamte Tagesmenge in einer Dosis einzunehmen. Hierdurch können massive Aminosäureimbalanzen ausgelöst werden. Diese lassen sich nur vermeiden, wenn die Aminosäuremischung gleichmäßig, möglichst auf 5 Einzeldosen über den Tag verteilt, eingenommen wird.

Nach derzeitiger Meinung ist eine strenge Diätführung nur bis zur Pubertät notwendig. Danach sollte jedoch auf eine möglichst vegetarische Ernährung übergegangen werden. Die Serumphenylalaninkonzentrationen sollten 20 mg/dl nicht überschreiten.

Erhöhte Serumphenylalaninkonzentrationen müssen nicht notwendigerweise durch einen Diätfehler verursacht sein, sondern sind häufig durch *katabole Reaktionen* im Verlauf fieberhafter Erkältungen oder Durchfallerkrankungen bedingt. Bei Anhebung der Energiezufuhr sollte die Phenylalaninzufuhr kurzzeitig halbiert und dann innerhalb von 3–4 Tagen wieder auf die alte Dosis angehoben werden. Säuglinge können nach länger anhaltender Durchfallerkrankung mit Gewichtsverlust einen Nachholbedarf an Phenylalanin aufweisen.

Eine ungenügende Zufuhr von Phenylalanin führt zur Proteinkatabolie mit Freisetzung von endogenem Phenylalanin und damit zu einem Anstieg der Serumkonzentrationen.

Phenylketonuriepatienten weisen häufig einen *Eisenmangel* auf, da die Adjuvanswirkung von tierischem Protein bei der Resorption von Eisen stark eingeschränkt ist. Wegen der verminderten Eisenverfügbarkeit ist die *Carnitineigensynthese eingeschränkt.*

Ca. 1/3 der Patienten verfügen über ungenügende *Selenbestände.* Eine Anreicherung der Nahrung mit den Aminosäuren Tyrosin und Tryptophan soll das Konzentrationsvermögen und die Aufmerksamkeitsspanne der Patienten verbessern. Tyrosin ist jedoch in freier Form nur schwer löslich (500 mg/l) und somit in seiner Bioverfügbarkeit limitiert; die Verwendung des besser löslichen N-Acetyltyrosins (Löslichkeit: 50.000 mg/l) ist zu erwägen.

Tabelle 45-4. Phenylalaningehalt in Lebensmitteln (mg Phenylalanin/100 g bzw. 100 ml)

Milch und Milchprodukte	
Trinkmilch	340
Sahne, süß	110
Kondensmilch	420
Joghurt	160
Obstsäfte	
Apfelsaft	34
Orangensaft	40
Traubensaft	15
Gemüse	
Blumenkohl	77
Bohnen, grün	66
Grüner Salat	70
Erbsen	190
Gurken	14
Karotten, roh	35
Kartoffeln, roh	90
Spinat	110
Tomaten	27
Zwiebeln	35
Getreideprodukte	
Brötchen	170
Cornflakes	340
Haferflocken	740
Reis	350
Roggenbrot	330
Fette	
Butter	40
Mayonnaise	75
Pflanzenöle	0
Obst	
Apfel	15
Annanas	23
Bananen	58
Birnen	25
Erdbeeren	41
Himbeeren	65
Kirschen	45
Pfirsiche	36
Wassermelonen	30
Weintrauben	34

Mütterliche Phenylketonurie – Pathogenese und Diagnostik

Es handelt sich um ein Missbildungssyndrom durch embryonale und fetale Schädigung als Folge einer nicht oder ungenügend behandelten Phenylketonurie der Schwangeren. Wegen des aktiven Transports von Phenylalanin über die Plazenta, sind die Phenylalaninkonzentrationen des Fetus um ca. 2/3 höher als bei der Mutter. Die Neugeborenen zeigen überwiegend eine Mikrozephalie, dysmorphe Gesichtszüge (ähnlich der Alkoholembryopathie) und in ca. 20% der Fälle Fehlbildungen des Herzens. Später entwickelt sich eine geistige Retardierung.

Mütterliche Phenylketonurie – Therapie

Bereits zum Zeitpunkt der Konzeption sollte die Serumphenylalaninkonzentration der Mutter möglichst im Normbereich, aber in jedem Fall <4 mg/dl (<240 µmol/l) liegen [10]. Da nicht alle Frauen in der Lage sind für die Zeit einer Schwangerschaft eine strikte Diät einzuhalten, sollten diese sich vor einer möglichen Konzeption einer »Diät auf Probe« unterziehen. Daraus ergibt sich bereits die wesentliche Aussage, dass eine Schwangerschaft einer Patientin mit Phenylketonurie eine strikte Planung voraussetzt. Besonders gefährdet sind Frauen mit einer Hyperphenylalaninämie, die in ihrer Kindheit keine oder nur eine sehr leichte Diätbehandlung durchgeführt haben, da sie nur ein geringes Problembewusstsein entwickelt haben. Bei Kinderwunsch ist folgendes Vorgehen zu empfehlen:

- Etwa 4-wöchige Probediät um festzustellen, ob die Patientin in der Lage ist, eine strenge Diät einzuhalten.
- Besteht diese Fähigkeit, dann wird die Serumphenylalaninkonzentration auf möglichst normale Werte eingestellt.
- Bei normalisierter Serumphenylalaninkonzentration kann die Konzeption erfolgen.
- Der tägliche *Proteinbedarf* der Schwangeren liegt bei 1,1–1,3 g Eiweiß/kg des aktuellen Körpergewichts.

Die Phenylalanintoleranz liegt bei 600–800 mg/24 h. 15–20 g des Proteinbedarfs können als natürliches Eiweiß gegeben werden; der Rest wird durch eine dem Bedarf der Schwangeren angepasste Aminosäuremischung gedeckt. Handelsübliche Präparate sind z. B. P-AM maternal. Wird P-AM 3 oder PKU 3 verwendet, so muss zusätzlich eine ausreichende Tyrosinzulage erfolgen. Der Tyrosinbedarf steigt im 2. Trimenon stark an. Er liegt bei ca. 50 mg/kg/24 h. Die Plasmatyrosinkonzentration sollte zwischen 30 und 80 µmol/l gehalten werden.

Der Eiweißbedarf steigt in der Schwangerschaft. Dabei sind Akzeptanzprobleme häufig, da die meisten Kohlenhydrate und Fette nur in weitgehend eiweißfreier Form verabreicht werden können. Eine Gewichtsabnahme muss verhindert und eine kontinuierliche Gewichtszunahme sichergestellt werden.

Die Phenylalanintoleranz steigt ab ca. der 20. Schwangerschaftswoche auf u. U. über 1400 mg/24 h an, sodass eine Erhöhung der Phenylalaninzufuhr erfolgen muss. Am Ende der Schwangerschaft wird die ca. 3fache Phenylalaninmenge im Vergleich zum Anfang der Schwangerschaft verabreicht. Engmaschige Plasmakontrollen, etwa 1- bis 2-mal pro Woche sind erforderlich. Monatliche Gesamtaminosäureprofile sollen eine ausreichende Zufuhr bestätigen und sind die Grundlage individueller Anpassungen.

Sollte die Mutter vor der Schwangerschaft keine Diät mehr gehalten haben, so darf sie nach der Geburt zu einer freien Ernährung zurückkehren. Die Kinder können problemlos gestillt werden. Der Phenylalaningehalt der Muttermilch ist hinsichtlich des freien Phenylalanins erhöht (ca. 20fach), was aber für den gesunden Säugling quantitativ unbedeutend ist.

Tetrahydrobiopterinmangel (BH_4)-Mangel

Bei der durch Tetrahydrobiopterinmangel, der ca. 2% der diagnostizierten Phenylketonurie ausmacht, induzierten Phenylketonurie, besteht keine Indikation für eine strenge PKU-Diät. Therapie der Wahl ist die medikamentöse Gabe von Tetrahydrobiopterin und Neurotransmittervorstufen (L-DOPA, 5-Hydroxytryptophan). Unter effektiver BH_4-Substitution kann eine altersstufengerechte eiweißarme Kost – entsprechend der dann meist wesentlich besseren Phenylalanintoleranz – verabreicht werden.

45.1.2 Störungen des Tyrosinstoffwechsels

Bei allen 3 Formen (heriditäre Tyrosinämie Typ I–III, s. Kap. 8) erfolgt die Diät durch kontrollierte Beschränkung der Zufuhr aromatischer Aminosäuren je nach individueller Toleranz (Kriterium: Plasmatyrosin <110 µmol/l, Phenylalanin >60 und <110 µmol/l) in Form einer eiweißarmer Kost. Die altersstufengerechte Substitution des Aminosäurebedarfs erfolgt durch Phe- und Tyr-freie Aminosäuremischungen (z. B. Milupa Tyr).

In der *Akutphase* schwerer Fälle erfolgt zunächst Phe- und Tyr-freie Kost (1–2 Tage) sowie hochkalorische kohlenhydratreiche ggf. parenterale Ernährung.

Der *Kostaufbau* entspricht der PKU-Diät. Bei *Hypermethioninämie* (>45 µml/l) ist eine zusätzlich Einschränkung der Methioninzufuhr und Supplementierung von L-Cystein notwendig. Trotz Besserung der biochemischen Parameter und der Nierenfunktion bleibt bei Typ I (hepatorenale Form) die Lebertransplantation als Ultima Ratio bestehen.

45.1.3 Störungen der Harnstoffsynthese

Pathogenese und Diagnostik

Störungen der Harnstoffsynthese sind genetisch bedingte Störungen der Stickstoffentgiftung, die zur Hyperammoniämie führen. Insgesamt sind 6 angeborene Störungen bekannt (Kap. 8).

Der X-chromosomal vererbte Ornithintranscarbamylasemangel ist der wichtigste dieser angeborenen Defekte. Hemizygote Mädchen zeigen eine leichtere Verlaufsform. Die Hyperammoniämie ist die gemeinsame klinisch-chemische Auffälligkeit. *Entscheidend für die differenzialdiagnostische Zuordnung ist die quantitative Bestimmung der Aminosäuren im Plasma sowie der Orotsäure im Urin.*

Therapie

Die Therapie hat das *Ziel*, die partiellen Enzymdefekte zu kompensieren. Dies geschieht auf 3 Wegen:

- Verminderung des für die Harnstoffsynthese anfallenden Stickstoffs durch proteinarme Kost bei ausreichender Kalorienzufuhr mit anderen Nahrungsmitteln.
- Stickstoffausscheidung über zusätzliche Stoffwechselwege durch Gabe von Benzoat oder Phenylazetat.
- Extrarenale Elimination von Harnstoffpräkursoren und Ammonium durch Hämodialyse im Akutfall zur Überbrückung bis zum Wirksamwerden der dätetischen und medikamentösen Maßnahmen.

Akutbehandlung der Hyperammoniämie

Ammoniakkonzentrationen >200 µg/dl sind extrem toxisch, sodass die erhöhten Konzentrationen mit allen Mitteln abzusenken sind. Bleibt die Serumkonzentration länger als 3–4 Tage >250 µmol/l, so treten irreversible Schädigungen des Gehirns auf. Es besteht eine negative lineare Korrelation zwischen der Hyperammoniämie des Neugeborenen und dem IQ im Alter von 12 Monaten [12]. Die medikamentöse Therapie umfasst:

Na-Benzoat i.v.	250–500 mg/kgKG/24 h	1 g in 50 ml 5–10% Glukose
Na-Phenylbutyrat i.v.	250–600 mg/kgKG/24 h	1 g in 50 ml 5–10% Glukose
Arginin i.v.	100–500 mg/kgKG/24 h	1 g in 50 ml 5–10% Glukose

Eine Notfallbehandlung wird nach folgenden Prinzipien durchgeführt:

- Keine weitere Eiweißzufuhr.
- Infusion von Argininhydrochlorid (2 mmol/kg in 2 h, gefolgt von 2 mmol/kg/Tag; 1 mmol Argininhydrochlorid = 210 mg; 1 mmol Arginin = 174 mg).
- Carnitin i.v. 100 mg/kg/24 h.
- Hochkalorische Ernährung mit Kohlenhydraten und Fett.
- Ammoniakentgiftung mittels Dialyseverfahren und Medikamenten, der Blutaustausch ist nicht geeignet.
- Forcierte Diurese: die notwendige Flüssigkeitsmenge hängt sowohl vom Alter als auch von der Nierenfunktion des Patienten ab.

Man kann im Neugeborenenalter mit einer Infusion von 10 g Glukose/kgKG/24 h in einer Elektrolytlösung beginnen. Die Glukosemenge kann bis auf 20–30 g/kgKG/24 h gesteigert werden. Wenn notwendig kann zusätzlich Insulin (ab 0,1 E/kgKG/h) verabreicht werden, um den Glukosespiegel im Normbereich zu halten. Es ist jedoch grundsätzlich zu bedenken, dass ein Überschreiten der maximalen Glukoseoxidationsrate keinen energetischen Zugewinn bringt, sondern im Rahmen der Lipogenese zu einer Leberverfettung führt. Die Kombination von Glukose und Insulin sollte daher Ausnahmen vorbehalten bleiben. Die Infusionstherapie sollte ab dem 3. Tag durch Protein ergänzt werden. Beginn mit 0,5 g/kgKG/24 h und Steigerung bis auf 1 g/kgKG/24 h unter zusätzlicher Gabe von 0,5 g Aminosäuremischung (UCD oder E-AM)/kgKG/24 h.

Langzeittherapie

Grundsatz ist die Zufuhr eines biologisch möglichst hochwertigen Eiweißes, sodass ein möglichst geringer Bedarf zur Harnstoffsynthese besteht. Um der Proteinsynthese zur Verfügung stehen zu können, sollte Eiweiß immer nur zusammen mit Kohlenhydraten und Fett verabreicht werden. Die Proteinzufuhr ist auf 0,5–0,7 g/kgKG/24 h begrenzt. Evtl. sollten essenzielle Aminosäuren supplementiert werden, wobei auf einen hohen Anteil verzweigtkettiger Aminosäuren bei relativ geringem Anteil aromatischer Aminosäuren geachtet werden sollte. Während für ausbilanzierte Mischungen aller Aminosäuren mit einem Äquivalenzfaktor von 1,2 gerechnet wird (1,2 g Aminosäuren entsprechen 1 g Protein), kann für eine Mischung essenzieller Aminosäuren angenommen werden, dass ihre Äquivalenz doppelt so hoch ist (0,6 g essenzielle Aminosäuren entsprechen 1 g Protein).

Die Summe aus natürlichem Eiweiß und auf diese Weise berechnetem Proteinäquivalent sollte dem Eiweißminimalbedarf entsprechen (Beispiel: 0,6 g natürliches Eiweiß plus 0,6 g essenzielle Aminosäuren entsprechen 1,6 Eiweißäquivalenten. Eine Hyperammoniämie führt zu einem verstärkten Tryptophantransport ins Gehirn bei gleichzeitiger Steigerung der Serotoninsynthese [14]. Eine Reduktion der Tryptophanzufuhr ist angezeigt. Der Tryptophangehalt der Ersatznahrung sollte 7,9 g/100 g Aminosäuren nicht überschreiten [15]. Auf Tryptophanmangelerscheinungen, wie Haarausfall und Optikusatrophie muss geachtet werden. Die medikamentöse Therapie mit dem Serotoninantagonisten Pizotifen (Mosegor) 0,1–0,2 mg/kgKG/24 h wirkt sich nachweislich positiv auf den gestörten Appetit der Patienten aus [15]. Längere Phasen einer eiweißfreien Ernährung sind zu vermeiden. Während der Behandlung hyperammoniämischer Krisen sollte daher bereits bei Absinken der Ammoniakspiegel <200 µmol/l mit der Eiweißzufuhr in langsam steigender Menge begonnen werden.

Die *Medikation* bei Langzeittherapie besteht aus:

- Natriumbenzoat 250 mg/kgKG bzw. Natriumphenylbutyrat bis zu 500 mg/kgKG in 2 h, gefolgt von der gleichen Menge pro Tag. Benzoat wird in der Leber unter Koppelung mit Glyzin zu Hippursäure umgesetzt, womit es zu einer quantitativ wesentlichen Glyzinstickstoffausscheidung im Urin kommt. Phenylbutyrat bildet nach Bindung an Glutamin in der Niere Phenylbutyrylglutamin. Der Vorteil von Phenylbutyrat gegenüber Benzoat liegt darin, dass pro Mol 2 mol (Stickstoff gebunden werden. Der Nachteil liegt in dem sehr unangenehmen Geruch der Substanz.
- Argininhydrochlorid in defektspezifischer Dosierung. Der dadurch beeinflusste Säure-Basen-Haushalt sollte stöchiometrisch mit z. B. Zitrat ausgeglichen werden. Arginin kann äquimolekular durch Zitrullin ersetzt werden.
- Carnitin 50 mg/kgKG/24 h;
- bei interkurrierenden Infekten muss ein spezielles Notfallregime befolgt werden [16]. Eckpfeiler des Notfallregimes ist – neben den entgiftenden Maßnahmen – die Vermeidung bzw. Umkehr einer katabolen Stoffwechselsituation durch eine ausreichende Glukose- und Flüssigkeitszufuhr. Spätestens am 3. Tag sollte wieder Protein zugeführt werden können.

Sinnvolle *Therapiekontrollen* sind:

- Plasmaammoniakkonzentration sollte unter 150 µmol/l gehalten werden;
- Plasmaaminosäuren: Bei der Na-Benzoattherapie sollte die Glyzinkonzentration >100 µmol/l sein. Die Argininkonzentration sollte zwischen 60 und 100 µmol/l gehalten werden. Eine Überdosierung von Arginin oder Zitrullin kann sich klinisch durch Unruhe bemerkbar machen [15]. Die Glutaminkonzentration sollte <800 µmol/l und Leuzin, Isoleuzin und Valin zumindest im unteren Normbereich liegen (notfalls Supplementierung).
- Benzoat: die Plasmakonzentration sollte 5 mmol/l nicht überschreiten,
- eine 3-Methylhistidinausscheidung im Urin >25 mmol/mol Kreatinin lässt auf eine katabole Stoffwechsellage schließen [15].

45.1.4 Ahornsiruperkrankung (»maple syrup urine disease«; MSUD)

Pathogenese und Diagnose

Es liegt ein Defekt der verzweigtkettigen 2-Oxosäurendehydrogenase vor, die den Abbau der α-Ketosäurenanaloga von Leuzin, Isoleuzin und Valin katalysiert. Diese Defekte führen zu einem Anstau (vor dem Block) von Leuzin, α-Ketokapronsäure, Isoleuzin, α-Keto-3-methylvaleriansäure sowie von Valin und α-Ketoisovaleriansäure (s. Kap. 8). Besonders das Paar *Leuzin/α-Ketoisokapronsäure* verursacht bei höherer Konzentration in den Körperflüssigkeiten schwere *neurologische Schäden* – bei mäßiger Erhöhung zunächst Ataxie, bei höheren Konzentrationen Bewusstseinseinschränkung, Krämpfe und im Neugeborenenalter häufig Atemstörungen und Ketoazidose.

Diagnostisch beweisend sind stark überhöhte Serumkonzentrationen von Leuzin, Isoleuzin und Valin. Die Patienten entwickeln einen »*maggiartigen Geruch*« der durch das im Leuzinintermediärstoffwechsel gebildete Sotolon verursacht wird [18]. Die Erkrankung weist 4 verschiedene Verlaufsformen auf:

- Klassische Verlaufsform:
  häufigste Erkrankungsform mit einer Restenzymaktivität von <2%. Klinische Symptome treten innerhalb der ersten Lebenstage auf.
- Intermediäre Verlaufsform:
  sie ist eine Variante der klassischen Erkrankungsform mit einer Restenzymaktivität von ca. 3–8%. Diese Patienten vertragen eine etwas höhere Proteinzufuhr.
- Intermittierende Verlaufsform:
  es besteht eine Enzymrestaktivität von 9–15%. Die ersten klinischen Symptome treten häufig erst im Alter von 12–24 Monaten im Zusammenhang mit einer akuten Erkrankung oder einer erhöhten Eiweißzufuhr auf.
- Thiaminabhängige Verlaufsform:
  die Enzymaktivität kann durch große Thiaminmengen gesteigert werden (10–1000 mg/24 h) [20, 21]. In den meisten Fällen ist keine Einschränkung der Eiweißzufuhr notwendig.

Der für die Prognose der Erkrankung wichtigste Einzelfaktor ist der zeitliche Abstand zwischen dem Auftreten der ersten Symptome und der Diagnosestellung [23]. Eine Verzögerung von mehr als 12 Tagen geht unweigerlich mit einer geistigen Retardierung und einer Zerebralparese einher.

Therapie

Akuttherapie

Die Anfangstherapie erfordert in den meisten Fällen intensivmedizinische Maßnahmen zur Absenkung v. a. der toxischen Plasmaleuzinkonzentrationserhöhung:

- Absenkung der Plasmaleuzinkonzentration durch Dialysemethoden:
  Peritonealdialyse [24]:
  sie gilt als die Methode der Wahl bei der akuten Stoffwechseldekompensation und zur Einleitung der Therapie im Neugeborenenalter. Es wird ein Abfall der Serumleuzinkonzentration auf ca. 20 mg/dl angestrebt. Die Prädialysekonzentrationen liegen bei 40–60 mg Leuzin/dl.
  Austauschtransfusion:
  Diese muss mehrfach wiederholt werden. Sie ist jedoch weniger effektiv als die Peritonealdialyse.
- Absenkung der Plasmaleuzin durch Einschleusung in die Muskelzellen mittels Glukose-Insulin-Gabe [25]:
  Durch Insulingabe kommt es zur Einschleusung verzweigtkettiger Aminosäuren in das zelluläre Kompartiment. Hiermit können schnelle Absenkungen der Serumkonzentration im Falle einer Krise erzielt werden (Insulin ca. 0,2 IE/kgKG/h i.v., Glukose ca. 1 g/kgKG/h i.v.).
- Absenkung der Plasmaleuzinkonzentration durch die Applikation einer Fett-Kohlenhydrat-Elektrolytmischung über eine nasogastrale Sonde [30].

Dauertherapie

Die Therapie muss *lebenslang* durchgeführt werden. Sie basiert auf der Verwendung eines Präparats, das keine verzweigtkettigen Aminosäuren enthält. Über natürliches Protein wird eine verträgliche und für das Wachstum notwendige Leuzin-, Isoleuzin- und Valinmenge zugeführt. Die Plasmaleuzinkonzentration sollte zwischen 100 und 700 µmol/l und die Isoleuzin- und Valinkonzentration zwischen 100 und 400 µmol/l liegen.

In der *Initialphase* der Behandlung wird es notwendig, sobald eine der verzweigtkettigen Aminosäuren unter eine Plasmakonzentration von 700 µmol/l abgefallen ist, ca. 1/4 des theoretischen Bedarfs (ca. 25–30 mg/kgKG/24 h) dieser Aminosäure zuzufügen. Sobald die Konzentration einer zweiten Aminosäure unter 700 µmol/l abgesunken ist, wird diese in gleicher Weise supplementiert. Dieses Vorgehen gilt auch für die dritte Aminosäure. Erfahrungsgemäß sinkt die Leuzinkonzentration am langsamsten ab [32]. Die verzweigtkettigen Aminosäuren werden somit zunächst einzeln »titriert«. Wenn mit Hilfe der synthetischen Aminosäurezufuhr eine ausreichende Stabilität der metabolischen Situation erzielt ist, werden die synthetischen Aminosäuren gegen natürliches Protein ausgetauscht. Aus mehreren Literaturangaben zusammengestellte Bedarfswerte an verzweigtkettigen Aminosäuren sind in ◻ *Tabelle 45-5* aufgeführt. Die Toleranz variiert zwischen den einzelnen Patienten sehr stark und ist durch das Wachstum wie auch durch leichtere Infektsituationen stark beeinflusst.

Als Anfangsbedarf kann veranschlagt werden:

- Leuzin: 100 mg/kgKG/24 h,
- Isoleuzin 70 mg/kgKG/24 h,
- Valin 60 mg/kgKG/24 h.

Die Normalisierung der verzweigtkettigen Aminosäuren durch die Diätetik erfolgt unterschiedlich schnell. Isoleuzin normalisiert sich normalerweise zuerst innerhalb von 2–3 Tagen. Die Normalisierung von Leuzin braucht dagegen 8–10 Tage. Die Plasmaleuzinkonzentration korreliert mit dem Auftreten klinischer Symptome. Bei älteren Patienten ist eine Ataxie meistens das erste klinische Zeichen einer biochemischen Dekompensation und ist bei Leuzinkonzentrationen >10 mg/dl zu erwarten.

◻ **Tabelle 45-6.** Obst und Gemüse mit niedrigem Leuzingehalt

- Obst mit einem Leuzingehalt <50 mg/100 g und/oder einem Eiweißgehalt <0,6 g/100 g Feuchtgewicht:
  Äpfel, Aprikosen, Kirschen, Trauben, Grapefruit, Mandarinen, Melonen, Orangen, Pfirsiche, Ananas, Pflaumen, Erdbeeren, Himbeeren
  Bananen müssen auf die Leuzinzufuhr angerechnet werden
- Gemüse mit einem Leuzingehalt <100 mg (<50 mg[a])/100 g und/oder einem Eiweißgehalt <1 g/100 g:
  Gekochter Spargel, Artischocken, Auberginen, Bohnen, Rote Beete, Weißkohl, Karotten[a], Gurken[a], grüner Salat[a], Zwiebeln[a], Paprika, Tomaten[a]

Ernährungsgestaltung im Säuglingsalter

Die Prinzipien und Vorgehensweisen für den gestillten Säugling entsprechen den Empfehlungen bei der Phenylketonurie. Als natürliches Protein sollte ausschließlich pflanzliches Protein verwendet werden, da verzweigtkettige Aminosäuren hauptsächlich in Muskulatur kompartimentiert sind.

Auch wenn es dem Kind offensichtlich gut geht, sollten *längere nächtliche Nüchternphasen* vermieden werden. Die Plasmakonzentration verzweigtkettiger Aminosäuren steigt im Nüchternzustand an. Eine Spätmalzeit zwischen 22 und 24 Uhr sollte bis zum Ende des ersten Lebensjahres beibehalten werden. Im Alter von einem Jahr kann sie durch ein mit Kohlenhydraten angereichertes Getränk zur Bettzeit ersetzt werden, welches ebenfalls in den frühen Morgenstunden verabreicht wird. Obst und Gemüse mit niedrigem Leuzingehalt ist ohne Anrechnung erlaubt.

Klein- und Schulkinder

Die Ernährungsrichtlinien bei Phenylketonurie können auf die Ahornsiruperkrankung übertragen werden. Bereits bei »banalen« Infektsituationen muss zwischenzeitlich ein Notfalltherapieprogramm eingeschoben werden. Obst- und Gemüsesorten mit niedrigem Leuzingehalt sind in ◘ *Tabelle 45-6* aufgeführt. Die Zufuhr an verzweigtkettigen Aminosäuren sollte vorübergehend unter 25% des errechneten Bedarfs und die Menge des Proteinersatzpräparats im Bereich von 110–150% der üblichen Menge liegen. Es müssen u. U. Isoleuzin und Valin substituiert werden. Es sollte möglichst kein Leuzin zugeführt werden, um die Plasmaleuzinkonzentrationen unbedingt unter 1000 µmol/l zu halten. Ondansetron (Zofran) kann zur Therapie des Erbrechens eingesetzt werden. Die metabolische Situation kann unter limitierten klinisch-chemischen Bedingungen durch den Ketonkörpernachweis bzw. den Dinitrophenylhydrazintest im Urin überwacht werden.

Propionazidämie

Der Erkrankung liegt ein *Propionyl-CoA-Carboxylasemangel* zugrunde. Propionsäure entsteht beim Proteinabbau, der Oxidation ungeradzahliger Fettsäuren und bakteriell im Darm [40]. Patienten werden meistens bereits in der ersten Lebenswoche durch eine Ketoazidose (*alter Name: ketotische Hyperglyzinämie!*), Hyperammoniämie und Dehydratation auffällig. Erbrechen und eine fortschreitende Bewusstseinsstörung gehören ebenfalls zum klinischen Bild. Alle Organoazidämien können in der Neugeborenenperiode einem sepsisartigen Krankheitsbild ähneln. Im Blutbild besteht häufig eine Neutropenie. Nahezu immer besteht eine Hyperammoniämie als zentrales diagnostisches Problem [41].

◘ **Tabelle 45-6.** Obst und Gemüse mit niedrigem Leuzingehalt

- Obst mit einem Leuzingehalt <50 mg/100 g und/oder einem Eiweißgehalt <0,6 g/100 g Feuchtgewicht:
  Äpfel, Aprikosen, Kirschen, Trauben, Grapefruit, Mandarinen, Melonen, Orangen, Pfirsiche, Ananas, Pflaumen, Erdbeeren, Himbeeren
  Bananen müssen auf die Leuzinzufuhr angerechnet werden
- Gemüse mit einem Leuzingehalt <100 mg (<50 mg[a])/100 g und/oder einem Eiweißgehalt <1 g/100 g:
  Gekochter Spargel, Artischocken, Auberginen, Bohnen, Rote Beete, Weißkohl, Karotten[a], Gurken[a], grüner Salat[a], Zwiebeln[a], Paprika, Tomaten[a]

[a] <50 mg Leuzin/100 g Gemüse

Therapie

Bei *akuten Verlaufsformen* wird ein *Dialyseverfahren* notwendig, insbesondere wenn die Plasmaammoniakkonzentration sich nicht durch die intravenöse Benzoattherapie absenken lässt. Neben der *Peritonealdialyse* ist auch die venovenöse Hämofiltration (CVVH) geeignet [42].

Für die *Ernährungstherapie* gelten folgende Grundsätze:

- Vermeiden einer Gewebekatabolie durch hochkalorische, zunächst proteinfreie Nahrungszufuhr (ca. 150 kcal/kgKG/24 h).
- Einschränkung der Eiweißzufuhr:
  nach Stabilisierung der Anfangssituation wird Eiweiß in einer Anfangsdosierung von 0,5 g/kgKG/24 h zugeführt. In den nächsten 2–3 Tagen wird die Zufuhrmenge auf folgende Dosierungen gesteigert:
  1,5 g/kgKG/24 h bei Säuglingen im ersten Trimenon.
  1,2 g/kgKG/24 h bei Säuglingen im zweiten und dritten Trimenon.
  1,0 g/kgKG/24 h bei Kindern ab dem 2. Lebensjahr.
- Beschränkung der Vorstufen zur Propion- bzw. Methylmalonsäurebildung:
  Die Synthese beider Metabolite erfolgt aus: Isoleuzin, Valin, Methionin, Threonin, Cholesterin und Fettsäuren ungeradzahliger Kettenlänge. Letztere sind jedoch nur in geringen Mengen in der Nahrung enthalten (z. B. im Butterfett ca. 3% der Gesamtfettsäuren). Als isoleuzin-, methionin-, threonin- und valinfreie Aminosäuremischung sind OS 1 (Säuglinge) bzw. OS 2 (Klein- und Schulkinder) und IMIV-AM geeignet (s. auch Methylmalonazidurie).
- Wie alle Carboxylierungsreaktionen ist auch die Kettenverlängerung von Propion- zur Methylmalonsäure von Biotin als Kofaktor abhängig. Bei Ansprechen auf Biotinsubstitution ist jedoch ein multipler Carboxylasemangel (Glutarazidurie Typ II) anzunehmen.
- Carnitinsubstitution: 100–200 mg/kgKG/24 h.
- Metronidazol zur Reduktion der Darmflora [49]. Einige zellulosespaltende Bacteroides spp. sind die vorwiegenden Propionsäureproduzenten im Kolon [51].
- Da Patienten mit Organoazidämien zu Dehydratationen neigen, ist für ein ausreichendes Flüssigkeitsangebot bei evtl. gleichzeitig induziert verstärkter Diurese zu sorgen.

Methylmalonazidurie

Der *enzymatische Defekt* der Methylmalonazidurie ist dem der Propionazidämie nachgeordnet. Biochemisch lassen sich mindestens 4 Stoffwechseldefekte nachweisen:

- Methylmalonyl-CoA-Racemase-Mangel,
- Methylmalonyl-CoA-Mutase-Mangel,
- 5-Desoxyadenosylcobalaminsynthetase-Mangel,
- 5-Desoxyadenosylcabalamin- und Methylcobalaminsynthetase-Mangel.

Die beiden letzten Ausfälle sprechen auf eine Vitamin-B_{12}-Therapie an. Zeitliches Auftreten und klinische Symptome entsprechen der Propionazidämie. Das Auftreten einer Hyperammoniämie ist häufig. Die Diagnose wird über die gaschro-

Tabelle 45-7. Die Eignung von Lebensmitteln zur Behandlung von Patienten mit Glutarazidurie Typ I

Lebensmittel, die unbegrenzt gegessen werden können:
- Alle Arten Zucker, Honig, Gelee, Marmelade, Sirup
- Zuckersüßigkeiten ohne Gelatine-, Milch-, Kakao- oder Nusszusätze
- Limonaden und Fruchtsaftgetränke
- Fett in reiner Form, z. B. Öl, Butter, Margarine, Schmalz
- Alle Arten Speisestärke

Lebensmittel, die in berechneten Mengen geeignet sind:
- Gemüse, alle Sorten außer Hülsenfrüchten
- Obst und Obstsäfte
- Getreide und Getreideprodukte: Mais, Maismehl, Reis, Weizen; (kein Vollkornbrot)
- Milch und Milchprodukte
- Wurst

Ungeeignete Lebensmittel:
- Fisch, Fleisch, Geflügel
- Ei
- Hülsenfrüchte
- Erdnüsse, Pistazien, Kürbiskerne, Sonnenblumenkerne, Sesam

matographische Analyse der organischen Säuren im Urin gestellt.

Therapie

Als *Ernährungsgrundsätze* gelten die bei der Propionazidämie gemachten Aussagen einschließlich der antibiotischen Behandlung [49]. Grundsätzlich sollte immer zunächst eine Vitamin-B_{12}-abhängige Form der Erkrankung ausgeschlossen werden (1 mg Vitamin B_{12}/24 h i.m.). Bei Empfindlichkeit kommt es innerhalb von 5 Tagen zu einem Abfall der Methylmalonsäurekonzentration im Urin und Serum.

Die Dauertherapie sollte folgendermaßen gestaltet werden:
- 1 mg Vitamin B_{12} i.m./Woche. Die Methylmalonsäureausscheidung im Urin sollte bei ca. 2–3 mmol/mmol Kreatinin liegen.
- Carnitin: 100 mg/kgKG/24 h.
- Viele Patienten benötigen wegen einer schweren Anorexie über Jahre eine (nächtliche) kontinuierliche Sondenernährung.

Glutarazidurie Typ I

Der Störung liegt ein *Mangel der Glutaratdehydrogenase*, die im Abbauweg der Aminosäuren Lysin und Tryptophan lokalisiert ist, zugrunde. Riboflavin ist der Kofaktor des Enzyms. Die von Riboflavin abhängige Erkrankungsform stellt als Glutarazidurie Typ II ein eigenes Krankheitsbild dar. Der klinische Verlauf der Glutarazidurie Typ I kann durch 2 Feststellungen am besten charakterisiert werden:
- Das mittlere Diagnosealter der Patienten ist ca. 12–14 Monate.
- Die häufigste Fehldiagnose ist eine Enzephalitis.

Nahezu alle Patienten haben eine Makrozephalie mit einem Kopfumfang bei der Geburt von >35 cm. In bildgebenden Verfahren stellt sich eine ausgeprägte Atrophierung parietaler und auch frontaler Gehirnanteile dar. Die zentralnervöse Störung ist v. a. durch eine ausgeprägte Spastik bei meistens normaler Intelligenz charakterisiert. Die Diagnose wird durch den Nachweis von Glutarsäure im Urin gestellt.

Therapie

Grundlage der Behandlung ist eine in ihrem Lysin- und Tryptophangehalt reduzierte Ernährung (*Tabelle 45-7*). Grundsätzlich erfolgt die diätetische Einstellung in der von der Phenylketonurie oder der Arhornsiruperkrankung bekannten Weise. Es stehen lysin- und tryptophanfreie Proteinersatzpräparate zur Verfügung (Milupa GA 1; Milupa GA 2). Der Lysin- und Tryptophanbedarf im Säuglingsalter wird mit 80 bzw. 20 mg/kgKG/24 h veranschlagt. Im Kleinkinderalter sind die entsprechenden Mengen ca. 60 bzw. 15 mg/kgKG/24 h. Der durchschnittliche Lysingehalt eines Eiweißes liegt zwischen 3 und 8%. In der *Tabelle 45-8* sind Lebensmittelbeispiele angegeben.

Zur Vermeidung einer sekundären Carnitininsuffizienz wird, wie bei den meisten Organoazidämien, die Supplementierung mit Carnitin (100 mg/kgKG/24 h) empfohlen.

45.2 Störungen des Kohlensäurestoffwechsels

45.2.1 Galaktosämie

Es besteht ein Mangel des Enzyms *Galaktose-1-Phosphat-Uridyltransferase*, das in den Umwandlungsprozess von Galaktose in Glukose eingeschaltet ist. Hierdurch kommt es zu einem Aufstau des toxisch wirkenden *Galaktose-1-Phosphats*. Gleichzeitig fällt *Galaktit* (Dulcit), die Alkoholform der Galaktose an, die wesentlich an der Kataraktbildung der Augenlinse beteiligt ist. Es sind verschiedene Varianten des Enzyms bekannt (s. Kap. 9). Die häufige Duarte-Variante weist etwa 50% der normalen Enzymaktivität auf. Bei klinisch unauffälligen Personen findet sich die niedrigste Enzymaktivität bei gleichzeitiger Heterozygotie für die klassische Galaktosämie und die Duarte-Variante (Compound-Heterozygotie).

In der Bundesrepublik Deutschland wird seit 1978 im Neugeborenenscreening auf Galaktosämie getestet. Vor allem gestillte Kinder werden bereits in den ersten Lebenstagen klinisch auffällig. Meist entwickelt sich ein sepsisartiges Krank-

Tabelle 45-8. Durchschnittlicher Lysin- und Eiweißgehalt ausgewählter Lebensmittel (pro 100 g verzehrbarer Anteil)

Lebensmittel	Lysin [mg]	Eiweiß [g]
Fleisch, Geflügel	1700–2300	18–22
Fisch	1900	17–21
Hülsenfrüchte	1050–2100	14–23
Getreide	240–460	8–13
Brot	160–275	7–10
Gemüse (ohne Hülsenfrüchte)	25–215	1–4
Obst	10–60	0,3–1,2
Kuhmilch	235	3
Frauenmilch	82	1
Kartoffeln	120	2

Tabelle 45-9. Empfehlungen zur Ernährung bei Galaktosämie

- Laktose- und damit galaktosefreie Ernährung, d. h.:
  Für Säuglinge laktosefreie Milchpräparate
  Meiden von Milch, Milchprodukten und Lebensmitteln, denen Milch oder Milchprodukte zugesetzt sind sowie von Tabletten und Zahnpasten (Laktose als Füllsubstanz)
  Meiden von Lebensmitteln, die freie Galaktose enthalten
  Berücksichtigung von galaktosehaltigem Obst und Gemüse bei der Diätplanung
- Galaktosearme Ernährung der Mutter eines Kindes mit Galaktosämie bei erneuter Schwangerschaft

heitsbild mit Hepatomegalie, Blutgerinnungsstörung, Ikterus und Krampfanfällen. Der Übergang in die Leberzirrhose erfolgt rasch. Die Diagnose wird durch Messung der Aktivität der Galaktose-1-Phosphat-Uridyltransferase in den Erythrozyten gesichert.

Therapie

Die diätetische Behandlung aller 3 Defekte besteht in einer *lebenslangen laktose-* und damit auch *galaktosefreie Ernährung*. Im Vordergrund steht die Eliminierung von Milch und Milchprodukten (50 ml Kuhmilch enthalten 2 g Laktose, was 1 g Galaktose entspricht; *Tabelle 45-9*). Bei der Herstellung von Säuglingsmilch auf Kaseinbasis ist es nicht möglich, eine vollständige Laktosefreiheit zu erzielen. Kasein enthält ca. 184 mg Galaktose pro 100 g, der Restgehalt in einer 16%ig zubereiteten Milch beträgt 20–55 mg/100 ml. Für die Ernährung von Säuglingen muss deshalb auf Milchpräparate ohne Laktose als Kohlenhydrat zurückgegriffen werden. Hierfür kommen Milch auf Soja- und Fleischproteinbasis sowie Eiweißhydrolysate, die keine Galaktose enthalten in Frage (*Tabelle 45-10*).

Mit Sojamilchpräparationen wird normalerweise der Kalziumbedarf im Säuglingsalter gedeckt. Im Alter von ca. 1 Jahr fällt jedoch der Konsum entsprechender Sojamilchmengen ab, sodass Kalzium supplementiert werden muss (*Tabelle 45-11*). Eine ungenügende Zufuhr hat negative Auswirkungen auf die Knochendichte (s. Kap. 53). Der Kalziumbedarf ist gedeckt, wenn täglich von den erlaubten Hartkäsesorten (z. B. alter Gouda) gegessen wird und wenn kalziumreiches Mineralwasser (>250 mg Kalzium/l) oder kalziumangereicherte Fruchtsäfte getrunken werden.

Vorsicht ist bei Produkten geboten, die während der Herstellung mit Milch oder Milchpulver versetzt werden, wie z. B. Konserven, Wurst, Brot, Nudeln oder Süßigkeiten. In allen Tabletten kann Laktose als Füllsubstanz enthalten sein. Auch die meisten Zahnpasten sind laktosehaltig, sodass sie keinesfalls von den kleinen Patienten verschluckt werden dürfen.

Freie Galaktose findet sich v. a. in Sojasauce, fermentiertem Gemüse (z. B. Sauerkraut) sowie in Bohnen und Hülsenfrüchten: Linsen (126 mg/100 g), braune Bohnen (153 mg/100 g), Sojabohnen (44 mg/100 g); auch Innereien wie Leber und Gehirn enthalten Galaktose. Der Gehalt gebundener Galaktose in pflanzlichen Nahrungsmitteln wird wieder vermehrt diskutiert. Galaktose ist in den Tri- (z. B. Raffinose) und Tetrasacchariden (z. B. Stachyose) in α-glykosidischer Bindung enthalten. Normalerweise wird diese Art von Bindung im Köper nicht gespalten. Bei Enteritis könnte aber eine Spaltung durch Darmbakterien möglich sein. Bohnen, Chicorée, Erbsen, Kopfsalat und Spinat enthalten Raffinose, Erbsen zusätzlich Stachyose.

Obst und Gemüse können monomere Galaktose in β-glykosidischer Bindung enthalten: Galaktolipide in der Chloroplastenmembran grüner Pflanzen (z. B. Galaktosyliazylglyzerol) und Galaktan in der Zellmembran. Aus diesem Grund sollten v. a. Tomaten, Papaya, Datteln, Wassermelonen und Bananen bei der Diätberechnung berücksichtigt werden (*Tabelle 45-12*). In gebundener Form ist Galaktose noch in Laktobionsäure, Arabinogalaktanen, Verbaskose, Rhammnogalakturonan und Galaktinol enthalten.

Da die exogene Galaktosezufuhr in neuerer Zeit v. a. im Vergleich zur beträchtlichen endogenen Galaktoseproduktion, die bei 1000–2000 mg/24 h liegt [53], angesehen wird, wird die Notwendigkeit einer Restriktion der angesprochenen Nahrungsmittel mit relativ geringem Galaktosegehalt kontrovers diskutiert [54].

Unbegrenzt erlaubt sind Fleisch, Fisch, Eier, Kartoffeln, Reis, Mais, Mehle, Pflanzenöle und Obst. Butter muss durch laktosefreie Margarine ersetzt werden.

Tabelle 45-11. Laktosefreie Kalziumsupplemente

Produkt	Hersteller
Sandocal 400 (10 mmol Ca^{2+}/Tablette)	Sandoz
Sandocal 1000 (25 mmol $Ca2^{2+}$/Tablette)	Sandoz
Calcium-Sandoz ist nicht geeignet!	
Calcium lactate	APS
Calcium lactate	Sussex Pharm

Tabelle 45-10. Laktosefreie Säuglingsmilchpräparationen, die zur Behandlung einer Galaktosämie geeignet sind.

Milchname	Hersteller	Kommentar
Prosobee	Mead Johnson	Laktosefreie Sojapräparation
Pregestimil	Mead Johnson	Enthält MCT; bis zu 0,8 mg Laktose/100 ml
AL 110	Nestlé	Bis zu 10 mg Laktose/100 ml; daher kein Produkt der 1. Wahl

Tabelle 45-12. Gehalt an β-glykosidisch gebundener Galaktose in Obst- und Gemüsesorten

Lebensmittel	Lösliche Galaktose (mg/100 g Frischgewicht)
Tomaten	23,0±2,0
Papaya	28,6±1,9
Datteln	11,5±0,6
Wassermelonen	14,7±2,0
Bananen	9,2±0,8

Tabelle 45-13. Galaktosegehalt über freie und β-galaktosidisch gebundene Galaktose in verschiedenen Lebensmitteln

Lebensmittel	β-galaktosidisch gebundene und freie Galaktose [mg/100 g]
Salatgurke, roh	17,2
Paprika, rot, roh	12,9
Aprikose, roh	32,4
Apfel, roh, (Golden Delicius)	9,2
Camembert (Champignon)	3,2

Die diätetische Verwertbarkeit von Nahrungsmitteln muss sich auf deren Analyse gründen, da die gefühlsmäßige Einschätzung des Galaktosegehaltes trügen kann (*Tabelle 45-13*).

Überwachung der Diätführung

Die diätetische Compliance kann durch die Bestimmung der Galaktose-1-Phosphat-Konzentration in den Erythrozyten überwacht werden. Erfahrungsgemäß kann der Wert Gesunder von fast »0« bei Patienten nicht erreicht werden. Als akzeptable Höchstwerte können gelten [56]:

- 150 µmol/l Erythrozyten,
- 0,5 µmol/g Hämoglobin.

Es wird empfohlen [25], die Galaktose-1-Phosphat-Konzentrationen in folgenden Zeitabständen zu überprüfen:

- <1 Jahr: alle 3 Monate,
- 1–14 Jahre: alle 6 Monate,
- 14 Jahre: jährlich.

Bei Patienten mit einem *Kataraktrezidiv*, bzw. fehlendem Ansprechen der Katarakt auf die diätetische Behandlung kann die Bestimmung der Galaktidolkonzentration im Urin sinnvoll sein [56].

45.2.2 Fruktoseintoleranz

Vier Erkrankungen sind als Störungen des Fruktosestoffwechsels bekannt (s. Kap. 9):

- *Benigne Fruktosurie*, die keinen Krankheitswert besitzt und nur zufällig diagnostiziert wird.
- *Fruktosemalabsorption*, die v. a. durch rezidivierende Bauchschmerzen und Durchfälle klinisch auffällig wird.
- *Hereditäre Fruktoseintoleranz* (HFI).
- *Fruktose-1,6-Diphosphatasemangel*, ein Defekt der Glukoneogenese, der sich klinisch wie eine milde Verlaufsform der hereditären Fruktoseintoleranz darstellt.

Ursache der HFI ist der Mangel des Enzyms *Fruktose-1,6-Phosphat-Aldolase-B*, das normalerweise in der Leber, der Niere und der Dünndarmschleimhaut nachweisbar ist (s. Kap. 9). Die Häufigkeit der Erkrankung wird auf ca. 1:60.000 geschätzt, obwohl Einzelinzidenzen bis 1:20.000 festgestellt wurden [57]. Durch den Defekt kommt es zu einer Anhäufung von toxischem Fruktose-1-Phosphat, das für die Symptome der Erkrankung verantwortlich ist. Symptome entwickeln Patienten erst nach Kontakt mit Fruktose, der zeitlich extrem variabel über das erste Lebensjahr verteilt sein kann. Bei gestillten Säuglingen ist der Erstkontakt bei Übergang auf Beikost (Säfte, Früchte, Gemüse) oder beim Übergang auf eine fruktosehaltige Folgemilchnahrung der Fall. Je jünger ein Kind ist und je größer die aufgenommene Fruktosemenge, desto schwerere Reaktionen sind zu erwarten.

Klinisch imponiert das Krankheitsbild bei Säuglingen als »sepsisartig«. Erbrechen, Hypoglykämie, Gerinnungsstörung, Durchfall und Schock sind typische klinische Merkmale der Erkrankung. Bei geringer Fruktosezufuhr (<1–2 g/24 h) ist der Verlauf oft protrahiert und klinisch lediglich durch Fütterungsschwierigkeiten und Gedeihstörung gekennzeichnet. Klinisch chemisch lässt sich jedoch immer eine Gerinnungsauffälligkeit im Sinne einer PTT-Verlängerung nachweisen. Der *diagnostische Enzymnachweis* erfolgt im Biopsiematerial der Leber oder der Dünndarmschleimhaut. Neuerdings kann auch die molekularbiologische Analyse durch den Mutationsnachweis der Aldolase-B-Gens (A149P) diagnostisch herangezogen werden. Die Heterogenität der HFI mit unterschiedlicher Restaktivität der Aldolase B und unterschiedlicher Empfindlichkeit der Betroffenen gegenüber Fruktose spiegelt sich auch auf Genniveau wider.

Therapie

Therapieprinzip ist die vollständige Elimination von Fruktose aus der Nahrung. Fruktose kommt in freier Form in Pflanzen, v. a. Obst und Gemüse, aber auch in folgenden Verbindungen und Lebensmitteln vor (*Tabelle 45-14*):

- *Saccharose* (Rübenzucker, Rohrzucker, Kochzucker): Disaccharid aus Glukose und Fruktose, das sich in Früchten und Gemüsen findet.
- *Inulin*: Polysaccharid aus Fruktose, das v. a. in Tobinambur, Artischocken und einigen anderen Gemüsen vorkommt.
- *Sorbitol*: Alkoholform der Fruktose, die besonders als Zuckerersatzstoff bzw. als Diätzucker verwendet wird.

Tabelle 45-14. Empfehlungen zur Ernährung bei heriditärer Fruktoseintoleranz

- Stillen oder Ernährung des Säuglings mit nur laktosehaltiger Milch
- Elimination von Fruktose
- Verzicht auf Obst und Gemüse (Vitaminsubstitution!) während des 1. Lebensjahres, danach:
  Breikost selbst zubereiten
  Nach dem 1. Lebensjahr erlaubte Obst und Gemüsesorten: grüne Bohnen, Kopfsalat, Feldsalat, Chicoreé, Löwenzahn, Brokkoli, Blumenkohl, Spargel, Gurken, Spinat, Erbsen, Pilze, Rettiche, Radieschen, Weißkohl, Tomaten, Rhabarber, Zitronen
- Verboten sind:
  Alle saccharose- (zucker-)haltigen Lebensmittel (Süßigkeiten aller Art, alle Konserven etc.)
  Alle inulinhaltigen Lebensmittel (z. B. Topinambur, Artischoken, Chicorée)
  Alle sorbitolhaltigen Zuckerausstauschstoffe
  Invertzucker
  Cave: Niemals intravenöse Fruktoseapplikation!

- *Honig*: Gemisch aus gleichen Teilen Glukose und Fruktose.
- *Invertzucker*: Gemisch aus Glukose und Fruktose, das bei Spaltung von Saccharose entsteht.

Säuglinge können bedenkenlos gestillt oder mit einer nur laktosehaltigen Milch ernährt werden. Während des ersten Lebensjahres muss auf die Zufuhr von Obst und Gemüse verzichtet werden. Vitamine werden gesondert substituiert. Breikost sollte von der Mutter selbst zubereitet werden, da die Firmenangaben bei käuflicher Beikost großen Schwankungen unterliegen. Nach dem ersten Lebensjahr können folgende Gemüse- und Obstsorten verwendet werden: Grüne Bohnen, Kopfsalat, Feldsalat, Chicorée, Löwenzahn, Brokkoli, Blumenkohl, Spargel, Gurken, Spinat, Erbsen, Pilze, Rettich, Radieschen, Weißkohl, Tomaten, Rhabarber und Zitronen. Begrenzt sind Kartoffeln erlaubt, wenn sie vor Gebrauch mindestens 10–20 Tage gelagert, dann geschält, zerschnitten und für mindestens einen Tag gewässert werden.

Folgende Lebensmittel sind bei der HFI verboten: Süßigkeiten aller Art (z. B. Gebäck, Pudding, Eis, Schokolade), alle Konserven, alle nicht ausdrücklich erlaubten Obst- und Gemüsesorten, Fruchtsäfte, Weißbrot, Vollkornbrot, Pumpernickel, Haushaltszucker, Honig, Diabetikerzucker, Marmelade, Mayonnaise, Ketschup und Fertigsaucen.

Patienten mit HFI entwickeln sehr schnell eine Aversion gegen zuckerhaltige Nahrungsmittel, die sich als Konditionierung durch Missempfindung bei bereits geringer Fruktosezufuhr ansehen lässt. Die Langzeitprognose dieser Patienten ist gut; die größte Bedrohung ist eine i.v.-Fruktosezufuhr im Rahmen einer Infusionstherapie oder parenteralen Ernährung. Neu ist in Fachkreisen die Erkenntnis, dass in glukosehaltigen Infusionslösungen bei aggressiver Hitzesterilisation in Gegenwart von Elektrolyten eine quantitativ bemerkenswerte Isomerisierung zu Glukose (bis zu 1 g Fruktose/l) erfolgt [59].

Trotz adäquater Behandlung haben v. a. Kleinkinder eine Hepatomegalie. Chronische Diätfehler können sich manchmal auch über eine tubuläre Schädigung der Niere mit rachitischen Zeichen oder mit einer Störung des Längenwachstums manifestieren.

Mit zunehmendem Alter erhöht sich die Toleranz gegenüber Fruktose leicht, sodass Kinder täglich bis zu 1 g und Erwachsene bis zu 2,5 g Fruktose klinisch tolerieren können.

45.2.3 Glykogenosen

Sie führen regelhaft zur Speicherung von Glykogen in verschiedenen Organen (s. Kap. 9).

Glykogenose Typ I (Morbus von Gierke)

Es handelt sich um die häufigste und schwerwiegenste Störung des Glykogenstoffwechsels. Es liegt ein Mangel des Enzyms *Glukose-6-Phosphatase* zugrunde. Damit ist die zentrale Stelle der endogenen Glukosefreisetzung gestört. Eine Ernährungstherapie kann bei dieser Problematik in exemplarischer Weise dargestellt werden, da die Bereitstellung freier Glukose weder über den Glykogenabbau, noch über die Glukoneogenese aus Protein, Fruktose oder Galaktose möglich ist. Dieser Umstand wirkt sich somit praktisch auf die Verwendung von Eiweiß, Milch und Obst aus (Abb. 45-1). Bei der Glykogenose Typ I

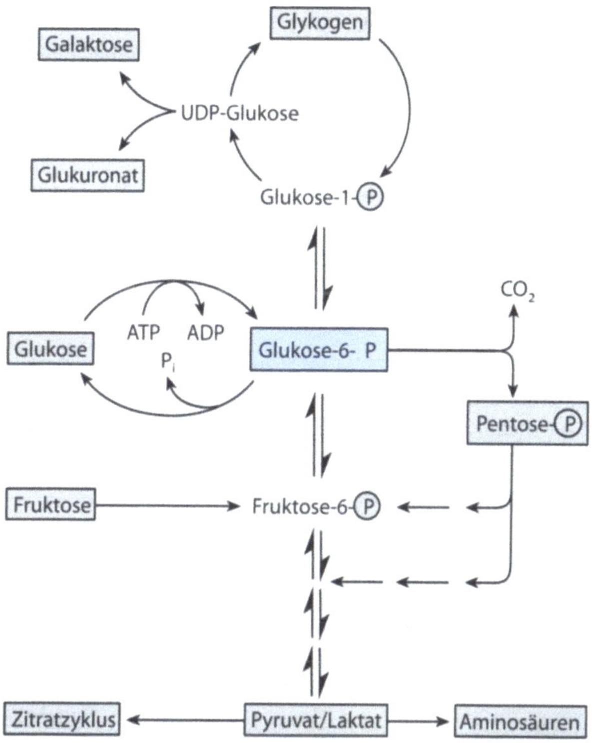

Abb. 45-1. Die zentrale Stellung von Glukose-6-Phosphat im Kohlenhydratstoffwechsel

handelt es sich somit um einen Glykogenabbau- als auch um einen Glukoneogenesedefekt.

Therapie

Vorrangiges *Ziel* der diätetischen Behandlung ist die Beseitigung und Verhinderung von Hypoglykämie und Laktazidose. Relativ *kohlenhydratreiche Kost* mit zunächst weitgehendem *Ausschluss* von *Galaktose/Laktose* und *Fruktose/Saccharose* (Kohlenhydrate 70%, Eiweiß und Fett je 10–20% der Energiezufuhr). Bewährt haben sich:

- Zufuhr von langsam resorbieren Kohlenhydraten, z. B. in Form ungekochter Maisstärke (Mondamin) alle 3–4 h. Individuelle Anpassung der Dosis (1,8–2,5 g/kgKG/24 h). Die Nüchterntoleranz ist so bis auf 7 h (über Nacht) ausdehnbar.
- Nasogastrale Dauertropfinfusion (v. a. nachts) in Form von Glukose- und Oligosacchariden in einer Dosierung von 10 mg Glukose/kgKG/min.

Mit zunehmendem Alter Vergrößerung der Mahlzeitenabstände und Liberalisierung der nächtlichen Kohlenhydratzufuhr. *Galaktose- und Fruktosekarenz jedoch lebenslang* (keine Milch, kein Obst, kein Rohrzucker).

Glykogenose Typ II (Morbus Pompe)

Versuchsweise *eiweißreiche* Kost.

Glykogenose Typ III (Morbus Cori)

Vollkostähnliche, jedoch *relativ eiweißreiche und fettarme Kost* (Kohlenhydrate ca. 50%, Eiweiß 25%, Fett ca. 25% der Energiezufuhr) spätestens alle 3–4 h. Nächtliche Fastenperiode höchstens 8 h. Ohne Begrenzung des Gehalts an Galaktose/Laktose und Fruktose/Saccharose. Anteil raffinierter Kohlenhydrate maximal 10% der Energiezufuhr. Falls eiweiß- und kohlenhydratreiche Spätmahlzeit zur Prophylaxe nächtlicher Hypoglykämien nicht ausreichend: kontinuierliche Kohlenhydratgabe über Nacht (s. oben).

Glykogenose Typ IV (Morbus Anderson)

Altersstufengerechte normale Ernährung, zusätzlich Kohlenhydratanreicherung (u. a. ungekochte Maisstärke s. oben) in 4-h-Intervallen über 24 h durch Nasogastralsonde. Ziel der diatätischen Therapie ist die Normoglykämie. In Problemfällen (Hyperglykämien) Typ-III-Diät.

Glykogenose Typ V (Morbus McArolle)

Muskelphosphorylasemangel Altersstufengerechte *Vollkost*. Zusätzliche Zuckerzufuhr (Glukose, Fruktose, Rohrzucker) vor und während körperlicher Anstrengungen. Fettreiche Kost erhöht die motorische Belastbarkeit.

Glykogenose Typ VI (Morbus Hers)

Spezielle diätetische Maßnahmen i. Allg. nur bei Hypoglykämieneigung, bei Infekten und Wachstumsverzögerung indiziert. Dann ist die Glykogenose-Typ-III-Diät indiziert, wobei die Art der Zuckerzufuhr bedeutungslos ist. Wichtig sind: häufig kleiner Mahlzeiten und das Vermeiden längerer Fastenperioden.

45.3 Störungen des Lipidstoffwechsels

Die Störungen des Lipidstoffwechsels umfassen die Störungen der Energiegewinnung aus Fettsäuren und die Störungen des Lipidtransports mit Lipoproteinen.

45.3.1 Störungen des Carnitinstoffwechsels

Langkettige Fettsäuren werden in Bindung an Carnitin über die innere Mitochondrienmembran transportiert, um nachfolgend in der β-Oxidation abgebaut zu werden. Vier angeborene Defekte sind in Zusammenhang mit Carnitin bekannt:

- Defekt des Carnitintransportes über die Zytoplasmamembran (systemischer Carnitinmangel);
- Carnitinpalmitoyltransferase-I-Mangel (CPT-I-Mangel);
- Carnitinpalmitoyltranslokasemangel;
- Carnitinpalmitoyltransferase-II-Mangel (CPT-II-Mangel).

Systemischer Carnitinmangel

Bei diesem Defekt ist die Carnitinaufnahme in die Zelle durch den Mangel des Carnitintransportproteins gestört. Der Defekt betrifft Skelettmuskulatur, Nieren, Leukozyten und Fibroblasten [60]. Die Aufnahme in die Leberzelle ist dagegen unbeeinträchtigt. In den energetisch von Fettsäuren abhängigen Geweben, wie z. B. der Skelettmuskulatur führt die mangelnde Carnitinverfügbarkeit zu einer unzureichenden Belieferung der intramitochondrialen β-Oxidation mit langkettigen Fettsäuren. Durch die renalen Carnitinverluste kommt es zusätzlich zu einer sekundären Carnitinverarmung der Leber. In den betroffenen Geweben ist die Speicherung von Fett nachweisbar. Fettvakuolen können auch in Granulozyten nachweisbar sein (Jordan-Phänomen). Die überwiegende Zahl der Patienten wurde im Säuglings- und frühen Kleinkindesalter durch hypoketotische Hypoglykämien und Muskelschwäche einschließlich einer Kardiomyopathie, die häufig das Leitsymptom darstellt, auffällig.

Die *Therapie* besteht in der Supplementierung von Carnitin (100 mg/kgKG/24 h), die in der Akutphase i.v. erfolgen sollte. Hierdurch werden die Plasma- jedoch nicht die Muskelcarnitinkonzentrationen normalisiert, obwohl sich die Muskelfunktion in der Regel normalisiert. Die Muskelfunktion kann offensichtlich bereits durch Muskelcarnitinkonzentrationen <10% der Norm normalisiert werden.

Carnitinpalmitoyltransferase-I-Mangel (CPT-1-Mangel)

Die CPT I ist an der Innenseite der äußeren Mitochondrienmembran lokalisiert. Beim CPT-I-Mangel erfolgt keine Übertragung der über die innere Mitochondrienmembran zu transportierenden Fettsäure auf das Carnitinmolekül, wodurch eine nachfolgende Fettsäureoxidation nicht mehr möglich ist. Ein CPT-I-Mangel wurde bisher nur in der Leber nachgewiesen. Patienten werden im späten Säuglings- bzw. frühen Kleinkindesalter meistens im Rahmen von leichten Infekten auffällig. Die Symptome werden von einer Kombination aus Hepato- und Enzephalopathie (»Reye-like«-Symptomatik) dominiert. Eine erhöhte Plasmacarnitinkonzentration bei gleichzeitig bestehender hypoketotischer Hypoglykämie stellt eine diagnostisch charakteristische Situation dar [61].

Die Therapie besteht in der Vermeidung längerer Nüchternperioden und der Zufuhr von Kohlenhydraten, v. a. bei Infekten. Da mittelkettige Fettsäuren (MCT) im Gegensatz zu langkettigen Fettsäuren erst im mitochondrialen Matrixraum zu CoA-Verbindungen aktiviert werden, ist ihre Passage über die innere Mitochondrienmembran von Carnitin unabhängig. Daher können MCT-Fette eine wesentliche Energiequelle darstellen.

Carnitinpalmitoyltranslokasemangel

Die in der CPT-I-Reaktion gebildeten Carnitinester langkettiger Fettsäuren werden durch die Translokase in das Mitochondrieninnere transportiert. Das klinische Bild ist durch hypoglykämische Episoden, rezidivierendes Erbrechen und kardiologische Auffälligkeiten gekennzeichnet. Ein diagnostisch verwertbares Zeichen ist der Nachweis erhöhter Konzentrationen langkettiger Carnitinester [62]. Die Behandlungsprinzipien entsprechen jenen beim CPT-II-Mangel (s. unten).

Carnitinpalmitoyltransferase-II-Mangel

Nach dem Transport über die innere Mitochondrienmembran wird der langkettige Fettsäurecarnitinester durch die Aktivität der Carnitinpalmitoyltransferase II wieder in die Fettsäure-CoA-Verbindung rücküberführt. Das Ausmaß der enzymatischen Restaktivität ermöglicht die Unterscheidung einer sich erst relativ spät als Myopathie manifestierenden Erkrankung (Restaktivität >ca. 20%) von einer bereits im jungen Säuglingsalter auftretenden fulminanten Verlaufsform (Restaktivität <ca. 20%), die von einer schweren Kardiomyopathie dominiert wird. Für die Herzrhythmusstörungen werden langkettige Acylcarnitine verantwortlich gemacht. Bei etwa 20% der Patienten sind Lipidspeicherphänomene in der Muskulatur nachweisbar. Wie beim Acylcarnitintranslokasemangel kommt es auch beim CPT-II-Mangel zu einer im Plasma nachweisbaren Anhäufung langkettiger Fettsäurecarnitinester.

Um die Anhäufung langkettiger Fettsäurecarnitinester zu minimieren, sollte eine kohlenhydratbetonte Ernährung durchgeführt werden. Fett sollte in Form mittelkettiger Triglyzeride verabreicht werden, da diese unabhängig vom Carnitinsystem in den Matrixraum gelangen und dort aktiviert werden können. Um die Bildung langkettiger Azylcarnitine zu hemmen bleibt als noch experimentelle Therapie der selektiven Hemmung der CPT I mit Etomoxir.

45.3.2 Störungen der Fettsäureoxidation

Die Störungen betreffen die intramitochondrialen Enzyme der β-Oxidation. Es bestehen eigene Enzymsysteme für kurz-, mittel- und langkettige Fettsäuren.

Azyl-CoA-Dehydrogenasemangel sehr langkettiger Fettsäuren (VLCAD)

Diese Störung betgrifft den ersten Schritt im β-oxidativen Abbau von Fettsäuren mit einer Kettenlänge über 18 C-Atomen. Leitsymptome sind eine Kardiomyopathie bei gleichzeitig bestehenden Hypoglykämien. Die Diagnose wird durch den Nachweis langkettiger Azylcarnitine mittels Tandemmassenspektrometrie gestellt.

Grundlagen der Diät sind eine fettarme Diät und die gleichzeitige Supplementierung mit mittelkettigen Triglyzeriden, die problemlos metabolisiert werden können [64]. Carnitin sollte nur in einer niedrigen Dosierung zur Vermeidung eines Carnitinmangels zugeführt werden. Prophylaktisch ist es wichtig, längere Nüchternperioden zu vermeiden.

Azyl-CoA-Dehydrogenasemangel mittelkettiger Fettsäuren (MCAD)

Der MCAD-Mangel ist die Störung des ersten Schrittes des intramitochondrialen β-oxidativen Abbaus mittelkettiger Fettsäuren. Es handelt sich um die häufigste Störung der Fettsäureoxidation. Durch den Defekt kommt es zur Anhäufung aktivierter mittel- und auch längerkettiger Fettsäuren, die durchaus toxische Wirkung haben können. Die Patienten werden in der Regel zwischen dem Alter von 6 Monaten und 2 Jahren klinisch auffällig. Im Vordergrund steht die Nüchternintoleranz bei gleichzeitig bestehender hepatozerebraler Auffälligkeit, die einem Reye-Syndrom entsprechen können. Die klinische Ausprägung kann sehr variabel sein. Es wurden sogar asymptomatische Patienten beschrieben. Charakteristischerweise kann bei diesen Patienten eine erhöhte Oktanoylcarnitinkonzentration im Plasma nachgewiesen werden.

Längere Nüchternperioden können für die Patienten sehr gefährlich sein. Behandlungsprinzip ist die Suppression der Fettsäureoxidation durch Kohlenhydratzufuhr. Bei akuter metabolischer Dekompensation wird Glukose in der Menge der maximalen Glukoseoxidationsrate (ca. 10 mg/kgKG/min) verabreicht. Beim MCAD-Mangel kommt es zu einem ausgeprägten Carnitinmangel, sodass dieses in einer Dosierung von ca. 100 mg/kgKG/24 h supplementiert werden sollte.

45.3.3 Dyslipoproteinämien

Lipide werden im Blut in nichtkovalenter Bindung an sog. Lipoproteinen transportiert. Es gibt dabei 4 Transportrichtungen (s. Kap. 10):

1. Transport von Fettsäuren vom Fettgewebe zu anderen Geweben;
2. Transport von Nahrungsfetten vom Darm zu anderen Geweben;
3. Transport von endogen synthetisierten Lipiden in der Leber zu anderen Geweben;
4. Umkehrtransport von extrahepatischen Geweben zur Leber.

Diese Transportrichtung hat v. a. für Cholesterin Bedeutung, da es im Gegensatz zu Triglyzeriden, Phospho- und Glykolipiden nur in der Leber metabolisiert werden kann. Im Vordergrund steht die Transportfunktion für Triglyzeride zur Deckung des Energiebedarfs.

Nahrungslipide werden nach der intestinalen Resorption durch die Bindung an Apoproteine B48, AI und AII als Chylomikronen in den Lymphstrom des Ductus thoracicus abgegeben. Nach dem Übergang der Chylomikronen aus dem Ductus thoracicus in das Blut übernehmen sie von HDL die Apoproteine E und C. Apo CII ist zur Aktivierung der Lipoproteinlipase im Gefäßendothel notwendig. Durch die Aktivität dieser Lipoproteinlipase werden Fettsäuren aus Triglyzeriden freigesetzt. Aus den Chylomikronen entstehen triglyzeridärmere und kleinere Partikel, sog. »Remnants«. Diese werden nach Anhaftung mittels des Apo-E-Rezeptors durch Endozytose in die Leberzelle aufgenommen und Lipide wie auch Proteine lysosomal hydrolysiert. Die Lebenszeit eines Chylomikrons beträgt von der Sekretion aus der Darmmukosa bis zur Aufnahme in die Leberzelle weniger als 1 h.

Die in der Leber synthetisierten Lipide – insbesondere Triglyzeride – werden aus der Leber als Anteile der VLDL durch Exozytose abgegeben. VLDL enthalten als Apoproteine v. a. Apo B100. Größere Mengen Apo C und Apo E werden später, wie auch bei den Chylomikronen, von HDL übernommen.

Wie bei den Chylomikronen werden auch bei den VLDL Triglyzeride zuerst durch die endothelständige Lipoproteinlipase hydrolysiert. In Analogie zu den Chylomikronen entstehen jetzt VLDL-Remnants. Gleichzeitig werden jetzt überschüssige Apoproteine wieder an HDL zurückgegeben. Am Ende der VLDL-Umwandlung steht die Bildung von LDL. Diese haben eine definierte Struktur, die nur noch Apo B100 als Apoprotein enthält.

m Gegensatz zum schnellen Umsatz der VLDL zirkulieren LDL durchschnittlich 3 Tage im Blut. Etwa 2/3 der zirkulierenden LDL werden durch die Leber und ca. 1/3 durch extrahepatische Gewebe mittels einer rezeptorvermittelten Endozytose aufgenommen. Der Rezeptor benötigt die Apoproteine E und B100, die als Liganden dienen. Nicht alle LDL werden über den LDL-Rezeptor aufgenommen. Arterielle Makrophagen und Gefäßendothelzellen besitzen alternative Lipoproteinrezeptoren, die als »Scavenger-Rezeptoren« bezeichnet werden. Diese haben eine höhere Affinität für chemisch modifizierte, insbesondere oxidierte oder an Malondialdehyd gebundene LDL; ihnen kommt damit eine überragende Bedeutung in der Pathogenese der Atherosklerose zu.

Familiärer Lipoproteinlipasemangel

Beim Mangel der endothelständigen Lipoproteinlipase ist der Abbau von Chylomikronen nicht mehr möglich. Patienten leiden bereits im Säuglingsalter an einer Gedeihstörung, Bauchschmerzen, Hepatosplenomegalie und eruptiven Xanthomen. Bereits das Nüchternserum ist milchig getrübt. Die Serumtriglyzeridkonzentrationen sind exzessiv erhöht (bis 10.000 mg/dl). Das Serumcholesterin ist meistens nur geringgradig erhöht.

Grundlage der *Behandlung* ist eine sehr fettarme Kost. Die Energieversorgung muss weitgehend über Kohlenhydrate erfolgen. Fettlösliche Vitamine müssen gesondert supplementiert werden. Bei einer Zufuhr von maximal 5 g Fett/24 h kann das Serum optisch weitgehend klar gehalten werden. Langfristig sollte die tägliche Fettzufuhr bei 5–10 g liegen, auch wenn die Serumtriglyzeridkonzentrationen erhöht sind. Im Erwachsenenalter sollte sie bei 25–35 g Fett/24 h gehalten werden.

Familiäre Hypercholesterinämie

Sie ist in ihrer heterozygoten Form mit einem unter 500 Personen die häufigste Fettstoffwechselerkrankung. Die homozygote Form ist mit einer unter 1 Mio. Personen sehr selten. Ihr liegt ein vollständiger (<2%) LDL-Rezeptormangel zugrunde. Die Zahl der LDL-Rezeptoren ist bei der heterozygoten Form ungefähr auf 50% der Norm reduziert, sodass LDL-Cholesterin von früher Kindheit an auf das 2- bis 3fache der Norm erhöht ist.

Therapieziel ist die Langzeitprävention sekundärer Organschäden. Die seltene homozygote Erkrankung ist einer diätetischen Behandlung nicht zugänglich. Sie kann nur mit der LDL-Apherese oder eine Lebertransplantation behandelt werden. Die Modifikation der Ernährung ist für die heterozygoten Patienten die grundlegende und wichtigste Therapiemaßnahme. Medikamentöse Lipidsenker (gallensäurebindende Harze, Fibrate, HMG-CoA-Reduktasehemmer) werden im Kindesalter zurückhaltend eingesetzt, sind jedoch nicht immer vermeidbar, da von der diätetischen Therapie lediglich eine 15- bis 20%ige Absenkung der Serumcholesterinkonzentration erwartet werden kann. Die Grundzüge der Ernährungstherapie sind:

- Reduktion des Gesamtfettanteils in der Ernährung auf 30% der Energiezufuhr.
- Reduktion des Anteils gesättigter Fettsäuren.

  Gesättigte Fettsäuren hemmen den rezeptorabhängigen Abbau von LDL-Cholesterin. Myristinsäure (C14:0) und Palmitinsäure (C16:0) haben dabei die stärkste Wirkung. Stearinsäure (C18:0) hat nur eine geringe Wirkung. Gesättigte Fettsäuren heben die Serumcholesterinkonzentration doppelt so stark an wie ihn die ungesättigten Fettsäuren absenken. In der Praxis bedeutet dies, dass man z. B. 2 g Linolsäure (C18:2 ω-6) aufnehmen muss, um die Wirkung von 1 g einer gesättigten langkettigen Fettsäure auszugleichen.
- Vermeidung von *trans*-Fettsäuren.

  Ungesättigte trans-Fettsäuren, die v. a. im Magen der Kuh und bei der Fetthärtung entstehen sind in ihrer ungünstigen Wirkung den gesättigten Fettsäuren gleichzusetzen.
- Anhebung der Zufuhr ungesättigter Fettsäuren.

  Mehrfach ungesättigte Fettsäuren der ω-6 Reihe (z. B. Linolsäure) haben durch Beeinflussung der LDL-Rezeptorenzahl einen deutlich senkenden Effekt auf Gesamt- und LDL-Cholesterin. Gleichzeitig wird jedoch auch das protektiv wirkende HDL-Cholesterin abgesenkt. ω-3 Fettsäuren aus Fischölen haben hingegen lediglich eine ausgeprägte triglyzeridsenkende Wirkung; sie beeinflussen die LDL-Cholesterinkonzentration kaum. Eine besondere Bedeutung kommt der einfach ungesättigten Ölsäure (C18:1 ω-9) zu. Sie kommt hauptsächlich in Olivenöl vor (ca. 75% der Fettsäuren) und senkt LDL-Cholesterin effektiv, ohne zugleich HDL-Cholesterin zu vermindern.
- Begrenzung der exogenen Cholesterinzufuhr

  Eine hohe alimentäre Cholesterinzufuhr supprimiert die Zahl der LDL-Rezeptoren und erhöht die Konzentration des atherogen wirksamen LDL-Cholesterins. Im Kindesalter sollte die tägliche Zufuhr 250 mg nicht überschreiten.
- Austausch von tierischem Eiweiß gegen Sojaprotein

  Sojaprotein führt zur Absenkung der Konzentration von Apolipoprotein B, welches v. a. in LDL enthalten ist. Bei Patienten mit ausgeprägter Hypercholesterinämie konnte durch den Austausch des tierischen Nahrungsproteins gegen Sojaprotein eine LDL-Cholesterinabsenkung um durchschnittlich 7% erreicht werden [65]. Bereits der Austausch von 20 g tierischen Proteins gegen Sojaprotein führte nach 6 Wochen zu einer LDL-Cholesterinabsenkung um ca. 2,6% [66].
- Zufuhr von *Antioxidanzien* [67].

  Es sind v. a. oxidativ veränderte LDL-Partikel, die über den Scavenger-Rezeptor in Gefäßendothelzellen aufgenommen werden und zur Schaumzellenbildung, der pathogenetischen Grundlage atheromatöser Plaques führen. Antioxidanzien hemmen den Mechanismus der Atherogenese über zwei Mechanismen:

  Fettlösliche *Antioxidanzien*, wie z. B. Tokopherol sind in LDL-Partikeln als Oxidationsschutz enthalten. Diese Wirkung wird durch Vitamin C im umgebenden wasserlöslichen Kompartiment unterstützt. Antioxidanzien hemmen im Endothel der Zellwand die Bildung von:

  reaktiven Sauerstoffverbindungen;
  die Expression von Adhäsionsmolekülen und monozytären chemischen Lockstoffen
  und sie erhöhen die Aktivität der endothelialen NO-Bildung.

Hypo-β-Lipoproteinämie und A-β-Lipoproteinämie

Die A-β-Lipoproteinämie ist eine autosomal-rezessiv vererbte Erkrankung, die nur bei Homozygoten klinisch auffällig ist. Alle Apo B enthaltenden Lipoproteine, also auch Chylomikronen und VLDL sind betroffen. Da diese Lipoproteine die Hauptcarrier von sowohl Plasmacholesterin als auch Plasmatriglyzeriden sind, fallen Patienten durch ihre sehr niedrigen Serumlipide auf. Klinisch liegt eine ausgeprägte Fettresorptionsstörung mit Mangel an fettlöslichen Vitaminen, geistiger und neuromuskulärer Retardierung, Akanthozytose, Anämie und Retinitis pigmentosa vor. Die Störung der Zusammenstellung der Nahrungslipide zu Chylomikronen führt zu einer ausgeprägten Lipidspeicherung in den Dünndarmzotten. Die chronische Steatorrhö induziert die Bildung einer Oxalatnephrolithiasis.

Die Supplementierung mit fettlöslichen Vitaminen, insbesondere mit Vitamin E, stellt somit einen wesentlichen Teil der Therapie dar. Zur Verminderung der Steatorrhö wird eine fettarme Kost mit einer Fettzufuhr von 5–20 g/24 h empfohlen. Kohlenhydrate sind somit die wesentlichen Energielieferanten.

45.4 Morbus Wilson (hepatolentikuläre Degeneration)

Bei Morbus Wilson handelt es sich um eine *autosomal-rezessiv* vererbte Kupferspeicherkrankheit (Gendefekt am Chromosom 13) mit einer Prävalenz für heterozygote Träger von 1:

180 bzw. 1:30.000 für Homozygote. Der Gendefekt beruht auf Mutationen einer kupfertransportierenden ATPase und führt zu Kupferablagerungen – bevorzugt in Hepatozyten, Gehirn, Augen und Nieren.

45.4.1 Pathophysiologie und Klinik

Etwa 60% des Nahrungskupfers (0,6–3 mg/24 h) wird im Dünndarm aufgenommen, an Albumin gebunden und in die Gewebe transportiert (s. Kap. 6, 7). Normalerweise wird Kupfer durch Bindung an *Apocoeruloplasmin* als *Coceruloplasmin* aufgenommen. Coeruloplasmin wird in das Plasma sezerniert, wo es 90% des zirkulierenden Kupfers enthält. Der überwiegende Teil des Kupfers wird hepatobiliär sezerniert und mit dem Stuhl ausgeschieden. Die renale Exkretion beträgt dagegen nur etwa 5,15% der täglichen Ausscheidung [63].

Die defekte hepatobiliäre Kupferexkretion führt zunächst zur Akkumulation von Kupfer in der Leber. Die Leber wird durch freies Kupfer über Bildung freier Radikale progressiv bis zur Ausbildung der Zirrhose geschädigt. Ablagerungen in Gehirn, Nieren und anderen Organen erklären das Entstehen neurologischer, hämatologischer und renaler Krankheitsbilder (Abb. 45-2).

Das *klinische Bild* variiert und hängt sehr vom Alter des Patienten ab. Bei *Jugendlichen* steht die *Leberkrankheit* im Vordergrund, bei jungen *Erwachsenen* treten eher *neuropsychiatrische* Symptome auf, stets liegt dann bereits eine *kompensierte Zirrhose* vor. Das klinische Bild kann von asymptomatischer Hepatomegalie bis – meist im Kindesalter – zur akuten *Hepatitis* mit *Hämolyse* reichen. Symptome treten nie vor dem 6. Lebensjahr und sehr selten nach dem 30. Lebensjahr auf.

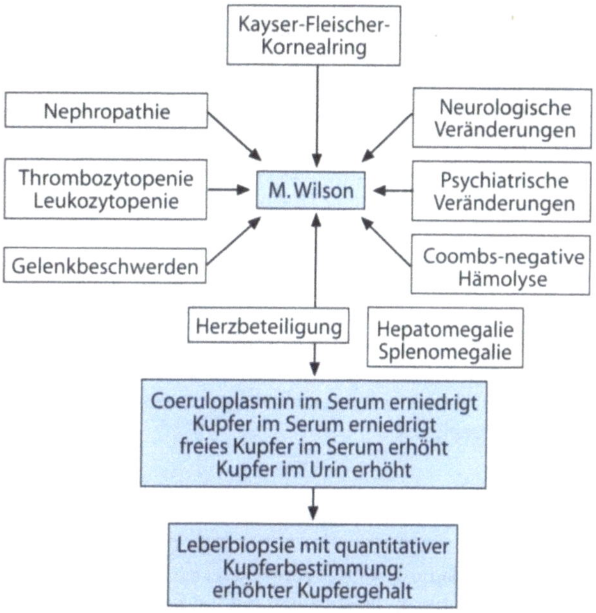

Abb. 45-2. Kupferablagerungen in Organen bei M. Wilson und die damit verbundenen klinischen Erscheinungsbilder

45.4.2 Therapie

Da M.-Wilson-Patienten intestinal aufgenommenes Kupfer nicht adäquat ausscheiden können, gilt als Behandlungsprinzip die weitestmögliche *Negativierung der Kupferbilanz*.

Ziel: Freies nicht proteingebundenes Serumkupfer <0,5 μmol/l.

Ziel ist daher – durch eine kombinierte Pharmako- und Ernährungstherapie – eine Verminderung der intestinalen Kupferaufnahme bei gleichzeitiger Erhöhung der renalen Kuppferausscheidung.

Pharmakotherapie

Mittel der 1. Wahl ist *D-Penicillamin* (z. B. Metalcaptase). Es steigert die Urinausscheidung auf Werte >1200 μg/24 h. Es reduziert die Affinität von Proteinen für Kupfer und bindet mit höherer Affinität Kupfer. Zudem induziert es die Synthese von Metallothionin in der Leber, was zur Milderung der Zytotoxizität von Kupfer führt. Tägliche Gabe von 3-mal 500 mg über Jahre führt zum Verschwinden des Kayser-Fleischer-Kornealrings sowie zu Rückgang der hepatischen und zerebralen Symptome. Bei Unverträglichkeit von Penicillamin (allergische Reaktionen, Übelkeit, Erbrechen usw.) kann *Zink* (3- bis 4-mal 15 mg/24 h in Form von Zinkaspartat oder Zinkhisitidin 1 h vor den Mahlzeiten) gegeben werden. Zink kompetitiert mit der Kupferaufnahme im Darm. Eine signifikante Besserung tritt erst ab 6–12 Monaten auf [2, 5, 6].

Ernährungstherapie

Die Herabsetzung der intestinalen Kupferresorption auf das therapeutisch wirksame Mindestmaß auf <0,6 mg Cu/24 h erweist sich als kaum praktikabel und daher als alleinige Maßnahme wenig erfolgreich. Empfehlenswert und sinnvolle Maßnahmen sind:

- das Vermeiden besonders kupferreicher Nahrungsmittel (Kupfergehalt 20–40 μg/g) wie Leber, Niere, Gehirn, Nüsse, getrocknete Pflaumen, Pilze und Kakao;
- Überprüfung des Kupfergehalts des Leitungswassers (*Limit:* 100 μg = 1,5 μmol Cu/l; ggf. Benutzung von entmineralisiertem Wasser als Trink- und Kochwasser;
- Ausschaltung von Küchen- und Kochgeschirr aus kupferhaltigem Material
- *kupferarme Nahrungsmittel* (0,2–2 μg Cu/g) wie Milch, Butter, Käse, raffinierter Zucker, Getreide, Mehl (*laktovegetabile Kost*);
- Zusätzlich zu erwägen (insbesondere bei Vorliegen einer Zirrhose): Zink (>25 mg elementares Zink/24 h in Form von Sulfat, Acetat oder Glukonat) bewirkt eine kompetetive Hemmung der Kupferresorption. Ähnliches gilt für die Zugabe von Kaliumsulfid (Bildung von unlöslichem Kupfersulfid).
- Gezielte Auswahl Vitamin-B_6-haltiger Nahrungsquellen bzw. Vitamin-B_6-Präparate (z. B. Hexobion 10, Vicotrat 20).

45.5 Hämochromatose (hereditäre Hämochromatose, sekundäre Eisenüberladungssyndrome)

Die hereditäre Hämochromatose ist eine durch eine Mutation des HFE-Gens auf dem Chromosom 6 autosomal-rezessiv vererbte Störung der intestinalen Eisenresorption mit der Folge von Ablagerung von Eisen im gesamten Organismus, insbesondere in der Leber, dem Herzen und Pankreas. Grundsätzlich wird unterschieden zwischen der

- *hereditären (primären, ideopathischen) Hämochromatose (HH)* und
- *erworbenen (sekundären) Eisenüberladungssyndromen* als Folge anderer Krankheiten (Thalassaemia major, Sideroblastenanämie, hereditäre Sphärozytose, chronische Hämolyse, chronische Leberkrankheiten).

Die Prävalenz beträgt in der nordeuropäischen Bevölkerung 1:400 für Homozygote Merkmalsträger mit einer Heterozygoten-Frequenz von 1:10. Männer erkranken häufiger als Frauen (10:1). Es handelt sich um die häufigste vererbte Stoffwechselerkrankung [13, 28]

45.5.1 Pathophysiologie und Klinik

Die Eisenüberladung bei HH entwickelt sich durch lebenslang zu hohe intestinale Eisenresorption (s. Kap. 7). Normalerweise werden täglich nur 1–2 mg Eisen intestinal aufgenommen. Patienten mit HH resorbieren dagegen ca. 4–5 mg Eisen/24 h (Eisenüberschuss in 20 Jahren ca. 20 g). Bei HH wird das im Darm vorhandene Eisen (10–20 mg) nahezu vollständig resorbiert und in freier »zelltoxischer« Form in Leber, Pankreas, Herzmuskel, Milz, Magen endokrinen Organen und Nervengewebe abgelagert [27].

Sowohl die Eisenaufnahme in die Mukosazelle, wie der Eisentransfer durch die die Mukosazelle, sind im Verhältnis zum vorhandenen Speichereisen inadäquat zu hoch. *Die Mukosazelle zeigt trotz Eisenüberschuss ein Eisenaufnahmeverhalten wie bei Eisenmangel.* Der zugrunde liegende Defekt auf molekularer Ebene ist bislang noch nicht vollständig geklärt. Zusätzlich besteht eine deutlich Einschränkung der Eisenspeicherfähigkeit des retikuloendothelialen Systems (RES).

Die klassische Erscheinungsform des Hämochromatose-Patienten ist der männliche Patient mittleren Alters, der mit unterschiedlichen Beschwerden wie Müdigkeit, Abgeschlagenheit (74%), rechtsseitiger Oberbauchbeschwerden, bräunlicher Pigmentierung (70%), Gelenkschmerzen (44%), Potenzstörungen (45%), Diabetes mellitus (48%) und EKG-Veränderungen (31%) zum Arzt kommt [8]. Oft sind extrahepatische Manifestationen Erstsymptome (z. B. Herzrhythmusstörungen, Herzinsuffizienz)

45.5.2 Therapie

Bei der *hereditären Hämochromatose* gilt die Eisenmobilisation mittels *Aderlass* als Therapie der Wahl. Mit je 500 ml entferntem Blut werden 200–250 mg Eisen aus dem Körper entfernt [28].

Bei den *sekundären Eisenüberladungssyndromen* kommt in erster Linie die Anwendung von Chelatbildnern (z. B. Desferridoxamin) in Betracht [28].

Ernährungstherapie

Diätetische Eisenrestriktion sind ähnlich wie beim M. Wilson lediglich unterstützend wirksam. Allerdings ist eine vom Prinzip her erstrebenswerte eisenarme Diät aufgrund des ubiqitären Vorkommens von Eisen nur schwerlich realisierbar (Verzicht auf Fleisch, Wurst, Innereien, Geflügel, Eigelb und Verzicht auf eine Vielzahl eisenreicher pflanzlicher Produkte). Vertretbarer Kompromiss für Patienten mit guter Compliance, insbesondere in Frühstadien, *laktovegetabile Kost* unter Ausschluss besonders eisenreicher Vegetabilien:

- phytatreiche (Vollkornerzeugnisse) und pektinreiche Produkte:
  Apfel, Banane, Beeren-, Steinobst, Karotten, Rüben;
- schwarzer Tee zu jeder Mahlzeit [29]:
  Bildung von Eisen-Tannat-Komplexen;
- kein Vitamin C in Megadosen (Steigerung der Eisenresorption);
- keine eisenhaltigen Roboranzien;
- eisenarme Mineralwässer;
- kein Alkohol.

Als adjuvante Maßnahme zur Aderlasstherapie eiweißreiche Kost (>1 g Protein/kgKG/24), die ggf. an bereits manifeste siderophiliebedingte Organ- und Stoffwechselstörungen anzupassen ist (Leberzirrhose, Diabetes mellitus, Herzinsuffizienz).

45.6 Porphyrien

Unter Porphyrien versteht man Stoffwechselkrankheiten, die durch eine *Störung der Hämbiosynthese* gekennzeichnet sind. Die traditionelle Einteilung dieser Krankheiten in *hepatische* und *erythropoetische* Formen ist unscharf, da es Überschneidungen gibt. Auch bei erythropoetischen Porphyrien kann die Leber mehr oder weniger betroffen sein [19, 48]. Von den primären (erblichen) Porphyrien müssen die sekundären Formen abgrenzt werden (z. B. Bleiintoxikation, andere Stoffwechselkrankheiten wie z. B. Tyrosinämie I).

45.6.1 Pathophysiologie und Klinik

Bei den zugrunde liegenden Enzymopathien handelt es sich stets um eine genetisch bedingte *Verminderung* der Aktivität einzelner Enzyme. Ihnen liegen *Mutationen* der entsprechenden Gene zugrunde (pro Porphyrietyp liegen meist mehrere Mutationen zugrunde). ◘ *Tabelle 45-15* listet die primären Porphyrien zusammen mit den wichtigsten, für Diagnose bedeutsamen biochemischen Charakteristika auf [48, 50].

Das *klinische Bild* ist vielgestaltig. Symptome manifestieren bei den akuten hepatischen Formen erst im Erwachsenenalter und führen initial meist zu Fehldiagnosen. Die Porphyria cutanea tarda geht dagegen meist ausgeprägten Veränderungen an *lichtexponierten* Stellen der haut einher (s. Lehrbücher der inneren Medizin).

45.6.2 Ernährungstherapie

Zwischen dem Kohlenhydratanteil der Nahrung und der Ausscheidung von Porphyrinvorläufern und Porphyrinen besteht eine reziproke Beziehung. Durch eine hohe Kohlenhydratzufuhr (Glukose) kommt es bei den meisten Patienten in der Regel nach 4–6 Tagen zu einem Rückgang der klinischen Sym-

Tabelle 45-15. Primäre Porphyrien – Übersicht

Porpyrietyp	Vererbungs-modus	Enymdefekt	Ort der biochemischen Manifestation	Wichtigste biochemische Charakteristika
Akute hepatische Porphyrie				
Akute intermittierende Porphyrie	a.-d.	Porphobilinogen-Deaminase	Leber	ALA, PBG (meist auch URO, KOPRO) im Urin erhöht; KOPRO, PROTO im Stuhl variabel
Heriditätre Koproporphyrinurie	a.-d.	Koproporphyrinogenoxidase	Leber	ALA, PBG, KOPRO im Urin erhöht, KOPRO, PROTO im Stuhl erhöht
Pophyria variegata	a.-d.	Protoporphyrinogenoxidase	Leber	ALA, PBG URO, KOPRO im Urin erhöht; PROTO im Stuhl KOPRO weniger im Stuhl erhöht
Porphobilinogen-synthasedefekt	a.-r.	Pophyobilinogen-synthase	Leber	ALA, URO, KOPRO im Urin erhöht, PGB im Urin normal; PROTO in Erythrozyten erhöht
Chronisch hepatische Porphyrien				
Porphyria cutanea tarda	a.-d.	Uroporphyrenogen-decarboxalase	Leber	URO im Urin stark erhöht, Gesamtporphyrin, Hepatakarboxyporphyrin im Urin erhöht; URO, Hepatakarboxyporphyrin im Plasma erhöht; ALA, PBG nicht oder wenig erhöht; KOPRO im Stuhl erhöht
Hepatoerythropoetische Porphyrien	a.-r.	Uroporphyrinogen-decarboxylase	Knochenmark und Leber	Zink-Protoporphyrin in Erythrozyten, URO im Urin erhöht; s. auch Porphyria cutanea tarda
Erythropoetische Porphyrien	a.-r.			
Kongenitale erythropoetische Porphyrie		Uroporpyrinogen-III-Kosynthase	Knochenmark	Uro im Urin erhöht; URO und KOPRO im Stuhl erhöht
Erythrohepatische Protoporphyrie	a.-d.	Ferrochelatase-mangel	Knochenmark	KOPRO im Urin, PROTO in Erythrozyten (Diagnose!), Stuhl und Galle erhöht, ALA und PGB normal

a.-d.: autosomal-dominant; a.-r.: autosomal-rezessiv.

ptomatik (und Abnahme der Porphyrinmetabolite im Urin), wenn die Kohlenhydratgabe zu Beginn der Krise erfolgt.

Manifestes Stadium (Akuttherapie)

- Glukose hochdosiert (0,3 g/kgKG/h) intravenös, ggf. auch oral oder per Sonde;
- flüssigkeitsreiche (>2,5 l H_2O/24 h) kohlehydratreiche (Maltodextrin) Basiskost;
- Energiezufuhr >250 kcal/24 h.

Latentes Stadium (Rezidivprophylaxe, Präventivkost):

- 400–500 g Kohlenhydrate/24 h, 120 g Protein/24 h und 50 g Fett/24 h (<30% der Energiezufuhr);
- Alkoholkarenz;
- unbedingtes Vermeiden von hypoglykämischen Zuständen (kein Hunger, keine längeren Nüchternperioden).

45.7 Mukoviszidose

Zytische Fibrose (CF) auch Mucoviszidose genannt, gilt mit einer Carrierefequenz von 1:25 als die häufigste autosomalrezessiv Erbkrankheit der kaukasischen Rasse. Jedes 2500. Neugeborene ist davon betroffen. Während vor 50 Jahren ein Großteil der Kinder im ersten Lebensjahr verstarb, liegt die durchschnittliche Lebenserwartung heute bei 30 Jahren, und wird für jetzt betroffene Neugeborene auf etwa 4–45 Jahre geschätzt.

Hauptgrund für die zunehmende Steigerung der Lebenserwartung sind neue medikamenöse Therapieverfahren (effektivere Antibiotika, neue Pankreasenzympräparate), die Verbesserung supportiver Maßnahmen (Inhalationsmöglichkeiten…) sowie die Betreuung in ausgewiesenen Spezialambulanzen [8, 9].

45.7.1 Pathogenese und Klinik

Molekulare Grundlagen

Die Aufklärung des genetischen Defektes gelang 1989 [8]. Der basale Defekt der häufigsten Mutation ΔF508 liegt in der Deletion einer Aminosäure im CFTR. Die Deletion eines Basentriplets CTT im Exon 10 des auf dem Chromosom 7 gelegenen und 250 Kilobasen großen Gens führt zum Verlust von Phenylalanin in Position 508 eines 1480 aminosäurenlangen Proteins. Über 700 verschiedene Mutationen des Gens sind inzwischen beschrieben (Frameshift-Deletionen, Insertionen, Nonsense-, Missense- und Slice-site-Mutationen). So führen Frameshift-Mutationen zur Erzeugung eines vorzeitigen Stopkodons und einem daraus resultierenden trunkierten Protein oder Mutationen in den ATP-bindenden Regionen des Proteins. Nicht-ΔF508-Mutationen liegen oft in der transmembranären Domäne des CFTR-Proteins und führen zu milden klinischen Verlaufsformen.

Mutationen des CFTR führen zu einer *Dysfunktion der epithelialen Chloridsekretion*, die das Stellglied exkretorischer Zellen (z. B. Intestinaltrakt, Pankreas, Lunge, Gallenepithelien) darstellt (*Abb. 45-3*):

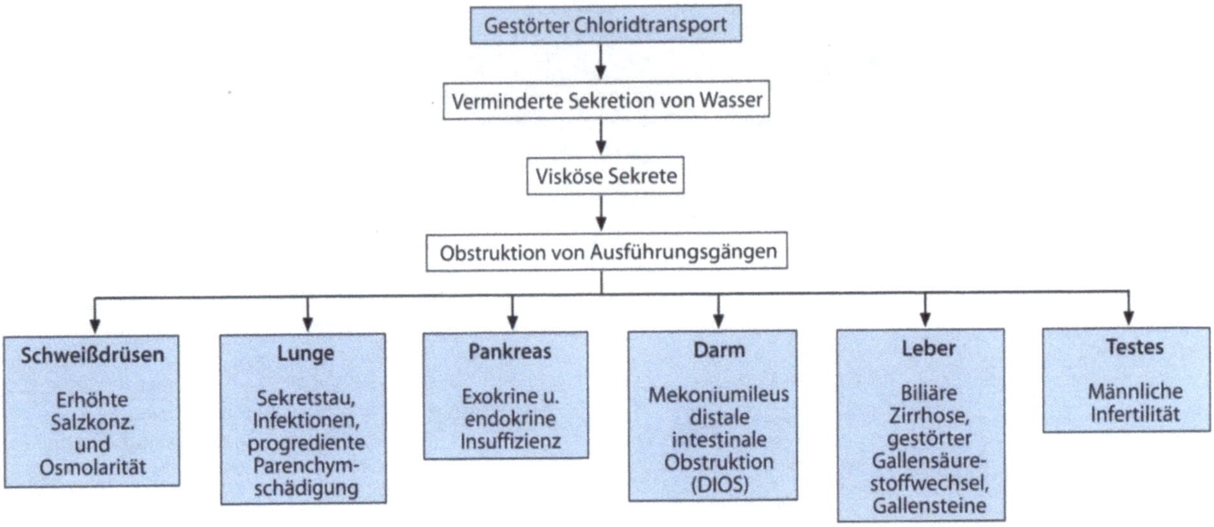

Abb. 45-3. Pathophysiologisches Spektrum der zystischen Fibrose (CF)

- In der *Schweißdrüse* führt der Defekt zur Unfähigkeit der Reabsorption von Chlorid aus dem primären Schweiß, was den erhöhten NaCl-Gehalt bei CF-Patienten erklärt (Schweißtest).
- Im *Pankreas* führt die Störung der Chloridsekretion zur Abnahme der Wassersekretion mit nachfolgender Eindickung des Pankreassaftes.

Weitere Funktionen von CFTR sind beschrieben: CFTR beeinflusst (indirekt) weitere Ionenkanäle, insbesondere den Natriumkanal, spielt eine Rolle bei der Sulfatierung von Glykoproteinen [8], der Mukussekretion und der intrazellulären pH-Änderung. Mit einer wenn auch im Vergleich zu Cl^- deutlich niedrigeren Affinität ($HCO_3^-:Cl^- = 1:4$) scheint auch der CFTR-Kanal zur *elektrogenen HCO_3^--Sekretion* beizutragen [9].

Genotyp-Phänotyp-Korrelationen

Die Suche nach Genotyp-Phänotyp-Korrelationen gestaltet sich schwierig. Während ΔF508-Homozygote immer pankreasinsuffizient sind, gibt es andere Mutanten, die es nie sind. Eine Genotyp-Phänotyp-Korrelation konnte bisher nur für dieses Organ gezeigt werden. Etwa 15% aller Patienten haben eine ausreichende exokrine Pankreasfunktion (PS), die jedoch in 10–15% dieser PS-Patienten später in eine Pankreasinsuffizienz übergehen kann. Patienten mit PS haben eine bessere Prognose, da sie weniger gastrointestinale Komplikationen und einen deutlich besseren Ernährungstatus aufweisen sowie seltener Pseudomonas-besiedelt sind. Andere gastrointestinale oder pulmonale Manifestationen zeigen keine Genotyp-Phänotyp-Korrelation und eine prognostische Aussage ist bisher nicht möglich.

Die CF ist eine Multiorganerkrankung, bei der die respiratorischen Probleme im Mittelpunkt stehen und auch weiterhin in über 90% für die frühe Moratalität verantwortlich sind.

Pathophysiologie der Malnutrition

Viele CF-Patienten befinden sich aufgrund einer gestörten Energiebilanz in einem schlechten Ernährungszustand. Verantwortlich hierfür sind auf der einen Seite die Malabsorption, der erhöhte Energieverbrauch durch Infekte, vermehrte Atemarbeit und Medikamente (z. B. β_2-Sympathomimetika), auf der anderen Seite Inappetenz durch Bauchschmerzen, Infekte, fortgeschrittene Lungenerkrankung, Erbrechen und die teilweise immer noch durchgeführte fettarme Ernährung (Abb. 45-4).

Pankeas

Die *exokrine Pankreasfunktion* ist in 85% der Fälle bereits beim Neugeborenen beeinträchtigt, was sich insbesondere in einer Störung der Fettverdauung widerspiegelt. Eine Störung der *endokrinen Funktion* mit Ausbildung eines Diabetes mellitus wird meist erst im 2. Lebensjahrzehnt manifest.

Die klinische Symptomatik der exokrinen Pankreasinsuffizienz bei Patienten mit Mukoviszidose unterscheidet sich nicht von denen anderer Patienten. Die häufigste Ursache für gastrointestinale Beschwerden bei erwachsenen CF-Patienten ist eine nicht adäquate Pankreasenzymsubstitution. Zum einen ist dies der Fall bei pankreasinsuffizienten Patienten, die im höheren Alter nicht mehr genügend Pankreasenzyme produzieren, zum anderen nehmen viele Patienten ihre Enzyme trotz eingehender Beratung falsch oder zu niedrig dosiert ein. Die geschilderten Symptome bei unzureichend substituierten Patienten sind neben unspezifischen Beschwerden wie

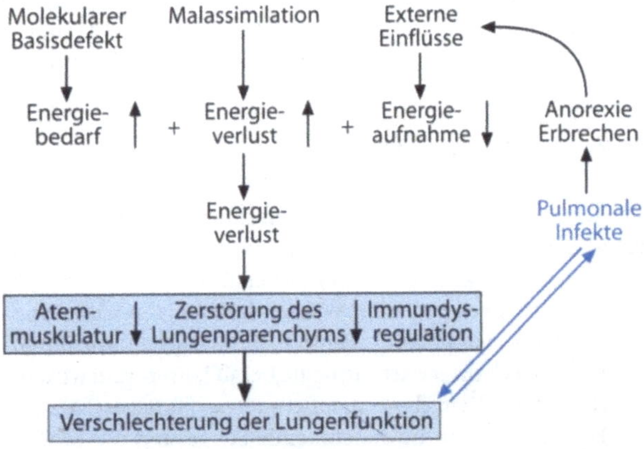

Abb. 45-4. Pathogenese der Energiebilanz bei CF

Völlegefühl, Blähungen und Bauchschmerzen auch Komplikationen wie das distal intestinale Obstruktionssyndrom, die Intusseption, der Volvulus oder aus der Malabsorption folgende Mangelzustände (s. Ernährung).

Etwa 2–3% aller CF-Patienten entwickeln eine *akute Pankreatitis*, die meist pankreassuffiziente Patienten betrifft. Da bei pankreassuffizienten Patienten der klinische Verlauf in der Regel milder ist, pulmonale Komplikationen oftmals deutlich später auftreten und keinerlei Malassimilationssymptomatik vorliegt, ist die Pankreatitis in Einzelfällen das zur Diagnose führende Symptom [8]. Klinik und Diagnostik unterscheiden sich nicht wesentlich von der anderer Patienten mit Pankreatitis.

45.7.2 Ernährungstherapie

Seit bekannt ist, dass ein deutliches Untergewicht mit einer Verschlechterung der Lungenfunktion und daraus folgend mit einer schlechteren Überlebensrate korreliert (*Abb. 45-5*), gehört eine intensive, individuelle Ernährungsberatung mit dem Ziel einer Verbesserung des Ernährungszustands zu den Grundlagen der CF-Behandlung [8, 33, 34].

Erhebung des Ernährungszustands

Grundvorraussetzung für eine rationale Ernährungstherapie ist die regelmäßige Erhebung des Ernährungsstatus. Das Ausmaß einer Ernährungsstörung lässt sich durch anthropometrische Parameter, Bestimmung nahrungszufuhrabhängiger Laborparameter sowie einer genauen Analyse der aufgenommenen Nahrung und der Fett- und Stickstoffverluste über den Stuhl quantifizieren (*Tabelle 45-16*).

Berechnung des Energiebedarfs

Der tägliche Energiebedarf (TEB) von CF-Patienten unterliegt extremen interindividuellen Schwankungen und ist v. a. von körperlicher und therapeutischer Aktivität, besonders aber von der respiratorischen Funktion abhängig. Der TEB lässt mit der Formel nach Ramsey [8] annährend abschätzen (*Tabelle 45-17*).

Allgemeine Ernährungsempfehlungen für CF-Patienten

Bei der Ernährung des CF-Patienten gilt zunächst die Maxime: Eine ausgewogene Mischkost, die zusätzlich mit Fett angereichert ist, sollte an erster Stelle stehen. Erst wenn damit das Gewicht nicht zu halten bzw. zu bessern ist, kommen Supplementnahrungen, enterale oder parenterale Ernährung in Betracht. Die Zusammensetzung der empfohlenen Nahrung sollte 40% Fett, 20% Eiweiß und 40% Kohlenhydrate betragen [33, 34]. Der relativ niedrige Kohlenhydratanteil in der Ernährungsempfehlung dieser Patienten beruht darauf, dass bei überwiegendem Kohlenhydratangebot als energielieferndes Substrat die Produktion von Kohlendioxid höher liegt als bei einer entsprechenden Energiegewinnung aus Fett (bzw. Quotient 1 vs. 0,7), wodurch das Atemminutenvolumen und die Atemarbeit gesteigert werden. Der verstärkte Einsatz von Fett sollte daher insbesondere bei Patienten mit stark verminderter Lungenfunktion und Neigung zur Hyperkapnie angewandt werden.

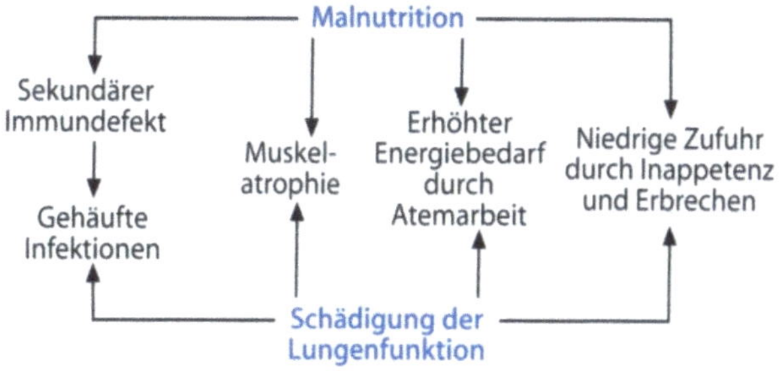

Abb. 45-5. Wechselbeziehungen zwischen Mangelernährung und zunehmender Schädigung der Lungenfunktion bei Mukviszidose. (Mod. nach [33])

Tabelle 45-16. Empfehlungen zur Erhebung des Ernährungsstatus bei Mukoviszidose. Konsensus der AG Ernährung Mukoviszidose e.V. 1995

Anthropometrische Parameter:	Patienten <10 Jahre: bei jedem Ambulanzbesuch: Länge (Höhe), Gewicht – Längensollgewicht (LSG) Patienten >10 Jahre: bei jedem Ambulanzbesuch: Höhe, Gewicht – Längesollgewicht – BMI
Bei Verdacht auf Gedeihstörungen:	Bestimmung der fettfreien Körpermassse (LBM) durch Messung der – Hautfettfalten (ausreichend TSF!)
Labordaten und Röntgen bei LSG <90%:	– Stuhlfettbilanz, Chymotrypsin, Elastase im Stuhl – Gesamteiweiß, Albumin im Serum – Blutbild, Eisen – Alkalische Phosphatase, Elektrolyte, Prothrombinzeit – Vitamine A, D, E – Linke Handwurzel
Diätetisches Monitoring mittels:	– Ernährungsanamnese bei jedem Arztbesuch – Ernährungsprotokoll über 3 Tage zur Kontrolle bei LSG 90% (1-mal/Jahr) – Ernährungsprotokoll über 3 Tage zur Kontrolle bei LSG 90% (1-mal/Jahr)

Tabelle 45-17. Berechnung des täglichen Energiebedarfs. Mod. nach [33]

TEU = BMR × (Aktivitätsfaktor + Lungenfaktor)	
Aktivitätsfaktor:	
– Bettlägrig	1,3
– Mäßig aktiv	1,5
– Normal aktiv	1,7
Lungenfunktionsfaktor:	
– FEV1<80%	0,1
– FEV1 40–80%	0,2
– FEV1<40%	0,3
Steaorrhö = Fettabsorptionskoeffizient (FAQ) <0,93	
TEB = TEU (0,93/FAQ)	

TEU täglicher Energieumsatz; *BMR* basale metabolische Rate (Grundumsatz); TEB täglicher Energiebedarf.

Tabelle 45-18. Empfehlungen zur Ernährung bei Mukoviszidose. Konsensus zum praktischen Vorgehen der AG Ernährung Mukoviszidose e.V. 1995

Die Energie- und Nährstoffzufuhr besteht
– bei normalem Gedeihen (LSG >90%) und guter Compliance aus altersnormaler Mischkost bei einer Energiezufuhr von 100–110% der DGE-Altersnorm, davon sind 35% durch Fette bzw. 5% mehrfach ungesättigte Fettsäuren (MUFS) zu erbringen. Immer fettlösliche Vitamine substituieren.
– bei Längensollgewicht (LSG) <90% Diätberatung intensivieren. Energiezufuhr 130% der DGE-Altersnorm; Fettenergieanteil 35–40%, MUFS 5%, fett- und wasserlösliche Vitamine supplementieren, evtl. auch nährstoffdefinierte hochkalorische Diäten oral.
– bei Längensollgewicht (LSG) <85% hochkalorische nährstoffdefinierte oder semi-elementare Diäten, bevorzugt über PEG.
Besonderheiten
– bei Säuglingen: Muttermilch entsprechend der Empfehlung für gesunde Kinder, normales Gedeihen vorausgesetzt (Cave: Protein- und NaCl-Zufuhr).
– Pubertät: unterschiedliche Zunahme der LBM bei Jungen und Mädchen beachten; BMI berücksichtigt bei kleinwüchsigen Patienten die LBM besser.
– Bei Cholestase: Vitaminzufuhr individuell nach Serumspiegel und klinischem Bedarf substituieren.
Allgemein zu beachten ist:
– Lipasegesteuerte Pankreasenzymsubstitution entsprechend der Nahrungsmenge und -qualität sowie Pankreasrestfunktion.
– Ab 10. Lebensjahr auf gestörte Glukoseutilisation achten.

BMI Body Mass Index; *LBM* Lean Body Mass.

Des Weiteren ist Fett ein sehr guter Energie- und Geschmacksträger. Da CF-Patienten einen sehr niedrigen Spiegel an Linolsäure aufweisen, werden vermehrt hochwertige, mehrfach ungesättigte Fettsäuren eingesetzt, d. h. reichlich pflanzliche Fette wie Distel- und Maiskeimöl, ungehärtete Pflanzenmargarine und Nüsse.

Persistierende Steatorrhöen führen zu Malabsorption und Maldigestion. Sistieren die Steatorrhöen nicht, sollte nach einer erneuten Ernährungsberatung zur Korrektur evtl. Fehler bei der Substitution ein über 4 Tage geführtes Ernährungsprotokoll mit Angabe der jeweils eingenommenen Enzymmenge sowie eine quantitative Stuhlfettbestimmung durchgeführt werden. Das Vorgehen bei unzureichender Gewichtszunahme ist in *Tabelle 45-18* aufgelistet.

Substituion von Mikronährstoffen

Vitamine

Eine Mangelversorgung mit den fettlöslichen Vitaminen A und D, v. a. aber Vitamin E liegt bei CF-Patienten mit eingeschränkter Fettdigestion nahzu regelhaft vor. Neuere Untersuchungen zeigen allerdings auch, dass bei einem Teil der Patienten mit suffizienter Pankreasfunktion ein Mangel an fettlöslichen Vitaminen auftreten kann. *Tabelle 45-19* fasst die derzeitigen Empfehlungen zur Vitaminsubstitution zusammen. Es handelt sich dabei um Richtwerte, die im Einzelfall deutlich überschritten werden können. Die Serumspiegel von Vitamin E (jährliche Kontrollen!) sollten im oberen Normbereich liegen.

> **Cave:** Eine zu hohe Substitution von Vitamin E kann eine Koagulopathie bei latentem Vitaminmangel verstärken [7].

Die Vitamin-K-Spiegel liegen bei den meisten CF-Patienten im Normbereich, bei einer Leberbeteiligung sollte aber auch hier eine Substitution vorgenommen werden. *Eine allgemeine Zugabe von wasserlöslichen Vitaminen ist nicht notwendig.*

Bei Cholestase müssen – je nach Spiegel – deutlich höhere Dosierungen verabreicht werden (Richtwerte s. *Tabelle 45-19*). In diesen Fällen ist der Tocopherolspiegel in Relation zum Serumcholesterin oder zu den Gesamtlipiden zu betrachten [33].

Essenzielle Fettsäuren (EFA)

Zahlreiche Studien belegen zweifelsfrei, dass insbesondere pankreasinsuffiziente Patienten einen Mangel an essenziellen Fettsäuren (v. a. Linolsäure, α-Linolensäure) aufweisen. Ob ein genereller Defekt im Fettsäurestoffwechsel von CF-Patienten vorliegt wird diskuitiert. Neuere Untersuchungen belegen, dass eine Verbesserung des Versorgungsstatus einen positiven Eefekt auf FEV_1, Schwachman-Score, Sputummenge und Chemotaxis der neutrophilen Granulozyten hat [21]. Bei einem nachgwiesenen Mangel an EFA sollte daher eine Substitution erfolgen (z. B. 4–1 g »Omega 3«).

Mineralstoffe und Spurenelemente

Mangelzustände an Kalzium, Phosphor, Magnesium, Zink und Selen finden sich im Wesentlichen nur bei ausgeprägter Steatorrhö. Eine Supplementierung ist ggf. für Selen und Zink erforderlich [7]. Vor Substitution ist insbesondere bei *Selen* eine Spiegelkontrolle notwendig.

> **Cave:** Eine gleichzeitiger Vitamin-E-Mangel kann bei Selenüberdosierung zu fataler Toxizität führen. Dosis: <10 Jahre 60 mg/24 h >10 Jahre 100 mg/24 h (Selenase).

Tabelle 45-19. Empfohlene durchnittliche Vitaminsubstitution (fettlösliche Vitamine) bei pankreasinsuffizienten Patienten mit CF. (Mod. nach [33])

	<6 Monate	>6 Monate	<1 Jahr	>1 Jahr	1–4 Jahre	<2 Jahre	>2 Jahre	<12 Jahre	>12 jahre	Schwere Cholestase
Vitamin A	25 mg					1000–2000 IE	5000 IE			10–15000 IE/24 h
Vitamin E		50 mg			100 mg			200 mg	400 mg	0,25 µg Calcitriol/24 h
Vitamin D			500–1000 IE	400 IE						50–100 mg/kg/24 h
Vitamin K			2,5 mg/Woche	bei Bedarf						10–20 mg/Monat

Eine Ampulle ADEK-Falk enthält: Vitamin A 100.000 IE; Vitamin D 10.000 IE; Vitamin E 100 mg; Vitamin K 10 mg.

Die Substitution mit Zink erlaubt ein deutlich weiteres therapeutisches Fenster.

Therapie der exokrinen Pankreasinsuffizienz

Ziel der Pankreasenzymsubstitution ist eine normale Fett- und Proteinabsorption. Die übliche Dosierung bei Ersteinstellung eines erwachsenen pankreasinsuffizienten Patienten beträgt 2500 IE Lipase/g Fettzufuhr, wobei individuell starke Schwankungen vorkommen (Kinder s. *Tabelle 45-20*). Einzelne Patienten nehmen z. T. exzessiv hohe Dosen (>25.000 IE Lipase/kgKG/24 h) ein.

Keines der auf dem Markt befindlichen Markenpräparate scheint einen speziellen Vorteil zu haben, wobei die individuelle Verträglichkeit unterschiedlich sein kann.

Trotz dieser z. T. inadäquaten erhöhten Substitution verbleibt bei bis zu 20% der Patienten eine Fettmalabsorption. Ist trotz ausreichender Dosierung ein unzureichender Effekt zu beobachten, ist es in einigen Fällen sinnvoll, das Präparat zu wechseln und/oder ein Drittel der Dosis als Nortase (Rizolipase) zu geben. Ursachen dieser verbleibenden, z. T. schweren Fettmalassimilation trotz adäquater Enzymsubstitution können sein:

1. Verminderung der *Bikarbonatsekretion*, wodurch die in das Duodenum transportierte Magensäure nicht genügend abgepuffert werden kann. Der hierdurch niedrige pH-Wert im Duodenum kann dann so niedrig sein, dass die magensaftresistenten Enzyme nicht ihre volle Wirkung entfalten können. Als therapeutische Maßnahme ist hier der Einsatz von H_2-Blockern oder Protonenpumpenhemmern sinnvoll.
2. Bei saurem Duodenal-pH werden die Gallensalze ausgefällt, sodass sie für eine ausreichende Mizellenbildung nicht bzw. nicht ausreichend zur Verfügung stehen, was zu einer Verminderung der Fettdigestion führt. Bei schweren Gallensäureverlusten sollte ein Teil des zugeführten Nahrungsfettes in Form von MCT-Fetten aufgenommen werden. Hierbei ist zu beachten, dass auch bei MCT-Fetten eine an das Nahrungsfett angepasste Enzymsubstitution erfolgen muss (25% der üblichen Dosierung).

Da die gefällten Gallensalze dem enterohepatischen Kreislauf in großen Mengen verlorengehen und sich so der Gallensäurepool reduziert, kommt es zu einer *Verschiebung des Glycin-Taurin-Verhältnisses*. Die in der Leber neu synthetisierten Gallensäuren werden statt mit Taurin vorwiegend mit Glycin konjugiert, das jedoch bei niedrigem Duodenal-pH weniger wirksam ist. In diesem Fall sollte der Versuch einer Taurinsubstitution (30 mg/kgKG/24 h) erwogen werden [9]. Ein genereller Einsatz von Taurin ist derzeit nicht zu empfehlen.

Tabelle 45-20. Empfohlene durchnittliche Pankreasenzymsubstitution bei pankreasinsuffizienten Patienten mit CF. (Mod. nach [7])

Alter	Lipase IE/kgKG	Kommentar
<1 Jahr	bis 15.000 (höhere Dosis zuvor diagn. absichern)	Unter altersgemäßer Kost, bei gestillten Kindern oft weniger (5.000 IE/kgKG) ausreichend
>1 Jahr	Etwa 10.000–15.000	Bei einem Bedarf >15.000–20.000 IE weitere Diagnostik nötig

Distales intestinales Obstruktionssyndrom (DIOS)

Es handelt sich um eine intestinale Obstruktion im Bereich des terminalen Ileum bzw. Colon ascendens. Beim cronischen DIOS besteht eine partielle Obstruktion besonders im distalen Ileumbereich. Sie tritt insbesondere bei älteren CF-Patienten auf [8].

Häufigste Ursachen sind unzureichende Pankreasenzymsubstitution, unzureichende Hydrierung und motilitätshemmende Ernährung.

Die *Therapie* des *akuten* DIOS besteht zunächst in der Zufuhr einer osmotisch wirksamen Elektrolytlösung (z. B. Golytely) u. a. über Magensonde (5-mal 200 ml/h, Tagesmenge für Erwachsenen: 4–6 l). Die Dauer der Therapie beträgt in der Regel 3 Tage. Parallel können salinische Klistiere verabreicht werden. Im Einzelfall kann die zusätzliche rektale Gabe von Gastrografin hilfreich sein. In der Mehrzahl der Fälle kann damit eine chirurgische Intervention vermieden werden.

Beim *chronischen DIOS* empfiehlt sich initial die kurzfristige Gabe von N-Acetylcystein (je nach Alter 3-mal 200 mg bis 3-mal 600 mg). Mittelfristig sind eine Optimierung der Pankreasenzymsubstitution, reichliche Flüssigkeitszufuhr, ballaststoffreiche Kost (>30 g/24 h) anzustreben, ggf. unter Einnahme von Docusat-Natrium (200 mg abends).

Diabetes mellitus

Nicht zuletzt die verlängerte Lebenserwartung der Patienten führte in den letzten Jahren zu einer deutlichen Zunahme der Prävalenz eines *Diabetes mellitus* in der CF-Population. Neuere Untersuchungen weisen bei 8–15% der adoleszenten bzw. erwachsenen Patienten einen Diabetes mellitus nach, bei 40–70% liegt eine pathologische Glukosetoleranz vor, wobei Frauen häufiger betroffen sind als Männer [38].

Der Diabetes mellitus bei CF (DM-CF) zeigt zum Typ-I-Diabetes (IDDM) und Typ-II- (NIDDM) zahlreiche Unterschiede auf. Im Vergleich zum Typ-I-DM besteht eine Restsekretion von Insulin, und längerfristige Phasen von Hyperglykämie und Normoglykämie können sich abwechseln. Im Gegensatz zum Typ II-DM handelt es sich um normal- bzw. untergewichtige Patienten. Aufgrund der noch vorhandenen Sekretionsleistung reicht bei etwa 20–30% der CF-Patienten mit bereits manifestem Diabetes die Gabe von oralen Antidiabetika zumindest über mehrere Monate bis Jahre als Therapie aus (Sulfonylharnstoffpräparate oder Glinide). Aufgrund der zentralen Stellung des Insulins im Intermediärstoffelwechsel und seiner Funktion als anaboles Hormon sollte der beginnende Hypoinsulinismus frühzeitig erkannt und therapiert werden. Ein Konsensuspapier der nordamerikanischen CF-Foundation hat hierzu folgende Empfehlungen herausgegeben:

- Bei CF-Patienten sollte mindestens einmal jährlich ein oraler Glukosebelastungstest durchgeführt werden.
- Eine medikamentöse Therapie (Insulin oder Sulfonylharnstoffe) sollte eingeleitet werden, wenn ein manifester Diabetes eingetreten ist, der 2-h-Wert beim Glukosebelastungstest wiederholt >180 mg/dl liegt oder eine persistierende Hyperglykämie mit einer Gewichtsabnahme und/oder Abgeschlagenheit einhergeht.

Behandlung der Osteoporose

Mit zunehmendem Alter der CF-Patienten spielen die Osteopenie und Ostoporose eine größer werdende Rolle. Nicht zuletzt, da die Lungentransplantation eine Therapieoption für

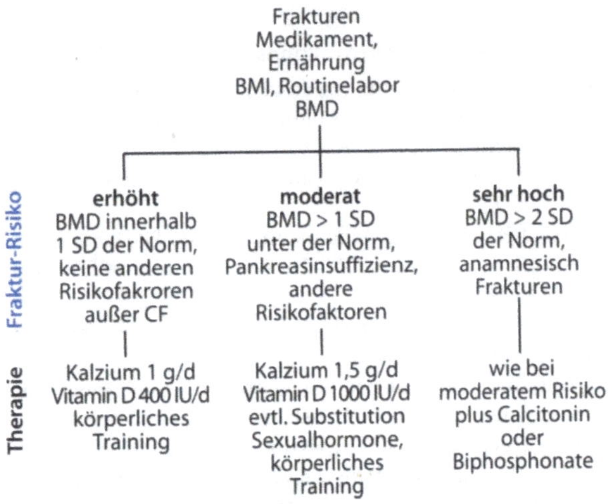

■ Abb. 45-6. Therapeutische Maßnahmen zur Prophylaxe und Therapie der Osteoporose bei CF-Patienten (BMD: »bone mineral density«)

viele Patienten geworden ist, und eine Osteoporose unter der dann notwendigen Kortikosteroidtherapie große Probleme bereiten kann, ist eine Prophylaxe sinnvoll.

Die *Ursache* der Osteoporose bei CF-Patienten ist multifaktoriell und teilweise noch nicht völlig geklärt. Am häufigsten genannt werden die Malabsorption von Vitamin D, Kalzium und anderen Nährstoffen. Als weitere ursächliche Faktoren gelten: Hypogonadismus, Immobilität, chronische Infektion (Zytokine) [44].

Die *Therapie* der Osteoporose sollte in erster Linie präventiven Charakter besitzen. Leider gibt es derzeit noch keine Richt- oder Leitlinien weder zur Diagnostik noch zur Therapie. Empfohlen wird die Gabe von Vitamin D und Kalzium bei allen pankreasinsuffizienten CF-Patienten. Welche Rolle der von manchen Autoren beschriebene Vitamin-K-Mangel bei CF-Patienten für die Entstehung der Osteoporose spielt, ist derzeit noch nicht klar. Beschrieben ist, dass Vitamin K in die posttranslationale Carboxylierung von verschiedenen Proteinen im Knochenstoffwechsel involviert ist und daher eine Rolle bei Knochenaufbau und -abbau spielt [11]. Über die Gabe von *Biphosphonaten* bei CF-Patienten gibt es nur unzureichende Daten, sodass allgemein eher Zurückhaltung empfohlen wird (■ *Abb. 45-6*).

Vorgehen bei unterernährten Patienten (Gedeihstörung)

Ziel der Ernährung bei CF-Patienten ist es, einen Gewichtsindex nahe 100% zu erreichen. Bei ersten Zeichen einer Gedeihstörung ist eine konsequente ernährungstherapeutische Intervention angezeigt (■ *Tabelle 45-21*).

Findet sich eine ausgeprägte Steatorrhö, sollten zunächst Dosis und Compliance der Enzymeinnahme überprüft werden.

Bei einem Gewicht <89% des LSG sollte der Patient regelmäßig hochkalorische Zusatznahrung zu sich nehmen. Hier stehen inzwischen viele geeignete Präparate zur Verfügung, die je nach Geschmack des Patienten verschrieben werden sollten.

■ **Tabelle 45-21.** Empfohlenes Vorgehen bei CF-Patienten mit unzureichender Gewichtszunahme: Stufenweises Vorgehen (wenn ohne Erfolg, nächste Stufe)

1. Überprüfen der Kalorienzufuhr (evtl. Protokoll): Welche Zustände liegen vor, die eine erhöhte Kalorienzufuhr erfordern (Ausmaß der Lungenbeteiligung, Medikamente) oder die eine Nahrungsaufnahme erschweren (Dysphagie, Bauchschmerzen, rezidivierendes Erbrechen, Anorexie)
2. Überprüfen der Enzymsubstitution
   Faustregel:
   - Patienten ohne Mekoniumileus: 2000–3000 IE Lipase/g Nahrungsfett
   - Patienten mit Mekoniumileus: 4000 IE Lipase/g Nahrungsfett
3. Ernährungsprotokoll, 3-Tage-Sammelstuhl
   - Wenn trotz korrekter Enzymeinnahme zu hohe Fettausscheidung:
4. Wechsel des Präparates und/oder Splitten der Enzymgabe: 2/3 herkömmliches Präparat, 1/3 der Dosis Nortase (Rizolipase) oder Kombination mit Pankreon (nicht magensaftresistente Enzyme)
5. Gabe von Medikamenten, die die Säureproduktion im Magen vermindern
6. Ursodesoxycholsäure (15–30 mg/kgKG)
7. Taurin (10 mg/kgKG)

Bei Patienten, die den Geschmack der Zusatznahrung nicht tolerieren oder mit dem Gewicht unter 85% des Längensollgewichts (Malnutrition) liegen, ist ein aggressiveres Vorgehen sinnvoll. Hier sollte eine nächtliche enterale Sondenkost über eine nasogastrale Sonde oder eine PEG (perkutane endoskopische Gastrostomie) diskutiert werden. Mit dieser Maßnahme kann das Gewicht fast immer angehoben werden, wodurch das Befinden der Patienten und die Lungenfunktion verbessert werden (s. Kap. 19, 20, 23). Ob eine Gastrostomie oder eine Jejunostomie bei CF-Patienten günstiger ist, wird von den Zentren kontrovers diskutiert. Bei Patienten, die Probleme mit ösophagealem Reflux haben und/oder viel husten, ist eine Jejunostomie eher zu diskutieren, da hier mit geringeren Problemen zu rechnen ist. Bei den übrigen Patienten sind die Ergebnisse auch mit einer Gastrostomie gut.

Eine stationäre Aufnahme und Anleitung der enteralen Ernährung mit langsam steigenden Mengen der Sondenkost über Nacht ist bei den meisten Patienten sinnvoll und hilfreich. Die abendliche und evtl. auch nächtliche Gabe von Pankreasenzymen muss mit den Betroffenen genau besprochen werden. Wenn die Patienten morgens Physiotherapie machen, sollte die enterale Ernährung ca. 2 h vorher beendet worden sein, da es sonst nicht selten zu Erbrechen beim Husten kommt. Prokinetika sind nützlich, wenn es trotzdem zu Problemen kommt.

Literatur

1. Acosta PB, Gross KC (1995) Hidden sources of galactose in the environment. Eur J Pediatr 154: S87–S92
2. Anderson LA, Hakojarvi SL, Boudreaus SK (1998) Zinc acetate treatment in Wilson´s disease. Ann Pharmacother 32: 78–87
3. Bachmann C (1984) Treatment of congenital hyperammonemias. Enzyme 32: 56–64
4. Bachmann C, Colombo JP (1983) Increased trypotphan uptake into the brain in hyper-ammonemia. Life Sci 33: 2417–2424
5. Bacon BR (1997) Diagnosis and management of hemochromatosis. Gastroenterology 113: 995–999
6. Bacon BR, Powell LW, Adams PC et al. (1999) Molecular medicine and hemochromatosis. Gastroenterology 116: 193–958
7. Ballmann M, Smaczny C (1998) CF-Manual. Solvay Arzneimittel GmbH (Hrsg.) Werbedruck Lönneker, Stadtoldendorf
8. Bargon J, Rickmann J (2001) Mukoviszidose – eine multidisplinäre Herausforderung. Aktuel Ernaehr Med 26: 90–95
9. Bargon J, Stein J, Dietrich CF et al. (1999) Gastrointestinale Komplikationen erwachsener Patienten mit zystischer Fibrose. Z Gastroenterol 37: 739–749
10. Berry GT, Nissim I, Lin Z et al. (1995) Endogenous synthesis of galactose in normal men and patients with hereditary galactosemia. Lancet 346: 1073–1074
11. Binkley NC, Suttie JW (1995) Vitamin K nutrition and osteoporosis. J.Nutrition 125: 1812–1821
12. Bougnères PF, Saudubray JM, Marsac C et al. (1981) Fasting hypoglycemia resulting from hepatic carnitine palmitoyl transferase deficiency. J Pediatr 98: 742–746
13. Bulaj ZJ, Philipps JD, Ajioka RS et al. (2000) Hemochromatosis genes and other factors contributing to the pathogenesis of porphyria cutanea tarda. Blood 95: 1565–1571
14. Burgard P, Schmidt E, Rupp A, Schneider W, Bremer HJ (1996) Intellectual development of the patients of the German Collaborative Study of children treated for phenylketonuria. Eur J Pediatr 155 (Suppl 1): 33–38
15. Buxton PC, Jähnke RWO, Keady S (1994) Degradation of glucose in the presence of electrolytes during heat sterilisation. Eur J Pharm Biopharm 40: 172–177
16. Cummings JH (1981) Short-chain fatty acids in the human colon. Gut 22: 763–769
17. Davis W, Chowrimootoo GFE, Seymour CA (1996) Defective biliary copper excretion in Wilson´s disease: the role of caeruloplasmin. Eur J Clin Invest 25: 893–901
18. Dixon MA, Leonard JV (1992) Intercurrent illness in inborn errors of intermediary metabolism. Arch Dis Childh 67: 1387–1391
19. Doss MO (1997) Hepatische Porphyrien. Med Klein 92: 745–746
20. Duran M, Tielens AGM, Wadman SK, Stigter JCM, Kleijer W (1978) Effects of thiamine in a patient with a variant form of branched-chain ketoaciduria. Acta Paediatr Scand 67: 367–372
21. Eisensmith RC, Martinez DR, Kuzmin AI (1996) Molecular basis of phenylketonuria and a correlation between genotype and phenotype in a heterogeneous Southeastern US population. Pediatr 97: 512–516
22. Freedman SD, Katz MH, Parker EM et al: (1999) A membrane lipid imbalance plays a role in the phenotypic expression of cystic fibrosis in cftr-/-mice. Proc Natl Acad Sci USA 96: 13995–14000
23. Frei B (1999) On the role of vitamin C and other antioxidants in atherogenesis and vascular dysfunction. Proc Soc Exp Biol Med 222: 196–204
24. Gitzelmann R, Baerlocher K (1973) Vorteile und Nachteile der Fructose in der Nahrung. Paediatr Fortbildk Praxis 37: 40–45
25. Glasgow AM, Engel AG, Bier DM et al. (1983) Hypoglycemia, hepatic deficiency and long-chain acylcarnitine excess responsive to medium chain triglyceride diet. Pediatr Res 17: 319–326
26. Greener M (2000) Fatty acid imbalance might lead to novel treatments for CF. Mol Med Today 6: 47–48
27. Hermann T, Smolarek C, Gehrke S, Stremmel W (1999) Hämochromatose und Morbus Wilson. Internist 40: 513–521
28. Kaltwasser JP, Caspary WF (2000) Hämochromatose. In: Caspary WF, Leuschner U, Zeuzem S (Hrsg) Therapie von Leber- und Gallekrankheiten. Springer, Berlin Heidelberg New York Tokio, S. 79–90
29. Kaltwasser JP, Werner E, Schalk K et al. (1998) Clinical trial on the effect of regular tea drinking on iron accumulation in genetic hemochromatosis. Gut 43: 699–704
30. Kaufman FR, Loro ML, Azen C, Wenz E, Gilsanz V (1993) Effect of hypogonadism and deficient calcium intake on bone density in patients with galactosemia. J Pediatr 123: 365–370
31. Keicher U, Koletzko B, Reinhardt D (1995) Omega-3 fatty acids suppress the enhanced production of 5-lipoxygenase products from polymorph neutrophil granulocytes in cystic fibrosis. Eur J Clin Invest 25: 915–919
32. Koletzko B, Bachmann C, Wendel U (1990) Antibiotic therapy for improvement of metabolic control in methylmalonic aciduria. J Pediatr 117: 99–101
33. Koletzko S, Koletzko B (1993) Zystische Fibrose –Normalernährung oder Ernährungstherapie. In: Koletzko B (Hrsg) Ernährung chronisch kranker Kinder und Jugendlicher. Springer, Berlin Heidelberg New York Tokio, S. 167–190
34. Koletzko S, Koletzko B, Reinhardt D 1994) Aktuelle Aspekte der Ernährungstherapie bei zystischer Fibrose. Monatsschr Kinderheilkd 142: 432–445
35. Köstler E, Doss MO (1995) Porphyria cutanea tarda (chronische hepatische Porphyrie). Dtsch Med Wochenschr 120: 1405–1410
36. Krebs NF, Westcott JE, Arnold TD et al. (2000) Abnormalities in zinc homeostasis in young infants with cystic fibrosis. Pediatr Res 48: 256–261
37. Lambert JP (2000) Osteoporosis: A new challenge in cystic fobrosis. Pharmacotherapy 20: 34–51
38. Lanng S, Thorsteinsson B, Nerup J et al. (1994) Diabetes mellitus in cystic fibrosis: effect of insulin therapy on lung function and infections. Acta Paediatr 83: 849–853
39. Laursen EM, Molgaard C, Michaelsen KF et al. (1999) Bone mineral status in 134 patients with cystic fibrosis. Arch Dis Child 81: 235–240
40. Levy HL, Waisbren SE, Lobbregt D et al. (1994) Maternal mild hyperphenylalaninemia: an international survey of offspring outcome. Lancet 344: 1589–1594
41. Msall M, Batshaw ML, Suss R, Brusilow SW, Mellits ED (1984) Neurologic outcome in children with inborn errors of urea synthesis. N Engl J Med 310: 1500–1505
42. Naughten ER, Jenkins J, Francis DEM, Leonard JV (1982) Outcome of maple syrup urine disease. Arch Dis Childh 57: 918–921
43. Niederau C, Nieserau CM, Lange S et al. (1998) Screening for hemochromatosis and iron deficiency in employees and primary care patients in Western Germany. Ann Intern Med 128: 337–342
44. Ott SM, Aitken ML (1998) Osteoporosis in patients with cystic fibrosis. Cystic Fibrosis 19: 555–566
45. Percival SS, Bowser E, Wagner M (1995) Reduced copper enzyme activities in blood cells of children with cystic fibrosis. Am J Clin Nutr 62: 633–663
46. Portal B, Richard MJ, Coudray C et al. (1995) Effect of double-blind cross-over selenium supplementation on lipid peroxidation markers in cystic fibrosis patients.Clin Chim Acta 234: 137–146
47. Robinson P (2001) Nutritional status and requirements in cystic fibrosis. Clin Nutr 20: 81–86
48. Sahm SW, Caspary WF (2000) Porphyrien. In: Caspary WF, Leuschner U, Zeuzem S (Hrsg) Therapie von Leber- und Gallekrankheiten. Springer, Berlin Heidelberg New York Tokio, S. 121–134
49. Sallan SE, Cotton D (1969) Peritoneal dialysis in marple syrup urine disease. Lancet II: 1423
50. Sassa S, Kappas A (2000) Molecular aspects of inherited porphyrias. J Intern Med 247: 169–178

51. Scriver CR, Mackenzie S, Clow CL, Delvin E (1971) Thiamine-responsive maple-syrup- urine disease. Lancet I: 310–312
52. Sewell A, Mosandl A, Böhles H (1999) False diagnosis of maple syrup urine disease owing to ingestion of herbal tea. N Engl J Med 341: 769
53. Sirtori CR, Pazzucconi F, Colombo L et al. (1999) Double-blind study of the addition of high-protein soya milk vs. cow's milk to the diet of patients with severe hypercholesterinaemia and resistance to or intolerance of statins. Br J Nutr 82: 91–96
54. Smith I, Beasley MG, Ades AE (1991) Effect of intelligence of relaxing the low phenylalanine diet in phenylketonuria. Arch Dis Child 65: 311–316
55. Smolarek C, Stremmel W (1999) Therapie des Morbus Wilson. Z Gastroenterol 37: 293–300
56. Snyderman SE (1976) Branched chain ketoaciduria (maple syrup urine disease). Clin Perinatol 3: 41–52
57. Stanley CA, Hale DE, Berry GT et al. (1992) A deficiency of carnitine-acylcarnitine translocase in the inner mitochondrial membrane. N Engl J Med 327: 19–23
58. Steinkamp K (2001) Energieumsatz bei Mukoviszidose. Aktuelle Ernährungsmed 26: 85–89
59. Teixeira SR, Potter SM, Weigel R et al. (2000) Effects of feeding 4 levels of soy protein for 3 and 6 wk on blood lipids and apolipoproteins in moderately hypercholesterinemic men. Am J Clin Nutr 71: 1077–1084
60. Thompson GN, Butt W, Shann FA et al. (1991) Continuous venovenous hemofiltration in the management of acute decompensation in inborn errors of metabolism. J Pediatr 118: 879–884
61. Thompson GN, Walter JH, Bresson JL (1990) Sources of propionate in inborn errors of propionate metabolism. Metabolism 39: 1133–1137
62. Treem WR, Stanley CA, Finegold DN, Hale DE, Coates PM (1988) Primary carnitine deficiency due toa failure of carnitine transport in kidney, muscle and fibroblasts. N Engl J Med 319: 1331–1336
63. v. Arnim U, Caspary WF (2000) Morbus Wilson. In: Caspary WF, Leuschner U, Zeuzem S (Hrsg) Therapie von Leber- und Gallekrankheiten. Springer, Berlin Heidelberg New York Tokio, S. 91–99
64. Waisman HA, Smith BA, Brown ES, Gerritsen T (1972) Treatment of branched chain ketoaciduria (BCKA) during actue illness. Clin Pediatr 11: 360–364
65. Walter JH, Collins JE, Leonard JV (1999) Recommendations for the management of galactosemia. Arch Dis Child 80: 93–96
66. Walter JH, Wraith JE, Cleary MA (1995) Absence of acidosis in the initial presentation of propionic acidemia. Arch Dis Child Fetal Neonatol 72: F 197–199
67. Wendel U, Langenbeck U, Lombeck I, Bremer HJ (1982) Maple syrup urine disease – Therapeutic use of insulin in catabolic states. Eur J Pediatr 139: 172–175
68. Winklhofer-Roob BM (2000) Cystic fibrosis: nutritional status and micronutrients. Curr Opin Clin Nutr Metab Care 3: 293–297

Ernährung bei Lipidstoffwechselstörungen

H. Varleman

Fettstoffwechselstörungen sind durch Konzentrations- und/oder Kompositionsveränderungen eines oder mehrerer Lipoproteine im Plasma gekennzeichnet. Zahlreiche angeborene oder erworbene Krankheiten können zu einer Lipidstoffwechselstörung führen. Es wird zwischen primärer und sekundärer Form unterschieden (*Tabelle 46-1*). Primäre Lipidstoffwechselstörungen sind genetisch bedingt, während sekundäre Folge anderer Grunderkrankungen oder der Einnahme von Medikamenten sind. Die Höhe der Lipoproteinspiegel wird also nicht nur genetisch determiniert, sondern maßgeblich über exogene Faktoren beeinflusst.

46.1 Pathogenese der Lipidstoffwechselstörungen

Die meisten Lipidstoffwechselstörungen resultieren aus einer Kombination von genetischen, nutritiven und anderen exogenen Faktoren (*Tabelle 46-2*). Auf genetische Faktoren wird hier nicht weiter eingegangen.

Die Art der Ernährung kann auf unterschiedliche Weise den Lipidstoffwechsel beeinflussen. Eine hyperkalorische Kost und das daraus resultierende Übergewicht ist von Bedeutung, jedoch haben v. a. die Menge und Zusammensetzung des Nahrungsfettes, die Höhe des Nahrungscholesterin und die Menge und Zusammensetzung der Kohlenhydrate eine Wirkung auf den Lipidstoffwechsel. Für die diätetische Behandlung ist die Unterscheidung zwischen Hypercholesterinämie, Hypertriglyzeridämie (Chylomikronämie), und die gemischte Hyperlipidämie (Hypercholesterinämie + Hypertriglyzeridämie) wichtig (*Tabelle 46-3*).

46.1.1 Exogene Faktoren

Lifestyle und Lipidstoffwechselstörungen

Zahlreiche Studien haben gezeigt, dass die Ernährung und Lebensweise einen starken Einfluss auf die Konzentration und Zusammensetzung der Lipoproteine im Blut haben. Mit einer maximalen Ernährungsumstellung durch Änderung der Fettsäurenzusammensetzung und dem teilweise Ersatz der Lipide durch komplexe Kohlenhydrate, kann eine Senkung des LDL-Cholesterins um etwa 25 mg/dl, d. h. um etwa 15% erwartet werden. Einen zusätzlichen Effekt kann die Zufuhr löslicher Ballaststoffe erbringen. Hier ist die Menge von 15–30 g in Form von Pektin, Psyllium oder Guar notwendig, um das LDL-Choleterin um 10–15% zu senken [8].

Die Triglyzeride können je nach genetischer Disposition in den Normbereich gesenkt werden. In Studien wurde gezeigt, dass durch eine konsequente Lebensumstellung in Verbindung mit einer fettarmen vegetarischen Ernährung, Nikotinkarenz, Stressbewältigung und Bewegungsübungen die Lipoproteinspiegel im Plasma deutlich reduziert werden.

Einfluss von Übergewicht

Nikotingenuss senkt das HDL-Cholesterin und durch die vermehrte Bildung von freien Radikalen erhöht sich der Bedarf an antioxidativen Substanzen wie den antioxidativen Vitaminen E und C [21].

Einfluss von körperlicher Bewegung

Mit Steigerung des Energieverbrauchs durch körperliches Training, bevorzugt durch Ausdauerbelastungen, kommt es zu einer Verbesserung der aeroben Kapazität, einer Erhöhung des Umsatzes von Triglyzeriden und freien Fettsäuren sowie einem signifikantem Anstieg des HDL-Cholesterins. Männer und Personen mit einem niedrigem HDL-Cholesterin scheinen von der körperlichen Bewegung besonders zu profitieren.

Bei einer kurzen körperlichen Betätigung (<10 min) erfolgt die Energiebereitstellung durch den Abbau von Muskelglykogen. Dauert die Belastung länger, wird die notwendige Energie durch Blutglukose und Plasmafettsäuren gesichert. Nach ca. 90 min erfolgt die Energieversorgung fast ausschließlich aus der Verstoffwechselung von Fettsäuren. Zur günstigen Beeinflussung des Fettstoffwechsels sollten Sportarten gewählt werden, die eine mäßige Intensität und längere Dauer erfordern, um den positiven Effekt der Fettsäurenverbrennung zu erreichen. Besonders zu empfehlen sind Sportarten wie Fahrradfahren, Joggen, Tennis, Schwimmen und Walking. Es werden mindestens 3-mal wöchentliche sportliche Aktivität von mindestens 30 min Dauer empfohlen.

Einfluss von Nikotingenuss

Hyperkalorische Kost und Übergewicht sind häufig Ursache erhöhter Lipidspiegel im Plasma. Die Fettverteilung kennzeichnet bei übergewichtigen Probanden das Risiko für Begleiterkrankungen. Die gynoide Form (Birnenform) mit

Tabelle 46-1. Einteilung der Hyperlipoproteinämien

– Physiologische bzw. alimentäre Form	Anpassungsschwierigkeiten bei ungewöhnlicher Stoffwechselbelastung z. B. alkoholinduzierte Hypertriglyzeridämie
– Sekundäre oder symptomatische Form	Immer in Verbindung mit einer Grunderkrankung z. B. Hypothyreose, Diabetes mellitus
– Hereditäre bzw. familiäre Form	Erkrankung wird durch eine genetische Disposition verursacht und tritt durch die dominate Vererbung in der Familie gehäuft auf

Tabelle 46-2. Risikofaktoren für Hyperlipidämien

Nicht beeinflussbar	Beeinflussbar
Geschlecht und Alter	Ernährung
Genetische Disposition	Bewegung
	Körpergewicht
	Diabetes mellitus

Tabelle 46-3. Einteilung des Übergewichts nach dem BMI

Normalgewicht	BMI: 20–25
Leichtes Übergewicht	BMI: 26–30
Übergewicht	BMI: 30–39
Starkes Übergewicht	BMI: >40

Fetteinlagerungen im Hüft- und Oberschenkelbereich hat ein Vergleichsweise geringes metabolisches Risiko, während die androide Form (Apfelform) mit Fetteinlagerungen im Abdominalebereich häufig mit Stoffwechselveränderungen, wie Hypertriglyzeridämie, Hypercholesterinämie und niedrigem HDL-Cholesterin sowie Hyperinsulinämie kombiniert ist. Diese Stoffwechselveränderungen können in der Regel durch eine Gewichtsreduktion verbessert werden.

Bei Übergewicht treten verschiedene Formen von Dyslipidämien auf, wie erhöhtes LDL-Cholesterin und hohe Triglyzeride im Plasma. Unter einer Gewichtsreduktion konnte nach kurzer Zeit eine Senkung des Gesamtcholesterin und des LDL-Cholesterin gemessen werden. Die Triglyzeride verringern sich im Vergleich zu den anderen Lipiden unter einer Gewichtsreduktion am deutlichsten. Es hat sich gezeigt, dass eine Gewichtsreduktion von 7–10 kg eine eindeutige Verbesserung der Lipidparameter mit sich bringt.

Studien haben gezeigt, dass zwischen dem HDL-Cholesterin und dem Körpergewicht eine negative Korrelation besteht. Mit einem BMI >30 kg/m² werden unabhängig von Alter und Geschlecht niedrigere HDL-Cholesterinwerte im Plasma gemessen. Beim Fasten oder einer hypokalorischen Kost <1000 kcal/24 h fällt der HDL-Cholesterinspiegel zunächst ab. Erst in der Phase der Gewichtskonstanz oder einem geringeren Energiedefizit steigt das HDL-Cholesterin an. Bei gleichzeitigem körperlichem Training bleibt es allerdings auch bei rascher Gewichtsreduktion konstant [42].

Die Einteilung der Körpergewichts erfolgt nach dem Body Mass Index (s. *Tabelle 46-3*). Die Indikation zur Gewichtsreduktion ist nach den Richtlinien der Deutschen Adipositas Gesellschaft bei einem BMI >30, oder einem BMI >25 und <30 kg/m² + übergewichtsbedingte Gesundheitsstörungen und/oder einem androiden Fettverteilungsmuster und/oder Erkrankungen, die durch Übergewicht verschlimmert werden, gegeben. Die Kost sollte aus einer energiereduzierten, fettarmen, kohlenhydrat- und ballaststoffreichen Ernährung mit einem Energiegehalt nicht unter 1200 kcal (5025 kJ)/24 h und aus der Nährwertrelation 15–20% Eiweiß, 25–30% Fett, 50–60% Kohlenhydrate bestehen [10]. Das Ziel ist eine langfristige Gewichtsreduktion von 0,5–1,0 kg/Woche bis zum Erreichen des Normalgewichts und eine Stabilisierung des erreichten Gewichts.

Nutritive Faktoren

Fettmenge

Die Fettaufnahme in der BRD liegt nach dem Ernährungsbericht DGE 1996 im Durchschnitt 120–140 g Fett/24 h, während der tägliche Bedarf nur bei etwa 60–80 g/24 h liegt. Damit werden 35–40%, statt 30% der Gesamtenergie in Form von Fett aufgenommen. Im Durchschnitt werden pro Tag und Person 100 g Fleisch, 55–95 g Wurst und Wurstwaren sowie 200 g Milch und Milchprodukte verzehrt [39]. Die Gesamtfettmenge wird in sichtbares Streichfett und Zubereitungsfett sowie das in Nahrungsmitteln vorhandene, unsichtbare Fett aufgeteilt. Unsichtbare bzw. versteckte Fette sind v. a. in fetthaltigen Fleischwaren, Fleisch, Milchprodukten, Gebäck, Kuchen, Torten, Süßwaren und Fertiggerichten enthalten.

Einteilung der Fette

Neutralfette (Triglyzeride) sind chemische Verbindungen, die aus Glyzerin und 3 Fettsäuren bestehen. Unabhängig von der Herkunft und der Konsistenz sind alle Neutralfette nach diesem Schema aufgebaut. Sie unterscheiden sich durch die Fettsäuren. Die Einteilung der Fettsäuren erfolgt nach der Anzahl der C-Atome, dem Grad der Sättigung (Anzahl der Doppelbindungen) und der Position der Doppelbindung. Man unterscheidet die Fettsäuren nach ihrer Kettenlänge in kurzkettige Fettsäuren mit zu 4 C-Atome, mittelkettigte Fettsäuren 6–10 C-Atome (»medium chain triglycerid«, MCT) und langkettigte Fettsäuren mehr als 10 C-Atome (»long chain triglycerid«, LCT) sowie nach der Anzahl der Doppelbindungen in gesättigte, einfach-ungesättigte und mehrfach-ungesättigte Fettsäuren. Die Position der ersten Doppelbindung vom Methylende der Fettsäuren gesehen, ist auch ausschlaggebend für die Bezeichnung, wie ω-3- oder ω-6-Fettsäuren (*Tabelle 46-4*).

Gesättigte Fettsäuren

In Nahrungsmitteln liegen gesättigte Fettsäuren als Mischung von Fettsäuren unterschiedlicher Kettenlänge vor und machen etwa 60–70% unseres Nahrungsfetts aus. Die am häufigsten vorkommenden Fettsäuren in der Nahrung sind die gesättigten Fettsäuren Laurinsäure (C12:0), Myristinsäure (C14:0),

Tabelle 46-4. Fettsäuren Nomenklatur und ihre Wirkung

Fettsäure		Wirkung	Vorkommen
Capronsäure	C6:0	–	In geringen Konzentrationen in Milchfett,
Caprylsäure	C8:0	–	Butter, Pflanzenfetten
Caprinsäure	C10:0	–	Pflanzenfett, Butter
Laurinsäure	C12:0	Chol ↑↑	Zimt, Kokosöl
Myristinsäure	C14:0	Chol ↑↑	Palmfrüchte, Kokosöl
Palmitinsäure	C16:0	Chol ↑	In allen tierischen und pflanzlichen Fetten
Stearinsäure	C18:0	Chol (↑)	In allen tierischen und pflanzlichen Fette
Ölsäure	C18:1,ω-9	Chol ↓, HDL (↑)	Olivenöl, Rapsöl, Avocado, Nüsse
Linolsäure	C18:2,ω-6	Chol ↓	Sonnenblumen-, Maiskeimöl
α-Linolensäure	C18:3,ω-3	Triglyzerid ↓	Lein-, Raps-, Walnuss-, Sojaöl
Arachidonsäure	C20:4	–	Tierischen Lebensmitteln
Eicosapentaensäure EPA	C20:5,ω-3	Triglyzerid ↓	Fettreichen Meeresfischen
Docosahexaensäure DHA	C22:6,ω-3	Triglycerid ↓	Fettreichen Meeresfischen

↑ erhöhende Wirkung, ↑↑ stark erhöhende Wirkung, ↓ senkende Wirkung, (↑) nicht eindeutig erhöhende Wirkung; Chol Cholesterin.

Palmitinsäure (C16:0) und Stearinsäure (C18:0). Laurinsäure (C12:0), Myristinsäure (C14:0) und Palmitinsäure (C16:0) erhöhen nachweislich die Gesamt- und LDL-Cholesterinkonzentration im Plasma. Stearinsäure hat wahrscheinlich nur eine geringe LDL-Cholesterin steigernde Wirkung [43].

Einfach-ungesättigte Fettsäure

Ölsäure (C18:1 ω-9) mit einer Doppelbindung nach dem Kohlenstoffatom 9 vom Methylende ist die wichtigste einfach-ungesättigte Fettsäure in der menschlichen Ernährung. Sie hat eine LDL-Cholesterin-senkende Wirkung. Die HDL-Cholesterinkonzentration wird nicht bzw. nur gering gesenkt. Die Aufnahme von einfach-ungesättigten Fettsäuren sollte mehr als 10% der Gesamtenergie betragen. Durch den Verzehr ölsäurereicher Speiseöle wie Oliven-, Raps-, Haselnuss- und Sesamöl kann die Aufnahme gesichert werden. Je nach Art der Fütterung enthält Schweinefleisch einen erheblichen Anteil an einfach-ungesättigten Fettsäuren, der durch den hohen Gehalt an gesättigten Fettsäuren und der Gesamtfettmenge jedoch in der Wirkung reduziert wird.

Eine Kost mit einer günstigen Zusammensetzung und geringen Mengen an gesättigten Fettsäuren ist die mediterrane Kost. Sie hat nachweislich eine günstigen Effekt auf die kardiovaskuläre Gesundheit. Dies konnte epidemiologischen Studien gezeigt werden [26]. Die Kost besteht aus kleineren Gerichten mit viel frischem Gemüse, Hülsenfrüchten, Nudeln, Reis und Brot. Brot gehört grundsätzlich zu jeder Mahlzeit. Geringe bis moderate Mengen an Fisch, Geflügel, Milchprodukten und Eiern. Nur geringe Mengen an rotem Fleisch (Fleisch von Rind, Lamm, Schwein durch Geflügel zu ersetzen) sind gelegentlich auf dem Speiseplan. Geringe bis moderate Mengen an Wein werden zu den Mahlzeiten getrunken. Obst gibt es täglich zwischendurch oder als Nachtisch.

Wichtigste Fettquelle ist Olivenöl und eine Margarine mit einem hohen Anteil an einfach- und mehrfach-ungesättigten Fettsäuren. Die mediterrane Kost enthält geringe Mengen an gesättigten Fettsäuren (etwa 7% der Gesamtenergie), große Mengen an einfach-ungesättigten Fettsäuren, ist reich an komplexen Kohlenhydraten, Ballaststoffen, Vitaminen und sekundären Pflanzenstoffen. Diese Kost entwickelt ihre protektive Wirkung sicher auch in der Verwendung von reichlich frischen Lebensmitteln, Hülsenfrüchten und den geringen Anteil an tierischen Fetten.

Mehrfach ungesättigte Fettsäuren

Für die menschliche Ernährung sind die ω-3- und ω-6-Fettsäuren von besonderer Bedeutung, da sie Vorläufer für wichtige Gewebshormone sind.

ω-3-Fettsäuren

Die ω-3-Fettsäuren haben die erste Doppelbindung am 3. C-Atom vom Methylende. Es gehören dazu die essenzielle α-Linolensäure (C18:3 ω-3) sowie Eicosapentaensäure (C20:5 ω-3) und Docohexaensäure (C22:6 ω-3). Eicosapentaensäure und Docohexaensäure sind in größeren Mengen in Fetten und Ölen marinen Ursprung enthalten. Fettreiche Kaltwasserseefische (Hering, Makrele, Lachs, Tunfisch) und deren Produkte enthalten großen Mengen dieser Fettsäuren. α-Linolensäure ist in fettreichen Pflanzen, v. a. in deren Samen und Ölen vorhanden. Werden größeren Mengen α-Linolensäure über die Nahrung aufgenommen, kann der menschlichen Körper Eicosapentaensäuren synthetisieren.

Es konnte gezeigt werden, dass ω-3-Fettsäuren bei Hypertriglyzeridämien eine ausgeprägte triglyzeridsenkende Wirkung besitzen [19]. Gesamt-, LDL- und HDL-Cholesterin werden nicht gesenkt. Die therapeutisch wirksame Zufuhr liegt zwischen 1,5–6 g/24 h (*Tabelle 46-5*).

ω-6-Fettsäuren

Linolsäure (C18:2 ω-6) und γ-Linolensäure (C18:3 ω-6) sind die wichtigsten Vertreter der ω-6-Fettsäuren. Pflanzenöle sind die wichtigste Quelle für eine ausreichende Versorgung mit diesen Fettsäuren. Linolsäure, γ-Linolensäure und Arachidonsäure senken im Austausch gegen gesättigten Fettsäuren nachweislich das Gesamt- und LDL-Cholesterin sowie die HDL-Cholesterinkonzentration im Plasma [43]. Der Einfluss auf die Serumtriglyzeride ist nicht geklärt. Linolsäure ist essenziell und muss regelmäßig aufgenommen werden. Die Referenzwerte der DGE 2000 legen den täglichen Bedarf mit 2,5% des Gesamtenergiebedarfs für Linolsäure fest. Linol- u. α-Linolensäure konkurrieren um ein gemeinsames Enzymsystem, bei dem die Linolsäure vorrangig verstoffwechselt wird. Aus diesem Grund sollte das Verhältnis bei der Aufnahme von Linolsäure zu α-Linolensäure 5:1 betragen [9].

trans-Fettsäuren

Ungesättigte Fettsäuren, bei denen die Wasserstoffatome an mindestens einer Doppelbindung auf einer entgegengesetzten Seite stehen, werden als trans-Fettsäuren bezeichnet. In natürlichen Fetten und Ölen liegen ungesättigte Fettsäuren hauptsächlich in der cis-Konfiguration vor. Hier zeigen die Wasserstoffatome links und rechts der Doppelbindung in die gleiche Richtung. Aufgrund der unterschiedlichen räumlichen Anordnung unterscheiden sich cis- und trans-Fettsäuren in ihren chemischen und physikalischen Verhalten. Bedingt durch die Stellung der Wasserstoffatome weisen trans-Fettsäuren ähnliche Eigenschaften wie gesättigte Fettsäuren auf.

trans-Fettsäuren entstehen durch bakterielle Hydrierung ungesättigter Fettsäuren im Pansen von Wiederkäuern und reichern sich im Muskelfleisch und in der Milch an [13]. Bei der Härtung (Teilhydrogenierung) und längerem Erhitzen auf hohe Temperaturen von Pflanzenölen, die reich an mehrfach

Tabelle 46-5. Gehalt an Linolsäure und α-Linolensäure in Speiseölen in %

Pflanzenöl	Linolsäure	α-Linolensäure
Erdnussöl	42	1,5
Haselnussöl	12	2
Leinöl	14	58
Maiskeimöl	52	1
Olivenöl	9,5	1,01
Rapsöl	21,0	10,0
Safloröl (Distel)	78,0	0,5
Sojaöl	56,0	8,0
Walnussöl	60,0	12,0
Weizenkeimöl	57,0	5,0

ungesättigten Fettsäuren sind, entsteht in gewissem Umfang Elaidinsäure, die trans-Konfiguration der cis-Ölsäure. Der Wechsel der Doppelbindung von der cis- zur trans-Konfiguration führt zu Veränderungen der physikalischen und biochemischen Eigenschaften der Fette und einem negativen Einfluss auf den Fettstoffwechsel.

Die durchschnittliche Aufnahme von trans-Fettsäuren in der BRD liegt bei Frauen um 3,4 und bei Männern um 4,1 g/24 h [39]. Die Aufnahme erfolgt aus tierischen Lebensmitteln von Wiederkäuern oder aus hydrierten Ölen, die bei der Herstellung von Margarine, Koch-, Back- und Fritierfetten verwendet werden. Diese Fetten machen je nach Art der Ernährung bis zu 1/3 der Fettaufnahme aus. Durch den Einsatz von gehärteten Fetten sind in unzähligen Lebensmitteln insbesondere Süßwaren, Backwaren, Nuss-Nougat-Cremes, Fertigsuppen, Fertigsoßen, fettreichen Snacks wie Chips, Pommes frites, enorme Mengen an trans-Fettsäuren [20] enthalten (*Tabelle 46-6*).

Margarine enthält in Deutschland nur geringe Mengen an trans-Fettsäuren. Lediglich Sonnenblumenmargarine mit 4% hat einen hohen Gehalt. Diätmargarine und Reformmargarine ist in Deutschland praktisch frei von trans-Fettsäuren [13].

Konjugierte Linolsäure

Unter CLA (»conjugated linoleic acid«) versteht man Derivate der Linolsäure. Diese enthalten 2 konjungierte Doppelbindungen mit cis- und/oder trans-Konfiguration. Vom Carboxylende der Kohlenstoffkette aus gezählt, können die Doppelbindungen an den Positionen 8 und 10, 9 und 11, 10 und 12 oder 11 und 13 liegen. Die Konfigurartion kann cis-cis, cis-trans, trans-trans oder trans-cis sein. Daher können 16 CLA-Isomeren unterschieden werden [23]. Durch bakterielle Hydrierung entstehen aus Linolsäure und anderen mehrfach-ungesättigten Fettsäuren deren konjungierte Derivate. Diese reichern sich im Körper- und Milchfett der Tiere an. In der Milch liegt der Gehalt an CLA bei 3–6, in fermentierten Milchprodukten bei 4–5 und im Käse bei 4–8 mg/CLA/g Fett.

Eine gemischte Kost enthält im Durchschnitt bei Frauen 350 mg und bei Männern 430 mg CLA. Die höchsten Teilmengen stammen hier bei aus Butter (ca.30%) sowie aus Milch und Milchprodukten (23%) [12]. Es wird diskutiert, ob man durch die gezielte Aufnahme von CLA mit ihrer antioxidative Wirkung das Arterioskleroserisiko vermindern kann. CLA haben wahrscheinlich einen Einfluss auf die Körperzusammensetzung und führen zu einer Erhöhung der Magermasse und Verringerung der Fettmasse im Körper. Die durchschnittliche Aufnahme über Muskelfleisch und Milch von Wiederkäuern liegt bei 0,35 g/24 h und sind in ihrer Wirksamkeit eher als gering einzustufen [35].

Tabelle 46-6. Gehalt von trans-Fettsäuren in Lebensmitteln. (Mod. nach [20])

Lebensmittel	trans-Fettsäuren [g]/100 g Lebensmittel
Back- und Bratfette	0,5–30
Margarine	0,3–17
Blätterteig	2–4
Pommes frites	1,6–3,1
Kartoffelchips	0,2–7,2
Müsliriegel	0,1–4
Gefüllte Waffelschnitte	0–7,9
Kekse	ca. 1,6
Fertigmenüs	0,5–1,6

Cholesterin

Nach den Angaben der Nationalen Verzehrstudie liegt die Aufnahme von Cholesterin im Durchschnitt bei 430 mg/24 h und stellt damit nur einen geringen Teil des gesamten Cholesterinumsatz pro Tag dar, der beim Menschen ca.1 g beträgt. Der Körper kann Cholesterin selbst synthetisieren und ist nicht auf die Zufuhr durch die Nahrung angewiesen. Auffallend ist die unterschiedliche Reaktion der Menschen auf die Menge der Zufuhr (*Abb. 46-1*). Die meisten Menschen reagieren nur schwach oder gar nicht (Hyporesponder), während andere eine sehr ausgeprägte Gesamtcholesterinerhöhung (Hyperresponder) zeigen. Diese Reaktion ist wahrscheinlich abhängig von der intestinalen Resorption und der Höhe der Cholesterinexkretion über die Galle. Hyporesponder scheinen die endogene Cholesterinsynthese bei erhöhter Zufuhr wirksam einzuschränken. Ob die Zusammensetzung und Menge des Nahrungsfetts eine Rolle spielt, ist nicht geklärt [4].

Cholesterinoxidationsprodukte

Neben den mehrfach-ungesättigten Fettsäuren kann auch Cholesterin oxidativ verändert werden, dabei entstehen sogenannte Cholesterinoxidationsprodukte (COP). Die COP's können aus der Nahrung stammen und auch im Körper des Menschen entstehen. Genaue Daten über die Bewertung der exogenen COP-Aufnahme sowie über den Gehalt in Lebensmitteln stehen zur Zeit noch nicht ausreichend zur Verfügung. Daten aus epidemiologischen Studien weisen darauf hin, dass hohe COP-Konzentrationen im Plasma mit einem hohen Risiko für arteriosklerotische Veränderungen einhergehen [27].

Phytosterine

Die häufigsten Vertreter der Phytosterine, die dem Cholesterin der Pflanzen entsprechen, sind β-Sitosterin, Campesterin und Stigmasterin. Phyotsterine hemmen die Cholesterinresorption im Körper. Sie kommen in großen Mengen in fettreichen, pflanzlichen Lebensmitteln wie Nüssen, Sonnenblumenkernen und Sojabohnen vor und sind Inhaltsstoffe von Pflanzenölen. Fettarme pflanzliche Lebensmittel wie Getreide, Gemüse und Obst enthalten nur geringe Mengen. Unsere westliche Nahrung enthält zwischen 200–400 mg Phytosterine pro Tag, die cholesterinsenkende Dosis liegt bei 1–2 g/24 h [24].

Klinische Studien mit Phytosterinen haben gezeigt, dass sie den Cholesterinspiegel effektiv senken können. Das Gesamt- und LDL-Cholesterin wird reduziert, ohne gleichzeitig die protektive HDL-Cholesterinkonzentration im Plasma zu vermindern. Die Wirkung liegt wahrscheinlich in der strukturellen Ähnlichkeit mit Cholesterin. Die Phytosterine konkurrieren mit Cholesterin um den Resorptionsmechanismus im Darm. Die Resorption von exogenem und endogenem Cholesterin wird dadurch stark vermindert und das nicht resorbierte Cholesterin wird zusammen mit den Phytosterinen, die selbst kaum resorbiert (nachweislich um 5% der Zufuhr) wer-

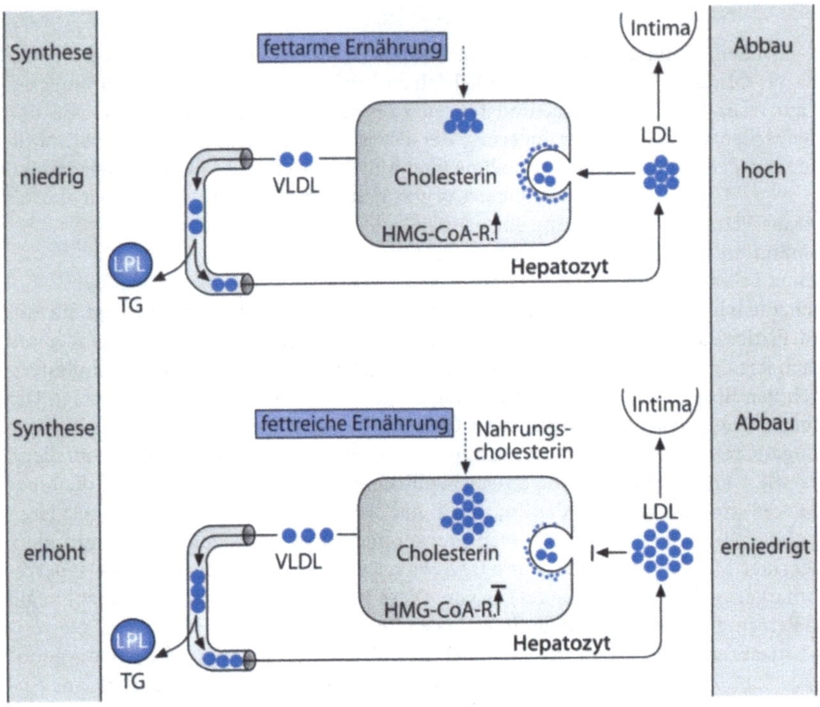

Abb. 46-1. Einfluss einer fett- und cholesterinreichen Ernährung auf die Cholesterinhomöostase des Hepatozyten. (Mod. nach [43])

den, mit dem Stuhl ausgeschieden. Es konnte eine signifikante Senkung des Gesamt- und LDL-Cholesterin gezeigt werden, während die Triglyzerid- und HDL-Werte unverändert geblieben sind [30a].

Zahlreiche Studien haben gezeigt, dass der regelmäßige Verzehr einer phytosterinangereicherten Margarine zu einer Reduzierung des LDL-Cholesterin im Mittel um 14% (21 mg/dl) führen kann. HDL-Cholesterin und Triglyzeride wurden nicht beeinflusst. Relevante Nebenwirkungen wurden nicht beobachtet. Noch ist unklar ob der regelmäßige Verzehr phytosterolhaltiger Lebensmittel oder Medikamente (Sito-Lande, LP-Truw) auch zu einer anhaltenden Cholesterinsenkung führt [33].

Eiweiß

Der Ersatz von tierischem Eiweiß durch Sojaeiweiß führt zu einer Verringerung der LDL-Serumkonzentration. Bei Patienten mit einer familiären Hypercholesterinämie ist durch den Ersatz von tierischem Eiweiß durch Sojaeiweiß (15% der täglichen Energie) eine Senkung des LDL-Cholesterins um bis zu 25% erreicht worden [15]. Nicht alle Menschen reagieren in gleicher Weise auf den Verzehr von Sojaeiweiß. Je höher der Ausgangswert desto besser der Effekt auf das LDL-Cholesterin [2]. Der regelmäßige Verzehr sollte im Austausch gegen andere eiweißreiche, besonders tierische Lebensmittel stattfinden. Ein zusätzlicher Verzehr von Sojaprodukten zur »normalen« Kost hat wenig Einfluss auf das LDL-Cholesterin.

Kohlenhydrate

Großen Mengen von komplexen Kohlenhydraten bewirken keine direkte Veränderung an Gesamt- und LDL-Cholesterin. Erfolgt die Aufnahme im Austausch gegen gesättigte Fettsäuren, sinken Gesamt- und LDL-Cholesterin signifikant. Der Verzehr von großen Mengen an Mono- und Disaccharide kann zu einer Steigerung der VLDL-Sekretion aus der Leber und damit zu einem Anstieg der Triglyzeride im Plasma führen. Aus diesem Grund ist bei einer Erhöhung der Triglyzeride eine Einschränkung der Zuckeraufnahme (Mono- und Disccharide) und süße Kohlenhydrate wichtig.

Ballaststoffe

Ballaststoffe sind chemisch hochmolekulare Polysaccharide, die den Kohlenhydraten zugeordnet werden. Die Hauptvertreter sind Cellulose und Hemicellulose. Die wichtigsten Ballaststofflieferanten sind Getreide, Gemüse, Obst, Samen. Die Einteilung erfolgt in wasserlösliche und wasserunlösliche Ballaststoffe. Wasserlösliche Ballaststoffe bilden viskose Lösungen, während wasserunlösliche eine hohe Quellfähigkeit bzw. Wasserbindungsfähigkeit besitzen. Die wasserlöslichen Ballaststoffe Pektin, β-Glukane (Haferkleie),Schleimstoffe (Psyllium) und Pflanzengummis besitzen eine gute Bindungsmöglichkeit für Gallensäuren im Darm und sind in der Lage die Lipidparameter zu verändern. Die Fähigkeit der Bindung von Gallensäuren und Phospholipiden verringert vermutlich ebenfalls die Reduktion der Fettsäuren und Cholesterinresorption [41].

Der indirekter Effekt des vermehrten Verzehr von mehr als 35 g Ballaststoffen führt zu einer verminderten Energiedichte. Gleichzeitig sinkt die Aufnahme von tierischen Fetten, ein längeres Sättigungsgefühl tritt ein und eine verdauungsfördernde Wirkung beschleunigt die Passagezeit. Der zweite Mechanismus ist ein spezifischer Einfluss wasserlöslicher Ballaststoffe auf den Cholesterinstoffwechsel. Mit einer Erhöhung der Verzehrmenge von wasserlöslichen Ballaststoffen konnte eine deutliche Senkung des Gesamt- und LDL-Cholesterin gezeigt werden. Der therapeutische Effekt entsteht bei Haferkleie durch die regelmäßige Aufnahme von mindestens 40–80 g/24 h. Diese Mengen können durch eine »normale« Ernährung nicht aufgenommen werden.

Eine Metaanalyse zeigt, dass Pektin gegenüber Guar, Flohsamen und den löslichen Ballaststoffen aus Hafer am effektivsten in der Lage ist, LDL-Cholesterin zu senken. HDL-Cholesterin und Triglyzeride blieben im Wesentlichen unverändert. Pektin kann mit Äpfeln oder Zitrusfrüchten zugeführt werden. Um eine Zufuhr von 3 g zu erreichen, müssen 3 Äpfel verzehrt werden. Alternativ kann Pektin in Form von Fertigprodukten aufgenommen werden. Ist die Einnahme von 10 g/24 h möglich, könnte LDL-Cholesterin im Durchschnitt um 21,3 mg/dl gesenkt werden [6].

Pflanzengummi wie Guar ist nur in Form von Zubereitungen möglich, da die Eigenschaften eine Einnahme in Pulverform verhindern. Unter einer Dosis von 10 g/24 h ist mit einer senkenden Wirkung auf das LDL-Cholesterin von ca. 10 mg/dl zu rechnen [33]. Guar steht auch als Medikament zur Verfügung (Glucotard, Guar Verlan, Lejguar). In der Gruppe der Schleimstoffe hat der regelmäßigen Verzehr von Psyllium (Flohsamen) in einer Dosis von 10 g/24 h eine Senkung des Gesamtcholesterins um 4% und des LDL-Cholesterins um 7% gezeigt [2]. β-Glukane sind mit rund 40% des Ballaststoffgehaltes in Hafer, Gerste und Hülsenfrüchte enthalten. Möglicherweise besteht bei Haferkleie eine Wirkschwelle, da eine Reihe von Untersuchungen eine Wirkung erst bei mehr als 90 g Haferkleie pro Tag zeigen [6].

Sekundäre Pflanzenstoffe

Die Zahl der sekundären Pflanzenstoffe ist unbekannt, es wird gegenwärtig von einer Anzahl von 60.000–100.000 ausgegangen [41]. Sie haben nachweislich eine physiologische Wirkung auf die Verminderung von Tumor- und Herz-Kreislauf-Erkrankungen durch ihre antikanzerogene und antioxidative Eigenschaften [41]. Die Einteilung erfolgt aufgrund ihrer chemischen Struktur und funktionellen Eigenschaften in verschiedene Gruppen (*Tabelle 46-7*).

Wirkung sekundärer Pflanzenstoffe:

- Karotinoide sind in grünem Gemüse und Früchten, wo sie deren rote und gelbe Farbe bewirken. Sie wirken antikanzerogen und antioxidativ. Die tägliche Aufnahme an Gesamtkarotinoide liegt bei ca. 6 mg/24 h.
- Glucosinsolate kommen bei allen Kreuzblütlern z. B. Kohlarten, Rettich, Senf vor. Ihr enzymatischer Abbau führt zur Bildung schwefelhaltiger Isothiozyanate und Indole, diese wirken antikanzerogen und antioxidativ.
- Flavonoide sind eine Gruppe von ca. 5000 verschiedenen phenolischen Verbindungen, die in den meisten Nahrungspflanzen vorhanden sind. Sie besitzen ein breites Wirkungsspektrum. Ihre antioxidative Wirkung ist bekannt.
- Protease-Inhibitoren kommen in Hülsensfrüchten, Getreide, Nüsse, Kartoffeln vor. Sie wirken antioxidativ und antikanzerogen.
- Monoterpene sind in Limonen und Menthol enthalten und wirken antikanzerogen.
- Phytoöstrogene binden an dieselben Rezeptoren an wie die körpereigenen Östrogene, allerdings mit wesentlich geringerer Hormonwirkung, kommen in Soja vor und können antioxidativ wirken.
- Sulfide wie z. B. Allicin aus Knoblauch und anderen Zwiebelgewächsen wirken nachweislich antikanzerogen, antioxidativ und entzündungshemmend. Knoblauch zeigt bei dem Verzehr von ungewöhnlich großen Mengen eine cholesterinsenkende Wirkung.
- Phytosterine sind dem cholesterinverwandte Pflanzensteroide. Sie werden aufgeteilt in Stigmasterol, Campesterol und β-Sitosterol und finden sich in Pflanzenölen, Samen, Nüssen, Gemüse und Obst. Die Aufnahme ist abhängig von der Nahrungszusammensetzung und liegt zwischen 180–400 mg/24 h. Dabei handelt es sich in erster Linie um β-Sitosterol (65%) und Campesterol (30%) (34). Obwohl die cholesterinsenkende Wirkung der Phytosterine als gesichert gilt, kann über den Wirkungsmechanismus noch keine klare Aussage gemacht werden.

Tabelle 46-7. Sekundäre Pflanzenstoffe

Sekundärer Pflanzenstoffgruppe	Antikanzerogene Wirkung	Antioxidative Wirkung	Entzündungshemmende Wirkung
Karotinoide	+	+	–
Glucosinolate	+	+	–
Polyphenole	(+)	+	(+)
Protesaseinhibitoren	+	+	–
Terpene	+	–	–
Phytoöstrogenen	–	+	–
Sulfide	+	+	+
Phytosterine	–	(+)	–

+ Wirkung positiv, (+) Wirkung noch nicht eindeutig,
– keine klare Datenlage.

Vitamine

Der Zusammenhang zwischen antioxidativen Vitaminen und der Entwicklung von koronarer Herzkrankheit ist seit Jahren bekannt. Zahlreiche Studien haben es gezeigt, und es gilt heute als unbestritten, dass die Zufuhr von Vitamin E und Vitamin C einen deutlich protektiven Effekt auf die Entwicklung der koronaren Herzkrankheit ausübt [18]. Im Hohenheimer Konsensusmeeting wurde folgende Aussage im Hinblick auf die Prävention von Arteriosklerose gegeben: Plasmakonzentrationen, die als Maß für eine primäre Prävention angesehen werden, setzen im Wesentlichen eine ausreichende Aufnahme voraus.

Die »präventiven« Plasmakonzentrationen wurden in großen Studien an Probanden ermittelt [5]. Beim Erreichen dieser Schwellenwerte ist das relative Risiko für eine koronare Herzkrankheit geringer. Es werden folgende Plasmakonzentrationen von antioxidativen Vitaminen als »präventiv« angesehen:

- α-Tocopherol: ≥30µmol/l (lipidkorrigiert auf einen Cholesterinspiegel von 220 mg/dl und einen Triglyzeridspiegel von 110 mg/dl bzw. auf einen α-Tocopherol/Cholesterin-Quotienten von ≥5,1 µM/mM);
- Vitamin C: ≥50µmol/l;
- β-Karotin: ≥0,4µmol/l.

Der Plasmaspiegel resultiert aus der Aufnahme antioxidativer Vitamine über die Ernährung. Dabei haben Zubereitung, Fettgehalt, Art der verzehrten Fette: gesättigte, ungesättigte Fette, der individuelle Lebensstil, Rauchen und individuelle homöostatischen Regulationsmechanismen einen Einfluss auf den Plasmaspiegel. Plasmawerte, die 15–20% unter den präventiven

Schwellenwerten liegen, werden mit einer Verdoppelung des Risikos assoziiert. Eine Steigerung der Antioxidanzienzufuhr sollte immer mit einem gesunden Lebensstil verbunden sein. Sie ist nur sinnvoll, wenn die oxidative Balance mit einer Verminderung der prooxidativen Faktoren einher geht und damit zu einer Minderung der prooxidativen Risikofaktoren führt.

Vitamin E

Unter Vitamin E wird eine Gruppe von chemischer Verbindungen zusammengefasst. Man unterscheidet zwischen α-, β-, γ- und δ-Tocopherol. Das mit der Nahrung aufgenommene Vitamin E wird zusammen mit den Fetten im Dünndarm resorbiert. Beim Menschen werden nur 20–50% des mit der Nahrung aufgenommenen α-Tocopherols resorbiert. Die Resorption von γ-Tocopherol liegt bei etwa 85% des α-Tocopherolwertes. Der größte Teil des resorbierten Vitamin E wird, inkorporiert in Chylomikronen und intestinalen VLDL, über das Lymphsystem abtransportiert. Im Blut selbst entsteht ein dynamisches Gleichgewicht, gekennzeichnet durch einen raschen Austausch von Vitamin E zwischen allen Lipoproteinfraktionen (VLDL, LDL, HDL) und den Blutzellen. Die Halbwertzeit für den spontanen Austausch liegt bei 20–70 min. Die Aufnahme von Vitamin E in die Zellen ist an dem Lipoproteinkatabolismus gekoppelt.

Tocopherol ist in fast allen Geweben zu finden. Bei einem Mangel wird der Plasmaspiegel gesenkt und die Speicher im Fettgewebe und Muskulatur bleiben lange Zeit konstant. Die Aufnahme und die Berechnung der Tocopherole in Lebensmittel ist etwas schwierig, da die Angaben der Literatur mit Schwankungen enthält. Teilweise kann dies mit jahreszeitlichen Schwankungen zusammenhängen. Junge, rasch wachsende Pflanzen enthalten wenig α-Tocopherol, während langsam wachsende bzw. ausgewachsene dunkelgrüne Pflanzenteile hohe Tocopherolgehalte aufweisen. Obst und Gemüseprodukte, Getreide und Getreideprodukte, Eier, Milch und Milchprodukte, Fleisch und Fisch sind relativ arm an Vitamin E. Besonders reich an Tocopherol sind pflanzliche Öle wie Weizenkeim-, Sonnenblumen- und Olivenöl sind reich an α-Tocopherol, während Soja-, Maiskeim-, Palmöl mehr γ-Tocopherol enthält.

Die Tocopheraolabsorption ist dosisabhängig. Sie sinkt bei erhöhter Zufuhr ab, bei einer pharmakologischen Dosierung von 200 mg werden nur ca. 10% absorbiert. Für die Praxis gilt eine durchschnittliche Absorptionsrate von 30% [17]. Beim erwachsenen Menschen wird eine Zufuhr von täglich von 12 mg für Frauen und 15 mg für Männer als angemessen gesehen [9].

Vitamin C (Ascorbinsäure)

Vitamin C ist bei vielen intra- und extrazellulären Reaktionen ein hochwirksames Reduktionsmittel. Es reagiert mit freien Radikalen und ist als Schutz vor einer LDL-Oxidation und die Regenerierung von Tocopherol wichtig. Die mögliche antioxidative Wirkung von Ascorbinsäure wird durch Studiendaten gestützt. Es zeigt sich eine inverse Korrelation zwischen Cholesterinserumspiegel und Vitamin-C-Versorgung [16]. Die Absorption im Darm erfolgt über einen aktiven Transport. Dieser ist konzentrations-, natrium- und energieabhängig und wird durch Sättigung gesteuert. Der Blutplasmaspiegel sollte als präventive Prophylaxe bei ≥50 µmol/l liegen [16]. Dieser Plasmaspiegel kann mit einer täglichen Zufuhr von 100 mg erreicht werden. Übersteigt die Plasmakonzentration >50µmol/l wird die Nierenschwelle wirksam und nicht mehr verstoffwechselte Ascorbinsäure wird über den Urin ausgeschieden. Die besten Vitamin-C-Quellen sind Obst und Gemüse und aus ihnen hergestellte Säfte. Mit dem Verzehr von 5 Portionen Obst und Gemüse kann eine Tageszufuhr bis zu 200 mg erreicht werden.

Vitamin A (Retinol) bzw. β-Karotin

Vitamin A bezeichnet alle Substanzen oder Verbindungen dieser Substanzen mit Vitamin-A-ähnlicher biologischer Wirksamkeit. Retinol wird in Form von eines Provitamins (meist β-Karotin) aus Pflanzen oder in Form seiner Fettsäureester aus tierischen Produkten aufgenommen. Die Absorption erfolgt im Darm nach einer oxidativen Spaltung. Die Vitamin-A-Fettsäureester werden durch die Pankreaslipase im Intestinallumen gespalten und von der Mucosazelle aufgenommen. Die Absorption ist abhängig von der Menge und Art des Nahrungsfetts bei maximal 75% [9]. Der Vitamin-A-Bedarf wird durch Lebensmittel tierischer Herkunft und Provitamin A, das von Pflanzen gebildet wird gedeckt. Die Empfehlungen liegen bei gesunden bei 0,9 mg für Frauen und bei 1,0 mg/24 h bei Männern.

β-Karotin gehört zu der Gruppe der Karotinoide und erfüllt die Funktion eines Provitamins und als antioxidative Substanz kann es wie fast alle anderen Karotinoide vor oxidativen Schäden schützen. Die Ausnutzung der β-Karotine aus Gemüse ist an die Art der Zubereitung gekoppelt. Vor allem der mechanische Aufschluss der Pflanzenteile erhöht die Aufnahme. Ein hoher Pektingehalt der Nahrung kann die Absorption hemmen. β-Karotin ist sehr wirksam beim Abbau von O_2-Radikalen und ähnlichen aggressiven Oxidationsmitteln [41]. Der β-Karotinplasmaspiegel kann als Marker für die Menge an verzehrtem Gemüse und bestimmten Obstsorten gesehen werden. Als gute Lieferanten sind intensiv gefärbte Grüngemüse (z. B. Spinat, Grünkohl, grüne Bohnen, Brokkoli, Feldsalat) anzusehen [9]. Die empfohlenen Mengen liegen nach DGE bei 400 g Gemüse und 250–300 g Obst pro Tag für einen Erwachsenen.

Genussmittel

Alkohol

Die moderate Zufuhr von Alkohol wird als epidemiologisch günstig für das koronare Risiko beschrieben. Bei normaler Leberfunktion führt moderater Alkoholkonsum zu einer leichten Erhöhung des HDL-Cholesterins. Gleichzeitig wirkt Alkohol auf die Fibrin- und Thrombusbildung günstig, so dass sich verschiedene koronarprotektive Wirkungen ergänzen. Aufgrund epidemiologischer Daten ist anzunehmen, dass der Alkohol selbst und weniger die begleitenden, antioxidativ wirksamen sekundären Pflanzenstoffe für diese koronarprotektive Wirkung verantwortlich sind (»Französisches Paradoxon«). Es zeigt sich kein signifikanter Unterschied in der Wirkung bei Verzehr von Bier, Wein, oder Spirituosen.

Da Alkohol lebertoxische Effekte hat, das Essverhalten und die Speisenauswahl (vermehrter Appetit) negativ beeinflusst, bei Dyslipoproteinämie die Triglyzeride erhöht und zudem ein erhebliches Suchtpotential innehat, wird der regelmäßige Alkoholkonsum medizinisch zur Erhöhung des HDL-Cholesterin nicht empfohlen. Des Weiteren ist die hohe Energiedich-

Tabelle 46-8. Kaffeeinhaltsstoffe. (Mod. nach [38])

Kaffeetyp	Portion [ml]	Diterpene[a] [mg/Portion]
Filterpapier	150	0,2
Instant	150	0,4
Perkolator	150	0,6
Mokka	60	3,6
Espresso	25–50	4,1
Cafetière (frz. gepresst)	150	5,6
Türkisch	60	8,4
Gekocht	150	12,7

[a] Basierend auf dem Genuss von 5 Tassen/24 h und der Annahme, dass jede Tasse 10 mg Cafestol/24 h den Cholesterinspiegel um 0,13 mM und 10 mg Kahweol um 0,02 mM erhöhen.

te mit 7 kcal/g Alkohol zu berücksichtigen, die für eine Erreichung und Erhaltung vom Normalgewicht von Bedeutung sein kann. Zur Zeit werden in der BRD im Durchschnitt 7% der Gesamtenergie durch Alkohol zugeführt [39].

Kaffee

Diterpene sind Lipide der Kaffeebohne und haben nachweislich einen Einfluss auf die Serumlipide. Von besonderer Bedeutung sind die Diterpene Cafestol und Kahweol mit ihrer erhöhenden Wirkung auf das Gesamtcholesterin und LDL-Cholesterin. Cafestol und Kahweol werden durch heißes Wasser aus dem Kaffeepulver extrahiert und im Filterpapier bei der Kaffeezubereitung zurückgehalten. Daher enthält gefilterter Kaffee keine Diterpene. Skandinavisch gekochter Kaffee (Camper-Kaffee), Mokka, Espresso, Cappucino, Cafetière (französisch Gepresster) und türkischer Kaffee enthalten unterschiedliche Mengen dieser Verbindungen. Bei den beiden letzten Zubereitungsarten ist der Kaffee besonders reich an Cafestol und Kahweol. Die Erhöhung der Konzentration von Gesamt- und LDL-Cholesterin bei regelmäßigem Konsum kann erheblich sein (*Tabelle 46-8*).

Tabelle 46-9. Zielwerte bei Hypercholesterinämie, Hypertriglyzeridämie, gemischter Hyperlipoproteinämie

Risikofaktoren für Hyperlipidämie		
– mit weniger als 2 weiteren Risikofaktoren	LDL-Cholesterin	<160 mg/dl
	LDL/HDL-Cholesterin	<3
– mit 2 oder mehr weiteren Risikofaktoren	LDL-Cholesterin	<135 mg/dl
	LDL/HDL-Cholesterin	<3
– mit manifester Arteriosklerose	LDL-Cholesterin	<115 mg/dl
	LDL/HDL-Cholesterin	<3

46.2 Ernährungstherapie

46.2.1 Ernährungstherapie bei Hypercholesterinämie

Die Hypercholesterinämie, charakterisiert durch die Erhöhung des LDL-Cholesterin im Plasma, ist als Risikofaktor für die Manifestation koronarer Herzkrankheit (KHK) und der Arteriosklerose gesichert. Der Normalbereich liegt bei LDL-Cholesterin <135 mg/dl (3,5 mmol/l), Gesamtcholesterin <200 mg/dl (5,2 mmol/l), und für das HDL-Cholesterin >40 mg/dl oder 1 mmol/l. Die durch Diät und Medikamenten anzustrebenden Therapieziele richten sich nach den Begleitumständen, insbesondere den sonstigen Risikofaktoren (*Tabelle 46-9*). Der Cholesterinspiegel im Plasma reagiert sehr langsam auf Veränderungen in der Nahrungszufuhr. Einen Zeitrahmen von 3–4 Wochen nach der Ernährungsumstellung sollte man einhalten, bevor eine weitere Kontrolle der Plasmalipide erfolgt. Durchschnittlich lässt sich mit einer Diät eine Senkung des Gesamtcholesterin um 20% erreichen. In vielen Fällen ist daher eine medikamentöse Therapie unverzichtbar (*Tabelle 46-10*).

Praktische Diätetik

Siehe auch *Tabelle 46-11*.

- Iso- bis hypokalorische Kost zur Erhaltung bzw. Erreichung des Normalgewichts.

Tabelle 46-10. Wesentlich lipidmodulierende Medikamente

Substanzgruppe	Mechanismen	Hauptsächliche Wirkung	Wesentliche Nebenwirkungen
HMG-CoA-Reduktasehemmer	Cholesterinsynthese ↓ Konsekutive: VLDL-Synthese ↓ LDL-Rezeptoren ↑	LDL-Cholesterin ↓	Myositis Rhabdomyolyse
Gallensäure bindende Inonenaustauscher	Absorption von Gallensäuren Konsekutiv: Cholesterinkatabolismus ↑ LDL-Rezeptor ↑	LDL-Cholesterin ↓	Obstipation
Fibrate	Intraplasmatische Lipolyse ↑ VLDL-Synthese ↓	Triglyzeride ↓ Konsekutiv: HDL-Cholesterin ↑	Myositis Gallensteine
Nikotinsurederivate	VLDL-Synthese ↓	Triglyzeride ↓ Konsekutiv: HDL-Cholesterin ↑ LDL-Cholesterin ↓	Flush Magenbeschwerden
Sitosterin		Cholesterinresorbtion ↓	Leichte Hypercholesterinämie

Bei einem bestehenden Übergewicht ist die Gewichtsreduktion von zentraler Bedeutung und sollte gleichwertig neben der lipidsenkenden Kost beachtet werden. Eine langsame Gewichtsreduktion von 0,5 bis höchstens 1 kg/Woche sind anzustreben.

- Reduzierung der Fettaufnahme auf 30% der Nahrungsenergie durch die Verminderung des Fettverzehrs, besonders im Bereich der gesättigten Fettsäuren auf höchstens 7–10% der Energie.

Die cholesterinerhöhende Wirkung der gesättigten Fettsäuren ist ausschlaggebend für die Verminderung der Aufnahme. Die wichtigsten Quellen gesättigter Fettsäuren sind tierische Fette und fettreiche tierische Lebensmittel. Letztere enthalten oft große Mengen an versteckten Fetten. Ein Austausch von fettreichen gegen fettarme Produkte ist zu empfehlen sowie eine Reduzierung der Gesamtaufnahme von tierischen Lebensmitteln. Bei Milch- und Milchprodukten ist eine gezielte Umsetzung durch die klare Deklaration einfach.

Die Einteilung von Käse erfolgt nach dem Fettgehalt in Trockenmasse (i. Tr.). Es sollte Käse bis 30% F. i. Tr.verzehrt werden (*Tabelle 46-12*). Milch und Milchprodukte sind bis zu einem Fettgehalt von 1,5% geeignet. Schmand, Creme fraîche usw. sollten aus dem Speiseplan gestrichen werden. Auf den Verzehr von Butter ist wegen des hohen Anteil von gesättigten Fettsäuren und Cholesterin zu verzichten. Fleisch, Hackfleisch, Geflügel, Würste sollten in Häufigkeit und Menge eingeschränkt werden, d. h. nicht täglich verzehrt werden. Wurst ist ein Fleischerzeugnis, bei dem der Fettgehalt nicht deklariert wird. Bei der Herstellung bestehen oft regionale Unterschiede in der Zusammensetzung der einzelnen Wurstsorten. Wurst wird nach dem Herstellungsverfahren in 3 Gruppen eingeteilt:

1. Brühwurst wird unter der Verwendung von rohem Fleisch, Fett, Gewürzen nach der Abfüllung gebrüht und evtl. geräuchert.
2. Kochwürste enthalten überwiegend gekochte oder gebrühte Fleischteile und rohe Innereien (Leber, Blut). Der Fettgehalt ist sehr unterschiedlich, der Cholesteringehalt durch die Verwendung der Innereien eher hoch.
3. Rohwürste werden aus rohem Fleisch und Speck hergestellt. Der Fettanteil ist sehr hoch und beträgt zwischen 35–60%. Wurstprodukte in fettarmen Sorten und/oder fettreduzierten Varianten verzehren (*Tabelle 46-13*).

Tabelle 46-11. Nährwertrelation für Hypercholesterinämie

Iso- bis hypokalorische Energiezufuhr bei einem BMI >25	
Gesamtfettzufuhr	<30% des Energiebedarfs
Fettmodifikation:	
– Gesättigte Fettsäuren	<10%
– Einfach-ungesättigte Fettsäuren	>10–15%
– Mehrfach-ungesättigte Fettsäuren	<7%
Kohlenhydrate	>50%
Ballaststoffzufuhr	>35 g/24 h
Eiweiß	8–10% des Energiebedarfs
Cholesterin	<300 mg/24 h
Vitamin E	15–30 mg/24 h
Vitamin C	75–150 mg/24 h
β-Karotin	2–4 mg/24 h

Tabelle 46-12. Fettgehaltsstufen von Käse auf der Basis der Trockenmasse (Käse ohne Wasser)

Fettstufe	Fettgehalt in der Trockenmasse [%]
Doppelrahmstufe	60–87
Rahmstufe	>50
Vollfettstufe	>45
Fettstufe	>40
Dreiviertelfettstufe	>30
Halbfettstufe	>20
Viertelfettstufe	>10
Magerstufe Wasser in der fettfreien Masse	<10

Der Verbrauch von Streich-, Koch- und Bratfetten ist einzuschränken, wobei auf den Verzehr von tierischen Produkten (Butter, Schmalz, Speck) sowie Kokosfett, die zum größten Teil aus gesättigten Fettsäuren bestehen, verzichtet werden sollte. Chemisch gehärtete Fette und die daraus hergestellten Produkte, wie Nuss-Nougat-Creme, Backwaren, Knabbereien, Pommes frites u. a. (s. *Tabelle 46-6*) sind stark einzuschränken. Der günstige Effekt von vermehrtem Fischkonsum konnte in Studien gezeigt werden. Ein täglicher Verzehr von 30 g Fisch pro Tag hat die Sterblichkeit um 50% verringert. Es wurde geschlossen, dass 1 oder 2 Seefischmahlzeiten pro Woche präventiv bezüglich der koronaren Herzkrankheit sein könnte. Auch in anderen Studien konnte eine Reduzierung der Gesamtsterblichkeit statistisch gezeigt werden [1, 22].

Fisch sollte unter der Beachtung der Gesamtfettaufnahme eher in Form von fettarmen Sorten gewählt werden. Eine günstige Auswirkung durch den Verzehr von ω-3-fettsäure-

Tabelle 46-13. Fettgehaltsstufen in Wurst

Wursttyp	Wurstwaren	Fettgehaltsstufen [%]
Aspikwaren/Sülze	Kalbssülze, Schinkensülze, Corned Beef, Schwartenmagen	5–15
Brühwürste mit Fleischeinlage	Bierschinken, Schinkenpastete,	15–25
Brühwurst fein zerkleinert	Lyoner, Mortadella, Fleischwurst, Gelbwurst, Frankfurter Würstchen, Knackwurst, Bockwurst	20–30
Brühwurst grob zerkleinert	Jagdwurst, grobe Schinkenwurst, Bierwurst	20–35
Bratwurst	Rostbratwurst, Kalbsbratwurst, Schweinsbratwurst	20–40
Rohwurst streichfähig	Teewurst, grobe Teewurst, Mettwurst, Streichmettwurst	35–65
Rohwurst schnittfähig	Salami, Cervelatwurst, Plockwurst	35–55
Kochwurst	Kalbsleberwurst, Leberwurst	40–50

reichen Fischsorten auf das LDL-Cholesterin ist nicht zu erwarten. Fettarmer Fisch in einer fettarmen Zubereitung sollte mit 1–2 Portionen pro Woche in den Speiseplan integriert sein.

> Erhöhung des Anteils an einfach und mehrfach-ungesättigten Fettsäuren. 10–15% in Form von einfach-ungesättigten Fettsäuren, 7–10% in Form von mehrfach-ungesättigen Fettsäuren.

Ein sehr hoher Anteil von gesättigten Fettsäuren in der Kost sollte reduziert werden und durch einen erhöhten Anteil von mehrfach-ungesättigen Fettsäuren ausgeglichen werden. Dabei scheint eine hohe Aufnahme zu einer vermehrten Oxidation von LDL-Partikel zu Partikeln mit höherer Arterogenität zu führen. Die Veränderungen sind unter einer Kost mit überwiegend einfach ungesättigten Fettsäuren geringer. Als Streichfett ist es günstig eine Diätmargarine zu verwenden, um eine ausreichende Zufuhr an mehrfach ungesättigten Fettsäuren zu sichern. Es ist auch eine Halbfettmargarine mit wenig gesättigten Fettsäuren (9%) und Phytosterine im Handel verfügbar (Becel pro aktiv). Diese Streichfett ist mit 8% Phytosterinen angereichert und liefert bei einem Verzehr von 20 g/24 h – bei einer verzehrten Menge von 3–4 mit der Margarine bestrichenen Scheiben Brot – 1,6 g Phytosterine. In Studien konnte gezeigt werden, dass der Verzehr von 20 g/24 h den Gesamtcholesteringehalt um 5,8% und das LDL-Cholesterin um 10% verringert.

Einfach- und mehrfach-ungesättigte Fettsäuren können über den regelmäßigen Verzehr von Speiseölen zugeführt werden. Dazu gehören Oliven- und Rapsöl für die Aufnahme von einfach-ungesättigten Fettsäuren und Sonnenblumen- Distel-, Maiskeimöl zur Bedarfsdeckung der mehrfach-ungesättigten Fettsäuren. Kokosfett und Palmfette sollten nicht verwendet werden, da sie eine hohen Anteil an gesättigten Fettsäuren besitzen (*Tabelle 46-14*).

Tabelle 46-14. Fettsäurenzusammensetzung von Nahrungsfetten

Fettart	Gesättigte Fettsäuren [%]	Einfach-ungesättigte Fettsäuren [%]	Mehrfach-ungesättigte Fettsäuren [%]	trans-Fettsäuren [%]
Rindertalg	49	42	5	4
Schweineschmalz	43	46	10	1
Geflügelfett	36	37	28	0
Kokosfett	91	7	2	–
Sojaöl	15	21	64	–
Olivenöl	14	76	10	–
Sonnenblumenöl	12	25	63	–
Saflor-(Distel-)Öl	9	13	78	
Rapsöl	6	63	31	–
Butter	69	24	3	4
Pflanzenmargarine	40	34	25	1
Diätmargarine	20	25	55	–

> Reduzierung der täglichen Cholesterinaufnahme unter 300 mg pro Tag.

Cholesterinaufnahme ist immer mit dem Verzehr von tierischen Lebensmitteln verbunden, besonders cholesterinreiche Lebensmittel sind zu meiden sowie die Anzahl und Menge der tierischen Lebensmittel zu reduzieren. Die maximale Aufnahme soll 300 mg Cholesterin pro Tag nicht überschreiten. Besonders fettreiche tierische Lebensmittel sind zu meiden und Schalen-, Krustentiere wie Langusten, Krabben, Muscheln, Innereien, Eier, fette Wurst besonders Hausmacherwürste, Streichwürste, Mayonnaise (*Tabelle 46-15*).

> Erhöhung der Kohlenhydratzufuhr über 50% der Gesamtenergie überwiegend in Form von komplexen Kohlenhydraten.

Kohlenhydrate sollten überwiegend in Form von komplexen Kohlenhydraten verzehrt werden. Sie beeinflussen das LDL-Cholesterin nicht. Der Verzehr von Mono- und Disacchariden ist zu beschränken, da die Nährstoffdichte sehr gering ist. Es gilt die Empfehlung »5 amTag« [9] zu erfüllen d. h. mind. 5 Portionen Obst und Gemüse pro Tag zu verzehren. Dabei sollte ein ausgewogenes Verhältnis zwischen Obst und Gemüse bestehen. Besonderen Wert ist auf die abwechslungsreiche Zusammensetzung zu legen. Es sollten verschiedene Sorten, verschiedene Farben enthalten sein, um den Bedarf an Vitamine, Mineralstoffen, Spurenelementen und sekundären Pflanzenstoffen zu decken.

Tabelle 46-15. Gehalt an Cholesterin und Fett in Lebensmitteln je 100 g

Lebensmittel	Cholesterin [mg]	Fett [g]
Aal	142	25
Krabben	138	1
Miesmuscheln	160	1
Kabeljau	47	0
Rotbarsch	38	4
Makrele	12	69
Brathuhn	99	10
Rinderhack	65	9
Schweinfleisch ohne Fett	70	3
Innereien	2.000	9
Bratwurst	100	29
Salami	65	30
Leberwurst	205	27
Mortadella	90	33
Butter	240	83
Vollmilch 3,5% F	14	4
Kuhmilch fettarm 1,5% F	6	2
Schmand 24% F	75	25
Creme fraiche 40% F	117	40
Eigelb	604	12

› Ballaststoffaufnahme über 35 g/24 h.

Besonders wasserlösliche Ballaststoffe wirken senkend auf LDL-Cholesterin. Diese sind in größeren Mengen in Hafer- und Gerstenkleieprodukten, in Hülsenfrüchten, pektinreichen Obstsorten wie Äpfel, Heidelbeeren, Zitrusfrüchten sowie Psyllium (Flohsamen) enthalten. Bei dem Verzehr einer Vollwertkost mit großen Mengen an Getreide, frischen Gemüsen und wenige Fleisch können die gewünschten 35 g/24 h gut erreicht werden. Unsere »Normalkost« enthält etwa 24 g Ballaststoffe pro Tag (Ernährungsbericht 1996) und muss mit den bewussten Verzehr von mehr unverdaulichen Pflanzenbestandteilen aufgewertet werden. Dazu zählen jede Art von ganzen Getreidekörnern, Vollkornbrot, Vollkornprodukte wie Vollkornnudeln, ungeschälter Reis, Obst, Gemüse, Hülsenfrüchte. Der Verzehr von zusätzlichen wasserlöslichen Ballaststoffen in konzentrierter Form wie Haferkleie, Pektin Physillium kann den Plasmacholesterinspiegel senken.

Eiweiß

Der Ersatz von tierischem Eiweiß durch pflanzliches Eiweiß führt zu einer Verringerung der Aufnahme von Cholesterin und gesättigten Fettsäuren. Durch die Verwendung von Sojaeiweiß kann es zusätzlich zu einer Verringerung des Gesamt- und LDL-Cholesterins kommen.

Alkohol

Alkohol ist in der Lage, das HDL-Cholesterin zu erhöhen. Eine generelle Empfehlung Alkohol zur Prävention einzusetzen ist aufgrund der fehlenden Daten nicht gerechtfertigt. In den Referenzwerten der DGE werden für einen gesunden Mann 20 g/24 h und für eine gesunde Frau 10 g/24 h Alkohol als gesundheitsverträglich angesehen, wenn der Verzehr nicht täglich erfolgt. 20 g Alkohol entsprechen ca. 0,5 l Bier, 0,25 l Wein und 0,06 l Weinbrandt.

Kaffee

Bei Kaffee ist die Zubereitungsart ausschlaggebend für die Wirkung auf das LDL-Cholesterin. Der Verzehr von Filterkaffee ist unbedenklich. Von einem übermäßigen Kaffeeverzehr sollte abgesehen werden. Die maximale Zufuhr sollte bei 5–6 Tassen/24 h nicht übersteigen.

Knoblauch hat eine nachgewiesene LDL-Cholesterin-senkende Wirkung, leider erst ab einer Menge von 15–60 g Knoblauch pro Tag, entspricht 7–28 Zehen [35]. Neben den in ▫ *Tabelle 46-19* »Empfehlungen für Fettstoffwechselstörungen« genannten Lebensmitteln bzw. Lebensmittelinhaltsstoffen werden zur Zeit noch weitere auf ihre cholesterinbeeinflussende Wirkung untersucht.

Vitamine

Konkrete Zufuhrempfehlungen sind nur für Vitamin E mit 15–30 mg/24 h, Vitamin C 70–150 mg/24 h und β-Karotin 2–4 mg/24 h abzuleiten [5]. Durch eine Ernährung mit den obengenannten Schwerpunkten wird der erhöhte Bedarf immer durch die Kost gedeckt.

Die hier genannten Empfehlungen bedeuten für die meisten Betroffenen eine einschneidende Veränderung ihrer Ernährung. Die Notwendigkeit der Umstellung wird von den Einzelnen sehr unterschiedlich gesehen, da keine direkten Reaktionen in der Form von körperlichen Beschwerden auf falsches Ernährungsverhalten zu merken sind. Eine Wiederholung der Beratung und evtl. eine Schulung zeigt bessere Ergebnisse bei einer dauerhaften Umstellung und Beibehaltung der Ernährung. Wichtig ist, dass natürlich der Effekt der Diät von der Qualität der Ernährungsberatung abhängt.

46.2.2 Ernährungstherapie bei Hypertriglyzeridämie

Hypertriglyzeridämien mit stark erhöhten Triglyzeriden können Folge von Fettsucht, Alkoholabusus oder Diabetes mellitus sein. Chylomikronen bringen die Nahrungsfette aus dem Darm über das Lymphsystem und den Ductus thoracicus in den Blutkreislauf, zur Leber und zu den Muskeln. Von der Leber werden die überschüssigen Fette mit den VLDL (»very low density lipoproteins«) in die verschiedenen Gewebe transportiert. Triglyzeridwerte über 500 mg/dl sollten wegen der Gefahr einer Pankreatitis unbedingt behandelt werden. Triglyzeride reagieren schnell auf die Zusammensetzung der Nahrung und werden ebenso schnell verstoffwechselt. Ausschlaggebend für die Konzentration ist nicht nur die Menge an Fett, sondern auch die Menge an leichtresobierbaren Kohlenhydraten und Alkohol. Die diätetische Führung gelingt oft mit dem Verzehr von MCT-Fett bei Werten von TG <1000 mg/dl. Als Therapieziele gelten:

- Triglyzeride <200 mg/dl,
- Cholesterin <200 mg/dl.

Praktische Diätetik

Siehe auch ▫ *Tabelle 46-16.*

Iso- bis hypokalorische Kost

Bei einem bestehenden Übergewicht ist eine Reduzierung des Körpergewichts ein wichtiges Therapieziel. Die langfristige Umstellung und die Beibehaltung des reduzierten Körpergewichts stehen im Vordergrund. Eine engergiereduzierte Kost beinhaltet eine Lebensmittelauswahl mit geringerem Fettgehalt. Dadurch sinkt die Aufnahme von gesättigten Fettsäuren und Cholesterin. Als Streichfett ist eine Diätmargarine oder Diäthalbfettmargarine zu empfehlen, da mehrfach-ungesättigten Fettsäuren in höheren und trans-Fettsäuren in geringen Mengen enthalten sind. Zur Deckung der einfach-ungesättigten Fettsäuren sollte eine kleine Menge an Oliven- oder Rapsöl verwendet werden.

Die tierischen Lebensmittel enthalten hohe Mengen an versteckten Fetten und eine gezielte Auswahl von fettarmen Varianten ist notwendig. Bei Milch und Milchprodukten ist die durch die Deklarationspflicht einfach zu erkennen. Milch und Milchprodukte enthalten bis zu 1/3 mittelkettigen Fettsäuren und führen nur in einem beschränkten Maße zur Erhöhung der Triglyzeride.

▫ **Tabelle 46-16.** Medikamente bei Hypertrigyzeridämie

- Fibrate
- ω-3-Fettsäuren

Auch bei Hypertriglyzeridämien gelten die Grundsätze der lipidsenkenden Kost, zusätzlich sind aber die folgenden Besonderheiten zu berücksichtigen:

- Reduzierung der Fettaufnahme auf 30% der Nahrungsenergie durch die Verminderung des Fettverzehrs, besonders im Bereich der gesättigten Fettsäuren auf höchstens 7–10% der Energie.
- Erhöhung des Anteils an einfach- und mehrfach-ungesättigten Fettsäuren. 10–15% in Form von einfach-ungesättigten Fettsäuren, 7–10% in Form von mehrfach-ungesättigten Fettsäuren.

ω-3-Fettsäuren

ω-3-Fettsäuren haben bei Hypertriglyzeridämien wegen der Hemmung der hepatischen Triglyzeridsynthese eine besondere Bedeutung. Bei normgewichtigen Patienten ist der Verzehr von ω-3-Fettsäuren in Form von Lebensmitteln zu empfehlen. Der regelmäßige Verzehr von mind. 3 Portionen a 200 g/Woche (enthalten ca. 2,5–5 g ω-3-Fettsäuren) ist zur Bedarfsdeckung zu empfehlen. Die Darreichungsform gekocht, gebraten, geräuchert ist dabei eher zweitrangig, wenn nicht zusätzlich gesättigte Fettsäuren verwendet werden. Beispielsweise wird der günstige Effekt des Fisches vernichtet, wenn zusätzlich Sahne mit einem hohen Anteil von gesättigen FS (z. B. Lachs mit Sahnemeerrettich) verzehrt wird. Eine weitere Quelle ist die Verwendung von α-Linolensäure-reichem Speiseöl wie Lein-, Raps-, Walnussöl (s. *Tabelle 46-5*).

Eine hohe Zufuhr von Mono- und Disacchariden führt zu einer Steigerung der VLDL-Sekretion in der Leber und damit zu einem Anstieg der Triglyzeridkonzenraion im Blut. Saccharose und Fruktose scheinen besonders ungünstig zu wirken, die Untersuchungsergebnisse sind nicht eindeutig. Daher ist Verzicht auf süße Getränke wie Limonaden, Colagetränk, Fruchtsäfte, Zucker zum Süßen von Speisen, süße Backwaren ratsam. Bei hohen Triglyzeridwerten sollte auch der Verzehr von Obst geachtet werden und die Verzehrsmenge auf 2 Stück pro Tag beschränken. Besonders reich an Fruktose sind überreife Früchte und Ananas, Äpfel, Bananen, Heidelbeeren, Kirschen, Mirabellen und Stachelbeeren.

Alkohol steigert die Synthese und Sekretion von VLDL und hemmt den Anbau der VLDL. Auf die Aufnahme von Alkohol sollte daher verzichtet werden. In welcher Form Alkohol verzehrt wird, hat keine Bedeutung. Diabetikerbier enthält einen höheren Anteil an Alkohol, alkoholfreies Bier darf eine gewisse Restmenge an Alkohol enthalten. Beide sind nicht geeignet (*Tabelle 46-17, 46-18*).

Besondere Beachtung ist bei der Speisenzubereitung zu beachten. Vor allem alle fettarmen Zubereitungsarten sollten bevorzugt werden (*Tabelle 46-19*).

Chylomikronämie

Diese seltene, genetische Form der Hypertrigylzeridämie hat ihre Ursache in einer Lipoprotein-Lipase-Defizenz und dem Fehlen des esssenziellen Kofaktors der Lipase, dem Apo C-II. Die Chylomikronen sind stark erhöht und erreichen Werte über 1000 mg/dl. Diese Erkrankung hat kein erhöhtes Arterioskleroserisiko. Die Gefahr persistierender Pankreatitiden ist jedoch drastisch erhöht. Aus diesem Grund sind die langkettigen Fettsäuren aus der Kost auf maximal 10% des Gesamtfettanteils (20–25 g/24 h) zu reduzieren. Das bedeutet für die tägliche Speisenauswahl auf fetthaltige Lebensmittel zu verzichten. Die starke Einschränkung auf 20–25 g LCT-Fette beinhaltet auch den Verzicht auf normale Speisenöle und -fette. Alle tierischen Produkte sollten nur in extrem fettarmer Variante verzehrt werden. Bevorzugt werden fettarme, pflanzliche Lebensmittel.

Tabelle 46-17. Ernährungsempfehlungen bei Hypertriglyzeridämie

Iso- bis hypokalorische Energiezufuhr bei einem BMI >25	
Gesamtfettzufuhr	<30% des Energiebedarfs
Fettmodifikation:	
– Gesättigte Fettsäuren	<10%
– Einfach-ungesättigte Fettsäuren	>10–15%
– Mehrfach-ungesättigte Fettsäuren	<7%
– ω-3-Fettsäuren	2–4 g/24 h
Kohlenhydrate	>50%
Mono- und Disaccharide	<10% des Energiebedarfs
Ballaststoffzufuhr	>35 g/24 h
Eiweiß	8–10% des Energiebedarfs
Cholesterin	<300 mg/24 h
Alkoholkarenz	

Die energetische Lücke wird durch die Verwendung von MCT-Fetten ausgeglichen. Zur Aufrechterhaltung einer ausreichenden Energieversorgung unter einer extrem fettarmen Kost ist der therapeutische Einsatz von MCT-Fetten möglich. MCT ist die Bezeichnung für Triglyzeride mit mittelkettigen Fettsäuren. Diese haben eine Kettenlänge von C8–C12. Sie kommen in größeren Mengen v. a. in Kokosöl (bis zu 80%) und in Butterfett (bis zu 25%) physiologisch vor. Die Besonderheit liegt in ihrem Aufnahmeweg. Ihre geringe wasserlösliche Eigenschaft begünstigt die Resorption in die Darmmukosa. Nach der Hydrolyse durch intrazelluläre Lipasen im Darm gelangen die mittelkettigen Fettsäuren unverestert über die Pfortader in die Leber, also werden nicht in den Chylomikronen transportiert. In der Leber werden die mittelkettigen Fettsäuren bevorzugt oxidiert und stehen zur Energiegewinnung zur Verfügung.

Bei einer gleichzeitige Einschränkung des Verzehrs von LCT-Fetten auf eine minimale Menge 25 g/24 h wird die Entstehung von Chylomikronen reduziert und der Plasmaspiegel der Triglyzeride gesenkt. Bei einer massiven Einschränkung der langkettigten Fettsäuren ist auf eine ausreichende Versorgung von Linol- und Linolensäure zu achten. Diese kann durch die Gabe von einem hochwertigen Pflanzenöl gedeckt werden.

Eine ausreichende Energieversorgung kann mit MCT-Fetten gewährleistet werden. MCT-Fette können in einer Menge bis zu 50–70 g in Form von MCT-Margarine und 20–30 g als MCT-haltiges Speiseöl für Erwachsene täglich verzehrt werden. Bei der Umstellung sollte die Menge der MCT-Fette langsam und im Austausch gegen LCT-Fette vorgenommen werden. Mit einer tägliche Menge von 10–20 g beginnen und dann langsam, nach einigen Tagen steigern. Die starke Einschränkung des Verzehrs von Nahrungsmitteln mit einem hohen Anteil von »unsichtbarem« Fett ist wichtig. MCT-Fette kön-

Tabelle 46-18. Umsetzung der Ernährungsempfehlungen bei Hypertriglyzeridämie

Lebensmittelgruppe	Geeignete Lebensmittel	Ungeeignete Lebensmittel
Gruppe 1		
Brot und Backwaren	Vollkornbrot, Vollkornbrötchen, Vollkorntoast, Schrotbrot, jedes Brot mit Körnern, Vollkorngebäck	Weißbrot, Weißbrötchen, süßes Brot, fettreiche Brotsorten z. B. Buttertoast, Croissants
	5–7 Scheiben pro Tag	
	Kuchen bei Übergewicht meiden – Hefeteig, Quark-Öl-Teig	Feinbackwaren z. B. fetter Hefeteig, Blätterteig, Mürbeteig, Biskuitboden, Torten, Fettgebackenes z. B. Berliner, Spritzgebäck
Kartoffeln	Pellkartoffeln, Salzkartoffeln, Klöße, Kartoffelpüree ohne Ei, Folienkartoffeln, Ofenkartoffeln	Pommes frites, Kroketten, Reibekuchen, Bratkartoffeln
	200–250 g/Portion	
Reis	Vollkornreis, Wildreis	Geschälter, polierter Reis
	150–200 g Portion gekocht	
Nudeln	Vollkornnudeln (ohne Ei), Nudeln ohne Ei (aus Hartweizengrieß)	Eiernudeln
	150–200 g/Portion gekocht	
Getreideprodukte	Haferflocken, Haferkleie (2–3 Essl./ 24 h), Hafermüsli, ungezuckerte Müslimischungen bei Übergewicht meiden!	Gezuckerte Fertigprodukte
Gruppe 2		
Gemüse	Alle Gemüsearten, frisch oder tiefgefroren	Konservengemüse (weniger geeignet), Pfannengemüse mit Fettzusatz
	2–3 Portionen pro Tag	
Salat	Alle Sorten; Dressing mit wenig Oliven- oder Rapsöl zubereiten	Fertigprodukte mit Fertigdressing. Dressing mit Sahne, Schmand o. Ä.
Hülsenfrüchte	Alle Sorten, Zubereitung ohne fettes Fleisch oder Speck	Zubereitung mit fettem Fleisch oder Speck
	1–2 Portionen pro Woche	
Soja	Alle fettarmen Zubereitungen wie Würste, Tofu, Süßspeisen, Milch u. a.	
	1–2 Portionen pro Woche (statt Fleisch)	
Gruppe 3		
Obst	Frisches Obst, höchstens 2 Stück pro Tag, saure Sorten bevorzugen, ungezuckerte Obstkonserven	Gezuckerte Obstkonserven, kandierte Früchte
Gruppe 4		
Getränke	Mineralwasser mindestens 2,0 l/24 h	Mit Zucker gesüßte Fruchtsäfte, Nektar, Limonaden, Cola
	Ungesüßter Tee, Kaffee bis 4 Tassen pro Tag	Bei erhöhten Triglyzeriden:
	Light-Limonaden, Gemüsesäfte	alkoholhaltige Getränke und alkoholfreies Bier nicht geeignet

Tabelle 46-19. Fettsparende Zubereitungsarten wählen

- Beschichtete Pfannen
- Bratenschlauch
- Bratfolie
- Römertopf
- Grill
- Alufolie
- Mikrowelle
- Dünsten
- Dampfdrucktopf

nen in der Speisenzubereitung nicht wie herkömmliche Fette verwendet werden. Eine starke Erhitzung, wie sie z. B. beim Anbraten benötigt wird, zerstört die MCT-Fette. MCT-Produkte sind z. B. »Ceres MCT Diät-Margarine«, »Ceres MCT Diät-Speiseöl« (UNION Deutsche Lebensmittelwerke) und »MCT-basis-plus Diät-Margarine«, »MCT-basis-plus Diät-Speiseöl«, »Diät-Schmelzecken, Diät-Schoko-Streichcreme basis« (Gesellschaft für Diätetik und Ernährung).

Der Einsatz von MCT-Fetten sollte gut überlegt werden, weil es eine starke Einschränkung in den Verzehrsgewohnheiten mit sich bringt. Der essenzielle Bedarf an Linolsäure sollte durch die Aufnahme von 5–10 g linolsäurereichen Speiseöl wie Sonnenblumen-, Distel-, Maiskeim oder Sojaöl erfolgen Eine absolutes Alkoholverbot ist einzuhalten, da die Gefahr einer

■ **Tabelle 46-18.** Umsetzung der Ernährungsempfehlungen bei Hypertriglyzeridämie (Fortsetzung)

Lebensmittelgruppe	Geeignete Lebensmittel	Ungeeignete Lebensmittel
Gruppe 5		
Milch	Milchprodukte mit höchstens 1,5%-Fett-Milch, Joghurt, Kefir, Dickmilch, Sauermilch, Molke, Fruchtzubereitungen mit Süßstoff gesüßt, Magerquark, Buttermilch	Vollmilch, süße und saure Sahne, Vollmilch- und Sahneprodukte aus Joghurt, Dickmilch, Kefir, Quark; bei erhöhten Triglyzeriden: mit Zucker zubereitete Produkte meiden! Butter
	1 Portion pro Tag	
	Wassereis mit Süßstoff hergestellt	Speiseeis
Käse	Fettarme Käsesorten bis maximal 30% Fett i. Tr.	Käsesorten mit mehr als 30% Fett i. Tr
Gruppe 6		
Fleisch	Mageres Fleisch	Fettes, durchwachsenes Fleisch z. B. Speck, Schweinebauch, Schweinehack, Innereien
Geflügel	Mageres Geflügel wie Hähnchen (ohne Haut) Putenfleisch, mageres Wild	Fettreiches Geflügel z. B. Gans
	2 Fleisch-Mahlzeiten pro Woche – 100 g/Portion	
Wurst	Fettreduzierte Wurst, Geflügelwurst, alle Sorten Mortadella, Schinken, Corned Beef in kleinen Mengen	Fette Wurstsorten wie Salami, Mettwurst, Hausmacherwürste wie Blutwurst, Streichwurst wie Teewurst
Fisch	Magere Sorten: Kabeljau, Scholle, Schellfisch, Forelle 2- bis 3 Portionen/Woche	Rotbarsch, Aal, Butterfisch, panierter Fisch, Fisch in fettreicher Soße, Krusten- und Schalentiere
	Bei Triglyzeriderhöhung: 2- bis 3-mal/Woche: Hering, Makrele, Lachs, Thunfisch, 100–200 g/Portion	
Eier	Eiweiß, cholesterinfreies Eipulver	Mehr als 1 Eidotter pro Woche
	1 Eidotter pro Woche	
Gruppe 7		
Fette – Streichfett, Margarine	Sparsam verwenden. Diätmargarine mit mindestens 50% mehrfach-ungesättigten Fettsäuren, Halbfett-Diätmargarine mit mindestens 50% mehrfach-ungesättigten Fettsäuren, Margarine mit Phytosterinen	Butter, Schmalz, Talg, Speck, Halbfettmargarine, Pflanzenmargarine, Mayonnaise, Remouladensauce
	ca. 20 g/Tag	
Öl	Sparsam verwenden. Olivenöl, Rapsöl, Leinöl	Kokosfett, Palmfett, Pflanzenöl
Süßigkeiten (bei Übergewicht einschränken)	Bonbons ohne Füllung, mit Süßstoff zubereitet; Süßstoffe; Wassereis	Zucker, Zuckerausstauschstoffe, Schokolade, Schokoriegel, Diätschokolade (Diabetikerschokolade), Pralinen, Pudding, Creme, Süßspeisen, Eis, Fertigdessert, Nuss-Nougat-Creme, Marzipan
Nüsse	Walnüsse, Haselnüsse, Mandeln bei Übergewicht meiden	Kokosnüsse
Fertiggerichte	Spaghetti mit Tomatensoße; Salat mit italienischem Dressing; gemischter Salat	Fertiggerichte mit gebundenen Saucen z. B. Hühnerfrikassee, Königsberger Klopse, Hähnchen Nuggets, Fisch Nuggets, Fischstäbchen, Schlemmerfilet, Lasagne, Tortellini, Pizza, Fertignudeln, Fertigreis, Fertigsaucen wie z. B. Carbonara, Bolognese, Fertigsuppen
Fast Food		Hamburger, Bratwurst, Fischfrikadelle, in Fettgebratenen Fleischstücke (Nuggets), Pommes frites; Brathähnchen ohne Haut, Döner Kebab, türkische Pizza ohne Fleisch

akuten Pankreatitis durch eine Erhöhung der Triglyzeride gegeben ist (■ *Tabelle 46-20*).

46.2.3 Ernährungstherapie bei kombinierter Hyperlipoproteinämie

Bei der gemischten Hyperlipidämie sind Triglyzeride *und* Cholesterin erhöht. Kombinierte Hyperlipidämien treten gehäuft als *sekundäre* Erkrankungen auf. Die Therapie der Grunderkrankung steht dabei mit an erster Stelle der Therapie. Therapie kombinierter HLP sind:

- LDL-Cholesterin <200 mg/dl (familiäre kombinierte Hyperlipidämie ≈100 mg/dl),
- Triglyzeridwerte <200 mg/dl (familiäre kombinierte Hyperlipidämie <150 mg/dl).

Die Kost setzt sich aus den Empfehlungen bei Hypercholesterinämien und Hypertriglyzeridämien zusammen und evtl. aus den Ernährungsempfehlungen für die Grunderkrankung,

Tabelle 46-20. Diätetische Maßnahmen bei Chylomikronämie

Isokalorische Energiezufuhr	
Gesamtfettzufuhr	<30% des Energiebedarf
Fettmodifikation:	
– LCT-Fette	<25 g/24 h
– Kalorischer Ausgleich mit MCT-Fetten	
– Verzehr von linolsäurereichen Speiseöl	5–10 g/24 h
Komplexe Kohlenhydrate	>50%
Mono-und Disaccharide	<10%
Ballaststoffzufuhr	>35 g/24 h
Alkoholkarenz	

wie z. B. für Diabetes mellitus. Die zur Verfügung stehenden Medikamente sind nach dem Schwerpunkt der kombinierten Hyperlipoproteinämie zu verordnen.

Ernährungstherapie

Die *Nährwertrelation* richtet sich nach den Empfehlungen für Hypercholesterinämien und Hypertriglyzeridämien. Besondere Beachtung muss hier dem Körpergewicht geschenkt werden. Die durchschnittliche Reduzierung um 7 kg bewirkt meist eine positive Stoffwechselveränderung. Bei Triglyzeridwerten über 1000 mg/dl und Normgewicht ist eine Umstellung der Fettzufuhr von l-LCT-Fetten (langkettigen Fettsäuren) auf MCT-Fetten (mittelkettigen Fettsäuren) zu überlegen (s. *Tabelle 46-15*).

Literatur

1. Albert CM, Hennekens CH, Donnell CJO et al. (1998) Fishconsumption and risk of sudden cardiac death JAMA 279: S23–S28
2. Anderson JW, Smith BM, Washnock GS (1999) Cardiovascular and renal benefits dry bean and soybean intake. Am J Clin Nutr 70 (Suppl): 464S–474S
3. Beisiegel U (1995) Cylomikronämie. In: Schwandt P (Hrsg) Handbuch der Fettstoffwechselstörungen. Schattauer, Stuttgart New York, S 201–226
4. Biesalski HK (1999) Ernährungsmedizin, 2. Aufl. Thieme, Stuttgart New York, S 69–72
5. Biesalski HK (1997) Vitamine – Physiologie, Pathophysiologie, Therapie. Thieme, Stuttgart New York
6. Brown L, Rosner B, Willet WW, Sacks FM (1999) Cholesterin-lowering effects of dietary fiber; a meta-analysis Am J Clin Nutr 69: S30–S42
7. Dietrich K (2000) ω-3-Fettsäuren, Fischöl besser als Pflanzenöl. UGB-Forum 3: 150–153
8. Clarke R Frost C, Collins R et al. (1997) Dietary lipids and blood cholesterin: quantitative meta-analyse of metabolic ward studies. Br Med J 314: 112–117
9. DGE (2000) Referenzwerte für die Nährstoffzufuhr. Umschau Verlag, Frankfurt/Main
10. DGE (1999) Beratungsstandards. Umschau Verlag, Frankfurt/Main
11. Fauser Vitaquell (1999) Die Fettfibel. Fauser Vitaquell, Hamburg
12. Fritsch J, Steinhart H (1998) Amounts of conjugaet linoleic acid (CLA) in German food and evaluation of daily intake Z Lebensmittel Unters Forsch 206: 77–82
13. Fritsch J, Steinhart H (1998) Analysis, occurrence, and physiological properties of trans fatty acids (TFA) with particular emhasis on conjugated linoleic acid isomers (CLA) – a review. Fett Lipid 6: 190–210
14. Fritsch J, Steinhart J (1997) Trans-fatty acid content in German margarines. Fett Lipid 99: 214–217
15. Gaddi AA, Ciarocchi A, Matteucci A (1991) Dietary treatment for familia hypercholesterinemia differantial effects of dietary soy protein allcording to the apolipoprotein E phenotypes. Am J Clin Nutr 53: 1191–1196
16. Gale LR, Martyn CN, Winter PD, Cooper C (1995) Vitamin C and risk of death form straoke and coronary heart disease in cohort of elederly people. Br J Med 310: 1563–1566
17. Gaßmann B, Schulz M, Leist M, Brigeleius-Flóhe R (1995) Vitamin-E-Stoffwechsel und -Bedarf. Ernährungsumschau 42: 80–87
18. Gey KF, Stähelin HB, Ball PE (1994) Essenzielle Antioxidanzien bei Kreislauferkrankungen – Lehren für Europa. Ther Umschau: 1–8
19. Gissi-Prevenzione Investigators: (1999) Dietary supplementation with ω-3 polyunsaturated fatty acids and vitamin E after myocardial infarcteion : result of the GISSI-Prevenzione trial. Lancet 354: 447–455
20. Henniger M, Ulbert F (1997) Gehalt von trans-Fettsäuren in Fertignahrung. Z Ernährungswiss 36: 161–168
21. Heyden S (1996) Ein zentraler Aspekt der präventiven Kardiologie; das HDL-Cholesterin. Akt Ernährungsmed 21: 223–228
22. Hu FB, Stampfer MJ, Manson JE et al. (1999) Dietary intake of α-linolenic acid and risk of fatal ischemic heart diesase among woman. Am J Clin Nutr 69: 890–897
23. Jahreis G, Bochmann K (1998) Speisefette im Vergleich. Ernährungsumschau 45, S192–S197
24. Jones P et al. (2000) Modulation of plasma lipid levels and cholesterin kinetics by phytosterol vs. phytostanol esters. J Lipid Res 41: 697–705
25. Koch K (1999) Neuere Empfehlungen zur Prävention der KHK. Dtsch Ärztebl 96/42: 2142–2145
26. Lorgeril M de, Salen P, Martin J-L, Monjaud I, Delaye J, Mamelle N (1999) Mediterraneean diet, traditional risk factors, and the rate of cardiovascular complications after myocardial infrarction. Circulation 99: 779–785
27. Linseisen J et al. (1998) Absorption of cholesterin oxidation products from ordinay foodstuff in humans. Ann Nutr Metab 42: 222–230
28. Mann J (1997) Dietary effects on plasma LDL and HDL. Lipidology 8: 35–38
29. Mann J (2000) Diseases of the heart and cirkulation: the role of dietary factor in aetiology and management. In: Human nutrition and dietetics. Churchill Livingstone, Edingburgh
30. Ornish D (1990) Can lifestyle change reverse coronary heart disease? Lancet 336: 129–133

30a Ostlund RE, Racette SB, Okeke A, Stenson WF (2002) Phytosterols that are naturally present in commercial corn oil significantly reduce cholesterol absorption in humans, Am J Clin Nutr 75: 100–1004

31. Paniangvait P et al. (1995) Cholesterin oxides in food of animal origin. J Food Sci 60/6: 1159–1174
32. Rehner G, Daniel H (1999) Biochemie der Ernährung. Spektrum Akad. Verlag, Heidelberg Berlin
33. Richter W (2000) Phytosterole zur Senkung erhöhter LDL-Cholesterinkonzentrationen. Lipidreport 1: 5–12
34. Salen G, Kviterovich PO, Shefer S et al. (1985) Increased plasma cholesteriol and 5-α-saturated plant sterol derivates in subjects with sitosterrolemia and xanthomatosis. J Lipid Res 26: 203–209
35. Schek A (1999) Butter zur Artiosklerose- und Krebsprophylaxe? – Die Rolle der CLA Ernährungsumschau 46: 106–110
36. Schwandt P, Richter W (1998) Fettstoffwechselstörungen, 2. Aufl. Wiss. Verlags-Ges., Stuttgart
37. Schwandt P, Richter W (1995) Handbuch der Fettstoffwechselstörungen. Schattauer, Stuttgart
38. Urgert R (1997) Health effects of unfiltered coffee: diterpenes in coffee and their effects on blood lipids and live enzymes in man. Grant from Netherlands (grant No. 900–562–091)
39. VERA-Schriftreihe (1994) Lebensmittel- und Nährstoffaufnahme in der Bundesrepublik Deutschland, Wissenschaftlicher Fachverlag, Stuttgart
40. Vollmer G (1995) Lebensmittelführer, Bd 2, 2. Aufl. Thieme, Stuttgart New York
41. Watzl B, Leitzmann C (1999) Bioaktive Substanzen in Lebensmitteln, 2. Aufl. Hippokrates, Stuttgart
42. Wirth A (1997) Adipositas Folgekrankheit, Therapie. Springer, Berlin Heidelberg New York Tokio
43. Wolfram G (2001) Ernährungstherapie. In: Schwandt P, Richter WO, Parhofer KG (Hrsg) Handbuch der Fettstoffwechselstörungen. Schattauer, Stuttgart, S 375–426

Übergewicht/Adipositas

M. Nauck

Eine Adipositas betrifft große Teile aller entwickelten Gesellschaften. Sie hat in Deutschland längst ein epidemieartiges Ausmaß angenommen. Die gesundheitlichen Folgen und auch die Kosten, die hierdurch verursacht werden, wurden bereits 1990 auf 6–8% aller Ausgaben im deutschen Gesundheitssystem geschätzt [19]. Besondere Sorge bereitet die Zunahme der Adipositas bereits im Kindesalter. Bei schätzungsweise 10% der Deutschen beginnt die Adipositas bereits im Kindesalter [19].

Im nachfolgenden Kapitel sollen die grundlegenden Aspekte der Ätiopathogenese, adipositassoziierter Komorbiditäten sowie die Grundlagen pharmakologischer und nichtpharmakologischer Therapien abgehandelt werde. Die praktische Umsetzung einer Stufentherapie wird dann in Kap. 48 beschrieben.

47.1 Definition und Häufigkeit

Übergewicht und Adipositas sind definiert als eine Vermehrung des Körpergewichts durch eine über das Normalmaß hinausgehende Vermehrung des Körperfettanteils, die mit gehäuften Folgeerkrankungen (Morbidität) und einer schlechteren Lebenserwartung (Mortalität), also einer eingeschränkten Gesundheit einhergeht [41, 42]. Etwa 50% der Körperfettmasse ist subkutan verteilt. Das subkutane Fettgewebe macht etwa 11% des Körpergewichts eines schlanken Mannes und 18% bei Frauen aus. Das exzessive Gewicht bei Adipositas besteht zu 75% aus Fett (7 kcal/g) und 25% fettfreiem Gewebe (25% Wasser, 25% Protein [1 kcal/g]). Insgesamt ergibt sich eine Energiedichte des Exzessgewichts von 7 kcal/g.

Eine von der Weltgesundheitsorganisation autorisierte Einteilung verschiedener Grade von Übergewicht/Adipositas beruht auf der Bestimmung des Body-Mass-Index (*Tabelle 47-1*).

Verlässliche Daten zur *Häufigkeit* der Adipositas in der Bundesrepublik Deutschland basieren auf der DHP-Studie (Deutsche Herz-Kreislauf-Präventionsstudie) und dem MONICA-Projekt (Monitoring of International Trends and Determinants in Cardiovascular Disease) sowie den Erhebungen des Bundesgesundheitsamts.

Nach der DHP-Studie, die 1990 an 4.700 repräsentativ ausgewählten Männern und Frauen im Alter zwischen 25 und 69 Jahren durchgeführt worden war, betrug der mittlere BMI für Männer 26,8. 51% der Bevölkerung waren übergewichtig (BMI>25) und 19,3% der Frauen bzw. 17.2% der Männer adipös (BMI>30). Im Rahmen des MONICA-Projekts wurden 1989/1990 in Augsburg und 2 benachbarten Landkreisen über 500.000 Personen (25- bis 75-jährig) erfasst. Der durchschnittliche BMI betrug bei Männern 26,9 und bei Frauen 26,0 [17]. Nach den aktuellsten Daten vom *Bundesgesundheitsamt* vor (BGA 1994) wird für die Adipositas eine Prävalenz von 20% angegeben. Derzeit muss davon ausgegangen werden, dass jeder 2. erwachsene Bundesbürger übergewichtig (BMI>25) und jeder 5.–6. adipös (BMI>30) ist.

In England und den USA lag die Prävalenz zuletzt zwischen 15 und 20% bei Männern und zwischen 16 und 25% bei Frauen. Manche ethnischen Gruppen sind besonders betroffen, insbesondere Gesellschaften, die sich sehr schnell vom Stadium der Jäger und Sammler zur westlichen Zivilisation gewandelt haben. In der *zweiten Hälfte* des 20. Jahrhunderts war ein deutlicher Trend zu mehr adipösen Menschen zu verzeichnen. So hat die Häufigkeit der Adipositas (BMI>30 von 1985–1990) bei Männern und Frauen erheblich zugenommen: 1985: 15,1% der Männer bzw. 16,5% der Frauen, 1990: 17,2% der Männer bzw. 19,3% der Frauen [21].

Tabelle 47-1. Klassifikation des Übergewichts bei Erwachsenen anhand des Body-Mass-Index (autorisiert durch die Weltgesundheitsorganisation)

Klassifikation	BMI (kg/m²)	Risiko für Begleiterkrankungen
Untergewicht	<18,5	Niedrig (andere klinische Probleme können aber gehäuft vorkommen
Normalbereich	18,5–24,9	Durchschnittlich
Übergewicht	<25	
Prä-Adipositas	25–29,9	Vermehrt
Adipositas Klasse I	30,0–34,9	Mäßiggradig erhöht
Adipositas Klasse II	35,0–39,9	Deutlich erhöht
Adipositas Klasse III	>40	Erheblich erhöht

47.2 Formen der Adipositas

Zwischen Männern und Frauen, aber auch innerhalb der Geschlechter, gibt es typische Fettverteilungsmuster, die mit unterschiedlichen gesundheitlichen Risiken einhergehen. So spricht man von der zentralen Adipositas mit *»androider«* Fettverteilung, der sog. Apfelform der Adipositas, die besondere metabolische und kardiovaskuläre Risiken birgt. Im Gegensatz hierzu steht die *»gynoide«* Birnenform mit betonten Fettdepots im Bereich der Hüften und Oberschenkel (*Abb. 47-1*). Diese Form der Adipositas ist entsprechend mit geringeren metabolischen und kardiovaskulären Risiken verbunden. Zur Unterscheidung dient die Messung des Bauchumfangs zwischen Unterrand des Rippenbogens und Oberrand des Beckenknochens (der Bauchnabel kann bei ausgeprägter abdomineller Fettsucht nach unten sinken). Ein erhöhtes Risiko wird bei Männern durch einen Bauchumfang von 94 cm, ein deutlich erhöhtes Risiko ab 102 cm festgestellt. Die entsprechenden Grenzwerte für Frauen sind 88 bzw. 98 cm (*Tabelle 47-2*).

Darüber hinaus gibt es andere Methoden, eine erhöhte Fettgewebsmasse zu diagnostizieren und zu quantifizieren. Die Bestimmung der Hautfaltendicke mit geeigneten Instru-

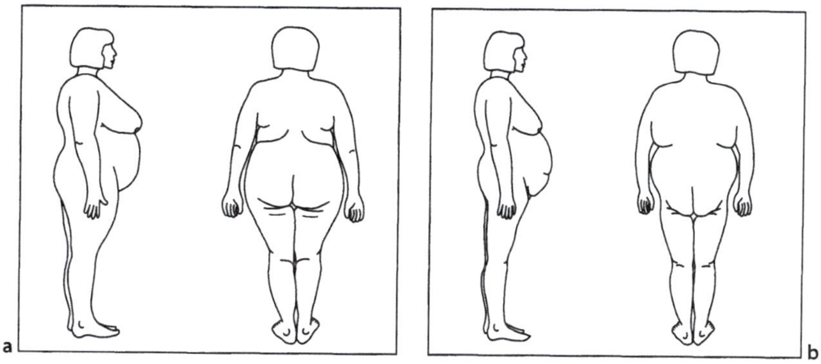

Abb. 47-1a,b. Fettverteilung – schematische Darstellung; **a** gynoid, **b** android

menten gibt nur über subkutane Fettdepots Auskunft. Das Unterwasserwiegen ermöglicht die Bestimmung des spezifischen Gewichts. Unter Annahme, das Fett eine Dichte von 0,9 g/ml und die fettfreie Masse eine Dichte von 1,1 g/ml besitzt, kann unter Berücksichtigung des Gasgehalts von Lunge und Darm auf die Fettmasse rückgeschlossen werden.

Für Studien eignet sich auch eine Bestimmung des Verteilungsvolumens für triziiertes oder deuteriertes Wasser, das sich nur im wässrigen Milieus nicht aber im Fettgewebe verteilt. Die fettfreie Masse wird bestimmt durch Division der Wassermasse durch den Faktor 0,73. Die fettfreie Masse kann dann vom Gesamtkörpergewicht abgezogen werden, um den Gesamtkörperfettgehalt zu bestimmen. Ähnlich akkurate Bestimmungen können mit dem natürlich vorkommenden radioaktiven Isotop ^{40}K durchgeführt werden. Häufiger angewendet wird die Methode der bioelektrischen Impedanzmessung, die unterschiedliche elektrische Widerstände für die Transmission eines elektrischen Stroms für Fettgewebe und fettfreie Masse nutzt.

47.3 Regulation des Körpergewichts

Obwohl die tägliche Aufnahme von Nahrung unter energetischen Gesichtspunkten betrachtet sehr variabel ist und an sich nicht gut mit dem Energieverbrauch des gleichen Tages korreliert, gelingt es erstaunlich gut, über lange Zeit betrachtet, die kumulative Energieaufnahme an den Energieverbrauch anzupassen. Dieser Prozess heißt Energiehomöostase und trägt dazu bei, dass die Energie, die im Körper in Form von Fett gespeichert wird, relativ stabil bleibt. Untersuchungen der vergangenen Jahre haben ergeben, dass an der Regulation verschiedene Signalmoleküle und ihre Rezeptoren beteiligt sind, deren Dysfunktion u. a. bei genetischen Formen des Übergewichts eines wichtige Rolle spielen [32].

Tabelle 47-2. Taillenumfang und Risiko für metabolische und kardiovaskuläre Erkrankungen

Geschlecht	Erhöhtes Risiko	Deutlich erhöhtes Risiko
Männer	>94 cm	>102 cm
Frauen	>80 cm	>88 cm

47.3.1 Physiologie

Nach einer Fastenperiode folgt zum Ausgleich eine Hyperphagie – erhöhte Energieaufnahme durch die Nahrung. Das Ende einer Mahlzeit wird zunächst bestimmt von neuralen und humoralen Sättigungsfaktoren, z. B. Cholezystokinin und »Glucagon-like Peptide 1«, die aus dem Gastrointestinaltrakt stammen und dem Hirn signalisieren, dass die Mahlzeit beendet werden kann. Eine längerfristige Kontrolle funktioniert über Signalwege, die ihren Ursprung im Fettgewebe haben. Das hier *proportional zur Körpermasse* produzierte *Leptin* [45] gelangt mittels eines sättigbaren Transportmechanismus über die Blut-Hirn-Schranke an hypothalamische Rezeptoren. Hier löst Leptin wahrscheinlich über eine Hemmung der Neuropeptid-Y-Synthese eine Verminderung der Nahrungsaufnahme aus (Abb. 47-2). Niedrige Leptinspiegel führen regulärerweise zu einer Stimulation der Nahrungsaufnahme, bis die Fettgewebsspeicher wieder gefüllt sind. Erhöhte Leptinspiegel sollten die Nahrungsaufnahme reduzieren, bis ebenfalls das homöostatische Gleichgewicht wieder erreicht ist.

Bei übergewichtigen Menschen ist dieser Mechanismus aber offensichtlich gestört: Es liegt eine *Leptinresistenz* vor.

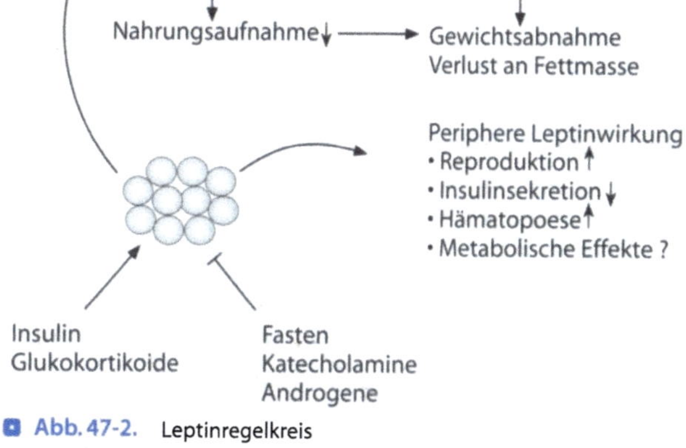

Abb. 47-2. Leptinregelkreis

Tabelle 47-3. Neuropeptide, die an der Kontrolle der Energiehomöostase beteiligt sind

Nahrungsaufnahme steigernd (»orexigen«)	Neuropeptid Y (NPY)
	Agouti-related peptide (AGRP)
	Melanozyten-konzentrierendes Hormon (MCH)
	Hypokretin I und II/Orexin A und B
	Galanin
	Noradrenalin
Nahrungsaufnahme hemmend (»an-orexigen«)	α-Melanozyten-stimulierendes-Hormon (α-MSH)
	Corticotropin-Releasing-Hormon (CRH)
	TSH-Releasing-Hormon (TRH)
	Kokain- und Amphetamin-reguliertes Transkript (CART)
	Interleukin-1β (IL-1β)
	Urokortin
	Glucagon-like-Peptide-1 (GLP-1)
	Oxitozym
	Neurotensin
	Serotonin

Hierfür kann teilweise ein gestörter Transportmechanismus über die Blut-Hirn-Schranke verantwortlich gemacht werden [43].

Die zentralnervöse Regulation der Energieaufnahme – sprich die Regulation von Hunger, Appetit und Sättigung – konzentriert sich auf Kerngebiete des Hypothalamus, wo zahlreiche Signalpptide als Neurotransmitter sowohl die Energieaufnahme als auch den Energieverbrauch (über das sympathische Nervensystem) regulieren [43]. Ohne auf Details einzugehen, sind die beteiligten Neuropeptide in *Tabelle 47-3* aufgeführt [32]. Die Einzelheiten der Interaktion verschiedener Signalmoleküle sind auf dem aktuellen Stand in einem ausgezeichneten Übersichtsartikel von Schwartz et al. nachzulesen [32].

47.3.2 Psychosoziale Einflüsse

Über die rein biologische Betrachtung der Regulationsvorgänge, die einen balancierten Energiehaushalt gewährleisten, sind Umwelteinflüsse – auf einer anderen Ebene – mit zu berücksichtigen. Der wichtigste Punkt ist sicher die Verfügbarkeit von Nahrungsmitteln. In dieser Hinsicht gibt es die populäre Hypothese von Neels, die davon ausgeht, dass in früheren Zeiten, als die Menschheit im Wesentlichen als Jäger und Sammler unterwegs war, Selektionsvorteile für »gute Futterverwerter«, galten, die unter heutigen Lebensbedingungen zu einer Häufung von Übergewicht und seinen Folgeerkrankungen führen. Seinerzeit (und unsere genetische Ausstattung stammt im Wesentlichen aus dieser grauen Vorzeit) wechselten sich Hungerperioden mit reichlicher Verfügbarkeit von Nahrungsmitteln (z. B. nach Erjagen eines größeren Tieres oder bei der Erntezeit) ab. Die Individuen, denen es gelang, genügend Energievorräte (Fettpolster) anzulegen, hatten in Notzeiten größere Erfolgsaussichten. Die gleichen Gene führen in einer Zeit gefüllter Kühlschränke und reduzierter körperlicher Bewegung zu Übergewicht.

Es ist auch nicht zu übersehen, dass die äußeren Umstände beim Essen einen wichtigen Einfluss darauf haben können, wieviel Energie aufgenommen wird. Anregungen durch Essgemeinschaften, Esssitten (einschließlich des begleitenden Alkoholgenusses) bei einigen Menschen, aber auch das Essverhalten bei Zurückgezogensein (Frustessen), sind in diesem Zusammenhang zu nennen.

47.4 Ätiologie

Als Ursache von Übergewicht gilt eine gestörte Balance zwischen Energieaufnahme (Nahrung) und Energieverbrauch (körperliche Arbeit oder Wärmeproduktion = Thermogenese). Sind langfristig Energieaufnahme und Energieverbrauch identisch, stellt sich ein »steady state« des Körpergewichts einschließlich einer konstanten Fettgewebsmasse ein. Überwiegt der Energieverbrauch, reduziert sich das Körpergewicht; im umgekehrten Fall kommt es zur Adipositas (*Abb. 47-3*).

47.4.1 Thermodynamische Grundregeln

Der Energieverbrauch setzt sind aus Grundumsatz, dem thermischen Effekt der Nahrungsaufnahme und dem Verbrauch durch körperliche Aktivitäten zusammen. Hinzu kommt die regulierte Produktion von Wärme, die sog. adaptive Thermogenese.

> Der Grundumsatz beschreibt die Energie, die zur Erhaltung der Integrität aller Zellen des Körpers und der Körpertemperatur benötigt wird. Bei ruhenden Menschen macht der Grundumsatz 60–70% des Gesamtenergieverbrauchs aus.

Es ist sinnvoll, den Grundumsatz auf das metabolisch aktive Gewebe, nämlich die fettfreie Körpermasse zu beziehen. Das Fettgewebe selbst leistet nur einen geringfügigen Beitrag zum Grundumsatz. Aufgrund der geschlechtstypischen Körperfettmassenverteilung haben Männer einen höheren Grundumsatz als Frauen. Im Alter sinkt der Grundumsatz. Individuell gibt es eine erhebliche Variation. Deswegen ist eine gewichterhaltende Kost nicht für alle Menschen mit einer gleichen Kalorienaufnahme identisch [25].

Übergewichtige Menschen haben häufig einen relativ erhöhten Grundumsatz, u. a. weil auch die fettfreie Körpermasse bei ihnen höher ist. Bei niedrigem Grundumsatz steigt das Risiko, in der Zukunft übergewichtig zu werden.

Nach Nahrungsaufnahme steigt der Energieverbrauch für einige Stunden, etwa 10% des Energiegehalts der aufgenommenen Nahrung wird in der Form von Wärme verloren. Dieser Energieverbrauch ist bei übergewichtigen Menschen mit Insulinresistenz vermindert. Besonders wichtig ist die Thermogenese bei einer länger dauernden Überernährung. Die Fähigkeit, die überschüssige Energie in Form einer Wärmeentwicklung zu verlieren, ist sehr unterschiedlich ausgeprägt. In Zwillingsstudien zeigt sich hierfür eine genetische Basis. Nimmt ein Zwilling unter Überfütterung zu, wird bei eineiigen Zwillingen der andere ein ähnliches Verhalten zeigen. Andere Zwillingspärchen sind gegenüber einer Gewichtzunahme relativ resistent. Ein wichtiger Faktor ist hierfür auch der Energieverbrauch durch unwillkürliche Motorik, also ungerichtete Bewegungen, die nichtsdestoweniger zum Energieverbrauch beitragen.

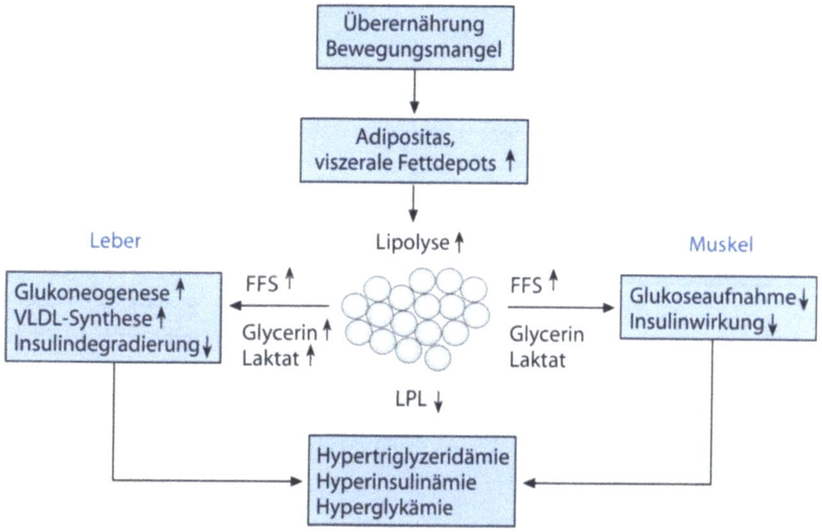

Abb. 47-3. Schematische Darstellung der Beziehung zwischen viszeraler Adipositas und metabolischem Syndrom. (Mod. nach [19])

47.4.2 Genetische Faktoren

Fortschritte in der Charakterisierung der Signalmoleküle und ihrer Rezeptoren, die in die Regulation der Nahrungsaufnahme und des Energieverbrauchs eingreifen, sind eindrucksvolle Ergebnisse von Untersuchungen, die nicht selten spontane oder induzierte Mutationen der regulatorischen Elemente zur Grundlage hatten. Dies hat zu einem wachsenden Verständnis der Genese von Übergewicht insbesondere bei Nagetieren geführt. Beteiligte Elemente sind in *Tabelle 47-4* zusammengefasst. Für Details wird auf einen hervorragenden aktuellen Übersichtsartikel von Barsh et al. [3] verwiesen.

47.4.3 Körperliche Inaktivität

Die Wichtigkeit der Rolle körperlicher Inaktivität in der Entstehung von Übergewicht ist schwer einzuschätzen. Die epidemiologische Vermehrung der Adipositas als Gesundheitsrisiko geht mit einem Rückgang körperlicher Bewegung einher. Deshalb ist es plausibel und wahrscheinlich, dass körperliche Inaktivität einen wichtigen Beitrag zum Übergewicht leistet und dass eine Vermehrung des Energieverbrauchs durch körperliche Bewegung Teil der Behandlung sein sollte [26].

47.4.4 Endokrine Ursachen

Obwohl Übergewicht im Volksmund sehr häufig einer »Drüsenerkrankung« zugeordnet wird, sind Endokrinopathien als Ursache einer Adipositas ausgesprochen selten. In Erwägung gezogen werden müssen das Cushing-Syndrom (Stammfettsucht), eine Schilddrüsenunterfunktion (Hypothyreoidismus) und verschiedene Syndrome, die mit einem Hypogonadismus einhergehen. Zu nennen sind das Syndrom polyzystischer Ovarien und die kongenitalen Prader-Willi-Syndrome, Laurence-Moon-Biedl-Syndrome sowie die adiposogenitale Dystrophie (Fröhlich-Syndrom).

Während endokrine Besonderheiten selten die Ursache von Adipositas sind, gibt es jedoch typische endokrinologische Begleiterscheinungen wie erhöhte Insulinkonzentrationen im Blut, erhöhte Trijodthyroninkonzentrationen,

Tabelle 47-4. Genetische Ursachen eines Übergewichts, die nach Mendelschen Regeln vererbt werden

Betroffenes Genprodukt	Funktion	Hinweise für Bedeutung bei Menschen
DB (Diabetes; Leptinrezeptor	Verlust des Signals über Fettgewebsmasse	Wahrscheinlich
OB (Leptin)	Verlust des Signales über Fettgewebsmasse	In Einzelfällen beschrieben
Melanokortin-4-Rezeptor	Funktionsdefekt des Hirnrezeptors für α-MSH und Agouti-Related-Protein	
Pro-Opiomelanocortin (POMC)	Funktionsverlust des Vorläufermoleküls von α-MSH und β-Endorphin	Wahrscheinlich
Prohormon-Convertase-1	Funktionsverlust eines prohormonspaltenden Enzyms	Wahrscheinlich
Agouti-Protein (Mutation Lethal yellow; (Ay)	Ektope Expression eines sezenierten Antagonisten des Melanokortinrezeptors	Nicht bekannt
Tubby (Tubby-Protein)	Funktionsverlust eines Transkriptionsfaktors in Hypothalamus und Retina	Kein Hinweis
FAT (Carboxypeptidase E)	Funktionsverlust für einen Prozessierungs- und Sortierungsrezeptor für Prohormone	Kein Hinweis

Tabelle 47-5. Sekundäre Ursachen der Adipositas

– Endokrine Ursachen	Hyperthyreose Cushing-Syndrom Syndrom der polyzystischen Ovarien Klinefelter-Syndrom
– Genetische Syndrome	Prader-Willi-Syndrom u. a.
– Medikamentöse Ursachen	Neuroleptika, z. B. Clozapin Insulin Kortikosteroide Östrogene/Gestagene Sulfonylharntoffe, Thiazolidindione

eine erhöhte Urinausscheidung von Kortisol und erniedrigte Wachstumshormonspiegel (*Tabelle 47-5*).

47.4.5 Psychosoziale Ursachen

Zu den Faktoren, die die Entstehung von Übergewicht begünstigen, zählen ein niedriger Ausbildungsstand, chronische Begleiterkrankungen, wenig körperliche Aktivität während der Freizeit, hoher Alkoholverbrauch und das Aufhören mit dem Zigarettenrauchen. Zwischen diesen Faktoren gibt es auch Interaktionen, sodass z. B. Frauen die zahlreiche Geburten hinter sich haben, dann leichter Gewicht zunehmen, wenn sie einen niedrigen Ausbildungsstand haben, nicht aber bei höherer Schul- und Universitätsbildung.

47.5 Gesundheitsrisiken, Folgeerkrankungen

Die Tatsache, dass die vermehrte Bildung von Fettgewebsdepots gesundheitliche Folgen nach sich zieht, ist bereits bei der Definition der Adipositas berücksichtigt worden [24]. Die meisten adipositasassoziierten Komplikationen (*Tabelle 47-6*) finden sich bei abdomineller Adipositas häufiger als bei gluteal-femoraler Fettverteilung. Die Erklärung findet sich in den metabolischen Unterschieden zwischen beiden Adipositasformen. So reagieren viszerale Fettzellen empfindlicher auf Katecholamine und setzen mehr Fettsäuren frei als subkutane Fettzellen [19]. Die viszerale Adipositas gilt somit als phänotypisches Merkmal des metabolischen Syndroms und ist eng mit der Insulinresistenz verbunden (s. *Abb. 47-3*).

47.5.1 Insulinresistenz, Glukosetoleranzstörungen, Diabetes mellitus

Eine Adipositas geht nicht immer – aber in der Regel – mit einer verminderten Insulinempfindlichkeit der Gewebe einher, die eine wichtige Rolle im Glukosestoffwechsel spielen [16, 44]. Dies gilt für Muskulatur, Fettgewebe (die sog. peripheren Gewebe) und das zentrale Stoffwechselorgan Leber [13]. Eine Insulinresistenz und begleitende Störungen des Glukosestoffwechsels sind besonders ausgeprägt bei betont abdomineller Fettverteilung zu erwarten. Intraabdominelles Fett wird leichter als subkutanes Fett durch Katecholamine lipolysiert. Die Überflutung der Leber mit freien Fettsäuren vermindert die hepatische Insulinextraktion und fördert die hepatische Glukoneogenese mit konsekutiver Glukoseabgabe in die Zirkulation [30]. Die Inzidenz einer eingeschränkten Glukosetoleranz oder eines Diabetes mellitus Typ 2 steigt mit höherem Body-Mass-Index steil an. Über 35 kg/m² ist das Risiko ca. 90fach erhöht.

Durch die Entdeckung des Fettgewebshormons *Resistin* ist eine weitere Erklärung für den Zusammenhang zwischen Übergewichtigkeit und Insulinresistenz gefunden worden [38]. Dieses Hormon wird im Fettgewebe produziert und sezeniert. Nach ersten Erkenntnissen sind die wichtigen Regulatoren die Fettgewebsmasse (*Abb. 47-4*). Herunterreguliert wird die Resistinsekretion durch Medikamente der Klasse der Thiazolidindione (Glitazone), die neuerdings für die Behandlung des Typ-2-Diabetes zur Verfügung stehen. Wahrscheinlich ist das Resistin eine wichtige Komponente, die den Wirkmechanismus dieser Insulin-«Sensitizer« wesentlich zu erklären hilft. Ob Resistin darüber hinaus andere Wirkungen besicht, z. B. auf die Regulation der Nahrungsaufnahme oder ähnliche Prozesse, ist noch nicht untersucht.

47.5.2 Koronare Herzerkrankung, Myokardinfarkt

Unmittelbar und z. T. mittelbar über eine Verstärkung der Risikofaktoren arterielle Hypertonie, Diabetes und Dyslipidämie (*Tabelle 47-7*), ist das Risiko, einen Herzinfarkt zu erleiden oder an einer koronaren Herzerkrankung zu versterben, mit dem Grad des Übergewichts bzw. der Adipositas deutlich erhöht, d. h. nahezu verdoppelt. Besonders schädlich ist Übergewicht, das früh (zwischen 20. und 40. Lebensjahr) auftritt.

47.5.3 Fettstoffwechselstörungen

Die typische Fettstoffwechselstörung, die eine Adipositas begleitet, ist die Dyslipidämie. Hierunter versteht man eine Erhöhung der Plasmatriglyzeride und eine begleitende Ver-

Tabelle 47-6. Risikoprofil von Gesundheitsstörungen bei Adipositas. (Mod. nach [19])

- Deutlich erhöhtes Risiko
  - Typ-2-Diabetes
  - Dyslipoproteinämie
  - Schlafapnoesyndrom
  - Gallensteinleiden
  - Kniegelenkbeschwerden
  - Varikosis
  - Gestörte Fibrinolyse
- Mäßig erhöhtes Risiko
  - Hypertonie, linksventrikuläre Hypertrophie
  - KHK, Schlaganfall
  - Hyperurikämie, Gicht
- Gering erhöhtes Risiko
  - Störungen der Reproduktionsfunktion inkl. polyzytische Ovarien
  - Erhöhtes Narkose- und Operationsrisiko
  - Tumorleiden

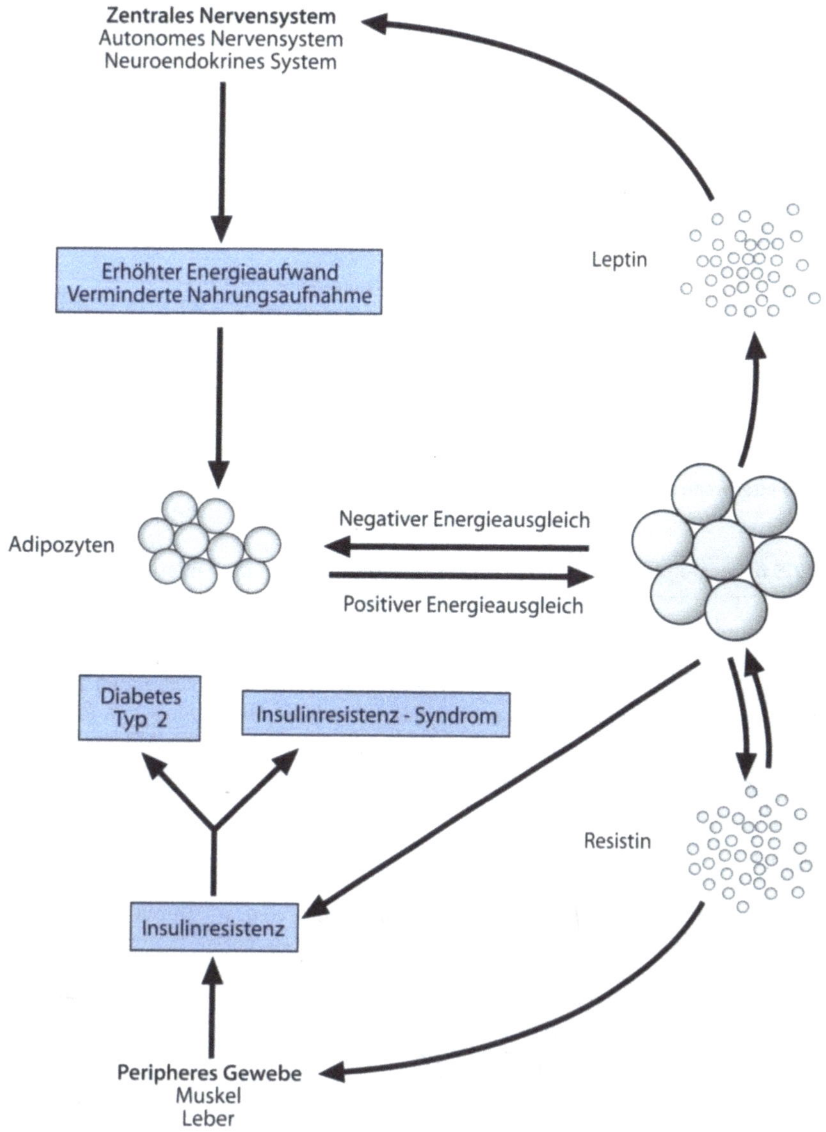

Abb. 47-4. Schematische Darstellung der Wirkungen von Leptin und Resistin. (Mod. nach [35])

minderung des protektiven HDL-Cholesterins. Dies ist in der Regel verbunden mit einer Veränderung der Dichte der LDL-Partikel, die kleiner, dichter und atherogener sind als bei schlanken Menschen (s. Kap. 11). Charakteristischerweise finden sich:
- Erhöhung der Gesamt- und VLDL-Triglyzeride,
- erhöhte freie Fettsäuren im Serum,
- niedriges HDL-Cholesterin, veränderte Zusammensetzung der HDL-Subklassen,
- LDL-Cholesterin nur mäßig erhöht, ApoB erhöht,
- Vermehrung des Anteils kleiner, dichter LDL-Partikel,
- postprandiale Hypertriglyzeridämie.

Tabelle 47-7. Komponenten des metabolischen Syndroms

Hauptmerkmale:	stammbetonte Adipositas
	Dyslipoproteinämie
	essenzielle Hypertonie
	gestörte Glukosetoleranz/Typ-2-Diabetes
Nebenmerkmale:	Hyperurikämie
	gestörte Fibrinolyse
	bei Frauen: Hyperandrogenämie

Am ausgeprägtesten sind diese Veränderungen bei gleichzeitig bestehender Glukosetoleranzstörung bzw. bei Diabetes mellitus. Die Insulinrestistenz ist möglicherweise auch an der Pathogenese der Dyslipopreinämie beteiligt.

47.5.4 Arterielle Hypertonie

Nach der Framingham-Studie führt ein 10%iger Anstieg des Körpergewichts zu einem Anstieg des systolischen Blutdrucks um ca. 6,5 mmHg. Exzessives Gewicht erhöht den Gesamtsauerstoffverbrauch des Körpers und das zirkulierende Blutvolumen. Dies führt zu einem erhöhten Schlagvolumen und Herzminutenvolumen. Der erhöhte Volumenrückfluss zum Herzen (Vorlast) führt zur linksventrikulären Dilatation. Der erhöhte systemische Gefäßwiderstand führt zur linksventrikulären Hypertrophie. Dies führt zu einer diastolischen Füllungsstörung, später auch zu einer systolischen Dysfunktion. Das Risiko für Arrhythmien ist ebenfalls erhöht.

47.5.5 Maligne Erkrankungen

> Das Risiko für maligne Erkrankungen ist bei ausgeprägtem Übergewicht um bis zu 30–60% erhöht.

Dies gilt besonders für Brustkrebs bei postmenopausalen Frauen, aber auch das Risiko für Korpus- und Zervixkarzinome sowie Ovarial- und Gallenblasenkarzinome ist bei adipösen Frauen erhöht. Für Männer betrifft dies das kolorektale und das Prostatakarzinom. Eine Gewichtsreduktion vermindert die assoziierten Risiken. Pathophysiologisch ist vermutlich die Bildung von Östrogenen durch das Enzym Aromatase im Fettgewebe zumindest z. T. verantwortlich.

47.5.6 Degenerative Gelenkerkrankungen

Es entspricht der klinischen Beobachtung, dass die Häufigkeit von degenerativen Gelenkerkrankungen, v. a. der besonders gewichtbelasteten Gelenke bei übergewichtigen Personen höher ist als bei schlanken und dass auch das Ausmaß der Adipositas den Schweregrad mitbestimmt. Hierzu gibt es jedoch keine guten statistischen Erhebungen.

47.5.7 Gallensteine

Das Risiko, Gallensteinträger zu sein, steigt mit dem Grad des Übergewichts an und ist bei Frauen deutlich höher als bei Männern. Pathophysiologisch ist eine Cholesterinübersättigung der Galle durch eine erhöhte Cholesterinexkretion in die Galle verantwortlich. Wahrscheinlich kommt es auch zu einer Hypomotilität der Gallenblase mit betonter Konzentration der Gallenflüssigkeit und der Möglichkeit einer Kristallisationskernbildung. Deshalb gilt die beschriebene Häufigkeit von Gallensteinen insbesondere für Cholesterinsteine.

47.5.8 Gicht

Plasmaharnsäurespiegel steigen mit steigendem Grad an Übergewicht. Hierbei sind Männer häufiger betroffen als Frauen. Es gibt Hinweise, dass die Plasmaharnsäurekonzentrationen recht gut mit einer Insulinresistenz bei Übergewicht korrelieren. Meistens sind diese erhöhten Harnsäurewerte asymptomatisch, aber klinische Gichtattacken sind eindeutig bei adipösen Menschen häufiger als bei schlanken – insbesondere bei erheblichem Ausmaß des Übergewichts.

47.5.9 Schlafapnoesyndrom

Je ausgeprägter ein Übergewicht ist, desto mehr muskuläre Arbeit ist für eine ausreichende Ventilation von Nöten. Durch eine Beeinträchtigung der Thoraxwandbeweglichkeit kann es zur CO_2-Retention kommen, was dann zu Lethargie und Schläfrigkeit führen kann. Eine »CO_2-Narkose« kann sogar phasenweise zu Apnoe führen. Dies tritt typischerweise während des Schlafs auf und erhöht dann das Problem der CO_2-Retention noch weiter. Als Folge kann es zu einer reaktiven Polyglobulie kommen, was das Risiko für Thrombosen erhöhen würde. In ausgeprägten Fällen ist auch eine pulmonale Hypertension mit Herzvergrößerung und letztlich globaler Herzinsuffizienz die Folge.

47.5.10 Psychosoziale Folgen

Ein Übergewicht führt auch zu Einschränkungen der Lebensqualität. Dies ist einerseits Folge einer reduzierten Funktionsfähigkeit bei vermehrter Körperfettmasse, denn die Beweglichkeit kann hierdurch eingeschränkt sein. Dies kann Alltagsbewegungen, insbesondere aber berufliche und sportliche Bewegungen betreffen.

Das heutzutage vorherrschende und insbesondere durch Vorbilder aus der Werbung zu erklärende Idealbild eines gesunden jungen Körpers führt bei übergewichtigen Personen häufig zu einer gestörten Identifikation mit dem eigenen Körper und einer vermeintlichen oder auch real immer wiederkehrenden Kränkung. Eine Verminderung des Selbstwertgefühls, ggf. Ängstlichkeit und Depressivität sowie ein Rückzug aus Alltagsaktivitäten können die Folge sein. Hierunter leiden besonders Frauen mit Übergewicht.

47.5.11 Einfluss auf Mortalität

Durch Übergewicht wird nicht nur die oben beschriebene Häufung von Erkrankungen bedingt, sondern auch eine Steigerung der Mortalität, d. h. eine Senkung der Lebenserwartung. In dieser Hinsicht ist das optimale Körpergewicht durch einen Body-Mass-Index (BMI) zwischen 20 und 27 kg/m^2 charakterisiert.

> Sowohl deutliches Untergewicht (<18,5 kg/m^2) als auch ein erhöhter BMI führt zu einer ca. 50- bis 200%igen Zunahme der Mortalität.

Hiervon betroffen sind insbesondere kardiovaskuläre Todesursachen, aber auch, in moderaterer Form, bösartige Erkrankungen und alle übrigen Todesursachen zusammengenommen. Diese Zusammenhänge gelten qualitativ in ähnlicher Form für Raucher, Nichtraucher und Exraucher [9, 27].

Aus diesen Zusammenhängen entwickeln sich Empfehlungen für eine gesunde Körperstatur. Ein BMI von 25 kg/m^2 markiert etwa die Obergrenze des gesunden Gewichtbereichs. Empfehlenswert ist zusätzlich ein Bauchumfang von weniger als 102 cm bei Männern und 89 cm bei Frauen. Um den mit Übergewicht verbundenen Risiken vorzubeugen, sollte Körpergröße und Gewicht regelmäßig gemessen werden.

47.6 Therapiespektrum bei Adipositas

Das Ziel der Behandlung von Übergewicht ist die Wiederherstellung einer Körperfettmasse, die gesundheitlichen Risiken vorbeugt oder aber bereits bestehende Risiken reduziert. Dabei spielt die Behandlung von Begleit- und Folgeerkrankungen eine entscheidende Rolle.

47.6.1 Allgemeine Behandlungsprinzipien

Es ist sehr wahrscheinlich, dass eine übergewichtige Person, die aus diesem Grund einen Arzt oder eine Ernährungsberatung aufsucht, mit großer Sicherheit bereits schon zuvor »auf eigene Faust« versucht hat, Gewicht zu verlieren und mit den Ergebnissen unzufrieden ist. Deshalb ist es zu empfehlen, zunächst einmal herauszufinden, welche Methoden ein Patient bereits probiert hat und warum das Ergebnis wahrscheinlich nicht zufrieden stellte. Das kann sein, weil vorherige Ratschläge nicht sinnvoll waren (z. B. einseitige Diäten), oder weil unrealistische Erwartungen geschürt worden sind (»Sie verlieren jede Woche 2 kg«). Es ist wichtig, als Berater nicht Autorität einzubüßen, weil man diese bestehende Fehlkonzeptionen und Irrtümer nicht aufdeckt. Faktoren, die die Art der Behandlung bestimmen sollten, sind:

1. Gewicht in Relation zur Körpergröße: Je jünger und übergewichtiger ein Patient ist, desto mehr Vorteile kann man von einer Gewichtsreduktion erwarten.
2. Das individuell bestimmte Zielgewicht und der gesundheitliche Vorteil, der durch eine Gewichtsreduktion erwartet werden darf. Es ist sinnlos, zu niedrige Zielgewichte zu formulieren.
3. Vorangegangene Versuche der Gewichtsreduktion: Welche Methoden wurden angewendet, über wie lange Zeit und mit welchem Ergebnis, und warum war das Ergebnis nicht zufriedenstellend?
4. Besondere Lebensumstände: Berücksichtigt werden müssen Tätigkeiten im Nahrungsmittelhandel und Gaststättengewerbe, Nachtschichten, häufige Arbeitsessen. Wer kauft ein und kocht? Werden die Gewichtsreduktionsbemühungen von anderen Familienmitgliedern unterstützt?
5. Begleiterkrankungen und Medikamente: Es muss berücksichtigt werden, dass z. B. Antihypertensiva und orale Antidiabetika in der Wirkung durch Gewichtsverlust verstärkt werden.
6. Der »Aufhänger«: Der Grund für die Konsultation kann Informationen über ein neues Behandlungsverfahren sein, zu dem ein Patient speziell beraten werden möchte.

47.6.2 Therapieziele

Bei der Behandlung übergewichtiger Patienten, gleich mit welcher der weiter unten beschriebenen Behandlungsstrategien, müssen immer 3 Ziele berücksichtigt werden:

1. Dem Patienten nach Möglichkeit ein Gewicht im gewünschten Bereich zu ermöglichen. Da dies häufig nicht möglich ist, sollte das Zielgewicht so bestimmt werden, dass es den bestmöglichen gesundheitlichen Vorteil für den individuellen Patienten bietet.
2. Dem Patienten zu helfen, dieses Zielgewicht auf lange Sicht zu behalten.
3. Wenn notwendig, das Selbstbewusstsein der Patienten wieder herzustellen. Dieses Ziel muss gegenüber den erstgenannten balanciert werden, um nicht durch an sich wünschenswerte Gewichtvorstellungen im Falle des Misserfolgs zu einer Verminderung des Selbstwertgefühls beizusteuern.

47.6.3 Zeitplan für die Gewichtsreduktion

Zu empfehlen ist eine negative Energiebilanz von 500–1000 kcal/24 h, was zu einer Gewichtsabnahme von etwa 0,5–1 kg pro Woche führen sollte. Während des ersten Monats ist mit einer schnelleren Gewichtsabnahme zu rechnen, da in erster Linie Glykogen mit hieran gebundenem Wasser reduziert wird. Bei größeren Energiedefiziten ist es ein Nachteil, dass auch fettfreie Körpermasse verlorengeht und dass es u. U. schwierig ist, die essenziellen Nährstoffe in ausgewogener Menge bereitzustellen. Außerdem ist eine noch erheblichere Energierestriktion für die Patienten anstrengender, und es wird später erneute große Umstellungen in der Ernährung geben müssen, wenn auf eine gewichterhaltende Kost umgestellt werden soll.

Bei weniger als 500 kcal/24 h Energiedefizit braucht die Gewichtsabnahme zu lange, und es fehlt das initiale Erfolgserlebnis. Je jünger und übergewichtiger ein Patient ist, desto eher wird man die hohe Kalorienreduktion wählen, bei älteren und weniger übergewichtigen Patienten reicht eine geringere Energierestriktion.

47.6.4 Gewichtsreduktion durch Diät

Die Einschränkung des Energiegehalts der Nahrung ist die zentrale Strategie zur Gewichtsreduktion. Alle zusätzlichen Methoden ergänzen das Prinzip der Kalorienreduktion oder werden gebraucht, wenn rein diätetische Behandlungsansätze die gesteckten Ziele nicht erreichen.

Reduktion des Kaloriengehalts

Die gewünschte Schnelligkeit der Gewichtsabnahme wird bei einem energetischen Defizit von 500–1000 kcal/24 h erreicht (s. Zeitplan für die Gewichtsreduktion). Es würde deshalb logisch erscheinen, anhand einer Ernährungsanamnese den derzeitigen Kaloriengehalt der Nahrung zu bestimmen und anschließend eine um 500–1000 Kalorien/24 h geringere Energieaufnahme zu empfehlen. Dies ist jedoch praktisch nicht hilfreich, weil es erwiesenermaßen sehr schwierig ist, von einer übergewichtigen Person verlässliche Schätzwerte der üblichen Energieaufnahme zu bekommen.

Deshalb ist es anzuraten, bei einer übergewichtigen Frau in der Regel eine Kost mit 1000 kcal/24 h und im Falle eines übergewichtigen Mannes 1500 kcal/24 h zu empfehlen. Bei alten Frauen mit geringer Körpergröße kann der Energiegehalt auf 800 kcal/24 h reduziert werden. Dieser Schätzwert kann im Verlauf revidiert werden, wenn die beobachtete Gewichtsreduktion zu niedrig oder zu hoch ausfällt. Es ist praktisch nie notwendig, eine Reduktionskost außerhalb des Bereichs von 800–1500 kcal/24 h zu empfehlen.

Diese Kost muss alle essenziellen Nährstoffe enthalten. Deshalb ist es sinnvoll, besonders Nahrungsbestandteile zu reduzieren, die außer Energie wenig ernährungsmedizinisch wertvolle Bestandteile enthalten, z. B. Rohrzucker und Alkohol. Es ist wünschenswert, den Anteil des Fetts in der Nahrung zu reduzieren, insbesondere den mit gesättigten Fettsäuren. Im Gegensatz zu landläufigen Meinungen ist das Sättigungspotenzial einer isoenergetischen Kohlenhydrat- oder Eiweißmenge größer als von Fett. Wichtig ist auch, darauf hinzuweisen, dass für Früchte, Gemüse und Vollkornprodukte überhaupt keine Einschränkungen gelten, weil diese Nahrungsbestandteile wichtige Mikronährstoffe bereitstellen. Der Eiweißgehalt einer Reduktionskost sollte nicht zu stark reduziert werden, um eine Reduktion der fettfreien Masse zu verhindern. Diäten mit besonders hohem Proteinanteil sind jedoch teuer und haben keine besonderen Vorteile.

Die Begleitung einer Gewichtsreduktion durch Kalorieneinschränkung stellt die Arzt-Patienten-Beziehung häufig vor typische Probleme. In der Regel wird ein Patient zunächst froh sein, wenn sein Problem mit der notwendigen Zuwendung besprochen und erkannt wird. Zunächst wird es häufig auch kein Problem sein, die Gewichtsreduktion in Gang zu bringen. Nach einiger Zeit wird bei erneuten Arztbesuchen aber festzustellen sein, dass kein Gewichtsverlust hinzugekommen oder das Gewicht sogar wieder gestiegen ist. In diesem Fall ist es wichtig, mit dem Patienten übereinzustimmen, dass es enttäuschend ist, dass der Gewichtsverlust vorübergehend gestoppt wurde, ihn aber darin zu bestätigen, dass eine nennenswerte Gewichtsreduktion ohne solche Rückschläge praktisch nicht vorkommt und dass es wichtig ist, die Faktoren zu identifizieren, die das Problem herbeigeführt haben.

› Ermutigung ist wichtig, nicht Kritik.

Ein typischer Fehler ist, mit dem Patienten gemeinsam zu bedauern, dass die notwendige Disziplin für eine langanhaltende Gewichtsreduktion nicht vorhanden ist und dass Patient und Arzt ihre Zeit mit weiteren Bemühungen um ein gesundes Körpergewicht vergeuden.

Very Low Calorie Diets (VLCD)

Unter VLCD (»extrem niedrigkalorische Diäten«) versteht man Diäten mit einem Energiegehalt von weniger als 800 kcal/24 h. Gelegentlich wird hierfür auch die Bezeichnung proteinsubstituiertes modifiziertes Fasten verwendet. Indiziert ist diese Behandlungsform nur unter engmaschiger Überwachung bei Patienten, die zwingend schnell abnehmen müssen. Sie können auf der Basis natürlicher Lebensmittel durchgeführt werden, in der Regel in flüssiger Form. Eine Vitamin- und Mineralstoffsubstitution ist zwingend Bestandteil. Dies ist bei den sog. Formulardiäten von vornherein berücksichtigt. Die drastische Reduktion der Kalorienzufuhr bringt immer das Risiko mit sich, dass auch bedeutsame Anteile der fettfreien Masse (»Muskelkraft«) verlorengeht.

Indikationen gibt es z. B. präoperativ zur besonders schnellen Gewichtsreduktion und bei schwerwiegenden begleitenden Gesundheitsstörungen, z. B. einem entgleisten Diabetes mellitus oder einem Schlafapnoesyndrom. Ganz sicher kontraindiziert sind VLCD bei Diabetes mellitus mit Neigung zur Ketoazidose, akuten Herzerkrankungen, bei schweren Leber- und Nierenfunktionsstörungen, sodass insgesamt außerordentlich wenige sichere Indikationen für diese Behandlungsform übrig bleiben. Es gibt Fachleute, die am liebsten ganz auf diese Behandlungsform verzichten möchten.

Einseitige Diäten

Neben den empfehlenswerten diätetischen Behandlungsprinzipien für eine Adipositas werden Crash- und Außenseiterdiäten angeboten, die häufig einen besonderen Erfolgsanspruch stellen. Für Patienten und Ärzte ist es sehr schwierig, diese Behandlungsansätze von gesichertem Boden aus zu beurteilen, da eine wissenschaftliche Begleituntersuchung zur Anwendung in der Regel fehlt und allein pathophysiologische Gesichtspunkte für eine Bewertung herangezogen werden können. Keine dieser einseitigen Wunderdiäten hat sich als geeignet zum langfristigen Gewichtabnehmen etabliert. Eine ausführliche Zusammenstellung einzelner Sonderdiäten findet sich bei Wirth [42].

Mahlzeithäufigkeit

Traditionell hat man den Rat gegeben, vorzugsweise mehrere kleinere Mahlzeiten anzubieten, die relativ gleichmäßig über den Tag verteilt sind. Dieser Ratschlag kann aufrecht erhalten werden, auch wenn eine Bestätigung dieses Konzepts durch kontrollierte Untersuchungen fehlt. Es ist davon auszugehen, dass mit mehreren kleinen Mahlzeiten das Hungergefühl geringer ausfällt und weniger fettfreie Masse verloren wird, als bei Konzentration auf wenige Hauptmahlzeiten. Unabhängig von der Verteilung der Energieaufnahme über den Tag, ist es wahrscheinlich sinnvoll, Regeln aufzustellen, zu welcher Uhrzeit gegessen wird, weil eine kontinuierliche Nahrungsaufnahme es sehr schwer macht, die Kontrolle über die Gesamtenergieaufnahme zu behalten.

Naturgemäß muss bei der Auswahl der richtigen Mahlzeithäufigkeit auch berücksichtigt werden, welche Begleiterkrankungen vorliegen. Im Fall eines Typ-2-Diabetes ist aus Gründen der Insulinsekretionskapazität die Verteilung auf mehrere kleine Mahlzeiten auf jeden Fall zu empfehlen.

Verhaltenstherapie

Die Hypothese, die zur Entwicklung verhaltenstherapeutischer Behandlungsstrategien führte, ist, dass die Kontrolle über das Essverhalten bei übergewichtigen Menschen nicht so sehr auf den inneren Signalen beruhen, die im gesunden Organismus eine Mahlzeit beendigen und die Energieaufnahme steuern, sondern dass es äußere Stimuli sind, die im Sinne einer Konditionierung mit einer vermehrten Kalorienaufnahme einhergehen.

Das Ziel der Verhaltenstherapie ist es deshalb, Auslöser süchtigen Essens zu identifizieren und die Verbindung solcher Signale mit der Nahrungsaufnahme zu schwächen oder sogar gänzlich zu unterbrechen. Hierzu dienen Tagebücher, die nicht nur festhalten, was gegessen wurde, sondern auch wann, wo, mit wem, in welcher Position (sitzend, stehend, gehend) und begleitende Gefühle und Selbsteinschätzungen des Hungergefühls. Auch andere Verhaltensweisen aus dem Gebiet des »Nahrungsmanagements« werden festgehalten, wie das Kaufen, Lagern, Vorbereiten, Servieren und Abwaschen vor und nach dem Essen. Sind solche Auslöser bekannt, können sie kontrolliert und »gefährliche Situationen« vermieden werden.

Techniken der Verhaltenstherapie ist aber z. B. auch, ausschließlich im Esszimmer zu essen, nur in sitzender Position, nur wenn keine Nebentätigkeiten durchgeführt werden (Lesen, Fernsehen), langsamer zu essen, lieber häufiger kleine Portionen abzubeißen, die Essbestecke zwischen den einzelnen Bissen abzulegen, Mahlzeiten nicht auszulassen, aber auch keine Zwischenmahlzeiten einzunehmen, hochkalorische Nahrung gegen niedrigkalorische einzutauschen und sich auf Essenszeiten am Tag festzulegen.

Auch wenn inzwischen Zweifel an der Stimmigkeit der zugrundeliegenden Hypothese gerechtfertigt sind, ist bei einzelnen Patienten die Verhaltenstherapie eine sehr sinnvolle Ergänzung der oben geschilderten diätetischen Gewichtsreduktionsstrategien.

Psychotherapien

Neben der Verhaltenstherapie gibt es wenig psychologische Behandlungsansätze, die durch besonderen Erfolg charakterisiert wären. Dies gilt z. B. für die klassische Psychoanalyse. Auch hat sich kein besonderer Persönlichkeitstyp herausgestellt, der für Übergewicht anfällig macht. Bei einer Minderheit übergewichtiger Patienten scheint ein verzerrtes Körperbild vorzuliegen. Darüber hinaus gibt es eher Hinweise, dass niedrige Skalenwerte für Ängstlichkeit und Depression und eine niedrigere Suizidrate typisch sind für übergewichtige Menschen.

Gruppentherapie

Es gibt keine zwingenden Gründen anzunehmen, dass eine Gruppenbehandlung vom Ergebnis her besser ist als eine individuelle Beratung. Aus verschiedenen Gründen bietet es sich jedoch an, zunächst eine individuelle Beurteilung eines einzelnen Patienten vorzunehmen und später eine gemeinsame Sitzung mit anderen Patienten anzubieten. Hierbei wird die Beratungszeit effizienter genutzt, und gruppendynamische Effekte können zum Tragen kommen. Es hilft vielen Patienten zu sehen, dass andere Menschen in einer ähnlichen Situation leben. Eine Gruppe ermutigt Patienten u. U. Fragen zu stellen, die er allein nicht stellen würde.

Langzeiterfolge

Die Langzeitbeobachtung nach gewichtsreduzierender Behandlung ist oft schwierig, weil Patienten, die erfolgreich die Prinzipien einer Ernährungstherapie von Übergewicht gelernt haben, keinen weiteren Grund sehen, sich beim Arzt kontrollieren und wiegen zu lassen, wenn sie das erfolgreich zu Hause tun können. Die publizierten Zahlen geben ein eher düsteres Bild. In der Regel gelingt mit geeigneten Behandlungsstrategien eine mittlere Gewichtsabnahme von 10–20 kg innerhalb von 6 Monaten. Nach 1 bzw. 2 Jahren bleibt zwar häufig eine Gewichtsreduktion gegenüber dem Startwert, ein Trend zur Gewichtzunahme ist aber in der Regel dann wieder zu beobachten. Dies kann damit zu tun haben, dass ohnehin im Erwachsenenalter mit einer langsamen Gewichtzunahme über die Zeit zu rechnen ist, oder aber damit, dass die zunächst erfolgreichen Maßnahmen zur Gewichtsreduktion nicht im gewünschten Maße weiter fortgesetzt werden können.

Zyklische Gewichtveränderungen

Selbst wenn eine erhebliche Gewichtsreduktion gelingt, kommt es häufig zu einer reaktiven Gewichtzunahme, wenn nicht geeignete Maßnahmen ergriffen werden, dies zu verhindern. Hierfür sind mehrere Gründe verantwortlich zu machen:

1. Eine Gewichtsreduktion vermindert den Energiebedarf, weil der Grundumsatz entsprechend reduziert wird. Hierbei handelt es sich um einen Regulationsmechanismus, der Abweichungen von einem wie auch immer definierten Sollgewicht sehr schwierig macht.
2. Energie wird nach einer längeren Kalorienrestriktion besser verwertet.
3. Die Fettzellgröße wird wahrscheinlich eigenständig reguliert. Eine erhebliche Gewichtsreduktion führt zu einer unnatürlich kleinen Fettzellgröße. Die genauen Mechanismen sind nicht bekannt.

Wichtig erscheinen auch jahreszeitliche Veränderungen der Energieaufnahme. So scheint es typisch zu sein, dass in der Vorweihnachts- und Weihnachtszeit ca. 1,5–2 kg Gewicht zugelegt wird, wobei es nicht gelingt, während der restlichen Monate das Gewicht wieder auf die Ausgangswerte zu reduzieren. Auch hier bieten sich vorbeugende Möglichkeiten der Verhaltensmodifikation.

Aufgrund epidemiologischer Daten wird nahegelegt, dass ein stabiles Gewicht mit Langlebigkeit und weniger kardiovaskulären Erkrankungen einhergeht, während große Variationen im Gewicht die Lebenserwartung verkürzen und ein Risiko für Herz-Kreislauf-Erkrankungen darzustellen scheinen. Es ist nicht klar, ob die beobachteten Gewichtverschiebungen Ausdruck zugrunde liegender Krankheitsverläufe gewesen sind. Solche Beobachtungen sollten nicht dazu führen, auf Versuche zur Gewichtsreduktion zu verzichten, auch wenn der sog. »Jo-Jo-Effekt« nicht untypisch ist.

47.6.5 Körperliche Aktivität

Körperliche Aktivität steigert den Energieverbrauch, erhöht die körperliche Fitness und die Insulinsensitivität.

Während hochtrainierte Sportler durch körperliche Bewegung über lange Zeit einen hohen Energieverbrauch aufrecht erhalten können, ist für den durchschnittlichen Menschen kaum damit zu rechnen, dass er mehr als 300 kcal/h zusätzlich verbrauchen kann (z. B. 1 h Jogging). Das heißt, dass ein erheblicher körperlicher Aufwand notwendig ist, um eine signifikante Anzahl von Kalorien zu verbrauchen. Es gibt auch keinen anhaltenden Mehrverbrauch von Energie nach körperlicher Belastung. Ein vernünftiger Ratschlag ist deshalb, Patienten im Rahmen ihrer Möglichkeiten zur vermehrten körperlichen Betätigung anzuhalten. Man sollte sich aber bewusst sein, dass körperliche Übungen allein keine effektive Methode sind, einen Gewichtsverlust herbeizuführen.

Bei der Auswahl der sportlichen Betätigung sind körperliche Einschränkungen des Patienten und Begleiterkrankungen zwingend zu berücksichtigen. Zu bevorzugen sind Sportarten mit relativ niedriger Intensität und langer Dauer der körperlichen Belastung. Zu empfehlen sind z. B. 30 min täglich verschärftes Gehen an mindestens 5 Tagen der Woche.

47.6.6 Medikamente

Die hohen Anforderungen an die Motivation eines übergewichtigen Patienten zur Diättherapie und der hohe Betreuungsaufwand zusammen mit den – insgesamt genommen – bescheidenen Erfolgen einer reinen ernährungsmedizinischen Behandlung einer Adipositas sind der Grund, pharmakologische Therapieprinzipien einzuführen. Eine medikamentöse Behandlung der Adipositas dient der Begünstigung der langfristigen Gewichtsstabilisierung. Eine medikamentöse Therapie darf *nur als zusätzliche Maßnahme zu diätetischen und verhaltenstherapeutischen Therapieansätzen eingesetzt werden*. Medikamente allein bewirken keinen Gewichtsverlust. Nur in Verbindung mit interdisziplinären Therapiekonzepten ist eine Gewichtsreduktion möglich [2, 5, 15].

Die zur Gewichtsreduktion verwendeten Arzneimittel besitzen im Wesentlichen 3 Wirkmechanismen (Tabelle 47-8):
- Verminderung der Nahrungsaufnahme,
- Hemmung der Nährstoffresorption,
- Steigerung des Energieverbrauchs.

Indikation zur medikamentösen Adipositastherapie

Eine Indikation zur medikamentösen Gewichtsreduktion ist in der Regel bei einem Body-Mass-Index (BMI) über 30 kg/m² gegeben, wenn mit dem bisherigen Therapieregime keine ausreichende Gewichtsreduktion (5–10% des Ausgangsgewichts) erreicht wurde, oder bei einem BMI >27 kg/m², wenn Begleiterkrankungen dies notwendig machen und ernährungsmedizinische Maßnahmen nur zu einer inadäquaten Gewichtsreduktion geführt haben. Ein Einsatz gewichtreduzierender Medikamente z. B. aus kosmetischen Gründen ist deshalb sicherlich nicht zu empfehlen.

Verminderung der Nährstoff(energie)zufuhr

Eine Verminderung der Nährstoff(energie)zufuhr ist grundsätzlich über eine Förderung des Sättigungsgefühls und/oder Minderung der Appetits durch sog. »Anorektika« (Appetitzügler) möglich. Anorektika beeinflussen das ZNS entweder über das *serotoninerge* System (z. B. Fenfluramin, Sertralin) oder das *noradrenerge* System (z. B. Phenylpropanolamin, Mefenorex). Bereits in der Vergangenheit wurden derartige Medikamente zur Unterstützung der Gewichtsreduktion eingesetzt. Ihre Geschichte war wechselvoll, und verschiedene Gründe machten es notwendig, Medikamente, die in der Therapie der Adipositas verwendet wurden, vom Markt zu nehmen. Hierzu zählt Amphetamin (β-Phenäthylamin), das über eine Katecholaminwirkung im Gehirn appetithemmend wirkte. Begleiteffekte waren eine zentrale Stimulation, Stimmungsaufhellung, Anregung des kardiovaskulären Systems, und es war ein gewisses Abhängigkeitspotential gegeben.

Einige Nachfolgepräparate des Amphetamins waren mit ähnlichen Problemen belastet: Fenfluramin wirkt über das zentrale serotoninerge System. Bei einigen Patienten war es zu Läsionen an der Aorten- und Mitralklappe ähnlich denen beim Karzinoidsyndrom gekommen. Die Folge waren Klappeninsuffizienzen. Ebenfalls kam es zu Fällen von pulmonalem Hochdruck. Deshalb wurden die serotonergen Appetitzügler Fenfluramin und Dexfenfluramin im September 1997 wegen mögliche schwerer Nebenwirkungen (Herzklappenfibrosen, primärer pulmonaler Hypertonus) weltweit vom Markt genommen.

Tabelle 47-8. Wirkmechanismen für Medikamente, die in der Gewichtsreduktion eingesetzt werden können

Verminderung der Nahrungsaufnahme	α-adrenerge Substanzen serotonerge Substanzen kombinierte Noradrenalin- und Serotonin-Wiederaufnahmehemmer (Sibutramin) Leptin-Agonisten
Hemmung der Nährstoffresorption	
Hemmung der Lipase	Tetrahydrolipstatin (Orlistat)
Steigerung des Energieverbrauchs	
Stimulation der Thermogenese	$β_3$-Adrenorezeptor-Agonisten
Stimulation der Lipidoxidation	R0 22-0654

Sibutramin>

Sibutramin (Reductil) gehört – wie die älteren Substanzen Fenfluramin und Dexfenfluramin – in die Gruppe der zentral wirksamen serotoninergen Substanzen. Sibutramin wird effektiv als Prodrug resorbiert und wirkt nach hepatischer Metabolisierung über eine Wiederaufnahmehemmung von Serotonin, Noradrenalin und Dopamin. Die *serotonerge Wirkung* führt im Hypothalamus über ein Sättigungssignal zur Verminderung der Nahrungsaufnahme. Die Erhöhung des zentralen *Noradrenalinspiegels* führt zudem einer sympathomimetischen stimulierten Erhöhung des Energieverbrauchs [1, 6, 7, 11, 39].

Die *mittlere Gewichtsabnahme* in Dosierungen von 10 oder 15 mg 1-mal/24 h (empfohlene Standarddosis 1-mal 10 mg) beträgt in plazebokontrollierten Studien nach 6- bis 12-monatiger Einnahme von Verum 3–5 kg mehr als unter Plazeboeinnahme. Allerdings kommt es durch Adaptationsvorgänge (physiologisch/psychologisch?) bei längerfristiger Einnahme (>12 Monate) zu keiner weiteren Gewichtsabnahme [23]. Sibutramin induziert darüber hinaus ähnlich der nicht-pharmakologischen Gewichtsabnahme eine positive Veränderung der Blutlipide.

Die β-sympathomimetische Wirkung von Sibutramin für zu einem Anstieg der Puls- und Blutdruckwerte, was in Einzelfällen zu gravierenden Nebenwirkungen führen kann. Die Substanz sollte bei Patienten mit Hypertonus nur mit Vorsicht eingesetzt werden. Die Risikofaktoren des metabolischen Syndroms werden aber mit Ausnahme des Blutdrucks in der Regel deutlich gebessert [18]. Kontraindikationen sind neben dem Hypertonus Herzerkrankungen, Engwinkelglaukom und schwere Leber- und Nierenfunktionsstörungen (Tabelle 47-9).

Tabelle 47-9. Häufige Nebenwirkungen von Sibutramin (Mod. nach [15])

Nebenwirkungen (bei >5% der Patienten)	Häufigkeit [%]
Anorexie	19
Trockener Mund	17
Gesteigerter Appetit	17
Obstipation	11
Schlaflosigkeit	9
Asthenie	8
Müdigkeit	8
Nervosität	6

Hemmung der Nährstoffresorption und -digestion

Zu den Substanzen, die Enzyme des Verdauungsapparates hemmen, gehören das 1998 in Deutschland eingeführte *Orlistat* (Tetrahydrolipsatatin, Xenical) und das orale Antidiabetikum *Acarbose* (Glucobay).

Orlistat>

Orlistat, ein selektiver *Lipaseinhibitor* ist in der Lage, *intraintestinal* die Fettabsorption um 20–30% zu reduzieren. Der Gewichtsverlust tritt als Folge des intestinalen Verlusts von Triglyzeriden auf. Bei einer leicht hypokalorischen Diät mit einem Anteil von 30% der Kalorien als Fett kommt es zu einer täglichen negativen Kalorienbilanz von ca. 200 kcal [14, 14a, 31]. In einer plazebokontrollierten Studie bei Patienten mit einem BMI von 30–43 kg/m² betrug der Gewichtsverlust nach einem Jahr 2,6% in der Plazebogruppe gegenüber 8,4% in der Verumgruppe [36]. In höheren Dosierungen kommt es regelmäßig zu z. T. erheblichen gastrointestinalen Nebenwirkungen (▫ *Tabelle 47-10*). Die Dosisfindung muss individuell vorgenommen werden. Die Konzentration fettlöslicher Vitamine im Blut muss überwacht werden [12].

Wie bei allen Antiadiposita ist der Einsatz von *Orlistat* nur im Rahmen einer Kombinationstherapie therapeutisch sinnvoll. *Orlistat* kann im Anschluss an eine konventionelle diätetische Intervention die Stabilisierung des erreichten Gewichts und den Langzeiterfolg verbessern [4].

Kardiovaskuläre Risikofaktoren werden unter einer Therapie mit Orlistat durch die Gewichtsreduktion günstig beeinflusst [20, 22]. Der Blutdruck ist hiervon am wenigsten betroffen. Eine Verbesserung der Stoffwechseleinstellung bei Patienten mit Diabetes mellitus Typ 2 ist bei entsprechender Gewichtsreduktion zu erwarten.

Olestra, Acarbose

Auch beim Einsatz synthetischer, nichtresorbierbarer Substanzen, wie z. B. *Olestra*, kommt es zu einer signifikanten Verminderung der Energiezufuhr. Olestra besteht aus Saccharosemolekülen, die mit Fettsäuren verestert, nicht resorbiert werden können. Es wird in den USA als Kochfett eingesetzt und ist Bestandteil einer ganzen Reihen von Lebensmitteln und Snacks.

Das orale Antidiabetikum *Acarbose* (Glucobay) ist ein Pseudotetrasaccharid, das kompetitiv die Disaccharidasen der intestinalen Bürstensaummembran hemmt (s. Kap. 7). Es kommt so zur Abflachung der postprandialen Blutzuckeranstiegs, die Nettokohlenhydrataufnahme bleibt jedoch unverändert. *Eine nennenswerte Gewichtsabnahme tritt nicht auf.*

▫ **Tabelle 47-10.** Häufige Nebenwirkungen von Orlistat. (Mod. nach [15])

Nebenwirkungen (bei >5% der Patienten)	Häufigkeit [%]
Öliger Flecken am After	27
Flatulenz mit Stuhlabgang	24
Stuhldrang	22
Fettiger/öliger Stuhk	20
Abgang öligen Sekrets	12
Vermehrte Stühle	11
Stuhlinkontinenz	8

Steigerung des Energieverbrauchs

Eine Steigerung des Energieverbrauchs kann entweder über eine Steigerung der körperlichen Aktivität (s. oben) oder über eine Steigerung des metabolischen Umsatzes (z. B. Steigerung des Sympathikotonus) erreicht werden. Die einzige derzeit verfügbare Substanz ist *Ephedrin* (z. B. Vencipon), sie ist jedoch nicht für eine Langzeittherapie geeignet. Ephedrin wirkt über einen dualen Mechanismus: eine zentrale appetithemmende Wirkung und Steigerung der Fettoxidation.

Prinzipien zukünftiger Pharmakotherapeutika

Beim Entwurf neuer Medikamente zur Behandlung des Übergewichts sind die Signalmoleküle, die die Nahrungsaufnahme regulieren, in das Zentrum des Interesses gerückt. Es liegt nahe, Analoga von Überträgerstoffen zu entwickeln, die die Rezeptoren von »anorexigenen« Neurotransmittern stimulieren bzw. diejenigen von »orexigenen« Transmittern blockieren. Neuropeptid-Y-Rezeptoren-Blocker hemmen die Wirkung von Neutopeptid Y (stimulierende Wirkung auf die Nahrungsaufnahme), ihnen kommt wegen ihrer schwachen Wirkung keine Bedeutung in der Behandlung der Adipositas zu. Ein möglicher klinischer Einsatz von *Cholezytokinin* bzw. *Bombensin* (Vermittlung von Sättigungsgefühl über vagale Afferenzen) oder *Amylin* bzw. sein Analogon Pramlintide (Symlin; zentrale Wirkung) ist derzeit noch nicht absehbar. Erste Erfolge gibt es bei den sehr seltenen Patienten mit genetisch determiniertem Leptinmangel [28], die durch rekombinantes Leptin eine deutliche Gewichtsreduktion und Normalisierung ihrer körperlichen Entwicklung erleben.

Tierexperimentell können entsprechende Defekte anderer Regulationsachsen ebenfalls sinnvoll ausgeglichen werden [40]. Es ist aber damit zu rechnen, dass entsprechende Medikamente noch längere Zeit auf sich warten lassen. Für Details wird auf einen ausgezeichneten Übersichtsartikel von Bray u. Tartalgia [7] verwiesen.

47.6.7 Therapie der Begleiterkrankungen

Aufgrund der häufigen Assoziation von Adipositas mit Begleiterkrankungen (s. oben), die ihrerseits einen lebensbestimmenden Einfluss haben, ist die Behandlung von Begleiterkrankungen wie Diabetes, Fettstoffwechselstörungen, Hypertonie und Herzerkrankungen eine unerlässliche Komponente eines umfassenden Therapiekonzepts.

Hierbei ist zu berücksichtigen, dass manche antidiabetischen Medikamente (namentlich Sulfonylharnstoffpräparate und Insulin) eine Gewichtsreduktion erschweren, wenn nicht unmöglich machen. Im Zweifel ist die Wichtigkeit einer guten Stoffwechseleinstellung größer als die einer Gewichtsreduktion. Diese Besonderheiten müssen bei jedem Patienten individuell berücksichtigt werden. Mit der medikamentösen Blutdrucksenkung und Lipidsenkung stehen hervorragende Medikamente zur Verfügung, die Lebenserwartung bei gegebenem Risiko zu steigern und die kardiovaskuläre Morbidität und Mortalität günstig zu beeinflussen.

47.6.8 Chirurgische Therapie

Die steigende Beliebtheit chirurgischer Therapieverfahren zur Behandlung einer Adipositas ist Ausdruck der Enttäuschung über den Erfolg diätetischer und medikamentöser Maßnahmen. Inzwischen bestehen ausreichende Erfahrungen, so dass die einzelnen Verfahren bewertet werden können [29, 34].

Indikation

Ärzte und Patienten sollten verstehen, dass eine bariatrische chirurgische Maßnahme keine Alternative zu einer Diätbehandlung ist, sondern eine Methode, das gewünschte Essverhalten zu erzwingen. Die Risiken, die mit den verschiedenen Eingriffen verbunden sind, erzwingen eine strenge Indikationsstellung, die in *Tabelle 47-11* zusammengestellt ist.

Aus diesen Kriterien ergibt sich, dass eine chirurgische Therapie immer gegenüber nichtchirurgische Möglichkeiten abgewogen werden muss und nur Bestandteil einer integrierten Behandlungsstrategie mit diätetischer Beratung, Anleitung zu körperlicher Bewegung und verhaltenstherapeutischer Beeinflussung und der notwendigen psychologischen Unterstützung sein kann. Kandidaten für eine bariatrische chirurgische Maßnahme sollten sorgfältig durch ein multidisziplinäres Behandlungsteam mit medizinischer, chirurgischer, psychiatrischer und diätetischer Expertise ausgewählt werden. Die Operation sollte von einem chirurgischen Team durchgeführt werden, das nachweislich Erfahrung besitzt (Qualitätsmanagement).

Tabelle 47-11. Indikationsstellung für gewichtreduzierende chirurgische Maßnahmen (bariatrische Chirurgie)

Einschluss-kriterien	BMI >40 kg/m²
	BMI >35 kg/m² mit übergewichtbedingten Begleiterkrankungen
	Alter 16–65 Jahre
	Nach Abwägung vertretbare medizinische bzw. operative Risikoeinschätzung
	Nachgewiesenermaßen fehlgeschlagene Versuche einer nichtchirurgischen Gewichtsreduktion
	Motivierter, psychologisch stabiler Patient mit realistischen Erwartungen
	Verständnis des Patienten für das Wesen der chirurgischen Maßnahme und möglicher Komplikationen
	Bereitschaft zu andauernden Lebensstilveränderungen
	Unterstützung durch Familie und Umfeld
	Bereitschaft für eine langfristige ärztliche Betreuung
Ausschluss-kriterien	Ungelöstes Problem der Abhängigkeit von Alkohol oder anderen Substanzen
	Maßgebliche psychiatrische Erkrankung
	Unkooperative Einstellung zur Behandlung
	Hohe medizinische Risiken
	Unfreundliche, unkooperative Familie (Umfeld insgesamt)

Alte chirurgische Verfahren

Der Vollständigkeit wegen sollen kurz alte, inzwischen verlassene Verfahren erwähnt werden.

Kiefersperre

Eine Technik zur Behandlung von Kieferfrakturen führt dazu, dass Patienten zwar flüssige Nahrung zu sich nehmen können, Kauen ist jedoch unmöglich. Flüssige Nahrung hat eine geringere Energiedichte, und die Patienten verlieren häufig Gewicht. Dennoch ist dies keine gebräuchliche Methode zur Gewichtsreduktion.

Magenballon

Ballons wurden in den Magen endoskopisch eingeführt und gefüllt, um die Risiken einer großen Bauchoperation zu verringern. Die Ergebnisse waren enttäuschend, weil der Gewichtsverlust vergleichsweise geringfügig ausfiel und nicht über lange Zeit zu erhalten gewesen war. Außerdem bestand ein Risiko für Ulzerationen der Magenschleimhaut.

Jejunoilealer Bypass

Die erste in großem Umfang durchgeführte bariatrische Operation war der jejunoileale Bypass, bei dem das proximale Jejunum mit dem terminalen Ileum anastomosiert wurde. Damit wurde ein großer Teil des Dünndarms aus der Nahrungspassage ausgeschaltet. Auch wenn diese Operation keine wesentlichen Änderungen des Essverhaltens erfordert, um eine Gewichtsreduktion möglich zu machen, war dieses Verfahren von nicht akzeptablen, gefährlichen Komplikationen begleitet. Dies schloss Leberversagen, langfristig eine Leberzirrhose, Nierensteine (Oxalat), eine Enteritis der Bypassregion, Gelenksentzündungen und multiple metabolische Probleme ein. Hierzu gehörte eine Proteinmalnutrition, Knochenerkrankungen, eine Hypokalzämie und ein Vitaminmangel, der besonders Vitamin B_{12} und Vitamin D betraf.

Das Ausmaß dieser Folgen ist so groß, dass heute bei Überlebenden dieses Therapieverfahrens eine erneute Operation mit dem Ziel einer akzeptablen anatomischen Rekonstruktion empfohlen werden muss. Verwandte chirurgische Verfahren, die ebenfalls eine Malassimilation auslösen, sind die biliopankreatische Diversion und das Verfahren des »duodenalen Switch«.

Konventionelle bariatrische Chirurgie

Die heute durchgeführten und zu empfehlenden Verfahren gründen sich auf ein anderes Therapieprinzip: Die Aufnahmefähigkeit des Magens für große Speisemengen wird beschränkt. Dies gilt in erster Linie für feste Nahrung, so dass Patienten, die reichlich Kalorien in flüssiger Form zu sich nehmen, von einer solchen Maßnahme nicht im gewünschten Umfang profitieren (sog. »sweet eater«, Süßigkeitsesser).

Gastroplastik

Hiermit ist eine Gruppe von Verfahren gemeint, die über automatische Nähte den Magen in eine kleine proximale Vorkammer und einen großen distalen Restmagen unterteilen, die nur durch eine künstliche Enge miteinander verbunden sind. Eine beliebte Modifikation wurde von Mason eingeführt und besteht aus einem vertikalen »Abnäher« und einer Verstärkung dieser kleinen Vorkammer durch ein Gewebeband. Daher der Name vertikale Bandgastroplastik. Langfristig kommt es häufig zur Stenose des Mageneingangsbereichs oder aber zur Dehiszenz der einengenden chirurgischen Naht, weswegen die Langzeitergebnisse über 2 Jahre hinaus nicht immer befriedigend waren.

Magenbanding

Das Verfahren des Magenbandings beruht auf einer Umzirkelung des proximalen Magens, der hierdurch in eine schmale Vorkammer und einen großen Restmagen kompartimentalisiert wird. Es besteht kein Risiko der Dehiszenz, weil keine Naht angelegt werden muss. Der Effekt kann sogar reguliert werden, indem die Umschlingung adjustierbar gemacht wird durch ein subkutanes Depot, das in Verbindung steht und die Größe des Stomas reguliert. Diese Technik kann laparoskopisch angewendet werden, was das Operationsrisiko reduziert.

Magenbypass

Das Verfahren des Magenbypass beruht auf der Beobachtung, dass Patienten nach einer subtotalen Gastrektomie mit kleinem proximalem Restmagen Gewicht verloren. Inzwischen sind zahlreiche Modifikationen geläufig, insbesondere die Roux-Y-Gastrojejunostomie (*Abb. 47-5*). Hierbei handelt es sich primär um

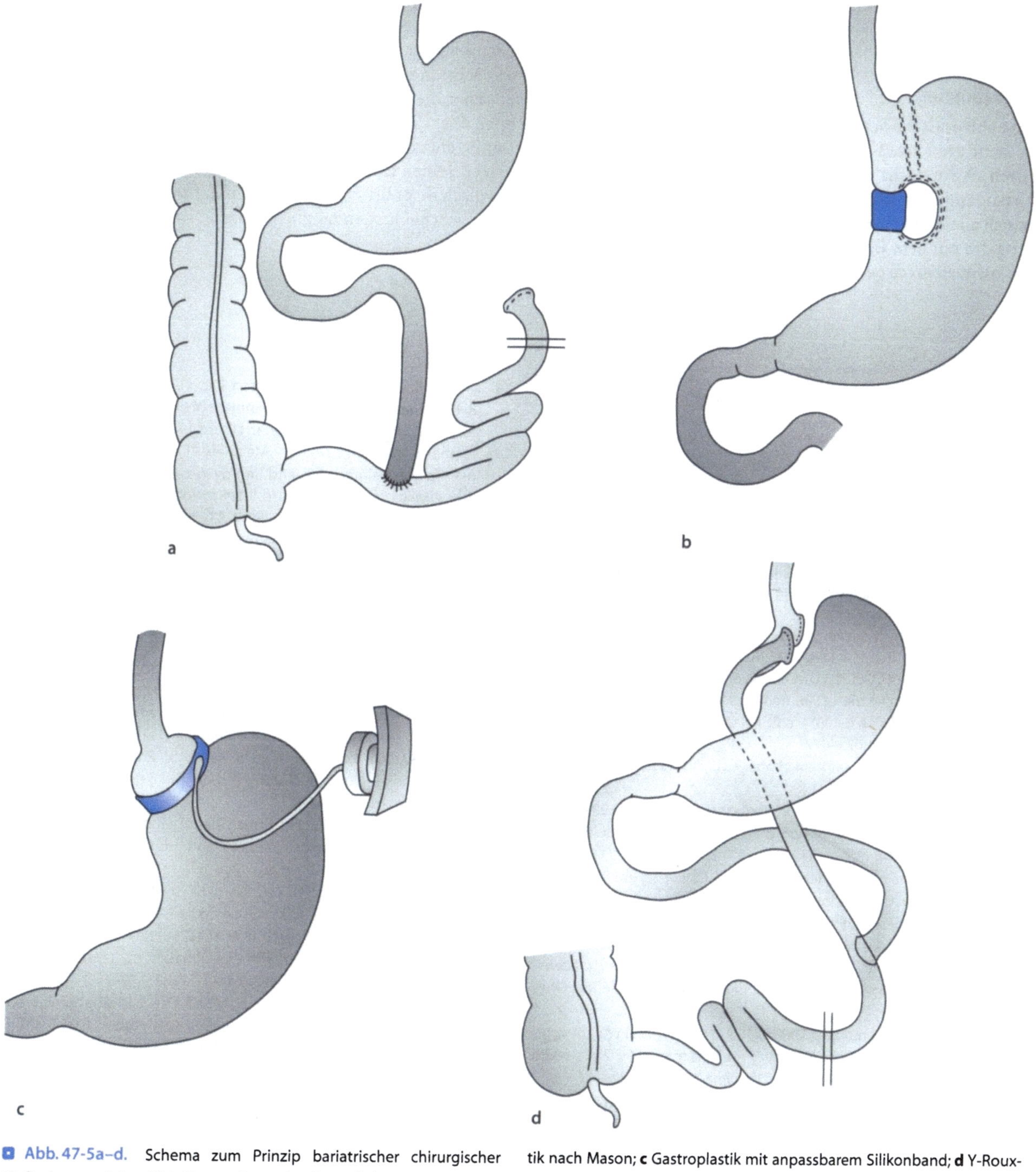

Abb. 47-5a–d. Schema zum Prinzip bariatrischer chirurgischer Maßnahmen: **a** jejunoiliale Bypass-Operation; **b** vertikale Bandgastroplastik nach Mason; **c** Gastroplastik mit anpassbarem Silikonband; **d** Y-Roux-Magenbypass. (Mod. nach [29])

eine restriktive Operation, die das Essen großer Mahlzeiten durch den kleinen proximalen Magenrest und das enge Stoma verhindert. Hinzu kommt die »Bestrafung« des Patienten für kohlenhydratreiche flüssige Mahlzeiten durch eine »dumping«-ähnliche Symptomatik. Mit dieser Methode bestehen große Erfahrungen, die bis zu einer Nachbeobachtung von weit über 10 Jahren postoperativ reichen. Erste Erfahrungen mit einer laparoskopischen Durchführung dieser Operation existieren, allerdings noch keine Langzeitbeobachtungen [4]. Die perioperative Letalität liegt bei etwa 1%. Wundheilungsstörungen sind relativ häufig. Langzeitkomplikationen werden bestimmt durch Probleme im Anastomosenbereich (Stenose, Ulzeration, Weitung), Nahtdehiszenzen und Mangel an Mikronährstoffen. In der Regel müssen Eisen, Kalzium, Thiamin und Vitamin B_{12} substituiert werden.

Liporeduktion

Eine chirurgische Verminderung des subkutanen Fettgewebs ist keine geeignete Behandlung für Übergewicht, gleich ob sie durch chirurgische Entfernung von Fettgewebe oder durch Absaugung (Liposuktion) durchgeführt wird. Hierbei handelt es sich allein um eine kosmetische Maßnahme. Eine Verbesserung des mit dem Übergewicht verbundenen Risikos ist hiervon nicht zu erwarten.

47.7 Prävention

Vorbeugende Maßnahmen zur Verhinderung von Übergewicht und seinen gesundheitlichen Folgen muss früh im Leben, d. h. im Schulalter beginnen. Hierzu ist die Kooperation von Familie, Lehrern und allen denen notwendig, die für Kinder dieses Alters Mahlzeiten bereiten. Eine spezielle Betreuung in multidisziplinären Teams sollte Kindern mit beginnendem Übergewicht angeboten werden.

Umweltfaktoren, die Übergewicht begünstigen, sind

1. die Verfügbarkeit und Bewerbung von energiedichten fettreichen Nahrungsmitteln (statt Obst und Gemüse),
2. die Verwendung motorisierter Transportmittel an Stelle von Gehen und Fahrradfahren,
3. Fernsehen anstatt aktiveren Freizeitgestaltungen und
4. über die Medien und Werbung verbreitete Fehlinformationen über die Ursachen und Konsequenzen von Übergewicht.

Damit entzieht sich dieser Punkt der Einflussnahme durch den einzelnen Fachmann. Auf der anderen Seite sind dies aber gesellschaftspolitisch wichtige Maßnahmen, die über politische Entscheidungen möglich gemacht werden sollten.

Literatur

1. Apfelbaum M, Vague P, Ziegler O et al. (1999) Long-term maintenance of weight loss after a very-low-calorie diet: a randomized blinded trial of the efficacy and tolerability of sibutramine. Am J Med 106: 179–184
2. Apovian CM (2000) The medical management of obesity and the role of pharmacotherapy: An update. Nutr Clin Pract 15: 5–12
3. Barsh GS, Farooqi IS, O'Rahilly S (2000) Genetics of body-weight-regulation. Nature 404: 644–651
4. Berg T, Zurmeyer E-L, Ranneberg T, Schönleben K (2001) Chirurgische Therapie des krankhaften Übergewichts mit Hilfe des justierbaren Magenbandes. Med Klin 96: 191–195
5. Bray GA, Blackburn GL, Ferguson JM et al. (1999) Sibutramine produces dose-related weight loss. Obes Res 7: 189–198
6. Bray GA, Ryan DH, Gordon D et al. (1996) A double-blind randomized placebo-controlled trial of sibutramine. Obes Res 4/3: 263–270
7. Bray GA, Tartaglia LA (2000) Medicinal strategies in the treatment of obesity. Nature 404: 672–677
8. Bray GA(1999) Drug treatment of obesity. Baillieres Best Pract Res Clin Endocrinol Metab 13: 131–148
9. Calle EE, Thun MJ, Petrelli JM, Rodriguez C, Heath CW (1999) Body-mass index and mortality in a prospective cohort of U.S. adults. N Engl J Med 341: 1097–1105
10. Considine RV, Sinha MK, Heiman ML et al. (1996) Serum immunoreactive-leptin concentrations in normal-weight and obese humans. N Engl J Med 334: 292–295
11. Cuellar GE, Ruiz AM, Monsalve MC, Berber A (2000) Six-month treatment of obesity with sibutramine 15 mg a double-blind, placebo-controlled monocenter clinical trial in a Hispanic population. Obes Res 8/1: 71–82
12. Davidson MH, Hauptman J, DiGirolamo M et al. (1999) Weight control and risk factor reduction in obese subjects treated for 2 years with orlistat: a randomized controlled trial. Jama 281: 235–242
13. DeFronzo RA, Ferrannini E (1991) Insulin resistance. A multifaceted syndrome responsible for NIDDM, obesity, hypertension, dyslipidemia, and atherosclerotic cardiovascular disease. Diabetes Care 14: 173–194
14. Drent ML, Larsson I, William-Olsson T et al. (1995) Orlistat (Ro 18-0647), a lipase inhibitor, in the treatment of human obesity: a multiple dose study. Int J Obes Relat Metab Disord 19/4: 221–226

14a. Rossner S, Sjostrom L, Noack R, Meinders AE, Noseda G (2000) Weight loss, weight maintenance, and improved cardiovascular risk factors after 2 years treatment with orlistat for obesity. European Orlistat Obesity Study Group. Obes Res 8: 49–61

15. Ellrott T (2000) Aktuelle medikamentöse Ansätze in der Adipositastherapie. Dtsch Med Wochenschr 125: 256–261
16. Ferrannini E, Natali A, Bell P et al. (1997) Insulin resistance and hypersecretion in obesity. J Clin Invest 100: 1166–1173
17. Filipiak H, Schneller H, Döring A et al. (1993) Monica-Projekt Augsburg, GSF-Bericht 1993, GSF-Forschungszentrum
18. Fujioka K, Seaton TB, Rowe E et al. (2000) Weight loss with sibutramine improves glycaemic control and other metabolic parameters in obese patients with type 2 diabetes mellitus. Sibutramine/Diabetes Clinical Study Group. Diabetes Obes Metab 2/3: 175–187
19. Hauner H (2001) Körpergewicht. In: Nawroth PP, Ziegler R (Hrsg) Klinische Endokrinologie und Stoffwechsel. Springer, Berlin Heidelberg New York Tokio, S 575–604
20. Heymsfield SB, Segal KR, Hauptman J et al. (2000) Effects of weight loss with orlistat on glucose tolerance and progression to type 2 diabetes in obese adults. Arch Intern Med 160: 1321–1326
21. Hofmeister H, Mensink GBM, Stolzenberg H (1994) National trends in risk factors for cardiovascular disease in Germany. Prevent Med 23: 197–201
22. Hollander PA, Elbein SC, Hirsch IB et al. (1998) Role of orlistat in the treatment of obese patients with type 2 diabetes. A 1-year randomized double-blind study. Diabetes Care 21: 1288–1294
23. James WP, Astrup A, Finer N et al. (2000) Effect of sibutramine on weight maintenance after weight loss: a randomised trial. STORM Study Group. Sibutramine Trial of Obesity Reduction and Maintenance. Lancet 356: 2119–2125
24. Kopelman PG (2000) Obesity as a medical problem. Nature 404: 635–643
25. Leibel RL, Rosenbaum M, Hirsch J (1995) Changes in energy expenditure resulting from altered body weight. N Engl J Med 332: 621–628

26. Levine JA, Eberhardt NL, Jensen MD (1999) Role of nonexercise activity thermogenesis in resistance to fat gain in humans. Science 283: 212–214
27. Manson JE, Willett WC, Stampfer MJ et al. (1995) Body weight and mortality among women. N Engl J Med 333:677–685
28. Montague CT, Farooqi IS, Whitehead JP et al. (1997) Congenital leptin deficiency is associated with severe early-onset obesity in humans. Nature 387:903–908
29. Mun EC, Blackburn GL, Matthews JB (2001) Current status of medical and surgical therapy for obesity. Gastroenterol 120:669–681
30. Reaven GM (1988) Role of insulin resistance in human disease (Banting lecture 1988) Diabetes 37:1595–1607
31. Ryan DH, Kaiser P, Bray GA (1995) Sibutramine: a novel new agent for obesity treatment. Obes Res 3:553S–559S
32. Schwartz MW, Woods SC, Porte DJ, Seeley RJ, Baskin DG (2000) Central nervous system control of food intake. Nature 404:661–671
33. Series Clinical & Performance Program (2001) Vevey/BaselSchweiz: Nestec Ltd./Karger AG, pp 93–115
34. Shikora SA (2000) Sugical treatment for severe obesity: The state-of-the-art for the new millennium. Nutr Clin Pract 15:13–22
35. Shuldiner AR, Yang R, Gong DW (2001) Resistin, obesity and insulin resistance – the emerging role of the adipocyte as an endocrine organ. N Engl J Med 345:1345–1346
36. Sjostrom L, Rissanen A, Andersen T et al. (1998) Randomised placebo-controlled trial of orlistat for weight loss and prevention of weight regain in obese patients. European Multicentre Orlistat Study Group. Lancet 352:167–172
37. Skurk T, Hauner H (2002) Klinische Bedeutung und Pathophysiologie der Adipositas. Ernähr Med 17:11–14
38. Steppan CM, Bailey ST, Bhat S et al. (2001) The hormone resistin links obesity to diabetes. Nature 409:307–312
39. Stock MJ (1997) Sibutramine: A review of the pharmacology of a novel antiobesity agent. Int J Obesity 21:25S–29S
40. Weigle DS, Bukowski TR, Foster DC et al. (1995) Recombinant ob protein reduces feeding and body weight in the ob/ob mouse. J Clin Invest 96:2065–2070
41. WilletWC, Dietz WH, Colditz GA (1999) Guidelines for healthy weight. N Engl J Med 341:427–434
42. Wirth A (2000) Adipositas. 2. Aufl. Springer, Berlin Heidelberg New York Tokio
43. Woods SC, Rushing PA, Seeley RJ (2001) Neuropeptides and the control of energy homeostatis. In: Fernstrom JD, Uauy R, Attoyo P (eds) Nestlé Nutrition Workshop; Ser Clin Perform Programme 5:93–112
44. Yki-Järvinen H (1995) Role of insulin resistance in the pathogenesis of NIDDM. Diabetologia 38:1378–1388
45. Zhang Y, Proenca R, Maffei M et al. (1994) Positional cloning of the mouse obese gene and its human homologue. Nature 372:425–432

Stufentherapie der Adipositas

J.G. Wechsler, H. Hagen, K. Leopold

Adipositastherapie erfordert eine drastische Verhaltensänderung und Lifestyle-Modifikation des Patienten. Ärzte sind in der Regel nicht ausgebildet, um Verhaltensänderungen bei Patienten zu erreichen. Zwangsläufig führte dies zu unbefriedigenden Kurzzeit- und schlechten Langzeitergebnissen und damit zu weiterer Resignation der Ärzte. Für Adipositastherapien gibt es keine Abrechnungsziffern. Eine Behandlung, die nicht abgerechnet werden kann, wird häufig nicht durchgeführt.

So taucht Adipositas dann als logische Konsequenz nicht unter den Krankheitsdiagnosen auf und findet sich nahezu überhaupt nicht als Todesursache. Die Ausbildung von Studenten und die Weiterbildung von Ärzten weisen ebenfalls deutliche Defizite auf dem Gebiet der Ernährungsmedizin, der Adipositas und des metabolischen Syndroms auf. Ein Umdenken von der symptomorientierten Reparaturmedizin hin zu einer kausal orientierten und präventiv denkenden Medizin ist dringend notwendig.

Wegen der zunehmenden Problematik und der deutlich steigenden Kosten für die Behandlung der Folgeerkrankungen des Übergewichts, ist in den vergangenen Jahren eine Trendwende sowohl in der Beurteilung, als auch bei der Therapie in Wissenschaft, Medizin und Politik zu verzeichnen. Neue Therapieansätze reichen von diätetischen Therapiekonzepten, wie Medikamenten, bis zu interventionellen Adipositastherapien. Nachfolgend sollen interdisziplinäre Therapiemodelle dargestellt werden. Diese können sehr gute Kurzzeit- und gute Langzeitergebnisse belegen [1, 16, 20]. Zur ausführlichen Darstellung pathophysiologischer und klinischer Aspekte sei auf das Kap. 47 verwiesen.

48.1 Definition

Der Body-Mass-Index zwischen 20 und 25 kg/(m)² wird als Normalgewicht bezeichnet, die niedrigste Sterblichkeit findet sich bei einem BMI von 22 kg/kg/(m)². Von Übergewicht spricht man laut Klassifikation der WHO und der Deutschen Adipositasgesellschaft bei einem Body-Mass-Index von 25–30kg/(m)². Bei einem BMI von 30–35 kg/(m)² liegt Adipositas Grad I, bei einem BMI von 35–40 kg/(m)² Adipositas Grad II und bei einem BMI >40 kg/(m)² Adipositas Grad III vor (s. Kap. 47). Im ICD-10 wird Adipositas unterschiedlich verschlüsselt. Es wird zwischen Übergewicht, krankhafter Adipositas, übermäßiger Adipositas, abdomineller und hypophysärer Adipositas sowie Adipositas mit alveolärer Hypoventilation unterschieden [2, 9, 22].

48.2 Diagnostik

Basisdiagnostik ist die Bestimmung des Körper-Masse-Index, engl. Body-Mass-Index (BMI). Der BMI wird aus dem Quotienten von Körpergewicht in Kilogramm und Körpergröße in [m²] berechnet. Eine Risikobeurteilung ist durch die Bestimmung der Körperfettverteilung möglich. Der androide Fettverteilungstyp ist mit einem höheren Risiko asoziiert als der gynoide Fettverteilungstyp (s. Kap. 47). Der Quotient aus Taillen- und Hüftumfang (WHR) galt ursprünglich als Parameter für die Charakterisierung der abdominellen Adipositas. Bei Männern sollte der Wert <1, bei Frauen <0,85 liegen (*Tabelle 48-1*). Durch die Waist-to-hip-Ratio (WHR), also den Hüft-Taillen-Umfang, lässt sich in besonderem Maße die Gefährdung eines Patienten erfassen.

In zunehmendem Maße wird jedoch der Taillenumfang als alleiniger Parameter für die Klassifizierung einer Adipositas verwendet. Das Risiko ist bei Männern mit Taillenumfang >94 cm leicht und >102 cm stark erhöht. Bei Frauen liegt ein leicht erhöhtes Risiko mit Taillenumfang von >80 cm und ein stark erhöhtes Risiko mit Taillenumfang >88 cm vor (s. *Tabelle 48-1*; [21]).

Zur weiteren *Risikobeurteilung* bei Adipositas ist ein Lipidstatus mit Bestimmung des Cholesterins, des HDL- und LDL-Cholesterins sowie der Triglyzeride unverzichtbar. Ein oraler Glukosetoleranztest kann eine diabetische Stoffwechsellage oder eine gestörte Glukosetoleranz belegen. Weiterhin sind die Blutdruckmessung, die Bestimmung der Harnsäure und das basale TSH erforderlich. Abhängig von Beschwerden bzw. geplanten therapeutischen Maßnahmen muss die Diagnostik im Einzelfall erweitert werden. Die Anamnese muss nicht nur die Familienanamnese sondern auch die psychologischen und sozialen Verhältnisse sowie das Ernährungsverhalten umfassen [9, 12].

Bei der körperlichen Untersuchung müssen Hinweise auf eine *sekundäre Adipositas* besonders beachtet werden. Kör-

Tabelle 48-1. Berechnungsgrundlagen für die Klassifikation der Adipositas

Body-Mass-Index/Körpermasse-Index

$$\text{BMI} = \frac{\text{Körpergewicht}\,[\text{kg}]}{\text{Körpergröße}^2\,[\text{m}^2]}$$

Waist-to-hip-Ratio/Taille-Hüfte-Umfang

$$\text{WHR} = \frac{\text{Taillenumfang}\,[\text{cm}]\,(\text{zwischen Rippenbogen und Beckenkamm})}{\text{Hüftumfang}\,[\text{cm}]\,(\text{Trochanter major})}$$

Erhöhtes Risiko bei WHR:

Frauen: >0,85

Männer: >1

Risiko bei Taillenumfang (in cm):

Frauen: >80 (leicht erhöht); >88 (stark erhöht)

Männer: >94 (leicht erhöht); >102 (stark erhöht)

pergewicht und Körpergröße mit Berechnung des BMI sowie der Taillenumfang sind erforderlich. Die Blutdruckmessung an beiden Oberarmen muss wegen des erhöhten Hautwiderstandes mit breiteren Manschetten erfolgen. Bei einem Oberarmumfang >32 cm bzw. >42 cm ist eine Manschettenbreite von 15 cm bzw. 18 cm erforderlich.

Zahlreiche Verfahren wurden eingesetzt, um die Zusammensetzung des menschlichen Körpers zu bestimmen (s. Kap. 1):

- Die *Computertomographie* kann über planimetrische Verfahren das intraabdominelle Fett relativ gut erfassen, ist aber mit einer hohen Strahlenbelastung assoziiert.
- Die *Kernspintomographie* eignet sich dafür ebenso, ist allerdings sehr kostenaufwendig.
- Die *Isotopenverdünnungsmethoden* eignen sich zur Bestimmung einzelner Kompartimente, sie allein sind jedoch zur Bestimmung der menschlichen Körperfettmasse nicht geeignet.
- Bei der *DEXA* (duale Photonenabsorptionsmethode) werden ebenfalls Röntgenstrahlen verwendet.
- Die *Infrarotmethode* ist geeignet, die Fettschichtdicke ebenso exakt wie die *Ultraschallmethode* zu bestimmen. Allerdings ist die Hochrechnung auf die Gesamtkörperfettmasse mit nicht vertretbaren Fehlern verbunden.
- Die *Kalipermethode* schätzt über eine oder mehrere Messungen ebenfalls die Gesamtkörperfettmasse und weist große Fehler auf. Am zuverlässigsten hat sich die *Trizepsfalte* erwiesen.
- Die *bioelektrischen Impedanzverfahren* (s. Kap. 1) sind sehr beliebt. Man kann den Widerstand und den Wassergehalt des menschlichen Körpers relativ exakt bestimmen. Die Hochrechnung auf die Fettmasse ist jedoch stark fehlerhaft, da hier zu viele Variablen wie Geschlecht, körperlicher Trainingszustand und alte Analysendaten von Siri eingehen [21].
- Die *Densitometrie* ist sehr genau in der Bestimmung der menschlichen Körperdichte, benötigt jedoch ebenfalls zur Hochrechnung auf Körperfett die Angaben von Siri. Dennoch ist diese Methode wohl am genauesten, um den Körperfettgehalt eines Menschen zu bestimmen [21].

48.3 Indikationen für die Therapie

Grundsätzlich ist die Indikation zur Behandlung von Übergewicht und Adipositas bei einem BMI über 30 kg/(m)² gegeben. Nach den Empfehlungen der Deutschen Adipositasgesellschaft ist eine Therapieindikation auch gegeben bei einem BMI zwischen 25 und 30 kg/(m)², wenn übergewichtsbedingte Gesundheitsstörungen und/oder ein abdominales Fettverteilungsmuster und/oder Erkrankungen vorliegen, die durch Übergewicht verschlimmert werden. Bei einem BMI zwischen 25 und 30 kg/(m)², also bei vorliegendem Übergewicht ist eine Behandlungsindikation auch dann gegeben, wenn ein erheblicher psychosozialer Leidensdruck vorliegt (*Tabelle 48-2*; [2, 9 ,22]).

48.4 Kontraindikationen für eine Adipositastherapie

Nicht durchgeführt werden sollte eine Gewichtsreduktion in der Schwangerschaft, der Stillzeit, bei konsumierenden Erkrankungen wie Tuberkulose oder Krebs und allen akuten Erkrankungen. Bei älteren Menschen (>70 Jahre) sollte die Indikation zu einer Gewichtsreduktion individuell und sehr kritisch gestellt werden. Bei chronischen Erkrankungen sind Nutzen und Risiken gegeneinander abzuwägen.

Tabelle 48-2. Indikation für die Therapie der Adipositas (Leitlinien der Dt. Adipositasgesellschaft)

a) BMI: >30 kg/(m)²
b) BMI: 25–29,5 kg/(m²), sofern zusätzlich:
- ein stammbetontes Fettverteilungsmuster vorliegt und/oder
- assoziierte Störungen wie Typ-2-Diabetes, Hypertonie, Fettstoffwechselstörungen vorliegen und/oder
- andere Krankheiten bekannt sind, die durch eine Gewichtsabnahme gebessert werden können (z. B. Gelenkerkrankungen, Herzinsuffizienz) und/oder
- auch bei der oben genannten Komplikationen ein starker psychischer Leidensdruck besteht und der Patient eine Behandlung wünscht

48.5 Therapieplanung und Behandlungsziele

Ziele der Adipositastherapie sind nach den Leitlinien der Deutschen Adipositasgesellschaft:
- ein langfristiger Gewichtsverlust,
- die Reduktion von Begleiterkrankungen,
- die Verbesserung des Gesundheitsverhaltens und der Lebensqualität sowie
- die weitestgehende Vermeidung von Nebenwirkungen der Gewichtsreduktion.

Grundlage für eine erfolgversprechende Therapieplanung ist die *Anamnese* und Erfassung der sozialen und psychischen Situation des Patienten. Durch Erhebung der Familienanamnese kann eine erhöhte genetische Belastung aufgeklärt werden.

Die soziale Anamnese lässt erkennen, ob der Patient starken psychischen Belastungen in Beruf oder Familie ausgesetzt ist. Die Eigenanamnese zeigt Entwicklung und Beginn des Übergewichts. Wesentlich für Prognose und Therapieentscheidung ist auch, ob der Patient bereits viele Eigenversuche zur Gewichtsreduktion unternommen hat und v. a., ob professionelle Therapieversuche durchgeführt wurden. Häufig zeigt sich bei einer gründlichen Anamnese, dass sehr viele Patienten Medikamente zur Gewichtsreduktion eingenommen haben. Zu beobachten ist oft der sog. *Jo-Jo-Effekt*. Kurzfristige Fastenphasen, die häufig in Eigenregie durchgeführt werden, sind in der Regel mit einem Rückfall und starker Frustration vergesellschaftet. Bestimmte Erkrankungen wie Gelenkbeschwerden, Herz-Kreislauferkrankungen, Herzinfarkt, Schlaganfall oder Gallensteinleiden, Fettstoffwechselstörungen oder eine diabetische Stoffwechsellage können sich motivationssteigernd auswirken. Der Bildungsstatus ist ebenso von Bedeutung für den langfristigen Therapieerfolg wie eine stabile Einbindung in das Sozialgefüge.

Für jeden Patienten muss ein *individuelles Therapiekonzept* erstellt werden. Daran kann sich durchaus eine Gruppentherapie anschließen. Mit dem Patienten muss jedoch in jedem Fall ein flexibles Therapiekonzept festgelegt werden, welches auf seine individuellen Bedürfnisse zugeschnitten und in der Regel interdisziplinär angelegt sein sollte.

Eine *realistische Zielvereinbarung* ist dringend notwendig. Dabei hat sich eine stufenweise Annäherung an ein bestimmtes Körpergewicht bewährt. Es ist günstiger, das Ziel bei Erfolg erneut zu definieren als nicht erreichbare Ziele festzulegen, die bereits bei kleinen Rückschlägen zum Misserfolg führen. Überhöhte Therapieerwartungen haben in der Vergangenheit meist erhöhte Rückfallquoten nach sich gezogen.

So ist es nicht überraschend, dass vom National Institut of Health der USA (IOM-Institut of Medicine) bereits als Erfolg definiert wird, wenn ein Jahr nach einer Gewichtsreduktion das Körpergewicht noch 5% unter dem Ausgangsgewicht liegt [3]. Diese Grenze erscheint niedrig angesetzt. Durch zahlreiche Untersuchungen ist jedoch belegt, dass bereits wenige Kilogramm Gewichtsverlust zu deutlichen Besserungen im Stoffwechsel führen.

48.6 Therapiespektrum bei Adipositas

48.6.1 Diätetische Maßnahmen

Das *Therapiespektrum* bei Adipositas schließt eine verhaltenstherapeutische Betreuung zur Einhaltung der Diät und Steigerung der körperlichen Aktivität mit ein (*Tabelle 48-3*). Diätetisch bietet sich von der kalorienreduzierten Mischkost bis zum Einsatz von Formuladiäten in Form des modifizierten Fastens ein breites Spektrum an (s. Kap. 47). Die Umsetzung dieser diätetischen Maßnahmen erfolgt häufig in Form von Gruppentherapien und in kommerziellen Gewichtsreduktionsprogrammen.

Wesentlich für eine Gewichtssenkung ist die Reduktion der Energieaufnahme. Die Diäten zur Gewichtsreduktion werden eingeteilt in die kalorienreduzierte Mischkost, Reduktionsdiäten, extrem hypokalorische Diäten und Formuladiäten.

Die *kalorienreduzierte Mischkost* soll ein Energiedefizit von mindestens 500 kcal/24 h herbeiführen und 50–55% der Energie aus Kohlenhydraten, 30% aus Fett und 15–20% aus Eiweiß zur Verfügung stellen. Mindestens 50 g Eiweiß sollten biologisch hochwertig sein (s. Kap. 47).

Reduktionsdiäten mit einem Energiegehalt von 700–1000 kcal/24 h müssen gemäß der EU-Richtlinie 89/398 der EG-Kommission über Lebensmittel für kalorienarme Ernährung zur Gewichtsverringerung eine definierte Zusammensetzung aufweisen [5]. Die Tagesration muss mindestens 800 kcal betragen, 25% höchstens jedoch 50% des Brennwerts dürfen auf Proteine entfallen. Die Fettzufuhr darf 30% der Gesamtenergiezufuhr nicht überschreiten (s. Kap. 47). Zusätzlich müssen mindestens 4,5 g Linolsäure enthalten sein [4]. Der Ballaststoffgehalt muss mindestens 10 g, darf jedoch höchstens 30 g/24 h betragen. Die Kohlenhydratmenge ergibt sich als Ergänzung zu Fetten und Eiweiß im erlaubten Energiebereich. Die Zufuhr von Vitaminen, Mineralien und Spurenelementen ist ebenfalls genau festgelegt und muss dem Tagesbedarf entsprechen.

Extrem *hypokalorische* Diäten mit einem Energiegehalt von 450–700 kcal/24 h werden auch als Very-low-calorie-diets (VLCD) bezeichnet. Der Einsatz von Formuladiäten in Form des modifizierten Fastens bietet ein breites Spektrum an (s. Kap. 47). Auch hier sind mindestens 50 g biologisch hochwertiges Protein, 45 g Kohlenhydrate und 7 g Fett täglich zu fordern. Mineralstoffe, Vitamine und Spurenelemente müssen für den isokalorischen Bedarf substituiert werden. Diese Diäten sollten nur ärztlich verordnet werden und nicht länger als 4–6 Wochen angewandt werden. In erster Linie eignen sich extrem hypokalorische Diäten als Formuladiäten für Hochrisikopatienten, bei denen aus dringend medizinischen Gründen eine schnelle Gewichtsreduktion erforderlich ist [17, 18, 19]. Grundsätzlich ist bei einer Energiezufuhr unter 1200 kcal/24 h regelmäßig ärztliche Betreuung und Überwachung erforderlich.

Tabelle 48-3. Therapiespektrum bei Adipositas

Verhaltenstherapie		Med. Therapie	Chirurgie
Diät	Körperl. Aktivität		
VLCD	Walking	Sibutramin	Vertikale Gastroplastik
Modifiziertes Fasten	Schwimmen	Orlistat	Elastisches Banding
Reduktionsdiät	Radfahren		Magenballon
Fettreduktion			Plastische Chirurgie

> Außenseiterdiäten und totales Fasten sind in der Adipositastherapie abzulehnen.

Das *modifizierte Fasten* führt zum höchsten Fettverlust aller bekannten energiereduzierten Diäten. 80% des Gewichtsverlusts bestehen aus Fettgewebe. Nebenwirkungen und Komplikationen sind bei ärztlicher Führung vermeidbar. Modifiziertes Fasten sollte besonders bei stark übergewichtigen und gefährdeten Patienten mit Adipositas Grad II–III – vorzugsweise unter stationären Bedingungen – eingesetzt werden. *Abbildung 48-1* zeigt den Gewichtsverlauf während modifizierten Fastens bei stationären Patienten.

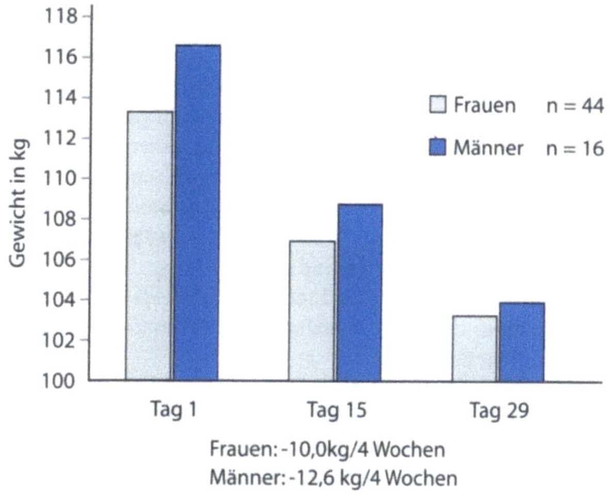

Abb. 48-1. Gewichtsverlauf bei Patienten eines stationären Therapieprogramms bei Adipositas (Modifast-Programm)

Für die Erhaltung eines reduzierten Körpergewichts und zur Gewichtsstabilisierung ist eine langfristige Therapie erforderlich. Hier hat der Hausarzt seine besondere Aufgabe. Besonders bewährt hat sich für einen guten Langzeiterfolg – aber auch für die akute Gewichtsreduktion – die Verringerung der Fettzufuhr bei gleichzeitiger flexibler Kontrolle der Kohlenhydratzufuhr. Die Behandlung mit Formuladiäten bzw. VLCD's in Gewichtsreduktions-Programmen hat bessere Kurzzeit- und Langzeitergebnisse als die Behandlung mit Reduktionsdiäten (LCD) [1].

48.6.2 Verhaltenstherapie

Wesentlich für den *Langzeiterfolg* ist eine langfristige Verhaltenstherapie. Folgende Komponenten sind dabei zu beachten: verstärkte Selbstkontrolle durch Selbstbeobachtung und Selbstbewertung, Verhaltenstraining, flexible Kontrolle, kognitive Therapie, Stimuluskontrollstrategien, soziale Unterstützung, Stressmanagement, Selbstsicherheitstraining, Misserfolgsprophylaxe und Misserfolgsbewältigung.

Ziel ist die Änderung des Essverhaltens mit einer fettnormalisierten, kohlenhydratreichen Ernährung gemäß DGE-Empfehlungen und eine Steigerung der körperlichen Aktivität. In zunehmendem Maße sollte die Fremdkontrolle abgebaut werden und eine langfristig realisierbare Selbstkontrolle aufgebaut werden. Das Training muss praxisnah sein. Es sollte nicht primär auf eine maximale Gewichtsabnahme ausgerichtet sein sondern auf eine langfristige Gewichtsstabilisierung [12, 15, 22].

48.6.3 Körperliche Aktivität

Eine Steigerung der körperlichen Aktivität führt zu einem erhöhten Energieverbrauch. Damit ist die für eine Gewichtsreduktion erforderliche Negativierung der Energiebilanz leichter zu erreichen. Besondere Bedeutung hat die körperliche Aktivität für die Stabilisierung nach Gewichtsreduktion. Unterstützend zur Gewichtsreduktion können Ausdauersportarten wie Schwimmen, Radfahren und zügiges Gehen (»Walking«) mit einer Geschwindigkeit von 5–7 km/h wirken.

Körperliche Aktivität führt nicht nur zu einer höheren Gewichtsabnahme, sondern steigert das Selbstvertrauen Adipöser und vermindert Depression und Angst. Bewegungstherapie in Gruppen wirkt der sozialen Isolation entgegen. Sofern keine Kontraindikationen bestehen, kann unter qualifizierter Anleitung grundsätzlich ein Ausdauertraining oder auch ein Krafttraining oder eine Kombination aus beiden durchgeführt werden. Mit beiden Trainingsmethoden lässt sich eine Abnahme des Körperfettes und ein Erhalt des Körpereiweißes bewerkstelligen. Risikofaktoren der Arteriosklerose werden allerdings durch ein Ausdauertraining besser beeinflusst als durch Krafttraining.

Eine geringe Intensität der körperlichen Aktivität von ca. 30% der maximalen O_2-Aufnahme genügt, um die Fettoxidation optimal zu gestalten. Regelmäßige körperliche Aktivität mit etwa 1/3 der körperlichen Leistungsfähigkeit ist demnach am besten geeignet, Fette zu verbrennen und Kohlenhydrate zu erhalten.

48.6.4 Medikamentöse Therapie

Eine medikamentöse Behandlung der Adipositas dient der Begünstigung der langfristigen Gewichtsstabilisierung. Eine medikamentöse Therapie darf *nur als zusätzliche Maßnahme zu diätetischen und verhaltenstherapeutischen Therapieansätzen eingesetzt werden* (*Abb. 48-2*). Medikamente alleine bewirken keinen anhaltenden Gewichtsverlust. Nur in Verbindung mit interdisziplinären Therapiekonzepten ist eine Gewichtsreduktion und Gewichtserhalt möglich.

Die zur Gewichtsreduktion verwendeten Arzneimittel haben im Wesentlichen drei Wirkmechanismen (ausführliche Darstellung s. Kap. 47):

- Steigerung des Energieverbrauchs
- Verminderung der (Nährstoff)Energiezufuhr (z. B. *Sibutramin* [14]);
- Hemmung der enteralen Digestion und/oder Resorption von Nährstoffen (*Orlistat*:z. B. Tetrahydrolipsatatin [13]);

> Grundsätzlich sollten Medikamente mit strenger Indikationsstellung nur bei einem BMI >30 kg/(m)² eingesetzt werden. Die Indikationen zur Adipositastherapie sind grundsätzlich zu beachten. Risiken und potentieller Nutzen müssen kritisch gegeneinander abgewogen werden. Die Zeitdauer der Anwendung sollte, da derzeit keine definierten Empfehlungen existieren, im Einzelfall vom behandelnden Arzt festgelegt werden.

48.6.5 Operative Therapie

Als Ultima Ratio der Adipositastherapie müssen chirurgische Maßnahmen angesehen werden [8]. Im Wesentlichen stehen zwei chirurgische Therapieverfahren zur Wahl: das starre Banding n. Mason in Form der vertikalen *Gastroplastik* und das flexible Band n. Kuzmak (s. Kap. 47). Beide Verfahren führen zu einer Einengung des Magens im Fundus und Kardiabereich. Als Folge der verringerten Nahrungs- und Energiezufuhr kommt es zu einer Gewichtsreduktion. Die Indikation für eine chirurgische Adipositastherapie ist laut Empfehlungen der Fachgesellschaften bei einem BMI >40 kg/(m)² und bei drastischer Gefährdung der Gesundheit bzw. bei Vorliegen schwerwiegender gewichtsbedingter Erkrankungen und nach Scheitern konservativer Therapien gegeben. In Einzelfällen kann auch bei einem BMI zwischen 35 und 40 kg/(m)² die Indikation zu einer Operation gegeben sein. Die Patientenauswahl ist schwierig, da auch postoperativ eine gute Compliance erforderlich ist. Der Patient muss in der Lage sein, sein Essverhalten grundle-

- Zuerst immer nichtmedikamentöser Therapieversuch über 6 Monate mit:
  - → Diät
  - → Bewegungssteigerung
  - → Verhaltensmodifikation
- Bei unzureichendem Erfolg nichtmedikamentöser Maßnahmen und
  - BMI > 30 oder
  - BMI ≤ 27 + Begleiterkrankung

kann zusätzlich eine Pharmakotherapie erwogen werden

Abb. 48-2. Indikation zur Pharmakotherpie bei Adipositas. (Mod. nach [4]) gend zu ändern und sich in ein langfristiges Therapiekonzept einzubringen.

Die chirurgische Adipositastherapie sollte nur an Zentren durchgeführt werden, die auf diesem Gebiet Erfahrung haben und gewisse Mindesteingriffszahlen aufweisen können. Dies ist in Richtlinien der internationalen Fachgesellschaften festgelegt [2, 22].

48.7 Interdisziplinäre Adipositastherapie

Ärztliche Behandlung kann zu relativ guten Kurzzeitergebnissen führen. Die Langzeitergebnisse sind jedoch schlecht. Bessere Resultate werden von interdisziplinären Therapiekonzepten berichtet (▣ *Tabelle 48-4*). Besonders erfolgreich ist dabei das Optifast-Programm. Bei diesem Programm handelt es sich um ein interdisziplinäres Langzeitprogramm über 12 Monate. Die Betreuung, der aus 15 Personen bestehenden Therapiegruppen, erfolgt durch in der Adipositastherapie erfahrene Ärzte, Psychologen, Physiotherapeuten und Ernährungsberater [18, 19].

Wöchentliche Gruppentreffen mit ärztlicher Untersuchung, Bewegungstherapie und psychologisch-verhaltenstherapeutisch geleiteter Gruppensitzung weisen eine hohe Compliance mit sehr guten Erfolgsraten auf [16]. So beträgt die Gewichtsreduktion im Zeitraum von 6 Monaten im Durchschnitt 28 kg (▣ *Abb. 48-3*). Eine signifikante Besserung von Begleiterkrankungen wie arterielle Hypertonie, Hyperlipoproteinämie, diabetische Stoffwechsellage und Hyperurikämie ist belegt. Grundprinzip der Therapie ist eine Formuladiät, die dem § 14 a bzw. der EU-Richtlinie 96/8 entspricht [5]. Während dieser 3-monatigen Formuladiätphase erfolgt eine tägliche Energiezufuhr von ca. 800 kcal. Die Eiweißzufuhr ist bilanziert, damit die Stickstoffbilanz ausgeglichen ist. Essenzielle Fettsäuren, Mineralien, Spurenelemente und Vitamine werden in einer Menge, die dem täglichen Bedarf entspricht, substituiert.

Es gibt zahlreiche Programme, die weniger aufwendig und dadurch kostengünstiger sind. Prinzipiell müssen alle kommerziellen Gewichtsreduktionsprogramme bestimmte Qualitätskriterien erfüllen und Kurz- und Langzeitergebnisse belegen. Die Fachgesellschaften der Deutschen Adipositasgesellschaft, der Deutschen Akademie für Ernährungsmedizin, der Deutschen Gesellschaft für Ernährung und der Deutschen Gesellschaft für Ernährungsmedizin haben Qualitätskriterien für ambulante Adipositaprogramme definiert [6]. Demnach sind an personellen Voraussetzungen Arzt und Ernährungsfachkraft obligatorisch. Fakultativ sollten Psychologen und Physiotherapeuten beteiligt sein. Die räumlichen Voraussetzungen für eine Gruppentherapie müssen gegeben sein.

Das Therapieprogramm sollte folgende Punkte beinhalten:
- medizinische Eingangsuntersuchung und Indikationsstellung,
- interdisziplinäres Therapiekonzept (Ernährungs-, Verhaltens- und Bewegungstherapie, ggf. auch Medikamente),
- strukturierte Schulung in Gruppen,
- Verlaufskontrollen und Dokumentation,
- Therapiedauer von wenigstens 6–12 Monaten.

Die Dokumentation von Kurz- und Langzeitergebnissen ist erforderlich. So sollten auch nach 1, 2 und 3 Jahren noch Ergebnisse erhoben werden. Die Erfolge sollten nach den Kriterien des Institute of Medicine des NIH festgelegt sein [3]. Auch die Gewichtsreduktion sollte den Empfehlungen der WHO folgen [22].

▣ **Tabelle 48-4.** Anforderungen an Adipositastherapieprogramme

Erfolg, schneller Gewichtsverlust durch
– Bilanzierte Diät (gemäß EU-Richtlinie 96/8)
– Definiertes Energiedefizit (Beginn mit Formuladiät)
– Erhalt der »schlanken Linie« (»lean body mass«)
Keine Gefährdung der Gesundheit durch
– Ärztliche Betreuung
– Bilanzierte Diät
– Erfahrungsaustausch in der Gruppe
Hohe Compliance durch
– Information und Schulung
– Selbstbeteiligung an den Kosten
– Gruppendynamik
– Freiwilligkeit ohne Zwang (Joker-Möglichkeit)
Psychologische Führung
– Schulung des Ess- und Ernährungsverhaltens
– Gruppendynamische Prozesse
– Realistische Zielvereinbarung
– Flexible Kontrolle
Langzeiterfolg durch
– Gewichtsreduktionsphase (Monate)
– Umstellungsphase (Monate)
– Stabilisierungsphase (Jahre)
– Übergang von Fremd- in Eigenkontrolle (nach ca. 3 Jahren)

48.8 Stufentherapie der Adipositas

Besonderen Wert hat die Prävention bei Kindern und Jugendlichen, sie muss bereits bei normalgewichtigen Menschen begin-

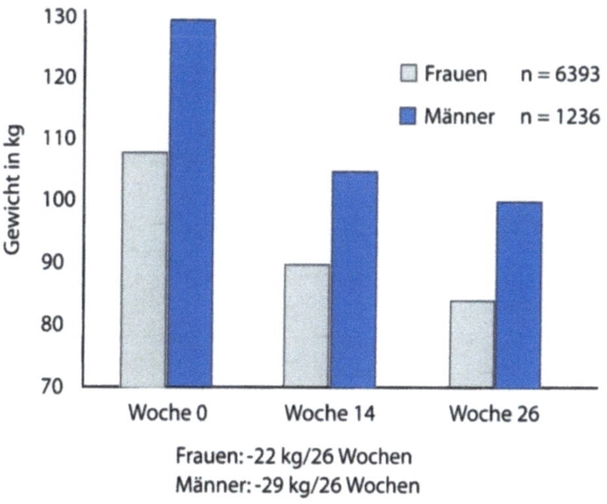

▣ **Abb. 48-3.** Gewichtsverlauf eines ambulanten Therapieprogramms (Optifast-Programm)

nen. Aufklärung, Schulung, insbesondere im Verhalten bezüglich einer fettreduzierten Ernährungsweise sind unverzichtbar. Konsequente Steigerung der körperlichen Aktivität kann durch vermehrten Energieverbrauch die Entstehung einer Adipositas verhindern. Die Einhaltung einer vernünftigen Ernährungsweise und entsprechende Lifestyle-Modifikation muss wichtigste Aufgabe im präventiven Vorfeld sein. Besondere Verantwortung kommt hierbei dem Kinderarzt, dem Hausarzt, der Krankenkasse, den Medien, der Schule und dem Staat zu (*Tabelle 48-5*).

Bei einem *BMI zwischen 25 und 30 kg/(m)²* besteht die Indikation zu einer Therapie der Adipositas dann, wenn Beschwerden oder Risikofaktoren der Arteriosklerose vorliegen. Zur Information, Aufklärung, Schulung sowie Lebensstilmodifikation kommt jetzt zusätzlich der Einsatz von Reduktionsdiäten und verhaltenstherapeutischen Maßnahmen. Auch kommerzielle Gewichtsreduktionsprogramme können in Einzelfällen notwendig sein. Die Behandlung von Übergewicht ist fast immer ambulant möglich.

Eine Selbstbeteiligung des Patienten ist motivierend und erfolgsfördernd. Als Ansprechpartner und betreuende Therapeuten kommen in erster Linie der Hausarzt sowie kommerzielle Gewichtsreduktionsprogramme wie das Modifast-Programm, die Weight Watcher, die DGGL und andere in Frage.

Bei *Adipositas Grad I und II* besteht eine uneingeschränkte Therapieindikation. Auch hier sind Information, Aufklärung, Schulung, Änderung des Ess- und Ernährungsverhaltens, Reduktion der Fettzufuhr und Lifestyle-Modifikation notwendige Voraussetzungen für einen Therapieerfolg. Es ist jedoch häufig erforderlich, durch drastische Kalorienreduktion, z. B.

Tabelle 48-5. Stufenschema der Adipositastherapie

BMI [kg/(m²)]	Normalgewicht 20–25	Übergewicht 25–30	Adipositas Grad I und II 30–35 bzw. 35–40	Adipositas Grad III >40
Therapieform	– Information – Aufklärung – Schulung – Reduktion der Fettzufuhr – Steigerung der körperlichen Aktivität – »Prudent diet« – »Life-style modification« – Verhaltenstherapie	– Information – Aufklärung – Schulung – Reduktion der Fettzufuhr – Steigerung der körperlichen Aktivität – »Prudent diet« – »Life-style modification« – Verhaltenstherapie – Reduktionsdiät – Einsatz von kommerziellen, Gewichtsreduktionsprogrammen – Fast immer ambulant möglich – Selbstbeteiligung des Patienten	– Information – Aufklärung – Schulung – Reduktion der Fettzufuhr – Steigerung der körperlichen Aktivität – »Prudent diet« – »Life-style modification« – Verhaltenstherapie – Drastische Kalorienreduktion durch VLCD Formuladiät, modifiziertes Fasten, ambulantes interdisziplinäres Therapieprogramm, z. B. Modifast-Programm, Optifast- Programm – Häufig ambulant möglich – Selbstbeteiligung des Patienten – Häufig bei Hochrisikopatient stationäre Behandlung notwendig – Medikamente häufig hilfreich (zeitlich befristet)	– Information – Aufklärung – Schulung – Reduktion der Fettzufuhr – Steigerung der körperlichen Aktivität – »Prudent diet« – »Life-style modification« – Verhaltenstherapie – Diskussion interventioneller Adipositastherapien, wie Magenballon, vertikale Gastroplastik, elastisches Banding nach Scheitern der konservativen Therapie – In der Regel stationär – Selbstbeteiligung des Patienten
Gesundheitsmanagement	– Hausarzt – Krankenkasse – Medien – Schule – Staat	– Hausarzt – Schwerpunktpraxis – Kommerzielle Programme (Modifast-Programm, Optifast-Programm, Weight Watchers, DGGL u. a.)	– Hausarzt – Schwerpunktpraxis – Kommerzielle Programme (Modifast-Programm, Optifast-Programm,Adipositastherapiezentrum/-spezialklinik	– Hausarzt – Schwerpunktpraxis – Adipositastherapiezentrum – Adipositasspezialklinik

durch VLCD, Formuladiäten oder modifiziertes Fasten einen schnellen Gewichtsverlust zu erzielen. Dies kann am besten in einem interdisziplinären ambulanten Therapieprogramm, wie z. B. im Optifast- oder Modifast-Programm erfolgen. Die Behandlung ist bei Adipositas Grad I fast immer, bei Adipositas Grad II häufig ambulant möglich. In bestimmten Fällen ist jedoch bei Hochrisikopatienten mit Adipositas Grad I und II eine stationäre Behandlung medizinisch notwendig. Auch hier ist die Selbstbeteiligung des Patienten nützlich und wünschenswert. Auch der zeitlich befristete Einsatz von Medikamenten kann in dieser Patientengruppe hilfreich sein.

Als besonderer Therapeut und Ansprechpartner kommen im Vorfeld der Hausarzt, für die Therapie im Regelfall ein kommerzielles Gewichtsreduktionsprogramm, wie z. B. das Optifast-Programm oder Schwerpunktpraxen, Adipositastherapiezentren und Spezialkliniken in Frage (s. ◻ *Tabelle 48-5*).

Adipositas Grad III (BMI >40 kg/(m)²) ist häufig einer diätetischen Therapie nicht mehr zugänglich. Wenn nach den Kriterien der Fachgesellschaften eine interventionelle Adipositastherapie indiziert ist, ist auch hier entsprechende Information, Aufklärung und Schulung der Patienten notwendig. Im ausführlichen Gespräch mit dem Patienten muss der Einsatz eines Magenballons, einer vertikalen Gastroplastik, des elastischen Bandings oder auch eine plastisch-chirurgische Maßnahme diskutiert werden. Die Behandlung ist im Regelfall stationär erforderlich. Eine Selbstbeteiligung des Patienten ist auch hier häufig. Als therapeutischer Ansprechpartner kommen über den Hausarzt, Schwerpunktpraxen, Adipositastherapiezentren und Spezialkliniken in Frage.

48.9 Stellenwert verschiedener Adipositastherapien

Die Einzeltherapie adipöser Patienten durch Hausarzt, Facharzt oder Psychologen ist sehr zeitaufwendig. Bei einem guten Arzt/Patienten-Verhältnis ist diese Behandlung zwar oft erfolgreich, andererseits sprechen die Kostensteigerungen im Gesundheitswesen dafür, Adipositastherapie rationeller zu gestalten. Nach dem heutigen Wissensstand erscheint die Individualtherapie nur in Einzelfällen berechtigt zu sein, da sie aufwendig und teuer ist. Sie kann somit nicht zu Lasten der sozialen Versicherungssysteme finanziert werden (◻ *Tabelle 48-6*).

Interdisziplinäre Therapieprogramme in Gruppen sind wesentlich erfolgreicher als eine Individualtherapie. Dies ist z. B. durch das Optifast-Programm in der Literatur gut belegt [7, 15, 16, 17]. Gruppendynamische Prozesse sind nicht nur für die Compliance, sondern auch für das Therapieergebnis erforderlich. Diese Behandlungsform in Gruppen von bis zu 15 Teilnehmern hat sich als außerordentlich kostengünstig erwiesen, da sie um den Faktor 15 niedriger liegt als die Individualtherapie.

Die durchschnittlichen Gewichtsverluste von 20–30 kg pro Therapiezyklus sind akzeptabel und erfüllen die Kriterien einer erfolgreichen Gewichtsreduktion nach den Kriterien der WHO [22].

Durch operative Therapiemaßnahmen ist in der Regel ein höherer Gewichtsverlust erreichbar. Als Ultima Ratio muss die Operation in Form des starren Gastric-Bandings oder des elastischen Bandings allerdings Hochrisikopatienten vorbehalten bleiben. Zu bedenken ist auch, dass zwar Gewichtsreduktionen bis 50 kg möglich sind, aber auch Langzeitpatienten mit Folgeproblemen geschaffen werden. Die Kosten-Nutzen-Analyse gibt für das operative Vorgehen hinsichtlich Kurz- und Langzeiterfolg zunächst ein gutes Ergebnis. Bedacht werden muss allerdings das Operationsrisiko, das bei einer Letalität von etwa 1–3% bei Adipösen liegt. Ungeklärt sind auch evtl. Spätfolgen des operativen Eingriffs. Diese reichen von Verwachsungen bis zu narbigen Strukturen, Bandwanderungen und Kippungen. Auch histologische Veränderungen in der Pouch-Mukosa – mit möglicherweise erhöhten Karzinomraten – sind nicht auszuschließen. Die Kosten dieser Folgeerkrankungen müssen natürlich in der Kostenbilanz mit berücksichtigt werden [7]. Operative Eingriffe, wie der Gastric Bypass, sind nicht reversibel und haben eine höhere Morbidität und Mortalität.

Zu den etablierten Therapiekonzepten bieten sich heute präventive und therapeutische Populationsstrategien an. Übergewicht in großen Bevölkerungsgruppen zu reduzieren, ist Ziel der therapeutischen Strategie. Diese Strategie erfordert breit angelegte Informationskampagnen, die sich der Medien bedienen müssen. Grundziel dieser Gesundheitskampagnen muss die Reduktion des Fettverbrauchs sein. Dies könnte durch staatlich gelenkte Verknappung des Angebots an fettreichen Lebensmitteln erfolgen. Zu denken ist hier an eine Fettsteuer, die zu einem verringerten Angebot an Fett führt. Zusätzlich könnte durch ein Bonus-Malus-System der Versicherungen ein Anreiz zur Gewichtsreduktion bzw. zur Erhaltung eines Normalgewichts geschaffen werden. Die ersten Ansätze für solche Konzepte in den USA sind durchaus erfolgversprechend.

◻ **Tabelle 48-6.** Stellenwert unterschiedlicher Adipositastherapiestrategien

	Pro	Kontra
Individualtherapie (Hausarzt, Psychologe)	Oft erfolgreich, individuell	Zu aufwendig, nicht finanzierbar
Gruppentherapie (z. B. Optifast-Programm, Schwerpunktpraxen)	Erfolgreicher als individuell, Vorteile durch gruppendynamische Prozesse	Wenig individuell
Operative Therapien (Banding-Operation)	Erfolgreich, »Ultima Ratio«, kostengünstig	Operationsrisiko, Spätfolgen
Populationsstrategien (präventiv), z. B. Fettsteuer, Versicherung: Bonus-Malus-System	Langfristig erfolgversprechend hohe Investition, Gewinn später	Späte Wirkung, nicht für Therapiebedürftige geeignet
Populationsstrategien (therapeutisch) z. B. Fettsteuer, Versicherung: Bonus-Malus-System	Langfristig erfolgversprechend, positive Ansätze in USA, langfristig kostengünstig	Prohibitiv, Gegenregulation, zu spät wirksam für betroffene Patienten

Die Kosten erscheinen vertretbar. Gegen diese Konzepte spricht allerdings, dass Verbote und prohibitives Verhalten bisher nicht sonderlich erfolgreich waren. Möglicherweise kommt es auch zu Gegenregulationen. Unter Umständen ist eine therapeutische Populationsstrategie auch für viele Übergewichtige ein zu langsamer und damit zu spät wirksamer Mechanismus.

Alternativ bieten sich präventive Populationsstrategien an, mit dem Ziel, die Entstehung von Übergewicht zu vermeiden [22]. Auch hier sind Informationen und Aufklärung über Medien und staatliche Einrichtungen unverzichtbar. Auch die Krankenkassen sind hier in der Pflicht. Die Ansätze können ähnlich sein wie bei den Cholesterin- und Herzkampagnen in den USA, die heute durchaus gute Langzeitergebnisse vorzuweisen haben. Auf die Adipositas übertragen, wäre auch hier eine Senkung des Fettverbrauchs durch Einführung einer Fettsteuer denkbar. Die Fettproduktion könnte durch erhöhte Abgaben uninteressant gemacht werden. Versicherungen könnten Normalgewicht mit einem Bonus honorieren.

Regelmäßige Untersuchungen im Sinne eines umfassenden Gesundheitsmanagements könnten das Auftreten von Gesundheitsstörungen und Übergewicht und damit deren Folgeerkrankungen vermeiden. Präventionsstrategien sind langfristig angelegt und werden deshalb sehr spät wirksam. Für akut Therapiebedürftige ist dieses Konzept nicht geeignet.

48.10 Zukunftsstrategien der Adipositastherapie

In der Zukunft werden Gesunde und Kranke einen höheren Beitrag zur Erhaltung bzw. Wiedergewinnung ihrer Gesundheit leisten müssen. Dieser höhere Beitrag muss nicht nur finanziell in einer Selbstbeteiligung sondern in erster Linie in einer größeren Eigenverantwortung gesehen werden. Das Gesundheits- bzw. Krankheitsmanagement ist dann nur bei Erfordernis von den Fachberufen zu übernehmen. Wesentliche Einflüsse auf die Steuerung dieser Abläufe werden von den Kostenträgern ausgehen müssen. Unabhängig von künftigen Entwicklungen wie Gesundheitszentren wird die wesentliche Rolle dem Hausarzt oder dem hausärztlich tätigen Internisten zukommen. Er muss in der Lage sein, Risiken seiner Patienten und Therapieindikationen zu erkennen und eine Zuweisung zu entsprechenden Spezialeinrichtungen zu veranlassen.

Professionelle Therapieangebote sind nach den bisherigen Erfahrungen und dem Scheitern bisheriger Therapiekonzepte erforderlich. Dazu bedarf es der Entwicklung und Einrichtung von Schwerpunktpraxen, die sich speziell um Adipositas bzw. ernährungsabhängige Krankheiten kümmern. Diese Schwerpunktpraxen (Adipositas/Ernährungsmedizin) müssen mit besonders ausgebildeten Ärzten (Ernährungsmediziner, DAEM/DEGEM), verhaltenstherapeutisch geschulten Psychologen sowie erfahrenen Ernährungstherapeuten ausgestattet sein (*Tabelle 48-7*, *Abb. 48-4*; [20]).

In diesen Schwerpunktpraxen *Adipositas/Ernährungsmedizin* sollte zunächst der erste Therapieversuch durchgeführt werden. Die Indikation für die Behandlung in Schwerpunktpraxen ist vorrangig bei einem BMI von 30–40 kg/(m²) zu sehen. Das Therapiespektrum in Schwerpunktpraxen Adipositas/Ernährungsmedizin muss qualitätskontrollierte, erprobte Programme mit belegbaren Kurz- und Langzeiterfolgen umfassen. Die Therapie muss leitlinienorientiert sein. Hierbei können auch Medikamente eingesetzt werden. Besondere Aufgabe der Schwerpunktpraxis wird auch die Langzeitbetreuung extrem Adipöser und operierter Patienten sein.

Für Patienten mit Adipositas höheren Grades (Grad II oder III) wird es in zunehmendem Maße Adipositastherapiezentren geben, die mit erfahrenen interdisziplinären Teams ausgestattet sind. Die Behandlung in diesem Zentrum ist ebenfalls grundsätzlich ambulant möglich. Sie wird von erfahrenen Ärzten, Psychologen, Ernährungs- und Bewegungstherapeuten durchgeführt. Die Durchführung der Behandlung sollte, wie auch in Schwerpunktpraxen, grundsätzlich in Form von Gruppentherapien erfolgen. Entsprechende räumliche Voraussetzungen müssen gegeben sein. Die Zuweisung an das Adipositastherapiezentrum sollte bei Versagen der Therapie in der Schwerpunktpraxis Adipositas/Ernährungsmedizin erfolgen. Auch das Adipositastherapiezentrum muss qualitätskontrollierte, standardisierte, leitlinienorientierte, erprobte Therapieprogramme anbieten. Die Kurz- und Langzeitergebnisse müssen durch die Kostenträger überprüfbar sein. Eine

Tabelle 48-7. Therapiestrategien bei Adipositas

Hausarzt

Schwerpunktpraxis: Adipositas/Ernährungsmedizin	Adipositastherapiezentrum	Adipositasspezialklinik	Chirugische Abteilung
Mit Team aus: Arzt, Psychologe, Ernährungsberater, Bewegungstherapeut	Mit Team aus: Arzt, Psychologe, Ernährungsberater, Bewegungstherapeut	Mit Team aus: Arzt, Psychologe, Ernährungsberater, Bewegungstherapeut	Mit erfahrenem Operationsteam
Indikation:	Indikation:	Indikation:	Indikation:
1. Therapie	Bei Therapieversagen	Nach Therapieversagen, bei Hochrisikopatienten präoperativ	Nach Therapieversagen
– BMI (kg/(m)²): 25–35	– BMI (kg/(m)²): >30	– BMI (kg/(m)²): >30	– BMI (kg/(m)²): >40
Angebot:	Angebot:	Angebot:	Angebot:
Qualitätskontrollierte, standardisierte, leitlinienorientierte Programme (Kurz- und Langzeitprogramme)	Qualitätskontrollierte, standardisierte leitlinienorientierte Programme (Kurz- und Langzeitprogramme (4 Wochen)	Qualitätskontrollierte, standardisierte, leitlinienorientierte Therapien, z. B. modifiziertes Fasten, Kurzzeitprogramm	Standardisierte Operationsverfahren, qualitätskontrolliert, leitlinienorientiert

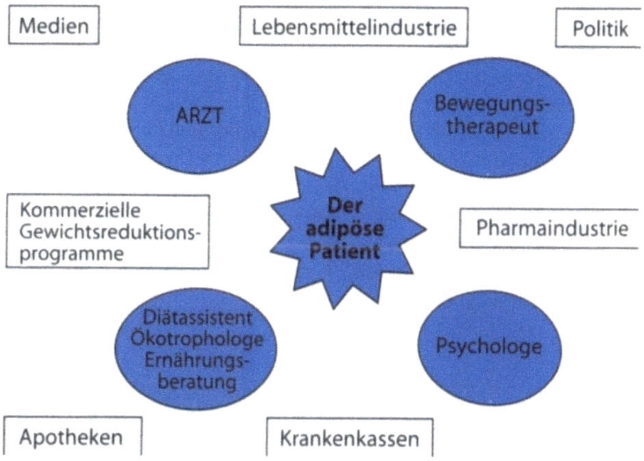

Abb. 48-4. Interdisziplinäre Therapie der Adipositas

Selbstbeteiligung der Patienten ist durchaus wünschenswert, weil sie Motivation und Erfolg steigert.

Als *dritte Säule* im Therapiekonzept sind Adipositasspezialkliniken zu sehen. An diese Kliniken wird im Regelfall eine chirurgische Abteilung für Adipositaschirurgie angeschlossen sein. In diesen werden Spezialkliniken überwiegend Patienten mit einem BMI >40 kg/(m)² nach Therapieversagen bei hohem Risiko bzw. akuter Gefährdung der Gesundheit behandelt. Dies gilt insbesondere präoperativ vor Elektiveingriffen, wie Cholezystektomie, Hüft-, Kniegelenk-Totalendoprothesen sowie vor Herzoperationen, wenn eine stationäre Gewichtsreduktion zur Verringerung des operativen und perioperativen Risikos medizinisch notwendig ist.

Auch in diesen Kliniken sind interdisziplinäre Teams mit erfahrenen Ärzten, Psychologen, Ernährungs- und Physiotherapeuten zu fordern. Adipositasspezialkliniken müssen das ganze Therapiespektrum der Adipositas abdecken. In erster Linie wird das Ziel eine schnelle ärztlich kontrollierte Gewichtsreduktion sein. Dafür bieten sich Formuladiäten in Form des modifizierten Fastens an.

In *Adipositasspezialkliniken* sollten chirurgische Abteilungen mit dem Schwerpunkt »Adipositaschirurgie« vorhanden sein. Die Adipositaschirurgie erfordert insbesondere auf endoskopischem Gebiet ein erfahrenes Operationsteam. Die prä- und postoperative internistische Vor- und Nachsorge sollte unter einem Dach stattfinden. Die präoperative Risikoreduktion, insbesondere bei kardiopulmonalen Erkrankungen und die postoperative Ernährungsschulung und Anleitung des Patienten sind erforderlich, um die Risiken des Eingriffs zu reduzieren.

Die Indikation zur Adipositaschirurgie ist ab einem BMI >40 kg/(m)², in Einzelfällen auch bereits bei einem BMI >35 kg/(m)² nach Therapieversagen konservativer Maßnahmen gegeben. Auch die chirurgische Adipositastherapie muss einer Qualitätskontrolle unterworfen sein, sie muss leitlinienorientiert sein und sollte standardisierte Operationsverfahren anwenden.

48.11 Schlussfolgerungen

Für eine erfolgreiche Adipositastherapie sind konsequente Diagnostik, Beachtung der Indikationen und Kontraindikationen sowie Einsatz eines Stufenschemas wesentliche Voraussetzungen. Neue Konzepte mit interdisziplinärem Therapieansatz haben sich als erfolgreich erwiesen. Aus Kostengründen werden in Zukunft nur gruppentherapeutische Modelle durchführbar sein. Die Therapie wird in erster Linie in Schwerpunktpraxen Adipositas/Ernährungsmedizin erfolgen.

Diese Praxen werden sich zu Kompetenzzentren für die Behandlung unkomplizierter und komplizierter Adipositasformen entwickeln. Übergeordnet werden Adipositasspezialkliniken mit chirurgischen Abteilungen und Adipositastherapiezentren existieren müssen, die Problemfällen vorbehalten sind.

Diese neue Strategie der Adipositastherapie muss durch Populationsstrategien ergänzt werden. In erster Linie ist hier auf die Primär-Prävention, insbesondere im Kindes- und Jugendalter zu setzen. Nach erfolgreicher Gewichtsreduktion brauchen wir sekundär präventive Langzeitprogramme. Die Umsetzung neuer Adipositastherapiestrategien bedarf der gemeinsamen Anstrengung der Ärzteschaft, der Kostenträger und auch staatlicher Institutionen.

Literatur

1. Anderson JW, Konz EC, Frederich RC, Wood CL (2001) Long-term weight-loss maintenance: a meta-analysis of US studies Am J Clin Nutr 74:579–84
2. Clinical Guidelines in the Identification, Evaluation and Treatment of Overweight and Obesity in Adults (1998) National Institute of Health, Washington D.C., No 6
3. Committee to Develop Criteria for Evaluating the Outcomes of Approaches to Prevent and Treat Obesity, Food and Nutrition Board, Institute of Medicine (1995) Thomas PR (ed) Weighing the options. Criteria for evaluating weight-management programs. National Academy Press, Washington D.C.
4. Ellrott T (2000) Aktuelle medikamentöse Ansätze in der Adipositastherapie. Dtsch Med Wochenschr 125:256–261
5. EU (1996) Richtlinie 96/8 der EG-Kommission vom 26.02.1996 über Lebensmittel für kalorienarme Ernährung zur Gewichtsverringerung. Amtsblatt der Europäischen Gemeinschaften, Nr. L, 55/22,96
6. Hauner H, Wechsler JG, Kluthe R et al. (2000) Qualitätskriterien für ambulante Adipositasprogramme. Aktuelle Ernährungsmedizin 25: 163–165
7. Hubert HB, Feinlieb M, McNamara PM, Castelli WP (1983) Obesity as an independent risk factor for cardiovascascular disease: a 26 year follow-up of participants in the Framingham heart study. Circulation 67:968–977
8. Husemann B (1995) Zur chirurgischen Therapie der extremen Adipositas. Langenbecks Arch Chir 380:67–69
9. Leitlinien der Deutschen Adipositasgesellschaft zur Therapie der Adipositas (1998) Adipositas II
10. Manson JE, Willet WC, Stampfer MJ (1995) Body weight and mortality among women. N Engl J Med 33:677–685
11. Olschewski P, Ellrott T, Jalkanen et al. (1997) Langzeiterfolg eines multidisziplinären Gewichtsmanagementprogramms. MMW 139: 245–250

12. Pudel V (1998) Psychologische Aspekte der Adipositas. In: Wechsler JG (Hrsg) Adipositas – Ursachen und Therapie. Blackwell, Berlin, S 199–214
13. Sjöström L et al. (1998) Randomised placebo-controlled trial of orlistat for weight loss and prevention of weight regain in obese patients. Lancet 352 (9123): 160–161
14. Stock MJ (1997) Sibutramine: a review of the pharmacology of a novel antiobesity agent. Int J Obes 21 (Suppl 1): 25–29
15. Stunkard AJ, Harris JR, Pedersen NL, McClearn GE (1990) The body mass index of twins who have been reared apart. N Engl J Med 322: 1483–1487
16. Wadden TA, Frex DL (1997) A multicenter evaluation of a proprietary weight loss program for the treatment of marked obesity: a five-year follow-up. Obes Res 5-A: 474–488
17. Wechsler JG (1998) Adipositas – Ursachen und Therapie. Blackwell, Berlin
18. Wechsler JG (1997) Diätetische Therapie der Adipositas. Dtsch Ärztebl 94/36: 2250–2256
19. Wechsler JG (1998) Adipositabuch. Diätetische Therapie der Adipositas. Blackwell, Berlin
20. Wechsler JG (2000) Strukturierte Adipositastherapie. Aktuelle Ernährungsmedizin 25: 209–215
21. Wenzel H (1998) Definition, Klassifikation und Messung des Adipositas. In: Wechsler JG (Hrsg) Adipositas – Ursache und Therapie. Blackwell, Berlin Wien, S 46–62
22. WHO-Report (1997) Obesity: Preventing and managing the global epidemic. WHO, Geneva

Ernährungstherapie bei Essstörungen

W. Häuser

In Gesellschaften, in denen Aussehen, Gewicht und Essen eine hohe Bedeutung für das Selbstwertgefühl und das soziale Ansehen haben, reicht das Spektrum des Ernährungsverhaltens von (zwanghaft) ausgewogenem Essverhalten mit Normalgewicht über leichtes Über- bzw. Untergewicht mit häufigen Reduktionsdiäten bzw. gelegentlichen Fressanfällen, Essensrestriktion oder selbst induziertem Erbrechen bis zu dem Vollbild der Anorexia bzw. Bulimia nervosa (▪ *Tabelle 49-1*). Bei Sportlerinnen, insbesondere bei Langstreckenläuferinnen und Turnerinnen/Gymnastinnen, findet sich häufig eine bewusste Verringerung des Körpergewichts bis hin zum Untergewicht, um sportliche Ziele zu erreichen (Pseudoanorexia athletica). Fließende Übergänge über subklinische Essstörungen zu dem Vollbild von Essstörungen sind bei den genannten Sportarten beschrieben [1, 26]. Auch bei definierten Erkrankungen wie Diabetes mellitus Typ I und II finden sich subklinische Formen von Essstörungen (verstärkte Sorge um Gewicht und Aussehen, diätetische Restriktionen) mit Übergängen in Anorexia bzw. Bulimia nervosa [3, 14].

49.1 Anorexia nervosa

49.1.1 Definition

Klinische Beschreibungen der Anorexia nervosa finden sich erstmals bei Lasègue 1673 und Morton 1689. Ihre Klinik und Psychodynamik wurde in den 1960er Jahren näher beschrieben [17]. In der ICD-10-Klassifikation [6] werden die Essstörungen in das Kapitel F.50 und F.61 – Verhaltensauffälligkeiten mit körperlichen Störungen und Faktoren – eingeordnet. Die Diagnosekriterien der Anorexia nervosa werden wie folgt angegeben:

- Körpergewicht mindestens 15% unter dem Normalgewicht oder BMI <17,5 kg/m².
- Der Gewichtsverlust ist selbst herbeigeführt durch das Vermeiden hochkalorischer Speisen und eine oder mehrere der folgenden Möglichkeiten: Selbst induziertes Erbrechen, selbst induziertes Abführen, übertriebene körperliche Aktivitäten, Gebrauch von Appetitzüglern und/oder Diuretika.
- Körperschemastörung: Die Angst, zu dick zu werden, besteht als tiefverwurzelte überwertige Idee.
- Eine endokrine Störung auf der Hypothalamus-Hypophysen-Gonaden-Achse: bei Frauen Amenorrhö und bei Männern Libido- und Potenzverlust.
- Bei Beginn der Erkrankung vor der Pubertät ist die Abfolge der pubertären Entwicklungsschritte verzögert oder gehemmt.

▪ **Tabelle 49-1.** Einteilung der Essstörungen nach ICD-10 und DSM-IV. (Mod. nach [6, 28])

Anorexia nervosa (F.50.0)
– Restriktiver Typus (F.50.00)
– Binge-Eating/Purging-Typus (F.50.01)
– Atypische Anorexia nervosa (F.50.1)
Bulimia nervosa (F.50.2)
– Purging-Typus
– Nicht-Purging-Typus
– Atypische Bulimia nervosa (F.50.3)
Essattacken bei anderen psychischen Störungen (F.50.4)
– Psychogenes Erbrechen
Andere Essstörungen (F.50.8)
– Nicht organische Pica bei Erwachsenen
Nicht näher bezeichnete Essstörung (F.50.9)
– Binge-Eating-Störung

In den diagnostischen Kriterien des *Diagnostischen und Statistischen Manuals Psychischer Störungen* DSM-IV [28] werden bei der Anorexia nervosa unterschieden:

- restriktiver Typus: keine regelmäßigen Fressanfälle oder »Purging«-Verhalten (selbstinduziertes Erbrechen oder Missbrauch von Laxanzien, Diuretika oder Klistieren);
- Binge-Eating/Purging-Typus: regelmäßige Fressanfälle und Purgingverhalten.

Bei Komorbidität mit einem Typ-I-Diabetes kann, wie bei der Bulimia nervosa, Gewichtsreduktion durch Reduktion oder Auslassen der Insulinzufuhr (Kalorienverlust durch Glukosurie) herbeigeführt werden (»Insulinpurging«) [8, 14].

49.1.2 Epidemiologie

Die Hauptrisikogruppe für Anorexia besteht aus weiblichen Personen zwischen 13 und 30 Jahren aus westlichen Industrienationen [5]. In den letzten beiden Jahrzehnten ist eine erhebliche Häufigkeitszunahme in den meisten westlichen Industrieländern zu verzeichnen [1, 5]. Soweit sie in den Ländern der Dritten Welt oder der ehemaligen Ostblockstaaten vorkommt, sind fast ausschließlich weibliche Personen aus wohlhabenden Kreisen betroffen [5]. Ob die Störung bei Oberschichtpatientinnen häufiger ist als bei Unterschichtpatientinnen oder ob sich erstere nur häufiger in medizinische Behandlung begeben, ist nicht klar [7]. Die Lebenszeitprävelanz für Frauen wird zwischen 1,1 und 4,2% angegeben [1]. Das Verhältnis erkrankter Frauen zu Männer wird zwischen 6:1 und 20:1 [1, 7] angegeben. Aufgrund dieser Geschlechterverteilung wird im Folgenden von Patientinnen (männliche Patienten einschließend) gesprochen.

49.1.3 Ätiologie und Pathogenese

In den psychosomatischen Ätiologiemodellen besteht international weitgehend Konsens, dass Anorexia und Bulimia nervosa als gemeinsame Endstrecke eines Zusammenspiels unterschiedlicher biologischer, kultureller, intrapsychischer und familiärer Faktoren anzusehen sind (multifaktorielle Genese) [1,5,7,8,16]. Die Gewichtung der genannten Variablen und ihre Bedeutung als prädisponierender, auslösender oder chronifizierender Faktor ist bei jeder Patientin individuell vorzunehmen [5]. An prädisponierenden Faktoren sind v. a. genetische, lebensgeschichtliche und soziokulturelle Faktoren zu nennen. Bei der Anorexia nervosa beträgt die Konkordanzrate bei eineiigen Zwillingen 50%, während sie bei zweieiigen Zwillingen unter 10% liegt [5,7]. Emotionale Traumata (körperlicher und sexueller Missbrauch sowie emotionale Vernachlässigung) in Kindheit und Jugend werden als Risikofaktoren für die Entstehung einer Essstörung angesehen [8]. Der gesellschaftliche und familiäre Druck auf Frauen »schlank und erfolgreich zu sein« ist in Mittel- und Oberschichtfamilien der Industrienationen oft ausgeprägt.

Als *auslösende Faktoren* werden Kränkungen (bezüglich des Aussehens), Verlusterlebnisse, familiäre oder Sexualkonflikte angesehen. Die Symptomatik kann durch unbewältigte intrapsychische oder familiäre bzw. partnerschaftliche Konflikte sowie sekundäre somatische Veränderungen und die sozialmedizinischen Folgen der Erkrankung (fehlende berufliche Perspektive, Rentenverfahren und sozialer Abstieg) chronifiziert werden [1,5,8,16].

Die beschriebenen somatischen/endokrinologischen Veränderungen sind Folge der Gewichtsabnahme, können jedoch die Störung perpetuieren [27]: So kann die durch Hungern bedingte verzögerte Magenentleerung zu einem postprandialem Völlegefühl führen, welches als Anlass für eine weitere Einschränkung der Nahrungszufuhr genommen wird [7]. Psychodynamisch können beide Krankheitsbilder als der missglückte Lösungsversuche angesehen werden, sich über die genannten Rollen – als auch intrapsychischen und zwischenmenschlichen Konflikte hinwegzusetzen, und dabei stellvertretend den Körper im Kampf um ein niedriges Gewicht bzw. Idealfigur unter Kontrolle zu halten [8,16].

49.1.4 Klinik

Die pathophysiologischen Veränderungen bei der Anorexia nervosa können als »normale« Adaptationen an Hungern angesehen werden [29]: Bei reduzierter Kalorienzufuhr wird Fett- und Muskelmasse abgebaut, um Kohlenhydrate und Proteine zu sparen. Die Glukoneogenese wird durch vermehrte Sekretion von CRH, Kortisol und Wachstumshormon stimuliert, um das ZNS mit einer Mindestmenge Glukose zu versorgen. Der Ruheenergieumsatz nimmt proportional zu der Abnahme des BMI ab, was sich klinisch in erniedrigter Herzfrequnz und Blutdruck sowie verlangsamter gastrointestinaler Motiliät zeigt. Der hyopthalamische Hypogonadismus (verminderte Sekretion von LHRH, LH, FSH und Östradiol) führt zu Amenorrhö, reduzierter Libido und Unfruchtbarkeit und verhindert somit die menstruellen Eisen- und Proteinverluste.

Während die Sekretion von Schildddrüsenhormonen bei verminderter TSH-Ausschüttung bei TRH-Stimulation normal ist, kommt es zu einer verminderten Konversion von Thyroxin in das biologisch aktive Trijodthyronin (T3). Stattdessen wird vermehrt das biologisch unwirksame retro-T3 gebildet, das eine Verminderung des Muskelabbaus und Einschränkung des Energiebedarfs bewirkt [7,17]. Das in den Fettzellen gebildete Leptin mit Rezeptoren im Hypothalamus und zahlreichen peripheren Organen (u. a. hämatopoetisches System, Ovarien) korreliert mit dem BMI und der Fettmasse und ist ein sensitiver Marker für den Ernährungsstatus im Krankheits- bzw. Therapieverlauf [12]. Die genannten endokrinen Veränderungen sind nach Gewichtsnormalisierung reversibel [7,9,17]. Aufgrund des Untergewichts, Amenorrhö und Hyperkortisolismus kann es bereits nach 6 Monaten Amenorrhö zu Verminderungen der Knochendichte und bei langjährigen Verläufen zur Osteoporose kommen [22].

Das klinische Bild der Anorexia weist in Abhängigkeit vom Ausmaß des Untergewichts und der psychischen Komorbidität eine große Varianz auf bezüglich der Schwere der Symptomatik (*Tabelle 49-2*).

Tabelle 49-2. Befunde und Folgeerkrankungen bei Anorexia und Bulimia nervosa. (Nach [1, 5, 9])

Elektrolyt- und Säure-Basen-Haushalt	Hypokaliämie, Hypochlorämie, Hypokalzämie, Hypomagnesiämie, metabolische Alkalose
Herz-Kreislauf-System	Sinusbradykardie, Sinusarrhtyhmie, wechselnder Vorhofrhythmus, (supra)ventrikuläre Extrasystolen, unspezifische Myokardschädigungszeichen (EKG), reduzierte linksventrikuläre Masse (2D-Echokardiographie), sympathikotone Hypotonie, Hypothermie
Lunge	Aspirationspneumonie
Stoffwechsel	Infantiles Sekretionsmuster von LH und FSH mit Östradiolerniedrigung, Hyperkortisolismus, TSH-Erniedrigung, Low-T3-Syndrom, Hypercholesterinämie, pathologischer Glukosetoleranztest, sekundärer Hyperaldosteronismus (Pseudo-Bartter-Syndrom)
Magen-Darm-Trakt	Zahnschäden, Sialoadenose, Refluxösophagitis, Boerhaave-Syndrom, Mallory-Weiss-Syndrom, Kardiainsuffizienz Magenentleerungsstörung, funktionelle Dyspepsie, irritables Darmsyndrom, Obstipation, akute Pankreatitis, Darmulzera, Ileus durch Ballaststoffbezoare, Hämorrhoiden, Rektumprolaps
Knochen	Osteoporose, Osteomalazie, hypertrophe Osteoarthropathie
Nieren	Kaliopenische Nephropathie, terminale Niereninsuffizienz
Blut	Anämie, Leukopenie, Thrombopenie
Zentrales Nervensystem	Pseudoatrophia cerebri
Haut	Trockene Haut, Lanugobehaarung, Petechien, Ödeme, Akrozyanose
Sontiges	Erniedrigung von Eisen, Ferritin, Vitamin A, B_{12}, D, Folsäure Albumin und Gesamteiweiß

Symptome

Das Spektum reicht bei der Anorexia nervosa von Jugendlichen, die wegen seit einigen Monaten bestehender Gewichtsabnahme, Amenorrhö, Kälteintoleranz, Obstipation, Völlegefühl, depressiven Verstimmungen und familiären Konflikten wegen des Essens auf Drängen der Eltern beim Hausarzt vorgestellt werden, bis zu jahrzehntelangen Verläufen mit massivem Untergewicht (bis 25 kg) und notfallmäßiger stationärer Einweisung wegen akuter lebensbedrohlicher Komplikationen, wie akute Pankreatitis, Nierenversagen oder Herzrhythmusstörungen.

Klinische Befunde

Bei der klinische Untersuchung sind trockene und schuppige Haut, Lanugobehaarung, kalte Akren, niedriger Blutdruck, Herzfrequenz und Körpertemperatur sowie Ödeme auffällig.

Klinisch chemische Befunde

Ein BMI <13 kg/m² bzw. ein Serumalbumin <36 g/l und ein erhöhtes Kreatinin bei stationärer Aufnahme sind Prädiktoren eines letalen Ausgangs bzw. chronischen Verlaufs [13, 15]. Lebensbedrohliche Hypoglykämien sind möglich. Trotz normalem Serumkalium können sich bei starkem Untergewicht aufgrund des erniedrigten Gesamtkörperkaliums Herzrhythmusstörungen entwickeln [5].

49.1.5 Therapie

Die Therapieverfahren (Ernährungstherapie, Psychotherapie, Psychopharmaka bei psychischer Komorbidität) und das Behandlungssetting (ambulant, teilstationär, stationär) sind flexibel an die Erkrankungsschwere und -dauer anzupassen. In Abhängigkeit vom Körpergewicht, medizinischen Komplikationen, Motivation/Krankheitseinsicht, psychischer Komorbidität und psychosozialer Situation werden 5 Behandlungsstufen unterschieden [1, 16]:

- ambulante Therapie,
- intensivierte ambulante Therapie,
- tagesklinische Behandlung,
- stationäre psychiatrisch-psychotherapeutische Therapie,
- stationäre internistisch-psychotherapeutische Behandlung.

Ernährungstherapie ist ein unabdingbarer Bestandteil der Therapie der Anorexia nervosa und sollte immer in ein psychotherapeutisches Behandlungskonzept integriert sein. Ziele der Ernährungstherapie sind die Normalisierung des Essverhaltens und des Körpergewichts sowie Förderung einer angemessenen Einstellung gegenüber Ernährung (*Tabelle 49-3*).

Tabelle 49-3. Ernährungstherapie in der Behandlung der Anorexia nervosa. (Mod. nach [1, 5, 10])

- Ernährungsanamnese
- Essensprotokoll
- Verhaltensbeobachtung (»lunch session«)
- Patientenschulung
- Gesunde Ernährung
- Korrektur dysfunktioneller Vorstellungen über Idealgewicht und Ernährung
- Individualisierter Essensplan

Ambulante Therapie

Der erste Schritt in der Behandlung von essgestörten Patientinnen besteht im *Aufbau einer therapeutischen Beziehung* und einer *Behandlungsmotivation* [1, 7, 10]. Letztere lässt sich in vielen Fällen eher über das Herausarbeiten der psychosozialen Folgen der Essstörung (soziale Isolation, depressive Verstimmung, fast vollständige gedankliche Absorption durch Gedanken an Essen und Gewicht) als über den Wunsch nach einer Gewichtszunahme erreichen [13].

Im Rahmen einer *ernährungsmedizinischen Anamnese* (durch ärztlichen Psychotherapeuten oder mit essgestörten Patienten vertraute Diätassistentin) ist nach der Diät- und Gewichtsanamnese, Methoden der Gewichtskontrolle, vermiedenen Nahrungsmittel (meist Fleisch und fetthaltige Nahrungsmittel) und Maßnahmen der Gegenregulation zu fragen [7, 17]. Anhand eines *Essensprotokolls* der Patientin wird die aktuelle Kalorienzufuhr ermittelt und der Patientin rückgemeldet. In Einzelfällen kann eine gemeinsame Mahlzeit mit der Patientin »lunch session« bzw. eine Beobachtung der Patientin (evtl. zusammen mit Angehörigen) während des Essens weitere Informationen über das Essverhalten liefern [1]. Eine ausführliche und fraktionierte *Ernährungsberatung* soll über physiologische Energieaufnahme und -verbrauch, gesunde Ernährung, körperliche und seelische Folgen des Hungerns, individuelle Unterschiede von Körpergewicht und -form sowie soziokulturell bedingte Normen von Körpergewicht und Aussehen informieren (*Patientenschulung*).

Im Rahmen eines *Behandlungsvertrags* werden neben psychotherapeutischen Zielen mit der Patientin das anzustrebende Basisgewicht (BMI 19 bzw. 10- bis 25%-Perzentile der altersentsprechenden Bevölkerung), die wöchentliche Gewichtszunahme bis zum anzustrebenden Basisgewicht (500–1000 g) sowie ein kritisches Gewicht (BMI <15) für eine stationäre Aufnahme festgelegt [7, 16]. Gewichtskontrollen sollten unter standardisierten Bedingungen (z. B. morgens nackt nach Aufstehen und Miktion) 1- bis 2-mal pro Woche durch die Patientin selbst vorgenommen werden. Bei Verdacht auf unrichtige Angaben oder kritischem Untergewicht sollen die Gewichtskontrollen durch den behandelnden Psychotherapeuten oder den Hausarzt erfolgen.

Aufgrund der störungsinhärenten Angst vor unkontrollierter Gewichtszunahme ist es für viele Patientinnen in der Anfangsphase der Psychotherapie psychisch entlastend, einen *detaillierten Ernährungsplan* in Form einer ausgewogenen Mischkost für 3 Haupt- und 2 Zwischenmahlzeiten zu erhalten [16]. Die Nahrungsmittel sollten individuellen Besonderheiten (z. B. Vegetarier) angepasst sein. Eine Aufteilung der Kalorienzufuhr in 55–60% (überwiegend komplexe) Kohlenhydrate, 20% (tierisches und pflanzliches) Eiweiß und 20% Fett sind empfehlenswert. Die Kalorienmenge sollte der körperlichen Aktivität und der individuellen Gewichtszunahme angepasst sein [1, 7, 16].

In der *Phase der Gewichtszunahme* sollte mit einer täglichen Kalorienzufuhr von 30–40 kcal/kgKG/24 h begonnen werden (1000–1600 kcal/24 h) und innerhalb von 2–4 Wochen auf 60–80 kcal/kgKG/24 h (2200–3000 kcal/24 h) gesteigert werden. Männliche Patienten können aufgrund ihrer niedrigeren Fettmasse eine tägliche Kalorienzufuhr bis zu 4500 kcal zur Gewichtszunahme benötigen [1].

Nach Erreichen des Normalgewichts wird für die *Phase der Gewichtsstabilisierung* eine Kalorienzufuhr von 40–60 kcal/kgKG/24 h empfohlen. Patientinnen mit Anorexia nervosa weisen nach Gewichtsnormalisierung einen um 200–400 kcal/24 h erhöhten Bedarf zur Gewichtserhaltung auf als nach Größe, Gewicht, Geschlecht und Alter vergleichbare Kontrollpersonen [1].

Das während der Ernährungstherapie von der Patientin geführte *Ernährungsprotokoll* gibt Patientin und Therapeut die Möglichkeit, die Umsetzung der Empfehlungen zu überprüfen. Das Protokollieren von Gedanken und Gefühlen in Zusammenhang mit der Nahrungszufuhr liefert wichtiges Material für die Psychotherapie. Die Ernährungstherapie sollte daher in die Psychotherapie (kognitive Verhaltenstherapie, psychodynamische Therapie, systemische Therapie) integriert sein, sei es durch die Durchführung der Ernährungstherapie durch den ärztlichen Psychotherapeuten selbst oder durch ein Behandlungsteam (ärztlicher oder psychologischer Psychotherapeut, Ernährungsberaterin).

Die Ernährungstherapie ist ebenso wie die Psychotherapie langfristig angelegt: Nach Erreichen des Zielgewichts ist die Ausarbeitung eines Ernährungsplans zur Gewichtserhaltung, stufenweise Integration »verbotener« Nahrungsmittel und die Förderung einer zunehmenden Autonomie und Flexibilität der Patientin in der Auswahl der Nahrung notwendig [1, 7, 10]. Der Wert einer Kalzium-, Vitamin-D- bzw. Hormonsubstitution zur Prophylaxe bzw. Therapie der anorexieassoziierten Osteopenie bzw. Osteoporose ist bisher nicht gesichert [22].

Tabelle 49-4. Indikation zur stationären Behandlung der Anorexia nervosa. (Mod. nach [1, 5, 16])

Medizinische Kriterien
- Gewichtsverlust unter 75% des Normalgewichts
- 30% Gewichtsverlust in letzten 3 Monaten
- Herzfrequenz <40/min
- Blutzucker <60 mg%
- Kalium <3 mmol/l
- Körpertemperatur <36°C
- Hepatische, renale oder kardiovaskuläre Komplikationen
- Exsikkose
- Körperliche Begleiterkrankungen wie Diabetes mellitus oder Morbus Crohn

Psychiatrische Kriterien
- Depressivität mit Suizidgefahr
- Zwangsstörungen
- Substanzmissbrauch bzw. -abhängigkeit

Psychiatrische Kriterien
- Trennung von pathogenen psychosozialen Faktoren (massiv gestörte Familienbeziehungen, aktueller sexueller Missbrauch)
- Ausgeprägte soziale Isolation, Scheitern bzw. Abbruch ambulanter Psychotherapien

Stationäre Therapie

Eine stationäre Behandlung kann aus psychotherapeutischer als auch medizinischer Indikation erfolgen (*Tabelle 49-4*). Die Aufnahme aus psychiatrischer bzw. psychotherapeutischer Indikation sollte in spezialisierte psychosomatische Rehakliniken bzw. Abteilungen für Psychotherapeutische Medizin, bei medizinischer Indikation in internistisch-psychosomatische Abteilungen von Akutkrankenhäusern erfolgen [16]. Bei vitaler Indikation ist auch eine stationäre Einweisung gegen den Willen der Patientin durch jeden Arzt möglich [1, 16]. In spezialisierten Abteilungen ist eine orale Ernährungstherapie in den meisten Fällen möglich. Die nur in Einzelfällen notwendige enterale oder parenterale Ernährungstherapie kann innerhalb eines medizinisch-psychotherapeutischen Settings meist im Einverständnis mit der Patientin durchgeführt werden [1, 7].

Ernährungstherapie

Orale Ernährung

Im Rahmen eines Behandlungsvertrags werden mit der Patientin das Zielgewicht, die anzustrebende wöchentliche Gewichtszunahme (1–1,5 kg/Woche) sowie das Grenzgewicht für eine enterale Ernährung festgelegt. Gewichtskontrollen erfolgen anfänglich durch das Behandlungsteam täglich, später 1- bis 2-mal pro Woche. Bei psychotherapeutischer Indikation und mäßigem Untergewicht (BMI 14–16) kann analog der ambulanten Therapie die Kaloriensteigerung stufenweise (1000–1500 kcal, innerhalb 2 Wochen auf 2500 kcal/24 h) über 3 Haupt- und 2 Zwischenmahlzeiten erfolgen [7, 16]. Bei medizinischer Indikation und starkem Untergewicht (BMI <14) kann die Kaloriensteigerung ab 2000 kcal/24 h erfolgen, oft sind 8–10 kleine Mahlzeiten und der Zusatz von Energietrinks als Zwischenmahlzeit (z. B. 100–500 ml pro Zwischenmahlzeit) notwendig [18]. Durch eine hochkalorische Zusatzernähung ist bei stationären Patientinnen eine schnellere Gewichtszunahme möglich. Ob die möglichen Vorteile (schnelleres Erreichen einer konfliktorientierten Psychotherapiefähigkeit, früheres Bearbeiten der Gewichtsphobie) oder Nachteile (z. B. Behinderung der Autonomieentwicklung) überwiegen, ist nicht durch Studien geklärt [18].

Die Ernährungstherapie ist in ein verhaltenstherapeutisches Programm integriert: Bei psychotherapeutischer Indikation Essen in Gruppen unter Anwesenheit einer Ernährungsberaterin oder einer Psychosomatikschwester, maximale Esszeit 40 min, 1 h Bettruhe nach Hauptmahlzeit (evtl. Beaufsichtigung zur Vermeidung von selbstinduziertem Erbrechen) sowie der Einsatz von Verstärkern: gestufter Ausgang in Abhängigkeit von Gewichtszunahme bzw. bei Gewichtsstagnation Begrenzung des Bewegungsradius auf Zimmer oder Bettruhe [10, 16].

Enterale und parenterale Ernährung

Diese sind nur nach Ausschöpfung aller psychotherapeutischen Möglichkeiten und klinischer Verschlechterung indiziert (*Tabelle 49-5*).

Die *enterale Ernährung* sollte mit dünnen nasogastrischen bzw. -duodenalen Sonden (9 Ch bzw. 3 mm Durchmesser) unter Fortführung oraler Nahrungszufuhr zur Vermeidung einer intestinalen Mukosaatrophie durchgeführt werden [17]. Eine kontinuierliche enterale Ernährung wird von

Tabelle 49-5. Indikationen zur enteralen bzw. parenteralen Ernährung bei Anorexia nervosa. (Mod. nach [1, 6, 7, 10])

- Zunehmende Adynamie
- Körperliche Erschöpfung bei geringen körperlichen Anstrengungen
- Zunehmende depressive Verstimmung
- Zunehmende kognitive Verlangsamung
- BMI <12,5
- Herzfrequenz <40/min mit fehlendem Anstieg unter körperlicher Belastung
- Körpertemperatur <35°C

den Patientinnen besser toleriert und führt zu einer geringeren Rate von Komplikationen als Bolusgaben [1]. Aufgrund des erhöhten Risikos von katheterbedingten Komplikationen (bei bis zu 50% der Patientinnen) ist eine *parenterale Ernährung* nur bei lebensbedrohlichen Notfällen (prärenales Nierenversagen, Koma bei metabolischer Alkalose, höhergradigen Blockierungen bei Hypokaliämie) durchzuführen [1, 7, 17].

Aufgrund der Gefahr eines *Refeeding-Syndroms* [23] mit Herz- und Ateminsuffizienz (s. Kap. 33) ist die enterale bzw. parenterale Flüssigkeits- und Kaloriensubsitution stufenweise (beginnend mit 1000–1500 ml Flüssigkeit/kcal/24 h) mit individualisiertem Ausgleich von Störungen des Elektrolyt- und Säurebasenhaushalts unter gleichzeitiger regelmäßiger Kontrolle von Natrium, Kalium, Kalzium, Magnesium, Bikarbonat und Phosphat sowie Lipase durchzuführen.

Bei Patientinnen mit vorbestehendem Diuretika- oder Laxanzienabusus sind aufgrund des sekundärem Hyperaldosteronismus Flüssigkeitsretentionen bis zur Lungenödembildung möglich [1]. Es sind tödliche Ausgänge forcierter Ernährungstherapie mit letalen Arrhythmien, hämolytischer Anämie, Leberversagen, Rhabdomyolyse und Delir sowie akuter Pankreatitis beschrieben worden [1, 30]. Aufgrund der Assoziation mit einer Hypophosphatämie wird empfohlen, den Serumphosphatspiegel >3 mg% zu halten [30]. Die enterale bzw. parenterale Ernährung ist nur so lange durchzuführen, bis die lebensbedrohlichen Komplikationen behoben bzw. der kritische BMI überschritten ist [13]. Darüber hinausgehende Gewichtsanhebungen, evtl. noch gegen den Willen der Patientin, sind aufgrund der Verletzung ihrer Autonomie therapeutisch kontraproduktiv [10, 16].

Tagesklinische Therapie

Im Anschluss an eine medizinische Akutbehandlung aufgrund lebensbedrohlicher Komplikationen kann insbesondere bei langjährigen Verläufen eine mehrmonatige tagesklinische Behandlung in spezialisierten Einrichtungen notwendig sein [7, 10]. Neben der Einzel,- Gruppen- und ggf. Familientherapie nimmt eine kognitiv-verhaltenstherapeutisch ausgerichtete Ernährungstherapie eine zentrale Stellung ein.

Ziele der Ernährungstherapie sind Informationsvermittlung, Differenzierung von Wahrnehmungen und Emotionen beim Essen, Verhaltensmodifikaktion und eigenverantwortliche Gestaltung des Essens. Methoden dieser Form der Ernährungstherapie sind u. a. Kochgruppe der Patientinnen (eigenständiges Einkaufen und Kochen) sowie die Mittagskonfrontation (Einschätzung des Essverhaltens beim Mittagessen durch Patienten selbst und Rückmeldungen aus der Gruppe). Der Küchendienst und die Mittagskonfrontation wird von einer Ökotrophologin supervisiert. Zur Förderung der Eigenverantwortung und Lösung von der Struktur der Tagesklinik erfolgt im Laufe der Therapie ein zunehmend selbstständiges Portionieren und Kombinieren von Mahlzeiten sowie unvorbereitete außergewöhnliche Mahlzeiten wie festliche Buffets oder »Chaostage« ohne vorbereitetes Ess- und Therapieprogramm [10].

49.1.6 Prognose

Kurzfristige benigne Verläufe mit kompletter Remission ohne spezifische Therapie bzw. frühzeitig eingeleiteter Kurzzeitpsychotherapie sind möglich [7]. Eine vollständige Heilung einer schweren bzw. langjährigen Anorexia nervosa ist durch verschiedene psychotherapeutische Verfahren meist erst nach mehrjähriger Therapiedauer möglich [1, 7, 15]. Psychopharmaka (Antidepressiva, Neuroleptika) haben keinen positiven Einfluss auf den Verlauf einer Anorexia nervosa, sind jedoch in der Behandlung von psychischen Begleitsymptomen nach Gewichtsnormalisierung (z. B. Depressivität, Zwangshandlungen) nützlich [1, 7, 25]. Die Mortalität nimmt im Verlaufe der Erkrankungsdauer zu.

> Die Anorexia nervosa ist die psychische Störung mit der schlechtesten Prognose [1].

Bei einem prospektiven Langzeit-Follow-up von 84 Patientinnen über 21 Jahre nach der ersten Hospitalisation waren 50,6% nach medizinischen und psychosozialen Kriterien geheilt, 10,4% erfüllten immer noch die Kriterien einer Anorexia nervosa, 20,8% die Kriterien einer atypischen Essstörung und 15,6% waren an Anorexia nervosa bedingten Ursachen gestorben [31]. Zu den negativen prognostischen Faktoren gehören der präpubertäre Beginn, später Beginn einer Fachpsychotherapie [31] sowie das Vorliegen körperlicher Begleit- (Diabetes mellitus Typ I, Morbus Crohn) und Folgeerkrankungen (Pankreatitis, Peritonitis) [9, 15]. Wahrscheinlich ist die Mortalität bei nicht stationär behandlungsbedürftigen Patientinnen im Langzeitverlauf niedriger [17].

49.2 Bulimia nervosa

49.2.1 Definition

Die Bulimia nervosa wurde als eigenständiges Krankheitsbild erstmals 1978 definiert, Beschreibungen bulimischen Verhaltens finden sich bereits in römischer Zeit [28]. Die ICD-10-Kriterien lauten [6]:

- andauernde Beschäftigung mit dem Essen,
- Heißhungerattacken, bei denen große Mengen Nahrungsmittel in sehr kurzer Zeit konsumiert werden,
- Versuche, dem dickmachenden Effekt der Nahrung durch verschiedene Verhaltensweisen entgegenzuwirken: selbst induziertes Erbrechen, Missbrauch von Abführmitteln, Gebrauch von Appetitzüglern, Schilddrüsenpräparaten oder Diuretika und im Falle von Diabetikerinnen Vernachlässigung der Insulinzufuhr;

- krankhafte Furcht davor, dick zu werden,
- häufig Anorexia nervosa in der Vorgeschichte.

Das DSM-IV [28] unterscheidet bei der Bulimia nervosa einen *»Purging«-Typus* (regelmäßiges Erbrechen oder Missbrauch von Laxanzien, Diuretika oder Klistieren) und einen *»Nicht-Purging«-Typus* (Fasten, übermäßige körperliche Aktivität).

49.2.2 Epidemiologie

Die Lebenszeitprävalenz der Bulimia nervosa wird in den westlichen Ländern für die Hauptrisikogruppe 13- bis 40-jähriger Frauen zwischen 1–4% mit steigender Tendenz angegeben [1, 5]. Ebenso scheint der Anteil männlicher Bulimiker (Anstieg von 5 auf 10% der Patientinnen) zuzunehmen [4, 20].

49.2.3 Ätiologie

Ebenso wie bei der Anorexia nervosa wird ein Zusammenspiel biologischer, psychischer und sozialer Faktoren in Entstehung und Verlauf angenommen [7, 8]. Die Konkordanzrate bei eineiigen Zwillingen ist erhöht, ebenfalls die Häufigkeit affektiver Störungen und Abhängigkeitssyndromen bei Verwandten. Neben einer genetischen Vulnerabilität schient ein niedriges Selbstwertgefühl ein psychologischer Risikofaktor zu sein. 1/3 der Patientinnen erfüllte früher die Kriterien einer Anorexia nervosa [1, 7]. Die Häufigkeit sexueller Traumatisierungen in der Vorgeschichte ist im Vergleich zur Normalbevölkerung erhöht, jedoch nicht höher als bei Patientinnen mit anderen psychischen Störungen [7]. Homo-/Bisexualität ist bei stationär behandelten männlichen Bulimikern häufiger als in der Durchschnittsbevölkerung [4]. Die übermäßige gedankliche Beschäftigung mit Gewicht und Aussehen wird als wesentlicher chronifizierender Faktor angesehen [7].

49.2.4 Klinik

Wie Patientinnen mit Anorexia nervosa beschäftigen sich Bulimikerinnen übermäßig mit Gewicht und Aussehen und benutzen diesselben gewichtsregulierenden Maßnahmen. Im Gegensatz zur Anorexia nervosa besteht Normal- bis leichtes Übergewicht bei oft ausgeprägten Gewichtsschwankungen [13, 17]. Viele Patientinnen mit Bulimia nervosa unterschreiten ihren biologisch determinierten »Set-Point«-Gewichtsbereich [1]. Weiterhin stehen Fressattacken im Vordergrund. Dabei werden in relativ kurzer Zeit 800–5000 (bis 10.000) kcal eingenommen bei einem gleichzeitigen Gefühl des Kontrollverlustes bezüglich des Zeitpunktes der Attacke und der Menge der zugeführten Nahrung [13].

Wie bei der Anorexia nervosa können verschiedene Schweregrade unterschieden werden [8]:

- Leichtgradige Symptomatik:
  2–3 bulimische Phasen pro Woche ohne weitergehende psychische Auffälligkeiten.
- Mittelgradige Symptomatik:
  tägliche bulimische Phasen mit phasenhaft starker Depressivität und Suizidalität.
- Schwergradige Form:
  täglich mehrfaches bulimisches Verhalten, ständiger Missbrauch von Medikamenten, Drogen oder Alkohol und erhebliche Suizidalität.

Symptome

Ohne offene Angaben der Patientinnen ist es meist unmöglich, eine Bulimia nervosa zu diagnostizieren. Oft wird die Störung von den Betroffenen jahrelang, selbst vor Partnern, geheimgehalten. Die somatischen Symptome, die zur Vorstellung im medizinischen Kontext führen, sind funktionelle gastrointestinale Beschwerden (Völlegefühl, Obstipation), allgemeine oder Muskelschwäche (durch Eisenmangelanämie und/oder Hypokaliämie bedingt), Zahnschmerzen, Zyklusstörungen und Haarausfall. Bei jedem schlecht einstellbaren Diabetes sollte bei der entsprechenden Risikogruppe an eine Bulima nervosa gedacht werden. Selten kommt es zu internistischen Notfallsituationen mit Boerhaave- bzw. Mallory-Weiss-Syndrom oder Koma bei metabolischer Alkalose. Oft werden die Patientinnen aufgrund ihrer psychischen Komorbidität (Suizidversuche, Angststörung, Alkoholabhängigkeit) auffällig.

Klinische Befunde

Die körperlichen und endokrinen Störungen gehen sowohl auf die Fastenperioden als auch auf das bulimische Verhalten zurück. Bei der körperlichen Untersuchung können symmetrische Parotisschwellungen, Zahnschmelzschäden sowie Kalusbildung an den Fingern und Handrücken der dominanten Hand (Russell-Zeichen) aufgrund der fingerinduzierten Auslösung des Brechreflexes auffällig sein.

Laborchemischer Befunde

Etwa 50% der Patientinnen mit dem Purging-Typus weisen Elektrolytveränderungen (Hypokaliämie, Hypochlorämie, metabolische Alkalose bei Diuretikaabusus, Hypomagnesiämie und Hyopophosphatämie bei Laxanzienabusus) auf [1, 7, 8, 9].

49.2.5 Therapie

Die Therapie der Bulimia nervosa sollte abgestuft und in Abhängigkeit vom Schweregrad und dem Erfolg bisheriger Behandlungsmaßnahmen erfolgen (*Tabelle 49-6*).

Ernährungstherapie

Die Ernährungstherapie sollte integraler Bestandteil der Psychotherapie sein. Bei der Anamnese sollte nach Auslösern für bulimisches Verhalten und Fasten sowie nach Nahrungsmittelsorten bei Fressanfällen gefragt werden. Ausführliche Informationen über ausgewogenen Ernährung, Korrektur dysfunktioneller Vorstellungen über Idealgewicht und -figur, über die (auf die Patientin abgestimmten) gesundheitlichen Folgen des bulimischen Verhaltens sowie die Heißhunger auslösende Wirkung des Fastens sind zu Beginn einer Psychotherapie notwendig [7]. Nach Etablierung einer therapeutischen Beziehung können im Rahmen eines Therapievertrages neben psychotherapeutischen Zielen (z. B. Verbesserung des Selbstbewusstseins) ein aufgrund

Tabelle 49-6. Stufentherapie der Bulimia nervosa. (Mod. nach [1, 7, 16, 25])

- Reine Selbsthilfe (Bücher, Gruppen)
- Therapeutenunterstützte Selbsthilfe
- Ambulante kognitive Verhaltenstherapie
- Ambulante interpersonelle oder systemische Therapie
- Serotoninwiederaufnahmehemmer (bei schweren Störungen der Impulskontrolle oder anhaltender depressiver Verstimmung) in Kombination mit Psychotherapie
- Stationäre Therapie in psychosomatischen Kliniken bzw. internistisch-psychosomatischen Abteilungen (ambulante Therapie ohne Erfolg; schwere Verlaufform; schwerwiegende medizinische oder psychatrische Komplikationen, insbesondere Komorbidität wie Diabetes mellitus Typ 1; 1. Schwangerschaftstrimenon)

der (Familien)anamnese realistischer Gewichtsbereich festgesetzt werden.

Wesentlicher Bestandteil kognitiver Verhaltenstherapie ist das Festlegen eines regelmäßigen Essensplanes mit 3 Hauptmahlzeiten (Dauer mindestens 30 min), Abstand zwischen den Hauptmahlzeiten mindestens 4 h sowie mindestens eine warme Mahlzeit pro Tag zur Vermeidung hungerninduzierter Fressanfälle [16]. Im Essensprotokoll werden neben der zugeführten Nahrung Auslösesituationen des bulimischen Verhaltens sowie die damit und dem normalen Essen verbundenen Gedanken und Gefühle protokolliert. Anhand des Protokolls können mit der Patientin alternative Verhaltensweisen in Auslösesituationen (z. B. Telefongespräch mit Freunden bei Langeweile anstatt Nahrungszufuhr) sowie Stimuluskontrolltechniken (z. B. Einnahme von Mahlzeiten im Esszimmer statt vor dem Kühlschrank) entwickelt werden. Bei einer Reizexposition können symptomauslösende Situationen (z. B. Lebensmittelabteilungen) mit Reaktionsunterbindung aufgesucht werden. Weiterhin werden »verbotene« bzw. symptomauslösende Nahrungsmittel stufenweise in den Essensplan integriert [10]. Im Falle nicht korrigierbarer Elektrolytentgleisungen bei häufigem Erbrechen bzw. Eisenmangel ist eine orale Substitution notwendig [9].

49.2.6 Prognose

Wie bei der Anorexia nervosa gibt es kurzfristige benigne und langwierige komplizierte Verläufe [7]. Bei einer Katamnese 10 Jahre nach Erstdiagnose erfüllten 30% der Patientinnen von Studienpopulationen noch die Kriterien einer Essstörung (Bulimia nervosa, Binge-Eating-Störung, Anorexia nervosa oder nicht näher bezeichnete Essstörung), bei den übrigen wurde eine partielle oder komplette Remission festgestellt. Negative prognostische Faktoren sind lange Symptomdauer bis zu Therapiebeginn und Substanzmissbrauch [19]. Die Letalität wird mit 2–4% (meist aufgrund von Suizid, seltener aufgrund somatischer Komplikationen wie Ösophagusruptur) angegeben. Ebenso sind Übergänge in andere psychische Störungen (affektive Störungen, Substanzabhängigkeit) beschrieben worden [1, 13].

49.3 Andere Essstörungen – Nichtorganische Pica bei Erwachsenen

49.3.1 Definition

Pica ist das lateinische Wort für Elster, die die unterschiedlichsten Nahrungsmittel zu sich nimmt, um ihren Hunger zu stillen. Unter *Pica-Syndrom* wird ein gestörtes Essverhalten verstanden – infolge von [21, 28]:

- übermäßiger Aufnahme einzelner Nahrungsmittel bzw. nicht genießbarer Stoffe,
- Essverhalten, das nicht ausschließlich im Verlauf einer anderen psychischen Störung (geistige Behinderung, tiefgreifende Entwicklungsstörung, Schizophrenie) auftritt.

Von einigen Autoren wird das *dringende* bzw. *imperative Verlangen* nach Einnahme des Nahrungsmittels bzw. der Substanz als weiteres diagnostisches Kriterium genannt [21]. Der Konsum natürlich vorkommender Substanzen wie Erde *(Geophagie)*, Stärke *(Amylophagie)* oder Kreide *(Kaolinphagie)* ist ein soziokulturell vermitteltes Verhalten, das in der afroamerikanischen Bevölkerung des Südens der USA und der Karibik weit verbreitet und nicht mit einer selektiven Psychopathologie verbunden ist [11]. Auch in Deutschland wird noch die Einnahme von »Heilerde« praktiziert [24]. Diese soziokulturell vermittelte Form (Pica-Syndrom) ist als kulturell gebundenes Syndrom nach DSM-IV und nicht als Essstörung anzusehen (11).

Die *Diagnose* Pica (F.61.3) des Erwachsenen ist auf die soziokulturell nicht vermittelte übermäßige Einnahme von Nahrungsmitteln, natürlich vorkommenden Substanzen sowie nichtessbare Produkte zu begrenzen (*Tabelle 49-7*). Die Diagnose von Pica im Kindesalter (F.98.3) beinhaltet den nicht altersgemäßen anhaltenden Verzehr von nichtessbaren Substanzen als isolierte psychopathologische Auffälligkeit.

49.3.2 Epidemiologie

Über die Häufigkeit des Pica-Syndroms liegen keine verlässlichen Zahlen vor. Untersuchungen in den USA ergaben eine Häufigkeit der *Geophagie* bei *Schwangeren* zwischen 25 und 75%, bei weißen Kindern von 17% und bei afroamerikanischen Kindern bei 27% [21]. Aus Europa sind nur Fallberichte bekannt [24].

49.3.3 Ätiologie

Neben soziokulturellen Faktoren werden Mangelzustände (Eisen, Kalzium, Zink, Kupfer, Eiweiß, Kalorien) und psychodynamische Faktoren (Regression auf frühere Entwicklungsstufe bei unerfüllten oralen Bedürfnissen) genannt [11, 21, 24].

49.3.4 Klinik

Mögliche Komplikationen des Pica-Syndroms sind abhängig von der Art und Menge der verzehrten Substanz [24].

Tabelle 49-7. Beim Pica-Syndrom oral aufgenommene Nahrungsmittel, natürlich vorkommende Substanzen sowie industrielle Produkte (Auswahl). (Mod. nach [24])

- Nahrungsmittel
  Rohe Kartoffeln, ungekochter Reis, Möhren, Sellerie, Petersilie, Erdnussbutter, Tomatensamen, Speiseeis
- Natürlich vorkommende Substanzen
  Erde, Staub, Lehm, Steine, Kies, Sand, Schiefer, Kohle, Stärke, Haare, Gips, Ruß, Asche, Teer, Holz, Austernschalen, Gras, Insekten, Metalle, Kot, Kreide, Paraffin
- Industrielle Produkte
  Mörtel, Bleifarben, Luftballons, Kreide, Zigarettenstummel, Lumpen, Wattebäusche, Buntstifte, Erfrischungstücher, Babypuder, Zigarettenschachteln, Paperbackbücher, Zeitungen, Tapeten, Toilettenpapier, Backpulver, Kaffeesatz, Radiergummi, Pflaster, Streichhölzer, Seife, Zahnpasta, Toilettenluftverbesserer, Tünche, Styropor, Gefriermittel

Die häufigsten *Komplikationen* der Geo- und Amylophagie sind eine *Eisenmangelanämie* und *Elektrolytstörungen*. Weiterhin wurden bilaterale Schwellungen der Glandula parotis, Adipositas, Gastrolithenbildung, Geoimpaktion im Kolon, Hepatosplenomegalie, Hypogonadismus und Zwergwuchs beschrieben [24]. Bei anderen Substanzen sind Intoxikationen beschrieben worden, z. B. Phosporintoxikation bei Pica von Streichhölzern und Quecksilbervergiftung bei Pica von Zigarettenschachteln und Paperbackbüchern [21, 24].

49.3.5 Therapie

Als Therapie wurde beschrieben
a) die Korrektur evtl. vorbestehender Ernährungsdefizite,
b) die Behandlung von Folgedefiziten, Patientenschulung (Hinweis auf schädliche Folgen des übermäßigen Konsums der jeweiligen Substanz) sowie
c) die psychiatrisch-psychotherapeutische Behandlung bei bestehender psychischer Komorbidität [21].

49.3.6 Prognose

Da nur Einzelfallberichte bzw. Studien zu kleinen Kohorten mit kurzen Nachbeobachtungszeiten vorliegen sowie aufgrund der großen Variabilität von Art und Ausmaß der zugeführten Substanzen sind keine Aussagen über den allgemeinen Verlauf und die Prognose des Pica-Syndroms möglich.

49.4 Nicht näher bezeichnete Essstörungen – Binge-Eating-Störung

49.4.1 Definition

In klinischen Studien unselektierter Populationen erfüllen ca 1/3 der Patientinnen nicht das Vollbild einer Anorexia bzw. Bulimia nervosa, z. B. werden der definierte Gewichtsverlust oder die Amenorrhö bzw. das Kriterium der Häufigkeit von Fressanfällen nicht erfüllt [7]. Bei sonst typischem klinischem Bild wird in diesen Fällen nach ICD-10 eine atypische Anorexia (F.50.1) bzw. eine atypische Bulimia nervosa (F.50.3) [6] bzw. nach DSM-IV eine nicht näher bezeichnete Essstörung [28] diagnostiziert.

Seit 1992 wird innerhalb der nicht näher bezeichneten Essstörungen das Vorliegen einer Untergruppe diskutiert, die innerhalb der Forschungskriterien des DSM-IV als *Binge-Eating-Störung* (F.50.9) wie folgt definiert ist [28]:
- Fressanfälle an mindestens 2 Tagen in der Woche über 6 Monate,
- fehlende gegenregulatorische Maßnahmen,
- leiden wegen der Fressanfälle.

Die Betroffenen sind meist übergewichtig bzw. adipös [13].

49.4.2 Epidemiologie

Bei repräsentativen US-amerikanischen Bevölkerungsstichproben wurde eine Punktprävelanz der Binge-Eating-Störung von 3,3–4,6% in gleicher Häufigkeit bei Männern und Frauen gefunden [2]. In einer repräsentativen Bevölkerungsstichprobe in Tirol erfüllten 0,8% der Männer die Kriterien einer Binge-Eating-Störung und 4,2% der Männer die einer unvollständigen Binge-Eating-Störung [20]. 30% der Interessenten an Gewichtsreduktionsprogrammen erfüllen die Kriterien der Störung [1, 2].

49.4.3 Ätiologie

Die Binge-Eating-Störung wird als habituelle Reaktion auf Stimmungsveränderungen angesehen. Es findet sich eine Komorbidität mit anderen psychischen Störungen (Angststörungen, affektive Störungen, Persönlichkeitsstörungen), jedoch in geringerem Ausmaß als bei der Bulimia nervosa [2, 7].

49.4.4 Klinik

Patienten mit Binge-Eating-Störung sind weniger mit Gewicht und Äußerem beschäftigt als Patienten mit Anorexia oder Bulimia nervosa. Die Störung wird, wie bei der Bulimia nervosa, meist verschwiegen. Vorstellungen beim Arzt oder in medizinischen Einrichtungen erfolgen wegen der mit den Fressanfällen assoziierten gastrointestinalen Symptomen (Völlegefühl, Bauchschmerzen), den Folgen der Adipositas (Luftnot, Schmerzen im Bereich der Wirbelsäule und der unteren Extremitäten) sowie psychischer Begleitsymptomatik (Schuld- und Minderwertigkeitsgefühle, Depressivität) [2]. Bei Vorliegen eines Typ-I- oder -IIb-Diabetes kann das Leitsymptom die schlechte Stoffwechsellage sein [3]. Die Binge-Eating-Störung ist häufiger bei Typ-II- als bei Typ-I-Diabetikern [14].

49.4.5 Therapie

Analog der Therapie der Bulimia nervosa scheint sich ein ambulantes abgestuftes Vorgehen mit reiner Selbsthilfe, therapeutenunterstützter Selbsthilfe, ambulanter kognitiver Verhaltenstherapie und interpersoneller Therapie zu bewähren [25] Antidepressiva (SSRI) scheinen im langfristigen Verlauf psychotherapeutischen Verfahren unterlegen, da die Häufigkeit der Fressanfälle nach Absetzen der Medikamente wieder zunimmt [2, 25]. Obwohl Appetitzügler wie Fenfluramin und Dexfenfluramin die Häufigkeit von Fressanfällen reduzieren, werden sie wegen ihrer Nebenwirkungen (Neurotoxizität, pulmonale Hypertension und Herzklappenschäden) nicht empfohlen [1].

Die Ernährungstherapie, unter Einbeziehung adipöser Angehöriger, ist in die Psychotherapie inklusive Bewegungstherapie sowie die gegebenfalls notwendige internistische Therapie der adipositasassoziierten Erkrankungen zu integrieren.

Therapieziele der Ernährungstherapie sind das Einstellen und die Reduktion von Fressanfällen und nicht die Gewichtsreduktion [2]. Hypokalorische Reduktionsdiäten bergen die Gefahr von hungerinduzierten Fressanfällen bzw. verstärkter Gewichtszunahme nach Abschluss einer Reduktionsdiät (»Jo-Jo-Effekt«) [1]. Die Ernährungstherapie besteht in Information über gesunde und ausgewogenen Ernährung, Einhalten regelmäßiger Mahlzeiten (3 Hauptmahlzeiten, Dauer mindestens 30 min mit bewusstem und langsamen Kauen) sowie dem Vermeiden (süßer) Zwischenmahlzeiten, insbesondere vor dem Schlafengehen. Essensprotokolle sowie Stimulus- und Reaktionskontrolltechniken sowie nichtnahrungsgebundene Selbstbelohnungen bei Erreichen der Therapieziele werden analog der Therapie der Bulimia nervosa in die Ernährungstherapie integriert [2].

Weitere Ziele der Psychotherapie sind die Verbesserung von Selbstakzeptanz, Körperbild und Emotionsregulation sowie die Förderung vermehrter körperlicher Aktivität [1].

49.4.6 Prognose

Es liegen derzeit keine Daten über die Langzeitverlauf der Binge-Eating-Störung vor. Wahrscheinlich wird die medizinische Prognose durch das Ausmaß der Adipositas bestimmt. Ob adipöse »Binge-Eater« eine schlechtere Prognose haben als vergleichbar Adipöse ohne diese Essstörung, ist nicht bekannt [2].

Literatur

1. American Psychiatric Association (2000) Practice guideline for the treatment of patients with eating disorders (Revision). Am J Psychiatry 157:1–39
2. Brewerton T (1997) Binge eating disorder: recognition, diagnosis and treatment. http://www.axom.com/r9/00334/2bedrdat.htm
3. Bryden KS, Neil A, Mayou RA et al. (1999) Eating habits, body weight, and insulin misuse. A longitudinal study of teenagers and young adults with type 1 diabetes. Diabetes Care 22:1956–1960
4. Carlat DJ, Camargo CA, Herzog DB (1997) Eating disorders in male: a report on 135 patients. Am J Psychiatry 154:1127–1132
5. Csef H (1997) Magersucht und Bulimia nervosa. Internist 38:721–731
6. Dilling H, Mombour W, Schmidt MH (Hrsg) (1993) Internationale Klassifikation psychischer Störungen. ICD-10, Kapitel V (F). Klinisch-diagnostische Leitlinien. Huber, Bern Stuttgart Wien
7. Fairburn CG (2000) Eating disorders. In: Garrow JS, James WPT, Ralph A (eds) Human nutrition and dietetics. Churchill Livingstone, Edinburgh London, pp 819–828
8. Feiereis H (1998) Bulimia nervosa. In: Adler RH et al. (Hrsg) Psychosomatische Medizin. Urban & Schwarzenberg, München, S 616–636
9. Fichter MM, Goebel G (1991) Anorexia und Bulimia nervosa: Symptomatik, medizinische Komplikationen, Ätiologie und Behandlung. Internist 32:38–49
10. Gerlinghoff M, Backmund H (1995) Therapie der Magersucht und Bulimie. Beltz, Psychologie Verlag Union, Weinheim
11. Grigsby RK, Thyer BA, Waller RJ, Johnston GA (1999) Chal eating in middle georgia: a culture-bound syndrome of pica? South Med J 92: 190–192
12. Haluzik M, Papevoza M, Nedvidkova J et al. (1999) Serum leptin levels in patients with anorexia nervosa before and after partial refeeding, relationships to serum lipids and biochemical nutritional parameters. Physiol Res 48:197–202
13. Hebebrand J (1998) Essstörungen. In: Ollenschläger P (Hrsg) Ernährungsmedizin. Urban & Fischer, München, S 346–354
14. Herpertz S, Albus C, Wagener R et al. (1998) Co-morbidity of diabetes mellitus and eating disorders: Does diabetes control reflect disturbed eating behavior? Diabetes Care 21:1110–1116
15. Herzog W, Deter HC, Fiehn W et al. (1997) Medical findings and predictors of long-term physical outcome in anorexia nervosa: a prospective, 12 year follow-up study. Psychol Med 27:269–279
16. Herzog W, Zeeck A (1997) Die stationäre psychodynamisch orientierte Therapie bei Anorexie und Bulimie. In: Reich G, Cierpka M (Hrsg) Psychotherapie der Essstörungen. Krankheitsmodelle und Therapiepraxis -störungsspezifisch und schulenübergreifend. Thieme, Stuttgart New York, S 72–88
17. Huse W, Lucas RA (1998) Behavioral disorders affecting food intake: Anorexia nervosa, bulimia nervosa and other psychiatric conditions. In: Balado D, Schmidt J, Shils ME (eds) Modern nutrition in health and disease. Williams & Wilkins, Baltimore, pp 1513–1521
18. Imbierowicz K, Braks K, Jacoby G E et al. (1999) Hochkalorische Trinknahrung in der stationären Behandlung der Anorexia nervosa. Psychother Psychosom Med Psychol 49:460
19. Keel PK, Mitchell JE, Miller KB et al. (1999) Long-term outcome of bulimia nervosa. Arch Gen Psychiatry 56:63–69
20. Kinzl JF, Traweger C, Trefalt E et al. (1998) Essstörungen bei Männern. Z Ernährungswiss 37:336–342
21. Lacey EP, Miale TP (1990). Broadening the perspective of pica: Literature review. Publ Health Rep 105:29–35
22. Lennkh C, Zwann M, Bailer U et al. (1999) Osteoporose bei Anorexia nervosa. Neue Aspekte der Pathogenese und Therapie. Nervenarzt 70:823–829
23. Melchior JC (1998) From malnutrition to refeeding during anorexia nervosa. Curr Opin Clin Nutr Metab Care 1:481–485
24. Menge H, Lang A, Cuntze H (1998) Pica in Deutschland – Amylophagie als Ursache einer Eisenmangelanämie. Z Gastroenterol 36: 635–640
25. Peterson CB, Mithell JE (1999) Psychosocial and pharmacological treatment of eating disorders: a review of research findings. J Clin Psychol 55:685–697
26. Platen P (2000) Störungen des Essverhaltens bei Sportlerinnen. Dtsch Z Sportmed 51:105–106
27. Polito A, Fabbri A, Farro-Luzzi A et al. (2000) Basal metabolic rate in anorexia nervosa: relation to body composition and leptin concentrations. Am J Clin Nutr 71:1495–1502

28. Saß H, Wittchen HU, Zaudig M et al. (1998) Diagnostische Kriterien des Diagnostischen und Statistischen Manuals Psychischer Störungen DSM-IV. Hogrefe, Göttingen
29. Stoving RK, Hangaard J, Hansen-Nord M, Hagen C (1999) A review of endocrine changes in anorexia nervosa. J Psychiatr Res 33: 139–152
30. Worley G, Claerhout SJ, Combs SP (1998) Hypophosphatemia in malnourished children during refeeding. Clin Pediatr 37: 347–352
31. Zipfel S, Lowe B, Reas DL, Deter HC, Herzog W (2000) Long-term prognosis in anorexia nervosa: lessons from a 21-year follow-up study. Lancet 26: 721–722

Ernährung bei Diabetes mellitus

R. Büttner

Unter Diabetes mellitus versteht man eine *Syndrom*, das durch (absoluten oder relativen) Insulinmangel mit chronischer Hyperglykämie und dadurch bedingten Störungen verschiedener anderer Stoffwechselprozesse sowie nachfolgenden Organschäden (Spätkomplikationen) gekennzeichnet ist. Ein Diabetes liegt vor, wenn wiederholt Nüchternblutglukosekonzentrationen im Vollblut über 125 mg/dl bzw. 6,7 mmol/l (»gestörte Nüchternglukose«) gemessen werden oder nach Glukosebelastung (75 g Glukose in 300 ml) die Blutglukosewerte (2-h-Wert) 200 mg/dl bzw. 11,1 mmol/l überschreiten.

50.1 Ätiopathogenese und Klassifikation

Allen Diabetesformen liegt ein absoluter Insulinmangel im Sinne einer fehlenden oder verminderten Insulinsekretion oder ein relativer Insulinmangel im Sinne einer verminderten Insulinwirkung zugrunde.

Entsprechend der Genese werden verschiedene Diabetesformen unterschieden (▪ *Tabelle 50-1*). Bei 85–90% aller Diabetiker findet sich ein Typ-II-Diabetes, etwa 80% davon sind übergewichtig. Die Prävalenz des Typ-I-Diabetes in Deutschland liegt bei ca. 0,2%, die des Typ-II-Diabetes bei 4–5%.

Die Prävalenz des Diabetes mellitus hat sich in Europa in den letzten 20 Jahren verdreifacht und wird sich bis zum Jahr 2010 verdoppeln (▪ *Tabelle 50-2*).

50.2 Klinik

Frühphase. Als *Leitsymptome* und *-befunde* in der *Frühphase* gelten Polydipsie, Polyurie, Gewichtsabnahme, Leistungsschwäche, Juckreiz und Muskelkrämpfe. Zu den *akuten Komplikationen* zählen Ketoazidose, hyperosmolares Koma und Laktazidose.

▪ **Tabelle 50-1.** Klassifizierung des Diabetes mellitus. (Mod. nach American Diabetes Association 1997)

I. Typ-1-Diabetes mellitus (früher insulinpflichtiger Diabetes mellitus, IDDM, juveniler Diabetes)

Definition: β-Zell-Destruktion mit konsekutivem absolutem Insulinmangel

A immunologisch vermittelt

B ideopathisch

- Insulinabhängig
- Manifestation meist <40 Jahre
- Akutes bzw. subakutes Auftreten
- Seltener Übergewicht
- Familiäre Belastung selten
- Ätiologie nur teilweise genetisch (Konkordanz bei eineiigen Zwillingen 35%)
- Assoziation mit HLA-DR3, HLA-DR4 ...
- Antikörper gegen Inselzellen (Inulinitis)
- Assoziation mit anderen Autoimmunkrankheite in ca. 14% (Hashimoto-Thyreoditis, M. Addison, Zöliakie etc.)
- Insulin im Blut fehlt oder vermindert
- Ketoseneigung (Azetonausscheidung)
- Ernährungstherapie erforderlich
- Insulintherapie immer erforderlich
- Blutzuckersenkende Medikamente allein unwirksam

II. Typ-2-Diabetes mellitus (früher nichtinsulinpflichtiger Diabetes mellitus, NIDDM, Altersdiabetes, metabolisches Syndrom)

Definition: Inulinresistenz mit relativem Insulinmangel mit/ohne sekretorischem Defekt

- Insulinresistenz, Hypertonie, Hypertriglyzeridämie
- Manifestation meist >40 Jahre
- Ausbruch langsam und initial meist unbemerkt
- Übergewicht in bis zu 85%
- Klassische Symptome fehlen häufig
- Hyperosmolares Koma als Akutkomplikation
- Insulin im Serum oft erhöht
- Ätiologie genetisch (Konkordanz bei eineiigen Zwillingen 100%)
- Keine Autoimmunphänomene
- Ernährungstherapie erforderlich, oftmals alleine ausreichend
- Insulinbehandlung zu Anfang nicht erforderlich
- Blutzuckersenkende Medikamente in Verbindung mit Ernährungstherapie oft wirksam

III. Andere Diabetesformen

- Genetische Defekte der β-Zellfunktion
- Genetische Defekte der Insulinwirkung (z. B. Typ-A-Insulinresistenz)
- Krankheiten des exokrinen Pankreas (Pankreatitis, Pankreatektomie, zystische Fibrose, Hämochromatose u. a.)
- Endokrinopathien (Akromegalie, Cushing-Syndrom, Glukagonom, Phäochromozytom u.a.)
- Medikamenteninduzierter Diabetes
- Infektionen (CMV, Röteln)
- Seltene Formen eines immunmediierten Diabetes (Antiinsulinrezeptor-Antikörper)
- Andere genetische Syndrome mit Diabetesektionen (Down-Syndrom, Ullrich-Turner-Syndrom u. a.)

IV. Schwangerschaftsdiabetes (Gestationsdiabetes, GDM)

Als Folge der insulinantagonistischen Wirkung von hPL, Kortisol, Progesteron, Prolaktin und erhöhter Insulindegradation bei entsprechender Disposition

Tabelle 50-2. Werte und Prognosen zur Diabetesentwicklung bis zum Jahr 2010 in Europa, bezogen auf einzelne Länder/Regionen. (Mod. nach [22])

Länder/Regionen	Gesamt-bevölkerung	1994 Anzahl der Menschen mit Diabetes	2000 Anzahl der Menschen mit Diabetes	2010 Anzahl der Menschen mit Diabetes	Herkunfts-land
Nordeuropa					
Gesamt	93.043	2.825	4.137	5.441	
Dänemark	5.148	194	246	298	USA
Estland	1.573	37	55	71	USA
Finnland	5.036	168	222	275	USA
Island	269	8	12	14	USA
Irland	3.552	75	121	166	USA
Lettland	2.670	60	89	116	USA
Litauen	3.797	88	135	181	USA
Norwegen	4.324	166	215	262	USA
Sweden	8.641	369	472	574	USA
Großbritanien	58.033	1.660	2.571	3.482	USA
Westeuropa					
Gesamt	176.761	6.613	8.340	10.053	
Österreich	7.712	291	372	453	USA
Belgien	9.982	369	453	536	USA
Frankreich	57.275	2.018	2.628	3.238	USA
Deutschland	79.309	3.063	3.821	4.578	USA
Luxemburg	391	14	19	22	USA
Niederlande	15.247	499	662	823	USA
Schweiz	6.845	359	385	409	USA
Osteuropa	96.597	2.602	4.259	4.967	
Bulgarien	8.858	261	363	463	USA
Tschechische Republik	10.310	411	601	789	USA
Ungarn	10.495	304	429	552	USA
Polen	38.140	912	1.352	1.792	USA
Rumänien	23.467	592	787	1.123	USA
Slovakei	5.327	122	727	248	USA
Südeuropa					
Gesamt	144.472	6.420	6.978	7.527	
Albanien	3.535	37	67	96	USA
Bosnien-Herzegowina	4.032	92	149	206	USA
Kroatien	4.871	239	230	221	USA
Griechenland	10.073	497	527	557	USA
Italien	57.772	2.895	3.028	3.160	USA
Mazedonien	2.020	47	77	107	USA
Malta	363	21	22	23	USA
Portugal	10.419	478	506	532	USA
San Marino	20	1	1	1	USA
Slovenien	2.015	47	72	95	USA
Spanien	39.503	1.839	1.945	2.049	USA
Jugoslawische Republik	9.849	227	354	480	USA

Spätkomplikationen. Als Folgen von Makro- und Mikroangiopathien und schlechter Stoffwechseleinstellung finden sich in nahezu allen Organen chronische Schäden, die in ihrem Ausprägungsgrad und Ausmaß von der Dauer der Krankheit und der Güte der Stoffwechseleinstellung abhängen. Zusätzlich beeinflussen andere Faktoren wie Hypertonus, Nikotinabusus

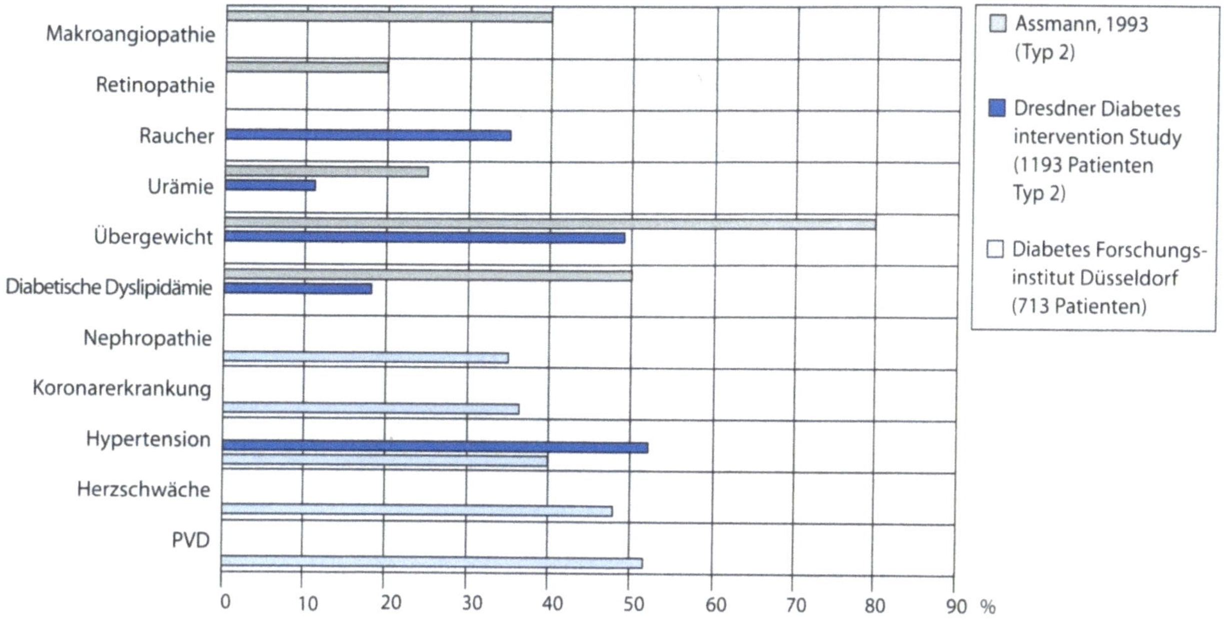

Abb. 50-1. Risikofaktoren und Spätkomplikationen bei Diabetes mellitus

und Dyslipoproteinämie (s. Kap. 10) entscheidend die Progression von chronischen Spätkomplikationen (*Abb. 50-1, 50-2*):

- Augen:
  Diabetische Retinopathie (nonproliferativ, proliferativ), Katarakt (subkapsulär, nukleär).
- Nieren:
  Diabetische Glomerulosklerose (diabetische Nephropathie, diffus/nodulär), Infektionen (Pyelonephritis, pyelonephritischer Abszess), Tubulusnekrose (**Cave:** Kontrastmittel).
- Nervensystem:
  Periphere Neuropathie, autonome Neuropathie (Orthostase, Ruhetachykardie, gastrointestinale Neuropathie, Harnblasenatonie).
- Kardiovaskuläres System:
  Herzinfarkt (stumm!), Kardiomyopathie, diabetische Gangrän.
- Haut:
  Diabetische Dermopathie, Necrobiosis lipoidica, Candidiais, diabetischer Fuß.
- Knochen und Gelenke:
  Dupuytren-Kontraktur, Charcot-Gelenke, Forestier-Osteopathie.
- Infektionen:
  Nekrotisierende Fasziitis, nekrotisierende Myositis, emphysematöse Cholezystitis, maligne Otitis externa.

50.3 Ziele der Ernährungstherapie

Insgesamt versucht die Diabetestherapie, das gestörte Gleichgewicht zwischen endogenem oder exogen zugeführtem Insulin und der im Körper anfallenden Glukose wieder

Abb. 50-2. Pathogenese der diabetischen Spätschäden

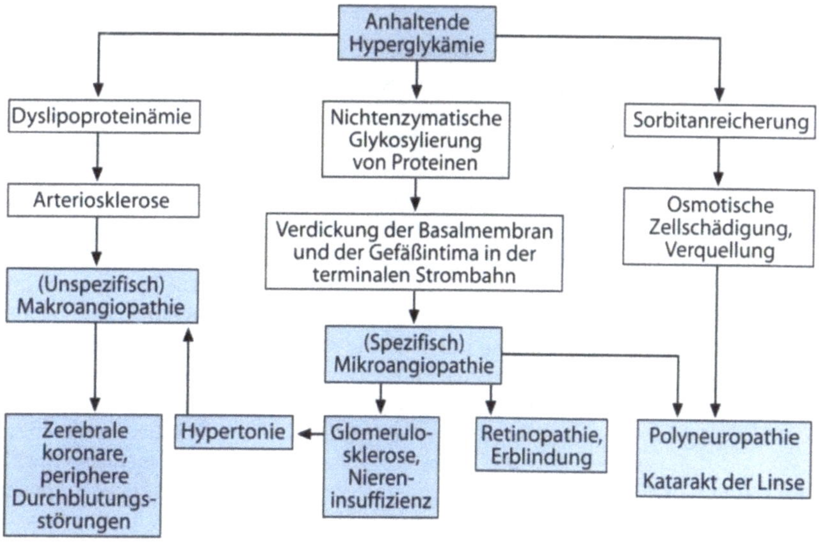

herzustellen. Dies ist nur durch einen ganzheitlichen Ansatz, der die medikamentöse Therapie, die Ernährungstherapie und die notwendige Umstellung der Lebensgewohnheiten umfasst, möglich. Weitere Aspekte kommen durch die Prävention und Therapie der diabetischen Spätschäden hinzu.

- Der Patient, der diese Maßnahmen eigenständig umsetzen muss, steht mit seinen individuellen Möglichkeiten und Grenzen im Mittelpunkt des Therapiekonzepts und wird durch ein professionelles »Diabetes-Team« unterstützt.

Die Ziele der Ernährungstherapie als Grundlage der oben angesprochenen Diabetestherapie unterscheiden sich für die unterschiedlichen Diabetesformen nicht. Sie sind in Konsensuspapieren der nationalen Diabetes-Fachgesellschaften klar definiert [1, 11]:

- (Nahezu-)Normalisierung des Blutglukosespiegels und des HbA1c;
- Angemessene Kalorienaufnahme, d.h. gewichtserhaltend bei normalem Body Mass Index (BMI), gewichtsreduzierend bei Übergewicht;
- Optimierung der kardiovaskulären Risikofaktoren;
- Prävention von akuten Komplikationen wie Hypoglykämien und Langzeitschäden wie Nephropathie, Neuropathie, Hypertonie und kardiovaskulären Erkrankungen;
- Erhaltung und Wiederherstellung des körperlichen Wohlbefindens, der Leistungsfähigkeit und altersentsprechender Lebensqualität.

Die Verwirklichung dieser Ziele bedeutet im Einzelfall, dass Ärzte und Ernährungsberater zwischen der Optimierung der Stoffwechselkontrolle und der Risikofaktoren einerseits und der individuellen Möglichkeiten und der Lebensqualität des Patienten andererseits abwägen müssen. Alle Ernährungsprogramme müssen für den einzelnen Patienten angepasst werden. Durch eine möglichst individualisierte Schulung sollte der Patient in die Lage versetzt werden, seine Mahlzeiten selbstständig entsprechend der oben genannten Ziele zusammenzustellen und die Zusammensetzung der Nahrungsmittel zu berechnen.

50.4 Leitlinien der oralen Ernährung bei Diabetes mellitus

Im Verlauf der Medizingeschichte wurden verschiedene, z. T. extreme Diabetesdiäten verordnet (*Tabelle 50-3*). So waren noch 1917 sogenannte »Semi-Starvation«-Diäten – mit extremer Reduktion der Kohlenhydratzufuhr – Standard der Diabetestherapie. Seit der Entdeckung des Insulins 1921 erhöhte sich der empfohlene Kohlenhydratanteil der Diät kontinuierlich, während der Fettanteil zurückging. In den neuesten Empfehlungen der nationalen Diabetesfachgesellschaften (Deutsche Diabetes Gesellschaft (DDG), European Association for the Study of Diabetes (EASD), American Diabetes Association (ADA)) passen sich die Diätvorschriften für Patienten mit Diabetes immer mehr den allgemeinen Ernährungsempfehlungen zur Erhaltung der Gesundheit an (*Tabelle 50-4, 50-5*).

Empfohlen wird heute eine individuell zusammengestellte kohlenhydrat- und ballaststoffreiche und fettarme Diät, in der die Anteile der einzelnen Nährstoffkomponenten je nach Bedarf des Patienten in gewissem Rahmen variiert werden (s. unten). Demzufolge kann nicht mehr von einer für jeden Diabetiker geltenden spezifischen »Diabetesdiät« gesprochen werden.

Tabelle 50-3 Geschichtliche Entwicklung der Ernährungsempfehlungen für Patienten mit Diabetes mellitus

Verteilung der Makronährstoffe [%]			
Jahr	**Kohlenhydrate**	**Protein**	**Fett**
Vor 1921	Hungerkuren		
1921	20	10	70
1950	40	20	40
1971	45	20	35
1986	55–60	12–20	<30
2000 EASD	KH + cis-MUFA: 60–70 (KH: 45–60)	10–20	25–35[a]
			mit PUFA <10
			SFA <10
			SFA + Trans <10
			oder SFA + Trans <8

[a] <10% der Kalorien als gesättigte Triglyzeride und >10% der Kalorien als mehrfach ungesättigte Triglyzeride. Abkürzungen: *KH*: Kohlenhydrate, *Cis-MUFA*: cis-einfach ungesättigte Fettsäuren, *PUFA*: mehrfach ungesättigte Fattsäuren, *SFA*: gesättigte Fettsäuren, *Trans*: Transfettsäuren.

50.4.1 Gesamtkalorienzufuhr

Für normalgewichtige Diabetiker, d. h. BMI zwischen 18,5–25 kg/m^2, gelten die gleichen Empfehlungen zur Gesamtenergieaufnahme wie für gesunde Normalgewichtige. Übergewichtige Patienten sollten versuchen, das Gewicht zu reduzieren, da selbst eine moderate Gewichtsabnahme die glykämische Kontrolle und die Kontrolle weiterer abnormer Stoffwechselparameter verbessert [7]. Auf realistische Ziele, z. B. einen Gewichtsverlust von 1–2 kg/Monat, ist zu achten, da es erfahrungsgemäß äußerst schwierig ist, das tatsächliche Normalgewicht zu erreichen und eine zu schnelle Gewichtsabnahme meist längerfristig nicht zu halten ist.

Zu empfehlen ist eine leichte Einschränkung der Kalorienzufuhr (um 250–500 kcal) und eine Reduktion des Verzehrs von Lebensmitteln mit hoher Energiedichte, insbesondere von solchen mit hohem Anteil an gesättigten Fetten. Der Energieverbrauch sollte durch eine Steigerung der körperlichen Aktivität erhöht werden.

Die Erfolgsaussichten dieser Maßnahmen sind am besten im Rahmen von multidisziplinären, strukturierten Gewichtsreduktionsprogrammen, denen entsprechende Programme zur Gewichtskonstanz nach Gewichtsabnahme folgen sollten. Die Durchführung einer sehr energiearmen Diät (»very low calorie diet«) sollte speziellen Fällen (BMI >35 kg/m^2) und erfahrenen medizinischen Zentren vorbehalten bleiben. Personen mit refraktärer Adipositas können von medikamentösen Therapien, z. B. mit dem Fettabsorptionshemmer Orlistat, profitieren.

Tabelle 50-4. Diätetische Empfehlungen für Diabetiker

Diätische Parameter	EASD[1] & DDD[2] (2000)	EASD[1] & DDG[2] (1995)	ADA[3] (1994, 200)	Alfediam[4] (1996)	BDA[5] (1992)
Energie	BMI sollte 19–25/kg/m² betragen (Reduzierung der Energieaufnahme bei Übergewicht)	BMI sollte 19–25/kg/m² betragen (Reduzierung der Energieaufnahme bei Übergewicht)	250–500 kcal/24 h		Annährend BMI 22 kg/m²
Kohlenhydrate (% Energie)	40–60	Verhältnis von cis-MUFA und CHO individuell	80–90 für CHO + totales Fett; 60–70 für CHO + MUFA	45–55	50–55 (und 45+ hoch-MUFA)
Saccharose, Fruktose	<10% der Gesamtenergie	Nicht empfohlen	Kleine Mengen akzeptabel	<10% mit niedrigem glykämischem Index	<25 g/dl
Polyole	Nicht empfohlen		Kein Vorteil gegenüber Süßstoff, ggf. zur Kalorienreduktion oder als Fettersatz	Empfohlen	
Ballaststoffe	Niedriger glykämischer Index	Faserreiche Kost empfohlen	20–35	Bevorzugt	>30
Komplexe Kohlenhydrate			Keine Empfehlung	Bevorzugt	Bevorzugt
Fett (% Energie)	25–35	<30 (energiereduzierte Diäten; Verhältnis von cis-MUFA und CHO individuell)	80–90 für CHO + totales Fett; 60–70 für CHO + MUFA	30–40 (individuell)	30–35
SFA	<10 (SFA +Trans)	<10	<10	<10	<10
MUFA			60–70 für CHO + MUFA	10–20	10–15
PUFA	<10	<10	<10	<10	<10
Trans-fatty acids	SFA + Trans <10	Unerwünscht			
Protein (% Energie)	10–20	10–20	10–20	10–20	10–15
Cholesterin (mg/24 h)	<300	<300	<300	<300	<300
Salz (g/24 h)	<6	<6	<2,4		normoton: <6; hyperon: <3

[1] European Association for Study of Diabetes; [2] Deutsche Diabetesgesellschaft; [3] American Diabetes Association; [4] French Association for Study of Diabetes and Metabolic Disease; [5] British Diabetes Association; BMI Body-mass-index; CHO Kohlenhydrate; MUFA einfach-ungesättigte Fettsäuren; PUFA mehrfach-ungesättigte Fettsäuren; SFA gesättigte Fettsäuren.

50.4.2 Mahlzeitfrequenz

Starre Richtlinien bezüglich der Mahlzeitenfrequenz existieren zwar nicht; dennoch sollte die Häufigkeit der Mahlzeiten mit der medikamentösen Therapie abgestimmt werden.

- Bei *konventioneller Insulintherapie* oder *oraler antidiabetischer Therapie* wird ein Ernährungsprogramm mit regelmäßigen Mahlzeiten mit dem Patienten erarbeitet, da bei diesen Therapieformen Phasen mit relativer Hyperinsulinämie entstehen, die durch Kohlenhydratzufuhr kompensiert werden müssen. Üblicherweise werden hierzu 3 Hauptmahlzeiten und mehrere Zwischenmahlzeiten in Abhängigkeit vom Ernährungstil des Patienten eingenommen und die medikamentöse Therapie sowie ggf. die Zwischenmahlzeiten bis zum Erreichen der gewünschten glykämischen Kontrolle angepasst.
- Bei *intensivierter Insulintherapie* oder *Pumpentherapie* kann die Mahlzeitenfrequenz vom Patienten spontan bestimmt werden, da das Altinsulin zur Mahlzeit an die jeweils anfallende Kohlenhydratmenge angepasst wird und keine hohen basalen Insulinspiegel entstehen. Bei Verwendung von natürlichem Altinsulin ist wegen des mehrstündigen Wirkprofils oft eine Zwischenmahlzeit etwa 2 h nach Altinsulinapplikation nötig, bei Verwendung der modernen synthetischen schnellwirkenden Insuline (Humalog, NovoRapid) entfällt diese.

50.4.3 Nährstoffkomponenten

Nach den neuesten Empfehlungen der Fachgesellschaften gibt es keine starre Aufteilung der Gesamtkalorienzufuhr unter den Makronährstoffen mehr. Empfohlen werden eine Zufuhr von 45–60% der Gesamtenergiemenge als Kohlenhydrate, 25–35% als Fette und 10–20% als Protein, dabei sollten Kohlenhydrate und einfach ungesättigte Fettsäuren in cis-Position (»cis-mono-unsaturated fatty acids«, cis-MUFA) zusammen 60–70% der Kalorienaufnahme ausmachen (*Tabelle 50-3, 50-4, 50-5*).

Kohlenhydrate

Diabetes mellitus ist definitionsgemäß eine Störung des Kohlenhydratstoffwechsels, daher kommt der Menge und Vertei-

Tabelle 50-5. Auswertung diätetischer Empfehlungen aus 2868 Typ-1-Diabetiker von 30 europäischen Diabeteszentren aus 16 europäischen Staaten. (Mod. nach [18])

Nährstoff	Tagets (Energie %)	Ausmaß der Diabeteserkrankung [%]
Protein	10–20%	77
Fett	<30%	14
	<35%	35
SFA	<10	14
CHO	>50	15
Dietary Fibre	>20 g/1000 kcal	0,4
Dietary Fibre	>30 g/24 h	0,7
Cholesterin	<300 mg/24 h	41

SFA: gesättigte Fettsäuren; *CHO*: Kohlenhydrate.

Tabelle 50-6. Glykämische Indizes einiger Nahrungsmittel. (Mod. nach [5])

Nahrungsmittel	Glykämischer Index [%]
Glukose, Maltose, Cornflakes, Cola, Instant-Kartoffelpüree	90–110
Weißbrot, Graubrot, Fertigmüsli, Milchreis, Weizenmehl, Stärke, Biskuit, Plätzchen, Sandkuchen, Biskuit, Bier	70–90
Haferflocken, Salzkartoffeln, parboiled Reis, Vollkornbrot, ungesüßte Obstsäfte, Mais, Haushaltszucker	50–70
Milch, Joghurt, Obst, Spaghetti, Hülsenfrüchte, Eiscreme	30–50

lung der Kohlenhydrate eine wichtige Rolle im Ernährungsplan zu.

Der Anteil der Kohlenhydrate an der Gesamtenergiezufuhr variiert von Patient zu Patient (45–60%). Er wird auf der Basis der Essgewohnheiten, der erwünschten glykämischen Kontrolle und der angestrebten Lipidzufuhr individualisiert.

Kohlenhydrate sind in allen stärkehaltigen Esswaren, wie Brot, Reis, Kartoffeln und Nudeln, in vielen Milchprodukten, allen Obstsorten und von Obst abgeleiteten Produkten, in manchen Gemüsesorten sowie in allen zucker- oder fruchtzuckerhaltigen Lebensmitteln enthalten. Speisen, die mit nutritiven Süßstoffen wie Polyolen (z. B. Xylit, Mannit, Sorbit) gesüßt wurden, sind ebenfalls kohlenhydrathaltig. Nach den Empfehlungen der DDG kann kein sinnvoller Kohlenhydrataustauschwert für diese Substanzen angegeben werden, da sie praktisch nicht blutzuckerwirksam sind; ihr Kaloriengehalt ist jedoch zu berechnen. Nicht-nutritive Süßstoffe wie Aspartam oder Cyclamat sind kohlenhydrat- und damit BE-frei, ebenso Fleisch-, Fisch- und Wurstwaren, Käse und Streichfette.

Bis vor wenigen Jahren galt der Grundsatz, dass einfache Zucker zugunsten komplexerer Kohlenhydrate völlig vermieden werden sollten. Ursache war die Annahme, dass einfache Zucker schneller verdaut und resorbiert würden und dadurch den Blutzucker schneller erhöhten. Tatsächlich steigt der Blutzucker nach Aufnahme der einzelnen Kohlenhydratlieferanten nicht uniform an. Diese unterschiedliche glykämische Wirkung der gleichen Kohlenhydratmenge in Abhängigkeit vom Nahrungsmittel bezeichnet man als »glykämischen Index«. Bezugspunkt ist hierbei Glukose mit einem glykämischen Index von 100%.

Wissenschaftliche Beweise für einen höheren glykämischen Index von einfachen Zuckern fehlen jedoch weitgehend. Es wurde im Gegenteil gezeigt, dass Früchte und Milch (Fruktose, Laktose) einen niedrigeren glykämischen Index als viele Stärkeprodukte aufweisen, und dass Saccharose eine mit Brot, Reis oder Kartoffeln vergleichbare glykämische Antwort ergibt (*Tabelle 50-6*). Trotzdem sind Getreide, Gemüse, Hülsenfrüchte und Obst wegen ihres hohen Anteils an Ballaststoffen, Vitaminen und Spurenelementen – im Sinne allgemeiner ernährungsphysiologischer Prinzipien – als hauptsächliche Kohlenhydratlieferanten zu empfehlen.

Wegen ihrer praktischen Bedeutung werden die einfachen Kohlenhydrate Saccharose und Fruktose im Folgenden kurz einzeln besprochen.

Saccharose

Verschiedene Studien haben gezeigt, dass die Verwendung kleinerer Mengen von Saccharose – bei richtiger Mitberechnung als Teil der Kohlenhydratzufuhr – die Stoffwechseleinstellung von Patienten mit Typ-1- oder Typ-2-Diabetes nicht beeinträchtigt. Wie für die allgemeine Bevölkerung empfohlen, sollte auch bei Diabetikern der Anteil der Saccharose an der Gesamtenergiezufuhr 10% nicht überschreiten. Dies bedeutet für den Einzelnen eine erhebliche Umstellung, da in Mitteleuropa durchschnittlich zu wenig Kohlenhydrate mit relativ zu hohem Saccharoseanteil (geschätzt bis 30%) verzehrt werden [11].

Fruktose

Die orale Aufnahme von Fruktose führt zu einem geringeren Anstieg der Blutglukose im Vergleich zu einer isokalorischen Menge Saccharose. Daher wird sie oft in Lebensmitteln als Saccharoseersatz benutzt. Bei Verzehr übermäßig großer Mengen an Fruktose sind allerdings als Folgen eine Erhöhung von Gesamt- und LDL-Cholesterin beschrieben [2], daher sollte der Anteil der Fruktose an der Gesamtenergieaufnahme 20% nicht übersteigen.

Kohlenhydratanteil

Wenn Lebensmittel mit vielen Ballaststoffen und niedrigem glykämischen Index verwendet werden, kann die Kohlenhydratbelastung problemlos an der oberen Grenze des im vorigen Abschnitt erwähnten Bereichs der Gesamtenergiezufuhr eines Tages, d. h. bei 55–60%, liegen. Manche Typ-2-Diabetiker mit mangelnder glykämischer Kontrolle können einen solchen hohen Kohlenhydratanteil nicht kompensieren. Dann kann eine Begrenzung der Kohlenhydrataufnahme auf etwa 45% der Gesamtenergie zusammen mit einer entsprechenden Erhöhung des Anteils *cis*-einfach-ungesättigter Fettsäuren versucht werden.

Fette

Aufgrund des in vielen Studien belegten hohen kardiovaskulären Risikos für Diabetiker sollte ein besonderes Augenmerk auf die Fette in der Ernährung gelegt werden. Sowohl ADA als auch EASD empfehlen, nicht mehr als 10% der Gesamtkalorien von gesättigten und *trans*-ungesättigten Fettsäuren aufzunehmen, da diese einen nachgewiesenen atherogenen Effekt (Anstieg von LDL-Cholesterin und Lipoprotein-A haben. Mehrfach ungesättige Fettsäuren (»poly-unsaturated fatty acids«, PUFA) sollten ebenfalls weniger als 10% der Kalorienzufuhr ausmachen, da bei erhöhtem PUFA-Anteil eine vermehrte Lipidperoxidation und HDL-Cholesterin-Reduktion möglich sind.

Wie oben angesprochen, kann der Anteil der cis-MUFA in Abhängigkeit von der individuellen Kohlenhydrataufnahme schwanken. Falls eine Gewichtsreduktion angestrebt wird, ist insbesondere der Anteil der gesättigen Fettsäuren auf <10% zu reduzieren. Bei führender Hypertriglyzeridämie und VLDL-Erhöhung kann eine Steigerung der cis-MUFA-Zufuhr auf ca. 15–20% und eine Reduktion des Kohlenhydratanteils auf 45–50% versucht werden. Hierbei muss allerdings auf die Gesamtfettzufuhr und die Gewichtsentwicklung geachtet werden. Bei Hypertriglyzeridämie >1000 mg/dl muss neben pharmakologischen Maßnahmen und Alkoholkarenz der Gesamtanteil der Fette in der Ernährung insgesamt deutlich abgesenkt werden [2].

Gesättigte Fettsäuren

Gesättigte Fettsäuren sind in der Regel tierischer Herkunft wie Fleisch- und Wurstwaren, Milchprodukte usw.

Einfach-ungesättigte Fettsäuren

Die kardiovaskulär günstigen cis-MUFA sind in vielen pflanzlichen Fetten –z. B. Olivenöl und Rapsöl – enthalten. Hauptquelle der ungünstigen *trans*-ungesättigten Fettsäuren sind kommerziell hergestellte Back- und Süßwaren, wie Schokoladen, Kekse etc., und gehärtete Fette wie sie z. B. in manchen Margarinen, Brotaufstrichen usw. enthalten sind.

Mehrfach-ungesättigte Fettsäuren

ω-3-Fettsäuren, denen bei mäßigem Genuss eine antiatherogene Wirkung zugeschrieben wird, sind in pflanzlichen Lebensmitteln wie Raps- oder Sojaöl, Nüssen und einigen grünblättrigen Gemüsen sowie in Fischgerichten enthalten.

Cholesterin

Hier gelten die gleichen Empfehlungen wie für alle Patienten mit erhöhtem KHK-Risiko. Die tägliche Cholesterinaufnahme sollte unter 300 mg liegen, das Ziel-LDL liegt für Gesunde ohne sonstige Risikofaktoren bei <130 mg/dl. Bei erhöhtem LDL-Cholesterin ist die tägliche Cholesterinaufnahme weiter zu senken, bei manifester (kardio-)vaskulärer Erkrankung sollte der LDL-Cholesterin-Spiegel ggf. mit zusätzlichen medikamentösen Maßnahmen auf <100 mg/dl gesenkt werden [2].

Protein

10–20% der Gesamtenergieaufnahme sollten laut geltender Empfehlungen von Proteinen stammen. Im bundesdeutschen Durchschnitt ist dieser Anteil mit ≥20% höher, d. h. für den Diabetiker bedeutet die Einhaltung der Empfehlung – die allgemein für eine gesunde Ernährung empfohlen wird – eine Einschränkung im Vergleich zur Normalbevölkerung. Bei beginnender Nephropathie, d. h. Nachweis einer Mikroalbuminurie, wird eine Verringerung der Proteinzufuhr auf ca. 0,8 g/kgKG angestrebt. Eine Einschränkung auf <0,6 g/kgKG ist zu vermeiden, da Mangelerscheinungen auftreten können.

Die Proteinquelle selbst wird v. a. unter Berücksichtigung der sonstigen Ernährungsziele gewählt. Die unterschiedliche Wertigkeit verschiedener Nahrungsmittel hinsichtlich der Zufuhr essenzieller Aminosäuren spielt erst bei deutlicher Reduktion der Proteinzufuhr eine Rolle.

Vitamine

Obwohl theoretisch insbesondere antioxidative Vitamine die Entstehung bzw. den Fortschritt der Atherosklerose aufhalten sollten, gibt es derzeit keine eindeutige Studien, die den Nutzen einer zusätzlichen Vitaminsupplementierung zeigt. Untersucht wurden diesbezüglich bislang die pharmakologische Gabe von Vitamin A, C bzw. E. Einige Studien konnten einen potenziell positiven Effekt von Vitamin E im Sinne einer verminderten Lipidperoxidation zeigen, im Studienzeitraum zeigten sich keine eindeutigen Vorteil hinsichtlich des HbA1c oder diabetischer Spätkomplikationen [10]. Für Vitamin A und C liegen keine sicheren Daten vor, die Vorteile einer Supplementierung belegen würden [4, 9]. Im Gegenteil, eine jüngere Studie berichtete über eine Akzelaration diabetischer Spätschäden durch hochdosierte Substitution von Vitamin C und A [16].

Andere antioxidative Substanzen wie Folat und Flavonoide werden derzeit noch untersucht [14]. Insgesamt ist die Evidenzlage noch nicht ausreichend, um eine antioxidative (Vitamin-)Substitution allgemein zu empfehlen.

Hinweise aus kleineren, z. T. tierexperimentellen Studien weisen auf einen möglichen β-Zell-protektiven Effekt für Nikotinamid hin [15]. Eine größere Studie zur Substitution mit Nikotinamid zur Prophylaxe und in der Frühphase des Typ-1-Diabetes wird zur Zeit durchgeführt, Ergebnisse sind in den nächsten Jahren zu erwarten.

Zusammenfassend gelten also auch hier die gleichen Richtlinien wie für die Allgemeinbevölkerung. Empfohlen wird die Ernährung mit einer ausgewogenen Mischkost, die vitaminreiche Vollkorn- und Frischprodukte bevorzugt und damit den Bedarf an Vitaminen und Antioxidanzien abdeckt.

Mehrfach-ungesättigte Fettsäuren

Die Zufuhr von Kochsalz sollte – wie bei der Allgemeinbevölkerung – unter 6 g/24 h liegen. Bei Hypertonie ist, entsprechend der Standards der Hypertoniebehandlung, die NaCl-Zufuhr weiter einzuschränken. Die empfohlene Mischkost gewährleistet eine ausreichende Aufnahme der sonstigen Elektrolyte. Selten wurde bei metabolischen Entgleisungen oder in der Schwangerschaft ein behandlungsbedürftiger Magnesiummangel beschrieben. Eine regelmäßige Elektrolytsubstitution wird nicht empfohlen, ggf. ist eine solche bei Nachweis verminderter Serumspiegel indiziert.

In der Literatur finden sich einige Studien, die auf einen positiven Effekt von Zink, Chrom und Vanadium auf den Insulinbedarf und die Blutzuckereinstellung hinweisen [3, 6, 17]. Große kontrollierte Untersuchungen fehlen noch weitgehend, sodass – abgesehen von einem nachgewiesenen Spurenelementmangel, z. B. bei zusätzlichen Darmerkrankungen – keine generelle Empfehlung zur Substitution besteht.

Diätprodukte

Die Nahrungsmittelindustrie bietet eine Vielzahl von »Diätprodukten« an, die z. T. fett- und kalorienreduziert, z. T. auch kohlenhydratreduziert oder -frei sind. Die Angabe »geeignet zur Ernährung bei Diabetes mellitus im Rahmen eines Diätplans« darf nur von Produkten ohne Saccharosezusatz geführt werden. Diese Produkte bieten außer der klaren Auszeichnung der Nahrungskomponenten und des Kohlenhydratgehalts keine besonderen Vorteile, wenn flexible Insulingaben möglich sind. Bei fest vorgegebener Kohlenhydratzufuhr, z. B. bei konventioneller Insulintherapie, können durch »Diabetikerprodukte« Kohlenhydrate eingespart werden, sodass mehr gegessen werden kann, ohne es auf die Kohlenhydratmenge anrechnen zu müssen. Ohne Zweifel kann so die Diabetesdiät der sog. »normalen« Ernährung, d. h. der ernährungsphysiologisch ungünstigen Ernährung der Allgemeinbevölkerung mit zu hohem Fett-, Saccharose und Proteinanteil, eher angepasst werden.

Dies geht aber auf Kosten der günstigen ballaststoffreichen Vollkorn- und Frischprodukte und erschwert die Einhaltung der empfohlenen Kalorienmenge und der Relationen der einzelnen Nahrungskomponenten. Hier ist auf einen vernünftigen Ausgleich zwischen den medizinischen Empfehlungen und dem Ernährungsstil des Patienten zu achten, da sonst Complianceprobleme unumgänglich sind.

Alkohol

Die allgemeinen Grenzwerte der Alkoholzufuhr gelten ebenfalls für Patienten mit Diabetes, d. h. Männer sollten nicht mehr als 30 g Alkohol/24 h, Frauen nicht mehr als 15 g/24 h zu sich nehmen. Problematisch sind allerdings die Wirkungen von Alkohol auf den Blutzuckerspiegel. Insbesondere größere Alkoholmengen können zu schweren Hypoglykämien führen, sodass insbesondere bei Insulintherapie immer auf eine gleichzeitige Kohlenhydratzufuhr geachtet werden muss [8].

Blutzuckerunabhängige Alkoholwirkungen müssen ebenfalls bedacht werden. Während eine gemäßigte Alkoholzufuhr durchaus günstige Effekte auf das kardiovaskuläre Risikoprofil haben kann (Erhöhung des HDL-Cholesterins), sind größere Mengen wegen des Risikos einer Hypertriglyzeridämie, einer Leber- oder Pankreasschädigung und nicht zuletzt der Alkoholkrankheit mit allen psychosozialen Problemen zu vermeiden. Der Brennwert von Alkohol beträgt ca. 7 kcal/g, alkoholische Getränke müssen daher bei der Berechnung der Kalorienzufuhr mit einbezogen werden.

50.4.4 Umsetzung der Ernährungsempfehlungen

Die Umsetzung einer Diabetesdiät kann nur gelingen, wenn der Patient die Grundlagen seiner Erkrankung und die diätetischen Prinzipien verstanden hat. Ihm muss in praktischen Übungen die Durchführung der täglichen notwendigen Verrichtungen gezeigt werden. Hierzu ist eine ausführliche Schulung durch qualifiziertes Fachpersonal notwendig: Jeder Diabetiker sollte in Gruppen- und/oder Einzelschulungen nach den Richtlinien der DDG lernen, die ärztlicherseits verordnete Diät selbstständig einzuhalten (*Tabelle 50-7, 50-8*).

Es ist ein wesentliches Ziel der Schulung, dem Patienten zu vermitteln, welche Nahrungsmittel wieviele Kohlenhydrate enthalten. Art und Menge der aufgenommenen Kohlenhydrate sind eine wesentliche Determinante der Blutzuckereinstellung. Für eine gute glykämische Kontrolle ist zu fordern, dass der Patient den Kohlenhydratanteil jeder Mahlzeit bestimmt und dokumentiert. Bei der intensivierten Insulintherapie ist dies eine absolute Voraussetzung, da hier das Insulin zu den Mahlzeiten an die Kohlenhydratmenge adaptiert gespritzt wird.

Im Sinne der oben genannten Ziele der Ernährungstherapie ist die Schulung nicht auf den Kohlenhydratstoffwechsel beschränkt. Weitere Teile beschäftigen sich mit dem Fettanteil der Diät, dem Nahrungscholesterin, ggf. auch dem Nahrungsprotein.

Für die Praxis hat es sich insbesondere für Patienten mit intensivierter Insulintherapie bewährt, den Kohlenhydratanteil mit Hilfe des Konzepts der ***B***erechnungs- oder ***B***roteinheit, kurz BE zu erfassen.

> Eine BE ist definiert als diejenige Menge [g] eines Nahrungsmittels, die 12 g Kohlenhydrate enthält.

Tabelle 50-7. Kriterien zur Beurteilung der Einstellungsqualität beim Typ-I-Diabetes mellitus

		Nicht-diabetiker	Adäquat	Inadäquat
Hba1c (%)		<6,1	6,2–7,5	>7,5
Blutzuckerwerte selbst gemessen				
Nüchtern	(mg/dl)	70–90	91–120	<120
	(mmol/l)	4–5	5,1–6,5	>6,5
Postprandial	(mg/dl)	70–135	136–160	>160
	(mmol/l)	4–7,5	7,6–9	>9
Vor dem Zubettgehen	(mg/dl)	70–90	110–135	>135
	(mmol/l)	4–5	6–7,5	>7,5

Die Blutdruckwerte sollten <135/85 mmHg liegen.

Tabelle 50-8. Kriterien zur Beurteilung der Einstellungsqualität beim Typ-II-Diabetes mellitus

		Nicht-diabetiker	Adäquat	Inadäquat
Nüchternblutzucker	(mg/dl)	80–120	120–140	>140
Postprandialer Bz	(mg/dl)	100–160	160–180	>180
Hba1c	(%)	<6,5	6,5–7,0	>7,0
Urinzucker	(%)	0	0–0,5	>0,5
Gesamtcholesterin	(mg/dl)	<200	200–250	>250
HDL-Cholesterin	(mg/dl)	>40	40–35	<35
Nüchterntriglyzeride	(mg/dl)	<150	150–200	>200
Body-mass-index	(kg/m^2)	<25	25–27	>27
Blutdruck	(mmHg)	<140/85	<160/95	<160/95

In Anhängigkeit von der Qualität der Diabeteseinstellung können sich chronische Komplikationen am Gefäß- und Nervensystem entwickeln, die die Lebensqualität und Lebenserwartung des Diabetikers erheblich beeinträchtigen. Für die Langzeitbeurteilung der Stoffwechseleinstellung des Diabetes mellitus wird der Hba1c-Wert verwendet.

Tabelle 50-9. Auszug aus einer BE-Austauschtabelle

Nahrungsmittel	Gewicht [g]/ Broteinheit	Energiegehalt/ 100 g [kcal]
Stärkeprodukte		
Weißbrot, Mischbrot	25	ca. 60
Vollkornbrot	30	ca. 60
Mehl (Weizen, Roggen)	20	ca. 70
Stärke (rein)	15	ca. 50
Reis, Nudeln (gar)	50	ca. 65
Kartoffelprodukte		
Salzkartoffeln	80	ca. 55
Kartoffelpüree	100	ca. 90
Pommes frites	30	ca. 90
Chips	30	ca. 160
Obst		
Kohlenhydratreich	60–70	ca. 50
Bananen, Weintrauben		
Mittlerer Bereich	90–120	ca. 50
Z. B. Apfel, Birne, Kirsche, Melone, Nektarine, Orange, Pflaume		
Kohlenhydratarm	170–200	ca. 60–80
Z. B. Erdbeeren, Himbeeren, Brombeeren, Johannisbeeren		
Gemüse		
Kohlenhydratreich	20 g	70–80
Z. B. trockene Hülsenfrüchte, Artischocken, Mais, grüne Erbsen	ab >100 g/Tag: ca. 150 g/BE	ca. 60
Kohlenhydratarm		
Z. B. Avokado, Brokkoli, Chicoree, grüne Bohnen, Gurken, Kohlsorten, Möhren, Salat, Spargel, Tomaten, Zucchini	Übliche Portionen bis 200 g ohne BE-Anrechnung	Durchschnittlich 20 kcal
Milchprodukte		
Milch, Joghurt, Kefir, Buttermilch	250	Nach Fettgehalt 80–150
Nüsse		
Erd-, Hasel-, Walnüsse	100	580–700
Brotaufstrich		
Marmelade	20–25	20–25
Diätmarmelade mit Fruchtzucker und Süßstoff	35–45	35–45
Honig	20	20
Nuss-Nougat-Creme	22	22

Mit Hilfe von Kohlenhydrataustauschtabellen können die entsprechenden BE-Werte für die wichtigsten Lebensmittel nachgeschlagen werden. Aus dem Gewicht errechnet man für jede kohlenhydrathaltige Komponente einer Mahlzeit die Anzahl an Broteinheiten. Manche Gemüse sowie Nüsse sind hierbei erst ab einem bestimmten Gewicht zu berücksichtigen (s. unten).

Die Addition der einzelnen BE-Mengen ergibt die Gesamt-BE-Zahl, an die ggf. die Bolus-Altinsulingabe adaptiert wird.

Bei zusammengesetzten Nahrungsmitteln, wie etwa Backwaren, wird analog vorgegangen: Die BE-Menge des ganzen Rezepts wird errechnet und dann eine BE-Zahl z. B. pro Stück bestimmt. Probleme treten bei Mahlzeiten auf, deren Zusammensetzung nicht vollständig erkennbar ist, so z. B. bei gekauften Fertiggerichten oder im Restaurant. Hier muss die BE-Zahl abgeschätzt werden. Sogenannte Diabetiker-«Diät«-Produkte (s. unten) weisen eine Deklaration der Inhaltstoffe und eine BE-Angabe aus und sind im allgemeinen kohlenhydratreduziert, haben jedoch oft einen hohen Fettanteil und Kaloriengehalt.

Es ist ersichtlich, dass mit steigendem Ballaststoffanteil eines Nahrungsmittels das Gewicht pro BE zunimmt. Relativ unprozessierte ballaststoffreiche Nahrungsmittel, wie Vollkornprodukte, frisches Obst usw., erzeugen daher ein größeres Sättigungsgefühl pro BE und sind günstiger als industriell vorbehandelte Produkte aus den gleichen Nahrungsmittelklassen. Einen Auszug aus einer BE-Austauschtabelle (Fa. NovoNordisk) zeigt *Tabelle 50-9*.

Praktisches Vorgehen

Je nach Therapie werden unterschiedliche Diätregimes eingesetzt:

- *Intensivierte Insulintherapie.* Der Patient erstellt ein Ernährungsprotokoll und erarbeitet zusammen mit Arzt und Ernährungsberaterin persönliche Ernährungsziele. Die Menge des notwendigen Basalinsulins und des Altinsulins pro BE zur Mahlzeit werden bestimmt. Nach Erwerb der notwendigen praktischen und theoretischen Kenntnisse in der Schulung kann er sich unter Beachtung der Ernährungsziele und des Wirkprofils der eingesetzten Insuline (s. oben) weitgehend flexibel und eigenständig ernähren. Feste BE-Tagesmengen sind nicht vorgegeben.
- *Konventionelle Insulintherapie.* Nach Definition der persönlichen Ernährungsziele und Schulung wird eine Diät mit der gewünschten Gesamtkalorienzufuhr und den entsprechenden Kohlenhydrat-, Fett- und Proteinanteilen mit der Ernährungsberaterin erstellt. Auch hierbei ist das Konzept der Kohlenhydratabschätzung mittels BE hilfreich. Ein praktisches Beispiel ist unten dargestellt.

Beispiel

Patient A. B., 63 Jahre, 173 cm, 88 kg. Diabetes mellitus Typ 2 seit 9 Jahren ohne Hinweis auf Spätschäden. Konventionelle Insulintherapie, HbA1c hierunter 7,8%. Hypercholesterinämie. Ansonsten gesund.

Ernährungsziele

1. Gewichtsreduktion,
2. Kohlenhydratanteil der Diät ca. 60%, Gesamtfettanteil <25%, gesättigte Fette <10%, Protein 15%,
3. cholesterinarme Diät.

Umsetzung

Nach Ernährungsberatung, Erfassung der Nahrungsvorlieben, Schulung wird folgender Plan erstellt.

Verordung. Cholesterin- und gesättige-Fettsäuren-arme Diät, ca. 1400 kcal bzw. 16 BE/Tag.

Beispielhafter Tageskostplan
- 16 BE (3–2–4–2–3–2);
- 1430 kcal;
- 16% Eiweiß, 22% Fett, 62% Kohlenhydrate, Cholesterin <300 mg/Tag.

Frühstück		3 BE	314 kcal
90 g	Roggenvollkornbrot (ca. 3 Scheiben)	3 BE	174 kcal
10 g	Diätmargarine		72 kcal
20 g	Edamer 30% Fett i. Tr.		51 kcal
100 g	Tomate		17 kcal
	Schnittlauch, Pfeffer, Salz		
2. Frühstück		2 BE	106 kcal
200 g	Nektarine	2 BE	106 kcal
Mittagessen inkl. Dessert		4 BE	341 kcal
45 g	Naturreis, roh	3 BE	154 kcal
	Bunte Gemüsepfanne mit Fisch		
50 g	Kabeljaufilet		34 kcal
3 g	Rapsöl		27 kcal
10 g	Zwiebel		3 kcal
150 g	Zucchini, roh		29 kcal
150 g	Paprika, roh		30 kcal
	Zitronensaft, Currypulver, Salz, Pfeffer		
200 g	Erdbeeren	1 BE	64 kcal
Nachmittag		2 BE	163 kcal
50 g	Roggenbrötchen	2 BE	105 kcal
5 g	Diätmargarine		6 kcal
15 g	Schinken, ohne Fettrand		22 kcal
Abendbrot		3 BE	382 kcal
90 g	Roggenbrot	3 BE	174 kcal
10 g	Diätmargarine		72 kcal
25 g	veget. Aufstrich Champignon		53 kcal
	Schnittlauch (für Schnittlauchbrot)		
	Salat aus		
200 g	Möhren, roh		56 kcal
3 g	Rapsöl		27 kcal
	Zitronensaft, Salz		
Spätmahlzeit		2 BE	124 kcal
	Joghurtspeise aus		
125 g	Joghurt, natur, mager	1/2 BE	40 kcal
195 g	Pfirsich, roh	1/2 BE	84 kcal
	Süßstoff		

Literatur: Elmadfa I. (Neuausgabe 1998/99) Die große GU Nährwert Kalorien Tabelle, Gräfe & Unzer, München; Diätverband – Bundesverband der Hersteller von Lebensmitteln für besondere Ernährungszwecke e.V., Grüne Liste 1995, Editio Cantor, Aulendorf

Der Patient soll die Blutzuckerwerte hierunter dokumentieren und sich in 3 Monaten zur Kontrolle von HbA1c und dem Lipidstatus wieder vorstellen, ggf. muss auf eine intensivierte Insulintherapie bzw. eine medikamentöse Lipidsenkung übergegangen werden.

50.4.5 Zusammenfassung

Fazit für die Praxis

- Beim normalgewichtigen Patienten mit Diabetes mellitus sollte eine ballaststoffreiche Mischkost mit hohem Anteil an Frisch- und Vollkornprodukten initiiert werden.
- Beim übergewichtigen Patienten, insbesondere bei Typ-2-Diabetes, steht die Gewichtsabnahme durch mäßige Kalorieneinsparung und körperliche Bewegung an erster Stelle der Therapie.
- Relationen der Nahrungskomponenten [%] der Gesamtkalorienzufuhr: Kohlenhydrate + cis-einfach-ungesättigte Fettsäuren 60–70%, gesättigte und mehrfach ungesättigte Fettsäuren weniger als 20%, Protein 10–20%.
- Einfache Zucker sind nicht verboten, »Zucker«, d. h. Saccharose bis zu 30 g/24 h erlaubt.
- »Diätprodukte« leisten keinen sinnvollen Beitrag zur Diät.
- Alkohol nur in Maßen, insbesondere bei Insulintherapie nur gleichzeitig mit Kohlenhydraten; der Kaloriengehalt muss berücksichtigt werden.
- Gute Patientenschulung und regelmäßige Betreuung durch erfahrene Ärzte und Diabetes-/Ernährungsberaterinnen sind die Grundlage der Ernährungstherapie.

50.5 Sondenernährung bei Diabetes mellitus

50.5.1 Indikationen

Sondenernährung wird meist bei älteren und pflegebedürftigen Personen durchgeführt. In Abhängigkeit von Alter und Grunderkrankung sind ggf. Modifizierungen an den oben aufgeführten Zielen der Ernährungstherapie vorzunehmen.

50.5.2 Sondennahrungen

Die Kinetik der Nährstoffresorption ist bei Flüssigkostgabe anders als bei fester Kost. Eine kohlenhydratreiche, fettarme Diät erhöht den Blutzuckerspiegel schneller als eine Diät mit weniger Kohlenhydraten und höherem Fettanteil. So haben einige klinische Studien gezeigt, dass kohlenhydratreduzierte und fettreichere Diäten mit hohem cis-MUFA-Anteil die glykämische Einstellung verbessern und den Bedarf an blutzuckersenkenden Medikamenten verringern konnten [13]. Es besteht jedoch noch viel Forschungsbedarf, z. B. hinsichtlich der genauen Zusammensetzung des Fettanteils, d. h. der Relation zwischen MUFA und PUFA oder der optimalen Menge an ω-3-/ω-6-Fettsäuren, des Weiteren hinsichtlich der Menge und Art des Ballaststoffsanteils, der optimalen Vitamin-, Mineralien- und Spurenelementsupplementierung und vielem mehr. Zur Zeit sind mehrere Handelspräparate für die Sondenkost bei Diabetes erhältlich (s. Kap. 20).

Verschiedene Faktoren beeinflussen neben der Sondenkost selbst ihre glykämische Wirkung, so der Applikationsort, die Applikationsgeschwindigkeit und individuelle Faktoren wie Motilitätsstörungen, körperliche Aktivität und Begleitmedikation. Dies gilt gerade für Diabetiker, die unter einer autonomen Neuropathie mit Gastroparese leiden. Für jeden Patienten ist daher ein individuelles Konzept unter engem Blutzuckermonitoring zu erstellen. Die allgemeinen Standards der

Sondenernährung, mit denen bei fehlenden Hinweisen auf gastrointestinale Motilitätsstörungen begonnen werden sollte, sind in Kap. 20 dargestellt. Bei diabetischer Gastroparese sind duodenale oder jejunale Sonden und die kontinuierliche langsame Infusion einer isoosmolaren Sondenkost empfehlenswert, auf Aspirationshinweise ist zu achten. Durch die Bestimmung der Ketonkörper im Urin und der Stickstoffbilanz sowie Monitoring der Malabsorptionsparameter kann einer Malnutrition vorgebeugt werden.

50.6 Parenterale Ernährung bei Diabetes mellitus

50.6.1 Indikationen

Die Indikationen und Techniken zur Durchführung der parenteralen Ernährung unterscheiden sich bei Diabetikern nicht von den unter Kap. 20 und 26 dargestellten allgemeinen Grundsätzen.

Bei parenteraler Ernährung gleich welcher Ursache muss Insulin in ausreichender Menge zugeführt werden, wegen der besseren Steuerbarkeit bietet sich in der Intensiv- und postoperativen Medizin die kontinuierliche i.v.-Gabe von Altinsulin an. Der Gesamtkalorienbedarf wird wie oben dargestellt bestimmt; bezüglich der Aufteilung der einzelnen Kalorienträger haben sich in den letzten Jahren potenzielle Unterschiede zum Nichtdiabetiker ergeben. Einige Studien konnten zeigen, das eine Verringerung des Kohlenhydratanteils zugunsten des Anteils an einfach-ungesättigten Fettsäuren hinsichtlich der glykämischen Kontrolle, des Insulinbedarfs und der Infektionshäufigkeit günstiger ist. Gesättigte Fettsäuren zeigten diesen Vorteil nicht.

Von einigen Autoren wird der Ersatz von Glukose durch Glyzerol oder Xylit empfohlen, da diese Insulin-unabhängig verstoffwechselt werden und den Blutzuckerspiegel weniger beeinflussen. Diese Austauschstoffe werden aber wegen der Gefahr der Hyperosmolarität jedoch auch kritisch betrachtet und nicht allgemein empfohlen. Fruktose ist als Glukoseersatz in der parenteralen Ernährung wegen der Gefahr ausgeprägter Hypoglykämien bei nicht vorbekannter hereditärer Fruktoseintoleranz weitgehend verlassen worden.

50.6.2 Durchführung

Begonnen wird mit einer parenteralen Standardernährung, z. B. 50–60% des errechneten Kalorienbedarfs aus Glukose 40%, 30% aus Lipidemulsionen mit mittel- und langkettigen Fettsäuren und 20% aus Aminosäuren. Im Allgemeinen kann dann mit einer kontinuierlichen intravenösen Insulinzufuhr von 1–5 IE/h eine gute Blutzuckereinstellung erreicht werden [13, 21], wobei der zu erreichende Zielblutzucker für die unterschiedlichen Situationen, in denen eine parenterale Ernährung notwendig wird (Pankreatitis, Sepsis, Postagressionstoffwechsel usw.) nicht durch kontrollierte Studien belegt ist und die prognostische Bedeutung von Über- und Unterzuckerungen während einer Intensivtherapie nicht bekannt ist.

Unter der Vorstellung, das sowohl ausgeprägte Hypo- wie Hyperglykämien schädlich sein könnten, kann als Zielbereich z. B. ein Blutzucker zwischen 150–250 mg/dl gewählt werden. Sollte der Insulinbedarf zur Erhaltung eines Blutzuckerspiegels unter 200 mg/dl über 5 IE/h steigen, kann eine Erhöhung der Fettzufuhr bis auf 45–50% der Gesamtkalorienzufuhr und eine Reduktion der Glukosezufuhr versucht werden [12]. Hierbei ist auf die Verwendung von Lipidemulsionen mit einfach-ungesättigten Fettsäuren zu achten [20]. Der Gesamtkalorienbedarf sollte erneut überprüft werden, da eine Hyperalimenation oft übersehen wird. Bei weiterhin erhöhten Blutzuckerwerten können Anteile der G40%-Lösung durch Xylit ersetzt werden, entsprechende Kombinationslösungen werden kommerziell angeboten (z. B. GX35, Fa. Pharmacia). Die Maximaldosierung beträgt 3 g Xylit/kgKG/24 h bzw. 0,125 g Xylit/kgKG/h.

Protein-, Elektrolyt-, Spurenelement- und Vitaminzufuhr werden wie allgemein empfohlen gehandhabt (s. Kap. 20).

Literatur

1. American Diabetes Association (2001) Nutrition recommendations and principles for people with diabetes mellitus. Diabetes Care 24: 44–47
2. American Diabetes Association(1998) Management of dyslipidemia in adults with diabetes. Diabetes Care 21: 179–182
3. Anderson RA (2000). Chromium in the prevention and control of diabetes. Diabetes Metab 26: 22–27
4. Basu TK, Basualdo C (1997) Vitamin A homeostasis and diabetes mellitus. Nutrition 13: 804–806
5. Berger M.H (2000). Diabetes mellitus, 2. Aufl. Urban & Fischer, München
6. Chausmer A B (1998) Zinc, insulin and diabetes. J Am Col Nutr 17: 109–115
7. Christiansen MP, Linfoot PA, Neese RA, Hellerstein MK (2000) Effect of dietary energy restriction on glucose production and substrate utilization in type 2 diabetes. Diabetes 49: 1691–1699
8. Connor H, Marks V (1985) Alcohol and diabetes. A position paper prepared by the Nutrition Subcommittee of the British Diabetic Association's Medical Advisory Committee and approved by the Executive Council of the British Diabetic Association. Hum Nutr Appl Nutr 39: 393–399
9. Cunningham JJ (1998) The glucose/insulin system and vitamin C: implications in insulin- dependent diabetes mellitus. J Am Coll Nutr 17: 105–108
10. Engelen W, Keenoy BM, Vertommen J, et al. (2000) Effects of long-term supplementation with moderate pharmacologic doses of vitamin E are saturable and reversible in patients with type 1 diabetes. Am J Clin Nutr 72: 1142–1149
11. Ha TK, Lean ME (1997) Recommendations for the nutritional management of patients with diabetes mellitus. Eur J Clin Nutr 52: 467–481
12. Hirsch IB, Paauw DS (1997) Diabetes management in special situations. Endocrinol Metab Clin North Am 26: 631–645
13. Hongsermeier T, Bistrian BR (1993). Evaluation of a practical technique for determining insulin requirements in diabetic patients receiving total parenteral nutrition. JPEN J Parenter Enteral Nutr 17: 16–19
14. Keenoy B, Vertommen J. De L I (1999) The effect of flavonoid treatment on the glycation and antioxidant status in type 1 diabetic patients. Diabetes Nutr Metab 12: 256–263
15. Lampeter EF, Klinghammer A, Scherbaum WA et al. (1998) The Deutsche Nicotinamide Intervention Study: an attempt to prevent type 1 diabetes. DENIS Group. Diabetes 47: 980–984

16. Mayer-Davis EJ, Bell RA, Reboussin BA et al. (1998) Antioxidant nutrient intake and diabetic retinopathy: the San Luis Valley Diabetes Study. Ophthalmology: 105: 2264–2270
17. Poucheret P, Verma S, Grynpas MD, McNeill JH (1998) Vanadium and diabetes. Mol Cell Biochem 188: 73–80
18. Toeller M, Klischan A, Heitkamp G, et al. (1996) Nutritional intake of 2868 IDDM patients from 30 centres in Europe. Diabetologica 39: 929–939
19. Wicklmayr M, Rett K, Baldermann H, Dietze G, Mehnert H (1989) Artificial nutrition of diabetic patients. Infusionstherapie. 16: 233–236
20. Wolever TM, Miller JB (1995) Sugars and blood glucose control. Am J Clin Nutr 62: 212S–221S
21. Wright J (2000) Total parenteral nutrition and enteral nutrition in diabetes. Curr Opin Clin Nutr Metab Care 3: 5–10
22. Zimmet P, McCarthy DJ (1995) The NIDDM epidemic: global estimate and projections-a look into the chrystall ball. IBF Bulletin 40: 8–16

Jodstoffwechsel und Schilddrüsenkrankheiten

O. Schröder

Nach Schätzungen der Weltgesundheitsorganisation (WHO) sind weltweit ca. 1,5 Mrd. Menschen vom Jodmangel betroffen. Anders als früher, zählen heute neben den bekannten schweren Formen des Jodmangels, wie die Jodmangelstruma (Kropf) oder der epidemische Kretinismus, auch die leichteren Formen zu den Jodmangelkrankheiten, die einen nachteiligen Einfluss auf die geistige und körperliche Entwicklung bei Kindern und Erwachsenen haben.

51.1 Jodstoffwechsel

Die primäre Aufgabe der Schilddrüse ist es, den Organismus mit den Hormonen L-3,5,3',5'-Tetrajodthyronin (Thyroxin, T_4) und L-3,5,3'-Trijodthyronin (T_3) zu versorgen. Diese Hormone sind an der Steuerung von Wachstum, Knochenbildung, Stoffwechsel und Gehirnentwicklung beteiligt.

Wesentlicher Bestandteil der Schilddrüsenhormone T_3 und T_4 ist das Spurenelement Jod. Veränderungen der diätetisch zugeführten Jodmenge haben deswegen großen Einfluss auf die Morphologie und Funktion der Schilddrüse. Nach Angaben der Weltgesundheitsorganisation (WHO) beträgt der tägliche Jodbedarf des Erwachsenen zwischen 150 und 250 µg (*Tabelle 51-1*).

51.1.1 Resorption und Metabolismus

Das mit der Nahrung aufgenommene Jod wird im Dünndarm rasch und nahezu vollständig als anorganisches Jodid resorbiert. Jodid stellt die Hauptquelle des Jodpools im Extrazellulärraum dar, ergänzt um kleinere Mengen, die direkt aus den Thyreozyten sezerniert werden oder beim peripheren Abbau von Schilddrüsenhormonen freigesetzt werden. Die Jodidkonzentration im Plasma beträgt bei suffizienter Jodzufuhr ca. 10–15 µg/l. Aus dem Blut bzw. Extrazellulärraum wird Jodid gegen einen Konzentrationsgradienten energieabhängig durch einen Na^+/Jodid-Symporter in die Thyreozyten transportiert. Dieses Transportsystem wird unter physiologischen Bedingungen durch das hypophysäre Glykoproteohormon Thyreotropin (TSH) stimuliert.

Tabelle 51-1. Empfehlungen zur Jodzufuhr. (Nach [3])

Altersgruppe	[µg/24 h]
– Säuglinge	
0–3 Monate	50
4–12 Monate	80
– Kleinkinder/Kinder	
1–3 Jahre	100
4–6 Jahre	120
7–9 Jahre	140
10–12 Jahrer	180
– Jugendliche und Erwachsene	
13–50 Jahre	200
ab 51 Jahre	180
– Schwangere	230
– Stillende	260

Der Jodidtransport unterliegt ferner einem Autoregulationssystem, über das die Jodidplasmakonzentration, intrazelluläres Jodid und organische Jodverbindungen die zelluläre Jodaufnahme regulieren können [2]. Kommt es im Falle einer hochdosierten Jodaufnahme zur Überschreitung einer bestimmten Jodidkonzentration, führt dies akut zu einer Hemmung des Einbaus von Jodid in organische Verbindungen und damit zu einer Hemmung der Hormonsynthese. Zusätzlich wird akut auch die Schilddrüsenhormonsezernierung blockiert (sog. Wolff-Chaikoff-Effekt).

In den Thyreozyten wird Jodid durch die Schilddrüsenperoxidase oxidiert [9]. Als Zwischenprodukt entsteht das hochreagible Jod (I_2), welches sofort organisch gebunden wird. Der Hauptanteil wird in die Tyrosylreste des Thyreoglobulin eingebaut. Es entstehen die Hormonvorläufer 3-Monojodtyrosin (MIT) und 3,5-Dijodtyrosin (DIT), der Rest wird an andere organische Jodverbindungen angelagert. Im nächsten Syntheseschritt entsteht durch eine wahrscheinlich ebenfalls von der Schilddrüsenperoxidase katalysierten Kopplungsreaktion aus 2 DIT-Molekülen L-Thyroxin (T_4), das kovalent an Thyreoglobulin gebunden ist (*Abb. 51-1*).

Die Schilddrüse sezerniert täglich etwa 80–100 µg T_4 und damit ca. 90% der beim Gesunden freigesetzten Hormone. Trijodthyronin wird zum einen durch die Kopplung von MIT und DIT (ca. 10 µg/24 h), v. a. jedoch durch eine intra- und extrathyreoidale enzymatische Dejodierung durch die Typ-I- und Typ-II-5'-Dejodase von T_4 zu T_3 gebildet (rund 30 mg/24 h). Etwa die gleiche Menge wird durch die Typ-III-5'-Dejodase in das biologisch inaktive Strukturisomer »reverse-T_3« (rT_3) umgewandelt.

T_3 und T_4 sind zu über 99% an Transportproteine gebunden, weniger als 1% liegen jeweils als biologisch aktive freie Form vor. Transportproteine sind das thyroxinbindende Globulin (TBG), das Transthyretin (nur T_4) sowie das Albumin. Durch die Proteinbindung wird eine rasche Elimination von T_4 verhindert, die biologische Halbwertszeit im Serum beträgt 5–8 Tage. Aufgrund der niedrigeren Affinität für TBG sowie der fehlenden Bindung an Transthyretin ist die Serumhalbwertszeit für T_3 mit ca. 19 h deutlich geringer.

Die *Metabolisierung* der Schilddrüsenhormone erfolgt zu über 80% über eine schrittweise enzymatische Dejodierung (s. oben) von T_4, bei der neben dem aktiven T_3 auch die inaktiven Metaboliten rT_3, DIT, MIT und schließlich jodfreies Tyrosin und freies Jodid entstehen. Das anfallende freie Jodid geht in den Jodidpool des EZR ein und steht der Hormonsynthese erneut zur Verfügung. Die verbleibenden ca. 20% der Schilddrüsenhormone werden über andere Stoffwechselwege abgebaut. Zu nennen ist hier insbesondere eine Ausscheidung über die Galle, entweder in unveränderter oder konjugierter Form

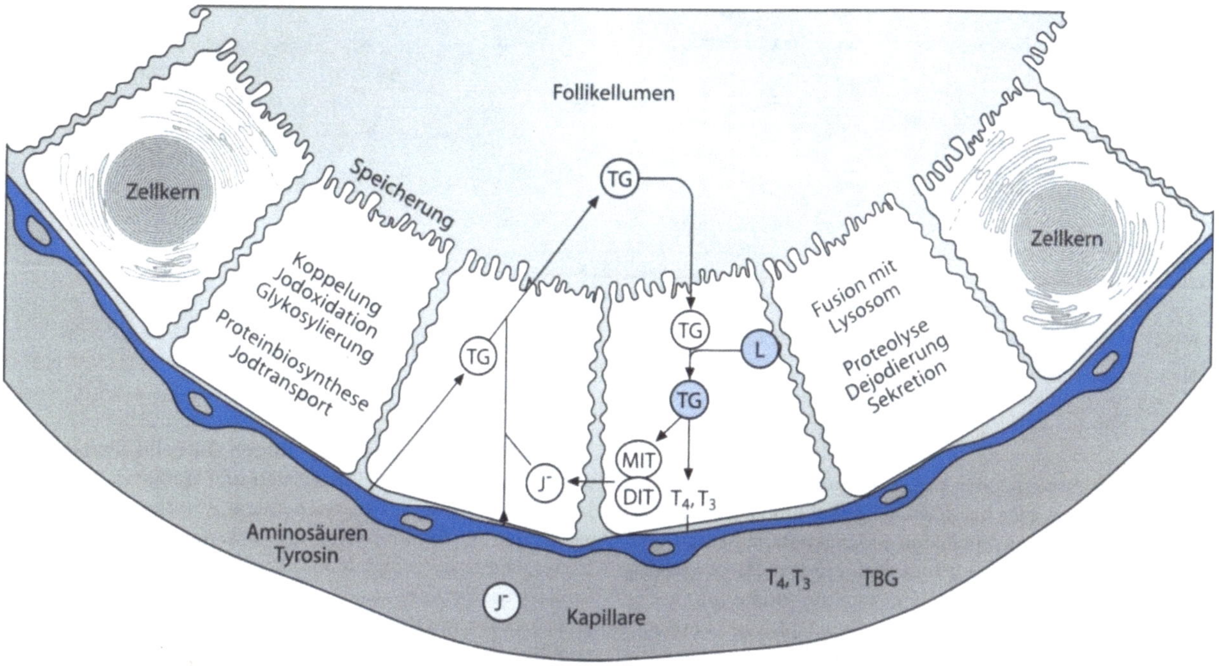

Abb. 51-1. Biosynthese der Schilddrüsenhormone in Form der Thyreoglobulinvorstufe (TG) in den Epithelzellen. Sekretion des Thyreoglobulins in das Follikellumen, Rückaufnahme in die Epithelzelle, Fusion mit Lysosomen (L) und anschließende Proteolyse und Freisetzung der Schilddrüsenhormone. MIT Monojodtyrosin; DIT Dijodtyrosin (Aus Löffler/Petrides (1998) Biochemie und Pathobiochemie, 6. Aufl. Springer-Verlag)

(Glukoronat, Sulfat). Über den enterohepatischen Kreislauf steht somit ein Teil der so ausgeschiedenen Hormone erneut zur Verfügung, ein geringer Anteil geht über den Fäzes verloren. Jod wird überwiegend mit dem Urin ausgeschieden.

Die Schilddrüsenhormone werden wahrscheinlich zum überwiegenden Teil passiv durch Diffusion in die Zielzellen aufgenommen. Für diesen Transport stehen nur die freien und die an Albumin und Transthyretin gebundenen Hormone zur Verfügung. Daneben ist aber auch eine Aufnahme über einen aktiven, energieabhängigen Jodthyronincarrier möglich. Intrazellulär stehen für die Schilddrüsenhormone verschiedene Stoffwechselwege zur Verfügung.

Eine zentrale Rolle spielt dabei die nukleäre Bindung von fT_3 und in geringerem Ausmaß auch fT_4 an spezifische Rezeptoren (TR). Die TR interagieren nach Bindung der Schilddrüsenhormone mit spezifischen DNA-Sequenzen, den sog. »TR response elements«, aber auch verschiedenen Transkriptionsfaktoren und anderen Rezeptoren. Daneben werden Schilddrüsenhormone im Zytosol, im endoplasmatischen Retikulum und an den Mitochondrien an verschiedene andere Proteine gebunden. Diese Bindungen führen wahrscheinlich zu keiner direkten Hormonwirkung, sondern haben vielmehr regulierende Einflüsse. Intrathyreoidale Dejodasen bewirken darüber hinaus eine Konversion von T_4 zu T_3 sowie einen Abbau der Schilddrüsenhormone.

51.1.2 Wirkungen der Schilddrüsenhormone

Die Wirkung der Schilddrüsenhormone erstreckt sich auf Kohlenhydrat-, Fett-, Protein- und Knochenstoffwechsel sowie das zentrale Nervensystem. Schilddrüsenhormone führen zu einer Beschleunigung der intestinalen Resorption von Kohlenhydraten, zu einer Steigerung der Glukoneogenese und zu einem gesteigerten Kohlenhydratabbau. Glykogensynthese wie auch Glykogenolyse können wechselseitig stimuliert werden. Die Insulinwirkung wird durch Schilddrüsenhormone verstärkt, gleichzeitig wird Insulin jedoch vermehrt abgebaut – mit konsekutivem Anstieg des Insulinbedarfs.

Schilddrüsenhormone führen zu einer Steigerung der Fettmobilisierung, des Abbaus von Speicherfetten und in geringerem Ausmaß auch zu einer erhöhten Lipidsynthese. In physiologischer Konzentration wirken sie anabol.

Eine ausreichende Versorgung mit Schilddrüsenhormonen ist essenziell für eine normale Reifung des Skelettsystems. Bei Mangelversorgung sind Knochenwachstum und Epiphysenschluss verzögert.

Unerlässlich sind Schilddrüsenhormone ferner für eine normale Reifung des Gehirns, ein Mangel in der Fetalzeit führt zu einem irreversiblen Schaden (Kretinismus, s. unten). Beim Erwachsenen bewirken Mangel oder Überschuss Veränderungen des zentralen Nervensystems, der neuromuskulären Übertragung und der Muskulatur. Am Herzmuskel wirken Schilddrüsenhormone positiv inotrop und chronotrop.

51.2 Jodversorgung

Deutschland gehört zu den europäischen Ländern, die unzureichend mit Jod versorgt sind. Die Hauptursache liegt in der Jodarmut der Böden und des Grundwassers und damit auch der tierischen und pflanzlichen Lebensmittel begründet. Verantwortlich ist dafür das Ende der letzten Eiszeit, während der das Spurenelement Jod durch das abtauende Schmelzwasser aus den Böden ausgewaschen und in die Weltmeere gespült wurde. Die in den Haushalten verwendeten Hauptnahrungsmittel sind somit sämtlich jodarm, lediglich Meerestiere und -früchte ent-

Tabelle 51-2. Größenklassifikation der Struma. (Nach [1])

Stadium	Größe
0	Keine Struma
I	Tastbare Struma
Ia	Tastbare, auch bei Reklination des Kropfes nicht sichtbare Struma oder Strumaknoten
Ib	Tastbare, nur bei Reklination des Kropfes sichtbare Struma
II	Auch ohne Reklination des Kropfes sichtbare Struma
III	Sehr große Struma, bereits aus größerer Entfernung sichtbar

halten Jod in ausreichender Menge. Allerdings geht infolge des Garungsprozesses auch bei ihnen ein Teil des Jods verloren.

Als Folge des ungenügenden Jodangebots lässt sich eine Steigerung der Clearancerate des Serumjods messen. Mit Hilfe dieses Mechanismus bleibt die absolute Jodaufnahme der Schilddrüse trotz niedriger Serumjodkonzentration konstant. Eine in Deutschland diesbezüglich bei ca. 6000 repräsentativ ausgewählten Personen durchgeführte Untersuchung ergab, dass nur 9% der untersuchten Personen eine ausreichende Jodzufuhr aufwiesen, 72% hatten eine Jodmangel Grad I, weitere 17% einen Jodmangel Grad II und 2% sogar einen Jodmangel Grad III (*Tabelle 51-2*).

51.3 Jodmangelkrankheiten

Die häufigsten Jodmangelkrankheiten sind die Struma diffusa mit euthyreoter Stoffwechsellage (überwiegend Pubertät und jüngere Erwachsene) sowie die Struma nodosa mit latenter oder manifester Überfunktion bei funktioneller Autonomie (ältere Erwachsene) [8]. Die Entwicklung einer Struma (*Tabelle 51-3*) wurde früher vielfach als Adaptation der Schilddrüse zur Aufrechterhaltung der Hormonsynthese angesehen, ist jedoch vielmehr als ein Versagen des Anpassungsmechanismus gegenüber dem Jodmangel zu interpretieren.

Es ist heute allgemein akzeptiert, dass in der Pathogenese der Struma diffusa und nodosa im jodarmen Schilddrüsengewebe autokrin und parakrin freigesetzte Wachstumsfaktoren von wesentlicher Bedeutung sind [4]. Diese Faktoren

Tabelle 51-3. Kriterien für die Gradeinteilung des endemischen Jodmangels. (Mod. nach Delange u. Bürgi, [1])

Grad	Urinausscheidung bei Erwachsenen [µg/24 h]	Jodgehalt in Muttermilch [µg/dl]	Jodausscheidung im Urin bei Neugeborenen [µg/dl]
0	>100	>5,0	>5,0
I	51–100	3,1–5,0	3,1–5,0
II	25–50	1,5–3,0	1,5–3,0
III	<25	>1,5	>1,5

Tabelle 51-4. Normale Schilddrüsenvolumina in Abhängigkeit von Alter und Geschlecht

Lebensalter/Geschlecht bei Erwachsenen	Schilddrüsenvolumen [ml]
Neugeborene	<1
Kinder (bis 6 Jahre)	<4
Jugendliche (bis 13 Jahre)	<8
Frauen	<18
Männer	<25

– IGF 1, EGF, TGF-α und FGF – führen zur Follikelhyperplasie und Proliferation von Fibroblasten und Gefäßen. Im Gegensatz dazu bewirkt bei ausreichendem intrathyreoidalen Jodgehalt der Wachstumsfaktor TGF-β sowie die in der Thyreozytenmembran gebildeten Jodlactone eine Hemmung des Schilddrüsenwachstums. Die durch den Jodmangel ausgelöste kompensatorische Follikelhyperplasie führt überwiegend zu einer Volumenzunahme der Schilddrüse (*Tabelle 51-4*). Die sie begleitende Gefäß- und Bindegewebeproliferation ist nur von untergeordneter Bedeutung. TSH übt lediglich einen modulierenden Einfluss auf die Wachstumsfaktoren aus. Es ist vielmehr hauptsächlich für die Schilddrüsenhormonsynthese und -sekretion verantwortlich. Zusätzlich stimuliert TSH das Wachstum der Thyreozyten, die zu einer Follikelhypertrophie führt. Dieses Phänomen kann z. B. während einer thyreostatischen Therapie infolge TSH-Anstieg als Volumenzunahme beobachtet werden (*Tabelle 51-5*).

Augenfälliges Merkmal eines chronischen Jodmangels mit Krankheitswert ist die Struma (Kropf): rund 50% aller Jugendlichen und Erwachsenen sowie jedes 5. Kind haben eine zu große Schilddrüse [5]. Jedoch können bereits mäßige, noch nicht mit einer Schilddrüsenvergrößerung einhergehende Formen bei Schwangeren zu einem breiten Spektrum von Jodmangelkrankheiten in der Fetal- und Neugeborenenperiode führen [6]. Dazu gehören neben Fertilitätsstörungen ein Anstieg der Missbildungsrate, Aborten und Totgeburten sowie der endemische Kretinismus als Vollbild des ausgeprägten Jodmangels. Die dabei regelhaft zu beobachtende geistige Behinderung sowie Kleinwuchs und Innenohrschwerhörigkeit werden dabei als Ausdruck der pränatalen Schädigung interpretiert.

Aufgrund der zumindest teilweisen Verbesserung der Jodversorgung sowie der Jodsubstitution in der Schwangerschaft und Stillzeit ist heute der neurologische Kretininismus als endemisches Problem jedoch weitgehend verschwunden. Ferner können beim Neugeborenen noch das Syndrom der hyalinen Membranen der Lunge als Ausdruck einer pulmonalen Reifungsstörung sowie Wachstumsverzögerungen am Skelettsystem beobachtet werden.

In der Pubertät steigt die Strumainzidenz deutlich an (ca. 50% bei Jungen und 30% bei Mädchen). Begleitet wird die Kropfentwicklung häufig von Störungen der neuropsychischen Entwicklung wie Lern- und Merkschwierigkeiten.

Beim Erwachsenen wird der Jodmangel vielfach nur mit einer Strumabildung, und hier v. a. als kosmetisches Problem, assoziiert. Weitaus häufiger werden bei mäßigem Jodmangel

Tabelle 51-5. Kofaktoren für die Entwicklung einer Struma

Art der Störung	Beispiele
Häufigste Ursache	
Exogener Jodmangel	Geringer Jodgehalt von Nahrung und Trinkwasser
Seltenere Ursachen	
Strumigene Stoffe in Nahrungsmitteln	Thiocyanate (Kohl, Bohnen, Soja, Weißklee, Rauchen)
	Nitrate (Gemüse, Salate)
	Phenolderivate (Wasser)
	Flavonoide (Wasser)
	Resorcinol (Wasser)
Arzneimittel	Thyreostatika
	Amiodaron, Salycilate, Sulfonamide, Lithium, Phenylbutazon
Lebensphase mit gesteigertem Bedarf	Pubertät, Gravidität, Laktation
Verluste von Jod oder SD-Hormonen	Nephrotisches Syndrom, chronische Hämodialyse
Angeborene Störungen	Athyreose, SD-Hormonsynthesestörungen, periphere/zentrale SD-Hormonresistenz

dagegen Schilddrüsenfunktionsstörungen mit verminderter Hormonbildung beobachtet. In der Praxis begegnet man dem Vollbild einer Unterfunktion mit Kropf nur sehr selten. Viel häufiger sind dagegen weniger ausgeprägte Formen mit Symptomen wie verminderten Reflexen, Kälteintoleranz und trockene Haut, gelegentlich auch Obstipation und Konzentrationsschwäche [7].

Bei der manifesten Hypothyreose ist die TSH-Sekretion gesteigert, freies T_4 erniedrigt und freies T_3 je nach Schweregrad anfangs kompensatorisch normal oder gar erhöht, im weiteren Verlauf erniedrigt. Eine Hypercholesterinämie ist praktisch immer nachweisbar. Ein Myxödem als Endstufe der Schilddrüsenunterfunktion ist ferner durch prätibiale Flüssigkeitseinlagerungen gekennzeichnet. Durch die zunehmende Vergrößerung der Schilddrüse kann es häufig zu mechanischen Komplikationen mit Atem- und Schluckbeschwerden kommen.

Je länger eine Struma bzw. der Jodmangel besteht, desto häufiger kommt es zu einer Änderung der Struktur des Schilddrüsengewebes mit der Bildung von gutartigen knotigen Veränderungen (Struma nodosa). Diese sich entwickelnden Knoten sind nicht nur histologisch, sondern auch funktionell heterogen. Die funktionelle Heterogenität betrifft die spezifische Funktion der Schilddrüsenfollikel und damit den Jodstoffwechsel. Es entstehen dabei Knoten mit einem vermindertem Jodstoffwechsel (szintigraphisch sog. kalte Knoten aufgrund verminderter Radionuklidaufnahme) neben Knoten mit einer gesteigerten Hormonproduktion (szintigraphisch sog. warme Knoten aufgrund vermehrter Radionuklidaufnahme), die sich einer Steuerung durch TSH entzogen haben. Je nach klinischem Erscheinungsbild spricht man bei einem singulären warmen Knoten von einer *unifokalen* Autonomie (25–30%), bei mehreren Bezirken mit autonomer Funktion von einer *multifokalen* Autonomie (50%) und bei diffus über die ganze Schilddrüse verteilten mikronodulären Veränderungen von einer *disseminierten* Autonomie (20–25%).

Durch die funktionelle Autonomie der Schilddrüsenknoten besteht die Gefahr einer (latenten) Hyperthyreose. Auslösender Faktor ist hier vielfach eine erhöhte Jodexposition (Röntgenkontrastmittel, Medikamente, Verzehr jodreicher Meeresalgen). Aus diesem Grund sollte immer eine Überprüfung der Schilddrüsenfunktion vor geplanter Kontrastmittelgabe bei Röntgenuntersuchungen erfolgen. Bei normalem TSH-Basalwert liegt keine Gefahr der Induktion einer thyreotoxischen Krise vor. Klinisch äußert sich die Symptomatik in grundloser Nervosität, Herzrasen, Schweißausbrüchen, Durchfall, gesteigertem Hungergefühl bei progredienter Gewichtsabnahme sowie Schlafstörungen. In Jodmangelgebieten wie z. B. in Deutschland sind mehr 50% aller Überfunktionen auf eine funktionelle Autonomie zurückzuführen, während sie in Gebieten mit ausreichender Jodversorgung meist weniger als 1% betragen.

51.4 Ernährungsprophylaxe eines Jodmangels

Wie bereits dargelegt, besteht aufgrund des niedrigen Jodgehaltes der Nahrungsmittel in Deutschland ein erhöhtes Risiko für das Entstehen eines Jodmangels. Jodreich sind lediglich Seefische und andere Meeresfrüchte (*Tabelle 51-6*). Milch und Eier

Tabelle 51-6. Jodgehalt in verschiedenen Nahrungsmitteln

Nahrungsmittel	[µg Jod/100 g]	Erforderliche Verzehrmenge [200 µg Jod/24 h]
Schellfisch, roh	416	50 g
Seelachs	260	76 g
Muscheln, roh	130	150 g
Kabeljau	120	166 g
Schellfisch, gekocht	74	270 g
Goldbarsch	74	270 g
Rotbarsch, gekocht	65	300 g
Auster	58	340 g
Heilbutt	52	380 g
Hering	52	380 g
Thunfisch	50	400 g
Spinat	20	1.000 g
Hühnerei	10	2.000 g
Roggenbrot	9	2.200 g
Muttermilch	6,3	3.200 g
Möhren	6	3.300 g
Käse	5	4.000 g
Muscheln, konserviert	5	4.000 g
Butter	4,4	4.500 g
Aal	4	5.000 g
Vollmilch	4	5.000 g
Kartoffeln	3,8	5.300 g
Joghurt	3,7	6.500 g
Forelle	3,2	6.250 g
Fleisch	3	6.700 g
Äpfel	1,6	12.500 g

Tabelle 51-7. Strumaprophylaxe mit Jodtabletten

Empfehlung zur Prävention der Jodmangelstruma in Form einer Jodidprophylaxe bei
– Kindern und Jugendlichen (besonders während der Pubertät)
– Schwangeren und Stillenden
– Positiver Familienanamnese

können ebenso reich an Jod sein, wenn mit Jodsalzen angereicherte Futtermittel verfüttert wurden. Aus diesem Grund sind Jodprophylaxemaßnahmen wie die Verordnung von 1989 zur Verwendung von Jodsalz im Haushalt als auch in Einrichtungen der Gemeinschaftsverpflegung und bei der Lebensmittelherstellung eingeführt worden. Da Jod ein flüchtiges Element ist und bereits bei niedrigen Temperaturen verdunstet, wird ein großer Teil des im Kochwasser enthaltenen Jods durch den Kochprozess dem Wasser entzogen. Da in Deutschland zudem das Freiwilligkeitsprinzip – lediglich 12% der industriellen Lebensmittelhersteller verwenden Jodsalz – gilt, wird viel zu wenig Jod über den Gebrauch von Jodsalz zugeführt. Nur ca. 15–20% der täglich aufgenommenen Salzmenge enthält Jod; somit kann die tägliche Jodaufnahme durch Verwendung von Jodsalz im Haushalt lediglich um 20 µg/24 h angehoben werden. Entsprechend besteht bei einem hohen Prozentsatz der deutschen Bevölkerung noch ein Zufuhrdefizit.

Gesetzliche Maßnahmen zur Anreicherung von Säuglingsfertignahrungen mit Jod haben zu einer ausreichenden Jodversorgung mit Fertigmilch ernährter Säuglinge geführt, während gestillte Säuglinge meist noch nicht genügend mit Jod versorgt sind. Die bereits erwähnte ergänzende Jodzufuhr von 200 µg/24 h in Form von Jodtabletten ist bei Schwangeren und stillenden Müttern erforderlich, da in diesen Lebensphasen ein erhöhter Jodbedarf vorliegt, der selbst durch Jodsalzverwendung allein nicht gedeckt werden kann [10].

Auch bei Kleinkindern und Jugendlichen sollte auf das Problem der zu geringen Jodzufuhr hingewiesen werden. Durch eine einfache Bestimmung der Jodausscheidung im Urin (s. oben) lässt sich den Erziehungsberechtigten sehr leicht der bestehende alimentäre Mangel vor Augen führen und die Notwendigkeit einer Zufuhr in Form von Jodtabletten (100–200 µg/24 h) plausibel machen (*Tabelle 51-7*).

Literatur

1. Delange F, Bürgi H, (1989) Iodine deficiency disorders in Europe. Bull World Health Organ 67: 317–325
2. Dumont JE, Vassart R (1995) Thyroid regulation. In: DeGroot LJ (ed) Endocrinology. Saunders, Philadelphia
3. Deutsche Gesellschaft für Ernährung e.V. (1996) Ernährungsbericht 1996. Frankfurt/Main
4. Gerber HP, Bürgi U, Gerber H (1996) Pathogenesis of nontoxic diffuse and nodular goiter. In: Braverman LE, Utiger RD (eds) Werner and Ingbar's »The thyroid«. Lippincott-Raven, Philadelphia
5. Hampel R, Kühlberg T, Klein K et al. (1995) Strumaprävalenz in Deutschland größer als angenommen. Med Klin 90: 324–329
6. Hesse V (1994) Folgen des Jodmangels aus pädiatrischer Sicht. Bga-Schriften 3: 15–27
7. Hetzel BS, Dunn JT (1989) The iodine deficiency disorders: their nature and prevention. Annu Rev Nutr 9: 21–38
8. Horster FA, Klusmann G, Wildmeister W (1975) Der Kropf: eine endemische Krankheit in der Bundesrepublik Deutschland? Dtsch Med Wochenschr 100: 8–9
9. Taurog A (1996) Hormone synthesis. In: Braverman LE, Utiger RD (eds) Werner and Ingbar's »The thyroid«. Lippincott-Raven, Philadelphia
10. Zietz B, Brückner N (1994) Die Strumaprophylaxe mit Jodid. Akt Ernährungsmed 19: 12–17

Hyperurikämie und Gicht

A. Wächtershäuser, J. Stein

Hyperurikämie ist eine Stoffwechselerkrankung, bei der es zu einer Erhöhung der Harnsäurewerte über die Löslichkeitsgrenze im Plasma von 6,4/100 ml (= 380 µmol/l) kommt [1]. Die Gicht, auch als *Arthritis urica* bezeichnet, tritt oft als Folge der Hyperurikämie auf und geht mit einer durch Harnsäurekristalle hervorgerufenen Gelenkentzündung einher. Man unterscheidet zwischen der primären und der sekundären Gicht (s. unten).

52.1 Epidemiologie

In den Wohlstandsgesellschaften Europas und Nordamerikas treten Hyperurikämie und Gicht mit steigender Häufigkeit, v. a. bei Männern auf [5]. Zwar ist die Erkrankung im Wesentlichen genetisch bedingt, dennoch kommt Umwelt- und v. a. Ernährungsfaktoren in der Ätiopathogenese eine entscheidende Bedeutung zu [5]. Die Gicht ist eine der 3 häufigsten ernährungsmitbedingten Stoffwechselkrankheiten des Erwachsenen und tritt bereits erstmalig bei 3–5 von 100 Männern schon vor dem 65. Lebensjahr auf [1]. Aufgrund des hormonellen Schutzes (Östrogen) sind Frauen meist erst nach der Menopause bei entsprechender Veranlagung betroffen [1]. Zu den Faktoren, die die Entstehung der Gicht begünstigen, gehören *Übergewicht*, *purinreiche Ernährung* und erhöhter *Alkoholkonsum*. Hyperurikämie und Gicht sind zudem außergewöhnlich häufig mit dem *»metabolischen Syndrom«* assoziiert, das als Zusammentreffen von Adipositas mit androider Fettverteilung, Dyslipoproteinämie, essenzieller Hypertonie und Glukosetoleranzstörung bzw. Typ-II-Diabetes definiert ist (s. Kap. 47).

52.2 Ätiopathogenese und Klinik

Harnsäure ist das Endprodukt des Abbaus verschiedener Purine bzw. purinhaltiger Verbindungen im Stoffwechsel des Menschen [1]. Purine, Grundbausteine in DNA, RNA und Nucleotiden wie ATP und NAD, werden mit einer täglichen Bildungsrate von 300–400 mg/24 h endogen synthetisiert [5]. Die exogene Zufuhr mit der Nahrung ist variabel und liegt bei ca. 400–600 mg/24 h, wobei die Bioverfügbarkeit je nach Purinart unterschiedlich ist [1, 5]. Die Purine endogener und exogener Herkunft werden im Stoffwechsel zu Harnsäure katabolisiert, die demnach in einer Menge von 0,6–1 g/24 h anfällt [5]. Die Harnsäure wird zu etwa 20% über den Darm ausgeschieden, wo sie der bakteriellen Urikolyse unterliegt [3], und zu etwa 80% über die Nieren [1]. Der renale Ausscheidungsmechanismus für Harnsäure ist durch glomeruläre Filtration sowie tubuläre Rückresorption und Sekretion gekennzeichnet [3]. Bei physiologischen Harnsäurespiegeln und glomerulären Filtrationsraten ergibt sich somit eine Harnsäureclearance von 8,7±2,5 ml/min. Bei einer Störung des Purinstoffwechsels durch eine verringerte renalen Harnsäureausscheidung oder durch eine gesteigerte körpereigene Harnsäuresynthese kommt es zur Hyperurikämie [1, 3].

Handelt es sich um eine angeborene Harnsäurestoffwechselstörung, spricht man von der primären (familiären) Gicht [1]. Zum Großteil (99%) liegt hier die Ursache in einer Störung der tubulären Harnsäuresekretion, sodass bei gleichem Plasmaspiegel weniger Harnsäure ausgeschieden wird als bei Gesunden [2]. Die dominant vererbte, familiäre juvenile hyperurikämische Nephropathie ist durch eine stark verminderte Harnsäureclearance im Vergleich zur Kreatininclearance auf Werte um 4,7% (Normwert um 10%) charakterisiert [2].

Seltener (<1%) ist die primäre Gicht auf eine erhöhte endogene Harnsäuresynthese als Folge von Enzymdefekten im Purinstoffwechsel zurückzuführen [1, 3]. Hier liegt die Ursache in der Mehrzahl der Fälle in einem Defekt der Hypoxanthin-Guanin-Phosphoribosyltransferase (HPRTase). Durch eine verminderte Enzymaktivität kommt es zu einer vermehrten Purinsynthese und Harnsäurebildung mit Nierensteinen und Gichtanfällen in jungen Jahren (juvenile Gicht, Kelley-Seegmiller-Syndrom) [2]. Beim Lesch-Nyhan-Syndrom, das bereits im Kindesalter auftritt, ist der Enzymdefekt mit neurologischen und psychatrischen Symptomen verbunden [2].

Die sekundäre Gicht tritt meist als Begleiterscheinung anderer Krankheiten auf, z. B. bei den chronisch verlaufenden myeloproliferativen Erkrankungen (vermehrte Harnsäurebildung) oder infolge verminderter renaler Harnsäureausscheidungen bei einigen Nierenerkrankungen [2]. Bei der Glykogenspeicherkrankheit Typ I findet man eine Kombination aus beiden Mechanismen [3]. Oft geht die sekundäre Gicht auch auf nutritive (vermehrte Purinzufuhr mit der Nahrung) oder medikamentöse (zytostatische Chemotherapie, Saluretika) Einflüsse zurück [1, 5]. Hyperlaktatazidämien (z. B. bei erhöhtem Alkoholkonsum) sowie Ketoazidosen führen ebenfalls zu einem Anstieg des Serumharnsäurespiegels [3].

> Als Normalwert der Harnsäurekonzentration im Plasma ist ein Gehalt von weniger als 6,5 mg/dl anzusehen. Alle darüber liegenden Harnsäurewerte sind behandlungsbedürftig [1].

Oberhalb einer Plasmaharnsäurekonzentration von 6,5 mg/dl bei prämenopausalen Frauen und 7,0 mg/dl bei Männern und postmenopausalen Frauen steigt das Risiko drastisch an, mindestens einen Gichtanfall im Laufe des Lebens zu erleiden.

Bleibt die Harnsäurekonzentration im Blut über längere Zeit erhöht, kristallisiert die Harnsäure aus, und die Uratkristalle lagern sich in Gelenken und Weichteilen ab [1]. Obwohl diese Ablagerungen zunächst keine Beschwerden verursachen, kann es durch zusätzliche Faktoren, z. B. reichhaltiges Essen und übermäßigen Alkoholkonsum, zu einem akuten, schmerzhaften Gichtanfall kommen [1].

52.2.1 Verlauf und Prognose

Man unterscheidet 4 Stadien der Gicht [2]:
- asymptomatische Gichtanlage, d. h. familiäre Hyperurikämie,

- akuter Gichtanfall,
- interkritische Gicht, das symptomlose Intervall zwischen den Anfällen,
- chronische Gicht.

Akuter Gichtanfall

Der akute Gichtanfall ist meist das erste klinische Symptom einer Hyperurikämie [3]. Er tritt typischerweise an einem der beiden Großzehengrundgelenke (Podagra) oder Daumengrundgelenke (Chiagra) auf [1] und ist durch den plötzlichen, häufig nächtlichen Beginn aus voller Gesundheit, die Beschränkung auf ein Gelenk, die enorme Schmerzhaftigkeit, die intensive entzündliche Reaktion mit Rötung, Schwellung und Hitze und den fast immer guten therapeutischen Erfolg von Colchicin gekennzeichnet [2]. Gichtanfälle in Schulter, Hüfte, Sternoklavikular- und Kiefergelenk sind extrem selten [2].

Auslösende Faktoren sind z. B. vermehrte Purinzufuhr, Alkoholexzess, Traumata, Infekte, Arzneimittel, Bestrahlungen sowie Fastenkuren [3]. Ursache des Gichtanfalls ist die als Folge des plötzlichen Anstiegs der interstitiellen Uratkonzentration auftretende Bildung von phagozytierbaren Mikrokristallen. Uratbeladene Leukozyten zerfallen und setzen in der Folge entzündungserregende Kinine frei, die die genannten Entzündungsreaktionen in Gang setzen [2]. Nach einigen Tagen klingen die Beschwerden ab, und es folgt eine symptomfreie Intervallphase (»interkritische Gicht«) [1, 3]. Werden keine geeigneten Therapiemaßnahmen ergriffen, wiederholen sich die Gichtanfälle, die sich dann auch an bislang nicht betroffenen Gelenken, Schleimbeuteln und Sehnenscheiden manifestieren, und es entwickelt sich eine chronische Gicht [1].

Chronische Gicht

Bei der chronischen Gicht kommt es aufgrund dauerhaft erhöhter Harnsäurespiegel zur Zerstörung des Gelenkknorpels mit Bildung typischer Weichteil- und Knochentophi [1, 3]. Die Gelenkveränderungen sind Folge der Zerstörung gelenknaher Knochenanteile durch die Ablagerung von Harnsäure [3]. Zu den typischen Symptomen gehören Gelenkschmerzen und Gelenkdeformationen [1], die durch gelenknahe Weichteiltophi noch augenscheinlicher werden [2]. Zwar kann die Beweglichkeit stark eingeschränkt sein, Ankylosen sind jedoch selten [2]. Die Tophi der Weichteile gehen vom periartikulären Gewebe, von Sehnenscheiden, Schleimbeuteln oder der Subkutis der Ohrmuschel aus [3].

Größere und akral gelegene (Fingerspitzen, Fersen) Tophi können nach außen durchbrechen, und es kommt zur Entleerung von weißem Natriumurat. Nicht selten bilden sich dann Fisteln oder »Gichtgeschwüre« mit dem Risiko der Infektion [2]. Sehr selten können die Tophi neurologische Komplikationen verursachen, z. B. ein Karpaltunnelsyndrom [2]. Auch im symptomfreien Intervall schreiten bei Fortbestand der Hyperurikämie Harnsäureablagerungen und Tophusbildung voran [2]. Bezüglich des Krankheitsverlaufs an Gelenken und Weichteilen bestehen keine Unterschiede zwischen primärer und sekundärer Gicht.

52.2.2 Klinische Folgen der Hyperurikämie

Zu den Folgen chronisch erhöhter Harnsäurespiegel gehören:
- akute Arthritis, Sehnenscheidenentzündung, Bursitis,
- chronisch deformierende Arthritis mit periartikulären und subkutanen Harnsäureablagerungen (Tophi),
- Harnsäurenephrolithiasis,
- Uratnephropathie (Gichtniere) mit Hypertonie,
- akute Harnsäurenephropathie.

Die renalen Folgen einer Hyperurikämie, die durch Ablagerung von Harnsäure im Nierengewebe entstehen, umfassen die akute Harnsäurenephropathie, die Uratnephropathie (Gichtniere) sowie die Harnsäurenephrolithiasis [3]. Fast jeder zweite Gichtkranke leidet an einer Harnsäurenephrolithiasis, die der Gelenkgicht auch weit vorausgehen kann [2]. Die Uratnephropathie kann als interstitielle Nephritis aufgefasst werden, die in vielen Fällen mit einer renalen Hypertonie und einem langsam fortschreitenden Funktionsverlust verbunden ist [2]. Sekundäre Pyelonephritis und Harnsäurenephrolithiasis können zur Nierenfunktionseinschränkung beitragen [2].

Die Enstehung von Harnsäuresteinen wird durch das Zusammentreffen von 3 Faktoren begünstigt: a) Erhöhung der Harnsäurekonzentration im Endharn durch vermehrte Harnsäureausscheidung, b) veränderter renaler Ausscheidungsmechanismus für Harnsäure bei der familiären Hyperurikämie sowie c) Verringerung der Löslichkeit von Harnsäure durch vermehrte Harnkonzentrierung und/oder Harnsäuerung [3]. Proteinurie (>3 g/24 h), Leukozyturie, Hämaturie und Blutdruckerhöhung weisen auf eine Beteiligung der Niere bei Hyperurikämie hin [2]. Bei der sekundären Gicht hängt die Beteiligung der Niere (s. unten) weitgehend vom Grundleiden ab [2].

52.3 Therapieziele und therapeutische Ansätze

52.3.1 Therapieziele

Die Therapie der Hyperurikämie und ihrer klinischen Manifestation strebt eine dauerhafte Senkung des Harnsäurebestandes an [3]. Im Einzelnen lassen sich folgende Therapieziele formulieren [4]:
- Beseitigung und Verhütung von akuten Gichtanfällen und Uratlithiasis,
- Abbau des Harnsäurekörperbestandes durch Ausschwemmung von Harnsäuredepots aus Gelenken, Nieren und bei chronischer Gicht aus Tophi,
- Behandlung der Begleiterkrankungen.

In der Regel ist eine lebenslange Theapie erforderlich. Sie gilt als optimal, wenn der Harnsäurespiegel auf <5,5 mg/100 ml gesenkt wird [4].

52.3.2 Therapeutische Ansätze

Therapieziele

Für eine dauerhafte Senkung des Harnsäurebestandes im Körper kommen diätetische Maßnahmen, eine Hemmung der Harnsäurebildung durch Allopurinol sowie eine Vermehrung der Harnsäureausscheidung durch Urikosurika in Frage [2].

Ernährungstherapeutische Ansätze

Da die exogene Zufuhr die endogene Syntheserate meist übertrifft, kommt der Ernähungstherapie bei der Hyperurikämie

Tabelle 52-1. Harnsäuregehalt (berechnet als mg Harnsäure pro 100 g Frischgewicht und pro Portion). (Mod. aus [2])

Lebensmittel	[mg] Harnsäure pro 100 g	[mg] Harnsäure pro Portion	Portionsgröße [g]
Fleisch, Geflügel, Fleischwaren			
Rindfleisch			
Braten, roh	140	210	150
Filet, roh	150	225	150
Schweinefleisch			
Braten, roh	150	225	150
Filet, roh	170	255	150
Schnitzel, roh	170	255	150
Kalbfleisch			
Braten, roh	150	225	150
Haxe, roh	140	210	150
Lende, roh	160	240	150
Hammel- und Lammfleisch			
Braten, roh	140	140	100
Wild			
Hase, Schulter, roh	170	255	150
Reh, Schlegel, roh	150	225	150
Geflügel			
Huhn, gegrillt, ohne Haut	230	345	150
Innereien			
Kalbsbries, roh	900	900	100
Kalbsherz, roh	160	160	100
Kalbsleber, roh	240	300	125
Fleisch- und Wurstwaren			
Corned beef	60	75	125
Frankfurter Würstchen	70	105	150
Schinken, gekocht, mager	130	130	100
Weißwurst	70	123	175
Fisch			
Forelle, ohne Haut	150	300	200
Karpfen, ohne Haut	110	165	150
Scholle, ohne Haut	130	195	150
Fischkonserven			
Anchovis, Sardellen	260	52	20
Krabben	165	165	100
Thunfisch in Öl	180	90	50
Milch, Milchprodukte und Eier			
Vollmilch	0	0	
Camembert, 45% F.i.Tr.	30	15	50
Emmentaler, 45% F.i.Tr.	10	3	30
Vollei (1 Ei – 60 g)	5	3	60
Fette			
Butter	0	0	
Margarine	0	0	
Kartoffeln			
Kartoffeln, roh	15	23	150
Kartoffeln, gekocht	15	23	150
Gemüse und Hülsenfrüchte			
Spinat, frisch	50	100	200
Spargel	25	50	200
Feldsalat	24	7	30
Erbsen, grün, frisch	150	225	150
Bohnen, grün, frisch	42	63	150
Blumenkohl	45	68	150
Rosenkohl	70	105	150
Kopfsalat	10	3	30
Linsen	160	40	25
Obst			
Äpfel	15	15	100
Bananen	25	25	100
Erdbeeren	25	37	150
Weintrauben, weiß	20	30	150
Nüsse			
Haselnüsse	40	8	20
Brot und Backwaren			
Brötchen	70	31	45
Leinsamenbrot	45	18	40
Mischbrot	84	42	50
Weißbrot	70	35	50
Nährmittel und Getreide			
Reis, natur, gekocht	50	75	150
Nudeln, gekocht	30	45	150
Süßwaren			
Vollmilchschokolade	60	18	30
Marzipan	50	15	30
Alkoholfreie Getränke			
Bohnenkaffee	0	0	125
Tee	0	0	125
Alkoholische Getränke			
Weißbier	15	75	500
Vollbier, hell	15	75	500
Weißwein	0	0	200
Rotwein	0	0	200

eine zentrale Rolle zu. In diesem Zusammenhang ist besonders auf die eingeschränkte Zufuhr von Purinkörpern, Meidung von Alkohol und die Reduktion von Übergewicht zu achten [5]. Aber auch bei Hungerzuständen finden sich erhöhte Harnsäurespiegel, weshalb von Fastenkuren generell abzuraten ist [5].

Die *streng purinarme* Kost beinhaltet eine Harnsäurezufuhr von maximal 300 mg Harnsäure/24 h bzw. 2000 mg pro Woche und ist meist nur über einen begrenzten Zeitraum unter klinischer Beobachtung praktikabel.

Die *purinarme Diät* erlaubt maximal 500 mg Harnsäure/24 h bzw. 3000 mg pro Woche [1]. Der Purin-N-Gehalt errechnet sich durch: Harnsäuregehalt × 3,0. Ist der Puringehalt angegeben, so ergibt sich durch Multiplikation mit dem Faktor 3 der entsprechende Harnsäuregehalt [1].

Die Ernährungsempfehlungen lauten im Einzelnen:

1. Normalisierung des Körpergewichts (BMI <25) durch angepasste Kalorienzufuhr fettarmer Nahrungsmittel, da eine eindeutige Korrelation zwischen Übergewicht und Harnsäurespiegel besteht.

■ Tabelle 52-2. Tageskostbeispiele: purininduzierte Kost

Frühstück	Kaffee mit 5 g Zucker, 13 g Kondensmilch, 4% Fett
	30 g Mischbrot
	60 g Vollkornbrötchen
	10 g Halbfettmargarine
	25 g Konfitüre[a]
Zwischen-mahlzeit	20 g Knäckebrot
	20 g Käse bis 30% Fett i.Tr.
	150 g Milchprodukte[a] 1,5% Fett
Mittagessen	100 g Fleisch oder vegetarisches Gericht
	150 g Gemüse
	160 Kartoffeln
	30–50 g Salat
	10 g Kochfett oder Öl
	120 g Obst
Zwischen-mahlzeit	30 g Vollkornbrot
	10 g Halbfettmargarine
	25 g Konfitüre[a]
Abendessen	Tee
	90 g Vollkornbrot
	10 g Halbfettmargarine
	60 g Käse bis 30% Fett i.Tr. oder fettarme Wurst
	100 g Gemüse mit 3 g Öl, zubereitet als Salat oder Rohkost
Spätmahlzeit	120 g Obst

[a] Lebensmittel mit Süßstoff und/oder Zuckeraustauschstoffen.

2. Einschränkung der nutritiven Purinzufuhr (■ *Tabelle 52-1, 52-2*):

Meiden von Innereien (Leber, Nieren), Fleischextrakten, Sprotten, Ölsardinen, Sardellen, Hering, Makrelen, Hummer, Miesmuscheln, Hefe, Haut von Geflügel und Fisch, Schweineschwarte sowie großer Mengen Muskelfleisch (maximal 4-mal Fleisch pro Woche).

Hinweis: Bei Lagerung von Fleisch und Fisch sowie beim Garen und Kochen verringert sich der Puringehalt!

3. Einschränkung des Verzehrs von bestimmten pflanzlichen Lebensmitteln wie Hülsenfrüchten (Bohnen, Linsen) und Erdnüssen bzw. von pflanzlichen Produkten mit Harnsäuregehalt >40 mg/100 g in größeren Mengen.

4. Bevorzugung von purinarmen Lebensmitteln, wie Kartoffeln, Reis, Gemüse, Obst sowie fettarmer Milch und Milchprodukten, Ei.

5. Zurückhaltung bei alkoholhaltigen Getränken (Alkohol steigert die Harnsäurebildung in der Leber und hemmt über erhöhte Laktatkonzentrationen die renale Harnsäureausscheidung).

> Alkoholfreies oder -armes Bier enthält etwa gleichviel Purin wie normales Bier!

6. Reichliche Flüssigkeitszufuhr (>2 l/24 h) zur Erhaltung einer ausreichenden Diurese, um die Harnsäurekonzentration des Urins möglichst gering zu halten und Nierensteinbildung vorzubeugen. Bevorzugung von Mineralwasser, ungesüßten Kräuter- und Früchtetees (keine Einschränkung des Konsums von Kaffee, schwarzem Tee, Kakao und Schokolade, da die in ihnen enthaltenen Purine nicht zu Harnsäure abgebaut werden).

7. Orientierung auf eine gesunde Lebens- und Ernährungsweise.

> Insgesamt ist nicht so sehr der Puringehalt pro Gewichtseinheit der einzelnen Lebensmittel als vielmehr der pro Energieeinheit oder pro Portion zu beachten!

Anmerkung: Extrem fettreiche Kost oder bestimmte Monosaccharide (Fructose, Sorbit, Xylit) in hohen Dosen erhöhen kurzfristig die Harnsäurekonzentration im Plasma!

Pharmakotherapie

Neben diätetischen Maßnahmen als Basistherapie stehen hierzu Arzneimittel zur Verfügung, die entweder die Harnsäurebildung hemmen (Urikostatika) oder die renale Harnsäureausscheidung erhöhen (Urikosurika) [3]. Des Weiteren besteht die Möglichkeit einer Therapie mit nichtsteroidalen Antirheumatika (z. B. Indomethacin, Ibuprofen, Diclofenac) sowie einer Harnalkalisierung [4]. In Deutschland gibt es seit Jahren auch eine feste Arzneimittelkombination, die sich aus dem Urikostatikum Allopurinol und dem Urikosurikum Benzbromaron zusammensetzt [3]. Den manchmal zu Beginn einer medikamentösen harnsäuresenkenden Therapie auftretenden Gichtanfällen kann mit einer 3–6 Monate andauernden Colchicinprophylaxe (0,5–1,5 mg/24 h) entgegengewirkt werden [3]).

Weitere Faktoren

Eine weitere wichtige therapeutische Maßnahme ist die Ausschaltung aller Faktoren, die zu sekundärer Hyperurikämie führen sowie die Behandlung der häufigen Begleiterkrankungen wie Hypertonie, Diabetes etc. [4].

Bei einer asymptomatischen Hyperurikämie (bis 8,5–9,0 mg/dl) ist es ratsam, zunächst lediglich auf Einhaltung der Diätvorschriften zu achten. Erst bei Serumharnsäurespiegeln über 9 mg/dl oder bei Auftreten klinischer Komplikationen (z. B. Gichtanfällen, Nephrolithiasis) besteht die Indikation für zusätzliche medikamentöse Maßnahmen. Durch gleichzeitige Durchführung diätetischer Maßnahmen können Arzneimittel eingespart bzw. evtl. auch ganz auf sie verzichtet werden [3].

Literatur

1. DGE Beratungstandard (2000) 3. Update, Bonn
2. Gröbner W, Gross M, Zöllner N (2000) Krankheiten durch Störungen des Purin- und Pyrimidinstoffwechsels. In: Gerok W, Huber C, Meinertz T, Zeidler H (Hrsg) Die Innere Medizin. Schattauer-Verlagsgesellschaft, Stuttgart, 10. Auflage, S 1165–1174
3. Gröbner W, Zöllner N (1995) Hyperurikämie. Internist 36: 1207–1221
4. Hecking E (2000) Gicht und Hyperurikämien. In: Wolff HP, Weihrauch TR (Hrsg) Internistische Therapie. Urban & Fischer, München, S 1029–1036
5. Zunft HJ (1999) Hyperurikämie. In: Schauder P, Ollenschläger G (Hrsg) Ernährungsmedizin – Prävention und Therapie. Urban & Fischer, München

Ernährung bei Krankheiten des Skeletts und der Gelenke

O. Adam, J. Stein

Neben der Prophylaxe und der Therapie der Osteoporose sind die Gicht (s. Kap. 52<?>) und die entzündlich-rheumatischen Krankheiten (rheumatoide Arthritis, Psoriasisarthritis, Spondylarthropathien und Begleitarthropathien bei entzündlichen Darmerkrankungen) einer Ernährungstherapie zugänglich. Die ernährungstherapeutischen Maßnahmen bei den verschiedenen Formen der Osteopenie, Osteomalazie und der Osteoporose sind etabliert, während die Ernährungstherapie entzündlich-rheumatischer Krankheiten erst im letzten Jahrzehnt in den Lehrbüchern der Rheumatologie und der Ernährungslehre erscheint [1, 2, 3].

Die Ernährungstherapie ist bei entzündlich-rheumatischen Erkrankungen wichtig, da sie bei diesen Krankheitsbildern häufige Mangel- und Fehlernährung verhindern, den Entzündungsprozess vermindern und den Folgen der Erkrankung, wie der Osteoporose, vorbeugen kann. Neben der Vermeidung von unverträglichen Nahrungsmitteln, deren Verzehr zur Auslösung eines Krankheitsschubs z. B. beim Lupus erythematodes oder der rheumatoiden Arthritis beitragen kann, bestehen die diätetischen Möglichkeiten der Entzündungshemmung. Dies sind die Verminderung der Arachidonsäure (AA) in der Kost sowie die Steigerung der Zufuhr von ω-3-Fettsäuren und der relevanten Antioxidanzien. Die gleichzeitige Prophylaxe der Osteoporose ist besonders wichtig, da sie alle Patienten mit entzündlich-rheumatischen Erkrankungen bedroht, bisher aber erst 7% der Betroffenen entsprechend beraten werden.

53.1 Ernährung bei entzündlich-rheumatischen Krankheiten

Krankheiten des rheumatologischen Formenkreises mit ihren Hauptvertretern Osteoathrose (OA) und chronische Polyarthritis (rheumatoide Arthritis) gehören zu den häufigsten chronischen Erkrankungen des Menschen.

Die *Leitsymptome* rheumatischer Erkrankungen – in aller Regel Schmerz und Funktionsstörung des Bewegungsapparats – können ihre Ursachen in der Beteiligung so unterschiedlicher Strukturen wie Gelenke, Knorpel, Knochen, Bändern, Sehnen, Muskeln, Nerven und Gefäßen haben. Andererseits können die Beschwerden jedoch auch ein Hinweis auf eine anderweitige Systemerkrankung oder Stoffwechselstörung geben. Eine zweckmäßige klinische Einteilung der Krankheitsbilder [47] erfolgt zunächst grob in:

- entzündlich rheumatische Krankheiten, wie chronische Arthritiden, Spondarthritiden, Kollagenosen und mikrobiell bedingte Arthritiden;
- degenerative Gelenkerkrankungen;
- extraartikuläre rheumatische Krankheiten mit Affektionen des Binde- und Fettgewebes, der Muskulatur, der Nerven, Sehnen und des periartikulären Gewebes;
- sog. pararheumatische Erkrankungen.

Letztere bilden einen Sammeltopf für heterogene Krankheiten, bei denen häufig entzündliche oder degenerative Gelenkerkrankungen, Muskelerkrankungen oder auch Vaskulitiden auftreten können. Eine prozentuale Abschätzung der Verteilung zeigt in aller Regel einen Anteil von etwa 10% entzündlicher, 10% pararheumatischer, 40% degenerativer und 40% extraartikulärer Rheumatismen.

Während degenerative und extraartikuläre Krankheiten des rheumatischen Formenkreises keine oder nur extrem selten Assoziationen zu intestinalen Beschwerdebildern zeigen, sind bei den chronisch entzündlichen Systemprozessen einige geradezu klassisch mit dem Darm assoziierte Krankheiten beschrieben.

53.1.1 Definition und Epidemiologie rheumatischer Krankheiten

Nach der von der WHO 1978 festgelegten Definition handelt es sich bei »Rheumatischen Krankheiten« um »Krankheiten des Bindegewebes und schmerzhafte Störungen des Bewegungsapparates, die sämtlich zur Ausbildung chronischer Symptome führen können«. Es handelt sich um generalisierte Systemerkrankungen, deren Verlauf und klinisches Bild jeweils in Abhängigkeit von den vorwiegend befallenen Organsystemen wechselhaft sind.

Rheumatische Erkrankungen haben in den Industrienationen eine steigende Prävalenz (Steigerung seit dem 2. Weltkrieg in Deutschland 160%). Dabei haben entzündliche rheumatische Erkrankungen wie die chronische Polyarthritis (rheumatoide Arthritis) und HLA-B27-assoziierte Arthritiden deutlich stärker zugenommen als die Formen des degenerativen Rheumatismus. Demgegenüber sind sie in Volksgruppen (Japan, Eskimos), die sich durch einen hohen Fischverzehr auszeichnen eher selten [47] (*Tabelle 53-1*).

Die Morbiditätsrate wird in Mitteleuropa mit ca. 1% angegeben. Dies bedeutet, dass allein in Deutschland ca. 800.000 Menschen an dieser Krankheit leiden. Die Inzidenz beträgt ca. 50 Neuerkrankungen/100.000 Einwohner und Jahr. Etwa 4–7%

Tabelle 53-1. Häufigkeit rheumatischer Krankheiten in Abhängigkeit vom Fleischverzehr. (Mod. nach [5])

Land	Häufigkeit rheumatischer Krankheiten [pro Million]	Fleischverzehr [g/Kopf und Tag]
Deutschland	170	103,5
Frankreich	120	89,8
Italien	100	55,7
Japan	82	14,5
Grönland (Eskimos)	80	7,2

der Erkrankten sind Kinder bis zum 16. Lebensjahr. Frauen erkranken etwa 3-mal häufiger als Männer, der Erkrankungsgipfel liegt zwischen dem 25. und 50. Lebensjahr [47].

53.1.2 Ätiologie und Pathogenese rheumatischer Gelenkerkrankungen

Die Ursache dieser Krankheitsidentität ist unbekannt. Es wird von einer fehlgesteuerten bzw. unzureichenden Immunantwort auf einen Kontakt mit bisher nicht definierten Antigenen ausgegangen. Eine genetische Disposition ist hochwahrscheinlich, was durch Familienuntersuchungen bestätigt wird und in der Tatsache weitere Unterstützung findet, dass ca. 70% der Erkrankten Träger des HLA-Merkmals DR4 sind (Normalpopulation ca. 30%).

Zahlreiche klinische und experimentelle Befunde beweisen die Bedeutung der Eicosanoide bei der entzündlichen Reaktion [22]. Bis vor einigen Jahren wurde die prompte Besserung der Gelenkschmerzen durch nichtsteroidale Antirheumatika auf deren Eigenschaft als Cyclooxigenasehemmer zurückgeführt (*Abb. 53-1*). Neuere Erkenntnisse zeigen, dass die NSAR zudem die Bildung der Zytokine bei der entzündlichen Reaktion verändern. NSAR hemmen die Prostaglandin (PG)-synthese und dies hat Rückwirkungen auf die Zytokinbildung [16]. Es konnte gezeigt werden, dass PG sowohl die Bildung von Zytokinen auslösen, wie auch deren Wirkungen hemmen können. Interleukin-1 (Il-1) stimuliert die Bildung der PG, während andere Zytokine, wie der Tumornekrosefaktor und Interferone, die Funktion der Lymphozyten und deren PG-Bildung reduzieren.

Thromboxan (TX), PGE2 und Leukotrien B4 (LTB4) werden im entzündeten Gelenk vermehrt gebildet. Darüber hinaus bestehen Verknüpfungen zur humoralen Abwehr. Nach Antigen-Präsentation wird TX von Thrombozyten freigesetzt, aktiviert das Komplementsystem und bewirkt die Akkumulation von Leukozyten im entzündeten Gelenk.

Es bestehen somit zahlreiche Verknüpfungen zwischen den an der Entzündungsreaktion beteiligten Zellen, den von ihnen gebildeten Eicosanoiden und den Zytokinen, sowie der humoralen Abwehr. Durch die Interaktionen wird sichergestellt, dass die Entzündung unter allen Umständen ablaufen kann, denn sie dient der Keimabwehr bei bakteriellen Infekten. Wenn die Entzündung durch einen pathogenen Keim ausgelöst wird, ist der Erfolg der Aktivierung des inflammatorischen Systems für den Organismus lebenswichtig.

Bei immunologischen Erkrankungen ist die Abwehrreaktion überschießend und muss durch entsprechende Therapien vermindert werden. Dazu kann eine geeignete Ernährung beitragen. Die komplexen Interaktionen zwischen der die Arthritis auslösenden Substanz (ein Virus? – Bakterienantigene? – ein bestimmter Nährstoff?), Zytokinen und Eicosanoiden sind erst modellhaft untersucht, ebenso ist die Bedeutung anderer Mediatoren, wie der Lipoxine, der Epoxide und Isop-

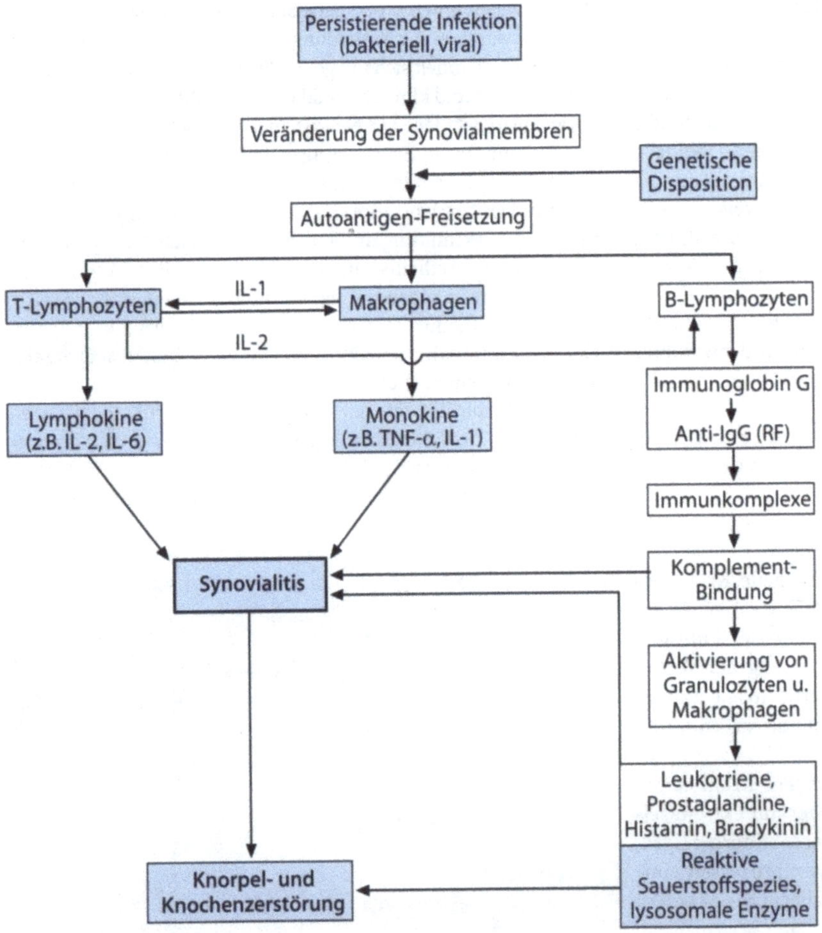

Abb. 53-1. Vorstellungen zur Pathogenese der rheumathoiden Arthritis. (Mod. nach [8])

rostane noch kaum bekannt sind. Es ist jedoch eindeutig, dass das molekulare Verständnis der Vorgänge, die zur Bildung von Eicosanoiden und der Oxidation der AA führen, eine neue Bewertung der Nährstoffe mit einer Wirkung auf diese Systeme als Therapeutika bei rheumatologischen Erkrankungen notwendig macht [8].

53.1.3 Arthritiden bei Krankheiten des Magen-Darm-Trakts

Nährstoffe als Auslöser von Arthritiden

Beschreibungen über Zusammenhänge zwischen Ernährung und rheumatischen Erkrankungen finden sich für das Behçet-Syndrom, den systemischen Lupus erythematodes, Colitis ulcerosa, Morbus Crohn und die rheumatoide Arthritis. Der Extrakt von Walnüssen verschlimmerte die Symptome von Patienten mit Behçet-Syndrom binnen 48 h. In-vitro-Untersuchungen ergaben eine veränderte Reaktivität der Lymphozyten dieser Patienten gegen Walnussextrakt und gegen Candida albicans.

Die Berichte über die Auslösung einer Exazerbation des systemischen Lupus erythematodes sind episodisch und betreffen Milch- und Getreideprodukte. In einer Studie mit α-α-Mehl, das zur Senkung erhöhter Cholesterinwerte verwendet wurde, entwickelte ein Patient einen systemischen Lupus erythematodes, der nach dem Absetzen dieses Nährstoffs nicht mehr nachzuweisen war. Weitere Untersuchungen ergaben, dass α-α-Mehl ein Lupussyndrom bei Affen auslösen konnte, und mehrere Fallberichte bestätigten ähnliche Zusammenhänge beim Menschen. Möglicherweise ist die freie Aminosäure Canavanin, die in α-α-Mehl in hohen Konzentrationen vorkommt, in der Lage die Synthese von messenger-RNA zu modulieren und deren Transkription zu verändern. Diese Aminosäure wird beim Kochen zerstört und dies könnte das seltene Auftreten der Induktion von autoimmunen Reaktionen erklären.

Die Auslösung eines Schubes bei rheumatoider Arthritis durch Nährstoffe wird in der Literatur beschrieben. In diesen Berichten werden bestimmte Nahrungsmittel als entzündungsauslösend inkriminiert [12]. Befragungen von Patienten mit rheumatischen Erkrankungen ergaben eine Reihe von *Nährstoffen, denen eine Verschlimmerung von Gelenkentzündungen* zur Last gelegt wurde (▫ *Tabelle 53-2*).

▫ Tabelle 53-2. Häufigkeit der Nennung von Nahrungsmitteln die als ursächlich für eine Zunahme der Gelenkbeschwerden von Patienten mit rheumatoider Arthritis angegeben werden. Mehrfachnennungen möglich. (Mod. nach [6])

Nahrungsmittel	% der Patienten
Fleisch	88
Schwein	39
Rind	32
Lamm	17
Eier	32
Milch	37
Käse	24
Butter	17
Mais	57
Weizen	54
Hafer	37
Roggen	32
Kaffee	32
Malz	27
Grapefruit	24
Tomaten	22
Erdnüsse	20
Rohrzucker	20
Zitrone	17
Soja	17

Beachtenswert ist, dass Fleisch und Fleischprodukte von den Patienten am häufigsten als entzündungsauslösend angegeben werden. Die in der Literatur angegebene Häufigkeit dieser Nahrungsmittelunverträglichkeiten schwankt zwischen 5–25% der Patienten. Diese Patienten bemerken binnen weniger Stunden nach Genuss des Nahrungsmittels eine Verschlechterung der Beschwerden. Allerdings bleibt bei dem wechselvollen Verlauf rheumatischer Erkrankungen der Zusammenhang oft unklar.

Wie man sich die Zusammenhänge zwischen einem mit der Nahrung aufgenommenen Stoff und dem Auftreten eines Schubes von Gelenkentzündung binnen Stunden danach vorzustellen hat, ist bisher nicht bekannt. Diskutiert wird eine vermehrte Durchlässigkeit der Darmmukosa für Eiweißstoffe oder eine Fehlsteuerung des Abwehrsystems (MALT-System, »mucosa associated lymphoid tissue«) im Gastrointestinaltrakt [16]. Unzweifelhaft bestehen enge Zusammenhänge zwischen Darmerkrankungen und Arthritis. Dies gilt besonders für bakterielle Infektionen (Chlamydien, Salmonellen), aber auch für immunologische Darmerkrankungen, wie die Colitis ulcerosa oder den Morbus Crohn, bei denen begleitend häufig Arthritiden auftreten.

Die Zusammenhänge zwischen dem Verzehr des angeschuldigten Nährstoffs und der Arthritis sind im Einzelfall oft schwer nachzuweisen. Es gibt keine sicheren »Allergietests«, die den Zusammenhang beweisen können. Keinesfalls können erhöhte Antikörpertiter im Serum gegen z. B. Gliadine als Hinweis auf eine Intoleranz gewertet werden. Genau so wenig ist ein Hauttest in der Lage, den vermuteten Zusammenhang zu beweisen. Bei rheumatischen Erkrankungen können eine Vielzahl von Antikörpern auftreten, die im Blut oder an der Haut eine positive Reaktion bewirken, die aber nicht beweisen, dass ein Nährstoff die Arthritis auslöst. Antikörper gegen Gliadine sind bei Patienten mit rheumatoider Arthritis deutlich häufiger als in der übrigen Bevölkerung, ebenso ergibt der Pricktest für Getreide, Sellerie, Milch, Fleisch und vieles andere mehr, oft ein positives Ergebnis. Die Patienten verzichten dann, meist völlig unnötig, auf diese Lebensmittel und ihre Auswahl kann extrem eingeschränkt werden. Nicht selten entsteht so eine Fehl- oder Mangelernährung.

Bei einer vermuteten Nahrungsmittelintoleranz wird deshalb empfohlen ein strukturiertes Ernährungs- und Beschwerdeprotokoll über einen ausreichend langen Zeitraum, mindestens 4 Wochen, zu führen, da es durch den wechselvollen Verlauf rheumatischer Erkrankungen leicht zu Fehleinschätzungen kommen kann. Ergibt sich aus dem zeitlichen Zusammenhang zwischen dem Verzehr des inkriminierten Nahrungsmittels und dem Auftreten einer Arthritis ein begründeter

Verdacht, so wird der mit einem ausreichend langem Auslass- und Reexpositionsversuch weiter abgeklärt. Gelingt damit die Zuordnung nicht zufriedenstellend, kann eine Ausschlussdiät versucht werden. Dies sollte aber immer in einer Spezialabteilung erfolgen, um Fehlinterpretationen und Fixierungen des Patienten zu vermeiden, die leider häufig zu einer nicht vollwertigen Ernährung führen.

Arthritis nach Anlegen eines intestinalen Bypasses

Ein interessantes Beispiel für die Zusammenhänge zwischen Darm und Gelenken ist die Arthritis besonders der kleinen Hand- und Fußgelenke bei Patienten, die einen Jejuno-Kolon-Bypass oder einen jejunoilealen Bypass wegen morbider Adipositas erhalten hatten. Durch den Bypass gelangten unverdaute Nahrungsmittel in das Kolon und veränderten die bakterielle Besiedelung. Bis zu 54% der operierten Patienten entwickelten Arthritiden, die sich durch die Therapie mit Antibiotika bessern ließen. Die chirurgische Beseitigung des Bypass resultierte im prompten Sistieren der Arthritis und in dauerhafter Beschwerdefreiheit. Als Ursache der Arthritiden wurden eine vermehrte Bildung von Antikörpern angenommen, die gegen Gelenkstrukturen gerichtet waren [36].

Exsudative Enteropathie und Malabsorption

Der vermehrte Proteinverlust über den Darm ist eine seltene Komplikation des systemischen Lupus erythematodes. Die Diagnose sollte erwogen werden, wenn Diarrhöen und Hypalbuminämie ohne Proteinurie bei einem Patienten auftreten.

Eine Malabsorption wurde bei vielen rheumatischen Erkrankungen beschrieben, wie der rheumatoiden Arthritis, der Fibromyalgie, dem Behçet-Syndrom, der Polyartriitis nodosa und der Sklerodermie. Bei letzterem Krankheitsbild kann es durch die Verminderung der resorbierenden Oberfläche, der veränderten Darmflora und einer Pankreasinsuffizienz zur schweren und gelegentlich tödlichen Malnutrition kommen. Therapeutisch kommen die antibiotische Behandlung der dabei auftretenden bakteriellen Besiedlung des Dünndarms und die Supplementierung mit ballaststoffarmen, MCT-haltigen Elementardiäten und fettlöslichen Vitaminen in Betracht [30].

53.1.4 Nahrungsinhaltsstoffe mit immunmodulierender Wirkung bei chronischer Polyarthritis

Mehrfach-ungesättigte Fettsäuren

Die wichtigsten Nährstoffe mit eindeutiger Wirkung auf das Entzündungsgeschehen sind die mehrfach-ungesättigten Fettsäuren (»polyunsaturated fatty acids«, PUFA). Linolsäure und Linolensäure können nicht vom Menschen gebildet werden, deshalb ist ihre Zufuhr mit der Nahrung essenziell. Aus diesen essenziellen Fettsäuren werden kontrolliert im Stoffwechsel des Menschen mehrfach-ungesättigte Fettsäuren mit einer Kettenlänge von 20 (griech. εıχοσα) gebildet, diese dienen als Vorstufen der Eicosanoide (*Abb. 53-2*). Die einzelnen PUFA sind nicht nur Ausgangssubstanzen für unterschiedliche Eicosanoide, sie zeigen auch eine ausgeprägte Kompetition um den Einbau in die Zellen und um die Verstoffwechselung zu Eicosanoiden. Dabei spielt sowohl die Menge der einzelnen Fettsäure, wie auch das relative Verhältnis der Fettsäuren zueinander in unserer Nahrung eine große Rolle.

So schwächt eine hohe Zufuhr der AA die Wirkung von Fischölfettsäuren ab, indem die Aufnahme der Eicosapentaensäure (EPA) vermindert und die Hemmung der Cyclooxygena-

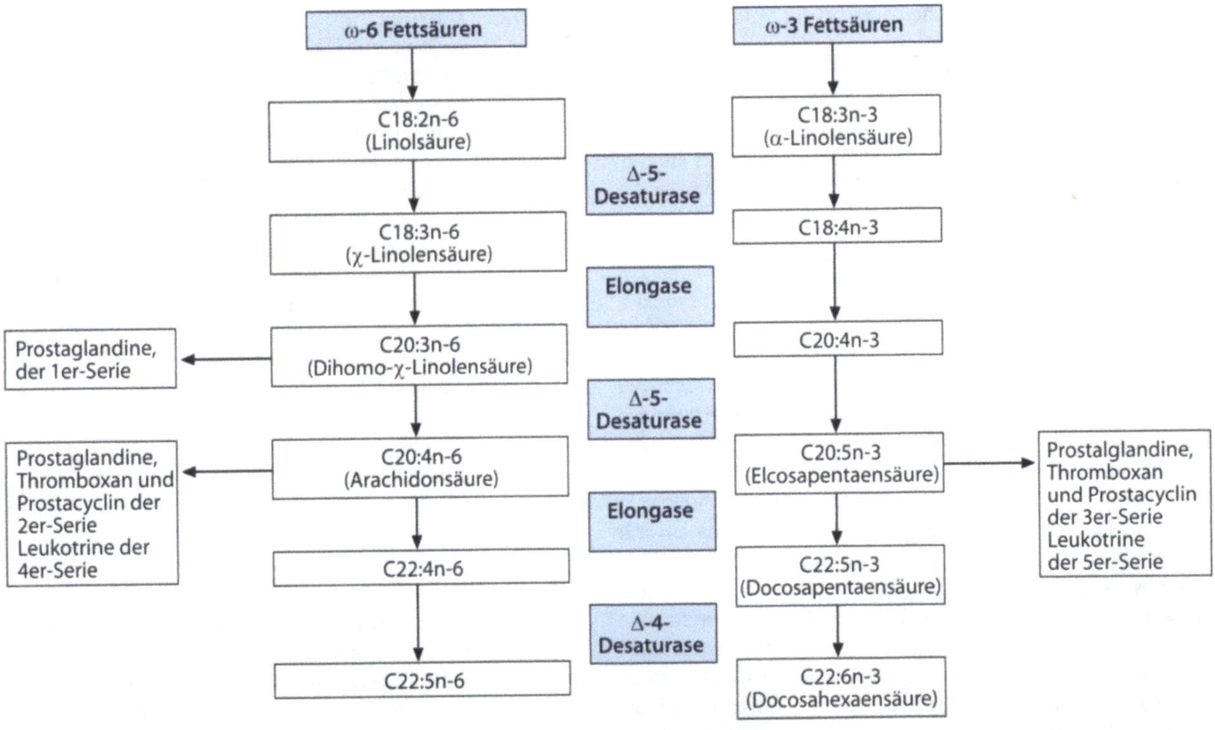

Abb. 53-2. Enzymatischer Umbau von ω-6- und ω-3-Fettsäuren

se durch EPA aufgehoben wird [27]. Linolsäure beeinflusst die Bildung der AA und vermindert die Aufnahme der α-Linolensäure aus der Nahrung. Die Umwandlung der α-Linolensäure in EPA wird durch eine sehr hohe Linolsäurezufuhr gehemmt. Die Zufuhr von PUFA erhöht den Bedarf an Vitamin E und kann durch eine Steigerung der Leukotrienbildung das Entzündungsgeschehen verstärken. Es ist deshalb wichtig, die Zufuhr aller interagierender PUFA bei der Ernährungstherapie zu berücksichtigen.

Empfehlungen der Zufuhr mehrfach-ungesättigter Fettsäuren für Patienten mit rheumatischen Erkrankungen:

- eine mäßige Zufuhr von Linolsäure, 8 g/24 h,
- niedrige Zufuhr der Arachidonsäure, weniger als 0,05 g (50 mg)/24 h,
- α-Linolensäure auf 4 g/24 h erhöhen,
- Eicosapentaensäure 1 g/24 h im ersten halben Jahr, dann weniger.

ω-6-Fettsäuren

Linolsäure

Linolsäure ist die quantitativ wichtigste mehrfach-ungesättigte Fettsäure in unserer Nahrung. Täglich werden im Durchschnitt mit der bei uns üblichen Kost 12 g zugeführt. Beim Erwachsenen sind etwa 500 g im Körper gespeichert, deshalb ist ein Linolsäuremangel beim Erwachsenen kaum zu befürchten. Die Umwandlung von Linolsäure zu γ-Linolensäure kann in Pflanzen und Tieren erfolgen, einige Pflanzen und alle Tiere können Dihomo-γ-Linolensäure bilden. Zur Synthese von Arachidonsäure sind nur Tiere, jedoch keine in unserer Nahrung vorkommenden Pflanzen befähigt. Die Bildung der AA bei Tieren ist ein genau kontrollierter Prozess und wird durch alle mehrfach-ungesättigten Fettsäuren, einschließlich der Linolsäure gehemmt. Die Hemmung erfolgt über das Enzym δ6-Desaturase und möglicherweise auch über die δ5-Desaturase (*Abb. 53-2*).

Dihomo-γ-Linolensäure

Dihomo-γ-Linolensäure (Dihomo-GLA) entsteht im Stoffwechsel des Menschen aus γ-Linolensäure (GLA), die von Tieren und einigen Pflanzen aus Linolsäure gebildet wird. Größere Mengen GLA finden sich im Öl der Nachtkerze, der schwarzen Johannisbeere und des Borretsch. Mit der Nahrung werden nur 0,01–0,02 g Dihomo-GLA aufgenommen. Eine hohe Zufuhr der GLA hat ähnlich günstige Wirkungen wie EPA auf die entzündliche Reaktion bei rheumatischen Erkrankungen. Die Wirkung wird wahrscheinlich durch die Kettenverlängerung zu Dihomo-GLA und die daraus gebildeten Eicosanoide vermittelt (s. *Abb. 53-2*).

Die zur Entzündungshemmung nötige Menge an GLA kann nur durch Supplementierung mit im Handel erhältlichen Fettsäurekonzentraten erreicht werden. Unter Supplementierung mit GLA beobachtet man einen Anstieg der Dihomo-GLA, da die Kettenverlängerung problemlos durchgeführt werden kann (s. *Abb. 53-2*). Es kommt aber zu keiner Desaturierung zu AA, deren Spiegel durch Dihomo-GLA gesenkt wird. Die Wirkungen der GLA entsprechen somit der EPA, bisher haben sich keine definitiven Vorteile gegenüber einer Supplementierung mit EPA zeigen lassen. Offen ist noch die Frage, ob Dihomo-GLA und EPA additiv bei der Entzündungshemmung wirksam sind.

Arachidonsäure

Arachidonsäure (AA) wird ausschließlich mit Produkten tierischer Provenienz zugeführt, nicht jedoch mit pflanzlichen Nährstoffen. Pflanzen haben, bis auf einige Moose, nicht die enzymatische Ausrüstung zur Kettenverlängerung der GLA und zum Einfügen einer weiteren Doppelbindung (Desaturierung), um AA zu bilden. Deshalb enthält vegetarische Kost keine AA und Vegetarier haben niedrigere Spiegel der AA in den Phospholipiden und Cholesterinestern des Plasma [27]. Mit dem bei uns üblichen hohen Konsum von Eiern, Fleisch und Fleischwaren werden täglich 0,2–0,3 g AA zugeführt und daraus resultieren die überhöhten Spiegel dieser PUFA in Industrienationen [3]. Aus den Versuchen mit AA-freier Formeldiät lässt sich berechnen, dass Angehörige der Industrienationen etwa 30 g AA im Körper gespeichert haben [2].

Der Verbrauch an AA beträgt für die Eicosanoidbiosynthese und als »second messenger« höchstens 0,001 g/24 h. Der niedrige Verbrauch – AA wird kaum zur Energiegewinnung oxidiert – erklärt die langsame Abklingquote für AA. Über 6 Wochen nahm die AA unter einer AA-freien Formeldiät nur um 25% des Ausgangswerts bei gesunden Versuchspersonen ab. In dieser Zeit wurde kein »steady state« erreicht, die Abnahme setzte sich über die Beobachtungszeit kontinuierlich fort.

> Dementsprechend ist die Besserung der Arthritis unter einer AA-reduzierten Kost langsam einsetzend und mindestens über 3 Monate zunehmend, wie unsere Untersuchungen ergeben haben [3].

Die Anreicherung der präformierten AA aus Produkten tierischer Provenienz ist durch den besonderen Stoffwechsel dieser PUFA bedingt. AA wird effektiver als andere Fettsäuren über den Darm aufgenommen und in den Phospholipiden der Lipoproteine angereichert. Darüber hinaus erfolgt der Transport im Blut über einen besonderen Stoffwechselweg, der diese Fettsäure vor der Oxidation zu CO_2 und Wasser schützt. Während andere Fettsäuren, einschließlich der Linolsäure zu 50–70% der zugeführten Menge sofort der Energiegewinnung zugeführt werden, gelangen nur etwa 10% der zugeführten AA zur Oxidation [2]. Die Besonderheiten des Arachidonsäurestoffwechsels sind in Kap. 5 und Abb. 53-3 angegeben.

Die erhöhte Zufuhr von AA verursacht einen sofortigen Anstieg der Eicosanoidbiosynthese. Andererseits lässt eine fehlende AA-Zufuhr die Bildung der Eicosanoide binnen 2 Tagen auf die 50% des Ausgangswertes absinken. Möglicherweise ist deshalb die Besserung der Arthritis durch Fasten auf die fehlende Zufuhr der AA zurückzuführen.

ω-3 Fettsäuren

α-Linolensäure

α-Linolensäure wird von grünen Pflanzen und Meeresalgen gebildet. Tiere, v. a. aber Fische, können aus α-Linolensäure die längerkettige und höher ungesättigte EPA aufbauen. Dazu werden dieselben Enzyme benötigt, die für den Aufbau der Linolsäure zu AA erforderlich sind (s. *Abb. 53-2*). Auch beim Mensch bewirkt die Zufuhr von α-Linolensäure über einen längeren Zeitraum in den Geweben messbare Spiegel der EPA. Wird α-Linolensäure und Linolsäure in gleicher Menge über

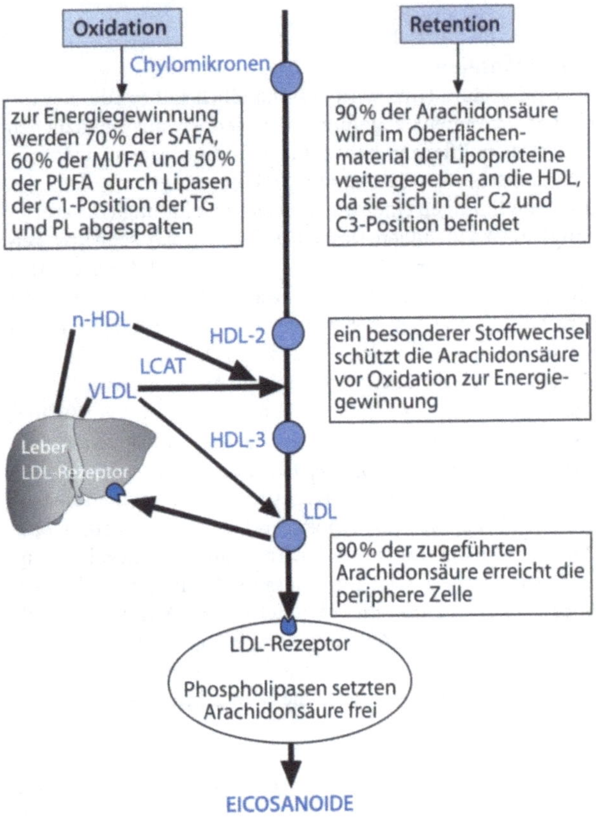

Abb. 53-3. Retention und Oxidation unterschiedlicher Fettsäuren im Darm

2 Wochen gegeben, so findet man einen Spiegel an EPA, der etwa 30% der AA ausmacht [3].

Die Zufuhr der α-Linolensäure hängt von der Art der verwendeten Speiseöle ab. Sojaöl, Leinöl, Rapsöl, Weizenkeimöl und Walnussöl enthalten große Mengen der α-Linolensäure. Üblicherweise sind in unserer Nahrung 1–2 g dieser mehrfach-ungesättigten Fettsäure enthalten.

Eicosapentaensäure

Fischöle sind die wirksamsten Hemmstoffe der Eicosanoidbildung in unserer Nahrung. Zu den Fischölfettsäuren gehören Eicosapentaensäure (EPA), Docosapentaensäure (DPA) und Docosahexaensäure (DHA). Diese langkettigen ω-3-Fettsäuren (s. *Abb. 53-2*) werden in größeren Mengen nur von Fischen gebildet. Je kälter der Lebensraum der Fische ist, desto mehr Fischölfettsäuren entstehen aus α-Linolensäure.

EPA ist die ω-3-Fettsäure mit den wichtigsten Stoffwechselfunktionen. EPA verdrängt die AA aus den Membranlipiden und hemmt die Umwandlung der AA zu Eicosanoiden kompetitiv. Die bisher publizierten Untersuchungen zeigen einen reproduzierbaren günstigen Effekt des Fischöls bei Patienten mit rheumatoider Arthritis (s. unten). Die erforderliche Dosis liegt bei 2–3 g/24 h, entsprechend 0,9 g/24 h EPA [2, 3]. Diese Menge kann vermindert werden, wenn man gleichzeitig eine AA-reduzierte Kost gibt, was durch die kompetitive Hemmung der EPA auf den AA-Stoffwechsel erklärt wird [27].

Entsprechend der eingehaltenen Kost variiert die Zufuhr der Fischölfettsäuren stark, in Mitteleuropa liegt die durchschnittliche Zufuhr bei 0,1–0,2 g/24 h, während bei Grönlandeskimos 10–12 g/24 h in der Nahrung enthalten sind.

Antioxidanzien

In einer prospektiven Studie an 1419 Personen über 20 Jahre wurde ein niedriger Antioxidanzienstatus (Selen, α-Tocopherol, β-Karotin) als Risikofaktor für das Auftreten einer rheumatoiden Arthritis identifiziert [16]. Antioxidanzien wandeln O_2-Radikale zu CO_2 und H_2O um und verhindern dadurch die Aktivierung der Phospholipasen und der oxidierenden Enzyme, die Eicosanoide aus AA bilden.

Voraussetzung für die entzündungshemmende Wirkung der Antioxidanzien ist die intakte Redoxkette, die die Umwandlung der reaktiven O_2-Spezies zu CO_2 und H_2O gewährleistet (*Abb. 53-4*). Vitamin E und die selenhaltige Glutathionperoxidase verhindern in vitro die Oxidation der AA. Schwefelhaltige Aminosäuren, wie Cystein, dienen als Vorstufe von Glutathion. Hierdurch wird die bekannte synergistische antioxidative Wirkung von Vitamin E, Selen und schwefelhaltigen Aminosäuren erklärt.

Die entzündungshemmende Wirkung der Antioxidanzien beruht auf
- der Hemmung der Phospholipasen, die AA aus der Zellmembran zur Eicosanoidbildung freisetzen sowie

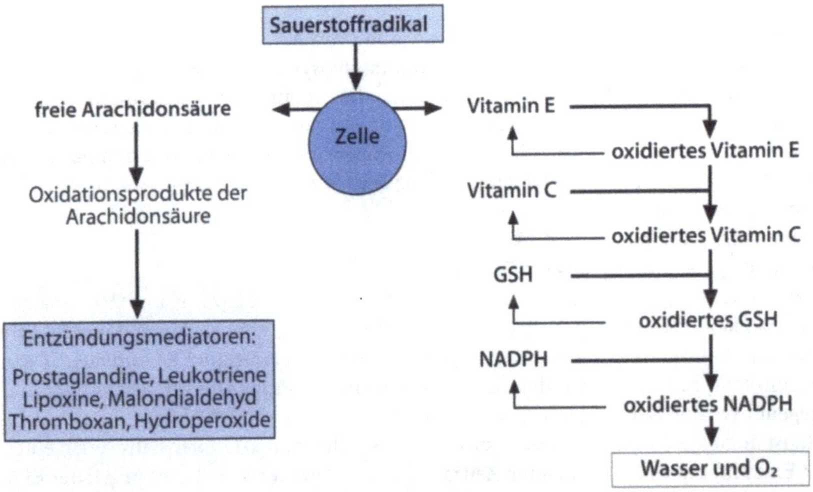

Abb. 53-4. Kooperation der Antioxidanzien in der Redoxkette. Nur die Funktion der gesamten Redoxkette gewährleistet die Umwandlung der reaktiven O_2-Spezies zu Sauerstoff und Wasser

- der Hemmung der eicosanoidbildenden Cyclo- und Lipoxygenase, zu deren Aktivierung O_2-Radikale erforderlich sind.

Spurenelemente

Spurenelemente wie *Kupfer, Zink, Selen und Gold* sind Bestandteile von Metalloproteinen und wirken als Kofaktoren bei den metabolischen Prozessen der Immunregulation und der artikulären Gewebe [16, 35]. Für viele Spurenelemente konnten Mangelzustände bei Patienten mit rheumatoider Arthritis dokumentiert werden. Im Gegensatz zu den nachgewiesenen Wirkungen der Goldsalze, ist der therapeutische Effekt der anderen Spurenelemente unzureichend gesichert.

Zink ist essenzieller Bestandteil der Superoxiddismutase, deren Aktivität mit dem Zinkspiegel korreliert. Daneben ist Zink zur Kollagensynthese erforderlich, deshalb wurde die Osteoporose bei chronischer Polyarthritis mit einem Zinkmangel in Zusammenhang gebracht [16,35]. Die Serumspiegel für Zink sind bei Patienten mit rheumatischen Erkrankungen aus mehreren Gründen erniedrigt:

- Die Zufuhr ist bei Patienten mit rheumatischen Erkrankungen geringer als empfohlen [20].
- Entzündliche Erkrankungen steigern den Verbrauch, besonders die peripheren Neutrophilen weisen einen verminderten Zinkgehalt auf [35].
- Glukokortikoide senken die Zinkspiegel im Plasma, bei gleichzeitiger Gabe von Eisen kommt es zu einer Verminderung der Zinkresorption.

> Klinische Studien bei Patienten mit chronischer Polyarthritis ergaben keine eindeutigen Besserungen durch eine Supplementierung mit Zink, allerdings fand sich eine Korrelation zwischen niedrigen Zinkspiegeln im Serum und dem Auftreten einer Osteoporose [5].

Von den zahlreichen Wirkungen des *Selen* sind die antioxidativen Eigenschaften als Bestandteil der Glutathionperoxidase bei der rheumatoiden Arthritis von besonderer Bedeutung. Die Serumspiegel des Selen bei Patienten mit rheumatischen Erkrankungen sind erniedrigt [21] (*Tabelle 53-3*). Ein Teil der Studien an Patienten mit chronischer Polyarthritis ergab durch die Supplementierung mit Selen eine Besserung der klinischen Symptome und der Laborparameter, andere Studien fanden keine Wirkung [24, 33]. Eine eindrucksvolle Besserung wurde nur bei Patienten im frühen Stadium der Krankheit beobachtet.

Tabelle 53-3. Selenkonzentrationen (μmol/l) im Plasma von Patienten mit rheumatoider Arthritis und von gesunden Kontrollpersonen im internationalen Vergleich

Land	Patienten mit rheumatoider Arthritis	Kontrollen
USA	1,51±0,32	1,51±0,12
Norwegen	1,19±0,32	1,64±0,25
Dänemark	0,91±0,19	1,01±0,13
Schweden	0,84±0,11	0,98±0,03
Deutschland	0,68±0,15	0,96±0,31
Frankreich	0,60±0,28	0,91±0,28

Schwermetalle konkurrieren z. T. um dasselbe Transportprotein, deshalb verursacht die vermehrte Zufuhr eines Spurenelements die verminderte Absorption der anderen, wie für die Zinkresorption unter Eisensupplementierung beschrieben. Patienten mit entzündlichen rheumatischen Erkrankungen haben häufig eine hypochrome Anämie, die einen Eisenmangel vortäuscht. Eine Supplementierung mit *Eisen* bessert die Anämie nicht, da Makrophagen das zugeführte Eisen an die Orte der Entzündung transportieren. Das überschüssige Eisen fördert die entzündliche Reaktion durch Bildung von O_2-Radikalen, deren schädigende Wirkung in dieser Situation durch Vitamin C im Sinne einer Haber-Bosch- oder Fenton-Reaktion sogar noch verstärkt werden kann (s. Kap. 7).

53.1.5 Klinische Studien zur Wirksamkeit von MUFs und Antioxidanzien in der Behandlung der chronischen Polyarthritis

γ-Linolensäure

γ-Linolensäure (GLA) ist eine essenzielle ω-6-Fettsäure, die zur Vorstufe von PGE1 – einem antientzündlich wirkenden Eicosanoid (s. oben) – metabolisiert wird.

In der Literatur finden sich 5 doppelblinde, randomisierte und plazebokontrollierte Studien mit GLA bei Patienten mit rheumatoider Arthritis. Je nach Untersuchung wurden Konzentrationen von 0,36–2,8 g/24 h über 12–52 Wochen eingesetzt. Jede der 5 Studien beschreibt eine Besserung der Krankheitssymptome, eine Verschlechterung durch die Behandlung mit GLA wurde in keiner Studie festgestellt. In 2 Studien wurde zusätzlich Vitamin E oder EPA supplementiert und hierdurch eine Steigerung der Wirkung ohne Zunahme der Häufigkeit oder Intensität von Nebenwirkungen, beobachtet. Einige Studien haben auch die Wirkung der GLA bei Raynaud-Phänomen, Sjögren-Syndrom und Psoriasis-Arthritis untersucht. Es fanden sich klinische Besserungen, die bei dem Sjögren-Syndrom die Produktion der Tränenflüssigkeit, beim Raynaud-Phänomen die Durchblutung und bei der Psoriasis den Juckreiz betrafen. Die Studien bedürfen aber der statistischen Absicherung durch größere Patientenzahlen [7]. Für eine verlässliche Bewertung des Therapiepotentials dieser Lipide ist die Zahl der bisher behandelten Patienten zu klein [5, 26].

Fischöle (ω-3-Fettsäuren)

In den Jahren 1985–1995 sind 12 prospektive, doppelblinde und plazebokontrollierte Studien an Patienten mit rheumatoider Arthritis durchgeführt worden, die den Effekt einer Supplementierung mit Fischölfettsäuren auf das Krankheitsgeschehen untersucht haben (Übersicht bei [8, 27]). Die Zahl der in die Studien eingeschlossenen Patienten lag zwischen 12 und 67. Als Fischöl kamen Äthylester oder Triglyzeride zur Anwendung. Die Dosierung in den Studien lag zwischen 3 und 12 g Fischölfettsäuren, die über 6–52 Wochen gegeben wurden. Als Plazebo kam Paraffin, Olivenöl oder Kokosnussöl zur Anwendung. Durch die unterschiedliche Dosierung, wie auch die unterschiedlich lange Zeit der Anwendung sind die Studien miteinander schwer vergleichbar.

Einheitlich zeigte sich nach durchschnittlich 4 Wochen ein Effekt der Fischölfettsäuren, der nach 8–12 Wochen statistische Signifikanz erreichte. Eine Zunahme der Wirkung war

Tabelle 53-4. Klinische Studien zur Wirksamkeit von Vitamin E bei entzündlichen Gelenkerkrankungen. (Übersicht bei [24])

Autoren	Design	n	Dauer	Therapie	Parameter	Wirksamkeit	Verträglichkeit
Rheumatoide Arthritis							
Edmonds et al. 1997	Randomisiert, doppelblind, Plazebo-kontrolliert	42	12 Wochen	Vitamin E 2-mal 600 mg	Morgensteifigkeit, Schwellung, Ritchie-Gelenkindex, hämatologische und biochemische Entzündungsparameter	Schmerzreduktion in der Vitamin E Gruppe	Keine NW
Scherak et al. 1990	Randomisiert, doppelblind, parallel	41	3 Wochen	Vitamin E 1200 mg/24 h vs. Diclofenac	Morgensteifigkeit, Griffstärke, Druck- und Bewegungsschmerz, Gelenkschwellung, Funktion	Keine signifikanten Unterschiede zwischen den Therapien, klinisch wirksam bei 80%	Ein Magengeschwür unter Diclofenac, alle anderen NW (n=8 in beiden Gruppen) leicht
Wittenberg et al. 1998	Randomiert, doppelblind, parallel	85 (42/43)	3 Wochen	Vitamin E 3-mal 400 mg/24 h vs. Diclofenac 3-mal 50 mg/24 h	Morgensteifigkeit, Schwellung, Ritchie-Gelenkindex, Griffstärke	Beide Gruppen gleich effektiv	52,4% vs. 44,2%
Aktivierte Arthrose							
Scherak et al. 1990	Randomisiert, doppelblind, parallel	53	3 Wochen	Vitamin E 1200 mg/24 h oder Diclofenac 150 mg/24 h	Schmerz unter Ruhe, Belastung, Bewegung, Gelenkumfang	Kein signifikanter Unterschied, klinisch in 70% wirksam	n=2 unter Vitamin E, n=7 unter Diclofenac, davon 1 Studienabbruch
Blankenhorn 1986	Plazebo-kontrolliert, doppelblind, parallel	50	6 Wochen	Vitamin E 400 mg/24 h vs. Plazebo	Ruhe-, Druck- und Bewegungsschmerz, Bedarf an Analgetika, Beweglichkeit	Vorteil von Vitamin E gegen Plazebo, Beweglichkeit n. s.	NW-Profil ähnlich wie Plazebo
Machtey, Ouakine 1978	Randomisiert, einfachblind, »cross-over«	32	20 Tage	Vitamin E 600 mg / 24 h vs. Plazebo	Analgetische Wirkung	52% (Verum) vs. 4% (Plazebo) mit guter analgetischer Wirkung	Keine NW
Spondylose							
Mahmud et al. 1992	Doppelblind	32	3 Wochen	Vitamin E 100 mg/24 h vs. Vitamin E 100 mg + Vitamin A 50 000 IE/24 h vs. Vitamin A 50 000 IE/24 h vs. Plazebo	Schmerzlinderung	Komplette Schmerzfreiheit unter Vitamin E, oder Vitamin E + Vitamin A, Vitamin A allein unwirksam	Keine Angaben
Morbus Bechterew							
Klein et al. 1987	Randomisiert, dopelblind, parallel	24	6 Wochen	Vitamin E 400 mg/24 h vs. Diclofenac 50 mg/24 h	Respiratorische Thoraxexkursion, Schober-Zeichen, Finger-Boden-Abstand. Morgensteifigkeit, Schmerz	Statistisch nicht signifikante Unterschiede, aber Verbesserung der rheumatologischen Befunde.	1 Studienabbruch unter Diclofenac

bis zum 6. Monat der Fischölgabe festzustellen, die Wirkung hielt über den gesamten Beobachtungszeitraum an. In diesen Untersuchungen wurde die Hintergrunddiät bezüglich der Fettsäurezusammensetzung, der Zufuhr von Antioxidanzien oder Spurenelementen nicht kontrolliert.

Signifikante Besserungen wurden bezüglich der Verminderung der Zahl schmerzhafter Gelenke, geschwollener Gelenke, der Gelenkschmerzen, der Verminderung der Morgensteife, der Verbesserung des Allgemeinzustands und der Arbeitsfähigkeit sowie eine Zunahme der Griffstärke festgestellt [2]. Sofern visuelle Analogskalen zur Evaluierung des Schmerzempfindens zur Anwendung kamen, wurde auch eine signifikante Abnahme der Schmerzen unter der Gabe von Fischölfettsäuren dokumentiert. Einige Studien haben die Einsparung nichtsteroidaler Antirheumatika durch Fischöle untersucht. Diese Studien zeigten eine signifikante Abnahme des Bedarfs an nichtsteroidalen Antirheumatika, der sich bereits früher als die klinische Besserung nachweisen ließ. In einer Studie wurden nichtsteroidale Antirheumatika bereits nach einer Woche Fischölgabe abgesetzt. Es fand sich eine Äquivalenzdosis der Fischöle mit 100 mg Diclofenac [8, 27].

In einer weiteren Studie wurde als Hintergrunddiät eine Normalkost (AA 100–300 mg/24 h) oder eine laktovegetarische Kost (AA 50–80 mg/24 h) verwendet [12]. Die Patienten unter der laktovegetarischen Kost hatten unter Supplementierung mit Fischöl nach 3 Monaten im Vergleich zu den Normalköstlern statistisch signifikant niedrigere Anteile der AA in den Erythrozytenlipiden (-11%, $p>0{,}05$) und eine effizientere Anreicherung der EPA (+216 vs. +235%), sowie eine geringere Bildung des Leukotrien B4 ($p>0{,}01$) und der Prostaglandinmetabolite ($p>0{,}01$). Durch diese Studie wurde erstmals gezeigt, dass eine Limitation der Arachidonsäurezufuhr zu einer statistisch signifikant besseren Wirkung der Fischölfettsäuren führt, andere Autoren kommen zu einem ähnlichen Ergebnis [13].

Vitamin E

Vitamin E hemmt in vitro die Phospholipase A2 [4], entsprechend ist im Vitamin-E-Mangel die Synthese der Eicosanoide gesteigert [4]. Eine Supplementierung mit Vitamin E hemmt die Lipidperoxidation und vermindert die Bildung von Eicosanoiden [4]. Bei rheumatischen Gelenkerkrankungen wurde ein exzessives Anfallen von reaktiven O_2-Radikalen als wesentlicher pathogenetischer Faktor diskutiert (s. oben), was zu einem erheblichen Verbrauch von Vitamin E durch Oxidation im entzündeten Gelenk führt. So konnten Fairburn et al. bei Arthritikern einen um ca. 5-fach niedrigeren Vitamin-E-Gehalt in der Synovialflüssigkeit im Vergleich zum Plasma nachweisen (zitiert bei [39]). Bisher liegen einige Berichte vor, die eine Besserung arthritischer Symptome durch Supplementierung mit Vitamin E feststellen. Es gilt allerdings zu bedenken, dass Vitamin E in hoher Dosierung die immunologische Reaktion verstärkt, hierdurch kann die günstige Wirkung des Vitamin E bei immunologischen Erkrankungen beeinträchtigt werden [5]. Dagegen zeigen die Untersuchungen bei Arthrose, Spondylose und Morbus Bechterew eine Einsparung an nichtsteroidalen Antirheumatika (*Tabelle 53-4*).

Vitamin A

Vitamin A wird vom retinolbindenden Protein, zu dessen Synthese Zink erforderlich ist, im Plasma transportiert. Als Antioxidans ist Vitamin A wenig wirksam, im Gegensatz zu seiner Vorstufe β-Karotin. Patienten mit chronischer Polyarthritis oder Morbus Bechterew weisen erniedrigte Spiegel des retinolbindenden Proteins auf. In einer Studie an 61 Patienten mit chronischer Polyarthritis wurden verminderte Serumspiegel von Vitamin A und retinolbindendem Protein beschrieben. Eine zusätzliche Gabe von Vitamin hatte keinerlei Einfluss auf die Krankheitsaktivität [10, 40].

Vitamin C

Vitamin C ist das wichtigste Antioxidans des Intra- und Extrazellulärraums. In der Redoxkette dient Vitamin C zur Reduzierung des oxidierten Vitamin E. Durch entzündliche Erkrankungen kommt es zu verminderten Serumspiegeln, Patienten mit chronischer Polyarthritis weisen erniedrigte Vitamin-C-Spiegel auf [9]. Unter ausschließlicher Supplementierung mit Vitamin C kam es zu keiner Besserung des Krankheitsbildes bei Patienten mit chronischer Polyarthritis [10, 40].

Die empfohlene Zufuhr dieser Vitamine unterscheidet sich bei Patienten mit entzündlich-rheumatischen Erkrankungen von den Zufuhrempfehlungen der Deutschen Gesellschaft für Ernährung [13], die für gesunde Erwachsene erarbeitet wurden (*Tabelle 53-5*)

Tabelle 53-5. Empfohlene Zufaur von antioxidativ wirksamen Vitaminen und Spurenelementen bei Patienten mit rheumatoider Arthritis. (Mod. nach [3])

	Gesunde Erwachsene[a]	Patienten mit RA[b]
Vitamin A	1,0 mg	1,0 mg
Retinol	2,0–4,0 mg	4,0 mg
Vitamin C	75,0 mg	200,0 mg
Vitamin E	12,0 mg	100[c]–200[d] mg
Kupfer	1,5 mg	1,5[c]–3,0[d] mg
Selen	0,07 mg	0,1[c]–0,2[d] mg
Zink	15,0 mg	15[c]–30[d] mg

[a] Deutsche Gesellschaft für Ernährung; [b] Rheumatoide Arthritis und andere entzündlich-rheumatische Erkrankungen; [c] Niedrige Entzündungsaktivität; [d] Hohe Entzündungsaktivität.

53.1.6 Ernährungstherapeutische Konzepte

Eine entzündungshemmende Kost zielt darauf ab, den Gehalt an Arachidonsäure im Gewebe zu vermindern und deren Umwandlung zu Eicosanoiden zu hemmen (*Abb. 53-5*).

Hierdurch wird zwar die bekannte genetische Disposition zur Erkrankung nicht geändert und auch die Krankheit nicht

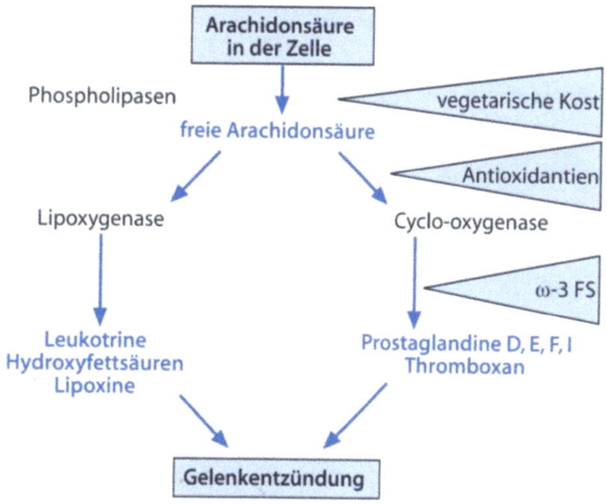

Abb. 53-5. Molekulare Abläufe bei der entzündlichen Reaktion und diätetische Möglichkeiten der Entzündungshemmung

ursächlich behandelt, aber der Entzündungsprozess wird vermindert, und dadurch können Medikamente eingespart werden.

> Keinesfalls sollen zu Beginn der Ernährungsumstellung Medikamente abgesetzt werden.

Vielmehr ist bedarfsgerecht, nach etwa 1–2 Monaten, eine Reduktion der nichtsteroidalen Antirheumatika und der Glukokortikoide möglich. Die Wirkung der Ernährungsumstellung nimmt über ein 1/2 Jahr stetig zu, da die Anreicherung der entzündungshemmenden ω-3 Fettsäuren und der Abbau der AA langsam erfolgen.

Ernährungsrichtlinien bei rheumatischen Erkrankungen

Richtlinien und Rezepte für die Ernährung von Patienten mit rheumatischen Erkrankungen sind in dem Leitfaden »Diät und Rat bei Rheuma und Osteoporose« [1] beschrieben. Alle Ernährungsempfehlungen bei rheumatischen Erkrankungen müssen grundsätzlich auf einer gesunden, vollwertigen Kost basieren, da diese Ernährung über einen langen Zeitraum eingehalten werden muss. In jedem Fall ist von einseitiger Ernährung abzuraten. Keinesfalls dürfen Medikamente zu Beginn der Ernährungsumstellung vermindert oder weggelassen werden. Nach Einsetzen der Besserung werden zunächst nichtsteroidale Antirheumatika und Glukokortikoide und erst danach eine bestehende Basistherapie eingespart.

Besonderheiten einer entzündungshemmenden Diät sind in *Tabelle 53-6* angegeben. Als wichtigste Maßnahme gilt die Reduzierung der täglichen Aufnahme von Arachidonsäure auf 50 mg. Diese Maßnahme ist leicht durchzuführen, da AA nur mit Nahrungsmitteln tierischer Provenienz zugeführt wird. Wir verwenden eine laktovegetabil orientierte Kost.

Ein vollständiger Verzicht auf Fleisch wird von den Patienten oft abgelehnt und ist auch nicht erforderlich. Es sollen aber AA-arme Fleischprodukte verwendet werden [1]. Generell gilt, dass Fleisch von Omnivoren und Karnivoren enthält mehr AA als Fleisch von Herbivoren (Planzenfresser). Mit 2 Fleischmahlzeiten pro Woche kann die Maßgabe für die AA-zufuhr eingehalten werden und Mangelzustände sind mit dieser Ernährung nicht zu befürchten. Aufgrund des relativ hohen Gehaltes an AA von Vollmilch (40 mg/l), sollte durch fettreduzierter Milch (20 mg/l AA) der Vorzug gegeben werden. Fische enthalten, wie alle Nahrungsmittel tierischer Provenienz, ebenfalls AA. Der absolute Gehalt ist jedoch aufgrund der gleichzeitig zugeführeten ω-3-Fettsäuren von untergeordneter Bedeutung. Ausschlaggebend ist hier der Quotient EPA/AA in der Nahrung (Tiefseefische > Süßwasserfische).

Ratsam ist zusätzlich die Umstellung auf Fette und Öle, die reich an α-Linolensäure (Sojaöl, Rapsöl, Leinöl, Walnussöl) sind, aus ihr bildet der Mensch EPA. Die ω-3-Fettsäuren haben eine weit höhere Oxidationsrate als die ω-6-Fettsäuren. Sie werden zur Energiegewinnung verbraucht und reichern sich nur langsam im Gewebe an. Deshalb sollte zu Beginn der Behandlung eine höhere Zufuhr gewählt werden. Allerdings wird EPA, wie AA, nur gering aus den Speichern verbraucht, deshalb können erreichte Spiegel nach einiger Zeit mit einer geringeren Zufuhr aufrecht erhalten werden [24].

Tabelle 53-6. Besonderheiten der antiinflammatorischen Ernährung

- Die Kost muss entsprechend den Maßgaben der DGE vollwertig sein
- Arachidonsäure vermindern, ω-3-Fettsäuren erhöhen: Arachidonsäure nicht mehr als 50 mg/24 h (höchstens 2 kleine Fleischmahlzeiten pro Woche, laktovegetabil orientierte Kost, tierische Fette meiden)
- Pro Tag 8 g Linolsäure, 4 g α-Linolensäure und 1 g EPA (2 Fischmahlzeiten pro Woche, Verwendung von Soja-, Walnuss-, Lein- oder Rapsöl, Einbeziehung von Sojaprodukten, evtl. Fischölkapseln)
- Antioxidanzien ausreichend zuführen (auf schonende Zubereitung achten, um Vitamine zu erhalten, Kost so zusammenstellen, dass die Zufuhr von Vitaminen und Spurenelementen gewährleistet ist: z. B. morgens 1 Glas schwarzer Johannisbeersaft, Müsli mit Nüssen, evtl. Vitamin E und Selen supplementieren)
- Oxidanzien vermeiden, Nikotinverzicht, Stressabbau
- Alkohol bis zu 40 g/24 h ist erlaubt (2 Gläser Rotwein)
- Osteoporoseprophylaxe 1 g Kalzium/24 h, weniger als 1 g Phosphor/24 h, Bewegung an der frischen Luft, sonst Vitamin D supplementieren

Maßgaben für die Behandlung mit Antioxidanzien, Vitaminen und Spurenelementen

Der Verbrauch und damit der Bedarf an Antioxidanzien ist bei Patienten mit rheumatischen Erkrankungen höher als bei Gesunden [21] und wird durch die übliche Ernährung meist nicht gedeckt. Die derzeitigen Empfehlungen der DGE [12], die für Gesunde gelten, sind für Patienten mit rheumatischen Erkrankungen nicht ausreichend. Die bisherigen Untersuchungen weisen darauf hin, dass bei Patienten mit aktiver rheumatoider Arthritis, etwa 200 µg Selen pro Tag, die Selenspiegel nach 1–2 Monaten fast in den Normalbereich bringen, nicht mehr als 200 mg/24 h α-Tocopherol erforderlich sind, um die erwünschte antioxidative Wirkung zu erzielen. Höhere Dosen haben keine nachweislich bessere Wirkung. Es gibt derzeit jedoch keine klinischen Daten, die einen positiven Effekt der Zufuhr von Vitaim C und/oder Vitamin A bei rheumatoider Arhtritis eindeutig belegen [24].

Zahlreiche Veröffentlichungen lassen vermuten, dass Vitamin-E-Dosen zwischen 100–300 mg/24 h über einen längeren Zeitraum gut vertragen werden und keine unerwünschten Nebenwirkungen erzeugen. Selbst in Studien, bei denen Vitamin E in Dosen zwischen 400 und 2000 mg/24 h verabreicht wurden, fanden sich in der Mehrzahl der Fälle keinerlei Nebenwirkungen [39].

> Aufgrund zusätzlicher antikoagulativer Wirkungen sollten hohe Dosierungen von Vitamin E nicht bei Patienten mit Vitamin-K-Mangel oder unter einer Antikoagulanzientherapie verabreicht werden [39].

Um die Speicher des Vitamin C zu füllen genügen 200 mg/24 h. Der Bedarf an Vitamin A (6000 IU/24 h) und den Vitaminen der B-Gruppe (jeweils 2 mg/24 h) kann über die Ernährung gedeckt werden. Problematisch ist bei bettlägerigen Patienten, die eine unzureichende körpereigene Synthese von Vitamin D haben, die Versorgung mit Vitamin D durch die Kost. Die Serumkonzentration des Vitamin D und seiner Metabolite sind bei Patienten mit rheumatoider Arthritis oft erniedrigt. Eine Supplementierung mit 0,025 mg (1000 IU) pro Tag sollte v. a. bei bettlägerigen Patienten durchgeführt werden.

Die erforderliche Menge an Zink (10–15 mg/24 h), Eisen (10–15 mg/24 h) und Kupfer (1,5–3 mg/24 h) kann mit ausgewogener Kost zugeführt werden.

Stets zu berücksichtigen ist eine patientengerechte Speisenversorgung:
- ausreichende Flüssigkeitszufuhr bei einem Sicca-Syndrom,
- Beratung über die Zubereitung der Speisen und den Gebrauch von Hilfsmitteln, bei eingeschränkter Funktion der Hände, bei der Behinderung der Essensaufnahme durch den Befall der Schulter- oder Ellbogengelenke, bei der Behinderung des Kauens beim Befall des Kiefergelenkes zu nennen, die in Zusammenarbeit mit einem Ergotherapeuten durchgeführt werden.

Chronisch Kranke neigen dazu extreme Diäten einzuhalten, um ihre dauernde Krankheit zu besiegen. Besonders wenn unübliche Kostformen eingehalten werden (Immundiäten usw.) ist eine intensive Beratung des Patienten erforderlich. Hierzu gehört die kompetente Information über die (Un)zweckmäßigkeit der eingehalten Kost und die umfassende diätetische Schulung, die der bisher bei 40% der Patienten feststellbaren Mangel- oder Fehlernährung entgegenwirkt. Die Kenntnis der unüblichen Kostformen, wie auch das Wissen um die gerade »gängigen« Supplemente ist zur Vertrauensbildung beim Patienten wertvoll. Besonderer Beratung bedarf der Patient, der mit einer Fastentherapie seine Beschwerden bessern will. Zwar führt Fasten bei entzündlich-rheumatischen Erkrankungen oft zu einer überraschenden Besserung der Beschwerden, und wird deshalb von einigen Naturheilkundigen empfohlen, da es aber keine Ernährung darstellt, kommt es nur bei übergewichtigen Rheumakranken in Betracht, die eher selten sind.

Fasten, Elementardiäten und Außenseiterdiäten

Fasten

Seit langem haben die Ärzte der Erfahrungsheilkunde von der *günstigen Wirkung des Fastens* bei Patienten mit rheumatischen Erkrankungen berichtet [32]. Totales Fasten führt zu einer Reihe von immunmodulierenden Wirkungen [24, 32]:
- verminderte Synthese von Entzündungsmediatoren, insbesondere von Leukotrienen der 4er Reihe, als Folge der fehlenden Arachidonsäurezufuhr;
- Erhöhung der endogenen Kortisolspiegel;
- Downregulation der Dichte von zerebralen Serotoninrezeptoren (Stimmungsverbesserung!);
- T-Zell-Suppression als Folge der fasteninduzierten Leptindepletion.

Aufgrund der unterschiedlichen Aussagen der bisher durchgeführten Studien zum Einfluss *kurzer Fastenperioden* auf den klinischen Verlauf rheumatischer Gelenkerkrankungen, kann derzeit keine allgemein gültige Empfehlung ausgesprochen werden. Kontrollierte Fastenkuren sind derzeit nur bei übergewichtigen Patienten mit gut eingestellter RA sowie in einzelnen ausgewählten Fällen zu empfehlen.

Für *länger dauernde* Fastenkuren (>10 Tage) liegen für Patienten mit entzündlichen Gelenkerkrankungen derzeit kein verwertbaren Studien vor. Wegen z. T. nicht unerheblichen metabolischer Veränderungen, aber auch Störungen im Vitamin- und Elektrolythaushalt, sollten derartige Kuren von Ärzten mit entsprechender Erfahrung in Ernährungsmedizin durchgeführt werden. Die laufende Basis- und/oder Steroidmedikation sollte während des Fastens fortgesetzt werden.

Elementardiäten

Ausgehend von Beobachtungen, dass bei einzelnen Patienten bestimmte Nahrungsmittel krankheitsauslösend bzw. -verstärkend wirken, wurde in 5 kleineren Studien der Einfluss hypoallergener Elementardiäten untersucht. Bei keiner der Untersuchungen konnte ein überzeugender Nachweis einer positiven Beeinflussung des Krankheitsverlauf erbracht werden (Übersicht bei [24].

Rheumadiäten

Leider etablieren sich zunehmend auch eine Reihe von »*Rheumadiäten*« ohne wissenschaftlich nachgewiesene Wirkung. Als noch harmlose Beispiele können Empfehlungen für Makrobiotik oder extreme vegane Kostformen dienen. Oft findet man Defizite besonders im Bereich der B-Vitamine, des Jods, des Kalziums und des Eiweiß. Sofern die vom Patienten gewählte Kostform nicht den Richtlinien der Deutschen Gesellschaft für Ernährung entspricht, ist sie für die Langzeitbehandlung nicht geeignet.

Gelegentlich hat die vom Patienten verwendete Kostform auch richtige Ansätze, wie z. B. die Einschränkung tierischer Nahrungsmittel. Die Ayurvedische Medizin verbindet die Arthritis mit Erkrankungen des Darmes und hat ein entsprechendes therapeutischen Konzept, das eine vegetarische Kost, pflanzliche Arzneimittel und physikalische Maßnahmen einbezieht und durch das »Rasayana«-Konzept eine Immunmodulation anstrebt [10].

Wir stehen heute vor der schwierigen Aufgabe, mögliche richtige Ansätze in diesen Therapieformen zu erkennen und für unsere Patienten zu evaluieren.

Mikronährstoffe und sekundäre Pflanzeninhaltsstoffe

Die Liste der Phytotherapeutika mit möglicher entzündungshemmender Wirkung ist sehr lang. Am bekanntesten ist die Weidenrinde, deren Gehalt an Salicylsäure eine pharmakologisch nachgewiesene Wirkung hat. In neuerer Zeit wurde eine Hemmung der Leukotriensynthese durch Weihrauch (Boswellia) und durch Brennesselextrakt (Urtica) beschrieben. In den sog. »Rheumatees« finden sich zusätzlich Birkenrinde, Teufelskralle und zahlreiche andere Pflanzen, für die eine wissenschaftlicher Nachweis ihrer Wirkung aussteht. Flavinoide und Ubichinone wurden als wirksame Antioxidanzien identifiziert und die Bedeutung der Psoralene aus dem Sellerie und dem Rutatee wird gerade erforscht. Sicher gibt es noch eine Fülle von entzündungshemmenden Nährstoffen, deren Wirkung aber bisher noch nicht so gesichert ist, dass wir eine Empfehlung für unseren Patienten aussprechen könnten.

53.1.7 Diät und Prophylaxe von extraartikulären Begleitkrankheiten

Osteoporose

Entzündlichen Gelenkerkrankungen führen unabhängig von ihrer Ätiologie häufig zu tiefgreifenden Störungen des Knochenstoffwechsels, die sich entweder als *Osteomalazie* oder im Erwachsenenalter als *Osteoporose*, in sehr seltenen Fällen als Mischform manifestieren. Es handelt sich dabei in der Regel um *generalisierte metabolische Knochenerkrankungen*, die sowohl *kortikale* als auch *trabekuläre* Knochenanteile betreffen. Analog zu anderen chronisch-entzündlichen Krankheiten (z. B. M. Crohn) sind wird neben einer krankheitsbedingten Immobilität, proinflammatorischen Zytokine und der begleitenden Steroidmedikation eine Schlüsselrolle in der Entstehung von Knochenstoffwechselstörungen beigemessen:

Interleukin-1, unter anderem von mononukleären Zellen gebildet, bewirkt *in vitro* sowohl direkt als auch indirekt über eine gesteigerte Prostaglandinsynthese eine Zunahme der osteoklastenabhängigen Knochenresorption. Intermittierende Gabe von Interleukin-1 führt dagegen zu einer Stimulation der Knochenbildung. Zum Einfluss von *Interleukin-6* auf den Knochenstoffwechsel liegen ähnliche, wenn auch z. T. divergente Daten vor. Zum Teil synthetisiert von der zellulären Knochenmatrix gilt es unter den Zytokinen als potentester Stimulus der Osteoklasten. Zudem beeinflusst es die Kollagensynthese und die Synthese nichtkollagener Matrixproteine [41].

Die Pathogenese der glukokortikoidinduzierten Osteoporose ist komplex und in ihren Einzelheiten z. T. immer noch nicht völlig erklärt. Wahrscheinlich führen Glukokortikoide über eine Abnahme der Kalziumresorption und einer gesteigerten Urinausscheidung zur Ausbildung eines *sekundären Hyperparathyreodismus*. Eine Abnahme der ACTH-Sekretion führt zudem zum Abfall der Androgen- und Östrogenspiegel (knochenanabol). Im weiteren Verlauf hemmen Glukokortikoide direkt den osteoblastären Knochenanbau [41].

Kardiovaskuläre Krankheiten

Neben Osteoporose (s. unten) sind RA-Patienten einem deutlich höheren kardiovaskulären Risiko ausgesetzt (Linksherzinsuffizienz, relatives Risiko 1,6). Scheinbar korreliert die entzündliche Aktivität der RA eindeutig mit dem Auftreten einer KHK, was durch eine konsequente Basistherapie eindeutig vermindert wird und zu einer veringerten Mortalität führt [24].

> Daher sollten Diätempfehlungen für RA-Patienten eine Senkung des Cholesterinspiegels beeinhalten, was insbesondere die erwähnte Zufuhr von Fischölen unterstreicht.

Fazit für die Praxis

- Es gibt derzeit keine ernährungstherapeutische Maßnahme, die alleine den Krankheitsverlauf nachhaltig beeinflusst; d. h. sie können konventionelle Maßnahmen (Medikamente, Physiotherapie) unterstützend ergänzen, sie jedoch niemals ersetzen.
- Fastenkuren sind bei über einen kurzen Zeitraum unter fachärztlicher Kontolle im Einzelfall, insbesondere bei Übergewicht (BMI>25) sinnvoll.
- Anzustreben ist eine Cholesterin-/LDL-senkende Kost Osteoporose vorbeugende Ernährung mit folgenden Grundregeln (s. Tabelle 53-6):
  wenig tierisches Eiweiß und tierisches Fett (Verminderung der AA-Aufnahme),
  ausreichende Zufuhr von Kalzium, Vitaminen und Spurenelementen,
  statt Fleischmahlzeiten 1–2-mal pro Woche Seefisch (Erhöhung der EPA-/DHA-Aufnahme).
- Berichte über Syptomverstärkung durch bestimmte Nahrungsmittel sollten ernst genommen werden und Patienten gezielt auf Nahrungsmittelunverträglichkeiten/-allergien untersucht werden.

53.2 Ernährung bei Erkrankungen des Skeletts

53.2.1 Strukturelemente und Stoffwechsel des Knochens

Als Grundkomponenten sowohl *kortikaler* als auch *trabekulärer* Knochenanteile fungieren neben zellulären Elementen (Osteoblasten, Osteoklasten und »lining cells«), die organische Grundsubstanz (Knochenmatrix) und die dem Hydroxylapatit ähnelnde anorganische Mineralsubstanz (*Abb. 53-6*).

Osteoblasten sind in die Knochenmatrix eingelagerte, *osteogene Zellen* mesenchymalen Ursprungs, deren Hauptaufgabe in der Synthese von Kollagen, Proteoglykanen sowie Glykoproteinen und somit der Synthese der organischen Knochenmatrix liegt. Durch die Sekretion der alkalischen Phosphatase sind sie an der Mineralisation der Knochen beteiligt.

Osteoklasten sind *multinukleäre Zellen*, die durch Fusion von Vorläuferzellen entstehen, deren Ursprung in den Knochenmarkstammzellen liegt. Sie sind v. a. für die Knochenresorption verantwortlich. Über eine dem Knochen zugewandte *»ruffled border«*, die unterschiedliche Proteine, unter anderem eine spezielle Protonenpumpen ATP-ase, eine Carboanhydrase, Kollagenasen, saure Phosphatase und lysosomale Proteasen enthält, wird ein einzigartiges saures Milieu produziert, das die Auflösung der Knochenmatrix und der Mineralsubstanz bewirkt. Flache Zellen, die sogenannten *»lining cells«*, die sich an der Oberfläche der Knochen befinden, dienen wohl der Abgrenzung des Knochens gegenüber anderen Geweben, eine Aufgabe in der Knochenbildung und/oder der -resorption scheint ihnen nicht zuzukommen.

Die *Knochenmatrix (Osteoid)* besteht zu 90% aus Kollagen Typ I. Die verbleibenden 10% nichtkollagener Proteine werden dominiert von Osteocalcin, Osteonectin und Sialoproteinen (engl.: bone sialoproteins, BSP). Kleinere Proteoglykane – wie Biglykan und Decorin – sowie eine Vielzahl anderer Matrixkomponenten komplettieren das Osteoid.

Bei *Osteocalcin* handelt es sich um ein, durch die Vitamin K-abhängige γ-Carboxylierung von Glutamin aktiviertes Protein (GLA-Protein), dessen Synthese ausschließlich in den Osteoblasten stattfindet. Gefördert wird sie durch aktive Metaboliten des Vitamin D, während Glukokortikoide die Expression des Osteokalzingenes hemmen. Die Aufgabe des Osteokalzins im Knochenstoffwechsel ist noch nicht hinreichend geklärt, es gilt jedoch, bedingt durch seine ausschließliche Produktion während der Phase der Matrixmineralisation als spezifischer Marker der Osteoblastenstimulation.

Osteonektin ist ein saures phosphoryliertes Glykoprotein mit hoher Affinität zum Hydroxylapatit, Kalziumionen sowie Kollagen. Seine Rolle scheint v. a. in der Quervernetzung der einzelnen Matrixkomponenten zu liegen.

Sialoproteine sind ebenfalls phosphorylierte Glykoproteine, die sich durch eine hohe Affinität zu Hydroxylapatit auszeichnen. Sie fungieren gewissermaßen als eine Art *»Klebstoff«* zwischen zellulärer und nichtzellulärer Knochensub-

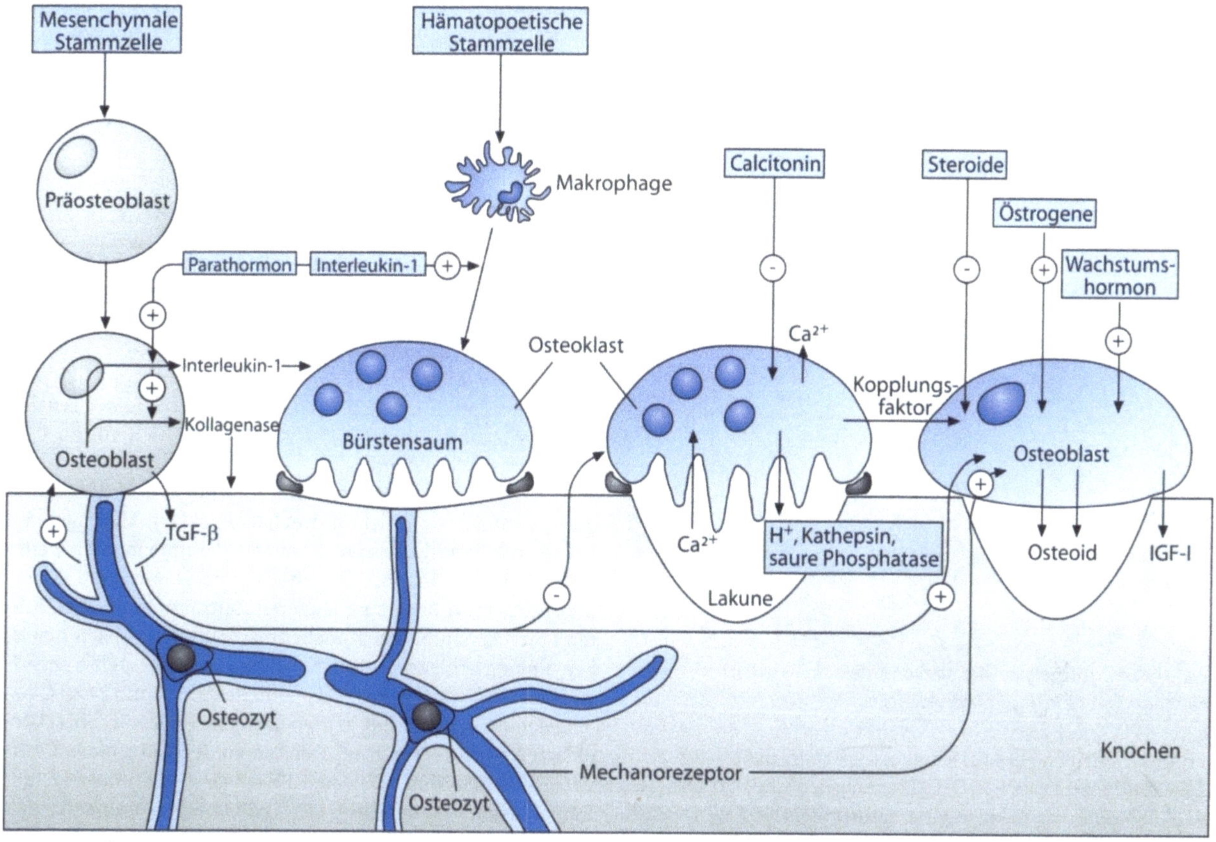

Abb. 53-6. Osteoblasten- und Osteoklastenaktivität beim Knochenumbau

tanz. Über eine für sie charakteristische Aminosäurensequenz (Arg, Gly, Asp) vermitteln sie die *Adhäsion* zwischen zellulärer Oberfläche und Komponenten der extrazellulären Matrix. Synthetisiert durch Osteoblasten im Zuge des Knochenabbaus, erfolgt in Phasen der Knochenresorption durch Osteoklasten die Freisetzung einer dephosphorylierten Form.

Die *anorganisch Mineralsubstanz* besteht v. a. aus *Hydroxylapatit*, einem komplexen Salz, bestehend aus Kalzium und Phosphat. In kristalliner Form ist es in die organische Grundsubstanz eingelagert und v. a. für die Festigkeit des Knochens verantwortlich. Die Ablagerung der Kristalle erfolgt parallel zu den Kollagenfasern und in erster Linie dann, wenn durch die, in den Osteoblasten gebildete alkalische Phosphatase, die Phosphatkonzentration in ihrer Umgebung zunimmt und so das Löslichkeitsprodukt aus Kalzium und Phosphat überschritten wird.

53.2.2 Regulation des Knochenstoffwechsels

Cholecalciferole

Die von ihrer Grundstruktur zu den Steroiden zählenden *Cholecalciferole* (Vitamin D_2, Vitamin D_3) dienen in Form ihrer *Hydroxylderivate* zur Synthese von *1,25-Dihydroxycholecalciferolen*, den letztlich wirksamen Metaboliten beider D-Vitamere. Beide entstehen aus ihren Provitaminen Ergosterol bzw. 7-Dehydrocholesterin durch eine durch UV-Strahlung des Sonnenlichts katalysierte Spaltung ihres Steranskeletts (Abb. 53-7).

Vitamin D_2 und *D_3* werden zunächst in der Leber durch mitochondriale und/oder mikrosomale Enzyme zur einer auch weiterhin inaktiven Form 25-OH-Vitamin-D hydroxyliert. Erst durch eine erneute in der Niere stattfindende *Cytochrom P_{450} gekoppelte Hydroxylierung* in Position 25 entsteht die letztlich aktive Form *1,25-Dihydroxycholecalciferol*. Neben der *Niere* ist in geringerem Maße nur die *Plazenta* zur Bildung des 2-fach hydroxylierten aktiven Hormone in der Lage, dessen Halbwertszeit, im Blut an ein spezifisches Transportprotein gebunden, ca. 5 h beträgt.

Während die hepatische Bildung des 25-Hydroxyderivats lediglich durch einfache Produkthemmung gesteuert wird, unterliegt die Hydroxylierung zur $1{,}25(OH)_2$-Form des Vitamin D einem durch die Konzentrationen von Kalzium, Phosphat und Parathormon (PTH) fein regulierten Feedbackmechanismus. So bewirkt eine Verminderung der Phosphatkonzentration eine Induktion der 1-Hydroxylase und folgende Steigerung der $1{,}25(OH)_2D$, während eine Erhöhung der Phosphatkonzentration im Blut gegenteiligen Effekt hat.

Kalziumkonzentrationen im Plasma unterhalb der Normwerte steigern die Parathormonsekretion (PTH) aus der Nebenschilddrüse, was konsekutiv zu einer Steigerung der $1{,}25(OH)_2D$-Synthese führt. Eine erhöhte $1{,}25(OH)_2D$-Konzentration im Serum wiederum scheint ein negativer Feedbackmechanismus zur PTH-Ausscheidung zu sein. Als zusätzliche Stimulatoren der $1{,}25(OH)_2D$-Synthese gelten *Östrogene*, *Prolaktin* und verschiedene *Wachstumshormone* (s. unten). Die vorrangige *Aufgabe* der aktiven Calciferole liegt in der Aufrechterhaltung des Serumkalziumspiegels.

Für die *intestinale Kalziumresorption* ist ein aktives Transportsytem notwendig, das einen Transport gegen einen Konzen-

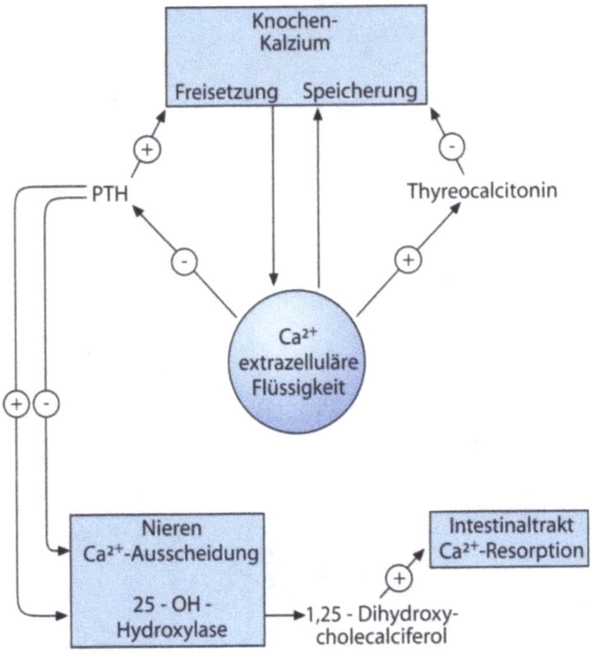

Abb. 53-7. Regulation des Kalziumstoffwechsels durch PTH, Thyreocalcitonin und 1,25-Dihydroxycholecalciferol

trationsgradienten gewährleistet (s. Kap. 2). In die Mukosazelle aufgenommen, bindet 1,25(OH)$_2$D anaolg den Glukokortikoiden an ein spezifisches nukleäres Rezeptorprotein (s. Kap. 5). Nach seiner Phosphorylierung steigert es u. a. die Transkriptionsrate des kalziumbindenen Proteins *Calbindin*, was eine vermehrte Kalziumresorption aus dem Duodenum und der Phosphatresorption im Jejunum und Ileum bewirkt [41].

Darüber hinaus sind Calciferole über eine Induktion der Ornithindecarboxylase (s. Kapitel 6) für die Erhaltung der Integrität und Funktionsfähigkeit intestinaler Villuszellen notwendig. (Vitamin-D-Mangel führt innerhalb von Stunden zu einer Verkürzung der Villuszellen.)

Am *Knochen* bewirkt 1,25(OH)$_2$D durch eine *Osteoblastenstimulation* die Synthese der nicht kollagenen Proteine z. B. des Osteocalcins und der Sialoproteine sowie der alkalischen Phosphatase; die Kollagensynthese dagegen scheint gehemmt zu werden.

Die Wirkung von 1,25(OH)$_2$D auf die Osteoklasten liegt in der *Stimulation unreifer Osteoklastenvorläuferzellen* und der Beschleunigung ihrer Ausreifung (reife Osteoklasten exprimieren keine 1,25(OH)$_2$D- oder PTH Rezeptoren mehr). Inwieweit die Ausreifung der Osteoklasten auch durch eine gesteigerte Zytokinsynthese durch 1,25(OH)$_2$D-stimulierte Osteoblasten bzw. Stromazellen beeinflusst wird, bedarf noch weiterer Untersuchungen.

Analog bewirkt 1,25(OH)$_2$D in der Niere eine Erhöhung der Kalzium- und Phospharückresorption. Der wichtigste Effekt des *Calcitriols* in der Niere scheint in der Hemmung seiner eigenen Synthese zu liegen, im Sinne einer negativen Feedbackregulation [41].

Parathormon

Parathormon (PTH), ein Polypeptid aus 84 Aminosäuren, wird in den 4 meist linsengroßen Epithelkörperchen (Syn. Nebenschilddrüsen) aus Prä-Pro-PTH als Vorläufermolekül synthetisiert. Seine Sekretion wird im Sinne einer negativen Feedbackmechanismus durch den Serumspiegel an ionisiertem Kalzium reguliert (*Abb. 53-7*). Ein G-Protein-gekoppelter Kalziumrezeptor führt dabei unter Einbeziehung des Adenylatzyklase- und des Inositolwegs zur Öffnung kalziumsensitiver Kaliumkanäle, was zu einer Hemmung der PTH-Sekretion in den Epithelkörperchen führt.

Sowohl innerhalb der Epithelkörperchen selbst, als auch in der Leber und möglicherweise auch in den Nieren, erfolgt ein proteolytischer Abbau des PTH.

PTH ist zusammen mit 1,25-Dihydroxycholecalciferol und Calcitonin für die Konstanthaltung des ionisierten Serumkalziumspiegels verantwortlich. Am distalen Tubulus der Nieren führt PTH zu einer Hemmung der Phosphatrückresorption und zu einer Verminderung der Kalziumausscheidung. Ein weiterer wichtiger Effekt ist die Stimulierung der renalen Hydroxylierung von 25(OH)-Hydroxycholecalciferol zu 1,25-Dihydroxycholecalciferol.

Die Effekte des Parathormons am Knochen sind komplex, divergent und noch nicht hinreichend geklärt. Abhängig von Dosis und Einwirkungsdauer bewirkt Parathormon entweder eine Zu- oder Abnahme der Knochenmasse. Niedrige Dosen, intermittierend über eine längeren Zeitraum appliziert, führen einer Zunahme der Knochenmasse, höhere Dosen bewirken einen gesteigerten Knochenabbau und somit eine negative Knochenbilanz. Eine PTH-bedingte Aktivierung der Osteoblasten ist in vitro und in vivo nachgewiesen worden. (Osteoklasten exprimieren im Gegensatz zu den Osteoblasten keine PTH-Rezeptoren). Da eine PTH-abhängige Stimulation der Osteoklasten nur in Gegenwart von Osteoblasten beobachtet wurde, ist am ehesten von einer indirekten Osteoklastenstimulation durch interzelluläre, von den Osteoblasten produzierten Messengersubstanzen, auszugehen. Am ehesten kommen hier das IL-6, IGF-1, und GM-CSF in Betracht. An der Dünndarmukosa stimuliert PTH, insbesondere bei kalziumarmer Kost die Resorption von Kalzium und Magnesium. [41]

Calcitonin

Calcitonin ist ein 136 Aminosäuren großes Peptidhormon, das als direkter *Antagonist des PTH* anzusehen ist, d. h. es hemmt die Kalziumresorption. Es wird von den C-Zellen der Schilddrüse sezerniert, die von der Neuralleiste stammend, zu den APUD (amine precursor uptake and decarboxylation)-Zellen gehören.

Durch einen steigenden Kalziumspiegel im Serum kommt es zu einer vermehrten Freisetzung des Hormons, Hypokalzämie bewirkt eine Abnahme der Calcitoninsekretion. Der Effekt des Calcitonins auf den Serumkalziumspiegel ist in erster Linie ein Ergebnis der Fähigkeit, die osteoklastenbedingte Knochenresorption zu hemmen und zwar durch eine Downregulation der Expression der Calcitoninrezeptoren der Osteoklasten. Weiterhin bewirkt Calcitonin eine Stimulation der Adenylatzyklase-Aktivität und somit einer c-AMP Akkumulation, was wiederum zu einer Immobilisation der Osteoklasten führt. Im Intestinaltrakt hemmt Calcitonin die Sekretion von Pankreasenzymen und Pepsin [41].

Vitamine

Die Bedeutung des *Vitamin K* für den Knochenaufbau wird erst in neuerer Zeit klar. Es bewirkt die γ-Carboxylierung der Glutaminsäure (GLA, »γ-carboxy-*gl*utaminic *a*cid«), die zur

Adhäsion von Molekülen an einer Matrix dient. Das Prinzip der Carboxylierung wurde erst spät entdeckt, es scheint aber weit verbreitet. Proteine, die durch γ-Glutamylcarboxylierung ihre Wirksamkeit erhalten, sind das Atherocalcin, das bei der Atherogenese eine Rolle spielt,sowie das renale GLA-Protein. Die Gerinnungsfaktoren II, VI, IX und X und die C- und S-Proteine, die hemmend auf die plasmatische Gerinnung eingreifen, sind auf die Aktivierung durch γ-Glutamylcarboxylierung angewiesen. Als Kofaktor wirkt Vitamin K auf gleiche Weise bei der Mineralisation des Knochens durch Osteocalcin.

Unter physiologischen Umständen hat eine Behandlung mit Marcumar, ein Vitamin K-Antagonist, bei Erwachsenen keinen Einfluss auf die Knochenmineralisation. Bei Kindern, deren Mütter während des 1. Trimenons der Schwangerschaft mit Marcumar (im amerikanischen Sprachgebrauch: Warfarin) behandelt wurden, kommt es zu dem sogenannten Warfarin-Syndrom. Diese Kinder haben verkürzte Extremitäten durch vorzeitigen Epiphysenschluss. Die Bedeutung des Vitamin K bei der postmenopausalen Osteoporose wird derzeit untersucht [53].

Von den *A-Vitaminen* (Retinol, Retinal, Retinsäure) hat die *Retinsäure* als wichtiger Regulator der Zellproliferation und der Zelldifferenzierung, für die Entwicklung des Knochens Bedeutung. Experimentell konnte ihre Wirkung auf die Bildung der Extremitätenknospen beim Küken gezeigt werden. Die im Zytoplasma befindliche Retinsäure interagiert mit 2 Subfamilien nukleärer Retinsäurerezeptoren, dem RAR (α, β, τ, »*r*etinic *a*cid *r*eceptor«) und dem RXR (α, β, τ). Die mehr als 30 bisher identifizierten Kernrezeptoren für Retinsäure gehören zur Familie der Steroidthyroidhormonrezeptoren, an die Östrogene, Androgene, Mineralokortikoide, Glukokortikoide, Vitamin D und Progesteron spezifisch binden. Ein Exzess an Retinsäure (Fischöle, Leber oder als Pharmakon bei der Therapie von Hauterkrankungen) führt bei Kindern zur kortikalen Hyperostose, bei Erwachsenen zu heterotopen Ossifikationen (Sehnenansätze, Bänder).

Lokale Faktoren

Eine Reihe lokal gebildeter Substanzen gewährleistet eine auf *parakrinem* und *autokrinem* Wege ablaufende Interaktion von Osteoklasten und Osteoblasten.

Prostaglandine der E-Serie stimulieren sowohl die Knochenresorption (am ehesten indirekt, vermittelt durch den »insulin-like growth factor«) als auch die Knochenneubildung durch eine Stimulation der Kollagensynthese und der Synthese nicht kollagener Matrixproteine. Die Prostaglandinproduktion durch die Knochenzellen wiederum wird von unterschiedlichen lokal produzierten Faktoren unterstützt. (z. B. IL-1, TNF-α usw.)

Dagegen liegen zur Wirkung der *Leukotriene* keine eindeutigen Daten vor. Da Leukotriene als Arachidonsäuremetaboliten v. a. bei chronischen Entzündungen gebildet werden, scheint ihnen, ebenso wie Prostaglandin E, eine nicht zu vernachlässigende Rolle in der entzündungsbedingten gesteigerten Knochenresorption zuzukommen.

Als lokale Stimulatoren der *Knochenresorption* gelten Interleukin-1 und -6, der TNF-α sowie GM-CSF und M-CSF; während IFN und Interleukin-4 die Knochenresorption vermindern. Lokale Faktoren der *Knochenformation* stellen das TGF-β, IGF und BMP dar.

53.2.3 Definition und Epidemiologie der Osteoporose

Osteoporose (griech. *osteo* Knochen; *poros* Loch) ist definiert als ein gleichmäßiger Schwund sowohl der *Knochengrundsubstanz*, als auch des *Mineralanteils*; *Osteomalazie* dagegen betrifft ausschließlich den *Mineralanteils* des Knochens. Pathophysiologisch besteht bei der *Osteoporose* ein *Ungleichgewicht* zwischen *Knochenaufbau und -abbau*, sodass es in der Bilanz sowohl zu einer Abnahme der organischen Knochenmatrix als auch des Mineralanteil kommt.

Osteomalazie dagegen beschreibt eine *Mineralisationsstörung des Knochens* bei quantitativ und qualitativ normaler organischer Knochengrundsubstanz (Knochenmatrix). Sie stellt das Erwachsenenäquivalent zu der im Kindesalter auftretenden *Rachitis* dar und geht klinisch häufig mit einem diffusen Knochenschmerz sowie Muskelschwäche einher.

Eine *klinisch manifeste Osteoporose* (früher Osteofraktose) ist charakterisiert durch typische *osteoporose-assoziierte Knochenbrüche* (Wirbelsäule, Schenkelhals, Unterarm). Nach Definition der WHO liegt eine *Osteoporose* nicht erst nach der ersten Fraktur vor, sondern bereits bei einer um mindestens 2,5 Standardabweichungen gegenüber jungen gesunden Erwachsenen verminderten Knochendichte (T-Score-Hüfte und/oder Wirbelsäule <–2,5). Ein T-Wert von –1 bis –2,5 (T-Score-Hüfte und/oder Wirbelsäule) wird in Anlehnung an die WHO als *Osteopenie* (präklinische Osteoporose) bezeichnet. Da kein absoluter Schwellenwert für das Auftreten osteoporosebedingter Knochenfrakturen existiert, kann das Frakturrisiko nur geschätzt werden (z. B. verdreifacht sich das Frakturrisiko für Oberschenkelhalsfrakturen bei einer Abnahme der Knochendichte in diesem um 10% gegenüber gleichaltrigen Kontrollen).

Unterschieden werden primäre und sekundäre Formen (*Tabelle 53-7*).

Die *Häufigkeit* der Osteoporose nimmt in den westlichen Industrienationen während der letzten Jahrzehnte deutlich zu, etwa 10% der Bevölkerung sind davon betroffen und bei 25% der Patienten kommt es zu Knochenbrüchen. Mehr als 18% aller Frauen jenseits des 60. Lebensjahres weisen osteoporosebedingte Wirbelkörperfrakturen auf. Ursachen sind die besonderen Verzehrsgewohnheiten, die fehlende körperliche Betätigung und die steigende Lebenserwartung.

Tabelle 53-7. Stadieneinteilung der Osteoporose nach Osteodensitometrie- und Röntgenbefund (WHO-Einteilung)

Stadium	Kriterien
Normal	BMD: T-Wert nicht niedriger als –1 SD
I. Osteopenie	BMD: T-Wert zwischen –1 SD und >–2,5 SD – Erhöhtes Frakturrisiko
II. Osteoporose	Erniedrigte Knochenmasse oder Knochenstrukturveränderungen BMD: T-Wert <–2,5 SD – Potenzielle Frakturgefährdung
III. Manifeste Osteoporose	BMD: T-Wert <2,5 SD und Vorliegen einer Fraktur

BMD: »bone mineral density«; *T-Wert*: Abweichung des Messwertes vom Mittelwert bei 30-jährigen gesunden Frauen; *SD*: Standardabweichung

53.2.4 Ätiologie und Pathogenese

Die Ätiopathogenese der Osteoporose ist keineswegs einheitlich. Die lange vertretene Auffassung es handele sich um die Folge des postmenopausalen Östrogenabfalls entbehrt jeglicher wissenschaftlichen Grundlage. Aktuell schätzt man, dass etwa dies nur bei einem Drittel der Frauen zutrifft.

> Die Ursache der Osteoporose ist multifaktoriell und nur bei einem Drittel der Frauen durch den postmenopausalen Östrogenabfall bedingt (s. *Tabelle 53-8*).

Exogene Faktoren mit negativem Einfluss auf die Kalziumbilanz

Eine ausreichende Versorgung mit Eiweiß fördert die Aufnahme von Kalzium aus dem Darm: Dagegen führen Eiweißmangel aber auch eine *übermäßig eiweißreiche Kost* zum Kalziumverlust. Besonders Eiweißkonzentrate, wie sie in Kraftsportarten verwendet werden, verursachen eine vermehrte Kalziumausscheidung über die Nieren.

Oxalsäure (reichlich z. B. in Schokolade, schwarzem Tee, Rhabarber, Spinat) und Phytinsäure (am meisten in Roggen) binden Nahrungskalzium und verhindern seine Aufnahme über den Darm, Ballaststoffe in großer Menge bewirken das Gleiche.

Die immer noch in zahlreichen Publikationen geäußerte Meinung, dass der Verzehr von größeren Mengen *Phosphor/Phosphat*-Lebensmitteln, den Kalzium- und Knochenstoffwechsel nachteilig beeinflussen, wird kontrovers diskutiert. Zwar lässt sich beim Menschen durch eine hohe Phosphatzufuhr ein sekundärer Hyperparathyreodismus auslösen, die dabei erwartete Steigerung der Knochenresorption ließ sich weder laborchemisch (Anstieg der Osteoklastenmarker) noch durch Abnahme der Knochendichte bestätigen [41].

> Die Bildung schwerlöslicher Calcium-Phosphatkomplexe ist möglich [50].

Auch die lange vertretene Ansicht, dass phytinsäurereiche Lebensmittel (z. B. Weizenkleie) über eine Verminderung der intestinalen Kalziumresorption zu einer negativen Kalziumbilanz führen, ließ sich in kontrollierten Studien nicht belegen. Die Wirkung ist wahrscheinlich gering [51].

Die Kalziumbilanz wird negativ bei exzessivem Genuss von Genussmitteln. So führt übermäßiger Kaffeekonsum, insbesondere bei älteren Frauen (>300 mg Koffein/24 h ≈500 ml), zu einer deutlichen Verminderung der Knochendichte [34]. Ebenso führt ein übermäßiger Alkoholgenuss zu einem rascheren Knochenabbau (s. Kap. 57).

Natriumchlorid, nicht jedoch andere Natriumverbindungen wie Natriumhydrogenkarbonat oder Natriumzitrat, erhöhen zumindest bei postmenopausalen Frauen dosisabhängigkeig die Kalziumausscheidung mit konsekutiver Abnahme der Knochendichte [15].

Selbst bei Bevorzugung besonders kalziumreicher pflanzlicher Lebensmittel werden die Empfehlungen der DGE nicht erreicht.

> **Cave:** Die Kalziumversorgung bei veganer Ernährung ist kritisch.

Bestimmte *Medikamente* wie Thiazide vermindern die renale Kalziumausscheidung, während Kortiksteroide die Kalziumbilanz verschlechtern. Abführmittel erhöhen den Kalziumverlust über den Darm.

Wahrscheinlich über eine Abnahme der Kalziumresorption und einer gesteigerten Urinausscheidung führen *Glukokortikoide* zur Ausbildung eines *sekundären Hyperparathyreodismus.* Eine Abnahme der ACTH-Sekretion führt zudem zum Abfall der Androgen- und Östrogenspiegel (knochenanabol). Im weiteren Verlauf hemmen Glukokortikoide direkt den *osteoblastären* Knochenanbau [41].

Der *molekulare Mechanismus* der glukokortikoidinduzierten Hemmung der intestinalen Kalziumresorption ist in seinen Einzelheiten nur unzureichend erklärt.

Während Glukokortikoide in physiologischen Konzentrationen zu einer erhöhten intestinalen Kalziumaufnahme führen, kommt es bei pharmakologischen Konzentrationen dosisabhängig zu einer Nettosekretion von Kalzium. Ursächlich verantwortlich ist eine verminderte Synthese des Kalziumbindenden Proteins und eine Zunahme parazellulärer Verluste ins Darmlumen. Eine Stimulierung der Na^+/K^+-ATPase führt dabei zu einer Zunahme der zellulären Na^+-Aufnahme, was dann in Folge zu einer vermehrten Wasseraufnahme in den parazellulären Raum führt (s. Kap. 1). Dies wiederum bewirkt eine erhöhten (gegenläufigen) Ca^{2+}-Fluss. Untersuchungen an isolierten Membranvesikeln schließen einen direkten Einfluss auf den transmembranären Transport dagegen aus. Nach neueren Untersuchungen scheinen Störungen des Vitamin-D-Stoffwechsels eine eher untergeordnete Rolle zu spielen [41].

Hohe *Aluminiummengen* (prolongierte parenterale Ernährung, Hämodialyse, berufliche Exposition) können zu 2 Arten von Knochenveränderungen führen. Zum einen kann es besonders bei Dialysepatienten zum Ersatz des Knochens durch Osteoid und dem klinischen Bild der Osteomalazie kommen. Zum anderen kann die Aktivität der Osteoblasten vermindert sein und dadurch der Knochen aplastisch werden, mit dem klinischen Bild der Osteopenie.

Ein Mangel an *Kupfer* führt zur Verminderung der Quervernetzung des Kollagen durch die eingeschränkte Aktivität der kupferabhängigen Aminosäuren-Oxidasen. Klinisch tritt eine Osteopenie nur bei Säuglingen oder bei langer parenteraler Ernährung auf. Ähnlich wird ein *Zinkmangel*, der zu vermehrten Knochenfrakturen führt, nur bei langfristiger Fehlernährung klinisch manifest. Erwähnenswert ist allerdings eine Untersuchung an Patienten mit rheumatoider Arthritis, bei denen die Zinkspiegel mit dem Ausmaß der Osteoporose korrelieren (s. Kap. 7 »Spurenelemente«, [24]).

Blei, Cadmium, Wismut und Quecksilber können zu Knochenerkrankungen führen, die durch eine Nierenschädigung (Kalziumverlust, verminderte Hydroxylierung des Vitamin D) und durch Deponierung der Metalle im Metaphysenbereich bedingt sind. Wegen der Seltenheit dieser ernährungsbedingten Erkrankungen des Skeletts sei auf die Lehrbücher der Toxikologie verwiesen.

Besonderheiten der Osteoporose bei entzündlich-rheumatischen Erkrankungen

Die rheumatoide Arthritis betrifft meist Frauen, die älter als 60 Jahre sind. Sie haben oft eine Fehlernährung, sind immobil und werden mit Glukokortikoiden therapiert. Zudem führt der Entzündungsprozess per se zu einer Demineralisierung des Skeletts, die bei Patienten mit rheumatoider Arthritis gelenknah, aber auch systemisch zu beobachten ist. Daneben kommt es zum Auftreten von Looser-Umbauzonen, die üblicherweise durch eine unzureichende Verfügbarkeit des Vitamin D verstärkt werden. Es ist also nicht verwunderlich, dass die Osteoporose bei allen Patientinnen mit rheumatoider Arthritis nach einer Krankheitsdauer von 10 Jahren die Prognose bestimmt.

Die Prävention der Osteoporose ist bei allen Patienten mit rheumatoider Arthritis vom Krankheitsbeginn an erforderlich. Besonders wichtig ist die Prävention, wenn Glukokortikoide gegeben werden, da es hierbei binnen 3 Wochen zu einer messbaren Verminderung der Knochenmasse kommt. Klinische Untersuchungen haben leider gezeigt, dass nur 7% der Patienten unter Glukokortikoidtherapie gleichzeitig eine Prophylaxe der Osteoporose erhalten.

Andere Knochenkrankheiten

Verglichen mit der Häufigkeit der Osteoporose, spielen andere ernährungsabhängige Knochenkrankheiten eine untergeordnete Rolle (■ *Tabelle 53-8*).

53.2.5 Prophylaxe und Therapie der Osteoporose

Die *Optimierung der maximalen Knochenmasse* in jungen Jahren sowie die *Minimierung der Knochenabbaurate* im Alter sind die Zielvorgaben zur Prophylaxe einer Osteoporose.
Bis zu einem Alter von 30–35 Jahren wird Kalzium in Knochen und Zähne eingelagert, die Knochenmasse nimmt zu. In den ersten beiden Lebensjahren werden täglich 130–155 mg Kalzium in das Skelettsystem aufgenommen, während der Pubertät sogar 300 mg bei Knaben und 200 mg bei Mädchen. Nach dem 35. Lebensjahr steigt die Knochendichte nicht mehr, die höchste Knochendichte ist erreicht (»peak adult bone mass«). Nach dem 45. Lebensjahr wird der Knochen abgebaut, bei Frauen kommt es nach der Menopause – infolge des Mangels an weiblichen Geschlechtshormonen – zu einem ausgeprägten Kalziumverlust über die Nieren (■ *Abb. 53-8*).

■ **Tabelle 53-8.** Nährstoffe und Erkrankungen des Knochens

Nährstoff	Folge	Erkrankung
Mangel		
Eiweiß	Lamelläre und trabekuläre Strukturen ↓	Osteopenie
Kalzium	Mineralisation ↓	Osteoporose
Kupfer	Knochenmatrix ↓	Osteopenie
Zink	Knochenmatrix ↓	Osteopenie
Vitamin D	Mineralisation ↓	Osteoporose
Vitamin C	Kollagensynthese ↓	Skorbut
Vitamin K	Kollagensynthese ↓	Osteopenie
Exzessive Zufuhr		
Phosphat	Hyperphosphatämie	Hyperparathyreoidismus
Vitamin A (Retinsäure)	Hypervitaminose	Hyperostosen, ektope Ossifikationen
Vitamin D	Hyperkalzämie	Williams-Syndrom
Aluminium	Osteoidbildung	Osteopenie, Osteomalzie
Fluorid	Kortikalis ↓, Osteoid ↑	Fluorose
Kadmium	Renaler Kalziumverlust	Osteomalazie
Gesteigerter Metabolismus		
Vermehrter Abbau	Renaler Kalziumverlust	Rheumatoide Arthritis, Lupus erythematodes
Verminderte Verfügbarkeit	Malresorption durch Schleimhautschädigung, bakterielle Überwucherung	Sklerodermie
Begleiterkrankungen	Nahrungsmittelunverträglichkeit	Gliadin-Intoleranz
		Laktose-Intoleranz
		Exsudative Enteropathie

> Je geringer die erzielte »peak adult bone mass« war, desto früher wird die Frakturschwelle der tragenden Knochen unterschritten.

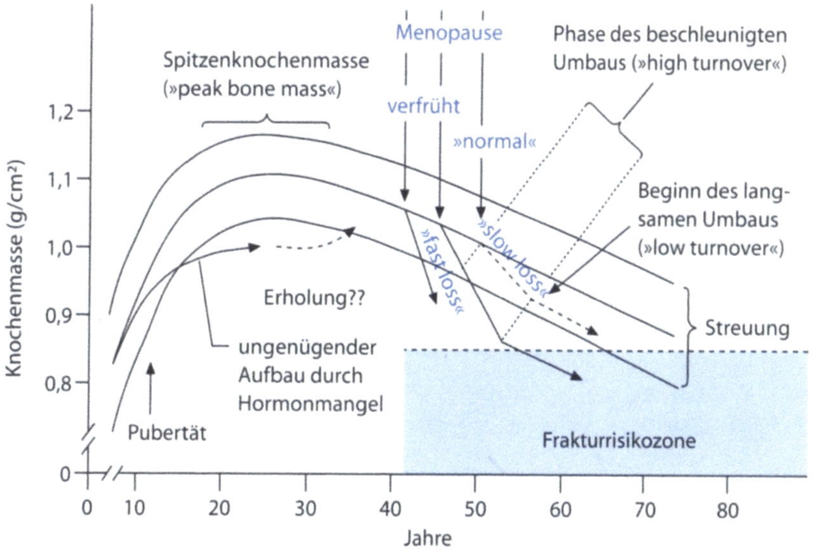

■ **Abb. 53-8.** Knochenstoffwechsel

Im Alter sind Aufbauprozesse nur noch in geringem Umfang möglich, die Erhöhung der Knochenmasse bedarf einer umfassenden Therapie. Deshalb kommt der Prävention der Osteoporose in der Jugend so große Bedeutung zu.

Allgemeine Kriterien zur Prävention und Therapie

Die Prävention von Knochenstoffwechselstörungen liegt zunächst in dem Wissen um das Bestehen einer Beziehung zwischen der Grunderkrankung und Knochenstoffwechselstörungen. Von weiterer Bedeutung ist die Abschätzung zusätzlicher Risikofaktoren (▣ *Tabelle 53-9*) sowie der Behebung bereits bestehender Mangelzustände (Kalzium und Vitamin D). Eine Therapieindikation ergibt sich aus den ermittelten Risikofaktoren, wobei der Glukokortikoidtherapie, der Malnutrition und dem Hypogonadismus die größte Bedeutung zukommt.

Eine *absolute Therapieindikation* ergibt sich bei einem Knochen T- Score von <–2,5, eine relative bei einem T-Score von –1 bis –2,5.

Die heute verfügbaren bzw. in der klinischen Prüfung befindlichen Therapeutika lassen sich grundsätzlich in 2 Hauptgruppen einteilen, Inhibitoren der Knochenresorption und Stimulatoren der Knochenneubildung (s. Lehrbücher der Pharmakologie).

Ernährungstherapeutische Maßnahmen

Ernährungsmaßnahmen spielen insbesondere in der *Prävention der Osteoporose* eine wichtige Rolle. Eine ausreichende Basisversorgung mit Kalzium und Vitamin D ist Grundvoraussetzung jeder Therapie [46].

Für die optimale Kalziumzufuhr existiert ein altersabhängiger Schwellenwert. Wird er überschritten wird der Überschuss renal bzw. intestinal ausgeschieden (▣ *Tabelle 53-10*).

Milch- und Milchprodukte sind nach wie die bedeutendsten und effektivsten (gute Bioverfügbarkeit) Kalziumquellen (pro 100 ml ca. 100 mg Kalzium). Aus Milch und Milchprodukten werden etwa 30% des Kalziums aufgenommen, da sie kaum hemmende Begleitstoffe, dafür aber fördernde Faktoren, wie Milchzucker und Proteine, enthalten. Der Gefahr einer zu hoher Aufnahme von ungesättigten Fattsäuren kann durch Genuss fettreduzierter Produkte ausgewichen werden (s. oben)

Als zunehmend genutzte, in ihrer Wirksamkeit belegte, Alternative erweisen sich *natriumarme* (<200 mg/l) *kalziumangereicherte* (>500 mg/l) Mineral- und Heilwässer [7].

Vitamin D verbessert die intestinale Kalziumabsorption und ergänzt die orale Kalziumtherapie insbesondere dann sinnvoll, wenn ein latender Vitamin-D-Mangel vorliegt oder das Risiko für einen solchen groß ist. Dies gilt für ältere Menschen, insbesondere bei Patienten mit chronischen Krankheiten wie rheumatoider Arthritis, chronischer Niereninsuffizienz etc. Die Synthese des Vitamin D in der Haut ist infolge der häufigen Immobilität und der dadurch bedingten Verminderung der UV-Licht-Exposition eingeschränkt. Da auch die Nahrung unzureichende Mengen an Vitamin D enthält, muss bei diesen Patienten eine Supplementierung mit etwa 1000 IU (500–2000) Vitamin D pro Tag erfolgen (z. B. Viganoletten 500/1000, Ospur D3). Eine Behandlung mit Vitamin D in höheren Dosierungen ist bei der Osteoporose nur indiziert, wenn begleitend eine Knochenmineralisationsstörung im Sinne einer Osteomalazie vorliegt.

▣ **Tabelle 53-9.** Risikofaktoren der Osteoporose, Nährstoffe und Erkrankungen des Knochens

1. Genetische Faktoren
   Weibliches Geschlecht
   Positive Familienanamnese
   Graziler Habitus
2. Hormonelle Faktoren
   Östrogenmangel:
   - Amenorrhö
   - Frühe Menopause
   - Ovarektomie
   Hypogonadismus
   Nullipara
3. Resorptionsstörungen
   Vitamin-D-Mangel
   Kalzium-/Phosphatmangel
4. Malnutrition
5. Exogene Faktoren
   Bewegungsmangel
   Geringe UV-Exposition (Vitamin-D-Mangel)
   Graziler Habitus
   Nikotinabusus
   Medikamente, z. B.:
   - Kortikoide
   - Colestyramin
   - Heparin
   - Laxanzien

▣ **Tabelle 53-10.** Empfohlene Referenzwerte für die Zufuhr von Kalzium in Abhängigkeit vom Lebensalter. (Mod. nach NIH-Konsensuskonferenz 1994)

Altersgruppe	Empfohlene tägliche Aufnahme [mg Kalzium]
Geburt bis zum 6. Monat	400
6. Monat bis 12. Monat	600
1.–5. Lebensjahr	800
6.–10. Lebensjahr	800–1200
11.–20. Lebensjahr (Heranwachsende)	1200–1500
Männer:	
25.–65. Lebensjahr	1000
>65 Jahre	1500
Frauen:	
25.–65. Lebensjahr	1000
50 Jahre (postmenopausal) ohne Östrogensubstitution	1500
mit Östrogensubstitution	1000
>65 Jahre	1500
Schwangerschaft/Stillzeit	1200

Tabelle 53-11. Praxis der Ernährung bei manifester Osteoporose

- Orale Kalziumzufuhr von 1200–1500 mg/24 h (individuell anpassen), möglichst durch erhöhte Zufuhr von Milch und Milchlprodukten
  Orale Gabe von 500–1000 mg Kalzium täglich, bei Lactose-intoleranz
  Gabe von Vitamin D (1000–3000 IE = 25–75 µg Calciferol/24 h oder 0,25 mg Calcitriol 2-mal täglich; Überwachung des Kalziumhaushalts)
- Kalziumzufuhr auf mehrere Mahlzeiten. Auf eine kalziumreiche Spätmahlzeit achten
- Koffeinhaltige Getränke in Maßen (Koffein steigert die renale Kalziumausscheidung)
- Osalsäurereiche Lebensmittel (Rhababer, Spinat, Mangold, rote Beete) nur in eingeschränktem Maß
- Kochsalzaufnahme auf 6 g/24 5 beschränken, Kochsalz dosisabhängig die renale Kalziumausscheidung erhöht (gilt nicht für Natriumhydrogenkarbonat oder Natriumzitrat)

Personen über 60 Jahre haben eine eingeschränkte Nierenfunktion, die bei Patienten mit rheumatoider Arthritis durch die chronische Behandlung mit nichtsteroidalen Antirheumatika verstärkt wird. Die renale Aktivierung des Vitamin D ist dadurch vermindert. Bei diesen Patienten ist die Gabe von 1α-hydroxylierten D-Metabolite wie Calcitriol (z. B. Rocaltrol) oder Alfacalcidol (z. B. Doss) in einer Dosis von 1 µg/24 h angezeigt. Zur erfolgreichen Prophylaxe der Osteoporose ist

Tabelle 53-12. Prävention der Osteoporose durch Ernährung

- Kalziumreiche Ernährung auf der Basis einer vollwertigen ausgewogenen Mischkost. Milch und Milchprodukte sind in jedem Lebensalter gute Kalziumquellen
- Bei älteren Menschen eine ausreichende Vitamin-D-Zufuhr sicherstellen. 1–2 Fischmahlzeiten pro Woche sind ausreichend (fettreiche Tiefseefische wie Hering, Lachs, Heilbutt, Sardine und Thunfisch!)
- Ausreichende Bewegung v. a. im freien (Vitamin D!)
- Bedarfgerechte Energie- und Proteinzufuhr

ausreichende körperliche Bewegung erforderlich, die bei Patienten mit rheumatoider Arthritis durch Krankengymnastik, physikalische Therapie und Ergotherapie erfolgt [31].

Die *Therapie der manifesten Osteoporose* erfolgt heute häufig durch Bisphosphonate. Hierdurch lässt sich bei Rheumapatienten auch unter der Therapie mit Glukokortikoiden eine Zunahme der Knochenmasse erzielen. Auch unter einer solchen Therapie sind die beschriebenen Maßnahmen der Prophylaxe weiter erforderlich, um ausreichend Kalzium zum Einbau in den Knochen bereit zu stellen (*Tabelle 53-11, 53-12*).

> Die Behandlung der manifesten Osteoporose sollte immer aus einem sinnvollen Zusammenspiel von Ernährungsmaßnahmen, physiotherapeutischen Maßnahmen und medikamentöser Behandlung bestehen. Zur Förderung des Knochenaufbaus ist körperliche Betätigung zusammen mit einer kalziumreichen Ernährung empfehlenswert (DGE 2001).

Literatur

1. Adam O (2002) Diät und Rat bei Rheuma und Osteoporose. Ein Leitfaden für die entzündungshemmende Ernährung. W. Hädecke, Weil der Stadt
2. Adam O (2002) Rheumatischer Formenkreis. In: Biesalski HK, Fürst P, Kasper H et al. (Hrsg) Ernährungsmedizin. Thieme, Stuttgart New York, S 430–436
3. Adam O (1996) Entzündungshemmende Ernährung bei rheumatischen Erkrankungen. In: Kluthe R (Hrsg) Ernährungsmedizin in der Praxis. Perimed-Spitta, Balingen, S 3/15.2–3/15.2.7
4. Adam O (1999) Rheumatische Erkrankungen. In: Schauder P, Ollenschläger G (Hrsg) Ernährungsmedizin. Urban & Fischer, München, S 236–2247
5. Belch JJF, Hill A (2000) Evening primose oil and borage oil in rheumtologic conditions. Am J Clin Nutr 71: 352S–356S
6. Blankenhorn G (1986) Clinical effectiveness of Spondyvit (Vitamin E) in activated arthroses. A multicenter placebo-controlled double-blind study. Z Orthop Grenzgeb 124: 340–343
7. Bohmer H, Muller H, Resch KL (2001) Calcium supplementation with calcium-rich mineral waters: a systematic review and meta-analysis of its bioavailability. Osteoporos Int 11: 938–943
8. Calder PC, Zurier RB. (2001) Polyunsaturated fatty acids and rheumatoid arthritis. Curr Opin Clin Nutr Metab Care 4: 115–121
9. Callahan LF (1998) The burden of rheumatoid arthritis: facts and figures. J Rheumatol 25 (Suppl 53): 8–11
10. Chopra A (2000) Ayurveda Medicine and arthritis. Rheum Dis Clin North Am 26: 133–144
11. Curtis CL, Hughes CE, Flannery CR et al. (2000) ω-3 fatty acids specifically modulate catabolic factors involved in articular cartilage degradation. J Biol Chem 275: 721–724
12. Darlington LG (1994): Dietary therapy for rheumatoid arthritis. Clin Exper Rheumatol 12: 235–239
13. DGE, Ernährungsbericht (1988) Deutsche Gesellschaft für Ernährung. Druckerei Heinrich, Frankfurt/Main
14. Edmonds SE, Winyard PG, Guo R et al. (1997) Putative analgesic activity of repeated oral doses of Vitamin E in the treatment of rheumatoid arthritis. Results of a prospective placebo controlled double blind trial. Ann Rheum Dis 56: 649–655
15. Evans CE, Chughtai AY, Blumsohn A et al. (1997) The effect of dietary sodium on calcium metabolism in premenopausal and postmenopausal women. Eur J Clin Nutr 51: 394–399
16. Feldmann M, Maini RN (1999) The role of zytokines in the pathogenesis of rheumatoid arthritis. Rheumatology 38 (Suppl 2): 3–7
17. Gennari C (2001) Calcium and vitamin D nutrition and bone disease of the elderly. Public Health Nutr 4: 547–559
18. Hafstrom I, Ringertz B, Spangberg A et al. (2001) A vegan diet free of gluten improves the signs and symptoms of rheumatoid arthritis: the effects on arthritis correlate with a reduction in antibodies to food antigens. Rheumatology 40: 1175–1179
19. Hanninen, Kaartinen K, Rauma AL et al. (2000) Antioxidants in vegan diet and rheumatic disorders. Toxicology 155: 45–53
20. Heliovaara M, Knekt P, Aho K, Aaran RK, Alfthan G, Aromaa A (1994) Serum antioxidants and risk of rheumatic arthritis. Ann Rheum Dis 53: 51–53
21. Jacobsson L, Lindgarde F, Manthorpe R, Akesson B (1990) Correlation of fatty acid composition of adipose tissue lipids and serum phosphatidylcholine and serum concentrations of micronutrients with disease duration in rheumatoid arthritis. Ann Rheum Dis 49: 901–905

22. James MJ, Gibson RA, Cleland LG (2000) Dietary polyunsaturated fatty acids and inflammatory mediator production. Am J Clin Nutr 71: 343S–348S
23. Kanis JA (1999) The use of calcium in the management of osteoporosis. Bone 24: 279–290
24. Keysser G (2001) Are there effective dietary recommendations for patients with rheumatoid arthritis? Z Rheumatol 60: 17–27
25. Kjeldsen-Kragh J, Haugen M, Brochgevrink ChF et al. (1991) Controlled trial of fasting and one year vegetarian diet in rheumatoid arthritis. Lancet I: 899–902
26. Kless T, Adam O (1993) Wirkung der Supplementierung mit Fischöl auf die Erythrozyten-Fettsäuren bei Patienten mit chronischer Polyarthritis unter laktovegetarischer Ernährung und Normalkost. Akt Ernährungsmed 18: 305–310
27. Kremer JM (2000) ω-3 fatty acid supplements in rheumatoid arthritis. Am J Clin Nutr 71: 349S–351S
28. Machtey I, Ouaknine L (1978) Tocopherol in osteoarthritis: a controlled pilot study. J Am Geriatr Soc 26: 328–330
29. Mahmud Z, Ali SM (1992) Role of vitamin A and E in spondylosis. Bangladesh Med Res Counc Bull 18: 47–59
30. Milovic V, Caspary WF, Stein J et al. (2001) Protein-loosing gastroenteropathy. In: LaMont T, Rose B (eds) Update in Gastroenterology, vol 9.1
31. Morgan SL (2001) Calcium and vitamin D in osteoporosis. Rheum Dis Clin North Am 27: 101–130
32. Muller H, de Toledo FW, Resch K (2001) Fasting followed by vegetarian diet in patients with rheumatoid arthritis: a systematic review. Scand J Rheumatol 30: 1–10
33. Peretz A, Siderova V, Neve J (2001) Selenium supplementation in rheumatoid arthritis investigated in a double blind, placebo-controlled trial. Scand J Rheumatol 30: 208–212
34. Rapuri PB, Gallagher JC, Kinyamu HK, Ryschon KL (2001) Caffeine intake increases the rate of bone loss in elderly women and interacts with vitamin D receptor genotypes. Am J Clin Nutr 74: 694–700
35. Rosenstein ED, Caldwell JR (1999) Trace elements in the treatment of rheumatic conditions. Rheum Dis Clin Noth Am 25: 929–935
36. Ross CB, Scott HW, Pincus T (1989) Jejunoileal bypass arthritis. Baillieres Clin Rheumatol 3: 339–355
37. Scherak O, Kolarz G, Schodl C, Blankenhorn G (1990) High dosage vitamin E therapy in patients with activated arthrosis. Z Rheumatol 49: 369–373
38. Smith R (2000) Clinical Nutrition and Bone Disease. In: Garrow JS, James WPT, Ralph A (eds) Human nutrition and dietetics. Churchill Livingstone, Edinburgh, pp 641–650
39. Sangha O, Stucki G (1998) Vitamin E in der Therapie rheumatischer Erkrankungen. Z Rheumatol 57: 207–214
40. Sowers M, Lachance L (1999) Vitamins and arthritis. The roles of vitamins A, C, D, and E. Rheum Dis Clin North Am 25: 315–332
41. Stein J, Menge F (1999) Darm und Knochenstoffwechsel. In: Caspary WF, Stein J (Hrsg) Darmkrankheiten. Springer, Berlin Heidelberg New York Tokio, S 684–693
42. Tarp U, Overvad K, Thorling EB et al. (1985) Selenium treatment in rheumatoid arthritis. Scand J Rheumatol 14: 364–368
43. Van den Heuvel EG, Muijs T, Van Dokkum W, Schaafsma G (1999) Lactulose stimulates calcium absorption in postmenopausal women J Bone Miner Res 1999 14: 1211–1216
44. van den Heuvel EG, Muys T, van Dokkum W, Schaafsma G (1999) Oligofructose stimulates calcium absorption in adolescents. Am J Clin Nutr 69: 544–548
45. Volker D, Fitzgerald P, Major G, Garg M (2000) Efficacy of fish oil concentrate in the treatment of rheumatoid arthritis. J Rheumatol 27: 2343–2346
46. Weaver CM, Peacock M, Johnston CC Jr (1999) Adolescent nutrition in the prevention of postmenopausal osteoporosis. J Clin Endocrinol Metab 84: 1839–1843
47. Weber P (2001) Vitamin K and bone health. Nutrition 17: 880–887
48. Wigand R (1999) Intestinaltrakt und Krankheiten des rheumatischen Formenkreises. In: Caspary WF, Stein J (Hrsg) Darmkrankheiten. Springer, Berlin Heidelberg New York Tokio, S 653–674
49. Wittenborg A, Petersen G, Lorkowski G, Brabant T (1998) Effectiveness of Vitamin E in comparison with diclofenac sodium in treatment of patients with chronic polyarthritis. Z Rheumatol 57: 215–221
50. Zittermann A (1997) Pathogenese und und Prävention der postmenopausalen Osteoporose. Ernährungsumschau 44: 51–57
51. Zittermann A, Scheld K, Danz A, Stehle P (1999) Wheat bran supplementation does not affect biochemical markers of bone turnover in young adult women with recommended calcium intake. Br J Nutr 82: 431–435
52. Zittermann A, Scheld K, Danz A, Stehle P (2001) Effects of vitamin K on calcium and bone metabolism. Curr Opin Clin Nutr Metab Care 4: 483–487

Karies und parodontale Erkrankungen

A. Schriever

Zahn- und Mundgesundheit werden hauptsächlich vom Verhalten bestimmt: von der Ernährung und der Mundhygiene. Beides hat Auswirkungen auf das Mundhöhlenmilieu, das als Makrobiotop mit vielen untergeordneten Mikrobiotopen eine spezielle Bakterienflora entwickelt. Bestimmte Veränderungen stören das gesunde Gleichgewicht des Ökosystems Mundhöhle. Die häufigsten Erkrankungen in der Mundhöhle sind Zahnkaries und entzündlich bedingte Erkrankungen des Zahnhalteapparates (parodontale Erkrankungen). Sie sind in erster Linie durch Störungen im Gleichgewicht der physiologischen, normalen bakteriellen Flora hervorgerufen.

54.1 Ätiologie von Karies und Parodontalerkrankungen

54.1.1 Plaque

Der auslösende Faktor sowohl für parodontale Erkrankungen als auch für Karies ist in erster Linie die *dentale Plaque*. Sie befindet sich auf ungereinigten Zahnflächen und besteht zu 60–70% aus Mikroorganismen, die in einer Matrix aus Wasser, Polysacchariden und abgeschilferten Epithelzellen eingebettet sind. Während Karies auf den Säureangriff am Zahnschmelz durch Stoffwechselprodukte säurebildender Mirkroorgasnismen in der Plaque zurückzuführen ist, sind Parodontalerkrankungen in den meisten Fälle entzündliche Reaktionen des Gewebes auf Toxine, Enzyme und Antigene der Bakterien.

Die bakterielle Zusammensetzung der Plaque variiert unter anderem mit dem Angebot an niedermolekularen Kohlenhydraten und der Zeit, die zur Heranreifung und Etablierung an der Zahnoberfläche zur Verfügung steht. Die Anheftung und Proliferation von dentaler Plaque hängt jedoch auch von Wirtsfaktoren ab, z. B. der Zahnmorphologie, der Zahnstellung oder der Speichelmenge und -qualität. Undichte Kronen- und Füllungsränder wirken als Nische und begünstigen die Plaqueanlagerung. Um eine pathogene Flora zu entwickeln, benötigt die Plaque v. a. spezielle pathogene Mikroorganismen, ein Nahrungsangebot, das von diesen Keimen verstoffwechselt werden kann und Zeit zur Proliferation.

54.1.2 Spezielle pathogene Keime

Zahlreiche Untersuchungen lassen den Schluss zu, dass Karies – aber auch Parodontitis – Infektionskrankheiten sind. Als wesentlicher Initiator der Karies ist hier insbesondere *Streptococcus mutans* zu nennen. *S. mutans* benötigt nicht-desquamative Oberflächen wie die Zahnoberfläche zur Anheftung und kann in der sauerstoffarmen und sauren Umgebung der Plaque überleben und Kohlenhydrate metabolisieren. Seine Kariogenität ist darauf zurückzuführen, dass er in Anwesenheit von Zucker, insbesondere Saccharose, organische Säuren und extrazelluläre Polysaccharide synthetisieren kann. Hierin ist einerseits die klebrige Konsistenz der Plaque und andererseits die säureinduzierte Demineralisation der Zahnoberfläche begründet. Spezielle S.-mutans-Stämme speichern intrazelluläre Polysaccharide, die bei zuckerarmen Nahrungsangebot zu Säure verstoffwechselt werden. Untersuchungen haben gezeigt, dass S. mutans innerhalb der ersten Lebensmonate von der Mutter auf das Kind durch häufigen und engen Kontakt übertragen wird [8].

Diese Erstübertragung findet etwa um den 26. Lebenswoche statt, einer immunologisch kritischen Periode, die aufgrund der Möglichkeit der Übertragbarkeit pathogener Keime auch »*Fenster der Infektiosität*« genannt wird. Die Frage, ob der Zustrom pathogener Keime während dieser Phase unterbunden werden kann, indem die pathogene Mundflora der Mutter in dieser kritischen Phase vorübergehend durch Antiseptika oder Antibiotika beseitigt wird, ist noch nicht hinreichend geklärt. Seit langem werden die Möglichkeiten der *Impfung gegen S. mutans* untersucht. Zur Zeit werden Strategien entwickelt, um die Anheftung der Bakterien an der Zahnoberfläche zu verhindern. Derzeit ist jedoch noch kein wirksamer und zugelassener Impfstoff gegen kariesaktive Bakterien auf dem Markt [3, 11].

Ebenso wie für die Entstehung der Karies ist die bakterielle Plaque der primäre Faktor für Parodontalerkrankungen. Durch Plaqueakkumulation kommt es im gingivalen Sulkus zum Kontakt des Saumepithels mit bestimmten, v. a. gramnegativen Mikroorganismen und deren Noxen. Diese Noxen sind chemotaktische, antigene oder toxische Substanzen, die das permeable Saumepithel und das darunterliegende Gewebe penetrieren und als Folge eine entzündliche Reaktion hervorrufen.

54.1.3 Ernährung

Zahlreiche epidemiologische Studien konnten zeigen, dass Zuckerkonsum direkt mit dem Auftreten von Karies korreliert. So war die Kariesinzidenz bei lange isoliert lebenden Populationen vor Verbreitung von raffiniertem Zucker sehr niedrig, doch mit der Einbindung in die westliche Zivilisation und der damit verbundenen Verbreitung zuckerhaltiger Nahrungsmittel nahmen Erkrankungen der Zähne, vornehmlich in Form von Karies, rapide zu [6].

Andere Studien haben belegt, dass neben dem *absoluten Zuckerangebot* auch die *Frequenz* der *Aufnahme*, die Zuckerart und die Konsistenz der zuckerhaltigen Speise entscheidend zur Kariesaktivität beitragen. Häufige zuckerhaltige Zwischenmahlzeiten und eine klebrige Konsistenz begünstigen entscheidend das Auftreten von Karies [5]. Fruktose weist eine ebenso kariogene Wirkung auf wie Saccharose. Der Ersatz von Saccharose durch den Zuckeralkohol *Xylit* hat dahingegen eine kariostatische Wirkung, da er von Bakterien nicht verstoffwechselt werden kann [13].

Die Kariogenität von Mono- und Disacchariden ist zurückzuführen auf demineralisierende Säuren, die als Stoffwechselprodukt der Glykolyse v. a. von S.-mutans-Stämmen gebildet werden. Das Entstehen von Säure kann telemetrisch durch einen pH-Abfall in der Plaque unmittelbar nach Zuckerkonsum nachgewiesen werden. Sinkt der pH-Wert unterhalb des kritischen Wertes von 5,5, kommt es zu einem rapiden Anstieg der Löslichkeit der Schmelzapatite und somit zur Demineralisation. Erst 50 min nach Zuckeraufnahme wird durch die Pufferkapazität von Speichel und Plaque wieder der neutrale Ausgangswert erreicht [16].

54.1.4 Zeit

Der Faktor Zeit spielt in vielfacher Hinsicht eine wesentliche Rolle bei der Entstehung von Karies und parodontalen Erkrankungen. Vor allem für die Entstehung von Karies ist, wie oben bereits erwähnt, zum einen die Häufigkeit der Substratzufuhr in Form zuckerhaltiger Nahrung und deren Verweildauer in der Mundhöhle entscheidend, zum anderen die Frequenz mundhygienischer Maßnahmen. Je häufiger und länger der pH in der Mundhöhle und der Plaque unter den kritischen Wert von 5,5 sinkt, umso mehr verschiebt sich das biochemische Gleichgewicht der Plaque in Richtung Demineralisation. Dabei hat die tatsächlich konsumierte Zuckermenge gegenüber der Frequenz der Zuckeraufnahme einen geringeren kaiogenen Einfluss: *»… lieber viel auf einmal, als ständig ein bisschen«.*

Veranschaulicht wird dieser Zusammenhang durch das »Nursing-bottle-Syndrom«, das die kariöse Zerstörung vornehmlich der Frontzähne bei Kleinkindern, verursacht durch permanenten Konsum zuckerhaltiger Kindertees aus Saugflaschen, beschreibt (*Abb. 54-1*). Dieser Zusammenhang führte zu zahlreichen Produkthaftungsklagen und Schmerzensgeldforderungen, infolgedessen die Hersteller von Kindernahrungsmitteln zuckerhaltige Kindertees Anfang der 1990er Jahre mit eindeutigen Warnhinweisen versehen mussten. Damit konnte die Verbreitung des »Nursing-bottle-Syndroms« nur bedingt eingedämmt werden, da auch das Trinken von scheinbar »natürlichen« Produkten wie Fruchtsäften oder mit Honig gesüßten Getränken auf Dauer zur kariösen Zerstörung der Zähne führt.

Neben der Kontaktzeit des Substrates spielt die Zeit zwischen einzelnen mundhygienischen Maßnahmen und deren Zeitpunkt bezogen auf die Nahrungsaufnahme eine Rolle bei

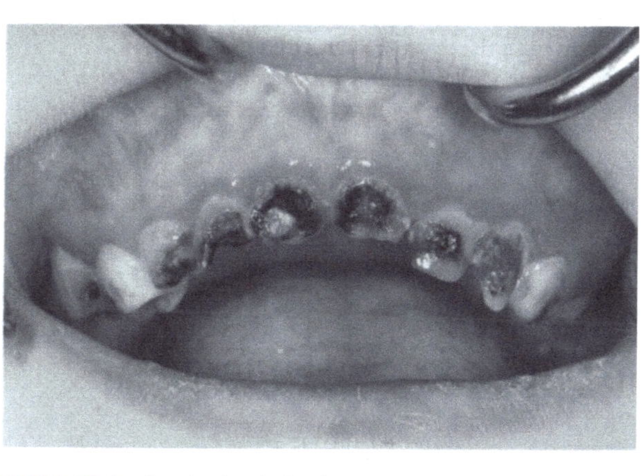

Abb. 54-1. Nursing-bottle-Syndrom: Zerstörung der Milchzähne im Frontzahngebiet des Oberkiefers bei einem 4-jährigen Kind als Folge von Dauergenuss von Zuckertee. (Farbige Abb. siehe S. 930)

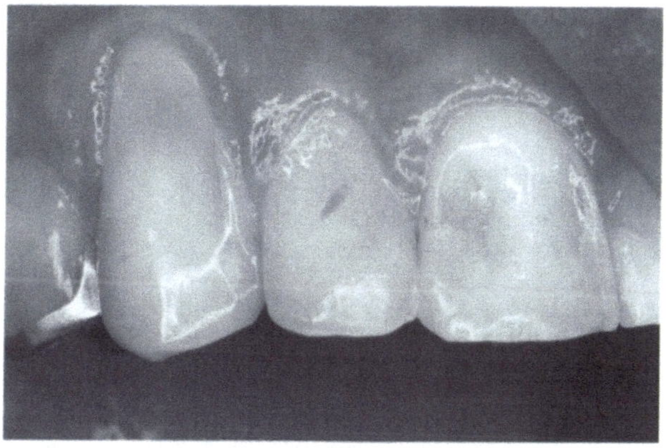

Abb. 54-2. Erosionen der Labialflächen der Zähne 11–13 bei einem 51-jährigen Patienten mit stellenweiser Exposition des Dentins. (Farbige Abb. siehe S. 930)

der Entstehung einer Karies. Je häufiger die Zeitspanne, die zur Entwicklung und Proliferation einer reifen und somit pathogenen Plaque nötig ist, durch effektive mechanische oder chemische Mundhygienemassnahmen unterbrochen wird, desto geringer ist das Risiko der Kariesentstehung oder Erkrankung des Parodonts.

Jedoch hat gewohnheitsgemäßes Zähneputzen direkt im Anschluss an den Genuss von sauren Nahrungsmitteln und Getränken auf Dauer gesehen einen ungünstigen Effekt auf die Zahnhartsubstanz, da hierdurch das Auftreten von Erosionen beschleunigt werden kann (*Abb. 54-2*; [1]). Aufgrund der demineralisierenden Wirkung von Säuren auf die Schmelzoberfläche kommt es zur Auflockerung der Schmezprismen. Bei Dauergenuss v. a. von säurehaltigen Erfrischungsgetränken kann keine Remineralisiation erfolgen, was letztendlich zu erheblichem Substanzverlust von Schmelz und Dentin führen kann. Der kurzzeitige Säureangriff ist jedoch nach Einstellung des neutralen Mundhöhlen-pH durch Remineralisation wieder reversibel, sofern in der Zeit, in der noch ein kritischer pH-Wert vorherrscht, keine mechanischer Abrieb durch Zähneputzen erfolgt und sich Re- und Demineralisationsvorgänge im Gleichgewicht halten.

Für die Ausprägung parodontaler Erkrankungen ist die Zeit ebenso von entscheidender Bedeutung. In der Regel erscheinen klinisch wahrnehmbare Veränderungen nach 1–2 Wochen als Folge von Plaqueakkumulation am Gingivasaum (*»frühe Gingivitis«*) und werden erst nach 3 oder mehr Wochen auffällig (*»chronische marginale Gingivitis«*). Hierbei kommt es zu Rötung und Ödem der Marginalsäume und Interdentalpapillen; die Gingiva blutet selbst bei vorsichtigem Sondieren sofort (*Abb. 54-3*).

Dieser Zustand kann über einen langen Zeitraum unverändert bleiben und jederzeit nach entsprechend regelmäßiger und effektiver Mundhygiene vollständig ausheilen. Bei Voranschreiten der Gingivitis ohne Verbesserung der Mundhygiene kommt es zur destruktiven Parodontitis, die mit dem Verlust von bindegewebigem Attachment und Alveolarknochen einhergeht. Die Folge der destruktiven Parodontitis ist eine irreversible Zerstörung des Parodonts und eine damit verbundene Resorption des Alveolarknochens. Die parodontale Zerstörung verläuft typischerweise in Schüben, unterbrochen von Phasen der Ruhe.

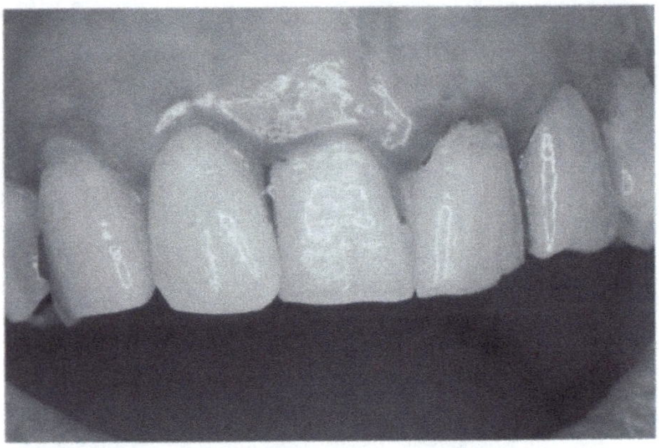

Abb. 54-3. Chronische marginale Gingivitis als Folge von Plaqueakkumulation mit Schwellung des Gingivalsaums, Papillenödem und erhöhter lokaler Blutungsneigung. (Farbige Abb. siehe s. 930)

54.1.5 Speichel

Der Speichel spielt für den Erhalt eines Zahnes eine entscheidende Rolle, da ihm eine wichtige Spül- und Pufferfunktion zukommt. Eine hohe Speichelsekretionsrate geht mit einer erhöhten Pufferkapazität einher, was wiederum zu geringerem Kariesbefall führt. Die Pufferkapazität des Speichels beruht auf 3 Puffersystemen, dem Proteinpuffersystem, dem Phosphatpuffersystem und dem Hydrogenkarbonatpuffersystem, wobei letzterem die größte Bedeutung zukommt [7]. Da im Speichel Fluor- und Hydroxylapatit permanent in Lösung sind, stellt er die Voraussetzung für Re- und Demineralisationsvorgänge des Schmelzes dar. Verminderte Speichelsekretion oder gar das vollständige Versiegen des Speichelflusses führen zur Xerostomie, die einen erhöhten Karieszuwachs zur Folge hat [4]. Neben Allgemeinerkrankungen und Medikamenten sind v. a. Tumorbestrahlungen im Kopf- und Halsbereich als Ursache für eine *Xerostomie* zu nennen, da sie zu einer Atrophie und/oder Fibrose der Speicheldrüsen führen, aber auch bewirken, dass die Plaque zäher, dicker und somit schwerer entfernbar wird (*Tabelle 54-1*; [15]).

Andauernde Mundatmung führt zu lokalem Speichelmangel und Austrocknung im Frontzahnbereich, was zur Entsehung einer hyperplastischen Ginigitis führen kannt, welche die Plaqueakkumulation beschleunigt. Patienten, die an Mundtrockenheit leiden, haben deshalb auch eine stärkere Neigung zu Gingivitis. Der Speichel stellt zwar das Kulturmedium für die Mikroorganismen der Mundhöhlenflora dar, die Glykoproteine, Glukose, Zitrat, Harnstoff und andere Bestandteile des Speichels verstoffwechseln, enthält aber auch eine Vielzahl antimikrobieller Stoffe (*Tabelle 54-2*).

54.1.6 Andere Faktoren

Parodontitis kann einerseits als eigenständiges Krankheitsbild auftreten, ist aber manchmal auch eine Begleiterscheinung einer systemischen Allgemeinerkrankung. Die Erkrankung des Parodontalgewebes bis hin zu dessen Zerstörung kann durch hormonelle Störungen, genetische oder erworbene Defekte der Immunabwehr und Mangelernährung hervorgerufen werden (*Tabelle 54-3*). Die Abgrenzung ist demzufolge besonders schwierig, wenn neben der Parodontitis noch keine allgemeinen Symptome aufgetreten sind. Zahlreiche Fallberichte deuten beispielsweise darauf hin, dass bei M. Crohn synchron zu intestinalen Symptomen auch orale Symptome wie Läsionen der Lippen (Cheilitis granulomatosa Crohn), der Mundhöhlenmukosa, des Sulkus und der Gingiva festzustellen sind. Bei Beteiligung der Gingiva findet sich häufig das typische Pflastersteinrelief mit deutlicher Dickenzunahme des Gewebes [18].

Bei Vorliegen einer therepierestistenten präpubertären Parodontitis sollte neben anderen Erkrankungen deshalb auch Morbus Crohn differenzialdiagnostisch ausgeschlossen werden [14].

Tabelle 54-1. Ursachen für verminderte Speichelsekretion

- Tumorbestrahlungen im Kopf-Hals-Bereich
- Sjörgren-Syndrom I
- Exstirpation der Speicheldrüsen bei Tumoren
- Diabetes mellitus
- Parkinson-Syndrom
- Nichtanlage und Fehlbildungen der Speicheldrüsen
- Akute Virusinfektionen
- Angst, Stress, Depression
- Sarkoidose
- Autoimmunerkrankungen (systemischer Lupus erythematodes, primäre biliäre Zirrhose, Sklerodermie, chronische atrophische Gastritis
- Medikamente (Spasmolytika, Antidepressiva, Neuroleptika, Muskelrelaxanzien, Antiparkinsonmittel, Antiarryhytmika, Antihistaminika etc.)

54.2 Folgen von Karies und Paradontalerkrankungen

54.2.1 Direkte Folgen

Kariöse Läsionen sind hervorragende ökologische Nischen, da sie für eine natürliche Reinigung oder konventionelle Mundhygienemassnahmen kaum erreichbar sind. Ohne zahnärztliche Therapie findet weitere Plaqueakkumulation und das Fortschreiten der Läsion mit weiterem Verlust an Zahnhartsubstanz statt. Sehr häufig kommt es zur irreversiblen Infektion der Zahnpulpa, gefolgt von deren nekrotischem Zerfall.

Tabelle 54-2. Funktionen des Speichels

- Antibakterielle Wirkung des Speichels
- Medium zum Schlucken von Bakterien und Debris
- Hemmung der Bakterienanheftung
- Aggregation von Bakterien
- Bakterizide Wirkung durch Peroxidasesystem
- Bakterizide Wirkung durch Lysozym, Laktoferrin, und andere Faktoren

Tabelle 54-3. Systemische Sekundärfaktoren für eine Parodontalerkrankung

Hormonell	Diabetes mellitus
	Schwangerschaft
	Pubertät
	Kontrazeptiva
Medikamentös	Phenytoin
	Ciclosporin A
	Nifedipin
Immunologisch	HIV-Infektion
Hämatologisch	Neutropenie
	Leukämie
Chronisch-entzündliche Allgemeinerkrankungen	M. Crohn
Genetisch	Down-Syndrom
	Papillon-Lefèvre-Syndrom
	Chediak-Higashi-Syndrom
	Hypophosphatasie
	Ehlers-Danlos-Syndrom
Mangelernährung	Skorbut
	Kwashiorkor

Dies ist meistens mit sehr starken Schmerzen verbunden und führt unbehandelt zu einer *periapikalen Ostitis*, die mitunter in Form eines Abszesses akut exarzerbiert. In Einzelfällen kommt es zur Ausbreitung des Infiltrats in Weichgewebslogen, was eine sofortige chirurgische Eröffnung unter stationärer Überwachung erforderlich macht.

Neben primär akuten Entzündungsfolgen ist Verlust von Zahnsubstanz ohne prothetische Therapie mit einer Verminderung der Kaufähigkeit verbunden. Die Nahrung wird nicht mehr ausreichend zerkleinert, was die Resorbierbarkeit im Gastrointestinaltrakt herabsetzt und zu Gewichtsverlust führen kann.

Durch die kariöse Zerstörung und/oder den Verlust einzelner oder mehrerer Zähne kommt es prinzipiell zu einer Störung des gesamten Kaumechanismus, ohne Therapie zu einem Absinken der physiologischen Kauebene bis hin zum traumatischen Einbiss noch verbliebener Zähne in das antagonistische Weichgewebe (*Abb. 54-4*).

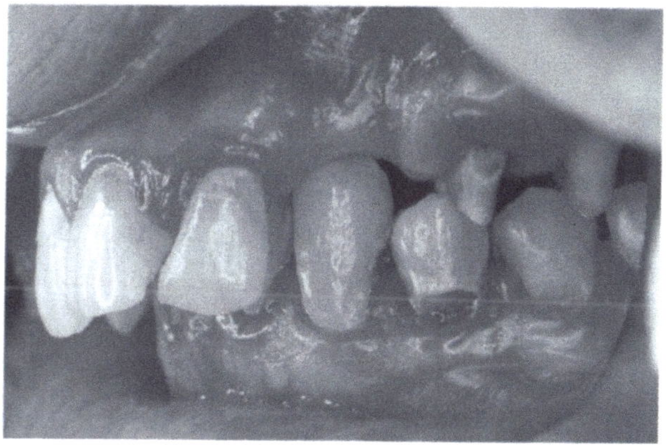

Abb. 54-4. Verlust der physiologischen Kauebene als Folge von Zahn- und Zahnhartsubstanzverlust mit traumatischem Schleimhauteinbiss im Oberkiefer. (Farbige Abb. siehe S. 930)

54.2.2 Indirekte Folgen

Aufgrund jüngster Untersuchungen wird diskutiert, ob Parodontalerkrankungen nicht nur ein Begleitsymptom, sondern ebenso einen Risikofaktor für verschiedene systemische Erkrankungen darstellen können. Zwischen Erkrankungen der Herzkranzgefäße und Parodontalerkrankungen wurde ein Zusammenhang festgestellt, der entweder auf gemeinsame ätiologische Risikofaktoren beider Erkrankungen oder aber auch auf eine Wirkung der bei einer Parodontitis disseminierten Plaquebakterien auf die Gefäßwände und/oder die Thrombozytenaggregation zurückgeführt wird [9].

Ebenso wurde ein Zusammenhang zwischen Frühgeburten und/oder geringem Geburtsgewicht und einer Parodontitis der Mutter gefunden, der vermutlich auf der Wirkung von Entzündungsmediatoren und Bakterientoxinen auf die Plazenta beruht [2, 17].

Parodontale Erkrankungen und die damit assoziierten Bakterien können bei anfälligen Patienten mit einer Pneumonie in Zusammenhang gebracht werden [12]. Ebenso existieren Hinweise, dass Patienten mit einer mittleren bis schweren Parodontalerkrankung ein höheres Risiko haben, an einer rheumatischen Arthritis zu erkranken [10].

Literatur

1. Attin T, Buchalla W, Gollner M, Hellwig E (2000) Use of variable remineralization periods to improve the abrasion resistance of previously eroded enamel. Caries Res 34: 48–52
2. Offenbacher S, Jared HL, O'Reilly PG et al.(1998) Potential pathogenic mechanisms of periodontitis associated pregnancy complications. Ann Periodontol 3: 233--250
3. Fontana M, Buller TL, Dunipace AJ, Stookey GK, Gregory RL (2000) An in vitro microbial-caries model used to study the efficacy of antibodies to Streptococcus mutans surface proteins in preventing dental caries. Clin Diagn Lab Immunol 7: 49–54
4. Frank RM, Herdly L, Philipe E (1953) Acquired dental defects and salivary gland lesions after irradiation of carcinoma. J Am Dent Assoc 70: 868–872
5. Gustafsson BE, Quensel C-E, Swenander Lanke L et al. (1954) The Vipeholm dental caries study. The effect of different levels of carbohydrate intake of caries actievity in 436 individuals observed for five years (Sweden). Acta Odont Scand 11: 232
6. Holloway PJ, James PMC, Slack GL (1963) Dental desease in Tristan da Cunha. Br Dent J 115: 19
7. Larsen MJ, Brunn C (1986) Enamel/saliva-inorganic chemical reactions. In: Thylstrup A, Fejerskov O (eds) Textbool of cariology. Munksgaard, Copenhagen, pp 181–192
8. Li Y, Caufield PW (1995) The fidelitiy of initial acquisition of mutans strreptococci by infants from their mothers. J Dent Res 74: 681–685
9. Mattila KJ, Asikainen S, Wolf J et al. (2000) Age, dental infections, and coronary heart disease. J Dent Res 79: 756–760

10. Mercado F, Marshall RI, Klestov AC, Bartold PM (2000) Is there a relationship between rheumatoid arthritis and periodontal disease? J Clin Periodontol 27:267–272
11. Russell MW (1992) Immunization against dental caries. Curr Opin Dent 2:72–80
12. Scannapieco FA, Genco RJ (1999) Association of periodontal infections with atherosclerotic and pulmonary diseases. J Periodontal Res 34:340–345
13. Scheinin A, Mäkinen KK (1975) Turku sugar studiesV. Final report on the effect of sucrose, fructose and Xylitol diest on the caries icidence in man. Acta Odont Scand 33:67–216
14. Sigusch B, Eick S (2000) Präpubertäre Parodontitis vs. Erstmanifestation eines M. Crohn. Zahnärztl Mitt 90:53–55
15. Frank RM, Herdly L, Philipe E (1953) Acquired dental defects and salivary gland lesions after irradiation of carcinoma. J Am Dent Assoc 70:868–872
16. Stephan RM (1944) Intra-oral hydrogen-ion concentration associated with dental caries activity. J Dent Res 23:257–261
17. Offenbacher S, Jared HL, O'Reilly PG et al. (1998) Potential pathogenic mechanisms of periodontitis associated pregnancy complications. Ann Periodontol 3:233–250
18. Plauth M, Jenss H, Meyle J (1991) Oral manifestations of Crohn's disease. An analysis of 79 cases. J Clin Gatsroenterol 13:29–37

Ernährung bei Krankheiten der Haut

R. Bauske, F. Ochsendorf

Die Haut ist das größte Organsystem des Körpers. Sie vermittelt einerseits den Kontakt zur Umwelt und grenzt den Körper andererseits gegen diese ab. Die äußerste Schicht ist die 0,04–1,5 mm dicke Epidermis. Sie ist eine flexible, wasserdichte Barriere, ihr Pigmentsystem schützt vor ultravioletten Strahlen und sie hat immunologische Funktionen. Es folgt die 1,5–4 mm dicke Dermis, die Blut- und Lymphgefäße, Bindegewebe für die mechanische Stabilität, Hautanhangsgebilde wie Haare und Drüsen, sowie Nervenendigungen enthält.

Die Haut bedarf für ihre Integrität und normale Funktion einer ausreichenden und ausgewogenen Ernährung. Generelle Mangelernährung oder spezifische Defizite einzelner Substanzen können eine gestörte Hautfunktion bedingen. So führt ein Mangel an essenziellen Fettsäuren (EFA) zu einer erhöhten epidermalen Permeabilität und einem erhöhten transepidermalen Wasserverlust, da die Barrierefunktion der epidermalen Hornschicht von einer normalen Keratinisierung und epidermalen, EFA-reichen Phospholipiden abhängt [27]. Die Keratinisierung wiederum ist ebenfalls durch die Nahrung beeinflussbar. So ist sie bei Vitamin-A-Mangel erhöht.

Eine experimentell durchgeführte niedrig-kalorische Diät führte nach 1/2 Jahr zu einer stark vorgealterten, auffällig dünnen, trockenen und unelastischen Haut. Hautkrankheiten als Folge von Unterernährung- bzw. Fehlernährung werden in den wohlhabenden Ländern nur bei bestimmten Patienten wie Alkoholikern, Drogenabhängigen, psychisch Kranken oder alten Menschen gesehen. Weitere Ursachen können eine nicht ausreichend substituierte künstliche Ernährung oder Absorptionsstörungen sein.

Andererseits können Erkrankungen der Haut Auswirkungen auf den Gesamtorganismus haben. So entspricht die Gesamtmasse der Schweißdrüsen der Haut nahezu derjenigen einer Niere. In 24 h können bis zu 10 l Schweiß sezerniert werden. Während normaler Schweiß hypoton ist, kann bei sehr starkem Schwitzen die Elektrolytresorption gestört sein. Folge ist ein isotoner Schweiß und Natrium- und Chlorverluste. Generalisierte Hautentzündungen (»Erythrodermie«) erhöhen den Energiebedarf und führen zu Flüssigkeits-, Folsäure und Proteinverlusten.

Während diese allgemeinen Zusammenhänge gesichert sind, beruhen die Versuche, Dermatosen diätetisch zu heilen, meist auf Empirie. Die Vielzahl und Unterschiedlichkeit der dabei vorgeschlagenen Diätformen weist darauf hin, dass hier weniger die spezifische Zusammensetzung einer Kost, als vielmehr die Kostumstellung und die natürliche Belassenheit der Nahrungsmittel eine wesentliche Rolle für eine mögliche günstige Beeinflussung der Hauterkrankung spielt. So wurden essenzielle Fettsäuren zur Therapie der atopischen Dermatitis mit einem mäßig günstigen Effekt eingesetzt [26, 36]. Eine Supplementierung mit Fischöl bei Psoriasis hatte in Kombination mit Standardtherapien einen gewissen Erfolg [1]. Im Folgenden werden spezielle Aspekte bei häufigen dermatologischen Erkrankungen näher dargestellt.

55.1 Effekte von Malnutrition und spezifischen Mangelzuständen auf die Haut

Fehl- bzw. Mangelernährung kann zu mehr oder weniger spezifischen Hautveränderungen führen. Aus Gründen der Übersichtlichkeit werden diese tabellarisch zusammengestellt und bezüglich Einzelheiten zu den jeweiligen Krankheitsbildern auf entsprechende Lehrbücher verwiesen (*Tabelle 55-1*, *Abb. 55-1, 55-2, 55-3*; [2, 5, 6]). Zu berücksichtigen ist, dass in vielen Fällen Mangelzustände durch entsprechende Fehlernährungen kombiniert auftreten und daher die spezifische Zuordnung bestimmter kutaner Symptome auf das Defizit eines bestimmten Nahrungsstoffes schwierig ist. So fehlen bei einer mangelnden Fettresorption alle fettlöslichen Vitamine.

Obwohl die Vitamin-D-Serumspiegel von der Sonnenbestrahlung abhängen, ergeben sich keine Hinweise, dass die verstärkte Verwendung von Sonnenschutzmitteln zur Prophylaxe von Hautkrebs zu einem Vitamin-D_3-Mangel führt [20]. Manche Medikamente können in den Metabolismus bestimmter Vitamine, wie Niacin oder Pyridoxin, eingreifen. Entsprechende Substitutionen sind hier anzuraten.

Essenzielle Fettsäuren besitzen eine große Bedeutung für die normale Barrierefunktion der Epidermis. Diätetisch ausgelöste Mangelzustände treten bei Erwachsenen in der Regel nicht auf, da die im Körperfett gespeicherten Fette ausreichen, um dieses Defizit auszugleichen. Die u. U. trotzdem auftretenden Mangelzustände werden zudem durch die Symptome des Mangels an fettlöslichen Vitaminen (s. *Tabelle 55-1*) überdeckt. Derartige Zustände wurden nach ausgedehnten Darmresektionen beobachtet und konnten durch topische Applikation von Linolensäure oder Prostaglandin E_2 beseitigt werden, wobei ω-3-Fettsäuren weniger effektiv waren als ω-6-Fettsäuren.

55.2 Ernährung bei einzelnen Krankheitsbildern

55.2.1 Urtikaria (Nesselsucht)

Bei akuter Urtikaria kommt es zu schubweisem, meist flüchtigem Auftreten von stark juckenden Quaddeln (*Abb. 55-4*), zuweilen mit Schleimhautbefall. 20–30% der Bevölkerung sollen einmal im Leben davon betroffen sein. Die Prävalenz in

Tabelle 55-1. Übersicht über die Folgen allgemeiner bzw. spezifischer Mangel/Überdosierungszustände an der Haut

Mangel an/Auftreten bei	Haut	Beeinflusste Struktur/ Anmerkung	Haare	Nägel
Allgemein				
Marasmus	Verlust des subkutanen Fetts; Verdünnung der Haut; Faltenbildung	Alle Anteile	Spröde	
Kwashiorkor (Proteinmalnutrition)	Hypomelanose; düsterrote Erytheme, schuppende Einrisse, Fissuren	Proteinmangel; Melaninsynthese	Aufhellung (wechselnd »Flaggenzeichen«); sprödes Haar	
Proteinmangel	Erhöhte Vulnerabilität	Kollagen		
Phenylketonurie	Helle Haut, pigmentarme Haut, blaue Augen	Phenylalaninhydroxylasemangel	Blonde Haare	
Mukoviszidose	Acrodermatitis-enteropathica-artige Veränderungen	Resorptionsstörung Fett/ Zink		
Spurenelemente				
Eisenmangel	Glossitis (Papillenverlust), Cheilitis/Mundwinkelrhagaden, Pruritus		Aufhellung, Haarverlust	Koilonychie
Eisenüberladung (Hämochromatose, vielfache Bluttransfusionen)	Hyperpigmentierungen, Gynäkomastie	Eisenablagerung	Verlust Körperhaare	
Kupfer (Menke-Erkrankung)	Erhöhte Vulnerabilität, Haut blasser	Kollagen	Aufhellung, spröde, brüchig, Haare gedreht	
Mangan (Vorkommen eines Mangels unwahrscheinlich; experimentell)	Dermatitis		Vermindertes Wachstum; Rotfärbung	Vermindertes Wachstum
Selen				Weißfärbung der Nägel bei total parenteraler Ernährung
Zink (u. a. Acrodermatitis enteropathica, total parenterale Ernährung, M. Crohn, Alkoholismus)	Periorifizielle psoriasiforme Dermatitis (■ Abb. 55-1), sekundäre Infektionen, schlechte Wundheilung, Ekzéma craquelé		Erhöhte Brüchigkeit, Lichtung Kopf- und Pubeshaar	Paronychie, Nageldeformität
Toxische Spurenelemente				
Arsen	Hyperpigmentierung mit tropfenartigen Hypopigmentierungen; punktuelle Hyperkeratose palmar und plantar	Risiko kutaner Karzinome erhöht		
Blei		Interaktion Sulfit mit Blei	Blaue Linie am Zahnfleisch	
Lithium	Verschlechterung Psoriasis			
Nickel	Kontaktallergie			
Quecksilber	Wenig spezifische Symptome		Blaue Linie am Zahnfleisch	
Thallium				Toxische Alopezie vom Frühtyp bei Vergiftung

der Allgemeinbevölkerung liegt bei 1–4%, das Verhältnis Männer : Frauen beträgt dabei 1:1,5.

Ätiologie

Die Urtikaria kann viele Ursachen haben, wie pseudoallergische, infektallergische oder allergische Mechanismen. Immunologische Reaktionen (Allergien) sind dabei von nicht immunologischen (Intoleranzen) abzugrenzen. Bei *einem kleinen Prozentsatz* der Patienten liegen möglicherweise auch *Nahrungsmittelunverträglichkeiten* vor (geschätzte Inzidenz einer Additivaintoleranz bei dänischen Schulkindern 1–2% [9]).

Tabelle 55-1. Übersicht über die Folgen allgemeiner bzw. spezifischer Mangel/Überdosierungszustände an der Haut (Fortsetzung)

Mangel an/Auftreten bei	Haut	Beeinflusste Struktur/ Anmerkung	Haare	Nägel
Vitamine				
Vitamin-A-Mangel	Erhöhte Keratinisierung (Hyperplasie, Hyperkeratose); trockene Haut	Keratinisierung	Haarwachstum beeinträchtigt	
Vitamin-A-Überdosierung	Erhöhter Hirndruck			
akut: (Erwachsene: 500 mg; Kind: 100 mg, Kleinkind 30 mg)	Starke Schuppung der Haut		Telogene Alopezie	
chronisch: >7,5 mg/24 h	Trockene, juckende Haut, Desquamation (v. a. Handflächen und Fußsohlen), trockene Schleimhäute, Einrisse, Blutung			
β-Karotin-Überdosierung (bei 4-fach erhöhten Blutspiegeln	Gelbverfärbung der Haut, nicht Skleren und Schleimhaut			
Vitamin-B-Komplex	Keine Hautveränderungen bei Überdosierung einzelner B-Vitamine; bei chronischer Einnahme Vitamin-B-Komplex akneiformes Exanthem			
Niacin (Mangel: Pellagra; M. Crohn, (u. a.) Isoniazidtherapie; Interaktion mit Tryptophan; Metabolismus: Hartnup-Syndrom, Karzinoidsyndrom)	An lichtexponierten Arealen Brennen, Irritation; Ödem, Bläschen, dicke braune Schuppen; im chronischen Stadium: erhöhte Schuppung, Einrisse, Einblutungen (Abb. 55-2), Glossitis, Stomatitis, Vulvitis	Hypermelanose, Hylinisierung, Fibrose, epidermale Atrophie		
Riboflavin (meist kombiniert);	Glossitis, Lippeneinrisse, seborrhoische dermatitisähnliche Herde nasolabial, Augenlider; Mazeration der Genitalhaut	Nach 1–2 Jahren Mangelernährung		Chronische Paronychie
Pyridoxin (INH, Penicillamin, Hydralazintherapie)	Wie Riboflavin	Nach einigen Wochen Mangelernährung		
Vitamin B_{12}	Möller-Hunter Glossitis, Atrophie der Zungenschleimhaut (Abb. 55-3)			
Biotin (parenterale Ernährung ohne Biotin)	Dermatitis und Schuppung Hals, Arme, Beine			
Vitamin C	Erhöhte Vulnerabilität, Follikelkeratose, an Beinen mit perifollikulären Hämorrhagien; größere Einblutungen; Wundheilungsstörungen; Mundschleimhautschwellung und -Einblutungen, ggf. Zahnverlust	Kollagen		
Vitamin D	Mangel: ohne kutane Auswirkungen			
Vitamin E	Mangel: ohne kutane Auswirkungen			
Vitamin K	Blutungsneigung erhöht, Ekchymosen			

Histamine spielen in der chronischen idiopathischen Urtikaria eine große Rolle. Patienten zeigten unter einer oligoantigenen und Histamin freien Diät eine signifikante Verbesserung der Symptome. Diese Patienten wiesen einen niedrigen Diaminoxidasespiegel im Dünndarm auf, sodass es zu einer subklinischen Beeinträchtigung der Enterozyten kommen kann, was sich in einer hohen Sensitivität gegenüber histaminhaltigen Nahrungsmitteln ausdrücken kann [13, 39].

Klinik

Klinisch ist die Symptomatik von einer Allergie und/ oder Intoleranzreaktion nicht zu unterscheiden, da dieselbe Endstrecke der Reaktionskaskade vorliegt. Flüchtige, meist hellrote, oft stark juckende Quaddeln, exanthematisch an Stamm und den Extremitäten vorkommend, sind typische Symptome (s. *Abb. 55-4*). Diese sind manchmal kombiniert mit Angioödemen in der Orbitalregion, an der Mundschleimhaut oder am Skrotum. Außerdem liegt intensiver Juckreiz vor. Fakultativ können Fieber, Kopfschmerzen, Erbrechen, Durchfälle, Kreislaufschwäche und Arthralgien auftreten.

Abhängig von der Ätiologie können gleichzeitig anaphylaktische Allgemeinsymptome bis hin zu Schock und Atemnot auftreten, im Falle eines Larynxödems mit Erstickungsgefahr. Meist bilden sich die Quaddeln jedoch innerhalb von

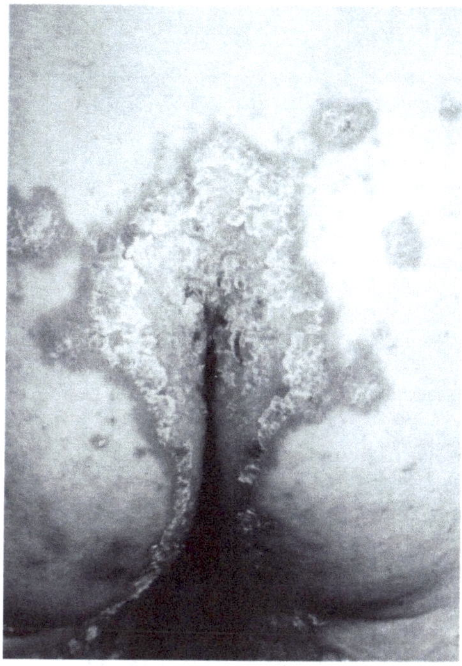

Abb. 55-1. Acrodermatitis enteopathica bei Zinkmangel: schuppende Erytheme perianal. (Farbige Abb. siehe S. 931)

4–6 h spontan zurück, die Gesamterkrankung innerhalb von 6 Wochen.

Allgemeine Therapieprinzipien

Im Vordergrund steht eine Eliminierung möglicherweise auslösender Substanzen gemäß anamnestischer Angaben. Eine allergologische Diagnostik (s. unten) ist gegebenenfalls notwendig. Außderdem sollten Antihistaminika in ausreichend hoher Dosierung eingesetzt werden.

Ernährungstherapie

Bei Urtikaria ungeklärter Genese gehört die Eliminierung aller unverträglichen Nahrungsmittel, Zusatzstoffe und bekannten Mastzelldegranulatoren zur Behandlung. Ein Austesten der tolerierbaren Dosis bei Intoleranzen ist möglich. Die zugeführte Menge an Konservierungsmitteln und Hilfsstoffen sollte vermindert werden. Ebenso sind hohe Histidinmengen (Umwandlung durch mikrobielle Decarboxylasen zu Histamin) zu vermeiden.

Praktisches Vorgehen

Bei Nahrungsmittelintoleranzen sind orale Expositionstestungen erforderlich. Auszutesten sind dabei Lebensmittelzusätze, z. B. Farb- und Konservierungsstoffe (Benzoesäure, Sulfit), Zusatzstoffe, besonders Azofarbstoffe (Tartrazin) (s. unten), natürliche oder zugesetzte Salizylate (s. unten) und andere nichtsteroidale Antirheumatika sowie Zerfallsprodukte (z. B. biogene Amine).

Typ-I-Allergien werden prinzipiell über einen Hauttest oder durch Nachweis des spezifischen IgE (RAST) diagnostiziert. Als Antigene sind hierbei häufige Typ-I-Allergien verursachende Nahrungsmittel, versteckte Allergene (z. B. Schimmelpilze) und Rückstände aus Herstellung oder Verpackung (z. B. Antibiotika, Pestizide) einzusetzen.

Gemieden werden sollten u. a. Frisch- und Trockenobst (Beerenfrüchte, Rosinen, Datteln, Aprikosen), Gewürze (Curry, Paprika etc.), künstlich hergestellte Kartoffelprodukte (Kartoffelchips etc.), Gewürzmischungen (aber auch getrocknete Kräuter, Knoblauch, Zimt, Gewürznelken), Tomatenketchup und -mark, Pizza, Erdnüsse, Marmeladen, Gelees, Krokant, Nougat, Rosinen und Mandeln. Außerdem Lebensmittel mit einem hohen natürlichen Gehalt an Salizylaten, z. B. Gemüse (Gurken, Endiviensalat, Oliven), schwarzer Tee und Wein. Der natürliche Salizylatgehalt nimmt bei verarbeiteten Produkten im Vergleich zur Ausgangssubstanz zu (Ketchup > Tomaten, Rosinen > Trauben; [*Tabelle 55-2*]). Gemieden werden sollten auch solche Lebensmittel, die häufig Tartrazin enthalten wie Fruchtlimonaden, Fertigsoßen, Fertigsuppen, Instandpuddings, Speiseeis, Marmelade, Senf oder Currypulver.

Eine Urtikaria, die länger als 6 Wochen besteht wird als *chronisch rezidivierende Urtikaria* bezeichnet.

Klinik und allgemeines Therapieprinzip

Siehe oben.

Abb. 55-2. Pellagra: schuppende, dunkelbraune Plaques an lichtexponierten Arealen. (Farbige Abb. siehe S. 931)

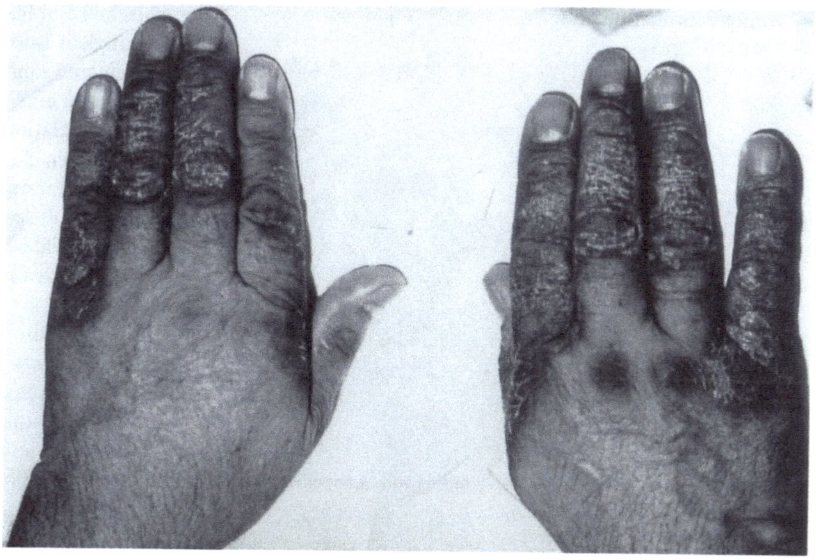

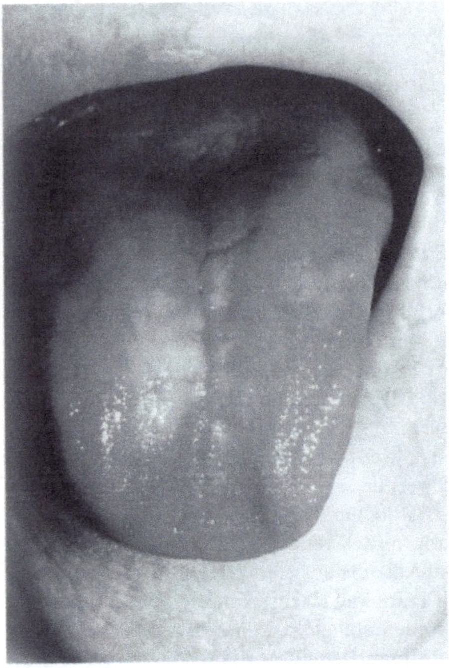

Abb. 55-3. Möller-Hunter-Glossitis bei Vitamin-B_{12}-Mangel: lackartig geglättete Zunge mit Verlust der normalen Oberflächsenstruktur. (Farbige Abb. siehe S. 931)

Ernährungstherapie

Etwa 70% der Patienten mit chronischer Urtikaria können durch konsequente Diät frei von Konservierungsmitteln, Farbstoffen und natürlichen Pseudoallergenen innerhalb von 3 Wochen eine Remission erreichen [42].

Zur Diagnostik ist die Anamnese am wichtigsten!

Praktisches Vorgehen

Nahrungsmittelintoleranzen und Allergien sind auszutesten. Dazu eignen sich:

- Hauttest,
- RAST-Untersuchungen,
- Eliminationsdiät,
- Aufbau- und Suchdiät,
- oraler Provokationstest.

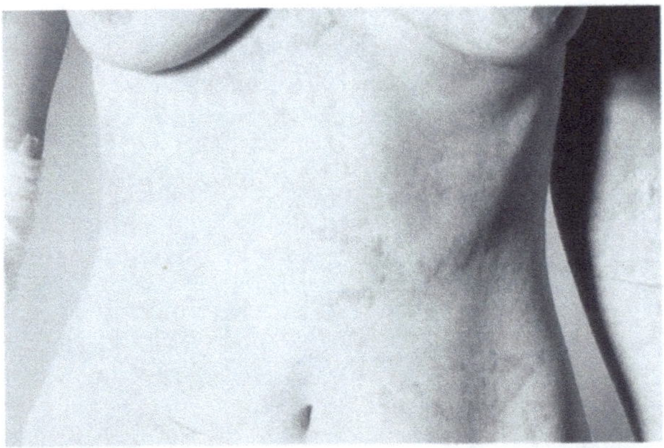

Abb. 55-4. Urtikaria: disseminierte Eruption von Quaddeln am Stamm. (Farbige Abb. siehe S. 932)

Tabelle 55-2. Salicylatreiche Nahrungsmittel

Nahrungsmittel	Salicylat [µg/g]
Honig	63
Himbeeren	51
Johannisbeeren, rot	51
Datteln, getrocknet	45
Johannisbeeren, schwarz	31
Mandeln, süß	30
Aprikosen	26
Orangen	24
Ananas	21
Erdbeeren	14
Weintrauben	14
Radieschen	12

55.2.2 Atopische Dermatitis (Neurodermitis atopica)

Unter der atopischen Dermatitis (atopisches oder endogenes Ekzem) versteht man eine chronisch rezidivierende, meist stark juckende Hauterkrankung, die sich meist bereits im Kindesalter manifestiert. Sie tritt in der Regel in den ersten 6 Lebensmonaten in Erscheinung, bei genetisch prädisponierten Kindern auch unmittelbar nach der Neonatalperiode. Die Periodenprävalenz der Erkrankung gipfelt zwischen dem 2. und 4. Lebensjahr. Die atopische Dermatitis gehört zum Formenkreis der Atopie, einer polygen vererbten Bereitschaft zur Entwicklung von atopischer Dermatitis, allergischer Rhinokonjunktivitis und allergischem Asthma. Das geschätzte Vorkommen liegt bei 5–20% der Bevölkerung in Europa.

Ätiologie

Die atopische Dermatitis resultiert aus dem Zusammentreffen einer *genetisch* angelegten Bereitschaft (erhöhte Bildung von IgE, veränderte Reaktivität der Haut und Schleimhäute, gestörte zelluläre Immunität = atopische Diathese) mit zusätzlichen *Provokationsfaktoren*, wie physikalischen bzw. psychischen Einflüssen oder Allergenen. Die Ansichten über die Häufigkeit und Relevanz von Nahrungsmittelunverträglichkeiten sind kontrovers. Während manche Autoren diesen Mechanismen eine große Bedeutung zumessen, fanden andere keine Assoziation zwischen Ernährungsgewohnheiten und dem klinischen Status [35]. Erschwert wird die Beurteilung möglicher Zusammenhänge dadurch, dass sich zwar bei einigen Patienten die atopische Dermatitis unter einer pseudoallergenarmen Diät besserte, aber nach Provokation mit entsprechenden Additiva meist keine Verschlechterung des Ekzems auftrat [41].

Es wurde die Hypothese aufgestellt, dass die atopische Diathese aus einem Enzymmangel der γ-6-Desaturase resultieren könnte [14, 24]. Diese wandelt Linolsäure in γ-Linolensäure um, was eine weitere Verstoffwechslung zur di-homo-γ-Linolensäure und Arachidonsäure ermöglicht, die beide in die Phospholipidschicht der Zellmembran eingebaut werden können. Auch als Vorläufer von Prostaglandin E_1 ist diese Fettsäure damit für Atopiker ein essenzieller Nahrungsbestandteil. Ein Enzymmangel führt zu einem Defizit an essenziellen langkettigen ω-6-Fettsäuren und Prostaglandin E, was eine unzureichende T-Zell-Reifung im Thymus atopischer Individuen zur Folge hat. In mehreren Studien führte die Gabe von Nachtkerzenöl (reich an γ-Linolensäure) gegenüber Plazebotherapie zur klinischen Besserung [16]. Diskutiert wird auch ein Diaminoxidasemangel.

Klinik

Die vorwiegenden Symptome der Haut sind die Ekzeme. In der frühen Kindheit ist die Erkrankung durch starken Juckreiz, Rötung, Schuppung, Nässen, Krustenbildung besonders an den Wangen, der Stirn und am behaarten Kopf (sog. Milchschorf) gekennzeichnet. In der Kindheit herrscht ausgeprägter Juckreiz vor, verbunden mit trockener Haut besonders in den Ellbogengelenkbeugen (*Abb. 55-5*). Im Erwachsenenalter sind Gesicht, Hals, Nacken, Brust, Schulter und die großen Gelenkbeugen befallen. Gegebenenfalls zeigen sich Symptome auch an der Schleimhaut (erhöhtes Risiko für Rhinokonjunktivitis und Asthma).

Diagnostik

Ernährungsmedizinisch sind in diesem Zusammenhang 2 Dinge interessant: Erstens die diätetische Beeinflussung des Basisdefekts, also der atopischen Diathese, und zweitens die Meidung nahrungsbedingter Provokationsfaktoren.

Aufgrund der komplexen Pathogenese kann eine pauschale Diätempfehlung jedoch nicht gegeben werden. Ernährungsempfehlungen müssen immer die individuellen Unverträglichkeiten berücksichtigen.

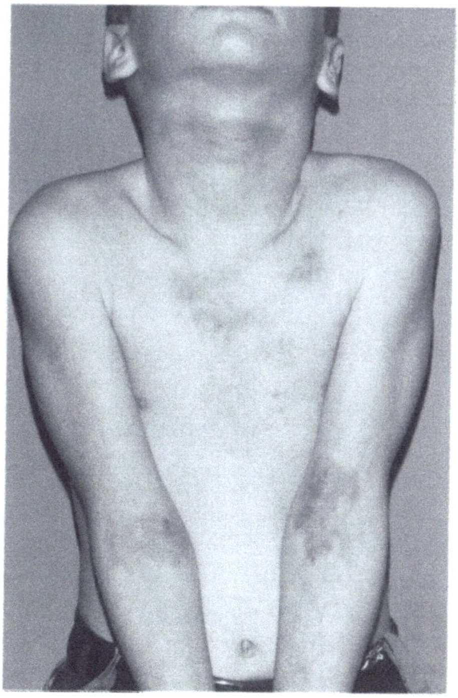

Abb. 55-5. Atopisches Ekzem: chronische Ekzemherde in den Ellenbeugen und am Hals. (Farbige Abb. siehe S. 932)

Allein auf Verdacht sollten keine Lebensmittel vorenthalten werden!

Ernährungstherapie

Ziel einer Ernährungstherapie ist die Versorgung des Patienten mit einer ausgewogenen Kost mit bedarfgerechtem Energie- und Nährstoffgehalt. Außerdem ist eine Abnahme des Juckreizes und eine Verbesserung der Hautgeschmeidigkeit wünschenswert.

Praktisches Vorgehen

- Beseitigung jeder Art von Überernährung (Adipositas, ernährungsabhängige Hyperlipoproteinämien, Fett-, Fleisch-, Zuckerhyperalimentation)
- Beseitigung von Unterernährung (proteinkalorische Unterernährung, Linol-, Linolensäuremangel, Vitaminmangel, Zinkmangel u. ä.), auch Ballaststoffmangelobstipation
- Austesten von Provokationsfaktoren (Nickel) → Bei positivem Epikutantest besserten sich nach 4-wöchiger nickelarmer Diät bei etwa 40% der Patienten die klinischen Symptome [3]
- Ausschaltung gesicherter Nahrungsmittelallergene (Kuhmilch, Ei, Fisch, Erdnüsse Weizen, Soja usw.)
- Zurückhaltung mit nutritiven Pruritogenen (Juckreizverstärker): Scharfe Gewürze, scharfer Käse, Hefeextrakte, Zitrus- u. ä. saure Säfte, starker Bohnenkaffee, schwarzer Tee, Cola-Getränke, konzentrierte Alkoholika
- Eliminierung aller Nahrungsmittel, von denen der Patient glaubt, dass sie sein Ekzem verschlechtern
- Meiden histaminhaltiger Nahrungsmittel
- Substitution mit γ-Linolensäure (*Tabelle 55-3*) und essenziellen Fettsäuren der ω-3-Serie (z. B. in Meeresfischölen – s. Makrelendiät). Besserung um ca. 25% gegenüber Plazebo, v. a. beim Symptom Juckreiz, (Tagesdosen 4–6 g/Tag; [22])
- Die Bedeutung chinesischer Kräutertees ist noch nicht abschließend beurteilbar
- Ernährungsanamnese, Ernährungstagebuch führen lassen!

Eine möglicherweise nachgewiesene Sensibilisierung muss bezüglich der klinischen Relevanz mit der Klinik korreliert und ggf. durch eine orale Nahrungsmittelprovokation, am besten doppelblind, plazebokontrolliert, verifiziert werden.

Intoleranzreaktionen sind im Hauttest oder im Immuno-CAP-Test nicht nachweisbar!

Tabelle 55-3. γ-Linolensäurehaltige Nahrungsmittel (Gehalt in Prozent der Gesamtlipide; [1])

Nahrungsmittel	γ-Linolensäure [%]
Muttermilch	0,3
Distelöl	0,5
Nachtkerzenöl	10,0

Der Ansatz, die inflammatorischen Komponenten der atopischen Dermatitis durch eine Diät mit Fischöl zu modulieren, zeigten in einer Studie von Soyland (1994) keinen großen Nutzen.

Säuglinge und Kleinkinder

Adjuvante diätetische Korrekturen können in Einzelfällen den Krankheitsverlauf günstig beeinflussen. Ohne spezifische Hinweise für eine Nahrungsmittelunverträglichkeit ist eine oligoallergene Basisdiät (7–14 Tage) zu empfehlen. Diese setzt sich im *Säuglingsalter* aus einer extensiv hydrolysierten Formelnahrung (z. B. Nutramigen) oder einem Aminosäurengemisch (z. B. Neocate) zusammen. Ältere *Kinder* bekommen eine Basisdiät mit selten allergieauslösenden Nahrungsmitteln (Reis, Lamm, Pute, Blumenkohl, Brokkoli, Gurke, Birne, Banane, Sonnenblumenöl, milchfreier Margarine, Mineralwasser, Tee, wenig Salz und Zucker).

> Tritt unter einer oligoallergenen Basisdiät keine Besserung des Ekzems auf, erscheint eine Nahrungsmittelallergie für die Symptomatik des Kindes sehr fraglich! In diesem Fall erübrigen sich meist diätetische Einschränkungen.

Eine konsequente Vermeidung potentiell allergener Proteine während der ersten 6 Lebensmonate scheint das Sensibilisierungsrisiko und die Entwicklung nahrungsmittelallergenbezogener Krankheitssymptome zumindest für 1–2 Jahre zu reduzieren, z. B. Eier [17, 19].

Bei absehbarer *Atopieprädisposition* eines Säuglings aus einer Atopikerfamilie wird das *Stillen über 4–6 Monate* empfohlen [15]. Die Mutter sollte dabei auf bei ihr gesicherte nutritive Allergene sowie Nahrungsmittel mit erhöhter allergener Potenz (Kuhmilch, Hühnerei, Fisch, Erdnüsse, Weizen, Soja usw.) verzichten. Bei ausbleibendem Erfolg evtl. Zwiemilchernährung des Säuglings mit antigenreduzierten Proteinhydrolysatnahrungen. Flaschenkinder bekommen antigenreduzierte Proteinhydrolysatnahrungen unter Optimierung des Ernährungszustands. Eventuell ist eine überhöhte Ernährungszufuhr zu korrigieren, beim untergewichtigen Säugling möglicherweise eine Kostzulage (evtl. auch polyensäurereiches Pflanzenöl) notwendig. Ab dem 3. Trimenon wird der Milchanteil der Kost (0,3–0,5 l/24 h) gesenkt und durch adäquate Mengen von Fleisch und Fleischprodukten ersetzt.

Kostaufbau

- Ab dem 3./4. Lebensmonat: Reis, Gemüse und entsprechende Fertigprodukte ohne Milch- oder Hühnereiprodukte
- Später: Getreidesorten und Obst (Meidung von Zitrusfrüchten)
- Nicht vor dem 1. Lebensjahr: Kuhmilch (insbesondere nicht in den ersten Lebenstagen!)
- Nicht vor dem 2. Lebensjahr: Eier und Fisch
- Nicht vor dem 3. Lebensjahr: Erdnüsse
- Zu keinem Zeitpunkt: Sojaprodukte, da sie stark allergen wirken

> Nahrungsmittelallergien im Kindes- und Jugendalter können spontan verschwinden.

55.2.3 Psoriasis (Schuppenflechte)

Die Psoriasis ist eine häufige, an einen ererbten Prädispositionsfaktor gebundene und durch immunologisch mediierte Entzündungsprozesse und epidermale Hyperproliferation bedingte Erkrankung. Etwa 1–2% der Bevölkerung sind betroffen.

Ätiologie

Zu den verschiedenen *Triggerfaktoren* einer Psoriasis gehören in erster Linie die *genetische Disposition* aber auch regionale und Rassenunterschiede, Infektionen, Zigarettenkonsum, Alkohol und Diät. Die Inzidenz der Psoriasis in Zeiten einer Mangelernährung (Krieg) soll niedriger gewesen sein.

Eine Assoziation der Psoriasis zum Diabetes ist noch unklar. Leukotriene (evtl. auch andere Lipoxygenaseprodukte) spielen eine große Rolle in der Pathophysiologie der Psoriasis. *Es besteht wenig Zweifel, dass der Eicosanoidmetabolismus in der psoriatischen Haut gestört ist* [7]. Hohe Konzentrationen an Leukotrienen B_4 und C_4 (LTB_4, LTC_4), 12-Hydroxyeicosatetraenoicsäure (12-HETE) und freier Arachidonsäure wurden in der Haut psoriatischer Patienten beschrieben [7]. Möglicherweise handelt es sich hierbei um ein sekundäres Phänomen, allerdings ist die Prävalenz der Psoriasis bei Eskimos extrem niedrig, deren Diät natürlicherweise reich an ω-3-Fettsäuren ist. Experimentell kann Fischöl die Neutrophilenchemotaxis und die Synthese von Leukotrien B_4 beim Menschen inhibieren, da ausgehend von der Eicosapentaensäure andere, entzündungshemmende Metabolite (z. B. LTB_5) gebildet werden.

Kürzlich wurde entdeckt, dass 16% aller Psoriasispatienten Gliadinantikörper aufwiesen. Eine Studie untersuchte daher den Einfluss einer glutenfreien Ernährung auf Patienten mit Psoriasis mit IgA- und/oder IgG-Antikörpern gegen Gluten. Nach 3 Monaten glutenfreier Diät besserte sich die Psoriasis bei den Patienten, die im Antikörpertest positiv waren. Auf die Gliadinantikörper negativen Patienten hatte die glutenfreie Diät keinen Einfluss [25].

Klinik

Eine *chronisch-stationäre Psoriasis* zeichnet sich aus durch leicht erhabene, scharf begrenzte, unregelmäßig konfigurierte rote Plaques, die durch Konfluenz kleiner Papeln entstehen, mit groblamellärer, silbrig-weißer Schuppung (*Abb. 55-6*). Prädilektionsstellen sind die Streckseiten der Extremitäten, der behaarte Kopf und die Sakralregion.

Eine *eruptiv-exanthematische Psoriasis* stellt sich v. a. am Stamm als exanthematische Aussaat von 0,5–2 cm großen roten Plaques mit geringer ausgeprägter silbrig-weißer Schuppung dar.

Sonderformen der Psoriasis können auftreten u. a. als *Psoriasis inversa* (Befall von Handtellern und Fußsohlen), *psoriatische Erythrodermie* oder *Psoriasis pustulosa*.

Allgemeine Therapieprinzipien

Eine individuelle Behandlung des Patienten ist aufgrund der jeweils unterschiedlichen Natur dieser Erkrankung erforderlich. Als erste Maßnahme sollten evtl. Auslösefaktoren wie Medikamente oder bakterielle Superantigene ausgeschaltet werden.

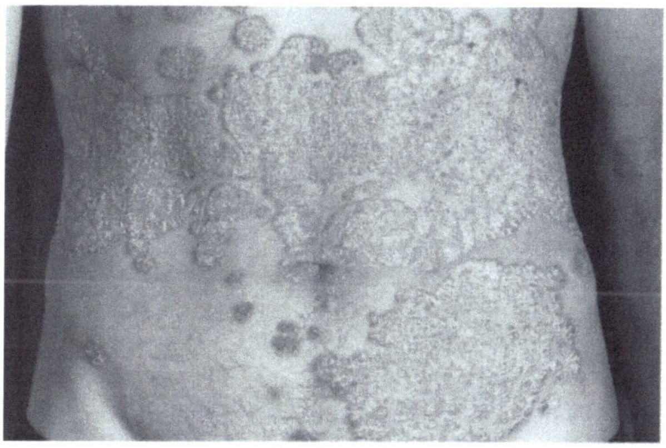

Abb. 55-7. Psoriasis vulgaris: chronisch stationäre erythematosquamöse Plaques mit silbriger Schuppung. (Farbige Abb. siehe S. 932)

Eine *lokale antipsoriatische* Therapie erfolgt durch den Einsatz von Cignolin, Glukokortikoiden, Tazaroten oder Vitamin-D-Analoga (Calcipotriol, Tacalcitol). Vitamin D spielt eine wichtige Rolle bei der Zellproliferation der Keratinozyten. Durch den umschriebenen topischen Einsatz neu entwickelter Vitamin-D-Analoga sind keine Auswirkungen auf den Kalziumhaushalt zu befürchten [37]. Ebenso hat sich die UV-Therapie mit UV-B-311, SUP, UV-B, PUVA (PUVA-Bad oder systemische PUVA) als hilfreich erwiesen.

Eine *systemische antipsoriatische* Therapie wird mit Ciclosporin A, Fumarsäure, Methotrexat oder Retinoiden (Azitretin, Isotretinoin) durchgeführt.

Behandlungsprinzip

Eine Verbesserung des Hautzustands kann durch Förderung der Zelldifferenzierung und Hemmung der Zellproliferation erreicht werden. Weitere Maßnahmen sollten auf eine Verminderung der Entzündungsreaktionen abzielen.

Ernährungstherapie

Eine spezifische antipsoriatische Diät ist nicht bekannt. Alle Empfehlungen hierzu basieren auf empirischen Beobachtungen.

Zur Verminderung von Langzeitnebenwirkungen der Therapie sowie von Entzündungen der Haut hat sich der Einsatz von Fischölen als hilfreich erwiesen. Fischöle sind reich an Eicosapentaensäure und Docosahexaensäure. Bei mit Etretinat behandelten Patienten konnten durch den Einsatz der Fischöle die Blutfette gesenkt und damit möglicherweise Langzeitnebenwirkungen vermindert werden. Gefunden wurden auch verminderte Nebenwirkungen der Retinoid- (Vitamin-A-Derivat-) oder Ciclosporintherapie, die zu Leberfunktionsstörungen führen kann. Durch die vermehrte Aufnahme von ω-3 Fettsäuren aus den Fischölen kommt es zu einem Anstieg von Leukotrien B_5, das im Gegensatz zu LTB_4 deutlich geringere entzündliche Eigenschaften aufweist.

Praktisches Vorgehen

Übergewicht ist zu vermeiden, da Fallkontrollstudien eine positive Assoziation der Psoriasis mit einem hohen BMI zeigten. Bestehendes Übergewicht sollte bei diesen Patienten auf jeden Fall abgebaut werden. Da Alkoholkonsum häufig in Zusammenhang mit Psoriasis gefunden wird, ist hier eine Beratung notwendig. Die Freisetzung von Histamin ist dabei einer der Faktoren, die zur Exazerbation bzw. Unterhaltung der Psoriasis führt.

Die Gabe von Infusionen mit ω-3 Fettsäuren besserte die akut exanthematische und die chronische Plaquepsoriasis [12, 21]. Vitamin A wirkt sich günstig auf die Keratinozytendifferenzierung aus. Zur Erzielung des gewünschten Effekts sind allerdings Dosen erforderlich, die zur obligaten Überdosierung mit entsprechenden Nebenwirkungen führen. Geeigneter ist der Einsatz von Derivaten (Retinoide, s. oben).

Psoriatiker sollten sich reich an ω-3-Fettsäuren (z. B. Makrele, Sardine, Hering, Lachs, Sardine) und arm an ω-6-Fettsäuren (Linol- und Arachidonsäure) ernähren [8].

55.2.4 Dermatitis herpetiformis Duhring

Diese Erkrankung ist selten. Sie verläuft meist chronisch, in Schüben mit stark juckenden, polymorphen Herden aus gruppenförmig angeordneten Bläschen (= herpetiform) auf rotem Grund. Assoziationen zur glutensensitiven Enteropathie liegen vor. Das Verhältnis der Erkrankung Männer : Frauen ist 3:2.

Ätiologie

In 40–70% der Fälle besteht die Assoziation mit einer, oft nur serologisch oder histologisch nachweisbaren glutensensitiven Enterophatie (Sprue/Zöliakie), die zur Ablagerung von IgA-Antikörpern gegen Gliadin (einem Protein des Glutens) führen und die Komplementkaskade aktivieren [34].

Klinik

Die Haut weist rote Papeln und urtikarielle Plaques auf mit am Rand herpetiform gruppierten kleinen Bläschen, die teils geplatzt und verkrustet sind (*Abb. 55-7*). Befallen sind v. a. die Extremitäten, ileosakral, der obere Rücken, das Abdomen, eher seltener das Gesicht. Der starke Juckreiz wird oft als »brennend« bezeichnet.

Diagnostik

Die Diagnose wird klinisch vermutet und histologisch, immunhistologisch und immunserologisch bestätigt.

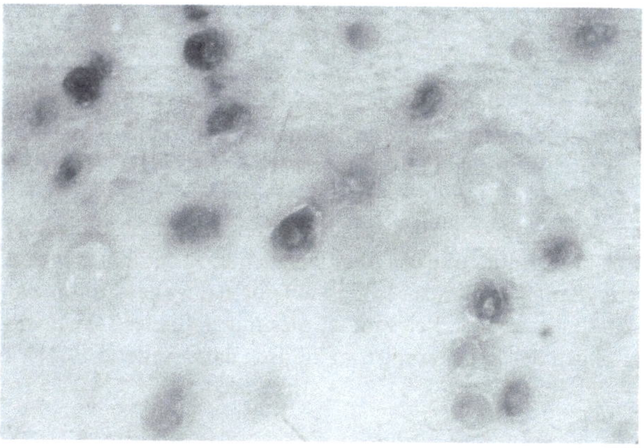

Abb. 55-6. Dermatitis herpetiformis Duhring: gruppierte Bläschen und Blasen, teils eingetrocknet. (Farbige Abb. siehe S. 932)

Allgemeine Therapieprinzipien

Eine glutenfreie Diät ist v. a. bei gleichzeitiger intestinaler Symptomatik indiziert. Außerdem erfolgt eine Behandlung mit Diaminodiphenylsulphon (DADPS, Dapson).

Ernährungstherapie und praktisches Vorgehen

Eine glutenfreie Diät bewirkt nicht nur den Rückgang enteropathischer Beschwerden, sondern eine Besserung der Hauterscheinungen, sodass die therapeutisch wirksame Dapsonmedikation meist reduziert werden kann. Im Erfolgsfall (oft erst nach 1–2 Jahren sichtbar) ist die Diät lebenslang beizubehalten [10]. Neueren Studien zufolge soll auch eine Diät mit Hafer möglich sein ([29]; s. Abschn. 55-5).

Da Jod zur Exazerbation der Erkrankung führen kann, ist eine Überzufuhr zu vermeiden. Jod kann in Form von Kaliumjodid als lokaler oder systemischer Provokationstest die Diagnose sichern helfen (heute verlassen). Die vermutete Jodempfindlichkeit ist möglicherweise nur gegen jodhaltige Fremdstoffe gerichtet, deswegen versuchsweise Ausschaltung jodhaltiger Lebensmittelzusatzstoffe (z. B. Farbstoff Erythrosin = E 127) und nichtnutritiver Jodzufuhr (z. B. jodhaltige Reinigungsmittel aus Küche und Lebensmittelbetrieben, jodhaltige Heilwässer oder Medikamente) für 1–2 Jahre. Weiterhin sollte ein häufig bestehender Cobalamin- und Eisenmangel beseitigt werden.

Bei Dapson-Unverträglichkeit stellt eine »elementare Kost«, bei der Proteine durch Aminosäuren ersetzt werden, eine Alternative bei der Akutbehandlung bis zum Wirkungseintritt der glutenfreien Diät (ca. 6 Monate) dar. Eine »elementare Kost« führte sehr schnell zu einer Besserung der Hautsymptomatik, auch bei glutenhaltiger Nahrung. Die entzündlichen Hauterscheinungen können also auch Folge einer Reaktion auf weitere Nahrungsproteine sein.

Patienten mit glutensensitiver Enteropathie erkranken sowohl bei Zöliakie als auch bei M. Duhring vermehrt an malignen Tumoren, besonders Lymphomen des Gastrointestinaltraktes. Eine konsequente glutenfreie Diät hat einen tumorprotektiven Effekt [18].

55.2.5 Allergisches Kontaktekzem

Nach lokalem Kontakt mit einem Allergen kann durch eine allergische Spättypreaktion (Typ IV) ein Ekzem ausgelöst werden. Die Prävalenz in der Bevölkerung beträgt zwischen 2–9%.

Ätiologie

Die Bereitschaft, auf gewisse Kontaktsubstanzen im Sinne einer Typ-IV-Reaktion zu antworten, steht wahrscheinlich unter genetischem Einfluss. Bislang wurden keine Assoziationen mit bestimmten HLA-Typen nachgewiesen. Das Auftreten nach Sensibilisierung gegen ein Allergen geschieht zunächst nur am Kontaktort. Bei sensibilisierten Patienten kann über eine orale Aufnahme das Allergen auch über den Blutweg verteilt werden und entsprechend ein »hämatogenes Kontaktekzem« hervorrufen. Relevant ist dies nur bei einer sehr hochgradigen Sensibilisierung und klinisch daher selten.

Klinik

Die *akute* Reaktion äußert sich mit flächenhaften, unscharf begrenzten Erythemen mit raschem Auftreten von Bläschen, späterer Krustenbildung und Schuppung am Kontaktort mit Streuherden in der Umgebung.

Die *chronische* Reaktion führt zu einer trockeneren Schuppung, zur Verdickung der Haut und Vergröberung der Hautfelderung.

Das hämatogene Kontaktekzem äußert sich als symmetrisches Exanthem oder dyshidrosiformes Ekzem.

Allgemeine Therapieprinzipien

Zur Therapie gehört eine Allergenidentifikation (allergologische Diagnostik) mit anschließender Karenz der als gesichert angesehenen Allergene. Lokal sollten Glukokortikosteroide eingesetzt werden.

Die Behandlung besteht in der Ausschaltung gesicherter chemischer Auslöser aus der Nahrung. Dazu gehören Nickel, Kobalt, Chrom, Chinin (Tonic Water, Gin, alle Getränke und Konfitüren mit Zusatz »Bitter Lemon«), Penicillin- und Phenothiazinspuren (Fleisch), Perubalsam (in Cola, Schokolade, Kaugummi), Zimt, der Süssstoff Cyclamat sowie Konservierungsstoffe und Duftstoffe (Geschmacksstoffe).

Praktisches Vorgehen

Ein oraler Provokationstest sollte wie folgt durchgeführt werden: Nach Plazebotestung, Verabfolgung z. B. von 2,5–5mg Nickel-II-Sulfat als Tablette, eine Exazerbation des Ekzems wird innerhalb von 48 h erwartet.

In Zweifelsfällen wiederholte Exposition mit vermutetem schädlichen Agens und ggf. anschließend erneut Karenz.

> Subtile Ernährungsanamnese und detaillierte Ernährungsberatung sind notwendig!

55.2.6 Akne (Acne vulgaris)

Eine Acne vulgaris entsteht in der Pubertät als Folge von Androgenwirkung auf die Talgdrüsenfollikel mit konsekutiver Vermehrung von Propionibacterien und einer Proliferations- und Retentionshyperkeratose im Infraindfundibulum.

Klinik und Diagnose

Klinisch sieht man je nach der Schwere offene und geschlossene Komedonen, Papeln und Pusteln, teils auch Zysten. Die Diagnose erfolgt klinisch.

Allgemeine Therapieprinzipien

Eine stadiengerechte Lokal- (z. B. Vitamin-A-Säure, Adapalen, Benzoylperoxid,) bzw. systemische Therapie (z. B. Antibiotika, Antiandrogene, 13-cis-Retinsäure) führt innerhalb von 6 Monaten zu einer >80%igen Besserung.

Diät

Aknepatienten leiden nicht nur an ihrer Haut, sondern auch an zahlreichen Diätvorschriften, die ihren Hautzustand bessern sollen. So wird empfohlen, fette Speisen oder Süssigkeiten zu meiden. Diese Empfehlungen beruhen auf Einzelbeobachtungen. Kontrollierte Untersuchungen ergaben keinen Zusammenhang zwischen Akneschweregrad und zugeführter Nahrungsart bzw. Schokoladengenuss.

Folgende Zusammenhänge zwischen Nahrungsaufnahme und Sebumsekretion der Talgdrüsen wurden beobachtet:

Eine starke Kalorienreduktion über 7–14 Tage vermindert die Talgsekretion, besonders die Squalenfraktion. Die Hautoberflächenlipide nehmen bei Alkoholikern in Abstinenz nach Umsetzung auf Vollkost infolge der Normalisierung des Sexualhormonhaushalts zu. Der Triglyzeridanteil des Sebums sinkt bei Aufnahme normaler Mengen an Kohlenhydraten (Stärke) mit vermindertem Fettgehalt. Normale Kohlenhydratzufuhr (Saccharose) mit vermindertem Fettgehalt erhöht den Triglyzeridanteil. Eine diätetische Therapie der Akne kann daher nicht empfohlen werden.

55.2.7 Seborrhoisches Ekzem

Das seborrhoische Ekzem tritt v.a. bei Männern mittleren Lebensalters in den talgdrüsenreichen Arealen auf. Es verschlechtert sich bei Stress.

Ätiologie, Klinik und Therapieprinzip

Das seborrhoische Ekzem wird von manchen Autoren mit Pityrosporum ovale in Verbindung gebracht. Es treten schuppende Erytheme und Plaques nasolabial, an der Stirn, im behaarten Kopf und prästernal auf. Es stehen zahlreiche wirksame topische Präparate zur Verfügung (z. B. Ketokonazolcreme, Cignolin in niedriger Konzentration).

Ernährungstherapie

Auch das seborrhoische Ekzem ist, wie die Akne, nicht diätetisch beeinflussbar. Dieser Erkrankung klinisch ähnelnde Dermatosen, wie bei Zinkmangel (Acrodermatitis enteropathica), Mangel an essenziellen Fettsäuren oder Vitamin B, bessern sich dagegen auf eine entsprechende Substitution.

55.2.8 Rosazea

Die Rosazea ist eine entzündliche Dermatose des mittleren Erwachsenensalters, verläuft chronisch und in Phasen.

Ätiologie, Klinik

Die Ursache der Rosazea ist nicht bekannt. Zunächst treten persistierende Erytheme und Teleangiektasien im Gesicht auf, später Papeln und Pusteln, gelegentlich bilden sich größere Knoten an der Nase. Die Augen können entzündlich mitbeteiligt sein.

Therapieprinzip

Die Therapie erfolgt topisch sowie in schweren Fällen systemisch (z. B. Minocyclin, 13-cis-Retinsäure).

Ernährungstherapie

Charakteristisch für eine Rosazea ist eine individuell unterschiedlich stark ausgeprägte, anfallsartig auftretende Gesichtsrötung. Als Ursache vermutet man eine abnorme Gefäßreaktion. Anamnestisch werden als diätetische Auslösefaktoren, die direkt zu einer Gefäßerweiterung führen können, angegeben: heiße Getränke, u. a. Kaffee und Tee, alkoholische Getränke und scharf gewürzte Speisen. Werden diese vom Patienten benannt, sollten sie gemieden werden.

55.2.9 Mastozytosen

Bei der Mastozytose (Urticaria pigmentosa) kommt es zu einer Anhäufung von Mastzellen in der Haut (lokale Mastozytose). Bei der generalisierten Mastozytose treten zusätzlich Mastzellvermehrungen in inneren Organen oder dem Knochenmark auf. Die Entartung zur malignen Mastzellretikulose ist eher selten.

Ätiologie, Klinik und Therapieprinzip

Die Ursache der Mastozytosen ist unbekannt. Klinisch finden sich disseminiert unscharf begrenzte, braunrote Flecke oder flache Papeln. Durch physikalische Reizung (Reiben, Wärme) oder Einnahme von Histaminliberatoren (z. B. Salicylate, Kodein, Compound 4880) kommt es infolge von Mastzelldegranulierung zu Quaddelbildung und Erythemen, bis hin zur Schocksymptomatik. Die Therapie umfasst Cromoglicinsäure sowie Ketotifen oder H_1-und H_2-Antagonisten.

Ernährungstherapie

Salicylatreiche Nahrungsmittel und provozierende Faktoren für die Mastzellfreisetzung (Koffein, Azetylsalizylsäure, Atropin, Kodein, Morphin, Fische, Schalentiere, Chinin, Pilocarpin) sollten gemieden werden.

55.2.10 Folgen von Stoffwechselstörungen an der Haut (Hyperlipoproteinämien, Hyperurikämie)

Dauerhafte erhöhte Konzentrationen von Cholesterin, Triglyzeriden oder Purinen können spezifische Hautveränderungen bedingen. Diese dienen möglicherweise als Indikator der zugrundeliegenden Stoffwechselstörung [38].

Hyperlipoproteinämien

Xanthelasmen und *Xanthome* zeigen sich als knotige oder plattenartige, gelbe Hautverdickungen bedingt durch Speicherung von Lipiden in Histiozyten und Makophagen in der Dermis (*Abb. 55-8*) Während nur bei etwa jedem zweiten Patient mit Xanthelasmen eine Hyperlipoproteinämie nachweisbar ist und diese offenbar durch eine lokale Stoffwechselstörung entstehen, finden sich bei planen, eruptiven oder tuberösen Xanthomen eine engere Assoziation.

Bei rechtzeitiger *Normalisierung der Lipidwerte* können sich diese Xanthome zurückbilden, ansonsten müssen sie operativ entfernt werden. Die spezifische Ernährungstherapie ist in Kap. 46 dargestellt.

Hyperurikämie

Gichttophi imponieren als sich langsam entwickelnde erst weiche, dann harte, kutane, gelbliche Knötchen an Gelenken, Ohrmuscheln, Fußrücken, Achillessehne, Bursa praepatellaris oder olecrani. Therapeutisch muss die Harnsäurekonzentration im Blut normalisiert werden. Einzelheiten finden sich in Kap. 52.

55.2.11 Intertrigo (intertriginöse Dermatites)

Eine Intertrigo bezeichnet brennende oder juckende Entzündungen in Arealen, wo Haut auf Haut liegt (Axillen, submam-

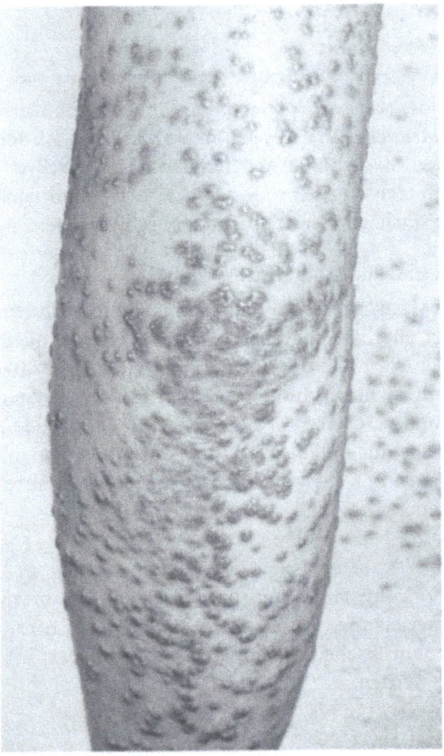

Abb. 55-8. Eruptive Xanthome bei Hypertriglyzeridämie. (Farbige Abb. siehe S. 933)

mär, Leisten, perianal). Ursache sind irritative Einflüsse durch Schweiß und Reibung, daneben die Anwendung von weiteren Irritantien oder Kontaktallergenen. Neben Absetzen aller potentiell auslösenden Kontaktstoffe ist es für einen dauerhaften Behandlungserfolg unerlässlich, ein zumeist bestehendes Übergewicht zu beseitigen.

55.2.12 Haarausfall

Häufigste Ursache des Haarausfalls ist die androgenetische Alopezie, die nicht durch die Ernährung beeinflusst werden kann. Ein normales Haarwachstum bedarf einer normalen Versorgung mit Eiweiß, Aminosäuren, Mineralien und Vitaminen. Allgemeine Krankheitszustände, wie konsumierende Erkrankungen, Operationen und akute oder chronische Infektionen, können zum Haarausfall führen.

Zur Verbesserung des Haarwachstums werden zahlreiche Kombinationspräparate eingesetzt, wobei kaum kontrollierte Studien zur Wirksamkeit vorliegen. Es handelt sich um Aminosäuren (Cystein, Cystin, Methionin, Tyrosin, Phenylalanin, Histidin, Arginin), Mineralien (Eisen, Zink, Kupfer, Schwefel, Selen, Biotin) und Vitamine (Vitamin A, B_2, B_6, B_{12}, C, Folsäure; teils auch Vitamin D, E, K). Biotin wird erfolgreich zur Behandlung brüchiger Nägel gegeben.

55.2.13 Intestinale Candidiasis

Es ist unstrittig, symptomatische Patienten mit intestinaler Candidose zu behandeln (Nystatin als Lösung und Dragees). Die Menge an Kohlehydraten in der Diät scheint nur einen begrenzten Einfluss auf die Candidabesiedlung des Darms zu haben [40].

Die Meinungen über die Bedeutung einer intestinalen Candidabesiedlung für die Auslösung von Hauterkrankungen sind widersprüchlich [23, 33]. Bei bis zu 80% gesunder Menschen ist Candida im Stuhl nachweisbar, daher sind Diagnostik und eine entsprechende Behandlung von zweifelhaftem Wert. Bei chronischer Urtikaria soll Candida albicans in manchen Fällen ätiologisch relevant sein. Bei Diabetikern sind Candidainfektionen häufiger und erfordern eine entsprechende Diät und Therapie (s. Kap. 50).

55.2.14 Unspezifische Dermatosen

Zahlreiche Hautveränderungen können im Rahmen verschiedener Erkrankungen auftreten, wie trockene Haut (*Abb. 55-9*), Hautschuppung oder Juckreiz und sind daher nicht spezifisch. Hier sollten mögliche alimentäre Ursachen bedacht, diagnostiziert und ggf. beseitigt werden. Besonders gefährdet sind ältere Menschen. So sollte bei Stomatitis, Glossitis, Perléche, orogenitalen Erosionen, Photosensitivität, zitronengelbem Hautkolorit, Hyperpigmentierungen, follikulären Hyperkeratosen, Hämorrhagien, Cheilitis, perianalen Ulzera oder Alopezie an entsprechende Mangelzustände (s. *Tabelle 55-1*) gedacht werden. Weitere Klärung erfolgt über eine umfassende Ernährungsanamnese.

Peristomale Hautreizungen

Hautreizungen um ein Stoma können Folge irritativer Einflüsse des Darminhalts sein.

Ernährungstherapie

Es wird empfohlen, die Aufnahme von säurereichem Obst bzw. Säfte (Zitrusfrüchte, Erdbeeren, Himbeeren, Johannisbeeren, Kirschen usw., Rhabarber, Essiggemüse, scharfen Gewürzen) einzuschränken. In Problemfällen wird eine vorübergehende ballaststoffarme Kost, ballaststofffreie nährstoffdefinierte Formeldiät oder Elementardiät (Oligopeptiddiät) empfohlen.

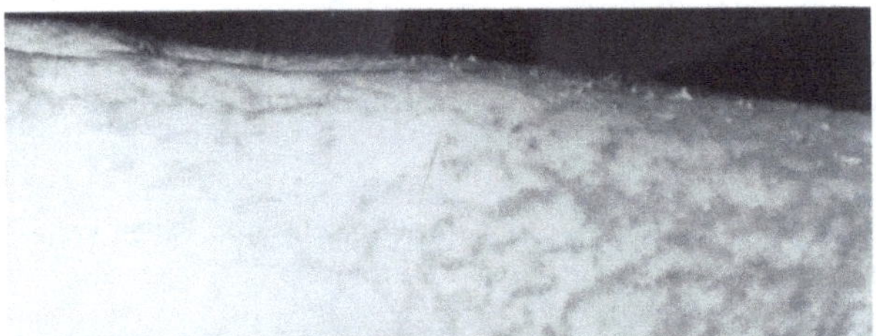

Abb. 55-9. Exsikkationsekzem: Einrisse des Stratum corneum mit der Folge streifenförmiger Erytheme. (Farbige Abb. siehe S. 933)

Dermatosen, großflächig exfoliativ-nässende Erythrodermie

Eine Erythrodermie kann zahlreiche Ursachen haben, wie Arzneimittelreaktionen, Psoriasis, Atopie oder T-Zell-Lymphom (▣ *Abb. 55-10*). Zur kausalen Therapie ist eine Diagnosestellung (klinisches Bild, Anamnese, Histologie) und spezifische Behandlung unerlässlich.

Ernährungstherapie

Bei diesen Krankheitszuständen werden, unabhänigig von der Ursache, über die Haut große Flüssigkeitsmengen, Elektrolyte und Eiweiß, u. U. auch Folsäure und Eisen, abgegeben (s. oben). Zum Ausgleich ist daher eine eiweißreiche hochkalorische Ernährung (z. B. energie- und eiweißreiche Aufbaukost, zusätzlich nährstoffdefinierte Formeldiät als Trinknahrung) zu empfehlen. Daneben müssen das Flüssigkeits- und Elektrolytdefizit ausgeglichen und ggf. ein Folsäure- und Eisenmangel beseitigt werden. Es kann sogar eine Sondenkost (ggf. durch PEG) oder parenterale Ernährung erforderlich sein. Diätetische Technik und Kostaufbau entsprechen dabei derjenigen einer Verbrennungskrankheit (s. Kap. 37).

Ulzera und Wundheilung

Ernährungstherapie

Empfehlungen zur therapeutischen Gabe bestimmter Mineralien und Vitamine zur Verbesserung der Wundheilung stammen aus Beobachtungen von Wundheilungsstörungen bei entsprechenden Mangelzuständen. Liegen dagegen keine Defizite vor, gibt es offenbar keine Vorteile bei einer zusätzlichen Gabe. Sinnvoll erscheint es Proteine, Vitamin A, C, K, Zink, Kupfer, Eisen und essenzielle Fettsäuren bei allgemeiner Mangelernährung zu verabreichen. Es wurde auch empfohlen, bei schweren Traumata und Wunden Vitamin C (1–2 g/24 h) und Vitamin A (25.000 IE/24 h) zu substituieren, Zink sollte bei Zinkmangel substituiert werden (Alkoholismus, Acrodermatitis enteropathica).

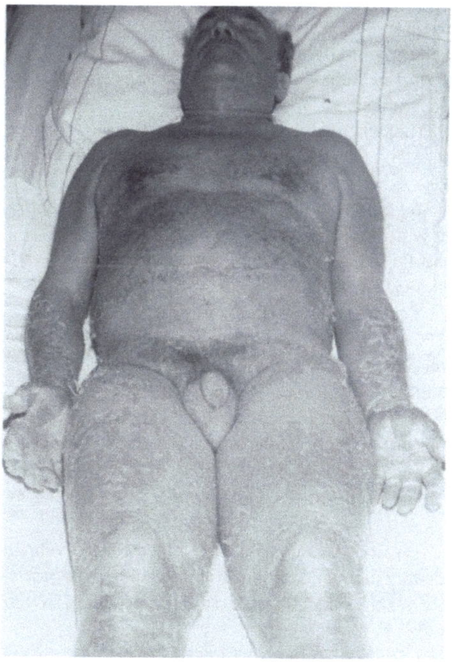

▣ Abb. 55-10. Psoriatische Erythrodermie: generalisierte Hautrötung und Schuppung. (Farbige ▣ Abb. siehe S. 933)

55.2.15 Lichtdermatosen

Unter Lichtdermatosen fasst man mehrere entzündliche Dermatosen zusammen, denen die Auslösung durch UV-A- und/oder UV-B-Strahlen gemeinsam ist, u. a. die polymorphe Lichtdermatose oder die Hydroa vacciniformia.

Ätiologie, Klinik und Therapieprinzip

Bei der polymorphen Lichtdermatose treten an den lichtexponierten Arealen nach stärkerer Lichteinwirkung v. a. im Frühjahr Eruptionen von Papeln, Papulovesikeln, Plaques oder Seropapeln auf. Die Diagnostik erfolgt durch eine Photoprovokationstestung. Bei der Hydroa vacciniformia treten ab der frühen Kindheit nach UV-Exposition v. a. an Nasenrücken und Wangen Bläschen/Blasen auf gerötetem Grund, später auch hämorrhagische Krusten und varioliforme Narben auf. Die Diagnostik erfolgt klinisch, histologisch, ggf. durch Phototestung. Therapeutisch ist bei beiden Erkrankungen ein konsequenter Lichtschutz erforderlich. Bei der polymorphen Lichtdermatose kann auch ein UV-Hardening erfolgen.

Ernährungstherapie

ω-3-Fettsäuren werden zu Leukotrienen der 3er- und 5er-Serie metabolisiert. Das Leukotrien B5 besitzt nur etwa 10% der proinflammatorischen Potenz des von den ω-6-Fettsäuren abgeleiteten Leukotriens B4. Deshalb wurden diese Fettsäuren bei entzündlichen Dermatosen (s. oben) eingesetzt, um die Entzündungen günstig zu beeinflussen (s. oben; [11]). Offenbar gelingt dies auch bei UV-Licht induzierten Reaktionen. Durch die orale Gabe von vielfach ungesättigten ω-3-Fettsäuren sollen die Sonnenbrandreaktion im UV-B-Bereich sowie die akute PUVA-Toxizität vermindert werden [31]. Auch die UV-Sensitivität und Auslösbarkeit einer polymorphen Lichtdermatose wurde durch eine entsprechende Diät mit Fischöl vermindert [30]. Selbst bei Patienten mit Hydroa vaccinifomia wurde die Lichtsensitivität gegenüber UVA und/oder UVB durch eine Diät reich an ω-3-Fettsäuren (Fischöl) gebessert, bei 2/3 der Patienten besserte sich auch das klinische Bild [32].

55.2.16 Prophylaxe von Hauttumoren

Nach Befunden in Zellkulturen bzw. Tierexperimenten soll die Gabe von β-Karotin und Selen die Karzinominzidenz der Haut vermindern. Beim Menschen liegen bisher aber keine eindeutigen Studien vor, die eine Verminderung der Inzidenz von Neoplasien der Haut durch eine entsprechende Einnahme belegen [28]. Auch die Melanominzidenz wurde durch eine Supplementierung mit Vitamin E, Vitamin A, Karotin oder Vitamin D nicht vermindert [4].

Literatur

1. Allen BR (1991) Fish oil in combination with other therapies in the treatment of psoriasis. In: Simopoulos AP, Martin RE, Barlow SM (eds) Health effects of δ-3 polyunsaturated fatty acids in seafoods.: World Rev Nutr Diet 436–445
2. Allen BR (2000) Skin, hair and nails. In: Garrow JS, James WPT, Ralph A (eds) Human nutrition and dietetics, 10th edn. Churchill Livingstone, Edingburgh New York, pp 732–746
3. Antico A, Soana R (1999) Chronic alergic-like dermatopathies in nickel-sensitive patients. Results of dietary restrictions and challenge with nickel salts. Allergy Asthma Proc 20: 235–242
4. Bain C, Green A, Siskind V, Alexander J, Harvey P (1993) Diet and melanoma. An exploratory case-control study. Ann Epidemiol 3: 235–238
5. Braun-Falco O, Plewig G, Wolff HH (1995) Avitaminosen und Hypervitaminosen. In: Braun-Falco O, Plewig G, Wolff HH (Hrsg) Dermatologie und Venerologie, Bd 4. Springer, Berlin Heidelberg New York Tokio, S 1219–1230
6. Braun-Falco O, Plewig G, Wolff HH (1995) Ernährungs- und Stoffwechselstörungen. In: Braun-Falco O, Plewig G, Wolff HH (Hrsg) Dermatologie und Venerologie, Bd 3. Springer, Berlin Heidelberg New York Tokio, S 1213–1218
7. Camp RDR (1988) Role of arachidonic acid metabolites in psoriasis and other skin diseases. In: Lewis A, Ackerman N, Otterness Ie (eds) New perspectives in antiinflammatory therapies. Raven, New York, (Advances in inflammation research, vol 12, pp 163–172)
8. Collier PM, Ursell A, Zaremba K et al. (1993) Effect of regular consumption of oily fish compared with white fish on chronic plaque psoriasis. Eur J Clin Nutr 47: 251–254
9. Fuglsang G, Madsen C, Saval P, Osterbale O (1993) Prevalence of intolerance to food additives among Danisch school children. Pediatr Allergy Immunol 4: 123–129
10. Garioch JJ, Lewis HM, Sargent SA, Leonard JN, Fry L (1994) 25 years' experience of a gluten-free diet in the treatment of dermatitis herpetiformis. Br J Dermatol 131: 541–545
11. Grimble RF, Tappia PS (1998) Modulation of pro-inflammatory cytokine biology by unsaturated fatty acids. Z Ernährungswiss 37: S57–S65
12. Grimminger F, Mayser P, Papavassilis C et al. (1993) A double-blind, randomized, placebo-controlled trial of ω-3 fatty acid based lipid infusion in acute, extended guttate psoriasis. Rapid improvement of clinical manifestations and changes in neutrophil leukotriene profile. Clin Investig 71: 634–643
13. Guida B, De martino CD, De Martino SD et al. (2000) Histamine plasma levels and elimination diet in chronic idiopathic urticaria. Eur J Clin Nutr 54: 155–158
14. Horrobin DF (1993) Fatty acid metabolism in health and disease: the role of delta-6-desaturase. Am J Clin Nutr 57: 732 S–736 S
15. Isolauri E, Tahvanainen A, Peltola T, Arvola T (1999) Breast-feeding of allergic infants. J Pediatr 134: 27–32
16. Kerscher MJ, Korting HC (192) Treatment of atopic eczema with evening primrose oil: rationale and clinical results. Clin Investig 70: 167–171
17. Lever R, MacDonald C, Waugh P, Aitchison T (1998) Randomised controlled trial of advice on an egg exclusion diet in young children with atopic eczema and sensitivity to eggs. Pediatr Allergy Immunol 9: 13–19
18. Lewis HM, Renaula TL, Garioch JJ et al. (1996) Protective effect of gluten-free diet against development of lymphoma in dermatitis herpetiformis. Br J Dermatol 135: 363–367
19. Marini A, Agosti M, Motta G, Mosca F (1996) Effects of a dietary and environmental prevention programme on the incidence of allergic symptoms in high atopic risk infants: three years' follow-up. Acta Paediatr Suppl 414: 1–21
20. Marks R, Foley PA et al. (1995) The effect of regular sunscreen use on vitamin D levels in an Australian population. Arch Dermatol 131: 415–421
21. Mayser P, Mrowietz U, Arenberger P et al. (1998) ω-3 fatty acid-based lipid infusion in patients with chronic plaque psoriasis: results of a double-blind, randomized, placebo-controlled, multicenter trial. J Am Acad Dermatol 38: 539–547
22. Meigel W, Dettke T, Meigel EM, Lenze U (1987) Additional oral therapy of atopic dermatitis with unsaturated fatty acids. Z Hautkrankh 62: S100–S103
23. Meinhof W (1995) Intestinale Kolonisierung mit Candida albicans und seine Effekte auf chronisch entzündliche Dermatosen. Hautarzt 46: 525–527
24. Melnik G, Plewig G (1989) Ein neues Konzept zur Ätiopathogenese und Prävention der atopischen Dermatitis. Hautarzt 40: 685–692
25. Michaelsson G, Gerden B, Hagforsen E et al. (2000) Psoriasis patients with antibodies to gliadin can be improved by a gluten-free diet. Br J Dermatol 142: 44–51
26. Morse PF, Horrobin DF, Manku MS et al. (1989) Meta-analysis of placebo-controlled studies of the efficacy of Epogam in the treatment of atopic eczema. Releationship between plasma essential fatty acid changes and clinical response. Br J Dermatol 121: 75–90
27. Prottey C (1976) Essential fatty acids and the skin. Br J Dermatol 94: 579–587
28. Rackett SC, Marti JR, Grant-Kels JM (1993) Diet and dermatology. The role of dietary manipulation in the prevention and treatment of cutaneous disorders. J Am Acad Dermatol 29: 447–461
29. Reunala T, Collin P, Holm K et al. (1998) Tolerance to oats in dermatitis herpetiformis. Gut 43: 490–493
30. Rhodes LE, Durham BH, Fraser WD, Friedmann PS (1995) Dietary fish oil reduces basal and ultraviolet B-generated PGE2 levels in skin and increases the threshold to provocation of polymorphic light eruptions. J Invest Dermatol 105: 532–535
31. Rhodes LE, O'Farrell S, Jackson MJ, Friedmann PS (1994) Dietary fish-oil supplementation in humans reduces UV-B erythemal sensitivity but increases epidermal lipid peroxidation. J Invest Dermatol 103: 151–154
32. Rhodes LE, White SI (1998) Dietary fish oil as a photoprotective agent in hydroa vacciniforme. Br J Dermatol 138: 173–178
33. Rösch W (1996) Pilze im Stuhl, Pilze im Darm – Therapeutische Konsequenzen? Versicherungsmedizin 48: 215–217
34. Rose C, Zillikens D (2000) Antikörper gegen Gewebstransglutaminase als serologischer Marker bei Dermatitis herpetiformis Duhring. Hautarzt 51: 387–389
35. Sollvoll K, Soylande E, Sandstad B, Drevon CA (2000) Dietary habits among patients with atopic dermatitis. Eur J Clin Nutr 54: 93–97
36. Soyland E, Funk J, Rajka G, al. e (1994) Dietary supplementation with very long chain ω-3 fatty acids in patients with atopic dermatitis. A double blind multicentre study. Br J Dermatol 130: 757–764
37. Van de Kerkhof PC (1995) Biological activity of vitamin D analogues in the skin, with special reference to antipsoriatic mechanisms. Br J Dermatol 132: 675–682
38. Vermeer BJ, Van Gent CM, Goslings B, Polano MK (1979) Xanthomatosis and other clinical findings in patients with elevated levels of very low density lipoproteins. Br J Dermatol 100: 657–666
39. Wantke F, Gotz M, Jarisch R (1993) Histaminfreie Diät. Hautarzt 44: 512–516
40. Weig M, Werner E, Frosch M, Kasper H (1999) Limited effect of refined carbohydrate dietary supplementation on colonization of the gastrointestinal tract of healthy subjects by Candida albicans. Am J Clin Nutr 69: 1170–1173
41. Worm M, Ehlers I, Sterry W, Zuberbier T (2000) Clincial relevance of food additives in adult patients with atopic dermatitis. Clin Exp Allergy 30: 407–414
42. Zuberbier T, Chantraine-Hess S, Hartmann K, Czarnetzki BM (1995) Pseudoallergen-free diet in the treatment of chronic urticaria. A prospective study. Acta Dermatol Venereol 75: 484–487

Nahrungsmittelunverträglichkeit und Nahrungsmittelallergie

F. Wolter, S.C. Bischoff

Nahrungsmittelallergien sind Erkrankungen, die durch immunologisch vermittelte, entzündliche Reaktionen auf Nahrungsmittelproteine bei individuellen Personen zustande kommen. Es werden IgE-vermittelte von anderen immunologisch vermittelten Nahrungsmittelallergien unterschieden. Sie können sich an verschiedenen Organen (Haut, Schleimhaut des Respirations- bzw. Verdauungstrakts, Kreislaufsystem) manifestieren. Der Mechanismus der gastrointestinalen Nahrungsmittelallergie ist nicht exakt bekannt. Nahrungsmittelallergien müssen von den weitaus häufiger auftretenden, nicht immunologisch vermittelten *Nahrungsmittelintoleranzen* abgegrenzt werden. Diese umfassen sowohl Enzymmangel bzw. -defekte (z. B. *Laktoseintoleranz*) als auch Überempfindlichkeitsreaktionen sensibler Personen auf pharmakologisch wirksame Nahrungsmittelbestandteile.

56.1 Nahrungsmittelallergie

56.1.1 Vorkommen

Die *Prävalenz der Nahrungsmittelallergie* wird bei Erwachsenen mit 1–2% [37, 48] niedriger geschätzt als bei Kindern, von denen etwa 2–4% an Nahrungsmittelallergien leiden [8, 24]. Die niedrigere Prävalenz bei Erwachsenen kommt dadurch zustande, dass einige Allergien, insbesondere die bei Kindern häufige Kuhmilchallergie, nach einigen Jahren gelegentlich in einen asymptomatischen Verlauf übergehen können.

Etwa 1/3 der Nahrungsmittelallergiker leiden an gastrointestinalen Symptomen [48]. Diese Zahlen wurden in Industrieländern wie USA und England erhoben. Es wurde wiederholt in Studien gezeigt, dass etwa 20–40% aller Erwachsenen glauben, dass ihre Beschwerden auf Nahrungsmittelunverträglichkeiten zurückzuführen seien [37, 48]. Dies lässt sich in nur wenigen Fällen mit objektiven diagnostischen Methoden bestätigen, wie die epidemiologischen Zahlen andeuten. Dennoch muss die intestinale Nahrungsmittelallergie als häufige Erkrankung verstanden werden, deren Prävalenz etwa 10-mal höher liegt als die der chronisch-entzündlichen Darmerkrankungen (z. B. Morbus Crohn [in Deutschland 40 Fälle pro 100.000 Einwohner], Colitis ulcerosa [50–80 Fälle pro 100.000 Einwohner]; [40, 41].)

Besonders häufig treten Nahrungsmittelallergien bei Atopikern (z. B. bei atopischer Dermatitis, allergischer Rhinitis, und/oder Asthma) auf. Die Vergleichbarkeit verschiedener epidemiologischer Studien wird durch den Umstand eingeschränkt, dass die Diagnostik der Nahrungsmittelallergien uneinheitlich ist. Eine *Ursache* für die Zunahme der Nahrungsmittelallergien könnte die *steigende Zahl von Pollenallergikern* in Europa und des mit Pollenallergien assoziierten oralen allergischen Syndroms (OAS) sein, welches häufig durch kreuzreagierende Nahrungsmittelallergene wie Kernobst induziert wird. Von dieser Allergie sind 23–80% der Birkenpollenallergiker betroffen [13, 29]. Das OAS kann aber auch bei Beifußpollen-, Gräserpollen-, Getreidepollen- und Naturlatexallergikern auftreten (*Abb. 56-1*; [12, 29]).

Die Epidemiologie verwandter Erkrankungen wie beispielsweise der *eosinophilen Enteritis* ist nicht bekannt. Es handelt sich dabei um ein seltenes Krankheitsbild, das histologisch durch die Akkumulation von eosinophilen Granulozyten in der Darmschleimhaut gekennzeichnet ist. Als Auslöser der Erkrankung werden allergische Reaktionen, aber auch okkulte Parasitosen diskutiert. Die Ätiologie der Erkrankung ist nicht klar [28, 33].

56.1.2 Ätiologie und Pathogenese

Aus noch unbekannten Gründen entwickeln nur Personen mit einer genetisch determinierten Prädisposition eine Allergie. Die genetischen Veränderungen, die zu einer solchen Prädisposition führen, konnten bislang nicht definiert werden. Vermutlich spielen daneben Umweltfaktoren, Störungen der gastrointestinalen Barriere und psychische Alterationen eine entscheidende Rolle. Aufschlussreich waren hierzu vergleichende Untersuchungen in Ost- und Westdeutschland, v. a. im Hinblick auf den unterschiedlichen Lebensstil vor der Wiedervereinigung (1990).

Insgesamt ist die Prävalenz allergischer Erkrankungen in den neuen Bundesländern geringer. Seit der Wende steigt jedoch die Anzahl von Allergikern. Diskutiert werden unter anderem Einflussfaktoren wie Luftverschmutzung durch Autoverkehr oder unterschiedlicher Lebensstil (Besuch von Kinderkrippen, Art der Heizung etc.). Für Deutschland gilt insgesamt, dass Allergien in den unteren sozialen Schichten seltener auftreten als in höheren sozialen Schichten. Auch eine positive Korrelation zwischen der Wohnortgröße und der Häufigkeit von Allergien konnte festgestellt werden, wobei unklar ist, inwieweit diese Unterschiede durch die soziale Schichtzugehörigkeit bedingt sind [17].

Anders als früher angenommen scheint die Exposition von Säuglingen gegenüber Haustieren einen eher protektiven Effekt auf die Entwicklung atopischer Erkrankungen auszuüben [27].

Der allergischen Reaktion muss eine Sensibilisierungsphase vorausgehen, in der der Kontakt mit Nahrungsmittelprotein keine Symptome auslöst, aber eine spezifische Antigenerkennung induziert. In der Folge kann es zu einer vermehrten Bildung von antigenspezifischen, anaphylaktogenen Antikörpern (IgE) bzw. T-Lymphozyten (T_2-Typ) kommen, die im peripheren Blut oder lokal im Gewebe nachweisbar sind. Das vorwiegend an Mastzellen und basophilen Granulozyten gebundene IgE bzw. die T-Zell-Rezeptoren der T_2-Lymphozyten dienen als antigenerkennende Moleküle, die die entsprechenden Zellen aktivieren und die allergische Entzündungsreaktion auslösen können (*Abb. 56-2*).

Erste Voraussetzung für eine orale Sensibilisierung gegen Nahrungsmittel ist die *Resorption* von immunogenen Makromolekülen durch die Darmschleimhaut. Die intestinale Resorption von Makromolekülen beginnt beim gestillten Neugeborenen mit der Aufnahme von Immunglobulinen

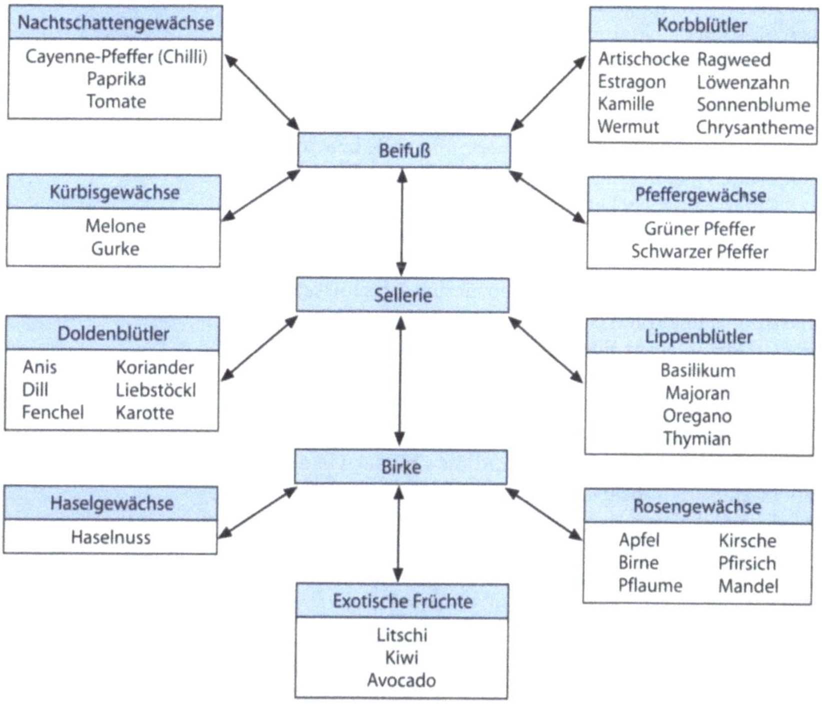

Abb. 56-1. Pollenassoziierte Nahrungsmittelallergien. Häufig auftretende Kreuzreaktionen gegen Lebensmittel nach Pollensensibilisierung. (Mod. nach [20])

aus der Muttermilch und setzt sich das ganze Leben über fort. Vermutlich werden die Makromoleküle über M-Zellen (»microfolded« oder »membranous epithelial cells«), das sind für Resorptionsaufgaben spezialisierte Darmepithelzellen, aufgenommen und direkt oder über antigenpräsentierende Zellen den intestinalen *Lymphozyten* präsentiert. In den benachbarten mukosalen Lymphfollikeln findet daraufhin die Bildung von Antikörpern statt, in erster Linie von *sekretorischem IgA* (80%), das ins Darmlumen sezerniert wird und hier als Schleimhautschutz fungiert [39].

Die *IgE*-Produktion ist normalerweise verschwindend gering (<1%). Beim gesunden Menschen werden regelmäßig auch Antikörper vom *IgG*-Typ gegen Nahrungsmittelproteine gebildet, denen bisher kein eindeutiger Krankheitswert zugeschrieben werden konnte. Diese im Blut nachweisbaren Immunglobuline sind wahrscheinlich eher Ausdruck der ständigen immunologischen Auseinandersetzung des Organismus mit Fremdproteinen, zu denen auch Nahrungsmittelproteine gehören. Wenn das Gleichgewicht dieser Vorgänge aus bisher noch ungeklärten Gründen gestört wird, kann es zur Entwicklung einer abnorm erhöhten IgE-Bildung und damit zur allergischen Sensibilisierung kommen [3].

Neben der *IgE-abhängigen* Reaktion, die durch *Mastzellen* vermittelt wird, könnten andere immunologische Reaktionsformen bei der intestinalen Allergie eine Rolle spielen. Es wurde beispielsweise gezeigt, dass *IgG-Immunkomplexe* und insbesondere *T-Zellreaktionen* zu einer verzögerten Überempfindlichkeitsreaktion führen können [15]. Schließlich kann der IgE-abhängigen Typ-I-Sofortreaktion eine Spätreaktion folgen, die durch eine Infiltration des Gewebes mit basophilen und eosinophilen Granulozyten sowie T-Lymphozyten gekennzeichnet ist. In der Tat treten allergische Reaktionen des Intestinaltrakts auf Nahrungsmittel häufig mit einer Latenz von mehreren Stunden auf. Ob solche Reaktionen T-Zell-vermittelt sind, ist derzeit nicht hinreichend geklärt.

Die Schleimhaut des Magen-Darm-Trakts stellt neben Lunge und Haut eine der größten Resorptionsflächen des Körpers dar. Durch ihre Funktion der Nahrungsaufnahme ist sie auch prädestiniert für die Aufnahme von potentiellen Allergenen und anderen pathogenen Substanzen. Dem steht ein ausgedehntes lokales *Immunsystem* gegenüber, das in der Regel eine effektive *Barriere* darstellt, aber auch die potentielle Gefahr überschießender Reaktionen birgt. Das intestinale Immunsystem ist in besonderer Weise zu *Toleranzreaktionen* befähigt, ohne die der tägliche Kontakt des Körpers mit Nahrungsmitteln und anderen exogenen Proteinen nicht möglich wäre. Der Mechanismus der »*oralen*« bzw. »*intestinalen Toleranz*« ist derzeit weitgehend unklar. Es wird vermutet, dass

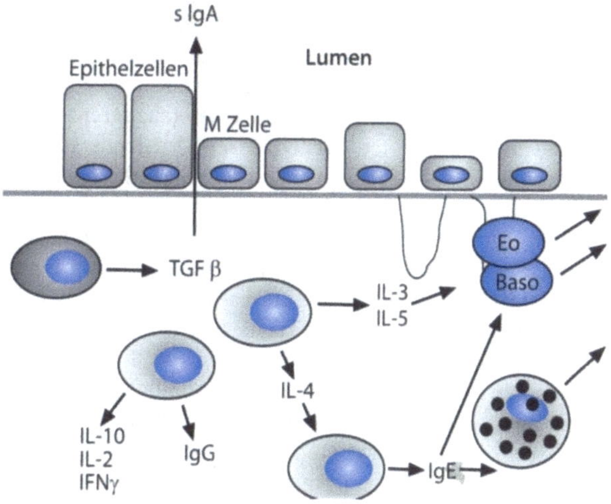

Abb. 56-2. Vorstellungen zur Pathogenese der allergischen Entzündung im Gastrointestinaltrakt. Erläuterungen im Text. Baso basophile Granulozyten; Eo eosinophile Granulozyten, Ig Immunglobulin; IL Interleukin; INF Interferon; TGF »transforming growth factor«. (Mod. nach [4])

die Art der Antigenpräsentation und das Spektrum der ausgeschütteten Zytokine entscheiden ist, ob die immunologische Auseinandersetzung des Darmes mit einem Antigen zur Toleranz oder zur krankhaften Entzündung führt. Während die Zytokine IL-4 und IL-5 die allergische Entzündung propagieren, wird IL-10 und TGF-β eine supprimierende bzw. toleranzfördernde Wirkung zugeschrieben.

Untersuchungen haben gezeigt, dass die Permeabilität des Darms für Antigene nach Gastroenteritiden und bei Kindern erhöht ist. Dies könnte im Zusammenhang mit einem bei Kindern häufig unreifen mukosaassoziierten Immunsystem des Gastrointestinaltrakts stehen, was letztlich zu einem Verlust der oralen Toleranz führt und die Entstehung einer Allergie begünstigt.

Allergene sind zumeist komplexe wasserlösliche Glykoproteine (Molekulargewicht meist über 10.000–60.000), die teilweise hitze- und säurestabil sind. Sie sind dazu in der Lage, allein eine Immunantwort auszulösen. Dagegen können die niedermolekularen Haptene, zu denen auch einige Nahrungsmittelzusatzstoffe gehören, erst nach Koppelung an einen makromolekularen Carrier in antigenpräsentierende Zellen aufgenommen werden.

Die *pollenassoziierte Nahrungsmittelallergie* bzw. das OAS beruhen auf einer Kreuzreaktion zwischen Nahrungsmittel und Pollen. Der Mechanismus dieser Reaktion beruht darauf, dass die Epitope, gegen die sich die spezifischen IgE-Antikörper des Pollenallergikers richten, eine Strukturhomologie zu Proteinen anderer Pflanzen aufweisen können. Da diese Proteine im Vergleich zu anderen Nahrungsmittelallergenen gegenüber dem Abbau durch Verdauungsenzyme vielfach empfindlicher sind, lösen sie nur selten Symptome außerhalb des oropharyngealen Bereichs aus [29].

56.1.3 Klinik

Das klinische Bild der Nahrungsmittelallergie, die sich am Gastrointestinaltrakt manifestiert, hängt von der Lokalisation des Krankheitsbildes ab (*Tabelle 56-1*).

Die *Kuhmilch* ist bei Kindern und Erwachsenen ein häufiges Nahrungsmittelallergen, gefolgt von Nüssen, Getreide, Ei, Gewürzen, Fisch, Fleisch und Steinobst. Gelegentlich kann es zu Allergien gegenüber Lebensmittelzusatzstoffen kommen, die aus nativem Material hergestellt werden (abzugrenzen von den chemisch evozierten Pseudoallergien). Hierzu gehören z. B. die pflanzlichen Verdickungsmittel Traganth (E413) und Guar (E412).

Das *Zeitintervall* zwischen Nahrungsaufnahme und Beginn der Beschwerden ist variabel und bei gastrointestinalen Allergien in der Regel um so länger, je distaler die Abschnitte des Magendarmtrakts liegen, die befallen sind. Dadurch wird die klinische Zuordnung der Symptome zu bestimmten Mahlzeiten und Nahrungsmitteln in der Praxis häufig äußerst schwierig. Während es sich beim *oralen Allergiensyndrom* mit Schwellung der Lippen und Jucken der Mund-Rachen-Schleimhaut meist um eine IgE-vermittelte Sofortreaktion handelt, die in aller Regel leicht zu diagnostizieren ist, bleibt der Mechanismus der verzögert auftretenden, die unteren Darmabschnitte betreffenden nahrungsmittelabhängigen Beschwerden nicht selten unbekannt. Erschwerend

Tabelle 56-1. Symptome der Nahrungsmittelallergie. (Mod. nach [4])

Orales Allergiesyndrom	Lippenschwellung Rachenschleimhautschwellung Larynxödem, Angioödem
Oberer Gastrointestinaltrakt	Epigastrische Beschwerden Übelkeit, Erbrechen
Unterer Gastrointestinaltrakt	Flatulenz, Bauchkrämpfe Diarrhö/Obstipation Malassimilation Okkulte Blutungen
Hals-Nasen-Ohren-Bereich	Rhinitis, Bronchospasmen Seröse Otitis media, Asthma
Haut	Atopisches Ekzem, Urtikaria Dermatitits, Angioödem
Nervensystem	Kopfschmerzen, Reizbarkeit Migräne, Depression
Kreislaufsystem	Hypotonie, Tachykardie Anaphylaktischer Schock
Augen	Konjunktivitis
Blut	Anämie, Eosinophilie Thrombozytopenie

tritt hinzu, dass die permanente Zufuhr eines Nahrungsmittelallergens zu einer chronischen Entzündungsreaktion der Darmschleimhaut führen kann, deren Symptome mehrere Tagen anhalten können.

In einigen Fällen entwickeln Patienten nur dann Symptome, wenn sie 2–4 h nach Allergenaufnahme Sport treiben. Die hierfür typischen Symptome umfassen Urtikaria, Angioödeme und den lebensbedrohlichen anaphylaktischen Schock [35].

56.1.4 Diagnostik

Der unklare klinische Stellenwert von Nahrungsmittelallergien ist zu einem wesentlichen Teil auf die Unsicherheiten in der Diagnostik zurückzuführen. Die Diagnostik von Nahrungsmittelallergien, speziell der intestinalen Form, ist einerseits eine Auschlussdiagnose, kann aber andererseits durch die Kombination verschiedener diagnostischer Verfahren auf einer objektiven Basis weitgehend gesichert werden. *Abbildung 56-3* zeigt einen Algorhithmus als Vorschlag zum diagnostischen Vorgehen bei Verdacht auf intestinale Nahrungsmittelallergie [4].

Der *Anamnese* kommt ein besonders hoher Stellenwert zu, da verlässliche Laborparameter, die die Nahrungsmittelallergie sichern bzw. ausschließen, nicht zur Verfügung stehen. Ziel der Anamnese ist es zu eruieren, welche Nahrungsmittel welche Symptome auslösen, ob ein zeitlicher bzw. kausaler Zusammenhang zwischen Symptomen und Nahrungsmittel wahrscheinlich ist und ob eine atopische Diathese vorliegt.

Labordiagnostik

Die intestinale Form der Nahrungsmittelallergie erfordert eine umfassende *gastroenterologische Diagnostik* zur Erfas-

■ **Abb. 56-3.** Algorithmus zur Diagnostik von Nahrungsmittelallergien des Gastrointestinaltrakts. Erläuterungen im Text. RAST Radioallergosorbenttest. (Mod. nach [4])

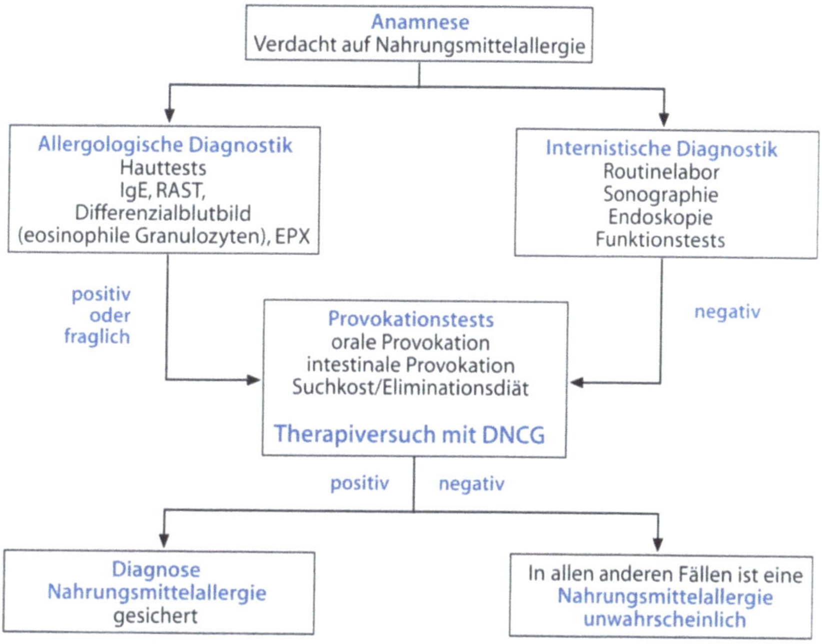

sung der Lokalisation und des Schweregrads der Entzündung, aber auch zum Ausschluss anderer gastroenterologischer Erkrankungen, die mit ähnlicher Beschwerdesymptomatik einhergehen können (z. B. chronisch-entzündliche Darmerkrankungen, infektiöse Darmerkrankungen, aber auch Darmtumoren etc., schließlich Laktoseintoleranz, Sprue/Zöliakie und andere verwandte Erkrankungen). Die Auswahl der diagnostischen Maßnahmen hängt von dem klinischen Bild der Erkankung ab.

Die *allergologische Diagnostik* umfasst Hauttests, Laborbestimmungen (Messung von IgE, spezifischem IgE = RAST und Entzündungsmediatoren) sowie Provokationsverfahren. Über die Eignung der klassischen allergologischen Verfahren (Hauttests, RAST) für die Diagnostik gastrointestinaler Allergien liegen wenig Daten vor, zumal die Verlässlichkeit beider Tests vom nachzuweisenden Allergen und vom Schockorgan abhängig sind.

Der (Haut-)Pricktest mit käuflichen Allergenlösungen ist häufig zu wenig aussagekräftig. Hierbei werden zumeist isolierte Proteine in wässriger Lösung auf die Haut getropft. An dieser Stelle wird mit einer speziellen Lanzette die Haut perforiert (■ *Abb. 56-4*). Gelegentlich findet deshalb die *Prick-zu-Prick-Technik* Anwendung, bei der die Pricknadel zuerst in das native Lebensmittel und dann in die Haut eingestochen wird. Bei Patienten mit atopischer Dermatitis kann das Aufreiben nativen Materials auf die Haut (sog. »Epikutantestung« oder engl. »atopy patch test«) häufig befriedigende Ergebnisse liefern [34].

> Die Ausbildung urtikarieller Quaddeln gilt als Nachweis für eine Allergie.

Positive Tests zeigen eine Sensibilisierung an, d. h. ein vermehrtes Vorhandensein von spezifischem IgE, können jedoch eine klinisch relevante Nahrungsmittelallergie weder beweisen noch ausschließen. Der Nachweis einer Sensibilisierung gegen Nahrungsmittelproteine im Hauttest oder mittels RAST spricht für die Verdachtsdiagnose Nahrungsmittelallergie, ohne sie zu belegen; der fehlende Nachweis schließt die Diagnose nicht aus. Schließlich muss bedacht werden, dass die intestinale Nahrungsmittelallergie nicht notwendigerweise IgE-vermittelt sein muss.

> Der diagnostische Wert von IgG-Messungen ist nicht belegt.

Über den diagnostischen Wert von Zytotoxizitätstests und sublingualer und intradermaler Provokationen liegen keine Daten vor. Neuere Arbeiten konnten zeigen, dass der Messung von Entzündungsmediatoren aus eosinophilen Granulozyten (ECP, eosinophiles kationisches Protein; EPX, eosinophiles Protein X) im Blut und insbesondere im Stuhl ein diagnostischer Wert zukommt [7].

Ex adiuvantibus kann ein Therapieversuch mit DNCG (Dinatriumcromoglycat, z. B. Colimune, 4-mal 200 mg p.o. über 8 Wochen) durchgeführt werden. Stellt sich dabei eine

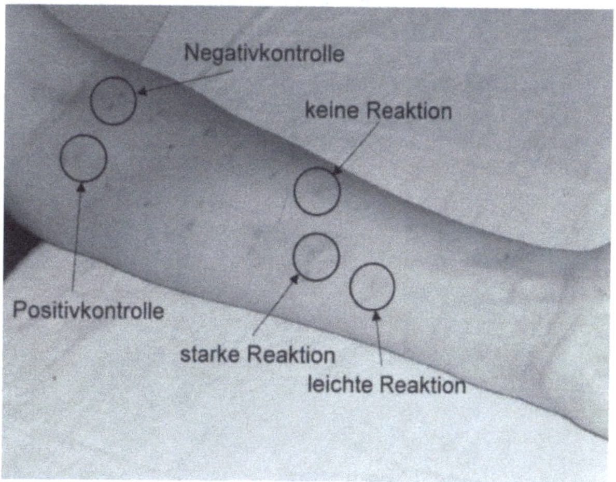

■ **Abb. 56-4.** Hautpricktest. Eine Quaddelbildung an der Einstichstelle weist auf eine mögliche Allergie hin. Als Positivkontrolle wird Histamin verwendet. (Farbige ■ Abb. siehe S. 934)

Besserung der klinischen Symptomatik ein, spricht dies ebenfalls für das Vorliegen einer gastrointestinalen Allergie.

Provokationsverfahren

Die *In-vivo-Provokation* mit verdächtigen Allergenen am betroffenen Organ unter kontrollierten Bedingungen gilt als *»golden standard«* zur Absicherung der Verdachtsdiagnose einer Nahrungsmittelallergie. Zunächst wurde die orale Provokation etabliert, die doppelblind und plazebokontrolliert durchgeführt werden sollte.

Der Vorteil des Tests besteht darin, dass er objektiv durchgeführt werden kann, weil Allergene und Plazebo in neutralen Kapseln zugeführt werden. Hierdurch können psychogene Einflüsse ausgeschlossen werden. Voraussetzung für die *In-vivo-Provokation* ist Symptomfreiheit zu Beginn des Tests, die durch eine mehrtägig durchzuführende oligoallergene Diät erreicht werden kann. Zusätzlich müssen *Antihistaminika und Kortikosteroide mindestens 2 Wochen* vor Beginn des Tests abgesetzt werden. Der Nachteil liegt im Zeitaufwand (unter stationären Bedingungen) und v. a. in einer schlecht definierten Zielgröße (z. B. Zunahme abdominaler Beschwerden, Exazerbation eines atopischen Ekzems etc.), deren zeitliche Erfassung variabel ist (Minuten bis Tage). Dies führt dazu, dass mit der oralen Provokation gerade bei intestinalen Allergien nur selten Ergebnisse erzielt werden können, was den Nutzen dieses Verfahrens also einschränkt.

Alternativ kann, ähnlich wie bei der bronchialen und nasalen Provokation, die gastrointestinale Schleimhaut direkt und unter Sicht mit dem Allergen konfrontiert werden. Ein solches Verfahren wurde sowohl für den *Magen*, als auch für den *Dickdarm* entwickelt. Bei der intragastralen Provokation unter endoskopischer Kontrolle (IPEC) werden lokal Allergene auf die Magenschleimhaut appliziert. Dabei wurden Ödembildung, Rötung und vaskuläre Permeabilitätssteigerung beobachtet. Die gastrale Provokation hat sich in der Praxis aufgrund von Schwierigkeiten bei der Etablierung als Routineverfahren nicht durchgesetzt [31, 32].

Der koloskopische Allergenprovokationstest (COLAP-Test) bietet die Möglichkeit, eine lokale, allergische Reaktion an der intestinalen Mukosa mit objektiven Mitteln nachzuweisen. Dazu werden wässrige Extrakte von Allergenen, die anhand von Anamnese und RAST ausgewählt wurden, im Rahmen einer Koloskopie in die Schleimhaut des Zökums i.m. appliziert. Im Fall einer positiven Reaktion kommt es innerhalb von 20 min zu einer Schwellung bzw. Rötung der Darmschleimhaut, die endoskopisch beobachtet werden kann, sowie zu einer Aktivierung intestinaler Mastzellen und eosinophiler Granulozyten (◘ *Abb. 56-5*). Die diagnostische Wertigkeit des COLAP-Tests wird derzeit mittels Langzeitstudien ermittelt [6].

Diätetische Verfahren

Diätetische Maßnahmen wie Allergensuchkost und Eliminationsdiät werden seit langem bei Patienten mit Verdacht auf intestinale Nahrungsmittelallergie eingesetzt. In der Praxis zeigen sich diese Verfahren als enorm zeitaufwendig, wobei nicht bei allen Patienten damit eindeutige Resultate erzielt werden können. Sinnvoll sind diätetische Diagnoseverfahren

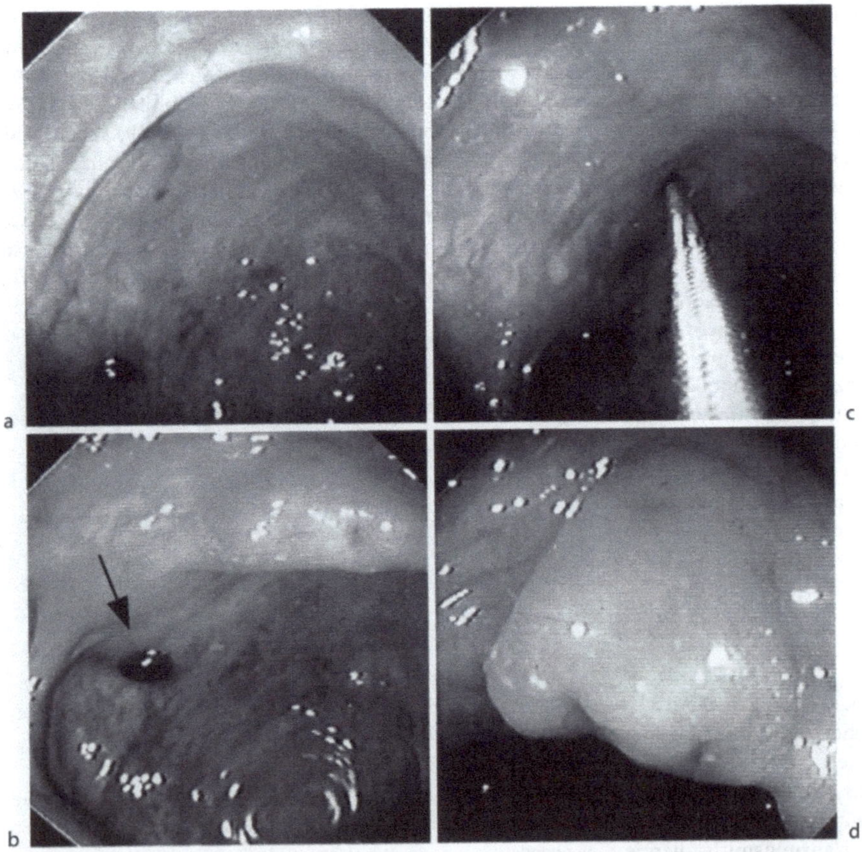

◘ **Abb. 56-5a–d.** Positiver COLAP-Test bei intestinaler Michproteinallergie. **a** Zökummukosa vor der Allergeninjektion; **b** Injektion des Milchproteins unter endoskopischer Kontrolle. **c** Einstichstelle direkt nach Injektion (s. Pfeil); **d** Einstichstelle nach 20 min Wartezeit. (Farbige ◘ Abb. siehe S. 934)

bei rasch auftretenden, leicht zu identifizierenden Symptomen (z. B. rasch auftretendes allergisches Ekzem). Nachteil des Verfahrens ist, dass psychische Einflüsse des Patienten im Gegensatz zur oralen Provokation im Doppelblindversuch nicht ausgeschlossen werden können.

Bei der *Additionskost* oder *Suchkost* muss zunächst über einige Tage eine *allergenarme Basisdiät* eingehalten werden. Bei dieser sind folgende Lebensmittel erlaubt:
- Reis, (Kartoffeln),
- Lammfleisch/Pute,
- Blumenkohl/Brokkoli,
- Margarine (milchfrei),
- Schwarzer Tee,
- Mineralwasser,
- Zucker/Salz.

Wichtig ist, dass auch bei diesem diagnostischen Verfahren bis zu 2 *Wochen vorher keine Antihistaminika oder Kortikoide* eingenommen werden dürfen. Im Abstand von einigen Tagen werden nach und nach die einzelnen Lebensmittelgruppen wieder in die Diät aufgenommen, bis es zur Ausbildung von Symptomen kommt. Dabei wird mit den am häufigsten verzehrten Lebensmitteln begonnen (*Tabelle 56-2*). Im Gegensatz dazu werden bei der *Eliminationsdiät* aufeinander folgend die am häufigsten Allergien auslösenden Lebensmittelgruppen aus der Diät ausgeschlossen, bis es zum Rückgang der Symptome kommt. Hierbei sollte nach folgender Reihenfolge vorgegangen werden:
- Genussmittel (Alkohol, Kaffee, Süßigkeiten, Zigaretten),
- konservierungsstoffhaltige Lebensmittel,
- Gewürze,
- Nüsse,
- Obst,
- Hülsenfrüchte,
- Fisch,
- Kuhmilchprodukte,
- Hühnereiprodukte,
- Fleisch,
- Getreideprodukte,
- Kartoffeln, Reis, Soja.

56.1.5 Differenzialdiagnostik

Die variable klinische Symptomatik, die schwierige Diagnostik, insbesondere die fehlenden Labortests zur Sicherung der Diagnose sowie die offenen Fragen zur Pathogenese der Erkrankungen machen es schwer, die intestinale Form der Nahrungsmittelallergie von anderen gastroenterologischen Erkrankungen abzugrenzen. Die Klinik erlaubt keine verlässliche Differenzialdiagnose zu anderen chronisch-entzündlichen oder infektiösen und tumorösen Darmerkrankungen. Auch hinsichtlich des histologischen Erscheinungsbildes gibt es Überlappungsbereiche, z. B. zur eosinophilen Gastroenteritis, zur Colitis ulcerosa, zum Morbus Crohn und zur Zöliakie. Deshalb ist es zur Sicherung der Diagnose »intestinale Nahrungsmittelallergie« unerlässlich, dass solche und andere in *Tabelle 56-3* aufgeführten Erkrankungen mittels gastroenterologischer und allergologischer Verfahren ausgeschlossen werden.

Tabelle 56-2. Stufenweises Vorgehen bei der Suchdiät. (Mod. nach [44])

Stufe	Lebensmittelgruppe
1 (1.–6. Tag)	Milch und Milchprodukte
2 (7.–15. Tag)	Getreide
3 (16.–19. Tag)	Hühnerfleisch und Hühnereier
4 (20.–23. Tag)	Nachtschattengewächse (Kartoffeln, Tomaten, Paprika)
5 (24.–27. Tag)	Fleisch
6 (28.–31. Tag)	Meerestiere
7 (32.–34. Tag)	Leguminosen
8 (35.–38. Tag)	Obst
9 (39.–42. Tag)	Gemüse

56.1.6 Therapie und Prävention

Erstes *therapeutisches Ziel* in der Behandlung der gesicherten Nahrungsmittelallergie ist die Elimination der Allergene, die Beschwerden auslösen.

> Die medikamentöse Therapie ist nur indiziert, wenn das auslösende Allergen nicht identifiziert oder nicht bzw. nicht vollständig eliminiert werden kann und ein relevanter Schweregrad der Erkrankung vorliegt.

Die medikamentöse und die diätetische Therapie schließen sich nicht aus, da auch eine partielle Elimination von weni-

Tabelle 56-3. Differenzialdiagnose »Nahrungsmittelallergie«. (Mod. nach [4])

A. Differenzialdiagnose »Nahrungsmittelunverträglichkeit«	
– Exogene Toxine	z. B. bakterielle Kontamination
– Enzymdefekte	z. B. Laktasemangel, Glukose-6-Phosphat-Dehydrogenase- (G-6-PDH-)Mangel
– Pseudoallergien	z. B. durch unspezifische Histaminliberatoren (Erdbeeren, Tomaten, Weinsorten)
	z. B. durch Nahrungsmittel mit hohem Gehalt an biogenen Aminen wie Histamin (in Sauerkraut), Serotonin (in Bananen) oder Tyramin (in Käsesorten, Schokolade)
	z. B. durch Nahrunsgmittelzusätze (Benzoesäure, Tartrazin, Salizylate, Glutamat)
B. Differenzialdiagnose »Intestinale Allergie«	
– Chronisch-entzündliche Darmerkrankungen	Morbus Crohn
	Colitis ulcerosa
	Einheimische Sprue
	Eosinophile Enteritis
– Infektiöse Darmerkrankungen	Bakterielle Gastroenteritis
	Parasitäre Darmerkrankungen
	Virale Darmerkrankungen
– Andere Darmerkrankungen	Kollagene Kolitis
	Porphyrie
	Dumpingsyndrom

gen »Hauptallergenen« zu einer wesentlichen Einsparung von Medikamenten (DNCG, Kortikosteroide, Loperamid etc.) führen kann. Als *»antiallergische« Medikamente* werden DNCG (s. oben) und Steroide (z. B. Prednisolon, Dosierung analog wie bei chronisch-entzündlichen Darmerkrankungen), neuerdings auch topische Steroide (z. B. Budesonid) für die Behandlung der gastrointestinalen Nahrungsmittelallergie eingesetzt (▣ *Tabelle 56-4*). Über die Wirksamkeit einer systemischen oder *oralen Hyposensibilisierung* bei Patienten mit gastrointestinalen Nahrungsmittelallergien liegen bisher kaum Erfahrungen vor. Im Gegensatz dazu führt eine Hyposensibilisierung von Baumpollenallergikern mit OAS in ca. 50% der Fälle zu einer Reduktion der oralen Symptomatik [16].

Bei Nahrungsmittelallergien kommt der *Prävention* eine bedeutende Rolle zu. Insbesondere das vollständige Stillen mit Muttermilch bis zum 4. Monat kann vorbeugend wirken. Liegt eine genetische Prädisposition seitens der Eltern vor, ist es empfehlenswert, besonders allergene Lebensmittel (z. B. Milch) so spät wie möglich in den Speiseplan des Säuglings einzuführen. Derartige diätetische Maßnahmen sollten allerdings nur nach ausreichender Aufklärung der Eltern durch geschultes Fachpersonal (z. B. Ernährungswissenschaftler/in oder Diätassistent/in) erfolgen, um der Entstehung von Mangelerscheinungen vorzubeugen.

> Nach neueren Erkenntnissen hat die Darmflora bei der Prävention der atopischen Dermatitis besondere Bedeutung. Bei einer in Finnland durchgeführten Studie wurde Säuglingen gleich nach der Geburt und zusätzlich ihren Müttern pränatal Lactobacillus GG verabreicht. Atopische Ekzeme traten in der Verumgruppe deutlich seltener auf als in der Plazebogruppe [22]. Auch Säuglinge, die bereits an atopischer Dermatitis erkrankt sind, profitieren von einer oralen Gabe dieses probiotischen Präparates [26].

Besonders im Kindesalter, aber auch beim Erwachsenen kann eine *Allergenkarenz* oder -reduktion zu einer *Toleranzentwicklung gegenüber dem Allergen* führen. Dies gilt insbesondere für Kuhmilchallergien, während andere Allergien, wie z. B. gegen Erdnuss, Nüsse, Fisch und Schalentiere, zumeist lebenslang bestehen bleiben. Sowohl Hauttests, aber gelegentlich auch spezifisches IgE weisen bei Patienten mit einer Toleranzentwicklung nach wie vor positive Ergebnisse auf [55].

Von Kindern mit einer früh diagnostizierten Kuhmilchallergie entwickeln ca. 90% mit einem IgE-Wert <10 kU/l bis zum 5. Lebensjahr eine Toleranz [36]. Aus diesem Grund sollte bei Kindern eine orale Provokation alle 1–2 Jahre und bei den oben genannten länger aktiven Allergenen alle 4–8 Jahre wiederholt werden. Es liegen keine Daten darüber vor, ob Patienten mit einer Toleranzentwicklung nach Wiedereinführung des betreffenden Allergens in die Diät per se dazu neigen, später erneut allergische Symtpome zu entwickeln. Zu beachten ist, dass die Allergene, gegen die seltener eine Toleranz entwickelt wird, häufig zu weitaus heftigeren Symptomen, wie dem anaphylaktischen Schock, führen können. Daher sollten orale Provokationstests mit diesen Lebensmitteln nur unter äußerster Vorsicht durchgeführt werden.

Diätfehler werden besonders bei *»Convenienceprodukten«* gemacht, da hier nicht immer alle Inhaltsstoffe deklariert sein müssen. Eine gastrointestinale Allergie kann auch zur Sensibilisierung der Atemwege führen. So kommt es bei Fischallergikern u. U. bereits nach dem Einatmen des Dampfes von gekochtem Fisch zu Rhinitis und Asthma.

> Einige Hühnereiallergiker reagieren allergisch auf Impfstoffe, die auf der Basis embryonierter Hühnereier oder Hühnerfibroblasten-Zellkulturen gewonnen wurden. Dies gilt insbesondere für FSME-, PCEC-Tollwut-, Influenza-, Masern-, Mumps- und Gelbfieberimpfstoffe. Sofern keine hühnereiweißfreien Impfstoffe erhältlich sind und die Impfung unbedingt erforderlich ist, empfiehlt es sich, die Impfung unter stationären Bedingungen durchzuführen [29].

56.2 Nahrungsmittelintoleranzen

56.2.1 Definition

Unter dem Terminus *Nahrungsmittelintoleranz* sind nichtimmunologisch vermittelte Reaktionen auf Nahrungsmittel zu verstehen. Die Europäische Akademie für Allergologie und klinische Immunologie (EAACI) hat 1995 eine Einteilung der ver-

▣ **Tabelle 56-4.** Medikamente zur symptomatischen Therapie bei Nahrungsmittelallergie

Medikament	Dosierung	Nebenwirkungen
Dinatrium cromoglicum (DNCG), (Colimune, Nalcrom)	3- bis 4-mal 100–400 mg/24 h (oral) mindestens 4–6 Wochen	Überempfindlichkeitsreaktionen
Ketotifen (Zaditen)	2-mal 1 mg/24 h	Zentrale Sedierung, Schwindel, Kopfschmerzen, Gewichtszunahme
Cetirizin (Zyrtec)	1-mal 10 mg/24 h	Sedierung, gelegentlich gastrointestinale Beschwerden, bei längerer Anwendung Appetitsteigerung, selten Cholestase
Loperamid (Imodium)	2-mal 2 mg/24 h	Insgesamt selten. Kopfschmerzen, Überempfindlichkeitsreaktionen, Obstipation, Blähungen, Müdigkeit, Benommenheit, Mundtrockenheit. In Einzelfällen Ileus, evtl. Förderung eines toxischen Megakolons
Prednisolon, (Prednisolon-ratiopharm, Decortin H)	0,5–1 mg/kgKG/24 h	Osteoporose, Infektanfälligkeit, Thromboseneigung, Katarakt, Glaukom
Budesonid (oral: Budenofalk, Enterocort)	1-mal 3 mg/24 h	

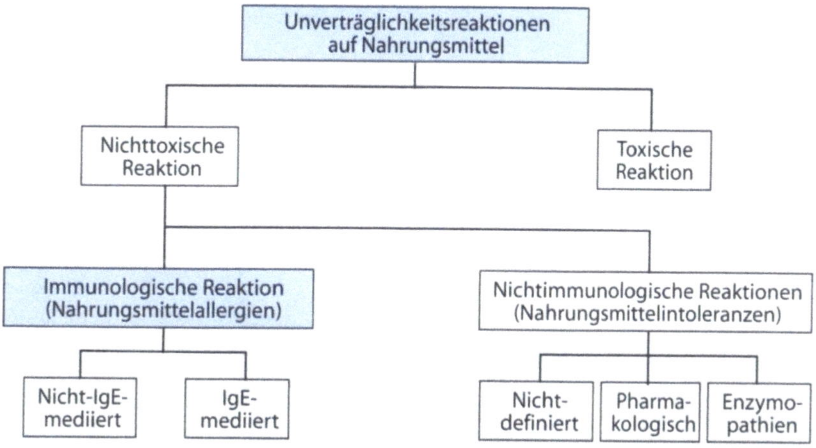

Abb. 56-6. Einteilung der Unverträglichkeitsreaktionen auf Lebensmittel. (Mod. nach den Empfehlungen der Europäischen Akademie für Allergologie und klinische Immunologie [9])

schiedenen Nahrungsmittelunverträglichkeiten nach pathogenetischen Gesichtspunkten vorgenommen (Abb. 56-6). Die Nahrungsmittelintoleranzen werden in Enzymopathien (z. B. Laktoseintoleranz), pharmakologische Reaktionen (z. B. durch Histamin verursacht) und Intoleranzen mit nicht definierten Ursachen eingeteilt. Zur letzten Gruppe werden auch die idiosynkratischen Reaktionen gezählt. Die idiosynkratischen Reaktionen umfassen alle durch *Lebensmittelzusatzstoffe* hervorgerufenen Mediatorfreisetzungen, die nicht durch das Immunsystem vermittelt werden. Diese Reaktionen werden häufig als *pseudoallergisch* oder auch als *anaphylaktoid* bezeichnet [9].

56.2.2 Vorkommen

Ebenso wie bei Nahrungsmittelallergien ist die Prävalenz der tatsächlich durch Intoleranzen gegenüber Nahrungsmitteladditiva Betroffenen weitaus geringer als die Anzahl derer, die in Befragungen angeben, unter einer solchen zu leiden. Die Prävalenz von Intoleranzen gegenüber Lebensmittelzusatzstoffen liegt in der Gesamtbevölkerung bei schätzungsweise 0,01%–0,23% [48]. Im Gegensatz dazu tritt beispielsweise die *Laktoseintoleranz*, die zu den Enzymopathien gezählt wird, wesentlich häufiger auf. Ihre Prävalenz ist von der Herkunftsregion und der Abstammung abhängig (s. Kap. 7; [55]).

56.2.3 Ätiologie und Pathogenese

Pharmakologische Reaktionen

Bekannteste Auslöser pharmakologischer Reaktionen sind die biogenen Amine. Hierbei handelt es sich um decarboxylierte Aminosäuren mit Transmitterwirkung (z. B. Serotonin, Tyramin), wie in Tabelle 56-5 dargestellt. Einige Lebensmittel können eine *endogene* Mediatorenfreisetzung durch *Mastzellen* bewirken ohne eine IgE-vermittelte Zellaktivierung auszulösen bzw. das Immunsystem zu beeinflussen. Zu ihnen gehören Erdbeeren, Zitrusfrüchte, Schalentiere, Schokolade und Tomaten.

Eine *direkte* Mediatorwirkung kann ebenso *exogen* mit der Nahrung zugeführtes *Histamin* ausüben. Dieses wird auch bei der Mastzelldegranulation während allergischer Reaktionen freigesetzt. Über H_1-Rezeptoren verursacht es Spasmen der glatten Muskulatur und Vasodilatation mit erhöhter Gefäßpermeabilität. Es ist v. a. in fermentierten Lebensmitteln vorhanden (Tabelle 56-6) und wird neben Mononatriumglutamat als Auslöser des *China-Restaurant-Syndroms* diskutiert (s. unten). Hierbei handelt es sich um einen Symptomkomplex, der innerhalb weniger Stunden nach Verzehr einer ostasiatischen Mahlzeit auftreten kann. Er wird durch Kopfschmerzen, Brennen im Nacken, Engegefühl und Schmerzen in der Brust sowie Druckgefühl im Gesicht charakterisiert. Gelegentlich werden auch Asthma und Blutdruckabfall beobachtet. Auch die *Scombroid- oder »Fisch«-Vergiftung* ist Folge einer erhöhten Histaminzufuhr durch die Nahrung (s. Kap. 57).

Enterobakterien bilden das biogene Amin durch Decarboxylierung freien Histidins in großen Dosen bei unsachgemäßer Lagerung (>10°C) von Fischen. Jedoch ist bisher unklar warum der Verzehr histaminhaltigen Fisches eine stärkere Reaktion auslöst, als das Histamin an sich [25]. *Voraussetzung* für die Auslösung solcher *pseudoallergischer* Reaktionen ist eine Histaminüberempfindlichkeit. Die Ursache einer verminderten Toleranzschwelle gegenüber Histamin könnte eine erhöhte Anzahl an H_1-Rezeptoren und/oder eine verminderte Bildung des histaminabbauenden Enzyms Diaminoxidase (DAO) sein. Hierfür spricht beispielsweise die Beobachtung, dass betroffene Frauen während der Schwangerschaft eine größere Toleranz gegenüber Histamin aufweisen. Unter Umständen ist dies auf die hohe DAO-Produktion der Plazenta zurückzuführen. Eine verminderte Aktivität der DAO kann auf einen Mangel an Vitamin B_6 zurückzuführen sein [21].

Tabelle 56-5. Biogene Amine und ihr Vorkommen in Lebensmitteln. (Mod. nach [46])

Biogenes Amin	Vorkommen in der Nahrung
Phenylethanolamin	Schokolade, diverse Käsesorten (besonders Gouda und Stilton), Rotwein
Serotonin	Walnuss, Banane, Ananas, Tomate, Avocado, Pflaume, Tintenfisch
Tyramin	Gereifte Käse, Salami, Plockwurst, Leber, Orangen, Himbeeren, Ananas, Erdnüsse, eingelegter Hering, Fischkonserven, Hefe, Currypulver, Sojasauce, Wein, Colagetränke, Bohnenkaffee, Schokolade
Tryptamin	Tomate, Pflaume

Tabelle 56-6. Histaminhaltige Lebensmittel. (Mod. nach [46])

Histaminhaltige Lebensmittel	Konzentration [mg/kg]
Hefeextrakte, Sojasauce, Tomatenketchup, Trockenhefe	260–2800
Fisch und Fischprodukte (Thunfisch, Makrele, Sardine, Hering, Sardelle)	0–5000
Sauerkraut, Spinat, Essiggemüse, Aubergine, Steinpilz, Morcheln	30–50
Bier, Wein	0–30
Käse (Blauschimmelkäse, Cheddar, Emmentaler, Gruyère, Parmesan, Provolone, Roquefort, Tilsiter, besonders reifer Käse)	0–1800
Fleischwaren (Salami, Mettwurst, Teewurst, Räucherschinken, Cervelatwurst, Plockwurst)	k.A.

k.A. keine Angaben.

Biogene Amine können z. B. für die Auslösung von Migräneattacken verantwortlich sein. Hierfür wird insbesondere das in Käse und Wein reichlich vorkommende *Tyramin* verantwortlich gemacht, aber auch das Phenylethylamin, das v. a. in Käse, Schokolade und Rotwein enthalten ist. Psychiatrische Patienten, die mit Monoaminoxidasehemmern (MAO-Hemmern) therapiert werden, reagieren auf diese Lebensmittel besonders stark, da MAO-Hemmer den Tyraminabbau hemmen. Ebenfalls Kopfschmerzen, Übelkeit und Erbrechen können Koffein, Theobromin und Theophyllin (in Kaffee bzw. Tee enthalten) auslösen [38].

Enzymopathien

Die Enzymopathien umfassen primäre genetisch determinierte Enzymdefekte, sowie sekundäre erworbene Enzymmangel.

Hierzu zählen auch jene Malabsorptionssyndrome, die auf einem Enzymdefekt beruhen, der die Resorption von Nahrungsbestandteilen verhindert (z. B. Laktasemangel, Saccharasemangel). Dabei ist die Laktosemalabsorption weltweit die häufigste Dünndarmenzymopathie (s. Abschn. 56.4).

Andere Krankheitsbilder wie z. B. einheimische Sprue oder entzündliche Darmerkrankungen werden ebenfalls dieser Reaktionsgruppe zugeordnet, obwohl sie nicht enzymatisch bedingt sind. Auch die Fruktose- und Sorbitmalabsorption, deren Ursache nicht auf einem Enzym- oder Transporterdefekt, sondern auf einer langsamen Resorption aus dem Dünndarm beruht, wird dazugezählt.

Bereits der Verzehr von 25–50 g des Monosaccharids Fruktose kann selbst bei Gesunden zu abdominellen Beschwerden und durch die mikrobielle Degradation zu Flatulenz führen [30]. Der Polyolalkohol Sorbit (E420), der wie Fruktose als Süßungsmittel in Diabetikerprodukten eingesetzt wird und natürlicherweise in Früchten vorkommt, führt bereits bei Dosen von 20–50 g zu osmotischen Diarrhöen und bei geringeren Mengen zu Meteorismus und Flatulenz (*Tabelle 56-7*; [18]).

Im Gegensatz dazu muss bei der sehr seltenen *hereditären Fruktoseintoleranz* (HFI), einem Defekt der Fruktose-1-Phosphat-Aldolase (Aldolase B), strikt auf Fruktose verzichtet werden, da es sonst zu einer Akkumulation von Fruktose-1-Phosphat in der Leber kommt, wodurch sowohl die Glykolyse, als auch die Glukoneogenese gehemmt wird [11]. Eine parenterale Fruktosezufuhr kann bei diesen Patienten zum Tode führen, weshalb parenterale Ernährung mit Fruktosezusatz in Deutschland verboten wurde. Eine eher *seltene* Unverträglichkeitsreaktion ist ein Mangel des Bürstensaumenzyms *Saccharase-Isomaltase*. Diese Erkrankung wird autosomal-rezessiv vererbt und führt zu *osmotischen Diarrhöen*. Hier ist das Meiden von saccharose- und isomaltosehaltigen Lebensmitteln angezeigt.

Bei der Glukose-Galaktose-Malabsorption liegt eine Mutation des gemeinsamen Transportsystems SGLT-1 vor. Da dieser neben dem Dünndarm auch in der Niere vorkommt, kann es neben osmotischen Diarrhöen auch zu Glukosurie kommen. Glukose- und galaktosehaltige Zucker (z. B. Saccharose, Laktose, Maltose, Trehalose, Isomaltose) können allesamt von Geburt an nicht vertragen werden [47].

Eine ebenfalls seltene Enzymopathie ist der Trehalasemangel (s. Kap. 57), bei dem das Disaccharid Trehalose nicht gespalten werden kann. In nennenswerten Mengen kommt Trehalose nur in frischen Pilzen vor, die bei dieser Erkrankung gemieden werden sollten [2].

Idiosynkratische Reaktionen

Zu den häufigsten Auslösern idiosynkratischer Reaktionen zählen die *Salicylate*. Diese werden z. B. zur Erzeugung eines Minzgeschmacks eingesetzt und können Urtikaria auslösen. Zu meiden ist bei *Salicylatintoleranz* zudem Acetylsalicylsäure (z. B. Aspirin, ASS-Ratiopharm, ASS Stada, ASS Hexal, Alka Seltzer) sowie alle ASS-haltigen Arzneimittelformen. Etwa 1% der mit solchen nichtsteroidalen Antiphlogistika behandelten Patienten entwickeln eine sog. Analgetikaidiosynkrasie mit Urtikaria, Angioödemen und sog. *»Aspirin«-Asthma*. Die Symptomatik tritt möglicherweise als Folge einer Cyclooxygenasehemmung und daraus resultierender vermehrter Leukotriensynthese durch die Lipoxygenase auf, wobei der Mechanismus der Aspirinintoleranz bislang unklar ist. Die natürlicherweise in Lebensmitteln vorkommende Salicylate werden normalerweise gut vertragen.

Häufig findet sich bei Salicylatintoleranz auch eine *Benzoatintoleranz*. Benzoesäurederivate werden zur Konservie-

Tabelle 56-7. Fruktose- und sorbithaltige Lebensmittel. (Mod. nach [10])

Kohlenhydrat	Menge
Fruktose	
Feigen	30 g/100 g Trockengewicht
Pflaumen	15 g/100 g Trockengewicht
Pampelmuse	8 g/100 g Trockengewicht
Limonaden	25 g/l
Sorbit	
Birnen	4,6 g/100 g Trockengewicht
Pflaumen	15 g/100 g Trockengewicht
Kalorienverminderte Kaugummis	1,3–2,2 g/Stück
Kalorienverminderte Bonbons	1,7–2,0 g/Stück

rung von Nahrungsmitteln und Getränken in Form von Benzoesäure (E210), Benzoaten (E211–213) oder PHB-Estern, sog. Parabenen (E214–219) verwendet. In der Natur kommen sie in verschiedenen Früchten und Gemüsen vor (z. B. in Preiselbeeren, Erdbeeren, Johannisbeeren, Himbeeren, Pflaumen, Zimt), werden aber in dieser Form zumeist gut vertragen. Besonders Patienten mit chronischer Urtikaria, Asthma und Quincke-Ödemen scheinen empfindlich auf Benzoate und Parabene zu reagieren [19]. Benzoate und Parabene sind als Konservierungsmittel auch in Medikamenten enthalten (u. a. in Lokal-, Infiltrations- und Leitungsanästhetika, Kortikoiden zur Injektion, Antihistaminika-Sirupen und -Tropfen für Kinder).

Eine *Sulfitintoleranz* ist v. a. bei Asthmatikern, aber auch bei anderen besonders empfindlichen Personen zu beobachten. Als *Symptome* können Diarrhö, Schmerzen und Krämpfe im Oberbauch, Übelkeit, Erbrechen, Kopfschmerzen, Bewusstlosigkeit und Asthma auftreten. Das sulfitinduzierte Asthma kann lebensbedrohlich verlaufen.

Ein diskutierter Mechanismus der Sulfitintoleranz ist ein Mangel des Enzyms Sulfitoxidase, das Sulfit zu Sulfat metabolisiert. Eine andere Hypothese besagt, dass die Reaktionen auf cholinergen Reflexen beruhen, und tatsächlich lassen sich die Symptome bei einigen Patienten mit Anticholinergika erfolgreich behandeln.

Schwefeldioxid und Sulfite (E220–224, E226–227), die als Antioxidanzien oder Konservierungsmittel in der Nahrung vorkommen, sollten bei Sulfitintoleranz gemieden werden. Sulfithaltige Lebensmittel sind zudem Kartoffelfertigprodukte, Wein, Bier, Fruchtsaft, Trockenfrüchte (mit Ausnahme von Korinthen), Trockengemüse, Marmeladen, Essig, Senf, Sahnemeerettich, Fischkonserven, u. v. m., bei denen die Sulfitzugabe nicht immer deklarationspflichtig ist, da die Angabe »geschwefelt« erst bei einer Menge von mehr als 50 mg SO_2/kg Lebensmittel erfolgen muss. Besonders in Wein sind mitunter hohe Dosen schwefliger Säure enthalten, die ebenfalls zur Konservierung eingesetzt wird. Empfindliche Personen reagieren bei einer Dosis von 25–30 mg/l mit Kopfschmerzen, die bei höheren Dosen (40 mg/l) schwefliger Säure auch bei weniger empfindlichen Individuen ausgelöst werden [43]. Auch eine Reihe von Lokal-, Infiltrations- und Leitungsanästhetika, Injektionslösungen und Inhalationssprays sind sulfithaltig und sollten bei Sulfitintoleranz gemieden werden.

Azofarbstoffe und andere Lebensmittelfarben lösen ebenfalls gelegentlich Beschwerden aus (*Tabelle 56-8*). Besonders häufig wurde das *Tartrazin* verdächtigt, Verursacher von Intoleranzen zu sein. Dies ließ sich bisher nicht eindeutig bestätigen, wenngleich Patienten mit chronischer Urtikaria und Asthma bronchiale mit Hautreaktionen und Atembeschwerden auf Tartrazin reagieren. Der rote Farbstoff *Cochenille* (E120, aus der Läuseart *Coccus cacti* gewonnen), der z. B. in italienischen Bittergetränken verwendet wird, löst ebenfalls gelegentlich Reaktionen des Respirationstrakts aus [42].

Wie bereits erwähnt, steht *Mononatriumglutamat* im Verdacht, der Hauptauslöser für das sogenannte *China-Restaurant-Syndrom* zu sein. Die Salze der Glutaminsäure (E621–625) werden in der Nahrungsmittelindustrie als Geschmacksverstärker eingesetzt. In der ostasiatischen Küche wird die Seetangart *Laminaria japonica* bereits seit langem zur Geschmacksverstärkung eingesetzt. Seitdem bekannt wurde, dass die wirksame Substanz in dieser Pflanze Mononatriumglutamat (MSG) ist, findet reines MSG in Asien in großen Mengen Verwendung. Auch Sojasauce ist von Natur aus reich an Glutaminsäure. Eine Mahlzeit mit einem Gehalt von 3 g MSG (häufig bereits in einer Vorspeisensuppe enthalten) soll bei empfindlichen Individuen, auf nüchternen Magen verzehrt, Symptome hervorrufen [1].

Tabelle 56-8. Lebensmittelfarbstoffe, die im Verdacht stehen Unverträglichkeitsreaktionen hervorzurufen. (Mod. nach [46])

Azofarbstoffe	Andere Farbstoffe die unerwünschte Reaktionen verursachen können
Tartrazin (E102)	Chinolingelb (E104)
Gelborange S (E110)	Erythrosin (E127)
Azorubin (E122)	Patentblau V (E131)
Amaranth (E123)	Indigotin I (E132)
Cochenillerot A (E124)	Säurebrilliantgrün BS (E142)
Brilliantschwarz BN (E151)	
Litholrubin BK (E180)	

> Die bisher größte durchgeführte plazebokontrollierte Doppelblindstudie konnte zwar zeigen, dass nach Gabe großer Mengen MSG häufiger Symptome auftreten, jedoch waren diese Symptome nicht reproduzierbar und traten nicht auf, wenn MSG zusammen mit Nahrungsmitteln verabreicht wurde [14].

Gegenüber den oben genannten spezifischen Nahrungsmittelintoleranzen gibt es *unspezifische Unverträglichkeitsreaktionen*, die meist durch gastrointestinale Beschwerden, wie Völle- und Druckgefühl im Abdomen, Übelkeit, gastroösophagealen Reflux und Durchfälle gekennzeichnet sind. Bei unspezifischen Nahrungsmittelintoleranzen kann zunächst eine leichte Vollkost empfohlen werden. Bei dieser Ernährungsform werden Lebensmittel ausgegrenzt, die bei mehr als 10% der Krankenhauspatienten Beschwerden jedweder Art verursachen.

Die Daten entstammen einer Studie, die an unselektierten, stationär aufgenommenen Patienten vorgenommen wurde [23]. Zusätzlich kann eine Reduktion des Fettanteils der Nahrung auf ≤ 30% der Energiezufuhr eventuell einen positiven Effekt ausüben. Für jeden Patienten muss anschließend individuell ermittelt werden, welche Lebensmittel oder Zubereitungsarten Beschwerden verursachen. So können Kaffee, Kakao, Fett und hyperosmolare Lösungen (Limonade) speziell den Reflux begünstigen. Bestimmte Gewürze, wie z. B. Knoblauch, Paprika, Meerrettich und Senf erhöhen die Säuresekretion des Magens und führen ebenso wie Kaffee, scharf gewürzte Speisen, Alkoholika (v. a. gegorene, wie Wein, Bier und Sekt) und ballaststoffarme Ernährung bei empfindlichen Personen zu Magenbeschwerden.

Eine von *Young et al. 1994* durchgeführte, doppelblinde plazebokontrollierten Populationsstudie in Großbritannien untersuchte in 15.000 Haushalten anhand von Fragebögen die Verträglichkeit selektierter Lebensmittel (*Tabelle 56-9*). Hierbei erwiesen sich besonders Schokolade und Lebensmittelzusatzstoffe als häufige Auslöser von Beschwerden.

Tabelle 56-9. Häufigkeit von Lebensmittelintoleranzen in 15.000 britischen Haushalten. (Mod. nach [48])

Intoleranzen		[%]
1.	Schokolade	6,8
2.	Lebensmittelzusatzstoffe	5,4
3.	Zitrusfrüchte	3,5
4.	Fisch/Schalentiere	2,9
5.	Kuhmilch	2,7
6.	Käse	2,5
7.	Hühnereier	2,4
8.	Fleisch	1,9
9.	Nüsse	1,7
10.	Alkohol	1,4
11.	Koffein	1,3
12.	Tomaten	1,3
13.	Obst (exkl. Zitrusfrüchte)	1,0
14.	Weizen	0,9
15.	Gemüse	0,5
16.	Soja	0,3

56.2.4 Klinik

Nahrungsmittelintoleranzen sind durch einen *zeitlichen Zusammenhang* (maximal ca. 24 h) zwischen Nahrungszufuhr und dem Auftreten von Symptomen gekennzeichnet. Zumeist handelt es sich bei den Symptomen um gastrointestinale Beschwerden, es kann aber auch zu Kopf- und Gliederschmerzen kommen sowie zu Veränderungen des Blutdrucks oder der Pulsfrequenz.

Zu den wichtigsten Manifestationen pseudoallergischer Reaktionen gehören

- akutes Kreislaufversagen bis zum Schock (anaphylaktoide Reaktion),
- respiratorische Reaktionen wie Rhinitis oder Asthma,
- gastrointestinale Beschwerden, wie Durchfall oder Krämpfe, und
- Urtikaria oder andere Exantheme der Haut.

56.2.5 Diagnostik

Wird bei einem Patienten eine Unverträglichkeitsreaktion unbekannter Genese festgestellt (z. B. durch orale Provokation, Eliminationsdiät), so ist zunächst eine Nahrungsmittelallergie auszuschließen (s. oben). Sind die Testergebnisse negativ, kann eine Nahrungsmittelintoleranz angenommen werden.

Bei der *Histaminüberempfindlichkeit* kann sowohl ein erhöhter Histaminplasmaspiegel (>2 ng/ml) bzw. Urinspiegel als auch eine erniedrigte Enzymaktivität der Diaminoxidase (0,07 nkat/l) messbar sein. Eine 2-wöchige Behandlung mit H_1-Blockern bei gleichzeitiger Einhaltung einer histaminfreien Diät kann die Diagnose untermauern [5].

Zum Nachweis idiosynkratischer Reaktionen finden gelegentlich unter stationären Bedingungen oder in ambulanten Praxen mit entsprechender Notfallausstattung orale Provokationstests Verwendung. Eine Indikation für orale Provokationstests besteht v. a. bei unklaren Fällen chronisch verlaufender Symptomatik, wie bei chronischer Urtikaria, atopischer Dermatitis oder gastrointestinaler Manifestation. Hierzu werden die verdächtigen Substanzen in vorgegebenen Mengen (je nach Substanz zwischen 1 mg und 2,5 g) in Kapseln verabreicht. Gleichzeitig sollte eine additivafreie Diät eingehalten werden, mit der bereits einige Tage vor Beginn der Provokation begonnen werden sollte, und auf nicht absolut notwendige Medikamente verzichtet werden, um eine Verfälschung der Ergebnisse zu vermeiden. Die Untersuchung kann offen, einfachblind oder doppelblind durchgeführt werden. Als »golden standard« gilt nach wie vor die doppelblinde plazebokontrollierte Provokation, da sie psychosomatische Faktoren weitgehend ausschließt, wenn sie korrekt durchgeführt wird und eindeutig positive Ergebnisse liefert. Die Diagnostik wird dadurch erschwert, dass einige Substanzen nur in Kombination mit anderen Substanzen eine Reaktion hervorrufen.

56.2.6 Therapie

Wie bei Nahrungsmittelallergien besteht die Therapie aus einer permanenten Karenz des Beschwerden auslösenden Nahrungsmittelbestandteils. Dies setzt eine korrekte Diagnostik sowie eine genaue Aufklärung des Patienten über die Beschwerden verursachenden Lebensmittel voraus. Im Allgemeinen ist eine diätetische Langzeitbetreuung durch eine erfahrene Fachkraft erforderlich.

56.3 Fazit

Bei den *Nahrungsmittelallergien* und *-unverträglichkeiten* handelt es sich um eine in ihrer Bedeutung und Häufigkeit wahrscheinlich vielfach unterschätzte Krankheitsgruppe, die sich häufig in Form unklarer abdomineller Beschwerden äußert. Die klinische Betreuung und insbesondere die diagnostischen Methoden zur Sicherung der Diagnose sind bislang nicht im Sinne der evidenz-basierten Medizin etabliert. Differenzialdiagnostisch müssen organische Darmerkrankungen (CED, Sprue, Tumoren, infektiöse Erkrankungen etc.) und insbesondere funktionelle Darmerkrankungen (Reizdarmsyndrom) sowie psychosomatischen Erkrankungen abgegrenzt werden. Die Therapie besteht im Wesentlichen aus individuell zu ermittelnden und im Verlauf hinsichtlich der erwünschten Wirkung zu prüfenden Eliminationsdiäten und, im Fall der Nahrungsmittelallergie, ggf. zur supplementären antiinflammatorischen Therapie. Weitere Studien sind erforderlich, um die zugrundeliegenden Mechanismen präziser zu beschreiben und daraus sowohl neue diagnostische als auch therapeutische Ansätze zu entwickeln.

Literatur

1. Allen DH (1991) Monosodium glutamate. In: Metcalfe DD, Sampson HA, Simon RA (eds) Food allergy: Adverse reactions to foods and food additives. Blackwell Scientific Publ, Cambridge Oxford, pp 261–266
2. Arola H, Koivula T, Karvonen AL et al. (1999) Low trehalase activity is associated with abdominal symptoms caused by edible mushrooms. Scand J Gastroenterol 34: 898–903
3. Bischoff SC, Manns MP (1999) Nahrungsmittelallergie. In: Caspary WF, Stein J (Hrsg) Darmkrankheiten. Springer, Berlin Heidelberg New York Tokio, S 357–361
4. Bischoff SC, Mayer JH, Manns MP (2000) Allergy and the gut. Int Arch Allergy Immunol 121: 270–283
5. Bischoff S, Manns MP (1998) Intoleranzreaktionen durch biogene Amine. Internist 39: 317–318
6. Bischoff SC, Mayer J, Wedemeyer J et al. (1997a) Colonoscopic allergen provocation (COLAP): a new diagnostic app roach for gastrointestinal food allergy. Gut 40: 745–753
7. Bischoff SC, Grabowsky J, Manns MP (1997b) Quantification of inflammatory mediators in stool samples of patients with inflammatory bowel disorders and controls. Dig Dis Sci 42: 394–403
8. Bock SA (1987) Prospective appraisal of complaints of adverse reactions to foods in children during the first 3 years of life. Pediatrics 79: 683–688
9. Bruijnzeel-Koomen C, Ortolani C et al. (1995) Adverse reactions to food: Position paper of the European academy of allergy and clinical immunology. Allergy 50: 623–635
10. Caspary WF (1999) Angeborene Dünndarmkrankheiten und Kohlenhydratintoleranzen. In: Caspary WF, Stein J (Hrsg) Darmkrankheiten. Springer, Berlin Heidelberg New York Tokio, S 275–282
11. Dietschi R, Wüthrich B, Johansson SGO (1987) Zum sogenannten »Sellerie-Karotten-Beifuß-Gewürz-Syndrom«: RAST-Resultate mit neuen Gewürzdiscs. Z Hautkrankh 62: 524–531
12. Cox TM (1994) Aldolase B and fructose intolerance. FASEB J 8: 62–71
13. Eriksson NE, Formgren H, Svenonius E (1982) Food hypersensitivity in patients with pollen allergy. Allergy 37: 437–443
14. Geha RS, Beiser A, Ren C et al. (2000) Review of alleged reaction to monosodium glutamate and outcome of a multicenter double-blind placebo-controlled study. J Nutr 130: 1058 S–1062 S
15. Haddad ZH, Vetter M, Friedmann J et al. (1983) Detection and kinetics of antigen-specific IgE and IgG immune complexes in food allergy. Ann Allergy 51: 255
16. Henzgen M, Schlenvoigt G, Diener C, Jäger L (1991) Nahrungsmittelallergie bei Frühblüherpollinosis und deren Beeinflussung mittels Hyposensibilisierung. Allergologie 14: 90–94
17. Hermann-Kunz E (1999) Häufigkeit allergischer Krankheiten in Ost- und Westdeutschland. Gesundheitswesen 61: 100–105
18. Hyams JS (1983) Sorbitol intolerance: An unappreciated cause of functional gastrointestinal complaints. Gastroenterology 84: 30–33
19. Jacobsen DW (1991) Adverse reactions to benzoates and parabens. In: Metcalfe DD, Sampson HA, Simon RA (eds) Food allergy: Adverse reactions to foods and food additives. Blackwell Scientific Publ, Cambridge Oxford, pp 276–287
20. Jäger L (1998) Nahrungsmittelallergene und Nahrungsmitteladditiva. In: Jäger L, Wüthrich B (Hrsg) Nahrungsmittelallergien und -intoleranzen. G. Fischer, Stuttgart Jena, S 79–169
21. Jarisch R, Wantke F (1996) Wine and headache. Int Arch Allergy Immunol 110: 7–12
22. Kalliomäki M, Salminen S, Arvilommi H et al. (2001) Probiotics in primary prevention of atopic disease: a randomised placebo-controlled trial. Lancet 357: 1076–1079
23. Kasper H, Wild M, Husemeyer I et al. (1994) Rationalisierungsschema 1994 der Deutschen Gesellschaft für Ernährungsmedizin (DGEM). Akt Ernährungsmed 19: 227–232
24. Kristjansson I, Ardal B, Jonsson JS et al. (1999) Adverse reaction to food and food allergy in young children in Iceland and Sweden. Scand J Prim Health Care 17: 30–34
25. Lehane L, Olley J (2000) Histamine fish poisoning revisited. Int J Food Microbiol 58: 1–37
26. Majamaa H, Isolauri E (1997) Probiotics: a novel approach in the management of food allergy. J Allergy Clin Immunol 99: 179–185
27. Nafstad P, Magnus P, Gaarder PI, Jaakkola JJK (2001) Exposure to pets and atopy-related diseases in the first 4 years of life. Allergy 56: 307–312
28. Naylor AR (1990) Eosinophilic gastroenteritis. Scott Med J 35: 163–165
29. Pfau A, Stolz W, Landthaler M, Przybilla B (1996) Neue Aspekte zur Nahrungsmittelallergie. Dtsch Med Wochenschr 121: 346–350
30. Ravich WJ, Bayless TM, Thomas M (1983) Fructose: Incomplete intestinal absorption in humans. Gastroenterology 84: 26–29
31. Reimann HJ, Lewin J (1988) Gastric mucosal reactions in patients with food allergy. Am J Gastroenterol 83: 1212–1219
32. Reimann HJ, Ring J, Ultsch B, Wendt P (1985) Intragastral provocation under endoscopic control (IPEC) in food allergy: mast cell and histamine changes in gastric mucosa. Clin Allergy 15: 195–202
33. Ries J, Stein J (1999) Eosinophile Gastroenteritis. In: Caspary WF, Stein J (Hrsg) Darmkrankheiten. Springer, Berlin Heidelberg New York Tokio, S 363–366
34. Ring J, Darsow U, Gfesser M, Vieluf D (1997) The »Atopy Patch Test« in evaluating the role of aeroallergens in atopic eczema. Int Arch Allergy Immunol 113: 379–383
35. Romano A, Di Fonso M, Giuffreda F et al. (1995) Diagnostic work-up for food-dependent, exercise-induced anaphylaxis. Allergy 50: 817–824
36. Schrander JJ, Oudsen S, Forget PP, Kuijten RH (1992) Follow up study of cow's milk protein intolerant infants. Eur J Pediatr 151: 783–785
37. Shanahan F (1993) Food allergy: fact, fiction, and fatality. Gastroenterology 104: 1229–1231
38. Shirlow MJ, Mathers CD (1985) A study of caffeine consumption and symptoms; indigestion, palpitations, tremor, headache and insomnia. Int J Epidemiol 14: 239–248
39. Stallmach A, Zeitz M (1999) Immunologie des Intestinaltraktes. In: Caspary WF, Stein J (Hrsg) Darmkrankheiten. Springer, Berlin Heidelberg New York Tokio, S 55–61
40. Stein J, Makowiec F, Starlinger RM, Caspary WF (1999a) Morbus Crohn. In: Caspary WF, Stein J (Hrsg) Darmkrankheiten. Springer, Berlin Heidelberg New York Tokio, S 439–464
41. Stein J, Makowiec F, Starlinger RM, Caspary WF (1999b) Colitis ulcerosa. In: Caspary WF, Stein J (Hrsg) Darmkrankheiten. Springer, Berlin Heidelberg New York Tokio, S 465–489
42. Stevenson DD (1991) Tartrazine, azo, and nonazo dyes. In: Metcalfe DD, Sampson HA, Simon RA (eds) Food allergy: Adverse reactions to foods and food additives. Blackwell Scientific Publ, Cambridge Oxford, pp 267–275
43. Taylor SL, Bush RK, Nordlee JA (1991) Sulfites. In: Metcalfe DD, Sampson HA, Simon RA (eds) Food allergy: Adverse reactions to foods and food additives. Blackwell Scientific Publ, Cambridge Oxford, pp 239–260
44. Thiel C (1995) Ernährung und Allergie. In: Huth K, Kluthe R (Hrsg) Lehrbuch der Ernährungstherapie. Thieme, Stuttgart New York, S 312–322
45. Tikkanen S, Kokkonen J, Juntti H, Niinimaki A (2000) Status of children with cow's milk allergy in infancy by 10 years of age. Acta Paediatr 89: 1174–1180
46. Wolter F, Caspary WF, Stein J (2000) Nahrungsmittelunverträglichkeiten. Internist Prax 40: 271–280
47. Wright EM (1998) Glucose galactose malabsorption. Am J Physiol 275: G879–882
48. Young E, Stoneham M, Petruckevitch A (1994) A population study of food intolerance. Lancet 343: 1127–1130

Infektionen und Intoxikationen durch Nahrungs- und Genussmittel

J. Stein, F. Wolter

57.1 Lebensmittelinfektionen

Neben den zur Herstellung und Veredelung von Lebens- und Genussmitteln (z. B. Joghurt, Käse, Bier) benutzten *apathogenen* Keimen sind Mikroorganismen bzw. Saprophyten auch am Verderb von Lebensmitteln beteiligt. Darüber hinaus können Lebensmittel, Trinkwasser, und Getränke auch *pathogene* Keime (Bakterien, Viren, Protozoen etc.) enthalten.

Der Verzehr derartig kontaminierter Nahrungsmittel führt meist zum Auftreten von Gastroenteritiden bzw. Enterokolitiden, ggf. auch zu Manifestationen an weiteren Organen. Das klinische Bild dieser *»nahrungsvermittelten Infektionen«* kann von mildem Verlauf mit leichter Übelkeit und nur leichten Durchfällen, bis zu schweren septischen Verläufen mit hohen Temperaturen, Schüttelfrost und schwersten Diarrhöen schwanken. Die schwersten Verläufe werden v. a. bei abwehrgeschwächten und/oder geriatrischen Patienten beobachtet.

57.1.1 Epidemiologie

Zuverlässige Angaben über die Inzidenz und v. a. über den Erreger von Darminfektionen sind nicht erhältlich, da die Mehrzahl der Erkrankungen ätiologisch nicht abgeklärt wird und nur ein kleiner Teil meldepflichtig ist. Neben den Atemweginfektionen gehören die infektiösen Durchfallerkrankungen zu den häufigsten Infektionskrankheiten in Deutschland. Laut *Epidemiologisches Bulletin* hat sich für 2000 mit 79.535 gemeldeten *Salmonellenerkrankungen* (96,8 pro 100.000 Einwohner) der nach 1992 rückläufige Trend für Deutschland fortgesetzt. Die Behörden gehen jedoch davon aus, dass nur 10–20% der tatsächlich vorkommenden Erkrankungsfälle gemeldet werden. Die weiteren Erreger wie Campylobacter spp., Yersinia spp., enteropathogene Escherichia coli, Shigella und Cholera spp. bzw. virale Erreger sind seltener (■ *Tabelle 57-1*).

■ **Tabelle 57-1.** Meldungen (Anzahl) über ausgewählte Enteritis-infectiosa-Erkrankungen in den Ländern Berlin, Brandenburg, Bremen, Hamburg, Hessen, Mecklenburg-Vorpommern, Nordrhein-Westfalen, Saarland, Sachsen, Sachsenanhalt und Thüringen kumulativ für die Jahre 2000 und 1999 und die prozentuale Differenz zum Vorjahr. (Mod. nach [31, 35])

Krankheit	2000	1999	Differenz [%]
Enteritis infectiosa – insgesamt	123.096	122.175	7,5
jeweils durch:			
Salmonellose	44.725	47.065	-5,0
E. coli	3.052	2.848	7,2
Yersinia	4.778	5.321	-10,2
Campylobacter	30.876	28.882	6,9
Rotavirus	26.144	28.722	-9,0
Adenovirus	3.887	2.839	36,9
Amöben	48	65	-26,2
Sonstige	47.166	41.678	13,2

57.1.2 Ätiologie und Pathogenese

Die Übertragung von Erregern erfolgt fast ausschließlich durch *kontaminierte Lebensmittel*, aber Übertragungen von Mensch zu Mensch durch Schmierinfektion kommen ebenfalls vor. Das Keimreservoir für die einheimischen Erreger stellen verschiedene Nutztiere und auch Haustiere dar, von denen aus sie bei Nichtbeachtung von Hygienevorschriften entweder durch *primäre* mikrobielle Kontamination, z. B. der Milch beim Melkvorgang oder *sekundär* bei der Herstellung, Verarbeitung oder Zubereitung (z. B. durch verunreinigte Abwässer, Gerätschaften) in die Nahrungsmittelkette gelangen.

Je nach Erreger ist der zur Krankheit führende Mechanismus unterschiedlich. Es gibt Krankheiten, die eher durch *Toxine* verursacht werden, z. B. Staphylokokkentoxine (klassische Lebensmittelvergiftung) oder das Choleratoxin. Andere Enteritiden werden durch Befall der Schleimhaut und Invasion der tieferen Gewebe verursacht, wobei die Erreger (meist Salmonella spp.) nach der Ingestion zunächst die Magensäurebarriere überwinden müssen, um in den Dünndarm zu gelangen. Nach Penetration des Schleimhautepithels gelangen sie über die Peyer-Plaques in das lymphatische Gewebe, wo sie sich vermehren, bevor es zur lymphogenen oder hämatogenen systemischen Ausbreitung kommt.

Verschiedene Faktoren spielen bei der Erkrankung nach einer Infektion eine wichtige Rolle.

- *Alter der Patienten:* Kinder erkranken häufiger an Rotaviren bzw. enteropathogenen E. coli.
- *Magensäurebarriere:* Bei pH-Werten von <4 werden über 99,9% koliformer Bakterien abgetötet. Durch Gabe von 2 g Natriumbikarbonat kann die Infektionsdosis von V. cholerae von 108 auf 104 gesenkt werden.
- *Infektionsdosis (Anzahl):* Sie ist von Spezies zu Spezies unterschiedlich und beträgt für Shigella 101–102, Campylobacter jejuni 102–106, Salmonella 105, Escherichia coli 108 und für Vibrio cholerae 108 Erreger.
- *Intestinale Motilität:* Sie ist für die Resorption der Flüssigkeit aus dem Darmlumen, Aufrechterhaltung der normalen Flora und für die Elimination von pathogenen Erregern wichtig.
- *Intakte Darmflora:* Bei Störungen der Standortflora gelingt es den potenziell pathogenen Erregern sich zu vermehren und zur Erkrankung zu führen.
- *Intestinale Immunität:* Besteht aus zellulären (Phagozyten) und humoralen (Antikörper)Komponenten. Die Bedeutung der zellvermittelten Immunität ist gerade durch die hohe Inzidenz von Durchfallerkrankungen bei den HIV-infizierten Patienten mit Aids deutlich geworden.
- *Mikrobielle Faktoren:* Je nach Erreger sind verschiedene Virulenzfaktoren bekannt. Am besten sind sie bei E. coli untersucht. Bei ihnen wird eine Unterscheidung anhand der pathogenen Mechanismen vorgenommen (s. unten).

57.1.3 Klinik und Therapie

Die klinische Manifestation ist je nach Erreger, Lokalisation der Infektion und v. a. Grunderkrankung des Patienten erheblich variabel. Neben unspezifischen Symptomen wie Übelkeit mit Erbrechen, Fieber und Bauchschmerzen sind beim Befall des oberen Intestinaltrakts eher Meteorismus und/oder breiige Stühle und beim Befall des unteren Intestinaltrakts eher dünnflüssige Stühle vorhanden. Blutbeimengungen deuten auf Schleimhautläsionen hin. In den letzten Jahren haben Infektionen durch EHEC (enterohämorrhagische E. coli) mit der klinischen Manifestation als hämolytisch-urämisches Syndrom (HUS) deutlich zugenommen und über lokale Epidemien ist wiederholt berichtet worden.

Die Hauptaufmerksamkeit bei jeder Enteritis richtet sich auf Flüssigkeit- und Elektrolytbilanzierung. Der überwiegende Anteil von Durchfallerkrankungen in Deutschland verläuft selbstlimitierend und bedarf keiner spezifischen antiinfektiösen Therapie.

57.1.4 Bakteriell verursachte Lebensmittelintoxikationen

Die überwiegende Anzahl (70–90%) aller Lebensmittelintoxikationen ist bakteriellen Ursprungs. Zu unterscheiden sind folgende durch Lebensmittel verursachte Beeinträchtigungen:

- *Intoxikationen*, z. B. durch Clostridium botulinum, Staphylococcus aureus,
- *Erkrankungen* infolge massiver Verunreinigungen mit fakultativ pathogenen Keimen, wie z. B. Clostridium perfringens, Bacillus cereus,
- *Infektionen* durch Salmonella spp. oder Shigella spp. und
- *Erkrankungen unklarer Ätiologie* durch Proteus spp., E. coli und Pseudomonas spp.

Die Wirkung der genannten Bakterien im Intestinaltrakt des Menschen geht auf *Enterotoxine* zurück, die sich in *Exotoxine* und in *Endotoxine* unterteilen lassen.

Endotoxine werden vorwiegend von *gramnegativen* Bakterien produziert (z. B. Salmonellen, Shigellen), sind integrale Bestandteile der äußeren Bakterienmembran und werden erst beim Zerfall der Bakterien frei. Chemisch handelt es sich in der Regel um Lipopolysaccharide, deren Wirkung ohne längere Latenzzeit eintritt.

Exotoxine werden dagegen vorwiegend von *grampositiven* Keimen im Laufe ihrer Entwicklung *freigesetzt*. Es handelt sich meist um z. T. sehr toxische Proteine mit Antigenspezifität, die nach einer bestimmenden Latenzzeit wirken.

Salmonellose

Enteritissalmonellose

In Deutschland sind die Enteritissalmonellen (gramnegative Stäbchenbakterien der Gattung Salmonella, Spezies und Subspezies Salmonella enterica) die häufigsten Erreger der Salmonellose. Die Serovare Enteritidis (55%) und Typhimurium machen zusammen bis zu 85% aus. Die Erkrankung erfolgt meist nach Verzehr kontaminierter Lebensmittel (Eier, Fleisch, Wurst). Direkte Übertragung von Mensch zu Mensch spielt bei der Salmonellose eine untergeordnete Rolle. Die Salmonellenenterokolitis ist gekennzeichnet durch Tenesmen, Fieber und Diarrhöen innerhalb von 8–48 h nach einer Infektion und heilt meist spontan nach 3–5 Tagen ab.

Diagnose. Sie kann durch den Nachweis des Erregers im Stuhl oder Rektalabstrich und – bei septischem Verlauf – in der Blutkultur bestätigt werden. Die serologische Untersuchung ist nicht möglich. Die mikroskopische Stuhluntersuchung liefert bei Durchfallerkrankungen erste Hinweise auf einen möglichen Erreger (*Tabelle 57-2*).

Tabelle 57-2. Mikroskopische Stuhluntersuchung bei akuter Enteritis

Erreger	Erythrozyten	Leukozyten	Nativ- oder Grampräparat
Shigellen	+++	++++	Unauffällig
Salmonellen	++	–	Unauffällig
Cholera	–	–	Vibrionen
Amöben	++	(+)	Trophozoiten

Therapie. Eine antibiotische Therapie ist nur bei schwerem Verlauf oder bei Patienten mit Grunderkrankungen (Abwehrschwäche) erforderlich. Enteritissalmonellen sind hoch empfindlich gegen Chinolone (Ciprofloxacin 2-mal 0,5 g oder Ofloxacin 2-mal 0,2 g), die Mittel der Wahl sind. Auch Cotrimoxazol (2-mal 1 forte) oder Ampicillin (3-mal 1,0 g) sind geeignet.

Prophylaxe. Einhaltung von Vorsichtsmaßnahmen beim Verzehr von Lebensmitteln und Getränken ist die beste und sinnvollste Prophylaxe.

Meldepflicht. Verdacht auf, Erkrankung oder Tod durch Salmonellenenteritis sowie Ausscheider von Erregern der Enteritisgruppe sind nach dem Bundesseuchengesetz meldepflichtig!

Typhus bzw. Paratyphus

Als Importinfektionen kommen S. typhi und S. paratyphi A, B und C vor, die meist mit systemischer Manifestation einhergehen und schwerer verlaufen. Die *Inkubationszeit* beträgt 7–21 Tage und hängt von der Infektionsdosis ab. Der Beginn der Erkrankung ist meist allmählich und die initialen *Symptome* sind unspezifisch: Fieber, Übelkeit, Abgeschlagenheit, Kopf- und Gliederschmerzen, remittierendes Fieber, das initial allmählich abends um 38°C beträgt, steigt bis zum Ende der 1. Woche auf 40°C und es besteht eine relative Bradykardie. Die meisten Patienten klagen über Obstipation. Ab der 2. Woche fallen bei etwa 50% der Patienten eine Hepatosplenomegalie und ein zarter Hautausschlag (Roseolen) auf. Das Fieber ist jetzt vom Kontinuatyp und die Patienten machen einen schwerkranken »typhösen« Eindruck.

Bei 80% der Patienten können die Erreger aus Blutkulturen angezüchtet werden. Bei den allgemeinen *Laboruntersuchungen* fallen neben einer Leukopenie, Transaminasenerhöhungen auf. Ohne spezifische antibiotische Therapie ist die Erholung langsam und dauert 3–4 Wochen, wenn keine *Komplikationen* wie gastrointestinale Perforation, toxische Myokarditis, Pneumonie, Meningitis oder Osteomyelitis auftreten. In der Vorantibiotikaära betrug die Letalität 12–16%, meist durch Komplikationen in der 3. bis 4. Woche.

Diagnose. Nachweis des Erregers in Stuhl, Blut- und Knochenmarkskulturen. Die Serologie (Widal-Reaktion) ist unzuverlässig. Die mikroskopische Stuhluntersuchung liefert bei Durchfallerkrankungen erste Hinweise auf mögliche Erreger (s. ▫ *Tabelle 57-2*).

Therapie. Typhus- bzw. Paratyphussalmonellen sind fast zu 100% hoch empfindlich gegen neue Chinolone (Ciprofloxacin 2-mal 0,5–0,75 g oder Ofloxacin 2-mal 0,2–0,4 g), die heute Mittel der ersten Wahl sind. Gegen Cotrimoxazol und Ampicillin kommen vermehrt Resistenzen vor, weswegen diese Substanzen nach Empfindlichkeitstestung eingesetzt werden sollten. Cephalosporine der Cephotaxim-Gruppe sind ebenfalls klinisch wirksam. Die früher übliche Therapie mit Chloramphenicol wird heute nur noch ausnahmsweise (bestehende Kontraindikation für Chinolone, Cotrimoxazol oder Cephalosporine) empfohlen. Unter der Therapie kommt es zur Entfieberung innerhalb von 4–5 Tagen. Während der gesamten Erkrankungsdauer ist eine laufende Desinfektion aller Gegenstände und Flächen durchzuführen, die mit infektiösen Ausscheidungen des Kranken in Berührung gekommen sind oder sein können.

Etwa 2–5% der Patienten werden zu gesunden *Dauerausscheidern*. Zur Sanierung von Dauerausscheidern wird Ciprofloxacin (2-mal 0,5–0,75 g) oder Ofloxacin (2-mal 0,2–0,4 g) für 4 Wochen empfohlen. Alternativ kann Cotrimoxazol (täglich 1,92 g) für 2–4 Monate eingesetzt werden. Auch bei Dauerausscheidern wird eine laufende Desinfektion empfohlen. Beim Deutschen Ärzte-Verlag (Dieselstr. 2, 50859 Köln) kann ein *Merkblatt für Dauerausscheider* angefordert werden.

Prophylaxe. Einhaltung von Vorsichtsmaßnahmen beim Verzehr von Lebensmitteln und Getränken ist die beste und sinnvollste Prophylaxe. Daneben kann bei Fernreisen entweder oral mit Typhoral oder parenteral mit Typhim Vi geimpft werden.

Meldepflicht. Verdacht auf, Erkrankung oder Tod durch Typhus oder Paratyphus sowie Ausscheider von Erregern der Typhus- oder Paratyphusgruppe sind nach dem Bundesseuchengesetz meldepflichtig!

Shigellose

Diese Erkrankung kommt in Deutschland fast ausschließlich als Importinfektion vor. Im Jahr 1997 wurden 1925 Erkrankungen (2,347 pro 100.000 Einwohner) in Deutschland gemeldet. Erreger sind Shigella spp. (gramnegative Stäbchenbakterien). Die *Inkubationszeit* beträgt 1–7 Tage. Nach Penetration in die Epithelzellen des terminalen Ileums und des Kolons kommt es zu ulzerösen Läsionen und blutigen Diarrhöen. Die hämorrhagische Kolitis bei Shigella dysenteriae wird durch Shigatoxin hervorgerufen. *Hauptsymptome* sind Tenesmen mit Stuhldrang und initial profusen, später blutigen Durchfällen. Bei schwerem Verlauf kann Fieber bis 40°C vorhanden sein.

Diagnose. Kann durch Erregernachweis im Stuhl – selten im Blut – bestätigt werden. Eine serologische Untersuchung ist nicht möglich.

Therapie. Mittel der Wahl sind Chinolone (Ciprofloxacin 2-mal 0,5 g) für 3–5 Tage. Bei frühzeitigem Einsatz reicht evtl. auch eine einzige Gabe.

Prophylaxe. Beachtung allgemeiner Hygienevorschriften ist die einzige sinnvolle Maßnahme. Eine Impfung ist nicht möglich.

Meldepflicht. Verdacht auf, Erkrankung und Tod durch Shigelleninfektion sind nach dem Bundesseuchengesetz meldepflichtig!

Enteritis durch Campylobacter spp.

Unter den Erregern bakteriell bedingter Gastroenteritiden stehen in Deutschland die Campylobacter spp. an 2. Stelle. Am häufigsten sind C. jejuni und C. coli. Verschiedene Nutztiere (Geflügel, Rind und Schwein), aber auch Haustiere (Katze, Hund) kommen als Erregerreservoir in Frage. Die *Übertragung* erfolgt überwiegend durch kontaminierte, nicht ausreichend erhitzte Nahrungsmittel. Zur Erkrankung ist bereits eine geringe Keimzahl (etwa 500 Bakterien) ausreichend.

Die *Inkubationszeit* beträgt 1–7 Tage. Nach der Infektion kommt es wahrscheinlich zur Invasion der Epithelzellen und in seltenen Fällen zu hämatogener Streuung mit positiven Blutkulturen. Befallen können Jejunum-, Ileum- und Kolonschleimhaut sein mit diffuser, blutiger, ödematöser Schwellung. Bei manchen Patienten liegt das klinische Bild einer Ileitis terminalis bzw. Kolitis vor.

Das klinische Bild ist geprägt von *Symptomen* der akuten Enteritis (Bauchschmerzen, weiche bis wässrige, gelegentlich blutige Durchfälle). Oft geht ein 12- bis 24-stündiges Prodromalstadium mit Fieber, Kopfschmerzen, Myalgie und Übelkeit der Enteritis voraus. Die Krankheit ist sehr oft selbstlimitierend und heilt innerhalb von einigen Tagen spontan ab. Bei etwa 10–20% der Patienten können die Beschwerden jedoch länger als eine Woche fortbestehen.

Diagnose. Sie kann durch kulturellen Nachweis aus Stuhlprobe gesichert werden. Bei septischem Verlauf müssen Blutkulturen beimpft werden. Zuverlässige serologische Methoden liegen nicht vor.

Therapie. Die Erreger sind meist empfindlich gegen eine Reihe von Antibiotika. Mittel der Wahl ist Erythromycin (3-mal 0,5–1,0 g) oder Chinolone (z. B. Ciprofloxacin 2-mal 0,5 g oder Ofloxacin 2-mal 0,2 g). Cephalosporine sind ungeeignet.

Prophylaxe. Einhaltung von Vorsichtsmaßnahmen beim Verzehr von Lebensmitteln und Getränken ist die beste und sinnvollste Prophylaxe.

Meldepflicht. Verdacht auf, Erkrankung oder Tod durch Campylobacter sind nach dem Bundesseuchengesetz meldepflichtig!

Yersiniose

Erreger sind Y. enterocolitica bzw. Yersinia pseudotuberculosis, die im Tierreich weit verbreitet vorkommen. Nach einer *Inkubationszeit* von 4–7 Tagen kommt es zu Schleimhautulzerationen im terminalen Ileum, Nekrosen in Peyer-Plaques und mesenterialen Lymphknotenvergrößerungen. Septische Verläufe kommen selten vor. *Klinisch* manifestiert sich die Enterokolitis durch Fieber, Diarrhöen und Bauchkrämpfe, die 1–3 Wochen anhalten können. Erreger können noch für Wochen nach Sistieren der Symptome im Stuhl ausgeschieden werden.

Diagnose. Kann durch kulturellen Nachweis in Stuhl, Blutkultur oder anderen Punktaten (z. B. Pleura bei Vorliegen von Exsudat) gesichert werden. Sie kann auch serologisch bestätigt werden.

Therapie. Da es sich meist um selbstlimitierende Erkrankungen handelt, werden Antibiotika nur bei schwerem Verlauf und/oder Abwehrschwäche empfohlen. Geeignet sind Doxycyclin (2-mal 0,1 g), Chinolone oder Cotrimoxazol forte (2-mal 1 Tablette).

Prophylaxe. Einhaltung von Vorsichtsmaßnahmen beim Verzehr von Lebensmitteln und Getränken ist die beste und sinnvollste Prophylaxe [38].

Meldepflicht. Verdacht auf, Erkrankung oder Tod durch Yersinien sind nach dem Bundesseuchengesetz meldepflichtig!

Escherichia coli

Es gibt verschiedene E.-coli-Stämme mit unterschiedlichen Pathomechanismen für die Entstehung von Diarrhöen (Tabelle 57-3):

- enterotoxische E. coli (ETEC), mit hitzelabilem oder hitzestabilem Toxin, führen zu sekretorischen, nicht blutigen Diarrhöen und sind für einen Großteil der Reisediarrhöen verantwortlich,
- enteroinvasive E. coli (EIEC), sind Erreger der bakteriellen Dysenterie mit ca. 600.000 Todesfällen weltweit jährlich. 2–48 h nach der Infektion können Kopfschmerzen, Abgeschlagenheit und Emesis auftreten. Über 1–15 Tage kann es dann zu blutig-schleimigen Diarrhöen kommen. 90% der Fälle äußern sich nur durch eine wässrige Diarrhö. Die Übertragung erfolgt über verunreinigtes Wasser oder kontaminierte Lebensmittel. Das Auftreten ist zumeist epidemisch,
- enteropathogene E. coli (EPEC) mit Adhärenzfaktoren verlaufen bei Erwachsenen in der Regel selbstlimitierend. Bei Säuglingen und Kleinkindern unter 2 Jahren kommt es dagegen häufig zu wässrigen Diarrhöen mit bis zu 20 Stuhlentleerungen täglich, die mit einer Schädigung der Bürstensaummembran einhergehen,
- enteroaggressive E. coli (EAggEC) und
- enterohämorrhagische E. coli (EHEC).

Über die Inzidenz einzelner Stämme gibt es keine verlässlichen Zahlen. In den letzten Jahren ist es zu lokalen Epidemien von Erkrankungen durch enterohämorrhagische E. coli (EHEC) gekommen. Das Hauptreservoir für diese Erreger sind kontaminierte Nahrungsmittel (Rohmilch, nichtdurchgegarte Fleisch- und Wurstwaren, aber auch in grünem Salat und in nicht pasteurisiertem Apfelwein wurden EHEC nachgewiesen). Als Infektionsdosis reichen 10–100 Keime bereits aus, weshalb eine Übertragung von Mensch zu Mensch häufig vorkommt. Auch der Kontakt zu Tieren (Rinder, Ziegen und Schafe) oder sogar das Verschlucken von Badewasser konnten bisher als möglicher Infektionsweg identifiziert werden. Betroffen sind zumeist Kleinkinder unter 5 Jahren und ältere Menschen.

Tabelle 57-3. Unterschiedliche Pathomechanismen bei Escherichia coli

Erreger	Mechanismus	Hauptserotypen
Enterotoxigene E. coli (ETEC)	Unterschiedliche hitzelabile oder hitzestabile Toxine	06:K15, 08:K40, 011: H27, O-Gruppe 12, 78, 115, 149
Enterohämorrhagische E. coli(EHEC)	Shiga-like(Vero)-Toxin 1&2	0157:H7, O-Gruppe 26, 91, 145
Enteroinvasive E. coli (EIEC)	Zytotoxische Exotoxine, die die Schleimhaut befallen	O-Gruppe 11, 29, 115, 124, 136, 144, 147, 152, 164
Enteropathogene E. coli (EPEC)	Adhärenzfaktoren, Toxine	O55:K59, O44:K74

Pathophysiologie. EHEC produzieren Shigatoxine (früher Verotoxine genannt) Stx1, Stx2, Stx2c und Stx2c-f. Diese inaktivieren Ribosomen und hemmen dadurch die Proteinbiosynthese, induzieren Apoptose, Zytokine und Vasokonstriktoren. Weitere Virulenzfaktoren können die Blutgerinnung stören und Zellen lysieren. An der Entstehung des hämolytisch-urämischen Syndroms (HUS) sind v. a. die Serotypen O157, O26 und O145 beteiligt. Besonders der Erreger O157 ist extrem säurestabil.

Klinik. 1–8 Tage nach einer *EHEC-Infektion* kommt es zu wässrigen Diarrhöen, die bei 20% der Kinder und bei Erwachsenen über 65 häufig in eine blutig-wässrige Kolitis übergehen können, die als Risikofaktor für intestinale und extraintestinale Komplikationen gilt. Bei Erwachsenen verlaufen EHEC-Infektionen zumeist selbstlimitierend mit wässrigen Diarrhöen. Begleitsymptome sind Bauchschmerzen, v. a. im Unterbauch und bei Kindern auch Fieber, Nausea und Emesis. Als Komplikation kann sich bei Säuglingen eine nekrotisierende Kolitis oder eine Koloninvagination mit Ileus auftreten.

Bei etwa 5–10% entwickelt sich ein *HUS*, das durch hämolytische Anämie, Thrombopenie und Nierenversagen gekennzeichnet ist. Die Letalität ist mit 2–10% hoch und in weiteren 20–30% muss mit irreversibler Niereninsuffizienz gerechnet werden. Dem HUS nachfolgend können Pankreatitiden auftreten. Eine weitere Komplikation, die meist nur bei Erwachsenen auftritt, stellt die *thrombotisch-thrombozytopenische Purpura* dar, bei der zusätzlich zum kompletten oder inkompletten HUS zerebrale Symptome (z. B. Krampfanfälle) auftreten.

Diagnose. Der Nachweis des Shigatoxins erfolgt in der Regel mittels ELISA oder PCR. Da es bei diesen Testverfahren häufig zu falsch-positiven Ergebnissen kam, wird bei der Falldefinition zusätzlich ein Erregernachweis und eine Überprüfung des Toxinnachweises am kulturellen Isolat gefordert. Die Diagnostik wird dadurch erschwert, dass nichtpathogene E.-coli-Stämme natürlich im Darm vorkommen. Bei HUS-Patienten wird zusätzlich die Untersuchung auf LPS-Antikörper im Serum empfohlen.

Therapie. Die Position einer antibiotischen Therapie bei EHEC-Infektionen wird kontrovers diskutiert. Es gibt Hinweise, dass unter einer antibiotischen Therapie der klinische Verlauf ungünstiger ist. Da jedoch viele Erkrankte mit einem vieldeutigen septischem Bild in die Klinik kommen, wird man häufig vor der Diagnosesicherung Antibiotika verabreichen. Geeignet sind neben Chinolonen Cephalosporine der Gruppe 3. Cotrimoxazol wird nicht empfohlen, da in vitro unter

Cotrimoxazol eine erhöhte Toxinproduktion nachgewiesen werden kann. Supportive Maßnahmen zur Vermeidung von Komplikationen stellen die forcierte Diurese zu Beginn des HUS, eine sorgfältige Elektrolyt- und Flüssigkeitsbilanz und der rechtzeitige Dialyseeinsatz dar. Medikamente zur Hemmung der Darmmotilität sind kontraindiziert. Neue Therapieansätze, wie das Rezeptoranalogon Synsorb, zielen auf eine Hemmung der Toxintranslokation aus dem Darm ab.

Die anderen in *Tabelle 57-3* aufgeführten E. coli führen eher zu milderen Diarrhöen. Toxinproduzierende E. coli sind vermutlich die häufigste Ursache für die bei Touristen sehr häufig auftretende Reisediarrhö. Durch rechtzeitige Gabe von Chinolonen (z. B. Ciprofloxacin 0,5 g) kann eine rasche Genesung erzielt werden. Oft reicht eine einzige Dosis [32].

Meldepflicht. Verdacht auf EHEC-Infektion, sowie Erkrankung, Tod und Ausscheider sind meldepflichtig!

Cholera

Die Cholera ist eine sehr seltene Importinfektion (3 importierte Choleraerkrankungen in Deutschland 1999, [32]). Die *Inkubationszeit* kann je nach Infektionsdosis wenige Stunden bis 3 Tage betragen. Die Erreger der Cholera, Vibrio cholerae, sind empfindlich gegen Hitze, Säure, Austrocknung und bestimmte Chemikalien (Chlor). Die Erkrankung wird durch das Enterotoxin der Cholerabakterien hervorgerufen, das zu einer Schädigung der Enterozyten mit Resorptions- und Sekretionsstörungen im Dünndarm führen. Hierdurch kommt es zu massiven Diarrhöen von bis zu 25 l/24 h mit der daraus resultierenden Exsikkose und ihren Folgen.

Diagnose. Mikroskopisch kann man im »fast wasserklaren« Stuhl Vibrionen nachweisen. Sie lassen sich auch leicht auf Kulturmedien anzüchten.

Therapie. Die wichtigste Maßnahme ist Flüssigkeits- und Elektrolytersatz. Zur Abkürzung der Erreger- und Toxinausscheidung können entweder Chinolone als Einzeldosis oder Doxycyclin (für 3 Tage) verabreicht werden.

Prophylaxe. Einhaltung von Vorsichtsmaßnahmen beim Verzehr von Lebensmitteln und Getränken ist die beste und sinnvollste Prophylaxe. Die aktive parenterale Impfung ist wenig effektiv und wird i. allg. nicht empfohlen. Im Ausland ist ein oraler Impfstoff mit gentechnologisch abgewandeltem Cholerastamm zugelassen. Erfahrungen mit diesem Impfstoff sind noch begrenzt.

Staphylokokkenenteritis

Enteritiden durch koagulasepositive Staphylokokkus-aureus-Stämme sind weltweit verbreitet und zählen mit zu den häufigsten Ursachen von Nahrungsmittelintoxikationen. Stets handelt es sich um Massenerkrankungen. Ausgangspunkt der Infektionskette ist meist der Lebensmittelhändler (Nasenschleimhäute gelten als bevorzugtes Proliferationskompartiment des Keims). Nahrungsmittelintoxikationen durch S. aureus sind nach dem Genuss unterschiedlichster Speisen beschrieben wurden (Fisch, Fleisch, Geflügel, Backwaren, Salate etc.), insbesondere Lebensmittel mit hohem Salz- (Schinken, Dosenfleisch) oder Zuckergehalt (Süß-, Kremspeisen) gelten als »Selektivnährboden« für die Erreger. Mangelnde hygienische Speisezubereitung bei der Verarbeitung von Lebensmitteln oder das Zumischen kontaminierter Lebensmittel zu gekochten Speisen führen zur Verbreitung des Erregers.

Pathophysiologie. Für die Auslösung der Erkrankung sind 30 kDa große Enterotoxine verantwortlich. Sie werden durch Proteasen des digestiven Apparates nur geringfügig abgebaut und auch durch Erhitzen bei 100° C für 30 min nur unzureichend inaktiviert. Derzeit sind 7 immunologische Enterotoxin-A-Varianten bekannt (A, B, C1, C2, C3, D und E), wobei Enterotoxin A in über 90% für staphylokokkenbedingte Nahrungsmittelintoxikationen verantwortlich ist. Ihr molekularer Wirkungsmechanismus ist weitgehend ungeklärt. Diskutiert werden eine direkte Schädigung von Nervenendigungen des N. vagus (Erbrechen) oder ihre Wirkung als sog. Superantigene, indem sie über eine polyklonale T-Zell-Aktivierung die Freisetzung von IL-2 aus T-Zellen und von TNF-α aus Makrophagen auslösen (beide Zytokine verursachen ähnlich wie die Enterotoxine Erbrechen, Übelkeit und Fieber).

Klinik. Die Inkubationszeit ist kurz. 4–6 h nach Aufnahme der toxinhaltigen Nahrungsmittel – meist handelt es sich um Enterotoxin A – klagen die Patienten über *Übelkeit*, *Erbrechen*, *Bauchschmerzen* und *Diarrhö*. Das Ausmaß der Beschwerden ist abhängig von der aufgenommenen Toxinmenge; schwere Verläufe sind selten. Die Dauer der Erkrankung beträgt durchschnittlich 1–3 Tage. »Die Krankheit geht so schnell wie sie gekommen ist.«

Therapie. Die Erkrankung verläuft selbstlimitierend. Die klinischen Symptome bilden sich innerhalb von 24 h zurück. Eine spezifische Therapie gibt es nicht [38].

Clostridien-Infektion

Zur Gattung der obligat anaeroben grampositiven Sporenbildner Clostridium gehören die Erreger des Gasbrandes (C. perfringens), des Botulismus (C. botulinum), des Tetanus (C. tetani) und der antibiotika-assoziierten Diarrhö (C. difficile).

Clostridium-perfringens-Enteritis

Im Intestinaltrakt finden Clostridien ausreichend anaerobe Bedingungen, sodass sie hier als Saprophyten vorkommen. Besitzen sie jedoch bestimmte Virulenzfaktoren (z. B. Enterotoxin von C. perfringens Typ A bzw. das porenbildende β-Toxin von C. perfringens Typ C) kann es zu Schädigungen der Darmwand kommen.

Enteritiden, hervorgerufen durch C. perfringens Typ A, sind weltweit verbreitet. Die Aufnahme des Erregers erfolgt in der Regel mit nichtfrisch zubereitetem Fleisch (Geflügel) und Fleischprodukten (Kontaminierung durch ungenügende Kühlung bzw. Lagerung bei Raumtemperatur). Die Sporen werden während des Essens nicht abgetötet, sondern lediglich hitzeinaktiviert und keimen bei abnehmender Temperatur wieder aus (optimale Temperatur 43–47°C). Die Aufnahme von 10^8 enterotoxinbildenden Keimen reicht zur Krankheitsauslösung aus. Bei endemischem Auftreten beträgt die Erkrankungsrate ca. 50%.

Ende des 2. Weltkrieges wurde in Deutschland und Norwegen erstmals über eine durch das β-Toxin von C. perfringens

Typ C ausgelöste Enteritis necroticans (Darmbrand, »pig-bel disease«, Enteritis gravis) berichtet. Heute ist die Erkrankung nur noch in den Hochländern von Neuguinea und Papua endemisch (Trypsininhibitoren aus einer hier als Grundnahrungsmittel dienenden Süßkartoffel verlangsamen den intestinalen Abbau des Toxins), ansonsten sind nur sporadische Erkrankungen bekannt geworden. Bei schweren Verlaufsformen liegt die Letalität bei 20–40%.

Pathophysiologie. Die Enteropathogenität von C. perfringens Typ A beruht auf einem 34 kDa großen hitzelabilen zytotoxischen Polypeptid, das Bestandteil der Sporenhülle ist und einen Rezeptor auf der luminalen Enterozytenmembran besitzt. *Hauptzielorgan* ist in der Regel der proximale Dünndarm. Nach Bindung an den Rezeptor findet eine Insertion des Toxins in die Membran statt. Die dadurch verursachte Membranschädigung führt u. a. zu einem erhöhten Kaliumefflux mit Hemmung der zellulären Proteinsynthese und Schädigung des enterozytären Zytoskeletts, was zu einer Reduktion der aktiven Nichtelektrolytresorption führt (*Abb. 57-1*).

Klinik. Die Inkubationszeit der C.-perfringens-Typ- A-Enteritis ist kurz und beträgt 7–15 h. Klinisch imponieren Diarrhö (90%), abdominale Krämpfe (80%), Übelkeit (25%) Erbrechen (9%) und Fieber (24%). Die Krankheitsdauer ist mit 6–24 h ebenfalls recht kurz.

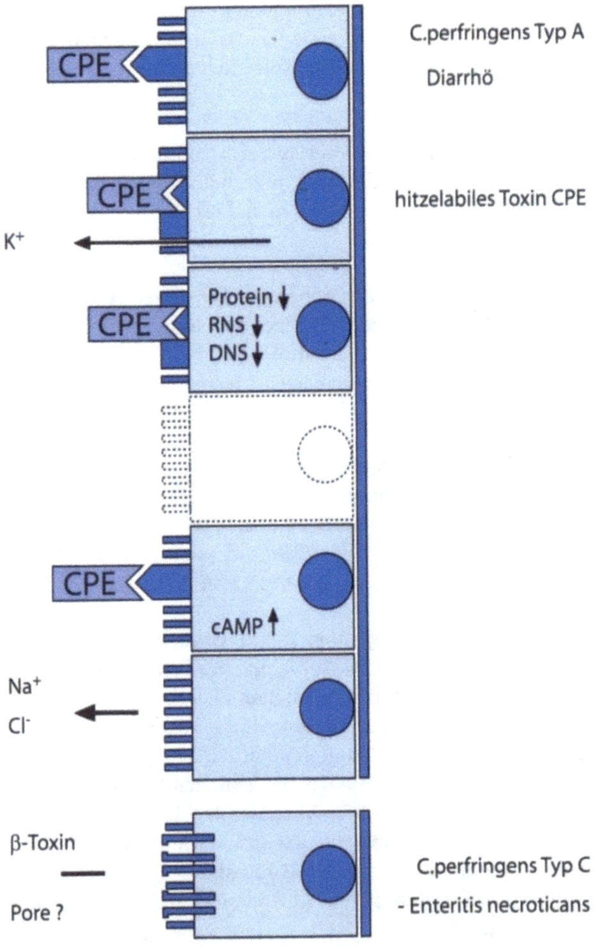

Abb. 57-1. C. perfringens

Das klinische Erscheinungsbild der *Enteritis necroticans* (Inkubationszeit 2 Tage) reicht von milden Diarrhöen bis hin zu fulminanten Verläufen, die innerhalb von 24 h zum Tode führen.

Therapie. Clostridien zeigen zwar eine sehr hohe Empfindlichkeit gegenüber Penicillin G (Therapie der Wahl beim Gasbrand), eine C.-perfringens-Typ-A-Enteritis ist jedoch keine Indikation für eine antibiotische Behandlung, da es sich um eine kurze, selbstlimitierende, klinisch leicht verlaufende Erkrankung handelt.

Die Therapie der durch C.-perfringens-Typ-C ausgelösten *Enteritis necroticans* besteht in der Gabe von Penicillin G (20–40 Mio. E/24 h) [38].

Botulismus

Clostridium botulinum ist ebenfalls ein grampositiver, obligat anaerober Sporenbildner. Die Sporen kommen ubiquitär im Erdreich und im Meeresboden vor. Eine Toxinbildung kann im Darm erfolgen, findet aber v. a. unter anaeroben Bedingungen in Lebensmitteln statt. Gefährdet sind hierbei Milchprodukte, schlecht konservierte Fleisch- und Wurstwaren und ungenügend haltbar gemachte Konserven, wie z. B. Bohnen [35].

Beim Säuglingsbotulismus (s. unten) kann auch Honig als Auslöser der Erkrankung dienen, weshalb Säuglinge in den ersten 6 Lebensmonaten keinen Honig erhalten sollten [3].

Pathophysiologie. Es existieren Toxine vom Typ A, B, Cα, Cβ, D und E. Diese gehören zu den *toxischsten bekannten Substanzen.* Die ca. 1 MDa großen Botulinustoxine wirken über eine Hemmung der Freisetzung von Azetylcholin aus den präsynaptischen Nervenendigungen. Die Toxine sind hitzelabil und säureempfindlich (Inaktivierung aller Toxine durch Erhitzung auf 80°C für 30 min, keine Vermehrung bei einem pH-Wert unter 5,4). Eine Vermehrung der Keime findet im Darm nicht statt.

Eine Sonderform des Botulismus stellt der *Säuglingsbotulismus* dar, da anders als beim Erwachsenen im Darm von Säuglingen Sporen auskeimen können, die eine Vermehrung toxinbildender Clostridien *in vivo* nach sich zieht.

Klinik. Abhängig von der Menge des aufgenommenen Toxins beträgt die Inkubationszeit 12–36 h bis hin zu mehreren Tagen. Aus diesem Grund besteht ein Zusammenhang zwischen dem frühen zeitlichen Auftreten der Symptomatik und der Mortalität. Zunächst kommt es häufig zu Emesis, Diarrhö und Obstipation. Der weitere Verlauf ist von den klassischen neurologischen Symptomen des Botulismus gekennzeichnet:
- Akkomodationsstörungen,
- Doppelbilder,
- Lichtempfindlichkeit,
- Schluckstörungen,
- Sprachstörungen und
- Erliegen der Sekretionen.

Nachfolgend kommt es zu einer symmetrischen, absteigenden, schlaffen Parese mit Blasen, Darm- und Atemlähmung. Die Mortalität liegt bei ca. 25–50%.

Diagnose. Zumeist erfolgt der Nachweis des Toxins in Serum-, Stuhl- oder Lebensmittelproben. Bei der Differenzialdiagnose sollten Poliomyelitis, Tetanus, Tollwut, Enzephalitis und Intoxikationen anderer Genese bedacht werden.

Therapie. Die Gabe eines trivalenten Antitoxins gegen Typ A, B und E (aus Antiserum vom Pferd) und eine intensivmedizinische Behandlung sollten möglichst frühzeitig erfolgen, da hierdurch die Letalität auf ca. 10% gesenkt werden kann. Zusätzlich ist eine symptomatische Therapie angezeigt, die ggf. durch chirurgische Wundversorgung und Penicillingabe ergänzt werden kann.

Beim *Säuglingsbotulismus* wird kein Antitoxin gegeben, hier erfolgt eine rein symptomatische Therapie. Die Rekonvaleszenzdauer beträgt zumeist Monate bis Jahre [35].

Bacillus-cereus-Enteritis

Bei B. cereus handelt es sich um ein grampositives, relativ umweltresistentes (Temperatur, Strahlung) Stäbchenbakterium, das 2 Formen einer Enteritis – eine diarrhöische bzw. eine emetische - hervorrufen kann. Bacillus-cereus-Enteritiden sind weltweit verbreitet (hohe Inzidenz in den Niederlanden, Finnland, Ungarn, Kanada). Sie treten sporadisch und endemisch auf. Die Aufnahme von 10^6 bis 10^9 (diarrhöische Form) bzw. 10^3 bis 10^5 (emetische Form) Keimen/g Lebensmittel gilt als krankheitsauslösend.

Pathophysiologie. B.-cereus-Keime, die die diarrhöische Form hervorrufen, bilden ein hitzelabiles, proteolytisch inaktivierbares Toxin, das im Tierexperiment zu einer intraluminalen Flüssigkeitsansammlung im Ileum mittels einer cAMP-vermittelten Chloridsekretion führt. In hohen Konzentrationen besitzt es zusätzlich dermo- und intestinonekrotische Aktivität (Abb. 57-2).

Das emetische Toxin ist hitze- und pH-stabil und kann nicht durch Proteolyse inaktiviert werden. Die Wirkungsweise dieses Toxins ist bisher weitgehend unbekannt. Darüber hinaus produziert B. cereus eine Vielzahl weiterer zytotoxisch wirkender Exotoxine (z. B. Phospholipase C, Hämolysin, Lecithinase).

Klinik. Die durch B. cereus hervorgerufene Diarrhö tritt nach einer Inkubationszeit von 8–16 h auf. Vorherrschend sind profuse wässrige Stühle (96%) und abdominelle Krämpfe (75%). Erbrechen ist eher selten (20%). Die Krankheitsdauer ist mit 24–36 h kurz.

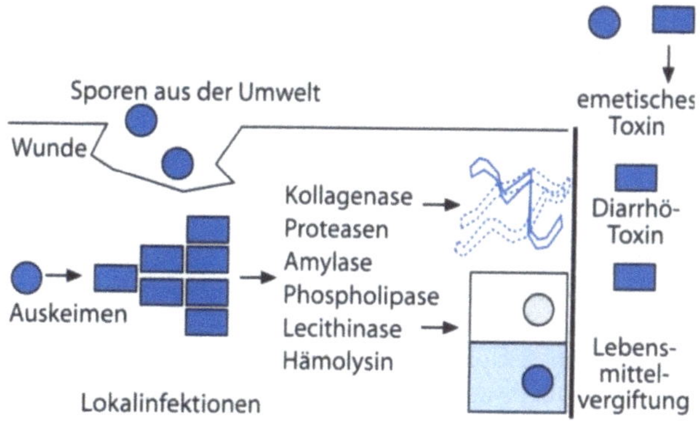

Abb. 57-2. B. cereus

Bei der emetischen Form beträgt die Inkubationszeit weniger als 6 h. Hauptsymptome sind Erbrechen und abdominelle Krämpfe. Die Krankheitsdauer beträgt maximal 24 h.

Therapie. Eine stationäre Behandlung ist zumeist nicht erforderlich, da die Krankheit mild und in der Regel selbstlimitierend verläuft. Die Therapie ist meist symptomatisch (s. Kap. 9). Antibiotikagaben sind nicht indiziert [38].

57.1.5 Durch Protozoen bedingte Lebensmittelinfektionen

Protozoen sind einzellige Lebewesen, die sich in fast allen ökologischen Nischen finden. Sie sind *Eukaryonten* und ihr Bau gleicht im Wesentlichen einer Säugerzelle. Es finden sich häufig noch weitere Organellen, wie z. B. Kinetoplasten bei Trypanosomen und Leishmanien, die für das spezialisierte Leben der Einzeller von Bedeutung sind. Zahlreiche Protozoen werden durch kontaminierte Lebensmittel übertragen (Salat, Gemüse, Obst).

Giardia lamblia (Lamblia intestinalis)

Erreger und Infektionsweg. Mit Ausnahme von Lamblien (Giardia lamblia) sind alle im Darm vorkommenden begeißelten Protozoen nichtpathogene Kommensalen. Allerdings treten sie nur auf, wenn der Darminhalt eine große Menge aufschliessbarer Kohlenhydrate enthält, sodass ihr Vorkommen auf eine mangelhafte Kohlenhydratverdauung im Dünndarm hindeutet. Dies gilt für Enteromonas hominis, Retortamonas intestinalis, Chilomastix mesnili und Trichomonas hominis.

Giardia lamblia ist weltweit verbreitet, jedoch ist die *Infektionsrate* in tropischen Ländern und bei Kindern höher. Selbst in den gemäßigten Breiten können 2–10% der Erwachsenen infiziert sein. Die Zahl der erkrankten Kinder schwankt zwischen 4 und 42% weltweit. Die meisten Verläufe sind asymptomatisch, doch ist es allgemein akzeptiert, dass Giardien pathogene Erreger sind.

Der Erreger kommt in einer *vegetativen Form*, den 10–20 µm großen *Trophozoiten*, und als *Zysten* vor. Die Zysten sind die eigentlichen Träger der Infektion. Sie werden im Stuhl infizierter Patienten ausgeschieden. Durch *Fäkaldüngung, mangelnde Hygiene* und *durch Fliegen* erfolgt die Weitergabe der Infektion. Die Infektion kann ebenfalls über das *Trinkwasser* erfolgen. Auch andere Wirbeltiere dienen als Erregerreservoir. Es sind keine Zwischenwirte notwendig.

Lamblien sind obligatorische Dünndarmbewohner, können aber auch in den Ductus choledochus einwandern. Im Dünndarm entwickeln sich aus den verschluckten Zysten die Trophozoiten, die sich mittels eines großen Saugnapfes an die Mukosazellen heften. Man findet sie v. a. in den Krypten des Duodenums. Es kann auch zu einer Invasion der Mukosa und der Lamina propria durch Giardia kommen. Dadurch sind kleine Nekrosen und oberflächliche Ulzera möglich. Die Vermehrung der Erreger erfolgt durch Längsteilung.

Es besteht eine auffallende Häufigkeit zwischen dem gemeinsamen Auftreten einer Dysimmunglobulinämie und einer Infektion mit Giardia lambliasis. Insbesondere besteht häufig ein Mangel an IgA und IgM.

Klinik. Aus der Infektion muss sich nicht unbedingt eine Erkrankung entwickeln, wie die große Zahl symptomfreier Lamblienträger zeigt. Deshalb reicht die Klinik von symptomlosen Verläufen bis zu schweren Krankheitsbildern. Man kann zwischen akuten, subakuten und chronischen Verläufen unterscheiden.

Die *akute Infektion ähnelt den Symptomen einer bakteriellen oder einer Amöbenruhr.* Die Stühle riechen stark faulig, können Schleim und selten Blut enthalten. Die Stühle sind nicht eitrig, enthalten also keine Leukozyten. Schmerzen im Oberbauch, häufiges Völlegefühl und Flatulenz sind typisch. Es bestehen Verwechslungsmöglichkeiten mit der gastroduodenalen Refluxerkrankung, Ulcera ventriculi/duodeni, Gallensteinleiden oder auch malignen Tumoren, weshalb stets an eine parasitäre Erkrankung gedacht werden sollte.

Die *chronische Erkrankung* kann sich über Jahre hinziehen. Es wechseln sich Episoden mit Diarrhö und Obstipation ab. *Gastrointestinale Allgemeinsymptome,* wie Flatulenz, Meteorismus und mäßiger Druckschmerz im Oberbauch sind häufig. Bei Kindern kann eine *Wachstumsretardierung* vorliegen. Da die Erkrankung bei einem Teil der Patienten zu einer T-Zell-vermittelten Schädigung der Darmschleimhaut führt, kann sich ein *spruetypisches* Krankheitsbild entwickeln, das mit einem *Malabsorptionssyndrom* einhergeht.

Diagnostik. Laborchemisch findet man keine Auffälligkeiten, BSG, CRP und Leukozyten liegen im Normbereich, Anämie und Eosinophile fehlen. Malabsorption und Steatorrhö gehören zu den Begleitsymptomen der Giardiasis und müssen differenzialdiagnostisch von ähnlichen Symptomen bei Sprue oder exokriner Pankreasinsuffizienz abgegrenzt werden. Serumkarotin, Folsäure und Vitamin B_{12} können vermindert sein. Eine Duodenalbiopsie zeigt häufig normale Schleimhaut. In wenigen Fällen findet man eine akute fokale Entzündung, insbesondere der Krypten.

Patienten mit Immundefizit und Giardiasis können ähnliche Veränderungen wie Patienten mit Sprue haben, der wichtigste Unterschied ist das Fehlen von Plasmazellen in der Lamina propria.

Mit konventionellen Färbetechniken können die Lamblien nur schwer erkannt werden, da sie sich ähnlich wie die Mukosa anfärben. Mit speziellen Färbetechniken gelingt der Erregernachweis leicht. Durch Applikation einer Duodenalkapsel, die an einem Faden befestigt wird, kommt es zu einer Anreicherung der Erreger und einem leichteren Nachweis. Findet man im Stuhl Zysten oder Trophozoiten, so ist die Diagnose sicher. Allerdings ist dies nur in 50% der Fälle möglich. Ein Nachweis im Stuhl deutet auf eine akute oder subakute Infektion hin. Auch ein Antigennachweis mittels ELISA im Stuhl ist möglich. Der Nachweis in der Duodenalbiopsie ist häufig effektiver als der Nachweis im Stuhl.

Therapie. Auch symptomlose Infektionen sollten behandelt werden, schon um eine Verbreitung der Lamblien zu vermeiden. Mittel der Wahl ist Metronidazol (3-mal 400 mg für 1 Woche oder 15 mg/kgKG/24 h). Unter Metronidazol 15 mg/kg über 7 Tage ist in 92,9% mit einem Therapieerfolg zu rechnen. Ornidazol ist in einer Einmaldosierung von 50 mg/kgKG wirksam, es kommt praktisch in 100% der Fälle zum Verschwinden des Erregers. Wiederholte Infektionen sind möglich, da keine Immunität eintritt.

Darmamöben

Es sind verschiedene Amöben bekannt, die im menschlichen Darm vorkommen. Dies gilt beispielsweise für Entamoeba coli, Entamoeba polecki, Iodamoeba buetscheli und Entolimax nana. Der einzige pathogene Erreger scheint aber Entamoeba histolytica zu sein. Entamoeba histolytica besteht aus mehr als 20 Unterarten, die wiederum unterschiedliche Virulenz haben. Nur etwa die Hälfte führt zu intestinalen Ulzerationen oder Leberabszessen.

Entamoeba histolytica

Vorkommen und Infektionsweg. Die Amöbiasis ist eine akute oder chronische Erkrankung, die durch Entamoeba histolytica hervorgerufen wird. Es können verschiedene Organe betroffen sein, die *Erkrankung beginnt aber gewöhnlich im Kolon.* Die Erkrankung kommt weltweit vor, am meisten sind jedoch die Tropen und Regionen mit schlechter Hygiene betroffen. Dort liegen Durchseuchungsraten bis zu 80% der Bevölkerung vor. Weltweit sind schätzungsweise 10% der Bevölkerung infiziert. Über 90% der Erkrankungen bleiben symptomlos und die Erreger werden meist in einem Zeitraum von 12 Monaten wieder eliminiert.

Entamoeba histolytica existiert im menschlichen Dickdarm in 3 verschiedenen Formen, den beweglichen *Minuta-* und *Magna-Formen* und den unbeweglichen *Zysten.* Bei Patienten mit einer milden Erkrankung oder einer symptomlosen Infektion sind Zysten und Minuta-Formen dominierend im Stuhl. Die Zysten stellen die eigentliche infektiöse Form dar. Sie können außerhalb des Darms für Wochen überleben. Die Infektion erfolgt, wenn Nahrungsmittel oder Wasser mit humanem Stuhl kontaminiert werden. Im Darm erfolgt die Teilung der Minuta-Formen und die Entwicklung der Zysten. Es gibt in Endemiegebieten Millionen Minuta-Träger ohne klinische Symptome.

Die *Magna-Form* ist die invasive Gewebsform des Erregers. Neuere Untersuchungen scheinen zu bestätigen, dass nur zur Bildung der Magna-Form befähigte Unterarten des Erregers eigentlich pathogen sind. Die Minuta-Form ist etwas kleiner (10–20 µm) als die Magna-Form (20–30 µm). Beide erscheinen im Lichtmikroskop klar, mit exzentrisch gelegenem Kern (10–60 µm, im Mittel 25 µm). Das Vorkommen von *Magna-Formen* mit *intrazytoplasmatisch* eingeschlossenen *Erythrozyten* ist *pathognomonisch* für eine *Entamoeba-histolytica-Infektion.* Die Magna- und Minuta-Formen sind außerhalb des Körpers nicht lebensfähig, sie können zu keiner Infektion führen, da sie durch Magensäure zerstört werden. Zweiteilung führt zu präzystischen Formen, die sich innerhalb weniger Stunden zu Zysten entwickeln können. Die Zysten entwickeln sich stets aus Minuta-Formen und niemals aus Magna-Formen.

Die *Magna-Formen* sind *schleimhautinvasiv* und damit humanpathogen. Falls der Parasit invasiv wird, kommt es zu lytischen (Name!) Veränderungen der Kolonschleimhaut. Nach Adhärenz bewirkt ein Zytotoxin den Untergang der Epithelzelle. Durch proteolytische Enzyme werden die Kolonozyten zusätzlich aus ihrer Verankerung gelöst. Dadurch kommt es zu punktförmigen Blutungen und Ulzerationen, die bis zur Perforation führen können. Es finden sich auch ödematös hyperämische und pseudomembranöse Darmabschnitte. Bei längeren Verläufen sind auch Pseudopolypen möglich. Die Veränderungen finden sich hauptsächlich im Colon ascendens und im Zökum. Durch Einbruch der Magna-Formen in die Blutgefäße kann es zu extraintestinalen Manifestationen im gesamten Organismus kommen. Die häufigste Lokalisation findet sich in Form von Abszessen im rechten Leberlappen.

Klinik. Eine Besiedlung des Darms kann völlig symptomlos bleiben. In diesem Fall ist Entamoeba histolytica nicht invasiv, die Stühle enthalten kein Blut und die Dickdarmschleimhaut ist unauffällig. Bei Besiedelung mit invasiven *Magna-Formen* entwickelt sich meist innerhalb von 2–3 Wochen eine *Kolitis*. Bauchschmerzen und Durchfälle sind die führenden Symptome. Blut ist stets nachweisbar. Die Konsistenz der Stühle ist sehr unterschiedlich, sie kann breiig bis wässrig sein. Es kann ein Wasser- und Elektrolytverlust auftreten. Bei geschwächten Patienten (z. B. bei Schwangerschaft oder Immunsuppression) kann die Kolitis fulminant verlaufen. Diese Patienten sind klinisch schwer krank, haben hohes Fieber und Bauchschmerzen. Diese Verlaufsform wird häufig durch Leberabszesse und Darmperforationen kompliziert. *Als Folge einer inadäquaten Steroidmedikation kann sich ein toxisches Megakolon entwickeln.*

Bei chronischen Verlaufsformen kann die Kolitis mehrere Jahre bestehen. Es kommt dann zu weniger ausgeprägten Symptomen, wie intermittierenden Durchfällen, Blähungen, Bauchschmerzen und Gewichtsabnahme. Endoskopisch kann die Fehldiagnose einer chronisch entzündlichen Darmerkrankung gestellt werden.

Parallel zu einer Amöbenkolitis können Leberabszesse oder andere extraintestinale Manifestationen auftreten. Oft treten Leberabszesse auch akut ohne Kolitis auf. Die Patienten haben dann häufig Fieber und rechtsseitige Oberbauchschmerzen. Eine intraperitoneale Ruptur findet in etwa 5% der Fälle statt. Ebenso kann eine Amöbenpleuropneumonie oder ein Pleuraempyem als Folge einer Abszessruptur auftreten. Andere Manifestationen wie Hirnabszess sind selten.

Diagnostik. Beweisend für die Diagnose ist der Nachweis von Magna- und Minuta-Formen oder Zysten im Stuhl. Es sollten mindestens 3 frisch abgesetzte Stuhlproben untersucht werden. Die typische Beweglichkeit der vegetativen Formen findet man nur, wenn der Stuhl sofort mit physiologischer Kochsalzlösung versetzt und mikroskopiert wird. Amöbenzysten können nach Anreicherung ebenfalls mikroskopisch nachgewiesen werden. Serologische Untersuchungen der Antikörpertiter können Hinweise auf die Erkrankung geben, lassen jedoch keinen sicheren Rückschluss zu. Durch Untersuchung auf Antigene von Entamoeba histolytica im Stuhl können eine Vielzahl von Infektionen diagnostiziert werden, ohne dass ein Nachweis des Erregers selbst gelingt. Dies liegt v. a. an der schlechten Sensitivität der mikroskopischen Stuhluntersuchung. Der Stuhlantigentest hat sich gegenüber dem mikroskopischen Nachweis oder der Kultur als überlegen herausgestellt (94% Sensitivität und 94% Spezifität gegenüber 37% bzw. 99%).

Therapie. Die einzelnen verfügbaren Chemotherapeutika weisen eine unterschiedliche Gewebegängigkeit auf, sodass die Wahl des Antibiotikums stark von der Lokalisation des Erregers im Körper abhängt. *Mittel der Wahl* ist *Metronidazol* 3-mal 750 mg/24 h für 10 Tage gefolgt von einer intraluminal wirksamen Substanz, um auch die Zysten abzutöten. Geeignet ist z. B. Diiodohydroxyquin 3-mal 650/24 h für 20 Tage. Anstatt Metronidazol kann auch Tetracyclin 4-mal 250 mg für 10 Tage gegeben werden. Kontrovers wird die Frage diskutiert, ob auch symptomlose Träger behandelt werden sollten. Aus epidemiologischen Gründen ist dies sinnvoll. Bei großen Leberabszessen ist eine Feinnadelpunktion sinnvoll, um die Größe des Abszesses zu reduzieren und so eine vollständige Ausheilung zu erreichen. Eine chirurgische Therapie ist nur in Ausnahmefällen sinnvoll, wenn eine Feinnadelpunktion nicht möglich ist und es innerhalb von 4–5 Tagen nicht zu einem deutlichen Ansprechen auf die Therapie kommt [30].

Darmkokzidien

Kokzidienarten sind weltweit verbreitet. Man findet sie bei allen Wirbeltierarten. Sie sind ausgesprochen wirtsspezifisch und entwickeln sich in den Zellen der Darmschleimhaut. Durch die Zunahme immunsupprimierter Patienten gewinnen die Darmkokzidiosen zunehmend an Bedeutung. Sie treten bei immunkompetenten Menschen relativ selten auf. Man findet sie z. B. bei HIV-Infizierten oder Transplantationspatienten. Hier sollen v. a. die primär im Darm vorkommenden Kokzidien besprochen werden. Toxoplasma gondii und die Plasmodienarten zählen zwar ebenfalls zu den Kokzidien und sie können auch gelegentlich abdominelle Symptomatik verursachen. Ihr Hauptansiedlungsort liegt jedoch nicht im Darm.

Sarcocystis suihominis und Sarcocystis bovihominis

Die weltweit vorkommenden Erreger durchlaufen ihre geschlechtliche Entwicklung in den Zellen der Lamina propria des Dünndarms. Im Gegensatz zu den anderen Kokzidienarten findet dort auch die Entwicklung der Zysten statt. Schwein und Rind dienen als Zwischenwirt und die Infektionsquellen sind *ungekochtes Fleisch* dieser Wirte. Die Inkubationszeit beträgt nur 6–8 h, nach 5–7 Tagen sind die Sporozysten im Stuhl nachweisbar.

Klinik. Das klinische Bild ist abhängig von der Anzahl der aufgenommenen Erreger. Bei starken Infektionen kommt es binnen 6 h zu starken Schweißausbrüchen, Kältegefühl, gefolgt von Erbrechen und heftigen Diarrhöen mit kolikartigen Schmerzzuständen. Durch den großen Wasser- und Elektrolytverlust kann es zu Störungen des Wasser- und Elektrolythaushalts kommen. Die Symptome verschwinden nach 24 h wieder.

Diagnostik. Zur Diagnostik dient der mikroskopische Nachweis der Sporozysten im Stuhl.

Therapie. Da die Erkrankung schnell wieder abklingt ist keine Chemotherapie notwendig. Flüssigkeit muss ggf. substituiert werden.

Kryptosporidien

Erreger und Infektionsweg. Die 2–4 µm großen Parasiten (Cryptosporidium parvum) gewinnen v. a. wegen der HIV-Infektion zunehmend an Bedeutung. Sie sind der häufigste Erreger der häufig bei Aids beobachteten Diarrhö. Bei immunkompetenten Personen kommt es nur selten zu einer symptomatischen Infektionskrankheit. Allerdings sind mehrere große Ausbrüche der Erkrankung durch verseuchtes Trinkwasser bekannt (z. B. Alabama 1993, 300.000 Betroffene). Die ebenfalls zu den Kryptosporidien zählenden Cyclospora cayetanensis haben auch in Deutschland zu einer Gastroenteritis-Gruppenerkrankung geführt (Baden-Württemberg 2000, 26 Betroffene) [34].

Cryptosporidium parvum ist außerdem ein wichtiger Erreger von Durchfallerkrankungen in den Entwicklungsländern. Die Kryptosporidien siedeln auf der Darmschleimhaut und werden v. a. in den Krypten (daher der Name) in großer Zahl angetroffen. Es kommt auch zur Invasion des Epithels. Hier findet auch die geschlechtliche Vermehrung statt, die letztlich zur Ausbildung infektiöser Oozysten führt, die mit dem Stuhl ausgeschieden werden.

Klinik. Im Vordergrund steht eine Enterokolitis mit wässrigen Durchfällen. Es handelt sich um eine sekretorische Diarrhö mit choleraähnlichem Krankheitsbild. Seltener kommt es auch zu einer Gastritis und Ösophagitits. Besonders bei nichtimmunkompetenten Personen kann es auch zu einer Cholangitis und Cholezystitis sowie einer Pankreatitis kommen. Ebenfalls sind extraintestinale Manifestationen wie Sinusitis, Laryngitis, Bronchitis und Pneumonie bekannt. Eine reaktive Arthritis kann vorkommen.

Diagnostik. Die Endoskopie ergibt makroskopisch meist einen unspezifischen Befund. In der Schleimhautbiopsie lassen sich histologisch und elektronenmikroskopisch die Erreger nachweisen. Der Nachweis der Oozysten im Stuhl ist möglich. Eine PCR-Technik wurde entwickelt, um Cryptosporidium parvum im Trinkwasser nachzuweisen.

Therapie. Die Therapie ist extrem schwierig und die komplette Elimination des Erregers beim immundefizitären Patienten gelingt praktisch nicht. Letrazuril (150–200 mg/24 h) führte in 40% zur Besserung der klinischen Symptomatik und in 70% zu Elimination der Oozytenausscheidung. Wenig effektiv waren Azithromycin (900 mg/24 h für 3 Wochen) und Paromomycin (1,5–2 g/24 h oder 25–50 mg/kgKG in 3–4 Einzeldosen für 3 Wochen, dann evtl. reduzierte Erhaltungsdosis). Co-Trimoxazol in Standarddosierung soll ebenfalls einen Effekt besitzen. Ansonsten ist die Therapie symptomatisch und stützt sich auf den Ausgleich des Flüssigkeitsverlustes. Bei immunkompetenten Patienten ist die Erkrankung i. Allg. selbstlimitierend [30].

> **Meldepflicht.** Es besteht für Kryptosporidieninfektionen Meldepflicht nach dem Infektionsschutzgesetz!

57.1.6 Durch Helminthen bedingte Lebensmittelinfektionen

Eine nicht unerhebliche Zahl von Band-, Saug- und Fadenwürmern wird ebenfalls durch Nahrungsmittel und kontaminiertes Trinkwasser übertragen. So finden sich Helminthen ggf. in:

- kopfgedüngtem Salat und Gemüse (Spulwurm: Ascaris lumbricoides),
- ungenügend erhitztem oder rohem Schweinefleisch (Trichella spiralis; Schweinefinnenbandwurm: Taenia solium),
- ungenügend erhitztem oder rohem Rindfleisch bzw. Schabefleisch oder Tartar (Rinderfinnenbandwurm: Taenia saginata),
- nicht oder ungenügend erhitztem Fisch (Heringswurm: Anisakis, Fischbandwurm: Diphyllobothrium latum) und
- bodennahen Früchten, die durch verwurmte Fuchslosung kontaminiert worden sind (kleiner Fuchsbandwurm: Echinococcus multilocularis).

Bandwürmer (Cestodes)

Erreger und Infektionsweg. Bandwürmer sind Parasiten, die in ihrer geschlechtsreifen Form den Darmkanal des Menschen und anderer Wirbeltiere bewohnen. Sie gliedern sich in einen *Kopfteil*, eine *Halsregion* und die *Gliederkette* (Strobila). Der Kopfteil ist mit einem *Haftapparat* (Skolex) ausgestattet, der je nach Art aus Saugnäpfen, -gruben und einem Hakenkranz besteht und zur Anheftung an die Darmschleimhaut dient. In der Halsregion erfolgt die Nahrungsaufnahme, die, da der Wurm über keinen Intestinaltrakt verfügt, durch Diffusion erfolgt. Außerdem stellt die Halsregion die Wachstumszone des Wurms dar. Hier werden laufend neue Glieder (Proglottiden) durch Abschnürung gebildet. Sie bilden eine abgeplattete Gliederkette, die über 10 m lang werden kann.

Die Proglottiden enthalten einen kompletten zwittrigen Geschlechtsapparat. Die letzten Glieder der Kette sind jeweils ausgereift und werden abgeschnürt. Sie enthalten prall gefüllte Uterusschläuche mit Tausenden von Eiern. Die Proglottiden werden ausgeschieden und erreichen so durch die Nahrungsaufnahme den Zwischenwirt. In den Zwischenwirten, die nicht unbedingt Wirbeltiere sein müssen, sondern z. B. auch Insekten sein können, erfolgt das Larvenstadium. Die Larven können jahrelang im Zwischenwirt überleben, bevor sie mit der Nahrung, z. B. durch rohes Fleisch, in den menschlichen Darm gelangen und sich wieder ein geschlechtsreifer Wurm entwickelt.

Das Krankheitsbild richtet sich danach, ob der Mensch als Endwirt oder als falscher Zwischenwirt befallen wird. Während der geschlechtsreife Wurm in der Regel nur geringe Symptome verursacht, kommt es nach einer Infektion mit den Larvenstadien fast immer zu schweren, u. U. lebensbedrohlichen Krankheitsbildern. Dies gilt insbesondere für die Echinokokkusarten und die Larven des Schweinebandwurms, die die Zystizerkose hervorrufen.

Rinderbandwurm (Taenia saginata)

Erreger und Infektionsweg. Der Rinderbandwurm ist weltweit verbreitet. Als Infektionsquelle kommt v. a. rohes Rindfleisch in Betracht, das z. B. als Tatar verzehrt wird. Abgetötet werden die Finnen nur durch Tiefkühlung (–18°C) oder ausreichendes Erhitzen. Bei ungenügendem Durchbraten oder nur kurzem Einfrieren bei geringen Minustemperaturen können die Finnen infektiös bleiben. Im Kühlschrank können die Larven lange Zeit überleben.

Die *Larven* (Finnen) des Wurms finden sich in der Muskulatur von Rindern, die als Zwischenwirte dienen. Die Finnen enthalten bereits den fertig ausgebildeten Bandwurmkopf. Nach Inkorporation des infizierten Fleisches wird durch Einwirkung von Verdauungssäften der Kopf freigesetzt, der sich im oberen Dünndarm festsetzt. Damit beginnt das Wachstum durch Abschnürung neuer Proglottiden in der Halsregion. Der Wurm kann über 10 m lang werden und besitzt eine Lebensdauer von teilweise mehr als 20 Jahren. Die Eier werden zusammen mit den Proglottiden freigesetzt. Die Proglottiden besitzen anfangs eine Eigenbeweglichkeit und können deshalb auch selbstständig durch den Anus auswandern.

Klinik. Die Klinik ist *uncharakteristisch* und fehlt oft vollständig. Der Wurm führt zu einer Störung der intestinalen Funktion und entzieht dem Wirt verdaute Nährstoffe. Dadurch kann es zu Anorexie und Diarrhö kommen. Häufig wird die Infektion aber erst nach Auftreten von Proglottiden bemerkt. Es können Allgemeinsymptome wie Bauchschmerzen, Druckgefühl im Epigastrium, Brechneigung, Kopfschmerz aber auch Heißhunger auftreten. Die Reabsorption toxischer Stoffwechselprodukte des Wurms kann zu neurologischer Symptomatik wie Hypästhesie führen.

Diagnostik. Am einfachsten ist die Diagnose, wenn man die 16 bis 20×4 bis 7 mm großen Proglottiden im Stuhl findet. Sie sind weiß oder gelblich und anfangs beweglich. Sie können frühestens 10 Wochen nach erfolgter Infektion auftreten. *Differenzialdiagnostisch* muss eine Infektion mit Taenia solium, dem Schweinebandwurm, ausgeschlossen werden. Die Proglottiden von T. saginata enthalten 10–30 feinverzweigte Uterusäste, während bei T. solium 7–10 gröbere Äste gefunden werden. Außerdem weist T. saginata eine 2-lappige und T. solium eine 3-lappige Ovarstruktur auf. Die Eier des Wurms können mikroskopisch im Stuhl nachgewiesen werden, sind 30–40 μm groß, besitzen eine radiär gestreifte, bräunliche Eierschale und enthalten jeweils eine Larve. Sie sind von den Eiern von T. solium nicht zu unterscheiden. Die Würmer können auch radiologisch, z. B. mit Bariumbreischluck nachgewiesen werden. Allerdings ist auch dadurch keine Differenzierung zwischen den einzelnen Arten möglich. Eine Bluteosinophilie ist meistens nur gering ausgeprägt oder fehlt ganz (▣ *Abb. 57-3, 57-4*).

Therapie. Mittel der Wahl ist Niclosamid (Tomesan) 1-mal 4500 mg Kautabletten mit wenig Wasser und einem leichten Mahl. Praziquantel (Biltricide) 25 mg/kgKG als orale Einzeldosis führt in 97–100% der Fälle zum Abtöten der Würmer. Weiterhin kommen Mebendazol (Vermox) 3 Tage morgens und abends je 2–3 Tabletten oder Paromomycin (Humatin) in 4 Dosen von 1 g in 15-minütigem Abstand, gefolgt von Laxanzien nach 1 h, in Frage.

Schweinebandwurm (Taenia solium)

Erreger und Infektionsweg. Der Schweinebandwurm ist ebenfalls weltweit verbreitet, sein Verkommen ist jedoch deutlich seltener als T. saginata. Als Infektionsquelle kommt v. a. finneninfiziertes Schweinefleisch in Frage. Allerdings können auch andere Säugetiere, wie Wildschweine, Hunde, Katzen, Ratten, Rehe oder Schafe Finnenträger sein.

Durch Verzehr von ungenügend gekochtem Fleisch kommt es zur Infektion, der Wurm besiedelt ähnlich dem Rinderbandwurm den Dünndarm. Allerdings kann der Mensch durch Aufnahme der Eier von T. solium zum Fehlzwischenwirt werden. Dies kann auch durch Erbrechen und Wiederverschlucken von Eiern bei Schweinebandwurminfektion derselben Person geschehen. Es entwickelt sich dann die gefährliche *Zystizerkose*. Häufig handelt es sich um einen multiplen Befall mit Finnen. Im Verdauungstrakt werden die Larven (Onchosphären) von den Eihüllen befreit und dringen in die Dünndarmschleimhaut ein und gelangen mit dem Blutstrom in praktisch alle Organe. Dort werden sie zu Finnen (Zystizerken) und es findet eine spezifische Gewebsreaktion mit Infiltration von neutrophilen und eosinophilen Granulozyten, Lymphozyten, Plasmazellen und Riesenzellen statt. Es folgt eine Fibrosierung und schließlich eine Verkalkung.

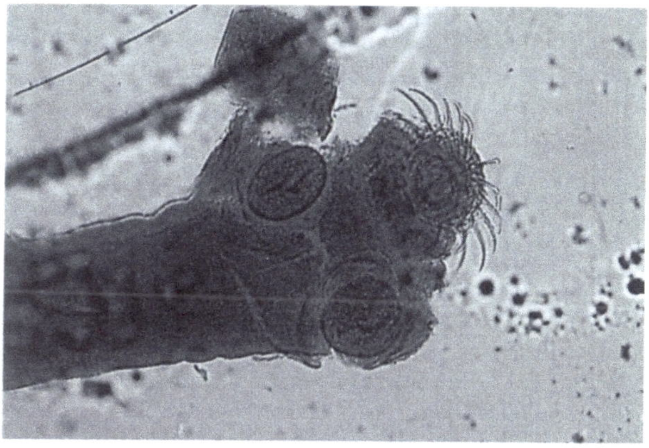

▣ Abb. 57-3. Taenia saginata. Skolex nach Behandlung mit Mebendazol. Deutlich zu erkennen ist der Hackenkranz (Eosinfärbung, Vergr. 50:1). (Farbige ▣ Abb. siehe S. 935)

Klinik. Der Befall mit dem geschlechtsreifen Wurm führt zu ähnlicher Symptomatik wie bei Infektion mit T. saginata. Die Symptome sind uncharakteristisch. Zu schweren gastrointestinalen Komplikationen, wie Ileus kommt es nur selten. Selten ist auch eine Perforation an der Anheftungsstelle mit Peritonitis.

Wesentlich schwerer läuft die *Zystizerkose* ab. Dabei hängt die Ausprägung des Krankheitsbildes von der Anzahl der Finnen und dem Organbefall ab. Insbesondere der Befall des Gehirns führt zu vielfältiger Symptomatik, die oftmals erst nach dem Tod der Finnen auftritt, da sich dann die Gewebereaktion verstärkt. Dies reicht von neurologischen Ausfällen über psychoseartige Zustände bis zu Hirndrucksymptomatik, die insbesondere im Bereich des Aquädukts und des 4. Ventrikels rasch zum Tode führen kann. Befall des Rückenmarks und des Spinalkanals kann im Extremfall zur kompletten Querschnittslähmung führen. Werden die Augen mitbetroffen, kommt es zu Uveitis, Iritis, Retinitis und Atrophie der Choroidea.

Diagnostik. Der Befall durch den ausgewachsenen Wurm wird durch Nachweis der Proglottiden oder der Eier gestellt. (Zur Differenzialdiagnose s. unter T. saginata.) Die Zystizerko-

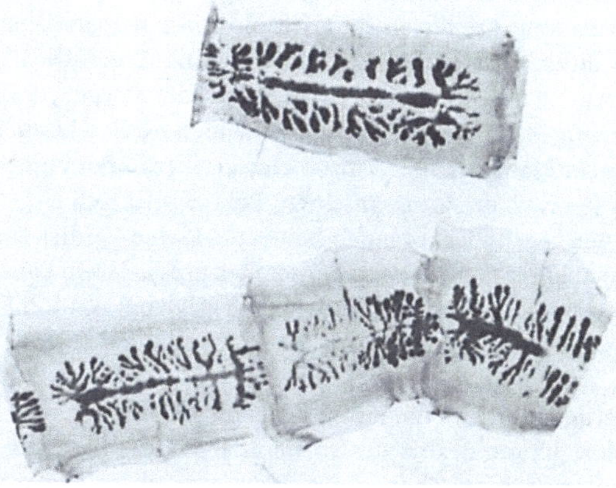

▣ Abb. 57-4. Taenia saginata. Proglottiden, Anfärbung der Uterusschläuche (unvergrößert). (Farbige ▣ Abb. siehe S. 935)

se ist leicht zu diagnostizieren, wenn die Haut oder die Augen betroffen sind. Man findet linsen- bis mandelgroße, verschiebliche Tumore. Eine feingewebliche Untersuchung sichert die Diagnose. Besteht die Infektion schon länger, kommt es zu radiologisch sichtbaren Verkalkungen im Bereich der Muskeln, der Haut oder des Gehirns. Wenn eine zerebrale Beteiligung vorliegt, ist eine Liquoreosinophilie pathognomonisch, außerdem ist häufig der Liquorzucker stark erniedrigt.

Therapie. Für die Therapie des adulten Wurms siehe T. saginata. Es sollte zusätzlich ein Abführmittel gegeben werden. Erbrechen muss unbedingt vermieden werden, um das Verschlucken von Eiern zu verhindern. Zystizerken sollten, wenn immer möglich, chirurgisch entfernt werden. Es kann ein Therapieversuch mit Praziquantel (Biltricide, 20 mg/kgKG an 3 aufeinanderfolgenden Tagen) erfolgen. Bei zerebraler Beteiligung sollten zusätzlich Kortikosteroide gegeben werden, um ein Aufflammen der Infektion durch Antigenfreisetzung zu verhindern.

Fischbandwurm (Diphyllobothrium latum)

Erreger und Infektionsweg. Man findet Infektionen mit dem Fischbandwurm überall dort, wo Fische als Nahrungsmittel dienen. Der adulte Wurm kann neben dem Mensch auch andere Säugetiere befallen, die sich zumindest zeitweise von Fisch ernähren (z. B. Katze, Fuchs, Bär). Der Wurm verankert sich meist im oberen Duodenum, die Eier werden direkt ausgeschieden. Die Larven entwickeln sich nur im Wasser. Flusskrebse dienen als erste Zwischenwirte, die von Fischen gefressen werden. In diesen zweiten Zwischenwirten bilden sich die eigentlich infektiösen Larven. Die Infektion erfolgt durch Verzehr ungenügend gekochten Fleisches von Süßwasserfischen. Trocknung des Fischfleisches bietet keinen Schutz vor der Infektion.

Klinik. Ähnlich der Taenieninfektion kann der Verlauf völlig symptomlos bleiben. Häufig entwickeln sich gastrointestinale Allgemeinsymptome wie Diarrhö, Sodbrennen, Völlegefühl, Appetitlosigkeit oder auch Heißhunger. Selten entwickelt sich eine megaloblastäre Anämie, die auf der gestörten Resorption von Vitamin B_{12} im oberen Dünndarm durch den Wurm beruht.

Diagnostik. Es können sowohl *Proglottiden* als auch *Wurmeier* nachgewiesen werden. Die Proglottiden des Fischbandwurms sind breiter als lang (10 bis 20×3 bis 5 mm), enthalten einen rosettenförmigen Uterus. Die Proglottiden sind beweglich und können im Analbereich Eier ablegen, die durch Anbringen eines Klebstreifens gewonnen werden können. Die Eier sind sehr charakteristisch, rundoval gelbbraun und 40 bis 50×58 bis 76 µm groß. An einem Pol befindet sich ein Deckel, an der gegenüberliegenden Seite eine kleine Verdickung. Ein Wurm kann täglich bis zu 1 Mio. Eier produzieren. Laborchemisch zeigen sich häufig außer einer milden Eosinophilie keine weiteren Veränderungen.

Therapie. Wenn eine megaloblastäre Anämie vorhanden ist, sollte Vitamin B_{12} bis zur Normalisierung des Blutbildes substituiert werden (1000 µg pro Woche, parenteral); ansonsten entsprechend der Therapie von T. saginata.

Saugwürmer (Trematoden)

Trematoden sind *obligate Parasiten*. Aus ihren Eiern schlüpfen Larven (Mirazidien), die als Zwischenwirt meist Wasserschnecken befallen. Hier wandeln sie sich in *Sporozysten* oder direkt in die infektiösen *Zerkarien* um. Die Zerkarien sind für den Menschen und andere Wirbeltiere infektiös. Sie verlassen den Zwischenwirt und schwimmen frei im Wasser. Sie dringen entweder direkt in den Endwirt ein oder bilden an tierischen oder pflanzlichen Zwischenwirten sog. *Metazerkarienzysten*, die vom Endwirt verzehrt werden müssen, damit sich geschlechtsreife Trematoden bilden können. Die Würmer sind abgeplattet, verfügen über 2 Saugnäpfe und ein blind endendes Darmsystem.

Großer Darmegel (Fasciolopsis buski)

Erreger und Infektionsweg. Der große Darmegel ist ein häufiger Parasit im Orient, insbesondere in Mittel- und Südchina, Taiwan, Indonesien, Malaysia, den Philippinen, Thailand, Vietnam und Indien.

Der Wurm befällt v. a. Mensch und Schwein. Die Infektion erfolgt über verschiedene Wasserpflanzen und -früchte, die in den Epidemiegebieten angebaut, mit Fäkalien gedüngt und verzehrt werden. An diesen Früchten, z. B. der Wassernuss (Trapa natans) befinden sich die Metazerkarien, die verschluckt werden. Die Larven werden im Duodenum freigesetzt und entwickeln sich innerhalb von 90 Tagen zu den bis zu 75 mm langen, 20 mm breiten und 3 mm dicken Würmern. Die Egel führen zu tiefen Ulzerationen an der Anheftungsstelle.

Klinik. 1–2 Monate nach der Infektion beginnen die initialen Symptome mit Diarrhö und Nüchternschmerz. Bei einer leichten Infektion können dies die einzigen Symptome bleiben. Liegt ein Befall mit vielen Würmern vor, kann es zu Allgemeinsymptomen durch die Reabsorption toxischer Substanzen und einer Proteinverlustenteropathie durch den ausgedehnten Schleimhautschaden kommen. Übelkeit und Erbrechen treten auf. Der Schmerz kann zur Fehldiagnose eines Magenulkus führen, die Patienten magern dann ab und haben einen grünlich-gelben Stuhl, der unverdaute Nahrungsbestandteile enthält. Häufig treten Aszites und Ödeme an den Extremitäten auf. Bei sehr schwerer Infektion können die Trematoden sogar im Pylorus und im Kolon vorkommen, zu Hämorrhagien führen und einen Ileus verursachen. Bei Kindern können Entwicklungsverzögerungen auftreten.

Diagnostik. Häufig ist eine Leukozytose mit absoluter Eosinophilie und Neutropenie. Manchmal besteht eine Lymphozytose. Andere Laborveränderungen hängen von der Dauer und Schwere der Infektion und der Diarrhö ab (Elektrolytentgleisung, Hypoalbuminämie). Im Stuhl lassen sich 140×80 mm große Eier finden, die mit einem glatten Deckel versehen sind und eine Eizelle enthalten.

Therapie. Am besten eignet sich Niclosamid (Yomesan) in einer Dosierung von 4 Kautabletten/24 h, 3 Tage lang.

Fadenwürmer (Nematoden)

Spulwurm (Ascaris lumbricoides)

Erreger und Infektionsweg. Der Spulwurm kommt mit Ausnahme sehr kalter und sehr trockener Gebiete weltweit vor.

Man findet ihn besonders in sozial schwachen Bevölkerungsgruppen mit niedrigem Lebensstandard und schlechten hygienischen Bedingungen. Die geschlechtsreifen, leicht rötlichen, 22–52 cm langen Würmer besiedeln den Dünndarm. Die von den Weibchen gelegten Eier werden mit dem Stuhl ausgeschieden, eine infektionsfähige Larve kann sich erst nach O_2-Einwirkung entwickeln.

Die larvenhaltigen Eier gelangen z. B. infolge *Fäkaliendüngung auf Gemüsepflanzen* und werden so vom Menschen aufgenommen. Die Larven schlüpfen im Dünndarm, dringen dann in die Darmwand ein und gelangen über den Blutweg in die Leber. Von dort wandern sie weiter über die rechte Herzkammer in die Lunge. Nach einer Häutung in den Alveolarkapillaren verlassen die Larven das Blutgefäßsystem und gelangen über die Atemwege in den Rachenraum, wo sie erneut verschluckt werden und etwa 2 Wochen nach der Eiaufnahme wieder in den Intestinaltrakt gelangen. Hier erfolgt ein starkes Wachstum und nach 6–8 Wochen wird Geschlechtsreife erreicht. Die Lebensdauer der Würmer beträgt etwa 1 Jahr.

Klinik. Das klinische Bild richtet sich nach dem Zeitpunkt der Infektion. Während der Wanderung durch das Leberparenchym kann es zu einer Leberschwellung kommen. Bei der Durchwanderung der Lunge bildet sich das charakteristische eosine Infiltrat (Loeffler-Syndrom). Im Blutbild findet sich eine Eosinophilie bei nur geringgradiger Leukozytose. Die weiteren Symptome hängen stark vom Ausmaß der Verwurmung ab.

Bei starker Verwurmung kann es zur Malabsorption und leichtem Durchfall sowie Allgemeinsymptomen wie Appetitlosigkeit, Übelkeit, abdominalem Druckgefühl sowie kolikartigen Schmerzen kommen. Es kann zu einer allergisch bedingten nekrotisierend hämorrhagischen Askaridenenteritis mit blutigen Stühlen, Erbrechen und Leibschmerzen kommen. Ein Ileus durch Verlegung des Darmlumen durch Würmer ist ebenfalls möglich. Selten ist eine Verlegung des Pankreas- oder Gallengangs mit entsprechender Symptomatik wie Pankreatitis, Cholangitis und Leberabszess. Es treten auch allergisch bedingte Hauterscheinungen auf. Dies sind v. a. Urtikaria, Pruritus und verschiedenste Exantheme. Außerdem kann es zu Konjunktivitis, Entzündung der oberen Luftwege und Bronchialasthma kommen.

Diagnostik. Die Diagnose wird durch den Nachweis der Eier gesichert. Sie sind 50 bis 90–40 bis 60 μm groß und von orange-gelber bis dunkelbrauner Farbe.

Therapie. Mittel der Wahl ist Mebendazol (Vermox) an 3 aufeinanderfolgenden Tagen jeweils morgens eine Tablette. Voll wirksam ist ebenfalls Pyrantelpamoat (Helmex) in einer Einmalgabe von 10 mg/kgKG. Stuhluntersuchungen sollten 10 Tage nach Abgang des letzten Wurms sowie nach weiteren 4 Wochen erfolgen. Prophylaktisch sollte auf den Verzehr fäkaliengedüngten Rohgemüses verzichtet werden.

Trichinella spiralis

Erreger und Infektionsweg. Die Infektion mit Trichinen (T. trichuris) ist in allen Ländern häufig anzutreffen, in denen keine lückenlose Fleischbeschau stattfindet. Alle Fleischfresser unter den Säugetieren inklusive des Menschen können infiziert werden. Die wichtigste Infektionsquelle für den Menschen stellen Haus- und Wildschweine dar. Die Trichinenlarven befinden sich eingerollt in einer Kapsel in *parasitenhaltigem Schlachtfleisch.* So können sie jahrzehntelang infektiös bleiben. Nach Verzehr werden die Larven durch die Verdauung freigesetzt. Sie dringen durch die Darmwand bis in die Muskularis ein und entwickeln sich zu geschlechtsreifen Männchen oder Weibchen. Die Männchen sterben nach der Begattung ab. Die Weibchen setzen die Eier in die Darmlymphgefäße ab.

Die Larven wandern über den Ductus thoracicus ins Blutgefäßsystem und dringen mittels eines Stilettapparates aktiv in die Skelettmuskulatur ein. Bevorzugt wird die Muskulatur der Augen, des Zwerchfells und der Zunge befallen. Man kann die Trichinen aber in jedem Muskel finden, selten wird auch der Herzmuskel befallen. Etwa 6 Wochen nach der Infektion findet man die aufgerollten, eingekapselten, etwa 0,8–1,0 mm großen Larven.

Klinik. Die Schwere der Erkrankung ist von der Anzahl der aufgenommenen Trichinen abhängig und schwankt zwischen einem symptomlosen und tödlichen Verlauf. Für eine deutliche Symptomatik sind mindestens 1500–2000 Trichinenlarven notwendig. Die ersten Symptome treten frühestens nach 5 Tagen auf. Bei schweren Verläufen ist die Inkubationszeit kürzer als bei langen Verläufen. Beim schwerem Verlauf kommt es zunächst zu einem Syndrom (»trichuris dysentery syndrome«) mit Diarrhö, Kolitis und Rektumprolaps.

Als *Hauptsymptome* findet man ein Gesichtsödem, Fieber, Muskelschmerzen und eine Eosinophilie. Das Fieber vom Kontinuatyp kann mehrere Wochen andauern. Die Muskelschmerzen können so stark sein, dass der Erkrankte Bewegungen möglichst vermeidet. Insbesondere bei Infiltration der Atemmuskulatur kann es deshalb zu Minderbelüftung und Pneumonie kommen. Der Befall des Kehlkopfs und der Zunge bewirkt Heiserkeit und Schluckbeschwerden. Muskelschwäche kann zu kompletten Paresen führen. Es können außerdem allergische Exantheme auftreten. Bei schwerem Verlauf tritt häufig eine Myokarditis mit Tachykardie, Hypotonie und Herzinsuffizienz auf. Zerebrale Mitbeteiligung ist selten. Bei *letalem Ausgang* ist meist die Pneumonie und das Herzversagen die Todesursache, Embolien treten nur selten auf. Bei Kindern verläuft die Erkrankung benigner als bei Erwachsenen.

Diagnostik. Eine Bluteosinophilie bis über 80% ist bereits nach 10 Tagen manifest und erreicht den Höhepunkt in der 3.–5. Krankheitswoche. Sie hat keinen prognostischen Wert und geht nicht mit der Schwere des Krankheitsbildes einher. CRP, Fibronektin und Globuline sind bei schwerem Verlauf erhöht. Die Anamnese weist bei Gruppenerkrankung und Genuss von rohem Schweinefleisch auf die Erkrankung hin. Der Parasitennachweis kann aus Resten des infektiösen Fleisches oder in einer Muskelbiospsie des Patienten erfolgen. Selten können auch die geschlechtsreifen Würmer im Stuhl nachgewiesen werden. Eine Verlaufskontrolle der Erkrankung kann über mehrere Serumparameter erfolgen: die Kreatinkinase (CK), Laktatdehydrogenase (LDH) und das freie Myoglobin.

Therapie. Mittel der Wahl ist Mebendazol (Vermox) in hohen Dosierungen von 600 mg/24 h in steigender Dosierung bis 2400 mg/24 h über 14 Tage, dann ausschleichend über eine Woche. Gleichzeitig sollten Kortikosteroide gegeben werden, um die Entzündungsreaktion und die allergischen Erscheinungen, die durch die Behandlung initial noch verstärkt werden, zu unterdrücken.

Meldepflicht. Krankheitsverdacht, Erkrankung und Tod durch Trichinose sind nach dem Bundesseuchengesetz meldepflichtig.

Heringswurm (Anisakis marina)

Erreger und Infektionsweg. Nach einem Fernsehbericht über diese Nematodengattung kam es vor einigen Jahren zu einem Einbruch des Fischabsatzes in Deutschland. Zu einem Befall des Menschen kommt es nach *Genuss von infiziertem und ungenügend zubereitetem Seefisch*, insbesondere von *Hering*, der zu über 80% infiziert ist. Die Larven werden durch Kochen, ausreichendes Räuchern oder Marinieren und Tiefgefrieren abgetötet. Der Mensch ist ein Fehlwirt, die Larven können sich nicht zur Geschlechtsreife entwickeln.

Klinik. Es treten akute Störungen des Gastrointestinaltrakts innerhalb von 12 h auf. Es kann zu Brechreiz, Appetitlosigkeit, Diarrhöen und Abdominalschmerzen durch chronische Gastroenteritis und auch Appendizitis und Tumorbildung in der Darmschleimhaut kommen. Die Beschwerden können intermittierend wiederkehren und jahrelang anhalten

Diagnostik. Es findet sich eine Bluteosinophilie. Eier werden keine gefunden, da die Würmer nicht geschlechtsreif werden. Die Diagnose wird durch eine Gastroskopie gesichert. Radiologisch und sonographisch findet man ein Mukosaödem, Pseudotumoren und Füllungsdefekte durch Würmer. Positive serologische Befunde stützen die Diagnose weiter. Histologisch findet man ein eosinophiles Granulom mit Wurmlarven.

Therapie. Die Möglichkeit einer medikamentösen Therapie besteht nicht. Die Würmer müssen endoskopisch entfernt werden. Als Ultima ratio steht die Operation zur Verfügung.

Haarwürmer (Capillaria philippiniensis)

Erreger und Infektionsweg. Bei den Haarwürmern handelt es sich um kleine, bis 5 mm große Nematoden, die erstmals in den 1960er Jahren auf den Philippinen auftraten. Sie werden durch Genuss von rohem Süßwasserfischfleisch erworben und vermehren sich im menschlichen Darm. Mittlerweile sind auch Erkrankungsfälle in Thailand und Korea bekannt geworden.

Klinik. Es entwickelt sich in den meisten Fällen ein charakteristisches Krankheitsbild mit Abdominalschmerzen, Diarrhö, Nausea, Erbrechen und Hypotonie. Das Abdomen ist gebläht und es können sichtbare Peristaltikwellen vorkommen. Es kann sich eine ausgeprägte Kachexie entwickeln.

Diagnostik. Eine Eosinophilie ist meist nicht sehr ausgeprägt. Häufig findet man Hypoproteinämie, Hypokalziämie und niedrige Cholesterinspiegel als Ausdruck einer Proteinverlustenteropathie. Der Nachweis der Wurmeier und eine Schleimhautbiopsie sichern die Diagnose. Häufig findet man eine Verdickung der Mukosa und abgeflachte Zotten.

Therapie. Als nebenwirkungsärmste und trotzdem voll wirksame Substanz hat sich Mebendazol in einer Dosierung von 200–400 mg/24 h über 20 Tage erwiesen [30].

57.1.7 Virusbedingte Enteritiden und Hepatitiden

Enteritiden

Erst seit Anfang der 1970er Jahre ist bekannt, dass verschiedene Viren (1972: Norwalk-Virus, 1973: Rotaviren) für das Auftreten oft schwerer Diarrhöen bzw. akuter Enteritiden verantwortlich sind. Die derzeit weltweit häufigsten Virusarten sind:

- Rota- und Norwalk-Viren und
- enterotope Adenoviren (ca. 50 verschiedene Serotypen).

Genaue Angaben zur Inzidenz aus Deutschland fehlen, da der Erreger entweder nur elektronenmikroskopisch oder mittels PCR nachgewiesen werden kann. Offenbar bestehen besondere geographische Bezogenheiten. So sollen in den USA für ca. 40% der akuten, nichtbakteriellen Gastroenteritiden Norwalk-Viren verantwortlich sein, während weltweit Rotaviren für 50% der Fälle aller krankenhausbedürftigen Diarrhöen im Kindesalter als Erreger gelten. Weitere (seltene) enteropathogene Virusarten sind: Berne- und »Breda-like«-Viren, Coronaviren, Caliciviren, Coxsackie-A-Viren und Astroviren.

Bezüglich der *opportunistischen* Virusinfektionen (CMV) sei auf Kap. 29 verwiesen.

Die *morphologisch bioptischen* Befunde sind mit Ausnahme von CMV kaum wegweisend. Die *Diagnose* erfolgt elektronenmikroskopisch, durch Kulturen, ggf. immunhistochemisch oder durch molekularbiologische Methoden (s. Kap. 17) wie der PCR. Die *Inkubationszeit* beträgt in der Regel 12–48 h. Die Erreger verursachen sehr plötzlich beginnende Übelkeit, Erbrechen und Durchfall. Der *Verlauf* ist meist leicht bis mittelschwer und dauert 12–72 h an.

Therapie. Diese beschränkt sich auf symptomatische Maßnahmen wie orale Rehydratation mittels glukose- und elektrolythaltiger Getränke.

Hepatitis A

Die Infektion mit dem *Hepatitis-A-Virus (HAV)* ist in Ländern mit niedrigem Hygienestandard endemisch. In Deutschland tritt sie v. a. bei Urlaubern, die in endemische Gebiete reisen, auf. Gelegentlich treten kleinere Epidemien in Kindergärten, Heimen, Kasernen und Krankenhäusern auf. Der Übertragungsweg erfolgt *fäkal-oral* über verunreinigtes Trinkwasser und kontaminierte Nahrungsmittel (Salate, Austern). Seltenere parenterale Infektionen sind beschrieben.

Klinik. Die Symptome umfassen Appetitlosigkeit, Übelkeit und Erbrechen, abdominelle Beschwerden, Müdigkeit, Schwäche, Fieber und Diarrhö. Die Leber kann vergrößert sein, eine geringgradige Splenomegalie kann auftreten. Im Erwachsenenalter verläuft die Erkrankung häufiger *ikterisch*.

Bei *Verdacht* auf eine akute Hepatitis A sollte neben der Bestimmung des *Anti-HAV-IgG* auch eine *Anti-HAV-IgM-Test* durchgeführt werden. Nachweis von Hepatitis-A-Antigen oder andere Virusdirektnachweise sind nicht erforderlich.

Therapie, Prophylaxe und Impfung. Eine spezifische *Therapie* ist nicht erforderlich. Diätetische Einschränkungen sind bis auf die Restriktion von Alkohol nicht erforderlich (s. Kap. 47). Bei cholestatischem Verlauf mit *Juckreiz* kann eine systemische Therapie mit *Cholestyramin* (z. B. Lipocol-Merz; 4–8 g/24 h) erfolgen.

Infizierte Personen sollten für ca. 2–3 Wochen nach Krankheitsausbruch *isolierte Toiletten* benutzten oder geeignete *Desinfektionsmaßnahmen* der benutzten sanitären Einrichtungen durchführen. Eine passive Immunisierung kann ggf. mittels humanen Immunglobulinen prä- oder innerhalb weniger Tage (<14 Tage) postexpositionell erfolgen (z. B. Beriglobin: 0,02 ml/kgKG).

Eine *Indikation* für eine aktive *Hepatitis-A-Impfung* besteht für Reisende in Endemiegebiete, Angehörige der Heil- und Pflegeberufe, Heimkinder, Mitarbeiter pädiatrischer Einrichtungen, Angehörige von Entwicklungsdiensten, Personen, die mit der Herstellung und Verteilung von Lebensmitteln beschäftigt sind, Klärwerks- und Kanalarbeiter sowie Drogenabhängige und deren Betreuer. Die *Grundimmunisierung* besteht für Erwachsene in der Gabe von je 1 ml Impfstoff (Havrix 1440, Vaqta) im Abstand von 6–12 Monaten. Die Serokonversionen liegen >95% [30].

57.1.8 Prionen

Anfang November 2001 umfasste die bisherige Anzahl bestätigter Infektionen mit der *neuen Variante der Creutzfeldt-Jacob-Erkrankung* (vCJK) in Großbritannien 111 Fälle [8]. In Deutschland wurde bislang kein Fall von vCJK bekannt. Die vCJK wird mit höchster Wahrscheinlichkeit durch eine Infektion mit dem Erreger der *bovinen spongiformen Enzephalopathie* (BSE, »Rinderwahnsinn«), einer transmissiblen spongiformen Enzephalopathie (TSE) hervorgerufen. Infolge dieser Erkenntnis kam es zu einer vermehrten Aufmerksamkeit der Öffentlichkeit gegenüber der Rinderseuche BSE. Als Infektionsquelle wurden *ungenügend hitzeinaktivierte Tier- und Knochenmehle* identifiziert, die u. U. aus Schafen mit *Scrapie* (Traberkrankheit), ebenfalls einer TSE, hergestellt wurden. Diese Tiermehle fanden v. a. bei der Mast von Milchkühen Verwendung.

Eine Erkrankung ist beim Rind ab einem Alter von 20 Monaten möglich und tritt bei Rindern v. a. im Alter von 4–6 Jahren auf. In Deutschland wurden bis Ende 2001 132 Fälle von BSE bei Rindern, die in Deutschland geboren wurden, dokumentiert [6]. Der Verzehr erregerbelasteter Fleisch- und Wurstwaren wird als mögliche Infektionsquelle für den Menschen angesehen. *Hohe Infektiosität weisen z. B. Gehirn, ZNS, Lymphknoten und der Darm auf.* Auch *Bluttransfusionen* werden als mögliche Infektionsquelle nicht ausgeschlossen [19].

Pathophysiologie. Als Erreger wurde ein *Prionprotein* (»proteinaceous infectious agent«, Prion) identifiziert. Prionproteine sind extrazelluläre Sialoglykoproteine, die mit der Zellmembran verbunden sind. Der Erreger der BSE und der vCJK (PrP^{Sc}) unterscheidet sich von natürlicherweise vorkommenden körpereigenen Prionproteinen (PrP^{C}) in ihrer räumlichen Struktur, obwohl sie die gleiche Aminosäuresequenz aufweisen. Diese Konformationsänderung macht die anormalen Prionproteine äußerst stabil gegenüber Erhitzen, pH-Veränderungen, Chemikalieneinwirkung und Spaltung durch Proteasen. Für eine Replikation des PrP^{Sc} ist das Vorhandensein von PrP^{C} in der Zelle notwendig.

Erregerhaltiges Material wird vermutlich von den M-Zellen des Darmepithels in intakter Form aufgenommen (Abb. 57-5). Die Anzahl der Peyer-Plaques im Dünndarm ist möglicherweise ein weiterer Faktor, der die Anfälligkeit gegenüber vCJK beeinflusst [40]. Vom Darm werden die Prionen über Nervenzellen und/oder mit intestinalen Immunzellen in andere Gewebe und v. a. ins Gehirn transportiert. Diese Invasionswege werden von der Anwesenheit von B-Lymphozyten unterstützt, sind jedoch nicht von dem Vorhandensein von Wildtyp PrP^{C} abhängig. Vermutlich stellen die B-Zellen den Lymphknoten und der Milz Lymphotoxin-β zur Verfügung, was der Differenzierung follikulärer dendritischer Zellen dient. *Hemmung der Lymphotoxin-β-Bereitstellung hemmt den Pathogenitätsprozess der Prionen.* Jedoch kann eine Neuroinvasion auch unabhängig von B-Zellen und follikulären dendritischen Zellen stattfinden [39]. Eine hämatogene Invasion von PrP^{Sc} ist ebenfalls denkbar, da das Prionprotein im Tierversuch auch an Plasmaproteine bindet [1].

Ob die Replikation des PrP^{Sc} bereits auf dem Weg oder erst in den Zielorganen erfolgt, ist bislang nicht vollständig geklärt. An der Replikation des Prionproteins scheint jedoch maßgeblich das *lymphoretikuläre System* und insbesondere die *Milz* beteiligt zu sein. Eine Hemmung des lymphoretikulären Sys-

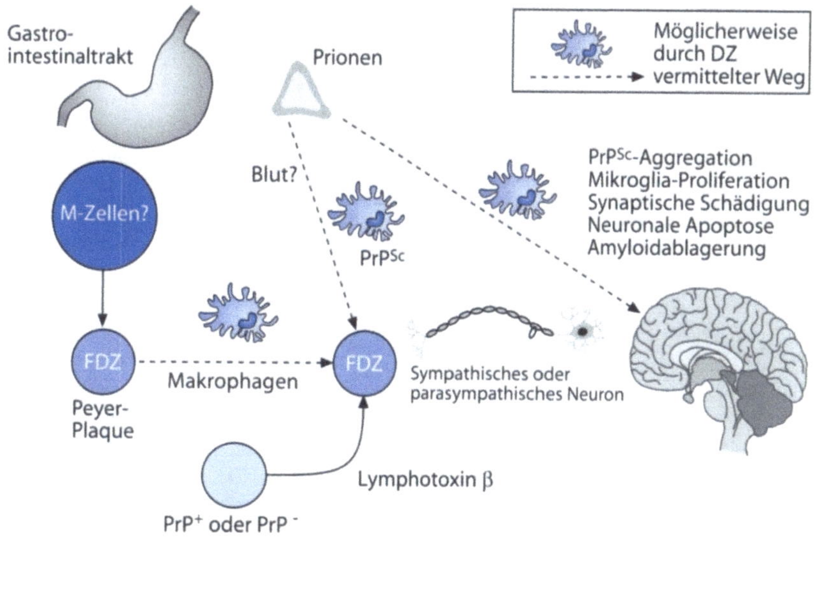

Abb. 57-5. Zelluläre und molekulare Aspekte der Neuroinvasion durch Prionen. Nach oraler Aufnahme müssen Prionen die gastrointestinale Barriere überwinden, vermutlich durch M-Zellen. FDZ follikuläre dendritische Zellen; DZ dendritische Zellen. (Mod. nach [1])

tems verlangsamt den Prionentransfer ins Gehirn und damit die klinische Manifestation der vCJK. Follikuläre dendritische Zellen exprimieren PrP^{C} und sind maßgeblich an der Replikation des PrP^{Sc} beteiligt [7]. Dem Komplementsystem scheint ebenfalls eine bedeutende Funktion bei der Aufnahme der TSE-Erreger, der Replikation im lymphoretikulären System und bei der ZNS-Invasion zuzukommen. *Depletion eines der frühen Komplementfaktoren (C1q, Bf/C2 und C3) oder des Komplementrezeptors (CR1/2) zögern das Auftreten der Erkrankung heraus* [20].

Das PrP^{Sc} zwingt in der Zielzelle auch normalem PrP^{c} seine Konformation auf. In den Neuronen führt die Replikation des PrP^{Sc} zu vermehrtem oxidativem Stress und einer Erhöhung der Apoptoserate, was einen *Untergang des Nervengewebes* nach sich zieht.

> Hauptmerkmal der vCJK ist eine *spongiöse Degeneration des ZNS* mit herdförmiger Verteilung vakuolisierter Neurone und starker Ablagerung von Amyloid.

Antikörper gegen PrP^{Sc} können nicht nachgewiesen werden, man vermutet jedoch, dass die lokale Freisetzung von Zytokinen (TNF-α, IL-1 u. a.) an der Pathogenese beteiligt ist.

Klinik. Die Erkrankung beginnt schleichend mit unspezifischen Beschwerden wie z. B. Schlaf- und Gedächtnisstörungen, sensorischen Störungen und psychischen Symptomen (Depressionen, Angstzustände, Apathie, Zurückgezogenheit und Wahnvorstellungen). Im weiteren Verlauf kommt es zu Ataxie, ungewollten Bewegungen, persisitierenden, schmerzhaften sensorischen Symptomen, Myoklonus, Chorea, Dystonie und Demenz. Nach einer Krankheitsdauer von durchschnittlich 14 Monaten endet die Erkrankung stets letal.

> Im Gegensatz zur klassischen CJK betrifft die vCJK v. a. jüngere Menschen. Der Altersdurchschnitt liegt bei 29 Jahren [45].

Diagnostik. Vor allem die histopathologischen Veränderungen der Hirnstruktur geben einen Hinweis auf das Vorliegen einer vCJK. *Spezifisch für eine TSE ist der Nachweis der aggregierten und Proteinase-K-resistenten fehlgefalteten Form des Prionproteins mittels Immunhistochemie oder Western-blot.* Diese Nachweismethoden stehen jedoch erst *post mortem* zur Verfügung.

Eine Differenzialdiagnose zu anderen Demenzen kann durch Liquoruntersuchung, EEG (bei der vCJK gibt es keine »sharp wave«-Komplexe) und durch MRT (beiderseits Signalintensität des Pulvinars) erfolgen.

Da im Gegensatz zur sporadischen CJK, bei einer vCJK auch Prionen außerhalb des ZNS nachweisbar sind, ist der *Nachweis auch in lymphatischen Geweben* (Appendix, Tonsillen) *ante mortem* möglich [18]. Da bisher Routinetests auf Vorliegen einer vCJK fehlten, erfolgt in der Regel die Diagnose erst beim Vorliegen deutlicher klinischer Symptomatik. Mittels Immunassay ist der Nachweis von Proteinen in der zerebrospinalen Flüssigkeit möglich. Bei der sporadischen CJK hat sich v. a. das 14-3-3-Protein als nützliches Markerprotein erwiesen. Die Sensitivität und Spezifität des 14-3-3-Nachweises bei der vCJK sind jedoch nicht so hoch wie bei der sporadischen Variante. Eine höhere Sensitivität weist die gleichzeitige Detektion der Proteine 14-3-3 und tau auf. Problematisch ist jedoch, dass diese Marker auch in der zerebrospinalen Flüssigkeit von Patienten mit anderen neurologischen Erkrankungen nachzuweisen sind [14].

Anzustreben wäre ein Test, der an Blutproben durchgeführt wird. Miele et al. [27] konnten erstmals zeigen, dass bei Scrapie-infizierten Mäusen, die Menge der EDRF- (»Erythroid-differentiation-related-factor«-)Transkripte in Milz, Knochenmark und in Blutzellen deutlich abnimmt. Dieses bislang unerklärte Phänomen ist auch im Rückenmark BSE-infizierter Rinder und im Blut Scrapie-infizierter Schafe nachweisbar. EDRF wird in verschiedenen Blutzellen beim Menschen ebenfalls gebildet und würde u. U. einen wertvollen Marker bei der Früherkennung von vCJK darstellen . Jedoch fehlen derzeit ausreichende Untersuchungen zur Spezifität dieses Markers.

Therapieansätze. Bisher existiert keine Therapie, die zur Heilung der vCJK führt. Es gibt jedoch einige Forschungsansätze um Therapien zu entwickeln, die Erkrankung zu heilen oder wenigstens ihre Progression zu verlangsamen.

Mittels Zellkulturstudien an Scrapie-infizierten Neuroblastomzelllinien aus der Maus konnte gezeigt werden, dass eine Prionenvermehrung durch Antikörper, die entweder gegen PrP^{Sc} oder gegen die PrP^{Sc}-Bindungsdomäne von PrP^{C} gerichtet sind, verhindert werden kann [11, 29]. Zusätzlich konnte gezeigt werden, dass die Behandlung mit einer Phosphatidylinositol-spezifischen Phospholipase C, die PrP^{C} an der Zelloberfläche spaltet, ebenfalls zu einer Hemmung der Replikation führt [11]. Korth et al. demonstrierten im gleichen Zellkuturmodell die hemmende Wirkung von Quinacrin und Chlorpromazin auf die Prionenreplikation [21]. Eine Reihe weiterer Substanzen (z. B. Lymphotoxin-β-Rezeptoren, Porphyrine, Kongorot, Amphotericin B, verzweigte Polyamine) zeigen diese Wirkungen *in vitro*, jedoch ist bislang unklar, ob diese Effekte auch *in vivo* auftreten [2].

Prävention. Um die weitere Ausbreitung von BSE zu verhindern, wurde im Jahr 2000 EU-weit die Verfütterung von Tiermehl bei allen Tierarten verboten. Die im nachfolgenden genannten spezifizierten Riskiomaterialien müssen seit Oktober 2000 aus der Nahrungskette entfernt werden.

Als *Risikomaterialien* gelten beim Rind der Schädel, einschließlich Hirn und Augen, Tonsillen, Wirbelsäule ausschließlich der Schwanzwirbel – aber einschließlich der Spinalganglien und des Rückenmarks von über 12 Monate alten Rindern – sowie der Darm von Duodenum bis Rektum bei Rindern jeden Alters. Risikomaterial bei Schafen und Ziegen, die über 12 Monate alt sind oder bei denen ein bleibender Schneidezahn das Zahnfleisch durchbrochen hat, sind ebenfalls Schädel, einschließlich Hirn und Augen, Tonsillen, Rückenmark sowie die Milz von Schafen und Ziegen jeden Alters. Alle geschlachteten Rinder über 30 Monate (in Deutschland 24 Monate) müssen seit Dezember 2000 mit dem *Schnelltest auf BSE* untersucht werden. Fleisch nichtgetesteter Rinder darf nicht in die Nahrungsmittelkette gelangen. Um das Risiko einer Infektion durch Bluttransfusionen zu minimieren sind alle *Personen, die sich zwischen 1980 und 1996 länger als 6 Monate im Vereinigten Königreich aufhielten, von der Blutspende ausgeschlossen.*

Diese gesetzlichen Vorsichtsmaßnahmen schützen nicht völlig vor einer Infektion mit vCJK, da 60% der Rinder vor dem 30. Lebensmonat geschlachtet werden, also zu einem Zeitpunkt, zu dem BSE-Schnelltests noch keine aussagekräftigen Ergebnisse liefern (weshalb sie in diesem Alter auch nicht angewendet werden). *Bisher ist nicht bekannt wieviele Prionen in den Darm gelangen müssen, um beim Menschen eine vCJK hervorzurufen.*

> Nach dem derzeitigen Stand gelten Milch und schieres Rindfleisch (Muskelfleisch) nicht als mögliche Infektionsquellen.

Auch Gelatine gilt als risikoarm. 90% der Gelatineprodukte werden in Deutschland ohnehin aus Schweineschwarte hergestellt. Rindergelatine wird hauptsächlich bei der Arzneimittelherstellung verwendet, die strengen Kontrollen unterliegt. Bei der Gelatineherstellung werden sehr niedrige pH-Bereiche und hohe Temperaturen erreicht, die es unwahrscheinlich erscheinen lassen, dass Prionen im Endprodukt zu finden sind.

> Erhitzte Fleisch- und Wurstwaren sind dagegen nicht sicherer zu bewerten als rohe Produkte, da die Prionen den Brat- oder Kochprozess unbeschadet überstehen können.

Innereien stellen möglicherweise ein Risiko dar, da bei der Tötung der Rinder mit dem Bolzenschussgerät u. U. infektiöses Hirngewebe in Organe, wie z. B. Herz oder Lunge gelangen könnte. Allgemeine Vorsichtsmaßnahmen, das Risiko einer BSE-Infektionen zu verringern, lauten (nach Angabe der Verbraucherzentrale Hessen):

- Bevorzugung von Schweine- und Geflügelfleisch (hier konnten bisher keine TSE-Infektionen nachgewiesen werden).
- Wahl von Fleischprodukten, bei denen die Zutaten genau bekannt sind (Vorsicht bei »loser Ware«) und die keine Innereien enthalten (z. B. Schinken, Bratenaufschnitt).
- Verzicht auf Rindfleisch, dessen Herkunft unbekannt ist (z. B. in Fertiggerichten). Stattdessen Kauf beim regionalen Metzger des Vertrauens.
- Kein Auskochen von Rinderknochen und keine Verwendung von Knochenmark (z. B. für Markklößchen).
- Rindfleisch aus ökologischer Erzeugung ist etwas weniger gefährdet, da hier die Zufütterung von Tiermehl ohnehin verboten war. Verbände wie »Bioland« und »Demeter« vermarkten nur Tiere, die auch in ihren Betrieben geboren wurden.
- Das Risiko von Schaffleisch ist bisher nicht einzuschätzen [42].

57.2 Intoxikationen durch Lebensmittelinhaltsstoffe

57.2.1 Biogene Amine

Biogene Amine sind *decarboxylierte Aminosäuren*, die z. T. als Gewebehormone oder als Bestandteil von Koenzymen wirken und bei einigen Personen *Überempfindlichkeitsreaktionen* auslösen können (s. Kap. 56.2).

57.2.2 Toxine in Muscheln und Fischen

Saxitoxin

Saxitoxin (*Abb. 57-6*) kann in allen verzehrfähigen Muschelarten enthalten sein. Eine *Ausnahme* stellen Muscheln aus dem Mittelmeer und aus dem Roten Meer dar, wo bisher nicht über Saxitoxinvergiftungen berichtet wurde. Das Saxitoxin ist in

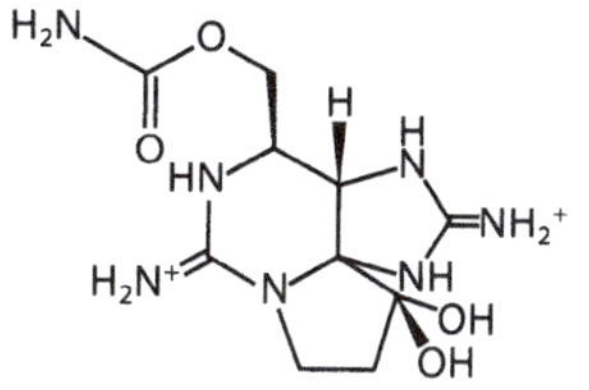

Abb. 57-6. Chemische Struktur von Saxitoxin

Dinoflagellaten der Gattungen Gonyaulax catenella, G. tamarensis, G. excavata, Pyrodinium phoneus, Ptychodiscus breve und P. veneficum enthalten. Produziert wird es vermutlich von Bakterien, die in Symbiose mit den Dinoflagellaten leben. Beim Filtern des Meerwassers zur Nahrungsaufnahme akkumuliert das Gift in den Muscheln, die selbst gegen Saxitoxin unempfindlich sind.

Pathophysiologie. Das Toxin ist hitzestabil und blockiert die Erregungsleitung motorischer und sensorischer Neuronen. Der Wirkmechanismus ist eine spezifische Blockierung des Natriumeinstroms in Nervenzellen. Die tödliche Dosis liegt bei ca. 1 mg.

Klinik. 5–30 min nach dem Verzehr belasteter Muscheln tritt ein Prickeln in der Mundgegend auf. Es kommt nachfolgend zum Erstarren der Mundmuskulatur, die von Lähmungen der Extremitäten- und Stammmuskulatur gefolgt sein kann. In den Extremitäten breitet sich ebenfalls ein prickelndes Gefühl aus und der Gleichgewichtssinn kann gestört sein. Der Tod erfolgt zumeist durch Atemlähmung [25].

Brevetoxine

Auch die Brevetoxine (*Abb. 57-7*) stammen aus dem Dinoflagellaten Ptychodiscus breve und akkumulieren in Muscheln. *Starke Belastungen* treten im Golf von Mexiko auf, wenn das Meerwasser durch die »Algenblüte« rot gefärbt ist. Dieses Naturphänomen wird von massivem Fischsterben begleitet.

Pathophysiologie. Durch Öffnung der Natriumkanäle in den Nerven kommt es zur Depolarisierung und zu einer Hemmung der schnellen Natriumaktivierung. Dadurch wird Azetylcholin an den Muskelendplatten freigesetzt. Infolgedessen werden die Nerven unerregbar.

Klinik. Es kommt zur Kontraktion und zum Tremor der Skelettmuskulatur und Herzkammerflimmern kann auftreten [25].

Therapie. Tetrodotoxin (aus dem Kugelfisch) und Lokalanästhetika können die Depolarisierung antagonisieren [44].

Ciguatera-Fischvergiftung

Eine der häufigsten Fischvergiftungen weltweit ist auf Intoxikation mit Ciguatera (Blaualgengift) zurückzuführen (*Abb. 57-8*). Sie tritt v. a. in wärmeren Breiten, wie dem tropischen Pazifik, Australien und Florida auf. Bei den Fischen handelt es sich um normalerweise verzehrfähige Arten, die entweder mit der Nahrung Ciguatoxin-produzierende Dinoflagellaten der Gattung Gambierdiscus toxicus aufnehmen oder Ciguatoxin-belastete Fische fressen.

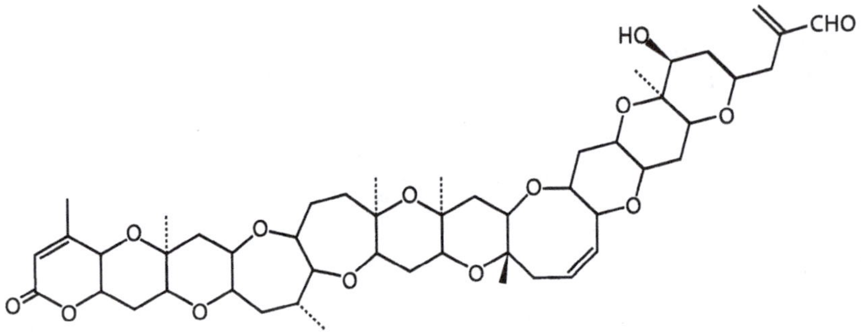

Abb. 57-7. Chemische Struktur von Brevetoxin B

Pathophysiologie. Das Ciguatoxin bewirkt eine erhöhte Membranpermeabilität für Natrium. Dadurch kommt es zur Exzitation. Das meistens gleichzeitig neben Ciguatoxin vorkommende Maitotoxin bewirkt durch eine Erhöhung der Membranpermeabilität einen Kalziumeinstrom in Muskelzellen. Dadurch wird intrazellulär so viel Inositoltriphosphat gebildet, dass die Zelle zugrunde geht. Durch Hemmung der Cholinesterase kommt es zur Atemlähmung und die neuromuskuläre Impulsübertragung wird gehemmt.

Klinik. Die Symptome, die bis zu 2 Wochen andauern können, umfassen Prickeln und Brennen an Händen und Füßen. Verändertes Temperaturempfinden, Parästhesien und ein äußerst schmerzhaftes Brennen der Mundschleimhaut können ebenfalls auftreten. Das Maitotoxin bewirkt Muskelkrämpfe und Herzarrythmien [25].

Therapie. Neben der symptomatischen Therapie kann die parenterale Gabe von Mannitol (1 g/kg in 45 min) positive Effekte ausüben. Die Wirkung beruht vermutlich auf der Prävention von Ödemen im Nervengewebe [44].

Scombroid-Fischvergiftung

Vor allem *Makrelenfische*, wie Thunfisch und Bonite (Pelamide), können zu Massenvergiftungen führen. Bei unsachgemäßer Lagerung (>10°C) kommt es – unter bakterieller und enzymatischer Einwirkung – zur Bildung unterschiedlicher Toxine (s. Kap. 56).

Das Scombroidtoxin besteht v. a. aus Histamin, Saurin und verschiedenen biogenen Aminen. Die histaminähnliche Wirkung ist stärker, als die von Histamin allein in gleicher Dosierung. Dies wird vermutlich dadurch bewirkt, dass die ebenfalls vorhandenen biogenen Amine Cadaverin, Tyramin, Agmatin, Anserin und Karnosin den Histaminabbau in der Darmmukosa hemmen.

Klinik. Die zumeist ungefährlich verlaufende Scombroidvergiftung kann Kopfschmerzen, Nausea, Emesis, Darmkoliken,

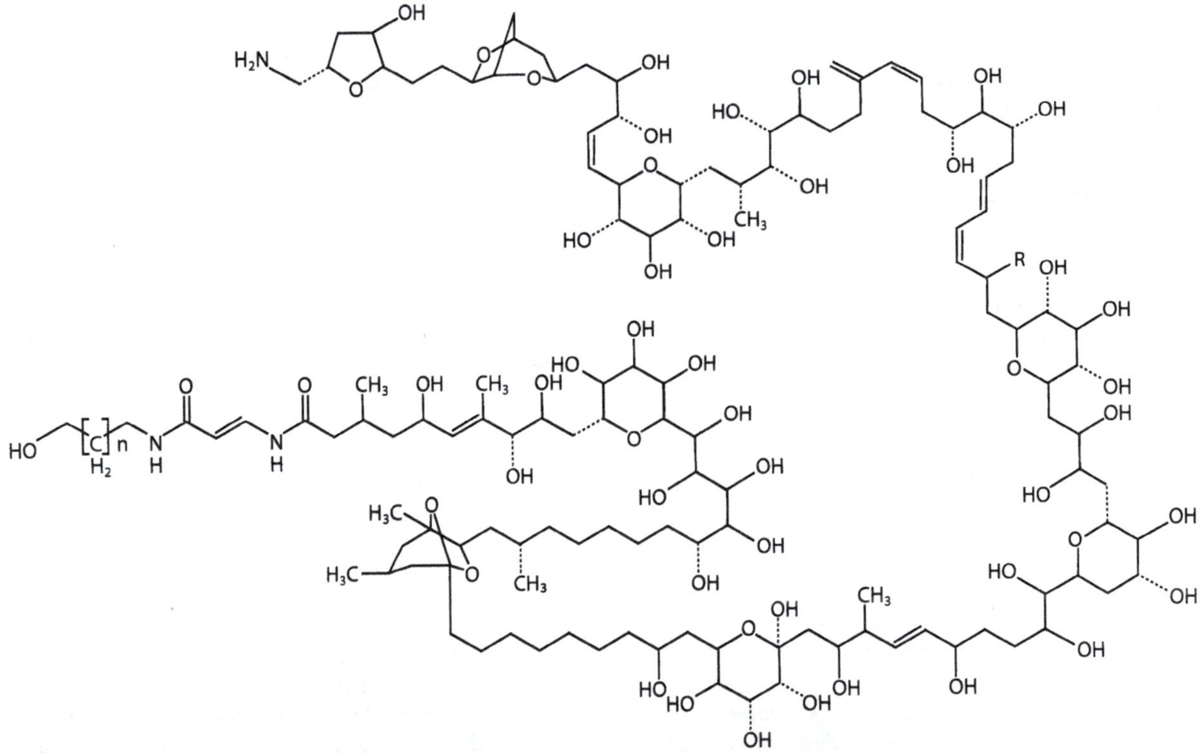

Abb. 57-8. Chemische Struktur von Ciguatoxin

Juckreiz, Urtikaria und Bronchospasmen hervorrufen. Die Symptome klingen in der Regel nach ca. 16 h wieder ab [25].

57.2.3 Toxische Wirkungen von Pilzen (Basidiomyzeten)

Grüner Knollenblätterpilz

Für Pilzvergiftungen mit tödlichem Ausgang sind in ca. 90% der Fälle Amanita phalloides oder andere Vertreter der Familie Amanita (A. virosa, A. citrina, A. verna) verantwortlich (Abb. 57-9). In den Monaten Juni bis Oktober ist der Knollenblätterpilz auf lockerem Boden im Bereich von Misch- und Laubwäldern zu finden. Eine *Verwechslung ist v. a. mit Champignons häufig.* Ein einzelner ausgewachsener Pilz enthält genug Gift um eine ganze Familie zu töten (ca. 17 mg Amatoxin/100 g frische Pilze) [44]. Die Letalität einer Vergiftung mit dem grünen Knollenblätterpilz liegt zwischen 8% und 22,4%, wobei die Letalität im Kindesalter (unter 10 Jahren) mit 51,3% signifikant höher ist [13].

Pathophysiologie. Es existieren 2 Toxingruppen, die *Amatoxine* (α-, β-, γ-, und ε-Amanitin, Amanin und Amanullin) und die *Phallotoxine* (Phalloidin, Phalloin, Phallisin und Phallacidin). Die Amatoxine wirken über eine Hemmung der RNA-Polymerasen, insbesondere der DNA-abhängigen RNA-Polymerase II. Durch Versiegen der intrazellulären Proteinbiosynthese kommt es nachfolgend zum Zelltod, der für die Leberzellnekrose verantwortlich ist. Durch einen hohen First-pass-Effekt ist v. a. die Leber von der Schädigung betroffen. Die letale Dosis liegt bei 0,1 mg. Phallotoxine binden an das Aktinzellskelett, wodurch die Zellpermeabilität verändert wird. Auch dies führt letztendlich zum Zelltod. Die letale Dosis liegt bei 5–10 mg [44].

Diagnostik. Wichtig ist eine sorgfältige Anamnese und falls möglich Charakterisierung von Pilzresten (unverzehrt oder aus Erbrochenem). Der Nachweis von Amanitin erfolgt im Urin mittels RIA oder ELISA.

Klinik. Der Krankheitsverlauf gliedert sich in 3 Stadien. Etwa *8–12 (4–48) h nach dem Verzehr* des grünen Knollenblätterpilzes kommt es zu massiven gastrointestinalen Beschwerden mit Nausea, Emesis, kolikartigen Bauchschmerzen und wässrigen Diarrhöen. Mögliche Folge sind Exsikkose und Volumenmangelschock. Bei ausreichender Therapie folgt ein *12- bis 24-stündiges symptomfreies Intervall.* Etwa *2–4 Tage nach Pilzingestion beginnt die hepatorenale Phase* mit Anstieg der lebertypischen Enzyme (GOT, GPT), Hyperbilirubinämie mit Ikterus, Verminderung von Gerinnungsfaktoren, Blutungen, hepatischer Enzephalopathie, Coma hepaticum, Anstieg harnpflichtiger Substanzen und Nierenversagen [13].

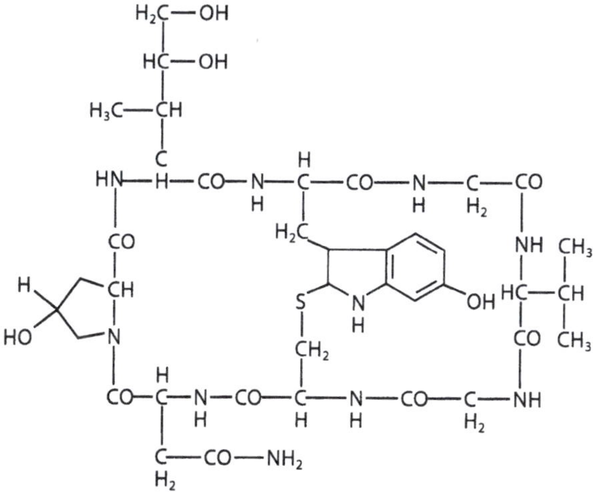

Abb. 57-9. Chemische Struktur von α-Amanitin

Therapie. Zunächst sollte *im Gastrointestinaltrakt vorhandenes Gift entfernt werden.* Hierbei sind Magenspülungen, die Gabe von Carbo medicinalis (Erwachsene mind. 30–40 g) und forcierte Diarrhö (Glaubersalz oder Sorbitlösung) sinnvoll. Antidote für Amanitin sind Penicillin G (Penicillin-G) in einer Dosierung von 0,5–1,0 Mio. E/kgKG/24 h und Silibinin (Legalon SIL) in einer Dosierung von 5 mg/kgKG Bolus i.v. über 1 h. Die Erhaltungsdosis beträgt 20 mg/kgKG/24 h i.v. als Dauerinfusion bei einer Behandlungsdauer von 4–5 Tagen. Penicillin G hemmt die Giftaufnahme aus dem Darm und Silibinin verhindert die Aufnahme des Amanitins in die Hepatozyten. Zusätzlich kann eine Darmsterilisation mit Lactulose (Bifiteral) und Paromomycin (Humatin) sinnvoll sein.

Darüber hinaus sind in der Regel *intensivmedizinische Maßnahmen*, wie eine Stabilisierung des Gerinnungsstatus durch Einzelkomponenten (z. B. Antithrombin-III [AT-III, Atenativ]) oder »fresh frozen plasma« notwendig. Aufgrund der meist blutungsbedingten Letalität sind AT-III-Spiegel über 70% anzustreben. Eine Hämoperfusion kann in allen Stadien der Erkrankung angewendet werden, allerdings nach sorgfältiger Nutzen-Risiko-Abwägung. Nierenersatzverfahren (Hämodialyse) sollten frühzeitig zum Einsatz kommen. Bei stark fortgeschrittener Schädigung der Leber bleibt als letzte Therapiemöglichkeit nur die Lebertransplantation [13].

Pantherina-Syndrom

Weitere Vertreter der Amanita-Familie sind der A. pantherina (Pantherpilz) und der A. muscaria (Fliegenpilz). Während der Fliegenpilz aufgrund seiner leuchtendroten Farbe selten versehentlich gegessen wird, kann der Pantherpilz mit dem Perlpilz verwechselt werden. Aufgrund ihrer psychotischen Wirkungen wurden die Pilze früher zu kultischen Zwecken eingesetzt.

Pathophysiologie. Wirkstoff ist die anticholinerg wirkende Ibotensäure, die beim Trocknen in das 5-mal wirksamere Muscimol umgewandelt wird (Abb. 57-10).

Klinik. Nach einer Latenzzeit von 30 min bis 3 h treten zentralnervöse Symptome auf. Diese umfassen Verwirrung, Sprachstörungen, Ataxie, motorische Unruhe, Mattigkeit, Angstzu-

Muscimol Ibotensäure

Abb. 57-10. Chemische Struktur von Ibotensäure und Muscimol

stände, Depressionen, Gleichgültigkeit, Euphorie, Störungen des Persönlichkeits-, Zeit- und Ortsgefühls, Tremor, Krämpfe, Muskelzuckungen, Bauchschmerzen, Emesis, Diarrhö, Schwitzen, Hypersalivation und Tiefschlaf. Der Verlauf ist selten letal. Die Symptomatik kann bis zu 15 h anhalten [44].

Therapie. Bis zu einer Stunde nach der Pilzmahlzeit kann der Versuch unternommen werden durch Magenspülung Pilzreste zu entfernen. Wiederholte Gabe von Carbo medicinalis (20–40 g) kann Gift im Gastrointestinaltrakt binden. Bei starken Erregungszuständen ist eine Sedierung angezeigt.

Pilz-Muskarinsyndrom

Einige Arten der Gattungen Risspilze (Inocybe spp., Verwechslung mit Hallimasch möglich), Trichterlinge (Clitocybe spp., Verwechslung mit Mehlpilz möglich) und in geringerem Maße der Rettich-Helmling (Mycena spp.) enthalten genug Muskarin (▣ *Abb. 57-11*) um heftige gastrointestinale Beschwerden und das Muskarinsyndrom auszulösen. Am häufigsten führt in Deutschland der ziegelrote Risspilz zu Intoxikationen.

Pathophysiologie. Muskarin geht mit den Azetylcholinrezeptoren des parasympathischen Nervensystems eine reversible Bindung ein. Folge ist eine Stimulation der glatten Muskulatur, der vagalen Sinusknotenrezeptoren und aller Drüsen (Schweiß-, Speichel-, Bronchialdrüsen).

Klinik. Innerhalb von 15 min bis 3 h nach Pilzgenuss treten die typischen Zeichen des Muskarinsyndroms auf: Nausea, krampfartige Bauchschmerzen, Emesis, Hypersalivation, Diarrhö, Schweißausbruch, Sehstörungen, Tränenfluss und Miosis. Bei schweren Verläufen kommt es zu Bradykardie, Hypotension, Hautrötungen, Atemnot und u. U. häufigem Harndrang. Bei mildem Verlauf klingen die Beschwerden nach ca. 2 h ab, während schwere Intoxikationen bis zu 24 h andauern und ohne Therapie lebensbedrohlich werden können.

Therapie. Weniger als eine Stunde nach der Pilzmahlzeit kann der Versuch unternommen werden, durch Magenspülung Pilzreste zu entfernen, falls es bis dahin noch nicht spontan zu Erbrechen gekommen ist. Carbo medicinalis (20–40 g) kann Muskarin im Gastrointestinaltrakt binden. Bei Emesis und Diarrhö ist auf eine ausreichende Wasser- und Elektrolytsubstitution zu achten. Als Antidot kommt Atropin (Erwachsene 1–2 mg; Kinder 0,02 mg/kgKG i.v.) in Frage. Die Applikation kann nach 45 min max. bis zu 4-mal wiederholt werden, wenn innerhalb von 45 min keine ausreichende Wirkung eingetreten ist [46].

Trehaloseunverträglichkeit

Das Disaccharid Trehalose ist in nennenswerten Mengen nur in frischen Pilzen enthalten. Bei bestimmten Personen kann es zu einem isolierten *Trehalasemangel* kommen, der auch familiär auftritt (s. Kap. 7).

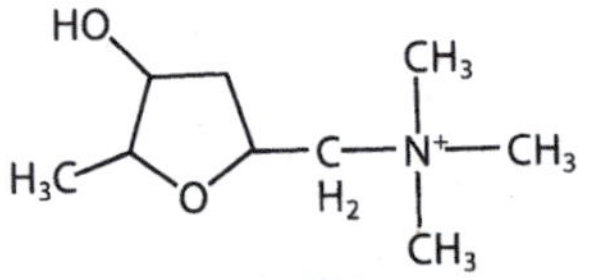

▣ **Abb. 57-11.** Chemische Struktur von Muskarin

Klinik. Es kommt zu typischen Symptomen einer Kohlenhydratmalabsorption, wie Meteorismus, Flatulenz, Diarrhö und abdominalen Schmerzen.

Diagnostik. Die Diagnose erfolgt entweder über die fehlende Trehalase in Dünndarmbiopsien oder einen Trehalosebelastungstest analog zum Laktosetoleranztest.

Tintlinge und Alkoholverträglichkeit

Pilze der Gattung Coprinus atramentarius (Grauer Faltentintling) sind generell genießbar. Jedoch kann es nach dem Verzehr größerer Mengen *gekochter Tintlinge* (mit Ausnahme des Schopftintlings) zu einer eingeschränkten Verträglichkeit von Alkohol kommen. Bei rohen Tintlingen wurde diese Wirkung bislang nicht beobachtet. Auch einige andere Pilzarten, wie der orangerote Ritterling, der netzstielige Hexenroehrling, der Schwefelporling und evtl. der Speisemorchel setzen die Toleranzschwelle für Alkohol herab. Die Alkoholunverträglichkeit kann mehrere Tage anhalten.

Pathophysiologie. Verantwortlich für die Alkoholunverträglichkeit ist das Coprin (N5-[1-Hydroxycyclopropyl]-Glutamin), das den Alkoholabbau hemmt, indem es die weitere Aufspaltung des Azetaldehyds blockiert. Es kommt somit zu einer Azetaldehydintoxikation, wie sie unter Antabusbehandlung bei Alkoholeinnahme auftritt.

Klinik. Die Alkoholunverträglichkeit nach dem Verzehr von Tintlingen äußert sich durch das Coprinus-Syndrom (Gesichtsrötung, Parästhesien der Extremitäten, Herzschmerzen, Kopfschmerzen, Tachykardie, Nausea und Emesis) [25].

Frühjahrslorchel

Bislang galt Gyromitra (Helvella) esculenta als Speisepilz, der nach Abkochen verzehrt werden kann. Auch beim Trocknen geht ein großer Anteil des Giftes verloren.

Pathophysiologie. Das hauptsächlich vorkommende Gift Gyromitrin (Azetaldehyd-*N*-methyl-*N*-formyl-hydrazon) ist zu 1,2–1,6 g/kg in frischen Pilzen enthalten. Zusätzlich können in kleineren Mengen Stoffe, wie Octanalformylmethylhydrazon nachgewiesen werden. Das Gyromitrin wird im Körper zu Methylhydrazin und anderen Hydrazinderivaten umgewandelt, von denen das Methylhydrazin und das *N*-Methyl-*N*-formylhydrazin nicht nur akut toxisch, sondern bei chronischer Verabreichung auch karzinogen wirken.

Klinik. Es kommt zu tonisch-klonischen Krämpfen. Verlaufen die ersten 24–48 h nicht letal, kommt es zu einer mitunter tödlich endenden Leberschädigung. Dies bewirkt einen Anstieg leberspezifischer Enzyme und des Bilirubins. In der Literatur werden unterschiedliche Mortalitätsraten mit bis zu 34% angegeben. Schädigungen der Niere werden durch Proteinurie, erhöhtes Serumkreatinin, und Hämoglobinurie auffällig [25].

Kahler Krempling

Auch der Paxillus involutus gilt nach Erhitzen von mindestens 20 min als genießbar. Besonders häufig treten Vergiftungen mit dem rohen Pilz in Polen auf. Es ist aber auch nach Erhitzen des kahlen Kremplings bereits über Vergiftungen berichtet worden.

Klinik. Relativ schnell nach dem Verzehr kommt es zu Diarrhö, kolikartigen Bauchschmerzen, Nausea, Bewusstseinstrübungen und zu Kreislaufversagen. Durch Hämolyse und Erythrozytenagglutination kann es zum Nierenversagen kommen. Die Mortalität wird auf 6% geschätzt [25].

57.2.4 Toxische Schimmelpilzmetaboliten (Mykotoxine)

Mykotoxine sind von Pilzgiften, wie dem Amanitin aus dem Knollenblätterpilz abzugrenzen. Aufgrund ihres ubiquitären Vorkommens sind viele Lebensmittel mit Mykotoxinen belastet. *Dies trifft auch für Lebensmittel zu, die nicht durch Schimmelpilzbefall verdorben sind, da auch Pilzsporen Mykotoxine enthalten können.* Mykotoxinbildner sind v. a. Vertreter der Gruppen Aspergillus spp., Penicillium spp., Fusarium spp., Rhizopus spp., Claviceps spp., Sclerotinia spp., Sorosporium spp. und Chaetomium spp. Die meisten Mykotoxine sind hitzestabil und werden daher bei der Lebensmittelherstellung nicht zerstört.

Die Wirkung kann sich entweder akut oder chronisch entfalten. Akute Wirkungen können eine Schädigung von Leber, Nieren oder ZNS bewirken, während chronische Wirkungen häufig das Erbmaterial betreffen, also teratogen bzw. karzinogen sind. Bei der Art der Kontamination werden unterschieden:

- Primärkontamination (kontaminierte Rohstoffe gelangen in das Endprodukt),
- Sekundärkontamination (das fertige Lebensmittel verschimmelt) und
- Carry-over (Produkte tierischer Herkunft, wie Fleisch, Milch oder Eier sind mit Mykotoxinen belastet, die aus kontaminiertem Futtermittel stammen).

Aflatoxine

Bestimmte nicht oder wenig toxinbildende Schimmelpilze der Spezies Aspergillus spp. werden bei der Fermentierung von Nahrungs- und Genussmitteln eingesetzt. So findet A. oryzae bei der Herstellung von Sojasauce und Miso Verwendung.

Das v. a. von A. flavus produzierte extrem hitzestabile *Aflatoxin* B_1 (Abb. 57-12) ist jedoch *hochtoxisch* und wirkt bereits ab einer Dosis von 10 µg/kgKG/24 h im Tierversuch mit Ratten *karzinogen*. In erster Linie sind pflanzliche Produkte, wie Erdnüsse, Pistazienkerne, Getreide und Sojabohnen belastet, jedoch erfolgt ein Carry-over auch in Kuhmilch, wo es infolge der Metabolisierung als *Aflatoxine* M_1 und M_2 nachweisbar ist. Aflatoxin M_1 besitzt ca. 10% der Potenz von Aflatoxin B_1 und kommt in Milchprodukten häufig vor.

Pathophysiologie. Aflatoxine binden an DNA und RNA, wodurch der Transkriptionsprozess beeinträchtigt und die Proteinsynthese gehemmt wird.

Klinik. Es besteht ein Zusammenhang zwischen dem Verzehr stark aflatoxinbelasteter Nahrung und dem Auftreten von Leberkrebs. Die in Regionen Chinas beobachtete Koin-

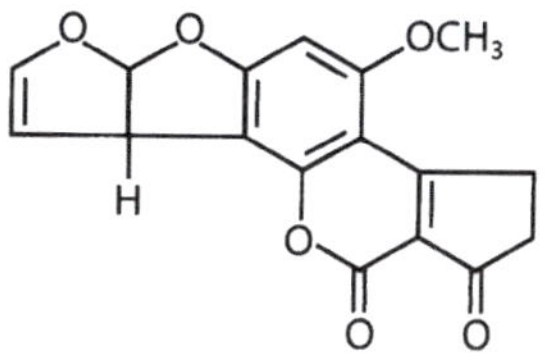

Abb. 57-12. Chemische Struktur von Aflatoxin B

zidenz mit einer Hepatitis-B-Infektion weist möglicherweise auf die Notwendigkeit einer infektiösen Vorschädigung der Leber hin [16].

Ochratoxin A

Ochratoxin A (OTA) gehört zur gleichen Mykotoxinfamilie wie Ochratoxin B, C und β und wird v. a. von A. ochraceus und Penicillium verrucosum gebildet (Abb. 57-13). OTA kann v. a. in Getreide, Reis, Kakao, Kaffee, Gewürzen, Bier, Wein und Traubensaft (v. a. rotem) sowie in Schweineniere und -leber nachgewiesen werden. Ein Carry-over von Ochratoxinen aus kontaminierten Futtermitteln in tierische Gewebe ist möglich. In Europa liegt die tägliche OTA-Aufnahme bei ca. 0,2–2,4 ng/kgKG/24 h, wobei mehr als 50% des OTA aus Getreide stammt. In Osteuropa ist die Belastung mit OTA besonders hoch. Das »Joint FAO/WHO Expert Committee on Food Additives« schlug 1996 eine Menge von 100 ng/kgKG als »provisional tolerable weekly intake« (PTWI) vor.

Pathophysiologie. Bisher ist nicht geklärt welcher OTA-Metabolit für die Karzinogenität verantwortlich ist und wie er wirkt. OTA selbst ist ein Hemmstoff der Phenylalanin-tRNA-Ligase, wodurch es zu einer gestörten Proteinbiosynthese kommt. Die gleichzeitige Gabe von Phenylalanin schwächt die akut toxische Wirkung von OTA ab.

Klinik. Der orale LD_{50} Wert liegt bei 5–20 µg/kgKG. Riskant ist v. a. die kontinuierliche Exposition gegenüber dem Schimmelpilzgift, da es nephrotoxisch und kanzerogen wirkt. Zudem ist es teratogen und immuntoxisch [43].

Mutterkornalkaloide

Besonders auf Roggenkörnern bildet sich unter feuchten Witterungsbedingungen Claviceps purpurea, das Mutterkorn. Die von diesem Pilz gebildeten Alkaloide sind Ergotamin, Ergocristin, Ergocornin und Ergometrin und stellen Amide der Lysergsäure dar. Mutterkornalkaloide können weltweit in Getreideproben (auch anderer Getreidesorten als Roggen) nachgewiesen werden [4].

Klinik. Es können Nausea, Kopfschmerzen, Krämpfe, Parästhesien und u. U. Gangräne an den Extremitäten (Ergotismus) auftreten.

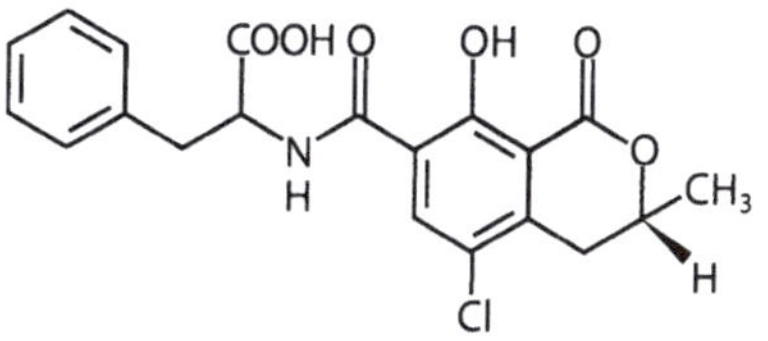

Abb. 57-13. Chemische Struktur von Ochratoxin A

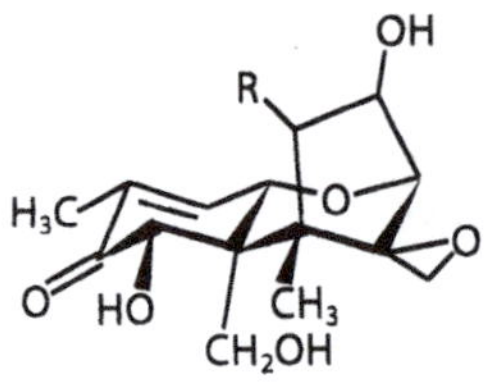

Abb. 57-14. Chemische Struktur von Nivalenol (R=OH) und Deoxynivalenol (R=H)

Trichothecene

Trichothecene werden von *Fusarien* gebildet. Von den 40 bekannten Trichothecenen ist am meisten über die Typ B Trichothecene *Nivalenol* (NIV) und *Deoxynivalenol* (DON, Vomitoxin) bekannt (*Abb. 57-14*). Beide Toxine sind hitzestabil. Vor allem Getreide und Getreideprodukte (wie z. B. Bier) sind häufig mit Trichothecenen kontaminiert. Gebildet werden NIV und DON v. a. von Fusarium graminearum, daneben auch durch F. culmorum und F. crookwellense. In Europa dominieren bei F. graminearum die DON-bildenden Stämme. DON stellt in Asien, Europa und Amerika das am häufigsten nachzuweisende Mykotoxin dar [28]. Die allein mit Weizenprodukten aufgenommene tägliche Dosis wird in Deutschland auf 20,9 µg DON und 0,91 µg NIV geschätzt. Die vom »Nordic Council« und dem Wissenschaftlichen Lebensmittelausschuss der Europäischen Union abgeleitete tolerierbare tägliche Aufnahmemenge (temporary Tolerable Daily Intake – TDI) liegt bei 1 µg/kgKG. Bei Säuglingen kann dieser Grenzwert (bei Verzehr von 40 g Weizen/24 h) leicht überschritten werden.

Klinik. NIV und DON rufen Emesis, Kopfschmerzen, Fieber, Nausea und abdominelle Schmerzen hervor. Zusätzlich supprimiert DON das Immunsystem [28].

Zearalenon

Zearalenon (ZON) wird v. a. von Fusarium graminare und F. culmorum gebildet (*Abb. 57-15*). Es gehört zu den am häufigsten nachweisbaren Mykotoxinen in Mais, Gerste, Hafer, Weizen und Hirse.

Pathophysiologie. ZON und seine Metaboliten α- und β-Zearalenol üben östrogene Wirkungen aus. Ihre Wirksamkeit ist mit der von Estron und Estriol zu vergleichen. ZON übt keine akute Toxizität aus.

Klinik. Bei Tieren wurde eine negative Beeinflussung der Reproduktivität, Vulvovaginitis, Abort und Scheinschwangerschaft festgestellt. Es wird außerdem ein Zusammenhang zwischen ZON und der Entstehung des Zervixkarzinoms vermutet [24].

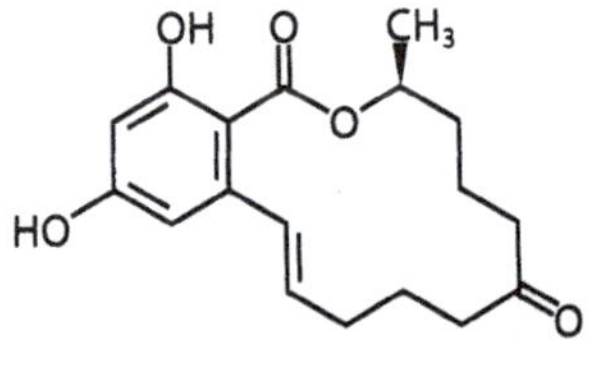

Abb. 57-15. Chemische Struktur von Zearalenon

57.3 Alkohol

Während maßvolles Trinken alkoholhaltiger Getränke positive Effekte auf die Gesundheit ausübt, bewirkt übermäßiger Alkoholkonsum multiple Veränderungen im Stoffwechselgeschehen. Einen Überblick über mögliche Folgeerkrankungen bei chronischem Alkoholabusus gibt *Tabelle 57-4*. Im Fol-

Tabelle 57-4. Einfluss von chronischem Alkoholabusus auf verschiedene Organsysteme

Organ	Alkoholfolgeerkrankung
Herz-Kreislauf-System	Hypertonie, Alkoholkardiomyopathie, vermutlich Erhöhung des Herzinfarkt- und Angina-pectoris-Risikos
Leber	Fettleber, Hepatitis, Leberzirrhose, Zieve-Syndrom
Pankreas	Akute und chronische Pankreatitis, Steatorrhö, Diabetes mellitus Typ 2
Stoffwechsel	Hyperlipidämie, Hypoglykämie, Hyperurikämie, Porphyrien
Gastrointestinaltrakt	Stomatitis, Gingivitis, Karies, Parotisdysfunktion, gastroösophagealer Reflux, Barret-Ösophagus, Motilitätsstörungen des gesamten Verdauungstrakts, Magensäuresekretionsstörungen, Gastritis, Mallory-Weiss-Syndrom, Duodenitis, Jejunitis, gesteigerte Mukosapermeabilität, bakterielle Fehlbesiedelung, Resorptionsstörungen
Endokrines System	Beim Mann: Hypogonadismus, Hodenatrophie, Feminisierung mit Potenzstörung
	Bei der Frau: Ovarinsuffizienz mit Oligo- und Amenorrhö, Libidoverlust
	Hyperkortisolismus, Stimulierung des sympathikoadrenalen Systems, erhöhte Katecholaminspiegel, Hemmung der Vasopressinfreisetzung
Hämatologisches und immunologisches System	Makrozytose, Hyperchromie der Erythrozyten, Anämie, Hämolyse, Leukozytose mit Linksverschiebung, Leukopenie, Funktionsstörung der Granulozyten, Thrombopenie, Funktionsstörungen der T- und B-Lymphozyten, Hemmung der Phagozytose, Pneumonie, Tuberkulose und andere bakterielle Infektionen
Nervensystem	Akute Alkoholintoxikation, Entzugssymptome bis zum Delirium, epileptische Anfälle, Wernicke-Korsakow-Syndrom, Hirnatrophie, Apoplex, Polyneuropathie
Skelettmuskulatur	Alkoholische Myopathie, akute Rhabdomyolyse
Skelett	Alkoholische Osteopathie, Osteoporose, Frakturen
Krebserkrankungen	Risikoerhöhung für Pharynx-, Larynx- und Ösophaguskarzinom, Leberkarzinom, Pankreaskarzinom (?), kolorektales Karzinom (v. a. im Rektum)
Fortpflanzung	Alkoholembryopathie

genden werden Auswirkungen eines chronischen Alkoholabusus auf den Stoffwechsel und auf den Ernährungszustand abgehandelt.

57.3.1 Grundlegende Wirkungen von Alkohol auf den Stoffwechsel

Etwa 20% des Ethanols werden über die Magenschleimhaut absorbiert, während der Rest durch passive Diffusion im Dünndarm aufgenommen wird. Aus einem leeren Magen wird Alkohol in 1–2 h aufgenommen, während dies bei vollem Magen bis zu 6 h dauern kann. Die Zeitspanne wird von Lipiden und anderen Nahrungsbestandteilen verlängert. Alkohol aus Bier wird langsamer absorbiert, als aus Wein.

90–98% des Alkohols wird in der Leber oxidiert, während 2–10% unverändert oder glucuronidiert bzw. sulfonidiert mit dem Urin ausgeschieden werden. Etwa 90% des Ethanols wird durch die Alkoholdehydrogenase und ca. 6% durch das Cytochrom-P450-abhängige System zu Acetaldehyd oxidiert (Abb. 57-16). Chronische Alkoholzufuhr bewirkt einen vermehrten Alkoholabbau durch Cytochrom P450 CYP2E1, auch mikrosomales ethanoloxidierendes System genannt (MEOS). Azetaldehyd wird hauptsächlich durch die Azetaldehyddehydrogenase abgebaut. Die Aldehydoxidase spielt beim Aldehydabbau eine untergeordnete Rolle [22].

Beim Ethanolabbau durch das MEOS zu Azetaldehyd entstehen freie Radikale, die zu einer Lipidperoxidation führen [26]. Außerdem wird durch Konkurrenz um das Cytochrom-P450-System bei gleichzeitiger Einnahme der Abbau von Meprobamat, Barbituraten und oralen Antikoagulanzien gehemmt. Chronische Alkoholzufuhr beschleunigt jedoch durch gesteigerte MEOS-Aktivität den Medikamentenabbau von Meprobamat, Tolbutamid, Doxycyclin, Propanolol, Phenytoin, Rifampicin und Pentobarbital.

Aus einigen Stoffen, darunter kanzerogene und hepatotoxische Substanzen, werden durch das MEOS noch toxischere Metaboliten gebildet. Auch die Pharmakodynamik einiger Medikamente kann beeinflusst werden (z. B. Sulfonylharnstoffe, Oxazepam, Lorazepam) [26]. Beim Abbau von Ethanol und Acetaldehyd entsteht NADH + H^+, wodurch es zu einer Erhöhung des $NADH/NAD^+$-Quotienten und des Redoxpotentials kommt. Wenn die NADH-Menge den Bedarf für ATP-verbrauchende Reaktionen übersteigt, kommt es zur Hemmung NADH-produzierender Reaktionen, wie dem Zitratzyklus, der Pyruvat- und der Fettsäureoxidation [15].

57.3.2 Wirkungen des chronischen Alkoholabusus auf den Ernährungszustand

Fettstoffwechsel

Da Alkohol mit 7 kcal/g einen Energiegehalt aufweist, der fast so hoch ist, wie der von Fett (9 kcal/g), wird bei hohem Alkoholkonsum der Energiebedarf vollständig durch Alkohol gedeckt, was zunächst zur Adipositas führen kann [15]. Bei chronischem Alkoholabusus wird dagegen Alkohol zunehmend über das mikrosomale ethanoloxidierende System (MEOS, unter NADPH- und O_2-Verbrauch) oxidiert, was nicht zu einer Energiegewinnung führt [26].

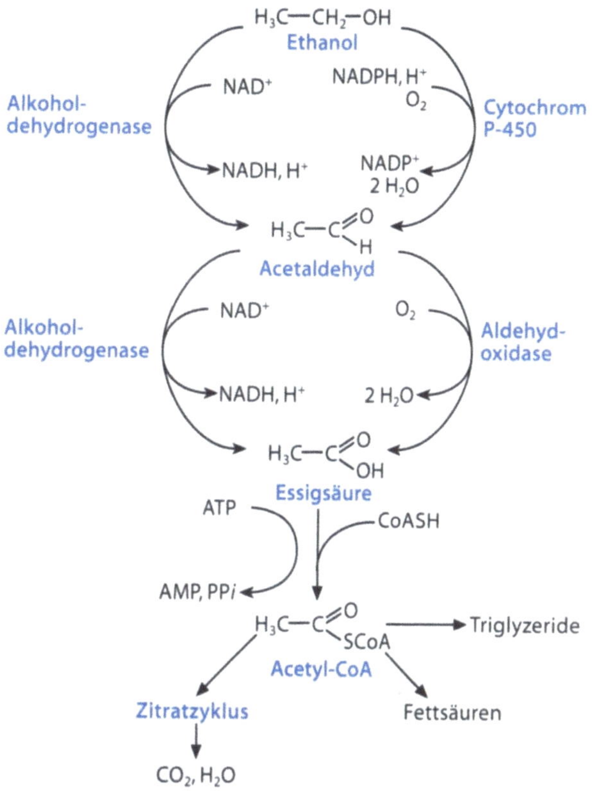

Abb. 57-16. Ethanolmetabolisierung in der Leber. (Mod. nach [22])

Im Rahmen einer alkoholinduzierten chronischen Pankreatitis kommt es nahezu regelhaft mit fortschreitender exokriner Insuffizienz des Organs (Stadium III) zum Auftreten einer Steatorrhö (s. Kap. 44).

Permanente Alkoholzufuhr bewirkt Fetteinlagerungen in der Leber. Ursächlich sind hierfür eine verminderte Fettsäureoxidation durch NADH-Überschuss sowie eine gesteigerte Fettsäure- und Fettsynthese, da Acetyl-CoA nur noch ungenügend in den Zitratzyklus eingeschleust wird. Zusätzlich ist die Lipoproteinsynthese und -abgabe aus der Leber stark beeinträchtigt. Tierexperimentelle Studien zeigten, dass eine fettreiche Ernährung die Entstehung einer alkoholbedingten Leberfibrose begünstigt. Beim chronischen Alkoholabusus kommt es zu einem Anstieg der Serumtriglyzeridspiegel und einer gesteigerten Produktion der VLDL (Lipoproteine sehr geringer Dichte) [15].

Zusätzlich kann es zu Veränderungen im Eicosanoidstoffwechsel kommen, wodurch die Produktion zytoprotektiver Prostaglandine und Prostazykline vermindert wird und gleichzeitig die proinflammatorischen Eicosanoide Thromboxan B_2 und Leukotrien B_4 vermehrt synthetisiert werden [26].

Kohlenhydratstoffwechsel

Die Hemmung des Zitratzyklus und verminderte Oxalazetatspiegel hemmen die Glukoneogenese aus Aminosäuren. Besonders unter Fasten und bei entleerten Glykogenspeichern sind *schwere Hypoglykämien* möglich. Vermutlich sind diese für einen großen Anteil der Todesfälle nach Alkoholintoxikation verantwortlich. Die Mortalität alkoholinduzierter Hypoglykämien liegt bei 10–20% und muss durch Glukoseinfusionen behandelt werden. Hyperglykämien können unter Alkoholeinfluss auch nach suffizienter Nahrungszufuhr entstehen, da Alkohol durch Katecholaminausschüttung die Glykogenolyse stimuliert [15].

Proteinstoffwechsel

Die bei Alkoholikern häufige *proteinkalorische Unterernährung* begünstigt die Entstehung alkoholbedingter Lebererkrankungen. Dies könnte bei der Lipidperoxidation eine Rolle spielen. *Die hepatische Proteinsynthese wird durch Alkoholkonsum gehemmt.* Auch hieran ist die Veränderung des Redoxpotentials beteiligt. Zudem geht das bei der Ethanoloxidation anfallende Azetaldehyd-Bindungen mit den SH-Gruppen von Cystein und Glutathion ein. Dadurch kann es einerseits zur Sekretionshemmung von Plasmaproteinen kommen und zur Proteinakkumulation in der Leber, was zum Anschwellen der Hepatozyten führt. Andererseits sinken die hepatischen Glutathionspiegel, wodurch reaktive O_2-Spezies entstehen, die oxidativen Stress verursachen [15].

Wasserlösliche Vitamine

Thiamin (Vitamin B_1)

Ein *Thiaminmangel* tritt bei 20–70% der Alkoholiker auf. Thiamin wird schlechter absorbiert, da es durch Alkohol zur Hemmung des aktiven Transports in die Darmepithelzellen kommt. Unter Alkoholabusus treten außerdem vermehrt renale Verluste auf, zudem ist die Speicherkapazität der Leber für Thiamin vermindert [41]. Symptome des Thiaminmangels sind Gewichtsverlust bis hin zur Anorexie, verminderte gastrale Sekretion, Herzinsuffizienz, schlaffe Paresen, zerebrale Störungen und psychische Labilität (s. Kap. 6). Unter Thiaminmangel wird außerdem die toxische Wirkung des Ethanols verstärkt. Gelegentlich werden kardiale Störungen beobachtet.

Das *Wernicke-Korsakow-Syndrom* und die *alkoholische Neuropathie* werden mit einem Thiaminmangel in Verbindung gebracht. Das Wernicke-Korsakow-Syndrom ist durch anterograde Amnesie (Verlust des Kurzzeitgedächtnisses) charakterisiert [39]. Thiamin ist für die Energiebereitstellung im Gehirn durch den Abbau von Glukose unerlässlich. Daher können u. U. große Mengen Glukose bei Alkoholikern die Entstehung eines Wernicke-Korsakow-Syndroms begünstigen (s. Kap. 36).

> Vor der Gabe größerer Mengen Glukose sollte Alkoholkranken parenteral Thiamin verabreicht werden [37]!

Riboflavin (Vitamin B_2)

Riboflavinmangel tritt bei Alkoholabusus meist als Folge einer zu geringen Zufuhr auf (s. Kap. 6). Unter Umständen sind Glossitis und Stomatitis, die bei Alkoholikern häufig zu verzeichnen sind, wenigstens z. T. auf einen Mangel an Riboflavin zurückzuführen.

Pyridoxin (Vitamin B_6)

Alkohol hemmt im Darm die Freisetzung gebundenen Vitamins B_6 aus der Nahrung (s. Kap. 6). Ursächlich für einen Pyridoxinmangel ist jedoch v. a. die verminderte Verstoffwechselung in der Leber. Pyridoxinmangel begünstigt die alkoholische Neuropathie, da er eine verminderte Neurotransmittersynthese im ZNS nach sich zieht.

Cobalamin (Vitamin B_{12})

Obwohl Alkohol eine Malabsorption von Cobalamin begünstigt, kommt es bei Alkoholikern nur selten zu einem Mangel ([5]; s. Kap. 6).

Ascorbinsäure (Vitamin C)

Reduzierte Ascorbinsäurespiegel im Blut von Alkoholikern sind regelmäßig zu verzeichnen. Dies ist vermutlich v. a. auf eine verminderte Zufuhr mit der Nahrung zurückzuführen (s. Kap. 6).

Folsäure

Etwa 20–50% der Alkoholiker weisen einen Folsäuremangel auf. Die Folsäureaufnahme durch die Nahrung ist bei Alkoholikern sehr gering [5]. Alkohol hemmt die Freisetzung und Resorption der Folsäure, stört die Speicherung in der Leber und steigert den Abbau sowie die renale Elimination. Biertrinker haben zumeist höhere Folsäurekonzentrationen im Serum, da Bier einen höheren Folatgehalt hat als andere Getränke. Folsäure wiederum kann die Resorption von Thiamin vermindern. Symptome des Folsäuremangels sind makrozytäre Anämie, Leukopenie, Thrombopenie, Vergesslichkeit, Schlafstörungen, Dysfunktionen der resorptiven Enterozyten sowie bei Schwangeren Neuralrohrdefekte des Embryos ([37]; s. Kap. 6).

Fettlösliche Vitamine

Vitamin A und Karotinoide

Alkoholiker nehmen wenig Vitamin A und Karotinoide zu sich. Eine gestörte intestinale Absorption, ungenügende Spaltung der Retinylester, Steatorrhö und eine eingeschränkte Leberfunktion tragen zusätzlich zum Entstehen eines Vitamin-A-Mangels bei. Alkohol führt zu einem gesteigerten Abbau von Vitamin A in der Leber und Zinkmangel begünstigt eine Entleerung der Vitamin-A-Leberspeicher, weshalb die intrahepatischen Vitamin-A-Spiegel von Alkoholikern häufig vermindert sind. Beteiligt sind hier u. a. Enzyme der Cytochrom-P-450-Familie (s. Kap. 6). Da die Alkoholdehydrogenase (ADH) durch chronischen Alkoholabusus gehemmt wird, ist die Oxidation vom Retinol zur Retinsäure, die durch das gleiche Enzym katalysiert wird, eingeschränkt.

> Die Hepatotoxizität von Vitamin A wird bei chronischem Alkoholabusus noch erhöht.

Aus diesem Grund finden häufig Karotinsupplemente Anwendung, um einen Vitamin-A-Mangel zu beheben. α-, β- und γ-Karotine können im menschlichen Organismus durch oxidative Spaltung in Vitamin A umgewandelt werden und werden daher als Provitamin A bezeichnet. Da Studien mit β-Karotinsupplementierung bei Rauchern und Alkoholkonsumenten eine höhere Inzidenz von Lungenkarzinomen nachwiesen, ist eine karotinreiche Ernährung einer Supplementation vermutlich vorzuziehen . Da Karotinoide zu den Antioxidanzien zählen, kann bei bestehendem Karotinmangel dem oxidativen Stress, der beim Abbau von Ethanol entsteht, nicht ausreichend entgegenwirken [37].

Vitamin D

Verminderte Serumspiegel des 1,25-Dihydroxycholecalciferols werden bei Alkoholikern in 40–50% der Fälle verzeichnet. Ursächlich sind vermutlich eine geringere Zufuhr mit der Nahrung, verminderte Exposition gegenüber Sonnenlicht, Malabsorption und eine geringere Vitamin-D-Aktivierung im geschädigten Lebergewebe [5]. Folgeerkrankungen sind Osteoporose, Osteopenie und vermehrte Knochenfrakturen, die dadurch verstärkt werden, dass Alkohol die Osteoblastenfunktion hemmt und Hypogonadismus verursacht (s. Kap. 6).

Vitamin E

Substanzen mit Vitamin-E-Wirksamkeit gehören zur Gruppe der Tocopherole. Die größte Vitamin-E-Wirksamkeit und damit das größte antioxidative Potential weist α-Tocopherol auf (s. Kap. 6). Es schützt Zellmembranen vor Peroxidation. Verminderte Zufuhr, gestörte Absorption und eine Verschiebung des Vitamin-E-Derivat-Verhältnisses zugunsten des schwächer wirksamen γ-Tocopherols und zu Lasten des α-Tocopherols tragen zur Entstehung des Vitamin-E-Mangels bei Alkoholabusus bei [37]. Tierversuche lassen zudem einen gesteigerten hepatischen Abbau vermuten [5]).

Vitamin K

Bei schwerer Schädigung der Leber und/oder Cholestase kann es zu einem Vitamin-K-Mangel kommen. Infolgedessen können Störungen der Blutgerinnung auftreten ([5]; s. Kap. 6).

Elektrolyte

Alkohol hemmt die Freisetzung des antidiuretischen Hormons, wodurch es zu gesteigerter Urinproduktion kommt. Bei chronischem Alkoholabusus findet sich daher häufig eine Dehydrierung [12].

Natrium

Alkoholiker, die große Mengen (>5 l/24 h) Alkoholika mit mäßigem Alkoholgehalt zu sich nehmen (Bier), aber zusätzlich keine Nahrung zu sich nehmen, zeigen häufig eine Hyponatriämie ([17]; s. Kap. 6).

Phosphat

Hypophosphatämie tritt bei vielen Personen mit chronischem Ethanolabusus auf. Ursachen können hierfür verminderte Aufnahme mit der Nahrung, Hyperventilation im Rahmen einer Entzugssymptomatik, Insulingabe bei diabetischen Alkoholikern, »overfeeding« bei hospitalisierten Patienten und renale Verluste (häufig doppelt so hoch wie beim Gesunden) sein. Auch Hyperphosphatämie kann auftreten und ist häufig das erste Anzeichen für eine nachfolgende Hypophosphatämie (s. Kap. 6). Diese wird durch Mobilisierung von Phosphat aus der Skelettmuskulatur verursacht [12].

Kalzium

Verminderte Produktion des Kalzium-bindenden Proteins Albumin bei leberkranken Alkoholikern, unzureichende Vitamin-D-Versorgung, verminderte intestinale Absorption, Muskelatrophie und Magnesiummangel begünstigen ein Absinken der Kalziumspiegel [12]. Durch Mukosaschädigung des Dünndarms kann eine Laktoseintoleranz (s. Kap. 7) hervorgerufen oder eine bestehende Laktoseintoleranz verstärkt werden. Infolgedessen meiden viele Alkoholiker Milch und Milchprodukte, was zu einer kalziumarmen Ernährung führen kann [37]. Symptome des Kalziummangels sind Tetanien, potenziell lebensbedrohliche Muskelspasmen und langfristig Osteoporose (s. Kap. 6).

Magnesium

25–30% der Alkoholiker weisen eine Hypomagnesiämie auf [23]. Vermehrte renale Ausscheidung und Diarrhöen führen zu Magnesiumverlusten, die mit Muskelschwäche, Tetanien und nachfolgend einer Hypokalziämie einhergehen können (s. Kap. 6). Hypomagnesiämie tritt bei Alkoholikern häufig zusammen mit einer Hypophosphatämie auf [12]. Magnesiummangel wurde mit der Entstehung des Delirium tremens in Verbindung gebracht. Neueren Erkenntnissen zufolge lässt sich dieser Zusammenhang jedoch nicht bestätigen, weshalb *Delirium tremens keine Indikation für eine parenterale Gabe von Magnesium* darstellt. Bei Magnesiummangel kann die Supplementation über einen längeren Zeitraum oral erfolgen [23].

Spurenelemente

Zink

Verminderte Zinkspiegel sind im Serum, Plasma, Leukozyten sowie in der Leber von Alkoholikern häufig zu beobachten. Unzureichende Zinkversorgung sowie erhöhte renale Elimination sind hierfür ursächlich. Zinkmangel verstärkt die Alkoholtoxizität, bewirkt eine schlechte Wundheilung, erhöhte Infektanfälligkeit, Diarrhö, Hypogonadismus, Störungen des Geschmacks- und Geruchssinns und des Dunkelsehens (s. Kap. 6). Zinkmangel kann den Vitamin-A-Stoffwechsel negativ beeinflussen [37].

Eisen

Chronischer Alkoholabusus fördert die Eisenabsorption aus der Nahrung mit konsekutiver Speicherung in der Leber (Hämosiderose, s. Kap. 6). Möglicherweise führt die daraus resultierende gesteigerte Produktion freier Radikale (Eisenkatalyse) zu einer weiteren Propagierung einer Leberzirrhose [9].

Selen

Als Ursachen des bei Alkoholikern wiederholt beobachteten reduzierten Selenserumstatus werden verminderte intestinale Absorption und vermehrte Verluste durch Diarrhöen diskutiert [10].

Literatur

1. Aguzzi A (2001) Peripheral prion pursuit. J Clin Invest 108:661–662
2. Aguzzi A, Glatzel M, Montrasio F, Prinz M, Heppner FL (2001) Interventional strategies against prion diseases. Nat Rev Neurosci 2:745–749
3. Arnon SS, Midura TF, Damus K et al. (1979) Honey and other environmental risk factors for infant botulism. J Pediatr 94:331–336
4. Bhat RV, Vasanthi S (1999) Mycotoxin contamination of foods and feeds. Overview, occurrence and economic impact on food availability, trade, exposure of farm animals and related economic losses. Third joint FAO/WHO/UNEP international conference on mycotoxins. Online: http://www.fao.org/ES/ESN/mycoto/papers\myco4a.pdf
5. Bode C, Bode JC (1999) Protektive Wirkungen und Missbrauch von Alkohol. In: Biesalski HK, Fürst P, Kasper H (Hrsg) Ernährungsmedizin. Thieme, Stuttgart New York, pp 516–538
6. Bundesministerium für Verbraucherschutz, Ernährung und Landwirtschaft (2001) Informationen zu BSE. Online: http://www.verbraucherministerium.de/verbraucher/bse/bse-info.htm
7. Cardone F, Pocchiari M (2001) A role for complement in transmissible spongiform encephalopathies. Nature Med 7:410–411
8. Department of health (UK) (2001) Monthly Creutzfeld-Jacob disease statistic. Online: http://www.doh.gov.uk/cjd/stats/nov01.htm
9. Duane P, Raja KB, Simpson RJ, Peters TJ (1992) Intestinal iron absorption in chronic alcoholics. Alcohol Alcohol 27:539–544
10. Dworkin BM, Rosenthal WS, Stahl RE, Panesar NK (1988) Decreased hepatic selenium content in alcoholic cirrhosis. Dig Dis Sci 33: 1213–1217
11. Enari M, Flechsig E, Weissmann C (2001) Scrapie prion protein accumulation by scrapie-infected neuroblastoma cells abrogated by exposure to a prion protein antibody. Proc Natl Acad Sci 98:9295–9299
12. Epstein M (1997) Alcohol's impact on kidney function. Alcohol Health Res World 21:84–92
13. Giftinformationszentrale Mainz (2001) Der Knollenblätterpilz. Online: http://www.giftinfo.uni-mainz.de/deutsch/pilze/amanita_knollenblpilz.html
14. Green AJE, Thompson EJ, Stewart GE et al. (2001) Use of 14-3-3 and other brain-specific proteins in CSF in the diagnosis of variant Creutzfeldt-Jakob disease. J Neurol Neurosurg Psychiatry 70:744–748
15. Häussinger D (1995) Leberschäden durch Alkohol. In: Gerok W, Blum HE (Hrsg) Hepatologie. Urban & Fischer, München Wien, S 447–462
16. Herrman JK, Walker R (1999) Risk analysis of mycotoxins by the Joint FAO/WHO Expert Committee on Food Additives (JECFA). Third joint FAO/WHO/UNEP international conference on mycotoxins. Online: http://www.fao.org/es/esn/mycoto/papers\myco7b.pdf
17. Hilden T, Svendsen TL (1975) Electrolyte disturbances in beer drinkers: A specific »hypo-osmolality syndrome«. Lancet II:245–246
18. Hill AF, Zeidler M, Ironside J, Collinge J (1997) Diagnosis of new variant Creutzfeldt-Jakob disease by tonsil biopsy. Lancet 349:99–100
19. Houston F, Foster JD, Chong A, Hunter N, Bostock CJ (2000) Transmission of BSE by blood transfusion in sheep. Lancet 357:999–1000
20. Klein MA, Kaeser PS, Schwarz P et al. (2001) Complement facilitates early prion pathogenesis. Nature Med 7:488–492
21. Korth C, May BCH, Cohen FE, Prusiner SB (2001) Acridine and phenothiazine derivatives as pharmacotherapeutics for prion disease. Proc Nat Acad Sci 98:9836–9841
22. Koss G, Tesseraux I (1999) Hydrocarbons. In: Marquardt H, Schäfer SG, McClellan RO, Welsch F (eds) Toxicology. Academic press, San Diego London New York, pp 603–644
23. Krishel S, SaFranek D, Clark RF (1998) Intravenous vitamins for alcoholics in the emergency department: a review. J Emerg Med 16: 419–424
24. Krska R (1999) Mykotoxins of growing interest: Zearalenone. Third joint FAO/WHO/UNEP international conference on mycotoxins. Online: http://www.fao.org/es/esn/mycoto/papers\myco5.pdf
25. Lindner E (1990) Toxikologie der Nahrungsmittel. Thieme, Stuttgart New York
26. Maher JJ (1997) Exploring alcohol's effects on liver function. Alcohol Health Res World 21:5–12
27. Miele G, Manson J, Clinton M (2001) A novel erythroid-specific marker of transmissible spongiform encephalopathies. Nat Med 7:361–364
28. Mirocha CJ (1999) Mykotoxins of growing interest: Trichothecenes. Third joint FAO/WHO/UNEP international conference on mycotoxins. Online: http://www.fao.org/es/esn/mycoto/papers\myco5.pdf
29. Peretz D, Williamson RA, Kaneko K et al. (2001) Antibodies inhibit prion propagation and clear cell cultures of prion infectivity. Nature 412: 739–742
30. Ries J, Caspary WF (1999) Parasitäre Darmerkrankungen. In: Caspary WF, Stein J, (Hrsg) Darmkrankheiten. Springer, Berlin Heidelberg New York Barcelona Hongkong London Mailand Paris Singapur Tokio, pp 323–335
31. Robert-Koch-Institut (2000) Epidemiol Bull 16:131
32. Robert-Koch-Institut (2000) Epidemiol Bull 29:231–235
33. Robert-Koch-Institut (2000) Epidemiol Bull 34:271–275
34. Robert-Koch-Institut (2001) Epidemiol Bull 20:133–135
35. Robert-Koch-Institut (2001) Epidemiol Bull 22:157
36. Robert-Koch-Institut (2001) Steckbriefe seltener und importierter Bakterien. Botulismus. Online: http://www.rki.de/infekt/steckbrf/stbr_b/botulis.htm
37. Seitz HK, Pöschl G (1999) Ernährung und Alkohol. In: Schauder P, Ollenschläger G (Hrsg) Ernährungsmedizin. Prävention und Therapie. Urban & Fischer, München Jena, S 212–220
38. Shah PM, Caspary WF, Stein J (1999) Infektiöse Diarrhö. In: Caspary WF, Stein J (Hrsg) Darmkrankheiten. Springer, Berlin Heidelberg New York Barcelona Hongkong London Mailand Paris Singapur Tokio, pp 305–321
39. Shlomchik MJ, Radebold K, Duclos N, Manuelidis L (2001) Neuroinvasion by a Creutzfeldt-Jakob disease agent in the absence of B cells and follicular dendritic cells. Proc Nat Acad Sci 98:9289–9294
40. Shmakov AN, Ghosh S (2001) Prion proteins and the gut: une liaison dangereuse? Gut 48:443–447
41. Thomson AD (2000) Mechanisms of vitamin deficiency in chronic alcohol misusers and the development of the Wernicke-Korsakoff syndrome. Alcohol Alcohol Suppl 1:2–7
42. Verbraucher-Zentrale Hessen (2001) Aktuelles zum Thema Rinderwahnsinn BSE. Online: http://www.verbraucher.de/download/1_447.rtf
43. Walker R (1999) Mycotoxins of growing interest: Ochratoxins. Third joint FAO/WHO/UNEP international conference on mycotoxins. Online: http://www.fao.org/es/esn/mycoto/papers\myco5.pdf
44. Westendorf J (1999) Natural compounds. In: Marquardt H, Schäfer SG, McClellan RO, Welsch F (eds) Toxicology. Academic press, San Diego London New York, pp 959–1007
45. Zeidler M, Stewart GE, Barraclough CR et al. (1997) New variant Creutzfeldt-Jakob disease: neurological features and diagnostic tests. Lancet 350:903–907
46. Zilker T, Kleber J (1999) Pilz-Muskarinsyndrom. Online: http://www.toxinfo.org/perl/tox_pilz?c01=on&t01=pilz-muskarinsyndrom

Ernährungsmedizinische Aspekte chronischer Infektionskrankheiten, Mangelernährung und Wasting

A. Schwenk

Mangelernährung und Infektionskrankheiten sind miteinander eng verbunden und fördern sich gegenseitig im Sinne eines »Teufelskreises« (■ *Abb. 58-1*) .In diesem Kapitel wird diese Wechselwirkung unter den folgenden beiden Aspekten beschrieben:

- Mangelernährung als Folge von Armut ist ein Kofaktor für die Verbreitung, Manifestation und Prognose bestimmter Infektionskrankheiten.
- Mangelernährung ist selbst eine Folge bestimmter chronischer Infektionskrankheiten.

»Wasting« ist ein moderner Begriff für diese krankheitsbedingte Mangelernährung, bezeichnet aber dasselbe wie die klassischen Begriffe »Schwindsucht« und »Auszehrung«.

Einige Aspekte des Wasting sind auf *maligne* und andere *chronische* Grundleiden übertragbar und werden in den entsprechenden Kapiteln dieses Lehrbuchs (s. Kap. 37, 43, 48, 59<?>) behandelt.

Je nach zugrundeliegender Infektionskrankheit findet sich eine Kombination aus Hungerstoffwechsel (teilweise erfolgreiche Adaption an verminderte Nahrungsaufnahme infolge von Anorexie) und Stressstoffwechsel (Steigerung von Energie und Proteinumsatz im Rahmen der Akute-Phase-Reaktion). Neben der Therapie der Grundkrankheit stehen zur Behandlung künstliche Ernährung sowie Medikamente mit Einfluss auf Hormon- und Zytokinsysteme zur Verfügung.

58.1 Mangelernährung als Risikofaktor bei Infektionskrankheiten

Mangelernährung ist auch selbst zu Beginn des 21. Jahrhunderts weltweit immer noch der häufigste Risikofaktor für einige Infektionskrankheiten. Unzureichende Nahrung und Wassermangel können direkt oder indirekt zur Ausbreitung von Infektionen beitragen. Erregern können durch Nahrung übertragen werden (z. B. bakterielle Enteritis), und der Mangel an sauberem Wasser kann die Übertragung fördern (z. B. Trachom). In diesem Kapitel geht es aber v. a. um indirekte Effekte der Mangelernährung, vermittelt durch einen Immundefekt. Viele immunologische Funktionen sind bei Mangelernährung gestört (■ *Tabelle 58-1*).

Dies kann einerseits an einem kritischen Substratmangel liegen, sei es innerhalb immunkompetenter Zellen oder in der hepatischen Produktion immunwirksamer Stoffe. Andererseits kann Mangelernährung dazu führen, dass direkt immunsuppressive Signale ausgesandt werden. *Leptin* scheint einer der wichtigsten Vermittler zwischen Ernährungszustand und Immunfunktion zu sein (s. Kap. 54). Über seine bekannte Rolle als Signal für die Energiebilanz hinaus, verhält es sich als proinflammatorisches Zytokin. Die Immunsuppression in Folge einer schweren Protein-Energie-Mangelernährung lässt sich im Tierversuch durch die Gabe von Leptin normalisieren [18].

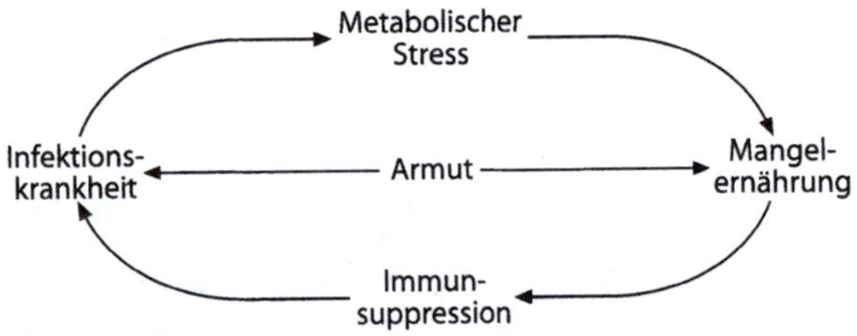

■ **Abb. 58-1.** Interaktionen zwischen Ernährung und Infektionskrankheiten

Je nach ihrer genetischen Ausstattung sind Individuen durch spezifische Nährstoffmängel unterschiedlich gefährdet. So findet sich bei bestimmten Vitamin-D-Rezeptor-Genotypen eine deutlich erhöhte Empfänglichkeit für Tuberkulose. Dieser Effekt scheint erst durch Vitamin-D-arme Ernährung manifest zu werden [33]. Diese und andere Interaktionen zwischen Genotypen und spezifischem Nährstoffmangel werden derzeit erforscht.

58.1.1 Frühkindliche Mangelernährung und Infektionen

Bei Neugeborenen und Säuglingen hat die Ernährung einen besonders starken Einfluss auf die Anfälligkeit für Infektionen (s. Kap. 59). Schwangere Mütter in Dritte-Welt-Ländern und in verelendeten Schichten in Industrieländern haben eine erhöhte Rate an subklinischem *Vitamin-A-Mangel* (Übersicht bei [32]). Dies erhöht das Risiko für *Schwangerschaftskomplikationen*, aber auch für respiratorische Infektionen bei ihren Kindern. Eine besondere Gefahr stellt die Infektion mit Masern für solche Kinder dar; bei Vitamin-A-Mangel sind schwere *Masernpneumonien* zu beobachten. Während der Infektion wird zudem Vitamin A vermehrt über die Niere ausgeschieden. Die frühkindliche Mortalität in solchen Settings wird durch die präventive Gabe von Vitamin A effektiv vermindert [32]. Ein Teil dieser Mangelerscheinungen wird durch eine gestörte Barrierefunktion respiratorischer Epithelien sowie über einen zellulären Immundefekt erklärt.

Hunger in der Schwangerschaft und Stillzeit stört die Ausreifung des Thymus und damit des zellulären Immunsystems. Die erheblichen Folgen werden offenbar erst mit einiger Verspätung sichtbar. In einer afrikanischen Landbevölkerung war die Sterblichkeit junger Frauen im zwischen dem 15. und 25. Lebensjahr 10fach erhöht, wenn sie in der Trockenzeit geboren wurden – im Vergleich zur Regenzeit [21]. Die häufigste Todesursache waren Infektionen.

Tabelle 58-1. Immunologische Störungen bei Mangelernährung

Funktion	Protein-/Energiemangel	Mikronährstoffmangel
Ausreifung des Thymus	↓	Vitamin A
Kutane Immunantwort vom verzögerten Typ (Typ IV)	↓	↓
T-Lymphozytenzahl, CD4-/CD8-Ratio	↓	↓
T-Lymphozytenaktivität und -reifung (IL-2-Rezeptor, ...)	↓	↓
Th1-Muster der Zytokin-Produktion: IFN-γ, IL-1, IL-6	↓	
Antikörperproduktion IgG	↑→	
Antikörperfunktion (Affinität)	↓	
Intestinale IgA-Produktion	↓	
Phagozytose durch Neutrophile und Monozyten-Makrophagen	↓	Vitamin A
Komplementfaktorsynthese	↓	
Komplementverbrauch	↓	
Wundheilung	↓	
Antioxidative Funktionen	↓	Vitamin A, C, E, Zn

58.1.2 Hohes Alter, Ernährung und Krankenhausinfektionen

Im Erwachsenenalter ist der Zusammenhang zwischen Ernährungszustand und Infektionsanfälligkeit weniger eng. Mit zunehmendem Alter findet sich aber ein enger Zusammenhang zwischen dem Ernährungszustand (gemessen an Serumalbumin und Gewichtsverlust) und dem Risiko, im Krankenhaus eine Infektion zu erwerben [12, 14]. Ist die krankheitsbedingte Mangelernährung wirklich ein eigenständiger Risikofaktor oder zeigt sie nur die Schwere der Grundkrankheit an, die eigentlich das Infektionsrisiko bestimmt? Diese Frage ist aufgrund der Daten nicht zu beantworten und ist eigentlich nur von akademischem Interesse, denn in der Praxis sind Ernährungstherapie und Therapie der Grundkrankheit ohnehin nur 2 Seiten einer guten klinischen Versorgung.

58.1.3 Mangelernährung und Tuberkulose

Tuberkulose (TB) gilt als das Paradebeispiel für eine ernährungsabhängige Infektionserkrankung (Übersicht bei [30]). In Mitteleuropa war die Inzidenz von TB schon Ende des 19. Jahrhunderts rückläufig, viele Jahre bevor die ersten effektiven Medikamente verfügbar wurden. Bessere Ernährung ist hierfür ebenso verantwortlich wie verbesserte Wohnverhältnisse und allgemeine Hygiene. Weltweit ist aber TB weiterhin die Infektionskrankheit mit der größten Mortalität, dicht gefolgt und gefördert von der HIV-Epidemie. Am stärksten betroffen sind der indische Subkontinent und Afrika, wo auch die Protein-Energie-Mangelernährung weiterhin sehr verbreitet ist. Es ist seit langem dokumentiert, dass schwere Unterernährung die Erkrankungsrate und das Risiko eines schweren Krankheitsverlaufs erhöht. Aber schon ein BMI (Body-mass-Index) im niedrig niedrig-normalen Bereich (20–23 kg/m²) geht bereits mit einer erhöhten Empfänglichkeit für TB einher, nach statistischer Korrektur für bekannte Kofaktoren.

Das Erkrankungsrisiko für TB wird auch ebenso durch bestimmte Ernährungsweisen erhöht. Unter Immigranten vom indischen Subkontinent in England haben reine Vegetarier ein höheres TB-Risiko als Fleisch- oder Fischkonsumenten. Dies erklärt sich offenbar durch einen *relativen Vitamin-D-Mangel* in dieser Population, die zudem weniger Sonnenschein als im Herkunftsland erlebt. Unter älteren Männern in Finnland geht ein erhöhter Obst- und Beerenkonsum mit geringerem TB-Risiko einher. Leider sind diese Befunde nicht ohne weiteres auf andere Populationen übertragbar. Die verantwortlichen Mikronährstoffe sind meist nicht bekannt, und Mangelernährung geht oft mit anderen Risikofaktoren im Rahmen der Armut einher. Verbesserung der Lebenssituation, einschließlich der Ernährungslage, ist dennoch eine wichtige Strategie in der Kontrolle der weltweit wieder zunehmenden TB-Pandemie.

58.2 Wasting bei Infektionen

58.2.1 Metabolischer Stress, Akute-Phase-Reaktion und chronisches Wasting

Auf Infektionskrankheiten, Traumata und anderen Erkrankungen reagiert der menschliche Organismus mit einem einheitlichen Muster von Veränderungen im Stoffwechsel (s. auch Kap. 14). Bereits 1932 beschrieb Cuthbertson [7] die metabolische Reaktion auf Trauma. Er unterschied eine frühe *»ebb phase«* (Ebbephase) mit erniedrigtem O_2-Verbrauch und Temperatur, von einer späteren *»flow phase«* (Flutphase), in welcher eine negative Stickstoffbilanz den Abbau körpereigenen Eiweißes signalisiert. Der Ruheenergieumsatz und die Körpertemperatur sind erhöht.

Inzwischen sind die Mediatoren dieser Reaktion weitgehend aufgeklärt. Hinter der *Ebbephase* steht eine Aktivierung des Sympathikus, die sich in die *Flutphase* hinein fortsetzt (s. Kap. 3). Zentraler Auslöser der Flutphase ist die trauma- oder infektionsbedingte Aktivierung von Makrophagen mit vermehrter systemischer Freisetzung proinflammatorischer Zytokine, wie Tumornekrosefaktor (TNF) und Interleukin-1 (IL-1). Diese Mediatoren haben vielfältige metabolische Effekte, teils direkt am Zielorgan, teils auf dem Umweg über den Hypothalamus:
- Proteolyse im Muskelgewebe,
- Synthese von Akute-Phase-Proteinen in der Leber,
- Insulin- und Glukagon-Sekretion,
- Steigerung der hepatischen Glukoneogenese,
- Lipolyse im Fettgewebe und Hypertriglyzeridämie,
- Fieber.

Der daraus stets resultierende Katabolismus körpereigener Strukturproteine ist ein hochorganisierter Prozess. Einerseits werden Substrate für die Akut-Phase-Reaktion und andere Aspekte der Körperabwehr bereitgestellt, andererseits werden damit bei chronischen Verläufen zunehmend die Proteinreserven des Organismus erschöpft, mit der Folge des Wasting. Oft ist gleichzeitig die Nahrungsaufnahme herabgesetzt. Vermutlich sind auch hierfür proinflammatorische Zytokine verantwortlich.

Dieses allgemeine Muster wird je nach der Grundkrankheit (z. B. Sepsis, Trauma) abgewandelt. In diesem Kapitel werden 2 chronische mit Wasting verbundene Infektionen näher behandelt, die Tuberkulose und die HIV-Infektion.

58.2.2 Tuberkulose und Wasting

Bereits Hippokrates beobachtete die Auszehrung als Leitsymptom der Tuberkulose. Bis zur Diagnosestellung verlieren auch heute noch viele Patienten erheblich an Gewicht – in afrikanischen Untersuchungen war ein Verlust von 30% der Körperzellmasse verglichen mit Gesunden zu verzeichnen [30]. In Industrieländern wird die Diagnose früher gestellt, aber auch hier hatte etwa jeder 2. Patient einen kritischen Gewichtsverlust von >5%.

Die *Ursachen* werden erst jetzt erforscht. Der Grundumsatz und die Proteinsyntheserate sind auf der Ebene des Gesamtorganismus offenbar nicht gesteigert, obwohl die Akute-Phase-Proteine deutlich vermehrt im Serum gefunden werden. Die Nahrungsaufnahme der Patienten ist insgesamt vermindert. Überdies wird ein geringerer Anteil der zugeführten Aminosäuren der Proteinsynthese zugeführt, und ein größerer Anteil wird deaminiert und als Energielieferant oxidiert. Dieses Phänomen wird als *»anaboler Block«* bezeichnet. Falls sich diese vorläufigen Befunde in weiteren Studien bestätigen, unterscheidet sich die Tuberkulose pathophysiologisch deutlich von der HIV-Infektion und von akuten Infektionskrankheiten.

58.2.3 HIV-Wastingsyndrom

Das Wastingsyndrom bei HIV-Infektion ist definiert als eine Gewichtsabnahme von mehr als 10% in 3 Monaten, verbunden mit Fieber oder Diarrhöe ohne erkennbare Ursache (Übersichten bei [2, 24]). Es gehört zum Vollbild des erworbenen Immundefizienzsyndroms »Aids«. Im klinischen Sprachgebrauch wird jedoch von Wasting auch dann gesprochen, wenn eine solche Gewichtsabnahme im Rahmen einer opportunistischen Infektion auftritt.

Epidemiologie

Vor Einführung wirksamer antiretroviraler Medikamente wurde das Wastingsyndrom etwa bei jedem 10. Aids-Patienten diagnostiziert. Über 50% aller Patienten verloren Gewicht (>5%). Seit der Einführung der antiretroviralen Dreifachtherapie ist Wasting, wie auch andere Sekundärerkrankungen, bei Patienten in Industrieländern selten geworden [4, 26]. Dennoch ist Mangelernährung auch heute noch ein prognostisch ungünstiges Zeichen [26]. Hingegen zählt das Wastingsyndrom in Afrika weiterhin zu den führenden Symptomen der Aids-Erkrankung. Hier wird es häufig durch eine Koinfektion mit Tuberkulose oder durch chronische Darminfektionen ausgelöst. Der vorzeitige Verlust der Arbeitsfähigkeit durch Wasting trägt wesentlich dazu bei, dass die Aids-Epidemie die Volkswirtschaften afrikanischer Staaten in eine schwere Krise getrieben hat.

Pathogenese des HIV-Wasting

Die HIV-Infektion betrifft potenziell nahezu alle Organsysteme und Wasting ist in aller Regel die Folge einer Kombination verschiedener Störungen:
- Regulationsstörung des Immunsystems mit gesteigerter Aktivität katabolwirkender Zytokine und Hormone,
- opportunistische Infektionen,
- direkte Organschädigungen (Nervensystem, Gastrointestinaltrakt),
- soziale und psychische Folgen der Erkrankung.

Störungen der Nahrungsaufnahme

Bei symptomfreien gewichtsstabilen Patienten ist die Nahrungsaufnahme oft normal. Gastrointestinale Nebenwirkungen sind im Zeitalter der antiretroviralen Dreifachtherapie häufig geworden. Bestimmte Medikamente wie Ritonavir, Nelfinavir, Cotrimoxazol und Zidovudin sind besonders mit Übelkeit oder Diarrhö assoziiert.

Akute opportunistische Infektionen führen oft zu extremer Appetitlosigkeit, wobei Fieber, Schmerzen oder Durchfall den Appetit beeinträchtigen. Inflammatorische Zytokine spielen eine nicht hinreichend geklärte, aber wichtige Rolle in der Pathogenese der Appetitlosigkeit. Orale und ösophageale Erkrankungen wie die orale Candidainfektion, virale Mundulzera oder Gingivostomatitis stören die Nahrungsaufnahme erheblich. Der allgemeine Antrieb des Patienten kann im Rahmen einer HIV-Enzephalopathie oder einer reaktiven Depression vermindert sein, aber auch soziale Isolation und Verarmung tragen dazu bei.

Metabolische Störungen

Beim HIV-Wasting ist der Proteinumsatz ähnlich wie bei der bakteriellen Sepsis erhöht [2]. Muskelprotein wird zugunsten der hepatischen Produktion von Akute-Phase-Proteinen abgebaut [36]. Oxidation und Speicherung von Triglyzeriden sind gesteigert und im Blut finden sich erhöhte Triglyzeridwerte bei eher erniedrigtem Gesamtcholesterin.

Im Gegensatz zu anderen Infektionen, die in der Regel mit einer Insulinresistenz einhergehen, wurde in einer älteren Studie eine erhöhte Insulinsensitivität beim HIV-Wasting gefunden [15].

Von diesen Stoffwechselstörungen der fortgeschrittenen HIV-Infektion sind die metabolischen Nebenwirkungen der antiretroviralen Medikation abzugrenzen, die mit einer Hypercholesterinämie, Hypertriglyzeridämie und Insulinresistenz einhergehen (s. 58.3).

Für die *Körperzusammensetzung* haben diese Störungen zur Folge, dass mit Fortschreiten der Grundkrankheit Muskeleiweiß (Körperzellmasse) verloren geht und auch selbst bei ausgezehrten Patienten Fettspeicher angelegt werden. Bei Frauen lässt sich allerdings auch ein Verlust an Fettmasse nachweisen; diese Unterschiede weisen auf den wichtigen Einfluss der Geschlechtshormone hin. Während Gewichtsverlust mit dem Verlust v. a. von fettfreier Masse und Protein einhergeht, wird bei Gewichtszunahme bevorzugt Fett aufgebaut, das nur bei ausreichender körperlicher Aktivität und mit einiger Verzögerung in Muskelprotein umgebaut wird.

Der *Grundumsatz* ist variabler als bei Gesunden; z. T. ist er als Reaktion auf die verminderte Nahrungsaufnahme oder Malabsorption herunterreguliert, z. T. ist er als Folge der metabolischen Störungen aufreguliert. Es resultiert im Mittel eine Erhöhung von weniger als 10% über der Norm. Wenn man den Gesamtenergieverbrauch bestimmt, ist dieser bei Gewichtsabnahme erniedrigt und bei Gewichtszunahme erhöht. Somit trägt die verminderte Nahrungsaufnahme die Verantwortung für Episoden einer raschen Gewichtsabnahme und die Veränderungen des Energieverbrauchs fallen kaum ins Gewicht [19].

Metabolismus, Immunsystem und Hormone

Der Zusammenhang zwischen Metabolismus und inflammatorischen Zytokinen bei HIV-Infektion ist auch nach Jahren intensiver Forschung nicht ausreichend geklärt [24]. Die Serumspiegel inflammatorischer Zytokine sind nicht konstant erhöht. Rezeptorantagonisten der Zytokine korrelieren aber mit dem Ausmaß der Mangelernährung. Diese Bindungsproteine werden heute als ein zuverlässiges Maß für die langfristige Aktivität der kurzlebigen und nur lokal wirksamen Zytokine angesehen.

Störungen des Hormonhaushalts spielen eine wichtige Rolle im HIV-Wasting. Ein primärer oder sekundärer Hypogonadismus ist häufig. Es besteht eine teilweise Resistenz gegen Wachstumshormon. Das *»Euthyroid-sick-Syndrome«*, eine Downregulation des Schilddrüsenhormonregelkreises infolge schwerer Erkrankungen, kommt beim HIV-Patienten nur abgeschwächt vor. Diese Veränderungen können den Erfolg der Ernährungstherapie stören.

Malabsorption und Diarrhö

Im Gastrointestinaltrakt manifestieren sich die HIV-Infektion und ihre Sekundärerkrankungen [1]. *Jeder 2. Patient* mit fortgeschrittenem Aids leidet unter *Diarrhö*. Intestinale Funktionsstörungen sind häufig:

- Malabsorption für Kohlenhydrate, Fette und Vitamine,
- Laktasemangel (allerdings mit ungeklärter klinischer Relevanz),
- gestörte Magenentleerung infolge einer autonomen Neuropathie,
- Eiweißverlustenteropathie.

Auf dem Boden solcher Funktionsstörungen führen intestinale Infektionen zu ausgeprägter Diarrhö und Malabsorption. *Kryptosporidiose* und *Mikrosporidiose* sind 2 schwerwiegende Parasitosen des Dünndarms mit Zerstörung des Bürstensaums. Die *Zytomegaloviruskolitis (CMV-Kolitis)* geht mit Diarrhö und Abdominalschmerzen einher. Nicht wenige gastrointestinale Erkrankungen bei fortgeschrittenem Immundefekt bleiben in ihrer Ätiologie ungeklärt. Die *Kombination* aus gastrointestinalem Funktionsverlust, metabolischer Störung und gestörter Nahrungsaufnahme ist wohl die beste Erklärung, warum das Wastingsyndrom bei HIV-Infektion schwerer als bei anderen Infektionskrankheiten verläuft. Die Fähigkeit des Organismus, sich metabolisch an die verfügbare Energiezufuhr anzupassen, erschöpft sich bei einer solchen Multiorganerkrankung. Dies begrenzt natürlich auch die Wirksamkeit der Ernährungstherapie, wenn nicht eine effektive Therapie der Grundkrankheit zur Verfügung steht. Wie weit die dargestellten Befunde auf heutige Patienten übertragbar sind, die ein Wastingsyndrom erst nach einer mehr oder weniger langen Periode erfolgreicher antiretroviraler Therapie entwickeln, bleibt zu klären.

58.2.4 Diagnostik

An das Risiko einer Mangelernährung zu denken, ist bereits der wichtigste diagnostische Schritt. Bei Patienten mit schwerer Grundkrankheit werden Symptome des Wasting oft nicht als selbständiges klinisches Problem erkannt, und die Möglichkeiten einer spezifischen Ernährungstherapie werden nicht wahrgenommen [25].

Ein Gewichtsverlust entgeht nicht selten der Aufmerksamkeit des Patienten und des Arztes. Bei einem hustenden Patienten könnte die Unterscheidung zwischen einer hartnäckigen banalen Erkältung und einer Tuberkulose oft früher gelingen, wenn man den Gewichtsverlust rechtzeitig beachten würde. Auch im Vorfeld einer opportunistischen Infektion bei Aids ist der Gewichtsverlust nicht selten ein frühes Warnzeichen. Regelmäßige Gewichtskontrollen sollten deshalb zum Routineprogramm einer Praxis oder Ambulanz gehören. Frühe Veränderungen in Richtung Wasting sind bei HIV-Patienten bereits mit Spezialmethoden nachzuweisen, bevor der erste Gewichtsverlust auftritt, denn ein Verlust an Körperzellmasse wird durch Expansion des Extrazellulärraums kompensiert [22].

Die bioelektrische Impedanzanalyse (BIA) liefert klinisch brauchbare Schätzungen der Körperzusammensetzung zur Verlaufskontrolle, obwohl die erheblichen Fehlerquellen dieser Methode zu beachten sind (s. Kap. 1). Ein Parameter der BIA, der Phasenwinkel, reflektiert die Verteilung der fettfreien Masse zwischen Intra- und Extrazellulärraum und hat sich bei HIV-Infektion als ein wichtiger prognostischer Marker erwiesen, unabhängig von Viruslast und CD4-Zellzahl [27].

Laborwerte sind in der Diagnostik von infektionsbedingtem Wasting besonders *kritisch* zu bewerten. Albumin, Präalbumin und andere kurzlebige Serumproteine sind gleichermaßen von der Akute-Phase-Reaktion und dem Nährstoffmangel beeinflusst. Für Anämie und Leukozytopenie gilt das gleiche. Cholesterin und Triglyzeride sind bei Wasting gegenläufig verändert, mit erniedrigtem Cholesterin und oft erhöhten Triglyzeriden infolge der Zytokinaktivierung der Lipolyse.

Bei HIV-infizierten Patienten unter antiretroviraler Therapie sollten Cholesterin, Triglyzeride und Nüchternblutzucker alle 3 Monate kontrolliert werden. Die weitere Ernährungsdiagnostik ist meist Ernährungsfachkräften oder wissenschaftlichen Spezialabteilungen vorbehalten (*Tabelle 58-2*). Bei einem Patienten mit fortgeschrittener HIV-Infektion und Gewichtsverlust unklarer Genese, sollte man gezielt nach möglichen klinischen Auslösern suchen, in Absprache mit einem spezialisierten Team. Durch abdominelle Sonographie, Gastroösophagoskopie, Thoraxröntgen und mikrobiologische Stuhldiagnostik finden sich oft gastrointestinale oder systemische Sekundärerkrankungen (opportunistische Infektionen oder Non-Hodgkin-Lymphome). Invasive, aber ergiebige diagnostische Maßnahmen wie Knochenmarkbiopsie oder Liquorpunktion, sollten bei fieberhaftem Wasting nicht lange verzögert werden.

Tabelle 58-2. Methoden der Ernährungsdiagnostik bei Infektionen und Mangelernährung/Wasting

	Klinische Routinetests	Wissenschaftliche Tests
Körpergewicht	Routinemäßig alle 2–3 Monate Körpergröße zu Beginn dokumentieren	Verlust >5% (>10%) definiert als leichte (schwere) Mangelernährung/Wasting
Körperzusammensetzung	Bioelektrische Impedanzanalyse Anthropometrie	DEXA-Scan
		Deuterium-Bromid-Verdünnung
		Bei HIV-Lipodystrophiesyndrom: abdominelles CT oder NMR in Nabelhöhe
Energiebilanz	Ernährungsanamnese Fieber? Abschätzen der körperlichen Aktivität	Grundumsatz Gesamtenergieumsatz
Laboruntersuchungen	Albumin, Präalbumin (Cave: s. Text); Cholesterin, Triglyzeride	Je nach Fragestellung
Einfluss auf Lebensqualität	Gespräch mit dem Patienten	Fragebögen

> Die Folgen des Wasting für den Patienten sind nicht nur in Kilogramm zu messen. Beschwerden bei der Nahrungsaufnahme, körperlich-geistige Aktivität und Lebensqualität sind genauso wichtige Parameter für den Erfolg einer Ernährungstherapie und sollten Teil der klinischen Dokumentation sein, wenn sie auch nur schwer zu objektivieren sind.

58.2.5 Therapie

Die Therapie der Grundkrankheit ist die Basis jeder Ernährungstherapie, kann sie aber oft nicht ersetzen. Im Falle der Tuberkulose ist auch nach Abschluss einer wirksamen 6-monatigen Therapie das Ausgangsgewicht oft noch nicht wieder erreicht. Im Falle einer HIV-Infektion tritt das Wastingsyndrom heute nur noch auf, wenn bereits eine Resistenz oder Unverträglichkeit der antiretroviralen Medikation vorliegt.

Ernährungstherapie

Die *Therapieziele* bei Wastingsyndromen im Rahmen chronischer Infektionen (HIV, Tuberkulose) sind pragmatisch:

- ausreichende Kalorienaufnahme,
- Ausgleich eines mäßigen Mehrbedarfs an antioxidativen und anderen Mikronährstoffen,
- Linderung ernährungsbezogener Beschwerden,
- Verbesserung der körperlichen Belastbarkeit bei Aufbau von Körperzellmasse.

Obwohl Mangelernährung und Wasting mit einer ungünstigen Prognose einhergehen und möglicherweise einen Immundefekt verschlimmern können, sind bislang keine Effekte der Ernährungstherapie auf die Prognose chronischer Infektionskrankheiten mit Wasting nachgewiesen.

Ernährungsberatung und Trinknahrungen

Eine qualifizierte Beratung ist die Basis jeder Ernährungstherapie, weil sie die spezifischen Ernährungsprobleme erfasst und dem Patienten hilft, sein Ernährungsverhalten anzupassen [29]. Typische Ernährungsprobleme und ihre Lösungen sind in *Tabelle 58-3* aufgeführt.

Beratung allein hat schon einen gewissen Effekt auf den Ernährungszustand. Reicht sie allein nicht aus, dient sie der gezielten Auswahl und Erfolgskontrolle anderer Maßnahmen der Ernährungstherapie [31]. Leider wird Ernährungsberatung von den Krankenkassen nicht vergütet. Glücklicherweise werden im Bereich der HIV-Infektion an einigen Spezialambulanzen und Schwerpunktpraxen Beratungsangebote durch industrielle Sponsoren finanziert. Wenn dieses Angebot nicht besteht, kann jeder engagierte Arzt ein paar einfache Beratungsschritte anbieten (s. *Tabelle 58-3*).

> Industrielle Trinknahrungen sind einigermaßen effektiv, kostengünstig und ohne wesentliche Nebenwirkungen.

Sie sollen normale Nahrung ergänzen, aber nicht ersetzen. Da nach einigen Wochen die Toleranz nachlässt, sollte man die Geschmacksrichtungen regelmäßig abwechseln. Ihre richtige Anwendung muss gelernt werden (Kühlung, Mischung mit anderen Nahrungsmitteln, Einnahme zwischen den Mahlzeiten u. a.). Sie sind am besten für begrenzte Phasen eines erhöhten Bedarfs und verminderten Appetits geeignet.

Medikamente

Medikamente zur Therapie von Wasting lassen sich in *appetitsteigernde Mittel*, *Zytokinantagonisten* und *Hormone* unterteilen (*Tabelle 58-4*). Ergebnisse klinischer Studien liegen nur für HIV-infizierte Patienten vor und stammen oft von sehr kleinen und nicht repräsentativen Patientenkollektiven. Zudem sind die Zielkriterien zwischen verschiedenen Studien oft nicht vergleichbar (Übersicht bei [9]).

Gewichtsverläufe ohne Messung der Körperzusammensetzung sind zur Beurteilung des Therapieerfolges ungeeignet, da viele Medikamente die Wassereinlagerung fördern. Sedierende Medikamente haben den Nachteil, dass körperliche Ruhe die Körperzellmasse reduziert und den Fettaufbau fördert, dessen klinischer Nutzen unklar bleibt.

Männer und Frauen unterscheiden sich im Effekt hormoneller Therapie auf die Körperzusammensetzung; so erhöht Testosteron bei Männern die Körperzellmasse, bei Frauen aber die Fettmasse [9].

Der stärkste Effekt auf die Körperzellmasse lässt sich mit humanem rekombinantem Wachstumshormon erzielen, zusammen mit einer Steigerung der körperlichen Aktivität. Da die Fettgewebsreserven vermindert werden, ist die Nettoenergiebilanz des Körpers negativ. Diese Therapie ist extrem teuer und nicht ohne Nebenwirkungen (*Tabelle 58-5*).

Bei HIV-infizierten Männern mit Hypogonadismus besteht eine klare Indikation zur Testosteronsubstitution, die auch zur Wiederherstellung von Körperzellmasse und Gewicht beiträgt.

Tabelle 58-3. Ernährungsprobleme und praktische Lösungen

Problem	Auslöser und Ursachen	Lösungen
Appetitlosigkeit	Oft ohne klaren Auslöser im Rahmen der systemischen Entzündungsreaktion, vermittelt durch Zytokine bei Fieber und akuten Infektionen	Viele kleine Mahlzeiten; appetitliches Anrichten; Abwechslung in Geschmack und Zubereitung; Kalorien verstecken (Maltodextrin, Sahne...); Ablenken beim Essen (Fernsehen, Gesellschaft von Freunden und Familie)
Übelkeit, Geschmacksstörungen	Medikamente; oraler Soor; Zahn(fleisch)erkrankungen; gastrale Motilitätsstörungen?	Stark riechende und »schwere« Kost vermeiden; Antiemetika 15 min vor dem Essen; übrige Medikamente danach (soweit erlaubt); Gastroösophagoskopie; Wechsel der Medikamente, wenn möglich
Dysphagie (Schluck- und Kaustörungen) Schluckschmerzen	Orale und ösophageale Ulzera (Herpes, CMV, idiopathisch, durch Zalcitabin bedingt); Zahnfleischentzündungen während der Zahnsanierung; schwere erosive Candidiasis; Candidaösophagitis; orale Kaposi-Sarkome	Ursache suchen (Zahnarzt, HNO, Gastroskopie); gezielte medizinische Therapie; flüssige/breiige Nahrung mit hoher Energiedichte; Vermeiden von stark gewürzter, saurer, zu heißer/kalter Nahrung und Kohlensäure; notfalls Lokalanästhetika vor dem Essen
Durchfall	Nur wenige Durchfallerkrankungen sind wirklich nahrungsabhängig!	Kausale und symptomatische Durchfalltherapie; ausreichender Ersatz von Flüssigkeit und Elektrolyten (Kalium!); Laktoseintoleranz abklären (selten!)
Fehlendes Wissen, mangelnde Fertigkeiten	Berufstätige Singles, Fast-food-Gewohnheiten, Fehlinformationen über »Wunderdiäten«	Vermittlung von Basiskenntnissen über → Ernährungsbedarf (Ernährungskreis der Deutschen Gesellschaft für Ernährung), → Nahrungsmittelhygiene, sachliche Information über »alternative« Kostformen; Einüben (Einkaufen, Kochen); soziale Unterstützung: Vermittlung von sozialer Hilfe (»Essen auf Rädern«)
Antriebslosigkeit	Depressive Verstimmung; Enzephalopathie; körperliche Schwäche; soziale Isolation	Soziale Unterstützung: Aktivierung von Freunden und Familie; Vermittlung von sozialer Hilfe Hilfe (»Essen auf Rädern«); Ermutigung (Ernährungsberatung selbst ist menschliche Zuwendung); Wiedergewinn der Symptomkontrolle; Indikation für Antidepressiva abklären

Alle genannten Therapiestudien wurden vor Einführung der hochaktiven antiretroviralen Medikamente durchgeführt. Weitere Studien werden zeigen müssen, ob die Effekte auch unter den Bedingungen einer effektiven antiviralen Therapie nachweisbar sind.

Parenterale und enterale Ernährung

Bei Patienten mit HIV-Wasting ist eine künstliche Ernährung erst dann indiziert, wenn Beratung, Zusatznahrung oder supportive Medikamente ihre Wirkungslosigkeit erwiesen haben. Nach unserer Erfahrung zögern viele Patienten diese Entscheidung lange hinaus. Daher kommt die künstliche Ernährung oft zu spät, um noch einen Nutzen zu haben. Rechtzeitig begonnen, kann sie oft über Monate eine Gewichtszunahme und Erhaltung der Lebensqualität erreichen. Eine kontrollierte Studie legt sogar eine Verlängerung der Überlebenszeit nahe [20]. Die Körperzellmasse kann nur zunehmen, wenn der Patient körperlich einigermaßen aktiv wird.

Eine enterale Ernährung wäre im Prinzip zu bevorzugen. Sie erhält die intestinalen Funktionen, erfordert keinen intravenösen Dauerzugang, ist weit preisgünstiger als eine parenterale Ernährung und genauso effektiv [17]. Jedoch wird die Implantation einer perkutanen endoskopisch platzierten Gastrostomie (PEG) oft nicht akzeptiert. Einmal begonnen, wird die enterale Ernährung meist problemlos vertragen; Wundinfektionen treten nicht häufiger auf als bei anderen Patienten.

Mikronährstofte

Wie oben dargestellt, besteht bei chronischen Infektionskrankheiten im allgemeinen ein erhöhter Bedarf an antioxidativen und anderen Mikronährstoffen [16]. Der Bedarf an wasserlöslichen Vitaminen ist durch eine handelsübliche Multivitamintablette pro Tag wahrscheinlich ausreichend zu decken; höhere Dosen werden oft propagiert, aber ohne wissenschaftliche Grundlage. Bei Vitamin A und Zink sind sowohl Mangel als auch Überdosierung epidemiologisch mit einer ungünstigen Prognose verbunden. Bis auf Weiteres ist wegen der Gefahr der Überdosierung hier von einer Substitution abzuraten. Von Vitamin A erhoffte man sich in der Dritten Welt einen positiven Effekt auf die HIV-Übertragungsrate von der Mutter zu auf das Kind. Leider haben Studien diesen Effekt nicht nachgewiesen, aber die Gabe wasserlöslicher Multivitaminpräparate verminderte die Komplikationsrate in der Schwangerschaft [4, 11].

Alternative Diäten

Chronische Krankheiten wie Aids rufen die Protagonisten von Diäten mit Heilungsanspruch auf den Plan. Leider sind solche Versprechungen durch keine haltbare wissenschaftliche Studie belegt. Einige Diäten sind aus ernährungsmedizinischer Sicht vernünftig, erfordern aber sehr viel Ernährungswissen und Opferbereitschaft von den Patienten. Bei Appetitlosigkeit kann dies eher Leiden und Schuldgefühle hervorrufen als Hilfe leisten. Andere Diäten (z. B. strenge Makrobiotik) sind so unphysiologisch, dass sie bei Kranken eine Mangelernährung fördern können.

Die sog. *»Antipilzdiät«* wird oft bei Candidanachweis im Stuhl propagiert, unabhängig vom Vorliegen oder Fehlen einer Grundkrankheit. Wegen ihrer Einseitigkeit führt sie zwangsläufig zur drastischen Gewichtsabnahme. Bei übergewichtigen Gesunden mag das nicht unerwünscht sein; bei Patienten mit chronischen Infektionen dagegen sind solche Verluste nie mehr aufzuholen. Bei Immunkompetenten zeigt eine intestinale Candidabesied-

Tabelle 58-4. Medikamente zur Therapie des HIV-Wastingsyndromes

Präparat	Dosierung pro Tag	Wirkprinzip	Nachgewiesene Wirkung	Evidenzgrad	Unerwünschte Wirkungen	Kosten (€/Monat, geschätzt)
Ketotifen	4–8 mg	Appetitsteigerung; TNF-α-Antagonismus	Gewicht ↑	1	Sedierung	25–60
Megestrolacetat	400–800 mg	Appetitsteigerung	Appetit ↑ Gewicht ↑ (ausschließlich Fett- und Wassereinlagerung)	2	Cushingoid; Insulinresistenz; Impotenz; Thrombophlebitis; antiandrogene Wirkung	50–250
Medroxyprogesteronacetat	?		Wie Megestrolacetat	0	Sedierung, Rausch	
Dronabinol (9-Tetrahydro-Cannabinol)	5 mg	Appetitsteigerung	Gewicht ↑; Appetit ↑	1		200
Nandrolon-Decanoat	100 mg/Woche i.m.	Androgenes Anabolikum	Gewicht ↑; Körperzellmasse ↑	2	Virilisierung (nur bei Männern erprobt) Leberdysfunktion	15–20
Oxandrolon	15–20 mg	Androgenes Anabolikum	Gewicht ↑	2	Wie Nandrolon	1000
Testosteron (intramuskulär)	300 mg alle 3 Wochen i.m.	Androgensubstitution	Gewicht ↑; fettfreie Masse ↑ (bei Männern) Fettmasse ↑ (bei Frauen) Lebensqualität?	2	Virilisierung (nur bei Hypogonadismus erprobt)	25
Testosteron (transdermal)	5 mg	Wie oben	Wie oben		Wie oben	125
Rekombinantes Wachstumshormon	6 mg s.c.	Anabolikum	Gewicht →; Körperzellmasse ↑; Fett ↓; Muskelkraft ↑; Lebensqualität ↑; Stickstoffbilanz ↑	2	Karpaltunnelsyndrom; Arthralgien; Insulinresistenz	3000–3500
Thalidomid	100 mg	TNFα-Antagonist	Gewicht ↑; fettfreie Masse ↑ (vorwiegend Wassereinlagerung, Effekt stärker bei aktiver TB- und HIV-Koinfektion)	2	Sedierung, teratogen!!, Hautausschlag (Stevens-Johnson-Syndrom)	Bezug vom Hersteller nur im Rahmen eines individuellen Heilversuchs

Beachte: Keines dieser Medikamente ist in Deutschland für die Indikation »HIV-Wastingsyndrom« von den Krankenkassen zugelassen. Vor dem therapeutischen Einsatz sollte eine Spezialambulanz oder -praxis konsultiert werden. Diese Daten können nicht ohne weiteres auf andere Wastingsyndrome (z. B. bei Tuberkulose) übertragen werden.

lung zwar eine gestörte Darmflora an, hat aber selbst keinen eigenen Krankheitswert. Bei HIV-Infizierten ist die intestinale Candidabesiedlung eine Folge des Immundefekts und nicht mit eigenen Symptomen verbunden. Symptomatische Candidaerkrankungen in Mund und Ösophagus bedürfen einer gezielten Therapie mit Antimykotika und sprechen auf keine Diät allein an.

58.3 Metabolische Komplikationen der antiretroviralen Therapie bei HIV

Der Erfolg der antiretroviralen Dreifachtherapie (HAART) wird mit Nebenwirkungen erkauft, unter denen die metabolischen Störungen eine prominente Rolle einnehmen. Mit zunehmender Dauer der Therapie entwickelt die Mehrzahl der Patienten eine Umverteilung des Fettgewebes mit Verlust an peripherem Fettgewebe und Zunahme des intraabdominellen Fetts (Lipodystrophie- oder Fettumverteilungssyndrom; [6, 32]). Erhöhte Plasmaspiegel von LDL-Cholesterin und Triglyzeriden werden bei Patienten mit und ohne sichtbare Lipodystrophie gefunden. Die Pathogenese dieser Störungen ist unklar. Wahrscheinlich handelt es sich um eine Kombination aus Nebenwirkungen der verschiedenen Virustatika unter den besonderen Bedingungen des HIV-infizierten Wirts [5, 6]. Vor allem die Protease-Inhibitoren (z. B. Ritonavir, Indinavir) erhöhen über ungeklärte Mechanismen die Serumtriglyzeride, führen zu einer Insulinresistenz und fördern die oben beschriebene Fettumverteilung.

58.3.1 Störungen des Glukosestoffwechsels

Unter antiretroviraler Therapie, insbesondere unter Protease-Inhibitoren entwickelt sich bei 1–7% der Patienten ein manifester Diabetes mellitus Typ II. Eine gestörte Glukosetoleranz findet sich gar bei 16–32% der Patienten [34]. Klinisch ist dieser Diabetes nicht vom Typ-II-Diabetes zu unterscheiden.

Ätiopathogenese

Ursächlich diskutiert wird eine HAART-induzierte periphere Insulinresistenz. Neuerlich wurde einer verminderten Expression der β-Kette des Insulinrezeptors durch PI eine Störung des Glukosetransporters GLUT4 durch PI beschrieben _3, 13_.

Therapie

Der HAART-assoziierte Diabetes ist analog zum Typ-II-Diabetes mit Diät, Sulfonylharnstoffen, Insulinsensitivatoren (PPAR-Agonsiten, Metformin) oder mit Insulin behandelbar (s. Kap. 50). In Einzelfällen bessert sich nach Absetzen der PI die Stoffwechsellage. Daten über die Häufigkeit von diabetischen Spätfolgen wie z. B. Mikro- und Makroangiopathien liegen aufgrund des kurzen Beobachtungszeitraums derzeit noch nicht vor [13].

58.3.2 Hyperlipoproteinämie

Insbesondere bei Patienten unter einer Therapie mit nichtnukleosidalen Inhibitoren der reversen Transkriptase (NNRTI) findet sich bei ca. 20–25% eine deutliche Erhöhung der Triglyzeride, bei 10–15% auch ein deutlich erhöhtes Gesamtcholesterin. Unter HAART (inkl. PI) liegt die Prävalenz der Hypercholesterinämie mit 25–30% bzw. der Hypertriglyzeridämie mit <50% (mit Werten bis 8000 mg/dl) noch weitaus höher [13]. In der Lipidelektrophorese findet sich insbesondere eine Erhöhung der VLDL- und LDL-Fraktion. Die beschriebenen Veränderungen treten bereits in den ersten 3 Monaten nach Beginn einer retroviralen Therapie auf [13]. Das Risiko für Herzinfarkte scheint bei Patienten mit Hyperlipidämie erhöht zu sein, soweit sich das in den wenigen Jahren seit Entdeckung des Syndroms sagen lässt.

Therapie

Der Effekt einer Monotherapie mit Fibraten war mäßig. HMG-CoA-Reduktase-Hemmer (Statine) allein und in Kombination mit Fibraten führten dagegen zu einer effektiveren Lipidsenkung. Zum Stellenwert gezielter diätetischer Maßnahmen liegen bisher keinerlei Daten vor.

58.3.3 Lipodystrophiesyndrom

Carr et al. beschrieben 1998 erstmals eine Fettverteilungsstörung unter HAART, die sich als ausgeprägte Fettansammlung im Nackenbereich (»Büffelnacken«), massive Zunahme des Bauchumfangs durch intraabdominelle Fettansammlung sowie Verlust des subkutanen Fettgewebes im Gesicht und an den Extremitäten auszeichnet [7, 8]. Sie wurden in Anlehnung an heriditäre Fettverteilungsstörungen als *Lipodystrophiesyndrom* bezeichnet. Je nach Studie wird die HAART-assoziierte Lipodystrophie bei bis zu 90% aller Patienten beobachtet [13].

Wastingsyndrom und Lipodystrophie lassen sich *klinisch* gut voneinander unterscheiden und haben vermutlich keine gemeinsamen Ursachen (*Tabelle 58-5*). Wasting ist stets eine Komplikation der fortgeschrittenen Grunderkrankung, während Lipodystrophie meist gut antiviral behandelte Patienten mit gutem Immunstatus und Allgemeinzustand trifft.

Tabelle 58-5. Unterschiede zwischen Wastingsyndrom und Lipodystrophiesyndrom bei HIV-Infektion

	Wasting-syndrom	Lipodystrophie-syndrom
Subkutanes Fett	→↓	↓↓
Viszerales Fett	→(↓)	↑↑
Gesamte Fettmasse	↓	→↑
Körperzellmasse	↓↓	→↑
Extrazellulärmasse	↑	→↑
Serumtriglyzeride	↑	Oft ↑↑
Serumcholesterin	↓	↑
Opportunistische Infektionen	Häufig	seltenSelten
Viruslast	↑	↓
CD4-Zellzahl	↓	↑
Prognose	↓	→↑
Allgemeinzustand	↓↓	(↓)

Pathogenese

Proteaseinhibitoren (Pi) und Nukleosidanaloga bewirken synergistisch die Entstehung der Lipodystrophie. Die Pi-bedingte Insulinresistenz fördert die zentrale Adipositas (s. Kap. 10). Nukleosid-Analoga (z. B. Zidovudin und Stavudin) können auf den Stoffwechsel der Mitochondrien toxisch wirken; auch dies wird neuerdings mit dem Lipodystrophiesyndrom in Verbindung gebracht [8, 38]. Beim HIV-Lipodystrophiesyndrom ist die Diagnostik derzeit weitgehend auf den klinischen Blick angewiesen, da die Fettumverteilung objektiv nur mit Computertomographie oder Kernspintomographie zu erfassen ist. Die BIA ist zur Diagnostik hier ungeeignet [28], und auch die Anthropometrie hat sich als unzuverlässig erwiesen.

Therapie

Eine *medikamentöse* Therapie des Lipodystrophiesydroms mit nachgewiesener Wirkung gibt es derzeit nicht. Verschiedene Medikamente zur Erhöhung der Insulinsensitivität, aber auch Wachstumshormon, sind derzeit in klinischer Erprobung. Hyperlipidämien lassen sich zwar mit Fibraten und Statinen wie bei HIV-negativen Patienten senken, aber die Interaktionen mit den antiretroviralen Medikamenten sind erheblich und können den antiviralen Effekt gefährden sowie andere Nebenwirkungen fördern. Fettarme Diäten helfen bei extremer Hypertriglyzeridämie, aber ein Gewichtsverlust sollte möglichst vermieden werden [13].

Ernährungstherapie

Da die genauen Ursachen für die *Lipodystrophie* bisher nicht bekannt sind, werden im allgemeinen Empfehlungen verwendet, die denen für Fettstoffwechselstörungen ähnlich sind.

> **Cave:** Keine generelle Kalorienbeschränkung, da die HIV-Patienten mit Lipodystrophie selten übergewichtig sind.

Eine Umstellung der Ernährung und erhöhte körperliche Aktivität konnten bisher erste positive Effekte erzielen [35].

1. *Verringerung der Gesamtfettzufuhr* auf 30% der zugeführten Energie. Bevorzugung von Olivenöl und Rapsöl beim Kochen, wegen des hohen Gehalts einfach ungesättigter Fettsäuren. Sparsame Verwendung tierischer Produkte, aber mindestens einmal pro Woche Seefisch (v. a. Makrele, Hering, Lachs) verzehren, da die in ihnen enthaltenen ω-3-Fettsäuren in hohen Konzentrationen die Triglyzerid- und Cholesterinspiegel im Blut senken können:
   davon gesättigte Fettsäuren: maximal 1/3
   einfach ungesättigte Fettsäuren: mindestens 1/3
   mehrfach ungesättigte Fettsäuren: maximal 1/3.
2. *Zucker, zuckerhaltige Lebensmittel und Getränke sparsam verwenden.* Mono- und Disaccharide sowie Zuckeraustauschstoffe führen zu einem Anstieg der Serumtriglyzeride.
3. *Vermehrte Zufuhr von Ballaststoffen* von >30 g/24 h. Hierbei sind bevorzugt Vollkornhaferprodukte, Vollkornbrot, Kartoffeln, Müsli, Vollkornprodukte, Gemüse und Obst zu verzehren. Beim reichlichen Verzehr ballaststoffhaltiger Nahrung sollte auf eine ausreichende Flüssigkeitszufuhr geachtet werden.
4. *Alkoholische Getränke meiden,* da Alkohol einen Anstieg der Serumtriglyzeride begünstigen kann.
5. *Ausreichende Zufuhr von Antioxidanzien.* Vitamin C, Vitamin E, β-Karotin und Selen verbessern die antioxidative Kapazität und sind bei HIV-Infizierten mit HAART regelmäßig erniedrigt. Die tägliche Zufuhr flavonoidreicher Säfte (Apfel-, Birne-, schwarzer Johannisbeer- und roter Grapefruitsaft) kann ebenfalls zu einer Verbesserung des antioxidativen Status führen.

58.4 Fazit

An den Beispielen der Tuberkulose und der HIV-Infektion werden allgemeine und krankheitsspezifische Züge des infektionsbedingten Wasting deutlich.

Appetitlosigkeit und metabolische Stressreaktion, zusammen mit gastrointestinalen und anderen Organschädigungen, liegen dem Wasting zugrunde. Bei HIV-infizierten Patienten ist hiervon das HAART-induzierte Lipodystrophiesyndrom mit einer eigenständiger Pathogenese abzugrenzen.

Die Ernährungsdiagnostik und -therapie dient dazu, sowohl eine auslösende Mangelernährung als auch ein sekundäres Wasting zu erkennen und zu behandeln. Ernährungsberatung und orale Trinknahrungen bilden eine pragmatische Basis der Therapie. Enterale und parenterale Ernährung ist heute nur selten indiziert. Die medikamentöse Therapie von Wastingsyndromen ist noch nicht über das Stadium der unsystematischen Erprobungen hinausgewachsen.

Literatur

1. AGA (1996) American Gastroenterological Association medical position statement: guidelines for the managment of malnutrition and cachexia, chronic diarrhea, and hepatobiliary disease in patients with human immunodeficiency virus infection. Gastroenterology 111: 1722–1723
2. Babameto G, Kotler DP (1997) Malnutrition in HIV infection. Gastroenterol Clin North Am 26: 393–415
3. Behrends G, Dejam A, Schmidt H et al. (1999) Impaired glucose tolerance, beta cell function and lipid metabolism in HIV patients under the treatment with protease inhibitors. AIDS 13: F63–F70
4. Brodt HR, Kamps BS, Gute P et al. (1997) Changing incidence of AIDS-defining illnesses in the era of antiretroviral combination therapy. AIDS 11: 1731–1738
5. Burns DN, Fitzgerald G, Semba RD et al for the Women and Infants Transmission Study Group (1999) Vitamin A deficiency and other nutritional indices during pregnancy in human immunodeficiency virus infection: Prevalence, clinical correlates, and outcome. Clin Infect Dis 29: 328–334
6. Carr A, Cooper DA (2000) Adverse effects of antiretroviral therapy. Lancet 365: 1423–1430
7. Carr A, Samaras K, Chisholm DJ, Cooper DA (1998) Pathogenesis of HIV-1-protease inhibitor-associated peripheral lipodystrophy, hyperlipidaemia, and insulin resistance. Lancet 351: 1881–1883
8. Carr A, Samaras K, Thorisdottir A et al. (1999) Diagnosis, prediction, and natural course of HIV-1 protease-inhibitor-associated lipodystrophy, hyperlipiddaemia, and diabetes mellitus: a cohort study. Lancet 353: 2093–2099
9. Corcoran C, Grinspoon S (1999) Treatments for wasting in patients with the acquired immunodeficiency sydrome. N Engl J Med 340: 1740–1750
10. Cuthbertson DP (1932) Observations on disturbance of metabolism produced by injury to the limbs. Q J Med 1: 233–246
11. Fawzi WW, Msamanga GI, Spiegelman D et al. for the Tanzania Vitamin and HIV Infection Trial Team (1998) Randomised trial of effects of vitamin supplements on pregnancy outcomes and T cell counts in HIV-I-infected women in Tanzania. Lancet 351: 1477–1482
12. George DL, Falk PS, Wunderink RG et al. (1998) Epidemiology of ventilator-acquired pneumonia based on protected bronchoscopic sampling. Am J Respir Crit Care Med 158: 1839–1847
13. Goebel FD, Walli R (2000) Metabolische Komplikationen der antiretroviralen Therapie der HIV-Infektion. Dtsch Med Wochenschr 125: 771–773
14. Hanson LC, Weber DJ, Rutala WA (1992) Risk factors for nosocomial pneumonia in the elderly. Am J Med 92: 161–166
15. Hommes MJT, Romijn JA, Endert E et al. (1991) Insulin sensitivity and insulin clearance in human immunodeficiency virus infected men. Metabolism 40: 651–656
16. Kotler DP (1998) Antioxidant therapy and HIV infection: 1998. Am J Clin Nutr 67: 7–9
17. Kotler DP, Fogleman L, Tierney AR (1998) Comparison of total parenteral nutrition and an oral, semielemental diet on body composition, physical function, and nutrition-related costs in patients with malabsorption due to acquired immunodeficiency syndrome. J Parent Enter Nutr JPEN 22: 120–126
18. Lord GM, Matarese G, Howard JK et al. (1998) Leptin modulates the T-cell immune response and reverses starvation -induced immunosuppression. Nature 394: 897–901
19. Macallan DC, Noble C, Baldwin C et al. (1995) Energy expenditure and wasting in human immunodeficiency virus infection. N Engl J Med 333: 83–88
20. Melchior JC, Gelas P, Carbonnel F (1998) Improved survival by home total parenteral nutrition in AIDS patients: follow-up of a controlled randomized prospective trial. AIDS 12: 336–337
21. Moore SE, Cole TJ, Poskitt EME et al. (1997) Season of birth predicts mortality in rural Gambia. Nature 388: 434
22. Ott M, Fischer H, Polat H et al. (1995) Bioelectrical impedance analysis as a predictor of survival in patients with the human immunodeficiency virus infection. J Acquir Immune Defic Syndr 9: 20–25

23. Safrin S, Grunfeld C (1999) Fat distribution and metabolic changes in patients with HIV infection. AIDS 13:2493-2505
24. Schwenk A (1998) HIV infection and malnutrition. Curr Opin Clin Nutr Metab Care 1:375–380
25. Schwenk A (1998) Was ist zu tun bei unklarem Gewichtsverlust? Med Klin 93:719–725
26. Schwenk A, Beisenherz A, Kremer G et al. (1999) Bioelectrical impedance analysis in HIV-infected patients treated with triple antiretroviral treatment. Am J Clin Nutr 70:867–873
27. Schwenk A, Beisenherz A, Römer K et al. (2000) Phase angle from bioelectrical impedance analysis remains an independent predictive marker in HIV-infected patients in the era of highly active antiretroviral treatment. Am J Clin Nutr 72:496–501
28. Schwenk A, Breuer JP, Kremer G, Ward LC (2000) Clinical assessment of HIV-associated lipodystrophy syndrome: bioelectrical impedance analysis, anthropometry and clinical scores. (Eingereicht)
29. Schwenk A, Kremer G (1997) Ernährungsberatung. In: Jäger H (Hrsg) Wasting und AIDS – Die Behandlung der HIV-bedingten Kachexie. Thieme, Stuttgart New York, S 71–80
30. Schwenk A, Macallan DC (2000) Tuberculosis, malnutrition and wasting. Curr Opin Clin Nutr Metab Care 3:285–291
31. Teuber G, Friedel A, Ott M et al. (2000) Malnutrition bei HIV-infizierten Patienten und Einfluss einer intesivierten Ernährungsberatung. Aktuel Ernährungsmed 25:151–156
32. Underwood BA, Arthur P (1996) The contribution of vitamin A to public health. Faseb J 10:1040–1048
33. Wilkinson RJ, Llewelyn M, Toossi Z et al. (2000) Influence of vitamin D deficiency and vitamin D receptor polymorphisms on tuberculosis among Guja rati Asians in West London: a case-control study. Lancet 355:618–621
34. Walli R, Herfort O, Michel GM et al. (1998) Treatment with protease inhibitors associated with peripheral insulin resistance and impaired oral glucose tolerance in HIV-1-infected patients. AIDS 12:15
35. Wolter F, Stein J (2000) DGE-Ernährungsstandards. AIDS 14:19
36. Yarasheski KE, Zachwieja JJ, Gischler J et al. (1998) Increased plasma Gln and Leu Ra and inappropriately low muscle protein synthesis rate in AIDS wasting. Am J Physiol 275:E577–E583
37. Zhang B, Macnaul K, Szalkowski D et al. (1999) Inhibition of adipocyte differentiation by HIV protease inhibitors. J Clin Endo Metabol 84: 4274–477

Ernährung in der Schwangerschaft und bei gynäkologischen Erkrankungen

P. Brockerhoff, M. Hofmann

Der Ernährungszustand der werdenden Mutter vor und während einer Schwangerschaft wird maßgeblich durch eine ausreichende Versorgung mit Mikro- und Makronährstoffen beeinflusst. Er beeinflusst den Schwangerschaftsverlauf und insbesondere die Häufigkeit und den Schweregrad von Komplikationen im Verlaufe von Schwangerschaft, Geburt und Stillzeit aber auch die kurz- und langfristige Gesundheit des Kindes [27].

59.1 Veränderungen von Funktionen der Gastrointestinaltrakts und des Stoffwechsels

59.1.1 Gastrointestinale Funktionsstörungen

Wie auch andere Organsysteme ist der Gastrointestinaltrakt im Verlauf der Schwangerschaft zunehmenden Veränderungen unterworfen: Der erhöhte Bedarf der wachsenden fetoplazentaren Einheit an Nahrungsstoffen einerseits, aber auch ein gesteigerter mütterlicher Grundumsatz andererseits, bedingen eine bedarfsweise gesteigerte Aufnahme von Nahrungsbestandteilen durch den Darm.

Dem steht v. a. im letzten Schwangerschaftsdrittel eine *Magenentleerungsstörung*, die durch den Hochstand der Gebärmutter erklärt wird, sowie eine häufige *Obstipation* des Dickdarms, deren Ursachen bisher nicht endgültig geklärt werden konnten, gegenüber [25]. Die intestinale Resorption von Eiweiß, Fett und Kohlenhydraten erfährt, soweit dies durch Untersuchungen belegt ist, keine Verbesserung oder Verschlechterung, sodass die alimentär bedingte Gewichtszunahme von Schwangeren nicht auf eine vermehrte Nahrungsaufschlüsselung, sondern auf einer gesteigerten oralen Zufuhr von Nahrungsmitteln zurückzuführen ist.

59.1.2 Kohlenhydratstoffwechsel

Da Glukose mit 90% die Hauptenergiequelle für den Fetus darstellt, ist der mütterliche Kohlenhydratstoffwechsel in der Schwangerschaft auf eine optimale Glukoseversorgung des Kindes ausgerichtet. Der zusätzliche Bedarf der fetoplazentaren Einheit an *Glukose*, die als wichtigste Energiequelle für den Fetus anzusehen ist, wird im letzten Trimenon auf 30–50 g geschätzt. So steigen während der Schwangerschaft v. a. ab dem 2. Trimester infolge der Inselzellhyperplasie – reaktiv auf die gleichzeitige periphere Insulinresistenz – die mütterlichen basalen und glukosestimulierten Insulinspiegel an.

In der Frühschwangerschaft besteht daher bis etwa zur 12. Schwangerschaftswoche eine Neigung zu Hypoglykämien u. U. mit Ketoazidosen, besonders wenn infolge von Übelkeit und Erbrechen eine Mahlzeit ausgelassen wird.

Ab dem 2. Trimester werden vermehrt Insulinantagonisten wie Progesteron, HPL (humanes plazentares Gonatotropin) und HCG (humanes Choreongonatotropin) wirksam, die die mütterliche periphere Insulinresistenz weiter steigern. Möglicherweise dient die Insulinresistenz einem »*postprandialen Shift*« von Makronährstoffen (Glukose, Aminosäuren) in Richtung Fetus [10]. Gleichzeitig steigt die basale hepatogene Glukoneogenese der Schwangeren um 20–30% an. Die Abnahme der Insulinsensitivität der endogenen hepatischen Glukoneogenese geht oftmals mit der Entwicklung eines Gestationsdiabetes einher [10].

Unter normalen Bedingungen weichen jedoch die mütterlichen peripheren Glukosekonzentrationen nur unwesentlich von denen nichtschwangerer Frauen ab. Eine geringe Verminderung der Insulinwirkung bzw. eine Verminderung der Glukosetoleranz, die vornehmlich für die 2. Schwangerschaftshälfte beschrieben wird, ist bei der stoffwechselgesunden Schwangeren ohne klinische Bedeutung.

59.1.3 Eiweißstoffwechsel

Der mütterliche *Eiweißstoffwechsel* ist während der Gravidität durch eine *positive Stickstoffbilanz* einerseits und eine durch die physiologische Schwangerschaftshydrämie bedingte *relative Verminderung* des Gesamteiweißes und damit auch der Serumproteinfraktionen charakterisiert. Ungeklärt ist, warum letztere mehr die Albumine als die Globuline betrifft, während einige Plasmaproteine, z. B. das Transferrin, auch ansteigen.

Die Verminderung der Harnstoffsynthese, Abnahme der Transaminierung verzweigtkettiger (anaboler) Aminosäuren und die Abnahme des α-Aminostickstoffs im Serum gelten als metabolische Stellglieder der Stickstoffbilanz der Schwangeren. Ursächlich diskutiert wird hierfür die schwangerschaftsinduzierte Insulinresistenz [26].

59.1.4 Lipidstoffwechsel

Die ausgeprägteste Veränderung im mütterlichen Metabolismus während der Schwangerschaft erfährt der *Lipidstoffwechsel*. Die mütterlichen Serumkonzentrationen des Cholesterins, der Triglyzeride und der Phospholipide steigen bereits ab dem 1. Schwangerschaftsdrittel kontinuierlich an. Die Gesamtlipide sind nach der 37. SSW gegenüber der Frühschwangerschaft um mehr als 50% erhöht. Hierbei kommt es zu qualitativen und quantitativen Veränderungen der Lipoproteinfraktionen, die v. a. die Lipoproteine der niedrigeren Dichteklassen (VLDL und IDL) betreffen [8].

Die schwangerschaftsinduzierte Hyperlipidämie ist physiologisch. Es ist nicht bekannt, dass sie per se zu einem erhöhten vaskulären Risiko führt.

Die mütterlichen *Serumkonzentrationen* der langkettigen unveresterten Fettsäuren erfahren im Schwangerschaftsverlauf nur unwesentliche Veränderungen, steigen jedoch mit einsetzender Wehentätigkeit auf ein vielfaches der bei nicht-

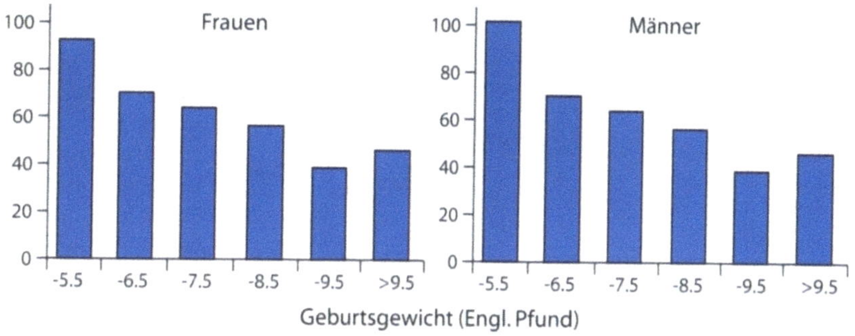

Abb. 59-1. Auswirkungen eines niedrigen Geburtsgewichts auf die Mortalitätsrate der koronaren Herzerkrankung bis zum Alter von 65 Jahren. (Mod. nach [1])

schwangeren Frauen gefundenen Werte an. Es muss angenommen werden, dass neben der Glukose und anderen Energieträgern wie Glyzerin und Ketonkörpern insbesondere auch Lipide, zur fetalen Versorgung beitragen [9].

Dagegen findet sich ein relativer Anstieg an essenziellen Fettsäuren in den Phospholipiden des mütterlichen Plasmas um insgesamt etwa 40%. Insbesondere ω-3-Fettsäuren (Docos ahexaensäure>>Eicosapentaensäure) scheinen für die neuronale Ausdifferenzierung des Fetus essenziell [1, 22, 32].

59.2 Auswirkungen der Nährstoffversorgung in der Schwangerschaft auf das Kind

Die ungestörte intrauterine Entwicklung des Fetus setzt u. a. seine adäquate metabolische Versorgung voraus, für die vielfältige physiologische Einstellungsreaktionen des mütterlichen Intermediärstoffwechsels notwendig sind.

59.3 Langzeiteffekte perinataler Ernährungsfaktoren

Neuere epidemiologische Erhebungen zeigen, dass Kinder mit einem niedrigen Geburtsgewicht ein deutlich erhöhtes Risiko für Diabetes mellitus wie auch Herz-Kreislauf-Krankheiten im Laufe des späteren Lebens haben (*Abb. 59-1*). So entwickelten bis zu 45% der Kinder mit einem Geburtsgewicht <2500 g und einem Gewicht von <8 kg am Ende des 1. Lebensjahres im Laufe ihres Lebens einen Diabetes oder zumindest eine eingeschränkte Glukosetoleranz. Ein ähnlicher hoher Prozentsatz erleidet vor dem 64. Lebensjahr eine Herzinfarkt [24].

> Offenbar steht die Qualität des von der intraunterinen Nährstoffversorgung abhängigen prä- und postnatalen Wachstums in engem Zusammenhang mit einem Jahrzehnte später entstehenden Krankheitsrisikos.

So fanden sich bei Individuen mit erniedrigtem Geburtsgewicht, die im Erwachsenalter an einer Hypertonie verstarben, eine erniedrigte Anzahl von Glomeruli [24].

59.4 Auswirkung der Ernährung auf die Schwangere

Das Risiko, bei ungenügender Ernährung Mangelsymptome zu entwickeln, steigt mit der Zahl der Schwangerschaften und der Dauer der Stillperioden. Als klassisches Beispiel gilt hier die unzureichende Kalziumaufnahme während der Schwangerschaft und Stillzeit, die zu einer Verarmung der mütterlichen Kalziumspeicher und somit zu einer Abnahme der *»peak bone mass«* im jungen Erwachsenenalter führt. Gerade die in diesem Alter erreichte maximale Knochendichte gilt jedoch als die beste Prophylaxe gegen das Auftreten von Osteoporose und Frakturen im späteren Alter (s. Kap. 53). Mit einer inadäquaten Nährstoffzufuhr ist insbesondere bei adoleszenten Schwangeren und/oder ungünstigen sozioökonomischen Verhältnissen zu rechnen.

59.5 Gewichtszunahme und Energiebedarf in der Schwangerschaft

Die mütterliche *Gewichtszunahme* in der Schwangerschaft ist nicht nur durch das zunehmende Gewicht von Fetus, Plazenta und Fruchtwasser bedingt, sondern auch durch die erhebliche physiologische Zunahme des mütterlichen Blutvolumens und der extrazellulären Flüssigkeit sowie der Gewichtszunahme von Uterus und Brustdrüsen bedingt. Hinzu kommt eine Vermehrung des mütterlichen Fettdepots (*Tabelle 59-1*). Auch wenn die Gewichtsveränderungen gesunder Frauen in der Schwangerschaft erheblich variieren, sollte die Gesamtgewichtszunahme im Schwangerschaftsverlauf – in Abhängigkeit vom Ausgangsgewicht – nicht mehr als 12–16 kg betragen. Stärkere, alimentär bedingte Gewichtszunahmen, von denen pathologische Wassereinlagerungen differenzialdiagnostisch abzugrenzen sind, führen zu einer Vermehrung des mütterlichen Fettdepots auch im Bereich des Beckens und können unter der Geburt zu geburtsmechanischen Problemen führen.

Tabelle 59-1. Verteilung der mütterlichen Gewichtszunahme in der Schwangerschaft

Kind	3.300 g
Gebärmutter	900 g
Plazenta	650 g
Fruchtwasser	800 g
Brüste	400 g
Blutvolumen	1.250 g
Gewebswasser	2.000 g
Depotfett	1.700 g
Gesamt	11.000 g

Tabelle 59-2. Richtwerte für die physiologische Gewichtszunahme während der Schwangerschaft in Abhängigkeit vom BMI vor der Schwangerschaft

Prägravider BMI [kg/m²]	Klassifikation	Wünschenswerte Gewichtszunahme [kg]
<19,8	Untergewicht	12,5–18,0
19,8–26,0	Normalgewicht	11,5–16,0
26–29,0	Übergewicht	7–11,5
>29,0	Starkes Übergewicht	≤7

Der kalorische Mehrbedarf während der Schwangerschaft wird im Allgemeinen überschätzt. Um eine überdurchschnittliche Gewichtszunahme zu vermeiden, sollte die Schwangere ihre *tägliche Energieaufnahme* mit der Nahrung im 1. Schwangerschaftsdrittel um etwa 150 kcal, im 2. und 3. Schwangerschaftsdrittel um 350 kcal erhöhen [16]. Diese Empfehlung setzt allerdings eine weitgehend unveränderte körperliche Aktivität auch in der 2. Schwangerschaftshälfte voraus. Bei eingeschränkter körperlicher Aktivität, wie sie in dieser Schwangerschaftsphase von vielen Frauen praktiziert wird, sinkt der Energiebedarf, sodass eine zusätzliche Energiezufuhr von lediglich 200 kcal/24 h als angemessen angesehen wird, zumal eine geringfügige Unterschreitung der empfohlenen Energiezufuhr keinen nennenswerten Einfluss auf die Schwangerschaft hat [33]. Schwerwiegende Einschränkungen der Kalorienzufuhr müssen jedoch vermieden werden, da sie zu einer Verminderung des plazentaren Energietransfers und somit zu einer fetalen Versorgungseinschränkung führen können (*Tabelle 59-2*).

59.6 Makronährstoffe

Die grundsätzlichen Empfehlungen für Schwangere zur *anteiligen Aufnahme von Grundnährstoffen* weichen prinzipiell nur unwesentlich von denen außerhalb der Schwangerschaft ab (*Tabelle 59-3*; [15]).

59.6.1 Kohlenhydrate

Die Hauptmenge der Kalorien sollte in Form von Kohlenhydraten aufgenommen werden (55%) und der Anteil von Zuckerprodukten in Form von Süßigkeiten dabei 10% nicht überschreiten. Zu empfehlen sind langsam resorbierbare komplexe Kohlenhydrate (Polysaccharide, Stärke). Sie sind in Vollkornprodukte, Reis, Kartoffeln, Gemüse und Obst enthalten, wobei auch eine derart ballaststoffreiche Nahrungszufuhr zusammen mit einer hinreichenden Flüssigkeitsaufnahme auf die gestationsbedingte Obstipationsneigung einen günstigen Effekt hat (s. unten). Von einer fettreichen Ernährung ist dem gegenüber in der Schwangerschaft nachdrücklich abzuraten.

Tabelle 59-3. Empfehlung für die Zufuhr energieliefernder Nährstoffe während der Schwangerschaft am Beispiel einer normalgewichtigen Frau

Nährstoff	Zufuhrempfehlung Relativ	Absolut
Energie[a]	+12%	2455 kcal/24
Kohlenhydrate	>50% der Energiezufuhr/24 h	>300 g/24 h
Fett	30–35% der Energiezufuhr/24 h	80–95 g/24 h
Protein	8–10% der Energiezufuhr/24	Etwa 60–70 g/24 h

[a] Alter 19–25 Jahre; bei sitzender, teilweise auch gehender Tätigkeit.

59.6.2 Fette

Bei der Fettzufuhr ist auf eine ausreichende Zufuhr mehrfach ungesättigter Fettsäuren (z. B. Linolsäure, Docosopentaensäure) zu achten. *Sie sollten jedoch 10% der Nahrungsenergie nicht überschreiten.*

Die suffiziente Zufuhr an ω-3-Fettsäuren vermindert nachgewiesenermaßen Schwangerschaftskomplikationen, führt zu einem höheren mittleren Geburtsgewicht und ist mit einer verlängerten Tragzeit assoziiert [19, 32]. Eine ungenügende Zufuhr an ω-3-Fettsäuren (v. a. Docoshexaensäure) kann zu irreversiblen retinalen Funktionsstörungen führen. Schwangere sollte deshalb ermuntert werden 1–2 Fischmahlzeiten (v. a. Kaltwasserfische wie Makrele, Hering und Lachs) pro Woche zu verzehren.

59.6.3 Proteine

Die tägliche Eiweißaufnahme sollten hingegen deutlich über der von der WHO empfohlenen Menge von etwa 0,8 g/kgKG/24 h liegen. Allgemein wird eine Zunahme der Eiweißzufuhr bei Schwangeren um etwa 3% empfohlen, was durchschnittlich etwa eine Mehrzufuhr von 6 g/24 h entspricht. Die Ernährungsgewohnheiten von Frauen im europäischen Raum liegen jedoch im allgemeinen bereits vor der Schwangerschaft über dieser Mengenempfehlung [16].

59.7 Vitamine, Mengen- und Spurenelemente

Ein besonderer Zusatzbedarf in der Schwangerschaft besteht bei *Mineralstoffen und Spurenelementen*. Die diesbezüglichen Empfehlungen der Deutschen Gesellschaft für Ernährung [15] beinhalten teilweise eine relative Mehrzufuhr von bis zu 100% (*Tabelle 59-4*). Grundsätzlich kann dieser Mehrbedarf durch eine sinnvolle Nahrungszusammenstellung erreicht werden. Da die Essgewohnheiten jedoch hiervon abweichen und somit eine adäquate Mineral- und Vitaminbilanzierung häufig in Frage gestellt ist, wird allgemein eine vorsorgliche Gabe von Kombinationspräparaten empfohlen.

59.7.1 Kalzium

Ein mengenmäßig besonders hoher *fetaler Bedarf* besteht für *Kalzium*, der ab der 2. Schwangerschaftshälfte bis zu 300 mg/24 h ansteigt. Gleichzeitig kommt es zu erheblichen Umstellungen im mütterlichen Kalziumstoffwechsel. So führen plazentäre Östrogene ab dem 3. Schwangerschaftsmonat zu

Tabelle 59-4. Empfehlung für die Zufuhr kritischer Nährstoffe im Vergleich zur tatsächlichen Zufuhr (mittlere tägliche Zufuhr)

	Folate [µg/24 h]	Eisen [mg/24 h]	Jod [µg/24 h	Kalzium [mg/24 h]
Frauen (19–24 Jahre)	199,3	10,9	70,6	687,7
DGE-Empfehlung				
Frauen (19–24 Jahre)	400	15	200	1000
Schwangerschaft	600	30	230	1000

einem kontinierlichen PTH-Anstieg und davon unabhänigig über eine Stimulierung der mütterlichen reanalen1α-Hydroxylase-Aktivität. Dies führt zu einer Verdopplung der intestinalen Kalziumresorption und gleichzeitig mittels Steigerung der Osteoklastenaktivität (s. Kap. 53) zur Steigerung der Knochenresorption [28]. Eine kritische Kalziumunterversorgung des Fetus wird so durch eine Mobilisierung von mütterlichem Skelettkalzium zugunsten der fetalen Kalziumversorgung kompensiert. Kompensatorisch kommt es im Weiteren zu einer Zunahme der renalen Kalziumausscheidung [28].

Eine zu niedrige Kalziumzufuhr während der Schwangerschaft ist nachgewiesenermaßen mit einem gehäuften Auftreten einer EPH-Gestose bzw. Eklampsie (s. unten) verbunden. Ebenso findet sich bei wiederholten Schwangerschaften eines signifikantes Osteoporoserisiko [40]. Anderseits zeigten mehrere Studien, dass eine rechtzeitige und ausreichende Kalziumsupplementierung zu einer Abnahme des Gestationshypertonus führt [2].

Die DGE empfiehlt daher ab dem 4. Schwangerschaftsmonat eine gerenerelle Kalziumzufuhr von 1200 mg/24 h (s. *Tabelle 59-7*). Dies ist durch den vermehrten Verzehr von Milch und Milchprodukten, kalziumreichen Gemüsen und Mineralwässern sicher gewährleistet. Bei Vorliegen einer Laktosemalabsorption oder Störungen der intestinalen Kalziumresorption muss auf entsprechende Kalziumsupplemente zurückgegriffen werden. Daneben ist auf eine ausreichende Sonnenexposition und/oder Vitamin-D-Zufuhr zu achten (s. Kap. 6).

59.7.2 Magnesium

Der normale Bedarf gesunder junger Frauen an Magnesium liegt bei etwa 260 mg/24 h. Vor allem im letzten 1/3 der Schwangerschaft entsteht durch tägliche Aufnahme des Fetus von 5,0–7,5 mg ein erhöhter Magnesiumbedarf [31].

Fetale Mangelentwicklung, höhere Abortraten, erhöhtes Risiko einer EPH-Gestose sowie vorzeitige Wehentätigkeit gelten als mögliche Folgen einer unzureichenden Magnesiumversorgung während der Schwangerschaft. Erste beginnende Symptome sind meist nächtliche Wadenkrämpfe [29].

Unter Einberechnung eines täglichen Mehrbedarfs ab dem dem 4. Schwangerschaftsmonat liegt die DGE-Zufuhrempfehlung für Schwangere ab dem 4. Monat bei 319 mg Magnesium/24 h. Als gute Magnesiumquellen gelten Vollkornprodukte, Milch und Milchprodukte, Geflügel, Fisch und zahlreiche Gemüsesorten. Bei Auftreten klinischer Mangelerscheinungen und/oder niedriger Serumspiegel werden Magnesiumsupplemente empfohlen. Der Stellenwert einer generellen oralen Magnesiumsupplemtierung wird derzeit diskutiert [31].

59.7.3 Eisen

Zwar steigt die Effektivität der Eisenresorption während der Schwangerschaft um eine Vielfaches an, sie ist in der 36. Woche 9-mal höher als in der 12. Woche (s. Kap. 6), dennoch findet überproportional häufig das Bild einer Eisenmangelanämie, was den enormen Eisenbedarf in der Schwangererschaft verdeutlicht. Es werden zusätzlich 300 mg Eisen für den Fetus, 50 mg für die Plazenta und etwa 450 mg Eisen für das mütterliche Blutvolumen benötigt [19]. Die DGE empfiehlt deshalb eine Eisenzufuhr von 30 mg/24 h.

Die aus einer Eisenunterversorgung häufig resultierende Eisenmangelanämie kann bei stärkerer Ausprägung bereits während der Schwangerschaft zu einer eingeschränkten respiratorischen Versorgung des Fetus führen und die mütterliche perinatale Morbidität und Mortalität aufgrund reduzierter Kompensationsmöglichkeiten bei geburtshilflich bedingten mütterlichen Blutverlusten erhöhen [35].

> Eine mütterliche Anämie führt zu einer erhöhten Inzidenzrate von untergewichtigen und frühgeborenen Kindern.

Die *Indikation* zu einer *Eisensubstitution* während der Schwangerschaft sollte großzügig gestellt werden. Da die geforderte Gesamtzufuhr von 30 mg Eisen pro Tag über die Nahrung häufig nicht erreicht wird, wird eine Eisensubstitution von 15 mg/24 h empfohlen. Ein mütterlicher Hämoglobinwert von unter 11 g/dl sollte aus zuvor genannten Gründen durch eine frühzeitige Eisensubstitution auf jeden Fall vermieden werden. Da tierisches Eisen im allgemeinen besser resorbiert (s. Kap. 6) wird als Eisensalze aus pflanzlichen Lebensmitteln (2-wertiges Nicht-Häm-Eisen), ist bei Schwangeren, die sich vegetarisch ernähren, besonders auf eine ausreichende Eisensubsitution zu achten.

59.7.4 Zink

Die empfohlene Zinkzufuhr ab dem 4. Schwangerschaftsmonat liegt bei 15 mg/24 h (s. *Tabelle 59-7*). Niedrige Zinkkonzentrationen im Blut werden im Zusammenhang mit einer verlängerten Geburtsphase und Geburten außerhalb des errechneten Geburtstermins in Verbindung gebracht [34, 37].

Ob eine Verbesserung der Zinkversorgung während der Schwangerschaft die Häufigkeit von Schwangerschaftskomplikationen wie EPH-Gestose (s. unten) oder die Zahl mütterlicher Geburtskomplikationen vermindert, ist derzeit noch unklar.

59.7.5 Jod

Während die nachteiligen Effekte eines Zinkmangels in der Schwangerschaft, wie z. B. ein teratogener Effekt in der Frühschwangerschaft bzw. ein Einfluss auf Schwangerschaftskomplikationen, z. T. noch kontrovers diskutiert werden [18], ist es unstrittig, dass ein hochgradiger Jodmangel in der Schwangerschaft die Rate an Frühaborten, Totgeburten, kongenitalen Fehlbildungen und irreversiblen Schädigungen der mentalen Entwicklung des Neugeborenen erhöht [18]. Je früher ein Jodmangel manifest ist, desto ausgeprägter sind die Mangelerscheinungen (*Tabelle 59-5*). Bestehen in der Phase der Hirndifferenzierung (spätestens ab der 12. Woche) ein Jodmangel, entwickelt sich das klassische Bild des Kretinismus (*Abb. 59-2*). (Diagnostik und Klinik des Jodmangels s. Kap. 51.)

Ursache für den erheblichen Mehrbedarf an *Jod*, der bereits in der 1. Schwangerschaftshälfte besteht, ist nicht nur die Entnahme von Jodid aus dem mütterlichen Kreislauf durch den Fetus, sondern auch eine *vermehrte renale Jodausscheidung* bei Schwangeren.

Besonders in Jodmangelgebieten ist fraglich, ob der Mehrbedarf an Jod allein durch Nahrungsmittel gewährleistet ist, auch wenn diese mit jodiertem Speisesalz zubereitet werden. Der »Arbeitskreis Jodmangel« empfiehlt darüber hinaus:

- regelmäßigen Verzehr von Seefisch und Milch,
- Verwendung von Back-, Fleisch- und Wurstwaren sowie Fertiglebensmitteln, die mit jodiertem Speisesalz hergestellt wurden,
- tägliche Einnahme von 200 µg Jodid in Tablettenform.

59.7.6 Folsäure

Folsäure ist in Form seines Metaboliten *5-Methyl-Tetrahydrofolsäure (THF)* essenzieller Kofaktor für Transferreaktionen von 1-Kohlenstoffeinheiten und so an der Biosynthese von Purinen, Pyrimidinen und damit von DNA und RNA sowie Aminosäuren und Neurotransmittern beteiligt (s. Kap. 6). Folsäure ist damit essenziell für ein normales Zellwachstum, die normale Zellteilung und Zelldifferenzierung.

Um beim gesunden Erwachsenen Mangelsymptome zu vermeiden, werden von der DGE 100 µg Folsäure pro Tag als ausreichend erachtet (*Tabelle 59-6*). Dennoch nehmen einer Studie der DGE zufolge 19- bis 25-jährige Frauen nur etwa 50% der empfohlenen Menge zu sich.

Eine unzureichende Folsäureversorgung macht sich besonders während der Schwangerschaft bemerkbar. So kann als gesichert gelten, dass Folsäuremangel das Risiko von fetalen *Neuralrohrdefekten* NRD) erhöht, während andererseits die Einnahme von Folsäure perikonzeptionell bis 8 Wochen nach der Konzeption das Auftreten in dieser fetalen kongenitalen Fehlbildungen vermeiden lässt. Die Inzidenz für NRD liegt in Deutschland derzeit bei etwa 350 Geburten/Jahr. Das Wiederholungsrisiko nach vorrausgegangener Schwangerschaft mit einem NRD liegt bei 3–5% [19].

Tabelle 59-5. Risiken Auswirkungen eines Jodmangels während der Schwangerschaft

Lebensalter	Risiko
Befruchtetes Ei	Fertilitätsstörungen infolge gestörter Eieinnistung
Fetus	Aborte, Fehlgeburten, angeborene Anomalien. Erhöhte perinatale Sterblichkeit, mentale Defekte, Taubheit, spastische Diplegie, dysproportionaler Kleinwuchs, Schielen
Neugeborene	Hypothyreose unterschiedlicher Ausprägung: psychomotorische Störungen, Taubheit im unteren Frequenzbereich, Entwicklungsstörungen, Struma

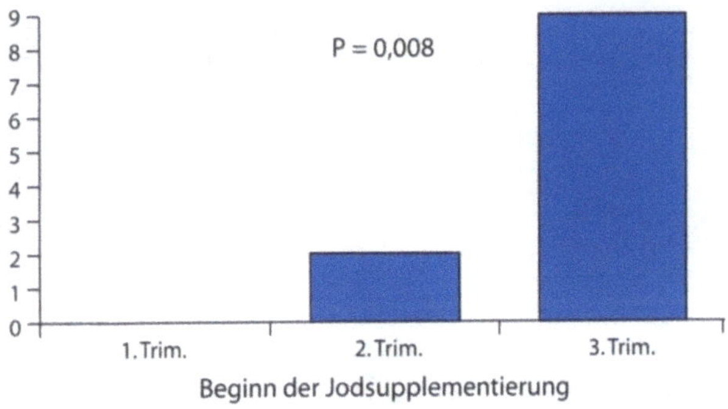

Abb. 59-2. Der Zeitpunkt des Beginns der mütterlichen Jodsupplementierung im 1., 2., oder 3. Trimenon der Schwangerschaft in einem Jodmangelgebiet bestimmt die Häufigkeit (%) der im Alter von 1–2 Jahren beobachteten neurologischen Störungen. (Mod. nach [26])

> Der tägliche Folsäurebedarf steigt in der Schwangerschaft aufgrund eines erheblichen maternofetalen Transfers von Folat um 100% an.

Der erhöhte Bedarf während der Schwangerschaft ergibt sich aus einer beschleunigten Zellvermehrung des wachsenden Uterus, der Entwicklung der Plazenta und der Brustdrüse, der Zunahme des Blutvolumens sowie des Wachstums des Fetus [19].

Prävention

Wegen der schlechten Bioverfügbarkeit der in der Nahrung vorkommenden Folate, erscheint eine hinreichende Bedarfsdeckung für Folsäure aus der Ernährung allein unsicher. Aus diesem Grunde ist eine Substitution mit synthetischen Folsäurepräparaten, die wesentlich besser bioverfügbar sind, in einer Dosierung von mindestens *0,4 mg/24 h* zu empfehlen (gemeinsame Empfehlung der Deutschen Fachgesellschaft für Ernährung, Gynäkologie und Geburtshilfe, Humangenetik, Kinderheilkunde, Neuropädiatrie [20]). Sie sollte bei Frauen mit Kinderwunsch *mindestens 4 Wochen vor* der Empfängnis sowie *während des 1. Drittels* der Schwangerschaft durchgeführt werden.

Bei Frauen, die in einer vorangegangenen Schwangerschaft ein Kind mit einem Neuralrohrdefekt geboren haben, wird eine Substitutionstherapie mit Folsäure in einer wesentlich höheren Dosierung empfohlen *(4–5 mg/24 h)*.

Die Mehrzahl der in den letzten Jahren durchgeführten Studien (s. *Tabelle 59-6*) belegt eindeutig die Effizienz einer rechtzeitigen und ausreichenden Supplementierung [19].

59.7.7 Sonstige

Ein Mehrbedarf in der Schwangerschaft besteht auch für *Vitamine*. Er betrifft v. a. die Vitamine der B-Gruppe und Vitamin D. Durch eine ausgewogene Ernährung mit Milch- und

Tabelle 59-6. Epidemiologische Studien zur perikonzeptionellen Folsäuresupplementation und Neuralrohrdefekten Empfehlung für die Zufuhr kritischer Nährstoffe im Vergleich zur tatsächlichen Zufuhr (mittlere tägliche Zufuhr)

Studie	Studientyp	Studienteilnehmer	Solsäuresupplementation	Ergebnis
Milunski et al. 1998, USA	Prospektive Kohortenstudie	22.715 Schwangere, 107 mit voheriger Schwangerschaft mit NRD	Folsäurehaltige Multivitaminpräparate (in den ersten 6 SSW)	Risikoreduktion um 72%
MRC-Studie 1991, UK	Multinationale, randomisierte, plazebokontrollierte Doppelblindstudie	1195 Schwangere, die bereits ein Kind mit NRD haben	4 mg/24 h präkonzeptionell und im 1. Trimester, Kontrollgruppe (Plazebo)	Risikoreduktion um 72%
Czeizel et al. 1992, Ungarn	Randomisierte, doppelblinde Interventionsstudie	4704 Frauen, die eine Schwangerschaft planten	800 µg Folsäure/24 h, 1 Monat präkonzeptionell und im 1. Trimester, Kontrollgruppe ohne Supplement	Signifikante Reduktion: keine NRD-Fälle in der supplementierten Gruppe, 6 Fälle mit NRD in der Kontrollgruppe
Werler et al. 1993, USA, Kanada	Restrospektive Fall-Kontroll-Studie	436 Mütter mit NRD-belasteter Schwangerschaft	Folsäurehaltige Multivitaminpräparate 28 Tage vor bis 28 Tage nach Konzeption	Risikoreduktion um 60%

Vollkornprodukten, Fisch, Fleisch, Leber und Gemüse sowie Obstsorten kann bei Beachtung von Vitaminverlusten durch Lagerung, Konservierung und Zubereitung der Nahrungsmittel dieser Mehrbedarf ohne weiteres gedeckt werden, sodass eine generelle Verordnung von Vitaminen bei Schwangeren nicht unbedingt erforderlich ist (*Tabelle 59-7*).

59.8 Besonderheiten bei Schwangerschaftsrisiken

59.8.1 Gastroösophageale Refluxkrankheit (GERD)

Von *gastroösophagealen Refluxbeschwerden sind in den westlichen Industrieländern zwischen 40–60% der Schwangeren betroffen*. Die Prävalenz der Erkrankung nimmt mit zunehmender Dauer der Schwangerschaft zu und sistiert in der überwiegenden Zahl der Fälle unmittelbar postpartal.

Die *klinische Symptomatik* des GERD bei Schwangeren unterscheidet sich nicht von der nichtschwangerer Patientien. Refluxkomplikationen, wie Dysphagie, ulzerierende Ösophagitis oder Strikturbildung, werden nur äußerst selten beobachtet [36].

Konsens herrscht heute darüber, dass die Pathogenese des GERD *multifaktoriell* ist. Die jeweilige Bedeutung einer beeinträchtigten Antirefluxbarriere, einer gestörten ösophagealen Peristaltik oder gastral bedingten Faktoren, wie verzögerte Magenentleerung, Säurefreisetzung und duodenogastrischer Reflux unterliegen dagegen noch der wissenschaftlichen Diskussion. Als weiterer Faktor gilt der besonders gegen Ende der Schwangerschaft gesteigerte intraabdominelle Druck infolge des an Größe zunehmenden graviden Uterus.

Neben einer *Umstellung ungünstiger Lebensgewohnheiten* (Schlafen mit erhöhtem Kopfende des Bettes, Umstellung der Diät (fettarm, proteinreich, kleine Mahlzeit abends), werden die Vermeidung von Lebens- und Genussmitteln, die den Tonus des unteren Ösophagussphinkters reduzieren, empfohlen (s. Kap. 42).

59.8.2 Hyperemesis gravidarum

Bei nahezu 50% aller Schwangeren findet sich ohne wesentliche Beeinträchtigung des Allgemeinbefindens v. a. in der frühen Schwangerschaft eine morgendliche Übelkeit mit gelegentlichem Erbrechen. Demgegenüber stellt die *Hyperemesis gravidarum* ein schweres Krankheitsbild mit Sekundärsymptomen wie Gewichtsabnahme, Kräfteverfall und schließlich Apathie dar. Es ist charakterisiert durch eine während des ganzen Tages bestehende Übelkeit mit ständigem Erbrechen und der Unfähigkeit von Nahrungsaufnahme. Die auffallende zeitliche Übereinstimmung des häufigen Auftretens der Hyperemesis gravidarum mit den höchsten Gonatotropinspiegeln im Schwangerschaftsverlauf zwischen der 8. und 12. SSW, lässt als somatische Ursache dieses Krankheitsbildes einen Effekt hoher Gonatotropinbildung annehmen.

Zusätzlich zu dieser somatischen Ursache spielen aber auch psychische Faktoren eine Rolle, weshalb dieses Krankheitsbild auch zu den psychosomatischen Erkrankungen gerechnet wird. Für eine starke psychische Komponente spricht auch, dass die Hospitalisierung einer entsprechend erkrankten Schwangeren oft sofort zum Sistieren des Erbrechens führt, während eine anschließende Entlassung in das häusliche Milieu wieder zu einem Hyperemesisrezidiv führen kann.

Während bei leichteren Verlaufsformen eine vorübergehende Infusionstherapie in Kombination mit Antiemetika und anschließendem vorsichtigen Nahrungsaufbau therapeutisch meist ausreicht, bedürfen schwere Formen der Hyperemesis, bei denen als sekundäre Komplikationen erhebliche Elektrolytstörungen, eine Ketonurie sowie eine hypochlorämische Alkalose auftreten können, einer vollständigen parenteralen Ernährung, die um eine Mineral- und Vitaminsubstitution ergänzt werden muss [33]. Persistierende Formen der Hyperemesis gravidarum stellen ein schwerwiegendes mütterliches und damit auch fetales Schwangerschaftsrisiko dar. Untherapierte Verlaufsformen können zum Tod der Mutter führen.

Tabelle 59-7. Wünschenswerte Nährstoffe- und Energiezufuhr bei Schwangeren (Gesamtzufuhr/24 h)

Eiweiß	(1,3 g/kg) 58 g
Fett	(P/S-Quotient >1,0; Cholesterin <300 mg), 25–35% der Energiezufuhr (27–38 g/1000 kcal)
Linolsäure	11 g
ω-3-Polyensäuren	1,4 g
Kohlenhydrate	50–65% der Ernergiezufuhr (ca. 300–400 g)
Natrium	>620 mg
Chlorid	>930 mg
Molybdän	75–250 µg
Selen	65 µg
Thiamin (Vitamin B_1)	1,5 mg
Riboflavin (Vitamin B_2)	1,8 mg
Niacin (+Niacinäqivalente)	17 mg
Vitamin B_6	2,6 mg
Panthothensäure	6 mg
Folsäure (Gesamtfolat)	600 µg
Vitamin B_{12}	3,5 µg
Biotin	30–100 µg
Vitamin C	100 mg
Kalium	>2000 mg
Kalzium	1200 mg
Phosphat	(1600 mg)
Magnesium	320 mg
Eisen	30 mg
Jod	230 µg
Fluorid	1,5–4,0 mg
Zink	15 mg
Kupfer	1,5–3,0 mg
Mangan	2,0–5,0 mg
Chrom	50–200 µg
Vitamin A (Retinoläquivalente)	1,1 mg
Vitamin D	10 µg (400 IE)
Vitamin E (D-α-Tocopheroläquivalente)	14 mg
Vitamin K	65 µg
Wasser	35–45 ml/kg
Ballaststoffe	>40–40 g
Energie	ca. 2200–2800 kcal

59.8.3 Präeklampsie (EPH-Gestose) und Eklampsie

Bei etwa 4–5% aller Schwangerschaften tritt gegen Ende des 2. bzw. im 3. Trimenon eine Erkrankung mit der Trias *Ödembildung (E), Proteinurie (P) und Hypertonie (H)* auf, für die die Begriffe *Präklampsie* oder *EPH-Gestose* geprägt wurden [36]. Bei der schweren Verlaufsform der Präeklampsie lassen sich regelhaft RR-Werte ≥160/110 nachweisen. Die gleichzeitig vorliegende Proteinurie übersteigt häufig mehr als 1 g/24 h (Normwert: <0,15–0,2 g/24 h). Fakultativ können eine Oligurie sowie visuelle und zerebrale Missempfindungen vorliegen. Treten zu den genannten Symptomen ferner zerebrale Krampfanfälle und Bewusstseinseintrübung bis hin zum Koma auf, spricht man vom Stadium der Eklampsie [36].

Als *pathophysiologischer* Mechanismus wird eine *endotheliale Dysfunktion* postuliert, die durch verschiedene Zytokine, NO oder versprengter Syncytiotrophoblastenfragmente hervorgerufen werden soll [36].

Hoffnungen, dass man durch eine eiweißreiche bzw. salzarme *Ernährung* den Krankheitsverlauf bei einer schwangerschaftsinduzierten proteinurischen Hypertonie (*EPH-Gestose*) verbessern könne, haben sich nicht bestätigt. Speziell der positive Effekt einer Kochsalzbeschränkung bei dieser Schwangerschaftskomplikation ließ sich weder prophylaktisch noch therapeutisch hinreichend sichern. Somit kann bei Schwangeren mit einer EPH-Gestose lediglich eine besonders hochwertige und differenziert zusammengestellte Ernährung empfohlen werden [39].

59.8.4 Obstipation

Nicht zuletzt aufgrund fehlender allgemeingültiger Definitionen und des hohen Grads subjektiver Bewertungskriterien gibt es nur wenige fundierte Studien zur Prävalenz einer schwangerschaftsassoziierten Obstipation. Dabei gehört gerade die Obstipation neben Emesis gravidarum und GERD (s. unten) zu den häufigsten gastrointestinalen Beschwerden während der Gravidität, wie Prävalenzen zwischen 11% und 38%, zumeist im letzten Trimenon, an z. T. recht großen Patientenkollektiven belegen [36].

Die *Pathogenese* der schwangerschaftsassoziierten Obstipation ist multifaktoriell, jedoch scheint eine Hemmung der glatten Muskulatur im Bereich des Gastrointestinaltrakts durch weibliche Sexualhormone und die damit verbundene Verzögerung der intestinalen Transitzeit eine Schlüsselstellung einzunehmen. Tierexperimentelle Studien belegen die besondere Bedeutung von *Progesteron* in der Reduktion der muskulären Kontraktilität sämtlicher Abschnitte des Gastrointestinaltrakts. Als ursächlicher Mechanismus wird eine *Änderung des transepithelialen Kalziumfluxes und/oder der intrazellulären Kalziumkompartimentierung* postuliert [36].

Ferner wird diskutiert, ob Progesteron die Freisetzung von *Motilin* hemmt, dessen Serumkonzentrationen im Verlauf der Schwangerschaft ständig abnehmen [36]. Analog den während der Schwangerschaft ansteigenden Serumkonzentrationen an Östrogen und Progesteron und des Konzentrationsabfalls von Motilin nimmt die Transitzeit im Verlauf der Schwangerschaft zu, um postpartal mit gegenläufigen sexual- und motilitätsmodulierenden Hormonspiegeln schlagartig wieder abzunehmen.

Die *Therapie* (*Tabelle 59-8*) sollte initial aus *30–50 g Ballaststoffen pro Tag* bestehen [36]. Bei Unwirksamkeit stehen mit *Laktulose* und *Sorbit* 2 sichere und nebenwirkungsfreie Laxanzien zu Verfügung. Studien zu möglichen unerwünschten Wirkungen von stimulierenden Laxanzien während der Gravidität sind z. T. widersprüchlich. In Tierversuchen blieb unklar, ob der Gebrauch von Vertretern dieser Wirkstoffgruppe (Bisacodyl, Sennosoide) in der Schwangerschaft sicher ist. Da Rizinusöl Uteruskontraktionen auslösen kann, sollte es während der Schwangerschaft gemieden werden. Während CO_2-produzierende Suppositorien zum Erreichen einer rektalen Entleerung als sicher anzusehen sind, sollte aufgrund einer

Tabelle 59-8. Stufentherapie der Obstipation in der Gravidität

Stufe 1	
Allgemeinmaßnahmen	Ballaststoffreiche Kost Reichlich Flüssigkeitszuhr Ausreichend körperliche Bewegung Beachtung des Defäkationsreizes
Stufe 2	
Medikamentös	Sichere Medikamente – Osmotische Substanzen (Laktulose, Sorbit) – Quell- und Ballaststoffe (Guar, Pektin, Leinsamen, Kleie) Fragliches Risiko – Diphenole (Bisacodyl, Phenolphtalein) – Senosoide (Cascara, Senna, Casanthranol) – Salinische Laxanzien (Magnesium-/Natriumsulfat) Kontraindikation – Rizinusöl

möglichen mechanischen Irritation von Einläufen in der Gravidität abgesehen werden.

59.9 Besonderheiten bestimmter Ernährungsformen in der Schwangerschaft

59.9.1 Genussmittel

In unzähligen experimentellen, klinischen und epidemiologischen wurde der Frage nachgegangen, ob der Genuss von *Kaffee* mit einer Schädigung des Fetus bzw. Embryos einhergeht. Die Mehrzahl der Studien ergab, dass Kaffee weder embryotoxisch noch teratogen wirkt. In einer kürzlich publizierten Metaanalyse wurde ein Zusammenhang von Kaffeegenuss >150 mg/24 h und dem Auftreten von Früh und Fehlgeburten festgestellt [23]. Andere Autoren schlagen eine Obergrenze von 300 mg/24 h vor [17]. Hieraus lässt sich für Schwangere die Empfehlung herleiten, möglichst nicht mehr als 2–3 Tassen Kaffee pro Tag zu sich zu nehmen.

Grüner und schwarzer Tee enthalten bei mittlerer Aufgusstärke mit etwa 50–60 mg deutlich weniger Koffein pro Tasse.

Alkohol gilt nach wie vor als häufigste Ursache für embryonale Entwicklungsstörungen.

> Ein Grenzwert, bei dem Alkoholgenuss in der Schwangerschaft ohne Folgen bleibt existiert nicht.

Darum die Empfehlung, während der Schwangerschaft gänzlich auf den Genuss von Alkohol zu verzichten.

59.9.2 Verzehr von belastetem Seefisch

Die generelle Empfehlung 1- bis 2-mal wöchentlich eine Portion Seefisch zu verzehren (s. oben) wird durch den hohen Methylquecksilbergehalt einiger Seefischarten eingeschränkt. Methylquecksilber ist gut plazentagängig stark neurotoxisch und wirkt zudem teratogen. Es wird daher empfohlen auf den Verzehr von Fischen mit einer Höchstmenge von >1,0 mg Quecksilber/kg zu verzichten (*Tabelle 59-9*).

59.9.3 Lebensmittelhygienische Aspekte

Schwangere sollten auf den Verzehr von rohem oder halbgarem Fleisch (*Toxoplasmoseprävention!*) verzichten. Auch rohe Eier, unpasteurisierte Rohmilch und/oder daraus hergestellte Zubereitungen sowie Gemüserohkost (in Abhängigkeit vom örtlichen Hygienestandard) sind zu meiden (*Listerienprophylaxe!*). Siehe auch *Tabelle 59-9*.

59.9.4 Vegane (ovo)laktovegetabile Kost

Im Gegensatz zu ovolaktovegetabile Kost (meiden von Fleisch und Fisch) bzw. zur laktovegetabilen Kost (Meiden von Fleisch, Fisch und Eiern) ist im Rahmen einer *veganen Ernährung* (Verzicht jeglicher tierischer Produkte) auch bei sorgfältigster Beachtung aller ernährungsphysiologischer Regeln die adäquate Versorgung mit Protein, Vitamin B_{12}, Kalzium, Eisen und Jod kaum zu gewährleisten [19].

> Die DGE rät Schwangeren grundsätzlich von einer veganen Ernährung ab!

59.10 Ernährung in der Stillzeit

Für eine erfolgreiche Stilltätigkeit ist ohne Zweifel eine hinreichende kalorische Versorgung der Mutter eine wichtige Voraussetzung. Eine unzureichende Ernährung wirkt sich negativ

Tabelle 59-9. Lebensmittelhygienische Aspekte während der Schwangerschaft

- Kein rohes oder halbgares Fleisch (Toxoplasmoseprävention!), v. a. Schweine-, Lamm- und Ziegenfleisch
- Rohmilch abkochen
- Auf Rohmilchkäse verzichten und (auch bei anderen Käsesorten) die Käserinde nicht mitverzehren
- Keine rohen Eier, keine unpasteurisierte rohe Milch oder daraus hergestellte Zubereitungen
- Rohes Gemüse, Salate und Früchte vor dem Verzehr stets gut waschen, bei zweifelhaftem Hygienestandard besser meiden (Listerioseprävention!)
- Keine Lebergerichten, Leberpastete, Leberwurst u. Ä., keine Vitamin-A-Präparate (Fruchtschädigung ab ca. 3 mg/24 h), besonders im 1. Trimenon
- Aufgrund hohen Gehalts an Methylquecksilber (MeHg) ist der Verzehr Fischen mit einer Höchstmenge (>1,0 mg MeHg/kg) einzuschränken: Haifisch (alle Arten), Bonito, Schwertfisch, Einfarb-Pelamide, Langschwänziger Stör, Blauleng, Hecht, Steinbeisser, Haarschwänze, Rochen, Seeteufel und Tunfisch (gilt nur für regelmäßigen Verzehr größerer Mengen, d. h. >100 g/24 h)
- Unbedenklich sind: Lachs, Scholle, Sprotte, Sardine, Kabeljau, Hering, Makrele, Schellfisch, Seelachs, Alaska-Seelachs, Seezunge und Seehecht

Tabelle 59-10. Wünschenswerte Nährstoff- und Energiezufuhr bei stillenden Müttern (Gesamtzufuhr pro Tag)

Eiweiß	63–68 g (ca, 2 g Zulage pro 100 g sezernierter Milch)
Fett	30–35% der Ernergiezufuhr (33–38 g/1000 kcal)
Linolsäure, ω-3-Polyensäuren	13 g
Kohlenhydrate	50–65% der Energiezufuhr (bis ca. 375–475 g)
Elektrolyte/Spurenelemente	
Natrium	>700 mg
Chlorid	>1050 mg
Kalium	>2500 mg
Kalzium	1300 mg
Phosphat	(1700 mg)
Magnesium	375 mg
Eisen	20 mg
Jod	260 µg
Fluorid	1,5–4,0 mg
Zink	22 mg
Kupfer	1,5–3,0 mg
Mangan	2,0–5,0 mg
Chrom	50–200 µg
Molybdän	75–250 µg
Vitamine	
Thiamin (Vitamin B_1)	1,7 mg
Riboflavin (Vitamin B_2)	2,3 mg
Niacin (+Niacinäquivalente)	20 mg
Vitamin B_6	2,2 mg
Panthothensäure	6 mg
Folsäure (Gesamtfolat)	450 µg
Vitamin B_{12}	4,0 µg
Biotin	30–100 µg
Vitamin C	125 mg
Vitamin A (Retinoläquivalente)	1,8 mg
Vitamin D	10 µg (400 IE)
Vitamin E	17 mg
Vitamin K	65 µg
Wasser	45–50 ml/kg (Trinkmenge 2–3 l)
Ballaststoffe	>30–40 g
Energie	Etwa 3000 kcal = 12,5 kJ (variierend mit Stillvolumen)

auf die Intensität des Stillens aus. Der zusätzliche Energiebedarf in der Stillperiode wird mit etwa 650 kcal angegeben.

Auch wenn durch eine erhöhte Eiweißzufuhr der Proteingehalt der Muttermilch nicht gesteigert wird, ist eine ausreichende Eiweißversorgung in der Stillperiode (wünschenswert 63 g/24 h) ebenso wichtig, wie eine ausreichende Zufuhr von Kohlenhydraten und Fetten. Die für die Schwangerschaft gegebenen Empfehlungen einer hinreichenden Aufnahme von Kalzium, Eisen, Jod und Vitaminen gelten im Wesentlichen auch für die Stillperiode (*Tabelle 59-10*).

59.11 Diätetische Maßnahmen bei gynäkologischen Erkrankungen

59.11.1 Prämenstruelles Syndrom

Unter dem *Begriff* »prämenstruelles Syndrom« (PMS) werden Beschwerden zusammengefasst, die sich wenige Tage vor dem Beginn der einer Menstruation einstellen und danach rasch verschwinden. Die *Prävalenz* des PMS liegt bei 30–40%. Im Vordergrund der Beschwerden stehen:
- Kopfschmerzen,
- Spannungsgefühl in den Brüsten,
- Reizbarkeit, Ängstlichkeit, Depressionen,
- Wasserretention bis hin zur Ausbildung von Unterschenkelödemen.

Die dem PMS zugrunde liegenden pathophysiologischen Mechanismen sind nur unzureichend geklärt.

Die vorgeschlagenen in der Regel *wissenschaftlich nicht belegten Diätmaßnahmen* reichen vom Verzicht auf Koffein bis hin zur Einnahme pharmakologischer Dosen verschiedenster Mineralstoffe (Magnesium, Kalzium), Spurenelemente (Zink) und Vitamine (Vitamin A, E).

Der in kleineren unkontrollierten Studien gefundene positive Effekt von γ-Linolensäure in Form von Nachtkerzenöl, konnte in nachfolgenden plazebokontrollierten Studien nicht bestätigt werden. Dagegen belegt eine kürzliche durchgeführte Metaanalyse von 9 prospektiv randomisierten Studien die therapeutische Wirksamkeit pharmkologischer Dosen (300 mg) von Vitamin B_6 sowohl in Bezug auf physische (Schmerzen, Wasserretention) als auch auf psychische (depressive Verstimmung) Symptome [41].

Mit einer fettarmen, kohlenhydratreichen Ernährung lässt sich bei ca. 60% der Patientinnen eine deutliche Reduktion der prämenstruellen Schwellung und des Spannungsgefühls in der Brust (zyklische Mastodynie) erzielen [7].

59.11.2 Endometriose

Eine Endometriose liegt immer dann vor, wenn *Uterusschleimhaut* mit menstrueller und dezidualer Reaktionsfähigkeit außerhalb der Mukosaschicht der Uterusschleimhaut auftritt.

Bereits 1988 wurde in tierexperimentelle Untersuchungen gezeigt, dass ω-3-Fettsäuren in der Prophylaxe und der Behandlung der Endometriose eine therapeutische Bedeutung zukommt. Dies wurde inzwischen durch eine prospektive Studie beim Menschen bestätigt. Entsprechend ist im Rahmen der Behandlung der Endometriose eine ausreichende Zufuhr von ω-3-Fettsäuren und eine geringere Zufuhr and ω-6-Fettsäuren und ω-9-Fettsäuren anzustreben [21].

59.11.3 Maligne Erkrankungen

Siehe Kap. 61.

Literatur

1. Al MD, van Houwelingen AC, Hornstra G (2001) Long-chain polyunsaturated fatty acids, pregnancy, and pregnancy outcome. Am J Clin Nutr 71:285S–291S
2. Atallah AN, Hofmeyr GJ, Duley L (2000) Calcium supplementation during pregnancy for preventing hypertensive disorders and related problems. Cochrane Database Syst Rev 2000/3:CD001059
3. Baker DJP (1994) Mothers, babies and disease in later life. BMJ Publ., London
4. Barker DJ (1996) Growth in utero and coronary heart disease. Nutr Rev 54:S1–S7
5. Barrett JF, Whittaker PG, Williams JG, Lind T (1994) Absorption of non-haem iron from food during normal pregnancy. BMJ 309:79–82
6. Black RE (2001) Micronutrients in pregnancy. Br J Nutr 85:S193–S197
7. Boyd NF, Shannon P, Kriukov V, Fish E et al. (1988) Effect of a low-fat high-carbohydrate diet on symptoms of cyclical mastopathy. Lancet II:128–132
8. Brockerhoff P, Holzer A, Schicketanz KH, Rathgen GH (1989) Langekettige unveresterte Fettsäuren in der Schwangerschaft, unter der Geburt und post partum. Z Geburtsh Perinat 193:139–144
9. Brockerhoff P, Holzer A, Schwenzer E, Rathgen GH (1984) Serumlipoproteine bei gesunden Schwangeren – Qualitative und quantitative Untersuchung. Gynäkol Rundsch 24:73–84
10. Butte NF (2000) Carbohydrate and lipid metabolism in pregnancy: normal compared with gestational diabetes mellitus. Am J Clin Nutr 71:1256S–1261S
11. Butterworth CE Jr, Bendich A (1996) Folic acid and the prevention of birth defects. Annu Rev Nutr 16:73–97
12. Cao XY, Jiang XM, Dou ZH et al. (1994) Timing of vulnerability of the brain to iodine deficiency in endemic cretinism. N Engl J Med 331:1739–1744
13. Caulfield LE, Zavaleta N, Shankar AH, Merialdi M (1998) Potential contribution of maternal zinc supplementation during pregnancy to maternal and child survival. Am J Clin Nutr 68:499S–508S
14. Cnattingius S, Bergstrom R, Lipworth L, Kramer MS (1998) Prepregnancy weight and the risk of adverse pregnancy outcomes. N Engl J Med 338:147–152
15. Deutsche Gesellschaft für Ernährung (Hrsg) (1995) Empfehlungen für die Nährstoffzufuhr, 5. Aufl., Umschau-Verlag, Frankfurt am Main
16. FAO/WHO/UNO (1985) Energy and protein requirements. Geneva, WHO (WHO Technical Report Series No 724)
17. Fernandes O, Sabharwal M, Smiley T et al. (1998) Moderate to heavy caffeine consumption during pregnancy and relationship to spontaneous abortion and abnormal fetal growth: a meta-analysis. Reprod Toxicol 12:435–444
18. Fink M, Koletzko B (1996) Jodversorgung während der Schwangerschaft und Stillzeit. Sozialpädiatr Kinderärztl Prax 18:333–334
19. Gehrmann-Gödde S, Gries FA (2001) Die Ernährung der Schwangeren unter besonderer Berüchksichtigung kritischer Nährstoffe. Gynäkologe 34:229–243
20. Gemeinsame Empfehlung der Deutschen Gesellschaft für Ernährung, der Deutschen Gesellschaft für Gynäkologie und Geburtshilfe, der Deutschen Gesellschaft für Humangenetik, der Deutschen Gesellschaft für Kinderheilkunde, der Gesellschaft für Neuropädiatrie, vorbereitet von der Ernähungskommission der Deutschen Gesellschaft für Kinderheilkunde (1994) Prävention von Neuralrohrdefekten durch Folsäurezufuhr in der Frühschwangerschaft. Frauenarzt 35:1007–1010
21. Hauenschild A, Zygmunt M, Münstedt K (2000) Diät – Sinnvolle Begleittherapie bei gynäkologischen Erkrankungen. Gynäkologe 33:11–17
22. Helland IB, Saugstad OD, Smith L et al. (2001) Similar effects on infants of ω-3 and ω-6 fatty acids supplementation to pregnant and lactating women. Pediatrics 108:1–10
23. Hinds TS, West WL, Knight EM, Harland BF (1995) The effect of caffeine on pregnancy outcome variables. Nutr Rev 54:203–207
24. Hoet JJ, Reusens B, Remade C (1998) Bedeutung der intrauterinen Ernährung für die Entwicklung von Diabetes mellitus im späteren Leben. Gynäkologe 31:133–139
25. Holtermüller KH, Weis HJ (1980) Gastrointestinaltrakt. In: Frieberg V, Rathgen GH (Hrsg) Physiologie der Schwangerschaft. Thieme, Stuttgart, S 107–124
26. Kalhan SC (2000) Protein metabolism in pregnancy. Am J Clin Nutr 1:1249S–1255S
27. Koletzko B (1996) Alternative Ernährung im Kindesalter in der Kontroverse. Springer, Berlin Heidelberg New York Tokio
28. Kovacs CS (2001) Calcium and bone metabolism in pregnancy and lactation. Clin Endocrinol Metab 86:2344–2348
29. Ladipo OA (2000) Nutrition in pregnancy: mineral and vitamin supplements. Am J Clin Nutr 72:280S–290S
30. Launer L, Hofman A, Grobbee DE (1993) Relation between birthweight and blood pressure: longitudinal study of infants and children. BMJ 307:1451–1454
31. Makrides M, Crowther CA (2000) Magnesium supplementation in pregnancy. Cochrane Database Syst Rev 2000/2:CD000937
32. Makrides M, Gibson RA (2000) Long-chain polyunsaturated fatty acid requirements during pregnancy and lactation. Am J Clin Nutr 71:307S–311S
33. Methews F, Yudkin P, Neil A (1999) Influence of maternal nutrition on outcome of pregnancy: prospective cohort study. BMJ 319:339–343
34. Neggers YH, Cutter GR, Acton RT (1990) A positiv association between maternal serum zinc concentration and birth weight. Am J Clin Nutr 51:678–672
35. Scholl TO, Hediger ML (1994) Anemia and iron-deficiency anemia: Compilation of data on pregnancy outcome. Am J Nutr 59:492–501
36. Schröder O, Sohn C, Stein J (2000) Gastrointestinale und hepatobiliäre Komplikationen in der Schwangerschaft. Geburtsh Frauenheilkd 60:333–344
37. Shah D, Sachdev HP (2001) Effect of gestational zinc deficiency on pregnancy outcomes: summary of observation studies and zinc supplementation trials. Br J Nutr 85:S101–S118
38. Tamura T, Goldenberg RL, Johnston KE et al. (1997) Serum concentrations of zinc, folate, vitamins A and E, and proteins, and their relationships to pregnancy outcome. Acta Obstet Gynecol Scand 165:63–70
39. Ven van de CJ (1997) Nasogastric enteral feeding in hyperemesis gravidarum. Lancet 349:445–446
40. Wagner BA, Worthington P, Russo-Stieglitz KE, Levine AB, Armenti VT (2000) Nutritional management of hyperemesis gravidarum. Nutr Clin Pract 15:65–76
41. Wyatt K, Dimmock PM, Jones PW, O'Brien PMS (1999) Efficacy of vitamin B6 in the treatment of premenstrual syndrome: systematic review. BMJ 318:1375–1381

Malnutrition im Alter

R. Lenzen-Großimlinghaus, E. Steinhagen-Thiessen

Im Rahmen des Alterungsprozesses kommt es zu physiologischen Veränderungen des Organismus, woraus sich funktionelle Einschränkungen ergeben, die aber noch keinen Krankheitswert per se haben. An diesen Altersveränderungen der verschiedenen Organe und des gesamten Organismus sind sowohl *extrinsische* (umweltbedingte) wie *intrinsiche* (genetisch bedingte) Faktoren beteiligt. Eine der wichtigsten *extrinsischen Einflussgrößen* stellt die *Ernährung* des älteren Menschen dar. Diese wiederum hat direkten Einfluss auf die Lebensqualität und die Lebenserwartung des Menschen.

Unzureichende Ernährung führt in jedem Lebensalter zu Defiziten, die mit einer verkürzten Lebenserwartung einhergehen. Das in unserer Gesellschaft gute und reichhaltige Nahrungsangebot gewährleistet eine optimale Entwicklung im Kindesalter, verbessert Widerstandskraft und Leistungsfähigkeit in der Adoleszenz und hat zur allgemeinen Steigerung der Lebenserwartung wesentlich beigetragen. Dennoch findet man in der westlichen Welt neben übergewichtigen einen hohen Anteil von fehl- und mangelernährten älteren Menschen, wobei der schlechte Ernährungszustand in hohem Maße mit Multimorbidität und Mortalität korreliert. Nach Morley [34] leiden in Krankenhäusern 30–65% und in Pflegeheimen 50% der Betagten an Protein-Energie-Malnutrition.

So wurde u. a. bei akut erkrankten älteren Patienten mit Dekubitalulzera Grad III oder IV bei Aufnahme im Krankenhaus ein Mangel an Zink in 78%, an Albumin in 79% und Eisen in 75%, weiterhin erniedrigte Werte für Cholinesterase in 58%, Vitamin B_{12} in 33% der Fälle und verminderte Lymphozytenzahlen bei 67% nachgewiesen [17]. Bei Pflegeheimbewohnern konnte eine negative Korrelation zwischen dem Serumalbumin und der Sterberate festgestellt werden: ein normaler Albuminwert von 40 g/l war mit einer jährlichen Sterberate von 11,1% verbunden, ein erniedrigter Wert von <35 g/l dagegen mit einer Sterberate von >50%. Für Cholesterin, Körpergewicht und Hämatokrit gelten ähnliche Beziehungen [34].

60.1 Ursachen der Protein-Energie-Malnutrition im Alter

60.1.1 Energiebedarf älterer Menschen

Hohes Alter per se ist nicht zwangsläufig mit Mangelernährung und Krankheit verbunden. Physiologisch nimmt im Alter die Kalorienaufnahme ab. Menschen *über 70* Jahre verzehren *1/3 weniger Kalorien* – durchschnittlich 2100–2300 kcal/24 h (1 kcal = 4,187 J) – im Vergleich zu jungen Erwachsenen (durchschnittliche Kalorienaufnahme 2700 kcal/24 h) [31]. Trotz der geringeren Aufnahme sinkt jedoch der Bedarf an Nährstoffen im Alter nicht im gleichen Maße ab.

Der tägliche Energiebedarf setzt sich aus 3 Komponenten zusammen: dem Grundumsatz, der nahrungsinduzierten Thermogenese und dem Bedarf für körperliche Aktivität. Der Grundumsatz nimmt mit zunehmendem Alter ab, ist vom Körpergewicht (KG) abhängig und kann anhand von Tabellen der WHO für verschiedene Altersgruppen berechnet werden. Allerdings werden die älteren Menschen nur in einer Gruppe mit dem Alter »über 65 Jahre« erfasst [14]. Entsprechend liegt der tägliche Energiebedarf von über 75-jährigen Menschen etwa bei 25–30 kcal/kgKG [51].

60.1.2 Altersbedingte Inappetenz

Der Appetit wird über zahlreiche Systeme des ZNS und des Verdauungstrakts reguliert. So sind die appetitanregenden Qualitäten der Lebensmittel und ihrer Zubereitung allgemein bekannt (»Es läuft das Wasser im Munde zusammen.« »Das Auge isst mit«). Geruch, Geschmack und Textur spielen eine wesentliche Rolle in der Akzeptanz von Nahrung. Zusätzlich erfolgt die Regulation des Sättigungsgefühls über Rezeptoren des Verdauungstrakts, die über den Dehnungszustand der verschiedenen Organe oder die Osmolarität die Nahrungsaufnahme steuern. Mit diesem peripheren Sättigungssystem interagiert das zentralnervöse Sättigungssystem, das über eine Vielzahl von Neurotransmittern verfügt.

Im Alter kommt es auf allen diesen Ebenen zu Veränderungen, die eine Mangelernährung verursachen können. So nehmen im Alter die Sehkraft, das Riech- und Schmeckvermögen und der Geruchssinn deutlich ab [22]. Weiterhin weisen viele alte Menschen ein lückenhaftes, nur unzureichend erhaltenes Gebiss und häufig nicht einwandfrei passende Prothesen auf, so dass das Kauen erheblich beeinträchtigt [20, 38] und die Nahrungsaufnahme erschwert wird. Die Kauprobleme sind v. a. vom Ausmaß der Schmerzen im Mund abhängig [49]. Eine wesentliche Ursache für diese Zahnprobleme besteht neben dem mangelnden Bewusstsein von Pflegenden bezüglich eines korrekten, sanierten Kauapparates der älteren Mensch zur Sicherung der adäquaten Ernährung in der altersbedingten Immobilität der Senioren, denen der wiederholte Besuch beim Zahnarzt nicht nur Zahnschmerzen, sondern auch Rückenschmerzen und andere Unannehmlichkeiten (wie z. B. Wartezeiten) bereitet.

Aus diesen verschiedenen Gründen entsteht häufig ein einseitiges Ernährungsprogramm, das v. a. weiche, süße Nahrungsmittel enthält, die auf Dauer den weiteren Verfall des Kauapparates und Fehlernährung des älteren Menschen bedingen.

Ein weiterer oraler Faktor, der die Nahrungsaufnahme beeinflusst, ist die *Speichelproduktion*. In verschiedenen Studien wird *Xerostomie* (Mundtrockenheit) bei älteren Menschen mit Häufigkeiten zwischen 10 und 55% beschrieben [8, 9]. Loesche [28] notiert sogar bei 72% von 70-jährigen Senioren Klagen über Mundtrockenheit während des Tages, wobei dieses

Gefühl allerdings nicht immer mit einem nachweisbar geringeren Speichelfluss verbunden ist. In diesem Zusammenhang muss auf die Vielzahl von Medikamenten hingewiesen werden, die als Nebenwirkung Mundtrockenheit erzeugen: *Anticholinergika, Diuretika, trizyklische Antidepressiva, Antihistaminika* und *psychotrope* Medikamente [28].

> Patienten mit Xerostomie und Kaubeschwerden meiden häufig Obst, Gemüse und ballaststoffreiches Brot, woraus leicht Ernährungsdefizite resultieren.

Ein ausreichendes *Flüssigkeitsangebot* und speichellockende süß-saure Speisen, Getränke oder auch saure Drops (ohne Zucker) zum Lutschen können hier leicht die Nahrungsaufnahme unterstützen. Leider stellen sich allerdings Angehörige und Pflegende gern auf die leicht kau- und verdaubare, aber einseitige Kost der älteren Menschen ein und leisten der Fehl- und Mangelernährung im Alter so weiteren Vorschub.

Die *Regulation des Sättigungsgefühls* erfolgt auf gastrointestinal-hormoneller Ebene v. a. durch Cholecystokinin (CCK), Amylin, »gastrin-releasing peptide«, Glukagon, »glukagon-like peptide« und Somatostatin. Bei älteren Patienten mit Malnutrition wurden *erhöhte Spiegel von CCK* nachgewiesen, wobei die primäre Ursache der CCK-Erhöhung – physiologische Altersveränderung oder Malnutrition – nicht geklärt werden konnte [30]. Möglicherweise spielt auch eine altersbedingte Abnahme der CCK-Rezeptoren des Pankreas im Alter eine weitere regulierende Rolle, die einerseits die Malabsorption begünstigt, andererseits eine vermehrte Sekretion von CCK induzieren kann [41]. Ein weiterer »Sättigungsfaktor« ist *Leptin*, dessen Spiegel gut mit dem Körperfett von gesunden älteren Frauen korreliert, jedoch bei chronisch kranken älteren Patienten sehr niedrig ist und nicht mehr mit dem Körperfettgehalt korreliert [7].

Ein *»appetitanregender« Faktor* ist das Nitrat (NO), das unter anderem für die Relaxation des Magenfundus verantwortlich ist. Das frühzeitige Sättigungsgefühl bei älteren Menschen wird u. a. auf eine *inadäquate Fundusrelaxation* auf NO zurückgeführt [35].

Auch die große Gruppe der Zytokine nimmt an der Regulation der Nahrungsaufnahme teil, wobei ihre Aktivität einerseits im Rahmen des normalen Alterungsvorgangs [13] gesteigert wird, andererseits Erkrankungen wie akute und chronische Infektionen, Sepsis und Neoplasien zu erhöhten Spiegeln führen [19, 44]. Insbesondere IL-6 und TNF sind bei älteren unterernährten Patienten erhöht [13, 47]. Diese Mediatoren führen zu einem vermehrten Muskelabbau, Lipolyse und Harnstoffverlust. Typischer Laborbefund ist in diesem Zusammenhang ein erniedrigter Serumalbuminspiegel infolge einer verminderten hepatischen Synthese und eines gesteigerten Abbau [4].

60.1.3 Funktionelle Altersveränderungen des Magen-Darm-Trakts

Neben diesen biochemischen Veränderungen sind auch funktionelle Altersveränderungen im Magen-Darm-Trakt nachweisbar, die die Nahrungsaufnahme und/oder ihre Verwertung erschweren können.

Tabelle 60-1. Ursachen von Schluckstörungen im Alter. (Mod. nach [23])

Oropharyngeale Dysphagie	Ösophageale Dysphagie
Zentrale Störungen (Schlaganfall)	Achalasie
Neuromuskuläre Krankheiten (z. B. M. Parkinson)	Epiphrenische Divertikel
Oropharyngeale Tumoren	Refluxkrankheit (GERD)
Zenker-Divertikel	Ösophageale Tumoren
Vertebrogene Osteophyten	Diffuser Ösophagusspasmus
	Medikamenteninduzierte Läsionen
	Vaskuläre Impression

Ösophagus

Störungen der *propulsiven Peristaltik* finden sich im Alter vorwiegend bei Patienten mit neurologischen/oder Stoffwechselkrankheiten (Diabetes mellitus). Reine altersbedingte Veränderungen sind gering ausgeprägt, ihre klinische Relevanz fraglich. Unstrittig ist die zunehmende Inzidenz der Hiatushernie mit steigendem Alter, als prädisponierenden Faktor einer Refluxkrankheit [24].

Schluckstörungen sind im Alter häufig und und als Ursache einer reduzierten Nahrungsaufnahme oftmals unterschätzt. Die Ursachen der *oropharyngealen* Dysphagie sind vielgestaltig, jedoch häufig durch eine subtile Anamnese eingrenzbar. Bei der *ösophagealen* Dysphagie ist die Störung zwar allein auf den Ösophagus begrenzt, die Ursachen sind allerdings ebenfalls vielfältig (*Tabelle 60-1*).

Die Prävalenz der *gastroösophagealen Refluxkrankheit* (GERD) nimmt mit dem Alter deutlich zu und stellt somit ein beträchtliches Problem beim alten Menschen, nicht zuletzt wegen wegen alterstypischer Charakteristika, dar (*Tabelle 60-2*).

Magen

Neuere Untersuchungen zeigen, dass bei nahezu 75% der älteren Menschen die *sekretorische Funktion* des Magens (Säuresekretion, »Intrinsic-Faktor«, Pepsinogen) erhalten ist. Eine Reduktion der Sekretion findet nur bei Patienten mit *atrophischer Gastritis* statt. Diese führt zu einer gestörten Resorption von Eisen, Vitamin B_{12}, Folsäure, Kalzium und bakterieller Fehlbesiedlung (*Tabelle 60-3*).

Tabelle 60-2. Chrakteristika der Refluxkrankheit im Alter. (Mod. nach [23])

- Symptomarmut (klassische Leitsymptome können fehlen)
- Manifestation mit extraösophagealen Folgen (Anämie, Angina pektoris)
- Höhere Schweregrade
- Alkalischer Reflux häufiger bedeutsam
- Gutes Ansprechen auf Protonenpumpenblocker, aber: oftmals höhere Dosierung notwendig (entsprechend höheren Schweregraden)

Tabelle 60-3. Resorptionsstörungen von Nahrungsbestandteilen bei Patienten mit Achlorhydrie und Intrinsic-Faktor-Mangel. (Mod. nach [11])

I. Achlorhydrie	II. »Intrinsic-Faktor«
– Anorganische Eisen	– Vitamin B_{12}
– Nahrungsgebundenes Eisen	
– Nahrungsgebundenes Vitamin B_{12}	
– Folsäure	

Die *gastrale Motilität* kann im Alter grundsätzlich durch den *Alterungsprozess*, durch im Alter häufiger vorkommende Krankheiten (Tabelle 60-4) oder Medikamente und deren Interaktionen beeinträchtigt sein. Zu beachten ist auch, dass die Verzögerung der Magenentleerung eine Beziehung zu der Achlorhydrie aufweist und deshalb nicht unbedingt als physiologische Altersveränderung gedeutet werden kann [12].

Dünn- und Dickdarm

Störungen der *Durchblutung* des Dünn- und Dickdarms kommen fast nur beim alten Menschen vor. In Abhängigkeit vom zeitlichen Verlauf und dem Ausmaß der Zirkulationsverminderung findet sich ein Spektrum, das von der vorübergehenden Störung der Darmtätigkeit bis zur transmuralen Nekrose reicht [3].

Die *Divertikulose* ist eine typische Erkrankung des alten Menschen (60–70% der über 70-jährigen). Eine unkomplizierte Divertikulose macht nur selten Symptome, und 80–85% aller Divertikelträger bleiben zeitlebens beschwerdefrei. *Bakterielle Fehlbesiedlung* bei Dünndarmdivertikeln führt nicht selten zu ausgeprägten *Malabsorptionssyndromen*. Häufigste Komplikation der Dickdarmdivertikulose bleibt die Divertikulitis (s. Kap. 45).

Die *Obstipation* gehört zu den vom älteren Menschen am häufigsten genannten Beschwerden. Ätiologisch handelt es sich bei dieser »*Altersobstipation*« meist um ein Mixtum von Ursachen. Neben oftmals krankheitsbedingten Motilitätsstörungen (z. B. Diabetes mellitus) sowie Medikamenten, gelten die häufig beim Älteren zu beobachtende *geringe Flüssigkeitszufuhr* und die zu *geringe Ballaststoffzufuhr* als ursächlich für das Auftreten der Obstipation. Da beim älteren Menschen zur Auslösung des *Defäkationsreflexes* (verminderter Ruhedruck des Analkanals, Abnahme des maximalen Sphinkterdrucks und Abnahme der Rektumsensibilität im Alter) ein größeres Stuhlvolumen im Rektum erforderlich ist als beim jungen Menschen, kommt der Volumenvermehrung durch Zusatz von Ballaststoffen (s. Kap. 45) eine besondere Bedeutung zu (*Tabelle 60-5*). Eine mit zunehmenden Alter auftretende Motilitätsstörung gilt als ausgeschlossen [16, 23].

Eine schwerwiegende Komplikation der chronischen Obstipation beim Älteren ist die *Koprostase* (Kotstau), die durch fehlenden Stuhlgang über mehrere Wochen entstehen kann. Auch sie sollte bei unklarer Appetitlosigkeit und/oder gastrointestinaler Symptomatik (postprandiale Übelkeit, Erbrechen) differenzialdiagnostisch in Betracht gezogen werden [16].

Tabelle 60-4. Ursachen der Entstehung einer autonomen Neuropathie mit Gastroparese bei älteren Menschen. (Mod. nach [11])

I. Als Begleiterkrankung bei:
   - Diabetes mellitus
   - Morbus Parkinson
   - Amyloidose
   - Leberzirrhose

II. Toxisch:
   - Chronischer Alkoholabusus
   - Urämie

III. Metabolisch bei:
   - Vitaminmangelkrankheiten
   - Malnutrition

IV. Paraneoplastisch

V. Nach Bestrahlung

Pankreas und Leber

Zahlreiche Studien zeigen, dass beim älteren Menschen die stimulierte *Pankreassekretion* nicht oder nur geringfügig

Tabelle 60-5. Begleiterkrankungen und prädisponierende Faktoren für Obstipation im Alter. (Mod. nach [15])

Ernährungsfaktoren
- Ballaststoffarme Kost
- Unzureichende Flüssigkeitszufuhr

Funktionelle Störungen
- Muskelschwäche (Bauchpresse)
- Störungen der anorektalen Funktion (verminderter Ruhedruck des Analkanals, Abnahme des maximalen Sphinkterdrucks, Abnahme der Rektumsensibilität)

Psychiatrische Krankheiten
- Depression
- Verwirrtheitszustände

Neuromuskuläre Störungen
- Endokrinologische Erkrankungen
  Hypothyreose
  Autonome Neuropathie bei Diabetes mellitus

Kolonobstruktion
- Ischämische Läsionen
- Divertikulitis
- Tumoren
- Bestrahlungsfolge

Medikamente
- Laxanzien(abusus)
- Antiparkinsonmittel (Anticholinergika)
- Antazida (mit Aluminiumhydroxid oder Kalziumkarbonat)
- Antidepressiva (Trizyklik)
- Analgetika vom Morphintyp
- Antiepileptika
- Antihypertensiva (β-Blocker, Kalziumantagonisten)
- Tuberkulostatika (z. B. Isoniazid)
- Diuretika
- Eisenpräparate, Wismut

abnimmt. Eine pankreatogene Steatorrhö, d. h. eine substitutionsbedürftige Pankreasinsuffizienz, tritt erst nach einer Reduktion der stimulierten Lipasesekretion auf unter 10% ein. Zu diesen niedrigen Werten kommt es bei der nur geringgradigen altersbedingten Abnahme der exokrinen Pankreasfunktion nicht [25].

Ebenso bleiben die *Stoffwechselleistung* und die *Regenerationsfähigkeit* der Leber nahezu *unverändert*, obwohl Leberdurchblutung, -gewicht und -volumen reduziert sind. Die Proteinsynthese nimmt einhergehend mit der Abbnahme des Proteinabbaus ab. Als gesichert gilt ebenso, dass die Gallesekretion abnimmt [48].

60.1.4 Störungen des Wasser- und Elektrolythaushalts

Nicht nur die Aufnahme von festen Nährstoffen, sondern auch die ausreichende Flüssigkeitsaufnahme stellt im Alter ein zentrales Problem dar. Es ist allgemein bekannt, dass ältere Menschen ein *vermindertes Durstgefühl* (Hypodipsie) haben und entsprechend die notwendige Flüssigkeitszufuhr nicht mehr unbewusst ausreichend erfolgt, sondern durch bewusste Verhaltensmaßnahmen gewährleistet werden muss [40].

Die altersphysiologischen Veränderungen der Nierenfunktion sind durch zunehmenden Verlust funktionsfähiger Nephrone (Abfall der glomerulären Filtrationsrate) sowie Änderungen hormoneller Regelkreise (ADH-Resistenz, Abnahme der Reninaktivität um 30–50%) bedingt. Die hieraus resultierenden altersabhängigen Veränderungen im Natrium- und Wasserhaushalt sind in *Tabelle 60-6* zusammengefasst [32]. Auch muss in diesem Zusammenhang auf weitreichende Nebenwirkungen von Medikamenten hingewiesen werden (*Tabelle 60-7*).

Tabelle 60-6. Altersabhängige Veränderungen des Natrium- und Wasserhaushalts. (Mod. nach [31])

Körperzusammensetzung	Gesamtkörperwasser ↓	
	Intrazelluläres Wasser ↓	
	Körperfett ↑	
Flüssigkeitsaufnahme	Durstempfinden ↓	
Hormonsysteme	Vasopressin	Basale Sekretion (↑)
		Nächtliche Sekretion ↓
	ANF	Basale Sekretion ↑
		Antwort auf Stimulation ↑
	Renin	Plasmaaktivität ↓
	Aldosteron	Produktion ↓
Nierenfunktion	Nierenzellmasse ↓	
	Renaler Blutfluss ↓	
	Glomeruläre Filtrationsrate ↓	
	Eingeschränkte distale tubuläre Verdünnungskapazität	
	Eingeschränkte renale Konzentrationskapazität	
	Eingeschränkte Natriumretention	
	Eingeschränkte renale Antwort auf Vasopressin	

Tabelle 60-7. Medikamentös-induzierte Störungen des Natrium- und Wasserhaushalts. (Mod. nach [26, 32])

Natriumverlust	Thiaziddiuretika
	Schleifendiuretika
Einschränkung der Verdünnungskapazität	Thiaziddiuretika
Einschränkung der Konzentrationskapazität	Lithium
	K-verlierende Diuretika
Syndrom der inadäquaten ADH-Sekretion (SIADH)	Psychopharmaka (trizyklische Antidepressiva, selektive Serotoninaufnahmehemmer, Phenothiazine, Carbamazepin)
	ACE-Hemmer (!)
	Antineoplastische Pharmaka (Vincristin, Vinblastin)
	Cyclophosphamid
	Clofibrat
	Narkotika

Cave: »Viel trinken«!
Ältere Menschen sind oftmals herzinsuffizient, haben eine herabgesetzte Volumencompliance und sind latent niereninsuffizient. Die unkritische Anweisung »Viel trinken!« kann ein Lungenödem provozieren.

60.1.5 Risikofaktoren für Malnutrition im Alter

Neben diesen zahlreichen endogenen Faktoren, die die Nahrungsaufnahme im Alter beeinträchtigen können, bestehen weitere »Risikofaktoren« mit negativen Auswirkungen auf die Ernährung (*Tabelle 60-8*). Die Medikamentennebenwirkungen, die die Nahrungsaufnahme beeinflussen, werden gesondert in *Tabelle 60-9* aufgeführt. Die genannten sozialen, psychosozialen, körperlichen und medizinischen Gründe für eine unzureichende Nahrungsaufnahme des älteren Patienten können prinzipiell gut erfasst und bei bewusster Analyse durch den behandelnden Arzt oder den Pflegedienst verändert werden. Leider sind die betreffenden Berufsgruppen im Umgang mit diesem Problem wenig geschult, sodass diese potenziellen Verbesserungsmöglichkeiten bezüglich der Ernährung des älteren Patienten nicht ausreichend genutzt werden.

In diesem Zusammenhang bietet sich der systematische Einsatz eines *Ernährungsassessments* an, wie es bereits in mehreren geriatrischen Zentren entwickelt und validiert worden ist [18, 36]. Hierbei werden systematisch anthropometrische (Körpergröße, Gewicht, BMI) und laborchemische Daten (Vitamine, Spurenelemente, Proteine) erfasst, die zunächst

Tabelle 60-8. Risikofaktoren der Malnutrition im Alter. (Mod. nach [33])

Soziale Faktoren
- Armut
- Soziale Isolation
- Unselbstständigkeit beim Einkaufen und Zubereiten der Mahlzeiten
- Einsames Essen ohne Gesellschaft

Psychosoziale Faktoren
- Vereinsamung
- Demenz
- Depression
- Alkoholismus

Körperliche Faktoren
- Immobilität
- Hypermetabolismus
- Schlechter Zahnstatus
- Krankheitsbedingte Behinderung beim Essen

Medizinische Gründe
- Schluckstörungen infolge zentralnervöser Erkrankungen
- Inappetenz
- Tumorerkrankung
- Strahlentherapie
- Akute und chronische Infektionen
- Erhöhte Anstrengung beim Essen durch COPD oder Herzinsuffizienz
- Schmerzen beim Essen infolge mesenterialer Durchblutungsstörungen
- Diabetische autonome Polyneuropathie

den Ernährungszustand als solchen feststellen und im Verlauf die Veränderungen ebenfalls darstellen können. Allerdings sind einmalige Messungen bei älteren Patienten durch fehlende Standards und große Streubreite normaler Werte oft wenig aussagekräftig.

60.2 Erfassung des Ernährungsstatus bei älteren Menschen

Das *klinische Bild* geriatrischer Patienten mit Malnutrition ist *oligosymptomatisch* und *unspezifisch*. Deshalb wird es oft versäumt, die Diagnose einer Mangelernährung zu stellen. Betagte, die sich monatelang praktisch ausschließlich mit Kalorien in Form von leicht ess- und beschaffbaren hochgereinigten Kohlenhydraten ernähren, sehen aufgrund von Ödemen und einer prämorbiden Adipositas bei geringerem Energieverbrauch im Alter trotz Malnutrition nicht unbedingt mager aus. Der Allgemeinzustand dieser müden und apathischen Patienten wird oft als »*Altersschwäche*« bezeichnet. Hat die Malnutrition jedoch ein fortgeschrittenes Stadium erreicht, ist sie kaum zu übersehen. Chronischer Kalorienmangel, der dadurch entsteht, dass eine zu kleine Nahrungsmenge verzehrt wird, führt zur Kachexie. In diesem Stadium ist die Fettreserve verbraucht und die Muskelmasse hochgradig über den Mechanismus der Glukoneogenese abgebaut.

Tabelle 60-9. Unerwünschte Medikamentennebenwirkungen, die sich auf die Nahrungsaufnahme auswirken. (Mod. nach [42, 44, 48])

Nebenwirkung	Medikamente (Beispiele)
Appetitverlust	Digitalis, Captopril, NSAID, Antibiotika, Antihistaminika, Sedativa, Neuroleptika, Trizyklika, Tranquilizer
Gestörtes Geschmacksempfinden	Captopril, Penicillin, Antihypertensiva, Analgetika, Antidiabetika, Psychopharmaka, Zytostatika, Vasodilatatoren
Mundtrockenheit (Xerostomie)	Antiparkinsonmittel, trizyklische Antidepressiva, Antihistaminika, Anticholinergika, psychotrope Medikamente
Übelkeit	Analgetika, Antihypertensiva, antineoplastische Medikamente
Somnolenz	Psychopharmaka

> Das facettenreiche Bild der Malnutrition beim typischerweise multimorbiden, geriatrischen Patienten erlaubt es nicht, die Malnutrition aufgrund eines einzigen Ernährungsparameters zu diagnostizieren oder auszuschließen.

Folgendes Vorgehen zur Diagnostik der Fehlernährung bei Betagten hat sich bewährt (*Tabelle 60-10*). Auf einzelne Parameter soll nachfolgend genauer eingegangen werden.

Anamnese und Anthropometrie

In manchen Fällen ist die Erhebung der *Anamnese* durch kognitive Einschränkungen und Multimorbidität erschwert. Dann müssen die notwendigen Informationen – wenn möglich – durch eine *Fremdanamnese* erfragt werden.

Die *Anthropometrie* (s. Kap. 1) ist theoretisch sehr einfach, kann aber im Einzelfall zu erheblichen Problemen führen, z. B. Erhebung des Körpergewichts und der Körpergröße bei einem immobilen bettlägerigen Patienten. Bei der Interpretation von Körpergewicht und BMI müssen Ödemausschwemmung bzw. Ödemzunahme und andere Fehlerquellen berücksichtigt werden. Der Stellenwert der BIA-Messung zur Ermittlung des Ernährungsstatus und einzelner Kompartimente beim Älteren gilt derzeit als noch nicht ausreichend belegt [5].

Serumproteine

Die Bestimmung der verschiedenen *Serumproteine* ist technisch einfach, aber z. T. sehr kostspielig, weshalb ihre routinemäßige Bestimmung noch keinen Einzug in den klinischen Alltag gefunden hat.

Albumin bleibt unter Berücksichtigung von gleichzeitig bestehenden Leber-, Nieren- oder Infektionserkrankungen im Alter einer der wichtigsten und sensitivsten Parameter [33]. *Die Albuminwerte dürfen allerdings nur unter Einbeziehung weiterer Ernährungsparameter interpretiert werden.* Dieses Protein stellt mit einer Halbwertszeit von 14–21 Tagen einen »langsamen« Ernährungsparameter dar und zeigt Malnutrition erst nach dieser Zeit an.

Präalbumin ist dagegen ein sehr guter Verlaufsparameter mit einer Halbwertszeit von 2 Tagen; seine Aussagekraft wird allerdings durch fehlende Normwerte eingeschränkt.

Tabelle 60-10. Malnutritionsdiagnostik in der Geriatrie. (Mod. nach [33])

Anamnese	
Appetitmangel, Essgewohnheiten, Gewichtsveränderungen, Alkohol, soziales Umfeld, Medikamente, gastrointestinale Symptome, Malignome	
Anthropometrie	
Körpergewicht (kg), Körpergröße (cm), Body-Mass-Index (kg/m^2)	
Hautfaltendicke über Trizeps (mm): Korrelation: Körper-Fett-Masse	
Mitte-Oberarm-Zirkumferenz (cm): Korrelation: Körper-Mager-Masse	
Biochemische Parameter	
– Proteine	[Halbwertszeit in Tagen]
Albumin	14–20
Transferrin	8–10
Präalbumin	ca. 2
Cholinesterase	ca. 2
Retinol bindendes Protein	ca. 1
– Vitamine	
Vitamin B_{12}, Folsäure, Vitamin A, Vitamin D, Vitamin-B-Komplex (B_1, B_2, B_6), Vitamin C, β-Karotin, Niacin	
– Spurenelemente	
Eisen, Zink, Kalzium, Magnesium, Kupfer, Phosphor, Selen	
– Weitere biochemische Parameter	
Cholesterin, Triglyzeride, Karnitin, C-reaktives Protein, absolute Lymphozytenzahl, immunologische Hauttests	

Die *Cholinesterase* stellt einen besseren Verlaufsparameter dar. Die kurze Halbwertszeit von 1–2 Tagen lässt kurzfristige Änderungen des Proteinumsatzes erfassen. Schon nach 2 Tagen einer Ernährungstherapie kann so eine anabole Stoffwechsellage nachgewiesen werden. Ein weiterer Vorteil liegt in der fast routinemäßigen Bestimmung der *Cholinesterase* in den verschiedenen Disziplinen.

Vitamine

Die Prävalenz eines *Vitamin-B_{12}*-Mangels ist bei kranken älteren Patienten mit 40% deutlich höher als bei jungen Patienten. Die Ursache dieses Mangels liegt einerseits in der unzureichenden Zufuhr über die Nahrung (v. a. bei überwiegend vegetarischer Ernährung oder Alkoholabusus), andererseits in einer Malabsorption bei häufig vorliegender chronisch-atrophischer Gastritis [2, 38]. Vitamin-B_{12}-Mangel führt zu peripherer Neuropathie mit verminderter Nervenleitgeschwindigkeit (die grundsätzlich schon altersbedingt abnimmt), zu (manchmal) reversiblen psychiatrischen deliranten Krankheitsbildern und kognitiven Störungen bis zur Demenz [38, 42]. Während in jüngeren Jahren die Speicherreserven für Vitamin B_{12} in der Leber mindestens für 6 Jahre ausreichen, ist die Reservekapazität im Alter stark vermindert. Nicht selten beobachtet man bereits ein Jahr nach Vollsubstitution mit Vitamin B_{12} erneut tiefe Serumwerte. Daher muss eine Substitutionstherapie regelmäßig mindestens jährlich kontrolliert und ggf. fortgesetzt werden.

Wichtig ist in diesem Zusammenhang, dass die effektiven Normwerte für Vitamin B_{12} bei älteren Patienten höher liegen, d. h. dass Werte im unteren Normbereich von 125 µmol/l bereits als pathologisch erniedrigt bewertet werden müssen [8]. Ein guter klinischer Parameter als Hinweis auf einen möglichen Vitamin-B_{12}-Mangel stellt bereits ein leicht erhöhtes oder lediglich im oberen Normbereich (>90 fl) liegendes MCV (mittleres Erythrozytenvolumen) dar, falls Folsäuremangel, Alkoholismus und eine Medikation mit Phenylhydantoin ausgeschlossen sind.

Elektrolyte und Spurenelemente

Bei den Mineralien und Spurenelementen kommen dem *Kalzium* im Zusammenhang mit der Osteoporose als wichtigster Ursache der Knochenbrüche im Alter und dem *Zink* als wesentlichem Faktor im Rahmen der Wundheilung eine besondere Bedeutung zu. Wichtigster Lieferant für Kalzium sind Milch- und Milchprodukte. Ein täglicher Bedarf von 1200 mg Kalzium sollte durch fettarme Milch, Sauermilchprodukte, kalziumreiche Gemüse (Brokkoli, Lauch, Spinat) und ggf. durch Fruchtsäfte, die mit Kalzium angereichert sind, gedeckt werden. Da bei der senilen Osteoporose (infolge geringer Sonnenexposition bei schmerzbedingter Immobilität) auch eine ungenügende Metabolisierung von Vitamin D auftritt, sollte die Kalziumzufuhr durch die tägliche Einnahme von 400–800 IE Vitamin D ergänzt werden [8].

Zink, ein essenzielles Spurenelement, ist unerlässlich für die RNA- und DNA-Synthese und für die Funktion von ca. 200 Zinkmetalloenzymen. Daher ist es verständlich, dass bei Zinkmangel v. a. die Proteinsynthese beeinträchtigt ist. *Häufigste Ursachen* des Zinkmangels bei älteren Menschen sind *fleischarme* oder *fleischlose Ernährung*, hypokalorische Ernährung, Leberkrankheiten, Alkoholabusus, renaler Zinkverlust bei Diabetes mellitus und selten Malabsorption, parenterale Ernährung und Hypothyreose. Die Symptome bei leichtem bis mäßigem Zinkmangel sind Hautveränderungen, Alopezie, Hypogonadismus und unspezifische Dermatosen. Symptome eines fortgeschrittenen Zinkmangels sind Riechstörungen, Dysgeusie, Appetitmangel sowie gestörte Wundheilung [6].

Die Bedeutung der Serumzinkbestimmung wird weiterhin kontrovers diskutiert, da der Serumzinkspiegel kein direktes Maß für das Gesamtkörperzink darstellt [15]. Wird jedoch der Serumzinkwert im Zusammenhang mit anderen Ernährungsparametern wie Anamnese, klinischem Befund, Albumin, Transferrin und Eisen interpretiert, so stellt er dennoch einen sensitiven Marker für Malnutrition dar. Die Zinksubstitution kann oral erfolgen, insbesondere als organische Zinkverbindung, da diese am besten resorbiert werden [26].

60.3 Ernährungstherapie

Am Anfang der Ernährungstherapie sollte zunächst die Behandlung der zugrundeliegenden Erkrankung stehen, wie die Korrektur einer Zahnprothese, die Behandlung eines Magenulkus oder einer Depression sowie die strenge Kontrolle der notwendigen Medikamente.

> Aufgrund der multifaktoriellen Ätiologie der Malnutrition beim geriatrischen Patienten wird eine einzelne Behandlungsstrategie fast nie ausreichen, um die Ernährungsprobleme zu lösen.

Die gezielte Ernährungstherapie selbst kann oral, enteral oder parenteral durchgeführt werden. Sofern der Gastrointestinaltrakt keine wesentlichen funktionellen Einschränkungen aufweist, sollte der orale Weg bevorzugt werden. Liegen hochgradige Kau- oder Schluckprobleme vor, so muss die Nahrungszufuhr entweder vorübergehend über eine Nasensonde oder bei längerfristigen Störungen über eine *perkutane endoskopische Gastrostomie (PEG)* erfolgen. Nur in *Ausnahmefällen* sollte eine *parenterale* Ernährung für einen älteren Patienten gewählt werden, da diese insbesondere bei langfristiger Anwendung mit Komplikationen und hohem pflegerischem Aufwand verbunden ist. Bei *neurogener Dysphagie*, die eine orale Nahrungsaufnahme noch zulässt, aber wiederholt zum Verschlucken führt, ist zusätzlich zur Sicherung der Nahrungsaufnahme, z. B. durch eine *PEG*, eine konsequente faziorale Therapie durch Logopäden notwendig.

Ein wesentliches *Ziel* der *Ernährungstherapie* ist neben der ausreichenden Versorgung mit Nährstoffen der weitgehende Erhalt oder die Verbesserung der *Selbstständigkeit des älteren Patienten*. So sollten zunächst die individuellen Probleme eines Patienten bezüglich der Nahrungsaufnahme geklärt werden (s. ▫ *Tabelle 60-8*). Handelt es sich z. B. um einen Patienten mit Hemiplegie infolge eines Apoplexes, so kann die Versorgung mit speziellen Hilfsmitteln wie Griffverdickungen, Tellerranderhöhung, Einhänderbrett oder Schnabeltassen das Essen und Trinken erheblich erleichtern. Auch die Sicherung des Einkaufens und Zubereitens der Nahrungsmittel durch den Einsatz von Sozialdiensten kann häufig schon die wesentliche Voraussetzung für eine selbstständige, ausreichende Ernährung des alten Patienten darstellen.

Bei kognitiv beeinträchtigten, aber körperlich intakten Patienten hilft oft persönliche Pflege und Anleitung zum Essen, um einer Malnutrition vorzubeugen. Die *»Bethanien-Studie«* konnte den Einfluss der individuellen Ernährungsbetreuung bei geriatrischen Patienten eindrucksvoll nachweisen [46]. Auch die Umgebung, in der gegessen wird, hat einen Einfluss auf die Nahrungsaufnahme: So wurde in einem Pflegeheim über 16 Wochen ein Essraum im Wohnstil der 1940er Jahre eingerichtet und den Heimbewohnern das Essen dann dort selbst überlassen. In dieser veränderten (angenehmeren?) Umgebung nahmen Kalorien- und Proteinaufnahme um ca. 25% zu. Auch biochemische Ernährungsparameter stiegen während der Studie deutlich an [11].

Die deutsche Gesellschaft für Ernährung spricht auf die Frage, ob es eine »spezielle Diät für gesundes Altern« gibt, folgende Empfehlungen aus [10]:

> Vollwertige Ernährung bedeutet abwechslungsreich Essen und Trinken, wobei pflanzliche Lebensmittel im Mittelpunkt stehen sollten. Täglich etwa 4–5 Scheiben (Vollkorn-)Brot, eine Portion Kartoffeln, Nudeln oder Reis. Täglich 200 g Gemüse, eine Portion Rohkost oder Salat und etwa 200 g möglichst frisches Obst. Tägliche Trinkmenge 1,5 l Flüssigkeit. Sparsamer Konsum von Fett, Alkohol und Salz. Bezogen auf die Grundnährstoffe ergibt sich eine empfohlene Tageszusammensetzung von 55% Kohlenhydraten, 30% Fett und 15% Eiweiß, wobei insbesondere auf den Verzehr von mehrfach ungesättigten Fettsäuren sowie von qualitativ hochwertigen Kohlenhydraten und Eiweißen Wert gelegt werden sollte.

Über diese Empfehlungen hinaus ist es die Aufgabe des Arztes unter Berücksichtigung der individuellen Aspekte des älteren Patienten, wie z. B. Multimorbidität, Multimedikation und soziale Isolation, die Bedingungen für eine optimale Nahrungsaufnahme zu verbessern und ggf. unterstützend Nahrungssupplemente zu verordnen.

Supplemente

Sind diese und ähnliche Maßnahmen zur Verbesserung der Nahrungsaufnahme unzureichend, so muss die Nährstoffaufnahme selbst an die Bedürfnisse des älteren Menschen angepasst werden. Wichtig ist in diesem Zusammenhang eine Erhöhung der Nährstoffdichte der Mahlzeiten. Hierzu sollten v. a. Fleisch, Milchprodukte, Fisch, Eier und Soja-Produkte angeboten werden. Ist die Erhöhung der Nährstoffdichte über die normalen Mahlzeiten nicht möglich, so helfen *verschiedene Ergänzungen*:

Es können geschmacksneutrale Protein- oder Kohlenhydratpulver dem Essen zugefügt oder dem Patienten vollbilanzierte Trinklösungen in Portionen von 250 ml angeboten werden. Diese flüssige, vollbilanzierte Supplementnahrung, erhältlich in verschiedenen Aromata, weist 14–20% Eiweiß, 25–35% Fett und 50–60% Kohlenhydrate auf. Der Energiegehalt beträgt bei den meisten Präparaten 1 kcal/ml. Hochkalorische Varianten haben eine Energiedichte bis zu 1,6 kcal/ml; spezielle Proteinkonzentrate enthalten bis zu 35% Eiweiß. *Sollte die Ernährung nur aus solchen Supplementen bestehen – was eher die Ausnahme ist –, so entscheidet das Tagesvolumen*, ob zusätzlich ein Polyvitaminpräparat mit Spurenelementen verordnet werden muss. Grundsätzlich wird der Vitamin- und Spurenelementbedarf bei Verwendung vollbilanzierter Nahrung erst ab einem täglichen Volumen von 1500–2000 ml gedeckt. Bei selektiven und ausgeprägten Vitamin- und Mineralstoffmangelzuständen – meistens wird es sich um einen Vitamin-B_{12}- oder Folsäuremangel bzw. einen Zink- oder Eisenmangel handeln – müssen die entsprechenden Stoffe in therapeutischen Dosen, nicht nur in Erhaltungsdosen verordnet werden [37].

> Der positive Einfluss einer gezielten Ernährungstherapie auf die Selbstständigkeit geriatrischer Patienten konnte eindeutig nachgewiesen werden [20].

Die Gabe von durchschnittlich 193 ml einer Trinklösung mit hoher Nährstoffdichte führte bei den so behandelten Patienten zu einer Verbesserung der Körperzusammensetzung, des Vitaminstatus, der Pflegebedürftigkeit und des Barthel-Index [28] um 20 Punkte. Die Fortsetzung dieser Ernährungsunterstützung nach der Krankenhausentlassung über weitere 6 Monate zeigte eine weitere Zunahme der Selbstständigkeit und des Barthel-Index um 5 Punkte [49]. Eine Schweizer Studie konnte bei geriatrischen Patienten mit Schenkelhalsfrakturen einen deutlichen Rückgang der Komplikationsrate, eine Verkürzung der Rehabilitationszeit und eine Abnahme der Mortalität durch die tägliche Gabe von 250 ml Trinknahrung (254 kcal) zeigen [9].

Abschließend sei festgestellt, dass der Ernährungszustand älterer Menschen leider nur sehr unzureichend im klinischen Alltag berücksichtigt wird. Zahlreiche soziale, psychische und medizinische Faktoren führen bei einer großen Anzahl von Senioren zu Fehl- und Mangelernährung. Zur Erfassung des Ernährungszustands älterer Menschen ist daher die konsequente Einführung eines Ernährungsassessments notwendig, wie es bereits in verschiedenen geriatrischen Zentren entwickelt und validiert worden ist [18, 36].

Enterale Ernährung

Erst in der 3. Stufe kommen invasive Ernährungsmaßnahmen wie nasogastrale Sonden oder die perkutane endoskopische Gastrostomie/PEG zum tragen (s. Kap. 19–25).

Indikationen – allgemeine und geratrische

Generell finden sich beim geriatrischen Patienten ähnliche Voraussetzungen, Indikationen und Kontraindikationen wie beim jüngeren Erwachsenen.

> Das heißt, auch beim geriatrischen Patienten stellen alle Krankheitszustände, in denen eine ausreichende Ernährung oder Flüssigkeitszufuhr nicht gewährleistet sind, die Indikation zur Anlage einer nasogastralen Sonde oder PEG dar.

Als eher alterstypische Indikationen gelten:

- Patienten mit einer Schluckstörung im Rahmen eines ischämischen, seltener eines hämorrhagischen Insultes. Hier sollte die Anlage einer PEG frühzeitig erfolgen, um katabolen Stoffwechselsituationen vorzugreifen und das Risiko einer Aspiration beim Versuch der oralen Nahrungs- und Flüssigkeitsaufnahme zu vermindern.
- Zur zweiten Gruppe zählen Patienten mit demenziellen Symptomen unterschiedlichster Genese und die dadurch bedingten Schluck- und Essstörungen (z. B. Morbus Alzheimer)

Darüber hinaus findet die PEG Anwendung in der Palliation von Schluckstörungen bei fortgeschrittenen neurodegenerativen Krankheiten wie multiple Sklerose, Morbus Parkinson, amyotrophe Lateralsklerose (s. Kap. 36).

Ethische Aspekte beim dementen Patienten

Die Indikation zur enteralen Ernährungstherapie bei dementen Patienten im fortgeschrittenen Stadium wird in jüngster Zeit konträr diskutiert und erweist sich insbesondere in Deutschland mangels verbindlicher Richtlinien oder Empfehlungen als problematisch.

Aus medizinischer Sicht sind die aktuellen Beschwerden des Patienten, sofern er sie äußern kann, das Stadium der Erkrankung und der zu erwartende Verlauf sowie die daraus resultierenden Maßnahmen in die Entscheidung mit einzubringen [36a]. Sicherlich erscheint im Terminalstadium einer Demenz die Anlage einer Ernährungssonde nicht gerechtfertigt.

> Der Beweis, dass durch eine PEG-Anlage beim dementen Patienten im fortgeschrittenen Stadium eine Vermeidung wiederholter Krankenhauseinweisungen wegen Dehydratation und schwerer Infekte erreicht werden kann, ist bislang genauso wenig bewiesen wie die Vermeidung von Dekubitalgeschwüren und Aspiration [1].

Zu weiteren Aspekten in der Entscheidungsfindung und ethischen Aspekten der künstlichen Ernährung im Alter sei auf Kap. 64 in diesem Buch verwiesen.

Literatur

1. Ackerman TF (1996) The moral implications of medical uncertainety: tube feeding demented patients. J Am Geriatr Soc 44: 1265–1267
2. Aimone-Gastin I, Pierson H, Jeandel C et al. (1997) Prospective evaluation of protein bound vitamin B_{12} (cobalamin) malabsorption in the elderly using trout flesh labelled in vivo with ^{57}Co-cobalamin. Gut 41: 475–479
3. Ballé C, Schölmerich J (1995) Dünn- und Dickdarmerkrankungen im Alter. Internist 36: 691–698
4. Bonnefoy M, Coulon L, Bienvenu J, Boisson RC, Rys L (1995) Implication of cytokines in the aggravation of malnutrition and hypercatabolism in elderly patients with severe pressure sores. Age Aging 24: 37–42
5. Bussolotto M, Ceccon A, Sergi G et al. (1999) Assessment of body composition in elderly: accuracy of bioelectrical impedance analysis. Gerontology 45: 39–43
6. Buzina-Suboticanec K, Buzina R, Stavljenic A et al. (1998) Ageing, nutritional status and immune response. Int J Vitam Nutr Res 68: 133–141
7. Cederholm T, Arner P, Palmblad J (1997) Low circulating leptin levels in protein-energy malnourished chronically ill elderly subjects. J Intern Med 242: 377–382
8. Dawson-Hughes B, Harris SS, Krall EA, Dallal GE (1997) Effect of calcium and vitamin D supplementation on bone density in men and women 65 years of age or older. N Engl J Med 337: 670–676
9. Delmi M, Rapin CH, Benoga JM, Delmas PD, Vasey H (1990) Dietary supplementation in elderly patients wirh fractured neck of femur. Lancet 335: 1013–1016
10. Deutsche Gesellschaft für Ernährung (2000) Beratungsstandards, 3. Update. Ernährung älterer Menschen III/13.1–13.5
11. Elmstahl S, Stehen B (1987) Hospital nutrition in geriatric long-term care medicine: II Effects of diatary supplements. Age Aging 16: 73–80
12. Eissele R, Arnold R (1995) Gastroenterologische Probleme im Alter. Der Magen. Internist 36: 661–667
13. Fagiolo U, Cosarizza A, Santacaterina S (1992) Increased cytokine production by peripheral blood mononuclear cells from healthy elderly people. Ann NY Acad Sci 663: 490–493
14. FAO/WHO/UNO Expert Consultation (1985) Energy and protein requirements. Report of a Joint Technical Report Series 724. WHO, Genf
15. Fimmel S, Borchelt M, Kage A, Köttgen E (1994) Trace elements and carrier proteins in the aged. Arch Gerontol Geriatr Suppl. 4: 67–74
16. Füsgen I (2000) Obstipation bei geriatrischen Patienten. Z Gastroenterol 37 (S1): 17–19
17. Gegenbacher M, Seiler WO (1997) Ernährungsstatus geriatrischer Patienten mit Dekubitus Grad II und IV. Universität Basal
18. Guigoz Y, Vellas B, Garry PJ (1997) Mini Nutritional Assessment: a practical assessment tool for grading the nutritional state of elderly patients. Facts, research and intervention in geriatrics. In: Vellas BJ, Guigoz Y, Garry PJ, Albarède JL (eds) Nutrition in the elderly, 3rd edn: The Mini Nutritional Assessment (MNA) 1999, Karger, Basel, pp 15–60
19. Hasselgren PO, Fisher JE (1998) Sepsis: Stimulation of protein-dependent breakdown resulting in protein loss in skeletal muscle. World J Surg 22: 203–208
20. Hübsch S, Volkert D, Oster P, Schlierf G (1994) Möglichkeiten und Grenzen der Anwendung flüssiger Nährstoffkonzentrate in der Therapie der Mangelernährung geriatrischer Patienten. Akt Ernährungsmed 19: 109–114
21. Johnson G, Barenthin I, Westphal P (1984) Mouthdryness among patients in long-term hospitals. Gerodontology 3: 197–203
22. Klimek L, Moll B, Kobal G (2000) Riech- und Schmeckvermögen im Alter. Dtsch Ärztebl 97: 782–788

23. Konsensuspapier einer Expertenrunde (1999) Chronische Obstipation im Alter. Geriatrie Fortbildung, S 14–16
24. Koop H (1995) Ösophaguserkrankungen im Alter. Internist 36: 656–660
25. Lankisch PG, Burchard-Reckert S, Seidenstricker F (1995) Gastroenterologische Probleme im Alter. Das Pankreas. Internist 36: 685–690
26. Lesourd BM (1997) Nutrition and immunity in the elderly: modification of immune responses with nutritional treatments. Am J Clin Nutr 66: 478 S–484 S
27. Liu BA, Mittmann N, Knowles SR, Shear NH (1996) Hyponatremia and the syndrome of inappropriate secretion of antidiuretic hormone associated with the use of selective serotonin reuptake inhibitors: a review of spontaneous reports. Can Med Assoc J 155: 519–527
28. Loesche WL, Bromberg J, Terpenning MS (1995) Xerostomia, xerogenic medications and food avoidance in selected geriatric groups. J Am Geriatr Soc 43: 401–407
29. Mahoney F, Barthel D (1965) Funktional evaluation: The Barthel Index. MD State Med J 14: 61–65
30. Masclee AA, Geusken LM, Driessen WM (1988) Effect of aging on plasma cholecystokinin secretion and gallbladder emptying. Age 11: 136–140
31. McGandy RB, Barrows CH Jr, Spanias A et al. (1966) Nutrient intake and energy expenditure in men of different ages. J Gerontol 21: 581–587
32. Miller M (1995) Hormonal aspects of fluid and sodium balance in the elderly. Endocrinology. Metab Clin North Am 24: 233–253
33. Miller N, Moses AM (1976) Drug-induced states of impaired water excretion. Kidney Int 10: 96–102
34. Morley JE, Glick Z, Rubenstein LZ (1995) Geriatric nutrition: A comprehensive review, 2nd edn. Raven, New York
35. Morley JE, Kumar VB, Mattammal MB (1996) Inhibition of feeding by a nitric oxide synthase inhibitor: Effects of aging. Eur J Pharmacol 311: 15–19
36. Müller D, Sommer N (2000) Perkutane endoskopische Gastrostomie/PEG in der Geriatrie. In: Nikolaus T (Hrsg) Klinische Geriatrie. Springer, Berlin Heidelberg New York Tokio, S 351–359
36a. Nikolaus T, Bach M, Siezen S, et al. (1995) Assessment of nutritional risks in the elderly. Ann Nutr Metab 39: 340–345
37. Nilsson-Ehle H (1998) Age-related changes in cobalamin (vitamin B_{12}) handling. Implications for therapy. Drugs Aging 12: 277–292
38. Oishi, M, Mochizuki Y (1998) Improvement of P300 latency by treatment of vitamin B_{12} deficiency. J Clin Neurophysiol 15: 173–174
39. Österberg T, Birked D, Johansson C (1992) Longitudinal study of stimulated whole saliva in an elderly population. Scand J Dent Res 100: 340–345
40. Phillips PA, Rolls BJ, Ledingham JGG (1984) Reduced thirst after water deprivation in healthy elderly men. N Engl J Med 311: 753–759
40a. Potter JM (2001) Oral supplements in the elderly. Curr Opin Clin Nutr Metab Care 4: 21–28
41. Poston GJ, Singh F, Draviam EJ (1988) Development and age-related changes in pancreatic cholecystokinin receptors and duodenal cholecystokinin in guinea pigs. Mech Aging Dev 46: 59–66
42. Rabins P (1998) Pernicious anemia and reversible dementia: Strachan and Henderson 30 years later. Int J Geriatr Psychiatry 13: 139–140
43. Roe DA (1994) Medications and nutrition in the elderly. Prim Care 21: 135–147
44. Roubenoff R, Roubenoff RA, Cannon JG (1994) Rheumatoid cachexia: Cytokine-driven hypermetaboism accompanying reduced body cell mass in chronic inflammation J Clin Invest 93: 2379–2386
45. Schiffman SS (1983) Taste and smell in diesease. N Engl J Med 308: 1275–1279
46. Schlierf G, Oster P, Kruse W (1989) Fehlernährung bei geriatrischen Patienten: Die Bethanien-Ernährungsstudie (BEST). Z Gerontol 22: 2–5
47. Shing-Shing Y, Schuster MW (1999) Geriatric cachexia: the role of cytokines. Am J Clin Nutr 70: 183–197
48. Strohmeyer G, Rodilla-Sala E, Häussinger D (1995) Leber und Gastrointestinaltrakt im Alter. Internist 36: 639–647
49. Sullivan DH, Marin W, Flaxman N, Hagen JE (1993) Oral health problems and involuntary weight loss in a population of frail elderly. J Am Geriatr Soc 41: 725–731
50. Volkert D, Hübsch S, Oster P, Schlierf G (1996) Nutritional support and functional status in undernourished geriatric patients during hospitalization and 6 months follow-up. Aging Clin Exp Res 8: 386–395
51. Young V (1992) Energy requirements in the elderly. Nutr Rev 50: 95–101

Krebs und Ernährung

W. Scheppach, B. Pool-Zobel, J. Stein

Bereits Galen hatte in seinen frühen Schriften gemutmaßt, dass bestimmte Ernährungsformen für die Entstehung bösartiger Tumoren mitverantwortlich seien. Erste dokumentierte systematische Untersuchungen zu dieser Fragestellung stammten von dem englichen Landarzt A. Haviland, der Mitte des des vorigen Jahrhunderts eine vermehrte Rate von Krebserkrankungen in sumpfigen Flussniederungen nachwies. Sein daraus gezogener Rückschluss, dass dem Wasser in der Tuorentstehung eine kausale Bedeutung zukomme, weist auf die bis heute geltende Problematik einer kausalen Interpretation epidemiologischer Zusammenhänge hin [63].

61.1 Ernährung und Tumorentstehung

61.1.1 Karzinogenese

Nach der klassischen Vorstellung [32] verläuft die Karzinogenese stadienhaft über *Initiierung* (maligne Tranformation), *Promotion* (klonale Expansion, Bildung einer benignen Karzinomvorstufe) und *Progression* (Übergang von der benignen Vorstufe zum Karzinom). Es folgen die Tumorinvasion der umgebenden Strukturen sowie die Metastasierung. Dieser mehrere Schritte umfassende Prozess dauert bei manchen Tumoren mehrere Jahre und bietet somit einen Ansatzpunkt für Präventivmaßnahmen.

Die intensive molekulargenetische Forschung der letzten Jahre hat sehr zum Verständnis der Tumorpathogenese beigetragen. Danach akkumulieren im Verlauf der Karzinogenese Mutationen in Onkogenen, Tumorsuppressorgenen und DNA-Reparaturgenen. Beispielhaft kommt es in der kolorektalen Karzinogenese zunächst zu Mutationen im APC-Gen (»adenomatous polyposis coli«, Chromosom 5q), sodann im Ki-ras-Protoonkogen (Chromosom 12p) und final in den Tumorsuppressorgenen DCC (»deleted in colon cancer«, Chromosom 18q) sowie p53 (Chromosom 17p) [51]. Die Summation der Genomalterationen wird als die Ursache der Tumorentwicklung verstanden.

Es könnte nun die Schlussfolgerung naheliegen, dass die Karzinogenese ausschließlich genetisch determiniert und somit schicksalhaft verläuft. Dieser Auffassung widerspricht die epidemiologische Evidenz, die bei der Mehrzahl bösartiger Neubildungen einen wesentlichen Umweltfaktor erkennen lässt. Grundsätzlich sind nur wenige Tumoren ausschließlich durch exogene (*Beispiel:* Asbestmesotheliom der Pleura) oder endogene (*Beispiel:* Retinoblastom) Faktoren determiniert. Bei den hier zur Debatte stehenden häufigen Organtumoren stehen Genetik und Umwelt in einer komplexen Wechselbeziehung [39]. Es gibt wahrscheinlich eine genetisch fixierte Suszeptibilität für Krebserkrankungen.

Beispielhaft seien sog. genetische Polymorphismen genannt, die dafür verantwortlich sind, dass exogene krebsfördernde Faktoren in erhöhtem Maße biologisch wirksam werden können (z. B. Gene, die für folgende Enzyme kodieren: Alkoholdehydrogenase, Tetrahydrofolatreduktase, N-Acetyl-Transferase Typ 2; [79]). Zum anderen stellt man sich vor, dass exogene Faktoren (v. a. Ernährungsfaktoren) sowohl akzelerierend als auch inhibierend auf die Karzinogenese einwirken. Das individuelle Erkrankungsrisiko ergibt sich nach dieser Modellvorstellung aus dem Tag für Tag schwankenden Verhältnis aus akzelerierenden und protektiven Ernährungsfaktoren. Molekulare Angriffspunkte einer Einwirkung exogener Faktoren sind u. a. die Zellproliferation und -differenzierung, die Apoptose und die Regulation des Zellzyklus [51].

Folgt man dem Mehrschichtmodell der Karzinogenese von Potter, so können Zusammenhänge zwischen der Ernährung und der Tumorentstehung auf 3 Ebenen beforscht werden: der Populationsebene, der Ebene des Makroorganismus, und der zellulären/molekularen Ebene (*Abb. 61-1*). Ein jeder dieser Ansätze hat Vorzüge und Nachteile: so werden auf Populationsebene Risikofaktoren für die Karzinogenese identifiziert, ohne dass die zugrundeliegenden Mechanismen erklärt werden können. Andererseits lassen sich auf zellulärem Niveau die Wirkmechanismen von Nahrungsmitteln darstellen, wobei die übergeordneten Regulationsprinzipien des Gesamtorganismus zunächst vernachlässigt werden. Erkenntnisse zur Einwirkung von Ernährungsfaktoren auf die Tumorentstehung setzen sich mosaikartig aus Daten der verschiedenen Forschungsebenen zusammen und sind nicht widerspruchsfrei. Dieser Umstand macht es für Expertengremien außerordentlich schwer, ein Resümee des derzeitigen Wissensstandes zu ziehen und der Bevölkerung zu vermitteln.

61.1.2 Epidemiologie

Epidemiologische Untersuchungen bilden die Basis für sämtliche Aussagen zum Thema »Ernährung und Tumorrisiko«. Nachstehend sollen die zur Verfügung stehenden Forschungsinstrumente kurz vorgestellt werden [11].

In der deskriptiven Epidemiologie werden regionale bzw. historische Unterschiede der Krankheitshäufigkeiten mit Faktoren des jeweiligen Lebensstils in Beziehung gesetzt. Von besonderem Interesse sind Migrationsstudien, die Änderungen der Krankheitsinzidenz nach der Übersiedelung in eine

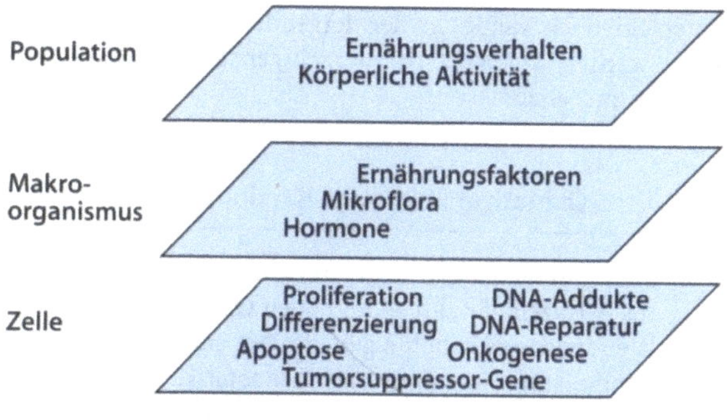

Abb. 61-1. Mehrschichtmodell der Karzinogenese. (Mod. nach [70])

andere Region erfassen. Meist ist der Wechsel des Lebensraums mit der Anpassung an die Ernährungsgewohnheiten des Gastlandes vergesellschaftet. Ein typisches Beispiel ist die Auswanderung von Japanern nach Hawaii, wo sehr rasch die Ernährungsgewohnheiten der westlichen Zivilisation angenommen wurden. In der Folge nahm die Inzidenz des Magenkarzinoms ab und diejenige des Kolonkarzinoms zu.

Ökologische Studien erfassen den Pro-Kopf-Verbrauch eines Lebensmittels in einer definierten Population. Studien dieser Art sind relativ leicht durchzuführen, erfassen jedoch nicht den tatsächlichen individuellen Verzehr von Nahrungsmitteln. Die sogenannte »Wegwerfrate« bleibt unberücksichtigt. Diese Tatsache vermindert den wissenschaftlichen Wert von ökologischen Erhebungen deutlich.

Eine Fülle epidemiologischer Daten entstammt Fall-Kontroll-Studien. Hierbei werden bei erkrankten Personen und vergleichbaren gesunden Kontrollpersonen Ernährungserhebungen durchgeführt. Meist handelt es sich um eine einzelne Stichprobe in einem begrenzten Zeitraum, sodass intraindividuelle Schwankungen der Ernährungsweise nicht erfasst werden. Ein weiterer Kritikpunkt ist die retrospektive Datenerhebung, die durch krankheitsbedingte Ernährungsmodifikationen gestört wird. Potenziell krankheitsauslösende Ernährungsfaktoren aus den Jahren vor Krankheitsausbruch entgehen somit der Untersuchung.

Als wissenschaftlich besonders hochwertig werden prospektive Kohortenstudien angesehen. Hierbei wird ein Kollektiv gesunder Personen über Jahre wiederholt zu den Ernährungsgewohnheiten und anderen Lebensstilfaktoren befragt. Der gewaltige logistische und finanzielle Aufwand wird angesichts des oft großen Stichprobenumfangs deutlich; so umfasst die Nurses Health Study annähernd 90.000 Krankenschwestern. Nach Jahren auftretende Krankheiten können mit der Ernährung in der gesunden Lebensphase korreliert werden. Kohortenstudien werden oft mit der Sammlung von biologischen Materialien kombiniert (»nested case-control study«).

Wenn sich ein Ernährungsfaktor als potenziell protektiv erweist, wird heute als letztes Glied in der Beweiskette eine Interventionsstudie mit Supplementierung des in Frage stehenden Faktors gefordert. Beispielsweise ergaben epidemiologische Studien Hinweise auf eine Prävention des Kolonkarzinoms durch Kalzium. Eine groß angelegte und plazebokontrollierte Interventionstudie an jeweils knapp 500 polypektomierten Patienten zeigte, dass die orale Gabe von Kalzium die Polypenrekurrenz um 17% vermindert [9].

Aussagen zum Zusammenhang zwischen Ernährung und Tumorentstehung beruhen auf einer Vielzahl von Studien der geschilderten Arten und sind hinsichtlich ihrer Aussagekraft unterschiedlich valide. In den folgenden Absätzen soll versucht werden, ein Fazit der derzeitigen wissenschaftlichen Evidenz zu ziehen.

61.1.3 Oxidativer Stress und Karzinogenese

Reaktive O_2-Moleküle (»reactive oxygen species«, ROS) stammen aus extrazellulär aufgenommenen Oxidanzien und werden als endogene Metabolite gebildet. Sie entstehen während des Metabolismus von *lipophilen Xenobiotika*, nach Stimulation mit Phorbolestern und als Folge der H_2O_2-Bildung (»second messenger«) während rezeptorvermittelten Signaltransduktionswegen [6]. Antioxidative Abwehrsysteme (Enzyme, Antioxidanzien) schützen die Zelle vor diesen Molekülen.

> Oxidativer Stress liegt dann vor, wenn das Gleichgewicht zwischen ROS und Antioxidanzien zugunsten der ROS verschoben ist.

Die Zellschädigungen durch ROS sind insbesondere Folge der Reaktionen mit der DNA und Proteinen [25]. ROS lösen die Lipidoxidation aus, was zur Bildung von reaktiven 4-Hydroxyalkenalen und Aldehyden führt, die ebenfalls DNA-schädigend wirken. ROS-induzierte Läsionen, die nicht zum Zelltod führen, können die tumorigene Zellentartung durch Mutationsauslösung fördern [26]. Oxidativer Stress erhöht die Expression der Protoonkogene c-*fos* und c-*myc* [21]. Schließlich werden auch die späten Schritte der Tumorprogression (beschleunigte Zellproliferation, verringerte Immunkontrolle, invasives Zellwachstum) durch ROS gefördert [26].

Modulation des oxidativen Stress durch Antioxidanzien/ Phytoprotektanten

Pflanzliche *Phenole* (Flavonoide, *Isoflavonoide*, *Anthocyane*, Lignane), *Karotinoide* (β-Karotin, Lycopin, Lutein) sowie kurzkettige Fettsäuren (Butyrat) sind aufgrund ihrer antioxidativen und anderer protektiver Wirkungen in vitro mögliche Kandidaten, die auch zu einer Veränderung der oxidoreduktiven Bedingungen innerhalb der Zelle führen können. Viele Untersuchungen liegen über die antioxidative Kapazität von Flavonoiden in vitro vor. Sie wirken reduktiv bzw. werden durch ROS oxidiert [14]. Andere Mechanismen sind Fe^{2+}- oder Cu^{2+}-Chelation [13], Abfangen von Peroxynitrit [40] und Inhibition der Lipidperoxidation [16]. Intrazelluläre Konsequenzen der Flavonoid-Wirkungen sind u. a. die Modulation der Zellproliferation [34], Reduktion von H_2O_2-induzierten DNA-Schäden [27] und Aktivierung von *p53* [66] bzw. Induktion der Chinon-Reduktase [86].

Phytohormone sind Polyphenole (Isoflavonoide und Lignane) mit hormonähnlichen Wirkungen, weil sie Östrogenrezeptoren besetzen und dadurch östrogene und antiöstrogene Wirkungen aufweisen.

Im Vergleich zu anderen Flavonoiden sind diese Wirkungen bei Genistein (Isoflavonoid) besonders ausgeprägt. *Genistein* wirkt antioxidativ und verhindert intrazellulär oxidativen Stress, führt aber nicht zur Induktion von metabolisierenden Enzymsystemen in HepG2-Zellen [42].

Für eine zweite Gruppe der Phytohormone, die Lignane (in Leinsamen, Getreide, Gemüse), ist v. a. bekannt, dass sie bei hohen Konzentrationen (>10 μM) in Östrogenrezeptor-positiven Zellen proliferationshemmend wirken und bei niedrigen (<10 μM) die Proliferation stimulieren [1]. Die Verbindungen besetzen z. B. in Brusttumorzellen die Rezeptoren von endogenen Östrogenen und fördern oder hemmen somit deren proliferative Wirkung. Die Phytohormone weisen zwar eine wesentlich geringere Affinität für diese Rezeptoren auf, sind aber bei ausreichender Versorgung mit Getreide, Gemüse und Sojaprodukten in bis zu tausendfach höheren Plasmakonzentrationen vorzufinden als die körpereigenen Östrogene. Darüber hinaus haben sie, wie aktuelle eigene Untersuchungen zeigen, die Fähigkeit, Kolonzellen vor oxidativen DNA-Schäden zu schützen. Hierfür wurde die Einzelzellmikrogelelektrophorese (Comet-Test) eingesetzt. Oxidierte DNA-Basen können durch eine einfache Modifikation des Comet-Tests nachgewiesen werden [20].

Oxidativer Stress und Genaktivierung

Die AP-1-Bildung aus jun/fos unterliegt einem komplexen Regelmechanismus, wahrscheinlich unter Beteiligung von ROS [21]. Durch Abfangen der ROS sollten Antioxidanzien einen hemmenden Einfluss auf die Bildung von AP-1 haben. Paradoxerweise führen aber synthetische phenolische Antioxidanzien (BHT, BHA) zu einer deutlich erhöhten Expression von *c-jun-* und *c-fos*-mRNA [78]. Für Antioxidanzien wird diesbezüglich angenommen, dass die Substanzen innerhalb der Zelle an redoxsensitive Proteine binden, wodurch Rezeptortyrosinkinasen und entsprechend weiter die Tyrosinkaskade (MEK, ERK, JNK) aktiviert werden. Dies hat die Aktivierung der Transkriptionsfaktoren (jun, fos u. a.) zur Folge, die über das »antioxidant responsive element« (ARE) für die Regulation verschiedener Enzyme der Chemoprotektionssysteme (inkl. GST) verantwortlich sind [73].

Ein weiterer Mechanismus der Genregulation durch Antioxidanzien könnte über das Abfangen von ROS und einer dadurch induzierten Verminderung des oxidativen Stress erfolgen. Durch die Veränderungen der oxidativen/reduktiven Bedingungen innerhalb der Zellen können die DNA-Bindungsaffinitäten von redoxsensitiven Transkriptionsfaktoren (wie SP-1, GR, EGR-1, AP-1) stark beeinflusst werden [18]. Diese Mechanismen dienen wahrscheinlich der »physiologischen« Aufrechterhaltung von vitalen Zellvorgängen, die durch Oxidations- und Reduktionsmechanismen reguliert werden. So erhöht oxidativer Stress die DNA-Bindung über NF-κB und die Aktivierung von Hitzeschockfaktoren. Antioxidative Flavonoide inhibieren deshalb diese Aktivierung [44].

Demgegenüber werden die DNA-Bindungen von Transkriptionsfaktoren mit Zinkfinger-Motiven oder von p53, beide mit cysteinhaltigen Bindungsstellen, durch Oxidanzien erniedrigt und durch Antioxidanzien erhöht. Die DNA-Bindung des Transkriptionsfaktors AP-1 wird durch ein reduziertes, zelluläres Milieu erhöht. In der Tat zeigen jüngste Befunde, dass die durch N-Acetylcysteininduzierten niedrigen O_2-Bedingungen in HepG2-Zellen in einem Reporter-Gen-Test das ARE des Chinonreduktase-Gens aktivieren. Die Befunde sprechen dafür, dass diese und andere Gene des Chemoprotektionssystems nach Einwirkung von antioxidativen Phytoprotektanten aktiviert werden.

61.1.4 Tumorhemmende Lebensmittelinhaltsstoffe (Chemoprävention)

Nahrungsmittel sind komplexe Mischungen aus Kohlenhydraten, Proteinen, Fetten, Vitaminen, Spurenelementen und diversen Begleitstoffen. Die Zuordnung eines Effekts des Nahrungsmittels zu einem chemisch definierten Inhaltsstoff ist äußerst problematisch. Manche Bestandteile gelten aufgrund experimenteller Befunde als Risikofaktoren für die Krebsentstehung, anderen werden krebshemmende Eigenschaften zugeschrieben. Da sie mit der Nahrung in wechselnden Mengen aufgenommen werden und sich ihre Wirkungen z. T. gegenseitig beeinflussen, bestehen keine einfachen und leicht evaluierbaren Beziehungen zwischen Ernährung und Tumorrisiko.

Nach derzeitigem Wissensstand gilt als gesichert, dass ein hoher Verzehr an Gemüse und Früchten mit einer Verringerung der Krebsrate in vielen Geweben einhergeht [70]. Offensichtlich überwiegt bei Personen mit reichlichem Verzehr an Obst und Gemüse die Exposition gegenüber krebshemmenden Substanzen gegenüber krebsfördernden.

> Aufgrund der überzeugenden Datenlage kann empfohlen werden, wenigstens 5-mal täglich eine Portion Obst oder Gemüse zu verzehren (»5-a-day«) und somit Obst/Gemüse zum Hauptbestandteil der Ernährung schlechthin zu machen.

Nachdem bislang nicht bekannt ist, welcher Inhaltsstoff besonders günstig hinsichtlich der Tumorverhütung ist, wird zur Abwechslung und Vielfalt bei der Gemüse- und Obstauswahl geraten.

Derzeit ist unklar, welcher chemisch definierten Substanz aus Obst/Gemüse der wesentliche tumorprotektive Effekt zuzuschreiben ist [67]. In erster Linie kommen antioxidative Vitamine (A, C, E) als tumorprotektive Faktoren in Frage. Man muss allerdings einschränkend festellen, dass die Supplementierung mit Vitaminen in hoher, d. h. »pharmakologischer« Dosierung, entweder keinen protektiven Effekt hatte – Vitamin C, E, β-Karotin in der Verhütung der Polypenrekurrenz im Kolorektum [38] – oder gar die Tumorentstehung förderte – Wirkung von α-Tocopherol/β-Karotin auf die Inzidenz des Bronchialkarzinoms bei Rauchern [3]. Weiterhin sind Gemüse und Früchte reich an Ballaststoffen, deren Abbau zu kurzkettigen Fettsäuren protektive Effekte bei der kolorektalen Karzinogenese erklären könnte [76].

Auch bestimmten Mineralien und Spurenelementen (z. B. organischen Selenverbindungen) werden krebshemmende Wirkungen zugeschrieben worden [19]. Ein besonderes Augenmerk wurde jüngst den sogenannten sekundären Pflanzenstoffen (Phytoprotektanten) zuteil (Tabelle 61-1, 61-2). Vertreter dieser heterogenen Gruppe wirken antioxidativ, antimikrobiell, antiinflammatorisch und immunmodulierend und entfalten sowohl im Reagenzglas als auch im Versuchstier tumorhemmende Eigenschaften [67]. Es ist denkbar, dass der Substanzmix aus vielen einzelnen protektiven Komponenten das Tumorrisiko entscheidend absenkt.

61.1.5 Enzymatische Entgiftungssysteme (Chemopräventionssysteme)

Intestinale Entgiftungssysteme

Phase-II-Enzyme wie UDP-Glucuronosyl-Transferasen, Sulfotransferasen und Acetyltransferasen können viele reaktive Substrate entgiften. Für die Entgiftung von ROS sind vorwiegend Katalase, Glutathion-Peroxidasen (GP_X) sowie die Superoxid-Dismutasen (SOD) zu nennen. Die Familie der Glutathion-S-Transferasen (GST) ist ein weiteres wichtiges Entgiftungssystem der Zelle. Diese Enzyme wirken entweder durch die Übertragung von Glutathion auf Elektrophile oder durch eine glutathionabhängige Peroxidase-Aktivität.

Des Weiteren spielen GST-Formen bei der Reparatur von geschädigten DNA-Basen eine Rolle. Mittlerweile gibt es immer mehr Befunde dafür, dass die unterschiedlichen

Tabelle 61-1. Sekundäre Pflanzenstoffe als Phytoprotektanten in der Karzinogenese

Krebslokalitsation (ICD 9)	Nationale Inzidenz[a] 1997 [Fälle/Jahr]	Nationale Rangfolge 1997 (Inzidenz)	Globale Rangfolge 1996 (Inzidenz)	Ernährungsfaktoren[b]	Andere Risikofaktoren (etablierte, nicht ernährungsbedingte Risikofaktoren)	Anteil der durch Ernährung vermeidbaren Erkrankungen: Niedrige Schätzung [%]	Hohe Schätzung [%]	Niedrige Schätzung [Fälle/Jahr]	Hohe Schätzung [Fälle/Jahr]
Mundhöhle und Rachen, Nasopharynx (140–149)[c]	9.700	10	5	↓ Gemüse und Obst[d], ↑ Alkohol[d], ↑ in Salz eingelegter Fisch[f]	Rauchen[e], Betelnüsse[d], Epstein-Barr-Virus[f]	33	50	3.201	4.850
Kehlkopf (161)	3.300	16	14	↓ Gemüse und Obst, ↑ Alkohol	↑ Rauchen	33	50	1.089	1.650
Speiseröhre (150)	4.100	15	8	↓ Gemüse und Obst, ↑ Mangelernährung, ↑ Alkohol	↑ Rauchen, ↑ Barrett-Syndrom	50	75	2.050	3.075
Lunge (162)	37.100	3	1	↓ Gemüse und Obst	↑ Rauchen, ↑ berufliche Exposition	20	33	7.420	12.243
Magen (151)	18.000	5	2	↓ Gemüse und Obst, ↓ Kühllagerung von Lebensmitteln, ↑ Salz, ↓ Salzkonservierte Lebensmittel	↑ Helicobakter pylori	66	75	11.880	13.500
Bauchspeicheldrüse (157)	10.100	8	2	↓ Gemüse und Obst, ↑ Fleisch, tierische Fette	↑ Rauchen	33	50	3.333	5.050
Gallenblase (159)	5.700	13	–[g]	–	–	keine	Daten	vorhanden	
Leber (155)	5.200	14	6	↑ Alkohol, ↑ Aflatoxine	↑ Hepatitis B und C	33	66	1.716	3.432
Dickdarm (Kolon und Rektum) (153–154)	51.700	1	4	↓ Gemüse, ↓ Körperliche Aktivität, ↑ Fleisch, ↑ Alkohol	↑ Rauchen, ↑ ererbte Mutationen, ↑ Colitis ulcerosa, ↓ nichtsteroidale Antiphlogistika	66	75	34.122	38.755
Brust (174)	(nur Frauen) 45.800	2	3	↓ Gemüse, ↑ schnelles Wachstum im Kindesalter, ↑ frühe Menarche, ↑ Adipositas, ↑ Alkohol	↑ Reproduktion[h], ↑ Ererbte Mutationen, ↑ Strahlenbelastung	33	50	15.114	22.900
Eierstöcke (183)	8.200	11	15	–	Ererbte Mutationen, Reproduktion[h]	10	20	820	1.640
Gebärmutterkörper (179,182)	10.000	9	16	↑Adipositas	↑ Orale Kontrazeptiva, ↑ Östrogene, ↑ Reproduktion[h]	25	50	2.500	5.000
Gebärmutterhals (180)	5.800	12	7	↓Gemüse und Obst	↑ Humanes Papillomavirus, ↑ Rauchen	10	20	580	1.160
Prostata (185)	27.800	4	9	↑ Fleisch oder Fett aus Fleisch oder Milchprodukten	–	10	20	2.780	5.560
Schilddrüse (193)	2.800	17	–[g]	↑ Jodmangel	↑ Strahlenexposition	10	29	280	560
Niere (189)	12.1000	7	17	↑ Adipositas	↑ Rauchen, ↑Phenacetin	25	33	3.025	3.993
Blase (188)	15.000	6	11	–	↑ Rauchen, ↑ berufliche Exposition, ↑ Schistosma Heamatobium[i]	10	20	1.500	3.000
Andere	65.900	–	–	–	–	10	10	6.590	6.590
Alle Krebslokalisationen	338.300	–	–	–	–	29	40	98.000	133.000[k]

[a] basiert auf Schätzungen zur Inzidenz von Krebserkrankungen in Deutschland für das Jahr 1997 (Robert-Koch-Institut, 1999); [b] wenn Evidenz als überzeugend oder wahrscheinlich eingestuft wurde; [c] außer Tumore von Lippen und Speicheldrüsen; [d] Oropharynx; [e] betrifft auch Tabakrauchen; [f] Nasopharynx; [g] keine zuverlässigen Daten; [h] Kinderlosigkeit, späte erste Schwangerschaft, späte natürliche Menopause; [i] Erreger der Bilharziose; [k] gerundet.

Enzymklassen ebenfalls eine ausgeprägte metabolische Entgiftungskapazität gegenüber ROS und Lipidperoxidationsprodukten aufweisen, und dass diese auch einer Substratspezifität unterliegen. Zum Beispiel kann die humane μ-Form 4-Hydroxyalkenale entgiften, π ist besonders aktiv gegenüber Acrolein, oxidierten DNA-Basen (Adenin-, Guanin-Propenale), Lipidhydroperoxiden und reaktiven O_2-Spezies, wohingegen das α-Isomer und das θ-Isomer Cumenhydroperoxid entgiften können [41]. In einigen Tumorzellen ist die Erhöhung der π-Form ein diagnostischer und prognostischer Marker [85]. Die verschiedenen Klassen kommen in unterschiedlicher Ausprägung in verschiedenen Geweben vor [5]; z. B. ist im Kolon v. a. die π-Form vertreten, wohingegen die μ- und α-Formen weniger ausgeprägt sind [65].

Für ernährungstoxikologische Fragestellungen ist es wichtig zu bemerken, dass einige GST-Isoenzyme durch Antioxidanzien und Oxidanzien in der Nahrung induziert werden können, wie z. B. die π-Form im humanen Dickdarm nach Verzehr von Rosenkohl oder in In-vitro-Modellzellkulturen [12].

GST-Expression

Die humanen GST-Klassen α, μ, π, τ, ζ und »mikrosomale« GST setzen sich aus Hetero- und Homodimeren verschiedener Proteinuntereinheiten zusammen [5]. Jede Untereinheit wird durch ein eigenes Gen kodiert. Identifiziert sind mindestens 11 humane Gene: A1, A2, A3 (GST-α), M1–M5 (GST-μ), P1 (GST-π) und T1, T2 (GST-τ) und Z1 (ζ). Genetische Polymorphismen sind häufig. Nullgenotypen (GSTM1*0, GSTT1*0) kommen in 50% bzw. ca. 20% der kaukasischen Bevölkerung vor [24]. Unterschiedliche Gewebe exprimieren unterschiedliche Muster der einzelnen Gene. In nicht transformierten humanen Kolonzellen werden v. a. die Gene für GST-α exprimiert und nur wenig GST-μ oder -π [68]. In Tumorgeweben nimmt die Expression des Gens für π zu und die für α und μ ab [62]. Durch die erhöhte Entgiftungskapazität erhalten die Zellen einerseits einen Wachstumsvorteil, weil sie sich vor weiteren Angriffen durch Kanzerogene und Oxidanzien schützen können, andererseits sind sie der Chemotherapie schwerer zugänglich [85].

GST-π-Induktion im Dickdarm

Wenig ist über analoge Vorgänge innerhalb des Dickdarms bekannt. Die Erforschung dieser Mechanismen an humanen Kolonzellen, insbesondere auch nach Einwirkung von pflanzlichen Antioxidanzien und anderen Phytoprotektanten ist deshalb ein wichtiges aktuelles Forschungsgebiet.

Ein Hinweis für die Induzierbarkeit der humanen GST-α in Darmzellen wurde vor wenigen Jahren publiziert. Die kurzkettige Fettsäure Butyrat induziert GST-π in der menschlichen Tumorzelllinie CaCo-2 [80]. Butyrat ist der zentrale Darmflorametabolit, der bei der Krebsprävention eine Rolle spielt [22]. Eigene Untersuchungen zeigen die erhöhte Gen-Expression von GST-α in primären Rattendarmzellen bei Tieren mit Darmflora im Vergleich zu keimfreien Tieren. Die Fütterung von »Crystalean«, das im Darm zu einer erhöhten Butyratproduktion führt, war mit einem weiteren Anstieg der GST-π im Dickdarm der Ratte verbunden. In nicht transformierten, frisch isolierten humanen Kolonzellen vermittelt eine Vorinkubation mit Butyrat einen deutlichen Schutz gegenüber H_2O_2-induzierten DNA-Schäden. Da die GST auch über eine Peroxidasewirkung Oxidanzien entgiftet, ist die Induktion von GST in diesen primären Zellen ein möglicher Mechanismus der beobachteten Schutzwirkung, eine Hypothese deren Klärung derzeit durch weitere Experimente nachgegangen wird.

Tabelle 61-2. Sekundäre Pflanzenstoffe als Phytoprotektanten in der Karzinogenese

Sekundäre Pflanzenstoffe	Typische Vertreter und Vorkommen
Karotinoide	z. B. β-Karotin in Karotten, Paprika, Aprikosen u. a. (z. B. Lycopin in Tomaten)
Flavonoide	Farbstoffe in nahezu allen Obst- und Gemüsesorten
Glukosinolate	Scharfe Geschmacksstoffe in Meerrettich u. a.
Phytosterine	Pflanzliche cholesterinähnliche Substanzen, z. B. in Soja
Saponine	Bittere Geschmacksstoffe in Erbsen, Bohnen u. a.
Phytinsäure	In Hülsenfrüchten (Bohnen, Erbsen)
Proteaseinhibitoren	In Sojabohnen, Getreide und Kartoffeln
Monoterpene	In Zitrusfrüchten und Gewürzen
Phytoöstrogene	In Soja, Vollkornprodukten und Leinsamen
Sulfide	z. B. Allicin, in Knoblauch und anderen Zwiebelgewächsen

Oltipraz und GST-Induktion in der Leber

Es wäre verlockend davon auszugehen, dass Phytoprotektanten spezifisch die GST (und andere Phase-II-Enzyme) induzieren könnten – weil dadurch gezielte Möglichkeiten einer aktiven Chemoprävention bestehen würden. Eine analoge Intervention wird in der Tat für die Verhütung von Aflatoxin-B_1-induzierten humanen Lebertumoren in belasteten Gebieten Chinas erprobt. Dieses Mykotoxin ist ein effektives Leberkarzinogen und wahrscheinlich Mitverursacher der dort beobachteten erhöhten Rate an Lebertumoren. Das Hepatotoxin Aflatoxin B_1 wird spezifisch durch GSTA1 entgiftet. Die medikamentöse Supplementation mit einer Verbindung, *Oltipraz*, die effektiv die Leber GST-α induziert, wird deshalb in den ersten klinischen Phasen erprobt. Die bisherigen Ergebnisse unter Verwendung von Biomarkern (DNA-Addukte/Urinmetaboliten) weisen auf eine effektive Protektion der Leber hin [46].

61.1.6 Besonderheiten einzelner Organtumoren

Die nachstehend aufgeführten Erkenntnisse über (fördernde und hemmende) Einflüsse von Ernährungsfaktoren auf die Entstehung der einzelnen Organtumoren basieren überwiegend auf epidemiologischen Daten, die für die Monographie des World Cancer Research Fund zusammengetragen wurden.

Karzinome der Mundhöhle und des Rachens

Neben dem Zigarettenrauchen ist das Kauen von Tabak und Betelnüssen ein etablierter Risikofaktor für das Plattenepithelkarzinom der Mundhöhle und des Rachens. Daneben erhöht Alkoholgenuss das Tumorrisiko, inbesondere in Kombination mit Zigarettenrauchen. Maté, in Südamerika als heißes Teegetränk konsumiert, wirkt unabhängig von Zigarettenrauchen und Alkoholkonsum tumorfördernd; dabei könnte es sich um eine thermische Schleimhautschädigung handeln [17].

Die epidemiologischen Daten, wonach der bevorzugte Verzehr von Gemüse und Früchten protektiv wirkt, sind überzeugend. Der Gehalt dieser Nahrungsbestandteile an antioxidativ wirkendem Vitamin C könnte für die Absenkung des Tumorrisikos verantwortlich sein.

Ösophaguskarzinom

Der wesentliche nichtdiätetische Risikofaktor für das Plattenepithelkarzinom der Speiseröhre ist das Zigarettenrauchen. Dieser steht in enger Beziehung zum dominanten diätetischen Risikofaktor, dem Alkoholgenuss. Wie schon bei den bösartigen Neubildungen der Mundhöhle und des Rachens, steigert Zigarettenrauchen bei Alkohol trinkenden Personen das Tumorrisiko noch weiter [72]. Die Datenlage zu Zigarettenrauchen und Alkoholgenuss kann als überzeugend eingestuft werden. Risikoerhöhend könnten weiterhin in konservierten Lebensmitteln enthaltene N-nitroso-Verbindungen wirken. Einseitige Kostformen (z.B. der überwiegende Verzehr von Cerealien) sind insofern ungünstig, als sie Defizite an protektiven Substanzen aufweisen. Der Genuss extrem heißer Getränke könnte ebenfalls im Hinblick auf die Karzinogenese problematisch sein. Demgegenüber vermindert der Verzehr von Gemüse und Früchten das relative Risiko des Plattenepithelkarzinoms. Möglicherweise können protektive Effekte einer gemüse- und obstreichen Ernährung auf die hierin enthaltenen Karotinoide und Vitamin C zurückgeführt werden.

Neben das Plattenepithelkarzinom, welches eine konstante Inzidenz aufweist, tritt in stetig wachsender Häufigkeit des Adenokarzinom des distalen Ösophagus. Dieses geht über die Zwischenstufen der leichten und schweren Dysplasie aus dem Barrett-Epithel (inkomplette intestinale Metaplasie des Ösophagusepithels) hervor. Ursache des Barrett-Epithels ist in den meisten Fällen ein pathologischer gastroösophagealer Säurereflux, der in erheblichem Umfang nahrungsabhängig ist. So leisten insbesondere Alkohol und fettreiche Nahrungsmittel dem Reflux Vorschub und könnten indirekt auch zur zunehmenden Tumorinzidenz beitragen [50].

Magenkarzinom

Die Inzidenz des Magenkarzinoms weist weltweit eine rückläufige Tendenz auf, besonders in den entwickelten Ländern. Nahrungsbestandteile spielen in der Ätiopathogenese dieses Tumors eine herausragende Rolle. Besonders überzeugend ist die protektive Wirkung von Gemüse und Früchten. Der Einsatz von Kühl- und Gefriermethoden (»refrigeration«) trägt auch zur Tumorprotektion bei; hierdurch wird eine kontiniuerliche Versorgung mit Gemüse und Früchten rund um das Jahr gewährleistet und die Notwendigkeit des Einsalzens zur Haltbarkeitsverlängerung von Lebensmitteln vermindert. Eine der mutmaßlichen protektiven Substanzen in Gemüse und Obst ist Vitamin C.

Demgegenüber erhöhen kochsalzreiche Ernährungsformen (Zusalzen bei Tisch oder Verzehr primär gesalzener Nahrungsmittel) wahrscheinlich das Risiko für das Magenkarzinom [10].

> Der wichtigste nichtdiätetische Risikofaktor für das Magenkarzinom ist die Infektion mit Helicobacter pylori.

Dieses Bakterium wirkt entweder direkt oder durch Interaktion mit Nahrungsbestandteilen karzinogen. Eine wahrscheinlich bedeutsame Interaktion mit dem protektiven Vitamin C ist darin zu sehen, dass die mit Helicobacter pylori befallene Magenmukosa weniger Vitamin C von der Blutseite zur Lumenseite abgibt und somit die luminale Konzentration eines protektiven Faktors vermindert [7]. Unter diesen Umständen kann die an der Karzinogenese mutmaßlich beteiligte Nitrosierungsreaktion (Reaktionskette: Nitrat → Nitrit → N-Nitrosoverbindung) in Abwesenheit von Vitamin C ungehindert ablaufen.

Kolorektales Karzinom

Genetische Faktoren der kolorektalen Karzinogenese wurden in den letzten Jahren intensiv beforscht [51]; tatsächlich besteht ein dominierender genetischer Hintergrund bei lediglich 5–10% der Dickdarmtumoren (FAP, HNPCC). Entzündliche Darmerkrankungen (Colitis ulcerosa, weniger ausgeprägt Crohn-Kolitis) tragen ebenfalls zur Inzidenz des kolorektalen Karzinoms bei.

Eine jahrzehntelange Exposition gegenüber Zigarettenrauch erhöht statistisch das relative Risiko bei Männern und Frauen, an kolorektalen Adenomen oder Karzinomen zu erkranken [36]. Der exakte Wirkmechanismus des Zigarettenrauchs ist unbekannt, könnte aber auf die Bildung zytotoxischer O_2-Radikale zurückzuführen sein. Die regelmäßige Einnahme von Aspirin und anderen nichtsteroidalen Antiphlogistika geht hingegen mit einem verminderten Tumorrisiko einher; hierauf basieren Ansätze zur medikamentösen Chemoprävention [81].

> Beim *sporadischen kolorektalen* Karzinom, das in mehr als 90% der Fälle angetroffen wird, sind Ernährungsfaktoren als wichtigste Einflussgrößen zu nennen.

Sporadische kolorektale Karzinome entstehen aus benignen Adenomen, die sich nach Mutationen im APC-Gen in Stammzellen bzw. den ersten Tochterzellen und aus frühen Dysplasien entwickeln können [71]. Das APC-Genprodukt spielt bei der Regulation des β-Catenins, der Zell-Zell-Adhäsion und der Mikrotubulinbindung eine Rolle. Das Fehlen des APC-Proteins kann durch Aktivierung der Transkription des T-Zell-Faktors (*Tcf*) eine fehlerhafte Zellzyklusregulation bewirken. Ein hoher Anteil der über 50-Jährigen entwickelt einzelne Adenome, deren Prävalenz mit dem Alter auf 60% Inzidenz zunimmt.

FAP-Patienten mit bereits vererbten APC-Mutationen entwickeln sehr viele Adenome zu einem früheren Lebensalter (≈44 Jahre). In beiden Fällen sind Folgemutationen in den Tumorsuppressorgenen *p53*, *DCC*, *p21* und im Protoonkogen K-*ras* u.a. für die Karzinomentwicklung notwendig. Für Adenomträger beim sporadischen Kolonkrebs liegt hierbei die Wahrscheinlichkeit für die weitere Entartung bei 5% und für FAP-Patienten bei 95% (sofern keine chirurgische Resektion erfolgt). Die DCC-Mutationen führen zu einer fehlerhaften Bindung der Zellen an die Matrix, während K-*ras* and p53-Mutationen mit unterschiedlichen Mechanismen zu einem aggressiveren Zellwachstum führen. Sie werden wahrscheinlich durch die Exposition der Mikroadenomen und Adenomen mit genotoxischen, toxischen und wachstumsfördernden Substanzen aus dem Dickdarmlumen ausgelöst [71].

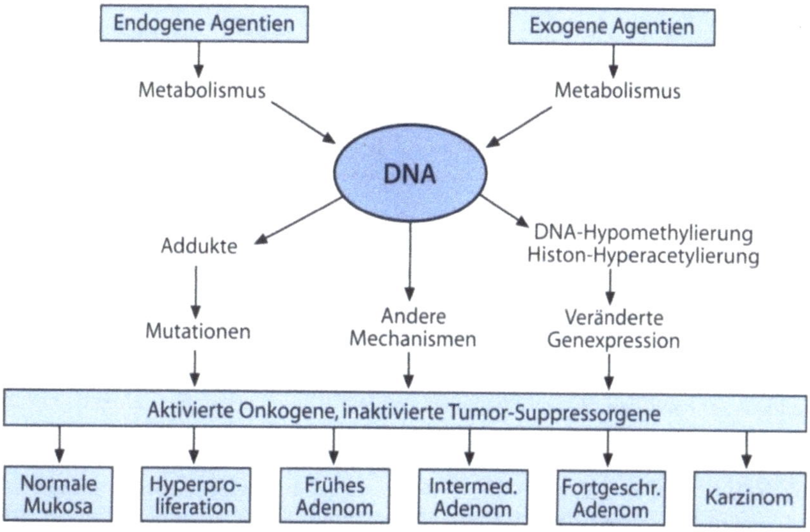

Abb. 61-2. Pathophysiologisches Modell zur Modulation der Adenom-Karzinom-Sequenz (unten im Bild) durch endogene (genetische) und exogene (v. a. nutritive) Faktoren

Bestandteile der Nahrung bzw. ihre Metaboliten wirken auf die Adenom-Karzinom-Sequenz ein, teils im inhibierenden, teils im akzelerierenden Sinne (Abb. 61-2). Das *individuelle Erkrankungsrisiko* ergibt sich nach dieser Modellvorstellung aus dem Tag für Tag schwankenden *Verhältnis aus akzelerierenden und protektiven Ernährungsfaktoren.*

Tumorfördende Ernährungsfaktoren

Die epidemiologische Datenlage weist darauf hin, dass der hohe Verzehr an Fleisch, Fetten und Proteinen – verbunden mit einem relativ geringer Verzehr an Faserstoffen bzw. ballaststoffreichen Lebensmitteln – mit einem erhöhten Risiko für die Entwicklung von Darmtumoren einhergeht. Die Beteiligung des hohen Fleischverzehrs als Risikofaktor wird allerdings immer noch kontrovers diskutiert, da die meisten Zusammenhänge zunächst in Studien aus den USA, aber nicht aus Europa gefunden wurden [4].

Großen prospektive Kohortenstudien zeigen [37, 89] konsistent eine positive Korrelation zwischen dem Verzehr *»roten« Fleisches* und *dem Kolonkrebsrisiko*. Personen mit täglicher Aufnahme von Rind-, Schweine- oder Lammfleisch hatten ein 2,5- bis 3,6-fach erhöhtes Erkrankungsrisiko, verglichen mit Personen, die Fleisch seltener als einmal pro Monat verzehrten. Diese Beziehung gilt nicht für »weißes« Fleisch (Geflügel, Fisch). Verschiedene Hypothesen wurden zur Erklärung der genannten epidemiologischen Daten herangezogen.

Zunächst wurde argumentiert, eine fleischreiche Ernährung sei häufig auch fettreich und der Verzehr tierischer Fette sei für das erhöhte Krebsrisiko ursächlich anzuschuldigen. Während in einigen Fall-Kontroll-Studien eine hohe Fettaufnahme positiv mit dem Tumorrisiko korrelierte, waren die Ergebnisse aus den aussagekräftigen Kohortenstudien inkonsistent. Nachdem sich ein erhöhtes Tumorrisiko auch beim Konsum magerer Fleischsorten fand, wurde die Eiweißkomponente als ursächlicher Faktor in Betracht gezogen. Die Kohortenstudien lassen jedoch keinen eindeutigen Zusammenhang zwischen Proteinaufnahme und kolorektalem Krebsrisiko erkennen. Wenn die Eiweißkomponente von »rotem Fleisch« als Risikofaktor nicht in Frage kommt, so könnte das im Myoglobin enthaltene Häm-Eisen anzuschuldigen sein. Dieses führt beim Versuchstier zur Bildung freier Hydroxylradikale im Kolon und induziert eine präneoplastische Hyperproliferation. Die Hypothese zu Häm-Eisen im Myoglobin ist attraktiv, bedarf jedoch noch der Überprüfung.

Heterozyklische Amine, die unter hohen Temperaturen beim Bratvorgang entstehen, sind bei Nagetieren in hohen Dosen karzinogen. Die Frage ist derzeit unbeantwortet, ob diese Substanzen beim Menschen ein Tumorrisiko bergen, wenn sie in sehr niedrigen Dosen aufgenommen werden. Ein genetischer Polymorphismus scheint hierbei von Bedeutung zu sein: Menschen mit einer hohen Aktivität der N-Acetyltransferase-Typ-2 tragen wahrscheinlich beim Verzehr von stark gebräuntem Fleisch ein erhöhtes Risiko [74].

Folatmangel führt indirekt zu einer Störung der physiologischen DNA Methylierung, die an der Gen-Expression beteiligt ist. Eine fehlerhafte Methylierung in Tumorsuppressionsgenen (»gene silencing«) oder in Protoonkogenen (Gen-Aktivierung) könnten die Folge sein [74].

Epidemiologische Daten legen nahe, dass der Genuss *alkoholischer* Getränke, auch in geringen Mengen, das Risiko für kolorektale Adenome und Karzinome erhöht [52]. Diese Assoziation erscheint besonders konsistent für Bierkonsum und Rektumkarzinome. Bei Versuchstieren bewirkt chronische Alkoholzufuhr zur Hyperproliferation der Rektumschleimhaut; zurückzuführen am ehesten auf die Akkumulation des zytotoxischen Acetaldehyd. Eine vermehrte Gewebskonzentration von Azetaldehyd wird bei hoher Aktivität der Alkoholdehydrogenase bei gleichzeitig geringer Aktivität der Acetaldehyddehydrogenase beobachtet. Dieses Phänomen ist ein weiterer Beleg dafür, dass über genetische Polymorphismen endogene und exogene Faktoren in der Karzinogenese interagieren.

Protektive Ernährungsfaktoren

Die Ergebnisse epidemiologischer Studien sprechen relativ klar für den protektiven Effekt einer hohen Gemüseaufnahme. Dies gilt für verschiedene Populationen und für alle Tumorlokalisationen (rechtes und linkes Kolon, Rektum) [77]. Hingegen gewähren Früchte nach derzeitiger epidemiologischer Datenlage keinen Schutz beim kolorektalen Karzinom, wohl aber bei den Tumoren des oberen Verdauungstrakts.

Angesichts der komplexen stofflichen Zusammensetzung von Gemüse ist derzeit unklar, welche Komponenten für die Protektion verantwortlich sind. Antioxidative Vitamine (Vitamin A, C, E und β-Karotin) waren in einigen Fall-Kontroll-Studien mit einem verminderten Tumorrisiko assoziiert. Diese fangen zytotoxische O_2-Radikale ab, die Zellen von den frühen in spätere Stadien der Adenom-Karzinom-Sequenz überführen.

Jüngst wurde den in verschiedenen Gemüsesorten in variablen Mengen enthaltenen sekundären Pflanzenstoffen Aufmerksamkeit zuteil. Diese mehrheitlich polyphenolischen Pflanzenpigmente (Flavonoide u. a.) neutralisieren zytotoxische O_2-Radikale und induzieren zelluläre Abwehrmechanismen (z. B. Glutathion-S-Transferase; [68]). Bislang ist es jedoch nicht gelungen, Einzelsubstanzen zu identifizieren, die für den antikarzinogenen Effekt des entsprechenden Lebensmittels hauptsächlich verantwortlich sind.

Zum Thema *»Ballaststoffe«* liegen aus der Epidemiologie widersprüchliche Daten vor. Während Fall-Kontroll-Studien überwiegend auf eine Protektion durch Ballaststoffe hinweisen, zeigte die jüngste Auswertung der Nurses' Health Study keinen Zusammenhang zwischen Ballaststoffaufnahme und kolorektalem Tumorrisiko [35]. Zwei umfangreiche Interventionsstudien [2, 75] ließen keinen Effekt einer ballaststoffreichen Ernährung auf die Rekurrenz von Kolonadenomen erkennen. Unberücksichtigt bleibt, dass die Ballaststofffraktion sehr heterogen und nicht mit einem einzigen Messparameter erfaßbar ist. Die Komplexität des Problems wird durch den Umstand vermehrt, dass auch Oligosaccharide (z. B. Fruktooligosaccharide) und andere komplexe Kohlenhydrate (z. B. enzymresistente Stärke) das Kolon erreichen, wo sie experimentell tumorprotektive Wirkungen entfalten.

Körperlich aktive Menschen beiderlei Geschlechts weisen ein um bis zu 50% vermindertes Erkrankungsrisiko auf; bereits moderates körperliches Training (Treppensteigen, schnelles Gehen = »brisk walking«) senkt das relative Risiko [58]. Umgekehrt ist Adipositas (insbesondere der abdominelle Fettansatz des Mannes) mit einem höheren Krebsrisiko behaftet. In einigen epidemiologischen Studien ist eine positive Energiebilanz (Imbalanz zwischen Energieaufnahme und -verbrauch) positiv mit dem Krebsrisiko assoziiert. Da die Adipositas in der Regel auf dem Wege einer fettreichen Ernährung entsteht, sind diese beiden Entitäten (Adipositas und Fettaufnahme) schwer voneinander zu trennen.

Leberzellkarzinom

Dieser Tumor ist in bestimmten Ländern der 3. Welt (China, Südostasien, Afrika) weitaus häufiger als in den Industriestaaten Europas und Nordamerikas. Der wesentliche nichtdiätetische Faktor ist die Infektion mit Hepatitis B und C. Unter den Ernährungsfaktoren kommt der Kontamination von Lebensmitteln mit Aflatoxin wahrscheinlich eine Bedeutung zu; eine gleichzeitige Hepatitisinfektion scheint das Risiko zu potenzieren [45].

In den entwickelten Staaten verläuft die *Entwicklung* des Leberzellkarzinoms nahezu immer über die Leberzirrhose. Nachdem die meisten Zirrhosen auf dem Boden eines Alkoholabusus entstehen, kann ein regelmäßiger Konsum hoher Alkoholmengen als Risikofaktor für das hepatozelluläre Karzinom angesehen werden.

Pankreaskarzinom

Dieser bösartige Tumor hat seine größte Häufigkeit in den entwickelten Ländern. Als wichtiger nichtdiätetischer Risikofaktor wurde das Zigarettenrauchen identifiziert. Hinsichtlich der Nahrungsfaktoren ist die derzeitige Datenlage nicht überzeugend. Wahrscheinlich ist jedoch, dass dem Verzehr von Gemüse und Früchten eine protektive Rolle zukommt; dies könnte auf den Gehalt von antioxidativen Vitaminen und Ballaststoffen zurückzuführen sein. Der Genuss von Alkohol beeinflusst, im Gegensatz zur Situation bei der akuten und chronischen Pankreatitis, nicht das Risiko des Pankreaskarzinoms. Auch regelmäßiger Kaffeegenuss ist unbedenklich [31].

Bronchialkarzinom

Der führende nichtdiätetischen Risikofaktor dieses beim Mann häufigsten bösartigen Tumors ist eindeutig das Zigarettenrauchen, gefolgt in weitem Abstand von der Exposition gegenüber Asbest und anderen beruflichen Noxen (Nickel, Radon, Chrom). Hinsichtlich der Ernährung sprechen überzeugende Daten für den protektiven Effekt von Gemüse und Früchten. Dieser ist möglicherweise auf den Gehalt an Karotinoiden, Vitamin C, Vitamin E und Selen zurückzuführen; könnte aber auch einer Vielzahl anderer sekündärer Pflanzenstoffe zugeschrieben werden.

Die Komplexität des Problems wird dadurch verdeutlicht, dass die Protektion durch vitaminreiche Nahrungsmittel keineswegs auf dem Weg des Analogieschlusses auch den Vitaminsupplementen unterstellt werden kann. Vielmehr kann die Zufuhr von Vitaminen in »pharmakologischer« (d. h. durch Verzehr vitaminreicher Lebensmittel nichterreichbarer) Tagesdosis das Gegenteil der erwünschten Wirkung hervorrufen: in der finnischen ATBC-Studie an männlichen Rauchern führte die Supplementierung mit α-Tocopherol/β-Karotin unerwartet zu einem im Vergleich zur Kontrollgruppe erhöhten Lungenkrebsrisiko [3].

Fettreiche Diäten (Gesamtfett, gesättigte Fette, Fette tierischen Ursprungs) und Alkohol könnten das Risiko, am Bronchialkarzinom zu erkranken, erhöhen (s. Kap. 40).

Mammakarzinom

Bekannte nichtdiätetische Risikofaktoren des Brustkrebses, des bei Frauen häufigsten bösartigen Tumors, sind Nulliparität, späte Erstschwangerschaft, späte Menopause, ionisierende Strahlen und Mutationen in den Genen BRCA-1, BRCA-2 und ATM. Ein rasches pubertäres Körperwachstum und eine große Körperlänge im Erwachsenenalter korrelieren auf überzeugende Weise mit dem späteren Brustkrebsrisiko; diese beiden Parameter hängen von der Ernährung im Kindes- und Jugendalter ab. Wahrscheinlich tragen eine hohe Körpermasse, eine übermäßige Gewichtszunahme im Erwachsenenalter und Mangel an körperlicher Aktivität zum Tumorrisiko bei.

Unter den Ernährungsfaktoren im engeren Sinne wirkt, wie bei zahlreichen anderen Tumoren, der reichliche Verzehr von Gemüse und Früchten wahrscheinlich protektiv; dies gilt möglicherweise auch für den Verzehr von Ballaststoffen. Andererseits akzeleriert eine hohe Zufuhr von rotem Fleisch, Alkohol und Fett (Gesamtfett, gesättigte Fette, Fette tierischen Ursprungs) u. U. das Tumorrisiko [23].

Endometriumkarzinom

Das relative Risiko, an diesem Tumor zu erkranken, wird durch eine hohe Körpermasse gesteigert. Diese Aussage wird durch eine klare Datenlage gestützt, wohingegen die Aussagen zu den individuellen Ernährungsfaktoren nicht gut begründet sind. Diskutiert werden eine Risikoverminderung durch Gemüse und Früchte sowie eine Risikoerhöhung durch gesättigte Fette bzw. Fette tierischen Ursprungs [70].

Prostatakarzinom

Es gibt derzeit keine Untersuchungen, die einen Zusammenhang zwischen der Ernährung und der Inzidenz dieses Tumors überzeugend oder wahrscheinlich erscheinen lassen. Als möglicher protektiver Faktor kommt der Verzehr von Gemüse und als potenzieller Risikofaktor der Verzehr von rotem Fleisch in Frage [70].

61.1.7 Ernährungsverhalten und Primärprophylaxe

Der Einfluss der Ernährung auf die Krebsentstehung liegt in überwiegendem Maße ihrem Potenzial, durch eine richtige Lebensmittelwahl Krebserkrankungen zu verhüten. Demgegenüber gibt es für die in der Öffentlichkeit vorherrschende Meinung, dass v. a. Lebensmittelzusätze und Schadstoffe in Lebensmitteln für die Entstehung von Tumoren verantwortlich sind, keine zwingenden wissenschaftlichen Hinweise.

Ein Wissenschaftsgremium des WCRF hat für die einzelnen Krebsarten das Präventionspotenzial einer Änderung des Ernährungsverhaltens vorgenommen, wobei auf Daten epidemiologischer Studien mit ihren Assoziationsmaßnahmen (relatives Risiko) zurückgegriffen wird (*Abb. 61-3*).

Die von einem internationalen Wissenschaftlergremium des WCRF zusammengestellten Empfehlungen beinhalten neben grundsätzlichen Aspekten des Lebensstils, Empfehlungen zum Verzehr einzelner Lebensmittel bzw. Lebensmittelgruppen sowie Vorschläge zu deren Verarbeitung. Die wesentlichen Aspekte sind nachfolgend dargestellt. Hierzu sei angemerkt, dass das Potenzial zur Senkung einzelner Krebsarten nicht in allen Populationen gleich ist, was letztlich durch die unterschiedliche Prävalenz einzelner Risikofaktoren bestimmt wird.

Grundsätzliche Aspekte des Lebensstils

Lebensmittelversorgung und Ernährungsgewohnheiten

Es sollte eine überwiegend pflanzliche Kost gewählt werden, die sich aus verschiedenen Gemüse- und Obstsorten, Hülsenfrüchten und nur wenig verarbeiteten stärkehaltigen Nahrungsmitteln (Vollkorngetreide, Kartoffeln) zusammensetzt.

Körpergewicht

Über- und Untergewicht sollten vermieden werden und die Gewichtszunahme im Laufe des Erwachsenenalters sollte sich auf unter 5 kg beschränken.

Körperliche Aktivität

Wer eine berufliche Tätigkeit mit geringer körperlicher Aktivität nachgeht, sollte sich pro Tag mindestens eine Stunde lang körperlich bewegen und mindestens eine Stunde pro Woche eine intensive körperliche Tätigkeit ausüben.

Lebensmittel

Gemüse und Obst

Während des ganzen Jahres sollten täglich 400–800 g, bzw. 5 oder mehr Portionen verschiedener Gemüse- und Obstsorten verzehrt werden.

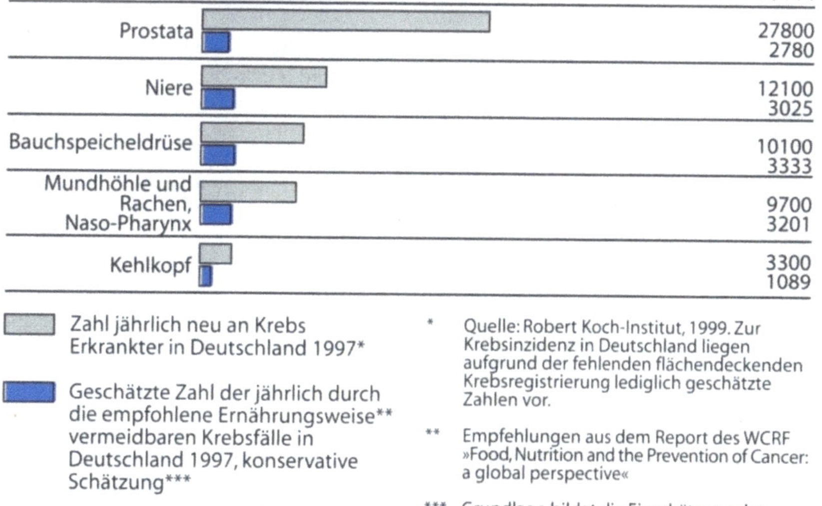

Abb. 61-3. Geschätzte Zahl der jährlich durch die empfohlene Ernährung vermeidbaren Krebsfälle

* Quelle: Robert Koch-Institut, 1999. Zur Krebsinzidenz in Deutschland liegen aufgrund der fehlenden flächendeckenden Krebsregistrierung lediglich geschätzte Zahlen vor.

** Empfehlungen aus dem Report des WCRF »Food, Nutrition and the Prevention of Cancer: a global perspective«

*** Grundlage bildet die Einschätzung des Wissenschaftlergremiums, das den o.g. Report erarbeitet hat.

Andere pflanzliche Lebensmittel

Täglich sollten 600–800 g oder mehr als 7 Portionen an Getreideprodukten, Hülsenfrüchten, Kartoffeln oder anderen pflanzlichen Nahrungsmitteln verzehrt werden. Lebensmitteln geringerer Verarbeitungsintensitäten sollte dabei generell der Vorzug gegeben werden.

Alkoholische Getränke

Der Konsum von Alkohol wird aus onkologischer Sicht nicht empfohlen. Wenn Alkohol getrunken wird, sollte der Konsum bei Männern auf weniger als 2 alkoholische Getränke pro Tag beschränkt werden, bei Frauen auf ein alkoholisches Getränk.

Fleisch

Wenn Fleisch gegessen wird, sollte der mittlere tägliche Verzehr auf 80 g beschränkt werden. Fisch, Geflügel oder Wild ist dem Verzehr von Schweine-, Rind- und Lammfleisch vorzuziehen.

Fette und Öle

Der Verzehr fetthaltiger Lebensmittel, insbesondere solcher tierischen Ursprungs, sollte eingeschränkt werden. Es sollten vorzugsweise pflanzliche Öle verwendet werden.

Salz

Der Konsum stark gesalzener und salzkonservierter Lebensmittel sowie der Gebrauch von Salz bei Tisch und in der Küche sollten beschränkt werden. Stattdessen sollten Kräuter und Gewürze zum Würzen der Speisen verwendet werden.

Umgang und Zubereitung von Lebensmitteln

Lagerung

Lebensmittel, die aufgrund ungünstiger Lagerungsbedingungen mit Pilzgiften (Mykotoxinen) verseucht sind, sollten nicht verzehrt werden.

Konservierung

Zur Aufbewahrung von Lebensmitteln oder selbst zubereiteten Gerichten sollten Kühlschrank und Tiefkühltruhe oder andere geeignete Methoden der Konservierung (Einkochen, Einlegen) genutzt werden.

Lebensmittelzusätze und Verunreinigungen

Lebensmittelzusätze, Verunreinigungen und andere Rückstände in Lebensmitteln unterliegen in Deutschland einer gesetzlichen Regelung, die Höchstmengen vorschreibt. Diese Mengen sind nicht als schädlich anzusehen.

Zubereitungsart

Angekohlte Lebensmittel sollten nicht verzehrt werden. Wenn Fleisch und Fisch gegessen werden, sollte das Verbrennen oder starkes Erhitzen des Fleischsaftes vermieden werden. Über offener Flamme gegrilltes Fleisch oder Fisch sowie gepökeltes und geräuchertes Fleisch sollten nur gelegentlich gegessen werden.

Nahrungsmittelergänzungen

Für diejenigen, die die hier genannten Empfehlungen befolgen, sind z. B. Vitamintabletten, Multivitaminsäfte, Mineralien oder Spurenelemente als Ergänzung der Nahrung in aller Regel nicht notwendig und für die Senkung des Krebsrisikos auch nicht nutzbringend, möglicherweise sogar schädlich.

Tabakkonsum

Es liegen eindeutige Hinweise auf einen engen Zusammenhang mit der Entstehung verschiedener Krebsarten vor. Der Tabakkonsum ist das Krebsrisiko »Nummer 1« und gilt als verantwortlich für 1/3 sämtlicher Krebserkrankungen. Deshalb sollte Tabak in keinerlei Form konsumiert werden.

61.2 Ernährung Tumorkranker

61.2.1 Kachexie und Malnutrition

Tumorkachexie stellt einen Zustand körperlicher Schwäche dar, der durch progressiven *Gewichtsverlust*, Anorexie und persistente Abnahme von Körperzellmasse als Antwort auf malignes Tumorwachstum charakterisiert ist (*Tabelle 61-3*).

Die Ursache für den *Gewichtsverlust* besteht in einer Imbalanz zwischen Energieaufnahme und Energieverbrauch. Diese Imbalanz resultiert aus einer verminderten Kalorienaufnahme oder einer erhöhten bzw. veränderten Substratverwertung. Häufig liegt eine Kombination dieser beiden Faktoren vor (*Abb. 61-4*).

Eine häufige *Ursache* für eine *reduzierte orale Nahrungsaufnahme* stellen Obstruktionen im Gastrointestinaltrakt und Mund-Rachen-Raum dar. Durch ausgeprägtes Tumorwachstum kommt es zu einer Behinderung der Nährstoffpassage und zu Schmerzen beim Schluckakt. Hiervon besonders betroffen sind Patienten mit Tumoren im Hals-Kopf-Bereich, bei denen aufgrund von Stenosen eine orale Nahrungsaufnahme mitunter völlig eingeschränkt ist.

Anorexie tritt häufig im Rahmen der onkologischen Therapie durch strahlen- und chemotherapeutisch induziertes Erbrechen und Übelkeit auf. Ein bei Tumorpatienten oft beobachtetes Phänomen ist die *Veränderung* der *Geschmackssensitivität bzw. -empfindung* und das Auftreten von Völlegefühl und Mundtrockenheit, die ihrerseits zum Zustand der Anorexie beitragen (*Tabelle 61-4*; [83, 84]).

Pathophysiologie der Tumorkachexie

Große Bedeutung für die Regulation der Nahrungsaufnahme wird dem Hypothalamus beigemessen. Veränderungen im

Tabelle 61-3. Definition der Tumorkachexie

Klinisch-metabolisches Syndrom mit
- Anorexie und Sättigungsgefühl
- Schwäche (»Asthenie«)
- Gewichtsverlust (subkutanes Fettgewebe, v. a. aber »muscle wasting«)
- Anämie und Müdigkeit
- Ödemen
- Geschwächter Abwehrfunktion (»Immunschwäche«)
- Verminderten motorischen Funktionen, verminderten mentalen Funktionen, reduzierter Aufmerksamkeit
- Verminderter Lebensqualität

Abb. 61-4. Mechanismen der Tumorkachexie

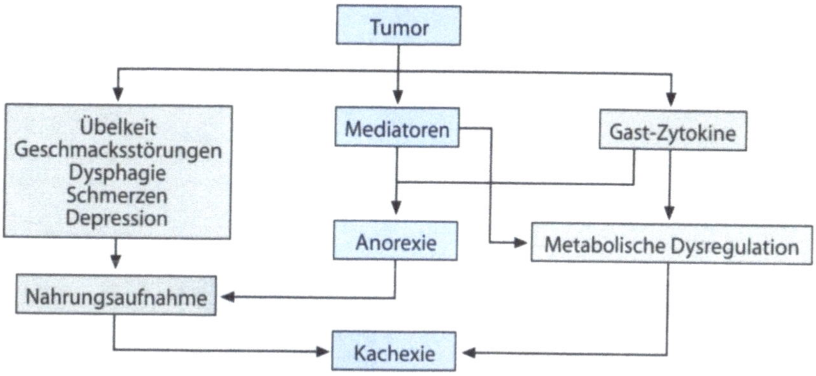

Hirnstoffwechsel bestimmter Neurotransmitter (z. B. Serotonin), die einen Einfluss auf den Hypothalamus haben, verändern auch die physiologische Regulation von Hunger und Sättigung. Eine Zunahme des Umsatzes an Serotonin, das aus der Aminosäure Tryptophan gebildet wird, bewirkt eine Verminderung der Nahrungsaufnahme.

Im Tierversuch wurden erhöhte Werte von Tryptophan im Gehirngewebe von Tieren mit Malignomen gefunden, die mit hohen Konzentrationen von Serotonin im Gehirn und einem anorektischen Zustand dieser Tiere einhergingen. Normalerweise wird Tryptophan an Albumin gebunden im Blut transportiert. Da aber im Zustand der Kachexie eine Hypoalbuminämie vorliegt, kann es zu einer Zirkulation freien Tryptophans im Blut kommen, was zu einer erhöhten Passage durch die Blut-Hirn-Schranke und somit zu erhöhten Serotoninwerten im Gehirn führt [47].

Nicht zu vergessen ist der psychische Zustand der Patienten. Häufig führen Depression und Angstzustände zu einer Einschränkung der Nahrungsaufnahme.

> Im Hungerzustand findet normalerweise, als Reaktion auf eine niedrige Kalorienzufuhr wie auch auf eine Gewichtsreduktion, eine physiologische Adaptation in Form einer Drosselung des Energieverbrauchs statt (s. Kap. 13).

Bei Tumorpatienten ist zwar *selten* eine exzessive *Erhöhung des Ruheumsatzes* zu beobachten, jedoch ist der Energieverbrauch im Vergleich zu der meist völlig unzureichenden Nahrungszufuhr und dem Verlust an Körperzellmasse inadäquat hoch. Selbst bei einer »normalen« Nahrungszufuhr ist der kachektische Tumorpatient nicht in der Lage den Energie- und Substratverbrauch an das Angebot anzupassen. Weiterhin tritt, insbesondere bei Tumoren des Gastrointestinaltrakts, eine schlechtere Verwertung oral aufgenommener Nährstoffe – sowohl durch die Auswirkungen des Tumors als auch durch die Therapie – auf.

Tabelle 61-4. Ursachen der Mangelernährung bei Tumorpatienten

- Anorexie (alle Zytostatika)
- Übelkeit, Erbrechen (Adriamycin, Cis-Platin, Cyclophosphamid, Daunarubicin, Hochdosischemotherapie)
- Nahrungsmittelaversion
- Mukositis, Ulzerationen (Afriamycin, Bleomycin, Epirubicin, MTX)
- Diarrhö (Cis-Platin, 5-FU, MTX)
- Obstipation, Ileus (Vinblastin, Vincristin)
- Organschäden
  Leber: Asparaginase, Busulphan, Mithramycin
  Niere: Cis-Platin, Ifosphamid, MTX

Als *Ursache* für den fehlenden Anpassungsmechanismus an die Nahrungszufuhr werden unter anderem die *metabolischen Veränderungen* des Organismus angesehen. Abnormalitäten im Intermediärstoffwechsel des Tumorwirts werden beschrieben für den Glukose-, Protein-, Fett- und Energiestoffwechsel. Diese Veränderungen sind zum einen durch die Reaktion des Organismus auf den Hungerzustand, zum anderen durch die systemische Antwort des Wirtsorganismus auf das Tumorwachstum zu erklären [47].

Es konnten eine Reihe von Faktoren identifiziert werden, die möglicherweise eine Rolle als *Mediatoren der Tumorkachexie* spielen. Hierzu gehören vom Tumor selbst gebildete Substanzen (z. B. Tumorpeptide) und vom Wirtsorganismus produzierte Faktoren, die als Reaktion auf das Tumorwachstum und die verminderte Nährstoffzufuhr ausgeschüttet werden (Zytokine, Hormone).

Die Tumorkachexie stellt ein heterogenes Geschehen dar, das nicht nur durch den Tumor selbst, sondern auch durch die Reaktion des Wirtsorganismus auf den Tumor charakterisiert ist (*Abb. 61-5*; s. *Tabelle 61-6*).

Mediatoren der Tumorkachexie

Zu den vom Tumor selbst gebildeten Mediatoren, die eine Rolle in der Pathogenese der Tumorkachexie spielen, gehören Substanzen wie Serotonin und Bombesin. Diese Substanzen konnten bei Tumorpatienten nachgewiesen und als anorexogen identifiziert werden [83, 84].

Eine Reihe von Studien berichtet über *veränderte Hormonprofile* bei Tumorpatienten. Häufig werden erhöhte Plasmakonzentrationen einiger katabol wirksamer Hormone (z. B. Glukagon, Katecholamine) gemessen, die ihre Ursache in der verminderten Nahrungszufuhr und in der Reaktion des Organismus auf das maligne Wachstum haben. Ebenso wird über Abnormalitäten in der Insulinproduktionsrate und der Funktion berichtet [83, 84].

Die *Immunantwort* des Wirtsorganismus auf das Tumorwachstum ist die *Akutphasereaktion*, die auch als Reaktion auf infektiöse und traumatische Zustände auftritt. Das Ziel dieser Reaktion ist eine Elimination des schädigenden Faktors. Die Akutphasereaktion geht einher mit neurologischen, metabo-

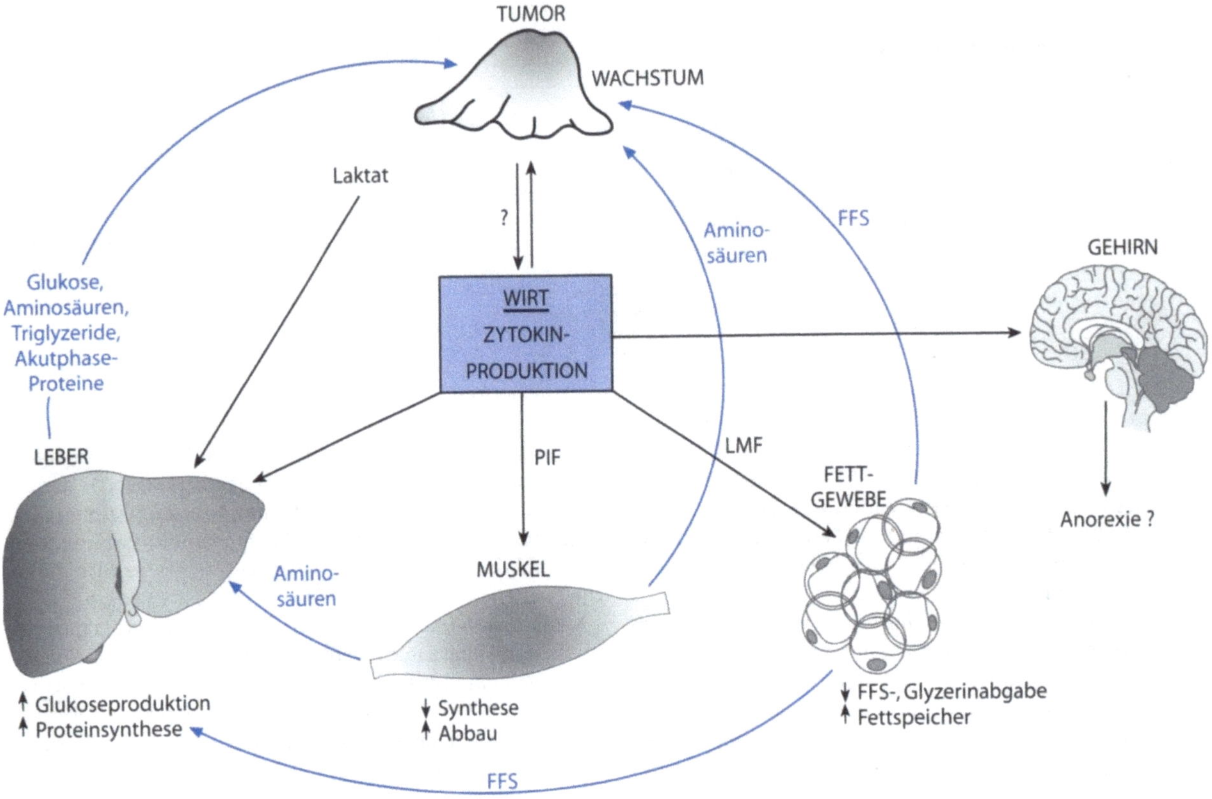

Abb. 61-5. Änderungen im Indermediärstoffwechsel durch die Wirt-Tumor-Beziehumg

lischen und endokrinen Veränderungen. Die Hauptrolle spielen dabei die von Makrophagen und Monozyten freigesetzten Zytokine Interleukin-1 (IL-1), Tumornekrosefaktor (TNF)/ Kachektin und Interleukin-6 (IL-6; [83, 84]). Weiterhin wird den Zytokinen Interferon-γ (IFN) und dem Differenzierungsfaktor (D-Faktor; auch Leukämie-Hemmfaktor genannt) eine Bedeutung in der Pathogenese der Tumorkachexie beigemessen. Die Funktion dieser Substanzen liegt in einer Verbesserung der Abwehrlage des Wirtsorganismus.

Gleichzeitig zeigen die Zytokine eine ausgesprochen katabole Wirkung auf den Intermediärstoffwechsel. Ein Symptom der Akutphasereaktion ist die Veränderung der Synthesegröße für zahlreiche Proteine. Es wird eine Umverteilung von Proteinen vom Muskel zur Leber eingeleitet, insbesondere zur Synthese und Bereitstellung von immunkompetenten Proteinen. Hieraus resultiert eine negative Stickstoffbilanz. Die Zytokine werden neben anderen als Mediatoren der Tumorkachexie angesehen. Im Tierexperiment und auch am Menschen konnten TNF und IL-1 als Auslöser einer Reihe von Symptomen der Kachexie identifiziert werden [83, 84].

Tumornekrosefaktor-α (Kachektin). TNF-α wird bei infektiösen und traumatischen Zuständen sowie als Reaktion auf Tumorwachstum von Makrophagen sezerniert. Balkwill et al. (in [47]) konnten in einem Kollektiv von Tumorpatienten bei 50% der Patienten TNF-α im Serum feststellen. Es fanden sich zudem auch signikilant erhöhte Werte von TNF-α spezifischer RNA in Blutzellen bei Patienten mit malignen Tumoren. Diese Ergebnisse decken sich nicht mit den Ergebnissen anderer Studien. Ein Nachweis der Aktivität von TNF-α hat sich als schwierig erwiesen. Scheinbar ist die Aktivität von TNF im Serum sehr labil und unterliegt verschiedenen Regulationsmechanismen.

Die zentrale Bedeutung von TNF-α in der Pathogenese der Tumorkachexie zeigt sich einerseits in dem direkten Effekt auf Organe und Gewebe, die mit TNF-α-Rezeptoren ausgestattet sind, andererseits durch den Einfluss auf die endogene humorale Antwort des Wirtsorganismus. Nachweise für eine Zunahme der Ausschüttung von Stresshormonen und eine Förderung der Abgabe anderer Monokine und Lymphokine durch eine erhöhte TNF-Aktivität konnten erbracht werden.

Die Auswirkungen der TNF-α-Aktivität auf den Stoffwechsel wurden sowohl in vitro als auch in vivo untersucht. Als Reaktion auf eine exogene Zufuhr von TNF-α zeigte sich eine erhöhte Freisetzung von Akutphaseproteinen durch die Leber, eine verminderte Albuminsynthese in der Leber und eine erhöhte Proteolyse von Muskelproteinen. Im Fettstoffwechsel konnte eine Verminderung der Lipoproteinlipaseaktivität der Adipozyten durch TNF nachgewiesen werden, was in einer reduzierten Fettklärrate aus dem Blut resultiert. Weiterhin wurde eine Hemmung der Fettsäuresynthese und eine Zunahme der zellulären Lipolyse festgestellt. Im Kohlenhydratstoffwechsel bewirkt TNF-α eine Erhöhung der Glykogenolyse, der anaeroben Glykolyse und des Plasmalaktatspiegels [83, 84].

Interleukine. Weniger gut erforscht ist die Funktion und die Bedeutung der Interleukine. Bei IL-1 handelt es sich um eine anorexogen wirkende Substanz. IL-1 bewirkt wie TNF-α eine Steigerung der hepatischen Proteinsynthese bei gleichzeitiger Hemmung der Albuminsynthese. IL-6 zeigt ein breites Spektrum von biologischen Aktivitäten im Rahmen der Immunabwehr. Möglicherweise wirken beide Zytokine synergistisch, da TNF-α die IL-1 Sekretion stimuliert und beide kaskadenförmig weitere Zytokine wie IL-6 freisetzen [83, 84].

Proteolyse-induzierender Faktor (PIF). Bei Tumorpatienten mit einem Gewichtsverlust >10%, lässt sich unabhängig vom Zytokinpattern im Serum ein Glykoprotein mit einem Molekulargewicht (MG) von ca. 24.000 nachweisen, das über eine Steigerung des Ubiquitin-proteasomalen Proteinabbaus zum Abbau von Muskeleiweiß führt. PIF findet sich im Gegensatz zu allen anderen Zytokinen ausschließlich bei Tumorpatienten [83, 84]. Nach einer jüngst von Tisdale [83, 84] publizierten Hypothese blockiert Eicosapentaensäure (EPA) die PIF-induzierte Freisetzung von 15-HETE und so den proteasomalen Muskelabbau (▣ *Abb. 61-6*).

Lipid mobilisierender Faktor (LMF). Es handelt es sich um ein Glykoprotein mit einem Molekulargewicht (MG) von ca. 43.000, das kürzlich aus dem Urin kachektischer Pankreastumorpatienten isoliert werden konnte [83, 84]. Ähnlich wie zahlreiche lipolytisch wirkende Hormone führt LMP im Adipozyten über einen cAMP gekoppelten Prozess zu Lipoylyse. Dieser Signaltransduktionsweg wird durch EPA ebenfalls blockiert und bietet somit einen weiteren Erklärungsansatz für die antikachektische Wirkung dieser 3-ω-Fettsäure [83, 84].

Störungen im Intermediärstoffwechsel

Kohlenhydratstoffwechsel

Wesentliche Veränderungen im Kohlenhydratstoffwechsel bei Tumorkachexie stellen ein erhöhter Glukose-Turnover, eine gesteigerte Glukoseproduktion in der Leber sowie eine Insulinresistenz dar. Als Folge zeigt sich eine Glukoseintoleranz einhergehend mit abnormen Belastungsblutzuckerwerten.

Nach Arbeiten von Tayek et al. [82] durchlaufen Störungen des postabsorptiven Glukosestoffwechsels bei Tumorpatienten 3 Stadien.

1. *Stadium*: Es kommt es zur Beeinträchtigung der peripheren Glukoseutilisation, was mit einer Abnahme des Trijodthyroninspiegels korreliert.
2. *Stadium*: Es findet eine Intensivierung der hepatischen Gluko*neo*genese bei noch normaler Glukoseproduktion statt. Die von der Leber abgegebene Glukose entstammt dabei v. a. aus der kortisonabhängigen Glukoseneubildung, weit weniger aus Leberglykogen (Glykogenolyse). Eine Malnutrition besteht noch nicht.
3. *Stadium*: Das Stadium der Malnutrion ist durch weitere Zunahme der Glukoneogenese sowie einer Zunahme der Glukoneogenese gekennzeichnet.

Bereits im 1. Stadium nach Tayek [82] bedingen direkt oder indirekt durch die Synthese von Zytokinen (TNF-α, IL-6) und/oder einer oder mehrerer diabetogener Faktoren eine zunehmende Störung der *peripheren* postabsorptiven Glukoseaufnahme und Glykogenese. Spätestens im 3. Stadium findet sich auch eine gesteigerte periphere Glykogenolyse. Die periphere Glukoseoxidation nimmt nur in geringem Maße ab. Die mangelhafte intrazelluläre Verfügbarkeit von Glukose führt zu einer weiteren Zunahme der Glukoneogenese.

Proteinstoffwechsel

Tumorkachexie ist charakterisiert durch progredienten Verlust an Muskelmasse. Die Aufzehrung der Proteinreserven resultieren aus den komplexen Veränderungen im Stickstoffmetabolismus, die Änderungen im Gesamtkörperprotein-Turnover, der Proteinsynthese und -katabolie im Muskel, des Proteinmetabolismus der Leber und der Plasmaaminosäurespiegel umfassen. In der Literatur wird von einem gesteigerten Gesamtkörperprotein-Turnover berichtet, einhergehend mit veränderten Proteinsyntheseraten und gesteigerten Proteinkatabolismusraten [47].

Zudem kommt es zu einer Umverteilung der Körperproteine. Durch eine erhöhte Proteolyse im Skelettmuskel werden vermehrt Aminosäuren zur Synthese wichtiger immunkompetenter Proteine und zur Glukoseproduktion bereitgestellt. Weiterhin werden dem Wirtsorganismus neben anderen Nährstoffen stickstoffhaltige Substrate zur Biosynthese eigener Proteine durch den Tumor entzogen [54].

Der Verlust von Muskelproteinen resultiert neben dem zunehmenden Proteinkatabolismus aus einer Abnahme der Proteinsyntheserate im Muskelgewebe. Der Wirtsorganismus

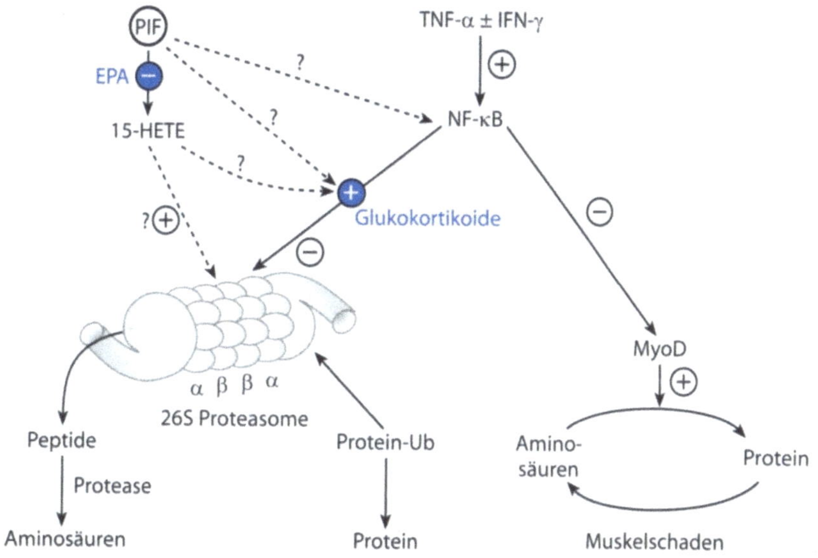

▣ **Abb. 61-6.** Molekulare Regulation der Proteinhmöostase im Skelettmuskel bei Tumorkachexie: Zytokine (TNF-α, IFN-γ) aktivieren den Transkriptionsfaktor NF-κB. Dies führt zu einer verminderten Expression von MyoD, einem für die Wiederauffüllung eines atrophischen Muskel essenziellen Transkriptionsfaktor. NF-κB führt gleichzeitig auch zur Freisetzung einer proteasomalen Untereinheit und so zur Zunahme des Ubiquitin-gekoppeltem Proteinabbaus. PIF seinerseits stimuliert die Synthese von Proteasomenuntereinheiten mittels HETE, was durch EPA hemmbar ist. (Mod. nach [83])

ist nicht in der Lage, sich an die reduzierte Stickstoffaufnahme in Form einer Konservierung der Muskelmasse durch verminderten Abbau von Muskelproteinen zu adaptieren. Die Synthese von Proteinen in der Leber wird als gesteigert angegeben, bei jedoch anscheinend gleichzeitiger Zunahme des Abbaus der synthetisierten Proteine, was erniedrigte Serumproteinspiegel zur Folge hat [49].

Trotz gesteigerter hepatischer Albuminsynthese findet sich nahe zu regelhaft eine *Hypoalbuminämie*. Eine Erklärung hierfür scheint die Zunahme an Körperwasser im Zustand der Mangelernährung zu sein, die ein größeres Ausmaß annimmt als die Zunahme der Albuminsynthese [54]. Bei Fortschreiten der Mangelernährung finden sich darüber hinaus typischerweise erniedrigte *Serumalaninspiegel*. Offensichtlich wird Alanin im Rahmen der erhöhten Glukoseproduktionsrate zur Glukoneogenese in der Leber herangezogen.

Fettstoffwechsel

Einer Untersuchung von Legaspi et al. [55a] zufolge ist die Nutzung von Fett als Energielieferant bei kachektischen Tumorpatienten signifikant höher als bei normalernährten erwachsenen Kontrollpersonen. *Insgesamt zeigt sich ein gesteigerter Fettsäuren- und Glyzerin-Turnover bei gesteigerten Lipolyseraten und verminderter Lipogenese.* Die hauptsächlichen Veränderungen im Fettmetabolismus stellen demzufolge der Abbau von Fettreserven und eine Hyperlipidämie dar, wobei der Fettverlust relativ ausgeprägter als der Eiweißverlust ist. Bei Tumorpatienten scheint eine Umkehrung des Zustands der erhöhten Mobilisation und Oxidation von Fettreserven durch Gabe von Glukoseinfusionen, wie normalerweise im Hungerzustand, nicht möglich zu sein. Ein weiteres Phänomen des abnormen Fettstoffwechsels ist die Abnahme der Lipoproteinlipaseaktivität, die scheinbar mit der Abnahme der Fettreserven korreliert [54]. Hieraus resultiert eine veminderte Klärrate von Fetten aus dem Blut, was zur Hyperlipidämie beiträgt (*Tabelle 61-5*).

Tabelle 61-5. Intermediärstoffwechsel bei Tumorkachexie

Kohlenhydratstoffwechsel	– Glukoseintoleranz – Insulinresistenz – Verlangsamte Blutglukoseclearance – Erhöhte Glukoneogenese – Erhöhte Aktivität des Cori-Zyklus
Proteinstoffwechsel	– Erhöhter Gesamtkörperprotein-Turnover – Erhöhte Proteinsyntheserate in der Leber (Akutphaseproteine) – Verminderte Proteinsyntheserate im Muskel – Anhaltender Abbau von Muskelprotein – Abnahme der Plasmaspiegel an verzweigtkettigen Aminosäuren
Lipidstoffwechsel	– Exzessiver Abbau der Fettspeicher, Abnahme des Gesamtkörperfettes – Gesteigerte Lipolyserate, Hyperlipidämie – Verminderte Serumlipoproteinlipaseaktivität – Verminderte Lipogenese – Erhöhter FFS/Glyzerin-Turnover

Energiestoffwechsel

Untersuchungen zum Ruheenergieverbrauch bei Malignompatienten zeigten keine einheitlichen Ergebnisse. Fearon u. Carter [47] berichten von mehreren Studien, die sowohl eine Zunahme als auch eine Abnahme des Ruheumsatzes bei Tumorpatienten nachweisen konnten. In einer eigenen Studie zum metabolischen Status von Malignompatienten konnten die Autoren keinen Unterschied zwischen dem Ruheenergieverbrauch von Patienten mit Tumoren der Lunge, des Darms und Magens und Kontrollen feststellen.

Es erscheint jedoch erwiesen, dass bei malignen Erkrankungen der Wirtsorganismus nicht in der Lage ist, angemessen auf eine Reduzierung der Kalorienaufnahme zu reagieren, wie die vorangehenden Ergebnisse zeigen. Trotz reduzierter Energie- und Nährstoffaufnahme, ist die metabolische Umsatzrate gleichbleibend oder steigt leicht an. Es besteht ein Ungleichgewicht zwischen Energie-Output und -Input, was zu einer chronischen negativen Energiebilanz im Tumorwirtsorganismus und somit zu einem Verlust der vitalen Energiereserven führt [54].

Folgen der Malnutrition bei Tumorerkrankungen

Die prognostische Relevanz von Gewichtsverlust und Ernährungszustand für den onkologischen Patienten zeigt sich an den Folgen der Mangelernährung (*Tabelle 61-6*). Malnutrition ruft eine Beeinträchtigung des Stoffwechsels hervor und führt zu einer Verminderung von Enzymaktivitäten, Transportproteinen und Körperzellmasse. Hieraus resultieren Störungen der Organaktivität, Organatrophie, verzögerte Wundheilung und Verschiebungen im Flüssigkeits- und Elektrolythaushalt. Für den Patienten ist dies verbunden mit verminderter Belastbarkeit, Apathie und Schwäche, außerdem mit einer reduzierten Toleranz gegenüber der onkologischen Therapie [47].

> Es bestehen komplexe Wechselwirkungen zwischen dem Ernährungszustand, der Immunabwehr und der Infektanfälligkeit.

Eine inadäquate Nahrungszufuhr ruft eine Beeinträchtigung des Immunsystems, insbesondere der zellvermittelten Immunität, hervor, was zu einem vermehrten Auftreten von Infektionen bei mangelernährten Patienten führt. Der geminderte Ernährungs- und Immunstatus ist für eine erhöhte Mor-

Tabelle 61-6. Konsequenzen eines schlechten EZ

Bezogen auf den Wirt:	– Eingeschränkte Lebensqualität – Erhöhte Morbitität: Pneumonie Harnwegsinfekte Abszesse Wundheilingsstörungen – Erhöhte Mortalität – Erhöhte Komplikationsraten nach: Chemotherapie Tumorchirurgie Strahlentherapie – Standardtherapie nicht möglich
Bezogen auf den Tumor:	– Verminderte Hemmung der Tumorprogredienz

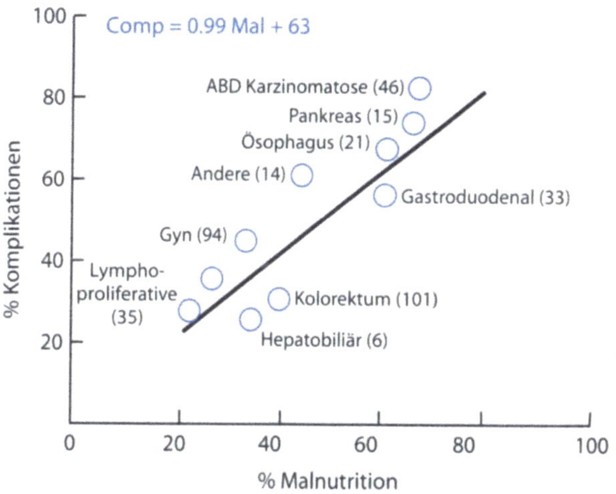

Abb. 61-7. Zusammenhang zwischen Mangelernährung und Komplikationsraten bei verschiedenen Tumoren. (Mod. nach [60a])

bidität und Mortalität von Tumorpatienten verantwortlich zu machen. Eine Schwächung der Immunabwehr wird neben der Malnutrition zusätzlich durch das Tumorleiden selbst und durch die »aggressiven Behandlungsformen« wie Radio-, Chemo- und operative Therapie hervorgerufen [64].

Roth et al. [74a] fanden in einer Studie zur postoperativen Komplikationshäufigkeit bei mangelernährten Karzinompatienten eine signifikant erhöhte Komplikationsrate bei mangelernährten gegenüber normal ernährten Patienten heraus, wobei die Art der Komplikationen größtenteils Infektionen und verschlechterte Wundheilung waren (*Abb. 61-7*). Ähnliche Ergebnisse für die Auswirkungen einer Strahlenbehandlung oder Chemotherapie werden berichtet von Copeland et al. (s. auch [47]), die in ihren Untersuchungen einen positiven Effekt einer supportiven Ernährungstherapie auf die Auswirkungen von Chemo- und Radiotherapie nachweisen konnten. Dieser Effekt zeigt sich in einer verbesserten Toleranz und einer erhöhten Remissionsquote der onkologischen Therapie [47].

61.2.2 Therapieziele und Strategie der Ernährung von Tumorpatienten

Wichtigstes Ziel einer ernährungsmedizinischen Betreuung von Tumorpatienten ist die *Verhütung bzw. frühzeitige Behandlung der Malnutrition.* Sie führt mit konsekutiver Verbesserung des Ernährungszustands bekanntermaßen zu einer signifikanten Verbesserung der Lebensqualität, der Allgemeinbefindlichkeit, der Morbitität, Therapietoleranz und somit insgesamt zu einer Prognoseverbesserung (*Tabelle 61-7*).

Für eine individuell adäquate Ernährungsberatung/-therapie stehen in abgestufter Reihenfolge folgende Möglichkeiten zur Verfügung:
- ausführliche individuell abgestufte Beratung,
- Einsatz von Trink- und Zusatznahrungen,
- Ernährung über enterale Sondensysteme (PEG/EPJ/FKJ)
- sowie als Ultima Ratio eine zusätzliche bzw. totale parenterale Ernährung, ggf. über Hickmann- oder Groshong-Kathetersysteme.

Tabelle 61-7. Indikationen zu ernährungstherapeutischen Maßnahmen

Drohende Mangelernährung	– Nahrungsaufnahme ungenügend (<60% des berechneten Bedarfs während mehr als einer Woche) – Anhaltende Diarrhöen – Polychemotherapie
Mangelernährung vorhanden	– Aktuelles Gewicht <90% des optimalen Körpergewichts – Unbeabsichtigter Gewichtsverlust >10% in 6 Monaten bzw. 5% in 3 Monaten – Serumalbumin <35 g/dl, Transferrin erniedigt – Kontinuierlicher Abfall von Albumin, Cholinesterase oder Transferrin – Nachweis von isolierten Nähstoffdefiziten (Vitamine, Spurenelemente, Mineralstoffe)

Energie- und Nährstoffbedarf

Es ist davon auszugehen, dass Patienten in gutem Ernährungszustand, die zu einer normalen Lebensführung imstande sind – entsprechend einem Karnosky-Inex von 80–100% (*Tabelle 61-8*) –, bei leichter körperlicher Tätigkeit den gleichen Energiebedarf haben wie Gesunde (≈30 kcal/kgKG/24 h), wovon etwa (≈70% 21 kcal/kgKG/24 h) auf den *Grundumsatz (GU)* entfallen.

Der Grundumsatz lässt sich ohne größere Belastung des Patienten durch indirekte Kalorimetrie oder nach der Formal von Harris u. Benedict berechnen (s. Kap. 1).

Tabelle 61-8. Aktivitätsindex nach Karnosky

Aktivitätsindex [%]	Zustand
100	Normale körperliche Aktivität, keine Beschwerden, keine Krankheitszeichen
90	Normale Lebensführung möglich, geringe Krankheitszeichen
80	Normale Lebensführung nur unter Anstrengung möglich, deutliche Krankheitszeichen
70	Selbstversorgung möglich, normale Aktivität nicht möglich
60	Vorwiegend Selbstversorgung möglich, gelegentliche Hilfe nötig
50	Ständige pflegerische und häufig ärztliche Hilfe notwendig
40	Unfähigkeit, einen wesentlichen Beitrag zur Eigenverantwortung zu leisten, überwiegend bettlägerig
30	Schwere Beeinträchtigung, permanente Bettlägerigkeit, Krankenhausversorgung angezeigt, keine unmittelbare Todesbedrohung
20	Schwer krank, durchgehend aktive Hilfe notwendig
10	Moribund, rapider Fortschritt der Krankheit
0	Tod

Im Rahmen einer Tumorkachexie (s. oben) aber auch wegen zusätzlicher Begleiterkrankungen (Fieber) kommt es es im weiteren Krankheitsverlauf zu Steigerung des GU, die allerdings selten >20% beträgt.

> Als Grundregel gilt, dass ein Anstieg des GU von 50% einen Energiebedarf von etwa 10 kcal/kgKG/24 h bedingt.

Für die Zufuhr von Mikronährstoffen gelten zunächst die gleichen Regeln wie beim Gesunden. Bei Defiziten ist allerdings auf eine ausreichende Supplementierung unter Berücksichtigung individueller krankheits- und/oder therapiebedingter Änderungen der Verdauungs- und Stoffwechselsituation (z. B. Mukositis, Diarrhö) zu achten.

Patientenadaptierte Modifikation der oralen Ernährung

Einerseits kann durch Berücksichtigung individueller Wünsche und Vorzüge die normale orale Nahrungsaufnahme vieler Patienten verbessert werden, andererseits besteht aber auch die Gefahr, dass, je ausschließlicher die Patienten sich durch Wunschkost ernähren, sie zunehmend und ungewollt eine unausgewogene Kost verzehren und Defizite an Mikronährstoffen auftreten (*Tabellen 61-9* und *61-10*).

Wenn trotz einer intensivierten Ernährungsberatung eine ausreichende quantitative und/qualitative orale Ernährung nicht mehr in ausreichendem Maße möglich scheint, sollten als nächster Schritt Zusatznahrungen in Form von z. B. Getränken, Suppen oder Joghurts zum Einsatz kommen. Derartige nährstoffdefinierte Trink- und Zusatznahrungen werden heute in mehr als 35 verschiedenen Geschmacksrichtungen angeboten. Sie sollen und können individuell auf den einzelnen Patienten abgestimmt werden. So kann bei Patienten mit Peritonealkarzinose eine Ernährung mit chemisch definierten Diäten zur Schmerzlinderung beitragen (s. Kap. 20).

Enterale Ernährung als Bestandteil multimodaler Therapiekonzepte in der Onkologie

Lässt sich auch unter einer patientenadaptierten Optimierung der oralen Ernährung keine Gewichtszunahme oder zumindest keine Stabilisierung des Körpergewichts erzielen, so muss unter Berücksichtigung von Prognose und Lebensqualität des Patienten über den Einsatz der künstlichen Ernährung entschieden werden.

Tabelle 61-9. Therapieziele einer Ernährung von Tumorpatienten

- Stabilisierung und Verbesserung des Ernährungszustandes
- Steigerung des Appetits
- Verbesserung der Nahrungsaufnahme
- Erreichen einer größeren körperlichen Leistungsfähigkeit
- Steigerung der Mobilität
- Verbesserung des Allgemeinbefindens
- Erhalt der sozialen Integrität
- Verbesserung der Therapietoleranz unter Chemo- und/oder Strahlentherapie
- Verminderung der Komplikationsrate (Infektionen, Diarrhöen etc.)
- Stabilisierung und Verbesserung der Lebensqualität

Tabelle 61-10. Maßnahmen bei Therapie der Mangelernährung (Mod. nach Schauder, 1999)

- Einschätzung der Lebensqualität
- Definition des therapeutischen Ziels
- Ermittlung des Energie- und Nährstoffbedarfs
- Ermittlung der Energie- und Nährstoffzufuhr
- Festlegung des Zufuhrwegs der Nahrung:
  oral
  enteral/parenteral
- Sicherstellung des Energie- und Nährstoffbedarfs:
  oral; Ernährungsberatung: Verordnung von »Trinkkost« und Nährstoffsupplementen
  enteral; Auswahl geeigneter Infusionslösungen
- Prüfung der Voraussetzungen für künstliche Heimernährung

Hierbei ist, wann immer möglich, der enteralen Ernährung gegenüber parenteralen Ernährungsformen der Vorzug zu geben.

Hierzu stehen grundsätzlich alle in den Kapiteln 19–25 beschrieben Ernährungstechniken zur Verfügung. Dabei sollte die Ernährung über eine nasogastrale Sonde stets nur für einen absehbar kurzen Zeitraum (<3–4 Wochen) durchgeführt werden, da sie komplikationsträchtiger, subjektiv unverträglicher und im klinischen Outcome deutlich ineffektiver ist als perkutane Ernährungssysteme (PEG, EPJ, FKJ etc.).

Zahlreiche klinische Studien belegen mittlerweile überzeugend (Metanalyse bei [43]), dass selbst eine kurzfristige enterale Ernährung über eine PEG (z. B. 6–8 Wochen) eine komplikationsarme, hocheffektive und einfach durchführbare Maßnahme darstellt und zu einer wesentlichen Verbesserung des Ernährungszustandes und der Therapietoleranz beiträgt (*Abb. 61-8*). Dies gilt insbesondere für Patienten mit grenzwertigem oder gar reduziertem Zustand vor der Durchführung einer aggressiven Chemo- und/oder Strahlentherapie. So zeigten Studien von Fietkau et al. [33] bereits Anfang der 1990er Jahre eindrucksvoll, dass Patienten mit Kopf-Hals-Tumoren, die während einer konventionellen Strahlentherapie über eine PEG-Sonde enteral ernährt wurden, im Gegensatz zur nur oral ernährten Kontrollgruppe, trotz schlechterer Ausgangssituation nach Beendigung der Strahlentherapie einen wesentlich besseren Ernährungszustand aufwiesen (*Abb. 61-9*).

Stellenwert der total parenteralen Ernährung (TPE)

Die früher nahezu regelhaft – insbesondere während einer Chemotherapie – durchgeführte parenterale Ernährung hat sich im Hinblick auf Gewichtsverlauf, Stoffwechselstabilisierung (Vermeidung der Katabolie) und Reduktion von Morbitität oder gar Mortalität nicht bewährt. Eine Vielzahl von Studien sowie eine 1990 publizierte Metaanalyse [59] konnten keinerlei Vorteil einer TPE bei Patienten unter einer Chemotherapie aufzeigen. Drei weitere nach 1990 durchgeführte kontrollierte, randomisierte prospektive Studien zur postoperativen TPE bei gastrointestinalen Tumoren angelegte Studien zeigen gar eine vergleichsweise höhere Komplikationsrate (Übersicht bei [15]).

Spezielle Krebsdiäten

Diätetische Maßnahmen zählen zu den ältesten Bemühungen maligne Tumore zu heilen bzw. ihr Wachstum zu hemmen.

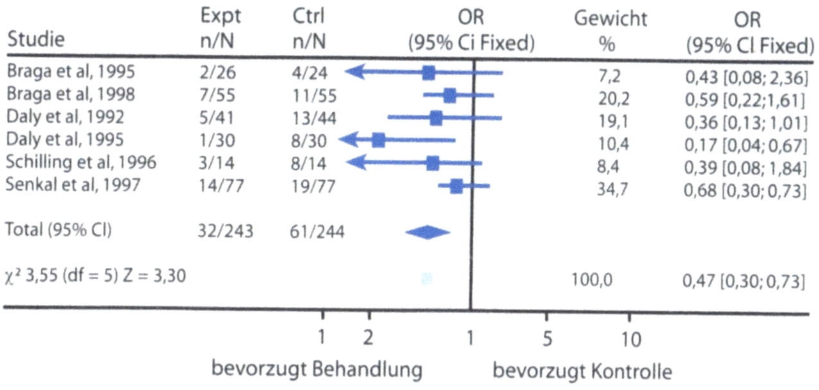

Abb. 61-8. Metaanalyse zur Wirksamkeit einer gezielten enteralen Ernährungstherapie auf das Auftreten infektiöser Komplikation bei Patienten mit gastrointestinalen Tumoren [43]. Expt: Patienten mit Ernährungssupplementen; Ctrl: normal ernährte Patienten; n: Anzahl der Ereignisse; N: Anzahl der Patienten

Bereits im frühen 16. Jahrhundert glaubte man, bösartigeTumore durch das Meiden von gebratenem Fleisch und den vermehrten Verzehr von gesüßten Speisen, Ziegenmilch, Eidotter etc. heilen zu können.

So wird auch in neuerer Zeit in regelmäßigen Abständen in der Laienpresse von Diäten berichtet, die in der Lage sein sollen, Tumorkranke zu heilen. Es liegen bis heute keinerlei Beweise vor, dass solche Effekte mit einer spezifischen Ernährung in ihrem Wachstum regressiv beeinflussbar wären. Auf eine weiterführende Darstellung wird an dieser Stelle verzichtet (Übersicht bei [48]).

> So eindeutig einerseits wissenschaftlich die Bedeutung der Ernährung in der Primärprävention von Krebserkrankungen belegt ist, so eindeutig ist nach sorgfältiger Prüfung der wissenschaftlichen Literatur anderseits, das es eine spezifische Ernährung und eine damit verbundene sog. »Krebsdiät« nicht gibt.

61.2.3 Medikamentöse Therapieansätze in der Behandlung der Tumorkachexie

Ausgehend von den pathophysiologischen Ursachen der Tumorkachexie stehen neben der Behandlung von therapiebedingtem Erbrechen und Übelkeit sowohl Appetit stimulierende Substanzen als auch anabol wirkende Medikamente zur Verfügung (*Tabelle 61-11*).

Appetitstimulierende Substanzen

Kortikosteroide

Bei der unter niedrigdosierter Kortikosteroidegabe beobachteten Zunahme der Nahrungsaufnahme bei Patienten mit ausgeprägter Appetitlosigkeit handelt es sich eine rein symptomatischen Effekt, der allerdings für das Wohlbefinden des Patienten nicht zu unterschätzen ist. Der Nachweis einer signifikanten Zunahme der Magermasse bei Tumorpatienten durch niedrigdosierte Kortikosteroide ist bisher in keiner Studie erbracht worden. Vice versum muss bei längerfristiger Einnahme gar die proteinkatabole Wirkung bedacht werden. Dennoch kann es trotz negativer Stickstoffbilanz aufgrund der mineralokortikoiden Wirkung durch Wasserretention zur Gewichtszunahme kommen. Kortikosteroide wirken auch fettkatabol. Es kommt zur Fettumverteilung (z. B. Stammfettsucht). Weiter zu beachten sind immunsuppressive Wirkungen und Verschlechterung der Glukosetoleranz. Glukokortikoide sollten daher erst bei Patienten in fortgeschrittenem Krankheitsstadium zum Einsatz kommen.

Serotoninantagonisten

Bei *Cyproheptadin* handelt es sich um einen in der Asthmatherapie eingesetzten Histaminantagonisten mit *zentralseroton-*

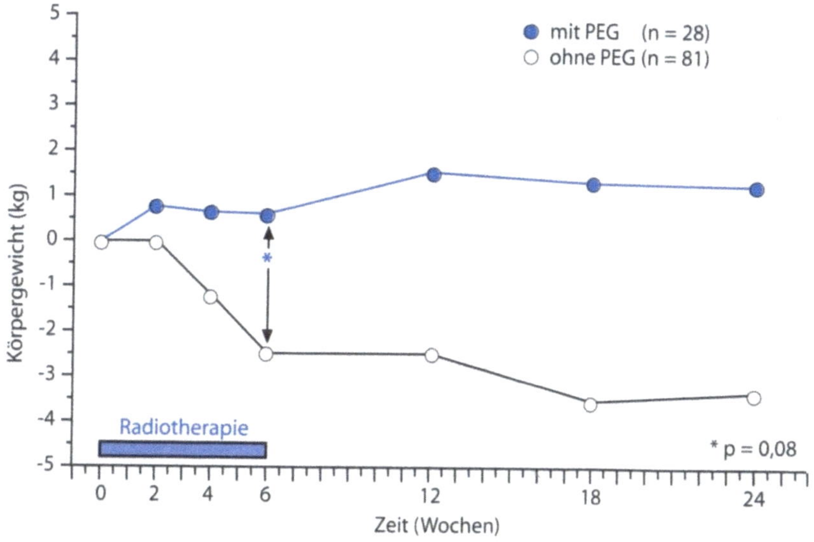

Abb. 61-9. Gewichtsverlauf von Patienten mit HNO-Tumoren vor, während und nach Strahlentherapie mit und ohne PEG. (Mod. nach [33])

Tabelle 61-11. Medikamentöse Therapieansätze in der Behandlung der Tuorkachexie (Auswahl)

Präparat/ Dosierung	Postulierte Wirkung	Outcome
Megestrolazetat (160-800 mg)	Appetitsteigerung	Appetit (↑); Gewicht (↑), Fett (↑), Wasser (↑), BCM (↓↑)
Medroxyprogesteronazetat (300-500 mg)	Appetitsteigerung	Wie Megestrolazetat
Pentoxyphillin (800-1600 mg)	TNF-Antagonismus	Gewicht (↑)
Dranabinol (7,5 mg/24 h)	Appetitsteigerung	Gewicht (↑), LBM (?)
Cyproheptatidin	Appetitsteigerung	Gewicht (↓↑)
Oxantralol (0,2-0,25mg kgKG/24 h)	Anabolikum	Appetit (↑); Gewicht (↑), LBM (↑)

erger Aktivität. Seine als unerwünschte Nebenwirkung beobachtete Gewichtszunahme, führte zur Zulassung in der Therapie der Appetitlosigkeit bei Untergewicht.

Studien über eine postive Wirkung bei onkologischen Patienten zeigten lediglich eine geringe Appetit steigernde Wirkung, ohne nennenswerte Wirkung auf die Gewichtszunahme [57, 58].

Cannabinoide

Für *Dronabinol* (Δ-9-Tetrahydrocannabinol, THC) dem aktiven Wirkstoff in Marijuana wurde bei HIV-Patienten (7,5 mg/24 h) eine gewisse Appetitsteigerung nachgewiesen. Eine signifikante Gewichtszunahme fand sich allerdings nicht. Kontrollierte Studien zum Einsatz bei onkologische Patienten fehlen derzeit [57, 58].

Medikamentöse Hemmung der Tumorkachexie

Anabole Steroide

Bisher eingesetzt wurden u. a. Nandrolon, Oxandrolon, Dihydrotestosteron. Einzig für *Oxandrolon*, einem Testosteronderivat, bei dem durch eine Modifikation im Phenanthrenring die anabole Wirkung gesteigert wurde, ohne dabei die androgene Wirkung zu erhöhen, finden sich zunehmend überzeugende klinische Studien. Es ist derzeit in den USA das einzige von der FDA zur Behandlung krankheitsbedingter (Aids, Malignome, Tbc, COLD) Kachexie zugelassene orale Anabolikum [53]. In einer Dosierung von 0,2–0,3mg/kgKG/24 h fand sich sowohl bei Patienten mit pulmonaler Kachexie als auch HIV-assoziierter Kachexie nach 8-wöchiger Behandlung eine deutliche Zunahme der Magermasse (LBM) und des Körpergewichts ohne nennenswerte Zunahme der Fettmasse. Schwerwiegende Nebenwirkungen wurden nicht beschrieben (Übersicht bei [53]).

Gestagene

Beobachtungen aus plazebokontrollierten Studien zeigten, dass das in der Behandlung fortgeschrittener Karzinome eingesetzte Gestagen *Megestrolazetat* (z. B. Megestrat) bei Patientinen zu einer Steigerung des Appetits und eine Gewichtszunahme bewirkte. Dosisabhängig (160–800 mg) kommt es zur Zunahme der Fett- und Magermasse, aber bei höherer Dosierung, nicht selten auch zur Flüssigkeitsretention. Ähnliche Wirkungen sind für Medroxyprogesteron (z. B. Farlutal) beschrieben. Als zugrundeliegende Mechanismen werden diskutiert (Mantovani 1998):

- zentrale Appetitstimulation über Neuropeptid Y (im ventromedilaen Hypothalmus);
- Hemmung der Freisetzung proinflammatorischer Zytokine.

Richtlinien zur Dosierung, Therapiedauer und Therapiebeginn gibt es derzeit nicht. Als optimale Dosierung werden 480–800 mg/24 h für Megestrolazetat und 1000–2000 mg/24 h für Medroxyprogesteron angegeben. Im Einzelfall hat sich eine einschleichend Dosierung (z. B. 160–320 mg Medroxyprogesteron) als günstig erwiesen.

Beide Substanzen sind gut verträglich. Als mögliche *Nebenwirkungen* finden sich thrombembolische Ereignisse, periphere Ödeme, Hypertonus, Impotenz bei Männern sowie Zwischenblutungen bei Frauen [57, 58].

Hemmung der TNF-α-Synthese (Thalidomid, Pentoxifyllin)

Für das Rheolgikum *Pentoxifylin* (z. B. Trental), ein Methylxanthin, wurde in tierexperimentellen Studien eine deutliche Hemmung der TNF-α-Freistzung nachgewiesen. Eine kürzlich durchgeführte doppelblinde plazebokontrollierte Studie in der Behandlung der Tumorkachexie verlief jedoch entäuschend [57].

Dagegen zeigen erste klinische Studien zum Einsatz von *Thalidomid* sowohl in der Behandlung der Kachexie bei Patienten mit Aids oder Tuberkulose. Die Einnahme 200–400 mg/24 h führte bei Patienten mit HIV- und Tbc-assoziiertem Wasting in mehreren plazebokontrollierten Studien zu einer signifikanten Gewichtszunahme. Gleichzeitig fand sich ein deutlicher Abfall TNF-α-Plasmaspiegel (Übersicht bei [57]). Aktuelle Studien zur Behandlung der Tumorkachexie fehlen. Neuerlich puplizierte antineoplastischen und antiangiogenetischen Eigenschaften rechtfertigen um so mehr einen Einsatz auch bei diesen Patienten.

Wachstumsfaktoren

Die positiven Wirkungen von *rekombinantem Wachstumshormon* (hGH) auf den Proteinstoffwechsel bzw. Erhalt der Magermasse (LBM) wurde in mehreren Studien beim HIV-assoziierten Wasting eindruckvoll belegt. Die anabole Wirkung wird hierbei über eine Steigerung der hepatischen *»Insulin-like-growth-factor-1«- (IGF-1-)*Synthese erklärt. Als Nebenwirkungen finden sich im Wesentlichen eine Verschlechterung der Glukosetoleranz. Größere Studien zum Einsatz in der Behandlung der Tumorkachexie fehlen [57, 58].

β2-Sympathomimethika

In zahlreichen tierexperimentellen Untersuchungen führte die Behandlung mit Salbutamol, Salmeterol oder Clenbuterol unabhängig vom Tumorwachstum zu einer signifikanten Zunahme der Muskelmasse. Kontrollierte Studien im onkologischen Bereich fehlen [57, 58].

Hydrazinsulfat

Hydrazinsulfat, ein Hemmunstoff der Glukoneogenese (Hemmung der PEP-Carboxykinase), verbessert die Glukosetoleranz und vermindert den Glukoseumsatz. Betrachtet man allerdings klinische Endpunkte (Gewichtsverlauf), verliefen die 3 bisher durchgeführten randomisierten, plazebokontrollierten Studien allesamt enttäuschend [57, 58].

ω-3-Fettsäuren

Neben zahlreichen tierexperimentellen Untersuchen belegen v. a. neuere Daten der Arbeitsgruppe um Fearon und Wigmore [8, 88] eindrucksvoll die therapeutische Wirkung von ω-3-Fettsäuren in der Behandlung der Tumorkachexie.

Die günstigen Wirkungen auf die Kachexie werden über Verminderung der Wirkung/Konzentrationen von und IL-1und TNF-α in Monozyten/Makrophagen mit konsekutiver Verminderung der IL-6-Synthese sowie einer direkten Hemmung des Proteolyse induzierenden Faktors (s. oben) in der Muskulatur erklärt [83, 84].

Nichtsteroidale Antiphlogistika

Tierexperimentelle Untersuchungen aber auch erste plazebokontrollierte Studien weisen auf eine positive Wirkung bzgl. des Gewichtsverlaufs bei Patienten mit gastrointestinalen Tumoren hin. Insbesondere die Kombination von Ibuprofen (1200 mg) und Megestrol (480 mg) führte bei diesen Patienten zu einem signifikanten Gewichtsanstieg [60]. Der zu Grunde liegende Mechanismus ist unklar. Studien mit den neuen COX-2-selektiven Hemmstoffen Celecoxib und Rofecoxib liegen derzeit nicht vor [57, 58].

Fazit

Als Empfehlungen der Vereinigung französicher Onkologiezentren zur Anwendung von Medikamenten in der Behandlung der Tumorkachexie gelten (2000, Bull Cancer 87: 315-328):

- Kortikosteroide und Megestrolazetat können im Rahmen palliativmedizinischer Maßnahmen als Appetitstimulanzien bzw. Anabolika trotz möglicher Nebenwirkungen eingesetzt werden (ggf. in Kombination mit weiteren Substanzen).
- Cyproheptadin, Metoclopramid, Nandrolon und Pentoxyphyllin sollten nicht eingesetzt werden.

Eine medikamentöse Therapie der Tumorchachexie ist dennoch kein Ersatz, sondern bleibt stets nur eine Unterstützung ernährungsmedizinischer Maßnahmen.

Literatur

1. Adlercreutz H (1995) Phytoestrogens: Epidemiology and a possible role in cancer protection. Environ Health Perspect 7: 103–112
2. Alberts DS, Martinez ME, Roe DJ et al. (2000) Lack of effect of a high fiber cereal supplement on the recurrence of colorectal adenomas. N Engl J Med 342: 1156–1162
3. α-Tocopherol, β-Carotene Cancer Prevention Study Group (1994) The effect of vitamin E and beta carotene on the incidence of lung cancer and other cancers in male smokers. N Engl J Med 330: 1029–1035
4. Ashwell M (1997) Meat and colorectal cancer – the unanswered questions and the commitment of the Meat and Livestock Commission to finding the answers through strategic research. ECP-News 31: 4–7
5. Awasthi YC, Sharma R, Singhal SS (1994) Human glutathione S-transferases. Int J Biochem 26: 295–308
6. Baeuerle PA, Rupec RA, Pahl HL (1996) Reative oxygen intermediates as second messengers of a general pathogen response. Pathol Biol 44: 29–35
7. Banerjee S, Hawksby C, Miller S et al. (1994) Effect of helicobacter pylori and its eradication on gastric juice ascorbic acid. Gut 35: 317–322
8. Barber MD (2001) Cancer cachexia and its treatment with fish-oil-enriched nutritional supplementation. Nutrition 17: 751–755
9. Baron JA, Beach M, Mandel JS et al. (1999) Calcium supplements for the prevention of colorectal adenomas. N Engl J Med 340: 101–107
10. Boeing H, Frentzel-Beyme R (1991) Regional risk factors for stomach cancer in the FRG. Environ Health Perspect 94: 83–89
11. Boeing H, Kroke A (1999) Krebsprävention durch Ernährung. Deutsches Institut für Ernährungsforschung, Potsdam-Rehbrücke und World Cancer Research Fund, Washington D.C.
12. Bogaards JJP, Verhagen H, Willems MI et al. (1994) Consumption of Brussels sprouts results in elevated alpha-class glutathione S-transferase levels in human blood plasma. Carcinogenesis 15: 1073–1075
13. Brown JE, Khodr H, Hider RC, Rice-Evans CA (1998) Structural dependence of flavonoid interactions with Cu^{2+} ions: implications for their antioxidant properties. Biochem J 330: 1173–1178
14. Cao G, Sofic E, Prior RL (1997) Antioxidant and prooxidant behaviour of flavonoids: structure–activity relationships. Free Radical Biol Med 22: 749–760
15. Chamberlain RS, Fong Y (1999) Nutritional and metabolic aspects of gastrointestinal cancer. Curr Opin Clin Nutr Metab Care 2: 381–385
16. Chen ZY, Chan PT, Ho KY et al. (1996) Antioxidant activity of natural flavonoids is governed by number and location of their aromatic hydroxyl groups. Chem Phys Lipids 79: 157–163
17. Chyou P, Nomura AM, Stemmermann GN (1995) Diet, alcohol and smoking and cancer of the upper aerodigestive tract: a prospective study among Hawaii Japanese men. Int J Cancer 60: 616–621
18. Cimino F, Esposito F, Ammendola R, Russo T (1997) Gene regulation by reactive oxygen species. Curr Topics Cell Regul 35: 123–148
19. Clark LC, Combs GF, Turnbull BW for the Nutritional Prevention of Cancer Study Group (1996) Effects of selenium supplementation for cancer prevention in patients with karzinoma of the skin. JAMA 276: 1957–1963
20. Collins AR, Duthie SJ, Dobson VL (1995) Direct enzymic detection of endogenous oxidative base damage in human lymphocyted DNA. Carcinogenesis 14: 1733–1735
21. Crawford D, Zbinden I, Amstad P, Cerutti PA (1988) Oxidant stress induces the proto-oncogenes *c-fos* and *c-myc* in mouse epidermal cells. Oncogene 3: 27–32
22. Csordas A (1995) Toxicology of butyrate and short-chain fatty acids. In: Hill MJ (ed) Role of gut bacteria in human toxicology and pharmacology. Taylor & Francis, London, pp 105–127
23. Cummings JH, Bingham SA (1998) Diet and the prevention of cancer. BMJ 317: 1636–1640
24. Deakin M, Elder J, Hendrickse C et al. (1996) Glutathione S-transferase GSTT1 genotypes and susceptibility to cancer: studies of interactions with GSTM1 in lung, oral, gastric and colorectal cancers. Carcinogenesis 17: 881–884
25. Dizdaroglu M (1993) Chemistry of free radical damage to DNA and nucleoproteins. In: Halliwell B, Aruoma OI (eds) DNA and free radicals. Ellis Horwood, New York London, pp 19–40
26. Dreher D, Junod AF (1996) Role of oxygen free radicals in cancer development. Eur J Cancer 32A: 30–38
27. Duthie SJ, Collins AR, Duthie GG, Dobson VL (1997) Quercetin and myricetin protect against hydrogen peroxide-induced DNA damage (strand breaks and oxidised pyrimidines) in human lymphocytes. Mutat Res 393: 223–231
28. Eisenbrand G, Tang W (1993) Food-borne heterocyclic amines. Chemistry, formation, occurrence and biological activities. A literature review. Toxicology 84: 1–82

29. Erickson R, Ross D, Medina J (1999) Effects of glutamine on head and neck squamous cell karzinoma. Otolaryngol Head Neck Surg 121: 348–354
30. Fair WR, Fleshner NE, Heston W (1999) .Cancer of the prostate: a nutritional disease? Urology 50: 840–848
31. Falk RT, Pickle LW, Fontham ET, Correa P, Fraumeni JF (1988) Life-style factors for pancreatic cancer in Lousiana: a case-control study. Am J Epidemiol 128: 324–336
32. Farber E (1984) The multistep nature of cancer development. Cancer Res 44: 4217–4223
33. Fietkau R (2000) Nutritional support of patients during radiotherapy. Nestle Nutr Workshop Ser Clin Perform Progr 4: 225–35
34. Fotsis T, Pepper MS, Aktas E et al. (1997) Flavonoids, dietary-derived inhibitors of cell proliferation and in vitro angiogenesis. Cancer Res 57: 2916–2921
35. Fuchs CS, Giovannucci EL, Colditz GA et al. (1999) Dietary fiber and the risk of colorectal cancer and adenoma in women. N Engl J Med 340: 169–176
36. Giovannucci E, Martinez ME (1996) Tobacco, colorectal cancer, and adenomas: a review of the evidence. J Natl Cancer Inst 88: 1717–1730
37. Giovannuci E, Rimm EB, Stampfer MJ et al. (1994) Intake of fat, meat, and fiber in relation to risk of colon cancer in men. Cancer Res 54: 2390–2397
38. Greenberg ER, Baron JA, Tosteson TD et al. (1994) A clinical trial of antioxidant vitamins to prevent colorectal adenomas. N Engl J Med 331: 121–147
39. Grundmann E (1994) Primäre Krebsprävention. Dtsch Ärztebl 91: 2050–2052
40. Haenen GR, Paquay JB, Korthouwer RE, Bast A (1997) Peroxynitrite scavenging by flavonoids. Biochem Biophys Res Commun 236: 591–593
41. Hayes JD, Strange RC (1995) Potential contribution of the glutathione S-transferase supergene family to resistance to oxidative stress. Free Radical Res 22: 193–207
42. Helsby NA, Williams J, Kerr D et al. (1997) The isoflavones equol and geistein do not induce xenobiotic-metabolizing enzymes in mouse and in human cells. Xenobiotica 27: 587–596
43. Heys SD, Walker LG, Smith I, Erimin O (1999) Enteral nutritional supplementation with key nutrients in patients with critical illness and cancer. Ann Surg 229: 467–477
44. Hosokawa N, Hirayoshi K, Kudo H et al. (1992) Inhibition of the activation of heat shock factor in vivo and in vitro by flavonoids. Moll Cell Biol 12: 3490–3498
45. Ince N, Wands JR (1999) The increasing incidence of hepatocellular carcinoma. N Engl J Med 340: 798–799
46. Jacobson LP, Zhang BC, Zhu YR et al. (1999) Oltipraz chemoprevention trial in Qidong, Peopl's Republic of China: Study design and clinical outcomes. Cancer Epidemiol Biomarkers Prev 6: 257–265
47. Jordan A, Stein J (1998) Pathophysiologie der Tumorkachexie. Ernährungsumschau 44: 250–254
48. Kasper H (2000) Diäten zur Therapie maligner Tumoren. In: Kasper H (Hrsg) Ernährungsmedizin und Diätetik, 9. Aufl. Urban & Fischer, München, S 503–508
49. Kern KA, Norton JA (1988) Cancer cachexia. JPEN J Parenter Enteral Nutr 12: 286–98
50. Kim R, Weissfeld JL, Reynolds JC, Kuller LH (1997) Etiology of Barrett's metaplasia and esophageal adenokarzinoma. Cancer Epidemiol Biomarkers Prev 6: 369–377
51. Kinzler KW, Vogelstein B (1996) Lessons from hereditary colorectal cancer. Cell 87: 159–170
52. Kune GA, Vitetta L (1992) Alcohol consumption and the etiology of colorectal cancer: A review ot the scientific evidence from 1957 to 1991. Nutr Cancer 18: 97–111
53. Langer CJ, Hoffman JP, Ottery FD (2001) Clinical significance of weight loss in cancer patients: rationale for the use of anabolic agents in the treatment of cancer-related cachexia. Nutrition 17: S1–S18
54. Langstein HN, Norton JA (1991) Mechanisms of cancer cachexia. Hematol Oncol Clin North Am 5: 103–123
55. LaVecchia C, Tavani A (1998) Fruit and vegetables, and human cancer. Eur J Cancer Prev 7: 3–8
55a. Legaspi A, Jeevanandam M, Starnes HF, Brennan MF (1987) Whole body lipid and energy metabolism in the cancer patient. Metabolism 36: 958–963
56. Mantovani G, Maccio A, Massa E, Madeddu C (2001) Managing cancer-related anorexia/cachexia. Drugs 61: 499–514
57. Mantovani g, Maccio A, Lai P et al. (1998) Cytokine activity in cancer-related anorexia/cachexia: role of megestrol acetate and medroxyprogesterone acetate. Semin Oncol 25: S45–S52
58. Martinez ME, Giovannucci E, Spiegelman D, Hunter DJ, Willett WC, Colditz GA (1997) Leisure-time physical activity, body size, and colon cancer in women. J Natl Cancer Inst 89: 948–955
59. McGeer AJ, Detsky AS, O'Rourke K (1990) Parenteral nutrition in cancer patients undergoing chemotherapy: a meta-analysis. Nutrition 6: 233–240
60. McMillan DC, Wigmore SJ, Fearon KC et al. (1999) A prospective randomized study of megestrol acetate and ibuprofen in gastrointestinal cancer patients with weight loss. Br J Cancer 79: 495–500
60a Meguid MM; Meguid V (1985) Preoperative identification of the surgical cancer patient in need of postoperative total parenteral nutrition. Cancer 55 (Suppl 1): 258–262
61. Momparler RL, Bovenzi V (2000) DNA methylation and cancer. J Cellul Physiol 183: 145–154
62. Moorghen M, Cairns J, Forrester LM et al. (1991) Enhanced expression of glutathione S-transferases in colorectal karzinoma compared to non-neoplastic mucosa. Carcinogenesis 12: 13–17
63. Oeser H, Koeppe P (1983) Epidemiologische Zusammenhänge – kritisch betrachtet. In: Schlierf G (Hrsg) Ernährung und Krebs. Wiss Verlagsges, Stuttgart
64. Ollenschlager G, Sander F. (1985) Indications and results of enteral nutrition in oncology. Z Gastroenterol 23: S64–S76
65. Peters WHM, Boon CEW, Roelofs HMJ, Wobbes T (1992) Expression of drug-metabolizing enzymes and P-170 glycoprotein in colorectal karzinoma and normal mucosa. Gastroenterology 103: 448–455
66. Plaumann B, Fritsche M, Rimpler H, Brandner G, Hess RD (1996) Flavonoids activate wild-type p53. Oncogene 13: 1605–1614
67. Pool-Zobel BL (2000) Anticarcinogenic factors in plant foods and novel techniques to elucidate their potential chemopreventive activities. In: Eisenbrand G et al. (eds) Carcinogenic and anticarcinogenic factors in food. Wiley-VCH, Weinheim, pp 267–293
68. Pool-Zobel BL, Abrahamse SL, Collins AR et al. (1999) Analysis of DNA strand breaks, oxidized bases and glutathione S-transferase-P1 in human colon cells. Cancer Epidemiol Biomarkers Prev 8: 609–614
69. Pool-Zobel BL, Bub A, Liegibl UM et al. (1998) Mechanisms by which vegetable consumption reduces genetic damage in humans. Cancer Epidemiol Biomarkers Prev 7: 891–899
70. Potter JD (1997) Food, nutrition and cancer: a global perspective. World Cancer Research Fund and American Institute for Cancer Research, Washington D.C.
71. Potter JD (1999) Colorectal cancer: Molecules and populations. J Natl Cancer Inst 91: 916–932
72. Pottern LM, Morris LE, Blot WJ et al. (1981) Esophageal cancer among black men in Washington, DC. Alcohol, tobacco, and other risk factors. J Natl Cancer Inst 67: 777–783
73. Primiano T, Sutter TR, Kensler TW (1997) Antioxidant-inducible genes. Adv Pharmacol 38: 293–328
74. Roberts-Thompson IC, Ryan P, Khoo KK et al. (1996) Diet, acetylator phenotype, and risk of colorectal neoplasia. Lancet 347: 1372–1374

74a. Roth E, Funovics J, Winter M et al. (1982) Malnutrition and postoperative complication rate in cancer patients. Langenbecks Arch Chir 357: 77–84
75. Schatzkin A, Lanza E, Corle D et al. (2000) Lack of effect of a low-fat, high-fiber diet on the recurrence of colorectal adenomas. N Engl J Med 342: 1149–1155
76. Scheppach W, Bartram HP, Richter F (1995) Role of short-chain fatty acids in the prevention of colorectal cancer. Eur J Cancer 31A: 1077–1080
77. Scheppach W, Bingham S, Boutron-Ruault MC et al. (1999) WHO consensus statement on the role of nutrition in colorectal cancer. Eur J Cancer Prev 8: 57–62
78. Sen CK, Packer L (1996) Antioxidant and redox regulation of gene transcription. FASEB J 10: 709–720
79. Sinha R, Caporaso N (1999) Diet, genetic susceptibility and human cancer etiology. J Nutr 129: 558S–559S
80. Stein J, Schröder O, Bonk M, et al (1996) Induction of glutathione-S-transferase-pi by short-chain fatty acids in the intestinal cell line caco-2. Eur J Clin Invest 26: 84–87
81. Sturmer T, Glynn RJ, Lee IM, Manson JE et al. (1998) Aspirin use and colorectal cancer: post-trial follow-up data from the Physicians' Health Study. Ann Intern Med 128: 713–20
82. Tayek JA, Manglik S, Abemayor E (1997) Insulin secretion, glucose production, and insulin sensitivity in underweight and normal-weight volunteers, and in underweight and normal-weight cancer patients: a clinical research center study. Metabolism 46: 140–145
83. Tisdale MJ (2001) Protein loss in cancer cachexia. Science 289: 2293–2294
84. Tisdale MJ (2001) Cancer anorexia and cachexia. Nutrition 17: 438–442
85. Tsuchida S, Sato K (1992) Glutathione transferases and cancer. Crit Rev Biochem Molecul Biol 27: 337–384
86. Uda Y, Price KR, Williamson G, Rhodes MJC (1997) Induction of the anticarcinogenic marker enzyme, quinone reductase, in murine hepatoma cells in vitro by flavonoids. Cancer Lett 120: 213–216
87. Wigmore SJ, Barber MD, Ross JA et al. (2000) Effect of oral eicosapentanoec acid on weight loss in patients with pancreatic cancer. Nutr Cancer 36: 177–184
88. Wigmore SJ, Todorov PT, Barber MD et al. (2000) Characteristics of patients with pancreatic cancer expressing a novel cancer chachetic factor. Br J Surg 87: 53–58
89. Willett WC, Stampfer MJ, Colditz GA et al. (1990) Relation of meat, fat, and fiber intake to the risk of colon cancer in a prospective study among women. N Engl J Med 323: 1664–1672
90. World Cancer Research Fund, American Institute for Cancer Research (1997) Food, nutrition and the prevention of cancer: a global perspective. American Institute for Cancer Research, Washington D.C.
91. Yoshioka K, Deng T, Cavigelli M, Karin M (1995) Antitumor promotion by phenolic antioxidants: Inhibition of AP-1 activity through induction of fra-expression. Proc Nat Acad Sci 92: 4972–4976
92. Zava DT, Duwe G (1997) Estrogenic and antiproliferative properties of genistein and other flavonoids in human breast cancer cells in vitro. Nutr Cancer 27: 31–40

Praxis der Ernährungsmedizin im Krankenhaus

Umsetzung von Ernährungskonzepten im Krankenhaus

G. Zürcher, C. Bott

Die Ernährung im Krankenhaus hat aus ernährungsmedizinischer Sicht 2 Aufgaben zu erfüllen. Bei Patienten, die keine besondere Ernährungsform, also keine Diät, benötigen, soll die sogenannte *Vollkost* eine *bedarfsgerechte Versorgung* mit allen notwendigen Nährstoffen gewährleisten. Damit soll *präventiv* einer Fehl- und Mangelernährung mit gesundheitlichen Folgen vorgebeugt werden und außerdem die Wiederherstellung des Gesundheitszustands vor der Erkrankung unterstützt werden.

Bei *diätbedürftigen* Patienten dient die Diät im Sinne einer an eine Stoffwechselstörung bzw. eine Erkrankung adaptierte Nährstoffversorgung außer zur Wiederherstellung der Gesundheit zur Besserung oder Linderung eines Krankheitszustands, auch als *begleitende Maßnahme* im Rahmen einer *Therapie*. Die Diät hat so die Realisierung eines neuen stabilen Zustands, der vom Patienten als »wohlbefindlich« eingestuft wird, zum Ziel oder wenigstens die Entlastung des Organismus von den besonderen Folgen der Erkrankung, ohne dass die Erkrankung als solche beseitigt werden kann.

Das vorliegende Buch beschäftigt sich ausführlich mit den verschiedenen ernährungstherapeutischen Maßnahmen. Dabei liegt der Schwerpunkt auf enteralen und parenteralen Ernährungskonzepten, auf die im Folgenden nicht mehr eingegangen werden soll. Vielmehr soll dieses Kapitel aufzeigen, wie wissenschaftliche Erkenntnisse zur gesunden Ernährung und Diättherapie im Speiseplan einer Klinik umgesetzt werden können und an welchen Vorgaben man sich dabei orientieren sollte.

62.1 Festlegung und Zusammensetzung der Kostformen

62.1.1 Festlegung der Kostformen

Ernährungs- und Diättherapie zählen – wie die Pharmakotherapie – zu den ärztlichen Aufgaben. Deshalb sollte auch die Festlegung der Kostformen und deren Zusammensetzung in der *Verantwortung* eines vom Krankenhaus ernannten *ernährungsbeauftragten Arztes* liegen. Auf der Basis der jeweils aktuellen wissenschaftlichen Erkenntnisse sollte er in Zusammenarbeit mit dem außerdem für die Krankenhausverpflegung verantwortlichen Personenkreis – Diätassistenten, Ernährungswissenschaftler, Ökotrophologen, Küche und Diätküche – die Voll- und Diätkostformen festlegen. Die Dokumentation der im Einzelfall (Akutkrankenhaus, Rehabilitationsklinik) angebotenen Vollkost- und Diätformen erfolgt in einem Ernährungs- und Diätkatalog.

Die Zusammenstellung der Vollkost- und Diätformen kann auf der Basis des jeweils aktuellen Rationalisierungsschemas – derzeit des »Rationalisierungschemas 2000« des Berufsverbandes Deutscher Ernährungsmediziner (BDEM), der deutschen Adipositasgesellschaft, der Deutschen Akademie für Ernährungsmedizin (DAEM), der Deutschen Gesellschaft für Ernährung (DGE), der Deutschen Gesellschaft für Ernährungsmedizin (DGEM) und des Verbandes der Diätassistenten – Deutscher Berufsverband (VDD) erfolgen. Mit dem »Rationalisierungsschema 2000« liegt die 3. Überarbeitung des 1978 erstmals von der DAKED (Deutsche Arbeitsgemeinschaft für klinische Ernährung und Diätetik) publizierten Rationalisierungsschemas vor.

Hauptziele der Arbeitsgemeinschaft bei der Erarbeitung des Rationalisierungsschemas war die Elimination unwissenschaftlicher Diätformen, in erster Linie der verschiedenen sog. »Organschonkostformen«, die bis dahin einen wesentlichen Teil der Diäten in der Klinik dargestellt hatten. Das Rationalisierungsschema gibt kurz gefasste Anleitungen zur Anwendung wissenschaftlicher begründeter Diäten und stellt somit

Tabelle 62-1. Spektrum des Angebots sinnvoller Kostformen an einem Großklinikum. (Mod. nach Metz et al. 1997)

Vollkostformen
1. Vollkost (mit Wahlmöglichkeit)
2. Leichte Vollkost
3. Vegetarische Vollkost (ovo-lakto-vegetabil)

Weitere Vollkostformen
1. Passierte leichte Vollkost
2. Flüssige Vollkost (keine Sondenkost)

Energiedefinierte Diäten
1. Reduktionskost
2. Diabetesdiät (mit Wahlmöglichkeit)
3. Lipidsenkende Kost
4. Purinreduzierte Kost

Eiweiß- und elektrolytdefinierte Diäten
1. Selektiv eiweißarme Kost
2. Eiweißreiche Kost
3. Natriumarme Kost
4. Kaliumarme Kost

Sonderdiäten
1. Kostaufbau: allgemein, speziell nach allog. KMT
2. MCT-Kost
3. Glutenfreie Kost
4. Ballaststoffreiche Kost
5. Ballaststoffarme Kost
6. Allergiediäten
7. Seltene Diätkostformen
8. Diagnostische Diäten
9. Formuladiäten

Parenterale Infusions- und Ernährungstherapie

eine klare Abgrenzung zu pseudowissenschaftlichen Kostformen dar. Es dient damit allen zur Orientierung, die für die dem aktuellen Wissensstand entsprechende Zusammensetzung der Vollkost und der verschiedenen Diäten verantwortlich sind. Im »Rationaliserungsschema 2000« wurden zudem neue Erkenntnisse zur Ernährung bei Diabetes mellitus, Rheumaerkrankungen, multipler Sklerose und Epilepsie berücksichtigt. Ferner entfallen die strengeren Formen der Kochsalz- und Eiweißbeschränkung aufgrund von mangelnder Akzeptanz und Verordnung. Der wichtige Bereich der künstlichen Ernährung ist mit wenigen Ausnahmen nicht Inhalt der Empfehlungen.

Das Grundschema für die Rationalisierung der Ernährung und Diätetik teilt die Kostformen in 4 Hauptgruppen ein:
1. Vollkostformen,
2. energiedefinierte Kostformen,
3. eiweiß- und elektrolydefinierte Kostformen,
4. Sonderdiäten, unter denen gastroenterologische Diäten, Diäten bei speziellen Systemerkrankungen, seltene Diätformen und diagnostische Diäten zusammengefasst sind.

Von diesem Schema ausgehend, sind – an die Bedürfnisse der jeweiligen Klinik angepasst – als Beispiel die in einem Großklinikum angebotenen Kostformen (*Tabelle 62-1*) sowie das Kostformanforderungsschema einer Rehabilitationsklinik (*Tabelle 62-2*) aufgeführt.

Tabelle 62-2. Kostformanforderungsschema einer Rehabilitationsklinik (Beispiel: Klinik Bad Rippoldsau)

Vollkost
– Formuladiäten
– Vollkost DGE (unter Berücksichtung der Nährstoffempfehlungen der Deutschen Gesellschaft für Ernährung in der Gemeinschaftsverpflegung)
– Vollkost DGE vegetarisch (ovolaktovegetabil)
– Hausmannskost
Reduktionskostformen
– 1000 kcal (salzarm, fettarm, purinarm)
– 1000 kcal (salzarm, fettarm, purinarm) vegetarisch
– 1000 kcal mit 2 × 600 kcal/Woche
– 1000 kcal mit 2 × 600 kcal/Woche, vegetarisch
Eiweißdefinierte Kostformen
– 60 g Eiweißdiät
– 40 g Eiweißdiät (Kartoffel/Ei)
– 40 g Eiweißdiät (gemischte Kost, Fleisch und Fisch)
– Dialysekost
Sonderkostformen
– Leichte Kost (Schonkost)
– Rheumadiät nach Adam
– Arteriosklerosediät nach Ornish
– Individuelle allergenarme Ernährung (z. B. Neurodermitiskost, glutenfreie Kost, laktosefreie Kost)
– Additions- und Eliminationskost
– Sonstige Sonderkostformen

62.1.2 Vollkostformen

Vollkost

Definition

Eine Vollkost ist eine Kost, die den Bedarf an essenziellen Nährstoffen deckt, in ihrem Energiegehalt den Energiebedarf berücksichtigt, Erkenntnisse der Ernährungsmedizin zur Prävention berücksichtigt und in ihrer Zusammensetzung den üblichen Ernährungsgewohnheiten angepasst ist, soweit die Punkte 1–3 nicht tangiert werden [9].

Indikation

Eine Vollkost ist für alle Patienten geeignet, die keine spezielle Ernährung benötigen.

Zusammensetzung

Die Empfehlungen des »Rationalsierungsschemas 2000« für die Vollkost im Krankenhaus (*Tabelle 62-3*) basieren hinsichtlich der Energie- und Nährstoffzufuhr auf den Emp-

Tabelle 62-3. Empfehlungen für die Vollkost im Krankenhaus (Alter 19–65 Jahre; Mod. nach Kluthe et al. 2000)

Energiemenge und Nährstoffverteilung (DGE 1996)
– Energie: 2000 kcal
– Eiweiß: 15 Energie-%
– Fett: 30 Energie-%
– Kohlenhydrate: 55 Energie-%
Fettmenge und Fettart haben Einfluss auf koronare Herzerkrankungen (DGE et al. 2000)
– Das Verhältnis GFS:EUFS:MUFS sollte 7–10%:10–15%:7–10% der Energie betragen
– Das Verhältnis n-6-Fettsäuren : n-3-Fettsäuren sollte 5:1 betragen
– Die Cholesterinzufuhr sollte 300 mg/24 h nicht überschreiten
Kohlenhydrate haben Wirkungen auf Funktionen des Kolons (DGE 1996A)
– Ballaststoffe (mindestens 30 g/24 h) wirken der Entstehung von Obstipation, Divertikulose und möglicherweise Kolonkarzinom entgegen.
– Je komplexer die Kohlenhydrate desto geringer ist die Blutzuckerbelastung.
Menge der Mineralstoffe als Prophylaxe (DGE 1996A, DGE et al 2000, Deutschen Akademie für Ernährungsmedizin 1994, Kaplan 2000)
– Ausreichende Kalziumzufuhr (1000 mg/24 h) → Osteoporoseprophylaxe
– Ausreichende Natriumzufuhr (≤2,4 g/24 h) → Hypertonieprophylaxe, Osteoporoseprophylaxe etc.
– Ausreichende Kaliumzufuhr (2–3g/24 h)
Ausreichende, möglichst empfehlungsgerechte Vitaminzufuhr zur Erhaltung der Stoffwechselvorgänge (DGE 1996 A, DGE et al 2000)
– z. B. Vitamin E (12–15 mg/24 h) enthalten in Getreide, Pflanzenöl → Zellschutz, Antioxidans
– z. B. Thiamin (2,0 mg/24 h) enthalten in Schweinefleisch, Getreide → Coenzymbestandteil im Energiestoffwechsel
– z. B. Folsäure (460µg/24 h) enthalten in Gemüse, Vollkornprodukten → Prozesse der Zellteilung und Zellneubildung
– z. B. Vitamin C (107 mg/d) enthalten in frischen Paprika, Zitrusfrüchten → Antioxidans

Tabelle 62-4. Nährstoffempfehlungen für die Vollkost im Krankenhaus im Vergleich mit der Zusammensetzung der Vollkost am Klinikum Freiburg und der Nährstoffzufuhr der Allgemeinbevölkerung

Nährstoffempfehlungen für die Vollkost im Krankenhaus[a] (DGE 1996A)		Zusammensetzung der Vollkost Klinikum Freiburg	Mittlere tägliche Nährstoffzufuhr der Allgemeinbevölkerung[b], NVS 1985–1989 (DGE 1996B)	
			Männer	Frauen
kcal	2000	2000	2404,9	1821,4
Eiweiß Energie-%	15	15	14,5	14,7
Fett Energie- %	30	35	39,1	40,1
Kohlenhydrate Energie-%	55	50	38,8	49,6
Bst. g	≥30	30	21,3	18,8
Ca mg	1000	1000	749,9	664,0

[a] 19–65 Jahre; [b] 25 bis <51 Jahre.

fehlungen der Deutschen Gesellschaft für Ernährung für die Krankenhausernährung. Im Vergleich zu den Verzehrgewohnheiten der Gesamtbevölkerung bedeuten die Empfehlungen für die Nährstoffzufuhr im Krankenhaus eine z. T. erhebliche Ernährungsumstellung, die im Bezug auf die Zufuhr einzelner Nährstoffe Kompromisse notwendig machen kann (*Tabelle 62-4*).

Die Berechnung von Speiseplänen und den dazu erforderlichen Rezepturen auf der Basis der Nährstoffempfehlungen für die Nährstoffzufuhr im Krankenhaus ist Aufgabe des Küchen- und Diätküchenleiters.

Leichte Vollkost

Definition

Die leichte Vollkost unterscheidet sich von der Vollkost lediglich durch Nichtverwendung von Lebensmitteln oder Speisen, die erfahrungsgemäß häufig, d. h. bei mehr als 5% der Patienten, Unverträglichkeiten auslösen (*Tabelle 62-5*).

Indikationen

Die leichte Vollkost wird bei unspezifischen Intoleranzen gegen bestimmte Speisen und Lebensmittel im Bereich des Verdauungstrakts verordnet, die insbesondere bei den verschiedenen Erkrankungen des Gastrointestinaltrakts nach der Nahrungsaufnahme auftreten können. Die Kostform ist daher auch bei allen unkomplizierten Leber-, Galle-, Magen- und Darmerkrankungen als Ernährungsform angezeigt. Als leicht verdauliche Kost kann sie auch Endstufe eines Kostaufbaus sein. Die *Zusammensetzung* der leichten Vollkost entspricht der der Vollkost (*Tabelle 62-6*).

Weitere Vollkostformen

Aus rationellen Gründen wird empfohlen als Auswahlkost in der Klinik täglich 3 Vollkostessen anzubieten: eine normale Vollkost, eine leichte Vollkost und eine vegetarische Vollkost als ovolaktovegetabile Kost. Ein solches Wahlkostprinzip berücksichtigt individuelle Bedürfnisse, steigert das Wohlbefinden der Patienten und reduziert den Speisenrücklauf.

Ferner kann es unter bestimmten Bedingungen, wie z. B. in der postoperativen Phase und für Patienten mit Erkrankungen im Bereich des oberen Verdauungstrakts (Mund, Zähne, Pharynx, Larynx, Ösophagus) erforderlich sein, spezielle Varianten der leichten Vollkost, wie passiert, streng passiert oder flüssig, zu verordnen. Die Zusammensetzung dieser Vollkostformen entspricht der der leichten Vollkost.

62.1.3 Energiedefinierte Diäten

Wichtigste Indikationen für energiedefinierte Kostformen sind Adipositas, außerdem Stoffwechselstörungen, bei denen Überernährung die Manifestation fördert und den Verlauf ungünstig beeinflusst. Dies sind Diabetes mellitus, Hyperlipoproteinämien sowie Hyperurikämie und Gicht. Sie stellen einen Risikofaktor 1. Ordnung für arteriosklerotische Komplikationen dar und treten häufig kombiniert als metabolisches Syndrom auf. Das Rationalisierungsschema für energiedefinierte Diäten ist in *Tabelle 62-7* wiedergegeben. Zur Reduktionskost s. auch Kap. 47 und 48.

Indikationen

Adipositas, auch in Verbindung mit Diabetes mellitus, Hypertonie, Hyperlipidämie und Hyperurikämie.

Zusammensetzung

Reduktionskostformen sollten so zusammengesetzt sein, dass sie trotz eines reduzierten Energiegehalts den Bedarf an essenziellen Nährstoffen decken und zudem eine ausreichende Sättigung gewährleisten. Dies ist am ehesten mit einer energiereduzierten Mischkost möglich, die nach den Prinzipien der Vollkost zusammengesetzt ist (s. *Tabelle 62-7*).

In der Regel ist eine Reduktion der zugeführten Energie auf 1000–1500 kcal ausreichend, da viele Patienten bereits unter einer Reduktionskost mit 1500 kcal eine Gewichtsabnahme erzielen. Unterhalb einer täglichen Energiezufuhr von 1000 kcal ist die Zufuhr an Eiweiß, Vitaminen, Spurenelementen und Elektrolyten kritisch, sodass bei einer Indikation für eine schnelle Gewichtsreduktion Formuladiäten nach EU-Richtlinie 96/8 eingesetzt werden sollten.

Bei der Reduktionskost ist auf eine Einschränkung der Fettzufuhr, v. a. in der Form von tierischen Fetten und von Nahrungsmitteln mit hoher Energiedichte zu achten. Bevorzugt zugeführt werden sollten komplexe Kohlenhydrate, und

Tabelle 62-5. Häufigkeit von Lebensmittelintoleranzen bei unausgelesenen Krankenhauspatienten (n=1918) in verschiedenen Regionen der Bundesrepublik (nach einer Erhebung der Arbeitsgemeinschaft für klinische Diätetik geV.; Mod. nach Kluthe et al. 2000)

–	Intoleranzen	[%]
1.	Hülsenfrüchte	30,1
2.	Gurkensalat	28,6
3.	Fritierte Speisen	22,4
4.	Weißkohl	20,2
5.	CO_2-haltige Getränke	20,1
6.	Grünkohl	18,1
7.	Fette Speisen	17,2
8.	Paprikagemüse	16,8
9.	Sauerkraut	15,8
10.	Rotkraut	15,8
11.	Süße und fette Backwaren	15,8
12.	Zwiebeln	15,8
13.	Wirsing	15,6
14.	Pommes frites	15,3
15.	Hart gekochte Eier	14,7
16.	Frisches Brot	13,6
17.	Bohnenkaffee	12,5
18.	Kohlsalat	12,1
19.	Mayonnaise	11,8
20.	Kartoffelsalat	11,4
21.	Geräuchertes	10,7
22.	Eisbein	9,0
23.	Zu stark gewürzte Speisen	7,7
24.	Zu heiße und zu kalte Speisen	7,6
25.	Süßigkeiten	7,6
26.	Weißwein	7,6
27.	Rohes Stein- und Kernobst	7,3
28.	Nüsse	7,1
29.	Sahne	6,8
30.	Paniert Gebratenes	6,8
31.	Pilze	6,1
32.	Rotwein	6,1
33.	Lauch	5,9
34.	Spirituosen	5,8
35.	Birnen	5,6
36.	Vollkornbrot	4,8
37.	Buttermilch	4,85
38.	Orangensaft	4,5
39.	Vollmilch	4,4
40.	Kartoffelklöße	4,4
41.	Bier	4,4
42.	Schwarzer Tee	3,5
43.	Apfelsinen	3,4
44.	Honig	3,1
45.	Speiseeis	2,4
46.	Schimmelkäse	2,2
47.	Trockenfrüchte	2,2
48.	Konfitüre	2,2
49.	Tomaten	1,9
50.	Schnittkäse	1,6
51.	Camenbert	1,3
52.	Butter	1,2

Tabelle 62-6. Energiemenge und Nährstoffverteilung der leichten Vollkost. (Mod. nach Kluthe et al. 2000)

Die leichte Volkost entspricht in ihrer Nährstoffrelation und Zusammensetzung den Prinzipien der Vollkost (Kasper 2000; Kluthe 2000)
- Energie: 2000 kcal
- Eiweiß: 15 Energie-%
- Fett: 30 Energie-%
- Kohlenhydrate: 55 Energie-%

Dem Bedarf an essenziellen Nährstoffen sollte wie bei der Vollkost Rechnung getragen werden.

die Ballaststoffzufuhr sollte zur Volumenvergößerung erhöht werden. Die Verteilung der Nahrungszufuhr auf 4–5 Mahlzeiten kann bei der Kontrolle des Hungergefühls hilfreich sein. Es sollten täglich mindestens 2, besser 3 l energiefreie Flüssigkeit zugeführt werden. Auf Alkohol – auch zur Zubereitung von Speisen – sollte verzichtet werden.

Diabeteskost

Die Anforderungen an die Zusammensetzung der Kost bei Diabetes mellitus sind in Kap. 49 dargestellt. *Tabelle 62-7* zeigt, wie eine Reduktionskost bei Diabetes mellitus Typ II im Hinblick auf die Verteilung der Hauptnährstoffe zusammengesetzt sein sollte.

Lipidsenkende Kost

Indikationen und erforderliche Maßnahmen für eine lipidsenkende Kost werden in Kap. 46 besprochen.

Purinreduzierte Kost

Die Maßgaben an eine purinarme Kost sind in Kap. 51 dargestellt. *Tabelle 62-7* zeigt wie die Verteilung der Hauptnährstoffe bei einer purinreduzierten Kost vorgenommen wird und welche Menge die Purinkörperzufuhr, berechnet als Harnsäure, nicht überschreiten sollte.

62.1.4 Eiweiß- und elektrolytdefinierte Diäten

Die wichtigsten *Indikationen* für protein- und elektrolytdefinierte Diäten sind die Verzögerung des Fortschreitens einer akuten oder chronischen Leber- oder Niereninsuffzienz sowie die Prävention und Therapie urämischer Symptome. Das Rationalisierungsschema für eiweiß- und elektrolytdefinierte Diäten ist in *Tabelle 62-8* wiedergegeben.

Eiweißdefinierte Diäten

Kostformen mit Indikation

Das Ausmaß der Proteinreduktion hängt vom Grad der Erkrankung ab. Wichtig ist die ausreichende Zufuhr von essenziellen Aminosäuren sowie die ausreichende Deckung des Energiebedarfs, um den Abbau von körpereigenem Eiweiß zu verhindern. Wasserlösliche Vitamine, Kalzium und Eisen müssen gezielt substituiert werden.

Indikationen für eine mäßig proteinarme Kost (40 g/24 h) sind eine Niereninsuffizienz (s. Kap. 41) im Stadium der kom-

Tabelle 62-7. Rationalisierungsschema für energiedefinierte Diäten. (Mod. nach Kluthe et al. 2000)

	Reduktionskost	Lipidsenkende Kost	Purinreduzierte Kost
Indikation	Adipositas, Diabetes mellitus Typ 2	Primäre und sekundäre Hyperlipidämie	Hyperurikämie, Gicht
Energie/24 h kcal	1000/1200/1500	2000	2000
Protein Energie-%	15–20	10–15	15
Fett Energie-%	25–30	25–30	25–30
Gesättigte FS Energie-%	7–10	7–10	7–10
Einfach ungesättigte FS Energie-%	10–15	10–15	10–15
Mehrfach ungesättigte Fettsäuren Energie-%	7–10	7–10	7–10
Cholesterin mg/24 h	<300	<300	<300
Kohlenhydrate Energie-%	50–60	55–65	55–60
Ballaststoffe g/24 h	>30	>30	>30
Harnsäure mg/24 h			<500
Kochsalz	≤6	≤6	≤6
Bemerkungen	Vermeiden niedermolekularer Kohlenhydrate; Vorsicht mit Alkohol	Vermeiden niedermolekularer Kohlenhydrate; Vorsicht mit Alkohol bei Hypertriglyzeridämie	Vorsicht mit Alkohol

pensierten Retention, das nephrotische Syndrom (s. Kap. 41) sowie eine hepatische Enzephalopathie (s. Kap. 48).

Die Empfehlungen für eine normale Eiweißzufuhr liegen bei 0,8 g Eiweiß/kgKG. Da die Eiweißzufuhr in der Bevölkerung meist >1 g/kgKG liegt, bedeutet für viele Patienten eine Restriktion der Eiweißzufuhr auf die Normalzufuhr bereits eine deutliche Einschränkung. *Indikationen für eine »normale Eiweißzufuhr«* sind eine Niereninsuffizienz im Stadium der vollen Kompensation, nach TIPS-Implantation sowie bei chronischer Enzephalopathie.

Eiweißdefinierte Diäten und mäßig proteinarme Diäten (40 g/24 h) können in verschiedenen Formen im Rahmen eines Ernährungsplans angeboten werden. Bei der gemischten Diät werden mindestens 50% hochwertiges Eiweiß in der Form von kleinen Portionen an Fisch, Fleisch oder Geflügel zusammengestellt. Die selektive Diät besteht zu mindestens 50% aus einem natürlichen, hochwertigen Eiweißgemisch (Kartoffel-Ei-Diät). Möglich ist auch die freie Lebenmittelauswahl kombiniert mit einer Zulage aus essenziellen L-Aminosäuren (Schwedendiät). Bei hepatischer Enzephalopathie ist eine laktovegetabile Kost als Proteinquelle günstiger als Fleisch. Eiweißreduzierte Kostformen sind zugleich phosphatarm (<800 mg/Tag). Tageskostbeispiele für eine eiweißarme Kost als Kartoffel-Ei-Diät und mit Fleisch sind in *Tabelle 62-9* aufgeführt.

Indikationen für eine eiweißreiche Kost ist die Dialysetherapie, wobei bei Hämodialyse eine Zufuhr von 1,1–1,2 g Eiweiß/kgKG und bei chronischer Peritonealdialyse 1,2–1,5 g Eiweiß/kgKG empfohlen werden. Berechnet auf einen 70 kg schweren Patienten enthält eine eiweißreiche Kost mit 1,1 g Eiweiß kgKG ca. 80 g Eiweiß/24 h. Bei dieser Eiweißmenge ist eine Phosphatrestrikition nicht möglich. Deshalb sollte die Phosphatzufuhr durch zusätzliche diätetische Maßnahmen, wie die Auswahl phosphatarmer Lebensmittel und das Angebot industriell hergestellter phosphatarmer Lebensmittel, eingeschränkt werden.

Bei der *Hämodialyse* ist eine Natriumbeschränkung auf 2,4 g/24 h ausreichend; die Beschränkung auf 1,2 g/24 h ist nur in Ausnahmefällen notwendig. Die Kaliumzufuhr sollte reduziert werden. Die Trinkmenge wird nach der Restdiurese zuzüglich 500 ml, ohne Abzug des Wassergehalts von Obst und Gemüse, berechnet, da die Patienten bei einer Kaliumbeschränkung nur wenig Obst und Gemüse verzehren können. Bei der *chronischen Peritonealdialyse* ist keine Dialysekost indiziert. Neben der erhöhten Eiweißzufuhr ist lediglich eine

Tabelle 62-8. Rationalisierungsschema für eiweiß- und elektrolytdefinierte Diäten (Mod. nach Kluthe et al. 2000)

	Eiweiß-definierte Kost	Natriumdefinierte Kost
Indikation	Niereninsuffizienz/Leberinsuffizienz	Primäre und sekundäre Hypertonie, kardiale und renale Ödeme
Energie/24 h kcal	2000	2000
Protein/24 h (g)	40/60/80	
Energie-% Protein/24 h		15
Energie-% Fett/24 h	30–35	25–30
Energie-% Kohlenhydrate/24 h	50–60	50–60
Natrium/24 h (g)	1,2/2,4	1,2/2,4
Kalium/24 h (g)	2/4	2/4

Bemerkung: Bei den eiweißreduzierten Kostformen ist der Bedarf an einigen essenziellen Nährstoffen nicht gedeckt, insbesondere Kalzium, Eisen und wasserlösliche Vitamine müssen substituiert werden. Auch bei der eiweißreichen, kalium- und natriumarmen Dialysediät ist eine Substitution der wasserlöslichen Vitamine notwendig (Kluthe u. Quirin 1998).

Tabelle 62-9. Tageskostbeispiele: Eiweißarme Kost

		KED 40 g Eiweiß[a]	40 g E mit Fleisch[a]	60 g Eiweiß[b]
Frühstück	Kaffee mit 5 g Zucker und Kondensmilch	13 g 10% Fett	13 g 10% Fett	13 g 4% Fett
	Brötchen	45 g	45 g	45 g
	Brot	30 g	30 g	30 g
	Butter	20 g	20 g	20 g
	Konfitüre	25 g	25 g	25 g
	Honig	20 g	20 g	20 g
	Belag für:	–	–	5 g Eiweiß
Zwischenmahlzeit	Obst	ca. 150 g	ca. 150 g	ca. 150 g
Mittagessen	Kartoffeln	200 g	–	–
	Ei	30 g	–	–
	Fleisch für 10 g E	–	ca. 50 g	ca. 50 g
	Gemüse für 3 g E	ca. 150 g	ca. 150 g	ca. 150 g
	Kartoffeln, Reis oder eiweißarmer Teig	–	200 g	150 g
	Kochfett	10 g	10 g	10 g
	Stärke	5 g	5 g	5 g Mehl
	Dessert	150 g eiweißarm	150 g eiweißarm	150 g Pudding
Zwischenmahlzeit	Kaffee oder Tee mit 5 g Zucker und Kondensmilch	13 g 10% Fett	13 g 10% Fett	13 g 4% Fett
	Brot	20 g Knäcke	50 g eiweißarm	Kuchen oder Gebäck
	Butter, Konfitüre	10 g, 25 g	10 g, 25 g	für 3 g Eiweiß
	Eiweißzulage für:	5 g Eiweiß	–	–
Abendessen	Tee mit 5 g Zucker			
	Brot	30 g	30 g	90 g
	Eiweißarmes Brot	75 g	75 g	–
	Margarine	20 g	20 g	20 g
	Brotbelag für:	8 g Eiweiß	8 g Eiweiß	13 g Eiweiß
	Salat mit 3 g Öl	ca. 100 g	ca. 100 g	ca. 100 g
Spätmahlzeit	Kompott od. Obst	ca. 150 g	ca. 150 g	ca. 150 g
Energie (kcal)		2150	2163	1927
Eiweiß (g)		39 (7%)	39 (7%)	59 (12%)
Fett (g)		92 (39%)	89 (37%)	78 (37%)
Kh (g)		286 (54%)	295 (55%)	242 (51%)
K (g)		2648	2718	2551

KED: Kartoffel-Ei-Diät; [a] 0,6 g Eiweiß/kgKG berechnet für einen 70-kg-Menschen; [b] 0,8 g Eiweiß/kgKG berechnet für einen 70-kg-Menschen.

Beschränkung der Flüssigkeitszufuhr in Höhe der Restdiurese zuzüglich 800 ml angezeigt.

Natriumdefinierte Kost

Indikationen

Essenzielle Hypertonie, bestimmte Formen der sekundären Hypertonie, z. B. bei chronischer Niereninsuffizienz im Stadium der kompensierten Retention mit Hypertonie, kardiale, renale und hepatische Ödeme.

Zusammensetzung: Die *natriumarme Kost* enthält ca. 50 mmol (1200 mg) Natrium (entspricht etwa 3 g Kochsalz), die *natriumreduzierte Kost* 85–100 mmol (2000–2400 mg) Natrium (entspricht etwa 6 g Kochsalz). Die übrige Zusammensetzung entspricht der jeweils gewählten Kostform, z. B. einer Vollkost bei Hypertonie, einer mäßig eiweißarmen Kost bei Niereninsuffizienz usw.

Die natriumarme Kost mit 3 g Kochsalz/24 h dient zur Einstellung im Krankenhaus und ist zu Hause kaum realisierbar. Eine Ernährung mit normalem Natriumgehalt und max. 6 g Kochsalz/24 h hat sich in der ambulanten Dauertherapie bewährt. Bei der Herstellung der natriumarmen Kost mit etwa 3 g Kochsalz werden stark gesalzene Lebensmittel (Brot, Wurst, Käse, Konserven) im Speiseplan weggelassen und durch spezielle diätetische Lebensmittel ersetzt. Statt Salz und salzhaltigen Würzmischungen werden Gewürze, Kräuter sowie Kaliumsalze (nicht bei Hyperkaliämie!) verwendet. Die natriumreduzierte Kost mit max. 6 g Kochsalz wird mit handelsüblichen, nicht stark salzhaltigen Lebensmitteln zubereitet, die warme Mahlzeit ohne zusätzliches Salz. Unter den Mineralwässern sind nur natriumarme Sorten (<20 mg Na/l) geeignet.

62.1.5 Sonderdiäten

Unter den Sonderdiäten werden gastroenterologische Diäten, Diäten bei speziellen Systemerkrankungen, seltene Diätformen sowie diagnostische Diäten zusammengefasst. In *Tabelle 62-10* sind die verschiedenen Sonderdiäten und ihre Indikationen aufgeführt.

Tabelle 62-10. Sonderdiäten (gastroenterologische Diäten, Diäten bei speziellen Systemerkrankungen, seltene Diätformen und diagnostische Diäten; Mod. nach Kluthe et al. 2000)

Definition	Indikation
A. Gastroenterologische Diäten	
1. Diät bei Malassimilation: leicht aufschließbar ballaststoffarm Fettmenge der Ausnutzung angepasst	Exokrine Pankreasinsuffizienz Kurzdarmsyndrom Chologene Diarrhö Stenosen Gluteninduzierte Enteropathie (Initialstadium) Morbus Whipple etc.
Zusatzmaßnahmen Austausch von LCT durch MCT Erhöhung der Energiedichte (z. B. durch Zusatz von Oligosacchariden) oder des Gehaltes an essenziellen Nährstoffen glutenfrei, laktosefrei bzw. -reduziert; oxalsäurereduziert	
2. Kostaufbau bei gastroenterologischen Erkrankungen	Akute Pankreatitis Postoperative Zustände Akute Gastroenteritis Nach parenteraler Ernährung
3. Glutenfrei	Gluteninduzierte Enteropathie (Dauerbehandlung), Dermatitis herpediformis Duhring
4. Ballaststoffreich, unter Bevorzugung von Getreideballaststoffen	Obstipation, Kolondivertikulose
5. Ballaststoffreduziert	Stenosen im Intestinaltrakt
6. Zuckerreduziert, mehrere kleine Mahlzeiten	Postalimentäres Syndrom (Dumpingsyndrom)
7. Laktosefrei bzw. -reduziert	Milchzuckerunverträglickeit
8. Weitgehender Ersatz von LCT durch MCT	Intestinales Eiweißverlustsyndrom A-β-Lipoproteinämie Hyperchylomikronämie
9. Chemisch definierte oder nährstoffdefinierte Formeldiäten	Chronisch entzündliche Darmerkrankung Frühphase nach ausgedehnten Darmresektionen Intestinale Fisteln etc.
10. Konsitenzdefinierte Kostformen: flüssige, feinpürierte und weiche Kost; Breikost, pürierte Kost	Bei Chemo- und Strahlentherapie Bei Kau- und Schluckstörungen Postoperative Phase Bei Kaustörungen, Gebissproblemen
B. Diäten bei speziellen Systemerkrankungen	
1. Ernährungstherapie bei Rheumaerkrankungen	
2. Ernährungstherapie bei multipler Sklerose	
3. Ketogene Diät	
C. Seltene Diätformen	
1. Kohlenhydratreich, fettreduziert	Porphyrie
2. Definierter Gehalt an Aminosäuren	Angeborene Störungen des Aminosäurestoffwechsels (Phenyketonurie, Ahornsirupkrankheit, Homozysteinurie, Histidinämie u. a.)
3. Galaktose-, fruktosereduziert, stärkereich, viele kleine Mahlzeiten	Glykogenosen
4. Galaktosefrei	Galaktokinasemangel; Galaktosämie
5. Fruktosereduziert	Fruktoseintoleranz Fruktosemalabsorption
6. Sorbitfrei	Sorbitintoleranz Polyolintoleranz Fruktosemalabsorption Hereditäre Fruktoseintoleranz
7. Allergenfrei bzw. -reduziert	Lebensmittelallergie
8. Keimreduziert	Immunsupression bei HIV-Erkrankung oder nach Organtransplantation
9. Eisenarm	Hämosiderose Hämochromatose
10. Kupferarm	Morbus Wilson
11. Kalziumarm	Primärer Hyperparathyreoidismus Hyperkalziämie bei paraneoplastischem Syndrom Hyperkalziurie
12. Serotoninarme Diät	Karzinoidsyndrom 5-Hydroxyindolessigsäurebestimmung
D. Diagnostische Diäten	
1. Allergensuchdiät	Verdacht auf Nahrungsmittelallergie
2. Diäten mit definiertem Fettgehalt	
3. Hämoglobinfreie Diät	
4. Kalziumarm	Während Kalziumbilanzanalyse
5. Kollagenfrei	Vor Hydroxyprolinbestimmung
6. Hydroxyprolinarm	Vor Diagnostik metabolischer Knochenerkrankungen

Gastroenterologische Diäten

(Vgl. hierzu auch Kap. 42)

Nachdem wissenschaftlich gesichert ist, dass die früher bei der Mehrzahl gastroenterologischer Erkrankungen verordneten organspezifischen »*Schonkostformen*« keine Heilung und auch keine positive Beeinflussung des Krankheitsverlaufes bewirken, sind diätetisch therapeutische Maßnahmen nur bei wenigen speziellen Erkrankungen und Krankheitsstadien gastroenterologischer Erkrankungen indiziert. Bei den meisten gastroenterologischen Erkrankungen wird mit einer leichten Vollkost ernährt, so bei Magen- und Duodenalulzera, chronischer Pankreatitis ohne exkretorische Insuffizienz, akuter und chronischer Hepatitis sowie bei Leberzirrhose ohne portale Dekompensation.

Da die pathophysiologischen Voraussetzungen für Behandlungen mit speziellen Kostformen in der Gastroenterologie sehr unterschiedlich sind, können im Gegensatz zu den konkreten Empfehlungen für energiedefinierte sowie protein- und elektrolytdefinierte Diäten für die gastroenterologischen Diäten keine allgemeingültigen Regeln gegeben werden. So reichen z. B. beim Kurzdarmsyndrom in Abhängigkeit vom Ausmaß und der Lokalisation der Resektion sowie der Adaptation des Restdarms die diätetischen Maßnahmen von ballaststoffarmen, relativ fettarmen, evtl. mit MCT (mittelkettigen Fettsäuren) hergestellten Diäten bis hin zur heimparenteralen Ernährung.

Häufig ist ein *allgemeiner Kostaufbau* (▫ *Tabelle 62-10*) als diättherapeutisches Verfahren notwendig. Dabei erfolgt im Anschluss an eine Phase der Nahrungskarenz eine stufenweise quantitative bzw. qualitative Erweiterung der Nährungsstoffzufuhr und Lebensmittelauswahl. Die Stufen eines allgemeinen Kostaufbaus sind in ▫ *Tabelle 62-11* aufgeführt.

Indikationen für einen allgemeinen Kostaufbau

- Längere Nahrungskarenz,
- gastroenterologische Erkrankungen (s. Kap. 42) wie
  akute und chronische Pankreatitis,
  akute Gastroenteritis,
  exokrine Pankreasinsuffizienz,
  gluteninduzierte Enteropathie (Anfangsstadium),
  Morbus Whipple,
  chronisch entzündliche Darmerkrankungen wie Morbus Chron und Colitis ulcerosa,
  chologene Diarrhö,
  hochgradige Malassimiliation,
  Kurzdarmsyndrom;
- postoperativ nach allen Operationen im Bereich des Verdauungsstraktes,
- evtl. nach autologer peripherer Blutstammzelltransplantation (PBSCT),
- evtl. bei Zytostatikatherapie.

Die Länge der verschiedenen Stufen des Kostaufbaus ist abhängig vom Krankheitsverlauf und richtet sich nach der ärztlichen Verordnung. Weitere diätetische Maßnahmen, wie Ersatz von LCT (langkettige Fettsäuren) durch MCT (mittelkettige Fettsäuren), glutenfreie oder laktosearme Kost müssen zusätzlich verordnet werden.

Ernährungstherapie bei Rheumaerkrankungen

(Vgl. hierzu auch Kap. 53).

Ziel der Ernährungstherapie bei Rheumaerkrankungen ist die Hemmung der Entzündung, die Reduzierung von Medikamenten sowie die Verminderung des durch Bewegungseinschränkung und Medikamenteneinnahme bedingten Knochenabbaus.

▫ **Tabelle 62-11.** Allgemeiner Kostaufbau[a]

Stufe I	Stufe II	Stufe III +	Stufe IV +	Stufe V[a]
Nahrungskarenz	ca. 880 kcal (3700 kJ) 20 g Eiweiß Streng fettarm (10 g) 180 g Kohlenhydrate	ca. 1500 kcal (6300 kJ) 60 g Eiweiß Fettarm (15 g) 265 g Kohlenhydrate	ca. 1900 kcal (7980 kJ) 75 g Eiweiß 55 g Fett 270 g Kohlenhydrate	2000 kcal (8400 kJ) 75 g Eiweiß 75 g Fett 250 g Kohlenhydrate
parenterale Ernährung	5 Mahlzeiten + parenterale Teilernährung	5 Mahlzeiten in passierter Form	6 Mahlzeiten, nicht passiert	5 Mahlzeiten
Ungesüßter Tee, alle Sorten	Tee, alle Sorten Schleim (Hafer, Reis) Brühe, Zwieback Energieanreicherung mit Dextrinen (z. B. Maltodextrin 19)	Tee, alle Sorte; Schleim Zwieback, Weißbrot, Gelee Honig, Fruchtspeisen, Quark Kompott, Gemüsesaft Brei aus fettarmer Milch Brühe mit Nährmittel Pass. gekochtes Fleisch mit fettarmer Sauce, Teigwaren, Reis, Kartoffelschnee, Gemüse (Karotten, Spinat, Sellerie, Blumenkohl, Kohlrabi, Schwarzwurzeln)	Erweiterung der Stufe III mit:25 g Streich- und Kochfett Fettarme Milchprodukte Fisch, fettarmer Aufschnitt Fettarmes Gebäck Verschiedene Gemüsesorten	Leichte Vollkost (s. »Leichte Vollkost«)
	Vitamine und Mineralstoffe sind nicht ausreichend enthalten	Vitamine und Mineralstoffe sind nicht ausreichend enthalten	Vitamine und Mineralstoffe sind nicht ausreichend enthalten	Energieanreicherung, falls notwendig

[a]Nach autologer Transplantation und bei Zytostatikatherapie mit Zytopenie: ohne Rohes, ohne Schimmelkäse.

Die Arachidonsäure, eine mehrfach ungesättigte Fettsäure, die ausschließlich aus Lebensmitteln tierischer Herkunft aufgenommen wird oder im menschlichen Körper selbst gebildet wird, kann den Entzündungen im Gelenk Vorschub leisten, da sie Ausgangssubstanz für Entzündungsstoffe ist. Ihre Aufnahme mit der Nahrung sollte daher auf weniger als 80 mg/Tag reduziert werden.

Eine überwiegend lactovegetarische Kost – mit maximal zwei Fleischmahlzeiten/Woche – verringert die rheumatischen Gelenkschmerzen deutlich dadurch, dass eine Aufnahme von 200-400 mg Arachidonsäure/Tag bei üblicher Kost auf 50-80 mg bei lactovegetarischer Kost reduziert wird.

Fischölfettsäuren verstärken diesen positiven Effekt der vegetarischen Ernährung, da sie Hemmstoffe gegen die Umwandlung der Arachidonsäure in Entzündungsstoffe enthalten und diese aus den Zellen verdrängen und selbst antientzündlich wirken.

Vitamin E fängt freie Sauerstoffradikale ab, welche Gelenkentzündungen verstärken. Hierbei wird es zwar zerstört, kann aber durch Vitamin C wieder aufgebaut werden. Der Bedarf an diesen beiden Vitaminen liegt beim Rheumakranken wesentlich höher als die Empfehlungen der DGE für den Gesunden: Die Vitamin E-Zufuhr sollte bei 200–400 i.E./Tag liegen, die Vitamin C-Zufuhr bei 200 mg/Tag

Ernährungsprinzipien bei rheumatischen Erkrankungen

- Maximal zwei Fleischmahlzeiten pro Woche, Wurst und Innereien vermeiden,
- maximal ein Eigelb pro Woche, stattdessen Verwendung von Ei-Ersatzprodukten,
- 2 Fisch- oder Sojagerichte pro Woche,
- Verzicht auf tierische Fette, stattdessen Verwendung von pflanzlichen Ölen und Fetten, die reich an n-3-Fettsäuren sind (Lein-, Raps-, Walnussöl usw.),
- Einsatz fettarmer Milch und Milchprodukte sowie kalziumreicher Mineralwässer zur Optimierung der Kalziumzufuhr (Osteoporoseprophylaxe),
- wenig Alkohol,
- täglich Vollkornprodukte,
- täglich Obst und Gemüse, insbes. eiweißreiche Hülsenfrüchte, kalziumreiche Gemüse, Nüsse und Samen sowie Vitamin C-haltige Obstsäfte.

Ernährungstherapie bei multipler Sklerose

(Vgl. hierzu auch Kap. 36)

Die vermuteten Einflüsse der Ernährung auf die Entstehung der multiplen Sklerose sind bisher noch nicht präzisierbar. Dennoch sind positive Ergebnisse bei der Verschiebung der Fettsäurerelation zugunsten der mehrfach ungesättigten Fettsäuren beobachtet worden.

Zu empfehlende Maßnahmen sind:

- Ernährung nach Vollkostprinzip, zur Vermeidung von B-Vitaminmangel und Ballaststoffdefizit; ggf. Reduktionskost zur Beseitigung des bei dieser Krankheit häufigen Zustandes der Fehlernährung, wie z. B. kalorische Überernährung oder überhöhter Fettkonsum,
- positive Effekte durch eine überwiegend lactovegetabile Ernährung,
- dauerhafte, relativ strikte Reduktion des Konsums gesättigter Fettsäuren auf < 15 g/Tag,
- Zulage von polyensäurereichen Pflanzenölen von 10–40 g/Tag,
- Zulage von Dorschlebertran von 5 g/Tag oder ersatzweise einer Portion Makrele, Hering o.ä. in entsprechender Menge.

Nach neuesten Studien führt eine in dieser Form durchgeführte Ernährung zu leichteren Verlaufsformen, häufigeren und längeren Remissionen und wesentlich besseren Überlebenszeiten.

Ketogene Diät

(Vgl. hierzu auch Kap. 36)

Hierbei handelt es sich um eine extrem kohlenhydratarme, eiweißlimitierte, sehr fettreiche, kalorisch knapp bemessene (in den USA flüssigkeitslimitierte) Kost, die zu einer kontrollierten Ketoazidose führt. Indikation für diese Kostform ist in erster Linie die diätetische Behandlung von Anfallsleiden (Epilepsie) im Kindesalter. Neuerdings hat sich eine günstige Wirkung auch beim Glukosetransporterdefekt erwiesen.

Diese Diätform darf nicht bei erhöhter Thrombosegefahr angewendet werden! Das Prinzip der Diät ist eine Kalkulation von ketogenen (Fette) und antiketogenen (Kohlenhydrate und Proteine) Nährstoffen in einem festgesetzten Verhältnis von meist 4:1 oder 3:1 unter der Voraussetzung einer ausreichenden Eiweißversorgung.

Die Nährstoffrelation sieht wie folgt aus:

- 60 (–70) Energie-% als MCT-Fette, wenn sie vertragen werden (wirken stärker ketogen)
- 10 Energie-% als LCT-Fette,
- 18–20 Energie-% als Kohlenhydrate,
- 10 Energie-% als Protein.

Durchführung:

- 2–5 Tage Nulldiät mit 700–1200 ml kohlenhydratfreier Flüssigkeit/Tag bis eine massive Ketonurie auftritt,
- 3–4 Tage stufenweiser Aufbau einer ketogenen Diät mit an der Bedarfsgrenze liegender Kalorienzufuhr, bis ein Verhältnis von 4:1 bis 5:1 erreicht ist,
- minimale Flüssigkeitszufuhr
- evtl. Supplementierung essenzieller Nährstoffe,
- Zuckergehalt in Medikamenten beachten.

Soll die Diät beendet werden, ist es wichtig, das Ketogen/Antiketogen-Verhältnis stufenweise über ein Jahr hin abzubauen. Die Kontrolle zur korrekten Einhaltung der Diät lässt sich über einen Ketonblut- bzw. Ketonurintest durchführen.

Diagnostische Diäten

Eine Auswahl diagnostischer Diäten gibt ▣ *Tabelle 62-10*. Eine besondere Bedeutung kommt hier der Allergensuchdiät zu, deren verschiedene Formen in Absprache mit den allergologisch tätigen Abteilungen festgelegt werden sollte (Kap. 56).

62.2 Qualitätssicherung der Ernährung im Krankenhaus

Ziel der Qualitätskontrolle der Krankenhausernährung ist eine möglichst gleichbleibende Zusammensetzung der Vollkostformen und Diäten sowie die Gewährleistung einer weitgehenden Umsetzung vorgegebener Zielvorstellungen für die Ernährung im Krankenhaus in der Praxis und damit eine ausreichende Versorgung des Patienten mit allen notwendigen Nährstoffen.

Die Gesamtqualität einer medizinischen Versorgungsleistung und damit auch der Krankenhausernährung wird in Teilqualitäten unterteilt.

Man unterscheidet Strukturqualität, Prozessqualität und Ergebnisqualität. Die *Strukturqualität* beinhaltet die materiellen, organisatorischen und persönlichen Rahmenbedingungen, während unter *Prozessqualität* die eigentlichen Arbeitsabläufe verstanden werden, d. h. die Interaktionen der Leistungsbringer mit den Patienten. Das erzielte Ergebnis, z. B. der »Gesundheitszustand« oder der »Zufriedenheitsgrad« ist entscheidend für die Qualität ernährungsmedizinischer Maßnahmen. Die Verbesserung der Prozessqualität ist daher wesentliche Voraussetzung für eine gute *Ergebnisqualität*.

Am Beginn der Maßnahmen zur Sicherung der Prozessqualität steht die Festlegung der Kostformen und ihrer Zusammensetzung auf der Grundlage wissenschaftlicher Erkenntnisse, die gleichzeitig auch die Zielvorstellungen im Bezug auf die Zusammensetzung der Ernährung im Krankenhaus sind. Die weiteren Maßnahmen zur Sicherung der Prozessqualität, wie der Lebensmitteleinkauf nach jahreszeitlichen und regionalen Bedingungen, nach der Verträglichkeit und den finanziellen Vorgaben liegen ebenso wie der Menüentwurf, die Berechnung und die Optimierung des Menürohentwurfs und die Produktion maßgeblich in der Verantwortung der Fachkräfte in Vollkost- und Diätküche.

Die Qualität der Krankenhausernährung ist anschließend durch geeignete Kontrollmaßnahmen zu sichern. Engmaschige visuelle und sensorische Prüfungen sowie die (Gewichts-) kontrolle der vorgegebenen Portionsgrößen sollte durch regelmäßige Bestimmung der Nährstoffzusammensetzung ergänzt werden. Dazu stehen prinzipiell 2 Verfahren zur Verfügung:

1. *Nährstoffberechnung* mittels verfügbarer Lebensmittelinhaltsstoff-Tabellenwerten bzw. in entsprechende Software integrierte Datenbanken. In Deutschland sind 2 große Datenquellen verfügbar, der Souci-Fachmann-Kraut sowie der Bundeslebensmittelschlüssel:

Für eine hinreichend genaue Berechnung ist eine möglichst detaillierte Auflistung der verwendeten Lebensmittel, bei gegarten und zusammengesetzten Speisen der Rezeptur sowie der genauen Portionsgrößen erforderlich.

2. *Chemische Analysen von Vollkost und Diäten:*

Mit den Nährstoffberechnungen lassen sich v. a. für die Hauptnährstoffe und die Nahrungsenergie bei Erfüllung der oben genannten Voraussetzungen recht gute Ergebnisse ermitteln, was für die Mikronährstoffe nur in eingeschränktem Maße gilt. Insbesondere der Gehalt an Kochsalz ist mit rechnerischen Methoden äußerst schwierig zu erfassen, da Kochsalz nicht nur im Bereich der Lebensmittelherstellung verwendet wird, sondern auch zu Würzzwecken in der Küche bei der Speisenzubereitung. Während man für Natrium bzw. Kochsalz dadurch grundsätzlich zu niedrige Werte berechnet, ist für andere Mikronährstoffe häufig von einer Überschätzung des Gehalts auszugehen, da hierbei zubereitungsbedingte Verluste und Lagerungsverluste nur unzureichend erfasst werden können. ◻ *Tabelle 62-12* gibt eine zusammenfassende Beurteilung des Vergleichs von Nährwertberechnungen mit Hilfe zweier Nährstoffdatenbanken und der chemischen Analytik.

Die Ergebnisse der Qualitätskontrolle sollten regelmäßig zwischen allen an der Herstellung der Krankenhausernährung Beteiligten besprochen, und die Ursachen für evtl. Abweichungen analysiert werden, um aus der Defizitqualität zieladäquate Änderungen zu erreichen.

◻ Tabelle 62-12. Beurteilung unterschiedlicher Methoden zur Qualitätssicherung der Ernährung im Krankenhaus. Gegenübergestellt sind die Nährwertberechnungen mit Hilfe des Souci-Fachmann-Kraut- (SFK-) bzw. des Bundeslebensmittelschlüssels (BLS) und die chemische Analytik. (Mod. nach Gebhardt 1996)

	SFK		BLS		Chemische Analytik
kcal		+		+	+/–[a]
Eiweiß	⇔	+	⇔	+	+
Fett	⇔	+	⇔	+	+
Kohlenhydrate		+		+	+/–[a]
Ballaststoffe	↓↓	–	⇔	+	+[b]
Na	↓↓	–[c]	↓↓	–[c]	+
Cl	↓↓↓	–[c,d]	↓↓	–[c]	+
K	↑	+/–[e]	↑	+/–[e]	+
Ca	↓↓	–	⇔	+	+
P	↓↓	–	↑↑↑	–	+
Mg	↓↓	–	↑↑	–	+
Fe	↑↑	–	↑↑	–	+[b]
Zn	↓↓↓	–[d]	⇔	+	+[b]
Cu		–	↑↑↑	–	+[b]
Mn	Keine Werte		⇔	+	+[b]

⇔ vergleichbare Werte; ↑ tendenziell über-/unterschätzt; ↑↑ über-/unterschätzt; ↑↑↑ stark über-/unterschätzt, daher für die Qualitätskontrolle: – ungeeignet, +/– bedingt geeignet, + gut geeignet. [a] Differenzmethode, bei Bestimmung der Ballaststoffe »+«. [b] Mit der Einschränkung eines hohen analytischen Aufwands. [c] In der Küche verwendetes »Kochsalz« schwer erfassbar. [d] Zuviele »missing values«. [e] Zubereitungsbedingte Verluste unterliegen großen Schwankungen und sind kaum erfassbar.

Literatur

1. Adam O (1997) Diät und Rat bei Rheuma und Osteoporose. 2. Aufl. Hädecke Verlag
2. Deutsche Gesellschaft für Ernährung (DGE), Österreicherische Gesellschaft für Ernährung, Schweizerische Vereinigung für Ernährung (2000) Referenzwerte für Nährstoffzufuhr, 1. Aufl. Umschau Braus, Frankfurt am Main
3. Deutsche Gesellschaft für Ernährung (DGE) (1996a) Ernährungsbericht 1996. Druckerei Heinrich, Frankfurt am Main
4. Deutsche Gesellschaft für Ernährung (DGE) (1996b) Nährstoffempfehlungen für die Vollkost im Krankenhaus. DGE-Info 07/1996
5. Deutschen Akademie für Ernährungsmedizin (1994) 1. Consensuskonferenz. Stellenwert der Kochsalzrestriktion in der Prävention und Behandlung der Hypertonie. Akt Ernährungsmed 19: 40–41
6. Gebhardt A (1996) Überprüfung der ernährungsphysiologischen Qualität von Klinikkost-Analytik bzw. Berechnungen des Nährstoffgehalts. Dissertation, Universität Hohenheim, Verlag Dr. Köster, Berlin
7. Kaplan NM (2000) Evidence in favor of moderate dietary sodium reduction. Am J Hypertens 13: 8–13 (Part 1)
8. Kasper H (2000) Ernährungsmedizin und Diätetik, 9. Aufl. Urban & Schwarzenberg, München
9. Kluthe R (Hrsg) (2000) Ernährungsmedizin in der Praxis. Spitta, Balingen
10. Kluthe R, Fürst P, Hauner H, Hund-Wissner E et al. (2000) Rationalisierungsschema 2000 des Berufsverbandes Deutscher Ernährungsmediziner (BDEM), der Deutschen Adipositas Gesellschaft, der Deutschen Akademie für Ernährungsmedizin (DAEM), der Deutschen Gesellschaft für Ernährung (DGE), der Deutschen Gesellschaft für Ernährungsmedizin (DGEM) und des Verbandes der Diätassistenten – Deutscher Berufsverband (VDD). Akt Ernährungsmed 25: 263–270
11. Kluthe R, Quirin H (1998) Abwechslungsreiche Diät für Nierenkranke. Trias, Stuttgart
12. Metz G, Schmitting-Ulrich S, Zürcher G (1997) Ernährungs- und Diätkatalog mit künstlicher und parenteraler Ernährung, 4. Aufl. Universitätsklinikum, Freiburg
13. Reidelbach S (1999) Die heterogene Diät. Remagen: Reha-Verlag GmbH
14. Zürcher G (1999) Qualitätsmanagement der Ernährung an einem Universitätsklinikum. Akt Ernährungsmed 24: 166–170

Ernährungsteams, Ernährungsambulanzen

A. Jordan

Die Ernährung eines Patienten ist wichtiger Bestandteil im Gesamtkonzept der medizinischen Behandlung. Es gilt als allgemein erwiesen, dass der Ernährungszustand eines Patienten maßgeblich den Krankheitsverlauf und die Prognose einer Erkrankung beeinflusst [3, 13]. Mit der Weiterentwicklung ernährungstherapeutischer Verfahren, beispielsweise in Form von enteraler oder parenteraler Ernährung, stehen heute effektive und sichere Methoden für eine supportive Ernährungstherapie zur Verfügung. In gleichem Maße hat jedoch die Invasivität der Methoden als auch die Komplexizität des zu überblickenden Fachwissens zugenommen. Um den Einsatz der verfügbaren therapeutischen Strategien qualifiziert gewährleisten zu können, bedarf es klar formulierter Strukturen und Verantwortlichkeiten, beispielsweise in Form eines Zusammenschlusses von Fachkräften in sogenannten Ernährungsteams [17].

63.1 Aufgaben eines Ernährungsteams

Die Aufgaben eines Ernährungsteams umfassen neben der klinischen Ernährungstherapie und der Heimernährung die Bereiche Aus- und Weiterbildung, Forschung und zunehmend das Gebiet der Qualitätssicherung (▪ *Tabelle 63-1*; [17]).

Zentrale Aufgabe eines Ernährungsteams ist die *praktische Umsetzung ernährungsmedizinischer Konzepte* innerhalb der verschiedenen Disziplinen eines Krankenhauses. Das *Ziel* ist, medizinisches und Krankenpflegepersonal hinsichtlich ernährungstherapeutischer Maßnahmen zu beraten und zu unterstützen um eine optimale, patientenorientierte Versorgung zu gewährleisten. Die Mitarbeiter des Teams arbeiten eng mit dem Personal der Stationen zusammen und erarbeiten in gemeinsamer Absprache stationsspezifische Konzepte zur Etablierung ernährungstherapeutischer Maßnahmen mit dem Ziel, Risikopatienten frühzeitig zu identifizieren, Behandlungsstrategien zu entwickeln und den Therapieverlauf zu verfolgen.

Unabdingbar für eine erfolgreiche Umsetzung dieser Aufgaben sind fachliche Kompetenz, eine klare Aufgabenverteilung unter den Mitgliedern des Teams und eine gute Kommunikationsstruktur. Zu den Aufgaben gehören im Wesentlichen die Erhebung einer Ernährungsanamnese mit differenzierter Erfassung des Ernährungszustands, die Indikationsstellung für eine ernährungstherapeutische Maßnahme, das Erstellen patientenspezifischer diätetischer Richtlinien bzw. von Tageskostplänen und das Monitoring des Therapieverlaufs.

▪ **Tabelle 63-1.** Aufgaben eines Ernährungsteams in der klinischen und außerklinischen Ernährungstherapie

- Erhebung von Ernährungsanamnesen mit differenzierter Erfassung des Ernährungszustands (initial/fortlaufend)
- Identifikation von Patienten, die ernährungstherapeutischer Maßnahmen bedürfen
- Indikationsstellung für ernährungstherapeutische Maßnahmen (diätetische Kostumstellung, supportive Ernährungstherapie, enterale/parenterale Ernährung)
- Erstellen patientenspezifischer diätetischer Richtlinien bzw. Tageskostpläne (oral/enteral) und Infusionsregime (parenteral)
- Monitoring des Therapieverlaufs im stationären und ambulanten Bereich
- Beratung und Schulung von Patienten und Angehörigen
- Planung und Organisation einer heimenteralen bzw. heimparenteralen Ernährung

Die *außerklinische Ernährungstherapie* (s. Kap. 25, 30) sollte in einem Ernährungsteam denselben Stellenwert einnehmen wie die Versorgung der Patienten in der Klinik. Im außerklinischen Bereich besteht nach wie vor ein Defizit an organisierten Strukturen zur Versorgung von Patienten, die über den stationären Aufenthalt hinaus einer Ernährungstherapie bedürfen. Aufgabe des Teams ist es einen reibungslosen Übergang des Patienten von der Klinik nach Hause und eine lückenlose Versorgung des Patienten zu gewährleisten. Ziel ist es, eine Kommunikation und Koordination bereits bestehender bzw. noch zu etablierender ambulanter Versorgungseinheiten (Hausarzt, Pflegedienst, Apotheke, Lieferfirmen, Krankenkasse) mit den innerklinischen Strukturen (Station, Kliniksarzt) zu schaffen und eine sinnvolle Vernetzung dieser Bereiche herzustellen (▪ *Abb. 63-1*). Optimalerweise sollte die weitere Betreuung und Kontrolle der ambulanten Ernährungstherapie im Verantwortungsbereich des Ernährungsteams bleiben, selbstverständlich aber nur in enger Zusammenarbeit mit den außerklinischen Versorgungseinheiten.

Neben der Organisation der Heimernährung ist die Schulung von Patienten bzw. Angehörigen im Umgang mit der Applikationstechnik der Nährlösungen ein wichtiger Teil der Arbeit eines Ernährungsteams.

Zur Etablierung ernährungsmedizinischer Konzepte hat sowohl das Angebot von *Aus- und Weiterbildungen* an Ärzte, Krankenpflegepersonal, Diätassistenten und Pharmazeuten als

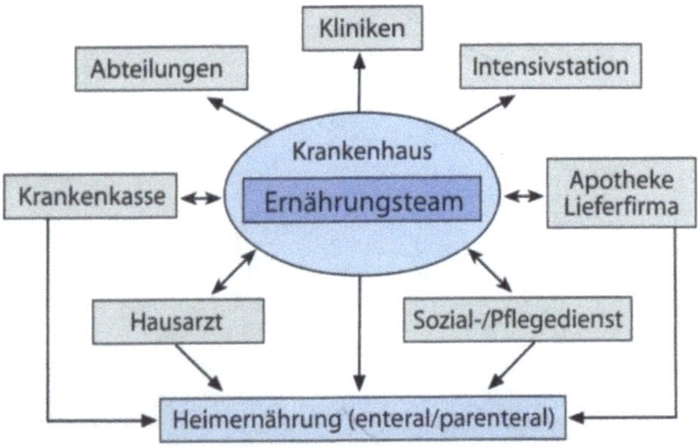

▪ **Abb. 63-1.** Vernetzung inner- und außerklinischer Strukturen im Bereich der Heimernährung

auch das Wahrnehmen von Fortbildungsveranstaltungen zur Aktualisierung und Erweiterung des Fachwissens einen hohen Stellenwert. Neben der Organisation von Ausbildungsprogrammen im Bereich enterale, parenterale und Heimernährung im klinikinternen Bereich gehört auch die Erarbeitung von Ausbildungs- und Informationsmaterialien und die aktive Beteiligung an regionalen und nationalen Fortbildungsveranstaltungen zum Aufgabenbereich eines Ernährungsteams.

Zunehmend gewinnt der Bereich der *Qualitätssicherung* an Bedeutung. Als »eigenständiger Leistungsanbieter« unterliegt eine Ernährungsambulanz in besonderem Maße der Qualitätskontrolle. Es muss der Nachweis erbracht werden, dass die Leistungen des Teams einen erkennbaren Vorteil in der Therapie des Patienten bringen. Unabdingbar sind in diesem Zusammenhang allgemein gültige Standards und Leitlinien. In Deutschland fehlen Standards für den Bereich der klinischen Ernährung gänzlich. Es bedarf dringend der Etablierung von Leitlinien ähnlich beispielsweise der ASPEN-Standards [1], die bindend für die Tätigkeit derer sind, die die Ernährungstherapie durchführen. Aufgabe eines jeden Ernährungsteams ist, an der Entwicklung und Umsetzung von Standards zur enteralen und parenteralen Ernährung mitzuarbeiten um die Tätigkeit und Leistungen transparent zu machen.

Wie jeder Fachbereich ist die *Ernährungsmedizin* auf neue Erkenntnisse aus der Forschung angewiesen. Der Bereich der *Forschung* stellt eine besondere Herausforderung an ein Ernährungsteam dar. Ziel aller Mitarbeiter einer Ernährungsambulanz sollte sein, angewandte ernährungstherapeutische Verfahren zu evaluieren und weiter zu entwickeln. Hierzu gehören die Planung und Durchführung von Studien, die Evaluierung der aktuellen Literatur und die Etablierung von Forschungsmethoden, zunehmend aber auch der Bereich der Grundlagenforschung (▫ *Tabelle 63-2*).

63.2 Mitglieder des Ernährungsteams

Ein Ernährungsteam arbeitet multidisziplinär und sollte sich optimalerweise aus Ärztinnen/en, Ökotrophologinnen/en, Krankenschwestern bzw. Krankenpflegern, Diätassisteninnen/en, Pharmazeutinnen/en und Psychologinnen/en zusammensetzen. Die Arbeit eines Ernährungsteams kann schwerpunktmäßig auf bestimmte Problemgruppen (z. B. mangelernährte Patienten) bzw. auf bestimmte Leistungen (z. B. enterale/parenterale Ernährung) konzentriert sein und so in der Zusammensetzung variieren. Die interdisziplinäre Zusammenarbeit ermöglicht eine optimale Versorgung des Patienten durch Bereitstellung der Fachkompetenz der unterschiedlichen Berufsgruppen und trägt zu einer Verbesserung und Standardisierung der ernährungsmedizinischen Versorgung sowohl im Krankenhaus als auch in der ambulanten Nachsorge bei [14]. Jeder Berufsgruppe sind im Team Kernkompetenzen zugeordnet. Die wichtigsten sollen hier ausführlicher beschrieben werden.

▫ Tabelle 63-2. Aufgaben eines Ernährungsteams im Bereich Aus- und Weiterbildung, Qualitätssicherung und Forschung

- Entwicklung und Umsetzung von Standards in der enteralen und parenteralen Ernährung
- Aus- und Weiterbildung von medizinischem Personal und Pflegepersonal
- Organisation von Ausbildungsprogrammen
- Entwicklung von Qualitätssicherungsprogrammen
- Entwicklung neuer ernährungsmedizinischer Konzepte
- Planung und Durchführung von Studien
- Etablierung von Forschungsmethoden (experimentell/klinisch)
- Evaluierung der Literatur

63.2.1 Ärztin/Arzt

In der Regel wird die Leitung eines Ernährungsteams durch den zuständigen Arzt übernommen. Neben der ernährungstherapeutischen Versorgung der Patienten gehören deshalb auch administrative Tätigkeiten wie beispielsweise Strukturierung von Verantwortungsbereichen, Erstellung von Budgets und Rechenschaftsberichten und Erarbeitung von Förderungsanträgen in dessen Aufgabenbereich. Der Arzt spielt eine wichtige Rolle als Vertretung des Teams innerhalb des ärztlichen Personals der Klinik. Er soll dazu beitragen, das Konzept des Ernährungsteams unter den Kollegen transparent zu machen und eine Verbesserung der Kommunikation zwischen den einzelnen Disziplinen zu schaffen [2].

In seinem Verantwortungsbereich liegt außerdem die Schaffung geeigneter venöser sowie enteraler Zugangswege. Eine entsprechende Qualifikation ist unabdingliche Voraussetzung. Hierzu gehören eine langjährige klinische Erfahrung sowie ein fundiertes Wissen im Bereich der klinischen Ernährung.

Bisher existiert kein durch die Bundesärztekammer legitimierter Qualifikationsnachweis. Jedoch haben die Landesärztekammern gemeinsam mit der Bundesärztekammer mit dem *»Curriculum Ernährungsmedizin«* Rahmenbedingungen für die ernährungsmedizinische Weiterbildung von Ärzten geschaffen. Derzeit herrscht noch kein einheitliches Konzept zur Integration der Ernährungsmedizin in die ärztliche Weiter- und Fortbildungsordnung. Insbesondere die Zertifizierung wird von den Ärztekammern in unterschiedlicher Weise geregelt [16].

63.2.2 Ernährungswissenschaftler/in, Ökotrophologe/in

Ernährungsmedizin und Ernährungswissenschaften sind eng miteinander verbunden. Die ernährungsmedizinische Praxis erforscht, untersucht und behandelt ernährungsabhängige Erkrankungen und Erkrankungen, die Ernährungsprobleme verursachen. Das Wissen basiert im Wesentlichen auf Erkenntnissen aus der ernährungsmedizinischen und ernährungswissenschaftlichen Forschung [14].

Neben klinischen Aufgaben in der Ernährungstherapie liegt der Schwerpunkt der Tätigkeit des Ernährungswissenschaftlers deshalb im Bereich der Forschung. Ernährungswissenschaftler können sowohl im Bereich der angewandten als auch der epidemiologischen Forschung tätig werden. Sie sind maßgeblich an der Planung und Strukturierung von Forschungsvorhaben beteiligt. In ihrem Verantwortungsbereich liegt die Planung und Durchführung von klinischen Studien im Bereich der Ernährungsmedizin. Sie sind für die Aufarbeitung der aktuellen Literatur und die Bearbeitung von spezifischen Fragestellungen anhand der verfügbaren Literatur verantwortlich.

Ein weiteres Tätigkeitsfeld ist die Grundlagenforschung (z. B. molekular- oder zellbiologisch) in sogenannten Ernährungslabors, in denen Forschungsprojekte bearbeitet werden, die der Lösung ernährungsmedizinischer Fragestellungen dienen. Erkenntnisse aus der Forschung haben Einfluss auf vielen Ebenen. Es ergeben sich daraus Konsequenzen für die Behandlungsstrategie von Patienten, für Präventionsmaßnahmen und Strategien zur Gesundheitsförderung, aber auch für die Entwicklung von Aus- und Weiterbildungsprogrammen [17]. Für eigenständige Ernährungsteams sollte der Bereich der Forschung und die Bereitstellung eigener Forschungsdaten zunehmend eine Herausforderung darstellen.

63.2.3 Krankenschwester, Krankenpfleger

Die Krankenpflegekräfte sind für die pflegerische Umsetzung der ernährungsmedizinischen Maßnahmen auf den Stationen und im ambulanten Bereich verantwortlich. Hierzu gehört beispielsweise die Praxis der Verabreichung von Nährlösungen und das Management von venösen und enteralen Zugängen. Dementsprechend arbeitet die Krankenschwester bzw. der Krankenpfleger des Ernährungsteams eng mit dem Personal auf der Station zusammen. Weiterhin gehört zu den Aufgaben die Schulung aller im Umgang mit der Ernährungstherapie betrauten Personen. Hierzu gehören neben dem medizinischen Personal auf Stationen und Ambulanzen eines Krankenhauses auch die mit der ambulanten Weiterversorgung beauftragten Personen (Patient und Angehörige, Sozialstationen, Pflegedienste [2]). Hinsichtlich der speziellen Anforderungen an Pflegekräfte im Arbeitsbereich eines Ernährungsteams wäre die Etablierung einer speziellen Weiterbildung mit Abschluss eines anerkannten Examens wünschenswert.

63.2.4 Diätassistent/in

Aufgabe der Diätassistent/inn/en ist die Planung und Erstellung sowie die Produktion und Kontrolle der Diätverpflegung entsprechend dem Leistungskatalog und den Qualitätsstandards des Verbandes der Deutschen Diätassistenten e.V. (VDD). Im Arbeitsbereich eines Ernährungsteams unterstützen sie bei der Auswahl des erforderlichen Ernährungsregimes hinsichtlich Nährstoffbedarf und bestehender Nährstoffdefizite. Sie überprüfen regelmäßig die Zufuhr an Nährstoffen im Vergleich zum Bedarf und gleichen das Regime im Gesamtverlauf der Erkrankung an die Erfordernisse an. Bei speziellen diätetischen Anforderungen legen sie die entsprechenden diätetischen Kostformen fest und überwachen den Therapieverlauf. Darüber hinaus beraten und schulen sie den Patienten im Umgang mit der erforderlichen Diät.

Des Weiteren gehört die Erfassung des Ernährungsstatus zu Beginn und im Verlauf der Ernährungstherapie in den Verantwortungsbereich der Diätassistenz. Zur speziellen klinischen Weiterbildung von Diätassistent/innen/en werden vom Fachverband der Diätassistenten beispielsweise Zertifikatkurse »enterale Ernährungstherapie« und »gastroenterologische Ernährungstherapie« angeboten, was auch für diesen Fachbereich den Trend zur Spezialisierung deutlich erkennbar macht [17].

63.2.5 Pharmazeut/in

Das Einbeziehen eines Pharmazeuten ist von besonderer Bedeutung, wenn die parenterale Ernährung Bestandteil des Leistungskataloges eines Ernährungsteams ist. Seine Aufgabe ist die Zusammenstellung von Infusionsregimen (Compounding) unter Berücksichtigung von Stabilitäten und Kompatibilitäten der verwendeten Lösungen. Er überwacht die exakte Vorbereitung der Infusionen unter aseptischen Bedingungen nach vorgegebenen Standards [2]. Ein weiteres Aufgabengebiet besteht in der Erarbeitung von Standards und Anleitungen zur Verabreichung von Medikamenten bei enteraler und parenteraler Ernährung. Weiterhin gehört zu dem Aufgabenbereich die Entwicklung von Ausbildungs- und Qualitätssicherungsprogrammen.

63.3 Schlussfolgerungen

Die Etablierung eines interdisziplinär arbeitenden Ernährungsteams trägt nachweislich zu einer Verbesserung der ernährungstherapeutischen Versorgung von Patienten bei [6, 8, 15]. Darüber hinaus sollten zukunftsorientierte Ernährungsambulanzen aber zunehmend auch die Wirtschaftlichkeit ihrer Arbeitsweise unter Beweis stellen). Das heißt, es muss belegt werden, dass diese Organisationsform in der Lage ist, zu einer Kostenreduktion beizutragen. Die internationale Literatur zeigt, dass dies sehr wohl der Fall ist [10, 11, 12]. Die Arbeit von Ernährungsteams trägt dazu bei, Patienten mit bestehender Mangelernährung früher zu identifizieren, diese Patienten frühzeitig einer geeigneten ernährungstherapeutischen Maßnahme zuzuführen und damit die Komplikationsrate zu senken und letzlich Morbidität und Mortalität zu vermindern [4, 5, 7, 9].

Um die Effizienz ernährungsmedizinischen Handelns zu gewährleisten, sollten künftig Ernährungsteams an allen größeren Kliniken, aber auch anderen Einrichtungen des Gesundheitswesens wie beispielsweise Rehabilitationszentren und Kurkliniken eingerichtet und akzeptable Rahmenbedingungen hinsichtlich Fortbildungs- und Qualifikationsmöglichkeiten geschaffen werden.

Literatur

1. Anonymous (1993) Guidelines for the use of parenteral and enteral nutrition in adult and pediatric patients. American Society for Parenteral and Enteral Nutrition. JPEN J Parenter Enteral Nutr 17: 1SA–52SA
2. Burnham WR (1995) The role of the nutritional support team. In: Payne-James J, Grimble G, Silk D (Eds.) Artificial Nutritional Support in Clinical Practice. Edward Arnold, London, 1995: 175–186
3. Buzby GP, Mullen JL, Matthews DC, Hobbs CL, Rosato EF (1980) Prognostic nutritionla index in gastrointestinal surgery. Am J Surg 139: 160–167
4. ChrisAndersen D, Heimburger DC, Morgan SL et al. (1996) Metabolic complications of total parenteral nutrition: effects of a nutrition support service. JPEN J Parenter Enteral Nutr 20: 206–210
5. Dalton MJ, Schepers G, Gee JP et al. (1984) Consultative total parenteral nutrition teams: the effect on the incidence of total parenteral nutrition-related complications. JPEN J Parenter Enteral Nutr 8: 146–152
6. Fettes SB, Lough M (2000) An audit of the provision of parenteral nutrition in two acute hospitals: team vs. non-team. Scott Med J 45: 121–125
7. Gales BJ, Gales MJ (1994) Nutritional support teams: a review of comparative studies. Ann Pharmacother 28: 227–235
8. Gales BJ, Riley DG (1994) Improved total parenteral nutrition therapy management by a nutrition support team. Hosp Pharm 29: 467–470
9. Gallagher-Allred CR, Voss AC, Finn SC, McCamish MA (1996) Malnutrition and clinical outcomes: the case for medical nutrition therapy. J Am Diet Assoc 96: 361–366
10. Gianino MS, Brunt LM, Eisenberg PG (1992) The impact of a nutritional support team on the cost and management of multilumen central venous catheters. J Intraven Nurs 15: 327–332
11. Goldstein M, Braitman LE, Levine GM (2000) The medical and financial costs associated with termination of a nutrition support nurse. JPEN J Parenter Enteral Nutr 24: 323–327
12. Hassell JT, Games AD, Shaffer B, Harkins LE (1994) Nutrition support team management of enterally fed patients in a community hospital is cost-beneficial. J Am Diet Assoc 94: 993–998
13. Mullen JL, Gertner MH, Buzby GP, Goodhart GL, Rosato EF (1979) Implications of malnutrition in the surgical patient. Arch Surg 114: 121–125
14. Müller MJ (Hrsg) (1998) Ernährungsmedizinische Praxis. Springer, Berlin Heidelberg New York Tokio
15. Olveira Fuster G, Mancha Doblas I, Gonzalez-Romero S et al. 2000) The quality of the care in parenteral nutrition: the benefits after the incorporation of a nutritional support team. Nutr Hosp 15: 118–122
16. Schauder P, Auerswald U, Beleites E et al. (2000) Ernährungsmedizin – Steigender Bedarf an qualifizierten Ärzten. Dtsch Ärztebl 97: A3325–3326
17. Suchner U, Dormann A, Hund-Wissner E, Shang E, Senkal M und die Projektgruppe Klinische Ernährung (PROKER) (2000) Anforderungen an Struktur und Funktion eines Ernährungsteams. Anästhesist 49: 675–684

Ethische und rechtliche Fragen zur künstlichen Ernährung

H. J. Steinhardt

Parenterale und enterale Ernährung – über perkutan in den Magen oder das Jejunum eingebrachte Sonden – gewährleisten eine adäquate Zufuhr von Nährstoffen. Dies trifft auch in den meisten Grenzsituationen des Lebens zu, in denen eine suffiziente orale Nahrungszufuhr nicht möglich ist. Die perkutane endoskopische Gastrostomie (PEG) stellt inzwischen die Methode der Wahl dar bei Patienten, die eine Langzeiternährung benötigen. Sie zeichnet sich gegenüber der parenteralen Ernährung durch eine geringere Rate schwerer Komplikationen und gegenüber der nasogastralen Sondenernährung durch eine höhere Effizienz aus [19, 20]. Die relative Sicherheit der PEG, auch im Vergleich zu der kaum noch durchgeführten chirurgischen Gastrostomie, hat zu einer Indikationsausweitung geführt. Zunehmend werden Patienten mit irreversiblen Erkrankungen, geringer Aussicht auf Heilung oder Verbesserung ihres Zustands sowie beschränkter Lebenserwartung behandelt (s. ◘ *Tabelle 64-1*).

Daraus ergeben sich nicht nur medizinische und soziale, sondern auch ethische und rechtliche Probleme [15, 30].

Die ethische Problematik bei der künstlichen Ernährung resultiert weniger aus eingriffsbedingten Komplikationen, die natürlich beachtet werden müssen, als vielmehr aus den metabolischen Konsequenzen der Zufuhr von Wasser und Nährsubstraten. Daher werden im Folgenden ethische Fragen der künstlichen Ernährung am Beispiel der PEG erörtert, ohne die heimparenterale und die nasogastrale Sondenernährung gesondert zu erwähnen.

64.1 Klinischer Hintergrund und ethische Problematik

Häufig werden Patienten zur PEG-Anlage vorgestellt, die sich in einem fortgeschrittenen Stadium ihrer Erkrankung befinden, in dem die künstliche Ernährung, wenn überhaupt, von fraglichem Nutzen ist. Beispiele stellen geriatrische Patienten mit seniler Demenz, Multiinfarktsyndrom oder M. Alzheimer dar. Sie sind typischerweise meist mangelernährt, bettlägerig, kommunikationsunfähig und tolerieren eine orale Nahrungs- und Flüssigkeitszufuhr nicht oder nur in geringem Umfang. Nicht selten sind anamnestisch rezidivierende Aspirationen mit Pneumonien bekannt. In solchen Fällen wird die PEG als eine »Ultima Ratio« aufgefasst, mit der man dem Kranken (noch) etwas Gutes tun und gleichzeitig die Pflege erleichtern kann. Der Karzinompatient mit fortgeschrittener Kachexie ist ein weiteres Beispiel aus dem klinischen Alltag. Der Endoskopiker wird bei beiden Beispielen, aber auch in anderen Situationen mehr als technischer Assistent und nicht als Arzt angesehen und in eine schwierige professionelle und ethische Situation gebracht (◘ *Tabelle 64-1*).

Die Tragweite des Problems wird aus amerikanischen Studien erkenntlich. Von 81.105 Medicare-Patienten, die eine PEG erhielten, verstarben 24% innerhalb von 30 Tagen, 63% innerhalb eines Jahres, und 81% waren nach 3 Jahren nicht mehr am Leben [10]. Eine andere Untersuchung berichtet über eine Mortalität von 23,5% während des stationären Aufenthalts zur PEG-Anlage und eine Überlebenszeit von nur 7,5 Monaten [27]. Die Patienten starben nicht an der Platzierung der PEG-Sonde, sondern an ihrer Grunderkrankung. Daten aus Deutschland liegen nicht vor, jedoch ist davon auszugehen, dass die Situation hier ähnlich ist.

◘ **Tabelle 64-1.** Klinische Beispiele für die Anwendung prinzipienorientierter Medizinethik

- Tumorkachexie
- Terminale irreversible neurologische Erkrankungen
- Apallisches Syndrom
- Schlaganfall mit Dysphagie

Diese Untersuchungen zeigen, dass viele Patienten eine PEG in terminalen Phasen ihrer Erkrankung erhalten und – auf der anderen Seite – die künstliche Ernährung wenig an dem zugrundeliegenden klinischen Status ändern kann. Die Frage nach der Angemessenheit der Ernährungsmaßnahme ist daher berechtigt. Sind pflegerische Aspekte eine ausreichende Begründung für die Anlage einer PEG angesichts einer Pflegepersonalregelung, die für Patienten mit der höchsten Pflegestufe (A3) 33 min/24 h für die Ernährung vorsieht? Oder die Verhinderung des Drehtüreffekts in der Geriatrie und Entlastung der Krankenhäuser und Kostenträger [9]? Oder handeln indikationsstellender Arzt und derjenige, der den endoskopischen Eingriff durchführt, ethisch begründet, indem sie ein Grundbedürfnis des Menschen auf Nahrung und Flüssigkeitszufuhr respektieren? Ist die Entscheidung gegen eine PEG gleichzusetzen mit passiver Sterbehilfe?

Nach der jüdisch-christlichen und der europäischen Ethik handelt es sich bei der Ernährung um die Befriedigung eines Grundbedürfnisses, das mit dem Leben selbst gegeben ist. Zu dessen Befriedigung sind andere verpflichtet, wenn ein Mensch dazu noch nicht oder infolge Krankheit und Gebrechen nicht mehr in der Lage ist [5, 28]. Die Frage, ob sich der Begriff Ernährung nur auf ihre natürliche Form »Essen und Trinken« bezieht oder die künstliche Ernährung mit umfasst, wird in verschiedenen Ländern unterschiedlich beantwortet [6, 13, 30].

Die Grundsätze der Bundesärztekammer zur ärztlichen Sterbebegleitung, die das Endergebnis einer langen philosophisch-ethischen und öffentlichen Diskussion darstellen, nehmen eine Gleichstellung vor und setzen das Recht auf Ernährung dem Recht auf Behandlung, Pflege und Zuwendung gleich. Sie erlauben jedoch einen Abbruch der künstlichen Ernährung, wenn die Krankheit weit fortgeschritten ist und lebenserhaltende Behandlungsmaßnahmen das Leiden nur verlängern [12, 29]. An die Stelle von Lebensverlängerung und Lebenserhaltung treten dann palliativmedizinische und pflegerische Maßnahmen. Die Entscheidung über eine Änderung des Therapieziels muss dem Willen bzw. dem mutmaßlichen Willen des Patienten entsprechen [12].

In den USA werden die enterale und die parenterale Ernährung von Ethikern und Gerichten als außergewöhnliche Maßnahme, wie z. B. eine Respiratorbeatmung, angesehen. Diese Sichtweise entbindet Ärzte von der Verpflichtung, Leben zu verlängern, wenn eine geringe Wahrscheinlichkeit des Weiterlebens besteht oder das Wiedererlangen des Bewusstseins unwahrscheinlich ist [13].

Ethische Prinzipien schaffen eine Matrix zur Lösung moralischer Probleme der Medizin. Eine Gegenüberstellung von verschiedenen Prinzipien der Ethik in den USA und in Deutschland lässt Übereinstimmung, aber auch Gewichtungsunterschiede erkennen (■ *Tabelle 64-2*). Nicht nur im angloamerikanischen, sondern auch im deutschsprachigen Raum haben die Prinzipien der biomedizinischen Ethik [2] eine weitreichende Popularität erreicht. Das erste, dominierende Prinzip, ist der *Respekt der Autonomie*, d. h. Selbstbestimmung des Patienten. Es gesteht jeder Person das Recht zu, eigene Ansichten zu haben, eigene Entscheidungen zu fällen und Handlungen zu vollziehen, die den eigenen Wertvorstellungen entsprechen.

Autonomie beinhaltet nicht nur Freiheit von äußerem Zwang und manipulativer Einflussnahme, sondern auch ein positives Recht auf Förderung der Entscheidungsfähigkeit. Daraus folgt für den Arzt nicht nur die – negative – Verpflichtung, die Entscheidung des Patienten zu respektieren, sondern auch die positive Verpflichtung, den Entscheidungsprozess durch eine intensive, patientenorientierte, nicht paternalistische Aufklärung zu unterstützen. Der Begriff der Freiheit der europäischen, christlich geprägten Ethik deckt sich weitgehend mit dem der Autonomie.

Von großer Bedeutung im angloamerikanischen Bereich sind die hippokratischen Maxime der *Benefizenz* (»primum utilis esse«) und der *Nonmalefizenz* (»primum non nocere«) sowie die *Gerechtigkeit* (Fairness). Während das Prinzip des Nichtschadens verlangt, schädigende Eingriffe zu unterlassen, verpflichtet das Fürsorgeprinzip den Arzt zu aktivem Handeln. Das vierte Prinzip fordert eine faire Verteilung von Gesundheitsleistungen. Es ist gleichzusetzen mit dem Prinzip der Gerechtigkeit und besagt, dass gleiche Fälle gleich behandelt und ungleiche Fälle nur insofern ungleich behandelt werden sollten, als sie moralisch relevante Unterschiede aufweisen.

In der christlich geprägten Ethik steht die *Menschenwürde*, wie sie in Deutschland im Grundgesetz verankert ist, als Norm im Vordergrund. Die Menschenwürde wird im Sinne der Gottebenbildlichkeit verstanden und ist damit unantastbar [5].

■ **Tabelle 64-2.** Ethische Prinzipien

USA	Europa
– Autonomie	– Freiheit
– Nutzen	– Würde
– Nichtschaden	– Gewissen
– Fairness	– Verantwortung

Dies impliziert, dass weder dem Menschen selbst noch anderen Menschen das Recht zusteht, das Lebensende zu beeinflussen. Bezogen auf die künstliche Ernährung könnte aus diesen Normen abgeleitet werden, dass in keiner klinischen Situation auf die Zufuhr von Nahrung und Wasser und damit auch die künstliche Ernährung verzichtet werden darf.

Eine ausschließlich auf diese Norm – Menschenwürde – orientierte Betrachtungsweise könnte den Entscheidungsträger in den Konfliktfall bringen, einerseits gegen die Autonomie eines Menschen und das Prinzip der »Benefizenz« zu verstoßen, andererseits möglicherweise gegen Interessen der Gesellschaft, der Gesundheitsökonomie und der Familie. Bei Berücksichtigung gesellschaftlicher Belange und Zuteilung von Ressourcen kann ein Spannungsfeld entstehen zwischen dem *Recht* des Menschen zu sterben und möglicherweise einer sozial verstärkten *Pflicht* zu sterben.

Die Grundsätze der Bundesärztekammer zur ärztlichen Sterbebegleitung legen in ihrer Präambel daher fest, dass ethische Entscheidungen nicht von wirtschaftlichen Erwägungen abhängig gemacht werden dürfen [12]. Die Gegenüberstellung der Normenethik der jüdisch-christlichen Tradition [5, 28] und der auf zielorientierten Maximen basierenden ist theoretisch. In der praktischen Anwendung werden ethische Entscheidungen sowohl von vorgegebenen Normen wie auch von einer Orientierung an den Folgen bestimmt. Grundhaltungen und Menschenbilder spielen dabei eine wichtige Rolle.

Die Prinzipien bilden eine allgemeine ethische Orientierung, nehmen jedoch im Einzelfall keine Konkretisierung vorweg. Dadurch eröffnet sich ein beträchtlicher Spielraum für verschiedene moralische Grundüberzeugungen und Besonderheiten der Kasuistik. Das bedeutet eine Stärke dieses Ansatzes. Auf der anderen Seite wird die Flexibilität durch ein eingeschränktes Problemlösungspotential erkauft. Intuitive Urteile und subjektive Abwägungen kommen dort wieder ins Spiel, wo die Hilfe der ethischen Theorie besonders gebraucht wird, nämlich in schwierigen moralischen Konfliktfällen.

Es wird daher von ärztlichen Standesvertretungen immer wieder versucht, die Diskussion in ethischen Fragen durch Positionspapiere und Richtlinien zu vereinfachen, um in Konfliktfällen eine Orientierung zu geben. Ein Beispiel dafür stellen die Richtlinien der Deutschen Ärztekammer zur Sterbebegleitung dar [12]. So wertvoll diese Richtlinien für die Entwicklung eines ethischen Bewusstseins sind, so problematisch sind sie manchmal bei ihrer Anwendung im klinischen Alltag, in dem Entscheidungen rasch und ohne einen vorhergehenden langen philosophisch-ethischen Diskurs getroffen werden müssen [29].

64.2 Praktisches Vorgehen bei ethischen Konfliktfällen der künstlichen Ernährung

In der Klinik wird fallanalytisch vorgegangen und eine direkte und praktische Umsetzung durchgeführt. Die Frage lautet: »Was ist in der konkreten Situation zu tun?« Am Anfang einer Problemanalyse steht die Sammlung moralisch und medizinisch relevanter Fakten [16]. Dazu werden die medizinische Epikrise, die Präferenzen des Patienten, die Frage der Lebensqualität und Besonderheiten des Umfeldes anhand von Fragenkata-

Tabelle 64-3. Medizinische Aspekte

1. Worin besteht das medizinische Problem? Anamnese? Diagnose? Prognose?
2. Ist das Problem ein akutes oder chronisches? Kritisch? Notfall? Reversibel?
3. Wie lautet das Behandlungsziel?
4. Wie sind die Erfolgsaussichten der Therapie?
5. Welche Vorstellungen gibt es für den Fall des Therapieversagens?
6. Zusammengefasst: Wie kann der Patient von den medizinische und pflegerischen Maßnahmen profitieren. Wie kann Schaden für den Patienten vermieden werden?

logen eruiert (*Tabelle 64-3* bis *64-6*). Auf den so gewonnenen Erkenntnissen bauen die Entscheidungsschritte auf und werden Alternativen durchleuchtet. Im Zusammenspiel der Prinzipien der biomedizinischen Ethik und letztlich deren Gewichtung lassen sich ethische Fragen diskutieren und entscheiden.

Die konsequente Anwendung der Instrumentarien ethischer Problemlösung hat vor kurzem zu einem für den Arzt leicht greifbaren, ethisch gerechtfertigten, ernährungsphysiologisch begründeten Algorithmus zur PEG geführt [26], dessen Anwendung in einer modifizierten Form empfohlen wird. In 4 Schritten wird überprüft, welches ethisch problematische Szenario bei der PEG-Implantation vorliegt (*Abb. 64-1*).

Schritt 1. Beim Anorexie/Kachexie-Syndrom des fortgeschrittenen Krebsleidens oder bei Aids gibt es bislang keine Form der Ernährung, die in der Lage ist, die Katabolie umzukehren, da die angebotenen Nährstoffe nicht utilisiert werden [22]. Wenn kein physiologischer Effekt mit einer medizinischen Maßnahme erzielt werden kann, gibt es keine ethische Verpflichtung, eine Intervention wie die PEG durchzuführen. Wird sie dennoch durchgeführt, besteht die Gefahr, Schaden für den Patienten zu verursachen. Der Arzt sollte sich gegen eine PEG-Anlage zur Ernährungstherapie aussprechen.

Tabelle 64-4. Präferenz des Patienten

1. Welche Vorstellungen hat der Patient zu der Behandlung geäußert?
2. Wurde der Patient über den Nutzen und die Risiken informiert? – Hat er die Aufklärung verstanden und seine Einwilligung gegeben? (»informed consent«)
3. Ist der Patient klar bei Verstand und geschäftsfähig? Was deutet auf eine geistige und geschäftsmäßige Unzurechnungsfähigkeit hin? (Inkompetenz)
4. Hat der Patient in der Vergangenheit zu seiner Behandlung Vorstellungen geäußert? Gibt es eine Patientenverfügung?
5. Bei Unzurechnungsfähigkeit des Patienten: Wer ist ein angemessener Vertreter? Hat dieser angemessene Vorstellungen? Standards?
6. Will er oder kann er nicht kooperieren. Wenn ja, warum nicht?
7. Zusammengefasst: Ist das Selbstbestimmungsrecht des Patienten in ethischem und gesetzlichem Umfang zu resepektieren?

Tabelle 64-5. Lebensqualität

1. Wie sind die Aussichten des Patienten, mit oder ohne Behandlung in ein normales Leben zurückzukehren?
2. Gibt es auf Seiten der Ärzte und Pflege Vorurteile, die zu einer verzerrten Einschätzung der Lebensqualität des Patienten führt?
3. Welche physischen, mentalen und sozialen Einbußen hat der Patient durch die Therapie in Kauf zu nehmen?
4. Ist der gegenwärtige oder zukünftige Zustand des Patienten so, dass er eine Lebensverlängerung für unerwünscht hält?
5. Gibt es einen Plan und eine Rationale für einen Verzicht auf Behandlung?
6. Wie sind die Pläne für die Versorgung und palliativmedizinischen Maßnahmen?

Das medizinische Problem besteht darin, dass für die Erkennung des Anorexie/Kachexie-Syndroms des Tumorkranken in der klinischen Routine noch keine laborchemischen Methoden zur Verfügung stehen, mit denen die verantwortlichen humoralen Mediatoren erfasst und die Diagnose präzisiert werden kann. Die Diagnose wird daher klinisch gestellt mit der Folge, dass die Empfehlung im Algorithmus der fortgeschrittenen Tumorkachexie vorbehalten bleibt.

Schritt 2. Das apallische Syndrom (engl./am *Synonym:* »permanent vegetative state«) wird charakterisiert durch die Unfähigkeit des Patienten, sich selbst und die Umgebung wahrzunehmen, durch erhaltene Schlaf-Wach-Zyklen sowie eine ganze oder teilweise Erhaltung der hypothalamischen Hirnstammfunktionen [4]. In seiner vollen Ausprägung schließt die minimale zerebrale Restfunktion die Möglichkeit aus, Erfahrungen und Aktivitäten eines üblichen menschlichen Lebens zu erleben. Die Lebensqualität, wenn auch von Außenstehenden schwer zu beurteilen, fehlt oder ist deutlich beeinträchtigt. In einer solchen Situation hat die Ernährung zwar einen physiologischen Effekt, aber keinen weitergehenden Nutzen für den Patienten.

Das Problem beim apallischen Syndrom besteht in der Schwierigkeit der Diagnosestellung und der Einschätzung der Prognose. Aus der Sicht von Neurologen und Rehabilitati-

Tabelle 64-6. Umfeld des Patienten

1. Gibt es familiäre Umstände mit Einfluss auf eine Therapieentscheidung?
2. Gibt es von Seiten der Ärzte und Pflege Umstände, die möglicherweise die Therapieentscheidung beeinflussen?
3. Gibt es finanzielle und ökonomische Faktoren?
4. Gibt es religiöse, kulturelle Faktoren?
5. Besteht eine Rechtfertigung (Grund), die Schweigepflicht zu brechen?
6. Gibt es Probleme der Ressourcenzuteilung?
7. Welche rechtlichen Folgen hat eine Therapieentscheidung?
8. Sind klinische Forschung oder Lehre involviert?
9. Gibt es Interessenkonflikte auf der Seite der Gesundheits- oder Versorgungsanbieter?

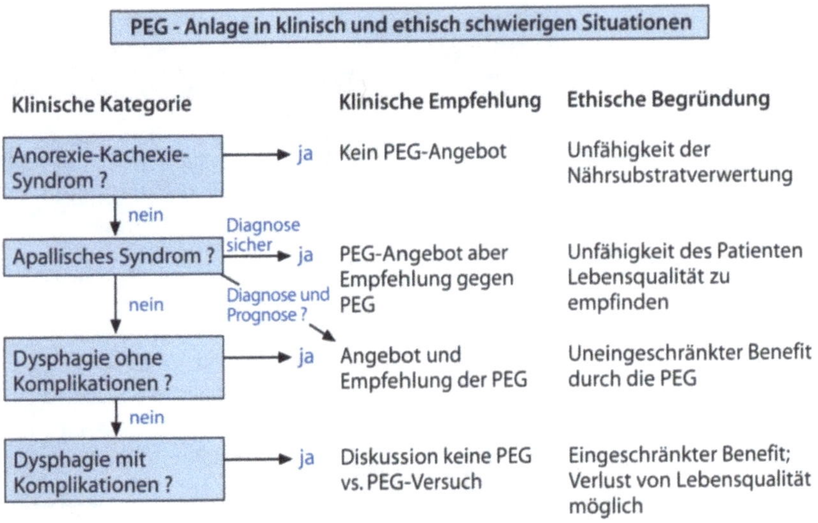

Abb. 64-1. Bioethisch begründete Entscheidungshilfe bei der Indikation zur PEG

onsmedizinern kann die Empfehlung, sich primär gegen eine PEG auszusprechen, nur akzeptiert werden, wenn die Diagnose nach engsten Kriterien eingegrenzt wird und feststeht [3, 8, 24]. Dies setzt je nach Ätiologie eine Beobachtungszeit von mindestens 1–12 Monaten voraus. Beim apallischen Syndrom durch eine zerebrale Hypoxie/Ischämie kann eine definitive Einschätzung häufig bereits nach 3 Monaten erfolgen, während nach Schädel-Hirn-Traumata länger abgewartet werden muss, da immer wieder von erstaunlichen Erholungen bei einzelnen Patienten berichtet wird [3]. Es wird daher eine PEG-Anlage zur kompletten Ernährung empfohlen, jedoch sollte im zeitlichen Verlauf der Sinn der Ernährungsmaßnahme reevaluiert und ein Abbruch erwogen werden, wenn die Irreversibilität des Zustandes evident geworden ist [3, 8, 23].

Eine Umfrage unter britischen und amerikanischen Medizinern, Neurologen und Rehabilitationsärzten ergab, dass sich mehr als 75% der Befragten zu einem Abbruch der Ernährungstherapie entschließen können, wenn die Voraussetzung einer genügend langen Beobachtung zur Diagnosesicherung gegeben ist [11, 21]. In der klinischen Realität erfolgt die Implantation eines intravenösen Katheters oder einer PEG in der Akutphase nach hypoxischer oder traumatischer Hirnschädigung noch beim bewusstlosen Patienten, solange die Prognose des zerebralen Schadens noch nicht feststeht. Die Situation einer primären Entscheidung gegen eine PEG stellt sich in der Praxis daher selten.

Schritt 3. Bei der unkomplizierten Dysphagie gibt es keinen Zweifel, dass eine PEG-Ernährung indiziert ist und empfohlen werden sollte. Als Beispiel sei die medikamentös behandelte Myasthenia gravis mit persistierender Schluckstörung genannt. Aus medizinischer Sicht besteht die Indikation zur PEG-Ernährung bei reversiblen Erkrankungen, der Chance der Erholung und bei Patienten mit unheilbaren Erkrankungen, aber einer nicht zu kurzen Überlebenszeit, die mit einer vernünftigen Lebensqualität verbracht werden kann. Dazu gehören neurologische Erkrankungen mit Schluckstörungen, wie der Schlaganfall, chronische Erkrankungen mit langer Lebenserwartung, wie die amyotrophe Lateralsklerose, zerebrovaskuläre Erkrankungen, Schädel-Hirn-Traumata und Zustände nach neurochirurgischen Eingriffen. Keinen ethisch-problematischen Hintergrund gibt es bei der Indikation der Malabsorption, des Kurzdarmsyndroms, chronisch entzündlichen Darmerkrankungen, Verbrennungen oder dem nichtfortgeschrittenen Wastingsyndrom bei HIV. Patienten mit diesen Erkrankungen profitieren eindeutig von einer PEG-Ernährung.

Schritt 4. Im 4. Schritt des Algorithmus werden Richtlinien für Erkrankungen erstellt, bei denen der Nutzen der PEG-Anlage zweifelhaft ist [14, 23]. Diese Patienten leiden außer an Störungen der oralen Nahrungsaufnahme, an gravierenden Defiziten der Lebensqualität. Die Beeinträchtigung der kognitiven und physischen Leistungsfähigkeit nimmt mit der Progression der Grunderkrankung zu. Beispiele für eine komplizierte Dysphagie sind bettlägerige Patienten mit seniler Demenz oder M. Alzheimer. In diesen Situationen muss genau herausgearbeitet werden, wodurch die Lebensqualität reduziert wird und wie sich ihre Einschränkung im Krankheitsverlauf wahrscheinlich entwickeln wird.

Die klinische Erfahrung zeigt, dass sehr viele dieser Patienten keine Einschränkung ihrer Lebensqualität empfinden. Um so wichtiger ist es, dass sie nicht durch invasive Maßnahmen wie die PEG beeinträchtigt werden. Alternativen, wie das Füttern durch betreuende Personen, müssen in Bezug auf kurz- und langfristige Folgen abgeklärt werden. Im Falle der PEG müssen die Belästigung durch den invasiven Eingriff selbst, seine Akutkomplikationen und die mit der Ernährung möglicherweise verbundenen Langzeitprobleme, wie lokale Infektionen, Sondendysfunktion und Diarrhö, bei der Therapieentscheidung berücksichtigt werden.

Patienten mit Demenz erfahren durch den Eingriff und seine möglichen Folgen eine erhebliche Belastung mit der Gefahr einer Lebensverlängerung, die durch Verschlechterung der Lebensqualität erkauft wird [3, 7]. Über die potenziell negativen Folgen muss sich jeder Patient und ggf. sein Stellvertreter oder legaler Betreuer im Klaren sein. Die Wahrung der Autonomie erfordert eine besonders sorgfältige, nicht direktiv geführte Diskussion der Umstände und Beratung des Patienten und v. a. der Betreuer, die angehalten sind, über alle Aspekte zu reflektieren und sich ihre eigene Meinung zu bilden [4]. Zusammen mit allen Beteiligten einschließlich Pflegeteam, Sozialarbeiter/inne/n und Geistlichem sollte das Therapieziel erarbeitet und eine PEG-Ernährung auf Probe vereinbart werden.

Die Überprüfung der Situation in regelmäßigen zeitlichen Abständen muss im Voraus festgelegt werden. Für den Erfolg einer künstlichen Ernährungsmaßnahme in den geschilderten Situationen kommt dem Umfeld des Patienten eine große Bedeutung zu. Die Erfolgsaussichten einer PEG-Ernährung hängen entscheidend auch von einer liebevollen Umgebung ab, die eine intensive Betreuung gewährleistet [4, 7, 14, 18, 23].

Die Platzierung einer PEG kann als Möglichkeit zur Zufuhr von Wasser und Medikamenten, die die Lebensqualität verbessern, wie Analgetika und Antikonvulsiva, in Frage kommen. Der Nutzen einer reinen Flüssigkeitszufuhr in der Terminalphase einer Erkrankung ist umstritten und wird eher als Nachteil angesehen [1].

64.3 Abbruch der enteralen Ernährung

Aus ethischer Sicht besteht kein Unterschied zwischen Abbruch und Verzicht auf eine enterale Ernährungstherapie über eine PEG [13, 29]. Dennoch schrecken viele, v. a. junge Ärzte, vor einem solchen Schritt zurück, weil er als passive oder bei genauer Betrachtung als aktive Sterbehilfe gesehen werden könnte. In Terminalphasen einer Erkrankung bedeutet der Verzicht auf eine künstliche Ernährung nicht Tod durch Verhungernlassen, sondern Tod durch die Erkrankung, die ihren natürlichen Verlauf nimmt.

Es darf nicht vergessen werden, dass Verlangsamung und schließlich Abbruch der oralen Nahrungsaufnahme Teil eines natürlichen Sterbeprozesses sind, den man durch Verzicht auf künstliche Ernährung ermöglicht. Abbruch einer künstlichen Ernährung erfordert gleichzeitig die Weichenstellung zu noch intensiveren palliativen Maßnahmen, wie Schmerztherapie, Sedierung, Pflege und Zuwendung. Der Flüssigkeitsbedarf Sterbender kann, wenn keine anderweitigen Wünsche geäußert werden, durch Ausspülen des Mundes gedeckt, Durstgefühl mit Feuchtigkeitsstäbchen oder Eiswürfeln bekämpft werden [1].

64.4 Aufklärung

Das Autonomieprinzip erfordert ein informiertes Einverständnis (»informed consent«) des Patienten oder seiner Vertretung. Dieser Begriff stammt aus der Rechtssprechung und stellt ein Beispiel für die enge Verflechtung von Ethik und Recht dar. Er beinhaltet, dass jede diagnostische und therapeutische Maßnahme durch die ausdrückliche Einwilligung des Patienten zu legitimieren ist. Der Patient muss in der Lage sein, die eingriffsrelevante Information zu verstehen. Er muss eine Einschätzung der eigenen gegenwärtigen klinischen Situation treffen können, rational das Für und Wider abwägen und letztlich seine Entscheidung in Form einer Einwilligung oder Ablehnung mitteilen können. Es ist darauf zu achten, dass nicht nur über Aspekte des Eingriffs selbst und dessen Komplikationen aufgeklärt wird, sondern auch über Nebenwirkungen der PEG-Ernährung sowie ernährungsphysiologische und metabolische Konsequenzen.

In besonders kritischen Situationen in der Endphase einer Erkrankung sollte auch darüber aufgeklärt werden, dass ein Verzicht auf künstliche Ernährung oder der Abbruch keinen Akt der Unmenschlichkeit darstellt, wie das v. a. von Angehörigen manchmal empfunden wird. Es ist darauf hinzuweisen, dass der Abbruch künstlicher Ernährungsverfahren nicht gleichzusetzen ist mit einer Aufgabe der Basisversorgung und Pflege. Es gibt gut dokumentierte Beobachtungen, dass der Verzicht auf eine künstliche Zufuhr von Wasser und Nährstoffen das Leiden nicht verstärkt, sondern ein friedliches Sterben ermöglicht [1, 18]. Die Betonung liegt dabei auf dem Verzicht von Wasser und Ernährung, da die Flüssigkeitszufuhr bei Unterbrechung der Nahrungszufuhr in der Tat Leiden durch Hungergefühl und einen protrahierten Prozess des Verhungerns verstärken kann.

Die Entscheidung zur PEG-Anlage und künstlichen Ernährung kann bei einem bewusstseinsklaren kompetenten Patienten in der Regel sehr geradlinig getroffen werden. Bei bewusstlosen oder kognitiv stark beeinträchtigten, nicht geschäftsfähigen Patienten muss der Arzt auf andere Weise die Präferenzen des Kranken herausfinden. Das Vorhandensein eines Patientenwillens oder einer -verfügung kann von großer Hilfe sein. Beim Umgang mit solchen Dokumenten müssen rechtliche Aspekte beachtet werden.

Wenn keine Verfügungen vorliegen, muss auf Informationen von Familienmitgliedern, Stellvertretern oder Vormund zurückgegriffen werden. Die Ansichten und Einschätzungen dieses Personenkreises können zu einer rationalen Therapieentscheidung beitragen, bergen aber nicht selten die Gefahr von Konflikten und Missverständnissen. Diese können am besten durch ausführliche Information und Darlegung aller Aspekte der PEG sowie einer je nach Problem direktiven oder nichtdirektiven Beratung vermieden werden.

In der Situation, für einen Patienten entscheiden zu müssen, ist es von großer Wichtigkeit, andere Mitglieder des Versorgungsteams, wie Schwestern, Pfleger, Sozialarbeiterinnen, Sozialarbeiter und Geistliche miteinzubeziehen. Falls vorhanden, sollte in Problemfällen die Ethikkommission gehört werden. Ethische Kompetenz zeichnet sich durch die Fähigkeit zur Reflexion und eine kommunikative Kompetenz aus. Diese Fähigkeiten sind in den Gesprächen mit Patienten, Angehörigen, Freunden oder gesetzlichen Stellvertretern eines Patienten ganz besonders gefordert.

64.5 Rechtliche Aspekte der künstlichen Ernährung

Die Anlage einer PEG oder eines untertunnelten Katheters zur Langzeiternährung bedarf, wie jeder ärztliche Eingriff, der medizinischen Indikation und der Einwilligung des Patienten. Über die Eingriffsindikation und die Wahl des Verfahrens entscheidet der Arzt. Über die Durchführung der Behandlung entscheidet der Patient in seiner Autonomie. Verweigert ein entscheidungsfähiger Patient oder ein kompetenter Vertreter die Einwilligung trotz nachdrücklicher Hinweise des Arztes auf das Risiko der Entwicklung einer die Lebensqualität stark beeinträchtigenden Mangelernährung, so muss der Eingriff unterbleiben. Das gilt auch für den Fall, dass die Einwilligung aus rational nicht nachvollziehbaren Gründen versagt wird.

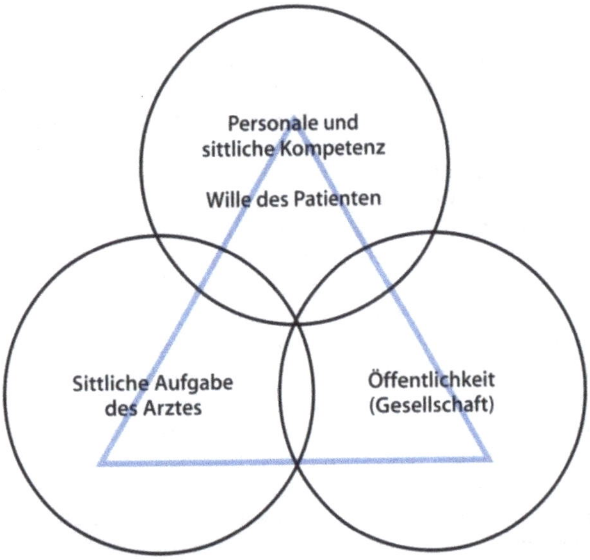

Abb. 64-2. Faktoren mit Einfluss auf ethische Entscheidungen in der Medizin

In einer solchen Situation ist der betreuende Arzt verpflichtet, einen Versuch zur Weckung einer positiven Autonomie zu unternehmen. Im juristischen Sinn stellt die Platzierung einer PEG tatbestandsmäßig eine Körperverletzung dar, die durch Einwilligung des Patienten selbst oder des Betreuers gerechtfertigt wird. Wenn ein Patient nicht einwilligungsfähig ist, muss der Arzt sich an den Betreuer oder die Betreuerin wenden und diese über den Eingriff und die Auswirkungen aufklären, damit eine entsprechende rechtswirksame Einwilligung erteilt werden kann [15]. Die Einwilligung eines Familienangehörigen ist nur dann rechtlich bedeutsam, wenn dieser ausdrücklich zum Betreuer bestellt worden ist. Wenn ein Patient nicht unter Betreuung steht und nicht entscheidungsfähig ist, so muss je nach Bundesland beim Amtsgericht oder bei einem bestallten Notar ein Antrag auf Betreuung gestellt werden.

Da es sich bei der richtigen Indikation zur PEG im Falle einer Langzeiternährung um einen Eingriff handelt, durch den der Betreute einen schweren und längerdauernden gesundheitlichen Schaden erleiden kann, bedarf er einer richterlichen Genehmigung. Arzt und Betreuer sollten das Vormundschaftsgericht zur Absicherung der eigenen Entscheidung einbeziehen [15]. In Zusammenhang mit juristischen Fragen der PEG-Ernährung ist es wichtig, auf die Notwendigkeit einer sorgfältigen Dokumentation hinzuweisen. Die Aufklärungsbögen zur PEG bereiten ein Aufklärungsgespräch vor und entlasten es von Standardinformationen sowie deren Dokumentation. Das Aufklärungsgespräch und dessen Dokumentation ersetzen sie jedoch nicht. Der klinische Zustand des Patienten vor Beginn einer Langzeiternährungsmaßnahme und beim Abbruch ist ebenfalls zu dokumentieren.

Auch in Deutschland ist der Abbruch einer PEG-Ernährung legal, wie der aufsehenerregende »Kemptener Fall » gezeigt hat [25]. Die rechtlichen Aspekte der Patientenverfügung sind komplex [17]. Inhaltlich kann nur rechtlich erlaubtes Vorgehen formuliert werden, die schützenswerten Belangen des Arztes nicht zuwiderlaufen. Das Verbot aktiver Sterbehilfe kann mit dem Mittel der Patientenverfügung nicht umgangen werden. Auch kann der Arzt auf diesem Wege nicht zu einem sinnlosen Vorgehen gezwungen werden.

64.6 Zusammenfassung und Ausblick

Ethische Entscheidungen in der künstlichen Ernährung entstehen, wie auf anderen Gebieten, im Spannungsfeld von personaler Kompetenz und Willen des Patienten (Autonomie), moralischer und fachlicher Kompetenz des Arztes und Pflegeteams und gesellschaftlichen Faktoren (*Abb. 64-2*). Das Verhältnis dieser Kräfte ist kein statisches, sondern ein dynamisches. Veränderungen in einem Bereich beeinflussen die anderen und somit auch die ethische Entscheidung. Zum Beispiel wird eine zukünftige wissenschaftliche Evidenz für den physiologischen Nutzen der künstlichen Ernährung beim Anorexie/Kachexie-Syndrom in der Zukunft zu einer anderen ethischen Entscheidung als der oben genannten führen.

Nebenbei leitet sich aus dieser Aussage die moralische Pflicht des Arztes zu einer kontinuierlichen Fortbildung ab, die allein ihn befähigt, nicht nur fachlich richtige, sondern auch ethisch begründbare Entscheidungen zu treffen. Die wachsende Pluralität der Gesellschaft mit ihren Menschenbildern, Weltanschauungen, Religionen und Ideologien, aber auch wirtschaftliche und gesundheitspolitische Gegebenheiten werden in diesem Spannungsfeld zunehmend an Bedeutung gewinnen. Der dargelegte Ansatz für die Lösung schwieriger ethischer Probleme auf dem Gebiet der künstlichen Ernährung soll zum Nachdenken anregen, eine Orientierungshilfe geben und damit letztlich dazu beitragen, dass die Medizin ihre eigenen Richtlinien setzt für das Angebot und die Empfehlung medizinischer Interventionen und dies nicht Gerichten überlassen muss.

Literatur

1. Ahronheim JC (1996) Nutrition and hydration in the terminal patient. Clin Geriatr Med 12: 379–391
2. Beauchamp TL, Childress JF (1994) Principles of biomedical ethics, 4th edn. Oxford Univ Press, New York
3. Cranford RE (1991) Neurologic syndromes and prolonged survival: when can artificial nutrition hydration be forgone? Law Med Health Care 19: 13–22
4. Cranford RE, Ashley BZ (1986) Ethical and legal aspects of dementia. Neurol Clin 4: 479–490
5. Eibach V (1995) Zulässigkeit des Abbruchs einer ärztlichen Behandlung bei mutmaßlichem Einverständnis. Tötung durch Verhungernlassen? Z Med Ethik 41: 43–57
6. Garanis-Papadatos T, Katsas A (1999) The milk and the honey: ethics of artificial nutrition and hydration of the elder on the other side of Europe. J Med Ethics 25: 447–450
7. Gillick MR (2000) Rethinking the role of tube feeding in patients with advanced dementia. N Engl J Med 342: 206–209
8. Gillon R (1998) Persistent vegetative state, withdrawal of artificial nutrition and hydration and the patient's »best interests«. J Med Ethics 24: 75–76
9. Gossner L, Ludwig J, Hahn EG, Ell C (1995) Risiken der perkutanen endoskopischen Gastrostomie. Dtsch Med Wochenschr 51/52: 1768–1772
10. Grant MD, Rudberg MA, Brody JA (1998) Gastrostomy placement and mortality among hospitalized medicare beneficiaries. JAMA 279: 1973–1976

11. Grubb A, Walsh P, Lambe N, Murrells T, Robinson S (1996) Survey of British clinicians' views on management of patients in persistent vegetative state. Lancet 348: 35–40
12. Grundsätze der Bundesärztekammer zur ärztlichen Sterbebegleitung (1998) Dtsch Ärztebl 39: 1852–1853
13. Herrmann VM, Norris PF (1998) Ethical issues in instituting and discontinuing enteral feeding. Gastrointest Endosc Clin North Am 8: 723–732
14. Hodges MO, Tolle SW (1994) Tube-feeding decisions in the elderly. Clin Geriatr Med 10: 475–488
15. Hubert-Fehler A, Hollmann A (1998) Ernährung durch eine Magensonde (PEG). Eine Entscheidung mit rechtlichen Konsequenzen. Dtsch Ärztebl 14: 805–088
16. Jonsen AR, Siegler M, Winslade WJ (1998) Clinical ethics, 4th edn. McGraw Hill, New York
17. Koch HG, Meran JG, Sass HM (1994) Patientenverfügung und stellvertretende Entscheidung in rechtlicher, medizinischer und ethischer Sicht, Bochumer Materialien 93
18. McCamish MA, Crocker NJ (1993) Enteral and parenteral nutrition support of terminally ill patients: practical and ethical perspectives. Hosp J 9: 107–129
19. Messing B, Matuchansky C (1995) Techniques for the provision of parenteral nutrition. Eur J Gastroenterol 7: 507–513
20. Park RHR, Allison MC, Lang J (1992) Randomised comparison of percutaneous endoscopic gastrostomy and nasogastric tube feeding in patients with persisting neurological dysphagia. BMJ 304: 1406–1409
21. Payne K, Taylor RM, Stocking C, Sachs GA (1996) Physicians' attitudes about the care of patients in the persistent vegetative state: a national survey. Ann Intern Med 125: 104–110
22. Pisters PW, Pearlstone DB (1993) Protein and amino acid metabolism in cancer cachexia: investigative techniques and therapeutic interventions. Crit Rev Clin Lab Sci 30: 223–372
23. Pollard BJ (1991) Withdrawing life-sustaining treatment from severely brain-damaged persons. Med J Aust 154: 559–561
24. Position of the American Dietetic Association: Legal and ethical issues in feeding permanently unconscious patients (1995) J Am Diet Assoc 95: 231–234
25. Püllen RH, Kramer (1995) Zwangsernährung im Alter? Fallbericht. Ethischer Kommentar zum Fallbericht. Z Med Ethik 41: 311–315
26. Rabeneck L, McCullough LB, Wray NP (1997) Ethically justified, clinically comprehensive guidelines for percutaneous endoscopic gastrostomy tube placement. Lancet 349: 496–498
27. Rabeneck L, Wray NP, Petersen NJ (1996) Long-term outcomes of patients receiving percutaneous endoscopic gastrostomy tubes. J Gen Intern Med 11: 287–293
28. Rosin AJ, Sonnenblick M (1998) Autonomy and paternalism in geriatric medicine. The Jewish ethical approach to issues of feeding terminally ill patients, and to cardiopulmonary resuscitation. J Med Ethics 24: 44–48
29. Sahm SW (2000) Palliative care vs. euthanasia. The German position: the German General Medical Council's principles for medical care of the terminally ill. J Med Philos 25: 195–219
30. Steinbrook R, Lo B (1988) Artificial feeding – solid ground, not a slippery slope. N Engl J Med 318: 286–290

VI

Anhang

Anhang der 4-farbigen Abbildungen

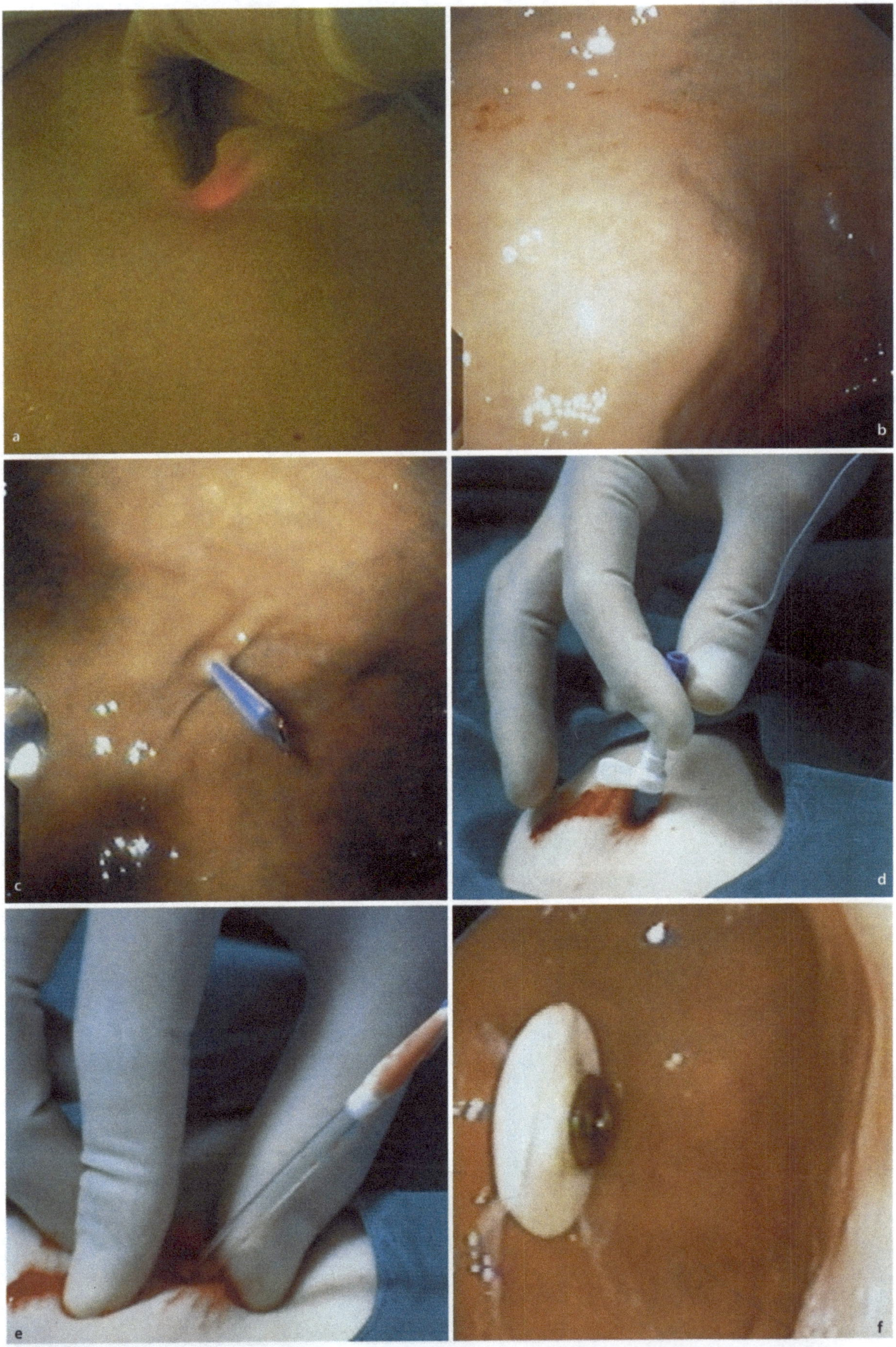
a
b
c
d
e
f

◻ **Abb. 19-8a–f.** Perkutane endoskopische Gastrostomie (PEG). **a** Diaphanie in Rückenlage: An der geeigneten Punktionsstelle scheint das Licht des Endoskops durch Magenwand und Bauchdecke, der der Magen direkt anliegt. **b** Endoskopisch ist an dieser Stelle der von außen imprimierende Finger gut zu sehen: So wird die optimale Position der PEG gewählt. **c** Die Schleuse für den Faden hat den Magen punktiert, links steht die Zange bereit, um den Faden zu fassen. **d** Der Zugfaden läuft durch die Schleuse nach innen, wird mit dem Endospkop zum Mund herausgezogen. **e** Die PEG-Sonde wird mit ihrer Spitze mitsamt der Schleuse durch die Bauchdecke nach außen gezogen. **f** Die PEG-Sonde mit Halteplatte: korrekter Sitz im Magen

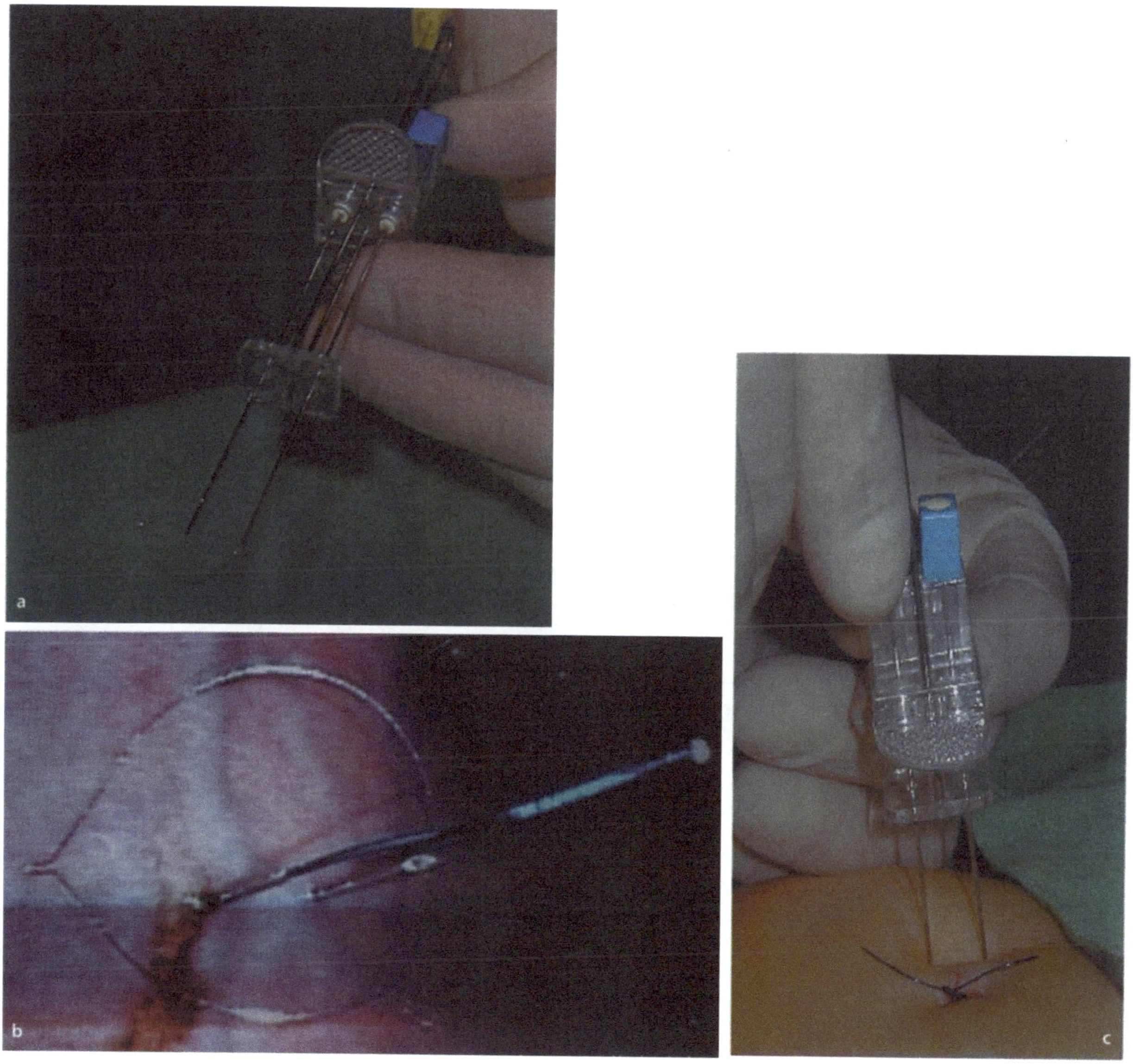

◻ **Abb. 19-10a–c.** Nahtapparat Cliny-PEG 15: **a** Anlage der ersten Gastropexienaht von gastral; **b** Gastropexieapparat, zweite Gastropexienaht; **c** Anlage der zweiten Gastropexienaht von ventral

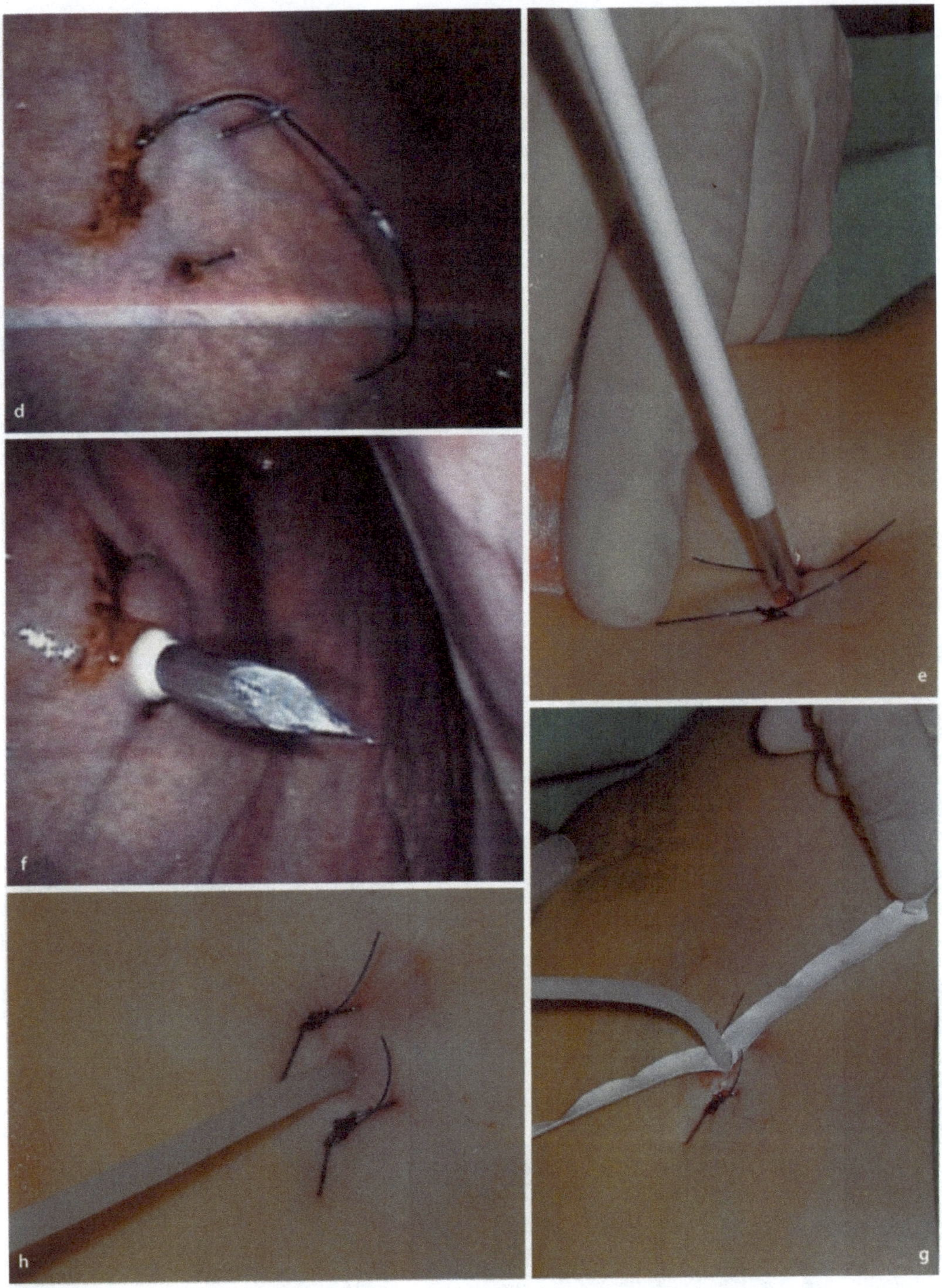

Abb. 19-10d–h. Nahtapparat Cliny-PEG 15 (Fortsetzung): **d** zweite Gastropexienaht von Innen, **e** Punktion mit Peel-off Schleuse Außenansicht, **f** Innenansicht; **g** Peel-off Schleuse mit eingefügtem Katheter; **h** Endergebnis

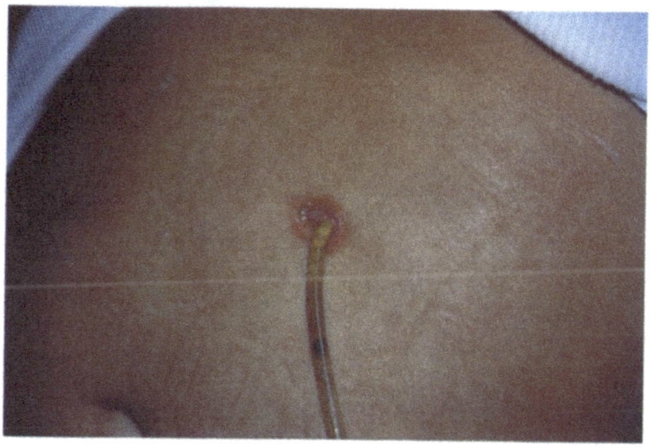

Abb. 21-2. Lokalinfektion an der Sondeneintrittsstelle bei perkutaner endoskopischer Gastrostomie (PEG)

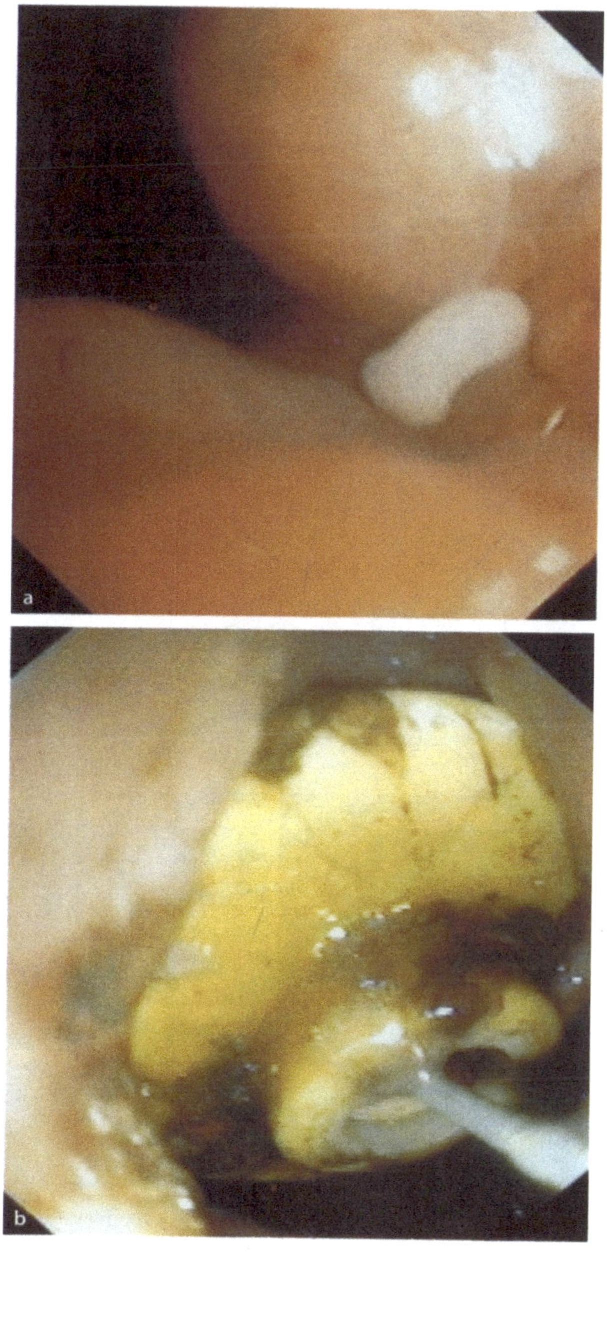

Abb. 21-3a, b. Eingewachsene (a) bzw. teilweise eingewachsene (b) Halteplatte bei perkutaner endoskopischer Gastrostomie (PEG) (»Buried-Bumper«)

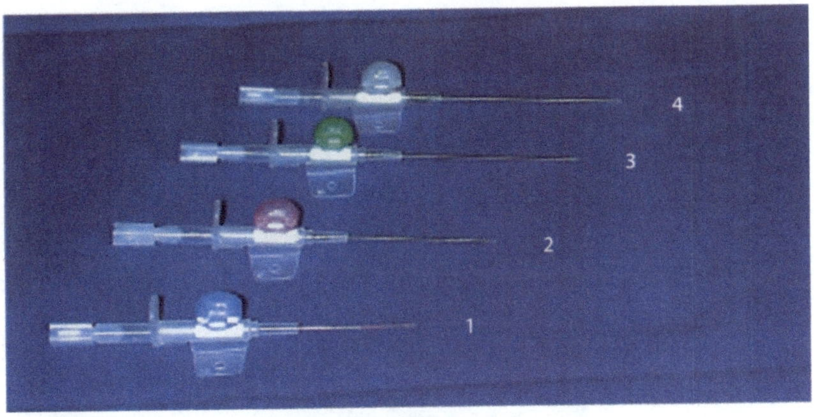

Abb. 27-1. Venenverweilkatheter: 4 verschiedene Größen von Venenverweilkanülen mit farbassozierten Durchmessern (*1*: Durchmesser = 0,9 mm, Länge = 25 mm, Flussrate = 38 ml/min; *2*: Durchmesser = 1,1 mm, Länge = 32 mm, Flussrate = 65 ml/min; *3*: Durchmesser = 1,3 mm, Länge = 45 mm, Flussrate = 100 ml/min; *4*: Durchmesser = 1,8 mm, Länge = 45 mm, Flussrate = 210 ml/min)

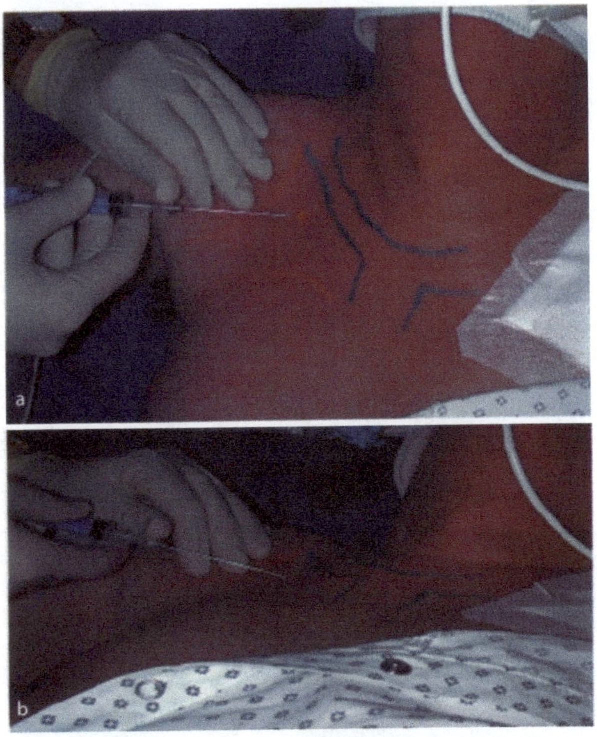

Abb. 27-7a, b. V.-subclavia-Punktion zur ZVK-Anlage: *rot* abgegrenzte deltopektorale Grube, *blau* begrenztes Os claviculare und Sternum. (Zur besseren Orientierung wurde der Patient für diese Abbildung nicht steril abgedeckt)

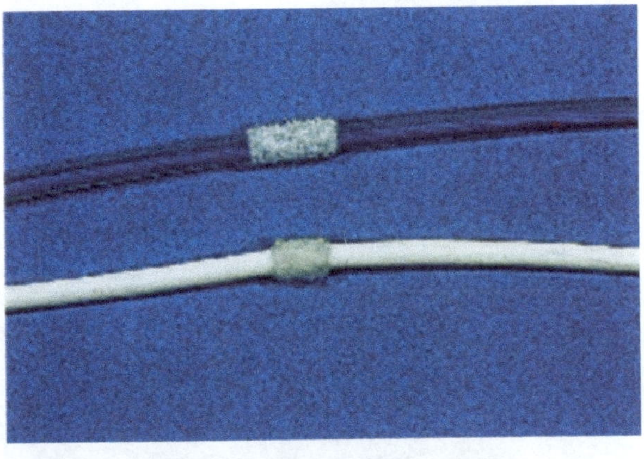

Abb. 27-8. Zwei unterschiedliche Varianten eines Dacroncuffs (oben = Groshong-Katheter, unten = Hickmann Katheter)

Abb. 27-12. 1- und 2-Kammer-Portsysteme

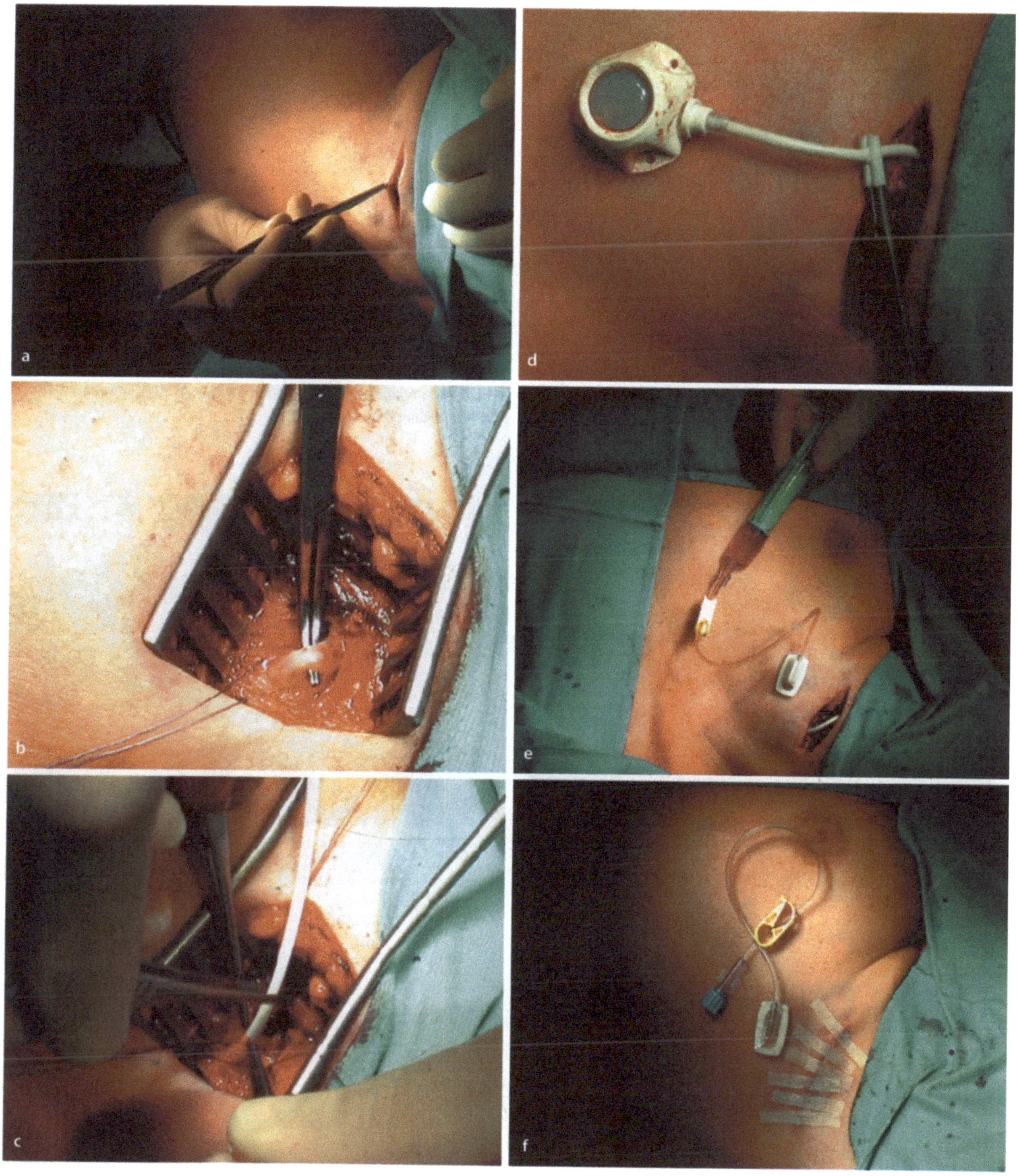

Abb. 27-13a–f. Portanlage: **a** Hautinzision in der Fossa deltoideopectoralis; **b** Präparation der V. cephalica dextra; **c** Einführen des Katheters und Fixierung; **d** Platzierung der Porttasche; **e** Punktion des Systems mit Funktionsprüfung vor Wundverschluss; **f** Subkutan- und Intrakutannaht

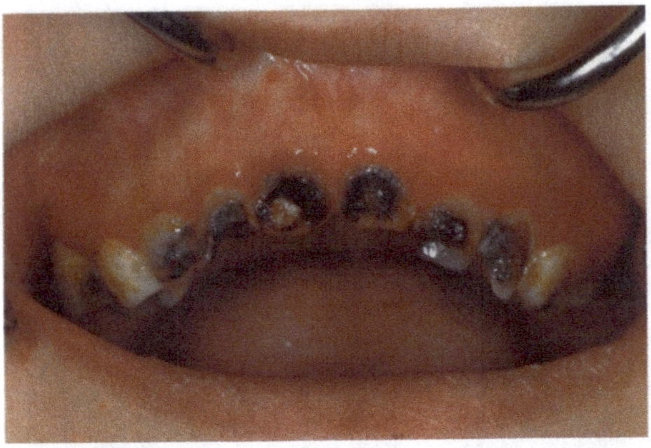

Abb. 54-1. Nursing-bottle-Syndrom: Zerstörung der Milchzähne im Frontzahngebiet des Oberkiefers bei einem 4-jährigen Kind als Folge von Dauergenuss von Zuckertee

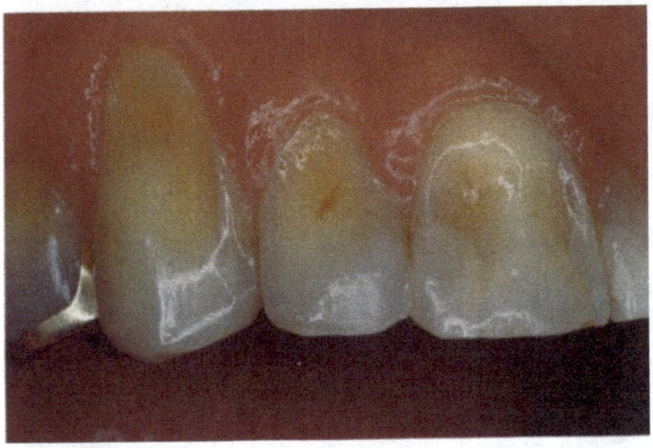

Abb. 54-2. Erosionen der Labialflächen der Zähne 11–13 bei einem 51-jährigen Patienten mit stellenweiser Exposition des Dentins

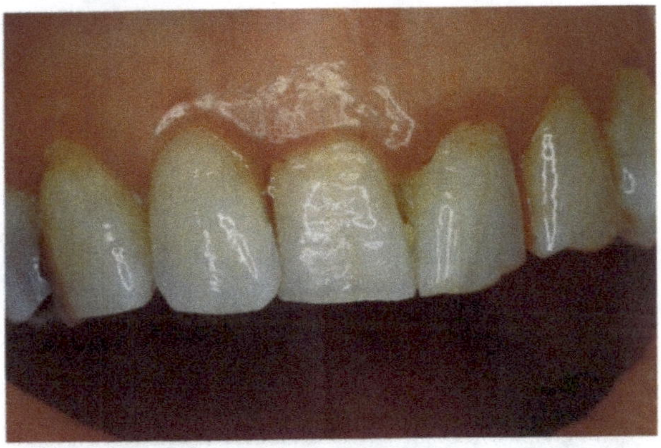

Abb. 54-3. Chronische marginale Gingivitis als Folge von Plaqueakkumulation mit Schwellung des Gingivalsaums, Papillenödem und erhöhter lokaler Blutungsneigung

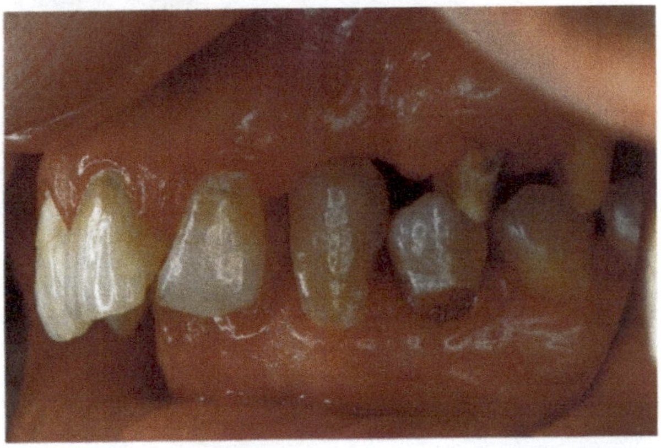

Abb. 54-4. Verlust der physiologischen Kauebene als Folge von Zahn- und Zahnhartsubstanzverlust mit traumatischem Schleimhauteinbiss im Oberkiefer

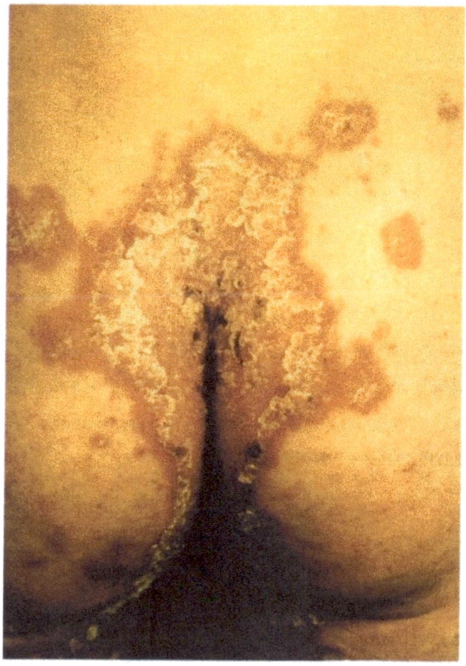

Abb. 55-1. Acrodermatitis enteopathica bei Zinkmangel: schuppende Erytheme perianal

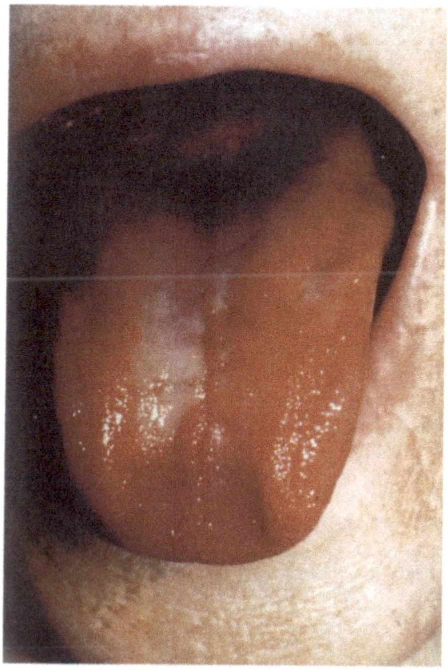

Abb. 55-3. Möller-Hunter-Glossitis bei Viatmin-B_{12}-Mangel: lackartig geglättete Zunge mit Verlust der normalen Oberflächsenstruktur

Abb. 55-2. Pellagra: schuppende, dunkelbraune Plaques an lichtexponierten Arealen

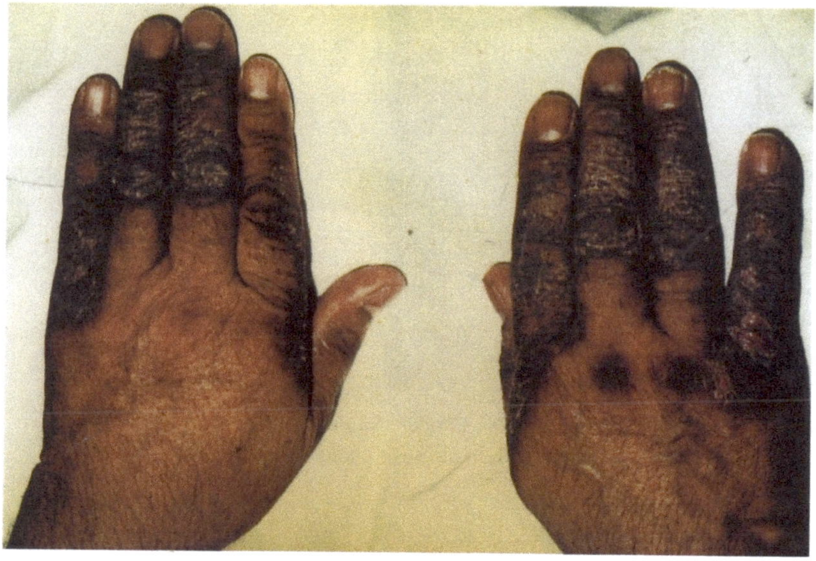

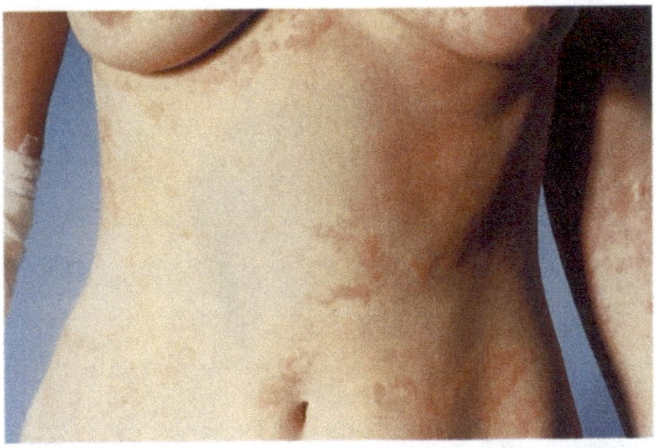

Abb. 55-4. Urtikaria: disseminierte Eruption von Quaddeln am Stamm

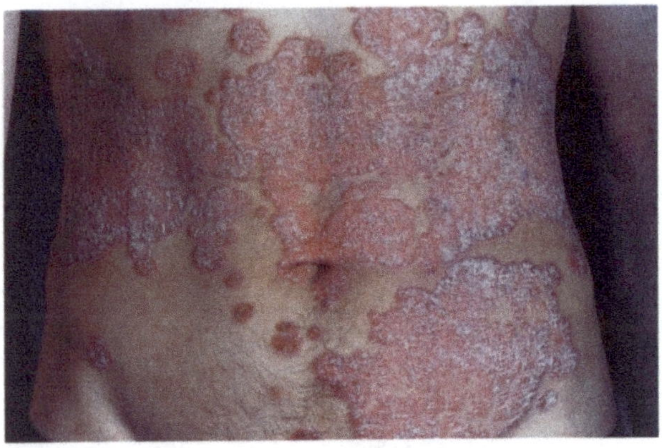

Abb. 55-6. Psoriasis vulgaris: chronisch stationäre erythematosquamöse Plaques mit silbriger Schuppung

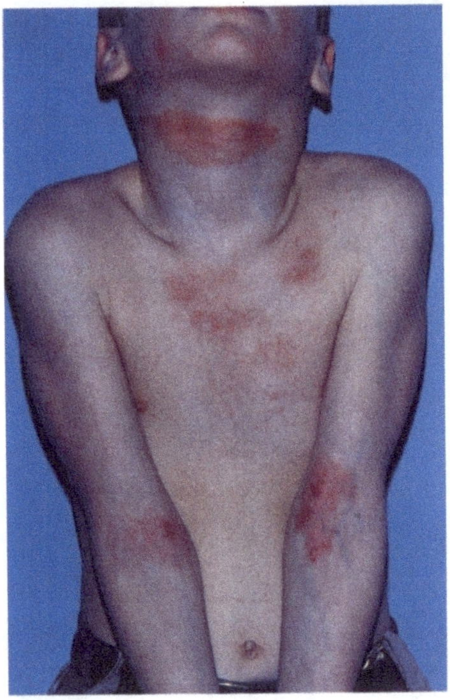

Abb. 55-5. Atopisches Ekzem: chronische Ekzemherde in den Ellenbeugen und am Hals

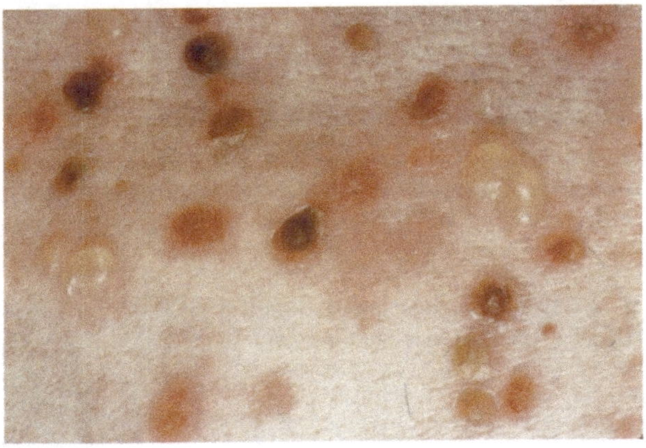

Abb. 55-7. Dermatitis herpetiformis Duhring: gruppierte Bläschen und Blasen, teils eingetrocknet

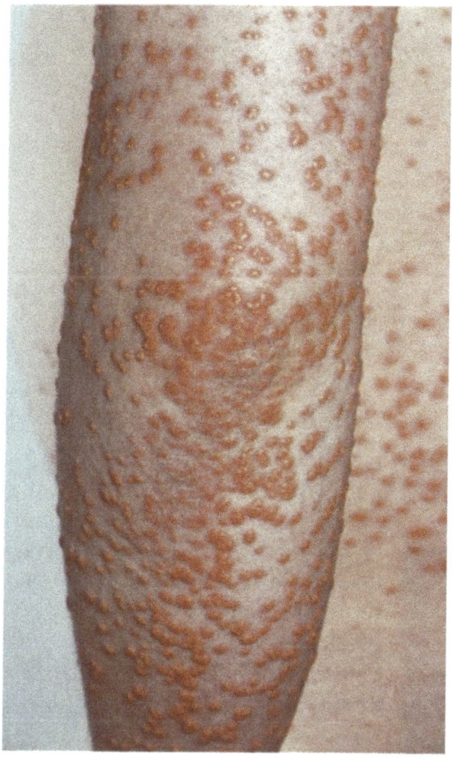

Abb. 55-8. Eruptive Xanthome bei Hypertriglyzeridämie

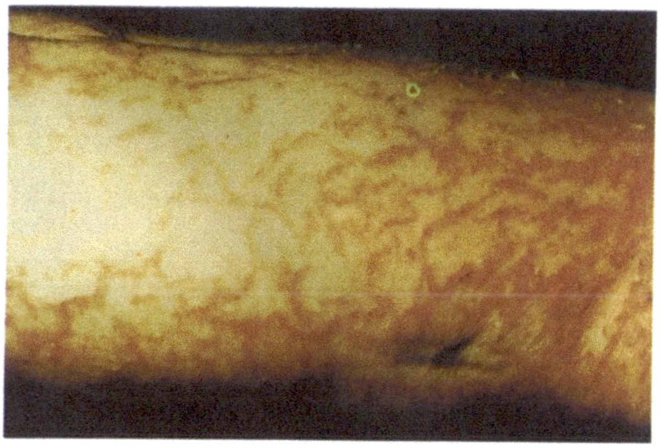

Abb. 55-9. Exsikkationsekzem: Einrisse des Stratum corneum mit der Folge streifenförmiger Erytheme

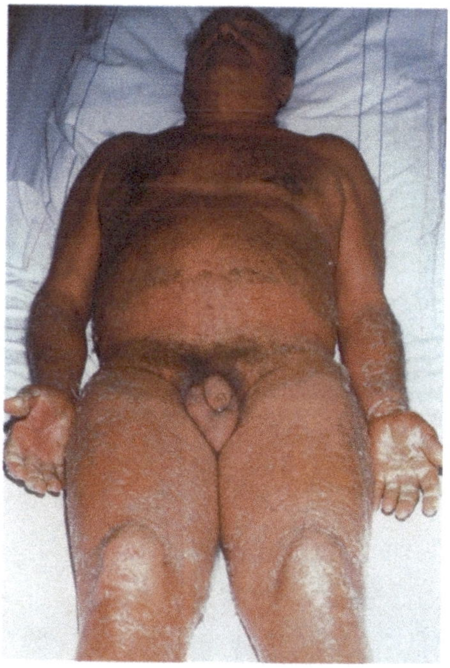

Abb. 55-10. Psoriatische Erythrodermie: generalisierte Hautrötung und Schuppung

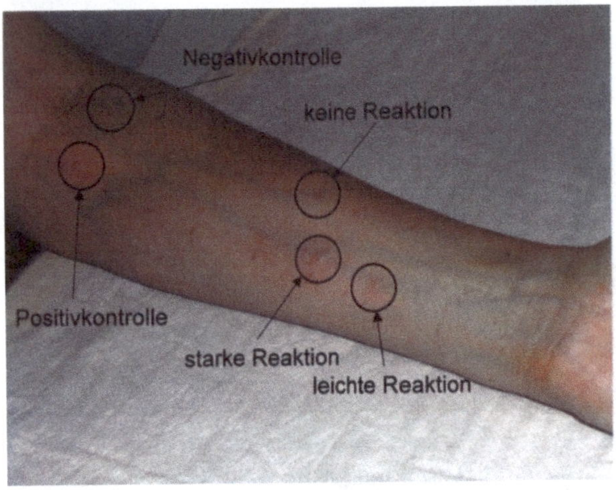

Abb. 56-4. Hautpricktest. Eine Quaddelbildung an der Einstichstelle weist auf eine mögliche Allergie hin. Als Positivkontrolle wird Histamin verwendet.

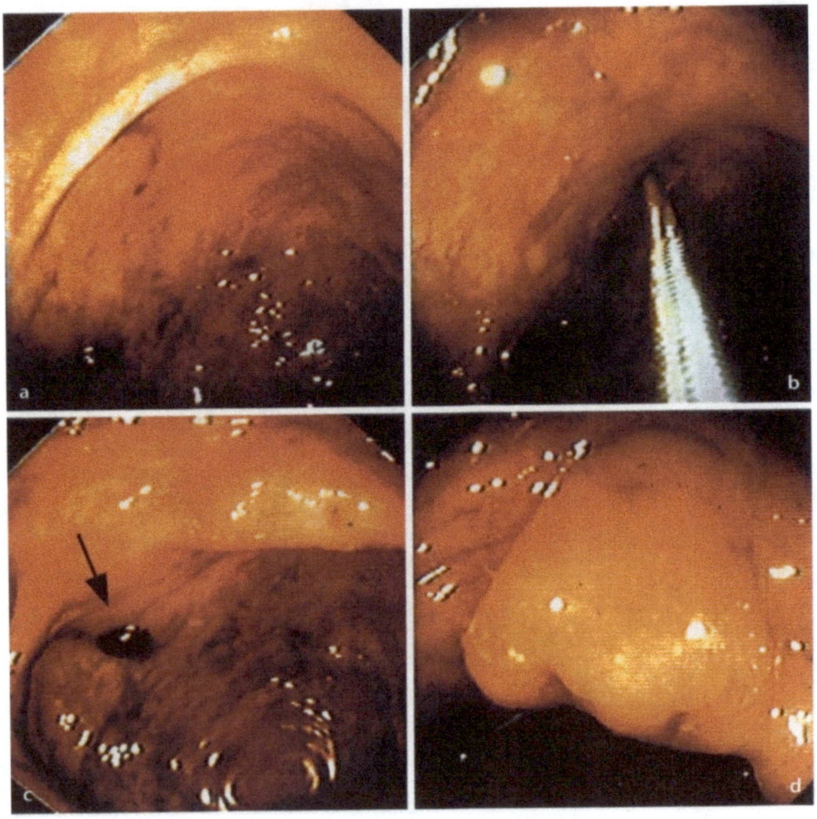

Abb. 56-5a–d. Positiver COLAP-Test bei intestinaler Michproteinallergie. **a** Zökummukosa vor der Allergeninjektion; **b** Injektion des Milchproteins unter endoskopischer Kontrolle. **c** Einstichstelle direkt nach Injektion (s. Pfeil); **d** Einstichstelle nach 20 min Wartezeit

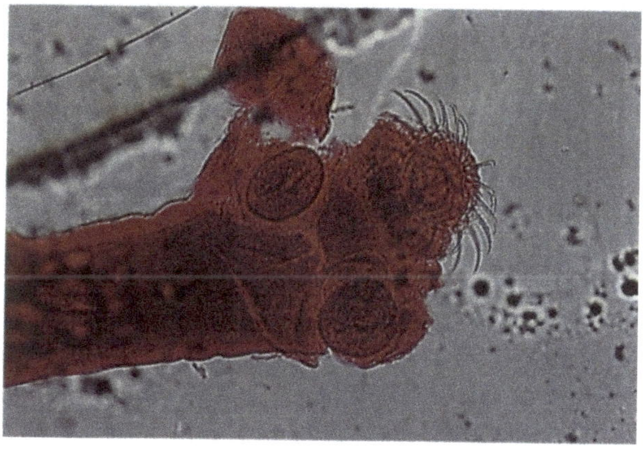

Abb. 57-3. Taenia saginata. Skolex nach Behandlung mit Mebendazol. Deutlich zu erkennen ist der Hackenkranz (Eosinfärbung, Vergr. 50:1)

Abb. 57-4. Taenia saginata. Proglottiden, Anfärbung der Uterusschläuche (unvergrößert)

Sachverzeichnis

A

B

C

D

E

F

G

H

I

J

K

L

M

N

O

P

Q

R

S

T

U

V

W

X

Y

Z

FSC
www.fsc.org
MIX
Papier | Fördert
gute Waldnutzung
FSC® C083411

Kolibri 360 GmbH
Ferdinand-Jühlke-Straße 7
99095 Erfurt, Deutschland
produktsicherheit@kolibri360.de